JN440897

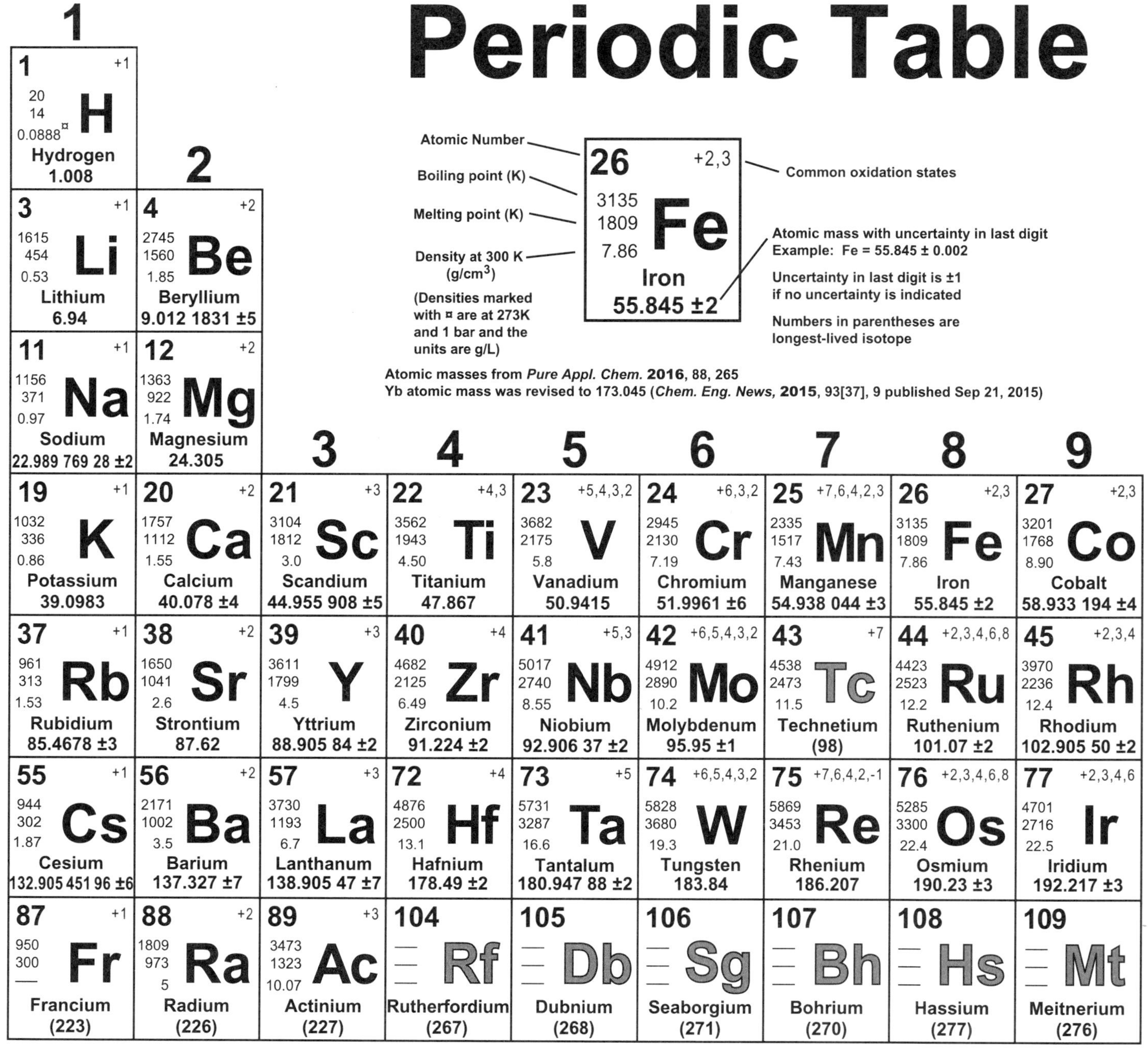

Periodic Table

Atomic masses from *Pure Appl. Chem.* **2016**, 88, 265
Yb atomic mass was revised to 173.045 (*Chem. Eng. News,* **2015**, 93[37], 9 published Sep 21, 2015)

1	2	3	4	5	6	7	8	9
1 H +1 20 / 14 / 0.0888¤ Hydrogen 1.008								
3 Li +1 1615 / 454 / 0.53 Lithium 6.94	4 Be +2 2745 / 1560 / 1.85 Beryllium 9.012 1831 ±5							
11 Na +1 1156 / 371 / 0.97 Sodium 22.989 769 28 ±2	12 Mg +2 1363 / 922 / 1.74 Magnesium 24.305							
19 K +1 1032 / 336 / 0.86 Potassium 39.0983	20 Ca +2 1757 / 1112 / 1.55 Calcium 40.078 ±4	21 Sc +3 3104 / 1812 / 3.0 Scandium 44.955 908 ±5	22 Ti +4,3 3562 / 1943 / 4.50 Titanium 47.867	23 V +5,4,3,2 3682 / 2175 / 5.8 Vanadium 50.9415	24 Cr +6,3,2 2945 / 2130 / 7.19 Chromium 51.9961 ±6	25 Mn +7,6,4,2,3 2335 / 1517 / 7.43 Manganese 54.938 044 ±3	26 Fe +2,3 3135 / 1809 / 7.86 Iron 55.845 ±2	27 Co +2,3 3201 / 1768 / 8.90 Cobalt 58.933 194 ±4
37 Rb +1 961 / 313 / 1.53 Rubidium 85.4678 ±3	38 Sr +2 1650 / 1041 / 2.6 Strontium 87.62	39 Y +3 3611 / 1799 / 4.5 Yttrium 88.905 84 ±2	40 Zr +4 4682 / 2125 / 6.49 Zirconium 91.224 ±2	41 Nb +5,3 5017 / 2740 / 8.55 Niobium 92.906 37 ±2	42 Mo +6,5,4,3,2 4912 / 2890 / 10.2 Molybdenum 95.95 ±1	43 Tc +7 4538 / 2473 / 11.5 Technetium (98)	44 Ru +2,3,4,6,8 4423 / 2523 / 12.2 Ruthenium 101.07 ±2	45 Rh +2,3,4 3970 / 2236 / 12.4 Rhodium 102.905 50 ±2
55 Cs +1 944 / 302 / 1.87 Cesium 132.905 451 96 ±6	56 Ba +2 2171 / 1002 / 3.5 Barium 137.327 ±7	57 La +3 3730 / 1193 / 6.7 Lanthanum 138.905 47 ±7	72 Hf +4 4876 / 2500 / 13.1 Hafnium 178.49 ±2	73 Ta +5 5731 / 3287 / 16.6 Tantalum 180.947 88 ±2	74 W +6,5,4,3,2 5828 / 3680 / 19.3 Tungsten 183.84	75 Re +7,6,4,2,-1 5869 / 3453 / 21.0 Rhenium 186.207	76 Os +2,3,4,6,8 5285 / 3300 / 22.4 Osmium 190.23 ±3	77 Ir +2,3,4,6 4701 / 2716 / 22.5 Iridium 192.217 ±3
87 Fr +1 950 / 300 / — Francium (223)	88 Ra +2 1809 / 973 / 5 Radium (226)	89 Ac +3 3473 / 1323 / 10.07 Actinium (227)	104 Rf — / — / — Rutherfordium (267)	105 Db — / — / — Dubnium (268)	106 Sg — / — / — Seaborgium (271)	107 Bh — / — / — Bohrium (270)	108 Hs — / — / — Hassium (277)	109 Mt — / — / — Meitnerium (276)

58 Ce +3,4 3699 / 1071 / 6.78 Cerium 140.116	59 Pr +3,4 3785 / 1204 / 6.77 Praseodymium 140.907 66 ±2	60 Nd +3 3341 / 1289 / 7.00 Neodymium 144.242 ±3	61 Pm +3 3785 / 1204 / 6.48 Promethium (145)	62 Sm +3,2 2064 / 1345 / 7.54 Samarium 150.36 ±2	63 Eu +3,2 1870 / 1090 / 5.26 Europium 151.964
90 Th +4 5061 / 2028 / 11.7 Thorium 232.0377 ±4	91 Pa +5,4 — / — / 15.4 Protactinium 231.035 88 ±2	92 U +6,5,4,3 4407 / 1405 / 18.9 Uranium 238.028 91 ±3	93 Np +6,5,4,3 — / 910 / 20.4 Neptunium (237)	94 Pu +6,5,4,3 3503 / 913 / 19.8 Plutonium (244)	95 Am +6,5,4,3 2880 / 1268 / 13.6 Americium (243)

of the Elements

	Atomic Mass Interval	
H	[1.007 84;	1.008 11]
Li	[6.938;	6.997]
B	[10.806;	10.821]
C	[12.009 6;	12.011 6]
N	[14.006 43;	14.007 28]
O	[15.999 03;	15.999 77]
Mg	[24.304;	24.307]
Si	[28.084;	28.086]
S	[32.059;	32.076]
Cl	[35.446;	35.457]
Br	[79.901;	79.907]
Tl	[204.382;	204.385]

See Box 3-3 for explanation

10	11	12	13	14	15	16	17	18
								2 4.2 0.95 0.176¤ **He** Helium 4.002 602 ±2
			5 +3 4275 2300 2.34 **B** Boron 10.81	6 ±4,2 4470 4100 2.62 **C** Carbon 12.011	7 ±3,5,4,2 77 63 1.234¤ **N** Nitrogen 14.007	8 -2 90 50 1.410¤ **O** Oxygen 15.999	9 -1 85 53 1.674¤ **F** Fluorine 18.998 403 163 ±6	10 27 25 0.889¤ **Ne** Neon 20.1797 ±6
			13 +3 2793 933 2.70 **Al** Aluminum 26.981 5385 ±7	14 +4 3540 1685 2.33 **Si** Silicon 28.085	15 ±3,5,4 550 317 1.82 **P** Phosphorus 30.973 761 998 ±5	16 ±2,4,6 718 388 2.07 **S** Sulfur 32.06	17 ±1,3,5,7 239 172 3.12¤ **Cl** Chlorine 35.45	18 87 84 1.760¤ **Ar** Argon 39.948
28 +2,3 3187 1726 8.90 **Ni** Nickel 58.6934 ±4	29 +2,1 2836 1358 8.96 **Cu** Copper 63.546 ±3	30 +2 1180 693 7.14 **Zn** Zinc 65.38 ±2	31 +3 2478 303 5.91 **Ga** Gallium 69.723	32 +4 3107 1210 5.32 **Ge** Germanium 72.630 ±8	33 ±3,5 876 — 5.72 **As** Arsenic 74.921 595 ±6	34 -2,4,6 958 494 4.80 **Se** Selenium 78.971 ±8	35 ±1,5 332 266 3.12 **Br** Bromine 79.904	36 120 116 3.69¤ **Kr** Krypton 83.798 ±2
46 +2,4 3237 1825 12.0 **Pd** Palladium 106.42	47 +1 2436 1234 10.5 **Ag** Silver 107.8682 ±2	48 +2 1040 594 8.65 **Cd** Cadmium 112.414 ±4	49 +3 2346 430 7.31 **In** Indium 114.818	50 +4,2 2876 505 7.30 **Sn** Tin 118.710 ±7	51 ±3,5 1860 904 6.68 **Sb** Antimony 121.760	52 -2,4,6 1261 723 6.24 **Te** Tellurium 127.60 ±3	53 ±1,5,7 458 387 4.92 **I** Iodine 126.904 47 ±3	54 165 161 5.78¤ **Xe** Xenon 131.293 ±6
78 +2,4 4100 2045 21.4 **Pt** Platinum 195.084 ±9	79 +3,1 3130 1338 19.3 **Au** Gold 196.966 569 ±5	80 +2,1 630 234 13.5 **Hg** Mercury 200.592 ±3	81 +3,1 1746 577 11.85 **Tl** Thallium 204.38	82 +4,2 2023 601 11.4 **Pb** Lead 207.2	83 +3,5 1837 545 9.8 **Bi** Bismuth 208.980 40	84 +4,2 1235 527 9.4 **Po** Polonium (209)	85 ±1,3,5,7 610 575 — **At** Astatine (210)	86 211 202 9.78¤ **Rn** Radon (222)
110 — — — **Ds** Darmstadtium (281)	111 — — — **Rg** Roentgenium (280)	112 — — — **Cn** Copernicium (285)	113 — — — **Nh** Nihonium (286)	114 — — — **Fl** Flerovium (289)	115 — — — **Mc** Moscovium (289)	116 — — — **Lv** Livermorium (293)	117 — — — **Ts** Tennessine (293)	118 — — — **Og** Oganesson (294)

64 +3 3539 1585 7.89 **Gd** Gadolinium 157.25 ±3	65 +3,4 3496 1630 8.27 **Tb** Terbium 158.925 35 ±2	66 +3 2835 1682 8.54 **Dy** Dysprosium 162.500	67 +3 2968 1743 8.80 **Ho** Holmium 164.930 33 ±2	68 +3 3136 1795 9.05 **Er** Erbium 167.259 ±3	69 +3,2 2220 1818 9.33 **Tm** Thulium 168.934 22 ±2	70 +3,2 1467 1097 6.98 **Yb** Ytterbium 173.045 ±10	71 +3 3668 1936 9.84 **Lu** Lutetium 174.9668
96 +3 — 1340 13.5 **Cm** Curium (247)	97 +4,3 — — — **Bk** Berkelium (247)	98 +3 — 900 — **Cf** Californium (251)	99 — — — **Es** Einsteinium (252)	100 — — — **Fm** Fermium (257)	101 — — — **Md** Mendelevium (260)	102 — — — **No** Nobelium (259)	103 — — — **Lr** Lawrencium (262)

Physical Constants (2019 Definitions of Fundamental Constants)

Term	Symbol	Value	
Elementary charge*	e	1.602 176 634	$\times 10^{-19}$ C
Speed of light in vacuum*	c	2.997 924 58	$\times 10^{8}$ m/s
Planck's constant*	h	6.626 070 15	$\times 10^{-34}$ J · s
Avogadro's number*	N_A	6.022 140 76	$\times 10^{23}$ mol^{-1}
Boltzmann's constant*	k	1.380 649	$\times 10^{-23}$ J/K
Gas constant (= kN_A)	R	8.314 4626...	J/(mol · K)
			V · C/(mol · K)
			$\times 10^{-2}$ L · bar/(mol · K)
		8.205 7366...	$\times 10^{-5}$ M^3 · atm/(mol · K)
			$\times 10^{-2}$ L · atm/(mol · K)
		1.987 2042...	cal/(mol · K)
Faraday constant (= $N_A e$)	F	9.648 533 212...	$\times 10^{4}$ C/mol
2014 values of selected constants:†			
Electron rest mass	m_e	9.109 383 56 (11)	$\times 10^{-31}$ kg
			$\times 10^{-28}$ g
Proton rest mass	m_p	1.672 621 898 (21)	$\times 10^{-27}$ kg
			$\times 10^{-24}$ g
Gravitational constant	G	6.674 08 (31)	$\times 10^{-11}$ m^3/(s^2 · kg)
Permittivity of vacuum (= $1/[4\pi \times 10^{-7} c^2]$) in Coulomb's law	ε_0	8.854 187 817	$\times 10^{-12}$ C^2/(N · m^2)

*Exact by definition. The constants R, F, and ε_0 are continuing decimals calculated by formulas shown.

†2014 CODATA Values from http://physics.nist.gov/cuu/constants/index.html (July 2017).

Numbers in parentheses are one-standard-deviation uncertainties in last digits.

Concentrated Acids and Bases

Name	Approximate weight percent	Molecular mass	Approximate molarity	Approximate density (g/mL)	mL of reagent needed to prepare 1 L of ~1.0 M solution
Acid					
Acetic	99.8	60.05	17.4	1.05	57.3
Hydrochloric	37.2	36.46	12.1	1.19	82.4
Hydrofluoric	49.0	20.01	28.4	1.16	35.2
Nitric	70.4	63.01	15.8	1.41	63.5
Perchloric	70.5	100.46	11.7	1.67	85.3
Phosphoric	85.5	97.99	14.7	1.69	67.8
Sulfuric	96.0	98.08	18.0	1.84	55.5
Base					
Ammonia*	28.0	17.03	14.8	0.90	67.6
Sodium hydroxide	50.5	40.00	19.3	1.53	51.8
Potassium hydroxide	45.0	56.11	11.5	1.44	86.6

*28.0 wt% ammonia is the same as 56.6 wt% ammonium hydroxide.

Tenth Edition

Quantitative Chemical Analysis

DANIEL C. HARRIS · CHARLES A. LUCY

분석화학

제10판

강용철 · 김영일
김준곤 · 명노승
문명희 · 이승호
정두수 · 정 혁
차상원 옮김

자유아카데미

QUANTITATIVE CHEMICAL ANALYSIS 10e

저자 소개

Daniel Harris 제공.

1975년 Sally가 이 책 초판의 그림을 손으로 만들었다.

Daniel Harris 제공.

영원한 선생님!

Dan Harris는 MIT와 Caltech에서 화학 전공 학위를 취득한 후 뉴욕의 Albert Einstein 의대에서 박사후 연구원을 지냈다. 이 책은 그가 Davis에 위치한 California 대학과 Pennsylvania 주 Lancaster의 Franklin and Marshall 대학에서 화학 및 비화학 전공 학생들에게 분석화학을 가르치면서 완성되어 갔다. Dan은 1982년 이후 이 책을 저술하면서, '**Exploring Chemical Analysis**'와 '**Materials for Infrared Windows and Domes**'를 저술하였으며, '**Symmetry and Spectroscopy**'를 공동 저술하였다. **Sally Harris**는 이 책 제작의 모든 과정에 참여하였고, 이 책의 명확성과 정확성에 크게 기여하였다.

Alberta 대학교의 John Ulan.

Chuck Lucy가 분석화학에 대한 열정을 학생과 공유 중이다.

Chuck Lucy는 Alberta 대학교의 명예교수이자 3M 국가교원이다. 그는 160편이 넘는 논문을 발표하였으며(학부 연구원과 26편), **Analytical Chemistry**와 **Analyst**를 포함하여 7개 분석 관련 저널의 편집 자문위원이다. 그는 열정적인 교사로, 대학 신입생 대상의 대형 강의부터 대학원 강의까지 다양한 형태의 강의를 하였다. 그는 교육 워크샵과 화학 교육 심포지엄을 조직하였으며, 캐나다 화학 연구소로부터 받은 화학교육상, 미국화학회 분석분과로부터 받은 J. Calvin Giddings 우수교육상을 포함하여 많은 상을 수상하였다.

Chuck은 이 책의 9판 여러 장에 내용을 제공한 후, 10판의 공동 저자로서 많은 책임을 맡았다. 통계, 분광 광도법 및 크로마토그래피에 관한 장은 Chuck이 가장 많이 기여하였다. 그는 학부연구생의 기여를 밝히고, 새로운 장의 후반 문제는 그래픽을 이용한 데이터 처리를 강조한다. 많은 그의 문제들은 기본 소스 및 연구 간행물을 인용하거나, 다양한 실험 조건의 영향을 관찰할 수 있는 크로마토그래피 시뮬레이터와 같은 온라인 도구를 이용한다.

저자 메시지

이 책의 목표는 분석화학의 원리를 심도 있게 이해하고, 이 원리가 화학 및 관련 분야(특히 생명과학 및 환경과학)에 어떻게 적용되는지를 보여 주는 것이다. 우리는 엄격하고 읽기 쉽고 흥미로우며, 비화학 전공자에게도 주제를 명료하게 설명하기 위해 노력하였으며, 학부 고학년생이 필요로 하는 충분히 깊이 있는 내용을 다루었다.

이 책을 읽으면서 간혹 미소를 짓거나, 새로운 통찰력을 얻으며, 문제를 해결하기 위해 고군분투한 후에 만족감을 느끼는 학생들에게 이 책을 헌정한다. 만약 여러분이 화학 관련 새로운 문제에 적용 가능한 중요하고 독립적인 추론을 개발하는 데에 이 책이 도움이 된다면 성공이라고 생각한다. 우리는 이 책에서 수준 높은 학부 연구를 보여 줄 수 있어서 특별히 기쁘다. 이러한 사례들이 여러분 자신의 연구 기회를 찾는 데에 영감을 주기를 기대한다. 이 책에 관한 논평이나 비판, 제안, 혹은 수정을 아래 주소로 보내주면 감사하겠다: Dan at the Chemistry Division(Mail Stop 6303), Research Department, Michelson Laboratory, China Lake CA 93555 U.S.A. 혹은 Chuck at Department of Chemistry, Gunning/Lemieux Chemistry Centre, University of Alberta, Edmonton, AB, Canada T6G 2G2, charles.lucy@ualberta.ca.

Dan Harris
Chuck Lucy
2019년 10월

이 책에 관하여

필요한 최신 업데이트로 정확하고 안정적으로 접근한다

교재용으로 엄격하게 쓰여졌다

항상 그러하듯, 저자들은 다음을 제공하기 위해 노력한다.

- 분석화학 원리의 온전한 이해
- 이러한 원리가 화학 및 관련 학문(특히 생명과학 및 환경과학)에 어떻게 적용되는지에 대한 설명
- 비화학 전공자에게는 충분히 엄밀하고 읽기 쉽고 명료하며, 고급 학부생들에게도 충분히 자세한 내용

중요 업데이트를 포함한다

이 책에는 다음의 중요 업데이트가 포함되어 있다.

- 분광 광도법 및 크로마토그래피에 대한 강화된 설명
- 분석 방법의 새로운 그림
- 데이터의 도시 및 검사에 대한 강조
- 학부연구생의 출판물을 포함한 참고문헌 인용

잔차도(residual plot)

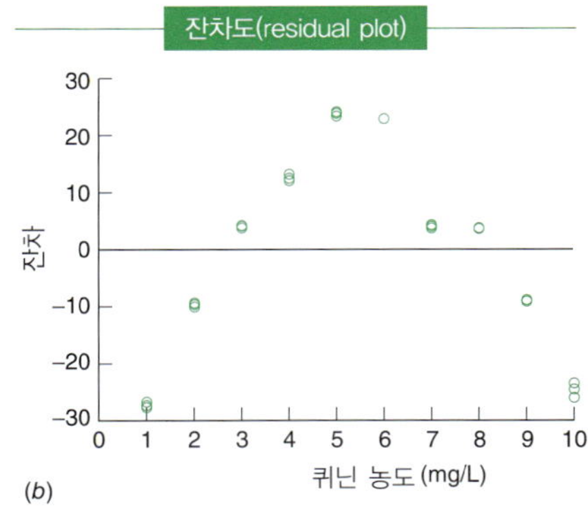

(*b*)

[출처: J. M. Jurado, A. Alcázar, R. Muñiz- Valencia, S. G. Ceballos- Magaña, and F. Raposo, "Some Practical Considerations for Linearity Assessment of Calibration Curves," *Talanta* **2018**, *172*, 221.]

10판은 엄격하게 쓰여진 교재로서의 전통을 이어간다

이전 판과 마찬가지로 10판의 목표는 학생들이 분석 화학에 관한 깊은 이해를 얻을 수 있는 기회를 제공하는 것이다. 저자들은 이를 위해서 완전하고 신중하게 설명하고, 구체적이고 흥미로운 예를 보여 주어야 한다고 생각한다. 이 책은 세심한 설명으로 차별화되며, 읽기 쉽고 흥미롭고 친근한 교재로 잘 알려져 있다.

도시 및 데이터 분석에 중점을 둔다. 10판에서는 산점도(scatter plot), 교정 곡선(calibration curve) 및 잔차도(residual plot)를 이용한 도시 및 데이터 분석에 더욱 중점을 두었으며, 이러한 기술을 강화하기 위한 새로운 문제를 많이 실었다.

일상 생활에의 응용. 자료를 잘 활용하면 학생의 이해력이 높아지고, 저자들의 표현으로, "매우 무거운 주제의 부담을 덜어 준다". 일상 생활에서의 분석의 예는 교재 전체에 걸쳐 있다. 익숙한 예로는 포도당 측정기(4장 시작 및 17-4절), 스마트폰 분광 광도계(실험 18-1), 맥박 산소 측정기(20-1절), 및 농장 수확기(보충 19-1)이다.

사례 연구: Gothan 과학수사연구소의 부정 행위

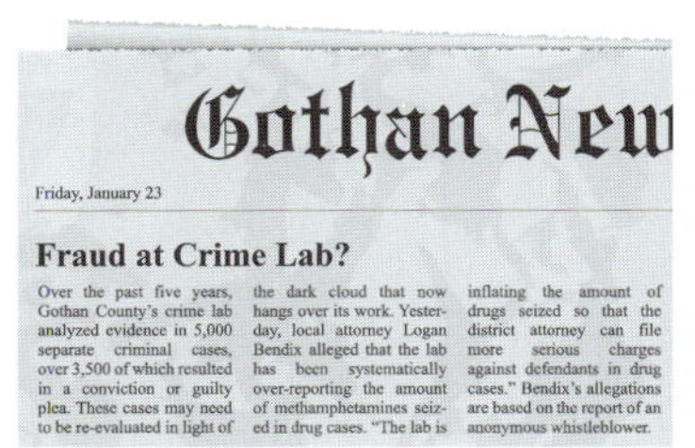
Gothan New

Friday, January 23

Fraud at Crime Lab?

Over the past five years, Gothan County's crime lab analyzed evidence in 5,000 separate criminal cases, over 3,500 of which resulted in a conviction or guilty plea. These cases may need to be re-evaluated in light of the dark cloud that now hangs over its work. Yesterday, local attorney Logan Bendix alleged that the lab has been systematically over-reporting the amount of methamphetamines seized in drug cases. "The lab is inflating the amount of drugs seized so that the district attorney can file more serious charges against defendants in drug cases." Bendix's allegations are based on the report of an anonymous whistleblower.

[출처: S. M. Contakes, "Misconduct at the Lab?" *J. Chem. Ed.* **2016**, *93*, 314 (supplementary material file 1) https://www.fodey.com/generators/newspaper/snippet. asp. Reprinted with permission © 2016 American Chemical Society]

내 혈당 수치는 정확한가?

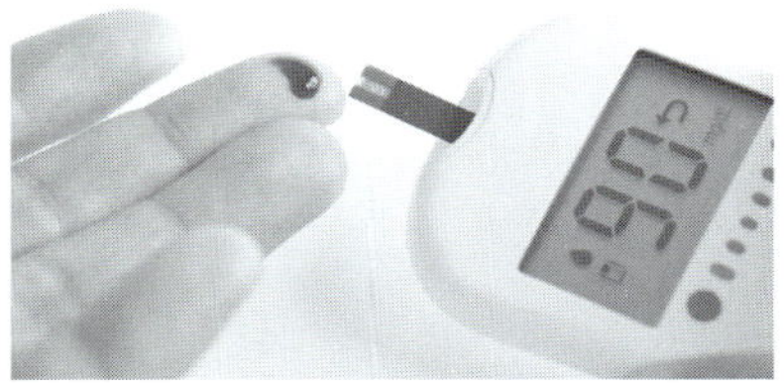

[Seasontime/Shutterstock]

농장에서 사용하는 다변량 교정법

(c)

[출처: "Real-time moisture measurement on a forage harvester using near-infrared reflectance spectroscopy" by M. F. Digman and K. J. Shinners. (2008). *Transactions of the ASABE, 51(5)*, 1801-1810.]

천연색 사진: 구름점 추출

(*a*) (*b*) (*c*) (*d*)

[사진 제공: University of Wisconsin-Madison의 P. Doolittle, Ashlyn Erpenbach, 그리고 Ashlyn Erpenbach, 이상욱, Elizabeth Liu, Cameron Zalewski. 참고문헌: L. Khalafi, P. Doolittle, J. Wright, "Speciation and Determination of Low Concentration of Iron in Beer Samples by Cloud Point Extraction", *J. Chem. Ed.* **2018**, *95*, 463.]

천연색 사진에 등장하는 실험. 저자들이 여러분의 실험실로 올 수는 없지만, 이 책에 삽입된 천연색 사진에서 실험을 보여 준다. 회절발 분산, 흡수 스펙트럼, 원자 흡수 불꽃 화학량론, 유도 결합 플라스마 토치, 다이싸이존(dithizone) 추출, 정상상 및 역상 얇은 막 크로마토그래피 및 클라우드 포인트 추출 사진들이 새롭게 추가되었다. 클라우드 포인트 추출 사진은 Wisconsin-Madison 대학교의 학부생들이 보내주었다.

연구 및 참조 도구

이해해야 할 용어. 본문에서 굵은 글씨로 강조된 중요한 용어는 각 장의 끝부분에 열거하였다.

용어 설명. 중요 용어는 '용어 설명'에 정의되어 있다.

부록. 부록에는 용해도곱, 산 해리 상수, 산화-환원 전위 및 형성 상수를 정리한 표를 실었다. 또한 로그와 지수, 불확정도 전파, 비선형 곡선 맞춤(nonlinear curve-fitting), 데이터 평활화(data smoothing), 산화-환원 방정식의 균형 맞추기, 정규성, 분석 표준 물질 및 DNA에 관한 설명도 실었다.

주석 및 참고문헌. 인용 문헌은 책의 끝부분에 열거하였다.

표지 내부. 주기율표를 보여 준다. 고농도의 산 및 염기의 물리적 상수 및 물성표도 보여 준다.

중요 업데이트를 포함한다

학생들을 참여시키고 '부하를 덜어주는 것'만큼 중요한 것은 정확하고 포괄적이며 최신의 정보를 제공하는 것이다. 이 책은 친절한 접근 방식으로 잘 알려져 있는데, 그 전통은 10판에서도 이어진다. 10판에서도 문장을 업데이트하였으며 많은 새로운 예시를 추가하였다.

새로운 예 및 응용. 장효과 트랜지스터 '전자 코', 뇌 세포 내 산소를 측정하기 위한 탄소 섬유/탄소 나노튜브/백금 나노 결정 전극, 병원에서 사용되는 전기 화학 분석기, 생물학 연구에 사용되는 녹색 형광 단백질, DNA의 뉴클레오타이드 염기를 서열(sequencing)하기 위한 나노 포어 장치, 그리고 생물학 연구에서 단백질을 정량 분석하기 위해 동위 원소로 표지된 질량 태그 질량 분석에서는, 그림 22-44에서 매트릭스 보조 이온화를 소개하고, 그림 22-49와 22-50에서 질량 분석기에 연결된 진행파 이온 이동도 분리의 최신 모습을 보여 준다.

표면 개질된 전극을 이용하여 뇌 세포 내 산소를 측정한다

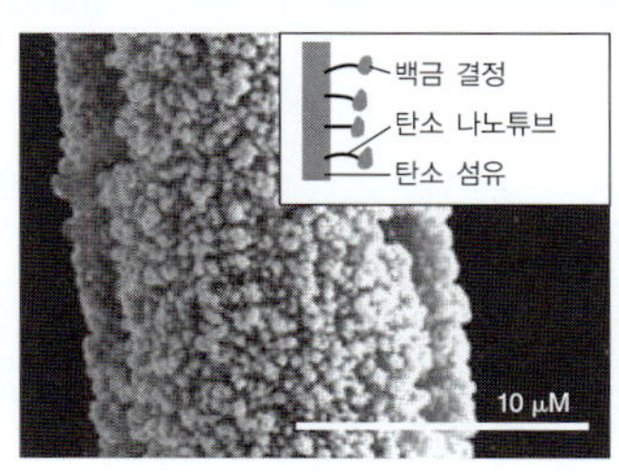

[사진 및 데이터 출처: L. Xiang, P. Yu, M. Zhang, J. Hao, Y. Wang, L. Zhu, L. Dai, and L. Mao, "Platinized Aligned Carbon Nanotube-Sheathed Carbon Fiber Microelectrodes for In Vivo Amperometric Monitoring of Oxygen," Anal. Chem. 2014, 86 (10), pp. 5017, Figure 1c, Figure 6. 2014년 미국화학회의 허가를 취득하였음.]

그래프 능력을 강화하기 위한 새로운 문제. 컨텐츠 업데이트와 함께, 그래프 및 데이터 검사를 강화하기 위한 새로운 문제를 많이 있다. 예를 들면 문제 5-17, 5-29(Gothan 과학수사연구실), 5-31, 18-21(DNA 농축), 18-27, 20-14, 20-28, 20-37(로그-로그 그래프 읽기), 21-23, 21-24, 23-57).

분광법 업데이트. 이 분야에서의 중요한 최신 방법과 기술을 포함하기 위하여 특별한 주의를 기울였다. 새로운 내용으로는 매트릭스 보조 이온화(22장), 질량 분석기에 연결된 진행파 이온 이동도 분리(22장), 적절한 원자 분광법을 어떻게 선택할 것인가(21장) 및 환경 영향에 기초한 용매 분류(23장)가 포함된다.

이온 이동도 분리

GCDCA
GUDCA
Cyclodextrin
질량 스펙트럼 신호 →
α-cyclodextrin과 복합된 GCDCA
α-cyclodextrin과 복합된 GUDCA
840 860 880 900
Arrival time (ms)

[출처: C. D. Chouinard, G. Nagy, I. K. Webb, S. V. B. Garimella, E. S. Baker, Y. M. Ibrahim, and R. D. Smith, "Rapid Ion Mobility Separations of Bile Acid Isomers Using Cyclodextrin Adducts and Structures for Lossless Ion Manipulations," *Anal. Chem.* **2018**, *90*, 11086. Reprinted with permission © 2018 American Society]

광학 스캐닝에 의한 세포 밀도

19-17. **광산란에 의한 박테리아 세포 밀도 측정.** 박테리아가 배양되어 다른 성장 단계에서 시료로 채취되었다. 대장균(*E. coli*)의 초기와 말기 정류 단계에 대한 교정 용액을 96개 용기 마이크로 플레이트를 사용하여 순차 묽힘으로 준비하였다. 광학 밀도가 600 nm에서 측정되었다. 배양 매질에 대해 측정된 바탕 값을 모든 시료 측정값에서 공제하였다. 세포 농도들은 현미경을 사용하여 결정하였다.

말기 단계 대장균		초기 단계 대장균	
세포 수 ($\times 10^8$)/mL	1.000 cm 통과 거리로 교정된 광학 밀도	세포 수 ($\times 10^8$)/mL	1.000 cm 통과 거리로 교정된 광학 밀도
0.31	0.018	0.36	0.086
1.26	0.089	0.71	0.183
2.51	0.177	1.43	0.328
5.03	0.316	2.85	0.626
7.54	0.486	5.71	1.243
12.56	0.783	11.41	2.127
17.59	1.081	28.53	3.793
27.64	1.692		

출처: K. Stevenson, A. F. McVey, I. B. N. Clark, P. S. Swain, and T. Pilizota, "General Calibration of Microbial Growth in Microplate Readers," *Sci. Reports*, **2017**, *6*, 38838, open access. K. Stevenson은 학부생 연구원임.

(a) 엑셀을 사용하여 말기 단계 대장균 데이터의 그래프를 그리고 추세선을 넣으시오. 추세선에 대한 식을 구하고, 기울기와 절편에 대한 표준 오차를 넣으시오. 교정선은 직선인가? (**힌트**: 데이터 점들과 선 사이의 수직 거리인 잔차(residual)는 선에 대해 무작위로 분포하여야 한다(5-2절).

(b) 엑셀을 사용하여 초기 단계 대장균 데이터의 그래프를 그리시오. 교정선은 직선인가? 직선이 아니라면, 이 교정선에 대한 직선 부분은 어디인가?

(c) **비선형 맞춤.** 완전한 초기 단계 대장균 데이터를 2차 식에 맞추어 교정선을 다음과 같이 구하였다.

$$y = -0.003\ 2x^2 + 0.223\ 8x + 0.0020\ 9$$

$R^2 = 0.999\ 7$, 잔차는 무작위로 작음

2.50의 광학 밀도에 대해 예측되는 세포 농도는 얼마인가?

(d) 마이크로 플레이트 측정기가 100 μL 용액에 대한 흡광도 측정값을 교정하기 위하여 6.37의 인자를 사용하였다. 마이크로 용기 내의 100 μL 용액에 대한 실제 통과 거리는 얼마인가? **(c)**에서 측정된 실제 광학 밀도는 얼마인가?

생화학 분석의 새로운 방법. 생물학과 의학에의 응용은 이 책의 핵심이다. 그 예로는 유도체화(표 19-2와 문제 19-22), 형광 단백질(그림 19-19), 광학 산란에 의한 세포 밀도(문제 19-17), Förster 공명 에너지 전달(19장 시작 및 문제 19-26), 마이크로웰 플레이트(microwell plates) (그림 19-11), 면역 고갈(26-4절) 및 바이오 분석기(26-8절)이 포함된다.

녹색 형광 단백질

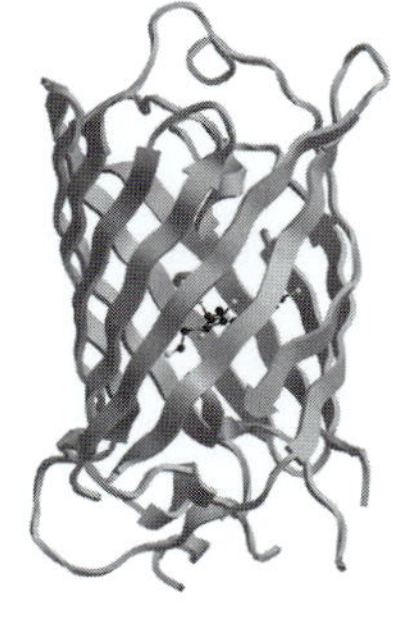

그림 19-19 녹색 형광 단백질은 스프 통조림과 같은 모양을 하고 있다. 이 단백질의 238개 아미노산은 색으로 밝게 표시한 발색단을 가진 가닥과 함께 리본으로 나타낸 통을 형성하고 있다. 단백질 그림 아래에 보여진 발색단은 트라이펩타이드인 세린-타이로신-글라이신으로부터 형성된다. [출처: Rainundo79/Shutterstock]

문제 풀이 연습

아무도 당신의 학습을 대신할 수 없다. 정복하기 위한 두 가지 가장 중요한 열쇠는 문제를 풀고 실험실 경험을 쌓는 것이다. 이 책은 **예제**, **자습 문제**, 그리고 매 장 끝부분에 **연습 문제**와 **문제**를 제공한다.

예제는 문제 해결을 가르치고 개념을 적용하는 방법을 보여 주는 도구이다. 각 예제는 자습 문제로 끝난다.

예제 **유리 기구를 이용한 연속 희석**

100 mL 부피 플라스크와 1, 5, 10 mL 피펫을 가지고 있다. 1,000 μg Fe/mL를 함유하는 0.5 M HCl 용액(저장 용액)으로부터 어떻게 3 μg Fe/mL를 함유하는 0.1 M HCl 용액을 만들겠는가?

풀이 이 문제를 해결하는 한 가지 방법은 다음 두 단계를 통하는 것이다.

1. 10 mL 피펫으로 저장 용액을 3회 취해 100 mL 플라스크에 넣고 0.1 M HCl로 표시선까지 채운다.

$$[\mathrm{Fe}] = \left(\frac{30\ \mathrm{mL}}{100\ \mathrm{mL}}\right)(1{,}000\ \mu\mathrm{g\ Fe/mL}) = 300\ \mu\mathrm{g\ Fe/mL}$$

2. 1단계의 용액 1.00 mL를 100 mL 플라스크로 옮기고 0.1 M HCl로 표시선까지 채워 희석한다.

$$[\mathrm{Fe}] = \left(\frac{1\ \mathrm{mL}}{100\ \mathrm{mL}}\right)(3\ \mu\mathrm{g\ Fe/mL}) = 3\ \mu\mathrm{g\ Fe/mL}$$

자습 1,000 μg Fe/mL로부터 3 μg Fe/mL를 얻기 위한 다른 희석 방법을 기술하시오. (**답:** 10 mL의 저장 용액을 100 mL로 희석하여 [Fe] = 100 μg Fe/mL를 얻은 후 이 용액을 1.00 mL씩 3회 취하여 100 mL까지 희석하여 3 μg Fe/mL를 얻는다.)

각 장의 끝부분에는 추가 연습을 제공한다. **연습 문제**는 각 장의 주요 개념을 적용하는 최소한의 문제이다. **연습에 대한 해답**은 책의 뒷부분에 있다. 각 장의 끝부분이 있는 **문제**는 이 책의 전체 내용을 다루며 여러 장의 개념을 통합한다. 문제에 대한 **간단한 해답**은 이 책의 뒷부분에 있으며, 완전한 해답은 **해답 설명서**(Solution Manual)에 있다.

스프레드시트. 스프레드시트는 과학 및 공학에 없어서는 안될 도구이다. 2장과 4장의 그래프, 4장과 부록 C의 통계함수와 회귀, Goal Seek 및 Solver로 방정식 풀기, 7, 8, 13, 19장의 순환 정의를 포함한 Microsoft Excel의 몇 가지 강력한 기능을 설명하였다. 적정이나 크로마토그래피 분리를 시뮬레이션하고 화학 평형 문제를 풀기 위하여 스프레드시트를 구성하는 방법을 설명한다.

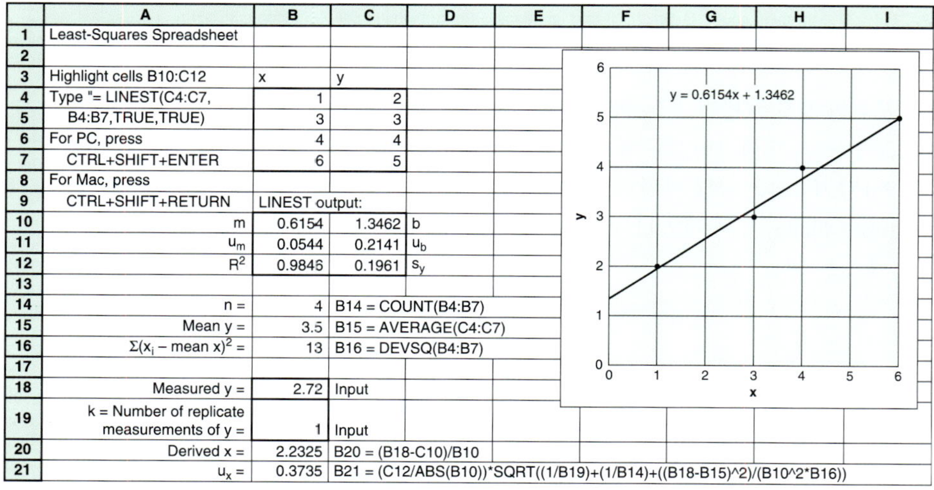

	A	B	C	D	E	F	G	H	I
1	Least-Squares Spreadsheet								
2									
3	Highlight cells B10:C12	x	y						
4	Type "= LINEST(C4:C7,	1	2						
5	B4:B7,TRUE,TRUE)	3	3						
6	For PC, press	4	4						
7	CTRL+SHIFT+ENTER	6	5						
8	For Mac, press								
9	CTRL+SHIFT+RETURN	LINEST output:							
10	m	0.6154	1.3462	b					
11	u_m	0.0544	0.2141	u_b					
12	R^2	0.9846	0.1961	s_y					
13									
14	n =	4	B14 = COUNT(B4:B7)						
15	Mean y =	3.5	B15 = AVERAGE(C4:C7)						
16	$\Sigma(x_i - \text{mean } x)^2$ =	13	B16 = DEVSQ(B4:B7)						
17									
18	Measured y =	2.72	Input						
19	k = Number of replicate measurements of y =	1	Input						
20	Derived x =	2.2325	B20 = (B18-C10)/B10						
21	u_x =	0.3735	B21 = (C12/ABS(B10))*SQRT((1/B19)+(1/B14)+((B18-B15)^2)/(B10^2*B16))						

감사의 글

Dan의 아내 Sally는 이 책과 해답집의 모든 과정에 참여하였다. 그녀는 이 책의 명확성과 정확성을 높이는 데에 크게 기여하였다.

문제 풀이는 Alberta 대학교의 학생인 Lucas Mina와 Robin Abel이 주로 검토하였다. Di Wu와 Caley Craven은 많은 문제와 실험을 테스트하였다.

이 정도로 크고 복잡한 책은 많은 사람들의 협력의 결과이다. Beth Cole과 Randi Rossignol은 편집 지침을 제공하였다. Edward Dionne은 이 책을 구성하는 수천 개의 작품이 제 시간에 올바르게 완성되었는지를 확인하였다. Katie Pachnos는 원고의 준비 및 편집팀에서 프로덕션팀으로의 전송을 관리하였다. Richard Fox는 놀라운 방법으로 사진이나 새로운 예술 작품을 찾고 허가를 취득하였다. Sarah Wales-McGrath는 교열 담당자이고, Beth Rosato는 교정자이다. Paul Rohloff는 원고가 제작된 후에 워크 플로를 처리했다. Kris Hiebner는 Kelsey Hughes의 도움을 받아 Sapling-Plus의 미디어 자산을 관리하였다.

우리는 이 책에 대한 새로운 정보를 제공하고, 질문하고, 좋은 제안을 해준 많은 분들께 감사한다. David Sparkman(캘리포니아 주 Stockton시 소재 College of Pacific)은 질량 분석에 대한 자세한 비평과 의견을 제공하였다. Chris Harrison(San Diego 주립대)은 14장과 26장에 대한 의견을 제공하였다. 일본어판 번역가인 요시키 소린(교토대)은 많은 부분을 섬세하게 수정해 주었다. 천연색 사진 25는 학부생 Ashlyn Erpenbach, 이상욱, Elizabeth Liu, Cameron Zalewski의 사진으로 제작되었으며 Pam Doolittle(Wisconsin-Madison 대학교)가 제공하였다.

Juris Meija(캐나다 국립연구위원회)는 원자량, 킬로그램 및 계측에 관한 그의 전문 지식을 공유했다. Marcy Towns(Purdue 대학교)와 Peter Mahaffy(Edmonton시 소재 King's 대학교)는 표 1-1의 새로운 SI 단위의 비평에 도움을 주었다. Peter Wentzell(Dalhousie 대학교)은 통계 및 화학량론에 대한 교육 자료를 공유하고 많은 질문에 답변하였으며, 통계 및 다변량 교정에 대한 비평을 제공하였다. Jonathan Merten(Arkansas 대학교)과 Abdul Malik(South Florida 대학교)는 F 실험의 재검토를 시작하게 하였다. Katherine Elvira(Victoria 대학교)는 교정식(calibration equation) 및 기타 주제에 대한 유용한 의견을 제공하였다. Raychelle Burks(St. Edwards 대학교)와 한 익명의 학생(Alberta 대학교)이 포괄성에 대한 식견을 제공하였다. Roger Summons(MIT)와 Ilya Bobrovski-y(호주 국립대학교)는 이 책의 뒤 표지에 대한 정보와 비평을 제공하였다.

Whitney Duim(California-Davis 대학교)은 그림 18-18에 헌팅틴(huntingtin) 단백질 응집체의 현미경 사진을 제공하였다. Alex Brolo(Victoria 대학교)는 휴대폰 기반 분광 광도계에 대한 실험 18-1을 제안하였다. 그와 그의 동료 Alex Wlasenko와 학부생 Sean Coppel은 천연색 사진 13에 무지개 이미지를 제공하였다. Hans-Peter Loock(Queen's 대학교)은 레이저에 대한 질문에 답변하였다. Florence Williams(Iowa 대학교)는 표 19-2의 유도체화에 대한 질문에 답변하였다. Robert Campbell(Alberta 및 Tokyo 대학교)은 녹색 형광 단백질과 형광단을 보여 주는 그림 19-19를 제공하였다. Hans Osthoff(Calgary 대학교)는 대기 분석 화학, 통계 및 불확정도에 대한 의견과 지식을 제공하였다. Wayne Moffat와 Jennifer Jones(Alberta 대학교)는 문제 20-40의 형광 데이터를 수집하였다. Toru Shimada(Hirosaki 대학교)는 브로모 티몰 블루의 구조와 하전 상태를 수정하였다.

Cary Australia의 Matt Wood-Collins와 Travis Burt는 자외-가시선 분광 광도계에 대한 이해를 공유하였다. 자외-가시선 분광 광도법의 오차와 HPLC에서 pH의 영향에 대한 의견과 지식을 제공한 Ivo Leito(Tartu 대학교, Estonia)에게 감사드린다. Wing Tat Chan(Hong Kong 대학교)은 그림 20-12b의 다색광 시뮬레이터를 찾아 주었다. 크립트 실행에 도움을 준 Milton Wang(Victoria 대학교)에게 감사드린다. Russ Algar(British Columbia 대학교)는 표 19-3에 발광 물질의 요약을 제공하였다. Richard Paproski와 David Dunford(Syncrude Research)는 석유 산업에서의 경험으로 원자 분광법에 대한 논의를 풍부하게 했다. Gary Hieftje(Indiana 대학교)는 원자 분광법에 대한 그의 깊은 지식을 공유하였다. Chad Cuss(Alberta 대학교)는 미량 금속 실험실의 복잡함을 보여 주었고, Kerstin Leopold(Universität Ulm)는 용기를 깨끗이 하기 위하여 필요한 세부 사항을 제공하였다. San Francisco 주립대학교의 Pete Palmer는 X선 형광에 대한 귀중한 자원이다. Daniel Shin(Campbell 대학교, North Carolina)은 전극 전위 및 신호 평균에 대한 의견을 제시하였다. Robert Kennedy와 Non Ngernsutivorakul(Michigan 대학교)는 고체 미세 투석 프로브 사진을 제공하였다. Susan Murch(British Columbia-Okanagan 대학교)는 전기 화학에 대한 많은 의견을 제공하였다. Karl-Gustav Wahlund(스웨덴 Lund 대학교)는 추출에 관한 명명법을 업데이트하였다. Ernő Lindner(Memphis 대학교)는 이온 선택성 전극에 대한 정보와 이미지를 제공하였다. 시게루 아메 미야(Pittsburgh 대학교)와 Sushma Karra(Van London Co., Texas Houston, Texas)는 유리 pH 전극에 대한 설명의 오류를 수정하였다. Naomi Stock(Trent 대학교, Ontario)은 질량 스펙트럼 이미지를 제공하였다. 그 외에도 Brian Niece(Assumption 대학교, Worcester MA), Andrew Danard(Guelph 대학교의 학생) 및 Mark Jensen과 그의 학생 Daniel Kaupa(미네소타주 Moorhead 시 소재 Concordia 대학교)가 수정을 제공해 주었다.

Marek Tobiszewski(Gdańsk University of Technology)와 Andy Dicks(Toronto 대학)는 환경친화적 분석화학에 대한 안내와 제안을 제공하였다. Tadeusz Górecki(Waterloo 대학교)와 Nicholas Snow(Seton Hall University)는 기체 크로마토그래피에 대한 논의를 보강하였다. Restek Corporation의 Jaap de Zeeuw는 기체 크로마토그래피에 대한 지식과 Restek의 Pro*EZGC*® 기체 크로마토그래피 시뮬레이션에 대한 이해를 공유하였다.

James Harynuk(Alberta 대학교), Kevin Thurbide(Calgary 대학교) 및 Philip Marriott(Monash 대학교)는 기체 크로마토그래피에 대한 많은 질문에 답변을 제공하였다. 또한 Philip은 그림 24-23과 문제 24-44의 GC-MS 데이터를 제공하였다.

James Grinias(Rowan 대학교)는 액체 크로마토그래피에 대한 많은 유용한 의견과 제안을 제공하였다. Birte Johanne Sjursnes(Ostfold 대학교)와 Lise Kvittingen(Norwegian 과학기술 대학교)은 천연색 사진 20의 얇은 층 크로마토그래피 이미지를 제공하였고, 실험 25-1을 다듬었다. Waters 사의 Jon Belanger는 그림 25-4를 기안하였다. Steve Weber(Pittsburgh 대학교)는 오차 및 전기 화학적 검출에 대한 지식을 공유하였다. Merck사의 Imad Haidar Ahmad와 Erik Regalado, Genentech사의 Kelly Zhang은 제약 산업에서의 초고성능 액체 크로마토그래피(ultra-high-performance LC) 방법 개발 경험을 공유하였다. Davy Guillarme과 Jean-Luc Veuthey(Geneva 대학교)는 문제 23-30, 23-55, 23-56, 25-48 및 25-50에 스프레드시트를 사용할 수 있도록 수정하였다. 친환경 HPLC에 관한 문제 25-40에 대한 지침을 준 Susan Olesik(Ohio 주립 대학교)에게 감사한다. 애질런트사의 Xiaoli Wang은 26-8절 Lab-on-a-Chip에 대한 지식과 자료를 제공하였다.

다음은 9판을 검토해 주어 우리가 10판을 만드는 데에 도움을 준 분들이다: Brian Zacher (University of Arizona), Abdul Malik (University of South Florida), Shauna Hiley (Missouri Western State University), Wesley Zandberg (University of British Columbia-Okanagan), Eric Flaim (University of Alberta), Kathryn Williams (University of Florida), Rebecca Barlag (Ohio University), Leslie Knecht (University of Miami), Barry Streusand (Texas State University), Nelly Mateeva (Florida A&M University), Jessica Thomas (Purdue University Northwest), Rabin Bissessur (University of Prince Edward Island), Samuel Sewall (McGill University), Douglas Stuart (University of West Georgia), Barry Lavine (Oklahoma State University), and Donald Suggs (University of Georgia). The following people reviewed sections of the revised tenth edition: Tadeusz Górecki (University of Waterloo), Edward C. Navarre (Southern Illinois University Edwardsville), Kathryn R. Williams (University of Florida), Vladimira V. Wilent (Temple University), Ji Wu (Georgia Southern University), Yu Yang (East Carolina University), Justin Miller–Schulze (California State University, Sacramento), and Donna Blackney (Drexel University).

역자 서문

Daniel C. Harris의 10판 정량분석화학(Quantitative Chemical Analysis)은 분석화학의 원리를 심도 있게 이해하고, 화학은 물론, 화학과 관련된 넓은 분야에 응용할 수 있는 다양한 주제를 비교적 깊이 있게 다루고 있습니다.

앞으로 우리가 살아가야 할 세상은 풍요롭고 깨끗해야 합니다. 현재 우리는 마시는 공기의 오염을 염려하여 자동차 배기가스를 규제하고 있습니다. 알프스 산맥 정상에 성층권의 오존을 파괴하는 클로로플루오로탄소(CFC)가 얼마나 존재하는지를 장기간에 걸쳐 지속적으로 조사해 오고 있으며, 남극 상공의 오존층 고갈을 매우 우려하고 있습니다. 곡식이나 과일에 잔류 농약이나 환경 호르몬이 들어 있지는 않은지, 혹은 방사성 물질로 오염되어 있지는 않은지를 감시해야 합니다. 환경 정화를 위해서는 환경 오염을 유발하는 물질의 정확한 분석 측정이 선행되어야 효과적인 오염 방지 대책을 마련할 수 있습니다. 분석화학은 다양한 오염 물질의 측정 방법을 배우는 학문으로서, 그 중요성은 생활 환경과 직접 연결되어 있습니다.

분석화학의 중요성은 환경 오염에만 국한되지 않습니다. 우주 탐사의 목표 중의 하나는 지구 밖에서 생물체가 살 수 있는 환경을 찾는 것입니다. 이는 화학 분석을 통하여 물이나 이산화 탄소의 존재를 확인하는 것입니다. 1997년 화성 탐사선 Pathfinder의 임무는 착륙 지점 근처에서 채취한 바위나 흙 속에 존재하는 원소들을 정량 분석하는 것이었습니다.

생체 내의 많은 물질을 정확하고 정밀하게 측정하는 방법 없이는 인류의 건강을 추구하기 위한 연구는 불가능합니다. 지구환경 분야에서도 과거에 살았던 인류의 조상들이 어떤 음식을 먹었는지, 물이나 생명체가 우주로부터 어떻게 들어왔는지에 대한 의문을 밝히기 위하여 고도의 화학 분석 기술에 의존하지 않을 수 없습니다. 미래 산업을 주도할 것으로 기대되는 생명, 나노, 통신, 환경, 우주 기술에 필수적인 컴퓨터에 사용되는 반도체의 공정 관리 과정에도 미량의 금속 원소에 대한 정확한 분석 없이는 우수한 반도체 품질을 기대하기 어렵습니다. 이렇듯 우주 과학, 생명 과학, 지구 과학 및 첨단 공학의 발전이 이루어지기 위해서는 환경 분야에서와 마찬가지로, 물질에 대한 정확한 분석이 뒷받침되어야 합니다.

이와 같이 인류의 궁금증을 해결하고, 삶의 질을 향상시키기 위한 자연과학 및 응용과학의 많은 분야에서는 분석화학에 기초한 측정을 통하여 기본 데이터를 제공받아야 하므로, 정량분석화학은 분석화학 전공자는 물론, 분석의 도움을 필요로 하는 다수의 응용연구자들이 필수적으로 이수해야 할 과정입니다. 정량분석화학 강의는 자연과학을 연구하는 미래의 과학도 및 공학도 모두에게 화학 분석에 관한 유용한 기본 지식을 제공합니다.

분석화학으로부터 해답을 찾으려는 질문은 크게 두 가지로 분류됩니다. 하나는 '시료에 어떤 물질이 존재하는가?'(정성 분석)이고, 다른 하나는 '그 물질의 양이 얼마인가?'(정량 분석)입니다. 본 정량분석화학 교재는 두 번째 질문을 해결하기 위한 실험적인 접근 방법과 두 가지 질문을 동시에 해결하기 위한 기초 지식을 제공합니다.

일반적으로 '정량분석화학' 강의는 대학에서 저학년생에게 제공되고, 고학년에서는 '첨단 기기분석'이 제공됩니다. 다년간 대학에서 정량분석화학을 강의한 역자들의 경험에 비추어 볼 때, Daniel C. Harris의 'Quantitative Chemical Analysis'는 학생들이 졸업 후 직장에서 수행할 다양한 화학 측정에 관한 기본 지식을 담고 있으며, 창의적인 연구를 수행하기 위한 연구 방법을 습득할 수 있도록 기술되어 있습니다. 각 장의 도입부에는 그 장의 내용과 관련된 유익한 토픽을 소개하며, 예제(Example)에 이어 자습(Test Yourself) 문제를 추가함으로써 예제 풀이를 이해하는 데 도움을 주고자 하였습니다.

본 교재를 효과적으로 이용하는 방법은 (1) 교재에 제공된 문제를 풀고, (2) 실험을 병행하는 것입니다. 본 교재에는 흥미로운 예제나 문제가 풍부합니다. 각 장에는 배운 내용의 응용 방법을 보여주는 예제, 중요한 개념을 응용하는 연습 문제(Exercise), 각 장의 내용을 전체적으로 복습하기 위한 문제(Problem), 그리고 다양한 분야의 종합적인 사고를 요구하는 '종합 문제'가 제공되어 있습니다.

본 교재는 한 학기에 소화하기에는 분량이 다소 많은 점을 고려하여, 강의하시는 분은 한 학기 혹은 두 학기 강의로 진행하시기 바랍니다. 실험은 소규모로, 친환경적으로 디자인하였습니다. 유해하지 않은 화합물을 사용하도록 배려하였고, 또한 폐기물 처리를 고려하여 계획하였습니다. 실험은 본문의 내용을 이해하는 데에 큰 도움을 줍니다. 따라서 강의와 실험을 병행하기를 권장드립니다.

10판의 번역을 마무리하면서, 혹시나 표현이 서투르거나 잘못 표현된 곳이 있지 않은지 염려됩니다. 본 교재를 강의 교재로 사용하시는 교수님께서 잘못된 부분을 지적해 주시거나 대안을 제안해 주시면 매우 감사하겠습니다. 본 교재의 번역 과정에서는 저작권 문제가 발생하지 않도록 노력하였습니다. 저작권이 해결되지 않은 사진이나 그림을 포함한 내용의 경우, 최대한 내용에 적절한 사진으로 교체하여 작업하였으며, 일부는 번역팀의 논의를 거쳐 몇몇 그림이나 데이터를 번역에서 제외하였습니다. 끝으로 이 교재가 출판될 때까지 수고하신 자유아카데미 여러분께 깊이 감사드립니다.

2021년 1월

역자 대표 이 승 호
slee@hnu.kr

차례

0 분석 과정

영구 동토층에 포함된 수은

Alaska의 영구 동토층의 Hg 함량을 측정하는 방법은 토양 시료를 O_2 분위기에서 가열할 때 발생하는 수은 증기를 금으로 포집하는 것이다. 이 방법으로 지질화학자는 10^{-11}~10^{-6} g 수준의 수은을 측정할 수 있다. 수은을 포집한 금을 다시 가열할 때 발생하는 수은 기체가 자외선을 흡수하는 흡광도를 이용하여 수은의 농도를 결정할 수 있다. 이 장의 도입 부분에 소개된 본 연구의 출처는 다음과 같다. ["Permafrost Stores a Globally Significant Amount of Mercury," *Geophys. Res. Lett.* **2018**, *45*, 1463. [Viktor Gabyshev/Shutterstock]

최소한 2년 연속으로 동결 상태에 있는 토양을 영구 동토층이라고 하는데, 북반구 전체의 약 25% 정도를 차지하며 주로 북극 지방 부근에 위치한다. 여름이 되면 영구 동토층의 표면에 위치하는 '활동층'(표면의 약 0.3~1 m 정도)이 녹는다. 대기 중의 수은은 활동층에 포함된 유기물과 결합하는데, 여름에 미생물이 유기물을 분해시키면 결합한 수은이 다시 대기 중으로 방출된다. 원소 상태의 Hg보다 물에 녹는 CH_3Hg^+ 같은 물질의 독성이 훨씬 강하다. 퇴적 작용이 진행되어 활동층에 새로운 토양이 쌓이면 기존의 활동층은 영구 결빙되고, 유기물의 분해가 정지되어 수은은 영구 동토층에 갇힌다.

화석 연료를 태울 때 발생하는 CO_2로 인한 지구 온난화 때문에 지난 40년 동안 지구의 평균 온도가 0.7°C 상승하였다(그림 10-1). 극지방의 온난화는 더 가파라서 1979~2010년 평균 기온에 비해 2016년과 2017년 겨울 평균 기온이 4~5°C 상승하였다. 2017년 겨울 북극해에 분포된 얼음의 양은 1979년에 비하여 42%가 감소하였다.[1]

북극 지방 영구 동토층 토양 1 g에 평균 $\sim 40 \times 10^{-9}$ g의 Hg이 포함되어 있다. 북반구 동토 지역에 $\sim 2 \times 10^{12}$ g의 Hg이 존재하는데, 그중 약 반이 영구 동토층에 동결 상태로 존재한다. 영구 동토층에 포함된 Hg의 양은 그 지역 외의 대기나 해양 그리고 토양 전체가 포함하고 있는 Hg의 거의 2배에 가깝다. 2100년이 되면 지구 온난화로 인해 영구 동토층의 면적이 30~99% 정도까지 줄어들 것으로 예상된다. 해빙이 되었을 때 미생물의 활동에 따른 향후 100년 동안의 Hg의 방출로 인한 환경적인 영향은 예상하기 어렵다. 우리는 정량 화학 분석을 통하여 지구에서 발생하는 변화를 측정할 수 있다. 우리는 이렇게 얻은 정보들을 유익하게 이용할 수 있을 정도로 현명한가?

반드시 알아야 할 용어는 **굵은 고딕 글씨**로 나타냈고, 내용을 이해하는 데 도움이 되는 용어는 **굵은 명조 글씨**로 나타냈다.

정량 화학 분석**(quantitative chemical analysis)이란 화학 물질의 **양이 얼마만큼인지** 측정하는 것이다. 정량 분석의 목표는 '이 광물에 포함된 구리의 양이 경제성이 있는가?'와 같은 질문에 대한 답을 구하는 것이다. **정성 화학 분석(qualitative chemical analysis)**은 물질에 포함된 하나 혹은 그 이상의 성분을 확인하는 것이다. 예를 들면 소변을 검사하는 가정용 임신 진단기는 임신 기간에 생성되는 호르몬의 존재 여부를 판단하는 것이다. 이런 검사를 통하여 '내가 임신했는가?'와 같이 매우 중요한 질문에 대한 답을 구할 수 있다. 정성 분석은 **무엇**이 존재하는가를 말해 주고, 정량 분석은 **얼마만큼** 존재하는가를 말해 준다. 정량 분석에서 화학 물질을 확인하는 것은 문제를 정의하고, 관련된 시료를 모은 후 관심의 대상이 되는 화학 물질을 측정할 수 있도록 시료를 전처리하고, 실제로 측정을 하고, 결과를 해석해서 보고서를 만드는 일련의 과정의 일부분일 뿐이다.

정량 분석: 얼마만큼 포함되어 있는가?

정성 분석: 무엇이 포함되어 있는가?

0-1 분석 화학자의 임무

각주와 참고 문헌은 본문 마지막 장 다음에 수록하였다.

내가 제일 좋아하는, 33%의 지방과 47%의 설탕이 섞여 있는 막대형 초콜릿[2]은 California의 Sierra Nevada 산맥을 넘을 수 있는 힘을 제공해 준다. 초콜릿에는 이러한 고에너지 함량과 함께, 자극제인 카페인과 그 생화학적 전구체인 테오브로민(theobromine)이 함께 들어 있다.

초콜릿은 먹기에는 좋지만, 그것을 분석하기는 쉽지 않다. [Dima Sobko/Shutterstock.]

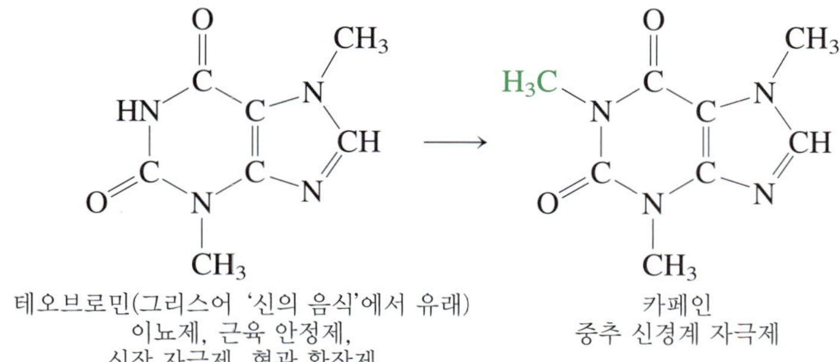

테오브로민(그리스어 '신의 음식'에서 유래)
이뇨제, 근육 안정제,
신장 자극제, 혈관 확장제

카페인
중추 신경계 자극제

이뇨제(diuretic)는 소변을 보는 것을 돕는다.

혈관 확장제(vasodilator)는 혈관을 확장시킨다.

지나친 양의 카페인은 대다수 사람들에게 해를 끼치고, 일부 사람들은 소량으로도 고통스러워 한다. 막대형 초콜릿에 포함된 카페인의 함량은 얼마나 될까? 커피나 청량음료에 들어 있는 양과 비교하면 어떨까? Maine 주 Bates College의 Tom Wenzel 교수는 이러한 질문을 통해서 화학 문제 풀이를 강의하고 있다.[3]

*Chemical Abstract*는 화학 학술지에 발표된 논문을 찾는 가장 광범위한 원천이다. *SciFinder*는 *Chemical Abstract*에 접근할 수 있게 하는 소프트웨어이다.

막대형 초콜릿에 들어 있는 카페인 함량을 어떻게 측정할 수 있을까? Denby와 Scott 두 학생은 '카페인'과 '초콜릿'을 주단어로 사용하여 *Chemical Abstract*를 뒤져 초콜릿의 카페인을 분석하는 방법과 관련된 화학 학술지에 실린 여러 논문을 찾았다. 그중 "고압 액체 크로마토그래피를 이용한 코코아와 초콜릿 상품에 들어 있는 테오브로민과 카페인의 정량"[4]이란 제목의 논문은, 그들이 보유한 실험실 장비에 특별히 잘 적용될 수 있는 분석 과정이 기술되어 있었다.[5]

시료 채취

화학 분석의 첫 단계는 측정할 대표 시료를 얻는 것으로, 이를 **시료 채취(sampling)** 과정이라고 한다. 모든 초콜릿은 동일한가? 물론 아니다. Denby와 Scott은 막대형 초콜릿 한 개를 사서 그 몇 부분을 분석하였다. '초콜릿에 들어 있는 카페인'에 관한 폭넓은 기술을 하려면 여러 종류의 초콜릿을 분석하지 않으면 안 된다. 또 여러 번 반복 분석해서 각 종류의 초콜릿에 들어 있는 카페인의 범위도 결정해야 한다.

균일(homogeneous): 전부 같은

불균일(heterogeneous): 부분마다 다른

순수한 막대형 초콜릿은 어느 부분이든지 조성이 같아 상당히 **균일(homogeneous)**하다. 한쪽 끝에 포함된 카페인 함량과 반대쪽에 포함된 양이 같다고 가정해도 좋을 것이다. 마카다미아 콩(macadamia nut)이 섞여 있는 초콜릿은 부분마다 조성이 다르므로 **불균일(heterogeneous)** 물질의 예이다. 시료가 불균일 물질이면 균일 시료와는 다른 방법이 필요하다. 초콜

릿의 평균 질량과 콩의 평균 질량을 알아야 한다. 또 초콜릿과 콩(만약 카페인이 조금이라도 들어 있다면)의 평균 카페인 함량도 알아야만 할 것이다. 그래야만 마카다미아 초콜릿의 평균 카페인 함량에 관해 기술이 가능하다.

시료 준비

이 과정의 첫 단계는 초콜릿의 무게를 달고, 이를 탄화수소 용매에 녹여 지방을 추출해 내는 것이다. 지방은 분석의 나중 단계인 크로마토그래피를 방해하므로 제거해야 한다. 불행히도, 초콜릿 덩어리를 용매와 함께 흔들면, 용매가 초콜릿 내부로 침투하지 못하므로 추출이 그다지 효과적이지 못하다. 그래서 재치 있는 학생들은 초콜릿을 몇 조각으로 자른 후, 아주 작은 입자로 만들기 위하여 막자사발에 담고 막자로 잘게 갈았다(그림 0-1).

그림 0-1 고체를 작은 분말로 분쇄하는 데 쓰이는 도자기로 만든 막자와 막자사발

초콜릿을 간다고 상상해 보라! 너무 유연해서 갈아지지 않는다. 그래서 Denby와 Scott은 잘게 자른 초콜릿과 함께 막자와 막자사발을 얼렸다. 냉동 초콜릿은 깨지기 쉬워서 차가운 막자사발에서 갈 수 있다. 그다음 미리 무게를 측정한 15 mL 원심 분리용 관에 간 시료를 넣고 무게를 측정하였다.

그림 0-2는 크로마토그래피를 이용한 분석에 방해 작용을 하는 지방을 제거하는 실험 과정을 보여 준다. 유기 용매인 석유 에테 10 mL를 관에 넣고 마개로 막는다. 고체 초콜릿에 포함된 지방이 용매로 추출되도록 관을 세차게 흔든다. 카페인과 테오브로민은 이 용매에 녹지 않는다. 그다음 액체와 가느다란 입자의 혼합물을 원심 분리기에서 돌려 초콜릿을 관의 아래쪽에 모은다. 녹은 지방이 들어 있는 맑은 액체는 **따라(decant)** 버린다. 새 용매로 추출을 두 번 더 반복하여 초콜릿으로부터 지방을 완전히 제거한다. 마지막으로 끓는 물이 담긴 비커를 이용하여 원심 분리용 관을 가열하여 초콜릿에 남은 용매를 제거한다. 그 관과 지방을 제거한 초콜릿의 무게를 달고 빈 관의 무게를 빼면 남은 초콜릿의 무게를 계산할 수 있다.

카페인과 테오브로민같은 측정 대상 물질을 **분석 물질(analyte)**이라고 한다. 시료 준비의 그다음 단계는 지방을 제거한 초콜릿 잔류물을 삼각 플라스크에 **정량적으로 옮기고(quantitative transfer**: 완전히 옮김), 분석 물질을 물에 녹이는 것이다. 만약 플라스크로 옮길 때 관에 시료가 조금이라도 남게 되면 시료의 일부분이 손실되어 오차가 생긴다. Denby와 Scott은 정량적으로 옮기기 위해서 원심 분리관에 수 mL의 물을 첨가하고, 잘 저으면서 가열하여 가능한 한 많은 양의 초콜릿을 녹이거나 물에 뜨게 만들었다. 그다음 **곤죽(slurry**: 액체에 고체가 떠 있는 현탁액)을 관으로부터 50 mL 플라스크에 옮겼다. 깨끗한 물로 이 과정을 여러 번 반복하여 초콜릿을 남김 없이 원심 분리관에서 플라스크로 옮겼다.

Denby와 Scott은 분석 물질을 물에 완전히 녹이기 위해서 물을 첨가해 전체 부피를 약 30 mL로 만들었다. 그리고 끓는 물중탕에서 플라스크와 그 내용물을 가열하여 초콜릿으로부터 카페인과 테오브로민을 물로 추출하였다. 나중에 분석 물질의 양을 계산하려면, 전체 용매(물)의 질량을 정확히 알아야 한다. 그들은 원심 분리관에 든 초콜릿 잔류물의 질량과 빈 삼

용질이 물에 녹아 있는 용액을 **수용액(aqueous solution)**이라고 한다.

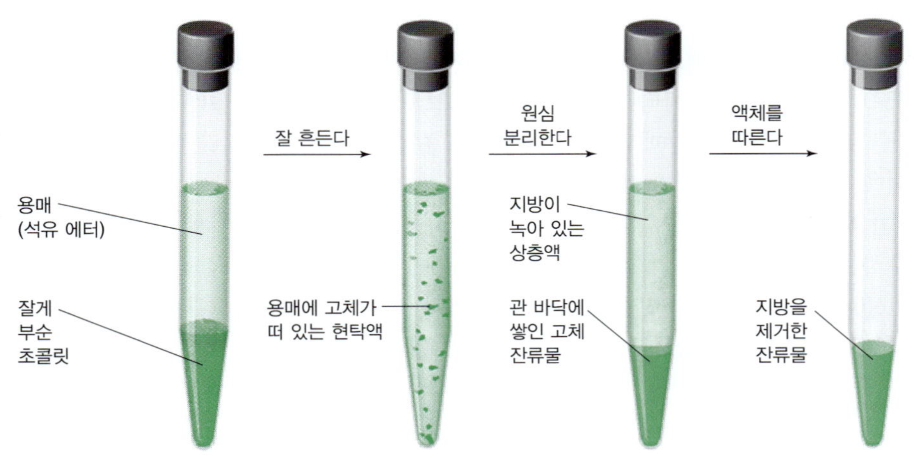

그림 0-2 지방을 제거한 초콜릿 잔류물을 분석하기 위한 지방 추출 과정

그림 0-3 원심 분리와 여과는 분석 물질이 녹아 있는 수용액으로부터 원하지 않는 고체 잔류물을 분리하는 데 쓰인다.

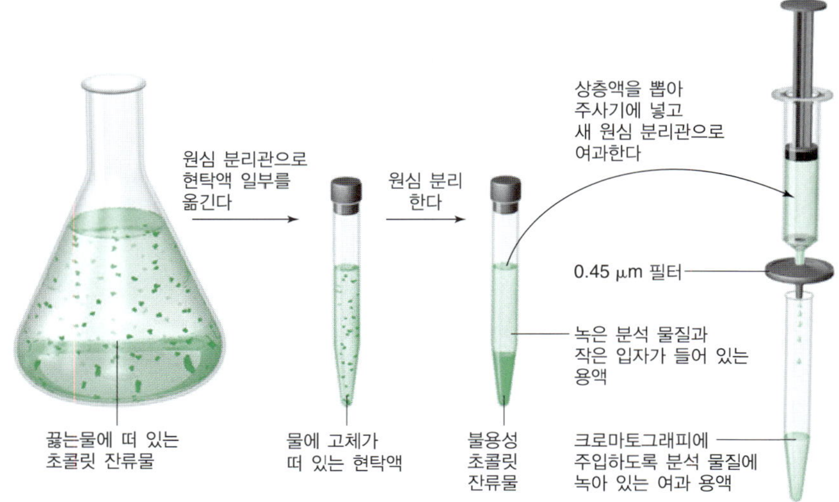

각 플라스크의 질량을 알고 있으며, 저울 위에 플라스크를 얹고 물을 한 방울씩 가하여 가한 물의 질량이 정확히 33.3 g이 되게 할 수 있었다. 나중에 농도가 알려진 순수한 분석 용액과 물 33.3 g에 들어 있는 미지 용액을 비교하였다.

Denby와 Scott은 미지 용액을 크로마토그래프에 주입하기 전에, 미지 용액을 더 정제해야 했다(그림 0-3). 물에 포함된 작은 고체 입자(초콜릿 잔류물)로 인하여 비싼 크로마토그래피 칼럼이 막혀서 못쓰게 될 수도 있다. 이를 막기 위하여 곤죽의 일부를 원심 분리관으로 옮기고 원심 분리하여 가능한 한 많은 고체를 그 관의 바닥에 가라앉힌 후, 뿌연 황갈색의 **상층액**(**supernatant liquid**: 쌓인 고체 위의 액체)을 여과하여 미세 입자를 제거하였다.

고체 입자가 크로마토그래피 칼럼으로 주입되는 것을 방지하는 것은 매우 중요하다. 그런데 황갈색 액체는 여전히 탁해 보였다. 그래서 그들은 원심 분리와 여과를 5회 더 반복하였다. 상층액을 원심 분리하고 여과를 할 때마다 조금씩 더 맑아졌다. 그러나 액체가 완전히 맑아지지는 않았다. 시간이 지나면 더 많은 고체가 언제나 여과한 용액으로부터 침전하였다.

실제 시료는 다루기 어렵다!

지금까지 기술한 지루한 실험 과정을 **시료 준비**(**sample preparation**)라고 하는데, 이는 시료를 분석에 적합한 상태로 바꾸는 과정이다. 여기서는 초콜릿으로부터 지방을 제거하고, 분석 물질을 물로 추출했으며, 물에 잔류하는 고체 입자를 분리하였다.

화학 분석(드디어!)

Denby와 Scott은 분석 용액이 주어진 시간 내에 만들 수 있는 가장 깨끗한 상태라고 확신하였다. 그다음 단계는 혼합물의 성분을 분리하고 각 분석 물질의 양을 측정하기 위하여 **크로마토그래피**(chromatography) 칼럼에 용액을 주입하는 것이었다. 그림 0-4a에 나타낸 칼럼은 표면에 긴 탄화수소가 결합한 매우 작은 실리카(SiO_2) 입자로 채워져 있다. 초콜릿 추출 용액 20 μL(20.0×10^{-6} L)를 칼럼에 주입하고 순수한 물 79 mL와 메탄올 20 mL, 그리고 아세트산 1 mL를 섞은 용매로 용리시켰다. 실리카 표면의 탄화수소에 대한 카페인의 흡착력이 테오브로민보다 더 크다. 따라서 카페인은 테오브로민보다 칼럼의 실리카 입자에 더 강하게 '붙는다'. 두 분석 물질이 용매의 용리 작용으로 칼럼에서 씻겨 내려갈 때, 테오브로민이 먼저 칼럼을 빠져나간다(그림 0-4b).

크로마토그래피의 용매는 25장에 기술한 체계적 시행 착오 방법으로 찾는다. 아세트산의 역할은 실리카 표면의 음전하를 띤 산소 원자와 결합하여, 카페인이나 테오브로민의 일부가 그 표면에 단단히 결합하지 않도록 해주는 것이다.

실리카 O^- $\xrightarrow{\text{아세트산}}$ 실리카 OH

분석 물질과 매우 강하게 결합한다.	분석 물질과 강하게 결합하지 않는다.

그림 0-4a에 나타낸 것과 같이, 분석 물질이 출구에 위치한 램프에서 방출되는 자외선 빛을 흡수하는 정도를 이용하여 검출된다. 그림 0-5의 시간 대 검출기 감응의 그래프를 **크로마토그램**(chromatogram)이라고 한다. 테오브로민과 카페인이 크로마토그램의 주피크이다. 작은 피크들은 초콜릿에서 물로 추출된 다른 성분들이다.

254 nm의 자외선을 흡수하는 물질만이 그림 0-5에서 관찰된다. 추출한 수용액에서의 주성분은 설탕류이지만, 이 실험에서는 검출되지 않는다.

크로마토그램만으로는 미지 시료에 들어 있는 화합물이 무엇인지 알 수 없다. 피크를 확인하는 한 가지 방법은 시료가 칼럼을 빠져나올 때 각각의 분광학적 특성을 측정하는 것이다.

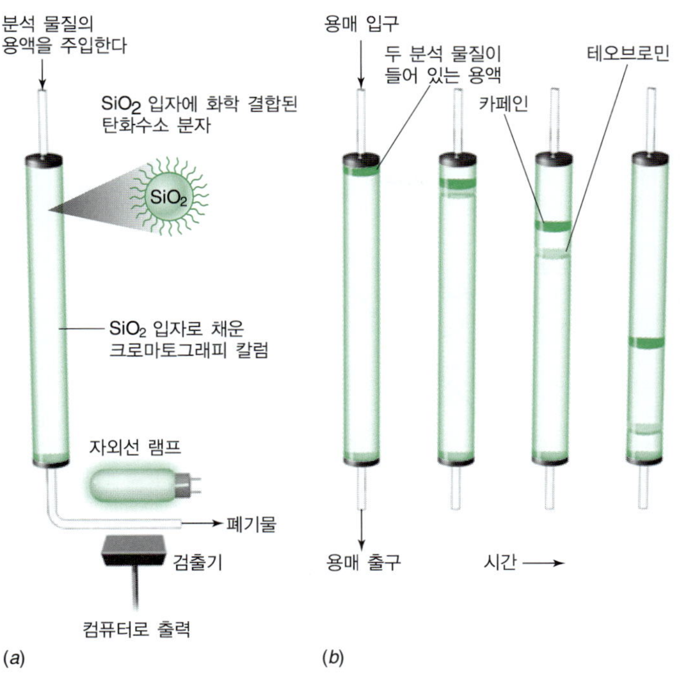

그림 0-4 액체 크로마토그래피의 원리. (*a*) 칼럼의 출구에서 분석 물질을 검출하기 위하여 자외선 흡광도 검출기를 쓰는 크로마토그래피 장치. (*b*) 크로마토그래피로 카페인과 테오브로민의 분리. 카페인은 칼럼의 입자 표면에 결합된 탄화수소에 테오브로민보다 더 잘 녹는다. 따라서 카페인은 테오브로민보다 더 강하게 붙들려 칼럼 안에서 더 서서히 움직인다.

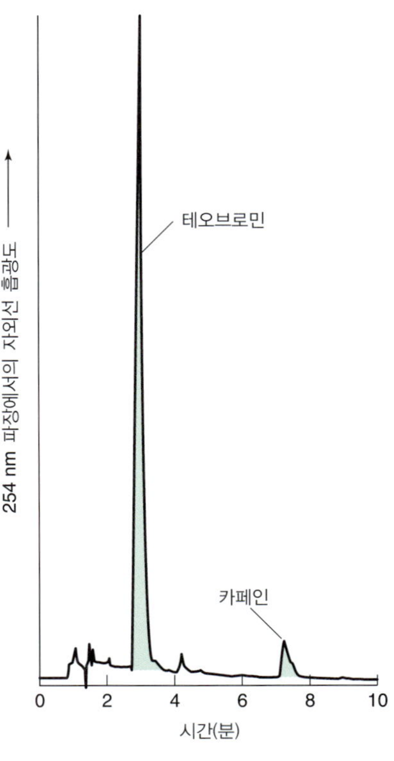

그림 0-5 20.0 μL의 검은색 초콜릿 추출액의 크로마토그램. 지름이 5 μm인 입자의 Hypersil ODS로 채운 지름 4.6 mm × 길이 150 mm인 칼럼을 물:메탄올:아세트산(부피비로 79:20:1)의 혼합 용액을 분당 1.0 mL 속도로 용리하였다.

다른 방법은 미지 시료에 순수한 카페인 또는 테오브로민을 첨가하고 특정한 피크의 크기가 커지는지 확인하는 것이다.

그림 0-5에서 각 피크 밑의 **면적**(area)은 검출기를 통과한 성분의 양에 비례한다. 그 면적을 측정하는 가장 좋은 방법은 크로마토그래피 검출기에 연결된 컴퓨터를 사용하는 것이다. Denby와 Scott은 크로마토그래피에 연결된 컴퓨터가 없었으므로, 그 대신 각 피크의 **높이**(height)를 측정하였다.

교정 곡선

두 분석 물질의 농도가 같다고 해서 크로마토그래피 검출기의 감응도 동일한 것은 아니다. 따라서 아는 농도의 분석 물질을 이용하여 검출기 감응을 측정해야 한다. 분석 물질의 농도에 대한 검출기 감응을 도시한 그래프를 **교정 곡선(calibration curve)** 또는 **표준 곡선**(standard curve)이라고 한다. 교정 곡선은 아는 농도의 순수한 테오브로민이나 카페인이 포함된 **표준 용액(standard solution)**을 만들고, 이를 칼럼에 주입하여 얻은 피크의 높이를 측정한다. 그림 0-6은 한 가지 표준 용액의 크로마토그램이고, 그림 0-7은 용액 1 g당 분석 물질이 각각 10.0 μg, 25.0 μg, 50.0 μg, 100.0 μg 포함된 용액을 이용하여 얻은 교정 곡선을 보여 준다.

교정점을 지나는 직선을 이용하여 미지 시료에 포함된 테오브로민과 카페인의 농도를 구할 수 있다. 미지 시료에서 테오브로민의 피크 높이가 15.0 cm였다면, 그림 0-7의 테오브로민과 관련된 식을 이용하여 테오브로민 농도는 용액 1 g당 76.9 μg이라는 것을 알 수 있다.

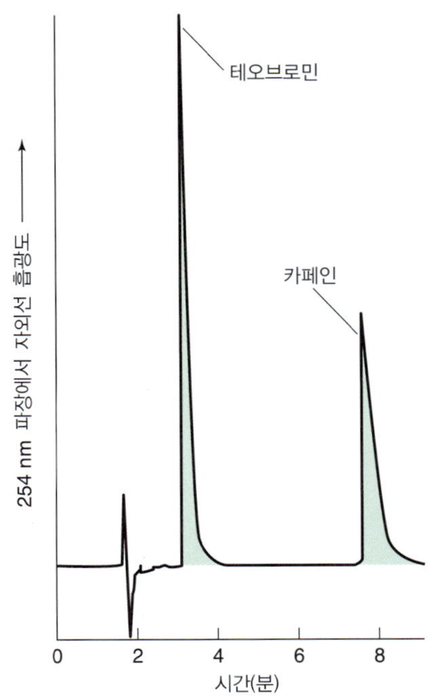

그림 0-6 용액 1 g당 50.0 μg의 테오브로민과 50.0 μg의 카페인이 포함된 표준 용액 20.0 μL의 크로마토그램

결과의 해석

Denby와 Scott은 초콜릿을 추출한 수용액에 분석 물질이 얼마나 들어 있는지를 확인한 후, 원래 초콜릿에 포함된 테오브로민과 카페인의 함량을 계산하였다. 표 0-1에서 보듯이, 흰색 초콜릿에 포함된 양은 검은색 초콜릿에 들어 있는 양의 약 2% 수준이다.

그림 0-7 알려진 농도의 순수한 화합물의 피크 높이를 보여 주는 교정 곡선. 1 ppm은 용액 1 g당 분석 물질 1 μg이다. 측정점을 지나는 직선의 식은 4장에서 기술하는 **최소 제곱법**으로 결정하였다.

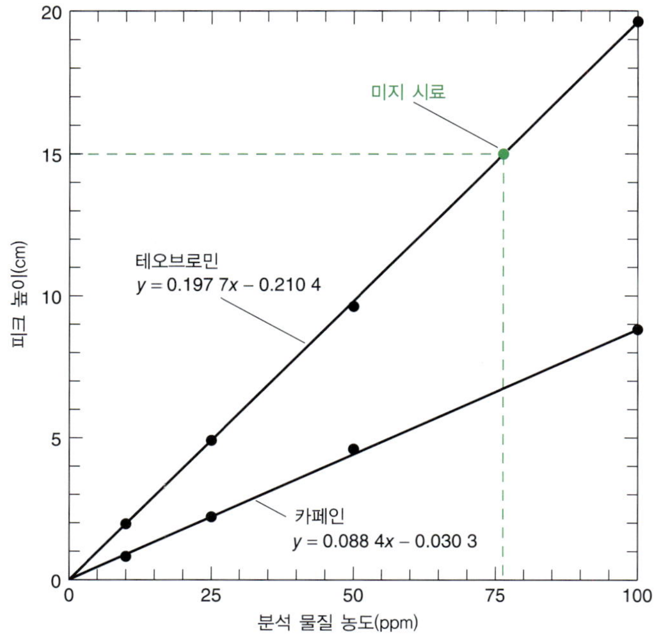

표에는 각 시료를 세 번 반복 측정하여 얻은 **표준 편차**(standard deviation)를 함께 나타내었다. 4장에 배우게 될 표준 편차는 결과의 재현성의 척도이다. 세 번의 결과가 똑같다면 표준 편차는 0이다. 표준 편차가 크면 그 결과의 재현성은 낮다는 의미이다. 검은색 초콜릿의 테오브로민의 표준 편차(0.002)는 평균(0.392)의 1% 미만이므로, 그 측정은 재현성이 높다고 말할 수 있다. 흰색 초콜릿의 테오브로민에 대한 표준 편차(0.007)는 평균(0.010)과 거의 비슷한 크기이므로, 이 측정의 재현성은 그리 좋은 편은 아니다.

표 0-1 검은색 초콜릿과 흰색 초콜릿의 분석

	초콜릿 100 g당 분석 물질(g)	
분석 물질	검은색 초콜릿	흰색 초콜릿
테오브로민	0.392 ± 0.002	0.010 ± 0.007
카페인	0.050 ± 0.003	0.000 9 ± 0.001 4

세 번 반복 측정의 평균 ± 표준 편차

분석 목적은 언제나 어떤 결론에 이르는 것이다. 이 절의 서두에 제기한 질문은 '막대형 초콜릿에 카페인이 얼마나 들어 있는가?'와 '커피나 청량음료에 들어 있는 양과 비교하면 어떨까?'이었다. 이 실험을 통하여 Denby와 Scott은 그들이 분석한 어느 특정한 막대형 초콜릿 한 개에 카페인이 얼마나 들어 있는가를 알아내었다. 같은 종류의 여러 막대형 초콜릿을 분석하거나 여러 가지 다른 종류의 초콜릿에 대한 더 광범위한 결과를 얻기 위해서는 훨씬 많은 작업이 필요할 것이다. 표 0-2에 여러 식품에 들어 있는 카페인 함량을 분석한 결과를 비교한 것을 나타내었다. 청량음료 캔이나 차 한 잔에는 조그만 커피 한 잔에 있는 카페인의 1/2 이하가 포함되어 있다. 초콜릿에는 더 적은 양의 카페인이 들어 있으나, 등산객이 배가 고파 많은 양의 베이킹 초콜릿을 먹으면 상당한 부작용이 나타날 수 있다.

고체상 추출법을 이용한 시료 준비

Denby와 Scott이 사용한 과정은 **고체상 추출법**(solid-phase extraction)이 개발되기 전인 1990년대 중반에 개발된 것이다. 지금은 시료에 포함된 중요한 방해 물질을 분리하는 고체

표 0-2 음료수와 음식의 카페인 함량		
원천	카페인 (잔 또는 개당 mg)	한 잔 또는 한 개의 크기[a] (온스)
일반 커피	106~164	5
카페인 제거한 커피	2~5	5
차	21~50	5
코코아 음료	2~8	6
베이킹 초콜릿	35	1
스위트 초콜릿	20	1
밀크 초콜릿	6	1
카페인 첨가한 청량음료	36~57	12
레드불(에너지 음료 이름)	80	8.2

a. 1온스 = 28.35 g

출처: *http://www.holymtn.com/tea/caffeine_content.htm. Red Bull: http://wilstar.com/caffeine.htm.*

상 추출법을 이용하여 비교적 간단한 시료 준비가 가능하다.[6] 그림 0-8은 비싼 분석용 칼럼을 사용하는 크로마토그래피를 이용한 분석을 하기 전에 크로마토그래피에서 사용하는 고체상으로 채운 짧은 일회용 칼럼을 이용하여 시료를 정제하는 과정을 보여 준다.

Denby와 Scott은 유기 용매를 이용하여 지방을 추출하고 카페인과 테오브로민을 뜨거운 물로 추출한 후, 힘든 원심 분리와 여과 과정을 여러 번 수행하여 미세한 입자를 제거하였다. 그림 0-8의 고체상 추출법을 이용하여 당류나 지방 그리고 미세 입자 등을 수용액 시료에서 제거

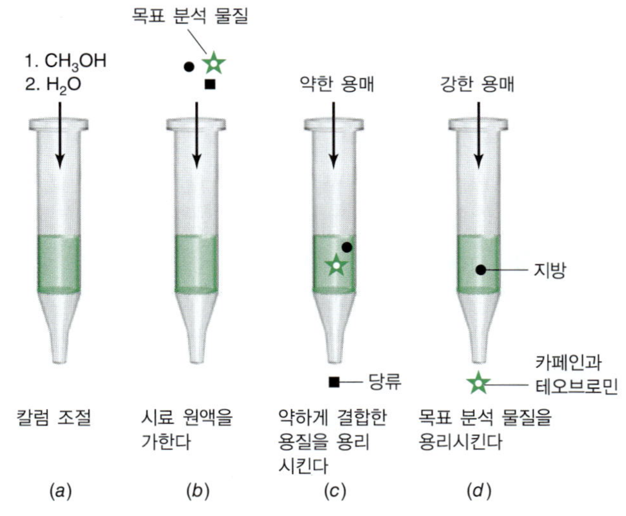

그림 0-8 고체상 추출법을 이용하여 초콜릿에 포함된 카페인과 테오브로민을 당류와 지방으로부터 분리할 수 있다. 당류는 칼럼의 입자와 공유 결합하고 있는 탄화수소와 인력이 작용하지 않기 때문에 칼럼을 빨리 통과한다. 지방은 탄화수소와 강한 인력이 작용하여 메탄올을 사용하여도 칼럼으로부터 씻겨 나오지 않는다. 카페인과 테오브로민은 탄화수소와 인력이 작용하지만 메탄올로 씻어낼 수 있다.

할 수 있어서, 이를 이용하면 유기 용매를 이용한 추출과 원심 분리, 그리고 여과 등의 복잡한 과정을 대체할 수 있다. 잘게 으깬 초콜릿을 80°C로 유지한 20 mL의 물에 15분 동안 부유시켜, 카페인과 테오브로민 그리고 물에 녹는 다른 성분들을 추출한다. 탄화수소가 공유 결합된 실리카 입자(그림 0-4의 칼럼에 사용되는 입자 같은) 0.5 g으로 채워진 고체상 추출 칼럼을 1 mL의 메탄올과 1 mL 물을 이용하여 차례로 씻어 준다. 0.5 mL의 추출액을 칼럼에 가해 주면 카페인과 테오브로민이 실리카 입자에 결합된 탄화수소에 흡착된다. 당류와 같은 물에 잘 녹는 성분을 1 mL의 물을 이용하여 칼럼으로부터 씻어낸 다음, 2.5 mL의 메탄올을 이용하여 카페인과 테오브로민을 씻어낸다. 지방은 칼럼에 남는다. 메탄올을 완전히 증발시키고 남은 물질을 1 mL의 물에 다시 녹이면 크로마토그래피를 이용하여 바로 분석이 가능하다.

0-2 화학 분석의 일반적 단계

분석 과정은 종종 화학 분석에서 사용되지 않는 용어로 된 질문으로 시작한다. 그 질문은 '이 물은 마셔도 안전할까?' 또는 '자동차 배기 검사로 대기 오염을 줄일 수 있을까?' 등과 같은 것이다. 과학자는 그런 질문을 특정한 측정을 하는 것으로 바꾼다. 다음 단계로 분석 화학자는 그러한 측정을 수행할 과정을 선택하거나 고안한다.

분석이 끝나면 분석자는 그 결과를 일반 대중이 이해할 수 있는 언어로 바꾸어야 한다. 이때 얻은 결과의 가장 중요한 특성은 그 결과의 한계이다. 보고된 결과의 통계학적 불확정도는 얼마인가? 다른 방법으로 시료를 취하면 같은 결과를 얻을까? 시료에서 얻어진 매우 적은 양, 즉 **미량**(trace)의 분석 물질은 실제로 그 시료에 존재하는 것인가, 아니면 오염된 것인가? 우리 모두가 결과와 한계를 이해한 후에나 결론을 내릴 수 있다.

분석 과정의 일반적 단계는 다음과 같이 요약할 수 있다.

질문 구성 일반적인 질문을 화학 측정을 통하여 쉽게 답할 수 있는 명확한 질문으로 바꾼다.

분석 과정 선택하기 화학 문헌을 조사하여 적절한 실험 과정을 찾든가 혹은 필요하다면 측정을 위한 독창적인 실험 과정을 개발한다.

시료 채취 **시료 채취는** 분석할 대표 물질을 선택하는 과정이다. 보충 0-1은 어떻게 시료 채취를 하는지에 대한 몇 가지 아이디어를 보여 준다. 시료를 잘못 선택하거나 분석하기 전에 변질되면 그 결과는 아무런 의미가 없다. '쓰레기가 들어오면, 쓰레기가 나간다!'

시료 준비 **시료 준비**는 대표 시료를 녹여 화학 분석에 적합한 시료로 바꾸는 과정이다. 농도가 낮으면 분석 전에 농축시킨다. 분석을 방해하는 화학종은 제거하거나 **가린다**. 막대형 초콜릿의 경우 시료 준비는, 지방을 제거하고 원하는 시료를 녹이는 것이었다. 지방 제거는 지방이 크로마토그래피 분석에 방해되기 때문이다.

분석 동일한 몇 개의 **분취량**(**aliquot**, 부분)에 들어 있는 분석 물질의 농도를 측정한다. **반복 측정**(replicate measurement)의 목적은 분석의 가변성(불확정도)을 평가하고 시료 한 개를 측정할 때 발생하는 큰 오차를 막기 위함이다. **측정의 불확정도는 측정 그 자체만큼 중요하다.** 왜냐하면 불확정도는 측정이 얼마나 믿을 만한가를 말해 주기 때문이다. 필요하다면 비슷한 시료를 다른 분석 방법을 이용하여 분석하고, 분석법에 따라 결과가 달라지는지를 확인한다. 또한 다른 여러 개의 시료를 이용하여 시료 채취 과정이나 시료 준비 과정의 변화에 따른 결과의 차이가 발생하는지를 확인할 수도 있을 것이다.

보고와 해석 반드시 한계를 첨부하고, 명료하고 완전하게 작성된 결과 보고를 한다. 보고서는 전문가(교수와 같은)만이 보도록 작성하거나 일반 대중(입법 의원이나 기자)을 위해 작성할 수 있다. 대상 독자에 적합한 보고서를 작성한다.

결론 도출 보고서를 작성한 분석자는 공장의 원료 물질 공급원을 바꾼다거나 식품 첨가제를 규제하는 새 법을 제정하는 등, 실험 정보를 이용해서 결론을 내리는 작업에 참여해서는 안 된다. 보고서를 명료하게 작성할수록 그것을 이용하는 사람이 잘못 해석할 가능성이 줄어든다.

화학자가 분석하거나 실험하는 대상 물질을 **화학종(species)**이라 한다. Species는 단수와 복수 모두 쓰인다.

방해(interference)는 분석 물질이 아닌 화학종이 분석 방법의 감응을 늘리거나 줄여, 실제보다 분석 물질이 더 많거나 더 적은 것처럼 보이게 하는 것이다.

가림(masking)은 방해하는 화학종을 검출되지 않는 형태로 바꾸는 것이다. 예를 들어 호수에 존재하는 Ca^{2+}를 EDTA로 분석할 때 같이 존재하는 Al^{3+}는 EDTA와 반응으로 방해 역할을 한다. 이때 Al^{3+}를 가리기 위하여 과량의 F^-로 시료를 처리하여 EDTA와 반응하지 않는 AlF_6^{3-}로 만든다.

이 책의 대부분은 균일한 시료에 들어 있는 성분의 화학 농도를 측정하는 방법을 주로 다룰 것이다. 시료를 적절히 모아서, 믿을 만한 분석 방법으로 측정하고, 결과를 명료하고 완전하게 전달하지 않으면 분석은 무의미하다. 화학 분석은 질문으로 시작하고 결론으로 끝나는 과정의 중간 부분일 뿐이다.

보충 0-1 대표 시료의 구성

무작위 불균일 물질(**random heterogeneous material**)에서는 조성의 차이가 무작위 또는 작은 규모로 나타난다. 그 물질의 일부를 취해서 분석하려면 조성이 다른 각 부분에서 시료를 조금씩 모은다. 불균일 물질로부터 대표 시료를 구성하려면 우선 그 물질을 눈짐작을 통해 몇 부분으로 나누어야 한다. **무작위 시료**(**random sample**)는 원하는 몇 개의 부분으로부터 일부분을 무작위로 채취함으로써 얻어진다. 만약 아래 그림 *a*의 10 m×20 m 면적의 땅에 있는 풀의 마그네슘 함량을 측정하려고 할 때, 한 변이 10 cm인 20 000개의 작은 땅으로 나눌 수 있다. 각각의 작은 땅에 숫자를 부여한 후, 컴퓨터 프로그램을 이용하여 1에서 20 000 사이에서 무작위로 100개를 뽑는다. 그 100개의 작은 땅에서 풀을 뜯어 분석용 대표 벌크 시료를 만든다.

격리된 불균일 물질(**segregated heterogeneous material**: 부분마다 조성이 다름)에 대해서는 대표 **복합 시료**(**composite sample**)를 만든다. 예를 들어 그림 *b*의 땅에는 A, B, C의 세 구역으로 나누어져서 세 종류의 다른 풀이 있다. 그래프 용지에 땅의 지도를 그려서 각 구역을 측정할 수 있다. 이 경우, 66%의 땅이 A 구역이고, B 구역은 14%, C 구역은 20%를 차지한다. 이 분리된 물질에서 대표 벌크 시료를 구성하려면 A 구역에서 66개, B 구역에서 14개, C 구역에서 20개의 작은 땅을 택한다. 이것은 20 000 사이에서 무작위로 숫자를 뽑아 각 구역으로부터 원하는 작은 땅의 수를 얻을 때까지 반복하면 된다.

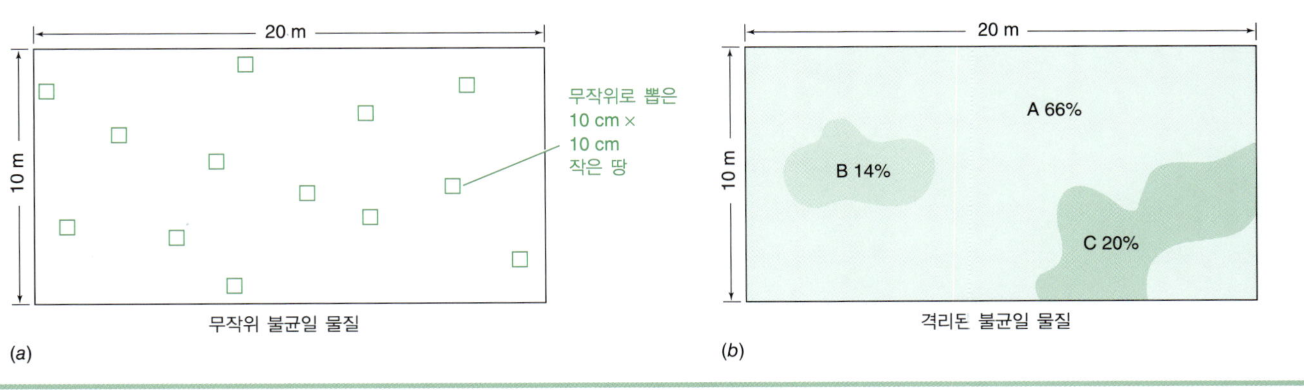

이해해야 할 용어

용어는 각 장에서 **진한 고딕체**로 표기되어 있다.

가림(masking)
곤죽(slurry)
교정 곡선(calibration curve)
균일(homogeneous)
따르다(decant)
무작위 불균일 물질(random heterogeneous material)
무작위 시료(random sample)
방해(interference)
복합 시료(composite sample)
격리된 불균일 물질(segregated heterogeneous material)
분석 물질(analyte)
분취량(aliquot)
불균일(heterogeneous)
상층액(supernatant liquid)
수용성(aqueous)
시료 준비(sample preparation)
시료 채취(sampling)
정량 분석(quantitative analysis)
정량적 옮김(quantitative transfer)
정성 분석(qualitative analysis)
표준 용액(standard solution)
화학종(species)

연습 문제

문제에 대한 전체 풀이는 **Solution Manual**에 수록하였다. 숫자로 답할 수 있는 간단한 답은 이 책의 뒤에 수록하였다.

0-1. **정량** 분석과 **정성** 분석의 차이는 무엇인가?

0-2. 화학 분석의 단계를 나열하시오.

0-3. 방해하는 화학종을 **가린다**는 것은 무엇을 뜻하는가?

0-4. 교정 곡선의 목적은 무엇인가?

0-5. **(a)** 균일 물질과 불균일 물질의 차이는 무엇인가?
(b) 보충 0-1을 읽고, 격리된 불균일 물질과 무작위 불균일 물질의 차이를 설명하시오.
(c) 각 형태의 물질로부터 어떻게 대표 시료를 구성하는가?

0-6. 상업용 광천수의 I^- 이온 함량을 두 가지 방법으로 분석하여 상당히 다른 결과를 얻었다.[7] A 방법으로는 0.23 mg/L를, B 방법으로는 0.009 mg/L를 얻었다. 그 시료에 Mn^{2+}를 첨가하면 B 방법의 결과는 변함이 없으나, A 방법에서는 Mn^{2+}를 첨가할 때마다 I^- 이온 함량이 늘어났다. **이해해야 할 용어** 중 어떤 것으로 이 현상을 설명할 수 있는가? 어느 결과가 더 믿을 만한가?

1 화학에서의 측정

나노전극을 이용한 생화학적 측정

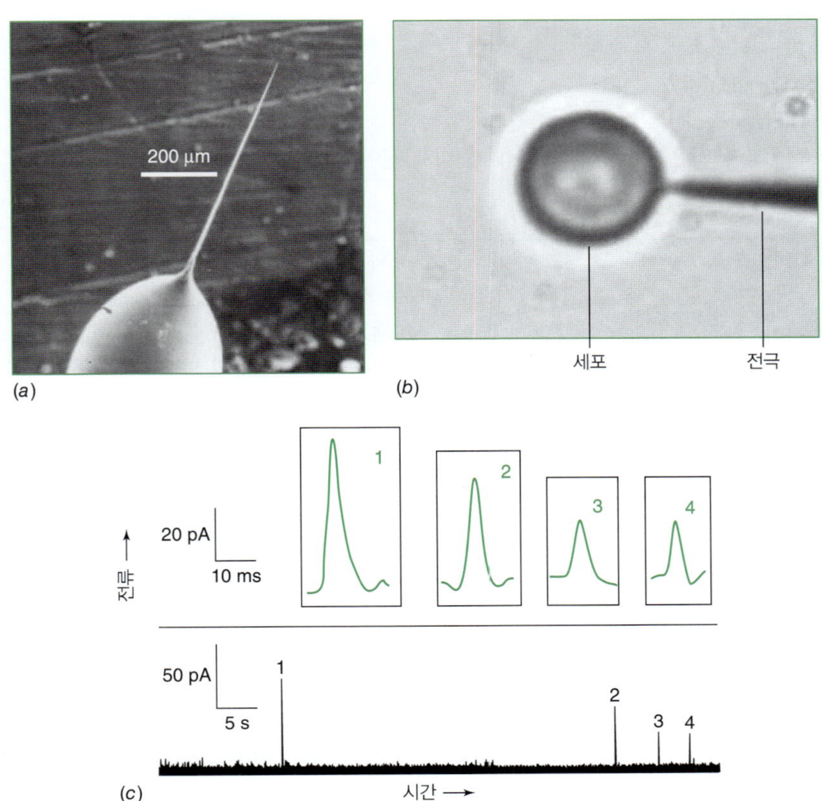

(*a*) 유리 모세관을 늘여서 만든 지름이 100 nm(100×10^{-9} m)인 탄소 섬유 전극. 표지 막대는 200 μm(200×10^{-6} m)이다. [W.-H. Huang, D.-W. Pang, H. Tong, Z.-L. Wang, and J.-K. Cheng,, "A Method fro the Fabrication of Low-Noise Carbon Fiber Nanoelectrodes," *Anal. Chem.* **2001**, *73*, 1048. Reprinted with permission © 2001 American Chemical Society.] **(*b*) 세포 곁에 위치한 전극을 이용하여 세포에서 분비되는 신경 전달 물질인 도파민을 검출한다. 근처에 있는 더 큰 상대 전극은 나타내지 않았다.** [W.-Z. Wu, W.-H. Huang, W. Wang, Z.-L. Wang, J.-K. Cheng, T. Xu, R.-Y. Zhang, Y. Chen, and J. Liu, "Monitoring Dopamine Release from Single Living Vesicles with Nanoelectrodes," *J. Amer. Chem. Soc.* **2005**, *127*, 8914, Figure 1. Reprinted with permission © 2005 American Chemical Society.] **(*c*) 도파민이 분비될 때마다 전류가 관찰된다. 삽입된 그림은 확대한 것이다.** [Research from W.-Z. Wu, ibid.]

세포 한 개보다 더 작은 크기의 전극을 이용하여 화학적 자극에 반응한 신경세포에서 분비되는 신경 전달 물질 분자를 측정할 수 있다. 전극의 활성 영역이 나노미터(10^{-9} m) 크기이므로, 이런 전극을 **나노전극**(nanoelectrode)이라고 한다. 신경세포의 **소낭**(vesicle, 작은 방)에서 분비되는 신경 전달 물질 분자는 전극으로 확산되고, 거기서 전자를 주거나 받을 때 밀리초(10^{-3}초) 내에 피코암페어(10^{-12}암페어) 크기의 전류가 발생된다. 이 장에서는 원자에서부터 은하계에 이르는 크기의 물질들의 물리 · 화학적 측정과 관련된 단위들에 대해서 논의한다.

신경 전달 물질의 측정하는 예에서는 넓은 범위의 **자릿수**(order of magnitude, 10의 거듭제곱)에 걸친 측정 단위가 필요하다는 것을 알 수 있다. 이 장에서는 그러한 단위와 화학 농도, 용액 제조, 화학량론 등에 대하여 소개한다.

1-1 SI 단위

전 세계 과학자들이 측정에 이용하고 있는 **SI 단위(SI unit)**는 프랑스어인 *Système International d'Unités*로부터 유래되었다. 표 1-1에 수록한 **기본 단위**(fundamental unit)로부터 다른 모든 단위를 유도할 수 있다. 길이, 질량, 시간의 표준은 각각 **미터**(meter, m), **킬로그램**(kilogram, kg), **초**(second, s)이다. 온도는 **켈빈**(kelvin, K), 물질의 양은 **몰**(mole, mol), 전류는 **암페어**(ampere, A)로 측정된다.

숫자를 쉽게 읽기 위하여 소수점을 중심으로 양쪽 세 번째 단위 다음 자리를 띄어 썼다. 일부에서는 소수점과 같은 의미로 콤마(comma)로 나타내지만, 이 책에서는 이것을 사용하지 않았다. 두 가지 대표적인 예를 들면

빛의 속도: 299 792 458 m/s

Avogadro 수: $6.022\ 141\ 29 \times 10^{23}$ mol^{-1}

표 1-1 2019년에 정의된 SI 기본 단위

SI 기본 단위는 아래의 여섯 가지 물리 상수를 기반으로 정의되었다. 이 상수들은 2017년에 가능했던 최고의 측정 방법을 이용하여 얻은 값이다. 관례에 따라 이 값들은 앞으로 변하지 않는 상수로 취급한다.

양	기호	값
기본 전하량	e	$1.602\ 176\ 634 \times 10^{-19}$ C
진공에서의 빛의 속도	c	$2.997\ 924\ 58 \times 10^{8}$ m/s
Planck 상수	h	$6.626\ 070\ 15 \times 10^{-34}$ J · s
Avogadro 수	N_A	$6.022\ 140\ 76 \times 10^{23}$ mol^{-1}
Boltzmann 상수	k	$1.380\ 649 \times 10^{-23}$ J/K
섭동되지 않은 바닥 상태 ^{133}Cs의 초미세 전이에 해당하는 진동수	ν_{Cs}	$9.192\ 631\ 770 \times 10^{9}$ s^{-1}

양	단위(기호)	정의
시간	초(s)	1초는 섭동되지 않은 바닥 상태의 ^{133}Cs의 초미세 원자 전이에 해당하는 복사선의 9 192 631 770주기에 해당하는 시간이다.
길이	미터(m)	1미터는 위에서 정의된 1초의 $\frac{1}{299\ 792\ 458}$ 동안 진공에서 빛이 진행한 거리이다. 안정한 He-Ne 레이저에서 방출되는 빛(red light)의 파장을 이용하여 측정할 수 있다.
질량	킬로그램(kg)	1889년부터 2019년까지는 프랑스에서 보관 중인 원통형의 Pt-Ir 합금으로 1 kg을 정의하였다. 1889년, 1948년, 1989년에 이 합금을 다른 나라에 보관 중인 복제품 몇 개와 비교하였더니 대기와의 반응이나 기계적인 마모로 인해 ~50 μg 정도의 편차를 보였다. 따라서 kg을, 위에서 정의된 시간과 길이와 더불어 Planck 상수를 $6.626\ 070\ 15 \times 10^{-34}$ J·s = $6.626\ 070\ 15 \times 10^{-34}$ kg·m^2/s가 되는 데 필요한 질량으로 정의하여, 시간에 따라 변하는 물체에 의존하지 않는 질량을 정의할 수 있게 되었다. Planck 상수(h)는 광자의 진동수(ν)와 에너지($E = h\nu$)의 관계를 연결하는 인자이다. 지구의 중력에서 측정용 질량체의 무게에 대응하는 데 필요한 전자기 힘을 측정할 수 있는 Kibble 저울[a]을 갖춘 몇몇 국립 측량 연구소만이 ~50 μg의 표준 불확정도 내에서 1 kg을 측정할 수 있다. 이를 위하여 전압, 전기 저항, 국지적인 중력 가속도에 대한 초정밀 측정이 요구된다. Josephson junction quantum voltage 표준 물질에 대하여 측정한 전압과 quantum 홀 효과 저항 표준 물질에 대하여 측정한 저항에 Planck 상수를 대입한다. Kibble 저울을 이용하여 측정된 1 kg 복제품을 이용하여 일반 저울을 교정할 수 있다.
전류	암페어(A)	1암페어는 기본 전하량을 $1.602\ 176\ 634 \times 10^{-19}$ C으로, 1초를 위에서 정한 기준으로 정의할 때, 1초에 1쿨롬의 전하량이 흐를 때의 전류이다.
온도	켈빈(K)	켈빈은 열역학적 온도 단위로 위에서 정의된 킬로그램, 미터, 초와 함께 Boltzmann 상수가 $1.380\ 649 \times 10^{-23}$ J·K^{-1} = $1.380\ 649 \times 10^{-23}$ kg·m^2·s^{-2}·K^{-1}이 되는 데 필요한 온도로 정의된다. Boltzmann 상수는 분자 에너지 준위 입자수의 Boltzmann 분포나 분자의 확산 계수에 대한 Stokes-Einstein 식 등에 이용된다.
물질의 양	몰(mol)	1몰은 Avogadro 수 만큼의 원자나 분자와 같은 입자를 의미한다.[b] Avogadro 수는 ^{28}Si가 99.998 원자%로 농축된 1 kg 규소 구에 포함된 원자의 수로 정의된다. 구의 밀도와 지름은 각각 X선과 레이저 간섭계를 이용해서 정밀하게 측정해야 하고, 전체 질량에 대한 기여도를 결정하기 위하여 불순물도 정확하게 확인해야 한다.
빛의 세기	칸델라(cd)	칸델라는 주어진 방향에서의 빛의 세기에 대한 단위이다. 1칸델라는 위에서 정의된 킬로그램, 미터, 초를 사용하여 540×10^{12} Hz의 단색광의 발광 효율(luminous efficacy)이 683 lumens/watt = 683 cd·s-r·W^{-1} = 683 cd·sr·kg^{-1}·m^{-2}·s^{3}이 되는 데 필요한 값으로 정의된다.
평면각	라디안(rad)	라디안은 원주가 2π 라디안인 것으로 정의된다.
입체각	스테라디안(sr)	스테라디안은 한 개의 구형이 4π 스테라디안인 것으로 정의된다.

a. Kibble balance: B. M. Wood, C. A. Sanchez, R. G. Green, and J. O. Liard, "A Summary of the Planck Constant Determinations Using the NRC Kibble Balance," *Metrologia* **2017**, *54*, 399; D. Haddad, F. Seifert, L. S. Chao, A. Possolo, D. B. Newell, J. R. Pratt, C. J. Williams, and S. Schlamminger, "Measurement of the Planck Constant at the National Institute of Standards and Technology from 2015 to 2017," *Metrologia* **2017**, *54*, 633; M. Thomas, D. Ziane, P. Pinot, R. Karcher, A. Imanaliev, F. Pereira Dos Santos, S. Merlet, F. Piquemal, and P. Espel, "A Determination of the Planck Constant Using the LNE Kibble Balance in Air," *Metrologia* **2017**, *54*, 468; Z. Li, Z. Zhang, Y. Lu, P. Hu, Y. Liu, J. Xu, Y. Bai, T. Zeng, G. Wang, Q. You, D. Wang, S. Li, Q. He, and J. Tan, "The First Determination of the Planck Constant with the Joule Balance NIM-2," *Metrologia* **2017**, *54*, 763; R. S. Davis, "What Is a Kilogram in the Revised International System of Units (SI)?" *J Chem. Ed.* **2015**, *92*, 1604.

b. Avogadro's number: R. Marquardt, J. Meija, Z. Mester, M. Towns, R. Weir, R. Davis, and J. Stohner, "A Critical Review of the Proposed Definitions of Fundamental Chemical Quantities and Their Impact on Chemical Communities (IUPAC Technical Report)," *Pure Appl. Chem.* **2017**, *89*, 951; R. Marquardt, J. Meija, Z. Mester, M. Towns, R. Weir, R. Davis, and J. Stohner, "Definition of the Mole (IUPAC Recommendation 2017)," *Pure Appl. Chem.* **2018**, *90*, 175; G. Bartl et al., "A New Si 28 Single Crystal: Counting the Atoms for the New Kilogram Definition," *Metrologia* **2017**, *54*, 693; N. Kuramoto, S. Mizushima, L. Zhang, K. Fujita, Y. Azuma, A. Kurokawa, S. Okubo, H. Inaba, and K. Fujii, "Determination of the Avogadro Constant by the XRCD Method Using a Si-Enriched Sphere, 28 " *Metrologia* **2017**, *54*, 716.

표 1-2 자주 이용되는 몇 가지 SI 유도 단위들

물리적 양	단위	기호	다른 단위의 항으로 표시	SI 단위의 항으로 표시
주파수	헤르츠(hertz)	Hz		$1/s$
힘	뉴턴(newton)	N		$m \cdot kg/s^2$
압력	파스칼(pascal)	Pa	N/m^2	$kg/(m \cdot s^2)$
에너지, 일, 열량	줄(joule)	J	$N \cdot m$	$m^2 \cdot kg/s^2$
일률, 복사 선속	와트(watt)	W	J/s	$m^2 \cdot kg/s^3$
전기량, 전하	쿨롬(coulomb)	C		$s \cdot A$
전위, 전위차, 기전력	볼트(volt)	V	W/A	$m^2 \cdot kg/(s^3 \cdot A)$
전기 저항	옴(ohm)	Ω	V/A	$m^2 \cdot kg/(s^3 \cdot A^2)$
전기 용량	패럿(farad)	F	C/V	$s^4 \cdot A^2/(m^2 \cdot kg)$

주파수는 계속되는 사건에 대하여 단위 시간당 주기수이다. **힘**은 질량 × 가속도이다. **압력**은 단위 면적당 힘이다. **에너지** 또는 **일**은 힘 × 거리 = 질량 × 가속도 × 거리이다. **일률**은 단위 시간당 에너지이다. 두 점 사이의 **전위차**는 그 두 점 사이에서 양전하 한 단위가 움직이는 데 필요한 일이다. **전기 저항**은 두 점 사이에서 단위 시간당 한 단위의 전하가 움직이는 데 필요한 전위차이다. 두 평행한 표면의 **전기 용량**은 그 두 표면 사이에 한 단위의 전위차가 있을 때 각 표면의 전하량이다.

기본 단위들로부터 정의된 다른 몇 가지 양을 표 1-2에 수록하였다. 예를 들어 힘은 **뉴턴**(newton, N), 압력은 **파스칼**(pascal, Pa), 에너지는 **줄**(joule, J)의 단위로 측정되는데, 이들은 각각 길이, 시간, 질량의 기본 단위들의 조합으로 나타낼 수 있다.

압력(pressure)은 단위 넓이당 힘이다. 1파스칼(Pa) = 1 N/m^2, 대기압은 약 100 000 Pa이다.

승수로서 접두어의 이용

대단히 크거나 적은 양을 나타낼 경우에는 지수 표기법을 사용하는 것보다 오히려 표 1-3에 수록한 접두어를 주로 사용한다. 예를 들어 상층권 대기 중에 있는 오존(O_3)의 압력을 생각해 보자(그림 1-1). 오존은 햇빛으로부터 대부분의 유기체를 파괴하고 피부암을 유발시키는 자외선을 흡수하기 때문에 중요하다. 매년 봄철에 남극 성층권에서 상당량의 오존이 소멸되는데, 그 결과 소위 오존 '구멍'이 생성된다. 18장을 시작할 때 이 과정에 관한 자세한 화학을 논의할 것이다. 이와는 반대로 지표면 근처에 존재하는 오존은 동물이나 식물의 민감한 세포를 산화시키는 유해한 물질이다.

지구 표면 위 1.7×10^4 m의 고도에서 남극 상공의 오존 압력은 0.019 Pa로 최고점에 도달한다. 이들 숫자를 모두 표 1-3의 접두어로 나타내어 보자. 관습적으로 모든 10의 세제곱(10^{-9}, 10^{-6}, 10^{-3}, 10^3, 10^6, 10^9 등)은 접두어로 나타낸다. 숫자 1.7×10^4는 10^3보다 크지만 10^6보다는 작으므로, 10^3 m(= 킬로미터, km)의 배수를 사용하여 나타낸다.

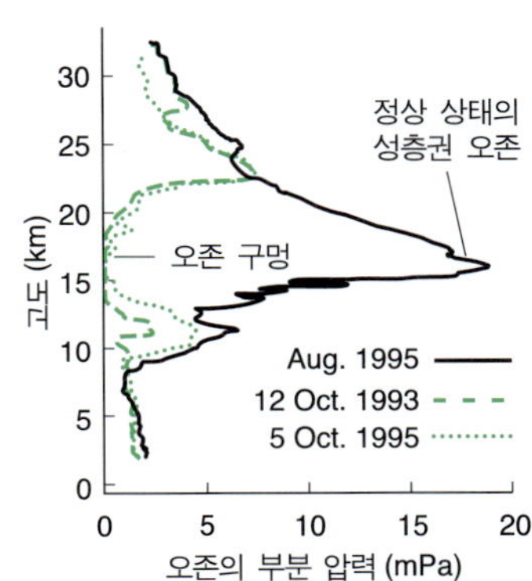

그림 1-1 남극 상공 성층권의 오존 '구멍'은 매년 봄철에 시작하여 10월에 형성된다. 그래프는 오존 구멍이 형성되지 않은 8월과, 구멍이 가장 심각한 10월의 오존 압력을 비교하였다. 오존 손실은 북극에서 덜 심각하다는 것이 관찰되었다. [출처: National Oceanic and Atmospheric Administration.]

표 1-3 접두어

접두어	기호	자릿수	접두어	기호	자릿수
요타(yotta)	Y	10^{24}	데시(deci)	d	10^{-1}
제타(zetta)	Z	10^{21}	센티(centi)	c	10^{-2}
엑사(exa)	E	10^{18}	밀리(milli)	m	10^{-3}
페타(peta)	P	10^{15}	마이크로(micro)	μ	10^{-6}
테라(tera)	T	10^{12}	나노(nano)	n	10^{-9}
기가(giga)	G	10^{9}	피코(pico)	p	10^{-12}
메가(mega)	M	10^{6}	펨토(femto)	f	10^{-15}
킬로(kilo)	k	10^{3}	아토(atto)	a	10^{-18}
헥토(hecto)	h	10^{2}	젭토(zepto)	z	10^{-21}
데카(deca)	da	10^{1}	욕토(yocto)	y	10^{-24}

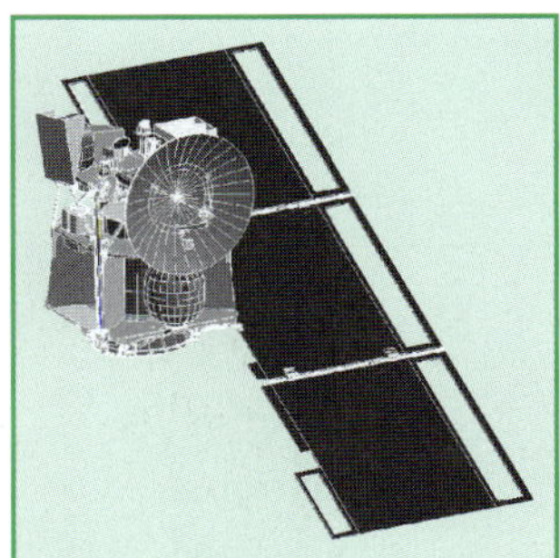

아차! 1999년에 1억2천5백만 달러의 화성 기후 탐사선이 예상보다 100 km 낮게 화성의 대기로 진입하다 실종되었다. **이와 같은 운행 오차는 기술자들이 측정 단위를 제대로 표시하였더라면 피할 수 있었을 것이다.** 우주 탐사선의 설계를 의뢰했던 엔지니어들은 추진력을 힘의 영국 단위인 파운드로 계산했다. 그러나 제트기 추진 실험실(JPL)의 엔지니어들은 이 값이 미터법에 기초한 N(뉴턴) 단위인 것으로 오해하였다. 아무도 이와 같은 실수를 알아채지 못하였다. [JPL/NASA image]

표 1-4 환산 인자

양	단위	기호	SI 단위와의 대응량[a]
부피	리터(liter)	L	$*10^{-3}$ m^3
	밀리리터(mililiter)	mL	$*10^{-6}$ m^3
길이	옹스트롬(angstrom)	Å	$*10^{-10}$ m
	인치(inch)	in.	*0.025 4 m
질량	파운드(pound)	lb	*0.453 592 37 kg
	톤(ton)		*1 000 kg
힘	다인(dyne)	dyn	$*10^{-5}$ N
압력	바(bar)	bar	$*10^{5}$ Pa
	기압(atmosphere)	atm	*101 325 Pa
	기압(atmosphere)	atm	*1.013 25 bar
	기압(atmosphere)	atm	760 mm Hg = 760 torr
	토르(= 1 mm Hg)	Torr	133.322 Pa
	파운드/인치$(lb/in.)^2$	psi	6 894.76 Pa
에너지	에르그(erg)	erg	$*10^{-7}$ J
	전자볼트(electron volt)	eV	$1.602\ 176\ 634 \times 10^{-19}$ J
	열화학적 칼로리 (calorie, thermochemical)	cal	*4.184 J
	킬로칼로리(Calorie)	Cal	*1 000 cal = 4.184 kJ
	영국식 열량 단위 (British thermal unit)	Btu	1 055.06 J
동력	마력(horsepower)		745.700 W
온도	섭씨(= Celsius)	°C	*K−273.15
	화씨(Fahrenheit)	°F	*1.8(K−273.15) + 32

a. 별표 (*)는 정확한 환산값(정의에 따라)을 나타낸 것이다.

$$1.7 \times 10^4\ \cancel{m} \times \frac{1\ km}{10^3\ \cancel{m}} = 17\ km$$

10^0 = 1임을 기억하라.

0.019 Pa은 10^{-3} Pa보다 크지만 10^0 Pa보다 작으므로, 10^{-3} Pa(= 밀리파스칼, mPa)의 배수로 나타낸다.

$$0.019\ \cancel{Pa} \times \frac{1\ mPa}{10^{-3}\ \cancel{Pa}} = 19\ mPa$$

그림 1-1은 y축을 km로, x축을 mPa로 나타내었다. 모든 그래프에서 y축은 **세로 좌표(ordinate)**, x축은 **가로 좌표(abscissa)**라고 한다.

계산할 때 각 숫자 옆에 단위를 나타내고, 분자와 분모에서 같은 단위는 삭제한다. 이와 같은 습관은 해답의 단위를 확실히 알 수 있도록 해준다. 만약 압력을 계산할 경우 해답에 파스칼(N/m^2, $kg/[m \cdot s^2]$, 또는 몇 가지 압력/면적 단위)이 아닌 다른 단위가 얻어진다면 계산이 잘못되었음을 알 수 있다.

1**칼로리(cal)**는 물 1 g을 14.5°C에서 15.5°C로 가열하는 데 필요한 에너지이다.

1**줄(J)**은 1 m 길이에 1 N의 힘을 가할 때 소비되는 에너지이다. 이 에너지는 102 g(햄버거 1개의 질량)을 1 m 들어 올릴 수 있다.

1 cal = 4.184 J

1**파운드** (질량) ≈ 0.453 6 kg
1**마일** ≈ 1.609 km
기호 ≈는 **'대략 같다'**라는 의미이다.

단위의 상호 변환

SI 단위는 비록 국제적으로 채택된 측정계이지만, 그 밖의 다른 단위들도 함께 사용된다. 단위 사이의 환산에 이용되는 인자들을 표 1-4에 수록하였다. 예를 들어 에너지에 대하여 일반적으로 사용하는 단위는 **칼로리**(calorie, cal)와 **킬로칼로리**(Calorie, 대문자 C로 표시하며, 1 000 cal 또는 1 kcal를 나타냄)이다. 표 1-4에서 1 cal는 정확히 4.184 J(joule)이라고 정의하였다.

사람의 **기초 대사**(basal metabolism)는 몸무게 100파운드(lb)당 한 시간(h)에 약 46칼로리를 필요로 하는데, 이것은 다른 어떤 종류의 운동도 하지 않은 상태에서 단지 생명을 유지하는 데 필요한 기본적인 기능을 수행하는 데 사용되는 열량이다. 사람이 편평한 길을 시간당 2마일의 속도로 걸었을 때 기초 대사 이외에 몸무게 100파운드당 한 시간에 약 45칼로리가 더 필요하다. 같은 사람이 2마일을 수영하였을 때는 기초 대사를 제외하고 100파운드당 한 시간에 360칼로리를 더 소비한다.

예제 **단위의 변환**

시간당 2마일의 속도로 걷는 사람은 몸무게 100파운드당 한 시간에 91 Cal를 소비한다. 이 사람의 에너지 소비 속도를 몸무게 1 kg당 한 시간에 소비하는 kJ 단위로 나타내시오.

풀이 SI 단위가 아닌 각각의 단위들을 분리하여 변환해야 한다. 먼저 91 Cal는 91 kcal와 같다는 것을 기억하라. 표 1-4에서 1 cal = 4.184 J, 즉 1 kcal = 4.184 kJ이므로

$$91\ \cancel{\text{kcal}} \times 4.184 \frac{\text{kJ}}{\cancel{\text{kcal}}} = 3.8 \times 10^2\ \text{kJ}$$

또한 표 1-4에서 1 lb는 0.453 6 kg이므로 100 lb = 45.36 kg임을 알 수 있다. 그러므로 에너지 소비 속도는

$$\frac{91\ \text{kcal/h}}{100\ \text{lb}} = \frac{3.8 \times 10^2\ \text{kJ/h}}{45.36\ \text{kg}} = 8.4 \frac{\text{kJ/h}}{\text{kg}}$$

전체를 하나의 계산식으로 나타내면 다음과 같다.

$$\text{속도} = \frac{91\ \cancel{\text{kcal}}/\text{h}}{100\ \cancel{\text{lb}}} \times 4.184 \frac{\text{kJ}}{\cancel{\text{kcal}}} \times \frac{1\ \cancel{\text{lb}}}{0.453\,6\ \text{kg}} = 8.4 \frac{\text{kJ/h}}{\text{kg}}$$

자습 시간당 2마일 속도로 수영하는 사람은 시간당 몸무게 100파운드당 360 + 46 Cal를 소비한다. 이 에너지 소비를 몸무게 kg당 kJ/h로 나타내시오. (**답:** kg당 37.4 kJ/h)

유효 숫자의 정확한 사용 방법은 3장에서 논의할 것이다. 곱셈과 나눗셈에서는 가장 적은 자릿수를 갖는 숫자가 답에 포함된 자릿수를 결정한다. 이 문제에서 주어진 91 kcal라는 숫자로 인하여 유효 숫자는 두 자리로 제한된다.

1-2 화학 농도

용액(solution)은 두 가지 이상의 순수한 물질의 **균일** 혼합물이다. 용액 내에 들어 있는 소수의 화학종을 **용질(solute)**이라 하고, 다수의 화학종을 **용매(solvent)**라고 한다. 이 책에서는 용매가 물인 **수용액**(aqueous solution)에 대하여 주로 설명하겠다. **농도(concentration)**는 용액 또는 용매의 주어진 부피나 질량에 얼마만큼의 용질이 함유되어 있는가를 의미한다.

균일한 물질은 혼합물 전체가 같은 조성이라는 것을 의미한다. 설탕을 물에 녹였을 때 이 혼합물은 균일하다. 전체가 같은 조성이 아니면(고체가 부유하고 있는 오렌지 주스와 같은), **불균일한** 물질이다.

몰농도와 몰랄 농도

1**몰(mol)**이란 **Avogadro 수**(Avogadro's number)만큼의 입자(원자, 분자, 이온, 그 밖의 모든 것들)가 모인 것이다. **몰농도(molarity, M)**는 용액 리터당 순수한 물질의 몰수이다. 1**리터(liter, L)**는 세 변이 각각 10 cm인 입방체의 부피이다. 따라서 10 cm = 0.1 m이므로 1 L = $(0.1\ \text{m})^3 = 10^{-3}\ \text{m}^3$이다. 화학식을 대괄호로 묶어서 나타낸 화학 농도는 항상 리터당 몰수를 의미한다. 즉 '$[H^+]$'는 'H^+의 농도'를 뜻한다.

원소의 **원자 질량(atomic mass)**은 Avogadro 수의 원자를 포함하는 원소의 그램수이다. 화합물의 **분자 질량(molecular mass)**은 분자 내 원자들의 원자 질량의 합이다. 따라서 이것은 Avogadro 수 만큼의 분자의 그램수이다.

전해질(electrolyte)은 용액 내에서 이온으로 해리되는 물질이다. 일반적으로 전해질은 다른 용매보다 물에서 더 잘 해리된다. 거의 대부분이 이온으로 해리되는 화합물을 **강전해질**(strong electrolyte)이라고 하고, 일부만이 해리되는 경우는 **약전해질**(weak electrolyte)이라고 한다.

염화 마그네슘($MgCl_2$)은 강전해질이다. 0.44 M $MgCl_2$ 용액에서 마그네슘의 70%는 유리 Mg^{2+}로, 나머지 30%는 $MgCl^+$로 존재한다. 따라서 $MgCl_2$의 농도는 거의 0이 된다. 때때로 강전해질의 몰농도를 **포말 농도(formal concentration, F)**로 표시하는데, 이는 용액 중에

Avogadro 수 = 12 g의 ^{12}C에 포함된 원자의 수

$$\text{몰농도(M)} = \frac{\text{용질의 몰수}}{\text{용액의 리터수}}$$

원자 질량은 이 책의 앞표지 안쪽 면에 수록한 주기율표에 나타내었다. 보충 3-30에 원자 질량에 대한 더 많은 정보를 수록하였다. 아울러 Avogadro 수와 같은 물리적 상수들도 이 책 앞부분의 주기율표 다음의 첫 번째 오른쪽 면에 수록되어 있다.

강전해질: 용액 내에서 대부분이 이온으로 해리된다.

약전해질: 용액 내에서 일부만이 이온으로 해리된다.

$MgCl^+$는 **이온쌍(ion pair)**이라고 한다. 보충 8-1 참조

서 물질이 다른 화학종으로 변환되더라도 용액을 제조한 방법을 나타내는 것이다. 바닷물에 포함된 $MgCl_2$의 농도가 0.054 M이라고 하는 것보다 포말 농도가 0.054 F라고 하는 것이 좋다. 강전해질의 '분자 질량'은 **화학식량(formular mass, FM)**이라고 한다. 비록 그와 같은 화학식을 갖는 분자로 거의 존재하지 않더라도, **화학식량은 화학식 중에 있는 원자들의 원자 질량의 합이기 때문이다. 이 책에서는 화학식량과 분자 질량에 대해 모두 FM이라는 약어를 사용할 것이다.**

예제 **바닷물에 포함된 소금의 몰농도**

(a) 일반적으로 바닷물은 100 mL(= 100×10^{-3} L)당 2.7 g의 소금(NaCl)이 들어 있다. 바닷물에 포함된 NaCl의 몰농도는 얼마인가?

(b) 바닷물에 포함된 $MgCl_2$의 농도는 0.054 M이다. 바닷물 25 mL에는 몇 그램의 $MgCl_2$가 들어 있는가?

풀이 **(a)** NaCl의 분자 질량은 [22.99 g/mol(Na) + 35.45 g/mol(Cl)] = 58.44 g/mol이다. 2.7 g의 소금은 (2.7 g)/(58.44 g/mol) = 0.046 mol이 된다. 따라서 몰농도는

$$\text{NaCl의 몰농도} = \frac{\text{NaCl의 몰수}}{\text{바닷물의 부피(L)}} = \frac{0.046\ \text{mol}}{100 \times 10^{-3}\ \text{L}} = 0.46\ \text{M}$$

(b) $MgCl_2$의 분자 질량은 24.30 g/mol(Mg) + 2 × 35.45 g/mol(Cl) = 95.20 g/mol이다. 따라서 25 mL에서의 그램수는

$$MgCl_2\text{의 그램수} = \left(0.054\ \frac{\cancel{\text{mol}}}{\cancel{\text{L}}}\right)\left(95.20\ \frac{\text{g}}{\cancel{\text{mol}}}\right)(25 \times 10^{-3}\ \cancel{\text{L}}) = 0.13\ \text{g}$$

자습 $CaSO_4$의 화학식량을 계산하시오. 50 mL에 $CaSO_4$ 1.2 g이 들어 있는 용액에서 $CaSO_4$의 몰농도는 얼마인가? 0.086 M $CaSO_4$ 50 mL에는 $CaSO_4$가 몇 g 들어 있는가? (**답:** 136.13 g/mol, 0.18 M, 0.59 g)

아세트산(CH_3CO_2H)과 같은 **약전해질**은 용액 중에서 그 일부만이 이온으로 해리된다.

$$CH_3C(=O)OH \rightleftharpoons CH_3C(=O)O^- + H^+$$

아세트산 　　　　 아세트산 이온

포말 농도	해리 백분율
0.10 F	1.3%
0.010 F	4.1%
0.001 0 F	12%

혼동되는 약자들

mol = mole(몰)

$$\text{M} = \text{몰농도} = \frac{\text{용질 몰수}}{\text{용액 L}}$$

$$m = \text{몰랄 농도} = \frac{\text{용질 몰수}}{\text{용매 kg}}$$

몰랄 농도(molality, *m*)는 용매(전체 용액이 아님) 1킬로그램에 들어 있는 물질의 몰수로 나타낸 농도이다. 몰랄 농도는 온도에 대해 독립적이다. 그러나 몰농도는 온도에 따라 변한다. 왜냐하면 용액이 가열되면 그 부피가 증가하기 때문이다.

백분율 조성

혼합물이나 용액에 포함된 성분(용질)의 백분율은 **무게 백분율(weight percent, wt%)**로 나타낸다.

$$\text{무게 백분율} = \frac{\text{용질의 질량}}{\text{전체 용액 혹은 혼합물의 질량}} \times 100 \tag{1-1}$$

일반적으로 에탄올(CH_3CH_2OH)의 조성은 95 wt%이다. 이것은 전체 용액 100 g당 95 g의 에탄올이 들어 있음을 나타낸다. 나머지는 물이다. 또 다른 일반적인 백분율 조성은 **부피 백분율(volume percent, vol%)**이다.

$$\text{부피 백분율} = \frac{\text{용질의 부피}}{\text{전체 용액의 부피}} \times 100 \qquad \textbf{(1-2)}$$

혼란을 피하기 위해서는 질량 또는 부피의 단위를 명시해야 한다. 단위가 생략되었을 경우에는 항상 질량 백분율을 의미한다.

예제 **무게 백분율로부터 몰농도와 몰랄 농도 구하기**

37.0 wt% HCl의 몰농도와 몰랄 농도를 각각 구하시오. 물질의 **밀도(density)**는 단위 부피당 질량이다. 이 책의 앞쪽에 수록된 주기율표 다음 면의 표에 의하면, 이 시약의 밀도는 1.19 g/mL이다.

풀이 **몰농도**의 경우, 용액 리터당 HCl의 몰수를 구해야 한다. 용액의 1 L의 질량은 (1.19 g/ ~~mL~~) (1 000 ~~mL~~) = 1.19 × 10³ g이다. 그러므로 1 L 중 HCl의 질량은

$$\text{HCl의 질량/L} = \left(1.19 \times 10^3 \frac{\cancel{\text{g 용액}}}{\text{L}}\right)\underbrace{\left(0.370 \frac{\text{g HCl}}{\cancel{\text{g 용액}}}\right)}_{\text{37.0 wt\%를 의미함}} = 4.40 \times 10^2 \frac{\text{g HCl}}{\text{L}}$$

HCl의 화학식량이 36.46 g/mol이므로, 몰농도는

$$\text{몰농도} = \frac{\text{mol HCl}}{\text{L 용액}} = \frac{4.40 \times 10^2\ \text{g}\ \cancel{\text{HCl}}/\text{L}}{36.46\ \text{g}\ \cancel{\text{HCl}}/\text{mol}} = 12.1\ \frac{\text{mol}}{\text{L}} = 12.1\ \text{M}$$

몰랄 농도의 경우, 용매(H_2O임) 킬로그램당 HCl의 몰수를 구해야 한다. 용액은 37.0 wt% HCl이므로, 100.0 g의 용액에는 37.0 g HCl(= 1.015 mol)과 100.0 − 37.0 = 63.0 g(= 0.063 0 kg)의 H_2O가 들어 있다는 것을 알 수 있다. 그런데 37.0 g의 HCl은 37.0 ~~g~~/ (36.46 ~~g~~/mol) = 1.01 mol이 있다. 그러므로 몰랄 농도는

$$\text{몰랄 농도} = \frac{\text{mol HCl}}{\text{용매 kg}} = \frac{1.01\ \text{mol HCl}}{0.063\,0\ \text{kg H}_2\text{O}} = 16.1\ m$$

자습 이 책의 앞표지 안쪽 면에 수록되어 있는 밀도를 이용하여, 49.0 wt% HF의 몰농도와 몰랄 농도를 각각 구하시오. (**답:** 28.4 M, 48.0 *m*)

$\textbf{밀도} = \dfrac{\text{질량}}{\text{부피}} = \text{g/mL}$

이와 밀접하게 관련된 단위가 없는 물리량은

$\textbf{비중} = \dfrac{\text{물질의 밀도}}{\text{4°C에서 물의 밀도}}$

4°C에서 물의 밀도는 거의 1 g/mL이므로 물의 비중과 밀도는 거의 같다.

만약 1.01을 0.063 0으로 나누면 16.0이 된다. 이 계산 과정에서는 계산이 끝날 때까지 반올림하지 않고, 계산기에 나타난 모든 자릿수를 그대로 보존하였기 때문에 16.1이라는 값을 얻었다. 즉 1.01은 실제로 1.014 8이므로 (1.014 8)/(0.063 0) = 16.1이 된다.

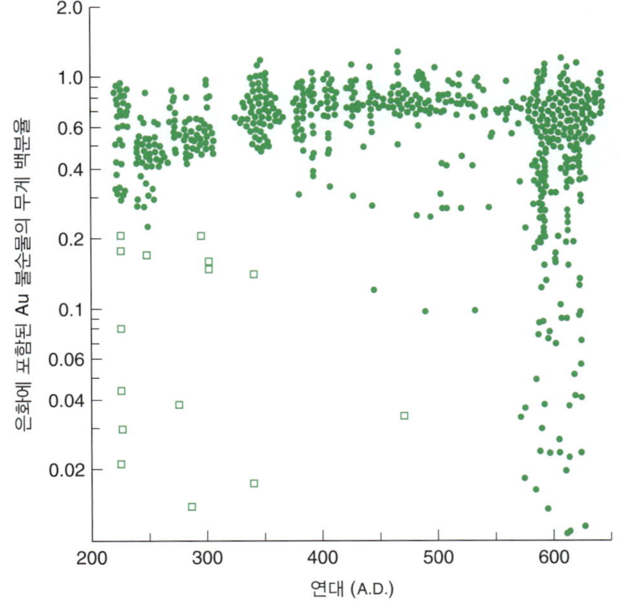

그림 1-2 페르시아의 은화에 들어 있는 금 불순물의 무게 백분율. 사각형은 잘 알려진, 최근에 제조한 위조 주화들을 나타낸다. 세로 좌표가 로그로 표시되어 있음을 유의하라. [출처: A. A. Gordus and J. P. Gordus, *Archaeological Chemistry, Adv. Chem.* No. 138, American Chemical Society, Washington, DC, 1974, pp. 124~147.]

그림 1-2는 고고학 분야에 분석화학을 응용한 무게 백분율 측정을 나타내었다.[1] 금과 은은 자연계에서 함께 발견된다. 그림 1-2의 점들은 약 500년에 걸쳐 주조된 1300개 이상의 은화에 들어 있는 금의 무게 백분율을 보여 주고 있다. A.D. 500년 이전에는 금의 함량이 0.3 wt% 이하인 경우가 거의 없었다. A.D. 600년경에 은으로부터 더 많은 금을 제거할 수 있는 기술이 개발되었으므로, 일부의 은화 중에는 0.02 wt% 정도로 적은 양의 금이 들어 있었다. 그림 1-2의 사각형들은 최근에 만들어진 위조 주화로, A.D. 200년에서 500년 사이에 널리 보급된 것보다 금의 함량이 매우 낮은 은으로 만든 것이다. 화학 분석으로 위조 주화를 쉽게 확인할 수 있다.

백만 분율과 십억 분율

$$\text{ppm} = \frac{\text{물질의 질량}}{\text{시료의 질량}} \times 10^6$$

$$\text{ppb} = \frac{\text{물질의 질량}}{\text{시료의 질량}} \times 10^9$$

질문: 조분율(parts per trillion)의 의미는 무엇인가?

때때로 조성은 **백만 분율(ppm: parts per million)** 또는 **십억 분율(ppb: parts per billion)**로도 표시된다. 이것은 백만 그램 또는 십억 그램의 전체 용액 또는 혼합물에 들어 있는 물질의 그램수를 의미한다.

$$\text{ppm} = \frac{\text{물질의 질량}}{\text{시료의 질량}} \times 10^6 \qquad \textbf{(1-3)}$$

$$\text{ppb} = \frac{\text{물질의 질량}}{\text{시료의 질량}} \times 10^9 \qquad \textbf{(1-4)}$$

농도가 1 ppm인 용액 1 g에는 1 μg의 용질이 포함되어 있다. 묽은 수용액의 밀도는 거의 1.00 g/mL이므로, 비록 근사적이지만 **흔히 물 1 g과 물 1 mL는 같다고 할 수 있다.** 그러므로 묽은 수용액에서 1 ppm은 **대략** 1 μg/mL(= 1 mg/L)이고, 1 ppb는 1 ng/mL(= 1 μg/L)이다.

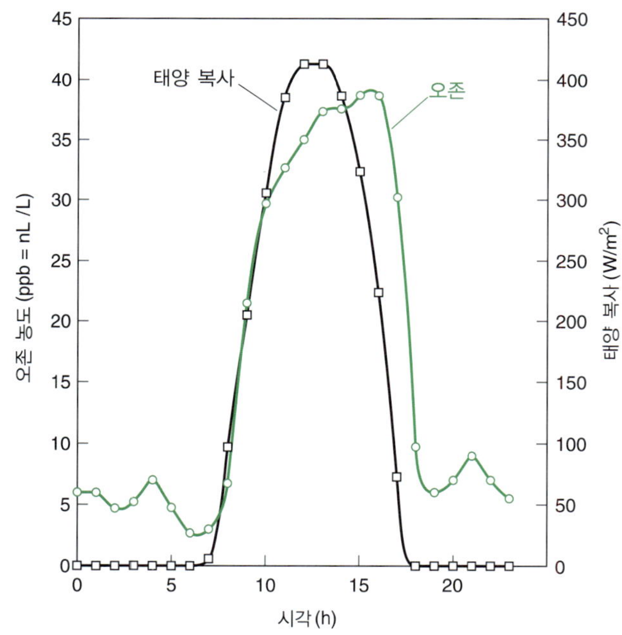

그림 1-3 스페인의 Argamasilla de Calatrava의 학생들이 2008년 2월 6일에 측정한 오존의 농도(ppb, nL/L 단위)와 태양 복사선량(W/m^2). 지표면에서의 오존은 반응 NO_2 + 햇빛 → NO + O와, O + O_2 → O_3에 의해 생성된다. 주어진 자료에 따르면 태양으로부터의 복사선이 최대가 된 직후 오존의 농도가 가장 높은 것을 알 수 있다. [출처: Y. T. Diaz-de-Mera, A. Notario, A. Aranda, J. A. Adame, A. Parra, E. Romero, J. Parra, and F. Muñoz, "Research Study of Tropospheric Ozone and Meteorological Parameters to Introduce High School Students to Scientific Procedures," *J. Chem. Ed.* **2011**, *88*, 392.]

예제 **십억 분율을 몰농도로 바꾸기**

노말 알케인은 화학식이 C_nH_{2n+2}인 탄화수소이다. 식물은 탄소 원자의 수가 홀수인 알케인을 선택적으로 합성한다. 독일 Hannover의 여름철 빗물에 포함된 $C_{29}H_{60}$의 농도는 34 ppb이다. 이 알케인 화합물의 몰농도를 구하고, 표 1-3에 수록한 접두어를 사용하여 나타내시오.

풀이 34 ppb의 농도는 빗물 1 g당 34 ng의 $C_{29}H_{60}$가 들어 있고, 빗물의 밀도가 거의 1.00 g/mL이므로, 이것은 34 ng/mL라고 할 수 있다. 나노그램과 밀리리터에 1 000을 곱하면 빗물 1리터당 34 μg의 $C_{29}H_{60}$가 들어 있다.

$$\frac{34\ \cancel{\text{ng}}\ C_{29}H_{60}}{\cancel{\text{mL}}}\left(\frac{1\,000\ \cancel{\text{mL}}/\text{L}}{1\,000\ \cancel{\text{ng}}/\mu\text{g}}\right)=\frac{34\ \mu\text{g}\ C_{29}H_{60}}{\text{L}}$$

$C_{29}H_{60}$의 분자 질량이 29 × 12.011 + 60 × 1.008 = 408.8 g/mol이므로, 몰농도는

$$\text{빗물에 포함된 } C_{29}H_{60}\text{의 몰농도} = \frac{34\times10^{-6}\ \text{g/L}}{408.8\ \text{g/mol}} = 8.3\times10^{-8}\ \text{M}$$

표 1-3으로부터 적합한 접두어는 10^{-9}을 의미하는 나노(n)이다.

$$8.3\times10^{-8}\ \cancel{\text{M}}\left(\frac{1\ \text{nM}}{10^{-9}\ \cancel{\text{M}}}\right)=83\ \text{nM}$$

nM = 리터당 나노몰

자습 23 μM $C_{29}H_{60}$에는 몇 ppm의 $C_{29}H_{60}$이 들어 있는가? (**답:** 9.4 ppm)

기체의 경우, 백만 분율은 주로 질량보다는 부피로 나타낸다. 그림 1-3에 스페인에서 측정된 지표면의 대기 중 오존(O_3)의 농도를 나타내었다. 가장 높은 농도인 39 ppb는 1 L의 대기에 39 nL의 O_3가 포함되어 있다는 의미이다. 혼동을 피하려면 'nL O_3 / L' 등과 같이 단위를 쓰는 것이 좋다. 1 L의 대기에 39 nL의 O_3가 포함되어 있다는 말은 대기압이 1 Pa일 때 O_3의 부분 압력이 39 nPa이라는 의미와 동일하다. 만일 어떤 곳에서 O_3의 농도가 39 ppb이고 대기압이 1.3×10^4 nPa이라면, O_3의 부분 압력은 (39 nPa O_3/~~Pa 공기~~)(1.3×10^4 ~~Pa 공기~~) = (39×10^{-9} Pa O_3/~~Pa 공기~~)(1.3×10^4 ~~Pa 공기~~) = 5.1×10^{-4} Pa O_3이다.

1-3 용액의 제조

순수한 고체나 액체를 원하는 몰농도의 수용액으로 만들기 위해서는 시약의 질량을 정확히 취하고, **증류수**나 **탈이온수**를 이용하여 **부피 플라스크**(volumetric flask, 그림 1-4)에서 원하는 부피로 묽힌다. 증류수를 얻기 위하여 물을 끓여서 휘발성이 작은 불순물을 분리하고 응축된 물을 깨끗한 용기에 모은다. 물을 이온 불순물 제거용 관을 통과시켜 탈이온수를 얻는다. 이 경우 비이온성 불순물은 물에 남는다. 증류수와 탈이온수는 서로 대체 용매로 사용된다.

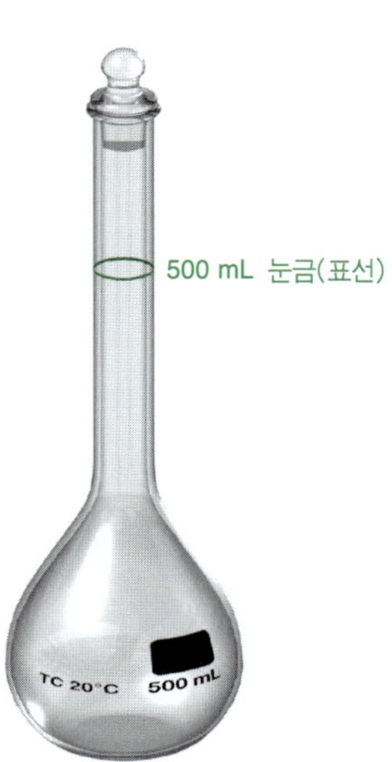

그림 1-4 액체 높이가 플라스크의 가는 목에 새겨진 표선의 중앙에 맞추어졌을 때 특정 부피를 나타내는 **부피 플라스크**. 이 플라스크의 사용 방법은 2-5절에서 다룬다.

예제 **원하는 몰농도의 용액 제조**

황산 구리 (II) 오수화물($CuSO_4\cdot5H_2O$)은 고체 결정 중에 $CuSO_4$ 1 mol에 대해서 5 mol의 H_2O가 들어 있다. $CuSO_4\cdot5H_2O$(= $CuSO_9H_{10}$)의 화학식량은 249.68 g/mol이다[결정 중에 물이 들어 있지 않으면 **무수**(**anhydrous**) 황산 구리(II)라고 하며, 화학식은 $CuSO_4$이다]. 8.00 mM Cu^{2+}가 들어 있는 용액을 만들기 위해서는 몇 그램의 $CuSO_4\cdot5H_2O$를 500.0 mL 부피에 녹여야 하는가?

풀이 8.00 mM 용액에는 8.00×10^{-3} mol/L가 들어 있다.

$$8.00\times10^{-3}\frac{\text{mol}}{\cancel{\text{L}}}\times0.500\,0\ \cancel{\text{L}}=4.00\times10^{-3}\ \text{mol CuSO}_4\cdot5\text{H}_2\text{O}$$

이 시약의 질량은 $(4.00\times10^{-3}\ \cancel{\text{mol}})\times\left(249.68\frac{\text{g}}{\cancel{\text{mol}}}\right)=0.999$ g이다.

부피 플라스크의 사용: 용액의 제조 과정은 고체 $CuSO_4 \cdot 5H_2O$ 0.999 g을 500 mL 부피 플라스크에 넣고 약 400 mL의 증류수를 가한 후 흔들면서 시약을 녹인다. 그다음 증류수로 500 mL 눈금까지 묽힌 다음, 완전히 섞이도록 플라스크를 몇 번씩 거꾸로 뒤집으면서 섞는다.

자습 무수 $CuSO_4$의 화학식량을 구하시오. 16.0 mM 용액 250.0 mL를 만들려면 $CuSO_4$ 몇 그램을 녹여야 하는가? (**답:** 159.60 g/mol, 0.638 g)

묽힘

묽은 용액은 진한 용액으로부터 만들 수 있다. 원하는 부피의 진한 용액을 새로운 용기에 옮기고 만들려는 최종 부피나 질량이 되도록 묽힌다. 1 L당 M mol을 함유하고 있는 용액 V L에 포함된 시약의 몰수는 $M \cdot V = \text{mol}/\cancel{L} \cdot \cancel{L}$이다. 진한 용액 내의 몰수와 묽은 용액 내의 몰수가 동일하므로 다음과 같은 **묽힘 식**(dilution formula)을 얻을 수 있다.

양변에 동일한 단위를 사용한다면 농도(mmol/L 또는 g/mL 등)와 부피의 단위(mL 또는 L 등)로 어느 것을 사용해도 무방하다.

묽힘 식:

$$\underbrace{M_{\text{진한}} \cdot V_{\text{진한}}}_{\text{진한 용액 내의 몰수}} = \underbrace{M_{\text{묽은}} \cdot V_{\text{묽은}}}_{\text{묽은 용액 내의 몰수}} \tag{1-5}$$

예제 0.100 M HCl 용액의 제조

실험실에서 사용할 목적으로 구입한 '진한' HCl의 농도는 약 12.1 M이다. 이 시약 몇 mL를 묽혀야 0.100 M HCl 용액 1.000 L를 만들 수 있는가?

풀이 묽힘 식을 이용하면 0.100 mol HCl을 얻기 위해 진한 용액 몇 mL가 필요한지를 알 수 있다.

$$M_{\text{진한}} \cdot V_{\text{진한}} = M_{\text{묽은}} \cdot V_{\text{묽은}}$$

$$(12.1\ \text{M})\ (x\ \text{mL}) = (0.100\ \text{M})\ (1\ 000\ \text{mL}) \Rightarrow x = 8.26\ \text{mL}$$

'⇒' 기호는 '**그것을 의미하는**'이라는 뜻을 나타낸다.

0.100 M HCl 용액을 만들기 위해서는 진한 HCl 8.26 mL를 1.000 L로 묽히면 된다. 그러나 시약의 농도가 정확하게 12.1 M이 아니므로 농도는 정확하게 0.100 M이 되지 않는다. 앞표지 안쪽 면에 1.0 M 용액을 만들 때 필요한 일반적인 시약들의 부피를 수록하였다.

물과 시약을 섞을 때 많은 열이 발생하는 경우에 대비하여 물을 시약에 가하지 말고 시약을 물에 가하라. 물을 진한 황산에 가하면 물이 끓거나 튀어서 매우 위험하다. 절대로 물을 진한 황산에 가하지 말라.

자습 15.8 M HNO_3 몇 mL를 묽혀야 3.00 M HNO_3 용액 0.250 L를 만들 수 있는가? (**답:** 47.5 mL)

예제 더욱 복잡한 묽힘 계산

암모니아 수용액은 다음과 같은 평형 때문에 '수산화 암모늄'이라고 한다.

$$\underset{\text{암모니아}}{NH_3} + H_2O \rightleftharpoons \underset{\text{암모늄 이온}}{NH_4^+} + \underset{\text{수산화 이온}}{OH^-} \tag{1-6}$$

화학 반응에서 왼쪽의 화학종은 **반응물(reactant)**, 오른쪽의 화학종은 **생성물(product)**이라고 한다. 반응 1-6에서 NH_3는 반응물이고, NH_4^+는 생성물이다.

28.0 wt% NH_3를 포함하는 진한 수산화 암모늄 용액의 밀도는 0.899 g/mL이다. 0.250 M NH_3 용액 500.0 mL를 만들기 위해서 필요한 이 시약의 부피는 얼마인가?

풀이 식 1-5를 이용하기 위해서는 먼저 시약의 몰농도를 알아야 한다. 용액 밀리리터당 0.899 g이 들어 있고, 용액(28.0 wt%) 그램당 0.280 g의 NH_3가 들어 있으므로 NH_3의 몰농도는 다음과 같이 구할 수 있다.

$$NH_3\text{의 몰농도} = \frac{899\frac{\cancel{\text{g 용액}}}{\text{L}} \times 0.280\frac{\cancel{\text{g }NH_3}}{\cancel{\text{g 용액}}}}{17.03\frac{\cancel{\text{g }NH_3}}{\text{mol }NH_3}} = 14.8\text{ M}$$

이제 0.250 M NH_3 500.0 mL를 만들기 위해 필요한 14.8 M NH_3 용액의 부피를 구하면

$$M_{\text{진한}} \cdot V_{\text{진한}} = M_{\text{묽은}} \cdot V_{\text{묽은}}$$

$$14.8\ \cancel{M} \times V_{\text{진한}} = 0.250\ \cancel{M} \times 500.0\text{ mL} \Rightarrow V_{\text{진한}} = 8.45\text{ mL}$$

제조 과정은 500 mL 부피 플라스크에 진한 시약 8.46 mL를 넣고, 약 400 mL의 증류수를 가한 다음, 잘 섞은 후 증류수로 정확히 500 mL가 되게 묽힌다. 그리고 플라스크를 여러 번 거꾸로 뒤집으면서 잘 흔들어 섞는다.

자습 주기율표 다음 면에 수록된 70.4 wt% HNO_3의 밀도를 이용하여 HNO_3의 몰농도를 구하시오. (**답:** 15.8 M)

1-4 무게 분석법을 위한 화학량론적 계산

최종 생성물의 무게 달기에 기초하는 화학 분석을 **무게 분석법(gravimetric analysis)**이라고 한다. 무게 분석법이나 적정과 같은 **부피 분석법**(volumetric analysis)은 화학 분석에 전자 기기가 도입되기 훨씬 이전부터 사용된 방법이다. 한 세기 전부터 분석 화학의 새로운 무기가 된 기기 분석법과 구별하여 무게 혹은 부피 분석법을 '고전' 분석법 혹은 '습식' 분석법이라고 구분하기도 한다. 고전적인 분석법도 현대의 분석화학에서 유용하게 사용된다. 때로는 기기를 사용하는 방법보다 더 정확하기도 하고, 어떤 경우에는 분석 기기를 위한 표준 물질을 제조하는 데 이용되기도 한다.

화학량론(stoichiometry)은 화학 반응에 관여하는 물질의 양을 계산하는 것이다. 어원은 그리스어인 *stoichion*(가장 간단한 조성)과 *metiri*(측정)로부터 유래되었다.

무게 분석법은 27장에서, 부피 분석법은 7장에서 다룬다. 이 두 장은 필요할 때 언제든지 공부하라.

식이요법 보조 정제에 들어 있는 철은 그 정제를 녹인 다음, 철을 고체 Fe_2O_3로 변환시켜 무게 분석법으로 분석할 수 있다. Fe_2O_3의 질량으로부터 원래의 정제에 포함된 철의 질량을 계산할 수 있다.

이 분석 과정의 단계는 다음과 같다.

$^-O_2C(H)C{=}C(H)CO_2^-$

퓨마르산 음이온($C_4H_2O_4^{2-}$)

1단계 퓨마르산 철(II) 염($Fe^{2+}C_4H_2O_4^{2-}$)과 비활성 결합제가 들어 있는 정제를 0.100 M HCl 150 mL와 혼합하여 Fe^{2+}로 녹인다. 용액을 걸러서 녹지 않은 결합제를 제거한다.

2단계 맑은 액체에 포함된 철(II)은 과량의 과산화 수소를 가하여 철(III)로 산화시킨다.

$$\underset{\substack{\text{철(II)} \\ \text{(제1철 이온)}}}{2Fe^{2+}} + \underset{\substack{\text{과산화 수소} \\ \text{FM 34.01}}}{H_2O_2} + 2H^+ \rightarrow \underset{\substack{\text{철(III)} \\ \text{(제2철 이온)}}}{2Fe^{3+}} + 2H_2O \tag{1-7}$$

화학식량(FM)의 단위는 g/mol이다.

3단계 수산화 암모늄을 가하여 젤형의 수화 산화 철(III)로 침전시킨다. 젤을 거르고 전기로에서 가열하여 순수한 고체 Fe_2O_3로 전환시킨다.

$$Fe^{3+} + \underset{\text{수산화 이온}}{3OH^-} + (x-1)H_2O \longrightarrow \underset{\text{수화 산화 철(III)}}{FeOOH \cdot xH_2O(s)} \xrightarrow{900°C} \underset{\substack{\text{산화 철 (III)} \\ \text{FM 159.69}}}{Fe_2O_3(s)} \tag{1-8}$$

$Fe_2O_3(s)$는 Fe_2O_3가 고체라는 뜻이다. 상태를 표시하는 다른 약자로는 액체에 대한 (*l*), 기체에 대한 (*g*), 물에 녹은 수용액에 대한 (*aq*)가 있다.

이 분석에 관한 몇 가지 실제적인 실험 결과에 대한 계산을 해 보자.

~표시는 '거의'로 읽힌다.

예제 몇 개의 정제를 분석해야 하는가?

무게 분석에서 정확하게 무게를 달기 위해서는 충분한 생성물이 필요하다. 식이요법 보조 정제 한 개에 약 15 mg의 철이 들어 있다. 최소한 0.25 g의 Fe_2O_3 생성물을 얻기 위해서는 몇 개의 정제를 분석해야 하는가?

몰수 = $\frac{\text{그램수}}{\text{mol당 그램}} = \frac{\text{그램수}}{\text{화학식량}}$

풀이 0.25 g의 Fe_2O_3 중에 몇 그램의 철이 들어 있는가를 알면 문제를 쉽게 풀 수 있다. Fe_2O_3의 화학식량은 159.69 g/mol이므로, 0.25 g의 몰수는 다음과 같다.

$$Fe_2O_3\text{의 몰수} = \frac{0.25\ \cancel{g}}{159.69\ \cancel{g}/\text{mol}} = 1.6 \times 10^{-3}\ \text{mol}$$

Fe_2O_3 1 mol에는 Fe 2 mol이 들어 있으므로 0.25 g의 Fe_2O_3 중에 들어 있는 Fe의 몰수는

$$1.6 \times 10^{-3}\ \cancel{\text{mol}\ Fe_2O_3} \times \frac{2\ \text{mol Fe}}{1\ \cancel{\text{mol}\ Fe_2O_3}} = 3.2 \times 10^{-3}\ \text{mol Fe}$$

철의 원자 질량 55.845 g/mol은 앞표지 안쪽의 주기율표에 실려 있다.

Fe의 질량은

$$3.2 \times 10^{-3}\ \cancel{\text{mol Fe}} \times \frac{55.845\ \text{g Fe}}{\cancel{\text{mol Fe}}} = 0.18\ \text{g Fe}$$

정제 한 개에 15 mg의 Fe가 들어 있다면, 필요한 정제의 개수는

$$\text{정제의 개수} = \frac{0.18\ \cancel{\text{g Fe}}}{0.015\ \cancel{\text{g Fe}}/\text{정제}} = 12\text{개의 정제}$$

자습 정제 한 개에 약 20 mg의 철이 들어 있다면, 약 0.50 g의 Fe_2O_3 생성물을 얻기 위해서는 몇 개의 정제를 분석해야 하는가? (**답:** 18)

예제 필요한 H_2O_2의 양은 얼마인가?

3%는 용액 100 g에 3.0 g의 H_2O_2 또는 용액 1 g당 0.030 g의 H_2O_2가 포함되어 있다는 의미이다.

몰수 = $\frac{\text{그램수}}{\text{화학식량}} = \frac{\cancel{g}}{\cancel{g}/\text{mol}}$

이 관계식에 익숙해야 한다.

반응 1-7에서 12개 철 정제보다 50% 과량이 되기 위해서 필요한 3.0 wt% H_2O_2의 질량은 얼마인가?

풀이 12개의 정제 중에는 12개 $\cancel{\text{정제}} \times (0.015\ \text{g}\ Fe^{2+}/\cancel{\text{정제}}) = 0.18$ g의 Fe^{2+}, 또는 $(0.18\ \cancel{\text{g}\ Fe^{2+}})$ / $(55.845\ \cancel{\text{g}\ Fe^{2+}}/\text{mol}\ Fe^{2+}) = 3.2 \times 10^{-3}$ mol Fe^{2+}이 들어 있다. 반응 1-7에서 2 mol의 Fe^{2+}당 1 mol의 H_2O_2가 필요하다. 그러므로 3.2×10^{-3} mol Fe^{2+}에 필요한 H_2O_2의 몰수는 $(3.2 \times 10^{-3}\ \cancel{\text{mol}\ Fe^{2+}})(1\ \text{mol}\ H_2O_2/2\ \cancel{\text{mol}\ Fe^{2+}}) = 1.6 \times 10^{-3}$ mol H_2O_2이다. 50% 과량은 화학량론적인 양의 1.50배이다. 즉 $(1.50)(1.6 \times 10^{-3}\ \text{mol}\ H_2O_2) = 2.4 \times 10^{-3}$ mol H_2O_2이다. H_2O_2의 화학식량이 34.01 g/mol이므로, 순수하게 필요한 H_2O_2의 양은 $(2.4 \times 10^{-3}\ \cancel{\text{mol}})(34.01\ \text{g}/\cancel{\text{mol}}) = 0.082$ g이다. 그런데 과산화 수소는 3.0 wt% 용액이므로 필요한 질량은

$$H_2O_2\ \text{용액의 질량} = \frac{0.082\ \cancel{\text{g}\ H_2O_2}}{0.030\ \cancel{\text{g}\ H_2O_2}/\text{g 용액}} = 2.7\ \text{g 용액}$$

자습 반응 1-7에서 12개 철 정제보다 25% 과량이 되기 위해서 필요한 3.0 wt% H_2O_2의 질량은 얼마인가? (**답:** 2.3 g)

예제 무게 분석법 계산

12개의 정제로부터 얻은 Fe_2O_3의 최종 질량은 0.277 g이다. 정제 한 개당 철의 평균 질량은 얼마인가?

풀이 분리된 Fe_2O_3의 몰수는 $(0.277\ \cancel{g})/(159.69\ \cancel{g}/\text{mol}) = 1.73 \times 10^{-3}$ mol이다. 화학식 단위당 2 mol의 Fe가 들어 있으므로 생성물 중 Fe의 몰수는

일련의 계산 과정에서 계산기의 모든 숫자를 그대로 보존해야 한다. 1.73 × 2는 3.47이 아니다. 그러나 계산기에는 나머지 숫자들이 남아 있으므로 답은 3.47이 된다.

$$(1.73 \times 10^{-3}\ \cancel{\text{mol Fe}_2\text{O}_3})\left(\frac{2\ \text{mol Fe}}{1\ \cancel{\text{mol Fe}_2\text{O}_3}}\right) = 3.47 \times 10^{-3}\ \text{mol Fe}$$

Fe의 질량은 $(3.47 \times 10^{-3}\ \cancel{\text{mol Fe}})\ (55.845\ \text{g Fe}/\cancel{\text{mol Fe}}) = 0.194\ \text{g Fe}$이다. 그러므로 12개의 정제 중 한 개의 질량은 평균 (0.194 g Fe) /12 = 0.016 2 g = 16.2 mg이다.

자습 분리된 Fe_2O_3의 질량이 0.300 g이었다면, 정제 한 개당 철의 평균 질량은 얼마인가? (**답:** 17.5 mg)

한계 시약

화학 반응에서 **한계 시약(limiting reagent)**이란 먼저 소모되는 시약을 말한다. 한계 시약이 모두 반응하면 반응은 멈춘다. 한계 시약을 결정하려면 우선 반응에 참여하는 시약의 몰수를 구하고, 이를 반응이 완결되는 데 필요한 몰수와 비교한다.

예제 한계 시약

반응 1-9에서 칼슘 1 mol과 반응하는 데 1 mol의 옥살산 이온이 필요하다.

$$\underset{\text{옥살산 이온}}{Ca^{2+} + C_2O_4^{2-}} + H_2O \rightarrow \underset{\text{옥살산 칼슘 일수화물}}{Ca(C_2O_4)\cdot H_2O(s)} \qquad \textbf{(1-9)}$$

물에서 $CaCl_2$(FM 110.98) 1.00 g을 $Na_2C_2O_4$(FM 134.00) 1.15 g과 반응시킬 때, 한계 시약은 어느 것인가? 한계 시약이 아닌 시약이 남는 분율은 얼마인가?

풀이 반응하는 각 시약의 몰수는 다음과 같다.

$$\frac{1.00\ \text{g CaCl}_2}{110.98\ \text{g/mol}} = 9.01\ \text{mmol Ca}^{2+} \qquad \frac{1.15\ \text{g Na}_2\text{C}_2\text{O}_4}{134.00\ \text{g/mol}} = 8.58\ \text{mmol C}_2\text{O}_4^{2-}$$

반응식에 의하면 Ca^{2+} 1 mol과 반응하는 데 1 mol의 CaO_4^{2-}가 필요하므로, 옥살산 이온이 먼저 소모될 것이다. 남는 Ca^{2+} 이온은 9.01 − 8.58 = 0.43 mmol이고, 따라서 반응하지 않은 Ca^{2+}의 분율은 (0.43 mmol/9.01 mmol) = 4.8%이다.

자습 반응식 $5H_2C_2O_4 + 2MnO_4^- + 6H^+ \rightarrow 10CO_2 + 2Mn^{2+} + 8H_2O$에서 2 mol의 MnO_4^-와 반응하는 데 5 mol의 $H_2C_2O_4$가 필요하다. 산이 과량으로 들어 있는 수용액에서 $Na_2C_2O_4$(FM 134.00) 1.15 g을 $KMnO_4$(FM 158.03) 0.60 g과 반응시킬 때, 한계 시약은 어느 것인가? 생성되는 CO_2의 양은 얼마인가?

(**답:** 8.58 mmol의 $C_2O_4^{2-}$와 반응하는 데 필요한 MnO_4^-는 $\left(\frac{2\ \text{mol MnO}_4^-}{5\ \text{mol C}_2\text{O}_4^{2-}}\right)$이고, 주어진 0.60 g/(158.03 g/mol) = 3.80 mmol은 이보다 많다. 따라서 $Na_2C_2O_4$가 한계 시약이다. 8.58 mmol의 $C_2O_4^{2-}$와 반응하면 $(10\ \text{mol CO}_2/5\ \text{mol C}_2\text{O}_4^{2-})(8.58\ \text{mmol C}_2\text{O}_4^{2-}) = 17.16$ mmol의 CO_2가 생성된다.)

이해해야 할 용어

용어는 각 장에서 **진한 고딕체**로 표기되어 있다.

SI 단위(**SI** unit)
가로 좌표(abscissa)
농도(concentration)
리터(liter)
몰(mole)
몰농도(molarity)
몰랄 농도(molality)
무게 백분율(weight percent)
무게 분석(gravimetric analysis)
밀도(density)
반응물(reactant)
백만 분율(ppm: parts per million)
부피 백분율(volume percent)
분자 질량(molecular mass)
생성물(product)
세로 좌표(ordinate)
십억 분율(ppb: parts per billion)
용매(solvent)
용질(solute)
원자 질량(atomic mass)
포말 농도(formal concentration)
한계 시약(limiting reagent)
화학량론(stoichiometry)
화학식량(formula mass)

요약

SI 기본 단위는 미터(m), 킬로그램(kg), 초(s), 암페어(A), 켈빈(K), 몰(mol) 등이다. 힘(뉴턴, N), 압력(파스칼, Pa), 에너지(줄, J)와 같은 유도된 양을 나타내는 단위는 기본 단위의 조합으로 나타낼 수 있다. 계산에서 단위는 숫자와 함께 나타내어야 한다. 킬로-, 밀리-와 같은 접두어는 단위의 배수를 표시하는 데 이용된다. 농도에 대한 일반적인 표현은 몰농도(용액 1 L당 용질의 몰수)와 몰랄 농도(용매 1 kg당 용질의 몰수), 포말 농도(1 L당 화학식 단위), 백분율 조성, 백만 분율 등이 있다. 용액을 만드는 데 필요한 시약의 양을 계산하기 위해서는 $M_{진한} \cdot V_{진한} = M_{묽은} \cdot V_{묽은}$의 관계가 유용하다. 왜냐하면 저장 용액으로부터 취한 시약의 몰수는 새로 만들려는 용액으로 옮겨야 할 몰수와 같기 때문이다. 화학 반응에서 필요한 시약의 질량과 부피를 계산하기 위해서는 화학량론의 관계를 이용할 수 있어야 한다. 아울러 생성물의 양으로부터 소비된 반응물의 양을 계산할 수 있어야 한다. 화학 반응에서 한계 시약이란 먼저 소비되는 시약을 말한다. 한계 시약이 모두 반응하면 반응은 멈춘다.

연습 문제

연습 문제의 완전한 풀이는 책의 뒤편에 실었으나, 문제에 대한 답은 간단한 것만을 수록하였다. 연습 문제는 각 장의 가장 주요한 개념들을 다루었다.

1-A. 메탄올(CH_3OH, 밀도 = 0.791 4 g/mL) 25.00 mL를 클로로폼에 녹여 500.0 mL의 용액을 만들었다.
(a) 용액에서 메탄올의 **몰농도**를 계산하시오.
(b) 용액의 밀도가 1.454 g/mL라고 할 때, 메탄올의 **몰랄 농도**를 구하시오.

1-B. 48.0 wt% HBr 수용액의 밀도는 1.50 g/mL이다.
(a) HBr 용액의 포말 농도를 구하시오.
(b) HBr 36.0 g이 들어 있는 용액의 질량은 얼마인가?
(c) HBr 233 mmol이 들어 있는 용액의 부피는 얼마인가?
(d) 0.160 M HBr 0.250 L를 만드는 데 필요한 용액의 부피는 얼마인가?

1-C. **(a)** 12.6 ppm의 $Ca(NO_3)_2$ (Ca^{2+} + $2NO_3^-$로 해리된다)가 녹아 있는 용액이 있다. NO_3^-의 농도를 ppm으로 구하시오.
(b) 0.144 mM $Ca(NO_3)_2$ 용액에서 $Ca(NO_3)_2$의 ppm 농도는 얼마인가?
(c) 0.144 mM $Ca(NO_3)_2$ 용액에서 NO_3^-의 ppm 농도는 얼마인가?

1-D. 암모니아가 하이포아브로민산 이온(OBr^-)과 반응하는 반응식은 $2NH_3 + 3OBr^- \rightarrow N_2 + 3Br^- + 3H_2O$이다. 28 wt%(14.8 M) NH_3 183 μL에 0.623 M NaOBr 용액 5.00 mL를 가했을 때 한계 시약은 어느 것인가? 과량의 시약은 얼마나 남겠는가?

문제

단위와 환산

1-1. **(a)** 길이, 질량, 시간, 전류, 온도, 물질의 양에 대한 SI 단위를 각각의 약자로 쓰시오.
(b) 주파수, 힘, 압력, 에너지, 전력의 단위와 기호를 쓰시오.

1-2. 10^{-24}~10^{24}까지의 각 접두어의 이름과 약자를 쓰시오. 대문자로 나타내야 하는 약자는 어느 것인가?

1-3. 아래의 기호에 대한 이름을 쓰고 해당 숫자를 쓰시오. 예를 들어 kW는 kW = 킬로와트 = 10^3와트라고 나타내야 한다.

(a) mW **(c)** kΩ **(e)** TJ **(g)** fg

(b) pm **(d)** μF **(f)** ns **(h)** dPa

1-4. 다음의 양을 표 1-1부터 1-3에 수록된 접두어와 단위의 약자로 표시하시오.

(a) 10^{-13}줄 **(d)** 10^{-10}미터

(b) $4.317\ 28 \times 10^{-8}$패럿 **(e)** 2.1×10^{13}와트

(c) $2.997\ 9 \times 10^{14}$헤르츠 **(f)** 48.3×10^{-20}몰

1-5. 2012년에 인간에 의한 화석 연료의 연소로 인해 CO_2 형태로 방출된 탄소의 평균량은 연간 8페타그램(Pg)이었다.

(a) 연간 대기 중으로 방출된 C는 몇 kg인가?

(b) 연간 대기 중으로 방출된 CO_2는 몇 kg인가?

(c) 1톤은 1 000 kg이다. 대기 중으로 방출된 CO_2는 몇 톤인가? 만약 지구 상에 70억 명이 살고 있다면, 한 사람당 몇 톤의 CO_2가 생성되었는가?

1-6. 나는 참치를 좋아한다. 그러나 불행하게도 참치 캔에 대한 2010년의 조사에 따르면, 백색 참치 캔에는 0.6 ppm의 Hg가, 밝은색 참치 캔에는 0.14 ppm의 Hg가 들어 있었다.[2] 미 환경청에서는 하루에 체중 1 kg당 0.1 μg 이상의 수은을 섭취하지 말 것을 권고하고 있다. 나의 체중은 68 kg이고, 한 개의 캔에 들어 있는 참치의 질량은 6 oz(1 lb = 12 oz)이다. 미 환경청의 권고를 지키면서 백색 참치를 얼마나 자주 먹을 수 있는가? 밝은색 참치는 얼마나 자주 먹을 수 있는가?

1-7. 100.0마력의 엔진으로부터 초당 발생하는 줄과, 시간당 발생하는 칼로리는 얼마인가?

1-8. 몸무게가 120파운드인 여성이 사무실에서 일하면 약 2.2×10^3 kcal/일을 소모하고, 같은 여성이 등산을 하면 3.4×10^3 kcal/일을 필요로 한다.

(a) 이 값을 초당, 몸무게 kg당 줄(즉 kg당 와트)로 나타내시오.

(b) 사무실에서 근무하는 여성과 100 W 전구 중 어떤 쪽이 더 많은 전력(W)을 소비하겠는가?

1-9. 다음 표는 화석 연료를 이용하는 자동차(가솔린, 디젤, 하이브리드(가스 + 전기))와 전기 자동차에서 방출되는 평균 CO_2의 양을 나타낸 것이다. 가로축은 자동차 단위 질량(파운드)당 mg CO_2이다. 전기 자동차는 전기를 생산하기 위한 연료가 포함되기 때문에 미국의 주마다 발생량이 다르다. 태양 에너지만을 이용하여 전기를 만들어 낸다면, 전기 생산과 관련된 CO_2의 양은 미미할 것이다. 전기 생산으로 인해 방출되는 CO_2는 캘리포니아에서 가장 낮으나, 오하이오에서는 화력 발전에 의한 전기 생산이 주류를 이루기 때문에 매우 높다.

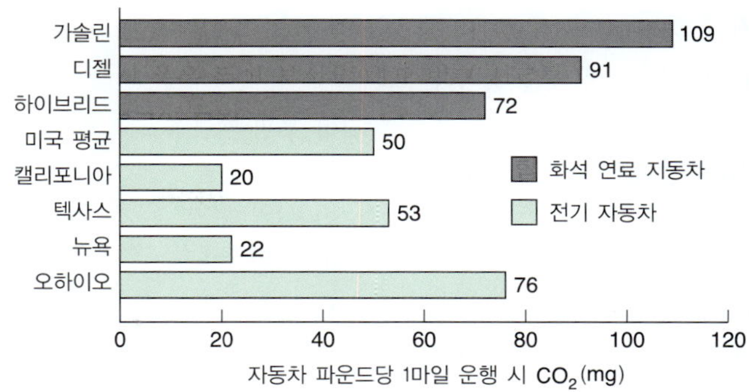

몇 가지 자동차에서 발생하는 CO_2 [출처: D. J. Berger and A. D. Jorgensen, "A Comparison of Carbon Dioxide Emissions from Electric Vehicles to Emissions from Internal Combustion Vehicles," *J. Chem. Ed.* **2015**, *92*, 1204.]

표에 자동차를 생산할 때 발생하는 CO_2는 포함되지 않았다. 각각의 자동차가 폐차될 때까지 운행하는 거리에 대하여 정규화하면, 전기 자동차 생산과 관련된 CO_2 배출량이 가솔린이나 디젤 자동차 생산과 관련된 양보다 25~75% 정도 더 많다. 생산 과정까지 포함하면 오하이오에서 운행되는 전기 자동차가 방출하는 CO_2의 양은 가솔린 자동차와 거의 비슷하다.

(a) 다음 문장이 참인지, 거짓인지 답하시오.
생산비를 포함해서 자동차 전체 운행 기간 동안 오하이오에서 운행되는 전기 자동차가 1마일당 방출하는 CO_2의 양은 같은 무게의 가솔린 자동차의 방출량과 비슷하다.

(b) 1마일은 5 280피트이고, 1피트는 12인치이다. 표 1-4를 이용하여 1 km가 몇 마일인지 계산하시오.

(c) 자동차에서 방출되는 CO_2 1 mg/pound · mile을 자동차 1 kg당 1 km 운행 시 발생하는 양으로 계산하시오. 표 1-4를 이용하여 파운드를 kg으로 환산하시오.

(d) 1.5톤의 자동차를 150 000 km 운행하였다. 캘리포니아에서 가솔린 자동차와 전기 자동차를 운행했을 때 방출되는 CO_2의 양(톤)을 각각 계산하시오. 자동차 생산과 관련된 CO_2는 포함하지 않는다.

1-10. 약 ~100 ng의 보툴리누스 신경독(botulinum neurotoxin)을 주사하거나 ~1 μg을 흡입하면 70 kg의 성인도 죽을 수 있다. 감도가 좋은 분석법을 이용하면 60 μL의 우유나 주스에 포함된 ~200 pg/mL의 독성분을 검출할 수 있다.[3]

(a) 200 pg/mL의 신경독을 포함하는 60 μL 시료에 들어 있는 신경독(분자 질량 150 000 g/mol)의 몰수를 구하시오. 표 1-3에 있는 접두어로 답하시오.

(b) 100 ng의 신경독에 포함된 분자수는 얼마인가?

1-11. 시카고에서는 먼지가 65 mg m^{-2} day^{-1}의 속도로 떨어진다. 먼지 중에 들어 있는 주요 금속 원소는 Al, Mg, Cu, Zn, Mn, Pb이다[4]. Pb는 0.03 mg m^{-2} day^{-1}의 속도로 축적된다. 일 년 동안 넓이가 535 km^2인 시카고에 떨어지는 Pb(1 ton = 1 000 kg)는 몇 톤인가?

화학 농도

1-12. 다음의 용어를 정의하시오.

(a) 몰농도
(b) 몰랄 농도
(c) 밀도
(d) 무게 백분율
(e) 부피 백분율
(f) 백만 분율
(g) 십억 분율
(h) 포말 농도

1-13. 아세트산 용액의 농도를 0.01 M이라고 하는 것보다 0.01 F라고 하는 것이 더 정확한 이유는 무엇인가? (두 농도가 서로 다름에도 불구하고 일반적으로 0.01 M을 사용한다.)

1-14. 32.0 g의 NaCl을 물에 녹여 0.500 L로 묽혔을 때 NaCl의 포말 농도(mol/L = M)는 얼마인가?

1-15. 1.71 M CH_3OH 수용액(1.71 mol CH_3OH/L 용액) 0.100 L에 들어 있는 CH_3OH(FM 32.04)는 몇 g인가?

1-16. (a) 그림 1-1에 의하면, 성층권에서 O_3의 정상적인 농도가 19 mPa임을 알 수 있다. 한편 그림 1-3에 나타낸 지상의 어떤 특정 지역에서의 O_3의 농도는 39 ppb이다. 두 농도를 비교하기 위하여 ppb 농도를 mPa 농도로 바꾸시오. 어느 농도가 더 높은가? 지표면에서의 대기압은 1 bar = 10^5 Pa이라고 가정한다. 대기압이 1 bar이면, 1 ppb 농도는 10^{-9} bar에 해당한다.

(b) 고도가 16 km인 곳에서의 대기압은 9.6 kPa이다. 그림 1-1에 의하면, 이 고도에서의 O_3의 최대 압력은 19 mPa이다. 대기압이 9.6 kPa일 때 19 mPa을 ppb 농도로 바꾸시오.

1-17. 이상 기체 법칙에 따르면, 기체의 농도는 압력과 다음과 같은 관계를 나타낸다.

$$\text{농도}\left(\frac{\text{mol}}{\text{L}}\right) = \frac{n}{V} = \frac{P}{RT},$$

$$R = \text{기체 상수} = 0.083\ 14\frac{\text{L}\cdot\text{bar}}{\text{mol}\cdot\text{K}}$$

여기에서 n은 몰수, V는 부피(L), P는 압력(bar), T는 온도(K)이다.

(a) 그림 1-1에서 남극 성층권에 있는 오존의 최대 압력은 19 mPa이다. 이 압력을 bar로 변환하시오.

(b) 온도가 −70°C일 때, 문제 **(a)**에서의 오존의 몰농도를 구하시오.

1-18. 건조한 대기에 포함되어 있는 비활성 기체(주기율표의 18족)의 부피 농도는 다음과 같다.

He 5.24 ppm, Ne 18.2 ppm, Ar 0.934 vol%, Kr 1.14 ppm, Xe 87 ppb

(a) He의 농도 5.24 ppm은 공기 1 L당 5.24 μL의 He이 포함되어 있음을 의미한다. 문제 1-17의 이상 기체 법칙을 이용하여 25.00°C(298.15 K), 1.000 bar에서 5.24 μL에 포함된 He의 몰수를 구하시오. 이 숫자가 공기 중에 포함된 He의 몰농도이다.

(b) 25°C, 1 bar에서의 Ar, Kr, Xe의 몰농도를 구하시오.

1-19. 어떤 묽은 수용액의 밀도가 1.00 g/mL이다. 용질의 농도가 1 ppm일 때 이 농도를 g/L, μg/L, μg/mL, mg/L로 각각 나타내시오.

1-20. 어떤 빗물 시료 중에 들어 있는 $C_{20}H_{42}$(FM 282.56)의 농도는 0.2 ppb이다. 빗물의 밀도가 1.00 g/mL일 때, $C_{20}H_{42}$의 몰농도를 구하시오.

1-21. 70.5 wt% $HClO_4$ 수용액 37.6 g에 들어 있는 $HClO_4$의 질량(g)은 얼마인가? 같은 용액에 들어 있는 물의 질량(g)은 얼마인가?

1-22. 70.5 wt% $HClO_4$ 수용액의 밀도는 1.67 g/mL이다. 여기에서 그램은 **용액**의 g(= $HClO_4$의 g + H_2O의 g)임을 유의하시오.

(a) 1.000 L 중에는 몇 g의 용액이 들어 있는가?

(b) 1.000 L 중에는 몇 g의 $HClO_4$가 들어 있는가?

(c) 1.000 L 중에는 몇 mol의 $HClO_4$가 들어 있는가?

1-23. 20.0 wt% KI 수용액의 밀도는 1.168 g/mL이다. KI 용액의 몰랄 농도(m, M이 아님)를 구하시오.

1-24. 부신 세포는 에피네프린 호르몬(아드레날린이라고도 함)이 들어 있는 **소포**(vesicle)라고 하는 2.5×10^4개의 대단히 작은 칸으로 이루어져 있다.

(a) 한 개의 세포에는 약 150 fmol의 에피네프린이 들어 있다. 각 소포에 있는 에피네프린은 몇 아토몰(amol)인가?

(b) 각 소포 중에 있는 에피네프린의 분자수는 얼마인가?

(c) 반지름이 r인 구의 부피는 $\frac{4}{3}\pi r^3$이다. 반지름이 200 nm인 구형 수포의 부피를 구하시오. 답을 입방미터(m^3)와 리터로 나타내고, 1 L = 10^{-3} m^3임을 기억하시오.

(d) 만약 한 개의 수포에 10 amol의 에피네프린이 있다면, 에피네프린의 몰농도는 얼마인가?

1-25. 사람의 혈액 중에 있는 글루코스($C_6H_{12}O_6$)의 농도는 식전 80 mg/dL에서 식후 120 mg/dL의 범위를 갖는다. 식사 전과 후 혈중 글루코스의 몰농도를 구하시오.

1-26. 부동액은 6.067 M의 에틸렌 글라이콜($HOCH_2CH_2OH$, FM 62.07)을 포함하고 있고, 밀도는 1.046 g/mL이다.

(a) 이 용액 1.000 L의 질량을 구하고, 리터당 에틸렌 글라이콜의 그램수를 구하시오.

(b) 이 용액에서 에틸렌 글라이콜의 몰랄 농도를 구하시오.

1-27. 단백질과 탄수화물은 각각 4.0 Cal/g, 지방은 9.0 Cal/g을 제공한다(대문자 C로 표기한 1 Cal = 1 kcal이다). 몇 가지 식품에 포함된 이들 조성의 무게 백분율은 아래와 같다.

음식물	wt% 단백질	wt% 탄수화물	wt% 지방
밀	9.9	79.9	—
도넛	4.6	51.4	18.6
햄버거(구운)	24.2	—	20.3
사과	—	12.0	—

이들 각 음식물의 cal/g과 cal/온스를 계산하시오(표 1-4를 이용하여 그램을 온스로 변환하시오. 1파운드는 16온스이다).

용액의 제조

1-28. 0.050 0 M 용액 2.00 L를 만들려면 몇 g의 붕산 $B(OH)_3$ (FM 61.83)를 녹여야 하는가? 이 용액을 만들기 위하여 어떤 종류의 플라스크가 사용되는지 설명하시오.

1-29. 0.050 0 *m* $B(OH)_3$ 용액 약 2 L를 제조하는 방법을 설명하시오.

1-30. 0.80 M NaOCl 용액 1.00 L를 묽혀서 만들 수 있는 0.25 M NaOCl(표백제)의 최대 부피는 얼마인가?

1-31. 0.10 M NaOH 1.00 L를 만들기 위해서는 50 wt% NaOH(FM 40.00) 몇 g을 묽혀야 하는가?

1-32. 병에 98.0 wt% H_2SO_4로 표지된 진한 황산 수용액의 농도는 18.0 M이다.

(a) 1.00 M H_2SO_4 1.000 L를 만들기 위해서 필요한 시약의 부피(mL)는 얼마인가?

(b) 98.0 wt% H_2SO_4의 밀도를 계산하시오.

1-33. 0.169 M NaOH 16.7 mL를 2.00 L로 묽혔다면, 53.4 wt% NaOH(FM 40.00) 수용액의 밀도는 얼마인가?

화학량론적 계산

1-34. 반응 $Ba^{2+} + SO_4^{2-} \rightarrow BaSO_4(s)$에서 23.2 wt% $Ba(NO_3)_2$가 들어 있는 고체 4.35 g과의 반응에 필요한 3.00 M H_2SO_4는 몇 mL인가?

1-35. 반응 $La^{3+} + 3F^- \rightarrow LaF_3(s)$에서 0.023 6 M La^{3+} 25.0 mL와 반응하기 위하여 50% 과량이 될 수 있는 0.491 wt% HF는 몇 g인가?

1-36. 2세에서 90세까지의 모든 사람을 즐겁게 하기 위하여 나는 식초와 베이킹 소다가 들어 있는 병에서 코르크 마개가 펑 소리를 내면서 튀어 나가는 실험을 자주 보여 준다. 500 mL 플라스틱 병에 50 mL의 식초를 넣고, 한 장의 티슈로 감싼 5 g의 베이킹 소다(탄산수소 소듐, $NaHCO_3$)를 병에 넣는다. 병 입구를 코르크 마개로 단단히 막은 다음, 뒤로 물러서 기다린다. $CO_2(g)$를 생성하는 화학 반응에 의해 병 내부의 압력이 상승하고 코르크 마개가 튀어 오르면 모두 즐거워한다.

$$\underset{\text{식초의 아세트산}}{CH_3COOH} + \underset{\text{베이킹 소다의 탄산수소 소듐}}{NaHCO_3} \rightarrow CH_3CO_2^- + Na^+ + CO_2(g) + H_2O$$

(a) 아세트산과 탄산수소 소듐의 화학식량을 구하시오.

(b) 5 g의 $NaHCO_3$와 반응하기 위하여 필요한 아세트산의 그램수를 구하시오.

(c) 식초에 포함된 아세트산은 ~5 wt%이다. 5 g의 $NaHCO_3$와 반응하기 위하여 필요한 식초의 그램수는 얼마인가? 식초의 밀도는 약 1 g/mL이다. 5 g의 $NaHCO_3$와 반응하기 위하여 필요한 식초는 몇 mL인가?

(d) 식초 50 mL와 $NaHCO_3$ 5 g을 섞었을 때 한계 시약은 어느 것인가?

(e) 문제 1-18의 이상 기체 법칙을 이용하여 $P = 1$ bar이고, $T = 300$ K일 때 생성되는 $CO_2(g)$는 몇 L인지 계산하시오. 병 안에 0.5 L의 공간이 있다면, 발생되는 압력을 구하시오.

2 실험 기구

DNA의 염기 한 개의 차이를 측정할 수 있는 석영 결정으로 만든 미량 저울

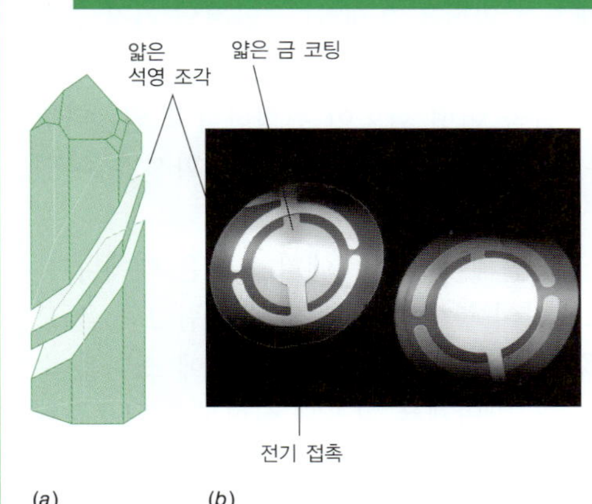

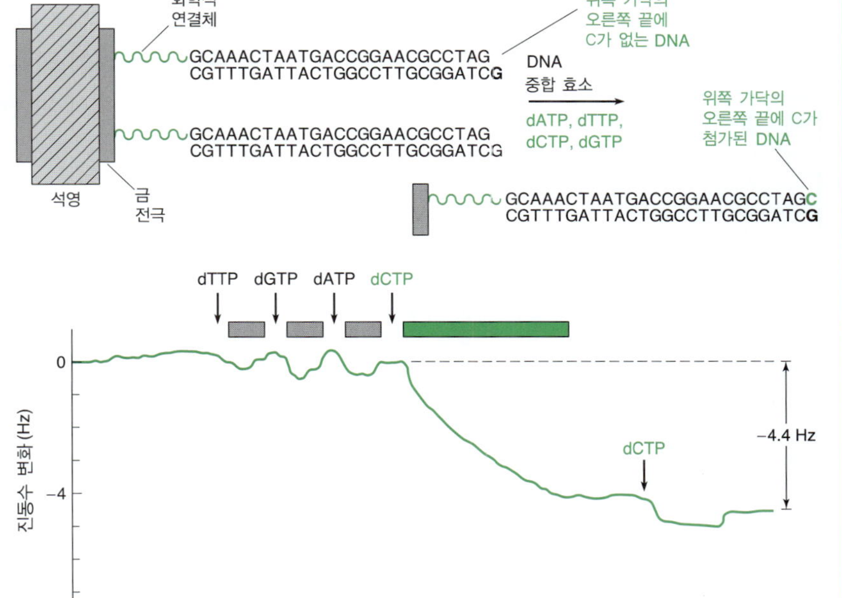

(a) 얇은 석영 조각, (b) 석영의 양면이 금 박막으로 도포된 미량 저울. 금 막 사이에 교류 전압을 가하면 면에 평행한 결정 진동이 유발된다. [Beaker / CC BY (https://creativecommons.org/licenses/by/3.0)] **(c) 끝에 한 개의 사이토신(C)만을 수용할 수 있는 한 개의 DNA 주형에 뉴클레오타이드를 첨가했을 때의 압전성 석영 결정의 반응. 금 표면에 도포된 DNA의 양은 20 ng/cm^2 = 1.2 pmol/cm^{2}이다. 결정과 시약 용액의 온도 변화를 ± 0.001°C 수준으로 유지하면 잡음을 ± 0.05 Hz 수준으로 유지할 수 있다.** [출처: H. Yoshimine, T. Kojima, H. Furusawa, and Y. Okahata, "Small Mass-Change Detectable Quartz Crystal Microblance and its Application to Enzymatic One-Base Elongation on DNA," *Anal. Chem.* **2011**, *83*, 8741.]

손목시계의 시간을 유지하는 것은 공명 진동수에서 진동하는 석영이다. 석영 결정으로 만든 미량 저울은 두 개의 얇은 금 전극 사이에 넣은 얇은 석영 조각으로 구성된다.[1, 2] 금 전극 표면의 질량에 변화가 생기면 그 질량에 비례하여 진동수가 감소한다.[3] 금 전극 1 cm^2 면적에 0.62 ng(나노그램, 10^{-9} g)의 질량이 증가하면, 결정의 공명 진동수는 27 MHz에서 측정 가능한 1 Hz가 감소한다.

전기장이 걸릴 때 성질이 변하는 석영과 같은 물질을 **압전(piezoelectric)** 물질이라고 한다.

부록 L에 수록한 구조를 갖는 **데옥시리보핵산**(DNA)은 A, T, C, G로 표기되는 네 가지 뉴클레오타이드의 서열에 의해 결정되는 유전 정보를 가지고 있다. DNA의 이중 나선 구조에서 항상 A는 T와, C는 G와 서로 수소 결합을 하고 있다. DNA를 복제하기 위하여 **DNA 중합 효소**는 한 가닥의 DNA 주형과 기본 성분인 dATP, dTTP, dCTP, dGTP를 이용하여 새로운 DNA 가닥을 만든다. 주형에 T가 있으면 새로운 가닥에는 A를 사용해야 한다. 비슷하게 A는 T와, C는 G와, G는 C와 대응한다.

석영 결정으로 만든 미량 저울을 이용하면, 합성되는 DNA 가닥에 한 개의 뉴클레오타이드가 첨가되는 것을 측정할 수 있다. DNA는 압전 물질로 만든 저울의 금 전극 표면에 화학적으로 결합되어 있다. 필요한 뉴클레오타이드가 결합하면 DNA의 질량이 증가하고 석영 결정의 진동수가 감소한다. 그림 (c)에서 위쪽 가닥의 오른쪽 끝에 C가 없는 이중 가닥 DNA가 있다. 그래프는 DNA 중합 효소에 의해 뉴클레오타이드가 첨가될 때 결정의 진동수가 변화하는 것을 보여 준다. dTTP, dGTP, dATP가 첨가될 때의 진동수 변화는 매우 작으며, 시약을 씻어 내면 원래의 상태로 돌아간다. 그러나 50분 부근에서 dCTP를 가하면 C가 끝부분에 결합하게 되어 비교적 큰 진동수의 변화가 비가역적으로 발생한다. 85분에 dCTP를 추가로 가해도 별다른 변화가 없는 것을 알 수 있다. 관찰된 −4.4 Hz의 변화는 DNA에 한 개의 뉴클레오타이드가 관찰되는 변화와 일치한다.

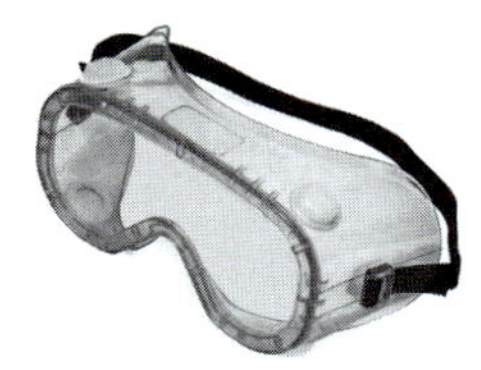

그림 2-1 모든 실험실에서는 항상 측면 보호막이 있는 보안경을 착용해야 한다. [출처: Oleksandr Kostiuchenko/Shutterstock]

왜 실험복을 입어야 하는가

2008년에 California 대학(UCLA)의 연구 조교였던 23세의 Sheharbano Sangji는 실험복을 입지 않고, 주사기를 이용하여 병에 담긴 *t*-뷰틸리튬을 뽑고 있었다. 주사기의 플런지가 빠져 자연 발화성 액체가 발화하여 그녀의 스웨터와 장갑에 불이 붙었다. 그녀는 몸의 40%가 화상을 입는 치명상을 입게 되었다. 방염 실험복이었다면 그녀를 보호할 수 있었을지 모른다. 사고가 난 실험실의 교수에 대하여 2014년에 실험실 안전에 관한 법률을 위반했다는 유죄 판결이 내려졌다.

장갑의 한계

1997년에 Dartmouth 대학의 교수인 Karen Wetterhahn은 48세의 나이로 사망하였다. 그 원인은 그녀가 끼고 있던 라텍스 고무장갑을 통해 흡수된 한 방울의 다이메틸수은 때문이었다. 많은 유기 화합물들은 쉽게 고무를 침투한다. Wetterhahn은 금속 생화학 분야의 유능한 학자로서, Dartmouth 대학의 첫 번째 여성 화학 교수였다. 두 아이의 엄마였던 그녀는 많은 여성들을 과학과 엔지니어링 분야로 이끄는 데 중요한 역할을 하였다.

이 장에서는 무게 분석이나 부피 분석과 같은 '습식' 화학적 측정과 관련된 기본적인 실험실 기구와 그 조작법에 관해서 기술하겠다.[4] 또한 정량적 자료를 다루는 사람에게 필수적인 스프레드시트(spreadsheet)도 소개하겠다.

2-1 화학 약품과 폐기물의 안전하고 윤리적인 취급

화학 실험은 자동차 운전이나 가정용품을 조작할 때처럼 위험을 초래한다. **안전의 가장 중요한 규칙은 학생들(또는 강사나 지도 교수)이 하려고 하는 것에 대한 위험성을 스스로 잘 인식하고, 위험하다고 생각되는 일을 하지 않는 것이다.** 만약 어떤 실험이 위험하다고 믿는다면 학생들은 우선적으로 위험성에 관해서 의논해야 하고, 주의 사항이 적절하다고 확신할 수 있을 때까지는 실험을 중지해야 한다.

실험을 시작하기 전에 실험실의 안전 장비들을 잘 확인해야 한다.[5] 예기치 않은 액체나 유리 조각으로부터 학생들의 눈을 보호하기 위해, 보호막이 붙어 있는 보안경(그림 2-1)을 모든 실험실에서 항상 착용해야 한다. 화학 약품의 증기가 콘택트렌즈와 눈 사이에 스며들 수 있으므로 실험실에서 렌즈를 착용하는 것은 좋지 않다. 방염제로 처리한 실험복을 착용하는 것은 유독성 액체를 쏟을 때나 불꽃으로부터 피부를 보호하는 데 도움이 된다. 진한 산을 따를 때는 고무장갑을 사용해야 한다. 이뿐만 아니라 실험실 내에서 음식물을 결코 먹거나 마시지 말아야 한다.

유기 용매, 진한 산, 진한 암모니아는 반드시 흄 후드(fume hood) 안에서 취급해야 한다. 후드 안으로 유입되는 공기는 실험실 밖으로 유독성 증기를 제거하거나 증기를 지붕 위의 굴뚝으로 배출하기 전에 묽히는 역할을 한다. 후드를 통해 제거하고자 하는 유독성 증기를 대량으로 발생시켜서는 결코 안 된다. 매우 미세한 가루를 다룰 때는 방독면을 착용하라. 이들은 호흡기에 흡입될 수 있는 먼지 구름을 발생한다.

쏟아진 약품은 주변에 있는 학생들에게 접촉되지 않도록 즉시 닦아야 한다. 제일 먼저 피부에 묻은 화학 약품을 많은 양의 물로 씻어야 한다. 몸이나 눈에 묻을 경우에 대비하여 학생들은 비상용 샤워기나 눈 세척기가 설치되어 있는 장소뿐만 아니라, 작동법을 반드시 알아야 한다. 만약 세면대가 눈 세척기보다 더 가까이 설치되어 있으면, 우선 흐르는 물에 눈을 씻는다. 또한 비상 소화기를 어떻게 작동하는지, 의복이 타는 것을 소화시키기 위한 비상 담요의 사용법 등을 알아야 한다. 우선적으로 구조 용구들을 이용할 수 있어야 하고, 아울러 학생들은 응급 치료 구조 요청을 어떻게, 그리고 어디서 받는지를 알아두어야 한다.

모든 용기에는 내용물을 나타내는 표지를 붙여야 한다. 냉장고나 캐비닛에 잊어버린 채 남겨 둔, 표지가 없는 화학 약품은 폐기물 처리에 비용이 많이 든다. 왜냐하면 시약을 합법적으로 폐기시키기 전에 반드시 그 내용물을 분석해야 하기 때문이다. 미국에서 판매되고 있는 모든 화학 약품에 부착한 물질 안전 자료 표지(Material Safety Data Sheet)는 화학 약품의 독성과 안전하게 취급할 수 있는 주의 사항이 수록되어 있다. 화학 약품에 대한 응급조치와 흘렸을 때의 처리 방법에 대한 지침을 알려 준다.

우리 자손들에게 좋은 환경의 지구를 물려주려면 폐기물 생산은 최소한으로 줄이고 화학 폐기물은 책임 있는 방법으로 처리해야 한다. 경제적으로 허용된다면, 화합물을 재활용하는 것이 바람직하다.[6] 발암성 다이크로뮴산 이온($Cr_2O_7^{2-}$) 폐기물에 대한 처리는 공인된 처리 방법의 좋은 예이다. 먼저 아황산 수소 소듐($NaHSO_3$)을 가하여 다이크로뮴산 이온의 Cr(VI)를 독성이 낮은 Cr(III)로 환원시키고, NaOH를 첨가하여 불용성인 $Cr(OH)_3$ 침전을 형성시킨다. 용액을 증발 건조시킨 다음, 허가된 매립지에 화합물이 새어 나오지 않도록 안전하게 매립한다. 경제적으로 재활용할 수 있는 은이나 금 폐기물은 화학적으로 처리하여 금속을 회수한다.[7]

녹색 화학(**green chemistry**)은 좋은 환경의 지구를 만들기 위하여 바꾸어야 할 우리의 자세에 관한 일련의 원칙이다.[8] 나쁜 행동의 예로는 한정된 자원의 낭비와 폐기물의 부주의한 처리를 들 수 있다. 녹색 화학은 자원과 에너지 사용 및 위험한 폐기물 생산을 줄일 수 있는 화학적 생산물 제조 공정을 설계하는 노력을 요구한다. 폐기물을 처리하는 것보다 폐기물을 막는 공정을 설계하는 것이 더 낫다. 예를 들어 NH_3를 분석할 때 HgI_2 폐기물이 만들어지는 분광학적 Nessler법을 사용하는 대신, 이온 선택성 전극을 이용하는 것이 좋다. 대학 실험실에서는 시약 비용과 폐기물 생산을 줄일 수 있는 '미규모'의 실험을 할 것을 권장한다.

폐전기 제품은 매립하기보다 재활용해야 한다. **형광등에는 수은이 들어 있으므로 일반 폐기물처럼 취급하면 안 된다.** 발광 다이오드(LED)는 형광등보다 더 효율이 좋고 수은이 들어 있지 않으므로, 머지않아 형광등을 대체할 것이다.

2-2 실험 노트

실험 노트의 기능은 **무엇을 하였으며, 무엇을 관찰하였는가를** 기록하는 것이며, 그 내용은 **다른 사람들이 이해할 수 있어야** 한다. 경험이 많은 과학자들조차 범하는 가장 큰 실수는 완벽하지 않거나 이해하기 어려운 노트를 작성하는 것이다. **완전한 문장**(complete sentence)으로 작성하는 것이 불완전하게 기술하는 것을 피하는 가장 좋은 방법이다.

실험 노트는 반드시
1. 무엇을 하였는가를 기록하고,
2. 무엇을 관찰하였는가를 기록하고,
3. 다른 사람이 이해할 수 있도록 기록한다.

초보 학생들은 실험 목적, 방법, 결과 및 결론 순으로 실험 내용을 상세하게 기술하는 것이 유용함을 종종 발견할 것이다. 실험실에 들어가기 전에 숫자와 같은 자료를 바로 적을 수 있도록 노트를 정리하는 것이 실험을 준비하는 가장 훌륭한 방법이다. 모든 반응에 대한 균형 맞춘 화학 반응식을 기록하는 것이 좋다. 이 습관은 실험 내용을 이해하는 데 도움을 주는 동시에, 미처 이해하지 못한 것이 무엇인지를 찾는 데 도움을 줄 수 있다.

과학적 '진실'의 척도는 다른 사람들이 실험을 재현할 수 있는 가능성을 뜻한다. 훌륭한 실험 노트는 실험한 모든 것을 설명할 수 있을 뿐만 아니라, 다음에 누구든지 똑같은 방법으로 정확하게 실험을 재현할 수 있게 할 것이다.

프로그램이나 자료가 저장된 컴퓨터 파일의 이름 역시 노트에 기록해 둔다. 중요한 자료는 인쇄해서 노트에 첨부한다. 인쇄된 종이의 수명은 컴퓨터 파일의 수명보다 10~100배 더 길다.

2-3 분석 저울

전자저울(electronic balance)은 접시 위의 하중과 균형을 맞추기 위하여 전자기힘을 이용한다. 용량이 100~200 g이고 가독성이 0.01~0.1 mg인 전형적인 전자식 분석 저울을 그림 2-2에 나타내었다. **가독성**(readability)은 표시할 수 있는 질량의 최소량을 나타낸다. **미량 저울**(microbalance)은 1 μg 수준의 가독성으로 밀리그램 정도의 양을 단다.

그림 2-2 0.1 mg까지 질량을 달 수 있는 전자식 분석 저울 [출처: Thanandorn Sinphet/Shutterstock]

화학 약품의 무게를 달려면, 먼저 저울의 접시 위에 깨끗한 용기(receiving vessel)를 올려놓는다. 빈 용기의 질량은 **빈그릇 무게**(**tare**)라고 한다. 대부분의 저울에는 빈그릇 무게를 0으로 조절할 수 있는 버튼이 있다. 무게를 달 화합물을 용기에 넣고 무게를 읽는다. 만약 자동으로 빈그릇 무게를 다는 장치가 없다면, 시약이 담겨진 용기의 질량으로부터 빈그릇 무게를 빼 주어야 한다. 저울이 부식되는 것을 막기 위하여 **결코 화학 약품을 무게달기 접시**(weighing pan) **위에 직접 올려놓아서는 안 된다**. 또한 절대로 저울의 접시 아래 장치에 화학 약품을 흘려서는 안 된다.

공기 중의 습기를 빠르게 흡수하는 **흡습성**(**hygroscopic**) 시약의 무게를 달 경우에는 '**차이에 의한 무게달기**(weighing by difference)'라고 하는 또 다른 방법이 필요하다. 먼저 건조한 시약이 담긴 무게달기 병의 뚜껑을 닫고 그 무게를 단다. 그다음 그 무게달기 병의 시약 약간 양을 다른 용기에 빨리 붓는다. 병의 뚜껑을 닫고 다시 무게를 단다. 이들의 무게 차이는 무게달기 병으로부터 옮겨진 시약의 질량과 같다. 전자저울에서는 빈그릇 무게 버튼으로 무게달기 병의 처음 질량을 0으로 맞춘다. 그다음 무게달기 병으로부터 시약을 옮기고 병의 무게를 다시 단다. 저울에 나타나는 음의 값이 무게달기 병으로부터 옮긴 시약의 질량이다.[9]

전자저울의 작동 원리

그림 2-2와 같이 전자저울 위에 놓인 물체는 $m \times g$의 힘으로 접시를 아래쪽으로 민다. 여기서 m은 물체의 질량이고, g는 중력 가속도이다. 저울에 의하여 이 힘에 대응하는 전류가 생

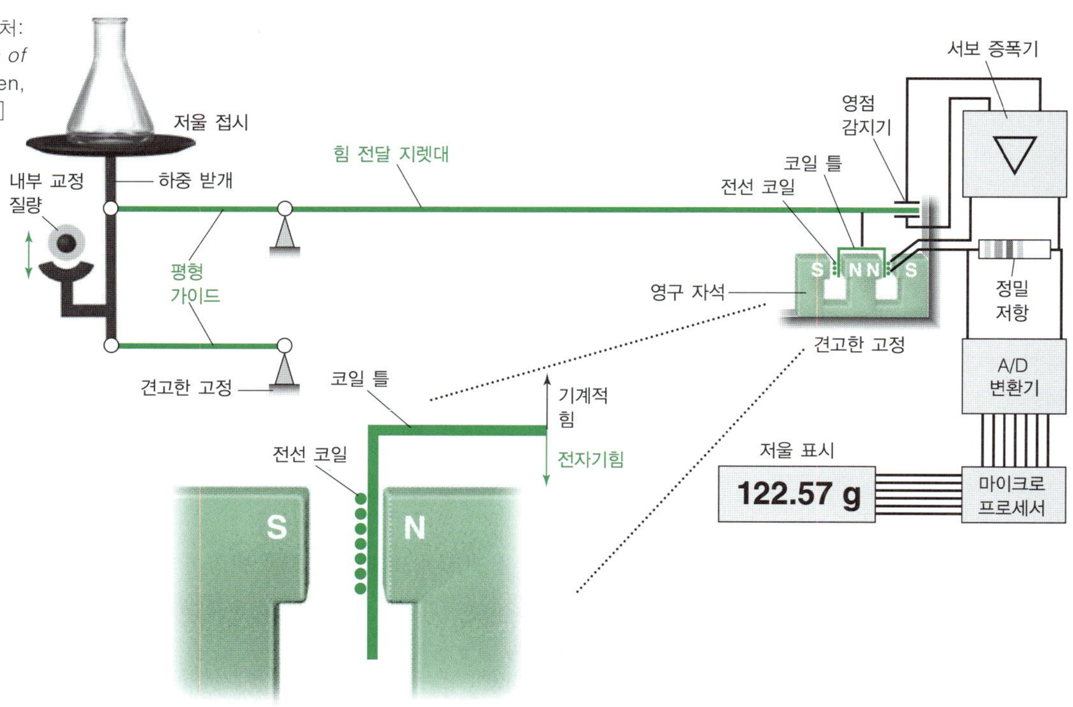

그림 2-3 전자저울의 개략도 [출처: C. Berg, *The Fundamentals of Weighing Technology*(Götingen, Germany: Sartorius AG, 1996).]

성되는데, 이 전류의 크기를 이용하여 접시에 놓인 시료의 질량을 측정할 수 있다.

그림 2-3은 그 작동 원리를 보여 준다. 지렛대의 짧은 쪽에 위치한 접시에 놓인 시료에 의하여 지렛대 왼쪽은 아래로, 오른쪽은 위로 힘을 받는다. 오른쪽 끝 부분에 위치한 영점 감지기는 지렛대의 팔이 평형(영점) 위치로부터 약간만 움직여도 감지할 수 있다. 영점 감지기가 지렛대 팔의 변형을 검출하면 서보 증폭기가 영구 자석의 자기장에 있는 힘 상쇄(force compensating) 전선 코일을 통하여 전류를 보낸다. 왼쪽 아래에 확대한 그림은 그 코일과 자석 부분을 보여 준다. 코일에 생긴 전류는 영구 자석과 상호 작용하여 하향 힘을 발생시킨다. 서보 증폭기는 지렛대 팔에 상향 힘을 정확히 상쇄하는 전류를 흘려보내서 영점을 유지한다. 그 코일에 흐르는 전류에 의하여 정밀 저항에 전압이 발생하고, 이 전압이 디지털 신호로 바뀌어 결국 그램수로 표시된다. 전류와 질량 사이의 변환은 내부 교정(calibration) 질량을 재는 데 필요한 전류를 측정함으로써 이루어진다. 그림 2-4는 저울 내부의 구성 요소의 배치를 나타낸 것이다.

저울 오류

성급한 측정: 저울 창이 열림, 가열(혹은 냉각) 상태의 물체, 정전기

정전기: 정전기 방지용 솔을 이용하여 물체와 저울을 가볍게 두드려 제거할 수 있다.

측정값이 계속 낮아짐: 액체의 증발

측정값이 계속 높아짐: 흡습성 물질에 의한 수분 흡수

무게달기 오차

분석 저울은 진동을 최소화하기 위해서 대리석과 같이 무겁고 단단한 실험대 위에 설치해야 한다. 저울은 높이를 조절할 수 있는 다리와 기포 수평계를 이용하여 수평이 유지되도록 해 준다. 수평이 유지되지 않으면 힘이 그림 2-4의 하중 받개 수직으로 전달되지 않아서 오차를 유발한다. 수평을 조절한 후에는 교정 버튼을 눌러 저울을 재교정해야 한다. 무게를 재는 물체는 저울 접시의 중앙에 놓는다. 공기의 대류에 의한 오차를 피하기 위하여 무게를 달기 전에 시료를 **주변과 동일한 온도**에서 보관해야 한다. 오븐에서 말린 시료를 실온으로 냉각시키는 데는 약 30분이 걸린다. 습기가 흡수되는 것을 피하기 위하여 식히는 동안 시료를 건조 용기(desiccator) 안에 보관한다. 무게를 다는 동안 눈금을 읽는 데 영향을 미치는 공기의 흐름(draft)을 막기 위하여 그림 2-2에 나타낸 저울의 유리 창문은 닫아 두라. 대부분 윗접시 저울의 경우는 공기 흐름으로부터 보호하기 위하여 접시 주위에 플라스틱제 방벽이 있다. 손가락의 지문이 물체의 겉보기 질량을 변화시킬 수 있기 때문에, 저울에 물체를 올려놓을 때에는 집게나 휴지를 사용할 것을 권한다.

접시 위에서 자기성 물체를 움직이면 물체의 표시되는 질량이 변하는 것으로 자기성 물체

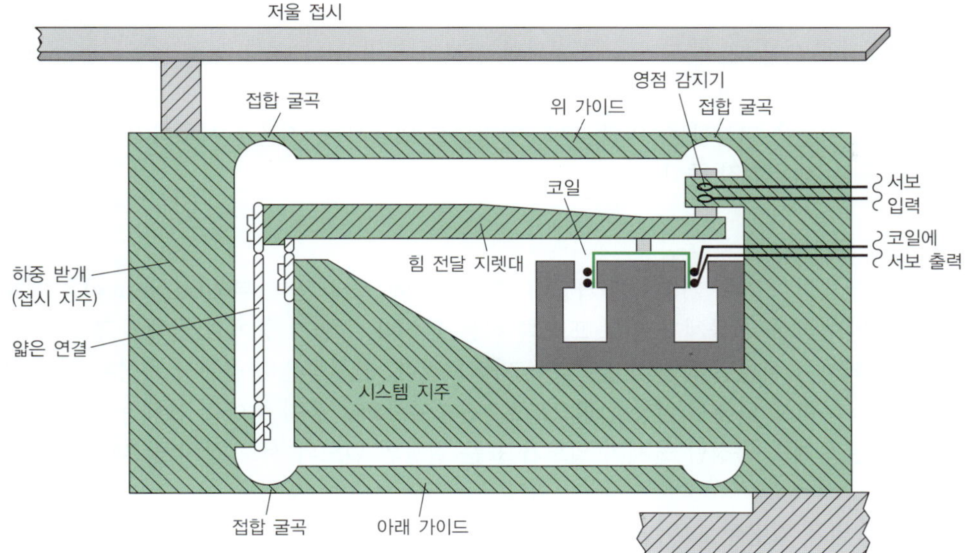

그림 2-4 전자저울의 기계 부품의 배치. 전자기힘이 접시에 놓인 하중의 약 10% 수준이 되도록 지렛대 비(lever ratio)를 유지한다. [출처: C. Berg, *The Fundamentals of Weighing Technology*(Göttingen, Germany: Sartorius AG, 1996).]

의 무게를 측정할 때 오차가 있다는 것을 예상할 수 있다.[10] 자기성 물체를 달 때에는 저울의 철로 만든 부품과의 인력을 최소로 하기 위하여 뒤집어 놓은 비커와 같은 것으로 일정한 간격을 두는 것이 바람직하다. 물체에 생긴 정전기 전하는 측정을 방해하는데, 물체의 정전기가 방출할 때 질량이 서서히 변화하는 것으로 미루어, 정전기 또한 오차를 유발하는 것을 알 수 있다.

분석 저울에는 내부 질량을 이용하는 내장된 교정 장치가 있다. 외부 교정을 하려면, 표준 질량을 주기적으로 달아서 허용된 범위 내에 드는지 확인한다. 표준 질량의 **허용 오차**(tolerance)는 표 2-1에 수록하였다. 저울에 대한 또 다른 검사는 표준 질량을 6회 측정하여 표준 편차(4-1절)를 구하는 것이다. 질량의 변화는 부분적으로는 저울에서 오지만, 공기의 흐름이나 진동과 같은 요인으로부터도 발생한다.

저울의 **직선성 오차**(linearity error)는 교정한 후에 시스템의 비선형 감응의 결과로 측정한 질량에서 발생하는 최대 오차를 의미한다(그림 2-5). 용량이 220 g이고 가독성이 0.1 mg인 저울의 직선성 오차가 ±0.2 mg인 경우도 있다. 눈금을 0.1 mg까지 읽을 수 있어도, 허용된 어떤 범위에서 질량의 오차는 ±0.2 mg일 수 있다.

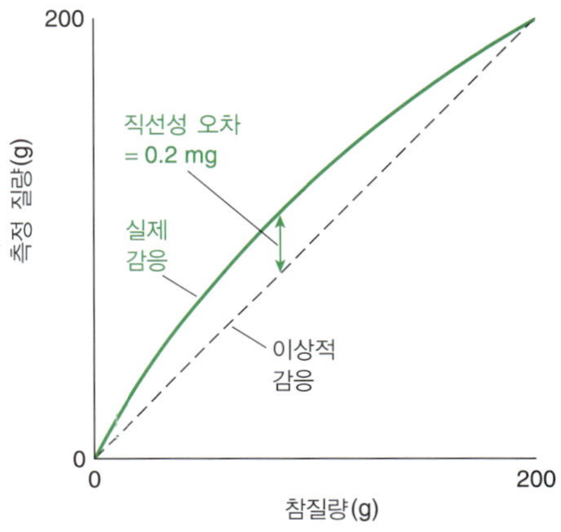

그림 2-5 직선성 오차. 점선은 0 g과 200 g에서 교정한 저울에서 질량에 비례하는 이상적인 선형 감응이다. 실제 감응은 직선에서 벗어난다. 직선성 오차는 최대 편차인데, 이 그림에서는 크게 과장되어 있다.

표 2-1 실험실 저울 추의 허용 오차[a]

단위	허용 오차(mg)		단위	허용 오차(mg)	
그램	1급	2급	밀리그램	1급	2급
500	1.2	2.5	500	0.010	0.025
200	0.50	1.0	200	0.010	0.025
100	0.25	0.50	100	0.010	0.025
50	0.12	0.25	50	0.010	0.014
20	0.074	0.10	20	0.010	0.014
10	0.050	0.074	10	0.010	0.014
5	0.034	0.054	5	0.010	0.014
2	0.034	0.054	2	0.010	0.014
1	0.034	0.054	1	0.010	0.014

a. 허용 오차는 ASTM(American Society for Testing and Materials) 표준 규격 E 617에 정의되어 있다. 1급과 2급은 가장 정확한 것이다. 3~6급은 허용 오차가 큰 것으로, 이 표에 수록하지 않았다.

저울을 교정한 후에도 주변 온도가 변하면 읽은 값이 표류할지 모른다. 저울 감도의 온도 계수가 2 ppm/°C일 때, 온도가 4°C 변하면 겉보기 질량은 (4°C)(2 ppm/°C) = 8 ppm으로 변한다. 100 g 질량에 대하여 8 ppm은 $(100\ g)(8 \times 10^{-6}) = 0.8$ mg이다. 교정 버튼을 눌러 당시 온도에서 저울을 교정할 수 있다. 온도 안정도를 위해서는, 저울을 사용하지 않을 때 대기 방식으로 두는 것이 가장 좋다.

부력

수영할 때 인체의 무게는 거의 0에 가깝기 때문에 물에 뜨게 된다. **부력(buoyancy)**은 액체나 기체와 같은 유체에서 물체가 위로 뜨도록 하는 힘이다.[11] 공기 중에서 물체의 겉보기 질량은 물체에 의하여 치환된 공기의 질량만큼 가벼워진다. 참질량은 진공에서 측정된 질량이다. 표준 질량도 부력에 의해서 영향을 받으므로, 진공에서보다 공기 중에서 물체는 가벼워진다. 부력 오차는 무게를 측정할 물체의 밀도가 표준 질량의 밀도와 서로 같지 않으면 항상 발생한다.

저울에서 읽은 질량이 m'이면, 진공에서 물체의 참질량인 m은 다음 식과 같이 나타낼 수 있다.[12]

식 2-1은 기계식 저울과 전자저울 모두에 적용할 수 있다.

부력 식:

$$m = \frac{m'\left(1 - \frac{d_a}{d_w}\right)}{\left(1 - \frac{d_a}{d}\right)} \qquad \textbf{(2-1)}$$

여기서 d_a는 공기의 밀도(1 bar, 25°C 근처에서 0.001 2 g/mL)이고,[13] d_w는 교정 추의 밀도(일반적으로 8.0 g/mL), d는 무게를 측정할 물체의 밀도이다.

예제 부력의 보정

'트리스(tris)'라는 순수한 물질은 실험실에서 산 용액의 농도를 측정하는 **일차 표준 물질**로 사용된다. 알고 있는 질량의 트리스와 반응하는 데 필요한 산의 부피로부터 산의 농도를 구한다. 만약 공기 중에서 무게를 단 겉보기 질량이 100.00 g일 때, 트리스(밀도 = 1.33 g/mL)의 참질량을 구하시오.

풀이 식 2-1을 이용하여 참질량을 구할 수 있다.

$$m = \frac{100.00\ \text{g}\left(1 - \frac{0.001\ 2\ \text{g/mL}}{8.0\ \text{g/mL}}\right)}{1 - \frac{0.001\ 2\ \text{g/mL}}{1.33\ \text{g/mL}}} = 100.08\ \text{g}$$

부력 보정을 하지 않으면 트리스의 질량은 실제 질량보다 0.08% 작아지고, 트리스와 반응하는 산의 몰농도는 실제 몰농도보다 0.08% 감소하게 될 것이다.

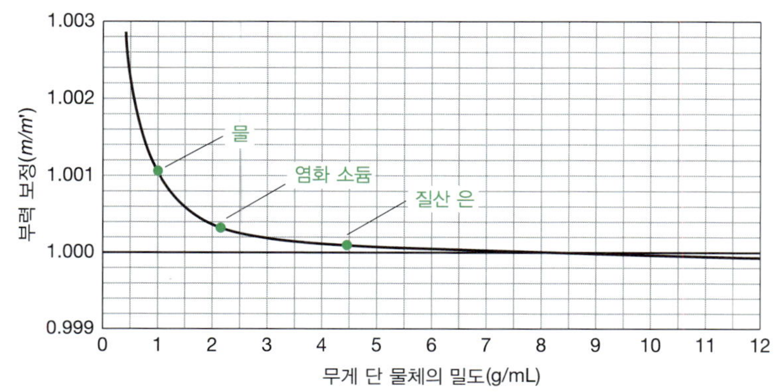

그림 2-6 부력 보정. d_a = 0.001 2 g/mL, d_w = 8.0 g/mL로 가정한다. 공기(1.000 0 g) 중에서 측정한 겉보기 질량에 부력 보정을 곱하여 참질량을 구한다.

그림 2-6은 밀도가 1.00 g/mL인 물의 무게를 저울로 달았을 때 1.000 0 g이라고 하면, 참 질량은 1.001 1 g임을 보여 준다. 오차는 0.11%이다. 밀도가 2.16 g/mL인 NaCl에 대해서는 오차가 0.04%이고, 밀도가 4.45 g/mL인 $AgNO_3$에 대해서는 오차가 단지 0.01%이다.

2-4 뷰렛

그림 2-7의 **뷰렛**(**buret**)은 아래쪽에 있는 잠금 꼭지(밸브)를 통하여 옮겨진 액체의 부피를 측정할 수 있도록 눈금이 매겨져 있는, 정밀하게 제작된 유리관이다. 0 mL 표시는 윗부분에 있다. 만약 처음의 액체 수위가 0.83 mL이고, 마지막 수위가 27.16 mL라면, 27.16 − 0.83 = 26.33 mL를 옮긴 것이 된다. A급 뷰렛(가장 정확한 등급)은 표 2-2의 허용 오차 범위에 맞도록 보정되어 있다. 50 mL의 뷰렛으로 27.16 mL를 읽었다면, 참부피는 27.11~27.21 mL 범위의 어떤 값일 수 있으며, 이 값은 허용 오차 ±0.05 mL 범위 안에 든다. 뷰렛의 전체 눈금 중 특정 위치에서 옮겨지는 실제 부피를 측정하는 절차에 대하여 이 장의 마지막 부분에서 설명하였다.

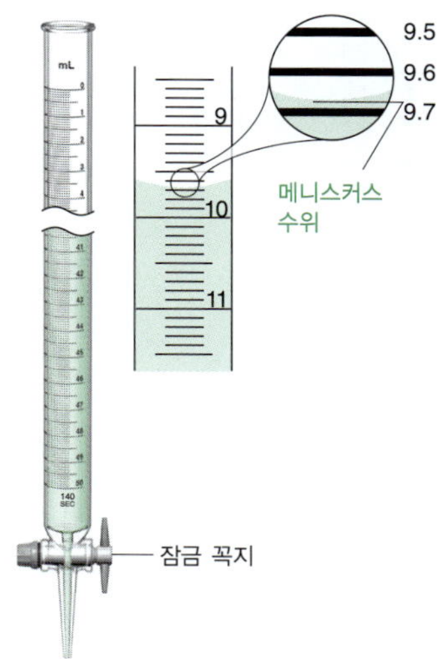

그림 2-7 테플론 잠금 꼭지가 달린 유리 뷰렛. 확대한 그림은 메니스커스가 9.68 mL임을 보여 준다. 눈금의 1/10 수준까지 추정한다. 이 뷰렛은 간격이 0.1 mL이기 때문에 0.01 mL까지 읽는다.

허용 오차가 ±0.05 mL라고 하더라도 0.01 mL까지 읽어야 한다. 기기 값을 읽을 때에는 항상 최고로 정밀한 수준으로 읽어야 한다.

상대 불확정도(**relative uncertainty**)란 불확정도를 측정값으로 나눈 것으로, 다음과 같이 퍼센트 단위로 구할 수 있다.

상대 불확정도:

$$\text{상대 불확정도(\%)} = \frac{\text{불확정도}}{\text{측정값}} \times 100 \qquad (2\text{-}2)$$

50 mL 뷰렛을 이용하여 20 mL를 옮기는 경우, 상대 불확정도는 (0.05 mL/20 mL) × 100 = 0.25%이다. 같은 뷰렛을 이용하여 40 mL를 옮긴다면, 상대 불확정도는 (0.05 mL/40 mL) × 100 = 0.12%이다. 뷰렛을 이용하여 더 큰 부피를 옮기면 상대 불확정도가 줄어든다. 다음에 설명하는 방법처럼 뷰렛을 교정하면 불확정도를 줄일 수 있다.

표 2-2 A급 뷰렛의 허용 오차

뷰렛 부피 (mL)	최소 눈금 (mL)	허용 오차 (mL)
5	0.01	±0.01
10	0.05 또는 0.02	±0.02
25	0.1	±0.03
50	0.1	±0.05
100	0.2	±0.10

뷰렛의 액체 높이를 읽을 때에는, 눈을 액체의 맨 위쪽과 같은 높이가 되도록 맞추어야 한다. 만약 눈이 액체면의 높이보다 높으면 액체는 실제보다 많은 것처럼 보이며, 눈이 이보다 너무 낮으면 액체는 실제 부피보다 적게 보인다. 눈이 액체 높이와 같지 않을 경우 발생하는 오차를 **시차**(**parallax**)라고 한다. 눈의 위치를 메니스커스 위아래로 움직여 보라. 메니스커스에 가장 가까운 원형의 mL 표식이 직선으로 보일 때의 눈의 위치가 올바른 위치이다.

대부분의 액체 표면은 그림 2-7의 오른쪽에서 보는 바와 같이 오목한 **메니스커스**(**meniscus**)를 형성한다.[14] 메니스커스의 정확한 위치를 알기 위해서 흰색 카드에 검은색 테이프 조각을 붙인 것을 배경으로 사용하면 도움이 된다. 메니스커스와 일치하도록 뷰렛을 따라 검은색 조각을 움직인다. 메니스커스의 밑바닥을 검은색 조각의 윗부분과 일치시키면 메니스커스의 높이를 보다 쉽게 읽을 수 있다. 특히 색깔이 짙은 용액에서는 메니스커스가 두 개 나타날 수 있다. 이러한 경우에는 둘 중 어느 하나를 택하여 읽는다. 왜냐하면 부피는 나중에 읽은 값에서 먼저 읽은 값을 빼 줌으로써 측정되기 때문이다. 중요한 것은 재현성 있게 메니스커스의 위치를 읽는 것이다. 항상 눈금 사이의 1/10까지 읽어야 한다.

50 mL 뷰렛 눈금의 폭은 약 0.02 mL에 해당한다. 최대한 정확도를 높이기 위해서는 눈금의 어느 한 부분을 0으로 선택해야 한다. 예를 들어 메니스커스의 밑바닥이 뷰렛 눈금의 가장 윗부분과 맞닿았을 때 액체의 높이가 눈금과 맞춰져 있다고 결정한다. 이때 메니스커스의 밑바닥이 눈금의 **밑바닥**과 일치할 때 읽은 부피는 0.02 mL 정도 더 큰 값이 된다.

뷰렛에 들어 있는 용액을 **적정 용액**(**titrant**)이라고 한다. **적정**(titration)의 종말점 위치를 정밀하게 찾기 위하여 종말점 근처에서는 한번에 한 방울보다 적은 양을 떨어뜨린다(50 mL 뷰렛에서 한 방울의 부피는 약 0.05 mL이다). 한 방울보다 적은 양을 떨어뜨리기 위해서는 한 방울보다 적은 방울이 뷰렛의 끝에 매달리게 될 때까지 잠금 꼭지를 조심스럽게 열어야 한다(경우에 따라서는 잠금 꼭지를 열려진 위치에서 한 바퀴 재빨리 돌림으로써 한 방울보다

적정에서는 뷰렛에 담긴 시약을 반응이 끝날 때까지 조금씩 분석 물질에 첨가한다. 옮긴 부피로부터 분석 물질의 양을 계산한다.

뷰렛의 작동

- 뷰렛을 새 용액으로 씻는다.
- 사용하기 전에 공기 방울을 제거한다.
- 액체를 천천히 흘려내린다.
- 종말점 근처에서는 한 방울보다 적은 양을 떨어뜨린다.
- 오목한 메니스커스의 밑바닥을 읽는다.
- 눈금 간격의 1/10까지 읽는다.
- 시차 오차를 피한다.
- 눈금을 읽을 때 눈금의 폭을 고려한다.

적은 양의 액체가 떨어지도록 할 수 있다). 그런 다음 액체 방울이 플라스크의 안벽을 따라 옮겨지도록 뷰렛의 끝부분을 액체를 받는 플라스크의 안쪽 유리벽에 갖다 댄다. 조심스럽게 플라스크를 기울여서 새로 가해 준 액체를 플라스크 속에 있는 원액으로 씻는다. 플라스크를 흔들어서 그 내용물을 섞어 준다. 적정의 종말점 근처에서는 플라스크 벽에 묻어 있는 미반응의 분석 물질이 들어 있는 작은 방울들이 전체 용액과 완전히 섞이도록 플라스크를 자주 기울이면서 돌려 준다.

액체는 뷰렛의 벽을 따라 균등하게 흘러내려야 한다. 액체가 유리에 부착하려는 경향은 뷰렛으로부터 천천히 흘러내리면 줄일 수 있다(<20 mL/min). 만약 뷰렛 벽에 방울이 많이 남아 있으면 세제와 뷰렛 솔로 뷰렛을 씻어야 한다. 그래도 완전히 씻기지 않으면 뷰렛을 과산화이황산염-황산(peroxydisulfate-sulfuric acid)으로 만든 세척 용액에 담가 놓는다.[15] 세척 용액은 뷰렛 속에 있는 기름 성분뿐만 아니라 의복과 인체에 피해를 준다. 부피 측정용 유리 기구들은 유리를 부식시키는 알칼리성 용액에 절대로 담그지 않도록 해야 한다. 95°C에서 5 wt%의 NaOH 용액은 9 μm/h의 속도로 파이렉스 유리를 녹인다.

적정하는 동안 부피 오차를 유발할 수 있는 증발을 막기 위해서 뷰렛의 윗 부분에 느슨하게 마개를 덮어야 하다. 뷰렛을 사용할 때 가장 흔히 발생하는 오차 중의 하나는 잠금 꼭지가 바로 밑에 가끔 생기는 공기 방울을 제거시키지 못하는 데 기인한다(그림 2-8). 만약 적정하는 동안 공기 방울이 생기면, 뷰렛의 눈금이 새겨진 부분으로부터 배출된 약간의 액체는 적정 용기에 들어가지 못한다. 공기 방울은 1~2초 동안 뷰렛의 잠금 꼭지를 활짝 열어 액체를 흘려주는 방법으로 제거할 수 있다. 경우에 따라서 잘 제거되지 않는 공기 방울은 액체를 배수구로 내보내면서 뷰렛을 격렬하게 흔들면 제거시킬 수 있다.

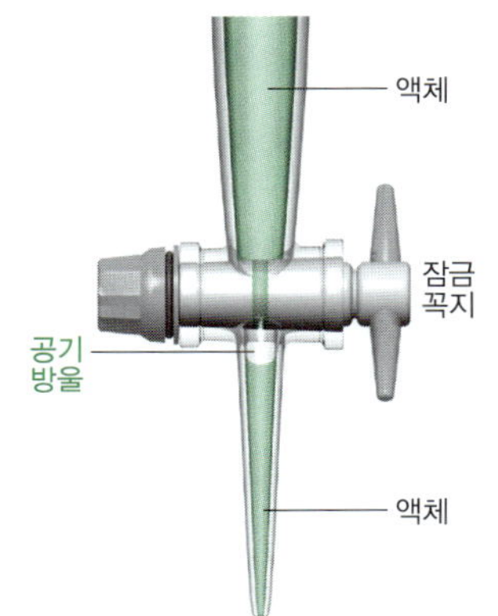

그림 2-8 뷰렛의 잠금 꼭지 아래에 자주 생기는 공기 방울은 뷰렛을 사용하기 전에 제거해야 한다.

새로 만든 깨끗한 용액을 뷰렛에 채울 때에는 소량의 새 용액으로 뷰렛을 몇 번 헹구어주는 것이 훌륭한 방법인데, 매번 씻은 용액은 버린다. 씻은 용액으로 뷰렛 전체를 채울 필요는 없다. 뷰렛의 안쪽 면 전체가 씻는 액체와 접촉되도록 뷰렛을 기울여 준다. 이와 같은 씻기 방법은 건조시키지 않고 다시 사용하는 모든 용기(분광 광도계의 큐벳 또는 피펫과 같은)에 적용시킬 수 있다.

뷰렛 대신 자동 적정기(그림 2-9)를 사용하면 적정하는 수고가 크게 줄어든다. 이 장치는 저장 용기(reservoir)에서 시약을 보내고, 시약의 부피와 적정되고 있는 용액에 잠긴 전극의 감응을 읽는다. 출력은 바로 컴퓨터로 보내서 스프레드시트에서 다룰 수 있도록 되어 있다.

질량 적정과 미세 척도 적정

질량은 부피보다 더 정밀하게 측정할 수 있다. 적정에서 부피를 측정하는 대신 뷰렛이나 주

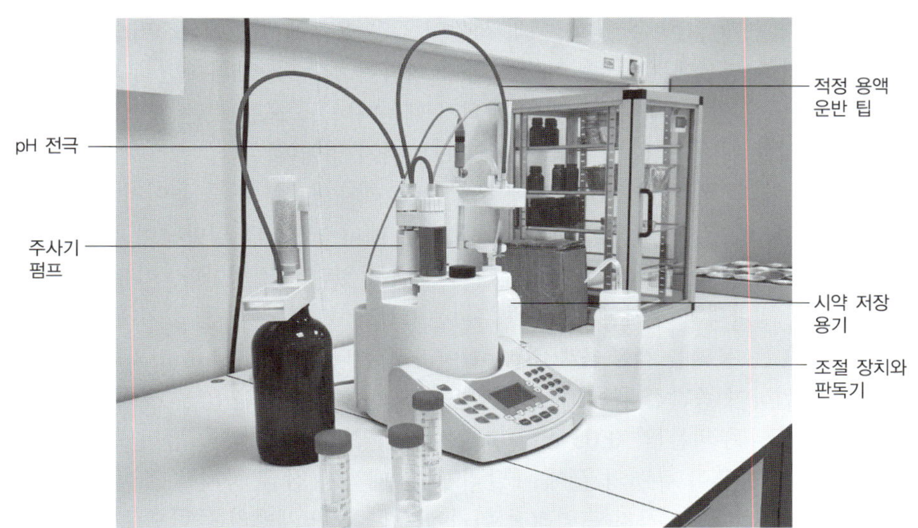

그림 2-9 자동 적정기는 시약을 시약병으로부터 분석 물질을 포함하고 있는 비커에 옮긴다. 비커에 담긴 전극은 pH 또는 특정 이온의 농도를 측정한다. 부피와 pH 값은 바로 스프레드시트로 보낼 수 있다. [출처: Sergey Ryzhov/Shutterstock]

사기 혹은 피펫으로 공급되는 시약의 **질량**을 측정하는 경우에 가장 좋은 정밀도를 얻는다.[16] 연습 문제 7-B에서 그 예를 찾을 수 있다.

정밀도(precision)는 재현성(reproducibility)을 가리킨다.

A급 뷰렛의 1/10 가격에 소형 전자저울을 구입할 수 있다. 이 저울의 가독성은 0.01 g이다. 이제는 부피 적정 대신 질량 적정을 하는 것이 더 효율적이다.[17] 무게 적정에서는 무게를 재는 용액의 증발에 유의하고 당량점 근처에서 1방울보다 작은 양을 가할 때 조심해야 한다.

정밀도가 좋지 않아도 무방한 학생용 실험에서는 '미량으로'의 실험을 하면 시약의 소비량과 폐기물의 생성을 줄일 수 있다. 0.01 mL 간격으로 눈금이 새겨진 2 mL 피펫을 값이 싼 경제적인 학생용 뷰렛 대용으로 사용할 수 있다.[18] 부피는 0.001 mL까지 읽을 수 있고, 1%의 정밀도로 적정할 수 있다.

2-5 부피 플라스크

부피 플라스크(volumetric flask)는 플라스크의 목에 표시된 눈금의 중심과 메니스커스의 밑바닥이 일치할 때, 20°C에 있는 특정 부피의 용액이 담기도록 교정되어 있다(그림 2-10, 표 2-3). 대부분의 플라스크는 'TC 20°C'라고 표시되어 있는데, 이것은 20°C에서 표시된 부피를 **담도록**(to contain) 눈금이 매겨져 있다는 것을 의미한다[피펫과 뷰렛은 각각 표시된 부피를 **옮기도록**(to deliver, 'TD') 눈금이 매겨져 있다]. 용기와 그 속에 들어 있는 내용물의 온도는 액체와 유리가 둘 다 가열되면 팽창하기 때문에 관련이 있다.

150°C 이상으로 온도를 올릴 이유는 드물지만, 파이렉스(Pyrex)나 키맥스(Kimax) 또는 그 밖의 열팽창률이 낮은 유리로 만든 부피 측정용 유리 기구는 320°C 정도까지 가열된 오븐에서 건조시켜도 큰 지장이 없다.[19]

부피 플라스크를 사용하기 위해서는 먼저 액체의 최종 부피보다 **적은** 액체를 넣고 플라스크를 흔들면서 원하는 질량의 시약을 녹인다. 그다음 액체를 좀 더 가하고 다시 흔들어 섞는다. 플라스크 속에 있는 액체를 완전히 잘 섞은 다음, 최종 부피로 묽힌다(때로는 서로 다른 두 가지 액체가 섞이면 약간의 부피 변화가 일어난다. 그러므로 전체 부피는 섞은 두 용액의 부피의 합과 **다르다**. 액체가 플라스크의 가는 목까지 채워지기 전에 플라스크를 충분히 흔들어 그 속에 들어 있는 액체를 섞는다. 그러면 마지막 액체를 가했을 때 일어나는 부피의 변화를 최소한으로 줄일 수 있다). 최종 순간에 가하는 양을 조절하는 좋은 방법은 **분출병**(squirt bottle)**이 아닌 피펫**으로 액체를 가하는 것이다. 액체의 정확한 수위를 조절한 다음, 마지막으로 뚜껑을 꼭 닫고 플라스크를 10회 정도 거꾸로 뒤집으면서 완전히 섞는다. 액체가 균일

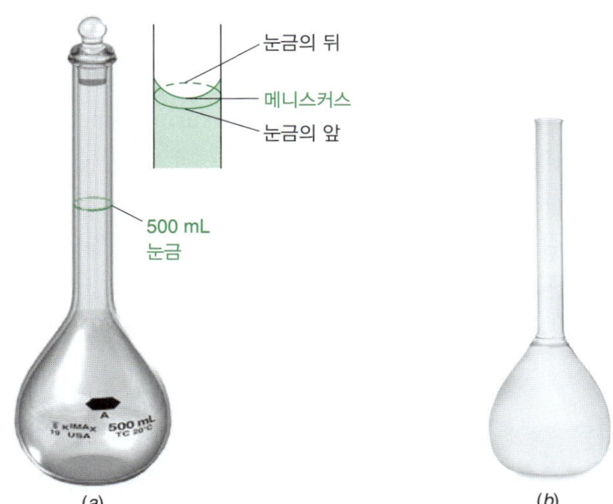

그림 2-10 (*a*) 위 또는 아래에서 볼 때, 앞과 뒤의 눈금에 의하여 만들어지는 타원이 있다. 이 타원의 중심에 올바르게 위치한 메니스커스를 보여 주는 A급 유리 부피 플라스크. 부피 플라스크와 옮김용 피펫은 이 위치가 정확한 부피를 나타내도록 교정되어 있다. (*b*) VITLAB®는 미량 분석에 사용되는 perfluoroalkoxy 공중합체(PFA)로 만든 A급 플라스틱 부피 플라스크이다. PFA는 −200~+260°C 범위에서 안정하고, 일반적인 산에 대한 저항력이 뛰어나며, 금속 불순물이 거의 없다. [출처: New Africa/Shutterstock]

표 2-3 A급 플라스크의 허용 오차[a]

플라스크 용량(mL)	허용 오차 (mL)
1	±0.02
2	±0.02
5	±0.02
10	±0.02
25	±0.03
50	±0.05
100	±0.08
200	±0.10
250	±0.12
500	±0.20
1 000	±0.30
2 000	±0.50

a. B급 유리 기구 허용 오차는 A급의 2배이다. ASTM E-288-10에 정의된 허용 오차

하게 되기 전에 빛의 굴절이 다른 영역으로부터 생기는 **줄무늬**(schlieren)가 관찰된다. 줄무늬가 사라진 다음, 완전히 섞이도록 몇 번 더 거꾸로 뒤집는다.

그림 2-10은 액체가 부피 플라스크 또는 피펫의 눈금 **중심**에 있을 때 어떤 모양을 나타내는가를 보여 준다. 플라스크의 눈금의 위쪽이나 아래쪽에서 관찰하면서 액체의 높이를 조절한다. 눈금의 앞과 뒤가 만드는 타원형의 중심에 메니스커스가 맞춰져 있다.

표 2-3에 수록한 제작자 허용 오차는 메니스커스가 눈금의 중앙에 위치할 때의 부피에 허용되는 불확정도이다. 100 mL 플라스크의 부피는 100 ± 0.08 mL이다. 부피의 상대 불확정도는 (0.08/100) × 100 = 0.08%이다. 플라스크의 부피가 클수록 상대 불확정도는 더 작다. 10 mL 플라스크의 상대 불확정도는 0.2%이지만, 1000 mL 플라스크는 0.03%이다. 2-9절에서 설명하는 것과 같이, 특정 플라스크에 실제로 들어 있는 부피를 측정하는 교정을 통해 불확정도를 줄일 수 있다.

유리는 특히 양이온과 같은 극미량의 화학 물질을 **흡착**하는 것으로 잘 알려져 있다. **흡착(adsorption)**은 물질이 어떤 표면에 달라붙는 과정이다[이와는 달리 **흡수(absorption)**는 마치 스펀지가 물을 빨아들이는 것처럼 안쪽으로 침투되는 것을 의미한다]. 중요한 실험에서 유리 기구를 **산씻기(acid wash)**하여 표면에 있는 낮은 농도의 양이온을 H^+ 이온으로 치환시켜야 한다. 이를 위해서 미리 잘 씻은 유리 기구를 3~6 M HCl 또는 HNO_3(흄 후드 속에서) 용액 속에 약 한 시간 이상 담가 둔다. 그다음 증류수로 용기를 잘 헹구고, 마지막으로 증류수에 담가 둔다. 깨끗한 유리 용기를 씻는 데만 사용된 산은 여러 번 재사용할 수 있다. 산씻기는 특히 새로운 유리 용기를 씻는 데 적합한데, 새 용기는 일반적으로 깨끗하지 않다. 고밀도 폴리에틸렌이나 폴리프로필렌 혹은 perfluoroalkoxy(PFA)로 만든 플라스틱 부피 플라스크(그림 2-10b)는 유리 플라스크 벽에 흡착되어 손실될 가능성이 있는 양이온 미량 분석(ppb 농도)에 유용하다.

산씻기의 예: 산씻기한 유리 피펫으로 옮긴 고순도 HNO_3에는 검출 가능한 수준의 Ti, Cr, Mn, Fe, Co, Ni, Cu, Zn이 들어 있지 않았다(<0.01 ppb). 그러나 산씻기하지 않은 깨끗한 유리 피펫으로 옮긴 고순도 HNO_3에는 각 금속이 0.5~9 ppb 정도 들어 있었다.[20]

미량 분석을 위하여 자연수와 같은 시료를 채취하거나 보관할 때 고밀도 폴리에틸렌 등으로 만든 플라스틱 병을 사용하여, 미량의 시료가 유리에 흡착되어 유실되거나 유리 표면에서 유리된 금속 성분에 의한 오염을 방지하는 것이 좋다. 이와는 달리 의약품이나 개인 건강 약품 또는 스테로이드와 같은 시료에 포함된 ppt(pg/g) 수준의 유기 물질을 분석할 때는 플라스틱 병이 아닌 갈색 유리병에 시료를 보관한다.[21]

2-6 피펫과 주사기

피펫(pipet)은 일정한 부피의 액체를 옮기는 데 사용한다. 그림 2-11a의 **옮김용 피펫**(transfer pipet)은 정해진 특정 부피를 옮길 수 있도록 눈금이 매겨져 있다. 피펫에 남은 마지막 방울은 **불어내면 안 된다**. 그림 2-11b의 **눈금 피펫**(measuring pipet)은 뷰렛처럼 눈금이 매겨져 있다. 이 피펫은 다양한 부피를 옮기는 데 사용되는데, 예를 들면 1.0 mL 눈금에서 시작하여 6.6 mL까지 옮겨서 총 5.6 mL의 액체를 옮길 수 있다. 표 2-4에 수록한 허용 오차에서 보는 바와 같이 옮김용 피펫이 더 정확하다. 큰 옮김용 피펫일수록 상대 불확정도는 작다. 1 mL 피펫의 상대 불확정도는 (0.006/1) × 100 = 0.6%이지만, 25 mL 피펫의 상대 불확정도는 (0.03/25) × 100 = 0.12%이다. 2-9절에서 설명한 교정을 통해 각 피펫의 불확정도를 줄일 수 있다.

옮김용 피펫에 있는 마지막 방울을 불어내지 말아야 한다.

옮김용 피펫의 사용

입을 사용하지 말고 공 모양의 고무 벌브(rubber bulb)나 다른 피펫 흡입 장치를 사용하여 눈금을 약간 초과한 양의 액체를 뽑아 올린다. 이때 액체가 벌브 안으로 들어가지 않도록 주의하고, 벌브에 들어간 경우에는 새로운 벌브와 용액을 이용하여 처음부터 다시 실험해야 한다. 피펫에 남아 있는 다른 시료로부터의 미량 성분을 제거하기 위하여 처음 한두 번 뽑아 올린 액체는 버린다. 그 후 눈금을 통과하도록 액체를 취한 다음, 재빨리 피펫 윗부분의 구멍을

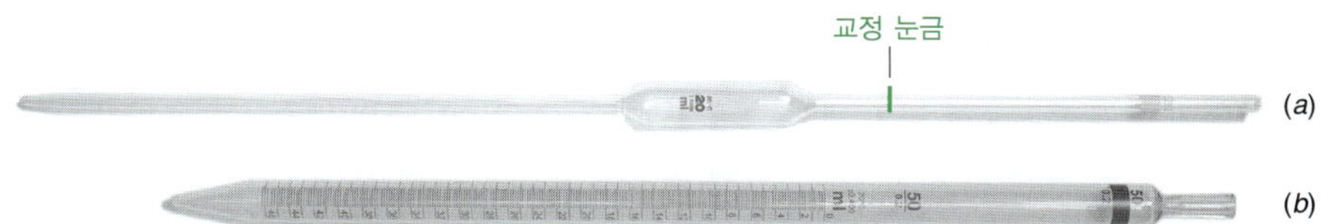

그림 2-11 (*a*) 옮김용 피펫, (*b*) 눈금(Mohr) 피펫 [출처: Rabbitimind-photo/Shutterstock]

집게손가락으로 막으면서 고무 벌브를 떼어 낸다. 고무 벌브를 떼어 내는 동안 피펫 끝을 용기 바닥에 가볍게 누르고 있으면 손가락으로 구멍을 막는 동안 액체가 유출되어 눈금 아래로 내리는 것을 방지할 수 있다. 깨끗한 휴지로 피펫 바깥에 묻어 있는 과량의 액체를 닦는다.

받는 용기로 피펫을 옮겨 **피펫 끝을 그 용기의 벽에 붙인 채** 중력으로 액체를 흘려 내린다. 피펫을 용기에 대면 피펫에 용액을 남기지 않아서 그림 2-10a에서와 같이 부피를 교정 눈금에 잘 맞출 수 있다. 액체를 다 흘려 내린 후에도 남은 액체가 완전히 나오도록 피펫 끝을 몇 초 동안 더 비커의 벽에 대고 기다린다. **마지막 방울은 불어내지 말아야 한다.** 옮김이 끝나면 피펫은 거의 수직으로 세워져 있어야 한다. 사용한 피펫은 증류수로 헹구어 씻거나 씻을 때까지 담가 두어야 한다. 피펫 벽에 달라붙은 물질은 제거하기가 매우 어렵기 때문에 피펫 속의 용액이 절대로 건조되지 않도록 해야 한다.

그림 2-12에서 보는 바와 같이, 간단한 고무 벌브 대신 사용하는 피펫 벌브에는 벌브에서 공기를 제거하거나, 피펫에 액체를 흡입하거나, 피펫으로부터 액체를 배출할 때 사용하는 3개의 밸브가 있다. 벌브를 이용하여 액체를 흡입하거나 배출시키는 연습이 필요하다.

표 2-4 A급 옮김용 피펫의 허용 오차[a]

부피 (mL)	허용 오차 (mL)
0.5	±0.006
1	±0.006
2	±0.006
3	±0.01
4	±0.01
5	±0.01
10	±0.02
15	±0.03
20	±0.03
25	±0.03
50	±0.05
100	±0.08

a. ASTM E-969-02에 정의된 허용 오차

연속 묽힘

연속 묽힘(serial dilution)이란 원하는 농도의 시약을 얻기 위하여 계속해서 묽히는 과정을 의미한다. 무게를 정확히 측정하기가 어려운 소량의 물질을 정확하게 옮기는 것이 주목적이다. 다음의 예는 기기 분석을 위한 표준 용액을 만드는 데 사용할 수 있는 절차이다.

예제 연속 묽힘

원자 발광 분석에 표준 물질로 사용하기 위하여 2.00 μg Cs/mL(실제로는 Cs^+)를 포함하는 용액을 제조하려고 한다. 250, 500, 1 000 mL 부피 플라스크와 5, 10, 25 mL 옮김용 피펫을 가지고 있다고 하자. 무게를 네 자리까지 정확하게 측정하려면 순수한 CsCl 1 g을 mg 단위까지 정확하게 측정해야 한다. 순수한 CsCl을 이용하여 진한 농도의 용액을 제조하고, 이 용액을 연속적으로

그림 2-12 피펫에서 액체의 흡입과 배출을 조절할 수 있는 3개의 밸브가 있는 고무 벌브. 밸브 A를 눌러서 벌브에서 공기를 제거하고, 밸브 S를 누르면 연결된 피펫에 액체가 흡입된다. 액체를 배출할 때는 밸브 E를 누르면 된다. [출처: OneMashi/Shutterstock]

묽혀서 2.00 μg Cs/mL 용액을 만드는 과정을 설계하시오.

풀이 이 용액을 제조하는 한 가지 방법(그림 2-13)은 Cs 2.00 μg의 배수만큼 포함하는 많은 양의 CsCl의 무게를 측정하고 부피 플라스크에 녹이는 것이다. 그리고나서 농도가 2.00 μg Cs/mL가 될 때까지 계속해서 묽힌다. 예를 들면 1 000 μg Cs/mL 농도의 용액을 준비한다. 이 용액은 원하는 농도보다 500배 진한 용액이다. 이 용액을 연속해서 50배와 10배로 묽히면, 500배로 묽힌 원하는 농도의 용액을 얻을 수 있다.

모액 1 L를 만들려면 (1 000 μg Cs/mL)(1 000 mL) = 1.000 g Cs가 필요하다. Cs의 원자 질량은 132.91이고 CsCl의 화학식량은 168.36이므로, 1.000 g Cs가 포함된 CsCl의 질량은

$$(1.000\text{ g Cs})\left(\frac{168.36\text{ g CsCl/mol}}{132.91\text{ g Cs/mol}}\right) = 1.267\text{ g CsCl}$$

1 000 μg Cs/mL를 포함하는 모액을 만들기 위하여 1.267 g의 CsCl(부력에 대한 보정을 한)을 1.000 L 부피 플라스크에 녹인다. 일반적으로 1.267 g을 정확히 측정하는 것보다는 1.284 g과 같이, 원하는 질량에 가까운 양의 정확한 질량을 측정하는 것이 더 용이하다. 1.284 g을 이용하면 농도는 1 000 μg Cs/mL가 아닌 1 014 μg Cs/mL가 될 것이다.

용액을 50배로 묽히기 위하여 10 mL 옮김용 피펫을 이용하여 모액 10.00 mL를 500 mL 부피 플라스크에 옮기고 눈금까지 묽힌다. 묽힌 용액을 B 용액이라고 하자. 용액 B의 농도는 (1 000 μg Cs/mL)/50 = 20.0 μg Cs/mL이다. 용액 B를 10배 묽히기 위하여 25 mL 옮김용 피펫을 이용하여 25.0 mL의 용액을 취하여 250 mL 부피 플리스크에 옮기고 눈금까지 묽힌다. 이 마지막 용액의 농도는 2.00 μg Cs/mL이다. 3장에서 각각의 측정에서의 불확정도를 이용하여 최종 농도에서의 유효 숫자를 결정하는 방법에 대하여 배우게 될 것이다.

다른 여러 방법으로 동일한 묽힘 효과를 얻을 수 있다. 예를 들면 5.00 mL의 용액을 250 mL 부피 플라스크에 옮겨서 50배로 묽힐 수 있다.

자습 농도가 20.0 μg Cs/mL인 B 용액을 묽혀서 농도가 각각 4, 3, 1 μg Cs/mL인 용액 3가지를 만드는 방법을 설명하시오.

(**답:** B 용액 25 mL를 500 mL로 묽혀서 1 μg/mL 용액을 만들 수 있다. (25 + 25 + 25) mL의 B 용액을 500 mL로 묽혀서 3 μg/mL 용액을, 그리고 (25 + 25) mL의 B 용액을 250 mL로 묽혀서 4 μg/mL 용액을 만든다.)

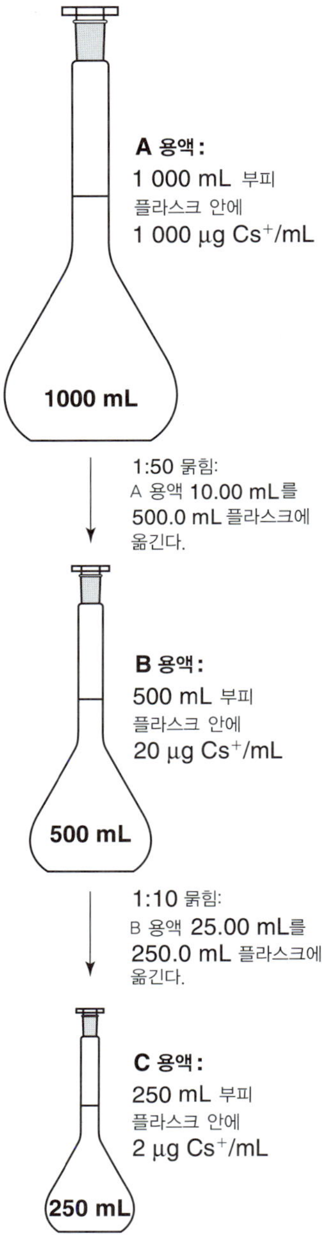

A 용액: 1 000 mL 부피 플라스크 안에 1 000 μg Cs^+/mL

1000 mL

1:50 묽힘: A 용액 10.00 mL를 500.0 mL 플라스크에 옮긴다.

B 용액: 500 mL 부피 플라스크 안에 20 μg Cs^+/mL

500 mL

1:10 묽힘: B 용액 25.00 mL를 250.0 mL 플라스크에 옮긴다.

C 용액: 250 mL 부피 플라스크 안에 2 μg Cs^+/mL

250 mL

그림 2-13 연속 묽힘의 예

연속 묽힘 과정에서 용량이 큰 피펫과 부피 플라스크를 사용할수록 상대 불확정도는 줄어든다. 1 mL를 100 mL 부피 플라스크에 옮기는 것과, 10 mL를 1 L 부피 플라스크에 옮기는 것을 선택할 수 있다면, 더 큰 용량의 유리 기구를 사용해서 더 정확한 결과를 얻을 수 있다. 교정된 유리 기구를 사용하면 정확도가 증가한다. 그러나 큰 용기를 사용하면 독성이 있거나 비싼 폐기물을 만들게 된다. 정확도를 증가시키는 것과 폐기물을 줄이는 것 사이에서 적당한 절충이 필요하다.

마이크로피펫

마이크로피펫(그림 2-14)은 1~1 000 μL(1 μL = 10^{-6} L) 범위의 부피를 옮기는 데 사용된다. 액체는 대부분의 수용액뿐만 아니라 클로로폼($CHCl_3$)을 제외한 대부분의 유기 용매에 안정한 일회용 폴리프로필렌 팁(tip)에 넣어 사용한다. 그러나 플라스틱 팁은 진한 질산이나 황산에 약하다. 샤프트에 **에어로솔**(aerosol)이 들어가는 것을 방지하기 위하여 피펫 끝에 폴리에틸렌 필터가 있는 것도 있다. 에어로솔은 피펫의 기계적 부분을 부식하거나 생물학적 실험을 오염시킬 수 있다. 최상의 정확도와 정밀도를 얻으려면 제조사의 사용법을 참조하는 것이 좋다.

에어로솔은 기체상에 떠 있는 미세 액체 방울이나 고체 입자이다.

마이크로피펫을 사용하기 위해서는 깨끗한 팁을 통에 꼭 맞게 끼워두어야 한다.[22] 피펫 팁

이 손가락에 의해 오염되지 않도록, 팁은 포장 용기나 디스펜서에 보관해야 한다. 피펫 윗부분에 있는 원형 손잡이로 원하는 부피를 맞춘다. 피펫 윗부분에 튀어나온 막대 피스톤(plunger)을 첫 번째 정지 지점까지 누르면, 이 부피가 미리 정한 부피와 일치한다. 피펫을 **수직으로** 유지하면서 시약 용액에 3~5 mm 깊이로 담근 다음, 막대 피스톤을 **천천히** 놓으면서 액체를 뽑아 올린다. 팁을 액체 용액에 몇 초 동안 담가 두어서 액체를 팁 안에 완전히 빨아들이게 한다. 팁을 용기의 벽에 닿지 않도록 주의하면서 팁을 수직으로 들어 올린다. 피펫 팁에서 취한 액체의 부피는 피펫을 세운 각도와, 액체를 취하는 동안 얼마만큼 팁이 액체 표면 아래에 잠겨 있느냐에 의존한다. 피펫 팁의 바깥에 묻어 있는 액체를 제거하기 위하여 미끄러지듯이 용기 벽을 따라 피펫 끝을 액체로부터 뽑아낸다. 액체를 옮기기 위하여 용기의 벽에 마이크로피펫 팁을 갖다 대고 천천히 첫 번째 정지 지점까지 막대 피스톤을 아래로 누른다. 액체가 배출되도록 몇 초간 기다린 후에 피펫 팁에 있는 마지막 방울이 모두 나오도록 처음의 정지 지점보다 더 아래로 막대 피스톤을 누른다. 새로운 팁은 사용하기 전에 시약으로 두세 번 씻어서 팁과 샤프트를 촉촉하게 하는 것이 좋다. 이런 과정을 생략하면 실제 옮겨지는 부피는 표시된 부피보다 ~1.3% 정도 줄어든다.[23] 사용한 피펫 팁은 버리든지 또는 분출병으로 잘 씻어서 다시 사용할 수도 있다. 필터가 있는 피펫 팁(그림 2-14b)은 씻어서 재사용할 수 없다.

위에서 기술한 액체 **흡입**(aspirating)과 옮김 과정은 '정방향 모드(forward mode)'라고 한다. 막대 피스톤을 처음 정지될 때까지 눌러 액체를 취하고, 액체를 배출하려면 막대 피스톤을 처음 정지선이 지날 때까지 누른다. '역방향 모드(reverse mode)'에서는 처음 정지선이 지나게 막대 피스톤을 눌러 **과량**의 액체를 빨아들이고, 정해진 부피를 옮기기 위하여 막대 피스톤을 처음 정지선까지만 누른다. 역방향 모드는 거품성(단백질 또는 계면 활성제 용액) 및 점성(시럽형) 액체에 대해 유용하다.[24] 역방향 모드는 메탄올이나 헥세인과 같은 휘발성 액체를 취할 때도 유용하다. 휘발성 액체를 취할 때는 증발을 최소화하기 위하여 빨리 취하는 것이 좋다. 역방향 모드는 표시된 부피보다 ~2% 정도 더 많은 양의 액체를 옮기기 때문에 점성이 높지 않거나 혹은 거품이 없는 수용액을 옮길 때는 사용하지 말아야 한다.

제조사로부터 제공된 마이크로피펫의 허용 오차를 표 2-5에 수록하였다. 피펫 내부에 마모가 생기면, 정밀도와 정확도가 10배 감소할 수 있다. 생의학 실험실에서 사용되고 있는 54종의 마이크로피펫에 대하여 조사한 결과,[25] 12종은 불확정도가 1% 이하인 정확도와 정밀도를 나타내었고, 5종은 10% 이상의 오차를 나타내었다. 네 개 제약 회사에 종사하는 54명의 품질 관리 기술자가 올바르게 작동하는 마이크로피펫을 사용하였을 때, 이 중 10명은 불확정도가 1% 이하의 범위의 정확도와 정밀도를 나타내는 실험 결과를 얻었고, 6명은 10% 이상의 불확정도를 나타내었다. 마이크로피펫은 주기적으로 교정하고, 유지(씻기, 봉인 재료의 교체와 매끄럽게 손질하기)해야 하며, 사용자는 숙달되어야 한다. 마이크로피펫의 허용 오차가 벗어나는 평균 시간이 2년이라면, 실험실에서 쓰는 마이크로피펫의 95%가 제대로 작동하도록 확신하려면 **2개월마다** 한 번씩 교정해야 한다.[26] 2-9절에 기술한 대로, 마이크로피펫으로 옮기는 물의 질량을 측정하거나 상업용 비색법 도구를 써서 교정할 수 있다.[27]

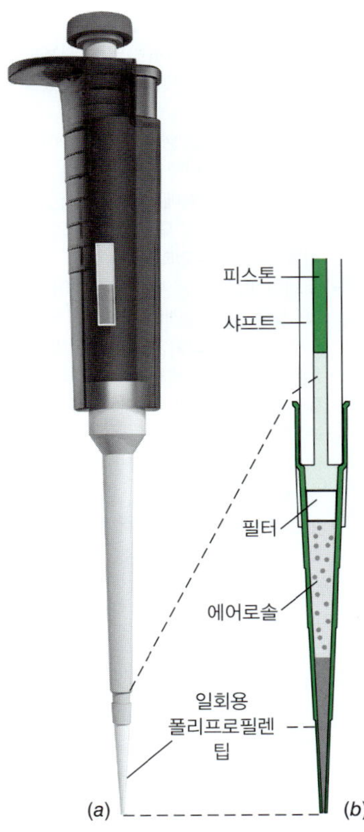

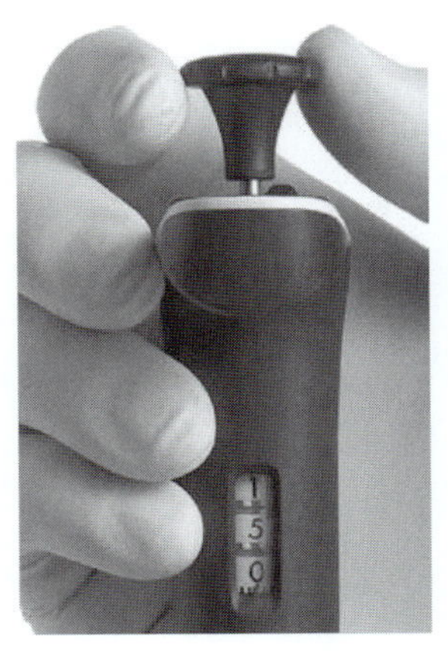

그림 2-14 (*a*) 일회용 플라스틱 팁이 부착된 마이크로피펫 [출처: dny3d/Shutterstock] (*b*) 피펫 샤프트에 에어로솔로 오염되는 것을 방지하기 위하여 폴리에틸렌 필터가 있는 일회용 팁을 확대시킨 모형. (*c*) 부피 선택 다이얼을 150 μL로 맞춤 [출처: GoYong/Shutterstock]

주사기

그림 2-15와 같은 마이크로리터 **주사기**(syringe)는 1 μL에서 500 μL까지 여러 크기로 제작되며, 불확정도가 1% 수준인 정확도와 정밀도를 가진다. 주사기를 사용할 때 유리벽을 씻고 주사기통 속의 공기 방울을 제거하기 위하여 여러 번 액체를 뽑아 올린 다음 버린다. 강철르

정확도(accuracy)는 참값에 가까운 정도를 가리킨다.

정밀도(precision)는 재현성을 가리킨다.

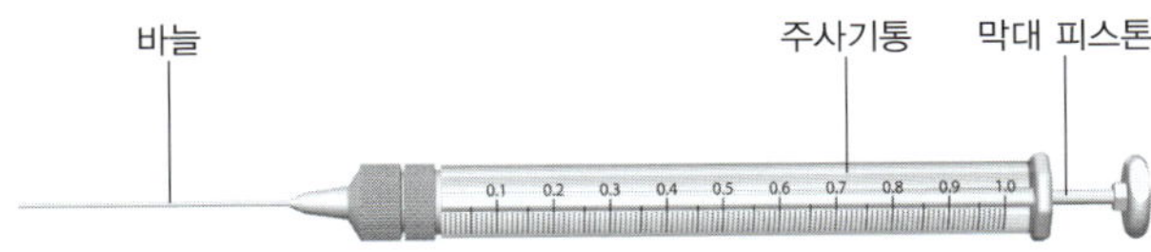

그림 2-15 부피가 1 μL로서 유리 주사기통에 0.02 μL 눈금이 새겨진 Hamilton 주사기 [제공: Hamilton Company, Reno, NV.]

마이크로피펫 관련 오차 줄이기[22]

- 제작 회사가 추천하는 팁을 사용한다. 다른 팁은 연결에 문제가 있을 수 있다.
- 옮기기 전에 액체를 3회 빨아들이고 배출함으로써 피펫 팁을 적시고, 안쪽을 증기로 평형에 이르게 한다.
- 팁을 불필요하게 닦으면 액체의 손실을 초래할 수 있다.
- 액체와 피펫은 동일한 온도여야 한다. 낮은 온도의 액체는 정해진 양보다 더 작은 부피가, 높은 온도의 액체는 정해진 양보다 더 많은 부피가 옮겨진다. 부피가 작을수록 오차는 커진다.
- 마이크로피펫은 해수면 압력에서 교정된다. 고도가 높으면 교정에서 벗어난다. 부피가 작을수록 오차는 커진다. 옮겨진 액체의 질량을 측정해서 교정할 수 있다.

표 2-5 마이크로피펫에 대한 제작 회사의 허용 오차

	10%의 피펫 부피에서		100%의 피펫 부피에서	
피펫 부피(μL)	정확도(%)	정밀도(%)	정확도(%)	정밀도(%)
조절할 수 있는 피펫				
0.2~2	±8	±4	±1.2	±0.6
1~10	±2.5		±0.8	±0.4
2.5~25	±4.5	±1.5	±0.8	±0.2
10~100	±1.8	±0.7	±0.6	±0.15
30~300	±1.2	±0.4	±0.4	±0.15
100~1 000	±1.6	±0.5	±0.3	±0.12
고정된 피펫				
10			±0.8	±0.4
25			±0.8	±0.3
100			±0.5	±0.2
500			±0.4	±0.18
1 000			±0.3	±0.12

출처: *Hamilton Co., Reno, NV.*

만든 바늘은 강산에 의해 부식되어 강산성 용액을 철로 오염시킨다. 주사기는 마이크로피펫보다 더 믿을 수 있지만 취급과 청소에 더 주의를 요한다.

2-7 거르기

무게 분석(gravimetric analysis)에서는 미지 물질의 양을 알아내기 위하여 반응으로부터 형성된 생성물의 질량을 측정한다. 무게 분석에서 침전물은 걸러서 모으고 씻은 다음, 건조시킨다. 대부분의 침전물은 빠르게 거르기 위하여 흡입 장치를 연결시킨 **소결 유리 깔때기**(fritted-glass funnel, Gooch 거름 도가니라고도 함)로 모은다(그림 2-16). 이 깔때기의 다공성 유리판은 액체는 통과시키고 고체 입자는 남게 한다. 빈 깔때기는 먼저 110°C에서 건조시킨 다음, 무게를 단다. 고체를 모으고 다시 건조시킨 다음, 침전물의 질량을 측정하기 위하여 도가니와 내용물의 무게를 단다. 순수한 물질이 침전되거나 결정화되는 액체를 **모액**(**mother liquor**)이라고 한다. 깔때기를 통과한 액체를 **거른 액**(**filtrate**)이라고 한다.

그림 2-16 액체를 통과시킬 수 있는 다공성 (소결시킨) 유리 원판이 밑바닥에 깔려 있는 Gooch 거름 도가니에 의한 거르기. 트랩은 흡입 플라스크의 액체가 진공 장치 쪽으로 역류되는 것을 막아 준다.

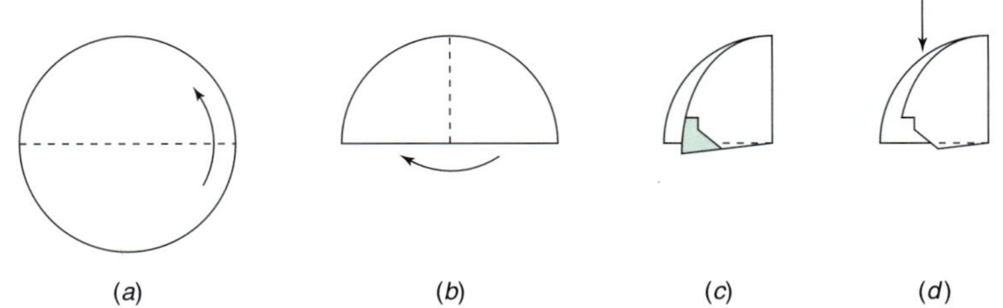

그림 2-17 원뿔형 깔때기용 거름종이 접는 방법. (*a*) 종이를 반으로 접는다. (*b*) 다시 반으로 접는다. (*c*) 깔때기에 종이가 잘 밀착되도록 한쪽 귀퉁이를 잘라낸다. (*d*) 깔때기에 종이를 끼울 때 잘라내지 않은 쪽을 펼친다.

유리 막대
침전과 모액이 든 비커
원뿔형 깔때기
거름종이
거름종이가 잘 끼워져 있을 때 연속적 액체 흐름
받는 비커

그림 2-18 침전 거르기. 그림에 나타내지 않았지만, 원뿔형 깔때기는 스탠드에 부착된 금속 고리로 받쳐 준다.

어떤 무게 분석법에서는 침전물을 조성이 일정한 생성물로 변화시키기 위하여 높은 온도로 **강열(ignition**, 버너 위 또는 전기로 안에서 높은 온도로 가열)한다. 예를 들어 Fe^{3+}는 여러 가지 조성의 산화 철 수화물인 $FeOOH \cdot xH_2O$ 형태로 침전된다. 무게를 달기 전에 순수한 Fe_2O_3가 얻어지도록 침전을 강열시키는데, 이때 침전물은 타서 찌꺼기를 거의 남기지 않는 **재 없는 거름종이(ashless filter paper)**에 모은다.

원뿔형 유리 깔때기에 거름종이를 사용하기 위해서는 거름종이를 사등분으로 접어서 한쪽 귀퉁이를 잘라낸 다음, 유리 깔때기에 끼운다(그림 2-17). 거름종이는 깔때기에 꼭 맞도록 끼우고 소량의 증류수로 깔때기의 안쪽 벽에 밀착시켜야 한다. 액체를 깔때기에 부을 때에는 깔때기의 줄기에 액체의 흐름이 끊기지 않고 채워지도록 해야 한다(그림 2-18). 줄기 속에 있는 액체의 무게는 빠른 거르기를 도와 준다.

거를 때 내용물이 튀는 것을 막기 위하여 유리 막대를 따라 침전 곤죽(슬러리)을 거름종이에 붓는다[그림 2-18, **곤죽(slurry)**은 액체 중에 고체가 서스펜션된 것을 의미함]. 비커나 유리 막대에 붙어 있는 입자는 끝에 납작한 고무 조각이 끼워진 유리 막대인 **고무 청소기**(rubber policeman)로 긁어낼 수 있다. 씻는 액체를 담은 분출병을 이용하여 액체를 적당히 분사시켜 침전 입자를 고무와 유리 용기로부터 거르개로 옮길 수 있다. 만약 침전물을 강열시킬 경우, 비커에 남아 있는 입자는 촉촉한 작은 거름종이 조각으로 닦고 침전물과 같이 강열시킬 거름종이에 합친다.

2-8 건조

시약, 침전물, 유리 기구는 일반적으로 간편하게 약 110°C로 유지되고 있는 오븐에서 건조시킨다(일부 시약들의 건조 온도는 다를 수 있다). **오븐에 넣는 모든 것은 반드시 표지를 붙여야 한다.** 건조시키는 동안 먼지가 들어가는 것을 최소화하기 위하여 **비커와 시계접시**(그림 2-19)를 사용한다. 먼지에 의한 오염을 방지하기 위하여 실험대 위에 있는 모든 용기를 덮어 놓는 것이 좋다.

모든 실험에서 먼지는 오염원의 하나이므로,

가능한 한 모든 용기에 뚜껑을 덮어 두어야 한다.

무게 분석 침전물의 질량을 재기 위하여, 분석에 앞서 건조시킨 빈 거름 도가니의 무게를 단 다음, 실험 후에 건조한 생성물이 채워진 같은 도가니의 무게를 다시 달아 측정한다. 빈 도가니의 무게를 달기 위해서 먼저 도가니를 오븐에서 약 1시간 이상 건조시켜 '일정 질량'이 되도록 한 다음, 건조 용기 안에서 약 30분간 냉각시켜서 도가니의 무게를 단다. 다시 약 30분간 가열하고 냉각 후 무게를 다는 과정을 되풀이하여 무게가 ±0.3 mg 이내로 일치하면, 거르개는 '일정한 질량으로' 건조된 것으로 취급할 수 있다. 무게를 달 때 도가니 온도가 높으면 대류 흐름을 유발하여 정확한 무게 측정이 어렵다. 지문이 묻으면 질량이 변할 수 있으므로 도가니를 손으로 만지지 않아야 한다. 시약과 도가니를 건조시키기 위하여 전기 오븐 대신 전자레인지를 사용해도 된다. 초기 가열 시간은 4분 정도로 하고, 계속해서 2분간 가열한다. 무게를 달기 전 15분 정도 식힌다.

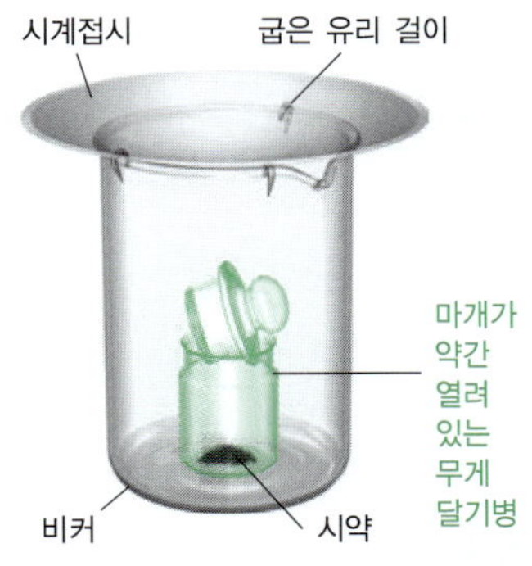

그림 2-19 오븐에서 시약이나 도가니를 건조시키는 동안 먼지 방지용 덮개인 시계접시를 사용한다.

건조기(desiccator, 그림 2-20)는 **건조제(desiccant**, 표 2-6)가 들어 있는 밀폐된 용기이다. 뚜껑은 공기 유통을 막기 위해서 그리스를 바른다. 건조제는 건조기 밑바닥에 있는 구멍

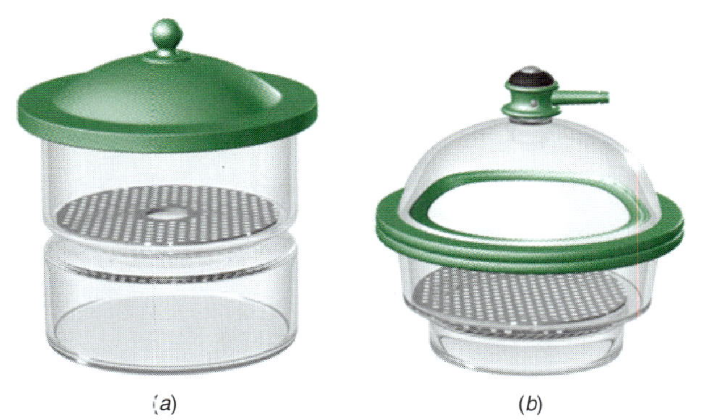

그림 2-20 (*a*) 일반적인 건조기, (*b*) 진공 건조기는 뚜껑 위쪽의 옆 꼭지를 통하여 진공으로 만든 다음, 옆 꼭지의 연결 부분을 회전시켜 밀폐시킨다. 낮은 압력에서 건조시키는 것이 보다 더 효과적이다.

표 2-6 건조제의 성능

시약	화학식	대기 중에 남아 있는 수분 함량(μg H_2O/L)[a]
과염소산 마그네슘(무수)	$Mg(ClO_4)_2$	0.2
'Anhydrone'	$Mg(ClO_4)_2 \cdot 1\sim1.5H_2O$	1.5
산화 바륨	BaO	2.8
알루미나	Al_2O_3	2.9
오산화 인	P_4O_{10}	3.6
황산 칼슘(Drierite)[b]	$CaSO_4$	67
실리카 겔	SiO_2	70

a. 습기가 들어 있는 질소를 각 건조제 위로 통과시키고 기체 중에 남아 있는 물을 응축시킨 다음, 무게를 달았다. [A. I. Vogel, A Textbook of Quantitative Inorganic Analysis, 3rd ed. (New York: Wiley, 1961), p. 178.] 건조 기체들에 대하여 기체는 길이가 60 cm인 Nafion 관으로 통과시킨다. 25°C에서 잔류 습기는 10 μg/L이다. 건조기를 0°C로 유지시키면, 잔류 습기는 0.8 μg/L이다. [K. J. Leckrone and J. M. Hayes, "Efficiency and Temperature Dependence of Water Removal by Membrane Dryers," *Anal. Chem.* **1997**, *69*, 911.]

b. 사용한 Drierite는 100 × 190 mm 파이렉스 결정 접시에 넣고 마이크로 오븐에서 15분간 빛을 쪼이면 재생시킬 수 있다. 고체를 저으면서 다시 15분간 가열하고, 뜨겁고 건조된 물질을 원래의 용기 속에 다시 넣는다. 접시를 보호하기 위하여 결정 접시와 오븐의 유리 접시 사이에 작은 유리 간격띄우개(spacer)를 끼운다. [J. A. Green and R. W. Goetz, "Recycling of Drierite" *J. Chem. Ed.* **1991**, *68*, 429.]

뚫린 원판 밑에 넣는다. 표에 나타내지 않았지만, 그 밖의 효율적인 건조제 중의 하나는 98 wt% 황산이다. 뜨거운 물체를 넣은 후에 물체가 약간 식을 때까지 약 1분 동안 뚜껑을 살짝 열어 놓는다. 이것은 내부 공기가 더워졌을 때 뚜껑이 갑자기 튕기면서 열리는 것을 막기 위해서이다. 건조기를 열기 위해서는 뚜껑을 위로 잡아당기는 것보다 옆으로 미끄러뜨린다.

2-9 부피 측정용 유리 기구의 교정

질량, 부피, 힘, 전류 등과 같은 양을 측정하기 위해 사용하는 기기들은 각각의 눈금을 가진다. 제작 회사는 항상 표시된 양이 실제 양으로부터 일정한 **허용 오차** 범위 내에 드는 것을 보증한다. 예를 들어 A급 옮김용 피펫은 적절하게 사용할 때 10.00 ± 0.02 mL를 옮기는 것이 보증되어 있다. 일련의 시험에서 사용하는 피펫이 항상 10.016 ± 0.004 mL를 옮길 수도 있다. 이는 반복 시험에서 피펫이 항상 표시된 부피보다 평균 0.016 mL를 더 옮기는 것을 의미한다. **교정(calibration)**은 기기의 눈금에 표시된 양과 일치하는 실제 양을 측정(결정)하는 과정이다.

뷰렛을 교정하는 상세 절차는 53쪽에 설명하였다.

최상의 정확도를 얻기 위하여 특정한 유리 기구에 실제로 들어 있거나 옮겨진 물의 질량을 측정하여 교정해야 한다. 이를 위하여 용기에 들어 있거나 옮겨진 물의 질량을 측정하고, 물의 밀도를 이용하여 질량을 부피로 환산한다.

표 2-7	1 bar에서 물의 밀도*						
		부력에 대하여 보정한 물 1 g의 부피(mL)				부력에 대하여 보정한 물 1 g의 부피(mL)	
T°(C)	밀도(g/mL[a])	표시한 온도에서[b]	20°C로 보정[c]	T°(C)	밀도(g/mL[a])	표시한 온도에서[b]	20°C로 보정[c]
0	0.999 842	1.001 2	1.001 4				
1	0.999 901	1.001 2	1.001 3	16	0.998 945	1.002 1	1.002 1
2	0.999 942	1.001 1	1.001 3	17	0.998 777	1.002 3	1.002 3
3	0.999 966	1.001 1	1.001 3	18	0.998 598	1.002 5	1.002 5
4	0.999 974	1.001 1	1.001 2	19	0.998 408	1.002 6	1.002 7
5	0.999 966	1.001 1	1.001 2	20	0.998 207	1.002 9	1.002 9
6	0.999 942	1.001 1	1.001 2	21	0.997 995	1.003 1	1.003 1
7	0.999 904	1.001 1	1.001 3	22	0.997 773	1.003 3	1.003 3
8	0.999 850	1.001 2	1.001 3	23	0.997 541	1.003 5	1.003 5
9	0.999 783	1.001 3	1.001 4	24	0.997 299	1.003 8	1.003 7
10	0.999 702	1.001 4	1.001 5	25	0.997 047	1.004 0	1.004 0
11	0.999 607	1.001 4	1.001 5	26	0.996 786	1.004 3	1.004 2
12	0.999 500	1.001 6	1.001 6	27	0.996 515	1.004 6	1.004 5
13	0.999 379	1.001 7	1.001 7	28	0.996 235	1.004 8	1.004 8
14	0.999 247	1.001 8	1.001 9	29	0.995 947	1.005 1	1.005 0
15	0.999 102	1.002 0	1.002 0	30	0.995 649	1.005 4	1.005 3
				37	0.993 329	1.007 8	1.007 6

* J. Pátek, J. Hrubý, J. Klomfar, M. Součková, and A. H. Harvey, "Reference Correlations for Thermophysical Properties of Liquid Water at 0.1 MPa," *J. Phys. Chem. Ref. Data* 2009, *38*, 21.

a. 진공에서 측정한 값

b. 식 2-1을 이용하여 부력에 대하여 보정한 값

c. 부력과 붕소규산염 유리의 팽창률(0.001 0%/K^{-1})을 보정한 값

주의를 요하는 대부분의 실험에서는 온도 변화에 따르는 용액 및 유리 기구의 열팽창이나 수축을 고려할 필요가 있다. 이를 위하여 용액을 만들 때뿐만 아니라 시약을 사용할 당시의 실험실 온도를 알아야 한다. 표 2-7은 20°C 부근에서 순수한 물이 1°C당 약 0.02% 팽창한다는 것을 보여 준다. 용액의 농도는 밀도에 비례하므로 다음의 관계식을 얻을 수 있다.

열팽창에 대한 보정:

$$\frac{c'}{d'} = \frac{c}{d} \qquad \textbf{(2-3)}$$

온도가 증가하면 농도는 감소한다.

여기서 c'과 d'은 온도 T'에서의 농도와 밀도이고, c와 d는 온도 T에서의 농도와 밀도이다.

예제 용액 농도에 대한 온도 효과

실험실의 온도가 17°C인 겨울에 0.031 46 M의 수용액을 만들었다. 온도가 25°C인 따뜻한 날에 용액의 몰농도는 얼마가 될 것인가?

풀이 묽은 용액의 열팽창은 순수한 물의 열팽창과 같다고 가정한다. 식 2-3과 표 2-7의 밀도를 이용하면 다음 식과 같이 나타낼 수 있다.

$$\frac{c'(25^\circ\text{C에서})}{0.997\ 047\ \text{g/mL}} = \frac{0.031\ 46\ \text{M}}{0.998\ 777\ \text{g/mL}} \Rightarrow c' = 0.031\ 41\ \text{M}$$

따뜻한 날 농도는 약 0.16% 감소하였다.

자습 22°C에서 1.000 0 mM 농도의 용액을 만들었다. 4°C에서 이 용액의 농도는 얼마인가?
(**답:** 1.002 2 mM)

파이렉스나 다른 붕소규산염(borosilicate) 유리는 실온 근처에서 1°C당 약 0.001 0% 팽창한다. 따라서 온도가 10°C 상승하면, 유리 기구의 부피는 약 (10°C)(0.001 0%/°C) = 0.010% 증가할 것이다. 대부분의 실험에서는 이 정도의 팽창은 무시할 수 있다.

25 mL 옮김용 피펫을 교정하려면, 우선 그림 2-20에서 나타낸 것과 같은 빈 무게달기 병의 무게를 달아야 한다. 그다음 피펫으로 증류수를 25 mL가 되게 취한 다음, 무게달기 병으로 옮기고 증발을 막기 위하여 뚜껑을 덮는다. 다시 병의 무게를 달아서 피펫으로 옮긴 물의 질량을 구한다. 마지막으로 다음의 식을 이용하여 질량을 부피로 환산한다.

$$\text{참부피} = (\text{물의 그램수}) \times (\text{표 2-7에서 } H_2O \text{ 1 g의 부피}) \qquad \textbf{(2-4)}$$

온도가 낮아지면 유리는 약간 수축되기 때문에 피펫으로 옮긴 부피는 27°C에서보다 20°C에서 더 작다. 부피 측정용 유리 기구는 일반적으로 20°C에서 교정한다.

예제 피펫의 교정

빈 무게달기 병의 질량이 10.313 g이었다. 25 mL 피펫으로 물을 취하여 병에 옮긴 후 질량을 달아보니 35.225 g이었다. 만약 실험실 온도가 27°C라면, 피펫으로 옮긴 물의 부피를 구하시오.

풀이 피펫 속에 있는 물의 질량은 35.225 − 10.313 = 24.912 g이 된다. 식 2-4와 표 2-7의 세 번째 열로부터 27°C에서 물의 부피는 (24.912 g)(1.004 6 mL/g) = 25.027 mL가 된다. 표 2-7의 마지막 열에 나타낸 값들은 20°C에서 피펫으로 취한 물의 부피이다. 20°C에서 피펫으로 옮긴 부피는 (24.912 g)(1.004 5 mL/g) = 25.024 mL이다.

자습 빈 10 mL 부피 플라스크의 질량이 14.622 g이었다. 18°C에서 눈금까지 물을 채웠을 때 질량이 24.581 g이 되었다. 18°C와 20°C에서의 플라스크의 부피를 각각 구하시오. (**답:** 18°C와 20°C에서 9.984 mL)

디지털 방식의 전동 마이크로리터 유리 주사기의 교정 값은 제조 회사의 게시판에서 확인할 수 있다. 2~50 μL의 부피를 옮기는 데 사용하는 교정되지 않은 주사기의 허용 오차는 50 μL에 대하여 ±1.0%(±0.5 μL) 수준이다. 주사기로 옮기는 물의 무게를 재는 방식으로 교정을 하면 오차가 ±0.2%(±0.1 μL) 수준이 된다.

2-10 마이크로소프트 Excel 입문®

이미 스프레드시트(계산표)를 사용하고 있다면, 이 단원은 공부하지 않고 그냥 넘겨도 된다. 컴퓨터 스프레드시트는 정량적인 정보를 다루는 데 있어 필수적인 도구이다. 분석화학에 있어서 스프레드시트는 교정 곡선, 통계 분석, 적정 곡선, 평형 문제를 푸는 데에 도움을 줄 것이다. 스프레드시트는 적정 곡선에 영향을 미치는 보다 강한 산이나 다른 이온 세기의 효과를 조사하는 가상적 실험을 쉽게 수행하도록 해 준다. 여기서는 분석화학 문제를 풀기 위한 도구로서 Excel을 사용한다.[28]

시작: 부력 보정

식 2-1을 이용하여 부력에 대한 보정을 계산하는 스프레드시트를 작성해 보자. 공기 중에서 측정한 물질의 무게를 스프레드시트에 입력하면 진공에서의 실제 질량을 계산해 주는 프로그램이다. 그림 2-21a의 빈 스프레드시트에는 A, B, C...로 나타낸 **세로줄**(열)과 1, 2, 3, 4, 5로 번호를 붙인 **가로줄**(행)이 있다. B열, 4행인 박스를 **B4셀**(cell)이라고 한다.

먼저 스프레드시트의 제목을 정하고 시작하자. 그림 2-21b의 A1셀을 선택(클릭)하여 '식 2-1을 이용한 부력 보정'이라고 적는다. 그다음 A2셀을 선택하여 'Dan과 Chuck의 즐거운 책에서'를 적는다.

그림 2-21b의 A3셀에 '상수'라고 적는다. 4행에 공기의 밀도를, 5행에 저울 추의 밀도를 상수로 값으로 적는다. A4셀에 'd_a ='이라고 적는다. 이때 'a'를 아래 첨자로 나타내기 위하여

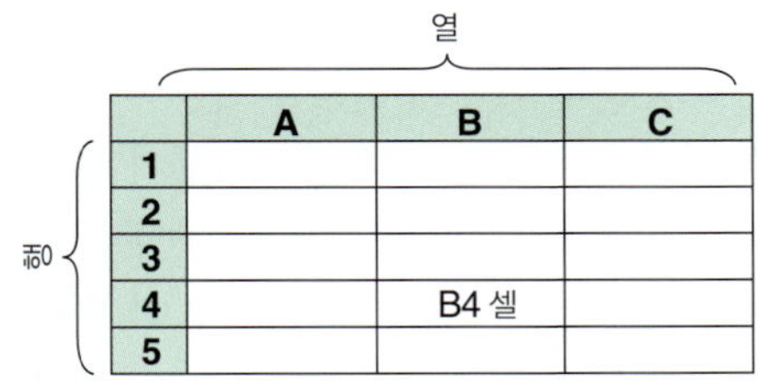

(a)

	A	B	C	D
1	식 2-1을 이용한 부력 보정			
2	(Dan과 Chuck의 즐거운 책에서)			
3	상수:			
4	d_a =	0.0012	g/mL	
5	d_w =	8.0	g/mL	
6	물질:			tris
7	물질의 밀도(g/mL):			1.33
8	공기 중에서 측정된 질량(m', g):			100.00
9	진공에서의 실제 질량(m, g):			

(b)

	A	B	C	D	E
1	식 2-1을 이용한 부력 보정				
2	(Dan과 Chuck의 즐거운 책에서)				
3	상수:				
4	d_a =	0.0012	g/mL		
5	d_w =	8.0	g/mL		
6	물질:			tris	$AgNO_3$
7	물질의 밀도(g/mL):			1.33	4.45
8	공기 중에서 측정된 질량(m', g):			100.00	100.00
9	진공에서의 실제 질량(m, g):			100.08	100.01
10	m = m'* (분자/분모)				
11	분자 = $(1-d_a/d_w)$ =			0.99985	0.99985
12	분모 = $(1-d_a/d)$ =			0.999098	0.99973
13	식:	D11 = 1-$B$4/$B$5			
14		D12 = 1-$B$4/D7			
15		D9 = D8*D11/D12			

(c)

그림 2-21 식 2-1을 이용한 부력 보정을 계산하는 스프레드시트

'a'를 선택한 다음, 홈버튼을 클릭하고 글꼴에서 아래 첨자를 선택한다. 앞으로 아래 첨자나 윗 첨자를 자주 사용할 것이다. A5셀에 아래 첨자 w를 사용해서 'd_w ='이라고 적는다.

B4셀에 공기의 밀도인 0.0012를, B5에 저울추의 밀도인 '8.0'을 적는다. '8.0'으로 입력했음에도 '8'이라고 표시되면 셀 형식을 바꿔야 한다. B5를 클릭한 다음, 홈버튼을 누르고 표시형식을 선택한 다음, 범주에서 숫자를 선택한다. 마지막으로 소수 자릿수로 1을 선택한다. 숫자나 과학적 형식을 선택하고 소수 자릿수를 선택하는 일이 종종 있을 것이다. C4셀에 밀도의 단위로 'g/mL'를 적는다. C5셀에 'g/mL'를 적어도 좋지만 복사한 후 붙여넣기를 하면 더 편리하다. C4셀을 클릭한 다음, 오른쪽 아래에 나타나는 사각형을 커서로 선택하고 C5셀로 끌어 내리면 C4셀의 내용이 C5셀에 복사된다. 이런 방법을 이용하여 특정 셀의 내용을 상하좌우 셀로 복사할 수 있다. 무게를 다는 물질에 D6셀에 'tris'라고 적는다. D7셀에 밀도 값인 1.33 g/mL를 적고 D8셀에 공기 중에서의 무게(m′)인 100.00 g을 적는다. D8셀의 소수 자릿수가 2가 되도록 숫자 형식을 바꾼다. 그림 2-21b는 이와 같은 방법으로 완성된 스프레드시트의 모습이다. 이 스프레드시트의 목적은 최종 결과인 실제 질량(m)을 D9셀에 나타내는 것이다. 그림 2-21c의 E6셀에 '$AgNO_3$'를 E7셀에 4.45 g/mL를, 100.00 g을 E8셀에 각각 적는다.

이제 식을 입력할 준비가 되었는가? A11셀에 문자로 '분자 = $(1-d_a/d_w)$ ='를 입력하고, D11셀에 식 '= 1−$B$4/$B$5'를 입력한다. 식은 등호(=)로 시작해야 한다. 이 식은 B4셀의 d_a 값과 B5셀의 d_w 값을 이용하여 $1-d_a/d_w$를 계산하라는 명령어이다. 부호 $에 대해서는 잠시 후에 설명하기로 한다. 이제 엔터(Enter)를 누르면 D11셀에 0.99985가 표시될 것이다. D12셀에 식 '= 1−$B$4/D7'을 입력한다. 엔터를 누르면 0.999098인 계산 값이 얻어진다. 부력과 관련된 식 2-1은 다음과 같은 형태이다.

$$\text{실제 질량(m)} = \underbrace{\text{공기 중에서의 질량(m}')}_{\text{D8에}} * \underbrace{\text{분자}}_{\text{D11에}} / \underbrace{\text{분모}}_{\text{D12에}} \qquad \textbf{(2-5)}$$

분자 및 분모의 값은 각각 D11셀과 D12셀에서 확인할 수 있다. 마지막으로 공기 중에서 질량이 100.00 g인 tris의 진공에서의 실제 질량인 100.08 g을 얻기 위하여 식 '= D8*D11/D12'를 D9셀에 입력한다.

동일한 스프레드시트를 이용하여 $AgNO_3$에 대한 계산을 수행한 결과를 E열에 나타내었다. D11셀과 D12셀을 선택(Highlight)한 후, D12셀의 오른쪽 아래에 나타난 작은 사각형을 선택하고 마우스를 누른 채 E11과 E12로 이동시킨다. 마우스를 풀어 주면 D11셀과 D12셀의 식이 E11셀과 E12셀에 복사되어 그 계산 값인 0.99985와 0.99973이 E11셀과 E12셀에 각각 표시된다. 이제 D9셀의 내용을 E9셀로 복사하면 $AgNO_3$의 실제 질량인 100.01 g을 얻을 수 있다. $AgNO_3$의 밀도(4.45 g/mL)가 저울 추의 밀도(8.0 g/mL)에 보다 가깝기 때문에 공기 중에서의 $AgNO_3$의 질량과 실제 질량 사이에 큰 차이가 없다.

세 종류의 입력 형식
표식 d_a =
숫자 0.0012
식 = 1−\$B\$4/\$B\$5

그림 2-21에서 3종류의 입력 형식(entry)을 사용하였다. 'd_a ='과 같은 **표식**(label)은 문자로 입력된 것이다. 숫자나 등호로 시작하지 않는 입력은 문자로 인식된다. 스프레드시트에서 0.0012와 같은 **숫자**는 문자와 다르게 취급된다. D11셀에서 입력한 **식** '1−\$B\$4/\$B\$5'는 컴퓨터로 하여금 관련된 연산을 수행하라는 의미이다.

연산과 함수

식은 등식 기호로 시작된다.
스프레드시트의 연산은 다음과 같다.
\+ 덧셈
− 뺄셈
* 곱셈
/ 나눗셈
^ 지수

덧셈, 뺄셈, 곱셈, 나눗셈, 지수 함수의 계산은 +, −, *, /, ^의 기호를 쓴다. Exp(·)와 같은 **함수**(function)는 직접 타이핑해 넣든가 Formula 리본에서 선택할 수 있다. Exp(·)는 e를 괄호 내의 수만큼 제곱을 한다. Ln(·), Log(·), Sin(·), Cos(·) 등과 같은 다른 함수도 있다.

연산 순서
1. 마이너스(항 앞에 마이너스 부호 표시)
2. 지수 함수
3. 곱셈과 나눗셈(왼쪽에서 오른쪽 순으로)
4. 덧셈과 뺄셈(왼쪽에서 오른쪽 순으로)

가장 안쪽에 있는 괄호 내의 연산부터 먼저 한다.

식 중에서 연산 순서는 먼저 − 부호 다음에 ^, *와 /(왼쪽에서 오른쪽으로 순서대로 계산), +와 −(역시 왼쪽에서 오른쪽 순으로 계산) 순서로 계산한다. 원하는 계산을 컴퓨터가 할 수 있도록 괄호를 충분히 활용한다. 괄호 내의 연산을 먼저 한다. 몇 가지 예를 들어 보자.

$$9/5*100+32 = (9/5)*100+32 = (1.8)*100+32 = (1.8*100)+32 = (180)+32 = 212$$
$$9/5*\ (100+32) = 9/5*\ (132) = (1.8)*\ (132) = 237.6$$
$$9+5*100/32 = 9+(5*100)/32 = 9+(500)/32 = 9+(500/32) = 9+(15.625) = 24.625$$
$$9/5\text{^}2+32 = 9/(5\text{^}2)+32 = (9/25)+32 = (0.36)+32 = 32.36$$
$$-2\text{^}2 = 4 \quad \text{그러나} \quad -(2\text{^}2) = -4$$

사용하는 식을 컴퓨터가 어떻게 계산할지가 혼란스러우면 괄호를 사용해 보라.

문서 관리와 가독성

정보 관리는 제목 달기를 의미한다. 당신의 스프레드시트를 당신의 도움 없이는 다른 아무도 읽지 못한다면, 좋은 정보 관리라고 할 수 없다(당신의 실험 노트도 마찬가지다!).

스프레드시트가 무엇을 위한 것인지를 파악할 수 있게 해주는 **문서 관리**(documentation)의 시작은 스프레드시트를 컴퓨터에 저장할 때 사용하는 파일 이름이다. 'Expt 10 Gran Plot'과 같은 제목은 'Chem Lab'보다 더 의미가 있다. 그다음은 A1셀에 입력한 것과 같은 제목이다. A10셀에서와 같이 m을 계산하는 방법을 설명하기 위한 적절한 문자(라벨)을 확인해 보라. D11셀에 입력한 식을 설명하기 위하여 B13셀에 'D11 = 1−\$B\$4/\$B\$5'라고 입력하는 것도 도움이 된다. 이런 종류의 문서 관리를 하는 가장 확실한 방법은 D11셀을 선택했을 때 스프레드시트의 맨 위에 나타나는 입력 줄에서의 식을 복사한 후, B13셀을 선택하고 'D11 ='을 입력하고 문자 다음에 '= 1−\$B\$4/\$B\$5'를 붙여 넣는 것이다. 여러분이 작성하는 스프레드시트를 문장으로 관리하는 것이 유용하다.

십진법이나 과학적 표시를 선택하고 몇 개의 소수 자리를 보일지를 정함으로써 스프레드시트에 있는 데이터의 **가독성**(readability)을 향상시켰다. 비록 소수 다섯째 자리까지만 나타내더라도, 스프레드시트의 기억 장치에는 더 많은 숫자가 들어 있다.

그림 2-21c의 가독성을 높이기 위하여 중요한 자료가 D6셀에서 E9셀까지의 블록에 들어 있다는 것을 강조하는 의미로, 해당 셀이 포함된 2열 × 4행 블록에 테두리를 만드는 것도 좋은 방법이다. 마우스를 이용하여 해당 블록을 선택한 다음, 홈 메뉴 중 글꼴을 선택하고 테두리 메뉴를 이용하면 된다.

절대 참조와 상대 참조

어떤 셀에서는 $ 부호를 사용하고 다른 셀에서는 사용하지 않은 이유가 무엇일까? 그림 2-21의 D12셀에 입력된 식 '= 1−$B$4/D7'에서 B4셀과 D7셀의 참조하는 방식은 서로 다르다. $B$4는 B4셀의 내용에 대해서 **절대 참조**(absolute reference)를 의미한다. 스프레드시트 상에서의 위치와는 무관하게 $B$4셀을 요청하면 컴퓨터는 A8셀의 숫자를 사용한다. 'D7'은 **상대 참조**(relative reference)를 의미한다. D12셀로부터 요청이 있으면 컴퓨터는 D7셀로 가서 숫자를 찾는다. 식을 E12셀에 복사하면 D7셀은 E7셀로 바뀌고, E12셀로부터 요청이 있으면 컴퓨터는 E7셀로 가서 숫자를 찾는다. 이것이 달러 기호 없이 적힌 셀을 상대 참조라고 하는 이유이다. 컴퓨터가 언제나 D7셀만을 찾아보기를 원한다면 '$D$7'이라고 적어야 한다.

절대 참조: $B$4
상대 참조: D7

작업하는 동안 자주 파일을 저장하고, 삭제되는 것을 방지하기 위하여 백업 파일을 만들어 보관하라.

2-11 마이크로소프트 Excel로 그래프 그리기

그림 2-23의 자료를 이용하여 그림 2-22와 같은 그래프를 그려보자. 실험 데이터는 이 장의 마지막 부분에 기술한 과정과 같이, ~10 mL 간격으로 뷰렛에서 배출된 물의 질량을 측정해서 얻었다. 이 그래프에 의하면, 뷰렛의 물 높이가 29.43 mL일 때의 실제 부피는 29.43 − 0.03 = 29.40 mL라는 것을 알 수 있다.

그림 2-23의 A4셀에서 B9셀까지의 자료를 이용하여 그래프를 그리는 스프레드시트를 작성해 보자. Excel 2016를 이용해서 그래프를 그리기 위해 삽입(Insert) 리본으로 가서 챠트(Chart) 메뉴 중 분산형을 선택한 후, 직선 및 표식이 있는 분산형(Scatter with Straight Lines and Markers) 아이콘을 선택한다. 빈 챠트를 자료 옆으로 이동시키고, 챠트 도구 디자인 메뉴에서 데이터 선택을 클릭한다. 새로 열린 창에서 추가를 선택하고, 계열 이름에 '뷰렛 보정'을 입력한다. X 값에 A4:A9셀을 선택한다. Y 값에 표시된 내용을 지우고 B4:B9셀을 선택한다. 확인을 두 번 클릭한다. 그래프의 그림 영역에서 마우스의 오른쪽 버튼을 클릭한 후 그림 영역 서식을 선택한다. 새로 열리는 창의 채우기에서 단색 채우기와 흰색을 선택한다. 테두리에서 실선을 선택하고, 색은 검은색 그리고 두께는 1.25 pt를 선택한다. 이제 검은색 테두리의 흰색 그래프가 완성되었다.

*x*축 제목을 추가하려면 챠트 도구 디자인에서 챠트 요소 추가를 선택한 후, 축 제목 그리고 기본 가로를 선택한 후, 생성되는 축제목 입력란에 '표시된 부피(mL)'를 입력한다. *y*축 제목을 입력하려면, 챠트 도구 디자인에서 챠트 요소 추가를 선택한 후, 축 제목 그리고 기본 세로를 선택한다. 생성된 *x*축 입력란을 선택한 후 '보정(mL)'라고 입력한다. 그래프 위의 챠트 제목을 지우면 그림 2-24와 유사한 그래프가 완성된다.

그림 2-22와 유사한 그래프 형태로 바꿔 보자. 데이터 포인트 하나를 마우스 오른쪽 버튼

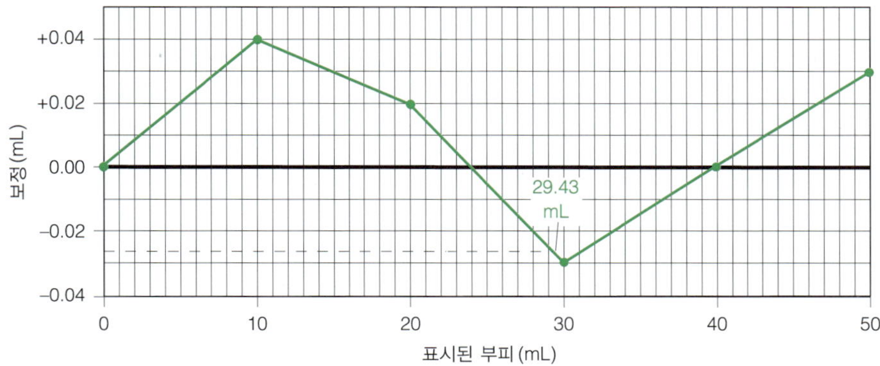

그림 2-22 50 mL 뷰렛의 교정 곡선. 뷰렛 눈금이 29.43 mL이면, 가로축(*x*축)의 29.4 mL에 해당하는 위치를 확인해서 보정 인자를 비교적 정확하게 확인할 수 있다. 세로축(*y*축)의 보정 인자는 −0.03 mL(가장 가까운 0.01 mL)이다.

	A	B
1	뷰렛 보정 곡선	
2	표시된 부피	보정
3	(mL)	(mL)
4	0.03	0.00
5	10.04	0.04
6	20.03	0.02
7	29.98	−0.03
8	40.00	0.00
9	49.97	0.03

그림 2-23 그림 2-22에 사용된 뷰렛 보정 인자

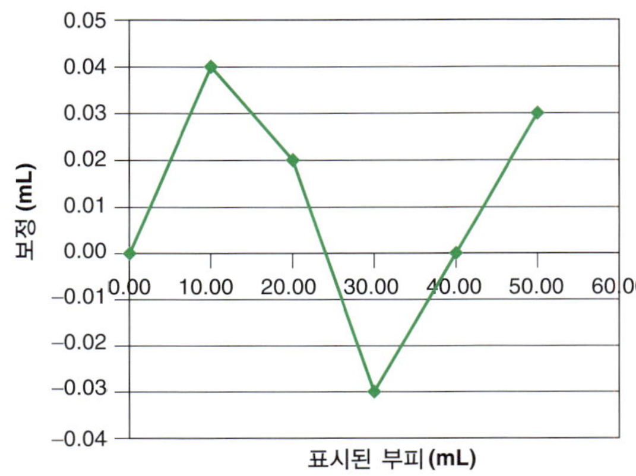

그림 2-24 형식을 갖추기 전의 그래프 초기 형태

으로 클릭하면 전체 데이터 포인트가 활성화된다. 데이터 계열 서식을 선택해서 데이터 포인트를 변경할 수 있는 여러 가지 작업을 할 수 있다. 가장 왼쪽에 위치한 채우기 및 선을 클릭하면, 다양한 옵션을 확인할 수 있다. 첫 번째 줄의 선과 표식에서 표식을 선택하고 표식 옵션 중 기본 제공을 선택한다. 여러 가지 형식 중 동그라미 형식을 선택한다. 채우기 옵션 중 단색 채우기를 선택한 후 표식을 채울 색을 선택한다. 테두리를 선택하고 실선을 선택한 다음, 표식의 테두리에 사용할 석을 선택한다. 데이터 계열 서식을 가장 위쪽으로 돌아가서 선을 선택한다. 실선을 선택한 다음 색, 두께(2.25 pt), 대시 종류에서 실선 등을 선택해서 그래프를 완성한다.

축 서식을 변경하기 위하여 *x*축 값 중 하나를 마우스의 오른쪽 버튼으로 클릭하여 전체 *x*축 값을 선택한 후, 축 서식을 선택한다. 축 옵션 중에서 최솟값과 최대값에 각각 0과 50을 기입한다. 주 단위로 5를, 보조 단위로 1을 기입한 후 축 서식 창을 닫는다. 차트 도구 메뉴에서 디자인을 선택하고 차트 요소 추가를 선택한 후, 눈금선과 기본 주 세로를 차례대로 선택한다. 세로 눈금선 중 하나를 마우스 오른쪽 버튼으로 선택하고 눈금선 서식을 선택한다. 열린 창에서 선 옵션 중 실선, 검은색, 너비 0.75pt를 선택한다. 다시 차트 요소 추가를 선택하고 눈금선, 기본 보조 세로를 선택한다. 세로 보조 눈금선 하나를 마우스 오른쪽 버튼으로 선택하고 눈금선 서식을 클릭한다. 주 눈금선에서와 유사한 방법으로 열린 창에서 보조 눈금선에 대한 서식을 변경한다.

가로축 눈금을 그래프 아래쪽으로 옮기기 위하여 *y*축 값을 오른쪽 버튼으로 클릭한 후 축 서식을 선택한다. 열린 창에서 축 옵션 중 가로축 교차의 축 값을 선택하고 '−0.04'를 기입한다. 그래프 영역을 클릭하면 세로축이 그래프의 중간 부분에서 아래로 이동한 새로운 차트를 얻는다. *y*축에 눈금선을 추가하기 위하여 *y*축 값을 오른쪽 버튼으로 선택하고 주 눈금선 서식을 선택한다. 주 눈금선 서식 창에서 실선, 검은색, 너비로 0.75pt를 선택한다. 차트 도구 서식을 이용해서 $y = 0$에 해당하는 축을 굵게 만들 수 있다. 삽입 리본에서 도형을 선택하고 실선을 선택한다. $y = 0$에 해당하는 축에 실선을 그리고, 도형 서식의 도형 옵션에서 실선, 검은색, 너비 1.5 pt를 선택한다. 이제 그래프는 점선과 29.43 mL라는 라벨을 제외하면 그림 2-22와 비슷한 형태가 되었을 것이다. 마지막으로 도형 삽입을 이용하여 점선이나 문자를 삽입하고 적당한 위치에 배치한다.

이해해야 할 용어

강열(ignition)
거른 액(filtrate)
건조기(desiccator)
건조제(desiccant)
곤죽(슬러리, slurry)
교정(calibration)
녹색 화학(green chemistry)
메니스커스(meniscus)
모액(mother liquor)
부력(buoyancy)
부피 플라스크(volumetric flask)
뷰렛(buret)
빈그릇 무게(tare)
산씻기(acid wash)
상대 불확정도(relative uncertainty)
시차(parallax)
연속 묽힘(serial dilution)
적정 용액(titrant)
재 없는 거름종이(ashless filter paper)
피펫(pipet)
흡수(absorption)
흡습성(hygroscopic)
흡착(adsorption)

요약

안전을 위해 학생들은 하고자 하는 일에 대하여 미리 계획하고 그 위험성에 대하여 미리 대비해야 한다. 안전이 확보되기 전에는 위험한 작업을 절대 하지 않는다. 안경, 후드, 실험실 가운, 장갑, 비상 샤워, 눈 세척기 및 소화 기구 등과 같은 안전 장비의 사용법을 알아야 한다. 화학 약품은 사람과의 접촉을 최소한으로 줄일 수 있는 방법으로 저장하고 사용해야 한다. 사용한 모든 화학 약품에 대하여 환경학적인 측면에서 인정될 수 있는 처리 방법을 미리 수립해야 한다. 실험 노트는 실험했던 것과 관찰된 것을 설명해 주는 동시에 다른 사람들이 이해할 수 있도록 작성해야 한다. 또한 다음에 동일한 방법으로 실험을 재현할 수 있도록 노트를 작성해야 한다.

학생들은 전자저울의 작동 원리를 이해해야 하고, 저울을 정밀한 장비로 취급해야 한다. 정밀한 실험에서는 부력 보정이 필요하다. 뷰렛은 재현성 있게 읽어야 하며, 좋은 결과를 얻기 위해서는 천천히 액체를 흘려내려야 한다. 항상 매겨진 눈금보다 한 자리 더 정확한 결과를 얻기 위하여 눈금과 눈금 사이까지 읽어야 한다. 부피 플라스크는 정해진 부피의 용액을 만드는 데 사용된다. 옮김용 피펫은 정해진 일정한 부피의 액체를 옮기는 데 이용된다. 부피 측정용 유리 기구의 용량이 클수록 상대 불확정도는 작다. 옮김용 피펫과 부피 플라스크를 이용하여 고농도의 용액으로부터 낮은 농도의 용액을 제조하는 연속 묽힘 과정을 이해하고 설계할 수 있어야 한다. 마이크로피펫의 디지털 숫자는 정확하다는 선입견을 가져서는 안 된다. 최근에 교정된 피펫이 아니거나 사용하는 실험자의 개인적인 취급 능력을 검증하지 않는 한, 마이크로피펫은 큰 오차를 발생시킬 수 있다. 침전물의 거르기 또는 모으기는 주의 깊은 기술을 필요로 하며, 시약, 침전물 및 유리 기구를 오븐과 건조기 안에서 건조시키는 경우도 마찬가지이다. 부피 측정용 유리 기구는 용기에 들어 있거나 용기에 의하여 옮겨진 물의 무게를 달아서 교정한다. 주의를 요하는 대부분의 실험에서 용액의 농도와 용기의 부피는 반드시 온도 변화에 대한 보정을 해야 한다.

만약 본 수업에서 스프레드시트의 사용을 계획하고 있다면, 스프레드시트에 식들을 입력시키고 자료들을 이용하여 그래프를 작성하는 방법을 알아야 한다.

연습 문제

2-A. 대기 중에서 측정한 질량이 5.397 4 g인 물의 참질량은 얼마인가? 실험실 온도가 **(a)** 15°C, **(b)** 25°C라고 가정하고 이때의 물의 밀도를 찾아서 계산하시오. 공기와 저울 추의 밀도는 각각 0.001 2 g/mL와 8.0 g/mL이다.

2-B. 무게 분석에서 얻은 침전물을 강열시켜 얻은 산화 철(Fe_2O_3, 밀도 = 5.24 g/mL) 시료의 질량이 대기 중에서 0.296 1 g일 때 진공에서의 참질량은 얼마인가?

2-C. 과망가니즈산 포타슘($KMnO_4$) 용액을 적정한 결과, 24°C에서 0.051 38 M이었다. 실험실 온도가 16°C로 내려갔을 때 이 용액의 몰농도는 얼마인가?

2-D. 저장 용액의 농도가 51.38 mmol $KMnO_4$/L이다. 표 2-4의 피펫과 100 mL, 250 mL 부피 플라스크를 이용하여 대략 1, 2, 3, 4 mmol $KMnO_4$/L 농도의 용액을 만드는 방법을 설명하시오. 각 용액의 정확한 농도는 얼마인가?

2-E. 0.12 mL 눈금에서 15.78 mL 눈금까지 물이 뷰렛으로부터 배출되었다. 옮겨진 겉보기 부피는 15.78 − 0.12 = 15.66 mL이고, 22°C 공기 중에서 옮겨진 물의 질량은 15.569 g이었다. 물의 참부피는 얼마인가?

2-F. 그림 2-23의 스프레드시트와 그림 2-22의 그래프를 그리시오. Excel을 이용한 그래프 그리기가 처음인 경우에는 시간이 많이 걸린다.

문제

안전과 실험 노트

2-1. (a) 일차 안전 규칙이란 무엇이며, 그것을 지키기 위해 우리에게 부과된 책임은 무엇인가?
(b) 여러분의 실험실에 비치된 안전 장비와 그 방법에 대하여 설명을 듣고 목록을 작성하시오.

2-2. 어떤 종류의 액체가 고무장갑을 통과해서 피부와 접촉할 수 있는가? 고무장갑으로 진한 염산 용액을 막을 수 있는가?

2-3. 다이크로뮴산염을 $Cr(OH)_3(s)$로 전환하여 폐기하는 이유는 무엇인가?

2-4. '녹색 화학'이란 어떤 의미인가?

2-5. 실험 노트의 세 가지 중요한 요소를 쓰시오.

분석 저울

2-6. 전자저울의 작동 원리를 설명하시오.

2-7. 밀도가 8.0 g/mL인 물체의 무게를 잴 때, 그림 2-6에서 부력 보정값이 1인 이유는 무엇인가?

2-8. 펜테인(C_5H_{12})은 25°C 부근에서 밀도가 0.626 g/mL인 액체이다. 공기 중에서의 질량이 14.82 g일 때 펜테인의 참질량을 구하시오. 공기의 밀도는 0.001 2 g/mL라고 가정한다.

2-9. 다음은 몇 가지 물질의 밀도(g/mL)이다.
아세트산 1.05, CCl_4 1.59, S 2.07, Li 0.53, Hg 13.5, PbO_2 9.4, Pb 11.4, Ir 22.5
그림 2-6을 참고하여 이들 물질 중 부력 보정이 가장 작은 것과 큰 것을 예측하시오.

2-10. 프탈산 수소 포타슘은 NaOH 용액의 농도 측정에 사용되는 일차 표준 물질이다. 공기 중에서의 겉보기 질량이 4.236 6 g일 때 프탈산 수소 포타슘의 참질량(밀도 = 1.636 g/mL)을 구하시오. 만약 질량의 부력을 보정하지 않았다면, 계산한 NaOH의 몰농도가 더 높은가, 아니면 낮은가? 그 차이는 몇 %인가?

2-11. 부력을 고려할 때 CsCl(밀도 = 3.988 g/mL)의 참질량 1.267 g에 해당하는 공기 중에서의 겉보기 질량은 얼마인가?

2-12. (a) 이상 기체 법칙(문제 1-17)을 이용하여 20°C, 1.00 bar에서 헬륨의 밀도(g/mL)를 계산하시오.
(b) 헬륨 분위기의 장갑 상자(glove box) 안에서 측정한 금속 소듐(밀도 = 0.97 g/mL)의 질량이 0.823 g일 때, 그 참질량을 구하시오.

2-13. (a) 20°C에서 물의 평형 증기압은 2 330 Pa이다. 만약 상대 습도가 42%일 때, 20°C 공기 중에서 물의 증기압은 얼마인가? (**상대 습도**는 공기 중에서 물의 평형 증기압의 백분율이다.)
(b) 이 책 끝에 수록한 2장의 주 13을 이용하여 대기 압력이 94.0 kPa일 때 **(a)**의 조건에서 공기 밀도(g/L가 아닌 g/mL)를 구하시오.
(c) 만약 공기 중에서의 질량이 1.000 0 g이라면, **(b)**의 조건에서 물의 참질량은 얼마인가?

2-14. (a) 전자저울에 미치는 위도의 영향. 지구 중심으로부터 거리 r_a만큼 떨어져 있는 물체의 질량이 m_a라고 하면, 거리 r_b로 에서의 질량 $m_b = m_a(r_a^2/r_b^2)$이다. r_a = 6 370 km인 건물 1층에서 물체의 질량은 100.000 0 g이다. 높이가 30 m인 10층 건물에서 물체의 무게는 얼마가 될까?
(b) 10층에서 무게를 재기 전에 전자저울의 '교정' 버튼을 누른다면 관측되는 질량 값은 100.000 0 g이다. 그 이유는 무엇인가?

2-15. 석영 결정 미량 저울. 2장을 시작할 때 소개한 석영 결정으로 만든 미량 저울에서 금 전극의 표면적은 3.3 mm²이다. 금 전극 표면에 붙은 DNA의 표면적 밀도는 1.2 pmol/cm²이다.
(a) 전극 표면의 각 DNA 가닥에 뉴클레오타이드 사이토신(C) 한 개가 결합했을 때 전극 표면에 증가한 C의 질량은 얼마인가? 결합한 뉴클레오타이드의 화학식량은 사이토신 + 데옥시리보스 + 인산 이온 = $C_9H_{10}N_3O_6P$ = 287.2 g/mol이다.
(b) 금 전극에 붙은 DNA로 인한 석영 결정 진동자의 진동수 변화는 ng/cm²당 −10 Hz이다. 관측된 진동수 변화가 −4.4 Hz라면, 금 전극 cm²당 결합한 사이토신은 몇 ng인가? 이 진동수 변화는 DNA에 C 한 개가 결합한 결과와 일치하는가?

2-16. 배의 부력과 선적 용량. 나는 손자 Arther와 동행한 남극 크루즈 여행 중에 선박에서 구할 수 있는 재료를 이용하여 배를 만드는 대회에 참가하게 되었다. 우승자를 가리는 기준은 배의 모양과 물에서 버틸 수 있는 총적재량이었다. 우리는 예술적 재능이 없었기 때문에 적재량에 승부를 걸었다. Arther가 2주 동안 빈 맥주 알루미늄 캔을 모았다. 우리는 테이프를 이용하여 열린 부분을 막고 캔을 서로 엮어서 뗏목을 만들었다.
우리가 만든 배는 ~250개의 캔으로 구성되어 있고, 대략적인 질량은 약 5 kg이고, 부피가 85 L 정도였다. 배는 밀도가 물의 밀도인 1 kg/L가 될 때까지 가라앉지 않는다. 배에 실을 수 있는 질량(유효 하중)을 예상해 보라. 몸무게가 70 kg인 내가 이 배에 탈 수 있는가? 멋진 모양의 배를 만든 사람이 대회 우승을 차지하였다.

유리 기구와 열팽창

2-17. 부피 측정용 유리 기구에 표시되어 있는 'TC'와 'TD'라는 기호는 무엇을 뜻하는가?

2-18. 부피 플라스크로 0.150 0 M K_2SO_4 용액 250.0 mL를 만드는 방법을 설명하시오.

2-19. 유리로 만든 부피 플라스크 대신 플라스틱으로 만든 부피 플라스크를 우선적으로 사용해야 되는 경우는 어느 때인가?

2-20. (a) 옮김용 피펫으로 5.00 mL의 액체 시약을 옮기는 방법을 설명하시오.
(b) 옮김용 피펫과 눈금 피펫 중 어느 것이 더 정확한가?

2-21. (a) 조절 가능한 100 μL 마이크로피펫으로 50.0 μL를 옮

기는 방법을 설명하시오.

(b) 만약 거품이 생기는 액체라면, **(a)**에서 무엇을 다르게 하겠는가?

2-22. 그림 2-16의 트랩과 그림 2-19에서 시계접시의 사용 목적은 무엇인가?

2-23. Drierite와 오산화 인 중 어느 것이 더 효율적인 건조제인가?

2-24. **(a)** 100.0 mM 수용액 250 mL를 만들기 위하여 필요한 벤조산(FM 122.12, 밀도 = 1.27 g/mL)은 얼마인가?

(b) **(a)**의 참질량에 해당하는 공기 중에서의 겉보기 질량은 얼마인가?

(c) **연속 묽힘.** 5 mL, 10 mL 옮김용 피펫과 100, 250, 500, 1 000 mL 부피 플라스크를 이용하여 50.0 μM 벤조산 용액을 제조하는 연속 묽힘 과정을 설계하시오.

2-25. 빈 10 mL 부피 플라스크의 질량이 10.263 4 g이었다. 증류수로 눈금까지 채우고 20°C, 대기압하에서 측정한 질량이 20.214 4 g이었다. 20°C에서 이 플라스크의 참부피는 얼마인가?

2-26. 묽은 수용액을 15°C에서 25°C로 가열하면 몇 % 팽창될까? 0.500 0 M 용액을 15°C에서 만들었다고 가정할 때, 25°C에서 몰농도는 얼마가 될까?

2-27. 50 mL 부피 플라스크의 참부피는 20°C에서 50.037 mL이다. 20°C에서 **(a)** 진공, **(b)** 공기 중에서 플라스크 안에 들어 있는 물의 질량은 각각 얼마인가?

2-28. 20°C에서 1.000 M KNO_3 용액 500.0 mL를 만들려고 한다. 그런데 실험실(그리고 물)의 온도가 24°C이다. 20°C에서 1.000 M 농도를 만들기 위해서는 24°C, 500.0 mL에 몇 g의 고체 KNO_3(밀도 = 2.109 g/mL)를 녹여야 할까? 공기 중에서 재야 할 KNO_3의 겉보기 질량은 얼마인가?

2-29. **연속 묽힘에서의 정확도.** 용액을 100배로 묽히는 다음의 과정 중 더 정확한 것은 어느 것인가? (i) 1 mL를 1 mL 피펫으로 100 mL 부피 플라스크에 옮긴다. (ii) 10 mL를 10 mL 페펫으로 1 L 부피 플라스크에 옮긴다. 각 과정의 정확도를 높이는 방법은 무엇인가?

2-30. 다음은 시간 t 이후에 정상적으로 작동되는 마이크로피펫의 분율을 계산하는 모형이다.

$$\text{분율} = e^{-t(\ln 2)/t_m}$$

여기서 t_m은 고장이 날 때까지 걸리는 평균 시간(정상적으로 작동되는 분율이 50%로 감소하는 시간)이다. t_m = 2.00년으로 가정하자.

(a) t_m = 2.00년일 때, 정상적으로 작동하는 마이크로피펫이 50%가 될 때까지 걸리는 시간이 2년임을 증명하시오.

(b) 모든 피펫의 95%가 정상적으로 작동되도록 피펫을 재교정(그리고 필요하다면 수리)해야 하는 시간 t를 구하시오.

2-31. 유리는 금속 이온의 오염원으로 잘 알려져 있다. 유리병 세 개를 잘게 부수고 체로 걸러 1 mm 조각들을 모았다.[29] Al^{3+}가 어느 정도 추출되는지를 알아보기 위하여 금속과 결합하는 EDTA 0.05 M 용액 200 mL를 약 1 mm 유리 입자 0.50 g과 함께 폴리에틸렌 플라스크에 넣고 저었다. 두 달 후에 확인해 보니 용액 중 Al의 함량이 5.2 μM이었다. 동일한 양의 유리 조각을 마이크로파로 가열하면서 48 wt% HF로 완전히 녹인 후, 측정한 유리 중 총 Al의 함량이 0.80 wt%였다. EDTA에 의해서 유리로부터 추출된 Al의 분율은 얼마인가?

2-32. **(a)** 그림 2-21과 같은 스프레드시트를 이용하여 공기 중에서 측정한 100.00 g의 다음 물질의 진공에서의 실제 질량을 구하시오. (물질, 밀도[g/mL]): (Li, 0.53 g/mL), (아세트산, 1.05), ('tris', 1.33), (CCl_4, 1.59), (S, 2.07), ($AgNO_3$, 4.45), (PbO_2, 9.4), (Hg, 13.5), (Pb, 11.4), (Ir, 22.5)

(b) 스프레드시트를 이용하여 보정 인자(진공에서의 질량/공기 중 질량)를 밀도의 함수로 나타내는 곡선 및 표식이 있는 분산형의 그래프를 그리시오. 두 축의 이름을 각각 '보정 인자'와 '밀도 (g/mL)'라 쓰고, 그래프에 Li, PbO_2, Hg에 대한 라벨을 나타내시오.

참고 방법: 50 mL 뷰렛의 교정

이 절차는 20°C에서 뷰렛으로 옮겨 측정된 부피를 옮긴 참부피로 변환시키기 위해 그림 2-22와 같은 그래프를 어떻게 작성할 수 있는지를 알려 준다.

0. 실험실의 온도를 잰다. 이 실험을 위한 증류수는 실험실 온도에 있어야 한다.

1. 뷰렛을 증류수로 채우고 끝부분의 공기 방울을 제거한다. 뷰렛이 벽면에 방울을 남기지 않고 흘러내리는지 관찰하라. 방울이 남아 있다면, 뷰렛을 비누와 물로 세척하거나 클리닝 용액에 담가둔다.[15] 메니스커스를 0~0.3 mL 사이에 오도록 맞추고, 뷰렛 끝을 비커에 대고 매달려 있는 물방울을 제거한다. 뷰렛을 5분 동안 스탠드에 걸어 놓고, 고무마개가 달린 125 mL 플라스크의 무게를 단다(플라스크는 지문으로 인하여 무게가 변화되는 것을 피하기 위해서 휴지나 종이 타월로 잡고 손으로 직접 만지지 않는다). 만약 뷰렛 속의 액체 높이가 변하면, 잠금 장치를 단단히 잠근 후 위 과정을 반복한다. 액체의 높이를 기록하라.

2. 물 약 10 mL를 20 mL/min의 속도로 무게를 단 플라스크에 넣고 증발하지 않도록 마개를 꼭 막는다. 뷰렛의 눈금을 읽기 전에 벽에 묻은 액체가 모두 흘러내릴 때까지 약 30초 동안 기다린다. 모든 측정은 0.01 mL까지 읽는다. 뷰렛으로 옮긴 물의 질량을 측정하기 위해 다시 플라스크의 무게를 단다.

3. 이제 뷰렛에서 10 mL에서 20 mL로 물을 흘려내려 플라스크에 넣고 옮긴 물의 질량을 측정한다. 30, 40, 50 mL에 대해서도 이 과정을 반복한다. 앞의 전 과정(10, 20, 30, 40, 50 mL)을 다시 한번 반복한다.

4. 표 2-7을 이용하여 옮긴 물의 질량을 부피로 변환한다. 두 번의 측정이 0.04 mL 범위 내에서 일치하지 않으면 측정을 반복한다. 그림 2-22와 같은 교정 곡선을 작성하고, 10 mL마다 보정 인자를 표시하라.

예제 뷰렛 교정

24°C에서 뷰렛으로 액체를 흘려내렸을 때, 다음과 같은 값들을 측정하였다.

마지막 읽은 값	10.01	10.08 mL
처음 읽은 값	0.03	0.04
차이	9.98	10.04 mL
질량	9.984	10.056 g
옮긴 실제 부피	10.02	10.09 mL
보정값	+0.04	+0.05 mL
평균 보정값	+0.045 mL	

24°C에서 9.984 g의 물을 옮겼을 때 실제로 옮긴 부피를 계산하기 위하여 표 2-7에서 '20°C로 보정'이라고 표시된 세로줄을 보라. 24°C에 대한 가로줄에서 물 1.000 0 g 부피는 1.003 7 mL라는 것을 찾을 수 있을 것이다. 그러므로 물 9.984 g은 (9.984 g)(1.003 7 mL/g) = 10.02 mL가 된다. 양쪽 두 세트 자료들에 대한 평균 보정값은 +0.045 mL이다.

10 mL보다 큰 부피를 보정하기 위하여 플라스크에 연속적으로 취한 물의 질량을 첨가한다. 다음과 같은 질량이 측정되었다고 가정하면

부피 간격(mL)	옮긴 질량(g)
0.03~10.01	9.984
10.01~19.90	9.935
19.90~30.06	10.071
합계 30.03 mL	29.890 g

옮긴 물의 총 부피는 (29.890 g)(1.003 7 mL/g) = 30.00 mL이다. 표시된 부피가 30.03 mL이기 때문에, 30 mL에서 뷰렛 보정값은 −0.03 mL이다.

이것은 무엇을 의미하는가? 그림 2-22를 학생들이 보정한 뷰렛에 적용한다고 가정하자. 만약 적정을 0.04 mL에서 시작하여 29.00 mL에서 끝냈다면, 뷰렛에 이상이 없을 경우 28.96 mL를 옮겼을 것이다. 그림 2-22는 뷰렛이 실제로 나타낸 양보다 0.03 mL 덜 옮겨 실제로 옮긴 부피는 28.93 mL라는 것을 말해 준다. 교정 곡선을 이용하기 위해 모든 적정을 0.00 mL에서 시작하거나 처음과 마지막 읽은 값으로 보정할 수 있다. 뷰렛을 사용할 때마다 교정 곡선을 이용하라.

3 실험 오차

오차는 중요하다

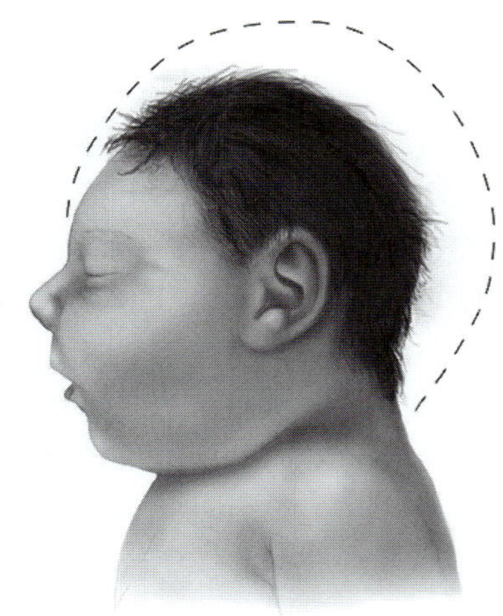

(*a*) **소두증** [Centers for Disease Control and Preveution/Wikimedia]

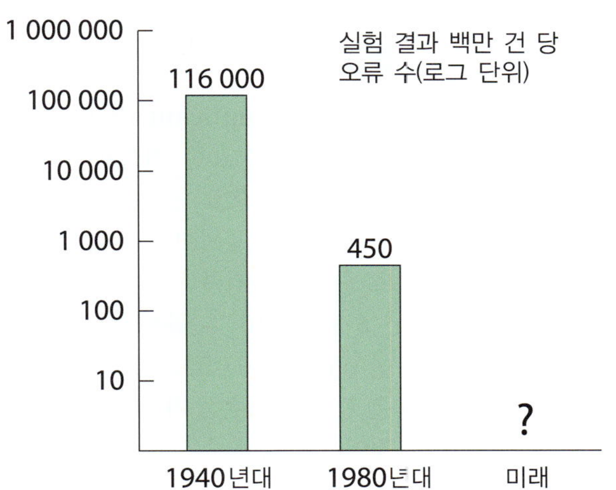

(*b*) **분석 기술의 발전에 따른 분석 오차의 감소** [자료: M. Plebani, "Quality in Medicine: 50 Years On," *Clin. Biochem.* **2017**, *50*, 101.]

2010년 중반경에 Zika(소두병을 유발하는) 바이러스가 전세계적으로 유행하였다. 모기에서 유래된 이 바이러스의 증상은 일반적으로 경미하지만, 임산부가 걸리면 일부 태아의 두뇌 형성이 불완전하여 머리가 비정상적으로 작아지는 소두증이 유발된다. 질병 관리 및 예방 센터는 Zika 바이러스가 유행한 지역을 방문하였거나 살았던 임신 여성들에게 감염 검사를 받을 것을 권고하였다.

Washington DC의 혈액 검사소에 새로 부임한 Anthony Tran 박사는 지난 6개월 동안의 검사 결과를 조사하고는 심각한 문제가 있다는 것을 발견하였다.[1] 위험도가 높은 사람들이었음에도 불구하고, 전체 409건의 Zika 바이러스 검사가 모두 음성이었다. 검사에 농축 시약을 묽혀서 사용하는 과정이 있는데, Tran 박사의 조사에 의하면, 검사원이 이미 묽힌 시약을 한 번 더 묽혀서 사용하였기 때문에 검사가 Zika 바이러스에 제대로 반응하지 않은 것이었다. 불행히도 재검사를 통하여 Zika 바이러스에 감염된 다수의 임신 여성이 확인되었다.

미국에서 매년 수행되는 130억 건의 임상 검사 중 일부분은 오류가 있을 것이다. Tran 박사와 같이, 분석 결과를 신중하게 다시 살펴보는 사람들에 의하여 오류가 확인되고 수정될 수 있다. 분석에서 오류가 포함된 결과가 나타나는 빈도는 분석자의 오류를 확인하고 예방하는 능력과 불확실성에도 불구하고 어떤 현명한 결정을 내리는가에 달려 있다. 다음 3개 장의 주제인 실험 오차는 여러분에게 Tran 박사가 보여 준 매우 소중한 분석적 사고방식을 개발하는 데 도움이 될 것이다.

모든 측정에는 오차가 포함된다. 어떤 것의 '참값'을 측정하는 방법은 없다. 우리가 할 수 있는 최선의 길은 경험상 믿을 만한 방법을 조심스럽게 이용하는 것이다. 한 가지 방법으로 측정을 여러 번 반복하면 그 측정의 **정밀도**(precision, 재현성)를 알 수 있다. 서로 다른 방법으로 측정한 결과가 일치하면, 결과에 대한 **정확도**(accuracy)를 신뢰할 수 있고, 그 결과가 '참값'에 가깝다는 확신을 가질 수 있다.

용도 적합성: 분석 결과가 주어진 질문에 답할 수 있는가?

분석 결과를 이용하여 어떤 사람이 건강한지 아픈지 혹은 알약에 약 성분이 라벨에 표시된 함량만큼 들어 있는지 등을 결정할 수 있을까? **용도 적합성(fitness for purpose)**이란 측정을 통해서 얻은 자료를 이용하여 올바른 결론을 내릴 수 있는 정도를 의미한다. 분석 결과가 주어진 질문에 답할 수 있는지는 분석의 진실성과 재현성에 의존한다. 이 장에서는 분석 결과에 포함된 불확실성을 최소화하는 방법을 시작으로 불확실성을 나타내는 방법과 불확실성의 종류와 전파 등을 소개하기로 한다.

3-1 유효 숫자

유효 숫자: 정확도를 훼손하지 않으면서 과학적인 표기 방법으로 어떤 값을 표시하는 데 필요한 최소한의 자릿수

유효 숫자(significant figure)란 정확도를 훼손하지 않으면서 과학적인 표기 방법으로 기록하는 데 필요한 최소한의 자릿수이다. 유효 숫자가 네 자리인 142.7이라는 숫자는 1.427×10^2으로 쓸 수 있다. 만약 $1.427\ 0 \times 10^2$이라고 표기하였다면, 7 다음 자리의 값을 안다는 것을 뜻하므로, 142.7이라는 숫자와는 다르다. 그러므로 $1.427\ 0 \times 10^2$은 5개의 유효 숫자를 가진다.

6.302×10^{-6}이라는 숫자는 4개의 자릿수가 모두 필요하므로 유효 숫자가 4개이다. 이 수를 0.000 006 302라고도 쓸 수 있는데, 이것도 유효 숫자는 **4개**뿐이다. 6의 왼쪽에 있는 0은 단순히 소수점 자리를 나타낸다. 92 500이라는 숫자는 애매하다. 이 숫자는 다음의 어떤 것이든 의미할 수 있다.

9.25×10^4 3개의 유효 숫자
9.250×10^4 4개의 유효 숫자
$9.250\ 0 \times 10^4$ 5개의 유효 숫자

실제로 확실한 숫자가 몇 개인지를 나타내기 위해서 92 500 대신에 위의 세 가지 숫자 중 어느 하나를 써야 한다.

각 숫자에 포함된 최소 불확정도와 함께 유효 숫자에 포함되는 0을 **굵은 글씨**로 나타내었다.

106	0.0106	0.106	0.1060
±1	±0.000 1	±0.001	±0.000 1

0은 (1) 숫자 사이에 있거나, (2) 소수점 오른쪽 숫자 중 끝에 위치하는 경우에 유효하다. 측정된 양의 마지막(가장 오른쪽에 있는) 유효 숫자는 항상 어느 정도의 불확정도를 가진다. 최소의 불확정도는 마지막 자리에서 ±1이 될 것이다.

어떤 장치의 눈금을 읽을 때에는 두 눈금 사이의 간격을 가장 가까운 1/10까지 어림잡도록 노력해야 한다. 그러므로 그림 2-7에서와 같이 0.1 mL까지 눈금이 매겨져 있는 50 mL 뷰렛의 경우에는 적어도 거의 0.01 mL 근처까지 읽어야만 한다. 밀리미터의 눈금이 매겨져 있는 자를 사용할 때에는 눈금의 간격을 0.1 mm 정도까지 어림잡아야 한다.

내삽(interpolation): 모든 눈금을 읽을 때에는 눈금 사이의 간격을 가장 가까운 1/10까지 어림잡는다.

측정값이 변동되지 않는 디지털 눈금을 가진 측정 기기를 포함해서 어떤 **측정**값이든지 불확정도가 있다. 디지털 pH 미터로 읽은 pH 3.51의 숫자 1에는(그리고 어쩌면 숫자 5에도) 불확정도가 있다. 반면에 어떤 수는 (나타나지는 않으나) 무한히 많은 유효 숫자를 가지면서 정확하다. 네 명의 평균 키를 계산하기 위해서는 키(불확정도를 포함한 측정값)의 합을 정수 4로 나눈다. 정확히 네 명이지, 4.000 ± 0.002명이 아니다!

3-2 연산에서의 유효 숫자

우리가 얻은 자료를 가지고 여러 가지 산술 계산을 한 다음, 답에서 나타낼 유효 숫자의 수를 결정하는 방법에 관하여 다룬다. 반올림에 의한 오차가 누적되는 것을 피하려면 반드시 **마지막 답**(중간 결과가 아님)만을 반올림해야 한다. 중간 결과의 모든 수를 계산기나 스프레트시트에 저장한다.

덧셈과 뺄셈

같은 자릿수를 갖는 수를 더하거나 뺄 때, 답은 각각의 숫자와 마찬가지로 **같은 소수점 자리(same decimal place)**를 갖는다.

$$\begin{array}{r} 1.362 \times 10^{-4} \\ +\ 3.111 \times 10^{-4} \\ \hline 4.473 \times 10^{-4} \end{array}$$

경우에 따라서 답의 유효 숫자의 수는 원래의 자료보다 많거나 적을 수 있다.

$$\begin{array}{r} 5.345 \\ +\ 6.728 \\ \hline 12.073 \end{array} \qquad \begin{array}{r} 7.26 \times 10^{14} \\ -\ 6.69 \times 10^{14} \\ \hline 0.57 \times 10^{14} \end{array}$$

만약 더하는 숫자들이 같은 개수의 유효 숫자를 가지고 있지 않을 경우, 답의 유효 숫자의 개수는 유효 숫자가 가장 적은 수에 의해서 제한을 받는다. 예를 들어 KrF_2의 분자 질량을 계산할 때, 우리가 알고 있는 Kr의 원자 질량에 의해서 제한을 받기 때문에 답은 소수점 아래 세 자리까지만 나타낸다.

이 책의 앞표지 안쪽에 있는 주기율표에 원자 질량의 마지막 자리에 있는 불확정도를 나타내었다.

F: 18.998 403 163 ± 0.000 000 6
Kr: 83.798 ± 0.002

$$\begin{array}{rl} 18.998\,403\,163 & \text{(F)} \\ +18.998\,403\,163 & \text{(F)} \\ +83.798 & \text{(Kr)} \\ \hline 121.794\underbrace{_{806\,326}}_{\text{중요하지 않다}} & \end{array}$$

계산 과정에서 중요하지 않은 숫자는 아래 첨자로 나타내었다.

따라서 $121.794_{806\,326}$라는 숫자를 반올림해서 답은 121.795로 나타낸다.

반올림을 할 때는 반올림하는 마지막 자리 **아래의 모든** 숫자들을 고려해야 한다. 위의 예에서 마지막 유효 자리 아래에 806 326가 있다. 이 수는 마지막 유효 숫자의 절반(5)보다 크기 때문에 4를 5로 반올림한다(즉 121.794로 하는 대신에 121.795로 반올림한다). 만약 그 유효 숫자가 절반보다 작을 경우는 버린다. 예를 들어 121.794_3은 121.794로 반올림한다.

수의 반올림 규칙

숫자가 정확히 절반인 특수한 경우에는 가장 가까운 **짝수**로 반올림한다. 즉 바로 앞자리 숫자가 홀수이면 반올림하고, 짝수이면 버린다. 유효 숫자가 3개인 경우 43.5_5는 43.6으로 반올림하고, $1.42_5 \times 10^{-9}$은 1.42×10^{-9}이 된다. 그러나 $1.42_{501} \times 10^{-9}$의 경우는 501이 다음 숫자의 절반보다 크므로 1.43×10^{-9}이 된다. 가까운 짝수로 반올림하는 이유는 연속적인 반올림에 따른 오차로 인하여 결과가 계통적으로 증가되거나 감소되는 것을 피하기 위해서이다. 이와 같은 반올림 규칙을 일관성 있게 적용하면 반은 반올림하게 되고, 반은 버리게 된다.

과학적 표기법으로 나타낸 숫자를 더하거나 빼는 경우에 먼저 모든 숫자를 같은 지수 형태로 변환시켜야 한다.

덧셈과 뺄셈: 모든 숫자를 같은 지수 형태로 표기하고 소수점 자리를 맞추어서 배열하라. 가장 적은 소수점 자릿수를 갖는 숫자의 소수점 자릿수에 따라 답을 반올림한다.

$$\begin{array}{r} 1.632 \times 10^{5} \\ +\ 4.107 \times 10^{3} \\ +\ 0.984 \times 10^{6} \\ \hline \end{array} \quad \rightarrow \quad \begin{array}{rl} 1.632 & \times 10^{5} \\ +\ 0.041\,07 & \times 10^{5} \\ +\ 9.84 & \times 10^{5} \\ \hline 11.51 & \times 10^{5} \end{array}$$

합계 $11.51_{307} \times 10^5$을 11.51×10^5으로 반올림한다. 왜냐하면 모든 숫자를 10^5의 배수로 표시할 때 9.84×10^5의 유효 숫자는 소수점 아래 두 자리로 제한되기 때문이다.

곱셈과 나눗셈

곱셈과 나눗셈에서는 일반적으로 가장 적은 유효 숫자를 갖는 수의 자릿수에 의하여 제한된다.

곱셈과 나눗셈: 가장 적은 유효 숫자를 가진 수의 자릿수에 따라 답이 제한된다.

$$\begin{array}{r} 3.26 \times 10^{-5} \\ \times 1.78\phantom{\times 10^{-5}} \\ \hline 5.80 \times 10^{-5} \end{array} \qquad \begin{array}{rl} 4.317\,9 & \times 10^{12} \\ \times 3.6 & \times 10^{-19} \\ \hline 1.6 & \times 10^{-6} \end{array} \qquad \begin{array}{r} 34.60 \\ \div\ 2.462\,87 \\ \hline 14.05 \end{array}$$

10의 거듭제곱은 남겨야 될 자릿수에 전혀 영향을 주지 않는다. 3-4절의 유효 숫자의 실제 규칙을 다룬 부분을 이해하면, 답의 첫째 자리가 1일 때 여분의 자릿수를 남기는 것이 합리적인 것을 알게 될 것이다. 위 사례 중 가운데의 경우에 3.6에 포함된 정밀도를 잃어버리는 것을 피하려면 1.6×10^{-6} 대신 1.55×10^{-6}으로 나타내는 것이 좋다.

로그와 진수

$n = 10^a$이면, a를 밑이 10인 n의 **로그(logarithm)**라고 한다.

n의 로그: $n = 10^a$은 $\log n = a$를 뜻한다. **(3-1)**

$10^{-3} = \frac{1}{10^3} = \frac{1}{1\,000} = 0.001$

예를 들어 $100 = 10^2$이므로 2는 100의 로그이다. $0.001 = 10^{-3}$이므로 0.001의 로그는 -3이다. 대부분의 계산기는 어떤 수의 로그를 구할 수 있는 **log** 키가 내장되어 있다.

식 3-1에서 n은 a의 **진수(antilogarithm)**라고 한다. 즉 $10^2 = 100$이므로 2의 진수는 100이고, $10^{-3} = 0.001$이므로 -3의 진수는 0.001이다. 계산기에는 진수를 구할 수 있는 **10^x** 키 또는 **antilog** 키가 있다.

로그는 **지표(characteristic)**와 **가수(mantissa)**로 구성된다. 지표는 정수 부분이고, 가수는 소수 부분이다.

$$\log 339 = \underbrace{2}_{\text{지표}=2}.\underbrace{530}_{\text{가수}=0.530} \qquad \log 3.39 \times 10^{-5} = \underbrace{-4}_{\text{지표}=-4}.\underbrace{470}_{\text{가수}=0.470}$$

log x의 **가수**에 있는 유효 숫자의 수 = x의 유효 숫자의 수

$\log(\underbrace{5.403}_{4\text{자리}} \times 10^{-8}) = -7.\underbrace{267\,4}_{4\text{자리}}$

숫자 339는 3.39×10^2으로 쓸 수 있다. **log 339의 가수에 있는 자릿수는 339에 있는 유효 숫자의 수와 같아야만 한다.** 339의 로그는 2.530으로 쓰는 것이 올바른 표현이다. 지표 2는 3.39×10^2의 지수와 일치한다.

소수점 셋째 자리가 마지막 유효 자리인가를 알아보기 위해서 다음의 결과들을 생각해 보자.

$$10^{2.531} = 339._6 = 340$$
$$10^{2.530} = 338._8 = 339$$
$$10^{2.529} = 338._1 = 338$$

지수의 소수점 셋째 자리를 변화시키면 답은 339의 마지막 자리 숫자가 1만큼씩 변한다.

로그를 진수로 환산하는 경우에는 **진수에서 유효 숫자의 수는 가수의 자릿수와 같아야 한다.**

$$\text{antilog}(-3.\underbrace{42}_{2\text{자리}}) = 10^{-3.\underbrace{42}_{2\text{자리}}} = \underbrace{3.8}_{2\text{자리}} \times 10^{-4}$$

antilog x(= 10^x)의 자릿수 = x의 **가수**에 있는 자릿수

$10^{6.\underbrace{142}_{3\text{자리}}} = \underbrace{1.39}_{3\text{자리}} \times 10^6$

다음은 올바른 유효 숫자의 사례이다.

$$\log 0.001\,237 = -2.907\,6 \qquad \text{antilog } 4.37 = 2.3 \times 10^4$$
$$\log 1\,237 = 3.092\,4 \qquad 10^{4.37} = 2.3 \times 10^4$$
$$\log 3.2 = 0.51 \qquad 10^{-2.600} = 2.51 \times 10^{-3}$$

3-3 오차의 종류

모든 측정에는 약간의 불확정도가 포함되어 있다. 어떤 결론의 신뢰도가 높거나 낮을 수 있지만 절대로 완전한 확신을 가질 수는 없다. 실험 오차는 **계통적**(systematic)인 것과 **우연한**(random) 것 혹은 **실수**(blunder)에 의한 것으로 분류할 수 있다.

계통 오차

계통 오차는 확인되고 보정될 수 있는 일관성 있는 오차이다.

가측 오차(determinate error)라고도 하는 **계통 오차(systematic error)**는 실험 설계를 잘못하거나 장비의 결함에서 온다. 똑같은 방법으로 실험을 다시 하면, 이 오차는 재현될 수 있

다. 쉽지는 않을지라도 원칙적으로 계통 오차는 찾아서 보정할 수 있다.

올바르게 표준화되지 못한 pH 미터에 의하여 발생하는 오차가 계통 오차의 한 예다. pH 미터를 표준화할 때 필요한 pH 7.00인 완충 용액 대신 실제로는 7.08인 완충 용액을 사용했다고 가정해 보자. 그러면 이 pH 미터를 이용하여 측정한 모든 pH는 0.08 pH 단위만큼 작은 값이 될 것이다. pH를 5.60이라고 읽었다면, 실제 시료의 pH는 5.68이 된다. 이 계통 오차는 pH를 알고 있는 다른 완충 용액을 사용하여 기기를 검사하면 찾을 수 있다.

또 다른 계통 오차의 예로, 교정되지 않은 뷰렛을 사용하는 경우를 생각할 수 있다. A급 50 mL 뷰렛에 대한 제작 회사의 허용 오차는 ±0.05 mL이다. 29.43 mL를 가했다고 하면 실제 부피는 29.38 mL에서 29.48 mL 사이의 어느 값이 될 수 있는데, 그 부피는 여전히 제작 회사의 허용 오차 범위 안에 든다. 이러한 형태의 오차를 보정하는 한 가지 방법은 53쪽의 절차에 따라 실험적으로 그림 2-22와 같은 교정 곡선을 작성하는 것이다. 이 방법에서는 뷰렛으로부터 증류수를 플라스크에 따르고 그 무게를 단다. 표 2-7을 이용하여 물의 질량을 부피로 환산한다. 그림 2-22에 의하면, 측정값인 29.43 mL에 보정 인자 −0.03 mL를 더해야 하므로, 실제 옮긴 부피는 29.43 − 0.03 = 29.40 mL이다.

계통 오차의 주요 특징은 재현성이다. 위에서 다룬 뷰렛에서, 29.43 mL 눈금에는 언제나 −0.03 mL의 계통 오차가 발생한다. 계통 오차는 어떤 범위에서는 항상 양의 오차이고, 또 어떤 경우에는 항상 음일 수도 있다. 주의를 기울이면 계통 오차의 원인을 찾아내서 보정할 수 있다.

계통 오차를 검출하는 방법

1. 보증 기준 물질(certified reference material, 보충 3-1)과 같은 조성을 알고 있는 시료를 분석해서 알려진 값을 얻는지 확인한다.
2. 다른 방법을 이용하여 같은 양을 측정한다. 만약 우연 오차 범위에서 각 방법의 결과가 일치하지 않으면 한 가지(또는 둘다) 방법에 계통 오차가 있다.
3. 같은 시료를 각기 다른 실험실에서 같은 방법 또는 다른 방법을 이용하여 분석하는 사발통문(round-robin) 실험에 참여한다. 예상한 우연 오차 이상의 일치하지 않는 결과는 계통 오차가 존재한다는 의미이다
4. 분석할 성분이 들어 있지 않은 바탕(blank) 시료를 분석한다. 만약 측정 결과가 0이 되지 않으면 그 분석 방법은 얻고자 하는 것보다 더 큰 값을 줄 것이다.

보충 3-1 보증 기준 물질

부정확한 실험 결과는 의학적 진단 오류, 생산성 감소, 에너지나 자원의 낭비, 불량품 생산, 상품 신뢰도 저하 등을 야기한다. 세계 여러 나라의 국립 표준 실험실은 금속, 화학 물질, 고무, 플라스틱, 공업용 원료, 방사성 물질, 그리고 환경이나 의료용 표준 물질 등과 관련된 **보증 기준 물질(certified reference material)**을 제공하고 있다. 보증 기준 물질은 분석 방법의 정확도를 검증하는 데 사용된다.[2] 미국 국립 표준 기술협회(U.S. National Institute of Standards and Technology)는 보증 물질을 **표준 기준 물질**(Standard Reference Material)이라고 한다. 기준 물질에 포함된 분석 물질의 양은—힘든 노력을 거쳐—명시된 범위에 들도록 보증되어 있다.

예를 들면 간질 환자를 치료하는 의료진은 검사 결과에 따라 혈청에 투여할 항경련제의 양을 결정한다. 투여량이 너무 낮으면 발작을 일으키고, 너무 높으면 독성으로 인하여 해롭다. 동일한 혈청 시료를 다른 실험실에서 검사한 결과들이 허용되기 어려울 정도로 매우 넓은 분포를 했기 때문에, 미국 국립 표준 기술협회는 일정한 양의 간질 치료제가 포함된 표준 기준 물질을 개발하였다. 이 기준 물질을 이용하여 여러 실험실은 각자의 분석 과정에서의 오차를 확인하고 수정하는 것이 가능하다.

이런 기준 물질을 사용하기 전에 5개의 실험실에서 동일한 시료를 분석한 결과, 예상 값에서 40% 내지 110% 수준의 상대 오차를 나타내었다. 그러나 기준 물질을 사용하고 나서는 오차가 20%~40% 수준으로 감소하였다.

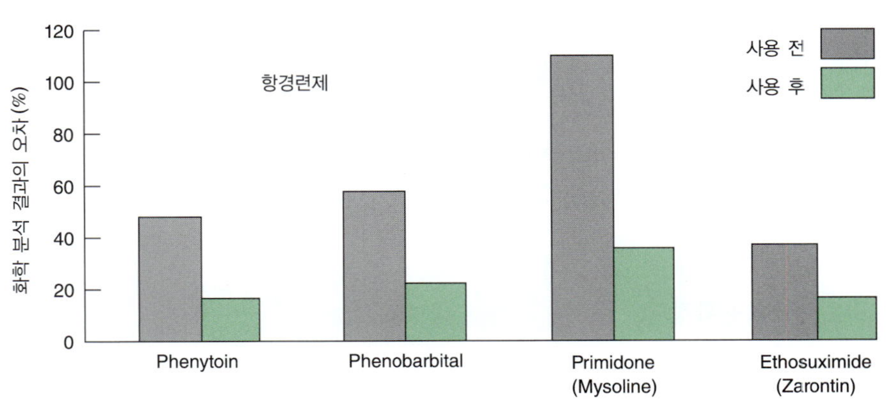

우연 오차

우연 오차를 없앨 수는 없으나 더 좋은 실험으로 줄일 수는 있다.

뷰렛 눈금 읽기의 우연 오차:

강의 설명 전: ±0.24 mL
강의 설명 후: ±0.05 mL
숙달된 후: ±0.01 mL

불가측 오차(**indeterminate error**)라고도 하는 **우연 오차**(**random error**)는 측정할 때 조절하지 않은(그리고 아마 조절할 수 없는) 변수로 인해 발생한다. 우연 오차는 양이거나 음일 확률이 같다. 이것은 항상 존재하며 보정될 수 없다. 우연 오차의 한 가지 형태는 눈금을 읽는 것과 관련된 것이다. 뷰렛의 부피를 읽을 때 각각의 사람들은 그들의 주관에 의해 눈금 사이의 값을 정하기 때문에 일정한 범위의 값을 보고할 것이다. 한 사람이 같은 기기를 여러 번 읽을 경우에도 어쩌면 그 때마다 다른 값을 보고할지도 모른다. 또 다른 종류의 불가측 오차는 기기의 전기적 잡음에 기인하는 경우이다. 음의 방향과 양의 방향으로의 변동은 근사적으로 같은 빈도로 일어나며 이를 완전히 없앨 수는 없다.

실수

실수는 절차, 기계, 혹은 사무적인 오류에서 기인하기 때문에 되돌리기 어렵다. 보충 3-2에 정량 분석 실험에서의 사례를 실었다.

실수(**blunder**)는 극단적인 우연 오차 혹은 계통 오차로, 실험 절차에서 크게 벗어난 사고에서 기인하는 것이다. 실수에는 계산에서의 오류, 종말점에서의 과도한 적정, 물건 떨어뜨리기, 실수로 버리기, 시료의 오염, 기기의 고장 등이 있다. 실험 노트에 이런 실수를 기록해야 한다. 심각한 실수가 있다면 데이터를 버리거나 혹은 전체 실험을 다시 수행해야 한다.

정밀도와 정확도

정밀도: 재현성

정확도: '참값'에 가까운 정도

불확정도: 측정의 변동성

오차: 측정값과 '참값'의 차이

정밀도(**precision**)는 결과의 재현성을 나타낸다. 만약 한 가지 측정을 여러 번 반복하여 서로 아주 가까운 값을 얻었다면, 그 측정은 정밀하다고 한다. 측정값이 넓게 변하면 그 측정의 정밀도는 높지 않다. **정확도**(**accuracy**)는 측정값이 '참' 값에 얼마나 가까운가를 나타낸다. 만일 값이 알려진 표준 물질이 있으면, 정확도는 측정값이 알려진 값에 얼마나 가까운가를 나타낸다.

실험을 아주 잘 재현했을지라도 그 결과가 틀릴 수도 있다. 예를 들어 잘못 만든 적정 용액을 이용하여 재현성 있는 일련의 적정 실험을 할 수 있지만, 적정 용액의 농도가 틀렸기 때문에 그 실험 결과는 정확하지 않을 것이다. 이 실험 결과의 정밀도는 높지만 정확도는 낮다고 말할 수 있다. 반대로 참값 주위에 밀집해 있지만 재현성이 나쁜 일련의 측정을 할 수도 있다. 이 경우 정밀도는 낮으나 정확도는 높다.

정확도는 '참' 값에 가까운 정도로 정의된다. '**참**'이란 단어는 누군가 '**참**' 값을 **측정했기** 때문에 인용 부호로 표기되었지만, **모든** 측정에는 오차가 존재한다. 숙련된 실험자에 의해 충분히 잘 검증된 방법을 이용하여 '참' 값을 얻는 것이 최선이다. 여러 가지 다른 방법으로 결과를 검증하는 것이 바람직한데, 이는 계통 오차로 인하여 각 방법의 결과들이 서로 일치하지 않을 수도 있기 때문이다. 여러 가지 방법으로 얻은 값들이 잘 일치하는 것은 우리에게 어느 정도의 신뢰도를 줄 수는 있으나 반드시 결과가 정확하다는 것을 증명하는 것은 아니다.

절대 및 상대 불확정도

눈금을 13.33 mL로 읽을 때 불확정도 ±0.02 mL는 실제 값이 13.31~13.35 mL 범위의 어떤 값이든 될 수 있음을 의미한다.

절대 불확정도(**absolute uncertainty**)는 측정에 따르는 불확정도의 범위를 나타낸다. 만약 교정된 뷰렛을 읽는 데 평가된 불확정도가 ±0.02 mL라면, 읽기와 관련된 절대 불확정도는 ±0.02 mL라고 한다.

상대 불확정도(**relative uncertainty**)는 절대 불확정도를 관련된 측정의 크기와 비교하여 나타낸 것이다. 뷰렛을 12.35 ± 0.02 mL라고 읽었을 때의 상대 불확정도는 단위가 없는 값이 된다.

50 mL 뷰렛을 사용하여 적정할 때는 20~40 mL의 시약이 필요하도록 설계하여 0.1~0.05%의 비교적 작은 상대 불확정도를 갖게 한다.

상대 불확정도:

$$\text{상대 불확정도} = \frac{\text{절대 불확정도}}{\text{측정의 크기}} \tag{3-2}$$

$$= \frac{0.02\ \text{mL}}{12.35\ \text{mL}} = 0.002$$

보충 3-2 정량 실험 오류에 대한 사후 분석

정량 분석 실험에서 학생들이 미지 시료에 대한 일련의 적정 실험을 할 때 실험 매뉴얼에 설명된 방법대로 분석을 한다면 오류가 없을까? 그러나 실제로는 많은 오류가 발생한다.

실험에 실패한 학생들이 실험 노트를 자세히 살펴본 후 자신들이 발견한 오류를 강사와 토의하는 과정을 통하여 많은 오류의 원인을 밝힐 수 있다.

실패한 실험의 15%는 **우연 오차**(낮은 정밀도)에서 기인하고, 85%는 **실수**에 의한 것이다. 실험 데이터를 이용한 계산에 대한 많은 연습을 통하여 오류의 1/3을 바로잡을 수 있다. 매뉴얼의 지시사항을 잘 읽고 불명확한 절차는 강사에게 질문을 한다면, 과정에서 우연히 발생하는 대부분의 오류를 제거할 수 있다. 대표적인 실수는 플라스크에 표식을 하지 않아서 시료를 표준 물질과 섞는다거나 혹은 시료를 서로 혼돈한다든지, 혹은 실험 결과에 대한 오기 등이다. 분석의 전 과정에서 항상 주의를 기울여야 한다.

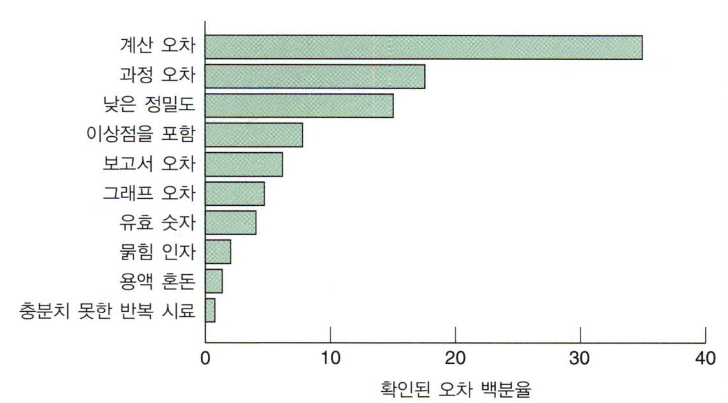

실패한 적정 분석의 오차 원인 [출처: *Quantitative Chemical Analysis Lab Manual*, University of Alberta]

상대 불확정도의 백분율은 간단하게 다음과 같이 나타낼 수 있다.

상대 불확정도 백분율: 상대 불확정도 백분율 = 100 × 상대 불확정도 **(3-3)**

= 100 × 0.002 = 0.2%

만약 뷰렛을 읽을 때 절대 불확정도가 ±0.02 mL로 일정하다면, 상대 불확정도는 10 mL 부피에 대해서 0.2%이고, 20 mL 부피에 대해서는 0.1%가 된다.

무게 분석에서는 낮은 상대 불확정도를 위해서 충분히 많은 침전을 얻도록 계획한다. 무게달기 정밀도가 ±0.3 mg이면 100 mg 침전물은 0.3%의 무게달기 상대 불확정도를 가질 것이고, 300 mg 침전물은 0.1%의 불확정도를 가질 것이다.

3-4 우연 오차로부터 불확정도의 전파[3]

일반적으로 물체의 길이 또는 용액의 온도와 같은 측정에 따르는 우연 오차는 추정 또는 측정이 가능하다. 불확정도는 측정값을 얼마나 잘 읽을 수 있는가 하는 것과 특정한 방법에 대한 경험에 따라 다르다. 가능하다면 불확정도는 4장에 기술된 **표준 편차**(standard deviation)나 **평균 표준 편차**(standard deviation of the mean) 또는 **신뢰 구간**(confidence interval)으로 나타낸다. 여기서 논의하는 내용은 우연 오차에만 적용된다. 계통 오차는 찾아서 보정되었다고 가정한다.

여러분이 접할 대부분의 불확정도의 전파 계산은 계통 오차가 아닌 우연 오차를 훨씬 더 많이 다룰 것이다. 우리의 목표는 언제나 계통 오차를 제거하는 것이다.

대부분의 실험에서는 각각 우연 오차를 포함하고 있는 여러 개의 숫자에 대한 산술적 계산이 필요하다. 결과에 포함된 불확정도는 각 오차의 단순한 합이 아니다. 왜냐하면 이들 중 일부는 양의 오차이고, 다른 일부는 음의 오차가 될 수 있기 때문이다. 우리는 일정량의 오차가 상쇄되는 것을 예상해야 한다.

덧셈과 뺄셈

각각 e_1, e_2, e_3로 표기한 실험의 불확정도를 괄호 안에 나타낸 다음의 계산을 한다고 하자.

$$\begin{array}{rl} 1.76\text{ m }(\pm 0.03\text{ m}) & \leftarrow e_1 \\ +\ 1.89\text{ m }(\pm 0.02\text{ m}) & \leftarrow e_2 \\ -\ 0.59\text{ m }(\pm 0.02\text{ m}) & \leftarrow e_3 \\ \hline 3.06\text{ m }(\pm e_4) & \end{array} \tag{3-4}$$

계산한 답은 3.06 m이다. 그러나 이 결과에 따른 불확정도는 얼마인가?

덧셈과 뺄셈의 경우, 답의 불확정도는 각 항의 **절대 불확정도**로부터 다음과 같이 얻어진다.

덧셈과 뺄셈에서는 단위가 있는 **절대 불확정도**를 이용한다.

덧셈과 뺄셈의 불확정도: $$e_4 = \sqrt{e_1^2 + e_2^2 + e_3^2} \quad \textbf{(3-5)}$$

식 3-4의 계산에 대해서 다음과 같이 쓸 수 있다.

$$e_4 = \sqrt{(0.03\ \text{m})^2 + (0.02\ \text{m})^2 + (0.02\ \text{m})^2} = 0.04_1\ \text{m}$$

절대 불확정도 e_4는 ±0.04 m이므로, 답은 3.06 ± 0.04 m라고 쓸 수 있다. 불확정도에는 1개의 유효 숫자만이 있을 뿐이지만 첫 번째 비유효 숫자를 아래 첨자로 표시하여 0.04_1 m라고 나타내었다. 숫자 0.04_1 m에서 1개 이상의 비유효 숫자를 포함하는 이유는 마지막 계산에서 반올림으로 인한 오차가 발생하는 것을 피하기 위해서이다.

식 3-4의 합산에서 상대 불확정도 백분율을 나타내려면 다음과 같이 쓸 수 있다.

$$\text{상대 불확정도 백분율} = \frac{0.04_1\ \text{m}}{3.06\ \text{m}} \times 100 = 1._3\%$$

불확정도의 첫 번째 숫자가 1이면 정보를 잃어버리는 것을 방지하기 위하여 한 자리를 더 보유한다.

덧셈과 뺄셈에서는 절대 불확정도를 이용한다. 상대 불확정도는 계산의 마지막 과정에서 구한다.

불확정도 0.04_1 m는 결과 값 3.06 m의 $1._3$%이다. 상대 불확정도의 첫 번째 수가 1이므로 상세한 정보를 잃어버리는 것을 방지하기 위하여 한 자리를 더 보유하는 것이 좋다. 이제 최종 결과는 다음과 같이 표시한다.

3.06 m (±0.04 m)　　(절대 불확정도)
3.06 m (±1.3%)　　(상대 불확정도)

예제 **뷰렛 눈금 읽기의 불확정도**

뷰렛으로 가해 준 부피는 마지막 눈금과 처음 눈금과의 차이이다. 각 읽기의 불확정도가 ±0.02 mL이면, 가해 준 부피의 불확정도는 얼마인가?

풀이 처음 눈금이 0.05 (±0.02) mL이고, 마지막 눈금이 17.88 (±0.02) mL라고 가정하자. 가해 준 부피는 그 차이이다.

$$\begin{array}{r} 17.88\ (\pm 0.02)\ \text{mL} \\ -\ 0.05\ (\pm 0.02)\ \text{mL} \\ \hline 17.83\ (\pm e)\ \text{mL} \end{array} \qquad e = \sqrt{(0.02\ \text{mL})^2 + (0.02\ \text{mL})^2} = 0.02_8\ \text{mL} \approx 0.03\ \text{mL}$$

처음 눈금과 마지막 눈금에 관계없이, 만약 각 눈금의 불확정도가 ±0.02 mL이면, 가해 준 부피의 불확정도는 ±0.03 mL이다.

자습 각 읽기의 불확정도가 ±0.03 mL이면, 가해 준 부피의 불확정도는 얼마인가?
(**답:** $\pm 0.04_2$ mL, ±0.04 mL)

곱셈과 나눗셈

곱셈과 나눗셈에서는 먼저 모든 불확정도를 상대 불확정도 백분율로 변환시킨 다음, 곱셈이나 나눗셈의 오차를 다음과 같이 계산한다.

곱셈과 나눗셈에서는 **상대 불확정도 백분율**을 이용한다.

곱셈과 나눗셈의 불확정도: $$\%e_4 = \sqrt{(\%e_1)^2 + (\%e_2)^2 + (\%e_3)^2} \quad \textbf{(3-6)}$$

예를 들어 묽은 용액을 만드는 다음의 계산을 생각해 보자.

$$\frac{0.494\ \text{M}\ (\pm 0.004\ \text{M}) \times 5.00\ \text{mL}\ (\pm 0.01\ \text{mL})}{100.00\ \text{mL}\ (\pm 0.08\ \text{mL})} = 0.024\ 7\ \text{M} \pm e_4$$

우선 모든 절대 불확정도를 상대 불확정도 백분율로 변환한다.

$$\frac{0.494\ \text{M}\ (\pm 0.8_1\%) \times 5.00\ \text{mL}\ (\pm 0.2_0\%)}{100.00\ \text{mL}\ (\pm 0.08_0\%)} = 0.024\ 7_0\ \text{M} \pm e_4$$

그다음 식 3-6을 이용하여 답의 상대 불확정도 백분율을 구한다.

$$\%e_4 = \sqrt{(0.8_1)^2 + (0.2_0)^2 + (0.08_0)^2} = 0.8_4\%$$

답은 $0.024\ 7_4$ M($\pm 0.8_4\%$)이다.

상대 불확정도를 절대 불확정도로 변환하기 위해서 답의 $0.8_4\%$에 해당하는 값을 구한다.

$$0.8_4\% \times 0.024\ 7_0\ \text{M} = 0.008_4 \times 0.024\ 7\ \text{M} = 0.000\ 2_1\ \text{M}$$

답은 $0.024\ 7_0$ M($\pm 0.000\ 2_1$ M)이다. 마지막으로 모든 비유효 숫자를 버리면 결과는 다음과 같이 나타낼 수 있다.

0.024 7 M ($\pm$0.000 2 M) (절대 불확정도)
0.024 7 M ($\pm$0.8%) (상대 불확정도)

원 용액의 농도 0.494 M($\pm$0.004 M)에 포함된 불확정도가 최종 답의 불확정도를 지배한다. 가장 큰 불확정도의 1/4보다 작은 불확정도가 전체 불확정도에 미치는 영향은 매우 작다.

조언: 전체 계산이 끝날 때까지 한 개 이상의 비유효 숫자를 남긴다. 그다음 마지막 답은 유효 숫자의 수에 맞추어 반올림한다. 계산기에 중간 결과를 저장할 경우는 반올림하지 않고 모든 자릿수를 그대로 남겨 두어야 한다.

곱셈과 나눗셈에서는 상대 불확정도를 이용한다. 절대 불확정도는 계산의 마지막 과정에서 구할 수 있다.

작은 계산에 땀 흘리지 말 것: 불확정도가 가장 부정확한 계산에 포함된 불확정도의 1/4보다 작은 단계가 전체 불확정도에 미치는 영향은 매우 작다.

혼합된 계산

이제 표준 용액을 적정하는 데 필요한 부피를 이용하여 적정 용액의 농도를 계산하는 경우에서와 같이, 뺄셈과 나눗셈이 포함되어 있는 계산에 대하여 생각해 보자.

$$\frac{13.47\,(\pm 0.04)\ \text{mmol}}{[24.36\ (\pm 0.02)\ \text{mL} - 0.14\ (\pm 0.02)\ \text{mL}]} = 0.556_2\ \text{M} \pm ?$$

먼저 절대 불확정도를 분자의 뺄셈을 계산하면, $\sqrt{(0.02\ \text{mL})^2 + (0.02\ \text{mL})^2} = 0.02_8\ \text{mL}$이므로 결과는 다음과 같다.

$$24.36\ (\pm 0.02)\ \text{mL} - 0.14\ (\pm 0.02)\ \text{mL} = 24.22\ (\pm 0.02_8)\ \text{mL}$$

다음에 상대 불확정도 백분율로 바꾸고 계산하면 $\sqrt{(0.3_0\%)^2 + (0.1_2\%)^2} = 0.3_2\%$이므로, 결과는 다음과 같다.

$$\frac{13.47\ \text{mmol}\ (\pm 0.04\ \text{mmol})}{24.22\ \text{mL}\ (\pm 0.02_8\ \text{mL})} = \frac{13.47\ \text{mmol}\ (\pm 0.3_0\%)}{24.22\ \text{mL}\ (\pm 0.1_2\%)} = 0.556_2\ \text{M}\ (\pm 0.3_2\%)$$

상대 불확정도 백분율이 $0.3_2\%$이므로 절대 불확정도는 $0.003_2 \times 0.556_2\ \text{M} = 0.001_8\ \text{M}$이고, 따라서 최종 답은 다음과 같다.

0.556_2 M ($\pm 0.001_8$ M) (절대 불확정도)
0.556_2 M ($\pm 0.3_2\%$) (상대 불확정도)

불확정도가 소수 셋째 자리에서 시작되므로 소수 셋째 자리까지 나타내는 것이 합리적이다.

0.556 M ($\pm$0.002 M) (절대 불확정도)
0.556 M ($\pm$0.3%) (상대 불확정도)

계산 결과는 결과의 불확정도와 부합되도록 나타내어야 한다.

유효 숫자에 관한 실제 규칙

절대 불확정도의 첫 번째 자리는 계산 결과의 유효 숫자의 마지막 자리와 일치해야 한다. 다음의 예에서는 불확정도가 소수 넷째 자리에서 시작된다.

$$\frac{0.002\ 364\ (\pm 0.000\ 003)}{0.025\ 00\ (\pm 0.000\ 05)} = 0.094\ 6\ (\pm 0.000\ 2)$$

따라서 비록 원래의 답에 4개의 유효 숫자가 있지만, **3개**의 유효 숫자로 나타내는 것이 합리적이다. 답의 첫 번째 불확실한 숫자가 마지막 유효 숫자이다. 다음의 계산 결과에서는 불확정도가 소수 넷째 자리에서 시작되므로 **4개**의 유효 숫자로 나타낼 수 있다.

실제 규칙: 절대 불확정도의 첫 번째 자리는 답의 유효 숫자의 마지막 자릿수와 일치한다.

$$\frac{0.002\,664\ (\pm 0.000\,003)}{0.025\,00\ (\pm 0.000\,05)} = 0.106\,6\ (\pm 0.000\,2)$$

다음의 계산에서 분자와 분모 모두 **3개**의 유효 숫자를 가지고 있지만, 결과는 **4개**의 유효 숫자로 나타내었다.

$$\frac{0.821\ (\pm 0.002)}{0.803\ (\pm 0.002)} = 1.022\ (\pm 0.004)$$

곱셈과 나눗셈에서 답이 1과 2 사이의 값이면 추가로 한 자리 더 유지하도록 한다.

이제 여러분은 **답이 1과 2 사이의 값일 때 추가로 한 자리 더 유지하는 것은 좋은 이유를 이해할 수 있다.** 82/80는 1.0 대신 1.02로 적는 것이 더 좋다. 만약 82와 80의 불확정도가 일의 자리에 있다면, 불확정도는 1% 정도인데, 이는 1.02의 소수 둘째 자리에 놓인다. 1.0으로 적으면 불확정도는 적어도 $1.0 \pm 0.1 = \pm 10\%$ 정도가 되고, 이것은 실제 불확정도보다 너무 크다.

예제 실험실 작업의 유효 숫자

28.0(±0.5) wt% NH_3[밀도 = 0.899(±0.003) g/mL] 8.46(±0.04) mL를 500.0(±0.2) mL로 묽혀 0.250 M NH_3 용액을 만들었다. 0.250 M의 불확정도를 구하시오. 이 문제에서 다른 불확정도와 비교하여 NH_3의 분자량인 17.031 g/mol의 불확정도는 무시할 수 있다.

풀이 몰농도의 불확정도를 구하기 위하여 500 mL 플라스크에 가해 준 몰수의 불확정도를 구해야 한다. 진한 NH_3 용액에는 1mL당 0.899(±0.003) g이 들어 있다. 무게 %로부터 용액 1 g당 0.280(±0.005) g의 NH_3가 들어 있다는 것을 알 수 있다. 이 계산에서는 유효 숫자를 한 자리 더 남겨 두었다가 마지막에 반올림한다.

$\sqrt{(0.3_{34}\%)^2 + (1._{79}\%)^2} = 1._{82}\%$이므로, 진한 NH_3 용액 1 mL당 그램수는 다음과 같다.

곱셈에서는 절대 불확정도를 상대 불확정도 백분율로 바꾼다.

$$\begin{aligned}\text{진한 NH}_3\text{ 용액 1 mL당 그램수} &= 0.899(\pm 0.003)\,\frac{\text{g 용액}}{\text{mL}} \times 0.280(\pm 0.005)\,\frac{\text{g NH}_3}{\text{g 용액}} \\ &= 0.899(\pm 0.3_{34}\%)\,\frac{\text{g 용액}}{\text{mL}} \times 0.280(\pm 1._{79}\%)\,\frac{\text{g NH}_3}{\text{g 용액}} \\ &= 0.251_7(\pm 1._{82}\%)\,\frac{\text{g NH}_3}{\text{mL}}\end{aligned}$$

다음에, 진한 NH_3 8.46(±0.04) mL에 들어 있는 NH_3의 몰수를 구한다. 부피의 상대 불확정도는 $0.04/8.46 = 0.4_{73}\%$이다.

$$\text{mol NH}_3 = \frac{0.251_7(\pm 1._{82}\%)\,\frac{\text{g NH}_3}{\text{mL}} \times 8.46(\pm 0.4_{73}\%)\ \text{mL}}{17.031(\pm 0\%)\,\frac{\text{g NH}_3}{\text{mol}}} = 0.125_{04}(\pm 1._{88}\%)\ \text{mol}$$

상대 불확정도는 $\sqrt{(1._{82}\%)^2 + (0.4_{73}\%)^2 + (0\%)^2} = 1._{88}\%$이다.

이 만큼의 NH_3를 묽혀서 0.500 0(±0.000 2) L 용액을 만들었다. 최종 부피의 상대 불확정도는 0.000 2/0.500 0 = 0.04%이고, $\sqrt{(1.88\%)^2 + (0.04\%)^2} = 1._{88}\%$이므로 몰농도는 다음과 같다.

$$\frac{\text{mol NH}_3}{\text{L}} = \frac{0.125_{04}(\pm 1._{88}\%)\ \text{mol}}{0.500\,0\,(\pm 0.04\%)\ \text{L}} = 0.250_{08}(\pm 1._{88}\%)\ \text{M}$$

절대 불확정도는 0.250_{08} M의 $1._{88}\%$인 0.004_7 M이다. 몰농도의 불확정도는 소수 셋째 자리에 있으므로 반올림한 최종 답은 다음과 같다.

$$[\text{NH}_3] = 0.250\ (\pm 0.005)\ \text{M}$$

검산 28.0 wt% NH_3에 포함된 불확정도는 $\pm 1._{79}\%$로, 그다음으로 큰 상대 불확정도의 4배 크기이다. $\pm 1._{79}\%$가 전체 불확정도를 지배한다고 가정하고 계산하면 0.250 M($\pm 1._{79}\%$) = 0.250($\pm 0.004_5$) M이 되고, 이는 앞에서 구한 답과 비교적 잘 맞는다.

자습 28.0(±0.5) wt% NH_3 용액 8.46(±0.8) μL를 5.00(±0.02) mL로 묽혀 0.250 M NH_3 용액을 만들기 위하여 아주 작은 부피 용기를 사용한다고 가정하자. 0.250 M의 불확정도를 구하시오. (**답:** 0.250(±0.005) M. 이 과정에서는 진한 NH_3 용액의 밀도에 포함된 불확정도가 다른 모든 작은 불확정도를 압도한다).

예제 부피 묽힘과 무게 묽힘의 비교

부피로 10배 묽히는 과정과 무게로 10배 묽히는 과정으로부터 발생하는 불확정도를 비교해 보자. **(a)** 부피 묽힘에 사용할 표준 시약의 농도는 0.046 80 M로, 불확정도는 무시할 정도로 작다. 부피로 10배로 묽힌 용액을 만들기 위하여 마이크로피펫으로 이 용액 1 000 μL(= 1.000 mL)를 취하여 10 mL 부피 플라스크에 넣고 눈금까지 묽혔다. **(b)** 무게 묽힘에 사용할 표준 시약의 농도는 0.046 80 mol 시약/kg 용액이다. 무게로 약 10배 묽히기 위하여 983.2 mg(= 0.983 2 g)의 용액에 9.026 6 g(≈ 9 mL)의 물을 가했다. 각각의 과정에서의 최종 농도와 상대 불확정도를 구하시오.

mol 시약/kg 용액은 유용한 농도 단위로, mol 시약/kg 용매의 단위를 가지는 몰랄 농도와는 다르다.

풀이 **(a)** 부피 플라스크와 마이크로피펫에 대하여 각각 표 2-3에 나와 있는 허용 오차(10.00 ± 0.02 mL = 10.00 ± 0.2%)와 표 2-5에 나와 있는 허용 오차(1 000 μL ± 0.3%)를 사용하기로 한다. $\sqrt{(0.2\%)^2 + (0.3\%)^2} = 0.3_6\%$이므로 **묽힘 인자**는 다음과 같다.

인자 $V_{묽은}/V_{진한}$는 식 1-5로부터 유도된 것이다.

$$M_{진한} \cdot V_{진한} = M_{묽은} \cdot V_{묽은}$$

$$M_{진한} \cdot \frac{V_{진한}}{V_{묽은}} = M_{묽은}$$

$$\frac{M_{진한}}{V_{묽은}/V_{진한}} = M_{묽은}$$

여기서 M은 농도이고, V는 부피이다.

$$\text{묽힘 인자} = \frac{V_{최종}}{V_{초기}} = \frac{10.00\ (\pm 0.2\%)\ \text{mL}}{1.000\ (\pm 0.3\%)\ \text{mL}} = 10.00 \pm 0.3_6\%$$

따라서 묽힌 용액의 농도는

$$\frac{0.046\ 80\ \text{M}}{10.00 \pm 0.3_6\%} = 0.004\ 680\ \text{M} \pm 0.3_6\% = 0.004\ 680 \pm 0.000\ 017\ \text{M}\text{이다.}$$

(b) 무게를 이용한 과정에서 0.983 2 g의 진한 용액을 (0.983 2 g + 9.026 6 g) = 10.009 8 g으로 묽혔으므로, 묽힘 인자는 (10.009 8 g)/(0.983 2 g) = 10.180 8이다. 각각의 질량에 포함된 불확정도가 ±0.3 mg이라고 가정하면, 진한 용액의 질량에 포함된 불확정도는 0.983 2 ± 0.000 3 g = 0.983 2 ($\pm 0.03_{05}\%$) g이다. 묽힌 용액(0.983 2 g + 9.026 6 g)의 절대 불확정도는 $\sqrt{(0.000\ 3\ \text{g})^2 + (0.000\ 3\ \text{g})^2} = 0.000\ 4_2\ \text{g}$이고, 이는 $0.004_2\%$에 해당한다. 따라서 $\sqrt{(0.004_2\%)^2 + (0.03_{05}\%)^2} = 0.03_{08}\%$이므로 묽힘 인자는 다음과 같다.

$$\text{묽힘 인자} = \frac{10.009\ 8\ (\pm 0.004_2\%)\ \text{g}}{0.983\ 2\ (\pm 0.03_{05}\%)\ \text{g}} = 10.180\ 8 \pm 0.03_{08}\%$$

따라서 묽힌 용액의 농도는

$$\frac{0.046\ 80\ \text{mol 시약/kg 용액}}{10.180\ 8 \pm 0.03_{08}\%} = 0.004\ 596_9 \pm 0.03_{08}\%\ \text{mol 시약/kg 용액}$$

$$= 0.004\ 596_9 \pm 0.000\ 001_4\ \text{mol 시약/kg 용액}$$

이다. 이 예제에서는 무게 묽힘이 부피 묽힘에 비하여 약 10배 정도(0.03% 대 0.4%) 더 정밀하다는 것을 알 수 있다. 이것이 덜 지루한 부피 적정보다 무게 적정이 더 효과적인 이유이다.

자습 1 000 μL 마이크로피펫과 10 mL 부피 플라스크를 사용하는 것보다 더 정밀한 부피 묽힘 과정을 설계해 보시오. 그 과정에서의 상대 불정확도는 얼마인가?
(**답:** 10 mL 옮김용 피펫과 100 mL 부피 플라스크를 사용하면 불확정도는 $\sqrt{(0.2\%)^2 + (0.08\%)^2} = 0.2\%$이고, 100 mL 옮김용 피펫과 1 L 부피 플라스크를 사용하면 불확정도는 $\sqrt{(0.08\%)^2 + (0.03\%)^2} = 0.09\%$이다.)

지수와 로그

계산기로 거듭제곱과 제곱근을 계산하려면 y^x 버튼을 이용한다. 예를 들어 세제곱근($y^{1/3}$)을 계산하려면 y^x 버튼으로 y를 0.333 333 333 . . . 제곱하면 된다. Excel에서, y^x는 y^x이다. 세제곱근은 y^(1/3)이다.

함수 $y = x^a$에서 y의 상대 불확정도 백분율($\%e_y$)은 x의 상대 불확정도 백분율($\%e_x$)에 a를 곱한 값과 같다.

거듭제곱과 제곱근의 불확정도: $$y = x^a \quad \Rightarrow \quad \%e_y = a(\%e_x) \qquad \textbf{(3-7)}$$

예를 들어 $y = \sqrt{x} = x^{1/2}$에서 x의 불확정도가 2%이면, y의 불확정도는 $(\frac{1}{2})(2\%) = 1\%$가 된다. 그리고 $y = x^2$이고 x의 불확정도가 3%이면, y의 불확정도는 $(2)(3\%) = 6\%$이다.

예제 **$x \cdot x$ 곱에서의 불확정도의 전파**

중력 가속도 g가 9.81 m/s^{2}인 지구 표면에서 t 시간 동안 물체가 낙하할 때 낙하한 거리는 $\frac{1}{2}gt^2$이다(이 식에서 물체의 낙하를 방해하는 공기의 저항은 무시했다). 물체가 2.34초 동안 낙하하면 낙하한 거리는 $\frac{1}{2}(9.81 \text{ m/s}^2)(2.34 \text{ s})^2 = 26.8_6$ m이다. 시간에 포함된 상대 불확정도가 ±1.0%라면, 거리에 포함된 상대 불확정도는 얼마인가?

x의 상대 불확정도

z의 상대 불확정도

x · z의 상대 불확정도

x^2의 상대 불확정도

풀이 식 3-7에 의하면 $y = x^a$에서 y의 상대 불확정도는 x의 상대 불확정도의 a배이다.

$$y = x^a \quad \Rightarrow \quad \%e_y = a(\%e_x)$$
$$\text{거리} = \tfrac{1}{2}gt^2 \quad \Rightarrow \quad \%e_{\text{거리}} = 2(\%e_t) = 2(1.0\%) = 2.0\%$$

식을 거리 $= \frac{1}{2}gt \cdot t$라고 고쳐 쓰면, 거리에 포함된 상대 불확정도를 $\sqrt{1.0^2 + 1.0^2} = 1.4\%$라고 계산하기 쉽다. 그러나 한 번의 측정에 포함된 오차는 항상 양이거나 항상 음이기 때문에 이 답은 틀리다. 만일 t가 1.0% 높다면, t^2은 2% 높다. 그 이유는 계산할 때 높은 값에 높은 값을 곱하기 $(1.01^2 = 1.02)$ 때문이다.

식 3-6에서 $x \cdot z$를 계산할 때 x와 z에 포함된 각각의 불확정도가 서로 독립적이라고 가정한다. 다시 말하면 $x \cdot z$ 곱에서 x의 불확정도는 양이고, z의 불확정도는 음일 수 있다. 대부분의 경우 $x \cdot z$ 곱의 불확정도는 x^2의 불확정도보다 작다.

자습 건물의 높이를 알면 건물의 옥상에서 지상에 떨어질 때까지 걸리는 시간을 계산할 수 있다. 높이의 불확정도가 1.0%라면, 시간에 포함된 불확정도는 얼마인가? (**답:** 0.5%)

밑이 10인 x의 로그인 y의 절대 불확정도(e_y)는 x의 상대 불확정도인 (e_x/x)에 비례한다.

로그의 불확정도: $$y = \log x \quad \Rightarrow \quad e_y = \frac{1}{\ln 10}\frac{e_x}{x} \approx 0.434\ 29\frac{e_x}{x} \qquad \textbf{(3-8)}$$

식 3-8에서 한쪽 항은 상대 불확정도를, 다른 쪽 항은 절대 불확정도를 포함하기 때문에, 로그와 음의 로그의 계산에서는 상대 불확정도 백분율$[(100 \times (e_x/x)]$을 구하지 않는다.

Excel에서 밑이 10인 x의 로그는 LOG(x)이다. 10^x는 10^x로 표시하고, e^x는 EXP(x)로 표시한다.

$x = e^y$의 관계에서 y는 x의 **자연로그(natural logarithm, ln)**라고 하는데, $e(= 2.718\ 28...)$는 자연로그의 밑이라고 한다. 이때 y의 절대 불확정도는 x의 상대 불확정도와 같다.

자연로그의 불확정도: $$y = \ln x \quad \Rightarrow \quad e_y = \frac{e_x}{x} \qquad \textbf{(3-9)}$$

이제 $y = 10^x$과 같은 의미인 $y = \text{antilog } x$를 생각해 보자. 이 경우 y의 상대 불확정도는 x의 절대 불확정도에 비례한다.

10^x의 불확정도: $$y = 10^x \quad \Rightarrow \quad \frac{e_y}{y} = (\ln 10)e_x \approx 2.302\ 6\ e_x \qquad \textbf{(3-10)}$$

$y = e^x$일 때 y의 상대 불확정도는 x의 절대 불확정도와 같다.

e^x의 불확정도: $$y = e^x \quad \Rightarrow \quad \frac{e_y}{y} = e_x \qquad \textbf{(3-11)}$$

불확정도의 전파 규칙을 표 3-1에 요약하였다. 지수, 로그, 음의 로그에 대한 규칙을 반드시 기억할 필요는 없지만, 그 규칙을 이용할 수는 있어야 한다.

모든 함수의 불확정도 전파에 대한 일반적인 규칙에 관해서는 부록 B에서 설명하였다.

표 3-1 불확정도 전파 규칙의 요약

함수	불확정도	함수[a]	불확정도[b]
$y = x_1 + x_2$	$e_y = \sqrt{e_{x_1}^2 + e_{x_2}^2}$	$y = x^a$	$\%e_y = a(\%e_x)$
$y = x_1 - x_2$	$e_y = \sqrt{e_{x_1}^2 + e_{x_2}^2}$	$y = \log x$	$e_y = \frac{1}{\ln 10}\frac{e_x}{x} \approx 0.434\,29\frac{e_x}{x}$
$y = x_1 \cdot x_2$	$\%e_y = \sqrt{\%e_{x_1}^2 + \%e_{x_2}^2}$	$y = \ln x$	$e_y = \frac{e_x}{x}$
$y = \frac{x_1}{x_2}$	$\%e_y = \sqrt{\%e_{x_1}^2 + \%e_{x_2}^2}$	$y = 10^x$	$\frac{e_y}{y} = (\ln 10)\,e_x \approx 2.302\,6\,e_x$
		$y = e^x$	$\frac{e_y}{y} = e_x$

a. x는 변수를 나타내고, a는 불확정도가 없는 상수를 나타낸다.
b. e_x/x는 x의 상대 오차이고, $\%e_x$는 $100 \times e_x/x$이다.

예제 H^+ 농도의 불확정도

함수 pH = $-\log[H^+]$를 생각해 보자. 여기서 $[H^+]$는 H^+의 몰농도(mol/L)이다. pH = 5.21 ± 0.03일 때 $[H^+]$와 $[H^+]$의 불확정도를 구하시오.

풀이 먼저 식 pH = $-\log[H^+]$를 $[H^+]$에 관한 식으로 바꾸면, $[H^+] = 10^{-\text{pH}}$이므로 다음과 같이 쓸 수 있다.

$$[H^+] = 10^{-\text{pH}} = 10^{-(5.21 \pm 0.03)}$$

표 3-1에서 찾은 관련된 함수는 $y = 10^x$이다. 여기서 $y = [H^+]$이고, $x = -(5.21 \pm 0.03)$이다. 표를 이용하여 $y = 10^x$에 대한 상대 불확정도를 구하면 다음과 같다.

$$\frac{e_y}{y} = 2.302\,6\,e_x$$

$$\frac{e_{[H^+]}}{[H^+]} = 2.302\,6\,e_{\text{pH}} = (2.302\,6)(0.03) = 0.069\,1 \quad \textbf{(3-12)}$$

따라서 $[H^+]$의 상대 불확정도는 0.069 1이다. 다음 $[H^+] = 10^{-\text{pH}} = 10^{-5.21} = 6.17 \times 10^{-6}$ M을 식 3-12에 대입하여 다음을 구한다.

log x, ln x, 10^x 및 e^x를 포함하는 계산에서는 상대 불확정도 백분율 [$100 \times (e_x/x)$]이 아닌 상대 불확정도 (e_x/x)를 이용하라.

$$\frac{e_{[H^+]}}{[H^+]} = \frac{e_{[H^+]}}{6.17 \times 10^{-6}\text{ M}} = 0.069\,1 \Rightarrow e_{[H^+]} = 4._3 \times 10^{-7}\text{ M}$$

H^+의 농도는 $6.1_7(\pm 0.4_3) \times 10^{-6}$ M = $6.2(\pm 0.4) \times 10^{-6}$ M이다. pH에 대한 불확정도가 0.03이면 $[H^+]$에 대해서는 7%의 불확정도를 나타낸다. 중간 결과에는 나머지 자리 숫자들을 그대로 남기고 최종 답을 얻을 때까지 반올림하지 않는다는 것을 주목하라.

자습 pH의 불확정도가 ±0.06으로 두 배가 되었다면, $[H^+]$의 상대 불확정도는 얼마인가? (**답:** 14%)

3-5 계통 오차의 불확정도 전파

계통 오차는 흔히 나타나고, 계산할 때 우연 오차와는 달리 취급한다. 몇 가지 예를 살펴보자.

우리의 목표는 항상 계통 오차를 제거하는 것이다.

한 피펫으로 여러 번 옮김: 교정의 미학

A급 25 mL 부피 피펫은 25.00 ± 0.03 mL를 옮기도록 보증되어 있다. 이 피펫이 옮기는 부피

는 재현성이 있지만 24.97~25.03 mL 범위를 보인다. 교정되지 않은 A급 25 mL 부피 피펫을 네 번 사용하여 100 mL를 옮겼을 때 총 부피 100 mL의 불확정도는 얼마일까? 그 불확정도는 계통 오차이므로, 네 번의 피펫 부피는 산소 4 mol 질량의 불확정도와 같이 다룬다. 그 불확정도는 $\pm 4 \times 0.03$ mL = ± 0.12 mL이지, $\pm\sqrt{(0.03\text{ mL})^2 + (0.03\text{ mL})^2 + (0.03\text{ mL})^2 + (0.03\text{ mL})^2}$ = ± 0.06 mL가 아니다.

한 특정 피펫이 옮기는 실제 부피와 25.00 mL의 차이는 **계통** 오차이다. 약간의 우연 오차 범위에서 그것은 언제나 같다. 2-9절에서처럼 옮긴 물의 질량을 달아서 피펫을 교정할 수 있다. 교정을 하면 예를 들어 피펫이 항상 24.991 ± 0.006 mL를 옮긴다는 것을 알기 때문에 계통 오차는 제거된다. 불확정도 ±0.006 mL는 **우연** 오차에서 기인한다.

0.006 mL는 물을 여러 번 옮겨 측정한 표준 편차(4장에서 정의)이다.

교정을 하면 계통 오차가 제거되므로 정확도를 향상시킨다. 교정된 피펫이 옮기는 평균 부피가 24.991 mL이고 불정확도가 ±0.006 mL라면, 이 피펫을 네 번 사용하여 옮긴 부피는 $4 \times 24.991 = 99.964$ mL이고, 불확정도는 $\pm\sqrt{(0.006\text{ mL})^2 + (0.006\text{ mL})^2 + (0.006\text{ mL})^2 + (0.006\text{ mL})^2}$ = ± 0.012 mL이다. 교정하지 않은 피펫을 사용할 때의 불확정도는 $\pm 4 \times 0.03 = \pm 0.12$ mL이다.

교정을 통해 계통 오차를 제거한다.

교정된 피펫 부피 = 99.964 ± 0.012 mL

교정되지 않은 피펫 부피 = 100.00 ± 0.12 mL

매트릭스 효과: 시료에 포함된 것이 무엇인가?

주어진 시료에 대하여 분석 화학자가 갖는 첫 번째 질문은 "**시료에 무엇이 포함되어 있는가?**"이다. 분석자는 실제 실험을 하기 전에 답을 알아 내는 부정 행위를 하지 말아야 한다. 분석자가 궁금해하는 것은 분석 물질 외에, 시료에 **다른 어떤 것**이 포함되어 있는가이다. 때로는 시료에 포함된 성분 때문에 분석 신호가 일정하게 증가하기도 하고 감소하기도 한다. **매트릭스(matrix)**는 분석 물질 외에 시료에 포함된 다른 모든 성분을 의미한다. 시료의 성분을 알면 매트릭스에 의하여 발생하는 계통 오차를 제거하기 위하여 주의해야 할 점을 파악할 수 있다.

미지 시료 중 분석 물질을 제외한 모든 성분을 **매트릭스**라고 한다.

혈액 내 납 수치가 낮으면 어린아이들의 학습 능력이 떨어진다. 그러나 혈액은 복잡한 매트릭스이다. 어떤 실험실에서 유도 결합 플라스마-질량 분석계(21-6절)라는 정교한(그리고 고가의) 장비를 이용하여 분석한 결과, Pb 수준이 항상 **참**값보다 7% 정도 낮게 나오는 결과를 얻었다.[4] 의학적인 위험성 때문에 혈액을 직접 이용한 교정 표준 물질을 만드는 것도 어려웠다. 혈액의 성분을 이해하고 기기의 작동 원리를 파악한 후 분석자들은 혈액에 포함된 주요 염의 농도(7.5g/L NaCl, 0.5 g/L $CaCl_2$)를 혈액과 동일하게 포함시킨 표준 물질을 이용하여 계통 오차를 제거할 수 있었다. ppb 수준의 Pb를 측정할 때 사용하는 NaCl이나 $CaCl_2$가 순수하지 않으면, 염에 포함된 Pb로 표준 물질이 오염될 수 있다.

매트릭스에서 기인하는 계통 오차를 제거하려면 시료의 성분을 알아야 한다.

원자 질량의 불확정도

이 책 앞표지 안쪽에 실린 주기율표에 수록된 산소의 원자 질량은 15.999 g/mol이다. 표에 의하면 특정한 불확정도가 주어지지 않은 경우에 불확정도는 마지막 소수 자리의 ±1이다. 하나 이상의 동위 원소를 포함하는 대부분의 원소에 포함된 불확정도는 측정에서 기인하는 것이 아니고[6], 동위 원소 비가 다르기 때문에 발생한다(보충 3-3).[5] 예를 들면 대기 중의 산소의 원자 질량은 15.000 404 2 ± 0.000 001 2 g/mol인데, 여기서의 불확정도는 측정에서 기인하는 우연 오차이다. 대기 중의 산소에 대한 원자 질량으로 주기율표와 같이 15.999 g/mol을 사용하면 약간의 계통 오차가 발생한다. 다행히도 분자 질량(부록 B)에 포함된 계통 오차는 다른 원인에서 기인하는 계통 오차보다 매우 작고, 따라서 무시할 수 있다.

보충 3-3 원자의 원자 질량

2년마다 국제 순수 및 응용 화학 연합(IUPAC: International Union for Pure and Applied Chemistry)의 위원회에서 최적의 데이터를 이용하여 원자 질량을 재산정하는데, 이를 **원자량**(atomic weight)라고 한다. 한 원소의 **원자 질량(atomic mass)**은 지상의 한 지역(원천)에서 발견된 동위 원소 전체의 평균 질량이다. 원자 질량은 질량이 12 **통일 원자 질량 단위**(unified atomic mass unit, u)로 정의된 ^{12}C에 대한 상댓값으로 측정된다. 동위 원소가 하나뿐인 경우에는 질량 분석기를 이용하여 질량을 비교적 정확하게 측정할 수 있다. 안정한 동위 원소가 하나인 Na의 원자 질량은 22.989 769 28 ± 0.000 000 002이다. 원소의 80% 이상이 여러 개의 동위 원소를 가지고 있고, 따라서 평균 원자 질량은 물질에 포함된 각 동위 원소의 몰분율에 의존한다. 서로 다른 물질에 포함된 동위 원소의 몰분율은 서로 다르기 때문에, 어떤 원소의 평균 원자 질량은 시료마다 다르다. 동위 원소의 비율이 물질마다 다른 납의 경우에는, 그 변동성으로 인하여 207.2 ± 0.1로 표기되어 있다.

책 표지 안쪽의 주기율표 상단에 안정한 동위 원소가 여러 개인 H, Li, B, C, N, O, Mg, Si, S, Cl, Br, Tl 등의 원자 질량을 **범위**(interval)로 나타내었는데, 예를 들면 산소의 경우 [15.999 03; 15.999 77]로 표기하고 있다. 다음 그림에서, 다양한 원천에서 발견되는 산소의 동위원소 분포에 따른 원자 질량이 이 범위 안에 있음을 알 수 있다. 그러나 일반적인 계산에는

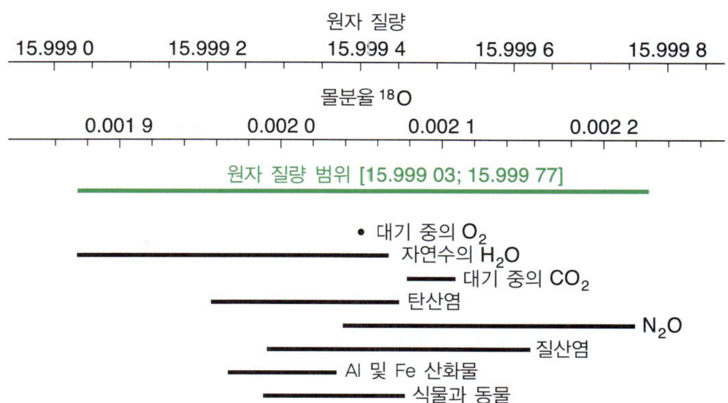

여러 원천으로부터 얻은 산소의 원자 질량 [출처: J. Meija, T. B. Coplen, M. Berglund, W. A. Brand, P. De Bièvre, M. Gröning, N. E. Holden, J. Irrgeher, R. D. Loss, T. Walczyk, and T. Prohaska, "Atomic Weights of the Elements 2013," *Pure. Appl. Chem.* **2016**, *88*, 265]

주기율표에 표시된 15.999 ± 0.001을 산소의 원자 질량으로 사용한다.

원자 질량의 미세 변화에 주목하면 환경 변화에 대한 통찰이 가능하다. Nevada 주 Devils Hole에서 채취한 $CaCO_3$에 포함된 산소의 원자 질량의 소수 여섯 째 자리의 변화를 이용하여 지난 500 000년 동안의 California 해안 바다의 온도 변화를 계산할 수 있다.[5]

이해해야 할 용어

가수(mantissa)
가측 오차(determinate error)
계통 오차(systematic error)
로그(logarithm)
매트릭스(matrix)
보증 기준 물질(certified reference material)
불가측 오차(indeterminate error)
상대 불확정도(relative uncertainty)
실수(blunder)
용도 적합성(fitness for purpose)
우연 오차(random error)
원자 질량(atomic mass)
유효 숫자(significant figure)
자연로그(natural logarithm)
절대 불확정도(absolute uncertainty)
정밀도(precision)
정확도(accuracy)
지표(characteristic)
진수(antilogarithm)

요약

어떤 값에 대한 유효 숫자의 수는 과학적인 표시법으로 값을 기록하는 데 필요한 최소한의 자릿수이다. 첫 번째의 불확실한 자리는 유효 숫자의 마지막 자리이다. 덧셈과 뺄셈에서 마지막 유효 숫자는 (모든 지수가 같을 때) 소수점 아래의 자릿수가 가장 적은 숫자에 의해서 결정된다. 곱셈과 나눗셈에서 유효 숫자의 수는 일반적으로 자릿수가 가장 적은 숫자에 의해서 제한된다. 어떤 값의 로그에서 가수에 있는 숫자의 수는 값에 있는 유효 숫자의 수와 같아야 한다. 우연(불가측) 오차는 주로 정밀도(재현성)에 영향을 주며, 계통(가측) 오차는 주로 정확도('참값'에 가까운 정도)에 영향을 미친다. 계통 오차는 발견할 수도 있고 제거할 수도 있지만, 약간의 우연 오차는 항상 존재한다. 우리는 교정과 같은 단계를 통하여 모든 측정에서 계통 오차를 제거하고자 노력해야 한다. 실수는 실험 절차에서 크게 벗어난 사고에서 기인하는 것으로, 데이터를 버리거나 실험을 다시 하는 방법만이 유일한 해결책인 경우도 있다. 우연 오차에 의한 불확정도의 전파는 덧셈과 뺄셈에서는 절대 불확정도($e_3 = \sqrt{e_1^2 + e_2^2}$)를 이용하지만, 곱셈과 나눗셈에서는 상대 불확정도($\%e_3 = \sqrt{\%e_1^2 + \%e_2^2}$)를 이용한다. 우연 오차의 전파와 관련된 다른 규칙은 표 3-1에 수

록하였는데, 이와 관련된 한 응용 사례로 pH로부터 수소 이온 농도를 구하는 것을 생각할 수 있다. $[H^+] = 10^{-pH}$이므로 $[H^+]$에 포함된 불확정도는 $e_{[H^+]}/[H^+] = 2.302\ 6\ e_{pH}$이다. 계산 과정에서는 항상 필요한 것보다 더 많은 자리의 숫자를 기억하고 마지막에 적당한 자리로 반올림한다.

연습 문제

3-A. 빈 도가니의 질량이 12.437 2 g이었고, 무게 분석으로부터 얻은 침전물을 포함한 도가니의 질량이 12.529 6 g이었다.

(a) 각각의 질량의 유효 숫자는 6개이다. 침전물의 질량은 얼마인가? 유효 숫자는 몇 개인가?

(b) 저울의 불확정도는 ±0.3 mg이다. 침전물 질량의 절대 불확정도와 상대 불확정도를 타당한 자릿수로 구하시오.

3-B. 다음 계산에서 타당한 자릿수를 갖는 답을 각각 쓰시오. 각 답에 대한 절대 불확정도와 상대 불확정도 백분율을 구하시오.

(a) $[6.28(\pm 0.01)\ M \times 9.954(\pm 0.003)\ mL] \div 500.0(\pm 0.2)\ mL = ?$

(b) $[3.26(\pm 0.10)\ M \times 8.47(\pm 0.05)\ L] - 0.18(\pm 0.06)\ mol = ?$

(c) $6.843(\pm 0.008) \times 10^4 \div [2.09(\pm 0.04) - 1.63(\pm 0.01)] = ?$

(d) $\sqrt{3.24 \pm 0.08} = ?$

(e) $(3.24 \pm 0.08)^4 = ?$

(f) $\log (3.24 \pm 0.08) = ?$

(g) $10^{3.24 \pm 0.08} = ?$

3-C. (a) 0.169 M NaOH 2.000 L를 만들기 위해서는 밀도가 1.52(±0.01) g/mL인 53.4(±0.4) wt% NaOH 몇 mL가 필요한가?

(b) NaOH를 옮길 때 불확정도가 ±0.01 mL라면, 몰농도(0.169 M)의 절대 불확정도를 계산하시오. NaOH의 화학식량과 마지막 부피(2.000 L)의 불확정도는 무시한다.

3-D. 어떤 용액의 pH가 4.44 ± 0.04이다. $[H^+]$와 $[H^+]$의 절대 불확정도를 구하시오.

3-E. 용액의 밀도가 1.18(±0.01) g/mL인 37.0(±0.5) wt% HCl 용액이 있다. 0.050 0 mol의 HCl을 옮기기 위해서 용액 4.18 mL가 필요하다. 만약 0.050 0 mol에 대한 허용 오차가 ±2%라면, 4.18 mL의 절대 불확정도는 얼마나 큰가? (**주의**: 이 문제는 거꾸로 풀어야 한다. 보통은 부피의 불확정도로부터 HCl mol의 불확정도를 다음과 같이 계산한다.

$$\text{mol HCl} = \frac{\text{mL 용액} \times \dfrac{\text{g 용액}}{\text{mL 용액}} \times \dfrac{\text{g HCl}}{\text{g 용액}}}{\dfrac{\text{g HCl}}{\text{mol HCl}}}$$

그러나 이 경우 HCl mol에 대한 불확정도(2%)를 알고, 그 2%의 불확정도를 주는 용액(mL)의 불확정도를 구해야 한다. (계산은 $a = b \times c \times d$의 형태이고 $\%e_a^2 = \%e_b^2 + \%e_c^2 + \%e_d^2$이다. 만일 $\%e_a^2$, $\%e_c^2$, $\%e_d^2$를 안다면, $\%e_b^2 = \%e_a^2 - \%e_c^2 - \%e_d^2$를 구할 수 있다.)

문제

유효 숫자

3-1. 다음 숫자의 유효 숫자가 각각 몇 개인지 표시하시오.

(a) 1.903 0 **(b)** 0.039 10 **(c)** 1.40×10^4

3-2. 다음 각 숫자를 괄호 안에 표시된 유효 숫자의 수로 반올림하시오.

(a) 1.236 7 (4)

(b) 1.238 4 (4)

(c) 0.135 2 (3)

(d) 2.051 (2)

(e) 2.005 0 (3)

3-3. 다음의 각 숫자가 3개의 유효 숫자를 갖도록 반올림하시오.

(a) 0.216 74 **(b)** 0.216 5 **(c)** 0.216 500 3

3-4. 올바른 자릿수를 갖는 답을 각각 쓰시오.

(a) $1.021 + 2.69 = 3.711$

(b) $12.3 - 1.63 = 10.67$

(c) $4.34 \times 9.2 = 39.928$

(d) $0.060\ 2 \div (2.113 \times 10^4) = 2.849\ 03 \times 10^{-6}$

(e) $\log(4.218 \times 10^{12}) = ?$

(f) $\text{antilog}(-3.22) = ?$

(g) $10^{2.384} = ?$

3-5. 올바른 유효 숫자의 수를 이용하여 **(a)** SrF_2, **(b)** Na_2CO_3의 질량을 구하시오. 이 책 앞표지 안쪽의 주기율표를 이용하시오.

3-6. 올바른 유효 숫자의 수를 갖는 답을 쓰시오.

(a) $1.0 + 2.1 + 3.4 + 5.8 = 12.300\ 0$

(b) $106.9 - 31.4 = 75.500\ 0$

(c) $107.868 - (2.113 \times 10^2) + (5.623 \times 10^3) = 5\ 519.568$

(d) $(26.14/37.62) \times 4.38 = 3.043\ 413$

(e) $[26.14/(37.62 \times 10^8)] \times (4.38 \times 10^{-2}) = 3.043\ 413 \times 10^{-10}$

(f) $(26.14/3.38) + 4.2 = 11.933\ 7$

(g) $\log(3.98 \times 10^4) = 4.599\ 9$

(h) $10^{-6.31} = 4.897\ 79 \times 10^{-7}$

오차의 종류

3-7. 측정값이 '**참**'값에 얼마나 가까운가를 나타내는 정확도의 설명에서 '참'이라는 단어에 따옴표 표시를 하는 이유는 무엇인가?

3-8. 계통 오차와 우연 오차 그리고 실수의 차이를 설명하시오.

3-9. 무게 분석에서 침전을 모으기 전에 거름 도가니를 말리는 과정을 생략하고, 생성물을 거른 후에 무게를 달기 전에 생성물과 도가니를 완전히 말렸다.

(a) 생성물의 겉보기 질량은 실제보다 항상 큰가 아니면 작은가?

(b) 질량에 포함된 오차는 계통 오차인가, 우연 오차인가, 혹은 실수인가?

(c) 이 오차를 제거하는 방법은 무엇인가?

3-10. 다음 오차가 우연 오차인지, 계통 오차인지, 혹은 실수인지 밝히시오.

(a) 25 mL 옮김용 피펫으로 옮긴 부피가 항상 25 mL보다 많다.

(b) 교정된 피펫으로 옮긴 양이 25.031 ± 0.009 mL이다.

(c) 10 mL 뷰렛에서 정확히 눈금 0에서 2 mL까지 따라 내면 언제나 1.98 ± 0.01 mL가, 또 눈금 2에서 4 mL까지 따라 내면 항상 2.03 ± 0.02 mL가 나온다.

(d) 10 mL 뷰렛에서 정확히 눈금 0.00에서 2.00 mL까지 따라 내면 물 1.983 9 g이 나온다. 두 번째로 같은 눈금 구간에서 1.990 0 g이 나왔다.

(e) 50 mL 뷰렛을 이용한 적정의 종말점에서 메니스커스의 위치가 50 mL 표식의 ~1.2 cm 아래에 위치했다.

(f) 크로마토그래피 실험에서 네 번 연속으로 용액 20.0 μL를 주입하여 얻은 특정 피크의 면적이 각각 4 383, 4 410, 4 401, 4 390이었다.

3-11. 다음의 사례에서 계통 오차를 제거할 수 있는 방법에 대하여 설명하시오.

(a) 분석 저울을 이용하여 펜테인(밀도 = 0.626 g/mL)의 무게를 측정한다.

(b) 0.2% 이내의 정확도가 요구되는 분석에 허용 오차가 2.000 ± 0.006 mL인 피펫을 이용한다.

(c) 고도가 1마일인 Denver 시에서 100 μL 마이크로피펫을 사용하여 옮긴 부피는 표시 부피보다 항상 0.25% 적은 양이다.

(d) 조류에 의하여 생성되는 조개류 독소는 강력한 신경마비를 유발한다. 이 독에 대한 기준 물질을 개발하는 과정에서,[7] 물 용매에서보다 조개류 매트릭스에서 질량 분광기의 신호가 0~50% 억제되는 것이 관찰되었다.

3-12. 다음은 Haymitch, Gale, Katniss, 그리고 Peeta가 각각 과녁에 총을 쏜 결과이다. 각 과녁에 알맞은 설명을 선택하시오.

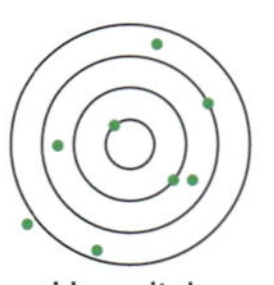
Haymitch

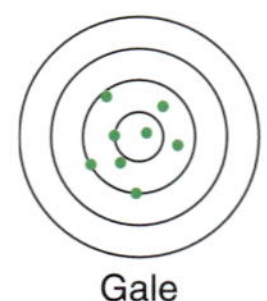
Gale

Katniss

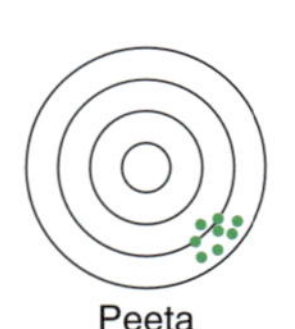
Peeta

(a) 정확하면서 정밀하다.

(b) 정확하지만 정밀하지는 않다.

(c) 정밀하지만 정확하지는 않다.

(d) 정밀하지도 정확하지도 않다.

3-13. 문제 3-12에 대하여

(a) 우연 오차와 계통 오차의 관점에서 각각의 궁사를 평가하시오.

(b) Katniss의 결과를 이용하여 실수를 설명하시오.

3-14. 3.123 56(±0.167 89%)이란 숫자를 타당한 자릿수를 사용하여 다음의 형태로 다시 쓰시오.

(a) 숫자(±절대 불확정도)

(b) 숫자(±상대 불확정도 백분율)

불확정도의 전파

3-15. 절대 불확정도와 상대 불확정도 백분율을 구하시오. 타당한 수의 유효 숫자를 갖도록 답을 표시하시오.

(a) 6.2(±0.2) M − 4.1(±0.1) M = ?

(b) 9.43(±0.05) M × 0.016(±0.001) L = ?

(c) [6.2(±0.2) mmol − 4.1(±0.1) mmol] ÷ 9.43(±0.05) mL = ?

(d) 9.43(±0.05) M × {[6.2(±0.2)$\times 10^{-3}$ L] + [4.1(±0.1) $\times 10^{-3}$ L]} =?

3-16. 절대 불확정도와 상대 불확정도 백분율을 구하시오. 타당한 수의 유효 숫자를 갖도록 답을 표시하시오.

(a) 9.23(±0.03) mL + 4.21(±0.02) mL − 3.26(±0.06) mL = ?

(b) 91.3(±1.0) mM × [40.3(±0.2) mL] ÷ [21.1(±0.2) mL = ?

(c) [4.97(±0.05) mmol − 1.86(±0.01) mmol] ÷ 21.1(±0.2) mL = ?

(d) 2.016 4(±0.000 8) g + 1.233(±0.002) g + 4.61(±0.01) g = ?

(e) 2.016 4(±0.000 8) × 10^3 g + 1.233(±0.002) × 10^2 g + 4.61(±0.01) × 10^1 g = ?

(f) $[3.14(\pm 0.05)]^{1/3}$ = ?

(g) log[3.14(±0.05)] = ?

3-17. 다음 계산을 증명하시오.

(a) $\sqrt{3.141\,5\,(\pm 0.001\,1)} = 1.772\,4\,(\pm 0.000\,3)$

(b) $\log[3.141\,5\,(\pm 0.001\,1)] = 0.497\,1_4\,(\pm 0.000\,1_5)$

(c) $\text{antilog}[3.141\,5\,(\pm 0.001\,1)] = 1.385\,(\pm 0.004) \times 10^3$

(d) $\ln[3.141\,5\,(\pm 0.001\,1)] = 1.144\,7\,(\pm 0.000\,4)$

(e) $\log\left(\frac{\sqrt{0.104\,(\pm 0.006)}}{0.051\,1\,(\pm 0.000\,9)}\right) = 0.80_0\,(\pm 0.01_5)$

3-18. NaCl 용액을 만들기 위하여 2.634(±0.002) g을 달아 부피가 100.00(±0.08) mL인 부피 플라스크 속에 녹였다. NaCl의 화학식량은 55.44 g/mol이다. 이 용액의 몰농도와 불확정도를 타당한 자릿수로 나타내시오.

3-19. 24°C 공기 중에서 물의 겉보기 질량이 1.034 6 ± 0.000 2 g일 때, 진공 중에서 물의 참질량은 얼마인가? 공기의 밀도는 0.001 2 ± 0.000 1 g/mol이고, 진공 중에서 저울 추의 밀도는 8.0 ± 0.5 g/mL이다. 표 2-7의 물 밀도의 불확정도는 공기 밀도의 불확정도와 비교할 때 무시할 수 있다.

3-20. 순수한 탄산 소듐과의 다음과 같은 반응을 통하여 HCl 용액의 농도를 측정할 수 있다. $2H^+ + Na_2CO_3 \rightarrow 2Na^+ + H_2O + CO_2$. Na_2CO_3(FM 105.988) 0.967 4 ± 0.000 9 g과 완전히 반응하는 데 HCl 용액 27.35 ± 0.04 mL가 필요하였다. 다른 불확정도와 비교할 때, 화학식량에 포함된 불확정도는 무시할 수 있다.

(a) HCl의 몰농도와 절대 불확정도를 구하시오.

(b) 일차 표준 물질인 Na_2CO_3의 순도가 99.95~100.05 wt%라면, 이론적으로 (100.00 6 0.05)%의 H^+와 반응한다. 이 정보를 포함해서 **(a)**를 다시 계산하시오.

(c) 전체적인 불확정도를 줄여서 보다 정밀한 결과를 얻기 위하여 분석 관점에서 가장 중요한 것은 무엇인가?

3-21. 농도가 150.0 ± 0.3 μg SO_4^{2-}/mL가 보증된 저장 용액이 있다. 아래에 이 용액을 100배로 묽혀서 1.500 μg/mL 용액을 만드는 두 가지 방법을 설명하였다. 각각의 방법에 대하여 최종 농도에 포함된 불확정도를 계산하시오. 표 2-3과 2-4에 나타낸 허용 오차를 사용하시오. 한 방법이 다른 방법에 비해 더 정밀한 이유를 설명하시오.

(a) 10.00 mL를 피펫으로 취하여 100 mL 부피 플라스크에서 눈금까지 묽힌 다음, 묽힌 용액 10.00 mL를 다시 100 mL로 묽힌다.

(b) 1.000 mL를 옮김용 피펫으로 취하여 100 mL 부피 플라스크에서 눈금까지 묽힌다.

3-22. Plank 상수(h)와 구형의 순수 규소 결정을 이용하여 **킬로그램**이 새롭게 정의되었다.[8]

$$m_{\text{sphere}} = 2h\left(\frac{R_\infty}{cm_e\alpha^2}\right)\frac{8A_{\text{Si}}V_{\text{sphere}}}{l^3}$$

여기서 각 기호(불확정도에 관한)는 다음을 나타낸다. (1) Plank 상수 h(정확히 정의되었으므로 0), (2) 중괄호 안에 Rydberg 상수 R_∞(정확히 알려진 값), 빛의 속도 c, 전자의 질량(m_e), 그리고 구조 상수 α의 불확정도의 합은 $\pm 4.7 \times 10^{-8}$%, (3) ^{28}Si로 농축된 규소의 원자 질량 A_{si}($\pm 5.4 \times 10^{-7}$%), (4) 규소 구체의 부피 V_{sphere}($\pm 2.0 \times 10^{-6}$%), (5) 결정 격자 계수 l($\pm 1.8_4 \times 10^{-7}$%). 단위 세포당 정확하게 8개의 원자가 존재한다.

(a) m_{sphere}의 상대 불확정도를 계산하시오(l^3의 불확정도는 표 3-1의 함수 $y = x^a$을 이용하시오).

(b) 순수한 규소 구체의 질량(999.698 336 5 g)은 결정 격자의 결함(m_{defect} = 3.8(±3.8) μg)과 표면의 산소(m_{oxide} = 120.6(±8.9) μg)에 대하여 보정되어야 한다.

$$m'_{\text{sphere}} = m_{\text{sphere}} - m_{\text{defect}} + m_{\text{oxide}}$$

보정된 질량(m'_{sphere} = 3.8(±3.8) μg)과 절대 불확정도 및 상대 불확정도는 얼마인가?

(c) 불확정도가 2×10^{-5}% 이내에서 1 kg을 정의하는 것이 목표라면, 이 방법은 **용도에 적합한가**?

4 통계학

나의 혈당 수치는 정확한가?

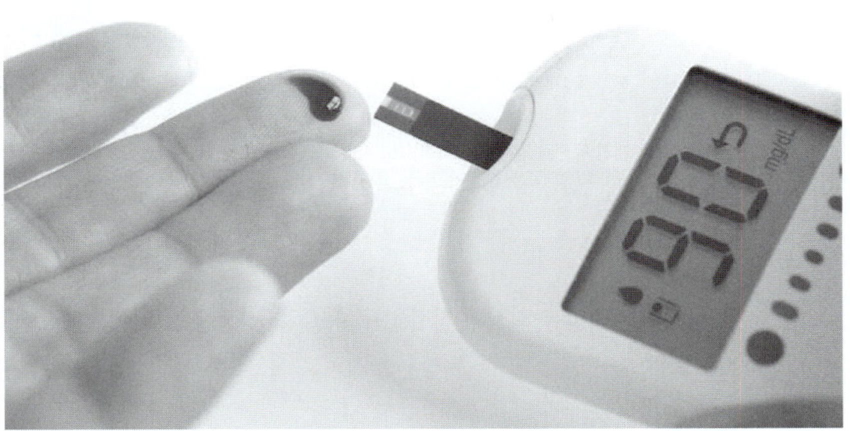

자체 측정한 혈당 수치 [Seasontime/Shutterstock]

17-4절에서 혈당 측정 장치의 작동 원리를 설명한다.

모든 측정에는 실험 오차가 포함되므로 결과를 완전히 확신하기란 불가능하다. 당뇨를 앓고 있는 수많은 사람이 당뇨 수치가 너무 높거나 낮은지 혹은 정상인지를 확인하기 위하여 당뇨 측정 장치를 이용한다. 실제 건강상의 문제로 인하여 혈당 수치가 변하기도 하지만, 측정자의 실수나 측정기의 오작동 때문일 수도 있다. 이런 이유로 측정기 제조 회사는 혈당 수치를 알고 있는 **대조 시료**(control sample)를 사용할 것을 권고하고 있다. 가족 중 한 명이 측정한 다음의 결과에 대하여 생각해 보자.

대조 시료 측정값	대조 시료 농도
90 mg/dL	
94 mg/dL	
85 mg/dL	99 mg/dL
95 mg/dL	
93 mg/dL	
평균 = 91.4 mg/dL	

정량 분석을 수행하는 것이므로 측정한 가족은 "내가 측정한 혈당 수치가 정확한 것인가?"라고 물어볼 수 있다. '참값'인 99 mg/dL는 5회 측정한 값보다 더 높지만, 측정한 값이 불규칙하기 때문에 그 차이가 그다지 크지 않다고 생각할 수도 있다.

우리는 89쪽에서 참값에서 이 정도 차이가 나는 평균을 얻을 우연한 기회가 겨우 1.3%인 것을 배울 것이다. 이 정보를 어떻게 가족에게 설명할 것인가는 여전히 당신에게 달려 있다.

측정에는 약간의 오차가 따르므로 어떠한 결론도 확실하게 내릴 수는 없다. 통계학은 맞을 확률이 높은 결론은 받아들이고, 그렇지 않은 결론은 버리는 방법을 제공해 준다.[1] 이 장에서는 맞을 확률에 기초하여 결론을 받아들일 것인지, 아니면 버릴 것인지를 결정하기 위하여 통계학을 응용하게 될 것이다. 최소 제곱법을 이용하여

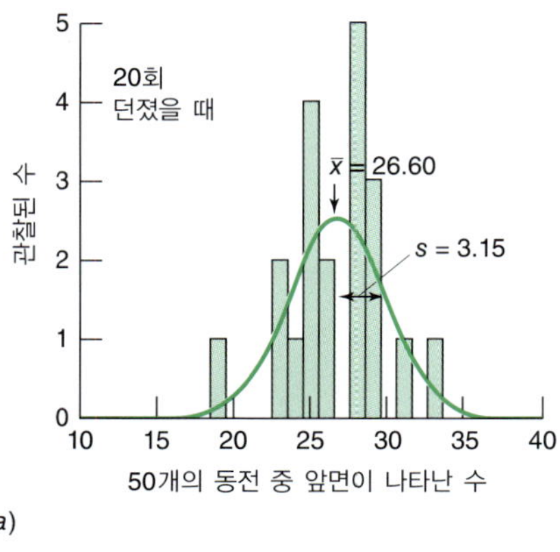

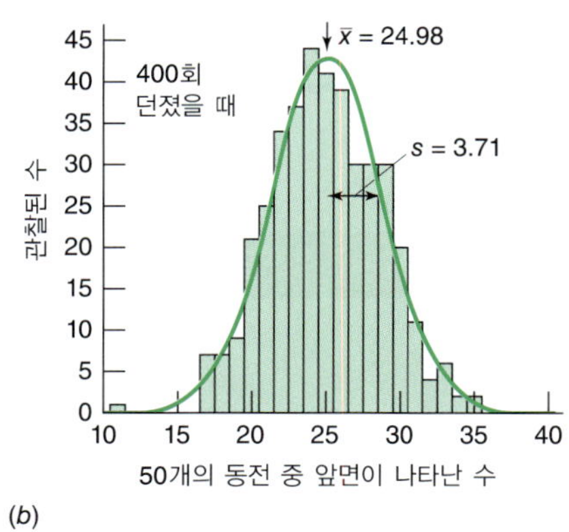

그림 4-1 50개의 동전을 각각 (*a*) 20회, (*b*) 400회 던졌을 때 앞면이 위로 오는 횟수를 나타내는 막대그래프와 Gauss 곡선. 매끄러운 곡선은 막대그래프와 동일한 평균, 표준 편차, 면적을 갖는다. 측정을 더 많이 할수록 결과는 매끄러운 곡선과 더 유사한 형태로 나타난다.

여러 번 반복해서 측정한 값이 그림 4-1에 보인 것과 같이 종 모양의 분포를 나타내면 실험 자료는 **정규 분포**가 된다고 말한다. 측정값이 평균보다 크거나 작을 확률은 동일하다. 한 측정이 평균에서 멀어짐에 따라 그 값을 관찰할 확률은 줄어든다.

실험 데이터에 맞는 최적의 직선을 구하고, 그 직선에 포함된 불확정도를 추정하는 방법에 대하여 배울 것이다.

4-1 Gauss 분포

실험을 수없이 반복하고, 오차가 순전히 우연한 것이라고 하면, 결과는 평균값 주변에 대칭적으로 모이는 경향이 있다(그림 4-1). 실험을 더 많이 반복하면, 결과는 **Gauss 분포(Gaussian distribution)**라고 하는 이상적인 매끈한 곡선에 더 접근한다. 일반적으로, 실험실에서 행하는 실험을 그렇게 많이 반복할 수는 없다. 실험을 400번 반복하기보다는 대개 3~5회 반복하게 된다. 그러나 적은 한 벌의 실험 결과로부터 가상의 많은 횟수의 실험과 관련된 특성을 추정할 수 있다.

평균은 분포의 중앙을, 표준 편차는 분포의 폭을 정한다.

평균값과 표준 편차

임의의 분포를 보여 주기 위하여 여러 명의 학생 각자가 50개의 동전을 던져서 앞면이 나온 동전의 숫자를 기록한 다음, 도든 학생의 데이터를 모아 만든 더 큰 집합에 대한 분포를 그림 4-1에 나타내었다. 막대그래프는 50개의 동전을 각각 20회(a), 400회(b) 던졌을 때 특정 개수의 앞면이 나온 횟수를 나타낸다. 군데군데 비어 있는 히스토그램은 측정의 횟수가 적은 분석 화학 데이터에서는 흔하다. 400회 던진 실험에 대한 히스토그램은 Gauss 분포와 유사하다. 매끄러운 곡선은 데이터에 가장 잘 맞는 Gauss 분포를 나타낸 것이다. 한정된 데이터의 분포는 Gauss 곡선과는 차이가 있다.

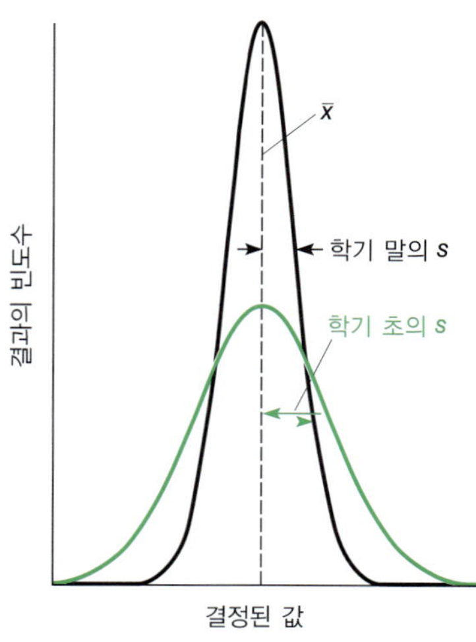

그림 4-2 표준 편차가 2배의 차이를 보이는 두 벌의 실험 결과에 대한 가상의 Gauss 곡선. 두 결과에서 각 곡선의 면적으로 표현되는 측정 횟수는 동일하다. 학기 말에 학생의 숙련도가 높아져서 학기 초에 비해 표준 편차가 반으로 줄어들었다.

앞면의 수와 대응되는 Gauss 곡선의 특징은 두 인자에 의하여 결정된다. **산술 평균(arithmetic mean,** $\bar{x}$**)**—**평균(average)**이라고도 함—은 측정값을 모두 더한 것을 측정 횟수(n)로 나눈 것이다.

평균:
$$\bar{x} = \frac{\sum_i x_i}{n} \tag{4-1}$$

여기서 x_i는 50개의 동전을 1회 던졌을 때 관찰되는 앞면이 나타난 동전의 수이다. 그리스 대문자 시그마(Σ)는 합산을 뜻한다. 그러므로 $\sum_i x_i = x_1 + x_2 + x_3 + \cdots + x_n$이다. 그림 4-1b에서 평균값은 24.98개이다.

표준 편차(standard deviation, s**)**는 평균 주위에 자료가 얼마나 밀집되어 있는가에 대한 척도이다. 그림 4-1b에서 s는 3.71이다.

표준 편차:

$$s = \sqrt{\frac{\sum_i (x_i - \bar{x})^2}{n-1}} \tag{4-2}$$

정밀도: 재현성
정확도: '참값'에 가까운 정도

표준 편차가 작을수록 결괏값은 평균에 더 밀집되어 있다(그림 4-2). 표준 편차가 더 작은 실험 결과는 표준 편차가 큰 결과보다 더 **정밀하다**는 것을 의미한다. 더 정밀하다는 것이 반드시 더 **정확하다**('참값'에 더 가깝다)는 의미는 아니다.

계통 오차가 없을 때 측정 횟수가 증가하면 $\bar{x}$는 μ에 접근한다.

무한히 많은 한 벌의 자료에 대해 평균은 그리스 소문자 μ(모집단 평균)로 나타내며, 그 표준 편차는 그리스 소문자 σ(모집단 표준 편차)로 나타낸다. 확률론에 의하면, 50개의 동전을 던질 때 모집단 평균은 25이고, 모집단 표준 편차는 3.54*이다. 화학 분석에서 μ와 σ는 결코 얻을 수 없지만, 측정 횟수가 증가함에 따라 $\bar{x}$와 s는 μ와 σ에 접근한다.

상대 표준 편차 $= 100 \times \frac{s}{\bar{x}}$

식 4-2의 $n-1$은 **자유도(degree of freedom)**라고 하며, 표준 편차의 제곱은 **가변도(variance, 분산)**라고 한다. 평균값의 백분율로 나타낸 표준 편차($= 100 \times s/\bar{x}$)는 **상대 표준 편차**(relative standard variation) **또는 가변 계수**(coefficient of variation)라고 한다.

예제 평균과 표준 편차

821, 783, 834, 855에 대한 평균, 표준 편차, 상대 표준 편차를 구하시오.

풀이 평균은 다음과 같다.

$$\bar{x} = \frac{821 + 783 + 834 + 855}{4} = 823._2$$

반올림 오차를 피하기 위해, 원래 자료에 있는 것보다 유효 숫자 한 개를 일반적으로 더 남긴다. 표준 편차는 다음과 같다.

$$s = \sqrt{\frac{(821-823._2)^2 + (783-823._2)^2 + (834-823._2)^2 + (855-823._2)^2}{(4-1)}} = 30._3$$

계산기 사용법을 익히고 위 예제에 대해 $s = 30.269\ 6...$이 얻어지는지 확인하라.

평균과 표준 편차는 **소수 자릿수**가 **같아야 한다.** $\bar{x} = 823._2$에 대해 $s = 30._3$으로 한다. 상대 표준 편차는 상대 불확정도 백분율이다.

$$\text{상대 표준 편차} = 100 \times \frac{s}{\bar{x}} = 100 \times \frac{30._3}{823._2} = 3.7\%$$

자습 위 예제의 821, 783, 834, 855 각각을 2로 나누면 평균, 표준 편차, 상대 표준 편차는 어떻게 바뀌는가? (**답:** $\bar{x}$와 s는 2로 나눈 값이 되지만, 상대 표준 편차는 바뀌지 않는다)

스프레드시트는 평균과 표준 편차를 계산하는 함수가 내장되어 있다. 옆의 스프레드시트에는 B1셀부터 B4셀까지 데이터가 입력되어 있다. B5셀의 평균은 명령문 '= AVERAGE(B1:B4)'로 계산한다. B1:B4는 B1셀, B2셀, B3셀, B4셀을 의미한다. B6셀의 표준 편차는 식 4-2를 이용하여 '= STDEV.S(B1:B4)'로 계산한다.

읽기 쉽게 하기 위하여 B5셀과 B6셀에는 소수 두 자리까지만 나타내도록 설정하였다. Excel에서 B4셀 아래에 굵은 선을 그리기 위하여 B4셀을 선택하고, Home, Font로 가서 Border 아이콘을 선택한다.

	A	B
1		821
2		783
3		834
4		855
5	Average =	823.25
6	Std dev =	30.27
7	B5 = AVERAGE(B1:B4)	
8	B6 = STDEV.S(B1:B4)	

* 결과 A가 나올 확률이 p_A이고 결과 B가 나올 확률이 p_B일 때, 실험 횟수가 많으면 이론적인 표준 편차는 $\sigma = \sqrt{np_Ap_B}$이다. 이때 n은 1회 실험에서 시도한 횟수이다. 50개 동전 던지기에서 $n = 50$, 앞면이 나올 확률 $p_A = 1/2$, 뒷면이 나올 확률 $p_B = 1/2$이므로 많은 실험을 했을 때 표준 편차는 $\sigma = \sqrt{(50)(0.5)(0.5)} = 3.54$에 근접해야 한다.

표 4-1 정규(Gauss) 오차 곡선 $y = \frac{1}{\sqrt{2\pi}} e^{-z^2/2}$ 의 세로 좌표와 면적

$\|z\|$[a]	y	면적[b]	$\|z\|$	y	면적	$\|z\|$	y	면적
0.0	0.398 9	0.000 0	1.4	0.149 7	0.419 2	2.8	0.007 9	0.497 4
0.1	0.397 0	0.039 8	1.5	0.129 5	0.433 2	2.9	0.006 0	0.498 1
0.2	0.391 0	0.079 3	1.6	0.110 9	0.445 2	3.0	0.004 4	0.498 650
0.3	0.381 4	0.117 9	1.7	0.094 1	0.455 4	3.1	0.003 3	0.499 032
0.4	0.368 3	0.155 4	1.8	0.079 0	0.464 1	3.2	0.002 4	0.499 313
0.5	0.352 1	0.191 5	1.9	0.065 6	0.471 3	3.3	0.001 7	0.499 517
0.6	0.333 2	0.225 8	2.0	0.054 0	0.477 3	3.4	0.001 2	0.499 663
0.7	0.312 3	0.258 0	2.1	0.044 0	0.482 1	3.5	0.000 9	0.499 767
0.8	0.289 7	0.288 1	2.2	0.035 5	0.486 1	3.6	0.000 6	0.499 841
0.9	0.266 1	0.315 9	2.3	0.028 3	0.489 3	3.7	0.000 4	0.499 904
1.0	0.242 0	0.341 3	2.4	0.022 4	0.491 8	3.8	0.000 3	0.499 928
1.1	0.217 9	0.364 3	2.5	0.017 5	0.493 8	3.9	0.000 2	0.499 952
1.2	0.194 2	0.384 9	2.6	0.013 6	0.495 3	4.0	0.000 1	0.499 968
1.3	0.171 4	0.403 2	2.7	0.010 4	0.496 5	∞	0	0.5

a. $z = (x - \mu)/\sigma$

b. 면적은 $z = 0$과 $z =$ 표의 값 사이의 면적을 가리킨다. $z = 0$에서 $z = 1.4$까지의 면적은 0.419 2이다. $z = -0.7$에서 $z = 0$까지의 면적은 $z = 0$에서 $z = 0.7$까지와 같다. $z = -0.5$에서 $z = +0.3$까지의 면적은 (0.191 5 + 0.117 9) = 0.309 4이다. $z = -\infty$에서 $z = +\infty$까지의 전체 면적은 1이다.

평균과 표준 편차의 유효 숫자

평균과 표준 편차를 $\bar{x} \pm s$ ($n =$ _) 형태로 나타낸다.

계산할 때 반올림하지 않는다. 계산기에 모든 여분의 숫자를 남겨 둔다.

실험 결과는 흔히 $\bar{x} \pm s(n = _)$로 표시한다. 여기서 n은 데이터의 수이다. 위 예제의 결과는 823 ± 30(n = 4) 또는 두 개의 유효 숫자로 표기하기 위하여 $8.2(\pm 0.3) \times 10^2(n = 4)$로 쓸 수 있다. 이 $\bar{x}$와 s 값이 계속되는 계산의 중간 결과라면 823 ± 30과 $8.2(\pm 0.3) \times 10^2$으로 표기하는 것은 부적절하다. 이어지는 계산에서 반올림 오차가 들어오는 것을 피하려면 한 개 이상의 유효 숫자를 더 포함시켜야 한다. 이 책에 있는 문제의 답으로 $823._2 \pm 30._3$을 보고 유효 숫자에 관해 너무 놀라지 말라.

표준 편차와 확률

정규화된 Gauss 곡선의 식은 다음과 같다.

Gauss 곡선:
$$y = \frac{1}{\sigma\sqrt{2\pi}} e^{-(x-\mu)^2/2\sigma^2} \quad \textbf{(4-3)}$$

여기서 e(= 2.718 28)는 자연로그의 밑이다. 한 벌의 유한한 자료에 대한 곡선을 나타내기 위해서 μ 대신 $\bar{x}$를, σ 대신 s를 대입한다. 식 4-3의 그래프를 그림 4-3에 보였는데, 간단히 그리기 위하여 $\sigma = 1$, $\mu = 0$에 대한 그래프로 나타내었다. $x = \mu$일 때 y 값이 최대가 되고, 곡선은 $x = \mu$를 중심으로 대칭을 이룬다.

평균값으로부터의 편차를 표준 편차의 배수인 z로 나타내면 유용하다. 즉 x를 다음과 같이 z로 바꾼다.

$$z = \frac{x - \mu}{\sigma} \approx \frac{x - \bar{x}}{s} \quad \textbf{(4-4)}$$

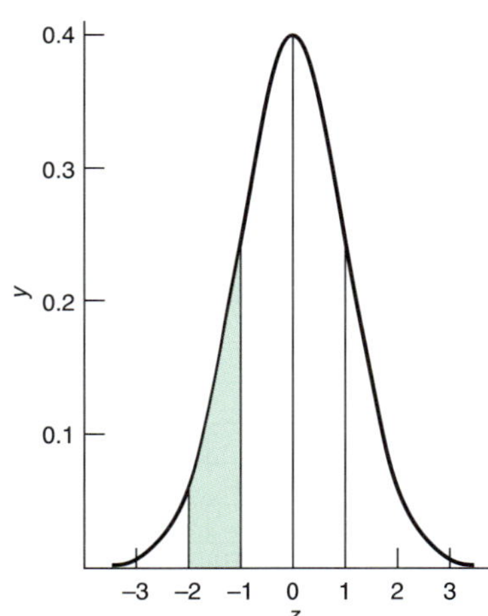

그림 4-3 $\mu = 0$, $\sigma = 1$인 Gauss 곡선. 면적이 1인 Gauss 곡선을 정규 오차 곡선이라고 한다. 가로 좌표 $z = (x - \mu)/\sigma$는 표준 편차의 단위로 나타낸 평균으로부터의 거리이다. $z = 2$이면, 평균으로부터 두 표준 편차만큼 떨어져 있다.

어느 **범위**(range)에서 z를 측정할 확률은 그 범위의 **면적**(area)에 비례한다. 예를 들어 −2에서 −1 사이의 z를 관찰할 확률은 0.136이다. 이것은 그림 4-3의 색칠한 면적에 해당한다. Gauss 곡선의 각 부분의 면적은 표 4-1에 나타내었다. 모든 측정에 대한 확률의 합이 1이어야 하므로, $z = -\infty$에서 $z = +\infty$까지 전체 면적은 1이어야 한다. 식 4-3의 $1/(\sigma\sqrt{2\pi})$는 **정규화 인자**(normalization factor)라고 한다. 그것은 전체 곡선 밑의 면적이 1이 되도록 해 준다. 면적이 1인 Gauss 곡선을 **정규 오차 곡선**(normal error curve)이라고 한다.

예제 Gauss 곡선 아래 면적

그림 4-1에서와 같이 50개의 동전을 여러 번 던지는 실험에서, 이론적으로 앞면이 나오는 동전의 개수와 표준 편차는 각각 25개와 3.54이다. 50개의 동전을 400회 던졌을 때 앞면이 나온 동전의 수가 15개 이하일 경우는 몇 번일 것으로 예상되는가?

풀이 원하는 구간을 표준 편차의 배수로 나타낸 다음, 표 4-1에서 해당 구간의 면적을 구해야 한다. $\mu = 25.00$이고 $\sigma = 3.54$이므로 $z = (15 - 25.00)/3.54 = -2.8$이다. 표 4-1에서 평균과 $z = -2.8$ 사이의 면적이 0.497 4임을 확인한다. $-\infty$에서 평균까지의 면적은 0.500 0이므로 $-\infty$에서 -2.8까지의 면적은 $0.500\ 0 - 0.497\ 4 = 0.002\ 6$이다. 그림 4-1b에서 앞면 15개의 왼편에 속한 전체 면적은 정규 오차 곡선 전체 면적의 0.26%에 불과하다. 50개의 동전을 400회 던지는 실험을 할 때 앞면이 15 이하가 나올 경우의 수는 1번($400 \times 0.002\ 6 = 1.04$)에 불과하다.

자습 50개의 동전을 400회 던지는 실험에서, 그림 4-1b에서 앞면이 나온 동전의 수가 32개 이상인 경우는 몇 번일 것으로 예상되는가? (**답:** $z = 1.98 \sim 2.0$이므로, $z = +\infty$에서 $z = 2.0$ 사이의 면적은 $0.500\ 0 - 0.477\ 3 = 0.022\ 7$이다. $(0.022\ 7)(400) = 9$이므로 예상되는 횟수는 $25-9 = 14$회이다.)

$z = +1$은 x가 평균보다 1σ 만큼 큰 값이고, $z = -2$이면 x는 평균보다 2σ 만큼 작은 값이다.

예제 Gauss 곡선 아래 면적을 구하는 데 스프레드시트 이용하기

50개 동전을 400회 던지는 실험에서 앞면이 나오는 개수가 20~27개인 경우는 몇 번일 것으로 예상되는가?

풀이 **우선 $x = 20$개에서 $x = 27$개 사이의 면적 분율을 구하고, 분율에 400을 곱해야 한다.** 엑셀의 함수 NORM.DIST를 이용하여 $-\infty$에서 특정 x까지의 면적을 구한다. 우선 그림 4-4에서 보는 바와 같이 $-\infty$에서 27개까지의 면적, 즉 $x = 27$개 왼편의 전체 면적(색칠한 영역)을 구한다. 그다음에 $x = 20$개 왼편에 해당하는 전체 면적인 $-\infty$에서 $x = 20$개까지의 면적을 구한다. 20~27개의 면적에 해당하는 두 면적의 차이는 다음과 같다.

$$20\sim27\text{개의 면적} = (-\infty\sim27\text{개의 면적}) - (-\infty\sim20\text{개의 면적})$$

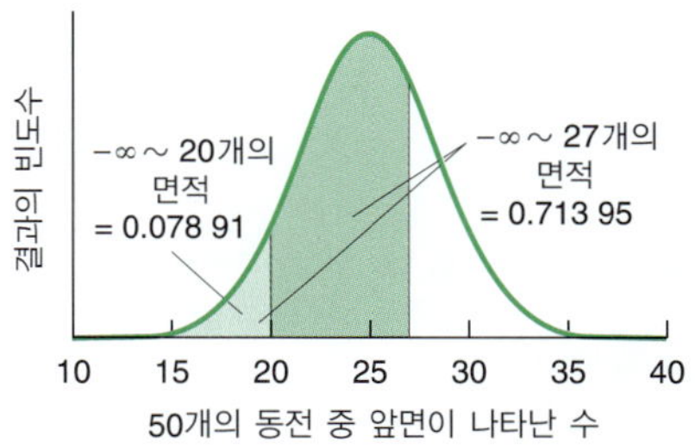

그림 4-4 Gauss 곡선을 이용하여 50개의 동전을 던졌을 때 앞면이 나온 동전의 분율 구하기. $-\infty$~27개의 면적에서 $-\infty$~20개의 면적을 빼준다.

스프레드시트의 A2셀에 평균인 $\mu = 25.00$, B2셀에 표준 편차인 $\sigma = 3.54$를 입력한다. $-\infty$에서 27개 사이의 면적을 구하기 위하여 C4셀을 선택하고, Formulas와 Insert Function을 선택한다. 생성된 창에서 Statistical functions을 선택하고 NORM.DIST를 두 번 클릭하면 NORM.DIST에서 사용할 4가지 값을 묻는 화면이 뜬다.

	A	B	C
1	Mean =	Std dev =	
2	25.00	3.54	
3			
4	Area from −∞ to 27 =		0.7140
5	Area from −∞ to 20 =		0.0789
6	Area from 20 to 27 =		0.6350
7			
8	C4 = NORM.DIST(27,$A$2,$B$2,TRUE)		
9	C5 = NORM.DIST(20,$A$2,$B$2,TRUE)		
10	C6 = C4-C5		

함수 NORM.DIST에 주어지는 값(x, mean,standard_dev,cumulative)을 **argument**라고 한다. 첫 argument인 x는 27이다. 둘째 argument인 평균 25를 직접 입력하든가 또는 25가 들어 있는 A2셀을 $A$2 형태로 입력한다. $A$2에서와 같이 $ 표시를 사용하면 식이 다른 셀로 이동해도 항상 A2셀을 참조할 수 있게 한다. 셋째 argument는 표준 편차로 $B$2를 입력한다. 마지막 argument는 'cumulative'라고 한다. 그 값이 TRUE이면 NOR.MDIST는 Gauss 곡선 아래의 면적

을 표시하고, 그 값이 FALSE이면 NORM.DIST는 Gauss 곡선의 y 값을 준다. 면적을 원하므로 TRUE를 입력한다. C4셀에 식 '=NORM.DIST(27,$A$2,$B$2,TRUE)'를 쓰면, $-\infty$~27 사이의 면적에 해당하는 0.714 0을 표시할 것이다. $-\infty$~20 사이의 면적을 구하려면 C5셀에 '=NORM.DIST(20,$A$2,$B$2,TRUE)'를 적는다. 새로 구한 면적은 0.078 9이다. (C6 = C5 − C4)를 쓰면 20~27 사이의 면적인 0.635 0을 얻는다. 즉 400회의 동전 던지기 실험 중 앞면이 20~27개 나오는 결과는 63.5%인 254회로 예상된다.

자습 400번의 동전 던지기 실험 중 앞면이 23~27개 나오는 경우는 몇 번일 것으로 예상되는가? (**답:** 400번의 51.56%인 206번)

범위	측정 백분율
$\mu \pm 1\sigma$	68.3
$\mu \pm 2\sigma$	95.5
$\mu \pm 3\sigma$	99.7

표준 편차는 정규 오차 곡선의 폭의 척도가 된다. σ 값이 클수록 곡선의 폭이 넓어진다. 어떤 Gauss 곡선이든 $\mu - 1\sigma$에서 $\mu + 1\sigma$까지의 면적은 전체의 68.3%이다. 즉 모든 측정의 2/3 이상이 평균에서 $\pm 1\sigma$ 범위에 포함될 것으로 예상할 수 있다. 또한 95.5%는 $\pm 2\sigma$ 내에, 99.7%의 면적은 $\pm 3\sigma$ 내에 포함된다.

그림 4-2에서 설명한 가상의 실험 결과를 생각해 보자. 학기가 시작될 때 수행한 실험의 표준 편차가 1%였다고 가정해 보자. 전체 실험의 약 2/3가 평균으로부터 ±1.0% 범위에 포함된다. 많은 연습을 통하여 실험 기술이 향상된 결과 표준 편차가 0.5%로 줄었다. 이제 전체 실험 결과의 약 2/3가 평균으로부터 ±0.5% 범위에 포함된다.

평균 표준 편차

- s_x는 x에 포함된 불확정도의 척도이다. n이 ∞가 될수록 σ는 상수 값에 접근한다.
- u_x는 $\bar{x}$에 포함된 불확정도의 척도이다. n이 ∞가 될수록 u_x는 0에 접근한다.

결과의 정밀도를 높이기 위해 자료 처리가 빠른 현대식 기기를 통해 짧은 시간 내에 많은 측정을 하여 평균할 수 있다.

모든 측정에는 표준 편차(s_x)로 표현되는 불확정도가 포함되어 있다. 측정의 횟수가 많아질수록 측정의 평균은 모집단 평균에 가까울 것이라는 확신이 커진다. 이런 관계를 나타내는 **평균 표준 편차(u_x)**는 다음과 같이 표현할 수 있다.

n개 값의 평균 표준 편차:
$$u_x = \frac{s_x}{\sqrt{n}} \quad \textbf{(4-5)}$$

측정 횟수가 n일 때 불확정도는 $1/\sqrt{n}$에 비례해서 감소한다. 측정 횟수를 4배로 증가시키면 불확정도를 $2(=\sqrt{4})$배로 줄일 수 있고, 100배 증가시키면 불확정도를 $10(=\sqrt{100})$배 줄일 수 있다.

4-2 *F* 시험을 이용한 표준 편차의 비교

통계학에서의 중요한 질문 중의 하나는 불확정도를 고려할 때 "두 가지 방법으로 측정한 결과가 '통계학적으로' 서로 다른가?"하는 것이다. 다음 절에서 다르게 되는 두 평균값을 비교할 때 우선 두 표준 편차가 '통계학적으로 서로 다른가'를 결정해야 한다.

경주마의 혈중 탄산수소 이온(HCO_3^-) 농도를 측정하는 경우를 생각해 보자. 어떤 사람은 격렬한 운동 중에 쌓이게 되는 젖산을 중화하기 위하여 경주 전에 말에게 $NaHCO_3$를 투여하기도 한다. 이런 관행을 근절하기 위하여 경주 후 말의 혈액에 포함된 HCO_3^-의 농도를 측정한다. 그런 측정에 공인된 기기의 생산이 중단되었다면, 감독관은 새로운 기기에 대한 공인 작업을 수행해야 할 것이다.

표 4-2에 두 가지 기기를 이용하여 얻은 결과를 수록하였다. 평균값인 36.14 mM과 36.20 mM은 서로 비슷하지만, 새로운 방법으로 얻은 결과의 표준 편차(s)는 기존의 방법으로 얻은 것보다 거의 2배나 더 크다(0.47 mM 대 0.28 mM). s = 0.47 mM은 s = 0.28 mM과 '상당히' 다른가?

영가설: 두 벌의 데이터가 표준 편차 σ(*F* 시험)나 평균 μ(4-4절의 *t* 시험)과 같은 성질이 동일한 모집단으로부터 얻어진 것이라는 서술

영가설(null hypothesis)의 명제는 '두 벌의 결과 모두 동일한 모집단 표준 편차(σ)를 갖는 모집단으로부터 얻어진 것이다'이다. 측정에서의 우연한 변동이 관측된 차이의 유일한 이유라고 가정한다. 이런 명제가 사실이 아니라는 강력한 증거가 있기 전에는 영가설을 받아들인

표 4-2 말의 혈중 HCO_3^- 농도

	기존 기기	새로운 기기
평균 $\bar{x}$ (mM)	36.14	36.20
표준 편차 s(mM)	0.28	0.47
측정 횟수(n)	10	4

출처: M. Jarrett, D. B. Hibbert, R. Osborne, and E. B. Young, "Alternative Instrumentation for the Analysis of Total Carbon Dioxide (TCO2) in Equine Plasma," *Anal. Bioanal. Chem.* **2010**, *397*, 717.

다. 실험 결과가 동일한 모집단 표준 편차를 갖는 두 모집단에서 얻어졌을 확률이 < 5%이면 영가설을 버린다.

s = 0.47 mM과 s = 0.28 mM이 동일한 모집단 표준 편차를 가지는 두 모집단으로부터 얻어진 것을 결정하기 위하여 다음과 같이 정의된 F를 이용한 F **시험**(***F* test**)을 한다.

$$F_{계산} = \frac{s_1^2}{s_2^2}, \; s_1 > s_2 \tag{4-6}$$

표준 편차의 제곱을 **분산**이라고 한다.

더 큰 표준 편차를 분자에 배치해서 $F \geq 1$가 되게 하고, $F_{계산}$과 표 4-3에서 구한 $F_{표}$와 비교한다. 표 4-3에서 n회 측정한 결과의 **자유도**(degree of freedom)는 $(n-1)$이다. 즉 한 벌의 측정 횟수가 5회이면, 자유도는 4이다. $F_{계산} > F_{표}$이면, 두 결과가 동일한 모집단 표준 편차로부터 얻어졌을 확률이 < 5%이고, 그 차이는 상당하다는 의미이다.

표준 편차의 자유도: $n - 1$

표 4-3 양쪽 꼬리 F 시험에서 95% 신뢰 수준에서 $F = s_1^2/s_2^2$의 임계값

s_2의 자유도	s_1의 자유도													
	2	3	4	5	6	7	8	9	10	12	15	20	30	∞
2	39.00	39.17	39.25	39.30	39.33	39.36	39.37	39.39	39.40	39.41	39.43	39.45	39.46	39.50
3	16.04	15.44	15.10	14.88	14.73	14.62	14.54	14.47	14.42	14.34	14.25	14.17	14.08	13.90
4	10.65	9.98	9.60	9.36	9.20	9.07	8.98	8.90	8.84	8.75	8.66	8.56	8.46	8.26
5	8.43	7.76	7.39	7.15	6.98	6.85	6.76	6.68	6.62	6.52	6.43	6.33	6.23	6.02
6	7.26	6.60	6.23	5.99	5.82	5.70	5.60	5.52	5.46	5.37	5.27	5.17	5.07	4.85
7	6.54	5.89	5.52	5.29	5.12	4.99	4.90	4.82	4.76	4.67	4.57	4.47	4.36	4.14
8	6.06	5.42	5.05	4.82	4.65	4.53	4.43	4.36	4.30	4.20	4.10	4.00	3.89	3.67
9	5.71	5.08	4.72	4.48	4.32	4.20	4.10	4.03	3.96	3.87	3.77	3.67	3.56	3.33
10	5.46	4.83	4.47	4.24	4.07	3.95	3.85	3.78	3.72	3.62	3.52	3.42	3.31	3.08
11	5.26	4.63	4.28	4.04	3.88	3.76	3.66	3.59	3.53	3.43	3.33	3.23	3.12	2.88
12	5.10	4.47	4.12	3.89	3.73	3.61	3.51	3.44	3.37	3.28	3.18	3.07	2.96	2.72
13	4.97	4.35	4.00	3.77	3.60	3.48	3.39	3.31	3.25	3.15	3.05	2.95	2.84	2.60
14	4.86	4.24	3.89	3.66	3.50	3.38	3.29	3.21	3.15	3.05	2.95	2.84	2.73	2.49
15	4.77	4.15	3.80	3.58	3.41	3.29	3.20	3.12	3.06	2.96	2.86	2.76	2.64	2.40
16	4.69	4.08	3.73	3.50	3.34	3.22	3.12	3.05	2.99	2.89	2.79	2.68	2.57	2.32
17	4.62	4.01	3.66	3.44	3.28	3.16	3.06	2.98	2.92	2.82	2.72	2.62	2.50	2.25
18	4.56	3.95	3.61	3.38	3.22	3.10	3.01	2.93	2.87	2.77	2.67	2.56	2.44	2.19
19	4.51	3.90	3.56	3.33	3.17	3.05	2.96	2.88	2.82	2.72	2.62	2.51	2.39	2.13
20	4.46	3.86	3.51	3.29	3.13	3.01	2.91	2.84	2.77	2.68	2.57	2.46	2.35	2.09
30	4.18	3.59	3.25	3.03	2.87	2.75	2.65	2.57	2.51	2.41	2.31	2.20	2.07	1.79
∞	3.69	3.12	2.79	2.57	2.41	2.29	2.19	2.11	2.05	1.94	1.83	1.71	1.57	1.00

$\sigma_1 > \sigma_2$인 영가설의 양쪽 꼬리 시험의 F의 임계값. 두 벌의 데이터가 동일한 모집단 표준 편차를 가지는 모집단으로부터 얻어진 경우에는 표의 값보다 큰 F를 관찰할 확률은 5%이다.

Excel 함수 F.INV.RT(probability,deg_freedom1,deg_freedom2)를 이용하여 선택한 신뢰 수준에 대한 F를 계산할 수 있다. 명령어 '= F.INV.RT(0.025,7,6)'의 결과는 표에서 보는 바와 같이 F = 5.70이다. 명령어 '= F.INV.RT(0.05,7,6)'의 결과는 90% 신뢰 수준에서 표에서와 같은 양쪽 꼬리 시험의 경우 F = 4.21이고, 이 값은 한쪽 꼬리 시험에서는 95% 신뢰 수준에서의 F 값이다.

보충 4-1 **의학에서의 영가설의 선택**

어느 좋은 아침에, 나는 Southern California 대학의 전염병학자인 Malcolm Pike와 국토 횡단 비행을 옆자리에서 같이 했다. 전염병학자들은 의학 처방을 안내하기 위해 통계학 방법을 이용한다. Pike는 여성 갱년기의 에스트로젠-프로제스틴 호르몬 요법과 유방암과의 상관관계를 연구 중이었다. 연구에 따르면, 에스트로젠-프로제스틴 호르몬 요법으로 인한 유방암 위험이 연간 7.6% 증가하였다.[2]

어떻게 그런 요법이 허가되었는가? Pike는 미국 식품의약국(U.S. Food and Drug Administration)이 요구하는 검사는 "치료가 해를 주지 않는다"는 영가설을 검사하도록 기획되어 있다고 설명했다. 대신에, 그는 영가설이 "치료가 유방암 유발 가능성을 증가시킨다"여야 한다고 말했다. 그가 뜻하는 것은 무엇이었는가? 통계학에서 영가설은 옳다고 가정한다. 옳지 않다는 확실한 증거를 찾지 못하는 한, 그것은 옳다고 계속 믿는다. 미국의 법적 시스템에서 영가설은 피의자는 결백하다는 것이다. 피의자가 결백하지 않다는 명백한 증거를 제시하는 것은 검찰 측에 달려 있다. 그렇지 못하면 배심원은 피고를 무죄라고 한다. 호르몬 요법의 예제에서 영가설은 치료가 암을 유발하지 않는다는 것이다. 그 시험은 그 치료가 암을 **유발한다**는 명백한 증거를 제공해야 한다는 부담이 있다. Pike는 치료가 암을 유발한다고 믿는다면, 영가설은 치료가 암을 유발해야만 한다고 말하는 것이었다. 그다음에 치료가 암을 유발하지 **않는다**는 확실한 증거를 제공해야 것은 치료의 제안자 측에 달려 있다. Pike의 말은 '명백한 것은 옳을 가능성이 있다'는 가설을 검사하라는 것이다.

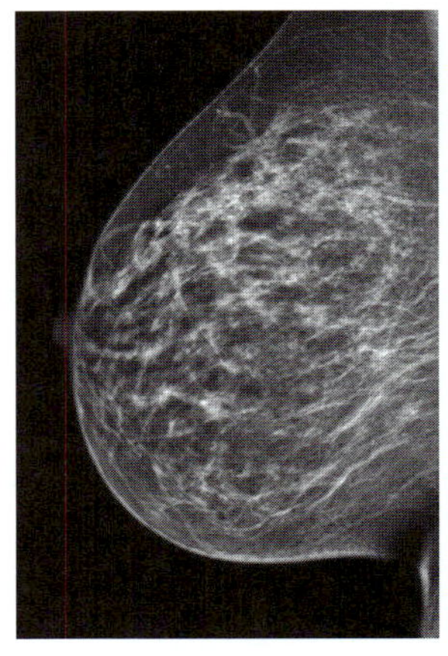

유방 촬영 사진의 흰 부위는 검은 부위보다 더 촘촘한 조직이다. [출처: Mark_kostich/Shutterstock]

예제 **새로운 기기의 표준 편차는 기존 기기의 표준 편차보다 '상당히' 큰가?**

표 4-2에서 새로운 기기의 표준 편차는 $s_1 = 0.47(n_1 = 4$회 측정)이고, 기존 기기의 표준 편차는 $s_2 = 0.28(n_2 = 10)$이다.

풀이 답을 구하기 위하여 식 4-6의 F를 계산한다.

$$F_{계산} = \frac{s_1^2}{s_2^2} = \frac{(0.47)^2}{(0.28)^2} = 2.8_2$$

s_1의 자유도는 3(자유도 $= n - 1$)이고, s_2의 자유도는 9이므로, 표 4-3에서 계산된 $F_표$는 5.08이다. $F_{계산}(= 2.8_2) < F_표(= 5.08)$이므로 **영가설을 받아들이고, '$s_1$과 s_2의 차이가 상당히 큰 것이 아니다'라는 결론을 내릴 수 있다.**

자습 두 벌의 데이터 모두 $n = 21$이라면, 표준 편차의 차이는 상당한가?(**답:** 그렇다. $F_{계산} = 2.8_2 > F_표 = 2.46$)

표 4-3의 F 값들은 모든 측정이 동일한 모집단 표준 편차를 가지는 모집단으로부터 나온 것일 경우에 얻을 수 있는 확률(p)이 5%인 s_1^2/s_2^2 값을 나타낸 것이다. $F_{계산} > F_표$이면 두 벌의 측정이 동일한 모집단 표준 편차를 가지는 모집단으로부터 나온 것일 확률(p)이 5%보다 낮다. **영가설이 맞을 확률이 5%보다 낮으면 영가설을 버린다.** 신뢰 수준으로 5%를 선택하는 것은 관례적이다. 상황에 따라서 이보다 더 높거나 낮은 값을 선택할 수도 있다. 영가설이 의미하는 바를 이해하기 위하여 보충 4-1을 읽어보자.

4-3 신뢰 구간

Student의 ***t***는 신뢰 구간을 나타낼 때와 서로 다른 실험으로부터 얻은 결과를 비교하는 데 가장 빈번하게 쓰이는 통계학적 도구이다. 이 도구는 당신의 가족이 측정한 혈당 수치가 알려진 값과 일치하는지를 평가하는 데에도 쓰일 수 있다.

고용주인 아일랜드의 기네스 주류회사가 상업 비밀을 이유로 발표를 제한했기 때문에 W. S. Gosset는 'Student' 라는 가명을 사용하였다. Gosset의 연구가 중요했기 때문에 그것을 발표하도록 허가하기는 했으나 가명으로 하게끔 했다(*Biometrika* **1908**, 6, 1).

신뢰 구간 계산

한정된 수의 측정(n)으로부터 참 모집단 평균 μ나 참 표준 편차 σ를 구할 수 없다. 실제 결정하는 것은 시료 평균 $\bar{x}$와 시료 표준 편차 s이다. **신뢰 구간(confidence interval)**은 다음 식으로 계산한다.

$$\text{신뢰 구간} = \bar{x} \pm \frac{ts}{\sqrt{n}} = \bar{x} \pm tu_x \qquad \textbf{(4-7)}$$

여기서 t는 Student의 t로, 원하는 신뢰 수준(예를 들면 95%)에 해당하는 값이 표 4-4에 주어져 있다. 오른쪽의 **표준 불확정도(standard uncertainty, u_x)**는 평균 표준 편차 $s/\sqrt{n}$ 대신에 사용한 것으로, **평균 표준 오차**(standard error of the mean) 혹은 **표준 오차**(standard error)[†]라고도 한다.

표준 불확정도 = 평균 표준 편차
$u_x = s/\sqrt{n}$

신뢰 구간의 의미는 다음과 같다: n회 측정을 여러 차례 반복하여 각 n회 측정에 대한 평균과 표준 편차를 계산하고 각각의 95% 신뢰 구간을 구하면, 구한 신뢰 구간의 95%가 참 모집단 평균(그 값을 모르는)을 포함한다. 이것을 '참평균이 신뢰 구간 내에 있다는 것을 95% 확신한다(다소 애매하게)'고 말한다.

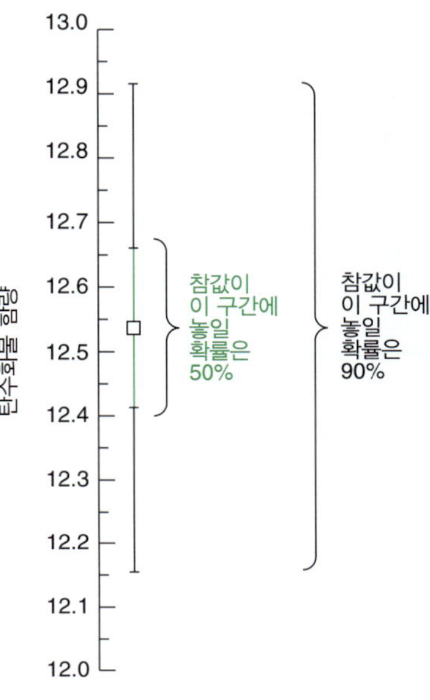

예제 신뢰 구간의 계산

당단백질(당이 결합된 단백질)이 포함된 탄수화물 함량을 반복 측정해 보니 12.6, 11.9, 13.0, 12.7, 12.5 wt%(g 탄수화물/100 g 단백질)였다고 하자. 탄수화물 함량에 대한 50%와 90% 신뢰 구간을 구하시오.

풀이 우선 5회 측정에 대해 $\bar{x}(= 12.5_4)$와 $s(= 0.4_0)$를 계산한다. 50% 신뢰 구간을 얻으려면, 표 4-4의 50% 아래에 자유도가 **4**인 t를 찾는다(자유도 $= n - 1$). 그 t 값은 0.741이므로 50% 신뢰 구간은

$$50\%\ \text{신뢰 구간} = \bar{x} \pm \frac{ts}{\sqrt{n}} = 12.5_4 \pm \frac{(0.741)(0.4_0)}{\sqrt{5}} = 12.5_4 \pm 0.1_3\ \text{wt\%}$$

이며, 90% 신뢰 구간은

$$90\%\ \text{신뢰 구간} = \bar{x} \pm \frac{ts}{\sqrt{n}} = 12.5_4 \pm \frac{(2.132)(0.4_0)}{\sqrt{5}} = 12.5_4 \pm 0.3_8\ \text{wt\%}$$

이다. 5회 측정을 여러 번 반복하면 50% 신뢰 구간의 반이 참평균 μ를 포함할 것이라 예상되며, 90% 신뢰 구간의 9/10이 참평균 μ를 포함할 것으로 예상된다.

자습 시료 한 개를 더 측정하여 탄수화물 12.3 wt%를 얻었다. 6회 측정 결과를 사용하여 90% 신뢰 구간을 구하시오. (**답:** $12.5_0 \pm (2.015)(0.3_7)/\sqrt{6} = 12.5_0 \pm 0.3_0$ wt%)

신뢰 구간의 의미

그림 4-5는 신뢰 구간의 의미를 설명해 준다. 모집단 평균(μ)이 10 000이고, 모집단 표준 편차(σ)가 1 000인 식 4-3으로 표현되는 Gauss 모집단으로부터 컴퓨터가 무작위로 숫자를 선택하는 경우를 생각해 보자. 첫 번째로 숫자 네 개를 선택해서 식 4-1과 4-2에 따라 평균과 표준 편차를 계산한다. 그런 다음 표 4-4로부터 자유도 3과 50% 신뢰 수준에 대한 $t = 0.765$와 식 4-7을 이용하여 50% 신뢰 구간을 계산하였다. 이 첫 번째 결과를 그림 4-5a의 왼쪽에 첫 번째 점으로 표시하였는데, 평균 9 526을 중앙의 사각형으로 나타내었고, 50% 신뢰 구간의 위와 아래의 오차 한계(±290)를 막대로 나타내었다. 이 실험을 100회 반복한 결과를 그림 4-5a에 모두 나타내었다.

[†] 오차는 참값과 측정값의 차이를 의미하고, 불확정도는 여러 측정값 사이의 변동을 의미하기 때문에 **표준 오차**(standard error)란 용어를 사용하지 않는 것이 좋다.

표 4-4 Student의 t 값

자유도	50	90	95	98	99	99.5	99.9
	신뢰 수준(%)						
1	1.000	6.314	12.706	31.821	63.656	127.321	636.578
2	0.816	2.920	4.303	6.965	9.925	14.089	31.598
3	0.765	2.353	3.182	4.541	5.841	7.453	12.924
4	0.741	2.132	2.776	3.747	4.604	5.598	8.610
5	0.727	2.015	2.571	3.365	4.032	4.773	6.869
6	0.718	1.943	2.447	3.143	3.707	4.317	5.959
7	0.711	1.895	2.365	2.998	3.500	4.029	5.408
8	0.706	1.860	2.306	2.896	3.355	3.832	5.041
9	0.703	1.833	2.262	2.821	3.250	3.690	4.781
10	0.700	1.812	2.228	2.764	3.169	3.581	4.587
15	0.691	1.753	2.131	2.602	2.947	3.252	4.073
20	0.687	1.725	2.086	2.528	2.845	3.153	3.850
25	0.684	1.708	2.060	2.485	2.787	3.078	3.725
30	0.683	1.697	2.042	2.457	2.750	3.030	3.646
40	0.681	1.684	2.021	2.423	2.704	2.971	3.551
60	0.679	1.671	2.000	2.390	2.660	2.915	3.460
120	0.677	1.658	1.980	2.358	2.617	2.860	3.373
∞	0.674	1.645	1.960	2.326	2.576	2.807	3.291

만약 특정 방법으로 많은 경험을 쌓았고, 그래서 그 방법에 대한 '참' 모집단 평균 편차를 구했다면, 신뢰 구간을 계산하는 데 식 4-7의 s를 σ로 대치할 수 있다. s 대신 σ를 쓰면 식 4-7의 t 값은 이 표의 맨 아래 줄로부터 얻는다.

이 표의 t 값은 그림 4-9a에 설명한 양쪽 꼬리 시험(two-tailed test)에 적용된다. 95% 신뢰 수준은 곡선의 각 날개(wing)에 있는 2.5% 면적을 포함하는 구역을 말한다. 한쪽 꼬리 시험(one-tailed test)에 대해서는, 90% 신뢰 수준에 열거한 t 값을 사용한다. 90% 신뢰 수준에 대한 t 바깥의 각 날개에는 곡선 면적의 5%가 들어 있다.

엑셀 함수 T.INV.2T(0.05,12)를 입력하여 자유도 12와 95% 신뢰도에서의 t를 구하면 $t = 2.179$를 얻는다. 프로그램이 가능한 여러 계산기로도 t 값을 구할 수 있다. 당신의 계산기를 이용하여 자유도 12와 95% 신뢰도에서의 t 값으로 2.179가 얻어지는지 확인하라.

이 실험을 무한히 반복하면 그림 4-5a의 오차 막대의 50%가 참 모집단 평균인 10 000을 포함하게 될 것이다. 실제로 이 실험을 100회 반복한 결과, 그림 4-5a의 오차 막대 중 45개가 10 000인 수평선을 지나는 것을 확인할 수 있다.

그림 4-5b는 동일한 실험을 하고 90% 신뢰 구간을 계산한 결과이다. 무한히 많은 실험을 반복하면 신뢰 구간의 90%가 모집단 평균인 10 000을 포함할 것으로 예상된다. 그림 4-5b에서는 100회의 시도 중 89개의 오차 막대가 10 000인 수평선을 지난다.

신뢰 구간을 이용한 불확정도의 추정

"분석 화학자들은 한 개 또는 여러 분석 측정으로 얻은 어떤 결과에 대한 단 하나의 가장 중요한 특성은 알맞은 불확정도 구간의 표시라는 것을 일반 대중에게 언제나 강조해야 한다."[3]

어떤 종류의 불확정도를 보고하는지 항상 명시하라.

어느 용기의 부피를 5회 측정하여 6.375, 6.372, 6.374, 6.377, 6.375 mL를 얻었다고 하자. 평균값은 $\bar{x} = 6.374_6$ mL이고, 표준 편차는 $s = 0.001_8$ mL이다. 5회 측정한 부피를 $\bar{x} \pm s = 6.374_6 \pm 0.001_8$ mL($n = 5$)로 보고할 수 있다. n은 측정 횟수를 나타낸다. 다른 방법으로 평균 표준 편차로 불확정도를 표시해서 $\bar{x} \pm s/\sqrt{n} = 6.374_6 \pm 0.000_8$ mL($n = 5$)라고 나타내도 된다. 평균 표준 편차를 **표준 불확정도**(standard uncertainty, u_x)라고도 한다.

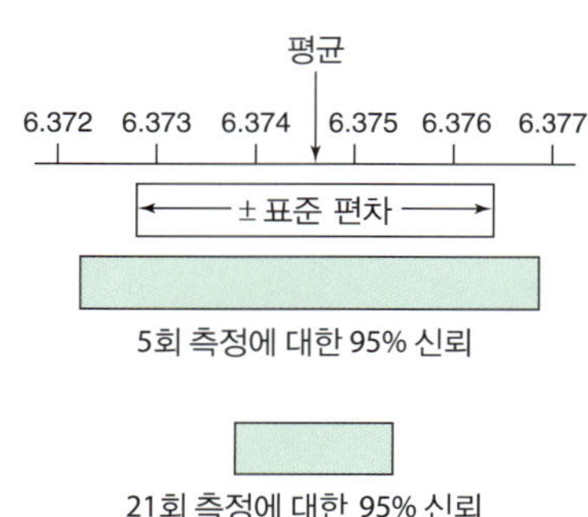

또 다른 방법으로 신뢰 구간(예를 들면 95%)을 이용하여 불확정도를 나타낼 수도 있다. 식 4-7과 자유도 4를 이용하여 계산한 95% 신뢰 구간은 $\pm ts/\sqrt{n} = \pm(2.776)(0.001_8)/\sqrt{5} = \pm 0.002_3$이다. 이 기준에 의하면 부피의 불확정도는 $\pm 0.002_3$ mL이다. n회 측정에 대한 표준 편차인지, 평균 표준 편차인지, 혹은 95% 신뢰 구간인지 등 **어떤 종류의 불확정도를 보고하는지를 명시하는 것은 매우 중요하다.**

측정 횟수를 늘리면 오차를 줄일 수 있다. 만약 21회 측정에서 얻은 평균과 표준 편차가 동일할지라도, 95% 신뢰 구간은 $\pm 0.002_3$ mL에서부터 $\pm(2.086)(0.001_8 \text{ mL})/\sqrt{21} = \pm 0.000\,8$ mL로 줄어든다.

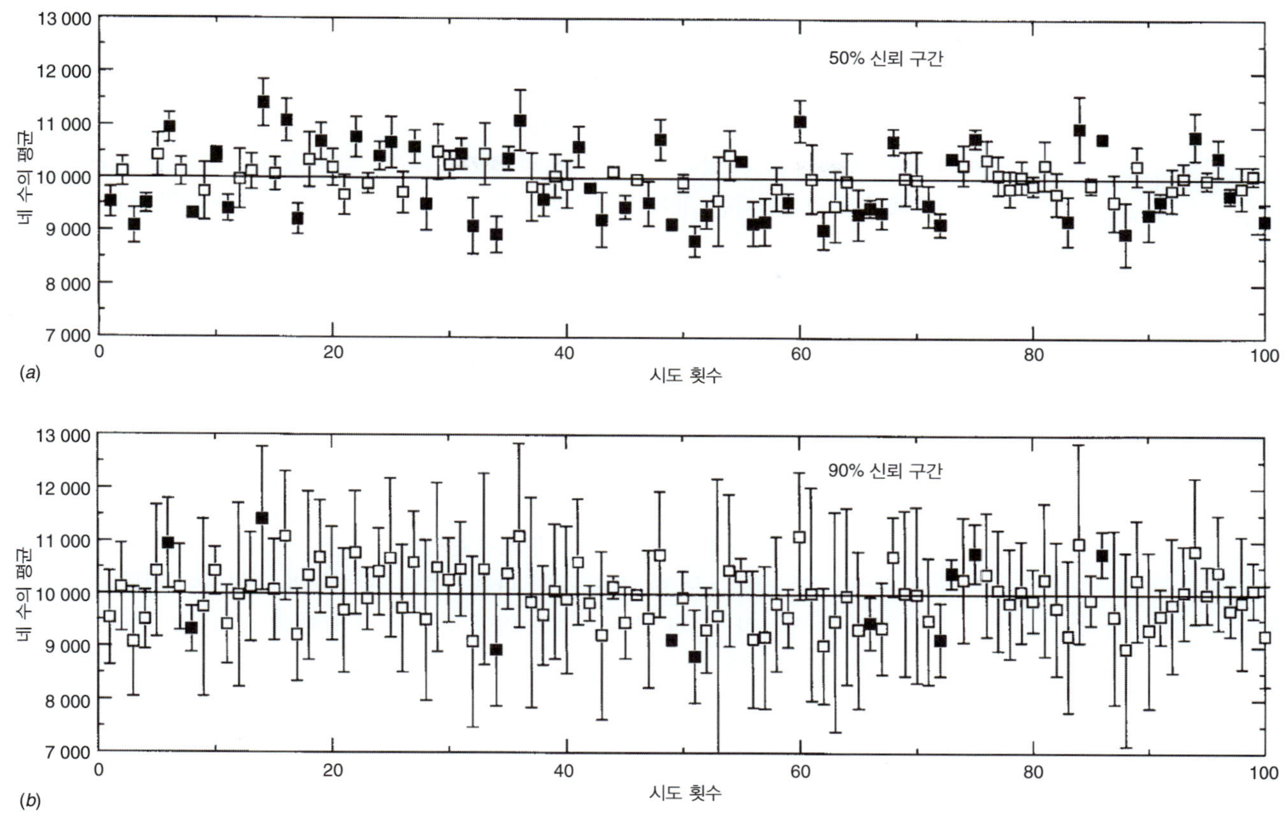

그림 4-5 한 벌의 동일한 무작위 자료에 대한 50%와 90%의 신뢰 구간. 채운 사각형으로 표시한 자료 점들의 신뢰 구간은 참 도집단 평균인 10 000을 포함하지 않는다.

Excel을 이용하여 신뢰 구간 계산하기

Excel에는 Student의 t를 계산하는 함수가 내장되어 있다. 그림 4-6에서 A4:A10셀 블록에 자료를 입력한다. 자료를 입력하기 위해 셀 7개를 준비했지만, 스프레드시트를 수정하여 더 많은 자료를 입력할 수 있다. 비록 A4:A10 중 일부는 비어 있어도, 그림 4-6에 입력한 5개의 데이터에 대하여 명령어 '=AVERAGE(A4:A10)'로 C3셀에 평균을 계산한다. Excel은 평균 계산에 오류가 생기기 않도록 빈 셀을 0으로 간주하지 않고 무시한다. 표준 편차는 C4셀에서 계산된다. C5셀에서 '=COUNT(A4:A10)'으로 데이터의 수 n을 구한다. C6셀에 자유도 $n-1$을 계산한다. 데이터가 아닌 유일한 입력인 신뢰 수준(0.95)은 C7셀에 있다.

함수 '=T.INV.2T(probability,deg_freedom)'로 C8셀에서 Student의 t를 구한다. 이 함수에서 probability는 1 − 신뢰 수준 = 1 − 0.95 = 0.05이므로 C8에 입력할 명령어는 '=T.INV.2T(1-C7,C6)'이다. 이 명령어에 의하여 95% 신뢰도와 자유도 4에 대한 Student의 t를 구할 수 있다. C9셀은 식 4-7로 계산한 신뢰 구간을 표시한다.

C11셀의 Student의 t는 표 4-4의 값과 같음을 확인하라.

	A	B	C	D	E	F
1	Confidence interval					
2						
3	Data	mean =	6.3746		=AVERAGE(A4:A10)	
4	6.375	stdev =	0.0018		=STDEV.S(A4:A10)	
5	6.372	n =	5		=COUNT(A4:A10)	
6	6.374	degrees of freedom =	4		=C5-1	
7	6.377	confidence level =	0.95		Enter	
8	6.375	Student's t =	2.776		=T.INV.2T(1-C7,C6)	
9		confidence interval =	0.0023		=C8*C4/SQRT(C5)	
10						

그림 4-6 신뢰 구간을 구하는 스프레드시트

4-4 Student의 t를 이용한 평균의 비교

신뢰 한계와 t 시험(이 장의 뒷부분에 나오는 Grubbs 시험 포함)은 데이터가 Gauss 분포를 따른다고 가정한다.

***t* 시험에서의 영가설:** 데이터는 동일한 모집단 평균의 집합으로부터 얻어졌다. 이 가설이 맞을 확률이 5% 이하면 영가설을 버린다.

같은 양에 대해 두 벌의 측정을 하면 측정에서의 우연 오차로 인해 한 벌의 평균은 일반적으로 다른 평균과 동일하지 않다. ***t* 시험(*t* test)**을 이용하여 두 평균에 통계학적으로 상당한 차이가 있는지 결정할 수 있다. t 시험에서의 **영가설**은 두 벌의 측정이 모집단 평균이 같은 모집단으로부터 얻어졌다는 것이다. 두 벌의 측정이, 모집단 평균이 같은 모집단으로부터 얻어졌을 확률이 5%보다 작으면 영가설을 버린다. 통계학은 관찰한 두 평균의 차이가 우연 측정 오차에 기인할 확률을 구할 수 있게 해준다.

경우가 약간씩 다른 다음 세 가지 경우를 생각해 보자.

경우 1. 한 가지 양을 여러 번 측정하여 평균과 표준 편차를 구한다. 그 답을 알려진 공인된 값과 비교한다. 평균은 공인된 값과 정확히 일치하지 않는다. 측정값이 '실험 오차 내에서' 알려진 값과 일치하는가?

경우 2. 한 가지 양을 두 가지 다른 방법으로 여러 번 측정하여 서로 다른 결과를 얻는다. 두 결과가 '실험 오차 내에서' 서로 일치하는가?

경우 3. 시료 A를 방법 1로 한 번 측정한 다음, 방법 2로 한 번 측정하여 정확히 같지 않은 결과를 얻는다. 그런 다음 B라고 명한 다른 시료에 대해 방법 1로 한 번 측정하고, 방법 2로 한 번 측정하여 역시 서로 정확히 같지 않은 결과를 얻는다. 이 과정을 n개의 서로 다른 시료에 대해 반복한다. 두 방법이 '실험 오차 내에서' 서로 일치하는가?

경우 1: '알려진' 값과 측정 결과의 비교

'알려진' 값이 95% 신뢰 구간 내에 들지 않으면 새로운 방법의 결과는 '다른' 결과이다.

국립 표준기술협회(National Institute of Standard and Technology)에서 황 3.19 wt%가 들어 있다고 공인한 석탄 표준 기준 물질(Standard Reference Material)을 구입하였다. 새로운 분석 방법으로 값을 재현할 수 있는지를 검사하기로 한다. 황의 무게 %를 측정하여 3.29, 3.22, 3.30, 3.23 wt%를 얻어 평균 $\bar{x} = 3.26_0$과 표준 편차 $s = 0.04_1$을 계산하였다. 답이 알려진 값과 일치하는가? 이를 알아내기 위하여 답에 대한 **95% 신뢰 구간을 계산하여 그 구간에 알려진 값을 포함하는지 알아본다.** 알려진 값이 95% 신뢰 구간 내에 있지 않으면 두 결과는 일치하지 않는다.

자! 시작한다. 4회 측정에 대하여 자유도 3과 표 4-4에서 찾은 $t_{95\%} = 3.182$를 이용하여 계산한 95% 신뢰 구간은 다음과 같다.

이 계산에서는 많은 자릿수를 유지한다.

$$95\%\ \text{신뢰 구간} = \bar{x} \pm \frac{ts}{\sqrt{n}} = 3.26_0 \pm \frac{(3.182)(0.04_1)}{\sqrt{4}} = 3.26_0 \pm 0.06_5 \qquad \textbf{(4-8)}$$

$$95\%\ \text{신뢰 구간} = 3.19_5 \sim 3.32_5\ \text{wt\%}$$

알려진 값(3.19 wt%)은 95% 신뢰 구간 바로 바깥에 있다. 그러므로 실험값이 알려진 값과 일치할 확률이 5%보다 작다고 결론짓는다.

새로운 방법은 알려진 결과와는 '다른' 결과를 준다고 결론짓는다. 그러나 이 경우 95% 신뢰 구간이 알려진 값과 너무 가까우므로 새 방법이 정확하지 않다고 결론짓기 전에 더 많은 측정을 하는 것이 현명하다.

경우 2: 반복 측정의 비교

두 벌의 다른 측정 결과가 '실험 오차 내에서' 일치하는가?[4] 이 질문에 답하기 위하여 F 시험(식 4-6)을 통해 두 표준 편차를 비교해야 한다. 표준 편차가 상당히 다르지 않으면 두 평균이 서로 다른지 판단하기 위하여 식 4-9a와 식 4-10a를 이용한 t 시험을 수행한다. 두 표준 편차가 상당히 다르면, 두 평균이 서로 다른지 판단하기 위하여 식 4-9b와 식 4-10b를 이용한다.

경우 2a: 두 표준 편차가 상당히 다르지 않을 경우

표 4-2로 다시 돌아가서 두 평균 편차 36.14 mM과 36.20 mM이 서로 상당히 다른지 생각해 보자. 이 질문에 대한 답은 t **시험**을 통해 구한다. F 시험을 통해 두 표준 편차가 서로 상당히 다르지 않다는 결론을 얻으면, 각각 n_1번과 n_2번 측정(평균값은 $\bar{x}_1$과 $\bar{x}_2$)으로 이루어진 두 데이터 집합에 대해 다음과 같은 식에 의하여 t를 계산한다.

평균을 비교하기 위한 t 시험:

$$t = \frac{|\bar{x}_1 - \bar{x}_2|}{s_{\text{합동}}}\sqrt{\frac{n_1 n_2}{n_1 + n_2}} \qquad \textbf{(4-9a)}$$

표준 편차의 차이가 크지 않은 경우의 t 시험

t 값을 항상 양수로 만들기 위하여 절댓값 $|\bar{x}_1 - \bar{x}_2|$를 사용하였고, 두 벌의 자료를 함께 사용해서 얻은 **합동**(pooled) 표준 편차인 $s_{\text{합동}}$은 다음과 같이 구한다.

$$s_{\text{합동}} = \sqrt{\frac{\sum_{\text{set 1}}(x_i - \bar{x}_1)^2 + \sum_{\text{set 2}}(x_j - \bar{x}_2)^2}{n_1 + n_2 - 2}} = \sqrt{\frac{s_1^2(n_1 - 1) + s_2^2(n_2 - 1)}{n_1 + n_2 - 2}} \qquad \textbf{(4-10a)}$$

식 4-9a의 $t_{\text{계산}}$을 표 4-4에서 자유도$(n_1 + n_2 - 2)$에 대한 $t_{\text{표}}$와 비교한다. 만약 **$t_{\text{계산}}$이 95% 신뢰 수준에서 $t_{\text{표}}$보다 크면, 두 결과는 상당히 다른 것으로 간주한다.**

만약 $t_{\text{계산}} > t_{\text{표}}(95\%)$이면 차이는 상당하다.

표 4-2에서 평균은 $\bar{x}_1 = 36.14$ mM$(n_1 = 10)$, $\bar{x}_2 = 36.20$ mM$(n_2 = 4)$이다. 각각의 표준 편차는 $s_1 = 0.28$ mM, $s_2 = 0.47$ mM이므로 식 4-6을 이용한 F 시험 결과 두 표준 편차가 상당히 다른 것이 아니라는 결론을 얻었다. 따라서 식 4-9a와 식 4-10a를 이용하여 평균을 비교할 수 있다. 합동 표준 편차를 계산하면 다음과 같다.

$$s_{\text{합동}} = \sqrt{\frac{s_1^2(n_1 - 1) + s_2^2(n_2 - 1)}{n_1 + n_2 - 2}} = \sqrt{\frac{0.28^2(10 - 1) + 0.47^2(4 - 1)}{10 + 4 - 2}} = 0.33_8$$

계속되는 계산에서 반올림에 의한 오차를 줄이기 위하여 이 시점에서 유효 숫자를 적어도 한 자리 이상 더 유지한다.

평균을 비교하기 위하여 식 4-9a를 이용하여 다음과 같이 t를 계산한다.

$$t_{\text{계산}} = \frac{|\bar{x}_1 - \bar{x}_2|}{s_{\text{합동}}}\sqrt{\frac{n_1 n_2}{n_1 + n_2}} = \frac{|36.14 - 36.20|}{0.33_8}\sqrt{\frac{10 \cdot 4}{10 + 4}} = 0.30_0$$

계산된 t 값은 0.03_0이고, 표 4-4의 95% 신뢰도에서 자유도 $(n_1 + n_2 - 2) = 12$에 대한 t 임계값은 자유도 10과 15에 해당하는 2.228과 2.131 사이의 값이다. **$t_{\text{계산}} < t_{\text{표}}$이므로 평균값의 차이는 상당한 정도가 아니다.** 두 평균의 차이가 각각의 표준 편차보다 작으므로 이미 이런 결론을 예상했을 것이다.

$t_{\text{계산}} < t_{\text{표}}(95\%)$이면 차이는 크지 않다.

경우 2b: 두 표준 편차가 상당히 다른 경우

이 경우의 사례는 빛의 산란, 흑체 복사, 고체 내의 탄성파 등의 획기적인 연구로 공로가 인정되고 있는 Rayleigh 경(John W. Strutt)의 연구에서 찾을 수 있다. 그는 1904년에 비활성인 아르곤 기체를 발견한 공로로 노벨상을 수상하였다. 이 발견은 질소 기체의 밀도를 측정한 두 벌의 결과에 약간의 차이가 있는 것을 발견한 데서 비롯되었다.

Rayleigh의 시대에는, 건조한 공기는 산소가 1/5, 질소가 4/5 가량으로 구성되어 있다고 알려져 있었다. Rayleigh는 붉게 달군 구리에 공기를 통과시켜 고체 CuO를 만드는 방법으로 공기 중의 산소를 제거하였다. 남은 기체를 일정 온도와 압력에서 정해진 부피의 용기에 모아 밀도를 측정하였다. 그는 또 산화 이질소(N_2O)나 산화 질소(NO) 혹은 아질산 암모늄($NH_4^+NO_2^-$)의 화학 분해를 이용하여 동일한 부피의 질소를 만들었다. 표 4-5와 그림 4-7에 각 실험에서 모은 질량을 나타내었다. 공기로부터 모은 기체의 평균 질량($2.310\ 10_9$ g)은 화학 반응으로부터 모은 같은 부피의 기체의 평균 질량($2.299\ 47_2$ g)보다 0.46% 더 크다.

공기 중의 O_2 제거:
$Cu(s) + {}^1/_2O_2(g) \rightarrow CuO(s)$

표 4-5 Rayleigh가 분리한 기체의 질량	
공기로부터(g)	화학 분해로부터(g)
2.310 17	2.301 43
2.309 86	2.298 90
2.310 10	2.298 16
2.310 01	2.301 82
2.310 24	2.298 69
2.310 10	2.299 40
2.310 28	2.298 49
—	2.298 89
평균	
$2.310\ 10_9$	$2.299\ 47_2$
표준 편차	
$0.000\ 14_3$	$0.001\ 37_9$

출처: R. D. Larsen, Lessons Learned from Lord Rayleigh on the Importance of Data Analysis, J. Chem. Ed. 1990, 67, 925; see also C. J. Giunta, Using History to Teach Scientific Method: The Case of Argon, *J. Chem. Ed.* **1998**, *75*, 1322.

그림 4-7 Rayleigh 경이 공기로부터 분리, 그리고 질소 화합물을 분해시켜 얻은 기체의 일정 부피를 일정 온도, 압력에서 측정한 질량. Rayleigh는 두 집단의 차이가 그의 실험 오차를 벗어나는 것으로 알고, 아르곤으로 밝혀진 더 무거운 성분이 공기에서 분리한 질소 속에 들어 있음을 이끌어 내었다.

만약 Rayleigh의 측정이 조심스럽게 이루어지지 않았다면, 이 차이는 실험 오차의 탓으로 돌릴 수 있었다. 그러나 Rayleigh는 그 차이가 오차 한계 밖이라고 이해하고, 공기로부터 모은 질소에는 후에 아르곤으로 밝혀진 소량의 더 무거운 기체와 섞여 있다고 가정하였다.

그림 4-7에서 보는 바와 같이, 두 벌의 데이터는 서로 다른 영역에 모여 있다. 화학 반응으로 얻은 질소의 범위가 공기로부터 얻은 질소의 범위보다 더 넓다. 표 4-5의 두 표준 편차는 통계적으로 서로 다른가? 이 답은 F 시험(식 4-6)을 통해 얻는다.

$$F_{\text{계산}} = \frac{s_1^2}{s_2^2} = \frac{(0.001\ 37_9)^2}{(0.000\ 14_3)^2} = 93._1$$

표 4-3에서 분자(s_1)의 자유도 $n-1=7$과, 분모(s_2)의 자유도 6에 대한 F 임계값은 5.70이다. $F_{\text{계산}} > F_{\text{표}}$이므로 표준 편차의 차이는 상당하다.

두 분산이 각각 $s_1^2 = (0.002\ 00)^2$(자유도 7)과 $s_2^2 = (0.001\ 00)^2$(자유도 6)이라면, 차이가 상당한가? (**답:** 아니오. $F_{\text{계산}} = 4.00 < F_{\text{표}} = 5.70$)

$F_{\text{계산}} < F_{\text{표}}$이면 표준 편차가 크게 다르지 않으므로, t 시험으로 평균을 비교하기 위하여 식 4-9a와 식 4-10a를 사용한다.

$F_{\text{계산}} > F_{\text{표}}$이면 표준 편차가 상당히 다르므로, t 시험으로 평균을 비교하기 위하여 식 4-9b와 식 4-10b를 사용한다.

두 벌의 측정에 대한 표준 편차가 상당히 차이가 나면 t 시험은 다음과 같다.

$$t_{\text{계산}} = \frac{|\bar{x}_1 - \bar{x}_2|}{\sqrt{(s_1^2/n_1) + (s_2^2/n_2)}} = \frac{|\bar{x}_1 - \bar{x}_2|}{\sqrt{(u_1^2) + (u_2^2)}} \qquad \textbf{(4-9b)}$$

$$\text{자유도} = \frac{(s_1^2/n_1 + s_2^2/n_2)^2}{\dfrac{(s_1^2/n_1)^2}{n_1 - 1} + \dfrac{(s_2^2/n_2)^2}{n_2 - 1}} = \frac{(u_1^2 + u_2^2)^2}{\dfrac{u_1^4}{n_1 - 1} + \dfrac{u_2^4}{n_2 - 1}} \qquad \textbf{(4-10b)}$$

여기서 표준 불확정도(u_i)는 평균 표준 편차($u_i = s_i/\sqrt{n_i}$)이다. 식 4-10b에서 자유도는 가장 가까운 정수로 반올림한다.

예제 **Rayleigh 경이 공기에서 얻은 N_2의 밀도가 화합물로부터 얻은 N_2의 밀도보다 더 큰가?**

표 4-5에서 공기로부터 얻은 질소 질량의 평균값은 $\bar{x}_1 = 2.310\ 10_9$ g이고, 표준 편차는 $s_1 = 0.000\ 14_3$ ($n_1 = 7$회 측정)이다. 화학적 방법으로 얻은 질소의 평균값은 $\bar{x}_2 = 2.299\ 47_2$ g이고, 표준 편차는 $s_2 = 0.001\ 37_9$($n_2 = 8$회 측정)이다. 두 질량은 상당히 다른가?

풀이 F 시험 결과 두 표준 편차가 상당히 다르므로 식 4-9b와 식 4-10b를 이용한다.

$$t_{\text{계산}} = \frac{|x_1 - x_2|}{\sqrt{(s_1^2/n_1) + (s_2^2/n_2)}} = \frac{|2.310\ 10_9 - 2.299\ 47_2|}{\sqrt{0.000\ 14_3{}^2/7 + 0.001\ 37_9{}^2/8}} = 21.7$$

$$\text{자유도} = \frac{(s_1^2/n_1 + s_2^2/n_2)^2}{\dfrac{(s_1^2/n_1)^2}{n_1 - 1} + \dfrac{(s_2^2/n_2)^2}{n_2 - 1}} = \frac{(0.000\ 14_3{}^2/7 + 0.001\ 37_9{}^2/8)^2}{\dfrac{(0.000\ 14_3{}^2/7)^2}{7 - 1} + \dfrac{(0.001\ 37_9{}^2/8)^2}{8 - 1}} = 7.17$$

식 4-10b에서 계산된 자유도 7.17은 7로 반내림한다. 표 4-4의 95% 신뢰 수준에서 t의 임계값은 2.365이므로, 계산된 t 값 21.7은 임계값을 크게 상회한다. 따라서 그림 4-7의 두 데이터 집합의 차이는 매우 크다.

자습 두 평균값의 차이가 Rayleigh가 발견한 값의 절반이고 표준 편차는 동일한 값인 경우에도 차이가 상당히 큰가? (**답:** $t_{\text{계산}} = 10.9 > t_{\text{표}} = 2.365$이므로 그 차이는 여전히 상당히 크다.)

경우 3: 개별 차이의 비교를 위한 짝 t 시험

이 경우는 시료 여러 개를 두 가지 다른 방법으로 각각 한 번씩 측정하는 경우다. 어느 것도 두 번 측정하지 않는다. 두 방법이 '실험 오차 내에서' 같은 답을 주는가? 그림 4-8은 8가지 다른 식물로부터 추출한 질산 이온을 측정한 것을 나타낸 것이다. 칼럼 B의 분광학적 방법을 이용한 결과와 칼럼 C의 전기 화학적 **바이오센서**를 이용한 결과는 비슷하지만 동일하지는 않다.

두 방법 간에 상당한 차이가 있는지를 알아보기 위하여 짝 t 시험(paired t test)을 한다. 우선 각 시료에 대한 결과의 차이(d_i)를 칼럼 D에 계산한다. 8가지 차이 값의 평균($\bar{d} = 0.11_4$)과 표준 편차(s_d)를 각각 D14셀과 D15셀에 계산한다.

바이오센서: 분석 물질에 대한 선택적 감응을 얻기 위하여 전기적, 광학적 혹은 또 다른 형태의 신호와 연계하여 효소, 항체, 혹은 DNA와 같은 생물학적 성분을 사용하는 기구

$$s_d = \sqrt{\frac{\sum(d_i - \bar{d})^2}{n-1}} \qquad \textbf{(4-11)}$$

$$s_d = \sqrt{\frac{(0.01-\bar{d})^2 + (0.37-\bar{d})^2 + (-0.14-\bar{d})^2 + \ldots + (0.09-\bar{d})^2}{8-1}} = 0.40_1$$

D16셀에 '=COUNT(D6:D13)'을 입력하면 시료의 수 n이 계산된다. 평균과 표준 편차를 계산한 후에 D17셀에서 다음과 같이 $t_{계산}$를 계산한다.

$$t_{계산} = \frac{|\bar{d}|}{s_d}\sqrt{n} \qquad \textbf{(4-12)}$$

여기서 $|\bar{d}|$는 평균의 차이의 절댓값이므로 $t_{계산}$는 항상 양의 값이다. 식 4-12에 각각의 수를 대입해서 다음의 계산을 한다.

$$t_{계산} = \frac{0.11_4}{0.40_1}\sqrt{8} = 0.80_3$$

$t_{계산}(0.80_3)$이 표 4-4에 나와 있는 95% 신뢰도와 자유도 7에서의 $t_{표}(2.365)$보다 작은 것을 알 수 있다. 다시 말하면 **두 벌의 데이터가 동일한 평균을 가지는 모집단으로부터 얻어졌을 확률이 5%보다 크므로, 두 결과는 크게 다르지 않다**는 결론을 내릴 수 있다(짝 t 시험에서는

	A	B	C	D
1	Comparison of methods for measuring nitrate			
2				
3		Nitrate (ppm) in plant extract		
4		Spectrophotometry	Experimental	
5	Sample	with Cd reduction	biosensor	Difference (d_i)
6	1	1.22	1.23	0.01
7	2	1.21	1.58	0.37
8	3	4.18	4.04	–0.14
9	4	3.96	4.92	0.96
10	5	1.18	0.96	–0.22
11	6	3.65	3.37	–0.28
12	7	4.36	4.48	0.12
13	8	1.61	1.70	0.09
14			Mean difference =	0.114
15		Standard deviation of differences =		0.401
16			Number of samples =	8
17	D6 = C6-B6		$t_{calculated}$ =	0.803
18	D14 = AVERAGE(D6:D13)		t_{table} =	2.365
19	D15 = STDEV.S(D6:D13)			
20	D16 = COUNT(D6:D13)			
21	D17 = ABS(D14)*SQRT(A13)/D15 (ABS = absolute value)			
22	D18 = T.INV.2T(0.05,D16-1)			

그림 4-8의 D18셀에서 (1 − 0.05) = 95% 신뢰도와 8 − 1 = 7의 자유도에 대한 $t_{표}$ = 2.365를 계산하기 위하여 '=T.INV.2T(0.05,D16-1)'이라는 엑셀 식을 이용하였다.

그림 4-8 두 가지 방법에 의한 식물에서 추출한 질산 이온 측정 [출처: N. Plumere, J. Henig, and W. H. Campbell, "Enzyme-Catalyzed O_2 Removal System for Electrochemical Analysis Under Ambient Air: Application in an Amperometric Nitrate Biosensor," *Anal. Chem.* **2012**, *84*, 2141.]

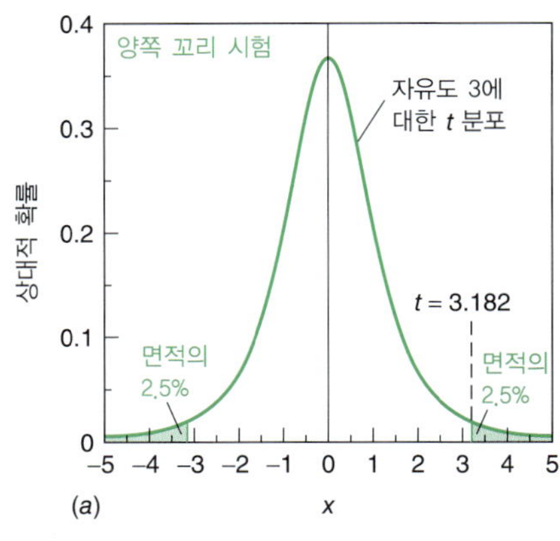

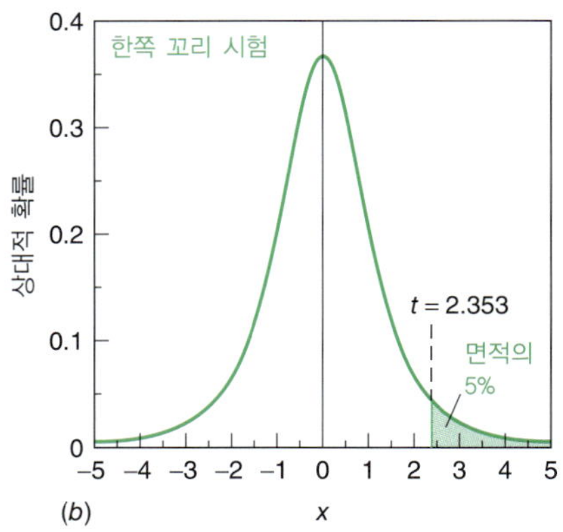

그림 4-9 자유도 3에 대한 Student *t* 분포. 그림 *a*에서 색칠한 꼬리 부분에서의 곡선 아래 면적은 각각 전체 면적의 2.5%다. 그림 *b*에서 색칠한 꼬리 한쪽에는 전체 면적의 5%가 들어 있다. 자유도가 작을수록 분포는 넓어진다. 자유도가 커짐에 따라 곡선은 Gauss 곡선에 접근한다.

두 벌의 측정의 표준 편차가 서로 유사하다고 가정한다. 각 방법으로 반복해서 측정하지 않는 한, 이 가정이 옳은지 확인할 수 없다).

한쪽 꼬리 유의성 시험과 양쪽 꼬리 유의성 시험

식 4-8에서 4회 반복한 측정의 평균과 검정값을 비교하였다. 그림 4-9a의 곡선은 자유도 3에 대한 t 분포이다. 만약 검정값이 곡선 아래 면적의 양쪽 끝부분의 5%에 놓이면 우리는 영가설을 버리고 95% 신뢰도로 측정한 평균은 검정값과 대등하지 않다고 결론짓는다. 표 4-4에서 영가설을 버리는 t의 임계값은 자유도 3에 대하여 3.182이다. 그림 4-9a에서 곡선 아래 **면적의** 2.5%는 $t = 3.182$ 위에 있고, **면적의** 2.5%는 $t = -3.182$ 아래에 있다. 이것을 **양쪽 꼬리 시험**(two-tailed test)이라고 하는데, 그 이유는 검정값이 평균의 어느 쪽이든 낮은 확률 영역에 놓이면 영가설을 버려야 하기 때문이다.

이와는 달리, 법정 규제치 등의 평균을 비교할 때는 그림 4-9b와 같은 **한쪽 꼬리 t 시험**(one-tailed t test)을 사용해야 한다. 식수에 포함된 비소를 분석한 결과가 10.06, 10.12, 10.19, 10.04 μg/L로, 평균 $\bar{x} = 10.10_{25}$ μg/L이고 표준 편차 $s = 0.06_{75}$ μg/L였다. 비소의 최대 허용치가 10.00 μg/L라면, 이 식수는 안전한가? **답을 구하기 위하여 다음을 계산한다.**

$$t_{\text{계산}} = \frac{|\bar{x} - \text{법정 규제치}|}{s}\sqrt{n} = \frac{|10.10_{25} - 10|}{0.06_{75}}\sqrt{4} = 3.0_4$$

우리의 관심은 오로지 비소의 농도가 허용치를 **초과하는지** 확인하는 것이다. 그림 4-9b에 의하면 $t = 2.353$ 우측에 포함된 면적은 전체 **면적의 5%**이다. 허용치보다 비소의 농도가 매우 낮은 경우에는 식수가 매우 안전하다는 의미이므로, 곡선의 왼쪽에 대한 검정은 하지 않는다. $t_{\text{계산}}$이 2.353보다 크므로 영가설을 버리고 식수에 포함된 비소의 농도가 허용치보다 높다는 가설을 받아들여야 한다. 이 식수는 마시기에 적당치 않은 것이다.

곡선 아래 면적의 위 5%를 경계 짓는 t 값을 어떻게 구할 수 있을까? t 분포는 대칭적이므로 표 4-4에서 90% 신뢰도에 대한 양쪽 꼬리 t 값인 2.353이 구하는 값이 된다. 왜냐하면 전체 면적의 5%는 $t = 2.353$ 위에 있고, 면적의 또 다른 5%는 $t = -2.353$ 아래에 있기 때문이다.

이 부분은 한쪽 꼬리 시험의 차이점을 알기 위해 공부하였다. 이 책에서는 모든 t 시험이 양쪽 꼬리 시험이다.

나의 혈당 수치는 정확한가?

4장을 시작할 때 제시된 글루코스 표준 물질에 대한 5회 측정 결과가 90, 94, 85, 95, 93 mg/dL였다. 중요한 문제는 '이 측정값이 제조사에서 보증하는 99 mg/dL와 상당히 다른가?'이다. 측정값의 평균 $\bar{x} = 91.4$ mg/dL이고 표준 편차 $s = 4.0$이다. 평균을 알려진 값과 비교하기 위하여 t 값을 계산하면 다음과 같다.

$$t_{\text{계산}} = \frac{|\bar{x} - \text{알려진 값}|}{s}\sqrt{n} = \frac{|91.4 - 99|}{4.0}\sqrt{5} = 4.25$$

자유도 4에서 $t = 4.25$를 얻을 확률이 얼마나 되는가?

표 4-4에서 자유도 4인 행의 우측을 살펴보면, 4.25에 해당하는 신뢰 수준은 98%($t = 3.747$)와 99%($t = 4.604$) 사이이다. 5회 측정한 결과로부터 당신의 가족이 측정한 값이 제조사가 보증하는 값인 99 mg/dL와 일치할 확률이 2%보다 작다는 것을 알 수 있다. 기계적 결함이나 측정이 미숙했다는 결론을 내리는 것이 합당하다.

Excel로 확률 구하기:
TDIST.2T(x, deg_freedom)

표 4-4에 의하면 혈당 수치로 99 mg/dL를 얻을 확률이 1%와 2% 사이이다. Excel 함

수 T.DIST.2T(x,deg_freedom)을 이용하여 양쪽 꼬리 시험 Student의 t에 대한 확률을 계산할 수 있다. 여기서 x는 $t_{계산}$이고, deg_freedom = 4이다. T.DIST.2T(4.25,4)를 입력하면 0.013이라는 결과를 얻는다. 제작사에서 제공한 혈당 수치는 t 분포 곡선의 외곽에 1.3% 영역에 있다.

4-5 스프레드시트를 이용한 t 시험

표 4-5에 있는 Rayleigh의 두 벌의 결과를 비교하기 위해 스프레드시트(그림 4-10)의 B열과 C열에 그 자료를 입력한다. 13행과 14행에 평균과 표준 편차를 계산했지만 반드시 필요한 것은 아니다.

그림 4-10의 엑셀 스프레드시트와 목차의 표에 나타낸 모든 스프레드시트는 SaplingPlus나 macmillanlearning.com에서 다운로드할 수 있다.

Excel Data 리본에서 옵션의 하나로 Data Analysis를 찾을 수 있을 것이다. 찾지 못하면 Excel에서 File 메뉴를 클릭한다. Excel Option을 선택하고 Add-Ins를 클릭한다. Analysis ToolPak을 선택하고 Analysis ToolPak을 실행하기 위해 Go를 클릭한 다음, OK를 클릭한다. Solver Add-In을 실행할 때도 동일한 절차에 따라 진행한다.

그림 4-10으로 돌아가서 두 벌의 데이터가 동일한 모집단 표준 편차 σ를 갖는 모집단으로부터 얻어진 것이라는 영가설을 검사하기로 하자. Excel 프로그램에서는 두 표준 편차가 상당히 다르지 않으면 식 4-9a와 4-10a를 이용해서, 두 표준 편차가 상당히 차이가 나면 식 4-9b와 4-10b를 이용해서 두 평균을 비교할 수 있다. 그림 4-10에 두 경우 모두에 대하여 나타내었다. Data 리본에서 Data Analysis를 선택한 후, 나타난 화면에서 ***t*-Test: Two-Sample Assuming Equal Variances**를 선택하고 OK를 클릭한다. 다음 화면에서 자료가 어느 셀에 위치하는지 물을 것이다. 변수 1에 대해 B5:B12라 적고, 변수 2에 대해 C5:C12라 적는다. 통상적으로 프로그램에서 B12셀의 빈자리는 무시한다. Hyperthesized Mean Difference에 0을 입력하고 Alpha에 0.05를 입력한다. Alpha는 평균의 차이를 시험하는 확률 수준이다. Alpha = 0.05이면 95% 신뢰 수준을 의미한다. Output Range를 위해 E1셀을 선택하고 OK를 클릭한다.

	A	B	C	D	E	F	G
1	Analysis of Rayleigh's Data				t-Test: Two-Sample Assuming Equal Variances		
2						*Variable 1*	*Variable 2*
3		Mass of gas (g) collected from			Mean	2.310109	2.299473
4		air	chemical		Variance	2.03E-08	1.9E-06
5		2.31017	2.30143		Observations	7	8
6		2.30986	2.29890		Pooled Variance	1.03E-06	
7		2.31010	2.29816		Hypothesized Mean Diff	0	
8		2.31001	2.30182		df	13	
9		2.31024	2.29869		t Stat	20.21372	
10		2.31010	2.29940		P(T<=t) one-tail	1.66E-11	
11		2.31028	2.29849		t Critical one-tail	1.770932	
12			2.29889		P(T<=t) two-tail	3.32E-11	
13	Average	2.31011	2.29947		t Critical two-tail	2.160368	
14	Std Dev	0.00014	0.00138				
15					t-Test: Two-Sample Assuming Unequal Variances		
16	B13 = AVERAGE(B5:B12)					*Variable 1*	*Variable 2*
17	B14 = STDEV.S(B5:B12)				Mean	2.310109	2.299473
18					Variance	2.03E-08	1.9E-06
19					Observations	7	8
20					Hypothesized Mean Diff	0	
21					df	7	
22					t Stat	21.68022	
23					P(T<=t) one-tail	5.6E-08	
24					t Critical one-tail	1.894578	
25					P(T<=t) two-tail	1.12E-07	
26					t Critical two-tail	2.364623	

그림 4-10 표 4-5에 있는 Rayleigh 측정에서 얻은 두 평균값의 비교를 위한 스프레드시트

가변도 = s^2

Excel 작업이 완료되면 그림 4-10의 E1셀에서 G13셀까지의 결과를 인쇄한다. 평균값은 F3셀과 G3셀에 있다. F4셀과 G4셀은 표준 편차의 제곱인 **가변도**를 보여 준다. F6셀은 식 4-10a로 계산한 $s_{합동}$의 제곱인 **합동 가변도**(pooled variance)를 준다. 그 식을 수작업하는 것은 고통스럽다. F8셀은 자유도(df) = 13을 보이고, F9셀에는 식 4-9a로 계산한 $t_{계산}$ (t Stat) = 20.2를 보여 준다.

이제 4-4절의 표 4-4를 참고하면 95% 신뢰도와 자유도 13에 대하여 $t_{표}$는 2.228과 2.131 사이에 있음을 알 수 있다. Excel로 계산한 임계값 t(2.160)는 그림 4-10의 F13셀에서 찾을 수 있다. $t_{계산}(= 20.2) > t_{표}(= 2.160)$이므로 두 평균의 차이는 상당하다는 결론을 내릴 수 있다. F12셀에는 동일한 표준 편차 μ를 갖는 모집단으로부터 우연히 주어진 두 평균을 얻을 확률 $p = 3 \times 10^{-11}$임을 나타내고 있다. 그 차이는 매우 **상당하다**. F12셀의 값이 $p < 0.05$인 어떤 값이라도 **영가설을 버리고** 평균이 **다르다**고 결론짓는다.

F 시험은 Rayleigh 실험의 두 표준 편차가 다르다는 것을 보여 주었다. 따라서 Analysis ToolPak에 있는 다른 t 시험을 선택해야 한다. ***t*-Test: Two-Sample Assuming Unequal Variances**를 선택하고, 전과 같이 E15셀을 채운다. 식 4-9b와 4-10b에 기초한 결과가 그림 4-10의 E15셀과 G26셀에 나타나 있다. 4-4절에서 확인한 것과 같이, 자유도는 7(F21셀)이고 $t_{계산}$ = 21.7(F22셀)이다. $t_{계산}$이 임계값인 t(F26셀의 2.36)보다 크므로 영가설을 버리고 평균이 상당히 다르다고 결론짓는다. F25셀에 의하면 동일한 표준 편차 μ를 갖는 모집단으로부터 주어진 두 평균을 우연히 확인할 확률 $p = 1 \times 10^{-7}$임을 알 수 있다. 생물학자들은 종종 p 값과 연계한 결론을 사용한다. ***p* 값이 작을수록 두 벌의 데이터가 동일한 표준 편차를 갖는 모집단으로부터 얻어진 것이라는 영가설을 배제하는 것에 대한 확신이 더 크다.**

4-6 이상점을 위한 Grubbs 시험

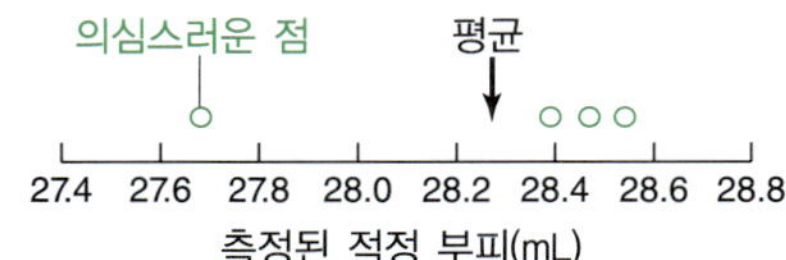

학생이 $AgNO_3$ 적정 시약을 이용하여 KCl 표준 용액을 적정하는 반복 실험을 수행하였다. 당량점까지 첨가한 적정액의 부피는 다음과 같다.

적정액의 부피(mL): 28.54, 28.39, 28.47, 27.68

4번의 실험에 대한 평균($\bar{x}$)은 28.27 mL이고, 표준 편차(s)는 0.40 mL이다. 확인한 결과 상대 표준 편차($s/\bar{x}$ = 1.4%)가 실험 매뉴얼에 제시된 사례보다 큰 것을 발견하였다. 오른쪽 여백의 그림을 참조하라. 27.68 mL는 이례적으로 낮은 것처럼 보인다. 다른 점으로부터 멀리 떨어져 있는 자료를 **이상점(outlier)**이라고 한다. 27.68 mL를 포함하여 평균을 얻어야 하는가, 아니면 버려야 하는가?

통계학은 양질의 기록을 대체하는 차선의 방법이다.

우선 실험 노트를 살펴봐야 한다. 이 적정에서 확연히 드러나는 문제점이 있는가? 실험 과정에 오류가 있다면, 결과가 잘못됐을 확률이 100%이므로 해당 자료를 버려야 한다. 이와 같이 실험 과정에서 벗어난 중대한 오류는 실험 노트에 바로 표기해야 한다. 과정에 문제가 있다면, 그 결과가 다른 결과와 유사해도 반드시 버려야 한다.

Grubbs 시험은 국제표준기구(International Standards Organization)와 ASTM(American Society for Testing and Materials)에서 추천하는 시험법이다. 부록 C에서 수학적으로 더 간단하지만 이상점을 시험하는 데 더 제한적인 Q 시험에 대하여 설명하였다.

실수가 없는 것이 확인되면 **Grubbs 시험(Grubbs test)**을 이용하여 27.68 mL를 버릴지 혹은 포함시킬지를 결정한다. Grubbs 통계 G는 다음과 같이 정의된다.

Grubbs 시험:

$$G_{계산} = \frac{|\text{의심스러운 값} - \bar{x}|}{s} \quad (4\text{-}13)$$

여기서 분자는 의심스러운 이상점과 평균의 차이의 절댓값이다. **만약 $G_{계산}$이 표 4-6의 G보다 크면, 그 의심스러운 점은 버려야 한다.** Grubbs 시험을 통하여 1개의 자료만 버릴 수 있다.

이 경우에 의심스러운 값은 27.68 mL이고 4회의 실험에 대한 평균($\bar{x}$)은 28.27 mL이고 표준 편차(s)는 0.40 mL이다. 이 값들을 식 4-13에 대입하면 $G_{계산}$ = |27.68 mL − 28.27 mL| /0.40 mL = 1.482이고, 4개 값에 대한 $G_{표}$ = 1.463이다. **$G_{계산} > G_{표}$이므로, 그 의심스러운**

점은 버려야 한다. 27.68 mL가 같은 모집단의 일원일 확률은 5%보다 작다. 실험 노트의 이상점에 사선을 그어 Grubbs 시험을 통하여 그 자료를 버렸다는 것을 표시하라.

KCl 표준 물질에 대한 적정 부피(mL): 28.52, 28.39, 28.47, ~~27.68~~ Grubbs
남은 3개의 점을 이용하여 다시 계산한 $\bar{x} = 28.467$ mL, $s = 0.075$ mL

4-7 최소 제곱법

대부분의 화학 분석의 경우, 미지 양에 대한 감응을 해석할 수 있도록 알려진 양의 분석 물질[**표준 물질**(standard)이라고 함]에 대해 분석 과정에서의 감응을 평가해야 한다. 이 목적으로 그림 0-7의 카페인에 대한 것과 같은 **교정 곡선(calibration curve)**을 그린다. 대부분의 작업은 교정 곡선이 직선인 구간에서 이루어진다.

한 직선에 정확히 놓이지 않는 약간 흩어진 실험 자료 점들을 지나는 '최적'의 직선을 그리기 위해서 **최소 제곱법(method of least square)**을 사용한다. 최적의 직선을 중심으로 점들이 위나 아래에 위치하는 형태가 된다. 우리는 교정 곡선의 불확정도와 반복 시료(미지 시료)에 대한 측정 감응의 불확정도에 기초한 화학 분석의 불확정도를 평가하는 것을 배울 것이다.

표 4-6 이상점을 버리기 위한 G의 임계값

관찰수	G (95% 신뢰도)
3	1.153
4	1.463
5	1.672
6	1.822
7	1.938
8	2.032
9	2.110
10	2.176
11	2.234
12	2.285
15	2.409
20	2.557
30	2.745
50	2.956

$G_{계산}$ = |의심스러운 값 − 평균|/s. $G_{계산} > G_{표}$이면 문제의 값은 95% 신뢰도로서 버릴 수 있다. 이 표의 값은 ASTM이 추천하는 한쪽 꼬리 시험에 대한 것이다.

출처: ASTM E 178-16a Standard Practice for Dealing with Outlying Observations (https://www.astm.org/Standards/E178.htm); F. E. Grubbs and G. Beck, Technometrics **1972**, 14, 847.

직선의 식 구하기

이 과정에서는 x 값의 오차보다 y 값의 오차가 상당히 크다고 가정한다.[5] 실험에서 분석 물질의 양(x 값)보다 실험으로 측정하는 감응(y 값)이 덜 확실한 교정 곡선에서 대체로 이 조건이 맞다. 두 번째 가정은 모든 y 값의 불확정도(표준 편차)가 비슷하다는 것이다.

그림 4-11에서 각 점과 직선 사이의 수직 편차를 최소화하는 직선을 그리는 방법을 찾아보자. 수직 편차만을 최소화하는 이유는 x 값의 불확정도보다 y 값의 불확정도가 매우 크다는 가정 때문이다.

그 직선의 식을 다음과 같이 정의하자.

직선의 식: $$y = mx + b \quad \textbf{(4-14)}$$

여기서 m은 **기울기(slope)**이고, b는 **y 절편(y intercept)**이다. 그림 4-11에서 임의의 점(x_i, y_i)에 대한 수직 편차는 $y_i - y$로 주어지는데, 여기서 y는 $x = x_i$일 때 직선의 세로 좌표이다.

$$\text{수직 편차} = d_i = y_i - y = y_i - (mx_i + b) \quad \textbf{(4-15)}$$

편차에는 양(+)의 편차도 있고, 음(−)의 편차도 있다. 편차의 부호에 관계없이 편차의 크

x와 y의 불확정도가 비슷하면 그림 4-11에서와 같이 수직 성분만을 최소화하기보다는 수직 편차와 수평 편차 모두를 최소화하는 것이 타당하다. 참고 문헌 6과 7에 x와 y의 불확정도 모두를 다루는 식이 있다.

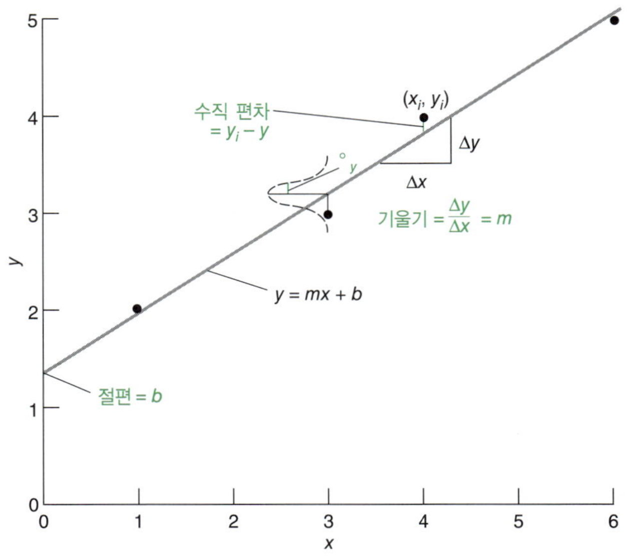

그림 4-11 최소 제곱 곡선 맞추기. 점 (3, 3) 위에 그린 Gauss 곡선은 각 y_i 값이 직선 주위로 정규 분포됨을 개략적으로 보여 준다. 즉 가장 확률이 큰 y 값은 직선 위에 있게 되지만, 직선으로부터 얼마 떨어진 y를 측정할 유한한 확률이 있다.

표 4-7 최소 제곱 분석을 위한 계산

x_i	y_i	$x_i y_i$	x_i^2	$d_i(= y_i - mx_i - b)$	d_i^2
1	2	2	1	0.038 46	0.001 479 3
3	3	9	9	−0.192 31	0.036 982
4	4	16	16	0.192 31	0.036 982
6	5	30	36	−0.038 46	0.001 479 3
$\Sigma x_i = 14$	$\Sigma y_i = 14$	$\Sigma(x_i y_i) = 57$	$\Sigma(x_i^2) = 62$		$\Sigma(d_i^2) = 0.076\ 923$

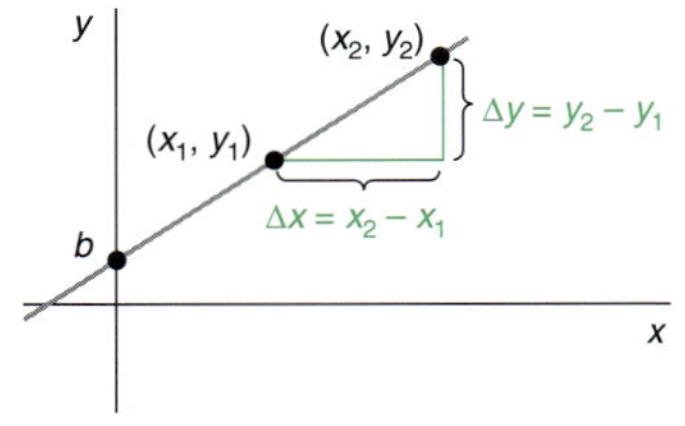

직선의 식: $y = mx + b$

기울기$(m) = \dfrac{\Delta y}{\Delta x} = \dfrac{y_2 - y_1}{x_2 - x_1}$

y 절편$(b) = y$축을 교차하는 점

행렬식을 계산하려면 대각선 원소 $e \times h$를 곱한 다음, 다른 대각선 원소 $f \times g$의 곱을 빼 준다.

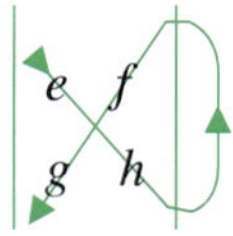

최소 제곱식의 변형

$$m = \frac{n\Sigma(x_i y_i) - \Sigma x_i \Sigma y_i}{n\Sigma(x_i^2) - (\Sigma x_i)^2}$$

$$b = \frac{\Sigma(x_i^2)\Sigma y_i - \Sigma(x_i y_i)\Sigma x_i}{n\Sigma(x_i^2) - (\Sigma x_i)^2}$$

기를 최소화하기 원하므로 편차를 제곱하여 양수만을 다룰 수 있게 한다.

$$d_i^2 = (y_i - y)^2 = (y_i - mx_i - b)^2$$

편차의 제곱을 최소화하는 것이기 때문에, 이것을 **최소 제곱법**이라고 한다.

수직 편차의 제곱의 합을 최소화하는 m 값과 b 값을 구하는 데는 약간의 대수학이 필요하지만 여기서는 생략하기로 한다. 기울기와 절편에 대한 최종 해답은 다음과 같은 **행렬식**(determinant)으로 나타내기로 한다. **행렬식** $\begin{vmatrix} e & f \\ g & h \end{vmatrix}$는 $eh - fg$라는 의미이므로 다음과 같은 계산을 할 수 있다.

$$\begin{vmatrix} 6 & 5 \\ 4 & 3 \end{vmatrix} = (6 \times 3) - (5 \times 4) = -2$$

'최적'의 직선에 대한 기울기와 절편은 다음 식으로 구한다.

최소 제곱 '최적' 직선

$$\text{기울기:} \quad m = \begin{vmatrix} \Sigma(x_i y_i) & \Sigma x_i \\ \Sigma y_i & n \end{vmatrix} \div D \tag{4-16}$$

$$\text{절편:} \quad b = \begin{vmatrix} \Sigma(x_i^2) & \Sigma(x_i y_i) \\ \Sigma x_i & \Sigma y_i \end{vmatrix} \div D \tag{4-17}$$

여기서 D는 다음과 같고, n은 점의 개수이다.

$$D = \begin{vmatrix} \Sigma(x_i^2) & \Sigma x_i \\ \Sigma x_i & n \end{vmatrix} \tag{4-18}$$

이제 이 식을 이용하여 그림 4-11에서의 네 점을 지나는 최적 직선의 기울기와 절편을 구해 보자. 그 과정을 표 4-7에 나열해 놓았다. $n = 4$임을 유의하고 여러 합계를 식 4-16, 4-17 및 4-18에 대입하면 다음과 같다.

$$m = \begin{vmatrix} 57 & 14 \\ 14 & 4 \end{vmatrix} \div \begin{vmatrix} 62 & 14 \\ 14 & 4 \end{vmatrix} = \frac{(57 \times 4) - (14 \times 14)}{(62 \times 4) - (14 \times 14)} = \frac{32}{52} = 0.615\ 38$$

$$b = \begin{vmatrix} 62 & 57 \\ 14 & 14 \end{vmatrix} \div \begin{vmatrix} 62 & 14 \\ 14 & 4 \end{vmatrix} = \frac{(62 \times 14) - (57 \times 14)}{(62 \times 4) - (14 \times 14)} = \frac{70}{52} = 1.346\ 15$$

따라서 그림 4-11의 점들을 지나는 최적 직선은

$$y = 0.615\ 38x + 1.346\ 15$$

이다. 다음 절에서 기울기 m과 절편 b의 유효 숫자에 대하여 논하기로 한다.

예제 스프레드시트로 기울기와 절편 구하기

Excel에는 SLOPE와 INTERCEPT라 불리는 함수가 있는데, 그 사용법을 여기에 보이겠다.

	A	B	C	D	E	F
1	x	y			Formulas:	
2	1	2		slope =		
3	3	3		0.61538	D3 = SLOPE(B2:B5,A2:A5)	
4	4	4		intercept =		
5	6	5		1.34615	D5 = INTERCEPT(B2:B5,A2:A5)	

D3셀에서 기울기는 식 '=SLOPE(B2:B5,A2:A5)'로 계산하는데, B2:B5는 y 값들을 포함하는 범위이고, A2:A5는 x 값들을 포함하는 범위이다.

자습 두 번째 x 값을 3에서 3.5로 바꾸고 기울기와 절편을 구하시오. (**답:** 0.610 84, 1.285 71)

최소 제곱 변수는 얼마나 믿을 만한가?[8]

기울기와 절편의 불확정도를 확인하기 위해서는 식 4-16과 4-17에 대한 불확정도 분석을 행해야 한다. m과 b의 불확정도는 각 y 값을 측정할 때의 불확정도와 관련되어 있으므로, 우선 y 값의 분포와 관련이 있는 표준 편차를 추정할 필요가 있다. 이 표준 편차 σ_y는 그림 4-11에 그려 넣은 조그만 Gauss 곡선을 특징짓는다.

측정한 네 개의 y 값에 대한 표준 편차 s_y를 계산함으로써 모든 y 값의 모집단 표준 편차인 σ_y를 추정한다. Gauss 곡선의 중앙으로부터 각 y_i 값이 벗어난 편차는 $d_i = y_i - y = y_i - (mx_i + b)$이다. 이 수직 편차의 표준 편차는 다음과 같이 주어진다.

$$\sigma_y \approx s_y = \sqrt{\frac{\sum(d_i - \bar{d})^2}{(\text{자유도})}} \tag{4-19}$$

식 4-19는 식 4-2와 유사하다.

최적 직선에 대한 평균 편차 $\bar{d}$는 0이므로 식 4-19의 분자는 $\Sigma(d_i^2)$으로 간단해진다.

자유도는 유용한 독립된 정보의 개수이다. n개의 자료 점에는 n개의 자유도가 있다. n개 점의 표준 편차를 계산할 때 우선 식 4-1로 n개의 평균을 구할 것이다. 이제 평균 외에 $n - 1$개의 정보만이 있기 때문에 식 4-2의 자유도는 $n - 1$이 된다. $n - 1$개의 값과 평균을 알면 n번째 값을 계산할 수 있다.

식 4-19에서 처음에 n개의 점으로 시작했으나 직선의 기울기와 절편을 결정하는 데 두 자유도를 써 버렸다. 그러므로 자유도는 $n - 2$이다. 식 4-19는 다음과 같이 써야 한다.

y의 표준 편차:
$$s_y = \sqrt{\frac{\sum(d_i^2)}{n-2}} \tag{4-20}$$

최소 제곱의 자유도: $n - 2$

여기서 d_i는 식 4-15로 주어진다.

식 4-16과 식 4-17에 대한 불확정도 분석을 하면 다음 결과를 얻는다.

기울기와 절편의 불확정도
$$u_m^2 = \frac{s_y^2 n}{D} \tag{4-21}$$
$$u_b^2 = \frac{s_y^2 \sum(x_i^2)}{D} \tag{4-22}$$

여기서 u_m은 기울기의 **표준 불확정도**이며 u_b는 절편의 **표준 불확정도**이고, s_y는 식 4-20으로 주어진 y의 **표준 편차**이고, D는 식 4-18로 주어진다. **표준 불확정도**(u_m와 u_b)는 평균 표준 편차이다. 교정에 사용하는 점을 두 배로 늘리면 u_m와 u_b는 $\sim 1/\sqrt{2}$ 만큼 줄어든다. 표준 편차 s_y는 측정 결과의 모집단에 대한 특성이며, 교정에 사용하는 점의 수와는 무관하다. 교정 점을 두 배로 늘려도 s_y는 거의 일정하다.

표준 불확정도(u) = 평균 표준 편차
- 더 많은 측정을 하면 u는 감소한다.
- 더 많은 측정을 하여도 표준 편차(s)는 거의 일정하다.

마침내 그림 4-11의 직선의 기울기와 절편에 대한 유효 숫자를 지정할 수 있다. 표 4-7에서의 $\Sigma(d_i^2) = 0.076\ 923$을 식 4-20에 대입하면 다음과 같다.

$$s_y^2 = \frac{0.076\ 923}{4-2} = 0.038\ 462$$

이제 식 4-21과 4-22에 수치를 대입하여 u_m^2과 u_b^2을 계산하면 다음과 같다.

$$u_m^2 = \frac{s_y^2 n}{D} = \frac{(0.038\ 462)(4)}{52} = 0.002\ 958\ 6 \ \Rightarrow\ u_m = 0.054\ 39$$
$$u_b^2 = \frac{s_y^2 \sum(x_i^2)}{D} = \frac{(0.038\ 462)(62)}{52} = 0.045\ 859 \ \Rightarrow\ u_b = 0.214\ 15$$

m, u_m, b, u_b의 결과를 종합하면 다음과 같이 쓸 수 있다.

불확정도의 첫 자릿수는 마지막 유효 숫자이다. 때로는 계산을 더 진행할 때 반올림 오차를 막기 위해 비유효 숫자를 추가로 남기기도 한다.

$$\text{기울기: } \begin{matrix} 0.615\ 38 \\ \pm 0.054\ 39 \end{matrix} = 0.62 \pm 0.05 \text{ 또는 } 0.61_5 \pm 0.05_4 \quad (4\text{-}23)$$

$$\text{절편: } \begin{matrix} 1.346\ 15 \\ \pm 0.214\ 15 \end{matrix} = 1.3 \pm 0.2 \text{ 또는 } 1.3_5 \pm 0.2_1 \quad (4\text{-}24)$$

여기서 불확정도는 u_m와 u_b이다. **불확정도의 첫 번째 자리가 기울기와 절편의 유효 숫자의 마지막 자리이다.** 많은 과학자들이 반올림 오차를 줄이려고 결과를 1.35 ± 0.21과 같이 적는다.

자유도 = $n - 2 = 2$에 기초한 기울기에 대한 95% 신뢰 구간

$= \pm tu_m = \pm(4.303)(0.054)$
$= \pm 0.23$

불확정도를 신뢰 구간으로 나타내고 싶으면 식 4-7에 의거하여 식 4-23과 4-24에서의 표준 불확정도에 표 4-2에서 $n - 2$의 자유도에 대한 Student의 t 값을 찾아서 곱해 준다.

예제 스프레드시트로 s_y, u_m, u_b 구하기

Excel 함수 LINEST는 기울기와 절편, 그리고 그들의 불확정도를 표(**매트릭스**)로 보내 준다. 예를 들어 A열과 B열에 표 4-7의 x 값과 y 값을 입력한다. 그런 다음 마우스로 3행 × 2열 영역 E3:F5를 강조한다. 이 셀 블록은 함수 LINEST의 출력을 나타내기 위하여 선택한 것이다. Formulas ribbon에서 Insert Function을 선택한다. 이어지는 화면에서 범주 선택을 클릭한 다음, 통계를 선택하고 LINEST를 더블 클릭한다. 새 화면에서 그 함수에 필요한 네 가지 값을 물을 것이다. y 값을 B2:B5에 입력한 다음, x 값을 A2:A5에 입력한다. 다음에 입력할 두 명제는 'TRUE'이다. 첫 TRUE는 Excel이 최소 제곱 직선의 y 절편을 계산하되 0이 되지 않도록 지시한다. 둘째 TRUE는 Excel이 기울기, 절편과 함께 불확정도를 인쇄하도록 지시한다. 입력할 식은 '=LINEST(B2:B5,A2:A5,TRUE,TRUE)'이다. 이제 PC에서 CONTROL+SHIFT+ENTER를 누르거나 Mac에서 CONTROL+SHIFT+RETURN을 누른다. Excel 프로그램이 E3:F5셀에 매트릭스를 인쇄할 것이다. 각 셀에 무엇이 들어 있는지 블록에 라벨을 붙인다. 기울기와 절편은 제일 윗줄에 있다. 둘째 줄에는 u_m와 u_b가 들어 있다. F5셀에는 s_y, 그리고 E5셀에는 식 5-3에 정의된 R^2이라는 양이 들어 있다. R^2은 자료가 직선에 얼마나 잘 맞는가를 나타내는 척도로서, 1에 가까울수록 잘 맞는다는 의미이다.

E3셀에 0.615 38만 표시되면 E3:F5 셀 전체를 강조하는 단계나 혹은 CONTROL+SHIFT+ENTER(PC)나 CONTROL+SHIFT+RETURN(Mac)을 입력하지 않은 것을 의미하므로 다시 시도하라.

	A	B	C	D	E	F	G
1	x	y			Output from LINEST		
2	1	2			Slope	Intercept	
3	3	3		Parameter	0.61538	1.34615	
4	4	4		u_m	0.05439	0.21414	u_b
5	6	5		R^2	0.98462	0.19612	s_y
6	Highlight cells E3:F5						
7	Type "= LINEST(B2:B5,A2:A5,TRUE,TRUE)"						
8	Press CTRL+SHIFT+ENTER (on PC)						
9	Press CTRL+SHIFT+RETURN (on Mac)						

자습 A3셀의 값을 3에서 3.5로 바꾸고 LINEST를 적용하시오. LINEST로 구한 s_y 값은 얼마인가? (**답:** 0.364 70)

4-8 교정 곡선

18-1절과 18-2절에서 빛의 흡수를 다루고 이 책에서 계속 사용하게 될 **흡광도**(absorbance)를 정의한다. 관련된 기초 지식을 위하여 이 두 절을 읽어보기 바란다.

교정 곡선(calibration curve)은 알려진 양의 분석 물질에 대한 분석 방법의 감응을 보여 준다.[9] 표 4-8에 색을 나타내는 생성물을 만드는 한 단백질 분석과 관련된 실제 자료가 주어져 있다. 분석하는 단백질의 양에 비례하는 흡광도를 **분광 광도계**(spectrophotometer)라고 하는 기기를 이용하여 측정한다. 알려진 농도의 분석 물질이 들어 있는 용액을 **표준 용액**(**standard solution**)이라고 하고, 분석 물질을 의도적으로 첨가하지 않고 분석에 사용하는 모든 시약과

표 4-8 교정 곡선의 작성에 사용된 분광 광도계 자료

단백질의 양(μg)	시료 각각의 흡광도			범위	보정 흡광도		
0	0.099	0.099	0.100	0.001	-0.000_3	-0.000_3	0.000_7
5.0	0.185	0.187	0.188	0.003	0.085_7	0.087_7	0.088_7
10.0	0.282	0.272	0.272	0.010	0.182_7	0.172_7	0.172_7
15.0	0.345	0.347	(0.392)	0.047	0.245_7	0.247_7	—
20.0	0.425	0.425	0.430	0.005	0.325_7	0.325_7	0.330_7
25.0	0.483	0.488	0.496	0.013	0.383_7	0.388_7	0.396_7

용매가 들어 있는 용액은 **바탕 용액(blank solution)**이라고 한다. 바탕 용액은 시약에 포함된 불순물이나 방해 화학종에 대한 분석 과정의 감응을 측정한다.

표 4-8의 각 행에 있는 세 흡광도를 훑어보면 흡광도 0.392는 선에서 많이 벗어난 것처럼 보인다. 15.0 μg에 대한 다른 값들과 일치하지 않고, 또한 15.0 μg 시료에 대한 범위가 다른 시료의 범위보다 훨씬 더 크다. 20.0 μg 시료까지 흡광도의 평균값들 사이에 있는 직선 관계는 또한 0.392가 잘못되었음을 지적해 준다(그림 4-12). 따라서 다음의 모든 계산에서 0.392를 제외하기로 한다.

25.0 μg 시료에 대한 세 흡광도의 평균값이 그림 4-12의 직선 아래로 내려오므로 그 값들이 어떤 알려지지 않은 이유로 낮은지 묻는 것이 합리적이다. 이 분석을 여러 번 반복한 결과 25.0 μg에 해당하는 점은 일관성 있게 직선 아래에 있고 표 4-8의 자료에는 '잘못이' 없다는 것을 확인하였다.

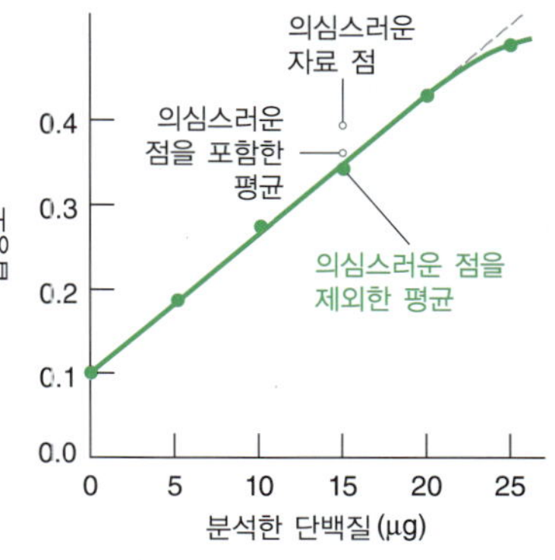

그림 4-12 분석한 단백질 마이크로그램에 대한 평균 흡광도값. 15 μg의 의심스러운 자료인 0.392를 제외하면 단백질 0 μg에서 20 μg에 대한 평균은 한 직선상에 놓인다.

교정 곡선의 작성

다음은 교정 곡선을 작성하기 위한 과정이다.

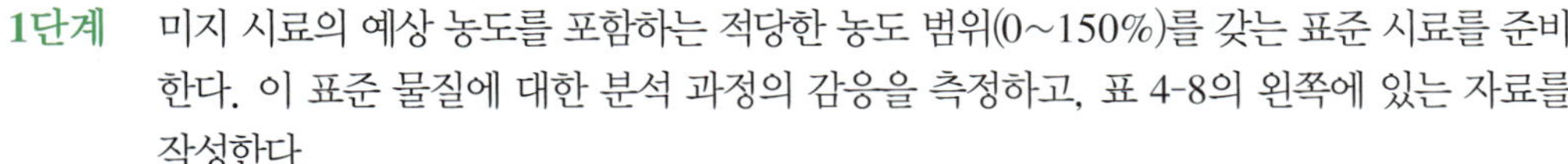

1단계 미지 시료의 예상 농도를 포함하는 적당한 농도 범위(0~150%)를 갖는 표준 시료를 준비한다. 이 표준 물질에 대한 분석 과정의 감응을 측정하고, 표 4-8의 왼쪽에 있는 자료를 작성한다.

2단계 **보정 흡광도**(corrected absorbance)를 구하기 위하여 측정된 각각의 흡광도로부터 **바탕** 시료의 평균 흡광도(0.099_3)를 빼 준다. 바탕 시료는 단백질이 들어 있지 않을 때 분석 과정의 감응을 측정한 것이다.

3단계 그림 4-13과 같이 분석한 단백질의 양 대 보정 흡광도의 그래프를 그린다. 그린 그래프에서 어느 범위까지 직선성이 유지되는지, 이상점은 없는지, 혹은 전 범위에서 y 불확정도가 대체로 일정한지 등을 검사한다.

바탕 용액의 흡광도는 첨가하는 출발 시약의 색깔, 불순물의 반응 및 분석 물질을 제외한 주성분들의 반응으로 인해 0이 되지 않는다. 바탕값은 첨가하는 시약의 종류에 따라 변하지만, 보정 흡광도는 그렇지 않다.

x가 증가함에 따라 y의 불확정도가 증가한다면 가중치를 반영한 최소 제곱이 필요하다.[10]

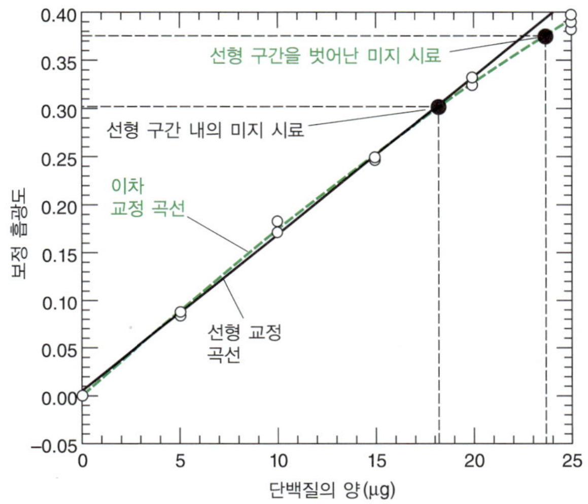

그림 4-13 표 4-8의 단백질 분석에 대한 교정 곡선. 0~20 μg 범위에서 14개의 점(흰색 원)을 연결하여 실선으로 나타낸 직선의 방정식은 최소 제곱법으로 구하였으며, 그 결과 $y = 0.016\,3_0(\pm 0.000\,2_2)\,x + 0.004_7(\pm 0.002_6)$이고, y의 표준 편차는 $s_y = 0.005_9$이다. 0~25 μg에 대하여 점선으로 나타낸 포물선의 이차방정식은 비선형 최소 제곱법(부록 C)으로 구하였다. 그 결과 $y = -1.1_7\,(\pm 0.1_8) \times 10^{-4}x^2 + 0.018\,5_8(\pm 0.000\,4_7)\,x - 0.000\,7\,(\pm 0.002\,4)$이고, $s_y = 0.004_6$이다.

보충 4-2 비선형 교정 곡선의 이용

보정 흡광도가 0.375로 그림 4-13의 선형 교정 곡선의 한계를 초과한 미지 시료를 생각해 보자. 모든 자료의 점들은 이차방정식에 맞출 수 있다(부록 C).

$$y = -1.1_7 \times 10^{-4}\, x^2 + 0.018\,5_8\, x - 0.000\,7 \qquad \text{(A)}$$

단백질의 양을 측정하기 위하여 식 A에 보정 흡광도를 대입한다.

$$0.375 = -1.1_7 \times 10^{-4}\, x^2 + 0.18\,5_8\, x - 0.000\,7$$

이것을 재배열하면

$$1.1_7 \times 10^{-4}\, x^2 - 0.018\,5_8\, x + 0.375\,7 = 0$$

이차방정식의 기본 형태는 다음과 같다.

$$ax^2 + bx + c = 0$$

여기서 두 개의 가능한 해는

$$x = \frac{-b + \sqrt{b^2 - 4ac}}{2a} \qquad x = \frac{-b - \sqrt{b^2 - 4ac}}{2a}$$

이들 식에 $a = 1.1_7 \times 10^{-4}$, $b = -0.018\,5_8$, $c = 0.375\,7$을 대입하면

$$x = 135\ \mu\text{g} \qquad x = 23._8\ \mu\text{g}$$

이 된다. 그림 4-13의 그래프에 의하면 $x = 135\ \mu$g이 아니라 $x = 23._8\ \mu$g이 옳다는 것을 알 수 있다.

4단계 최소 제곱법을 이용하여 20.0 μg의 단백질을 포함하는 시료에 대한 점(세 바탕 용액을 포함하여 표 4-8의 색칠한 곳의 14개 점)들을 지나는 최적 직선을 구한다. 식 4-16, 4-17, 4-20, 4-21, 4-22를 이용하거나, 더 유용한 방법인 엑셀의 LINEST를 이용하여 기울기와 절편 및 각각의 불확정도를 구한다.

$$m = 0.016\,3_0 \qquad u_m = 0.000\,2_2 \qquad u_y = 0.005_9$$
$$b = 0.004_7 \qquad s_b = 0.002_6$$

교정 곡선의 식: $y(\pm s_y) = [m(\pm u_m)]x + [b(\pm u_b)]$

선형 교정선의 식은 다음과 같다.

$$\underbrace{\text{보정 흡광도}}_{y} = m \times \underbrace{(\text{단백질의}\ \mu\text{g})}_{x} + b$$
$$= (0.016\,3_0)(\text{단백질의}\ \mu\text{g}) + 0.004_7 \qquad \text{(4-25)}$$

여기서 y는 보정 흡광도(= 관찰한 흡광도 − 바탕 흡광도)이다.

5단계 차후에 미지 용액을 분석할 때마다 바탕 시험을 동시에 한다. 보정 흡광도는 미지 시료의 흡광도에서 새로 측정한 바탕 흡광도를 빼 준다.

예제 선형 교정 곡선의 이용

미지 단백질 시료의 흡광도는 0.406이고, 바탕 용액의 흡광도는 0.104이다. 미지 용액 시료 중에 함유된 단백질은 몇 μg인가?

풀이 보정 흡광도는 0.406 − 0.104 = 0.302이다. 그림 4-13에 있는 교정 곡선의 선형 부분 안에 들어 있는 값이다. 따라서 식 4-25는 다음과 같이 된다.

$$\text{단백질의}\ \mu\text{g} = \frac{\text{보정 흡광도} - 0.004_7}{0.016\,3_0} = \frac{0.302 - 0.004_7}{0.016\,3_0} = 18.2_4\ \mu\text{g} \qquad \text{(4-26)}$$

자습 보정 흡광도 0.250을 나타내는 단백질의 질량은 얼마인가? (**답:** 15.0_5 μg)

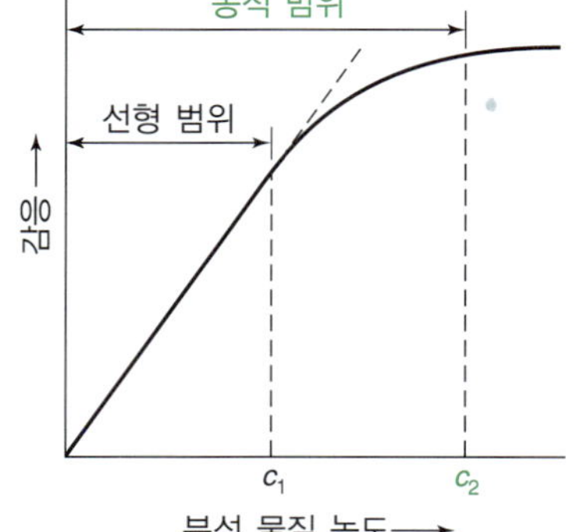

그림 4-14 선형 범위와 동적 범위를 설명하는 교정 곡선

우리는 보정 분석 신호(= 시료의 신호 − 바탕 용액의 신호)가 분석 물질의 양에 비례하는 **선형 감응(linear response)**을 나타내는 교정 방법을 선호한다. 직선 범위에서 실험하는 것이 최선이지만, 그림 4-13에서와 같이 선형 범위를 벗어나더라도(>20 μg) 그 결과가 타당한 경우도 있다. 단백질 함량을 25 μg까지 나타낸 점선은 방정식 $y = ax^2 + bx + c$에 자료의 최소 제곱 결과를 대입하여 구한 것이다(보충 4-2).

분석 방법의 **선형 범위**(**linear range**)는 감응이 농도에 직접 비례하는 분석 농도 범위이다. 이와 관련된 용어로 그림 4-14에 나타낸 **동적 범위**(**dynamic range**)는 감응이 선형은 아니지만 분석 물질에 대하여 측정 가능한 감응을 보이는 농도 범위이다.

좋은 습관

언제나 여러분의 자료를 그래프로 작성하라. 그래프를 통해 어떤 자료를 버릴 수 있는지 혹은 반복 측정이 필요한지를 결정할 수 있으며, 직선이 그래프를 나타내기에 적절한지도 확인할 수 있다. 자료를 그래프로 그리지 않고 생각 없이 최소 제곱을 적용하면 자료의 실제 의미에 대하여 눈을 감는 것과 같다. 3가지 자료를 모두 직선 $y = 0.5x + 3$에 맞춘 예를 그림 4-15에 나타내었다. (*a*)와 같이 자료가 산재한 경우 기울기와 절편의 불확정도가 매우 크다. (*b*)의 자료는 직선보다는 이차 식에 더 적합한 경우이다. (*c*)의 자료 중에는 직선에 맞추기 전에 제거해야 하는 명확한 이상점이 포함되어 있다. 자료를 그래프로 그릴 때 확인할 수 있는 더 많은 정보에 대하여 보충 4-3에 설명하였다.

얻은 데이터를 합리적으로 검사하라.

일반적으로 선형이든 비선형이든 표준 물질의 측정 범위를 벗어나게 교정 곡선을 외연장하는 것은 믿을 만한 것이 못된다. 항상 대상이 되는 전체 농도 범위 내에서 표준 물질의 흡광도를 측정해야 한다.

적어도 6개의 교정 농도를 사용하고, 미지 시료는 각각 두 번 반복 측정하기를 권한다. 보증 물질로부터 각 교정 용액을 따로 만드는 것이 가장 엄격한 절차이다. 한 개의 저장 용액을 차례로 묽히는 것은 피한다. 차례로 묽히면 저장 용액의 계통 오차를 전파시킨다. 교정 용액의 농도가 증가하는 순서대로 차례로 측정하지 말고 무작위로 측정한다.

교정 곡선에서 불확정도의 전파

앞의 예제에서 보정 흡광도가 $y = 0.302$인 미지 시료에 $x = 18.2_4$ μg의 단백질이 들어 있었다. 숫자 18.2_4에 들어 있는 불확정도는 얼마인가? 식 $y = mx + b$($y = mx$가 아닌)에 의한 불확정도의 전파는 다음과 같다.[1,12]

u_x = x의 표준 불확정도
y = 미지 시료의 보정 흡광도 = 0.302
x_i = 표 4-8에 있는 표준 시료의 μg 단백질 = (0, 0, 0, 5.0, 5.0, 5.0, 10.0, 10.0, 10.0, 15.0, 15.0, 20.0, 20.0, 20.0)
$\bar{y}$ = 14개 y 값의 평균 = 0.161_8
$\bar{x}$ = 14개 x 값의 평균 = 9.64_3 μg

x의 표준 불확정도 = 평균 표준 편차 =

$$u_x = \frac{s_y}{|m|}\sqrt{\frac{1}{k} + \frac{1}{n} + \frac{(y - \bar{y})^2}{m^2\Sigma(x_i - \bar{x})^2}} \tag{4-27}$$

여기서 s_y는 y의 표준 편차(식 4-20)이고, $|m|$은 기울기의 절댓값(=ABS(m) 엑셀에서), k는 미지 시료의 반복 측정 횟수이고, n은 자료 점의 수(표 4-8에서 14)이다. $\bar{y}$는 교정 곡선 상에 있는 점에 대한 y의 평균값이며, x_i는 교정 곡선 상에 있는 각 x의 개별값이고, $\bar{x}$는 교정 곡선 상에 있는 점에 대한 x의 평균값이다. 미지 시료를 한 번 측정하면 $k = 1$이고 식 4-27로 계산하면 $u_x = \pm 0.3_9$ μg을 얻는다. 미지 시료를 네 번 반복 측정($k = 4$)하여 보정 흡광도의 평균이 0.302였다면, 불확정도는 $u_x = \pm 0.2_3$ μg으로 줄어든다.

u_x(x의 표준 불확정도)가 감소하는 경우

- 측정에서의 표준 편차(s_y)가 작을수록
- 교정 곡선의 기울기(m)가 클수록
- 미지 시료에 대한 측정 횟수(k)가 증가할수록
- 교정 곡선의 데이터 점(n)이 많을수록
- 측정값(y)이 교정 범위의 중심($\bar{y}$)에 가까울수록
- 교정 범위가 넓을수록(큰 $\Sigma(x_i - \bar{x})^2$)

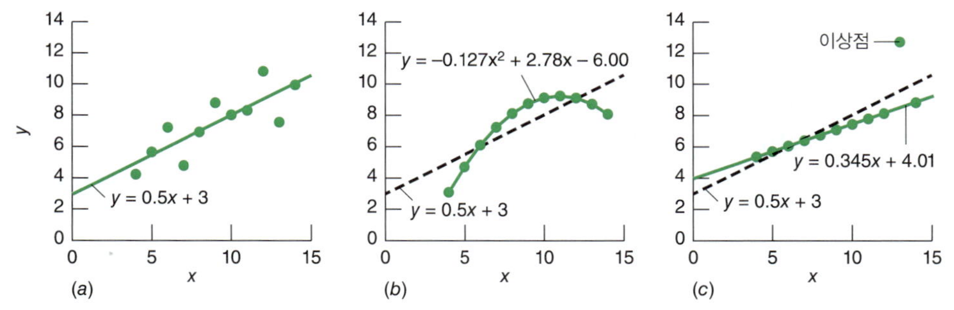

그림 4-15 최소 제곱을 적용할 때 동일한 직선인 $y = 0.5x + 3$을 얻을 수 있는 서로 다른 3종류의 데이터 [출처: F. J. Anscombe, "Graphs in Statistical Analysis," *Am. Statistician* **1973**, *27*, 17.]

보충 4-3 그래프는 자료를 시각화하는 데 중요하다

그래프는 자료의 결정적인 특성을 알려주고, 통계 분석에 대한 길잡이 역할을 한다.[11] (*a*)의 **막대그래프**의 높이는 두 자료의 평균을 나타내고, 오차 막대는 ±표준 편차(평균 표준 편차)에 해당한다. (*b*)~(*e*)의 자료 1과 2는 (*a*)의 자료 1과 2와 유사한 평균과 표준 불확정도를 갖는 자료들이다. 그러나 점으로 그리면 막대그래프에서는 드러나지 않는 자료의 다른 특성을 확인할 수 있다.

(*b*)의 두 자료는 이 장에서 배운 통계 시험에서 가정하고 있는 정상 분포를 하고 있다. 그러나 표준 편차가 서로 통계적으로 다르지 않다고 가정할 때 두 자료의 평균이 나타내는 작은 차이가 95% 신뢰 수준에서 상당하다는 것을 보여 준다.

(*c*)의 자료는 Grubbs 시험에 의하여 이상점으로 판명된 높은 값을 나타내는 점을 포함하고 있다. (*d*)에서의 두 자료 각각은 두 개의 부분 집합으로 구성되어 있다. 이런 경우에는 큰 값과 작은 값으로 이루어진 **이중 분포**(bimodal)를 보인다고 한다. (*e*)의 두 번째 자료는 4개의 결과만 포함하고 있다. 두 자료가 실제로 차이가 있는지를 판단하려면 더 많은 결과가 필요하다. 자료를 점으로 나타내면 자료의 분포나 이상점 등을 확인할 수 있고, 평균과 표준 불확정도만으로 내린 판단과는 다른 결론을 얻을 수도 있다.

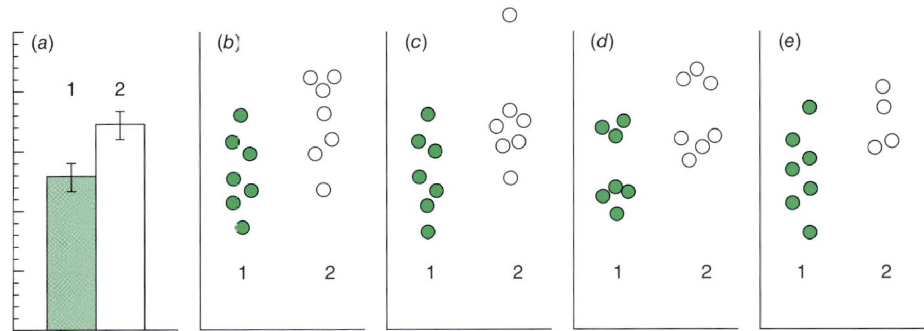

서로 다른 자료로부터 유사한 막대그래프를 얻을 수 있다. (*a*)~(*e*)의 그래프에 나타낸 자료들의 평균과 표준 편차(표준 불확정도)는 비슷할 수 있지만, 자료 1과 자료 2가 차이가 있는지에 대하여 다른 결론을 내릴 수도 있다. [출처: T. L. Weissgerber, N. M. Milic, S. J. Winham, and V. D. Garovic, "Beyond Bar and Line Graphs," *PLOS Biology* **2015**, *13*(4), e100218. Open Access. See also T. L. Weissgerber et al., "Data Visualization, Bar Naked," *J. Biol. Chem.* **2017**, *292*, 20592. Open Access.]

표 4-4에 없는 *t* 값을 찾으려면 Excel 함수 T.INV.2T를 사용한다. 자유도 12와 95% 신뢰도에서 함수 T.INV.2T(0.05,12)의 결과는 t = 2.1790이다.

x에 대한 신뢰 구간은 $\pm tu_x$인데, 이때 t는 자유도 $n-2$에 대한 Student의 t(표 4-4)이다. 만약 $u_x = \pm 0.2_3$ μg이고 $n = 14$(자유도 12)이면, x에 대한 95% 신뢰 구간은 $\pm tu_x = \pm(2.179)(0.2_3) = \pm 0.5_0$ μg이다. u_x는 평균의 표준 편차이므로 신뢰 구간을 구하는 데 $1/\sqrt{n}$은 사용하지 않는다.

불확정도의 전파

이제는 불확정도의 전파를 다루는 모든 도구를 갖추었기 때문에 3장에서보다 더 많은 정보를 얻을 수 있다. 더 많은 정보가 필요하면 부록 B의 내용을 참고하라.

4-9 최소 제곱을 위한 스프레드시트

그림 4-16은 식 4-27에 의하여 계산되는 오차 전파를 포함하여 최소 제곱 분석을 수행하는 내용이다. B열과 C열에 x 값과 y 값을 입력한다. 그다음 B10:C12셀을 선택한다. 식 '=LINEST(C4:C7,B4:B7,TRUE,TRUE)'를 입력하고, PC에서는 CONTROL+SHIFT+ENTER를 누르거나 Mac에서는 CONTROL+SHIFT+RETURN을 누른다. LINEST는 B10:C12셀에 m, b, u_x, u_b, R^2, s_y에 대한 결과 값을 생성한다. A10:A12셀과 D10:D12셀에 라벨을 표시하여 B10:C12셀에 있는 숫자가 뜻하는 것을 알게 한다.

B14셀은 식 '=COUNT(B4:B7)'를 이용하여 자료 점의 수를 계산한다. B15셀은 y의 평균값을 계산한다. B16셀은 식 4-27에서 필요한 합 $\Sigma(x_i - \bar{x})^2$을 계산한다. 그 합은 자주 쓰이므로 Excel에는 Insert Function 화면의 Statistics 메뉴에서 찾을 수 있는 DEVSQ라고 하는 함수가 내장되어 있다.

그림 4-15의 x에 대한 95% 신뢰 구간:

$$x \pm tu_x = 2.232\,5 \pm (4.303)(0.373\,5) = 2.2 \pm 1.6$$

(자유도 = $n - 2 = 2$)

미지 시료를 여러 번 측정하여 얻은 y의 평균값을 B18셀에 입력한다. B19셀에는 미지 시료의 측정 횟수를 입력한다. B20셀은 y의 평균값에 해당하는 x 값을 계산한다. B21셀은 식 4-27을 써서 미지 시료의 x 값의 불확정도 u_x(평균 표준 편차)를 구한다. x의 신뢰 구간을 원

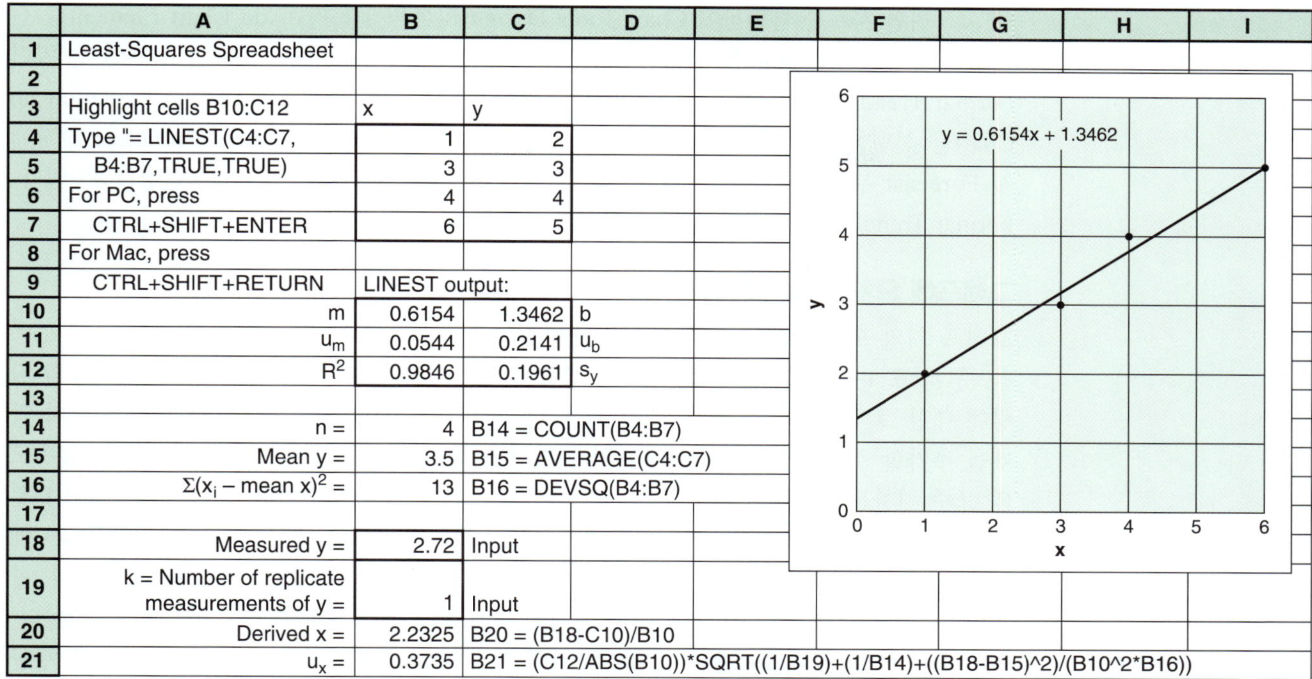

	A	B	C	D
1	Least-Squares Spreadsheet			
2				
3	Highlight cells B10:C12	x	y	
4	Type "= LINEST(C4:C7,	1	2	
5	B4:B7,TRUE,TRUE)	3	3	
6	For PC, press	4	4	
7	CTRL+SHIFT+ENTER	6	5	
8	For Mac, press			
9	CTRL+SHIFT+RETURN	LINEST output:		
10	m	0.6154	1.3462	b
11	u_m	0.0544	0.2141	u_b
12	R^2	0.9846	0.1961	s_y
13				
14	n =	4	B14 = COUNT(B4:B7)	
15	Mean y =	3.5	B15 = AVERAGE(C4:C7)	
16	$\Sigma(x_i - \text{mean } x)^2$ =	13	B16 = DEVSQ(B4:B7)	
17				
18	Measured y =	2.72	Input	
19	k = Number of replicate measurements of y =	1	Input	
20	Derived x =	2.2325	B20 = (B18-C10)/B10	
21	u_x =	0.3735	B21 = (C12/ABS(B10))*SQRT((1/B19)+(1/B14)+((B18-B15)^2)/(B10^2*B16))	

그림 4-16 최소 제곱 분석을 위한 스프레드시트

한다면 원하는 신뢰 수준에서 표 4-4에서 찾은 자유도 $n - 2$의 Student t를 u_x에 곱한다.

우리는 언제나 교정점이 직선 위에 놓이는지 알고 싶어 한다. 2-11절의 지시를 따라 교정 자료를 (선이 아닌) 표시를 포함한 흩어진 점으로 그래프를 그려라. Excel 2016에서 직선

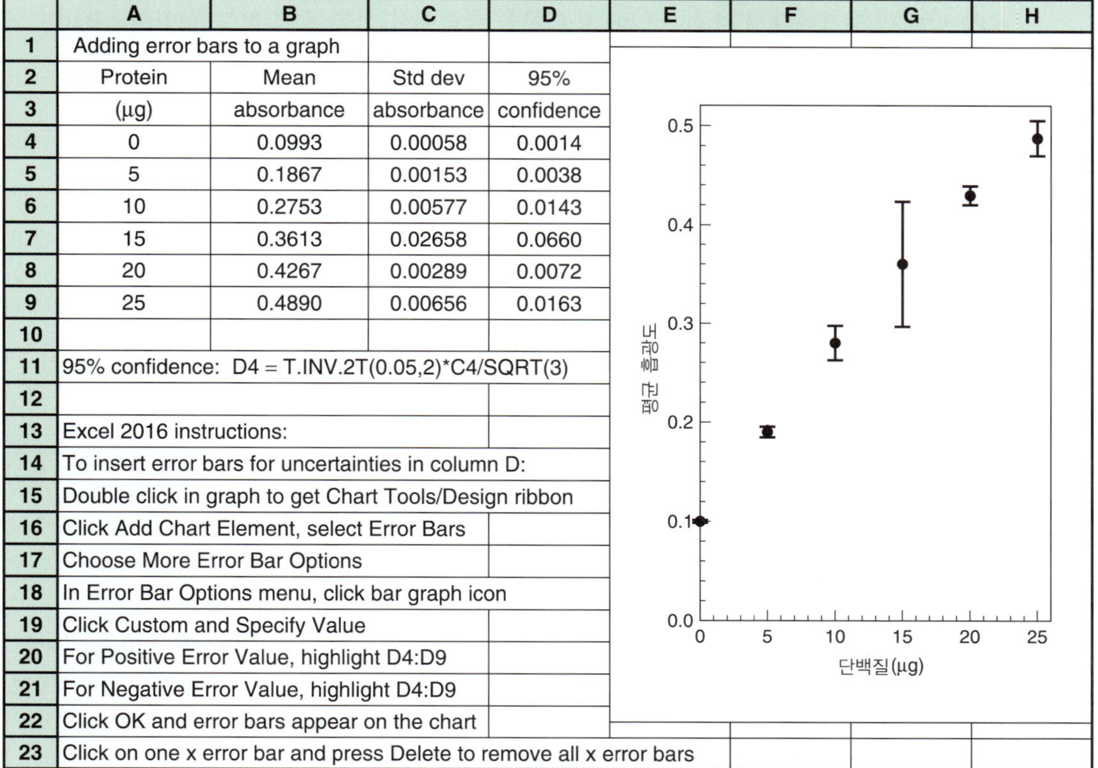

	A	B	C	D
1	Adding error bars to a graph			
2	Protein	Mean	Std dev	95%
3	(μg)	absorbance	absorbance	confidence
4	0	0.0993	0.00058	0.0014
5	5	0.1867	0.00153	0.0038
6	10	0.2753	0.00577	0.0143
7	15	0.3613	0.02658	0.0660
8	20	0.4267	0.00289	0.0072
9	25	0.4890	0.00656	0.0163
10				
11	95% confidence: D4 = T.INV.2T(0.05,2)*C4/SQRT(3)			
12				
13	Excel 2016 instructions:			
14	To insert error bars for uncertainties in column D:			
15	Double click in graph to get Chart Tools/Design ribbon			
16	Click Add Chart Element, select Error Bars			
17	Choose More Error Bar Options			
18	In Error Bar Options menu, click bar graph icon			
19	Click Custom and Specify Value			
20	For Positive Error Value, highlight D4:D9			
21	For Negative Error Value, highlight D4:D9			
22	Click OK and error bars appear on the chart			
23	Click on one x error bar and press Delete to remove all x error bars			

그림 4-17 그래프에 95% 신뢰 오차 막대 추가

을 그으려면 차트를 클릭하여 Chart Tools Design 리본을 얻는다. Add Chart Element를 선택하고 그다음 Trendline을 선택한 다음, Choose More Trendline Option을 선택한다. 열린 Format Trend 창에서 막대그래프 아이콘을 클릭한 다음, Linear and Display Equation on Chart를 선택한다. 최소 제곱 직선과 그 식이 그래프에 생성된다. Format Trendline 상자에서 Forecast 부분을 이용하여 자료 점 범위를 벗어나 앞 또는 뒤로 직선을 연장할 수 있다. Format Trendline 상자를 이용하여 색깔과 직선의 모양과 색깔을 바꿀 수도 있다.

그래프에 오차 막대 추가하기

신뢰 구간 = $\pm ts/\sqrt{n}$
t = 95% 신뢰도와 자유도 $n - 1 = 2$에 대한 Student의 t
s = 표준 편차
n = 평균 계산에 이용된 수 = 3

그래프 위의 오차 막대는 자료의 질을 판단하고 곡선이 자료에 잘 맞는지 판단하는 데 도움을 준다. 표 4-8의 자료를 고려해 보자. 2열에서 4열까지의 평균 흡광도 대 1열의 시료의 질량에 대한 그래프를 그려 보자. 그런 다음 각 점에 대해 95% 신뢰 구간에 해당하는 오차 막대를 추가할 것이다. 그림 4-17의 A열에 질량을, B열에 평균 흡광도를 나열하였다. 흡광도의 표준 편차는 C열에 주어져 있다. 95% 신뢰 구간은 여백에 주어진 식으로 계산하고 D열에 나타내었다. Student의 $t = 4.303$은 95% 신뢰도와 자유도 $3 - 1 = 2$에 대해 표 4-4에서 찾은 것이다. 다른 방법은 B11셀에서 함수 T.INV.2T(0.05,2)를 이용하여 Student의 t를 계산할 수도 있다. T.INV.2T에 대한 매개 변수는 95% 신뢰도에 대한 0.05, 자유도 2이다. D4셀에서 95% 신뢰 구간은 '=T.INV.2T(0.05,2)*C4/SQRT(3)'으로 계산한다. B열의 평균 흡광도(y) 대 A열의 단백질 질량(x)을 그릴 수 있어야 한다.

Excel 2016에서 오차 막대를 추가하기 위해서 그래프의 한 점을 더블 클릭한다. Chart Tools Design 리본에서 Add Chart Element를 클릭한 다음, Error Bars를 선택하고 More Error Bars Options를 고른다. Error Bar Option 메뉴에서 막대그래프 아이콘을 클릭한다. Error Amount를 위해, Custom and Specify Value를 고른다. Positive Value와 Negative Value를 위해 D4:D9를 입력한다. 이는 스프레드시트에게 95% 신뢰 구간을 이용하여 오차 막대를 표시할 것을 지시한 것이다. OK를 클릭하면, 그래프에는 x 오차 막대와 y 오차 막대를 함께 나타난다. 임의의 x 오차 막대 한 개를 선택하여 클릭하고 Delete를 누르면 모든 x 오차 막대가 제거된다. Fill and Line 아이콘을 클릭해서 선을 굵게 하는 등 Error Bar의 모양을 바꿀 수 있다.

이해해야 할 용어

- F 시험(F test)
- Gauss 분포(Gaussian distribution)
- Grubbs 시험(Grubbs test)
- Student의 t(Student's t)
- t 시험(t test)
- 가변도(variance)
- 가정 시험(hypothesis test)
- 교정 곡선(calibration curve)
- 기울기(slope)
- 동적 범위(dynamic range)
- 바탕 용액(blank solution)
- 상대 표준 편차(relative standard deviation)
- 선형 감응(linear response)
- 선형 범위(linear range)
- 신뢰 구간(confidence interval)
- 영가설(null hypothesis)
- 이상점(outlier)
- 자유도(degree of freedom)
- 절편(intercept)
- 정밀도(precision)
- 정확도(accuracy)
- 최소 제곱법(method of least square)
- 평균(average)
- 평균(mean)
- 평균 표준 편차(standard deviation of the mean)
- 표준 불확정도(standard uncertainty)
- 표준 용액(standard solution)
- 표준 편차(standard deviation)
- 행렬식(determinant)

요약

하나의 실험적 양을 여러 번 측정한 결과는 Gauss 분포를 따른다. 측정 횟수가 아주 많아지면 평균값 $\bar{x}$는 참 평균값 μ에 접근한다. 분포가 넓을수록 표준 편차 σ가 커진다. n번 측정 결과에 대한 표준 편차는 식 $s = \sqrt{[\Sigma(x_i - \bar{x})^2]/(n-1)}$로 주어진다. 모든 측정의 약 2/3가 $\pm 1\sigma$ 내에 있고, 95%는 $\pm 2\sigma$ 내에 있다. 어떤 구간에서 특정한 값을 관찰할 확률은 그 구간의 면적에 비례한다. 표준 편차 s는 각 측정의 불확정도의 척도이다. 평균 표준 편차(표준 불확정도 u라고도 함) $s/\sqrt{n}$은 n회 측정한 평균의 불확정도의 척도이다.

F 시험은 두 표준 편차가 서로 매우 다른지를 판단하기 위하여 사용한다. $F(= s_1^2/s_2^2)$가 표의 값보다 크면, 두 벌의 데이터가 동일한 모집단 표준 편차를 갖는 모집단으로부터 얻어졌을 가능성이 5% 미만이다.

Student의 t는 신뢰 구간($\mu = \bar{x} \pm ts/\sqrt{n}$)을 구하는 것과 서로 다른 방법으로 측정한 두 평균값을 비교하는 데 이용된다. (F 시험 결과) 두 표준 편차가 상당히 다르지 않으면 식 4-10a를 이용하여 합동 표준 편차를 구하고 식 4-9a를 이용하여 t를 계산한다. 구한 t가 자유도 $n_1 + n_2 - 2$에 대한 표에서 구한 t보다 크면, 두 벌의 데이터가 동일한 모집단 표준 편차를 갖는 모집단으로부터 얻어졌을 가능성이 5% 미만이다. 두 표준 편차가 상당히 차이가 나면 식 4-10b를 이용하여 자유도를 계산하고 식 4-9b를 이용하여 t를 계산한다. t 시험의 다른 예로 (1) 측정된 값과 '공인된' 값의 비교, (2) 동일한 시료에 대하여 두 분석법을 한 번씩 적용한 결과에 대한 비교(t 시험) 등이다.

Grubbs 시험은 의심스러운 자료를 버려야 할지를 결정하는 데 도움을 준다. 자료를 취하거나 버리는 결정이 옳을 확률을 높이려면 실험을 더 많이 반복하는 것이 가장 좋다.

교정 곡선은 알려진 양의 분석 물질(표준 용액)에 대한 화학 분석의 감응을 보여 준다. 항상 교정에 사용할 자료에 대한 그래프를 그려야 한다. 이상점의 유무를 점검하고 직선을 사용해도 되는지 확인해야 한다. 선형 감응을 보이면 보정한 분석 신호(= 시료의 신호 − 바탕 신호)는 분석 물질의 양에 비례한다. 바탕 용액은 표준 용액과 미지 시료의 용액을 만들 때 사용한 것과 같은 시약과 용매로 만들지만, 의도적으로 분석 물질은 첨가하지 않는다. 바탕 용액은 분석 과정이 시약에 들어 있는 불순물 또는 방해 물질에 어떻게 감응하는가를 보여 준다. 교정 곡선을 그리기 전에 표준 물질의 측정값에서 바탕값을 빼 준다. 자료를 분석하기 전에 표준 물질과 미지 시료의 감응에서 바탕값을 빼 준다.

최소 제곱법은 실험 자료 점들을 지나는 '최적'의 직선의 식을 결정하는 데 쓰인다. 식 4-16~4-18, 그리고 식 4-20~4-22를 이용하여 최소 제곱 기울기와 절편, 그리고 그들의 표준 불확정도를 계산할 수 있다. 식 4-27은 교정 곡선을 이용하여 y의 측정값으로부터 계산된 x의 불확정도를 추정한다. 스프레드시트를 이용하여 최소 제곱의 계산과 그 결과를 쉽게 그릴 수 있다.

연습 문제

4-A. 116.0, 97.9, 114.2, 106.8, 108.3에 대한 평균, 표준 편차, 표준 불확정도(평균 표준 편차), 범위, 평균에 대한 90% 신뢰 구간을 구하시오. Grubbs 시험을 써서 97.9를 버려야 할지 결정하시오.

4-B. **표준 편차를 위한 스프레드시트.** 두 가지 다른 방법으로 한 줄의 숫자에 대한 평균과 표준 편차를 계산하는 스프레드시트를 만들자. 아래의 스프레드시트는 이 문제의 모형이다.

(a) 이 모형을 여러분의 스프레드시트에 재생하시오. B4~B8셀에 평균과 표준 편차를 계산할 데이터(x 값)가 들어 있다.

(b) B4에서 B8까지의 수의 합을 계산할 식을 B9셀에 적으시오.

(c) 그 평균을 계산할 식을 B10셀에 적으시오.

(d) B4셀의 x와 B10셀의 평균으로 (x − 평균)을 계산할 식을 C4셀에 적으시오. C4셀을 강조(Highlight)한다. C4셀의 오른쪽 아래에 표시된 작은 네모(채우기 핸들)를 선택한 다음, C5셀에서 C8셀까지 드래그해서 C5~C8셀에 계산값을 쓰시오.

(e) C4셀 값의 제곱을 계산할 식을 D4셀에 적으시오. D4셀을 강조한 후 작은 검정 네모를 선택한 다음, D8셀까지 드래그해서 D5~D8셀에 계산값을 쓰시오.

(f) D4셀에서 D8셀까지 수의 합을 계산할 식을 D9셀에 적으시오.

(g) 표준 편차를 계산할 식을 B11셀에 적으시오.

(h) B13~B18셀에 사용한 식을 기록해 두시오.

(i) 이제 스프레드시트에 적어 넣은 식을 사용하여 문제를 단순화하겠다. B21셀에 '=SUM (B4:B8)'을 입력한다. 이것은 B4셀에서 B8셀의 수의 합을 구하는 것을 뜻한다. B21셀은 B9셀과 같은 수를 나타내야 한다. 일반적으로, 사용자는 어떤 함수가 사용 가능한지, 또 그것을 어떻게 사용하는지 모른다. Excel 2016에서 Formular ribbon과 Insert Function에서 SUM을 찾으면 된다.

(j) B22셀을 선택하고 Insert Function으로 가서 AVERAGE를 찾는다. B22셀에 '=AVERAGE(B4:B8)'을 입력하면 그 값은 B10셀과 같아야 한다.

(k) B23셀에는 표준 편차 함수('=STDEV.S(B4:B8)')를 입력하고 그 값이 B11셀과 일치하는지를 확인한다.

	A	B	C	D
1	표준 편차 계산			
2				
3		데이터 = x	x-평균	(x-평균)^2
4		17.4		
5		18.1		
6		18.2		
7		17.9		
8		17.6		
9	합 =			
10	평균 =			
11	표준 편차 =			
12				
13	식:	B9 =		
14		B10 =		
15		B11 =		
16		C4 =		
17		D4 =		
18		D9 =		
19				
20	내장된 함수를 이용한 계산:			
21	합 =			
22	평균 =			
23	표준 편차 =			

4-C. 이 연습 문제를 위해 표 4-1을 이용한다. 자동차 브레이크 10 000개에 대한 자료를 모았다고 가정하자. 80%가 닳는 마일수를 기록했더니, 평균이 62 700마일이고, 그 표준 편차가 10 400마일이었다.

(a) 40 860마일 이내에서 80%가 닳을 것으로 예상되는 브레이크의 분율은 얼마인가?

(b) 57 500마일에서 71 020마일 사이에 80%가 닳을 것으로 예상되는 브레이크의 분율은 얼마인가?

4-D. 4개의 반복 시료에 포함된 탄산수소 이온의 함량을 두 가지 서로 다른 방법으로 각각 측정하여 다음의 결과를 얻었다.

방법 1: 31.40, 31.24, 31.18, 31.43 mM

방법 2: 30.70, 29.49, 30.01, 30.15 mM

(a) 각 분석 결과에 대한 평균, 표준 편차, 표준 불확정도(=평균 표준 편차)를 구하시오.

(b) 95% 신뢰 수준에서 두 표준 편차는 상당히 다른가?

4-E. 믿을 만한 방법으로 분석한 결과 어떤 세포의 ATP(adenosine triphosphate) 함량이 111 μmol/100 mL로 구해졌다. 새로 개발한 분석 방법으로 반복 실험하여 117, 119, 111, 115, 120 μmol/100 mL(평균 = $116._4$)의 결과를 얻었다. 95% 신뢰 수준에서 새 결과가 알려진 값과 일치하는가?

4-F. 북극해 침전물에 들어 있는 극미량의 유독성 인공 헥사클로로헥세인을 기존의 방법과 두 가지 새로운 방법으로 추출하여 크로마토그래피로 측정하였다.

방법	구한 농도(pg/g)	표준 편차(pg/g)	반복 횟수
기존	34.4	3.6	6
방법 A	42.9	1.2	6
방법 B	51.1	4.6	6

출처: D. Sterzenbach, B. W. Wenclawiak, and V. Weigelt, "Determination of Chlorinated Hydrocarbons in Marine Sediments at the Part-Per-Trillion Level with Supercritical Fluid Extraction," *Anal. Chem.* **1997**, *69*, 831.

(a) 농도 pg/g는 백만분의 일과 10억분의 일 중 어떤 단위인가? 또는 이와 다른 어떤 것인가?

(b) 방법 B의 표준 편차는 기존 방법의 표준 편차와 상당히 다른가?

(c) 방법 B의 평균 농도는 기존 방법의 평균 농도와 상당히 다른가?

(d) 방법 A와 기존 방법에 대하여 **(b)**와 **(c)**에서와 같은 질문에 답하시오.

4-G. **교정 곡선**(이 문제는 계산기로 풀 수 있으나, 그림 4-16의 스프레드시트를 이용하는 것이 더 쉽다). Bradford의 단백질 정량에 이용되는 염료는 단백질에 결합되면 그 색이 갈색에서 푸른색으로 변한다. 흡광도를 측정한 결과가 다음과 같다.

단백질(μg):	0.00	9.36	18.72	28.08	37.44
흡광도(595 nm에서):	0.466	0.676	0.883	1.086	1.280

(a) 최소 제곱법을 이용하여 이 점들을 지나는 최적 직선의 식을 $y = [m(\pm u_m)]x + [b(\pm u_b)]$의 형태로, 적당한 수의 유효 숫자와 함께 나타내시오.

(b) 실험 자료와 계산한 직선을 보여 주는 그래프를 그리시오.

(c) 미지 단백질 시료의 흡광도가 0.973이었다. 그 시료에 포함된 단백질의 마이크로그램수를 계산하고 불확정도를 추정하시오.

문제

Gauss 분포

4-1. 어느 실험의 표준 편차와 정밀도의 관계는 무엇인가? 표준 편차와 정확도의 관계는 무엇인가?

4-2. 표 4-1을 사용하여 다음 구간 안에 포함되는 Gauss 집단의 분율을 계산하시오.

(a) $\mu \pm \sigma$ **(c)** μ에서 $+\sigma$ **(e)** $-\sigma$에서 -0.5σ

(b) $\mu \pm 2\sigma$ **(d)** μ에서 $+0.5\sigma$

4-3. 다른 곳에서 나온 시료 중의 ^{69}Ga과 ^{71}Ga 동위 원소의 원자 수의 비를 측정하여 보고된 Ga 원자량의 차이를 이해하려고 한다. 8개 시료에 대한 결과는 다음과 같다.

시료	$^{69}Ga/^{71}Ga$	시료	$^{69}Ga/^{71}Ga$
1	1.526 60	5	1.528 94
2	1.529 74	6	1.528 04
3	1.525 92	7	1.526 85
4	1.527 31	8	1.527 93

출처: J. W. Gramlich and L. A. Machlan, "Isotopic Variations in Commercial High-Purity Gallium," *Anal. Chem.* **1985**, *57*, 1788.

(a) 평균, **(b)** 표준 편차, **(c)** 가변도, **(d)** 평균 표준 편차를 구하시오. **(e)** 적당한 유효 숫자의 개수로 평균과 표준 편차를 함께 적으시오.

4-4. 화학 우화. 토끼와 거북이가 정량 분석을 수행하기로 하였다(무슨 이유인지 모르지만). 처음 1시간 동안 토끼는 10회의 적정을 하였고, 그 결과 표준 편차(s)가 1.5%였고, 거북이는 단지 두 번의 적정을 한 결과, 표준 편차가 0.5%였다. **(a)** 처음 1시간 동안 토끼와 거북이의 평균 표준 편차는 각각 얼마인가? **(b)** 2시간 동안의 결과(토끼는 20회, 거북이는 4회)는 어떠한가? **(c)** 이 우화가 의미하는 것은 무엇인가?

4-5. Francis Marion 대학의 학생들이 M&M®이 4개씩 들어 있는 16세트와, 16개씩 들어 있는 16세트에 포함된 캔디의 질량을 각각 측정하여 다음과 같은 결과를 얻었다.

세트당 4개의 캔디가 들어 있는 경우 캔디의 평균 질량		세트당 16개의 캔디가 들어 있는 경우 캔디의 평균 질량	
0.879 9	0.866 7	0.900 4	0.892 5
0.935 6	0.890 2	0.915 2	0.895 8
0.887 6	0.919 5	0.905 6	0.899 6
0.855 3	0.946 9	0.886 7	0.870 7
0.912 2	0.865 0	0.892 6	0.910 5
0.857 5	0.875 5	0.909 7	0.901 9
0.892 8	0.870 1	0.885 5	0.880 3
0.874 6	0.913 8	0.891 3	0.905 5
평균 =			
표준 편차 =			

출처: K. Varazo, Francis marion University.

(a) 왼쪽과 오른쪽에 나타낸 16개 값에 대한 평균을 각각 구하시오.
(b) 왼쪽과 오른쪽에 나타낸 16개 값에 대한 표준 편차를 각각 구하시오.
(c) 4개의 캔디가 들어 있는 세트의 평균에 대한 표준 편차로부터, 16개의 캔디가 들어 있는 세트의 표준 편차를 예측해 보시오. 예상값과 **(b)**에서 구한 값을 비교하시오.

4-6. 확률론에 의하면, 그림 4-1에서와 같이 50개의 동전을 던졌을 때의 모집단 평균 $\mu = 25.00$이고, 모집단 표준 편차는 3.54이다.
(a) 엑셀 함수 NORM.DIST를 사용하여 앞면이 나온 동전의 개수가 31개 이상일 분율을 계산하시오.
(b) 앞면이 나온 동전의 수가 18~22개 사이일 분율은 얼마인가?

4-7. 그림 4-1의 Gauss 곡선의 식은 다음과 같다.

$$y = \frac{(\text{던진 총 횟수})}{s\sqrt{2\pi}} e^{-(x-\bar{x})^2/2s^2}$$

그림 4-1b에서와 같이 50개의 동전을 400번 던졌을 때 앞면이 나온 동전 개수의 평균 $\bar{x}$는 24.98이었고, 표준 편차는 3.71이었다. 아래와 같은 엑셀 스프레드시트를 작성하여 앞면의 수가 10에서 40까지인 그림 4-1에서와 같은 Gauss 곡선의 좌표를 계산하시오. 컴퓨터가 의도한 대로 계산을 수행하도록 스프레드시트의 아래쪽 식에 괄호를 많이 사용한 것을 주목하시오. 엑셀을 써서 계산 결과에 대한 그래프를 그리시오.

	A	B	C
1	동전 던지기에 대한 Gaussian 곡선(그림 4-1b)		
2			
3	평균 =	x (앞면)	y (결과 빈도)
4	24.98	10	0.01
5	표준 편차 =	11	0.04
6	3.71	12	0.09
7	전체 던진 횟수 =	15	1.15
8	400	20	17.47
9	sqrt(2*pi()) =	30	17.22
10	2.50662827	40	0.01
11			
12	C4셀에 대한 수식 = ($A$8/($A$6*$A$10))		
13	*EXP(-((B4-$A$4)^2/(2*$A$6^2)))		

4-8. 표준 편차 값으로 각각 3, 6, 9를 이용하여 문제 4-7을 다시 계산하시오. 3개의 결과를 그래프 하나에 함께 나타내시오.

F 시험, 신뢰 구간, *t* 시험, Grubbs 시험

4-9. 신뢰 구간의 의미는 무엇인가?

4-10. 많은 측정을 할 때 그림 4-5a에서 모집단 평균(10 000)을 포함할 것으로 예상되는 수직 막대의 분율은 얼마인가? 그림 4-5에서 90% 신뢰 구간의 막대가 50% 신뢰 구간의 막대보다 더 긴 이유는 무엇인가?

4-11. 평균값을 비교하기 위해 공부한 세 가지 다른 경우를 나열하고 각 경우에 사용한 식을 적으시오.

4-12. 가솔린에 있는 첨가물의 백분율을 6회 측정하여 0.13, 0.12, 0.16, 0.17, 0.20, 0.11%를 얻었다. 그 첨가물의 백분율에 대하여 90%와 99% 신뢰 구간을 구하시오.

4-13. 문제 4-3의 8번 시료를 7회 분석하여 $\bar{x} = 1.527\ 93$, $s = 0.000\ 07$을 얻었다. 시료 8에 대해 99% 신뢰 구간을 구하시오.

4-14. 의과대학 실험실의 실습생이 95% 신뢰 수준에서 경력자의 결과와 일치하면 독자적으로 일할 수 있도록 허락된다. 혈액 중 요소 질소 분석 결과는 아래와 같다.

실습생: $\bar{x} = 14.5_7$ mg/dL $s = 0.5_3$ mg/dL $n = 6$개 시료
경력자: $\bar{x} = 13.9_5$ mg/dL $s = 0.4_2$ mg/dL $n = 5$개 시료

(a) 약자 dL는 무엇을 의미하는가?
(b) 실습생을 독자적으로 일해도 되는가?

4-15. 미국 식약청(Food and Drug Administration)은 식품에 포

함된 칼슘 함량을 표시할 것을 요구하고 있다. 새로운 분석법과 기존의 분석법을 이용하여 칼슘의 함량을 3회 측정(n = 3)한 평균 함량(mg/g)과 표준 편차($\pm s$)가 다음과 같았다.

	Ca 농도(mg/g)	
방법	새로운 방법	기존의 방법
치즈	4.70±0.32	4.84±0.13
유아용 분유	3.81±0.17	3.82±0.06

출처: C. B. Williams, T. G. Wittmann, T. McSweeney, P. Elliott, B. T. Jones, and G. L. Donati,"Fast and Cost-Effective Strategy for Trace Element Analysis," *Microchem. J.* **2017**, *132*, 15. T. G. Wittmann was an undergraduate researcher.

(a) 치즈의 경우, 새로운 분석법의 표준 편차는 기존의 분석법의 표준 편차와 상당히 다른가?

(b) 두 방법으로 분석한 치즈에 포함된 Ca 평균 농도는 서로 상당히 다른가?

(c) 새로운 분석법을 사용할 때 유아용 분유의 Ca 평균 농도는 치즈의 평균 농도와 상당히 다른가?

4-16. 아연은 동물 사료에 필수적인 미량 영양소이지만 과량으로 존재하면 독성을 나타낸다. 두 가지 방법을 이용하여 고양이 사료에 대하여 5회, 개 사료에 대하여 2회 분석한 결과가 다음과 같을 때, 두 방법의 결과는 서로 상당히 다른가?

	고양이 1	고양이 2	고양이 3	고양이 4	고양이 5	개 1	개 2
기존의 방법:	84.9	73.5	173.0	62.7	154.0	80.1	185.0
새로운 방법:	86.2	81.8	186.0	73.4	138.0	72.5	203.0

출처: D. V. L. Ávila, S. O. Souza, S. S. L. Costa, R. G. O. Araujo, C. A. B. Garcia, J. D. P. H. Alves, and E. A. Passos, "Zn in Dry Feeds for Cats and Dogs by Energy-Dispersive X-Ray Fluorescence Spectrometry," *J. AOAC Int.* **2016**, *99*, 1572.

4-17. 문제 4-16의 두 방법이 상당히 다른 결과를 나타내는지 알기 위하여 Excel의 내장된 함수를 사용하여 짝 t 시험을 해보자. 스프레드시트의 두 칼럼에 기존의 방법과 새로운 방법의 자료를 입력한다. Excel 2016에서, Data ribbon에서 Data Analysis를 찾는다. Data Analysis가 나타나지 않으면 4-5절 앞부분의 설명에 따라 프로그램을 설치한다. Data Analysis를 선택한 다음, ***t*-Test: Paired Two Sample for Means**를 선택한다. 4-5절의 지시에 따라가면 $t_{계산}$('t Stat'로 표시)과 $t_{표}$('t Critical two-tail'로 표시)를 포함한 여러 정보가 인쇄될 것이다. 문제 4-16과 같은 결과를 얻어야 한다.

4-18. 두 방법으로 어떤 염료의 형광 수명을 측정하였다. 표준 편차가 상당히 다른가? 평균은 상당히 다른가?

양	방법 1	방법 2
평균 수명(ns)	1.382	1.346
표준 편차(ns)	0.025	0.039
측정 횟수	4	4

출처: N. Boens et al., "Fluorescence Lifetime Standards for Time and Frequency Domain Fluorescence Spectroscopy," *Anal. Chem.* **2007**, *79*, 2137.

4-19. 표준 기준 물질의 ^{6}Li/^{7}Li 비를 측정한 아래 두 벌의 자료가 통계학적으로 동일한 결과를 주는가?

방법 1	방법 2
0.082 601	0.081 83
0.082 621	0.081 86
0.082 589	0.082 05
0.082 617	0.082 06
0.082 598	0.082 15
	0.082 08

출처: S. Ahmed, N. Jabeen, and E. ur Rehman, "Lithium Isotopic Composition by Thermal Ionization Mass Spectrometry," *Anal. Chem.* **2002**, *74*, 4133; L. W. Green, J. J. Leppinen, and N. L. Elliot, "Isotopic Analysis of Lithium as Thermal Dilithium Fluoride Ions," *Anal. Chem.* **1988**, *60*, 34.

4-20. 어떤 양을 4회 측정해서 표준 편차가 평균값의 1.0%라면, 참값이 측정한 평균값의 1.2% 이내에 있다고 90% 신뢰할 수 있겠는가?

4-21. 용액에서의 HCl 농도를 정하기 위해 다른 지시약들을 써서 적정하였다.

지시약	평균 HCl 농도(M)(±표준 편차)	측정 횟수
A. 브로모티몰 블루	0.095 65 ± 0.002 25	28
B. 메틸 레드	0.086 86 ± 0.000 98	18
C. 브로모크레졸 그린	0.086 41 ± 0.001 13	29

출처: D. T. Harvey, "Statistical Evaluation of Acid-Base Indicators," *J. Chem. Ed.* **1991**, *68*, 329.

95% 신뢰 수준에서 지시약 A와 B 사이에 상당한 차이가 있는가? 지시약 B와 C에 대해서도 같은 질문에 답하시오.

4-22. New Jersey Turnpike와 New York 및 New Jersey를 잇는 Lincoln 터널을 지나는 자동차 운전석의 탄화수소를 측정하였다.[13] 측정된 m- 및 p-자일렌의 농도(±표준 편차)는 다음과 같다.

Turnpike:	31.4 ± 30.0 μg/m^3	(32회 측정)
터널:	52.9 ± 29.8 μg/m^3	(32회 측정)

95% 신뢰 수준에서 이 결과는 서로 다른가? 99% 신뢰 수준에서는 어떤가?

4-23. 토양에 포함된 유기 오염 물질의 보증 농도가 94.6 ppm인 표준 기준 물질이 있다. 이 물질을 측정한 농도는 98.6, 98.4, 97.2, 94.6, 96.2 ppm이었다. 95% 신뢰 수준에서 측정 결과가 예상 결과와 다른가? 한 번 더 측정하여 94.5를 얻었다면, 앞의 결론은 바뀌겠는가?

4-24. 192, 216, 202, 195, 204와 같은 한 벌의 결과로부터 216을 버려야 하는가?

4-25. 뷰렛의 부피(mL)를 반복해서 읽은 다음의 결과에 대한 평균과 표준 편차를 계산하시오. 이상점을 어떻게 처리해야 하는지 밝히시오.

4-26. F 시험에 대하여 옳은 설명은 어느 것인가? 설명하시오.

i. $F_{계산} < F_{표}$이면, 두 벌의 데이터가 동일한 모집단 표준 편차를 갖는 모집단으로부터 얻어졌을 확률이 5% 이상이다.

ii. $F_{계산} < F_{표}$이면, 두 벌의 데이터가 동일한 모집단 표준 편차를 갖는 모집단으로부터 얻어졌을 확률이 적어도 95% 이상이다.

선형 최소 제곱법

4-27. 5개의 점 (3.0, -3.87×10^4), (10.0, -12.99×10^4), (20.0, -25.93×10^4), (30.0, -38.89×10^4), (40.0, -51.96×10^4)을 지나는 직선을 구한 결과 $m = -1.298\,72 \times 10^4$, $b = 256.695$, $u_m = 13.190$, $u_b = 323.57$, $s_y = 392.9$였다. 기울기와 절편, 그리고 각각의 불확정도를 합리적인 유효 숫자로 나타내시오.

4-28. 계산기를 사용하여 손으로 풀 수 있는 최소 제곱 문제이다. 점 $(x,y) = (0,1)$, $(2,2)$, $(3,3)$을 지나는 직선에 대한 기울기와 절편, 그리고 각각의 그들의 표준 편차를 구하시오. 세 점과 직선을 나타내는 그래프를 그리시오. 각 점에 오차 막대($\pm s_y$)를 표시하시오.

4-29. 그림 4-16을 재현하기 위한 스프레드시트를 작성하시오. **오차 막대 그리기.** 100쪽의 절차에 따라 오차 막대를 더하시오. s_y를 이용하여 +와 −를 표시하시오.

4-30. **Excel LINEST 함수.** 아래 자료를 스프레드시트에 입력하고 LINEST 함수를 이용하여 기울기와 절편, 표준 불확정도를 구하시오. Excel을 이용하여 자료에 대한 그래프를 그리고, trendline을 추가하시오. 각 점에 $\pm s_y$에 해당하는 오차 막대를 표시하시오.

x:	3.0	10.0	20.0	30.0	40.0
y:	−0.074	−1.411	−2.584	−3.750	−5.407

교정 곡선

4-31. 다음 문장을 설명하시오.
"분석 결과의 타당성은 궁극적으로 알려진 표준 물질에 대한 분석 절차의 감응을 측정하는 데 달려 있다."

4-32. 그림 4-13과 같은 직선 형태의 교정 곡선을 얻기 위해 분석 실험을 수행하였다고 생각해 보자. 그다음 미지 시료의 흡광도를 측정한 결과 농도가 음수인 결과를 얻었다. 이것은 무엇을 의미하는가?

4-33. 10가지($n = 10$) 표준 용액을 이용하여 얻은 교정 곡선을 이용하여 미지 시료의 농도를 결정한 결과, 단백질의 농도가 $15.2_2(\pm 0.4_6)$ μg이었다. 여기서 표준 불확정도는 $u_x = 0.4_6$ μg이다. 미지 시료에 포함된 단백질 양에 대한 90%와 99% 신뢰 구간을 구하시오.

4-34. 그림 4-11에 설명한 최소 제곱 문제를 생각해 보자.

(a) 한 번 더 측정한 y 값이 2.58이었다. 이에 해당되는 x 값과 표준 불확정도를 구하시오.

(b) 만약 y를 네 번 측정하여 그 평균이 2.58이었다고 가정해 보자. 한 번이 아니라 네 번 측정한 것을 기초로 한 u_x를 계산하시오.

(c) **(a)**와 **(b)**에 대한 95% 신뢰 구간을 구하시오.

4-35. **(a)** 그림 4-13에 있는 선형 교정 곡선은 $y = 0.016\,3_0(\pm 0.000\,2_2)x + 0.004_7(\pm 0.002_6)$이고, s_y는 0.005_9이다. 바탕 시료의 흡광도가 0.095일 때 흡광도가 0.264인 미지 시료의 단백질 함량을 구하시오.

(b) 그림 4-13에서 선형 범위 안에 $n = 14$개의 데이터 점이 포함된다. 미지 반복 시료에 대하여 $k = 4$회 측정한 평균 보정 흡광도가 0.169였다. 미지 시료에 대한 표준 불확정도와 95% 신뢰 구간을 구하시오.

4-36. 다음은 H_2 중에 함유된 메테인의 표준 농도를 측정한 질량 분광기의 신호이다.

CH_4(vol%):	0	0.062	0.122	0.245	0.486	0.971	1.921
신호(mV):	9.1	47.5	95.6	193.8	387.5	812.5	1 671.9

(a) 모든 측정값에서 바탕값(9.1)을 뺀 다음, 최소 제곱법을 이용하여 기울기와 절편, 그리고 각각의 불확정도를 구하시오. 교정 곡선을 작성하시오.

(b) 미지 시료를 반복 측정하였을 때 신호가 152.1, 154.9, 153.9, 155.1 mV였고, 바탕 용액의 신호는 8.2, 9.4, 10.6, 7.8 mV였다. 미지 시료의 평균에서 바탕 용액의 평균을 빼서 미지 시료의 보정한 평균 신호를 구하시오.

(c) 미지 시료의 농도와 표준 불확정도(u_x), 그리고 95% 신뢰 구간을 구하시오.

4-37. **비선형 교정 곡선.** 보충 4-2의 절차에 따라 그림 4-13에서 보정 흡광도가 0.350인 시료 중에 단백질이 몇 μg 함유되어 있는지 계산하시오.

4-38. **로그 교정 곡선.** p-나이트로페놀을 전기 화학적 방법으로 정량하기 위하여 10만 배 크기의 농도 범위에서 얻은 교정 곡선의 자료를 아래에 나타내었다(이미 측정한 전류에서 바탕 전류를 빼주었다). 만약 이들 자료를 0~310 μg/mL와 0~5 260 nA 범위까지 선형 그래프에 그리려고 한다면, 대부분의 점들은 원점 근처에 모여 있을 것이다. 이와 같은 큰 범위의 자료를 다루기 위해서는 로그법에 의한 도시가 도움이 될 것이다.

p-나이트로페놀 (μg/mL)	**전류 (nA)**	**p-나이트로페놀 (μg/mL)**	**전류 (nA)**
0.010 0	0.215	3.00	66.7
0.029 9	0.846	10.4	224
0.117	2.65	31.2	621
0.311	7.41	107	2 020
1.02	20.8	310	5 260

자료: Figure 4 of L. R. Taylor, "Automated Deoxygenation and Sample-Handling for Polarography and Voltammetry," *Am. Lab.*, February 1993, p. 44

(a) log(전류) 대 log(농도)의 그래프를 작성하시오. 어느 정도의

범위에서 log-log 교정 곡선이 직선을 나타내게 되는가?

(b) log(전류) = $m \times$ log(농도) + b의 형태로 나타낸 교정 곡선의 식을 구하시오.

(c) 99.9 nA의 신호에 해당되는 p-나이트로페놀의 농도를 구하시오.

(d) **로그에서의 불확정도의 전파.** 신호 99.9 nA의 신호에 대한 log(농도)와 표준 불확정도는 0.681 6 ± 0.044 0이었다. 3장에서의 불확정도의 전파와 관련된 법칙을 이용하여 농도의 불확정도를 계산하시오.

4-39. **빅데이터**. 현대의 분석 기술에 의하여 생산되는 수많은 데이터를 다루기 위하여 더 큰 데이터 세트를 다루는 기술이 요구되고 있다. SaplingPlus나 macmillanlearning.com에서 이와 관련된 데이터와 스프레드시트를 찾을 수 있다. 시드니 대학의 여러 학생이 각자 3가지 미지의 이양성자성 산의 질량을 정확히 측정하여 0.1 M NaOH로 적정하는 방법으로 몰질량을 결정하는 실험을 수행하였다. 다음은 그 자료들을 모두 모은 것이다. 이와 같은 대량의 정보를 다루기 위하여 자료의 검증(validation)과 시각화(visualization)이 매우 중요하다.

127.9	149.4	134.0	150.3	134.7	102.8	151.5	133.8	104.3
148.8	135.4	105.1	146.7	140.7	103.9	149.1	106.6	149.3
133.0	60.4	104.3	134.4	102.8	149.6	135.9	106.0	145.1
138.0	100.0	153.4	136.0	105.1	148.6	136.7	104.1	149.7
123.2	1232	103.2	150.9	133.8	108.3	149.8	137.4	109.0
134.2	108.6	150.6	142.0	113.5	135.1	104.6	149.2	133.7
105.0	146.6	150.3	134.1	105.4	156.1	134.9	119.1	139.9
134.9	104.6	150.8	136.9	105.0	151.1	137.4	105.7	150.3
136.2	104.4	154.7	129.9	105.0	150.1	135.5	104.1	151.0
134.2	104.9	142.1	131.7	160.7	150.9	134.5	104.4	151.1
135.3	107.7	153.5	132.0	103.5	151.7	134.6	104.9	

출처: supplementary file ed1011458_si_002.xls of C. D. Ling and A. J. Bridgeman, "Training Students to Analyze Individual Results in the Context of Collective Data," *J. Chem. Ed.* **2011**, *88*, 979.

(a) **검증**. 주어진 데이터의 평균, 표준 편차 그리고 데이터의 개수를 원데이터 세트(평균 = 140.859 2, s = 113.112 7, n = 98)와 비교하여 위 데이터가 정확하게 일치하는지를 검증하시오.

(b) 다량의 데이터를 다루는 다음 단계는 **시각화**와 **분류**이다. 데이터를 순서대로 나열하면 경향성을 확인하거나 분류하는 것이 용이하다. 엑셀에서 전체 데이터를 강조한 후, Data ribbon에서 Sort를 선택한다. Continue with the current selection을 선택한 다음, 나타나는 창에서 Smallest to Largest를 선택한다. 평균, 표준 편차, 데이터 개수 등이 변하지 않는 것을 확인하라. 그래프를 그리는 것이 분류에 도움이 된다. 엑셀에서 전체 데이터를 강조한 다음, Insert ribbon에서 Scatter Chart를 선택한다. 데이터 중에서 가장 의심스러운 2가지는 어느 것인가? 눈으로 데이터를 확인해서 3가지 이양성자성 산의 대략적인 몰질량을 결정하시오. 각각의 산에 대한 분석 횟수는 거의 비슷하다.

(c) **통계 분석**. 몰질량이 가장 작은 이양성자성 산에 대한 데이터를 선택한다. Grubb 시험을 이용하여 버려야 할 데이터가 있는지 확인한다. 이 산의 몰질량에 대한 평균, 표준 편차, 그리고 95% 신뢰 구간을 구하시오.

(c) **해석**. 실험에서 구한 몰질량이 말린산의 몰질량 104.061 g/mol과 일치하는가?

5 품질 보증과 교정 방법

사례 연구: Gothan 과학수사연구소의 부정 행위?[1]

Gothan News

Friday, January 23

Fraud at Crime Lab?

Over the past five years, Gothan County's crime lab analyzed evidence in 5,000 separate criminal cases, over 3,500 of which resulted in a conviction or guilty plea. These cases may need to be re-evaluated in light of the dark cloud that now hangs over its work. Yesterday, local attorney Logan Bendix alleged that the lab has been systematically over-reporting the amount of methamphetamines seized in drug cases. "The lab is inflating the amount of drugs seized so that the district attorney can file more serious charges against defendants in drug cases." Bendix's allegations are based on the report of an anonymous whistleblower.

Gothan 과학수사연구소의 문제점 [출처: S. M. Contakes, "Misconduct at the Lab?" *J. Chem. Ed.* **2016**, *93*, 314 (supplementary material file 1) https://www.fodey.com/generators/newspaper/snippet. asp. Reprinted with permission © 2016 American Chemical Society]

사례 연구 자료는 문헌 1에 있음.

Blaine으로부터 지역 검사에게 전달된 1월 12일자 이메일: 나는 Gothan 과학수사연구소에서의 협업 기간을 갖게 된 것을 고맙게 생각합니다. 나는 마약과의 전쟁에 도움을 줄 수 있게 되어 감사하고 있습니다. 수석기술자인 Taylor씨의 메탐페타민 분석 결과가 왜곡되었다는 점을 알려드립니다. 나는 수련 기간 동안 Taylor씨가 분석했던 20개의 시료를 분석하였는데, 모든 시료의 경우, Taylor씨가 보고했던 것보다 메탐페타민의 양이 45~60% 적다는 것을 발견하였습니다. 당신은 Taylor씨의 분석 결과 보고서에 따라 어떤 경우에는 **단순 경범죄**가 아닌 **유통 목적 혐의의 심중한 형사범죄**로 기소하였을 것입니다.

사립탐정으로부터 지역 검사에게 전달된 1월 22일자 이메일: 요청하신 대로 우리는 수석 기술자들에 대해 조사를 하였습니다. Blaine은 훌륭한 학생이지만 성급한 판단을 내리는 전력이 있는 단독 행동자입니다. 그녀는 최근 많은 미결제 청구서들을 갚았는데, 우리는 Blaine이 어떻게 돈을 확보했는지를 확인할 수는 없었지만, 현재의 어떠한 피고인이나 그들의 변호사와의 연결 고리는 없다는 것을 확인하였습니다. Taylor의 신용 기록들을 보건대 의심이 가는 것은 없었습니다.

지역 검사로부터 과학수사연구소 책임자[귀하]에게 전달된 1월 22일자 이메일: 귀하께서 새로이 부임하셨다는 것을 알고 있습니다만, 귀하의 도움이 필요합니다. 귀 연구소에서 데이터가 왜곡된다는 고발이 있었습니다. 이 진술이 입증된다면, 3000개 이상의 약물 사건을 재조사하게 될 것입니다. 이미 Gothan News의 어떤 기자는 왜곡된 증거 자료에 기인하여 유죄로 판결되었다고 주장하는 의뢰인을 대신한 변호인의 항소에 대하여 제게 의견을 물어왔습니다.

귀하는 결정해야 합니다: Taylor의 조작된 약물 분석이 정의 의식에 문제가 있기 때문인가요? Blaine이 범죄 집단을 이롭게 하기 위해 약물 분석에 대한 신뢰를 떨어뜨리는 것인가요? 아니면 Taylor나 Blaine(또는 둘 다)이 각자의 분석 과정에서 단순히 실수를 하고 있는 것인가요?

이 장에 집중하여 이 미스터리에 대한 실마리를 얻기 바랍니다(이 사건에 대한 해결 방법을 얻기 위해 예제 5-29로 바로 가지 않기 바랍니다).

데이터 품질 표준
- 바른 데이터를 얻어라.
- 데이터를 바르게 얻어라.
- 데이터를 바르게 유지하라.

[Nancy W. Wentworth, U.S. Environmental Protection Agency[2]]

품질 보증(**quality assurance**)이란 올바른 답을 얻기 위해 수행하는 일을 말한다. 그 답은 충분한 정확도와 정밀도를 가져야 추후의 결정을 뒷받침할 수 있게 된다. 필요하지도 않은데 더 정확하고 더 정밀한 답을 얻기 위해서 추가로 비용을 들일 이유는 없다. 이 장에서는 품질 보증의 기본 문제와 절차를 기술할 것이며,[3] 교정 방법 두 가지를 추가로 소개한다. 4장에서는 여러 가지 농도의 분석 용액을 만든 다음, 그림 4-13처럼 분석 물질의 농도에 대한 기기 신호를 그래프로 그려서 **교정 곡선**(calibration curve)을 만드는 방법을 논의하였다. 농도를 모르는 용액은 포함되지 않고 농도를 알고 있는 분석 대상 물질이 포함된 용액을 **외부 표준 물질**(**external standard**)이라고 한다. 5장에서는 농도를 모르는 용액을 사용하는 **표준 물질 첨가**(standard addition)와 **내부 표준 물질**(internal standard)의 두 교정 방법을 소개한다.

5-1 품질 보증의 기본

Ed Urbansky가 저술한 스파게티 소스 이야기

친구들을 위해서 요리를 하고 있다고 가정해 보자. 스파게티 소스를 만드는 동안 맛보고, 양념하고, 맛을 또 본다. 매번 맛을 보는 것은 품질 관리 검사를 위한 시료 채취 행위이다. 일회분의 맛을 보는 것으로 전체 양의 맛을 볼 수 있다. 이제 하루 1 000병의 스파게티 소스를 만드는 공장을 운영한다고 가정해 보자. 모든 병의 맛을 다 볼 수 없으므로 하루에 세 번, 오전 11시, 오후 2시, 오후 5시에 맛보기로 정한다. 세 병이 모두 OK이면 1 000개 모두 OK라고 결론짓는다. 불행하게도 그것은 사실이 아닐 수도 있다. 그러나 어느 하나의 병에서 양념이 너무 적거나 많은 이유로 나타나는 상대적 위험은 결국 불만족 고객에게 배상해 주기로 하면 되므로 그렇게 중요한 것은 아니다. 배상이 연간 100개 정도로 많지 않으면, 하루에 네 개를 맛볼 특별한 이점이 없다. 즉 100개를 배상하지 않으려고 365개를 더 검사함으로써 265개의 손실을 초래할 필요가 없다는 것이다.

측정 데이터: 개별 측정값

처리 데이터: 교정 방법을 사용하여 측정값으로부터 얻은 농도

결과: 처리 데이터를 통계 분석한 후 보고하는 양

분석화학에서는 생성물이 스파게티 소스가 아니라 측정 데이터, 처리 데이터, 결과이다. **측정 데이터**(raw data)는 크로마토그램의 피크 면적이나 뷰렛의 부피 등과 같은 개별 측정값이다. **처리 데이터**(treated data)는 측정 데이터에 교정 절차를 적용하여 얻은 농도나 양이다. **결과**(result)란 처리 데이터에 통계 기법을 적용한 뒤에 최종적으로 보고하는 평균, 표준 편차, 신뢰 구간 등을 뜻한다. 표 5-1에 품질 보증 절차에 있어서의 핵심 단계를 강조하였다.

사용 목적

사용 목적: 결과가 쓰일 목적을 말한다.

품질 보증을 하는 중요한 목표는 결과 값이 고객의 요구를 충족시키는지를 확실히 하는 것이다. 처방량이 치사량보다 조금 더 적은 약을 만든다면 스파게티 소스를 만들 때보다 더욱 주의해야 한다. 모을 데이터의 종류나 어떻게 모을 것인지는 그것을 어떻게 사용할 것인지에 달렸다. 품질 보증의 중요한 목적은 결과를 소비자의 요구에 맞추는 것이다. 목욕탕 저울은 밀리그램까지 잴 필요는 없으나, 약 한 알에 활성 성분이 2 mg 들어 있어야 한다면 2 ± 1 mg을 넘지 않아야 한다. 데이터와 결과에 대한 명확하고 정밀한 **사용 목적**(**use objective**)을 적는 것은 품질 보증의 중요한 절차이며, 그 데이터와 결과의 오용을 막는 데 도움을 준다.

사용 목적의 예를 들어 보자. 식수는 보통 염소로 미생물을 살균한다. 불행하게도 염소는 물속의 유기물과도 반응하여 사람에게 해가 될지도 모르는 부산물을 만든다. 새로운 염소 처리 과정을 도입하는 소독 시설에서 다음과 같은 분석적 사용 목적을 적었다.

> 분석 데이터와 결과는 새로운 염소 처리 과정이 부산물을 최소한 10% 줄이는지를 결정하는 데 사용될 것이다.

새로운 방법으로 소독 부산물이 줄어들 것으로 예상된다. 사용 목적은 부산물의 10% 감소와 실험 오차를 분명히 구별할 수 있을 정도로 그 분석의 불확정도가 낮아야 한다고 말하고 있다. 다시 말하면, 관찰된 10% 감소는 사실인가?

표 5-1 품질 보증 절차

질문	실행
사용 목적	
왜 데이터와 결과를 원하며, 결과를 어떻게 사용할 것인가?	• 사용 목적을 적는다.
명세서	
숫자를 어떻게 적절하게 사용해야 하는가?	• 명세서를 적는다. • 명세서에 맞는 방법을 정한다. • 시료 채취, 정밀도, 정확도, 선택성, 감도, 검출 한계, 견고성, 틀린 결과 비율 등을 고려한다. • 바탕, 소량 첨가, 교정 점검, 품질 관리 시료, 수행 감시용 관리도를 적용한다. • 표준 작업 절차를 적고 준수한다.
평가	
명세서는 완성되었는가? 방법이 목적에 부합하는가?	• 데이터와 결과를 명세서와 비교한다. • 사용 목적에 맞도록 절차를 서류화하고, 기록을 남긴다. • 사용 목적에 맞는지 확인한다.

경력: 'ACS College to Careers'와 'quality assurance'에서 기회, 의무 사항, 학력 조건 및 일반적인 급여에 대한 정보를 찾아보시오.

명세서

사용 목적이 정해지면 숫자를 어떻게 적절하게 사용할지, 분석 절차에서 어떤 주의가 필요한지를 나타내는 **명세서(specification)**를 적을 준비를 해야 한다. 시료를 어떻게 취하며, 몇 개나 필요한가? 시료를 어떻게 보관해야 분해되지 않을지에 대한 특별한 주의 등이 필요한가? 비용, 시간, 한정된 물질량 등의 실질적 제한 내에서 사용 목적을 만족하기 위한 정확도와 정밀도는 어느 정도인가? 가양성 또는 가음성은 어느 정도 허용되는가? 명세서에는 이런 질문들에 대해 자세한 답이 들어 있어야 한다.

명세서에는 다음 내용이 들어 있을 것이다.
- 시료 채취 요건
- 정확도와 정밀도
- 틀린 결과의 비율
- 선택성
- 감도
- 허용 바탕값
- 소량 첨가 회수율
- 교정 점검
- 품질 관리 시료

품질 보증은 시료 채취 단계부터 시작된다. 대표 시료를 모아야 하고, 분석 물질은 시료들이 채취된 후 보존되어야 한다. 대표 시료가 아니거나 시료 채취 후 분석 물질이 손실된다면, 가장 정확한 분석도 아무 의미가 없게 된다. 미량의 금속 성분을 분석할 때 시료는 일반적으로 유리가 아닌 플라스틱 또는 테플론 용기에 채취하는데, 그것은 유리 표면에 있는 금속 이온이 시간이 지나면서 시료 속으로 용해되어 나오기 때문이다. 일반적으로 유기물을 분석할 때에는 플라스틱이 아닌 유리 용기에 시료를 담게 되는데, 이는 유기 가소제가 플라스틱 용기에서 용해되어 나와 시료를 오염시키기 때문이다. 유기 분석 물질이 분해되는 것을 줄이기 위해 시료를 냉장고에서 빛을 차단한 상태로 보관하기도 한다.

가양성과 **가음성**은 무엇을 뜻하는가? 식수에 든 어떤 물질이 법적 허용치 미만이라는 것을 인증해야 한다고 하자. **가양성(false positive)**은 실제 농도는 그 허용치 미만이지만 농도가 허용치를 넘는 것을 말한다. **가음성(false negative)**은 실제 농도가 그 허용치를 초과할 때, 농도가 허용치 미만이라고 말한다. 시료 채취와 측정 과정에서의 불가측 오차 때문에 실험 절차를 잘 수행하더라도 틀린 결론에 이를 수 있다. 식수에 대해서는 낮은 비율의 가양성보다 낮은 비율의 가음성이 더 중요하다. 식수에 대해서는 안전한 물이 오염되었다고 인증하는 것보다 오염된 물이 안전하다고 인증하는 것이 더 위험하다. 운동선수의 약물 복용 검사는 죄가 없는 선수가 약물 복용을 했다고 잘못 판정되지 않도록 가양성을 최소화할 수 있도록 설계되어 있다. 5-2절에 가양성과 가음성 사이의 균형 및 분석 방법의 **검출 한계(detection limit)**에 대하여 설명할 것이다.

보충 5-1은 의학에서 가양성 시험의 영향을 설명한다.

어떠한 분석 방법을 선정할 때에는 선택성과 감도도 고려한다. **선택성(selectivity** 또는

보충 5-1 가양성 결과에 대한 의학적 영향[4]

겉보기에 매우 낮은 가양성 비율이라도 의학적으로 놀랄 만한 결과를 가져올 수 있다. 0.2%의 사람들만이 특정 암을 지니고 있다고 가정하고, 이 암이 발병했을 때 암을 검출할 수 있는 확률이 99%라고 가정하자. 동일한 검사 결과에서 가양성 비율이 1%라고 가정할 경우, 이 검사법에 의하면, 건강한 사람 중 1%만이 암에 걸렸다는 것을 의미한다.

인구 백만 명을 기준으로 한다면 0.2%, 즉 2 000명이 이 암을 지닌 셈이다. 백만 명이 이 암검사를 하였을 경우, 실제로는 그렇지 않음에도 불구하고 2 000명의 99%(1 980명)는 암에 걸려 있고 1%(20명)는 암에 걸리지 않았다는 의미가 된다. 가양성 비율 1%란, 암에 걸리지 않은 나머지 998 000명 중에서 9 980명의 건강한 사람에서 암이 있다고 식별하는 것이다. 1 980 + 9 980 = 11 960의 양성 결과 중 1 980/11 960 = 17%만이 실제 양성이다. 양성 판정자 중 나머지 83%는 건강한데 암이 걸렸다고 잘못 판정한 셈이다. 9 980명의 건강한 사람이 방사선, 화학적 치료, 또는 수술과 같은 위험한 처치를 받는다고 가정한다면, 이 암 검사법은 이롭기보다 해로울 수 있다. 이러한 수치 분석은 양성의 검사 결과는 치료를 시작하기 전에 반드시 조직 검사를 통해 확인되어야 한다는 것을 설명해 준다.

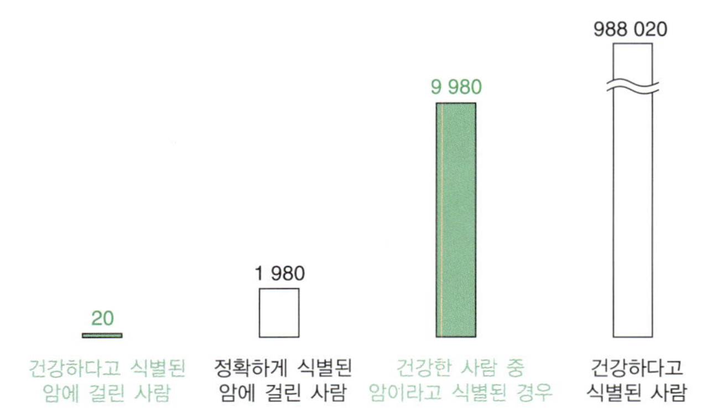

specificity)은 (방해를 피하기 위해) 시료 내의 다른 화학종으로부터 분석 물질을 식별해 낼 수 있는 능력을 뜻한다. **감도(sensitivity)**는 분석 물질의 농도 변화에 대해 믿을 수 있고, 측정 가능하게 감응하는 능력이다. 그 방법은 측정할 농도보다 **검출 한계**가 낮아야 한다.

감도
$= \text{교정 곡선의 기울기}$
$= \dfrac{\text{신호 변화}}{\text{분석 물질 농도 변화}}$

명세서에는 정확도와 정밀도, 시약의 순도, 기구의 허용 오차, 공인된 기준물의 사용, 그리고 바탕 허용치가 들어 있을 것이다. **공인된 기준 물질**(certified reference material)에는 혈액, 석탄, 합금 등 실제 분석 물질의 공인값이 들어 있다. 여러분의 분석 방법은 그 공인값에 가까운 결과를 얻어야 하며, 그렇지 않으면 분석법의 정확도는 불충분하다.

바탕(blank)이란 시료에 들어 있는 다른 화학종 및 시료의 보존, 준비, 분석에 쓰는 시약에 들어 있는 소량의 분석 물질을 뜻한다. 바탕 측정을 자주 하여 그릇이나 기구에 묻어서 다음 분석에 검출되는 분석 물질을 검사한다.

방법 바탕(method blank)은 분석 물질만 제외한 모든 성분이 들어 있는 시료로서, 모든 분석 절차를 거친다. 시료의 분석 물질 농도를 계산하기 전에 실제 시료의 감응으로부터 방법 바탕의 감응을 제한다. **시약 바탕(reagent blank)**은 방법 바탕과 유사하지만, 모든 시료 준비 절차를 따르지는 않는다. 방법 바탕이 분석 신호에 미치는 바탕의 영향을 가장 완벽하게 추정할 수 있는 방법이다.

현장 바탕(field blank)도 방법 바탕과 유사하지만, 시료 채취 장소에 관련된다. 예를 들어 대기 중의 입자를 분석하려면 일정 부피의 공기를 필터를 통해 빨아들인 후, 녹이고 분석해야 한다. 현장 바탕 필터는 현장에서 시료를 채취한 필터와 같은 묶음(package)에 들어 있던 필터이다. 바탕 필터는 현장에 가져가서 시료 채취용 필터를 담았던 밀폐 용기에 같이 보관한다. 바탕 필터와 채취용 필터와의 차이점은 바탕 필터로는 공기를 빨아들이지 않았다는 점이다. 수송 또는 현장에서 만나는 휘발성 유기물이 현장 바탕에 있음직한 오염물이다.

성능 평가에 명시하는 또 다른 사항은 **소량 첨가 회수율**(spike recovery)이다. 흔히 분석 물질의 감응은 시료에 포함되어 있는 기타 물질들에 의하여 증가하기도 하고 감소하기도 한다. 시료에서 분석 물질을 제외한 나머지를 **매트릭스(matrix)**라고 한다. **소량 첨가(spike** 또는 fortification)란 시료에 대한 감응이 교정 곡선에서 예상하는 것과 같은지를 시험하기 위해서 시료에 첨가하는, 알고 있는 양의 분석 물질을 말한다. 소량 첨가한 시료는 미지 시료와 같은 방법으로 분석한다. 예를 들어 질산 이온이 10.0 μg/L 들어 있는 식수에 5.0 μg/L를 소량

매트릭스란 분석 물질을 제외한 주변의 모든 미지 물질을 말한다. 매트릭스는 분석 물질에 대한 감응이 감소(그림 5-5)할 수도 있고, 증가할 수도 있다.

첨가해 보자. 이상적으로는 농도가 15.0 μg/L로 얻어져야 할 것이다. 그 값이 얻어지지 않으면 매트릭스가 분석에 방해한다고 볼 수 있다.

시료의 부피가 크게 변화되지 않게 하려고 진한 농도의 표준 물질을 소량 첨가한다. 예를 들어 시료 5.00 mL (= 5 000 μL)에 500 μg/L 표준 용액을 50.5 μL 가하면 분석 물질은 5.00 μg/L만큼 증가한다.

최종 농도
$$= \text{초기 농도} \times \text{묽힘 인자}$$
$$= \left(500\frac{\mu g}{L}\right)\left(\frac{50.5\ \mu L}{5\ 050.5\ \mu L}\right)$$
$$= 5.00\frac{\mu g}{L}$$

예제 소량 첨가 회수율

C를 농도로 놓자. 소량 첨가 회수율의 정의는 다음과 같다.

$$\%\ 회수율 = \frac{C_{소량\ 첨가된\ 시료} - C_{소량\ 첨가되지\ 않은\ 시료}}{C_{첨가}} \times 100 \tag{5-1}$$

미지 시료 1 L 중에 분석 물질이 10.0 μg 측정되었다. 미지 시료에 5.0 μg/L를 소량 첨가하여 14.6 μg/L를 얻었다. 소량 첨가의 % 회수율을 구하시오.

풀이 분석하여 얻은 소량 첨가의 % 회수율은 다음과 같다.

$$\%\ 회수율 = \frac{14.6\ \mu g/L - 10.0\ \mu g/L}{5.0\ \mu g/L} \times 100 = 92\%$$

허용된 회수율이 96~104% 범위라면 92%의 회수율은 받아들일 수 없다. 방법이나 기술을 향상시켜야 한다.

자습 소량 첨가한 시료의 농도가 15.3 μg/L라고 할 때 % 회수율을 구하시오. (**답:** 106%)

소량 첨가 회수율은 오염이나 손실과 같은 문제를 유발할 수 있다. **오염**(contamination)이란 앞단계의 용액, 더러운 유리기구, 시약 또는 실험실이나 현장 환경에서의 불순물 등으로부터 시료나 표준 물질에 분석 물질이 부주의하게 첨가되는 것이다. **손실**(loss)이란 불완전한 이동, 보관 도중의 파괴, 유리 용기에서의 증발, 침전 또는 흡착에 의해 시료나 표준 물질로부터 분석 물질이 제거된 것이다. 오염과 손실은 자연에서 우연히 발생하며, 미량의 분석 물질을 다루는 것이 일상적인 실험실 환경에서는 가장 중요하다. 예를 들어 우리 피부 세포에서 떨어져 나오는 케라틴은 암 진단용 미량 단백질을 탐색하는 연구에서 흔한 오염 물질이다.

오염은 법의학에서 추적 증거의 원인이다. Locard **교환 원리**에 따르면, 범죄의 가해자는 범죄 현장(오염)에 무엇인가를 가져오게 되고 그 현장에 (범죄 현장으로부터 오염된) 무엇인가를 남겨두게 된다.

많은 시료를 다룰 때에는 기기가 제대로 작동하는지, 또 교정이 유효한지를 확인하기 위하여 주기적으로 점검을 해야 한다. 분석 방법들은 실내 온도 변화라든가 시약이나 표준 물질이 손상되는 원인으로 인해 **드리프트**(**drift**)라고 하는, 신호가 느리게 변화하는 현상을 겪게 될 수 있다. **교정 점검**(**calibration check**)에서는 농도를 알고 있는 분석 물질이 든 용액을 분석한다. 예를 들어 명세서에는 10개의 시료마다 점검하도록 요구할 수 있다. 교정 점검용 용액은 원래 교정 곡선 작성용 용액과는 다르다. 이 절차는 초기 교정 표준 물질이 알맞게 제조되었는지를 확인시켜 준다.

성능 시험 시료(**performance test sample**, quality control sample 또는 blind sample이라고도 함)는 교정 점검용 시료의 농도를 알고 있는 분석자에 의해서 생기는 편견을 제거하기 위한 품질 관리 시료이다. 알려진 조성의 이들 시료를 미지 시료로서 분석자에게 제공하고 나서 감독자는 그 결과를 아는 값과 비교한다. 예를 들어 미국 농업부(U.S. Department of Agriculture)는 음식물의 영양소를 측정하는 실험실을 점검하기 위해 블라인드 시료로 배포할 수 있는 성능 시험용 균질화된 음식 시료 은행을 유지하고 있다.[5]

Gothan 과학수사연구소 책임자의 이메일: 나는 Taylor씨가 오늘 분석한 증거 봉투들에 메탐페타민 대조 시료를 첨가하였습니다. 결과는 49% 이상이 높게 나타났고 계속해서 조사하고 있습니다.

정확도를 평가하려면 교정 점검, 소량 첨가 회수율, 품질 관리 시료, 그리고 바탕으로 얻은 측정 데이터나 결과를 사용한다. 정밀도는 반복 시료와 동일 시료의 반복 부분을 분석하여 평가한다. 분석 물질이 정성적으로 맞는다는 것을 소량 첨가로 확인한다. 그림 0-5의 미지 시료에 카페인을 소량 첨가했을 때, 크로마토그램에서 카페인에 의한 피크라고 생각하지 않은 피크 면적이 늘어나면 카페인의 피크를 잘못 확인한 것이다.

정확도 평가
- 교정 점검
- 소량 첨가 회수율
- 품질 관리 시료
- 바탕

정밀도 평가
- 반복 시료
- 동일 시료의 반복 부분

어떤 단계를 어떻게 처리하라고 지시하는 **표준 작업 절차**(**standard operating procedure**)는 품질 보증의 방패 역할을 한다. 예를 들어 시약이 어떤 이유로 잘못되면 조절 시험을 하여 무엇이 잘못되었는지 알아내어야 한다. 누구나 표준 작업 절차를 따라야 한다. 이 절차를 따름으로써 잘못될 수 있는 가정에 기인한 지름길로 가려는 인간의 욕구를 저지한다.

의미 있는 분석을 하려면 분석 대상을 대표하는 의미 있는 시료가 있어야 한다. 시료는 화학적 특성이 변화하지 않는 조건에서 용기에 보관해야 한다. 산화, 광분해, 미생물 성장 등을 막을 수 있는 보호가 필요할 수도 있다. **관리 연속성**(chain of custody)은 시료의 수집, 분석, 보관에 이르기까지의 추적이다. 시료를 다루는 사람이 바뀔 때마다 서류에 서명하여 책임 소재를 가린다. 기록한 절차에 따라 시료를 처리한 후 보관하고, 시료를 넘겨 받은 사람은 시료의 보관 상태를 점검한다. 처음 시료가 균일 액체였으나 받을 때 침전물이 있다고 한다면, 표준 작업 절차에 따라 시료 수령을 거부한다.

법과학 분석 시에는 시료의 채취자와 분석자를 다르게 해야 한다. 운동선수의 신원을 시료 채취자는 알아도 분석자는 알 수 없게 해야 특정 선수나 특정 팀에 유리하게 조작하는 것을 막을 수 있다.

표준 작업 절차에는 기기들이 어떻게 유지되어야 하고, 신뢰도 보증을 위해서 어떻게 교정되어야 하는지 구체적으로 명시하고 있다. 많은 실험실들은 자체적인 표준 절차들을 가지고 있는데, 그 예로 냉장고 온도 기록, 저울 교정, 일상적 기기 유지 또는 시약 교체 등이 있다. 이러한 절차는 전체적인 품질 관리 계획의 일부분이며, 표준 절차를 만든 근본적 이유는 여러 사람이 기기를 사용하지만 서로 다른 분석을 한다는 것 때문이다. 엄격한 요구 조건들을 충족시켜 주는 하나의 프로그램을 통하여 비용을 절감한다.

평가

평가(**assessment**)는 (1) 명시한 한계 안에서 분석 절차가 작동되는지를 보여 주는 데이터를 수집하고, (2) 최종 결과가 사용 목적에 부합하는지를 증명하는 과정이다.

평가하려면 서류 작성은 필수적이다. 표준 **프로토콜**(protocol)은 정보 기록 방법을 포함하

보충 5-2 관리도

관리도(**control chart**)는 Gauss 분포에 대한 신뢰 구간의 가시적 표현이다. 품질 관리 감시를 할 때, 관리도는 측정값이 원하는 **목푯값**(target value)에서 위험스럽게 멀리 흩어질 때 재빨리 경고를 준다.

예를 들어 국제 핵비확산 감시의 일환으로 우라늄 속의 란타넘(La)을 측정하는 실험실이 있다고 하자. 품질 보증을 위하여 U_3O_8 우라늄 광석에 농도가 인증된 69종의 불순물을 추가하여 만든 품질 관리용 시료를 매일 분석한다. 관리도는 39일 동안에 걸쳐 매일 측정된 품질 관리용 시료의 평균값을 나타낸다. 기준 물질의 평균은 $\mu = 0.248$ μg La/g U이며, 오랜 시간 동안 다수의 측정으로부터 얻은 모집단 표준 편차는 $\sigma = 0.13$ μg La/g U이다.

이것의 Gauss 분포에서 전체 측정의 95.5%는 평균으로부터 $\pm 2\sigma\sqrt{n}$ 내에 있고, 99.7%는 $\pm 3\sigma\sqrt{n}$ 내에 있다. 여기서 n은 매일 평균값이 되는 반복 측정 횟수(= 5)이다. $\pm 2\sigma\sqrt{n}$은 **경고선**(warning line)을 표시하고, $\pm 3\sigma\sqrt{n}$은 **실행선**(action line)을 표시한다. 측정의 4.5%가 경고선 바깥에 있고, 0.3%가 실행선 바깥에 있을 것이라 예상된다. 두 측정이 연달아 경고선에서 관찰(확률 = 0.045 × 0.045 = 0.002 0)되지 않아야 한다.

ASTM 방법 E2587에 의하면 다음 상황들은 일어나기 어려우므로, 만일 발생할 경우 작업을 멈추고 문제를 해결해야 한다.[6]

- 실행선 바깥에서 관찰 1개
- 경고선과 실행선 사이에서 3회 중 2회 연속 측정

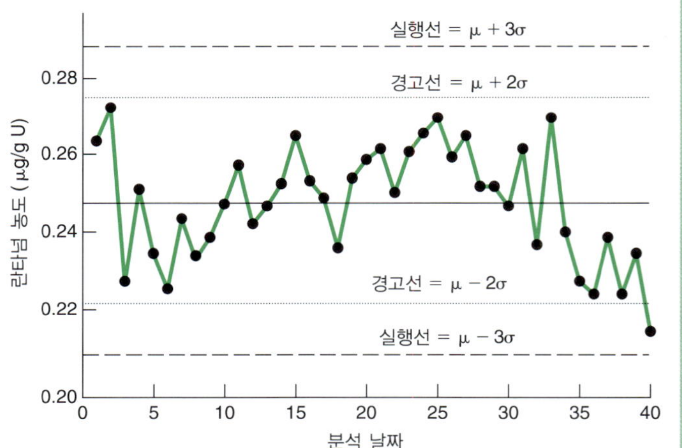

우라늄 내 란타넘에 대한 관리도 [출처: S. F. Boulyga, J. A. Cunningham, Z. Macsik, J. Hiess, M. V. Peńkin, and S. J. Walsh, "Development, Validation and Verification of an Inductively Coupled Plasma-Mass Spectrometry Procedure for a Multi-Element Analysis of Uranium Ore Concentrates," *J. Anal. Atom. Spectrom.* **2017**, *32*, 2226.]

- 중앙선 위 또는 아래에 8회 연속 측정
- 위치에 관계없이 6회 측정이 연속 증가 또는 감소
- 위치에 관계없이 14회 측정이 위와 아래에 반복
- 명백한 비우연성 양상

분석 과정을 질적으로 평가하려면, 관리도가 값을 아는 품질 관리 시료에 대한 측정값의 평균 또는 표준 물질이나 미지 용액의 시간대별 반복 측정 시 정밀도를 나타낼 수 있어야 한다.

여 서류 작성 방법과 기록 대상의 방향을 제시한다. 실험실에는 검출 및 기록을 지시하는 매뉴얼이 있다. **관리도**(보충 5-2)는 장기간에 걸쳐 바탕, 교정 점검, 소량 첨가한 시료 등에 대한 여러 작업자의 수행 능력을 평가하는 데 쓰일 수 있다. 관리도는 특히 다양한 매트릭스를 다루어야 할 때, 감도나 선택성을 감시하는 데도 쓰일 수 있다. 최종 결과가 사용 목적에 맞는다면, 사용한 방법이 **목적에 부합한다**고 한다.

미국 환경보호국과 같은 정부 기구는 자체 실험실의 품질 보증과 타 실험실의 인증애 필요한 요구사항들을 규정해 놓고 있다. 발간된 **표준 방법(standard method)**에는 자세한 실험 절차를 제시하고, 정밀도, 정확도, 바탕 시료 수, 복제, 인증 분석을 수행할 때 반드시 사용해야 할 교정 점검 등을 규정하고 있다. 식수를 감시하는 데에는 시료 수와 아울러 측정 횟수도 규정되어 있다. 모든 규정이 충족되는지를 나타내기 위해서는 서류 작성이 필요하다. 표 5-2는 표준 방법과 응용 영역을 개발하는 기관들을 나열한 것이다. 표준 방법들은 'EPA 방법 326.0-2002 식수 내 무기 산소할라이드 살균 부산물의 측정법' 또는 간단히 줄여서 326.0으로 표기된 바와 같이, 기관의 약자/방법 번호/연도/제목 순으로 표기한다.

표 5-2 표준 방법을 개발하는 기관[7]

미국 공중보건협회(AHPA: American Public Health Association)
- 물, 상수 및 폐수 분석에 쓰이는 400여 개 방법

국제 AOAC(예전의 공인위원 분석화학자협회(Association of Official Analytical Chemists))
- 식품, 음료수, 식이보충제 및 유사 품목의 안전 및 성분들에 대한 순도 보증에 사용되는 3 000가지의 표준화된 화학적 또는 미생물학적인 방법

국립 직업 안전 건강 연구소(NIOSH: National Institute of Occupational Safety and Health)
- 산업위생 감시 방법

직업 안전 건강 관리국(OSHA)
- 작업장의 공기, 작업장 표면 및 직업상 노출된 근로자의 혈액과 소변 시료에서의 오염물 채취 및 분석 방법

미국 환경보호국(EPA: U.S. Environmental Protection Agency)
- 식수, 대기 오염, 수질 오염, 유해 폐기물, 살충제 및 방사능 화학 물질에 대한 1 600개의 방법

미국 식품의약국(FDA: U.S. Food and Drug Administation)
- 음식물이나 화장품에 있는 알러지 유발 물질, 첨가제, 보충제, 살충제/제초제, 잔류 약물, 유해 원소, 박테리아 및 미생물들에 대한 방법
- 약물 및 생체 의약품에 대한 분석 방법 및 절차의 검증에 요구되는 규정 및 지침들

미국 약전위원회(USP: U.S. Pharmacopeia)
- 의학, 식품 성분, 건강 보조 식품 및 성분에 필요한 표준 물질
- 유사 기관으로 영국 약전 위원회(British Pharmacopeia) 및 유럽 약전 위원회(Europe Pharmacopeia)가 있음.

작업: 공중 보건, 산업 위생, 환경 보호에서의 직업에 대한 정보는 'ACS College to Careers'에서 'Public health', 'health and safety' 또는 'environmental protection'을 찾아 보시오.

5-2 방법 검증

방법 검증(method validation)이란, 어떠한 분석 방법이 그 의도된 목적에 부합하는지를 증명하는 과정이다.[8] 제약 화학에서는 **방법 선택성**, **직선성**, **정확도**, **정밀도**, **범위**, **검출 한계**, **정량 한계**, **안정성** 등의 연구에 대한 방법 검증 요건을 제출할 것을 요구한다.

선택성

선택성(selectivity)이란 어떠한 분석 방법이 시료 속에 있는 모든 것들로부터 분석 물질을 구별해낼 수 있는 정도를 말한다. 어떠한 방법의 선택성이 절대적이어서 방해 요인이 없다면, 그 방법은 **고유한** 것이다. 몇몇 방법들은 이런 이상 조건을 가지고 있다. **크로마토그래피**

선택성은 분석 방법이 시료 속에 있는 모든 것들로부터 분석 물질을 구별해 낼 수 있는 정도이다.

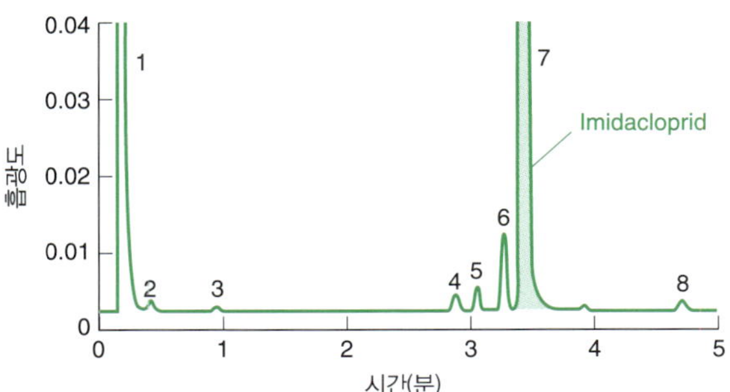

그림 5-1 약품 imidacloprid(피크 7)와, 약품 합성 과정에서 유래된 것으로 추정되는 불순물(피크 2와 8), 그리고 이 약품을 3% H_2O_2로 24시간 처리했을 때 생성된 분해 산물(피크 3~6)을 분리한 크로마토그램. 피크 1은 반응하지 않은 H_2O_2이다. 분리는 역상 액체 크로마토그래피 방법(25-1절)으로 수행하였다. [출처: J. Z. Tian and A. Rustum, "Development and Validation of a Stability-Indicating Reversed-Phase UPLC-UV Method for the Assay of Imidacloprid," *J. Chromatogr. Sci.* **2018**, *56*, 131.]

(chromatography)는 물질이 컬럼과 서로 다른 상호 작용을 통해 서로 분리되는 하나의 분리 방법이다. **크로마토그램**(chromatogram)은 크로마토그래피 분리 시 시간에 대한 검출기 신호 그래프이다. 그림 5-1은 이미다클로프리드(imidacloprid)라는 약물(7번 피크)과 그 약물 합성 시 존재 가능한 불순물(2번과 8번 피크) 및 가능한 분해 산물(3~6번 피크)의 크로마토그램이다. 선택성에 대한 합리적인 요건은 존재할 수 있는 모든 불순물 및 분해 산물로부터 분석 물질(imidacloprid)이 바탕선 분리되는 것일 수 있다. **바탕선 분리**(baseline separation)란, 다음 화합물이 검출기에 도달하기 전에 그 검출기 신호가 바탕선에 내려와야 한다는 것을 뜻한다. 그림 5-1에는 모든 불순물과 분해 산물들이 imidacloprid와 완벽하게 분리되지 않았다.

만일 불순물이 imidacloprid로부터 완전히 분리되지 않았다면, 선택성에 대한 다른 합리적 기준은 분리되지 않는 불순물의 농도가 최대일 때 imidacloprid의 농도에 0.5% 이상 영향을 주지 않는 것이다. imidacloprid의 측정과는 달리 불순물을 대상으로 한다면, 크로마토그램에서 면적이 > 0.1%인 모든 불순물 피크가 imidacloprid로부터 바탕선 분리가 이루어지는 것을 선택성에 대한 다른 합리적 기준으로 삼을 수 있다. 그림 5-1은 이 기준을 충족시키지 않는다.

분석법을 개발할 때에는 선택성을 시험하기 위해 어떤 불순물을 의도적으로 첨가할지를 정해야 한다. 약품 제조 분석은 순수한 약품을 모든 가능한 부산물, 중간체, 분해 산물, **부형제**(excipient) 등을 첨가한 약품과 비교한다(부형제는 바람직한 형태로 만들거나 일치성을 높이도록 더해 주는 물질이다). 분해 산물은 원래 물질의 5~10% 정도를 분해할 수 있는 열, 빛, 습도, 산, 염기, 산화제 등에 순수한 물질을 노출시키면 도입될 수 있다. 그림 5-1에서 분해 산물(3~6번 피크)들은 imidacloprid를 3% H_2O_2로 24시간 처리할 때 생성된 것이다.

직선성

직선성(linearity)은 교정 곡선이 얼마나 한 직선을 잘 따르는지에 대한 척도이다. 예를 들어 약품 내 분석 물질의 목표 농도를 알면 예상 분석 물질 농도의 0.5~1.5배 범위에 있는 표준 용액 5개를 사용하여 직선성을 검사해 본다. 각 표준 용액은 3회 분석한다(이 방법에서는 바탕 용액 3개와 표준 용액 3 × 5 = 15개가 필요하다). 0.1~1 wt%로 존재 가능한 불순물의 교정 곡선을 만들려면 0.05~2 wt% 범위 내에 있으며 농도가 고루 분산된 5개의 표준 용액을 이용하여 교정 곡선을 준비해야 할 것이다.

잔차 그림은 최소 제곱 직선 또는 곡선으로부터 측정값이 벗어난 차이를 보여준다. 이 그림은 교정 곡선에서 이상점을 찾거나 직선이 휘어지는 것을 찾는 데 유용하다.

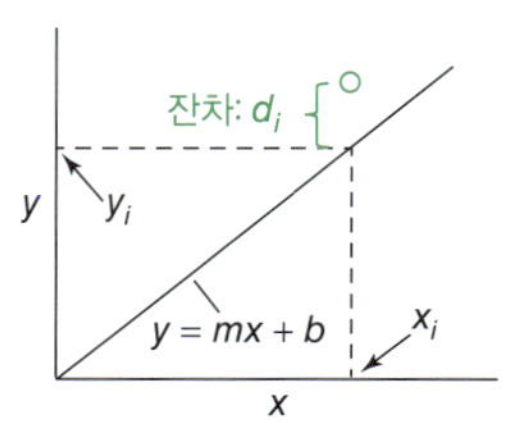

직선성을 검사하는 첫 번째 단계는 최소 제곱 직선(4-7절)법으로 교정 곡선을 그리는 것이다. 직선 위에 데이터가 분산되어 있는지 눈으로 검사한다. 모든 표준 물질이 직선 위아래에 무작위로 산재된 상태로 직선에 가까워야 한다. 직선으로부터 구조적인 편차를 보이는 데이터는 비직선성이라 설정한다. **잔차 그림(residual plot)**은 교정에 사용된 데이터와 최소 제곱 직선 간의 차이를 강조한다. **잔차**(residual)란 측정값(y_i)과 최소 제곱 식($mx_i + b$)에서 예측된 y 값 간의 수직 편차(d_i)이다.

잔차: $$d_i = y_i - y = y_i - (mx_i + b) \qquad \textbf{(5-2)}$$

잔차 그림에서는 잔차(d_i)를 표준 물질의 농도에 대해 그린다.

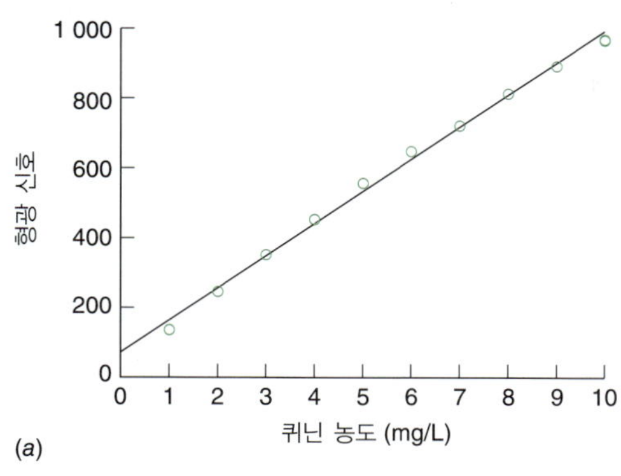

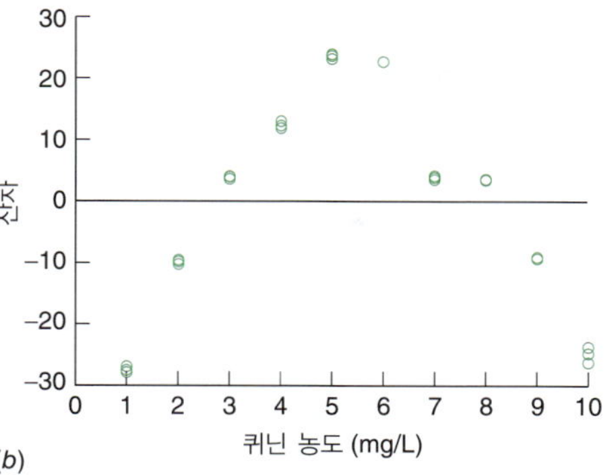

그림 5-2 (*a*) 형광 분광법으로 측정한 1~10 mg/L 농도 영역의 퀴닌에 대한 교정 데이터. (*b*) 최소 제곱 직선으로부터 교정 데이터의 편차를 보여 주는 잔차 그림 [출처: J. M. Jurado, A. Alcázar, R. Muñiz-Valencia, S. G. Ceballos-Magaña, and F. Raposo, "Some Practical Considerations for Linearity Assessment of Calibration Curves," *Talanta* **2018**, *172*, 221.]

그림 5-2a는 말라리아약 퀴닌(quinine) 표준 용액들로부터 얻은 형광 신호 그림이다. 데이터는 거의 직선이지만 직선 중앙 부분의 데이터는 직선보다 높고, 양쪽의 데이터들은 직선보다 낮다. 직선 형태의 경우 잔차는 평균 차이가 0이며 무작위로 산재되어야 한다. 그림 5-2b의 잔차 그림은 식 5-2를 사용하여 계산된 잔차들이 직선으로부터 구조적으로 벗어나 있으며, 이것은 비직선적인 교정 식이 더 적절하다는 것을 나타낸다.[9]

흔히 직선성의 척도는 **상관 계수**(correlation coefficient)**의 제곱**, R^2으로 나타낸다.

상관 계수의 제곱:
$$R^2 = \frac{[\Sigma(x_i - \bar{x})(y_i - \bar{y})]^2}{\Sigma(x_i - \bar{x})^2 \Sigma(y_i - \bar{y})^2} \quad \textbf{(5-3)}$$

여기서 $\bar{x}$는 모든 x 값의 평균, $\bar{y}$는 모든 y값의 평균이다. 엑셀의 LINEST 함수를 써서 R^2을 쉽게 구할 수 있다. 4-7절의 두 번째 예제처럼, x 값과 y 값을 A열과 B열에 입력한다. LINEST는 E3:F5셀에 표를 만든다. R^2은 E5셀에 들어간다.

R^2은 선택한 수학적 모형(직선과 같은)에 기인한 측정 분산도의 일부분이다. R^2이 1에 근접하지 않을 경우 수학적 모형은 모든 분산 요인을 설명하지 못한다. 미지 시료의 주성분에 대해서 R^2 값이 0.995 또는 0.999 이상이면 대개의 목적으로는 맞추기가 잘 되었다고 간주한다.[10] 그림 4-11의 데이터처럼 직선에 가까이 놓이지 않으면 $R^2 = 0.985$이다. R^2은 직선 주위의 데이터 패턴을 설명하지는 않는데, 그림 4-15의 모든 그림은 R^2이 0.67이다. 그래프를 그려 보면 교정의 본래 특성을 알게 된다.

R^2은 진단용으로 쓰일 수 있다. 만약 어떤 방법이 확립된 후 R^2이 감소하면 그 절차에 문제가 생긴 것이다.

Gothan 과학수사연구소 책임자의 이메일: 대조 시료에 대한 Blaine의 교정 곡선의 R^2은 0.999 7인 데 반하여 Taylor씨의 경우는 단지 0.9840이었습니다. R^2 값이 낮은 이유가 우연 오차가 큰 것인지 아니면 직선이 휘어진 것 때문인지 확인하기 위해 Taylor씨의 교정 곡선을 보아야겠습니다.

직선성의 다른 기준은 교정 곡선의 (각 표준 용액에서 바탕값을 제한 후) y 절편이 0에 매우 가까워야 한다는 것이다. 0에 가까운 정도는 목푯값 감응의 2%면 받아들일 수 있다.

예제 직선성

형광 분광법을 이용하여 2~3 mg/L 농도의 퀴닌을 함유한 시료들을 분석하고자 한다. 1~10 mg/L 농도 영역의 표준 용액을 세 번씩 측정하여 그림 5-2a와 같은 교정 곡선을 만들었다. 최소 제곱 분석을 통해 $y = 92.4x + 72.9$, $R^2 = 0.996$을 얻었다. 이 교정 곡선은 직선인가?

풀이 R^2이 0.995보다 크지만 R^2 값만으로 직선성을 판단해서는 안 된다. y 절편이 3 mg/L 표준물질의 21%에 해당하며 ≤2% 기준에 비해 훨씬 크다. 그림 5-2a의 교정 곡선을 살펴보면, 낮은 농도의 표준 물질은 직선 밑에 있고 중간 위치의 표준 물질은 직선보다 높게, 그리고 농도가 높은 표준 물질은 직선 밑에 있는 것을 확인할 수 있다. 그림 5-2b에 있는 잔차 그림은 뚜렷한 곡선 관계라는 것을 나타낸다.

교정 데이터를 2차 방정식에 적용하면 $y = -2.25x^2 + 117.1x + 23.4$이고, $R^2 = 0.999\,8$이다. 2차 방정식 적용에서의 잔차는 0 주변에 무작위로 퍼져 있으며 그림 5-2b에서의 잔차의 3분의 1 정도로 감소했다. y 절편도 3 mg/L의 표준 물질에 비해 2%보다 크다. 실험 방법을 검토해 본 결과, 표준 물질을 만들 때 0.05 M 황산을 사용하는 것보다 증류수를 사용하였을 때 형광이 0에 가깝

교정 데이터 2차 방정식 회귀는 부록 C에 설명되어 있다.

다. 황산이 형광을 유발하여 양의 값의 절편 값을 갖게 한 것으로 보인다. 이 경우 y 절편이 0으로부터 벗어나는 것을 사용하여 회귀 정도를 평가할 수는 없다. 이러한 사항들을 고려해 보건대, 2차 방정식 적용이 적절하다.

정확도

정확도(accuracy)는 '참값에 가까운 정도'이다. 정확도를 표시하는 방법은 다음과 같다.

Gothan 과학수사연구소 책임자 이메일: 공동 분석 학생인 Blaine은 지역 검사에게 보고하기 전에 인증 표준 물질을 이용하여 실험 절차를 검증하였다. Taylor씨의 실험 노트에는 그러한 검증 기록이 없다.

1. 미지 시료와 매트릭스가 유사한 **표준 기준 물질**(standard reference material)을 분석한다. 사용한 분석 방법의 정밀도(우연 불확정도) 내에서 기준 물질에 들어 있는 분석 물질의 공인된 값을 알아낼 수 있어야 한다.
2. 두 가지 이상의 다른 방법으로 결과를 비교한다. 예상되는 정밀도 내에서 일치해야 한다.
3. 분석 물질을 소량 첨가한 바탕 시료를 분석한다. 미지 시료와 매트릭스가 같아야 한다. 보통은 예상되는 시료 농도의 0.5~1.5배 범위에서 세 시료를 세 개씩 만든다. 불순물에 대해서는 예상 농도의 0.1~2 wt% 범위에서 세 시료를 만든다.
4. 미지 시료와 매트릭스를 같게 만들지 못할 경우에는 미지 시료에 분석 물질의 **표준 물질 첨가**(standard addition, 5-3절)법을 사용해야 한다. 첨가한 분석 물질의 아는 양을 구하면 교정은 정확하다.

기준 물질을 구하기 어렵고 또 다른 분석 방법이 알려져 있지 않을 수 있으므로 정확도를 평가하는 데 소량 첨가법이 가장 널리 쓰인다. 농도가 진한 분석 물질을 소량 첨가하면 매트릭스는 일정하게 유지될 수 있다.

정확도를 명시한 예로는 주성분을 소량 첨가하고 분석하여 100 ± 2% 회수한다는 것을 들 수 있다. 불순물에 대해서는 회수율을 절댓값으로 ±0.1 wt% 이내 또는 상댓값으로 ±10% 이내로 명시할 수 있다.

예제 정확도 검사

명세서란 분석 결과가 얼마나 좋아야 하는지, 분석 방법에 요구되는 정밀도는 어느 정도인지를 명시하는 문서다.

위의 예에서 ~3 mg/L의 퀴닌을 형광으로 분석하는 데 있어 한 가지 명세 내역은 소량 첨가 회수율 100 ± 2%이다. 1~10 mg/L 농도 영역의 교정 데이터를 2차 방정식으로 회귀할 경우 1.50 및 4.50 mg/L의 퀴닌을 소량 첨가한 바탕 용액이 각각 194.0, 504.8의 신호를 얻었다. 그림 5-2a의 선형 교정이 사용되었다면, 이 방법은 목적에 부합하는가?

풀이 목적에 부합하려면 소량 첨가된 바탕의 회수율은 첨가된 농도의 98에서 102% 이내여야 한다. 1~10 mg/L 농도의 퀴닌의 경우 선형 최소 제곱 방정식은 $y = 92.4x + 72.9$이다. 194.0 신호 값에 대응되는 퀴닌의 농도는

$$x = \frac{y - 72.9}{92.4} = \frac{194.0 - 72.9}{92.4} = 1.31 \text{ mg/L}$$

1.50 mg/L에 대한 소량 첨가 회수율은

$$\% \text{ 회수율} = \frac{C_{\text{소량 첨가된 시료}} - C_{\text{소량 첨가되지 않은 시료}}}{C_{\text{첨가}}} \times 100 = \frac{1.31 - 0}{1.50} \times 100 = 87.3\%$$

선형 방정식을 사용하였을 경우 교정 데이터가 직선으로부터 약간 휘어지게 되면 낮은 농도 영역에서 상대 오차가 커지게 된다.

4.50 mg/L의 경우 계산된 농도는 4.67 mg/L이며 회수율은 103.8%다. 소량 첨가 회수율은 100%에서 ± 2% 이상 차이가 난다. 이 방법은 사용 목적과 일치하는 데 필요한 정확성이 부족하다.

자습 만일 3.0 mg/L의 퀴닌이 소량 첨가된 퀴닌이 354.4의 신호를 냈다면, 예상되는 퀴닌의 농도와 회수율은 얼마인가? (**답:** 3.05 mg/L, 101.7%)

정밀도

정밀도(precision)는 결과의 재현성으로서, 일반적으로 표준 편차나 표준 불정확도(평균 표준 편차), 또는 신뢰 구간으로 나타낸다. 숙련된 분석자가 동일한 기기를 사용하고 동일한 분석 절차를 사용하여 반복 측정을 하였을 때 분석 결과는 반복성이 높게 된다. 95%의 신뢰 구간이 작을 수도 있다. 만일 다른 실험실에서 다른 분석자가 다른 기기를 이용하여 분석하였을 때는 각 개인의 신뢰 구간은 작을 수 있지만 동일한 분석을 수행한 다른 사람들의 신뢰 구간과 겹쳐지지는 않을 것이다. 그렇다면 오차의 원인은 무엇일까? 시료의 차이, 시료 전처리의 차이, 분석 수행 중 기술의 차이, 매일 각 실험실에서 나타나는 조절 가능하지 않은 변화, 실험실 간 조절 불가능한 차이, 기기 간의 차이들이 있을 수 있다.

반복성: 한 사람이 동일한 실험실에서 동일한 기기와 동일한 분석 방법을 따라 동일한 시료를 분석할 때 얼마나 동일한 결과를 얻을 수 있는가를 설명한다.

재현성: 서로 다른 사람들이 서로 다른 실험실에서 다른 기기를 이용하여 동일한 시료를 동일한 분석 방법으로 분석할 때 얼마나 동일한 결과를 얻을 수 있는가를 설명한다.

정밀도에 대한 두 개의 큰 부류는 **반복성**과 **재현성**이다. **반복성(repeatability)**이란 한 사람이 한 가지 방법을 이용하여 동일한 시료를 동일한 방법으로 여러 번 분석할 때 얻어진 결과의 폭으로 설명한다. **재현성(reproducibility)**이란 서로 다른 사람이 서로 다른 실험실에서 동일한 분석 절차를 따라 각각 **다른 기기를 사용하여 분석**하였을 때 얻어진 결과의 폭이다.

여러 가지 형태의 정밀도를 다음과 같이 정의한다.

기기 정밀도(instrument precision)는 한 시료의 동일한 양을 한 기기에 반복적으로 주입(≥10회)할 때 관찰되는 재현성이다. 주입량의 변동 및 기기 감응의 변동에 따라서 정밀도가 변동된다.

예를 들어 크로마토그래피나 흑연로 원자 분광법의 자동 시료 채취기는 사람보다 정밀도를 3~10배 향상시켰다.

보충 5-3 Horwitz 나팔: 실험실간 정밀도 변화

실험실간 실험은 새로운 분석 절차를 정당화하는데, 일반적으로 규제할 목적으로 사용된다. 전형적으로, 5~10개의 실험실에 동일 시료를 동일 문서화된 절차와 함께 준다. 분석 결과가 유사하면 심각한 계통 오차가 없고, 그 방법은 '믿을 만하다'고 간주한다.

변동 계수(CV: coefficient of variation)라고도 하는 **상대 표준 편차(relative standard deviation)**는 표준 편차를 평균으로 나눈 값이며, 일반적으로 백분율, 즉 RSD(%) $= 100 \times s/\bar{x}$로 표현된다. 변동 계수가 작으면 작을수록 더 정확한 측정값이 된다.

수백 여개의 실험실에서 다른 분석 물질을 다른 분석법에 의해 측정된 연구 보고서에 의하면, 분석 물질의 농도가 100 ppb 이하로 내려갈 때 실험실들로부터 보고된 평균값의 상대 표준 편차가 증가함을 알 수 있었다. 변동 계수는 결코 Horwitz 곡선보다 더 좋을 수는 없다.[11]

Horwitz 곡선: RSD(%) $\approx 2^{(1-0.5\log C)}$ $(\geq 10^{-7}$ g/g)

C는 (분석 물질 g)/(시료 g)이다. 실험실 내의 상대 표준 편차는 실험실 가변도의 약 1/2~2/3이다.

분석 물질 100 ppb 이하($<10^{-7}$ g/g)의 농도에서 숙련도를 조사한 결과 상대 표준 편차는 22% 정도였다.

Thomson 안정 수준: RSD(%) $\approx$ 22%(10^{-7}~10^{-11} g/g)

미량 분석 물질의 측정은 분석법이 적당한 정량 한계 이내에 있을 때에만 가능하다. 정량 한계란 $10s$에 해당하는 농도이며, 최저 정량 한계에서의 상대 표준 편차는 $s/c_{정량\ 한계} = s/10s = 10\%$다. 실험실간 정밀도는 중간 정밀도(한 실험실내)보다 두 배 정도 크기 때문에 낮은 농도 시료의 경우 22%의 재현성 안정 수준에 이르게 된다.

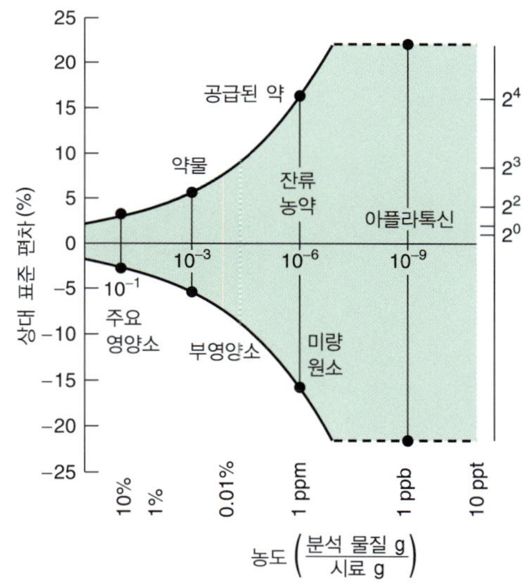

실험실간 상대 표준 편차는 시료 농도의 함수(분석 물질 g/시료 g)로 표시된다. 그림자 영역이 나팔처럼 벌려진 모습을 하고 있어서 'Horwitz 나팔'로 이름붙였다. [출처: W. Horwitz, ""Evaluation of Analytical Methods Used for Regulation of Foods and Drugs," *Anal. Chem.* **1982**, *54*, 67A, with dashed plateau below 10^{-7} g analyte/g sample from M. Thompson," An Emergent Optimum Precision in Chemical Measurement at Low Concentrations," *Anal. Methods* **2013**, *5*, 4518.]

만일 새롭게 제시하는 분석 방법이 믿을 만한지 어떻게 결정할 수 있는가? 수정된 Horwitz 곡선은 사용 목적에 부합하는지 평가하는 것을 도와 준다. 만일 제안된 분석법에 대한 공동의 시도에서 재현성이 Horwitz 곡선에서 예상한 1.5~2배보다 크다면, 그 방법은 오류가 있다고 간주되며 채택되기 전에 개선되어야 한다.

분석 내 정밀도(intra-assay precision)는 한 사람이 하루 동안에 한 기기를 사용하여 균일한 물질을 여러 번 분석함으로써 평가한다. 각 분석은 독립적이므로 분석 내 정밀도는 분석 방법이 얼마나 재현성이 있는지를 알 수 있다. 여러 단계가 관여하므로 분석 내 변이성이 기기 변이성보다 크다. 기기 정밀도는 ≤1%이고, 분석 내 정밀도는 ≤2%일 것이다.

견고성(ruggedness) 또는 **중간 정밀도**(intermediate precision)는 같은 실험실에서 서로 다른 사람이 다른 날 다른 기기를 사용하여 분석할 때 관찰되는 변화이다. 각각 새 시약을 쓰고, 다른 크로마토그래피 칼럼을 쓸 수 있다.

실험실간 정밀도(interlaboratory precision)는 동일 시료를 다른 사람이 다른 실험실에서 분석할 때 관찰되는 재현성의 가장 일반적인 척도이다. 실험실간 정밀도는 중간 정밀도보다 현저히 나빠질 수 있다. 예를 들어 물속에 비스페놀 A와 관련 페놀류 화합물을 분석하는 새로운 방법을 검증하기 위하여 13개 실험실이 참여하였다. 여러 화합물들에 대한 중간 정밀도(실험실**내**)는 1.9~5.5%였고, 동일한 지침을 따라 분석을 수행한 실험실간 정밀도는 10.8~22.5%였다.[12] 분석 물질의 농도가 낮아지면 실험실간 정밀도는 낮아진다(보충 5-3).

범위

혼동되는 용어

선형 범위: 교정 곡선이 선형인 농도 범위(그림 4-14)

동적 범위: 측정 가능한 감응이 있는 농도 범위

범위: 직선성, 정확도, 정밀도가 분석 방법의 명세서를 만족시키는 농도 구간

범위(**range**)는 직선성, 정확도, 정밀도가 모두 수용될 수 있는 농도 구간이다. 명세 항목의 한 예는 상관 계수 $R^2 \geq 0.995$(직선성의 한 척도), 소량 첨가 회수율 100 ± 2%(정확성의 한 척도), 실험실간 정밀도가 ±3%를 제공하는 농도 구간이다. 동적 범위의 한 부분은 종종 낮은 농도 영역으로서 선형이라고 간주될 만큼 충분히 직선성을 알 수 있다. 농축된 시료는 분석 시 선형 구간에 들어올 수 있게 묽힐 필요가 있다.

예제 선형 교정 목적에 일치

형광 분석법을 이용하여 1~5 mg/L 영역의 퀴닌 표준 물질에 대해 측정한 결과를 그림 5-2에 그렸으며, 선형 방정식 $y = 104.8x + 36.2$, $R^2 = 0.99\,7$이다. 1.50 및 4.50 mg/L의 퀴닌이 소량 첨가된 바탕 용액의 신호가 194.0과 504.8일 때, 약 3 mg/L의 퀴닌이 들어 있는 시료를 분석하는 데 이 선형 교정 직선이 목적에 부합하는가?

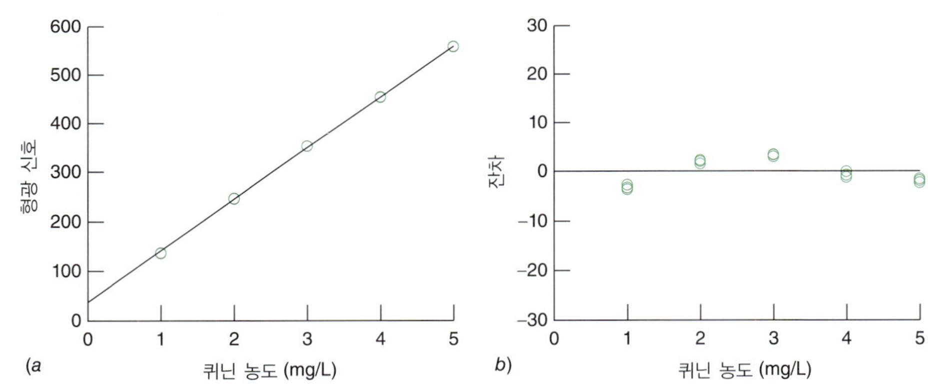

형광 분석법을 이용한 1~5 mg/L 영역의 퀴닌 표준 물질에 대한 (*a*) 교정 곡선과 (*b*) 잔차 그림 [출처: J. M. Jurado, A. Alcázar, R. Muñiz-Valencia, S. G. Ceballos-Magaña, and F. Raposo, "Some Practical Considerations for Linearity Assessment of Calibration Curves," *Talanta* **2018**, *172*, 221.]

풀이 R^2은 0.999 기준보다 크다. 잔차 그림은 그림 5-2에 1~10 mg/L 영역의 교정 과정에서 나타난 잔차보다 훨씬 작다.

목적에 부합하는지 판단하는 데 있어 가장 중요한 것은, 소량 첨가 회수로 결정된 것처럼, 정확성이다. 소량 회수율 100.4%의 경우 194.0 신호에 대응되는 퀴닌의 농도는

$$x = \frac{y - 36.2}{104.8} = \frac{194.0 - 36.2}{104.8} = 1.506 \text{ mg/L}$$

선형 범위가 좁으면 교정 구간에 들어올 수 있도록 높은 농도의 시료를 묽힐 필요가 있다.

4.50 mg/L 소량 첨가의 경우 농도는 4.47 mg/L이고 회수율은 99.3%이다. 두 회수율이 모두

100±2% 이내에 있다. 1~5 mg/L 영역의 퀴닌 표준 물질은 예측된 농도보다 0.5배보다 작고 1.5배보다 많다. 따라서 1~5 mg/L 영역의 선형 교정은 목적에 부합한다.

자습 3.00 mg/L 퀴닌이 소량 첨가된 바탕이 354.4의 신호값을 나타낸다면, 퀴닌의 예측 농도와 회수율은 얼마인가? (**답:** 3.04 mg/L, 101.3%)

검출 한계와 정량 한계

검출 한계[**detection limit**, **검출 하한**(lower limit of detection)이라고도 함]는 바탕과 '크게 다르다'고 구분되는 분석 물질의 최소량이다.[13] 분석 물질을 포함하고 있는 시료로부터 ~99% 확률로 검출 한계 이상의 신호를 제공하는 실험 절차가 있다고 하자. 즉 분석 물질이 없는 시료의 약 1%만이 검출 한계보다 더 큰 신호를 낸다(그림 5-3). 이 경우 그림 5-3에서 약 1%의 **가양성**이 있다고 말한다. 검출 한계에 대한 정의에 의하면, 분석 물질의 농도가 검출 한계에 있다면, 분석 물질을 포함한 시료를 검출하는 데 신뢰성은 단지 50%라는 것이다. 그것은 분석 물질의 농도가 검출 한계에 있는 시료의 절반은 그림 5-3에서의 검출 한계 이하의 **가음성** 결과를 나타낸다는 것이다. 다음의 절차에서, 검출 한계 부근에서 시료가 주는 신호의 표준 편차는 바탕의 표준 편차와 유사하다고 가정한다.

직업: 생의학 산업 분야에서 이 직업에 관한 짧은 비디오는 YouTube에서 'NACBR'와 'quality control associate'를 검색하라.

1. 그 방법의 경험으로 검출 한계를 추정한 후, 농도가 검출 한계의 약 1~5배 범위에 있는 하나의 시료를 준비한다.
2. 그 시료 n개의 신호를 측정한다($n \geq 7$).
3. n회 측정의 표준 편차(s)를 계산한다.
4. n개 바탕의 신호를 측정하여 평균 $y_{\text{바탕}}$을 구한다.
5. 최소 검출 가능 신호 y_{dl}은 다음과 같이 정의한다.

신호 검출 한계:
$$y_{\text{dl}} = y_{\text{바탕}} + 3s \quad \textbf{(5-4)}$$

6. 보정 신호 $y_{\text{시료}} - y_{\text{바탕}}$은 시료 농도에 비례한다.

교정선:
$$y_{\text{시료}} - y_{\text{바탕}} = m \times \text{시료 농도} \quad \textbf{(5-5)}$$

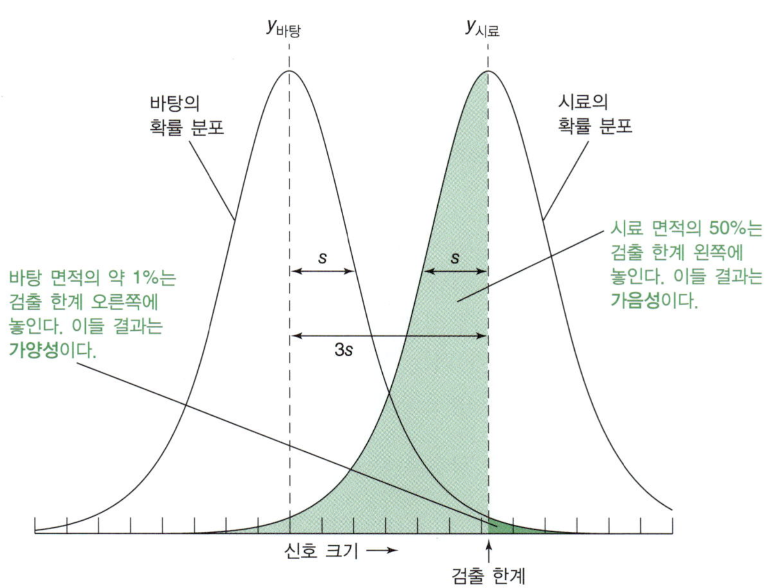

그림 5-3 검출 한계. 바탕과, 농도가 검출 한계인 시료에 대해 예상되는 측정의 분포를 보여 준다. 어느 구간의 면적은 그 구간의 측정 횟수에 비례한다. 바탕 측정의 약 1%만이 검출 한계를 넘을 것으로 예상된다. 그러나 분석 물질이 검출 한계만큼 들어 있는 시료에 대한 측정의 50%는 검출 한계보다 낮을 것이다. 바탕이 검출 한계 이상(가양성)의 분석 물질을 가진다고 결론지을 확률은 1%이다. 시료에 분석 물질이 검출 한계만큼 들어 있다면 분석 물질이 없다고 결론지을 확률이 50%인데, 이는 그 신호가 검출 한계 아래(가음성)에 있기 때문이다. 그림의 곡선은 Gauss 분포보다 더 넓은 Student의 t 분포이다.

당신을 위한 바른 정의: 식 5-6에서 **검출 한계**란 바탕 신호의 표준 편차 3배에 해당하는 신호에 대응되는 분석 물질의 농도이다.

여기서 $y_{시료}$는 시료의 신호, m은 선형 교정 곡선의 기울기이다. 검출 한계 또는 **최소 검출 가능 농도**는 식 5-3의 y 시료를 식 5-4에 대입하여 얻는다.

검출 한계: $$최소\ 검출\ 가능\ 농도 \equiv \frac{3s}{m} \quad \textbf{(5-6)}$$

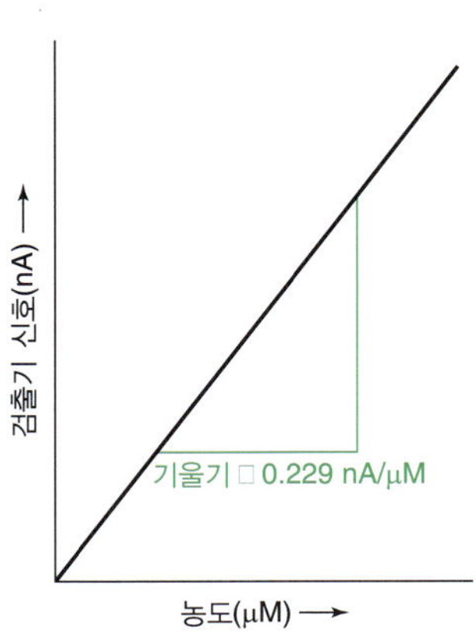

예제 검출 한계

낮은 농도의 분석 물질을 측정한 결과, 신호 검출 한계는 낮은 나노암페어 범위에 있는 것으로 추측되었다. 검출 한계의 세 배 가량의 농도를 갖는 7개 반복 시료의 신호는 5.0, 5.0, 5.2, 4.2, 4.6, 6.0, 4.9 nA였다. 시약 바탕은 1.4, 2.2, 1.7, 0.9, 0.4, 1.5, 0.7 nA였다. 더 진한 농도에 대한 교정 곡선의 기울기 $m = 0.229$ nA/μM이었다. **(a)** 신호 검출 한계와 최소 검출 가능 농도를 구하시오. **(b)** 7.0 nA의 신호를 나타낸 시료의 분석 물질 농도는 얼마인가?

풀이 **(a)** 바탕 평균과 시료의 표준 편차를 먼저 구한다. 반올림 오차를 줄이려면 비유효 숫자를 남긴다.

바탕: 평균 $= y_{바탕} = 1.2_6$ nA
시료: 표준 편차 $= s = 0.5_6$ nA

식 5-4로부터 신호 검출 한계는 다음과 같다.

$$y_{dl} = y_{바탕} + 3s = 1.2_6\ \text{nA} + (3)(0.5_6\ \text{nA}) = 2.9_4\ \text{nA}$$

식 5-6에 따라 최소 검출 가능 농도는 다음과 같다.

검출 한계는 유효 숫자가 한 개인 데 반해 첫 번째 숫자가 1이면 둘이다.

$$검출\ 한계 = \frac{3s}{m} = \frac{(3)(0.5_6\ \text{nA})}{0.229\ \text{nA}/\mu\text{M}} = 7._3\ \mu\text{M} = 7\ \mu\text{M}$$

(b) 신호가 7.0 nA인 시료의 농도는 식 5-5로부터 구한다.

$$y_{시료} - y_{바탕} = m \times 시료\ 농도$$
$$\Rightarrow 농도 = \frac{y_{시료} - y_{바탕}}{m} = \frac{7.0\ \text{nA} - 1.2_6\ \text{nA}}{0.229\ \text{nA}/\mu\text{M}} = 25._1\ \mu\text{M}$$

자습 바탕의 평균이 1.0_5 nA이고, $s = 0.6_3$ nA일 때 최소 검출 가능 농도를 구하시오.
(**답:** $8._3$ μM = 8 μM)

검출 한계를 정의하는 또 다른 방법은 교정 곡선의 최소 제곱식으로 얻는다. 신호 검출 한계 $= b + 3s_y$이며, 여기서 b는 y 절편이고, s_y는 식 4-20으로 주어진다. 이 장에서는 한층 더 엄격한 절차들을 소개한다.[14]

식 5-5로 주어지는 검출 하한은 3 s/m이며, 여기서 s는 낮은 농도의 시료에 대한 표준 편차이고, m은 교정 곡선의 기울기이다. 표준 편차는 바탕이나 시료의 **잡음**(noise, 우연 오차)의 척도이다. 신호가 잡음의 세 배일 때 쉽게 검출은 가능하지만, 실제로 정확하게 측정하기에는 너무 작다. 신호가 잡음의 10배가 되는 것을 **정량 하한(lower limit of quantitation)** 또는 합리적 정확도로 측정 가능한 최소 농도라고 정의한다.

검출 한계 $\equiv \dfrac{3s}{m}$

정량 한계 $\equiv \dfrac{10s}{m}$

기호 ≡는 '**로 정의한다**'를 뜻한다.

$$정량\ 하한 \equiv \frac{10s}{m} \quad \textbf{(5-7)}$$

기기 검출 한계(instrument detection limit)는 한 시료의 분취량을 여러 번($n \geq 7$) 측정하여 구한다. **방법 검출 한계**(method detection limit)는 기기 검출 한계보다 큰데, $n \geq 7$의 시료를 한 번씩 분석하여 얻는다.

보고 한계(reporting limit)는 그보다 낮은 농도에 대하여 규제법상 주어진 어떤 분석 물질이 '검출되지 않는' 농도이다. '검출되지 않는' 농도는 분석 물질이 검출되지 않는다는 뜻이 아니라 지정된 수준보다 낮다는 뜻이다. 보고 한계는 검출 한계의 적어도 5배에서 10배 큰 값이므로 보고 한계에서 분석 물질을 검출하는 것은 명백하다.

미국의 포장 식품 상표에는 **트랜스** 지방이 얼마나 있는지를 반드시 표기해야 한다. 트랜스 지방이라는 것은 식물성 기름을 부분적으로 수소화 반응을 시킬 때 주로 생성되며, 마가린과 쇼트닝의 주성분이다. 트랜스 지방은 심장 질환, 심장 마비, 일부 암 발현에 위험 인자로 인식되고 있다. 그런데 트랜스 지방에 대한 **보고 한계**는 포장 단위별 0.5 g이다. 만일 농도가 포장당 0.5 g(0.5 g/포장) 미만이라고 한다면, 그림 5-4에 나타나 있는 것처럼 0으로 표기한다. 포장 단위의 크기를 줄임으로써 제조사는 트랜스 지방의 함량이 0이라고 표기할 수 있다는 것이다. 만일 당신이 좋아하는 과자가 부분적으로 수소화된 기름으로 생산되었다면, 비록 상표에는 트랜스 지방이 0이라고 표시되었다 해도 실제로는 트랜스 지방을 함유하고 있다.

질문 과자에 2.5%(질량비)의 트랜스 지방이 있다. 제조사가 과자의 포장에 트랜스 지방의 함량이 0이라고 표기할 수 있는 최대의 포장 단위는? (**답:** 포장당 20 g)

직업: 식품제조업에서의 직업에 관한 비디오는 'YouTube'에서 'Royal Society of Chemistry'와 'quality assurance chemist'를 검색하라.

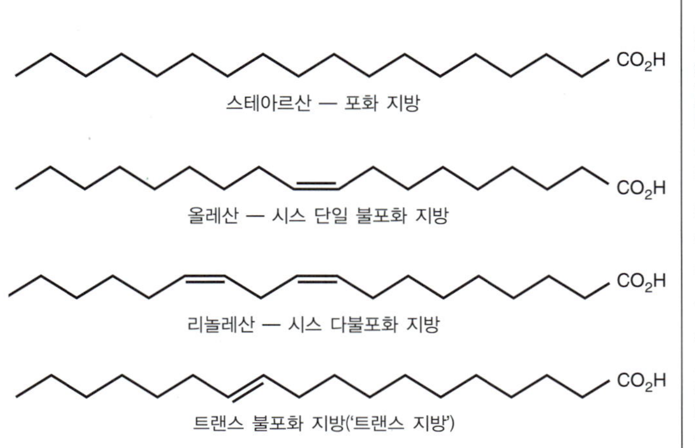

Nutrition Facts

64 servings per container

Serving size	**1 tbsp (14g)**
Amount Per Serving	
Calories	**130**
	% Daily Value*
Total Fat 14g	**18%**
Saturated Fat 2g	**10%**
Trans Fat 0g	
Polyunsaturated Fat 4g	
Monounsaturated Fat 6g	
Sodium 0mg	**0%**
Total Carbohydrate 0g	**0%**
Protein 0g	

그림 5-4 크래커 포장에 있는 영양소 라벨. 트랜스 지방에 대한 보고 한계는 0.5 g/포장이다. 이 양보다 작은 것은 0으로 표기한다. 6장 뒷부분에 이러한 18-탄소 화합물을 그리는 데 사용하는 쉬운 방법을 설명한다.

안정성

안정성(robustness)은 분석 방법이 실험 파라미터의 작은 변화에 영향을 받지 않는 능력을 말한다. 예를 들어 용매 조성, pH, 완충 용액 농도, 온도, 주입 부피, 검출기 파장 등이 바뀌어도 어떤 크로마토그래프 방법이 받아들일 수 있는 결과를 준다면 그 방법은 안정하다. 이동상의 유기 용매 조성을 ±2%, 용리액의 pH를 ±0.1, 칼럼 온도를 ±5°C 변화시켜 안정성 검사를 행할 수 있다. 안정성을 위하여 용액의 안정성(저장 수명)을 평가해야 한다. 만족할 만한 결과가 얻어졌다면 보고서 작성 과정에서 이러한 변수들이 수용 가능하다는 식으로 기술되어야 한다.

5-3 표준 물질 첨가[15,16]

표준 물질 첨가(standard addition) 방법에서는 미지 시료에 아는 양의 분석 물질을 첨가시킨 다음, 증가된 신호로부터 원래 미지 시료 중에 분석 물질이 얼마나 함유되어 있는가를 측정한다. 이 방법은 분석 물질의 농도에 대한 감응이 직선성을 가져야 한다. 적정에서처럼 표준 물질을 부피가 아닌 질량을 기준으로 첨가하는 경우 높은 정밀도를 얻을 수 있다.[17]

표준 물질 첨가법은 특히 시료의 조성이 잘 알려져 있지 않거나 복잡하여 분석 신호에 영향을 줄 때 효과적이다. 이 경우 표준 물질 또는 바탕 용액의 조성이 시료의 조성과 같게 만들기란 거의 불가능하다. 표준 물질과 바탕 용액이 미지 시료의 조성과 서로 일치하지 않으면 교정 곡선을 신뢰할 수 없게 된다. **매트릭스**(matrix)는 분석 물질을 제외하고 미지 시료 중에

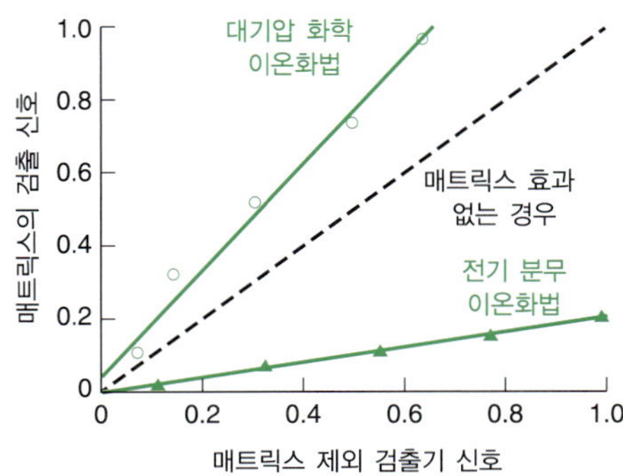

그림 5-5 혈장 속의 코르티손 분석 시 액체 크로마토그래피-질량 분석법으로 얻은 응답 곡선 [출처: R. D. McCulloch and D. B. Robb, "Field-Free Atmospheric Pressure Photoionization-Liquid Chromatography-Mass Spectrometry for the Analysis of Steroids within Complex Biological Matrices", *Anal. Chem.* **2017**, *89*, 4169.]

함유되어 있는 모든 화학종을 말한다. **매트릭스 효과(matrix effect)**란 시료 중에 존재하고 있는 분석 물질이 아닌 다른 어떤 물질에 의해서 일으키는 분석 감도(교정 곡선의 기울기)의 변화로 정의한다.

그림 5-5는 액체 크로마토그래피와 질량 분석 검출법을 이용하여 혈장 내 스테로이드인 코르티손(cortisone)의 분석 시 강한 매트릭스 효과를 보여 준다. 혈장의 매트릭스를 단순화하기 위하여 단백질은 침전시켜 제거하였으며, 남아 있는 시료 성분들은 질량 분석기에 주입되기 전 액체 크로마토그래피로 분리하였다. 액체 크로마토그래피 장치로부터 질량 분석기에 시료를 전달할 때 두 가지 서로 다른 이온화법이 사용되었다. 그림 5-5의 파선은 매트릭스 효과가 없을 때 예측되는 신호값이다. 코르티손 신호는 전기 분무 이온화법(electrospray ionization)을 사용했을 때 5배 감소하였으며, 대기압 화학 이온화법(atmospheric pressure chemical ionization)을 사용했을 때 41% 증가하였다. 코르티손 신호의 변화는 혈장 내 미지의 분자들로 인한 **매트릭스 효과** 때문이다.

동일한 시료 내에 있는 스테로이드들도 서로 다른 매트릭스 효과를 받게 된다. 동일한 분석 과정에서 안드로스테로이드(androsteroid)는 전기 분무 이온화법을 사용했을 때 19% 감소하였으며, 대기압 화학 이온화법을 사용했을 때 9%만 증가하였다. 서로 다른 혈장 시료들은 여러 가지 화합물의 농도가 다르기 때문에 하나의 특정 혈장 시료 이상의 많은 시료에 적용할 수 있는 단일 교정 곡선을 만들 방법은 없다. 따라서 표준 물질 첨가법이 요구된다. 미지 시료에 진한 농도의 표준 용액을 적은 부피로 가하면 매트릭스의 농도는 그다지 많이 변하지 않는다.

Gotahn News: Gothan 과학수사 연구소에서 메탐페타민의 분석 시 액체 크로마토그래피와 질량 분석 검출법이 사용되었다.

매트릭스는 분석 신호의 크기에 영향을 준다. 표준 물질 첨가에서는 모든 시료가 동일한 매트릭스에 있다.

분석 물질의 초기 미지 농도가 $[X]_i$인 시료의 교정된 방출 세기가 I_X라 하자. 거기에 알려진 농도가 S인 표준 물질을 적은 부피로 시료에 첨가시킨 두 번째 용액의 교정된 방출 세기가 I_{X+S}로 관찰되었다. 미지 시료에 표준 물질을 첨가하면 소량 첨가된 부피에 의해 묽혀지게 되어 원래 분석 물질의 농도는 조금 변화된다. 묽혀진 분석 물질의 농도는 $[X]_f$라고 하자. 여기에서 'f'는 '최종'을 뜻한다. 그리고 두 번째 용액에서 표준 물질의 농도는 $[S]_f$로 나타낸다(화학종 X와 S는 동일하다는 것을 유의하라).

신호는 분석 물질의 농도에 비례하므로 다음과 같이 나타낼 수 있다.

$$\frac{\text{초기 용액에서의 분석 물질의 농도}}{\text{최종 용액에서의 표준 물질과 분석 물질의 농도 합}} = \frac{\text{초기 용액의 신호}}{\text{최종 용액의 신호}}$$

표준 물질 첨가식:

$$\frac{[X]_i}{[X]_f + [S]_f} = \frac{I_X}{I_{X+S}} \quad (5\text{-}8)$$

식 5-8의 유도:

$I_X = k[X]_i$, 여기서 k는 비례 상수이다.

$I_{X+S} = k([X]_f + [S]_f)$, 여기서 k는 같은 비례 상수지만 매트릭스 효과로 인해 그 값은 알 수 없다.

위의 두 식을 서로 나누면 다음과 같이 나타낼 수 있다.

$$\frac{I_X}{I_{X+S}} = \frac{k[X]_i}{k([X]_f + [S]_f)} = \frac{[X]_i}{[X]_f + [S]_f}$$

미지 시료의 초기 부피 V_i에 농도가 $[S]_i$인 표준 용액 V_S를 가하면 전체 부피 $V = V_i + V_S$이고, 식 5-7의 농도는 다음과 같다.

$$[X]_f = [X]_i\left(\frac{V_i}{V_i + V_S}\right) \qquad [S]_f = [S]_i\left(\frac{V_S}{V_i + V_S}\right) \quad (5\text{-}9)$$

최종 농도를 초기 농도와 관련짓는 비(초기 부피/최종 부피)는 **묽힘 인자(dilution factor)**라고 한다. 그것은 식 1-5에서 직접 얻는다.

묽혀진 분석 물질의 농도 $[X]_f$를 분석 물질의 초기 농도 $[X]_i$의 항으로 나타낸 식 5-7에서 나머지 모든 항은 알고 있기 때문에 $[X]_i$를 구할 수 있다.

예제 **표준 물질 첨가**

Na^+를 함유하고 있는 혈청 시료는 원자 방출 분석에서 4.41 mV의 신호를 나타내었다. 그런 다

음, 혈청 시료 95.0 mL에 2.08 M NaCl 5.00 mL를 첨가하였다. 이처럼 표준 물질을 소량 첨가시킨 혈청 시료의 원자 방출 신호는 7.82 mV였다. 혈청 시료 중에 함유된 원래 Na^+의 농도를 구하시오.

풀이 소량 첨가된 표준 용액으로 약간 묽혀진 뒤 Na^+의 최종 농도는 식 5-9에서 $[X]_f = [X]_i (V_i/V_i + V_S) = [X]_i$ (95.0 mL/100.0 mL)이다. 첨가한 표준 용액의 최종 농도는 $[S]_f = [S]_i(V_S/V_i + V_S)$ = (2.08 M) (5.00 mL/100.0 mL) = 0.104 M이다. 식 5-8은 다음과 같이 된다.

$$\frac{[Na^+]_i}{0.950[Na^+]_i + 0.104 \text{ M}} = \frac{4.41 \text{ mV}}{7.82 \text{ mV}} \Rightarrow [Na^+]_i = 0.126 \text{ M}$$

자습 소량 첨가된 혈청 시료가 7.09 mV의 신호를 보였다면, Na^+의 원래 농도는 얼마인가? (**답:** 0.158 M)

단일 용액에 대한 표준 물질 첨가법의 그래프 처리 방법

표준 물질 첨가법을 수행하는 데는 일반적으로 두 가지 방법이 있다. 분석을 하는 데 있어 용액을 사용하지 않는다면 미지 용액에 대한 분석 신호를 측정하는 것부터 시작한 다음, 적은 부피의 진한 표준 용액을 첨가하고 그때 분석 신호를 측정한다. 표준 용액은 진한 상태로 제조되어야 적은 부피를 첨가할 수 있고, 시료의 매트릭스가 크게 변화하지 않게 된다. 첨가된 표준 물질은 분석 신호의 세기를 2~5배 정도 증가시켜야 하며 선형 범위에 들어와야 한다.[18] 다음 절에서 다른 일반적인 방법을 설명하기로 한다.

표준 물질 첨가법을 수행하는 데 흔한 실수는 원래 신호값을 세 배 이상 증가시키는 경우, 결과의 정확성이 떨어지게 된다.

그림 5-6은 음료수에 들어 있는 극미량의 비소를 전기 화학적으로 측정한 실험 데이터이다. 전류는 비소의 농도에 비례한다. 네 개의 표준 물질 첨가로 전류는 2.02 μA에서 10.78 μA(C열)로 증가했다. 각 용액은 세 번 측정하였다. 이론적 감응은 식 5-9로부터 $[X]_f$와 $[S]_f$ 식을 식 5-8에 대입하여 얻는다. 재배열을 하면 다음과 같다.

단일 용액에 대한 연속적 표준 물질 첨가법:

$$\underbrace{I_{X+S}\left(\frac{V_i + V_S}{V_i}\right)}_{y\text{축에 그릴 함수}} = I_X + \frac{I_X}{[X]_i}\underbrace{[S]_i\left(\frac{V_S}{V_i}\right)}_{x\text{축에 그릴 함수}} \quad \textbf{(5-10)}$$

단일 용액에 대한 연속적 표준 물질 첨가법: $I_{S+X}\left(\frac{V_i + V_S}{V_i}\right)$를 $[S]_i\left(\frac{V_S}{V_i}\right)$에 대해 그린다. x 절편은 $[X]_i$이다.

y축의 I_{X+S} $((V_i + V_S)/V_i)$ [**보정된 감응**(corrected response)] 대 x축의 $[S]_i(V_s/V_i)$의 그래프는 직선이어야 한다. 그림 5-7의 데이터는 그림 5-6의 D열과 E열에서 계산된다.

그림 5-7에 데이터를 검사한 결과 직선이 휘어지는 것이 나타난다. 표준 물질 첨가법의 그림은 직선이어야 한다. 최소 제곱법 계산 시 첨가물의 농도 0, 1, 2 ppb(part per billion)로 제한하였더니 R^2이 0.999 1인 직선이 얻어졌다. 그림 5-7의 직선은 미지 물질의 원래 농도를 계산할 수 있게 해주었다. 식 5-10의 우변은 $[S]_i(V_S/V_i) = -[X]_i$일 때 0이다. $(V_i + V_S)/V_i$에서 x 절편의 크기는 미지 시료의 초기 농도인 $[X]_i$ = 0.952 ppb이다.

직선의 방정식은 $y = mx + b$이다. x 절편은 y를 0으로 놓고 구한다. $0 = mx + b$ $x = -b/m$

x 절편의 **표준 불확정도**는 다음과 같다.[19]

x 절편의 표준 불정확도:

$$u_x = \frac{s_y}{|m|}\sqrt{\frac{1}{n} + \frac{\bar{y}^2}{m^2\sum(x_i - \bar{x})^2}} \quad \textbf{(5-11)}$$

표준 불확정도 = 식 4-27과 같이 평균의 표준 편차

여기서 s_y는 y의 표준 편차(식 4-20 사용 시 0.055), $|m|$은 최소 제곱 직선의 기울기 절댓값(식 4-16), n은 데이터 점의 개수(그림 5-6의 선형에서 9), $\bar{y}$는 9개 y 데이터의 평균값, x_i는 9개 점에 대한 x의 각각의 값, $\bar{x}$는 9개 점에 대한 데이터의 평균값이다. x 절편의 표준 불확정도는 u_x = 0.024 ppb이다.

신뢰 구간은 $\pm tu_x$인데, 여기서 t는 자유도 $n - 2$에 대한 Student의 t(표 4-4)이다. 그림

	A	B	C	D	E
1	Arsenic standard addition experiment: Add 1000 ppb arsenic to 10.0 mL of water				
2					
3	V_i (mL) =	V_S = mL arsenic	I_{X+S} =	x-axis function	y-axis function
4	10.0	added	signal (μA)	S_i*V_S/V_i	I_{X+S}*(V_i+V_S)/V_i
5	$[S]_i$ (ppb) =	0.000	1.89	0.000	1.890
6	1000	0.000	1.87	0.000	1.870
7		0.000	1.83	0.000	1.830
8		0.010	3.90	1.000	3.904
9		0.010	3.72	1.000	3.724
10		0.010	3.80	1.000	3.804
11		0.020	5.75	2.000	5.762
12		0.020	5.80	2.000	5.812
13		0.020	5.73	2.000	5.741
14		0.030	7.40	3.000	7.422
15		0.030	7.50	3.000	7.523
16		0.030	7.32	3.000	7.342
17		0.050	10.70	5.000	10.754
18		0.050	10.60	5.000	10.653
19		0.050	10.70	5.000	10.754
20		D5 = $A$6*B5/$A$4		E5 = C5*($A$4+B5)/$A$4	

그림 5-6 전체 부피가 변화하는 표준 물질 첨가 실험의 데이터 [출처: A. Cheng, R. Tyne, Y. T. Kwok, L. Rees, L. Craig, C. Lapinee, M. D'Arcy, D. J. Weiss, and P. Salaün, "Investigating Arsenic Contents in Surface and Drinking Water by Voltammetry and the Method of Standard Additions," *J. Chem. Ed.* **2016**, *93*, 1945. The first four authors were undergraduate researchers.]

5-7에서 그 절편의 95% 신뢰 구간은 ±(2.365) × (0.024 ppb) = ±0.057 ppb이다. 자유도 9 − 2 = 7에 대한 t = 2.365의 값은 표 4-4에서 얻었다.

동일 부피의 다수 용액에 대한 그래프 처리 방법

분석 과정에서 약간의 용약을 소모하게 될 때 동일 부피의 다수 용액을 사용하는 표준 물질 첨가법을 사용한다.

두 번째 일반적인 표준 물질 첨가법은 그림 5-8에 나타내었다. 동일한 부피의 미지 시료를 피펫으로 여러 개의 부피 플라스크에 옮겨 담고 나서, 각 플라스크에 표준 용액의 부피를 증가시켜 가면서 첨가하고, 모든 플라스크의 부피가 **동일한 부피가** 되도록 묽혀 준다. 각 플라스크에는 동일한 농도의 미지 시료와 농도를 달리하는 표준 물질이 들어 있다. 각 플라스크에는 분석 신호 I_{X+S}의 측정값이 얻어지게 된다. 그림 5-8의 방법은 분석 과정에서 약간의 용액이 소모될 때 반드시 필요하다.

만일 모든 표준 물질 첨가가 동일한 최종 부피로 이루어진다면 분석 신호 I_{X+S}와 묽힌 표준 물질의 농도 $[S]_f$에 대한 그림(그림 5-8)을 그린다. 이 경우 x 절편의 값은 최종 시료의 부피로 묽혀준 뒤의 미지 시료의 최종 **농도** $[X]_f$가 된다. 식 5-11은 이 경우에도 불확정도 계산에 적용된다. 미지 시료의 초기 농도 $[X]_i$는 미지 시료의 최종 농도 $[X]_f$를 묽힘 인자로 나누어 준다.

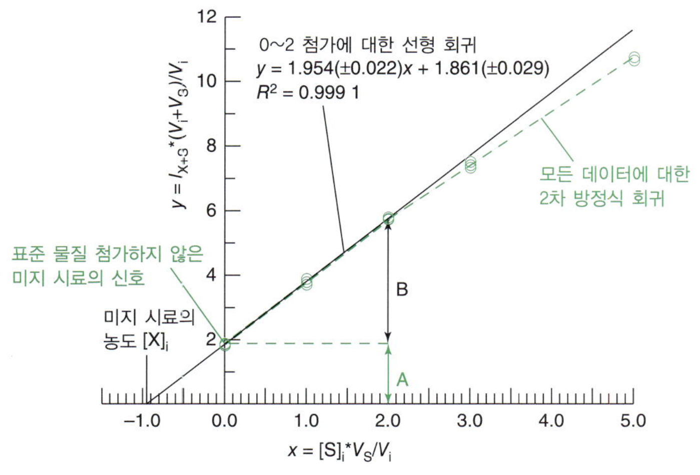

그림 5-7 전체 부피가 변화하는 표준 물질 첨가 실험에 대한 그래프 처리. 표준 물질 첨가는 직선 범위 내에서 수행되어야 하며 초기 분석 신호를 2~5배 증가시켜야 한다(즉 B = 1A~4A). 최소 제곱 직선은 그림 5-6의 음영 처리된 데이터로부터 작성된 것이다.

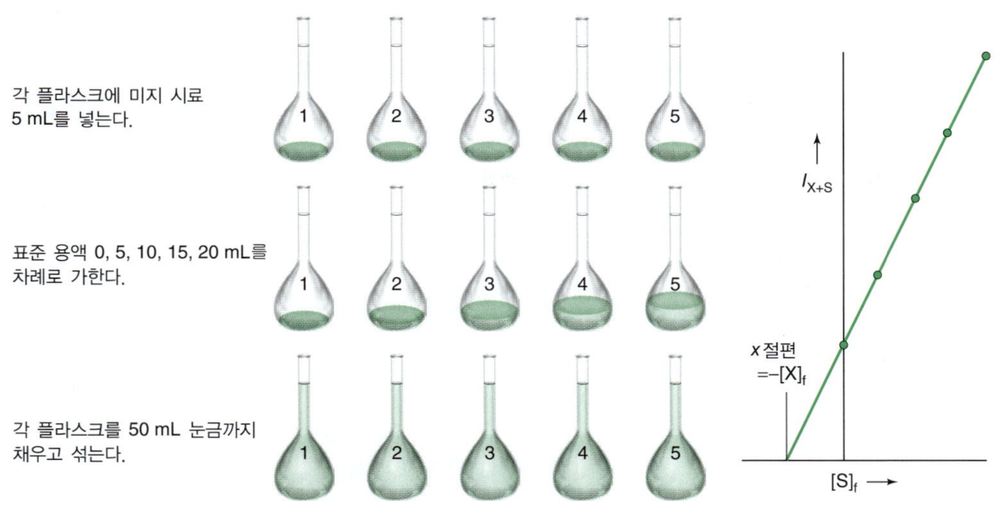

그림 5-8 **동일한 전체 부피**를 유지하는 표준 물질 첨가 실험. $[S]_f$에 대한 I_{X+S} 점을 그리면, x 절편은 $-[X]_f$이다. 그림 5-7과 5-8에서의 직선은 식 5-10에서 유도된다.

예제 **동일한 부피를 유지하는 경우의 표준 물질 첨가법**

그림 5-8에서의 각 플라스크에 5.00 mL의 미지 시료를 넣고 50.00 mL가 되게 묽혔다. x 절편이 −0.235 mM이라고 할 때, 미지 시료에 있는 분석 물질의 원래 농도는 얼마인가?

풀이 분석 물질의 묽힘 인자는 5.00 mL/50.00 mL = 0.100이다. x 절편의 값은 묽혀진 분석 물질의 최종 농도 $[X]_f$가 된다. 분석 물질의 원래 농도는 1/0.100 = 10.00배 커진 2.35 mM이 된다.

식 1-5에서 묽힘 인자 V_{conc}/V_{dil}:

$$M_{conc} \cdot V_{conc} = M_{dil} \cdot V_{dil}$$

$$M_{conc} \cdot \frac{V_{conc}}{V_{dil}} = M_{dil}$$

M은 농도, V는 부피, 'conc'는 농축된, 'dil'은 희석된 것을 뜻한다.

자습 그림 5-8에서의 표준 물질 첨가 실험을 위해 각 플라스크에 혈청 1.00 mL를 넣고 25.00 mL로 묽힌 다음, 분자량이 373 g/mol인 호르몬을 분석하려고 한다. 그래프에서의 x 절편은 −4.2 ppb(10억분의 1)이다. 혈청 속의 호르몬 농도를 구하고, 결과를 ppb와 몰농도로 표시하시오. 혈청 및 모든 용액의 밀도는 1.00 g/mL라고 가정한다. (**답:** 105 ppb, 0.28 μM)

5-4 내부 표준 물질

내부 표준 물질(internal standard)이란 **분석 물질과 다른** 화합물로서, 미지 시료에 첨가하는 알고 있는 양의 화합물을 말한다. 분석 물질의 신호와 내부 표준 물질의 신호를 비교하여 분석 물질이 얼마나 들어 있는지 알아 낸다. 잘 선택된 내부 표준 물질의 경우, 미지 시료 내의 분석 물질과 다른 물질들 간의 신호와 잘 분리되는 분석 신호(크로마토그래피 피크 또는 흡광도)를 나타낸다. 내부 표준 물질은 화학적으로 안정해야 하며 미지 시료의 성분들과 반응을 하지 않아야 한다.

표준 물질 첨가: 첨가되는 표준 물질은 분석 물질과 **같은** 물질이다.

내부 표준 물질: 첨가되는 표준 물질은 분석 물질과 **다른** 물질이다.

외부 표준 물질: 농도를 알고 있는 분석 물질 용액은 교정 곡선을 작성하는 데 사용된다.

내부 표준 물질은 분석할 시료의 양 또는 기기의 감응을 조절하기 어려워서 매 측정마다 조금씩 변할 때 특히 유용하다. 예를 들어 기체 크로마토그래피 실험이 적절하게 수행되지 않으면 크로마토그래프 장치에 주입되는 시료의 작은 양은 재현되지 않을 수 있다. 외부 표준 물질을 사용한 교정 곡선은 그것을 얻은 한 개의 조건에서만 정확하다. 그러나 분석 물질과 내부 표준 물질에 대한 검출기의 **상대적** 감응은 넓은 범위의 조건에서 대체로 일정하다. 시료 주입량의 증가로 인해 내부 표준 물질의 신호가 8.4% 증가하였다면 분석 물질의 신호 역시 대체로 8.4% 증가한다. 내부 표준 물질의 농도를 알고 있다면 분석 물질의 옳은 농도를 유도할 수 있다.

분석 물질과 표준 물질에 대한 상대적 감응이 어떠한 농도 범위에서 일정하다는 가정은 증명되어야 한다.

표준 물질 첨가: 매트릭스에 의해 유발되는 감도(교정 곡선의 기울기)의 **계통 오차**를 보정한다.

내부 표준 물질: 측정간 편차로 인해 유발되는 우연 오차를 보정한다.
화학적으로 유사한 내부 표준 물질은 매트릭스에 의해 유발된 감도에 대한 **계통 오차**를 보정하기도 한다.

D는 동위 원소 ^{2}H인 중수소(deuterium)를 뜻한다.

내부 표준 물질은 분석하기 전, 시료의 제조 단계 중에 시료의 손실이 일어날 수 있을 때에도 유용하다. 어떤 조작을 하기 전에 알고 있는 양의 표준 물질을 미지 시료에 첨가하면 어떤 처리 중에도 같은 분율만큼 손실될 것이므로, 표준 물질 대 분석 물질의 비는 일정하게 유지된다.

분석 물질의 신호 증감을 유발하는 매트릭스의 구조적인 영향은 내부 표준 물질의 신호

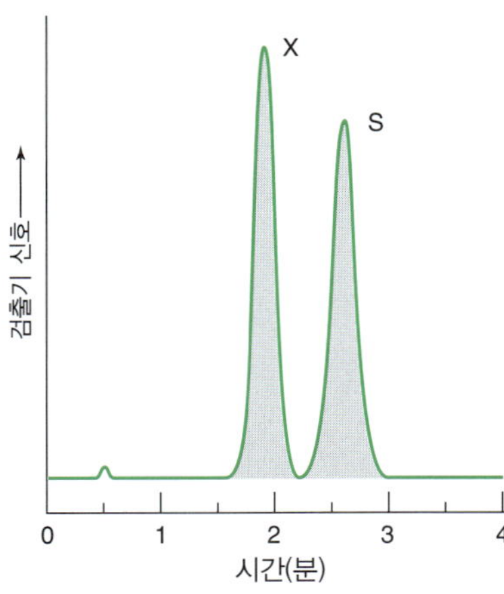

그림 5-9 미지 시료(X)와 내부 표준 물질(S)의 크로마토그래피 분리. 미지 시료에 아는 양의 S를 첨가했다. X와 S의 신호의 상대 면적으로부터 혼합물 내에 X가 얼마나 있는지를 알아낼 수 있다. 각 화합물에 대한 검출기의 상대적 감응을 우선 측정할 필요가 있다.

에도 유사한 영향을 주기 때문에, 내부 표준 물질은 분석 물질과 화학적으로 유사하면 도움이 된다. 액체 크로마토그래피–질량 분석법을 사용하여 메탐페타민($C_6H_5CH_2CH(CH_3)NHCH_3$)을 분석하는 국립 직업 건강 및 안전 연구소(National Institute for Occupational Health and Safety)의 표준 분석법 9111은 내부 표준 물질로 중수소로 치환된 메탐페타민($C_6D_5CD_2CD(CD_3)NHCD_3$)를 사용한다. 중수소로 치환된 화합물은 화학적으로 메탐페타민과 유사하여 동일한 손실과 동일한 매트릭스 효과를 받게 되지만, 질량 분석기에서 메탐페타민과 구별될 수 있다.

내부 표준 물질을 이용하기 위하여 표준 물질과 분석 물질의 아는 혼합물을 준비하고, 그 두 화학종에 대한 검출기의 상대적 감응을 측정한다. 그림 5-9의 크로마토그램에서 각 피크 아래의 면적은 칼럼에 주입한 화학종의 농도에 비례한다. 그러나 검출기는 일반적으로 각 성분마다 다른 감응을 보인다. 예를 들어 분석 물질(X)과 내부 표준 물질(S)의 농도가 모두 10.0 mM이라 하더라도, 분석 물질의 피크 아래 면적이 표준 물질의 피크 아래 면적보다 2.30배 더 클 수 있다. 이것을 **감응 인자(response factor,** *F*)가 X에 대해서보다 S에 대해서 2.30배 더 크다고 말한다.

감응 인자:
$$\frac{\text{분석 물질 신호의 면적}}{\text{분석 물질의 농도}} = F\left(\frac{\text{표준 물질 신호의 면적}}{\text{표준 물질의 농도}}\right) \qquad \textbf{(5-12)}$$

$$\frac{A_X}{[X]_f} = F\left(\frac{A_S}{[S]_f}\right)$$

만약 검출기가 표준 물질과 분석 물질에 똑같이 감응하면 $F = 1$, 검출기가 표준 물질보다 분석 물질에 2배 더 감응하면 $F = 2$, 검출기가 표준 물질보다 분석 물질에 0.5배 감응하면 $F = 0.5$이다.

때로는 신호가 면적(크로마토그래피의 경우)이 되거나 면적보다는 높이가 되기도 한다. $[X]_f$와 $[S]_f$는 **서로 섞은 후에** 분석 물질과 표준 물질에 대한 각각의 농도이다. 식 5-11은 분석 물질과 표준 물질에 대해 선형 감응을 근거로 하고 있다.

예제 내부 표준 물질의 이용

예비 실험에서 0.083 7 M의 X와 0.066 6 M의 S를 함유하는 용액의 피크 면적이 $A_X = 423$이고, $A_S = 347$이었다(면적은 기기의 컴퓨터에 의해 임의 단위로 측정된 것임). 미지 시료를 분석하기 위하여, 0.146 M의 S 10.0 mL를 미지 시료 10.0 mL에 첨가시키고, 그 혼합물을 부피 플라스크에 넣고 25.0 mL로 묽혔다. 이 혼합물의 크로마토그램은 그림 5-9와 같은데, $A_X = 553$이고, $A_S = 582$였다. 미지 시료 중에 함유된 X의 농도를 구하시오.

풀이 먼저 표준 물질의 혼합물을 사용하여 식 5-12에 있는 감응 인자를 구한다.

표준 물질의 혼합물:
$$\frac{A_X}{[X]_f} = F\left(\frac{A_S}{[S]_f}\right)$$

$$\frac{423}{0.083\,7\text{ M}} = F\left(\frac{347}{0.066\,6\text{ M}}\right) \Rightarrow F = 0.970_0$$

미지 시료와 표준 물질의 혼합물에서 S의 농도는 다음과 같다.

$$[S]_f = \underbrace{(0.146\text{ M})}_{\text{초기 농도}}\underbrace{\left(\frac{10.0\text{ mL}}{25.0\text{ mL}}\right)}_{\text{묽힘 인자}} = 0.058\,4\text{ M}$$

묽힘 인자 $\frac{\text{초기 부피}}{\text{최종 부피}}$는 초기 농도를 최종 농도로 전환한다.

위 감응 인자를 써서 식 5-12에 다시 대입하여 혼합물에 들어 있는 미지 시료의 농도를 구한다.

미지 시료의 혼합물:
$$\frac{A_X}{[X]_f} = F\left(\frac{A_S}{[S]_f}\right)$$

$$\frac{553}{[X]_f} = 0.970_0\left(\frac{582}{0.058\,4\text{ M}}\right) \Rightarrow [X]_f = 0.057\,2_1\text{ M}$$

S와 혼합물을 만들 때 X는 10.0 mL에서 25.0 mL로 묽혔으므로, 미지 시료에서 X의 원래 농도는 (25.0 mL/10.0 mL) (0.057 2_1 M) = 0.143 M이다.

자습 알고 있는 혼합물의 피크 면적이 $A_X = 423$, $A_S = 447$이라고 할 때, 미지 시료에서 [X]를 구하시오. (**답:** $F = 0.753_0$, [X] = 0.184 M)

내부 표준 물질을 위한 다중점 교정 곡선

위의 예는 단일 혼합물을 이용하여 감응 인자를 찾는 방법이다. 만일 실험 오차가 없다고 하면, 이 '1점 교정 곡선(one point calibration)'만으로도 정확한 감응 인자를 찾는 데 충분할 것이다. 그러나 실험 오차는 항상 있게 마련이어서 실험의 다양성을 평균화하고 감응의 직선성을 검증하는 데에는 다중점 교정 곡선을 선호한다. 이러한 목적으로 식 5-12의 신호값들을 한쪽에, 그리고 농도값을 다른 쪽으로 재배치한다.

$$\frac{\text{분석 물질 신호}}{\text{표준 물질 신호}} = F\left(\frac{\text{분석 물질의 농도}}{\text{표준 물질의 농도}}\right) \quad \textbf{(5-13)}$$

$$\frac{A_X}{A_S} = F\left(\frac{[X]_f}{[S]_f}\right)$$

내부 표준 물질 교정 곡선에 대한 식

그런 다음 식 5-13의 왼쪽 신호 비를 오른쪽에 있는 농도비의 함수가 되게 그래프를 작성한다. 그래프는 0점을 통과하는 직선이어야 한다. 이 그래프의 기울기가 감응 인자가 된다. 예를 들어 살펴보기로 하자.

그림 5-10은 반응 5-14에서 에틸렌과 아세트산 바이닐로 합성된 고분자의 적외선 흡수 스펙트럼을 나타낸다.

$$p\ H_2C{=}CH_2 + q\ H_2C{=}\underset{H}{C}{-}O\overset{O}{\overset{\|}{C}}CH_3 \xrightarrow[\text{촉매}]{\text{중합}} \text{Poly(ethylene-co-vinyl acetate)} \quad \textbf{(5-14)}$$

에틸렌 아세트산 바이닐 Poly(ethylene-co-vinyl acetate) (OAc = acetate)

이 고분자는 에틸렌과 아세트산 바이닐이 p:q의 몰비로 불규칙적인 결합을 하고 있다. 그림 5-9에서 몰비는 p:q = 82:18이다. 1 020 cm^{-1} 파수에서의 흡수 피크는 아세트산 바이닐에 의한 것이고, 720 cm^{-1}의 피크는 에틸렌에 의한 것이다. 우리의 목표는 조성을 모르는 고분자에서 두 피크의 상대 흡광도로부터 p/q 지수를 계산하는 것이다.

그림 5-11은 몰비 p:q가 알려져 있는 6개의 서로 다른 농도의 고분자들로부터 얻은 적외

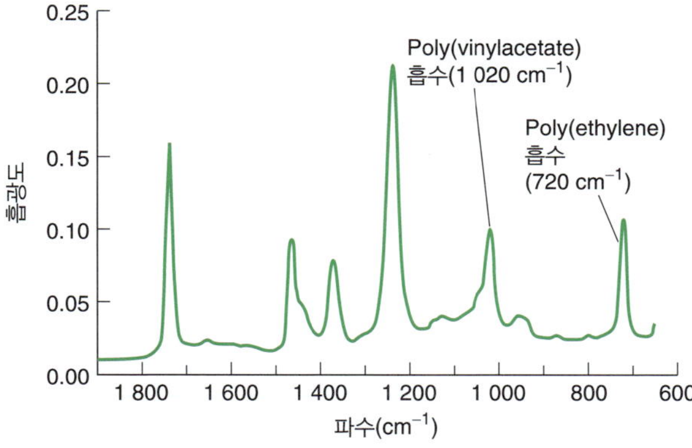

그림 5-10 18 mol% 아세트산 바이닐을 함유한 poly(ethylene-co-vinyl acetate)의 적외선 스펙트럼. 이 스펙트럼은 파수(= 1/파장)의 함수로서의 적외선 복사의 흡수를 보여 준다. 흡광도, 파장, 파수에 대한 것은 18장에서 정의한다. [출처: M. K. Bellamy, "Using FTIR-ATR Spectroscopy to Teach the Internal Standard Method," *J. Chem. Ed.* **2010**, *87*, 1399.]

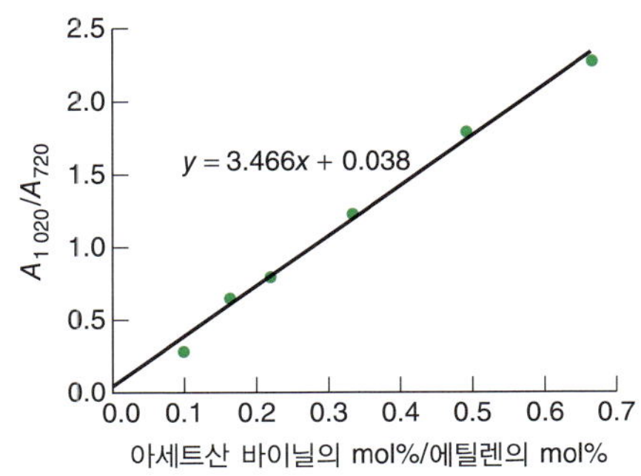

그림 5-11 에틸렌을 내부 표준 물질로, 아세트산 바이닐을 미지 물질로 취급한 고분자의 적외선 흡수 교정 곡선 [출처: M. K. Bellamy, "Using FTIR-ATR Spectroscopy to Teach the Internal Standard Methd," *J. Chem. Ed.* **2010**, *87*, 1399.]

선 흡광도 값을 통해 작성된 내부 표준 물질 교정 곡선이다. 에틸렌을 내부 표준 물질(S)로, 아세트산 바이닐을 미지 물질(X)이라고 임의로 정하자. y축은 A_X/A_S = (1 020 cm^{-1}에서 아세트산 바이닐 단위의 흡광도)/(720 cm^{-1}에서 에틸렌 단위의 흡광도)이다. x축은 농도 비 $[X]_f/[S]_f$이다. 각 비율에서는 동일한 단위가 분모와 분자에 사용되는 어떠한 농도 단위를 사용할 수 있다. 이 예에서의 고분자는 두 가지 물질 간의 몰비를 혼합하여 만들었기 때문에 (아세트산 바이닐의 mol%)/(에틸렌의 mol%) = q/p를 [X]/[S]로 사용하는 것이 맞다.

그림 5-11에서의 각 점은 기울기가 감응 인자 F인 직선 상에 있다. 식 5-13에서의 이론적인 y 절편은 0에 해당한다. 문제 5-35는 관찰된 절편값이 통계적 불확정도 0 범위 내에 있음을 보여 준다. 만일 미지 조성의 고분자가 $A_X/A_S = 1.98$의 비를 가질 경우, 그림 5-11의 식을 사용하여 조성은 $[X]_f/[S]_f = q/p = 0.56$임을 얻을 수 있다. 그 그래프는 감응 인자를 찾는 데에 있어 한 점을 사용하는 것보다 다중점을 사용하는 내부 표준법의 정확도를 높여 준다. 또한 식 5-13이 필요한 조성 범위 안에 들어가는 것을 확인해 준다.

이해해야 할 용어

가양성(false positive)
가음성(false negative)
감도(sensitivity)
감응 인자(response factor)
검출 한계(detection limit)
관리도(control chart)
교정 점검(calibration check)
내부 표준 물질(internal standard)
드리프트(drift)
매트릭스(matrix)
매트릭스 효과(matrix effect)
명세서(specification)
목적 부합(fitness for purpose
묽힘 인자(dilution factor)
반복성(repeatability)
방법 검증(method validation)
방법 바탕(method blank)
범위(range)
변동 계수(coefficient of variation)
보고 한계(reporting limit)
사용 목적(use objective)
상대 표준 편차(relative standard deviation)
선택성(selectivity)
성능 시험 시료(performance test sample)
소량 첨가(spike)
시약 바탕(reagent blank)
안정성(robustness)
외부 표준 물질(external standard)
응답 인자(response factor)
잔차 그림(residual plot)
정량 하한(lower limit of quantitation)
직선성(linearity)
최저 정량 한계(lower limit of quantitation)
평가(assessment)
표준 물질 첨가(standard addition)
표준 방법(standard method)
표준 작업 절차(standard operating procedure)
품질 보증(quality assurance)
현장 바탕(field blank)

요약

목적에 맞는 답을 얻기 위해서는 품질 보증을 시행한다. 사용 목적을 적고 그로부터 데이터의 품질을 위한 명세서를 얻을 수 있다. 명세서에는 시료 채취, 정확도, 정밀도, 특이성, 검출 한계, 표준 물질, 바탕값 등에 대한 요건을 포함한다. 의미 있는 분석을 하려면 우선 대표 시료를 구해야 한다. 표준 물질을 분석하여, 알고 있는 값과 받아들일 수 있을 정도로 가깝게 얻어야 한다. 방법 바탕에는 분석 물질을 제외한 모든 성분이 다 들어 있어야 하며, 모든 분석 절차를 다 거친다. 시료의 분석 물질 농도를 계산하기 전에 실제 시료의 감응으로부터 방법 바탕 감응을 빼 준다. 현장 바탕은 분석 물질이 현장 조건에 노출되어 부주의하게 선택되었는지를 보여 준다. 공인된 표준 물질을 분석하거나 소량 첨가하여 수행하는 교정 점검을 통해서, 그리고 품질 관리 시료를 분석함으로써 정확도를 평가할 수 있다. 문서화된 표준 작업 절차는 엄격히 지켜져서 최종 결과에 영향을 줄 부주의한 변화를 피한다. 공인 분석에는 표준 방법을 사용해야 한다. 평가는 (1) 특정 한도 내에서 분석 절차가 수행되고 있다는 것을 보여 주는 데이터 수집과, (2) 최종 결과가 사용 목적에 부합하는지 확인하는 과정이다. 관리도는 정확도, 정밀도, 또는 시간에 따른 기기의 성능을 조사하는 데 쓰일 수 있다.

방법 검증은 분석 방법이 의도한 목적에 허용되는지를 증명하는 과정이다. 우리는 요구 조건들이 특이성, 직선성, 정확도, 정밀도, 범위, 검출 한계, 정량 한계, 안정성을 충족하는지를 증명한다. 특이성은 분석 물질을 다른 것과 구별하는 능력이다. 직선성은 보통 교정 곡선의 상관 계수의 제곱으로 측정된다. 정밀도의 종류에는 기기 정밀도, 분석내 정밀도, 견고성(중간 정밀도), 가장 일반적으로 실험실간 정밀도가 있다. 'Horowitz 나팔'은 분석 물질 농도가 감소하면(정밀도가 떨어지는 낮은 농도 영역으로 감소하면) 정밀도가 낮아진다는 경험적 진술이다. 범위는 직선성, 정확도, 정밀도가 받아들일 수 있는 농도 구간이다. 검출 한계는 바탕 표준 편차의 보통 세 배로 취한다. 정량 하한은 바탕 표준 편차의 10배로 취한다. 보고 한계 아래의 농도는 분석 물질이 관찰되었음에도 규정상 '검출되지 않았다'라고 보고한다. 안정성은 분석 방법이 실험 파라미터의 작은 변화에 영향을 받지 않는 능력을 말한다.

표준 물질 첨가는 분석 물질의 농도를 늘리기 위해 미지 시료에 첨가하는 분석 물질의 알고 있는 양이다. 표준 물질 첨가는 매트릭스 효과가 중요할 때 특히 유용하다. 매트릭스 효과는 시료 내에 분석 물질이 아닌 어떤 것에 의하여 교정 곡선의 기울기가 변하는 것을 말한다. 식 5-8을 이용하여 표준 물질 첨가 실험에서 분석 물질의 양을 계산할 수 있어야 한다. 식 5-10은 그림 5-7을 작성하기 위하여 여러 번 표준 물질 첨가를 할 때 사용하는 것으로서 분석 물질의 농도는 x 절편이다. 동일한 최종 부피를 갖는 다수의 용액의 경우 그림 5-8과 약간 다른 그래프를 사용한다. 식 5-11은 두 그래프에 대한 x 절편의 불확정도를 제공한다.

내부 표준 물질은 미지 시료에 첨가하는, 분석 물질과는 달리 농도를 알고 있는 화합물이다. 분석 물질과 표준 물질과의 신호를 비교하면 분석 물질이 얼마나 들어 있는지 알 수 있다. 내부 표준 물질은 분석할 시료의 양이 그다지 재현성이 없을 경우, 기기의 감응이 매 측정마다 변할 경우, 또는 시료의 전처리 과정에서 시료의 손실이 발생할 때 등에 특히 유용하다. 내부 표준 물질로 사용되는 분석 물질의 동위 원소 치환 유도체는 매트릭스 효과를 보정하는 데에도 사용된다. 감응 인자는 분석 물질과 표준 물질의 상대적 검출기 감응이다. 정확성을 높이기 위하여 내부 표준 물질이 첨가된 일련의 표준 물질 혼합물을 제조한 후 그림 5-11과 같은 그래프를 작성하라. 감응 인자는 그래프의 기울기이며, 절편은 0의 통계 허용치 내에 있어야 한다. 그래프는 요구되는 분석 범위에 대하여 직선성을 갖고 있어야 한다.

마지막으로, 여러분들이 예상했을 것이라 기대하는데, Gothan 과학수사연구소는 가짜이다. 진짜 법과학연구소는 절차상의 실수를 방지하기 위한 품질 보증 및 품질 관리 절차가 엄격하다.[20]

연습 문제

5-A. 검출 한계. 분광 광도법에서는 흡광도로 분석 물질의 농도를 정한다. 낮은 농도의 시료를 만들어 9회의 반복 측정으로 0.004 7, 0.005 4, 0.006 2, 0.006 0, 0.004 6, 0.005 6, 0.005 2, 0.004 4, 0.005 8을 얻었다. 9개의 시료 바탕은 0.000 6, 0.001 2, 0.002 2, 0.000 5, 0.001 6, 0.000 8, 0.001 7, 0.001 0, 0.001 1을 얻었다.

(a) 식 5-4로 흡광도 검출 한계를 구하시오.

(b) 교정 곡선은 흡광도 대 농도 그래프이다. 흡광도는 단위가 없다. 교정 곡선의 기울기 $m = 2.24 \times 10^4\ \mathrm{M}^{-1}$이다. 식 5-6으로부터 농도 검출 한계를 구하시오.

(c) 식 5-7로부터 정량 하한을 구하시오.

5-B. 표준 물질 첨가. 전기 화학 분석에서 미지 Ni^{2+} 시료는 2.36 μA의 전류를 나타내었다. 0.028 7 M의 Ni^{2+}를 함유하고 있는 0.500 mL 용액을 25.0 mL 미지 시료에 첨가시켰을 때 전류는 3.79 μA로 증가하였다.

(a) 초기의 미지 농도를 $[Ni^{2+}]_i$로 나타내고, 25.0 mL 미지 시료에 0.500 mL의 표준 물질을 혼합시킨 후의 최종 농도 $[Ni^{2+}]_f$을 나타내는 관계식을 쓰시오. 이 계산에서 묽힘 인자를 이용하시오.

(b) 같은 방법으로, 표준 Ni^{2+}를 첨가시킨 최종 농도 $[S]_f$에 대한 관계식을 나타내시오.

(c) 미지 시료의 $[Ni^{2+}]_i$를 구하시오.

5-C. 직선성. 그림 5-7의 비소는 하나의 용액에 일련의 표준 물질을 첨가하면서 분석되었다. 첨가된 비소 표준 물질의 농도가 높아질 때 나타나는 직선성이 휘어지는 것을 피하기 위해 시료 속에 첨가하는 비소의 농도는 0~2 ppb 영역에서만 측정하였다.

(a) 엑셀을 사용하여 그림 5-6의 D열과 E열에 있는 모든 교정 데이터들을 그림 5-7과 유사한 그래프로 그리시오.

(b) 100쪽의 다음의 지시 사항에 따라 선형 추세선을 삽입하시오. 추세선을 선택할 때 사용한 Option 창에서 Display Equation과 Display R-Squared를 선택하시오. R^2 값을 그림 5-7에 있는 R^2과 비교하시오.

(c) **(b)**의 그래피가 직선이 휘어지는지 검사하시오. 추세선과 데이터 간의 수직 차이인 잔차의 경향을 검토하시오. 어떠한 관찰을 통해 직선이 휘어지는 것을 알 수 있는가?

(d) 그림 5-2b와 같은 잔차 그림을 그리시오. 그림 5-6의 F열에서 식 5-2를 이용하여 잔차를 계산하시오. D열을 x축으로 삼고 이에 대한 F열의 잔차를 그리시오.

5-D. 동일한 부피의 표준 첨가법에서의 그래프와 직선성. 사과주스[21] 속 비소(흔한 분석 물질)를 측정하는 실험에서 학생들은 주스 2.50 mL씩 5개의 5.0 mL 플라스크에 각각 옮겨 담았다. 비소의 농도가 0, 0.50, 1.00, 1.50, 2.00 μg/L가 되도록 플라스크에 비소 표준 물질을 옮겨 담았다. 플라스크는 눈금 표시까지 증류수로 채우고 섞어 주었다. 유도 결합 플라스마-질량 분석 측정 결과(I_{X+S})는 0.629, 0.978, 1.162, 1.441, 1.774이다.

(a) 초기 미지 시료의 농도를 $[As]_i$로 하고, 미지 시료 2.5 mL를 표준 물질과 혼합하고 5.0 mL로 묽힌 다음, 최종 농도 $[As]_f$에 대한 식을 표시하시오.

(b) 첨가한 표준 물질의 최종 농도 $[S]_f$에 대한 식을 표시하시오. 5개의 5.0 mL 플라스크에 $[S]_f = 0$, 0.5, 1.0, 1.5, 2.0 μg의 첨가된 As/L가 되려면 200 μg의 As 표준 용액의 부피를 얼마씩 첨가해야 하는가?

(c) 그림 4-16의 스프레드시트를 사용하여 그림 5-8과 같이 첨가한 비소의 최종 농도 $[S]_f$에 대한 I_{X+S}를 보여 주는 그래프를 작성하시오. 기울기, y 절편, 및 표준 불확정도를 구하시오. 교정 곡선이 직선임을 결정하기 위하여 직선 주변의 데이터의 산재 정도를 검사하시오.

(d) 기울기와 y 절편을 이용하여 x 절편 $[As]_f$를 결정하시오. 사과주스에서 비소의 최종 농도를 구하시오.

(e) x 절편(u_x)과 사과주스에서 비소의 미지 초기 농도의 표준 불확정도를 구하시오.

(f) 사과주스에서 비소의 초기 미지 농도에 대한 95% 신뢰 구간을 구하시오.

5-E. 내부 표준 물질. 미지 원소 X 5.00 mL를 표준 원소 S 4.13 μg이 들어 있는 용액 2.00 mL와 섞은 후 10.0 mL로 묽혔다. 원자 흡수 분광법으로 측정한 신호비(X의 신호)/(S의 신호) = 0.808이었다. 같은 농도의 X와 S에 대한 다른 실험에서 (X에 의한 신호)/(S에 의한 신호) = 1.31이었다. 미지 시료에 들어 있는 X의 농도를 구하시오.

5-F. 내부 표준 물질 그래프. 아래의 데이터는 중수소가 치환된 나프탈렌($C_{10}D_8$, D는 수소의 동위 원소인 ^2H)을 내부 표준 물질로 사용한 나프탈렌($C_{10}H_8$)의 크로마토그래피 분석 결과이다. 두 화합물은 칼럼에서 거의 비슷한 시간대에 분리가 되었으며 질량 분석기로 검출하였다.

시료	$C_{10}H_8$ (ppm)	$C_{10}D_8$ (ppm)	$C_{10}H_8$ 피크 면적	$C_{10}D_8$ 피크 면적
1	1.0	10.0	303	2 992
2	5.0	10.0	3 519	6 141
3	10.0	10.0	3 023	2 819

세 번의 분석 시 칼럼에 주입된 용액의 부피는 모두 다르다.

(a) 그림 4-16과 같은 스프레드시트를 사용하여 식 5-13과 같이 농도 비($[C_{10}H_8]:[C_{10}D_8]$)에 대한 피크 면적 비($C_{10}H_8:C_{10}D_8$)를 작성하시오. 최소 제곱법의 기울기와 절편, 표준 불정확도를 구하시오. 절편의 이론값은 얼마인가? 절편의 측정값이 이론값의 실험 불확정도 범위 내에 있는가?

(b) 피크 면적비($C_{10}H_8/C_{10}D_8$)가 0.652인 미지 시료의 $[C_{10}H_8]/[C_{10}D_8]$ 비를 구하시오. 피크 면적비의 표준 불확정도 u_x를 구하시오.

(c) 여기에서 3점 교정 곡선을 사용하지 않는 이유가 있다. $n = 3$인 데이터 점의 경우, 기울기와 절편을 계산하는 과정에서 자유도 2가 없어지게 되어 $n - 2 = 1$에 해당하는 자유도가 남게 된다. 95%의 신뢰도와 자유도 1인 경우에 Student의 t 값을 계산하시오. **(b)**에서의 표준 불확정도로부터 $[C_{10}H_8]/[C_{10}D_8]$의 95% 신뢰 구간을 계산하시오. $[C_{10}H_8]/[C_{10}D_8]$의 상대 불확정도 퍼센트는 얼마인가? 왜 3점 교정 곡선을 회피하는 것인가?

5-G. 관리도. 총기 발사하면 총을 잡은 사람의 손, 팔, 가슴, 얼굴에는 화약 잔여물이 남아 있게 된다. 전통적인 법의학수사에서는 무기 화약 잔여물에 관심을 갖는다. 이온 이동도 분광법은 유기 잔여물을 검출한다. 품질 관리 표준 물질 2,6-di-t-buthylpyridine 5.0 ng을 면봉에 떨어뜨리고 말린 뒤, 분석법의 평균과 표준 편차를 얻기 위해 18회 측정하였다. 처음 18개 품질 관리 표준 물질에 대한 평균과 표준 편차를 구하고, 전체 40회의 측정에 대한 관리도를 작성하시오. 측정값(Obs)이 관리도에서의 안정성 기준을 충족하는지 설명하시오.

일	Obs. (mV)	일	Obs. (ppb)	일	Obs. (ppb)	일	Obs. (ppb)	일	Obs. (ppb)
1	960	9	993	17	1 204	25	1 237	33	943
2	800	10	1 237	18	1 155	26	1 252	34	1 187
3	970	11	1 265	19	1 043	27	1 347	35	1 242
4	1 307	12	1 330	20	812	28	1 110	36	1 166
5	1 325	13	1 336	21	684	29	1 115	37	1 330
6	1 252	14	933	22	501	30	1 336	38	1 176
7	1 230	15	1 185	23	1 127	31	802	39	1 310
8	751	16	1 215	24	1 232	32	915	40	1 280

출처: *B. Yeager, K. Bustin, J. Stewart, R. Dross, and S. Bell, "Evaluation and Validation of Ion Mobility Spectrometry for Presumptive Testing Targeting the Organic Constituents of Firearms Discharge Residue,"* Anal. Meth. ***2015,*** *7, 9683. Undergraduates K. Bustin, J. Stewart, and R. Dross were summer research students on the project.*

문제

품질 보증과 방법 검증

5-1. 이 장의 첫 부분에 인용한 "바른 데이터를 얻어라. 데이터를 바르게 얻어라. 데이터를 바르게 유지하라"의 의미를 설명하시오.

5-2. 품질 보증의 세 부분은 무엇인가? 각 부분에서 어떤 질문이 있고 또 어떤 실행을 취하는가?

5-3. 정밀도와 정확도를 어떻게 확인할 수 있는가?

5-4. **측정 데이터**, **처리 데이터**, **결과**를 구별하시오.

5-5. 교정 데이터가 직선인지 곡선인지를 결정하는 5가지 방법을 설명하시오. 선형 교정이 목적에 적절한지를 결정할 수 있는 능력 순으로 방법들의 순위를 정하시오.

5-6. **교정 점검**과 **성능 시험 시료**의 차이점은 무엇인가?

5-7. **바탕**이란 무엇이며, 그 목적은 무엇인가? **방법 바탕**, **시약 바탕**, **현장 바탕**을 구별하시오.

5-8. **선형 범위**, **동적 범위**, **범위**를 구별하시오.

5-9. **가양성**과 **가음성**의 차이점은 무엇인가?

5-10. 그림 5-3에서 정의된 검출 한계의 분석 물질이 들어 있는 시료를 생각해 보자. 다음을 설명하시오.
분석 물질이 없는 시료인데도 검출 한계 이상이 들어 있다고 잘못 결론지을 확률이 약 1%이다. 검출 한계의 농도가 실제 들어 있는 시료인데도 검출 한계 이상이 들어 있지 않다고 잘못 결론지을 확률이 약 50%이다.

5-11. 관리도는 어떻게 쓰이는가? 공정이 통제할 수 없게 되는 6가지 징후를 말하시오.

5-12. 식수 정수장에서 행해지는 화학 분석의 사용 목적은 이렇다. "정수에 함유된 할로아세트산염의 농도가 미국 환경 보호국 규정법 552.2(정밀도, 정확도, 기타 요건을 명시) 수준에 부합하는지를 결정하기 위해 계절마다 데이터와 결과를 모은다."
다음 중 어느 것이 그 사용 목적의 의미를 가장 잘 요약하는가?
(i) 정해진 정밀도와 정확도 내에 할로아세트산염의 농도가 알려져 있는가?
(ii) 물에서 할로아세트산염을 검출할 수 있는가?
(iii) 할로아세트산염의 농도가 규정 한계를 초과하는가?

5-13. **표준 방법.** 인터넷을 통해 다음 표준 방법들에 요구되는 정보를 검색하시오.
(a) 미국 환경보호국(EPA) 규정법 200.7은 어떤 분석 물질을 어떤 매트릭스에서 분석하도록 규정하고 있는가?
(b) 토양의 isopropyl methylphosphonic acid(사린가스)와 같은 화학 무기 제제의 분석하기 위한 ASTM 방법은 어떤 것인가?
(c) 그림 5-4와 같이 영양표를 작성하기 위하여 음식물 내 포화, 불포화, 전체 지방의 양을 측정하는 데에 어떠한 AOAC 방법이 사용되는가?
(d) 미국 약전법(U.S. Pharmacopeia method) 921은 어떠한 분석물을 어떤 방법으로 분석하는 것인가?

5-14. **기기 검출 한계**와 **방법 검출 한계**의 차이점은 무엇인가? **안정성**과 **견고성**의 차이는 무엇인가?

5-15. **반복성**과 **재현성**의 차이점은 무엇인가? 다음 용어를 정의하시오.
기기 정밀도, 주입 정밀도, 분석내 정밀도, 중간 정밀도, 실험실간 정밀도

5-16. **관리도.** 우라늄 광석에서 란타넘(La)을 검사하는 실험실에서 U_3O_8로부터 제조한 품질 관리 시료들을 측정하였다. 다음 그림은 연속적인 관리도 측정을 나타내고 있는데, 이 데이터로부터 보충 5-2에서 제시한 것과 같은 문제 해결 방법이 있는가?

5-17. **직선성과 엑셀 그래프 그리기.** 파이토플랑크톤은 단세포 광합성 유기체로서 해양 생명체에 매우 필요하며, 대기의 이산화 탄소 조절에 중요한 역할을 하고 있다. 파이토플랑크톤은 클로로필 *a*(Chl *a*)의 형광을 측정하여 간접적으로 정량한다.

Chl *a* (pg/μL)	신호	Chl *a* (pg/μL)	신호
4	540	90	11 111
10	1 352	120	14 502
20	2 481	160	18 674
40	5 063	200	22 196
60	7 470	240	26 196

출처: *M. Mandalakis, A. Stravinskaitė, A. Lagaria, S. Psarra, and P. Polymenakou, "Analysis of Chlorophyll a in Marine Phytoplankton Extracts Using a Fluorescence Microplate Reader,"* Anal. Bioanal. Chem. ***2017,*** *409, 4539, Supplementary Materials. A. Stravinskaitė was an undergraduate researcher.*

(a) 농도(pg/μL)가 ppm이나 ppb 또는 다른 단위인가?
(b) 엑셀을 사용하여 데이터 그래프를 그리고, 추세선을 추가하시오. 직선에 대한 식과 R^2 값을 구하시오.
(c) 최소 제곱 직선에 대한 데이터의 산재 정도를 눈으로 검사하시오. *y* 절편값은 얼마인가? 추세선이 교정 데이터에 잘 맞는가?
(d) 직선 방정식을 이용하여 클로로필 *a*의 신호가 540일 때 농도를 구하시오. 교정 데이터와 예상 농도는 얼마나 차이가 있는가?
(e) 잔차($y_i - (mx_i + b)$)를 계산하시오. 클로로필 *a* 농도에 대한 잔차를 그리시오. 잔차에 일정한 패턴이 있는가? 최소 제곱법이 교정 데이터에 잘 맞는가?
(f) 60 pg/uL까지의 교정 데이터에 대하여 **(b)**~**(e)** 과정을 반복하시오. 최소 제곱 직선이 작은 농도 범위의 교정 데이터와 잘 맞는가?
(g) **비선형 추세.** 4~240 pg/μL 데이터에 대하여 이차 방정식으로 추세한 경우(부록 C), 교정식은 $y = -0.095x^2 + 131.5x - 14.3$이고, $R^2 = 0.999\ 8$이며, 잔차는 작고 무작위적이다. 540에 해당하는 신호에 대한 예측 농도는 얼마인가?

5-18. **상관 계수와 엑셀 그래프 그리기.** 다음 표는 $y = 26.4x + 1.37$ 식을 따르는 데이터에 신호 세기 80에 해당하는 우연성 Gauss 잡음을 첨가한 교정 곡선용 합성 데이터이다. 이 연

습 문제 R^2 값이 높다고 해서 데이터가 질적으로 우수하다는 것을 보장하지 않는다는 것을 보여 준다.

농도(x)	신호(y)	농도(x)	신호(y)
0	14	60	1 573
10	350	70	1 732
20	566	80	2 180
30	957	90	2 330
40	1 067	100	2 508
50	1 354		

(a) 스프레드시트의 A열에 농도, B열에 신호를 각각 입력하고, 2-11절에서 설명한 것처럼, 직선 없이 신호값과 농도 사이의 XY 분산 차트를 만드시오. LINEST(4-7절)를 이용하여 R^2을 포함한 최소 제곱 매개 변수를 구하시오.

(b) 4-9절에서 설명한 대로 추세선을 입력한다. 추세선을 선택한 Option 창에서 Display Equation과 Display R-Squared를 택한다. 추세선과 LINEST가 동일한 결과를 주는지 확인하시오.

(c) 4-9절 마지막에 있는 지시를 따라서 y 값의 오차 막대에 95%의 신뢰 구간을 추가하시오. 95% 신뢰 구간은 $\pm ts_y$이며, s_y는 LINEST로부터, Student t 값은 표 4-2에서 95%의 신뢰도 11 − 2 = 9의 자유도에서 찾는다. 아울러 '=T.INV.2T(0.05,9)' 명령어를 사용하여 t 값을 계산하시오.

(d) 방정식 $y = 26.4x + 1.37$은 20 단위의 x를 소량 첨가한 바탕에 대해 529에 해당하는 신호값을 제공한다. **(c)**에서 구한 95% 신뢰 구간을 이용하여 바탕을 20 단위의 x 만큼 소량 첨가하였을 때 예측할 수 있는 회수율(%) 범위를 예측하시오. 사용 목적이 소량 회수율 100 ± 10%라고 할 때, 이 방법은 목적에 부합하는가?

5-19. 1990년대 어느 살인 재판에서, 범죄 현장에서 찾은 피고의 혈액이 제시되었다. 검사는 그 혈액이 범행 중 피고가 남긴 것이라고 주장했다. 피고측은 나중에 채취한 시료로부터 피고의 혈액을 경찰이 '심었다고' 주장했다. 대체로 응고를 방지하기 위해서 EDTA가 들어 있는 바이알에 혈액을 채취하는데, 혈액이 채워졌을 때 그 바이알 농도는 4.5 mM 가량 된다. 1990년대에는 혈액 중 EDTA를 측정하는 절차가 잘 확립되어 있지 않았다. 범행 장소의 혈액의 EDTA 농도가 4.5 mM보다 몇십 배 낮았음에도 배심원은 피고를 석방하였다. 그러한 재판이 혈액 중 EDTA를 측정하는 새 방법을 개발하는 동기를 제공하였다.

(a) 정밀도와 정확도. 그 방법의 정밀도와 정확도를 측정하기 위하여 알려진 수준까지 혈액에 EDTA를 강화하였다.

$$\text{정밀도} = 100 \times \frac{\text{표준 편차}}{\text{평균값}} \equiv \textbf{상대 표준 편차}$$

$$\text{오차} = 100 \times \frac{\text{관찰 평균값} - \text{알려진 값}}{\text{알려진 값}}$$

다음 표의 세 가지 소량 첨가 각각에 대하여 품질 관리 시료의 정밀도와 오차를 구하시오.

세 강화 수준에서 EDTA 측정 (ng/mL)

소량 첨가:	22.2 ng/mL	88.2 ng/mL	314 ng/mL
관찰:	33.3	83.6	322
	19.5	69.0	305
	23.9	83.4	282
	20.8	100.0	329
	20.8	76.4	276

출처: *R. L. Sheppard and J. Henrion,* Anal. Chem. ***1997,*** 69, *477A, 2901.*

(b) 검출 한계와 정량 한계. 검출 한계 근처의 낮은 EDTA 농도가 다음과 같은 단위 없는 값들로 나타났다. 175, 104, 164, 193, 131, 189, 155, 133, 151, 176. 10개의 바탕 평균은 $45._0$이었다. 교정 곡선의 기울기는 $1.75 \times 10^9\ M^{-1}$이다. 신호의 검출 한계와 농도의 검출 한계 및 EDTA에 대한 정량 하한을 추정하시오.

5-20. (a) 보충 5-3으로부터 분석 물질의 농도가 (i) 1 wt%, (ii) 1 ppm(part per million), (iii) 10 ppt(part per trillion)일 때 실험실간 결과에 대한 예상되는 상대 표준 오차(RSD)(%)를 추정하시오.

(b) 한 실험실에서 상대 표준 편차는 전형적으로 실험실간 변동의 약 0.5~0.7이다. 여러분의 학급이 10 wt% NH_3가 함유된 미지 시료를 분석할 때, 학급에 대한 예상되는 최저 상대 표준 편차는 얼마인가?

5-21. 소량 첨가 회수율과 검출 한계. 식수에 있는 비소 화학종은 AsO_3^{3-}(arsenite), AsO_4^{3-}(arsenate), $(CH_3)_2AsO_2^-$(dimethylarsenate), $(CH_3)AsO_3^{2-}$(methylarsonate) 등이다. 비소 없는 순수한 물에 0.40 μg AsO_4^{3-}/L를 소량 첨가하였다. 7회 측정하여 0.39, 0.40, 0.38, 0.41, 0.36, 0.35, 0.39 μg/L를 얻었다.[22] 소량 첨가의 평균 % 회수율과 농도 검출 한계(μg/L)를 구하시오.

5-22. 검출 한계. 식수 중의 살균제 부산물인 IO_3^-(iodate), ClO_2^-(chlorite), BrO_3^-(bromate)를 ppb(백만 분율) 이하 수준으로 검출하는 크로마토그래피법이 개발되었다. 이들이 칼럼을 빠져나오면 Br^-와 반응하여 Br_3^-로 되어 267 nm에서 빛을 강하게 흡수함으로써 측정된다. 예를 들어 1 mol의 BrO_3^-는 3 mol의 Br_3^-를 만든다.

$$BrO_3^- + 8Br^- + 6H^+ \rightarrow 3Br_3^- + 3H_2O$$

검출 한계 근처의 BrO_3^-는 다음의 크로마토그래피 피크 높이와 표준 편차를 주었다. 각 농도에 대하여 검출 한계를 추정하시오. 평균 검출 한계를 구하시오. 크로마토그래피 피크 높이는 피크 부근의 바탕선에서 측정하므로 바탕값은 0이다.

BrO_3^- 농도 (μg/L)	피크 높이 (임의의 단위)	상대 표준 편차(%)	측정 횟수
0.2	17	14.4	8
0.5	31	6.8	7
1.0	56	3.2	7
2.0	111	1.9	7

출처: *H. S. Weinberg and H. Yamada, " Post-Ion-Chromatography Derivatization for the Determination of Oxyhalides at Sub-PPB Levels in Drinking Water,"* Anal. Chem. ***1998,*** 70, *1.*

5-23. 올림픽 운동 선수들은 체력 향상 금지 약물을 사용하는지를 검사받는다. 소변 검사를 해서 가양성 결과가 얻어질 비율이 1%라고 하자. 또 가양성 결과의 비율을 줄이려면 비용이 너무 많이 들기 때문에 그 방법을 개선할 수 없다고 하자. 선량한 사람을 기소하는 것을 원치 않는다. 검사하면 언제나 가양성 비율이 1%라 할지라도, 가양성 기소 비율을 낮추려면 어떻게 해야 하는가?

5-24. 블라인드 시료. 미국 농업부는 세 개의 실험실에 균질화한 유아식 시료를 제공하여 분석하게 하였다.[5] 결과는 단백질, 지방, 아연, 리보플라빈, 팔미트산 등의 경우에 잘 맞는 데 비하여, 철에 대한 결과는 의문점이 있었다: 실험실 A: 1.59 ± 0.14 mg/100 g (13), 실험실 B: 1.65 ± 0.56 mg/100 g (8), 실험실 C: 2.68 ± 0.78 mg/100 g (3). 불확정도는 표준 편차이며, 괄호 안의 숫자는 반복 실험 횟수이다. 실험실 C의 결과를 실험실 A 및 B와 각각 두 번의 t 시험을 95% 신뢰 구간에서 수행하고, t 시험 결과에 대한 감도에 대하여 설명하시오. 여러분의 결론을 제시하시오.

표준 물질 첨가

5-25. 표준 물질 첨가법에서 많은 양의 묽은 표준 물질보다 적은 양의 진한 표준물을 첨가하는 것이 바람직한 이유는 무엇인가?

5-26. 원자 흡광 분석에서 미지 시료 Cu^{2+}의 흡광도가 0.262로 나타났다. 100.0 ppm(= μg/mL) Cu^{2+}를 함유하고 있는 용액 1.00 mL를 미지 시료 95.0 mL와 혼합시킨 다음, 부피 플라스크에서 100.0 mL로 묽혔다. 묽힌 새로운 용액의 흡광도는 0.500이었다.

(a) 초기의 미지 농도를 $[Cu^{2+}]_i$로 표시하고, 묽힌 후의 최종 농도 $[Cu^{2+}]_f$을 나타내는 관계식을 쓰시오. 이 문제에서 농도 단위는 ppm이다.

(b) 비슷한 방법으로, 첨가한 Cu^{2+} 표준 용액의 최종 농도인 $[S]_f$을 나타내는 관계식을 쓰시오.

(c) 미지 시료의 $[Cu^{2+}]_i$을 구하시오.

5-27. 표준 물질 첨가 그래프. 치아의 에나멜질은 $Ca_{10}(PO_4)_6(OH)_2$(calcium hydroxyapatite)로 되어 있다. 고고학 자료의 치아에 함유된 미량 원소를 분석하면 고대인들의 식사와 질병에 대한 실마리를 얻는다. Hamline 대학 학생들이 사랑니의 에나멜질에 있는 스트론튬을 원자 흡광법으로 측정하였다. 일정 용액 10.0 mL에는 그림 5-8과 같이 녹인 치아의 에나멜질 0.750 mg과 첨가한 Sr이 여러 농도로 함께 들어 있었다.

첨가한 Sr (ng/mL = ppb)	신호 (임의의 단위)
0	28.0
2.50	34.3
5.00	42.8
7.50	51.5
10.00	58.6

출처: *V. J. Porter, P. M. Sanft, J. C. Dempich, D. D. Dettmer, A. E. Erickson, N. A. Dubauskie, S. T. Myster, E. H. Matts, and E. T. Smith, "Elemental Analysis of Wisdom Teeth by Atomic Spectroscopy Using Standard Addition,"* J. Chem. Ed. ***2002,*** 79, *1114*.

(a) 표준 물질 첨가 실험에 적합한 표준 물질 첨가 그래프를 작성하시오. 데이터가 직선성인가?

(b) 10 mL 시료 용액에 들어 있는 Sr 농도와 그 불확정도를 ppb(= ng/mL)로 구하시오.

(c) 치아 에나멜질에 들어 있는 Sr 농도를 ppm(= μg/g)으로 구하시오.

(d) 표준 물질 첨가 절편이 불확정도의 주원인이라고 한다면, 치아 에나멜질에 들어 있는 Sr의 농도의 불확정도를 ppm으로 구하시오.

(e) 치아 에나멜질에 들어 있는 Sr에 대한 95% 신뢰 구간을 구하시오.

5-28. 유로퓸은 천연수 중에 ppb 수준으로 들어 있는 란타넘족 원소이다. 자외선을 쪼이면 나오는 주황 빛의 세기로부터 유로퓸을 측정할 수 있다. 그 세기를 증가시키려면 Eu(III)와 결합하는 어떤 유기 화합물이 필요하다. 다음 그림은 시료 10.00 mL와 과량의 유기 첨가제 20.00 mL를 50 mL 부피 플라스크에 넣어 표준 물질 첨가 실험을 한 것이다. 그다음 Eu(III) 표준 용액(0, 5.00, 10.00, 15.00 mL)을 첨가하고 물을 사용하여 50.0 mL로 묽혔다. 수돗물에 첨가한 표준 물질에는 0.152 ng/mL(ppb)의 Eu(III)가 들어 있었으나, 연못물에는 100배 더 많은 표준 물질(15.2 ng/mL)이 들어 있었다.

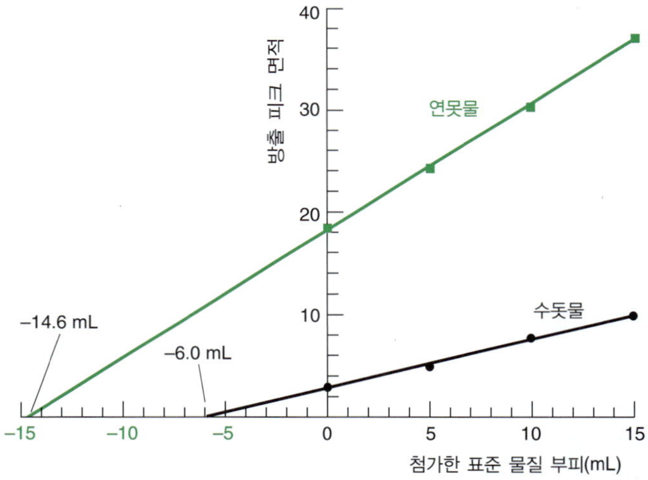

연못물 또는 수돗물에 Eu(III) 표준 물질 첨가 [출처: A. L. Jenkins and G. M. Murray, "Enhanced Luminescence of Lanthanides," *J. Chem. Ed.* **1998**, *75*, 227.]

(a) 연못물과 수도물의 유로퓸에 대해 표준 물질 첨가를 통한 신호는 직선성인가?

(b) 연못물과 수돗물에 함유된 Eu(III) 농도(ng/mL)를 계산하시오.

(c) 수돗물에 0.152 ng/mL 표준 용액 10.00 mL를 첨가하면 방출 피크 면적이 4.61 단위 증가한다. 이 감응은 Eu(III) 1 ng당 4.61 단위/1.52 ng = 3.03 단위이다. 연못물에 15.2 ng/mL 표준 용액 10.00 mL를 첨가하면, 그 감응은 12.5 단위 또는 1 ng당 0.082 2 단위이다. 이 관찰들을 어떻게 설명하겠는가? 이 분석에 표준 물질 첨가가 필요한 이유는 무엇인가?

5-29. **Gothan 과학수사연구소.** 이 장에서 여러분이 읽어보아야 할 시작 부분에 액체 크로마토그래피-질량 분석법을 이용하여 메탐페타민을 정량하는 내용이 있었다. 표준 물질 첨가법을 사용하여 가능한 매트릭스 효과를 보정하였다. 5-1절과 5-2절 귀퉁이에 있는 사건에 대한 결론을 검토하시오. 다음 표는 증거물 수집 봉투 GCS-47B-PT130106-1에 대한 Taylor씨의 데이터이다. 용액은 그림 5-8과 같이 총 부피 100.0 mL로 제조되었으며, 각각은 증거 수집 봉투 안의 물질 1/100씩과 메탐페타민의 양을 mg 단위로 변화시켜 첨가되었다. 신호값은 메탐페타민의 크로마토그래피 피크 면적이다.

첨가한 mg	피크 면적(y)	첨가한 mg	피크 면적(y)
0	138.29	100	425.06
20	203.59	120	467.89
40	264.88	140	510.05
60	320.59	160	539.66
80	373.68		

출처: *S. M. Contakes, "Misconduct at the Lab? A Performance Task Case Study for Teaching Data Analysis and Critical Thinking,"* J. Chem. Ed. ***2016,*** *93, 314.*

(a) 이 데이터에 대해 그림 5-8과 유사한 그래프를 작성하시오.

(b) 그림 4-16에서처럼 최소 제곱 스프레드시트를 사용하여 **(a)**에서의 교정 곡선의 기울기, 절편, 불확정도 S_y, u_m, u_b를 구하시오.

(c) 증거 수집 봉투 내 메탐페타민의 질량과 표준 불확정도를 계산하시오.

(d) 같은 증거 수집 봉투에 대해 Blaine은 0~60 mg 농도 영역의 메탐페타민 표준 물질 첨가법을 사용하여 분석하였다. 0~60 mg 농도 영역의 표준 물질 첨가법을 사용하여 증거 수집 봉투의 메탐페타민 질량과 표준 불확정도를 구하시오.

(e) 왜 Blaine은 60 mg까지만 표준 물질 첨가를 하였는가? 누구의 결과가 목적에 부합하는가? 다른 사람의 결과는 거짓이거나 결함이 있는가?

(f) 메탐페타민 분석과 관련해서 Gothan 과학수사연구소의 표준 작업 절차에서 어떠한 수정을 해야만 하는가?

5-30. **표준 물질 첨가.** 강바닥의 마른 침전물로부터 25 wt% HNO_3를 사용하여 35°C에서 1시간 동안 납을 추출하였다. 추출물을 걸러낸 뒤 1.00 mL를 다른 시약과 혼합한 뒤 전체 부피가 $V_i = 4.60$ mL가 되도록 하였다. 2.50 ppm의 Pb(II) 표준 물질의 부피를 달리하여 첨가하고 전기 화학적으로 Pb(II)를 분석하였다.

Pb(II) 첨가량 (mL)	신호 (임의의 단위)
0	1.10
0.025	1.66
0.050	2.20
0.075	2.81

출처: *M. J. goldcamp, M. N. Underwood, J. L. Cloud, S. Harshman, and K. Ashley, "An Environmentally Friendly, Cost-Effective Determination of Lead in Environmental Samples Using Anodic Stripping Voltammetry,"* J. Chem. Ed. ***2008,*** *85, 976.*

(a) 부피가 일정하지 않으므로 그림 5-6과 5-7의 방법에 따라 표준물 첨가 그래프를 그리시오. 교정 데이터가 직선형인가?

(b) 1.00 mL의 추출물 내의 Pb(II)의 농도를 ppm 단위로 구하시오.

(c) 그래프에서 x 절편에 대한 표준 불확정도 및 95% 신뢰 구간을 결정하시오. 절편의 불확정도는 다른 불확정도보다 크다고 가정하고, 1.00 mL 추출물 내의 Pb(II) 불확정도를 ppm 단위로 산정하시오.

5-31. **표준 물질 첨가.** 미국 환경보호국(US EPA)은 식수의 오염 정도에 대해 부가적인 건강상의 효과가 발생하지 않을 것 같은 수준 이하로 유지되어야 한다는 지침을 정하였다. 탈륨에 대한 한계는 0.5 μg/L이며, 탈륨(Tl^+)은 감도가 아주 높은 전기 화학법의 하나인 산화 전극 벗김 전압-전류법으로 측정한다. −0.68 V에서의 바탕 교정 전류는 탈륨의 농도에 비례한다. 100 μg/L 농도의 Tl^+ 표준 용액 5.0 μL를 5.0 mL의 시료 용액에 반복하여 첨가하였다.

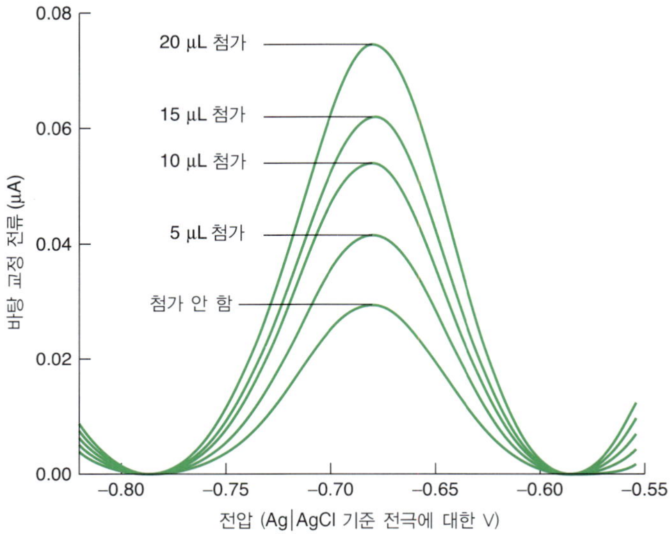

미지 용액에 Tl^+의 표준 물질 첨가 [출처: F. Ciepiela and K. Węgiel,, "Novel Method for Standard Addition Signal Analysis in Voltammetry," *Analyst.* **2017**, *142*, 1729.]

(a) 그림에서 응답 신호를 측정하여 그래프를 그리고, 표준 물질을 첨가하지 않은 시료 속에 있는 Tl^+의 양이 얼마인지 구하시오. 교정 곡선이 직선형인가?

(b) 표준 물질을 첨가하지 않은 시료에 Tl^+(μg/L)의 양을 구하시오.

(c) 시료 속의 Tl^+에 대한 95% 신뢰 구간을 구하시오.

내부 표준 물질

5-32. 교정 곡선 대신에 표준 물질 첨가나 내부 표준 물질을 이용하는 것이 유용한 경우와 그 이유를 설명하시오.

5-33. 3.47 mM X(분석 물질)와 1.72 mM S(표준 물질)를 함유하고 있는 용액을 크로마토그래피로 분석한 결과, 피크 면적이 각각 3 473, 10 222였다. 그다음 8.47 mM S 1.00 mL를 5.00

mL의 미지 용액 X에 첨가시킨 후, 혼합 용액을 10.0 mL로 묽혔다. 이 용액에서 X와 S의 피크 면적은 각각 5 428과 4 431이었다. 사전의 교정에 의하면 X와 S에 대한 모든 신호값은 직선 범위 내에 있다.

(a) 분석 물질에 대한 감응 인자를 계산하시오.

(b) 혼합 용액 10.0 mL 중에 함유된 S의 농도(mM)를 구하시오.

(c) 혼합 용액 10.0 mL 중에 함유된 X의 농도(mM)를 구하시오.

(d) 원래 미지 시료 중에 함유된 X의 농도를 구하시오.

5-34. 클로로폼은 폴라로그래피법으로 농약인 DDT를 정량할 때 내부 표준 물질로 사용된다. 이 분석에서 각 화합물은 전극 표면에서 환원된다. 0.500 mM 클로로폼과 0.800 mM DDT를 함유하고 있는 혼합물에서 클로로폼의 폴라로그래피 전류는 15.3 μA였고, DDT의 경우는 10.1 μA였다. DDT를 함유하고 있는 미지 용액(10.0 mL)을 100 mL 부피 플라스크에 넣고, 클로로폼(FM 119.37, 밀도 = 1.484 g/mL) 10.2 μL를 첨가시켰다. 용매로 눈금까지 묽힌 후의 클로로폼과 DDT의 폴라로그래피 신호는 각각 29.4, 8.7 μA로 관찰되었다. 미지 시료 중에 함유된 DDT의 농도를 구하시오.

5-35. **내부 표준 물질 교정 곡선.** 그림 5-11은 반응 5-14에서의 $[X]_f/[S]_f$ = (아세트산 바이닐의 mol%)/(에틸렌의 mol%) = q/p에 대한 A_X/A_S 그래프이다.

(a) 다음의 데이터로부터 그림 5-11에서의 그래프를 작성하시오.

$[X]_f/[S]_f$	A_X/A_S	$[X]_f/[S]_f$	A_X/A_S
0.099	0.291	0.333	1.235
0.163	0.656	0.493	1.808
0.220	0.800	0.667	2.284

(b) 그림 4-16에서와 같이 최소 제곱법용 스프레드시트를 이용하여 **(a)**에 얻은 교정 곡선의 기울기, 절편, 불확정도 s_y, u_m, u_b를 구하시오.

(c) 최소 제곱선 주변에 데이터가 얼마나 산재되어 있는지 눈으로 검사하시오. 교정 곡선이 직선형인가?

(d) 교정 곡선 식으로부터의 측정값 $A_X/A_S = 1.98$일 때 $[X]_f/[S]_f$를 구하시오. 스프레드시트에서 식 4-27을 이용하여 $[X]_f/[S]_f$ 비의 표준 불확정도 u_x를 구하시오. 그래프는 6개의 데이터를 사용하므로 4개의 자유도를 갖는다. $[X]_f/[S]_f$에 대한 95% 신뢰 구간($= \pm t u_x$)을 구하시오.

(e) 절편의 불확정도 u_b로부터, 절편에 대한 95% 신뢰 구간을 구하시오. 이 신뢰 구간이 이론적인 값 0을 포함하는가?

(f) **(d)**에서 대조 시료에 대한 참값이 0.582이고 사용 목적은 5% 이하의 오차를 요구하고 u_x에 근거한 정밀도는 6% 이내라면, 이 방법이 목적에 부합하는가?

5-36. **내부 표준 물질을 통한 매트릭스 효과의 보정.** 도시의 하수(오수)에 존재하는 약물은 우리의 식수원에 나쁜 영향을 미칠 것 같아 커다란 문제가 되고 있다. 오수는 복잡한 매트릭스이다. 카바마제핀(carbamazepine) 약을 오수에 5 ppb의 농도로 소량 첨가하였을 때 크로마토그래피 분석 결과 154%의 소량 첨가 회수율을 보였다.[23] 중수소화된 카바마제핀을 내부 표준 물질로 사용하여 분석하였을 때 겉보기 회수율은 98%였다. 이 분석 과정에서 내부 표준이 어떻게 사용되었는지를 설명하고, 매트릭스 효과를 보정하는 데 아주 잘 사용되었는지를 합리적으로 설명하시오.

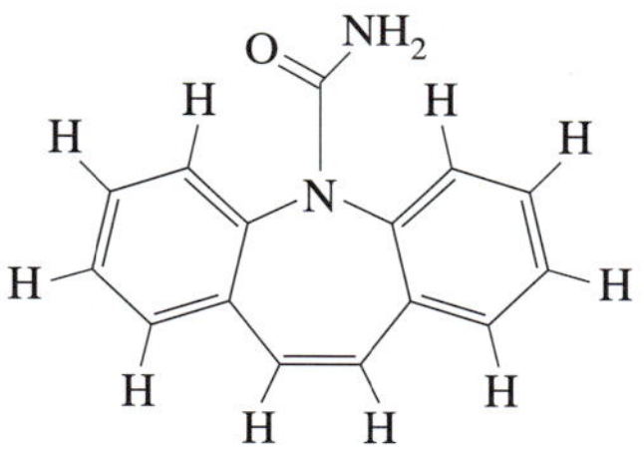

Carbamazepine

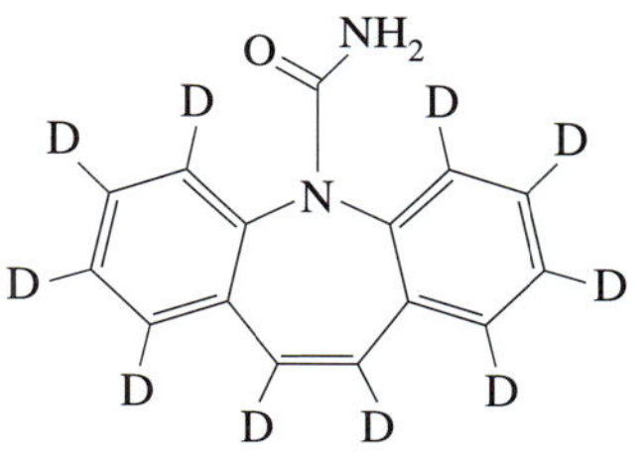

Carbamazepine-d_{10}

6 화학 평형

환경과 화학 평형

(*a*) **Maryland 전경** [eurobanks/shutterstock]

(*b*) **대기 중 CO_2 증가로 멸종 위기에 처한 산호초** [I Shafic/shutterstock]

Potomac 강의 북쪽 지류 지역은 아름다운 Appalachian 산을 끼고 흘러가는데, 매우 투명하지만 생명체가 살고 있지 않다. 그곳은 석탄 폐광에서 흘러나오는 산성 폐수로 인하여 희생된 곳이다. 이 강이 제지 공장과 Maryland 주의 Luke 근처에 있는 폐수 처리 공장을 따라 흘러가면서 강물의 pH는 생물이 살기 힘든 4.5의 산성에서 중성인 7.2까지 상승한다. 강물이 중화된 것은 제지 공장에 있는 탄산 칼슘이 하수 처리 시설에서 박테리아의 호흡으로 다량 생성되는 이산화 탄소와 평형을 이루기 때문이다. 그 결과로 만들어진 탄산수소 이온이 산성 강물을 중화하여 공장의 하류에서 생물이 살 수 있는 상태가 된 것이다.[1] CO_2가 없으면 고체 $CaCO_3$는 처리 시설에서 갇히게 되고, 강으로 들어갈 수 없게 될 것이다.

$$\underset{\text{처리 시설에 갇힌 탄산 칼슘}}{CaCO_3(s)} + CO_2(aq) + H_2O(l) \rightleftharpoons \underset{\text{강에 유입된 용해된 탄산수소 칼슘과 중화된 산}}{Ca^{2+}(aq) + 2HCO_3^-(aq)}$$

$$\underset{\text{탄산수소 이온}}{HCO_3^-(aq)} + \underset{\text{강물의 산}}{H^+(aq)} \xrightarrow{\text{중화}} CO_2(g) + H_2O(l)$$

Potomac 강을 도운 화학은 주로 $CaCO_3$로 된 산호초를 위협한다. 1770년에 Cook 선장이 처음 Great Barrier Reef를 보았을 때 280 ppm이던 대기 중 CO_2가, 화석 연료의 연소로 인해 오늘날은 400 ppm으로 증가하였다. 대기 중에 CO_2가 증가하면 바다의 CO_2가 늘어나 산호로부터 $CaCO_3$가 녹는다. 대기 중 CO_2의 증가로 인한 온실 효과에 따른 대기 온도 상승과, 용해된 CO_2로 인해 바다의 산성도가 증가하게 되면 산호초는 멸종 위기에 처하게 된다.[2] CO_2는 바다의 평균 pH를 산업 사회 이전의 8.16에서 오늘날은 8.04로 낮추었다.[3] 우리의 활동이 변화하지 않는다면, 2100년도에는 pH가 7.7로 될 수 있다.

1982년 Potomac 강의 산성 중화 연구[1]를 했던 시기 이후로, 제지 산업의 경제성이 변화되었다. 제지 공장의 소유자가 두 번 교체되었고 두 번의 파산을 겪으며 Potomac 강에 많은 화학 물질이 버려지게 되었다.[4]

화학 평형은 화학 분석뿐만 아니라 생화학, 지질학, 해양학 등의 다른 과학 분야에 기초를 제공한다. 이 장에서는 이온 결합 화합물의 용해도, 착물 형성, 산-염기 반응 등을 공부할 것이다.

6-1 평형 상수

다음 반응

$$aA + bB \rightleftharpoons cC + dD \tag{6-1}$$

에 대하여 **평형 상수(equilibrium constant)** K는 다음과 같이 적는다.

식 6-2는 **질량 작용 법칙(law of mass action)**이라고도 하는데, 노르웨이의 C. M. Guldenberg와 P. Waage가 1864년에 처음으로 만든 식으로, 평형에 있는 반응의 정반응 속도와 역반응 속도가 같아야 한다는 아이디어에 기초하였다.[5]

평형 상수:
$$K = \frac{[C]^c[D]^d}{[A]^a[B]^b} \tag{6-2}$$

여기에서 위 첨자는 반응식의 계수를 나타내며, 대문자는 화학종을 표시한다. 기호 [A]는 표준 상태(아래에 정의)에서의 A의 농도를 나타낸다. $K > 1$**이면 정반응이 유리하다**고 말한다.

평형 상수는 농도 대신 **활동도**의 비로 더 잘 표현한다. 활동도의 논의는 8장에서 할 것이다.

평형 상수를 열역학적으로 유도할 때, 식 6-2의 각 양은 각 화학종의 **표준 상태(standard state)**에서의 농도에 대한 그것의 농도의 **비**로 나타낸다. 용질의 표준 상태는 1 M이다. 기체의 표준 상태는 1 bar($\equiv 10^5$ Pa, 1 atm $\equiv$ 1.013 25 bar)이며, 고체나 액체의 표준 상태는 순수한 고체나 액체이다. 식 6-2에서, A가 용질이면 [A] 항은 실제로 [A]/(1 M)을 뜻한다고 이해해야 한다(그러나 그렇게 쓰지는 않는다). D가 기체이면 [D]는 실제로 (D의 기압)/(1 bar)를 의미한다. [D]가 D의 압력임을 강조하기 위해서 [D] 대신 보통 P_D라고 적는다. 식 6-2의 항은 실제로 단위가 없다. 따라서 모든 평형 상수는 단위가 없다.

평형 상수는 단위가 없다.

농도비 [A]/(1 M)과 [D]/(1 bar)의 단위가 없으려면 [A]는 mol/L(M)로 표시**되어야 하고**, [D]는 기압으로 표시**되어야 한다**. C가 순수한 액체나 고체이면 비 [C]/(표준 상태에서의 농도)는 1이 되는데, 이것은 그것의 표준 상태가 순수한 액체나 고체이기 때문이다. [C]가 용매이면 그 농도는 순수한 액체 C의 농도와 거의 같으므로 [C] 값도 본질적으로 1이다.

실제 배운 것은 이것이다. 평형 상수를 계산할 때,

1. 용질의 농도는 mol/L로 나타낸다.
2. 기체의 농도는 기압(bar)으로 나타낸다.
3. 순수한 고체, 순수한 액체 및 용매의 농도는 1이므로 생략한다.

평형 상수는 단위가 없으나, 농도를 표시할 때에는 용질은 몰농도(M)로, 기체는 기압(bar)의 단위로 표시해야 한다.

이러한 규정은 임의로 정했지만, 표에 수록된 평형 상수, 표준 환원 전위, 자유 에너지 등의 값을 사용하려면 이 규정을 따라야 한다.

평형 상수의 취급

이 책에서는 특별히 언급하지 않는 한, 화학 반응식의 모든 화학종은 수용액 중에 있다고 생각한다.

다음 반응을 고려해 보자.

$$HA \rightleftharpoons H^+ + A^- \qquad K_1 = \frac{[H^+][A^-]}{[HA]}$$

만약 반응의 방향을 바꾸면 새로운 K 값은 처음 K 값의 역수가 된다.

역반응의 평형 상수:
$$H^+ + A^- \rightleftharpoons HA \qquad K_1' = \frac{[HA]}{[H^+][A^-]} = 1/K_1$$

두 반응을 합하면 새로운 K 값은 두 개별 값의 곱이 된다.

$$\begin{array}{lll} HA & \rightleftharpoons \cancel{[H^+]} + A^- & K_1 \\ \cancel{[H^+]} + C & \rightleftharpoons CH^+ & K_2 \\ \hline HA + C & \rightleftharpoons A^- + CH^+ & K_3 \end{array}$$

반응의 합에 대한 평형 상수: $K_3 = K_1K_2 = \frac{[\cancel{H^+}][A^-]}{[HA]} \cdot \frac{[CH^+]}{[\cancel{H^+}][C]} = \frac{[A^-][CH^+]}{[HA][C]}$

역반응에 대하여, $K' = 1/K$. 두 반응을 합하면, $K_3 = K_1K_2$

n개의 반응을 합하면 전체 반응의 평형 상수는 n개의 개별 평형 상수의 곱이다.

예제 평형 상수의 결합

다음 반응 $H_2O \rightleftharpoons H^+ + OH^-$에 대한 평형 상수는 $K_w(= [H^+][OH^-])$라 하며, 25°C에서 1.0×10^{-14}이다. 다음과 같이 주어질 때

$$NH_3(aq) + H_2O \rightleftharpoons NH_4^+ + OH^- \qquad K_{NH_3} = 1.8 \times 10^{-5}$$

다음 반응의 평형 상수를 구하시오.

$$NH_4^+ \rightleftharpoons NH_3(aq) + H^+$$

풀이 세 번째 반응은 두 번째 반응을 거꾸로 하여 처음 반응과 합하면 얻어지므로

$$\begin{array}{ll} \cancel{H_2O} \rightleftharpoons H^+ + \cancel{OH^-} & K = K_w \\ \underline{NH_4^+ + \cancel{OH^-} \rightleftharpoons NH_3(aq) + \cancel{H_2O}} & K = 1/K_{NH_3} \\ NH_4^+ \rightleftharpoons H^+ + NH_3(aq) & K = K_w \cdot \dfrac{1}{K_{NH_3}} = 5.6 \times 10^{-10} \end{array}$$

자습 $Li^+ + H_2O \rightleftharpoons Li(OH)(aq) + H^+$, $K_{Li} = 2.3 \times 10^{-14}$. 이 반응식과 K_w 반응식을 결합하여 $Li^+ + OH^- \rightleftharpoons Li(OH)(aq)$ 반응에 대한 평형 상수를 구하시오. (**답:** 2.3)

6-2 평형과 열역학

평형은 화학 반응의 열역학에 의해 조절된다. 흡수 또는 방출되는 열[**엔탈피**(enthalpy)]과 분자 운동으로의 에너지 전환[**엔트로피**(entropy)]은 반응이 유리할지 또는 불리할지를 결정하는 데 있어 서로 독립적으로 기여한다.

엔탈피

$\Delta H = (+)$
열이 흡수된다. **흡열 반응**
$\Delta H = (-)$
열이 방출된다. **발열 반응**

어떤 반응의 **엔탈피 변화(enthalpy change, ΔH)**는 일정 압력하에서 반응이 일어날 때 흡수되는 열이다.[6] **표준 엔탈피 변화**(standard enthalpy change, $\Delta H°$)는 모든 반응물과 생성물이 표준 상태에 있을 때 흡수하는 열을 가리킨다.[†]

$$HCl(g) \rightleftharpoons H^+(aq) + Cl^-(aq) \qquad \Delta H° = -74.85 \text{ kJ/mol (25°C에서)} \qquad \textbf{(6-3)}$$

$\Delta H°$가 음(−)의 값이면 반응 6-3이 일어날 때 생성물에 의해서 열이 방출되며, 용액이 따뜻해지는 것을 뜻한다. ΔH가 양수이면 반응할 때 반응물이 열을 흡수한다는 것을 의미한다. 즉 반응이 일어나는 동안 용액은 차가워진다. ΔH가 양수인 반응을 **흡열 반응(endothermic reaction)**이라 하고, 음수인 반응을 **발열 반응(exothermic reaction)**이라고 한다.

엔트로피

일정 온도 조건에서 화학적 또는 물리적 변화가 가역적[*]으로 일어날 때, **엔트로피 변화(entro-**

[†] 표준 상태의 정확한 정의는 이 책의 수준을 넘는 난해한 점이 있다. 반응 6-3에 대해 H^+ 또는 Cl^-의 표준 상태는 각 이온이 1 M로 존재하지만, 무한히 묽은 용액에서처럼 거동하는 가상적 상태이다. 즉 표준 농도가 1 M이지만 표준 물리적 거동은 각 이온이 주변에 있는 이온의 영향을 받지 않는 매우 묽은 용액에서 관찰된다.

[*] '가역적'이란 외부의 작은 움직임에 의해 물리적 또는 화학적인 작은 변화가 역전되는 것을 의미한다. 예를 들어 투입된 적은 열이 소량의 얼음을 녹게 한다. 동일한 양의 열을 제거한다면 동일한 양의 액체가 얼게 된다. 비가역적인 경우란 밀폐된 용기 안에서 $H_2(g) + O_2(g)$ 혼합물이 스파크에 의해 폭발하여 $H_2O(l)$로 전환되는 반면, 외부의 어떠한 작은 움직임에 의해서도 물은 분해되어 $H_2(g) + O_2(g)$로 될 수 없는 것을 말한다.

py change, ΔS)는 흡수한 열(q_{rev})을 온도(T)로 나누어 준 것과 같다.

양의 q 값은 계에 의해 에너지가 흡수된 것을 의미한다.

음의 q 값은 계로부터 열이 제거된 것을 의미한다.

$$\Delta S = \frac{q_{rev}}{T} \tag{6-4}$$

밀폐된 용기에 물, 얼음, 수증기가 273.16 K에서 평형 상태에 있다고 하자. 만일 용기 주변의 따뜻한 액체로부터 용기 안으로 작은 열이 전달된다면, 얼음의 일부가 녹을 것이고 온도는 273.16 K를 유지하게 될 것이다. 흡수된 열은 얼음 결정 주변의 물 분자 간의 수소 결합을 일부 끊어내면서 분자들의 병진, 회전, 진동 운동 에너지를 증가시켜 고체를 액체로 전환시키게 된다(**'병진'** 운동이란 분자가 공간 내에서 이동하는 것을 말한다). 용기 내에 있는 물질들의 엔트로피 변화는 식 6-4에서 보듯이 흡수된 열을 온도로 나눈 것이다. 만일 0.10 J의 열이 흡수되었다면 엔트로피 변화는 $\Delta S = q_{rev}/T = (0.10\ \text{J})/(273.16\ \text{K}) = 0.000\ 37\ \text{J/K}$이다. 엔트로피 변화는 주어진 온도에서 계 안에 있는 분자의 운동으로 소모된 에너지의 양과 같다.[†] 비가역적인 변화의 경우, ΔS는 동일한 초기 상태와 최종 상태 간 가역적 경로에서 찾을 수 있다. 초기 및 최종 엔트로피는 계의 상태에만 의존하며, 한 상태에서 다른 상태로 어떻게 이동하였는지와는 관계가 없다.

어떠한 물질 1 mol의 **표준 엔트로피**(standard entropy, $S°$)는 이론적으로는 그 물질을 절대 영도(엔트로피가 없는 온도)에서부터 서서히 가열하면서 측정할 수 있다. 온도 T에서 열 q_{rev}를 조금씩 투입하는 경우 작은 변화, 즉 ΔT가 생성된다. 열이 투입되는 각 단계에서 엔트로피 변화 q_{rev}/T를 계산할 수 있으며, 1기압하에서 이 물질을 0에서 298.15 K까지 가열하는 데 필요한 작은 엔트로피 변화의 합은 그 물질의 표준 엔트로피 $S°$이다.

298.15 K = 25.00°C

액체는 동일한 고체 물질보다 엔트로피가 높다. 분자들이 서로 끌어당기고 있는 고체 내의 분자들을 분리시키고, 병진 운동 에너지를 증가시키는 데 열이 필요하기 때문이다. 기체는 액체보다 높은 엔트로피를 갖는데, 그 이유는 액체 내의 분자들 간의 인력을 끊어내고 기체 내의 병진 운동, 회전 운동 및 진동 에너지를 올리는 데 열이 필요하기 때문이다.

수용액에 있는 이온은 그 고체염보다 더 무질서하다.

$$\text{KCl}(s) \rightleftharpoons \text{K}^+(aq) + \text{Cl}^-(aq) \qquad \Delta S° = +76.4\ \text{J/(K·mol)}\ (25°\text{C에서}) \tag{6-5}$$

$\Delta S°$는 모든 화학종이 표준 상태에 있을 때 엔트로피 변화(생성물의 엔트로피−반응물의 엔트로피)이다. $\Delta S°$ 값이 양수인 것은 KCl(s) 결정 속에 있는 이온의 병진, 회전, 진동 운동에 소요되는 에너지보다 용액 속에 있는 물질의 병진, 회전, 진동에 더 많은 에너지가 소요된다는 것을 의미한다. 25°C에서 반응 6-3, $\text{HCl}(g) \rightleftharpoons \text{H}^+(aq) + \text{Cl}^-(aq)$에서 $\Delta S°$는 음수[−130.4 J/(K · mol)]이다. 수용액에 있는 이온들은 기체상 HCl보다 병진, 회전, 진동 운동에 **적은** 에너지가 소요된다.

$\Delta S = (+)$
생성물이 반응물보다 엔트로피가 높다.
$\Delta S = (-)$
생성물이 반응물보다 엔트로피가 낮다.

자유 에너지

보통의 실험실 조건인 일정한 온도와 압력에서는 엔탈피는 낮아지고 엔트로피는 올라가는 경향이 있다. 화학 반응은 **음수**의 ΔH(발열)나 **양수**의 ΔS(엔트로피의 증가), 또는 둘 다에 의해 생성물을 만드는 쪽으로 진행된다. ΔH가 음수이고 ΔS가 양수이면 분명히 그 반응은 유리하지만, ΔH가 양수이고 ΔS가 음수이면 분명히 불리하다.

만약 ΔH와 ΔS가 모두 양수이거나 모두 음수이면 어떤 반응이 유리할 것인지 무엇으로 정하겠는가? **Gibbs 자유 에너지(Gibbs free energy, ΔG)**가 ΔH와 ΔS의 반대되는 경향 사이에

[†] 엔트로피 변화에 대한 또 다른 정의는 반응 6-4와 동일한(반드시는 아니지만) 형태이면서 특정한 조건하에서 일련의 분자들의 위치, 속도, 회전, 진동 분포를 결정하는 데 필요한 정보의 변화이다. 더 많은 정보가 요구되면 엔트로피는 더 커진다. 많은 훌륭한 책들에서 정보와 에너지와의 상관관계에 대해 설명하고 있다. A. Ben-Naim, *Entropy and the Second Law: Interpretation and Misss-Interpretationsss* (Singapore: World Scientific, 2010); A. Ben-Naim, Discover *Entropy and the Second Law of Thermodynamics* (Singapore: World Scientific, 2010); A. Ben-Naim, *Entropy Demystified: The Second Law Reduced to Plain Common Sense* (Singapore: World Scientific, 2008).

서 중재한다. 일정한 온도 T에서

자유 에너지: $$\Delta G = \Delta H - T\Delta S \tag{6-6}$$

ΔG가 음수이면 그 반응은 유리하다.

모든 화학종이 표준 상태에 있을 때 $HCl(g)$이 해리되어 이온으로 되는 반응(반응 6-3)에서 $\Delta H°$는 반응을 유리하게 하지만, $\Delta S°$는 불리하게 한다. 알짜 결과를 구하려면 다음과 같이 $\Delta G°$를 계산해야 한다.

$$\begin{aligned}\Delta G° &= \Delta H° - T\Delta S° \\ &= (-74.85 \times 10^3 \text{ J/mol}) - (298.15 \text{ K})(-130.4 \text{ J/K·mol}) \\ &= -35.97 \text{ kJ/mol}\end{aligned}$$

$\Delta G°$는 음수이므로 표준 상태에서 이 반응은 유리하다. 이 경우에는 유리한 엔탈피 변화가 불리한 엔트로피 변화보다 크다. 평형에 도달하기 위하여 반응은 계의 자유 에너지가 최소화될 때까지, 즉 평형에 도달되는 지점까지 초기 상태에서부터 음수의 ΔG 방향으로 이동한다.[7]

자유 에너지는 어떤 반응의 평형 상수와 그 반응의 에너지($\Delta H°$와 $\Delta S°$)와 관련이 있다.

자유 에너지와 평형: $$K = e^{-\Delta G°/RT} \tag{6-7}$$

도전 $\Delta G°$가 음수이면 $K > 1$임을 확인하라.

여기서 R은 기체 상수[= 8.314 5 J/(K · mol)]이고, T는 절대 온도(K)이다. $\Delta G°$가 음수이면, 평형 상수는 더 커진다. 반응 6-3의 경우 다음과 같이 된다.

$$K = e^{-(-35.97\times 10^3 \text{ J/mol})/[8.314\,5 \text{ J/(K·mol)}](298.15 \text{ K})} = 2.00 \times 10^6$$

평형 상수가 크다는 것은 $HCl(g)$이 물에 아주 잘 녹아서 거의 완전히 H^+와 Cl^-로 해리한다는 것을 뜻한다.

요약하면, 화학 반응은 열이 방출되고(ΔH 음수) 무질서도가 증가하는 것(ΔS 양수)이 유리하다. ΔG는 반응이 유리한지, 불리한지를 결정할 때 이 두 가지 효과를 고려한다. $\Delta G°$가 음수(또는 대등하게 $K > 1$)이면 반응은 **자발적**(spontaneous)이라고 말한다. $\Delta G°$가 양수($K < 1$)이면 반응은 자발적이 아니다. 여러분은 $\Delta G°$와 그 역도 계산할 수 있어야 한다.

$\Delta G = (+)$ $K < 1$
반응이 불리하다.
$\Delta G = (-)$ $K > 1$
반응이 유리하다.

Le Châtelier 원리

평형에 있는 계를 교란시킬 변화를 준다고 하자. **Le Châtelier 원리(Le Châtelier's principle)**란, 어떠한 계에 변화가 주어졌을 때 그 변화가 부분적으로 상쇄되는 방향으로 평형이 이동한다는 것이다.

이것이 뜻하는 바를 이해하기 위하여, 다음 반응에서 한 화학종의 농도를 변화시킬 때 물에서 어떤 변화가 있는지 살펴보자.

$$\underset{\text{브로민산 이온}}{BrO_3^-} + \underset{\text{크로뮴(III)}}{2Cr^{3+}} + 4H_2O \rightleftharpoons Br^- + \underset{\text{다이크로뮴산 이온}}{Cr_2O_7^{2-}} + 8H^+ \tag{6-8}$$

$$K = \frac{[Br^-][Cr_2O_7^{2-}][H^+]^8}{[BrO_3^-][Cr^{3+}]^2} = 1 \times 10^{11} \text{ (25°C에서)}$$

H_2O는 용매이므로 K에서 제외됨을 유의하라.

이 계의 어느 특별한 평형 상태에서는 다음 농도가 주어진다. $[H^+] = 5.0$ M, $[Cr_2O_7^{2-}] = 0.10$ M, $[Cr^{3+}] = 0.003\,0$ M, $[Br^-] = 1.0$ M, $[BrO_3^-] = 0.043$ M. 다이크로뮴산 이온을 가해서 $[Cr_2O_7^{2-}]$가 0.10 M에서 0.20 M로 증가되어 평형이 깨어진다고 가정해 보자. 평형에 도달하기 위해 어느 방향으로 반응이 진행될까?

Le Châtelier 원리에 따르면, 반응은 반응 6-8의 우변 항에 있는 다이크로뮴산 이온의 농도를 부분적으로 상쇄하는 쪽인 왼쪽 방향으로 되돌아가야 한다. 평형 상수와 같은 모양을 반응 지수는 평형 상태와 같은 형태를 갖지만, 그 농도는 일반적으로 평형 농도가 아니다.

갖는 **반응 지수(reaction quotient, Q)**를 세워 대수적으로 이를 증명할 수 있다. 유일한 차이는 Q가 용액 내에 존재하는 어떠한 농도로도 계산된다는 점이다. 계가 평형에 도달하면 $Q = K$이다. 반응 6-8에 대해서

$$Q = \frac{(1.0)(0.20)(5.0)^8}{(0.043)(0.003\,0)^2} = 2 \times 10^{11} > K$$

$Q < K$이면 평형에 도달하기 위해 오른쪽으로 진행해야 하고, $Q > K$이면 왼쪽으로 진행해야 한다.

$Q > K$이므로, 반응은 $Q = K$가 될 때까지 왼쪽으로 진행하여 분자를 줄이고 분모를 증가시켜야 한다.

1. 반응이 평형 상태에 있을 때, 생성물을 첨가(또는 반응물을 제거)하면 그 반응은 왼쪽으로 진행한다.
2. 반응이 평형 상태에 있을 때, 반응물을 첨가(또는 생성물을 제거)하면 그 반응은 오른쪽으로 진행한다.

어느 계의 온도를 변화시키면 평형 상수가 변한다. 식 6-6과 6-7을 결부시키면 온도가 K에 미치는 영향을 예측할 수 있다.

$e^{(a+b)} = e^a \cdot e^b$

$$K = e^{-\Delta G^\circ/RT} = e^{-(\Delta H^\circ - T\Delta S^\circ)/RT} = e^{(-\Delta H^\circ/RT + \Delta S^\circ/R)}$$
$$= e^{-\Delta H^\circ/RT} \cdot e^{\Delta S^\circ/R} \quad \textbf{(6-9)}$$

$e^{\Delta S^\circ/R}$ 항은 T와 무관하다. $e^{-\Delta H^\circ/RT}$ 항은 온도가 증가함에 따라 ΔH°가 양수이면 증가하고, ΔH°가 음수이면 감소한다. 그러므로

1. 흡열 반응($\Delta H^\circ = +$)의 평형 상수는 온도가 올라가면 증가한다.
2. 발열 반응($\Delta H^\circ = -$)의 평형 상수는 온도가 올라가면 감소한다.

이것은 다음과 같이 Le Châtelier 원리로 이해할 수 있다. 다음과 같은 흡열 반응을 생각해 보자.

흡열 반응에서는 열을 반응물처럼 취급할 수 있고, 발열 반응에서는 생성물처럼 취급할 수 있다.

$$\text{열} + \text{반응물} \rightleftharpoons \text{생성물}$$

온도가 올라가면 열이 계에 가해진다. 이 변화를 부분적으로 상쇄하려면 위 반응이 오른쪽으로 진행되어야 한다.[8]

평형 문제를 다룰 때는 **열역학적**(thermodynamic) 예측을 하지만, **반응 속도론적**(kinetic) 예측은 하지 않는다. 계가 평형에 도달하려면 무엇이 일어나야 하는지를 계산해야 하며, 시간이 얼마나 걸리는지는 계산하지 않는다. 어떤 반응은 순간적으로 끝나지만, 백만 년이 걸려도 평형에 도달하지 않는 것도 있다. 예를 들어 다이너마이트 막대는 무한정 변하지 않고 남아 있으나, 스파크가 일어나면 자발적인 폭발적 분해가 일어난다. 평형 상수의 크기는 반응 속도와는 아무 상관이 없다. 평형 상수가 크다는 것이 반응이 빠름을 뜻하지는 않는다.

6-3 용해도곱

침전 적정, 전기 화학 기준 전지, 무게 분석 등 화학 분석에서 용해도와 접하게 된다. 산이 광물의 용해도에 미치는 영향이나 대기 중의 CO_2가 산호초의 용해도(그리고 죽음)에 미치는 영향은 환경 과학에 중요하다.

용해도곱(solubility product)은 고체염이 용액 내에서 녹아 성분 이온으로 나누어지는 반응에 대한 평형 상수이다. 고체는 표준 상태에 있으므로 고체의 농도는 평형 상수식에서 제외된다. 용해도곱의 표는 부록 F에 나와 있다.

예를 들어 염화 수은(I) (Hg_2Cl_2)의 용해를 생각해 보자. 그 반응은 다음과 같다.

$$Hg_2Cl_2(s) \rightleftharpoons Hg_2^{2+} + 2Cl^- \quad \textbf{(6-10)}$$

용해도곱 K_{sp}는 다음과 같다.

보충 6-1 용해도는 용해도곱과 많은 것들에 의해 지배된다

만약 포화 Hg_2Cl_2 용액에서 Hg_2^{2+}가 얼마나 녹는지를 알고 싶다면, 반응 6-10을 주목하여 Hg_2^{2+} 한 개당 Cl^-가 두 개 생기는 것에 유의해야 할 것이다. Hg_2^{2+}의 농도를 x라 놓으면, Cl^-의 농도는 $2x$라 할 수 있다. 이 두 값을 용해도곱 식 6-11에 대입하면 $K_{sp} = [Hg_2^{2+}][Cl^-]^2 = (x)(2x)^2$으로부터 $[Hg_2^{2+}] = x = 6.7 \times 10^{-7}$ M을 구할 수 있다.

그러나 이 이유는 다음과 같은 다른 반응들을 고려하지 않았다.

가수 분해:	$Hg_2^{2+} + H_2O \rightleftharpoons Hg_2OH^+ + H^+$	$K = 10^{-5.3}$
불균등화 반응:	$Hg_2^{2+} \rightleftharpoons Hg^{2+} + Hg(l)$	$K = 10^{-2.1}$
이온쌍 형성:	$Hg^{2+} + Cl^- \rightleftharpoons HgCl^+$	$K = 10^{7.3}$
이온쌍 형성:	$Hg^{2+} + 2Cl^- \rightleftharpoons HgCl_2(aq)$	$K = 10^{14.00}$

이 반응들은 K_{sp}로부터 예측되는 것보다 더 많은 Hg_2Cl_2를 용해시킨다. 어느 화합물의 용해도를 계산하려면 중요한 모든 화학 반응을 알 필요가 있다.

$$K_{sp} = [Hg_2^{2+}][Cl^-]^2 = 1.2 \times 10^{-18} \quad \textbf{(6-11)}$$

포화 용액(saturated solution)은 과량의 녹지 않은 고체가 들어 있는 용액이다. 용액에는 조건이 우세해지면 녹을 수 있는 고체가 들어 있다.

용해도곱의 물리적 의미는 다음과 같다. 수용액을 과량의 고체 Hg_2Cl_2와 접촉하게 두면, 고체는 $[Hg_2^{2+}][Cl^-]^2 = K_{sp}$의 조건이 만족될 때까지 녹는다. 그 후에는 녹지 않은 고체의 양은 일정하게 유지된다. 과량의 고체가 남지 않으면 $[Hg_2^{2+}][Cl^-]^2 = K_{sp}$는 보장되지 않는다. 만약 Hg_2^{2+}와 Cl^-를 함께 섞었을 때(적당한 상대 이온을 포함해서), 농도의 곱 $[Hg_2^{2+}][Cl^-]^2$이 K_{sp}보다 크면 Hg_2Cl_2가 침전한다.

용해도곱은 흔히 어느 이온의 농도를 알거나, 어떤 방법으로 고정되어 있을 때 다른 이온의 농도를 구할 때 쓰인다. 예를 들어 과량의 녹지 않은 $Hg_2Cl_2(s)$가 들어 있는 0.10 M KCl 용액(= 0.10 M Cl^-)과 평형을 이루는 Hg_2^{2+}의 농도는 얼마인가? 이에 답하려면 식 6-11을 재배열한다.

Hg_2^{2+} 이온은 두 개의 동일한 개체가 서로 결합된 **이합체**(dimer)이다.

250 pm

$[Hg-Hg]^{2+}$

수은의 산화 상태 +1

OH^-, S^{2-}, CN^-와 같은 음이온은 Hg(II)를 안정화시킨다. 그 때문에 Hg(I)이 Hg(0)와 Hg(II)로 전환된다.

$$\underset{\text{Hg(I)}}{Hg_2^{2+}} + 2CN^- \rightarrow \underset{\text{Hg(II)}}{Hg(CN)_2(aq)} + \underset{\text{Hg(0)}}{Hg(l)}$$

불균등화 반응(disproportionation)은 중간 산화 상태에 있는 원자가 더 높은 산화 상태와 더 낮은 산화 상태의 생성물로 변하는 반응이다.

$$[Hg_2^{2+}] = \frac{K_{sp}}{[Cl^-]^2} = \frac{1.2 \times 10^{-18}}{0.10^2} = 1.2 \times 10^{-16}\ \text{M}$$

Hg_2Cl_2는 대단히 적게 녹으므로 0.10 M Cl^-에 비하여 Hg_2Cl_2로부터 얻는 추가 Cl^-는 무시할 수 있다.

보충 6-1에 따르면 용해도곱은 적게 녹는 염의 용해도에 관해 전부를 밝히지 않는다. 예를 들면 |전하|>1인 이온의 염은 어느 정도 용해성 **이온쌍**을 형성한다. 즉 금속 M과 음이온 X로 구성된 염 $MX(s)$는 $M^+(aq)$, $X^-(aq)$ 및 $MX(aq)$로도 될 수 있다. 예를 들어 $CaSO_4$의 포화 용액에서 녹은 칼슘의 2/3는 Ca^{2+}이고, 1/3은 $CaSO_4(aq)$이다.[9] $CaSO_4(aq)$ **이온쌍(ion pair)**은 용액에서 하나의 물질처럼 밀접하게 쌍을 이루어 행동하는 이온쌍이다. 부록 J와 보충 8-1에 이온쌍의 정보가 주어져 있다.[10]

염은 어떤 이온성 고체, 예를 들어 Hg_2Cl_2 또는 $CaSO_4$이다.

공통 이온 효과

다음 이온성 용해도 반응을 생각해 보자.

$$CaSO_4(s) \rightleftharpoons Ca^{2+} + SO_4^{2-} \qquad K_{sp} = 2.4 \times 10^{-5}$$

과량의 고체 $CaSO_4$가 존재하면 평형 상태에서 곱 $[Ca^{2+}][SO_4^{2-}]$는 일정하다. $CaCl_2$와 같은 다른 Ca^{2+} 염을 첨가하여 Ca^{2+}의 농도를 늘리면 SO_4^{2-}의 농도가 줄어서 곱 $[Ca^{2+}][SO_4^{2-}]$가 일정하게 유지된다. 즉 만약에 다른 데서 온 Ca^{2+} 또는 SO_4^{2-}가 이미 존재하면 $CaSO_4$는 덜 녹게 될 것이다. 그림 6-1은 $CaCl_2$가 녹아 있으면 $CaSO_4$의 용해도가 감소한다는 것을 보여준다.

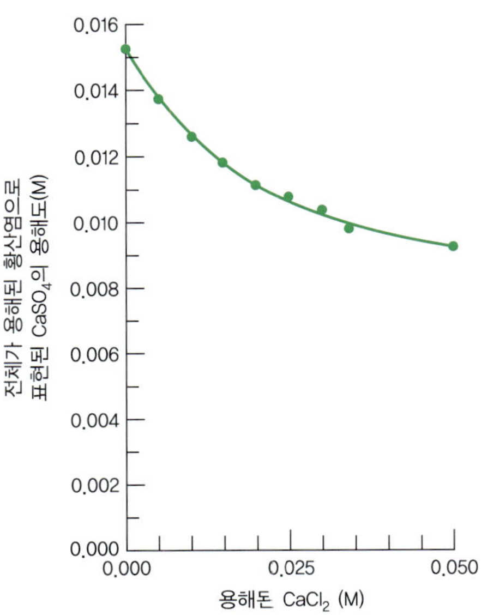

그림 6-1 $CaCl_2$가 녹아 있는 용액에서 $CaSO_4$의 용해도. 용해도는 SO_4^{2-}와 그 이온쌍, $CaSO_4(aq)$의 형태로 녹아 있는 전체 황산 이온으로 나타내었다. [출처: W. B. Guenther, *Unified Equilibrium Calculations* (New York: Wiley, 1991).]

그림 6-2 무색의 아이오딘화 포타슘(KI) 용액에 무색의 질산 납[$Pb(NO_3)_2$] 용액을 첨가하면 노란색 고체인 아이오딘화 납(II)(PbI_2)이 침전된다. [출처: Lindsey Moore/shutterstock]

공통 이온 효과: 염의 이온들 중 하나가 이미 용액 중에 들어 있으면 그 염은 덜 녹는다.

이러한 Le Châtelier 원리의 응용을 **공통 이온 효과(common ion effect)**라고 한다. **성분 이온들 중의 하나가 이미 용액 중에 들어 있으면 그 염은 덜 녹는다.**

침전에 의한 분리

침전은 한 이온을 다른 이온으로부터 분리하는 데 이용할 수 있다.[11] 납(II) (Pb^{2+})와 수은(I) (Hg_2^{2+}) 이온이 각각 0.010 M 들어 있는 용액을 예로 들자. 둘 다 아이오딘화 이온과 난용성 염을 만들지만(그림 6-2), K_{sp} 값이 매우 작은 것으로 보아 Hg_2I_2가 훨씬 덜 녹는다.

두 반응의 화학량론이 같을 때에만 K_{sp}가 작은 Hg_2I_2의 용해도가 낮다고 말할 수 있다. 화학량론이 다르면, K_{sp}가 더 작다고 용해도가 반드시 작지는 않다.

$$PbI_2(s) \rightleftharpoons Pb^{2+} + 2I^- \qquad K_{sp} = 7.9 \times 10^{-9}$$

$$Hg_2I_2(s) \rightleftharpoons Hg_2^{2+} + 2I^- \qquad K_{sp} = 4.6 \times 10^{-29}$$

I^-로 Pb^{2+} 이온을 침전시키지 않으면서 Hg_2^{2+}를 99.990%까지 선택적으로 침전시켜 Hg_2^{2+}의 농도를 낮추는 것이 가능한가?

실험 6-1 공통 이온 효과[12, 13]

큰 시험관 두 개에 포화 KCl 용액을 1/3 가량 채운다. KCl의 용해도는 약 3.7 M이므로 용해도곱(나중에 소개되는 활동도의 효과는 무시)은 다음과 같다.

$$K_{sp} \approx [K^+][Cl^-] = (3.7)(3.7) = 13.7$$

한 시험관에는 6 M HCl을, 다른 시험관에는 12 M HCl을 같은 부피만큼 첨가한다. 공통 이온 Cl^-가 각 시험관에 첨가되었지만, KCl 침전은 한 시험관에서만 생긴다.

관찰한 것을 이해하기 위해서 HCl을 첨가한 후 각 시험관에서 K^+와 Cl^-의 농도를 계산하라. 그다음 각 시험관에 대해 반응 지수 $Q=[K^+][Cl^-]$를 평가하시오. 관찰한 것을 설명하시오.

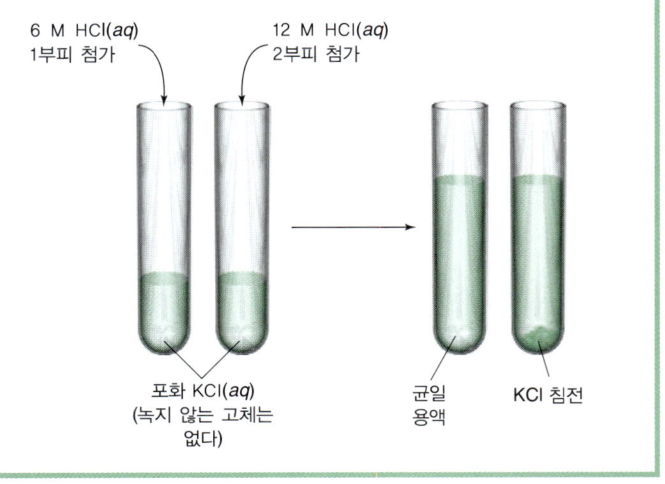

Pb^{2+}를 침전시키지 않고 $[Hg_2^{2+}]$를 0.010 M의 0.010% = 1.0×10^{-6} M로 낮출 수 있는지를 묻는 것이다. 실험은 다음과 같다: Hg^{2+}의 99.990%가 침전될 수 있는 만큼의 충분한 양의 I^-를 넣어 준다. 반응 경과로 혼합물에는 $Hg_2I_2(s)$와 $Hg_2{}^{2+}$ 이온(1.0×10^{-6} M)과 수용액 상태의 I^- 이온이 있게 된다. 그러면 I^- 이온과 0.010 M Pb^{2+}의 침전 반응이 시작될 것인지 계산해 보자.

$$Hg_2I_2(s) \xrightleftharpoons{K_{sp}} Hg_2^{2+} + 2I^-$$

$$[Hg_2^{2+}][I^-]^2 = K_{sp}$$

$$(1.0 \times 10^{-6})[I^-]^2 = 4.6 \times 10^{-29}$$

$$[I^-] = \sqrt{\frac{4.6 \times 10^{-29}}{1.0 \times 10^{-6}}} = 6.8 \times 10^{-12}\ \mathrm{M}$$

이 6.8×10^{-12} M 농도로 0.010 M Pb^{2+}가 침전될까? 이 답은 PbI_2의 용해도곱을 넘는지 알아보면 구할 수 있다.

$$Q = [Pb^{2+}][I^-]^2 = (0.010)(6.8 \times 10^{-12})^2$$

$$= 4.6 \times 10^{-25} < K_{sp} \qquad (PbI_2\text{의 경우})$$

반응 지수 Q는 4.6×10^{-25}으로, PbI_2의 $K_{sp}(= 7.9 \times 10^{-9})$보다 작다. 그러므로 Pb^{2+}는 침전되지 않아서 Pb^{2+}와 Hg_2^{2+}의 분리가 가능해진다. Pb^{2+}와 Hg_2^{2+}의 용액에 I^-를 가해줌으로써 Pb^{2+}가 침전하기 전에 거의 모든 Hg_2^{2+}를 침전시킬 수 있을 것이다.

문제는 이처럼 쉬워야 한다! 우리가 위에서 한 일은 열역학적 예측을 한 것이다. 계가 평형에 도달하면 원하는 분리를 이룰 수 있다. 그러나 때로는 한 물질이 다른 것과 **공동 침전**한다. **공동 침전**(**coprecipitation**, 공침)에서는 용해도를 초과하는 어떤 물질과 용해도가 초과하지 않는 물질이 함께 침전한다. 예를 들어 Pb^{2+}가 Hg_2I_2 결정의 표면에 붙거나 그 결정의 내부에 자리 잡을지도 모른다. 앞의 계산은 분리를 시도해 볼 가치가 있음을 말해 준다. 그러나 **실험을 해 보아야만 분리가 실제로 이루어지는지를 알 수 있다.**

IzaaK M. Kolthoff(1894~1993)는 뛰어난 분석화학자이고, 교육자이면서 분석화학이란 학문을 실험 실습 수준에서 과학에 기초한 학문 분야로 전환시킨 작가이기도 하다. 그는 박사 학위 지도교수인 N. Schoorl로부터 다음과 같은 격언을 대중화시켰다. "이론이 길잡이라면 실험은 결정을 한다" University of Minnesota Archives/CC BY-SA (https://creativecommons.org/licenses/by-sa/4.0)

6-4 착물 형성

음이온 X^-가 금속 이온 M^+를 침전시킬 때, 가끔 X^-의 농도가 진할 경우 MX가 다시 녹는 것이 관찰된다. 용해도가 증가하는 것은 두 개 이상의 단순한 이온이 서로 결합된 MX_2^-와 같은 **착이온**(**complex ion**)이 형성되기 때문이다.

Lewis 산과 염기

PbI^+, $PbI_3{}^-$, PbI_4^{2-}와 같은 착이온에서 아이오딘화 이온을 Pb^{2+}의 **리간드**라고 한다. **리간드**(**ligand**)는 주목하는 화학종에 결합된 원자나 원자의 무리이다. 이 착물에서 Pb^{2+}는 **Lewis 산**으로 작용하고, I^-는 **Lewis 염기**로 작용한다. **Lewis 산**(**Lewis acid**)은 **Lewis 염기**(**Lewis base**)와 결합할 때 전자쌍을 받아들인다.

$$^{++}Pb\ \square + \boxed{:}\ddot{\underset{..}{I}}:^- \rightarrow [Pb-\ddot{\underset{..}{I}}:]^+$$

전자쌍을 받아들일 여지 　　 주게 될 전자쌍

Lewis 산 + Lewis 염기 ⇌ 첨가물
전자쌍 받개 　 전자쌍 주개

Lewis 산과 Lewis 염기 사이의 반응 생성물은 흔히 **첨가물**(adduct)이라고 한다. Lewis 산과 Lewis 염기 사이의 결합은 **배위 결합**(dative bond) 또는 **배위 공유 결합**(coordinate covalent bond)이라고 한다.

착이온 형성이 용해도에 주는 영향[14]

만약 Pb^{2+}와 I^-가 반응하여 오직 고체 PbI_2만 만든다면, 과량의 I^-가 존재할 경우 Pb^{2+}의 용해도는 언제나 매우 낮을 것이다.

$$PbI_2(s) \xrightleftharpoons{K_{sp}} Pb^{2+} + 2I^- \qquad K_{sp} = [Pb^{2+}][I^-]^2 = 7.9 \times 10^{-9} \tag{6-12}$$

그러나 I^-의 농도가 커지면 고체 PbI_2가 녹는 것이 관찰된다. 이것은 Pb^{2+}와 I^- 간에 다음과 같이 연속적으로 착이온이 생성되는 것으로 설명한다.

이러한 평형 상수 표기는 보충 6-2에 논의되어 있다.

$$Pb^{2+} + I^- \xrightleftharpoons{K_1} PbI^+ \qquad K_1 = [PbI^+]/[Pb^{2+}][I^-] = 1.0 \times 10^2 \tag{6-13}$$

$$Pb^{2+} + 2I^- \xrightleftharpoons{\beta_2} PbI_2(aq) \qquad \beta_2 = [PbI_2(aq)]/[Pb^{2+}][I^-]^2 = 1.4 \times 10^3 \tag{6-14}$$

$$Pb^{2+} + 3I^- \xrightleftharpoons{\beta_3} PbI_3^- \qquad \beta_3 = [PbI_3^-]/[Pb^{2+}][I^-]^3 = 8.3 \times 10^3 \tag{6-15}$$

$$Pb^{2+} + 4I^- \xrightleftharpoons{\beta_4} PbI_4^{2-} \qquad \beta_4 = [PbI_4^{2-}]/[Pb^{2+}][I^-]^4 = 3.0 \times 10^4 \tag{6-16}$$

보충 6-2 형성 상수의 표기

형성 상수는 착이온 형성에 대한 평형 상수이다. K_i로 표시한 **단계적 형성 상수**(**stepwise formation constant**)는 다음과 같이 정의한다.

$$M + X \xrightleftharpoons{K_1} MX \qquad K_1 = [MX]/[M][X]$$

$$MX + X \xrightleftharpoons{K_2} MX_2 \qquad K_2 = [MX_2]/[MX][X]$$

$$MX_{n-1} + X \xrightleftharpoons{K_n} MX_n \qquad K_n = [MX_n]/[MX_{n-1}][X]$$

총괄 형성 상수(**overall formation constant**) 또는 **누적 형성 상수**(**cumulative formation constant**)는 β_i로 나타낸다.

$$M + 2X \xrightleftharpoons{\beta_2} MX_2 \qquad \beta_2 = [MX_2]/[M][X]^2$$

$$M + nX \xrightleftharpoons{\beta_n} MX_n \qquad \beta_n = [MX_n]/[M][X]^n$$

$\beta_n = K_1K_2 \cdots K_n$은 유용한 관계식이다. 몇몇 형성 상수는 부록 I에서 찾을 수 있다.

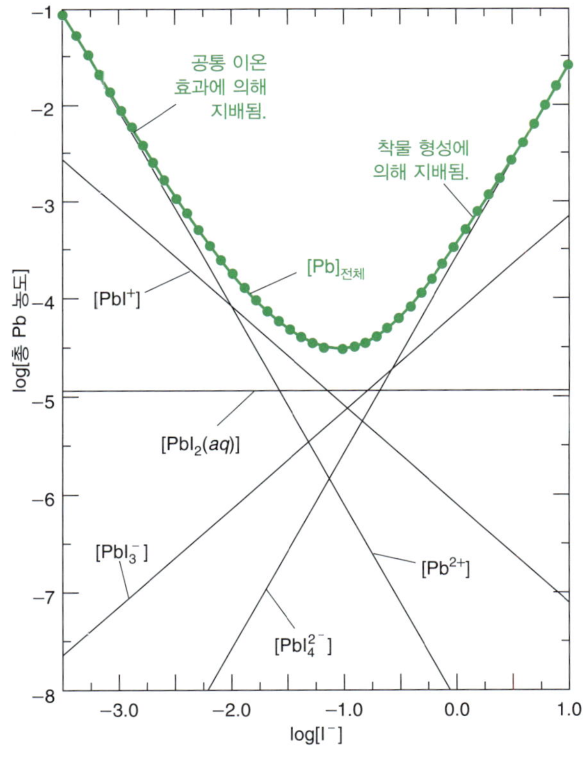

그림 6-3 자유 I^- 농도의 함수로서 나타낸 녹은 납(II)의 전체 용해도(점 곡선)와 개별 화학종의 용해도(직선). 최젓값의 왼쪽은 $PbI_2(s)$의 용해도곱에 의해 $[Pb]_{전체}$가 지배된다. $[I^-]$가 증가함에 따라 공통 이온 효과 때문에 $[Pb]_{전체}$는 감소한다. 높은 $[I^-]$ 값에서 $PbI_2(s)$은 I^-와 반응하여 PbI_4^{2-}와 같은 용해성 착이온을 형성하므로 다시 녹는다. 로그 눈금에 유의하라. 용액은 약간 산성이므로 $[PbOH^+]$는 무시한다.

반응 6-14의 화학종 $PbI_2(aq)$는 두 개의 아이오딘 원자가 납 원자 한 개에 결합된, **용해된** PbI_2이다. 반응 6-12는 고체 PbI_2를 다루고 있으므로, 반응 6-14는 반응 6-12의 역반응이 **아니다**.

낮은 I^- 농도에서 납의 용해도는 $PbI_2(s)$의 침전에 의해 지배되지만, 높은 I^- 농도에서는 반응 6-13에서 6-16까지가 오른쪽으로 진행되며(Le Châtelier 원리), 용해된 납의 전체 용해도는 Pb^{2+}만의 용해도보다는 상당히 커진다(그림 6-3).

화학 평형에서 가장 유용한 특성은 **모든 평형 상수가 동시에 만족된다**는 것이다. 어떻게 해서든 $[I^-]$를 알면 Pb^{2+}가 포함된 다른 반응이 있는 것과 상관없이 $[I^-]$를 반응 6-12에 주어진 평형 상수식에 대입함으로써 $[Pb^{2+}]$를 계산할 수 있다. **어느 한 개의 평형을 만족시키는 Pb^{2+}의 농도는 모든 평형을 만족시켜야 한다. 용액에는 오직 하나의 Pb^{2+} 농도가 있을 뿐이다.**

예제 **I^-가 Pb^{2+}의 용해도에 미치는 영향**

용해된 I^-의 농도가 다음과 같을 때 포화 $PbI_2(s)$의 용액에서 PbI^+, $PbI_2(aq)$, PbI_3^-, PbI_4^{2-}의 농도를 구하시오.

(a) 0.001 0 M **(b)** 1.0 M

풀이 **(a)** 반응 6-12에 대한 K_{sp} 식으로부터 계산한다.

$$[Pb^{2+}] = K_{sp}/[I^-]^2 = (7.9 \times 10^{-9})/(0.001\,0)^2 = 7.9 \times 10^{-3}\ M$$

그다음에 반응 6-13~6-16으로부터 Pb[II]이 포함된 다른 화학종의 농도를 계산한다.

$$[PbI^+] = K_1[Pb^{2+}][I^-] = (1.0 \times 10^2)(7.9 \times 10^{-3})(1.0 \times 10^{-3}) = 7.9 \times 10^{-4}\ M$$

$$[PbI_2(aq)] = \beta_2[Pb^{2+}][I^-]^2 = 1.1 \times 10^{-5}\ M$$

$$[PbI_3^-] = \beta_3[Pb^{2+}][I^-]^3 = 6.6 \times 10^{-8}\ M$$

$$[PbI_4^{2-}] = \beta_4[Pb^{2+}][I^-]^4 = 2.4 \times 10^{-10}\ M$$

(b) $[I^-] = 1.0$ M이면, 이들의 농도는 다음과 같이 계산된다.

$$[Pb^{2+}] = 7.9 \times 10^{-9}\ M \qquad [PbI_3^-] = 6.6 \times 10^{-5}\ M$$

$$[PbI^+] = 7.9 \times 10^{-7}\ M \qquad [PbI_4^{2-}] = 2.4 \times 10^{-4}\ M$$

$$[PbI_2(aq)] = 1.1 \times 10^{-5}\ M$$

$I^- = 0.001\,0$ M일 때는 PbI^{2+}가 우세하다.
$I^- = 1.0$ M일 때는 PbI_4^{2-}가 우세하다.

자습 $[I^-] = 0.10$ M일 때 $PbI_2(s)$ 포화 용액에서 $[Pb^{2+}]$, $[PbI_2(aq)]$, $[PbI_3^-]$를 구하시오.
(**답:** 7.9×10^{-7} M, 1.1×10^{-5} M, 6.6×10^{-6} M)

용해된 납의 전체 농도는 다음과 같다.

$$[Pb]_{전체} = [Pb^{2+}] + [PbI^+] + [PbI_2(aq)] + [PbI_3^-] + [PbI_4^{2-}]$$

$[I^-] = 10^{-3}$ M일 때 $[Pb]_{전체} = 8.7 \times 10^{-3}$ M인데, 그중 91%가 Pb^{2+}이다. $[I^-]$가 증가하면 반응 6-12에 작용하는 공통 이온 효과에 의해 $[Pb]_{전체}$가 감소한다. 그러나 충분히 높은 $[I^-]$에서는 착물 형성이 우세해지기 때문에 $[Pb]_{전체}$는 증가한다(그림 6-3). $[I^-] = 1.\ 0$ M일 때 $[Pb]_{전체} = 3.2 \times 10^{-4}$ M인데, 그중 76%가 PbI_4^{2-}이다.

표에 나와 있는 평형 상수는 대개 '상수'가 아니다

화학 반응의 평형 상수를 다른 두 책에서 조사해 보면 그 값이 서로 다른(때로는 10배 이상) 경우가 많다.[15] 이러한 일은 평형 상수가 다른 연구자에 의해서 아마도 다른 조건에서 다른 방법으로 결정되기 때문에 일어난다.

화학 평형에서의 용해된 이온의 효과는 8장에서 다룬다.

보고된 K 값이 차이를 보이는 가장 흔한 원인 중의 하나는 용액의 이온 조성이다. 보고된 K 값이 특별히 언급된 이온 조성에 대한 것인지(예를 들어 1 M $NaClO_4$), 혹은 그 값이 이온 세기를 0으로 외삽해서 구한 것인지 유의하는 것은 중요하다. 평형 상수를 여러분 자신의 일에 쓸 필요가 있으면 가능한 한 사용할 조건과 가까운 조건에서 측정된 K 값을 선택해야 한다. K 값이 그 실험에 매우 중요하다면, 실험과 똑같은 조건에서 K 값을 직접 측정하는 것이 가장 좋다.

6-5 양성자성 산과 염기

산과 염기의 거동을 이해하는 것은 화학과 관련이 있는 과학의 모든 분야에서 필수적이다. 분석화학 과목에서는 착물 형성이나 산화–환원이 포함된 분석 반응에 미치는 pH의 영향을 항상 생각할 필요가 있다는 것이다. pH는 분자의 전하와 모양에 영향을 줄 수 있다. 즉 크로마토그래피나 전기 이동법에서 어느 분자가 다른 것으로부터 분리될 수 있는지, 그리고 어느 분자가 질량 분석법으로 검출될 것인지를 결정하는 데 도움이 될 수 있는 요소이다.

수용액 화학에서 **산(acid)**은 물에 첨가되었을 때 H_3O^+[**하이드로늄 이온(hydronium ion)**]의 농도를 증가시키는 물질이고, **염기(base)**는 수용액에서 거꾸로 H_3O^+의 농도를 감소시킨다. H_3O^+ 농도가 감소하면 OH^- 농도가 반드시 증가해야 하므로, 염기는 수용액에서 OH^-의 농도를 증가시키는 물질이다.

H_3O^+를 표기할 때 H^+로 사용한다.

'양성자성(protic)'이라는 단어는 한 분자에서 다른 분자로 H^+를 전달하는 화학을 나타낸다. H^+는 수소 원자가 전자를 잃은 화학종이므로 **양성자(proton)**라고도 한다. 하이드로늄 이온(H_3O^+)은 H^+와 H_2O가 결합한 것이다. 수용액에서 수소 이온에 대해 H^+보다는 H_3O^+가 더 정확하지만, 이 책에서는 구별 없이 사용한다.

Brønsted-Lowry 산과 염기

Brønsted-Lowry 산: 양성자 주개
Brønsted-Lowry 염기: 양성자 받개

Copenhagen 대학의 J. N. Brønsted (1879~1947)와 Cambridge 대학의 T. M. Lowry(1874~1936)는 그들의 산과 염기의 정의를 1923년에 발표하였다.

Brønsted와 Lowry는 **산**을 **양성자 주개**(proton donor)로, **염기**를 **양성자 받개**(proton acceptor)로 분류하였다. HCl은 산(양성자 주개)이고, 이것은 물에서 H_3O^+의 농도를 증가시킨다.

$$HCl + H_2O \rightleftharpoons H_3O^+ + Cl^-$$

Brønsted-Lowry 정의에 따르면 H_3O^+가 생기지 않아도 된다. 따라서 이 정의는 비수용성 용매나 기체상에까지 확장시킬 수 있다.

$$\underset{\substack{\text{염산}\\(\text{산})}}{HCl(g)} + \underset{\substack{\text{암모니아}\\(\text{염기})}}{NH_3(g)} \rightleftharpoons \underset{\substack{\text{염화 암모늄}\\(\text{염})}}{NH_4^+Cl^-(s)}$$

앞으로 이 책에서 산과 염기를 언급할 때 Brønsted-Lowry 산과 염기를 말하기로 한다.

염

염화 암모늄과 같은 이온성 고체를 **염(salt)**이라고 한다. 형식적으로는 염이 산–염기 반응의 생성물로 생각될 수 있다. 산과 염기가 반응할 때 서로 **중화된다(neutralize)**고 말한다. 대부분의 염은 **강전해질**(strong electrolyte)이다. 이것은 염이 물에 녹으면 성분 이온으로 완전히 해리한다는 것을 뜻한다. 따라서 염화 암모늄은 다음과 같이 수용액에서 NH_4^+와 Cl^-로 된다.

$$NH_4^+Cl^-(s) \rightarrow NH_4^+(aq) + Cl^-(aq)$$

짝산과 짝염기

산과 염기 간의 반응 생성물도 산과 염기로 분류될 수 있다.

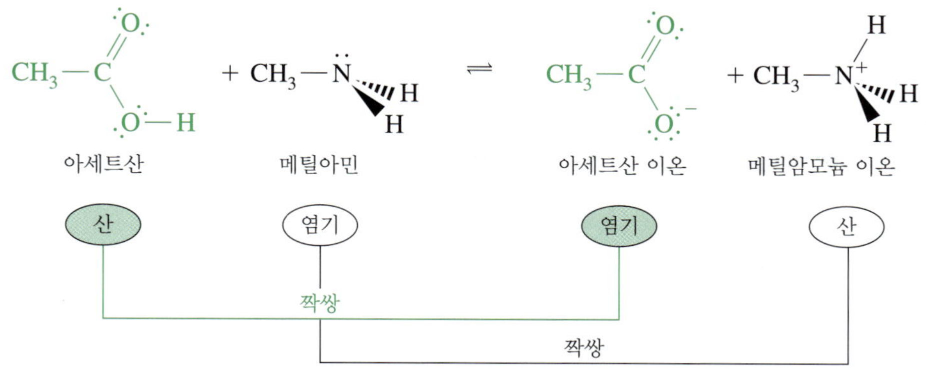

짝산과 짝염기는 양성자 한 개를 얻고 잃는 관계에 있다. 이 구조에서, 선쐐기는 이 페이지의 평면으로부터 나오는 결합이고, 쇄선쐐기는 페이지 뒤의 원자로 향한 결합이다.

아세트산 이온(acetate)은 양성자를 받아들여 아세트산이 될 수 있으므로 염기이다. 메틸암모늄 이온은 양성자를 내놓고 메틸아민이 될 수 있으므로 산이다. 아세트산과 아세트산 이온은 **짝산-짝염기 쌍(conjugate acid-base pair)**이다. 메틸아민과 메틸암모늄 이온도 마찬가지로 짝이다. **짝산과 짝염기는 H^+를 서로 얻거나 잃는 관계에 있다.**

H^+와 OH^-의 본질

양성자는 물속에서 스스로 존재하지 않는다. 몇몇 결정성 염에서 발견되는 가장 단순한 화학식은 H_3O^+이다. 예를 들어 과염소산 일수화물 결정은 사면체의 과염소산 이온과 파라미드형의 하이드로늄(또는 **하이드록소늄**이라고도 함) 이온으로 이루어져 있다.

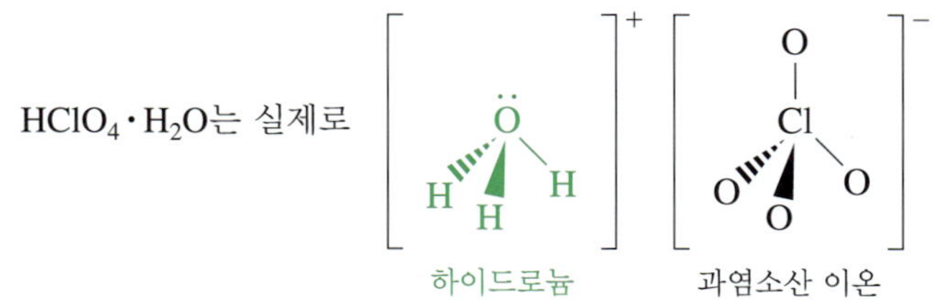

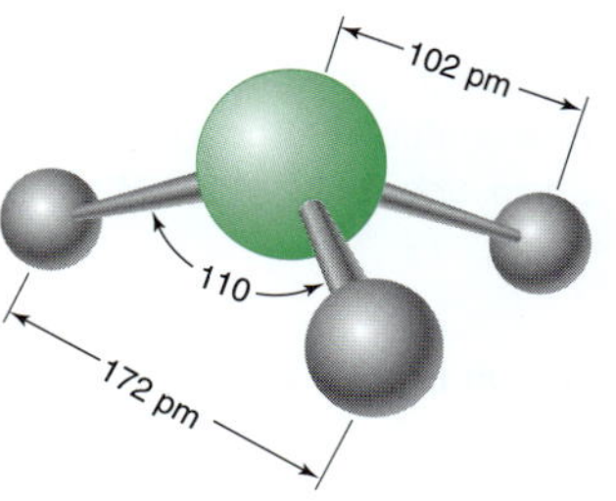

H_3O^+의 구조

그림 6-4 몇몇 결정에서 발견되는 H_3O^+ 이온의 전형적인 구조.[16] H_3O^+에서 OH 결합의 결합 엔탈피(결합을 끊는 데 필요한 열)는 544 kJ/mol인데, 이것은 H_2O의 OH 결합 엔탈피보다 대략 84 kJ/mol 더 크다.

화학식 $HClO_4 \cdot H_2O$는 구조를 무시할 때 그 물질의 조성을 명시하는 한 방법이다. 더 정확한 화학식은 $H_3O^+ClO_4^-$가 되어야 한다.

많은 결정에 나타나는 H_3O^+ 양이온의 평균 크기를 그림 6-4에 보였다. 수용액에서 H_3O^+ 양이온은 의외로 강한 수소 결합으로 세 분자의 물과 단단히 결합되어 있다(그림 6-5). $H_5O_2^+$ 양이온은 다음과 같이 수소 이온이 물 분자 두 개에 똑같이 결합된 또 다른 단순한 화학종이다.[18,19]

$$\begin{matrix} H & & & & H \\ & O & \cdots H \cdots & O & \\ H & & \leftarrow 243\ \text{pm} \rightarrow & & H \end{matrix}$$

$(H_3O^+ \cdot H_2O)$의 Zundel 구조

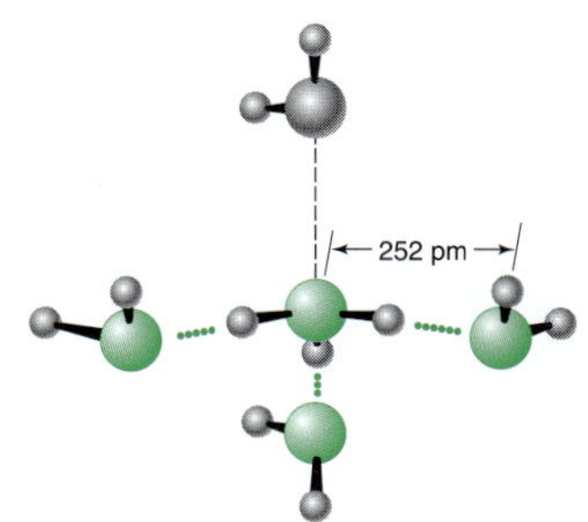

그림 6-5 수용액에서 H_3O^+ 주변.[16] 세 개의 H_2O 분자가 매우 강한 수소 결합(점선)으로 결합되어 있고, 한 분자(위)는 훨씬 약한 이온-쌍극자 인력(끊어진 선)으로 붙잡혀 있다. O—H···O 수소 결합 거리인 252 pm(피코미터: 10^{-12} m)는 수소 결합한 물 분자 사이의 O—H···O 거리 283 pm와 대조적이다. 몇몇 결정에서 발견되는 분리된 양이온 $(H_2O)_3H_3O^+$는 그림의 꼭대기에 약하게 결합된 H_2O를 제외하면 $(H_2O)_4H_3O^+$ 구조와 유사하다.[17]

기체상에서 H_3O^+는 30개의 수소 결합에 의해 서로 연결되어 있는 정십이면체 안에 20개의 물 분자로 둘러싸여 있다.[20] 양이온인 $(C_6H_6)_3H_3O^+$를 가지고 있는 염의 경우, 벤젠 용액 내에서 피라미드 구조의 H_3O^+의 수소 원자들은 벤젠 고리의 파이 전자 구름의 중앙으로 끌리게 된다(그림 6-6).

$H_3O_2^-$ $(OH^- \cdot H_2O)$ 이온의 경우, 중앙의 O···H···O 결합은 H_2O를 포함하여 지금까지 관측된 가장 짧은 수소 결합이다.[21]

$$\begin{matrix} & & & & H \\ & O & \cdots H \cdots & O & \\ H & & \leftarrow 229\ \text{pm} \rightarrow & & \end{matrix}$$

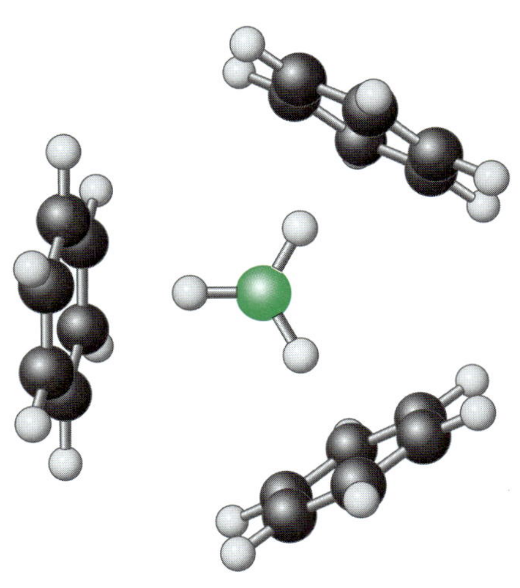

그림 6-6 $[(C_6H_6)_3H_3O^+][CHB_{11}Cl_{11}^-]$ 결정 구조 안에 있는 $H_3O^+ \cdot 3C_6H_6$ 양이온 [출처: E. S. Stoyanov, K.-C. Kim, and C. A. Reed, "The Nature of the H_3O^+ Hydronium Ion in Benzene and Chlorinated Hydrocarbon Solvents," *J. Am. Chem. Soc.* **2006**, *128*, 1948.]

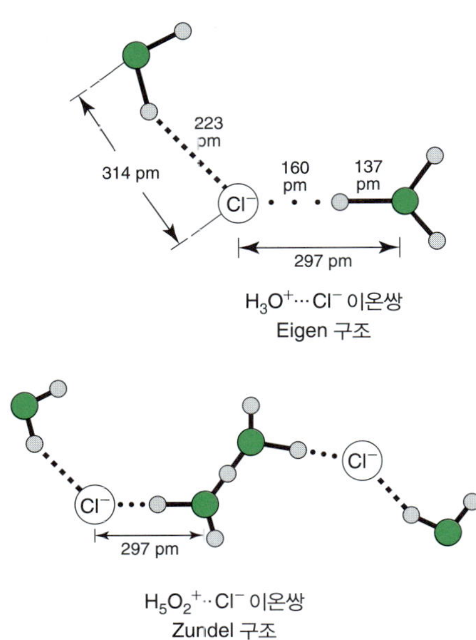

그림 6-7 진한 염산 수용액 내에서의 $Cl^- \cdots H_3O^+$와 $Cl^- \cdots H_5O_2^+$ 이온쌍 구조. 각 Cl^-는 일부만 표시하였지만 대략 6개의 $(H_2O + H_3O^+ + H_5O_2^+)$ 분자의 조합으로 둘러싸여 있다. [출처: J. L. Fulton and M. Balasubramanian, "Structure of Hydronium (H_3O^+)/Chloride (Cl^-) Contact Ion Pairs in Aqueous Hydrochloric Acid Solution," *J. Am. Chem. Soc.* **2010**, *132*, 12597.]

16.1 *m* HCl은 1 kg의 H_2O에 16.1 mol의 HCl이 있는 것이다. HCl:H_2O의 몰비는? (**답:** 16.1:55.5 = 1:3.45)

HCl 수용액에서 H_3O^+와 Cl^- 이온 간의 이온쌍 형성은 ~6 *m*(몰랄)의 농도에서 검출 가능하다. 16.1 *m* HCl의 경우, 모든 H_3O^+가 Cl^-와 이온쌍을 형성한다(그림 6-7). 각 Cl^- 주변에는 H_2O 외에 6개의 Eigen(H_3O^+) 구조와 Zundel($H_5O_2^+$) 구조가 조합을 이루고 있다. $Cl^- \cdots H^+$ 수소 결합 길이는 $Cl^- \cdots H_2O$의 223 pm에서 $Cl^- \cdots H_3O^+$의 160 pm로 줄어들게 된다.

대부분의 화학 반응에서 실제로는 H_3O^+를 의미하더라도 통상적으로 H^+라 쓸 것이다. 어떤 물의 화학을 강조하기 위해 H_3O^+로 표기해야 할 경우가 있다. 예를 들어 물은 산이나 염기로 될 수 있다. 물은 다음과 같이 메톡시화(methoxide) 이온에 대해서는 산이다.

$$\underset{\text{물}}{H-\ddot{O}-H} + \underset{\text{메톡시화 이온}}{CH_3-\ddot{O}^-} \rightleftharpoons \underset{\text{수산화 이온}}{H-\ddot{O}^-} + \underset{\text{메탄올}}{CH_3-\ddot{O}-H}$$

그러나 브로민화 수소에 대해서는 염기이다.

$$\underset{\text{물}}{H_2O} + \underset{\text{브로민화 수소}}{HBr} \rightleftharpoons \underset{\text{하이드로늄 이온}}{H_3O^+} + \underset{\text{브로민화 이온}}{Br^-}$$

자체 양성자 이전 반응

물은 자신이 산과 염기로 작용하는 **자체 양성자 이전 반응**[**autoprotolysis**, **자체 이온화**(autoionization) 반응이라고도 함]을 한다.

$$H_2O + H_2O \rightleftharpoons H_3O^+ + OH^- \qquad \textbf{(6-17a)}$$

또는

$$H_2O \rightleftharpoons H^+ + OH^- \qquad \textbf{(6-17b)}$$

반응 6-17a는 반응 6-17b와 똑같은 것을 의미한다.

양성자성 용매(**protic solvent**)는 반응성 H^+를 가지며, 자체 양성자 이전 반응을 한다. 아세트산이 그 한 예이다.

양성자성 용매(산성 양성자는 **색** 표시)의 예

H_2O (물) CH_3CH_2OH (에탄올)

비양성자성 용매(산성 양성자 없음)의 예

$CH_3CH_2OCH_2CH_3$ (다이에틸 에터) CH_3CN (아세토나이트릴)

$$2CH_3\overset{\overset{\displaystyle O}{\|}}{C}OH \rightleftharpoons CH_3C^+(OH)_2 + H_3CCO_2^- \quad (\text{아세트산에서}) \qquad \textbf{(6-18)}$$

표 6-1 K_w의 온도 의존성[a]

온도(°C)	K_w	$pK_w = -\log K_w$	온도(°C)	K_w	$pK_w = -\log K_w$
0	1.15×10^{-15}	14.938	40	2.88×10^{-14}	13.541
5	1.88×10^{-15}	14.726	45	3.94×10^{-14}	13.405
10	2.97×10^{-15}	14.527	50	5.31×10^{-14}	13.275
15	4.57×10^{-15}	14.340	100	5.43×10^{-13}	12.265
20	6.88×10^{-15}	14.163	150	2.30×10^{-12}	11.638
25	1.01×10^{-14}	13.995	200	5.14×10^{-12}	11.289
30	1.46×10^{-14}	13.836	250	6.44×10^{-12}	11.191
35	2.07×10^{-14}	13.685	300	3.93×10^{-12}	11.406

a. 이 표의 $[H^+][OH^-]$에 쓰인 농도는 몰농도가 아니라 몰랄 농도이다. log K_w의 정확도는 ±0.01이다. 몰랄 농도(mol/kg)를 몰농도(mol/L)로 바꾸려면 각 온도에서 H_2O의 밀도를 곱한다. 25°C에서, $K_w = 10^{-13.995}\ (\text{mol/kg})^2(0.997\ 05\ \text{kg/L})^2 = 10^{-13.998}\ (\text{mol/L})^2$

출처: *W. L. Marshall and E. U. Franck, "Ion Product of Water Substance, 0~1 000°C, 1~10 000 Bars,"* J. Phys. Chem. Ref. Data ***1981,*** 10, *295*. 0°~800°C의 온도 영역, 0~1.2 g/cm³의 밀도 영역에서 K_w값은 다음의 자료를 참조하라. *A. V. Bandura and S. N. Lvov, "The Ionization Constant of Water over Wide Ranges of Temperature and Pressure,"* J. Phys. Chem. Ref. Data ***2006,*** 35, *15*.

물이나 아세트산의 이런 반응 정도는 매우 작다. 반응 6-17과 반응 6-18의 **자체 양성자 이전 반응 상수**[autoprotolysis constant(평형 상수)]는 25°C에서 각각 1.0×10^{-14}, 3.5×10^{-15}이다.

6-6 pH

H_2O의 자체 양성자 이전 반응 상수는 K_w라는 특별한 기호로 주어지는데, 여기서 아래 첨자 'w'는 물을 뜻한다.

물의 자체 양성자 이전 반응:

$$H_2O \xrightleftharpoons{K_w} H^+ + OH^- \qquad K_w = [H^+][OH^-] \tag{6-19}$$

H_2O(용매)가 평형 상수로부터 생략된 것을 상기하라. 25°C에서의 값 $K_w = 1.0 \times 10^{-14}$는 이 책에서 우리의 목적을 위해 충분히 정확하다.

표 6-1은 온도에 따라 K_w가 어떻게 변하는지를 보여 준다. 25.0°C에서 그 값은 1.01×10^{-14}이다.

예제 **25°C에서 순수한 물의 H^+와 OH^-의 농도**

25°C의 순수한 물에서 H^+와 OH^-의 농도를 계산하시오.

풀이 반응 6-19의 화학량론으로부터 H^+와 OH^-는 1:1 몰비로 만들어진다. 그들의 농도는 같아야 한다. 각 농도를 x라 하면

$$K_w = 1.0 \times 10^{-14} = [H^+][OH^-] = [x][x] \Rightarrow x = 1.0 \times 10^{-7}\ \text{M}$$

순수한 물에서 H^+와 OH^-의 농도는 둘 다 1.0×10^{-7} M이다.

자습 표 6-1을 이용하여 100°C와 0°C에서 물의 $[H^+]$를 구하시오. (**답:** 7.4×10^{-7}, 3.4×10^{-8} M)

예제 **$[H^+]$가 알려져 있을 때 OH^-의 농도**

$[H^+] = 1.0 \times 10^{-3}$ M일 때 OH^-의 농도는 얼마인가? (지금부터 특별한 언급이 없다면 온도는 25°C라 가정함)

풀이 K_w 식에 $[H^+] = 1.0 \times 10^{-3}$ M을 대입하면

$$K_w = 1.0 \times 10^{-14} = (1.0 \times 10^{-3})[OH^-] \Rightarrow [OH^-] = 1.0 \times 10^{-11}\ M$$

$[H^+] = 1.0 \times 10^{-3}$ M이면 $[OH^-] = 1.0 \times 10^{-11}$ M이 된다. **H^+의 농도가 증가하면 OH^-의 농도는** 반드시 **감소한다. 그 역도 성립한다.** $[OH^-] = 1.0 \times 10^{-3}$ M이면 $[H^+] = 1.0 \times 10^{-11}$ M이다.

자습 $[H^+] = 1.0 \times 10^{-4}$ M일 때 $[OH^-]$를 구하시오. (**답:** 1.0×10^{-10} M)

pH ≈ $-\log[H^+]$. 용어 'pH'는 1909년에 덴마크의 생화학자인 S. P. L. Sørensen이 처음 도입하였는데, 그는 '수소 이온 지수'라 불렀다.[22]

pH는 아래와 같이 H^+ 농도의 음의 로그로 어림잡아 정의한다.

pH의 대략적 정의: $$pH \approx -\log[H^+] \quad \textbf{(6-20)}$$

8장에서는 더 정확하게 **활동도**(activity)로 정의하겠으나 대부분의 경우에 식 6-20은 pH로 충분하다. 15장에서는 pH 규모를 정의하기 위해 미국국립표준원(NIST)에서 사용하는 완충 용액과 유리 전극으로 pH를 측정하는 내용을 설명할 것이다.

K_w 식의 양변에 로그를 취하여 식 6-21을 유도하라.

$$K_w = [H^+][OH^-]$$
$$\log K_w = \log[H^+] + \log[OH^-]$$
$$-\log K_w = -\log[H^+] - \log[OH^-]$$
$$14.00 = pH + pOH\ (25°C에서)$$

25°C의 순수한 물에서 $[H^+] = 1.0 \times 10^{-7}$ M이고, $pH = -\log(1.0 \times 10^{-7}) = 7.00$이다. $[OH^-] = 1.0 \times 10^{-3}$ M이면 $[H^+] = 1.0 \times 10^{-11}$ M이며, pH는 11.00이다. 25°C에서 $[H^+]$와 $[OH^-]$ 사이에는 다음과 같은 유용한 관계식이 있다.

$$pH + pOH = -\log(K_w) = 14.00 \quad (25°C에서) \quad \textbf{(6-21)}$$

여기서 $pH = -\log[H^+]$인 것처럼, $pOH = -\log[OH^-]$이다. 만약 pH = 3.58이면 pOH = 14.00 − 3.58 = 10.42, 또는 $[OH^-] = 10^{-10.42} = 3.8 \times 10^{-11}$ M이다.

$[H^+] > [OH^-]$인 용액은 **산성**(**acidic**)이고, $[H^+] < [OH^-]$인 용액은 **염기성**(**basic**)이다. 25°C에서 산성 용액은 pH가 7보다 낮고, 염기성 용액은 7보다 높다.

물이나 얼음의 표면은 전체 물보다 약 2 pH 단위만큼 더 산성이다. 그 이유는 H_3O^+가 표면에서 더 안정적이기 때문이다. 표면의 산도는 대기 구름 속의 화학에 중요하다.[24]

pH −1 0 1 2 3 4 5 6 7 8 9 10 11 12 13 14 15

← 산성 → ↑ ← 염기성 →

중성

흔히 보는 여러 가지 물질의 pH 값을 그림 6-8에 나타내었다.

대부분의 용액의 pH는 0~14 범위에 있지만, 이것이 pH 한계는 아니다. 예를 들어 pH = −1은 $-\log[H^+] = -1$ 또는 $[H^+] = 10$ M을 의미한다. 이 농도는 HCl과 같은 강산의 진한 용액에서 쉽게 얻어진다.

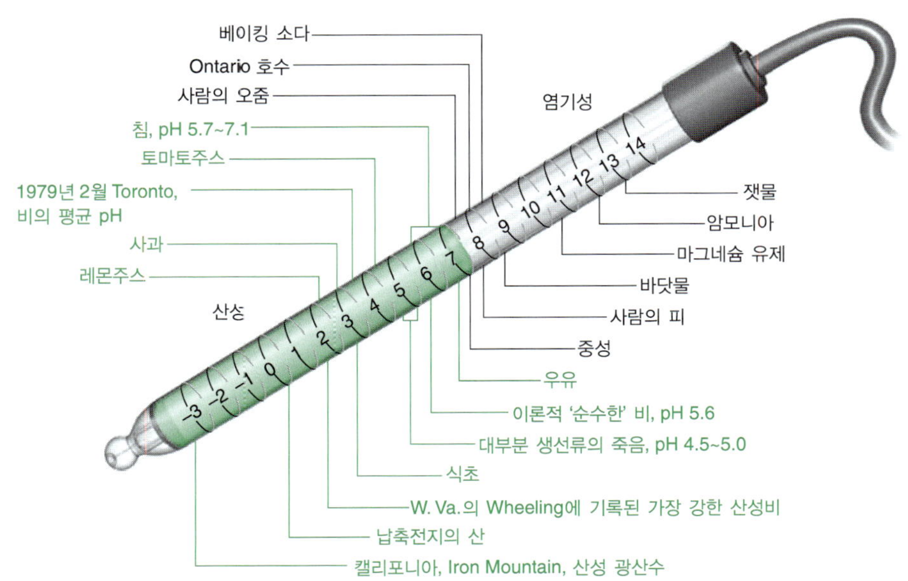

그림 6-8 여러 물질들의 pH [출처: *Chem. Eng. News*, 14 September 1981.] 미국에서 내리는 가장 강한 산성비(보충 15-1)는 레몬주스보다 더 산성이다. 가장 산성이 강한 것으로 알려진 천연수는 녹아 있는 전체 금속 이온의 농도가 200 g/L이고, 황산 이온의 농도가 760 g/L인 광산수이다.[23] 이 물의 pH는 −3.6인데, $[H^+] = 10^{3.6}$ M = 4 000 M을 뜻하지는 않는다. 그것은 H^+의 **활동도**(8장에 논의)가 $10^{3.6}$임을 뜻한다.

순수한 물이 존재할까?

대부분의 실험실에서 그 대답은 '아니다'이다. 25°C에서 순수한 물의 pH는 7.00 이하여야 한다. 대부분의 실험실로 공급되는 증류수에는 대기로부터 CO_2가 들어가므로 산성이다. CO_2는 다음 반응 때문에 산성이다.

$$CO_2 + H_2O \rightleftharpoons \underset{\text{탄산수소 이온}}{HCO_3^-} + H^+ \quad (6\text{-}22)$$

CO_2는 우선 물을 끓인 다음, 대기로부터 들어오는 것을 막아주면 대부분 제거할 수 있다.

약 100년 전 F. Kohlrausch와 그의 제자들이 물의 전도도를 조심스럽게 측정해 보았다. 물에 있는 이온성 불순물을 제거하려면, 물을 진공에서 **42회 연속** 증류해야 전도도가 한계값으로 낮아지는 것을 알았다.

6-7 산과 염기의 세기

산과 염기는 대체로 H^+나 OH^-를 생성하기 위해 '완전히' 반응하는가 또는 '부분적'으로 반응하는가에 따라 강하고 약한 것으로 분류된다. '부분적' 반응에 대해서는 연속적인 범위가 가능하므로 강하고 약한 것의 명확한 구분은 없다. 몇몇 화합물은 완전히 반응하므로 쉽게 강산 또는 강염기로 간주되고, 그 밖의 것들은 약산 또는 약염기로 간주된다.

강산과 강염기

기억해야 할 대부분의 강산과 강염기를 표 6-2에 실었다. 정의대로 강산이나 강염기는 수용액에서 완전히 해리한다. 즉 다음 반응의 평형 상수는 매우 크다.

$$HCl(aq) \rightleftharpoons H^+ + Cl^-$$
$$KOH(aq) \rightleftharpoons K^+ + OH^-$$

표 6-2 일반적인 강산과 강염기

화학식	이름
산	
HCl	염산 (염화 수소)
HBr	브로민화 수소
HI	아이오딘화 수소
H_2SO_4[a]	황산
HNO_3	질산
$HClO_4$	과염소산
염기	
LiOH	수산화 리튬
NaOH	수산화 소듐
KOH	수산화 포타슘
RbOH	수산화 루비듐
CsOH	수산화 세슘
R_4NOH[b]	사차 수산화 암모늄

a. H_2SO_4의 첫 번째 양성자 이온화만이 완전하다. 두 번째 양성자의 해리에 대한 평형 상수는 1.0×10^{-2}이다.

b. 이것은 네 개의 유기 작용기를 갖는 암모늄 양이온의 수산화염의 일반식이다. 한 예로 수산화 테트라뷰틸암모늄 $[(CH_3CH_2CH_2CH_2)_4N^+OH^-]$이 있다.

보충 6-3 플루오린화수소산의 이상한 거동[16]

할로젠화 수소 HCl, HBr, HI는 모두 강산이므로 다음 반응은 모두 완결된다.

$$HX(aq) + H_2O \rightarrow H_3O^+ + X^-$$

(X = Cl, Br, I) 그런데 HF가 약산으로 거동하는 이유는 무엇일까?

그 답은 호기심을 끈다. 먼저 HF는 물에서 양성자를 모두 내놓는다.

$$HF(aq) \rightarrow \underset{\text{하이드로늄 이온}}{H_3O^+} + \underset{\text{플루오린화 이온}}{F^-}$$

그러나 플루오린은 어떤 원소보다도 가장 강한 수소 결합을 이룬다. 하이드로늄 이온은 묽은 용액에서조차 수소 결합을 통하여 플루오린화 이온과 단단히 결합된 채로 있다. 그와 같은 결합을 **이온쌍(ion pair)**이라고 한다.

$$H_3O^+ + F^- \rightleftharpoons \underset{\text{이온쌍}}{F^- \cdots H_3O^+}$$

따라서 HF는 F^-와 H_3O^+가 서로 회합되어 있기 때문에 강산으로 작용하지 않는다. 대조적으로, HCl에 의해 형성되는 $(H_3O^+)(Cl^-)$ 이온쌍(그림 6-7)은 6 *m* 정도의 진한 용액에서만 중요하게 작용한다. 전하가 1보다 큰 모든 양이온의 수용액에서 이온쌍은 흔하다. 이온쌍은 이온을 해리시킬 수 없는 비수용성 용매에서는 언제나 존재한다.

HF만이 이온쌍을 이루는 것은 아니다. 아래에 보인 것과 같은 중간 정도의 강산의 대부분은 수용액에서 주로 이온쌍으로 존재하는 것으로 생각된다($HA + H_2O \rightleftharpoons A^- \cdots H_3O^+$).[28]

CF_3CO_2H
트라이플루오로아세트산
$K_a = 0.31$

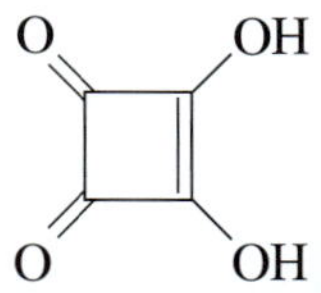

스쿠아르산
$K_a = 0.29$

고체 상태에서 많은 일양성자성 강산 또는 약산의 경우 1:1 수소 결합 형태의 염을 형성한다. 다음에 두 가지 예를 들었다.[29]

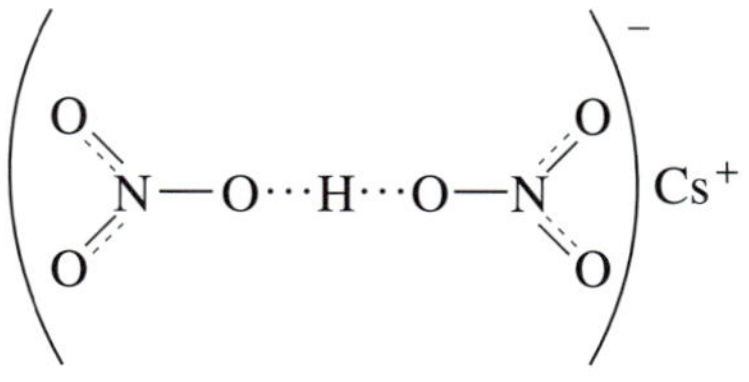

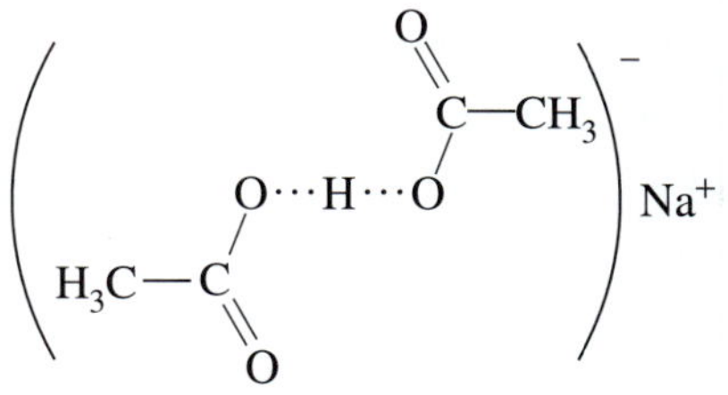

$[O_2N{-}O\cdots H\cdots O{-}NO_2]^-\ Cs^+$ $[H_3C{-}C(=O){-}O\cdots H\cdots O{-}C(=O){-}CH_3]^-\ Na^+$

실험 6-2 HCl 분수

HCl이 H^+와 Cl^-로 완전히 해리되므로 HCl(g)은 물에 매우 잘 녹는다.

$$\mathrm{HCl}(g) \rightleftharpoons \mathrm{HCl}(aq) \quad \text{(A)}$$

$$\mathrm{HCl}(aq) \rightleftharpoons \mathrm{H}^+(aq) + \mathrm{Cl}^-(aq) \quad \text{(B)}$$

알짜 반응:
$$\mathrm{HCl}(g) \rightleftharpoons \mathrm{H}^+(aq) + \mathrm{Cl}^-(aq) \quad \text{(C)}$$

반응 B의 평형이 훨씬 오른쪽으로 치우치므로 반응 A를 오른쪽으로 끌고 간다.

도전 반응 C의 표준 자유 에너지 변화($\Delta G°$)는 -36.0 kJ/mol이다. 평형 상수가 2.0×10^6임을 보이시오.

물에서 HCl(g)의 용해도는 염산 분수의 기초가 된다.[25] 그림 a에서 공기가 채워져 있는 250 mL 둥근바닥 플라스크를 거꾸로 세운 들어오는 관은 HCl(g) 통에, 나가는 관은 물에 거꾸로 세운 병으로 향하게 장치한다. HCl이 플라스크로 들어오면 그 속에 있던 공기가 밀려나온다. 병이 공기로 차면 플라스크는 HCl(g)로 거의 채워진다.

그림 b에는 호스를 떼어 내고 한쪽은 고무 벌브로 막고, 다른 관은 지시약이 든 비커에 넣는다. 지시약으로는 pH 5.4 이상에서 초록색, pH 4.8 이하에서는 자주색인 약한 알칼리성 메틸 퍼플을 쓴다. 고무 벌브로부터 약 1 mL의 물을 플라스크로 뿜어 올리면 진공이 생겨 지시약 용액이 플라스크로 올라가 매혹적인 분수를 이룬다(천연색 사진 1).

질문 물이 플라스크로 뿜어 올려지면 진공이 생기는 이유와 지시약이 플라스크로 들어가면 색깔이 바뀌는 이유는 무엇인가?

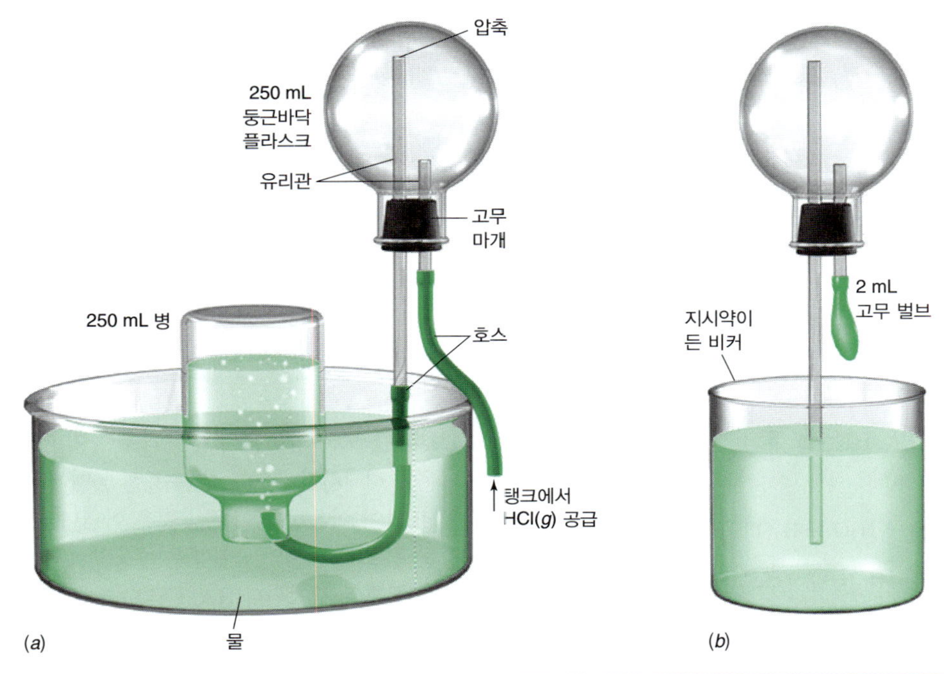

표 6-3 알칼리 토금속 수산화물의 평형		
$M(OH)_2(s) \rightleftharpoons M^{2+} + 2OH^-$		
$K_{sp} = [M^{2+}][OH^-]^2$		
$M^{2+} + OH^- \rightleftharpoons MOH^+$		
$K_1 = [MOH^+]/[M^{2+}][OH^-]$		
금속	$\log K_{sp}$	$\log K_1$
Mg^{2+}	-11.15	2.58
Ca^{2+}	-5.19	1.30
Sr^{2+}	—	0.82
Ba^{2+}	—	0.64

주: 25°C, 이온 세기 = 0

수용액에는 해리하지 않은 HCl이나 KOH는 사실상 없다. 실험 6-2는 HCl이 강산일 경우의 결과를 보여 준다.

할로젠화 수소인 HCl, HBr, HI는 강산이지만, 보충 6-3에 보인 것처럼 HF는 강산이 **아니다**. 알칼리 토금속(Mg^{2+}, Ca^{2+}, Sr^{2+}, Ba^{2+})의 수산화물은 알칼리 금속의 수산화물보다는 훨씬 덜 녹고, 또 MOH^+형의 착물(표 6-3)을 만드는 경향이 다소 있음에도 불구하고, 실용적인 목적으로는 그들을 강염기로 간주할 수 있다. 알려져 있는 염기 중 가장 강한 것은 기체상 분자인 LiO^-이다.[26] 더 강력한 기체상 유기 염기(ortho-$C_6H_4(-C{\equiv}C{:}^-)_2$가 발견되었다.[27]

약산과 약염기

모든 약산 HA는 H_2O에 양성자를 줌으로써 물과 반응한다.

약산의 해리:
$$\mathrm{HA} + \mathrm{H_2O} \underset{}{\overset{K_a}{\rightleftharpoons}} \mathrm{H_3O^+} + \mathrm{A^-} \quad \text{(6-23)}$$

이 식은 다음과 동일하다.

약산의 해리: $$HA \underset{}{\overset{K_a}{\rightleftharpoons}} H^+ + A^- \qquad K_a = \frac{[H^+][A^-]}{[HA]} \tag{6-24}$$

평형 상수 K_a는 **산 해리 상수(acid dissociation constant)**이며 **산성도 상수**(acidity constant)라고도 한다. 정의에 의하면, 약산은 물에서 부분적으로만 해리하는 산이다. 이것은 약산의 K_a가 '작다'는 것을 뜻한다.

약염기 B는 다음과 같이 물과 반응하여 H_2O로부터 양성자를 떼어낸다.

염기 가수 분해: $$B + H_2O \underset{}{\overset{K_b}{\rightleftharpoons}} BH^+ + OH^- \qquad K_b = \frac{[BH^+][OH^-]}{[B]} \tag{6-25}$$

평형 상수 K_b는 **염기 가수 분해 상수(base hydrolysis constant)**이며, 약염기의 경우 '작은' **염기도 상수**(basicity constant)라고 한다.

산 해리 상수: $K_a = \frac{[H^+][A^-]}{[HA]}$

염기 가수 분해 상수: $K_b = \frac{[BH^+][OH^-]}{[B]}$

가수 분해란 물을 사용하여 어떤 반응에 적용하는 것을 말한다.

약산과 약염기의 일반적 종류

아세트산은 대표적인 약산이다.

$$CH_3-C(=O)-O-H \rightleftharpoons CH_3-C(=O)-O^- + H^+ \qquad K_a = 1.75 \times 10^{-5} \tag{6-26}$$

아세트산 (HA) 아세트산 이온 (A^-)

아세트산은 일반식이 RCO_2H인 카복실산의 대표적인 산이다. 여기서 R은 유기 치환체이다. **모든 카복실산(carboxylic acid)은 약산이며, 모든 카복실산 음이온(carboxylate anion)은 약염기이다.**

$R-C(=O)-O-H$ 카복실산 (약산: HA)

$R-C(=O)-O^-$ 카복실산 음이온 (약염기: A^-)

메틸아민은 대표적인 약염기이다.

$$CH_3\ddot{N}H_2 + H_2O \rightleftharpoons CH_3NH_3^+ + OH^- \qquad K_b = 4.47 \times 10^{-4} \tag{6-27}$$

메틸아민 B 메틸암모늄 이온 BH^+

카복실산(RCO_2H)과 암모늄 이온(R_3NH^+)은 약산이다.

카복실산 음이온(RCO_2^-)과 아민(R_3N)은 약염기이다.

아민은 질소를 가진 화합물이다.

$R\ddot{N}H_2$	일차 아민	RNH_3^+	암모늄 이온
$R_2\ddot{N}H$	이차 아민	$R_2NH_2^+$	
$R_3\ddot{N}$	삼차 아민	R_3NH^+	

아민(amine)은 약염기이고, **암모늄 이온(ammonium ion)은 약산이다.** 모든 아민의 '어미'는 암모니아(NH_3)이다. 메틸아민과 같은 염기가 물과 반응하면 그 짝산이 생긴다. 즉 반응 6-27에서 생기는 메틸암모늄 이온은 약산이다.

더 강한 산 →

Li^+ 13.64	Be													
Na^+ 13.9	Mg^{2+} 11.4											Al^{3+} 5.00		
K	Ca^{2+} 12.70	Sc^{3+} 4.3	Ti^{3+} 1.3	VO^{2+} 5.7	Cr^{2+} 5.5[a] Cr^{3+} 3.66	Mn^{2+} 10.6	Fe^{2+} 9.4 Fe^{3+} 2.19	Co^{2+} 9.7 Co^{3+} 0.5[b]	Ni^{2+} 9.9	Cu^{2+} 7.5	Zn^{2+} 9.0	Ga^{3+} 2.6	Ge	
Rb	Sr 13.18	Y^{3+} 7.7	Zr^{4+} −0.3	Nb	Mo	Tc	Ru	Rh^{3+} 3.33[c]	Pd^{2+} 1.0	Ag^+ 12.0	Cd^{2+} 10.1	In^{3+} 3.9	Sn^{2+} 3.4	Sb
Cs	Ba^{2+} 13.36	La^{3+} 8.5	Hf	Ta	W	Re	Os	Ir	Pt	Au	Hg_2^{2+} 5.3[d] Hg^{2+} 3.40	Tl^+ 13.21	Pb^{2+} 7.6	Bi^{3+} 1.1
	Ce^{3+} 9.1[b]	Pr^{3+} 9.4[b]	Nd^{3+} 8.7[b]	Pm	Sm^{3+} 8.6[b]	Eu^{3+} 8.6[d]	Gd^{3+} 9.1[b]	Tb^{3+} 8.4[d]	Dy^{3+} 8.4[d]	Ho^{3+} 8.3	Er^{3+} 9.1[b]	Tm^{3+} 8.2[d]	Yb^{3+} 8.4[b]	Lu^{3+} 8.2[d]

위 첨자 표기가 없으면 이온 세기 = 0
a. 이온 세기 = 1 M, *b.* 이온 세기 = 3 M, *c.* 이온 세기 = 2.5 M, *d.* 이온 세기 = 0.5 M

그림 6-9 수용성 금속 이온: $M^{n+} + H_2O \underset{}{\overset{K_a}{\rightleftharpoons}} MOH^{(n-1)+} + H^+$의 산 해리 상수($-\log K_a$). 예를 들어 Li^+의 경우, $K_a = 10^{-13.64}$. 9장에서 이 표의 숫자가 pK_a라고 하는 것을 배울 것이다. 가장 어두운 색이 가장 강한 산이다. [출처: R. M. Smith, A. E. Martell, and R. J. Motekaitis, *NIST Critical Stability Constants of Metal Complexes Database 46* (Gaithersburg, MD: National Institute of Standards and Technology, 2001).]

대체로 염기를 B로, 산을 HA로 적지만, BH^+도 산이고 A^-도 염기임을 아는 것은 중요하다.

$$\underset{BH^+}{CH_3\overset{+}{N}H_3} \overset{K_a}{\rightleftharpoons} \underset{B}{CH_3\ddot{N}H_2} + H^+ \qquad K_a = 2.33 \times 10^{-11} \tag{6-28}$$

메틸암모늄 이온은 메틸아민의 짝산이다.

어떤 화합물이 산성일지 또는 염기성일지를 알 수 있어야 한다. 예를 들어 염화 메틸암모늄염은 수용액에서 완전히 해리하여 메틸암모늄 양이온과 염화 이온으로 된다는 것을 유의하라.

염화 메틸암모늄은 다음과 같은 이유로 약산이다.

1. $CH_3NH_3^+$와 Cl^-로 해리한다.
2. $CH_3NH_3^+$는 약염기인 CH_3NH_2의 짝산인 약산이다.
3. Cl^-는 염기성 성질이 없다. 그것은 강산인 HCl의 짝이다. 즉 HCl은 완전히 해리한다.

$$\underset{\text{염화 메틸암모늄}}{CH_3\overset{+}{N}H_3Cl^-(s)} \rightarrow \underset{\text{메틸암모늄 이온}}{CH_3\overset{+}{N}H_3(aq)} + Cl^-(aq) \tag{6-29}$$

메틸아민의 짝산인 메틸암모늄 이온은 약산이다(반응 6-28). 염화 이온은 강산인 HCl의 짝염기인데, 이는 **Cl^-가 H^+와 결합할 경향이 전혀 없다**는 것을 의미한다. 염화 메틸암모늄 용액은 산성이라고 바르게 예측할 수 있는데, 그 이유는 메틸암모늄 이온은 산이고, Cl^-는 염기가 아니기 때문이다.

도전 페놀(C_6H_5OH)은 약산이다. 이온 결합 화합물인 페놀산 포타슘($C_6H_5O^-K^+$) 용액이 염기성일 것임을 설명하라.

금속 양이온 M^{n+}도 $M(OH)^{(n-1)+}$로 형성된 **산성 가수 분해**에 의해 통상의 약산으로 분류된다.[30] 그림 6-9는 다음 반응에 대한 산 해리 상수를 보여 준다.

$$M^{n+} + H_2O \overset{K_a}{\rightleftharpoons} MOH^{(n-1)+} + H^+$$

수용성 금속 이온은 몇 개의 물 분자와 회합(**수화**)되어 있으므로, 산 해리 반응을 더 정확히 적으면 다음과 같다.

$$M(H_2O)x^{n+} \rightleftharpoons M(H_2O)_{x-1}(OH)^{(n-1)+} + H^+$$

1가 금속 이온은 매우 약한 산이다(Na^+, $K_a = 10^{-13.9}$). 산의 세기는 2가 금속 이온이 좀 더 커지고(Fe^{2+}, $K_a = 10^{-9.4}$), 3가 이온은 더욱 커지는 경향이 있다(Fe^{3+}, $K_a = 10^{-2.19}$).

다양성자성 산과 염기

다양성자성 산과 염기(polyprotic acid and base)는 한 개 이상의 양성자를 주거나 받을 수 있는 화합물이다. 옥살산은 이양성자성이고, 인산 이온은 삼염기성이다.

$$\underset{\text{옥살산}}{HOCCOH} \rightleftharpoons H^+ + \underset{\text{옥살산 수소 이온}}{{}^-OCCOH} \qquad K_{a1} = 5.62 \times 10^{-2} \tag{6-30}$$

(각 구조에서 두 C 원자 위에 각각 =O가 있다.)

$$^{-}OCCOH \rightleftharpoons H^{+} + {}^{-}OCCO^{-} \quad K_{a2} = 5.42 \times 10^{-5} \quad \textbf{(6-31)}$$

옥살산 이온

$$PO_4^{3-} + H_2O \rightleftharpoons HPO_4^{2-} + OH^{-} \quad K_{b1} = 2.3 \times 10^{-2} \quad \textbf{(6-32)}$$

인산 이온 　 인산 수소 이온

$$HPO_4^{2-} + H_2O \rightleftharpoons H_2PO_4^{-} + OH^{-} \quad K_{b2} = 1.60 \times 10^{-7} \quad \textbf{(6-33)}$$

인산 이수소 이온

$$H_2PO_4^{-} + H_2O \rightleftharpoons H_3PO_4 + OH^{-} \quad K_{b3} = 1.42 \times 10^{-12} \quad \textbf{(6-34)}$$

인산

산과 염기 평형 상수의 기호: K_{a1}은 가장 많은 양성자를 가진 산성 화학종에 대한 것이고, K_{b1}은 가장 적은 양성자를 가진 염기성 화학종에 대한 것이다. 산 해리 상수의 아래 첨자 'a'는 보통 생략할 수 있다.

다양성자성 산의 연속적 산 해리 상수의 표준 기호는 K_1, K_2, K_3 등이다. 즉 아래 첨자 'a'는 보통 생략한다. 명확하게 하기 위해 아래 첨자를 그대로 두기도 하고, 또는 생략하기도 하겠

보충 6-4 탄산[31]

탄산(H_2CO_3)은 물과 이산화 탄소의 반응으로 생성된다.

$$CO_2(g) \rightleftharpoons CO_2(aq) \qquad K = \frac{[CO_2(aq)]}{P_{CO_2}} = 0.034\,4$$

$$CO_2(aq) + H_2O \rightleftharpoons \underset{\text{탄산}}{H_2CO_3} \qquad K = \frac{[H_2CO_3]}{[CO_2(aq)]} \approx 0.002$$

$$H_2CO_3 \rightleftharpoons \underset{\text{탄산수소 이온}}{HCO_3^-} + H^+ \qquad K_{a1} = 4.46 \times 10^{-7}$$

$$HCO_3^- \rightleftharpoons \underset{\text{탄산 이온}}{CO_3^{2-}} + H^+ \qquad K_{a2} = 4.69 \times 10^{-11}$$

다른 카복실산의 K_a에 비하면 탄산의 K_{a1}은 10^2~10^4배나 작기 때문에, 언뜻 보기에 이양성자성 산으로서의 거동이 변칙적인 것처럼 보인다.

CH_3CO_2H 아세트산 $K_a = 1.75 \times 10^{-5}$	HCO_2H 폼산 $K_a = 1.80 \times 10^{-4}$
$N{\equiv}CCH_2CO_2H$ 사이아노아세트산 $K_a = 3.37 \times 10^{-3}$	$HOCH_2CO_2H$ 글리콜산 $K_a = 1.48 \times 10^{-4}$

이 그럴듯한 변칙에 대한 이유는 H_2CO_3가 이상해서가 아니라, 다음 식의 K_{a1}에 보통 주어지는 값이 유별나기 때문이다.

$$\underset{(= CO_2(aq) + H_2CO_3)}{\text{용해된 모든 } CO_2} \rightleftharpoons HCO_3^- + H^+$$

$$K_{a1} = \frac{[HCO_3^-][H^+]}{[CO_2(aq) + H_2CO_3]} = 4.46 \times 10^{-7}$$

용해된 CO_2의 약 0.2%만이 H_2CO_3의 형태로 있다. H_2CO_3와 $CO_2(aq)$의 합한 농도 대신에 H_2CO_3만의 농도를 사용하면 평형 상수값은 다음과 같이 된다.

$$K_{a1} = \frac{[HCO_3^-][H^+]}{[H_2CO_3]} = 2 \times 10^{-4}$$

CO_2의 수화(CO_2와 H_2O의 반응)와 H_2CO_3의 탈수 반응은 놀랄 만큼 서서히 진행되는데, 강의실에서 쉽게 시범을 보일 수 있다.[31] 생체 세포 내에서는 H_2CO_3와 CO_2 평형을 촉진시키기 위해 **탄산 무수화 효소**(carbon anhydrase)가 활용된다. 그 효소 내의 활성 장소는 CO_2와 OH^-가 반응하는 데 꼭 필요한 분위기를 만들어 주므로 **활성화 에너지**(activation energy)가 50 kJ/mol에서 26 kJ/mol로 낮아짐에 따라 반응 속도는 10^6배 이상 증가한다. 탄산 무수화 효소 한 분자는 촉매로서 매초당 CO_2 분자 600 000개를 전환시킨다.

탄산은 수분이 없는 기체 상태 300 K의 조건하에서 CO_2로 분해되는 데 200 000년의 반감기를 갖는다.[32] H_2CO_3 한 분자당 두 개의 H_2O 분자만 있으면 반감기는 2분으로 감소한다. 이합체$(H_2CO_3)_2$나 소중합체$(H_2CO_3)_n$[33]가 알려져 있고, 단량체도 합성되었으며 기체 상태와 8 K의 Ar 매트릭스에서 연구되기도 했다.[34]

다. 연속적 염기 가수 분해 상수에 대한 아래 첨자 'b'는 그대로 두겠다. 위의 예에서 K_{a1}**(또는** K_1**)은 가장 많은 양성자를 가진 산성 화학종에 대한 것이고,** K_{b1}**은 가장 적은 양성자를 가진 염기성 화학종에 대한 것이다.** CO_2로부터 생겨난 이양성자성 카복실산인 탄산은 보충 6-4에 기술하였다.

K_a와 K_b의 관계

수용액에서 짝산–짝염기 쌍의 K_a와 K_b 간에는 가장 중요한 관계식이 있다. 이것을 산 HA와 그 짝염기 A^-를 써서 유도하자.

$$\cancel{HA} \rightleftharpoons H^+ + \cancel{A^-} \qquad K_a = \frac{[H^+][A^-]}{[HA]}$$

$$\underline{\cancel{A^-} + H_2O \rightleftharpoons \cancel{HA} + OH^-} \qquad K_b = \frac{[HA][OH^-]}{[A^-]}$$

$$H_2O \rightleftharpoons H^+ + OH^- \qquad K_w = K_a \cdot K_b$$

$$= \frac{[H^+][\cancel{A^-}]}{[\cancel{HA}]} \cdot \frac{[\cancel{HA}][OH^-]}{[\cancel{A^-}]}$$

앞의 두 반응을 합하면 평형 상수는 곱해져야 한다. 이로부터 다음의 가장 유용한 결과를 얻는다.

수용액에서 짝산-짝염기 쌍에 대하여 $K_a \cdot K_b = K_w$이다.

짝쌍에 대한 K_a와 K_b의 관계: $K_a \cdot K_b = K_w$ **(6-35)**

식 6-35는 수용액에서 어떠한 짝산과 그 짝염기에도 적용된다.

예제 짝염기의 K_b 구하기

아세트산의 K_a는 1.75×10^{-5}(반응 6-26)이다. 아세트산 이온의 K_b를 구하시오.

풀이 매우 쉬운 문제이다.[†]

$$K_b = \frac{K_w}{K_a} = \frac{1.0 \times 10^{-14}}{1.75 \times 10^{-5}} = 5.7 \times 10^{-10}$$

자습 클로로아세트산의 K_a는 1.36×10^{-3}이다. 클로로아세트산 이온의 K_b를 구하시오.
(**답:** 7.4×10^{-12})

예제 짝산의 K_a 구하기

메틸아민의 K_b는 4.47×10^{-4}(반응 6-27)이다. 메틸암모늄 이온의 K_a를 구하시오.

풀이 다시 한번

$$K_a = \frac{K_w}{K_b} = 2.2 \times 10^{-11}$$

자습 다이메틸아민의 K_b는 5.9×10^{-4}이다. 다이메틸암모늄 이온의 K_a를 구하시오.
(**답:** 1.7×10^{-11})

이양성자성 산에 대하여 두 산과 그 짝염기의 각각에 대한 관계식을 유도할 수 있다.

[†] 이 책에서는 $K_w = 10^{-14.00} = 1.0 \times 10^{-14}$을 사용한다. 표 6-1로부터의 더 정확한 값은 $K_w = 10^{-13.995}$이다. $K_a = 10^{-4.756}$인 아세트산의 정확한 K_b의 값은 $10^{-(13.995-4.756)} = 10^{-9.239} = 5.77 \times 10^{-10}$이다.

$$\begin{array}{rll} \cancel{H_2A} \rightleftharpoons H^+ + \cancel{HA^-} & K_{a1} \\ \cancel{HA^-} + H_2O \rightleftharpoons \cancel{H_2A} + OH^- & K_{b2} \\ \hline H_2O \rightleftharpoons H^+ + OH^- & K_w \end{array} \qquad \begin{array}{rll} \cancel{HA^-} \rightleftharpoons H^+ + \cancel{A^{2-}} & K_{a2} \\ \cancel{A^{2-}} + H_2O \rightleftharpoons \cancel{HA^-} + OH^- & K_{b1} \\ \hline H_2O \rightleftharpoons H^+ + OH^- & K_w \end{array}$$

최종 결과는 다음과 같다.

K_a와 K_b의 일반적 관계:

$$K_{a1} \cdot K_{b2} = K_w \tag{6-36}$$

$$K_{a2} \cdot K_{b1} = K_w \tag{6-37}$$

도전 삼양성자성 산에 대한 다음 결과를 유도해 보라.

$$K_{a1} \cdot K_{b3} = K_w \tag{6-38}$$

$$K_{a2} \cdot K_{b2} = K_w \tag{6-39}$$

$$K_{a3} \cdot K_{b1} = K_w \tag{6-40}$$

유기 구조식의 속기

이 책에서는 많은 유기(탄소를 함유한) 화합물을 접하기 시작하였다. 화학자와 생화학자는 원자를 일일이 적지 않고 분자를 그리는 관행을 갖고 있다. 특별한 언급이 없는 한, 구조식의 각 꼭짓점은 탄소 원자로 생각한다. 속기식에는 대체로 탄소와 수소 사이의 결합은 생략한다. 탄소는 네 개의 결합을 이룬다. 결합이 네 개보다 적은 탄소의 나머지 결합은 기록하지 않은 수소와의 결합으로 이해한다. 예를 하나 들자.

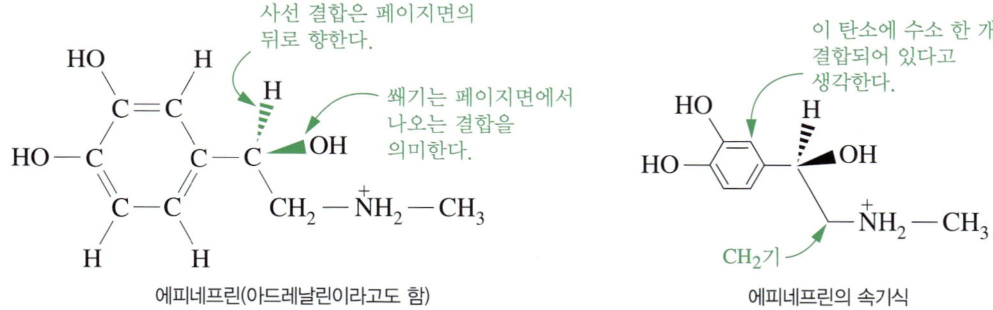

에피네프린(아드레날린이라고도 함)   에피네프린의 속기식

속기식에서, 탄소 6개를 갖는 벤젠 고리의 오른쪽 위의 탄소는 다른 탄소 원자와 세 개의 결합(단일 결합 한 개와 이중 결합 한 개)을 이루므로, 이 탄소 원자에는 한 개의 수소 원자가 결합되어 있어야 한다. 벤젠 고리의 왼쪽 위의 탄소는 다른 탄소 원자와 세 개의 결합을 이루고, 한 개의 결합은 산소 원자와 결합을 이룬다. 나타내지 않은 수소 원자가 이 탄소 원자에는 결합되어 있지 않다. 속기식의 질소 원자 옆의 CH_2기에는 두 개의 수소 원자가 생략되어 있다.

벤젠(C_6H_6)은 동등한 두 개의 공명 구조를 가지므로 C—C 결합은 모두 동일하다. 흔히 벤젠 고리에 세 개의 이중 결합 대신에 원으로 표기한다.

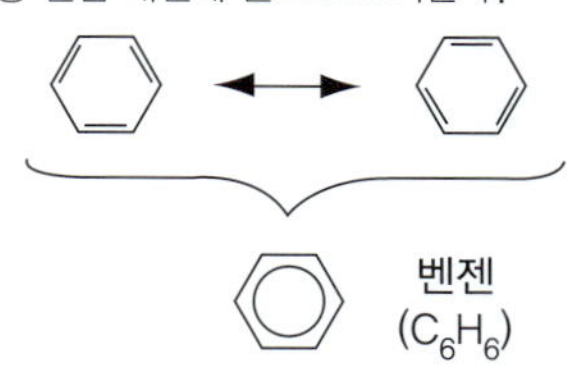

이해해야 할 용어

Brønsted-Lowry 산 (Brønsted-Lowry acid)
Brønsted-Lowry 염기 (Brønsted-Lowry base)
Gibbs 자유 에너지(Gibbs free energy)
Le Châtelier 원리(Le Châtelier's principle)
Lewis 산(Lewis acid)
Lewis 염기(Lewis base)
pH
공동 침전(coprecipitation)
공통 이온 효과(common ion effect)
누적 형성 상수(cumulative formation constant)
다양성자성 산(polyprotic acid)
다양성자성 염기(polyprotic base)
단계적 형성 상수(stepwise formation constant)
리간드(ligand)
반응 지수(reaction quotient)
발열 반응(exothermic reaction)

불균등화(disproportionation)
비양성자성 용매(aprotic solvent)
산(acid)
산성 용액(acidic solution)
산 해리 상수(acid dissociation constant, K_a)
아민(amine)
암모늄 이온(ammonium ion)
양성자성 용매(protic solvent)
엔탈피 변화(enthalpy change)
엔트로피(entropy)
염(salt)
염기(base)
염기 가수 분해 상수(base hydrolysis constant, K_b)
염기성 용액(basic solution)
용해도곱(solubility product)
이온쌍(ion pair)
자체 양성자 이전 반응(autoprotolysis)
중화(neutralization)
짝산–짝염기 쌍(conjugate acid–base pair)
착이온(complex ion)
총괄 형성 상수(overall formation constant)
카복실산(carboxylic acid)
카복실산 음이온(carboxylate anion)
평형 상수(equilibrium constant)
포화 용액(saturated solution)
표준 상태(standard state)
하이드로늄 이온(hydronium ion)
흡열 반응(endothermic reaction)

요약

반응 $aA + bB \rightleftharpoons cC + dD$의 평형 상수는 $K = [C]^c[D]^d/[A]^a[B]^b$이다. 용질의 농도는 mol/L, 기체의 농도는 bar로 나타내고, 순수한 고체, 액체, 용매의 농도는 생략한다. 반응의 방향이 바뀌면 $K' = 1/K$이다. 두 반응을 합하면 $K_3 = K_1K_2$이다. 평형 상수는 화학 반응의 자유 에너지 변화로부터 계산할 수 있다. 즉 $K = e^{-\Delta G°/RT}$. $\Delta G = \Delta H - T\Delta S$ 식은 열을 방출(발열, ΔH 음수)하거나 무질서도가 증가(ΔS 양수)하면 그 반응은 유리하게 진행된다는 관찰을 요약한 것이다. 엔트로피 변화란 계 안에서 주어진 온도 조건에 있는 분자들의 운동 에너지로 전환되는 에너지 양이다. Le Châtelier 원리는 반응물이나 생성물이 첨가되거나 온도가 바뀔 때 화학 반응에 미치는 영향을 예측한다. 반응 지수 Q는 계가 평형에 있는지 또는 평형에 도달하기 위해 어떻게 변해야 하는지를 설명하는 데 쓰인다.

용해도곱은 고체염이 녹을 때의 평형 상수로서, 수용액에서 염의 용해도를 계산하는 데 쓰인다. 그 염의 성분 이온이 이미 용액에 포함되어 있으면 그 염의 용해도는 감소한다(공통 이온 효과). 두 이온이 들어 있는 용액으로부터 한 이온을 선택적으로 침전시키는 가능성을 평가할 수 있어야 한다. 리간드의 농도가 클 때에는 용해성 착이온을 이루므로 침전된 금속 이온이 다시 녹는다. 금속 이온의 착물에서 금속은 Lewis 산(전자쌍 주개)이고, 리간드는 Lewis 염기(전자쌍 받개)이다.

Brønsted-Lowry 산은 양성자 주개이고, Brønsted-Lowry 염기는 양성자 받개이다. 산은 수용액의 H_3O^+ 농도를 증가시키고, 염기는 OH^- 농도를 증가시킨다. 양성자를 한 개 얻거나 잃는 관계에 있는 산–염기 쌍을 짝으로 기술한다. 양성자성 용매 사이에 양성자가 이전되는 반응을 자체 양성자 이전 반응이라고 한다.

pH의 정의는 $pH = -\log[H^+]$이다(다음 장에서 활동도를 포함하여 수정할 것이다). K_a는 어떤 산의 해리 $HA + H_2O \rightleftharpoons H_3O^+ + A^-$에 대한 평형 상수이고, K_b는 어떤 염기의 가수 분해 $B + H_2O \rightleftharpoons BH^+ + OH^-$ 반응의 상수이다. K_a나 K_b가 크면 강산 또는 강염기라 하고, 그렇지 않으면 약산 또는 약염기이다. 흔히 사용하는 강산과 강염기를 표 6-2에 수록하였다. 가장 일반적인 약산은 카복실산(RCO_2H)이고, 가장 일반적인 염기는 아민($R_3N:$)이다. 카복실산 음이온(RCO_2^-)은 약염기이고, 암모늄 이온(R_3NH^+)은 약산이다. 금속 양이온도 약산이다. 물에서 짝산–짝염기 쌍에 대해서는 $K_a \cdot K_b = K_w$이다. 다양성자성 산에 대하여 연속적 산 해리 상수를 K_{a1}, K_{a2}, K_{a3} 등, 또는 간단히 K_1, K_2, K_3 등으로 쓴다. 다염기성 화학종에 대하여 연속적 가수 분해 상수를 K_{b1}, K_{b2}, K_{b3}로 표기한다. 이양성자성 계에 대해서 $K_{a1} \cdot K_{b2} = K_w$이고, $K_{a2} \cdot K_{b1} = K_w$이다. 삼양성자성 계에 대해서 $K_{a1} \cdot K_{b3} = K_w$, $K_{a2} \cdot K_{b2} = K_w$, $K_{a3} \cdot K_{b1} = K_w$이다.

화학자들이 적는 단순 유기 구조식에서 각 꼭짓점은 탄소 원자이다. 탄소 원자에 결합이 네 개보다 적으면 네 개 결합을 만들 만큼 수소가 결합되어 있다.

연습 문제

6-A. 수용액에서 다음 평형을 생각해 보자.

(1) $Ag^+ + Cl^- \rightleftharpoons AgCl(aq)$ $K = 2.0 \times 10^3$

(2) $AgCl(aq) + Cl^- \rightleftharpoons AgCl_2^-$ $K = 9.3 \times 10^1$

(3) $AgCl(s) \rightleftharpoons Ag^+ + Cl^-$ $K = 1.8 \times 10^{-10}$

(a) 반응 $AgCl(s) \rightleftharpoons AgCl(aq)$의 평형 상수값을 계산하시오.

(b) 과량의 녹지 않은 고체 AgCl과 평형에 있는 $AgCl(aq)$의 농도를 구하시오.

(c) $AgCl_2^- \rightleftharpoons AgCl(s) + Cl^-$에 대한 K 값을 구하시오.

6-B. 초기 농도 0.010 0 M BrO_3^-, 0.010 0 M Cr^{3+}, 1.00 M H^+가 들어 있는 용액에서 반응 6-8이 평형에 도달하게 두었다. 평형에 있는 농도를 구하기 위해서 초기 농도와 최종 농도를 보여 주는 농도표를 아래에 구성한다. 반응의 화학량론 계수를 사

용한다. 즉 Br^- x mol이 생성되면 x mol의 $Cr_2O_7^{2-}$, $8x$ mol의 H^+를 만든다. Br^- x mol을 만들려면 x mol의 BrO_3^-, $2x$ mol의 Cr^{3+}를 소비해야 한다.

(a) 평형 상태의 농도를 구하기 위해 x를 결정하는 데 사용할 평형 상수식을 적으시오.

(b) $K = 1 \times 10^{11}$이므로, 그 반응이 거의 완전히 '완결된다'고 가정하는 것은 합리적이다. 즉 Br^-와 $Cr_2O_7^{2-}$의 농도는 둘 다 평형에서 0.005 00 M에 가까울 것으로 예상된다. 즉 $x \approx 0.005\ 00$ M. 이 농도일 때, $[H^+] = 1.00 + 8x = 1.04$ M, $[BrO_3^-] = 0.010\ 0 - x = 0.005\ 0$ M. 그러나 평형에서 약간의 Cr^{3+}가 존재해야 하므로 $[Cr^{3+}] = 0.010\ 0 - 2x = 0$이라 놓을 수 없다. Cr^{3+}의 농도를 구하시오. 이 문제에서 Cr^{3+}는 **한계 시약**이다. 반응에서 모든 BrO_3^-를 소모하기 전에 Cr^{3+}가 소모되어 버린다.

	BrO_3^-	+ $2Cr^{3+}$	+ $4H_2O \rightleftharpoons$	Br^-	+ $Cr_2O_7^{2-}$	+ $8H^+$
초기 농도	0.010 0	0.010 0				1.00
최종 농도	$0.010\ 0 - x$	$0.010\ 0 - 2x$		x	x	$1.00 + 8x$

6-C. 과량의 아이오딘산 란타넘[$La(IO_3)_3$]을 평형에 도달할 때까지 0.050 M $LiIO_3$와 함께 저었을 때 그 용액에서 $[La^{3+}]$를 구하시오. $LiIO_3$에서 오는 IO_3^-에 비해 $La(IO_3)_3$에서 오는 IO_3^-는 무시할 수 있다.

6-D. $Ba(IO_3)_2$ ($K_{sp} = 1.5 \times 10^{-9}$)와 $Ca(IO_3)_2$ ($K_{sp} = 7.1 \times 10^{-7}$) 중 어느 것이 물에 더 잘 녹을까(용액 1 L에 녹는 금속의 몰수)? 예상하는 용해도가 뒤바뀔지도 모르는 화학 반응의 예를 드시오.

6-E. (a) Fe(III)는 OH^-를 가함으로써 산성 용액으로부터 $Fe(OH)_3(s)$로 침전될 수 있다. 어떤 OH^- 농도로 Fe(III)의 농도를 1.0×10^{-10} M로 줄일 수 있는가?

(b) 만약 Fe(II)를 대신 쓰면 Fe(II)의 농도를 1.0×10^{-10} M로 줄이는 데 필요한 OH^- 농도는 얼마이겠는가?

6-F. 옥살산 이온($C_2O_4^{2-}$)을 첨가함으로써 0.010 M Ca^{2+}를 침전시키지 않고 0.010 M Ce^{3+}를 99.0% 완전 분리시킬 수 있겠는가?

$$CaC_2O_4 \qquad K_{sp} = 1.3 \times 10^{-8}$$
$$Ce_2(C_2O_4)_3 \qquad K_{sp} = 5.9 \times 10^{-30}$$

6-G. Ni^{2+}와 에틸렌다이아민의 용액에 대해 20°C에서 다음의 평형 상수가 적용된다.

$$Ni^{2+} + \underset{\text{에틸렌다이아민 (en으로 표시)}}{H_2NCH_2CH_2NH_2} \rightleftharpoons Ni(en)^{2+} \qquad \log K_1 = 7.52$$
$$Ni(en)^{2+} + en \rightleftharpoons Ni(en)_2^{2+} \qquad \log K_2 = 6.32$$
$$Ni(en)_2^{2+} + en \rightleftharpoons Ni(en)_3^{2+} \qquad \log K_3 = 4.49$$

0.100 mol en과 0.010 0 M Ni^{2+} 1.00 mL를 섞어 묽은 염기(모든 en이 양성자를 잃은 형태로 존재한다)로서 1.00 L로 묽힌 용액에서 자유 Ni^{2+}의 농도를 계산하시오. 거의 모든 Ni가 $Ni(en)_3^{2+}$ 형태로 있다고 가정한다. 즉 $[Ni(en)_3^{2+}] = 1.00 \times 10^{-5}$ M. 그들 농도가 $Ni(en)_3^{2+}$에 비해 무시할 수 있다는 것을 증명하기 위해 $Ni(en)^{2+}$와 $Ni(en)_2^{2+}$의 농도를 계산하시오.

6-H. 다음의 각 화합물이 물에 녹으면 용액은 산성, 염기성, 중성 중 어느 것으로 되겠는가?

(a) Na^+Br^-

(b) $Na^+CH_3CO_2^-$

(c) $NH_4^+Cl^-$

(d) K_3PO_4

(e) $(CH_3)_4N^+Cl^-$

(f) $(CH_3)_4N^+$ ⟨벤젠 고리⟩$-CO_2^-$

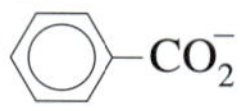

(g) $Fe(NO_3)_3$

6-I. 석신산은 다음과 같이 두 단계로 해리된다.

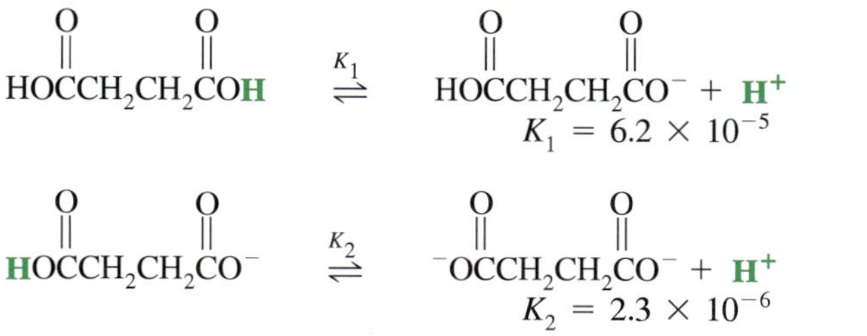

$$\mathrm{HO\overset{O}{\overset{\|}{C}}CH_2CH_2\overset{O}{\overset{\|}{C}}O\mathbf{H}} \overset{K_1}{\rightleftharpoons} \mathrm{HO\overset{O}{\overset{\|}{C}}CH_2CH_2\overset{O}{\overset{\|}{C}}O^-} + \mathbf{H^+} \qquad K_1 = 6.2 \times 10^{-5}$$

$$\mathrm{\mathbf{H}O\overset{O}{\overset{\|}{C}}CH_2CH_2\overset{O}{\overset{\|}{C}}O^-} \overset{K_2}{\rightleftharpoons} \mathrm{{}^-O\overset{O}{\overset{\|}{C}}CH_2CH_2\overset{O}{\overset{\|}{C}}O^-} + \mathbf{H^+} \qquad K_2 = 2.3 \times 10^{-6}$$

다음 반응에 대한 K_{b1}과 K_{b2}를 계산하시오.

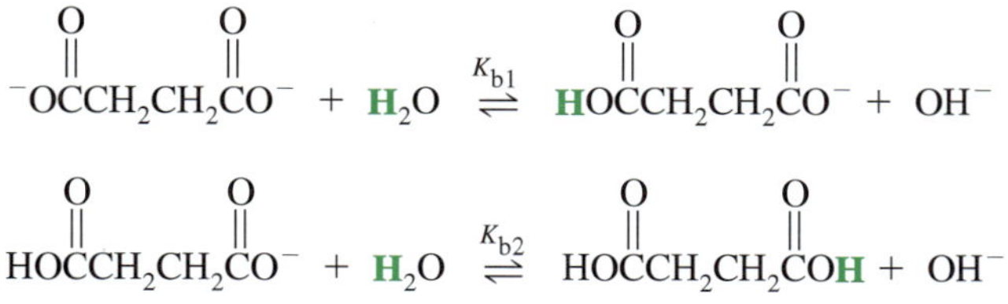

$$\mathrm{{}^-O\overset{O}{\overset{\|}{C}}CH_2CH_2\overset{O}{\overset{\|}{C}}O^-} + \mathbf{H_2O} \overset{K_{b1}}{\rightleftharpoons} \mathrm{\mathbf{H}O\overset{O}{\overset{\|}{C}}CH_2CH_2\overset{O}{\overset{\|}{C}}O^-} + OH^-$$

$$\mathrm{HO\overset{O}{\overset{\|}{C}}CH_2CH_2\overset{O}{\overset{\|}{C}}O^-} + \mathbf{H_2O} \overset{K_{b2}}{\rightleftharpoons} \mathrm{HO\overset{O}{\overset{\|}{C}}CH_2CH_2\overset{O}{\overset{\|}{C}}O\mathbf{H}} + OH^-$$

6-J. 히스티딘은 삼양성자성 아미노산이다.

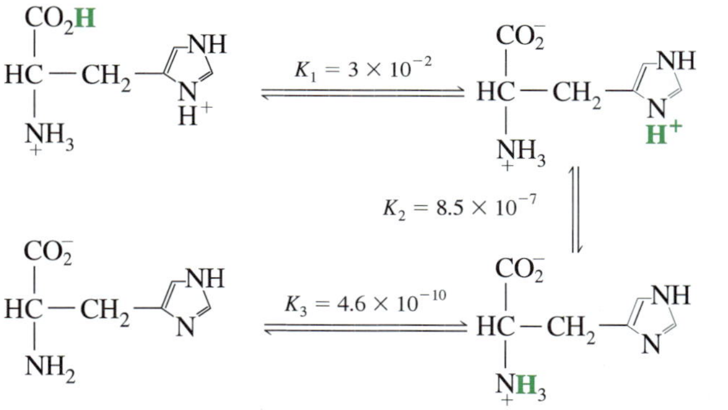

$$\underset{\overset{+}{N}H_3}{\overset{CO_2\mathbf{H}}{HC}}-CH_2-(\text{이미다졸 고리: NH, }N^+H) \overset{K_1 = 3 \times 10^{-2}}{\rightleftharpoons} \underset{\overset{+}{N}H_3}{\overset{CO_2^-}{HC}}-CH_2-(\text{이미다졸 고리: NH, N}\mathbf{H^+})$$

$$K_2 = 8.5 \times 10^{-7} \downarrow\uparrow$$

$$\underset{NH_2}{\overset{CO_2^-}{HC}}-CH_2-(\text{이미다졸 고리: NH, N}) \overset{K_3 = 4.6 \times 10^{-10}}{\rightleftharpoons} \underset{\overset{+}{N}\mathbf{H}_3}{\overset{CO_2^-}{HC}}-CH_2-(\text{이미다졸 고리: NH, N})$$

다음 반응의 평형 상수값은 얼마인가?

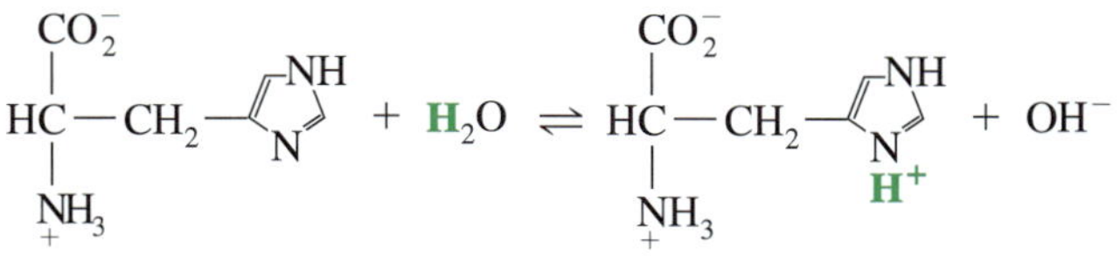

$$\underset{\overset{+}{N}H_3}{\overset{CO_2^-}{HC}}-CH_2-(\text{이미다졸 고리: NH, N}) + \mathbf{H_2O} \rightleftharpoons \underset{\overset{+}{N}H_3}{\overset{CO_2^-}{HC}}-CH_2-(\text{이미다졸 고리: NH, N}\mathbf{H^+}) + OH^-$$

6-K. (a) 표 6-1에 있는 K_w 값을 사용하여 0°C, 20°C, 40°C에서 증류수의 pH를 계산하시오.

(b) 25°C에서 반응 $D_2O \rightleftharpoons D^+ + OD^-$에 대한 평형 상수 $K = [D^+][OD^-] = 1.35 \times 10^{-15}$이다(농도를 mol/L로 나타낼 때). 이 식에서 D는 동위 원소 ^2H인 중수소를 나타낸다. 중성 D_2O의 pD($= -\log [D^+]$)는 얼마인가?

문제

평형과 열역학

6-1. 식 6-2의 평형 상수를 정하려면 농도는 mol/L, 기체는 bar로 나타내고, 고체, 액체, 용매는 생략하는 이유를 설명하시오.

6-2. 반응 $H_2O \rightleftharpoons H^+ + OH^-$(또는 어떠한 다른 반응)의 평형 상수의 단위가 없는 이유는 무엇인가?

6-3. Gibbs 자유 에너지나 Le Châtelier 원리에 기초를 둔 반응의 방향에 대한 예상은 **열역학적**이지, **반응 속도론적**이 아니라고 말한다. 이것이 뜻하는 것을 설명하시오.

6-4. 다음 반응에 대한 평형 상수식을 적으시오. 기체 분자(X)의 압력은 P_X로 적으시오.

(a) $3Ag^+(aq) + PO_4^{3-}(aq) \rightleftharpoons Ag_3PO_4(s)$

(b) $C_6H_6(l) + \frac{15}{2}O_2(g) \rightleftharpoons 3H_2O(l) + 6CO_2(g)$

6-5. 반응 $2A(g) + B(aq) + 3C(l) \rightleftharpoons D(s) + 3E(g)$의 평형 농도가 다음과 같이 구해진다.

A: 2.8×10^3 Pa　　C: 12.8 M　　E: 3.6×10^4 Torr
B: 1.2×10^{-2} M　　D: 16.5 M

재래식 평형 상수의 표에 나타날 평형 상수값을 구하시오.

6-6. 다음 식

$$HOCl \rightleftharpoons H^+ + OCl^- \qquad K = 3.0 \times 10^{-8}$$
$$HOCl + OBr^- \rightleftharpoons HOBr + OCl^- \qquad K = 15$$

로부터 반응 $HOBr \rightleftharpoons H^+ + OBr^-$에 대한 K값을 구하시오.

6-7. (a) 유리한 엔트로피 변화는 ΔS가 양수일 때 일어난다. ΔS가 양수일 때 계의 질서는 증가하는가, 감소하는가?

(b) 유리한 엔탈피 변화는 ΔH가 음수일 때 계의 열을 흡수하는가, 방출하는가?

(c) ΔG, ΔH, ΔS 사이의 관계식을 적으시오. 위의 **(a)**와 **(b)**의 결과를 써서 자발적 변화를 하려면 ΔG가 양수여야 하는가, 음수여야 하는가?

6-8. 반응 $HCO_3^- \rightleftharpoons H^+ + CO_3^{2-}$에 대해 298.15 K에서 $\Delta G° = +59.0$ kJ/mol이다. 이 반응의 K 값을 구하시오.

6-9. 원소들로부터 테트라플루오로에틸렌(tetrafluoroethylene)을 만드는 것은 높은 발열 반응이다.

$$\underset{\text{플루오린}}{2F_2(g)} + \underset{\text{흑연}}{2C(s)} \rightleftharpoons \underset{\text{테트라플루오로에틸렌}}{F_2C = CF_2(g)}$$

(a) F_2, 흑연, C_2F_4가 밀폐된 용기 내에서 평형을 이루고 있는 상태에서 F_2를 가하면 반응은 어느 쪽으로 진행되겠는가?

(b) C_2F_4를 먹는 박테리아를 가하면 반응은 어느 쪽으로 진행되겠는가?

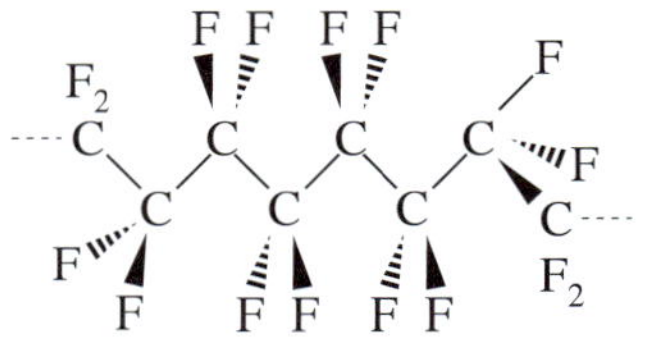

테플론

(c) 고체 흑연을 가하면 반응은 어느 쪽으로 진행되겠는가? (고체 흑연이 가해질 때 용기의 부피가 감소됨에 따라 압력 증가에 의한 효과를 무시한다.)

(d) 용기의 부피를 처음의 1/8로 줄이면 반응은 어느 쪽으로 진행되겠는가?

(e) 용기를 가열하면 평형 상수가 커지는가, 작아지는가?

6-10. $BaCl_2 \cdot H_2O(s)$를 오븐에서 가열하면 물을 잃는다.

$$BaCl_2 \cdot H_2O(s) \rightleftharpoons BaCl_2(s) + H_2O(g)$$
$$\Delta H° = 63.11 \text{ kJ/mol (25°C에서)}$$
$$\Delta S° = +148 \text{ J/(K} \cdot \text{mol) (25°C에서)}$$

(a) 이 반응에 대한 평형 상수를 적으시오. 298 K에서 $BaCl_2 \cdot H_2O$ 위의 기체 $H_2O(P_{H_2O})$의 증기압을 계산하시오.

(b) $\Delta H°$와 $\Delta S°$가 온도와 무관하다고 가정하고(좋지 않은 가정), $BaCl_2 \cdot H_2O(s)$ 위의 P_{H_2O}가 1 bar가 되는 온도를 계산하시오.

6-11. 5°C와 10°C에서 암모니아와 물의 반응에 대한 평형 상수는 다음과 같다.

$$NH_3(aq) + H_2O \rightleftharpoons NH_4^+ + OH^- \quad K_b = 1.479 \times 10^{-5}\text{(5°C에서)}$$
$$K_b = 1.570 \times 10^{-5}\text{(10°C에서)}$$

(a) $\Delta H°$와 $\Delta S°$가 5~10°C 범위에서 상수라고 하고, 식 6-9를 써서 이 온도 범위에서 위 반응의 $\Delta H°$를 구하시오.

(b) 적절한 온도 구간에서 한 반응의 평형 상수를 여러 온도 조건에서 측정하였다고 하자. 어떤 온도 범위에서 $\Delta H°$와 $\Delta S°$가 일정하다고 할 때, $\Delta H°$를 구하기 위한 직선 관계를 만드는 데 식 6-9가 어떻게 쓰이는지 기술하시오.

6-12. 반응 $H_2(g) + Br_2(g) \rightleftharpoons 2HBr(g)$에 대해, 1 362 K에서 $K = 7.2 \times 10^{-4}$이고, $\Delta H°$는 양수이다. 1 362 K에서 용기에 48.0 Pa HBr, 1 370 Pa H_2, 3 310 Pa Br_2를 채웠다.

(a) 평형에 이르기 위해 반응은 어느 쪽으로 진행되겠는가?

(b) 평형 상태에서 각 화학종의 압력(파스칼)을 계산하시오.

(c) 평형에 있는 혼합물의 부피를 절반이 되도록 압축하면, 새로운 평형을 이루기 위해 반응은 어느 쪽으로 진행될까?

(d) 혼합물을 1 362 K에서 1 470 K로 가열하면, 새로운 평형에 도달되기 위해 HBr은 소모되는가, 형성되는가?

6-13. Henry 법칙에 의하면 액체에 녹은 기체의 농도는 기체의 압력에 비례한다고 한다. 이 법칙은 다음 평형의 결과이다.

$$X(g) \overset{K_h}{\rightleftharpoons} X(aq) \qquad K_h = \frac{[X]}{P_X}$$

여기서 K_h는 Henry 법칙 상수이다(서로 다른 액체에서 동일한 기체에 대한 K_h 값이 다르다). 가솔린 첨가제인 MTBE는 $K_h = 1.71$ M/bar이다. 물과 공기가 평형에 있는 닫힌 용기를 생각해 보자. 물에서 MTBE의 농도가 1.00×10^2 ppm(= 100 μg MTBE/g 용액 ≈ 100 μg/mL)이면, 공기 중에서 MTBE의 bar로 나타낸 압력은 얼마인가?

$CH_3—O—C(CH_3)_3$　　메틸-*t*-뷰틸에터 (MTBE, FM 88.15)

용해도곱

6-14. $CuBr(s)$와 0.10 M Br^-가 평형을 이루고 있을 때 Cu^+의 농도를 구하시오.

6-15. 1.0 μM Ag^+와 $Ag_4Fe(CN)_6(s)$가 있는 용액에서 평형을 이루는 $Fe(CN)_6^{4-}$(페로사이안화 이온)의 농도를 계산하시오. 표 1-3의 접두사를 써서 답을 나타내시오.

6-16. $[OH^-] = 1.0 \times 10^{-6}$ M로 **고정시킬** 때, $Cu_4(OH)_6(SO_4)$로 포화된 용액에서 Cu^{2+}의 농도를 계산하시오. $Cu_4(OH)_6(SO_4)$는 4 mol의 Cu^{2+}에 대해 1 mol의 SO_4^{2-}를 낸다.

$$Cu_4(OH)_6(SO_4)(s) \rightleftharpoons 4Cu^{2+} + 6OH^- + SO_4^{2-} \quad K_{sp} = 2.3 \times 10^{-69}$$

6-17. **(a)** 페로사이안화 아연 $Zn_2Fe(CN)_6$의 용해도곱으로부터 $Zn_2Fe(CN)_6$로 포화된 0.10 mM $ZnSO_4$ 용액에서 $Fe(CN)_6^{4-}$의 농도를 계산하시오.
(b) 물에 고체 $Zn_2Fe(CN)_6$가 떠 있는 상태에서 농도가 얼마인 $K_4Fe(CN)_6$를 가하면 $[Zn^{2+}] = 5.0 \times 10^{-7}$ M이 되겠는가?

6-18. 용해도곱을 고려하면 음이온 X^-를 첨가함으로써 B^{2+}로부터 A^{3+}를 99.999% 분리할 수 있다고 예상할 수 있다. 분리를 시도하여 침전 $AX_3(s)$에 B^{2+}가 0.2% 오염되었음을 알았다. 어떤 일이 일어났는지 설명하시오.

6-19. 0.050 0 M Ca^{2+}와 0.030 0 M Ag^+가 든 용액이 있다. 황산 이온을 가하여 Ag^+를 침전시키지 않고 Ca^{2+}를 99% 침전시킬 수 있겠는가? Ag_2SO_4가 침전되기 시작할 때 Ca^{2+}의 농도는 얼마일까?

6-20. 0.010 M Ba^{2+}와 0.010 M Ag^+가 든 용액이 있다. 크로뮴산 이온(CrO_4^{2-})을 가하여 다른 이온을 침전시키지 않고 그중 한 이온을 99.90% 침전시킬 수 있겠는가?

6-21. 0.10 M의 Cl^-, Br^-, I^-, CrO_4^{2-}가 들어 있는 용액에 Ag^+를 가하면 어떤 순서로 음이온이 침전되겠는가?

6-22. 0.01 M $Hg_2(NO_3)_2$와 0.01 M $Pb(NO_3)_2$가 있는 용액에 I^-를 첨가하여 침전을 만든다고 하자. 적은 양의 Pb^{2+}가 Hg_2I_2와 함께 공침되는지를 알고 싶다면, 원래 액체(용액) 속의 Pb를 측정하여야 하는가 아니면 침전물의 Pb를 측정하여야 하는가? 어떤 방법이 더 감도가 높은가? 여기서 '감도'란 소량의 공침물에 대해 감응하는 것을 의미한다.

착물 형성

6-23. 그림 6-3에서 I^-의 농도가 증가함에 따라, 처음에는 납의 용해도가 줄다가 나중에는 커지는 이유를 설명하시오. 각각 두 영역에서 일어나는 화학 반응의 예를 드시오.

6-24. 다음 반응에서 Lewis 산을 밝히시오.
(a) $BF_3 + NH_3 \rightleftharpoons F_3\overset{-}{B}-\overset{+}{N}H_3$
(b) $F^- + AsF_5 \rightleftharpoons AsF_6^-$

6-25. 1.0 M $NaNO_3$에서 $SnCl_2(aq)$의 누적 형성 상수는 $\beta_2 = 12$이다. Sn^{2+}와 Cl^-의 농도를 둘 다 0.20 M로 고정시킨 용액에서 $SnCl_2(aq)$의 농도를 구하시오.

6-26. 평형 상수가 다음과 같으며, $[OH^-] = 3.2 \times 10^{-7}$ M로 고정될 때, $Zn(OH)_2(s)$로 포화시킨 용액에서 Zn을 포함하는 각 화학종의 농도를 계산하시오.

$Zn(OH)_2(s)$	$K_{sp} = 3 \times 10^{-16}$
$Zn(OH)^+$	$\beta_1 = 1 \times 10^4$
$Zn(OH)_2(aq)$	$\beta_2 = 2 \times 10^{10}$
$Zn(OH)_3^-$	$\beta_3 = 8 \times 10^{13}$
$Zn(OH)_4^{2-}$	$\beta_4 = 3 \times 10^{15}$

6-27. KOH, RbOH, CsOH는 수용액에서 금속 이온과 수산화 이온이 결합하는 증거는 없지만, Li^+와 Na^+는 OH^-와 착물을 만든다.

$$Li^+ + OH^- \rightleftharpoons LiOH(aq) \qquad K_1 = \frac{[LiOH(aq)]}{[Li^+][OH^-]} = 0.83$$

$$Na^+ + OH^- \rightleftharpoons NaOH(aq) \qquad K_1 = 0.20$$

예제 6-B의 표에 나타나 있는 것처럼, 1 F NaOH 용액에서 Na^+, OH^-, $NaOH(aq)$의 초기 및 최종 농도 표를 작성하시오. 평형에서 $NaOH(aq)$ 형태로 있는 소듐의 분율을 계산하시오.

6-28. 그림 6-3에서 $PbI_2(aq)$의 농도는 $[I^-]$와 무관하다. 반응 6-12에서 6-16까지의 평형 상수를 사용하여 반응 $PbI_2(s) \rightleftharpoons PbI_2(aq)$에 대한 평형 상수를 구하시오. 그 평형 상수는 $PbI_2(aq)$의 농도와 같다.

산과 염기

6-29. Brønsted-Lowry 산-염기, Lewis 산-염기를 구별하시오. 각각의 예를 드시오.

6-30. 아래 빈 칸을 채우시오.
(a) Lewis 산과 Lewis 염기의 반응 생성물은 _____이라고 한다.
(b) Lewis 산과 Lewis 염기의 결합은 ____ 또는 _____이라고 한다.
(c) 양성자 한 개를 잃고 얻는 관계를 가진 Brønsted-Lowry의 산과 염기를 ______ 이라고 한다.
(d) ______ 이면 용액은 **산성**이고, _____이면 용액은 **염기성**이다.

6-31. 왜 증류수는 pH < 7인가? 이를 어떻게 막을 수 있는가?

6-32. 전자점 구조를 써서 수산화 테트라메틸암모늄[$(CH_3)_4N^+OH^-$]이 이온 결합 화합물임을 보이시오. 즉 수산화 이온이 분자 내에서 공유 결합으로 되어 있지 않은 까닭을 증명하시오.

6-33. 다음 반응에서 Brønsted-Lowry 산을 밝히시오.
(a) $KCN + HI \rightleftharpoons HCN + KI$
(b) $PO_4^{3-} + H_2O \rightleftharpoons HPO_4^{2-} + OH^-$

6-34. H_2SO_4의 자체 양성자 이전 반응을 적으시오.

6-35. 다음 반응에서 짝산–짝염기 쌍을 밝히시오.

(a) $H_3\overset{+}{N}CH_2CH_2\overset{+}{N}H_3 + H_2O \rightleftharpoons H_3\overset{+}{N}CH_2CH_2NH_2 + H_3O^+$

(b) (벤젠고리)—CO_2H + (피리딘 고리)N ⇌ (벤젠고리)—CO_2^- + (피리딘 고리)NH^+

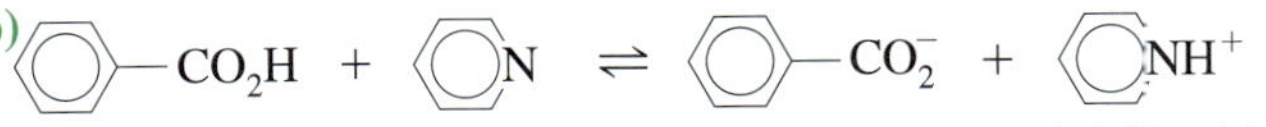

벤조산 피리딘 벤조산 음이온 피리디늄 이온

pH

6-36. 다음 용액의 H^+ 농도와 pH를 계산하시오.

(a) 0.010 M HNO_3

(b) 0.035 M KOH

(c) 0.030 M HCl

(d) 3.0 M HCl

(e) 0.010 M $[(CH_3)_4N^+]OH^-$
수산화 테트라메틸암모늄

6-37. 표 6-1을 사용하여 (a) 25°C, (b) 100°C 에서 순수한 물의 pH를 계산하시오.

6-38. 25°C에서 $H_2O \rightleftharpoons H^+ + OH^-$의 평형 상수는 1.0×10^{-14}이다. $4H_2O \rightleftharpoons 4H^+ + 4OH^-$의 평형 상수값은 얼마인가?

6-39. 0.010 M La^{3+}의 산성 용액에 NaOH를 가하여 $La(OH)_3$를 침전시켰다. 이것이 일어나는 pH는 얼마인가?

6-40. 표 6-1의 K_w 값과 Le Châtelier 원리를 이용하여, 다음 온도에서 물의 자체 양성자 이전 반응이 발열 반응인지, 흡열 반응인지를 정하시오.

(a) 25°C (b) 100°C (c) 300°C

산과 염기의 세기

6-41. 흔히 사용하는 강산과 강염기를 열거하고 암기하시오.

6-42. 세 종류의 약산과 두 종류의 약염기에 대한 화학식과 이름을 적으시오.

6-43. $(H_2O)_6Fe^{3+}$와 같은 수화된 금속 이온이 가수 분해하여 H^+를 내놓는 데 반하여, $(H_2O)_6Cl^-$와 같은 수화된 음이온은 가수분해하여 H^+를 내놓지 않는 이유를 설명하시오.

6-44. 트라이클로로아세트산(Cl_3CCO_2H), 아닐리늄 이온 ((벤젠고리)—$\overset{+}{N}H_3$), 란타넘 이온(La^{3+})에 대한 K_a 반응식을 적으시오.

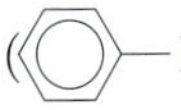

6-45. 피리딘과 2-머캅토에탄올 소듐에 대한 K_b 반응식을 적으시오.

(피리딘 고리)N: 피리딘

$HOCH_2CH_2\ddot{S}:^- Na^+$ 2-머캅토에탄올 소듐

6-46. $NaHCO_3$의 K_a와 K_b의 반응식을 적으시오.

6-47. 물에서 다음 이온의 단계별 산–염기 반응식을 적으시오. 각 반응에 대하여 올바른 평형 상수 표기(예: K_{b1})를 적으시오.

(a) $H_3\overset{+}{N}CH_2CH_2\overset{+}{N}H_3$
에틸렌다이암모늄 이온

(b) $^-OC(=O)CH_2C(=O)O^-$ ($^-OCCH_2CO^-$)
말론산 음이온

6-48. 다음 (a)와 (b) 중에서 어느 것이 더 강한 산인가?

(a) $Cl_2HCC(=O)OH$ (Cl_2HCCOH)
다이클로로아세트산
$K_a = 8 \times 10^{-2}$

(b) $ClH_2CC(=O)OH$ (ClH_2CCOH)
클로로아세트산
$K_a = 1.36 \times 10^{-3}$

다음 (c)와 (d) 중에서 어느 것이 더 강한 염기인가?

(c) H_2NNH_2
하이드라진
$K_b = 1.1 \times 10^{-6}$

(d) $H_2NC(=O)NH_2$ (H_2NCNH_2)
요소
$K_b = 1.5 \times 10^{-14}$

6-49. CN^-의 K_b 반응식을 적으시오. HCN의 K_a 값이 6.2×10^{-10}일 때, CN^-의 K_b를 계산하시오.

6-50. 인산(H_3PO_4)의 K_{a2} 반응식을 적고, 또 옥살산 다이소듐($Na_2C_2O_4$)의 K_{b2}를 계산하시오.

6-51. 식 6-32에서 6-34까지의 인산 이온에 대한 K_b 값으로부터 인산의 세 가지 K_a 값을 계산하시오.

6-52. 다음의 평형 상수로부터 반응 $HO_2CCO_2H \rightleftharpoons 2H^+ + C_2O_4^{2-}$에 대한 평형 상수를 계산하시오.

$$HOC(=O)C(=O)OH \rightleftharpoons H^+ + HOC(=O)C(=O)O^- \qquad K_1 = 5.6 \times 10^{-2}$$

옥살산 → 옥살산 수소 이온

$$HOC(=O)C(=O)O^- \rightleftharpoons H^+ + {}^-OC(=O)C(=O)O^- \qquad K_2 = 5.4 \times 10^{-5}$$

옥살산 음이온

6-53. (a) 표 6-3의 K_{sp}만을 사용하여 물 1.00 L에 몇 몰의 $Ca(OH)_2$가 녹을지를 구하시오.

(b) 위의 (a)에서 계산한 용해도가 표 6-3에 있는 K_1 반응에 의해 얼마나 영향을 받겠는가?

6-54. 행성 Aragonose(주로 조성이 $CaCO_3$인 아라고나이트 광석으로 이루어져 있다)에는 대기 중에 메테인과 이산화 탄소가 각각 0.10 bar씩 들어 있다. 바다는 아라고나이트로 포화되어 있고, H^+ 농도는 1.8×10^{-7} M이다. 아래에 나타낸 평형을 써서 Aragonose의 바닷물 2.00 L에는 몇 g의 칼슘이 들어 있는지 계산하시오(당황하지 말고, 첫 번째 반응을 거꾸로 한 다음, 모든 반응을 합하여 어떤 것이 상쇄되는지를 보면 된다).

$$CaCO_3(s, \text{아라고나이트}) \rightleftharpoons Ca^{2+}(aq) + CO_3^{2-}(aq) \qquad K_{sp} = 6.0 \times 10^{-9}$$

$$CO_2(g) \rightleftharpoons CO_2(aq) \qquad K_{CO_2} = 3.4 \times 10^{-2}$$

$$CO_2(aq) + H_2O(l) \rightleftharpoons HCO_3^-(aq) + H^+(aq) \qquad K_1 = 4.5 \times 10^{-7}$$

$$HCO_3^-(aq) \rightleftharpoons H^+(aq) + CO_3^{2-}(aq) \qquad K_2 = 4.7 \times 10^{-11}$$

7 적정 시작하기

화성에서의 적정

화성 탐사선 피닉스(Phoenix Mars Lander)의 로봇 팔이 화성에서의 화학적 분석을 하기 위하여 토양을 채취한다. [NASA/JPL-Caltech/아리조나 대학/텍사스 A&M 대학]

2008년에 Tufts 대학의 Sam Kounaves 교수와 그의 학생들은 그들의 화학 실험실에 **화성 탐사선 피닉스**가 로봇 팔로 이온 조성에 관한 많은 정보를 가진 화성 토양을 채취하여 귀환하여, 일생 일대의 설레임을 가졌다. 그 팔로 채를 통과한 토양 ~1 g을 15장에서 설명한 화학 센서에 장착된 비커로 옮겼다. 보충 15-3에 나타내었듯이, 수용액을 비커에 첨가하여 토양으로부터 가용성 염을 침출하는 동안, 센서는 액체에 나타나는 이온을 측정하였다. 다른 이온들과 다르게, 황산 이온은 Ba^{2+}를 이용한 **침전 적정**을 이용하였다.

$$BaCl_2(s) \rightarrow Ba^{2+} + 2Cl^-$$
$$SO_4^{2-} + Ba^{2+} \rightarrow BaSO_4(s)$$

시약통에서 고체 형태의 $BaCl_2$는 수용성 액체에 천천히 녹아 $BaSO_4$ 침전이 생성된다. 문제 7-21에서와 같이, 모든 SO_4^{2-}가 반응할 때까지 시약이 충분하게 첨가되기 전까지 한 센서가 낮은 농도의 Ba^{2+}를 나타낸다. 다른 센서는 $BaCl_2$가 녹아서 Cl^-의 농도가 서서히 증가되는 것을 보여 준다. 적정의 종말점은 마지막 SO_4^{2-}가 침전되고, $BaCl_2$가 계속 녹을 때 Ba^{2+}의 급격한 증가로 나타난다. 적정의 시작부터 종말점까지 Cl^-의 증가는 SO_4^{2-}를 소모하는 데 $BaCl_2$가 얼마나 필요한지를 알려 준다. 두 토양 시료의 적정으로 ~1.3(±0.5) wt% 황산 이온이 토양에서 발견되었다. 다른 증거는 황산 이온의 대부분이 $MgSO_4$의 형태로 존재함을 제안한다.

부피 분석(volumetric analysis)이란 분석 물질과 반응하는 데 필요한 시약의 부피를 측정하는 과정을 말한다. 이 장에서는 먼저 부피 분석에 관계되는 일반 원리를 논의한 후 침전 적정을 심도 있게 다룬다. 산-염기, 산화-환원, 착물 형성, 그리고 분광학적 적정을 이 책의 뒤에서 다룬다.

7-1 적정

적정(**titration**)에서 시약 용액인 **적정 시약**(**titrant**)은 반응이 완결될 때까지 분석 물질에 조금씩 첨가된다. 소모된 적정 시약의 양으로부터 시약에 들어 있는 분석 물질의 양을 계산할 수 있다. 적정 시약은 뷰렛을 통하여 첨가된다(그림 7-1).

적정의 필수 조건은 반응의 평형 상수 값이 커야 하며, 빠르게 완결되어야 한다. 즉 조금씩 첨가되는 적정 시약은 분석 물질이 모두 소모될 때까지 분석 물질과 완전하고 빠르게 반응해야 한다. 가장 대표적인 적정법은 산-염기, 산화-환원, 착물 형성, 침전 등의 반응에 기초를 둔다.

당량점(**equivalence point**)은 적정 시약의 양이 분석 물질과 화학량론적으로 반응하는 데 꼭 필요한 만큼 가해졌을 때 일어난다. 예를 들어 5 mol의 옥살산은 뜨거운 산성 용액에서 2 mol의 과망가니즈산 이온과 다음과 같이 반응한다.

반응 7-1은 산화-환원 반응이다. 반응 7-1의 균형 맞추는 방법을 복습하려면 부록 D를 공부하라.

$$\underset{\substack{\text{분석 물질}\\ \text{옥살산}\\ \text{(무색)}}}{5\text{HO}-\overset{\text{O}}{\overset{\|}{\text{C}}}-\overset{\text{O}}{\overset{\|}{\text{C}}}-\text{OH}} + \underset{\substack{\text{적정 시약}\\ \text{과망가니즈산 이온}\\ \text{(자주색)}}}{2\text{MnO}_4^-} + 6\text{H}^+ \rightarrow 10\text{CO}_2 + \underset{\text{(무색)}}{2\text{Mn}^{2+}} + \underset{\text{(무색)}}{8\text{H}_2\text{O}} \qquad (7\text{-}1)$$

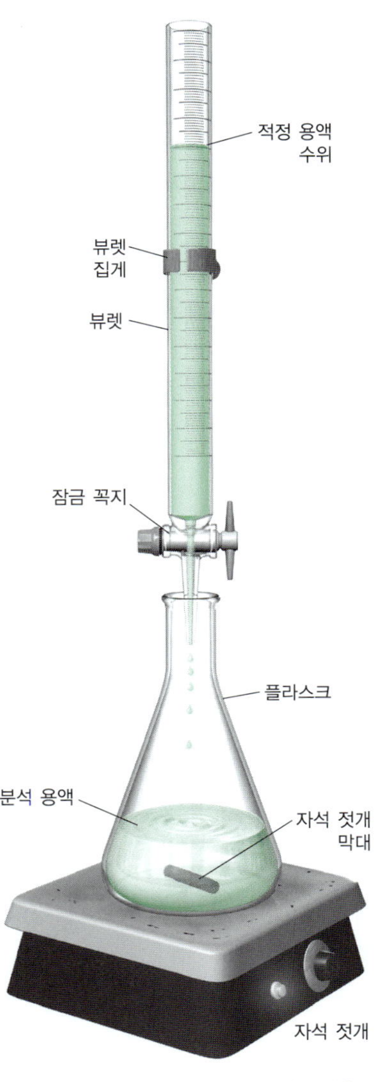

그림 7-1 전형적인 적정 장치. 분석 물질은 플라스크 안에 있고, 적정 시약은 뷰렛 안에 있다. 자석 젓개 막대는 거의 모든 용액에 비활성인 테플론(Teflon)으로 싸여져 있으며, 자석 젓개 모터 안에 있는 자석이 회전할 때 함께 돌게 된다.

미지 시료에 5.000 mmol의 옥살산이 들어 있다면, 당량점은 2.000 mmol의 MnO_4^-가 가해질 때 도달한다.

당량점은 적정에서 얻고자 하는 이상적인 결과이다. 실제 측정하는 것은 **종말점**(**end point**)이며, 종말점은 용액의 물리적 성질이 갑자기 변하는 점이다. 반응 7-1에서 가장 편리한 종말점은 플라스크 안에서 과망가니즈산 이온(MnO_4^-)의 자주색이 나타나는 점이다. 당량점 전까지는 가해 준 모든 MnO_4^-는 옥살산 이온에 의해 소모되고 분석 용액은 무색으로 남아 있게 된다. 당량점 이후에는 반응하지 않은 MnO_4^-가 눈에 보일 만큼 충분히 남게 된다. **첫 번째** 연한 자주색 **흔적이** 종말점이다. 관찰하는 눈이 정확할수록 측정된 종말점은 당량점과 일치하게 된다. 여기서 종말점은 당량점과 정확히 일치할 수 없다. 그 이유는 용액 중에 옥살산과 반응하는 데 필요한 양보다 약간 많은 MnO_4^-가 있어야단 자주색을 나타내기 때문이다.

분석 물질이 언제 모두 소모되었는지를 결정하는 방법은 (1) 분석 용액에 담긴 한 쌍의 전극 사이에서 나타나는 전류나 전압의 급격한 변화를 측정하거나(그림 7-5), (2) 지시약의 색깔 변화를 관측하거나(천연색 사진 2), (3) 분광 광도계의 흡광도 변화를 관측하는 것이다(그림 18-10과 18-11). **지시약**(**indicator**)은 당량점 부근에서 물리적 성질(보통 색깔)이 갑자기 변하는 화합물이다. 색이 변하는 것은 당량점에서 갑자기 분석 물질이 소멸되거나 적정 시약이 과량으로 되기 때문이다.

종말점과 당량점의 차이는 피할 수 없는 **적정 오차**(**titration error**)이다. 지시약의 색깔, 반응물 또는 생성물의 광학 흡광도 및 pH와 같은 적당한 물리적 성질의 변화를 선택하면 당량점에 아주 근접한 종말점을 관찰할 수 있다. 또한 적정 오차는 **바탕 적정**(**blank titration**)을 하여 추정할 수 있으며, 이것은 분석 물질 **없이** 똑같은 과정을 실행하는 것이다. 예를 들어 옥살산을 포함하지 않은 용액을 MnO_4^-로 적정하여 자주색이 나타나는 데 필요한 양이 얼마인지 알아보는 것이다. 이 MnO_4^-의 부피를 분석 물질을 적정할 때 측정된 부피에서 빼 준다.

사용된 반응물 중의 한 가지의 양을 알고 있어야 분석 결과가 유효해진다. 적정 시약의 농도는 일정량의 순수한 시약을 무게만 재서 알고 있는 부피의 용액에 녹여 제조함으로써 알 수 있다. 이러한 시약을 **일차 표준 물질**(**primary standard**)이라고 하는데,

보충 7-1 시약과 일차 표준 물질

화학 제품들은 고순도의 고체이다. 분석화학용으로는 주로 미국 화학회(ACS: American Chemical Society)가 정한 순도 조건에 맞는 **시약급(reagent-grade)**의 화학 제품을 사용한다.[2] 순수하지 않은 화합물에 대한 성분 분석은 시약병에 나타내 주어야 한다. 예를 들어 다음과 같은 황산 아연에 대한 성분 분석이 있다.

$ZnSO_4$	ACS 시약	댜량 분석:
분석: 100.6%	Fe: 0.000 5%	Ca: 0.001%
불용성 물질: 0.002%	Pb: 0.002 8%	Mg: 0.000 3%
25°C에서 5% 용액의 pH: 5.6	Mn: 0.6 ppm	K: 0.002%
암모늄: 0.000 8%	질산염: 0.000 4%	Na: 0.003%
염소: 1.5 ppm		

100.6%의 분석값은 주요 성분들 중의 하나에 대한 세분화된 분석 결과가 이론값의 100.6%로 나왔음을 의미한다. 예를 들어 $ZnSO_4$가 저분자량의 $Zn(OH)_2$에 오염되었다면, Zn^{2+}에 대한 분석은 순수한 $ZnSO_4$에 대한 값보다 더 높을 것이다. 일반적으로 분석화학에 부적합한 낮은 순도의 화학 물질은 '화학적으로 순수한(CP)', '실용적인', '정제된', 또는 '기술적인'과 같은 명칭을 수반한다.

몇몇의 화학 제품은 **일차 표준 등급(primary standard grade)**이 되기에 충분히 고순도인 고체이다. 시약급 다이크로뮴산 포타슘은 99.0% 이상의 함량을 가진 반면에, 일차 표준 등급의 $K_2Cr_2O_7$은 99.95~100.05%의 범위에 있어야 한다. 나아가, 일차 표준의 주요 품질인 고순도는 그들이 당연히 안정하다는 것을 나타낸다.

미량 분석(trace analysis, ppm 이하의 수준에서의 화학종 분석)에 있어서, 시약의 불순도는 극히 낮다. 이 목적을 위해서는 시료를 녹이기 위해서 '미량 금속 등급'의 HNO_3 또는 HCl과 같은 고순도의 값비싼 산을 사용한다. 우리는 측정하고자 하는 분석 대상물보다 불순도가 클 수 있는 시약과 용기에 대해 큰 관심을 가져야 한다.

시약의 순도를 보존하기 위해서 다음과 같이 해야 한다.

- 약수저를 용기에 집어 넣는 것을 피한다. 대신에 시약을 깨끗한 용기(또는 유산지)에 붓고 깨끗한 용기로부터 시약을 투여한다.
- 남은 시약을 시약 용기에 다시 넣지 말아야 한다.
- 먼지가 들어가지 않도록 용기의 뚜껑을 즉시 닫는다.
- 액체 시약 용기의 유리 마개를 실험대 위에 놓지 않는다. 시약을 투여하는 동안 마개를 들고 있거나 깨끗한 곳(깨끗한 비커와 같은)에 놓는다.
- 선선하고 어두운 곳에 시약을 보관한다. 시약을 불필요하게 직사광선에 노출시키지 않는다.

그 이유는 그 시약은 무게를 재면 곧바로 사용할 수 있을 정도로 순수하기 때문이다. 일차 표준 물질은 순도가 99.9% 이상이어야 한다. 일차 표준 물질은 일상적으로 보관할 때 분해되지 않아야 하며, 대기로부터 흡착된 미량의 물을 제거하기 위하여 가열이나 진공으로 건조시키기 때문에 가열이나 진공으로 건조시킬 때 안정해야 한다. 구매 가능한 가장 높은 순도의 $CaCO_3$, $AgNO_3$, Ni 금속과 같은 일차 표준 물질은 100±0.05%의 순도를 보증한다. 많은 원소들의 일차 표준 물질이 부록 K에 수록되어 있다. 보충 7-1에서는 시료의 순도에 관하여 논의하였다. 보충 3-1에 분석 과정의 정확도를 시험하는 데 사용할 수 있는 여러 가지 공인된 기준 물질을 열거하여 놓았다.

HCl과 같은 많은 적정 시약들은 일차 표준 물질로 만들어 바로 사용할 수 없다. 대신에 대략 원하는 농도를 갖는 용액을 만들어 일차 표준 물질을 적정하여 정확한 농도를 알아낸 후 사용한다. **표준화(standardization)**라고 하는 이 방법을 이용하여 분석에 사용될 용액의 정확한 농도를 결정하며, 이 용액을 **표준 용액(standard solution)**이라고 한다. 모든 경우에 있어서 분석 결과의 타당성은 어떤 일차 표준 용액의 조성을 아는 데 달려 있다. 반응 7-1의 과망가니즈산 이온을 표준화하는 옥살산을 만드는 상업적으로 구매 가능한 일차 표준 물질은 옥살산 소듐($Na_2C_2O_4$)이다.

직접 적정(direct titration)에서 적정 시약은 반응이 완결될 때까지 분석 물질에 첨가된다. 때때로 **역적정(back titration)**이 더 편리한 경우가 있는데, 이 방법은 분석 물질에 농도를 알고 있는 첫 번째 표준 시약을 **과량** 가한 다음, 두 번째 표준 시약을 사용하여 첫 번째 표준 시약의 과량을 적정하는 방법이다. 역적정의 종말점이 직접 적정의 종말점보다 선명하거나 과량의 첫 번째 시약과 분석 물질과의 반응을 완결시킬 필요가 있을 경우에는 역적정이 가장 유용하다. 직접 적정과 역적정의 차이를 식별하기 위해, 우선 반응 7-1에서 분석 물질에 과망가니즈산 적정 시약을 첨가하는 반응을 살펴보자. 이 반응은 직접 적정법에 속한다. 역적정에서는 농도를 정확히 아는 과량의 과망가니즈산 이온을 첨가하여 옥살산을 소모시킨다. 그다음 옥살산에 의해 소모되고 남은 과망가니즈산 이온의 양이 얼마인지를 Fe^{2+} 표준 물질로 역적정한다.

종말점을 추정하기 위하여 첫 번째 적정은 빠르게 수행하라.

유용한 팁: 새로운 용액을 적정하고 종말점을 모를 때는 계산을 하지 말고 먼저 빠르게 적정을 한다. 예를 들면 종말점이 약 20 mL로 예상되면, 5 mL 적정액 분취량을 두 번 첨가하고 난 뒤에 1 mL 분취량을 종말점이 지날 때까지 첨가한다. 이 예비 적정은 종말점의 색변화를 보여 주고 종말점의 예상 부피의 추정치를 제공한다. 이 이후의 적정에서는 — 뷰렛의 초기 눈금을 주의 깊게 읽은 후 — 종말점 1~2 mL 전까지는 빠르게 적정 물질을 첨가한다. 그다음에 적정 물질을 한 방울씩 첨가한다. 적가하는 동안에 주기적으로 플라스크를 기울이고 굴려서 기벽의 용액을 액체로 씻어낸다. 이 예비 적정은 시간을 절약해 주고 주의 깊은 적정으로 높은 정확도로 종말점을 찾게 해 준다.

적정 시약을 부피가 아니라 **무게**로 측정하는 다른 방법이 있다. 이 방법을 **중량 적정(gravimetric titration)**이라고 한다. 적정 시약은 피펫으로 첨가한다. 적정 시약의 농도는 용액의 킬로그램당 시약의 몰수로 나타낸다. 정확도는 뷰렛으로 0.3%까지 도달하던 것이 저울로는 0.1%까지 증가하였다(65쪽의 묶힘 예제를 보라). Guenther의 실험과, Butler와 Swift의 실험이 예를 제공해 준다.[3] "중량 적정이 정석이 되어야 하고, 부피 측정의 유리 제품은 오직 박물관에서나 볼 수 있어야 한다."[4]

7-2 적정 계산

여기에 부피 분석에서의 화학량론 계산을 설명하는 몇 가지 예가 있다. 중요한 단계는 **적정 시약의 몰수 대 분석 물질의 몰수를 관련짓는** 것이다.

예제 미지 농도를 분석하기 위하여 실시되어야 할 적정 용액의 표준화

소변에 있는 칼슘의 양은 다음과 같은 방법으로 구할 수 있다.

1단계 염기성 용액에서 옥살산 칼슘으로 Ca^{2+}를 침전시킨다.

$$\underset{}{Ca^{2+}} + \underset{\text{옥살산 이온}}{C_2O_4^{2-}} \rightarrow \underset{\text{옥살산 칼슘}}{Ca(C_2O_4)\cdot H_2O(s)}$$

2단계 침전물 중에 붙어 있는 옥살산 이온을 제거하기 위해 침전물을 찬물로 세척한다. 그리고 산에 녹여 용액 중에 Ca^{2+}와 $H_2C_2O_4$ 상태로 존재하도록 한다.

3단계 녹인 옥살산을 60°C로 가열하고 반응 7-1의 자주색 종말점이 관찰될 때까지 표준화된 과망가니즈산 포타슘으로 적정한다.

표준화 옥살산 소듐($Na_2C_2O_4$) 0.356 2 g이 250.0 mL 부피 플라스크에 녹아 있다고 가정하자. 이 용액 10.0 mL를 적정하는 데 $KMnO_4$ 48.36 mL가 필요하다고 가정하고, 과망가니즈산 이온 용액의 몰농도를 구하시오.

이 예제의 계산에서는 아래 첨자로 나타낸 자릿수 하나를 더 추가한다. 일반적으로, 계산기의 추가 자릿수를 모두 포함시켜라. 문제가 끝날 때까지 반올림하지 않는다.

풀이 옥살산 이온 용액의 농도는

$$\frac{0.356\,2\text{ g } Na_2C_2O_4/(134.00\text{ g } Na_2C_2O_4/\text{mol})}{0.250\,0\text{ L}} = 0.010\,63_3\text{ M}$$

이다. 10.00 mL에 들어 있는 $C_2O_4{}^{2-}$의 몰수는 $(0.010\,63_3\text{ mol/L})(0.010\,00\text{ L}) = 1.063_3 \times 10^{-4}\text{ mol} = 0.106\,3_3\text{ mmol}$이다. 반응 7-1에서 옥살산 5 mol에 대해 과망가니즈산 2 mol이 필요하므로, 가해진 $MnO_4{}^-$의 몰수는 다음과 같다.

반응 7-1은 $C_2O_4^{2-}$ 5 mol에 대하여 MnO_4^- 2 mol이 필요하다.

$$MnO_4^-\text{의 몰수} = \left(\frac{2\text{ mol } MnO_4^-}{5\text{ mol } C_2O_4^{2-}}\right)(1.063_3\times10^{-4}\text{ mol } C_2O_4^{2-}) = 0.042\,53_1\text{ mmol}$$

따라서 적정 시약에 존재하는 MnO_4^-의 농도는 다음과 같다.

$$MnO_4^- \text{의 몰농도} = \frac{0.042\,53_1\text{ mmol}}{48.36\text{ mL}} = 8.794_7 \times 10^{-4}\text{ M}$$

$\frac{mmol}{mL}$은 $\frac{mol}{L}$과 같음에 유의하라.

미지 농도의 분석 소변 시료 5.00 mL에 존재하는 칼슘을 위의 과정에 의하여 침전시켜 다시 녹인 후 적정한 결과, 표준 MnO_4^- 용액 16.17 mL가 소비되었다고 가정하자. 소변에 있는 Ca^{2+}의 농도를 구하시오.

풀이 MnO_4^- 용액 16.17 mL에는 (0.016 17 L)($8.794_7 \times 10^{-4}$ mol/L) = $1.422_1 \times 10^{-5}$ mol의 MnO_4^-가 있다. 이것과 반응하는 $C_2O_4^{2-}$의 몰수는

$$C_2O_4^{2-}\text{의 몰수} = \left(\frac{5\text{ mol } C_2O_4^{2-}}{2\text{ mol } MnO_4^-}\right)(\text{mol } MnO_4^-) = 0.035\,55_3\text{ mmol}$$

반응 7-1은 MnO_4^- 2 mol에 대하여 $C_2O_4^{2-}$ 5 mol이 필요하다.

이다. $Ca(C_2O_4) \cdot H_2O$에 있는 각 Ca^{2+}에 대해 한 개의 옥살산 이온이 존재하므로, 소변 5.00 mL에는 0.035 55_3 mmol의 Ca^{2+}가 있다.

$$[Ca^{2+}] = \frac{0.035\,55_3\text{ mmol}}{5.00\text{ mL}} = 0.007\,11_1\text{ M}$$

자습 $Na_2C_2O_4$ 10.00 mL의 표준화에 $KMnO_4$ 용액 39.17 mL가 필요하다. $KMnO_4$의 몰농도를 구하시오. 소변에서의 $[Ca^{2+}]$를 구하시오. (**답:** 1.086×10^{-3} M, 7.840×10^{-3} M)

예제 **혼합물의 적정**

탄산 소듐과 탄산수소 소듐만을 함유하고 있는 고체 시료 1.372 g을 적정하는 데 0.734 4 M HCl 29.11 mL가 필요하였다.

두 미지수를 풀기 위해서는 두 가지의 독립적인 정보가 필요하다. 이 예제에서는 혼합물의 질량과 적정 시약의 부피가 그것이다.

$$\underset{\text{FM } 105.99}{Na_2CO_3} + 2HCl \rightarrow 2NaCl(aq) + H_2O + CO_2$$

$$\underset{\text{FM } 84.01}{NaHCO_3} + HCl \rightarrow NaCl(aq) + H_2O + CO_2$$

혼합물에서 각 성분의 양을 구하시오.

풀이 Na_2CO_3의 그램수를 x로 놓고, $NaHCO_3$의 그램수를 1.372 − x로 놓자. 각 성분의 몰수는 다음과 같다.

$$Na_2CO_3\text{의 몰수} = \frac{x\text{ g}}{105.99\text{ g/mol}} \qquad NaHCO_3\text{의 몰수} = \frac{(1.372 - x)\text{ g}}{84.01\text{ g/mol}}$$

HCl의 총 몰수는 (0.029 11 L)(0.734 4 M) = 0.021 38 mol이다. 두 반응의 화학량론으로부터 x 값은 다음과 같다.

$$2(\text{mol } Na_2CO_3) + \text{mol } NaHCO_3 = 0.021\,38$$

$$2\left(\frac{x\text{ g}}{105.99\text{ g/mol}}\right) + \frac{(1.372 - x)\text{ g}}{84.01\text{ g/mol}} = 0.021\,38 \Rightarrow x = 0.724\text{ g}$$

혼합물은 Na_2CO_3 0.724 g과 $NaHCO_3$ 1.372 − 0.724 = 0.648 g을 함유하고 있다.

자습 K_2CO_3(FM 138.20)와 $KHCO_3$(FM 100.11)만을 포함한 2.000 g의 혼합물을 완전히 적정하는 데 1.000 M HCl 28.10 mL가 필요하였다. 혼합물에 있는 각 성분의 질량을 구하시오.
(**답:** K_2CO_3 = 1.812 g, $KHCO_3$ = 0.188 g)

7-3 침전 적정 곡선

중량 분석에서는 과량의 Ag^+를 첨가한 후 AgI 침전물의 무게를 재어 I^-의 미지 농도를 측정할 수 있다[$I^- + Ag^+ \rightarrow AgI(s)$]. **침전 적정**(precipitation titration)에서는 분석 물질과 정확히 화학량론적으로 반응하는 적정 용액이 **당량점**에 위치하도록 분석 물질(I^-)과 적정 시약

침전 적정 곡선을 공부하기 전에 6-3절의 용해도곱을 참조하라.

당량점: 반응물들의 화학량론적인 양이 혼합된 지점

(Ag^+) 사이의 반응 과정을 관찰한다. 첨가된 적정 시약의 양을 알면, 존재하는 분석 물질의 양을 알 수 있다. 우리는 적정에서 당량점을 구하려고 하지만, 물리적 성질(전극 전위와 같은)이 급격히 변하는 **종말점**을 측정한다. 가능하면 당량점에 종말점이 가까워질 수 있는 물리적 성질을 선택한다.

종말점: 당량점 근처에서 물리적 성질이 급격히 변하는 지점

적정 곡선(titration curve)은 적정 용액이 첨가될 때 반응물의 농도가 어떻게 변하는가를 보여 주는 그래프이다. 침전 적정 곡선을 예측하는 데 사용되는 식을 유도할 것이다. 적정 곡선을 계산하는 하나의 이유는 적정 과정 동안에 일어나는 화학을 이해하는 것이다. 두 번째 이유는 실험적 조절이 분석 적정의 질에 어떻게 영향을 끼치는지 배우는 것이다. 분석 물질과 적정 시약의 농도, 그리고 **용해도곱 상수**(solubility product, K_{sp})의 크기가 종말점의 선명도에 영향을 준다.

농도는 여러 자릿수의 크기로 변하므로, 농도를 직접 나타내는 것보다 다음과 같이 p 함수로 나타내는 것이 더욱 유용하다.

8장에서는 농도보다 더 정확한 활동도를 사용하여 p 함수를 정의하였다. 당분간 pX = −log[X]를 사용하겠다.

p 함수: $$pX = -\log_{10}[X] \qquad (7\text{-}2)$$

여기서 [X]는 X의 몰농도이다.

0.100 0 M I^- 25.00 mL를 0.050 00 M Ag^+로 적정하는 것을 살펴보자. 반응은

적정 반응: $$I^- + Ag^+ \rightarrow AgI(s) \qquad (7\text{-}3)$$

로 진행하며, Ag^+의 농도를 전극으로 측정한다고 하자. 반응 7-3은 용해도곱이 상당히 작은 $AgI(s)$를 용해시키는 반응의 역이다.

$$AgI(s) \rightleftharpoons Ag^+ + I^- \qquad K_{sp} = [Ag^+][I^-] = 8.3 \times 10^{-17} \qquad (7\text{-}4)$$

적정 반응 7-3에 대한 평형 상수가 크기 때문에($K = 1/K_{sp} = 1.2 \times 10^{16}$), 평형은 훨씬 오른쪽으로 치우친다. 따라서 각 Ag^+는 I^-와 완전히 반응하여 용액에는 아주 소량의 Ag^+가 남아 있다고 말할 수 있다. 당량점에서는 모든 I^-가 소모되고 용액에 Ag^+를 추가로 첨가하게 되므로, Ag^+의 농도는 갑자기 증가할 것이다.

당량점에 이르는 데 필요한 Ag^+ 적정 시약의 부피는 얼마인가? 1 mol의 I^-에 대해 1 mol의 Ag^+로 V_e라고 표시한 이 부피를 구한다.

V_e = 당량점에서 적정 용액의 부피

$$\underbrace{(0.025\,00\ \text{L})(0.100\,0\ \text{mol I}^-/\text{L})}_{\text{mol I}^-} = \underbrace{(V_e)(0.050\,00\ \text{mol Ag}^+/\text{L})}_{\text{mol Ag}^+}$$

$$\Rightarrow V_e = 0.050\,00\ \text{L} = 50.00\ \text{mL}$$

적정 곡선은 세 개의 다른 영역을 갖는다. 당량점 전, 당량점, 당량점 후에 따라 계산은 다르다. 그러므로 각 영역을 각각 고려해 보자.

나중에는, 적정 곡선의 전 구간을 다룰 스프레드시트를 위하여 한 개로 통합된 식을 유도할 것이다. 적정의 화학을 이해하기 위해서는 곡선을 세 구간으로 나누어 근사식으로 기술하는 것이 이해가 빠르다.

당량점 이전

첨가된 Ag^+의 부피가 10.00 mL라고 가정해 보자. 이 점에서는 Ag^+보다 I^-의 몰수가 더 많기 때문에, 모든 Ag^+는 AgI(s)를 만드는 데 '소비'된다. I^-와 반응한 후에 용액에 남아 있는 매우 소량의 Ag^+의 농도를 구해야 한다. 반응 7-3은 완결되고, 일부의 AgI가 다시 용해된다고 생각해 보자(반응 7-4). Ag^+의 용해도는 용액에 남아 있는 유리된 I^-의 농도에 의해 결정될 것이다.

$V < V_e$인 경우, 반응하지 않은 I^-의 농도가 AgI의 용해도를 조절한다.

$$[Ag^+] = \frac{K_{sp}}{[I^-]} \qquad (7\text{-}5)$$

유리된 I^-는 10.00 mL의 Ag^+에 의해 침전되지 않은 I^-에 기인된 것이 압도적이며, $AgI(s)$의 용해에 의한 I^-는 무시할 만하다.

그러면 침전되지 않은 I^-의 농도를 구해 보자. 용액에 남아 있는 I^-의 몰수는

$$\begin{aligned} I^-\text{의 몰수} &= I^-\text{의 처음 몰수} - \text{첨가된 } Ag^+\text{의 몰수} \\ &= (0.025\,00\ \text{L})(0.100\,0\ \text{mol/L}) - (0.010\,00\ \text{L})(0.050\,00\ \text{mol/L}) \\ &= 0.002\,000\ \text{mol } I^- \end{aligned}$$

부피가 0.035 00 L(25.00 mL + 10.00 mL)이므로 농도는 다음과 같다.

$$[I^-] = \frac{0.002\,000\ \text{mol } I^-}{0.035\,00\ \text{L}} = 0.057\,14\ \text{M} \quad \textbf{(7-6)}$$

I^-와 평형을 이루는 Ag^+의 농도는

$$[Ag^+] = \frac{K_{sp}}{[I^-]} = \frac{8.3 \times 10^{-17}}{0.057\,14} = 1.4_5 \times 10^{-15}\ \text{M} \quad \textbf{(7-7)}$$

로 주어진다. 따라서 구하고자 하는 p 함수는 다음과 같다.

$$pAg^+ = -\log[Ag^+] = -\log(1.4_5 \times 10^{-15}) = 14.84 \quad \textbf{(7-8)}$$

K_{sp}에 2개의 유효 숫자가 있기 때문에 Ag^+의 농도에는 2개의 유효 숫자가 있다. $[Ag^+]$의 2개 유효 숫자는 p 함수의 **가수**(mantissa)에 2개의 유효 숫자로 나타나며, 따라서 p 함수는 정확히 14.84로 쓴다.

$\log(\underbrace{1.4_5}_{\text{2개의 유효 숫자}} \times 10^{-15}) = 14.\underbrace{84}_{\text{2자리 가수}}$

로그에서의 유효 숫자는 3-2절을 보라.

앞에서 설명한 단계적 계산은 I^- 농도를 찾는 데 필요하지만 지루한 방법이다. 이제 간결한 과정을 알아보자. V_e = 50.00 mL임을 명심하라. 10.00 mL의 Ag^+가 첨가되면 반응을 완결하는 데 필요한 50.00 mL의 Ag^+ 중 10.00 mL가 첨가되었으므로 반응은 1/5이 진행된 셈이다. 그러므로 I^-의 4/5가 반응하지 않은 채 남아 있다. 만일 묽힘이 없었다면, I^-의 농도는 초깃값의 4/5일 것이다. 그런데 25.00 mL인 처음 부피는 35.00 mL로 증가되었다. 만일 I^-가 소비되지 않았다면, 농도는 $[I^-]$ 초깃값에 (25.00/35.00)을 곱한 것이 될 것이다. 반응과 묽힘을 감안하면 다음과 같이 쓸 수 있다.

$$[I^-] = \underbrace{\left(\frac{4.000}{5.000}\right)}_{\text{남아 있는 분율}}\underbrace{(0.100\,0\ \text{M})}_{\text{처음 농도}}\underbrace{\left(\frac{25.00\ \text{mL}}{35.00\ \text{mL}}\right)}_{\text{묽힘 인자}} = 0.057\,14\ \text{M}$$

(25.00 mL ← I^-의 처음 부피; 35.00 mL ← 용액의 전체 부피)

이 간결한 계산은 사용할 만한 가치가 있다.

이것은 식 7-6으로부터 구한 것과 같은 결과이다.

예제 간결한 계산법 사용하기

V_{Ag^+}(뷰렛으로부터 가해진 부피)가 49.00 mL일 때, pAg^+를 계산하시오.

풀이 V_e = 50.00 mL이므로 반응된 I^- 분율은 49.00/50.00이며, 남아 있는 분율은 1.00/50.00이다. 전체 부피는 25.00 + 49.00 = 74.00 mL이다.

$$[I^-] = \underbrace{\left(\frac{1.00}{50.00}\right)}_{\text{남아 있는 분율}}\underbrace{(0.100\,0\ \text{M})}_{\text{처음 농도}}\underbrace{\left(\frac{25.00\ \text{mL}}{74.00\ \text{mL}}\right)}_{\text{묽힘 인자}} = 6.76 \times 10^{-4}\ \text{M}$$

$$[Ag^+] = K_{sp}/[I^-] = (8.3 \times 10^{-17})/(6.76 \times 10^{-4}) = 1.2_3 \times 10^{-13}\ \text{M}$$
$$pAg^+ = -\log[Ag^+] = 12.91$$

Ag^+의 농도는 미반응 I^- 농도에 비해 무시할 수 있고, 이것은 적정이 98%가 완결되어도 사실이다.

자습 49.1 mL일 때, pAg^+를 계산하시오. (**답:** 12.86)

당량점에서

이제 모든 I^-와 반응하기에 충분한 Ag^+를 정확히 첨가했다. 모든 AgI는 침전되고, 그 일부는 다시 용해되어 같은 농도의 Ag^+와 I^-가 존재한다고 생각해 보자. pAg^+의 값은 용해도곱에서 $[Ag^+] = [I^-] = x$로 놓고 구할 수 있다.

$V = V_e$일 때 $[Ag^+]$는 순수한 AgI의 용해도에 의해 결정된다. **이것은 마치 AgI(*s*)를 물에 첨가한 것과 같은 문제이다.**

$$[Ag^+][I^-] = K_{sp}$$

$$(x)(x) = 8.3 \times 10^{-17} \Rightarrow x = 9.1 \times 10^{-9} \Rightarrow pAg^+ = -\log x = 8.04$$

이 pAg^+ 값은 처음 농도, 혹은 처음 부피와 무관하다.

당량점 이후

실제적으로 당량점 **이전에** 첨가된 모든 Ag^+는 AgI로 침전되었다. 용액은 당량점 **이후에** 첨가된 모든 Ag^+를 포함한다. $V_{Ag^+} = 52.00$ mL라고 가정할 경우, 당량점 이후에 첨가된 양은 2.00 mL이다. 계산은 다음과 같다.

$V > V_e$인 경우 $[Ag^+]$는 뷰렛으로부터 가해진 과량의 Ag^+에 의해 결정된다.

$$\text{과량의 } Ag^+ \text{ 몰수} = (0.002\,00\ \text{L})(0.050\,00\ \text{mol } Ag^+/\text{L}) = 0.000\,100\ \text{mol}$$

$$[Ag^+] = (0.000\,100\ \text{mol})/(0.077\,00\ \text{L}) = 1.30 \times 10^{-3}\ \text{M} \Rightarrow pAg^+ = 2.89$$

(전체 부피 = 77.00 mL)

$[Ag^+]$의 값에는 3개의 유효 숫자가 있으므로 pAg^+의 가수에 3개의 유효 숫자를 사용하는 것이 옳다. 그러나 앞의 결과들과 일치시키기 위해 2개의 유효 숫자만 취한다.

다소 간결한 계산에 의해서, 뷰렛 안에 있는 Ag^+의 농도는 0.050 00 M이며, 이 용액 중 2.00 mL는 희석되어 (25.00 + 52.00) = 77.00 mL가 되었다. 따라서 $[Ag^+]$는 다음과 같다.

$$[Ag^+] = \underbrace{(0.050\,00\ \text{M})}_{Ag^+\text{의 처음 농도}}\underbrace{\left(\frac{2.00\ \text{mL}}{77.00\ \text{mL}}\right)}_{\text{묽힘 인자}} = 1.30 \times 10^{-3}\ \text{M}$$

(2.00 mL: 과량의 Ag^+ 부피; 77.00 mL: 용액의 전체 부피)

적정 곡선의 모양

그림 7-2의 적정 곡선은 반응물 농도의 영향을 나타내고 있다. 당량점은 곡선에서 가장 가파

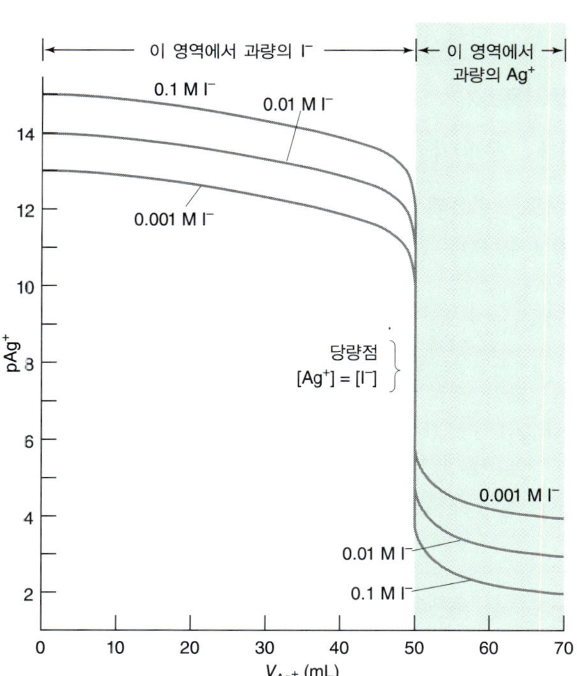

그림 7-2 분석 물질을 희석하는 영향을 보여 주는 적정 곡선
바깥쪽 곡선: 0.100 0 M I^- 25.00 mL를 0.050 00 M Ag^+로 적정
중간 곡선: 0.010 00 M I^- 25.00 mL를 0.005 000 M Ag^+로 적정
안쪽 곡선: 0.001 000M I^- 25.00 mL를 0.000 500 0 M Ag^+로 적정

른 지점이다. 이 점은 기울기가 최대인 점(위의 경우에 기울기는 음의 값)이고 변곡점이다(이 점에서 이차 도함수는 정의에 의해 0이다).

가장 가파른 기울기: $\frac{dy}{dx}$가 최댓값을 갖는다

변곡점: $\frac{d^2y}{dx^2} = 0$

화학량론적으로 1:1인 반응물들을 포함하는 적정에서, 당량점은 적정 곡선에서 경사가 가장 가파른 점이다. $2Ag^+ + CrO_4^{2-} \rightarrow Ag_2CrO_4(s)$ 반응처럼 화학량론상 1:1이 아닌 경우, 곡선은 당량점 부근에서 비대칭이다. 당량점은 적정 곡선에서 가장 경사가 가파른 부분의 중심이 아니며 변곡점도 아니다. 실제로 적정 곡선은 경사가 급해 화학량론에 상관없이 경사가 가장 가파른 점을 당량점으로 취해도 좋다.

그림 7-3은 할로젠화 이온의 적정에서 K_{sp} 크기의 역할을 보여 준다. 가장 불용성인 생성물 AgI가 당량점에서 가장 큰 변화를 보여 준다. 그러나 AgCl의 경우에도 당량점을 큰 오차 없이 찾아낼 수 있을 정도로 곡선은 가파르다. 어떤 적정 반응에서 평형 상수가 클수록 당량점 근처에서 농도 변화는 더욱 현저할 것이다.

가장 불용성인 침전물의 당량점에서 경사가 가장 가파른 적정 곡선을 갖는다.

예제 침전 적정 과정에서의 농도 계산

0.041 32 M $Hg_2(NO_3)_2$ 25.00 mL를 포함하고 있는 용액을 0.057 89 M KIO_3로 적정하였다.

$$Hg_2^{2+} + \underset{\text{아이오딘산 이온}}{2IO_3^-} \rightarrow Hg_2(IO_3)_2(s)$$

$Hg_2(IO_3)_2$에 대한 용해도곱은 1.3×10^{-18}이다. **(a)** KIO_3를 34.00 mL 가한 후, **(b)** KIO_3를 36.00 mL 가한 후, **(c)** 당량점에서, 용액에 있는 $[Hg_2^{2+}]$를 각각 계산하시오.

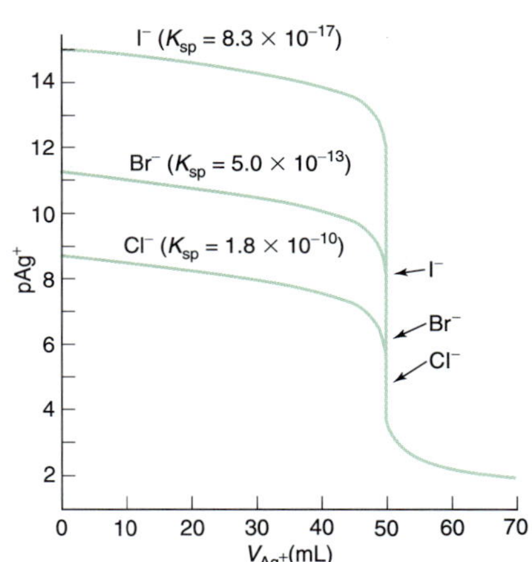

그림 7-3 K_{sp}의 영향을 보여 주는 곡선. 각 곡선은 0.100 0 M 할로젠화물 25.00 mL를 0.050 00 M Ag^+로 적정하여 계산된 것이다. 당량점은 화살표로 표시되어 있다.

풀이 당량점에 도달하는 데 필요한 IO_3^-의 부피는 다음과 같이 구한다.

$$IO_3^-\text{의 몰수} = \left(\frac{2 \text{ mol } IO_3^-}{1 \text{ mol } Hg_2^{2+}}\right)(Hg_2^{2+}\text{의 몰수})$$

$$\underbrace{(V_e)(0.057\,89 \text{ M})}_{IO_3^-\text{의 몰수}} = 2\underbrace{(25.00 \text{ mL})(0.041\,32 \text{ M})}_{Hg_2^{2+}\text{의 몰수}} \Rightarrow V_e = 35.69 \text{ mL}$$

(a) $V = 34.00$ mL일 때 Hg_2^{2+}의 침전은 아직 완결되지 않는다.

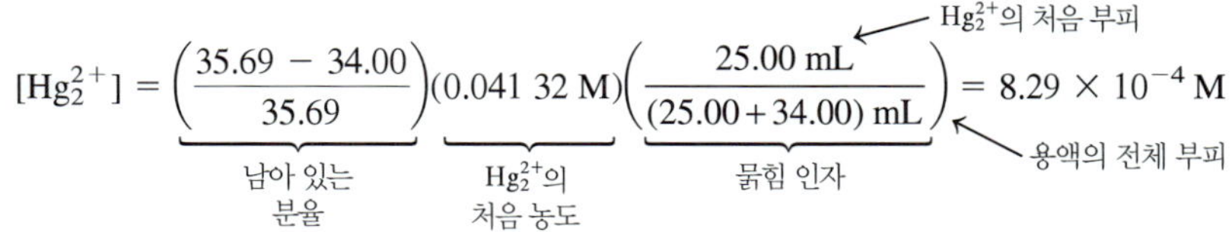

$$[Hg_2^{2+}] = \underbrace{\left(\frac{35.69 - 34.00}{35.69}\right)}_{\text{남아 있는 분율}}\underbrace{(0.041\,32 \text{ M})}_{Hg_2^{2+}\text{의 처음 농도}}\underbrace{\left(\frac{25.00 \text{ mL}}{(25.00 + 34.00) \text{ mL}}\right)}_{\text{묽힘 인자}} = 8.29 \times 10^{-4} \text{ M}$$

(b) $V = 36.00$ mL일 때 침전은 완결된다. $(36.00 - 35.69) = 0.31$ mL만큼 당량점을 **지나쳤다**. 용액에 있는 과량의 IO_3^- 농도는 다음과 같다.

$$[IO_3^-] = \underbrace{(0.057\,89 \text{ M})}_{IO_3^-\text{의 처음 농도}}\underbrace{\left(\frac{0.31 \text{ mL}}{(25.00 + 36.00) \text{ mL}}\right)}_{\text{묽힘 인자}} = 2.9_4 \times 10^{-4} \text{ M}$$

(초과한 IO_3^-의 부피; 용액의 전체 부피)

고체 $Hg_2(IO_3)_2$와 같은 양의 IO_3^-와 평형을 이루고 있는 Hg_2^{2+}의 농도는 다음과 같다.

$$[Hg_2^{2+}] = \frac{K_{sp}}{[IO_3^-]^2} = \frac{1.3 \times 10^{-18}}{(2.9_4 \times 10^{-4})^2} = 1.5 \times 10^{-11} \text{ M}$$

(c) 당량점에서 모든 Hg_2^{2+}와 반응하기에 충분한 양만큼 IO_3^-를 첨가하면 다음과 같이 쓸 수 있다.

모든 이온이 침전된 다음, $Hg_2(IO_3)_2(s)$가 일부 녹아 Hg_2^{2+} 이온 1 mol당 IO_3^- 이온 2 mol이 생기는 것으로 생각할 수 있다.

$$\underset{}{Hg_2(IO_3)_2(s)} \rightleftharpoons \underset{x}{Hg_2^{2+}} + \underset{2x}{2IO_3^-}$$

$$(x)(2x)^2 = K_{sp} \Rightarrow x = [Hg_2^{2+}] = 6.9 \times 10^{-7}\ M$$

자습 34.50 mL와 36.5 mL에서 $[Hg_2^{2+}]$를 구하시오. (**답:** 5.79×10^{-4} M, 2.2×10^{-12} M)

우리의 계산은 양이온과 음이온이 반응하여 고체 염이 침전되는 반응만을 가정한 것이다. 착물 형성이나 이온쌍 형성과 같은 다른 반응이 일어나면 계산을 변형해야 한다.

7-4 혼합물의 적정

현탁 입자들이 있는 액체는 입자들이 빛을 산란시키기 때문에 **탁한** 상태라고 말할 수 있다.

만일 두 이온으로 된 혼합물을 적정한다면, 용해도가 작은 침전물이 먼저 형성될 것이다. 용해도곱이 서로 현저히 다르면, 두 번째 침전이 생기기 전에 첫 번째 침전이 거의 완결될 것이다.

KI와 KCl을 포함하고 있는 용액에 $AgNO_3$을 첨가하는 과정을 살펴보자. $K_{sp}(AgI) \ll K_{sp}(AgCl)$이므로 AgI가 먼저 침전된다. I^-의 침전이 거의 끝날 때 Ag^+의 농도가 급격히 증가하고 AgCl이 침전되기 시작한다. Cl^-가 소모되면 $[Ag^+]$가 또 한번 급격히 변화한다. 적정 곡선에는 2개의 변환점이 있다. 첫 번째 것은 AgI 당량점에 해당하며, 두 번째는 AgCl 당량점이다.

만약 침전물들의 화학량론이 같다면, 더 작은 K_{sp}에 의한 반응물이 먼저 침전된다. I^-와 Cl^-를 Ag^+로 침전시키면 적정 곡선에서 2개의 변환점이 생긴다. 첫 번째 것은 I^-의 반응에 해당하고, 두 번째는 Cl^-의 반응이다.

그림 7-4는 실험적으로 구한 적정 곡선을 보여 준다. 곡선을 측정하는 데 사용된 장치는 그림 7-5에 있으며, 이 장치를 이용하여 Ag^+의 농도를 측정하는 원리는 15-2절에서 다룬다.

그림 7-4에 삽입된 그림에서 I^-의 종말점은 곡선에서 경사진 부분과 거의 수평인 부분이 교차되는 23.85 mL로 잡았다. Cl^-가 침전되기 시작할 때 I^-가 아주 완전히 침전되지 않는다(I^-가 완전히 침전되지 않은 것은 계산으로 안다. 이 때문에 이런 아주 싫은 계산

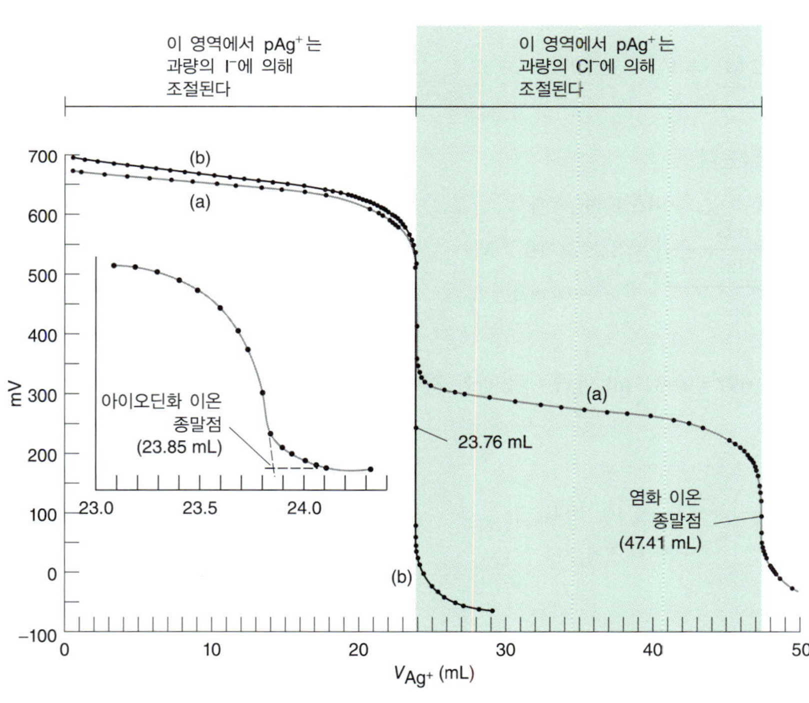

그림 7-4 실험으로 구한 적정 곡선. (*a*) 0.050 2 M KI와 0.050 0 M KCl을 함유한 용액 40.0 mL를 0.084 5 M $AgNO_3$로 적정한 적정 곡선. 삽입된 그림은 첫 번째 당량점 근처의 범위를 확장한 것이다. (*b*) 0.100 4 M I^- 20.00 mL를 0.084 5 M Ag^+로 적정한 곡선

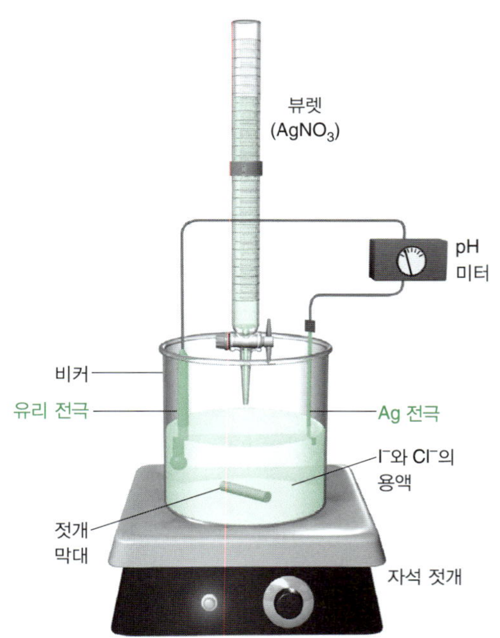

그림 7-5 그림 7-4의 적정 곡선을 측정하는 장치. 은 전극은 Ag^+의 농도 변화에 감응하며, 유리 전극은 이 실험에서 일정한 기준 전위를 제공한다. $[Ag^+]$가 10배씩 변하면, 측정된 전압은 약 59 mV만큼씩 변한다. $AgNO_3$를 포함하는 모든 용액은 H_2SO_4와 KOH를 사용하여 제조한 황산 완충 용액을 사용하여 pH 2.0으로 일정하게 유지시켜야 한다.

을 한다!). 그러므로 가파른 부분의 끝(교차점)이 가파른 부분의 중간보다 더 나은 당량점의 근삿값이다. Cl^-의 종말점은 두 번째 가파른 부분의 중간점인 47.41 mL로 택했다. 시료에 있는 Cl^-의 몰수는 첫 번째 종말점과 두 번째 종말점 사이에 가해진 Ag^+의 몰수와 같다. 즉 I^-를 침전시키는 데에는 23.85 mL의 Ag^+가 필요하고, Cl^-를 침전시키는 데는 (47.41 − 23.85) = 23.56 mL의 Ag^+가 필요하다.

I^-/Cl^-의 적정 곡선과 I^-만의 적정 곡선을 그림 7-4에서 비교하면, I^-/Cl^- 적정에서 아이오딘화 이온의 종말점이 0.38% 높은 것을 알 수 있다. 첫 번째 종말점은 23.76 mL로 예측했으나, 측정값은 23.85 mL이다. 이와 같이 높은 값은 두 가지 인자에 기인한다. 하나는 항상 있는 실험상의 오차이다. 이것은 음의 값일 수도 있고, 양의 값일 수도 있다. 그러나 어떤 적정에서, 특히 Br^-/Cl^- 적정에서는 종말점이 조건에 따라 계통적으로 0~3% 높다. 이것은 소량의 AgCl이 AgBr에 **공침**(coprecipitation)하기 때문이다. AgCl의 용해도곱이 초과되지 않아도 소량의 Cl^-는 침전될 때와 마찬가지로 고체 AgBr(작은 결정)에 부착되며, 이때 같은 양의 Ag^+가 수반된다. 질산 이온과 같은 음이온을 높은 농도로 가해 주면 공침을 최소화할 수 있는데, 아마도 NO_3^-가 AgBr(*s*)에 결합 장소를 놓고 Cl^-와 경쟁하기 때문일 것이다.

그림 7-4에서 두 번째 종말점은 두 할로젠화 이온 침전의 합에 해당하며, V_{Ag^+}의 기댓값에서 관측되었다. 두 종말점 간의 **차**로부터 구한 Cl^-의 농도는 첫 번째 종말점이 약간 높으므로 그림 7-4에서 약간 낮은 것이다.

7-5 스프레드시트로 적정 곡선의 계산

지금쯤은 이미 적정의 각 단계에서 발생하는 화학을 이해하였을 것이고, 적정 곡선의 모양을 직접 손으로 계산하는 방법을 알고 있을 것이다. 그러나 스프레드시트를 사용하는 것이 손으로 계산하는 것보다 좀 더 효과적이고, 응용 범위가 넓으며, 오차도 작다. 만일 여러분이 스프레드 시트를 사용에 관심이 없다면, 이 절은 다른 절과 아무런 연관성이 없으므로 건너뛰어도 무방하다.

V_M L의 M^+ 양이온(초기 농도 C_M^0)을 농도가 C_X^0인 X^- 음이온 용액 V_X^0에 첨가했다고 하자.

$$\underset{\substack{\text{적정}\\\text{시약}\\ C_M^0,\ V_M}}{M^+} + \underset{\substack{\text{분석}\\\text{물질}\\ C_X^0,\ V_X^0}}{X^-} \xrightleftharpoons{K_{sp}} MX(s) \tag{7-9}$$

첨가된 M의 전체 몰수($C_M^0 \cdot V_M$)는 용액 속에 있는 M^+의 몰수($[M^+](V_M + V_X^0)$)와 침전된 $M_X(s)$의 몰수를 합한 것과 같다[이 양은 실제로 **몰 균형**(mole balance)을 이루지만, **질량 균형**(mass balance)이라고 한다]. 같은 방법으로 X에 대해 질량 균형을 쓸 수 있다.

M에 대한 질량 균형:
$$\underset{\substack{\text{첨가한 M의}\\\text{전체 몰수}}}{C_M^0 \cdot V_M} = \underbrace{[M^+](V_M + V_X^0)}_{\substack{\text{용액에 있는}\\\text{M의 몰수}}} + \underset{\substack{\text{침전에 있는}\\\text{M의 몰수}}}{\text{mol MX}(s)} \tag{7-10}$$

질량 균형이란 혼합물 속에서 형성된 모든 화학종의 몰수의 합이 용액으로 옮겨진 화학종의 총 몰수의 합과 같다는 것을 의미한다.

X에 대한 질량 균형:
$$\underset{\substack{\text{첨가한 X의}\\\text{전체 몰수}}}{C_X^0 \cdot V_X^0} = \underbrace{[X^-](V_M + V_X^0)}_{\substack{\text{용액에 있는}\\\text{X의 몰수}}} + \underset{\substack{\text{침전에 있는}\\\text{X의 몰수}}}{\text{mol MX}(s)} \tag{7-11}$$

식 7-10의 MX(*s*)의 몰수는 식 7-11의 MX(*s*)의 몰수와 같다.

$$C_M^0 \cdot V_M - [M^+](V_M + V_X^0) = C_X^0 \cdot V_X^0 - [X^-](V_M + V_X^0)$$

재배열하면 다음과 같이 된다.

X^-를 M^+로 침전:
$$V_M = V_X^0\left(\frac{C_X^0 + [M^+] - [X^-]}{C_M^0 - [M^+] + [X^-]}\right) \tag{7-12}$$

그림 7-6 0.1 M I^- 25 mL를 0.05 M Ag^+로 적정한 스프레드시트

	A	B	C	D	E
1	Titration of I- with Ag+				
2					
3	Ksp(AgI) =	pAg	[Ag+]	[I-]	Vm
4	8.30E-17	15.08	8.32E-16	9.98E-02	0.035
5	Vo =	15	1.00E-15	8.30E-02	3.195
6	25	14	1.00E-14	8.30E-03	39.322
7	Co(I) =	12	1.00E-12	8.30E-05	49.876
8	0.1	10	1.00E-10	8.30E-07	49.999
9	Co(Ag) =	8	1.00E-08	8.30E-09	50.000
10	0.05	6	1.00E-06	8.30E-11	50.001
11		4	1.00E-04	8.30E-13	50.150
12		3	1.00E-03	8.30E-14	51.531
13		2	1.00E-02	8.30E-15	68.750
14	C4 = 10^-B4				
15	D4 = $A$4/C4				
16	E4 = $A$6*($A$8+C4-D4)/($A$10-C4+D4)				

SaplingPlus나 macmillanelearning.com의 보충 부분에는 그림 7-4에 있는 것과 같은, 혼합물의 적정에 쓰인 스프레드시트 식을 유도하였다.

식 7-12는 $[M^+]$와 $[X^-]$ 및 일정한 V_X^0, C_X^0, C_M^0에 첨가된 M^+의 부피에 관한 식이다. 그림 7-6의 스프레드시트에 있는 식 7-12를 이용한다. 그림 7-3의 아이오딘 적정에 대하여 **B열에 pM 값을 입력하고, E열에 대응하는 V_M에 대한 값을 계산한다.** 이것은 V_M이 입력이고, pM이 출력인 적정 곡선을 계산하는 보통의 방법과는 반대이다. 그림 7-6의 C열은 $[M^+] = 10^{-pM}$ 식에 의해 계산되었고, D열은 $[X^-] = K_{sp}/[M^+]$에 의한 값이다. E열은 식 7-12로부터 계산된 값이다. 첫 번째로 입력한 pM 값(15.08)은 V_M을 작게 만들기 위하여 시행착오법으로 선택하였다. 여러분이 원하는 곳 어디에서든지 시작할 수 있다. 입력한 pM의 초깃값이 실제 출발점 전이라면, E열에 있는 V_M의 값은 음의 값이 된다. 사실상 정확한 그래프를 그리기 위해서는 여기서 보여 준 것보다 좀 더 많은 점을 구해야 할 것이다.

7-6 종말점 검출

Ag$^+$로 적정하는 것을 **은 적정법(argentometric titration)**이라고 한다.

Volhard 방법은 Ag^+를 적정하는 것이므로, 불용성 은염을 생성하는 여러 음이온의 정량에도 적용될 수 있다.

침전 적정에서 종말점을 검출하는 데에는 보통 전극(그림 7-5와 같은)이나 지시약 등이 쓰인다. 이 절에서는 Ag^+로 Cl^-의 적정에 적용되는 지시약을 쓰는 두 가지 방법을 논의한다.

Volhard 적정(Volhard titration): 종말점에서 가용성이며 색을 띤 착물 형성
Fajans 적정(Fajans titration): 종말점에서 침전물에 색을 띤 지시약의 흡착

Volhard 적정

Volhard 적정은 실제로는 ~0.5 M HNO_3 용액 안의 Ag^+를 표준 KSCN으로 적정하는 방법이다. Cl^-의 정량은 역적정법이 필요하다. 우선 ~0.5 M HNO_3 용액 안에 있는 Cl^-를, 알고 있는 과량의 표준 $AgNO_3$로 세게 저어 침전시킨다.

$$Ag^+ + Cl^- \rightarrow AgCl(s)$$

세게 저으면 침전 안에 과량의 Ag^+가 갇히는 것을 최소화할 수 있다. AgCl(s)을 거르고 침전으로부터 과량의 Ag^+를 모으기 위하여 묽은(~0.16 M) HNO_3로 세척한다. 그다음에 $Fe(NO_3)_3$(질산 철) 또는 $Fe(NH_4)(SO_4)_2 \cdot 12H_2O$(철 백반이라고도 하는 황산철 암모늄) 용액을 결합된 여과물에 첨가하여 ~0.02 M Fe^{3+}를 만든다. 표준 KSCN으로 Ag^+를 적정한다.

$$Ag^+ + SCN^- \rightarrow AgSCN(s)$$

Ag^+가 전부 소비되면 SCN^-는 Fe^{3+}와 반응하여 붉은색 착물을 만든다.

$$Fe^{3+} + SCN^- \rightarrow \underset{\text{붉은색}}{FeSCN^{2+}}$$

붉은색의 출현은 종말점을 나타낸다. 역적정에 필요한 SCN^-의 양을 알면 Cl^-와 반응하고 남은 Ag^+의 양을 알 수 있다. 전체 Ag^+의 양을 알았으므로 Cl^-에 의해 소비된 양을 계산할 수 있다.

적정 용액에서 HNO_3의 목적은 Fe^{3+}가 가수 분해되어 $Fe(OH)^{2+}$가 생성되는 것을 막는 것이다. 진한(~70%) 질산을 같은 부피의 물과 섞고 몇 분간 후드에서 끓여 NO_2를 제거한다. NO_2는 붉은색이어서 종말점 부근에서 색의 변화를 관찰하기 어렵게 할 수도 있다. Volhard 분석법은 따뜻한 HNO_3에 의해서 SCN^-가 산화되는 것을 방지하기 위하여 실온 이상에서 수행하면 안된다. 지시약으로 사용되는 질산 철 또는 철 백반 용액은 수산화 철의 침전 생성을 방지하기 위하여 진한 질산 몇 방울을 첨가함으로써 안정화할 수 있다.

Volhard 방법에 의한 Cl^-의 분석에서, AgCl이 여과되지 않는다면 AgCl이 AgSCN보다 가용성이므로 종말점은 서서히 사라진다. AgCl은 서서히 용해되고 AgSCN으로 대체된다. 이와 같은 이차적인 반응을 제거하기 위하여 AgCl을 거른 후 거른 액에 남아 있는 Ag^+만을 적정한다. 거르는 것을 대신하여 수 밀리리터의 나이트로벤젠을 첨가한 후 세게 저어서 AgCl을 코팅하여 SCN^-의 접근을 지연시키는 것이다. 은염이 AgSCN보다 더 불용성인 Br_2와 I^-의 할로젠화 은 침전물은 분리시키지 않고 Volhard 방법으로 적정할 수 있다.

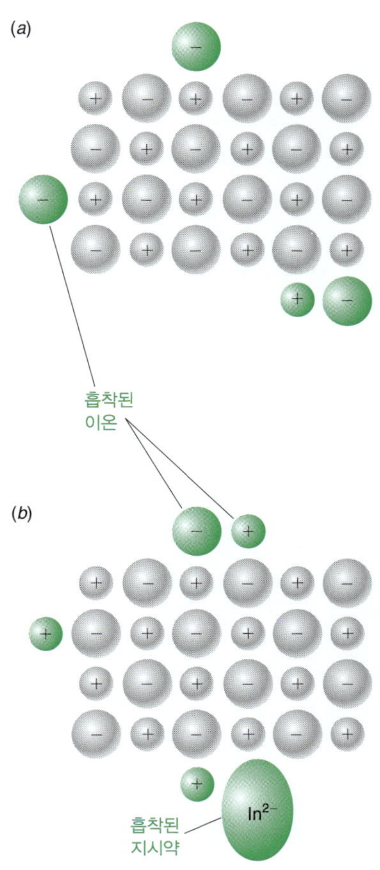

그림 7-7 용액의 이온들이 성장하는 결정 입자 표면에 흡착된다. (*a*) 과량의 격자 음이온(결정에 속하는 음이온) 존재하에서 성장된 결정은 음이온이 우세하게 흡착되기 때문에 약간의 음전하를 띤다. (*b*) 과량의 격자 양이온 존재하에서 성장하는 결정은 약간의 양전하를 띠므로 음전하로 된 지시약 이온이 흡착될 수 있다. 용액 중에서 결정 격자에 속하지 않는 양이온과 음이온은 결정 격자에 끼어 들어가지 않고 다소 흡착된다. 이 그림은 용액 중에 존재하는 다른 음이온들을 생략했다. 각 용액과 성장하는 결정 입자의 총 전하는 0이다.

Fajans 적정

Fajans 적정은 **흡착 지시약(adsorption indicator)**을 사용한다. 이 과정을 알기 위해서는 침전물의 전하를 고려해야 한다. Ag^+를 Cl^-에 첨가하면 당량점에 도달하기 전 용액에는 과량의 Cl^- 이온이 있을 것이다. 일부 Cl^-는 AgCl 표면에 선택적으로 흡착되어 결정 표면에 음전하를 띠게 한다(그림 7-7a). 당량점 이후의 용액에는 과량의 Ag^+가 있다. Ag^+ 양이온은 결정 표면에 흡착되어 침전물 입자가 양전하를 갖게 된다(그림 7-7b). 당량점에서는 음전하에서 양전하로 급격히 변화한다.

많이 쓰이는 흡착 지시약은 음이온성 염료로, 당량점 직후 생성된 양전하의 침전물 입자에 끌린다. 양전하 표면에 음전하를 갖는 염료가 흡착되면 염료의 색깔이 변한다. 적정에서 색깔 변화는 종말점을 의미한다. 지시약은 침전물 표면과 반응하므로, 가능한 한 표면적이 넓은 것이 좋다. 이것은 가능한 한 입자의 크기를 작게 유지시키는 조건에서 적정을 수행한다는 것을 의미하는데, 그 이유는 작은 입자가 같은 부피를 갖는 큰 입자보다 표면적이 크기 때문이다. 낮은 농도의 전해질은 침전물이 응고되는 것을 방지하고, 입자 크기를 작게 유지시킨다.

실험 7-1 Fajans 적정

Ag^+와 Cl^-의 Fajans 적정은 침전 적정에서 종말점을 검출하는 데 지시약이 유용한 것을 확실히 보여 준다. 0.5 g NaCl과 0.15 g 덱스트린을 400 mL의 물에 녹인다. 덱스트린은 AgCl 침전물이 응고되는 것을 지연시킨다. 다이클로로플루오레세인 지시약 1 mL를 첨가한다. 지시약 용액은 95% 에탄올 수용액에 1 mg/mL의 다이클로로플루오레세인을 함유하거나 물에 1 mg/mL의 소듐염을 녹인 것이다. NaCl 용액을 $AgNO_3$ 2 g을 함유한 수용액 30 mL로 적정하면 종말점에 이르는 데 약 20 mL가 필요하다.

천연색 사진 2a는 적정하기 전에 NaCl 용액에서 노란색의 지시약을 보여 준다. 천연색 사진 2b는 종말점에 도달하기 전에 유백색의 AgCl 현탁액이 나타남을 보여 준다. 음이온성 지시약이 침전물의 양이온 입자에 흡착되면 종말점에서 천연색 사진 2c에 분홍색 현탁액이 나타난다.

다이클로로플루오레세인

테트라브로모플루오레세인(에오신)

AgCl에 가장 널리 사용되는 지시약은 다이클로로플루오레세인(dichlorofluorescein)이다. 이 염료는 용액에서 녹황색이지만, AgCl에 흡착되면 분홍색으로 변한다(실험 7-1, 천연색 사진 2). 지시약은 약한 산이므로 음이온 형태로 존재해야 하며, 반응의 pH는 조절되어야 한다. 에오신(eosin)이라는 염료는 Br^-, I^-, SCN^-의 적정에 유용하다. 이것은 다이클로로플루오레세인보다 종말점이 뚜렷하며 훨씬 민감하다(즉 적은 양의 할로젠화물을 적정하는 데 필요하다). 그러나 에오신 음이온은 Cl^- 이온보다 AgCl에 더 강하게 결합하기 때문에 AgCl에는 사용할 수 없다. 에오신은 입자가 양전하를 띠기 전에 AgCl의 미세 결정에 결합한다.

특히 흡착 지시약을 사용하는 모든 은 적정법에서는 강한 빛(창문을 통해 비치는 일광과 같은)을 피해야 한다. 빛은 은염화물을 곱고 어두운 은 입자로 환원시키고 이것은 종말점을 불명확하게 한다. 흡착된 지시약은 특별히 빛에 민감하고 은 염화물의 환원을 촉진시킨다. Fajans 적정에서 은 염화물의 광환원을 최소화하기 위하여 지시약은 종말점의 1 mL 직전까지 첨가해서는 안된다.[5]

침전 적정의 몇 가지 응용을 표 7-1에 실었다. Volhard 방법은 은 적정법인 반면, Fajans 방법은 광범위한 적정에 쓰인다. Volhard 적정은 산성 용액(보통 0.2 M HNO_3)에서 하기 때문에, 다른 종류의 적정에 영향을 미치는 방해물을 피할 수 있다. CO_3^{2-}, $C_2O_4^{2-}$, AsO_4^{3-}의 은염은 산성 용액에 잘 녹고, 따라서 분석을 방해하지 않는다.

표 7-1 침전 적정의 몇 가지 응용

분석 화학종	주
	Volhard 방법
Br^-, I^-, SCN^-, CNO^-, AsO_4^{3-}	침전 제거가 필요없다.
Cl^-, PO_4^{3-}, CN^-, $C_2O_4^{2-}$, CO_3^{2-}, S^{2-}, CrO_4^{2-}	침전 제거를 해야 한다.
BH_4^-	BH_4^-와 반응 후 남아 있는 Ag^+의 역적정: $BH_4^- + 8Ag^+ + 8OH^- \rightarrow 8Ag(s) + H_2BO_3^- + 5H_2O$
	Fajans 방법
Cl^-, Br^-, I^-, SCN^-, $Fe(CN)_6^{4-}$	Ag^+로 적정. 플루오레세인, 다이클로로플루오레세인, 에오신, 브로모페놀 블루와 같은 염료로 검출
Zn^{2+}	$K_4Fe(CN)_6$로 적정하여 $K_2Zn_3[Fe(CN)_6]_2$ 생성. 종말점은 다이페닐아민으로 검출
SO_4^{2-}	지시약으로 알리자린 레드 S를 사용한 50 vol% 수용성 메탄올 중에 있는 $Ba(OH)_2$로 적정
Hg_2^{2+}	NaCl로 적정하여 Hg_2Cl_2 생성. 종말점은 브로모페닐 블루로 검출
PO_4^{3-}, $C_2O_4^{2-}$	$Pb(CH_3CO_2)_2$로 적정하여 $Pb_3(PO_4)_2$ 또는 PbC_2O_4 생성. 종말점은 다이브로모플루오레세인(PO_4^{3-}) 또는 플루오레세인($C_2O_4^{2-}$)으로 검출

이해해야 할 용어

- Fajans 적정(Fajans titration)
- Volhard 적정(Volhard titration)
- 당량점(equivalence point)
- 미량 분석(trace analysis)
- 바탕 적정(blank titration)
- 부피 분석(volumetric analysis)
- 시약급 화학 제품(reagent-grade chemical)
- 역적정(back titration)
- 은 적정법(argentometric titration)
- 일차 표준 물질(primary standard)
- 적정(titration)
- 적정 곡선(titration curve)
- 적정 오차(titration error)

적정 용액(titrant)
종말점(end point)
중량 적정(gravimetric titration)
지시약(indicator)
직접 적정(direct titration)
표준 용액(standard solution)
표준화(standardization)
흡착 지시약(adsorption Indicator)

요약

부피 분석에서는 분석 물질과 화학량론적으로 반응하는 데 필요한 시약(적정 시약)의 부피를 측정한다. 부피 분석에서 반응의 화학량론점을 당량점이라고 한다. 물리적 성질(지시약의 색깔 또는 전극의 전위 같은)이 갑자기 변하는 점이 종말점이다. 종말점과 당량점의 차이를 피할 수 없는 적정 오차라고 한다. 적정 오차는 분석 물질을 제외하고 같은 방법으로 실험한 바탕 적정의 결과를 빼 주거나, 분석 물질에 사용된 것과 같은 부피와 같은 반응을 사용하여 적정 용액을 표준화함으로써 감소시킬 수 있다.

분석의 타당성은 일차 표준 물질의 양을 아는 데 달려 있다. 대략 원하는 농도로 제조된 용액은 일차 표준 물질로서 적정하여 표준화할 수 있다. 직접 적정에서는 적정 용액을 반응이 완결될 때까지 분석 물질에 가한다. 역적정에서는 알려진 과량의 시약을 분석 물질에 가한 후 과량을 이차 표준 시약으로 적정한다. 부피 분석의 모든 계산은 미지 분석 물질의 몰수 대 아는 적정 용액의 몰수와 관련된다.

침전 적정이 진행되는 동안 반응물이나 생성물의 농도는 세 가지 방법으로 계산된다. 종말점 이전에는 과량의 분석 물질이 있다. 이것의 농도는 (남아 있는 분율) × (처음 농도) × (묽힘 인자)의 곱이다. 적정 용액의 농도는 침전물의 용해도곱과 과량의 분석 물질의 알려진 농도로부터 구할 수 있다. 당량점에서 두 반응물의 농도는 생성물의 용해도곱에 의해 조절된다. 당량점 이후에는 분석 물질의 농도는 침전물의 용해도곱과 과량의 적정 용액의 알려진 농도로부터 구할 수 있다.

Ag^+를 이용하여 음이온을 적정하는 두 일반적인 은 적정법의 종말점은 색의 변화로 관찰된다. Volhard 적정에서는 과량의 표준 $AgNO_3$를 음이온에 첨가하고 침전물을 여과한다. 여과물 내의 과량의 Ag^+는 Fe^{3+}가 존재하는 표준 KSCN으로 역적정한다. Ag^+가 소모되면, SCN^-가 Fe^{3+}와 반응하여 붉은색 착물을 만든다. Fajans 적정에서는 표준 $AgNO_3$로 음이온을 직접 적정할 때의 종말점을 찾는 데 흡착 지시약을 이용한다. 지시약의 색 변화는 당량점 바로 이후에 하전된 지시약이 반대 전하로 하전된 침전물의 표면에 흡착될 때 나타난다.

연습 문제

7-A. 아스코브산(바이타민 C)은 I_3^-와 다음과 같이 반응한다.

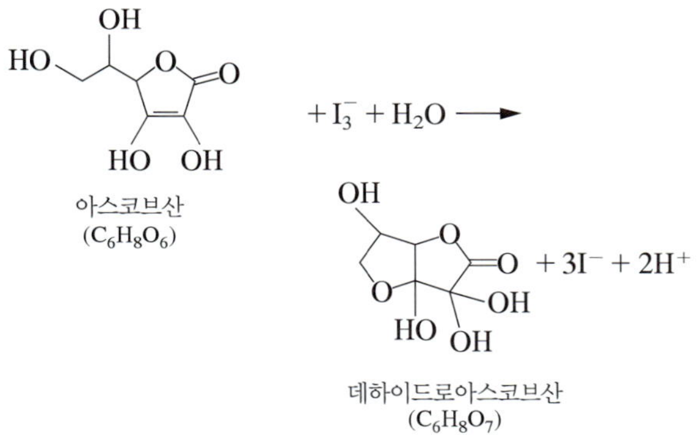

아스코브산 ($C_6H_8O_6$) $+ I_3^- + H_2O \longrightarrow$ 데하이드로아스코브산 ($C_6H_8O_7$) $+ 3I^- + 2H^+$

이 반응에서는 지시약으로 녹말을 사용한다. 종말점은 미반응 I_3^-가 용액에 남아 있을 때 나타나는 녹말-아이오딘 착물의 진청색에 의해 알 수 있다.

(a) 위의 구조를 갖는 화학식이 밑에 쓰여진 것이 맞는지 확인하시오. 식의 모든 원자를 배치할 수 있어야 한다. 이 책의 표지 안쪽에 있는 주기율표의 질량을 이용하여 아스코브산의 분자량을 계산하시오.

(b) 순수한 아스코브산 0.197 0 g과 반응하는 데 I_3^- 용액 29.41 mL가 필요하다면, I_3^- 용액의 몰농도는 얼마인가?

(c) 아스코브산과 비활성 결합제를 함유한 바이타민 C 정제를 분말로 만든 다음, 0.424 2 g을 I_3^- 31.63 mL로 적정했다. 정제 안에 들어 있는 아스코브산의 무게 백분율을 구하시오.

7-B. NaOH 용액을 일정한 양의 표준 물질인 프탈산 수소 포타슘으로 표준화하였다.

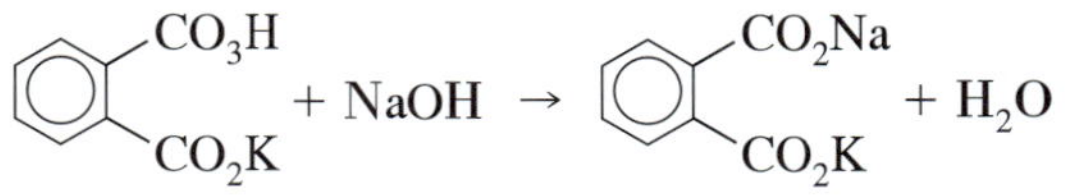

$$C_6H_4(CO_2H)(CO_2K) + NaOH \rightarrow C_6H_4(CO_2Na)(CO_2K) + H_2O$$

프탈산 수소 포타슘
$C_8H_5O_4K$(FM 204.22)

그다음 미지 H_2SO_4 용액의 농도를 알아보기 위해 그 NaOH 용액을 사용하였다.

$$H_2SO_4 + 2NaOH \rightarrow Na_2SO_4 + 2H_2O$$

(a) 프탈산 수소 포타슘의 구조로부터 분자식 $C_8H_5O_4K$가 맞는지 확인하시오.

(b) 프탈산 수소 포타슘 0.824 g을 적정하는 데에는 페놀프탈레인 지시약을 사용하여 종말점을 결정하였을 때 NaOH 용액 38.314 g이 필요하였다. NaOH의 농도(mol NaOH/kg 용액)를 구하시오.

(c) H_2SO_4 용액 10.00 mL를 페놀프탈레인 지시약을 사용하여 종말점을 결정한 경우, NaOH 용액 57.911 g이 필요하였다. H_2SO_4의 몰농도를 구하시오.

7-C. 질량이 0.237 6 g인 고체 시료에는 말론산과 염산 아닐린이 들어 있다. 이 시료를 중화하는 데 0.087 71 M NaOH 34.02 mL가 필요하였다면, 고체 혼합물에 있는 각 성분의 무게 백분율은 얼마이겠는가? 반응은 다음과 같다.

$$\underset{\text{말론산(FM 104.06)}}{CH_2(CO_2H)_2} + 2OH^- \rightarrow \underset{\text{말론산 이온}}{CH_2(CO_2^-)_2} + 2H_2O$$

$$\underset{\substack{\text{염산 아닐린}\\\text{(FM 129.59)}}}{C_6H_5{-}NH_3^+Cl^-} + OH^- \rightarrow \underset{\text{아닐린}}{C_6H_5{-}NH_2} + H_2O + Cl^-$$

7-D. 0.080 0 M KSCN 50.0 mL를 0.040 0 M Cu^+로 적정한다. CuSCN의 용해도곱은 4.8×10^{-15}이다. 다음과 같은 적정 용액의 부피에서 pCu^+를 계산하고, 첨가한 Cu^+의 mL에 대한 pCu^+의 그래프를 그리시오. 0.10, 10.0, 25.0, 50.0, 75.0, 95.0, 99.9, 100.0, 100.1, 101.0, 110.0 mL.

7-E. 0.050 00 M Br^-와 0.050 00 M Cl^-를 포함한 용액 40.00 mL를 적정할 때 Ag^+의 mL에 대한 pAg^+의 그래프를 그리시오. 적정 용액은 0.084 54 M $AgNO_3$이다. 다음과 같은 적정 용액의 부피에서 pAg^+를 계산하시오. 2.00, 10.00, 22.00, 23.00, 24.00, 30.00, 40.00 mL, 두 번째 당량점, 50.00 mL.

7-F. I^-와 SCN^-의 혼합물 50.00(±0.05) mL를 0.068 3 (±0.000 1) M Ag^+로 적정할 때, 첫 번째 당량점은 12.6(±0.4) mL에서, 두 번째 당량점은 27.7(±0.3) mL에서 관측되었다.

(a) 초기의 혼합물에 있는 SCN^-의 몰농도와, 몰농도의 불확정도를 구하시오.

(b) 위에 적힌 불확정도가 모두 같고, 첫 번째 당량점(12.6 ± ? mL)에서의 불확정도만 변한다고 가정해 보자. SCN^- 몰농도의 불확정도가 ≤4.0%라면, 첫 번째 당량점의 최대 불확정도는 얼마이겠는가? (mL 단위로)

문제

부피 분석 과정과 계산

7-1. 다음 내용을 설명하시오.
"분석 결과의 유효성은 궁극적으로 어떤 일차 표준 물질의 조성을 아는 데 달려 있다."

7-2. '종말점'과 '당량점'의 차이를 설명하시오.

7-3. 바탕 적정은 적정 오차를 어떻게 감소시키는가?

7-4. 직접 적정과 역적정의 차이점은 무엇인가?

7-5. 시약급 화학 제품과 일차 표준 물질의 차이점은 무엇인가?

7-6. 미량 분석을 위해 시료를 녹이기 위해서 왜 초고순도의 산 용매가 쓰이는가?

7-7. 반응이 $Hg_2^{2+} + 2I^- \rightarrow Hg_2I_2(s)$일 때, 0.040 0 M $Hg_2(NO_3)_2$ 40.0 mL와 반응하는 데 필요한 0.100 M KI는 몇 mL인가?

7-8. 반응 7-1에서 0.165 0 M 옥살산 108.0 mL와 반응하는 데 필요한 0.165 0 M $KMnO_4$는 몇 mL인가? 0.165 0 M $KMnO_4$ 108.0 mL와 반응하는 데 필요한 0.165 0 M 옥살산은 몇 mL인가?

7-9. 암모니아는 OBr^-와 다음과 같이 반응한다.

$$2NH_3 + 3OBr^- \rightarrow N_2 + 3Br^- + 3H_2O$$

OBr^- 용액 1.00 mL가 NH_3 1.69 mg과 반응하면 OBr^- 용액의 몰농도는 얼마인가?

7-10. 설팜산은 NaOH를 표준화하는 데 사용할 수 있는 일차 표준 물질이다.

$$\underset{\substack{\text{설팜산}\\\text{(FM 97.088)}}}{{}^+H_3NSO_3^-} + OH^- \longrightarrow H_2NSO_3^- + H_2O$$

NaOH 34.26 mL가 설팜산 0.333 7 g과 반응한다면, 그 용액의 몰농도는 얼마인가?

7-11. 석회석은 주로 방해석인 $CaCO_3$로 구성되어 있다. 석회석에 들어 있는 탄산염의 함량을 측정하기 위해 분말 시료 0.541 3 g을 물에 풀고 1.396 M HCl 10.00 mL를 가한 후, 가열하여 고체를 녹이고 CO_2를 쫓아낸다.

$$\underset{\substack{\text{탄산 칼슘}\\\text{(FM 100.086)}}}{CaCO_3(s)} + 2H^+ \longrightarrow Ca^{2+} + CO_2\uparrow + H_2O$$

과량의 산을 페놀프탈레인 종말점까지 완전히 적정하는 데 0.100 4 M NaOH 39.96 mL가 쓰였다. 석회석에 들어 있는 방해석의 무게 백분율을 구하시오.

7-12. As_2O_3는 순수한 형태로 얻을 수 있으며, MnO_4^-와 같은 여러 산화제를 표준화하는 데 유용한 일차 표준 물질이다. As_2O_3는 먼저 염기에 용해시키고, 그 후 산성에서 MnO_4^-로 적정된다. 소량의 I^- 또는 IO_3^-는 H_3AsO_3와 MnO_4^-의 반응을 촉매화하는 데 사용된다. 그 반응은 다음과 같다.

$$As_2O_3 + 4OH^- \rightleftharpoons 2HAsO_3^{2-} + H_2O$$
$$HAsO_3^{2-} + 2H^+ \rightleftharpoons H_3AsO_3$$
$$5H_3AsO_3 + 2MnO_4^- + 6H^+ \rightarrow 5H_3AsO_4 + 2Mn^{2+} + 3H_2O$$

(a) $KMnO_4$(FM 158.032) 3.214 g을 물 1.000 L에 녹인 후 가열하여 불순물을 생성시키고 식혀 여과하였다. MnO_4^-가 불순물로 소비되지 않았다면, 이 용액의 이론적인 몰농도가 얼마인지 구하시오.

(b) (a)에서 $KMnO_4$ 용액 25.00 mL와 반응하는 데 충분한 As_2O_3(FM 197.840)의 양은 얼마인가?

(c) As_2O_3 0.146 8 g은 미반응 MnO_4^-의 희미한 색깔을 나타내는 데 $KMnO_4$ 용액 29.98 mL를 소비했다. 바탕 적정에서는 색깔을 충분히 보는 데 MnO_4^- 0.03 mL가 필요했다. 과망가니즈산 용액의 몰농도를 계산하시오.

7-13. 0.238 6 g의 시료에는 NaCl과 KBr만이 함유되어 있다. 시료를 물에 녹인 후 두 할로젠화물[AgCl(*s*), AgBr(*s*) 생성]을

완전히 적정하는 데 0.048 37 M $AgNO_3$ 48.40 mL가 필요했다. 고체 시료에 있는 Br의 무게 백분율을 계산하시오.

7-14. 질량이 0.054 85 g인 고체 혼합물이 황산 암모늄 철(II)과 염화 철(II)을 포함하고 있다. 이 시료를 1 M H_2SO_4에 녹여 Fe^{2+}를 Fe^{3+}로 완전히 산화시키는 데 0.012 34 M Ce^{4+}가 13.39 mL 소모되었다($Ce^{4+} + Fe^{2+} \rightarrow Ce^{3+} + Fe^{3+}$). 원래 시료에 존재하는 Cl의 무게 백분율을 계산하시오.

$FeSO_4 \cdot (NH_4)_2SO_4 \cdot 6H_2O$	$FeCl_2 \cdot 6H_2O$
황산 암모늄 철(II)	염화 철(II)
(FM 392.12)	(FM 234.84)

7-15. CN^- 용액 12.73 mL를 25.00 mL의 Ni^{2+} 용액(과량의 Ni^{2+}를 포함하는)과 반응시켜 CN^-를 $Ni(CN)_4^{2-}$로 변환시켰다.

$$4CN^- + Ni^{2+} \rightarrow Ni(CN)_4^{2-}$$

과량의 Ni^{2+}는 0.013 07 M EDTA(ethylenediaminetetraacetic acid) 10.15 mL로 적정하였다. EDTA 1 mol은 Ni^{2+} 1 mol과 반응한다.

$$Ni^{2+} + EDTA^{4-} \rightarrow Ni(EDTA)^{2-}$$

$Ni(CN)_4^{2-}$는 EDTA와 반응하지 않는다. 초기의 Ni^{2+} 용액 30.10 mL와 반응하는 데 EDTA 39.35 mL가 필요하다면, 12.73 mL CN^- 시료에 있는 CN^-의 몰농도는 얼마인가?

7-16. 염수 수족관 관리. 뉴저지 주 수족관에 있는 수조는 부피가 290만 리터이다.[6] 독성을 높일 수 있는 질산을 제거하기 위해서 박테리아를 사용한다. 첨가된 메탄올의 존재하에서 O_2를 소비하는 박테리아를 포함하고 있는, 공기를 제거한 수조에 수족관 물은 최초 2 700 L로 채워진다.

$$\underset{\text{메탄올}}{2CH_3OH} + 3O_2 \xrightarrow{\text{박테리아}} 2CO_2 + 4H_2O \qquad (1)$$

공기를 제거한 수조로부터 탈산소의 물이 다공성 매질에 **슈도모나스**(*Pseudomnas*) 박테리아 집단을 포함하고 있는 탈질소 반응기에 1 500 L 흐른다. 메탄올은 계속 주입되고, 질산염은 아질산염으로 바뀌고, 그다음 질소로 바뀐다.

$$\underset{\text{질산염}}{3NO_3^-} + CH_3OH \xrightarrow{\text{박테리아}} \underset{\text{아질산염}}{3NO_2^-} + CO_2 + 2H_2O \qquad (2)$$

$$2NO_2^- + CH_3OH \xrightarrow{\text{박테리아}} N_2 + CO_2 + H_2O + 2OH^- \qquad (3)$$

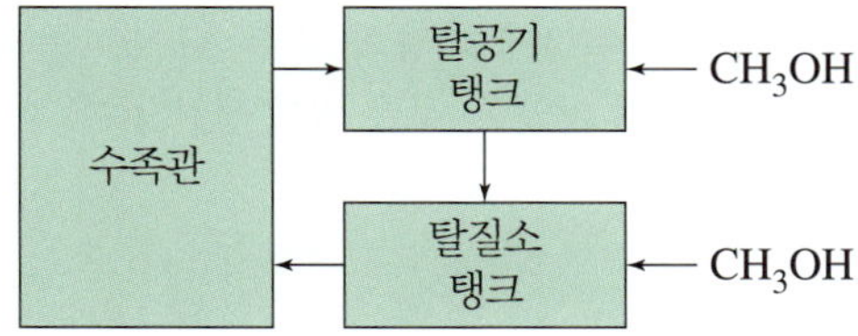

(a) 탈공기는 CH_3OH에 의한 O_2의 박테리아 매개체 적정의 흐름으로 생각될 수 있다. 24°C의 바닷물에 있는 O_2의 농도는 220 μM이다. 수족관 물 290만 리터에 대한 반응 1에 필요한 CH_3OH(FM 32.04, 밀도 = 0.791 g/mL)는 몇 리터인가?

(b) 질산염과 메탄올이 질소로 바뀌는 알짜 반응을 쓰시오. 8 100 μM 농도의 질산염과 290만 리터의 수족관 물의 알짜 반응에는 몇 리터의 CH_3OH가 필요한가?

(c) 반응 1에서 3까지의 메탄올 소비에 더하여 30%의 추가적인 메탄올이 박테리아가 성장을 위해 필요하다. 290만 리터의 수족관 물을 탈질소화하기 위해서 필요한 메탄올의 총 부피는 얼마인가?

침전 적정 곡선의 모양

7-17. 그림 7-2에 있는 곡선에서 다음 영역의 각각에서 일어나는 화학 작용을 기술하시오. (i) 당량점 이전, (ii) 당량점에서, (iii) 당량점 이후. 각 영역에 대하여 $[Ag^+]$를 계산하는 데 사용되는 식을 쓰시오.

7-18. 0.082 30 M KI 25.00 mL를 0.051 10 M $AgNO_3$로 적정했다고 하자. 다음과 같이 첨가된 $AgNO_3$ 부피에서 pAg^+를 계산하시오.

(a) 39.00 mL **(b)** V_e **(c)** 44.30 mL

7-19. 0.031 10 M $Na_2C_2O_4$ 용액 25.00 mL를 옥살산 칼슘으로 침전시키기 위해서 0.025 70 M $Ca(NO_3)_2$로 적정하였다.

$$Ca^{2+} + C_2O_4^{2-} \rightarrow CaC_2O_4(s)$$

다음 부피에서 $Ca(NO_3)_2$ pCa^{2+}를 구하시오.

(a) 10.00 mL **(b)** V_e **(c)** 35.00 mL

7-20. Ag^+에 의한 할로젠화물의 침전 적정에서 $AgX(aq)$(X = Cl, Br, I) 이온쌍은 침전과 안정된 상태에 있다. 부록 J를 이용하여 침전 중 $AgCl(aq)$, $AgBr(aq)$, $AgI(aq)$의 농도를 구하시오.

7-21. 화성 토양의 황산 이온. 이 장의 시작 그림에 황산 바륨의 적정을 기술하였다. $BaCl_2$를 첨가하기 전의 화성 토양에서 추출한 25 mL 수용액 속의 Cl^-의 초기 농도는 0.000 19 M이었다. Ba^{2+}가 갑자기 증가한 종말점에서 $[Cl^-]$ = 0.009 6 M이다.

(a) 적정 반응식을 쓰시오.

(b) 종말점에 도달하는 데 필요한 $BaCl_2$의 mmol수는?

(c) 25 mL 속에 포함되어 있는 SO_4^{2-}의 mmol수는?

(d) 만약 1.0 g의 토양에서 SO_4^{2-}가 나왔다면, 그 토양의 SO_4^{2-}의 wt%는?

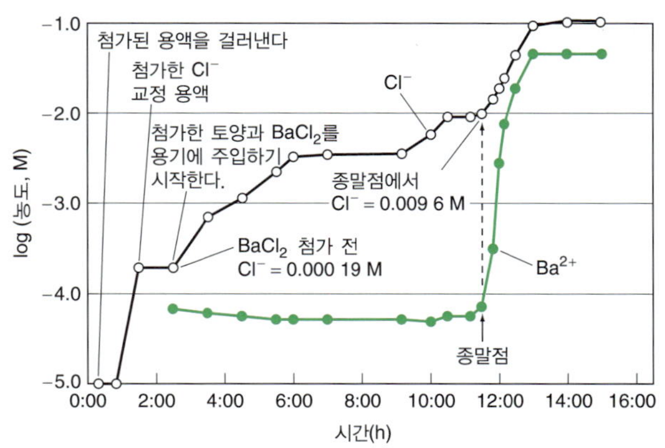

화성 탐사선 피닉스로부터 황산 바륨 침전 적정 [출처: Reference 1. Courtesy S.Kounaves, Tufts University.]

혼합물의 적정

7-22. 그림 7-4에 있는 (a) 곡선에서 다음 각 영역에서 일어나는 화학 작용을 기술하시오. (i) 첫 번째 당량점 이전, (ii) 첫 번째 당량점에서, (iii) 첫 번째 당량점과 두 번째 당량점 사이, (iv) 두 번째 당량점에서, (v) 두 번째 당량점 이후. (ii)를 제외하고 각 영역에 대하여, $[Ag^+]$를 계산하는 데 사용되는 식을 쓰시오.

7-23. 교재에서는 그림 7-4의 적정에서 Cl^-의 침전이 시작되기 전에 I^-의 침전이 완전히 끝나지 않는다고 주장한다. I^-만의 적정의 당량점에서 Ag^+의 농도를 계산하시오. 이 농도의 Ag^+가 Cl^-를 침전시키는 것을 보이시오.

7-24. 유기 화합물 중에 포함된 할로젠의 양을 결정하기 위한 방법[7]은 은 적정법을 사용하는 것이다. 50 mL의 무수 에터에 질량을 측정한 미지 시료(10~100 mg)를 조심스럽게 넣고, 2 mL의 소듐 분산과 1 mL의 메탄올을 더한다(소듐 분산은 잘게 잘라 기름에 떠 있는 고체 소듐으로, 메탄올을 더하면 메톡시화 소듐($CH_3O^-Na^+$)이 되어 유기 물질을 공격하여 할로젠화물을 분리시킨다). 2-프로판올을 천천히 가해, 남은 소듐을 제거한 후에 물 100 mL를 가한다(소듐은 물과 직접 접촉하면 안 된다. 왜냐하면 발생되는 H_2가 O_2와 만나서 폭발할 수 있기 때문이다. $2Na + 2H_2O \rightarrow NaOH + H_2$). 이것은 두 층의 혼합물을 만든다. 에터층은 할로젠화염을 포함하는 물층에 뜬다. 물층을 pH 4로 조절하고, 그림 7-5에 나와 있는 전극을 사용하여 Ag^+로 적정한다. 82.67 mg의 1-브로모-4-클로로뷰테인($BrCH_2CH_2CH_2CH_2Cl$; FM 171.46)을 분석할 때, 각 당량점에 도달하기 위해 0.025 70 M $AgNO_3$ 용액이 얼마나 필요한가?

7-25. 그림 7-4의 적정 (a)에서 다음 각 점에 대한 pAg^+를 계산하시오.

(a) 10.00 mL **(b)** 20.00 mL **(c)** 30.00 mL
(d) 두 번째 당량점 **(e)** 50.00 mL

7-26. 0.100 0 M Ag^+와 0.100 0 M Hg_2^{2+}를 포함하는 혼합물 10.00 mL를 0.100 0 M KCN으로 적정하여 침전물 $Hg_2(CN)_2$와 AgCN을 얻었다.

(a) 다음 부피의 KCN을 첨가했을 때 pCN^-는 각각 얼마인가? 5.00, 10.00, 15.00, 19.90, 20.10, 25.00, 30.00, 35.00 mL
(b) 19.90 mL를 첨가하였을 때 AgCN은 침전되겠는가?

스프레드시트 사용하기

7-27. M^+(농도 $= C_M^0$, 부피 $= V_M^0$)를 X^-(적정 시약 농도 $= C_X^0$)로 적정하는 식을 식 7-12처럼 유도하시오. 그 식은 $[X^-]$의 함수로 적정 시약의 부피(V_X)를 계산할 수 있도록 해 준다.

7-28. 식 7-12를 사용하여 그림 7-3의 곡선을 재현하시오. 결과를 단일 그래프에 그리시오.

7-29. M^{m+}로 X^{x-}를 침전시키는 것을 생각해 보자.

$$xM^{m+} + mX^{x-} \rightleftharpoons M_xX_m(s) \qquad K_{sp} = [M^{m+}]^x[X^{x-}]^m$$

M과 X에 대한 질량 균형식을 적고, 다음 식을 유도하시오.

$$V_M = V_X^0\left(\frac{xC_X^0 + m[M^{m+}] - x[X^{x-}]}{mC_M^0 - m[M^{m+}] + x[X^{x-}]}\right)$$

여기에서 $[X^{x-}]$는 $(K_{sp}/[M^{m+}]^x)^{1/m}$이다.

7-30. 문제 7-29의 식을 사용하여 0.100 M $Cr_2O_4^{2-}$ 10.0 mL를 0.100 M Ag^+로 적정해서 $Ag_2CrO_4(s)$를 만들 때 적정 곡선을 계산하시오.

종말점 검출

7-31. 당량점에서 침전물 입자가 띠는 표면 전하의 부호가 바뀌는 까닭은 무엇인가?

7-32. 표 7-1에 실린 Zn^{2+}의 Fajans 적정 과정을 살펴보라. 침전물이 띠는 전하는 당량점 이후에 양전하와 음전하 중 어느 것이겠는가?

7-33. Volhard 적정법을 이용하여 NaI 용액을 분석하는 방법을 설명하시오.

7-34. HBr 용액 30.00 mL를 8 M HNO_3 5 mL로 처리한 후, 0.365 0 M $AgNO_3$ 50.00 mL와 함께 세게 저었다. 그런 다음 포화 철 백반 1 mL를 첨가하고, 0.287 0 M KSCN으로 적정했다. 3.60 mL가 첨가되었을 때 용액이 붉은색으로 변했다. 처음 용액에서 HBr의 농도는 얼마였는가? 처음 용액에 있었던 Br^-는 몇 mg인가?

7-35. **이 과정에서 잘못된 것은 무엇인가?** 표 7-1에 따르면, 탄산 이온은 Volhard 적정으로 측정할 수 있다. 침전물을 제거하는 과정이 필요하다. 미지의 Na_2CO_3 용액을 분석하기 위하여, 용액을 산성화하기 위하여 끓인 후 식힌 HNO_3를 넣어 ~0.5 M HNO_3를 만들었다. 그런 다음 I에 과량의 표준 $AgNO_3$를 넣었지만 Ag_2CO_3 침전이 생기지 않았다. 무슨 일이 생긴 걸까?

8 활동도와 평형의 체계적 처리

수화 이온

추정 수화물 분자수

분자	단단히 결합된 H_2O 수
$CH_3CH_2CH_3$	0
C_6H_6	0
CH_3CH_2Cl	0
CH_3CH_2SH	0
$CH_3—O—CH_3$	1
CH_3CH_2OH	1
$(CH_3)_2C{=}O$	1.5
$CH_3CH{=}O$	1.5
CH_3CO_2H	2
$CH_3C{\equiv}N$	3
$CH_3C({=}O)NHCH_3$	4
CH_3NO_2	5
$CH_3CO_2^-$	5
CH_3NH_2	6
CH_3SO_3H	7
NH_3	9
$CH_3SO_3^-$	10
NH_4^+	12

출처: S. Fu and C. A. Lucy, "Prediction of Electrophoretic Mobilities," *Anal.* Chem. ***1998,*** 70, *173*.

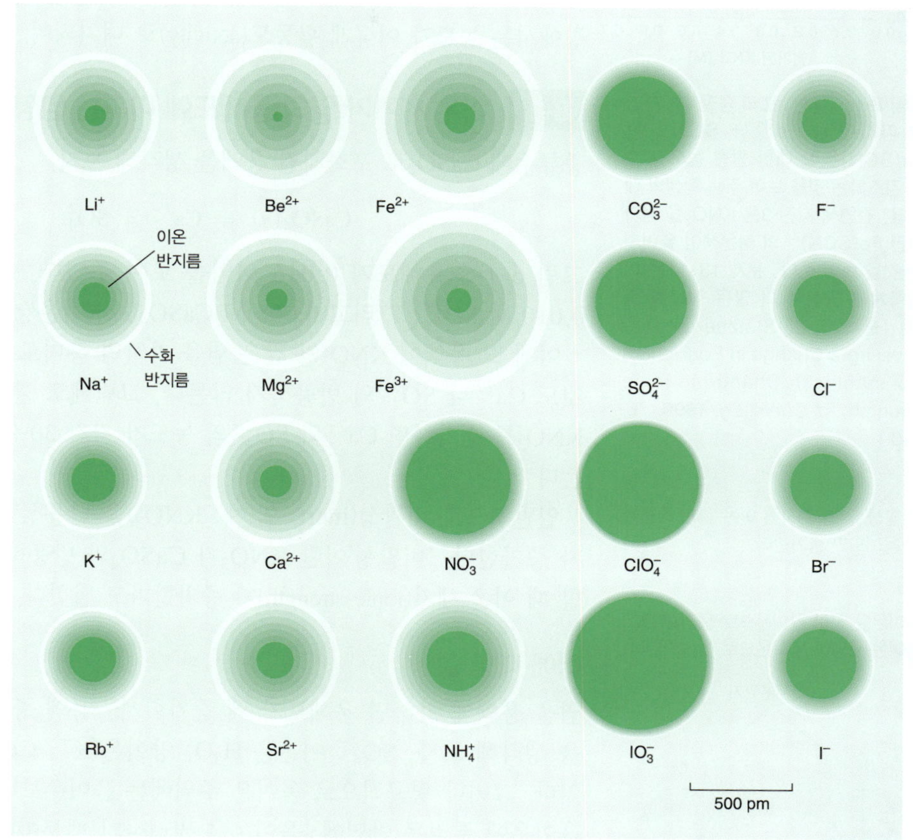

몇 가지 이온의 이온 반지름 및 수화 반지름. 크기가 작고 전하가 큰 이온은 물 분자들과 더 단단히 결합하여 큰 수화 화학종으로 거동한다.

용액 내에 있는 이온이나 분자는 조직화된 용매 분자층으로 둘러싸인다. H_2O의 산소 원자는 부분 음전하를 가지며, 수소 원자는 그 반만큼의 부분 양전하를 가진다.

$$\overset{\delta+}{H}\text{—}O^{2\delta-}\text{—}\overset{\delta+}{H} \qquad H_2O\cdots Li^+\ (200\ \text{pm}) \qquad {}^-Cl\cdots H\text{—}O\text{—}H\ (220\ \text{pm},\ 330\ \text{pm})$$

물은 산소 원자를 통하여 양이온과 결합한다. 예를 들어 Li^+의 첫 배위권(coordination sphere)은 사면체의 꼭짓점에 있는 약 4개의 H_2O 분자로 구성되어 있다.[1] 큰 이온 Cf^{3+}(98번 원소, californium)의 첫 배위권은 약 8개의 H_2O로 이루어진 뒤틀린 사각 기둥으로 여겨진다.[2] Cl^-는 수소 원자를 통하여 약 6개의 물 분자와 결합한다.[1,3] H_2O는 벌크 용매와 배위된 자리 사이에서 빠르게 교환된다.

위 그림의 이온 반지름은 결정 내 이온의 X선 회절로 측정한 것이다. 수화 반지름은 용액 내에서 이온의 확산 계수 및 전기장에서 물속 이온의 이동도로 추정한다.[4,5] 크기가 작고 전하가 큰 이온은 더 많은 물 분자와 결합하여 용액 내에서 더 큰 화학종으로 거동한다. 이 장에서 공부할 물속 이온의 **활동도**(activity)는 수화 화학종의 크기와 관련되어 있다.

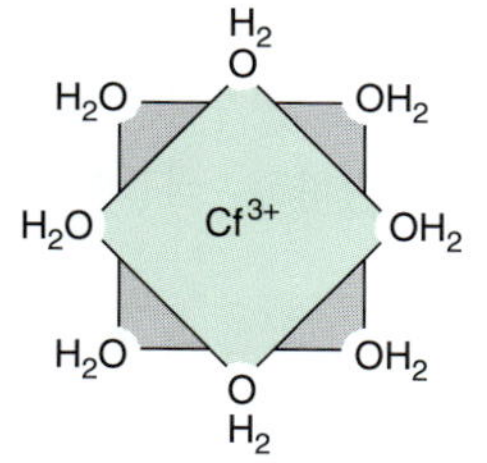

Cf^{3+}는 뒤틀린 사각 기둥 구조에서 4 H_2O의 평면 사이의 중심에 있다

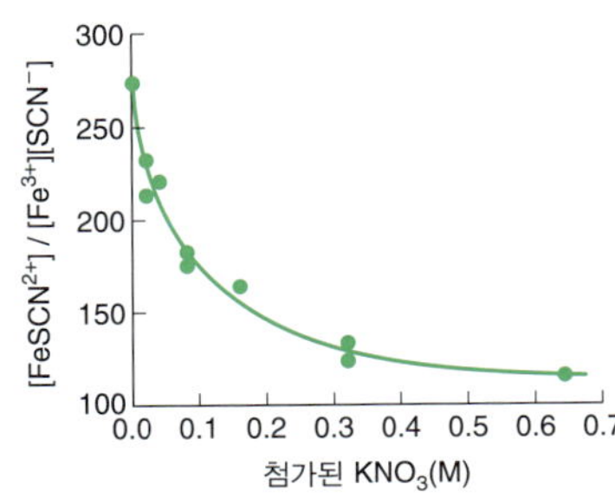

그림 8-1 질산 포타슘을 첨가함에 따라 반응 $Fe^{3+} + SCN^- \rightleftharpoons Fe(SCN)^{2+}$에 대한 평형 농도 지수가 감소하는 것을 보여 주는 학생의 데이터. 천연색 사진 3은 KNO_3을 첨가하면 $Fe(SCN)^{2+}$의 붉은색이 옅어지는 것을 보여 준다. 문제 13-11은 이 화학계에 관하여 더 많은 정보를 준다. [출처: R. J. Stolzberg, "Discovering a Change in Equilibrium Constant with Change in Ionic Strength," *J. Chem. Ed.* **1999**, *76*, 640.]

6장에서 반응에 대한 평형 상수를 다음과 같이 적었다.

$$\underset{\text{연노란색}}{Fe^{3+}} + \underset{\text{무색}}{SCN^-} \rightleftharpoons \underset{\text{붉은색}}{Fe(SCN)^{2+}} \qquad K = \frac{[Fe(SCN)^{2+}]}{[Fe^{3+}][SCN^-]} \tag{8-1}$$

그림 8-1, 실험 8-1, 그리고 천연색 사진 3은 용액에 KNO_3와 같은 '비활성' 염을 첨가하면 식 8-1의 농도 지수가 감소한다는 것을 보여 준다. 즉 평형 '상수'는 실제로 상수가 아니다. 이 장에서는 농도가 어떻게 **활동도**(activity)로 대치되며, 활동도가 어떻게 쓰이는지를 알아본다.

8-1 이온 세기가 염의 용해도에 미치는 영향

증류수에 $CaSO_4$로 포화시킨 용액을 생각해 보자.

$$CaSO_4(s) \rightleftharpoons Ca^{2+} + SO_4^{2-} \qquad K_{sp} = 2.4 \times 10^{-5} \tag{8-2}$$

그림 6-1에 용해도가 0.015 M임을 보여 주었다. 용해된 화학종은 주로 0.010 M Ca^{2+}, 0.010 M SO_4^{2-}, 그리고 0.005 M $CaSO_4(aq)$(이온쌍)이다.

이제 그 용액에 KNO_3와 같은 염을 가하면 흥미로운 효과가 관찰된다. K^+나 NO_3^-는 어느 것도 Ca^{2+}나 SO_4^{2-}와 반응하지 않는다. 그럼에도 불구하고 $CaSO_4$의 포화 용액에 0.050 M KNO_3를 첨가하면 Ca^{2+}와 SO_4^{2-}의 농도가 각각 30% 가량 증가할 때까지 더 많은 고체가 녹는다.

'비활성' 염을 가하면 이온 결합 화합물의 용해도가 증가한다.

일반적으로 비활성(inert) 염(예: KNO_3)을 난용성 염(예: $CaSO_4$)에 가하면 후자의 용해도가 증가한다. '비활성'이란 KNO_3가 $CaSO_4$와 반응하지 않는다는 뜻이다. 용액에 염을 첨가할 때 **이온 세기**(ionic strength)가 증가한다고 말한다. 이온 세기의 정확한 정의는 곧 다룬다.

음이온은 잉여 양이온으로 둘러싸인다.
양이온은 잉여 음이온으로 둘러싸인다.

이에 대한 설명

염을 용액에 가하면 용해도가 왜 증가할까? 용액 중의 한 Ca^{2+} 이온과 또 다른 SO_4^{2-} 이온을 생각해 보자. SO_4^{2-} 이온은 H_2O, 양이온(K^+, Ca^{2+})과 음이온(NO_3^-, SO_4^{2-})으로 둘러싸인다. 그러나 평균적으로 음이온 주위에는 음이온보다는 양이온이 더 많다. 이것은 양이온이 음이온에 끌리는 반면에, 음이온은 밀려나기 때문이다. 이런 상호 작용으로 인해, 음이온 주변에는 알짜 양전하의 영역이 생겨난다. 이 영역을 **이온 분위기(ionic atmosphere)**라고 한다(그림 8-2). 이온은 끊임없이 이온 분위기로 확산되어 들어오고 나간다. 시간에 대해 평균하면, 이온 분위기의 알짜 전하는 중심에 있는 음전하보다 절댓값이 작다. 마찬가지로 용액 내의 양이온 주변에는 음전하의 분위기가 둘러싼다.

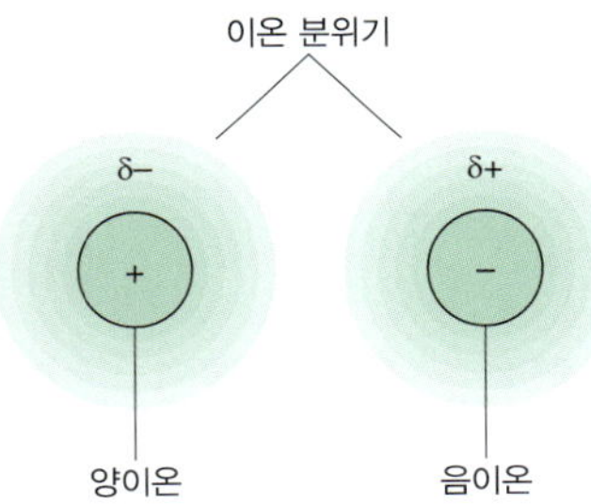

그림 8-2 전하가 δ+와 δ−인 구형 구름으로 나타낸 이온 분위기가 용액 내의 이온을 둘러싼다. 이온 분위기의 전하는 중심 이온의 전하보다 작다. 용액의 이온 세기가 클수록 이온 분위기의 전하가 커진다.

이온 분위기는 용액 내의 이온들 사이의 인력을 감소시키는 역할을 한다. 이온 분위기가 더해진 양이온은 단독으로 있을 때보다 양전하가 줄어든다. 마찬가지로 이온 분위기가 더해진 음이온은 단독으로 있을 때보다 음전하가 줄어든다. 따라서 이온 분위기가 더해진 양이온

실험 8-1 이온 세기가 이온 해리에 미치는 영향[6]

이 실험은 이온 세기가 붉은색 싸이오사이안화 철(III) 착물의 해리에 미치는 영향을 보여 준다.

$$\underset{\text{붉은색}}{Fe(SCN)^{2+}} \rightleftharpoons \underset{\text{연노란색}}{Fe^{3+}} + \underset{\text{무색}}{SCN^-}$$

15 M(진한) HNO_3 세 방울이 들어 있는 1 L의 물에 $FeCl_3 \cdot 6H_2O$ 0.27 g을 녹여 1 mM $FeCl_3$ 용액을 만들라. 산을 가하는 목적은 며칠 내에 생기는 $Fe(OH)_3$ 침전 형성을 늦추어서 용액을 새로 만들어야 하는 수고를 덜기 위함이다.

이온 세기가 해리 반응에 미치는 영향을 보여 주려면 1 mM $FeCl_3$ 용액 300 mL를 1.5 mM NH_4SCN 또는 KSCN 300 mL와 섞는다. 이 연한 붉은색 용액을 이등분하여 그중 하나에 12 g의 KNO_3를 가해서 이온 세기를 0.4 M로 증가시킨다. KNO_3가 녹으면 붉은색 $Fe(SCN)^{2+}$ 착물이 해리하고, 색깔이 옅어진다(천연색 사진 3 참조).

NH_4SCN 또는 KSCN 결정 몇 개를 어느 쪽 용액에든지 가하면 $Fe(SCN)^{2+}$가 생기는 쪽으로 반응이 진행되어 붉은색이 진해진다. 이 현상은 생성물을 첨가하면 반응물이 생기는 Le Châtelier 원리를 보여 준다.

과 음이온 사이의 알짜 인력은 이온 분위기가 없는 순수한 양이온과 음이온 사이의 인력보다 작다. **용액의 이온 세기가 클수록 이온 분위기의 전하가 커진다. 각각의 이온-이온 분위기의 전하의 합은 작아지고, 따라서 특정 양이온과 음이온 사이의 인력이 줄게 된다.**

이온 세기가 커지면 Ca^{2+}과 SO_4^{2-} 사이의 인력은 순수한 물에서보다 줄어든다. 이 효과로, 서로 합쳐지려고 하는 경향이 줄어들기 때문에 $CaSO_4$의 용해도는 **증가한다**.

이온 세기가 커지면 이온으로 해리하는 것이 촉진된다. 그래서 예를 들어 이온 세기를 0.01 M에서 0.1 M로 높이면, 다음의 각 반응은 오른쪽으로 진행된다.

$$Fe(SCN)^{2+} \rightleftharpoons Fe^{3+} + SCN^-$$

싸이오사이안화 이온

$$C_6H_5\text{—OH} \rightleftharpoons C_6H_5\text{—O}^- + H^+$$

페놀 페녹시화 이온

$$HO_2CCH(OH)CH(OH)CO_2K(s) \rightleftharpoons HO_2CCH(OH)CH(OH)CO_2^- + K^+$$

타타르산 수소 포타슘

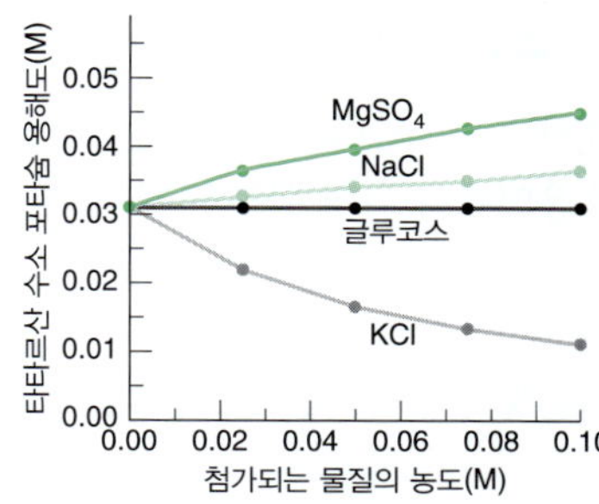

그림 8-3 $MgSO_4$나 NaCl과 같은 염을 첨가할 때 타타르산 수소 포타슘의 용해도는 증가한다. 중성의 글루코스를 첨가하면 영향이 없다. KCl을 첨가하면 용해도는 줄어든다. (이유는?) [출처: C. J. Marzzacco, "Effect of Salts and Nonelectrolytes on the Solubility of Potassium Bitartrate," *J. Chem. Ed.* **1998**, *75*, 1628.]

그림 8-3은 첨가된 염이 타타르산 수소 포타슘의 용해도에 미치는 영향을 보여 준다.

'이온 세기'란 무엇을 뜻하는가?

이온 세기(ionic strength, μ)는 용액 중에 있는 이온의 전체 농도를 나타내는 척도이다. 이온의 전하가 클수록 이온 세기는 더 커진다.

이온 세기:

$$\mu = \frac{1}{2}(c_1z_1^2 + c_2z_2^2 + \cdots) = \frac{1}{2}\sum_i c_iz_i^2 \qquad \textbf{(8-3)}$$

여기서 c_i는 i번째 화학종의 농도이고, z_i는 그 전하이다. 합산은 용액 중의 모든 이온에 대해 행한다.

예제 이온 세기의 계산

(a) 0.10 M $NaNO_3$, **(b)** 0.010 M Na_2SO_4, **(c)** 0.020 M KBr + 0.010 M Na_2SO_4의 이온 세기를 구하시오.

풀이

(a) $\mu = \frac{1}{2}\{[Na^+]\cdot(+1)^2 + [NO_3^-]\cdot(-1)^2\}$
$= \frac{1}{2}\{0.10\cdot 1 + 0.10\cdot 1\} = 0.10\text{ M}$

(b) $\mu = \frac{1}{2}\{[Na^+]\cdot(+1)^2 + [SO_4^{2-}]\cdot(-2)^2\}$
$= \frac{1}{2}\{(0.020\cdot 1) + (0.010\cdot 4)\} = 0.030\text{ M}$

Na_2SO_4 1 mol당 Na^+ 2 mol이 있으므로 $[Na^+] = 0.020$ M임을 유의한다.

(c) $\mu = \frac{1}{2}\{[K^+]\cdot(+1)^2 + [Br^-]\cdot(-1)^2 + [Na^+]\cdot(+1)^2 + [SO_4^{2-}]\cdot(-2)^2\}$
$= \frac{1}{2}\{(0.020\cdot 1) + (0.020\cdot 1) + (0.020\cdot 1) + (0.010\cdot 4)\} = 0.050\text{ M}$

자습 1 mM $CaCl_2$의 이온 세기는 얼마인가? (**답:** 3 mM)

$NaNO_3$는 양이온과 음이온이 모두 전하가 1이기 때문에 1:1 전해질이라고 한다. 1:1 전해질의 경우 이온 세기는 몰농도와 같다. 다른 비율(2:1 전해질인 Na_2SO_4 등)인 경우에는 이온 세기가 몰농도보다 크다.

전해질	몰농도	이온 세기
1:1	M	M
2:1	M	3 M
3:1	M	6 M
2:2	M	4 M

보충 8-1 전하 ≥ |2|인 이온의 염은 완전히 해리하지 않는다[7]

전하 +1인 양이온과 −1인 음이온으로 구성된 염은 <0.1 M인 수용액에서 거의 완전히 해리한다. 전하 ≥2인 이온을 가진 염은 묽은 용액에서도 덜 해리한다. 부록 J는 **이온쌍**의 형성 상수를 제공한다.

이온쌍 형성 상수: $M^{n+}(aq) + L^{m-}(aq) \rightleftharpoons \underbrace{M^{n+}L^{m-}(aq)}_{\text{이온쌍}}$

$$K = \frac{[ML]\gamma_{ML}}{[M]\gamma_M[L]\gamma_L}$$

여기서 γ_i는 활동도 계수이다. 부록 J의 상수, 식 8-6의 활동도 계수, 8-5절의 스프레드시트를 이용하면 0.025 F 용액에서 이온쌍 백분율을 다음과 같이 계산할 수 있다.

0.025 F M_xL_y 용액에서 이온쌍으로 결합된 금속 이온의 백분율[a]

M \ L	Cl^-	SO_4^{2-}
Na^+	0.6%	9%
Mg^{2+}	8%	35%

a. 활동도 계수를 계산하기 위해서 ML의 크기를 500 pm로 택했다.

표는 0.025 F NaCl은 0.6%만이 NaCl(*aq*)로 존재하지만, Na_2SO_4는 9%가 $NaSO_4^-(aq)$로 존재한다는 것을 보여 준다. $MgSO_4$는 35%가 이온쌍을 이룬다. 0.025 F $MgSO_4$ 용액에는 0.016 M Mg^{2+}, 0.016 M SO_4^{2-}, 0.009 M $MgSO_4(aq)$가 들어 있다. 0.025 F $MgSO_4$ 용액의 이온 세기는 0.10 M이 아니고, 0.065 M에 불과하다. 문제 8-30은 이온쌍 분율을 계산하는 법을 가르쳐 준다.

이온쌍은 정밀하게 정의되지 않은 현상이다. 한 가지 정의는 두 이온이 주어진 거리만큼 확산하는 데 걸리는 시간보다 오랫동안 같은 거리 이내에 존재하는 것이다.

보충 8-2 이온쌍을 이용한 단일 세포 분석

현미경과 미세 바늘로 2개의 양전하 부위를 갖는 양이온(이양이온)을 살아 있는 단일 세포에 주입해서 세포의 음이온 성분과 단단한 이온쌍을 만들고 추출하여 질량 분석으로 확인할 수 있다. 그림의 이양이온(dication)으로 엽산(바이타민 B_9)을 포함한 70가지의 대사 물질을 추출하였다. 다른 이양이온은 다른 종류의 음이온에 선택적일 수 있다. 단일 세포의 화학은 생물학의 새로운 개척 분야이다.

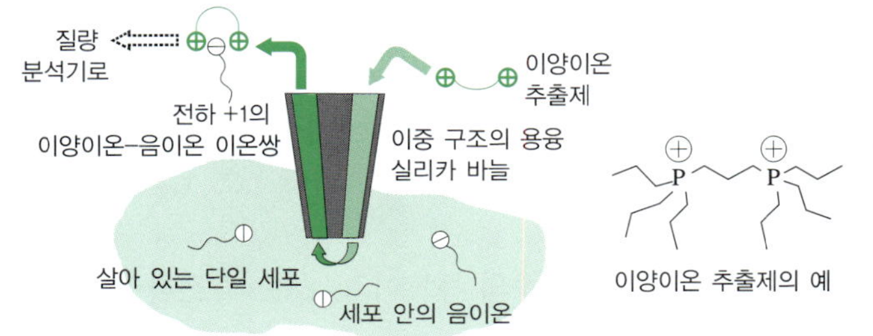

이양이온 분자로 살아 있는 세포의 음이온과 알짜 전하가 +1인 이온쌍을 만들어 추출하고 질량 분석기로 정확한 질량을 측정하였다. [출처: N. Pan, W. Rao, S. J. Standke, and Z. Yang, "Using Dicationic Ion-Pairing Compounds to Enhance the Single Cell Mass Spectrometry Analysis Using the Single-Probe: A Microscale Sampling and Ionization Device," *Anal. Chem.* **2016**, *88*, 6812.]

이온 전하가 2 이상인 염은 완전히 해리하지 않기 때문에, 아주 묽은 용액을 제외하고는 어떤 용액이든 이온 세기를 계산하는 것은 복잡하다. 보충 8-1에 포말 농도가 0.025 M인 $MgSO_4$에서는 Mg^{2+}의 35%가 이온쌍인 $MgSO_4(aq)$으로 녹아 있다. 농도가 진할수록 그리고 이온의 전하가 클수록 이온쌍이 늘어난다. 화학에서 이온상은 흔하게 관찰된다. 보충 8-2는 살아 있는 단일 세포에서 이온성 대사 물질을 추출하고 확인하는 데 이온쌍이 어떻게 이용되는지를 보여 준다.

8-2 활동도 계수

식 8-1의 평형 상수식으로는 화학 반응에 이온 세기의 영향이 있다는 것을 알 수 없다. 이온 세기의 영향을 밝히려면 농도를 **활동도(activity)**로 대치해야 한다.

C의 활동도:

$$\underbrace{\mathcal{A}_C}_{\text{C의 활동도}} = \underbrace{[C]}_{\text{C의 농도}}\underbrace{\gamma_C}_{\text{C의 활동도 계수}} \quad (8\text{-}4)$$

화학종 C의 활동도는 농도에 **활동도 계수(activity coefficient)**를 곱한 것이다. 활동도 계수는 이상적인 거동에서 벗어나는 척도이다. 활동도 계수가 1이면 거동은 이상적이고, 식 8-1의 평형 상수가 맞다.

활동도와 **활동도 계수**를 혼동하지 말아야 한다.

활동도는 단위가 없는 양이다. 6-1절에서 [C]는 농도를 표준 상태의 농도로 나눈 단위가 없는 비율이었다. 식 8-4에서 [C]는 실제로는 용매의 경우 [C]/(1 M)를, 기체의 경우(bar 단위의 C의 압력)/(1 bar)를 의미한다. 정의에 의해 순수한 고체나 액체의 활동도는 1이다.

평형 상수의 바른 형태는 다음과 같다.

평형 상수의 일반적 형태:

$$K = \frac{\mathcal{A}_C^c \mathcal{A}_D^d}{\mathcal{A}_A^a \mathcal{A}_B^b} = \frac{[C]^c\gamma_C^c[D]^d\gamma_D^d}{[A]^a\gamma_A^a[B]^b\gamma_B^b} \quad (8\text{-}5)$$

식 8-5가 '참' 평형 상수이다. 농도 지수로 주어지는 식 6-2의 K_c에는 활동도 계수가 포함되어 있지 않다.

$$K_c = \frac{[C]^c[D]^d}{[A]^a[B]^b} \quad (6\text{-}2)$$

활동도 계수는 이온 세기에 의존하므로, 식 8-5는 이온 세기가 화학 평형에 미치는 영향을 반영하고 있다.

반응 8-2의 평형 상수는 다음과 같다.

$$K_{sp} = \mathcal{A}_{Ca^{2+}}\mathcal{A}_{SO_4^{2-}} = [Ca^{2+}]\gamma_{Ca^{2+}}[SO_4^{2-}]\gamma_{SO_4^{2-}}$$

다른 염을 첨가하여 이온 세기가 증가함에 따라 Ca^{2+}과 $SO_4{}^{2-}$의 농도가 증가한다면, 이온 세기의 증가에 따라 활동도 계수가 줄어들어야 한다.

이온 세기가 낮을 때에는 활동도 계수가 1에 접근하고, 열역학적 평형 상수인 식 8-5는 '농도' 평형 상수인 식 6-2에 접근한다. 열역학적 평형 상수를 측정하는 한 가지 방법은 이온 세기를 점점 낮추어가면서 농도비인 식 6-2를 측정해서 이온 세기를 0으로 외삽하는 것이다. 보고되는 평형 상수는 진정한 열역학적 상수가 아니라, 단지 특정한 조건에서 측정한 농도비인 식 6-2인 경우가 흔하다.

예제 **활동도 계수의 지수**

활동도 계수를 써서 $La_2(SO_4)_3(s) \rightleftharpoons 2La^{3+} + 3SO_4^{2-}$에 대한 용해도곱 식을 적으시오.

풀이 활동도 계수의 지수는 농도의 지수와 같다.

$$K_{sp} = \mathcal{A}_{La^{3+}}^2\mathcal{A}_{SO_4^{2-}}^3 = [La^{3+}]^2\gamma_{La^{3+}}^2[SO_4^{2-}]^3\gamma_{SO_4^{2-}}^3$$

자습 활동도 계수를 사용하여 $Ca^{2+} + 2Cl^- \rightleftharpoons CaCl_2(aq)$에 대한 평형식을 적으시오.

$$\left(\textbf{답: } K = \frac{\mathcal{A}_{CaCl_2}}{\mathcal{A}_{Ca^{2+}}\mathcal{A}_{Cl^-}^2} = \frac{[CaCl_2]\gamma_{CaCl_2}}{[Ca^{2+}]\gamma_{Ca^{2+}}[Cl^-]^2\gamma_{Cl^-}^2}\right)$$

이온의 활동도 계수

이온 분위기 모델은 활동도 계수를 이온 세기와 관련 짓는 **확장된 Debye-Hückel 식(extended Debye-Hückel equation)**을 얻게 한다.

확장된 Debye-Hückel 식:

$$\log \gamma = \frac{-0.51z^2\sqrt{\mu}}{1 + (\alpha\sqrt{\mu}/305)} \quad (25°C\text{에서}) \quad (8\text{-}6)$$

식 8-6의 γ는 이온 세기가 μ인 수용액에서 전하가 ±z이고, 크기가 α(pm)인 이온의 활동도 계수이다. 이 식은 $\mu \le 0.1$ M일 때 상당히 잘 맞는다. 0.1 M 이상(대부분의 염에 대해 2~6 mol/kg까지)의 이온 세기에 대한 활동도 계수를 구하려면 더 복잡한 **Pitzer 식(Pitzer equation)**을 보통 사용한다.[8]

1 pm (피코미터) = 10^{-12} m

표 8-1 25°C에서 수용액에 대한 활동도 계수

이온	이온 크기 (α, pm)	이온 세기 (μ, M) 0.001	0.005	0.01	0.05	0.1
전하 = ±1						
H^+	900	0.967	0.933	0.914	0.86	0.83
$(C_6H_5)_2CHCO_2^-$, $(C_3H_7)_4N^+$	800	0.966	0.931	0.912	0.85	0.82
$(O_2N)_3C_6H_2O^-$, $(C_3H_7)_3NH^+$, $CH_3OC_6H_4CO_2^-$	700	0.965	0.930	0.909	0.845	0.81
Li^+, $C_6H_5CO_2^-$, $HOC_6H_4CO_2^-$, $ClC_6H_4CO_2^-$, $C_6H_5CH_2CO_2^-$, $CH_2{=}CHCH_2CO_2^-$, $(CH_3)_2CHCH_2CO_2^-$, $(CH_3CH_2)_4N^+$, $(C_3H_7)_2NH_2^+$	600	0.965	0.929	0.907	0.835	0.80
$Cl_2CHCO_2^-$, $Cl_3CCO_2^-$, $(CH_3CH_2)_3NH^+$, $(C_3H_7)NH_3^+$	500	0.964	0.928	0.904	0.83	0.79
Na^+, $CdCl^+$, ClO_2^-, IO_3^-, HCO_3^-, $H_2PO_4^-$, HSO_3^-, $H_2AsO_4^-$, $Co(NH_3)_4(NO_2)_2^+$, $CH_3CO_2^-$, $ClCH_2CO_2^-$, $(CH_3)_4N^+$, $(CH_3CH_2)_2NH_2^+$, $H_2NCH_2CO_2^-$	450	0.964	0.928	0.902	0.82	0.755
$^+H_3NCH_2CO_2H$, $(CH_3)_3NH^+$, $CH_3CH_2NH_3^+$	400	0.964	0.927	0.901	0.815	0.77
OH^-, F^-, SCN^-, OCN^-, HS^-, ClO_3^-, ClO_4^-, BrO_3^-, IO_4^-, MnO_4^-, HCO_2^-, H_2citrate$^-$, $CH_3NH_3^+$, $(CH_3)_2NH_2^+$	350	0.964	0.926	0.900	0.81	0.76
K^+, Cl^-, Br^-, I^-, CN^-, NO_2^-, NO_3^-	300	0.964	0.925	0.899	0.805	0.755
Rb^+, Cs^+, NH_4^+, Tl^+, Ag^+	250	0.964	0.924	0.898	0.80	0.75
전하 = ±2						
Mg^{2+}, Be^{2+}	800	0.872	0.755	0.69	0.52	0.45
$CH_2(CH_2CH_2CO_2^-)_2$, $(CH_2CH_2CH_2CO_2^-)_2$	700	0.872	0.755	0.685	0.50	0.425
Ca^{2+}, Cu^{2+}, Zn^{2+}, Sn^{2+}, Mn^{2+}, Fe^{2+}, Ni^{2+}, Co^{2+}, $C_6H_4(CO_2^-)_2$, $H_2C(CH_2CO_2^-)_2$, $(CH_2CH_2CO_2^-)_2$	600	0.870	0.749	0.675	0.485	0.405
Sr^{2+}, Ba^{2+}, Cd^{2+}, Hg^{2+}, S^{2-}, $S_2O_4^{2-}$, WO_4^{2-}, $H_2C(CO_2^-)_2$, $(CH_2CO_2^-)_2$, $(CHOHCO_2^-)_2$	500	0.868	0.744	0.67	0.465	0.38
Pb^{2+}, CO_3^{2-}, SO_3^{2-}, MoO_4^{2-}, $Co(NH_3)_5Cl^{2+}$, $Fe(CN)_5NO^{2-}$, $C_2O_4^{2-}$, Hcitrate^{2-}	450	0.867	0.742	0.665	0.455	0.37
Hg_2^{2+}, SO_4^{2-}, $S_2O_3^{2-}$, $S_2O_6^{2-}$, $S_2O_8^{2-}$, SeO_4^{2-}, CrO_4^{2-}, HPO_4^{2-}	400	0.867	0.740	0.660	0.445	0.355
전하 = ±3						
Al^{3+}, Fe^{3+}, Cr^{3+}, Sc^{3+}, Y^{3+}, In^{3+}, 란타넘족[a]	900	0.738	0.54	0.445	0.245	0.18
citrate^{3-}	500	0.728	0.51	0.405	0.18	0.115
PO_4^{3-}, $Fe(CN)_6^{3-}$, $Cr(NH_3)_6^{3+}$, $Co(NH_3)_6^{3+}$, $Co(NH_3)_5H_2O^{3+}$	400	0.725	0.505	0.395	0.16	0.095
전하 = ±4						
Th^{4+}, Zr^{4+}, Ce^{4+}, Sn^{4+}	1 100	0.588	0.35	0.255	0.10	0.065
$Fe(CN)_6^{4-}$	500	0.57	0.31	0.20	0.048	0.021

a. 란타넘족(lanthanide)은 주기율표에서 원자 번호가 57~71까지의 원소들이다.
출처: J. Kielland, J. *Am. Chem.* Soc. ***1937***, *59*, 1675.

이온 크기와 수화 이온 크기는 이 장의 시작 페이지에 실려 있다.

표 8-1은 흔히 볼 수 있는 많은 이온의 크기(α)와 활동도 계수의 목록이다. 크기와 전하가 같은 모든 이온은 같은 줄에 있으며, 같은 활동도 계수를 가진다. 예를 들어 Ba^{2+}와 숙신산 이온[$^-O_2CCH_2CH_2CO_2^-$, 표에 $(CH_2CO_2^-)_2$로 실려 있음]은 둘 다 500 pm의 수화 반지름을 가지며, 전하 = ±2 이온들과 함께 실려 있다. 이온 세기가 0.001 M 용액에서 이 두 이온의 활동도 계수는 0.868이다.

식 8-6의 이온 크기 α는 측정한 활동도 계수와 $\mu \approx 0.1$ M까지의 이온 세기를 일치하게 하는 경험적 매개 변수이다. 이론상 α는 수화 이온의 지름이다.[9] 그러나 표 8-1의 이온 크기는 그대로 사용하면 안 된다. 예를 들어 결정 내에서 Cs^+ 이온의 지름은 340 pm이다. 수화 이온의 크기는 결정 내 이온보다 커야 하지만, 표 8-1에서 Cs^+의 크기는 단지 250 pm이다.

표 8-1의 이온 크기가 경험적 매개 변수이지만, 크기들 사이의 경향은 의미가 있다. 크기가 작고 전하가 큰 이온은 용매 분자를 더 단단히 결합하여 크기가 크고 전하가 작은 이온보다 더 큰 유효 크기를 갖는다. 예를 들어 결정학적 크기의 순서는 $Li^+ < Na^+ < K^+ < Rb^+$이지만, 표 8-1에서 크기의 순서는 $Li^+ > Na^+ > K^+ > Rb^+$이다.

이온 세기, 이온 전하, 이온 크기가 활동도 계수에 미치는 영향

0에서 0.1 M까지의 이온 세기 영역에서 각 변수가 활동도 계수에 미치는 영향은 다음과 같다.

1. 이온 세기가 증가하면 활동도 계수는 감소한다(그림 8-4). 이온 세기(μ)가 0에 접근하면 활동도 계수(γ)는 1에 접근한다.
2. 이온의 전하가 증가하면 활동도 계수가 1에서 벗어나는 정도가 커진다. ±3인 이온에 대한 활동도의 영향은 전하가 ±1인 이온에 비해 더 중요하다(그림 8-4).
3. 이온의 크기(α)가 작을수록 활동도의 영향은 더 중요해진다.

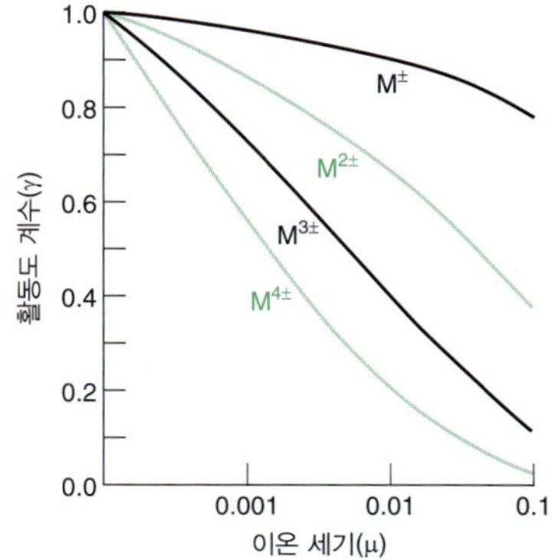

그림 8-4 이온 크기(α)가 일정(500 pm)하지만 전하가 다른 이온들의 활동도 계수. 이온 세기가 0이면 $\gamma = 1$이다. 이온의 전하가 클수록 이온 세기가 증가함에 따라 γ는 더 빠르게 감소한다. 가로축은 로그 척도임에 유의하라.

표 8-1의 활용

3.3 mM $CaCl_2$ 용액에서 Ca^{2+}의 활동도 계수를 구하시오.

풀이 이온 세기는 다음과 같다.

$$\mu = \frac{1}{2}\{[Ca^{2+}]\cdot 2^2 + [Cl^-]\cdot(-1)^2\}$$
$$= \frac{1}{2}\{(0.003\,3)\cdot 4 + (0.006\,6)\cdot 1\} = 0.010 \text{ M}$$

표 8-1에는, Ca^{2+}가 전하가 ±2이고, 크기가 600 pm인 줄에 있다. 그러므로 $\mu = 0.010$ M일 때 $\gamma = 0.675$이다.

자습 3.3 mM $CaCl_2$ 용액에서 Cl^-의 γ를 구하시오. (**답:** 0.964)

내삽법

표 8-1에 있는 두 값 사이의 이온 세기에 대한 활동도 계수를 구하려고 할 때에는 식 8-6을 쓸 수 있다. 다른 방법으로는, 스프레드시트 프로그램이 없을 때, 표 8-1의 값들을 쉽게 내삽할 수 있다. **선형 내삽**(linear interpolation)에서는 표의 두 값 사이의 수가 한 직선 위에 놓인다고 가정한다. 예를 들면 $x = 10$일 때 $y = 0.67$, $x = 20$일 때 $y = 0.83$인 표를 생각해 보자. $x = 16$일 때 y 값은 얼마인가?

내삽은 표에 있는 두 값 사이에 놓이는 한 수를 어림잡는 것이다. 표에 있는 값 **너머** 있는 수를 어림잡는 것은 **외삽**(extrapolation)이라 한다.

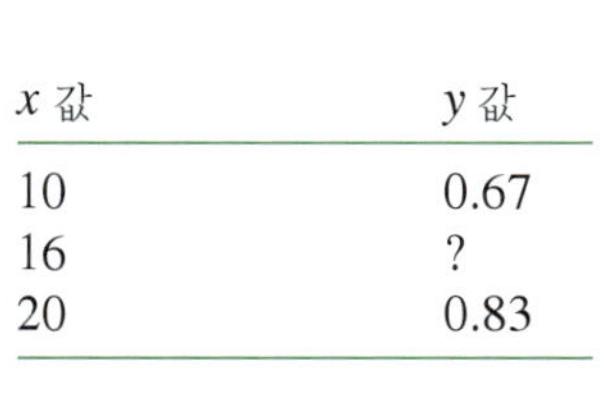

x 값	y 값
10	0.67
16	?
20	0.83

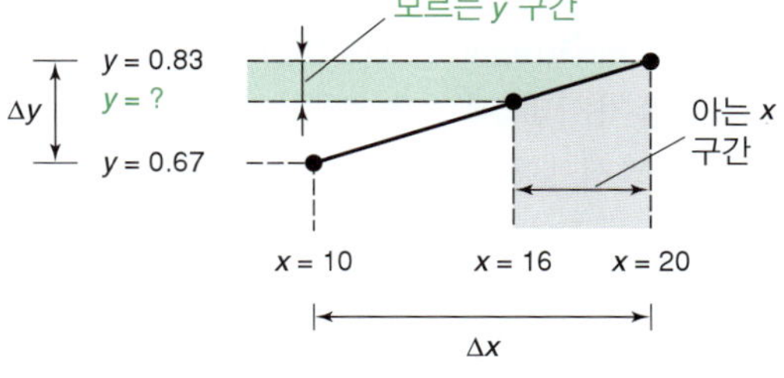

y 값을 내삽하기 위해서 다음과 같은 비례식을 세운다.

이 계산은 다음과 같이 말하는 것과 같다.

"16은 10에서 20에 이르는 길의 60%이므로, y는 0.67에서 0.83에 이르는 길의 60%일 것이다."

내삽: $$\frac{\text{모르는 } y \text{ 구간}}{\Delta y} = \frac{\text{아는 } x \text{ 구간}}{\Delta x} \quad (8\text{-}7)$$

$$\frac{0.83 - y}{0.83 - 0.67} = \frac{20 - 16}{20 - 10} \Rightarrow y = 0.76_6$$

$x = 16$에 대하여 y의 어림값은 0.76_6이다.

예제 활동도 계수 내삽하기

$\mu = 0.025$ M일 때 H^+의 활동도 계수를 계산하시오.

풀이 H^+는 표 8-1에서 맨 처음에 나온다.

μ	H^+에 대해 γ
0.01	0.914
0.025	?
0.05	0.86

선형 내삽함으로써 다음과 같은 γ 값을 구한다.

$$\frac{\text{모르는 } \gamma \text{ 구간}}{\Delta \gamma} = \frac{\text{아는 } \mu \text{ 구간}}{\Delta \mu}$$

$$\frac{0.86 - \gamma}{0.86 - 0.914} = \frac{0.05 - 0.025}{0.05 - 0.01}$$

$$\gamma = 0.89_4$$

다른 풀이 더 정확하지만 지루한 방법은 식 8-6을 이용하여 계산하는 것이다. 표 8-1에서 H^+의 크기는 900 pm이다.

$$\log \gamma_{H^+} = \frac{(-0.51)(1^2)\sqrt{0.025}}{1 + (900\sqrt{0.025}/305)} = -0.054_{98}$$

$$\gamma_{H^+} = 10^{-0.054_{98}} = 0.88_1$$

자습 $\mu = 0.06$ M일 때 H^+의 γ를 내삽하여 계산하시오. (**답:** 0.85_4)

비이온 결합 화합물의 활동도 계수

중성 화학종에 대하여 $\mathcal{A}_C \approx [C]$이다. 더 정확한 관계식은 $\log \gamma = k\mu$이다. 여기서 이온쌍에 대해서 $k \approx 0$, NH_3와 CO_2에 대해서 $k \approx 0.11$, 유기 분자에 대해서는 $k \approx 0.20$이다. $\mu = 0.1$ M이면 이온쌍에 대해서는 $\gamma \approx 1.00$, NH_3에 대해서는 $\gamma \approx 1.03$, 유기 분자에 대해서는 $\gamma \approx 1.05$이다.

벤젠이나 아세트산과 같은 분자들은 전하를 띠지 않으므로 이온 분위기로 둘러싸이지 않는다. 이온 세기가 0.1 M 이하일 때는 그들의 활동도 계수를 1로 근사하여도 좋다. 이 책의 모든 문제에 대해 중성 분자의 경우 $\gamma = 1$로 놓는다. 즉 **중성 분자의 활동도는 그 농도와 같다고 가정한다.**

H_2와 같은 기체의 활동도는 다음과 같다.

$$\mathcal{A}_{H_2} = P_{H_2}\gamma_{H_2}$$

여기서 P_{H_2}는 압력(단위: bar)이다. 기체의 활동도는 **퓨가시티**(fugacity)라고 하며, 활동도 계수는 **퓨가시티 계수**(fugacity coefficient)라고 한다. 기체의 거동이 이상 기체의 법칙으로부터 벗어나면 퓨가시티 계수가 1에서 벗어나게 된다. 1 bar나 그 이하에서 대부분의 기체는 $\gamma \approx 1$이다. 따라서 모든 기체에 대해서 $\mathcal{A} = P$(bar)라 가정한다.

기체에 대하여 $\mathcal{A} \approx P$(bar)이다.

높은 이온 세기

높은 이온 세기에서는 μ가 커지면 γ가 증가한다.

이온 세기가 약 1 M 이상이면, 그림 8-5에 보인 $NaClO_4$ 용액에서의 H^+처럼 대부분 이온의 활동도 계수가 증가한다. 진한 염 용액의 활동도 계수가 묽은 수용액과는 다르다는 것은 놀라운 일이 아니다. 그 용액의 '용매'는 물이 아니라 물과 $NaClO_4$의 혼합물이라고 할 수 있다.

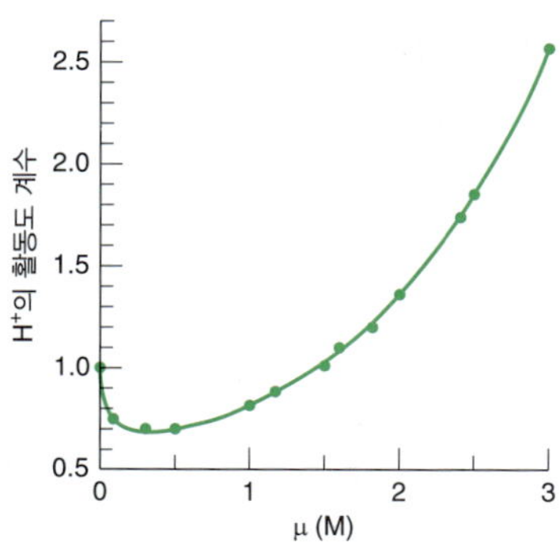

그림 8-5 0.010 0 M $HClO_4$와 다양한 양의 $NaClO_4$가 들어 있는 용액에서 H^+의 활동도 계수 [출처: L. Pezza, M. Molina, M. de Moraes, C. B. Melios, and J. O. Tognolli, "Ionic Medium Effects on Equilibrium Constants: Part I. Proton, Copper(II), Cadmium(II), Lead(II) and Acetate Activity Coefficients in Aqueous Solution," *Talanta* **1996**, *43*, 1689.] 전해질 용액에 관한 권위 있는 문헌: H. S. Harned and B. B. Owen, *The Physical Chemistry os Electrolyte Solutions* (New York: Reinhold, 1958 ed.).

앞으로는 묽은 수용액만 다룬다.

예제 **활동도 계수의 활용**

CaF_2로 포화된 0.050 M NaF 용액의 Ca^{2+} 농도를 구하시오. CaF_2의 용해도는 작아서 F^-의 농도는 NaF로부터 오는 0.050 M이다.

풀이 활동도 계수를 포함하여 용해도곱 식으로부터 $[Ca^{2+}]$를 구한다. 0.050 M NaF의 이온 세기는 0.050 M이다. 표 8-1에서 $\mu = 0.050\ 0$ M에 대하여 $\gamma_{Ca^{2+}} = 0.485$, $\gamma_{F^-} = 0.81$을 찾는다.

$$K_{sp} = [Ca^{2+}]\gamma_{Ca^{2+}}[F^-]^2\gamma_{F^-}^2$$
$$3.2 \times 10^{-11} = [Ca^{2+}](0.485)(0.050)^2(0.81)^2$$
$$[Ca^{2+}] = 4.0 \times 10^{-8}\ M$$

K_{sp} 값은 부록 F에서 얻는다. γ_{F^-}가 제곱되는 것에 유의하라.

자습 Hg_2Cl_2로 포화된 0.010 M KCl 용액의 $[Hg_2^{2+}]$를 구하시오. (**답:** 2.2×10^{-14} M)

8-3 pH 복습

6장에서 정의한 $pH \approx -\log[H^+]$는 정확한 것은 아니다. 보다 나은 정의는 다음과 같다.

pH의 진정한 의미와 일차 표준 용액의 pH를 측정하는 법에 대한 것은 B. Lunelli and F. Scagnolari, "pH Basics," *J. Chem. Ed.* **2009**, *86*, 246을 참조하라.

$$\mathbf{pH} = -\log \mathcal{A}_{H^+} = -\log[H^+]\gamma_{H^+} \quad \textbf{(8-8)}$$

pH 미터로 pH를 측정하면 수소 이온의 농도가 아니라, 수소 이온의 **활동도**의 음의 로그를 측정하는 것이다.

예제 **25°C에서 순수한 물의 pH**

활동도 계수를 바르게 사용하여 순수한 물의 pH를 계산하시오.

풀이 관계되는 평형은 다음과 같다.

$$H_2O \overset{K_w}{\rightleftharpoons} H^+ + OH^- \quad \textbf{(8-9)}$$
$$K_w = \mathcal{A}_{H^+}\mathcal{A}_{OH^-} = [H^+]\gamma_{H^+}[OH^-]\gamma_{OH^-} \quad \textbf{(8-10)}$$

H^+와 OH^-는 1:1 몰비로 생기므로 그들의 농도는 같아야 한다. 각각의 농도를 x라 하면

$$K_w = 1.0 \times 10^{-14} = (x)\gamma_{H^+}(x)\gamma_{OH^-}$$

그러나 순수한 물의 이온 세기가 매우 작으므로 $\gamma_{H^+} = \gamma_{OH^-} = 1$일 것이 예상된다. 그러므로

$$1.0 \times 10^{-14} = (x)(1)(x)(1) = x^2 \Rightarrow x = 1.0 \times 10^{-7}\ M$$

H^+와 OH^-의 농도는 둘 다 1.0×10^{-7} M이다. 이온 세기가 1.0×10^{-7} M이므로 활동도 계수는

1.00에 매우 가깝다. 그러므로

$$pH = -\log[H^+]\gamma_{H^+} = -\log(1.0 \times 10^{-7})(1.00) = 7.00$$

예제 **염이 들어 있는 물의 pH**

25°C에서 0.10 M KCl 용액의 pH를 계산하시오.

풀이 반응 8-9로부터 $[H^+] = [OH^-]$이다. 그러나 0.10 M KCl 용액의 이온 세기는 0.10 M이다. 표 8-1에서 H^+와 OH^-의 활동도 계수는 이온 세기가 0.10 M일 때 각각 0.83과 0.76이다. 이들 값을 식 8-10에 넣으면

$$K_w = [H^+]\gamma_{H^+}[OH^-]\gamma_{OH^-}$$
$$1.0 \times 10^{-14} = (x)(0.83)(x)(0.76)$$
$$x = 1.26 \times 10^{-7}\ M$$

H^+와 OH^-의 농도는 둘 다 1.0×10^{-7} M보다 크다. 이 용액의 H^+와 OH^-의 활동도는 다르다.

$$\mathcal{A}_{H^+} = [H^+]\gamma_{H^+} = (1.26 \times 10^{-7})(0.83) = 1.05 \times 10^{-7}$$
$$\mathcal{A}_{OH^-} = [OH^-]\gamma_{OH^-} = (1.26 \times 10^{-7})(0.76) = 0.96 \times 10^{-7}$$

끝으로, pH를 계산한다. $pH = -\log \mathcal{A}_{H^+} = -\log(1.05 \times 10^{-7}) = 6.98$

자습 0.05 M $LiNO_3$의 $[H^+]$와 pH를 계산하시오. (**답:** $1.2_0 \times 10^{-7}$ M, 6.99)

0.10 M KCl이 되도록 하면 물의 pH가 7.00에서 6.98로 변한다. KCl은 산도, 염기도 아니다. pH가 변하는 것은 KCl이 H^+와 OH^-의 활동도에 영향을 주기 때문이다. pH가 0.02 단위로 변하는 것은 pH 측정에 따르는 정확도의 한계에 해당하므로 별 영향은 없다. 그러나 0.10 M KCl(1.26×10^{-7} M)에서의 H^+ 농도는 순수한 물(1.00×10^{-7} M)에서의 H^+ 농도보다 26% 더 크다.

8-4 평형의 체계적 처리

평형의 체계적 처리(systematic treatment of equilibrium)는 복잡한 정도에 관계 없이 모든 종류의 화학 평형을 다루는 방법을 제시한다. 일반 식들을 세운 후, 흔히 특별한 조건이나 적절한 근사를 이용하여 계산을 단순화한다. 단순화한 계산일지라도 대부분 매우 지루하므로, 수치 풀이를 위해서 스프레드시트를 자주 사용한다.

체계적 절차는 문제에 있는 미지 화학종의 수만큼 식을 적는 것이다. 그 식들은 모든 화학 평형 조건과 전하 균형 및 질량 균형이다. 주어진 용액에 오직 하나의 전하 균형이 있으나 질량 균형은 여러 개 있을 수 있다.

전하 균형

용액의 전체 전하는 0이다.

전하 균형(**charge balance**)은 용액의 전기적 중성에 대한 산술적 표현이다. 즉 **용액 중에서 양전하의 합과 음전하의 합은 같다.**

이온성 화학종 H^+, OH^-, K^+, $H_2PO_4^-$, HPO_4^{2-}, PO_4^{3-}가 들어 있는 용액을 가정해 보자. 전하 균형은 다음과 같다.

$$[H^+] + [K^+] = [OH^-] + [H_2PO_4^-] + 2[HPO_4^{2-}] + 3[PO_4^{3-}] \qquad \textbf{(8-11)}$$

전하 균형의 각 항 앞에 있는 계수는 그 이온의 전하의 크기와 같다.

이 식은 H^+와 K^+가 기여하는 전체 전하는 우변의 모든 음이온이 기여하는 전체 전하의 크기와 같음을 말해 준다. **각 화학종 앞에 있는 계수는 언제나 그 이온의 전하의 크기와 같다.** 즉 이것은 PO_4^{3-} 1 mol이 음전하 3 mol을 기여하기 때문이다. 만일 $[PO_4^{3-}] = 0.01$ M이면 음전하는 $3[PO_4^{3-}] = 3(0.01) = 0.03$ M이다.

식 8-11은 대부분의 사람들이 볼 때 균형 잡히지 않은 것처럼 보인다. '식의 우변이 좌변보다 전하가 더 많다!'고 생각할지 모르나, 그것은 잘못이다.

예를 들면 KH_2PO_4 0.025 0 mol과 KOH 0.030 0 mol을 1.00 L로 묽힌 용액을 생각해 보자. 평형에서 화학종의 농도는 다음과 같이 계산된다.

$$[H^+] = 3.9\times10^{-12}\ M \qquad [H_2PO_4^-] = 1.4\times10^{-6}\ M$$
$$[K^+] = 0.055\ 0\ M \qquad [HPO_4^{2-}] = 0.022\ 56\ M$$
$$[OH^-] = 0.002\ 56\ M \qquad [PO_4^{3-}] = 0.002\ 44\ M$$

이 계산은 산-염기를 공부한 후에 할 수 있게 되며, OH^-가 $H_2PO_4^-$와 반응하여 HPO_4^{2-}와 PO_4^{3-}가 생기는 것을 고려하였다.

전하가 균형 잡혔는가? 물론 그렇다. 식 8-11에 대입하면 다음과 같이 된다.

$$[H^+] + [K^+] = [OH^-] + [H_2PO_4^-] + 2[HPO_4^{2-}] + 3[PO_4^{3-}]$$
$$3.9\times10^{-12} + 0.055\ 0 = 0.002\ 56 + 1.4\times10^{-6} + 2(0.022\ 56) + 3(0.002\ 44)$$
$$0.055\ 0\ M = 0.055\ 0\ M$$

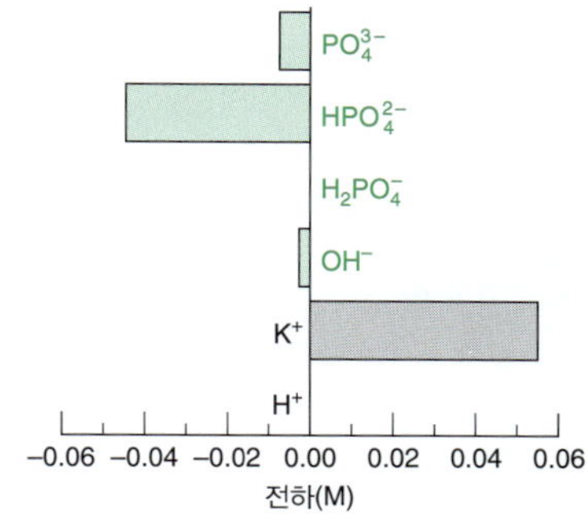

그림 8-6 KH_2PO_4 0.025 0 mol과 KOH 0.030 0 mol이 들어 있는 1.00 L 용액의 각 이온이 기여하는 전하. 양전하의 합과 음전하의 합은 같다.

전체 양전하는 0.055 0 M이고, 전체 음전하도 0.055 0 M이다(그림 8-6). 모든 용액에서 전하는 균형 잡혀야 한다. 그렇지 않으면, 양전하가 과잉으로 있는 비커는 실험대를 미끄러져 가서 음전하가 과잉으로 있는 다른 비커와 충돌할 것이다.

어떤 용액에 대해서도 전하 균형식의 일반적 모양은 다음과 같다.

Σ (양전하) = Σ (음전하)

전하 균형에는 활동도 계수가 관여하지 않는다. 0.1 M H^+가 기여하는 전하는 **정확히** 0.1 M이다. 이에 관해 생각해 보라.

전하 균형: $$n_1[C_1] + n_2[C_2] + \cdots = m_1[A_1] + m_2[A_2] + \cdots \qquad \textbf{(8-12)}$$

여기서 [C]는 양이온의 농도, n은 양이온의 전하, [A]는 음이온의 농도, m은 음이온의 전하 크기이다.

예제 전하 균형 적기

H_2O, H^+, OH^-, ClO_4^-, $Fe(CN)_6^{3-}$, CN^-, Fe^{3+}, Mg^{2+}, CH_3OH, HCN, NH_3, NH_4^+가 들어 있는 용액의 전하 균형을 적으시오.

풀이 중성 화학종(H_2O, CH_3OH, HCN, NH_3)은 전하 균형에 나타나지 않는다. 따라서 전하 균형은 다음과 같다.

$$[H^+] + 3[Fe^{3+}] + 2[Mg^{2+}] + [NH_4^+] = [OH^-] + [ClO_4^-] + 3[Fe(CN)_6^{3-}] + [CN^-]$$

자습 위 용액에 $MgCl_2$를 넣어서 $Mg^{2+} + 2Cl^-$로 해리되었다면 전하 균형은 어떻게 되겠는가?
(**답:** $[H^+] + 3[Fe^{3+}] + 2[Mg^{2+}] + [NH_4^+] = [OH^-] + [ClO_4^-] + 3[Fe(CN)_6^{3-}] + [CN^-] + [Cl^-]$)

질량 균형

질량 균형(mass balance) 또는 **물질 균형**(material balance)은 물질 보존의 표현이다. 질량 균형은 **어떤 원자(또는 원자의 무리)를 포함하는 모든 화학종을 합한 양이 용액에 가해 준 그 원자(또는 무리)의 양과 같다**는 것을 말한다. 이것은 실례를 통해서 더 쉽게 이해할 수 있다.

질량 균형은 물질 보존의 표현이다. 그것은 실제로 질량이 아니라, 원자의 보존을 가리킨다.

아세트산 0.050 mol을 물에 녹여 전체 부피를 1.00 L로 만든 용액을 가정해 보자. 아세트산은 부분적으로 해리해서 아세트산 이온으로 된다.

$$\underset{\text{아세트산}}{CH_3CO_2H} \rightleftharpoons \underset{\text{아세트산 이온}}{CH_3CO_2^-} + H^+$$

질량 균형은 해리한 산과 해리하지 않은 산을 합한 양이 용액에 가해준 산의 양과 같다는 말이다.

물에서 아세트산의 질량 균형:

$$0.050\ \text{M} = [CH_3CO_2H] + [CH_3CO_2^-]$$

용액에 첨가한 것 / 해리하지 않은 것 / 해리한 것

활동도 계수는 질량 균형에 관여하지 않는다. 각 화학종의 농도는 그 화학종의 원자의 개수를 정확히 알려 준다.

화합물이 여러 가지로 해리할 때는 모든 생성물을 질량 균형에 포함시켜야 한다. 인산(H_3PO_4)은 $H_2PO_4^-$, HPO_4^{2-}, PO_4^{3-}로 해리할 수 있다. H_3PO_4 0.025 0 mol을 녹여 1.00 L로 만든 용액의 질량 균형은 다음과 같다.

$$0.025\ 0\ \text{M} = [H_3PO_4] + [H_2PO_4^-] + [HPO_4^{2-}] + [PO_4^{3-}]$$

예제 **전체 농도를 알 때의 질량 균형**

KH_2PO_4 0.025 0 mol과 KOH 0.030 0 mol을 섞어서 1.00 L로 묽힌 용액에서 K^+와 인산 이온에 대한 질량 균형을 적으시오.

풀이 K^+의 전체 농도는 0.025 0 M + 0.030 0 M이므로,

$$[K^+] = 0.055\ 0\ \text{M}$$

모든 형태의 인산 이온의 전체 농도는 0.025 0 M이다. 인산 이온의 질량 균형식은 다음과 같다.

$$[H_3PO_4] + [H_2PO_4^-] + [HPO_4^{2-}] + [PO_4^{3-}] = 0.025\ 0\ \text{M}$$

자습 0.100 mol의 아세트산 소듐이 들어 있는 1.00 L 용액의 두 가지 질량 균형을 적으시오. (**답:** $[Na^+] = 0.100$ M, $[CH_3CO_2H] + [CH_3CO_2^-] = 0.100$ M)

이제 $La(IO_3)_3$를 물에 녹여 만든 용액을 생각해 보자.

$$La(IO_3)_3(s) \xrightleftharpoons{K_{sp}} La^{3+} + 3IO_3^-$$

아이오딘산 이온

얼마만큼의 La^{3+}나 IO_3^-가 녹았는지 모르지만, La^{3+} 한 개당 IO_3^- 이온 세 개가 있어야 한다. 즉 아이오딘산 이온의 농도는 란타넘 이온 농도의 3배가 되어야 한다. $La(IO_3)_3$에서 나오는 화학종이 La^{3+}와 IO_3^-뿐이라면 질량 균형은 다음과 같다.

$$[IO_3^-] = 3[La^{3+}]$$

만약 용액에 이온쌍 $LaIO_3^{2+}$와 가수 분해 생성물인 $LaOH^{2+}$가 함께 들어 있다면 질량 균형은 다음과 같을 것이다.

$$[\text{전체 아이오딘산 이온}] = 3[\text{전체 란타넘}]$$
$$[IO_3^-] + [LaIO_3^{2+}] = 3\{[La^{3+}] + [LaIO_3^{2+}] + [LaOH^{2+}]\}$$

예제 **전체 농도를 모를 때의 질량 균형**

녹으면 PO_4^{3-}와 $3Ag^+$를 내놓는, 잘 녹지 않는 염인 Ag_3PO_4의 포화 용액에 대한 질량 균형을 적으시오.

풀이 만약 인산 이온이 용액 중에서 PO_4^{3-}로만 남아 있다면 다음과 같이 쓸 수 있을 것이다. 왜냐하면 인산 이온 한 개당 은 이온 3개가 생기기 때문이다.

$$[Ag^+] = 3[PO_4^{3-}]$$

그러나 인산 이온은 물과 반응하여 HPO_4^{2-}, $H_2PO_4^-$, H_3PO_4를 만들므로 정확한 질량 균형은 다음과 같다.

Ag 원자수 = 3 (P 원자수)

$$[Ag^+] = 3\{[PO_4^{3-}] + [HPO_4^{2-}] + [H_2PO_4^-] + [H_3PO_4]\}$$

즉 은 이온의 원자수는 인 원자를 포함하는 모든 화학종에 포함된 인 원자수의 세 배와 같아야만 한다.

자습 $Ba(HSO_4)_2$로 포화된 용액의 질량 균형을 적으시오. 용액 내에는 Ba^{2+}, $BaSO_4(aq)$, HSO_4^-, SO_4^{2-}, $BaOH^+$가 존재한다. (**답:** 2 × 전체 바륨 = 전체 황산 이온, 혹은 $2([Ba^{2+}] + [BaSO_4(aq)] + [BaOH^+]) = [SO_4^{2-}] + [HSO_4^-] + [BaSO_4(aq)]$)

보충 8-3은 자연계 물에서의 질량 균형을 보여 준다.

보충 8-3 강에 존재하는 탄산 칼슘의 질량 균형

Ca^{2+}는 강이나 호수에 가장 흔히 존재하는 양이온이다. 이 이온은 방해석 형태의 탄산 칼슘이 CO_2와 반응하여 녹으면서 생기는데, Ca^{2+} 1몰당 2몰의 HCO_3^-가 생성된다.

$$\underset{\text{탄산 칼슘}}{CaCO_3(s)} + CO_2(aq) + H_2O \rightleftharpoons Ca^{2+} + \underset{\text{탄산수소 이온}}{2HCO_3^-} \qquad \text{(A)}$$

중성 근처의 pH에서는 대부분 CO_3^{2-}나 H_2CO_3의 형태가 아닌 탄산수소 이온으로 존재한다. 따라서 탄산 칼슘이 용해될 때의 질량 균형식은 $[HCO_3^-] \approx 2[Ca^{2+}]$이다. 실제로 여러 강에 존재하는 Ca^{2+}와 HCO_3^-의 측정은 이러한 질량 균형에 따르는데, 이것은 그래프의 직선으로 나타난다. 다뉴브강, 미시시피강 그리고 콩고강은 $[HCO_3^-] = 2[Ca^{2+}]$의 직선 위에 존재하는데, 이 강물들은 탄산 칼슘이 포화되어 있는 것으로 보인다. 만약 강물이 대기에 존재하는 CO_2($P_{CO_2} = 10^{-3.4}$ bar)와 평형을 이루고 있다면 Ca^{2+}의 농도는 21 mg/L(문제 8-34)이다. Ca^{2+}의 농도가 21 mg/L 이상인 강은 호흡이나 CO_2를 많이 함유한 지하수의 유입으로 CO_2가 더 많이 녹아 있기 때문이다. 나일강, 니제르강, 아마존강과 같은 강은 $2[Ca^{2+}] < [HCO_3^-]$인데, 이 강물은 $CaCO_3$로 포화되지 않은 것이다.

1960년과 2016년 사이에 주로 화석 연료의 연소로 인하여 대기 중 이산화 탄소의 양은 28%나 증가하였다. 이러한 증가는 반응 A를 오른쪽으로 가게 하고, 주로 $CaCO_3$로 이루어진 생존 구조물인 산호초를 위협한다.[10] 산호초는 많은 수생 종의 독특한 거주지이다. 계속되는 대기 중 CO_2의 증가는 $CaCO_3$ 껍질을 가진 플랑크톤이나 다른 바다 생물을 위협하게 되고,[11] 먹이 사슬의 위쪽 생물들도 위협받게 된다.

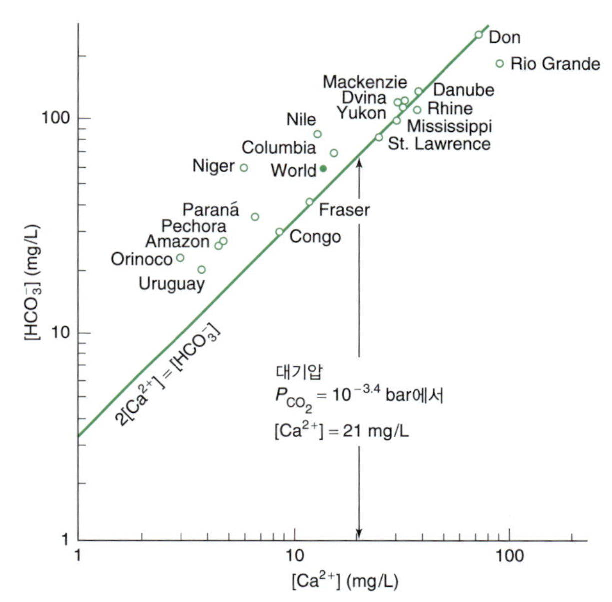

많은 강에 존재하는 탄산수소 이온과 칼슘의 농도는 질량 균형 $[HCO_3^-] \approx 2[Ca^{2+}]$를 따른다. [출처: W. Stumm and J. J. Morgan, *Aquatic Chemistry*, 3rd ed. (New York: Wiley-Interscience, 1996), p.189; and H. D. Holland, *The Chemistry of the Atmosphere and Oceans* (New York: Wiley-Interscience, 1978).]

평형의 체계적 처리

전하 균형과 질량 균형을 고려하였으므로, 평형의 체계적 처리에 대한 준비가 되었다.[12] 다음과 같은 일반적 방법을 따른다.

1단계 **관계되는 화학 반응식**을 모두 적는다.

2단계 **전하 균형**식을 적는다.

3단계 **질량 균형**식을 적는다. 한 개 이상일 수 있다.

4단계 각 화학 반응의 **평형 상수식**을 적는다. 이것이 활동도 계수가 나타나는 유일한 단계이다.

5단계 **식과 미지수의 개수를 센다.** 미지수(화학종)만큼의 식이 있어야 한다. 그렇지 않으면 더 많은 평형을 적든가 또는 농도를 아는 값으로 조정해야 한다.

6단계 모든 미지수에 대해 방정식을 **푼다**.

1단계와 6단계가 핵심이다. 주어진 용액에 어떤 화학 평형이 존재하는지 추측하는 것은 상당한 화학적 영감을 필요로 한다. 이 책에서는 일반적으로 1단계에서 도움을 줄 것이다. 관계되는 평형을 모두 알지 못하면 용액의 조성을 바르게 계산할 수 없다. 모든 화학 반응을 알 수는 없기 때문에 의심할 여지없이 많은 평형 문제를 너무 단순화하게 된다. 6단계가 가장 어려운 부분이다. n개의 미지수를 포함하는 n개의 식이 있으면 원칙적으로는 문제가 해결된다. 아주 단순하면 손으로 풀 수 있으나, 대부분은 근사법을 쓰거나 스프레드시트를 활용해야 한다.

8-5 평형의 체계적 처리의 응용

이제 몇 가지 문제를 검토하여 평형의 체계적 처리를 응용하는 법을 배우고 손으로 어떤 것들을 할 수 있는지와 스프레드시트가 얼마나 유용한지를 보도록 하자.

암모니아 용액

0.010 0 mol의 NH_3를 녹인 1.000 L 수용액에 들어 있는 화학종들의 농도를 알아보자. 가장 중요한 평형은 다음과 같다.

$$NH_3 + H_2O \underset{}{\overset{K_b}{\rightleftharpoons}} NH_4^+ + OH^- \quad K_b = 1.76 \times 10^{-5} \text{ (25°C에서)} \tag{8-13}$$

두 번째 평형은 모든 수용액에서 일어나는 것이다.

$$H_2O \overset{K_w}{\rightleftharpoons} H^+ + OH^- \quad K_w = 1.0 \times 10^{-14} \text{ (25°C에서)} \tag{8-14}$$

우리의 목적은 $[NH_3]$, $[NH_4^+]$, $[H^+]$, $[OH^-]$를 계산하는 것이다.

1단계 관계되는 반응식. 반응 8-13과 8-14이다.

2단계 전하 균형. 양전하의 합은 음전하의 합과 같다.

$$[NH_4^+] + [H^+] = [OH^-] \tag{8-15}$$

3단계 질량 균형. 용액에 넣어준 암모니아는 NH_3나 NH_4^+의 형태로 존재한다. 두 가지의 합은 0.100 0 M이어야 한다.

기호 '≡'는 '**정의됨**'을 뜻한다.

$$[NH_3] + [NH_4^+] = 0.010\,0 \text{ M} \equiv F \tag{8-16}$$

여기서 F는 프말 농도이다.

4단계 평형식을 적는다.

스프레드시트 8-7의 pK를 사용하였다. pK는 평형 상수의 음의 로그이다. $K_b = 10^{-4.755}$이면, pK_b = 4.755이다.

$$K_b = \frac{[NH_4^+]\gamma_{NH_4^+}[OH^-]\gamma_{OH^-}}{[NH_3]\gamma_{NH_3}} = 10^{-4.755} \tag{8-17}$$

$$K_w = [H^+]\gamma_{H^+}[OH^-]\gamma_{OH^-} = 10^{-14.00} \tag{8-18}$$

이것은 활동도 계수가 도입되는 유일한 과정이다.

n개의 미지수를 풀려면 n개의 식이 필요하다.

5단계 식과 미지수를 센다. 네 개의 식 8-15~8-18과, 네 개의 미지수 $[NH_3]$, $[NH_4^+]$, $[H^+]$, $[OH^-]$가 있다. 문제를 풀 수 있는 충분한 정보가 있다.

6단계 푼다.

이 '간단한' 문제는 복잡하다. 활동도 계수를 무시하고 시작하자. 나중에 $Mg(OH)_2$ 예제에서 고려할 것이다. 변수가 하나 남을 때까지 한 번에 하나의 변수씩 제거한다. 산-염기 문제에서는 모든 농도를 $[H^+]$로 표시하는 방법을 쓰자. 이때 항상 $[OH^-] = K_w/[H^+]$를 이용하게 된다. 전하 균형 8-15의 $[OH^-]$를 이 식으로 대치하면

$$[NH_4^+] + [H^+] = \frac{K_w}{[H^+]}$$

가 되어 $[NH_4^+]$를 다음과 같이 바꿀 수 있다.

	A	B	C	D	E
1	Using Goal Seek for Ammonia Equilibrium				
2					
3	pK_b =	4.755	K_b =	1.76E-05	= 10^-B3
4	pK_w =	14.00	K_w =	1.00E-14	= 10^-B4
5	F =	0.01			
6					
7	pH =	9	Initial value is estimate		
8	$[H^+]$ =	1.00E-09	= 10^-B7		
9	$[NH_4^+] = K_w/[H^+] - [H^+]$ =	1.00E-05	= D4/B8-B8		
10	$[OH^-] = K_w/[H^+]$ =	1.00E-05	= D4/B8		
11	$[NH_3] = F - K_w/[H^+] + [H^+]$ =	9.99E-03	= B5-D4/B8+B8		
12	$Q = [NH_4^+][OH^-]/[NH_3]$ =	1.00E-08	= B9*B10/B11		
13	$K_b - [NH_4^+][OH^-]/[NH_3]$ =	1.76E-05	= D3-B12		

그림 8-7 엑셀의 '목푯값 찾기'를 이용하여 NH_3 수용액의 화학종 농도를 구하기 위한 스프레드시트. B3셀은 $pK_b = -\log K_b$를 포함한다. $pK_b = 4.755$이면 $K_b = 10^{-4.755}$이다.

$$[NH_4^+] = \frac{K_w}{[H^+]} - [H^+] \quad \textbf{(8-19)}$$

질량 균형으로부터 $[NH_3] = F - [NH_4^+]$인데, 식 8-19를 대입하면 $[NH_3]$를 $[H^+]$의 함수로 바꿀 수 있다.

$$[NH_3] = F - [NH_4^+] = F - \left(\frac{K_w}{[H^+]} - [H^+]\right) \quad \textbf{(8-20)}$$

이와 같이 하여, 식 8-19는 $[NH_4^+]$를 $[H^+]$의 함수로, 식 8-20은 $[NH_3]$를 $[H^+]$의 식으로 바꾸어 준다.

$[NH_4^+]$, $[NH_3]$, $[OH^-]$를 $[H^+]$의 식으로 바꾸면 미지수가 $[H^+]$ 하나뿐인 방정식을 얻게 된다(활동도 계수는 아직 고려하지 않았다).

$$K_b = \frac{[NH_4^+][OH^-]}{[NH_3]} = \frac{\left(\frac{K_w}{[H^+]} - [H^+]\right)\left(\frac{K_w}{[H^+]}\right)}{\left(F - \frac{K_w}{[H^+]} + [H^+]\right)} \quad \textbf{(8-21)}$$

식 8-21은 끔찍하게 복잡하지만, $[H^+]$만이 변수이다. 엑셀에는 미지수가 하나인 방정식을 푸는 '목푯값 찾기(Goal Seek)'라는 과정이 내장되어 있다. 그림 8-7의 스프레드시트 B9셀, B11셀, B10셀에 차례로 $[NH_4^+]$와 $[NH_3]$에 관한 식 8-19와 8-20 및 $[OH^-] = K_w/[H^+]$를 입력한다. B5셀에는 암모니아의 포말 농도, F = 0.01 M이 입력되었다. B8셀은 B7셀에 입력한 pH(이 경우에는 추청치)로부터 $[H^+]$를 계산한다. 암모니아는 염기이므로 염기성 pH = 9를 추정하였다. B12셀은 B9:B11셀들의 값(틀린 값이라도 무방)으로 반응 지수 $Q = [NH_4^+][OH^-]/[NH_3]$를 계산한다. B13셀은 K_b와 Q의 차이 $K_b - [NH_4^+][OH^-]/[NH_3]$를 보여 준다. B9:B11셀들의 값이 정확하다면 $K_b - [NH_4^+][OH^-]/[NH_3]$는 0이 될 것이다.

목푯값 찾기를 이용하면 엑셀이 B7셀의 pH를 조절하여 B13셀의 $K_b - [NH_4^+][OH^-]/$

Goal Seek

Set cell:	\$B\$13
To value:	0
By changing cell:	\$B\$7

OK Cancel

(*a*)

	A	B
7	pH =	10.61339622
8	$[H^+]$ =	2.44E-11
9	$[NH_4^+] = K_w/[H^+] - [H^+]$ =	4.11E-04
10	$[OH^-] = K_w/[H^+]$ =	4.11E-04
11	$[NH_3] = F - K_w/[H^+] + [H^+]$ =	9.59E-03
12	$Q = [NH_4^+][OH^-]/[NH_3]$ =	1.76E-05
13	$K_b - [NH_4^+][OH^-]/[NH_3]$ =	5.14E-18

(*b*)

그림 8-8 (*a*) '목푯값 찾기' 창과, (*b*) '목푯값 찾기'를 수행한 후의 농도

$[NH_3]$가 최대한 0에 가까워지게 한다. 엑셀 2016의 '목표값 찾기(Goal Seek)'를 이용하기 전에, '파일(File)' 탭에서 '옵션(Options)'을 고르고, '수식(Formulas)'을 누른다. '계산 옵션(Calculation Options)'에서 '변화 한도값(Maximum Change)'에 1E-14를 입력하고 '확인(OK)'을 누른다. B13셀의 값이 1E-14보다 작으면 엑셀은 '0'으로 간주한다.

스프레드시트로 돌아오면 '데이터(Data)' 탭에서 '가상 분석(What If Analysis)'을 누른 후에 '목푯값 찾기'를 선택한다. 그림 8-8a와 같은 '목푯값 찾기' 창에서 '수식 셀(Set cell)'에 B13셀, '찾는 값(To value)'에 0, '값을 바꿀 셀((By changing cell)'에 B7셀을 입력하고 '확인'을 누르면, 엑셀은 B13의 값이 0에 가까워질 때까지 B7의 값을 변화시킨다. 그림 8-8b의 B7셀에 최종 pH 값이 표시된다. 모든 화학종들의 농도는 B8:B11셀들에 표시된다. 일단 스프레드시트를 작성하기만 하면 아주 쉽다! (Mac에서는 사용법이 조금 다르다.)

그림 8-8b에 '목푯값 찾기'를 수행한 후에 얻은 B9셀과 B11셀의 $[NH_4^+]$와 $[NH_3]$ 값은 암모니아가 약염기임을 다시 확인시켜 준다. 물과 반응한 분율은 4.1%에 지나지 않는다.

$$\text{반응한 분율} = \frac{[NH_4^+]}{[NH_3] + [NH_4^+]} = \frac{4.11 \times 10^{-4}\ M}{(9.59 \times 10^{-3}\ M) + (4.11 \times 10^{-4}\ M)} = 4.1\%$$

여러분은 이제 가장 간단해 보이는 문제도 평형의 체계적 처리가 간단하지 않다는 것을 알게 되었다. 대부분의 평형 문제에서는 적절한 근사를 이용하여 문제를 보다 간단히 풀 수 있도록 한다. 문제를 푼 후에는 반드시 근사의 조건이 맞는지 확인하여야 한다.

암모니아 문제를 간단히 하기 위한 근사들을 살펴보자. 암모니아는 염기이므로, $[OH^-] \gg [H^+]$일 것이다. 예를 들면 pH가 9라는 결과를 얻었다 하자. 그러면 $[H^+] = 10^{-9}$ M이고, $[OH^-](= K_w/[H^+]) = 10^{-14}/10^{-9} = 10^{-5}$ M이다. 즉 $[OH^-] \gg [H^+]$. 식 8-21 분자의 첫 번째 항에서 $[H^+]$는 $K_w/[H^+]$에 비해 무시할 수 있다. 분모에서도 $[H^+]$는 $K_w/[H^+]$에 비해 무시할 수 있다. 이러한 근사를 하면 식 8-21은 다음과 같이 된다.

이차 방정식 8-22의 해는 $[OH^-] = 4.11 \times 10^{-4}$ M이고, $[H^+] = K_w/[OH^-] = 2.44 \times 10^{-11}$ M이어서 $[OH^-] \gg [H^+]$라는 가정을 확인해 준다.

$$K_b = \frac{\left(\frac{K_w}{[H^+]} - \cancel{[H^+]}\right)\left(\frac{K_w}{[H^+]}\right)}{\left(F - \frac{K_w}{[H^+]} + \cancel{[H^+]}\right)} = \frac{\left(\frac{K_w}{[H^+]}\right)\left(\frac{K_w}{[H^+]}\right)}{\left(F - \frac{K_w}{[H^+]}\right)} = \frac{[OH^-]^2}{F - [OH^-]} \quad \text{(8-22)}$$

식 8-22는 하나의 변수 $[OH^-]$의 이차 방정식이므로 근의 공식을 이용하여 풀 수 있다. 다음 장에서 산과 염기를 다룰 때 이러한 형태의 식을 자주 사용하게 될 것이다.

이제 하나의 변수에 대한 한 개의 방정식을 요구하지 않는 보다 일반적인 스프레드시트 방법에 대해 알아보자.

아자이드화 탈륨의 용해도와 가수 분해

아자이드화 이온은 두 개의 동일한 N═N 결합을 가진 선형 이온이다.

$^-\ddot{N}=\overset{+}{N}=\ddot{N}^-$
아자이드화 이온

$^-\ddot{N}=\overset{+}{N}=\ddot{N}-H$
하이드라조산

아자이드화 탈륨(I)의 용액과 아자이드화 이온의 염기 가수 분해를 생각해 보자.

$$\underset{\text{아자이드화 탈륨(I)}}{TlN_3(s)} \overset{K_{sp}}{\rightleftharpoons} Tl^+ + \underset{\text{아자이드화 이온}}{N_3^-} \qquad K_{sp} = 10^{-3.66} \quad \text{(8-23)}$$

$$N_3^- + H_2O \overset{K_b}{\rightleftharpoons} \underset{\text{하이드라조산}}{HN_3} + OH^- \qquad K_b = 10^{-9.35} \quad \text{(8-24)}$$

$$H_2O \overset{K_w}{\rightleftharpoons} H^+ + OH^- \qquad K_w = 10^{-14.00} \quad \text{(8-25)}$$

우리의 목적은 $[Tl^+]$, $[N_3^-]$, $[HN_3]$, $[H^+]$와 $[OH^-]$를 구하는 것이다.

1단계 관계되는 반응식. 8-23에서 8-25까지의 세 반응이다.

2단계 전하 균형. 양전하의 합은 음전하의 합과 같다.

$$[Tl^+] + [H^+] = [N_3^-] + [OH^-] \quad \text{(8-26)}$$

	A	B	C	D	E	F
1	Thallium azide equilibria					
2	1. *Estimate* values of pC = –log[C] for N_3^- and OH^- in cells B6 and B7					
3	2. Use Solver to adjust the values of pC in cells B6 and B7 to minimize the sum in cell F8					
4						
5	Species	pC	C (= 10^-pC)		Mass and charge balances	10^6*b_i
6	N_3^-	2	1.00000E-02	C6 = 10^-B6	$b_1 = [Tl^+] - [N_3^-] - [HN_3]$	1.19E+06
7	OH^-	4	1.00000E-04	C7 = 10^-B7	$b_2 = [Tl^+] + [H^+] - [N_3^-] - [OH^-]$	1.18E+06
8	Tl^+		2.18776E-02	C8 = D12/C6	$\Sigma(10^6 * b_i)^2 =$	2.80E+12
9	HN_3		4.46684E-08	C9 = D13*C6/C7	F6 = 1e6*(C8-C6-C9)	
10	H^+		1.00000E-10	C10 = D14/C7	F7 = 1e6*(C8+C10-C6-C7)	
11					F8 = F6^2+F7^2	
12	pK_{sp} =	3.66	K_{sp} =	2.1878E-04	= 10^-B12	
13	pK_b =	9.35	K_b =	4.4668E-10	= 10^-B13	
14	pK_w =	14.00	K_w =	1.0000E-14	= 10^-B14	

그림 8-9 활동도 계수를 고려하지 않은 아자이드화 탈륨의 용해도 스프레드시트. B6셀과 B7셀에 초기 추정값 $pN_3^- = 2$와 $pOH^- = 4$를 입력하였다. 이 두 값으로 C6:C10셀의 농도들이 계산된다. '해 찾기'는 F8셀의 전하와 질량 균형이 만족되도록 B6셀과 B7셀의 pN_3^-과 pOH^-를 변화시킨다.

3단계 질량 균형. TlN_3가 녹을 때 같은 수의 Tl^+와 N_3^-가 생긴다. 아자이드화 이온의 일부는 하이드라조산이 된다. Tl^+의 농도는 N_3^-와 HN_3 농도의 합이 된다.

$$[Tl^+] = [N_3^-] + [HN_3] \quad (8\text{-}27)$$

4단계 평형식.

$$K_{sp} = [Tl^+]\gamma_{Tl^+}[N_3^-]\gamma_{N_3^-} = 10^{-3.66} \quad (8\text{-}28)$$

$$K_b = \frac{[HN_3]\gamma_{HN_3}[OH^-]\gamma_{OH^-}}{[N_3^-]\gamma_{N_3^-}} = 10^{-9.35} \quad (8\text{-}29)$$

$$K_w = [H^+]\gamma_{H^+}[OH^-]\gamma_{OH^-} = 10^{-14.00} \quad (8\text{-}30)$$

5단계 미지수와 식을 센다. 5개의 식 8-26~8-30과, 5개의 미지수 $[Tl^+]$, $[N_3^-]$, $[HN_3]$, $[H^+]$, $[OH^-]$가 있으므로 문제를 풀기에 충분한 정보가 있다.

6단계 푼다. 평형 문제에 광범위하게 적용할 수 있는 스프레드시트 방법을 소개한다.[13] 지금은 활동도 계수를 무시하지만, 나중에는 다루게 될 것이다.

5개의 미지수와 3개의 평형식 8-28~8-30이 있으므로, 스프레드시트 방법은 2개의 미지의 농도를 추정하는 것부터 시작한다.

$$\text{추정해야 할 농도의 수} = (\text{미지수의 수}) - (\text{평형의 수}) = 5 - 3 = 2 \quad (8\text{-}31)$$

그 후엔 나머지 3개의 농도를 2개의 추정된 농도의 함수로 표시한다. 두 개 이상의 평형에 관여하는 화학종의 농도를 추정하는 것이 좋다. 식 8-28~8-30에서 N_3^-와 OH^-가 두 번씩 들어가므로, 이 두 화학종의 농도를 추정할 것이다. 이 추정 값으로부터 나머지 농도들은 평형식으로부터 구할 수 있다.

다음 예까지 활동도 계수는 계속 무시할 것이다.

$$[Tl^+][N_3^-] = K_{sp} \Rightarrow [Tl^+] = K_{sp}/[N_3^-] \quad (8\text{-}32)$$

$$\frac{[HN_3][OH^-]}{[N_3^-]} = K_b \Rightarrow [HN_3] = \frac{K_b[N_3^-]}{[OH^-]} \quad (8\text{-}33)$$

$$[H^+][OH^-] = K_w \Rightarrow [H^+] = K_w/[OH^-] \quad (8\text{-}34)$$

그림 8-9의 C6:C10셀은 구하고자 하는 5개의 미지의 농도이다. 이 스프레드시트를 만들고, B12:B14셀에 평형 상수를 입력하고, C6:C10, F6:F8, D12:D14셀에 수식을 입력한다.

이제 N_3^-와 H^+의 농도를 **추정**한다. 평형의 여러 화학종들의 농도는 범위가 매우 넓어서 컴퓨터 계산에 문제를 일으킬 수 있다. 그래서 N_3^-와 H^+의 농도를 B6셀과 B7셀에 음의 로그 값으로 표현한다. $[N_3^-] = 10^{-2}$ M로 추정하면 B6셀에 2를 입력한다.

p 함수는 주어진 양의 음의 로그이다.

$pC \equiv -\log C \qquad pK \equiv -\log K$

$K = 10^{-3.66}$이면, $pK = 3.66$이다.

중요 확인: 그림 8-11의 빈 셀에서 지수 $K_b = [HN_3][OH^-]/[N_3^-]$ = C9*C7/C6을 계산한다. C9, C7, C6 셀에 무슨 값이 있든지 지수는 K_b = 4.467E−10이어야 한다. 만약 그렇지 않다면 각 농도의 수식을 확인해야 한다.

pH = $-\log[H^+]$이듯이, 농도의 음의 로그 pC는 다음과 같이 정의한다.

$$pC \equiv -\log C \tag{8-35}$$

여기서 C는 농도이다. 마찬가지로 **p*K***는 평형 상수의 음의 로그이다. 예를 들면 $pK_w = -\log K_w$. $K_w = 1.00 \times 10^{-14}$이면 $pK_w = 14.00$이다.

$[N_3^-]$와 $[OH^-]$를 어떻게 추정할 것인가? TlN_3의 K_{sp} 값은 $10^{-3.66}$이다. N_3^-와 물이 반응하지 않는다면, $[Tl^+] = [N_3^-] = \sqrt{K_{sp}} = 10^{-3.66/2} = 10^{-1.83}$ M일 것이다. $[N_3^-]$를 추정하기만 하면 되므로 $pN_3^- \approx 2$를 B6셀에 넣으면 충분하다. C6셀에는 $[N_3^-] = 10^{-2}$ M이 된다. 그러나 N_3^-는 H_2O와 반응 8-24에 의해 OH^-를 생성한다. 계산을 하지 않아도 약염기 용액이라는 것으로부터 $[OH^-]$가 10^{-4} M이라고 추정할 수 있다. 따라서 B7셀에 $pOH^- = 4$를 입력한다. C6셀과 C7셀의 $[N_3^-]$와 $[OH^-]$로부터 식 8-32~8-34를 이용해서 스프레드시트는 C8:C10 셀의 $[Tl^+]$, $[HN_3]$, $[H^+]$를 계산한다. 이 값들은 모두 맞지 않다. 단지 엑셀이 더 좋은 값을 계산하기 위한 초기 추정 값일 뿐이다.

전하 균형(8-26)은 다음과 같이 바꿀 수 있다.

$$b_2 \equiv [Tl^+] + [H^+] - [N_3^-] - [OH^-] = 0 \tag{8-26a}$$

질량 균형(8-27)도 다음과 같이 바꿀 수 있다.

$$b_1 \equiv [Tl^+] - [N_3^-] - [HN_3] = 0 \tag{8-27a}$$

농도가 맞는다면, 식 8-26a와 8-27a에서 b_1과 b_2로 표시한 합은 0이 될 것이다. N_3^-와 OH^-의 농도가 맞지 않기 때문에 초기에 F6셀과 F7셀에 계산된 b_1과 b_2는 0이 아니다.

Solver Parameters

Set Objective: $F$8

To: Max / Min / Value Of: 0

By Changing Variable Cells: $B$6:$B$7

Subject to the Constraints:

Add | Change | Delete | Reset All | Load/Save

Make Unconstrained Variables Non-Negative

Select a Solving Method: GRG Nonlinear | Options

Solving Method

Select the GRG Nonlinear engine for Solver Problems that are smooth nonlinear, Select the LP Simplex engine for linear Solver Problems, and select the Evolutionary engine for Solver problems that are non-smooth.

Help | Solve | Close

(a)

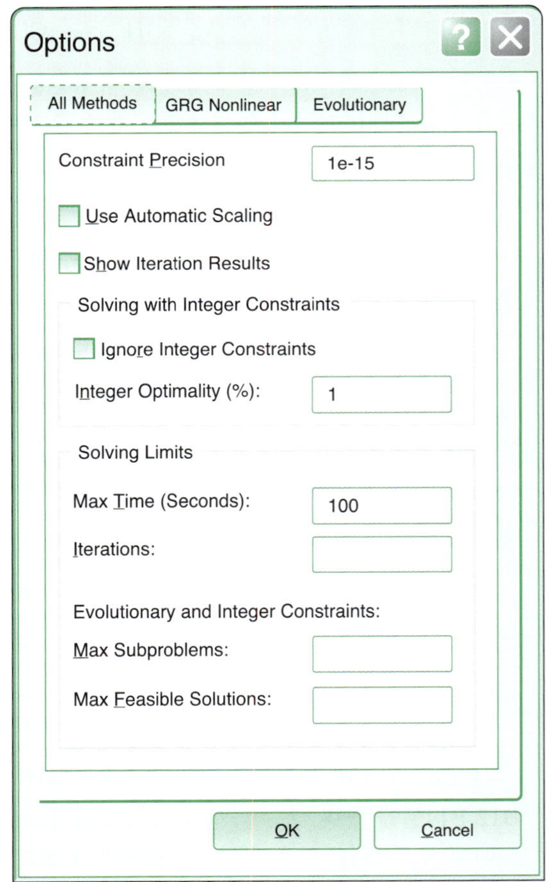

(b)

그림 8-10 '해 찾기 매개 변수' 창과 '해 찾기 옵션' 창

맞는 농도를 구하기 위해 항상 양수인 **F8셀의 합** $\Sigma b_i^2 = b_1^2 + b_2^2$**을 최소화한다**. 맞는 농도에 대한 척도는 전하와 질량 균형이다(평형식도 포함).

엑셀의 '해 찾기(Solver)'를 사용하여 전하 균형의 제곱과 질량 균형의 제곱의 합을 최소화한다. 적절한 해를 찾게 되면 합은 10^{-15}과 같은 작은 수일 것이다. 합이 너무 작은 수이면 '해 찾기'가 잘 작동하지 않을 수 있으므로, 예방 차원에서 그림 8-9에서와 같이 '해 찾기'를 하기 전에 전하와 질량 균형식에 10^6을 미리 곱한다. F6셀은 $10^6 * b_1$, F7셀은 $10^6 * b_2$이다. F8셀은 합인 $(10^6 * b_1)^2 + (10^6 * b_2)^2$이다.

PC의 경우에는 Excel 2016의 '데이터' 리본의 '분석(Analysis)' 영역에서 '해 찾기'를 찾을 수 있다. 만약 없다면 '파일' 메뉴에서 '옵션'을 누르고 '추가 기능(Add-Ins)'에서 '해 찾기 추가 기능(Solver Add-In)'을 고르고 '가기(Go)'를 누른 후 '확인'을 눌러 '해 찾기'를 설치한다. Mac의 Excel 2016에서는 '해 찾기'가 '도구(Tools)' 메뉴에 있다. '도구'를 누르고, 'Excel 추가 기능(Add-Ins)'을 누른다. '해 찾기'를 고르고 '확인(OK)'을 눌러 추가한다. 그러면 '데이터'에서 '해 찾기'를 사용할 수 있게 된다.

'해 찾기'를 누른다. '해 찾기 매개 변수(Solver Parameters)' 창이 열리면(그림 8-10a), '옵션'을 누른다. 해 찾기 옵션(그림 8-10b)에서 '모든 해법(All Methods)'을 고른다. '제한 조건 정밀도(Set Constraint Precision)' = 1e-15로 '최대 시간(Max time)' = 100초로 설정한다. '옵션' 창에서 'GRG 비선형(GRG Nonlinear)' 탭을 고른다.' 미분 계수(Derivatives)'에서 '중앙(Central)'을 선택한다. 다른 매개 변수들은 기본 값을 그대로 두고 '확인'을 누른다.

그림 8-10a의 '해 찾기 매개 변수' 창에서 '목표 설정(Set Objective)'에 F8을 입력하고 '대상(To)'에서 '최소(Min)'를 고르고, '변수 셀 변경(By Changing Variable Cells)'에 B6:B7셀을 입력한다(그림 8-10a). '해법 선택(Select a Solving Method)'은 기본 값인 'GRG 비선형(GRG Nonlinear)'이어야 한다. 이는 '해 찾기'가 B6:B7셀의 pN_3^-와 pOH^-를 변화시켜서 F8셀의 전하와 질량 균형의 합이 최대한 0에 가깝게 하도록 명령한 것이다. '해 찾기(Solve)'를 누르면 B6:B7셀에 pN_3^-와 pOH^-의 새로운 값이 주어진다. F8셀의 값을 주목하고 '해 찾기'를 다시 눌러 F8셀의 값이 줄어드는지 본다. F8셀의 값이 일정해질 때까지 반복한다. F8셀의 값이 매우 작으면(예컨대 1e-10), 좋은 해를 구했을 확률이 높다. B6셀과 B7셀에 다른 초깃값으로 '해 찾기'가 같은 해를 주는지를 확인한다. 어떤 경우에는 두 변수를 최적화한 후, 한 번에 하나의 변수(B6 혹은 B7)를 최적화해서 F8셀의 값이 더 작은, 즉 더 좋은 해를 주는지 확인해 본다.

그림 8-11은 저자가 구한 최종 결과이다. 여러분의 값은 다를 수 있으며, C6:C10셀의 농도가 그림 8-11과 세 자리까지 일치하면 충분히 좋은 결과를 얻은 것이다.

우리는 $[N_3^-] = 10^{-2}$ M, $[OH^-] = 10^{-4}$ M로 추정하였었다. '해 찾기'는 $[N_3^-] = 0.014\ 8$

	A	B	C	D	E	F
1	Thallium azide equilibria					
2	1. *Estimate* values of pC = –log[C] for N_3^- and OH^- in cells B6 and B7					
3	2. Use Solver to adjust the values of pC in cells B6 and B7 to minimize the sum in cell F8					
4						
5	Species	pC	C (= 10^-pC)		Mass and charge balances	10^6*b_i
6	N_3^-	1.83003771	1.47898E-02	C6 = 10^-B6	$b_1 = [Tl^+] - [N_3^-] - [HN_3]$	–1.03E-09
7	OH^-	5.58969041	2.57223E-06	C7 = 10^-B7	$b_2 = [Tl^+] + [H^+] - [N_3^-] - [OH^-]$	–1.01E-09
8	Tl^+		1.47924E-02	C8 = D12/C6	$\Sigma(10^6 * b_i)^2 =$	2.09E-18
9	HN_3		2.56834E-06	C9 = D13*C6/C7	F6 = 1e6* (C8–C6–C9)	
10	H^+		3.88768E-09	C10 = D14/C7	F7 = 1e6* (C8+C10-C6-C7)	
11					F8 = F6^2+F7^2	
12	pK_{sp} =	3.66	K_{sp} =	2.1878E-04	= 10^-B12	
13	pK_b =	9.35	K_b =	4.4668E-10	= 10^-B13	
14	pK_w =	14.00	K_w =	1.0000E-14	= 10^-B14	

그림 8-11 '해 찾기'를 사용하여 얻은 아자이드화 탈륨의 용해도 스프레드시트

M, $[OH^-] = 2.57 \times 10^{-6}$ M이라고 답하였다. 그림 8-11의 $[HN_3] = 2.57 \times 10^{-6}$ M은 $[OH^-]$의 값과 거의 같다. 가수 분해 반응 8-24에서는 OH^- 한 개당 HN_3 한 개가 생긴다. 가수 분해되는 아자이드화 이온의 분율은 $[HN_3]/([N_3^-] + [HN_3]) = 0.017\%$이다. 이 분율은 N_3^-가 $K_b = 10^{-9.35}$인 약염기인 것과 부합된다.

이제까지의 복잡한 과정을 요약해 보자.

1. $TlN_3(s)$가 물에 녹았을 때 일어날 것으로 여겨지는 세 가지 반응과 평형 상수식을 적었다.
2. 전하 및 질량 균형을 적었다.
3. 미지수의 수와 방정식의 수가 일치하는지 확인하였다.
4. (미지수의 수) − (평형의 수) = 5 − 3 = 2개의 농도를 추정하였다. 평형식에서 두 번 이상 사용되는 $[N_3^-]$와 $[OH^-]$를 골랐다. 컴퓨터 계산을 돕기 위해 추정 농도를 $pC = -\log C$로 표현하였다.
5. 평형식과 $[N_3^-]$와 $[OH^-]$로부터 $[Tl^+]$, $[HN_3]$, $[H^+]$를 계산하였다.
6. 질량 균형을 $b_1 \equiv [Tl^+] - [N_3^-] - [HN_3] = 0$으로, 전하 균형을 $b_2 \equiv [Tl^+] + [H^+] - [N_3^-] - [OH^-] = 0$으로 바꾸었다.
7. b_1과 b_2가 너무 작아서 컴퓨터의 연산 정확성을 떨어지는 것을 막기 위해 b_1과 b_2에 10^6을 곱해서 '해 찾기'가 더 잘 작동하도록 도왔다.
8. '해 찾기'가 $(10^6 * b_1)^2 + (10^6 * b_2)^2$을 최소화하여 전하 균형과 질량 균형을 만족시키는 pN_3^-와 pOH^-의 값을 찾게 하였다.
9. pN_3^-와 pOH^-의 초깃값을 변화시켜 '해 찾기'가 같은 해를 구하는지 확인한다.

활동도 계수를 이용한 수산화 마그네슘의 용해도

아래 화학에서 보인 $Mg(OH)_2$ 포화 용액에서 화학종들의 농도를 구해 보자. 활동도 계수를 고려한다.[14]

$$Mg(OH)_2(s) \overset{K_{sp}}{\rightleftharpoons} Mg^{2+} + 2OH^- \quad K_{sp} = [Mg^{2+}]\gamma_{Mg^{2+}}[OH^-]^2\gamma_{OH^-}^2 = 10^{-11.15} \tag{8-36}$$

K_1은 보충 6-2와 부록 I의 β와 같은 평형 상수이다.

$$Mg^{2+} + OH^- \overset{K_1}{\rightleftharpoons} MgOH^+ \qquad K_1 = \frac{[MgOH^+]\gamma_{MgOH^+}}{[Mg^{2+}]\gamma_{Mg^{2+}}[OH^-]\gamma_{OH^-}} = 10^{2.6} \tag{8-37}$$

$$H_2O \overset{K_w}{\rightleftharpoons} H^+ + OH^- \qquad K_w = [H^+]\gamma_{H^+}[OH^-]\gamma_{OH^-} = 10^{-14.00} \tag{8-38}$$

1단계 관계되는 반응식은 위에 나열하였다.

2단계 전하 균형:

$$2[Mg^{2+}] + [MgOH^+] + [H^+] = [OH^-] \tag{8-39}$$

3단계 질량 균형. 좀 까다롭다. 반응 8-36에서 OH^-를 포함하는 모든 화학종의 농도는 전체 마그네슘 화학종 농도의 두 배일 것이라고 말할 수 있다. 그러나 반응 8-38에서는 또한 각 H^+당 OH^- 한 개가 생긴다. 질량 균형은 그 두 OH^- 출처를 고려해야 한다.

$$\underbrace{[OH^-] + [MgOH^+]}_{OH^-\text{를 포함한 화학종}} = 2\{\underbrace{[Mg^{2+}] + [MgOH^+]}_{Mg^{2+}\text{를 포함한 화학종}}\} + [H^+] \tag{8-40}$$

결국 식 8-40은 식 8-39와 동일하다.

4단계 평형 상수식은 식 8-36에서 8-38까지이다.

5단계 미지수와 식을 센다. 4개의 식(8-36에서 8-39)과 4개의 미지수 $[Mg^{2+}]$, $[MgOH^+]$, $[H^+]$, $[OH^-]$가 있다.

6단계 푼다. TlN_3 문제를 풀기 위해 썼던 스프레드시트 방법을 쓸 것이다. 단, 활동도 계수를 포함한다. 4개의 미지수와 3개의 평형이 있으므로, 1개의 농도를 추정한다.

추정 농도의 수 = (미지수의 수) − (평형의 수) = 4 − 3 = 1

	A	B	C	D	E	F	G	H
1	Magnesium hydroxide equilibria							
2	1. *Estimate* pMg in cell B8							
3	2. Use Solver to adjust B8 to minimize sum in cell H15							
4	Ionic strength							
5	μ	3.793E-04				Extended	Activity	
6				Size		Debye-Hückel	Coefficient	
7	Species	pC	C (M)	α (pm)	Charge	log γ	γ	
8	Mg^{2+}	3.9115263	1.226E-04	800	2	–3.780E-02	9.166E-01	G8 = 10^F8
9	OH^-		2.567E-04	350	–1	–9.715E-03	9.779E-01	
10	$MgOH^+$		1.148E-05	500	1	–9.625E-03	9.781E-01	
11	H^+		4.071E-11	900	1	–9.392E-03	9.786E-01	
12								
13	pK_{sp} =	11.15	K_{sp} =	7.08E-12		Mass and charge balances:		10^6*b_i
14	pK_1 =	–2.60	K_1 =	3.98E+02	$b_1 = 2[Mg^{2+}] + [MgOH^+] + [H^+] - [OH^-]$			0.00E+00
15	pK_w =	14.00	K_w =	1.00E-14			$(10^6$*$b_i)^2$ =	0.00E+00
16						H14 = 1e6*(2*C8+C10+C11-C9)		
17	Ion size estimate:						H15 = H14^2	
18	$MgOH^+$ size ≈ 500 pm						C8 = 10^-B8	
19						C9 = SQRT(D13/(C8*G8))/G9		
20	Initial value:					C10 = D14*C8*G8*C9*G9/G10		
21	pMg =	4					C11 = D15/(C9*G9*G11)	
22					F8 = –0.51*E8^2*SQRT($B$5)/(1+D8*SQRT($B$5)/305)			
23					B5 = 0.5*(E8^2*C8+E9^2*C9+E10^2*C10+E11^2*C11)			

그림 8-12 '해 찾기'를 사용하여 얻은 활동도 계수를 고려한 수산화 마그네슘의 용해도 스프레드시트

전략은 하나의 농도를 추정하고 엑셀의 '해 찾기'로 하여금 농도를 최적화하게 하는 것이다. 최적화의 부산물로 정확한 이온 세기의 값을 얻는다.

Mg^{2+}는 2개의 평형에, OH^-는 3개의 평형에 관여한다. 어느 것을 골라서 추정하여도 좋다. Mg^{2+}를 골랐다. $[Mg^{2+}]$를 **추정하기** 위해, 활동도 계수를 무시하고 용해도 평형 8-36을 고려하자. 화학 반응 8-36에서 1개의 Mg^{2+}마다 2개의 OH^-가 생성된다. $x = [Mg^{2+}]$라 하면, $[OH^-] = 2x$이다. K_{sp}는 다음과 같이 된다.

$$K_{sp} \approx \underset{x}{[Mg^{2+}]}\underset{2x}{[OH^-]^2} = 7.1 \times 10^{-12}$$

$$(x)(2x)^2 = 4x^3 = 7.1 \times 10^{-12} \Rightarrow x = \left(\frac{7.1 \times 10^{-12}}{4}\right)^{1/3} = 1.2 \times 10^{-4}\text{ M}$$

즉 $x = [Mg^{2+}] = 1.2 \times 10^{-4}$ M 혹은 $pMg^{2+} = -\log(1.2 \times 10^{-4}) = 3.9$이다. 초깃값으로 $pMg^{2+} = 4$를 **골랐다**.

그림 8-12의 스프레드시트를 만들고 B5셀에 0, B8셀에 $pMg^{2+} = 4$를 입력한다. C8셀은 $[Mg^{2+}]$ = 10^-B8을 계산한 값을 보여 준다. 수식들은 스프레드시트의 오른쪽 아래에 나열되어 있다. 활동도 계수를 포함하여 평형식 8-36에서 8-38로 계산한 $[OH^-]$, $[MgOH^+]$, $[H^+]$의 값들이 C9:C11셀에 주어진다.

이제 C9:C11셀의 농도 값을 가지고 B5셀의 이온 세기를 계산하면 된다. 그러나 농도는 이온 세기에 좌우된다. 이렇게 농도는 이온 세기에 좌우되고, 이온 세기는 농도에 좌우되는 것을 **순환 참조**(circular reference)라고 한다. 엑셀이 순환 참조를 할 수 있도록 해야만 한다. Excel 2016의 '파일' 메뉴에서 '옵션'을 고른다. '옵션' 창에서 '수식'을 고른다. '계산 옵션(Calculation Options)'의 '반복 계산 사용(Enable iterative calculation)'을 활성화하고, '변화 한도값'에 1e-15을 입력한다. '확인'을 누르면 엑셀은 순환 참조를 다룰 수 있게 된다. 이제 B5셀의 값을 0에서 스프레드시트의 맨 아래에 있는 '=0.5*(E8^2*C8+E9^2*C9+E10^2*C10+E11^2*C11)'의 수식으로 바꾸어 입력한다.

표 8-1에 Mg^{2+}, OH^-, H^+의 이온 크기가 나와 있지만, $MgOH^+$의 크기는 모른다. Mg^{2+}는 $Mg(OH_2)_6^{2+}$일 것이고, $MgOH^+$는 $Mg(OH_2)_5(OH)^+$일 것이다. $Mg(OH_2)_6^{2+}$는 전하가 +2, $Mg(OH_2)_5(OH)^+$는 +1이라는 것을 제외하면, 둘은 거의 같은 크기일 것이다. 전하가 클수록 용매 분자들을 더 세게 잡아당기고 수화 반지름이 더 커지는 것을 기억하기 바란다. 표 8-1에 $Mg^{2+} = Mg(OH_2)_6^{2+}$의 크기는 800 pm이다. $Mg(OH_2)_5(OH)^+$의 크기를 500 pm로 어림잡자. 평형 문제를 다 푼 후에, $Mg(OH_2)_5(OH)^+$의 크기를 변화시키면 답이 얼마나 달라지는지 확인할 수 있을 것이다(실제로 달라지지 않음).

그림 8-12의 F열에서는 H22셀에 있는 확장된 Debye-Hückel 식 8-6으로 계산한 log γ의 값들을 계산한다. G열에서는 활동도 계수 γ = 10^(log γ)를 계산한다. 이 활동도 계수를 평형식에 사용하여 H19:H21의 수식들로 C9:C11의 농도를 계산하였다.

H14셀에는 전하 균형 $b_1 = 2[Mg^{2+}] + [MgOH^+] + [H^+] - [OH^-]$를 계산하였다. 이번 문제에서는 전하 균형과 질량 균형이 동일하므로, 질량 균형은 계산하지 않았다. 엑셀이 아주 작은 수를 다룰 때 일어날 수 있는 연산 오류를 막기 위해 그림 8-9의 TlN_3 평형에서와 같이 H14셀의 전하의 합에 10^6을 곱하였다. H15셀의 최소화 함수는

최소화 함수: $$\Sigma(10^6 \times b_i)^2 = (10^6 \times b_1)^2$$

이다.

이제, 드디어 해를 찾아보자. 그림 8-12의 스프레드시트를 만든다. B8셀에 초기 추정치 $pMg^{2+} = 4$를 넣는다. '데이터' 메뉴에서 '해 찾기'를 고르고 '옵션'을 고른다. '모든 해법' 탭에서 '제한 조건 정밀도' = 1e-15를 입력한다. 'GRG 비선형' 탭의 '미분 계수'에서 '중앙'을 선택하고 '확인'을 누른다. '해 찾기 매개 변수' 창의 '목표 설정'에 H15, '대상'에 '최소', '변수 셀 변경'에 B8셀을 설정하고 '확인'을 누른다. '해 찾기'는 B8셀의 pMg^{2+}를 변화시켜서 H15셀의 $\Sigma(10^6 \times b_i)^2$이 최소화되게 한다.

그림 8-12의 최종 결과는 다음과 같다.

$$[Mg^{2+}] = 1.23 \times 10^{-4}\ M \qquad [OH^-] = 2.57 \times 10^{-4}\ M$$
$$[MgOH^+] = 1.15 \times 10^{-5}\ M \qquad [H^+] = 4.07 \times 10^{-11}\ M$$
$$\mu = 3.79 \times 10^{-4}\ M$$

약 10%의 Mg^{2+}가 가수 분해되어 $MgOH^+$가 되었다. 용액의 pH는

$$pH = -\log[H^+]\gamma_{H^+} = -\log(4.07 \times 10^{-11})(0.979) = 10.40$$

이다. 그림 8-12의 스프레드시트는 활동도 계수를 포함한 다양한 평형 문제를 풀기 위한 도구를 제공한다.

'해 찾기'는 초기 추정 값들이 실제 값에 가깝고, 동시에 너무 많은 변수들을 찾도록 하지 않으면 잘 작동한다. 초깃값들을 바꾸어도 '해 찾기'가 같은 결과를 주는지 항상 확인해야 한다. 얻은 결과를 다음번의 초깃값으로 '해 찾기'를 다시 사용하여 Σb_i^2 값이 더 작아지는지 확인해 본다. 만약 복잡한 문제에서 '해 찾기'가 두 개 이상의 변수의 값을 같이 구하지 못하면, 다른 변수들은 값을 고정시키고 한두 개의 변수만을 변화시켜 답을 찾도록 한다.

활동도 계수는 대체로 생략할 것이다

모든 평형 상수를 활동도 계수로 적는 것이 타당하나, 활동도 계수를 다루는 것이 매우 복잡하다. 이 책에는 특별히 언급해야 할 필요가 있지 않으면 활동도 계수를 생략하기로 한다.

이해해야 할 용어

pH	이온 세기(ionic strength)	확장된 Debye-Hückel 식 (extended Debye-Hückel equation)	활동도(activity)
pK	전하 균형(charge balance)		활동도 계수(activity coefficient)
이온 분위기(ionic atmosphere)	질량 균형(mass balance)		

요약

반응 $aA + bB \rightleftharpoons cC + dD$에 대한 참 평형 상수는 $K = \mathcal{A}_C^c\mathcal{A}_D^d/(\mathcal{A}_A^a\mathcal{A}_B^b)$이다. 여기서 $\mathcal{A}_i$는 i번째 화학종의 활동도이다. 활동도는 농도와 활동도 계수의 곱이다($\mathcal{A}_i = c_i\gamma_i$). 비이온 결합 화합물과 기체에 대해서는 $\gamma_i \approx 1$이다. 이온성 화학종의 활동도 계수는 $\mu = \frac{1}{2}\Sigma c_iz_i^2$으로 정의되는 이온 세기에 의존한다. 여기서 z_i는 이온의 전하이다. 낮은 이온 세기($\leq$0.1 M)에 대해서는 이온 세기가 증가함에 따라 활동도 계수가 감소한다. 각 이온의 이온 분위기가 이온 상호 간의 인력을 감소시키므로, 이온 결합 화합물이 녹는 정도는 이온 세기에 따라 증가한다. 표 8-1을 내삽하여 활동도 계수를 추정할 수 있어야 한다. pH는 H^+의 활동도로 정의된다. $pH = -\log\mathcal{A}_{H^+} = -\log[H^+]\gamma_{H^+}$. 마찬가지로 p$K$는 평형 상수의 음의 로그이다.

평형을 체계적으로 처리하려면 전하 균형, 질량 균형과 아울러 모든 관계되는 평형식을 적어야 한다. 전하 균형은 용액 내의 모든 양전하의 합과 모든 음전하의 합이 같다는 것이다. 질량 균형은 용액 내의 어느 원소의 모든 형태의 몰수의 합은 용액에 가한 그 원소의 몰수와 같음을 말한다. 미지수 개수와 방정식의 개수가 같음을 확인하고, **근사** 계산이나 스프레드시트의 '해 찾기' 과정으로 농도를 구한다. '해 찾기'에서는 (미지수의 개수) − (평형의 개수)만큼의 초기 pC 값을 추정하고 '해 찾기'가 전하와 질량 균형의 제곱 합을 최소화하는 pC(이온 세기 포함)를 구하게 한다. 이온 세기 값은 최적화의 부산물로 얻어진다.

연습 문제

8-A. 염이 완전히 해리한다고 가정하고, 다음의 이온 세기를 구하시오.
(a) 0.2 mM KNO_3 **(b)** 0.2 mM Cs_2CrO_4
(c) 0.2 mM $MgCl_2$ + 0.3 mM $AlCl_3$

8-B. 0.005 0 M $(C_3H_7)_4N^+Br^-$와 0.005 0 M $(CH_3)_4N^+Cl^-$가 함께 들어 있는 용액에서 $(C_3H_7)_4N^+$(사프로필암모늄) 이온의 활동도(활동도 계수가 아님)를 구하시오.

8-C. 활동도를 사용하여 AgSCN(s)로 포화된 0.060 M KSCN에서 $[Ag^+]$를 구하시오.

8-D. 활동도를 사용하여 25°C에서 0.050 M LiBr에서 H^+의 농도와 pH를 계산하시오.

8-E. 0.040 0 M $Hg_2(NO_3)_2$ 40.0 mL 용액을 0.100 M KI 60.0 mL로 적정하여 Hg_2I_2($K_{sp} = 4.6 \times 10^{-29}$)로 침전시켰다.
(a) 당량점에 이르는 데 필요한 KI의 부피는 32.0 mL임을 보이시오.
(b) KI 60.0 mL가 첨가되었을 때 실질적으로 모든 Hg_2^{2+}가 3.20 mmol의 I^-와 함께 침전되었다. 이온들은 모두 용액에 남아 있다면 KI 60.0 mL가 첨가되었을 때의 용액의 이온 세기를 계산하시오.
(c) 활동도 계수를 사용하여 **(b)**에서의 $pHg_2^{2+}(= -\log\mathcal{A}_{Hg_2^{2+}})$를 계산하시오.

8-F. (a) $CaCl_2$를 물에 녹인 용액의 경우, 수용성 화학종이 Ca^{2+}와 Cl^-일 때, 질량 균형을 적으시오.
(b) 수용성 화학종이 Ca^{2+}, Cl^-, $CaCl^+$, $CaOH^+$일 때, 질량 균형을 적으시오.
(c) **(b)**에 대한 전하 균형을 적으시오.

8-G. CaF_2 수용액에서 일어나는 반응이 다음과 같을 때 전하 균형 및 질량 균형을 적으시오.

$$\begin{aligned} CaF_2(s) &\rightleftharpoons Ca^{2+} + 2F^- \\ Ca^{2+} + H_2O &\rightleftharpoons CaOH^+ + H^+ \\ Ca^{2+} + F^- &\rightleftharpoons CaF^+ \\ CaF_2(s) &\rightleftharpoons CaF_2(aq) \\ F^- + H^+ &\rightleftharpoons HF(aq) \\ HF(aq) + F^- &\rightleftharpoons HF_2^- \end{aligned}$$

8-H. $Ca_3(PO_4)_2$ 수용액에 있는 수용성 화학종이 Ca^{2+}, $CaOH^+$, $CaPO_4^-$, PO_4^{3-}, HPO_4^{2-}, $H_2PO_4^-$, H_3PO_4일 때, 전하 균형 및 질량 균형을 적으시오.

8-I. **(a) 활동도를 사용하여** $Mn(OH)_2$로 포화된 0.01 M $NaClO_4$에 있는 주 화학종의 농도를 구하시오. 그림 8-12의 B5 셀의 이온 세기를 0.1로 고정하고, 평형 상수와 이온 크기를 수정하여 스프레드시트를 만든다. $MnOH^+$의 크기는 400 pm라고 가정한다. 다음 화학 반응들을 고려한다.

$$\begin{aligned} Mn(OH)_2(s) &\overset{K_{sp}}{\rightleftharpoons} Mn^{2+} + 2OH^- && K_{sp} = 10^{-12.8} \\ Mn^{2+} + OH^- &\overset{K_1}{\rightleftharpoons} MnOH^+ && K_1 = 10^{3.4} \\ H_2O &\overset{K_w}{\rightleftharpoons} H^+ + OH^- && K_w = 10^{-14.00} \end{aligned}$$

(b) $NaClO_4$가 없는 경우의 문제를 푸시오.

(c) $NaClO_4$가 존재할 때 $Mn(OH)_2$의 용해도가 증가하는 이유는 무엇인가? [0.1 M $NaClO_4$에 녹아 있는 총 Mn]/[$NaClO_4$가 없을 때 녹아 있는 총 Mn]을 구하시오.

문제

활동도 계수

8-1. 용액의 이온 세기가 증가함에 따라(적어도 약 0.5 M까지) 이온 결합 화합물의 용해도가 증가하는 이유를 설명하시오.

8-2. 다음 중 어느 것이 옳은가? 이온 세기가 0~0.1 M 범위에서 아래에 따라 활동도 계수가 감소한다. **(a)** 이온 세기의 증가, **(b)** 이온 전하의 증가, **(c)** 수화 반지름의 감소

8-3. 천연색 사진 4는 산-염기 지시약인 브로모크레솔 그린(H_2BG)의 색이 $(H^+)(HBG^-)$ 수용액에 NaCl을 넣음에 따라 변하는 것을 보여 준다. NaCl을 넣음에 따라 연한 녹색에서 연한 파란색으로 색이 변하는 이유를 설명하시오.

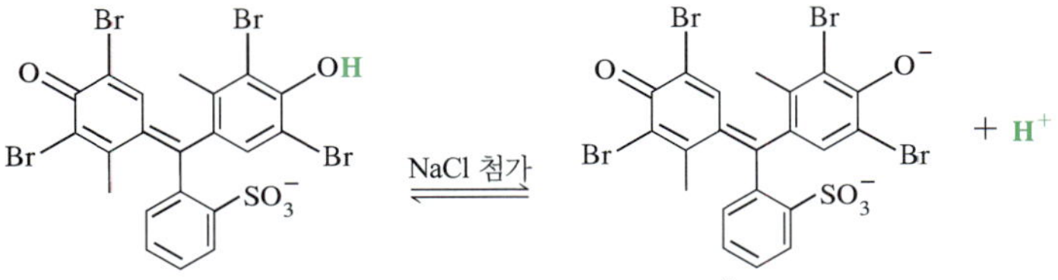

HBG^- (노란색) $\xrightleftharpoons{\text{NaCl 첨가}}$ BG^{2-} (파란색) $+ H^+$

반대 이온 H^+는 그리지 않았다. **반대 이온**이란 용액의 전기적 중성을 위해 필요한 다른 이온이다.

8-4. **(a)** 0.008 7 M KOH, **(b)** 0.000 2 M $La(IO_3)_3$의 이온 세기를 계산하시오(이 낮은 농도에서는 완전히 해리하고 $LaOH^{2+}$를 만드는 수화 반응은 일어나지 않는다고 가정한다).

8-5. 주어진 이온 세기에서 각 이온의 활동도 계수를 구하시오.

(a) SO_4^{2-} ($\mu = 0.01$ M)

(b) Sc^{3+} ($\mu = 0.005$ M)

(c) Eu^{3+} ($\mu = 0.1$ M)

(d) $(CH_3CH_2)_3NH^+$ ($\mu = 0.05$ M)

8-6. 표 8-1을 내삽하여 $\mu = 0.030$ M일 때 H^+의 활동도 계수를 구하시오.

8-7. $\mu = 0.083$ M일 때, **(a)** 식 8-6을 사용, **(b)** 표 8-1을 선형 내삽하여 Zn^{2+}의 활동도 계수를 구하시오.

8-8. 표 8-1을 내삽하여 $\mu = 0.083$ M일 때 Al^{3+}의 활동도 계수를 계산하시오.

8-9. 다이에틸 에터($CH_3CH_2OCH_2CH_3$)와 같은 비이온 결합 화합물이 물에 녹는 데 대한 평형 상수는 다음과 같이 적을 수 있다.

$$\text{에터}(l) \rightleftharpoons \text{에터}(aq) \qquad K = [\text{에터}(aq)]\gamma_{\text{에터}}$$

이온 세기가 낮으면 비이온 결합 화합물은 $\gamma \approx 1$이다. 이온 세기가 높으면, 에터나 다른 대부분의 중성 분자는 수용액으로부터 **염석**(salted out)될 수 있다. 즉 진한 농도(전형적으로 >1 M)의 NaCl과 같은 염을 수용액에 가하면 중성 분자는 대체로 덜 녹게 된다. 이온 세기가 높을 때 활동도 계수 $\gamma_{\text{에터}}$는 증가할까, 감소할까?

8-10. 활동도 계수를 사용하여 Hg_2Br_2가 포화된 0.001 00 M KBr 용액에서 $[Hg_2^{2+}]$를 구하시오.

8-11. 활동도 계수를 사용하여 $Ba(IO_3)_2$로 포화된 0.100 M $(CH_3)_4NIO_3$ 용액에서 Ba^{2+}의 농도를 구하시오.

8-12. 0.010 M HCl과 0.040 M $KClO_4$가 들어 있는 용액의 H^+에 대한 활동도 계수를 구하시오. 그 용액의 pH는 얼마인가?

8-13. 활동도를 사용하여 0.010 M NaOH와 0.012 0 M $LiNO_3$가 들어 있는 용액의 pH를 계산하시오. 활동도를 무시하면 pH는 얼마인가?

8-14. 확장된 Debye-Hückel 식 8-6의 온도 의존 형태는 다음과 같다.

$$\log \gamma = \frac{(-1.825 \times 10^6)(\varepsilon T)^{-3/2} z^2 \sqrt{\mu}}{1 + \alpha\sqrt{\mu}/(2.00\sqrt{\varepsilon T})}$$

여기서 ε은 물의 (단위가 없는) 유전 상수†이고, T는 절대 온도(K), z는 이온의 전하, μ는 용액의 이온 세기(mol/L), α는 pm로 나타낸 이온의 크기 변수이다. ε의 온도 의존도는 다음과 같이 주어진다.

$$\varepsilon = 79.755e^{(-4.6\times10^{-3})(T-293.15)}$$

$\mu = 0.100$ M일 때, 50.00°C에서 SO_4^{2-}의 활동도 계수를 계산하시오. 표 8-1에 나와 있는 값과 비교하시오.

8-15. **중성 분자의 활동도 계수.** 중성 분자의 활동도 계수(γ)는 1.00이라는 근사를 사용한다. 보다 정확한 관계식은 $\log \gamma = k\mu$이다. 여기서 μ는 이온 세기이며, NH_3와 CO_2의 경우 $k \approx 0.11$, 유기 분자의 경우에는 $k \approx 0.2$이다. HA, A^-, H^+의 활동도 계수를 이용하여 아래의 벤조산($HA \equiv C_6H_5CO_2H$) 농도 지수 값을 예측하시오. 관찰된 농도 지수 값은 0.63 ± 0.03이다.[15]

$$\text{농도 지수} = \frac{\dfrac{[H^+][A^-]}{[HA]}\ (\mu = 0\text{에서})}{\dfrac{[H^+][A^-]}{[HA]}\ (\mu = 0.1\ \text{M에서})}$$

† 단위가 없는 **유전 상수**(ε)는 어느 용매가 반대로 하전된 이온들을 얼마나 잘 분리시킬 수 있느냐에 대한 척도이다. 전하가 q_1, q_2 쿨롬인 두 이온이 거리 r(미터)만큼 떨어져 있을 때, 그 사이의 인력(뉴턴)은 다음과 같다.

$$\text{힘} = -(8.988 \times 10^9)\frac{q_1 q_2}{\varepsilon r^2}$$

ε이 크면 클수록 두 이온 간의 인력은 줄어든다. 물은 $\varepsilon \approx 80$으로서, 이온들을 아주 잘 분리시킨다. ε의 값은 메탄올 33, 에탄올 24, 벤젠 2, 진공 및 공기 1이다. 물보다 덜 극성인 용매에 녹아 있는 이온 결합 화합물은 분리된 이온이 아닌 이온쌍으로 주로 존재할 것이다.

평형의 체계적 처리 문제

8-16. 전하 균형식과 질량 균형식의 의미를 설명하시오.

8-17. 전하 균형식과 질량 균형식에서 활동도 계수가 나타나지 않는 까닭은 무엇인가?

8-18. H^+, OH^-, Ca^{2+}, HCO_3^-, CO_3^{2-}, $Ca(HCO_3)^+$, $Ca(OH)^+$, K^+, ClO_4^-가 들어 있는 용액에 대해 전하 균형을 적으시오.

8-19. H_2SO_4가 HSO_4^-와 SO_4^{2-}로 이온화된다고 할 때, 황산 수용액의 전하 균형을 적으시오.

8-20. $H_2AsO_4^-$, $HAsO_4^{2-}$, AsO_4^{3-}로 해리될 수 있는 비소산(H_3AsO_4) 수용액에 대한 전하 균형을 적으시오. 부록 G에 있는 비소산의 구조를 보고 $HAsO_4^{2-}$의 구조를 적으시오.

8-21. **(a)** $MgBr_2$가 녹아 Mg^{2+}, Br^-, $MgBr^+$, $MgOH^+$로 되는 용액에 대한 전하 균형 및 질량 균형을 적으시오.

(b) 0.2 mol $MgBr_2$를 1 L에 녹인 용액에서 위의 질량 균형을 수정하시오.

8-22. 용액 내에 전하 균형이 존재하지 않으면 어떤 일이 일어나겠는가? 두 전하 간의 힘은 문제 8-14에 각주로 주어져 있다. 만일 1.0×10^{-6} M의 잉여 음전하를 가진 250 mL 용액이 들어 있는 비커와 1.0×10^{-6} M의 잉여 양전하를 가진 250 mL 용액이 들어 있는 다른 비커가 1.5 m 떨어져 있다고 하면, 이때의 힘은 얼마일까? 전하 1 mol에는 9.648×10^4쿨롬이 있다. N을 파운드로 바꾸시오(0.224 8 pounds/N). 두 마리의 코끼리가 두 비커를 움직이지 않게 할 수 있겠는가?

8-23. 0.1 M 아세트산 소듐($Na^+CH_3CO_2^-$)에 대해서 질량 균형 하나는 단순히 $[Na^+] = 0.1$ M이다. 아세트산 음이온에 대한 질량 균형을 적으시오.

8-24. $X_2Y_2^{2+}$, X_2Y^{4+}, $X_2Y_3(aq)$, Y^{2-} 등의 화학종을 내는 화합물 X_2Y_3의 용해를 생각해 보자. 질량 균형을 써서 $[Y^{2-}]$의 식을 다른 농도들로 표시하시오. 답을 가능한 한 간단히 하시오.

8-25. 존재하는 화학종이 Fe^{3+}, $Fe(OH)^{2+}$, $Fe(OH)_2^+$, $Fe_2(OH)_2^{4+}$, $FeSO_4^+$, SO_4^{2-}, HSO_4^-인 $Fe_2(SO_4)_3$ 용액에 대한 질량 균형을 적으시오.

8-26. **'목푯값 찾기'로 암모니아 평형 풀기.** 그림 8-7을 변환하여 0.05 M NH_3 내의 화학종 농도를 구하시오. F의 값만 바꾸면 된다. NH_3의 포말 농도가 0.01 M에서 0.05 M로 증가할 때 pH와 암모니아 가수 분해 분율$(= [NH_4^+]/([NH_4^+] + [NH_3]))$은 어떻게 변하는가?

8-27. **'해 찾기'로 암모니아 평형 풀기.** TlN_3의 용해도에 관한 그림 8-9의 '해 찾기' 스프레드시트를 사용하여, 활동도 계수를 고려하지 않고 0.01 M 암모니아수 용액 내 화학종의 농도를 구한다. NH_3의 가수 분해 평형의 체계적 처리를 위해 4개의 미지수($[NH_3]$, $[NH_4^+]$, $[H^+]$, $[OH^-]$)와 2개의 평형(8-13과 8-14)을 다룬다. 그러므로 추정할 농도는 (4개 미지수) − (2개 평형) = 2가지인데, NH_4^+와 OH^-를 고른다. 아래의 스프레드시트를 만들고, $pNH_4^+ = 3$과 $pOH^- = 3$을 추정하여 B6셀과 B7셀에 입력한다(K_b 평형 8-17 $[NH_4^+] = [OH^-] = \sqrt{K_b[NH_3]} \approx \sqrt{10^{-4.755}[0.01]} \Rightarrow pNH_4^+ = pOH^- \approx 3$이라고 추정하였다. '해 찾기'가 작동하기 위해서 추정 값이 아주 좋을 필요는 없다.) C8셀의 수식은 $[NH_3] = [NH_4^+][OH^-]/K_b$이다. C9셀의 수식은 $[H^+] = K_w/[OH^-]$이다. F6셀은 질량 균형 b_1, F7셀은 전하 균형 b_2이다. F8셀은 합 $b_1^2 + b_2^2$이다. 201쪽의 TlN_3에서처럼, '해 찾기' 창을 열고 '옵션'을 설정한다. '목표 설정'에 F8, '대상'에 '최소', '변수 셀 변경'에 B6:B7을 설정한다. 화학종들의 농도는 얼마인가? 암모니아의 가수 분해 분율$(= [NH_4^+]/([NH_4^+] + [NH_3]))$은 얼마인가? 그림 8-8에서 '목푯값 찾기'로 구한 것과 일치해야 한다.

8-28. **활동도 계수를 고려한 아세트산 소듐의 가수 분해에 대한 '해 찾기'.**

(a) 8-5절의 NH_3 예제를 따라 0.01 M 아세트산 소듐(Na^+A^-)의 조성을 구하기 위한 평형, 전하와 질량 균형을 적으시오. **활동도 계수가 필요하면 고려하라.** 두 반응은 가수 분해($pK_b = 9.244$)와 H_2O의 이온화이다.

(b) **활동도 계수를 고려한** 모든 화학종의 농도를 구하기 위한 그

	A	B	C	D	E	F
1	Ammonia equilibrium					F =
2	1. *Estimate* values of pC = −log[C] for NH_4^+ and OH^- in cells B6 and B7					0.01
3	2. Use Solver to adjust the values of pC to minimize the sum in cell F8					
4						
5	Species	pC			Mass and charge balances	10^6*b_i
6	NH_4^+	3.00000000	1.0000E-03	C6 = 10^-B6	$b_1 = F - [NH_4^+] - [NH_3]$	−4.79E+04
7	OH^-	3.00000000	1.0000E-03	C7 = 10^-B7	$b_2 = [NH_4^+] + [H^+] - [OH^-]$	1.00E-05
8	NH_3		5.6885E-02	C8 = C6*C7/D12	$\Sigma(10^6*b_i)^2 =$	2.29E+09
9	H^+		1.0000E-11	C9 = D13/C7	F6 = 1e6*(F2-C6-C8)	
10					F7 = 1e6*(C6+C9-C7)	
11					F8 = F6^2+F7^2	
12	pK_b =	4.755	K_b =	1.76E-05	= 10^-B12	
13	pK_w =	14.00	K_w =	1.00E-14	= 10^-B13	

문제 8-27의 스프레드시트

	A	B	C	D	E	F	G	H
1	Magnesium chloride ion pairing with activities							
2	1. *Estimate* pMg^{2+} and PCl$^-$ in cells B8 and B9					Formal conc = F =	0.025	M
3	2. Use Solver to adjust B8 and B9 to minimize sum in cell H16					[Mg^{2+}] + [MgCl$^-$(aq)] = F		
4	Ionic strength					[Cl$^-$] + [MgCl$^+$(aq)] = 2F		
5	μ	7.093E-02				Extended	Activity	
6				Size		Debye-Hückel	Coefficient	
7	Species	pC	C (M)	α (pm)	Charge	log γ	γ	
8	Mg^{2+}	1.638971597	2.296E-02	800	2	−3.199E-01	0.479	G8 = 10^F8
9	Cl$^-$	1.319093767	4.796E-02	300	−1	−1.076E-01	0.780	
10	MgCl$^+$(aq)		2.037E-03	500	1	−9.455E-02	0.804	
11								
12	pK$_{ip}$ =	−0.60	K$_{ip}$ =	3.98E+00		Mass balances:		10^6*b$_i$
13	Ion pair fraction = [MgCl$^+$(aq)]/F =			0.0815		b$_1$ = F − [Mg^{2+}] − [MgCl$^+$(aq)]		5.55E-07
14			D13 = C10/G2			b$_2$ = 2F − [Cl$^-$] − [MgCl$^+$(aq)]		3.26E-07
15	Ion size estimate:						Σ(10^6*b$_i$)^2 =	4.14E-13
16	MgCl$^+$(aq) =	500					H13 = 1e6* (G2-C8-C10)	
17	Initial value:						H14 = 1e6*(2*G2-C9-C10)	
18	pMg^{2+} =	1.7					H15 = H13^2 + H14^2	
19	pCl$^-$ =	1.4				C8 =10^-B8		C9 =10^-B9
20	Check:					C10 = D12*C8*G8*C9*G9/G10		
21	Total Mg =	0.02500	= C8+C10	F8 = −0.51*E8^2*SQRT($B$5)/(1+D8*SQRT($B$5)/305)				
22	Total Cl =	0.05000	= C9+C10			B5 = 0.5*(E8^2*C8+E9^2*C9+E10^2*C10)		
23	K$_{ip}$ =	3.981E+00	= C10*G10/(C8*G8*C9*G9)					

문제 8-30의 스프레드시트. SaplingPlus 또는 macmillanlearning.com에서 이 스프레드시트를 확인할 수 있다.

림 8-12와 같은 스프레드시트를 만들라. 초기 이온 세기는 0.01을 사용하라. 스프레드시트의 나머지 부분을 설정한 후, 이온 세기를 상수 0.01에서 정확한 수식으로 바꾸라. 이렇게 숫자와 수식의 두 단계로 진행하는 것은 이온 세기와 농도가 서로 순환 참조되는 관계에 있기 때문이다. 4개의 미지수와 2개의 평형이 있으므로 4 − 2 = 2개의 농도(p*C* 값들)를 '해 찾기'로 구한다. 이 문제에서는 '해 찾기'가 동시에 2개의 농도를 잘 찾지 못한다. 전하와 질량 균형을 만족시키는 pA$^-$와 pOH$^-$를 구하시오. [A$^-$], [OH$^-$], [HA], [H$^+$]를 구하시오. 이온 세기, pH = $-\log([H^+]\gamma_{H^+})$, 가수 분해 분율(= [HA]/F)을 구하시오.

8-29. (a) 8-5절의 $Mg(OH)_2$의 예제를 따라 $Ca(OH)_2$의 용해도를 구하기 위한 방정식을 적으시오[16](**활동도 계수**가 필요하면 고려하라). 부록 F와 I의 평형 상수 값을 찾으시오.

(b) $CaOH^+$의 크기를 500 pm라고 가정한다. 활동드 계수를 고려하여 모든 화학종의 농도, 가수 분해 분율(= [$CaOH^-$]/{[Ca^{2+}] + [$CaOH^-$]}), $Ca(OH)_2$의 용해도(g/L)를 구하시오. 25°C에서의 $Ca(OH)_2$의 용해도 ≈ 0.0198 M과 비교하시오.[27]

8-30. **이온쌍 평형의 체계적 처리.** 보충 8-1의 염들 0.025 F NaCl, Na_2SO_4, $MgCl_2$, $MgSO_4$의 이온쌍 분율을 구해 보자. 각 경우마다 조금씩 다르다. Mg^{2+}, SO_4^{2-}, Na^+, Cl^-의 가수 분해 반응의 평형 상수가 작기 때문에 모든 용액은 거의 중성 pH를 가질 것이다. 그러므로 [H^+] = [OH^-]라고 가정하고, 이 두 화학종은 계산에서 제외한다. $MgCl_2$의 경우를 같이 살펴보고, 나머지 용액들에 대해서도 각자 계산하기 바란다. 이온쌍 평형 상수(K_{ip})는 부록 J에서 찾는다.

관계되는 반응:

$$Mg^{2+} + Cl^- \rightleftharpoons MgCl^+(aq)$$

$$K_{ip} = \frac{[MgCl^+(aq)]\gamma_{MgCl^+}}{[Mg^{2+}]\gamma_{Mg^{2+}}[Cl^-]\gamma_{Cl^-}} \quad \log K_{ip} = 0.6 \quad pK_{ip} = -0.6 \qquad \textbf{(A)}$$

전하 균형(H^+와 OH^-의 농도는 둘 다 [Mg^{2+}], [$MgCl^+$], [Cl^-]에 비해 작기 때문에 고려하지 않는다.):

$$2[Mg^{2+}] + [MgCl^+] = [Cl^-] \qquad \textbf{(B)}$$

질량 균형:

$$[Mg^{2+}] + [MgCl^+] = F = 0.025\ M \qquad \textbf{(C)}$$

$$[Cl^-] + [MgCl^+] = 2F = 0.050\ M \qquad \textbf{(D)}$$

식 (B), (C), (D) 중에서 2개만이 독립적이다. (C)를 2배하고 (D)를 빼면 (B)가 된다. (C)와 (D)를 독립적인 방정식으로 고른다.

평형 상수식: 방정식 (A)

세기: 3개의 방정식(A, C, D)과 3개의 미지수([Mg^{2+}], [$MgCl^+$], [Cl^-])

풀이: '해 찾기'를 이용하여 (미지수 개수) − (방정식 개수) = 3 − 1 = 2개의 미지 농도를 구한다.

스프레드시트의 G2셀에는 포말 농도 F = 0.025 M이 입력되어 있다. B8셀과 B9셀에서 pMG^{2+}와 pCl$^-$를 추정한다. B5셀의 이온 세기는 H22셀의 수식으로 주어진다. 203쪽에서 다룬 대로 엑셀이 순환 참조를 다룰 수 있어야 한다. Mg^{2+}

와 Cl^-의 이온 크기는 표 8-1에 나와 있다. $MgCl^+$의 크기는 추정한다. E열과 F열에 활동도 계수가 계산된다. 질량 균형 $b_1 = F - [Mg^{2+}] - [MgCl^+]$, $b_2 = 2F - [Cl^-] - [MgCl^+]$는 H13셀과 H14셀에, 제곱 합 $b_1^2 + b_2^2$은 H15셀에 있다. 전하 균형은 두 질량 균형으로부터 구할 수 있기 때문에 고려하지 않는다. '해 찾기'는 B8셀과 B9셀의 pMg^{2+}와 pCl^-를 변화시켜 H15셀의 $b_1^2 + b_2^2$을 최소화한다. D13셀에 최적 농도로부터 이온쌍 분율 $= [MgCl^+]/F = 0.0815$가 계산된다. 이 분율이 보충 8-1의 표에 나와 있다. B21:B23셀에 총 Mg, 총 Cl, K_{ip}가 정확히 계산된다.

문제: 0.025 F NaCl의 화학종 농도, 이온 세기, 이온쌍 분율을 계산하기 위해 $MgCl_2$의 경우와 같은 스프레드시트를 만들라. $Na^+ + Cl^- \rightleftharpoons NaCl(aq)$에 대한 부록 J의 이온쌍 평형 상수는 $\log K_{ip} = 10^{-0.5}$이다. 두 질량 균형은 $[Na^+] + [NaCl(aq)] = F$, $[Na^+] = [Cl^-]$(전하 균형이기도 하다)이다. pNa^+와 pCl^-의 초기 입력 값을 추정하고 pNa^+와 pCl^-를 변화시켜 두 질량 균형의 제곱 합을 최소화하시오.

8-31. **이온쌍**. 문제 8-30과 같이 0.025 F Na_2SO_4의 화학종 농도, 이온 세기, 이온쌍 분율을 구하시오. $NaSO_4^-$의 크기는 500 pm라고 가정한다.

8-32. (a) **이온쌍**. 문제 8-30과 같이 0.025 F $MgSO_4$의 화학종 농도, 이온 세기, 이온쌍 분율을 구하시오.

(b) 고려하지 않은 반응 중에 중요할 수 있는 두 가지는 Mg^{2+}의 가수 분해($Mg^{2+} + H_2O \rightleftharpoons MgOH^+ + H^+$)와 SO_4^{2-}의 염기 가수 분해이다. 이 두 반응을 적고, 평형 상수를 부록 I와 G에서 찾으시오. pH가 7.0에 가까울 것이라고 가정하고, 활동도 계수를 고려하지 않고 두 반응 모두 무시할 수 있음을 증명하시오.

8-33. **활동도를 고려한 용해도**. LiF 포화 수용액의 주 화학종의 농도를 구하시오. 다음의 반응들을 고려한다.

$$LiF(s) \rightleftharpoons Li^+ + F^- \qquad K_{sp} = [Li^+]\gamma_{Li^+}[F^-]\gamma_{F^-}$$
$$LiF(s) \rightleftharpoons LiF(aq) \qquad K_{ip} = [LiF(aq)]\gamma_{LiF(aq)}$$
$$F^- + H_2O \rightleftharpoons HF + OH^- \qquad K_b = K_w/K_a(\text{HF에 대한})$$
$$H_2O \overset{K_w}{\rightleftharpoons} H^+ + OH^- \qquad K_w = [H^+]\gamma_{H^+}[OH^-]\gamma_{OH^-}$$

(a) 부록에서 평형 상수의 값을 찾아 p*K* 값들을 적으시오. 이온쌍 반응은 부록 F의 $LiF(s) \rightleftharpoons Li^+ + F^-$와, 부록 J의 $Li^+(aq) + F^-(aq) \rightleftharpoons LiF(aq)$의 합이다. 평형 상수식, 전하 균형과 질량 균형을 적으시오.

(b) 활동도를 사용하여 모든 화학종의 농도와 이온 세기를 구하는 스프레드시트를 만드시오. pF^-와 pOH^-를 2개의 독립적인 추정 변수로 사용하라. pF^-와 pLi^-를 고르면 두 농도는 $K_{sp} = [Li^+]\gamma_{Li^+}[F^-]\gamma_{F^-}$의 관계로 서로 연관되어 있으므로 문제를 풀 수 없다.

8-34. **비균일 평형과 방해석의 용해도**. 보충 8-3에서 강물이 방해석($CaCO_3$)으로 포화되어 있다면, $[Ca^{2+}]$는 아래의 평형을 따른다.

$$CaCO_3(s) \rightleftharpoons Ca^{2+} + CO_3^{2-} \qquad K_{sp} = 4.5 \times 10^{-9}$$
$$CO_2(g) \rightleftharpoons CO_2(aq) \qquad K_{CO_2} = 0.032$$
$$CO_2(aq) + H_2O \rightleftharpoons HCO_3^- + H^+ \qquad K_1 = 4.46 \times 10^{-7}$$
$$HCO_3^- \rightleftharpoons CO_3^{2-} + H^+ \qquad K_2 = 4.69 \times 10^{-11}$$

(a) 위의 식들을 이용하여 아래 반응식의 평형 상수를 구하시오.

$$CaCO_3(s) + CO_2(aq) + H_2O \rightleftharpoons Ca^{2+} + 2HCO_3^- \quad K = ? \quad \textbf{(A)}$$

(b) 반응 A에 대한 질량 균형은 $[HCO_3^-] = 2[Ca^{2+}]$이다. 대기압 하의 CO_2($P_{CO_2} = 4.0 \times 10^{-4}$ bar $= 10^{-3.4}$ bar)와 평형을 이루고 있는 Ca^{2+}의 농도(mol/L와 mg/L)를 구하시오. 이 점을 보충 8-3의 직선 위에 표시하시오.

(c) Don 강의 Ca^{2+} 농도는 80 mg/L이다. 이렇게 많은 Ca^{2+}와 평형을 이루는 유효 P_{CO_2}는 얼마인가? 이 강은 얼마만큼의 CO_2를 함유할 수 있는가?

9 일양성자성 산-염기 평형

세포 소기관 내의 pH 측정

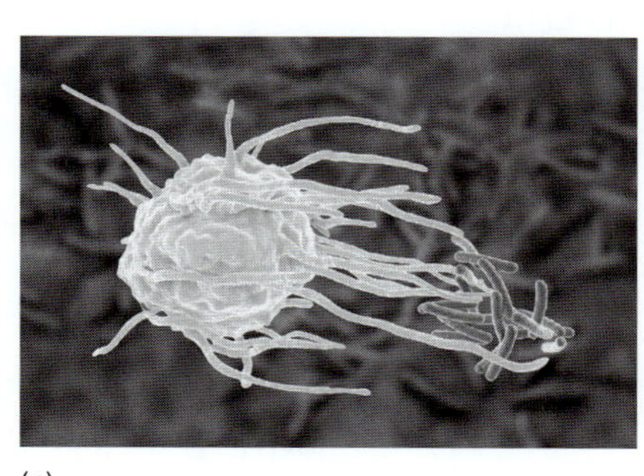

(*a*)

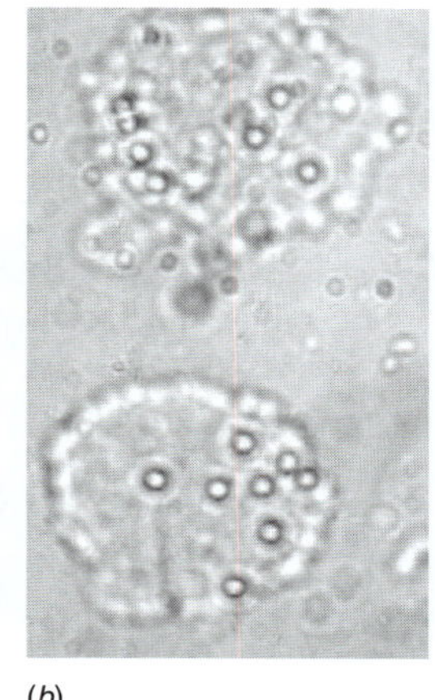

(*b*)

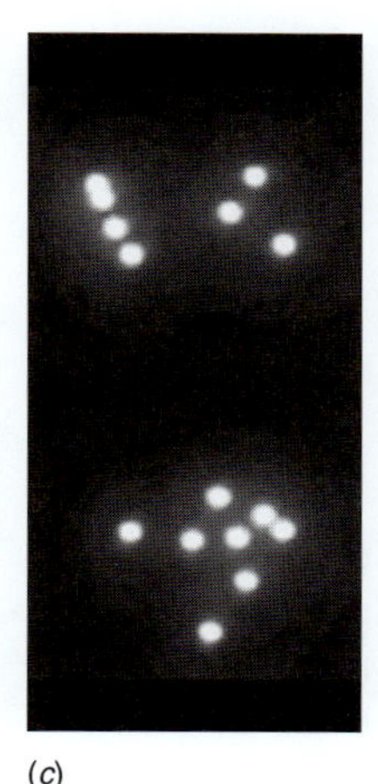

(*c*)

(*a*) 식균 작용이 시작되면서 대식세포가 둥근 암세포를 삼킨다. [출처: Kateryna Kon/Shutterstock] **(*b*) 지름 1.6 μm 형광 구슬을 섭취한 두 대식세포. (*c*) 사진 *b*의 형광 모습** [출처: K. P. McNamara, T. Nguyen, G. Dumitrascu, J. Ji, N. Rosenzweig, and Z. Rosenzweig, "Synthesis, Characterization, and Application of Fluorescence Sensing Lipobeads for Intracellular pH measurements," *Anal. Chem.* **2001**, *73*, 3240.]

대식세포(macrophage, 그림 *a*)는 외래 세포를 섭취하여 녹이는 **식균 작용**(phagocytosis)으로 감염과 싸우는 백혈구이다. 섭취한 외부 세포가 들어 있는 부분은 산에서 가장 활성이 큰 소화 효소를 가진 **리소좀**(lysosome)이라고 하는 세포 소기관과 합쳐진다. pH 7 이상에서는 효소 활성이 낮으므로 자가 세포는 스며 나오는 효소로부터 보호된다.

섭취한 입자와 소화 효소가 들어 있는 세포 소기관 내의 pH를 측정하는 한 방법은 형광(빛을 방출하는) 염료를 공유 결합시킨 지질막을 입힌 폴리스타이렌 구슬(그림 *b*, *c*)을 대식세포와 함께 두는 것이다. 그림 *d*는 형광 염료 플루오레세인의 형광 세기가 pH에 따라 달라지지만, 테트라메틸로다민의 형광은 그렇지 않은 것을 보여 준다. 두 염료의 형광 방출 세기의 비는 pH의 척도이다. 그림 *e*는 구슬을 섭취한 후 3초 뒤에 형광 세기 비의 변화와 구슬 주위의 pH가 7.3에서 5.7로 줄면서 소화가 시작되는 것을 보여 준다.

(*d*) pH 5~8 범위의 용액에 있는 리포 구슬의 형광 스펙트럼. (*e*) 구슬 한 개에서 한 대식세포에 의한 식균 작용 동안의 pH 변화 [출처: McNamara et al., ibid.]

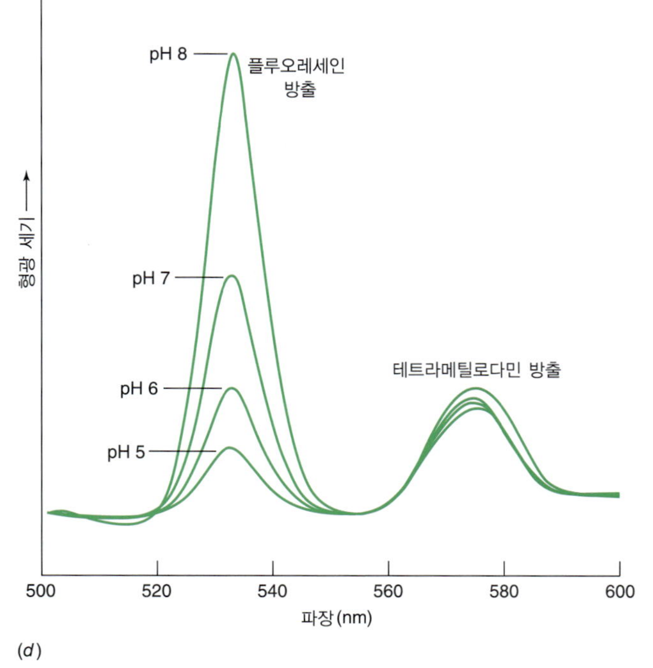

(*d*)

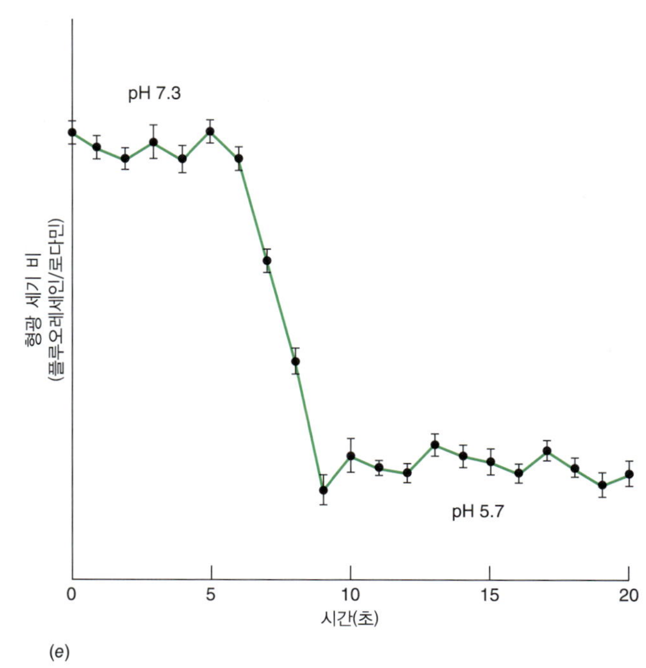

(*e*)

거의 모든 화학의 응용 분야에 그리고 크로마토그래피나 전기 이동과 같은 여러 분석 방법을 제대로 사용하는 데에는 산-염기가 필수적이다. 산과 염기를 이해하지 않고서는 단백질의 생합성에서 암석의 풍화에 이르기까지 거의 모든 현상을 의미 있게 논의하기란 어려울 것이다. 이 장에서는 산과 염기의 평형과 완충 용액을 다룬다. 10장에서는 두 개 이상의 산성 양성자를 가지는 다양성자계를 다룬다. 거의 모든 생물학적 거대 분자는 다양성자성이다. 11장에서는 산-염기 적정을 기술한다. 이 시점이 6-5절에서 6-7절 사이에 제시된 산과 염기의 기본 개념을 복습하는 적절한 때이다.

9-1 강산과 강염기

표 6-2에 암기해야 하는 강산과 강염기를 실었다.

0.10 M HBr 용액의 pH를 계산하는 것보다 더 쉬운 일이 있을까? HBr은 **강산(strong acid)**이므로 다음 반응은 완결되고,

$$HBr + H_2O \rightarrow H_3O^+ + Br^-$$

아래 반응의 평형 상수[1]

$HX(aq) + H_2O \rightleftharpoons H_3O^+ + X^-$

HCl	$K_a = 10^{3.9}$
HBr	$K_a = 10^{5.8}$
HI	$K_a = 10^{10.4}$
HNO_3	$K_a = 10^{1.4}$

HNO_3는 보충 9-1에 논의되어 있다.

H_3O^+의 농도는 0.10 M이다. H_3O^+ 대신에 H^+로 쓰는 것이 관습이므로 아래와 같이 적을 수 있다.

$$pH = -\log[H^+] = -\log(0.10) = 1.00$$

예제 강산 계산에서의 활동도 계수

활동도 계수를 써서 0.10 M HBr 용액의 pH를 계산하시오.

풀이 0.10 M HBr 용액의 이온 세기는 $\mu = 0.10$ M이고, H^+의 활동도 계수는 0.83(표 8-1)이다. pH는 $-\log[H^+]$가 아니라 $-\log \mathcal{A}_{H^+}$임을 기억하라.

$$pH = -\log[H^+]\gamma_{H^+} = -\log(0.10)(0.83) = 1.08$$

자습 0.090 M KBr에 녹인 0.010 M HBr의 pH를 계산하시오. (**답:** 2.08)

활동도 계수를 생각나게 하였으나, 특별히 필요하지 않는 한 활동도 계수를 무시할 것이므로 안심해도 좋다.

0.10 M KOH 용액의 pH는 어떻게 계산하는가? KOH는 **강염기(strong base)**이므로(완전히 해리한다) $[OH^-] = 0.10$ M이다. $K_w = [H^+][OH^-]$를 사용하여 다음과 같이 쓸 수 있다.

$[H^+] = \dfrac{K_w}{[OH^-]}$이므로, $[OH^-]$를 알면 언제든지 $[H^+]$를 구할 수 있다.

$$[H^+] = \frac{K_w}{[OH^-]} = \frac{1.0 \times 10^{-14}}{0.10} = 1.0 \times 10^{-13}\ M$$

$$pH = -\log[H^+] = 13.00$$

다른 농도의 KOH 용액의 pH를 구하는 것은 아주 쉽다.

$[OH^-]$ (M)	$[H^+]$ (M)	pH
$10^{-3.00}$	$10^{-11.00}$	11.00
$10^{-4.00}$	$10^{-10.00}$	10.00
$10^{-5.00}$	$10^{-9.00}$	9.00

일반적으로 유용한 식은 다음과 같다.

K_w의 온도 의존도는 표 6-1에 주어져 있다.

pH와 pOH의 관계: $pH + pOH = -\log K_w = 14.00$ (25°C에서) **(9-1)**

난관

자, 지금까지는 쉬웠다. 이제 1.0×10^{-8} M KOH 용액의 pH는 얼마인가를 알아보자. 보통

보충 9-1 진한 질산은 약간만 해리한다[2]

묽은 용액에서 강산은 실질적으로 완전히 해리한다. 농도가 증가함에 따라 해리도는 줄어든다. 아래 그림은 농도 증가에 따른 질산 용액의 **Raman 스펙트럼**을 보여 준다. 스펙트럼은 분자의 진동 에너지를 측정한다. 5.1 M $NaNO_3$ 스펙트럼에서 1 049 cm^{-1}에 나타나는 뾰족한 피크는 자유(free) NO_3^- 음이온의 특성 피크이다.

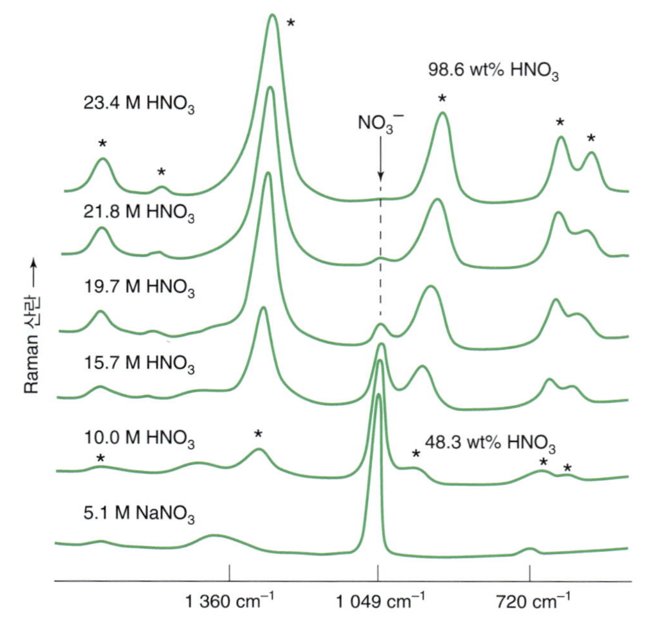

25℃에서 HNO_3 수용액의 Raman 스펙트럼. 1360, 1049, 720 cm^{-1}의 신호는 NO_3^-로부터 온다. 별표로 표시한 신호들은 해리하지 않은 HNO_3에서 온다. 파수 단위(cm^{-1})는 파장의 역수(1/파장)를 나타낸다.

10.0 M HNO_3 용액은 해리된 산으로부터 유래한 1 049 cm^{-1}의 피크를 보여 준다. 별표로 표시한 피크들은 **해리하지 않은** HNO_3에서 유래한다. 농도가 증가함에 따라 1 049 cm^{-1}의 신호는 사라지고 해리하지 않은 HNO_3의 신호는 늘어난다. 아래 그래프는 분광학적 측정으로부터 유도된 해리 분율을 나타낸다. 20 M HNO_3에서는 HNO_3 분자보다 H_2O 분자가 더 적다는 것을 인식해야 한다. 자유 이온을 안정화시킬 용매가 충분하지 못하므로 해리가 줄어든다.

이론적 연구에 의하면 물–공기의 계면에서 묽은 HNO_3는 자유 이온을 용매화할 H_2O 분자가 충분하지 않아 약산으로 작용한다.[3] 이 발견은 구름 미세 방울 표면에서의 대기화학에서 의미가 있다.

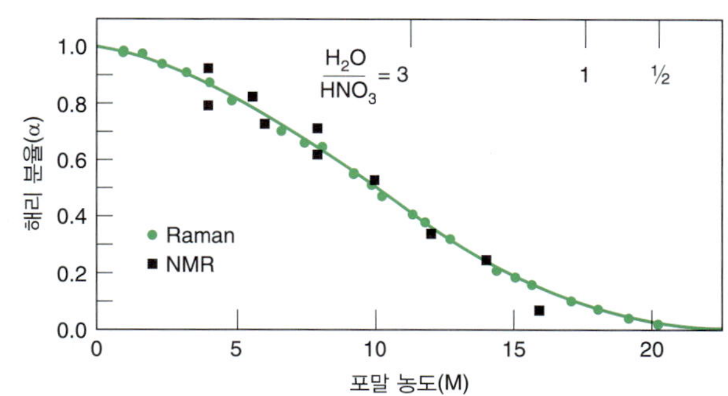

온도(℃)	산 해리 상수(K_a)
0	46.8
25	26.8
50	14.9

방법대로 계산하면 다음과 같다.

$$[H^+] = K_w/(1.0 \times 10^{-8}) = 1.0 \times 10^{-6}\ M \Rightarrow pH = 6.00$$

염기 KOH를 물에 녹여서 어떻게 산성 용액(pH < 7)을 만들 수 있는가? 그것은 불가능하다.

물에 염기를 첨가해서는 pH를 **낮추지** 못한다(pH가 낮으면 더 **산성**이다). 무언가 잘못되었다.

해결 방안

분명히 위의 계산에서는 무언가 잘못되었다. 특히 물의 이온화로 생기는 OH^-의 기여를 고려하지 않았다. 순수한 물에서는 $[OH^-] = 1.0 \times 10^{-7}$ M로, 용액에 가해 준 염기의 양보다 많다. 이 문제를 다루려면 평형의 체계적 처리의 도움을 받아야 한다.

1단계 **적절한 반응식**. 유일한 반응은 $H_2O \overset{K_w}{\rightleftharpoons} H^+ + OH^-$이다.

2단계 **전하 균형**. 용액 중에 있는 화학종은 K^+, OH^-, H^+이므로 전하 균형은 다음과 같다.

$$[K^+] + [H^+] = [OH^-] \quad \textbf{(9-2)}$$

3단계 **질량 균형**. 모든 K^+는 KOH에서 오므로, $[K^+] = 1.0 \times 10^{-8}$ M

4단계 **평형 상수**. $K_w = [H^+][OH^-] = 1.0 \times 10^{-14}$

활동도를 사용했었다면, 4단계가 활동도 계수가 들어가는 유일한 곳이다.

5단계 **센다**. 3개의 식과 3개의 미지수($[H^+]$, $[OH^-]$, $[K^+]$)가 있으므로 이 문제를 푸는 데 충분한 정보를 가진 셈이다.

6단계 **푼다**. pH를 알고자 하므로 $[H^+] = x$로 놓자. $[K^+] = 1.0 \times 10^{-8}$ M을 식 9-2에 대입하면 다음을 얻는다.

$$[OH^-] = [K^+] + [H^+] = 1.0 \times 10^{-8} + x$$

이 $[OH^-]$ 값을 사용하면 K_w로부터 $[H^+]$를 얻는다.

$$[H^+][OH^-] = K_w$$
$$(x)(1.0 \times 10^{-8} + x) = 1.0 \times 10^{-14}$$
$$x^2 + (1.0 \times 10^{-8})x - (1.0 \times 10^{-14}) = 0$$
$$x = \frac{-1.0 \times 10^{-8} \pm \sqrt{(1.0 \times 10^{-8})^2 - 4(1)(-1.0 \times 10^{-14})}}{2(1)}$$
$$= 9.5 \times 10^{-8}\ \text{M} \quad \text{또는} \quad -1.1 \times 10^{-7}\ \text{M}$$

이차 방정식의 해
$ax^2 + bx + c = 0$
$$x = \frac{-b \pm \sqrt{b^2 - 4ac}}{2a}$$
b^2은 때로 $4ac$와 거의 같으므로 계산기에서 얻어지는 숫자를 모두 그대로 사용한다. $b^2 - 4ac$를 계산하기 이전에 반올림하면 답은 쓸모없게 될 수 있다.

음수 값을 버리면 다음과 같이 된다.

$$[H^+] = 9.6 \times 10^{-8}\ \text{M} \Rightarrow \text{pH} = -\log[H^+] = 7.02$$

10^{-8} M KOH 용액은 약한 염기성이어야 하므로, 이 pH가 타당하다.

그림 9-1은 여러 가지 농도의 강산과 강염기를 물에 녹일 때 계산한 pH를 보여 준다. 이 곡선을 세 영역으로 나누어 생각할 수 있다.

1. 농도가 '진하면'($\geq 10^{-6}$ M) pH는 가해 준 H^+나 OH^- 농도만으로 계산된다. 즉 $10^{-5.00}$ M KOH의 pH는 9.00이다.
2. 농도가 '묽으면'($\leq 10^{-8}$ M) pH는 7.00이다. 물 자체의 pH에 영향을 줄 만큼 산이나 염기가 가해지지 않았다.
3. 10^{-6}에서 10^{-8} M의 중간 농도면 물이 이온화에 의한 영향과 가해준 산이나 염기의 영향이 서로 견줄 만하다. 이 영역에서만 체계적 평형 계산이 필요하다.

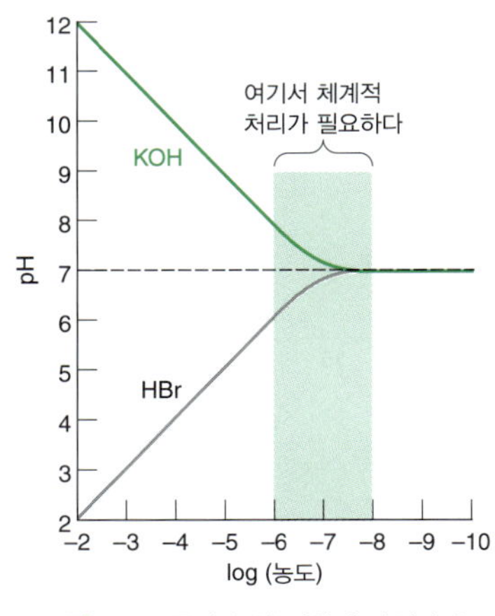

그림 9-1 물에 녹인 강산과 강염기의 농도 함수로서 계산한 pH를 나타내는 그래프

위의 경우 중에서 첫 번째만이 실질적으로 의미 있는 경우이다. 10^{-7} M KOH 용액을 공기로부터 잘 막아주지 않으면, pH는 주로 10^{-7} M KOH에 의해서가 아니라 CO_2가 녹아 들어감으로써 결정된다.

물은 거의 대부분의 경우 10^{-7} M H^+와 10^{-7} M OH^-를 생성하지 않는다

Le Châtelier 원리로 예상하듯이, 어떠한 산이나 염기든 물의 이온화를 억제한다.

물은 언제나 10^{-7} M H^+와 10^{-7} M OH^-를 생성한다고 흔히 잘못 인식되고 있는데, 이것은 아무런 산이나 염기가 가해지지 않은 순수한 물에서만 사실이다. 예를 들어 10^{-4} M HBr 용액의 pH는 4이다. OH^-의 농도는 $[OH^-] = K_w/[H^+] = 10^{-10}$ M이다. 그러나 $[OH^-]$는 물의 해리에 의해서만 생겨난다. 물이 10^{-10} M OH^-를 만들면 OH^- 한 개당 H^+ 한 개가 만들어지므로, H^+ 또한 10^{-10} M만이 만들어진다. 10^{-4} M HBr 용액에서는 물은 해리하여 10^{-10} M H^+와 10^{-10} M OH^-만을 만든다.

질문 0.01 M NaOH 용액에서 H_2O가 해리됨으로써 생기는 H^+와 OH^- 농도는 얼마인가?

9-2 약산과 약염기

우선 약산 HA에 대한 **산 해리 상수**(**acid dissociation constant, K_a**)의 의미를 복습한다.

잘 아는 바대로, 실제로 K_a는 농도가 아닌 활동도로 나타내야 한다.
$$K_a = \mathcal{A}_{H^+}\mathcal{A}_{A^-}/\mathcal{A}_{HA}$$

약산의 평형: $$HA \overset{K_a}{\rightleftharpoons} H^+ + A^- \qquad K_a = \frac{[H^+][A^-]}{[HA]} \tag{9-3}$$

약산(**weak acid**)은 완전히 해리하지 않는 산이다. 즉 반응 9-3이 완전히 진행되지 않는다. 염기 B에 대하여 **염기 가수 분해 상수**(**base hydrolysis constant, K_b**)는 다음과 같이 정의한다.

가수 분해는 물과의 반응을 의미한다.

약염기의 평형: $$B + H_2O \overset{K_b}{\rightleftharpoons} BH^+ + OH^- \qquad K_b = \frac{[BH^+][OH^-]}{[B]} \tag{9-4}$$

약염기(**weak base**)는 반응 9-4가 완전히 진행되지 않는 염기이다.

p*K*는 평형 상수 *K*의 음의 로그를 가리킨다.

$$pK_w = -\log K_w$$
$$pK_a = -\log K_a$$
$$pK_b = -\log K_b$$

*K*가 커지면 p*K*는 감소하며, 그 역도 성립한다. 폼산(formic acid)과 벤조산(benzoic acid)을 비교하면, 폼산이 더 큰 평형 상수를 가지므로 pK_a는 더 작아서 더 강한 산이다.

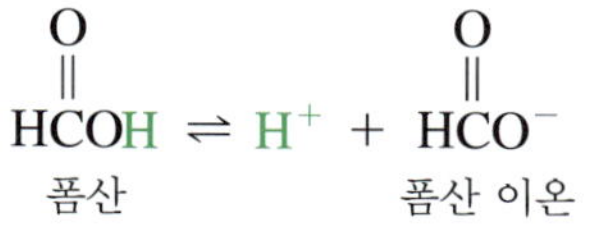

$$\underset{\text{폼산}}{\mathrm{HC(=O)OH}} \rightleftharpoons H^+ + \underset{\text{폼산 이온}}{\mathrm{HC(=O)O^-}} \qquad K_a = 1.80 \times 10^{-4} \quad \mathbf{p}\boldsymbol{K}_\mathbf{a} = 3.744$$

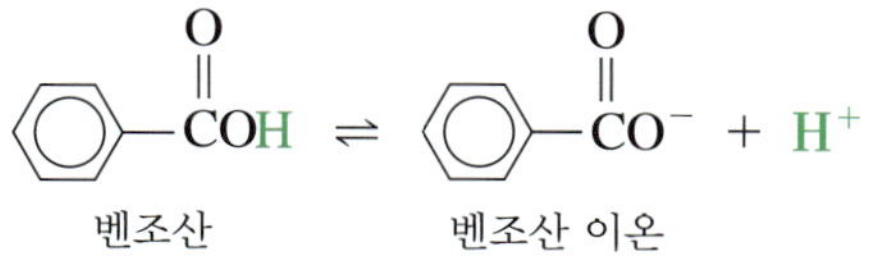

$$\underset{\text{벤조산}}{\mathrm{C_6H_5C(=O)OH}} \rightleftharpoons \underset{\text{벤조산 이온}}{\mathrm{C_6H_5C(=O)O^-}} + H^+ \qquad K_a = 6.28 \times 10^{-5} \quad \mathbf{p}\boldsymbol{K}_\mathbf{a} = 4.202$$

K_a가 증가하면 pK_a는 감소한다. pK_a가 작은 산이 더 강한 산이다.

산 HA와 그것에 대응하는 염기 A^-를 **짝산-짝염기 쌍(conjugate acid-base pair)**이라고 한다. 그것은 그들이 양성자 한 개를 잃거나 얻는 관계에 있기 때문이다. 마찬가지로 B와 BH^+도 짝쌍이다. 짝산-짝염기 쌍에 대한 K_a와 K_b 사이의 중요한 관계식은 다음과 같다.

HA와 A^-는 **짝산-짝염기 쌍**이다. B와 BH^+도 짝쌍이다.

짝쌍의 K_a와 K_b 사이의 관계식: $$K_a \cdot K_b = K_w \qquad (9\text{-}5)$$

약한 것은 약한 것의 짝이다

약산의 짝염기는 약염기이다. 약염기의 짝산은 약산이다. $K_a = 10^{-4}$인 약산 HA를 생각해 보자. 짝염기 A^-의 $K_b = K_w/K_a = 10^{-10}$. 즉 HA가 약산이면, A^-는 약염기이다. K_a가 10^{-5}이면, K_b는 10^{-9}이 된다. HA가 약한 산일수록 A^-는 더 강한 염기가 된다(그러나 강염기는 되지 않는다). 거꾸로 HA가 강한 산일수록 A^-는 더 약한 염기이다. 그러나 A^-와 HA 중 어느 하나가 약하면 그 짝도 약하다. HA가 강하면(HCl처럼), 그 짝염기(Cl^-)는 너무 약해서 물에서 전혀 염기가 아니다.

약산의 짝염기는 약염기이다. 약염기의 짝산은 약산이다. **약한 것은 약한 것의 짝이다.**

부록 G의 사용법

산 해리 상수의 표가 부록 G에 있다. 각 화합물은 **완전히 양성자화된 형태**로 주어져 있다. 예를 들어 다이에틸아민은 $(CH_3CH_2)_2NH_2^+$로 나타나 있는데, 사실 그것은 다이에틸암모늄 이온이다. 다이에틸아민에 주어진 $K_a(1.0 \times 10^{-11})$ 값은 실제로는 다이에틸암모늄 이온에 대한 값이다. 다이에틸아민의 K_b를 구해 보면, $K_b = K_w/K_a = 1.0 \times 10^{-14}/1.0 \times 10^{-11} = 1.0 \times 10^{-3}$이다.

다양성자성 산과 염기에는 몇 개의 K_a 값이 주어진다. 인산 피리독살은 완전히 양성자화된 형태에서 다음과 같다.[4]

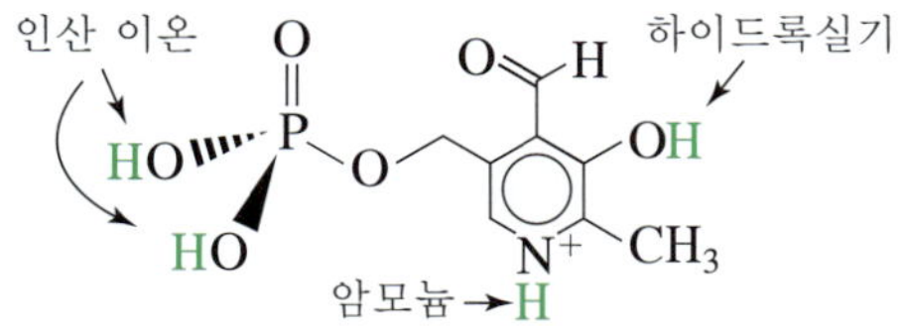

인산 이온 → HO, HO (P=O); 하이드록실기 → OH; 암모늄 → N^+–H; CH_3; O=C–H

인산 피리독살
(바이타민 B_6의 유도체)

pK_a	K_a
1.4 (POH)	0.04
3.51 (OH)	3.1×10^{-4}
6.04 (POH)	9.1×10^{-7}
8.25 (NH)	5.6×10^{-9}

여기서 $pK_1(1.4)$은 인산 양성자 중 하나의 해리에 대한 것이고, $pK_2(3.51)$는 하이드록실기의 양성자에 대한 값이다. 세 번째 산성 양성자는 나머지 인산 양성자에 대한 값으로, $pK_3 = 6.04$이다. NH^+기는 가장 약한 산성기이다($pK_4 = 8.25$).

부록 G에 있는 화학종은 완전히 양성자화되어 있다. 부록 G의 구조가 0이 아닌 전하를 가지면, 그 구조는 부록에 있는 이름과는 다르다. **이름은 중성 분자를 나타낸다.** 중성 분자 인산 피리독살은 전하 +1을 갖는 위 구조가 아니라 아래 구조를 가진다.

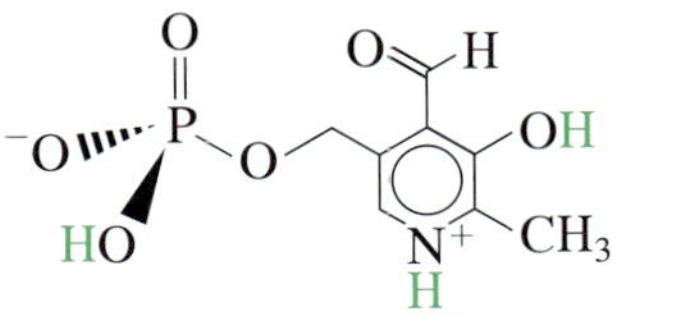

분자에서 POH가 가장 강한 산성 작용기(pK_a = 1.4)이므로 NH^+의 양성자는 그대로 두고, POH에서 양성자를 떼어 냈다.

다른 예로서 피페라진 분자를 고려해 보자.

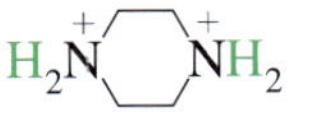

부록 G의 피페라진에 대해 그린 구조

중성이어야 하는 피페라진의 실제 구조

μ = 0일 때의 K_a는 **열역학적 산 해리 상수**로 활동도 계수를 사용하면 어느 이온 세기에서도 적용되는 값이다.

$$K_a = \frac{\mathcal{A}_{H^+}\mathcal{A}_{A^-}}{\mathcal{A}_{HA}} = \frac{[H^+]\gamma_{H^+}[A^-]\gamma_{A^-}}{[HA]\gamma_{HA}}$$

μ = 0.1 M일 때의 K_a는 이온 세기가 0.1 M일 때의 농도 지수이다.

$$K_a(\mu = 0.1\ M) = \frac{[H^+][A^-]}{[HA]}$$

부록 G에는, 자료를 구할 수 있다면, 이온 세기 0과 0.1 M인 경우의 pK_a가 수록되어 있다. 자료가 없거나 특별한 이유로 μ = 0.1 M이 필요로 하지 않는 한, 우리는 μ = 0일 때의 pK_a를 사용한다. 인산 피리독살의 경우에는 μ = 0인 경우의 자료가 없어서 μ = 0.1 M의 경우의 값을 사용하였다.

9-3 약산의 평형

o-하이드록시벤조산(hydroxybenzoic acid)과 *p*-하이드록시벤조산의 이온화를 비교해 보자.

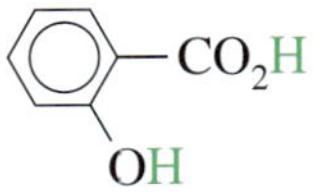

o-하이드록시벤조산 (살리실산) pK_a = 2.97

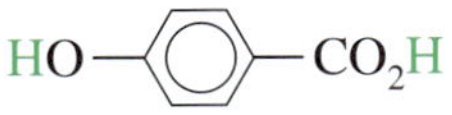

p-하이드록시벤조산 pK_a = 4.54

왜 *o*-하이드록시산이 *p*-하이드록시산에 비해 30배 이상 더 산성일까? 반응 생성물의 안정도를 증가시키는 어떤 영향이라도 반응을 정방향으로 이끈다. **오쏘**(ortho) 이성질체에서는 산 해리 반응의 생성물이 강한 분자 내 수소 결합을 만들 수 있다.

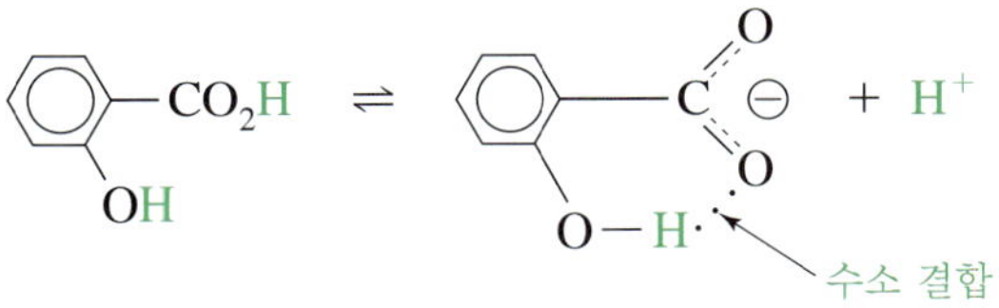

수소 결합

파라(para) 이성질체에서는 —OH기와 $—CO_2^-$기가 너무 멀리 떨어져 있어서 그와 같은 결합을 이룰 수 없다. 분자 내 수소 결합이 생성물을 안정화시키므로 *o*-하이드록시벤조산이 *p*-하이드록시벤조산보다 더 산성이라고 여겨진다.

전형적인 약산 문제

포말 농도는 1리터에 녹은 어떤 화합물의 전체 몰수이다. 약산의 포말 농도는 일부가 A^-로 변한 것에 관계없이 용액에 넣어 준 전체 HA의 양이다.

약산의 포말(formal) 농도와 K_a 값이 주어질 때, 약산 HA의 pH를 구하는 것이 여기서의 문제이다.[5] 포말 농도를 F라 하고, 평형의 체계적 처리로 해결하자.

반응: $HA \underset{}{\overset{K_a}{\rightleftharpoons}} H^+ + A^- \qquad H_2O \overset{K_w}{\rightleftharpoons} H^+ + OH^-$

전하 균형: $$[H^+] = [A^-] + [OH^-] \quad (9\text{-}6)$$

질량 균형: $$F = [A^-] + [HA] \quad (9\text{-}7)$$

평형식: $$K_a = \frac{[H^+][A^-]}{[HA]} \quad (9\text{-}8)$$

$$K_w = [H^+][OH^-]$$

4개의 방정식과 4개의 미지수($[A^-]$, [HA], $[H^+]$, $[OH^-]$)가 있으므로 필요한 대수 계산만 하면 문제는 풀린다.

문제는 4개의 연립 방정식을 푼다는 것이 쉽지 않다는 점이다. 이 식들을 합하면 삼차 방정식이 얻어진다. 이 유능한 화학자가 백마를 타고 산에서 내려와, "잠깐! 삼차 방정식을 풀 이유가 없어. 훌륭하면서도 단순한 근사법을 취할 수 있지(게다가, 나 역시 삼차 방정식을 푸는 것은 두통거리야)"라고 소리 지른다.

대부분의 약산 용액에서 HA의 해리로 생긴 $[H^+]$는 H_2O의 해리로 생기는 $[H^+]$보다 훨씬 높다. HA가 해리하면 A^-가, 물이 해리하면 OH^-가 생긴다. HA의 해리가 H_2O의 해리보다 훨씬 많다면 $[A^-] >> [OH^-]$라 할 수 있어서, 식 9-6은 다음과 같이 된다.

$$[H^+] \approx [A^-] \tag{9-9}$$

답을 구하기 위해 우선 $[H^+] = x$라고 둔다. 식 9-9는 $[A^-] = x$임을 말해 준다. 식 9-7로부터 $[HA] = F - [A^-] = F - x$이다. 이들 값을 식 9-8에 대입하면 다음과 같이 주어진다.

$$K_a = \frac{[H^+][A^-]}{[HA]} = \frac{(x)(x)}{F - x}$$

약산 문제에서 $x = [H^+]$이다.

o-하이드록시벤조산의 F = 0.050 0 M, $K_a = 1.0_7 \times 10^{-3}$이라 하면 이차 방정식이 되므로 쉽게 풀린다.

$$\frac{x^2}{0.050\,0 - x} = 1.0_7 \times 10^{-3}$$
$$x^2 = (1.0_7 \times 10^{-3})(0.050\,0 - x)$$
$$x^2 + (1.07 \times 10^{-3})x - 5.35 \times 10^{-5} = 0$$
$$x = 6.8_0 \times 10^{-3}\text{ M (음수는 버린다)}$$
$$[H^+] = [A^-] = x = 6.8_0 \times 10^{-3}\text{ M}$$
$$[HA] = F - x = 0.043_2\text{ M}$$
$$pH = -\log x = 2.17$$

유효 숫자의 수와 관계없이, pH 값을 소수 둘째자리까지 나타내도록 통일할 것이다. 일반적인 pH 측정은 ±0.02 pH 단위보다 정확하지 않다.

$[H^+] \approx [A^-]$의 근사가 확인되었는가? 계산된 pH는 2.17이므로, $[OH^-] = K_w/[H^+] = 1.5 \times 10^{-12}$ M이다.

$$[A^-]\text{(HA의 해리로부터)} = 6.8 \times 10^{-3}\text{ M}$$
$$\Rightarrow \text{HA의 해리로 생긴 } [H^+] = 6.8 \times 10^{-3}\text{ M}$$
$$[OH^-]\text{(물의 해리로부터)} = 1.5 \times 10^{-12}\text{ M}$$
$$\Rightarrow H_2O\text{의 해리로 생긴 } [H^+] = 1.5 \times 10^{-12}\text{ M}$$

약산 용액에서 H^+는 거의 전적으로 H_2O 해리로부터가 아니라 HA로부터 나온다.

HA로부터 주로 H^+가 나온다는 가정은 매우 적절하다.

해리 분율

약산의 **해리 분율(fraction of dissociation**, α)는 다음과 같이 A^-의 형태로 있는 분율로 정의한다.

α는 HA가 해리된 분율이다.

$$\alpha = \frac{[A^-]}{[A^-]+[HA]}$$

산의 해리 분율:

$$\alpha = \frac{[A^-]}{[A^-] + [HA]} = \frac{x}{x + (F - x)} = \frac{x}{F} \tag{9-10}$$

활성화 계수는 이 식에 나타나지 않는다. α는 농도 분율이다.

0.050 0 M *o*-하이드록시벤조산에서 대해서는 다음과 같다.

$$\alpha = \frac{6.8 \times 10^{-3}\text{ M}}{0.050\,0\text{ M}} = 0.14$$

즉 포말 농도가 0.050 0 M일 때 산의 14%가 해리한다.

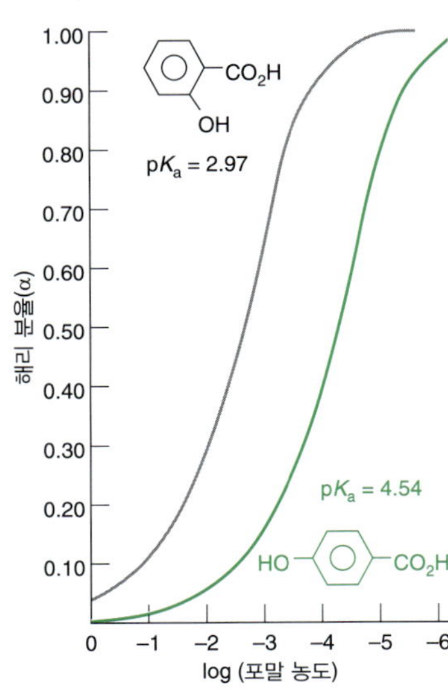

그림 9-2 약전해질이 묽어짐에 따라 해리 분율이 증가한다. 모든 농도에서 더 강한 산은 약한 산보다 더 많이 해리된다.

그림 9-2는 포말 농도에 따른 α의 변화를 보여 준다. **약전해질(weak electrolyte**, 부분적으로만 해리하는 화합물)은 묽어짐에 따라 더 많이 해리한다. 같은 포말 농도에서는 *o*-하이드록시벤조산이 *p*-하이드록시벤조산보다 더 많이 해리하는 것을 그림 9-2에서 볼 수 있다. 오쏘 이성질체가 파라 이성질체보다 더 강한 산이기 때문이다. 보충 9-2는 약산의 해리 분율의 일상적 적용을 보여준다.

약산 문제의 본질

약산 문제에 접하면 즉시 $[H^+] = [A^-] = x$임을 인식하고, 다음과 같이 놓고 문제를 푼다.

약산의 식:

$$\frac{[H^+][A^-]}{[HA]} = \frac{x^2}{F - x} = K_a \quad \textbf{(9-11)}$$

여기서 F는 HA의 포말 농도이다. 산의 농도가 매우 묽거나($\leq 10^{-6}$ M) 산이 너무나 약한 경우에 $[H^+] = [A^-]$로 놓는 근사는 좋지 않다. 이런 경우는 실제 문제에서 잘 나타나지 않는다.

예제 약산 문제

0.050 M 염화 트라이메틸암모늄 용액의 pH를 구하시오.

$[(CH_3)_3N\text{–}H]^+ \; Cl^-$ 염화 트라이메틸암모늄

풀이 할로젠화 암모늄 염은 완전히 완전 해리하여 $(CH_3)_3NH^+$와 Cl^-로 된다고 가정한다.† 그다음 트라이메틸암모늄 이온은 약염기인 트라이메틸아민 $(CH_3)_3N$의 짝산이므로 약산인 것을 인식해야 한다. Cl^-는 염기나 산의 성질을 갖지 않으므로 무시한다. 부록 G에 트라이메틸암모늄 이온은 트라이메틸아민으로 실려 있으나, $\mu = 0$에서 $pK_a = 9.799$인 트라이메틸암모늄 이온으로 그려져 있음을 알 수 있다.

Cl⁻는 강산 HCl의 짝염기이므로 산성이나 염기성이 없다. 만약 Cl⁻가 상당한 염기성을 가졌다면, HCl은 완전히 해리하지 않을 것이다.

$$K_a = 10^{-pK_a} = 10^{-9.799} = 1.59 \times 10^{-10}$$

여기서부터는 쉽게 풀 수 있다.

$$\underset{F - x}{(CH_3)_3NH^+} \overset{K_a}{\rightleftharpoons} \underset{x}{(CH_3)_3N} + \underset{x}{H^+}$$

$$\frac{x^2}{0.050 - x} = 1.59 \times 10^{-10} \quad \textbf{(9-12)}$$

$$x = 2.8 \times 10^{-6}\ \text{M} \Rightarrow \text{pH} = 5.55$$

자습 0.050 M 브로민화 트라이에틸암모늄의 pH를 구하시오. (**답:** 6.01)

† **이온쌍** $R_4N^+X^-(aq)$가 존재하므로(보충 8-1), 염 $R_4N^+X^-$는 완전히 해리하지 않는다. $R_4N^+ + X^- \rightleftharpoons R_4N^+X^-(aq)$에 대한 평형 상수가 아래에 주어져 있다. 0.050 F 용액에서, 활동도 계수를 고려하여 계산한 이온쌍 분율은 $(CH_3)_4N^+Br^-$가 4%, $(CH_3CH_2)_4N^+Br^-$가 7%, 그리고 $(CH_3CH_2CH_2)_4N^+Br^-$가 9%이다.

R_4N^+	X^-	$K_{이온쌍}$ ($\mu = 0$)	R_4N^+	X^-	$K_{이온쌍}$ ($\mu = 0$)
Me_4N^+	Cl^-	1.1	Me_4N^+	I^-	2.0
Bu_4N^+	Cl^-	2.5	Et_4N^+	I^-	2.9
Me_4N^+	Br^-	1.4	Pr_4N^+	I^-	4.6
Et_4N^+	Br^-	2.4	Bu_4N^+	I^-	6.0
Pr_4N^+	Br^-	3.1			

Me = CH_3—, Et = CH_3CH_2—, Pr = $CH_3CH_2CH_2$—, Bu = $CH_3CH_2CH_2CH_2$—

보충 9-2 옷감 염색과 해리 분율[6]

면직물은 주로 설탕 글루코스의 중합체인 셀룰로스로 이루어져 있다.

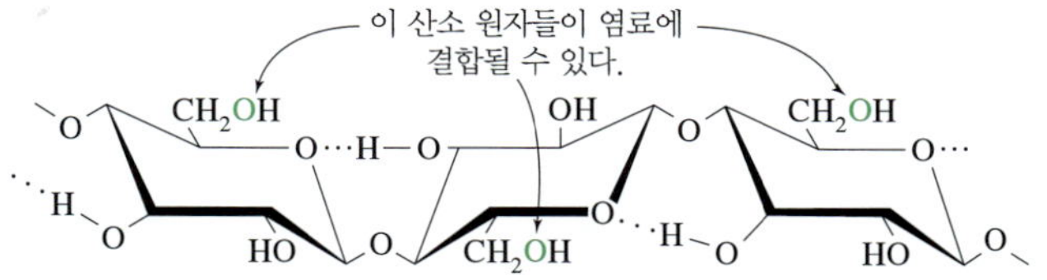

셀룰로스의 구조. 글루코스 단위 사이의 수소 결합이 구조를 단단하게 만든다.

염료는 옷감에 공유 결합을 할 수 있는 색깔을 띤 분자이다. 예를 들어 Procion Brilliant Blue M-R은 푸른색 **발색단**(chromophore, 색깔 부분)이 반응성이 큰 다이클로로트라이아진 고리에 붙어 있는 염료이다.

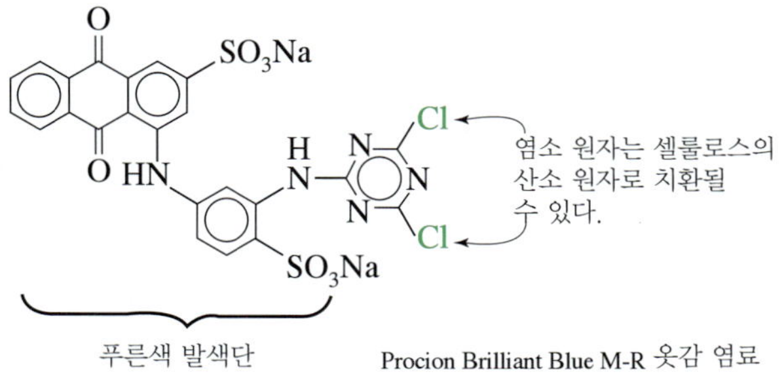

Procion Brilliant Blue M-R 옷감 염료

셀룰로스에 있는 $—CH_2OH$기의 산소 원자가 염료의 염소 원자를 치환함으로써 염료를 옷감에 영구적으로 붙일 수 있다.

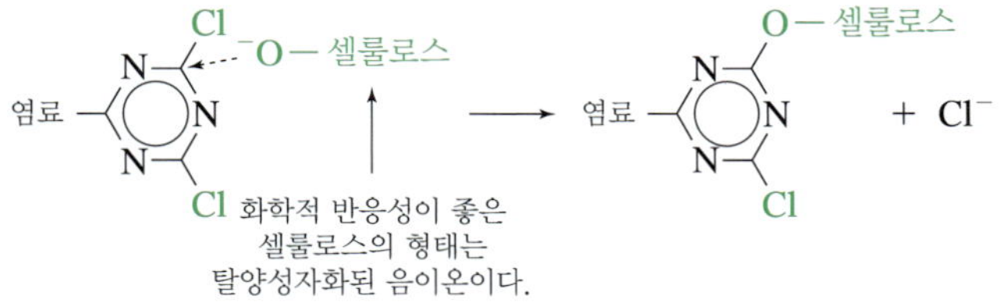

찬물에서 물감을 들인 후, 여분의 염료는 더운 물로 씻어 제거한다. 더운 물 세척 과정에서 염료의 두 번째 Cl기는 두 번째 셀룰로스 또는 물(염료 —OH로 된다)로 치환된다.

셀룰로스의 화학적 활성 형태는 그 짝염기이다.

$$\underset{\text{ROH}}{\text{셀룰로스}—CH_2OH} \xrightleftharpoons{K_a \approx 10^{-15}} \underset{\substack{RO^- \\ \text{(짝염기)}}}{\text{셀룰로스}—CH_2O^-} + H^+$$

셀룰로스 $—CH_2OH$의 양성자 해리를 증가시키기 위해, pH가 대략 10.6인 탄산 소듐 용액에서 염색한다. 활성 셀룰로스 화학종의 분율은 pH 10.6에서 약산의 해리 분율로 주어진다.

$$\text{해리 분율} = \frac{[RO^-]}{[ROH] + [RO^-]} \approx \frac{[RO^-]}{[ROH]}$$

아주 약한 산의 해리 분율은 매우 작아서 $[ROH] >> [RO^-]$이므로 분모는 대략 [ROH]이다. $[RO^-]/[ROH]$ 비는 K_a와 pH로부터 계산할 수 있다.

$$K_a = \frac{[RO^-][H^+]}{[ROH]} \Rightarrow \frac{[RO^-]}{[ROH]} = \frac{K_a}{[H^+]} \approx \frac{10^{-15}}{10^{-10.6}}$$
$$= 10^{-4.4} \approx \text{해리 분율}$$

즉 10^4개의 셀룰로스 $—CH_2OH$기 중에서 대략 1개만이 pH 10.6에서 활성 형태로 있다.

편리한 방법: 식 9-11은 언제나 이차 방정식의 근으로 풀 수 있다. 그러나 시도해 볼만한 가치가 있는 더 쉬운 방법은 우선 분모에 있는 x를 무시하는 것이다. 만약 계산된 x 값이 F의 1% 이하라면 이 근사법이 좋고, 이차 방정식의 근을 사용할 필요가 없다. 식 9-12에 대해 근사는 다음과 같이 작용한다.

$$\frac{x^2}{0.050 - x} \approx \frac{x^2}{0.050} = 1.59 \times 10^{-10} \Rightarrow x = \sqrt{(0.050)(1.59 \times 10^{-10})} = 2.8 \times 10^{-6}\ \text{M}$$

근삿값($x \approx 2.8 \times 10^{-6}$)은 식 9-12의 분모에 있는 0.050의 1%보다 작다. 그러므로 근사 해는 쓸 만하다.

근사 분모의 x를 무시한다. 얻은 x가 F의 1%보다 작으면 근사를 받아들인다.

9-4 약염기의 평형

약염기는 약산과 거의 같은 방법으로 취급한다.

$$B + H_2O \xrightleftharpoons{K_b} BH^+ + OH^- \qquad K_b = \frac{[BH^+][OH^-]}{[B]}$$

K_b가 커지면 pK_b는 작아지고, 염기는 세진다.

대부분의 OH^-는 B + H_2O의 반응으로부터 오고, H_2O의 해리에서 오는 것은 무시할 수 있다고 가정한다. $[OH^-] = x$라 놓으면, 각 OH^-에 대해 BH^+가 한 개 생기므로 $[BH^+] = x$라 두어야 한다. 염기의 포말 농도(= [B] + $[BH^+]$)를 F라 하면 다음과 같이 쓸 수 있다.

$$[B] = F - [BH^+] = F - x$$

이 값들을 K_b 식에 대입하면 다음을 얻는다.

$K = K_b$와 $x = [OH^-]$인 것을 제외하면 약염기 문제는 약산 문제와 같은 식을 갖는다.

약염기 식: $$\frac{[BH^+][OH^-]}{[B]} = \frac{x^2}{F - x} = K_b \qquad (9\text{-}13)$$

이것은 $x = [OH^-]$인 것을 제외하고는 약산 문제와 매우 유사하다.

전형적인 약염기 문제

약염기인 코카인(cocaine)을 예로 들어 보자.

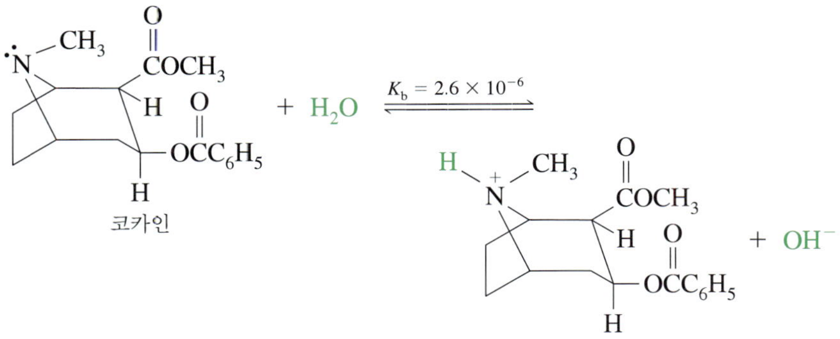

코카인 + H_2O $\xrightleftharpoons{K_b = 2.6 \times 10^{-6}}$ (양성자가 첨가된 코카인) + OH^-

코카인

코카인의 포말 농도가 0.037 2 M이면 다음과 같이 풀어진다.

$$\underset{0.037\,2\,-\,x}{B} + H_2O \rightleftharpoons \underset{x}{BH^+} + \underset{x}{OH^-}$$

$$\frac{x^2}{0.037\,2 - x} = 2.6 \times 10^{-6} \Rightarrow x = 3.1 \times 10^{-4}\ M$$

$x = [OH^-]$이므로

$$[H^+] = K_w/[OH^-] = 1.0 \times 10^{-14}/3.1 \times 10^{-4} = 3.2 \times 10^{-11}\ M$$
$$pH = -\log[H^+] = 10.49$$

질문 이 용액에서 H_2O의 해리로 생긴 OH^- 농도는 얼마인가? OH^-의 출처로서 물의 해리를 무시하는 것이 정당화되었는가?

이 된다. 이것은 약염기에 대해 합리적인 pH 값이다.

코카인의 몇 분율이 물과 반응했는가? 염기의 경우 **회합 분율**(**fraction of association**, α)를 다음과 같이 구한다.

염기에 대해서 α는 물과 반응한 분율이다.

염기의 회합 분율: $$\alpha = \frac{[BH^+]}{[BH^+] + [B]} = \frac{x}{F} = 0.008\,3 \qquad (9\text{-}14)$$

염기의 0.83%만이 반응하였다.

짝산과 짝염기 — 복습

HA와 A^-는 짝산-짝염기 쌍이고, BH^+와 B도 짝산-짝염기 쌍이다.

앞에서 **약산의 짝염기는 약염기이며, 약염기의 짝산은 약산**임을 주목하였다. 또 짝산-짝염기 쌍에 대하여 K_a와 K_b 사이에 극히 중요한 관계식도 유도하였다. $K_a \cdot K_b = K_w$

9-3절에서 HA라고 표시한 *o*- 및 *p*-하이드록시벤조산을 다루었다. 이제 그들의 짝염기를 고려하자. 예를 들면 *o*-하이드록시벤조산 소듐 염을 녹이면 Na^+ 양이온(산-염기 성질이 없는)과 약염기인 *o*-하이드록시벤조산 이온으로 된다.

산-염기 화학은 *o*-하이드록시벤조산 이온이 물과 반응하는 것이다.

$$\text{A}^-(o\text{-하이드록시벤조산 이온}) + H_2O \rightleftharpoons \text{HA} + OH^- \tag{9-15}$$

A$^-$(o-하이드록시벤조산 이온)		HA	
F − x		x	x

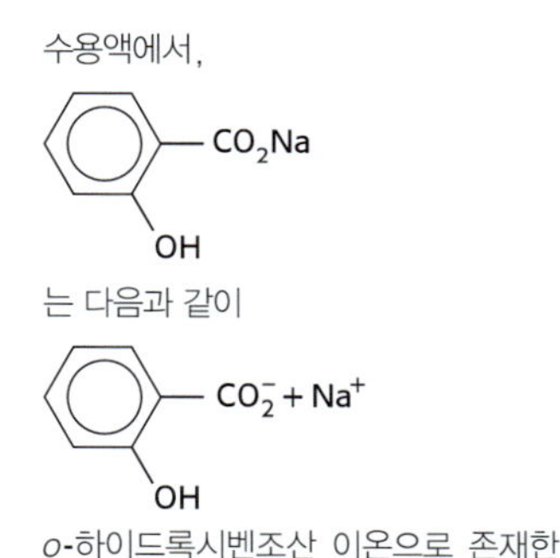

수용액에서, (CO_2Na, OH)는 다음과 같이 ($CO_2^- + Na^+$, OH) o-하이드록시벤조산 이온으로 존재한다.

$$\frac{x^2}{F - x} = K_b$$

각 이성질체의 K_a 값으로부터 짝염기의 K_b를 계산할 수 있다.

하이드록시벤조산의 이성질체	K_a	$K_b = K_w/K_a$
오쏘	$1.0_7 \times 10^{-3}$	9.3×10^{-12}
파라	2.9×10^{-5}	3.5×10^{-10}

각각의 K_b 값과 F = 0.050 0 M을 사용하면 다음이 얻어진다.

0.050 0 M o-하이드록시벤조산 이온 용액의 pH = 7.83
0.050 0 M p-하이드록시벤조산 이온 용액의 pH = 8.62

이 pH 값들은 약염기 용액에 대한 합리적인 것이다. 더욱이 예상한 대로 더 강한 산의 짝염기는 더 약한 염기이다.

예제 약염기 문제

0.10 M 암모니아의 pH를 구하시오.

풀이 암모니아가 물에 녹을 때의 반응은 다음과 같다.

$$\underset{\substack{\text{암모니아} \\ F - x}}{NH_3} + H_2O \overset{K_b}{\rightleftharpoons} \underset{\substack{\text{암모늄 이온} \\ x}}{NH_4^+} + \underset{x}{OH^-}$$

부록 G에서 암모니아를 찾으면 바로 옆에 암모늄 이온(NH_4^+)이 실려 있다. 암모늄 이온의 pK_a는 9.245이다. 따라서 NH_3의 K_b는

$$K_b = \frac{K_w}{K_a} = \frac{10^{-14.00}}{10^{-9.245}} = 1.76 \times 10^{-5}$$

0.10 M NH_3 용액의 pH를 구하기 위해서 다음 식을 푼다.

$$\frac{[NH_4^+][OH^-]}{[NH_3]} = \frac{x^2}{0.10 - x} = K_b = 1.76 \times 10^{-5}$$

$$x = [OH^-] = 1.3_2 \times 10^{-3}\ \text{M}$$

$$[H^+] = \frac{K_w}{[OH^-]} = 7.6 \times 10^{-12}\ \text{M} \Rightarrow \text{pH} = -\log[H^+] = 11.12$$

자습 0.10 M 메틸아민의 pH를 구하시오. (**답:** 11.80)

9-5 완충 용액

완충 용액은 산이나 염기가 첨가되거나 묽혀져도 pH 변화를 막는 용액이다. 완충 용액(buffer)은 산과 그 짝염기의 혼합물로 이루어진다. 완충 작용을 제대로 하려면 짝산과 짝염기의 양이 서로 비길 만큼(말하자면, 10배 이내에서) 되어야 한다.

과학의 모든 분야에서 완충 용액의 중요성은 압도적이다. 이 장의 시작 부분에서 리소좀의 소화 효소가 산성 조건에서 가장 잘 작동한다는 것은 세포가 자신의 효소로부터 스스로를 보호하기 위한 것임을 보았다. 만약 산성의 리소좀에서 효소가 중성으로 완충된 세포질로 새어

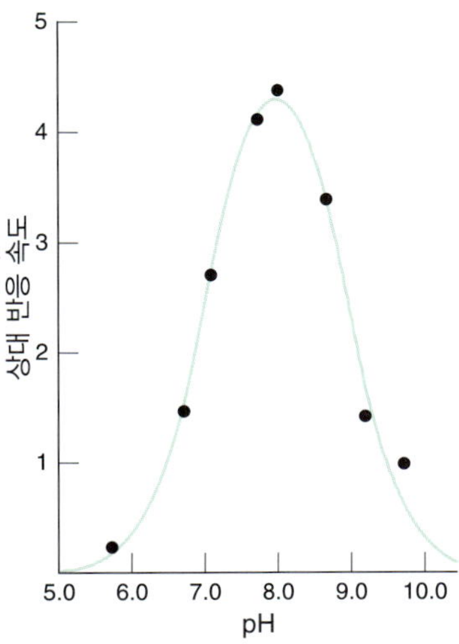

그림 9-3 내장에서 단백질의 소화를 돕는 카이모트립신 효소에 의해 아마이드 결합이 끊어지는 반응 속도의 pH 의존성 [출처: M. L. Bender, G. E. Clement, F, J. Kézdy, and H. A. Heck, "The Correlation of the pH (pD) Dependence and the Stepwise Mechanism of α-Chymotrypsin-Catalyzed-Reactions," *J. Am. Chem.* Soc. **1964**, *86*, 3680.]

O ‖ RC — NHR' (↑ 아마이드 결합)

나왔다 해도, 효소의 반응성이 떨어져서 최적 pH에 비하여 세포에 끼치는 손상이 작을 것이다. 반대로, 그림 9-3은 pH에 따른 어느 효소 촉매 반응의 속도 변화를 보여 준다. pH 8 근처에서 가장 빠르고, 산성의 리소좀 안에서는 느려질 것이다. 어떠한 기관이라도 살기 위해서는 각 소세포(subcellular) 구역 내의 pH를 조절해서 효소 촉매 반응들이 적당한 속도로 진행되도록 해 주어야 한다.

약산과 그 짝염기의 혼합

약산 A몰과 그 짝염기 B몰을 섞으면 산의 몰수는 A에 가깝게 유지되고, 염기의 몰수는 B에 가깝게 유지된다. 어느 쪽의 농도도 바꿀 만한 반응은 거의 일어나지 않는다.

왜 그렇게 되는가를 이해하기 위해서, Le Châtelier 원리로 K_a 반응과 K_b 반응을 보자. 산은 $pK_a = 4.00$이고, 염기는 $pK_b = 10.00$이라 하자. 0.10 M HA 용액에서 해리하는 산의 분율을 계산한다.

$$\underset{0.10-x}{\mathrm{HA}} \rightleftharpoons \underset{x}{\mathrm{H^+}} + \underset{x}{\mathrm{A^-}} \qquad pK_a = 4.00$$

$$\frac{x^2}{\mathrm{F}-x} = K_a \Rightarrow x = 3.1 \times 10^{-3}\ \mathrm{M}$$

$$\text{해리 분율} = \alpha = \frac{x}{\mathrm{F}} = 0.031$$

이 조건에서는 산의 3.1%만이 해리한다.

0.10 mol의 A^-가 녹아 있는 1.00 L 용액에서 A^-가 물과 반응하는 정도는 더욱 작다.

$$\underset{0.10-x}{\mathrm{A^-}} + \mathrm{H_2O} \rightleftharpoons \underset{x}{\mathrm{HA}} + \underset{x}{\mathrm{OH^-}} \qquad pK_b = 10.00$$

$$\frac{x^2}{\mathrm{F}-x} = K_b \Rightarrow x = 3.2 \times 10^{-6}$$

$$\text{회합 분율} = \alpha = \frac{x}{\mathrm{F}} = 3.2 \times 10^{-5}$$

약산 HA와 짝염기 A^-를 섞으면 남는 HA와 A^-의 몰수는 섞은 것과 거의 같다.

순수한 **HA는 아주 조금 해리하는데, 그 용액에 여분의 A^-를 가하면 HA는 훨씬 덜 해리한다. 마찬가지로 A^-는 물과 그다지 많이 반응하지 않는데, 여분의 HA를 가하면 A^-의 반응은 더욱 감소한다.** 0.050 mol의 A^-와 0.036 mol의 HA를 물에 가하면 평형 상태에서 용액 중에는 거의 0.050 mol A^-와 0.036 mol HA가 존재하게 된다.

Henderson-Hasselbalch 식

이 근사는 아주 묽은 용액이나 극단적 pH에서는 성립되지 않는다. 225쪽에서 이 근사의 타당성을 검토한다.

완충 용액을 다루는 주된 식은 **Henderson-Hasselbalch 식**(**Henderson-Hasselbalch equation**)으로서, 평형 식 K_a를 단순히 재배열한 것이다.

$$K_a = \frac{[\mathrm{H^+}][\mathrm{A^-}]}{[\mathrm{HA}]}$$

log xy = log x + log y

$$\log K_a = \log \frac{[\mathrm{H^+}][\mathrm{A^-}]}{[\mathrm{HA}]} = \log[\mathrm{H^+}] + \log \frac{[\mathrm{A^-}]}{[\mathrm{HA}]}$$

$$\underbrace{-\log[\mathrm{H^+}]}_{\mathrm{pH}} = \underbrace{-\log K_a}_{pK_a} + \log \frac{[\mathrm{A^-}]}{[\mathrm{HA}]}$$

L. J. Henderson은 내과 의사로, 생화학자인 Sørensen이 'buffer'라는 단어와 pH 개념을 만들기 일 년 전인 1908년에 한 생리학 학술지에 $[H^+] = K_a$[산]/[염]라 썼다. Henderson의 기여는 용액의 HA의 농도를 [산]으로, 그리고 A^- 농도를 [염]으로 놓는 근사를 쓴 것이다. 1916년에 K. A. Hasselbalch는 한 생화학 학술지에 우리가 Henderson-Hasselbalch 식이라 부르는 것을 발표하였다.[7]

산의 Henderson-Hasselbalch 식:

$$\mathrm{HA} \xrightleftharpoons{K_a} \mathrm{H^+} + \mathrm{A^-}$$

$$\mathrm{pH} = pK_a + \log \frac{[\mathrm{A^-}]}{[\mathrm{HA}]} \qquad \textbf{(9-16)}$$

Henderson-Hasselbalch 식은 산의 pK_a와, 짝산과 짝염기의 농도비를 알면 용액의 pH를 알려 준다. 약염기 B와 그 짝산 BH^+로 만든 용액도 같은 형태의 식으로 주어진다.

염기의 Henderson-Hasselbalch 식:

$BH^+ \underset{}{\overset{K_a = K_w/K_b}{\rightleftharpoons}} B + H^+$

$$pH = pK_a + \log \frac{[B]}{[BH^+]} \quad (9\text{-}17)$$

pK_a는 이 산에 적용된다.

여기서 pK_a는 약산 BH^+의 해리 상수이다. 식 9-16과 9-17의 중요한 특징은 염기(A^- 또는 B)가 두 식의 분자에 나타나고, 반응의 평형 상수는 분모에 있는 산의 K_a이다.

식 9-16과 식 9-17에서 염기(A^- 또는 B)가 **분자**에 있을 때만 적용된다. 염기의 농도가 증가하면 로그 항이 커지고, pH도 커진다.

도전 활동도를 무시하지 않은 Henderson-Hasselbalch 식은 다음과 같다.

$$pH = pK_a + \log \frac{[A^-]\gamma_{A^-}}{[HA]\gamma_{HA}} \quad (9\text{-}18)$$

Henderson-Hasselbalch 식은 근사가 아니다. 평형 식의 재배열일 뿐이다. $[A^-]$와 $[HA]$를 계산할 때 근사를 사용한다. 대부분의 경우, 섞은 그대로 용액 내에 존재한다고 가정해도 좋다. 이 장의 끝 부분에서 용액이 너무 묽거나 산이 너무 약한 경우, 섞은 그대로 용액 내에 존재하지 않는 경우를 다룬다.

Henderson-Hasselbalch 식의 성질

식 9-16에서 만일 $[A^-] = [HA]$이면 $pH = pK_a$인 것을 알 수 있다.

$$pH = pK_a + \log \frac{[A^-]}{[HA]} = pK_a + \log 1 = pK_a$$

$[A^-] = [HA]$일 때, $pH = pK_a$이다. 물론 $\log 1 = 0$이기 때문이다.

아무리 용액이 복잡하더라도 특정 산에 대해 $pH = pK_a$이면 언제나 $[A^-]$는 $[HA]$와 같다.

평형 상태에 있는 어떠한 용액에서도 모든 평형이 동시에 만족되어야 한다. 용액에는 하나의 H^+ 농도만이 있기 때문에, 용액 내의 10개의 서로 다른 산과 염기 반응이 있더라도 식 9-16과 같은 10개의 식이 모두 똑같은 pH를 주어야만 한다.

Henderson-Hasselbalch 식의 다른 성질은 $[A^-]/[HA]$ 비가 10배 변할 때마다 pH는 한 단위 변한다는 것이다(표 9-1). 염기(A^-)가 증가하면 pH는 올라간다. 산(HA)이 증가하면 pH는 내려간다. 어떠한 짝산-짝염기 쌍에 대해서도 $pH = pK_a - 1$이면 HA가 A^-보다 10배나 많다고 얘기할 수 있다. 10/11은 HA 형태로, 1/11은 A^- 형태로 존재한다.

표 9-1 $[A^-]/[HA]$의 변화에 따른 pH의 변화

$[A^-]/[HA]$	pH
100 : 1	$pK_a + 2$
10 : 1	$pK_a + 1$
1 : 1	pK_a
1 : 10	$pK_a - 1$
1 : 100	$pK_a - 2$

예제 **Henderson-Hasselbalch 식의 이용**

하이포아염소산 소듐(NaOCl, 거의 모든 표백제의 활성 성분)을 pH 6.20인 완충 용액에 녹였다. 이 용액의 $[OCl^-]/[HOCl]$ 비를 구하시오.

풀이 부록 G에 보면, 하이포아염소산(HOCl)의 $pK_a = 7.53$이다. pH가 알려져 있으므로, 그 비는 Henderson-Hasselbalch 식으로부터 구한다.

$$HOCl \rightleftharpoons H^+ + OCl^-$$

$$pH = pK_a + \log \frac{[OCl^-]}{[HOCl]}$$

$$6.20 = 7.53 + \log \frac{[OCl^-]}{[HOCl]}$$

$$-1.33 = \log \frac{[OCl^-]}{[HOCl]}$$

$$10^{-1.33} = 10^{\log([OCl^-]/[HOCl])} = \frac{[OCl^-]}{[HOCl]}$$

$10^{\log z} = z$

$$0.047 = \frac{[OCl^-]}{[HOCl]}$$

$[OCl^-]/[HOCl]$ 비를 구하는 데는 pH와 pK_a를 알기만 하면 된다는 점에 유의하라. 그밖에 NaOCl을 얼마나 첨가했다거나, 용액의 부피가 얼마인지에 대해서는 알 필요가 없다.

자습 pH를 한 단위 올려서 7.20으로 만들었을 때 $[OCl^-]/[HOCl]$를 구하시오. (**답:** 0.47)

완충 작용

트리스(하이드록시메틸)아미노메테인을 줄여서 '트리스(tris)'라고 하는 아주 널리 쓰이는 완충제를 실례로 들어 보자.

$$\underset{\substack{BH^+ \\ pK_a = 8.072}}{(HOCH_2)_3C{-}\overset{+}{N}H_3} \rightleftharpoons \underset{\substack{B \\ \text{이것이 '트리스' 형태이다.}}}{(HOCH_2)_3C{-}NH_2} + H^+$$

부록 G에 트리스의 짝산에 대한 $pK_a = 8.072$로 나와 있다. BH^+ 양이온을 갖는 염의 예로는 트리스 염화수소가 있는데, 실제로는 BH^+Cl^-이다. BH^+Cl^-를 물에 녹이면 BH^+와 Cl^-로 완전히 해리된다.

예제 완충 용액

트리스(FM 121.135) 12.43 g과 트리스 염화수소(FM 157.59) 4.67 g을 물에 녹여 1.00 L로 만든 용액의 pH를 구하시오.

풀이 용액에 첨가한 B와 BH^+의 농도를 구하면 다음과 같다.

$$[B] = \frac{12.43\text{ g/L}}{121.135\text{ g/mol}} = 0.102\,6\text{ M} \qquad [BH^+] = \frac{4.67\text{ g/L}}{157.59\text{ g/mol}} = 0.029\,6\text{ M}$$

섞은 그대로 존재한다고 가정하여, 이 농도를 Henderson-Hasselbalch 식에 대입하여 pH를 구한다.

$$pH = pK_a + \log\frac{[B]}{[BH^+]} = 8.072 + \log\frac{0.102\,6}{0.029\,6} = 8.61$$

자습 트리스 염화수소 1.00 g을 첨가했을 때의 pH를 구하시오. (**답:** 8.53)

완충 용액의 pH는 부피와 거의 무관하다.

로그 항의 분모와 분자에서 부피가 상쇄되므로, pH를 구하는 데 **용액의 부피는 관계없음**을 유의하라.

보충 9-3 센 것과 약한 것은 완전히 반응한다

강산은 평형 상수가 크기 때문에 약염기와 본질적으로 '완전히' 반응한다.

$$\underset{\text{약염기}}{B} + \underset{\text{강산}}{H^+} \rightleftharpoons BH^+ \qquad K = \frac{1}{K_a(BH^+\text{에 대한})}$$

B가 트리스(하이드록시메틸)아미노메테인이면, HCl과의 반응에 대한 평형 상수는

$$K = \frac{1}{K_a} = \frac{1}{10^{-8.072}} = 1.2 \times 10^8$$

강염기는 평형 상수가 역시 매우 크므로 약산과 '완전히' 반응한다.

$$\underset{\text{강염기}}{OH^-} + \underset{\text{약산}}{HA} \rightleftharpoons A^- + H_2O \qquad K = \frac{1}{K_b(A^-\text{에 대한})}$$

HA가 아세트산이면, NaOH와의 반응에 대한 평형 상수는 다음과 같다.

$$K = \frac{1}{K_b} = \frac{K_a(\text{HA에 대한})}{K_w} = 1.7 \times 10^9$$

강산과 강염기의 반응은 강산과 약염기의 반응보다 더욱 더 완전하다.

$$\underset{\text{강산}}{H^+} + \underset{\text{강염기}}{OH^-} \rightleftharpoons H_2O \qquad K = \frac{1}{K_w} = 10^{14}$$

만일 강산, 강염기, 약산, 약염기를 섞으면 강산과 강염기 중 어느 쪽이 없어질 때까지 서로 반응하고, 그다음에 남은 강산 또는 강염기가 약염기 또는 약산과 반응한다.

$$\text{pH} = \text{p}K_a + \log\frac{\text{B의 몰수}/\cancel{\text{용액의 부피}}}{\text{BH}^+\text{의 몰수}/\cancel{\text{용액의 부피}}}$$

$$= \text{p}K_a + \log\frac{\text{B의 몰수}}{\text{BH}^+\text{의 몰수}}$$

예제 **완충 용액에 산을 첨가한 효과**

앞의 예제에서 사용한 용액에 1.00 M HCl 12.0 mL를 가하면 새로운 pH 값은 얼마나 되는가?

풀이 이 문제의 핵심은 **약염기에 강산을 첨가하면, 완전히 반응하여 BH^+로 됨**을 인식하는 것이다(보충 9-3). 여기서 1.00 M HCl 12.0 mL에는 (0.012 0 L)(1.00 mol/L) = 0.012 0 mol의 H^+가 들어 있다. 이 H^+는 0.012 0 mol의 B를 소모하여 BH^+ 0.012 0 mol을 만들어 낸다. 이것을 다음 표에서 편리하게 보였다.

	B (트리스)	+	H^+ (HCl로부터)	→	BH^+
초기 몰수	0.102 6		0.012 0		0.029 6
최종 몰수	0.090 6		—		0.041 6
	(0.102 6 − 0.012 0)				(0.029 6 + 0.012 0)

위의 표에는 pH를 계산하기에 충분한 정보가 들어 있다.

$$\text{pH} = \text{p}K_a + \log\frac{\text{B 몰수}}{\text{BH}^+\text{ 몰수}}$$

$$= 8.072 + \log\frac{0.090\,6}{0.041\,6} = 8.41$$

완충 용액의 부피는 관계없다.

자습 HCl을 12.0 mL 대신 6.0 mL를 넣었을 때의 pH를 구하시오. (**답:** 8.51)

질문 HCl을 가했을 때 pH는 올바른 방향으로 변했는가?

어느 정도 양의 강산이나 강염기를 첨가하더라도 완충 용액의 pH는 그다지 많이 변하지 않는다는 것을 살펴보았다. 1.00 M HCl 12.0 mL를 첨가해서 pH가 8.61에서 8.41로 변했다. 완충되지 않은 용액 1.00 L에 1.00 M HCl 12.0 mL를 첨가했다면 pH는 1.93으로 낮아졌을 것이다.

완충 용액이 pH 변화를 막는 **까닭**은 무엇인가? 그것은 강산이나 강염기가 B 또는 BH^+에 의해 소모되기 때문이다. HCl을 트리스에 가하면 B가 BH^+로 바뀐다. NaOH를 첨가하면 BH^+가 B로 바뀐다. HCl이나 NaOH를 너무 많이 첨가하여 B나 BH^+를 모두 소모하지 않는 한 Henderson-Hasselbalch 식의 로그 항은 크게 변하지 않으며, 따라서 pH에도 큰 변화가 없다. 실험 9-1은 완충제가 다 소모되면 어떤 일이 일어나는지를 보여 준다. 완충 용액은 pH = pK_a일 때 pH 변화를 막는 용량이 최대가 된다. 이 점은 나중에 언급하기로 한다.

완충 용액은 가해진 산이나 염기를 소모하므로 pH 변화를 막는다.

예제 **완충 용액의 제조법 계산**

트리스 염화수소 10.0 g이 들어 있는 용액에 0.500 M NaOH 몇 mL를 첨가하면 최종 부피가 250 mL인 용액의 pH가 7.60이 되겠는가?

풀이 트리스 염화수소 10.0 g에 해당하는 몰수는 (10.0 g)/(157.596 g/mol) = 0.063 5 mol이다. 문제를 풀기 위해 다음과 같은 표를 만들 수 있다.

OH^-와의 반응:	BH^+	+	OH^-	→	B
초기 몰수	0.063 5		x		—
최종 몰수	0.063 5 − x		—		x

질문 완충 용액을 만들기 위해 트리스 염화수소에 염기(NaOH)를 넣는 이유는 무엇인가?

답: 트리스 염화수소는 약산 BH^+이다. 완충 용액을 만들려면 BH^+의 일부를 B로 바꾸어서 BH^+와 B의 혼합물을 만들어야 한다.

pH와 pK_a를 알고 있으므로 Henderson-Hasselbalch 식으로부터 x를 구한다.

$$\mathrm{pH} = \mathrm{p}K_a + \log\frac{\text{B 몰수}}{\mathrm{BH^+}\text{ 몰수}}$$

$$7.60 = 8.072 + \log\frac{x}{0.063\,5 - x}$$

$$-0.472 = \log\frac{x}{0.063\,5 - x}$$

$$10^{-0.472} = \frac{x}{0.063\,5 - x} \Rightarrow x = 0.016\,0\ \mathrm{mol}$$

이만큼의 NaOH가 들어 있는 부피는 다음과 같다.

$$\frac{0.016\,0\ \mathrm{mol}}{0.500\ \mathrm{mol/L}} = 0.032\,0\ \mathrm{L} = 32.0\ \mathrm{mL}$$

자습 트리스 염화수소 10.0 g이 들어 있는 용액에 0.500 M NaOH 몇 mL를 첨가하면 최종 부피가 500 mL인 용액의 pH가 7.40이 되겠는가? (**답:** 22.3 mL)

질문 표 9-2의 HEPES는 생화학에서 흔히 사용되는 pK_a = 7.56인 완충제이다. HEPES는 **중성** 화합물이다. 구조를 그리시오. HEPES로 완충 용액을 만들려면 NaOH와 HCl 중 어느 것을 첨가하겠는가?

답: 표 9-2의 구조는 중성 산 HA이다. HA와 A^-의 혼합물을 만들기 위해서는 H^+를 제거할 NaOH를 첨가해 주어야 한다.

실험 9-1 완충 용액의 작용

가해진 산이나 염기가 완충 용액에 의해서 소모되므로 완충 용액은 pH 변화를 막는다. 완충제가 소모되어 감에 따라 완충 용액은 pH 변화를 점점 막지 못하게 된다.

여기서는 HSO_3^- : SO_3^{2-}가 몰비로 10 : 1 가량 포함된 혼합물을 준비한다.[8] HSO_3^-의 pK_a가 7.2이므로 pH는 대략 다음과 같다.

$$\mathrm{pH} = \mathrm{p}K_a + \log\frac{[\mathrm{SO_3^{2-}}]}{[\mathrm{HSO_3^-}]} = 7.2 + \log\frac{1}{10} = 6.2$$

폼알데하이드를 첨가하면 알짜 반응은 SO_3^{2-}가 아니라 HSO_3^-가 소모되는 반응이다.

$$\mathrm{H_2C{=}O} + \mathrm{HSO_3^-} \rightarrow \mathrm{H_2C(O^-)(SO_3H)} \rightarrow \mathrm{H_2C(OH)(SO_3^-)} \quad \text{(A)}$$

폼알데하이드 아황산수소 이온

$$\mathrm{H_2C{=}O} + \mathrm{SO_3^{2-}} \rightarrow \mathrm{H_2C(O^-)(SO_3^-)}$$

아황산 이온

$$\mathrm{H_2C(O^-)(SO_3^-)} + \mathrm{HSO_3^-} \rightarrow \mathrm{H_2C(OH)(SO_3^-)} + \mathrm{SO_3^{2-}} \quad \text{(B)}$$

A에서는 아황산수소 이온이 직접 소모된다. B에서의 알짜 반응은 SO_3^{2-} 농도의 변화 없이 HSO_3^-가 소모되는 것이다.

HSO_3^-가 반응함에 따라 pH가 어떻게 변화하는지에 대한 표를 만들 수 있다.

% 반응 완결도	$[SO_3^{2-}]$:$[HSO_3^-]$	계산한 pH
0	1:10	6.2
90	1:1	7.2
99	1:0.1	8.2
99.9	1:0.01	9.2
99.99	1:0.001	10.2

반응이 90% 완결될 때까지 pH는 한 단위밖에 증가하지 않았음을 볼 수 있다. 반응이 그다음 9% 완결되면 pH는 또 한 단위 증가한다. 반응이 끝 부분에서는 pH 변화가 매우 급격해진다.

폼알데하이드 **시계 반응**(clock reaction)[9]에서는 HSO_3^-, SO_3^{2-}, 페놀프탈레인 지시약이 들어 있는 용액에 폼알데하이드를 첨가한다. 페놀프탈레인은 pH 8 아래에서는 무색이고, 그 이상에서는 붉은색이다. 용액은 1분 이상 무색으로 유지되다가 갑자기 pH가 치솟고 액체는 분홍색으로 변한다. 유리 전극으로 pH를 측정한 결과를 아래의 그래프에 보였다.

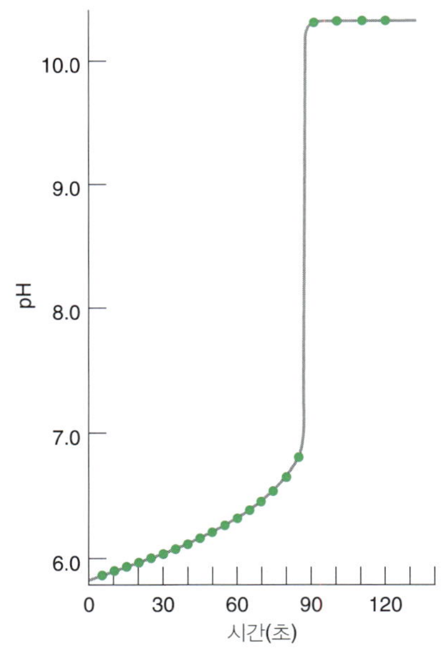

폼알데하이드 시계 반응에서 시간에 따른 pH 변화

절차: 모든 용액은 새로 만들어야 한다. 37 wt% 폼알데하이드(밀도 = 1.08 g/mL) 9 mL를 100 mL로 묽혀서 1.20 M CH_2O를 만든다. $Na_2S_2O_5$(메타비스아황산 소듐, 7.4 mmol)[10] 1.4 g과 Na_2SO_3(1.4 mmol) 0.18 g을 400 mL의 물에 녹이고,

페놀프탈레인 지시약 용액(표 11-3) 약 1 mL를 첨가한다. 시계 반응을 시작하기 위하여 완충 용액을 잘 저으면서 1.20 M 폼알데하이드 용액 23 mL(28 mmol)를 가한다. 반응 시간은 온도, 농도, 부피를 바꾸어서 조절할 수 있다.

폼알데하이드 대신 독성이 약한 글리옥살($(\overset{\overset{\displaystyle O}{\|}}{HC}-\overset{\overset{\displaystyle O}{\|}}{CH})$)을 사용하여 시범을 보일 수 있다.[11] 실험 하루 전에 40 wt% 글리옥살 2.9 g(20.0 mol)을 H_2O 25 mL로 묽힌다. $Na_2S_2O_5$ 0.90 g(4.7 mmol), Na_2SO_3 0.15 g(1.2 mmol), $Na_2EDTA \cdot 2H_2O$ 0.18 g(0.48 mmol, 아황산염이 금속 촉매 작용으로 공기에 의해 산화되는 것 방지)을 50 mL의 H_2O에 녹인다. 1 mol의 $Na_2S_2O_5$는 H_2O와 반응하여 2 mol의 HSO_3^-를 만든다. 실험을 위해 페놀 레드 지시약(표 11-3) 0.5 mL를 400 mL의 물과 0.5 mL의 아황산 용액의 혼합물에 넣는다. 잘 저으면서 2.5 mL의 글리옥살 용액(2.0 mmol)을 넣어 시계 반응을 시작한다.

실제 완충 용액의 제조!

pH 7.60인 트리스 완충 용액을 실제로 만들려고 하면 무엇을 섞을지를 계산해서 만들지는 않는다. 0.100 M 트리스가 든 pH 7.60의 완충 용액 1.00 L를 만들려 한다고 가정하자. 고체 트리스 염화수소와 약 1 M NaOH가 주어진다면 다음과 같이 만든다.

1. 트리스 염화수소 0.100 mol을 달아서 약 800 mL의 물이 담긴 비커에 녹인다.
2. 보정된 pH 전극을 용액에 담가서 pH를 관찰한다.
3. pH가 정확히 7.60이 될 때까지 NaOH를 첨가한다.
4. 용액을 부피 플라스크에 옮기고, 비커를 몇 번 씻는다. 씻은 액을 부피 플라스크에 합한다.
5. 표선까지 묽히고 섞는다.

계산이 잘못될 이유:

1. 활동도 계수를 무시했다.
2. pK_a 값은 25°C의 값인데 온도가 맞지 않았다.
3. $[HA] = F_{HA}$와 $[A^-] = F_{A^-}$의 근사가 오차를 줄 수 있다.
4. 표에 나와 있는 트리스의 pK_a 값이 실험실에서 측정하는 값이 아닐 가능성이 있다.

계산한 NaOH를 그대로 첨가하지 않는 것은, 그래서는 원하는 pH를 얻을 수 없기 때문이다. 첫 번째 단계에서 물 800 mL를 쓰는 까닭은 pH를 조정하는 동안 부피가 최종 부피에 가까워질 것이기 때문이다. 그렇지 않으면 최종 부피로 묽혔을 때 pH가 약간 변할 것이고, 이온 세기도 변한다.

완충 용량[12]

완충 용량(buffer capacity, β)은 강산 또는 강염기가 첨가될 때 용액이 얼마나 pH 변화를 잘 막는지에 대한 척도이다. 완충 용량은 다음과 같이 정의된다.

완충 용량:
$$\beta = \frac{dC_b}{dpH} = -\frac{dC_a}{dpH} \qquad (9\text{-}19)$$

여기서 C_a와 C_b는 첨가한 강산 또는 강염기의 완충 용액에서의 농도이다. β 값이 클수록 용액은 pH 변화에 더 잘 견딘다.

그림 9-4a는 $pK_a = 5.00$인 HA가 0.100 F만큼 들어 있는 용액에 대하여 C_b와 pH의 관계를 보여 주는 그래프이다. 세로축(C_b)은 해당되는 pH를 얻기 위해 0.100 F HA와 섞어 주어야 할 강염기의 포말 농도이다. 예를 들어 0.050 F OH^-와 0.100 F HA가 든 용액은 pH 5.00이 되어야 한다(활동도 무시).

그림 9-4b의 곡선은 위 곡선을 미분한 것으로서, 같은 계에 대한 완충 용량을 보여 준다. 완충 용량은 pH = pK_a일 때 최댓점에 도달한다. 즉 **완충 용액은 pH = pK_a(즉 [HA] = [A^-])일 때 pH 변화를 막는 데 가장 효과적이다.**

완충 용액을 고를 때, **원하는 pH에 가능한 한 가장 가까운 pK_a 값을 갖는 완충제를 택해야 한다. 완충 용액의 유용한 pH 범위는 대체로 pK_a ± 1이다.** 이 범위 바깥에서는 첨가된 강산이나 강염기와 반응할 만큼 약산이나 약염기가 충분히 많지 않다. 완충 용액의 농도를 증가시키면 완충 용량도 증가한다.

그림 9-4b의 높은 pH(그림에서는 나타나지 않았지만 낮은 pH에서도)에서는 단지 OH^-(낮은 pH에서는 H^+) 농도가 진하기 때문에 완충 용량 곡선이 계속 위로 올라간다. 많은 양의 OH^-(또는 H^+)에 산 또는 염기를 소량 첨가해도 pH에는 큰 영향이 없을 것이다. pH가

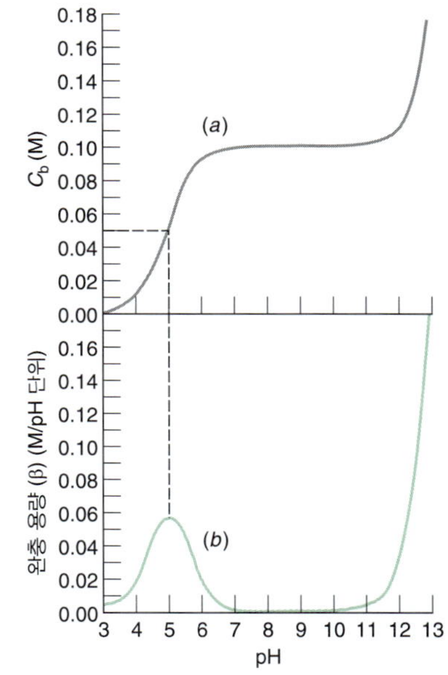

그림 9-4 (a) pK_a = 5.00인 HA 0.100 F가 들어 있는 용액에 대한 C_b 대 pH. (b) 같은 계에 대한 완충 용량 대 pH는 pH = pK_a일 때 최댓값에 이른다. 이 곡선은 (a)에 있는 곡선을 미분한 것이다.

높은 용액은 짝산-짝염기 쌍인 H_2O/OH^-에 의해서, 그리고 pH가 낮은 용액은 짝산-짝염기 쌍인 H_3O^+/H_2O에 의해 완충된다.

완충 용액을 얼마나 사용해야 하나?

완충 용액이 얼마나 필요한지 정하기 위해서 정교한 계산을 할 필요는 없다. 화학 반응이나 다른 시약의 첨가로 인해 생성되는 산이나 염기의 몰수보다 충분히 많은 몰수의 완충 용액이 있으면, pH는 크게 변하지 않는다.

예제 **pH 변화량**

완충 용액에 완충제 HA 50 mmol과 완충제 A^- 50 mmol이 들어 있다고 하자. pH는 HA의 pK_a와 같을 것이다. 이 완충 용액 안에서 화학 반응으로 어떤 산 20 mmol이 생성되었다면, pH는 얼마나 변하겠는가?

풀이 가장 심하게 변하는 경우는 반응에 의해 강산이 생성되어 같은 당량의 A^-를 HA로 만드는 것이다. HA의 몰수는 50 + 20 = 70 mmol이다. A^-의 몰수는 50 − 20 = 30 mmol이다. pH는

$$\mathrm{pH} = \mathrm{p}K_a + \log\frac{\text{mol A}^-}{\text{mol HA}} = \mathrm{p}K_a + \log\frac{30\text{ mmol}}{70\text{ mmol}} = \mathrm{p}K_a - 0.37$$

pH는 0.37 단위 낮아진다. 이 변화가 받아들일 만하다면, 완충 용액이 충분한 것이다.

자습 15 mmol의 강염기가 생성된 경우에는 원래 완충 용액의 pH가 얼마나 변하겠는가? (**답:** 0.27 pH 단위)

완충 용액은 이온 세기와 온도에 의존한다

정확한 Henderson-Hasselbalch 식 9-18은 활동도 계수가 포함된다. 완충 용액의 실제 pH가 계산 값과 다른 주원인은 이온 세기가 0이 아니어서 활동도 계수가 1이 아니기 때문이다. 표 9-2에 생화학에서 널리 사용되는 완충제의 pK_a 값을 실었다. 이온 세기가 0과 0.1 M일 때의 값들을 실었다. 완충 용액의 이온 세기가 0보다 0.1 M에 가까울 경우, 보다 실질적인 계산을 위해서는 μ = 0.1 M에서의 pK_a 값을 쓰는 것이 적절하다.

붕산은 6-7절의 금속 이온처럼 작용하는 약산으로, 산 가수 분해 반응 9-20으로 인해 산성을 나타낸다.[13]

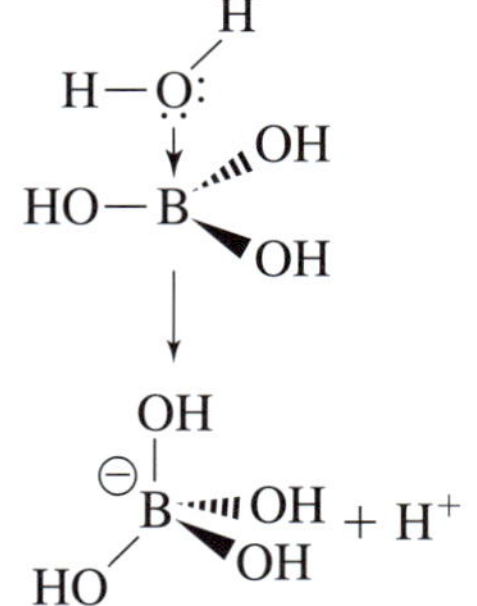

$$\underset{\text{붕산(HA)}}{B(OH)_3} + H_2O \rightleftharpoons \underset{\text{붕산염(A}^-)}{B(OH)_4^-} + H^+ \qquad K_a \approx 10^{-9} \tag{9-20}$$

$$\frac{H^+ + OH^- \rightleftharpoons H_2O}{B(OH)_3 + OH^- \rightleftharpoons B(OH)_4^-} \qquad \begin{matrix} 1/K_w \approx 10^{14} \\ K = K_a/K_w = 10^5 \end{matrix}$$

작은 K_a와 K_w의 역수가 조합되어 $B(OH)_3$와 OH^- 사이의 알짜 반응의 평형 상수는 $\sim 10^5$가 된다.

0.200 mol $B(OH)_3$와 0.100 mol NaOH를 넣은 1.00 L의 수용액을 만들면, 이온 세기가 0.10 M인 붕산과 짝염기의 비가 대략 1:1인 혼합물이 생성된다. 표 9-2에서 붕산은 μ = 0일 때 pK_a = 9.24이고, μ = 0.1 M일 때는 pK_a = 8.98이다. 붕산과 붕산염의 1:1 혼합물은 이온 세기가 낮을 때는 pH가 9.24 근처이고, 이온 세기가 μ = 0.1 M일 때는 pH가 8.98 근처일 것이다. 이온 세기의 영향에 대한 다른 예로, pH 6.6의 0.5 M 인산 완충 용액을 0.05 M로 묽히면 pH는 6.9로 올라가는데, 이온의 세기의 영향이 상당하다고 할 수 있다.

이온 세기가 변하면 pH도 변한다.

이 책의 대부분의 문제에서는 μ = 0일 때의 pK_a 값을 사용한다. 혹 μ = 0일 때의 pK_a 값이 없으면 μ = 0.1 M일 때의 pK_a 값을 사용한다.

완충 용액의 pK_a는 표 9-2의 마지막 열에서 볼 수 있듯이 온도에 의존한다. 트리스는 실온

표 9-2 흔히 사용되는 완충제의 구조와 pK_a 값[a,b,c,d]

이름	구조	pK_a^e μ = 0	pK_a^e μ = 0.1 M	화학식량	Δ(pK_a)/ΔT (K^{-1})
N-2-아세트아미도이미노다이아세트산(ADA)	$H_2NC(=O)CH_2\overset{+}{N}\mathbf{H}(CH_2CO_2\mathbf{H})_2$	—(CO_2H)	1.59	190.15	—
N-트리스(하이드록시메틸)메틸 글라이신(TRICINE)	$(HOCH_2)_3C\overset{+}{N}\mathbf{H_2}CH_2CO_2\mathbf{H}$	2.02(CO_2H)	—	179.17	−0.003
인산	H_3PO_4	2.15(pK_1)	1.92	98.00	0.005
N,N-비스(2-하이드록시에틸)글라이신(BICINE)	$(HOCH_2CH_2)_2\overset{+}{N}\mathbf{H}CH_2CO_2\mathbf{H}$	2.23(CO_2H)	—	163.17	—
ADA	(위를 참조)	2.48(CO_2H)	2.31	190.15	—
피페라진-N,N'-비스(2-에테인설폰산)(PIPES)	$^-O_3SCH_2CH_2\overset{+}{N}\mathbf{H}\ \mathbf{H}\overset{+}{N}CH_2CH_2SO_3^-$ (피페라진 고리)	—(pK_1)	2.67	302.37	—
시트르산	$\mathbf{H}O_2CCH_2C(OH)(CO_2\mathbf{H})CH_2CO_2\mathbf{H}$	3.13(pK_1)	2.90	192.12	−0.002
글라이실글라이신	$H_3\overset{+}{N}CH_2C(=O)NHCH_2CO_2\mathbf{H}$	3.14(CO_2H)	3.11	132.12	0.000
피페라진-N,N'-비스(3-프로페인설폰산) (PIPPS)	$^-O_3S(CH_2)_3\overset{+}{N}\mathbf{H}\ \mathbf{H}\overset{+}{N}(CH_2)_3SO_3^-$ (피페라진 고리)	—(pK_1)	3.79	330.42	—
피페라진-N,N'-비스(4-뷰테인설폰산) (PIPBS)	$^-O_3S(CH_2)_4\overset{+}{N}\mathbf{H}\ \mathbf{H}\overset{+}{N}(CH_2)_4SO_3^-$ (피페라진 고리)	—(pK_1)	4.29	358.47	—
N,N'-다이에틸피페라진 이염화수소 (DEPP-2HCl)	$CH_3CH_2\overset{+}{N}\mathbf{H}\ \mathbf{H}\overset{+}{N}CH_2CH_3\cdot 2Cl^-$ (피페라진 고리)	—(pK_1)	4.48	215.16	—
시트르산	(위를 참조)	4.76(pK_2)	4.35	192.12	−0.001
아세트산	$CH_3CO_2\mathbf{H}$	4.76	4.62	60.05	0.000
N,N'-다이에틸에틸렌다이아민-N,N'-비스(3-프로페인설폰산)(DESPEN)	$^-O_3S(CH_2)_3\overset{+}{N}(CH_2CH_3)\mathbf{H}CH_2CH_2\mathbf{H}\overset{+}{N}(CH_2CH_3)(CH_2)_3SO_3^-$	—(pK_1)	5.62	360.49	—
2-(N-모포리노)에테인설폰산(MES)	$O(C_4H_8)\overset{+}{N}\mathbf{H}CH_2CH_2SO_3^-$ (모포린 고리)	6.27	6.06	195.24	−0.009
시트르산	(위를 참조)	6.40(pK_3)	5.70	192.12	0.002
N,N,N',N'-테트라에틸에틸렌다이아민 이염화수소(TEEN · 2HCl)	$Et_2\overset{+}{N}\mathbf{H}CH_2CH_2\mathbf{H}\overset{+}{N}Et_2\cdot 2Cl^-$	—(pK_1)	6.58	245.23	—
1,3-비스[트리스(하이드록시메틸)메틸아미노]프로페인 염화수소 (BIS-TRIS 프로페인-2HCl)	$(HOCH_2)_3C\overset{+}{N}\mathbf{H_2}(CH_2)_3\overset{+}{N}\mathbf{H_2}C(CH_2OH)_3\cdot 2Cl^-$	6.65(pK_1)	—	355.26	—
ADA	(위를 참조)	6.84(NH)	6.67	190.15	−0.007

a. 각 분자의 양성자가 결합된 형태로 나타냈다. 산성 수소 원자는 진한 글씨로 나타냈다. pK_a는 25°C에서의 값이다.

b. 이 표에 있는 많은 완충제들은 금속 이온과의 결합이 비교적 약하고 생리학적 비활성 때문에 생체 의학 연구에 널리 쓰인다(C. L. Bering, *J. Chem. Ed.* **1987**, *64*, 803). MES와 MOPS는 Cu^{2+}와 눈에 띄는 상호 작용이 없으나, HEPES와 HEPPS에 있는 작은 양의 불순물은 Cu^{2+}와 상호 작용이 크고, MOPSO는 Cu^{2+}와 화학량론적으로 결합한다(H. E. Marsh, Y.-P. Chin, L. Sigg, R. Hari, and H. Xu, *Anal. Chem.* **2003**, *75*, 671). 그러나 ADA, BICINE, ACES 및 TES 등은 다소 금속 결합력이 있다(R. Nakon and C. R. Krishnamoorthy, *Science*, **1983**, *221*, 749). pH 3~8 범위에서 금속과 제한된 결합 능력을 갖는 루티딘(lutidine) 완충제들은 U. Bips, H. Elias, M. Hauröder, G. Kleinhans, S. Pfeifer, and K. J. Wannowius, *Inorg. Chem.* **1983**, *22*, 3862에 기술되어 있다.

c. 일부 자료는 R. N. Goldberg, N. Kishore, and R. M. Lennen, J. Phys. *Chem.* Ref. Data **2002**, *31*, 231에서 온 것인데, 이 논문은 pK_a의 온도 의존도를 보여 준다.

d. 완충제 pK_a의 온도 및 이온 세기의 의존도: HEPES—D. Feng, W. F. Koch, and Y. C. Wu, *Anal. Chem.* **1989**, *61*, 1400; MOPSO—Y. C. Wu, P. A. Berezansky, D. Feng, and W. F. Koch, *Anal. Chem.* **1993**, *65*, 1084; ACES와 CHES—R. N. Roy, j. Bice, J. Greer, J. A. Carlsten, J. Smithson, W. S. Good, C. P. Moore, L. N. Roy, and K. M. Kuhler, J. *Chem. Eng.* Data **1997**, *42*, 41; TEMN, TEEN, DEPP, DESPEN, PIPES, PIPBS, MES, MOPS, MOBS—A. Kandegedara and D. B. Rorabacher, *Anal Chem.* **1999**, *71*, 3140. 이 마지막 완충 용액들은 특히 금속 결합력이 낮은 것으로 개발되었다(Q. Yu, A. Kandegedara, Y. Xu, and D. B. Rorabacher, *Anal. Biochem.* **1997**, *253*, 50).

e. μ = 0과 μ = 0.1 M일 때의 pK_a의 차이에 대해서는 210쪽을 참조할 것.

표 9-2(계속) 흔히 사용되는 완충제의 구조와 pK_a 값[a,b,c,d]

이름	구조	pK_a[e] $\mu = 0$	pK_a[e] $\mu = 0.1$ M	화학식량	$\Delta(pK_a)/\Delta T$ (K^{-1})
N-2-아세트아미도-2-아미노에테인설폰산(ACES)	$H_2NC(=O)CH_2\overset{+}{N}H_2CH_2CH_2SO_3^-$	6.85	6.75	182.20	−0.018
3-(N-모포리노)-2-하이드록시프로페인설폰산(MOPSO)	$O(C_4H_8)\overset{+}{N}HCH_2CH(OH)CH_2SO_3^-$	6.90	—	225.26	−0.015
이미다졸 염화수소	$H\overset{+}{N}$(이미다졸 고리)NH $\cdot Cl^-$	6.99	7.00	104.54	−0.022
PIPES	(위를 참조)	7.14(pK_2)	6.93	302.37	−0.007
3-(N-모포리노)프로페인설폰산(MOPS)	$O(C_4H_8)\overset{+}{N}HCH_2CH_2CH_2SO_3^-$	7.18	7.08	209.26	−0.012
인산	H_3PO_4	7.20(pK_2)	6.71	98.00	−0.002
4-(N-모포리노)뷰테인설폰산(MOBS)	$O(C_4H_8)\overset{+}{N}HCH_2CH_2CH_2CH_2SO_3^-$	—	7.48	223.29	—
N-트리스(하이드록시메틸)메틸-2-아미노에테인설폰산(TES)	$(HOCH_2)_3C\overset{+}{N}H_2CH_2CH_2SO_3^-$	7.55	7.60	229.25	−0.019
N-2-하이드록시에틸피페라진-N'-2-에테인설폰산(HEPES)	$HOCH_2CH_2N(C_4H_8)\overset{+}{N}HCH_2CH_2SO_3^-$	7.56	7.49	238.30	−0.012
PIPPS	(위를 참조)	—(pK_2)	7.97	330.42	—
N-2-하이드록시에틸페페라진-N'-3-프로페인설폰산(HEPPS)	$HOCH_2CH_2N(C_4H_8)\overset{+}{N}H(CH_2)_3SO_3^-$	7.96	7.87	252.33	−0.013
글라이신 아마이드 염화수소	$H_3\overset{+}{N}CH_2C(=O)NH_2 \cdot Cl^-$	—	8.04	110.54	—
트리스(하이드록시메틸)아미노메테인 염화수소(TRIS · HCl)	$(HOCH_2)_3C\overset{+}{N}H_3 \cdot Cl^-$	8.07	8.10	157.60	−0.028
TRICINE	(위를 참조)	8.14(NH)	—	179.17	−0.018
글라이실글라이신	(위를 참조)	8.26(NH)	8.09	132.12	−0.026
BICINE	(위를 참조)	8.33(NH)	8.22	163.17	−0.015
PIPBS	(위를 참조)	—(pK_2)	8.55	358.47	—
DEPP · 2HCl	(위를 참조)	—(pK_2)	8.58	207.10	—
DESPEN	(위를 참조)	—(pK_2)	9.06	360.49	—
BIS-TRIS-프로페인 · 2HCl	(위를 참조)	9.10(pK_2)	—	355.26	—
암모니아	NH_4^+	9.24	—	17.03	−0.031
붕산	$B(OH)_3$	9.24(pK_1)	8.98	61.83	−0.008
사이클로헥실아미노에테인설폰산(CHES)	$C_6H_{11}-\overset{+}{N}H_2CH_2CH_2SO_3^-$	9.39	—	207.29	−0.023
TEEN · 2HCl	(위를 참조)	—(pK_2)	9.88	245.23	—
3-(사이클로헥실아미노)프로페인설폰산(CAPS)	$C_6H_{11}-\overset{+}{N}H_2CH_2CH_2CH_2SO_3^-$	10.50	10.39	221.32	−0.028
N,N,N',N'-테트라에틸메틸렌다이아민 이염화수소(TEMN · 2HCl)	$Et_2\overset{+}{N}HCH_2H\overset{+}{N}Et_2 \cdot 2Cl^-$	—(pK_2)	11.01	231.21	—
인산	H_3PO_4	12.38(pK_3)	11.52	98.00	−0.009
붕산	$B(OH)_3$	12.74(pK_2)	—	61.83	—

근처에서 온도가 1°C 변함에 따라 약 -0.028 pK_a 단위가 변할 만큼 의외로 온도 의존도가 크다. 25°C에서 pH 8.07로 맞춘 트리스 용액은 4°C에서 대략 pH ≈ 8.7이고 37°C에서 대략 pH ≈ 7.7이 된다.

온도가 변하면 pH도 변한다.

섞은 것과 용액 내의 실제 농도가 다를 때

묽은 용액이나 극단적 pH에서는 용액의 HA와 A^-의 농도는 포말 농도와 다르다. F_{HA} mol의 HA와 F_{A^-} mol의 염 Na^+A^-를 섞는다고 가정하자. 질량 균형과 전하 균형은 다음과 같다.

묽은 용액이거나 극단적인 pH에서는 섞어 준 농도와 실제 농도가 다르다.

질량 균형: $$F_{HA} + F_{A^-} = [HA] + [A^-]$$

전하 균형: $$[Na^+] + [H^+] = [OH^-] + [A^-]$$

$[Na^+] = F_{A^-}$를 전하 균형에 대입하고 정리하면 다음 두 식을 얻는다.

$$[HA] = F_{HA} - [H^+] + [OH^-] \qquad \textbf{(9-21)}$$

$$[A^-] = F_{A^-} + [H^+] - [OH^-] \qquad \textbf{(9-22)}$$

지금까지는 $[HA] \approx F_{HA}$, $[A^-] \approx F_{A^-}$라고 가정해 왔고, 이 값들을 Henderson–Hasselbalch 식에 사용하였다. 좀 더 엄밀하려면 식 9-21과 9-22로 주어지는 값을 써야 한다. 만일 F_{HA}나 F_{A^-}가 작거나 $[H^+]$나 $[OH^-]$가 크다면, $[HA] \approx F_{HA}$와 $[A^-] \approx F_{A^-}$로 놓는 근사는 좋지 않다. 산성 용액에서는 $[H^+] >> [OH^-]$이고, 따라서 $[OH^-]$는 식 9-21이나 9-22에서 무시할 수 있다. 염기성 용액에서는 $[H^+]$를 무시할 수 있다.

예제 **비교적 강산으로 만든 묽은 완충 용액**

0.010 0 mol의 HA(pK_a = 2.00)와 0.010 0 mol의 A^-를 녹여 1.00 L로 만든 용액의 pH는 얼마인가?

풀이 용액은 산성(pH ≈ pK_a = 2.00)일 것이므로, 식 9-21, 9-22의 $[OH^-]$ 항을 무시할 수 있다. $[H^+] = x$라 놓으면 K_a 식을 써서 $[H^+]$ 값을 구할 수 있다.

$$\underset{0.010\,0 - x}{HA} \rightleftharpoons \underset{x}{H^+} + \underset{0.010\,0 + x}{A^-}$$

$$K_a = \frac{[H^+][A^-]}{[HA]} = \frac{(x)(0.010\,0 + x)}{(0.010\,0 - x)} = 10^{-2.00} \qquad \textbf{(9-23)}$$

$$\Rightarrow x = 0.004\,14 \text{ M} \quad \Rightarrow \quad pH = -\log[H^+] = 2.38$$

pH는 2.00이 아니고 2.38이다. HA와 A^-의 농도는 섞어 준 농도와 다르다.

$$[HA] = F_{HA} - [H^+] = 0.005\,86 \text{ M}$$
$$[A^-] = F_{A^-} + [H^+] = 0.014\,1 \text{ M}$$

이 용액에서 HA는 40% 이상 해리되었다. $[HA] \approx F_{HA}$라는 근사를 쓰기에는 산이 너무 강하다.

이 예제에서는 HA가 너무 강산이고 농도가 너무 낮으므로, HA와 A^-의 농도가 그들의 포말 농도와 같지 않다.

자습 pK_a가 2.00이 아니고 pK_a = 3.00일 때의 pH를 구하시오. 구한 답은 이치에 맞는가?
(**답:** 3.07)

Henderson-Hasselbalch(활동도 계수를 가진) 식은 평형 식 K_a를 단지 재배열한 것이므로 **언제나** 옳다. $[HA] \approx F_{HA}$와 $[A^-] \approx F_{A^-}$라는 근사는 언제나 옳지는 않다.

요약하면, 완충 용액은 약산과 그 짝염기로 구성된다. 완충 용액은 pH ≈ pK_a일 때 가장 유용하다. 상당한 농도 범위에서 완충 용액의 pH는 농도와 거의 무관하다. 완충 용액은 가해지는 산이나 염기와 반응하기 때문에 pH 변화를 막는다. 너무 많은 산이나 염기가 가해지면 완충제가 모두 소모되어 pH 변화를 더 이상 막지 못한다.

예제 Excel의 '목푯값 찾기(Goal Seek)' 도구와 셀의 명명

거의 아무리 복잡한 경우라도 방정식의 수치 해를 '목푯값 찾기'로 얻을 수 있다. 식 9-23에서 $[H^+] >> [OH^-]$라는 (훌륭한) 근사를 해서 $[OH^-]$를 무시하였다. '목푯값 찾기'로는 근사 없이도 식 9-21과 9-22를 사용하는 것이 쉽다.

$$K_a = \frac{[H^+][A^-]}{[HA]} = \frac{[H^+](F_{A^-} + [H^+] - [OH^-])}{F_{HA} - [H^+] + [OH^-]} \tag{9-24}$$

아래의 스프레드시트는 '목푯값 찾기'를 설명하고, 셀을 명명하여 식을 더 의미 있게 만드는 것을 보여 준다. A열에 K_a, K_w, F_{HA}, $F_A(= F_{A^-})$, $H(= [H^+])$, $OH(= [OH^-])$를 적는다. K_a, K_w, F_{HA}, F_{A^-}의 값을 B1:B4셀에 적는다. B5셀에 $[H^+]$의 **추정값**을 입력한다.

	A	B	C	D	E
1	Ka =	0.01		Reaction quotient	
2	Kw =	1.00E-1.4		for Ka =	
3	FHA =	0.01		[H+][A−]/[HA] =	
4	FA =	0.01		0.001222222	
5	H =	1.000E-03	<–Vary H with Goal Seek until D4 = Ka		
6	OH = Kw/H =	1E-11		D4 = H*(FA + H − OH)/(FHA − H + OH)	
7	pH = −log(H) =	3.00			

B1에서 B6까지 셀을 명명한다. 엑셀 2016에서는 B1셀을 택하고, '수식(Formulas)' 탭에서 '이름 정의(Define Name)'를 누르고, 이름 'Ka'를 입력한다. 이제부터는 B1셀을 고르면 스프레드시트의 왼쪽 위에 있는 이름 칸에 B1 대신 Ka가 보인다. B열의 다른 셀도 'Kw', 'FHA', 'FA', 'H', 그리고 'OH'라 명명한다. 이제 B2셀을 지시하는 식을 적을 때, B2 대신에 Kw라 적을 수 있다. Kw는 $B$2셀의 **절대 참조**(absolute reference)이다.

B6셀에 수식 '= Kw/H'를 입력하면 엑셀은 $[OH^-]$에 대해 1E-11의 값으로 답한다. 셀 명명의 장점은 '= $B$2/$B$5'보다 '= Kw/H'가 더 이해하기 쉽다는 것이다. B7셀에 pH를 의미하는 수식 '−log(H)'를 넣는다.

D4셀에 식 9-24의 지수인 '=H*(FA+H−OH)/(FHA−H+OH)'를 적는다. 엑셀은 B5셀의 추정 값 $[H^+] = 0.001$에 기초하여 0.001 222의 값으로 답한다.

이제 D4셀의 반응 지수가 K_a 값 0.01과 같아질 때까지 '목푯값 찾기'를 사용하여 B5셀의 $[H^+]$를 변화시킨다. 엑셀 2016의 '목푯값 찾기'를 사용하기 전에 '파일(File)' 메뉴에서 '옵션(Options)'를 고른다. '옵션' 창에서 '수식'을 고른다. '반복 계산 사용(Enable iterative calculation)'을 활성화하고, 높은 정밀도로 답을 찾기 위해 '변화 한도값(Set Maximum Change)'을 1e-15로 설정한다. '목푯값 찾기'를 실행하기 위해 '데이터(Data)' 리본에서 '가상 분석(What-If Analysis)'을 누르고 '목푯값 찾기'를 고른다. 대화 창에서 '수식 셀(Set cell)'에 D4, '찾는 값(To value)'에 0.01, '값을 바꿀 셀(By changing cell)'에 B5를 설정한다. '확인'을 누르면 엑셀은 B5셀을 변화시켜 D4셀의 반응 지수가 0.01이 되는 답 $[H^+] = 4.142 \times 10^{-3}$이 나오게 한다. H를 다른 추정값으로 출발하면 음의 해가 나오든가 아니면 풀이에 이르지 못할지도 모른다. 오직 한 개의 양의 값이 식 9-24를 만족시킨다.

자습 $K_a = 0.001$일 때의 pH를 구하시오. (**답:** $H = 8.44 \times 10^{-4}$, pH = 3.07)

이해해야 할 용어

Henderson-Hasselbalch 식 (Henderson-Hasselbalch equation)
pK
강산(strong acid)
강염기(strong base)
산 해리 상수(acid dissociation constant, K_a)
약산(weak acid)
약염기(weak base)
약전해질(weak electrolyte)
염기 가수 분해 상수 (base hydrolysis constant, K_b)
완충 용량(buffer capacity)
완충 용액(buffer)

짝산-짝염기 쌍(conjugate acid-base pair)

해리 분율(fraction of dissociation α)(산의)

회합 분율(fraction of association, α)(염기의)

요약

강산 또는 강염기. 실용적 농도($\gtrsim 10^{-6}$ M)에 대하여 pH나 pOH는 포말 농도로부터 직접 계산할 수 있다. 농도가 10^{-7} M에 가까우면 평형을 체계적으로 처리하여 pH를 계산한다. 그보다 더 낮은 농도의 pH는 용매의 자체 양성자 이전 반응으로 정해지는 7.00이다.

약산. 반응 $HA \rightleftharpoons H^+ + A^-$에 대하여, $K_a = x^2/(F - x)$를 푼다. 여기서 $[H^+] = [A^-] = x$이고, $[HA] = F - x$이다. 해리 분율은 $\alpha = [A^-]/([HA] + [A^-]) = x/F$로 주어진다. pK_a는 $pK_a = -\log K_a$로 정의된다.

약염기. 반응 $B + H_2O \rightleftharpoons BH^+ + OH^-$에 대하여 $K_b = x^2/(F - x)$를 푼다. 여기서 $[OH^-] = [BH^+] = x$, $[B] = F - x$이다. 약염기의 짝산은 약산이고, 약산의 짝염기는 약염기이다. 짝산-짝염기 쌍에 대하여, $K_a \cdot K_b = K_w$

완충 용액. 완충 용액은 약산과 그 짝염기의 혼합물이다. 가해지는 산이나 염기와 반응하므로 pH 변화를 막는다. pH는 Henderson-Hasselbalch 식으로 주어진다.

$$pH = pK_a + \log \frac{[A^-]}{[HA]}$$

여기서 pK_a는 분모에 있는 화학종에 대한 값이다. HA와 A^-의 농도는 용액을 만들 때 사용한 값에서 그다지 변하지 않는다. 완충 용액의 pH는 용액이 묽어지는 것과 거의 무관하지만, 완충 용량은 완충 용액의 농도가 증가함에 따라 증가한다. 최대 완충 용량은 $pH = pK_a$일 때 얻어지고, 완충 용액의 유효 범위는 대략 $pH = pK_a \pm 1$이다.

약산의 짝염기는 약염기이다. 산이 약할수록 염기는 강해진다. 그러나 짝쌍 중 하나가 약하면 그 짝도 약하다. 수용액에서 산의 K_a와 염기의 K_b의 관계는 $K_a \cdot K_b = K_w$이다. 강산(또는 강염기)을 약염기(또는 약산)에 첨가하면 그들은 완전히 반응한다.

연습 문제

9-A. 활동도 계수를 바르게 사용하여 1.0×10^{-2} M NaOH의 pH를 구하시오.

9-B. (활동도를 고려하지 말고) 다음의 pH를 구하시오.

(a) 1.0×10^{-8} M HBr

(b) 1.0×10^{-8} M H_2SO_4 (이렇게 낮은 농도에서 H_2SO_4는 $2H^+$와 SO_4^{2-}로 완전히 해리한다.)

9-C. 0.250 L에 2-나이트로페놀(FM 139.11) 1.23 g을 녹여 만든 용액의 pH를 구하시오.

9-D. 0.010 M *o*-크레솔의 pH는 6.16이다. 이 약산의 pK_a를 구하시오.

CH_3, OH — *o*-크레솔

9-E. 어떤 약산($pK_a = 5.00$)의 농도가 0으로 접근할 때, 해리 분율(α)의 한계값을 계산하시오. $pK_a = 9.00$인 경우에 대하여 동일한 계산을 하시오.

9-F. 0.050 M 뷰탄산 소듐(뷰티르산이라고도 하는 뷰탄산의 소듐염)의 pH를 구하시오.

9-G. 0.10 M 에틸아민의 pH는 11.82이다.

(a) 부록 G를 사용하지 말고 에틸아민의 K_b를 구하시오.

(b) 위 **(a)**의 결과를 이용하여 0.10 M 염화 에틸암모늄의 pH를 구하시오.

9-H. 다음 염기들에서 pH가 9.00인 완충 용액을 만드는 데 가장 적합한 것은 어느 것인가?

(i) NH_3(암모니아, $K_b = 1.76 \times 10^{-5}$), (ii) $C_6H_5NH_2$(아닐린, $K_b = 3.99 \times 10^{-10}$), (iii) H_2NNH_2(하이드라진, $K_b = 1.05 \times 10^{-6}$), (iv) C_5H_5N(피리딘, $K_b = 1.58 \times 10^{-9}$)

9-I. 어떤 용액에 63개의 서로 다른 짝산-짝염기 쌍이 들어 있다. 그들 중 아크릴산과 아크릴산 이온이 [아크릴산 이온]/[아크릴산] = 0.75의 비로 들어 있다면, 그 용액의 pH는 얼마인가? pH를 알기 위해 다른 산-염기 쌍의 양을 알 필요가 없는 이유는?

$H_2C{=}CHCO_2H$ $\quad pK_a = 4.25$

아크릴산

9-J. (a) 글라이신 아마이드 염화수소(BH^+, 표 9-2) 1.00 g과 글라이신 아마이드(B) 1.00 g을 0.100 L에 녹인 용액의 pH를 구하시오.

H_2N, O, NH_2 — 글라이신 아마이드 $C_2H_6N_2O$ FM 74.08

(b) 글라이신 아마이드 염화수소 1.00 g에 몇 g의 글라이신 아마이드를 첨가해야 100 mL 용액의 pH가 8.00이 되겠는가?

(c) **(a)** 용액과 0.100 M HCl 5.00 mL를 섞으면 pH는 얼마가 될까?

(d) **(c)** 용액과 0.100 M NaOH 10.00 mL를 섞으면 pH는 얼마가 될까?

(e) **(a)** 용액과 0.100 M NaOH 90.46 mL를 섞으면 pH는 얼마가 될까? (이것이 글라이신 아마이드 염화수소를 중화하는 데 필

요한 NaOH의 정확한 양이다.)

9-K. 표 9-2에서 pH 6.0의 0.2 M 완충 용액 250 mL를 만들기 위한 화합물을 고르시오. 완충 용액을 만드는 방법도 설명하시오.

9-L. 이온 세기가 0.10 M이고, 0.010 0 M 페닐하이드라진이 들어 있는 어떤 용액의 pH가 8.13이다. 활동도 계수를 사용해서 페닐하이드라진 염화수소(phenylhydrazine hydrochloride)의 페닐하이드라지늄 이온에 대한 pK_a를 구하시오. $\gamma_{BH^+} = 0.80$으로 가정한다.

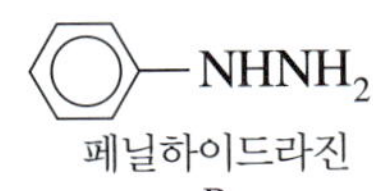

페닐하이드라진
B

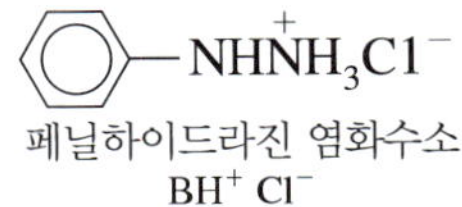

페닐하이드라진 염화수소
$BH^+\ Cl^-$

9-M. 이 장의 끝에 있는 '목푯값 찾기' 스프레드시트를 이용하여 0.030 mol의 HA(pK_a = 2.50)와 0.015 mol의 NaA가 들어 있는 1.00 L 용액의 pH를 구하시오. 근삿값 [HA] = 0.030과 $[A^-]$ = 0.015를 쓰면 pH는 얼마로 되겠는가?

문제

강산과 강염기

9-1. HBr이 첨가되면 왜 물은 10^{-7} M H^+와 10^{-7} M OH^-로 해리되지 않는가?

9-2. 활동도 계수를 무시하고 다음 용액의 pH를 구하시오.
(a) 1.0×10^{-3} M HBr **(b)** 1.0×10^{-2} M KOH

9-3. 활동도 계수를 무시하고 5.0×10^{-8} M $HClO_4$의 pH를 계산하시오. 이 용액의 전체 H^+ 중에서 물이 해리하여 생기는 분율은 얼마인가?

9-4. **(a)** 25°C에서 측정한 0.100 M HCl의 pH는 1.092이다. 이 정보를 이용하여 H^+의 활동도 계수를 계산하고, 표 8-1의 값과 비교하시오.
(b) 25°C에서 0.010 0 M HCl + 0.090 0 M KCl의 측정된 pH는 2.102이다. 이 정보를 이용하여 이 용액에서 H^+의 활동도 계수를 계산하시오.
(c) 위의 두 용액의 이온 세기는 같다. 활동도 계수의 용액 내 특정 이온에 대한 의존도에 관해서 어떻게 결론지을 수 있는가?

약산의 평형

9-5. 다음 평형 상수의 화학 반응식을 적으시오.
(a) 벤조산($C_6H_5CO_2H$)의 K_a
(b) 벤조산 이온($C_6H_5CO_2^-$)의 K_b
(c) 아닐린($C_6H_5NH_2$)의 K_b
(d) 아닐리늄 이온($C_6H_5NH_3^+$)의 K_a

9-6. $K_a = 1.00 \times 10^{-5}$인 약산 HA 0.100 M 용액의 pH와 해리 분율(α)을 구하시오.

9-7. $BH^+ClO_4^-$는 염기 B($K_b = 1.00 \times 10^{-4}$)와 과염소산으로 만든 염이다. 해리하면 약산 BH^+와 산도 염기도 아닌 ClO_4^-로 분리된다. $BH^+ClO_4^-$ 0.100 M의 pH를 구하시오.

9-8. **엑셀 '목푯값 찾기'.** '목푯값 찾기'를 이용하여 식 $x^2/(F - x) = K$를 푸시오. A4셀에 x를 추정하고, B4셀에 $x^2/(F - x)$를 계산하시오. '목푯값 찾기'를 이용하여 $x^2/(F - x)$가 K와 같을 때까지 x 값을 변화시키시오. 스프레드시트를 써서 문제 9-6의 답을 검토하시오.

	A	B
1	Using Excel GOAL SEEK	
2		
3	x =	x²/(F-x) =
4	0.01	1.1111E-03
5	F =	
6	0.1	

9-9. 0.060 M 염화 트라이메틸암모늄 용액에서 pH와 $(CH_3)_3N$, $(CH_3)_3NH^+$의 농도를 구하시오.

9-10. 0.045 0 M 벤조산 용액의 pH가 2.78이다. 이 산의 pK_a를 계산하시오.

9-11. 0.045 0 M HA 용액이 0.60% 해리하였다. 이 산의 pK_a를 계산하시오.

9-12. 바비투르산(barbituric acid)은 다음과 같이 해리한다.

$$\text{HA (바비투르산)} \underset{}{\overset{K_a = 9.8 \times 10^{-5}}{\rightleftharpoons}} A^- + H^+$$

(a) $10^{-2.00}$ M 바비투르산의 pH와 해리 분율을 계산하시오.
(b) $10^{-10.00}$ M 바비투르산의 pH와 해리 분율을 계산하시오.

9-13. 활동도 계수를 사용하여 0.050 M LiBr 용액 내의 50.0 mM 하이드록시벤젠(페놀)의 해리 분율(α)을 계산하시오. $C_6H_5O^-$의 크기는 600 pm라고 가정한다.

9-14. Cr_3^+는 다음 가수 분해 반응 때문에 산성이다.

$$Cr^{3+} + H_2O \overset{K_{a1}}{\rightleftharpoons} Cr(OH)^{2+} + H^+$$

[반응이 더 진행되면 $Cr(OH)_2^+$, $Cr(OH)_3$, $Cr(OH)_4^-$를 만든다.] 그림 6-9의 K_{a1} 값을 구하시오. K_{a1} 반응만을 고려하여 0.010 M $Cr(ClO_4)_3$의 pH를 구하시오. $Cr(OH)^{2+}$ 형태로 있는 크로뮴의 분율은 얼마인가?

9-15. 보충 9-1에 있는 25°C에서의 HNO_3의 해리 상수로부터 0.100 M HNO_3와 1.00 M HNO_3의 해리 백분율을 구하시오.

약염기의 평형

9-16. 공유 결합 화합물은 일반적으로 이온 결합 화합물보다 증기압이 높다. 생선 비린내는 생선에 있는 아민 화합물(특히 트라이에틸아민)에서 나온다. 생선 위에 레몬(산성)을 짜서 뿌리면 어떻게 비린내(그리고 비린 맛)를 줄이는지 설명하시오.

9-17. $K_b = 1.00\times 10^{-5}$인 약염기 B 0.100 M 용액의 pH와 회합 분율(α)을 구하시오.

9-18. 0.060 M 트라이메틸아민 용액에서 pH와 $(CH_3)_3N$, $(CH_3)_3NH^+$의 농도를 구하시오.

9-19. 0.050 M NaCN의 pH를 구하시오(**힌트**: 부록 G에서 사이안화 수소를 찾으시오).

9-20. 1.00×10^{-1} M, 1.00×10^{-2} M, 1.00×10^{-12} M 아세트산 소듐의 회합 분율(α)을 계산하시오. 묽힐수록 α는 증가하는가, 아니면 감소하는가?

9-21. 어떤 염기 0.10 M 용액의 pH가 9.28일 때, 그 염기의 K_b를 구하시오.

9-22. 어떤 염기 0.10 M 용액이 2.0% 해리하였을 때($\alpha = 0.020$), 그 염기의 K_b를 구하시오.

완충 용액

9-23. 순수한 액체 아세트산과, 약 3 M HCl과 3 M NaOH를 포함한 용액으로, pH 5.00인 0.200 M 아세트산 이온의 완충 용액 100 mL를 만드는 방법을 기술하시오.

9-24. 28 wt% NH_3(이 책의 뒷 표지 안쪽에 수록된 '진한 수산화 암모늄')를 가지고 '진한' HCl(37.2 wt%) 또는 '진한' NaOH(50.5 wt%)를 이용하여 pH 9.00의 암모니아 완충 용액 250 mL를 만드는 방법을 기술하시오.

9-25. pH = pK_a = 9.24인 0.100 M 붕산 완충 용액 100.0 mL를 포함하는 반응 혼합물을 고려하자. 반응 9-20에서 pH = pK_a이면 $[H(BO)_3] = [B(OH)_4^-] = 0.050\ 0$ M이다. 산을 생성하는 화학 반응의 pH를 조절하고자 한다. pH가 너무 많이 변하지 않도록, $[B(OH)_4^-]$의 절반 이상을 소모하지 않기를 원한다. $[B(OH)_4^-]$의 절반 이상을 소모하지 않고 몇 mol의 산을 생성할 수 있는가? pH는 얼마이겠는가?

9-26. 완충 용액의 pH가 농도와 거의 무관한 이유는 무엇인가?

9-27. 완충 용액의 농도가 증가함에 따라 왜 완충 용량이 늘어나는 이유는 무엇인가?

9-28. 용액이 매우 산성(pH ≈ 1)으로 되거나 매우 염기성(pH ≈ 13)으로 될 때 왜 완충 용량이 증가하는 이유는 무엇인가?

9-29. 왜 pH = pK_a일 때 완충 용량이 최대인 이유는?

9-30. 다음을 설명하시오.
활동도 계수를 고려한 Henderson-Hasselbalch 식은 항상 옳다. 그 식에 대입하는 $[A^-]$와 [HA] 값은 맞지 않을지도 모른다.

9-31. 다음 중 pH 3.10인 완충 용액을 만드는 데 가장 적당한 산은 무엇인가?
(i) 과산화 수소, (ii) 프로판산, (iii) 사이아노아세트산, (iv) 4-아미노벤젠설폰산

9-32. 약산 HA($K_a = 1.00\times 10^{-5}$) 0.100 mol과 그 짝염기 Na^+A^- 0.050 mol을 녹여 완충 용액 1.00 L를 만들었다. pH를 구하시오.

9-33. 폼산 용액에 대한 Henderson-Hasselbalch 식을 적으시오. 다음의 pH 값에서 $[HCO_2^-]/[HCO_2H]$ 비를 구하시오.
(a) pH 3.000 **(b)** pH 3.744 **(c)** pH 4.000

9-34. 이온 세기가 0.1 M일 때 부록 G의 유효 평형 상수를 이용하여 pH 3.744에서 $[HCO_2^-]/[HCO_2H]$의 비를 계산하시오.

9-35. 아질산 이온(NO_2^-)의 pK_b는 10.85이다. **(a)** pH 2.00, **(b)** pH 10.00인 아질산 소듐 용액에서의 $[HNO_2]/[NO_2^-]$의 비를 구하시오.

9-36. **(a)** 0.050 0 M HEPES(표 9-2)의 pH를 7.45로 만드는 데 NaOH를 쓰겠는가, HCl을 쓰겠는가?
(b) pH 7.45인 0.050 0 M HEPES 0.250 L를 만드는 절차를 기술하시오.

9-37. 0.006 66 M 2,2′-바이피리딘 213 mL에 0.246 M HNO_3 몇 mL를 가하면 pH가 4.19로 되겠는가?

9-38. **(a)** 이미다졸과 이미다졸 염화수소 각각의 K_b와 K_a 평형 상수의 화학 반응식을 적으시오.
(b) 이미다졸 1.00 g과 이미다졸 염화수소 1.00 g을 섞어 100.0 mL로 묽힌 용액의 pH를 계산하시오.
(c) 이 용액에 1.07 M 과염소산($HClO_4$) 2.30 mL를 첨가하면 용액의 pH는 어떻게 되겠는가?
(d) 이미다졸 1.00 g에 1.07 M 과염소산 몇 mL를 첨가하면 pH가 6.993이 되겠는가?

9-39. 클로로아세트산 0.080 0 mol과 클로로아세트산 소듐 0.040 0 mol을 물에 녹여 1 L로 만든 용액의 pH를 계산하시오.
(a) 우선 HA와 A^-의 농도가 각각의 포말 농도와 같다고 가정하고 계산하시오.
(b) 다음에 식 9-21과 9-22를 사용하여 [HA]와 $[A^-]$를 계산하시오.
(c) 처음에는 머리로, 다음에는 Henderson-Hasselbalch 식을 써서, 전체 부피 1.00 L가 들어 있는 비커에 다음을 모두 녹인 용액의 pH를 구하시오. 0.180 mol 클로로아세트산($ClCH_2CO_2H$), 0.020 mol 클로로아세트산 소듐($ClCH_2CO_2Na$), 0.080 mol 질산(HNO_3), 0.080 mol $Ca(OH)_2$. $Ca(OH)_2$는 OH^-를 생성한다.

9-40. pH 7.40을 얻기 위해서는 MOBS(표 9-2) 5.00 g에 0.626 M KOH 몇 mL를 첨가해야 하는가?

9-41. **(a)** 식 9-21과 9-22를 사용하여 아세트산 0.002 00 mol과 아세트산 소듐 0.004 00 mol을 물 1.00 L에 섞어 만든 용액의 pH 및 HA와 A^-의 농도를 구하시오.
(b) **(a)를 손으로 계산한 다음, '목푯값 찾기'를 이용하여 같**

은 답을 구하시오.

9-42. **(a)** 염기 B($K_b = 10^{-2.00}$) 0.010 0 mol과 BH^+Br^- 0.020 0 mol을 섞어 1.00 L로 묽힌 용액의 pH를 계산하시오. 먼저 [B] = 0.010 0 M, $[BH^+]$ = 0.020 0 M이라 가정하고 pH를 계산하시오. 그러한 가정을 하지 않고 계산한 pH와 비교하시오.

(b) **(a)**를 손으로 계산한 다음, '엑셀 목푯값 찾기'를 이용하여 같은 답을 구하시오.

9-43. **pK_a에 주는 이온 세기의 영향.** $H_2PO_4^-/HPO_4^{2-}$ 완충 용액의 K_a는 다음과 같다.

$$K_a = \frac{[HPO_4^{2-}][H^+]\gamma_{HPO_4^{2-}}\gamma_{H^+}}{[H_2PO_4^-]\gamma_{H_2PO_4^-}} = 10^{-7.20}$$

이온 세기가 0일 때, $H_2PO_4^-$와 HPO_4^{2-}의 1:1 혼합물의 pH는 7.20이다. 표 8-1의 활동도 계수를 이용하여 이온 세기가 0.10일 때, $H_2PO_4^-$와 HPO_4^{2-}의 1:1 혼합물의 pH를 구하시오(pH $= -\log \mathcal{A}_{H^+} = -\log[H^+]\gamma_{H^+}$임을 기억한다).

9-44. **스펙트럼 자료의 해석.** 다음 그래프는 피리딘의 H_4 양성자의 ^{1}H-핵자기 공명 화학적 이동을 pH의 함수로 그린 것이다. 화학적 이동은 분자 내 양성자의 환경과 관련이 있다. 환경이 변하면 화학적 이동도 변한다. 낮은 pH와 높은 pH에서 화학적 이동이 변하는 이유를 설명하시오. 피리디늄 이온($C_5H_5NH^+$)의 pK_a를 계산하시오.

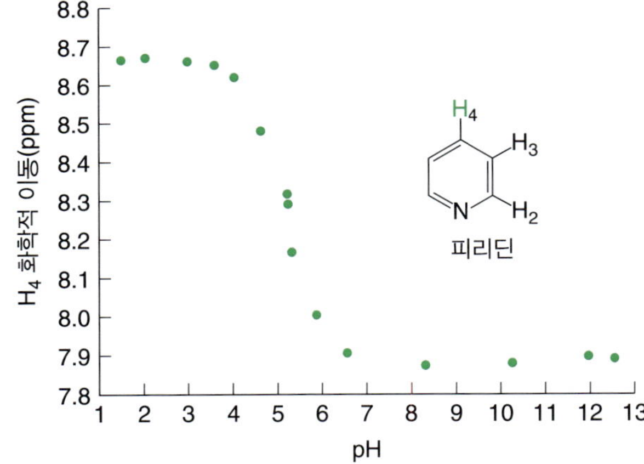

pH에 따른 피리딘 H_4의 NMR 화학적 이동 [출처: A. D. Gift, S. M. Stewart, and P. K. Bokashanga, "Experimental Determination of pK_a Values by Use of NMR Chemical Shifts," *J. Chem. Ed.* **2012**, *89*, 1458.]

10 다양성자성 산-염기 평형

공기 중의 이산화 탄소

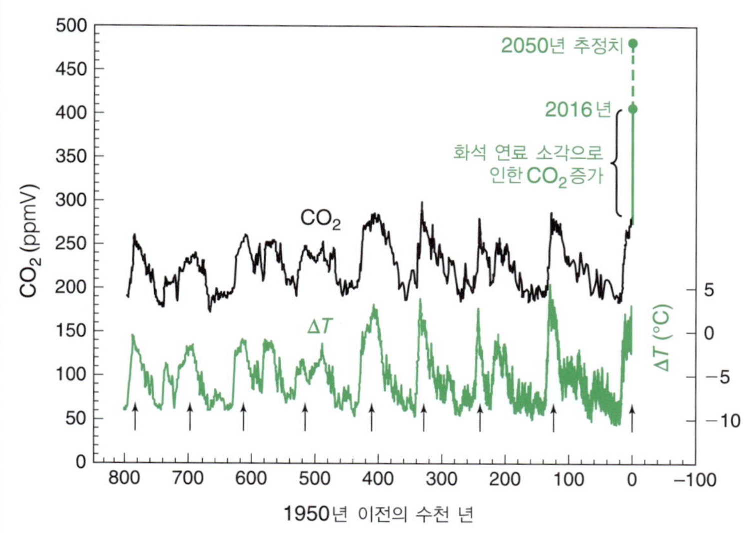

위 곡선: 남극 얼음에 갇힌 공기에서 추정한 대기 중 CO_2와 직접 측정한 대기 중 CO_2. 아래 곡선: 얼음의 동위 원소 조성으로부터 추정한 응결 고도의 대기 온도 [출처: J. M. Barnola, D. Raynaud, C. Lorius, and N. I. Barkov, https://cdiac.ess-dive.lbl.gov/ftp/trends/co2/vostok.icecore.co2. 자료: ftp://ftp.cmdl.noaa.gov/ccg/co2/trends/co2_mm_mlo.txt]

아마도 이제까지 수행된 가장 큰 규모의 화학과 물리 실험은 적어도 지난 80만 년 동안 유지되어 왔던 CO_2 농도의 주기적 순환을 바꾸기에 충분한 양의 이산화 탄소를 인간이 대기에 주입한 것이다. CO_2는 인간의 주된 에너지원인 화석 연료(석탄, 기름, 나무, 천연가스)의 연소로 만들어진다. 2015년에 인간은 화석 연료에서 3.3×10^{13} kg의 CO_2를 배출했다.[1] 대기 중 CO_2의 평균 농도는 2014년 399.7 ppm(μL/L)에서 2015년 402.6 ppm으로 2.9 ppm 증가하였다. CO_2가 모두 대기 중에 머물렀다면 CO_2는 4.2 ppm이 높아졌을 것이다.[2] 약 절반의 CO_2가 바다에 녹거나 식물에 흡수되었다.

CO_2는 **온실 기체**로 작용하여 지구 표면의 온도를 상승시킨다. 지구의 대기와 표면은 햇빛을 흡수하고 적외선을 방출한다. 흡수된 햇빛과 우주로 방출된 적외선 사이의 균형이 표면 온도를 결정한다. **온실 기체(greenhouse gas)**는 방출되는 적외선을 흡수하여 그 절반을 지상으로 다시 복사한다. 우주로 방출되는 적외선의 일부를 차단하여 CO_2는 우리의 행성을 더 덥게 한다.

그래프에서 화살표로 표시한 대로 대략 10만 년마다 대기 온도와 CO_2가 정점에 오른다. 온도 변화는 주로 지구 궤도와 지축 기울기의 주기적 변화에 의한 것으로 여겨진다. 온도가 약간 상승하면 바다의 CO_2가 대기로 좀 더 방출된다. 대기 중 CO_2가 증가하면 온실 효과에 의해 온도가 더 올라간다. 지구 궤도 변화에 의해 온도가 내려가면 CO_2는 바다로 다시 녹아들게 되고 온도는 더 내려간다. 200년 전까지는 온도와 CO_2가 서로 맞물려 있었다. 그림 10-1의 온도 증가에서 보듯이,[3] 우리는 대기 중으로 방출시킨 CO_2의 영향을 겪고 있다. 기후의 영향은 해수면 상승, 길어진 작물 성장 계절, 극단적 날씨, 이른 눈 녹음, 극지방 바다의 부동 시절 증가 등이다.

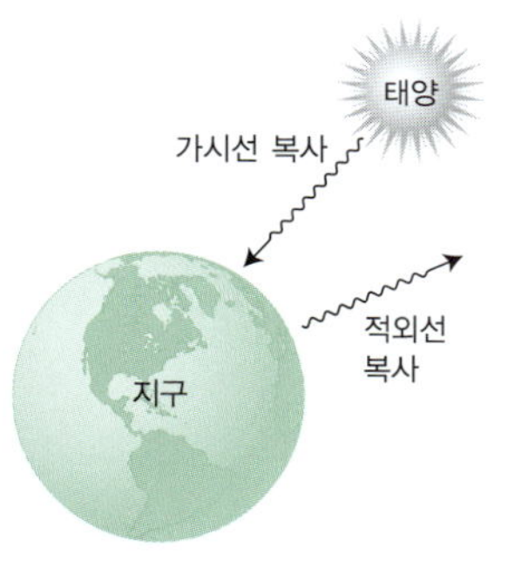

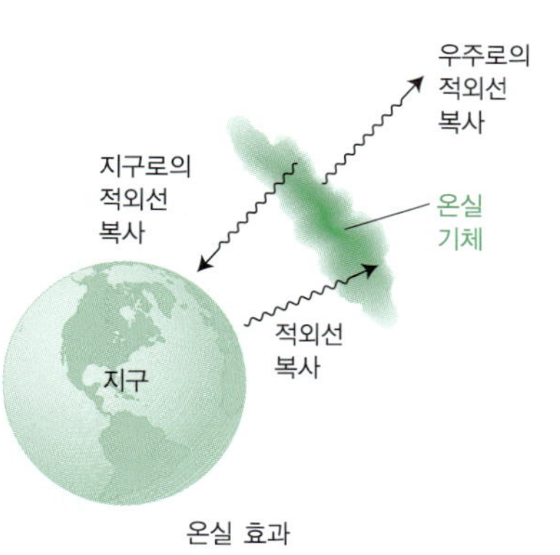

온실 효과

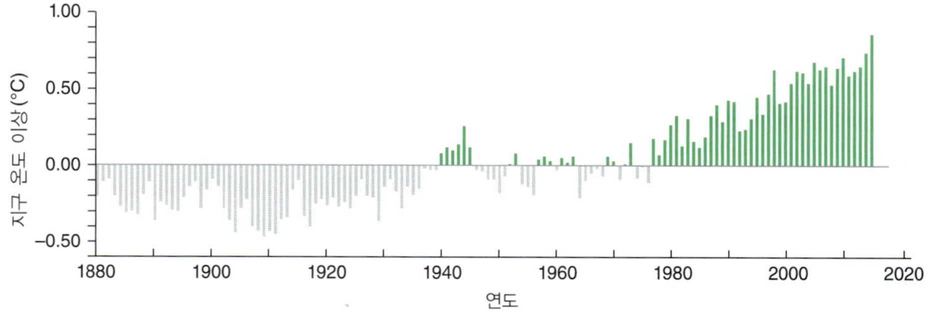

그림 10-1 지구의 온도 상승. 지구 온도 이상은 육지와 바다의 연평균 온도에서 1951~1980의 평균 온도를 뺀 것이다. [출처: G. Schmidt, R. Ruedy, A. Persin, M. Sato, and K. Lo, http://cdiac.ess-dive.lbl.gov/ftp/trends/temp/hansen/gl_land_ocean.txt]

다양성자성 산과 염기(polyprotic acid and base)는 두 개 이상의 양성자를 주거나 받을 수 있는 것들이다. **이양성자성**(diprotic, 두 개의 산성 또는 염기성 자리를 갖는) 계를 공부하고 나면, 셋 이상 양성자계로 확장하기는 쉽다. 그다음은 전체에 대한 정성적 조명을 하고, 주어진 pH에서 우세한 화학종이 어떤 것인지 생각해 본다.

10-1 이양성자성 산과 염기

아미노산(amino acid)은 단백질의 구성 단위로, 산성의 카복실기와 염기성의 아미노기, 그리고 R로 표시되는 여러 치환기를 가지고 있다. 카복실기가 암모늄기보다 산성이 강하므로, 비이온성 형태는 자발적으로 양전하와 음전하를 모두 가지는 **쯔비터 이온**(zwitterion)으로 바뀐다.

쯔비터 이온은 양전하와 음전하를 함께 가진 중성 분자이다.

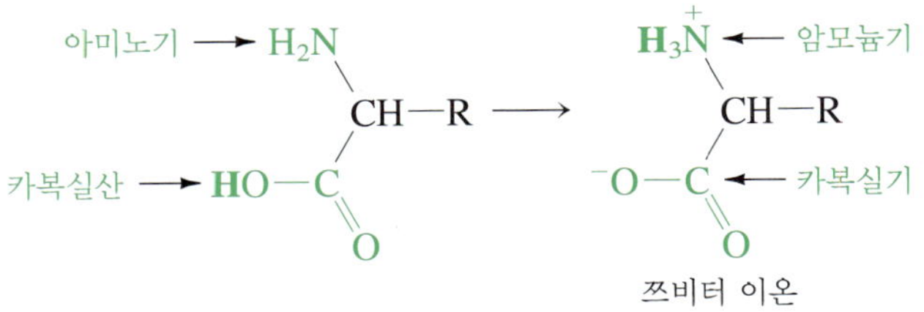

아미노기 → H_2N—CH—R, 카복실산 → HO—C(=O) ⟶ 암모늄기 → $H_3\overset{+}{N}$—CH—R, 카복실기 → $^-$O—C(=O)

쯔비터 이온

낮은 pH에서는 암모늄기와 카복실기는 둘 다 양성자화된다. pH가 높으면 둘 다 양성자화되지 못한다. 아미노산의 산 해리 상수를 표 10-1에 실어 놓았는데, 각 화합물을 완전히 양성자화된 형태로 그려 놓았다.

생체의 온도는 일반적으로 25°C가 아니고 이온 세기도 0이 아니므로, 생체 세포 내에 있는 아미노산의 pK_a 값은 표 10-1과는 다소 다르다.

수용액에서 쯔비터 이온은 $—NH_3^+$와 $—CO_2^-$가 각각 물과 상호 작용하여 안정화된다. 고체상에서도 인접 분자 간에 $—NH_3^+$로부터 $—CO_2^-$로 수소 결합을 이루므로 쯔비터 이온이 안정한 형태이다. 기체상에서는 전하를 안정화시키는 이웃 분자가 없으므로 그림 10-2와 같이 $—NH_2$에서 카보닐 산소로 분자내(intramolecular) 수소 결합을 이루는 비이온성 구조가 우세하다.

아미노산 중에서 루신(leucine, HL로 표기)을 심층적으로 알아보자.

루신의 치환기 R은 아이소뷰틸기 [$(CH_3)_2CHCH_2—$]이다.

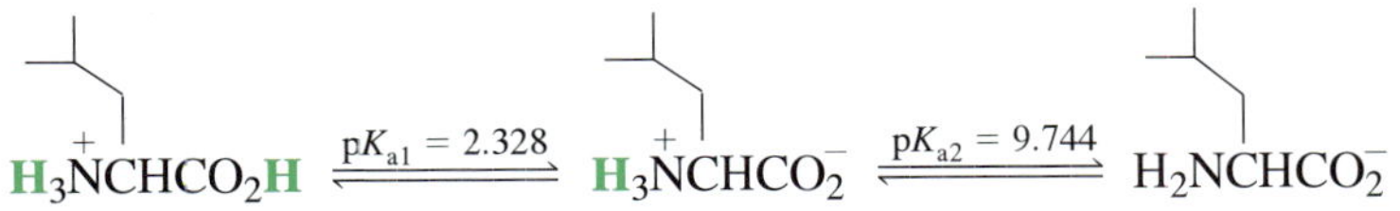

$$\underset{H_2L^+}{H_3\overset{+}{N}CHCO_2H} \underset{}{\xrightleftharpoons{pK_{a1} = 2.328}} \underset{\text{루신 HL}}{H_3\overset{+}{N}CHCO_2^-} \xrightleftharpoons{pK_{a2} = 9.744} \underset{L^-}{H_2NCHCO_2^-}$$

평형 상수는 다음 반응들에 관한 것이다.

관습상 K_{a1}과 K_{a2}에 있는 아래 첨자 a는 생략하기도 한다. K_{b1}과 K_{b2}에 있는 아래 첨자 b는 언제나 쓴다.

이양성자성 산:

$$H_2L^+ \rightleftharpoons HL + H^+ \qquad K_{a1} \equiv K_1 \qquad \textbf{(10-1)}$$

$$HL \rightleftharpoons L^- + H^+ \qquad K_{a2} \equiv K_2 \qquad \textbf{(10-2)}$$

이양성자성 염기:

$$L^- + H_2O \rightleftharpoons HL + OH^- \qquad K_{b1} \qquad \textbf{(10-3)}$$

$$HL + H_2O \rightleftharpoons H_2L^+ + OH^- \qquad K_{b2} \qquad \textbf{(10-4)}$$

산과 염기의 평형 상수 사이에 있는 다음 관계를 기억하라.

K_a와 K_b의 관계:

$$K_{a1} \cdot K_{b2} = K_w \qquad \textbf{(10-5)}$$

$$K_{a2} \cdot K_{b1} = K_w \qquad \textbf{(10-6)}$$

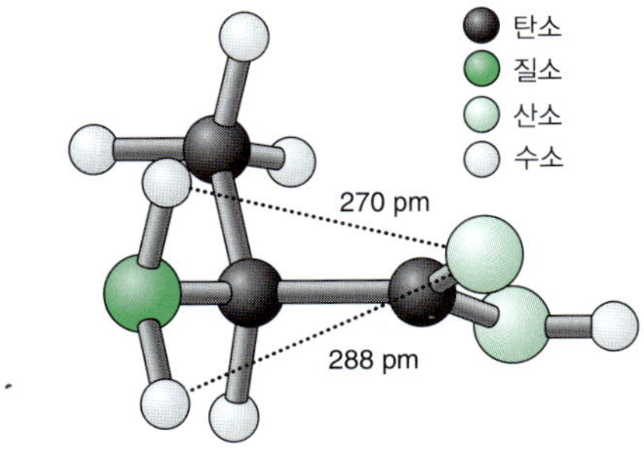

탄소
질소
산소
수소
270 pm
288 pm

그림 10-2 마이크로파 분광법으로 결정한 알라닌의 기체상 구조 [출처: S. Blanco, A. Lesarri, J. C. López, and J. L. Alonso, "The Gas-Phase Structure of Alanine," *J. Am. Chem. Soc.* **2004**, *126*, 11675.]

표 10-1	아미노산의 산 해리 상수				
아미노산[a]	치환기[a]	카복실산[b] pK_a	암모늄[b] pK_a	치환기[b] pK_a	화학식량
알라닌(A)	$-CH_3$	2.344	9.868		89.09
아르지닌(R)	$-CH_2CH_2CH_2NHC(=\overset{+}{N}\mathbf{H}_2)NH_2$	1.823	8.991	(12.1[c])	174.20
아스파라진(N)	$-CH_2C(=O)NH_2$	2.16[c]	8.73[c]		132.12
아스파트산(D)	$-CH_2CO_2\mathbf{H}$	1.990	10.002	3.900	133.10
시스테인(C)	$-CH_2S\mathbf{H}$	(1.7)	10.74	8.36	121.15
글루탐산(E)	$-CH_2CH_2CO_2\mathbf{H}$	2.16	9.96	4.30	147.13
글루타민(Q)	$-CH_2CH_2C(=O)NH_2$	2.19[c]	9.00[c]		146.15
글라이신(G)	$-H$	2.350	9.778		75.07
히스티딘(H)	$-CH_2-$(이미다졸 고리: $\overset{+}{N}\mathbf{H}$, $N-H$)	(1.6)	9.28	5.97	155.16
아이소루신(I)	$-CH(CH_3)(CH_2CH_3)$	2.318	9.758		131.18
루신(L)	$-CH_2CH(CH_3)_2$	2.328	9.744		131.18
라이신(K)	$-CH_2CH_2CH_2CH_2N\mathbf{H}_3^+$	(1.77)	9.07	10.82	146.19
메싸이오닌(M)	$-CH_2CH_2SCH_3$	2.18[c]	9.08[c]		149.21
페닐알라닌(F)	$-CH_2-C_6H_5$	2.20	9.31		165.19
프롤린(P)	$\mathbf{H}_2\overset{+}{N}$, $\mathbf{H}O_2C$ (고리) ← 전체 아미노산의 구조	1.952	10.640		115.13
세린(S)	$-CH_2OH$	2.187	9.209		105.09
트레오닌(T)	$-CH(CH_3)(OH)$	2.088	9.100		119.12
트립토판(W)	$-CH_2-$(인돌 고리, $N-H$)	2.37[c]	9.33[c]		204.23
타이로신(Y)	$-CH_2-C_6H_4-O\mathbf{H}$	2.41[c]	8.67[c]	11.01[c]	181.19
발린(V)	$-CH(CH_3)_2$	2.286	9.719		117.15

a. 산성 양성자는 진한 글씨로 나타냈다. 각 아미노산은 완전히 양성자화된 형태로 적었다. 괄호 안에 표준 약어를 표시하였다.

b. pK_a 값은 *c*로 표시하지 않았으면 25°C, 이온 세기가 0에서의 값이다. 불확실한 값은 괄호 안에 넣었다. 부록 G에는 $\mu = 0.1$ M일 때의 pK_a 값을 실었다.

c. 이 값들은 이온 세기가 0.1 M일 때 활동도 대신 농도의 곱을 뜻한다.

출처: *A. E. Martell and R. J. Motekaitis,* NIST Database 46 *(Gaithersburg, MD: NationalInstitute of Standards and Technology, 2001).*

예제 부록 G의 아미노산 구조 해석

부록 G의 화학 구조는 **완전히 양성자화된 형태**로 그려져 있다. **각 화합물의 이름**은 알짜 전하가 없는 **중성 분자를 지칭한다.** 루신은 다음과 같이 그려져 있는데

$$\begin{array}{l} NH_3^+ \\ | \\ CHCH_2CH(CH_3)_2 \\ | \\ CO_2\mathbf{H} \end{array}$$

- 이것은 중성 루신이 아니다. 이 구조는 +1의 전하를 갖고 있다.
- 이 구조는 H_2L^+로 표기할 수 있다.
- H_2L^+의 화학은 여느 이양성자성 산 H_2A와 마찬가지이다.

중성 화합물이 **아니다.** 두 산성 양성자를 진한 글씨로 나타내었다. 부록 G의 K_a 값들은 2.328 (CO_2H), 9.744 (NH_3)이다. 큰 $K_a = 10^{-2.328}$은 카복시 양성자에 대한 것이므로, 하나의 양성자가 떨어져 나가면 다음의 구조를 갖는다.

$$\begin{array}{l} NH_3^+ \\ | \\ CHCH_2CH(CH_3)_2 \\ | \\ CO_2^- \end{array}$$

- **이것이 루신**으로 전하가 0이다.
- 이 구조는 HL로 표기할 수 있다. 여기서 L은 루신을 의미한다.
- HL의 화학은 여느 이양성자성 산의 **중간 형태** HA^-와 마찬가지이다.

작은 $K_a = 10^{-9.744}$는 암모늄 양성자에 대한 것으로, 두 번째 양성자가 떨어져 나가면 다음의 구조를 갖는다.

$$\begin{array}{l} NH_2 \\ | \\ CHCH_2CH(CH_3)_2 \\ | \\ CO_2^- \end{array}$$

- 이 구조는 L^-로 표기할 수 있다.
- L^-의 화학은 여느 이양성자성 산의 **완전히 염기성 형태**인 A^{2-}와 마찬가지이다.

자습 부록 G의 트레오닌은 이양성자성 아미노산이다. 트레오닌의 세 가지 형태를 그리시오. 또 그들은 H_2T^+, HT, T^-로 표기하시오. 이양성자성 산의 H_2A, HA^-, A^{2-}와 연관지으시오. 어느 구조가 트레오닌인가?

(**답:**
$$\begin{array}{ccc} NH_3^+ & NH_3^+ & NH_2 \\ | & | & | \\ CHCHOHCH_3 & CHCHOHCH_3 & CHCHOHCH_3 \\ | & | & | \\ CO_2H & CO_2^- & CO_2^- \\ H_2T^+ = H_2A & HT = HA^- & T^- = A^{2-} \end{array}$$
HT = 트레오닌)

이제 0.050 0 M H_2L^+, 0.050 0 M HL, 0.050 0 M L^- 각 용액의 pH와 조성을 계산해 보자. 여기서 택하는 방법은 산이나 염기의 전하와 관계없다. 즉 **이양성자성 산 H_2A 또는 H_2L^+의 pH를 구하는 데 같은 절차를 따른다.** 여기서 A는 무엇이든지 좋으며, HL은 루신이다.

산성 형태(H_2L^+)

루신 염화수소는 양성자화된 H_2L^+를 가지고 있어 두 단계로 해리될 수 있다(반응 10-1과 10-2). H_2L^+는 $K_1 = 4.70 \times 10^{-3}$이므로 약산이다. HL은 $K_2 = 1.80 \times 10^{-10}$이므로 더 약한 약산이다. H_2L^+는 부분적으로 해리할 것이며, 그래서 생긴 HL은 거의 해리하지 않을 것이다. 이 때문에 H_2L^+ 용액은 마치 $K_a = K_1$인 일양성자성 산처럼 거동한다고 (아주 훌륭하게) 근사할 수 있다.

이 근사를 택하면 0.050 0 M H_2L^+ 용액의 pH를 계산하는 것은 쉽다.

H_2L^+는 $K_a = K_{a1}$인 일양성자성 산으로 다룰 수 있다.

$$\underset{\substack{H_2L^+ \\ 0.050\,0 - x}}{H_3\overset{+}{N}CHCO_2H} \xrightleftharpoons{K_a = K_{a1} = K_1} \underset{\substack{HL \\ x}}{H_3\overset{+}{N}CHCO_2^-} + \underset{\substack{H^+ \\ x}}{H^+}$$

$$K_a = K_1 = 4.70 \times 10^{-3}$$

x를 이차 방정식으로 푼다.

$$\frac{x^2}{F - x} = K_a \Rightarrow x = 1.32 \times 10^{-2}\ \text{M (여기서 F = 0.050 0 M)}$$

$$[HL] = x = 1.32 \times 10^{-2}\ M$$
$$[H^+] = x = 1.32 \times 10^{-2}\ M \Rightarrow pH = -\log[H^+] = 1.88$$
$$[H_2L^+] = F - x = 3.68 \times 10^{-2}\ M$$

이 용액에서 L^-의 농도는 얼마인가? 그 농도가 매우 작다고 이미 가정했지만, 0은 아니다. 위에서 구한 HL과 H^+의 농도 및 K_2 식을 이용하면 $[L^-]$를 계산할 수 있다.

$$K_2 = \frac{[H^+][L^-]}{[HL]} \Rightarrow [L^-] = \frac{K_2[HL]}{[H^+]} \quad \textbf{(10-7)}$$

$$[L^-] = \frac{(1.80 \times 10^{-10})(1.32 \times 10^{-2})}{(1.32 \times 10^{-2})} = 1.80 \times 10^{-10}\,M\ (= K_2)$$

$[H^+] \approx [HL]$이라고 근사하였으므로, 식 10-7로부터 $[L^-] = K_2$가 된다.

이 마지막 결과로 이양성자성 산은 일양자성 산으로 근사할 수 있음이 확인된다. L^-의 농도는 HL 농도의 약 10^{-8}배 정도이다. H_2L^+가 해리하는 것에 비하면 HL의 해리는 정말로 무시할 수 있다. 대부분의 이양성자성 산에 대하여 이러한 근사가 적용될 만큼 K_2는 K_1보다 훨씬 작다. 만일 K_2가 K_1보다 10배만 작다고 가정하더라도, 두 번째 이온화를 무시하고서 계산한 $[H^+]$ 값은 오차가 4% 밖에 되지 않는다. 더욱이 pH 오차는 기껏 0.01 pH 단위일 것이다. 요약하면, **이양성자성 산의 용액은 $K_a = K_1$인 일양자성 산의 용액처럼 거동한다.**

용해된 이산화 탄소는 지구 생태계에서 가장 중요한 이양성자성 산의 하나이다. 보충 10-1은 대기 중의 CO_2가 해양에 녹는 양이 증가함에 따라 바다 먹이 사슬 전반에 임박한 위험이 초래되는 것을 보여 준다. 보충 10-1의 A 반응은 바다의 CO_3^{2-} 농도를 감소시킨다. 그 결과 먹이 사슬의 아래에 있는 생물의 껍질과 골격에서 $CaCO_3$가 B 반응으로 녹아 나온다.

염기성 형태(L^-)

L^-는 루신(HL)을 같은 몰수의 NaOH로 처리하면 얻을 수 있는 루신산 소듐(sodium leucinate)과 같은 염에 들어 있다. 루신산 소듐을 물에 녹이면 완전히 염기성 성분인 L^- 용액이 얻어진다. 이 이염기성 음이온에 대한 두 K_b 값은 다음과 같다.

$$L^- + H_2O \rightleftharpoons HL + OH^- \qquad K_{b1} = K_w/K_{a2} = 5.55 \times 10^{-5}$$
$$HL + H_2O \rightleftharpoons H_2L^+ + OH^- \qquad K_{b2} = K_w/K_{a1} = 2.13 \times 10^{-12}$$

K_{b1} 값은 L^-가 HL을 만드는 가수 분해 반응이 거의 일어나지 않는다는 것을 말해 준다. K_{b2} 값은 그렇게 해서 생기는 HL이 더욱 약한 염기이므로, H_2L^+를 만드는 반응도 거의 진행되지 않는다는 것을 말해 준다. 그러므로 L^-를 $K_b = K_{b1}$인 일염기성 화학종으로 취급한다. 이런 (굉장히 좋은) 근사의 결과를 아래에 설명하였다.

가수 분해(hydrolysis)는 어떤 것이든 물과의 반응을 가리킨다. 반응 $L^- + H_2O \rightleftharpoons HL + OH^-$를 가수 분해라고 한다.

$$\underset{\substack{L^- \\ 0.0500 - x}}{H_2NCHCO_2^-} + H_2O \xrightleftharpoons{K_b = K_{b1}} \underset{\substack{HL \\ x}}{H_3\overset{+}{N}CHCO_2^-} + \underset{\substack{OH^- \\ x}}{OH^-}$$

L^-는 $K_b = K_{b1}$인 일염기성 화학종처럼 취급될 수 있다.

$$K_b = K_{b1} = \frac{K_w}{K_{a2}} = 5.55 \times 10^{-5}$$

$$\frac{x^2}{F - x} = 5.55 \times 10^{-5} \Rightarrow x = 1.64 \times 10^{-3}\,M \text{ (여기서 } F = 0.050\,M)$$

$$[HL] = x = 1.64 \times 10^{-3}\,M$$
$$[H^+] = K_w/[OH^-] = K_w/x = 6.11 \times 10^{-12}\,M \Rightarrow pH = -\log[H^+] = 11.21$$
$$[L^-] = F - x = 4.84 \times 10^{-2}\,M$$

H_2L^+의 농도는 K_{b2}(또는 K_{a1}) 평형식으로부터 구할 수 있다.

$$K_{b2} = \frac{[H_2L^+][OH^-]}{[HL]} = \frac{[H_2L^+]x}{x} = [H_2L^+]$$

$[H_2L^+] = K_{b2} = 2.13 \times 10^{-12}$ M로 얻어졌으며, $[H_2L^+]$는 [HL]에 비하여 중요하지 않다는 근사도 잘 확인되었다. 요약하면, K_{a1}과 K_{a2}의 사이(그러므로 또 K_{b1}과 K_{b2} 사이)의 크기 차이가 상당한 정도이면, **이양성자성 산의 완전한 염기성 형태의 용액은 $K_b = K_{b1}$인 일염기성 화학종처럼 취급할 수 있다.**

보충 10-1 해양의 이산화 탄소

이 장의 시작 부분에서 지난 80만 년 동안 대기 중의 CO_2가 부피비로 180 ppm과 280 ppm(μL/L) 사이에서 오르락내리락하는 것을 보았다. 1800년 이후부터는 화석 연료의 사용과 지구 숲의 파괴로 CO_2가 기하급수적으로 증가하여, 지구 기후의 변화가 초래되었다.

대기 중의 CO_2 증가는 바다에 녹은 CO_2의 증가로 이어져 탄산염을 소모하고 pH를 낮춘다.[4]

$$\underset{}{CO_2(aq)} + H_2O + \underset{\text{탄산염}}{CO_3^{2-}} \rightleftharpoons \underset{\text{탄산수소염}}{2HCO_3^-} \qquad \textbf{(A)}$$

바다의 pH(그림 *a*)는 이미 산업화 이전의 8.16에서 오늘날의 8.04로 떨어졌다.[5] 우리의 삶의 형태를 바꾸지 않는다면, 2100년에는 pH가 7.7이 될 수 있다.[6]

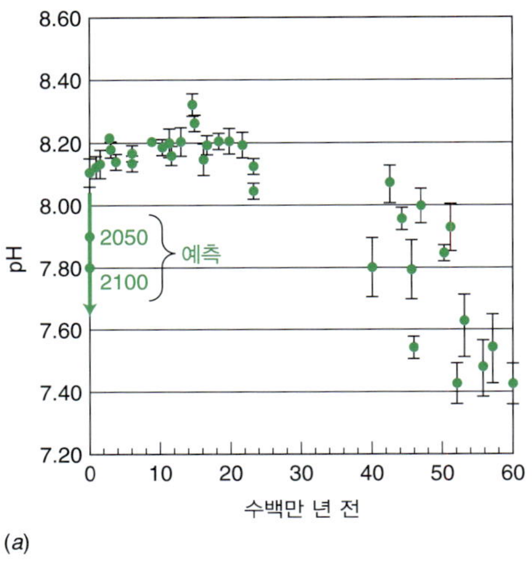

화석 껍질의 $^{11}B/^{10}B$ 비로 추정한 적도 태평양 표면의 pH [출처: P. N. Pearson and M. R. Palmer, "Atmospheric Carbon Dioxide Concentrations Over the Past 60 Million Years," *Nature* **2000**, *406*, 695.]

탄산염 농도의 저하는 고체 탄산 칼슘의 용해를 촉진시킨다.

$$\underset{\text{탄산 칼슘}}{CaCO_3(s)} \rightleftharpoons Ca^{2+} + CO_3^{2-} \qquad \textbf{(B)}$$

Le Châtelier 원리에 의해 $[CO_3^{2-}]$가 감소하면 정반응이 촉진된다.

만약 $[CO_3^{2-}]$가 정도 이상 낮아지면, $CaCO_3$ 껍질이나 골격을 가진 플랑크톤이나 산호초들이 생존하지 못하게 된다.[7] 탄산 칼슘에는 방해석(calcite)과 선석(aragonite)의 두 가지 결정 형태가 있다. 선석이 방해석보다 더 잘 녹는다. 수중 유기체의 껍질과 골격은 방해석이나 선석의 구조로 되어 있다.

익족류(pteropods)는 날개 달린 달팽이로도 알려진 동물성 플랑크톤의 일종이다(그림 *b*). 태평양의 아북극 지역의 익족류를 선석으로 포화되지 않은 물에 넣어두면 48시간 안에 껍질이 녹는다. 익족류와 같은 동물은 먹이 사슬의 기반을 이룬다. 익족류가 파괴되면 해양 생태계 전체에 영향을 미치게 된다.

지금의 바다 표면수는 방해석이나 선석을 유지하기에 충분한 CO_3^{2-}를 포함하고 있다. 21세기 동안 대기 중의 CO_2가 계속 증가함에 따라 바다 표면수는 선석으로 포화되지 못하게 되고, 이 광물을 구조로 사용하는 유기체들이 죽게 된다. CO_2는 더운 물보다 찬물에 더 잘 녹고, 저온에서의 K_{a1}과 K_{a2}는 CO_3^{2-}보다 HCO_3^-와 $CO_2(aq)$ 쪽으로 평형이 이동하게 하므로, 극지방부터 이 문제가 심각해질 것이다(문제 10-11).

그림 *c*는 극지방 바다 표면수의 CO_3^{2-} 농도 예상치를 대기 중 CO_2 농도의 함수로 보여 준다. CO_3^{2-}의 농도가 위쪽 수평선보다 아래로 내려가면, 선석이 녹게 된다. 현재의 대기 중 CO_2의 농도는 400 ppm 근처이고 $[CO_3^{2-}]$는 약 85 μmol/kg(해수)이어서 선석이나 방해석의 침전이 생기기에 충분하다. 금세기에 대기 중 CO_2가 600 ppm에 이르면, $[CO_3^{2-}]$는 60 μmol/kg으로 내

더 까다로운 문제

중간 형태(HL)

루신(HL)은 산이기도 하고 염기이기도 하므로, HL로부터 만들어진 용액은 H_2L^+나 L^-로부터 만들어진 용액보다 더 복잡하다.

HL은 산도 되고 염기도 된다.

$$HL \rightleftharpoons H^+ + L^- \qquad K_a = K_{a2} = 1.80 \times 10^{-10} \qquad \textbf{(10-8)}$$

$$HL + H_2O \rightleftharpoons H_2L^+ + OH^- \qquad K_b = K_{b2} = 2.13 \times 10^{-12} \qquad \textbf{(10-9)}$$

양성자를 내놓기도 하고 얻기도 하는 분자를 **양쪽성 양성자성(amphiprotic)**이라고 한다. 산의 해리 반응(반응 10-8)은 염기의 수화 반응(반응 10-9)보다 더 큰 평형 상수를 가지므로, 루신 용액은 산성일 것으로 예측된다.

그러나 K_a와 K_b의 크기가 여러 자리수의 차이가 나더라도, 반응 10-9를 단순히 무시할 수는 없다. 반응 10-8에서 생성된 H^+가 반응 10-9에서 생성된 OH^-와 반응하여 반응 10-9를 오른쪽으로 가게 하기 때문에, 두 반응은 거의 같은 정도로 진행된다.

이 경우를 취급하려면, 평형의 체계적 처리법을 따라야 한다. 그 방법을 알짜 전하가 없는 중간 형태인 HL에 적용한다. 그러나 그렇게 해서 얻은 결과는 전하에 관계없이 **어떠한** 이양성자성 산의 중간 형태에도 잘 적용된다.

(*b*)

익족류. 살아 있는 익족류의 껍질은 선석으로 포화되어 있지 않은 물 속에서 48시간이 지나면 녹기 시작한다. [Wikipedia]

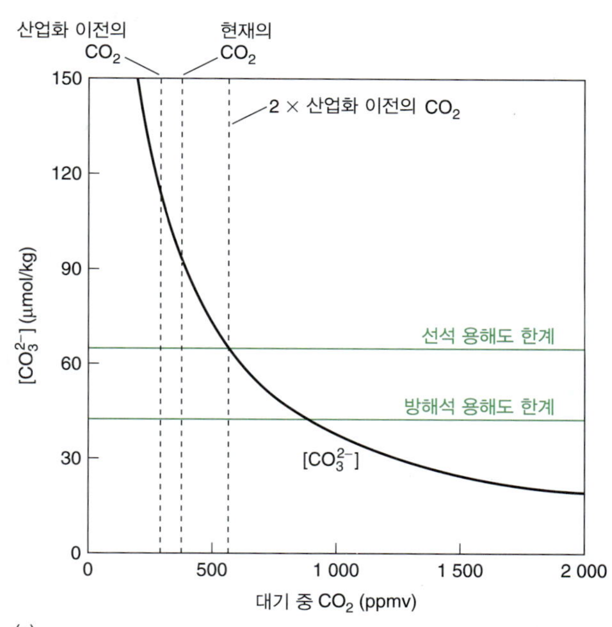

(*c*)

대기 중 CO_2의 함수로 나타낸 극지방 바다 표면수의 $[CO_3^{2-}]$ 계산값. $[CO_3^{2-}]$가 위 쪽 수평선 아래로 내려오면 선석이 녹는다. [출처: J. C. Orr et al., *Nature* **2005**, *437*, 681.] **이 그림의 곡선을 계산할 수 있는 방정식은 문헌 4 참조**

려가고, 선석 구조의 생물체들은 극지방의 물에서 사라지기 시작할 것이다. 대기 중 CO_2의 농도가 더 올라가면 멸종은 더 낮은 위도로 퍼지고, 선석 구조뿐만 아니라 방해석 구조의 유기체도 운명을 같이 하게 될 것이다.

자연은 변화의 피해를 줄이기 위해 반응하기도 한다. 예를 들면 인편모조류(coccolithophore)라 불리는 식물성 플랑크톤은 지름이 수 마이크론인 $CaCO_3$ 골격으로 이루어진 해양 유기체이다. 바다의 $CaCO_3$의 약 1/3이 이들에 의해 생성된다. 지난 220년 동안, 대기 중 CO_2의 증가로 인해 인편모조류의 일종인 *Emiliania huxleyi*의 평균 질량이 약 40% 증가하였고, 그에 따라 바다에서 얼마간의 CO_2가 제거되었다.[8] 인편모조류가 CO_2 증가를 어느 정도까지는 완화시킨다. 그러나 $CaCO_3$가 열역학적으로 안정하지 못할 정도도 CO_2가 증가하면, 인편모조류를 포함한 석회 생성 해양 유기체는 더 이상 살 수 없게 될 것이다.

반응 10-8과 10-9의 전하 균형은

$$[H^+] + [H_2L^+] = [L^-] + [OH^-] \quad \text{또는} \quad [H_2L^+] - [L^-] + [H^+] - [OH^-] = 0$$

이다. 산 해리 평형으로부터 $[H_2L^+]$를 $[HL][H^+]/K_1$로, $[L^-]$를 $[HL]K_2/[H^+]$로 치환할 수 있다. K_w 식으로부터 언제나 $[OH^-] = K_w/[H^+]$로 쓸 수 있다. 이것들을 전하 균형에 대입하면

$$\frac{[HL][H^+]}{K_1} - \frac{[HL]K_2}{[H^+]} + [H^+] - \frac{K_w}{[H^+]} = 0$$

와 같이 주어지며, 이 식은 $[H^+]$에 대하여 풀 수 있다. 우선 모든 항에 $[H^+]$를 곱한다.

$$\frac{[HL][H^+]^2}{K_1} - [HL]K_2 + [H^+]^2 - K_w = 0$$

$[H^+]^2$ 항을 묶어 재배열하면 다음과 같이 된다.

$$[H^+]^2\left(\frac{[HL]}{K_1} + 1\right) = K_2[HL] + K_w$$

$$[H^+]^2 = \frac{K_2[HL] + K_w}{\frac{[HL]}{K_1} + 1}$$

분자와 분모에 K_1을 곱하고 양변에 제곱근을 취하면 다음과 같이 주어진다.

$$[H^+] = \sqrt{\frac{K_1K_2[HL] + K_1K_w}{K_1 + [HL]}} \quad \textbf{(10-10)}$$

여기까지 활동도 계수를 무시한 것 이외에 다른 근사는 쓰지 않았다. 아는 상수들과 한 개의 미지수 [HL]의 식으로 $[H^+]$를 풀었다. 여기서 어디로 나아가야 하는가?

미처 깨닫지 못했던 통찰력!

우리가 절망하고 있을 때, 한 선한 화학자가 백마를 타고 산으로부터 급히 달려 내려와서 미처 깨닫지 못했던 통찰력을 다음과 같이 제공해 준다. "HL은 약산이기도 하고 약염기이기도 하기 때문에, 주 화학종은 HL일 것이다. 반응 10-8이나 10-9 어느 것이든 그다지 많이 진행되지 않는다. 그러므로 식 10-10의 [HL]에 단순히 0.050 0 M을 대입할 수 있다."

그 선한 화학자의 조언을 받아들이면, 다음과 같이 식 10-10을 가장 유용한 형태로 적을 수 있다.

보충 10-2 연속 근사법

연속 근사법(successive approximation)은 단순한 해를 갖지 않는 어려운 식을 처리하는 좋은 방법이다. 식 10-11은 중간형 화학종의 농도가 용액의 포말 농도 F에 가깝지 않은 경우에는 좋은 근사가 아니다. 이 경우는 K_1과 K_2의 크기별로 차이나지 않고, F가 작을 때 일어난다. 말산(malic acid)의 중간 형태 HM^-의 포말 농도가 1.00×10^{-3} M HM^-인 용액을 생각하자.

말산 H_2M $\underset{pK_1 = 3.46}{\overset{K_1 = 3.5 \times 10^{-4}}{\rightleftharpoons}}$ HM^- $\underset{pK_2 = 5.10}{\overset{K_2 = 7.9 \times 10^{-6}}{\rightleftharpoons}}$ M^{2-}

첫 번째 근사로 $[HM^-] \approx 1.00 \times 10^{-3}$ M을 가정하여 식 10-10에 대입하면 $[H^+]$, $[H_2M]$, $[M^{2-}]$의 첫 번째 근삿값을 계산할 수 있다.

$$[H^+]_1 = \sqrt{\frac{K_1K_2(0.001\,00) + K_1K_w}{K_1 + (0.001\,00)}} = 4.53 \times 10^{-5}\ \text{M}$$

$$\Rightarrow [H_2M]_1 = \frac{[H^+][HM^-]}{K_1} = \frac{(4.53 \times 10^{-5})(1.00 \times 10^{-3})}{3.5 \times 10^{-4}} = 1.29 \times 10^{-4}\ \text{M}$$

$$[M^{2-}]_1 = \frac{K_2[HM^-]}{[H^+]} = \frac{(7.9 \times 10^{-6})(1.00 \times 10^{-3})}{4.53 \times 10^{-5}} = 1.75 \times 10^{-4}\ \text{M}$$

명백히 $[H_2M]$과 $[M^{2-}]$는 F = 1.00×10^{-3} M에 비하여 무시할 수 없으므로, $[HM^-]$의 추정값을 개선할 필요가 있다. 질량 균형을 이용한 두 번째 근삿값으로,

$$[HM^-]_2 = F - [H_2M]_1 - [M^{2-}]_1 = 0.001\,00 - 0.000\,129 - 0.000\,175 = 0.000\,696\ \text{M}$$

$[HM^-]_2 = 0.000\,696$ M을 식 10-10에 사용하면 다음과 같이 된다.

$$[H^+]_2 = \sqrt{\frac{K_1K_2(0.000\,696) + K_1K_w}{K_1 + (0.000\,696)}} = 4.29 \times 10^{-5}\ \text{M}$$

$$\Rightarrow [H_2M]_2 = 8.53 \times 10^{-5}\ \text{M}$$

$$[M^{2-}]_2 = 1.28 \times 10^{-4}\ \text{M}$$

이 $[H_2M]_2$와 $[M^{2-}]_2$ 값을 사용하면 $[HM^-]$에 대한 세 번째 근삿값을 계산할 수 있다.

$$[HM^-]_3 = F - [H_2M]_2 - [M^{2-}]_2 = 0.000\,786\ \text{M}$$

$[HM^-]_3$를 식 10-10에 대입하여

$$[H^+]_3 = 4.37 \times 10^{-5}\ \text{M}$$

을 얻고, 이 절차를 반복하면 다음을 얻을 수 있다.

$$[H^+]_4 = 4.35 \times 10^{-5}\ \text{M}$$

$[H^+]$의 추정값에 대한 불확정도가 벌써 1% 미만으로 떨어졌다. pH $\approx \frac{1}{2}(pK_1 + pK_2)$ 식으로부터 pH = 4.28, 첫 번째의 근삿값으로부터 pH = 4.34를 얻는 반면, 네 번째 근삿값은 pH = 4.36이다. pH 측정에 따르는 불확정도를 고려하면, 이 모든 계산은 그렇게 노력할 가치가 없었다. 그러나 $[HM^-]_5 = 0.000\,786$ M은 원래의 추정값 0.001 00 M보다 23%나 작은 값이다. 연속 근사법은 수작업으로도 할 수 있으나 스프레드시트로 더 쉽고 믿을 만하게 수행할 수 있다. 문제 10-9는 이 모든 연속 계산을 엑셀을 이용하여 한번에 자동으로 수행할 수 있음을 보여 준다.

이양성자성 산의 중간 형태: $$[H^+] \approx \sqrt{\frac{K_1K_2F + K_1K_w}{K_1 + F}} \qquad \textbf{(10-11)}$$

K_1과 K_2는 둘 다 **산** 해리 상수(K_{a1}과 K_{a2})이다.

여기서 F는 HL의 포말 농도이다(지금의 경우에는 0.050 0 M이다). HL에 대한 식 10-11은 모든 이양성자성 산의 중간 형태에 적용된다. 이양성자성 산이 H_2L^+가 아니고 H_2A일 때도 식 10-11을 적용할 수 있다.

마지막으로 식 10-11로부터 0.050 0 M 루신 용액의 pH를 계산할 수 있다.

$$[H^+] = \sqrt{\frac{(4.70 \times 10^{-3})(1.80 \times 10^{-10})(0.050\,0) + (4.70 \times 10^{-3})(1.0 \times 10^{-14})}{4.70 \times 10^{-3} + 0.050\,0}}$$
$$= 8.80 \times 10^{-7}\ \text{M} \Rightarrow \text{pH} = -\log[H^+] = 6.06$$

$[H^+] = 8.80 \times 10^{-7}$ M, $[HL] = 0.050\,0$ M을 사용하여 K_1과 K_2 평형으로부터 H_2L^+와 L^-의 농도를 계산할 수 있다.

$$[H_2L^+] = \frac{[H^+][HL]}{K_1} = \frac{(8.80 \times 10^{-7})(0.050\,0)}{4.70 \times 10^{-3}} = 9.36 \times 10^{-6}\ \text{M}$$
$$[L^-] = \frac{K_2[HL]}{[H^+]} = \frac{(1.80 \times 10^{-10})(0.050\,0)}{8.80 \times 10^{-7}} = 1.02 \times 10^{-5}\ \text{M}$$

$[HL] \approx 0.050\,0$ M이라고 놓은 근사는 적절했나? 정말 그렇다. 왜냐하면 $[H_2L^+]$(= 9.36×10^{-6} M)와 $[L^-]$(= 1.02×10^{-5} M)는 0.050 0 M에 비하면 아주 작기 때문이다. 루신의 거의 전부가 HL 형태로 남았다. 또 $[H_2L^+]$가 $[L^-]$와 거의 같다는 것을 유의하라. 그래서 이 결과는 루신의 K_a가 비록 K_b보다 84배나 크지만, 반응 10-8과 10-9는 거의 같은 정도로 진행한다는 것을 확인하여 준다.

만일 $[H_2L^+] + [L^-]$가 [HL]보다 그다지 적지 않다면, 또 $[H_2L^+]$와 $[L^-]$ 값을 더 자세히 알고자 원한다면 보충 10-2의 방법을 사용할 수 있다.

루신에 대한 결과를 요약하면 다음과 같다. 각 용액에서 H_2L^+, HL, L^-의 상대적 농도와 pH를 주목하라.

용액	pH	$[H_2L^+]$(M)	[HL](M)	$[L^-]$(M)
0.050 0 M H_2L^+ (이양성자성 H_2A)	1.88	3.68×10^{-2}	1.32×10^{-2}	1.80×10^{-10}
0.050 0 M HL (중간 형태 HA^-)	6.06	9.36×10^{-6}	5.00×10^{-2}	1.02×10^{-5}
0.050 0 M L^- (이염기성 A^{2-})	11.21	2.13×10^{-12}	1.64×10^{-3}	4.84×10^{-2}

중간 형태에 대하여 단순화시킨 계산

대체로 식 10-11은 상당히 좋은 근사이다. 일반적으로 얻어지는 두 가지 조건으로부터 더욱 간단한 형태로 된다. 첫째, 만일 $K_2F \gg K_w$이면 식 10-11의 분자의 둘째 항은 버릴 수 있다.

$$[H^+] \approx \sqrt{\frac{K_1K_2F + \cancel{K_1K_w}}{K_1 + F}}$$

그런 다음, 만일 $K_1 \ll F$이면 분모에 있는 첫째 항도 무시할 수 있다.

$$[H^+] \approx \sqrt{\frac{K_1K_2F}{\cancel{K_1} + F}}$$

분모와 분자에 있는 F가 상쇄되면 다음과 같이 된다.

$$[H^+] \approx \sqrt{K_1K_2}$$

또는
$$\log[H^+] \approx \frac{1}{2}(\log K_1 + \log K_2)$$
$$-\log[H^+] \approx -\frac{1}{2}(\log K_1 + \log K_2)$$

$\log(x^{1/2}) = \frac{1}{2}\log x$, $\log(xy) = \log x + \log y$, $\log(x/y) = \log x - \log y$ 임을 기억하라.

이양성자성 산의 중간 형태의 pH는 대충 두 pK_a 값의 중간이고, 농도와는 거의 무관하다.

이양성자성 산의 중간 형태: $$pH \approx \frac{1}{2}(pK_1 + pK_2) \quad (10\text{-}12)$$

식 10-12는 기억해 두어도 좋은 식이다. 식 10-11로부터 얻은 루신의 pH는 6.06인데, 이 식에서는 pH = 6.04이 나온다. 식 10-12는 **이양성자성 산의 중간 형태의 pH는 포말 농도와 무관하게 대략 pK_1과 pK_2의 중간이라는 것**을 말해 준다.

예제 이양성자성 산의 중간 형태의 pH

프탈산 수소 포타슘(potassium hydrogen phthalate, KHP)은 프탈산의 중간 형태의 염이다. 0.10 M과 0.010 M KHP 용액의 pH를 계산하시오.

프탈산 (H_2P) $\underset{}{\overset{pK_1 = 2.950}{\rightleftharpoons}}$ 프탈산 수소 이온 (HP^-) + H^+ $\underset{}{\overset{pK_2 = 5.408}{\rightleftharpoons}}$ 프탈산 이온 (P^{2-}) + H^+

(프탈산 수소 포타슘 = K^+HP^-)

풀이 프탈산 수소 포타슘의 pH는 농도에 관계없이 식 10-12를 쓰면 $\frac{1}{2}(pK_1 + pK_2) = 4.18$로 계산된다. 식 10-11을 사용하면 0.10 M K^+HP^-는 pH = 4.18이, 0.010 M K^+HP^-는 pH = 4.20이 된다.

자습 식 10-11을 이용하여 0.002 M K^+HP^-의 pH를 구하시오. (**답:** 4.28)

도움말 이양성자성 산의 중간 형태의 pH를 계산할 때에는 식 10-11을 사용하라. 그 답은 $\frac{1}{2}(pK_1 + pK_2)$에 대단히 가까운 값이어야 한다.

이양성자성 산 계산법의 요약

이양성자성 산의 다른 형태(H_2A, HA^-, A^{2-})로 만든 용액의 pH와 조성을 계산하는 방법을 아래에 요약하였다.

H_2A 용액

1. H_2A를 $K_a = K_1$인 일양성자성 산으로 취급한다. 다음 식으로부터 $[H^+]$, $[HA^-]$, $[H_2A]$를 얻는다.

$$\underset{F-x}{H_2A} \overset{K_1}{\rightleftharpoons} \underset{x}{H^+} + \underset{x}{HA^-} \qquad \frac{x^2}{F-x} = K_1$$

2. K_2 평형을 이용하면 $[A^{2-}]$를 계산할 수 있다.

$$[A^{2-}] = \frac{K_2[HA^-]}{[H^+]} = K_2$$

HA^- 용액

우리가 해 온 계산을 이해하고 사용하는 것은 참으로 중요하다. 그러나 생각하지 않았던 평형이 존재할 수 있으므로 우리의 능력을 너무 과신해서는 안 된다. 예를 들면 HA^- 또는 A^{2-} 형태의 용액에 들어 있는 Na^+ 또는 K^+는 우리가 무시한 약한 이온쌍을 이룬다.[9]

$$K^+ + A^{2-} \rightleftharpoons \{K^+A^{2-}\}$$
$$K^+ + HA^- \rightleftharpoons \{K^+HA^-\}$$

1. 근사 $[HA^-] \approx F$를 사용하고, 식 10-11을 이용하여 pH를 구한다.

$$[H^+] = \sqrt{\frac{K_1K_2F + K_1K_w}{K_1 + F}}$$

pH는 $\frac{1}{2}(pK_1 + pK_2)$에 가까워야 한다.

2. 앞의 1단계에서 구한 $[H^+]$와, $[HA^-] \approx F$를 이용하고, K_1과 K_2 평형식을 사용하여

$[H_2A]$와 $[A^{2-}]$에 대하여 푼다.

$$[H_2A] = \frac{[HA^-][H^+]}{K_1} \qquad [A^{2-}] = \frac{K_2[HA^-]}{[H^+]}$$

A^{2-} 용액

1. A^{2-}를 $K_b = K_{b1} = K_w/K_{a2}$인 일염기성 염기로 취급하며 다음 식으로부터 $[A^{2-}]$, $[HA^-]$, $[H^+]$를 얻는다.

$$\underset{F-x}{A^{2-}} + H_2O \xrightleftharpoons{K_{b1}} \underset{x}{HA^-} + \underset{x}{OH^-} \qquad \frac{x^2}{F-x} = K_{b1} = \frac{K_w}{K_{a2}}$$

$$[H^+] = \frac{K_w}{[OH^-]} = \frac{K_w}{x}$$

2. K_1 평형식을 사용하여 $[H_2A]$에 대하여 푼다.

$$[H_2A] = \frac{[HA^-][H^+]}{K_{a1}} = \frac{\cancel{[HA^-]}(K_w/\cancel{[OH^-]})}{K_{a1}} = K_{b2}$$

10-2 이양성자성 산의 완충 용액

이양성자성(또는 다양성자성) 산으로 만든 완충 용액은 일양성자성 산으로 만든 완충 용액과 똑같이 취급한다. H_2A에 대하여 언제나 옳은 두 개의 Henderson-Hasselbalch 식을 다음과 같이 적을 수 있다. 만일 $[H_2A]$와 $[HA^-]$를 알면 pK_1 식을 사용하고, $[HA^-]$와 $[A^{2-}]$를 알면 pK_2 식을 사용한다.

모든 Henderson-Hasselbalch 식(활동도 계수를 포함한)은 평형 상태에 있는 용액에 대하여 언제나 옳다.

$$pH = pK_1 + \log\frac{[HA^-]}{[H_2A]} \qquad pH = pK_2 + \log\frac{[A^{2-}]}{[HA^-]}$$

예제 **이양성자성 완충 용액 계**

프탈산 수소 포타슘 1.00 g과 프탈산 이소듐 1.20 g을 물 50.0 mL에 녹여 만든 용액의 pH를 구하시오.

풀이 프탈산 수소 이온과 프탈산 이온의 구조식은 앞의 예제에서 보였다. $KHP = C_8H_5O_4K$의 화학식량은 204.22이고, $Na_2P = C_8H_4O_4Na_2$의 화학식량은 210.10이다. $[HP^-]$와 $[P^{2-}]$를 알고 있으므로 pK_2 Henderson-Hasselbalch 식을 사용하여 pH를 구한다.

$$pH = pK_2 + \log\frac{[P^{2-}]}{[HP^-]} = 5.408 + \log\frac{(1.20\ g)/(210.10\ g/mol)}{(1.00\ g)/(204.22\ g/mol)} = 5.47$$

K_2는 로그 항의 분모에 있는 HP^-의 산 해리 상수이다. 답을 구하는 데 용액의 부피는 사용하지 않았음에 유의하라.

자습 Na_2P 1.20 g 대신 1.50 g을 사용하였을 때의 pH를 구하시오. (**답:** 5.57)

예제 **이양성자성 계의 완충 용액 제조**

옥살산 3.38 g에 0.800 M KOH 용액 몇 mL를 가하면, 최종 부피를 500 mL로 했을 때 pH가 4.40이 되겠는가?

```
 OO
 ||||
HOCCOH
```

옥살산 (H_2Ox)
화학식량 = 90.03

$pK_1 = 1.250$
$pK_2 = 4.266$

풀이 원하는 pH는 pK_2보다 크다 $HOx^-:Ox^{2-}$의 몰비가 1:1이면 pH = pK_2 = 4.266임을 알 수 있다. 만일 pH가 4.40이 되려면 HOx^-보다도 Ox^{2-}의 양이 많아야 한다. 따라서 충분한 양의 염기를 가하여 H_2Ox를 모두 HOx^-로 바꾸고, 여분의 염기를 더 첨가하여 적당한 양의 HOx^-를 Ox^{2-}로 바꾸어야 한다.

$$H_2Ox + OH^- \rightarrow \mathbf{HOx^-} + H_2O$$

$$\uparrow \quad pH \approx \frac{1}{2}(pK_1 + pK_2) = 2.76$$

$$\mathbf{HOx^-} + OH^- \rightarrow \mathbf{Ox^{2-}} + H_2O$$

1:1 혼합물의
$pH = pK_2 = 4.266$

H_2Ox 3.38 g은 0.037 5_4 mol이다. 이만큼의 H_2Ox를 HOx^-로 바꾸는 데 필요한 0.800 M KOH 용액의 부피는 (0.037 5_4 mol)/(0.800 M) = 46.9_3 mL이다.

pH = 4.40을 얻기 위해서 필요한 OH^-는

	HOx^-	+	OH^-	$\rightarrow$	Ox^{2-}
처음 몰수	0.037 5_4		x		—
마지막 몰수	0.037 $5_4 - x$		—		x

$$pH = pK_2 + \log\frac{[Ox^{2-}]}{[HOx^-]}$$

$$4.40 = 4.266 + \log\frac{x}{0.037\,5_4 - x} \Rightarrow x = 0.021\,6_6 \text{ mol}$$

0.021 6_6 mol을 얻기 위한 KOH 용액의 부피는 (0.021 6_6 mol)/(0.800 M) = 27.0_5 mL이다. pH를 4.40으로 만드는 데 필요한 KOH 용액 전체 부피는 46.9_3 + 27.0_5 = 73.9_8 mL이다.

자습 pH를 4.50으로 만들기 위해 필요한 KOH의 부피는 얼마이겠는가? (**답:** 76.5_6 mL)

10-3 다양성자성 산과 염기

이양성자성 산과 염기의 처리 방법은 다양성자성 계에도 확장될 수 있다. 삼양성자성 계에 대해 요약해 보자.

$$H_3A \rightleftharpoons H_2A^- + H^+ \qquad K_{a1} = K_1$$

$$H_2A^- \rightleftharpoons HA^{2-} + H^+ \qquad K_{a2} = K_2$$

$$HA^{2-} \rightleftharpoons A^{3-} + H^+ \qquad K_{a3} = K_3$$

$$A^{3-} + H_2O \rightleftharpoons HA^{2-} + OH^- \qquad K_{b1} = K_w/K_{a3}$$

$$HA^{2-} + H_2O \rightleftharpoons H_2A^- + OH^- \qquad K_{b2} = K_w/K_{a2}$$

$$H_2A^- + H_2O \rightleftharpoons H_3A + OH^- \qquad K_{b3} = K_w/K_{a1}$$

삼양성자성 계는 다음과 같이 다룬다.

1. H_3A는 $K_a = K_1$인 일양성자성 약산으로 다룬다.

2. H_2A^-는 이양성자성 산의 중간 형태로 다룬다.

식 10-13과 10-14에 있는 K 값은 삼양성자성 산의 K_a 값이다.

$$[H^+] \approx \sqrt{\frac{K_1K_2F + K_1K_w}{K_1 + F}} \qquad \mathbf{(10\text{-}13)}$$

3. HA^{2-}도 이양성자성 산의 중간 형태로 다룬다. 다만 HA^{2-}는 H_2A^-와 A^{3-}로 '둘러싸여' 있으므로, 사용할 평형 상수는 K_1과 K_2 대신에 K_2와 K_3여야 한다.

$$[H^+] \approx \sqrt{\frac{K_2K_3F + K_2K_w}{K_2 + F}} \qquad \mathbf{(10\text{-}14)}$$

4. A^{3-}는 $K_b = K_{b1} = K_w/K_{a3}$인 일염기성 염기로 다룬다.

예제 **삼양성자성 계**

0.10 M H_3His^{2+}, 0.10 M H_2His^+, 0.10 M HHis, 0.10 M His^- 각 용액의 pH를 구하시오. 여기서 His는 히스티딘(histidine) 아미노산을 뜻한다.

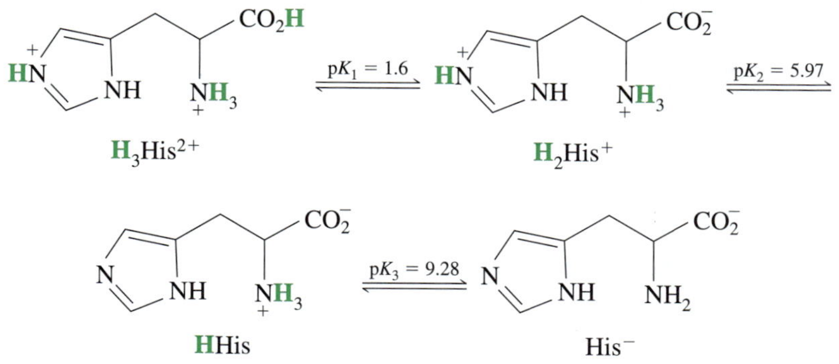

H_3His^{2+} $\underset{}{\overset{pK_1 = 1.6}{\rightleftharpoons}}$ H_2His^+ $\overset{pK_2 = 5.97}{\rightleftharpoons}$

HHis $\overset{pK_3 = 9.28}{\rightleftharpoons}$ His^-

풀이 **0.10 M H_3His^{2+}:** 일양성자성 산으로 다루어 다음과 같이 된다.

$$\underset{F-x}{H_3His^{2+}} \rightleftharpoons \underset{x}{H_2His^+} + \underset{x}{H^+}$$

$$\frac{x^2}{F-x} = K_1 = 10^{-1.6} \Rightarrow x = 3.9 \times 10^{-2}\ M \Rightarrow pH = 1.41$$

0.10 M H_2His^+: 식 10-13을 사용하여

$$[H^+] = \sqrt{\frac{(10^{-1.6})(10^{-5.97})(0.10) + (10^{-1.6})(1.0 \times 10^{-14})}{10^{-1.6} + 0.10}}$$

$$= 1.4_7 \times 10^{-4}\ M \Rightarrow pH = 3.83$$

이것은 $\frac{1}{2}(pK_1 + pK_2) = 3.78$과 비슷하다.

0.10 M HHis: 식 10-14를 사용하여

$$[H^+] = \sqrt{\frac{(10^{-5.97})(10^{-9.28})(0.10) + (10^{-5.97})(1.0 \times 10^{-14})}{10^{-5.97} + 0.10}}$$

$$= 2.3_7 \times 10^{-8}\ M \Rightarrow pH = 7.62$$

이것은 $\frac{1}{2}(pK_2 + pK_3) = 7.62$와 같다.

0.10 M His^-: 일염기성으로 다루어 다음과 같이 적는다.

$$\underset{F-x}{His^-} + H_2O \rightleftharpoons \underset{x}{HHis} + \underset{x}{OH^-}$$

$$\frac{x^2}{F-x} = K_{b1} = \frac{K_w}{K_{a3}} = 1.9 \times 10^{-5} \Rightarrow x = 1.3_7 \times 10^{-3}\ M$$

$$pH = -\log\left(\frac{K_w}{x}\right) = 11.14$$

자습 0.010 M HHis의 pH를 구하시오. (**답:** 7.62)

산-염기 문제를 세 가지 형태로 집약하였다. 산이나 염기를 대하면, **산성**인지, **염기성**인지, **중간 형태**인지를 파악해야 한다. 그리고는 적절한 계산을 하여 주어진 문제에 답한다.

산과 염기의 세 가지 형태만이 존재한다.
- 산성
- 염기성
- 중간 형태(양쪽성 양성자성)

10-4 어느 것이 주 화학종인가?

우리는 종종 주어진 조건에서 산, 염기 또는 중간 형태 중 어느 것이 우세한 화학종인지를 알아내야 한다. 간단한 예로, pH 8인 수용액에서 벤조산의 주된 형태는 무엇인가?

주 화학종을 알아야 하는 예는 크로마토그래피 또는 전기 이동으로 분리를 설계할 때이다. 양이온, 음이온, 중성 화합물 각각에 대해 다른 분리 전략을 사용한다.

$$C_6H_5-CO_2H \quad pK_a = 4.20$$

벤조산

$$pH = pK_a + \log\frac{[A^-]}{[HA]}$$

벤조산의 pK_a는 4.20이다. 이것은 pH 4.20에서 벤조산(HA)과 벤조산 음이온(A^-)이 1:1 혼합물임을 뜻한다. pH = pK_a + 1(= 5.20)에서 $[A^-]/[HA]$의 비는 10:1이다. pH = pK_a + 2 (= 6.20)에서 $[A^-]/[HA]$의 비는 100:1이다. pH가 증가함에 따라 $[A^-]/[HA]$의 비는 더욱 커진다.

pH	주된 화학종
$<pK_a$	HA
$>pK_a$	A^-

← 더 산성 pH 더 염기성 →

주종: HA | A^-

↑ pK_a

일양성자성 계에서 pH > pK_a이면 염기성 화학종인 A^-가 주종을 이룬다. pH < pK_a이면 산성 화학종인 HA가 주종을 이룬다. pH 8에서 벤조산의 주종은 벤조산 음이온($C_6H_5CO_2^-$)이다.

예제 주 화학종—어느 것이 얼마만큼?

pH 7.0인 용액에서 암모니아의 주종은 무엇인가? 그것의 분율은 대략 얼마인가?

풀이 부록 G를 보면, 암모늄 이온(NH_4^+, NH_3의 짝산)의 pK_a는 9.24이다. pH = 9.24에서 $[NH_4^+] = [NH_3]$이다. 9.24보다 낮은 pH에서는 NH_4^+가 주종이다. pH = 7.0은 pK_a보다 약 두 단위 낮으므로, $[NH_4^+]/[NH_3]$의 비는 약 100:1이다. 99% 이상이 NH_4^+ 형태로 되어 있다.

자습 pH 11에서 NH_3 형태로 있는 암모니아의 분율은 대략 얼마인가? (**답:** pH가 pK_a보다 2 단위 정도 크므로, 99%보다 약간 모자라는 정도일 것이다.)

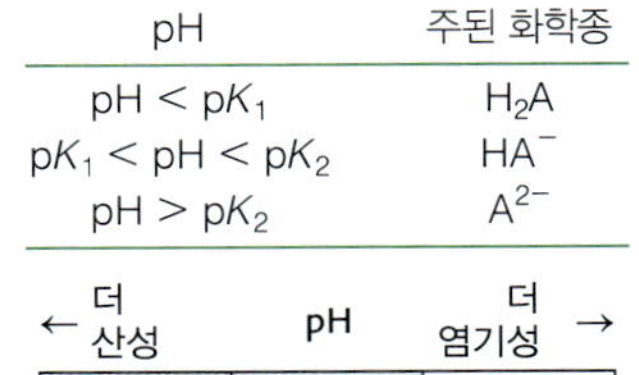

pH	주된 화학종
pH < pK_1	H_2A
pK_1 < pH < pK_2	HA^-
pH > pK_2	A^{2-}

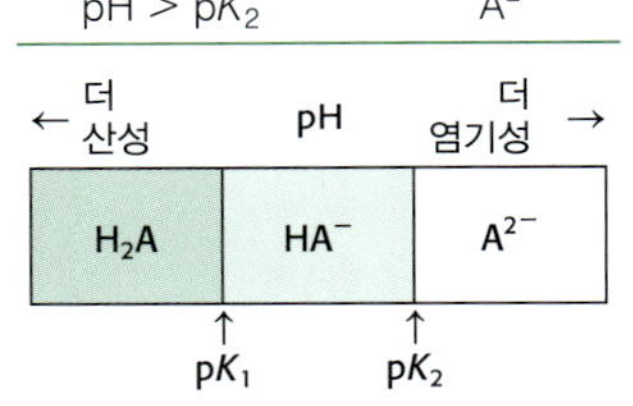

다양성자성 계에서도 이론은 같으나, 다만 여러 pK_a 값이 있다. 옥살산(H_2Ox)의 경우 pK_1 = 1.27, pK_2 = 4.27이다. pH = pK_1에서 $[H_2Ox] = [HOx^-]$이고, pH = pK_2에서 $[HOx^-] = [Ox^{2-}]$이다. 옆의 표는 각 pH 구간에서 주 화학종을 나타낸다.

예제 다양성자성 계의 주 화학종

아르지닌(arginine) 아미노산은 다음 형태를 갖는다.

H_3Arg^{2+} (α-암모늄기, 치환기) $\xrightleftharpoons{pK_1 = 1.82}$ H_2Arg^+ $\xrightleftharpoons{pK_2 = 8.99}$ HArg (아르지닌이라고 하는 중성 분자) $\xrightleftharpoons{pK_3 = 12.1}$ Arg^-

부록 G에 의하면 α-암모늄기(왼쪽)는 치환체(오른쪽)보다 산성이 더 강하다. pH 10.0에서 아르지닌의 주종은 무엇인가? 그 형태로 있는 분율은 대략 얼마인가? 이 pH에서 두 번째로 많은 형태는 무엇인가?

풀이 pH = pK_2 = 8.99에서 $[H_2Arg^+]$ = [HArg]이며, pH = pK_3 = 12.1에서 [HArg] = $[Arg^-]$

이다. pH = 10.0에서 주종은 HArg이다. pH 10.0은 pK_2보다 약 pH 한 단위 크므로 [HArg]/[H_2Arg^+] ≈ 10:1이라 할 수 있다. 아르지닌의 약 90%가 HArg 형태로 있다. 두 번째로 많은 화학종은 H_2Arg^+로, 아르지닌의 약 10%를 차지한다.

자습 pH 11에서 아르지닌의 주종은 어떤 형태인가? 두 번째는 어떤 것인가? (**답:** HArg, Arg^-)

예제 다양성자성 계에 대해서

1.82~8.99의 pH 범위에서는 H_2Arg^+가 아르지닌의 주종이다. pH 6.0과 pH 5.0에서 두 번째로 많은 화학종은 각각 어느 것인가?

풀이 순수한 중간 형태(양쪽성 양성자성)인 H_2Arg^+의 pH는 다음과 같다.

$$H_2Arg^+\text{의 pH} \approx \frac{1}{2}(pK_1 + pK_2) = 5.40$$

pH 5.40 이상(그리고 pH = pK_2 이하)에서 H_2Arg^+의 짝염기인 HArg가 두 번째로 중요한 화학종이다. pH 5.40 이하(그리고 pH = pK_1 이상)에서는 H_3Arg^{2+}가 두 번째로 중요한 화학종일 것으로 예측된다.

자습 [H_2Arg^+] = [Arg^-]인 pH는? (**답:** 10.54)

삼양성자성 계의 특성을 정성적으로 그림 10-3에 그려 놓았다. 용액의 pH와 pK_a 값들을 비교함으로써 주종을 결정하게 된다.

뒤로 돌아가서 10-2절에 있는 예제 '이양성자성 계의 완충 용액 제조'를 읽어 보라. 이제 더 뜻이 통하는지 확인하라.

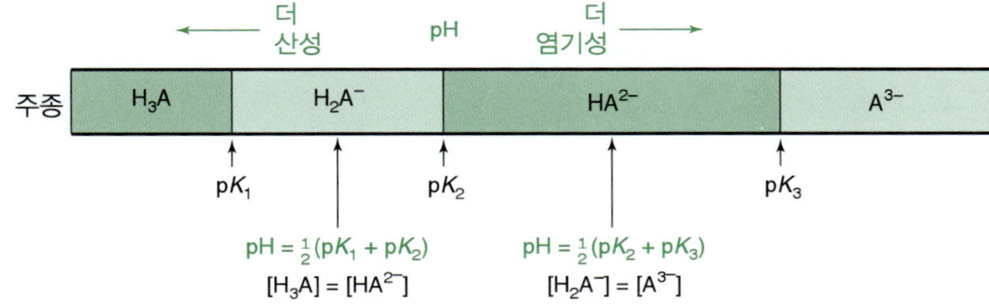

그림 10-3 각 pH 구간에서 삼양성자성 산(H_3A)의 주 화학종

종 규명(speciation)은 분석 물질이 여러 가능한 화학종에 분포되는 것을 뜻한다. 산과 염기에 대한 종 규명은 각 양성자성 형태가 얼마나 존재하는지를 나타내 준다. 보충 10-3에서 부분적으로 양성자화된 다양자성 산이나 염기는 다른 자리에 H^+가 붙어 있는 여러 화학종을 가진다는 것을 알 수 있다. 식수에 들어 있는 무기 비소산[$AsO(OH)_3$와 $As(OH)_3$]을 섭취하면 일부가 $(CH_3)AsO(OH)_2$, $(CH_3)As(OH)_2$, $(CH_3)_2AsO(OH)$, $(CH_3)_2As(OH)$, $(CH_3)_3AsO$, $(CH_3)_3As$ 등과 같이 메틸화된다. 종 규명은 존재하는 형태와 양을 나타내 준다.[10]

10-5 분율 조성식

이제 주어진 pH에서 산이나 염기의 분율을 나타내는 식을 유도한다. 이런 식들은 산-염기 적정, EDTA 적정이나 전기 화학 부분에서도 유용하게 이용될 것이다. 이것들은 13장에서 중요하게 다룰 것이다.

일양성자성 계

여기서의 목표는 HA와 A^-의 분율에 대한 식을 pH의 함수로 구하는 것이다. 이것은 평형 상수와 질량 균형을 결합시켜 얻을 수 있다. 포말 농도가 F인 일양성자성 산 용액을 생각해 보자.

보충 10-3 미세 평형 상수

화학적으로 다른 산성 자리를 갖는 모든 다양성자성 산은 **각 자리에서의** 산 해리 평형 상수가 있다. 그래프의 9-메틸아데닌을 고려해 보자. 아데닌은 DNA와 RNA의 구성 단위이다. 아데닌은 N9(부록 L의 구조)를 통해 DNA나 RNA의 뼈대에 연결된다. 이 예제에서는 메틸기와 연결되어 있다.

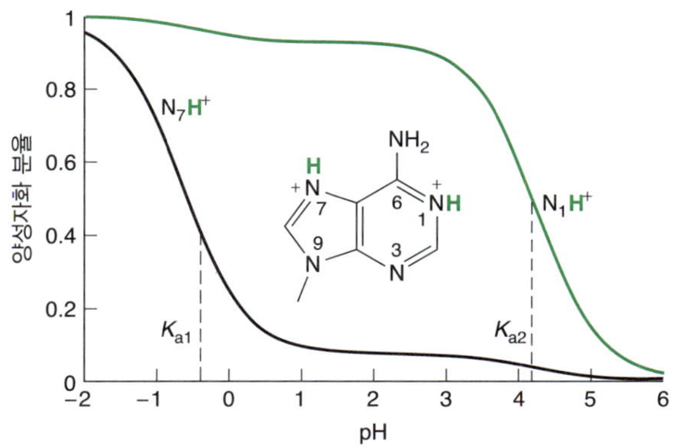

미세 평형 상수에 근거한 9-메틸아데닌에서의 N7 및 N1 양성자화 분율 [출처: H. Sigel, "Acid-Base Properties of Purine Residues and the Effect of Metal Ions: Quantifi cation of Rare Nucleobase Tautomers," *Pure Appl. Chem.* **2004**, *76*, 1869.]

아데닌을 A라고 하면, 그래프에는 H_2A^{2+}가 그려져 있다. 다른 이양성자성 산의 경우와 마찬가지로, 9-메틸아데닌도 2개의 연속적인 산 해리 상수를 가진다.

$$H_2A^{2+} \xrightleftharpoons{K_{a1}=10^{0.4}} HA^+ \xrightleftharpoons{K_{a2}=10^{-4.20}} A$$

N7이 N1보다 더 산성(덜 염기성)이므로 관습적으로 K_{a1}은 N7에서의 H^+ 해리, K_{a2}는 N1에서의 H^+ 해리라고 여겼다. 실제로는, 각 위치(N7과 N1)에서 H^+를 잃는 것에 대한 **미세 평형 상수**(k)가 있다. 'HA^+'는 N7이나 N1에 H^+가 붙어 있는 두 형태의 혼합물이다.

$$\begin{array}{ccccc} & & N_7\text{—}N_1H^+ & & \\ & k_7=10^{0.61} \nearrow & & \searrow k_{71}=10^{-4.07} & \\ {}^+HN_7\text{—}N_1H^+ & & & & N_7\text{—}N_1 \\ & k_1=10^{-0.5} \searrow & & \nearrow k_{17}=10^{-2.96} & \\ & & {}^+HN_7\text{—}N_1 & & \end{array}$$

N7에서 H^+가 떨어지는 것에 대한 미세 평형 상수는 k_7, N1에서 H^+가 떨어지는 것은 k_1이다. 미세 평형 상수 k_{71}은 N7에서 H^+가 떨어진 후 N1에서 H^+가 떨어지는 산 해리 상수이다.

N7이 더 산성 자리이지만($k_7 > k_1$), HA^+의 각 자리에서 H^+와의 평형이 존재한다. 그래프에 의하면 pK_{a1}과 pK_{a2}의 중간인 pH = 1.9에서 N7은 92%가, N1은 8%가 탈양성자화된다. 보충 11-2에서 그래프의 음수 pH가 의미하는 바를 논할 것이다.

$$HA \xrightleftharpoons{K_a} H^+ + A^- \qquad K_a = \frac{[H^+][A^-]}{[HA]}$$

$$\text{질량 균형: } F = [HA] + [A^-]$$

질량 균형을 $[A^-] = F - [HA]$와 같이 재배열하여 K_a 식에 대입하면 다음과 같이 된다.

$$K_a = \frac{[H^+](F - [HA])}{[HA]}$$

또는 약간의 계산을 하면 다음과 같다.

$$[HA] = \frac{[H^+]F}{[H^+] + K_a} \qquad \textbf{(10-15)}$$

α_{HA} = HA 형태의 분율
α_{A^-} = A^- 형태의 분율

$\alpha_{HA} + \alpha_{A^-} = 1$

HA 형태로 있는 분자의 **분율**을 $\boldsymbol{\alpha_{HA}}$라고 한다.

$$\alpha_{HA} = \frac{[HA]}{[HA] + [A^-]} = \frac{[HA]}{F} \qquad \textbf{(10-16)}$$

식 10-15를 F로 나누면 다음과 같이 된다.

여기서 α_{A^-}라고 표시한 분율은 앞에서 **해리 분율**(α)이라고 한 것과 같은 것이다.

HA 분율:
$$\alpha_{HA} = \frac{[HA]}{F} = \frac{[H^+]}{[H^+] + K_a} \qquad \textbf{(10-17)}$$

비슷한 방법으로 A^- 형태로 있는 분율 $\boldsymbol{\alpha_{A^-}}$를 얻을 수 있다.

A^- 분율:
$$\alpha_{A^-} = \frac{[A^-]}{F} = \frac{K_a}{[H^+] + K_a} \qquad \textbf{(10-18)}$$

그림 10-4는 $pK_a = 5.00$인 계에 대한 식 α_{HA}와 α_{A^-}의 그래프이다. 낮은 pH에서는 대부분의 산이 HA 형태로 존재하고, 높은 pH에서는 거의 모두가 A^- 형태로 된다.

이양성자성 계

이양성자성 계에 대한 분율 조성식은 일양성자성 계에 대해 사용했던 것과 같은 방식으로 유도한다.

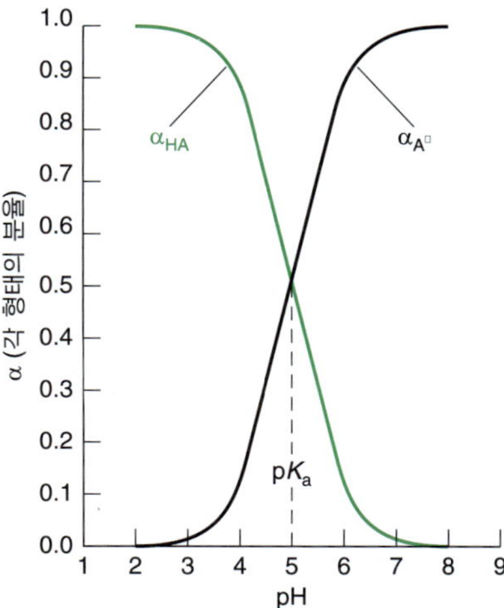

그림 10-4 pK_a = 5.00인 일양성자성 계의 분율 조성 그림. pH 5 아래에서는 HA가 우세한 형태이고, pH 5 위에서는 A^-가 우세하다.

$$H_2A \underset{}{\overset{K_1}{\rightleftharpoons}} H^+ + HA^-$$

$$HA^- \underset{}{\overset{K_2}{\rightleftharpoons}} H^+ + A^{2-}$$

$$K_1 = \frac{[H^+][HA^-]}{[H_2A]} \Rightarrow [HA^-] = [H_2A]\frac{K_1}{[H^+]}$$

$$K_2 = \frac{[H^+][A^{2-}]}{[HA^-]} \Rightarrow [A^{2-}] = [HA^-]\frac{K_2}{[H^+]} = [H_2A]\frac{K_1K_2}{[H^+]^2}$$

질량 균형: $F = [H_2A] + [HA^-] + [A^{2-}]$

$$F = [H_2A] + \frac{K_1}{[H^+]}[H_2A] + \frac{K_1K_2}{[H^+]^2}[H_2A]$$

$$F = [H_2A]\left(1 + \frac{K_1}{[H^+]} + \frac{K_1K_2}{[H^+]^2}\right) = [H_2A]\left(\frac{[H^+]^2 + [H^+]K_1 + K_1K_2}{[H^+]^2}\right)$$

이양성자성 계에 대해서 H_2A 형태로 있는 분율을 $\boldsymbol{\alpha_{H_2A}}$, HA^- 형태로 있는 분율을 $\boldsymbol{\alpha_{HA^-}}$, A^{2-} 형태로 있는 분율을 $\boldsymbol{\alpha_{A^{2-}}}$로 나타냈다. $\boldsymbol{\alpha_{H_2A}}$의 정의로부터 다음과 같이 쓸 수 있다.

α_{H_2A} = H_2A 형태의 분율
α_{HA^-} = HA^- 형태의 분율
$\alpha_{A^{2-}}$ = A^{2-} 형태의 분율
$\alpha_{H_2A} + \alpha_{HA^-} + \alpha_{A^{2-}} = 1$

H_2A 분율: $$\alpha_{H_2A} = \frac{[H_2A]}{F} = \frac{[H^+]^2}{[H^+]^2 + [H^+]K_1 + K_1K_2} \quad \textbf{(10-19)}$$

비슷한 방법으로 다음 식들을 유도할 수 있다.

HA^- 분율: $$\alpha_{HA^-} = \frac{[HA^-]}{F} = \frac{K_1[H^+]}{[H^+]^2 + [H^+]K_1 + K_1K_2} \quad \textbf{(10-20)}$$

A^{2-} 분율: $$\alpha_{A^{2-}} = \frac{[A^{2-}]}{F} = \frac{K_1K_2}{[H^+]^2 + [H^+]K_1 + K_1K_2} \quad \textbf{(10-21)}$$

다양성자성 산 H_nA에 대한 α의 일반식은 다음과 같다.

$$\alpha_{H_nA} = \frac{[H^+]^n}{D}$$

$$\alpha_{H_{n-1}A} = \frac{K_1[H^+]^{n-1}}{D}$$

$$\alpha_{H_{n-j}A} = \frac{K_1K_2 \cdots K_j[H^+]^{n-j}}{D}$$

여기서 $D = [H^+]^n + K_1[H^+]^{n-1} + K_1K_2[H^+]^{n-2} + \cdots + K_1K_2K_3 \cdots K_n$

그림 10-5는 두 pK_a 값이 1.46 단위밖에 차이가 나지 않는 퓨마르산(fumaric acid)의 분율 α_{H_2A}, α_{HA^-}, $\alpha_{A^{2-}}$에 대한 곡선을 보여 준다. 두 pK 값이 매우 가까이 있기 때문에 α_{HA^-} 값은 0.73까지만 오른다. pK_1 < pH < pK_2 영역에서는 상당량의 H_2A와 A^{2-}가 존재한다.

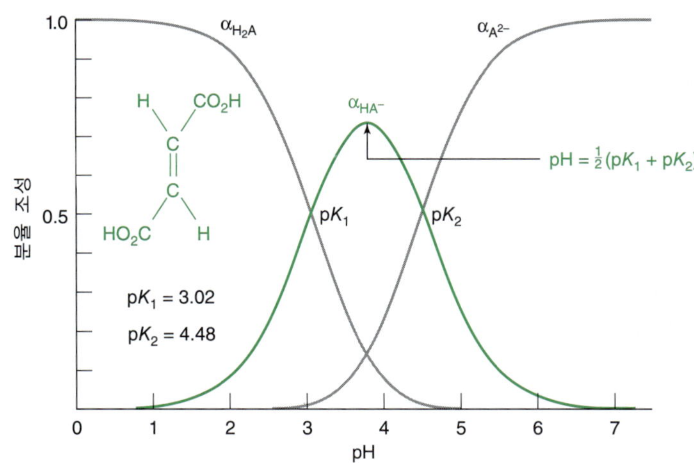

그림 10-5 퓨마르산(*trans*-butenedioic acid)의 분율 조성 그림. 낮은 pH에서는 H_2A가 우세하고, 중간 pH에서는 HA^-가, 높은 pH에서는 A^{2-}가 우세하다. pK_1과 pK_2는 멀리 떨어져 있지 않기 때문에, HA^-의 분율은 1에 매우 근접한 값을 얻을 수 없다.

분율 조성식을 염기에 적용하는 방법

식 10-19에서 10-21까지는 염기 B를 물에 녹였을 때 얻어지는 B, BH^+, BH_2^{2+}에 똑같이 적용된다. 분율 α_{H_2A}는 산성 형태인 BH_2^{2+}에 적용되고, α_{HA^-}는 BH^+에, 그리고 $\alpha_{A^{2-}}$는 B에 적용된다. 상수 K_1과 K_2는 BH_2^{2+}의 **산** 해리 상수이다($K_1 = K_w/K_{b2}$, $K_2 = K_w/K_{b1}$).

10-6 등전 pH와 등이온 pH

생화학자들은 단백질과 같은 다양성자성 화학종의 등전(isoelectric) pH 또는 등이온(isoionic) pH를 인용한다. 이 용어들은 아미노산인 알라닌과 같은 간단한 이양성자성 계로서 쉽게 이해할 수 있다.

$$\underset{\substack{\text{알라닌 양이온}\\ H_2A^+}}{H_3\overset{+}{N}CH(CH_3)CO_2H} \rightleftharpoons \underset{\substack{\text{중성 쯔비터 이온}\\ HA}}{H_3\overset{+}{N}CH(CH_3)CO_2^-} + H^+ \qquad pK_1 = 2.34$$

$$H_3\overset{+}{N}CH(CH_3)CO_2^- \rightleftharpoons \underset{\substack{\text{알라닌 음이온}\\ A^-}}{H_2NCH(CH_3)CO_2^-} + H^+ \qquad pK_2 = 9.87$$

등이온 pH는 순수한 중성 다양성자성 산의 pH이다.

등전 pH는 다양성자성 산의 평균 전하가 0일 때의 pH이다.

등이온점[**isoionic point** 또는 등이온 pH(isoionic pH)]은 순수한 중성 다양성자성 산 HA(중성 쯔비터 이온)가 물에 녹았을 때의 pH이다. 용액 중에 있는 이온은 H_2A^+, A^-, H^+, OH^-뿐이다. 대부분의 알라닌은 HA 형태로 있고, H_2A^+와 A^-의 농도는 서로 같지 **않다**.

등전점[**isoelectric point** 또는 등전 pH(isoelectric pH)]은 다양성자성 산의 **평균** 전하가 0일 때의 pH이다. 이 pH에서 대부분의 분자는 전하를 띠지 않은 HA 형태로 있고, H_2A^+와 A^- 농도는 서로 같다. 약간의 H_2A^+와 A^-가 언제나 HA와 평형을 이루고 있다.

정의에 의해, 순수한 알라닌을 물에 녹이면 용액의 pH는 **등이온** pH이다. 알라닌(HA)은 이양성자성 산(H_2A^+)의 중간 형태이므로, pH는 다음과 같이 주어진다.

알라닌은 다양성자성 산의 중간 형태이므로 식 10-11(식 10-22와 동일)을 써서 pH를 구한다.

등이온점:
$$[H^+] = \sqrt{\frac{K_1K_2F + K_1K_w}{K_1 + F}} \qquad \textbf{(10-22)}$$

여기서 F는 알라닌의 포말 농도이다. 0.10 M 알라닌의 등이온 pH는 다음과 같다.

$$[H^+] = \sqrt{\frac{K_1K_2(0.10) + K_1K_w}{K_1 + (0.10)}} = 7.7 \times 10^{-7}\text{ M} \Rightarrow \text{pH} = 6.11$$

$[H^+]$, K_1, K_2 값으로부터 순수한 물에서 알라닌(**등이온** 용액)에 대하여 $[H_2A^+] = 1.68 \times 10^{-5}$ M, $[A^-] = 1.76 \times 10^{-5}$ M을 계산할 수 있다. A^-가 조금 더 많은 것은, HA가 염기로서보다 약간 더 강한 산이기 때문이다. 즉 HA는 물과 반응하여 H_2A^+보다 A^-를 좀 더 많이 만들기 때문이다.

등전점은 $[H_2A^+] = [A^-]$인 pH이므로 알라닌의 평균 전하는 0이다. **등이온** 용액(물에 순수 HA)으로부터 등전 용액으로 가려면, 충분한 양의 강산을 첨가하여 $[A^-]$를 감소시키고 $[H_2A^+]$를 증가시켜 둘이 같아지도록 하면 된다. 산을 첨가하면 pH는 당연히 감소한다. 알라닌의 경우, 등전 pH는 등이온 pH보다 낮아야 한다.

먼저 $[H_2A^+]$와 $[A^-]$에 대한 식을 적음으로써 등전 pH를 계산할 수 있다.

$$[H_2A^+] = \frac{[HA][H^+]}{K_1} \qquad [A^-] = \frac{K_2[HA]}{[H^+]}$$

$[H_2A^+] = [A^-]$라고 놓으면 다음을 얻는다.

$$\frac{[HA][H^+]}{K_1} = \frac{K_2[HA]}{[H^+]} \Rightarrow [H^+] = \sqrt{K_1K_2}$$

그러므로

등전점: $$\mathrm{pH} = \frac{1}{2}(\mathrm{p}K_1 + \mathrm{p}K_2) \qquad \textbf{(10-23)}$$

등전점은 중성인 중간 형태를 둘러싸는 두 $\mathrm{p}K_a$ 값의 중간이다.

이양성자성 아미노산의 등전 pH는 두 $\mathrm{p}K_a$ 값의 중간이다. 알라닌의 등전 pH는 $\frac{1}{2}(2.34 + 9.87) = 6.10$이다.

다양성자성 산의 등전점과 등이온점은 거의 같다. 등전 pH에서 분자의 평균 전하가 0이므로, $[H_2A^+] = [A^-]$ 그리고 $\mathrm{pH} = \frac{1}{2}(\mathrm{p}K_1 + \mathrm{p}K_2)$이다. 등이온점에서 pH는 식 10-22에서 구할 수 있고, $[H_2A^+]$는 $[A^-]$와 정확히 같지는 않다.

단백질은 다양성자성 산과 염기이다

단백질(protein)은 화학 반응의 촉매, 외부 물질에 대한 면역 감응, 막을 통한 분자 이동, 유전자 표현 조절, 구조의 지지 등의 생물학적 기능을 수행한다. 단백질의 삼차원 구조와 기능은 단백질을 구성하는 **아미노산**(amino acid)의 서열에 의해 결정된다. 아래 그림은 **폴리펩타이드**(polypeptide)를 만드는 데 아미노산이 어떻게 연결되는가를 보여 준다.

$$H_3\overset{+}{N}-CH(R_1)-CO_2^- + H_3\overset{+}{N}-CH(R_2)-CO_2^- + H_3\overset{+}{N}-CH(R_3)-CO_2^- \quad \text{아미노산}$$

곁사슬기 (치환기라고도 한다) → R_1

$$\xrightarrow{-2H_2O}$$

$$H_3\overset{+}{N}-CH(R_1)-C(=O)-NH-CH(R_2)-C(=O)-NH-CH(R_3)-CO_2^-$$

폴리펩타이드 (긴 폴리펩타이드를 단백질이라고 한다)

N 말단 잔기 / 펩타이드 결합 / *C* 말단 잔기

표 10-1의 필수 아미노산 20개 가운데 3개는 염기성 치환기를, 4개는 산성 치환기를 갖고 있다.

그림 10-6의 마이오글로빈은 근육 세포에 산소를 저장하는 기능을 가지는 헴(heme)기에 산소나 다른 작은 분자의 결합을 조절하는 몇 개의 나선형 부분으로 접혀 있다. 향유고래의

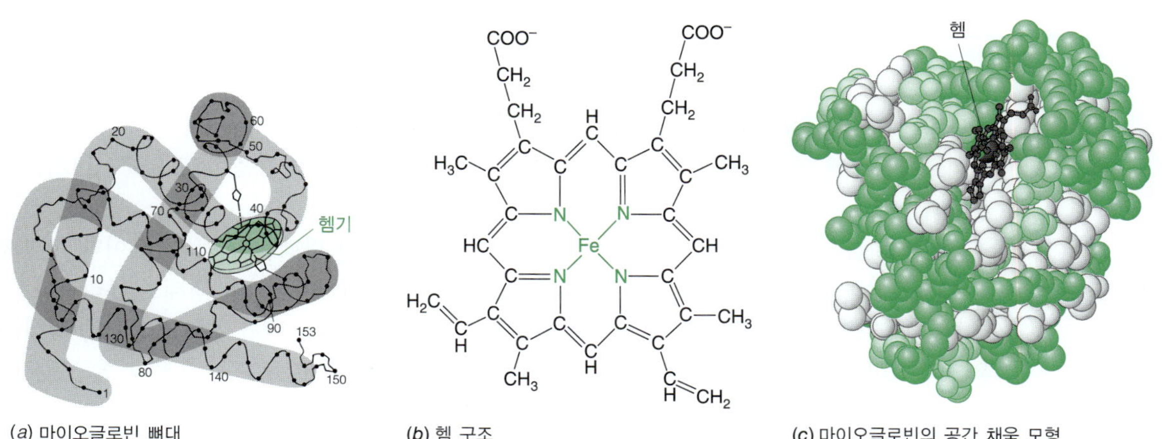

그림 10-6 (*a*) 근육 조직에서 산소를 저장하는 단백질인 마이오글로빈의 아미노산 뼈대. 잘 보이도록 치환기(표 10-1의 R)는 그리지 않았다. 평평한 헴기에는 O_2, CO, 그밖에 작은 분자와 결합하는 철 원자가 들어 있다. [출처: M. F. Perutz, "The Hemoglobin Molecule." Copyright © 1964 by Scientific American, Inc.] (*b*) 헴의 구조. (*c*) 마이오글로빈의 공간 채움 모형. 전하를 띤 산성과 염기성 아미노산은 진한 색으로, 전하를 띠지 않은 **친수성**(극성, 물을 좋아함)의 아미노산은 밝은색으로 표현했다. 흰색 아미노산은 **소수성**(무극성, 물을 싫어함)이다. 이 수용성 단백질의 표면에는 전하를 띠거나 친수성인 작용기가 주로 있다. [출처: J. M. Berg, J. L. Tymoczko, and L. Stryer, *Biochemistry*, 5th ed. (New York: Freeman, 2002).]

보충 10-4 등전 집중

단백질은 **등전점**에서 모든 형태의 평균 전하가 0이다. 따라서 등전점에서는 단백질이 전기장에서도 이동하지 않는다. 이것이 **등전 집중**(isoelectric focusing)이라고 하는 단백질 분리 기술의 기본 원리이다. pH가 점점 변하도록 고안된 매질에서 단백질의 혼합물에 강한 전기장을 걸어준다. 양전하를 띠는 분자는 음극으로, 음전하를 띠는 분자는 양극으로 이동한다. 각 단백질은 이동하여 등전 pH와 같은 pH 영역에 도달한다. 이 영역에서 단백질은 알짜 전하가 없어 움직이지 않게 된다. 혼합물의 각 단백질은 각각의 등전 pH의 영역에 모인다.[13]

실리카 유리에 식각된 길이 6 mm × 폭 100 μm × 깊이 25 μm의 모세관을 이용한 등전 집중의 예를 아래에 보였다. 그림 (i)은 등전 pH(pI라고 함)가 알려진 형광 표준 물질들의 분리를 보여 준다. 그림 (ii)와 (iii)은 형광 표지된 단백질들의 분리를 보여 준다. 단백질들은 등전 pH 영역에 도달하면 이동을 멈춘다. 등전 영역에서 확산되어 양극 쪽으로 나오면 양전하를 띠게 되고, 그러면 즉시 등전 영역으로 돌아간다. 확산되어 음극 쪽으로 나오면 음전하를 띠게 되어 역시 등전 영역으로 되돌아간다. 그래프는 측정한 모세관 내의 pH를 보여 준다. 유리나 폴리머 칩의 모세관에서 분리나 반응을 수행하는 것들은 **칩상 실험실**(lab-on-a-chip)의 예이다(26-8절).

아래 그림은 실리카 모세관에서 등전 집중으로 세 개의 다른 성장(초기 로그, 중간 로그, 정지상) 단계에 있는 이스트 세포들의 분리를 보여 준다. 세포 표면의 산-염기 특성(따라서 pI)은 군체의 성장 중에 변한다.

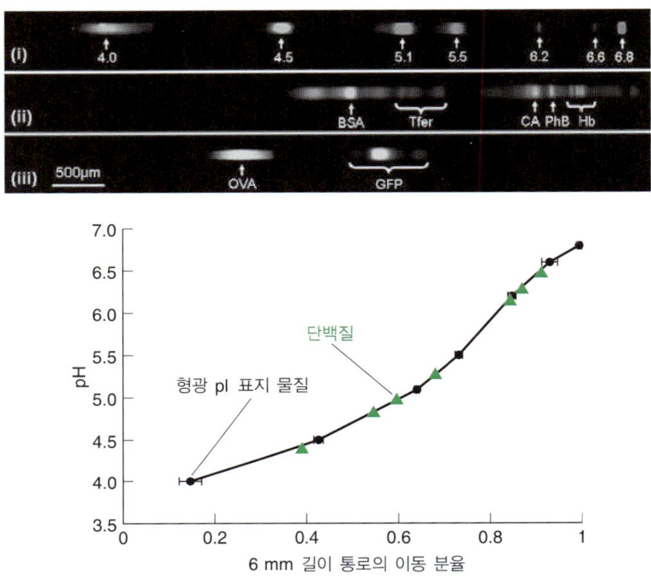

칩상 실험실 등전 집중. (i) 형광 pI 표지 물질, (ii), (iii) 형광 표지 단백질의 분리: 오브알부민(OVA), 녹색 형광 단백질(GFP), 소 혈청 알부민(BSA), 트랜스페린(Tfer), 탄산 무수화 효소(CA), 인산화 효소 B(PhB), 헤모글로빈(Hb) [출처: G. J. Sommer, A. K. Singh, and A. V. Hatch, "On-Chip Isoelectric Focusing Using Photopolymerized Immobilized pH Gradient," *Anal. Chem.* **2008**, *80*, 3327.]

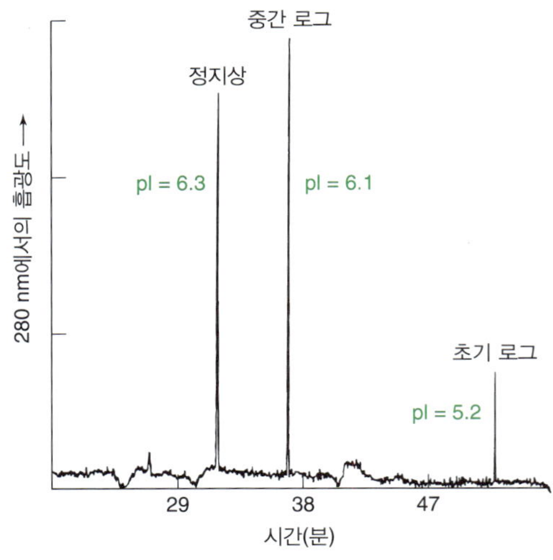

세 성장 단계에서 채취한 이스트 세포의 모세관 등전 집중. 각 등전 pH에서 세포가 집중된 후, 모세관의 주입부 끝을 올리고 모세관에서 나오는 액체가 자외선 검출기를 지나면, 여기서 보인 세 피크를 나타낸다. 가로축은 띠가 검출기에 도달하는 데 소요된 시간이다. [출처: R. Shen, S. J. Berger, and R. D. Smith, "Capillary Isoelectric Focusing of Yeast Cells," *Anal. Chem.* **2000**, *72*, 4603.]

마이오글로빈에 있는 153개 아미노산 중에서 35개는 염기성 치환기를 갖고 있고, 23개는 산성이다.

등이온 pH는 H^+와 OH^- 외에는 다른 이온이 없는 순수한 단백질 용액의 pH이다. 단백질은 대체로 여러 가지 상대 이온(Na^+, NH_4^+, Cl^- 등)과 함께 전하를 띤 형태로 분리된다. 그러한 단백질을 순수한 물에 대해 집중적으로 **투석**(dialysis, 실험 27-1 참고)시킬 때, 상대 이온이 투석막을 자유로이 통과한다면 단백질이 들어 있는 칸의 pH는 등이온점에 접근할 것이다. **등전**점은 단백질이 알짜 전하를 갖지 않는 pH이다. 보충 10-4는 등전점의 차이를 이용하여 단백질을 분리하는 것을 보여 준다.

관련된 성질인 고체의 표면 산도[11]와 영전하 pH[12]는 지질학, 환경과학, 세라믹 등의 분야에서 관심을 가지는 성질이다. 광물, 점토, 그리고 유기물 표면도 산과 염기로 거동한다. 모래나 유리의 실리카(SiO_2) 표면은 이양성자성 산으로 단순하게 취급될 수 있다.

$$\equiv Si—OH_2^+ \overset{K_{a1}}{\rightleftharpoons} \equiv Si—OH + H^+ \qquad K_{a1} = \frac{\{SiOH\}[H^+]}{\{SiOH_2^+\}} \qquad \textbf{(10-24)}$$

$$\equiv Si—OH \overset{K_{a2}}{\rightleftharpoons} \equiv Si—O^- + H^+ \qquad K_{a2} = \frac{\{SiO^-\}[H^+]}{\{SiOH\}} \qquad \textbf{(10-25)}$$

≡Si는 표면 아래의 세 원자와 결합한 표면의 규소 원자를 나타낸다. 실란올기(≡Si—OH)는 양성자를 내거나 받아서 표면이 음전하 또는 양전하를 띠게 한다. 평형 상수식에 있는 표면 화학종의 농도 $\{SiOH_2^+\}$, {SiOH}, $\{SiO^-\}$는 고체 1 g당 몰수로 측정한다.

영전하 pH는 $\{SiOH_2^+\} = \{SiO^-\}$인 pH인데, 따라서 표면의 알짜 전위는 0이다. 이양성자성 아미노산의 등전점과 같이 영전하 $pH = \frac{1}{2}(pK_1 + pK_2)$이다. **콜로이드 입자**(colloidal particle, 반지름이 1~100 nm)가 전하를 띠면 분산되려는 경향이 있으나, 영전하 pH 가까이에서는 응집하여 가라앉는다(flocculation). 모세관 전기 이동(26장)에서는 실리카 모세관의 표면 전하가 모세관 속에서 용매의 이동 속도를 좌우한다.

이해해야 할 용어

가수 분해(hydrolysis)	등전 집중(isoelectric focusing)	온실 기체(greenhouse gas)	종 규명(speciation)
다양성자성 산과 염기 (polyprotic acid and base)	등전점(isoelectric point)	이양성자성 산과 염기(diprotic acid and base)	
등이온점(isoionic point)	아미노산(amino acid)	쯔비터 이온(zwitterion)	
	양쪽성 양성자성(amphiprotic)		

요약

이양성자성 산과 염기는 다음과 같이 세 범주로 나누어진다.

1. 완전한 산성 형태 H_2A는 $H_2A \rightleftharpoons H^+ + HA^-$인 일양성자성 산처럼 거동하므로 $K_{a1} = x^2/(F - x)$를 푼다. 여기서 $[H^+] = [HA^-] = x$, $[H_2A] = F - x$이다. $[HA^-]$와 $[H^+]$를 구한 다음, K_{a2} 평형 조건으로부터 $[A^{2-}]$를 구할 수 있다.
2. 완전한 염기성 형태 A^{2-}는 $A^{2-} + H_2O \rightleftharpoons HA^- + OH^-$인 염기처럼 거동하므로, $K_{b1} = x^2/(F - x)$를 푼다. 여기서 $[OH^-] = [HA^-] = x$, $[A^{2-}] = F - x$이다. 이들 농도를 구한 다음에 K_{b2} 평형 조건으로부터 $[H_2A]$를 구할 수 있다.
3. 중간(양쪽성 양성자성) 형태 HA^-는 산이기도 하고 염기이기도 하다. 그것의 pH는 다음으로 주어진다.

   $$[H^+] = \sqrt{\frac{K_1K_2F + K_1K_w}{K_1 + F}}$$

   여기서 K_1과 K_2는 H_2A의 산 해리 상수이고, F는 중간 형태의 포말 농도이다. 대부분의 경우에 이 식은 농도와 무관한 형태인 $pH \approx \frac{1}{2}(pK_1 + pK_2)$로 단순해진다.

삼양성자성 계에서는 두 개의 중간 형태가 있다. 각각의 pH는 이양성자성 계의 중간 형태와 비슷한 식으로 주어진다. 삼양성자성 계는 역시 한 개씩의 완전한 산성 형태와 완전한 염기성 형태가 있는데, pH를 계산할 목적으로는 그것들을 일양성자성처럼 취급할 수 있다. 다양성자성 완충 용액에 대해서 그 계의 주 화학종 둘을 연결하는 알맞은 Henderson-Hasselbalch 식을 적는다. 이 식의 pK_a는 로그 항의 분모에 있는 산에 적용되는 값이다. 한 분자의 산성 자리가 화학적으로 다를 경우, 각 자리마다 H^+의 해리에 대한 미세 평형 상수가 있다. 중간 형태는 실제로는 각 산성 자리에서 H^+와 평형을 이루는 화학종들의 혼합물이다.

일양성자성 또는 다양성자성 계의 주 화학종은 pH와 각 pK_a 값을 비교하여 찾는다. $pH < pK_1$일 경우, 완전히 양성자화된 화학종 H_nA가 주종이다. $pK_1 < pH < pK_2$일 경우, $H_{n-1}A^-$가 주종이며, pH가 높아지면 각 연속적 pK 값에 따라 그다음 양성자를 잃은 화학종이 주종이 된다. 끝으로, 가장 높은 pK보다 더 높은 pH에서는 완전한 염기성 형태(A^{n-})가 주종이다. 용액의 분율 조성은 일양성자성 계에 대해서는 식 10-17과 10-18에 주어진 α로 표시되며, 이양성자성 계에 대해서는 식 10-19에서 10-21로 나타낸다.

다양성자성 화학종의 등전 pH는 알짜 전하가 0인 pH이다. 양쪽성 양성자성 형태가 중성인 이양성자성 아미노산의 등전 pH는 $pH = \frac{1}{2}(pK_1 + pK_2)$로 주어진다. 다양성자성 화학종의 등이온 pH는 그 물질의 중성 형태와 물에서 유도되는 이온만을 포함하는 용액의 pH이다. 양쪽성 양성자성 형태가 중성인 이양성자성 아미노산에 대해서는 $[H^+] = \sqrt{(K_1K_2F + K_1K_w)/(K_1 + F)}$로부터 등이온점을 구한다. 여기서 F는 아미노산의 포말 농도이다.

연습 문제

10-A. 다음 각 용액의 pH와 H_2SO_3, HSO_3^-, SO_3^{2-}의 농도를 구하시오.

(a) 0.050 M H_2SO_3 **(b)** 0.050 M $NaHSO_3$

(c) 0.050 M Na_2SO_3

10-B. **(a)** 물 500 mL의 pH를 10.80으로 만들기 위해서는 K_2CO_3(FM 138.20) 4.00 g에 $NaHCO_3$(FM 84.01) 몇 g을 가해야 하는가?

(b) 위의 **(a)** 용액에 0.100 M 염산 100 mL를 가하면 pH는 얼마로 되겠는가?

(c) 250 mL의 용액의 pH를 10.00으로 만들기 위해서는 K_2CO_3 4.00 g에 0.320 M HNO_3 몇 mL를 가해야 하는가?

10-C. 1,5-펜탄도산($C_5H_8O_4$, FM 132.12) 5.02 g에 0.800 M KOH 몇 mL를 가해야 250 mL로 묽힐 때 pH가 4.40이 되겠는가?

10-D. 아래에 나타낸 형태의 0.010 M 아미노산 용액의 pH를 각각 구하시오. 부록 G의 이온 세기 $\mu = 0$에 해당하는 pK_a 값을 사용하시오. 아르지닌의 경우에는 부록에 $\mu = 0.1$ M에서의 값만 수록되어 있으니, 그 값을 사용하시오.

(a) $H_3\overset{+}{N}CHCO_2^-$ (곁사슬: CH_2–CH_2–C(=O)–NH_2)
글루타민

(b) $H_3\overset{+}{N}CHCO_2^-$ (곁사슬: CH_2–S^-)
시스테인

(c) $H_2NCHCO_2^-$ (곁사슬: CH_2–CH_2–CH_2–NH–C(=$\overset{+}{N}H_2$)–NH_2)
아르지닌

10-E. **(a)** pH 9.00과 pH 11.00에서 1,3-다이하이드록시벤젠의 주 화학종의 구조를 그리시오.

(b) 각 pH에서 두 번째로 많은 화학종은 어떤 것인가?

(c) 각 pH에서 주종의 백분율을 계산하시오.

10-F. pH 9.0과 pH 10.0에서 글루탐산과 타이로신의 주종의 구조를 그리시오. 각 pH에서 두 번째로 많은 화학종은 무엇인가?

10-G. 0.010 M 라이신의 등이온 pH를 계산하시오.

10-H. 중성 라이신은 HL로 쓸 수 있다. 라이신의 다른 형태는 H_3L^{2+}, H_2L^+, L^-이다. 등전점은 라이신의 **평균** 전하가 0인 pH이다. 그러므로 등전점에서 $2[H_3L^{2+}] + [H_2L^+] = [L^-]$이다. 이 관계를 이용하여 라이신의 등전점을 계산하시오(**힌트:** 복잡한 계산보다는 머리 쓰는 것이 필요한 문제이다).

문제

이양성자성 산과 염기

10-1. 이양성자성 산의 중간 형태인 HA^-를 생각해 보자. 이것의 K_a는 10^{-4}이고, K_b는 10^{-8}이다. 그렇지만 NaHA를 물에 녹일 때 K_a와 K_b 반응은 거의 같은 정도로 진행된다. 이유를 설명하시오.

10-2. 아미노산의 일반적 쯔비터 이온 구조를 적으시오. 표 10-1에 있는 어떤 아미노산은 왜 두 개의 pK 값을 가지며, 어떤 것은 세 개를 갖는가?

10-3. 아미노산 프롤린의 평형 상수 K_{b1}과 K_{b2}의 화학 반응식을 적으시오. K_{b1}과 K_{b2} 값을 구하시오.

10-4. $K_1 = 1.00 \times 10^{-4}$, $K_2 = 1.00 \times 10^{-8}$인 이양성자성 산 H_2A를 생각해 보자. 다음 각 용액의 pH와 H_2A, HA^-, A^{2-} 농도를 구하시오.

(a) 0.100 M H_2A **(b)** 0.100 M NaHA **(c)** 0.100 M Na_2A

10-5. 말론산 $CH_2(CO_2H)_2$를 H_2M으로 표시하자. 다음 각 용액의 pH와 H_2M, HM^-, M^{2-}의 농도를 구하시오.

(a) 0.100 M H_2M **(b)** 0.100 M NaHM **(c)** 0.100 M Na_2M

10-6. 피페라진 0.300 M의 pH를 계산하시오. 이 용액에서 피페라진 각 형태의 농도를 계산하시오.

10-7. 보충 10-2의 근사법으로 세 번의 계산을 하여 0.001 00 M 옥살산 수소 소듐(NaHA)에서 H^+, H_2A, HA^-, A^{2-}의 농도를 구하시오.

10-8. **활동도.** 이 문제에서는 활동도를 고려하여 이양성자성 산의 중간 형태의 pH를 계산한다.

(a) 활동도 계수를 무시하지 말고, 프탈산 수소 포타슘(식 10-12의 K^+HP^-) 용액에 대한 식 10-11을 유도하시오.

(b) 위의 결과를 사용하여 0.050 M KHP의 pH를 계산하시오.

	A	B	C	D	E
1	Successive approximations by circular reference				
2	for intermediate form of diprotic acid				
3					
4	H_2A malic acid				
5	K_1 =	3.50E-04			
6	K_2 =	7.90E-06			
7	K_w =	1.00E-14			
8	F =	1.000E-03			
9	[H+] =	4.356E-05	= SQRT((K1*K2*[HA-]+K1*Kw)/(K1+[HA-]))		
10	[H2A] =	9.532E-05	= [H+][HA-]/K1		
11	[HA-] =	7.658E-04	= F-[H2A]-[A2-]		
12	[A2-] =	1.389E-04	= K2[HA-]/[H+]		
13	pH =	4.360887	= -log[H+]		
14					
15	1. Set Excel Options Formulas to Enable Iterative Calculation				
16	with Maximum Change = 1E-12				
17	2. Begin by setting [HA-] = F				
18	3. Write correct formulas for other concentrations				
19	4. Then change [HA-] to = F-[H2A]-[A2-]				
20	5. Correct answers now appear in all cells				

문제 10-9의 스프레드시트

HP^-와 P^{2-}의 크기는 둘 다 600 pm라고 가정한다. 참고로 식 10-11에 의하면 pH = 4.18이다.

10-9. 엑셀을 이용한 이양자성 산의 중간 형태의 연속 근사 계산. 스프레드시트를 새로 만들고 순환 참조를 할 수 있도록 조절한다. 엑셀 2016의 '파일' 메뉴에서 '옵션'을 고른다. '옵션' 창에서 '수식'을 고르고 '계산 옵션'에서 '반복 계산 사용'을 활성화하고 '변화 한도값'에 1e-12을 입력하고 '확인'을 누른다. 아래와 같이 모든 수식을 스프레드시트에 입력한다. 단, B11셀의 $[HA^-]$에는 '=B8'을 입력한다. 이 시점에서는 모든 농도가 보충 10-2에서의 말산의 첫 번째 근삿값과 같아야 한다. 다시 확인한다.

이제 B11셀에 $[HA^-]$의 수식인 '=B8-B10-B12'를 입력한다. 엑셀은 순환 정의된 변수들이 변화 한도값 이내가 될 때까지 반복을 계속한다. 아래의 스프레드시트의 답들이 표시될 것이다. 다시 확인한다.

(a) 스프레드시트의 B열을 G열에 복사한다. G5셀의 K_1을 10^{-4}로, G6셀의 K_2를 10^{-8}로 바꾼다. G8셀의 F를 0.01로 바꾼다. 이제 G열은 $K_1 = 10^{-4}$, $K_2 = 10^{-8}$, F = 0.01 M인 양쪽성 양성자성 염 Na^+HA^-의 농도를 나타낸다. 먼저 pH ≈ $\frac{1}{2}(pK_1 + pK_2)$를 손으로 계산하여 답을 확인하시오. $[HA^-] \approx F$를 이용하여 $[H_2A]$와 $[A^{2-}]$를 계산하시오. 그리고 $[HA^-] \approx F - [H_2A] - [A^{2-}]$를 계산하시오.

(b) 스프레드시트의 G열을 H열에 복사하시오. H6셀의 K_2를 10^{-5}로 바꾸시오. H열은 $K_1 = 10^{-4}$, $K_2 = 10^{-5}$, F = 0.01 M인 이양성자성 산의 중간 형태의 농도를 보여 준다. $[HA^-] = 6.13 \times 10^{-3}$ M과 pH = 4.50의 답을 얻어야 한다.

10-10. 불균일 평형. CO_2는 물에 녹아 '탄산'이 된다(보충 6-4에 기술한 것처럼, 대부분은 녹은 CO_2이다).

$$CO_2(g) \rightleftharpoons CO_2(aq) \qquad K_H = [CO_2(aq)]/P_{CO_2} = 10^{-1.5}$$

(이 평형 상수는 CO_2에 대한 **Henry 법칙 상수**라고 하는데, 그것은 Henry 법칙이 액체에 대한 기체의 용해도는 기체의 압력에 비례한다고 표현되기 때문이다.) 부록 G에서 '탄산'의 산 해리 상수는 $CO_2(aq)$에 적용된다. 대기 중의 P_{CO_2}가 $10^{-3.4}$ atm일 때 대기와 평형을 이룬 물의 pH를 구하시오.

10-11. 탄산의 산도와 $CaCO_3$의 용해도에 미치는 온도의 영향.[14] 보충 10-1에서 따뜻한 열대 지방보다 추운 극지방의 물에서 먼저 $CaCO_3$ 껍질이나 골격을 가진 해양 생명체가 사라질 위험에 있다고 하였다. 다음의 평형 상수들은 0°C와 30°C의 바닷물에 적용된다. 농도는 바닷물 1 kg당의 몰수이고, 압력은 bar 단위이다.

$$CO_2(g) \rightleftharpoons CO_2(aq) \qquad \text{(A)}$$

$$K_H = \frac{[CO_2(aq)]}{P_{CO_2}} = 10^{-1.2073}\ \text{mol kg}^{-1}\ \text{bar}^{-1}\ (0°\text{C에서})$$
$$= 10^{-1.6048}\ \text{mol kg}^{-1}\ \text{bar}^{-1}\ (30°\text{C에서})$$

$$CO_2(aq) + H_2O \rightleftharpoons HCO_3^- + H^+ \qquad \text{(B)}$$

$$K_{a1} = \frac{[HCO_3^-][H^+]}{[CO_2(aq)]} = 10^{-6.1004}\ \text{mol kg}^{-1}\ (0°\text{C에서})$$
$$= 10^{-5.8008}\ \text{mol kg}^{-1}\ (30°\text{C에서})$$

$$HCO_3^- \rightleftharpoons CO_3^{2-} + H^+ \qquad \text{(C)}$$

$$K_{a2} = \frac{[CO_3^{2-}][H^+]}{[HCO_3^-]} = 10^{-9.3762}\ \text{mol kg}^{-1}\ (0°\text{C에서})$$
$$= 10^{-8.8324}\ \text{mol kg}^{-1}\ (30°\text{C에서})$$

$$CaCO_3(s, \text{선석}) \rightleftharpoons Ca^{2+} + CO_3^{2-} \qquad \text{(D)}$$

$$K_{sp}^{arg} = [Ca^{2+}][CO_3^{2-}] = 10^{-6.1113}\ \text{mol}^2\ \text{kg}^{-2}\ (0°\text{C에서})$$
$$= 10^{-6.1391}\ \text{mol}^2\ \text{kg}^{-2}\ (30°\text{C에서})$$

$$CaCO_3(s, \text{방해석}) \rightleftharpoons Ca^{2+} + CO_3^{2-} \qquad \text{(E)}$$

$$K_{sp}^{cal} = [Ca^{2+}][CO_3^{2-}] = 10^{-6.3652}\ \text{mol}^2\ \text{kg}^{-2}\ (0°\text{C에서})$$
$$= 10^{-6.3713}\ \text{mol}^2\ \text{kg}^{-2}\ (30°\text{C에서})$$

첫 번째 평형 상수는 Henry 법칙의 K_H이다(문제 10-10). 정확한 단위를 반드시 사용하라는 의미에서 단위를 적었다(원래, 평형 상수는 단위가 없다).

(a) K_H, K_{a1}, K_{a2}의 식을 조합하여 $[CO_3^{2-}]$를 P_{CO_2}와 $[H^+]$로 나타내시오.

(b) **(a)**의 결과를 이용하여, P_{CO_2} = 800 μbar, pH = 7.8에 대해 온도가 0°C(극지방 바다)와 30°C(열대 바다)일 때의 $[CO_3^{2-}]$를 mol kg^{-1}의 단위로 계산하시오. 2100년경에 이 조건에 다다를 수 있다.

(c) 바다의 Ca^{2+} 농도는 0.010 M이다. **(b)**의 조건에서 선석과 방해석이 녹을 것인지 예측해 보시오.

이양성자성 완충 용액

10-12. pH 10.00인 완충 용액 100 mL를 만들려면 $NaHCO_3$ (FM 84.01) 5.00 g과 몇 g의 Na_2CO_3(FM 105.99)를 섞어야 하는가?

10-13. 25.0 mL의 0.023 3 M 살리실산(2-하이드록시벤조산)의

pH를 3.50으로 맞추려면 0.202 M NaOH 몇 mL를 가해야 하는가?

10-14. pH 5.50인 0.100 M 피콜리네이트 완충 용액을 정확히 100 mL를 만드는 방법을 기술하시오. 가능한 출발 물질은 순수한 피콜린산(피리딘-2-카복실산, FM 123.10), 1.0 M HCl, 1.0 M NaOH이다. 대략 HCl 또는 NaOH 몇 mL가 필요할까?

10-15. pH 2.80이고, 전체 황(= SO_4^{2-} + HSO_4^- + H_2SO_4)의 농도가 0.200 M인 완충 용액 1.00 L를 만들려면 몇 g의 황산(FM 98.07)에 몇 g의 Na_2SO_4(FM 142.04)를 가해야 하는가?

다양성자성 산과 염기

10-16. 0.01 M 인산염은 pH가 7.45인 혈장의 주요 완충제 중의 하나이다. 만약 혈장의 pH가 8.5라면, 인산염이 유용하겠는가?

10-17. 완전히 양성자화된 화학종으로부터 출발하여 글루탐산과 타이로신(tyrosine)의 단계적 산 해리 반응식을 적으시오. 올바른 순서로 양성자를 제거하도록 한다. 어느 화학종이 글루탐산과 타이로신이라 불리는 중성 분자들인가?

10-18. (a) 0.050 0 M KH_2PO_4에서 $[H_3PO_4]/[H_2PO_4^-]$의 비를 구하시오.

(b) 0.050 0 M K_2HPO_4에서 $[H_3PO_4]/[H_2PO_4^-]$의 비를 구하시오.

10-19. (a) pH 7.45인 완충 용액을 만들기 위해서는 다음 화합물 중 어느 두 개를 섞어야 하는가?

H_3PO_4(FM 97.99), NaH_2PO_4(FM 119.98), Na_2HPO_4(FM 141.96), Na_3PO_4(FM 163.94)

(b) 전체 인산 이온의 농도가 0.050 0 M인 완충 용액 1.00 L를 만들고 싶다면, 혼합하기로 선택한 위의 두 화합물 각각을 몇 g씩 섞어야 하는가?

(c) **(b)**에서 계산한 대로 섞어도 정확히 pH 7.45가 얻어지지 않는다. 실험실에서 이 완충 용액을 실제로 어떻게 만들어야 하는지 설명하시오.

10-20. 라이신 일염화 수소(lysine·HCl) 0.010 0 M의 pH와 각 라이신의 화학종의 농도를 구하시오. '라이신·HCl'라고 표기한 것은 중성의 라이신 분자 1몰에 HCl 1몰이 더해져서 라이신에 양성자 1개가 추가로 생겼다는 것을 의미한다. 보다 의미 있는 표기는 반응으로 $(lysineH^+)(Cl^-)$ 염이 생기는 것이다.

10-21. pH 9.30을 얻으려면, 히스티딘 일염화수소(His·HCl, FM 191.62) 10.0 g이 들어 있는 100 mL 용액에 1.00 M KOH 몇 mL를 첨가해야 하는가?

10-22. (a) 활동도 계수를 사용하여 HC^{2-}:C^{3-}의 몰비가 2.00:1.00인 용액의 pH를 계산하시오(H_3C는 시트르산). 이온 세기는 0.010 M이다.

(b) HC^{2-}:C^{3-}의 몰비는 그대로 두고 이온 세기를 0.10 M로 올리면 pH는 얼마이겠는가?

어느 것이 주 화학종인가?

10-23. 산 HA의 pK_a = 7.00이다.

(a) pH 6.00에서 주 화학종은 HA와 A^- 중 어느 것인가?

(b) pH 8.00에서 주 화학종은 무엇인가?

(c) pH 7.00과 pH 6.00에서 $[A^-]/[HA]$의 비는 각각 얼마인가?

10-24. pK_1 = 4.00, pK_2 = 8.00인 이양성자성 산 H_2A가 있다.

(a) 어느 pH에서 $[H_2A] = [HA^-]$인가?

(b) 어느 pH에서 $[HA^-] = [A^{2-}]$인가?

(c) pH 2.00에서 주 화학종은 H_2A, HA^-, A^{2-} 중에서 어느 것인가?

(d) pH 6.00에서 주 화학종은 무엇인가?

(e) pH 10.00에서 주 화학종은 무엇인가?

10-25. 염기 B의 pK_b는 5.00이다.

(a) 산 BH^+의 pK_a 값은 얼마인가?

(b) 어느 pH에서 $[BH^+] = [B]$인가?

(c) pH 7.00에서 주 화학종은 B와 BH^+ 중에서 어느 것인가?

(d) pH 12.00에서 $[B]/[BH^+]$의 비는 얼마인가?

10-26. pH 7.00에서 피리독살-5-인산염의 주 화학종의 구조를 그리시오.

분율 조성식

10-27. 산 HA의 pK_a는 4.00이다. 식 10-17과 10-18을 사용하여 pH 5.00에서 HA 형태와 A^- 형태로 있는 분율을 구하시오. pH 5.00에서 $[A^-]/[HA]$의 비의 예상값과 계산 결과가 맞는가?

10-28. 이염기성 화합물 B의 pK_{b1} = 4.00이고, pK_{b2} = 6.00이다. 식 10-19를 사용하여 pH 7.00에서 BH_2^{2+} 형태로 있는 분율을 구하시오. 식 10-19에 있는 K_1과 K_2는 BH_2^{2+}의 산 해리 상수임을 유의한다($K_1 = K_w/K_{b2}$, $K_2 = K_w/K_{b1}$).

10-29. pH 8.00과 pH 10.00에서 에테인-1,2-다이싸이올의 각 화학종(H_2A, HA^-, A^{2-})의 분율은 얼마인가?

10-30. pH 1.00, 1.92, 6.00, 6.27, 10.00에서 시스-뷰텐다이오산의 α_{H_2A}, α_{HA^-}, $\alpha_{A^{2-}}$를 계산하시오.

10-31. (a) 삼양성자성 산의 α_{H_3A}, $\alpha_{H_2A^-}$, $\alpha_{HA^{2-}}$, $\alpha_{A^{3-}}$ 식을 유도하시오.

(b) pH 7.00에서 인산에 대한 이들 분율을 구하시오.

10-32. 아세트산, 옥살산, 암모니아, 피리딘이 든 용액의 pH가 9.00이다. 양성자화되지 않은 암모니아의 분율은 얼마인가?

10-33. 0.100 M 카코딜산 10.0 mL와 0.080 0 M NaOH 10.0 mL를 섞어서 용액을 만들었다. 여기에 1.27×10^{-6} M 모르핀 1.00 mL를 가하였다. 모르핀을 B라 하고, BH^+ 형태로 있는 분율을 구하시오.

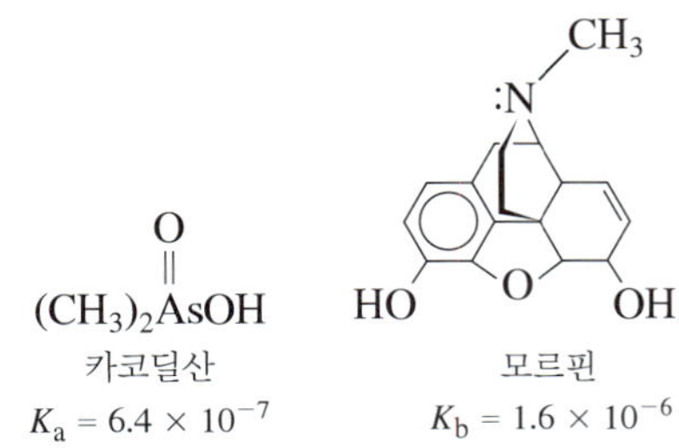

10-34. **이양성자성 계의 분율 조성.** 그림 10-5의 세 곡선을 계산하기 위해 식 10-19에서 10-21을 사용하는 스프레드시트를 작성하시오. 잘 표시된 그림에 세 곡선을 그리시오.

10-35. **삼양성자성 계의 분율 조성.** 삼양성자성 계에서 분율 조성식은 다음과 같다.

$$\alpha_{H_3A} = \frac{[H_3A]}{F} = \frac{[H^+]^3}{D} \qquad \alpha_{HA^{2-}} = \frac{[HA^{2-}]}{F} = \frac{K_1K_2[H^+]}{D}$$

$$\alpha_{H_2A^-} = \frac{[H_2A^-]}{F} = \frac{K_1[H^+]^2}{D} \qquad \alpha_{A^{3-}} = \frac{[A^{3-}]}{F} = \frac{K_1K_2K_3}{D}$$

여기서 $D = [H^+]^3 + K_1[H^+]^2 + K_1K_2[H^+] + K_1K_2K_3$이다. 이 식들을 사용하여 아미노산 타이로신에 대해 그림 10-5와 유사한 분율 조성 그림을 그리시오. pH 10.00에서의 각각의 분율은 얼마인가?

10-36. **사양성자성 계의 분율 조성.** Cr^{3+}의 가수 분해로 생기는 사양성자성 계에 대해 그림 10-5와 유사한 분율 조성 그림을 그리시오.

$$Cr^{3+} + H_2O \rightleftharpoons Cr(OH)^{2+} + H^+ \qquad K_{a1} = 10^{-3.80}$$
$$Cr(OH)^{2+} + H_2O \rightleftharpoons Cr(OH)_2^+ + H^+ \qquad K_{a2} = 10^{-6.40}$$
$$Cr(OH)_2^+ + H_2O \rightleftharpoons Cr(OH)_3(aq) + H^+ \qquad K_{a3} = 10^{-6.40}$$
$$Cr(OH)_3(aq) + H_2O \rightleftharpoons Cr(OH)_4^- + H^+ \qquad K_{a4} = 10^{-11.40}$$

(K_{a_2}와 K_{a_3}의 값은 같다.)

(a) 이 평형 상수들을 사용하여 이 사양성자성 계의 분율 조성 그림을 그리시오.

(b) 다음 문제는 스프레드시트를 쓰지 말고 여러분의 두뇌와 계산기로 푸시오. $Cr(OH)_3$의 용해도는 다음과 같다.

$$Cr(OH)_3(s) \rightleftharpoons Cr(OH)_3(aq) \qquad K = 10^{-6.84}$$

고체 $Cr(OH)_3(s)$와 평형을 이루는 $Cr(OH)_3(aq)$의 농도는 얼마인가?

(c) 용액의 pH를 4.00으로 조절할 때 $Cr(OH)_3(s)$와 평형을 이루는 $Cr(OH)^{2+}$의 농도는 얼마인가?

단백질의 등전점과 등이온점

10-37. 표 10-1에서 산성 치환기(양성자를 내어놓는)를 갖는 4개의 아미노산과 염기성 치환기(양성자를 받아들이는)를 갖는 3개의 아미노산은 무엇인가?

10-38. 산성 치환기와 염기성 치환기를 많이 갖는 단백질의 등전점과 등이온점의 차이는 무엇인가?

10-39. 다음 표현 중에서 틀린 것은 무엇인가?
등전점에서 어떤 단백질의 모든 분자의 전하는 0이다.

10-40. 0.010 M 트레오닌의 등전 pH와 등이온 pH를 구하시오.

10-41. 등전 집중의 원리를 설명하시오.

11 산-염기 적정

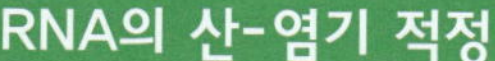

RNA의 산-염기 적정

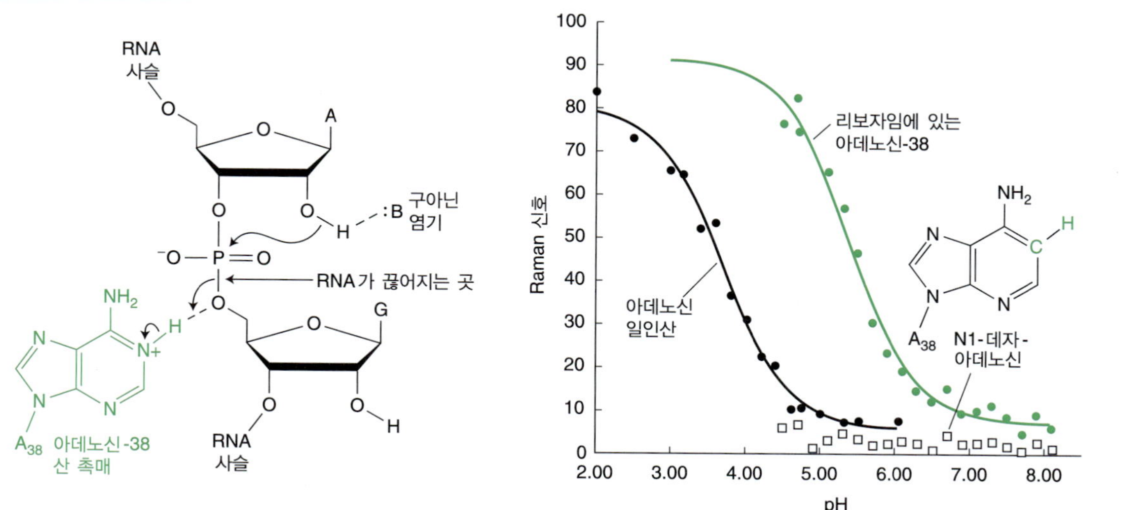

(왼쪽) 아데노신-38이 인산 이온의 산소에 수소를 첨가하는 산 촉매로 작용하여 RNA 사슬이 끊어지는 제안된 메커니즘. (오른쪽) RNA의 아데노신-38 또는 N1-deaza-adenosine-38의 적정과 용액 속의 자유 아데노신 일인산(adenosine monophosphate)의 적정 [출처: M. Guo, R. C. Spitale, R. Volpini, J. Krucinska, G. Cristalli, P. R. Carey, and J. E. Wedekind, "Direct Raman Measurement of an Elevated Base pKa in the Active Site of a Small Ribozyme in a Precatalytic Conformation," *J. Am. Chem. Soc.* **2009**, *131*, 12908.]

리보핵산(RNA)은 DNA로부터 유전 정보를 전사하여 단백질의 구조를 결정하는 기능 외에, 화학 반응의 촉매로서 기능을 한다. 촉매로서의 단백질을 **효소**(enzyme)로 부르는 것과 마찬가지로, 촉매로서 작용을 하는 RNA는 **리보자임**(ribozyme)이라 부른다.

위의 화학적 구조는 '머리핀 리보자임'이 RNA 사슬 구조를 끊어서 작은 기능성 가닥으로 만든다는 메커니즘을 보여 준다.[1] 중요한 단계는 리보자임의 아데노신-38로부터 수소를 인산기로 전달하여 인산기—리보스 당 결합을 끊어지게 하는 것이다. 동시에, 구아닌 염기(B)는 주변의 리보스로부터 수소를 받아 리보스의 산소가 인산기를 공격하게 한다. 리보자임은 세포 안에서 중성 pH 근처인 조건에서 작용한다. 하지만 용액 속에 있는 아데노신의 H^+에 대한 pK_a는 4.0에 가깝고, pH 7 근처에서는 수소가 첨가된 아데노신의 양이 너무 적어 리보자임이 기능을 하지 못한다. 효소와 리보자임 주변의 환경이 아미노산과 뉴클레오타이드의 산-염기 성질을 변경할 수 있다. 아데노신-38의 pK_a가 커지게 되어 중성 pH 근처에서 NH^+가 촉매 역할을 하게 된다고 제시되었다.

위의 그래프는 용액 내의 아데노신 일인산(검은색 원), 리보자임의 아데노신-38(파란색 원) 및 아데노신-38 위치에 있는 NH^+가 비활성 C—H 결합으로 치환된 합성 뉴클레오사이드의 적정 결과들이다. 각각의 경우, 완충 용액의 pH를 다양하게 변화시켜 가며 Raman 진동 스펙트럼을 측정한 것이다. 아데노신이 수소화될 때 분자의 진동 주파수가 변화된다. 위의 그래프는 pH 변화에 대한 수소 첨가된 형태의 스펙트럼 세기를 나타내는 것이다. 낮은 pH에서는 용액이나 RNA에 있는 아데노신이 거의 모두 수소 첨가된 상태로 존재하며, pH = pK_a의 경우 아데노신의 절반이 수소 첨가되어 있고, 높은 pH에서는 아데노신이 수소 첨가가 되지 않는다. 적정 곡선의 형태로부터 자유 아데노신 일인산의 pK_a는 3.68, 리보자임 내 아데노신-38에 대한 pK_a는 5.46이라고 유추할 수 있다. pK_a가 거의 2 단위 증가할 때 중성 pH 근처에서 리보자임이 기능을 하는 데 충분한 NH^+가 존재한다. 아데노신-38이 적정에서 관찰되도록 하기 위해 아데노신-38 내에 NH^+가 비활성 C—H 결합으로 치환된 합성 RNA도 적정하였다. 그래프의 네모로 표시된 결과에서처럼, 그래프의 신호는 A-38로부터 온 것이며 리보자임에 있는 여러 다른 아데노신 단위로부터 얻어진 것이 아니다. 산-염기 적정은 과학 연구에 있어 널리 응용된다.

지방 친화도는 무극성 용매에서 용해도의 척도이다. 이것은 한 약품이 물과 옥탄올에서 이루는 분배 평형으로부터 구할 수 있다. 즉

약품(aq) ⇌ 약품(**옥탄올**에서)

$$\text{지방 친화도} \equiv \log\left(\frac{[\text{약품(옥탄올에서)}]}{[\text{약품}(aq)]}\right)$$

산-염기 적정 곡선으로부터 우리는 혼합물에 있는 산성 또는 염기성 물질의 양과 pK_a 값을 예측할 수 있다. 의화학 분야에서 어떠한 약물은 효과를 내려면 세포막을 통과해야 할 필요가 있다. 후보 약물 분자가 세포막을 통과하는지를 예상하는 데 있어 분자가 **지방 친화적**(lipophilic)이거나 전하가 작을수록 세포에 더 잘 들어갈 수 있다. 이 장에서는 어떻게 적정 곡선의 모양을 예상하고, 어떻게 전극이나 지시약으로 종말점을 찾아내는지를 공부한다.

11-1 강산에 의한 강염기의 적정

이 장에서 각 적정 형태에 대해 공부하는 목적은 **적정 용액(titrant)이 가해질 때 pH의 변화를 나타내는 그래프를 작성하는 것이다.** 이와 같은 방법으로 그래프를 그릴 수 있다면 적정 과정의 화학을 이해할 수 있고, 실험적인 적정 곡선을 해석할 수 있다. pH는 보통 유리 전극으로 측정하는데, 그 작동에 대한 것은 15-5절에서 설명하기로 한다.

우선 **적정 용액**과 **분석 물질** 사이의 반응식을 적어 보라.

첫 단계는 적정 용액과 분석 물질 사이의 화학 반응식을 적는 것이다. 그다음 그 반응을 이용하여 적정 용액이 가해진 후의 조성과 pH를 계산한다. 간단한 예를 들어 0.020 00 M KOH 50.00 mL를 0.100 0 M HBr로 적정하는 과정을 생각해 보기로 한다. 적정 용액과 분석 물질 사이의 반응은 다음과 같이 간단하다.

적정 반응

$$H^+ + OH^- \rightarrow H_2O \qquad K = 1/K_w = 10^{14}$$

위의 반응에 대한 평형 상수가 10^{14}이므로, 반응은 '완결된다'고 할 수 있다. 즉 **가해지는 H^+는 즉시 화학량론적으로 대응되는 OH^-와 반응하게 된다.**

한 가지 편리한 방법은 먼저 당량점에 도달하는 데 필요한 HBr의 부피(V_e)를 계산하는 것으로서, 적정될 KOH의 몰수와 첨가될 HBr의 몰수가 서로 같다는 식으로부터 얻을 수 있다.

$$\underbrace{(V_e\,(\cancel{L}))\left(0.100\,0\,\frac{\text{mol}}{\cancel{L}}\right)}_{\text{당량점에서 적정되는 HBr의 몰수}} = \underbrace{(0.050\,00\,\cancel{L})\left(0.020\,00\,\frac{\text{mol}}{\cancel{L}}\right)}_{\text{적정되는 OH}^-\text{의 몰수}} \Rightarrow V_e = 0.010\,00\text{ L}$$

L × (mol/L)를 곱하여 몰수를 계산하는 대신, mL와 (mmol/mL)를 곱하면 밀리몰수를 얻는다($\cancel{mL} \times (\text{mmol}/\cancel{mL}) = \text{mmol}$).

$$\text{mL} \times \frac{\text{mol}}{\text{L}} = \cancel{\text{mL}} \times \frac{\text{mmol}}{\cancel{\text{mL}}} = \text{mmol}$$

$$\underbrace{(V_e(\text{mL}))(0.100\,0\text{ M})}_{\text{당량점에서 적정되는 HBr의 mmol수}} = \underbrace{(50.00\text{ mL})(0.020\,00\text{ M})}_{\text{적정되는 OH}^-\text{의 mmol수}} \Rightarrow V_e = 10.00\text{ mL}$$

이때 10.00 mL의 HBr가 가해지고 나면 적정은 완결된다. 당량점에 도달하기 전에는 미반응된 과량의 OH^-가 남아 있게 된다. 또한 V_e점을 지나게 되면 용액에는 과량의 H^+가 있게 된다.

일반적으로 강염기를 강산으로 적정하는 경우, 그 적정 곡선에는 세 가지 영역이 나타나는데, 각기 다른 계산 과정이 요구된다.

1. 당량점에 도달하기 이전의 pH는 용액 속에 남아 있는 과량의 OH^-에 의해 결정된다.
2. 당량점에서는 H^+의 양이 모든 OH^-와 반응하여 H_2O를 생성하는 데 꼭 맞는다. 이때 pH는 물의 해리에 의해 결정된다.
3. 당량점 이후의 pH는 용액 중에 있는 과량의 H^+에 의해 결정된다.

다음에는 각 영역에 대한 계산 과정을 알아본다. 그 계산 결과는 표 11-1과 그림 11-1에 나타내었다. 기억해야 할 것은, **당량점**(equivalence point)이란, 가한 적정 용액이 분석 물질과 화학량론적 반응을 일으키는 데 필요한 정확한 양이 되는 때라는 것이다. 당량점은 적정에서 찾는 이상적인 결과이다. 실제로 측정하는 것은 **종말점**(end point)으로, 이 점은 지시약의 색이나 전극 전위와 같은 것의 급격한 물리적 변화로 나타난다.

영역 1: 당량점 이전

당량점 이전에는 과량의 OH^-가 존재한다.

여기서 일반화학에서 배운 방법을 이용해 한번 계산해 보고, 이 과정을 간략히 할 것이다. HBr 3.00 mL를 가했을 때 전체 부피는 53.00 mL가 된다. HBr이 NaOH에 의해 소모되면 과량의 NaOH가 남게 된다. 가해진 HBr의 몰수는 (0.100 0 M)(0.003 00 L) = 0.300×10^{-3} mol HBr = 0.300 mmol HBr이다. NaOH의 초기 몰수는 (0.020 00 M)(0.050 00 L) = 1.000×10^{-3} mol NaOH = 1.000 mmol NaOH이다. 반응하지 않은 OH^-는 1.000 mmol − 0.300 mmol = 0.700 mmol이고, 그 농도는 (0.700 mmol)/(53.00 mL) = 0.013 2 M이다. 따라서 $[H^+] = K_w/[OH^-] = 7.57 \times 10^{-13}$ M이고, pH = $-\log[H^+]$ = 12.12이다.

$$\frac{\text{mmol}}{\text{mL}} = \frac{\text{mol}}{\text{L}} = \text{M}$$

3.00 mL의 HBr이 가해지면, V_e = 10.00 mL이기 때문에 반응은 3/10만큼 완결된다. 용액 내에 남아 있는 미반응 OH^-의 분율은 7/10이다. 그러므로 플라스크의 OH^- 농도는 다음과 같다.

$$[OH^-] = \underbrace{\left(\frac{10.00\text{ mL} - 3.00\text{ mL}}{10.00\text{ mL}}\right)}_{\text{남아 있는 }OH^-\text{의 분율}} \underbrace{(0.020\ 00\text{ M})}_{OH^-\text{의 초기 농도}} \underbrace{\left(\frac{\overbrace{50.00\text{ mL}}^{OH^-\text{의 초기 부피}}}{\underbrace{50.00\text{ mL} + 3.00\text{ mL}}_{\text{용액의 전체 부피}}}\right)}_{\text{묽힘 인자}} = 0.013\ 2\text{ M} \quad \mathbf{(11\text{-}1)}$$

$$[H^+] = \frac{K_w}{[OH^-]} = \frac{1.0 \times 10^{-14}}{0.013\ 2} = 7.5_7 \times 10^{-13}\text{ M} \Rightarrow \text{pH} = 12.12$$

식 11-1은 $[OH^-]$가 초기 농도에 대한 미반응 분율을 묽힘 보정한 것과 같음을 보여 주고 있다. 여기서 묽힘 인자는 분석 물질의 초기 부피를 용액 전체의 부피로 나눈 것과 같다.

표 11-1 0.020 00 M KOH 50.00 mL를 0.100 0 M HBr로 적정하는 적정 곡선에 대한 계산

	가해진 HBr의 mL(V_a)	미반응 OH^-의 농도(M)	과량의 H^+의 농도(M)	pH
영역 1 (과량의 OH^-)	0.00	0.020 0		12.30
	1.00	0.017 6		12.24
	2.00	0.015 4		12.18
	3.00	0.013 2		12.12
	4.00	0.011 1		12.04
	5.00	0.009 09		11.95
	6.00	0.007 14		11.85
	7.00	0.005 26		11.72
	8.00	0.003 45		11.53
	9.00	0.001 69		11.22
	9.50	0.000 840		10.92
	9.90	0.000 167		10.22
	9.99	0.000 016 6		9.22
영역 2	10.00	—	—	7.00
영역 3 (과량의 H^+)	10.01		0.000 016 7	4.78
	10.10		0.000 166	3.78
	10.50		0.000 826	3.08
	11.00		0.001 64	2.79
	12.00		0.003 23	2.49
	13.00		0.004 76	2.32
	14.00		0.006 25	2.20
	15.00		0.007 69	2.11
	16.00		0.009 09	2.04

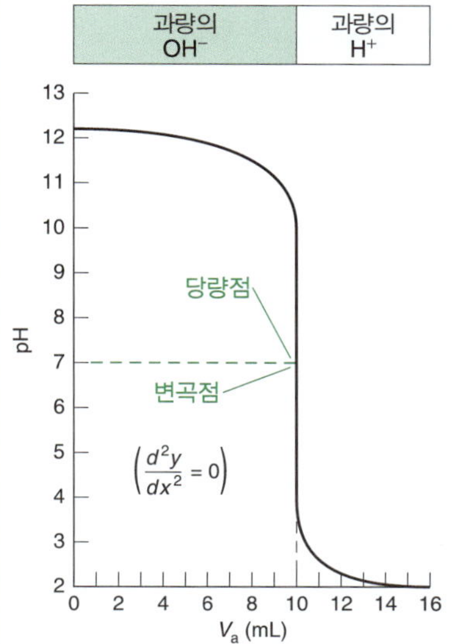

그림 11-1 0.020 00 M KOH 50.00 mL에 0.100 0 M HBr이 첨가되었을 때의 pH 변화를 나타내는 계산된 적정 곡선. 물론 당량점은 이차 도함수가 0이 되는 변곡점이다.

도전 6.00 mL의 HBr이 가해진 후의 $[OH^-]$의 계산은 식 11-1을 이용한다. 그 값에 대응되는 pH 값을 표 11-1에서 확인하라.

표 11-1에서는 가해진 산의 부피를 V_a로 표시하고 있다. pH 값은 그 유효 숫자와 관계없이 소수점 자리 0.01까지만 표시하고 있다. 이는 일관된 결과를 얻기 위해서뿐만 아니라 또한 0.01이 pH 측정 시 정확도의 한계와 근접하기 때문이다.

영역 2: 당량점에서

영역 2는 당량점으로, 모든 OH^-와 화학량론적으로 반응할 정도의 H^+가 가해졌다. 물에 KBr을 녹이면 이와 같은 용액을 만들 수 있다. 이때의 pH는 다음과 같이 물의 해리에 의해서 결정된다.

$$\underset{}{H_2O} \rightleftharpoons \underset{x}{H^+} + \underset{x}{OH^-}$$

강산-강염기 반응의 경우**에만** 당량점에서의 pH = 7.00이다.

$$K_w = x^2 \Rightarrow x = 1.00 \times 10^{-7}\text{ M} \Rightarrow \text{pH} = 7.00$$

강염기(또는 강산)를 강산(또는 강염기)으로 적정하는 경우 당량점에서의 pH는 25°C에서 7.00이다.

곧 알게 되겠지만, **약산 또는 약염기에 대한 적정의 경우는 당량점에서의 pH가 7.00이 아니다.** 즉 분석 물질과 적정 용액이 둘 다 강한 경우에만 당량점에서의 pH가 7.00이 된다.

영역 3: 당량점 이후

당량점 이후부터는 용액에 과량의 HBr이 가해진다. 10.50 mL가 가해졌을 때, $V_a - V_e = 10.50 - 10.00 = 0.50$ mL에 해당하는 HBr을 과량으로 넣은 것이다. 과량의 H^+ 농도는 다음 식으로 구할 수 있다.

당량점 이후부터는 과량의 H^+가 존재한다.

$$[H^+] = \underbrace{(0.100\,0\text{ M})}_{H^+\text{의 초기 농도}}\underbrace{\left(\frac{0.50\text{ mL}}{50.00\text{ mL} + 10.50\text{ mL}}\right)}_{\text{묽힘 인자}} = 8.26 \times 10^{-4}\text{ M}$$

(0.50 mL: 과량의 H^+의 부피; 50.00 mL + 10.50 mL: 용액의 전체 부피)

$$\text{pH} = -\log[H^+] = 3.08$$

적정 곡선

그림 11-1의 완성된 적정 곡선은 당량점 근처에서 pH가 급변하고 있음을 나타낸다. 당량점은 그 기울기(dpH/dV_a)가 최대인 점이다[이차 도함수는 0이 되며, 그 점은 **변곡점**(inflection point)에 해당한다]. 다시 한번 강산-강염기의 적정**에서만** 당량점에서의 pH 값이 7.00이 됨을 강조한다. 만약 반응물들 중 하나 또는 둘 다 약산 또는 약염기라면 당량점에서의 pH는 7.00이 **아니다**.

11-2 강염기에 의한 약산의 적정

강염기에 의한 약산의 적정은 산-염기 화학의 모든 지식을 필요로 한다. 이제 살펴볼 예로는 0.020 00 M MES 50.00 mL를 0.100 0 M NaOH로 적정하는 것이다. MES는 2-(N-모르포리노)에테인설폰산의 약자로서, $pK_a = 6.27$인 약산이다.

적정 반응(titration reaction)은 다음과 같다.

항상 적정 반응을 적어 보고 시작하라.

$$\underset{\text{HA}\atop \text{MES, p}K_a = 6.27}{\text{O}\langle\rangle\overset{+}{\text{N}}\text{HCH}_2\text{CH}_2\text{SO}_3^-} + OH^- \rightarrow \underset{A^-}{\text{O}\langle\rangle\text{NCH}_2\text{CH}_2\text{SO}_3^-} + H_2O \qquad (11\text{-}2)$$

반응 11-2는 염기 A^-에 대한 K_b 반응의 역임을 알 수 있다. 그러므로 반응 11-2에 대한 평형 상수는 $K = 1/K_b = 1/[K_w/K_a(\text{HA에 대한})] = 5.4 \times 10^7$이 된다. 이처럼 평형 상수가 크므로, 반응은 가해지는 OH^-에 따라 '완결'된다고 할 수 있다. 보충 9-3에서 보는 바와 같이, **강염기와 약산의 반응은 완결된다.**

강한 것 + 약한 것 → 완결 반응

우선 당량점에 도달하는 데 필요한 염기의 부피 V_b를 계산해 보자.

$$\underbrace{(V_b(\text{mL}))(0.100\,0\text{ M})}_{\text{염기의 mmol수}} = \underbrace{(50.00\text{ mL})(0.020\,00\text{ M})}_{\text{HA의 mmol수}} \Rightarrow V_b = 10.00\text{ mL}$$

이 문제에 대한 적정 계산은 네 가지 유형으로 생각할 수 있다.

1. 염기가 가해지기 전, 물에는 HA만이 존재한다. 이 경우는 약산의 문제가 되고, pH는 다음의 평형으로 결정된다.

$$\text{HA} \xrightleftharpoons{K_a} \text{H}^+ + \text{A}^-$$

2. NaOH가 가해지기 시작하여 당량점에 도달하기 직전까지는 반응 11-2로 생성되는 A^-와 미반응 HA의 혼합액으로 있게 된다. **일종의 완충 용액이다!** 그러므로 이때의 pH 계산은 Henderson-Hasselbalch 식을 이용한다.
3. 당량점에서는 '모든' HA가 A^-로 변화된다. 그러므로 물에 A^-만을 녹인 것과 같은 용액이 만들어진다. 이러한 약염기 문제는 다음 반응에 의하여 pH 값을 계산할 수 있다.

$$\text{A}^- + \text{H}_2\text{O} \xrightleftharpoons{K_b} \text{HA} + \text{OH}^-$$

4. 당량점 이후에서는 과량의 NaOH가 A^- 용액에 가해진다. 이 용액의 pH는 강염기에 의해서 결정되며, 그 결과는 좋은 근삿값을 보여 준다. 즉 단순히 과량의 NaOH가 물에 가해지는 것과 같이 pH를 계산한다. 이 경우 A^-의 존재로 인해 나타나는 효과는 대단히 작으므로 무시한다.

영역 1: 염기를 가하기 이전

염기가 가해지기 이전에는 0.020 00 M HA 용액은 $\text{p}K_a = 6.27$이다. 이것은 단순히 약산의 문제이다.

처음의 용액에는 **약산** HA만이 들어 있다.

$$\underset{F-x}{\text{HA}} \rightleftharpoons \underset{x}{\text{H}^+} + \underset{x}{\text{A}^-} \qquad K_a = 10^{-6.27}$$

$$\frac{x^2}{0.020\,00 - x} = K_a \Rightarrow x = 1.03 \times 10^{-4} \Rightarrow \text{pH} = 3.99$$

영역 2: 당량점 이전

용액에 OH^-가 가해지면 HA와 A^-의 혼합액이 된다. 이 혼합액은 완충 용액으로서, pH는 $[A^-]/[HA]$의 값을 알면 Henderson-Hasselbalch 식(9-16)으로 계산할 수 있다.

당량점 이전에는 **완충 용액**인 HA와 A^-의 혼합액이 된다.

3.00 mL의 OH^-가 가해졌을 때의 $[A^-]/[HA]$ 값을 계산해 보자. $V_e = 10.00$ mL이므로, 용액 내의 HA의 3/10에 대응하는 염기가 가해진 것이다. 반응 전후의 상대적인 농도를 다음과 같이 표로 나타낼 수 있다.

완충 용액의 pH는 $[A^-]/[HA]$에 의존하므로, **상대적인** 농도만이 필요하다.

적정 반응:	HA	+ OH^-	→ A^-	+ H_2O
처음의 상대적인 양 ($HA \equiv 1$)	1	$\frac{3}{10}$	—	—
마지막의 상대적인 양	$\frac{7}{10}$	—	$\frac{3}{10}$	—

일단 주어진 용액에서의 $[A^-]/[HA]$ **값**을 알면 pH는 다음과 같이 계산할 수 있다.

$$\text{pH} = \text{p}K_a + \log\left(\frac{[\text{A}^-]}{[\text{HA}]}\right) = 6.27 + \log\left(\frac{3/10}{7/10}\right) = 5.90$$

적정 용액의 부피가 $\frac{1}{2}V_e$인 점은 특별한 의미가 있다.

적정 반응:	HA	+ OH^- →	A^-	+ H_2O
처음의 상대적인 양	1	$\frac{1}{2}$	—	—
마지막의 상대적인 양	$\frac{1}{2}$	—	$\frac{1}{2}$	—

$V_b = \frac{1}{2}V_e$일 때, pH = pK_a이다. 이 점은 모든 적정에서 경계점이 된다.

$$pH = pK_a + \log\left(\frac{[A^-]}{[HA]}\right) = pK_a + \log\left(\frac{1/2}{1/2}\right) = pK_a$$

적정 용액의 부피가 $\frac{1}{2}V_e$가 되면 산 HA(활동도 계수를 무시)에 대한 pH = pK_a이다. 즉 V_b가 가해 준 염기의 부피라고 할 때, 실험으로 얻는 적정 곡선으로부터 $V_b = \frac{1}{2}V_e$가 되는 점에서 읽은 pH 값으로 근사적인 pK_a 값을 구할 수 있다(pK_a의 참값을 구하려면 활동도 계수를 알아야 한다).

조언 용액이 HA와 A^-의 혼합액이라면, 그 용액이 바로 **완충 용액**이다. 이때 $[A^-]/[HA]$ 값만을 알면 바로 pH를 계산할 수 있다.

$$pH = pK_a + \log\left(\frac{[A^-]}{[HA]}\right)$$

먼저 완충 용액임을 확인하라! 완충 용액은 산-염기 화학에서 자주 등장한다.

영역 3: 당량점에서

당량점에서는 NaOH의 양 만큼 HA를 정확하게 소모할 수 있다.

당량점에서는 HA가 **약염기** A^-로 바뀐다.

적정 반응:	HA	+ OH^- →	A^-	+ H_2O
처음의 상대적인 양	1	1	—	—
마지막의 상대적인 양	—	—	1	—

결과적으로, 용액에는 A^-'만' 남게 된다. 증류수에 염 Na^+A^-를 녹이면 이와 똑같은 용액이 만들어진다. **Na^+A^-의 용액은 단순한 약염기의 용액이 된다.**

어떤 약염기의 pH를 구하기 위해서는 우선 약염기와 물과의 반응을 나타낸다.

$$\underset{F-x}{A^-} + H_2O \rightleftharpoons \underset{x}{HA} + \underset{x}{OH^-} \qquad K_b = \frac{K_w}{K_a}$$

한 가지 유의할 점은 A^-의 포말 농도는 HA의 초기 농도인 0.020 00 M이 아니라는 것이다. A^- 용액은 뷰렛으로 가해진 NaOH에 의해 이미 묽혀진 것이다.

$$F' = \underbrace{(0.020\,00\text{ M})}_{\text{HA의 초기 농도}}\underbrace{\left(\frac{50.00\text{ mL}}{50.00\text{ mL} + 10.00\text{ mL}}\right)}_{\text{묽힘 인자}} = 0.016\,7\text{ M}$$

(50.00 mL: HA의 초기 부피; 50.00 mL + 10.00 mL: 용액의 전체 부피)

이제 이 F′ 값으로부터 문제를 풀 수 있다.

$$\frac{x^2}{F' - x} = \frac{x^2}{0.016\,7 - x} = K_b = \frac{K_w}{K_a} = 1.86 \times 10^{-8} \Rightarrow x = 1.76 \times 10^{-5}\text{ M}$$

$$pH = -\log[H^+] = -\log\left(\frac{K_w}{x}\right) = 9.25$$

강염기로 약산을 적정하는 경우에는 당량점에서의 pH가 항상 7 이상이 된다.

이 적정에서 당량점에서의 pH는 9.25이다. **pH = 7.00이 아니다.** 약산의 적정에서는 당량점에서의 pH가 **항상** 7 이상인데, 이것은 산이 당량점에서 그 짝염기로 바뀌기 때문이다.

영역 4: 당량점 이후

이때부터는 A^- 용액에 NaOH를 가하게 된다. NaOH는 A^-보다 강염기이므로, 당연히 pH는 용액에 있는 과량의 OH^-농도에 의해서 결정된다.

이때 pH는 과량의 OH^-에 의해 결정될 것으로 예상된다.

$V_b = 10.10$ mL일 때 pH를 계산해 보자. 이때는 V_e보다 0.10 mL 더 가해진 점이다. 과량의 OH^- 농도는 다음과 같다.

$$[OH^-] = \underbrace{(0.100\,0\ M)}_{OH^-\text{의 초기 농도}}\underbrace{\left(\frac{\overbrace{0.10\ mL}^{\text{과량의 }OH^-\text{의 부피}}}{\underbrace{50.00\ mL + 10.10\ mL}_{\text{용액의 전체 부피}}}\right)}_{\text{묽힘 인자}} = 1.66 \times 10^{-4}\ M$$

$$pH = -\log\left(\frac{K_w}{[OH^-]}\right) = 10.22$$

도전 $V_b = 10.10$ mL일 때 과량의 적정 용액에 기인된 OH^-의 농도와 A^-의 가수 분해로부터 생성되는 OH^-의 농도를 비교해 보라. 당량점 이후에서는 pH에 미치는 A^-의 영향은 거의 없다고 할 수 있다.

적정 곡선

표 11-2에 NaOH에 의한 MES 적정의 계산 결과를 수록하였다. 그림 11-2의 계산된 적정 곡선에는 눈에 띄는 두 점이 있다. 한 점은 곡선이 가장 급경사를 이루는 당량점이다. 다른 한 점은 $V_b = \frac{1}{2}V_e$인 점으로, 이 점에서는 $pH = pK_a$가 된다. 이 점도 변곡점으로서 기울기가 최소인 점이다.

적정에서의 경계점
$V_b = V_e$일 때, 곡선은 가장 급경사를 이룬다.
$V_b = \frac{1}{2}V_e$일 때, $pH = pK_a$이며, 기울기가 최소이다.

다시 그림 9-4b를 살펴보면, 최대 **완충 용량**(buffer capacity)은 $pH = pK_a$일 때임을 알 수 있다. 즉 용액은 $pH = pK_a(V_b = \frac{1}{2}V_e)$일 때, pH의 변화에 대해 가장 저항력이 커지고, 그러므로 기울기(dpH/dV_b)는 최소이다.

완충 용량은 용액의 pH 변화를 저항할 수 있는 용액의 능력을 나타낸다.

그림 11-3은 HA의 산 해리 상수와 반응물의 농도에 따라 적정 곡선이 어떻게 변화되는지를 나타내고 있다. HA가 약산일수록(높은 pK_a에서) 또는 분석 물질과 적정액의 농도가 감소할수록 당량점 부근에서의 급격한 굴절이 감소되며, 결국에는 너무 완만하여 당량점을 검출할 수 없게 된다. **실제로 너무 약하거나 묽은 산이나 염기의 적정은 하지 않는다.**

표 11-2 0.020 00 M MES 50.00 mL를 0.100 0 M NaOH로 적정하는 적정 곡선에 대한 계산

	가해진 염기 mL(V_b)	pH
영역 1 (약산)	0.00	3.99
영역 2 (완충 용액)	0.50	4.99
	1.00	5.32
	2.00	5.67
	3.00	5.90
	4.00	6.09
	5.00	6.27
	6.00	6.45
	7.00	6.64
	8.00	6.87
	9.00	7.22
	9.50	7.55
	9.90	8.27
영역 3 (약염기)	10.00	9.25
영역 4 (과량의 OH^-)	10.10	10.22
	10.50	10.91
	11.00	11.21
	12.00	11.50
	13.00	11.67
	14.00	11.79
	15.00	11.88
	16.00	11.95

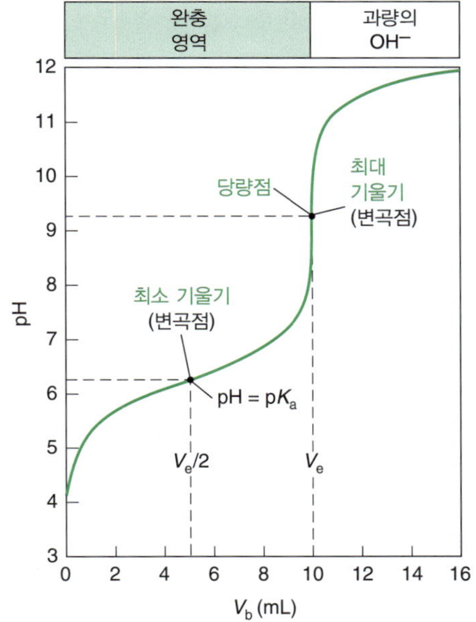

그림 11-2 0.020 00 M MES 50.00 mL와 0.100 0 M NaOH의 반응에 대한 적정 곡선. 경계점은 당량 부피($pH = pK_a$)의 절반인 지점에서 나타나고, 곡선의 가장 가파른 지점이 당량점이다.

그림 11-3 (*a*) 0.100 M NaOH에 의한 0.020 0 M HA 50.0 mL의 적정을 보여 주는 계산된 곡선. (*b*) 50.0 mL HA(pK_a = 5)를 HA의 농도보다 5배 더 진한 NaOH로의 적정을 보여 주는 계산된 곡선. 약산이거나 묽을수록 종말점에서의 기울기 변화는 뚜렷하지 않다.

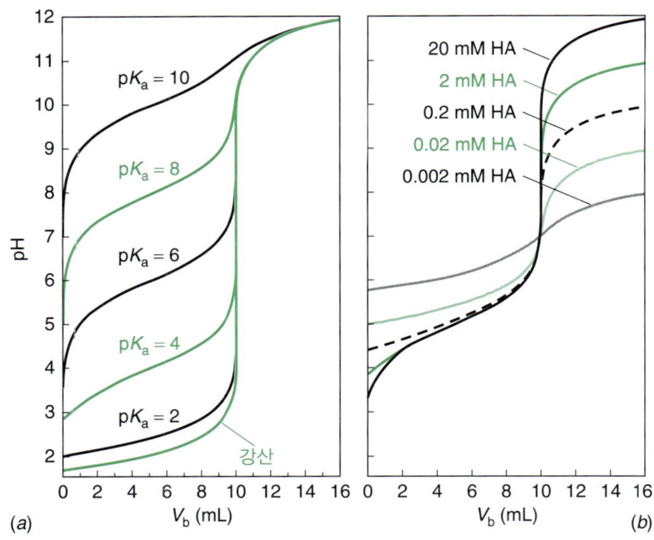

11-3 강산에 의한 약염기의 적정

약염기를 강산으로 적정하는 경우는 약산을 강염기로 적정하는 것의 정반대이다. 그 **적정 반응**은 다음과 같다.

$$B + H^+ \rightarrow BH^+$$

반응물이 약염기와 강산이므로, 반응은 산이 가해지면 즉시 완결된다. 이 적정 곡선은 네 영역으로 구분된다.

1. 산이 가해지기 전, 용액은 물에 약염기인 B만을 포함하고 있다. 그 pH는 K_b 반응으로 결정된다.

V_a(= 가한 산의 부피) = 0인 경우에는 **약염기**의 문제이다.

$$\underset{F-x}{B} + H_2O \overset{K_b}{\rightleftharpoons} \underset{x}{BH^+} + \underset{x}{OH^-}$$

2. 처음 상태와 당량점 사이에서 용액은 B와 BH^+의 혼합액이다. 즉 **완충 용액**이다. 이때의 pH는 다음과 같이 계산된다.

$0 < V_a < V_e$일 때는 **완충 용액**이 된다.

$$pH = pK_a\,(BH^+\text{의 경우}) + \log\left(\frac{[B]}{[BH^+]}\right)$$

산을 가함에 따라(V_a의 증가) $V_a = \frac{1}{2}V_e$인 특이한 점에 이르고, 이때 pH = pK_a(BH^+의 경우)이다. 앞에서처럼, pK_a는 적정 곡선으로부터 쉽게 구할 수 있다.

3. 당량점에서는 B가 약산 BH^+로 전환된다. 이때의 pH는 BH^+의 산 해리 반응으로부터 계산된다.

$V_a = V_e$일 때, 용액에는 **약산** BH^+가 들어 있다.

$$\underset{F'-x}{BH^+} \rightleftharpoons \underset{x}{B} + \underset{x}{H^+} \qquad K_a = \frac{K_w}{K_b}$$

BH^+의 포말 농도 F′는 묽힘 효과 때문에 원래의 B의 포말 농도와 같지 않다. 용액은 당량점에서 BH^+를 포함하므로 액성은 산성이다. 그러므로 **당량점에서의 pH는 확실히 7 이하이다.**

4. 당량점 이후부터는 과량의 강산이 pH를 결정하게 된다. 그러므로 약산인 BH^+의 농도는 무시한다.

$V_a > V_e$일 때, 용액에는 과량의 **강산**이 들어 있다.

예제 **HCl에 의한 피리딘의 적정**

0.106 7 M HCl로 0.083 64 M 피리딘 25.00 mL를 적정하는 경우를 살펴보자.

$$\text{N:} \quad K_b = 1.59 \times 10^{-9} \Rightarrow K_a = \frac{K_w}{K_b} = 6.31 \times 10^{-6} \quad pK_a = 5.20$$

피리딘

적정 반응은 다음과 같다.

$$\text{N:} + H^+ \rightarrow \text{NH}^+$$

당량점은 19.60 mL에서 나타난다.

$$\underbrace{(V_e(\text{mL}))(0.106\,7\ \text{M})}_{\text{HCl의 mmol수}} = \underbrace{(25.00\ \text{mL})(0.083\,64\ \text{M})}_{\text{피리딘의 mmol수}} \Rightarrow V_e = 19.60\ \text{mL}$$

$V_a = 4.63$ mL일 때의 pH를 계산하시오.

풀이 피리딘의 일부는 중화되어, 용액은 피리딘과 피리디늄 이온의 혼합액, 즉 **완충 용액이 된다**. 시료 전체를 적정하는 데는 19.60 mL의 산이 필요하므로, 적정된 피리딘의 분율은 4.63/19.60 = 0.236이다. 또한 남아 있는 피리딘의 분율은 1 − 0.236 = 0.764이다. 그러므로 pH는 다음과 같다.

$$\begin{aligned} pH &= pK_a + \log\left(\frac{[B]}{[BH^+]}\right) \\ &= 5.20 + \log\frac{0.764}{0.236} = 5.71 \end{aligned}$$

자습 $V_a = 14.63$ mL일 때 pH를 계산하시오. (**답:** 4.73)

11-4 이양성자성 계에서의 적정

일양성자성 산과 염기의 적정에 대한 원리는 그대로 다양성자성 산과 염기의 적정에 응용할 수 있다. 이 절에서는 두 가지 경우를 예시하고자 한다.

전형적인 경우

그림 11-4의 위쪽 곡선은 0.100 M HCl로 0.100 M 염기(B) 10.0 mL를 적정하는 경우에 계산된 것이다. 여기서 염기는 $pK_{b1} = 4.00$이고, $pK_{b2} = 9.00$인 이염기성이다. 이 적정 곡선은 다음 반응에 해당되는 당량점 부근에서 두 개의 뚜렷한 변곡점을 나타낸다.

$$\begin{aligned} B + H^+ &\rightarrow BH^+ \\ BH^+ + H^+ &\rightarrow BH_2^{2+} \end{aligned}$$

제1당량점에서 적정 용액의 부피는 10.0 mL이다. 즉

$$\underbrace{(V_e(\text{mL}))(0.100\ \text{M})}_{\text{HCl의 mmol수}} = \underbrace{(10.00\ \text{mL})(0.100\,0\ \text{M})}_{\text{B의 mmol수}} \Rightarrow V_e = 10.00\ \text{mL}$$

제2당량점에서는 두 번째 반응이 첫 번째 반응과 같은 몰수의 HCl이 사용되므로, 적정 용액의 부피는 $2V_e$가 되어야 한다.

항상 $V_{e2} = 2V_{e1}$.

pH 계산은 일염기성 화합물의 적정에서 대응하는 점들의 계산 방법과 유사하다. 이제 그림 11-4의 점 A에서 E까지의 변화를 각각 살펴보자.

그림 11-4 (*a*) 0.100 M HCl에 의한 0.100 M 염기(pK_{b1} = 4.00, pK_{b2} = 9.00) 10.0 mL의 적정. 두 당량점은 C와 E이다. 점 B와 D는 절반 정도 중화된 점으로서, 그 때의 pH 값은 각각 pK_{a2}와 pK_{a1}에 해당한다. (*b*) 0.100 M HCl에 의한 0.100 M 니코틴(pK_{b1} = 6.15, pK_{b2} = 10.85) 10.0 mL의 적정. 제2당량점 J에서는 pH가 너무 낮기 때문에 급격한 변곡점을 나타내지 않는다.

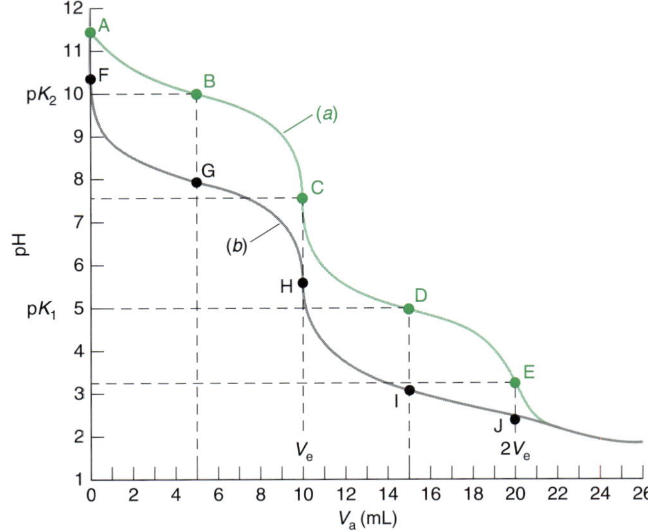

점 A

산이 가해지기 전에는 용액에 약염기인 B만 존재하게 되므로, pH는 다음 반응에 의해 지배된다.

이염기성 화합물은 일염기성 화합물과 같이 생각할 수 있다 (즉 K_{b2} 반응은 무시할 수 있음).

$$\underset{0.100 - x}{\mathrm{B}} + \mathrm{H_2O} \overset{K_{b1}}{\rightleftharpoons} \underset{x}{\mathrm{BH^+}} + \underset{x}{\mathrm{OH^-}}$$

$$\frac{x^2}{0.100 - x} = 1.00 \times 10^{-4} \Rightarrow x = 3.11 \times 10^{-3}$$

$$[\mathrm{H^+}] = \frac{K_w}{x} \Rightarrow \mathrm{pH} = 11.49$$

점 B

점 A(초기점)와 C(제1당량점) 사이에서는 B와 BH^+를 포함하는 완충 용액이 된다. 점 B는 당량점의 절반에 해당되므로 $[B] = [BH^+]$이다. pH는 **약산 BH^+에 대한** Henderson-Hasselbalch 식을 이용하여 계산한다. 이때 BH^+의 산 해리 상수는 BH_2^{2+}에 대한 K_{a2}이다. K_{a2} (BH_2^{2+}에 대한) = $K_w/K_{b1} = 10^{-10.00}$이다.

물론 다음 식이 성립하는 것을 기억하라.

$$K_{a2} = \frac{K_w}{K_{b1}} \qquad K_{a1} = \frac{K_w}{K_{b2}}$$

$$\mathrm{pH} = pK_{a2} + \log\frac{[\mathrm{B}]}{[\mathrm{BH^+}]} = 10.00 + \log 1 = 10.00$$

그러므로 점 B에서의 pH 값은 pK_{a2}가 된다.

완충 용액 영역 내에 있는 어떤 점에서의 $[B]/[BH^+]$ 비를 계산한다는 것은 단순히 적정된 점 A와 C 사이의 분율을 구하는 것이다. 예를 들어 V_a = 1.5 mL일 때,

$$\frac{[\mathrm{B}]}{[\mathrm{BH^+}]} = \frac{8.5\ \mathrm{mL}}{1.5\ \mathrm{mL}}$$

이다. 그 이유는 당량점에 이르기 위해서는 적정 용액이 10.0 mL 필요한데, 이 경우는 1.5 mL만 가해졌기 때문이다. 결국 V_a = 1.5 mL일 때의 pH는 다음과 같이 계산된다.

$$\mathrm{pH} = 10.00 + \log\frac{8.5}{1.5} = 10.75$$

점 C

제1당량점에서는 **B가 이양성자성 산 BH_2^{2+}의 중간형인 BH^+로 전환된다. 이때 BH^+는 산인 동시에 염기이다.** 식 10-11에 의하여,

BH^+는 이양성자성 산의 **중간형**이다.

$$[H^+] \approx \sqrt{\frac{K_1K_2F + K_1K_w}{K_1 + F}} \qquad (11\text{-}3)$$

$pH \approx \frac{1}{2}(pK_1 + pK_2)$

이 된다. 여기서 K_1과 K_2는 BH_2^{2+}의 산 해리 상수이다.

BH^+의 포말 농도는 B 원액의 묽힘을 고려하여 계산한다.

$$F = \underbrace{(0.100\ M)}_{\text{B의 초기 농도}}\underbrace{\left(\frac{10.0\ mL}{20.0\ mL}\right)}_{\text{묽힘 인자}} = 0.050\,0\ M$$

(10.0 mL: B의 초기 부피; 20.0 mL: 용액의 전체 부피)

식 11-3에 모든 값들을 대입하면 pH가 구해진다.

$$[H^+] = \sqrt{\frac{(10^{-5})(10^{-10})(0.050\,0) + (10^{-5})(10^{-14})}{10^{-5} + 0.050\,0}} = 3.16 \times 10^{-8}$$

$$pH = 7.50$$

이 예에서 $pH = \frac{1}{2}(pK_{a1} + pK_{a2})$임을 유의해야 한다.

그림 11-4의 점 C는 적정 곡선 상에 놓여 있는 이양성자성 산의 중간형을 나타낸다. 이것은 소량의 산 또는 염기를 첨가할 때 pH가 급격히 변하므로 **가장 완충력이 낮은** 점이다. 이양성자성 산의 중간형이 완충제로서 역할을 할 것이라는 잘못된 개념이 있는데, 실제로 그것은 완충제로서는 **가장 나쁜 선택**인 경우이다.

다양성자성 산의 중간형은 완충제로서는 가장 나쁜 선택이다.

점 D

점 C와 E 사이의 용액은 모두 BH^+(염기)와 BH_2^{2+}(산)를 포함하는 완충 용액이라고 생각할 수 있다. $V_a = 15.0$ mL일 때, $[BH^+] = [BH_2^{2+}]$이고 pH는 다음과 같이 된다.

$$pH = pK_{a1} + \log\frac{[BH^+]}{[BH_2^{2+}]} = 5.00 + \log 1 = 5.00$$

도전 V_a가 17.2 mL일 때 log항의 값이 다음과 같이 됨을 증명하라.

$$\frac{[BH^+]}{[BH_2^{2+}]} = \frac{20.0\ mL - 17.2\ mL}{17.2\ mL - 10.0\ mL} = \frac{2.8}{7.2}$$

점 E

점 E는 제2당량점으로서, 이 용액은 실제로 물에 BH_2Cl_2를 녹인 것과 같다. $BH_2{}^{2+}$의 포말 농도는 다음과 같다.

$$F = (0.100\ M)\left(\frac{10.0\ mL}{30.0\ mL}\right) = 0.033\,3\ M$$

(10.0 mL: B의 초기 부피; 30.0 mL: 용액의 전체 부피)

이 경우의 pH는 BH_2^{2+}의 산 해리 상수에 의해서 결정된다.

$$\underset{F - x}{BH_2^{2+}} \rightleftharpoons \underset{x}{BH^+} + \underset{x}{H^+} \qquad K_{a1} = \frac{K_w}{K_{b2}}$$

$$\frac{x^2}{0.033\,3 - x} = 1.0 \times 10^{-5} \Rightarrow x = 5.72 \times 10^{-4} \Rightarrow pH = 3.24$$

제2당량점에서는 BH_2^{2+}를 일양성자성 약산으로 다룰 수 있다.

제2당량점 이상($V_a > 20.0$ mL)에서 용액의 pH는 가해진 강산의 부피로 계산할 수 있다. 예를 들어 $V_a = 25.00$ mL일 때 0.100 M HCl은 5.00 mL만큼 과량이며, 용액의 전체 부피는 10.00 + 25.00 = 35.00 mL이다. pH는 다음과 같이 구할 수 있다.

$$[H^+] = (0.100\ M)\left(\frac{5.00\ mL}{35.00\ mL}\right) = 1.43 \times 10^{-2}\ M \Rightarrow pH = 1.85$$

불분명한 종말점

pH가 너무 낮거나 높을 때, 혹은 pK_a 값이 서로 비슷할 때는 종말점이 불분명해진다.

대부분의 이양성자성 산이나 염기의 적정은 그림 11-4의 곡선 *a*와 같이 두 개의 뚜렷한 종말점을 나타낸다. 그런데 몇 가지 적정에서는 곡선 *b*처럼 두 개의 종말점이 나타나지 않는 경우도 있다. 곡선 *b*는 0.100 M HCl에 의한 0.100 M 니코틴($pK_{b1} = 6.15$, $pK_{b2} = 10.85$) 10.0 mL의 적정에 대해 계산한 것이다. 두 개의 반응은 다음과 같다.

니코틴 (B) ⟶ BH^+ ⟶ BH_2^{2+}

BH_2^{2+}가 너무 강한 산(또는 마찬가지로 BH^+가 대단히 약염기)이기 때문에 제2당량점(J)에서는 분명한 변곡점이 거의 나타나지 않는다. 적정이 낮은 pH(≲ 3)에 가까워졌을 때 HCl이 모두 BH^+와 반응하여 BH_2^{2+}가 된다고 가정할 수 없다. I점과 J점 사이의 pH 값을 계산하기 위해서는 평형을 체계적으로 다루어야 한다. 이 장 뒷부분에서 스프레드시트를 이용하여 전체 곡선을 계산하는 방법에 대해 언급하고자 한다.

11-5 pH 전극에 의한 종말점 검출

보충 11-1은 환경 분석에 중요한 산-염기 적정의 응용 예를 보여 준다.

적정은 분석 물질의 양을 구하거나 분석 물질의 평형 상수를 측정하기 위해 보편적으로 수행된다. 이 두 가지 목적에 필요한 정보는 적정이 이루어질 때 용액의 pH를 관찰하여 얻을 수 있다. 그림 2-9는 모든 조작이 자동적으로 이루어지는 **자동 적정기**(autotitrator)를 보여 준다.[2] 적정 용액을 첨가한 후 그다음 적정 용액이 방울로 가해지기 전에 pH가 안정화될 때까지 기다려야 한다. 종말점은 적정 곡선 상의 최대 기울기를 구함으로써 자동으로 계산된다.

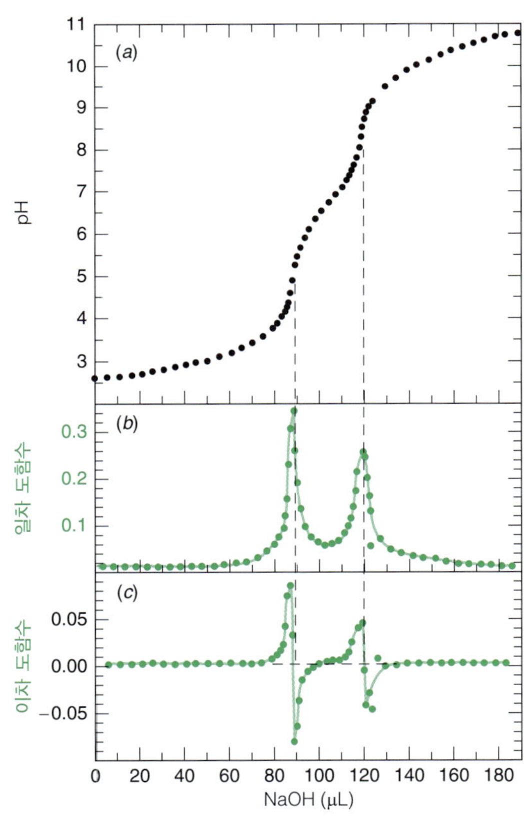

그림 11-5 (*a*) 0.10 M $NaNO_3$ 수용액 1.000 mL에 녹인 육양성자성산인 자일레놀 오렌지 1.430 mg의 적정에 대한 실험적인 점들. 적정 용액은 0.065 92 M NaOH이다. (*b*) 일차 도함수 $\Delta pH/\Delta V$의 적정 곡선. (*c*) 이차 도함수 $\Delta(\Delta pH/\Delta V)/\Delta V$는 곡선 *b*의 도함수이다. 제1종말점에 대한 도함수는 그림 11-6에 계산되어 있다. 종말점은 일차 도함수 곡선에서 최대이며, 이차 도함수는 0점과 교차하는 점이다.

보충 11-1 알칼리도와 산도

자연수 시료에서 **알칼리도**(alkalinity)는 25°C에서 이온 세기가 0이고 $pK_a > 4.5$인 약산으로부터 시료 내에 있는 과량의 염기성 물질과 동등한 HCl의 몰수로 정의한다.[3] 알칼리도는 1 kg의 물을 pH 4.5로 만드는 데 필요한 HCl의 밀리몰수에 해당하며, 탄산염(CO_3^{2-})의 적정 시 제2당량점에 해당한다. 유용한 근사법으로

$$\text{알칼리도} \approx [OH^-] + 2[CO_3^{2-}] + [HCO_3^-]$$

pH 4.5 이상의 물을 pH 4.5(pH 미터로 측정)가 되게 HCl로 적정할 때는 모든 OH^-, CO_3^{2-}, HCO_3^-가 반응할 것이다. 대부분의 물 시료에서 대부분의 알칼리도는 OH^-, CO_3^{2-}, HCO_3^-에 기인한다. 자연수에서 알칼리도에 기여하는 소수의 물질들은 인산 이온, 붕산 이온, 실리케이트 이온, 플루오린화 이온, 암모니아, 황화 이온 및 유기 화합물이다. 해양학에서 알칼리도는 인위적(사람이 유발하는)으로 바다에 유입되는 CO_2의 양을 추정할 때, 그리고 $CaCO_3$ 소요량($CaCO_3$의 출처와 침전)[4]을 산정할 때 사용한다. 해양학자들은 알칼리도를 측정할 때 염도(이온 세기)와 온도를 명시한다.[3]

알칼리도와 물의 **세기**(hardness, 용해된 Ca^{2+}와 Mg^{2+}, 보충 12-2 참조)는 관개용수의 중요한 성질이다. $Ca^{2+} + Mg^{2+}$보다 과량인 알칼리도를 '잔류 탄산 소듐'이라고 한다. ≥2.5 mmol H^+/kg의 잔류 탄산 소듐을 함유하고 있는 물은 용수로 적당하지 않다. 잔류 탄산 소듐의 양이 1.25~2.5 mmol H^+/kg일 때가 최소 한계이고, ≤1.25 mmol H^+/kg일 때가 용수로 적당하다.

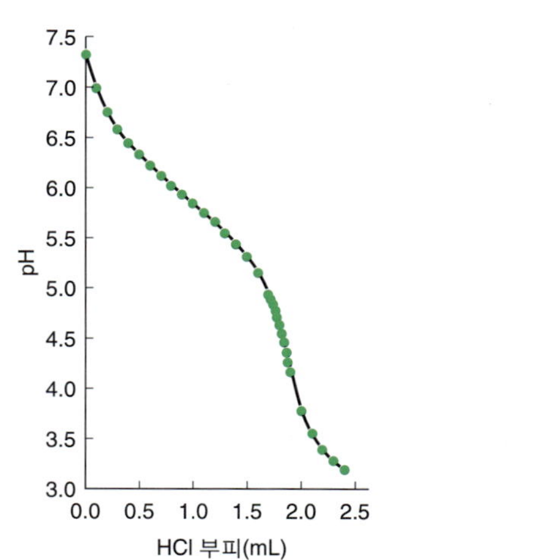

20.05°C에서 염수 165.4 mL를 0.209 5 M HCl로 알칼리도 적정을 수행하는데, CO_2가 빠져나가지 않게 하려고 밀폐 용기에서 적정한다. HCl은 NaCl을 함유하고 있어서 이온 세기는 일정하게 유지된다. [출처: A.G.Dickson.Oak Ridge National Laboratory]

자연수의 **산도**(acidity)는 NaOH로 적정하여 pH 8.3으로 만드는 데 필요한 전체 산의 양을 말한다. 이 pH는 탄산(H_2CO_3)을 OH^-로 적정했을 때의 제2당량점에 해당한다. 물 중의 모든 약산은 대부분 이 방법으로 적정된다. 산도는 물 1 kg을 pH 8.3으로 만드는 데 필요한 OH^-의 mmol로 나타낸다.

그림 11-5a에는 육양성자성 약산 H_6A를 NaOH로 적정한 실험 결과를 나타내고 있다. 이때 시료는 정제하기가 매우 어렵기 때문에 소량만이 적정에 사용된다. 1.000 mL의 물에 정확히 1.430 mg을 녹이고, Hamilton 주사기로 μL의 0.065 92 M NaOH를 가하여 적정한다.

그림 11-5a의 적정 곡선은 두 점, 즉 90 μL와 120 μL에서 뚜렷한 굴곡을 보이고 있는데, 이것은 각각 H_6A의 **제3**, **제4**의 양성자에 대한 적정에 해당된다.

	A	B	C	D	E	F
1	Derivatives of a Titration Curve					
2	Data		1st derivative		2nd derivative	
3	μL NaOH	pH	μL	ΔpH/ΔμL		Δ(ΔpH/ΔμL)
4	85.0	4.245			μL	ΔμL
5			85.5	0.155		
6	86.0	4.400			86.0	0.0710
7			86.5	0.226		
8	87.0	4.626			87.0	0.0810
9			87.5	0.307		
10	88.0	4.933			88.0	0.0330
11			88.5	0.340		
12	89.0	5.273			89.0	−0.0830
13			89.0	0.257		
14	90.0	5.530			90.0	−0.0680
15			90.5	0.189		
16	91.0	5.719			91.25	−0.0390
17			92.0	0.131		
18	93.0	5.980				
19	Representative formulas:					
20	C5 = (A6+A4)/2			E6 = (C7+C5)/2		
21	D5 = (B6−B4)/(A6−A4)			F6 = (D7−D5)/(C7−C5)		

그림 11-6 그림 11-5에서 90 μL 영역 근처의 일차 및 이차 도함수를 계산하는 스프레드시트

그림 11-7 이차 도함수 곡선에서 확대한 종말점 영역은 그림 11-5c에 나타내었다.

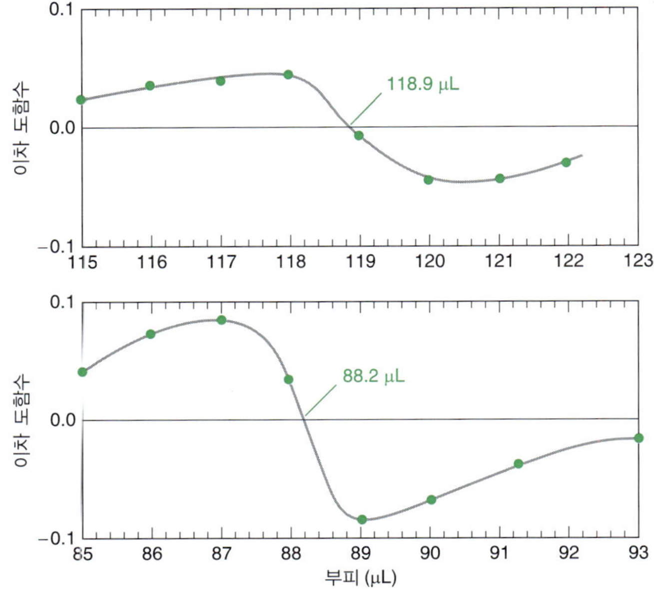

$$H_4A^{2-} + OH^- \rightarrow H_3A^{3-} + H_2O \quad \text{(약 90 μL 당량점)}$$
$$H_3A^{3-} + OH^- \rightarrow H_2A^{4-} + H_2O \quad \text{(약 120 μL 당량점)}$$

앞의 두 개와 뒤의 두 당량점에서는 그 pH 값이 너무 작거나 크기 때문에 그 종말점을 확인할 수 없다.

종말점 결정을 위한 도함수의 이용

종말점
- 최대 기울기
- 이차 도함수 = 0

종말점은 적정 곡선의 기울기(dpH/dV)가 최대인 점이다. 그림 11-5b에 나타낸 기울기(일차 도함수)는 그림 11-6의 스프레드시트에서 계산된다. 처음 두 열에 실험값 부피와 pH 측정값을 나타내었다(pH 미터의 정확도가 소수점 둘째자리까지일지라도, 정밀도는 소수점 셋째자리까지이다). 일차 도함수를 구하고자 각 쌍의 부피를 평균하면 $\Delta pH/\Delta V$ 값이 계산된다. 여기서 ΔpH는 연속적인 두 측정값 사이의 pH 변화이고, ΔV 값은 연속적인 두 적정 용액 사이의 부피 변화이다. 그림 11-6의 마지막 두 열과 그림 11-5c는 이차 도함수를 나타내고 일차 도함수와 유사한 방법으로 계산한다. 종말점은 이차 도함수가 0일 때의 부피에 해당한다. 그림 11-7은 종말점을 충분히 추정할 수 있게 해 준다.

예제 **적정 곡선의 도함수 계산**

그림 11-6에 있는 일차 및 이차 도함수를 계산하는 방법에 대해 알아보자.

풀이 세 번째 열의 처음 수 85.5는 첫 번째 열에 있는 처음 두 부피(85.0과 86.0)의 평균값이다. $\Delta pH/\Delta V$ 도함수는 처음 두 pH 값과 처음 두 부피로부터 계산된다.

$$\frac{\Delta pH}{\Delta V} = \frac{4.400 - 4.245}{86.0 - 85.0} = 0.155$$

좌표($x = 85.5$, $y = 0.155$)는 그림 11-5b의 일차 도함수 그래프에 있는 한 점이다.

이차 도함수는 일차 도함수를 사용하여 비슷한 방법으로 계산한다. 그림 11-6의 5번째 열에 있는 처음 부피는 86.0이며, 85.5와 86.5의 평균값이다. 이차 도함수는 다음과 같이 구한다.

$$\frac{\Delta(\Delta pH/\Delta V)}{\Delta V} = \frac{0.226 - 0.155}{86.5 - 85.5} = 0.071$$

그 좌표($x = 86.0$, $y = 0.071$)는 그림 11-5c에 있는 이차 도함수 그래프에 도시되어 있다.

자습 그림 11-6의 D7셀의 도함수를 증명하시오.

종말점 검출을 위한 Gran 도시의 이용[5,6]

종말점 검출에 사용되는 도함수의 한 가지 문제점은 대부분 종말점 부근에서 완충 작용이 안 되고 전극의 감응이 느리기 때문에 종말점 부근의 정확한 적정 결과를 얻기가 힘들다는 것이다. **Gran 도시**(**Gran plot**)는 종말점을 확인할 때 종말점 이전까지(전형적으로, 0.8 V_e 또는 0.9 V_e에서 V_e까지)의 결과만을 사용하는 그래프식 방법이다.

이와 관련된 방법은 적정 곡선의 중간 부분(당량점 근처가 아님)의 자료를 이용하여 V_e와 K_a 값을 추정한다.[7]

약산 HA의 적정을 생각해 보자.

$$HA \rightleftharpoons H^+ + A^- \qquad K_a = \frac{[H^+]\gamma_{H^+}[A^-]\gamma_{A^-}}{[HA]\gamma_{HA}}$$

위 식에서는 pH 전극이 농도가 아닌 수소 이온의 **활동도**(activity)에 따라 감응하므로 활동도 계수를 포함시켜 나타내었다.

이 적정에서 당량점 이전에는, 매우 근사적으로 각 NaOH 1 mol이 HA 1 mol을 1 mol의 A^-로 전환시킨다고 할 수 있다. 만약에 V_a mL의 HA(포말 농도는 F_a)를 V_b mL의 NaOH(포말 농도는 F_b)로 적정한다면 다음 식들이 성립된다.

강한 것과 약한 것은 완전히 반응한다.

$$[A^-] = \frac{\text{가해진 OH}^-\text{의 몰수}}{\text{전체 부피}} = \frac{V_bF_b}{V_b + V_a}$$

$$[HA] = \frac{\text{처음의 HA 몰수} - \text{OH}^-\text{의 몰수}}{\text{전체 부피}} = \frac{V_aF_a - V_bF_b}{V_a + V_b}$$

$[A^-]$와 [HA] 값을 평형 상수에 대입하면

$$K_a = \frac{[H^+]\gamma_{H^+}V_bF_b\gamma_{A^-}}{(V_aF_a - V_bF_b)\gamma_{HA}}$$

로 된다. 위 식을 정리하면 다음과 같다.

$$V_b\underbrace{[H^+]\gamma_{H^+}}_{10^{-pH}} = \frac{\gamma_{HA}}{\gamma_{A^-}}K_a\left(\frac{V_aF_a - V_bF_b}{F_b}\right) \qquad \textbf{(11-4)}$$

$\mathcal{A}_{H^+} = [H^+]\gamma_{H^+} = 10^{-pH}$

$[H^+]\gamma_{H^+} = 10^{-pH}$이므로 왼쪽 항은 $V_b \cdot 10^{-pH}$이다. 오른쪽 항 괄호 안은 다음과 같다.

$$\frac{V_aF_a - V_bF_b}{F_b} = \frac{V_aF_a}{F_b} - V_b = V_e - V_b$$

$V_aF_a = V_eF_b \Rightarrow V_e = \frac{V_aF_a}{F_b}$

그러므로 식 11-4는 다음과 같이 나타낼 수 있다.

Gran 도시 식:

$$V_b \cdot 10^{-pH} = \frac{\gamma_{HA}}{\gamma_{A^-}}K_a(V_e - V_b) \qquad \textbf{(11-5)}$$

이러한 $V_b \cdot 10^{-pH}$ 대 V_b의 그래프를 **Gran 도시**라고 한다. 만약 γ_{HA}/γ_{A^-}가 상수라면, 이 그래프는 기울기가 $-K_a\gamma_{HA}/\gamma_{A^-}$이고, 가로축($x$축)에 대한 절편이 V_e인 직선이 될 것이다. 그림 11-5의 적정에 대한 Gran 도시를 그림 11-8에 나타내었다. V_b에 대한 단위는 어떤 것이라도 무관하나, 두 축에 같은 단위를 사용해야 한다. 그림 11-8을 보면, V_b의 단위는 두 축에 대해서 마이크로리터로 나타내었다.

Gran 도시
- $V_b \cdot 10^{-pH}$ 대 V_b의 도시
- x 절편 = V_e
- 기울기 = $-K_a\gamma_{HA}/\gamma_{A^-}$

Gran 도시의 장점은 종말점을 찾는 작업에 종말점 **이전**까지의 데이터만을 사용하는 것이다. Gran 도시의 기울기로부터 K_a 값을 구할 수 있다. 일양성자성 산의 Gran 함수 ($V_b \cdot 10^{-pH}$ 대 V_b)는 다양성자성 산(그림 11-5의 H_6A와 같은 것)에도 적용될 수 있다.

Gran 함수 $V_b \cdot 10^{-pH}$는 실제로 0이 되지 않는다. 그 이유는 10^{-pH}가 결코 0이 아니기 때문이다. Gran 도시의 직선을 외삽하면 V_e를 얻을 수 있다. 또한 Gran 함수가 0이 되지 않는 이유는 OH^- 1 mol당 1 mol의 A^-가 생성된다고 하는 근사법을 사용했기 때문이며, 이러한 근사법은 V_b가 V_e에 근접되면서 맞지 않게 된다. 실제에 있어서는 이 Gran 도시의 직선 부분만을 사용하게 된다.

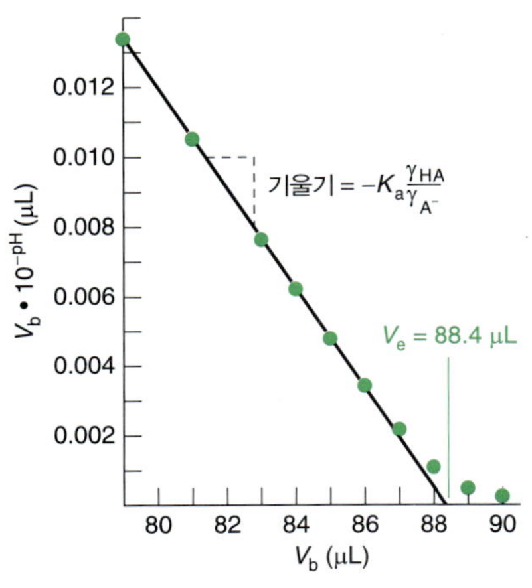

그림 11-8 그림 11-5의 제1당량점에 대한 Gran 도시. 이 도시는 V_e의 추정값이 그림 11-7과 0.2 μL(88.4 대 88.2 μL) 만큼 다르다는 것을 보여 준다. V_e 이전의 마지막 10~20% 부피는 Gran 도시에서 일반적으로 사용된다.

Gran 도시에 곡선을 나타나게 하는 또 다른 요인인 이온 세기의 변화는 γ_{HA}/γ_{A^-}의 값을 변하게 한다. 그림 11-8에서는 $NaNO_3$를 사용하여 이온 세기를 일정하게 유지시킴으로써 이러한 변화를 제거시켰다. 비록 염이 가해지지 않았음에도 불구하고, V_e 이전의 마지막 10~20% 데이터는 상당히 좋은 직선을 나타내는데, 이것은 γ_{HA}/γ_{A^-}의 비가 그렇게 크게 변하지 않기 때문이다.

도전 약염기 B를 강산으로 적정하는 경우, Gran 함수는 다음과 같다.

$$V_a \cdot 10^{+pH} = \left(\frac{1}{K_a} \cdot \frac{\gamma_B}{\gamma_{BH^+}}\right)(V_e - V_a) \qquad \textbf{(11-6)}$$

여기서 V_a는 가해진 강산의 부피이고, K_a는 BH^+의 산 해리 상수이다. 이 $V_a \cdot 10^{+pH}$ 대 V_a의 그래프는 기울기가 $-\gamma_B/(K_a\gamma_{BH^+})$이고, V_a축에 대한 x 절편이 V_e인 직선이 되어야 한다.

11-6 지시약에 의한 종말점 검출

지시약은 서로 다른 색깔을 띠는 여러 가지 양성자성 화학종의 산 또는 염기이다.

산-염기 **지시약(indicator)**은 그 자체가 산 또는 염기로서 양성자성 화학종에 따라 각각 다른 색을 띠게 된다. 한 예로 티몰 블루를 들 수 있다.

$pK_1 = 1.7$ $pK_2 = 8.9$

붉은색 (R) 티몰 블루   노란색 (Y^-)   푸른색 (B^{2-})

가장 흔히 사용되는 지시약 중의 하나가 페놀프탈레인인데, 이것은 주로 pH 8.0~9.6에서 무색에서 분홍색으로의 색깔 변화를 이용한다.

무색 페놀프탈레인 pH < 8.0

$2H^+$ $2OH^-$

$+ 2H_2O$

분홍색 페놀프탈레인 pH > 9.6

pH 1.7 이하에서는 붉은색이, pH 1.7과 8.9 사이에서는 노란색이, pH 8.9 이상에서는 푸른색이 주된 화학종이다(천연색 사진 5). 이것을 간단히 R, Y^-, B^{2-}로 각각 표시하기로 한다.

R와 Y^- 사이의 평형은 다음과 같이 나타낼 수 있다.

$$R \xrightleftharpoons{K_1} Y^- + H^+ \qquad pH = pK_1 + \log\frac{[Y^-]}{[R]} \qquad \textbf{(11-7)}$$

pH	$[Y^-]:[R]$	색
0.7	1:10	붉은색
1.7	1:1	주황색
2.7	10:1	노란색

pH = 1.7(= pK_1)에서는 노란색과 붉은색 화학종이 1:1 혼합물로 되기 때문에 주황색을 띠게 된다. 대체로 이 용액은 $[Y^-]/[R] \lesssim 1/10$에서는 붉은색을, $[Y^-]/[R] \gtrsim 10/1$ 상태에서는 노란색을 띠게 된다고 말할 수 있다. 식 11-7로부터 용액은 $pH \approx pK_1 - 1$에서 붉은색, $pH \approx pK_1 + 1$에서 노란색이 나타난다는 것을 알 수 있다. 지시약의 색상표에서는 티몰 블루가 pH 1.2 이하에서 붉은색으로, pH 2.8 이상에서는 노란색으로 나타나 있다. 이와 비교하면, 경험적으로 예상되는 pH는 0.7과 2.7 정도이다. pH 1.2와 2.8 사이에서 지시약은 약간 차이가 나는 여러 가지 주황색을 나타낸다. 이처럼 색깔 변화 사이에 걸쳐 있는 pH 범위(1.2~2.8)를 **변색 범위(transition range)**라고 한다. 대부분의 지시약이 한 가지의 색깔 변화를 나타내는 반면에, 티몰 블루는 pH 8.0과 9.6 사이에서 또 다른 변화, 즉 노란색에서 푸른색으로 변한다. 이 영역에서는 다양한 초록색이 나타난다.

실험 11-1은 산-염기 지시약의 색깔 변화를 기본으로 하였다. 보충 11-2는 지시약에 의한 빛의 흡수로 pH를 측정하는 방법에 대해 보여 주고 있다.

보충 11-2 pH 값이 음수라는 것의 의미는?

1930년에 Louis Hammett와 그의 연구자들은 수용액에서 염기의 세기 측정이 가능한 p-나이트로아닐린($pK_a = 0.99$)과 같은 기준 약염기(B)를 사용하여 대단히 약한 염기와 약한 산의 세기를 측정하였다.

p-나이트로아닐리늄 이온 BH^+ $\xrightleftharpoons{pK_a = 0.99}$ p-나이트로아닐린 B + H^+

이제 p-나이트로아닐린과 두 번째 염기 C를 2 M HCl과 같은 강산에 녹였다고 가정하자. CH^+의 pK_a 값은 먼저 각 산에 대한 Henderson-Hasselbalch 식을 나타냄으로써 BH^+의 pK_a 값으로부터 상대적으로 구할 수 있다.

$$pH = pK_a\,(BH^+\text{에 대한}) + \log\frac{[B]\gamma_B}{[BH^+]\gamma_{BH^+}}$$

$$pH = pK_a\,(CH^+\text{에 대한}) + \log\frac{[C]\gamma_C}{[CH^+]\gamma_{CH^+}}$$

위의 두 식을 같다고 놓으면(pH 값은 하나이므로),

$$\underbrace{pK_a(CH^+\text{에 대한}) - pK_a(BH^+\text{에 대한})}_{\Delta pK_a} = \log\frac{[B][CH^+]}{[C][BH^+]} + \log\frac{\gamma_B\gamma_{CH^+}}{\gamma_C\gamma_{BH^+}}$$

활동도 계수의 비가 1에 가깝기 때문에 오른쪽 식의 두 번째 항은 거의 0이 된다. 그러므로 두 번째 항을 무시하게 되면 다음과 같은 매우 유용한 결과를 얻는다.

$$\Delta pK_a \approx \log\frac{[B][CH^+]}{[C][BH^+]}$$

즉 B, BH^+, C, CH^+의 농도를 측정할 수 있고 BH^+의 pK_a 값을 알고 있다면, 바로 CH^+에 대한 pK_a 값을 구할 수 있다.

각각의 농도는 분광 광도법[9]이나 핵자기 공명법[10]으로 측정할 수 있고, 따라서 CH^+의 pK_a를 구할 수 있다. 이제 다시 CH^+를 기준으로 하여, 같은 방법으로 새로운 화합물 DH^+의 pK_a를 측정할 수 있다. 이러한 과정은 물에서 사실상 양성자 첨가가 어려운 약염기(나이트로벤젠과 같은 $pK_a = -11.38$)까지도 순차적인 확장으로 그 pK_a 측정이 가능해진다.

약염기 B를 양성자화시키는 강한 산성 용매의 산도를 **Hammett 산도 함수(Hammett acidity function)**라고 정의한다.

Hammett 산도 함수: $H_0 = pK_a(BH^+\text{에 대한}) + \log\frac{[B]}{[BH^+]}$

묽은 수용액의 H_0는 pH와 거의 같다. 진한 산의 H_0는 산의 세기의 척도가 된다. 염기 B가 약할수록 염기에 양성자를 제공하는 용매의 산도는 강해진다. 강한 산성 용매의 산도[11]는 현재 전기 화학적 방법으로 쉽게 측정된다.[12]

음(negative)의 pH 값이라는 것은 대개 H_0 값으로 나타낸다. 예를 들어 매우 약한 염기에 대한 양성자 첨가 능력으로 측정된

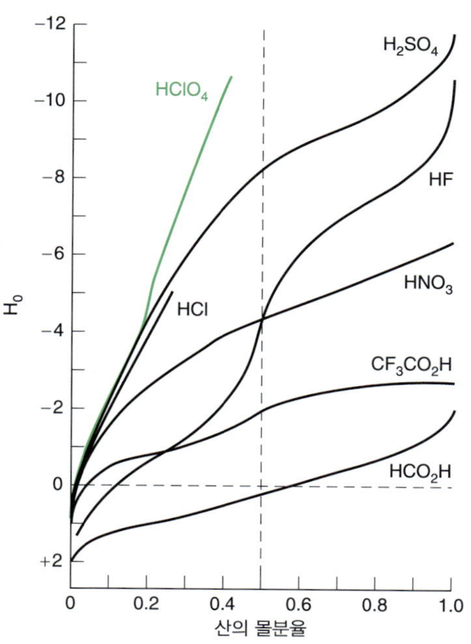

산의 수용액에 대한 Hammett 산도 함수 H_0 [출처: R. A. Cox and K. Yates, "Acidity Functions," *Can. J. Chem.* **1983**, *61*, 2225.]

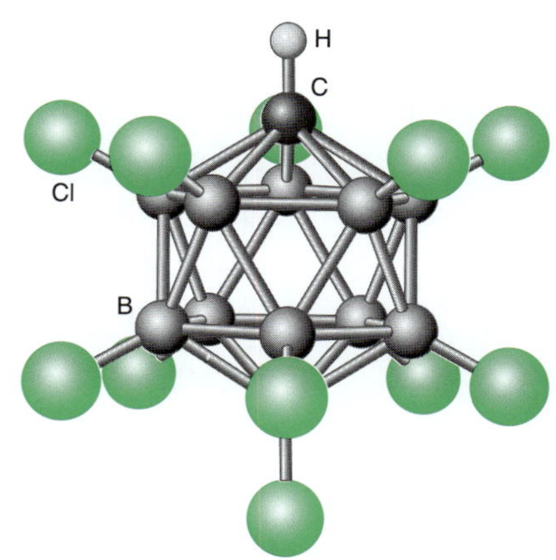

가장 강한 산으로 알려진 $[CHB_{11}Cl_{11}]^-H^+$의 정20면체 카보레인 음이온[13]. 정20면체형의 $H_2[B_{12}Cl_{12}]$는 가장 강한 이양성자성 산이다.

8 M $HClO_4$의 'pH' 값은 거의 −4 정도가 된다. 위의 그림에서 보면, $HClO_4$가 다른 무기산보다 더 강한 산으로 되는 이유를 알 수 있다. 몇 가지 강력한 산성 용매에 대한 H_0 값은 표와 같다. 가장 강한 산으로 알려진 산은 $[CHB_{11}Cl_{11}]^-H^+$으로서, 정20면체의 카보레인 바구니 구조를 갖는다. H 원자 한 개가 바구니 구조의 C 원자에 결합되어 있다. 매우 약하게 붙어 있는 H^+ 이온(여기에는 보이지 않는)은 기체상 또는 고체상에서 바구니 구조에 있는 Cl 원자에 끌려간다.[13]

산	명칭	H_0
H_2SO_4 (100%)	황산	−11.93
$H_2SO_4 \cdot SO_3$	발연 황산(oleum)	−14.14
HSO_3F	플루오로황산	−15.07
HSO_3F + 10% SbF_5	'초강산'	−18.94
HSO_3F + 7% $SbF_5 \cdot 3SO_3$	—	−19.35

실험 11-1 지시약과 CO_2의 산도

이 실험은 평범하지만 재미있는 예이다.[14] 900 mL의 물이 든 두 개의 1 L 눈금 실린더에 자석 젓개 막대를 각각 넣는다. 각 실린더에 1 M NH_3를 10 mL씩 가한다. 그다음 이 중 하나에는 2 mL의 페놀프탈레인 지시약을 넣고, 다른 하나에는 2 mL의 브로모티몰 블루를 넣는다. 두 지시약은 염기형에 해당하는 색을 나타낼 것이다.

각 실린더에 드라이아이스(고체 CO_2) 몇 조각을 떨어뜨린다. 이제 CO_2 기체가 발생되기 시작하며, 용액은 점점 더 산성으로 변한다. 처음에는 페놀프탈레인의 분홍색이 사라진다. 잠시 후에는 pH가 낮아져서 마침내 브로모티몰 블루가 푸른색에서 그 중간색인 초록색으로 변하게 된다. 그러나 어떤 방법으로도 노란색을 나타내지 않는다.

6 M HCl 20 mL를 깔때기에 타이곤(tygon)관을 연결한 것을 사용하여 각 실린더의 **바닥**에 넣는다. 그런 다음 용액을 자석 젓개로 몇 초간 저어 준다. 어떤 결과가 발생하였는지 설명하라. 이 실험의 결과는 천연색 사진 6에 나타내었다.

지시약의 선정

강산에서 무색의 페놀프탈레인은 황적색으로 변한다. 강염기에서는 붉은색 화학종의 색깔이 사라진다.[8]

황적색 (65~98% H_2SO_4에서)

무색 pH > 11

지시약은 그 색깔 변화가 당량점의 이론적 pH에 최대한 근접하는 것을 선택한다.

당량점이 pH = 5.54에서 나타나는 적정 곡선을 그림 11-9에 나타내었다. 이때 사용되는 지시약은 이 pH 값 부근에서 색 변화를 나타내어야 적정의 종말점을 결정하는 데 유용하다. 그림 11-9의 그래프를 보면 pH가 소량의 부피 변화에 의해 급격히 감소(pH 7에서 4로)하는 것을 볼 수 있다. 그러므로 이 pH 범위 사이에서 색깔 변화를 나타내는 지시약은 당량점에 매우 근사적인 점을 찾는 데 사용될 수 있다. 또한 그 색깔 변화가 pH 5.54에 근접되어 나타날수록 보다 정확한 종말점을 구할 수 있다. 관찰되는 종말점(색깔 변화)과 참 당량점과의 차이를 **지시약 오차**(**indicator error**)라고 한다.

만약 반응에 많은 양의 지시약을 첨가하면 또 다른 지시약 오차가 발생된다. 지시약들은 산 또는 염기이므로 반응물 또는 적정 용액과 반응한다. 지시약의 몰수가 분석 물질의 몰수에 비해서 무시될 수 있다는 가정하에서만 지시약을 사용한다. 따라서 절대로 묽은 지시약 용액 몇 방울 이상을 사용해서는 안 된다.

일반적인 몇 가지 지시약을 표 11-3에 수록하였다. 대부분의 지시약이 그림 11-9의 적정에 유용함을 알 수 있다. 예를 들어 브로모크레솔 퍼플을 사용한다면 종말점에 자주색에서 노란색으로의 색깔 변화를 이용할 수 있다. 마지막의 연한 자주색은 pH 5.2 근처에서 사라지는데, 이 점은 그림 11-9의 참 당량점에 매우 근접되어 있다. 또한 브로모크레솔 그린을 지시약으로 사용할 경우는 파란색에서 초록색(= 노란색 + 파란색)으로의 색깔 변화가 종말점을 나타낸다.

일반적으로 **지시약은 그 변색 범위가 적정 곡선의 급경사 부분에 가능한 한 근접하게 겹치는 것이 바람직하다.** 그림 11-9의 적정 곡선을 보면, 당량점 부근에서 급경사를 이루고 있어 당량점과 종말점의 불일치에 의한 지시약 오차가 크지 않음을 알 수 있다. 예를 들면 지시약

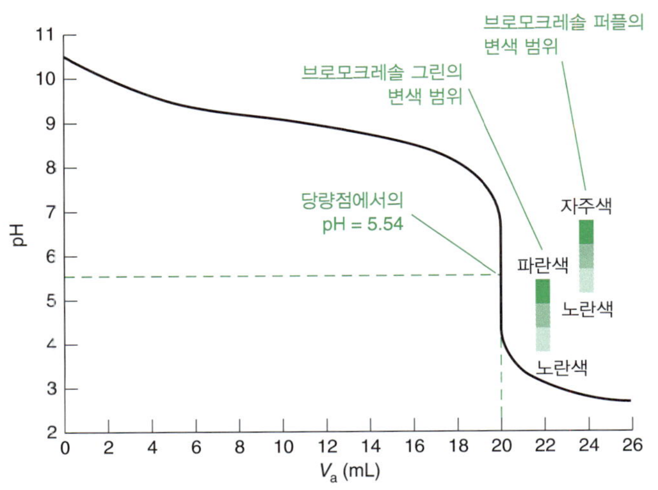

그림 11-9 0.010 0 M 염기(pK_b = 5.00) 100 mL와 0.050 0 M HCl의 반응에 대해 계산한 적정 곡선

표 11-3 일반적인 지시약

지시약	변색 범위(pH)	산성 색	염기성 색	제조 방법
메틸 바이올렛	0.0~1.6	노란색	보라색	H_2O 중 0.05 wt%
크레솔 레드	0.2~1.8	붉은색	노란색	0.01 M NaOH 26.2 mL 중 0.1 g, 그다음 H_2O ~225 mL를 가함.
티몰 블루	1.2~2.8	붉은색	노란색	0.01 M NaOH 21.5 mL 중 0.1 g, 그다음 H_2O ~225 mL를 가함.
크레솔 퍼플	1.2~2.8	붉은색	노란색	0.01 M NaOH 26.2 mL 중 0.1 g, 그다음 H_2O ~225 mL를 가함.
에리트로신, 다이소듐	2.2~3.6	주황색	붉은색	H_2O 중 0.1 wt%
메틸 오렌지	3.1~4.4	붉은색	노란색	H_2O 중 0.01 wt%
콩고 레드	3.0~5.0	보라색	붉은색	H_2O 중 0.1 wt%
브로모페놀 블루	3.0~4.6	노란색	푸른색	0.01 M NaOH 14.9 mL 중 0.1 g, 그다음 H_2O ~225 mL를 가함.
에틸 오렌지	3.4~4.8	붉은색	노란색	H_2O 중 0.1 wt%
브로모크레솔 그린	3.8~5.4	노란색	푸른색	0.01 M NaOH 14.3 mL 중 0.1 g, 그다음 H_2O ~225 mL를 가함.
메틸 레드	4.8~6.0	붉은색	노란색	에탄올 60 mL 중 0.02 g, 그다음 H_2O 40 mL를 가함.
클로로페놀 레드	4.8~6.4	노란색	붉은색	0.01 M NaOH 23.6 mL 중 0.1 g, 그다음 H_2O ~225 mL를 가함.
브로모크레솔 퍼플	5.2~6.8	노란색	자주색	0.01 M NaOH 18.5 mL 중 0.1 g, 그다음 H_2O ~225 mL를 가함.
p-나이트로페놀	5.6~7.6	무색	노란색	H_2O 중 0.1 wt%
리트머스	5.0~8.0	붉은색	푸른색	H_2O 중 0.1 wt%
브로모티몰 블루	6.0~7.6	노란색	푸른색	0.01 M NaOH 16.0 mL 중 0.1 g, 그다음 H_2O ~225 mL를 가함.
페놀 레드	6.4~8.0	노란색	붉은색	0.01 M NaOH 28.2 mL 중 0.1 g, 그다음 H_2O ~225 mL를 가함.
뉴트럴 레드	6.8~8.0	붉은색	노란색	에탄올 50 mL 중 0.01 g, 그다음 H_2O 50 mL를 가함.
크레솔 레드	7.2~8.8	노란색	붉은색	위와 같음.
α-나프톨프탈레인	7.3~8.7	분홍색	초록색	에탄올 50 mL 중 0.1 g, 그다음 H_2O 50 mL를 가함.
크레솔 퍼플	7.6~9.2	노란색	자주색	위와 같음.
티몰 블루	8.0~9.6	노란색	푸른색	위와 같음.
페놀프탈레인	8.0~9.6	무색	분홍색	에탄올 50 mL 중 0.05 g, 그다음 H_2O 50 mL를 가함.
티몰프탈레인	8.3~10.5	무색	푸른색	에탄올 50 mL 중 0.04 g, 그다음 H_2O 50 mL를 가함.
알리자린 옐로	10.1~12.0	노란색	황적색	H_2O 중 0.01 wt%
나이트라민	10.8~13.0	무색	황갈색	에탄올 70 mL 중 0.1 g, 그다음 H_2O 30 mL를 가함.
트로파에올린 O	11.1~12.7	노란색	주황색	H_2O 중 0.1 wt%

의 종말점이 pH 6.4(5.54 당량점일 때)라면, 이 경우의 V_e에 대한 오차는 단지 0.25%이다. 지시약 오차는 pH 5.54 대신 pH 6.4에 도달하는 데 필요한 적정 용액의 부피를 계산하여 알 수 있다.

11-7 실제적인 주의점

일차 표준 물질(primary standard)[17]로 사용할 수 있을 정도로 순수하게 얻을 수 있는 산과 염기들을 표 11-4에 수록하였다. NaOH와 KOH는 시약급 물질이 탄산 이온(대기 중 CO_2와 반응한 결과)과 흡수한 물을 포함하기 때문에 일차 표준 물질이 될 수 없다. NaOH와 KOH 용액은 일차 표준 시약으로 표준화해야 한다. 프탈산 수소 포타슘은 이러한 목적으로 사용되는 가장 편리한 화합물 중의 하나이다. 적정에 사용되는 묽은 NaOH 용액은 50 wt% NaOH 수용액으로 된 저장 용액을 묽혀서 제조한다. 저장 용액 속의 탄산 소듐은 비교적 불용성이며 밑으로 가라앉는다.

표준 산과 염기의 제조 과정은 이 장 마지막 부분에 기술하였다.

염기성 용액(예를 들어 0.1 M NaOH)은 대기와 차단되어야 하는데, 그렇지 않으면 CO_2를 흡수한다.

$$OH^- + CO_2 \rightarrow HCO_3^-$$

표 11-4 일차 표준 물질

화합물	부력을 보정한 밀도(g/mL)	요점
산		
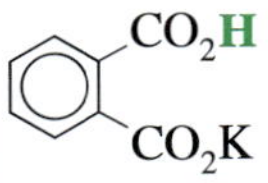 (구조식: CO_2H, CO_2K 치환 벤젠) 프탈산 수소 포타슘 FM 204.222	1.64	순수한 상품용 시약을 105°C에서 건조하여 염기를 표준화하는 데 사용한다. 페놀프탈레인 종말점은 다음과 같이 성립한다. 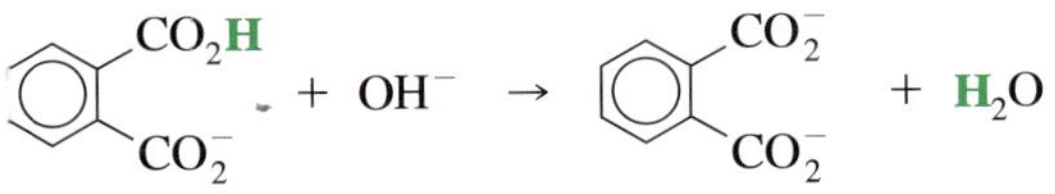 (구조식: CO_2H, CO_2^-) + OH^- → (구조식: CO_2^-, CO_2^-) + H_2O
HCl 염산 FM 36.458	—	HCl과 물은 조성(약 6 M)이 압력에 의존하는 **불변 끓음 혼합물**(azeotropic mixture)로서 증류된다. 그 조성은 증류하는 동안 압력의 함수로서 표로 나타내었다. 더 자세한 내용은 문제 11-55를 참조하라.
$KH(IO_3)_2$ 아이오딘산 수소 포타슘 FM 389.909	—	이것은 강산이므로 종말점이 ~5와 ~9 사이에 있는 어떤 지시약이라도 사용 가능하다.
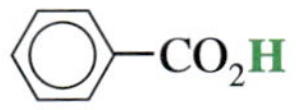 (구조식: 벤젠–CO_2H) 벤조산 FM 122.115	1.27	에탄올과 같은 용매를 사용하는 비수용성 적정에서 사용하는 일차 표준 물질. 종말점의 확인에 유리 전극을 사용한다.
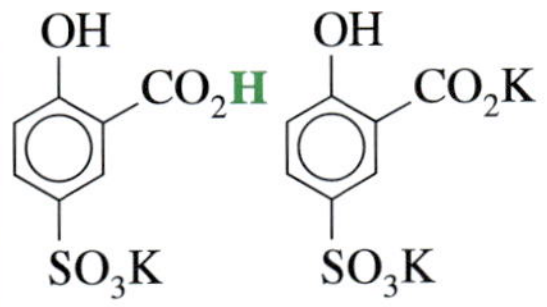 (구조식: OH, CO_2H, SO_3K 치환 벤젠 및 OH, CO_2K, SO_3K 치환 벤젠) 설포살리실산 이중염 FM 550.629	—	1 mol의 시판급 설포살리실산(sulfosalicylic acid)을 물로 여러 번 재결정하고, 110°C에서 건조시킨 0.75 mol의 시약급 $KHCO_3$와 결합한다. 그 결과 세 개의 K^+ 이온과 한 개의 적정되는 H^+ 이온을 함유하고 있는 이중 염을 형성한다.[15] 이것을 NaOH로 적정할 때 페놀프탈레인을 지시약으로 사용한다.
$H_3\overset{+}{N}SO_3^-$ 설팜산 FM 97.088	2.15	설팜산(sulfamic acid)은 한 개의 산성 양성자를 가지고 있는 강산이다. 그러므로 종말점이 ~5와 ~9 사이에 있는 어떤 지시약도 사용할 수 있다.
염기		
$H_2NC(CH_2OH)_3$ 트리스(하이드록시메틸)아미노메테인 (tris 또는 tham이라고도 함) FM 121.136	1.33	순수한 상품용 시약을 100~103°C에서 건조하여 강산을 적정한다. 종말점은 pH 4.5~5의 범위이다. $H_2NC(CH_2OH)_3 + H^+ \rightarrow H_3\overset{+}{N}C(CH_2OH)_3$
Na_2CO_3 탄산 소듐 FM 105.988	2.53	일차 표준 물질 Na_2CO_3는 쉽게 구할 수 있다. 또는 재결정한 탄산수소 소듐을 260~270°C에서 1시간 동안 가열하면 순수한 탄산 소듐을 얻을 수 있다. 탄산 소듐을 산으로 적정하면 pH 4~5의 범위에서 종말점이 나타난다. 종말점에 이르기 바로 직전에 용액을 가열하여 CO_2를 제거한다.
$Na_2B_4O_7 \cdot 10H_2O$ 붕소산 소듐(borax) FM 381.363	1.73	재결정한 시약을 NaCl과 슈크로스로 포화시킨 수용액이 들어 있는 용기 내에서 건조시킨다. 이 과정은 십수화물(decahydrate, $10H_2O$)을 포함한 순수한 형태를 만들기 위해서이다.[16] 표준 물질은 산으로 적정하여 메틸 레드로 종말점을 알아낸다. $‘B_4O_7 \cdot 10H_2O^{2-}’ + 2H^+ \rightarrow 4B(OH)_3 + 5H_2O$

장기간에 걸친 CO_2의 흡수는 강염기의 농도를 변화시키고, 약산과의 적정에서도 종말점 부근의 반응도를 감소시킨다. 염기성 용액은 폴리에틸렌 용기에 마개를 꼭 닫고 보관하면 약 일주일 동안 거의 변화 없이 사용할 수 있다.

표준 용액은 일반적으로 돌려서 닫는 뚜껑을 이용하는 고밀도 폴리에틸렌 용기에 보관해야 하며, 병 속에서 증발되는 과정을 통해 시약의 농도는 서서히 변화한다. Sigma-Aldrich 업체에 따르면, 마개가 잘 닫히는 용기에 담긴 수용액의 경우에 23°C에서 2년 동안 0.2%만큼 농도가 진해지며, 30°C에서는 2년 동안에 0.5%만큼 진해진다고 한다. 알루미나 백에 용기를 넣어 밀폐시킬 경우 10배 정도 증발을 줄일 수 있다. 이를 통해 표준 용액은 일정한 보관 수명이 있다는 것을 알 수 있다.

강염기성 용액은 유리를 부식시키므로 플라스틱 용기에 보관하는 것이 가장 좋다. 또한 이 용액은 필요 이상으로 뷰렛에 오래 보관하지 않는다. 플라스크 내에서 0.01 M NaOH를 1시간 동안 가열하면 NaOH의 몰농도가 10% 감소하는데, 이것은 OH^-와 유리가 반응하기 때문이다.[18]

11-8 Kjeldahl 질소 분석법

1883년에 개발된 **Kjeldahl 질소 분석법(Kjeldahl nitrogen analysis)**은 유기 물질 속에 있는 질소를 정량하는 데 널리 사용하는 방법 중의 하나이다.[19] 단백질은 음식물에서 질소를 주된 구성 성분으로 한다. 대부분의 단백질은 16 wt%의 질소를 지니고 있어서 질소의 측정은 단백질을 측정하는 것과 같다(보충 11-3). 음식물에서 질소를 측정하는 또 다른 흔한 방법은 연소 분석(27-4절)이다.

Kjeldahl 질소 분석법에서는 우선 시료를 황산 용액 속에서 가열하여 **삭여서**(digest, 용해, 분해시켜) 아민과 아마이드 형태의 질소를 암모늄 이온(NH_4^+)으로 변환시킨 다음, 공존하는 다른 원소들을 산화시키면 다음과 같이 된다.[20]

Kjeldahl 삭임: $$\text{유기물 C, H, N} \xrightarrow[\text{H}_2\text{SO}_4]{\text{가열}} NH_4^+ + CO_2 + H_2O \qquad (11\text{-}8)$$

출발 물질에 있는 각각의 질소 원자는 한 개의 NH_4^+로 전환된다.

구리 및 셀레늄 화합물은 삭임 과정에서 촉매로 사용된다. 반응 속도를 빠르게 하기 위하여 K_2SO_4를 첨가하여 진한 황산(98 wt%)의 끓는점(338°C)을 높인다. 삭임은 목이 긴 **Kjeldahl 플라스크**(그림 11-10) 내에서 수행해야 시료가 튀어나가 손실되는 것을 막을 수 있다. 또 다른 삭임 과정은 마이크로파 가압 용기(microwave bomb, 그림 28-7 참조) 내에서 H_2SO_4에 H_2O_2를 추가하거나, $K_2S_2O_8$에 NaOH[21]를 추가하여 사용하는 것이다.

삭임이 완결된 후 NH_4^+를 함유하고 있는 용액을 염기성으로 만들어, 유리된 NH_3를 정확한 양의 HCl(또는 문제 11-58[22]의 서로 다른 실험 방법을 사용할 경우 $B(OH)_3$)이 담겨져 있는 용기 속으로 증류시킨다(그림 11-11). 과량의 미반응 HCl을 표준 NaOH 용액으로 적정하여 HCl이 NH_3에 의해 얼마나 소모되었는가를 정량한다.

그림 11-10 (*a*) 목이 긴 Kjeldahl 삭임 플라스크는 시료가 튀어나가 손실되는 것을 최소화한다.[출처: Q15/shutterstock] (*b*) 다수의 시료에 널리 적용되는 6개의 배출구를 가진 장치는 증기 배출을 위해 제작된 것이다. [출처: Udomask/Shutterstock]

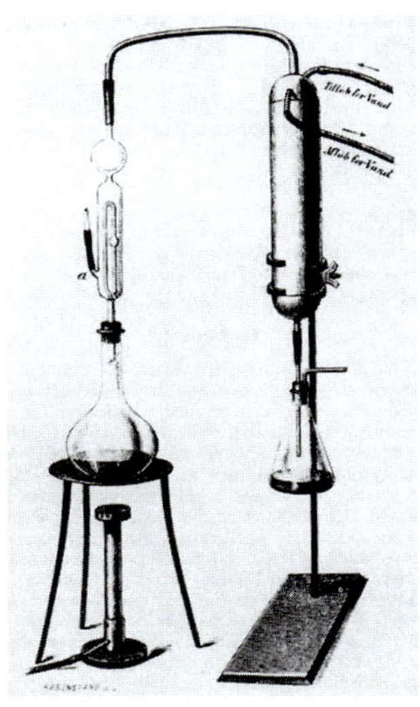

그림 11-11 네덜란드 화학자 Kjeldahl(1849~1900)이 사용했던 최초의 기구 [출처: Wikimedia]

보충 11-3 Kjeldahl 질소 분석법에 관한 신문 기사

2007년에 북미 지역의 개와 고양이들이 급성신부전으로 죽어가기 시작했는데, 질병의 원인을 조사해 보니 중국에서 제조된 첨가물이 들어간 사료가 원인인 것으로 밝혀졌다. 플라스틱을 만드는 데 사용하는 멜라민(melamine)이 '생산되는 음식물 내에 단백질 함량의 계약 요구 조건을 맞추기 위하여 음식물 원료에 의도적으로 첨가되었던 것이다'.[23] 수영장을 소독하는 데 사용되는 사이안요산(cyanuric acid)도 음식물에서 발견되었다. 멜라민 자체는 신부전을 일으키지 않지만, 멜라민과 사이안요산이 섞이면 신장 기능에 문제를 일으키는 결정성 생성물이 만들어진다.[24]

멜라민 (질소 66.6 wt%)

사이안요산 (질소 32.6 wt%)

단백질 공급원	질소의 무게 %
고기	16.0
혈장	15.3
우유	15.6
밀가루	17.5
달걀	14.9

출처: D.J. Holme and H. Peck, *Analytical Biochemistry*, 3rd ed. (New York: Addison Wesley Longman, 1998), p.388.

이 화합물들은 단백질과 어떤 연관이 있는 것인가? 질소 함량이 매우 높다는 것 외에는 아무런 관계가 없다. 약 16 wt%의 질소를 함유하고 있는 단백질은 음식물 중에서 주된 질소원이다. Kjeldahl 질소 분석법은 음식물 내에 단백질 함량을 분석하는 대용 방법일 뿐이다. 예를 들어 음식물에 단백질 함량이 10 wt%라고 한다면, 10%의 약 16% 1.6 wt%의 질소를 함유하고 있는 셈이다. 만일 음식물 내에 질소 함량이 1.6 wt%라고 한다면 그 음식물에 단백질이 약 10 wt%라고 결론을 내릴 수 있다. 멜라민은 66.6 wt%의 질소를 가지고 있고 단백질보다 네 배나 많다. 멜라민 1 wt%를 식품에 첨가하면 단백질이 추가로 4 wt% 만큼 더 함유한 것처럼 나타나게 할 수 있는 것이다.

2008년 여름, 대략 300 000명의 중국 유아들에게 발병되기 시작하면서 최소 6명이 신부전으로 사망하였다.[25] 중국의 제조회사들이 우유를 물로 희석하면서 멜라민을 첨가하여 마치 단백질 함량이 정상인 것처럼 조작하였고, 유독성 우유 제품은 국내외 시장에서 팔리게 되었다. 잘못된 우유를 생산한 혐의로 2009년에 두 명이 처형당하였으며, 2010년에 중국 당국은 멜라민을 함유한 분유 제품 40톤을 적발하였다. 식품 속의 멜라민을 식별해 내기 위하여 한 회사가 적어도 단백질성 질소, 비단백질성 질소를 구별할 수 있는 분석법[26]과 식품 속의 멜라민을 측정하는 방법들이 많이 개발되었다(보충 17-3).[27]

식품 속의 질소를 측정하는 또 다른 방법은 **Dumas 방법**으로, CuO와 유기 물질을 혼합한 뒤 CO_2하에서 650~700°C로 가열하게 되면 CO_2, H_2O, N_2, 질소 산화물이 생성된다. 생성물은 CO_2 흐름을 따라 이동하면서 뜨거운 Cu를 거쳐 가게 되는데, 이때 질소 산화물이 N_2로 전환된다. 이 기체를 진한 KOH(*aq*) 용액 속에 통과시키면서 CO_2를 포집한다. 질소 기체의 부피는 기체 뷰렛에서 측정하는데, 이 방법은 멜라민과 단백질을 구별하지 못한다.

NH_4^+의 중화: $$NH_4^+ + OH^- \rightarrow NH_3(g) + H_2O \qquad (11\text{-}9)$$

표준 HCl 속으로 NH_3 증류: $$NH_3 + H^+ \rightarrow NH_4^+ \qquad (11\text{-}10)$$

미반응 HCl을 NaOH로 적정: $$H^+ + OH^- \rightarrow H_2O \qquad (11\text{-}11)$$

적정 외의 다른 방법은 산을 중화한 뒤 완충 용액의 pH를 올려준 다음, NH_3와 유색 생성물을 만들 수 있는 시약을 첨가하는 것으로서,[28] 유색 생성물의 흡광도 측정을 통해 단백질 분해 과정에서부터 생성된 NH_3의 농도를 결정할 수 있다.

예제 Kjeldahl 분석

전형적인 단백질은 16.2 wt%의 질소를 함유하고 있다. 단백질 용액 0.500 mL를 삭여서 유리시킨 NH_3를 0.021 40 M HCl 10.00 mL 속으로 증류시킨다. 미반응 HCl을 적정하는 데 0.019 8 M NaOH가 3.26 mL 필요하다. 원래 시료에 존재하는 단백질의 농도(mg 단백질/mL)를 구하시오.

풀이 플라스크 안에 있는 HCl의 원래 총 몰수는 (10.00 mL)(0.021 40 mmol/mL) = 0.214 0 mmol이다. 반응 11-11에서 미반응 HCl을 적정하는 데 필요한 NaOH는 (3.26 mL) (0.019 8 mmol/mL) = 0.064 5 mmol이다. 그 차이 0.214 0 − 0.064 5 = 0.149 5 mmol은 반응 11-9에서 생성되어 HCl 속으로 증류시킨 NH_3의 양과 같다.

단백질에 있는 1 mol의 질소는 1 mol의 암모니아를 생성하기 때문에, 단백질 시료에는 0.149 5 mmol의 질소가 존재하고, 이에 해당하는 질소의 무게는

$$(0.149\ 5\ \text{mmol})\left(14.007\ \frac{\text{mg N}}{\text{mmol}}\right) = 2.094\ \text{mg N}$$

이다. 만일 단백질이 16.2 wt%의 질소를 함유하고 있다면, 시료에 존재하는 단백질의 농도는 다음과 같다.

$$\frac{2.094\ \text{mg N}}{0.162\ \text{mg N/mg 단백질}} = 12.9\ \text{mg 단백질} \Rightarrow \frac{12.9\ \text{mg 단백질}}{0.500\ \text{mL}} = 25.8\ \frac{\text{mg 단백질}}{\text{mL}}$$

자습 NaOH 3.00 mL가 소모되었을 때 mg 단백질/mL 단위로 단백질의 농도를 구하시오.
(**답:** 26.7 mg/mL)

11-9 평준화 효과

물속에서 존재할 수 있는 가장 강한 산은 H_3O^+이고, 가장 강한 염기는 OH^-이다. 만약 H_3O^+보다 더 강한 산이 물속에 녹아 있다면 H_2O에 양성자를 주어 H_3O^+를 생성한다. 그리고 OH^-보다 더 강한 염기가 물속에 녹아 있다면 H_2O는 양성자를 잃고 OH^-로 된다. 이것은 **평준화 효과**(**leveling effect**) 때문인데, $HClO_4$와 HCl은 물에서 마치 산의 세기가 같은 것처럼 거동한다. 즉 두 가지 산은 H_3O^+로 **평준화**되었다.

$$HClO_4 + H_2O \rightarrow H_3O^+ + ClO_4^-$$
$$HCl + H_2O \rightarrow H_3O^+ + Cl^-$$

그러나 H_2O보다 염기성이 약한 아세트산 용매에서는 $HClO_4$와 HCl이 동일한 세기로 평준화되지 않는다.

$$HClO_4 + \underset{\text{아세트산 용매}}{CH_3CO_2H} \rightleftharpoons CH_3CO_2H_2^+ + ClO_4^- \qquad K = 1.3 \times 10^{-5}$$
$$HCl + CH_3CO_2H \rightleftharpoons CH_3CO_2H_2^+ + Cl^- \qquad K = 2.8 \times 10^{-9}$$

아세트산 용액에서는 $HClO_4$가 HCl보다 강한 산이지만, 수용액에서는 H_3O^+의 세기로 평준화된다.

CH_3CO_2H와의 반응에 대한 평형 상수는 작다. 하지만 $HClO_4$와 CH_3CO_2H가 반응할 때의 평형 상수는 HCl과 CH_3CO_2H가 반응할 때의 평형 상수보다 10^4배 크며, 이로써 아세트산 용매에서 $HClO_4$가 HCl보다 더 강한 산이다.

그림 11-12는 메틸 아이소뷰틸 케톤 용매 중에서 0.2 M 수산화 테트라뷰틸암모늄으로 혼합된 5종의 산을 적정한 적정 곡선이다. 이러한 용매에서는 어떠한 산이라도 양성자를 많이 내어놓을 수 없다. 이러한 용매에서도 과염소산이 염산보다 강한 산이라는 것을 알 수 있다.

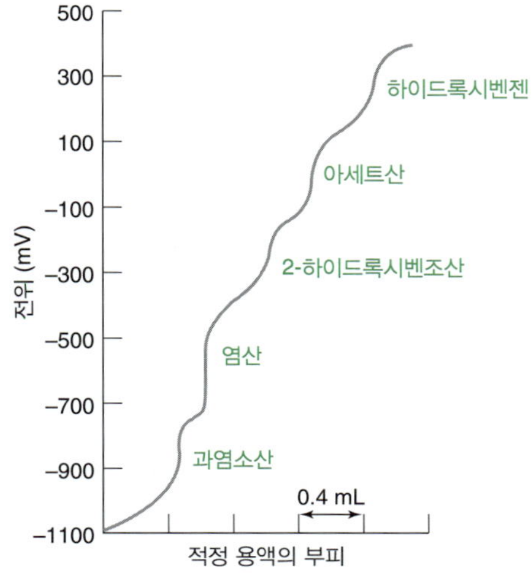

그림 11-12 메틸 아이소뷰틸 케톤 용매 중에서 수산화 테트라뷰틸암모늄으로 혼합된 산을 적정할 때 산의 세기는 $HClO_4$ > HCl > 2-하이드록시벤조산 > 아세트산 > 하이드록시벤젠임을 보여 준다. 이것은 유리 전극과 백금 기준 전극으로 측정하였다. 세로축은 pH에 비례하며, pH가 증가함에 따라 전위는 점점 양의 값이 된다. [출처: D. B. Bruss and G. E. A. Wyld, .Methyl Isobutyl Ketone as a Wide-Range Solvent for Titration of Acid Mixtures and Nitrogen Bases,. *Anal. Chem.* **1957**, *29*, 232.]

질문 산 $H_3O^+ClO_4^-$의 종말점은 그림 11-12에서 어디쯤 있을 것이라고 생각하는가?

답: $H_3O^+ClO_4^-$의 경우 산은 H_3O^+이기 때문에, HCl과 2-하이드록시벤조산의 사이에 있을 것이다.

염기가 너무 약하기 때문에 물에서 강산으로 적정할 때 확실한 종말점을 나타내지 못하는 요소 $(H_2N)_2C{=}O(K_b = 1.3 \times 10^{-14})$와 같은 경우를 생각해 보자.

H_2O 중에서 $HClO_4$로 적정: $B + H_3O^+ \rightleftharpoons BH^+ + H_2O$

종말점을 인식할 수 없는 이유는 적정 반응에 대한 평형 상수가 작기 때문이다. H_3O^+보다 더 강한 산이 사용된다면, 적정 반응은 뚜렷한 종말점을 나타낸다. 같은 염기가 아세트산에 녹아 있을 경우 $HClO_4$로 적정하게 되면 종말점을 명백하게 관찰할 수 있다.

물에서 H_3O^+로 적정하기에 매우 약한 염기는 아세트산 용매를 사용하여 $HClO_4$로 적정될 수 있다.

CH_3CO_2H 중에서 $HClO_4$로 적정: $B + HClO_4 \rightleftharpoons \underbrace{BH^+ClO_4^-}_{\text{이온쌍}}$

이 반응은 $HClO_4$가 $\mathbf{H_3O^+}$보다 강한 산이기 때문에 큰 평형 상수를 갖게 된다[이 반응에서의 생성물은 아세트산의 **유전 상수**(dielectric constant)가 너무 작기 때문에 이온들을 완전히 분리시키지 못하므로 이온쌍으로 표현한다]. 물 용매 중에서는 여러 가지 어려운 적정들이 비수용성 용매에서는 충분히 가능하다.[29]

유전 상수는 문제 8-14에서 논의하였다.

아세토나이트릴 용매 속에서 과염소산과 아세트산으로부터 양성자를 받을 수 있는 화합물($CH_3C(OH)_2^+ClO_4^-$)

싸이오아세트아마이드

4-나이트로벤즈아마이드

전기 이동(electrophoresis, 26장)에서는 이온들이 전기장하에서 각각의 서로 다른 이동도에 따라 분리된다. 뚜렷한 종말점이 나타나지 않는 화합물은 약염기로서, 수용액 속에서 양성자를 받지 못하게 되고 수용액에서 수행되는 전기 이동 분리에서도 전하를 띤 물질로서 역할을 하지도 못한다. 그러나 두수 아세토나이트릴 용매하에서는 무수 아세트산 내의 $HClO_4$에 의해 양성자 이온을 전달받게 되고 양이온으로서 분리될 수 있다.[30]

11-10 스프레드시트에 의한 적정 곡선의 계산

이 장은 적정 과정에서 일어나는 화학을 이해하는 데 매우 중요하다. 그러나 그 근삿값은 농도가 매우 묽거나, 평형 상수가 충분히 크지 않거나, 혹은 아미노산처럼 K_a 값들이 서로 비슷할 때에는 제한된 값을 갖는다. 이 절은 스프레드시트를 사용하여 일반적인 방법으로 적정을 다룰 수 있는 식을 전개하였다.[31]

실험 10, SaplingPlus나 macmillanlearning.com에서 "Excel Solver를 이용한 적정 곡선 작성"은 이 절에서 개발된 식을 적용한다.

약산을 강염기로 적정

부피가 V_a인 약산 HA(초기 농도 C_a)를, 농도가 C_b이고 부피가 V_b인 NaOH로 적정한다고 하자. 이 용액의 전하 균형은

전하 균형: $[H^+] + [Na^+] = [A^-] + [OH^-]$

이다. 그리고 Na^+의 농도는

$$[Na^+] = \frac{C_bV_b}{V_a + V_b}$$

그 이유는 NaOH의 C_bV_b mol이 전체 부피 $V_a + V_b$로 묽혀졌기 때문이다. 마찬가지로 약산의 포말 농도는

$$F_{HA} = [HA] + [A^-] = \frac{C_aV_a}{V_a + V_b}$$

그 이유는 HA의 C_aV_a mol이 전체 부피 $V_a + V_b$로 묽혀졌기 때문이다.

이제 10-5절의 분율 조성식을 이용하자. A^-의 농도는 식 10-18에서 정의한 대로 α_{A^-}로 표현할 수 있고 다음과 같이 된다.

α_{A^-} = A^- 형태로 있는 산의 분율

$$\alpha_{A^-} = \frac{[A^-]}{F_{HA}}$$

$$[A^-] = \alpha_{A^-} \cdot F_{HA} = \frac{\alpha_{A^-} \cdot C_aV_a}{V_a + V_b} \qquad \textbf{(11-12)}$$

여기서 $\alpha_{A^-} = K_a/([H^+] + K_a)$이고, K_a는 HA의 산 해리 상수이다. $[Na^+]$와 $[A^-]$를 전하 균형식에 대입하면 다음과 같다.

$$[H^+] + \frac{C_b V_b}{V_a + V_b} = \frac{\alpha_{A^-} \cdot C_a V_a}{V_a + V_b} + [OH^-]$$

위 식을 사용하여 재배열하면 다음과 같게 된다.

$\phi = C_bV_b/C_aV_a$는 당량점까지의 분율을 나타낸다.

ϕ	염기의 부피
0.5	$V_b = \frac{1}{2}V_e$
1	$V_b = V_e$
2	$V_b = 2V_e$

약산을 강염기로 적정할 때의 분율:

$$\phi \equiv \frac{C_b V_b}{C_a V_a} = \frac{\alpha_{A^-} - \dfrac{[H^+] - [OH^-]}{C_a}}{1 + \dfrac{[H^+] - [OH^-]}{C_b}} \quad \textbf{(11-13)}$$

결국 식 11-13은 매우 유용한 식이 된다. 이 식은 적정 용액의 부피(V_b)와 pH 및 상수들과의 관계이다. 몫이 C_bV_b/C_aV_a인 ϕ는 당량점에 대한 분율 표시법이 된다. $\phi = 1$일 때 첨가된 염기의 부피 V_b는 V_e와 같다. 식 11-13의 역수를 취하는 일에 익숙해져 있는 이유는 pH(오른쪽)를 대입시켜 부피(왼쪽)를 얻어야 하기 때문이다. 다시 말하면, **H^+의 농도를 대입시키고 적정 용액의 부피를 구하면 그 농도를 얻게 된다.**

그림 11-2와 표 11-2에 나타낸 0.020 00 M 약산 MES 50.00 mL를 0.100 0 M NaOH로 적정하는 적정 곡선을 계산하기 위해 식 11-13을 이용해 보자. 당량 부피는 $V_e = 10.00$ mL이다. 식 11-13에 다음과 같은 값들을 사용하면

O⟨ ⟩$\overset{+}{N}HCH_2CH_2SO_3^-$

2-(*N*-모르폴리노)에테인설폰산
MES(pK_a = 6.27)

$C_b = 0.1$ M $\qquad [H^+] = 10^{-pH}$

$C_a = 0.02$ M $\qquad [OH^-] = K_w/[H^+]$

$V_a = 50$ mL

$K_a = 5.3_7 \times 10^{-7} \qquad \alpha_{A^-} = \dfrac{K_a}{[H^+] + K_a}$

$K_w = 10^{-14}$

pH는 입력값임.

$V_b = \dfrac{\phi C_a V_a}{C_b}$ 는 출력값임.

	A	B	C	D	E	F	G
1	Titration of weak acid with strong base						
2							
3	C_b =	pH	[H⁺]	[OH⁻]	α(A⁻)	φ	V_b (mL)
4	0.1	3.90	1.26E-04	7.94E-11	0.004	-0.002	-0.020
5	C_a =	3.99	1.02E-04	9.77E-11	0.005	0.000	0.001
6	0.02	5.00	1.00E-05	1.00E-09	0.051	0.050	0.505
7	V_a =	6.00	1.00E-06	1.00E-08	0.349	0.349	3.493
8	50	6.27	5.37E-07	1.86E-08	0.500	0.500	5.000
9	K_a =	7.00	1.00E-07	1.00E-07	0.843	0.843	8.430
10	5.37E-07	8.00	1.00E-08	1.00E-06	0.982	0.982	9.818
11	K_w =	9.00	1.00E-09	1.00E-05	0.998	0.999	9.987
12	1.E-14	9.25	5.62E-10	1.78E-05	0.999	1.000	10.000
13		10.00	1.00E-10	1.00E-04	1.000	1.006	10.058
14		11.00	1.00E-11	1.00E-03	1.000	1.061	10.606
15		12.00	1.00E-12	1.00E-02	1.000	1.667	16.667
16							
17	C4 = 10^-B4			F4 = (E4-(C4-D4)/$A$6)/(1+(C4-D4)/$A$4)			
18	D4 = $A$12/C4			G4 = F4*$A$6*$A$8/$A$4			
19	E4 = $A$10/(C4+$A$10)						

그림 11-13 약산인 0.02 M MES (pK_a = 6.27) 50 mL를 0.1 M NaOH로 적정하는 적정 곡선을 계산하기 위해 식 11-13을 이용한 스프레드시트. B열에 pH를 입력값으로 주었다. 그리고 pH 값을 얻는 데 필요한 염기의 부피가 얼마인지를 스프레드시트로 알 수 있다.

표 11-5	스프레드시트에 관한 적정식

ϕ의 계산

강산을 강염기로 적정

$$\phi = \frac{C_bV_b}{C_aV_a} = \frac{1 - \dfrac{[H^+] - [OH^-]}{C_a}}{1 + \dfrac{[H^+] - [OH^-]}{C_b}}$$

강염기를 강산으로 적정

$$\phi = \frac{C_aV_a}{C_bV_b} = \frac{1 + \dfrac{[H^+] - [OH^-]}{C_b}}{1 - \dfrac{[H^+] - [OH^-]}{C_a}}$$

약산(HA)을 약염기(B)로 적정

$$\phi = \frac{C_bV_b}{C_aV_a} = \frac{\alpha_{A^-} - \dfrac{[H^+] - [OH^-]}{C_a}}{\alpha_{BH^+} + \dfrac{[H^+] - [OH^-]}{C_b}}$$

H_2A를 강염기($\rightarrow \rightarrow A^{2-}$)로 적정

$$\phi = \frac{C_bV_b}{C_aV_a} = \frac{\alpha_{HA^-} + 2\alpha_{A^{2-}} - \dfrac{[H^+] - [OH^-]}{C_a}}{1 + \dfrac{[H^+] - [OH^-]}{C_b}}$$

이염기 B를 강산($\rightarrow \rightarrow BH_2^{2+}$)으로 적정

$$\phi = \frac{C_aV_a}{C_bV_b} = \frac{\alpha_{BH^+} + 2\alpha_{BH_2^{2+}} + \dfrac{[H^+] - [OH^-]}{C_b}}{1 - \dfrac{[H^+] - [OH^-]}{C_a}}$$

약산(HA)을 강염기로 적정

$$\phi = \frac{C_bV_b}{C_aV_a} = \frac{\alpha_{A^-} - \dfrac{[H^+] - [OH^-]}{C_a}}{1 + \dfrac{[H^+] - [OH^-]}{C_b}}$$

약염기(B)를 강산으로 적정

$$\phi = \frac{C_aV_a}{C_bV_b} = \frac{\alpha_{BH^+} + \dfrac{[H^+] - [OH^-]}{C_b}}{1 - \dfrac{[H^+] - [OH^-]}{C_a}}$$

약염기(B)를 약산(HA)으로 적정

$$\phi = \frac{C_aV_a}{C_bV_b} = \frac{\alpha_{BH^+} + \dfrac{[H^+] - [OH^-]}{C_b}}{\alpha_{A^-} - \dfrac{[H^+] - [OH^-]}{C_a}}$$

H_3A를 강염기($\rightarrow \rightarrow \rightarrow A^{3-}$)로 적정

$$\phi = \frac{C_bV_b}{C_aV_a} = \frac{\alpha_{H_2A^-} + 2\alpha_{HA^{2-}} + 3\alpha_{A^{3-}} - \dfrac{[H^+] - [OH^-]}{C_a}}{1 + \dfrac{[H^+] - [OH^-]}{C_b}}$$

삼염기 B를 강산($\rightarrow \rightarrow \rightarrow BH_3^{3+}$)으로 적정

$$\phi = \frac{C_aV_a}{C_bV_b} = \frac{\alpha_{BH^+} + 2\alpha_{BH_2^{2+}} + 3\alpha_{BH_3^{3+}} + \dfrac{[H^+] - [OH^-]}{C_b}}{1 - \dfrac{[H^+] - [OH^-]}{C_a}}$$

기호

ϕ = 제1당량점으로 진행하는 과정의 분율

C_a = 산의 초기 농도

C_b = 염기의 초기 농도

α = 산의 해리 분율 또는 염기의 회합 분율

V_a = 산의 부피

V_b = 염기의 부피

α 계산

일양성자성 계

$$\alpha_{HA} = \frac{[H^+]}{[H^+] + K_a} \qquad \alpha_{A^-} = \frac{K_a}{[H^+] + K_a}$$

$$\alpha_{BH^+} = \frac{[H^+]}{[H^+] + K_{BH^+}} \qquad \alpha_B = \frac{K_{BH^+}}{[H^+] + K_{BH^+}}$$

기호

K_a = HA의 산 해리 상수

K_{BH^+} = BH^+의 산 해리 상수 (= K_w/K_b)

이양성자성 계

$$\alpha_{H_2A} = \alpha_{BH_2^{2+}} = \frac{[H^+]^2}{[H^+]^2 + [H^+]K_1 + K_1K_2} \qquad \alpha_{HA^-} = \alpha_{BH^+} = \frac{[H^+]K_1}{[H^+]^2 + [H^+]K_1 + K_1K_2} \qquad \alpha_{A^{2-}} = \alpha_B = \frac{K_1K_2}{[H^+]^2 + [H^+]K_1 + K_1K_2}$$

기호

산에 대한 K_1과 K_2는 각각 H_2A와 HA^-의 산 해리 상수이다.

염기에 대한 K_1과 K_2는 각각 BH_2^{2+}와 BH^+의 산 해리 상수이다. $K_1 = K_w/K_{b2}$, $K_2 = K_w/K_{b1}$

삼양성자성 계

$$\alpha_{H_3A} = \frac{[H^+]^3}{[H^+]^3 + [H^+]^2K_1 + [H^+]K_1K_2 + K_1K_2K_3} \qquad \alpha_{H_2A^-} = \frac{[H^+]^2K_1}{[H^+]^3 + [H^+]^2K_1 + [H^+]K_1K_2 + K_1K_2K_3}$$

$$\alpha_{HA^{2-}} = \frac{[H^+]K_1K_2}{[H^+]^3 + [H^+]^2K_1 + [H^+]K_1K_2 + K_1K_2K_3} \qquad \alpha_{A^{3-}} = \frac{K_1K_2K_3}{[H^+]^3 + [H^+]^2K_1 + [H^+]K_1K_2 + K_1K_2K_3}$$

그림 11-13에 나타낸 스프레드시트의 입력값은 B열에 있는 pH이고, 출력값은 G열에 있는 V_b이다. pH 값으로부터 $[H^+]$, $[OH^-]$ 및 α_{A^-}는 C, D, E열에서 계산된다. F열을 사용하여 식 11-13으로부터 적정 분율 ϕ를 구한다. 이 값으로부터 G열에 있는 적정 용액의 부피 V_b를 계산한다.

입력시킬 pH 값은 어떻게 알겠는가? 시작하는 pH 값을 구하기 위해서는 pH 값을 입력하여 V_b가 양수인지, 음수인지를 확인하는 시행착오를 반복할 수밖에 없다. 여러 번 시도함으로써 $V_b = 0$인 pH에 도달하는 것은 쉽다. 그림 11-13에서 3.90의 pH는 너무 낮다는 것을 알 수 있으며, 그 이유는 ϕ와 V가 모두 음수이기 때문이다. 간격이 좁은 pH 값을 입력시키면 보기 좋은 적정 곡선을 작성할 수 있다. 공간을 절약하기 위하여 중간 지점(pH = 6.27 ⇒ V_b = 5.00 mL)과 종말점(pH 9.25 ⇒ V_b = 10.00 mL)을 포함하는 몇 개의 점만을 그림 11-13에 나타내었다. 이 스프레드시트는 표 11-2와 마찬가지로 활동도 계수를 무시하였지만, 그 이외의 것은 근사시키지 않은 결과를 제공한다. 표 11-2에서 사용된 근삿값은 정확한 결과를 얻는 데 실패하더라도 스프레드시트는 정확한 결과를 제공한다.

그림 11-13에서, G5셀의 V_b가 0이 될 때까지 B5셀의 pH 값을 변화시키기 위하여 Excel의 Goal Seek(7-5절 마지막 부분 참조)를 이용할 수 있다.

약산을 약염기로 적정

산 HA(초기 농도 C_a) V_a mL를 농도가 C_b인 V_b mL의 염기 B로 적정한다고 하자. 그리고 HA의 산 해리 상수는 K_a, BH^+의 산 해리 상수는 K_{BH^+}라고 하자. 전하 균형은

전하 균형: $$[H^+] + [BH^+] = [A^-] + [OH^-]$$

이다. 이전처럼 $[A^-] = \alpha_{A^-} \cdot F_{HA}$이고, 여기서 $\alpha_{A^-} = K_a/([H^+] + K_a)$, $F_{HA} = C_aV_a/(V_a + V_b)$이다.

일양성자성 약산인 $[BH^+]$에 대해서도 유사한 식을 나타낼 수 있다. 만약 그 산이 HA라고 하면 식 10-17을 이용하여,

$$[HA] = \alpha_{HA} \cdot F_{HA} \qquad \alpha_{HA} = \frac{[H^+]}{[H^+] + K_a}$$

α_{HA} = HA 형태로 있는 산의 분율

$$\alpha_{HA} = \frac{[HA]}{F_{HA}}$$

로 나타낼 수 있다. 여기서 K_a는 산 HA에 대한 것이다. 약산 BH^+에 대해서는

$$[BH^+] = \alpha_{BH^+} \cdot F_B \qquad \alpha_{BH^+} = \frac{[H^+]}{[H^+] + K_{BH^+}}$$

α_{BH^+} = BH^+ 형태로 있는 염기의 분율

$$\alpha_{BH^+} = \frac{[BH^+]}{F_B}$$

로 나타낼 수 있다. 여기서 염기의 포말 농도는 $F_B = C_bV_b/(V_a + V_b)$이다.

전하 균형에 $[BH^+]$와 $[A^-]$를 대입하면

$$[H^+] + \frac{\alpha_{BH^+} \cdot C_bV_b}{V_a + V_b} = \frac{\alpha_{A^-} \cdot C_aV_a}{V_a + V_b} + [OH^-]$$

가 된다. 이 식을 유용한 결과를 얻기 위하여 재배열할 수 있다.

약염기에 의한 약산의 적정 분율: $$\phi = \frac{C_bV_b}{C_aV_a} = \frac{\alpha_{A^-} - \frac{[H^+] - [OH^-]}{C_a}}{\alpha_{BH^+} + \frac{[H^+] - [OH^-]}{C_b}} \qquad \textbf{(11-14)}$$

약염기에 대한 식 11-14는 분모에 1 대신 α_{BH^+}를 대입시킨 것 이외에는 강염기에 대한 식 11-13과 동일하다.

표 11-5는 적정 반응에 대한 전하 균형식을 쓰고 여러 가지 농도에 대한 조성 분율을 치환시킴으로써 유도된 여러 가지 유용한 식들을 수록하였다. 이양성자성 산 H_2A에 대해서는 제1당량점까지의 분율을 나타낸다. 만약 $\phi = 2$이면 제2당량점에 있다. 그리고 $\phi = 0.5$일 때 pH ≈ pK_1이고, $\phi = 1.5$일 때 pH ≈ pK_2라는 것은 당연한 일이다. 또한 $\phi = 1$일 경우에는 중간형인 HA^-로 존재하고 pH ≈ $\frac{1}{2}(pK_1 + pK_2)$가 된다.

이해해야 할 용어

Gran 도시(Gran plot)
Hammett 산도 함수(Hammett acidity function)
Kjeldahl 질소 분석(Kjeldahl nitrogen analysis)
변색 범위(transition range)
지시약(indicator)
지시약 오차(indicator error)
평준화 효과(leveling effect)

요약

적정 곡선 계산에 이용되는 주요한 식들:

강산/강염기의 적정

$H^+ + OH^- \rightarrow H_2O$

pH는 과량의 미반응 H^+ 또는 OH^-의 농도로 결정한다.

OH^-에 의한 약산의 적정

$HA + OH^- \rightarrow A^- + H_2O$ (V_e = 당량점 부피)
(V_b = 첨가한 염기의 부피)

$V_b = 0$: pH는 K_a에 의해 결정된다($HA \xrightleftharpoons{K_a} H^+ + A^-$).

$0 < V_b < V_e$: $pH = pK_a + \log([A^-]/[HA])$

$V_b = \frac{1}{2}V_e$일 때, $pH = pK_a$(활동도 무시)

V_e에서: pH는 $K_b(A^- + H_2O \xrightleftharpoons{K_b} HA + OH^-)$에 의해 좌우된다.

V_e 이후: pH는 과량의 OH^-에 의해 결정된다.

H^+에 의한 약염기의 적정

$B + H^+ \rightarrow BH^+$ (V_e = 당량점 부피)
(V_a = 첨가한 산의 부피)

$V_a = 0$: pH는 $K_b(B + H_2O \xrightleftharpoons{K_b} BH^+ + OH^-)$에 의해 결정된다.

$0 < V_a < V_e$: $pH = pK_{BH^+} + \log([B]/[BH^+])$

$V_a = \frac{1}{2}V_e$일 때: $pH = pK_{BH^+}$

V_e에서: pH는 $K_{BH^+}(BH^+ \xrightleftharpoons{K_{BH^+}} B + H^+)$에 의해 좌우된다.

V_e 이후: pH는 과량의 H^+에 의해 결정된다.

OH^-에 의한 H_2A의 적정

$H_2A \xrightarrow{OH^-} HA^- \xrightarrow{OH^-} A^{2-}$

당량점 부피: $V_{e2} = 2V_{e1}$

$V_b = 0$: pH는 $K_1(H_2A \xrightleftharpoons{K_1} H^+ + HA^-)$에 의해 결정된다.

$0 < V_b < V_{e1}$: $pH = pK_1 + \log([HA^-]/[H_2A])$

$V_b = \frac{1}{2}V_{e1}$일 때, $pH = pK_1$

V_{e1}에서: $[H^+] = \sqrt{\dfrac{K_1K_2F' + K_1K_w}{K_1 + F'}}$

$\Rightarrow pH \approx \frac{1}{2}(pK_1 + pK_2)$

$F' = HA^-$의 포말 농도

$V_{e1} < V_b < V_{e2}$: $pH = pK_2 + \log([A^{2-}]/[HA^-])$

$V_b = \frac{3}{2}V_{e1}$일 때: $pH = pK_2$

V_{e2}에서: pH는 K_{b1}에 의해 좌우된다.

$(A^{2-} + H_2O \xrightleftharpoons{K_{b1}} HA^- + OH^-)$

V_{e2} 이후: pH는 과량의 OH^-에 의해 결정된다.

당량점에서 도함수의 거동

일차 도함수: $\Delta pH/\Delta V$는 최대이다.

이차 도함수: $\Delta(\Delta pH/\Delta V)/\Delta V = 0$

Gran 도시

$V_b \cdot 10^{-pH}$ 대 V_b 도시

x 절편 $= V_e$, 기울기 $= -K_a\gamma_{HA}/\gamma_{A^-}$

K_a = 산 해리 상수

γ = 활동도 계수

지시약 선정: 변색 범위는 V_e에서의 pH와 일치해야 한다. 우선적으로 색깔 변화는 적정 곡선의 급경사 범위 내에서 일어나야 한다.

Kjeldahl 질소 분석: 질소를 함유한 유기 화합물을 끓는 H_2SO_4 속에서 촉매를 이용하여 분해시킨다. 질소는 NH_4^+로 전환되면서 염기 조건에서 NH_3로 전환되고 표준 HCl 속으로 증류된다. 과량의 미반응 HCl은 원래 분석 물질에 존재하는 질소의 양을 알려 준다.

연습 문제

11-A. 0.010 0 M NaOH 50.00 mL를 0.100 M HCl로 적정할 때, 다음과 같은 각 점에서의 pH를 계산하시오.
첨가된 산의 부피: 0.00, 1.00, 2.00, 3.00, 4.00, 4.50, 4.90, 4.99, 5.00, 5.01, 5.10, 5.50, 6.00, 8.00, 10.00 mL.
첨가한 HCl의 부피에 대한 pH의 그래프를 그리시오.

11-B. 0.050 0 M 폼산 50.0 mL를 0.050 0 M KOH로 적정할 때, 다음에 주어진 각 점에서의 pH를 계산하시오. 계산할 점은 V_b = 0.0, 10.0, 20.0, 25.0, 30.0, 40.0, 45.0, 48.0, 49.0, 49.5, 50.0, 50.5, 51.0, 52.0, 55.0, 60.0 mL이다. pH 대 V_b의 그래프를 그리시오.

11-C. 0.100 M 코카인(9-4절, $K_b = 2.6 \times 10^{-6}$) 100.0 mL를 0.200 M HNO_3로 적정할 때 다음에 주어진 각 점에서의 pH

를 계산하시오. 계산할 점은 V_a = 0.0, 10.0, 20.0, 25.0, 30.0, 40.0, 49.0, 49.9, 50.0, 50.1, 51.0, 60.0 mL이다. pH 대 V_a의 그래프를 그리시오.

11-D. 0.050 0 M 말론산 50.0 mL를 0.100 M NaOH로 적정하려고 한다. 다음에 열거한 각 점에서의 pH를 계산하고, 적정 곡선을 그리시오. 계산할 점은 V_b = 0.0, 8.0, 12.5, 19.3, 25.0, 37.5, 50.0, 56.3 mL이다.

11-E. 히스티딘을 과염소산($HClO_4$)으로 적정할 때 일어나는 화학 반응(반응물과 생성물의 구조를 포함)을 쓰시오(히스티딘은 알짜 전하를 갖지 않은 분자이다). 0.050 0 M 히스티딘 25.0 mL의 용액을 0.050 0 M $HClO_4$로 적정하였다. 다음과 같은 V_a 값에서의 pH를 계산하시오.

0, 4.0, 12.5, 25.0, 26.0, 50.0 mL

11-F. 표 11-3에서 그림 11-1 및 11-2의 적정에서와 그림 11-3에 있는 pK_a = 8인 적정 곡선에 유용한 지시약을 선택하시오. 각 적정에 대해서 서로 다른 지시약을 선택하고, 종말점에서의 색깔 변화를 밝히시오.

11-G. 약산 100.0 mL를 0.093 81 M NaOH로 적정할 때, 당량점에 도달하는 데 27.63 mL가 소모되었다. 당량점에서의 pH는 10.99였다. NaOH 19.47 mL만을 첨가시켰을 때, pH는 얼마이겠는가?

11-H. 약산 HA의 0.100 M 용액을 0.100 M NaOH로 적정하였다. $V_b = \frac{1}{2}V_e$일 때 측정한 pH는 4.62였다. 정확히 활동도 계수를 이용하여 pK_a를 계산하시오. A^- 음이온의 크기는 450 pm이다.

11-I. **pH 측정에 의한 종말점의 검출.** 다음 표는 그림 11-5에서 뚜렷한 제2종말점 부근에 대한 점들을 수록한 것이다.

V_b (μL)	pH	V_b (μL)	pH
107.0	6.921	117.0	7.878
110.0	7.117	118.0	8.090
113.0	7.359	119.0	8.343
114.0	7.457	120.0	8.591
115.0	7.569	121.0	8.794
116.0	7.705	122.0	8.952

(a) 그림 11-6과 같은 표 또는 스프레드시트를 작성하여 일차 및 이차 도함수를 나타내시오. 일차 및 이차 도함수 대 V_b를 도시하고, 각각의 도시로부터 종말점을 찾으시오.

(b) 그림 11-8과 같은 Gran 도시를 작성하시오. 최소 제곱법을 사용하여 최적의 직선을 구하고 종말점을 찾으시오. '직선'상에 있는 점들을 이용하여 판단하시오.

11-J. **지시약 오차.** 표 11-2에서 당량점의 pH가 10.00 mL 부피에서 9.25인 그림 11-2의 적정을 생각해 보자.

(a) 종말점을 찾기 위해 노란색에서 푸른색으로 변색하는 티몰 블루 지시약을 사용하였다고 가정한다. 표 11-3에 의하면 마지막의 옅은 초록색은 pH 9.6 근처에서 사라진다. pH 9.6에 도달하는 데 필요한 염기의 부피는 얼마인가? 이 부피와 10 mL 사이의 차가 적정 오차이다.

(b) pH 8.8에서 색깔이 변하는 크레솔 레드를 사용하였다면 적정 오차는 얼마인가?

11-K. **지시약에 대한 분광학적 방법.**[†] 산-염기 지시약은 그 자체가 산이나 염기이다. 지시약 HIn이 다음과 같은 화학 반응으로 해리된다고 가정해 보자.

$$HIn \overset{K_a}{\rightleftharpoons} H^+ + In^-$$

440 nm의 파장에서 HIn에 대한 몰흡광 계수(ε)는 2 080 M^{-1} cm^{-1}이고, In^-의 몰흡광 계수는 14 200 M^{-1} cm^{-1}이라고 가정한다.

(a) HIn의 농도가 [HIn]이고, In^-의 농도가 $[In^-]$인 용액이 440 nm에서 나타내는 흡광도를 구하는 식을 쓰시오. 시료 용기의 투과 길이는 1.00 cm라고 가정한다. 총 흡광도는 각 성분의 흡광도 합이다.

(b) 1.84×10^{-4} M 포말 농도에서 지시약을 포함한 용액을 pH 6.23으로 조절하고, 440 nm에서 0.868의 흡광도를 나타낸다는 것을 알았다. 이 지시약의 pK_a를 계산하시오.

[†] 이 문제는 18-2절에서 논의할 Beer 법칙을 기초로 하고 있다.

문제

강염기에 의한 강산의 적정

11-1. **종말점**과 **당량점**의 용어를 구별하시오.

11-2. 0.100 M NaOH 100.0 mL를 1.00 M HBr로 적정하려고 한다. 당량 부피를 구하시오. 산의 첨가량이 다음과 같을 때 pH를 구하고, pH 대 V_a의 그래프를 그리시오.

V_a = 0, 1, 5, 9, 9.9, 10, 10.1, 12 mL

11-3. 강산-강염기 적정 곡선(pH 대 적정 용액의 부피)이 당량점에서 급격한 변화를 일으키는 이유는 무엇인가?

강염기에 의한 약산의 적정

11-4. 강염기에 의한 약산의 적정에서 일반적인 적정 곡선의 모양을 그리시오. 뚜렷이 구별되는 적정 곡선의 네 개 영역 각각에 대하여 pH를 좌우하는 화학은 무엇인지 설명하시오.

11-5. 매우 약하거나 매우 묽은 산이나 염기는 실제로 적정이 왜 불가능한가?

11-6. 0.100 M 약산 HA(pK_a = 5.00) 100.0 mL를 1.00 M KOH로 적정하였다. 가해진 염기의 양이 다음과 같을 때 pH를 구하고, pH 대 V_b의 그래프를 그리시오.

V_b = 0, 1, 5, 9, 9.9, 10, 10.1, 12 mL

11-7. 약산 HA를 NaOH로 적정하였다고 생각해 보자. V_e의 어떤 분율에서 pH = pK_a − 1이 되는가? pH = pK_a + 1이 되는 V_e의 분율은 얼마인가? 이러한 두 점과 $V_b = 0$, $\frac{1}{2}V_e$, V_e, $1.2V_e$를 이용하여 0.100 M 브로민화 아닐리늄('아미노벤젠 · HBr') 100 mL와 0.100 M NaOH의 반응에 대한 적정 곡선을 그리시오.

11-8. 0.100 M 하이드록시아세트산을 0.050 0 M KOH르 적정하였을 때 당량점에서의 pH는 얼마인가?

11-9. MES(표 9-2)와 NaOH의 반응에 대한 평형 상수를 구하시오.

11-10. 사이클로헥실아미노에테인설폰산(FM 207.29, 구조는 표 9-2 참조) 1.214 g을 41.37 mL의 물에 녹인 용액에 NaOH 22.63 mL를 첨가하였을 때 pH는 9.24였다. NaOH의 몰농도를 계산하시오.

11-11. 0.100 M 브로민화 트라이메틸암모늄 10.0 mL를 0.100 M NaOH 4.0 mL로 적정하였을 때의 pH를 정확히 **활동도 계수를 이용**하여 구하시오.

강산에 의한 약염기의 적정

11-12. 강산을 이용한 약염기의 적정에서 일반적인 적정 곡선의 모양을 그리시오. 뚜렷이 구별되는 적정 곡선의 네 개 영역 각각에 대하여 pH를 좌우하는 화학은 무엇인지 설명하시오.

11-13. 약염기를 강산으로 적정했을 때 당량점의 pH가 7 이하인 이유는 무엇인가?

11-14. 0.100 M 약염기 B(pK_b = 5.00)의 분취량 100.0 mL를 1.00 M $HClO_4$로 적정하였다. 다음과 같은 부피의 산이 첨가되었을 때 pH를 구하고, pH 대 V_a의 그래프를 그리시오.

V_a = 0, 1, 5, 9, 9.9, 10, 10.1, 12 mL

11-15. 약염기와 강산의 적정에서 최대 완충 용량은 어느 지점에 해당하는가? 이 지점은 적은 양의 산을 첨가할 때 pH의 변화를 최소화하는 점이다.

11-16. 벤질아민과 HCl 간의 반응에 대한 평형 상수는 얼마인가?

11-17. 0.031 9 M 벤질아민 용액 50.0 mL를 0.050 0 M HCl로 적정하였다. 가해진 산의 부피가 다음과 같을 때 pH를 구하시오. V_a = 0, 12.0, $\frac{1}{2}V_e$, 30.0, V_e, 35.0 mL

11-18. 0.100 M NaCN 50.00 mL와 다음과 같은 용액을 혼합하였을 때의 pH를 구하시오.

(a) 0.438 M $HClO_4$ 4.20 mL

(b) 0.438 M $HClO_4$ 11.82 mL

(c) 0.438 M $HClO_4$의 당량점에서의 pH는 얼마인가?

이양성자성 계의 적정

11-19. NaOH에 의한 약한 이양성자성 산의 적정에서 일반적인 적정 곡선의 모양을 그리시오. 뚜렷이 구별되는 적정 곡선의 각 영역에 대한 pH를 좌우하는 화학은 무엇인지 설명하시오.

11-20. 다음 그래프는 124개의 아미노산과 16개의 염기성 치환체 및 20개의 산성 치환체를 포함하고 있는 단백질의 적정 곡선이다. 29개의 pH 구간에서 적정을 하였기 때문에 적정 곡선은 뚜렷한 꺾임 현상이 없이 부드럽게 연결되어 있다. 29개의 종말점 또한 서로 가까이 인접하여 거의 일정한 상승 경향을 나타낸다. 등이온점이란 H^+와 OH^- 이온 외에 다른 어떤 이온이 존재하지 않은 상태에서 순수한 단백질의 pH를 말한다. 등전점이란 단백질의 평균 전하가 0일 때의 pH를 말한다. 등이온점에서 이 단백질의 평균 전하는 양성, 음성, 아니면 중성일 것인가 ? 어떻게 알 수 있는가?

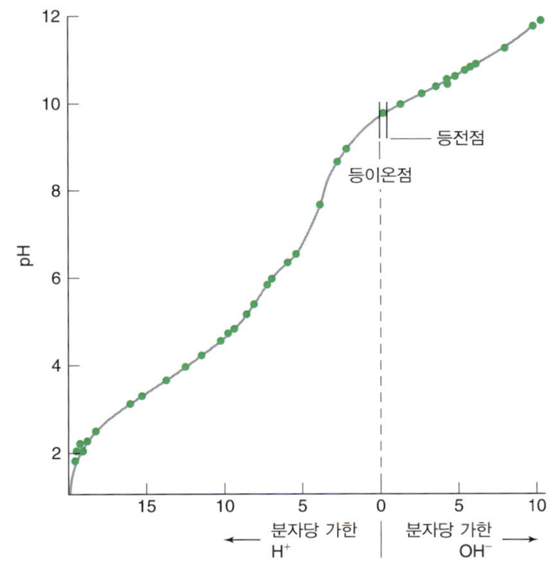

리보핵산 가수 분해 효소 단백질의 산-염기 적정 [출처: C. T. Tanford and J. D. Hauenstein, "Hydrogen Ion Equilibria of Ribonuclease," *J. Am. Chem. Soc*. **1956**, *78*, 5287.]

11-21. 음이온이 이염기성($A^- \rightarrow HA \rightarrow H_2A^+$)인 염 Na^+A^-를 HCl로 적정하여 그림 11-4의 *b* 곡선을 얻었다. 제1당량점 H는 등전점인가, 등이온점인가?

11-22. 다음 그림은 일양성자성 약산을 일양성자성 약염기로 적정한 것과, 이양성자성 산을 강염기로 적정한 것을 비교한 것이다.

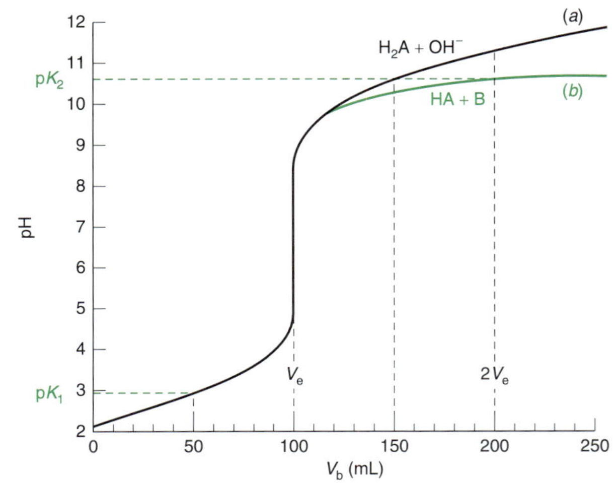

(*a*) 0.050 M H_2A (pK_1 = 2.86, pK_2 = 10.64) 100 mL를 0.050 M NaOH로 적정. (*b*) 약산 HA (0.050 M, pK_a = 2.86) 100 mL를 약염기 B(0.050 M, pK_b = 3.36) 로 적정

(a) 약산과 약염기의 반응을 쓰고, 평형 상수가 $10^{7.78}$임을 증명하시오. 평형 상수값이 큰 것은 시약이 각각 첨가됨에 따라 반응이 '완결'된다는 것을 의미한다.

(b) pK_2는 왜 위 곡선의 $\frac{3}{2}V_e$점에서 교차되고 아래 곡선의 $2V_e$점에서 교차되는가? 아래 곡선의 'pK_2'는 산 BH^+에 대한 pK_a이다.

11-23. 이염기성 화합물 B($pK_{b1} = 4.00$, $pK_{b2} = 8.00$)를 1.00 M HCl로 적정하였다. 처음 B의 농도는 0.100 M이고, 부피는 100.0 mL였다. 다음 부피의 산을 첨가시켰을 때, 즉 $V_a = 0$, 1, 5, 9, 10, 11, 15, 19, 20, 22 mL에서의 pH를 구하시오. 그리고 pH 대 V_a의 그래프를 그리시오.

11-24. 0.100 M 이양성자성 산 H_2A($pK_1 = 4.00$, $pK_2 = 8.00$)의 분취액 100.0 mL를 1.00 M NaOH로 적정하였다. 가해진 염기의 부피가 다음과 같을 때 pH를 구하고, pH 대 V_b의 그래프를 그리시오. $V_b = 0$, 1, 5, 9, 10, 11, 15, 19, 20, 22 mL

11-25. 0.100 M 피페라진 40.0 mL를 0.100 M HCl로 적정하는 과정을 10.0 mL 간격(0~100 mL까지)으로 pH를 계산하시오. 또한 pH 대 V_a의 그래프를 그리시오.

11-26. 0.020 0 M 2-아미노페놀 25.0 mL를 0.015 0 M $HClO_4$ 10.9 mL로 적정하였을 때 pH를 계산하시오.

11-27. 0.100 M 글라이신산 소듐($H_2NCH_2CO_2Na$) 50.0 mL를 0.100 M HCl로 적정한다.

(a) 두 적정 반응식을 적고 제2당량점에서의 pH를 계산하시오.

(b) 근사법에 의한 계산이 $V_a = 90.0$ mL, $V_a = 101.0$ mL에서 부정확한(실제적으로 타당하지 않는) pH 값을 나타낸다는 것을 증명하시오.

11-28. 0.100 M 글루탐산(알짜 전하를 갖지 않은 분자)을 포함하는 용액을 0.025 0 M RbOH로 적정하였다.

(a) 반응물과 생성물의 구조를 그리시오.

(b) 제1당량점에서의 pH를 구하시오.

11-29. 0.010 0 M 타이로신을 0.004 00 M $HClO_4$로 적정하여 당량점에 이르렀을 때 용액의 pH를 구하시오.

11-30. 이 문제에서는 아미노산 시스테인을 다루게 되는데, 이것을 간단하게 H_2C로 나타낼 것이다.

(a) 시스테인 다이포타슘(K_2C)을 물에 녹여 0.030 0 M 용액으로 제조하였다. 이 용액 40.0 mL를 0.060 0 M $HClO_4$로 적정하였다. 제1당량점에서의 pH를 구하시오.

(b) 0.050 0 M 브로민화 시스테늄($H_3C^+Br^-$염)의 용액 내에 있는 $[C^{2-}]/[HC^-]$ 비를 계산하시오.

11-31. 0.800 M $HClO_4$ 20.0 mL를 500 mL로 묽혀 pH를 4.40으로 만들기 위해서는 옥살산 다이포타슘(FM 166.21) 몇 그램을 첨가해야 하는가?

11-32. 0.10 M KNO_3 100.0 mL에 0.112 3 g의 알라닌(FM 89.09)을 녹인 용액 속으로 0.103 2 M NaOH 5.00 mL를 첨가했을 때, 측정된 pH가 9.57이었다. **활동도 계수를 이용**하여 알라닌의 pK_2를 구하시오. 용액의 이온 세기는 0.10 M이고, 각 이온 형태의 알라닌의 활동도 계수는 0.77이라고 간주한다.

pH 전극에 의한 종말점 검출

11-33. Gran 도시는 무엇에 이용되며 왜 유용한가?

11-34. 약산 100.00 mL를 NaOH로 적정하는 자료가 아래에 주어졌다. V_e에 이르기 전 마지막 10% 부피에 대한 자료를 이용하여 Gran 도시를 그리고, 당량점을 찾아보시오.

NaOH (mL)	pH	NaOH (mL)	pH	NaOH (mL)	pH
0.00	4.14	20.75	6.09	22.70	6.70
1.31	4.30	21.01	6.14	22.76	6.74
2.34	4.44	21.10	6.15	22.80	6.78
3.91	4.61	21.13	6.16	22.85	6.82
5.93	4.79	21.20	6.17	22.91	6.86
7.90	4.95	21.30	6.19	22.97	6.92
11.35	5.19	21.41	6.22	23.01	6.98
13.46	5.35	21.51	6.25	23.11	7.11
15.50	5.50	21.61	6.27	23.17	7.20
16.92	5.63	21.77	6.32	23.21	7.30
18.00	5.71	21.93	6.37	23.30	7.49
18.35	5.77	22.10	6.42	23.32	7.74
18.95	5.82	22.27	6.48	23.40	8.30
19.43	5.89	22.37	6.53	23.46	9.21
19.93	5.95	22.48	6.58	23.55	9.86
20.48	6.04	22.57	6.63		

11-35. 아래의 적정 자료로부터 종말점을 구하는 이차 도함수 그래프를 그리시오.

NaOH (mL)	pH	NaOH (mL)	pH	NaOH (mL)	pH
10.679	7.643	10.725	6.222	10.750	4.444
10.696	7.447	10.729	5.402	10.765	4.227
10.713	7.091	10.733	4.993		
10.721	6.700	10.738	4.761		

지시약에 의한 종말점 검출

11-36. 지시약의 색깔이 $pK_{HIn} \pm 1$에서 변하는 원인을 경험적인 근거에 의해서 설명하시오.

11-37. 적정할 때 적절하게 선택한 지시약은 당량점 근처에서 색깔이 변한다. 그 이유는?

11-38. 생체 세포 중에 있는 초미세 소포(낭)의 pH는 낭 속으로 지시약(HIn)을 주입하고 소포 내부에 있는 지시약의 스펙트럼으로부터 $[In^-]/[HIn]$를 측정하여 구할 수 있다. 어떻게 이것으로 pH를 구하는지 설명하시오.

11-39. 음의 pK_a를 갖는 화합물의 화학식을 쓰시오.

11-40. 그림 11-2의 적정에서 당량점에서의 pH가 9.25였다. 지시약으로 티몰 블루를 사용한다면, 당량점에 이르기 전까지의 적정 과정에서 어떤 색깔이 관찰되겠는가? 또한 당량점에서와 당량점 이후의 색깔은 어떻게 되겠는가?

11-41. 지시약 크레솔 퍼플(표 11-3)이 다음과 같은 pH에서 어떤 색을 나타낼 것인지 예측하시오.

(a) 1.0 **(b)** 2.0 **(c)** 3.0

11-42. 크레솔 레드는 표 11-3에 나타낸 바와 같이 **변색 범위가 두 개**이다. 다음의 pH 값에서 어떤 색을 나타낼 것인지 예측하시오.

(a) 0 **(b)** 1 **(c)** 6 **(d)** 9

11-43. pH 3.8~5.4의 변색 범위를 가진 브로모크레솔 그린 지시약이 약산과 강염기의 적정에 유용할 것인지를 설명하시오.

11-44. **(a)** 0.030 0 M NaF를 0.060 0 M $HClO_4$로 적정할 때 당량점에서의 pH는 얼마인가?

(b) 이러한 적정에서 지시약의 종말점이 유용하지 못한 까닭은 무엇인가?

11-45. HCl로 $NaCO_3$를 적정한 적정 곡선을 그림에 나타내었다. 적정 용액 안에 페놀프탈레인과 브로모크레솔 그린이 **함께** 들어 있다. HCl이 다음과 같은 부피로 가해졌을 때 관찰되는 색깔 변화를 설명하시오.

(a) 2 mL **(b)** 10 mL **(c)** 19 mL

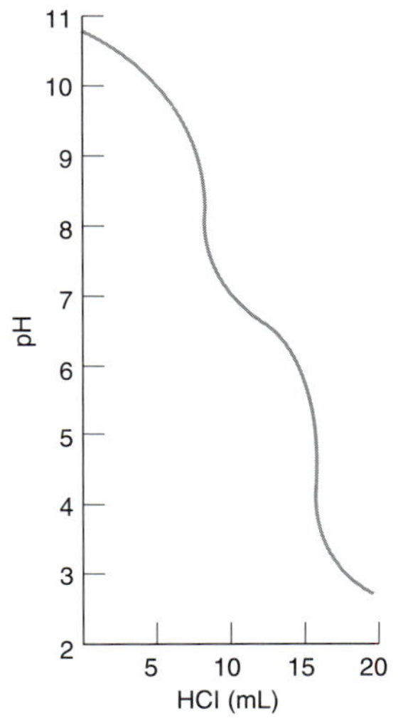

11-46. Kjeldahl 질소 정량법에서 최종 생성물이 HCl 용액 내에서 NH_4^+ 이온으로 존재한다. NH_4^+ 이온은 적정하지 않고 HCl을 적정할 필요가 있다.

(a) 순수한 0.010 M NH_4Cl의 pH를 구하시오.

(b) NH_4^+에는 영향없이 HCl을 적정하기 위한 지시약을 선택하시오.

11-47. 암모니아를 함유한 유리 세척제 시료 10.231 g을 물 39.466 g으로 묽혔다. 이 용액 4.373 g을 0.106 3 M HCl 14.22 mL로 적정하여 브로모크레솔 그린의 종말점에 이르렀다. 세척제에 함유된 NH_3(FM 17.031)의 무게 백분율을 구하시오.

11-48. 가정집의 수영장 물에 대한 알칼리도(보충 11-1)를 측정하는 절차는 일정 부피의 수영장 물을 표준 황산을 떨어뜨리면서 적정하되 브로모크레솔 그린 종말점까지 몇 방울 소요되었는지 세는 방법을 사용한다.[32] 이 적정에서 무엇을 측정하였는지, 브로모크레졸 그린이 왜 사용되었는지 설명하시오.

실제적인 주의점과 Kjeldahl 분석 및 평준화 효과

11-49. 다음의 용액을 표준화하는 데 사용되는 일차 표준 물질의 화학명과 화학식을 쓰시오.

(a) HCl **(b)** NaOH

11-50. 당량 질량(1 mol의 H^+를 소모시키는 데 필요한 질량)이 작은 것보다 당량 질량이 큰 것을 사용하는 것이 왜 좀 더 정확한가?

11-51. NaOH 용액을 표준화하는 데 사용되는 프탈산 수소 포타슘의 사용법을 설명하시오.

11-52. 일차 표준 물질 트리스(표 11-4) 1.023 g을 물 99.367 g에 녹인다. 이 용액 4.963 g을 HNO_3 수용액 5.262 g으로 적정하여 메틸 레드 종말점에 이르렀다. HNO_3의 농도를 계산하시오 (mol HNO_3/kg 용액으로 나타내시오).

11-53. HCl 용액을 표준화하기 위해서는 트리스 1.023 g을 저울로 무게를 달아야 한다. 2-3절의 부력 보정 방법과 표 11-4의 밀도를 이용하면 실제로는 몇 그램을 달아야 하는가? 트리스와 화학 반응을 하는 데 필요한 HCl의 부피는 28.37 mL이다. 부력 보정은 계산된 HCl의 몰농도에 우연 오차를 일으킬 것인가, 계통적 오차를 일으킬 것인가? 백분율로 나타내었을 때 오차의 크기는 얼마인가? 그리고 계산된 HCl의 몰농도가 참 몰농도보다 클 것인가, 낮을 것인가?

11-54. 프탈산 수소 포타슘을 0.05 M NaOH로 표준화할 때, 만일 적정에 30 mL의 염기가 사용되기를 바란다면 플라스크에 프탈산 수소 포타슘 몇 g을 칭량해 넣어야 하는가?

11-55. 일정하게 끓는 수용성 HCl이 산-염기 적정을 위한 일차 표준 물질로 사용된다. 약 20 wt% HCl(FM 36.458)이 증류될 때 기압에 따라 일정한 방식으로 증류액의 조성이 변한다.

P (Torr)	HCl^a (g/100 g 용액)
770	20.195
760	20.219
750	20.243
740	20.267
730	20.291

a. 증류액의 조성은 *C. W. Foulk and M. Holingsworth,* J. Am. Chem Soc. ***1923,*** 45, *1223,* (현재 원자 질량으로 보정됨)로부터 얻은 자료이다.

(a) 표에 실린 자료로 그래프를 그려 746 Torr에서 포집한 HCl의 무게 백분율을 구하시오.

(b) 0.100 00 M HCl을 만들기 위해서 1.000 0 L에 어느 정도의 증류액(공기 중에서 칭량된 것이며, 무게는 8.0 g/mL의 밀도를 이용)을 녹여야 하는가? 표에 실린 것과 같이 전 영역에 걸쳐 증류액의 밀도는 1.096 g/mL 부근의 값을 나타낸다. 이 밀도는 진공 중에서 측정된 질량을 공기 중에서 측정된 질량으로 바꾸는 데 필요하다. 부력에 대한 보정은 2-3절을 참조하라.

11-56. **(a)** **화학식량의 불확정도.** 극도로 정밀도가 높은 중량 분석 적정에서 일차 표준 물질의 화학식량에서의 불확정도는 결과

의 불확정도에 영향을 미치게 된다. 부록 B의 분자량의 불확정도를 읽고 원자 질량의 불확정도가 $k = 2$라고 하는 회수 인자를 적용한 장방형 분포(rectangular distribution)를 갖는다는 데에 근거하여, 프탈산 수소화 포타슘($C_8H_5O_4K$)의 화학식량과 95% 신뢰 구간을 구하시오.

(b) **시약 순도의 계통 오차.** 프탈산 수소 포타슘의 제조사에 의하면 순도는 1.000 00 ± 0.000 05라고 한다. 추가적인 정보가 없을 경우 불확정도의 분포는 장방형이라고 가정한다면, 이 시약의 순도를 표시하는 데 있어 표준 불확정도가 얼마가 되는가?

11-57. Kjeldahl 분석법을 이용하여 37.9 mg 단백질/mL를 함유하는 어떠한 용액 256 μL를 분석하였는데, 생성된 NH_3 기체는 0.033 6 M HCl 5.00 mL에 포집되었고, 남아 있는 산을 완전히 적정하는 데 0.010 M NaOH 6.34 mL가 사용되었다. 단백질에 있는 질소의 무게 함량(%)은 얼마인가?

11-58. Kjeldahl 분석법에서 NH_3를 HCl로 포집하는 대신 ~4 wt%의 붕산 $B(OH)_3$ 수용액에서 포집을 하기도 하며, NH_4^+, NH_3, $B(OH)_3$, $BO(OH)_2^-$(borate) 및 트라이보레이트($B_3O_3(OH)_4^-$), 테트라보레이트($B_4O_5(OH)_4^{2-}$), 펜타보레이트($B_5O_6(OH)_4^-$)들이 포함되어 있는 폴리보레이트(polyborate)들의 평형 상태의 혼합물이 생성된다.[22] 이 혼합물을 pH 전극으로 측정하되 pH 3.8이 되는 종말점까지 표준 HCl로 적정한다. 붕산을 사용하는 이점은 두 가지(HCl과 NaOH) 표준 시약을 사용하지 않고, 한 가지(HCl)만 사용해도 된다는 것이다. 붕산을 사용하는 방법은 교재에서 소개된 방법보다 시간과 비용이 적게 든다.

$B(OH)_3$ 속으로 NH_3 증류:

$$NH_3 + B(OH)_3 + H_2O \rightleftharpoons NH_4^+ + B(OH)_4^- \qquad \text{(A)}$$

$$NH_3 + B(OH)_3 + H_2O \rightleftharpoons NH_4^+ + \text{폴리보레이트} \qquad \text{(B)}$$

표준 HCl을 이용한 적정:

$$H^+ + B(OH)_4^- + \text{폴리보레이트} \rightarrow B(OH)_3 + H_2O \qquad \text{(C)}$$

(a) 37.9 mg 단백질/mL를 함유한 어떠한 용액 1.00 mL를 분석하는 데 Kjeldahl 분석법을 사용하였다. 생성된 NH_3는 ~5 mL의 ~4 wt% $B(OH)_3$에서 포집되었고, 남은 용액을 적정하는 데 0.050 M HCl 8.28 mL가 소요되었다. 반응 C는 반응 A와 B의 각 NH_3당 1개의 H^+가 필요하다. 단백질의 질소 wt%는 얼마인가?

(b) 0.414 mmol NH_3를 처리하는 데 4.00 wt% $B(OH)_3$ (밀도 1.00 g/mL, 화학식량 61.83) 용액 5.00 mL가 사용되었다고 가정하자(부피 변화 없음). 만일 반응 A가 완결되어 0.414 mmol의 $B(OH)_4^-$가 생성되고 미반응 $B(OH)_3$가 남아 있다면, pH는 얼마인가? 이 반응에서 반응 B는 무시하시오.

(c) 위의 **(b)** 조건의 pH에서 수소화되지 않은 암모니아의 분율은 얼마인가? NH_3 일부는 수소화되지 않기 때문에 포집 용액에서 증발할 수도 있다.

(d) 반응 A의 평형 상수를 구하시오.

11-59. 평준화 효과란 무엇인가?

11-60. 염기 B는 대단히 약한 산이므로 수용액에서는 적정할 수 없다.

(a) 피리딘과 아세트산 중 $HClO_4$로 B를 적정하는 데 더 적합한 용매는 어느 것이겠는가? 그 이유는?

(b) 매우 약한 산을 수산화 테트라뷰틸암모늄으로 적정하는 데 더 적당한 용매는 어느 것이겠는가? 그 이유는?

11-61. 아마이드화 소듐($NaNH_2$)과 페닐 리튬(C_6H_5Li)이 수용액에서 왜 같은 염기 세기로 평준화되는지 설명하시오. 이들이 물에 첨가될 때 일어나는 화학 반응을 쓰시오.

11-62. 피리딘은 pH 5.2의 인산염 완충 수용액 중에서 절반 정도 양성자화된다. 만약 45 mL의 인산염 완충 용액과 55 mL의 메탄올을 혼합시킬 경우에는 피리딘이 절반 정도 양성자화되기 위해서 pH는 3.2가 되어야 한다. 그 이유를 설명하시오.

스프레드시트에 의한 적정 곡선의 계산

11-63. NaOH에 의한 프탈산 수소 포타슘(K^+HP^-)의 적정에 대해 다음 식을 유도하시오.

$$\phi = \frac{C_bV_b}{C_aV_a} = \frac{\alpha_{HP^-} + 2\alpha_{P^{2-}} - 1 - \dfrac{[H^+] - [OH^-]}{C_a}}{1 + \dfrac{[H^+] - [OH^-]}{C_b}}$$

11-64. **약산을 강염기로 적정하는 데 있어서 pK_a의 영향.** 식 11-13을 사용하여 그림 11-3의 왼쪽에 있는 곡선 집단과 같이 도시하시오. 강산은 $K_a = 10^2$, 즉 $pK_a = -2$와 같이 K_a가 큰 것을 선택하시오.

11-65. **약산을 강염기로 적정하는 데 있어서 농도의 영향.** 앞 문제의 스프레드시트를 사용하여 다음과 같은 농도에서 $pK_a = 6$에 대한 적정 곡선 집단을 그리시오.

(a) $C_a = 20$ mM, $C_b = 100$ mM

(b) $C_a = 2$ mM, $C_b = 10$ mM

(c) $C_a = 0.2$ mM, $C_b = 1$ mM

11-66. **약염기를 강산으로 적정하는 데 있어서 pK_b의 영향.** 표 11-5에 나타낸 적당한 식을 사용하여 계산에 필요한 계산표를 만들고, 0.020 0 M B ($pK_b = -2.00$, 2.00, 4.00, 6.00, 8.00, 10.00) 50.0 mL를 0.100 M HCl로 적정한 곡선 집단을 그림 11-3의 왼쪽과 같이 도시하시오($pK_b = -2.00$의 값은 강염기를 나타낸다). BH^+에 관한 식에서 $K_{BH+} = K_w/K_b$.

11-67. **약염기에 의한 약산의 적정.**

(a) 0.020 0 M HA($pK_a = 4.00$) 50.0 mL를 0.100 M B($pK_b = 3.00$, 6.00, 9.00)로 적정한 그래프 집단을 그리시오.

(b) 아세트산과 벤조산 소듐(벤조산의 염)이 혼합되었을 때 일어나는 산-염기 반응을 쓰고, 그 반응에 대한 평형 상수를 구하시오. 0.200 M 아세트산 212 mL와 0.050 0 M 벤조산 소듐 325 mL를 혼합하여 만든 용액의 pH를 구하시오.

11-68. **강염기에 의한 이양성자성 산의 적정.** 0.020 0 M H_2A 50.0 mL를 0.100 M NaOH로 적정한 그래프 집단을 그리기 위하여 스프레드시트를 이용하시오. 다음의 경우들을 생각해 보자.

(a) $pK_1 = 4.00$, $pK_2 = 8.00$ (b) $pK_1 = 4.00$, $pK_2 = 6.00$
(c) $pK_1 = 4.00$, $pK_2 = 5.00$

11-69. **니코틴을 강산으로 적정.** 그림 11-4의 아래쪽 곡선을 재현하는 스프레드시트를 작성하시오.

11-70. **삼양성자성 산을 강염기로 적정.** 0.020 0 M 히스티딘 · 2HCl 50.0 mL를 0.100 M NaOH로 적정한 그래프의 스프레드시트를 작성하시오. 히스티딘 · 2HCl은 표 11-5의 삼양성자성 산 식으로 다루시오.

11-71. **사양성자성 계.** 사염기성 염기를 강산으로 적정하는 식을 쓰시오($B + H^+ \rightarrow \rightarrow \rightarrow \rightarrow BH_4^{4+}$). 이 문제는 표 11-5를 조사해 보거나 적정 반응에 대한 전하 균형에 의해 예상할 수 있다. 스프레드시트를 사용하여 0.020 0 M 파이로인산 소듐($Na_4P_2O_7$) 50.0 mL를 0.100 M $HClO_4$로 적정하는 그래프를 그리시오.

지시약에 대한 Beer 법칙 이용*

11-72. 특수 지시약의 분광학적 특성을 아래에 나타내었다.

$$\underset{\substack{\lambda_{max} = 395 \text{ nm} \\ \varepsilon_{395} = 1.80 \times 10^4 \text{ M}^{-1}\text{ cm}^{-1} \\ \varepsilon_{604} = 0}}{\text{HIn}} \xrightleftharpoons{pK_a = 7.10} \underset{\substack{\lambda_{max} = 604 \text{ nm} \\ \varepsilon_{604} = 4.97 \times 10^4 \text{ M}^{-1}\text{ cm}^{-1}}}{\text{In}^-} + \text{H}^+$$

1.40×10^{-5} M 지시약과 0.050 0 M 벤젠-1,2,3-트라이카복실산($pK_1 = 2.86$, $pK_2 = 4.30$, $pK_3 = 6.28$)을 함유하고 있는 용액 20.0 mL를 20.0 mL의 KOH 용액으로 처리하였다. 1.00 cm의 시료 용기에서 이 용액의 흡광도는 604 nm에서 0.118이었다. KOH 용액의 몰농도를 구하시오.

11-73. 어떤 산-염기 지시약은 다음과 같은 색깔을 띠는 세 가지 형태로 존재한다.

$$\text{H}_2\text{In} \xrightleftharpoons{pK_1 = 1.00} \text{HIn}^- \xrightleftharpoons{pK_2 = 7.95} \text{In}^{2-}$$

H_2In	HIn^-	In^{2-}
$\lambda_{max} = 520$ nm	$\lambda_{max} = 435$ nm	$\lambda_{max} = 572$ nm
$\varepsilon_{520} = 5.00 \times 10^4$	$\varepsilon_{435} = 1.80 \times 10^4$	$\varepsilon_{572} = 4.97 \times 10^4$
붉은색	노란색	붉은색
$\varepsilon_{435} = 1.67 \times 10^4$	$\varepsilon_{520} = 2.13 \times 10^3$	$\varepsilon_{520} = 2.50 \times 10^4$
$\varepsilon_{572} = 2.03 \times 10^4$	$\varepsilon_{572} = 2.00 \times 10^2$	$\varepsilon_{435} = 1.15 \times 10^4$

몰흡광 계수 ε의 단위는 $M^{-1}\ cm^{-1}$이다. 5.00×10^{-4} M 지시약 10.0 mL를 0.1 M 인산 완충 용액(pH 7.50) 90.0 mL와 섞었다. 435 nm에서 1.00 cm 시료 용기에 든 이 혼합 용액의 흡광도를 구하시오. 435 nm에서의 흡광도는 해당 파장에서 세 가지 화학종의 흡광도의 합이라는 것을 주목하라.

* 이 문제는 18-2절에서 논의한 Beer 법칙을 기초로 하고 있다.

참고 방법: 표준 산과 염기의 제조

0.1 M NaOH 표준 용액

1. 50 wt% NaOH 수용액을 미리 만들고, Na_2CO_3가 침전되도록 하룻밤 방치해 둔다(탄산 소듐은 이 용액에 녹지 않는다). 그 용액을 밀폐된 폴리에틸렌 병에 보관하고, 상층액을 취할 때는 침전물이 섞이지 않도록 유의한다. 밀도는 1.50 g/mL에 가깝다.

2. 일차 표준급의 프탈산 수소 포타슘을 110°C에서 1시간 동안 말려서 건조 용기에 보관한다.

$$\text{C}_6\text{H}_4(\text{CO}_2^-\text{K}^+)(\text{CO}_2\text{H}) + \text{NaOH} \longrightarrow \text{C}_6\text{H}_4(\text{CO}_2^-\text{K}^+)(\text{CO}_2^-\text{Na}^+) + \text{H}_2\text{O}$$

프탈산 수소 포타슘
FM 204.222

3. 물 1 L를 5분간 끓여 CO_2를 제거한다. 그 물을 폴리에틸렌 병에 붓고 가능한 한 뚜껑을 꼭 닫아 둔다. 약 0.1 M NaOH 1 L를 만드는 데 필요한 50 wt% NaOH의 부피(약 5.3 mL)를 계산하고, 그만큼을 눈금 실린더로 물이 든 병에 옮기고, 잘 섞어 실온까지 식도록 방치한다(하룻밤 방치하는 것이 좋다).

4. 네 개의 프탈산 수소 포타슘 약 0.51 g을 각각 달고 125 mL 플라스크에 넣고 약 25 mL의 증류수로 각각 녹인다. 각 시료는 약 25 mL의 0.1 M NaOH와 반응하는 데 충분한 양의 고체가 들어 있도록 한다. 각각에 페놀프탈레인 지시약(표 11-3) 세 방울을 가하고, 대략의 종말점을 찾기 위해 그중 하나를 재빠르게 적정한다. CO_2가 들어오는 것을 최소화하기 위해 뷰렛을 느슨하게 뚜껑을 씌운다.

5. 나머지 세 개의 시료를 적정하는 데 필요한 NaOH의 부피를 각각 계산하고 그들을 조심스럽게 적정한다. 각 적정 중에 플라스크를 주기적으로 기울이고 흔들어서 벽에 있는 액체를 벌크(bulk) 용액으로 씻어 내린다. 종말점에 매우 가까워졌을 때는 적정 용액을 한 번에 한 방울 이하로 떨어뜨린다. 이를 위해서 뷰렛 끝에 한 방울보다 적은 양이 매달리게 한 다음, 플라스크의 안쪽 벽에 대고 조심스럽게 기울여 벌크 용액으로 씻어 내리고, 용액을 흔들어준다. 종말점은 연한 분홍색이 처음으로 15초간 지속되는 때이다. 색깔은 공기 중의 CO_2가 용액으로 녹아 들어가면서 서서히 없어진다.

6. 평균 몰농도($\bar{x}$), 표준 편차(s), 상대 표준 편차($s/\bar{x}$)를 계산한다. 주의 깊게 행하면, 상대 표준 편차는 $<0.2\%$가 된다.

0.1 M HCl 표준 용액

1. 이 책의 앞표지 안쪽 표에서 약 0.1 M HCl을 만드는 데 증류수 1 L에 가해야 할 약 37 wt% 진한 염산의 부피는 8.2 mL라는 것을 알 수 있다. HCl을 눈금 실린더로 뚜껑이 있는 폴리에틸렌 병에 옮긴 후 이 용액을 만든다.

2. 일차 표준 시약급의 Na_2CO_3를 110°C에서 한 시간 동안 말리고 건조 용기에서 식힌다.

3. 약 25 mL의 0.1 M HCl과 반응하기에 충분한 Na_2CO_3가 함유된 네 개의 시료를 달아서 125 mL 플라스크에 각각 넣는다. 적정할 준비가 되면 약 25 mL의 증류수로 각각 녹인다.

$$2HCl + \underset{\text{FM 105.988}}{Na_2CO_3} \rightarrow CO_2 + 2NaCl + H_2O$$

각각에 브로모크레솔 그린 지시약(표 11-3) 세 방울을 가하고, 대략의 종말점을 찾기 위해 그중 한 개의 시료를 초록색이 나타날 때까지 빠르게 적정한다.

4. 나머지 시료를 각각 푸른색에서 초록색으로 막 변할 때까지 조심스럽게 적정한 다음, 용액을 끓여 CO_2를 날려 보낸다. 용액은 푸른색으로 되돌아와야 한다. 용액이 초록색으로 다시 변할 때까지 뷰렛으로부터 염산을 조심스럽게 가한다.

5. 0.05 M NaCl 50 mL에 지시약 세 방울을 넣고 바탕 적정을 행한다. Na_2CO_3를 적정한 부피에서 HCl의 바탕 적정 부피를 뺀다.

6. 평균 HCl 몰농도, 표준 편차, 상대 표준 편차를 계산한다.

12 EDTA 적정법

킬레이트화 요법과 지중해 빈혈증

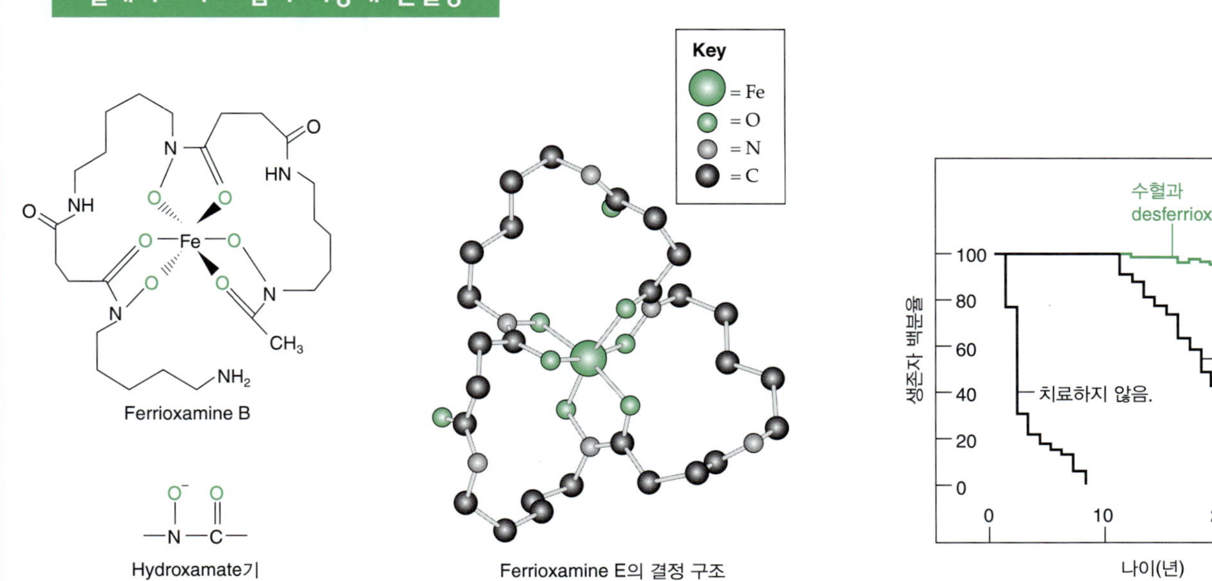

위 구조는 고리 구조를 가지는 철 착물 ferrioxamine B와, 동류의 화합물인 ferrioxmine E를 보여 준다. 그래프는 수혈만 한 경우와, 수혈과 킬레이트화 요법을 병행한 경우의 성공적인 결과를 보여 준다. [결정 구조 출처: M. Neu. Los Alamos National Laboratory, D. Van der Helm and M. Polling, *J. Am. Chem. Soc.* **1976**, *98*, 82에 근거함. 그래프 출처: P. S. Dobbin and R. C. Hider, "Iron Chelation Therapy", *Chem. Br.* **1990**, *26*, 565.]

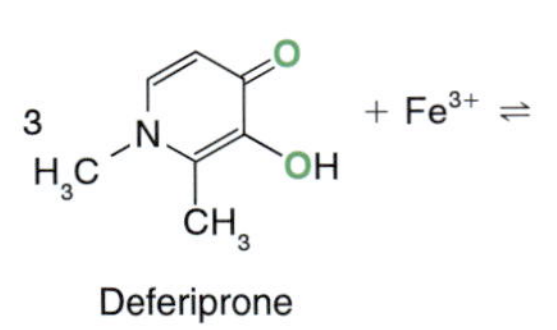

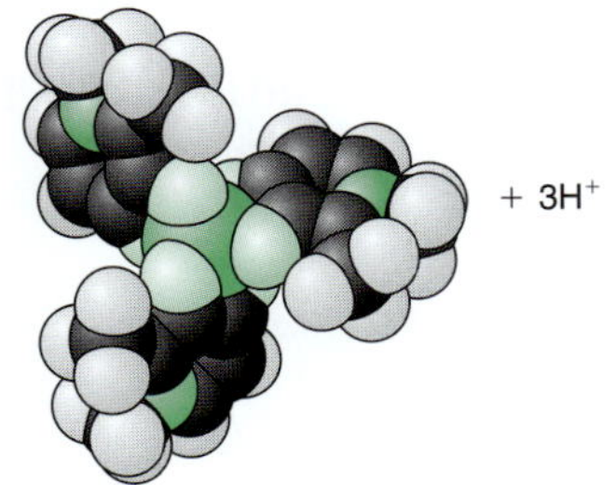

철을 함유한 단백질 헤모글로빈은 인간의 순환계에서 산소(O_2)와 결합되어 있는데, 이것은 α와 β로 표시되는 두 쌍의 소단위체로 이루어져 있다. β-지중해 빈혈증(thalassemia)은 주로 헤모글로빈의 소단위체 β가 적당한 양만큼 생성되지 않는 유전병이다. 이 병을 앓는 어린이가 생존할 수 있는 유일한 방법은 정상적인 적혈구를 자주 수혈해 주는 것뿐이다. 이 치료법의 문제점은 수혈된 적혈구의 헤모글로빈으로부터 매년 4~8 g의 철이 환자의 몸에 축적된다는 것이다. 인간의 신체는 그렇게 많은 양의 철을 배설할 수 있는 기관이 없기 때문에 모든 조직에 철이 축적된다. 지중해 빈혈증을 앓는 대부분의 환자들은 과량의 철에 의한 독성 때문에 결국 사망하게 된다.

과량의 철을 몸 밖으로 배설할 수 있게 하기 위해서 강력한 킬레이트화 요법이 이용된다. 지금까지 가장 성과가 좋은 약은 **desferrioxamine B**로서, 미생물 *Streptomyces pilosus*로 인해 생성된 강력한 Fe^{3+}의 킬레이트 생성자이다.[1] Ferrioxamine B라고 하는 Fe(III) 착물의 형성 상수는 $10^{30.6}$이다. 아스코브산(바이타민 C)—Fe^{3+}를 좀 더 수용성인 Fe^{2+}로 환원시키는 환원제—과 함께 desferrioxamine을 사용하면 과량의 철이 축적된 환자에게서 매년 몇 그램씩의 철을 제거할 수 있다. Ferrioxamine 착물은 소변으로 배설된다. Desferrioxamine은 지중해 빈혈증 환자의 심장과 간 질병의 발생 빈도를 줄이고 적당한 철의 균형을 유지하도록 해 준다. Desferrioxamine이 과량의 철을 조절하는 환자의 경우, 지난 15년간 킬레이트 처치를 한 결과, 심장 질환자의 91%가 생존하였다.[2] Desferrioxamine 치료의 부정적 효과도 있는데, 과량 사용 시 어린이 성장을 방해한다.

Desferrioxamine은 장을 통해 흡수되지 않는다. 그리고 이 약은 비싸며, 주 5~7회 야간에 피하 주입을 통해 투약되어야 한다. 경구 투여 킬레이트제인 deferiprone은 철 제거에 효과적이다.[3] Desferrioxamine과 deferiprone을 혼용할 경우 desferrioxamine만 쓰는 경우보다 심장병 발병이 더 줄어들었다. 모든 형태의 지중해 빈혈증으로 인한 전세계 사망률은 1990년 기준 인구 100 000명당 0.7명에서 2013년 기준 100 000명당 0.3명으로 감소했다.[4] 어쩌면 이 책의 수명이 다하기 전에—40년의 기다림 끝에—수혈 필요 없이 β-지중해 빈혈증을 치료하는 유전자 요법에 대한 인체 임상 시험이 진행되고 있을 수도 있겠다.[5]

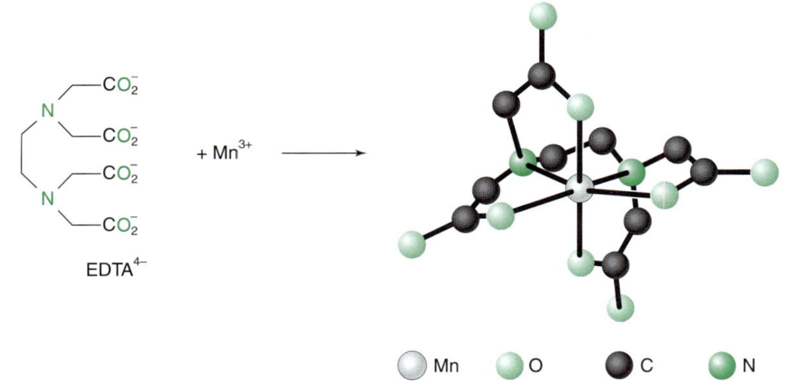

그림 12-1 EDTA는 네 개의 산소 원자와 두 개의 질소 원자를 가져 대부분의 금속과 강한 1:1 착물을 형성한다. 화합물 $KMnEDTA \cdot 2H_2O$에서 발견된 Mn^{3+}-EDTA 착물의 6배위 구조는 X선 결정학에 의해 추론되었다. [출처: J. Stein, J. P. Fackler, Jr., G. J. McClune, J. A. Fee, and L. T. Chan, "Reaction Mn-EDTA and MnCyDTA Complexes with O2: X-Ray Structure of KMn-EDTA · $2H_2O$." *Inorg. Chem.* **1979**, *18*, 3511.]

EDTA는 **에틸렌다이아민테트라아세트산**(ethylenediaminetetraacetic acid)의 약자로, 대부분의 금속 이온과 1:1 착물을 형성하므로 정량 분석에 널리 쓰인다(그림 12-1). EDTA는 공업 처리 과정에서와 세제, 세척 시약, 금속 촉매에 의한 식품의 산화를 억제하는 식품 첨가제와 같은 제품 생산에 있어서 강한 금속 결합제로서 중요한 역할을 한다. EDTA는 환경화학에서도 역할을 하는데, 예를 들면 샌프란시스코 만으로 방출된 니켈의 대부분과 철, 납, 구리, 아연의 상당 부분이 폐수 처리장을 통해 해롭지 않은 상태의 EDTA 착물로 통과한다.

12-1 금속-킬레이트 착물

Ag^+ + 2 :C≡N: ⇌ (:N≡C—Ag—C≡N:)$^-$
Lewis 산 (전자쌍 받개) · Lewis 염기 (전자쌍 주개) · 착이온

금속 이온은 전자쌍을 주는 리간드로부터 전자쌍을 받을 수 있으므로 **Lewis 산(Lewis acid)**이고, 리간드는 **Lewis 염기(Lewis base)**이다. 사이안화 이온(CN^-)은 금속 이온과 오직 한 개의 원자(탄소 원자)가 결합하므로, **한자리(monodentate)** 리간드라고 한다. 대부분의 전이 금속 이온은 6개의 리간드 원자와 결합한다. 두 개 이상의 리간드 원자가 금속 이온과 결합할 경우, 이 리간드를 **여러 자리 리간드(multidentate ligand**, '치아가 많은') 또는 **킬레이트 리간드(chelating ligand)**라고 한다.[6]

간단한 킬레이트 리간드인 1,2-다이아미노에테인($H_2\ddot{N}CH_2CH_2\ddot{N}H_2$, 에틸렌다이아민이라고도 함)은 왼쪽에 나타낸 그림과 같이 금속 이온과 결합한다. 에틸렌다이아민은 두 개의 리간드 원자가 금속과 결합하므로 **두자리**(bidentate) 리간드라고 한다.

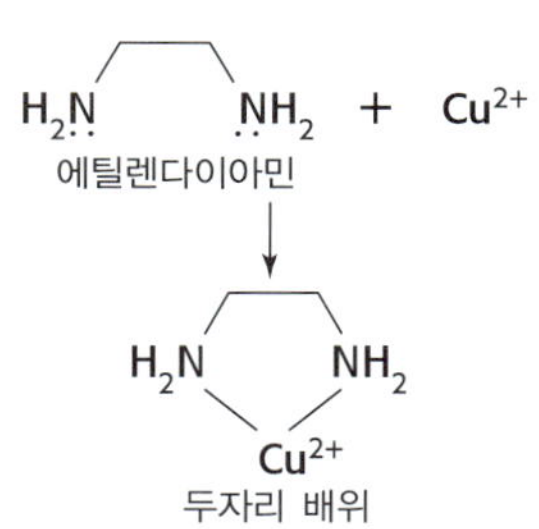

킬레이트 효과(chelate effect)는 여러 자리 리간드가 유사한 한자리 리간드보다 더 안정한 금속 착물을 형성하는 능력이다.[7,8] 예를 들면 에틸렌다이아민 두 분자와의 $Cd(H_2O)_6^{2+}$의 반응이 메틸아민 네 분자와의 반응보다 우세하다.

형성 상수(K와 β)라는 용어는 보충 6-2에서 논의했다.

$$Cd(H_2O)_5^{2+} + 2H_2\ddot{N}CH_2CH_2\ddot{N}H_2 \ (\text{에틸렌다이아민}) \rightleftharpoons \left[Cd(H_2O)_2(H_2NCH_2CH_2NH_2)_2\right]^{2+} + 4H_2O$$

$$K \equiv \beta_2 = 8 \times 10^9 \quad \mathbf{(12\text{-}1)}$$

트랜스 이성질체(H_2O 리간드가 서로 반대편에 있는)인 팔면체 착물을 보이고 있는데, 시스 이성질체(H_2O 리간드가 서로 인접해 있는)도 가능하다.

$$Cd(H_2O)_6^{2+} + 4CH_3\ddot{N}H_2 \ (\text{메틸아민}) \rightleftharpoons \left[Cd(H_2O)_2(H_2NCH_3)_4\right]^{2+} + 4H_2O$$

$$K \equiv \beta_4 = 4 \times 10^6 \quad \mathbf{(12\text{-}2)}$$

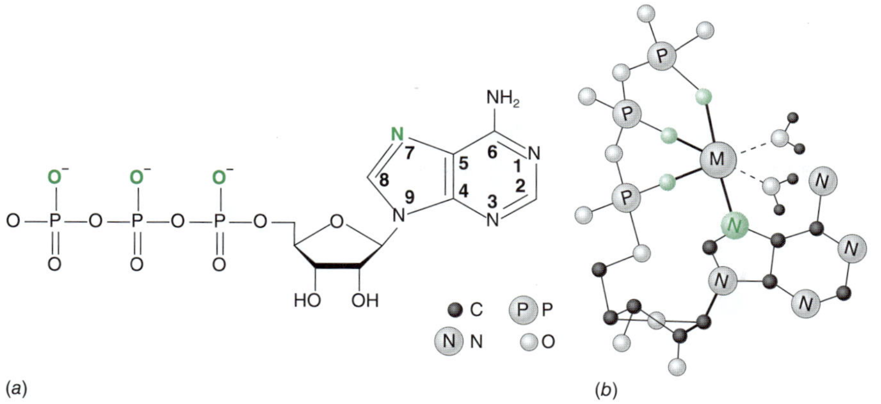

(a)

(b)

그림 12-2 (*a*) 아데노신 삼인산(ATP)의 구조. 리간드 원자는 색깔로 표시함. (*b*) ATP와 네 개의 결합, 그리고 H_2O 리간드와 두 개의 결합을 가진 금속-ATP 착물의 가능한 구조

pH 12인 1 L 용액에 0.01 mol Cd(II), 0.2 mol 에틸렌다이아민, 0.4 mol 메틸아민이 공존하고 있다면, Cd(II)와 결합한 리간드의 99.97%는 에틸렌다이아민이다.

중요한 **네자리**(tetradentate) 리간드 중의 하나인 아데노신 삼인산(adenosine triphosphate, ATP)은 2가 금속 이온(Mg^{2+}, Mn^{2+}, Co^{2+}, Ni^{2+}와 같은)과 결합할 때 금속 이온의 6개의 배위 위치 중 네 개를 차지한다(그림 12-2). 다섯 번째와 여섯 번째 위치는 물 분자가 차지한다. 생물학적으로 활성인 ATP 형태는 일반적으로 Mg^{2+} 착물이다.

금속-킬레이트 착물은 생물학에서 널리 퍼져 있다. 우리 내장에 있는 박테리아는 엔테로박틴(enterobactin, 그림 12-3a)이라는 강력한 철 킬레이트제를 방출하는데, 이는 박테리아 성장에 필수인 철을 포획한다. 이와 같이 박테리아가 철을 흡수하기 위해 체외로 분비하는 킬레이트 물질을 **사이드로포어**(siderophore)라고 한다. 철-엔테로박틴 착물은 박테리아 세포 표면에 있는 수용체들에 의해 포획되며 세포 안으로 흡수된다. 그리고 나서 철은 킬레이트 착물의 효소 분해에 의해 박테리아 내부로 방출된다. 박테리아 감염과 싸우기 위해 면역계는 엔테로박틴을 포획하여 비활성화시키는 시데로카린(siderocalin)이라는 단백질을 생성한다.[9] 요로 감염증(urinary tract infections)을 방지하기 위한 백신 연구 또한, 요로 기관 박테리아에 의해 생성되는 다른 철 킬레이트제에 대한 항체를 개발하는 것과 같이, 유사한 접근법으로 진행되고 있다.[10]

박테리아는 우리가 갖고 있는 항생제 '무기'에 대한 저항성을 빠르게 발전시킨다. 현재 항

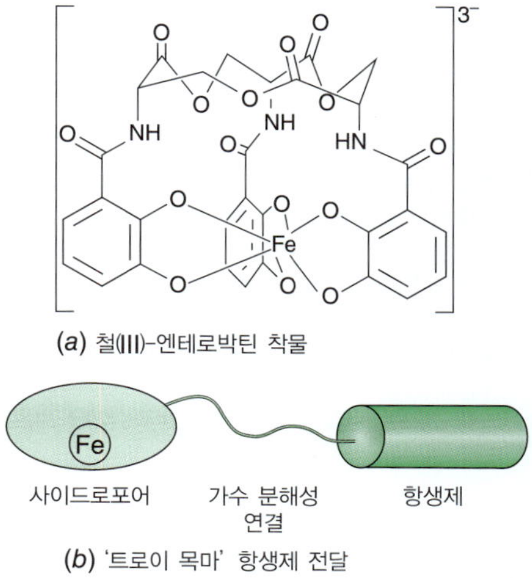

(*a*) 철(III)-엔테로박틴 착물

사이드로포어 가수 분해성 연결 항생제

(*b*) '트로이 목마' 항생제 전달

그림 12-3 (*a*) 어떤 박테리아는 엔테로박틴을 분비해 철을 포획하여 세포 내부로 이동시킨다. [출처: R. J. Abergel, J. A. Warner, D. K. Shuh, and K. N. Raymond, "Enterobactin Protonation and Iron Release," *J. Am. Chem. Soc.* **2006**, *128*, 8920.] (*b*) '트로이 목마' 분자는 항생제에 연결된 철-사이드로포어를 갖고 있다.[11] 표적 박테리아는 이 사이드로포어를 활발하게 세포로 수송하며, 연결 고리를 끊어 항생제를 세포 내로 방출시킨다.

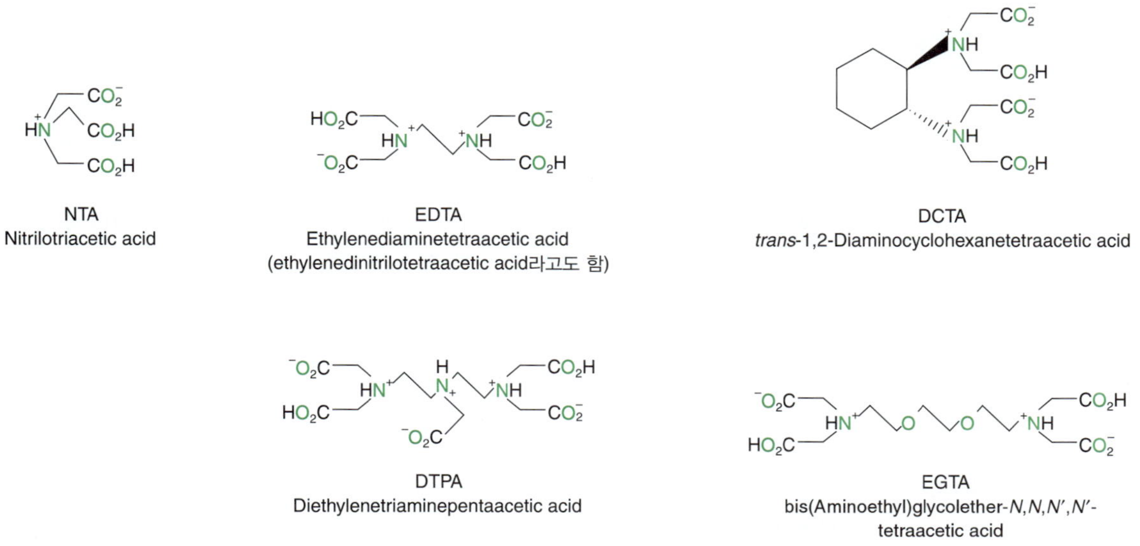

NTA
Nitrilotriacetic acid

EDTA
Ethylenediaminetetraacetic acid
(ethylenedinitrilotetraacetic acid라고도 함)

DCTA
trans-1,2-Diaminocyclohexanetetraacetic acid

DTPA
Diethylenetriaminepentaacetic acid

EGTA
bis(Aminoethyl)glycolether-*N*,*N*,*N*′,*N*′-tetraacetic acid

그림 12-4 분석적으로 유용한 몇 가지 킬레이트제의 구조. NTA는 금속과 2:1(리간드:금속) 착물을 형성하는 경향이 있고, 다른 것들은 1:1 착물을 형성한다.

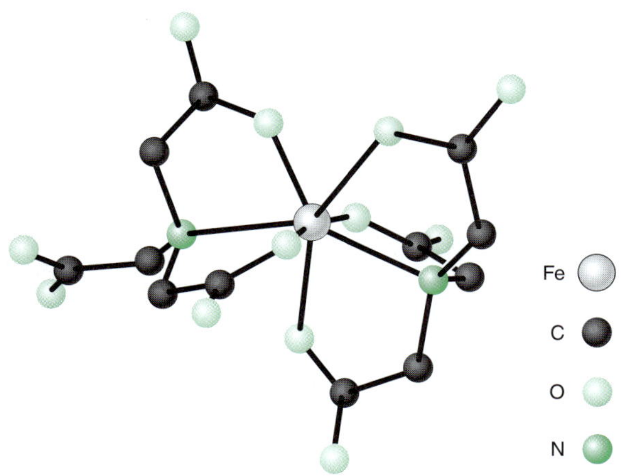

그림 12-5 $Na_3[Fe(NTA)_2] \cdot 5H_2O$ 염에서 $Fe(NTA)_2^{3-}$의 구조. 오른쪽 리간드는 세 개의 O 원자와 한 개의 N 원자를 통해 Fe와 결합한다. 나머지 리간드는 두 개의 O 원자와 한 개의 N 원자를 사용한다. 이것의 세 번째 카복실기는 배위되지 않는다. Fe 원자의 배위수는 7이다. [출처: W. Clegg, A. K. Powell, and M. J. Ware, "Structure of $Na_3[Fe(NTA)_2] \cdot 5H_2O$," *Acta Crystallogr.* **1984**, *C40*, 1822.]

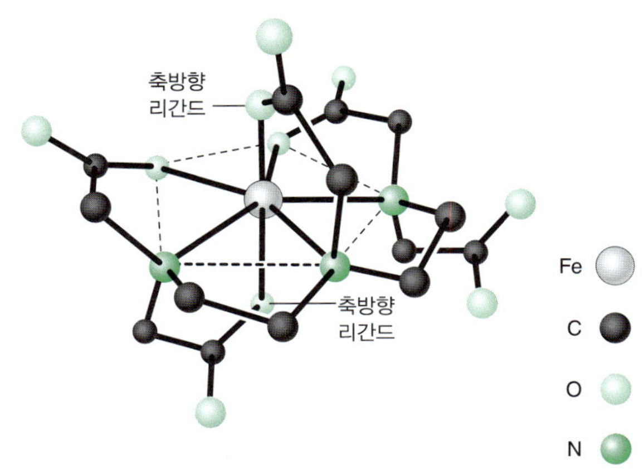

그림 12-6 $Na_2[Fe(DTPA)] \cdot 2H_2O$ 염에서 발견된 $Fe(DTPA)^{2-}$의 구조. 오각형의 이중 피라미드 구조를 갖는 철 원자의 7배위 착물에 대한 배위 환경은 적도면(점선)에 세 개의 N과 두 개의 O가 놓여 있고, 두 축에 O가 놓여 있다. Fe—O 축의 결합 길이는 11~19 pm이고, 적도면에 좀 더 복잡하게 놓여 있는 Fe—O 축의 결합 길이보다 좀 더 짧다. 한 개의 카복실기 리간드는 배위되지 않는다. [출처: D. C. Finnen, A. A. Pinkerton, W. R. Dunham, R. H. Sands, and M. O. Funk, Jr., "Structures and Spectroscopic Characterization of Fe(III)-DTPA Complexs," *Inorg. Chem.* **1991**, *30*, 3960.]

생제로 쉽게 치료할 수 있는 단순 감염과 작은 상처들이 멀지 않은 미래에는 생명을 위협할 수도 있다. 그림 12-3b에 나타낸 '트로이 목마' 사이드로포어-항생제 착물은 *Acinetobacter*, *Pseudomonas*, *Enterobacteria*와 같은 항생제 내성을 가진 박테리아들을 공격하도록 고안되었다.[11] 트로이 목마는 박테리아 세포막 외부에 있는 수용체에 의해 활발히 흡수되는 철-사이드로포어를 갖고 있다. 트로이 목마가 세포 안으로 들어가게 되면, 가수 분해성 연결 고리가 세포 효소에 의해 끊어지고 트로이 목마의 항생제 부분이 방출되는데, 이 항생제가 박테리아를 죽이게 된다.

그림 12-4에 나타낸 아미노카복실산은 흔히 볼 수 있는 합성된 킬레이트제이다. 이들 분자 중의 질소 원자와 카복실기 산소 원자가 리간드로 작용할 수 있는 원자들이다(그림 12-5와 12-6). 이러한 원자들이 금속 이온과 결합하면 리간드 원자들은 양성자를 잃게 된다. 그림 12-4에 있는 DTPA 리간드의 의학 분야 응용 예로 Gd^{3+}-DTPA 착물을 들 수 있다. 이 착물은 인체에 약 0.5 mM 농도로 주입하여 MRI의 명암을 높이는 데 쓰인다.[12] 의료 진단용으로 사용되는 가돌리늄 명암 증진 시약 사용량은 가돌리늄 착물이 하수 처리 하류의 강이나 식물 속에 관측될 정도로 높다.[13]

12-2 EDTA

EDTA 1 mol은 금속 이온 1 mol과 반응한다.

착물의 형성을 기초로 하는 적정을 **착물화법 적정(complexometric titration)**이라고 한다. 그림 12-4에서 NTA를 제외한 다른 리간드는 Li^+, Na^+, K^+와 같은 1가 이온을 제외한 모든 금속 이온과 강한 1:1 착물을 형성한다. **화학량론은 이온의 전하에 관계없이 1:1이다.** EDTA는 분석화학에서 지금까지 가장 널리 이용되는 킬레이트제이다. 직접 적정이나 반응의 간접적인 과정을 이용하면, 사실상 주기율표의 모든 원소를 EDTA로 분석할 수 있다.

산-염기 성질

EDTA는 H_6Y^{2+}로 표시되는 육양성자성 계이다. 색으로 표시한 산성 수소 원자는 금속-착물을 형성함에 따라 잃게 된다.

$$\begin{array}{c} \mathrm{HO_2CCH_2} \diagdown \qquad\qquad\qquad \diagup \mathrm{CH_2CO_2H} \\ \overset{+}{\mathrm{H}}\mathrm{NCH_2CH_2}\overset{+}{\mathrm{N}}\mathrm{H} \\ \mathrm{HO_2CCH_2} \diagup \qquad\qquad\qquad \diagdown \mathrm{CH_2CO_2H} \\ \mathrm{H_6Y^{2+}} \end{array}$$

$pK_1 = 0.0\ (CO_2H)$	$pK_4 = 2.69\ (CO_2H)$
$pK_2 = 1.5\ (CO_2H)$	$pK_5 = 6.13\ (NH^+)$
$pK_3 = 2.00\ (CO_2H)$	$pK_6 = 10.37\ (NH^+)$

$\mu = 1$ M, pK_1를 제외하고 pK는 25°C, $\mu = 0.1$ M에서의 값이다.

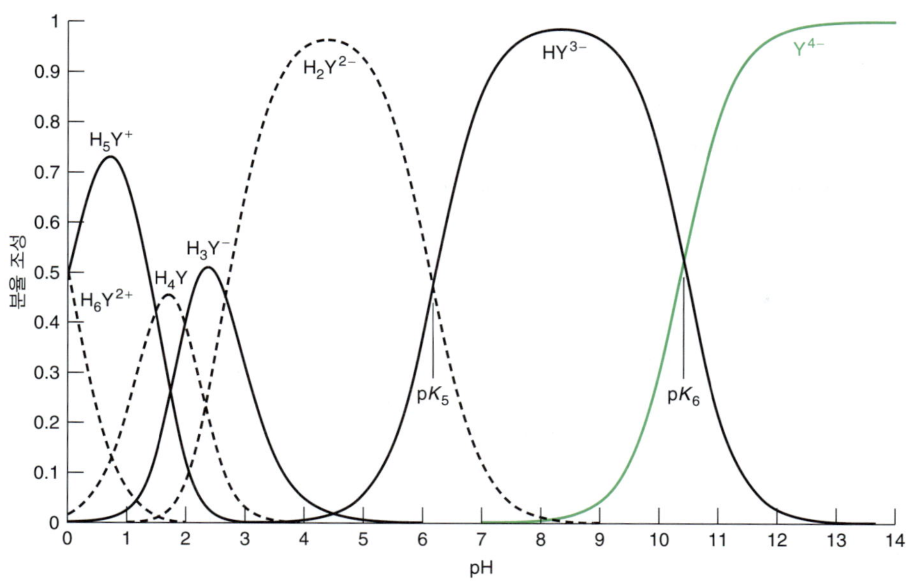

그림 12-7 EDTA에 대한 분율 조성 도표

처음 네 개의 pK 값은 카복실기의 양성자들에 대한 값이고, 나중 두 개의 값은 암모늄기의 양성자들에 대한 값이다. 중성 산은 H_4Y로 표시되는 사양성자성 산이다.

H_4Y는 140°C에서 2시간 건조한 후 일차 표준 물질로 사용할 수 있다. 이것은 플라스틱 용기에 넣고 NaOH를 가하여 용해할 수 있다. 유리 용기에 들어 있는 NaOH에는 용기로부터 알칼리 토금속이 용해되어 나온 것이 있기 때문에 사용해서는 안 된다. 시약급 $Na_2H_2Y \cdot 2H_2O$에는 물이 약 0.3% 과량으로 들어 있다. 따라서 이것은 과량의 물을 보정하던가 아니면 80°C에서 건조한 후 사용해야 한다.[14] $CaCO_3$ 표준 기준 물질을 사용하여 EDTA를 표준화하거나 EDTA 표준 물질 조성을 검증할 수 있다.

양성자화된 상태로 존재하는 각 EDTA의 분율에 대한 값을 그림 12-7에 도시하였다. 10-5절에서와 같이, 각 화학종에 대한 α 값은 그 형태로 존재하는 EDTA의 분율이라고 정의할 수 있다. 예를 들어 $\alpha_{Y^{4-}}$는 다음과 같이 정의된다.

Y^{4-} 형태로 존재하는 EDTA 분율:

$$\alpha_{Y^{4-}} = \frac{[Y^{4-}]}{[H_6Y^{2+}] + [H_5Y^+] + [H_4Y] + [H_3Y^-] + [H_2Y^{2-}] + [HY^{3-}] + [Y^{4-}]}$$

$$\alpha_{Y^{4-}} = \frac{[Y^{4-}]}{[EDTA]} \qquad (12\text{-}3)$$

여기서 [EDTA]는 용액 중에 존재하는 모든 **유리**(free) EDTA 화학종들의 전체 농도이다. 여기서 유리라는 것은 금속 이온과 착물을 형성하지 않은 EDTA를 의미한다. 10-5절의 유도 과정을 거치면 $\alpha_{Y^{4-}}$는 다음과 같이 나타낼 수 있다.

$$\alpha_{Y^{4-}} = \frac{K_1K_2K_3K_4K_5K_6}{D} \qquad (12\text{-}4)$$

여기서 D는 $[H^+]^6 + [H^+]^5K_1 + [H^+]^4K_1K_2 + [H^+]^3K_1K_2K_3 + [H^+]^2K_1K_2K_3K_4 + [H^+]K_1K_2K_3K_4K_5 + K_1K_2K_3K_4K_5K_6$이다. 표 12-1에 pH에 따른 $\alpha_{Y^{4-}}$ 값을 나타내었다.

표 12-1 25°C, μ = 0.10 M에서 EDTA에 대한 $\alpha_{Y^{4-}}$ 값

pH	$\alpha_{Y^{4-}}$
0	1.3×10^{-23}
1	1.4×10^{-18}
2	2.6×10^{-14}
3	2.1×10^{-11}
4	3.0×10^{-9}
5	2.9×10^{-7}
6	1.8×10^{-5}
7	3.8×10^{-4}
8	4.2×10^{-3}
9	0.041
10	0.30
11	0.81
12	0.98
13	1.00
14	1.00

예제 **$\alpha_{Y^{4-}}$의 의미**

Y^{4-}의 화학종을 가진 모든 유리 EDTA의 분율은 $\alpha_{Y^{4-}}$로 표시한다. pH 6.00에서 포말 농도가 0.10 M일 경우 EDTA 용액의 조성은 다음과 같다. $\alpha_{Y^{4-}}$는 얼마인가?

$[H_6Y^{2+}] = 8.9 \times 10^{-20}$ M $\quad [H_5Y^{+}] = 8.9 \times 10^{-14}$ M $\quad [H_4Y] = 2.8 \times 10^{-7}$ M

$[H_3Y^{-}] = 2.8 \times 10^{-5}$ M $\quad [H_2Y^{2-}] = 0.057$ M $\quad [HY^{3-}] = 0.043$ M

$[Y^{4-}] = 1.8 \times 10^{-6}$ M

풀이 $\alpha_{Y^{4-}}$는 Y^{4-} 형태의 분율이다. 따라서

$$\alpha_{Y^{4-}} = \frac{[Y^{4-}]}{[H_6Y^{2+}] + [H_5Y^{+}] + [H_4Y] + [H_3Y^{-}] + [H_2Y^{2-}] + [HY^{3-}] + [Y^{4-}]}$$

$$= \frac{1.8 \times 10^{-6}}{(8.9 \times 10^{-20}) + (8.9 \times 10^{-14}) + (2.8 \times 10^{-7}) + (2.8 \times 10^{-5}) + (0.057) + (0.043) + (1.8 \times 10^{-6})}$$

$$= 1.8 \times 10^{-5}$$

자습 $\alpha_{Y^{4-}} = 0.50$이 되는 pH는? (**답:** pH = pK_6 = 10.37)

질문 그림 12-7에서 어떤 화학종이 pH 6, pH 7, pH 11에서 가장 최대의 농도를 가지는가?

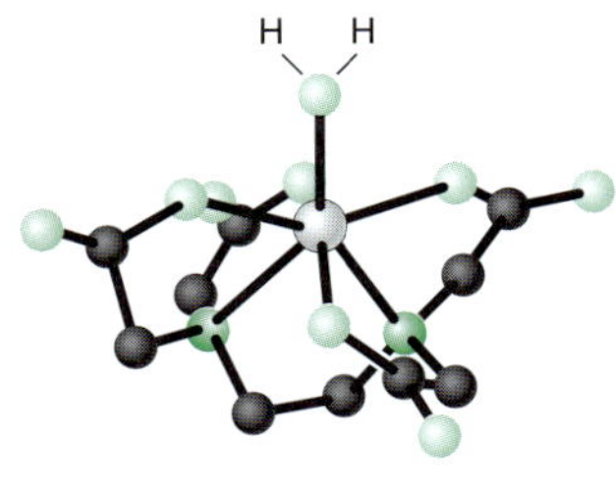

Fe O C N

그림 12-8 $Fe(EDTA)(H_2O)^-$의 7배위 구조. 7배위 EDTA 착물을 형성하는 또 다른 금속으로는 Fe^{2+}, Mg^{2+}, Cd^{2+}, Co^{2+}, Mn^{2+}, Ru^{3+}, Cr^{3+}, Co^{3+}, V^{3+}, Ti^{3+}, In^{3+}, Sn^{4+}, Os^{4+}, Ti^{4+} 등이 있다. 이와 같은 이온들 중 몇몇은 6배위 EDTA 착물도 형성한다. Ca^{2+}, Er^{3+}, Yb^{3+}, Zr^{4+} 등은 8배위 착물을 형성한다. [출처: T. Mizuta, J. Wang, and K. Miyoshi, "A 7-Coordinate Structure of Fe(III)-EDTA," *Bull. Chem. Soc. Japan* **1993**, *66*, 2547.]

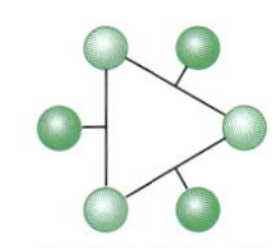

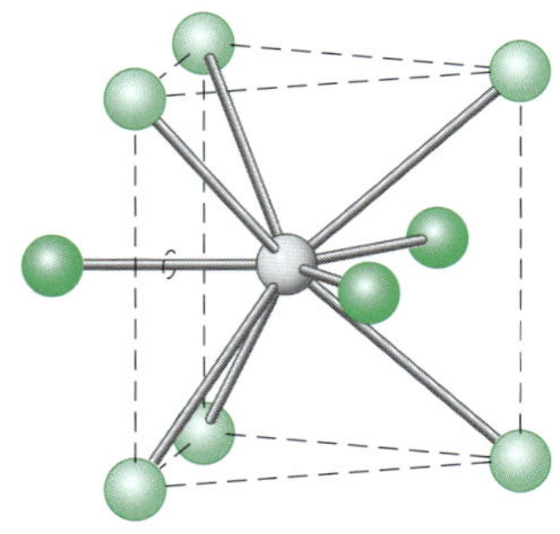

그림 12-9 많은 란타넘 계열 원소 Ln(III)와 악티늄 계열 원소 An(III) 착물이 가지는 삼모 삼각 프리즘 구조. $M(H_2O)_9^{3+}$에서 프리즘 모서리에 있는 금속과 6개의 O 원자를 갖는 결합 길이는 사각 평면에 돌출한 세 개의 O 원자와 금속 간의 결합보다 짧다.

EDTA 착물

금속과 리간드의 반응에 대한 평형 상수를 **형성 상수(formation constant, K_f)** 또는 **안정도 상수(stability constant)**라고 한다.

형성 상수: $$M^{n+} + Y^{4-} \rightleftharpoons MY^{n-4} \qquad K_f = \frac{[MY^{n-4}]}{[M^{n+}][Y^{4-}]} \qquad (12\text{-}5)$$

EDTA에 대한 K_f는 금속 이온과 화학종 Y^{4-}의 반응에 한정된다는 점에 유의하라. 평형 상수는 용액 중에 존재하는 6가지 다른 형태의 EDTA 중 하나로 정의될 수 있다. 식 12-5는 금속 이온과 반응할 수 있는 화학종이 Y^{4-}뿐이란 것을 의미하는 것은 아니다. 표 12-2에서 볼 수 있듯이 대부분의 EDTA 착물에 대한 형성 상수는 매우 크며, 양전하가 큰 금속 이온일수록 커지는 경향이 있다.

표 12-2 금속-EDTA 착물에 대한 형성 상수

이온	log K_f	이온	log K_f	이온	log K_f
Li^+	2.95	V^{3+}	25.9[a]	Tl^{3+}	35.3
Na^+	1.86	Cr^{3+}	23.4[a]	Bi^{3+}	27.8[a]
K^+	0.8	Mn^{3+}	25.2	Ce^{3+}	15.93
Be^{2+}	9.7	Fe^{3+}	25.1	Pr^{3+}	16.30
Mg^{2+}	8.79	Co^{3+}	41.4	Nd^{3+}	16.51
Ca^{2+}	10.65	Zr^{4+}	29.3	Pm^{3+}	16.9
Sr^{2+}	8.72	Hf^{4+}	29.5	Sm^{3+}	17.06
Ba^{2+}	7.88	VO^{2+}	18.7	Eu^{3+}	17.25
Ra^{2+}	7.4	VO_2^+	15.5	Gd^{3+}	17.35
Sc^{3+}	23.1[a]	Ag^+	7.20	Tb^{3+}	17.87
Y^{3+}	18.08	Tl^+	6.41	Dy^{3+}	18.30
La^{3+}	15.36	Pd^{2+}	25.6[a]	Ho^{3+}	18.56
V^{2+}	12.7[c]	Zn^{2+}	16.5	Er^{3+}	18.89
Cr^{2+}	13.6[c]	Cd^{2+}	16.5	Tm^{3+}	19.32
Mn^{2+}	13.89	Hg^{2+}	21.5	Yb^{3+}	19.49
Fe^{2+}	14.30	Sn^{2+}	18.3[b]	Lu^{3+}	19.74
Co^{2+}	16.45	Pb^{2+}	18.0	Th^{4+}	23.2
Ni^{2+}	18.4	Al^{3+}	16.4	U^{4+}	25.7
Cu^{2+}	18.78	Ga^{3+}	21.7		
Ti^{3+}	21.3	In^{3+}	24.9		

주: 안정도 상수는 $M^{n+} + Y^{4-} \rightleftharpoons MY^{n-4}$ 반응에 대한 평형 상수이다. 표의 값들은 25°C, 이온 세기 0.1 M에서의 값이다.

a. 20°C, 이온 세기 = 0.1 M *b*. 20°C, 이온 세기 = 1 M

출처: A. E. Martell, R. M. Smith, and R. J. Motekaitis, NIST Critically Selected Stability Constants of Metal Complexes, NIST Standard Reference Database 46, Gaithersburg, MD 2001.

많은 전이 금속 착물에서 EDTA 리간드는 그림 12-1에 나타낸 것처럼, 6배위 화학종을 형성하면서 금속 이온을 완전히 감싸게 된다. 6배위 금속-EDTA 착물의 공간 채움 모형을 만들어 보면, 킬레이트 고리에 상당한 스트레인(strain; 응력, 변형)이 걸림을 알 수 있다. 이 스트레인은 O 리간드들을 N 원자들 쪽으로 젖혀 주면 없어진다. 이러한 일그러짐으로 인해 그림 12-8에 나타낸 것처럼 H_2O에 의해 채워지게 되는 7번째 배위 자리가 나타나게 된다. $Ca(EDTA)(H_2O)_2^{2-}$와 같은 몇몇 착물에서는 금속 이온이 크므로 금속 이온은 8배위가 된다.[15] 큰 금속 이온은 많은 수의 리간드 원자를 필요로 한다. 금속 이온에 H_2O가 붙게 되지만, 형성 상수는 여전히 식 12-5와 같은 식으로 나타낼 수 있다. 이것은 용매(H_2O)가 반응곱 비에서 생략되기 때문이다.

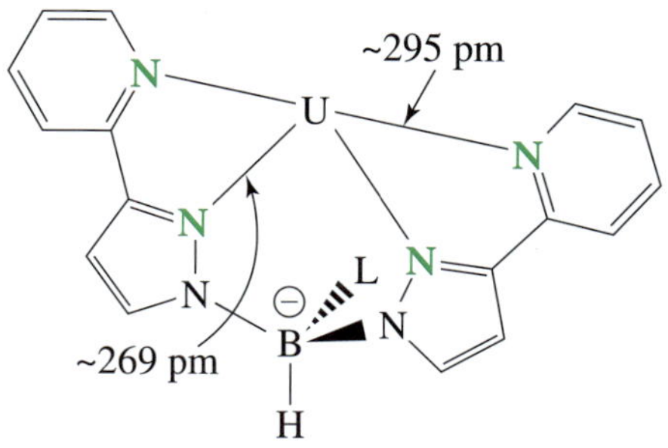

그림 12-10 세 개의 다리를 가진 붕산염 킬레이트제. 각각의 다리에는 두 개의 N 리간드가 있다. 세 번째 다리는 어수선함을 피하기 위해 L로 표시하였다. 두 붕산염 분자가 12개의 N 원자를 통해 U(III)에 결합한다.[18]

란타넘 계열과 악티늄 계열 원소들은 대개 9배위수를 가지며 삼모 삼각 프리즘 구조(그림 12-9)를 가진다.[16] Eu(III)은 혼합 착물 Eu(EDTA)(NTA)을 형성하는데, 여기서 EDTA는 6개의 리간드 원자를, NTA는 3개의 리간드 원자를 제공한다(그림 12-4).[17] 큰 금속 이온들은 적절한 리간드와 함께 더 큰 배위수를 가질 수도 있는데, 예를 들어 U(III)은 12개의 질소 리간드 원자들과 결합한다(그림 12-10).[18]

조건 형성 상수

형성 상수 $K_f = [MY^{n-4}]/[M^{n+}][Y^{4-}]$는 Y^{4-}와 금속 이온 간의 반응을 나타내 준다. 그림 12-7에서 알 수 있듯이, 대부분의 EDTA는 pH 10.37 이하에서 Y^{4-}로 존재하지 않는다. 낮은 pH에서는 주로 HY^{3-}와 H_2Y^{2-}로 존재한다. $\alpha_{Y^{4-}} = [Y^{4-}]/[EDTA]$의 정의로부터 Y^{4-}의 농도를 다음과 같이 나타낼 수 있다.

$$[Y^{4-}] = \alpha_{Y^{4-}}[EDTA]$$

여기서 [EDTA]는 금속 이온과 결합하지 않은 전체 EDTA의 농도이다.

형성 상수는 다음과 같이 다시 쓸 수 있다.

$$K_f = \frac{[MY^{n-4}]}{[M^{n+}][Y^{4-}]} = \frac{[MY^{n-4}]}{[M^{n+}]\alpha_{Y^{4-}}[EDTA]}$$

pH를 완충 용액으로 고정시킨다면, $\alpha_{Y^{4-}}$는 K_f와 연관시킬 수 있는 상수가 된다.

조건 형성 상수:

$$K'_f = \alpha_{Y^{4-}}K_f = \frac{[MY^{n-4}]}{[M^{n+}][EDTA]} \qquad (12\text{-}6)$$

$K'_f = \alpha_{Y^{4-}}K_f$를 **조건 형성 상수(conditional formation constant)** 또는 **유효 형성 상수**(effective formation constant)라고 한다. 이 값은 특정한 pH에서 MY^{n-4}의 형성을 의미한다.

조건 형성 상수는 EDTA 착물 형성에서 착물 형성에 관여하지 않는 EDTA가 모두 한 형태로 존재하는 것처럼 취급할 수 있으므로 유용하다.

$$M^{n+} + EDTA \rightleftharpoons MY^{n-4} \qquad K'_f = \alpha_{Y^{4-}}K_f$$

pH가 주어지면 $\alpha_{Y^{4-}}$를 알 수 있고, K'_f를 구할 수 있다.

조건 형성 상수를 사용하면, EDTA 착물 형성에 유리 EDTA가 모두 한 형태로 존재하는 것처럼 취급할 수 있다.

예제 조건 형성 상수의 이용

표 12-2에서 CaY^{2-}의 형성 상수는 $10^{10.65}$이다. pH 10.00과 pH 6.00인 0.10 M CaY^{2-} 용액에서 유리 Ca^{2+}의 농도를 계산하시오.

풀이 착물 형성 반응은 다음과 같다.

$$Ca^{2+} + EDTA \rightleftharpoons CaY^{2-} \qquad K'_f = \alpha_{Y^{4-}}K_f$$

여기서 반응식 좌변의 EDTA는 비결합된 모든 형태(Y^{4-}, HY^{3-}, H_2Y^{2-}, H_3Y^- 등)의 EDTA를

말한다. 표 12-1의 $\alpha_{Y^{4-}}$값을 이용하면,

$$\text{pH 10.00에서:}\quad K'_f = (0.30)(10^{10.65}) = 1.3_4 \times 10^{10}$$
$$\text{pH 6.00에서:}\quad K'_f = (1.8 \times 10^{-5})(10^{10.65}) = 8.0 \times 10^{5}$$

CaY^{2-}가 해리하여 같은 양의 Ca^{2+}와 EDTA를 생성하므로 다음과 같이 쓸 수 있다.

	Ca^{2+}	+	EDTA	$\rightleftharpoons$	CaY^{2-}
초기 농도(M):	0		0		0.10
최종 농도(M):	x		x		$0.10 - x$

$$\frac{[CaY^{2-}]}{[Ca^{2+}][EDTA]} = \frac{0.10 - x}{x^2} = K'_f = 1.3_4 \times 10^{10} \quad (\text{pH 10.00에서})$$
$$= 8.0 \times 10^{5} \quad (\text{pH 6.00에서})$$

$x(= [Ca^{2+}] = [EDTA])$에 대해 풀면 pH = 10.00에서는 $[Ca^{2+}] = 2.7 \times 10^{-6}$ M이고, pH = 6.00에서는 3.5×10^{-4} M이다. **조건 형성 상수를 이용하면 해리된 EDTA가 한 형태로 존재하는 것처럼 취급할 수 있다.**

자습 pH 8.00에서 0.10 M CaY^{2-} 용액에서 $[Ca^{2+}]$를 구하시오. (**답:** 2.3×10^{-5} M)

pH의 조절은 EDTA로 어떤 금속을 적정하고 적정하지 못할 것인가를 선택하는 데 이용될 수 있다. 형성 상수가 큰 금속은 낮은 pH에서도 적정할 수가 있다. 만일 Fe^{3+}와 Ca^{2+}를 함께 갖는 용액이 있다면 pH 4에서 Ca^{2+}의 방해 없이 Fe^{3+}를 적정할 수 있다.

위의 예제로부터 금속-EDTA 착물은 낮은 pH에서 불안정해지는 것을 알 수 있다. 적정 반응이 유효하려면 반응이 '완전히'(99.9%) 진행되어야 한다. 즉 그 반응의 평형 상수가 커야만 한다. 이는 분석 물질과 적정 시약이 당량점에서 완전히 반응한다는 의미이다. 그림 12-11은 Ca^{2+}를 EDTA로 적정할 경우, pH가 미치는 영향을 나타낸 것이다. pH 8 이하에서는 종말점에서의 변곡이 예민하지 못하여 정확한 정량을 할 수 없다. 이것은 pH가 낮은 경우에는 CaY^{2-}의 형성 상수가 상당히 작아 변곡점이 없어지기 때문이다.

12-3 EDTA 적정 곡선

이 절에서는 금속을 EDTA로 적정하는 동안에 변화하는 유리 M^{n+} 농도의 계산에 대해 알아본다.[19] 적정 반응은 다음과 같다.

K'_f은 주어진 용액 pH에서의 유효 형성 상수이다.

$$M^{n+} + EDTA \rightleftharpoons MY^{n-4} \qquad K'_f = \alpha_{Y^{4-}} K_f \qquad (12\text{-}7)$$

K'_f 값이 크면, 적정의 각 점에서 반응이 완전히 진행된다고 할 수 있다.

적정 곡선은 넣어준 EDTA 소비량에 대한 $pM(= -\log[M^{n+}])$의 그래프이다. 이 곡선은 산-염기 적정에서 적정 시약의 부피에 대한 pH 값의 도시와 비슷하다. 적정 곡선은 세 영역으로 나눌 수 있다(그림 12-12).

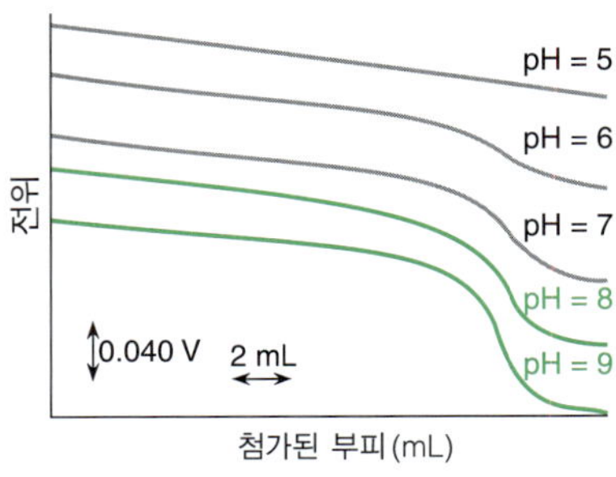

그림 12-11 각 pH에서 EDTA에 의한 Ca^{2+}의 적정. pH가 낮아지면 종말점은 불분명해진다. 전위는 연습 문제 15-B에서 기술한 것처럼, 수은 전극과 칼로멜 전극으로 적정하였다. [출처: C. N. Reilley and R. W. Schmid, "Chelometric Titration with Potentiometric End Point Detection. Mercury as a pM Indicator Elec-trode," *Anal. Chem.* **1958**, *30*, 947.]

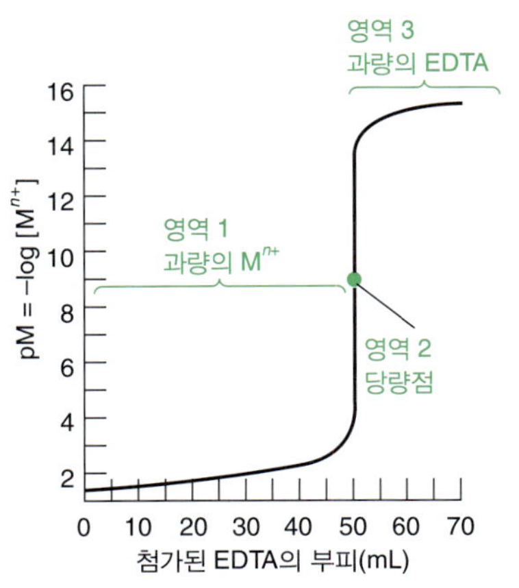

그림 12-12 0.050 0 M M^{n+} 50.0 mL를 0.050 0 M EDTA로 적정할 때의 세 영역($K'_f = 1.15 \times 10^{16}$). 유리된 M^{n+}의 농도는 적정이 진행됨에 따라 감소한다.

영역 1: 당량점 이전

이 영역에서는 EDTA가 모두 소모되고, 용액에는 과량의 M^{n+}가 남게 된다. 유리 금속 이온의 농도는 반응하지 않은 과량의 M^{n+}의 농도와 같다. MY^{n-4}의 해리는 무시한다.

영역 2: 당량점에서

용액 속에 금속과 EDTA가 정확히 같은 양만큼 존재하게 된다. 이 용액은 순수한 MY^{n-4}를 녹인 용액과 같다고 생각할 수 있다. MY^{n-4}가 약간 해리함으로써 소량의 유리 M^{n+}가 생성된다.

$$MY^{n-4} \rightleftharpoons M^{n+} + \text{EDTA}$$

이 반응에서 EDTA는 각 형태로 존재하는 모든 유리 EDTA의 전체 농도를 의미한다. 당량점에서는 $[M^{n+}] = [\text{EDTA}]$이다.

영역 3: 당량점 이후

이제는 과량의 EDTA가 존재하고, 실제로 모든 금속 이온은 MY^{n-4}의 형태로 존재하게 된다. 유리 EDTA의 농도는 당량점 이후에 첨가된 과량의 EDTA의 농도와 같게 된다.

적정 계산

0.040 0 M Ca^{2+}용액(pH 10.00으로 완충) 50.0 mL를 0.080 0 M EDTA로 적정할 경우에 적정 곡선의 모양을 구해 보자.

$$Ca^{2+} + \text{EDTA} \rightarrow CaY^{2-}$$
$$K_f' = \alpha_{Y^{4-}} K_f = (0.30)(10^{10.65}) = 1.3_4 \times 10^{10}$$

$\alpha_{Y^{4-}}$ 값은 표 12-1에 나와 있다.

K_f' 값이 크므로 적정 시약을 첨가할 때마다 반응은 완전히 진행한다고 할 수 있다. 이제는 첨가되는 EDTA의 mL에 대해 $pCa^{2+}(= -\log[Ca^{2+}])$를 나타내는 그래프를 만들어 보자. 당량점의 부피는 25.0 mL이다.

영역 1: 당량점 이전

EDTA 5.0 mL를 첨가했을 경우를 생각해 보자. 당량점은 25.0 mL이므로 Ca^{2+}의 1/5이 소모되고, 4/5는 남아 있게 된다.

당량점 이전에서는 반응하지 않은 Ca^{2+}가 과량 존재한다.

$$[Ca^{2+}] = \underbrace{\left(\frac{25.0\text{ mL} - 5.0\text{ mL}}{25.0\text{ mL}}\right)}_{\text{남아 있는 } Ca^{2+}\text{의 분율} = 4/5} \underbrace{(0.040\,0\text{ M})}_{Ca^{2+}\text{의 초기 농도}} \underbrace{\left(\frac{50.0\text{ mL}}{55.0\text{ mL}}\right)}_{\text{묽힘 인자}}$$

(50.0 mL: Ca^{2+}의 초기 부피, 55.0 mL: 용액의 전체 부피)

$$= 0.029\,1\text{ M} \Rightarrow pCa^{2+} = -\log[Ca^{2+}] = 1.54$$

같은 방법으로, 25.0 mL 미만의 임의의 EDTA 부피에 대한 pCa^{2+}를 계산할 수 있다.

영역 2: 당량점에서

사실상 금속은 모두 CaY^{2-}의 형태로 존재한다. 해리를 무시하고 묽힘에 대해 보정해 주면 CaY^{2-}의 농도는 Ca^{2+}의 원래 농도와 같게 된다.

당량점에서 주된 화학종은 CaY^{2-}이다. 착물의 평형으로 Ca^{2+}와 EDTA는 소량으로 같은 양이 존재한다.

$$[CaY^{2-}] = \underbrace{(0.040\,0\text{ M})}_{Ca^{2+}\text{의 초기 농도}} \underbrace{\left(\frac{50.0\text{ mL}}{75.0\text{ mL}}\right)}_{\text{묽힘 인자}} = 0.026\,7\text{ M}$$

(50.0 mL: Ca^{2+}의 초기 부피, 75.0 mL: 용액의 전체 부피)

유리 Ca^{2+}의 농도는 작으며, 알 수 없다. 따라서 다음과 같이 쓸 수 있다.

	Ca^{2+}	+	EDTA	$\rightleftharpoons$	CaY^{2-}
초기 농도 (M)	—		—		0.026 7
최종 농도 (M)	x		x		$0.026\,7 - x$

[EDTA]는 금속과 결합하지 않은 모든 형태의 EDTA의 전체 농도를 말한다.

$$\frac{[CaY^{2-}]}{[Ca^{2+}][EDTA]} = K'_f = 1.3_4 \times 10^{10}$$

$$\frac{0.026\,7 - x}{x^2} = 1.3_4 \times 10^{10} \Rightarrow x = 1.4 \times 10^{-6}\ M$$

$$pCa^{2+} = -\log[Ca^{2+}] = -\log x = 5.85$$

영역 3: 당량점 이후

당량점 이후에서 실제로 모든 금속은 CaY^{2-}의 형태로 존재한다. 농도를 알 수 있는 과량의 EDTA가 존재한다. CaY^{2-}와 EDTA의 평형으로 소량의 유리 Ca^{2+}가 존재한다.

이 영역에서 실제로 금속은 모두 CaY^{2-}의 형태로 존재하며, 반응하지 않은 과량의 EDTA가 존재한다. CaY^{2-}와 과량의 EDTA의 농도는 쉽게 계산된다. 예를 들면 26.0 mL에서는 1.0 mL의 EDTA가 과량으로 존재하게 된다.

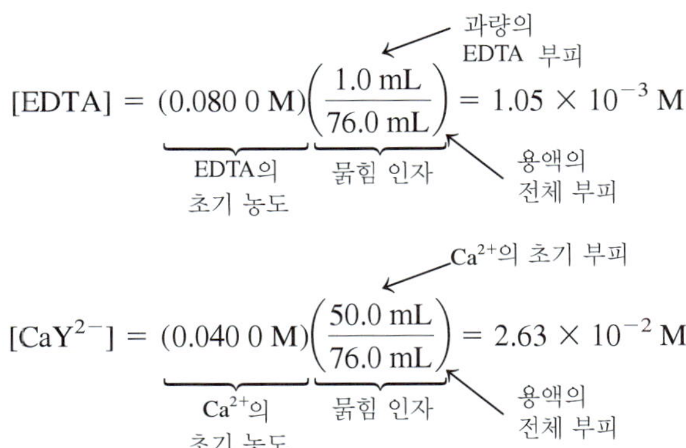

Ca^{2+}의 농도는 다음 식으로부터 구할 수 있다.

$$\frac{[CaY^{2-}]}{[Ca^{2+}][EDTA]} = K'_f = 1.3_4 \times 10^{10}$$

$$\frac{[2.63 \times 10^{-2}]}{[Ca^{2+}](1.05 \times 10^{-3})} = 1.3_4 \times 10^{10}$$

$$[Ca^{2+}] = 1.9 \times 10^{-9}\ M \Rightarrow pCa^{2+} = 8.73$$

당량점 이후의 임의의 부피에서는 같은 계산 방법이 이용된다.

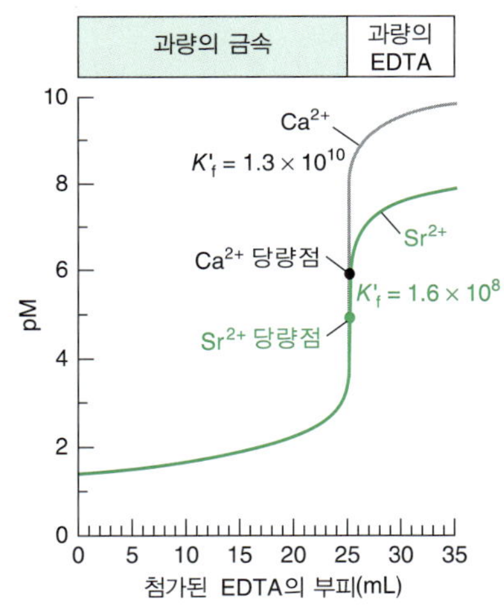

그림 12-13 pH 10.00에서 0.040 0 M 금속 이온 50.0 mL를 0.080 0 M EDTA로 적정할 때의 이론상 적정 곡선

적정 곡선

그림 12-13에서 Ca^{2+}과 Sr^{2+}의 계산된 적정 곡선을 보면 기울기가 최대인 당량점에서 곡선은 크게 꺾인다. Ca^{2+}의 종말점은 Sr^{2+}의 종말점보다 더 명확하다. 이는 CaY^{2-}의 조건 형성 상수인 $\alpha_{Y^{4-}} K_f$가 SrY^{2-}의 상수보다 크기 때문이다. 만일 pH가 낮아지면 조건 형성 상수는 감소하여($\alpha_{Y^{4-}}$ 감소 때문), 그림 12-11에서 보듯이 종말점이 덜 명확하게 된다. pH는 임의로 높게 할 수 없다. 이는 금속 수산화물이 침전되기 때문이다.

12-4 스프레드시트로 적정 곡선을 작성

전체 금속 농도 $= \dfrac{\text{금속의 초기 몰수}}{\text{전체 부피}} = \dfrac{C_M V_M}{V_M + V_L}$

적정의 전 영역에 적용되는 한 개의 식을 사용하여 그림 12-13의 EDTA 적정 곡선이 어떻게 얻어지는지 알아보자. 그 반응은 일정한 pH에서 이루어지기 때문에 평형 상태와 질량 균형은 모든 미지수를 풀기에 충분하다.

1:1 착물을 형성하는 금속 이온 M(초기 농도 = C_M, 부피 = V_M)과 리간드 L 용액(농

	A	B	C	D	E
1	Titration of 50 mL of 0.04 M Ca^{2+} with 0.08 M EDTA				
2					
3	C_M =	pM	M	Phi	V(ligand)
4	0.04	1.398	4.00E-02	0.000	0.002
5	V_M =	1.537	2.90E-02	0.201	5.026
6	50	2.00	1.00E-02	0.667	16.667
7	C(ligand) =	3.00	1.00E-03	0.963	24.074
8	0.08	4.00	1.00E-04	0.996	24.906
9	K_f' =	5.85	1.41E-06	1.000	25.0000
10	1.34E+10	7.00	1.00E-07	1.001	25.019
11		8.00	1.00E-08	1.007	25.187
12		8.73	1.86E-09	1.040	26.002
13	C4 = 10^-B4				
14	Equation 12-11:				
15	D4 = (1+$A$10*C4-(C4+C4*C4*$A$10)/$A$4)/				
16		(C4*$A$10+(C4+C4*C4*$A$10)/$A$8)			
17	E4 = D4*$A$4*$A$6/$A$8				

그림 12-14 0.040 M Ca^{2+} 용액 50.0 mL를 pH 10.00에서 0.0800 M EDTA로 적정할 때의 스프레드시트. 이 스프레드시트는 12-3절의 계산을 다시 보여 준다. 12-3절에서 사용한 최종 부피 5.00, 25.00, 26.00 mL를 찾기 위해 pM을 임의로 변화시켰다. 더 좋은 방법은 Goal Seek(8-5절 참조)을 이용하여 E9셀이 25.00 mL가 될 때까지 pM을 변화시킨다.

도 = C_L, 가해 준 부피 = V_L)의 적정을 살펴보자.

$$M + L \rightleftharpoons ML \qquad K_f = \frac{[ML]}{[M][L]} \Rightarrow [ML] = K_f[M][L] \tag{12-8}$$

금속과 리간드에 대한 질량 균형은

M에 대한 질량 균형: $$[M] + [ML] = \frac{C_M V_M}{V_M + V_L}$$

L에 대한 질량 균형: $$[L] + [ML] = \frac{C_L V_L}{V_M + V_L}$$

전체 리간드 농도 $= \dfrac{\text{첨가된 리간드의 몰수}}{\text{전체 부피}} = \dfrac{C_L V_L}{V_M + V_L}$

질량 균형에 있는 [ML]에 K_f[M][L](식 12-8로부터 얻어진)를 대입하면 다음과 같이 된다.

$$[M](1 + K_f[L]) = \frac{C_M V_M}{V_M + V_L} \tag{12-9}$$

$$[L](1 + K_f[M]) = \frac{C_L V_L}{V_M + V_L} \Rightarrow [L] = \frac{\dfrac{C_L V_L}{V_M + V_L}}{1 + K_f[M]} \tag{12-10}$$

이제 식 12-10으로부터 나온 [L]을 식 12-9에 대입하면 최종 식은

$$[M]\left(1 + K_f \frac{\dfrac{C_L V_L}{V_M + V_L}}{1 + K_f[M]}\right) = \frac{C_M V_M}{V_M + V_L}$$

이고, 약 5종류의 대수를 실행하여 적정 분율 φ에 대해 풀 수 있다.

M과 L의 적정에 대한 스프레드시트 식:

$$\phi = \frac{C_L V_L}{C_M V_M} = \frac{1 + K_f[M] - \dfrac{[M] + K_f[M]^2}{C_M}}{K_f[M] + \dfrac{[M] + K_f[M]^2}{C_L}} \tag{12-11}$$

L = EDTA라면, K_f는 K_f'로 치환된다.

표 11-5의 산-염기 적정에서, φ는 당량점에 이르는 분율이다. φ = 1일 때, $V_L = V_e$, $\phi = \frac{1}{2}$일 때, $V_L = \frac{1}{2}V_e$ 등등.

EDTA로 적정할 경우, 식 12-11에 있는 형성 상수 K_f를 일정한 pH에서 적정할 때의 조건 형성 상수 K_f'로 치환시켜서 유도하고 계산한다. 그림 12-14는 그림 12-13의 적정 곡선에서 Ca^{2+}의 점들을 계산하는 데 사용되는 식 12-11에 대한 스프레드시트를 나타낸 것이다. 산-염기 적정에서 B열에 있는 입력값은 pM이고, E열에 있는 출력값은 적정 시약의 부피이다.

처음 점을 찾기 위하여 V_L이 0에 가까워질 때까지 pM을 변화시킨다.

만일 그 과정을 역으로 하면, 즉 금속 이온으로 리간드를 적정한다면 당량점에 이르는 분율은 식 12-11에 있는 분율의 역수이다.

L = EDTA라면 K_f는 K'_f로 치환된다.

M과 L의 적정에 대한 스프레드시트 식:

$$\phi = \frac{C_M V_M}{C_L V_L} = \frac{K_f[M] + \dfrac{[M] + K_f[M]^2}{C_L}}{1 + K_f[M] - \dfrac{[M] + K_f[M]^2}{C_M}} \quad \textbf{(12-12)}$$

12-5 보조 착화제

HO OH / HO_2C CO_2H 타타르산

HO CO_2H / HO_2C CO_2H 시트르산

$N(CH_2CH_2OH)_3$ 트라이에탄올아민

EDTA 적정은 주어진 pH에서 금속 수산화물이 생기지 않는 조건에서 고려하였다. 알칼리성 용액에서 많은 금속을 EDTA로 적정을 하려면 **보조 착화제(auxiliary complexing agent)**를 사용해야 한다. 이 보조 착화제는 암모니아, 타타르산염, 시트르산염, 트라이에탄올아민과 같은, 금속과 강하게 결합하는 리간드로서 수산화물 침전이 생기는 것을 막을 수 있다. 그러나 EDTA가 첨가되면 결합한 금속을 내어줄 정도의 약한 결합이 되어야 한다. 예를 들면 Zn^{2+}는 보통 암모니아 완충 용액에서 적정되는데, 이것은 pH를 고정시킬 뿐만 아니라 금속 이온과 착물을 형성하여 금속이 침전되지 않고 용액에 남아 있게 한다.

금속-리간드 평형[20]

리간드 L과 두 가지 착물을 형성할 수 있는 금속 이온을 생각해 보자.

$$M + L \rightleftharpoons ML \qquad \beta_1 = \frac{[ML]}{[M][L]} \quad \textbf{(12-13)}$$

$$M + 2L \rightleftharpoons ML_2 \qquad \beta_2 = \frac{[ML_2]}{[M][L]^2} \quad \textbf{(12-14)}$$

평형 상수 β_i는 **총괄**(overall) 또는 **누적(cumulative) 형성 상수(formation constant)**라고 한다. 착물을 형성하지 않은 상태의 금속 M의 분율은 다음과 같이 표현된다.

$$\alpha_M = \frac{[M]}{M_{tot}} \quad \textbf{(12-15)}$$

여기서 M_{tot}이란 모든 형태의 M(= M, ML, ML_2)의 전체 농도를 말한다.

이제 α_M의 유용한 표현을 찾아보자. 금속의 질량 균형은 간단히 다음과 같이 표시한다.

$$M_{tot} = [M] + [ML] + [ML_2]$$

식 12-13과 12-14를 보면 $[ML] = \beta_1[M][L]$이고 $[ML_2] = \beta_2[M][L]^2$임을 알 수 있다. 따라서

$$M_{tot} = [M] + \beta_1[M][L] + \beta_2[M][L]^2$$
$$= [M]\{1 + \beta_1[L] + \beta_2[L]^2\}$$

만일 금속 이온이 두 가지 이상의 착물을 형성한다면 식 12-16은 다음과 같이 된다.

$$\alpha_M = \frac{1}{1 + \beta_1[L] + \beta_2[L]^2 + \cdots + \beta_n[L]^n}$$

식 12-15에 이 마지막 결과를 대입하면 원하는 결과를 얻는다.

유리 금속 이온의 분율:

$$\alpha_M = \frac{[M]}{[M]\{1+\beta_1[L]+\beta_2[L]^2\}} = \frac{1}{1+\beta_1[L]+\beta_2[L]^2} \quad \textbf{(12-16)}$$

예제 아연의 암모니아 착물

Zn^{2+}와 NH_3는 $Zn(NH_3)^{2+}$, $Zn(NH_3)_2^{2+}$, $Zn(NH_3)_3^{2+}$, $Zn(NH_3)_4^{2+}$ 착물들을 형성한다. **양성자화되지 않은** 유리 NH_3의 농도가 0.10 M인 경우, Zn^{2+} 형태의 아연의 분율을 구하시오(어떤 pH에서도 NH_4^+는 NH_3와 평형을 이룰 것이다).

풀이 착물 $Zn(NH_3)^{2+}$($\beta_1 = 10^{2.18}$), $Zn(NH_3)_2^{2+}$($\beta_2 = 10^{4.43}$), $Zn(NH_3)_3^{2+}$($\beta_3 = 10^{6.74}$),

$Zn(NH_3)_4^{2+}$($\beta_4 = 10^{8.70}$)의 총괄 형성 상수는 부록 I에 주어져 있다. 식 12-16과 같은 형태로 나타내면 다음과 같이 된다.

$$\alpha_{Zn^{2+}} = \frac{1}{1 + \beta_1[L] + \beta_2[L]^2 + \beta_3[L]^3 + \beta_4[L]^4} \quad \textbf{(12-17)}$$

식 12-17은 Zn^{2+} 형태의 아연의 분율을 제공한다. [L] = 0.10 M과 네 개의 β_i 값을 넣으면 $\alpha_{Zn^{2+}} = 1.8 \times 10^{-5}$이 된다. 이는 0.10 M NH_3가 존재할 경우, 아주 적은 양의 아연만이 Zn^{2+} 형태로 존재함을 의미한다.

자습 H^+가 붙지 않은 유리 $[NH_3]$ = 0.02 M일 때 $\alpha_{Zn^{2+}}$를 구하시오. (**답:** 0.007 2)

보조 착화제 존재하의 EDTA 적정

NH_3의 존재하에서 Zn^{2+}를 EDTA로 적정하는 경우를 살펴보자. 식 12-6을 확장하기 위해서는 단지 소량의 EDTA와 아연만이 Y^{4-}와 Zn^{2+} 형태로 존재한다는 사실을 설명해 줄 수 있는 새로운 조건 형성 상수가 필요하다.

$$K_f'' = \alpha_{Zn^{2+}}\alpha_{Y^{4-}}K_f \quad \textbf{(12-18)}$$

K_f''는 주어진 pH와 주어진 농도의 보조 착화제에서의 유효 형성 상수이다. 보충 12-1에서 유효 형성 상수에 미치는 금속 이온 가수 분해 영향을 다룬다.

이 식에서 $\alpha_{Zn^{2+}}$는 식 12-17에, $\alpha_{Y^{4-}}$는 식 12-4에 주어져 있다. pH 값과 $[NH_3]$의 농도가 주어지면 K_f''을 구할 수 있고, 12-3절에서 나온 K_f'를 K_f''로 바꾸어 적정 계산을 할 수 있다. 이 과정에서의 가정은 EDTA는 암모니아보다 강한 착화제이며, 적정에 사용된 모든 EDTA는 Zn^{2+}가 모두 소비될 때까지는 Zn^{2+}와 결합한다는 것이다.

보충 12-1 금속 이온 가수 분해는 EDTA 착물의 유효 형성 상수를 감소시킨다

식 12-18은 EDTA 착물의 유효 (조건) 형성 상수가 형성 상수 K_f에 M^{m+}로 있는 금속 이온의 분율을 곱하고, Y^{4-}로 존재하는 EDTA의 분율을 곱한 값인 $K_f'' = \alpha_{M^{m+}}\alpha_{Y^{4-}}K_f$임을 말해 준다. 표 12-1은 $\alpha_{Y^{4-}}$가 pH 1에서 11에 근접함에 따라 증가하는 것을 보여 준다.

12-3절에서는 보조 착화제가 없고 $\alpha_{M^{m+}} = 1$로 가정했다. 실제, 금속 이온은 물과 반응하여 $M(OH)_n$ 착이온을 형성한다. 12-3절에서 pH와 금속 이온의 조건을 선택할 때 가수 분해로 인한 $M(OH)_n$ 형성을 무시할 수 있도록 했다. 금속 이온이 대부분 M^{2+}이고, M^{3+}나 M^{4+}로 있지 않는 조건을 선택했다. 산성 용액일 때에도 Fe^{3+}는 가수 분해하여 $Fe(OH)^{2+}$와 $Fe(OH)_2^+$를 형성한다[21](부록 I에는 수산화물 착염의 형성 상수가 수록되어 있다). 그래프에서 보면 $\alpha_{Fe^{3+}}$는 pH가 1과 2 사이에서 1에 근접하나($\log \alpha_{Fe^{3+}} \approx 0$), 가수 분해가 일어나면 감소한다. pH 5에서 Fe^{3+}의 Fe(III) 분율은 약 10^{-5}이다.

그래프에서 FeY^-의 유효 형성 상수는 세 가지 기여 인자값에 의존된다.

$$K_f''' = \frac{\alpha_{Fe^{3+}}\alpha_{Y^{4-}}}{\alpha_{FeY^-}}K_f$$

pH가 증가하면 $\alpha_{Y^{4-}}$가 증가하여 K_f'''가 증가한다. pH가 증가하면 금속의 가수 분해가 일어나 $\alpha_{Fe^{3+}}$는 감소한다. $\alpha_{Y^{4-}}$의 증가는 $\alpha_{Fe^{3+}}$의 감소와 상쇄되어 pH 3 이상에서는 K_f'''가 상수이다. K_f'''에 대한 세 번째 기여 인자는 α_{FeY^-}로서, FeY^-형태의 EDTA 착물의 분율이다. 낮은 pH에서 어떤 착물은 양성자를 얻어 FeHY를 형성하여 pH 1 가까이에서 α_{FeY^-}가 감소한다. pH가 2~5 범위에서 α_{FeY^-}는 거의 1의 일정한 값을 가진다. 중성과 염기성 용액에서는 $Fe(OH)Y^{2-}$와 $[Fe(OH)Y]_2^{4-}$ 같은 착물이 형성되어 α_{FeY^-}는 감소한다.

집에서 생각할 일: 이 책에서는 가수 분해가 없고 $\alpha_{M^{m+}}$는 가해 준 보조 리간드에 의해서 조절되는 경우만을 고려한다. 실제로는 M^{m+}의 가수 분해와 MY가 대부분의 EDTA 적정에 영향을 주며, 이론적인 분석은 이 장에서 고려하는 것보다 더 복잡하다.

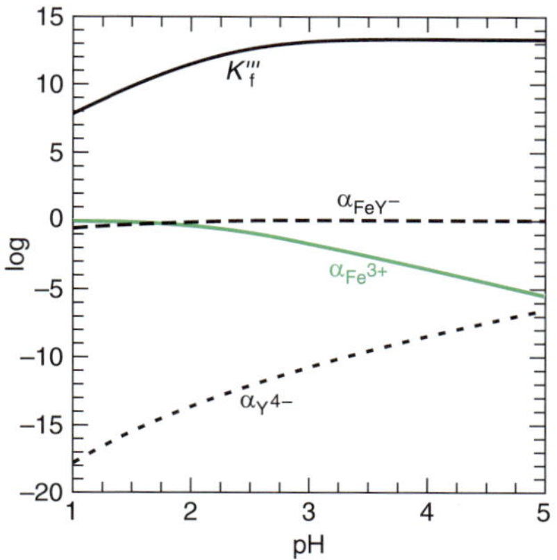

기여 인자 $\alpha_{Y^{4-}}$, $\alpha_{Fe^{3+}}$, α_{FeY^-}가 FeY^-에 대한 유효 형성 상수 K_f'''에 미치는 영향 곡선은 H_6Y^{2+}, H_5Y^+, H_4Y, H_3Y^-, H_2Y^{2-}, HY^{3-}, Y^{4-}, Fe^{3+}, $Fe(OH)^{2+}$, $Fe(OH)_2^+$, FeY^-, FeHY 화학종을 고려하여 계산된 것이다.

예제 암모니아 존재하에서 EDTA 적정

0.10 M NH_3 존재하에서 pH 10.00에서 50.0 mL의 1.00×10^{-3} M Zn^{2+}와 1.00×10^{-3} M EDTA의 적정을 살펴보자(NH_3의 농도가 0.10 M이며, 용액에는 NH_4^+도 존재한다). 당량점은 50.0 mL에서였다. EDTA를 20.0, 50.0, 60.0 mL 첨가한 후의 pZn^{2+}를 구하시오.

풀이 식 12-17을 사용하면 $\alpha_{Zn^{2+}} = 1.8 \times 10^{-5}$임을 알 수 있고, 표 12-1에서 $\alpha_{Y^{4-}} = 0.30$임을 알 수 있다. 따라서 조건 형성 상수는 다음과 같다.

$$K_f'' = \alpha_{Zn^{2+}}\alpha_{Y^{4-}}K_f = (1.8 \times 10^{-5})(0.30)(10^{16.5}) = 1.7 \times 10^{11}$$

(a) 당량점 이전—20.0 mL: 당량점이 50.0 mL이므로 남아 있는 Zn^{2+}의 분율은 30.0 mL/50.0 mL이다. 묽힘 인자는 50.0 mL/70.0 mL이다. 따라서 EDTA와 결합하지 않은 아연의 농도는

$$C_{Zn^{2+}} = \underbrace{\left(\frac{30.0\text{ mL}}{50.0\text{ mL}}\right)}_{\substack{\text{남아 있는} \\ Zn^{2+}\text{의 분율}}}\underbrace{(1.00 \times 10^{-3}\text{ M})}_{\substack{Zn^{2+}\text{의} \\ \text{처음 농도}}}\underbrace{\left(\frac{50.0\text{ mL}}{70.0\text{ mL}}\right)}_{\text{묽힘 인자}} = 4.3 \times 10^{-4}\text{ M}$$

이다. 그러나 EDTA와 결합하지 않은 모든 아연은 NH_3와 결합한다. 유리 Zn^{2+}의 농도는 다음과 같다.

$[Zn^{2+}] = \alpha_{Zn^{2+}}C_{Zn^{2+}}$는 식 12-15로부터 나왔다.

$$[Zn^{2+}] = \alpha_{Zn^{2+}}C_{Zn^{2+}} = (1.8 \times 10^{-5})(4.3 \times 10^{-4}\text{ M}) = 7.7 \times 10^{-9}\text{ M}$$
$$\Rightarrow pZn^{2+} = -\log[Zn^{2+}] = 8.11$$

$[Zn^{2+}][OH^-]^2 = [10^{-8.11}][10^{-4.00}]^2 = 10^{-16.11}$이므로 $Zn(OH)_2$의 용해도곱인 $K_{sp} = 10^{-15.52}$를 초과하지 않는다는 것을 고려하라.

(b) 당량점에서—50.0 mL: 당량점에서 묽힘 인자는 (50.0 mL/100.0 mL)이므로 $[ZnY^{2-}] = (50.0\text{ mL}/100.0\text{ mL})(1.00 \times 10^{-3}\text{ M}) = 5.00 \times 10^{-4}$ M. 농도표를 다음과 같이 만든다.

	$C_{Zn^{2+}}$ +	EDTA ⇌	ZnY^{2-}
초기 농도(M)	0	0	5.00×10^{-4}
최종 농도(M)	x	x	$5.00 \times 10^{-4} - x$

$$K_f'' = 1.7 \times 10^{11} = \frac{[ZnY^{2-}]}{[C_{Zn^{2+}}][EDTA]} = \frac{5.00 \times 10^{-4} - x}{x^2}$$
$$\Rightarrow x = C_{Zn^{2+}} = 5.4 \times 10^{-8}\text{ M}$$
$$[Zn^{2+}] = \alpha_{Zn^{2+}}C_{Zn^{2+}} = (1.8 \times 10^{-5})(5.4 \times 10^{-8}\text{ M}) = 9.7 \times 10^{-13}\text{ M}$$
$$\Rightarrow pZn^{2+} = -\log[Zn^{2+}] = 12.01$$

(c) 당량점 이후—60.0 mL: 당량점 이후 거의 모든 아연은 ZnY^{2-} 형태로 존재한다. 아연에 대한 묽힘 인자(50.0 mL/110.0 mL)를 사용하여 다음과 같이 나타낼 수 있다.

$$[ZnY^{2-}] = \left(\frac{50.0\text{ mL}}{110.0\text{ mL}}\right)(1.00 \times 10^{-3}\text{ M}) = 4.5 \times 10^{-4}\text{ M}$$

또한 과량의 EDTA 농도를 알 수 있는데, 그 묽힘 인자는 10.0 mL/110.0 mL이다.

$$[EDTA] = \left(\frac{10.0\text{ mL}}{110.0\text{ mL}}\right)(1.00 \times 10^{-3}\text{ M}) = 9.1 \times 10^{-5}\text{ M}$$

일단 $[ZnY^{2-}]$와 [EDTA]를 구했으므로 그 평형 상수를 사용하면 $[Zn^{2+}]$를 구할 수 있다.

$$\frac{[ZnY^{2-}]}{[Zn^{2+}][EDTA]} = \alpha_{Y^{4-}}K_f = K_f' = (0.30)(10^{16.5}) = 9.5 \times 10^{15}$$
$$\frac{[4.5 \times 10^{-4}]}{[Zn^{2+}][9.1 \times 10^{-5}]} = 9.5 \times 10^{15} \Rightarrow [Zn^{2+}] = 5.3 \times 10^{-16}\text{ M}$$
$$\Rightarrow pZn^{2+} = 15.28$$

당량점 이후에는 $[ZnY^{2-}]$와 [EDTA]의 농도를 알고 있으므로, 이 문제는 NH_3의 존재와 관계없다.

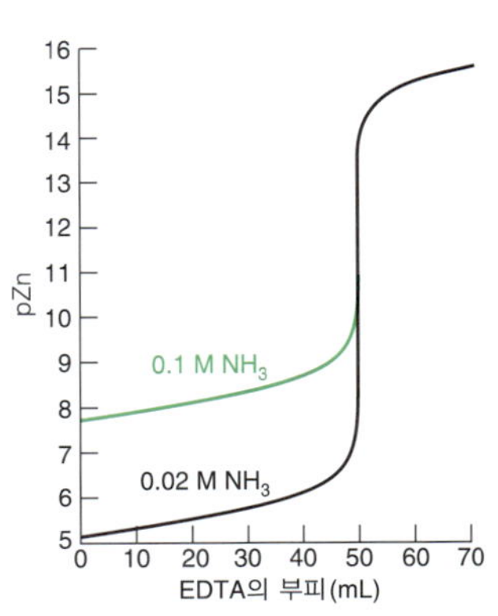

그림 12-15 pH 10.00과 서로 다른 두 농도의 NH_3 존재하에서 1.00×10^{-3} M Zn^{2+} 50.0 mL와 1.00×10^{-3} M EDTA의 반응에 대한 적정 곡선

자습 EDTA 30.0 mL와 51.0 mL를 첨가한 후 pZn^{2+}를 구하시오. (**답:** 8.35, 14.28)

그림 12-15는 서로 다른 두 농도의 보조 착화제 존재하에 Zn^{2+}의 계산된 적정 곡선을 비교하고 있다. NH_3의 농도가 클수록 당량점 근처에서 pZn^{2+}의 변화가 작다. 보조 리간드를 사용하는 경우 그 양은 적정의 종말점을 사라지게 하는 정도보다 적게 해 주어야 한다. 천연색 사진 7은 EDTA 적정 중 Cu^{2+}-암모니아 용액이 생성됨을 보여 준다.

12-6 금속 이온 지시약

EDTA 적정법에서 종말점의 검출을 위해 사용되는 가장 일반적인 방법은 금속 이온 지시약을 사용하는 것이다. 다른 방법으로는 이온 선택성 전극(15-6절)과 수은 전극(그림 12-11과 연습 문제 15-B에서 기술된)을 사용한다. 금속 착물을 형성할 때 H_2Y^{2-}는 $2H^+$를 내놓으므

종말점 검출 방법
1. 금속 이온 지시약
2. 이온 선택성 전극
3. 수은 전극
4. 유리 (pH) 전극

표 12-3 몇 가지 일반적인 금속 이온 지시약

이름	구조	pK_a	유리 지시약의 색깔	금속 이온 착물의 색깔
칼마자이트	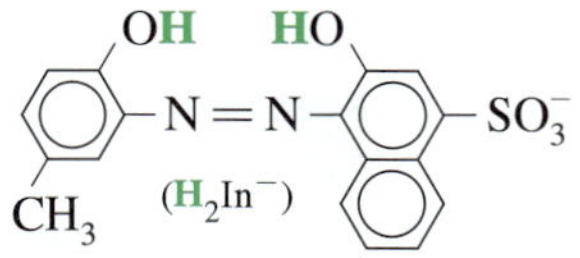 (H_2In^-)	$pK_2 = 8.1$ $pK_3 = 12.4$	H_2In^- 붉은색 HIn^{2-} 푸른색 In^{3-} 오렌지색	포도주빛 붉은색
에리오크롬 블랙 T	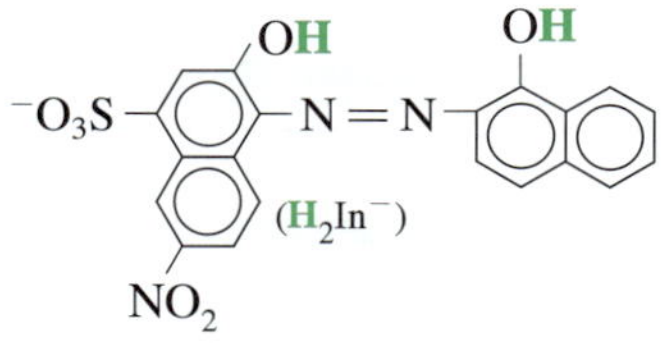 (H_2In^-)	$pK_2 = 6.3$ $pK_3 = 11.6$	H_2In^- 붉은색 HIn^{2-} 푸른색 In^{3-} 오렌지색	포도주빛 붉은색
뮤렉사이드	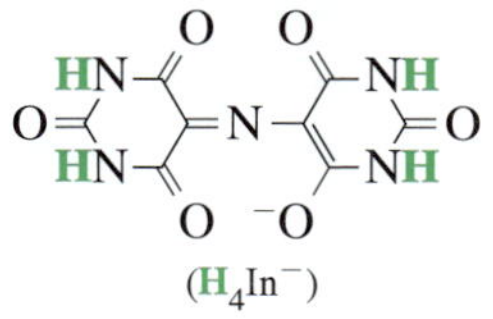 (H_4In^-)	$pK_2 = 9.2$ $pK_3 = 10.9$	H_4In^- 붉은 보라색 H_3In^{2-} 보라색 H_2In^{3-} 푸른색	노란색(Co^{2+}, Ni^{2+}, Cu^{2+}의 경우), Ca^{2+}는 붉은색
자이레놀 오렌지	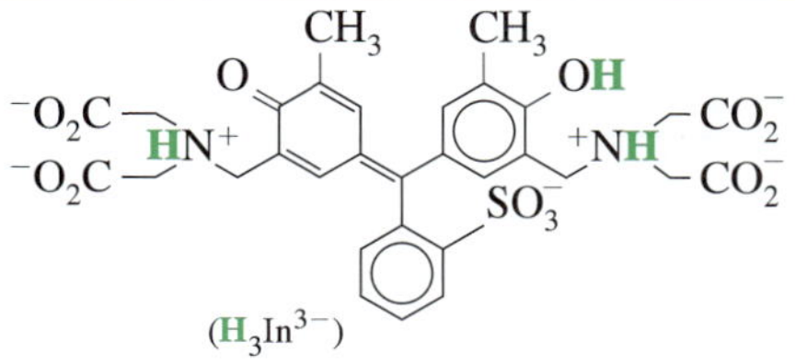 (H_3In^{3-})	$pK_2 = 2.32$ $pK_3 = 2.85$ $pK_4 = 6.70$ $pK_5 = 10.47$ $pK_6 = 12.23$	H_5In^- 노란색 H_4In^{2-} 노란색 H_3In^{3-} 노란색 H_2In^{4-} 보라색 HIn^{5-} 보라색 In^{6-} 보라색	붉은색
파이로카테콜 바이올렛	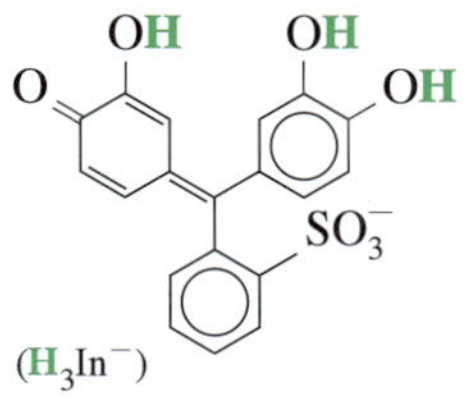 (H_3In^-)	$pK_1 = 0.2$ $pK_2 = 7.8$ $pK_3 = 9.8$ $pK_4 = 11.7$	H_4In 붉은색 H_3In^- 노란색 H_2In^{2-} 보라색 HIn^{3-} 붉은 자주색	푸른색

조제 및 안정성

칼마자이트: 0.05 g/100 mL 물; 어두운 곳에서 1년간 안정함.
에리오크롬 블랙 T: 0.1 g의 고체를 7.5 mL의 트라이에탄올아민과 2.5 mL의 무수 에탄올의 혼합액에 녹인다. 이 용액은 한 달 동안 안정하다. pH 6.5 이상에 적정할 경우 가장 적합하다.
뮤렉사이드: 깨끗한 막자사발 안에서 5 g의 NaCl 시약과 함께 10 mg의 지시약을 갈아 둔다. 매 적정 때마다 혼합물 0.2~0.4 g을 사용한다.
자이레놀 오렌지: 0.5 g/100 mL H_2O, 용액은 무기한 안정함.
파이로카테콜 바이올렛: 0.1 g/100 mL H_2O, 용액은 수주일간 안정함.

로 pH 전극은 완충되지 않은 용액에서의 적정 과정을 따라갈 수 있다.

금속 이온 지시약(metal ion indicator, 표 12-3)은 금속 이온과 결합할 때 색이 변하는 화합물이다. **지시약으로 사용되려면, 지시약은 EDTA보다 약하게 금속과 결합해야 한다.**

전형적인 적정으로서, 지시약으로 칼마자이트(Calmagite)를 사용하여 pH 10에서 EDTA로 Mg^{2+}를 적정하는 것을 예로 들어 설명한다.

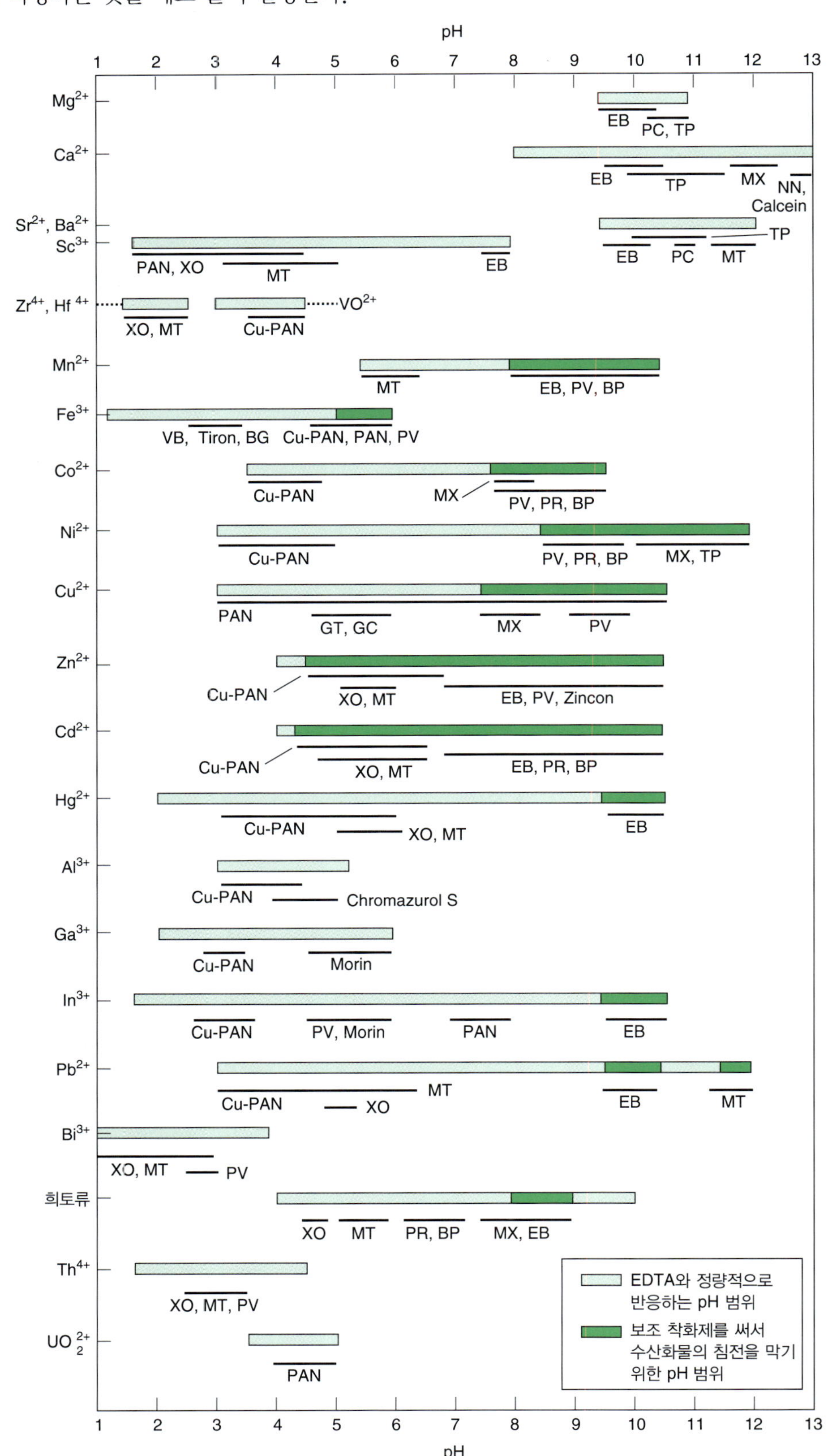

그림 12-16 일반 금속의 EDTA 적정 안내. 옅은 색은 EDTA와 정량적으로 반응하는 pH 범위이다. 진한 색은 암모니아와 같은 보조 착화제를 써서 금속이 침전되는 것을 방지하는 pH 범위이다. 칼마자이트는 에리오크롬 블랙 T(EB)보다 안정하며, EB를 대체할 수 있다. [출처: K. Ueno, "Guide for Selecting Conditions of EDTA Titrations." *J. Chem. Ed.* **1965**, *42*, 432.]

지시약의 약자

BG: Bindschedler's green leuco base
BP: Bromopyrogallol red
EB: Eriochrome black T
GC: Glycinecresol red
GT: Glycinethymol blue
MT: Methylthymol blue
MX: Murexide
NN: Patton & Reeder's dye
PAN: Pyridylazonaphthol
Cu-PAN: PAN plus Cu-EDTA
PC: *o*-Cresolphthalein complexone
PR: Pyrogallol red
PV: Pyrocatechol violet
TP: Thymolphthalein complexone
VB: Variamine blue B base
XO: Xylenol orange

OH, OH, NaO_3S, SO_3Na
$pK_4(OH) = 12.5$
$pK_3(OH) = 7.6$

1,2-dihydroxybenzene-3,5-disulfonic acid, 다이소듐염

Tiron은 40°C, pH 2~3에서 Fe(III)의 EDTA 적정을 위한 지시약이다. 푸른색에서 연노란색으로 색 변화가 일어난다.

실험 12-1 금속 이온 지시약의 색깔 변화

이 실험은 반응 12-19와 관련된 색깔 변화를 설명한다.

완충 용액(pH 10.0): 염화 암모늄 17.5 g에 진한(14.5 M) 암모니아수 142 mL를 가하고, 물로 250 mL까지 희석한다.

$MgCl_2$: 0.05 M

EDTA: 0.05 M $Na_2H_2EDTA \cdot 2H_2O$

$MgCl_2$ 25 mL, 완충 용액 5 mL, 물 300 mL를 섞은 용액을 제조하라. 에리오크롬 블랙 T 또는 칼마자이트 지시약(표 12-3)을 여섯 방울 가하고 EDTA로 적정하라. 당량점에서 색깔이 포도주빛 붉은색에서 연한 푸른색으로 변한다는 것을 주목하라(천연색 사진 8). 지시약이 칼마자이트일 때 색깔 변화에 따른 분광학적 변화를 오른쪽 그림에 나타내었다.

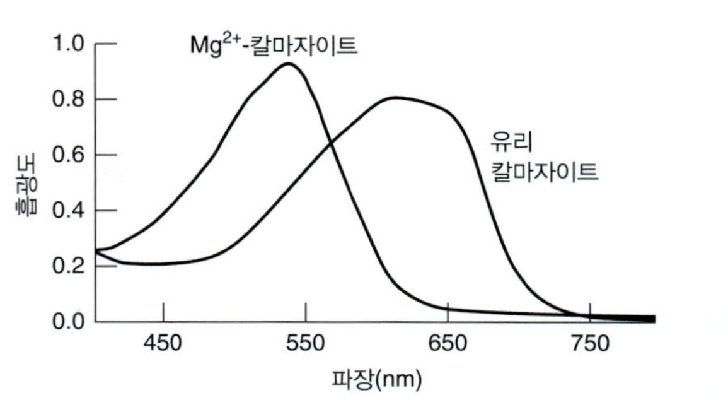

Mg^{2+}-칼마자이트의 가시 스펙트럼과 암모니아 완충 용액의 pH 10에서의 유리 칼마자이트 [출처: C. E. Dahm, J. W. Hall, and B. E. Mattioni, "A Laser Pointer-Based Spectrometer for Endpoint Detection of EDTA Titrations," *J. Chem. Ed.* **2004**, *81*, 1787.]

$$\underset{\text{붉은색}}{\text{MgIn}} + \underset{\text{무색}}{\text{EDTA}} \rightarrow \underset{\text{무색}}{\text{MgEDTA}} + \underset{\text{파란색}}{\text{In}} \qquad (12\text{-}19)$$

지시약은 금속을 EDTA에 내주어야 한다.

실험의 출발점에서 무색의 Mg^{2+} 용액에 소량의 지시약(In)을 가하면 소량의 붉은색 착물이 형성된다. EDTA가 가해짐에 따라, 먼저 무색의 유리 Mg^{2+}와 반응한다. 유리 Mg^{2+}가 모두 소모되면 당량점 바로 직전에 첨가된 EDTA는 붉은색 MgIn 착물로부터 지시약을 유리시킨다. MgIn의 붉은색에서 유리된 In의 푸른색으로의 변화가 적정의 종말점을 의미한다(실험 12-1).

대부분의 금속 이온 지시약들도 산-염기 지시약이며, pK_a 값들과 함께 표 12-3에 실었다. 자유 지시약의 색깔은 pH에 의존하므로 대부분의 지시약들은 일정한 pH 영역에서만 사용될 수 있다. 예를 들면 자이레놀 오렌지는 pH 5.5에서 금속 이온과 결합할 때 노란색에서 붉은색으로 변한다. 이것은 색깔 변화를 관찰하기가 쉽다. pH 7.5에서는 보라색에서 붉은색으로 변하는데, 육안으로 확인하기는 다소 어렵다. 분광 광도계는 색깔의 변화를 측정하는 데 이용될 수 있지만, 육안으로 확인할 수 있다면 이것이 더 편리하다. 그림 12-16에서는 많은 금속을 적정할 수 있는 pH 범위와 사용될 수 있는 지시약을 볼 수 있다.

지시약은 자신과 결합하고 있는 금속 이온을 EDTA에 줄 수 있어야 한다. 금속이 지시약으로부터 자유롭게 유리되지 않는다면, 금속이 지시약을 **막았다(block)**고 말한다. 에리오크롬 블랙 T는 Cu^{2+}, Ni^{2+}, Co^{2+}, Cr^{3+}, Fe^{3+}, Al^{3+}에 의해 막히게 된다. 이러한 금속들을 **직접 적정**(direct titration)할 경우에는 에리오크롬 블랙 T를 지시약으로 사용할 수 없다. 그러나 **역적정**(back titration)을 할 경우에는 에리오크롬 블랙 T를 사용할 수 있다. 예를 들면 EDTA 표준액을 Cu^{2+}에 과량 가한 후, 지시약을 가하고 과량의 EDTA를 Mg^{2+}로 역적정할 수 있다.

질문 pH 10에서 역적정을 할 경우에 색깔 변화는 어떻게 되겠는가?
답: 푸른색 → 포도주빛 붉은색

12-7 EDTA 적정 방법

EDTA 적정으로 많은 원소들을 분석할 수 있으므로, 기본 과정의 많은 다양한 방법이 여러 문헌에서 다루어져 있다.[19,22]

직접 적정

직접 적정(direct titration)에서는 분석 물질을 EDTA 표준 용액으로 적정한다. 분석 물질은 금속-EDTA 착물에 대한 조건 형성 상수가 크게 되도록 적절한 pH로 완충되어야 하고, 유리 지시약은 금속-지시약 착물과 뚜렷하게 색깔 차이가 나야 한다.

NH_3, 타타르산염(tartrate), 시트르산염(citrate), 트라이에탄올아민(triethanolamine)과 같은 **보조 착화제**를 사용함으로써 EDTA를 가하기 전 금속 이온의 침전을 방지할 수 있다. 예를 들어 타타르산의 존재하에서 pH 10의 NH_3 완충 용액 내에서 Pb^{2+}를 적정한다. 이때 타타르산은 Pb^{2+}와 착물을 형성하여 $Pb(OH)_2$로의 침전을 방지한다. 납-타타르산 착물은 납-EDTA 착물보다 덜 안정해야 한다. 그렇지 않으면 적정은 불가능하다.

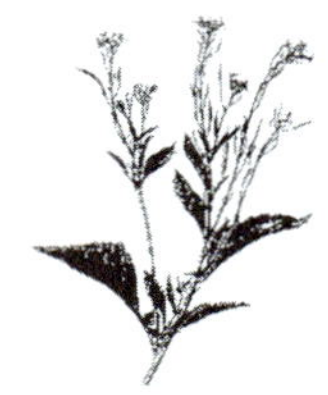

식물 치료(*phytoremediation*).[23,24,25] 오염된 토양으로부터 독성 금속을 제거하기 위한 접근 방법으로는 건조했을 때 1 g당 1~15 g의 금속을 축적하는 식물을 재배하는 것이다. 식물을 수확하여 Pb, Cd, Ni과 같은 금속을 회수한다. 식물 치료는 불용성 금속을 이동시키기 위해 EDTA를 가함으로써 강화된다. 불행하게도 빗물은 토양 사이로 수용성인 금속-EDTA 착물을 이동시켜 금속을 널리 퍼뜨린다. 천연 킬레이트인 EDDS는 금속과 착물을 형성한 후 금속이 멀리 이동하기 전에 생분해한다.

s,s-Ethylenediaminedisuccinic acid(EDDS)

역적정

역적정(back titration)에서는 과량의 EDTA를 분석 물질에 가한다. 그다음 과량의 EDTA를 제2의 금속 이온 표준 용액으로 적정한다. 역적정법은 분석 물질이 EDTA를 가하기 전에 침전물을 형성하거나, 적정 조건에서 EDTA와 너무 천천히 반응하거나, 지시약을 막는 경우에 사용된다. 역적정에서 사용된 제2의 금속 이온은 분석 물질의 금속 이온을 EDTA 착물로부터 치환시켜서는 안 된다.

예제 역적정법

Ni^{2+}는 자이레놀 오렌지를 지시약으로 하여 pH 5.5에서 Zn^{2+} 표준 용액을 사용해 역적정법으로 분석할 수 있다. Ni^{2+} 25.00 mL가 포함된 묽은 염산 용액에 0.052 83 M Na_2EDTA 25.00 mL를 가했다. 용액을 NaOH로 중화시키고, 아세트산 완충 용액으로 pH를 5.5로 맞추었다. 지시약 몇 방울을 가하였더니 용액이 노란색을 띠었다. 그다음 0.022 99 M Zn^{2+} 17.61 mL로 적정하였더니, 용액이 붉은색을 띠며 종말점에 도달했다. 미지 시료 중 Ni^{2+}의 몰농도는 얼마인가?

풀이 0.052 83 M EDTA 25.00 mL를 가해 준 미지 시료 용액에는 (25.00 mL)(0.052 83 M) = 1.320 8 mmol의 EDTA가 포함되어 있다. 역적정하는 데는 Zn^{2+}가 (17.61 mL)(0.022 99 M) = 0.404 9 mmol이 필요하다. EDTA 1 mol은 금속 이온 1 mol과 반응하므로, 용액에는

$$0.404\,9 \text{ mmol } Zn^{2+} + x \text{ mmol } Ni^{2+} = 1.320\,8 \text{ mmol EDTA}$$
$$x = 0.915\,9 \text{ mmol } Ni^{2+}$$

가 존재한다. Ni^{2+} 농도는 0.915 9 mmol/25.00 mL = 0.036 64 M이다.

자습 역적정에 Zn^{2+}가 13.00 mL 소모되었다면, Ni^{2+}의 원래 농도는? (**답:** 0.040 88 M)

EDTA 역적정은 분석 물질의 침전을 막는 데 사용될 수 있다. 예를 들어 Al^{3+}는 EDTA가 없을 때 pH 7에서 $Al(OH)_3$로 침전된다. Al^{3+}의 산성 용액에 과량의 EDTA를 가하고, 아세트산 소듐으로 pH 7~8로 맞추고, 이온의 완전한 착물화를 위해 끓인다. $Al(EDTA)^-$는 이 pH 용액에서 안정하다. 그다음 용액을 식히고, 지시약 에리오크롬 블랙 T를 가한 후 Zn^{2+} 표준 용액으로 역적정을 한다.

치환 적정

Hg^{2+}는 적당한 지시약이 없다. 그러나 **치환 적정(displacement titration)**은 가능하다. Hg^{2+}를 과량의 $Mg(EDTA)^{2-}$로 적정하여 Mg^{2+}를 치환시킨 후, EDTA 표준 용액으로 적정한다.

$$Hg^{2+} + MgY^{2-} \rightarrow HgY^{2-} + Mg^{2+} \quad \textbf{(12-20)}$$

$Hg(EDTA)^{2-}$의 조건 형성 상수는 $Mg(EDTA)^{2-}$의 K'_f보다 커야 한다. 그렇지 않으면 Mg^{2+}는 $Mg(EDTA)^{2-}$로부터 치환되지 않는다.

Ag^+에 대한 적당한 지시약은 없다. Ag^+는 테트라사이아노니켈산(II) 이온으로부터 Ni^{2+}를 치환한다.

$$2Ag^+ + Ni(CN)_4^{2-} \rightarrow 2Ag(CN)_2^- + Ni^{2+}$$

유리된 Ni^{2+}를 EDTA로 적정하면 첨가된 Ag^+의 양을 알 수 있다.

간접 적정

특정한 금속 이온과 침전물을 형성하는 음이온은 EDTA로 **간접 적정(indirect titration)**함으로써 분석할 수 있다. 예를 들면 황산 이온은 pH 1에서 과량의 Ba^{2+}로 침전시킴으로써 분석할 수 있다. $BaSO_4(s)$ 침전물을 거르고 세척한 후, pH 10에서 과량의 EDTA와 함께 끓이면 Ba^{2+}는 $Ba(EDTA)^{2-}$ 형태로 용액에 녹게 된다. 과량의 EDTA를 Mg^{2+}로 역적정한다.

다른 방법으로, 음이온을 과량의 표준 금속 이온으로 침전시킨다. 침전물을 거르고 세척한 후, 거른액 중에 들어 있는 과량의 금속 이온을 EDTA로 적정한다. CO_3^{2-}, CrO_4^{2-}, S^{2-}, SO_4^{2-}와 같은 음이온은 EDTA로 간접 적정함으로써 정량할 수 있다.[26]

가림

가림제(masking agent)는 분석 물질과 EDTA와의 반응으로부터 분석 물질의 어떤 성분을 막아주는 시약이다. 예를 들면 Mg^{2+}와 Al^{3+}의 혼합물에서 우선 Al^{3+}를 F^-로 가려 주면, EDTA와 반응할 수 있는 것은 Mg^{2+}만 남게 되므로 Mg^{2+}를 적정할 수 있다. Mg^{2+}와 Al^{3+}의 합은 가림제 없이 적정하는 두 번째 적정을 통해 측정한다. Al^{3+}의 양은 두 적정의 차이를 통해 구할 수 있다.

한 원소를 분석하는 데 다른 원소가 방해하는 것을 막기 위해 가림을 이용한다. 가림은 EDTA 적정법에만 국한되는 것은 아니다. 가림의 중요한 응용에 대한 보충 12-2를 보라.

사이안화 이온은 Cd^{2+}, Zn^{2+}, Hg^{2+}, Co^{2+}, Cu^+, Ag^+, Ni^{2+}, Pd^{2+}, Pt^{2+}, Fe^{2+}, Fe^{3+}와는 착물을 형성하지만, Mg^{2+}, Ca^{2+}, Mn^{2+}, Pb^{2+}와는 착물을 형성하지 않아 흔히 이용되는 가림제이다. 사이안화 이온을 Cd^{2+}와 Pb^{2+}를 포함하는 용액에 가해 준다면 Pb^{2+}만이 EDTA와 반응할 수 있게 된다(**주의:** 사이안화 이온은 pH 11 아래에서 유독한 증기상의 HCN을 형성한다. 사이안화 이온 용액은 강염기이므로 후드 안에서 취급하는 것이 좋다). 플루오린화 이온은 Al^{3+}, Fe^{3+}, Ti^{4+}, Be^{2+}를 가림할 수 있다(**주의:** 산성 용액하에서 F^-에 의해 형성된 HF는 매우 유독하므로 피부와 눈에 닿아서는 안 된다. 즉시 고통스럽지는 않으나 접촉된 부위에 많은 물을 흘려보내야 하고 칼슘 글루코네이트 젤을 바른다. 우선, 구조원

$$\begin{array}{c}SH\\ |\\ HOCH_2CHCH_2SH\end{array}$$

2,3-다이머캅토-1-프로판올

보충 12-2 물의 경도

경도(hardness)란 물속에 들어 있는 모든 알칼리 토금속(2족) 이온의 전체 농도를 말하며, 보통 Ca^{2+}와 Mg^{2+}로 나타낸다. 경도는 흔히 1 L에 들어 있는 $CaCO_3$의 mg수로 표시한다. 만약 $[Ca^{2+}] + [Mg^{2+}] = 1$ mM이라면, 100 mg $CaCO_3$ = 1 mmol $CaCO_3$이므로 경도는 1리터당 100 mg $CaCO_3$라 한다. 경도가 리터당 60 mg $CaCO_3$ 이하인 물을 '단물(연수)'이라고 하고, 270 mg/L 이상인 물을 '센물'이라고 한다.

센물은 비누와 반응하여 용해되지 않는 침전물을 만든다.

$$\underset{\text{비누}}{Ca^{2+} + 2RCO_2^-} \rightarrow \underset{\text{침전물}}{Ca(RCO_2)_2(s)} \qquad \text{(A)}$$

R은 $C_{17}H_{35}$— 같이 사슬이 긴 탄화수소이다

세탁 효과를 얻기 위해서는 Ca^{2+}와 Mg^{2+}를 모두 소비할 만큼 이상의 비누가 사용되어야 한다. 센물은 관속에서 물이 증발하면 관석(scale)이라고 하는 고체 퇴적물을 남기게 된다. 센물이 인간에게 유해한 것은 아니다. 센물은 농업 용수로 적합하다. 왜냐하면 알칼리 토금속 이온은 토양 속의 콜로이드 입자를 **응집시키는** 경향이 있어 물에 대한 토양의 투과도를 증가시키기 때문이다. 단물은 콘크리트, 석고, 회반죽을 부식시킨다.

전체 경도를 측정하기 위해서는 시료를 아스코브산(또는 하이드록실아민)으로 처리하여 Fe^{3+}를 Fe^{2+}로, Cu^{2+}를 Cu^+로 환원시키고, Fe^{2+}, Cu^+와 그 밖의 소량 금속 이온을 가려주기 위하여 사이안화물로 처리한다. NH_3 완충 용액으로 pH 10으로 해주고 EDTA로 적정하면 Ca^{2+}와 Mg^{2+}의 전체 농도를 알 수 있다. 만일 암모니아 없이 pH 13에서 적정한다면 Ca^{2+}만을 분리하여 정량할 수 있다. 이 pH에서는 $Mg(OH)_2$ 침전이 생겨 EDTA와 반응하지 않는다. 많은 금속 이온들의 방해는 지시약을 제대로 선택하면 줄일 수 있다.[27]

불용성 탄산염은 과량의 이산화 탄소에 의해 가용성 탄산수소염으로 된다.

$$CaCO_3(s) + CO_2 + H_2O \rightarrow Ca(HCO_3)_2(aq) \qquad \text{(B)}$$

가열하면 CO_2가 방출되면서 탄산수소염이 탄산염으로 전환되고, $CaCO_3$ 관석이 침전되어 보일러 파이프를 막는다. $Ca(HCO_3)_2(aq)$에 의한 경도 비율을 **일시 경도**(temporary hardness)라고 하는데, 이런 칼슘은 열에 의해 $CaCO_3$로 침전이 되어 없어지기 때문이다. 다른 염(주로 용해된 $CaSO_4$)에 의해 생긴 경도는 가열에 의해서도 없어지지 않으므로 **영구 경도**(permanent hardness)라고 한다.

은 그들 자신을 보호하기 위해 고무장갑을 착용해야 한다). 트라이에탄올아민은 Al^{3+}, Fe^{3+}, Mn^{2+}를 가림하고, 2,3-다이머캅토-1-프로판올은 Bi^{3+}, Cd^{2+}, Cu^{2+}, Hg^{2+}, Pb^{2+}를 가림한다.

가림벗기기(demasking)란 가림제로부터 금속 이온을 떼어놓는 것을 말한다. 사이안화 착물은 폼알데하이드를 가하면 가림을 벗길 수 있다.

$$M(CN)_m^{n-m} + \underset{\text{폼알데하이드}}{mH_2CO} + mH^+ \rightarrow mH_2C\begin{smallmatrix}\diagup OH \\ \diagdown CN\end{smallmatrix} + M^{n+}$$

싸이오유레아(thiourea)는 Cu^{2+}를 Cu^+로 환원시키고, Cu^+를 가림한다. H_2O_2로 가림벗기기 함으로써 Cu^+-싸이오유레아 착물로부터 Cu^{2+}를 떼어놓을 수 있다. 가림, 가림벗기기 및 pH 조절을 함으로써 복잡한 금속 이온의 혼합물에서 각각의 성분을 선택적으로 EDTA 적정법을 통해 분석할 수 있다.

$H_2N-C(=S)-NH_2$
싸이오유레아

이해해야 할 용어

Lewis 산(Lewis acid)
Lewis 염기(Lewis base)
가림벗기기(demasking)
가림제(masking agent)
간접 적정(indirect titration)
금속 이온 지시약(metal ion indicator)
누적 형성 상수(cumulative formation constant)
보조 착화제(auxiliary complexing agent)
안정도 상수(stability constant)
여러 자리(multidentate)
역적정(back titration)
조건 형성 상수(conditional formation constant)
직접 적정(direct titration)
착물화법 적정(complexometric titration)
치환 적정(displacement titration)
킬레이트 리간드(chelating ligand)
킬레이트 효과(chelate effect)
한자리(monodentate)
형성 상수(formation constant)

요약

착물화법 적정에서 분석 물질과 적정 용액은 착이온을 형성하며, 이 반응의 평형 상수를 형성 상수(K_f)라고 한다. 킬레이트 리간드(여러 자리 리간드)는 한자리 리간드에 의해 형성되는 착물보다 안정한 착물을 형성한다. EDTA와 같은 합성된 여러 자리 아미노카복실산은 금속-결합 상수가 크고, 2 이상의 전하를 가진 금속 대부분과 1:1 착물을 형성한다.

EDTA는 육양성자성 계일지라도 착물 형성에 대한 형성 상수는 $[Y^{4-}]$ 형태에 관한 식으로 정의된다. Y^{4-} 형태로 존재하는 유리 EDTA의 분율($\alpha_{Y^{4-}}$)은 pH에 의존하며, 유효(또는 조건) 형성 상수는 $K'_f = \alpha_{Y^{4-}}K_f = [MY^{n-4}]/[M^{n+}][EDTA]$로 정의된다. 이 상수는 가상적 반응 $M^{n+} + EDTA \rightleftharpoons MY^{n-4}$를 나타낸다. 여기서 EDTA는 금속 이온과 결합하지 않은 모든 형태의 EDTA를 말한다. 적정 계산은 세 범주로 나눈다. 과량의 미반응된 M^{n+}가 존재할 경우에, pM은 $pM = -\log[M^{n+}]$로부터 직접 계산할 수 있다. 과량의 EDTA가 존재할 경우에는 $[MY^{n-4}]$와 [EDTA]를 알 수 있으므로 $[M^{n+}]$는 조건 형성 상수로부터 구할 수 있다. 당량점에서는 $[M^{n+}] = [EDTA]$이므로 $[M^{n+}]$에 대해 풀면 된다. 한 개의 스프레드시트 식이 적정 곡선의 세 영역 전부에 적용된다.

유효 형성 상수가 클수록 EDTA 적정 곡선은 더 가파르게 된다. 금속 이온에 대해 EDTA와 경쟁을 함으로써 적정 곡선의 가파름을 둔화시키는 보조 착화제가 용액 내의 금속을 보호하는 데 필요한 경우가 있다. EDTA와 보조 착화제를 포함하는 용액에 대한 계산에서는 $K''_f = \alpha_M\alpha_{Y^{4-}}K_f$로 정의되는 조건 형성 상수를 사용한다. 여기서 α_M은 보조 리간드에 의해서 착물을 이루지 않은 유리 금속 이온의 분율이다.

일반적으로 종말점을 검출하기 위해 금속 이온 지시약, 이온 선택성 전극이 사용된다. 분석 물질이 불안정하거나, EDTA와의 반응이 느리거나, 또는 적당한 지시약이 없이 직접 적정이 적당하지 않은 경우에는 과량의 EDTA를 역적정하거나 $Mg(EDTA)^{2-}$를 치환 적정하는 것이 적절하다. 가림은 원하지 않는 화학종에 의한 방해를 방지하는 데 이용된다. 간접 EDTA 적정법은 여러 가지 음이온이나 시약과 직접 반응하지 않는 화학종을 분석하는 데 유용하다.

연습 문제

12-A. 물 250.0(±0.1) mL 속의 포타슘 이온은 테트라페닐붕산 소듐과 침전된다.

$$K^+ + (C_6H_5)_4B^- \rightarrow KB(C_6H_5)_4(s)$$

침전물을 거르고 세척한 후 유기 용매에 녹였다. 유기 용액에 과량의 $Hg(EDTA)^{2-}$를 가하였더니 다음과 같은 반응이 일어났다.

$$4HgY^{2-} + (C_6H_5)_4B^- + 4H_2O \rightarrow H_3BO_3 + 4C_6H_5Hg^+ + 4HY^{3-} + OH^-$$

유리된 EDTA를 0.043 7(±0.000 1) M Zn^{2+} 용액 28.73 (±0.03) mL로 적정하였다. 원래 시료 중의 K^+의 농도(그리고 절대 오차)를 구하시오.

12-B. Fe^{3+}과 Cu^{2+}를 포함하는 미지 시료 용액 25.00 mL를 완전히 적정하는 데 0.050 83 M EDTA 16.06 mL가 소모되었다. Fe^{3+}를 보호하기 위해서 미지 시료 용액 50 mL를 NH_4F로 처리한 후 Cu^{2+}를 환원시키고, 싸이오유레아를 가하여 가림시켰다. 0.050 83 M EDTA 25.00 mL를 가하였더니, 철-플루오린 착물로부터 Fe^{3+}가 유리되어 EDTA 착물을 형성하였다. 과량의 EDTA를 자이레놀 오렌지를 사용하여 종말점까지 적정하는 데 0.018 83 M Pb^{2+} 19.77 mL가 들어갔다. 미지 시료 용액 중 Cu^{2+}의 농도를 구하시오.

12-C. 0.040 M EDTA 50.0 mL를 pH 5.00에서 0.080 0 M $Cu(NO_3)_2$로 적정할 때, 다음의 각 점에서 pCu^{2+}를 계산하시오(소수점 둘째 자리까지). 적정 시약의 부피에 대한 pCu^{2+}의 그래프를 그리시오.

0.1, 5.0, 10.0, 15.0, 20.0, 24.0, 25.0, 26.0, 30.0 mL

12-D. 연습 문제 12-C에서, 당량점에서 H_2Y^{2-}의 농도를 계산하시오.

12-E. 0.010 0 M Mn^{2+}를 pH 7.00에서 0.005 00 M EDTA로 적정할 때,

(a) 당량점에서 유리 Mn^{2+}의 농도는 얼마인가?

(b) 적정이 당량점의 63.7%까지 완료되었을 때, 용액 중 $[H_3Y^-]/[H_2Y^{2-}]$의 비는 얼마인가?

12-F. pH 9.00과 0.10 M $C_2O_4^{2-}$ 존재하에서 1.00×10^{-3} M Co^{2+} 20.0 mL를 함유하는 용액을 1.00×10^{-2} M EDTA로 적정하였다. 부록 I에 나와 있는 $Co(C_2O_4)$와 $Co(C_2O_4)_2^{2-}$의 평형 상수를 사용하여 첨가된 EDTA의 다음 부피에 대한 pCo^{2+}를 계산하시오. 0, 1.00, 2.00, 3.00 mL. $C_2O_4^{2-}$의 농도는 0.10 M로 고정되었음을 고려한다. pCo^{2+} 대 첨가된 EDTA의 mL의 그래프를 그리시오.

12-G. 이미노다이아세트산은 많은 금속 이온과 2:1 착물을 형성한다.

$$H_2\overset{+}{N}(CH_2CO_2H)_2 \equiv H_3X^+$$

$$\alpha_{X^{2-}} = \frac{[X^{2-}]}{[H_3X^+] + [H_2X] + [HX^-] + [X^{2-}]}$$

$$Cu^{2+} + 2X^{2-} \rightleftharpoons CuX_2^{2-} \qquad K = \beta_2 = 3.5 \times 10^{16}$$

0.120 M 이미노다이아세트산을 포함하여 pH 7.00으로 완충된 용액 25.0 mL를 0.050 0 M Cu^{2+} 25.0 mL로 적정하였다. pH 7.00에서 $\alpha_{X^{2-}} = 4.6 \times 10^{-3}$이다. 적정된 용액 중 Cu^{2+}의 농도를 계산하시오.

문제

EDTA

12-1. 킬레이트 효과란 무엇인가?

12-2. $\alpha_{Y^{4-}}$가 무엇을 의미하는지 기술하시오. 다음의 경우, EDTA에 대한 $\alpha_{Y^{4-}}$를 계산하시오.

(a) pH 3.50 **(b)** pH 10.50

12-3. (a) pH 9.00에서 $Mg(EDTA)^{2-}$에 대한 조건 형성 상수를 구하시오.

(b) pH 9.00에서 0.050 M $Na_2[Mg(EDTA)]$ 중에 존재하는 유리 Mg^{2+}의 농도를 구하시오.

12-4. 금속 이온 완충 용액. 수소 이온 완충 용액과 마찬가지로 금속 이온 완충 용액은 용액 중에서 일정한 금속 이온 농도를 유지시킨다. 산 HA와 그것의 짝염기 A^-의 혼합물은 식 $K_a = [A^-][H^+]/[HA]$에 따라 pH를 유지하는 수소 이온 완충 용액이다. CaY^{2-}와 Y^{4-} 혼합물은 식 $1/K_f' = [EDTA][Ca^{2+}]/[CaY^{2-}]$에 따라 Ca^{2+}의 완충 용액 역할을 한다. 500 mL 부피 플라스크에 pH 9.00에서 $pCa^{2+} = 9.00$을 유지하는 완충 용액을 조제하려면 $Ca(NO_3)_2 \cdot 2H_2O$(FW 200.12) 1.95 g과 $Na_2EDTA \cdot 2H_2O$(FW 372.23) 몇 g을 섞어야 하는가?

12-5. 재침전에 의한 정제 과정의 화학적 해석. 지질 연구에서 SO_4^{2-} 중의 산소 동위 원소들을 측정하기 위하여, 과량의 Ba^{2+}를 가하여 SO_4^{2-}를 침전시켰다.[28] HNO_3 존재하에서, $BaSO_4$ 침전물은 NO_3^-에 의해 오염된다. 이 고체는 HNO_3가 없는 상태에서 세척과 재용해 과정을 거치고, 재침전함으로써 정제될 수 있다. 정제를 위해, $BaSO_4$ 30 mg을 1 M NaOH 존재하에 제조한 0.05 M DTPA 용액(그림 12-4) 15 mL에 넣고 70°C에서 흔들어 주어 녹였다. 그리고 이 용액에 10 M HCl을 한 방울씩 가하여 pH 3~4로 조절하고, 이 혼합물을 1시간 방치함으로써 $BaSO_4$를 재침전시켰다. 그다음 원심 분리, 액체 제거, 증류수로 재부유하는 과정을 2회 반복하여 침전물을 씻어 주었다. NO_3^-/SO_4^{2-} 몰비는 처음 0.25에서 정제 과정을 2회 반복한 후에 0.001로 줄었다. pH 14와 pH 3에서 황산 이온과 DTPA의 주화학종은 무엇인가?

그리고 $BaSO_4$가 1 M NaOH 존재하에 제조한 DTPA 용액에는 녹고, pH 3~4에서는 재침전이 일어나는지, 그 이유를 설명하시오.

EDTA 적정 곡선

12-6. M^{n+} 이온(0.050 0 M 금속 이온 100.0 mL를 pH 9.00으로 완충시킴)을 0.050 0 M EDTA로 적정하였다.

(a) 당량 부피(V_e)는 몇 mL인가?

(b) $V = \frac{1}{2}V_e$에서 M^{n+}의 농도를 계산하시오.

(c) pH 9.00에서 Y^{4-} 형태로 존재하는 유리 EDTA의 분율 ($\alpha_{Y^{4-}}$)은 얼마인가?

(d) 형성 상수(K_f)는 $10^{12.00}$이다. 조건 형성 상수 K'_f $(= \alpha_{Y^{4-}}K_f)$의 값을 계산하시오.

(e) $V = V_e$에서 M^{n+}의 농도를 계산하시오.

(f) $V = 1.100\ V_e$에서 M^{n+}의 농도는 얼마인가?

12-7. pH 6.00에서 0.038 55 M EDTA 용액으로 0.020 26 M Co^{2+} 25.00 mL를 적정하는데, 이때 다음의 각 부피에서 pCo^{2+}를 계산하시오.

(a) 12.00 mL **(b)** V_e **(c)** 14.00 mL

12-8. pH 8.00인 완충 용액에서 0.020 0 M $MnSO_4$ 25.0 mL를 0.010 0 M EDTA로 적정할 경우, 가해 준 EDTA의 부피가 다음과 같을 때 pMn^{2+}를 계산하고 적정 곡선을 작성하시오.

(a) 0 mL	**(d)** 49.0 mL	**(g)** 50.1 mL
(b) 20.0 mL	**(e)** 49.9 mL	**(h)** 55.0 mL
(c) 40.0 mL	**(f)** 50.0 mL	**(i)** 60.0 mL

12-9. 문제 12-8에서와 같은 부피에서 0.020 00 M EDTA 25.00 mL를 pH 10.00에서 0.010 00 M $CaSO_4$로 적정할 때의 pCa^{2+}를 계산하시오.

12-10. 0.010 0 M $VOSO_4$ 용액 10.00 mL, 0.010 0 M EDTA 용액 9.90 mL, pH 4.00인 완충 용액 10.0 mL를 혼합한 용액에서 HY^{3-}의 몰농도를 계산하시오.

12-11. **금속 이온을 EDTA로 적정.** 식 12-11을 사용하여 pH 5.00에서 1.00 mM $M^{2+}(= Cd^{2+}$ 또는 $Cu^{2+})$ 10.00 mL를 10.0 mM EDTA로 적정하는 곡선(pM 대 첨가된 EDTA의 mL수)을 계산하시오. 두 개의 곡선을 한 그래프상에 나타내시오.

12-12. **EDTA 적정에서 pH의 영향.** 식 12-11을 사용하여 pH 5.00, 6.00, 7.00, 8.00, 9.00에서, 1.00 mM Ca^{2+} 10.00 mL를 1.00 mM EDTA로 적정하는 곡선(pCa^{2+} 대 첨가된 EDTA의 mL수)을 계산하시오. 모든 곡선을 한 그래프상에 도시한 후 그림 12-11과 비교하시오.

12-13. **EDTA를 금속 이온으로 적정.** 식 12-12를 사용하여 연습 문제 12-C의 결과를 재현해 보시오.

보조 착화제

12-14. 보조 착화제의 목적을 기술하고, 그것의 사용 예를 드시오.

12-15. 부록 I에 따르면, Cu^{2+}는 아세트산 음이온과 두 가지 형태의 착물을 형성한다.

$$Cu^{2+} + CH_3CO_2^- \rightleftharpoons Cu(CH_3CO_2)^+ \qquad \beta_1(= K_1)$$

$$Cu^{2+} + 2CH_3CO_2^- \rightleftharpoons Cu(CH_3CO_2)_2(aq) \qquad \beta_2$$

(a) 이 반응의 K_2 값을 구하시오(보충 6-2 참고).

$$Cu(CH_3CO_2)^+ + CH_3CO_2^- \rightleftharpoons Cu(CH_3CO_2)_2(aq) \qquad K_2$$

(b) 1.00×10^{-4} mol $Cu(ClO_4)_2$와 0.100 mol CH_3CO_2Na를 혼합하여 용액 1.00 L를 만들었다. 식 12-16을 사용하여 Cu^{2+} 형태로 존재하는 구리의 분율을 구하시오.

12-16. 0.001 00 M Cu^{2+} 50.00 mL와 0.001 00 M EDTA의 적정에서 다음 점들에서의 pCu^{2+}를 계산하시오. 이 용액의 pH는 11.00이며, NH_3의 농도는 1.00 M로 **고정되었다.**

(a) 0 mL	**(c)** 45.00 mL	**(e)** 55.00 mL
(b) 1.00 mL	**(d)** 50.00 mL	

12-17. 식 12-16에 있는 α_M 분율의 유도 과정을 살펴보자.

(a) α_{ML}과 α_{ML_2} 분율에 대한 다음 식을 유도하시오.

$$\alpha_{ML} = \frac{\beta_1[L]}{1 + \beta_1[L] + \beta_2[L]^2} \qquad \alpha_{ML_2} = \frac{\beta_2[L]^2}{1 + \beta_1[L] + \beta_2[L]^2}$$

(b) 문제 12-15의 조건에 대한 α_{ML}과 α_{ML_2}의 값을 구하시오.

12-18. **보조 착화제에 대한 스프레드시트 식.** 보조 착화 리간드(암모니아와 같은) 존재하에서 금속 M(초기 농도 = C_M, 초기 부피 = V_M)을 EDTA 용액(농도 = C_{EDTA}, 첨가된 부피 = V_{EDTA})으로 적정하는 경우를 살펴보자. 12-4절에 있는 다음의 일반적인 유도 과정은 적정에 대해 지배적인 식이라는 것을 보여 준다.

$$\phi = \frac{C_{EDTA}V_{EDTA}}{C_MV_M} = \frac{1 + K''_f[M]_{free} - \dfrac{[M]_{free} + K''_f[M]^2_{free}}{C_M}}{K''_f[M]_{free} + \dfrac{[M]_{free} + K''_f[M]^2_{free}}{C_{EDTA}}}$$

여기서 K''_f는 일정한 pH와 보조 착화제 존재하에서 적정(식 12-18)이 이루어질 때의 조건 형성 상수이고, $[M]_{free}$는 EDTA와 결합하지 않은 금속의 총농도이다. $[M]_{free}$는 식 12-15에 있는 M_{tot}과 같다. 결과는 식 12-11과 같고, [M] 대신 $[M]_{free}$로, K_f 대신 K''_f로 바꾸었다.

12-19. **보조 착화제.** 이 문제는 문제 12-18에서 유도된 식을 사용한다.

(a) 12-5절 예제에 있는, 암모니아 존재하에서 아연의 EDTA 적정에 계산된 세 점(20, 50, 60 mL)을 재현하는 스프레드시트를 작성하시오.

(b) 스프레드시트를 사용하여 pH 11.00과 보조 리간드로 0.100 M 옥살산 존재하에서 5.00 mM Ni^{2+} 50.00 mL를 10.00 mM EDTA로 적정하는 경우의 곡선을 도시하시오.

12-20. **ML과 ML_2 착물의 형성 상수에 대한 스프레드시트.** 1:1 및 2:1 착물을 형성할 수 있는 금속 M(초기 농도 = C_M, 초기 부피 = V_M)을 리간드 L 용액(농도 = C_L, 첨가된 부피 = V_L)으로 적정하는 경우를 살펴보자.

$$M + L \rightleftharpoons ML \qquad \beta_1 = \frac{[ML]}{[M][L]}$$

$$M + 2L \rightleftharpoons ML_2 \qquad \beta_2 = \frac{[ML_2]}{[M][L]^2}$$

M 형성 시의 금속 분율을 α_M로, ML 형성 시의 금속 분율을 α_{ML}로, ML_2 형성 시의 금속 분율을 α_{ML_2}로 놓자. 12-5절의 유도식에 의하면 이들 분율은 다음과 같이 나타낼 수 있다.

$$\alpha_M = \frac{1}{1 + \beta_1[L] + \beta_2[L]^2} \qquad \alpha_{ML} = \frac{\beta_1[L]}{1 + \beta_1[L] + \beta_2[L]^2}$$

$$\alpha_{ML_2} = \frac{\beta_2[L]^2}{1 + \beta_1[L] + \beta_2[L]^2}$$

이것은 ML과 ML_2의 농도가 같다는 것을 의미하며,

$$[ML] = \alpha_{ML}\frac{C_M V_M}{V_M + V_L} \qquad [ML_2] = \alpha_{ML_2}\frac{C_M V_M}{V_M + V_L}$$

그 이유는 $C_M V_M/(V_M + V_L)$이 용액 중에 존재하는 모든 금속의 전체 농도이기 때문이다. 리간드에 의한 질량 균형은

$$[L] + [ML] + 2[ML_2] = \frac{C_L V_L}{V_M + V_L}$$

이다. [ML]과 $[ML_2]$를 질량 균형으로 치환시킨 식이 리간드에 의한 금속 적정에 대해 지배적인 식이라는 것을 보여 준다.

$$\phi = \frac{C_L V_L}{C_M V_M} = \frac{\alpha_{ML} + 2\alpha_{ML_2} + ([L]/C_M)}{1 - ([L]/C_L)}$$

12-21. **M과 L의 적정은 ML과 ML_2를 형성한다.** 문제 12-20에서 유도된 식을 사용하라. 여기서 M은 Cu^{2+}이고, L은 아세트산 음이온이다. pH 7.00(따라서 모든 리간드는 C_3CO_2H가 아닌 $CH_3CO_2^-$로 존재한다)에서 0.050 0 M Cu^{2+} 10.00 mL에 0.500 M 아세트산 음이온 첨가에 대해 살펴보자. $Cu(CH_3CO_2)^+$와 $Cu(CH_3CO_2)_2$에 대한 형성 상수는 부록 I에 있다. 입력값이 pL이고, 출력값이 [L], V_L, [M], [ML], $[ML_2]$인 스프레드시트를 작성하시오. V_L의 범위가 0~3 mL일 때 L, M, ML, ML_2의 농도를 나타내는 그래프를 그리시오.

금속 이온 지시약

12-22. 반응 12-19에서 색깔이 붉은색에서 푸른색으로 변하는데, 색깔이 전체 적정 과정을 통해 서서히 변하지 않고 당량점에서 갑자기 변하는 이유를 설명하시오.

12-23. 지시약(표 12-3)으로서 칼마자이트(Calmagite)를 사용하여 pH 11에서 칼슘 이온을 EDTA로 적정하였다. pH 11에서 칼마자이트의 주된 화학종은 어떤 것인가? 당량점 전과 후에는 용액이 각각 어떤 색깔을 띠는가?

12-24. 파이로카테콜 바이올렛(표 12-3)은 EDTA 적정에서 금속 이온 지시약으로 사용된다. 실험 과정은 다음과 같다.

1. 미지 금속 이온 용액에 일정한 과량의 EDTA를 가한다.

2. 적절한 완충 용액으로 pH를 조절한다.

3. 여분의 킬레이트제를 Al^{3+} 표준 용액으로 역적정한다.

다음 중에서 가장 적합한 완충 용액을 선택하고, 종말점에서의 색 변화를 서술하고 설명하시오.

(i) pH 6~7 (ii) pH 7~8 (iii) pH 8~9 (iv) pH 9~10

EDTA 적정법

12-25. EDTA 역적정을 해야 하는 세 가지 경우를 들어보시오.

12-26. 치환 적정의 과정을 기술하고, 그 예를 드시오.

12-27. 가림제의 이용에 대한 예를 드시오.

12-28. 물의 경도는 무엇을 의미하는가? 일시 경도와 영구 경도의 차이를 설명하시오.

12-29. 0.010 0 M Ca^{2+} 50.0 mL와 반응하려면, 0.050 0 M EDTA 몇 mL가 필요한가? 또 0.010 0 M Al^{3+} 50.0 mL와는 어떠한가?

12-30. Ni^{2+}를 포함한 시료 용액 50.0 mL에 0.050 0 M EDTA 25.0 mL를 가하였더니, Ni^{2+}는 모두 착화되었고 용액에는 과량의 EDTA가 남았다. 과량의 EDTA를 역적정하는 데 0.050 0 M Zn^{2+} 5.00 mL가 소비되었다. 원래 시료 용액 중의 Ni^{2+} 농도는 얼마인가?

12-31. 0.500 L $MgSO_4$(FM 120.36) 0.450 g을 포함하는 용액 50.0 mL를 적정하는 데 EDTA 용액 37.6 mL가 필요하였다. EDTA 용액 1.00 mL는 $CaCO_3$(FM 100.09) 몇 mg과 반응하는가?

12-32. 사이안화 용액(12.73 mL)을 Ni^{2+}용액(과량의 Ni^{2+}을 함유한) 25.00 mL로 처리하여 사이안화 이온을 테트라사이아노니켈(II)[tetracyanonickelate(II)]로 변환시켰다.

$$4CN^- + Ni^{2+} \rightarrow Ni(CN)_4^{2-}$$

과량 Ni^{2+}는 0.013 07 M EDTA 10.15 mL로 적정되었다. $Ni(CN)_4^{2-}$는 EDTA와 반응하지 않는다. 만일 초기 Ni^{2+}용액 30.10 mL와 반응하는 데 EDTA 39.35 mL가 필요하였다면, 12.73 mL 용액 속의 CN^- 몰농도를 계산하시오.

12-33. Co^{2+}와 Ni^{2+}를 포함하는 미지 시료 1.000 mL에 0.038 72 M EDTA 25.00 mL를 가하였다. pH 5에서 0.021 27 M Zn^{2+}로 역적정했는데, 자일레놀 오렌지 종말점까지 23.54 mL가 소모되었다. Ni^{2+}보다 Co^{2+}가 더 오래 머무는 이온 교환 칼럼에 미지 시료 2.000 mL를 통과시켰다. 칼럼을 통과한 Ni^{2+}에 0.038 72 M EDTA 25.00 mL를 가한 다음, 역적정하는 데 0.021 27 M Zn^{2+} 25.63 mL가 소모되었다. Co^{2+}가 잠시 후 칼럼에서 나왔다. 이것 역시 0.038 72 M EDTA 25.00 mL로 처리하였다. 역적정에 필요한 0.021 27 M Zn^{2+}는 몇 mL인가?

12-34. Ni^{2+}와 Zn^{2+}를 포함하는 용액 50.0 mL에 0.045 2 M EDTA 용액 25.0 mL를 가하여 금속과 반응하도록 하였다. 그리고 미반응된 과량의 EDTA를 모두 반응시키는 데 0.012 3 M Mg^{2+} 용액 12.4 mL가 소모되었다. 그런 다음 아연으로부터 EDTA를 치환시키기 위해 2,3-다이머캅토-1-프로판올을 과량으로 첨가하였다. 이때 유리된 EDTA를 반응시키는 데 Mg^{2+} 용액 29.2 mL가 소모되었다. 처음 용액 중의 Ni^{2+}과 Zn^{2+}의 몰농도를 계산하시오.

12-35. 황화 이온은 EDTA로 간접적으로 정량할 수 있다. 미지의 황화 이온 용액 25.00 mL에 0.043 32 M $Cu(ClO_4)_2$ 용액 25.00 mL와 1 M 아세트산 완충 용액(pH 4.5) 15 mL를 가하면서 강하게 저어주었다. CuS 침전물은 여과시킨 후 따뜻한 물로 세척하였다. 거른액(여분의 Cu^{2+}를 포함하는)에서 $Cu(NH_3)_4^{2+}$의 푸른색이 나타날 때까지 암모니아수를 가하였다. 이때 뮤렉사이드(murexide)를 지시약으로 하여 종말점까지 0.039 27 M EDTA 용액 12.11 mL가 소모되었다. 미지 용액 중에 있는 황화 이온의 몰농도를 계산하시오.

12-36. 세슘의 간접 EDTA 적정. 세슘 이온은 강한 EDTA 착물을 이루지 않는다. 그러나 과량의 NaI를 함유한 진한 아세트산 용액에 양을 알고 있는 과량의 $NaBiI_4$를 가함으로써 분석할 수 있다. 고체 $Cs_3Bi_2I_9$이 침전되고 걸러져 제거된다. 과량의 노란색 BiI_4^-를 EDTA로 적정한다. 노란색이 없어질 때가 종말점이다(I^-가 공기 중의 O_2와 반응하여 노란색 수용성 I_2로 산화되는 것을 막기 위해 싸이오황산 소듐을 넣어 준다). 침전법은 Cs^+에 대하여 아주 선택적이다. Tl^+는 간섭하지만 Li^+, Na^+, K^+와 낮은 농도의 Rb^+는 간섭하지 않는다. Cs^+를 포함하는 미지의 용액 25.00 mL를 0.086 40 M $NaBiI_4$ 25.00 mL로 적정하였다. 반응하지 않은 BiI_4^-가 완전히 적정되기 위해서는 0.043 7 M EDTA 14.24 mL가 필요하였다. 미지의 용액에 포함된 Cs^+의 농도를 구하시오.

12-37. 산에 녹지 않는 불용성의 황화물 중 황의 함량은 Br_2로 산화시켜 SO_4^{2-}로 산화시킴으로써 측정할 수 있다.[29] 금속 이온은 이온 교환 칼럼에 의해 H^+로 치환되고, 황산 이온은 아는 과량의 $BaCl_2$에 의해서 $BaSO_4$로 침전된다. 과량의 Ba^{2+}는 EDTA로 적정하여 그 양을 결정한다(지시약의 종말점을 분명히 하기 위해 알려져 있는 적은 양의 Zn^{2+}를 넣어 준다. EDTA는 Ba^{2+}와 Zn^{2+} 모두 적정한다). 과량의 Ba^{2+}의 양을 알고 있으므로 원래 시료에서 황이 얼마나 있었는지 알 수 있다. 섬아연광(ZnS, FM 97.46)을 분석하기 위하여 분말 고체 5.89 mg을 CCl_4와 1.5 mmol의 Br_2를 함유한 물과의 혼합물에 분산시킨다. 20°C에서 1시간, 50°C에서 2시간 두면, 분말은 녹으며 용매와 과량의 Br_2는 가열하면 제거된다. 남은 것은 3 mL의 물에 녹이고 이온 교환 칼럼에 통과시켜 Zn^{2+}를 H^+로 치환시킨다. 0.014 63 M $BaCl_2$ 5.000 mL를 가하여 모든 황산 이온을 $BaSO_4$로 침전시킨다. 0.010 00 M $ZnCl_2$ 1.000 mL와 3 mL의 암모니아의 완충 용액을 첨가한 후, 칼마자이트 종말점에 도달하기 위해 pH 10에서 0.009 63 M EDTA로 적정한 결과, 과량의 Ba^{2+}와 Zn^{2+}가 2.39 mL 소비되었다. 섬아연광 속의 황의 무게 백분율을 구하시오. 이론값은 얼마인가?

13 평형의 심화 주제

산성비

런던의 **St. Paul 성당** [© Kamira/Shutterstock]

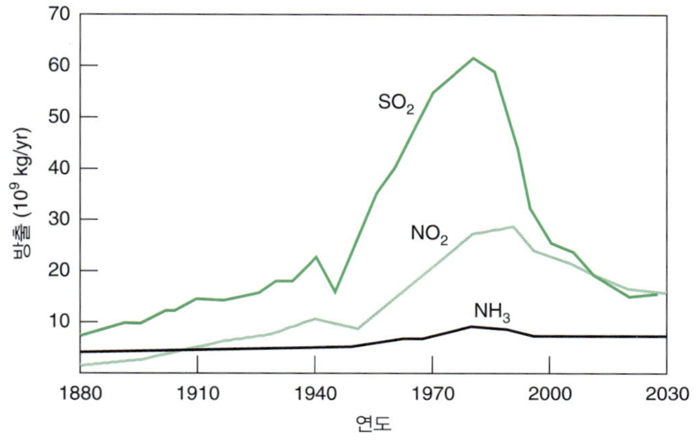

유럽 전역의 추정된 방출 [출처: R. F. Wright, T. Larssen, L. Camarero, B. J. Crosby, R. C. Ferrier, R. Helliwell, M. Forsius, A. Jenkins, J. Kopáček, V. Majer, F. Moldan, M. Posch, M. Rogora, and W. Schöpp, "Recovery of Acidified European Surface Waters," *Environ. Sci. Technol.* **2005**, *39*, 64A.]

석회석과 대리석은 탄산 칼슘 결정인 방해석이 주성분인 건축 재료이다. 이 광물은 중성이나 염기성 용액에는 잘 녹지 않으나($K_{sp} = 4.5 \times 10^{-9}$), 탄산 이온이 공통 화학종인 아래의 두 **짝진 평형(coupled equilibria)** 덕분에 산성 용액에서는 녹는다.

$$\underset{\text{방해석}}{CaCO_3(s)} \rightleftharpoons Ca^{2+} + \underset{\text{탄산 이온}}{CO_3^{2-}}$$

$$CO_3^{2-} + H^+ \rightleftharpoons \underset{\text{탄산수소 이온}}{HCO_3^-}$$

첫 번째 반응으로 생긴 탄산 이온은 두 번째 반응에서 양성자를 받아들여 탄산수소 이온으로 변한다. Le Châtelier 원리에 따라 첫 번째 반응의 생성물을 제거하면 반응을 더 오른쪽으로 치우치게 하므로 방해석이 더 많이 녹는다. 이 장에서는 화학계에서 짝진 평형을 다룬다.

1980년과 1990년 사이 런던 소재 St. Paul 성당의 외벽이 산성비로 인해 0.5 mm가 녹았다. 발전소가 폐쇄될 때까지 그 방향의 한쪽은 다른 부분보다 무려 10배나 더 녹았다. 석탄을 때는 발전소나 공업에서 SO_2가 방출되는데, 이것이 산성비의 주원인이다(보충 15-1). 중공업이 없어지고 방출을 규제함으로써 대기 중의 SO_2는 1970년대에 100 ppb이던 것이 2000년에는 10 ppb로 줄었다. 그에 따라 1990년과 2000년 사이 St. Paul 성당의 외벽은 0.25 mm만이 사라졌다.[1]

이 장에서는 동시에 많은 평형이 있는 계에서 화학종들의 농도를 계산하는 도구를 제공한다.[2] 가장 중요한 도구는 엑셀을 이용한 수치 해석 방법으로 8장의 평형을 체계적으로 처리하는 것이다. 뒤에 나오는 장들은 13장과 무관하다.

13-1 산-염기 계의 일반적 접근

이 장의 평형 문제에 대한 접근 방법의 일부는 Redlands 대학의 Julian Roberts의 방법을 채택하였다.

산과 염기의 혼합물에서 화학종들의 농도를 구하는 일반적 접근을 우선 설명한다. 타타르산 소듐(Na^+HT^-) 20.0 mmol, 염화 피리딘(PyH^+Cl^-) 15.0 mmol, KOH 10.0 mmol을 녹인 용액 1.00 L를 생각해 보자. 문제는 용액의 pH와 각 화학종의 농도를 구하는 것이다.

이 예에서 H_2T의 두 산 해리 상수는 K_1과 K_2로, PyH^+의 산 해리 상수는 K_a로 표시하였다.

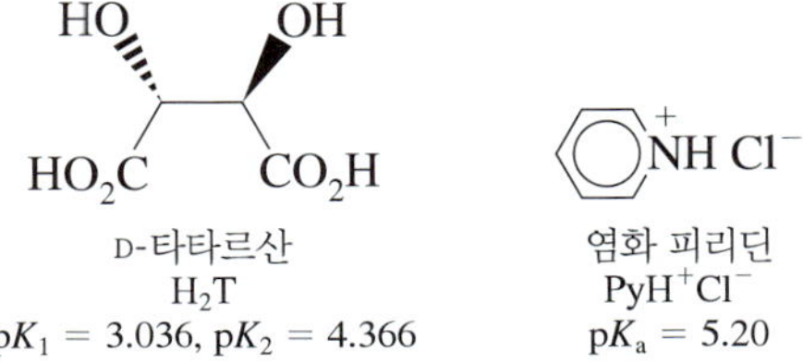

D-타타르산
H_2T
$pK_1 = 3.036$, $pK_2 = 4.366$

염화 피리딘
PyH^+Cl^-
$pK_a = 5.20$

이온 세기가 0일 때 화학 반응과 그 평형 상수는 다음과 같다.

$$H_2T \rightleftharpoons HT^- + H^+ \qquad K_1 = 10^{-3.036} \tag{13-1}$$

$$HT^- \rightleftharpoons T^{2-} + H^+ \qquad K_2 = 10^{-4.366} \tag{13-2}$$

$$PyH^+ \rightleftharpoons Py + H^+ \qquad K_a = 10^{-5.20} \tag{13-3}$$

$$H_2O \rightleftharpoons H^+ + OH^- \qquad K_w = 10^{-14.00} \tag{13-4}$$

전하 균형은 다음과 같고

이온의 전하가 −2이므로 $[T^{2-}]$의 앞에 2가 있다. 1 M T^{2-}는 2 M의 전하를 제공한다.

$$[H^+] + [PyH^+] + [Na^+] + [K^+] = [OH^-] + [HT^-] + 2[T^{2-}] + [Cl^-] \tag{13-5}$$

여러 질량 균형이 있다.

$$[Na^+] = 0.020\,0\ M \qquad [K^+] = 0.010\,0\ M \qquad [Cl^-] = 0.015\,0\ M$$

$$[H_2T] + [HT^-] + [T^{2-}] = 0.020\,0\ M \qquad [PyH^+] + [Py] = 0.015\,0\ M$$

'독립된' 식은 다른 식으로부터 유도될 수 없다. 쉬운 예를 들면 $a = b + c$와 $2a = 2b + 2c$는 독립된 식이 아니다. 약산과 그 짝염기에 대한 세 평형식 K_a, K_b, K_w 중 두 식만 독립인데, 그것은 K_b가 K_a와 K_w로부터 유도될 수 있기 때문이다. $K_b = K_w/K_a$

10개의 독립된 식이 있고 10개의 화학종이 있으므로 모든 농도에 대한 충분한 정보가 있다.

대수적 묘기 없이 이 문제를 처리하는 체계적 방법이 있다.

1단계 전하 균형식의 각 산과 염기에 대해 10-5절의 **분율 조성식**을 적는다.

2단계 분율 조성식을 전하 균형식에 대입한다. $[Na^+]$, $[K^+]$, $[Cl^-]$ 값을 넣는다. 또 $[OH^-] = K_w/[H^+]$를 적으면 변수는 오직 $[H^+]$인 복잡한 식을 얻는다.

3단계 스프레드시트를 이용하여 $[H^+]$를 구한다.

일양성자성 산 HA과 이양성자성 산 H_2A에 대한 9-5절의 분율 조성식을 다시 적는다.

$F_{HA} = [HA] + [A^-]$

일양성자성 계:

$$[HA] = \alpha_{HA}F_{HA} = \frac{[H^+]F_{HA}}{[H^+] + K_a} \tag{13-6a}$$

$$[A^-] = \alpha_{A^-}F_{HA} = \frac{K_aF_{HA}}{[H^+] + K_a} \tag{13-6b}$$

$F_{H_2A} = [H_2A] + [HA^-] + [A^{2-}]$

이양성자성 계:

$$[H_2A] = \alpha_{H_2A}F_{H_2A} = \frac{[H^+]^2F_{H_2A}}{[H^+]^2 + [H^+]K_1 + K_1K_2} \tag{13-7a}$$

$$[HA^-] = \alpha_{HA^-}F_{H_2A} = \frac{K_1[H^+]F_{H_2A}}{[H^+]^2 + [H^+]K_1 + K_1K_2} \tag{13-7b}$$

표 11-5는 H_3A에 대한 분율 조성식을 나타내었다.

$$[A^{2-}] = \alpha_{A^{2-}}F_{H_2A} = \frac{K_1K_2F_{H_2A}}{[H^+]^2 + [H^+]K_1 + K_1K_2} \tag{13-7c}$$

각 식에서 α_i는 분율이다. 예를 들어 $\alpha_{A^{2-}}$는 A^{2-} 형태로 있는 이양성자성 산의 분율이다. $\alpha_{A^{2-}}$를 F_{H_2A}와 곱하면 A^{2-}의 농도를 얻는다.

일반 절차의 응용

이제 0.020 0 M 타타르산 소듐(Na^+HT^-), 0.015 0 M 염화 피리딘(PyH^+Cl^-), 0.010 0 M KOH의 혼합물에 일반 절차를 응용해 보자. 포말 농도는 $F_{H_2T} = 0.020\ 0$ M, $F_{PyH^+} = 0.015\ 0$ M이라고 하자.

1단계 전하 균형식의 각 산과 염기에 대해 **분율 조성식**(fractional composition equation)을 적는다.

$$[PyH^+] = \alpha_{PyH^+}F_{PyH^+} = \frac{[H^+]F_{PyH^+}}{[H^+] + K_a} \qquad (13\text{-}8)$$

$$[HT^-] = \alpha_{HT^-}F_{H_2T} = \frac{K_1[H^+]F_{H_2T}}{[H^+]^2 + [H^+]K_1 + K_1K_2} \qquad (13\text{-}9)$$

$$[T^{2-}] = \alpha_{T^{2-}}F_{H_2T} = \frac{K_1K_2F_{H_2T}}{[H^+]^2 + [H^+]K_1 + K_1K_2} \qquad (13\text{-}10)$$

$[H^+]$을 제외한 이 식들의 오른쪽에 있는 모든 양은 알고 있는 값이다.

2단계 분율 조성식을 전하 균형식 13-5에 대입한다. $[Na^+]$, $[K^+]$, $[Cl^-]$ 값을 넣고, $[OH^-] = K_w/[H^+]$를 적는다.

$$[H^+] + [PyH^+] + [Na^+] + [K^+] = [OH^-] + [HT^-] + 2[T^{2-}] + [Cl^-] \qquad (13\text{-}5)$$

$$[H^+] + \alpha_{PyH^+}F_{PyH^+} + [0.020\ 0] + [0.010\ 0] = \frac{K_w}{[H^+]} + \alpha_{HT^-}F_{H_2T} + 2\alpha_{T^{2-}}F_{H_2T} + [0.015\ 0] \qquad (13\text{-}11)$$

K_a, K_1, K_2, $[H^+]$는 α 식에 들어 있다. 식 13-11에서 유일한 변수는 $[H^+]$이다.

3단계 그림 13-1의 스프레드시트로 $[H^+]$에 대한 식 13-11을 푼다.

그림 13-1의 음영 부분은 입력값이 들어 있다. 다른 것은 스프레드시트로 계산한다. F_{H_2T}, pK_1, pK_2, F_{PyH^+}, pK_a, $[K^+]$ 값은 문제에 주어져 있다. H13셀의 초기 pH 값은 **추측**한다.

	A	B	C	D	E	F	G	H	I
1	Mixture of 0.020 M Na^+HT^-, 0.015 M PyH^+Cl^-, and 0.010 M KOH								
2									
3	F_{H2T} =	0.020		F_{PyH+} =	0.015		$[K^+]$ =	0.010	
4	pK_1 =	3.036		pK_a =	5.20		K_w =	1.00E-14	
5	pK_2 =	4.366		K_a =	6.31E-06				
6	K_1 =	9.20E-04							
7	K_2 =	4.31E-05							
8									
9	Species in charge balance:						Other concentrations:		
10	$[H^+]$ =	1.00E-06		$[OH^-]$ =	1.00E-08		$[H_2T]$ =	4.93E-07	
11	$[PyH^+]$ =	2.05E-03		$[HT^-]$ =	4.54E-04		[Py] =	1.29E-02	
12	$[Na^+]$ =	0.020		$[T^{2-}]$ =	1.95E-02				
13	$[K^+]$ =	0.010		$[Cl^-]$ =	0.015		pH =	6.000	←initial value
14									is a guess
15	Positive charge minus negative charge =				-2.25E-02	←vary pH in H13 with Solver to make this 0			
16					E15 = B10+B11+B12+B13-E10-E11-2*E12-E13				
17	Check: $[PyH^+]$ + [Py] =			0.01500	(= B11+H11)				
18	Check: $[H_2T]$ + $[HT^-]$ + $[T^{2-}]$ =			0.02000	(= H10+E11+E12)				
19									
20	Formulas:								
21	B6 = 10^-B4		B7 = 10^-B5		E5 = 10^-E4		E10 = H4/B10		
22	B10 = 10^-H13		B12 = B3		B13 = H3		E13 = E3		
23	E11 = B6*B10*B3/(B10^2+B10*B6+B6*B7)						B11 = B10*E3/(B10+E5)		
24	E12 = B6*B7*B3/(B10^2+B10*B6+B6*B7)						H11 = E5*E3/(B10+E5)		
25	H10 = B10^2*B3/(B10^2+B10*B6+B6*B7)								

그림 13-1 Excel Solver를 이용하여 E15셀의 전하 균형을 만족하는 H13셀의 pH 값을 구하는 스프레드시트. 각 화학식에 잘못이 없는지 확인하기 위하여 D17셀의 $[PyH^+]$ + [Py]와 D18셀의 $[H_2T]$ + $[HT^-]$ + $[T^{2-}]$를 계산한다. 이들의 합은 pH와 무관하다.

주요 단계: $[H^+]$ 값을 추정하고 Excel Solver를 이용하여 전하 균형을 만족할 때까지 $[H^+]$를 변화시킨다.

8-5절의 평형 문제에서 전하 균형과 질량 균형을 최소화하였다. 13-1절에서는 질량 균형을 이용하여 분율 조성식 13-8에서 13-10을 유도하였다. 따라서 스프레드시트를 이용하여 전하 균형의 최소화만 할 것이다.

Excel Solver를 사용하여 E15셀의 전하의 합이 0이 될 때까지 pH를 변화시킨다. 전하 균형식의 화학종은 B10:E13셀에 있다. B10셀의 $[H^+]$는 H13셀에서 추측한 pH로부터 계산한다. B11셀의 $[PyH^+]$는 식 13-8로 계산한다. 아는 값을 $[Na^+]$, $[K^+]$, $[Cl^-]$에 넣는다. $[OH^-]$는 $[OH^-] = K_w/[H^+]$로 계산한다. E11셀과 E12셀의 $[HT^-]$와 $[T^{2-}]$는 식 13-9와 13-10으로 계산한다.

전하의 합 $[H^+] + [PyH^+] + [Na^+] + [K^+] - [OH^-] - [HT^-] - 2[T^{2-}] - [Cl^-]$는 E15셀에서 계산한다. H13셀의 pH 값을 바르게 추측했다면 전하의 합은 0이 된다. 그 대신 그 합은 -2.25×10^{-2} M이다. Excel Solver를 이용하여 E15셀의 전하의 합이 0이 될 때까지 pH를 변화시킨다.

Excel Solver의 사용

Excel 2016 버전의 Data 탭에서, Analysis를 선택하고 Solver를 클릭한다. (Mac에서는 Tools 메뉴에서 Excel을 찾을 수 있다.) Solver 변수 창(그림 8-10a)에서 Options을 선택한다. Solver Options(그림 8-10b)에서 All Methods를 선택한다. Constraint Precision은 1e-15, 최대 시간 = 100 s를 설정한다. Solver Option 창에서 GRG Nonlinear를 선택하고 Central을 선택한다. 다른 변수들은 원래 설정된 값으로 남겨 두고 OK를 클릭한다.

Solver Parameters 창(그림 8-10a)에서 H13셀을 변화시켜 E15 목표 셀이 0의 값을 갖게 한 다음 Solver를 클릭한다. Solver는 H13셀에서 pH 값을 변화시켜 E15셀의 알짜 전하를 0에 가깝게 만든다.

	A	B	C	D	E	F	G	H
9	Species in charge balance:						Other concentrations:	
10	$[H^+]$ =	5.04E-05		$[OH^-]$ =	1.99E-10		$[H_2T]$ =	5.73E-04
11	$[PyH^+]$ =	1.33E-02		$[HT^-]$ =	1.05E-02		[Py] =	1.67E-03
12	$[Na^+]$ =	0.020		$[T^{2-}]$ =	8.95E-03			
13	$[K^+]$ =	0.010		$[Cl^-]$ =	0.015		pH =	4.298
14								
15	Positive charge minus negative charge =				1.08E-16			

모르는 것이 약: 이온쌍 형성의 복잡성

실제 상황을 너무 단순화하였으므로 복잡한 문제를 해결하는 새로운 능력으로 과신해서는 안 된다. 활동도 계수를 포함시키지 않았는데, 이것은 통상 pH 단위의 십 분의 몇 정도는 영향을 미친다. 13-2절에서 활동도 계수를 포함시킬 것이다.

활동도 계수를 포함시키더라도 우리가 모르는 화학에 의해 제한받는다. 타타르산 수소 소듐(Na^+HT^-), 염화 피리딘(PyH^+Cl^-), KOH 혼합물에서 가능한 이온쌍 평형은 다음과 같다.

평형 상수 정보에 관한 출처: A. E. Martell, R. M. Smith, and R. J. Motekaitis, *NIST Standard Reference Database 46*, Version 6.0, 2001.

$$Na^+ + T^{2-} \rightleftharpoons NaT^- \qquad K_{NaT^-} = \frac{[NaT^-]}{[Na^+][T^{2-}]} = 8 \qquad \textbf{(13-12)}$$

$$Na^+ + HT^- \rightleftharpoons NaHT \qquad K_{NaHT} = \frac{[NaHT]}{[Na^+][HT^-]} = 1.6 \qquad \textbf{(13-13)}$$

$$Na^+ + Py \rightleftharpoons PyNa^+ \qquad K_{PyNa^+} = 1.0 \qquad \textbf{(13-14)}$$

$$K^+ + T^{2-} \rightleftharpoons KT^- \qquad K_{KT^-} = 3$$

$$K^+ + HT^- \rightleftharpoons KHT \qquad K_{KHT} = ?$$

$$PyH^+ + Cl^- \rightleftharpoons PyH^+Cl^- \qquad K_{PyHCl} = ?$$

$$PyH^+ + T^{2-} \rightleftharpoons PyHT^- \qquad K_{PyHT^-} = ?$$

이온 세기가 0일 때의 몇몇 평형 상수를 위에 나열하였다. 다른 반응에 대한 값은 알려져 있지 않으나, 반응이 일어나지 않는다고 믿을 이유는 없다.

스프레드시트에 이온쌍 형성을 어떻게 추가하는가? 단순화하기 위해서 반응 13-12와 13-13을 어떻게 추가하는지를 약술한다. 이들에 대한 질량 균형은 다음과 같다.

$$[Na^+] + [NaT^-] + [NaHT] = F_{Na} = F_{H_2T} = 0.020\,0\ M \qquad \textbf{(13-15)}$$

이온쌍 평형으로부터 $[NaT^-] = K_{NaT^-}[Na^+][T^{2-}]$, $[NaHT] = K_{NaHT}[Na^+][HT^-]$이다. 질량 균형에 이들을 대입하여 $[Na^+]$에 대해 푼다.

$$[Na^+] = \frac{F_{H_2T}}{1 + K_{NaT^-}[T^{2-}] + K_{NaHT}[HT^-]} \qquad \textbf{(13-16)}$$

이온쌍을 고려하면 더 성가신 것은 H_2T의 질량 균형식에는 셋이 아닌 다섯 가지 화학종이 있으므로 $[H_2T]$, $[HT^-]$, $[T^{2-}]$의 분율 조성식도 바뀐다는 것이다.

$$F_{H_2T} = [H_2T] + [HT^-] + [T^{2-}] + [NaT^-] + [NaHT] \qquad \textbf{(13-17)}$$

질량 균형 13-17로부터 13-9나 13-10과 유사한 새로운 식들을 유도해야 한다.

결과는 이온쌍 식 13-12와 13-13을 추가하면 pH 계산값이 4.30에서 4.26으로 바뀌었으며, 소듐의 7%는 이온쌍으로 결합되었다. 작은 평형 상수에 대해서는 이온쌍을 무시해도 심각한 오차가 생기지 않는다. **용액 중에 있는 화학종의 분포를 계산하는 능력은 적절한 평형을 아는 데 달려 있다.**

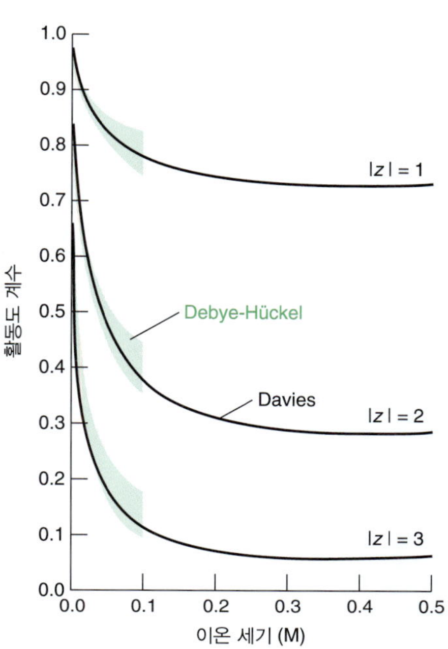

그림 13-2 확장된 Debye-Hückel 식과 Davies 식으로 구한 활동도 계수. 음영 부분은 표 8-1의 이온 크기의 범위에 대한 Debye-Hückel의 활동도 계수를 보여 준다.

13-2 활동도 계수

주어진 계의 모든 반응과 평형 상수를 안다고 해도 활동도 계수 없이는 농도를 정확히 계산할 수 없다. 8장에 표 8-1의 크기 파라미터에 따른 활동도 계수식인 Debye-Hückel 식 8-6이 나와 있다. 표 8-1에는 많은 중요한 이온이 빠져 있는데, 그들의 크기 파라미터를 모른다. 따라서 크기 파라미터가 없는 (그리고 크기를 추측하는 것보다 정확하지 않은) **Davies 식**을 소개한다.

Davies 식:
$$\log \gamma = -0.51z^2\left(\frac{\sqrt{\mu}}{1+\sqrt{\mu}} - 0.3\mu\right) \quad (25°C에서) \qquad \textbf{(13-18)}$$

여기서 γ는 이온 세기가 μ일 때 전하 z인 이온의 활동도 계수이다. 식 13-18은 $\mu \approx 0.5$ M까지 사용한다(그림 13-2).

이제 0.025 0 m KH_2PO_4와 0.025 0 m Na_2HPO_4가 들어 있는 일차 표준 완충 용액을 생각해 보자. 25°C에서 그 pH는 6.865 ± 0.006이다.[3] 농도 단위 m은 **몰랄 농도**(molality)로서, 용매 1 kg당 용질의 몰수를 뜻한다. 정밀한 화학 측정을 위해서는 온도와 무관한 몰랄 농도를 더 선호한다. 평형 상수에 포함된 불확정성은 보통 충분히 커서 몰농도와 몰랄 농도 간의 약 0.3% 차이는 중요하지 않다.

0.5 wt% K_2HPO_4 용액의 **몰농도**는 0.028 13 mol/L이고, **몰랄 농도**는 0.028 20 mol/kg으로, 그 차이는 0.25%이다.

25°C, $\mu = 0$에서 H_3PO_4에 대한 산-염기 평형 상수는 다음과 같다.

$$H_3PO_4 \rightleftharpoons H_2PO_4^- + H^+ \qquad K_1 = \frac{[H_2PO_4^-]\gamma_{H_2PO_4^-}[H^+]\gamma_{H^+}}{[H_3PO_4]\gamma_{H_3PO_4}} = 10^{-2.148} \qquad \textbf{(13-19)}$$

$$H_2PO_4^- \rightleftharpoons HPO_4^{2-} + H^+ \qquad K_2 = \frac{[HPO_4^{2-}]\gamma_{HPO_4^{2-}}[H^+]\gamma_{H^+}}{[H_2PO_4^-]\gamma_{H_2PO_4^-}} = 10^{-7.198} \qquad \textbf{(13-20)}$$

$$HPO_4^{2-} \rightleftharpoons PO_4^{3-} + H^+ \qquad K_3 = \frac{[PO_4^{3-}]\gamma_{PO_4^{3-}}[H^+]\gamma_{H^+}}{[HPO_4^{2-}]\gamma_{HPO_4^{2-}}} = 10^{-12.375} \qquad \textbf{(13-21)}$$

평형 상수는 낮은 몇몇 이온 세기에서 농도비를 측정하여 이온 세기를 0으로 외삽하면 구할 수 있다.

$\mu \neq 0$이면 그 이온 세기에서 활동도 계수를 평형 상수식에 포함시켜 유효 평형 상수 K'를 얻는다.

K'_2은 주어진 이온 세기에서 **농도비**를 나타낸다.
$\frac{[HPO_4^{2-}][H^+]}{[H_2PO_4^-]}$

$$K'_1 = K_1\left(\frac{\gamma_{H_3PO_4}}{\gamma_{H_2PO_4^-}\gamma_{H^+}}\right) = \frac{[H_2PO_4^-][H^+]}{[H_3PO_4]} \quad (13\text{-}22)$$

$$K'_2 = K_2\left(\frac{\gamma_{H_2PO_4^-}}{\gamma_{HPO_4^{2-}}\gamma_{H^+}}\right) = \frac{[HPO_4^{2-}][H^+]}{[H_2PO_4^-]} \quad (13\text{-}23)$$

$$K'_3 = K_3\left(\frac{\gamma_{HPO_4^{2-}}}{\gamma_{PO_4^{3-}}\gamma_{H^+}}\right) = \frac{[PO_4^{3-}][H^+]}{[HPO_4^{2-}]} \quad (13\text{-}24)$$

이온 화학종에 대해서는 Davies 식 13-18을 써서 활동도 계수를 구한다. 중성 화학종 H_3PO_4의 $\gamma \approx 1.00$이다.

물의 이온화에 대한 식을 다시 적는다.

K_w 값은 표 6-1에 있다.

$$H_2O \rightleftharpoons H^+ + OH^- \qquad K_w = [H^+]\gamma_{H^+}[OH^-]\gamma_{OH^-} = 10^{-13.995}$$

$$K'_w = \frac{K_w}{\gamma_{H^+}\gamma_{OH^-}} = [H^+][OH^-] \Rightarrow [OH^-] = K'_w/[H^+] \quad (13\text{-}25)$$

$$pH = -\log([H^+]\gamma_{H^+}) \quad (13\text{-}26)$$

0.025 0 m KH_2PO_4와 0.025 0 m Na_2HPO_4를 합한 것의 pH를 구해 보자. 화학 반응은 13-19에서 13-21, 그리고 물의 이온화 반응이다. 질량 균형은 $[K^+] = 0.025\ 0\ m$, $[Na^+] = 0.050\ 0\ m$, 전체 인산 $\equiv F_{H_3P} = 0.050\ 0\ m$이다. 전하 균형은 다음과 같다.

$$[Na^+] + [K^+] + [H^+] = [H_2PO_4^-] + 2[HPO_4^{2-}] + 3[PO_4^{3-}] + [OH^-] \quad (13\text{-}27)$$

적절한 식들을 전하 균형에 대입하여 변수가 $[H^+]$만의 식을 얻는다. 이를 위해 삼양성자성 산 H_3PO_4(축약하여 H_3P)에 대한 분율 조성식을 이용한다.

$$[P^{3-}] = \alpha_{P^{3-}}F_{H_3P} = \frac{K'_1K'_2K'_3F_{H_3P}}{[H^+]^3 + [H^+]^2K'_1 + [H^+]K'_1K'_2 + K'_1K'_2K'_3} \quad (13\text{-}28)$$

$$[HP^{2-}] = \alpha_{HP^{2-}}F_{H_3P} = \frac{[H^+]K'_1K'_2F_{H_3P}}{[H^+]^3 + [H^+]^2K'_1 + [H^+]K'_1K'_2 + K'_1K'_2K'_3} \quad (13\text{-}29)$$

$$[H_2P^-] = \alpha_{H_2P^-}F_{H_3P} = \frac{[H^+]^2K'_1F_{H_3P}}{[H^+]^3 + [H^+]^2K'_1 + [H^+]K'_1K'_2 + K'_1K'_2K'_3} \quad (13\text{-}30)$$

$$[H_3P] = \alpha_{H_3P}F_{H_3P} = \frac{[H^+]^3F_{H_3P}}{[H^+]^3 + [H^+]^2K'_1 + [H^+]K'_1K'_2 + K'_1K'_2K'_3} \quad (13\text{-}31)$$

엑셀에서 이온 세기와 활동도 계수를 처리할 때는 약간의 요령이 필요하다.

그림 13-3은 모든 것을 한 스프레드시트에 포함시킨다. 여기서 농도를 계산하기 위해 이온 세기가 필요하고, 이온 세기를 계산하기 위해서는 농도를 알아야 한다. 농도는 이온 세기에 의존하고, 이온 세기는 농도에 의존하기 때문에 **순환 참조**(circular reference)가 있다고 말한다. Excel 2016에서는 순환 참조 문제를 처리하기 위해 File 리본에서 Option을 선택한다. Option 창에서는 Formular를 선택한 다음, Calculation Option에서 '반복 계산 가능'을 클릭한 다음 최대 변화를 1e-15로 설정한다. OK를 클릭하면 순환 참조 문제를 처리할 수 있게 된다.

활동도 계수를 다루는 스프레드시트를 처음 설정하는 과정에서 에러 메시지 #NUM을 여러 곳에서 볼 수 있을 것이다. 그럴 때는 이온 세기에 대한 **식** 대신 임의의 **숫자**(0과 같은)를 입력하라. 모든 식이 입력된 뒤에 이온 세기 쪽으로 돌아가서 0 숫자를 이온 세기 식으로 교체하면 된다.

그림 13-3의 음영 셀에 $F_{KH_2PO_4}$, $F_{Na_2HPO_4}$, pK_1, pK_2, pK_3, pK_w가 입력된다. H15셀에 pH 값을 **추정**하고 C19셀에 이온 세기가 계산된다. 초기 pH는 단지 추측 값이므로, 아직 농도와 이온 세기가 정확한 것은 아니다. A9:H10셀은 Davies 식으로 활동도를 계산한다. A13:H16

	A	B	C	D	E	F	G	H
1	Mixture of KH_2PO_4 and Na_2HPO_4 including activity coefficients from Davies equation							
2								
3	$F_{KH_2PO_4}$ =	0.0250		pK_1 =	2.148		K_1'=	1.17E-02
4	$F_{Na_2PO_4}$ =	0.0250		pK_2 =	7.198		K_2'=	1.70E-07
5	F_{H_3P} =	0.0500	(=B3+B4)	pK_3 =	12.375		K_3'=	1.86E-12
6				pK_w =	13.995		K_w'=	1.66E-14
7								
8	Activity coefficients:							
9	H^+ =	0.78		H_3P =	1.00	(fixed at 1)	HP^{2-} =	0.37
10	OH^- =	0.78		H_2P^- =	0.78		P^{3-} =	0.11
11								
12	Species in charge balance:						Other concentrations:	
13	$[H^+]$ =	1.70E-07		$[OH^-]$ =	9.74E-08		$[H_3P]$ =	3.65E-07
14	$[Na^+]$ =	0.050000		$[H_2P^-]$ =	2.50E-02			
15	$[K^+]$ =	0.025000		$[HP^{2-}]$ =	2.50E-02		pH =	6.876
16				$[P^{3-}]$ =	2.73E-07		↑ initial value is a guess	
17								
18	Positive charge minus negative charge =				-1.15E-17			
19			Ionic strength =		0.1000	=0.5*(B13+B14+B15+E13+E14		
20							+4*E15+9*E16)	
21	Formulas:							
22	H3 = 10^-E3*E9/(E10*B9)				H4 = 10^-E4*E10/(H9*B9)			
23	H5 = 10^-E5*H9/(H10*B9)				H6 = 10^-E6/(B9*B10)			
24	B9 = B10 = E10 = 10^(-0.51*1^2*(SQRT($E$19)/(1+SQRT($E$19))-0.3*$E$19))							
25	H9 = 10^(-0.51*2^2*(SQRT($E$19)/(1+SQRT($E$19))-0.3*$E$19))							
26	H10 = 10^(-0.51*3^2*(SQRT($E$19)/(1+SQRT($E$19))-0.3*$E$19))							
27	B13 = (10^-H15)/B9		B14 = 2*B4		B15 = B3		E13 = H6/(B13)	
28	E14 = B13^2*H3*B5/(B13^3+B13^2*H3+B13*H3*H4+H3*H4*H5)							
29	E15 = B13*H3*H4*B5/(B13^3+B13^2*H3+B13*H3*H4+H3*H4*H5)							
30	E16 = H3*H4*H5*B5/(B13^3+B13^2*H3+B13*H3*H4+H3*H4*H5)							
31	H13 = B13^3*B5/(B13^3+B13^2*H3+B13*H3*H4+H3*H4*H5)							
32	E18 = B13+B14+B15-E13-E14-2*E15-3*E16							

그림 13-3 0.025 0 m KH_2PO_4와 0.025 0 m Na_2HPO_4의 혼합계를 푼 스프레드시트. 이 스프레드시트는 활동도 계수와 이온 세기 간의 순환 참조를 다루기 위해 작성된 것이다. Solver는 E18셀에서 전하 균형이 만족될 때까지 H15셀의 pH를 변화시키는 데 사용되었다.

셀은 농도를 계산한다. B13셀의 $[H^+]$는 $(10^{-pH})/\gamma_{H^+}$ = (10^-H15)/B9이다. E18셀은 전하의 합을 계산한다.

H15셀의 초기 추정값 pH = 7은 E18셀의 알짜 전하가 −0.003 7 m, E19셀의 이온 세기가 0.105 5 m의 결과를 주게 된다. 이 값들은 그림 13-3에 나타나 있지 않다. Excel Solver를 사용하여 H15셀의 pH를 변화시켜 E18셀의 알짜 전하가 거의 0이 되도록 한다. 이를 위해 Solver Option은 13-1절의 "Excel Solver의 사용"에서 설명한 대로 설정한다. 그림 13-3은 Solver를 실행함으로써 H15셀의 pH = 6.876, E18셀의 알짜 전하가 -1×10^{-17} m을 보여준다. E19셀의 계산한 이온 세기는 0.100 m이며 계산은 완료되었다.

그 계산된 pH는 6.876으로, 검증값 6.865와는 0.011 차이가 난다. 이 차이는 측정값과 계산값이 대충 잘 일치함을 나타낸다. 표 8-1에서 μ = 0.1 m인 경우의 확장된 Debye-Hückel의 활동도 계수를 사용했다면, 계산한 pH는 6.859였을 것이고 검증값과는 0.006 차이가 난다.

Options 창에 Precision을 너무 작게 책정하면 Solver는 풀이를 구하지 못할 때가 있다. Precision을 더 크게 만들어(1E-10처럼) Solver가 풀이를 구할 수 있는지 알아본다. 또한 초기 pH의 추정값을 달리 시도할 수 있다.

기본으로 돌아감

전하 균형에서 알짜 전하를 0으로 줄이는 응용 스프레드시트는 복잡한 평형 문제를 푸는 훌륭하며 일반적인 방법이다. 그러나 9장에서 KH_2PO_4와 Na_2HPO_4의 혼합물의 pH를 단순하고 덜 엄격한 방법으로 구하는 것을 배웠다. 약산($H_2PO_4^-$)과 그 짝염기(HPO_4^{2-})를 혼합하면, **섞은 대로 얻는다는 것**을 상기하라. 활동도 계수를 써서 Henderson-Hasselbalch 식 9-18로 그 pH를 추정한다.

$$pH = pK_a + \log\frac{[A^-]\gamma_{A^-}}{[HA]\gamma_{HA}} = pK_2 + \log\frac{[HPO_4^{2-}]\gamma_{HPO_4^{2-}}}{[H_2PO_4^-]\gamma_{H_2PO_4^-}} \quad \textbf{(9-18)}$$

0.025 m KH_2PO_4와 0.025 m Na_2HPO_4 혼합물의 이온 세기는 다음과 같다.

$$\mu = \frac{1}{2}\sum_i c_i z_i^2 = \frac{1}{2}([K^+]\cdot(+1)^2 + [H_2PO_4^-]\cdot(-1)^2 + [Na^+]\cdot(+1)^2 + [HPO_4^{2-}]\cdot(-2)^2)$$
$$= \frac{1}{2}([0.025]\cdot 1 + [0.025]\cdot 1 + [0.050]\cdot 1 + [0.025]\cdot 4) = 0.100\ m$$

표 8-1에서, $\mu = 0.1\ m$에서 활동도 계수는 $H_2PO_4^-$가 0.775, HPO_4^{2-}는 0.355이다. 이들을 식 9-18에 대입한다.

식 9-18에서 $pK_a = pK_2 = 7.198$은 $\mu = 0$일 때 적용된다.

$$pH = 7.198 + \log\frac{[0.025]0.355}{[0.025]0.775} = 6.859$$

섞은 대로 얻는다는 것은 이 경우 좋은 근사이므로, 이 답은 스프레드시트로 얻는 것과 같다.

따라서 이 완충 용액의 pH를 구하는 단순한 방법을 알고 있었다. 스프레드시트의 전하 균형에 적용하는 일반적 방법의 가치는 농도가 매우 낮거나, K_2가 매우 작지 않거나 또는 추가 평형이 있어서 섞은 대로 얻지 않는 경우에도 응용한다는 것이다.

여전히 모르는 게 약

자랑스럽게도 pH를 정확히 계산할 수 있었던 KH_2PO_4와 Na_2HPO_4로 만든 단순한 용액에서도 수많은 이온쌍 평형을 간과하였다.

Na^+의 평형 상수와 유사한 K^+에 대해 유사한 한 벌의 반응이 있다.

$$PO_4^{3-} + Na^+ \rightleftharpoons NaPO_4^{2-} \quad K = 27 \qquad HPO_4^{2-} + Na^+ \rightleftharpoons NaHPO_4^- \quad K = 12$$
$$H_2PO_4^- + Na^+ \rightleftharpoons NaH_2PO_4 \quad K = 2 \qquad NaPO_4^{2-} + Na^+ \rightleftharpoons Na_2PO_4^- \quad K = 14$$
$$Na_2PO_4^- + H^+ \rightleftharpoons Na_2HPO_4 \quad K = 5.4 \times 10^{10}$$

계산한 농도의 신뢰도는 모든 적절한 평형을 아는 것과, 또 쉽지 않으나 그들을 계산에 모두 포함시키는 인내를 가졌느냐에 달려 있다.

NIST의 정밀하게 선택된 안정도 상수 데이터베이스(NIST Critically Selected Stability Constants Database) **46** (2001)에 의하면, 이온 세기 0.1 M 조건에서 H_3PO_4의 유효 pK_2 값은 다음과 같다(Na^+가 주변 이온인 경우 6.71, K^+가 있을 경우 6.75, 테트라알킬암모늄 이온인 경우 6.92). 유효 pK 값이 주변 이온의 기질에 따라 변화하는 것은 용액 화학에서 이온쌍 반응이 눈에 띌 만한 역할을 한다는 것을 강력히 뒷받침하는 셈이다.

13-3 용해도의 pH 의존성

용해도의 pH 의존성의 중요한 예로는 치아 부식이다. 치아의 상아질에는 중성 pH에서는 녹지 않는 하이드록시아파타이트(hydroxyapatite)라는 광물이 들어 있는데, 이 광물은 인산염 이온과 OH^-가 H^+와 반응하므로 산에 녹는다.

$$\underset{\text{칼슘 하이드록시아파타이트}}{Ca_{10}(PO_4)_6(OH)_2(s)} + 14H^+ \rightleftharpoons 10Ca^{2+} + 6H_2PO_4^- + 2H_2O$$

H_3C, H, HO, CO_2H

L-젖산

치아에 붙어 부식을 일으키는 박테리아는 설탕의 대사 작용으로부터 젖산을 만들어 낸다. 젖산은 치아 표면의 pH를 낮추어 치아의 상아질을 녹인다. 플루오린화 이온은 하이드록시아파타이트보다 잘 녹지 않으며, 산에 강한 플루오르아파타이트(fluorapatite) $Ca_{10}(PO_4)_6F_2$를 형성하여 치아 부식을 막는다.

(a)

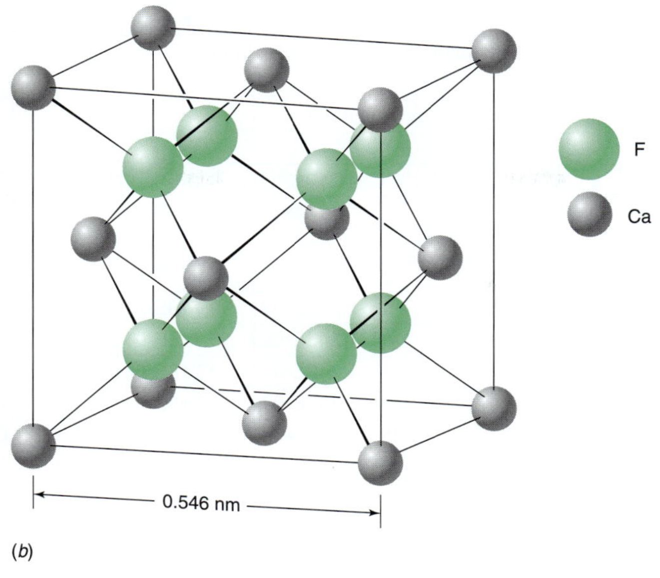

(b)

그림 13-4 (a) 광물 형석 CaF_2의 결정. (b) 각 Ca^{2+} 이온은 입방체 꼭짓점에 있는 8개의 F^- 이온으로 둘러싸여 있다. 각 F^- 이온은 사면체 꼭짓점에 있는 4개의 Ca^{2+} 이온으로 둘러싸여 있다. 이 위의 다음 단위 세포를 생각하면 여기서 보인 세포의 윗면 중앙에 있는 Ca^{2+} 이온은 이 세포의 4개 F^- 이온과 이 위 다음 세포에 있는 4개의 F^- 이온과 이웃한다. [Mark A. Schneider/Science Source; Tyler Boyes/Shutterstock]

CaF_2의 용해도

그림 13-4에 있는 광물 **형석**(fluorite 또는 fluorspar) CaF_2는 입방 결정 구조를 가지며, 거의 완전한 팔면체(이등변삼각형인 면이 8개인 고체)형으로 쪼개진다. 불순물에 따라 다양한 색깔을 띠며, 자외선을 쪼이면 형광을 내기도 한다. 형석은 냉매와 플루오로고분자의 합성에 사용되는 플루오린화수소산(HF)으로 전환된다. 전 세계적으로 형석은 중국에서 대부분 공급된다.

CaF_2의 용해도는 염에 대한 K_{sp}, F^-와 Ca^{2+}의 가수 분해, 그리고 F^-와 Ca^{2+}의 이온쌍 형성에 따른다.

용해도곱은 부록 F에 있다. HF의 산 해리 상수는 부록 G에서 가져왔다. Ca^{2+}의 가수 분해 상수는 부록 I에 있는 $CaOH^+$의 형성 상수에 K_w 식을 더하여 생성되었다. CaF^+의 이온쌍 형성 상수는 부록 J에 수록되어 있다.

$$CaF_2(s) \rightleftharpoons Ca^{2+} + 2F^- \qquad K_{sp} = [Ca^{2+}]\gamma_{Ca^{2+}}[F^-]^2\gamma_{F^-}^2 = 10^{-10.50} \qquad \textbf{(13-32)}$$

$$HF \rightleftharpoons H^+ + F^- \qquad K_{HF} = \frac{[H^+]\gamma_{H^+}[F^-]\gamma_{F^-}}{[HF]\gamma_{HF}} = 10^{-3.17} \qquad \textbf{(13-33)}$$

$$Ca^{2+} + H_2O \rightleftharpoons CaOH^+ + H^+ \qquad K_a = \frac{[CaOH^+]\gamma_{CaOH^+}[H^+]\gamma_{H^+}}{[Ca^{2+}]\gamma_{Ca^{2+}}} = 10^{-12.70} \qquad \textbf{(13-34)}$$

$$Ca^{2+} + F^- \rightleftharpoons CaF^+ \qquad K_{ip} = \frac{[CaF^+]\gamma_{CaF^+}}{[Ca^{2+}]\gamma_{Ca^{2+}}[F^-]\gamma_{F^-}} = 10^{0.63} \qquad \textbf{(13-35)}$$

$$H_2O \rightleftharpoons H^+ + OH^- \qquad K_w = [H^+]\gamma_{H^+}[OH^-]\gamma_{OH^-} = 10^{-14.00} \qquad \textbf{(13-36)}$$

전하 균형은 다음과 같다.

전하 균형: $$[H^+] + 2[Ca^{2+}] + [CaOH^+] + [CaF^+] = [OH^-] + [F^-] \qquad \textbf{(13-37)}$$

질량 균형을 구하려면, 모든 칼슘과 플루오린이 CaF_2로부터 나온다는 것을 알아야 한다. 따라서 전체 플루오린은 전체 칼슘의 두 배이다.

$$2[\text{전체 칼슘 화학종}] = [\text{전체 플루오린 화학종}]$$

$$2\{[Ca^{2+}] + [CaOH^+] + [CaF^+]\} = [F^-] + [HF] + [CaF^+]$$

질량 균형: $$2[Ca^{2+}] + 2[CaOH^+] + [CaF^+] = [F^-] + [HF] \qquad \textbf{(13-38)}$$

7개의 독립된 식과 7개의 미지수가 있으므로 정보가 충분하다. 그리고 8장에서 공부하였으므로 이 문제를 푸는 방법을 잘 알고 있다.

7개의 미지수와 5개의 식이 있으므로 그림 13-5에서 했던 것처럼 Solver를 사용해서 (미지수의 개수 − 평형의 개수) = 두 개의 농도를 계산하도록 할 것이다. CaF_2에 대한 스프레드시트는 그림 13-5에 있으며, B8셀과 B9셀에 각각 $pCa^{2+} = 4$, pH = 7로 추정하자. D17:D21

	A	B	C	D	E	F	G	H	I	J
1	Calcium fluoride equilibria with Davies equation for activity coefficients									
2	1. *Estimate* values in cells B8 and B9									
3	2. Use Solver to adjust B8 and B9 to minimize sum in cell J19									
4	Ionic strength									
5	μ =	0.000633	= 0.5*(D8^2*C8+D9^2*C9+D10^2*C10+D11^2*C11+D12^2*C12+D13^2*C13+D14^2*C14)							
6					Davies	Activity				
7	Species	pC	C(M)	Charge	log γ	coefficient, γ				
8	Ca^{2+}	3.6760486	2.1084E-04	2	-4.968E-02	8.919E-01		C8 = 10^-B8		F8 = 10^E8
9	H^+	7.0873905	8.1773E-08	1	-1.242E-02	9.718E-01		C9 = 10^-B9		
10	F^-		4.2197E-04	-1	-1.242E-02	9.718E-01		C10 = SQRT(D17/C8)		
11	CaF^+		3.38498E-07	1	-1.242E-02	9.718E-01		C11 = D20*C8*C10		
12	$CaOH^+$		4.85852E-10	1	-1.242E-02	9.718E-01		C12 = D19*C8/C9		
13	HF		4.82006E-08	0	0.000E+00	1.000E+00		C13 = C9*C10/D18		
14	OH^-		1.29488E-07	-1	-1.242E-02	9.718E-01		C14 = D21/C9		
15										
16			K' (with activity coefficients)					Mass and charge balances:		10^6*b_i
17	pK_{sp} =	10.50	K_{sp}' =	3.75E-11		$b_1 = 2[Ca^{2+}] + 2[CaOH^+] + [CaF^+] - [F^-] - [HF]$ =				9.34E-09
18	pK_{HF} =	3.17	K_{HF}' =	7.16E-04	$b_2 = [H^+] + 2[Ca^{2+}] + [CaOH^+] + [CaF^+] - [OH^-] - [F^-]$ =					2.20E-09
19	pK_a =	12.70	K_a' =	1.88E-13				$\Sigma(10^6*b_i)^2$ =		9.21E-17
20	pK_{ip} =	-0.63	K_{ip}' =	3.80E+00			J17 = 1e6*(2*C8+2*C12+C11-C10-C13			
21	pK_w =	14.00	K_w' =	1.06E-14			J18 = 1e6*(C9+2*C8+C12+C11-C14-C10)			
22									J19 = J17^2 + J18^2	
23	Initial values:							D17 = (10^-B17)/(F8*F10^2)		
24	pCa = 4	pH = 7						D18 = (10^-B18)*F13/(F9*F10)		
25								D19 = (10^-B19)*F8/(F9*F12)		
26	Optimize both pCa and pH together for a few cycles							D20 = (10^-B20)*F8*F10/F11		
27	Then optimize just pCa or just pH while holding the other constant							D21 = (10^-B21)/(F9*F14)		
28	Continue optimization as long as Σb_i^2 keeps getting smaller					E8 = -0.51*D8^2*(SQRT($B$5)/(1+SQRT($B$5)) - 0.3*$B$5)				

그림 13-5 물속에 있는 포화 CaF_2에 대한 활동도와 Solver를 사용한 스프레드시트

셀에서는 식 13-39부터 13-43까지에 있는 활동도 계수를 대입하여 **유효 평형 상수 K'**를 계산한다. 평형 상수식으로부터 C10:C14셀의 농도를 계산한다.

$$[F^-] = \sqrt{\frac{K'_{sp}}{[Ca^{2+}]}} \qquad K'_{sp} = \frac{K_{sp}}{\gamma_{Ca^{2+}}\gamma_{F^-}^2} \tag{13-39}$$

$$[CaF^+] = K'_{ip}[Ca^{2+}][F^-] \qquad K'_{ip} = \frac{K_{ip}\gamma_{Ca^{2+}}\gamma_{F^-}}{\gamma_{CaF^+}} \tag{13-40}$$

$$[CaOH^+] = \frac{K'_a[Ca^{2+}]}{[H^+]} \qquad K'_a = \frac{K_a\gamma_{Ca^{2+}}}{\gamma_{H^+}\gamma_{CaOH^+}} \tag{13-41}$$

$$[HF] = \frac{[H^+][F^-]}{K'_{HF}} \qquad K'_{HF} = \frac{K_{HF}\gamma_{HF}}{\gamma_{H^+}\gamma_{F^-}} \tag{13-42}$$

$$[OH^-] = \frac{K'_w}{[H^+]} \qquad K'_w = \frac{K_w}{\gamma_{H^+}\gamma_{OH^-}} \tag{13-43}$$

식 13-39에서부터 13-43은 평형 상수식 13-32부터 13-36을 재배열한 것이다. 재배열된 식은 활동도 계수를 유효 평형 상수 K'에 포함시킨 것이며, $[HF] = [H^+][F^-]/K'_{HF}$와 같이 농도는 활동도 계수로 인해 복잡해지지 않도록 간략하게 K'을 사용하여 표현하였다.

활동도 계수는 B5셀에서 농도 값으로부터 계산된 이온 세기를 이용하여 Davies 식 13-18로부터 E8:F14셀에 걸쳐 계산되었다. 이온 세기는 농도에 비례하고, 농도는 이온 세기에 비례한다는 상호 순환되는 정의를 다룰 수 있도록 스프레드시트를 설정한다.

질량 균형 b_1은 J17셀에, 전하 균형 b_2는 J18셀에 있다. 그림 8-9, 8-11, 8-12에서와 같이 J17과 J18셀의 질량 균형과 전하 균형에 계산상 정확성을 높이기 위해 10^6을 곱해 준다. Solver를 사용하여 B8셀의 pCa^{2+} 및 B9셀의 pH를 가변시켜 J19셀에 있는 $10^6 * b_1^2 + 10^6 * b_2^2$이 최소화되도록 한다. 그림 13-5에는 B8셀에 $pCa^{2+} = 3.676$, B9셀에 pH = 7.087의 결과가 나타난다. 두 개의 변수에 대한 값을 찾아낸 다음, pH를 계산할 때 pCa^{2+}를 고정시키고, pH를 고정시킨 뒤 pCa^{2+}를 계산하면서 계산값이 좋아지는지 살펴본다. 또한 pCa^{2+}와 pH의 초깃값을 다르게 시도하여 Solver의 계산이 동일한 결과를 주는지 살펴보아야 한다.

그림 13-6은 농도가 pH에 따라 어떻게 변하는지를 보여 준다. 낮은 pH에서는 H^+가 F^-와 반응하여 HF로 바뀌고 CaF_2의 용해도를 증가시킨다. 화학종 CaF^+와 $CaOH^+$는 대부분의 pH에서 많지 않으나, 반응 13-34에서 pK_a인 pH 12.7 이상에서는 $CaOH^+$가 주화학종이다. $Ca(OH)_2(s)$의 침전 반응은 고려하지 않았다. $Ca(OH)_2$에 대한 용해도곱 $[Ca^{2+}][OH^-]^2$를 고려하면 pH가 13과 14 사이에서 $Ca(OH)_2$가 침전한다.

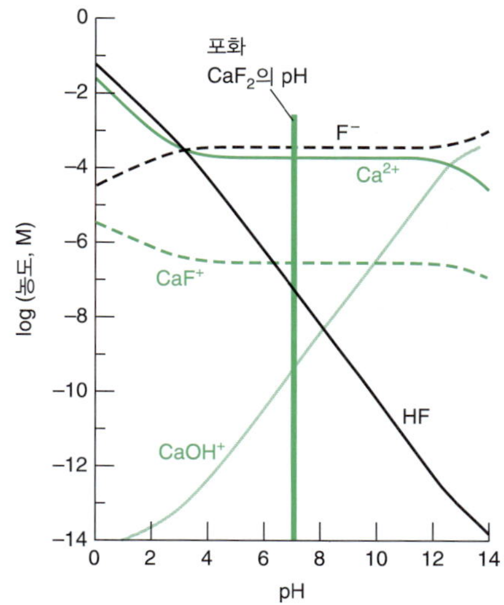

그림 13-6 포화 CaF_2 용액에 있는 화학종의 pH 의존성. pH가 낮아짐에 따라 H^+는 F^-와 반응하여 HF를 만들고, $[Ca^{2+}]$는 증가한다. 세로축은 로그 척도임을 유의하라.

그림 13-6은 그림 13-5에 있는 스프레드시트에서 B5셀의 $\mu = 0$으로 고정한 뒤 B9셀의 pH를 0에서부터 14까지 가변시켜 가면서 얻어낸 것이다. 각각의 고정된 pH 값에 대해 Solver를 사용하여 J17셀에 있는 질량 균형이 거의 0에 가까워지도록 감소시켜 B8셀의 pCa^{2+}를 찾아내 보자. 이 과정을 각 pH 값에 대해 반복하여 그림 13-6에 있는 데이터들을 얻을 수 있다. pH를 고정하였을 때, 칼슘 이온 및 플루오린화 이온과 관련된 질량 균형에 변화는 주지 않으면서 전하 균형 및 이온 세기를 변화하게 하는 완충 용액 같은 새로운 화학종을 첨가하였다는 것에 주목하라. 따라서 고정된 pH에서는 전하 균형이 아닌 질량 균형을 사용한다. 또한 이온 세기는 각 pH 조건을 얻게 될 때 첨가한 명시되지 않은 시약에 따라 변화하므로 그림 13-6을 작성할 때 활동도 계수는 무시하였다.

완충 용액이 첨가될 때는 질량 균형이 적용이 되지만 초기 전하 균형은 달라지게 된다.

산성비는 광물질을 녹이며 환경 유해 물질을 만들어 낸다

일반적으로 F^-, OH^-, S^{2-}, CO_3^{2-}, $C_2O_4^{2-}$, PO_4^{3-}와 같은 염기성 이온의 염은 낮은 pH에서 더 잘 녹는데, 이것은 염기성 이온이 H^+와 반응하기 때문이다. 그림 13-7은 비의 산 함량이 증가함에 따라, 주로 $CaCO_3$로 된 대리석이 쉽게 녹는 것을 보여 준다. 그 산의 대부분은 황이 든 연료의 연소로 생기는 SO_2와 각종 연소로 생기는 질소 산화물에서 온다. 예를 들어 SO_2는 공기 중에서 황산으로 변하여 비와 함께 땅으로 되돌아온다($SO_2 + H_2O \rightarrow H_2SO_3 \xrightarrow{\text{산화}} H_2SO_4$).

알루미늄은 토양에 세 번째로 풍부한 원소(산소와 규소 다음으로)이지만 고령토 $[Al_2(OH)_4Si_2O_5]$나 보크사이트(AlOOH)와 같은 불용성 광물에 들어 있다. 인간 활동으로 인한 산성비는 알루미늄(납과 수은도 포함하여)을 수용성으로 만들어 주위 환경에 배출하고 있다.[4] 그림 13-8은 pH 5 이하에서는 알루미늄이 광물로부터 떨어져서 호수 내에서 그 농도가 급격히 증가하고 있음을 보여 준다. 농도가 130 μg/L에 이르면 물고기는 죽게 된다. 인체 내에서도 알루미늄의 농도가 높아지면 치매, 뼈의 약화, 빈혈 등을 일으킬 수 있다. 산이 광물로부터 금속 원소를 방출시키지만, 환경에 유입되는 금속 이온의 농도는 금속 이온과 결합하는 유기 물질에 의해서 조절되는 경향이 있다.

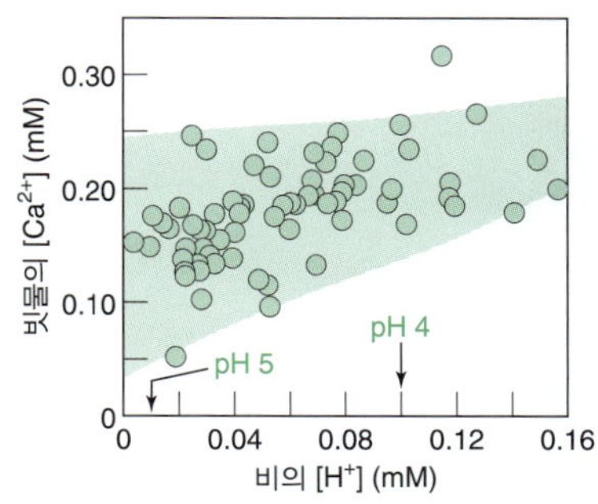

그림 13-7 비의 $[H^+]$가 증가함에 따라 대리석(주로 $CaCO_3$)에 흐르는 산성 빗물 내의 칼슘 측정량은 대체로 증가한다. [출처: P. A. Baedecker and M. M. Reddy, "The Erosion of Carbonate Stone by Acid Rain," *J. Chem. Ed.* **1993**, *70*, 104.]

옥살산 바륨의 용해도

이제 $Ba(C_2O_4)$의 용해를 고려해 보자. 그 음이온은 **이염기성**이고, 양이온은 약산이다.[5] 이 예의 경우, 활동도 계수는 무시한다. 이 계의 화학은 다음과 같다.

$$Ba(C_2O_4)(s) \rightleftharpoons Ba^{2+} + \underset{\text{옥살산 이온}}{C_2O_4^{2-}} \qquad K_{sp} = [Ba^{2+}][C_2O_4^{2-}] = 10^{-6.85} \tag{13-44}$$

$$H_2C_2O_4 \rightleftharpoons HC_2O_4^- + H^+ \qquad K_1 = \frac{[H^+][HC_2O_4^-]}{[H_2C_2O_4]} = 10^{-1.25} \tag{13-45}$$

$$HC_2O_4^- \rightleftharpoons C_2O_4^{2-} + H^+ \qquad K_2 = \frac{[H^+][C_2O_4^{2-}]}{[HC_2O_4^-]} = 10^{-4.27} \tag{13-46}$$

$$Ba^{2+} + H_2O \rightleftharpoons BaOH^+ + H^+ \qquad K_a = \frac{[H^+][BaOH^+]}{[Ba^{2+}]} = 10^{-13.36} \tag{13-47}$$

$$Ba^{2+} + C_2O_4^{2-} \rightleftharpoons Ba(C_2O_4)(aq) \qquad K_{ip} = \frac{[Ba(C_2O_4)(aq)]}{[Ba^{2+}][C_2O_4^{2-}]} = 10^{2.31} \tag{13-48}$$

옥살산 $H_2C_2O_4$는 기체상에서 평면이다.[6]

옥살산염 $C_2O_4^{2-}$는 물에서 90° 비틀려 있다.[7]

K_{sp} 값은 $\mu = 0$이고 20°C에서의 값이다. K_{ip}는 $\mu = 0$이고 18°C에서의 값이다. K_1, K_2, K_a는 $\mu = 0$이고 25°C에서의 값이다. 더 나은 정보가 없으므로 이 평형 상수들을 사용할 것이다.

전하 균형은 다음과 같다.

$$\textbf{전하 균형:} \quad [H^+] + 2[Ba^{2+}] + [BaOH^+] = [OH^-] + [HC_2O_4^-] + 2[C_2O_4^{2-}] \tag{13-49}$$

질량 균형은 다음과 같다.

$$[\text{전체 바륨}] = [\text{전체 옥살산 이온}]$$

$$[Ba^{2+}] + [BaOH^+] + \cancel{[Ba(C_2O_4)(aq)]} = [H_2C_2O_4] + [HC_2O_4^-] + [C_2O_4^{2-}] + \cancel{[Ba(C_2O_4)(aq)]}$$

이온쌍 $Ba(C_2O_4)(aq)$를 **제외하고** F_{Ba}와 F_{H_2Ox}를 정의한다.

$$\textbf{질량 균형:} \quad \underbrace{[Ba^{2+}] + [BaOH^+]}_{F_{Ba}} = \underbrace{[H_2C_2O_4] + [HC_2O_4^-] + [C_2O_4^{2-}]}_{F_{H_2Ox}} \tag{13-50}$$

$[OH^-] = K_w/[H^+]$를 포함하여 8개의 미지수와 8개의 독립된 식이 있으므로 모든 화학종의 농도를 구할 수 있다.

반응 13-44와 반응 13-48을 추가하여 이온쌍을 처리하면 다음을 얻는다.

$$Ba(C_2O_4)(s) \rightleftharpoons Ba(C_2O_4)(aq) \quad K = [Ba(C_2O_4)(aq)] = K_{sp}K_{\text{이온쌍}} = 10^{-4.54} \tag{13-51}$$

이온쌍 $Ba(C_2O_4)(aq)$은 이 계에서 일정한 농도를 갖는다.

따라서 용해되지 않은 $Ba(C_2O_4)(s)$가 존재하는 한 $[Ba(C_2O_4)(aq)] = 10^{-4.54}$ M이다.

옥살산을 H_2Ox라 놓으면 분율 조성식은 다음과 같이 적을 수 있다.

$F_{H_2Ox} = [H_2C_2O_4] + [HC_2O_4^-] + [C_2O_4^{2-}]$

$$[H_2Ox] = \alpha_{H_2Ox}F_{H_2Ox} = \frac{[H^+]^2F_{H_2Ox}}{[H^+]^2 + [H^+]K_1 + K_1K_2} \tag{13-52}$$

$$[HOx^-] = \alpha_{HOx^-}F_{H_2Ox} = \frac{K_1[H^+]F_{H_2Ox}}{[H^+]^2 + [H^+]K_1 + K_1K_2} \tag{13-53}$$

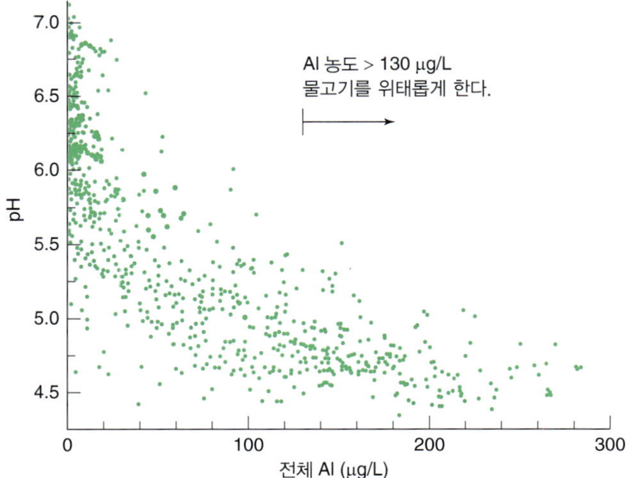

그림 13-8 노르웨이의 1 000개 호수에 있는 전체 알루미늄(녹은 화학종과 떠 있는 화학종 포함)과 호수 물의 pH와의 상관관계. 물이 더 산성이면, 알루미늄의 농도가 더 진해진다. [출처: G. Howells, *Acid Rain and Acid Waters*, 2nd ed.(Hertfordshire: Ellis Horwood, 1995).]

$$[Ox^{2-}] = \alpha_{Ox^{2-}} F_{H_2Ox} = \frac{K_1 K_2 F_{H_2Ox}}{[H^+]^2 + [H^+]K_1 + K_1 K_2} \quad \textbf{(13-54)}$$

또 Ba^{2+}와 $BaOH^+$는 짝산-짝염기 쌍이다. Ba^{2+}는 일양성자성 산 HA로 행동하고, $BaOH^+$는 그 짝염기 A^-이다.

$$[Ba^{2+}] = \alpha_{Ba^{2+}} F_{Ba} = \frac{[H^+]F_{Ba}}{[H^+] + K_a} \quad \textbf{(13-55)}$$

$F_{B_a} = [Ba^{2+}] + [BaOH^+]$

$$[BaOH^+] = \alpha_{BaOH^+} F_{Ba} = \frac{K_a F_{Ba}}{[H^+] + K_a} \quad \textbf{(13-56)}$$

완충 용액을 사용하여 pH를 고정한다고 하자(전하 균형 13-49는 성립하지 않는다). K_{sp}로부터 다음과 같이 적을 수 있다.

$$K_{sp} = [Ba^{2+}][C_2O_4^{2-}] = \alpha_{Ba^{2+}} F_{Ba} \alpha_{Ox^{2-}} F_{H_2Ox}$$

질량 균형 13-50으로부터 $F_{Ba} = F_{H_2Ox}$이므로,

$$K_{sp} = \alpha_{Ba^{2+}} F_{Ba} \alpha_{Ox^{2-}} F_{H_2Ox} = \alpha_{Ba^{2+}} F_{Ba} \alpha_{Ox^{2-}} F_{Ba}$$

$$\Rightarrow F_{Ba} = \sqrt{\frac{K_{sp}}{\alpha_{Ba^{2+}} \alpha_{Ox^{2-}}}} \quad \textbf{(13-57)}$$

그림 13-9에서 pH는 A열에 명시되어 있다. 이 pH로부터, 식 13-52에서부터 식 13-54까지를 써서 C, D, E열에서 K_1, K_2, α_{H_2Ox}, α_{HOx^-}, $\alpha O_{x^{2-}}$ 분율을 계산한다. 그 pH와 K_a로부터 식 13-55와 식 13-56으로써 F열과 G열에서 $\alpha_{Ba}{}^{2+}$와 α_{BaOH^+}를 계산한다. 전체 바륨 농도와 전체 옥살산 이온의 농도 F_{Ba}와 F_{H_2Ox}는 같고, 식 13-57로부터 H열에서 계산한다. 실제 스프레드시트에서는 I열까지 계속했을 것이다. 이 페이지에 맞추기 위해서 스프레드시트는 18행에 계속된다. 아래에서 $[Ba^{2+}]$와 $[BaOH^+]$는 식 13-55와 식 13-56으로 계산한다. 식 13-52~식 13-54를 써서 $[H_2C_2O_4]$, $[HC_2O_4^-]$, $[C_2O_4^{2-}]$를 구한다.

알짜 전하(= $[H^+] + 2[Ba^{2+}] + [BaOH^+] - [OH^-] - [HC_2O_4^-] - 2[C_2O_4^{2-}]$)는 H19셀에서 시작하여 계산한다. pH를 고정하기 위해 완충 용액을 첨가하지 않았다면 알짜 전하는 0이다. pH 6~8에서 알짜 전하는 양에서 음으로 바뀐다. Solver를 써서 H23셀의 알짜 전하가 0이 되도록 A11셀의 pH를 구한다(Solver Precision = Solver Options에서 1e-15). 이 pH 7.45는 완충되지 않은 용액의 pH이다.

그림 13-10의 결과는 옥살산 바륨의 용해도는 중간 pH 영역에서 $10^{-3.4}$ M로 일정하다는 것을 보여 준다. $C_2O_4^{2-}$가 H^+와 반응하여 $HC_2O_4^-$로 되므로 pH 5 이하에서는 용해도가 증가한다.

끝으로 $Ba(OH)_2(s)$의 용해도를 넘지 않는지 알아보아야 한다. pH 12.3 이상에서 $[Ba^{2+}][OH^-]^2$을 계산하면 $K_{sp} = 10^{-6.85}$를 넘지 않으므로 $Ba(OH)_2(s)$는 pH 12.3에서 침전될 것으로 예상된다. 이 침전은 우리의 계산이나 그래프에 포함되지 않았다.

13-4 차이 도시에 의한 산-염기 적정 분석[8]

Bjerrum 도시(Bjerrum plot)라고 하는 **차이 도시**(difference plot)는 전극을 이용하여 얻은 적정 자료로부터 금속-리간드 형성 상수 또는 산 해리 상수를 도출하는 우수한 방법이다. 여기서 차이 도시를 산-염기 적정 곡선에 적용해 보자.

Niels Bjerrum(1879~1958)은 덴마크의 물리화학자로서 무기 배위 화학에 핵심적인 공로를 했으며, 산과 염기 및 적정 곡선을 이해하는 데 근원을 제공했다.[9]

이양성자성 산 H_2A에 대한 주요 식을 유도하고, 일반 산 H_nA에 확대한다. H_2A에 결합된 양성자의 평균 분율은 0에서 2까지 걸쳐 있으며, 다음과 같이 정의된다.

$$\bar{n}_H = \frac{\text{결합 } H^+\text{의 몰수}}{\text{약산의 총 몰수}} = \frac{2[H_2A] + [HA^-]}{[H_2A] + [HA^-] + [A^{2-}]} \quad \textbf{(13-58)}$$

V_0 mL 속에 A mmol의 H_2A와 C mmol의 HCl 혼합물로 적정을 시작함으로써 $\bar{n}_H$를 측정할

그림 13-9 포화 BaC_2O_4의 스프레드시트. H23셀의 알짜 전하를 0으로 만드는 A11셀의 pH를 구하기 위해 Solver를 사용하였다.

	A	B	C	D	E	F	G	H
1	Finding the concentrations of species in saturated barium oxalate solution							
2								
3	K_{sp} =	1.41E-07		K_1 =	5.62E-02		K_{ip} =	2.04E+02
4	K_a =	4.37E-14		K_2 =	5.37E-05		K_w =	1.00E-14
5								F_{Ba}
6	pH	$[H^+]$	$\alpha(H_2Ox)$	$\alpha(HOx^-)$	$\alpha(Ox^{2-})$	$\alpha(Ba^{2+})$	$\alpha(BaOH^+)$	= F_{H2Ox}
7	0	1.E+00	9.5E-01	5.3E-02	2.9E-06	1.0E+00	4.4E-14	2.2E-01
8	2	1.E-02	1.5E-01	8.5E-01	4.5E-03	1.0E+00	4.4E-12	5.6E-03
9	4	1.E-04	1.2E-03	6.5E-01	3.5E-01	1.0E+00	4.4E-10	6.4E-04
10	6	1.E-06	3.3E-07	1.8E-02	9.8E-01	1.0E+00	4.4E-08	3.8E-04
11	7.451	4.E-08	4.1E-10	6.6E-04	1.0E+00	1.0E+00	1.2E-06	3.8E-04
12	8	1.E-08	3.3E-11	1.9E-04	1.0E+00	1.0E+00	4.4E-06	3.8E-04
13	10	1.E-10	3.3E-15	1.9E-06	1.0E+00	1.0E+00	4.4E-04	3.8E-04
14	12	1.E-12	3.3E-19	1.9E-08	1.0E+00	9.6E-01	4.2E-02	3.8E-04
15	14	1.E-14	3.3E-23	1.9E-10	1.0E+00	1.9E-01	8.1E-01	8.7E-04
16								
17								net
18	pH	$[Ba^{2+}]$	$[BaOH^+]$	$[H_2Ox]$	$[HOx^-]$	$[Ox^{2-}]$	[OH-]	charge
19	0	2.2E-01	9.7E-15	2.1E-01	1.2E-02	6.4E-07	1.0E-14	1.4E+00
20	2	5.6E-03	2.4E-14	8.4E-04	4.7E-03	2.5E-05	1.0E-12	1.6E-02
21	4	6.4E-04	2.8E-13	7.4E-07	4.1E-04	2.2E-04	1.0E-10	5.1E-04
22	6	3.8E-04	1.7E-11	1.2E-10	6.9E-06	3.7E-04	1.0E-08	7.9E-06
23	7.451	3.8E-04	4.6E-10	1.6E-13	2.5E-07	3.8E-04	2.8E-07	0.0E+00
24	8	3.8E-04	1.6E-09	1.2E-14	7.0E-08	3.8E-04	1.0E-06	-9.2E-07
25	10	3.8E-04	1.6E-07	1.2E-18	7.0E-10	3.8E-04	1.0E-04	-1.0E-04
26	12	3.7E-04	1.6E-05	1.3E-22	7.1E-12	3.8E-04	1.0E-02	-1.0E-02
27	14	1.6E-04	7.1E-04	2.9E-26	1.6E-13	8.7E-04	1.0E+00	-1.0E+00
28								
29	B7 = 10^-A7						B19 = F7*H7	
30	C7 = B7^2/(B7^2+B7*$E$3+$E$3*$E$4)						C19 = G7*H7	
31	D7 = B7*$E$3/(B7^2+B7*$E$3+$E$3*$E$4)						D19 = C7*H7	
32	E7 = $E$3*$E$4/(B7^2+B7*$E$3+$E$3*$E$4)						E19 = D7*H7	
33	F7 = B7/(B7+$B$4)						F19 = E7*H7	
34	G7 = $B$4/(B7+$B$4)						G19 = $H$4/B7	
35	H7 = SQRT($B$3/(E7*F7))			H19 = B7+2*B19+C19-G19-E19-2*F19				

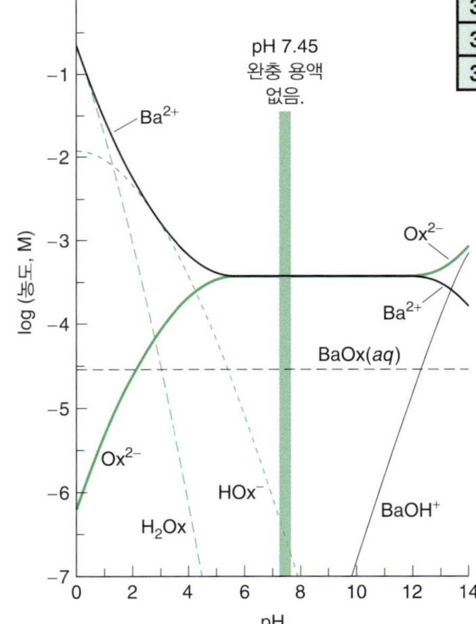

그림 13-10 포화 BaC_2O_4 용액에 있는 화학종의 농도의 pH 의존성. pH가 낮아짐에 따라 H^+는 $C_2O_4^{2-}$와 반응하여 $HC_2O_4^-$와 $H_2C_2O_4$를 만들고, Ba^{2+}의 농도는 증가한다.

수 있다. HCl을 첨가하는 이유는 부분적으로 해리하는 H_2A가 양성자와 결합하는 비율을 높이기 위함이다. 이 용액을 농도가 C_b mol/L인 표준 NaOH로 적정한다. NaOH v mL를 첨가하면 용액의 Na^+의 몰수는 C_bv이다.

이온 세기를 거의 일정하게 유지하기 위하여 H_2A와 HCl 혼합 용액에 0.10 M KCl이 들어 있고, H_2A와 HCl의 농도는 0.10 M보다 매우 작다. NaOH는 상당히 농축되어 있으므로 첨가되는 부피는 V_0에 비해 적다.

이 적정 용액에 대한 전하 균형은 다음과 같다.

$$[H^+] + [Na^+] + [K^+] = [OH^-] + [Cl^-]_{HCl} + [Cl^-]_{KCl} + [HA^-] + 2[A^{2-}]$$

여기서 $[Cl^-]_{HCl}$은 HCl에서 온 것이고, $[Cl^-]_{KCl}$은 KCl에서 온 것이다. 그런데 $[K^+] = [Cl^-]_{KCl}$이므로 이 항들은 지워진다. 알짜 전하 균형은 다음과 같다.

$$[H^+] + [Na^+] = [OH^-] + [Cl^-]_{HCl} + [HA^-] + 2[A^{2-}] \quad \textbf{(13-59)}$$

식 13-58의 분모는 $F_{H_2A} = [H_2A] + [HA^-] + [A^{2-}]$이다. 분자는 $2F_{H_2A} - [HA^-] - 2[A^{2-}]$로 쓸 수 있다. 그러므로

$$\bar{n}_H = \frac{2F_{H_2A} - [HA^-] - 2[A^{2-}]}{F_{H_2A}} \quad (13\text{-}60)$$

식 13-59로부터 $-[HA^-] - 2[A^{2-}] = [OH^-] + [Cl^-]_{HCl} - [H^+] - [Na^+]$로 쓸 수 있고, 이를 식 13-60의 분자에 대입하면 다음을 얻는다.

$$\bar{n}_H = \frac{2F_{H_2A} + [OH^-] + [Cl^-]_{HCl} - [H^+] - [Na^+]}{F_{H_2A}} = 2 + \frac{[OH^-] + [Cl^-]_{HCl} - [H^+] - [Na^+]}{F_{H_2A}}$$

일반 다양성자성 산 H_nA에 대한 결합 양성자의 평균 분율은 다음과 같이 얻어진다.

$$\bar{n}_H = n + \frac{[OH^-] + [Cl^-]_{HCl} - [H^+] - [Na^+]}{F_{H_nA}} \quad (13\text{-}61)$$

위 식의 우변의 각 항은 적정 중에 알려진다. 섞은 시약으로부터 다음과 같이 쓸 수 있다.

$$F_{H_2A} = \frac{\text{mmol } H_2A}{\text{총 부피}} = \frac{A}{V_0 + v} \qquad [Cl^-]_{HCl} = \frac{\text{mmol HCl}}{\text{총 부피}} = \frac{C}{V_0 + v}$$

$$[Na^+] = \frac{\text{mmol NaOH}}{\text{총 부피}} = \frac{C_b v}{V_0 + v}$$

$[H^+]$와 $[OH^-]$는 pH 전극으로 측정하여 다음과 같이 계산한다. $\mu = 0.10$ M에서 적용하는 K_w를 $K'_w = K_w/(\gamma_{H^+}\gamma_{OH^-}) = [H^-][OH^-]$로 놓자(식 13-25). $pH = -\log([H^+]\gamma_{H^+})$이므로

$$[H^+] = \frac{10^{-pH}}{\gamma_{H^+}} \qquad [OH^-] = \frac{K'_w}{[H^+]} = 10^{(pH - pK'_w)} \cdot \gamma_{H^+}$$

식 13-61에 대입하면 결합된 양성자의 측정 분율은 다음과 같다.

$$\bar{n}_H(\text{측정값}) = n + \frac{10^{(pH - pK'_w)} \cdot \gamma_{H^+} + C/(V_0 + v) - (10^{-pH})/\gamma_{H^+} - C_b v/(V_0 + v)}{A/(V_0 + v)} \quad (13\text{-}62)$$

다양성자성 산에 결합된 양성자의 실험적 분율

산-염기 적정에서 **차이 도시** 또는 **Bjerrum 도시**는 pH에 대한 산에 결합된 양성자의 평균 분율의 그래프이다. 평균 분율은 식 13-62의 $\bar{n}_H$(bar)이다. 착물 형성에서 차이 도시는 pL(= −log[리간드])에 대한 금속에 결합된 리간드의 평균 분율을 나타낸다.

식 13-62는 측정한 $\bar{n}_H$ 값을 나타낸다. 이론값은 무엇인가? 이양성자성 산에 대하여 이론적 결합 양성자의 평균 분율은 다음과 같다.

$$\bar{n}_H(\text{이론값}) = 2\alpha_{H_2A} + \alpha_{HA^-} \quad (13\text{-}63)$$

식 13-63은 식 13-58로부터 유도할 수 있다.

$$\bar{n}_H = \frac{2[H_2A] + [HA^-]}{[H_2A] + [HA^-] + [A^{2-}]} = \frac{2[H_2A] + [HA^-]}{F_{H_2A}} = \frac{2[H_2A]}{F_{H_2A}} + \frac{[HA^-]}{F_{H_2A}} = 2\alpha_{H_2A} + \alpha_{HA^-}$$

여기서 α_{H_2A}는 H_2A 형태로 있는 산의 분율이고, α_{HA^-}는 HA^-의 분율이다. 이들을 다음과 같이 나타낼 수 있어야 한다.

$$\alpha_{H_2A} = \frac{[H^+]^2}{[H^+]^2 + [H^+]K_1 + K_1K_2} \qquad \alpha_{HA^-} = \frac{[H^+]K_1}{[H^+]^2 + [H^+]K_1 + K_1K_2} \quad (13\text{-}64)$$

적정 실험으로부터 차이 도시를 그려 식 13-62를 이용하면 K_1과 K_2를 얻는다. 이것은 pH에 대한 $\bar{n}_H$(측정값)의 도시이다. 그다음 잔차 제곱의 합을 최소화하는 최소 제곱법을 이용하여 이론 곡선(식 13-63)을 실험 곡선에 맞춤으로써 K_1과 K_2를 얻는다.

$$\Sigma(\text{잔차})^2 = \Sigma[\bar{n}_H(\text{측정값}) - \bar{n}_H(\text{이론값})]^2 \quad (13\text{-}65)$$

최적 K_1과 K_2 값은 잔차 제곱의 합을 최소화한다.

그림 13-11은 아미노산 글라이신의 적정에 대한 실험 자료를 보여 준다. 초기 40.0 mL 용액에는 0.190 mmol의 글라이신과 그 양성자화한 형태인 $^+H_3NCH_2CO_2H$의 분율을 높이기 위하여 0.232 mmol의 HCl이 들어 있다. 0.490 5 M NaOH를 가하는데, 매 첨가 때마다 pH를 잰다. 16행의 첫 부분의 A열과 B열에 부피와 pH가 실려 있다. pH는 0.001 소수 자리까지 정밀하지만, pH 측정의 정확도는 기껏해야 ±0.02이다.

$H_3NCH_2CO_2H$
글라이신
$\mu = 0$에서 $pK_1 = 2.35$
$\mu = 0$에서 $pK_2 = 9.78$

그림 13-11 0.190 mmol 글라이신과 0.232 mmol HCl의 혼합물 40.0 mL를 0.490 5 M NaOH로 적정하는 차이 도시를 위한 스프레드시트. A16:B27셀에는 실험 데이터 일부만 보여 준다. 완전한 데이터는 Heriot-Watt 대학의 A. Kraft가 제공한 문제 13-13에 실림

	A	B	C	D	E	F	G	H	I
1	Difference plot for glycine								
2				C16 = 10^-B16/$B$8					
3	Titrant NaOH =	0.4905	C_b (M)	D16 = 10^-$B$9/C16					
4	Initial volume =	40	V_0 (mL)	E16 = $B$7+($B$6-$B$3*A16-(C16-D16)*($B$4+A16))/$B$5					
5	Glycine =	0.190	L (mmol)	F16 = $C16^2/($C16^2+$C16*$E$10+$E$10*$E$11)					
6	HCl added =	0.232	A (mmol)	G16 = $C16*$E$10/($C16^2+$C16*$E$10+$E$10*$E$11)					
7	Number of H^+ =	2	n	H16 = 2*F16+G16					
8	Activity coeff =	0.78	γ_H	I16 = (E16-H16)^2					
9	pK_w' =	13.807							
10	pK_1 =	2.312		K_1 =	0.0048713	= 10^-B10			
11	pK_2 =	9.625		K_2 =	2.371E-10	= 10^-B11			
12	$\Sigma(\text{resid})^2$ =	0.0048	= sum of column I						
13									
14	v	pH	$[H^+]$ =	$[OH^-]$ =	Measured			Theoretical	$(\text{residuals})^2$ =
15	mL NaOH		$(10^{-pH})/\gamma_H$	$(10^{-pKw})/[H^+]$	n_H	α_{H2A}	α_{HA^-}	n_H	$(n_{meas} - n_{theor})^2$
16	0.00	2.234	7.48E-03	2.08E-12	1.646	0.606	0.394	1.606	0.001656
17	0.02	2.244	7.31E-03	2.13E-12	1.630	0.600	0.400	1.600	0.000879
18	0.04	2.254	7.14E-03	2.18E-12	1.612	0.595	0.405	1.595	0.000319
19	0.06	2.266	6.95E-03	2.24E-12	1.601	0.588	0.412	1.588	0.000174
20	0.08	2.278	6.76E-03	2.30E-12	1.589	0.581	0.419	1.581	0.000056
21	0.10	2.291	6.56E-03	2.38E-12	1.578	0.574	0.426	1.574	0.000020
22	:								
23	0.50	2.675	2.71E-03	5.75E-12	1.353	0.357	0.643	1.357	0.000022
24	:								
25	1.56	11.492	4.13E-12	3.77E-03	0.016	0.000	0.017	0.017	0.000000
26	1.58	11.519	3.88E-12	4.01E-03	0.018	0.000	0.016	0.016	0.000004
27	1.60	11.541	3.69E-12	4.22E-03	0.015	0.000	0.015	0.015	0.000000

그림 13-11의 B3:B6셀에 농도, 부피, 몰수를 입력한다. B7셀에는 글라이신이 이양성자성 산임을 나타내는 2가 있다. B8셀에는 Davies 식 13-18로 계산한 H^+의 활동도 계수가 있다. B9셀은 0.1 M KCl에서 유효한 $pK'_w = 13.797$로 시작한다.[10] 스프레드시트로 하여금 pK'_w를 변화시켜 실험 데이터를 가장 잘 맞추게 하는 13.807을 B9셀에 적는다. B10셀과 B11셀은 글라이신의 pK_1과 pK_2의 추정으로 시작한다. 표 10-1로부터 $\mu = 0$에서의 2.35와 9.78을 사용하였다. 다음 절에서 설명한 대로 Solver를 사용하여 pK_1, pK_2, pK'_w를 변화시켜 실험 데이터를 가장 잘 맞추는 2.312와 9.625를 B10셀과 B11셀에서 적는다.

그림 13-11의 스프레드시트는 16행에서 시작하여 C열과 D열에서 $[OH^-]$와 $[H^+]$를 계산한다. 식 13-62로부터 양성자화한 평균 분율 $\bar{n}_H$(측정값)은 E열에 있다. 그림 13-12의 Bjerrum 차이 도시는 pH에 대한 $\bar{n}_H$(측정값)을 보여 준다. α_{H_2A}와 α_{HA^-}는 식 13-64를 사용하여 F열과 G열에서 계산하고, $\bar{n}_H$(이론값)는 식 13-63으로부터 H열에서 계산한다. I열에는 잔차의 제곱 $[\bar{n}_H(\text{측정값}) - \bar{n}_H(\text{이론값})]^2$이 들어 있다. 잔차 제곱의 합은 B12셀에 있다.

Excel Solver를 사용하여 한 개 이상의 변수 최적화

우리는 B12셀에 있는 잔차 제곱의 합을 최소화하는 pK'_w, pK_1, pK_2 값을 원한다. Solver를 선택한다. Option 창을 클릭한 뒤 326쪽에서 설명한 것처럼 설정한 뒤 OK를 클릭한다. Solver 창에서 B9:B11셀을 바꾸어서 B12셀의 목푯값을 Min으로 둔다. 그리고 Solver를 클릭하면 Solver가 B12셀에 있는 잔차 제곱의 합을 최소화하는 최적값들을 B9, B10, B11셀에서 찾는다. B9, B10, B11셀에서 13.797, 2.35, 9.78로 시작하면 B12셀의 잔차 제곱의 합이 0.110이 된다. Solver를 실행하면 B9, B10, B11셀은 13.807, 2.312, 9.625로 된다. B12셀의 합은 0.004 8로 줄어든다. Solver를 써서 여러 변수를 한 번에 최적화할 때, 같은

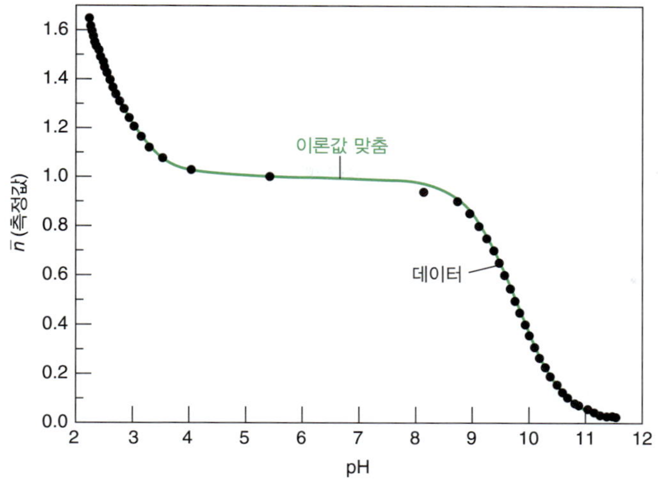

그림 13-12 글라이신의 적정에 대한 Bjerrum 차이 도시. 명확히 하기 위해 많은 실험 점을 생략하였다.

해가 얻어지는지를 알기 위하여 다른 값으로 시도하는 것이 좋다. 때로는 다른 곳에서 나타나는 최적값이 아닌 국부 최젓값이 얻어질 수 있다.

이론 곡선 $\bar{n}_H$(이론값) $= 2\alpha_{H_2A} + \alpha_{HA^-}$은 그림 13-11의 H열에 있는 값들로부터 그려졌고 그림 13-12에 실선으로 표시되어 있다. 곡선이 실험 데이터와 잘 어울린다는 것은 합리적인 pK_1과 pK_2 값을 얻었다는 것을 뜻한다.

pK'_w는 처음부터 안다고 해 놓고 pK'_w를 변화시키는 것은 부적절한 것처럼 보인다. pH~11.5 근처에서 pK'_w를 13.797로 바꿈으로써 0.04에 가까운 수준의 $\bar{n}_H$(측정값)를 얻었다. 이는 옳지 않은데, 그것은 높은 pH에서는 $\bar{n}_H$가 0에 수렴해야 하기 때문이다. 그림 13-12에서 $pK'_w = 13.807$일 경우, 높은 pH 조건에서 $\bar{n}_H$는 0에 근접한다.

엄밀히 말하면, pK_1과 pK_2는 0.10 M KCl에서 적용되는 것을 나타내기 위해 프라임 부호를 붙여야 한다. 복잡한 기호를 피하기 위해 프라임 부호를 버린다. $\mu = 0$에서 적용되는 K_w와 $\mu = 0.10$ M에서 적용되는 K'_w은 구별한다.

이해해야 할 용어

짝진 평형(coupled equilibria)　　차이 도시(difference plot)

요약

짝진 평형은 공통 화학종이 있는 가역 반응이다. 따라서 각 반응은 상호 영향을 준다.

산-염기 계를 처리하는 일반적 방법은 전하 균형, 질량 균형, 평형식으로 시작한다. 화학종만큼의 독립식이 있어야 한다. 각 산과 염기의 분율 조성을 전하 균형에 대입한다. Na^+, Cl^-와 같은 화학종의 아는 농도를 대입하고 $[OH^-]$를 $K_w/[H^+]$로 치환하면, 남는 변수는 $[H^+]$여야 한다. Excel Solver를 사용하여 $[H^+]$를 구하고 $[H^+]$로부터 모든 다른 농도를 푼다. 이온쌍과 같은 산-염기 반응 이외의 추가 평형이 있으면 평형의 체계적 처리가 필요하다. 문제를 단순화하기 위해 분율 조성식을 최대한 활용한다.

활동도 계수를 사용하려면 Davies 식으로부터 얻은 활동도 계수를 사용하여 각 화학 반응에 대한 유효 평형 상수 K'을 구한다. K'은 특정 이온 세기에서의 농도의 평형비이다. 그림 13-3과 13-5에서의 스프레드시트들은 전하 균형이나 전하와 질량 균형을 최소화하는 농도를 계산하며, 순환 정의에 따라 반복적인 방법으로 이온 세기를 자동으로 찾는다.

양이온과 음이온이 각각 한 개 이상의 산-염기 반응을 하고 이온쌍도 형성되는 용해도를 고려하였다. 모든 산-염기 화학종의 분율 조성식을 질량 균형식에 대입한다. 그러면 옥살산 바륨과 같은 계에서는 양이온과 음이온의 포말 농도와 $[H^+]$가 포함된다. 용해도곱은 양이온과 음이온의 포말 농도 간의 관계를 주므로, 질량 균형식에서 그중 하나를 소거할 수 있다. $[H^+]$를 가정하여 남은 포말 농도를 풀 수 있다. 이 방법으로 pH의 함수로서 조성을 구한다. 완충되지 않은 용액의 pH는 전하 균형이 만족되는 pH이다.

산-염기 적정 곡선으로부터 산 해리 상수를 얻으려면, pH에 대한 결합 양성자의 평균 분율 $\bar{n}_H$의 그래프인 차이 도시(Bjerrum

도시)를 그릴 수 있다. 섞은 시약의 양과 측정한 pH로부터 이 평균 분율을 정할 수 있다. 차이 도시의 이론적 모양은 분율 조성의 한 표현이다. 측정값에 가장 잘 맞는 이론 곡선을 얻으려면 Excel Solver를 이용하여 평형 상수를 변화시킨다. 이 과정은 $\Sigma[\bar{n}_H$(측정값) $- \bar{n}_H$(이론값)$]^2$을 최소화한다.

연습 문제

교수님께: 대부분의 연습 문제는 푸는 데 시간이 오래 걸리므로 숙제를 내줄 때 관대하시기 바랍니다.

13-A. 활동도 계수와 이온쌍을 무시하고, 0.010 mol 하이드록시벤젠(HA), 0.030 mol 다이메틸아민(B), 0.015 mol HCl이 들어 있는 1.00 L 용액의 pH와 화학종들의 농도를 구하시오.

13-B. Davies 식으로 구한 활동도 계수를 사용하여 위 연습 문제 13-A를 반복하시오.

13-C. **(a)** 활동도 계수와 이온쌍을 무시하고, 0.040 mol의 2-아미노벤조산(중성 분자 HA), 0.020 mol의 다이메틸아민(B), 0.015 mol의 HCl이 들어 있는 1.00 L 용액의 pH와 화학종들의 농도를 구하시오.

(b) 세 가지 형태로 있는 HA의 분율은 얼마인가? 두 가지 형태로 있는 B의 분율은 얼마인가? 만일 HCl이 B와 반응하고 그다음 과량의 B가 HA와 반응할 때 얻는 것과 답을 비교하시오. 이 단순 추정으로 예상하는 pH는 얼마인가?

13-D. Davies 식으로 얻은 활동도 계수를 사용하여 13-1절의 타타르산 소듐, 염화 피리디늄, KOH 혼합물의 pH와 화학종의 농도를 구하시오. 반응 13-1에서 13-4까지만 고려한다.

13-E. AgCN의 포화 용액이 활동도 계수는 고려하지 않고 다음과 같은 반응을 한다고 하자.

$$AgCN(s) \rightleftharpoons Ag^+ + CN^- \qquad pK_{sp} = 15.66$$

$$HCN(aq) \rightleftharpoons CN^- + H^+ \qquad pK_{HCN} = 9.21$$

$$Ag^+ + H_2O \rightleftharpoons AgOH(aq) + H^+ \qquad pK_{Ag} = 12.0$$

$$H_2O \rightleftharpoons H^+ + OH^- \qquad pK_w = 14.00$$

만일 pH가 (완충 용액 같은) 명시되지 않은 시약을 첨가하여 고정된다면, 용액의 전하 균형을 작성할 수 없다. 질량 균형은 다음과 같다.

용해된 은의 몰수 = 용해된 사이안화 이온의 몰수

각 화학종의 농도를 $[Ag^+]$와 $[H^+]$으로 표시하시오. 각 화학종에 대한 질량 균형식을 $[Ag^+]$와 $[H^+]$의 농도만으로 구성하시오. $[Ag^+]$에 대한 식을 구하시오. 다음과 같은 스프레드시트를 작성하고 모든 농도를 계산하시오.

pH	$[H^+]$	$[Ag^+]$	$[CN^-]$	[HCN]	[AgOH]	$[OH^-]$	알짜 전하
0	1						
1	0.1						
·							
·							
·							
14	10^{-14}						
완충 용액이 아님.	?						

완충계가 아닌 용액의 경우, pH는 알짜 전하가 0이 되는 값에 해당한다. Solver를 사용하여 0의 알짜 전하를 갖는 pH를 계산하시오. 그림 13-6에서와 같이 각 화학종의 pH에 대한 log[농도]를 도시한 그래프를 작성하시오. $Ag_2O(s) + H_2O \rightleftharpoons 2Ag^+ + 2OH^-$와 $pK_{Ag_2O} = 15.42$의 평형을 고려한다면, $Ag_2O(s)$는 비완충 용액에서 침전될 것인가?

13-F. **차이 도시.** 아세트산의 K_a를 구하기 위하여 3.96 mmol 아세트산, 0.484 mmol HCl이 들어 있는 200 mL의 0.10 M KCl 용액을 0.490 5 M NaOH로 적정하였다.

(a) 실험적 양성자화 평균 분율 $\bar{n}_H$(측정값)과 이론적 양성자화 평균 분율 $\bar{n}_H$(이론값)에 대한 식을 적으시오.

(b) 다음 데이터로부터 pH에 대한 $\bar{n}_H$(측정값)의 그래프를 그리시오. 잔차의 제곱 $\Sigma[\bar{n}_H$(측정값) $- \bar{n}_H$(이론값)$]^2$을 최소화함으로써 최적 pK_a와 pK'_w를 구하시오.

v (mL)	pH	v (mL)	pH	v (mL)	pH	v (mL)	pH
0.00	2.79	2.70	4.25	5.40	4.92	8.10	5.76
0.30	2.89	3.00	4.35	5.70	4.98	8.40	5.97
0.60	3.06	3.30	4.42	6.00	5.05	8.70	6.28
0.90	3.26	3.60	4.50	6.30	5.12	9.00	7.23
1.20	3.48	3.90	4.58	6.60	5.21	9.30	10.14
1.50	3.72	4.20	4.67	6.90	5.29	9.60	10.85
1.80	3.87	4.50	4.72	7.20	5.38	9.90	11.20
2.10	4.01	4.80	4.78	7.50	5.49	10.20	11.39
2.40	4.15	5.10	4.85	7.80	5.61	10.50	11.54

출처: *A. Kraft*, J. Chem. Ed. ***2003***, 80, *554*.

문제

교수님께: 대부분의 문제는 푸는 데 시간이 오래 걸리므로 숙제를 내줄 때 관대하시기 바랍니다.

13-1. pH가 감소함에 따라 염기성 음이온을 가진 염의 용해도가 감소하는 이유는 무엇인가? 산성비가 어떻게 비교적 비활성 상태의 미량 금속을 동·식물이 섭취할 수 있는 환경으로 이동시키는지를 설명하기 위하여 방연광(PbS)과 백연광($PbSO_3$)에 대한 반응식을 적으시오.

13-2. (a) 이온쌍 형성이나 활동도 계수가 아닌 산-염기 화학만을 고려하고 평형의 체계적 처리를 사용하여 0.010 0 mol 하이드록시벤젠(HA)과 0.005 0 mol KOH가 들어 있는 1.00 L 용액의 pH를 구하시오.
(b) 11장에서 공부한 것을 토대로, 예측하는 pH는 얼마인가?
(c) HA와 KOH를 100배 묽힐 경우 pH를 구하시오.

13-3. Davies의 활동도 계수를 사용하여 문제 13-2의 **(a)**를 반복하시오. $pH = -\log([H^+]\gamma_{H^+})$를 기억하시오.

13-4. $\mu = 0$일 경우인 표 10-1의 글라이신에 대한 pK_1과 pK_2로부터 $\mu = 0.1$ M에 적용되는 pK_1'과 pK_2'를 구하시오. Davies의 활동도 계수를 사용한다. 그 답을 그림 13-11의 B10셀과 B11셀의 실험값과 비교하시오.

13-5. 이온쌍 형성이나 활동도 계수가 아닌 산-염기 화학만을 고려하고 평형의 체계적 처리를 사용하여 0.100 mol 에틸렌다이아민과 0.035 mol HBr이 들어 있는 1.00 L 용액의 pH와 화학종의 농도를 구하시오. 11장의 방법으로 구한 pH와 비교하시오.

13-6. 이온쌍 형성이나 활동도 계수가 아닌 산-염기 화학만을 고려하고 평형의 체계적 처리를 사용하여 0.040 mol 벤젠-1,2,3-트라이카복실산(H_3A), 0.030 mol 이미다졸(중성 분자 HB), 0.035 mol NaOH가 들어 있는 1.00 L 용액의 pH와 화학종의 농도를 구하시오.

13-7. 이온쌍 형성이나 활동도 계수가 아닌 산-염기 화학만을 고려하고 평형의 체계적 처리를 사용하여 0.020 mol 아르지닌, 0.030 mol 글루탐산, 0.005 mol KOH가 들어 있는 1.00 L 용액의 pH와 화학종의 농도를 구하시오.

13-8. Davies의 활동도 계수를 써서 문제 13-7을 푸시오.

13-9. 0.008 695 *m* KH_2PO_4와 0.030 43 *m* Na_2HPO_4의 용액은 25°C에서 pH가 7.413인 일차 표준 완충 용액이다. **(a)** Davies 식, **(b)** 확장된 Debye-Hückel 식의 활동도 계수를 사용하여 평형의 체계적 처리 방법으로 이 용액의 pH를 계산하시오.

13-10. 이온쌍 형성이나 활동도 계수가 아닌 산-염기 화학만을 고려하고 평형의 체계적 처리를 사용하여 0.040 mol H_4EDTA(EDTA = 에틸렌다이아민테트라아세트산 ≡ H_4A), 0.030 mol 라이신(중성 분자 ≡ HL), 0.050 mol NaOH가 들어 있는 1.00 L 용액의 pH와 조성을 구하시오.

13-11. 그림 8-1에서 KNO_3를 첨가하지 않은 용액에는 5.0 mM $Fe(NO_3)_3$, 5.0 μM NaSCN, 15 mM HNO_3가 들어 있다. Davies의 활동도 계수와 다음 반응을 이용하여 모든 화학종의 농도를 구하시오.

$$Fe^{3+} + SCN^- \rightleftharpoons Fe(SCN)^{2+} \qquad \log \beta_1 = 3.03\ (\mu = 0)$$
$$Fe^{3+} + 2SCN^- \rightleftharpoons Fe(SCN)_2^+ \qquad \log \beta_2 = 4.6\ (\mu = 0)$$
$$Fe^{3+} + H_2O \rightleftharpoons FeOH^{2+} + H^+ \qquad pK_a = 2.195\ (\mu = 0)$$

(a) K_w를 포함하여 네 개의 평형식을 적으시오. 평형 상수와 활동도 계수로써 유효 평형 상수식을 나타내시오. 예를 들어 $K'_w = K_w/\gamma_{H^+}\gamma_{OH^-}$. $[Fe^{3+}]$, $[SCN^-]$, $[H^+]$로서 $[Fe(SCN)^{2+}]$, $[Fe(SCN)_2^+]$, $[FeOH^{2+}]$, $[OH^-]$의 식을 적으시오.
(b) 전하 균형을 적으시오.
(c) 철, 싸이오사이안산 이온(thiocyanate), Na^+, NO_3^-에 대한 질량 균형을 적으시오.
(d) 7개의 미지수($[Fe^{3+}]$, $[SCN^-]$, $[H^+]$, $[Fe(SCN)^{2+}]$, $[Fe(SCN)_2^+]$, $[FeOH^{2+}]$, $[OH^-]$)와 4개의 평형식을 가지고 Solver를 사용하여 7 − 4 = 3개의 미지수를 구하려고 한다. 다수의 평형식에 $[Fe^{3+}]$, $[SCN^-]$, $[H^+]$가 등장하므로 pFe, pSCN, pH를 미지수로 설정하시오. 5.0 mM $Fe(NO_3)_3$, 5.0 μM NaSCN, 15 mM HNO_3로 구성된 용액 내에 있는 모든 화학종의 농도를 구할 수 있는 그림 13-5와 같은 스프레드시트를 작성하시오. 초기 접근 과정에서는 염의 농도를 사용해서 $pFe = -\log(5 \times 10^{-3}) = 2.3$, $pSCN = -\log(5 \times 10^{-6}) = 5.3$, $pH = -\log(15 \times 10^{-3}) = 1.8$을 사용하시오. Davies의 활동도 계수를 사용하시오. 중요한 검증 방법으로 Fe를 포함한 화학종의 합은 5.000 mM, 싸이오시안화 이온(SCN^-)의 합은 5.0 μM임을 증명하시오.
(e) 용액은 0.015 8 M H^+를 가지고 있다. 질산은 0.0150 M H^+를 제공한다. 나머지 0.0008 M H^+는 어디서부터 제공되었는가?
(f) $[Fe(SCN)^{2+}]/(\{[Fe^{3+}] + [FeOH^{2+}]\}[SCN^-])$비를 구하시오. 이것은 그림 8-1의 $[KNO_3] = 0$인 점이다. 답을 그림 8-1과 비교하시오. 그림 8-1의 세로축은 $[Fe(SCN)^{2+}]/([Fe^{3+}][SCN^-])$로 나타나 있으나, $[Fe^{3+}]$는 SCN^-에 결합되지 않은 철의 전체 농도를 의미한다.
(g) 0.20 M KNO_3가 함께 들어 있을 때 **(f)**의 비를 구하시오. 답을 그림 8-1과 비교하시오.

13-12. Fe^{2+}와 아미노산 글라이신의 다음 반응들을 고려해 보자.

$$Fe^{2+} + G^- \rightleftharpoons FeG^+ \qquad p\beta_1 = -4.31$$
$$Fe^{2+} + 2G^- \rightleftharpoons FeG_2(aq) \qquad p\beta_2 = -7.65$$
$$Fe^{2+} + 3G^- \rightleftharpoons FeG_3^- \qquad p\beta_3 = -8.87$$
$$Fe^{2+} + H_2O \rightleftharpoons FeOH^+ + H^+ \qquad pK_a = 9.4$$
$$^+H_3NCH_2CO_2H \text{ 글라이신, } H_2G^+ \qquad pK_1 = 2.350,\ pK_2 = 9.778$$

FeG_2 0.050 mol을 1.00 L에 녹이고 HCl을 충분히 가하여 pH를 8.50으로 맞추었다고 하자. Davies의 활동도 계수를 사용하여 용액의 조성을 구하시오. 각 형태의 철의 분율은 얼마이고, 각 형태의 글라이신의 분율은 얼마인가? 화학종의 분포로부터 HCl을 가하여 pH를 8.50으로 맞추는 주된 화학을 설명하시오.

제안된 절차: 위에는 6개의 평형 상수에 K_w 평형을 추가하여 총 7개의 평형이 존재한다. 용액의 pH를 고정하는 데 추가한 HCl로부터 $[Cl^-]$를 포함한 11개 미지 농도가 있다. 철과 글라이신에 대한 질량 균형과 전하 균형을 작성하시오. 11개의 미

지수와 7개의 평형으로부터 4개의 미지수를 구해야 할 것이다. 하지만 pH가 고정되었으므로 Solver를 사용하여 세 개의 미지수만 구하면 된다. 평형 상수를 사용하여 모든 화학종의 농도를 $[Fe^{2+}]$, $[G^-]$, $[H^+]$의 경우는 알고 있는 $[H^+]$로 표현한다. $[Fe^{2+}]$, $[G^-]$, $[Cl^-]$를 독립 변수로 설정하고, 전하 균형과 질량 균형이 결합된 조건을 만족하는 pFe, pG, pCl을 Solver를 사용하여 구한다.

13-13. 그림 13-12의 글라이신 차이 도시에 대한 데이터가 다음 표에 나와 있다.

V (mL)	pH	*V* (mL)	pH	*V* (mL)	pH	*V* (mL)	pH
0.00	2.234	0.40	2.550	0.80	3.528	1.20	10.383
0.02	2.244	0.42	2.572	0.82	3.713	1.22	10.488
0.04	2.254	0.44	2.596	0.84	4.026	1.24	10.595
0.06	2.266	0.46	2.620	0.86	5.408	1.26	10.697
0.08	2.278	0.48	2.646	0.88	8.149	1.28	10.795
0.10	2.291	0.50	2.675	0.90	8.727	1.30	10.884
0.12	2.304	0.52	2.702	0.92	8.955	1.32	10.966
0.14	2.318	0.54	2.736	0.94	9.117	1.34	11.037
0.16	2.333	0.56	2.768	0.96	9.250	1.36	11.101
0.18	2.348	0.58	2.802	0.98	9.365	1.38	11.158
0.20	2.363	0.60	2.838	1.00	9.467	1.40	11.209
0.22	2.380	0.62	2.877	1.02	9.565	1.42	11.255
0.24	2.397	0.64	2.920	1.04	9.660	1.44	11.296
0.26	2.413	0.66	2.966	1.06	9.745	1.46	11.335
0.28	2.429	0.68	3.017	1.08	9.830	1.48	11.371
0.30	2.448	0.70	3.073	1.10	9.913	1.50	11.405
0.32	2.467	0.72	3.136	1.12	10.000	1.52	11.436
0.34	2.487	0.74	3.207	1.14	10.090	1.54	11.466
0.36	2.506	0.76	3.291	1.16	10.183	1.56	11.492
0.38	2.528	0.78	3.396	1.18	10.280	1.58	11.519
						1.60	11.541

출처: *A. Kraft*, "The Determination of the pKa of Multiprotic, Weak Acids by Analyzing Potentiometric Acid–Base Titration Data with Difference Plots," J. Chem. Ed. ***2003***, 80, *554*.

(a) $pK_w = 14$, $pK_1 = 2$, $pK_2 = 10$의 초깃값을 사용하여 그림 13-11의 스프레드시트를 다시 계산하시오. Solver를 사용하여 그림 13-11에서처럼 그 동일한 pK_w, pK_1, pK_2 값을 얻는다는 것을 보이시오. 다른 pK_1과 pK_2 값으로 출발하여 Solver가 동일한 해를 구하는지 알아보시오.

(b) Solver를 사용하여 pK'_w을 예상값인 13.797로 고정시키고 최적 pK_1과 pK_2 값을 구하시오. pK'_w을 고정시키면 $\bar{n}_H$(측정값)가 어떻게 그림 13-12 오른쪽과 비슷하게 거동하는지를 기술하시오.

14 전기 화학의 기본 원리

튀어 오르는 배터리

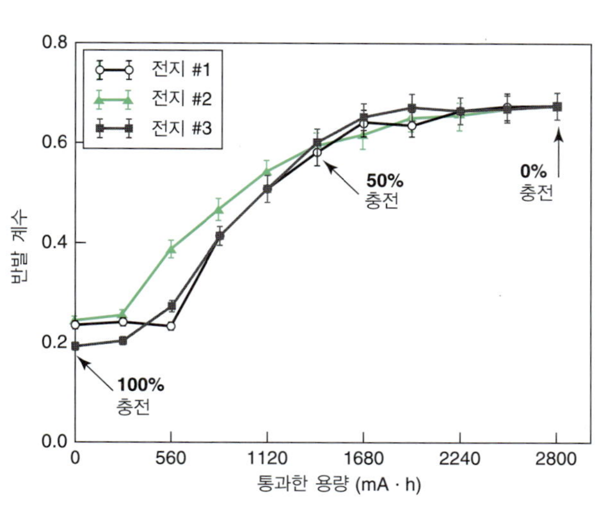

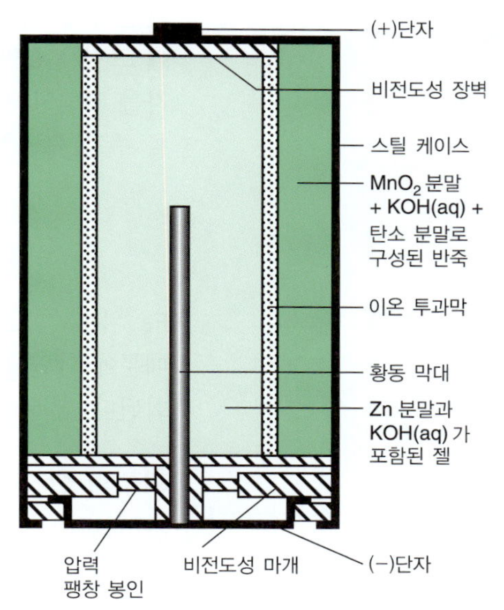

왼쪽: 반발 계수 대 배터리의 방전 정도. 배터리는 수직으로 세워질 수 있도록 아크릴 플라스틱 관을 통해 떨어뜨렸다. **오른쪽: 알칼리 배터리의 구조**

단단하고 평평한 표면에 (−)극이 먼저 닿게끔 떨어뜨린 다음, 튀어 오른 높이와 떨어뜨린 높이를 비교하면 알칼리 배터리가 새것인지, 사용한 것인지를 구별할 수 있다. 반발 계수는 $\sqrt{\text{튀어 오른 높이/떨어뜨린 높이}}$이다. 50% 이상 소모된 배터리는 새 배터리보다 약 10배 이상 더 높게 튀어 오른다.

배터리에서 일어나는 화학 반응은 다음과 같다.[1]

$$\begin{array}{ll} (+)\text{단자:} & 2MnO_2(s) + H_2O(l) + 2e^- \rightleftharpoons Mn_2O_3(s) + 2OH^- \\ (-)\text{단자:} & Zn(s) + 2OH^- \rightleftharpoons ZnO(s) + H_2O(l) + 2e^- \\ \hline \text{전체 반응:} & Zn(s) + 2MnO_2(s) \rightleftharpoons ZnO(s) + 2Mn_2O_3(s) \end{array}$$

안쪽 칸에는 KOH 수용액을 함유한 젤에 고정된, 스펀지 같은 금속 Zn 입자가 들어 있다. 바깥쪽 칸에는 고체 MnO_2와 KOH 수용액 및 탄소 분말로 이루어진 반죽이 들어 있다. 배터리가 방전됨에 따라 안쪽 칸의 스펀지 같은 Zn은 고체 ZnO로 덮이게 되는데, 이것은 Zn보다 더 단단하고 더 많은 부피를 차지한다. 더 단단한 고체의 부피 분율이 증가하면 배터리를 떨어뜨릴 때 더 높이 튀어 오른다.

알칼리 배터리는 수명을 다하면 화학적 성질이 변하여 $H_2(g)$가 발생할 수 있고, 이는 맨 아래 부분에 있는 팽창 봉인을 파열시킨다. 배터리에서 $KOH(aq)$가 새어 나와 공기 중의 CO_2와 반응하여 전지 외부에 흰색 $K_2CO_3(s)$ 층을 생성할 수 있다.

전기 화학(electrochemistry)은 화학계를 분석하기 위해 전기적 측정을 사용하는 분석 화학의 주요한 분야이다.[2] 예를 들어 1장의 도입부에서는 신경 세포에 의해 방출되는 신경 전달 물질 분자를 측정하기 위해 사용되고 있는 전극을 보여 준다. 전기 화학은 화학 반응을 일으키기 위해 전기를 사용하거나 전기를 생산하기 위해 화학 반응을 이용하는 것을 말하기도 한다. 분석을 목적으로 하는 경우, 전기 화학의 몇 가지 가치 있는 특성으로는, 다양한 응용에 사용되는 비교적 저렴한 장비, 소형화 가능성 및 시료 준비가 거의 없어도 복잡한 시료를 측정할 수 있는 능력이 있다.

14-1 기본 개념

산화(oxidation): 전자를 잃음
환원(reduction): 전자를 얻음
산화제: 전자를 빼앗음
환원제: 전자를 줌

산화-환원 반응(**redox reaction**)은 한 화학종에서 다른 화학종으로 전자가 이동하는 반응과 관련이 있다. 화학종이 **전자를 잃으면 산화된다**(**oxidized**)고 말한다. 화학종이 **전자를 얻을 때** 그것은 **환원된다**(**reduced**). **산화제**(**oxidizing agent** 또는 **oxidant**)는 다른 물질로부터 전자를 빼앗고 자신은 환원된다. **환원제**(**reducing agent** 또는 **reductant**)는 다른 물질에 전자를 주고 자신은 산화된다. 다음 반응에서

$$\underset{\text{산화제}}{Fe^{3+}} + \underset{\text{환원제}}{V^{2+}} \xrightarrow{} Fe^{2+} + V^{3+} \quad (e^-: V^{2+} \to Fe^{3+}) \qquad \textbf{(14-1)}$$

$Fe^{3+} + e^- \rightarrow Fe^{2+}$
$V^{2+} \rightarrow V^{3+} + e^-$

Fe^{3+}는 V^{2+}로부터 한 개의 전자를 빼앗기 때문에 산화제이다. V^{2+}는 Fe^{3+}에 전자를 주기 때문에 환원제이다. 반응이 왼쪽에서 오른쪽으로 진행됨에 따라 Fe^{3+}는 환원되고, V^{2+}는 산화된다. 부록 D에서는 산화수와 산화-환원 반응식의 균형 맞추기를 복습한다.

화학과 전기

산화-환원 반응에서 발생한 전자가 전기 회로를 통하여 흐를 때, 전류와 전압을 측정하여 그 반응에 대한 무엇인가를 알 수 있다. 전류는 반응 속도에 비례하고, 전지 전압은 전기 화학 반응에 대한 자유 에너지 변화에 비례한다.

Michael Faraday(1791~1867)는 독학의 영국 '자연 철학자'(구어로는 '과학자')로, 전기 화학 반응의 진행 정도는 전지를 통과하는 전하에 비례한다는 것을 발견하였다. Faraday는 기본적인 전자기학 법칙을 많이 발견했다. 그는 전기 모터, 발전기, 변압기뿐만 아니라 '이온', '양이온', '음이온', '전극', '환원 전극', '산화 전극' 그리고 '전해질' 등의 용어를 우리에게 남겨 주었다. 강의에 대한 그의 천부적인 재능은 왕립학회에서 어린이를 위한 크리스마스 강연 시범으로 가장 잘 기억되고 있다. Faraday는 "[어린이들]과 대화하면서 커다란 기쁨을 누렸고, 쉽게 어린이들의 신뢰를 얻었다. 어린이들은 마치 Faraday가 그들에 속해 있는 것처럼 느꼈다. 그리고 실제로 Faraday는 가끔 기쁨에 찬 열정으로 그 자신이 마치 영감을 받은 어린이처럼 보였다."[3] [Everett Collection/Shutterstock.]

전하

전하(q)는 **쿨롬**(**coulomb**, C) 단위로 측정된다. 한 개의 전자 또는 양성자의 전하 크기는 1.602×10^{-19} C이며, 따라서 1 mol의 전자 또는 양성자는 $(1.602 \times 10^{-19}\ \text{C})(6.022 \times 10^{23}\ \text{mol}^{-1}) = 9.649 \times 10^4$ C/mol의 전하를 갖는데, 이 값을 **Faraday 상수**(**Faraday constant**, ***F***)라고 한다. 분자당 전하 $n = 3$인 Fe^{3+} 1 mol이 갖고 있는 총 전하는 다음과 같다.

전하와 몰 사이의 관계:

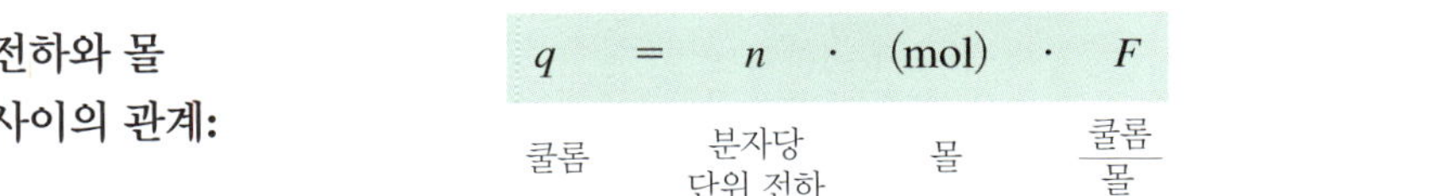

$$\underset{\text{쿨롬}}{q} = \underset{\text{분자당 단위 전하}}{n} \cdot \underset{\text{몰}}{(\text{mol})} \cdot \underset{\frac{\text{쿨롬}}{\text{몰}}}{F} \qquad \textbf{(14-2)}$$

$$q = (3)(1\ \text{mol})(9.649 \times 10^4\ \text{C/mol}) = 2.89 \times 10^5\ \text{C}$$

분자당 단위 전하의 수 n은 차원이 없기 때문에 단위들이 맞는다.

예제 쿨롬과 반응의 양 연관 짓기

만약 Fe^{3+} 5.585 g이 반응 14-1에서 환원되었다면, 몇 쿨롬의 전하가 V^{2+}에서 Fe^{3+}로 전달되었는가?

풀이 환원되는 철의 몰수는 (5.585 g)/(55.845 g/mol) = 0.100 0 mol Fe^{3+}이다. 반응 14-1에서 각각의 Fe^{3+} 이온은 $n = 1$ 전자가 필요하다. Faraday 상수를 사용하여 0.100 0 mol에 대응되는 쿨롬을 계산하면 다음과 같다.

$$q = n(\text{mol})F = (1)(0.100\,0\ \text{mol e}^-)\left(9.649 \times 10^4 \frac{\text{C}}{\text{mol e}^-}\right) = 9.649 \times 10^3\ \text{C}$$

자습 1.00 C의 전하에 의해서 몇 mol의 Sn^{4+}가 Sn^{2+}로 환원되는가? (**답:** 5.18 μmol)

전류

전류(**current**)는 회로를 통해서 초당 흐르는 전하량이다. 전류의 단위는 **암페어**(**ampere**)이며, 약자 A로 나타낸다. 1암페어는 초당 1쿨롬의 전하가 회로의 한 점을 통과하는 것을 나타낸다.

1 A = 1 C/s

예제 **전류와 반응 속도 연관 짓기**

Sn^{4+}가 포함된 용액에 담겨 있는 백금 선(그림 14-1)을 통해 전자가 강제로 흐르고, Sn^{4+}가 4.24 mmol/h의 일정한 속도로 Sn^{2+}로 환원된다고 가정해 보자. 얼마만큼의 전류가 용액을 통과할까?

풀이 Sn^{4+} 이온 **한 개**를 환원시키는 데 **두 개**의 전자가 필요하다.

$$Sn^{4+} + 2e^- \rightarrow Sn^{2+}$$

전자는 $(2\ \text{mmol e}^-/\text{mmol Sn}^{4+})(4.24\ \text{mmol Sn}^{4+}/\text{h}) = 8.48\ \text{mmol e}^-/\text{h}$의 속도로 흐른다. 그것은 다음과 일치한다.

$$\frac{8.48\ \text{mmol e}^-/\text{h}}{3\,600\ \text{s/h}} = 2.356 \times 10^{-3}\ \frac{\text{mmol e}^-}{\text{s}} = 2.356 \times 10^{-6}\ \frac{\text{mol e}^-}{\text{s}}$$

전류를 구하기 위해서 초당 전자의 몰수를 초당 쿨롬으로 바꾼다.

$$\text{전류} = \frac{\text{전하량}}{\text{시간}} = \frac{\text{쿨롬}}{\text{초}} = \frac{\text{e}^-\ \text{몰수}}{\text{초}} \cdot \frac{\text{쿨롬}}{\text{몰수}}$$

$$= \left(2.356 \times 10^{-6}\ \frac{\text{mol}}{\text{s}}\right)\left(9.649 \times 10^4\ \frac{\text{C}}{\text{mol}}\right)$$

$$= 0.227\ \text{C/s} = 0.227\ \text{A} = 227\ \text{mA}$$

자습 1.00 mmol/h의 속도로 Sn^{4+}를 환원하는 데 필요한 전류는 얼마인가? (**답:** 53.6 mA)

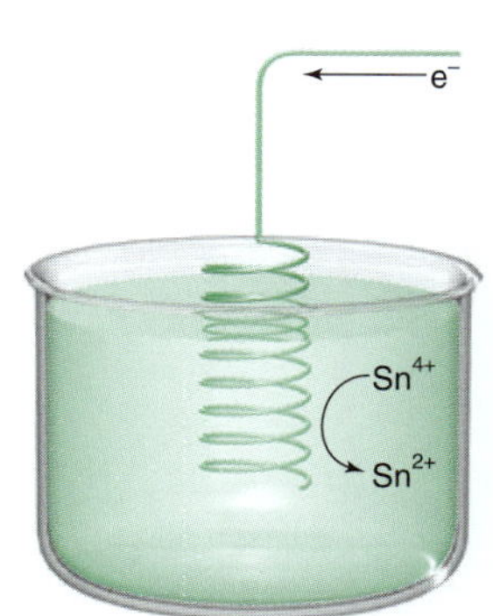

그림 14-1 용액에 있는 Sn^{4+} 이온이 Sn^{2+}로 환원되는 백금선 코일로 흐르는 전자들. 완전한 회로가 아니므로 이 과정은 단독으로 일어날 수 없다. 만일 이 백금 전극에서 Sn^{4+}가 환원되어야 한다면, 다른 곳에서 다른 물질이 산화되어야 한다.

그림 14-1에 나타낸 **백금 전극**(**Pt electrode**)은 산화-환원 반응에서 화학종으로부터 또는 화학종으로 전자를 전달한다. 백금은 보편적인 **비활성**(inert) 전극이다. 비활성 전극은 전자를 전달하는 역할 외에는 산화-환원 화학 반응에 참여하지 않는다.

같은 부호의 전하가 서로 접근하려면 일을 해야 된다. 반대 부호의 전하가 서로 접근하면 일을 할 수 있다.

전압, 일, 그리고 자유 에너지

양전하와 음전하는 서로 끌어당긴다. 양전하는 다른 양전하를 밀어내고, 음전하는 다른 음전하를 밀어낸다. 모든 전하는 전하를 띤 입자들을 서로 끌어당기거나 밀어내는 **전위**(**electric potential**)를 형성한다. 두 점 사이의 **전위차**(potential difference, E)는 한 점에서 다른 점으로 전하가 이동할 때 요구되는 일 또는 수행될 수 있는 일이다. 전위차는 **볼트**(**volt, V**) 단위로 측정된다. 두 점 사이의 전위차가 클수록 전하를 띤 입자가 두 점 사이를 이동하는 데 더 많은 일이 필요하거나 수행될 수 있다.

전류와 전위를 이해하는 좋은 비유는 정원용 호스에 흐르는 물을 생각하는 것이다(그림 14-2). 전류는 매초마다 전선의 한 점을 지나서 흐르는 전하이다. 전류는 매초마다 호스에서 흘러나오는 물의 부피와 유사하다. 전위차는 호스 안에 있는 물에 가해지는 압력과 유사하다. 압력이 클수록 물은 더 빨리 흐른다.

전하 q가 전위차 E를 통과하여 이동할 때, 전하를 더 높은 에너지로 이동시키는 데 필요한 일 또는 더 낮은 에너지로 움직이는 전하에 의해 수행된 일은 다음과 같다.

일과 전압과의 관계:

$$\underset{\text{줄}}{|\text{일}|} = \underset{\text{볼트}}{E} \cdot \underset{\text{쿨롬}}{q} \qquad \textbf{(14-3)}$$

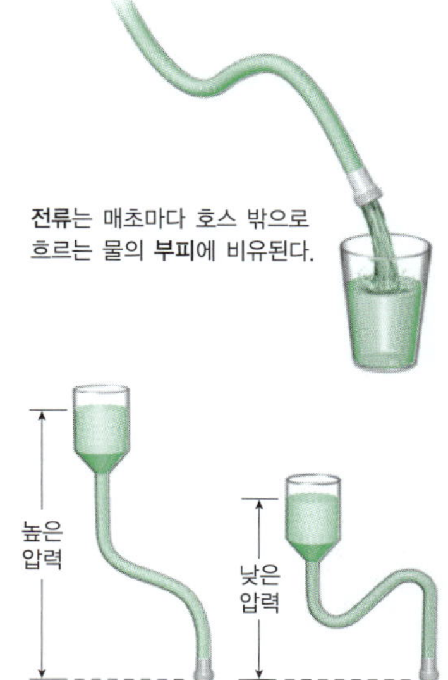

그림 14-2 호스를 통한 물의 흐름과 전선을 통한 전기의 흐름 비유

일은 에너지의 차원을 가지며, 단위는 **줄**(**joule, J**)이다. 1**줄**(joule)은 1**쿨롬**(coulomb)의 전하가 전위차가 1**볼트**(volt)인 지점 사이에서 이동할 때 얻거나 잃는 에너지이다. 식 14-3은

볼트가 쿨롬당 줄(J)임을 알려 준다.

예제 **전기적 일**

전위가 0 V인 영역에서 전위가 0.27 V인 영역으로(또는 전위가 +0.27 V 만큼 차이가 나는 두 지점 사이에서) 이동하는 2.4 mmol의 전자가 수행할 수 있는 일은 어느 정도인가?

풀이 식 14-3을 사용하려면, 전자의 몰수를 전하의 쿨롬으로 변환해야 한다. 각각의 전자는 한 단위의 전하($n = 1$)를 가지고 있으므로,

1 V = 1 J/C

$$q = n \cdot (\text{mol}) \cdot F = (1)(2.4 \times 10^{-3}\ \text{mol})(9.649 \times 10^4\ \text{C/mol}) = 2.3 \times 10^2\ \text{C}$$

전자에 의해 수행될 수 있는 일은 다음과 같다.

$$|\text{일}| = E \cdot q = (0.27\ \text{V})(2.3 \times 10^2\ \text{C}) = 62\ \text{J}$$

전자 대신에 Na^+를 전위가 0 V인 영역에서 전위가 +0.27 V인 영역으로 이동시키는 경우, 양이온은 더 양의 전위에 의해 반발하기 때문에 62 J의 일을 해주어야 한다.

자습 1.00 μmol의 e^-가 1.00 J의 일을 하는 데 필요한 전위(V)의 변화는 얼마인가? (**답:** 10.4 V)

정원용 호스의 비유에서, 호스의 한쪽 끝을 다른 쪽 끝보다 1 m 더 높게 하고 1 L 부피의 물이 호스에서 흘러나와 기계 장치를 통과하여 일정량의 일을 한다고 가정해 보자. 만약 호스의 한쪽 끝을 다른 쪽 끝보다 2 m 더 높이면, 떨어지는 물에 의해 수행될 수 있는 일은 두 배만큼 커진다. 호스 양쪽 끝의 높이 차이는 전위차와 유사하고, 물의 부피는 전하와 유사하다. 회로 내 두 점 사이의 전위차가 클수록, 두 점 사이를 이동하는 동일한 전하에 의해 수행될 수 있는 일은 더 많다.

q = (+): 열이 계로 들어간다
w = (+): 일이 계에 행해진다.

더 진행하기 전에, 화학에서 열(q)과 일(w)에 사용되는 부호 규약을 확립할 필요가 있다. 선풍기를 회전시키는 것과 같이 주위에 일을 수행할 수 있는 계로서 배터리(전기 화학 전지인)를 고려해 보자. 협약에 의해, **계로 들어가는 열은 플러스이고, 계에 행해지는 일도 플러스이다.** 마이너스 q는 열이 계에서 주위로 흐르는 것을 의미한다. 마이너스 w는 계가 주위에 일을 하는 것을 의미한다. 따뜻해지면서 주위로 열을 방출하는 배터리는 마이너스 q를 갖는다. 주위에 일을 수행하는 배터리(계)는 마이너스 w를 갖는다.

ΔG는 6-2절에 소개되었다.

전기 화학 전지에 대한 자유 에너지 변화(ΔG)는 선택된 반응물 1몰당 줄(J/mol)*로 표현된다. 만일 배터리에 대한 ΔG가 마이너스이면, 배터리의 자유 에너지는 감소하고 배터리는 주위에 일을 할 수 있으므로 w는 마이너스이다. **가역적으로** 작동하고 있는, 즉 전체 반응 시간 동안 거의 평형 상태가 유지될 만큼 반응이 천천히 진행되는 배터리를 고려해 보자. 일정한 온도와 압력에서 배터리에 의해 주위에 행해질 수 있는 최대의 일은 전지 반응에 대한 자유 에너지 변화와 같다.

$$\text{특정 반응물 1몰당 최대 일} = -\Delta G \qquad \textbf{(14-4)}$$

일은 ΔG와 같은 부호를 갖는다.

식 14-2, 14-3 및 14-4를 결합하면 전기 화학 반응에 대한 자유 에너지 변화 ΔG와 전기 화학 전지에 의해 생성된 전위차 E와의 관계를 얻게 된다. 식 14-3에서 절댓값 부호를 제거하고, 이 식을 일 $= -E \cdot q$로 나타내는데, 이는 주위에 일을 행하는 반응은 자발적이어야 하고 따라서 ΔG는 음수여야 하기 때문이다.

---

*자유 에너지(ΔG)의 단위는 J/mol이다. 이는 평형 상수 K를 화학 변화에 대한 $\Delta G°$와 관련시켜 주는 식 6-7($K = e^{-\Delta G°/RT}$)로부터 입증할 수 있다. 모든 식에서 지수는 단위가 없어야 하므로, $\Delta G°$는 RT와 같은 단위인 [J/(mol · K)](K) = J/mol을 가져야 한다.

$$\Delta G = \frac{\text{일}}{\text{mol}} = \frac{-E \cdot q}{\text{mol}} = \frac{-E \cdot [n \cdot (\cancel{\text{mol}}) \cdot F]}{\cancel{\text{mol}}} = -n \cdot F \cdot E$$

자유 에너지 변화(ΔG)와 전위(E)와의 관계:

$$\Delta G = -n \cdot F \cdot E \quad (14\text{-}5)$$

J/mol　분자당 단위 전하　C/mol　볼트 (V)

식 14-5에서, 만일 반응이 일정 온도와 압력에서 가역적으로(천천히) 일어난다면 E는 그 반응에 의해 생성될 수 있는 최대 전압이다. 14장 서두의 AA 크기의 알칼리 전지와 같은 배터리가 매우 천천히('가역적으로') 방전되면, 특정 화학종 1몰당 최대 일은 ΔG에 근접해지고(식 14-4) 최대 전압은 $-G/nF$ (식 14-5)에 가까워진다.

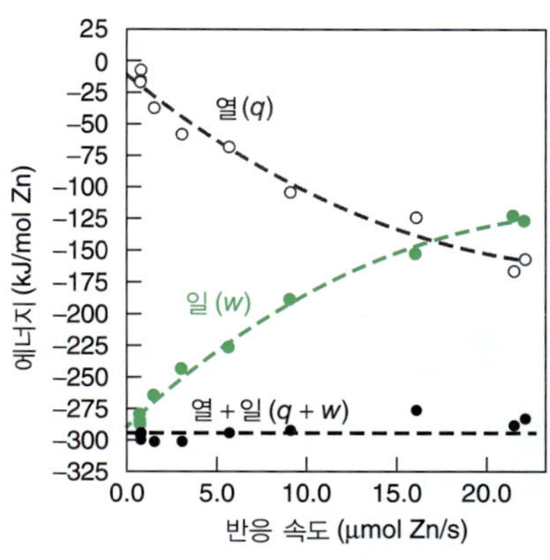

그림 14-3 AA 크기의 알칼리 배터리에 의해 수행된 측정된 일(w)과, 배터리에 의해 방출된 열(q)을 전지에서 반응 속도의 함수로 나타낸 자료. q가 더 음의 값일수록 더 많은 폐열이 발생한다. w가 덜 음의 값일수록, 배터리가 주위에 하는 일은 더 작다. 전지 반응은 14장의 도입부에 설명하였다. [출처: R. J. Noll and J. M. Hughes, "Heat Evolution and Electrical Work of Batteries as a Function of Discharge Rate: Spontaneous and Reversible Processes and Maximum Work," *J. Chem. Ed.* **2018**, *95*, 852. J. M. Hughes는 학부 연구생이었다.]

그림 14-3은 AA 크기의 배터리에 의해 반응 1몰당 수행된 일을 배터리 내부에서의 반응 속도에 따라 측정한 결과를 보여 준다. 배터리가 더 빨리 방전될수록(반응 속도가 클수록), 더 적은 양의 일이 주위에 행해지며(덜 음의 w) 더 많은 폐열이 주위로 방출된다(더 음의 q). 반응 속도가 0에 가까워짐에 따라, 주위에 행해지는 일은 ΔG에 접근하고(식 14-4) 배터리에서 주위로 방출된 폐열은 이론적인 값인 +1.9 kJ/mol에 거의 근접하게 된다.[†] 에너지 보존에 의해 열과 일의 합은 일정해야 한다. 그림 14-3은 관찰된 합인 $q+w$가 거의 일정하다는 것을 보여 준다.

빠르게 방전되는 배터리는 천천히 방전되는 배터리만큼 많은 유용한 일을 수행할 수 없다. (+)단자와 (−)단자를 전선으로 연결하여 배터리를 합선시키면 반응 속도가 빨라지고 배터리 용기가 뜨거워진다.

Ohm 법칙

Ohm 법칙(Ohm's law)에 의하면, 전류 I는 회로에 걸린 전위차(전압)에 비례하고 회로의 **저항(resistance, R)**에 반비례한다.

Ohm 법칙:

$$I = \frac{E}{R} \quad (14\text{-}6)$$

전압이 클수록 더 많은 전류가 흐른다. 저항이 클수록 더 적은 전류가 흐른다.

저항의 단위는 **옴(ohm)**이며, 그리스 문자 Ω(오메가)로 표시한다. 저항이 1 Ω인 경우, 1볼트의 전위차가 있는 회로를 통해서 1암페어의 전류가 흐른다. 식 14-6으로부터 암페어(A) 단위는 V/Ω과 같다는 것을 알 수 있다.

보충 14-1은 전류와 저항을 측정하여 Ohm 법칙에 적용함으로써 단분자의 저항을 측정하는 것을 보여 준다.

일률

일률(power, P)은 단위 시간당 일이다. 일률의 SI 단위는 J/s이며, **와트(watt, W)**로 더 잘 알려져 있다.

$$P = \frac{\text{일}}{\text{s}} = \frac{E \cdot q}{\text{s}} = E \cdot \frac{q}{\text{s}} \quad (14\text{-}7)$$

하지만 q/s는 전류(I)이므로, 다음과 같이 쓸 수 있다.

$$P = E \cdot I \quad (14\text{-}8)$$

일률(와트) = 초당 일
$P = E \cdot I = (IR) \cdot I = I^2R$

1 V의 전위차에서 1 A의 전류를 전달할 수 있는 전지는 1 W의 출력을 갖는다.

예제 Ohm 법칙 이용하기

그림 14-4에 있는 회로에서, 배터리는 3.0 V의 전위차를 발생하며, 저항기의 저항이 100 Ω이다.

[†] 그림 14-3의 가역 반응에 대한 q의 이론값은 $T\Delta S$(= 11.9 kJ/mol)인데, 여기에서 T는 온도이고 ΔS는 반응의 엔트로피 변화이다. 그림 14-3에서 q의 추세선은 반응 속도가 0인 지점이 소량의 양의 에너지가 아니라 음의 에너지에서 끝나는 것으로 보인다. 만일 반응 속도가 낮은 지점들에 더 많은 가중치를 부여하면, 추세선은 작은 양의 에너지에서 끝날 것이다. 측정된 자료로는, 추세선을 어떻게 외삽해야 하는지 확실하지 않다. 현실 세계에서는 모든 측정에 실험 오차가 있고 $T\Delta S$ 자체의 이론치는 불확실성을 갖고 있다는 것을 직시해야 한다.

배터리와 저항을 연결하는 도선의 저항은 무시할 정도이다. 배터리에 의해 발생되는 전류와 일률을 계산하시오.

풀이 전류는

$$I = \frac{E}{R} = \frac{3.0\ \text{V}}{100\ \Omega} = 0.030\ \text{A} = 30\ \text{mA}$$

보충 14-1 Ohm 법칙, 전도도, 분자선[5]

두 개의 금(Au) 전극 사이에 매달려 있는 단분자의 전기 전도도는 전압과 전류를 측정한 뒤 Ohm 법칙을 적용하여 알아낸다. 전도도는 1/저항이므로 단위가 1/ohm ≡ 지멘스(siemens, S)이다.

분자 접합을 만들기 위해서 싸이올(—SH)기가 끝에 붙어 있는 하나의 시험 분자를 포함하는 용액에서 주사 터널 현미경의 뾰족한 금 팁(tip)을 평탄한 금 기판에 붙였다 떼었다 하면서 움직인다. 여기에 나타낸 것처럼, 싸이올은 금과 자발적으로 결합을 하여 다리를 형성한다. 금 표면 사이의 전위차가 0.1 V일 때 nA의 전류가 관찰되었다.

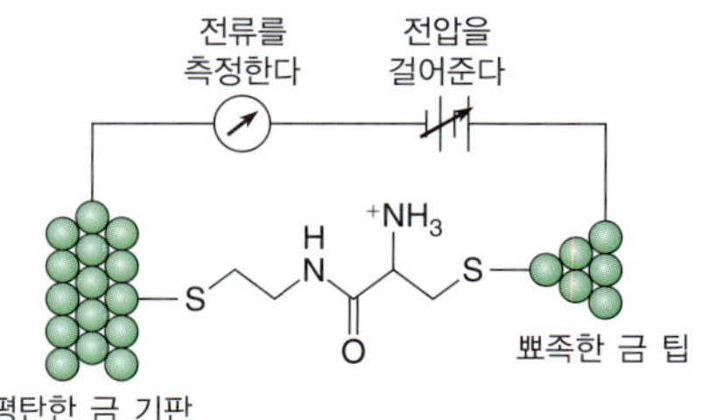

그래프는 Au 팁이 Au 기판으로부터 멀어짐에 따라 전도도가 네 번 나타나는 것을 보여 준다. 19 nS의 배수마다 평탄 영역이 관찰된다. 한 가지 해석은 두 개의 Au 표면을 연결하는 단분자가 19 nS의 전도도(또는 50 MΩ의 저항)를 갖는다는 것이다. 만일 분자 두 개가 평행한 다리를 만들면 전도도는 38 nS로 증가한다. 세 개의 분자는 57 nS의 전도도를 나타낸다. 만약 세 개의 다리가 있는 상태에서 두 전극을 서로 잡아당겨서 하나의 다리가 끊어지면, 전도도는 38 nS로 감소한다. 두 번째 다리가 끊어지면 전도도는 19 nS로 떨어진다. Au 표면 위에 있는 개별 분자들의 환경이 동일하지 않기 때문에 정확한 전도도는 변한다. 삽입된 그림에서 500번 이상 관측한 히스토그램은 19, 38, 57 nS에서 피크가 있음을 보여 준다.

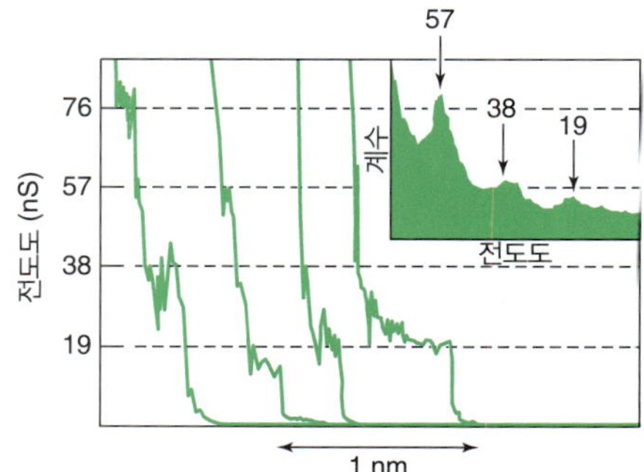

다이싸이올 용액에 담긴 주사 터널링 현미경의 Au 팁이 Au 기판에서 멀어질 때 전도도의 변화 [출처: Xiao, B. Xu, and N. Tao, "Conductance Titration of Single-Peptide Molecules", *J. Am. Chem. Soc.* **2004**, *126*, 5370.]

알케인 탄화수소는 전형적인 전기 절연체로 생각할 수 있다. 다이싸이올 알케인의 전도도는 사슬의 길이가 길어질수록 기하급수적으로 감소한다.[6]

HS(CH$_2$)$_8$SH 전도도 = 16.1 nS

HS(CH$_2$)$_{10}$SH 전도도 = 1.37 nS

HS(CH$_2$)$_{12}$SH 전도도 = 0.35 nS

아래에 나타낸 접합 방향족 바이피리딘의 전도도는 길이가 같은 포화 탄화수소의 전도도보다 훨씬 더 크다. 실제로, 6개의 반복 단위와 11 nm의 길이를 갖는 화합물에 대한 2.9 nS의 전도도는, 탄소만으로 이루어진 유사한 길이의 방향족 분자 선(wire)에 대해 보고된 전도도보다 거의 1000배 정도 크다.

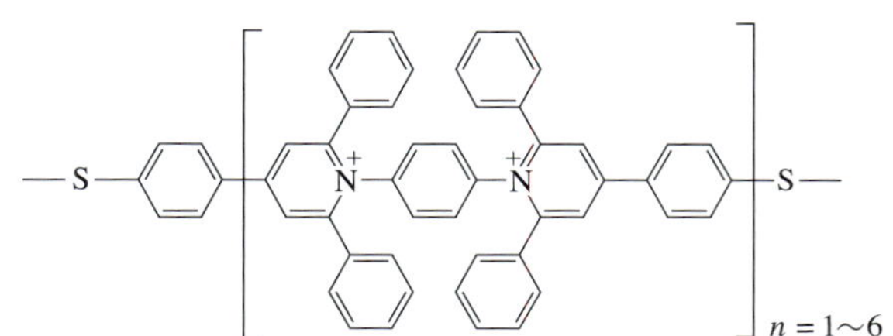

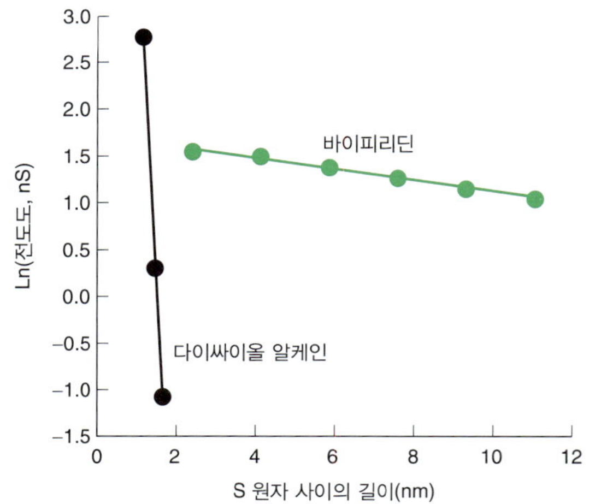

황과 황 사이의 사슬 길이에 따른 전도도의 의존성 [출처: V. Kolivoska et al., "Sigle-Moelcule Conductance in a Series of Extended Vilogen Molecules,", *J. Phys Chem. Lett.*, **2013**, *4*, 589.]

배터리에 의해 생성되는 일률 P는

$$P = E \cdot I = (3.0\ \text{V})(0.030\ \text{A}) = 90\ \text{mW}$$

자습 180 mW의 일률을 생성하는 데 필요한 전압은 얼마인가? (**답:** 4.24 V)

그림 14-4 한 개의 배터리와 한 개의 저항기로 이루어진 회로. Benjamin Franklin은 1740년대에 정전기를 연구했다.[4] 그는 유리 막대를 비단 천으로 문지를 때, 비단 천으로부터 유리 막대로 움직이는 유체를 전기라고 생각했다. 이제는 전자가 유리에서 비단으로 흐른다는 것을 알고 있다. 그러나 전류의 방향에 대한 Franklin의 관습이 그대로 남아 있어서, 전류는 플러스에서 마이너스로 흐르고, 전자의 흐름은 그 반대 방향이라고 말한다.

배터리에 의해 생성된 일률은 어떻게 될까? **에너지는 저항기에서 열로 나타난다.** 일률(90 mW)은 저항기에서 발생되는 열의 발생 속도와 같다. 만일 그림 14-4의 저항기를 전기 모터로 교체하면, 배터리는 유용한 일을 할 수 있게 된다. 그림 14-3은 배터리에 의해 수행될 수 있는 일을 보여 준다. 그림 14-3의 폐열은 회로의 외부에서가 아니라 배터리의 **내부에서** 생성된다.

지금까지 몇 쪽에 걸쳐 설명한 기호, 단위, 상호 관계를 요약하면 다음과 같다.

전하와 몰수와의 관계: $q = n \cdot (\text{mol}) \cdot F$

q: 전하 (쿨롬, C), n: 분자당 단위 전하, (mol): 몰수, F: C/몰수 (Faraday 상수)

일과 전압과의 관계: $|\text{일}| = E \cdot q$ (단위: J/C = V)

일: 줄 (J), E: 볼트 (V), q: 쿨롬 (C)

자유 에너지 차이와 전위차 사이의 관계: $\Delta G = -n \cdot F \cdot E$

ΔG: J/mol, n: 분자당 단위 전하, F: C/mol, E: 볼트 (V)

Ohm 법칙: $I = E / R$

I: 전류 (A), E: 볼트 (V), R: 저항 (옴, Ω)

일률: $P = \dfrac{\text{일}}{\text{초}} = E \cdot I$

P: 일률 (와트, W), 일/초: J/s, E: 볼트, I: 암페어

14-2 갈바니 전지

갈바니 전지는 자발적인 화학 반응을 이용하여 전기를 생산한다. 배터리는 갈바니 전지이다.

갈바니 전지[**galvanic cell**, **볼타 전지**(voltaic cell)라고도 함]는 전기를 발생시키기 위해서 **자발적인** 화학 반응을 이용한다. 이를 위해 한 반응물은 산화되어야 하고, 다른 반응물은 환원되어야 한다. 두 반응물은 직접 접촉할 수 없다. 그렇지 않으면 전자는 환원제에서 산화제로 직접 흐를 것이다. 대신, 산화제와 환원제를 물리적으로 분리하여, 전자가 외부선을 통해 한 반응물에서 다른 반응물로 이동하게 한다.

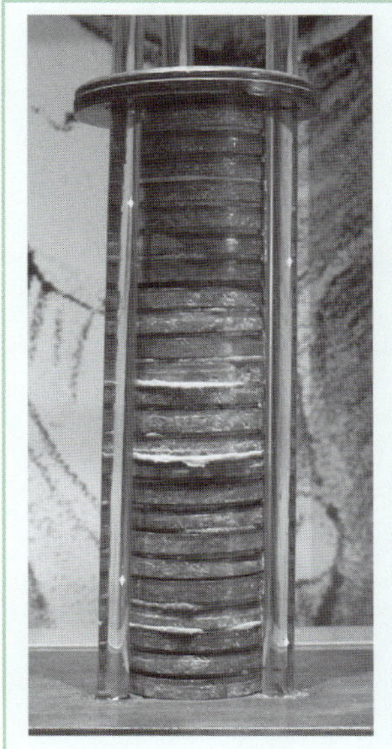

1799년에 Alessandro Volta (1745~1827)에 의해 고안된 배터리는 소금물에 적신 종이 판지로 분리된 여러 개의 Zn과 Ag의 층으로 이루어져 있다. 런던의 영국왕립과학연구소에 전시되어 있는 '볼타 파일'은 1814년에 Humphry Davy와 Faraday가 이탈리아를 방문했을 때 Volta가 그들에게 준 것이다. Davy는 이 파일을 이용하여 금속의 염들을 환원시켜 Na, K, Mg, Ca, Sr 및 Ba을 처음으로 분리하였다. Faraday는 파일을 이용하여 전기와 자기 법칙을 발견하였다. 이 파일에 대한 화학은 357쪽에 설명되어 있다. [Daniel Harris 제공]

작동하는 전지

그림 14-5는 $CdCl_2$ 용액에 담겨 있는 두 개의 전극으로 이루어진 갈바니 전지를 보여 준다. 한 전극은 카드뮴이며, 다른 전극은 고체 AgCl을 입힌 금속 은이다. 반응은 다음과 같다.

환원 반응: $2\text{AgCl}(s) + 2e^- \rightleftharpoons 2\text{Ag}(s) + 2\text{Cl}^-(aq)$

산화 반응: $\text{Cd}(s) \rightleftharpoons \text{Cd}^{2+}(aq) + 2e^-$

알짜 반응: $\text{Cd}(s) + 2\text{AgCl}(s) \rightleftharpoons \text{Cd}^{2+}(aq) + 2\text{Ag}(s) + 2\text{Cl}^-(aq)$ **(14-9)**

알짜 반응은 하나의 산화 반응과 하나의 환원 반응으로 이루어져 있으며, 각각을 **반쪽 반응**(**half-reaction**)이라고 한다. 두 개의 반쪽 반응을 전자 개수가 같도록 써서 두 반응식을 합했을 때 여분의 전자가 없도록 한다.

회로에 있는 **전위차계**(**potentiometer**)로는 두 금속 전극 사이의 전위차(전압)를 측정한다.

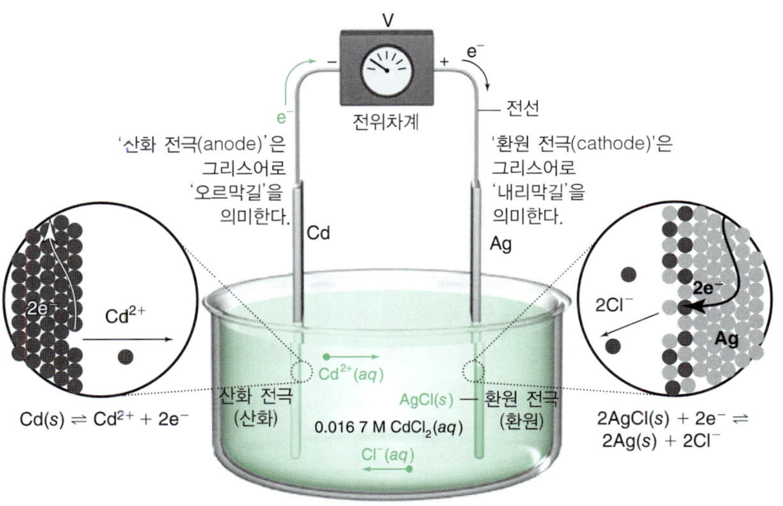

그림 14-5 간단한 갈바니 전지

측정된 전압은 E_+와 E_-의 차이, $E_{(측정)} = E_+ - E_-$인데, 여기에서 E_+는 전위차계의 (+)단자에 연결된 전극의 전위이고, E_-는 (−)단자에 연결된 전극의 전위이다. 이 그림에서와 같이, 전자가 (−)단자로 흘러 들어갈 때 전압은 플러스이다. 전위차계는 매우 큰 저항을 가지고 있어서 전위차계를 통해서 전류는 거의 흐르지 않는다. 이상적으로는 전위차계를 통해 전류가 전혀 흐르지 않으며, 측정된 전위차를 **열린 회로 전위**(open-circuit potential)라고 하는데, 이것은 두 개의 전극이 서로 연결되지 않았을 때 관찰되는 가상의 전위차이다.

그림 14-5에서 금속 Cd가 $Cd^{2+}(aq)$로 산화되면 회로를 통해 Ag 전극으로 흐르는 전자를 제공하게 된다. Ag 표면에서는 (AgCl의) Ag^+가 $Ag(s)$로 환원된다. AgCl의 염화 이온은 용액으로 들어간다. Cd 1mol 당 −150 kJ의 알짜 반응에 대한 자유 에너지 변화가 회로를 통해서 전자를 밀어주는 원동력을 제공한다.

자발적인 반응에 대해 ΔG는 **음**의 값이라는 것을 기억하라.

예제 **화학 반응에 의해 생성되는 전압**

그림 14-5에 있는 전위차계에서 측정될 수 있는 전압을 계산하시오.

풀이 Cd 1 mol당 ΔG는 −150 kJ이므로, 식 14-5(n은 균형 알짜 반응에서 이동하는 원자당 전자수이다)를 이용하여 다음과 같이 쓸 수 있다.

$$E = -\frac{\Delta G}{nF} = -\frac{-150 \times 10^3 \text{ J/mol}}{\left(2\frac{전자}{원자}\right)\left(9.649 \times 10^4 \frac{\text{C}}{\text{mol}}\right)}$$

$$= +0.777 \text{ J/C} = +0.777 \text{ V}$$

자발적인 화학 반응(음의 ΔG)은 **양의 전압**을 생성한다.

자습 $\Delta G = +150$ kJ/mol이고 $n = 1$ e^-/원자일 때 E를 계산하시오. (**답:** −1.55 V)

상기 메모: 1 J/C = 1 volt
$n = e^-$/원자이고, n은 단위가 없다.

환원 전극: 환원이 일어나는 곳
산화 전극: 산화가 일어나는 곳

화학자들은 **환원**(reduction)이 일어나는 전극을 **환원 전극(cathode)**이라고 정의한다. **산화**(oxidation)가 일어나는 전극은 **산화 전극(anode)**이다. 그림 14-5에서 Ag 표면에서 환원이 일어나기 때문에($2AgCl + 2e^- \rightleftharpoons 2Ag + 2Cl^-$), Ag는 환원 전극이다. Cd는 산화되기 때문에 ($Cd \rightarrow Cd^{2+} + 2e^-$) 산화 전극이다.

전자는 양의 전위가 더 큰 쪽으로 이동한다

음으로 하전되어 있으므로, **전자는 더 큰 양의 전위 쪽으로 이동한다.** 그림 14-5에서 Ag 전극은 Cd 전극에 대해서 양(플러스)이다. 따라서 전자는 회로를 통해서 Cd에서 Ag로 이동한다. Nernst 식을 공부할 때, 전극 전위를 계산하는 방법을 배우게 되고, 그 결과 전자 흐름의 방향을 예측하는 방법도 배우게 된다.

전자는 용액을 통해서 쉽게 전달되지 않는다. 전자는 전선을 통해서 이동해야 한다. 이온은 전선을 통해서 전달되지 않는다. 이온은 용액을 통해서 이동해야 한다. 전기 중성은 전자의 흐름과 이온의 흐름 사이의 균형에 의해 유지되므로 전하는 어느 영역에서도 크게 축적되지 않는다.

Michael Faraday는 그가 발견한 것들을 과학의 '발전을 지연'시키는 것이 아니라 '과학의 일반적인 대의명분을 진보'시킬 수 있는 용어로 설명하기를 원했다. 그는 Cambridge에 사는 William Whewell에게 도움을 청하였는데, Whewell은 '오르막길'과 '내리막길'을 뜻하는 'anode'와 'cathode' 같은 용어를 만들었다(그림 14-5).

염다리

다음 반응이 진행되도록 의도한 그림 14-6의 전지를 고려해 보자.

$$\begin{array}{ll} \text{환원 전극:} & 2Ag^+(aq) + 2e^- \rightleftharpoons 2Ag(s) \\ \text{산화 전극:} & Cd(s) \rightleftharpoons Cd^{2+}(aq) + 2e^- \\ \hline \text{알짜 반응:} & Cd(s) + 2Ag^+(aq) \rightleftharpoons Cd^{2+}(aq) + 2Ag(s) \end{array} \quad (14\text{-}10)$$

알짜 반응은 자발적이지만 Ag 전극에서 Ag^+ 이온이 환원되지 못하기 때문에 회로를 통해 전류는 거의 흐르지 않는다. 수용액의 Ag^+는 Cd(*s*) 표면에서 직접 반응할 수 있어서, 외부 회로를 통한 전자의 흐름이 없어도 동일한 알짜 반응을 일으킬 수 있다.

그림 14-6에 나타낸 전지는 **단락되어**(short-circuit) 있다.

그림 14-7에 나타낸 것처럼 두 개의 반쪽을 **염다리(salt bridge)**로 연결하면 반응물을 두 개의 **반쪽 전지**(half-cell)[7]로 분리할 수 있다. 염다리는 고농도의 KNO_3(또는 전지 반응에 영향을 미치지 않는 다른 전해질)이 포함된 젤로 채워진 U자관이다. 염다리의 양쪽 끝은 이온들의 확산은 가능하지만 염다리의 내부와 외부에서 용액의 혼합은 최소화하는 다공성 유리판이다. 갈바니 전지가 작동할 때, K^+는 염다리에서 환원 전극 칸으로 이동하며, 소량의 NO_3^-는 환원 전극에서 염다리로 이동한다. 전자가 Ag 전극으로 이동함에 따라 발생하는 전하의 축적은 이온의 이동에 의해 상쇄된다. 염다리가 없는 경우에는 전하의 축적으로 인해 반응이 거의 일어나지 않을 수 있다. 염다리에 들어 있는 염의 농도가 반쪽 전지에 들어 있는 염의 농도보다 훨씬 크기 때문에 염다리에서 나오는 이온의 이동이 염다리로 들어가는 이온의 이동보다 더 크다. 염다리의 왼쪽 부분에서 양전하가 축적되는 것을 방지하기 위해 NO_3^-는 산화 전극 칸으로 이동하고, 소량의 Cd^{2+}는 염다리 안으로 이동한다.

염다리는 전지 전체에 걸쳐 전기 중성(전하의 축적이 없음)을 유지한다. 실험 14-1을 보라.

Ag^+, 또는 Cl^-와 반응하는 다른 화학종이 포함되지 않은 반응인 경우, 염다리는 일반적으로 KCl 전해질을 사용한다. 전형적인 염다리는 보통 물 100 mL에 30 g의 KCl과 3 g의 한천을 녹여 용액이 맑아질 때까지 가열하여 만든다. 이 용액을 U자관에 붓고 젤이 될 때까지 기다린다. 염다리는 포화 KCl 수용액에 보관한다.

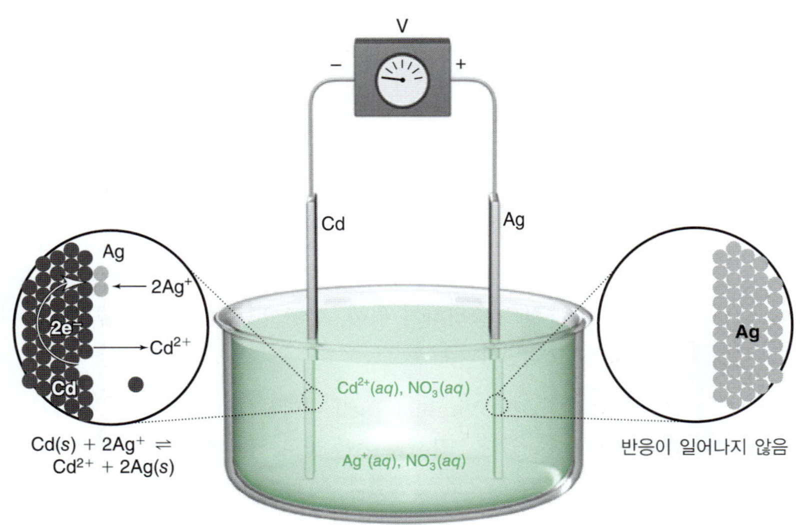

그림 14-6 $Ag^+(aq)$가 Cd 전극의 표면에서 직접 반응할 수 있기 때문에 작동하지 않는 전지. 반응이 일어나기 위해 전자는 전선을 통해 흐를 필요가 없다.

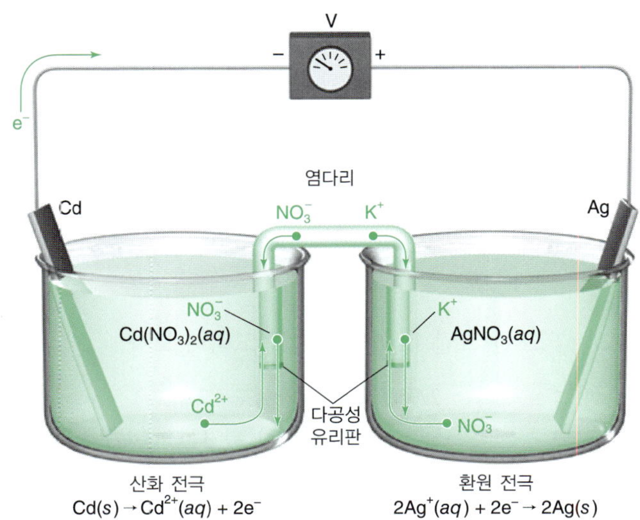

그림 14-7 작동하는 전지-염다리 덕분에!

선 표기법

전기 화학 전지는 두 부호만을 이용한 표기법으로 나타낼 수 있다.

염다리 기호 ||는 염다리 양쪽 두 개의 상 경계를 나타낸다.

| 상 경계   ‖ 염다리

그림 14-5에 나타낸 전지는 **선 도해**(line diagram)로 묘사할 수 있다.

$$\mathrm{Cd}(s)\,|\,\mathrm{CdCl_2}(aq)\,|\,\mathrm{AgCl}(s)\,|\,\mathrm{Ag}(s)$$

각각의 상 경계는 수직선으로 나타낸다. 전극은 선 도해의 맨 왼쪽 끝과 맨 오른쪽 끝에 나타낸다. 그림 14-7에 나타낸 전지는 다음과 같다.

$$\mathrm{Cd}(s)\,|\,\mathrm{Cd(NO_3)_2}(aq)\,\|\,\mathrm{AgNO_3}(aq)\,|\,\mathrm{Ag}(s)$$

전기 화학 전지의 상 경계에서는 전위의 변화가 있다. Cd로부터 Ag에 이르기까지 전위의 증가는 대부분 $Cd(s)\,|\,Cd(NO_3)_2(aq)$와 $AgNO_3(aq)\,|\,Ag(s)$의 상 경계에서 발생한다. 또한 염다리 양쪽 끝에서 **접촉 전위**(junction potential)라고 하는 소량의 전위 변화가 있다.

실험 14-1 인간 염다리

염다리는 양쪽 끝에 **반투과성**(semipermeable) 장벽이 있는 이온성 매질이다. 작은 분자와 이온은 반투과성 장벽을 통과할 수 있지만, 큰 분자는 통과할 수 없다. 본문에서 설명한 것처럼 한천과 KCl로 U자관을 채워서 '적절한' 염다리를 만들고 그림과 같이 전지를 제작해 보라.

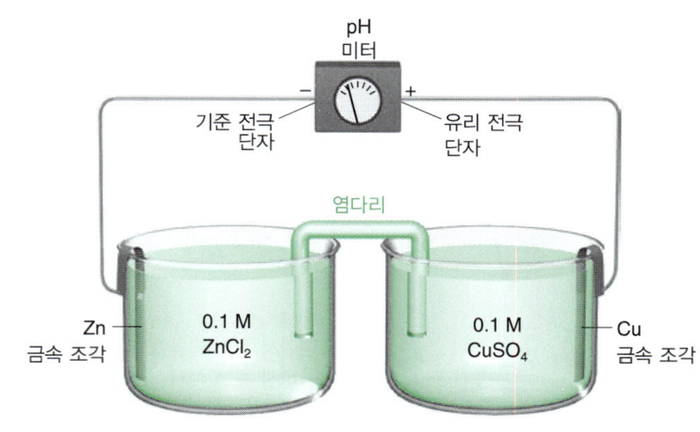

pH 미터는 (−)단자에 기준 전극을 꽂는 소켓이 있는 전위차계이다.

이 전지의 반쪽 반응을 쓰고 Nernst 식을 이용하여 이론 전압을 계산해 보라. 기존의 염다리를 사용하여 전압을 측정해 보라. 그런 다음 염다리를 NaCl 용액에 담근 거름종이로 교체하고 다시 전압을 측정해 보라. 마지막으로, 거름종이 염다리를 두 손가락으로 교체하고 다시 전압을 측정해 보라. 사람은 하나의 반투막에 담겨 있는 염 봉지에 불과하다. 염다리를 교체할 때 관찰되는 미세한 전압의 차이는 15-3절에 설명된 접촉 전위 때문일 수 있다. 핫도그와 화학 강사를 구별하는 것이 거의 불가능하다는 것을 증명하기 위해, 핫도그를 염다리[8]로 사용해서 다시 전압을 측정하라.

도전 Virginia Tech 대학생 180명이 손을 잡아서 염다리를 만들었다.[9] 각자의 손을 물로 적시면 저항은 학생 1인당 10^6 Ω에서 10^4 Ω으로 낮아졌다. 여러분의 학급은 이 기록을 깰 수 있는가?

보충 14-2 수소–산소 연료 전지

지구로 재진입하기 전에 사령선으로부터 분리된 후 승무원에 의해 관찰된 파열된 Apollo 13호 보조 우주선 [NASA]

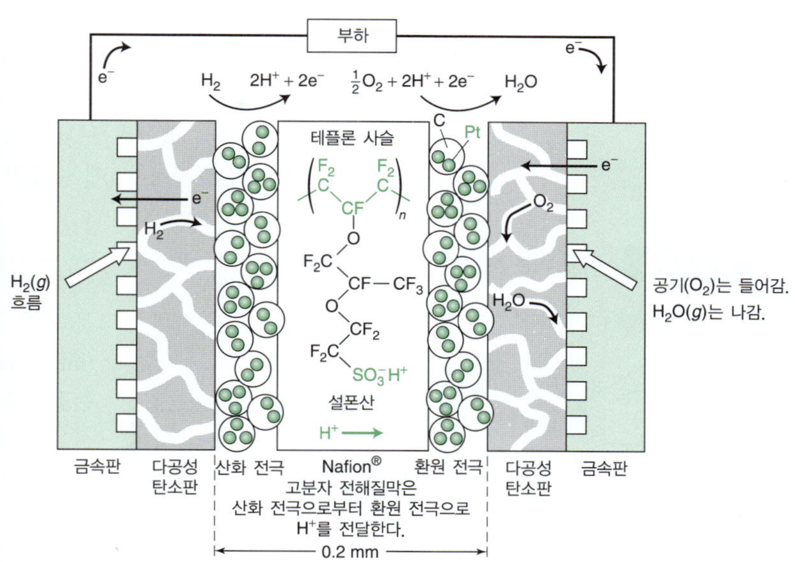

고분자 전해질막 수소–산소 연료 전지의 단면도 [Information from S. Thomas and M. Zalbowitz, *Fuel Cells: Green Power* (Los Alamos National Laboratory, New Mexico, 1999)]

"Houston, 문제가 생겼습니다." Jim Lovell 선장은 이러한 말로 1970년 달 여행 둘째 날에 **Apollo 13호**에 문제가 생겼다는 것을 우주 비행 관제 센터에 알렸다.[10] 우주선의 연료 전지에 필요한 액체 산소가 담긴 탱크 하나가 폭발한 것이다. 이러한 연료 전지는 우주에서 전기를 공급하는 가장 효율적인 방법으로 1960년대에 개발되었다. 폭발의 결과로, 세 명의 우주인은 달로 날아가서 다시 태평양으로 돌아오기까지 거의 나흘 동안 전기와 물이 거의 없는 달 착륙선을 '구명 보트'로 사용해야 했다. 이 여행의 여러 가지 기술적 하이라이트 중 하나는 우주인들이 생존할 수 있도록 사령선에 있는 용기를 응용하여 달 착륙선 내부의 공기에서 CO_2를 제거하는 것이었다($2LiOH(s) + CO_2(g) \rightarrow Li_2CO_3(s) + H_2O(g)$). 세 사람의 운명에 대해 숨죽이고 있던 지구상의 수십억 사람들은 승무원들이 안전하게 귀환하자 환호성을 터뜨렸다.

현대적인 H_2–O_2 고분자 전해질 연료 전지는 순전히 H_2와 O_2의 결합으로 H_2O를 생성하는 반응에서 에너지를 얻는다. **연료**인 $H_2(g)$는 전도성의 다공성 탄소판을 통해 왼쪽의 전지로 흘러가서 산화 전극에 도달하며, 산화 전극은 2 nm의 백금 촉매 입자(<탄소에 코팅된 0.5 mg/cm^2)들을 포함하고 있다. H_2는 Pt에 묶여 있는 H 원자들로 해리되고, 그것은 더 진행되어 H^+와 전자를 생성한다. 전자는 다공성 탄소를 통해 회로로 나가서 유용한 일을 수행할 수 있다. H^+는 Nafion® 고분자 전해질 막을 통해서 전달된다. 고분자의 수화된 설폰산기는 한 설폰산기에서 다른 설폰산기로 H^+를 운반한다.

H^+가 환원 전극에 도달하면, Pt 촉매 입자 위에서 O_2 및 전자와 함께 결합하여 H_2O를 생성한다. O_2는 오른쪽에서 공기 펌프에 의해 공급된다. 환원 전극에서 생성된 $H_2O(g)$는 기류에 섞여 전지에서 빠져나간다. 연료 전지가 전기를 생산할 수 있도록 해주는 주요 특징은 고분자 전해질막이 H^+는 전달하지만 전자는 전달하지 않는다는 것이다.

이상적인 전지는 전류가 전혀 흐르지 않을 때 80°C에서 1.16 V를 생산한다. 전류가 흐르고 전지가 유용한 일을 할 때 작동 전압은 대개 ~0.7 V이다. 전지가 화학 에너지를 전기 에너지로 변환하는 효율은 60%(= 0.7 V/1.16 V)이다. 나머지 40%의 에너지는 열로 변환되고, 이 열은 환원 전극을 통해 흐르는 공기에 의해 제거되어 전지는 80°C의 온도를 유지하게 된다. 전지는 1 cm^{2}당 ~0.5 A라는 놀랄만한 전류를 생산한다. 높은 전압은 여러 개의 전지를 직렬로 쌓아서 생성할 수 있다.

전해질이 다른, 또 다른 종류의 H_2–O_2 연료 전지는 더 높은 온도에서 작동한다. 일부 전지는 85%의 효율로 메가와트의 전력을 생산할 수 있다. 비교를 위해, 내연 기관을 가진 자동차는 가솔린 에너지 함량의 ~20%를 자동차의 운동으로 변환한다. 일부 연료 전지는 천연가스(메테인)에서 수소를 추출하고, 비싼 귀금속 대신 촉매성 세라믹 산화물을 사용한다.

15-3절에서 설명하는 것처럼, 접촉 전위를 수 mV 이하로 줄이기 위해 염다리에는 포화 KCl이나 포화 KNO_3가 종종 사용된다.

배터리[11,12], 연료 전지[13,14,15] 및 흐름 전지[16,17,18]는 반응물을 소비해서 전기를 만들어 내는 갈바니 전지이다. **배터리**(battery)에는 반응물로 채워진 고정된 칸이 있다. **연료 전지**(fuel cell)는 새롭게 공급되는 반응물이 전극들을 지나서 흐르게 되고, 생성물은 계속해서 전지에서 빠져나간다. **흐름 전지**(flow cell)는 외부 탱크에 저장되어 있는 반응물이 지속적으로 공급되는 배터리이다. 흐름 전지는 태터리보다 훨씬 더 많은 에너지를 저장할 수 있다. 연료 전지와 달리, 생성물은 다시 탱크로 보내지고 흐름 전지가 가역적으로 재충전될 때 반응물로 전환된다. 보충 14-2와 보충 14-3에 중요한 연료 전지와 전지를 설명해 놓았다.

보충 14-3 리튬 이온 배터리

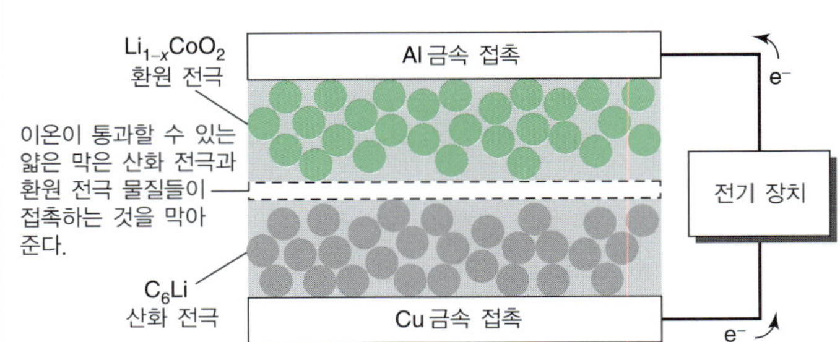

리튬 이온 배터리의 개략도

휴대 전화, 컴퓨터 및 전기 자동차에 들어 있는 고용량의 재충전이 가능한 리튬 이온 배터리는 재료 화학 연구 성과 중에서 뛰어난 하나의 예이다. 그림에 나타낸 배터리는 환원 전극 물질로 $Li_{1-x}CoO_2(x < 0.5)$[19] 입자를 가지고 있고 산화 전극 물질로 C_6Li를 가지고 있는데, 둘 다 이온이 통과할 수 있는 액체 전해질에 둘러싸여 있다. 전지가 전력을 공급할 때(방전될 때), 대략적인 화학 반응은 다음과 같다.

$$\underset{x<0.5}{C_6Li + 2Li_{1-x}CoO_2} \underset{\text{충전}}{\overset{\text{방전}}{\rightleftharpoons}} C_6 + 2LiCoO_2$$

C_6Li 내의 리튬 원자는 흑연의 탄소층 사이에 있다. 한 구조물의 층 사이에 위치하는 원자 혹은 분자는 **층간 삽입되었다**(intercalated)고 한다. 배터리가 방전되는 동안, Li^+ 이온은 끓는점이 높은 유기 용매에 녹아 있는 리튬염으로 이루어진 전해질을 통해 흑연에서 코발트 산화물로 이동한다. 그 결과 Li^+ 이온은 CoO_2 층 사이에 층간 삽입된다. Li 원자에 의해 남겨진 전자는 전선을 통해 흑연에서 코발트로 이동하여 휴대 전화와 같은 장치에 전력을 공급한다. 배터리를 재충전하는 동안, Li^+는 외부에서 가해준 전기장에 의해 $LiCoO_2$에서 흑연으로 다시 되돌아간다. 한 개의 전지로 구성된 리튬 이온 배터리는 약 3.7 V를 만들어 내고, 리튬 이온 배터리로 대체된 니켈-금속 수소화물 배터리보다 단위 질량당 두 배나 많은 에너지를 저장한다.

현재 진행되고 있는 연구는 더 높은 에너지 밀도와 긴 수명, 그리고 더 저렴한 비용과 더 안정적인 작동을 위해 재료를 개선하는 것을 목표로 하고 있다. 더 안전한 작동에 대한 필요성을 가장 잘 보여 준 것은, 동일 기종의 비행기에 탑재된 리튬 배터리에서 발생한 두 건의 화재로 인해 보잉 787 여객기 전체가 2013년에 4개월 동안 지상에 발이 묶여 있었던 사건이다. 또 다른 연구 분야는 리튬보다 더 풍부하고 값도 더 싼 소듐으로 리튬을 대체하려는 것이다.

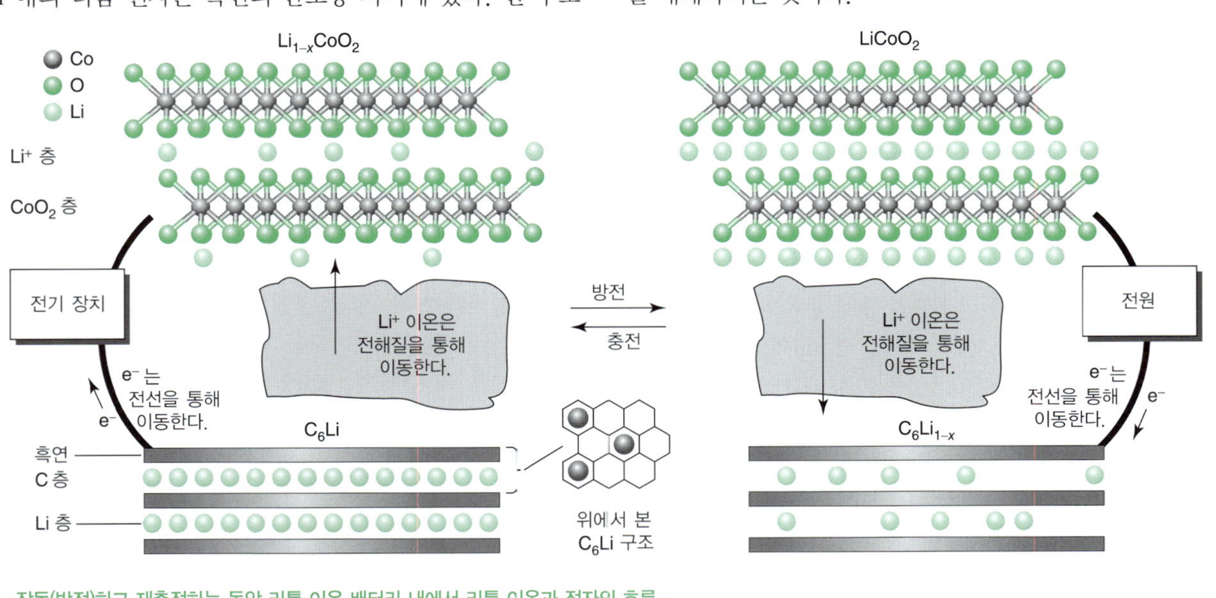

작동(방전)하고 재충전하는 동안 리튬 이온 배터리 내에서 리튬 이온과 전자의 흐름

14-3 표준 전위

그림 14-7에서 측정되는 전압은 오른쪽에 있는 Ag 전극과 왼쪽에 있는 Cd 전극 사이의 전위차이다. 전압은 한쪽에서 다른 쪽으로 흐르는 전자에 의해 얼마만큼의 일이 수행될 수 있는지를 알려 준다(식 14-3). 전위차계(전압계)는 그림 14-7에 나타낸 것처럼, 전자가 (−)단자로 흐를 때 플러스 전압을 나타낸다. 만약 전자가 반대 방향으로 흐르면 전압은 마이너스이다.

때때로 전압계의 (−)단자는 '공통(common)'이라고 표시되어 있다. 이 단자는 검은색으로, 그리고 (+)단자는 빨간색으로 표시될 수 있다. BNC 소켓이 달려 있는 pH 미터가 전위차계로 사용될 때, 중앙선은 (+)입력선이고, 바깥쪽 연결은 (−)입력선이다.

일반적으로 모든 반쪽 반응을 환원으로 쓸 것이다

이제부터 **모든 반쪽 반응을 일반적으로는 환원 반응으로 쓸 것이다.** 다음 절에 있는 Nernst 식을 사용하면 각 반쪽 반응에 대한 전극 전위를 알 수 있고, 따라서 전자 흐름의 방향을 예측할 수 있게 된다. 전자들은 전선을 통해 더 마이너스 전극에서 더 플러스 전극으로 흐른다.

표준 환원 전위 측정하기

그림 14-8에 있는 이상적인 실험으로부터 측정된 **표준 환원 전위(standard reduction potential, $E°$)**는 각각의 반쪽 반응에 배정된다. 관심이 있는 반쪽 반응은 전위차계의 **(+)단자**에 연결된 오른쪽 반쪽 전지에서 일어난다.

$$Ag^+ + e^- \rightleftharpoons Ag(s) \qquad (14\text{-}11)$$

표준(standard)이라는 것은 모든 화학종의 활동도가 1이라는 의미이다. 표준 조건에 있는 반응 14-11의 경우, $\mathcal{A}_{Ag^+} = 1$이고, 정의에 의해 Ag(*s*)의 활동도도 1이다.

전위차계의 **(−)단자**에 연결된 왼쪽 반쪽 전지를 **표준 수소 전극(standard hydrogen electrode, S.H.E.)**이라고 한다. 왼쪽 전지는 $\mathcal{A}_{H^+} = 1$인 산성 용액과 접촉하고 있는 촉매성 Pt 표면[20]으로 구성되어 있다. 전극을 통해서 $H_2(g)$를 흘려주면 용액은 $H_2(aq)$로 포화된다. $H_2(g)$의 압력이 1 bar라면 $H_2(g)$의 활동도는 1이다. Pt 전극 표면에서 평형에 이르는 반응은 다음과 같은 반쪽 반응이다.

> 질문 표준 수소 전극의 pH는 얼마인가?

S.H.E. 반쪽 반응:
$$H^+(aq, \mathcal{A} = 1) + e^- \rightleftharpoons \frac{1}{2}H_2(g, \mathcal{A} = 1) \qquad (14\text{-}12)$$

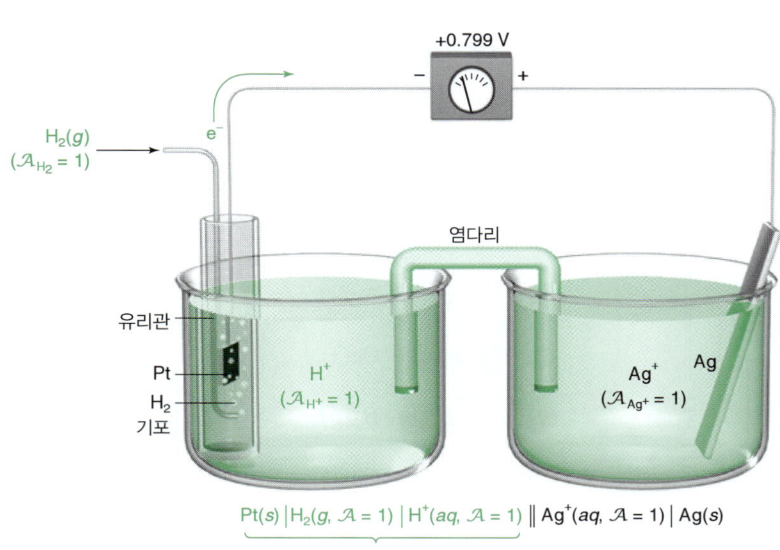

전위차계는 전위차계의 (+)단자에 연결된 전극의 전위에서 전위차계의 (−)단자에 연결된 전극의 전위를 뺀 전위의 차이를 측정한다.

$$E = E_+ - E_-$$

그림 14-8 $Ag^+ + e^- \rightleftharpoons Ag(s)$의 표준 환원 전위를 측정하기 위한 전지. 일반적으로 어떤 화학종의 활동도를 1로 조정하는 것은 불가능하기 때문에 이 전지는 가상적인 전지이다.

$H_2(g)$는 용해되어 $H_2(aq)$가 되고, $H_2(aq)$는 Pt 표면에서 $H^+(aq)$와 평형을 이룬다.

25°C에서 표준 수소 전극의 전위를 **임의로** 0이라고 정한다. 따라서 그림 14-8의 전압계로 측정된 전압은 오른쪽 반쪽 전지에서 일어나는 반응 14-11에 **할당**할 수 있다. 측정된 $E° = +0.799$ V는 반응 14-11에 대한 표준 환원 전위이다. (+) 부호는 전자가 전압계를 통해서 Pt에서 Ag로 흐른다는 것을 말해 준다.

협약에 의해, S.H.E.에 대한 $E° = 0$이다. Walther Nernst가 1897년에 처음으로 수소 전극의 전위를 0으로 할당한 것으로 보인다.[21]

반응 14-12에 대해 임의로 하나의 전위를 **할당**한 다음, 그 반응을 다른 반쪽 전지 전위를 측정하기 위한 기준점으로 사용한다. 이와 유사한 것으로 1기압에서 물의 어는점을 0°C로 정하고, 물의 끓는점을 100°C로 정한 것을 들 수 있다. 이 척도에 의하면, 헥세인은 69°C에서 끓고, 벤젠은 80°C에서 끓는다. 끓는점의 차이는 80 − 69 = 11°C이다. 만약 물의 어는점을 200°C로 정하고, 끓는점을 300°C로 정했다면, 헥세인은 269°C에서, 벤젠은 280°C에서 끓을 것이다. 차이는 여전히 11°C이다. 척도의 어느 지점에 0을 설정하는지에 상관없이, 벤젠과 헥세인 간의 차이는 일정하게 유지된다.

그림 14-8에 나타낸 전지에 대한 선 표기법은 다음과 같다.

$$\underbrace{\mathrm{Pt}(s)\,|\,\mathrm{H_2}(g, \mathcal{A}=1)\,|\,\mathrm{H^+}(aq, \mathcal{A}=1)}_{\text{S.H.E.}}\,\|\,\mathrm{Ag^+}(aq, \mathcal{A}=1)\,|\,\mathrm{Ag}(s)$$

표준 환원 전위는 오른쪽에 있는 관심 반응의 전위와 임의로 0이라고 정한 왼쪽에 있는 S.H.E.의 전위의 **차이**이다.

다음 반쪽 반응의 표준 환원 전위를 측정하기 위해

$$\mathrm{Cd^{2+}} + 2\mathrm{e^-} \rightleftharpoons \mathrm{Cd}(s) \qquad \textbf{(14-13)}$$

카드뮴 반쪽 전지를 전위차계의 (+)단자에 연결한 다음과 같은 전지를 구성하였다.

$$\text{S.H.E.}\,\|\,\mathrm{Cd^{2+}}(aq, \mathcal{A}=1)\,|\,\mathrm{Cd}(s)$$

이 경우, −0.402 V의 **마이너스** 전압이 관찰된다. (−) 부호는 그림 14-8에 나타낸 전지와는 반대 방향인, Cd에서 Pt로 전자가 흐르는 것을 의미한다.

부록 H에는 정선된 표준 환원 전위가 원소의 알파벳 순서로 나열되어 있다. 만약 $E°$ 값이 줄어드는 순서로 반쪽 반응을 배열하면(표 14-1처럼), 가장 강한 산화제는 왼쪽 맨 위에서, 가장 강한 환원제는 오른쪽 맨 아래에서 찾게 될 것이다. 반응 14-11과 14-13으로 표시되는 2개의 반쪽 전지를 연결하면, $Cd(s)$는 Cd^{2+}로 산화됨에 따라 Ag^+는 $Ag(s)$로 환원될 것이다.

표 14-1 정렬된 표준 환원 전위

산화제		환원제	$E°$(V)
$F_2(g) + 2e^-$	⇌	$2F^-$	2.890
$O_3(g) + 2H^+ + 2e^-$	⇌	$O_2(g) + H_2O$	2.075
⋮			
$MnO_4^- + 8H^+ + 5e^-$	⇌	$Mn^{2+} + 4H_2O$	1.507
⋮			
$Ag^+ + e^-$	⇌	$Ag(s)$	0.799
⋮			
$Cu^{2+} + 2e^-$	⇌	$Cu(s)$	0.339
⋮			
$2H^+ + 2e^-$	⇌	$H_2(g)$	0.000
⋮			
$Cd^{2+} + 2e^-$	⇌	$Cd(s)$	−0.402
⋮			
$K^+ + e^-$	⇌	$K(s)$	−2.936
$Li^+ + e^-$	⇌	$Li(s)$	−3.040

산화력이 증가한다 (↑, 아래에서 위로) / 환원력이 증가한다 (↓, 위에서 아래로)

질문 반응 $K^+ + e^- \rightleftharpoons K(s)$에 대한 전위는 −2.936 V이다. 이것은 K^+가 매우 약한 산화제라는 것을 의미한다(그것은 전자를 쉽게 받아들이지 않는다). 이것이 K^+가 강력한 환원제라는 것을 의미하는가?

답: 아니다. 강한 환원제가 되려면 K^+가 쉽게 전자를 잃어야 하지만 (K^{2+}를 형성), 그렇게 될 수 없다. 매우 큰 마이너스 환원 전위가 의미하는 것은 $K(s)$는 강한 환원제라는 것이다.

14-4 Nernst 식

Le Châtelier 원리는 반응물의 농도를 증가시키면 반응이 오른쪽으로 진행되며, 생성물의 농도를 증가시키면 반응이 왼쪽으로 진행된다는 것을 알려 준다. 산화–환원 반응에 대한 알짜 추진력은 **Nernst 식(Nernst equation)**으로 나타낼 수 있는데, 이 식의 두 항에는 표준 조건에서 추진력($E°$, 모든 활동도가 1일 때 적용)과 반응물과 생성물의 농도에 대한 의존성을 나타내는 항이 포함되어 있다.

만약에 어떤 반응의 ΔG가 (−)이고, E가 (+)이면 반응은 자발적이다. $\Delta G°$와 $E°$는 각각 반응물과 생성물의 활동도가 모두 1일 때의 자유 에너지 변화와 전위이다.

$\Delta G° = -nFE°$ (식 14-5에서)

반쪽 반응에 대한 Nernst 식

다음 반쪽 반응에 대한

$$aA + ne^- \rightleftharpoons bB$$

반쪽 전지의 전위 E를 나타내는 Nernst 식은 다음과 같다.

Nernst 식:
$$E = E° - \frac{RT}{nF}\ln\frac{\mathcal{A}_B^b}{\mathcal{A}_A^a} \tag{14-14}$$

여기서 $E°$ = 표준 환원 전위 ($\mathcal{A}_A = \mathcal{A}_B = 1$)
R =기체 상수(8.314 J/ (K · mol) = 8.314 (V · C) / (K · mol))
T = 온도(K)
n = 반쪽 반응의 전자수
F = Faraday 상수 (9.649×10^4 C/mol)
$\mathcal{A}_i$ = 화학종 i의 활동도

도전 Le Châtelier 원리는 Nernst 식에 있는 반응 지수 항 앞에 (−) 부호를 필요로 한다는 것을 설명하라. **힌트:** 반응이 더 잘 일어날수록, E는 더 플러스 값이다.

Nernst 식에 있는 로그 항은 **반응 지수(reaction quotient, Q)**이다.

$$Q = \mathcal{A}_B^b/\mathcal{A}_A^a \tag{14-15}$$

Q는 평형 상수와 같은 형태이지만 활동도가 평형 상태의 값일 필요는 없다. 순수한 고체, 순수한 액체, 용매는 그들의 활동도가 1(혹은 1에 가깝다)이기 때문에 Q에서 생략된다. 용질의 농도는 mol/L로 표시되고, 기체의 농도는 bar 단위의 압력으로 표시된다. 모든 활동도가 1이면 $Q = 1$이고 $\ln Q = 0$이므로, $E = E°$이다.

식 14-14에 있는 자연로그를 10을 기반으로 하는 상용로그로 변환하고 $T = 298.15$ K(25.00°C)를 대입하면 가장 유용한 형태의 Nernst 식이 된다.

부록 A는 $\log x = (\ln x)/(\ln 10) = (\ln x)/2.303$임을 보여 준다.

25°C에서 Nernst 식:
$$E = E° - \frac{0.059\ 16\ \text{V}}{n}\log\frac{\mathcal{A}_B^b}{\mathcal{A}_A^a} \tag{14-16}$$

Nernst 식에 있는 0.059 16이라는 수는 $(RT \ln 10)/F$이며, 온도에 따라 변한다.

25°C에서 Q가 10배 변할 때마다 전위는 $59.16/n$ mV 만큼 변한다.

예제 반쪽 반응에 대한 Nernst 식 쓰기

349쪽의 볼타 파일에서 화학 반응은 금속|소금물 계면에서 일어난다.

Zn 산화 전극:	$Zn^{2+} + 2e^- \rightleftharpoons Zn(s)$	$E° = -0.762$ V
Ag 환원 전극:	$H_2O + e^- \rightleftharpoons \frac{1}{2}H_2(g) + OH^-$	$E° = -0.828$ V

풀이 반응 지수에서 고체, 액체 그리고 용매는 생략하고, 기체의 농도는 bar 단위의 압력으로 나타낸다. 따라서 Nernst 식은 다음과 같다.

Zn 산화 전극: $$E = -0.762 - \frac{0.059\ 16}{2}\log\frac{1}{[Zn^{2+}]}$$

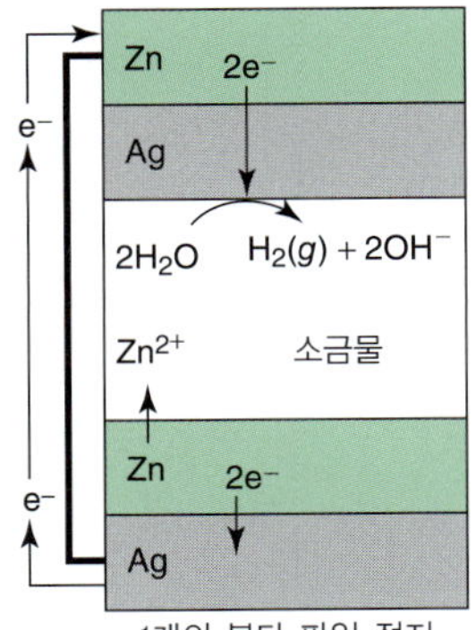

1개의 볼타 파일 전지

Ag 환원 전극: $E = -0.828 - \frac{0.059\ 16}{1} \log P_{H_2}^{1/2}[OH^-]$

자습 환원 전극에서의 반응에 2를 곱해서 반응식을 $E° = -0.828$ V인 $2H_2O + 2e^- \rightleftharpoons H_2(g) + 2OH^-$로 나타냈다고 가정해 보자. 환원 전극의 Nernst 식을 쓰시오.

(**답:** $E = -0.828 - \frac{0.059\ 16}{2} \log P_{H_2}[OH^-]^2$)

예제 **반쪽 반응에 어떤 수를 곱해도 반쪽 전지 전위 $E°$는 변하지 않는다.**

앞의 예제에서, 환원 전극 반응은 두 가지 다른 방법으로 나타내었다.

Ag 환원 전극: $H_2O + e^- \rightleftharpoons \frac{1}{2}H_2(g) + OH^-$ $\quad E° = -0.828$ V

$$E = -0.828 - \frac{0.059\ 16}{1} \log P_{H_2}^{1/2}[OH^-] \quad \textbf{(A)}$$

Ag 환원 전극 × 2: $2H_2O + 2e^- \rightleftharpoons H_2(g) + 2OH^-$ $\quad E° = -0.828$ V

$$E = -0.828 - \frac{0.059\ 16}{2} \log P_{H_2}[OH^-]^2 \quad \textbf{(B)}$$

반응에 2를 곱해도 환원 전극 전위 E는 변하지 않는다는 것을 보이시오.

풀이 식 B의 로그 항은 식 A의 로그 항을 제곱한 것이다. 식 B는 다음과 같이 나타낼 수 있다.

$$\underbrace{E = -0.828 - \frac{0.059\ 16}{2} \log P_{H_2}[OH^-]^2}_{\text{Nernst 식 B}} = -0.828 - \frac{0.059\ 16}{2} \log \underbrace{\left(P_{H_2}^{1/2}[OH^-]\right)^2}_{a^2}$$

로그의 수학적 성질에 의하면 $\log a^b = b \log a$이다. $\log a^2 = 2 \log a$와 같이 오른쪽 항을 다시 쓰면, 로그에서 제곱을 제거할 수 있다.

$$E = -0.828 - \frac{\cancel{2} \times 0.059\ 16}{\cancel{2}} \log\left(P_{H_2}^{1/2}[OH^-]\right) = \underbrace{-0.828 - \frac{0.059\ 16}{1} \log P_{H_2}^{1/2}[OH^-]}_{\text{Nernst 식 A}}$$

위의 식을 통해 Nernst 식 B는 Nernst 식 A와 같다는 것을 보여 주었다. 반쪽 반응에 어떤 수를 곱해도 전위 E는 변하지 않는다.

자습 $P_{H_2} = 0.5$ bar와 $[OH^-] = 10^{-4}$ M을 대입하여 식 A와 식 B가 같은 값의 E를 나타낸다는 것으로 보이시오. (**답:** 두 식 모두 $E = -0.582$ V이다.)

두 점 사이의 전위차는 그 전위차를 통과해서 이동하는 전하가 쿨롬당 수행하는 일이다 (E = 일/q). 쿨롬당 하는 일은 0.1쿨롬, 2.3쿨롬 또는 10^4 쿨롬이 이동했더라도 같다. 총 일의 양은 각각 다르지만, 쿨롬당 하는 일은 일정하다. 따라서 반쪽 반응에 어떤 수를 곱하더라도 $E°$나 E는 곱하지 않는다.

완결된 반응에 대한 Nernst 식

그림 14-7에서, 측정된 전압은 두 전극 전위의 차이이다.

완결된 반응에 대한 Nernst 식: $\quad E = E_+ - E_-$ $\quad$ **(14-17)**

여기서 E_+는 전위차계의 (+)단자에 연결된 전극의 전위이고, E_-는 (−)단자에 연결된 전극의 전위이다. 각 반쪽 반응(**환원으로 쓰인**)의 전위는 Nernst 식에 의해 결정되고, 완결된 반응에 대한 전압은 두 반쪽 전지 전위 사이의 차이이다.

알짜 전지 반응식을 쓰고, 그 반응의 전압을 구하는 과정은 다음과 같다.

1단계 양쪽 반쪽 전지에 대한 **환원** 반쪽 반응식을 쓰고, 각 반응에 대한 $E°$를 부록 H에서 찾는다. 필요한 경우 반쪽 반응에 적절한 수를 곱해서 반쪽 반응 모두 똑같은 수의 전자를 갖도록 만든다. 반응식에 수를 곱할 때 $E°$는 곱하지 않는다.

2단계 전위차계의 (+)단자에 연결된, 오른쪽 반쪽 전지에 대한 Nernst 식을 적는다. 이것이 E_+이다. E_+ 기호는 전극이 산화 전극인지 환원 전극인지를 알려 주지 않는다. E_+는 전극이 전위차계의 (+)단자에 연결되어 있음을 의미한다.

3단계 전위차계의 (−)단자에 연결된 왼쪽 반쪽 전지에 대한 Nernst 식을 적는다. 이것이 E_-이다.

4단계 뺄셈으로 알짜 전지 전압을 구한다. $E = E_+ - E_-$

5단계 오른쪽 반쪽 반응식에서 왼쪽 반쪽 반응식을 뺌으로써 알짜 전지 반응식을 적는다(빼는 것은 왼쪽 반쪽 반응식을 역으로 쓰고 더하는 것과 동일하다).

전자는 더 마이너스인 전극에서 더 플러스인 전극으로 회로를 통해 자발적으로 흐른다. 만약 전지 전압 $E = E_+ - E_-$가 (+)이면, 전자는 왼쪽 전극에서 오른쪽 전극으로 전선을 통해 흐른다. 만약 전지 전압이 마이너스이면, 전자는 반대 방향으로 흐른다.

전자는 회로를 통해 더 마이너스인 전극에서 더 플러스인 전극으로 흐른다.

예제 완결된 반응에 대한 Nernst 식

오른쪽 반쪽 전지에는 0.50 M $AgNO_3(aq)$가 들어 있고, 왼쪽 반쪽 전지에는 0.010 M $Cd(NO_3)_2(aq)$가 들어 있을 때 그림 14-7에 나타낸 전지의 전압을 구하시오. 알짜 전지 반응식을 적고, 전자가 이동하는 방향을 말하시오.

풀이

1단계 오른쪽 전극: $2Ag^+ + 2e^- \rightleftharpoons 2Ag(s)$ $\quad E_+^\circ = 0.799$ V

왼쪽 전극: $Cd^{2+} + 2e^- \rightleftharpoons Cd(s)$ $\quad E_-^\circ = -0.402$ V

2단계 오른쪽 전극에 대한 Nernst 식:

$$E_+ = E_+^\circ - \frac{0.059\,16}{2}\log\frac{1}{[Ag^+]^2} = 0.799 - \frac{0.059\,16}{2}\log\frac{1}{[0.50]^2} = 0.781 \text{ V}$$

순수한 고체, 순수한 액체, 용매는 Q에서 생략된다.

3단계 왼쪽 전극에 대한 Nernst 식:

$$E_- = E_-^\circ - \frac{0.059\,16}{2}\log\frac{1}{[Cd^{2+}]} = -0.402 - \frac{0.059\,16}{2}\log\frac{1}{[0.010]} = -0.461 \text{ V}$$

Ag 전극의 전압이 더 플러스이므로 **전자는 회로를 통해 Cd에서 Ag로 흐른다**(그림 14-9).

4단계 전지 전압: $E = E_+ - E_- = 0.781 - (-0.461) = +1.242$ V

5단계 알짜 전지 반응:

$$\begin{array}{rl} & 2Ag^+ + 2e^- \rightleftharpoons 2Ag(s) \\ - & Cd^{2+} + 2e^- \rightleftharpoons Cd(s) \\ \hline & Cd(s) + 2Ag^+ \rightleftharpoons Cd^{2+} + 2Ag(s) \end{array}$$

하나의 반응을 뺀다는 것은 그 반응을 역으로 하여 더하는 것과 같다.

오른쪽 반쪽 전지 반응을 전자 2개 대신 전자 1개로 썼더라도($Ag^+ + e^- \rightleftharpoons Ag(s)$) 동일한 값의 E_+, E_-와 E를 얻었을 것이다.

자습 만약 전지에 5.0 μM $AgNO_3$와 1.0 M $Cd(NO_3)_2$가 포함되어 있다면, 반응은 같은 방향으로 진행될 것인가? (**답:** $E_+ = 0.485$ V, $E_- = -0.402$ V, $E = +0.887$ V)

때로는 부록 H에 있는 반쪽 반응을 더한 또 다른 반쪽 반응에 대한 표준 환원 전위를 구해야 할 필요가 있을 것이다. 보충 14-4는 이것을 어떻게 하는지 보여 준다.

동일한 반응에 대한 다른 서술

그림 14-5에서, 오른쪽 반쪽 반응은 다음과 같이 쓸 수 있다.

$$AgCl(s) + e^- \rightleftharpoons Ag(s) + Cl^- \qquad E^\circ_+ = 0.222\ V \tag{14-18}$$

$$E_+ = E^\circ_+ - 0.059\ 16\log[Cl^-] = 0.222 - 0.059\ 16\log(0.033\ 4) = 0.309_3\ V \tag{14-19}$$

Ag 반쪽 반응에서 Cl^-는 0.016 7 M $CdCl_2(aq)$에서 얻어진 것이다.

덜 잘생긴 다른 저자가 이 책을 썼고, 그가 반쪽 반응을 다르게 서술하기로 정했다고 가정해 보자.

$$Ag^+ + e^- \rightleftharpoons Ag(s) \qquad E^\circ_+ = 0.799\ V \tag{14-20}$$

이렇게 서술하는 것 역시 앞에 서술한 것과 마찬가지로 타당하다. 두 경우 모두에서 Ag(I)는 Ag(0)로 환원된다.

만약에 두 종류의 서술이 모두 타당하다면, 같은 전압을 예상할 수 있어야 한다. 반응 14-20에 대한 Nernst 식은 다음과 같다.

$$E_+ = 0.799 - 0.059\ 16\log\frac{1}{[Ag^+]}$$

Ag^+의 농도를 알기 위해서, AgCl의 용해도곱을 사용한다. 전지에는 0.033 4 M Cl^-와 고체 AgCl이 포함되어 있으므로 다음과 같이 쓸 수 있다.

$K_{sp} = [Ag^+][Cl^-]$

$$[Ag^+] = \frac{K_{sp}\ (\text{AgCl에 대하여})}{[Cl^-]} = \frac{1.8 \times 10^{-10}}{0.033\ 4} = 5.4 \times 10^{-9}\ M$$

$[Ag^+]$ 값을 Nernst 식에 대입하면 다음과 같고

$$E_+ = 0.799 - 0.059\ 16\log\frac{1}{5.4 \times 10^{-9}} = 0.309_9\ V$$

전지 전압은 반응을 쓰는 방법에 의존할 수 없다!

이 값은 K_{sp}의 정확도와 활동도 계수를 무시한 것 때문에 식 14-19에 있는 값과 약간 다르다. 반응 14-18과 14-20은 동일한 전지를 나타내고 있기 때문에 Nernst 식에서의 전압도 동일하다.

적절한 반쪽 반응을 찾기 위한 조언

반쪽 전지 반응을 알아내는 방법

그림 또는 선 도표로 나타낸 전지와 마주치면, 먼저 각 반쪽 전지에 대한 환원 반응을 적는다. 이를 위해, **전지에서 두 가지 산화 상태에 있는 원소를 찾는다.** 다음과 같은 전지에서

$$Pb(s)|PbF_2(s)|F^-(aq)\|Cu^{2+}(aq)|Cu(s)$$

Pb는 $Pb(s)$와 $PbF_2(s)$와 같이 두 가지 산화 상태로, Cu는 Cu^{2+}와 $Cu(s)$와 같이 두 가지 산화 상태로 존재한다는 것을 알 수 있다. 따라서 반쪽 반응은 다음과 같다.

오른쪽 반쪽 전지: $\quad Cu^{2+} + 2e^- \rightleftharpoons Cu(s)$

왼쪽 반쪽 전지: $\quad PbF_2(s) + 2e^- \rightleftharpoons Pb(s) + 2F^- \qquad$ (14-21)

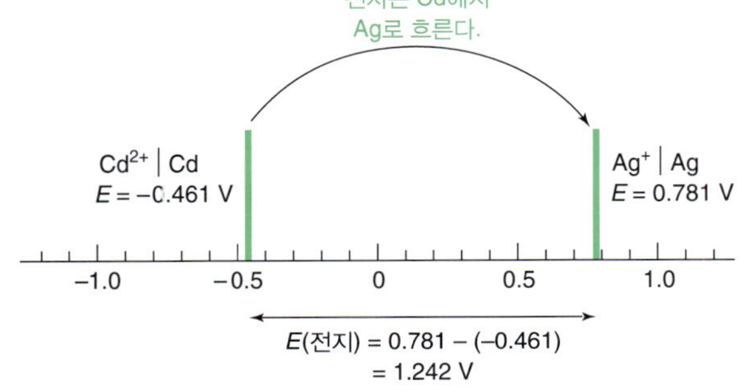

그림 14-9 전자는 회로를 통해 더 마이너스인 전극에서 더 플러스인 전극으로 흐른다. 즉 전자는 이 도표에서 항상 오른쪽으로 흐른다.[22]

보충 14-4 Latimer 도표: 새로운 반쪽 반응에 대한 $E°$를 구하는 법

Latimer 도표(Latimer diagram)는 한 원소의 여러 가지 산화 상태를 연결하는 표준 환원 전위 $E°$를 나타낸다.[23] 예를 들어 산성 용액에서는 다음과 같은 표준 환원 전위가 관찰된다.

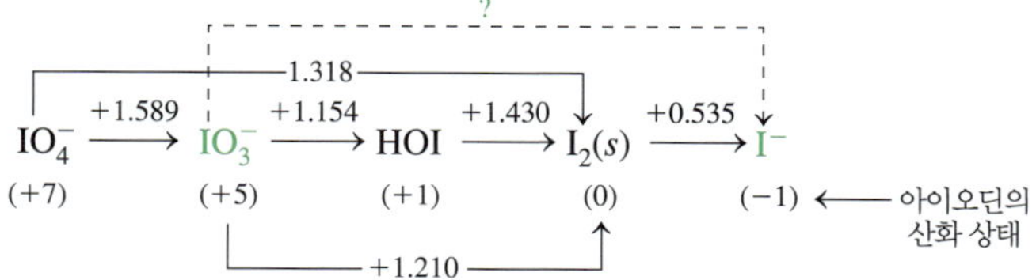

$IO_3^- \xrightarrow{+1.154}$ HOI로 표기한 것은 다음의 균형 반응식을 상징한다.

$$IO_3^- + 5H^+ + 4e^- \rightleftharpoons HOI + 2H_2O \qquad E° = +1.154 \text{ V}$$

$\Delta G°$를 이용하여 도표에 표시되지 않은 화살표에 대한 환원 전위를 구할 수도 있다. 예를 들어 Latimer 도표에서 점선으로 나타낸 반응은 다음과 같다.

$$IO_3^- + 6H^+ + 6e^- \rightleftharpoons I^- + 3H_2O$$

이 반응에 대한 $E°$를 구하기 위해, 전위가 알려진 반응들의 합으로 이 반응을 나타낸다.

어떤 반응에 대한 표준 자유 에너지 변화($\Delta G°$)는 식 14-5로 구할 수 있는데, 이 식에서 n은 반쪽 반응에 참여하는 전자의 수이다.

$$\Delta G° = -nFE°$$

두 반응이 더해질 때, $\Delta G°$는 각 반응에 대한 $\Delta G°$의 합이다. 자유 에너지를 이 문제에 적용하기 위해, 더했을 때 원하는 반응이 만들어지는 반응을 쓴다.

$$IO_3^- + 6H^+ + 5e^- \xrightarrow{E_1° = 1.210} \tfrac{1}{2}I_2(s) + 3H_2O \qquad \Delta G_1° = -5F(1.210)$$

$$\tfrac{1}{2}I_2(s) + e^- \xrightarrow{E_2° = 0.535} I^- \qquad \Delta G_2° = -1F(0.535)$$

$$IO_3^- + 6H^+ + 6e^- \xrightarrow{E_3° = ?} I^- + 3H_2O \qquad \Delta G_3° = -6FE_3°$$

그러나 $\Delta G_1° + \Delta G_2° = \Delta G_3°$이므로 $E_3°$를 계산할 수 있다.

$$\Delta G_3° = \Delta G_1° + \Delta G_2°$$

$$-6FE_3° = -5F(1.210) - 1F(0.535)$$

$$E_3° = \frac{5(1.210) + 1(0.535)}{6} = 1.098 \text{ V}$$

$PbF_2(s)$가 존재하는 경우 용액에는 약간의 Pb^{2+}가 있어야 한다는 것을 알기 때문에, Pb 반쪽 반응을 다음과 같이 쓰기로 선택했을 수도 있다.

왼쪽 반쪽 전지: $$Pb^{2+} + 2e^- \rightleftharpoons Pb(s) \qquad (14\text{-}22)$$

반응 14-21과 14-22는 동일하게 유효하며 동일한 전지 전압을 예측해야 한다. 어떤 반응을 선택하느냐는 F^- 또는 Pb^{2+} 농도를 더 쉽게 파악할 수 있는지에 달려 있다.

Pb가 두 개의 산화 상태 상태로 존재하는 원소이므로 Pb가 포함되는 산화–환원 반응의 관점에서 왼쪽 전지를 기술하였다. 전지의 선 도표에 $F_2(g)$는 나타나 있지 않았기 때문에 $F_2(g) + 2e^- \rightleftharpoons 2F^-$와 같은 반응은 쓰지 않는다.

전지에 나타나지 않는 화학종을 지어내지 말라. 반쪽 반응을 선택하기 위해서 선 도표에 나타난 것을 이용하라.

Nernst 식은 표준 환원 전위를 측정하는 데 사용된다

그림 14-8에서와 같이, 관심이 있는 반쪽 전지(활동도가 1)가 표준 수소 전극에 연결되어 있다면, 표준 환원 전위가 관찰될 것이다. 활동도가 1이 되도록 농도나 이온 세기를 조절할 수 있는 방법이 없기 때문에 이와 같은 전지를 제작하는 것은 거의 불가능하다. 실제로는, 각 반쪽 전지에 1보다 작은 활동도가 사용되며, 전지 전압으로부터 $E°$ 값을 구하기 위해 Nernst 식을 이용한다.[24] 수소 전극에서는 H^+의 활동도를 알기 위해서 pH를 알고 있는 표준 완충 용액(표 15-3)을 이용한다.

문제 14-22는 $E°$를 구하기 위해 Nernst 식을 이용하는 예를 보여 준다.

14-5 $E°$와 평형 상수

갈바니 전지는 전지 반응이 평형 상태에 있지 않기 때문에 전기를 생성한다. 전위차계에는 거의 전류가 흐르지 않으므로(보충 14-5), 전지에 들어 있는 농도는 변하지 않는다. 만일 전위차계를 전선으로 교체하면, 많은 양의 전류가 흐르고 전지가 평형에 도달할 때까지 농도가 변할 것이다. 그 지점에서는 어느 것도 반응을 진행시킬 수 없을 것이며 E는 0이 될 것이다.

보충 14-5 작동 중인 전지에서의 농도

전지 전압을 측정하는 동안 전지의 작동이 전지 내부의 농도를 변화시키지 않는 이유는 무엇일까? 전지 전압은 **무시할 만큼 작은 전류가 흐르는** 조건에서 측정된다. 고성능 pH 미터의 저항은 10^{13} Ω이다. 만약에 전지에서 1 V가 생성된다면, 회로를 통해서 흐르는 전류는 다음과 같다.

$$I = \frac{E}{R} = \frac{1\ \text{V}}{10^{13}\ \Omega} = 10^{-13}\ \text{A}$$

전자 흐름은 다음과 같고,

$$\frac{10^{-13}\ \text{C/s}}{9.649 \times 10^{4}\ \text{C/mol}} = 10^{-18}\ \text{mol e}^{-}/\text{s}$$

이는 전지에서 무시할 정도의 산화와 환원 반응물을 생성한다. **전위차계는 전지 내부의 농도에 영향을 미치지 않고 전압을 측정한다.**

만약 염다리를 실제 전지에 매우 오랫동안 내버려 두면, 각 칸과 염다리 사이에서의 확산으로 인해 농도와 이온 세기가 변할 것이다. 전지는 이러한 혼합이 미미할 정도로 짧은 시간 동안만 방치되어야 한다.

평형에서, E($E°$가 아니라) = 0이다.

배터리(갈바니 전지의 일종)가 0 V까지 떨어지면, 배터리 내부의 화합물들은 평형 상태에 도달하고, 배터리는 '죽었다'.

이제 전체 전지에 대한 E와 알짜 전지 반응에 대한 반응 지수 Q와의 관계를 알아보자. 다음의 두 반쪽 반응에 대해,

오른쪽 전극:	$a\text{A} + ne^- \rightleftharpoons c\text{C}$	E°_+
왼쪽 전극:	$d\text{D} + ne^- \rightleftharpoons b\text{B}$	E°_-
알짜 반응	$a\text{A} + b\text{B} \rightleftharpoons c\text{C} + d\text{D}$	E°

Nernst 식은 다음과 같다.

대수학에서는 항등식 log a + log b = log ab를 사용한다.

$$E = E_+ - E_- = E^\circ_+ - \frac{0.059\ 16}{n}\log\frac{\mathcal{A}_\text{C}^c}{\mathcal{A}_\text{A}^a} - \left(E^\circ_- - \frac{0.059\ 16}{n}\log\frac{\mathcal{A}_\text{B}^b}{\mathcal{A}_\text{D}^d}\right)$$

$$E = \underbrace{(E^\circ_+ - E^\circ_-)}_{E^\circ} - \frac{0.059\ 16}{n}\log\underbrace{\frac{\mathcal{A}_\text{C}^c\mathcal{A}_\text{D}^d}{\mathcal{A}_\text{A}^a\mathcal{A}_\text{B}^b}}_{Q} = E^\circ - \frac{0.059\ 16}{n}\log Q \qquad \textbf{(14-23)}$$

식 14-23은 어느 때나 진실이다. 전지가 평형 상태에 있는 특별한 경우에, $E = 0$이고 $Q = K$이다. 따라서 식 14-23은 평형 상태에서 다음과 같은 가장 중요한 형태로 변형된다.

식 14-24에서 14-25로 가는 과정

$$\frac{0.059\ 16}{n}\log K = E^\circ$$

$$\log K = \frac{nE^\circ}{0.059\ 16}$$

$$10^{\log K} = 10^{nE^\circ/0.059\ 16}$$

$$K = 10^{nE^\circ/0.059\ 16}$$

K로부터 $E°$ 구하기: $E^\circ = \dfrac{0.059\ 16}{n}\log K$ (25°C에서) **(14-24)**

$E°$로부터 K 구하기: $K = 10^{nE^\circ/0.059\ 16}$ (25°C에서) **(14-25)**

식 14-25를 이용하면 $E°$로부터 평형 상수를 추론할 수 있다. 또는 식 14-24를 이용하여 K로부터 $E°$를 알아낼 수 있다.

예제 $E°$를 이용하여 평형 상수 구하기

다음 반응에 대한 평형 상수를 구하시오.

$$\text{Cu}(s) + 2\text{Fe}^{3+} \rightleftharpoons 2\text{Fe}^{2+} + \text{Cu}^{2+}$$

풀이 이 반응을 부록 H에서 찾을 수 있는 두 개의 반쪽 반응으로 분리한다.

원하는 알짜 반응을 얻기 위해 역으로 진행되어야 하는 반쪽 반응과 E°_-를 연관시킨다.

	$2\text{Fe}^{3+} + 2e^- \rightleftharpoons 2\text{Fe}^{2+}$	$E^\circ_+ = 0.771$ V
$-$	$\text{Cu}^{2+} + 2e^- \rightleftharpoons \text{Cu}(s)$	$E^\circ_- = 0.339$ V
	$\text{Cu}(s) + 2\text{Fe}^{3+} \rightleftharpoons 2\text{Fe}^{2+} + \text{Cu}^{2+}$	

그런 다음 알짜 반응의 $E°$를 구한다.

$$E° = E°_+ - E°_- = 0.771 - 0.339 = 0.432 \text{ V}$$

그리고 식 14-25를 이용하여 평형 상수를 계산한다.

$$K = 10^{(2)(0.432)/(0.059\,16)} = 4 \times 10^{14}$$

적당한 값의 $E°$는 큰 평형 상수를 생성한다. $E°$가 세 개의 유효 숫자를 가지고 있으므로 K 값은 한 개의 유효 숫자로 정확하게 나타낸다. 나머지 두 개의 유효 숫자는 지수(14)로 사용되었고, 한 개의 유효 숫자는 앞자리(4)에 사용되었다.

로그와 지수 항에 대한 유효 숫자는 3-2절에서 논의하였다.

자습 반응 $Cu(s) + 2Ag^+ \rightleftharpoons 2Ag(s) + Cu^{2+}$의 K를 구하시오. (**답:** $E° = 0.460$ V, $K = 4 \times 10^{15}$)

산화-환원 반응이 아닌 알짜 반응에 대한 K 구하기

탄산 철(II)의 용해도 반응(산화-환원 반응이 아니다)이 되는 다음 두 반쪽 반응의 차이를 생각해 보자.

$$\begin{array}{llll} & FeCO_3(s) + 2e^- \rightleftharpoons Fe(s) + CO_3^{2-} & E°_+ = -0.756 \text{ V} \\ - & Fe^{2+} + 2e^- \rightleftharpoons Fe(s) & E°_- = -0.44 \text{ V} \\ \hline & \underset{\text{탄산 철(II)}}{FeCO_3(s)} \rightleftharpoons Fe^{2+} + CO_3^{2-} & E° = -0.756 - (-0.44) = -0.31_6 \text{ V} \end{array}$$

$$K = K_{sp} = 10^{(2)(-0.31_6)/(0.059\,16)} = 10^{-11}$$

탄산 철(II)의 용해에 대한 $E°$는 마이너스인데, 이는 반응이 '자발적이지 않다'는 것을 의미한다. 자발적이지 않다는 것은 단순히 $K < 1$을 의미한다.

알짜 반응에 대한 $E°$로부터 탄산 철(II)에 대한 K_{sp}를 계산할 수 있다. 반응물과 생성물의 농도를 직접 측정해서 계산하기에는 너무 작거나 너무 큰 평형 상수도 전위차 측정법으로 알아낼 수 있다.

"잠깐!"하고 이의를 제기할 수 있다. '산화-환원 반응이 아닌 반응에 대해서 어떻게 산화-환원 전위가 있을 수 있는가?" 보충 14-4는 산화-환원 전위가 그 반응의 자유 에너지 변화를 나타내는 또 다른 방식이라는 것을 보여 준다. 에너지 측면에서 반응이 더 유리할수록($\Delta G°$가 더 마이너스), $E°$는 더 플러스이다.

반쪽 반응들에 대한 $E°$와 알짜 반응에 대한 K와의 관계가 관련된 문제의 일반적인 형식은 다음과 같다.

$$\begin{array}{llll} & \text{반쪽 반응} & E°_+ & \\ - & \text{반쪽 반응} & E°_- & \\ \hline & \text{알짜 반응} & E° = E°_+ - E°_- & K = 10^{nE°/0.059\,16} \end{array}$$

$E°_+$와 $E°_-$를 알면, 알짜 전지 반응에 대한 $E°$와 K를 구할 수 있다. 또는 $E°$와 $E°_+$ 또는 $E°_-$를 알면 나머지 표준 전위를 구할 수 있다. K를 알면 $E°$를 계산할 수 있고, $E°_+$와 $E°_-$ 중 하나만 알고 있는 경우 $E°$를 이용하여 다른 하나도 알아낼 수 있다.

예제 E°와 K의 관계

Ni(글라이신)$_2$의 형성 상수와 Ni^{2+} | Ni(s)쌍에 대한 $E°$로부터

$$Ni^{2+} + 2\ \text{글라이신}^- \rightleftharpoons Ni(\text{글라이신})_2 \qquad K \equiv \beta_2 = 1.2 \times 10^{11}$$

$$Ni^{2+} + 2e^- \rightleftharpoons Ni(s) \qquad E° = -0.236 \text{ V}$$

다음 반응의 $E°$를 구하시오.

$$Ni(\text{글라이신})_2 + 2e^- \rightleftharpoons Ni(s) + 2\ \text{글라이신}^- \qquad \textbf{(14-26)}$$

Ni(글라이신)$_2$의 가능한 구조

풀이 세 반응 사이의 관계를 알아볼 필요가 있다.

$$
\begin{array}{lll}
- & Ni^{2+} + 2e^- \rightleftharpoons Ni(s) & E^\circ_+ = -0.236 \text{ V} \\
 & Ni(\text{글라이신})_2 + 2e^- \rightleftharpoons Ni(s) + 2\,\text{글라이신}^- & E^\circ_- = ? \\
\hline
 & Ni^{2+} + 2\,\text{글라이신}^- \rightleftharpoons Ni(\text{글라이신})_2 & E^\circ = ?\ K = 1.2 \times 10^{11}
\end{array}
$$

$E^\circ_+ - E^\circ_-$는 반드시 E°와 같아야 된다는 것을 알고 있으므로, E°를 알면 E°_-를 추정할 수 있다. 그러나 E°는 알짜 반응에 대한 평형 상수로부터 정해질 수 있다.

$$E^\circ = \frac{0.059\ 16}{n}\log K = \frac{0.059\ 16}{2}\log(1.2 \times 10^{11}) = 0.328 \text{ V}$$

따라서 반쪽 반응 14-26에 대한 표준 환원 전위는

$$E^\circ_- = E^\circ_+ - E^\circ = -0.236 - 0.328 = -0.564 \text{ V이다.}$$

자습 부록 H에서 반쪽 반응을 선택해서 $Cu^+ + 2$ 에틸렌다이아민 $\rightleftharpoons$ Cu(에틸렌다이아민)$_2^+$에 대한 형성 상수 β_2를 구하시오. (**답:** $E^\circ = 0.637$ V, $\beta_2 = 6 \times 10^{10}$)

Ni^{2+}의 환원 전위 −0.236 V에 비해 Ni(글라이신)$_2$ 환원에 대한 전위가 −0.564 V로 더 마이너스라는 것은 Ni^{2+}보다 Ni(글라이신)$_2$의 환원이 더 어렵다는 것을 말해 준다. 글라이신과의 착물화는 Ni^{2+}를 안정화시킨다.

14-6 생화학자들은 $E^{\circ\prime}$를 사용한다

호흡 과정에서, O_2는 음식물에서 온 분자들을 산화시켜 에너지 또는 대사 중간 물질을 만든다. 지금까지 사용해 온 표준 환원 전위는 모든 반응물과 생성물의 활동도가 1인 계에 적용된다. 만일 H^+가 반응에 관여하면, E°는 pH = 0($\mathcal{A}_{H^+} = 1$)일 때 적용된다. **H^+가 산화-환원 반응에 포함되거나 반응물 또는 생성물이 산 또는 염기일 때 환원 전위는 pH에 의존한다.**

식물 또는 동물 세포 내부의 pH는 약 7이기 때문에, pH가 0일 때 적용되는 환원 전위는 특히 적절하지 않다. 예를 들어 pH 0에서 아스코브산(ascorbic acid, 바이타민 C)은 석신산(succinic acid)보다 더 강한 환원제이다. 그러나 pH 7에서는 이 순서가 반대로 된다. 살아 있는 세포와 관련이 있는 것은 pH 0에서의 환원력이 아니라 pH 7에서의 환원력이다.

pH 7에서의 형식 전위를 $E^{\circ\prime}$라고 한다.

산화-환원 반응에 대한 **표준 전위**(standard potential)는 모든 활동도가 1인 갈바니 전지에 대해 정의된다. **형식 전위(formal potential)**는 특정 조건(pH, 이온 세기, 착화제의 농도 등)에 적용되는 환원 전위이다. 생화학자들은 pH 7에서의 형식 전위를 $E^{\circ\prime}$('*E* zero prime'이라고 읽는다)이라고 한다. 표 14-2에 몇 가지 생물학적 산화-환원쌍에 대한 $E^{\circ\prime}$ 값을 나열하였다.

E°와 $E^{\circ\prime}$ 간의 상관관계

다음과 같은 반쪽 반응을 생각해 보자.

$$a\text{A} + ne^- \rightleftharpoons b\text{B} + m\text{H}^+ \qquad E^\circ$$

여기서 A는 산화된 화학종이고, B는 환원된 화학종이다. A와 B는 모두 산 또는 염기일 수도 있다. 이 반쪽 반응에 대한 Nernst 식은 다음과 같다.

$$E = E^\circ - \frac{0.059\ 16}{n}\log\frac{[\text{B}]^b[\text{H}^+]^m}{[\text{A}]^a}$$

$E^{\circ\prime}$를 구하기 위해, 로그 항에 A와 B의 **포말 농도**(formal concentration)를 각각 *a*와 *b* 제곱한 것만을 포함하는 형태로 Nernst 식을 재배열한다.

만약 활동도 계수를 포함시켰다면, 활동도 계수는 $E^{\circ\prime}$에도 나타났을 것이다.

$E^{\circ\prime}$를 구하는 식:

$$E = \underbrace{E^\circ + \text{다른 항}}_{\substack{\text{pH = 7일 때 이 값을} \\ E^{\circ\prime}\text{이라 정의한다.}}} - \frac{0.059\ 16}{n}\log\frac{F_B^b}{F_A^a} \qquad \textbf{(14-27)}$$

pH = 7에서 구한 중괄호 위에 있는 항들의 모든 합을 $E^{\circ\prime}$라고 한다.

[A] 또는 [B]를 F_A 또는 F_B로 변환하기 위해서, 10-5절의 분율 조성식을 사용하여 **모든** 형태의 산 또는 염기의 포말 농도(즉 총 농도)를 **특별한** 유형의 농도와 연관시킨다.

일양성자성 계:

$$[HA] = \alpha_{HA}F = \frac{[H^+]F}{[H^+] + K_a} \quad (14\text{-}28)$$

$$[A^-] = \alpha_{A^-}F = \frac{K_aF}{[H^+] + K_a} \quad (14\text{-}29)$$

이양성자성 계:

$$[H_2A] = \alpha_{H_2A}\,F = \frac{[H^+]^2F}{[H^+]^2 + [H^+]K_1 + K_1K_2} \quad (14\text{-}30)$$

$$[HA^-] = \alpha_{HA^-}F = \frac{K_1[H^+]F}{[H^+]^2 + [H^+]K_1 + K_1K_2} \quad (14\text{-}31)$$

$$[A^{2-}] = \alpha_{A^{2-}}F = \frac{K_1K_2F}{[H^+]^2 + [H^+]K_1 + K_1K_2} \quad (14\text{-}32)$$

일양성자성 산에 대해서
$F = [HA] + [A^-]$
이양성자성 산에 대해서
$F = [H_2A] + [HA^-] + [A^{2-}]$

여기서 F는 HA 또는 H_2A의 포말 농도이고, K_a는 HA에 대한 산 해리 상수이며, K_1과 K_2는 H_2A의 산 해리 상수들이다.

$E^{\circ\prime}$를 **측정하는** 한 가지 방법은 산화형과 환원형 화학종의 포말 농도가 똑같고 pH가 7로 조절된 반쪽 전지를 구성하는 것이다. 그러면 식 14-27의 로그 항은 0이 되고, 측정된 전위(S.H.E.에 대해)가 $E^{\circ\prime}$이다.

표 14-2 생물학적 관심이 있는 반응의 환원 전위들

반응식	E°(V)	$E^{\circ\prime}$(V)
$O_2 + 4H^+ + 4e^- \rightleftharpoons 2H_2O$	+1.229	+0.815
$Fe^{3+} + e^- \rightleftharpoons Fe^{2+}$	+0.771	+0.771
$I_2 + 2e^- = 2I^-$	+0.535	+0.535
Cytochrome *a* (Fe^{3+}) + e^- ⇌ cytochrome *a* (Fe^{2+})	+0.290	+0.290
$O_2(g) + 2H^+ + 2e^- \rightleftharpoons H_2O_2$	+0.695	+0.281
Cytochrome *c* (Fe^{3+}) + e^- ⇌ cytochrome *c* (Fe^{2+})	—	+0.254
2, 6-Dichlorophenolindophenol + $2H^+ + 2e^-$ ⇌ 환원된 2,6-dichlorophenolindophenol	—	+0.22
Dehydroascorbate + $2H^+ + 2e^-$ ⇌ ascorbate + H_2O	+0.390	+0.058
Fumarate + $2H^+ + 2e^-$ ⇌ succinate	+0.433	+0.031
Methylene blue + $2H^+ + 2e^-$ ⇌ 환원된 생성물	+0.532	+0.011
Glyoxylate + $2H^+ + 2e^-$ ⇌ glycolate	—	−0.090
Oxaloacetate + $2H^+ + 2e^-$ ⇌ malate	+0.330	−0.102
Pyruvate + $2H^+ + 2e^-$ ⇌ lactate	+0.224	−0.190
Riboflavin + $2H^+ + 2e^-$ ⇌ 환원된 riboflavin	—	−0.208
FAD + $2H^+ + 2e^-$ ⇌ $FADH_2$	—	−0.219
(Glutathione-S)$_2$ + $2H^+ + 2e^-$ ⇌ 2 glutathione-SH	—	−0.23
Safranine T + $2e^-$ ⇌ leucosafranine T	−0.235	−0.289
$(C_6H_5S)_2 + 2H^+ + 2e^- \rightleftharpoons 2C_6H_5SH$	—	−0.30
$NAD^+ + H^+ + 2e^-$ ⇌ NADH	−0.105	−0.320
$NADP^+ + H^+ + 2e^-$ ⇌ NADPH	—	−0.324
Cystine + $2H^+ + 2e^-$ ⇌ 2 cysteine	—	−0.340
Acetoacetate + $2H^+ + 2e^-$ ⇌ L-β-hydroxybutyrate	—	−0.346
Xanthine + $2H^+ + 2e^-$ ⇌ hypoxanthine + H_2O	—	−0.371
$2H^+ + 2e^- \rightleftharpoons H_2$	0.000	−0.414
Gluconate + $2H^+ + 2e^-$ ⇌ glucose + H_2O	—	−0.44
$SO_4^{2-} + 2e^- + 2H^+ \rightleftharpoons SO_3^{2-} + H_2O$	—	−0.454
$2SO_3^{2-} + 2e^- + 4H^+ \rightleftharpoons S_2O_4^{2-} + 2H_2O$	—	−0.527

예제 **형식 전위 계산하기**

다음 반응에 대한 $E^{\circ\prime}$를 구하시오.

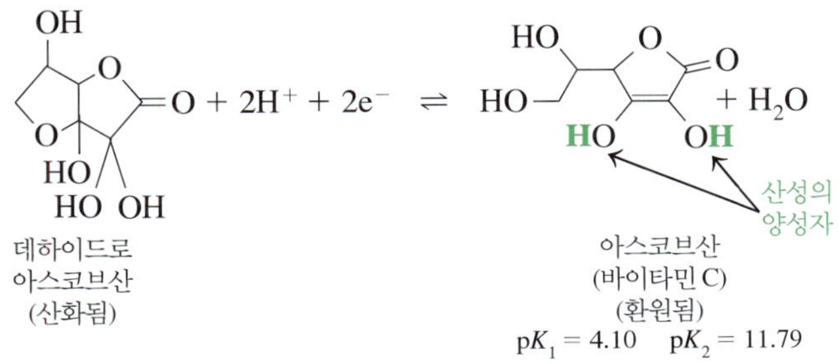

$$\text{데하이드로아스코브산 (산화됨)} + 2H^+ + 2e^- \rightleftharpoons \text{아스코브산 (바이타민 C) (환원됨)} + H_2O \qquad E^\circ = 0.390\ \text{V} \tag{14-33}$$

데하이드로
아스코브산
(산화됨)

아스코브산
(바이타민 C)
(환원됨)
$pK_1 = 4.10 \quad pK_2 = 11.79$

산성의
양성자

풀이 데하이드로아스코브산(dehydroascorbic acid)[25]을 D로, 아스코브산을 H_2A로 줄여 쓰면, 환원 반응은 다음과 같이 쓸 수 있다.

$$D + 2H^+ + 2e^- \rightleftharpoons H_2A + H_2O$$

이 반응에 대한 Nernst 식은

$$E = E^\circ - \frac{0.059\,16}{2}\log\frac{[H_2A]}{[D][H^+]^2} \tag{14-34}$$

D는 산 혹은 염기가 아니어서 그것의 포말 농도는 몰농도와 같다. 즉 $F_D = [D]$이다. 이양성자성 산 H_2A에 대해, $[H_2A]$를 F_{H_2A}로 나타내기 위해 식 14-30을 사용하면 다음과 같다.

$$[H_2A] = \frac{[H^+]^2 F_{H_2A}}{[H^+]^2 + [H^+]K_1 + K_1K_2}$$

이 값을 식 14-34에 대입하면 다음과 같은 식이 되고,

$$E = E^\circ - \frac{0.059\,16}{2}\log\left(\frac{\dfrac{[H^+]^2 F_{H_2A}}{[H^+]^2 + [H^+]K_1 + K_1K_2}}{F_D[H^+]^2}\right)$$

이 식은 다시 다음과 같은 식으로 재배열할 수 있다.

$$E = \underbrace{E^\circ - \frac{0.059\,16}{2}\log\left(\frac{1}{[H^+]^2 + [H^+]K_1 + K_1K_2}\right)}_{\substack{\text{형식 전위 (pH가 7이면 } E^{\circ\prime})\\ = +0.062\ \text{V}}} - \frac{0.059\,16}{2}\log\frac{F_{H_2A}}{F_D} \tag{14-35}$$

E°, K_1, K_2 값을 식 14-35에 대입하고 $[H^+] = 10^{-7.00}$으로 설정하면, $E^{\circ\prime} = +0.062$ V임을 알 수 있다.

자습 반응 $O_2 + 4H^+ + 4e^- \rightleftharpoons 2H_2O$에 대한 $E^{\circ\prime}$를 계산하시오. (**답:** 0.815 V)

그림 14-10에 있는 곡선 a는 반응 14-33에 대해 계산한 형식 전위가 pH에 어떻게 의존하는지를 보여 준다. $pH \approx pK_2 = 11.79$일 때까지는 pH가 증가함에 따라 전위는 감소한다. pH가 pK_2보다 더 큰 경우, A^{2-}가 아스코브산의 우세한 형태이고 알짜 산화-환원 반응에 양성자는 관여하지 않는다. 따라서 전위는 pH와 무관하게 된다.

$E^{\circ\prime}$의 생물학적 예로 트랜스페린 단백질에 포함된 Fe(III)의 환원을 들 수 있다. 이 단백질은 펩타이드 사슬의 카복실기 말단과 아미노기 말단에 C와 N으로 지정된, 분자의 각 반쪽에 하나씩 두 개의 Fe(III) 결합 자리를 갖고 있다. 트랜스페린은 혈액을 통해 철이 필요한 세포로 Fe(III)를 운반한다. 이들 세포의 막에는 Fe(III)-트랜스페린과 결합하는 수용체가 있으며, 그 수용체는 Fe(III)-트랜스페린을 엔도솜(endosome)이라고 불리는 칸으로 운반하고, 엔도솜의 내부로 주입되는 H^+에 의해 엔도솜의 pH는 ~5.8로 낮아진다. 철은 엔도솜 내부에서 트랜스페린으로부터 분리되어 세포 내 금속-운반 단백질(metal-transport protein)과 부착

된 Fe(II)로 존재하게 된다. 트랜스페린과의 결합, 금속 방출 그리고 다시 혈액 순환으로 방출되는 전체 순환 과정은 1~2분 정도 걸린다. pH 5.8에서 Fe(III)가 트랜스페린에서 해리되는 데 걸리는 시간은 대략 6분 정도인데, 이 시간은 너무 길어서 엔도솜 내에서 해리되는 것을 설명할 수 없다. pH 5.8에서 Fe(III)-트랜스페린의 환원 전위는 $E°' = -0.52$ V인데, 이는 생리적 환원제로는 너무 낮다.

엔도솜 내에서 Fe(III)가 어떻게 트랜스페린으로부터 해리되는가에 대한 수수께끼는 pH 5.8에서 Fe(III)-트랜스페린-수용체 착물에 대한 $E°'$을 측정함으로써 해결되었다. 이와 연관된 화학을 단순히하기 위해, 트랜스페린을 둘로 갈라서 단백질의 C 말단 반쪽(Trf_C로 나타낸)만을 사용하였다. 그림 14-11에는 수용체와 결합하지 않은 유리 단백질과 단백질-수용체 착물에 대한 $\log\{[Fe(III)Trf_C]/[Fe(II)Trf_C]\}$를 측정한 결과를 보여 준다. 식 14-27에서, 로그항이 0일 때(즉 $[Fe(III)Trf_C] = [Fe(II)Trf_C]$일 때) $E = E°'$이다. 그림 14-11은 $Fe(III)Trf_C$에 대한 $E°'$은 -0.50 V에 가깝지만, $Fe(III)Trf_C$-수용체 착물에 대한 $E°'$은 -0.29 V임을 보여 준다. 표 14-2에 나타낸 환원제인 NADH와 NADPH는 pH 5.8에서 수용체와 결합된 Fe(III) Trf_C를 환원시키기에 충분히 강하지만, 결합되지 않은 Fe(III)-트랜스페린을 환원시키기에는 충분히 강하지 않다.

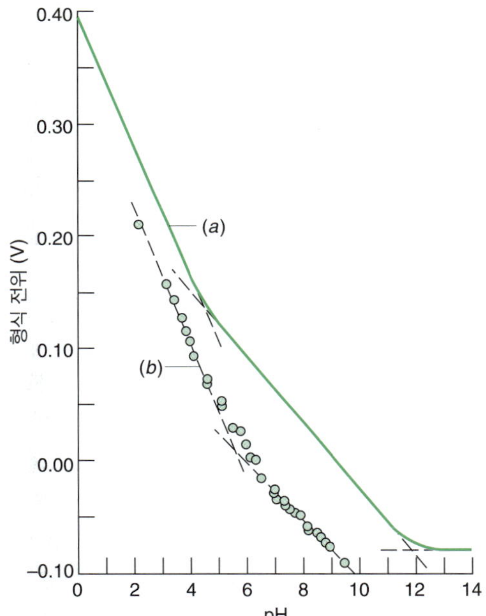

그림 14-10 pH 의존도를 보여 주는 아스코브산의 환원 전위. (*a*) 식 14-35에서 형식 전위라고 표시된 함수의 그래프. (*b*) 이온 세기가 0.2 M인 매질에서 실험으로 측정된 아스코브산의 폴라로그래피 반파(half-wave) 환원 전위. 반파 전위(17장)는 형식 전위와 거의 같다. 높은 pH(>12)에서 식 14-35가 예측하는 것처럼, 반파 전위의 기울기는 0으로 떨어지지는 않는다. 대신 아스코브산의 가수분해가 일어나고 화학 반응은 반응 14-33보다 더 복잡하다. [자료 출처: J. J. Ruiz, A. Aldaz, and M. Dominguez, *Can. J. Chem.* **1977**, *55*, 2799; ibid. **1978**, *56*, 1533.]

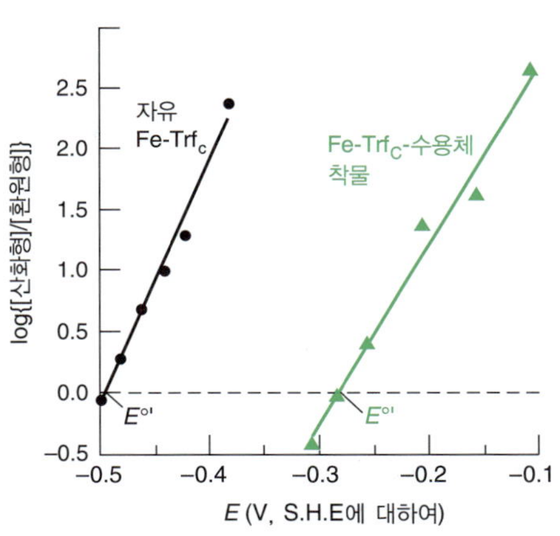

그림 14-11 pH 5.8에서 전위에 따른 $\log\{[Fe(III)Trf_C]/[Fe(II)Trf_C]\}$의 분광학적 측정 [출처: S. Dhungana, C. H. Taboy, O. Zak, M. Larvie, A. L. Crumbliss, and P. Aisen, "Redox Properties of Human Transferrin Bound to Its Receptor", *Biochemistry*, **2004**, *43*, 205.]

이해해야 할 용어

$E°'$	Latimer 도표(Latimer diagram)	반응 지수(reaction quotient)	산화 전극(anode)
Faraday 상수(Faraday constant)	ohm 법칙(Ohm's law)	반쪽 반응(half-reaction)	산화-환원 반응(redox reaction)
Nernst 식(Nernst equation)	갈바니 전지(galvanic cell)	볼트(volt)	산화제(oxidizing agent 또는 oxidant)
		산화(oxidation)	

암페어(ampere)
옴(ohm)
염다리(salt bridge)
와트(watt)
일률(power)
저항(resistance)
전극(electrode)
전기 화학(electrochemistry)
전류(current)
전위(electric potential)
전위차계(potentiometer)
줄(joule)
쿨롬(coulomb)
표준 수소 전극(standard hydrogen electrode)
표준 환원 전위(standard reduction potential)
형식 전위(formal potential)
환원(reduction)
환원 전극(cathode)
환원제(reducing agent 또는 reductant)

요약

전류는 한 점을 지나는 초당 전하의 쿨롬 수이다. 두 점 사이의 전위차 E(볼트)는 전하가 한 점에서 다른 점으로 이동할 때 필요하거나, 또는 수행할 수 있는 단위 전하당 일(줄)이다. 분자당 n의 전하를 가진 화학종 N mol에 대해서 쿨롬으로 표시한 전하는 $q = n \cdot (\text{mol}) \cdot F$이며, 여기서 F는 Faraday 상수(C/mol)이다. q 쿨롬의 전하가 E 볼트의 전위차를 통과할 때 한 일(J)은 일 $= E \cdot q$이다. 자발적 화학 반응에 의해 주위에 행해질 수 있는 선택된 반응물 몰당 최대 일은 그 반응의 자유 에너지 변화와 연관이 있다. 즉 일/몰 $= -\Delta G$이다. 화학 변화가 전위차 E를 생성한다면, 자유 에너지와 전위차의 관계는 $\Delta G = -nFE$이며, 여기서 n은 전위차를 통과한 분자당 단위 전하이다. Ohm 법칙($I = E/R$)은 전기 회로에서 전류, 전압, 저항 간의 관계를 묘사하고 있다. $P = E \cdot I = I^2R$이라는 식을 얻기 위해, Ohm 법칙은 일과 일률(P = 초당 일)의 정의와 결합될 수 있다.

갈바니 전지는 자발적인 산화-환원 반응을 이용하여 전기를 생산한다. 산화가 일어나는 전극은 산화 전극이고, 환원이 일어나는 전극은 환원 전극이다. 두 개의 반쪽 전지는 일반적으로 염다리에 의해 분리되어 있는데, 염다리는 전하 중성을 유지하기 위해 이온이 한쪽에서 다른 쪽으로 이동할 수 있도록 해주지만, 두 반쪽 전지에 있는 반응물이 혼합되는 것은 막아준다. 반쪽 반응에 대한 표준 환원 전위는 그 반응이 표준 수소 전극과 연결되었을 때 측정된 전위차이다. '표준'이라는 용어는 반응물과 생성물의 활동도가 1이라는 것을 의미한다. 여러 개의 반쪽 반응을 더해 새로운 반쪽 반응을 얻게 되는 경우, 알짜 반쪽 반응의 자유 에너지 변화와 각 반쪽 반응의 자유 에너지 합을 같다고 둠으로써 알짜 반쪽 반응의 표준 전위를 구할 수 있다.

갈바니 전지에서 전자는 양의 값이 더 작은 전극에서 양의 값이 더 큰 전극으로 흐른다. 전지의 전압은 두 반쪽 반응 전위 간의 차이이다. 즉 $E = E_+ - E_-$이고, 여기서 E_+는 전위차계의 (+)단자에 연결된 반쪽 전지의 전위이고, E_-는 (−)단자에 연결된 반쪽 전지의 전위이다. 각 반쪽 반응의 전위는 Nernst 식 $E = E^\circ - (0.059\ 16/n) \log Q$ (25°C에서)로 구할 수 있는데, 여기서 각 반응은 환원으로 쓰고, Q는 반응 지수이다. 반응 지수는 평형 상수와 똑같은 형태를 갖지만, 특정 시각에 존재하는 농도를 이용하여 계산된다.

생화학자들은 pH 0에서 적용되는 표준 전위(E°) 대신 pH 7에서 반쪽 반응에 대한 형식 전위($E^{\circ\prime}$)를 사용한다. $E^{\circ\prime}$은 반쪽 반응에 대한 Nernst 식을 쓰고 반응물과 생성물의 포말 농도가 포함된 로그 항을 제외한 모든 항들을 대입하고 정리하여 구할 수 있다. pH 7에서 계산된 각 항들의 조합이 $E^{\circ\prime}$이다.

연습 문제

14-A. 예전에는 심장 박동기의 전원으로 다음과 같은 화학 반응을 갖는 수은 배터리를 사용하였다.

$$Zn(s) + HgO(s) \rightarrow ZnO(s) + Hg(l) \qquad E^\circ = 1.35\ \text{V}$$

(수은 배터리는 폐기될 때 환경 유해 물질을 발생시키기 때문에 단계적으로 폐지되었다.) 전지 전압은 얼마인가? 만약 심장 박동기를 작동하는 데 필요한 일률이 0.010 0 W이면, 365일 동안 몇 kg의 HgO(FM 216.59)가 소비될 것인가? 이것은 몇 파운드의 HgO인가? (1파운드 = 453.6 g)

14-B. 다음 반응 각각에 대해 E°와 K를 계산하시오.

(a) $I_2(s) + 5Br_2(aq) + 6H_2O \rightleftharpoons 2IO_3^- + 10Br^- + 12H^+$

(b) $Cr^{2+} + Fe(s) \rightleftharpoons Fe^{2+} + Cr(s)$

(c) $Mg(s) + Cl_2(g) \rightleftharpoons Mg^{2+} + 2Cl^-$

(d) $5MnO_2(s) + 4H^+ \rightleftharpoons 3Mn^{2+} + 2MnO_4^- + 2H_2O$

(e) $Ag^+ + 2S_2O_3^{2-} \rightleftharpoons Ag(S_2O_3)_2^{3-}$

(f) $CuI(s) \rightleftharpoons Cu^+ + I^-$

14-C. 다음 각 전지의 전압을 계산하시오. 전자 흐름 방향을 말하시오. (전지에서 전류가 흐르지 않는 경우에 측정되는 전압이므로 계산되는 전압을 **열린 회로 전압**(open circuit voltage)이라고 한다. 전류가 흐르면, 전지는 약간의 폐열을 생산하고 전압은 열린 회로 전압보다 더 작다.)

(a) $Fe(s)\,|\,FeBr_2(0.010\ \text{M})\,\|\,NaBr(0.050\ \text{M})\,|\,Br_2(l)\,|\,Pt(s)$

(b) $Cu(s)\,|\,Cu(NO_3)_2(0.020\ \text{M})\,\|\,Fe(NO_3)_2(0.050\ \text{M})\,|\,Fe(s)$

(c) $Hg(l)\,|\,Hg_2Cl_2(s)\,|\,KCl(0.060\ \text{M})\,\|\,KCl(0.040\ \text{M})\,|\,Cl_2(g,\ 0.50\ \text{bar})\,|\,Pt(s)$

14-D. 다음에 그려진 전지의 왼쪽 반쪽 반응은 다음 두 가지 방법 중 하나로 나타낼 수 있다.

$$AgI(s) + e^- \rightleftharpoons Ag(s) + I^- \qquad (1)$$
$$Ag^+ + e^- \rightleftharpoons Ag(s) \qquad (2)$$

오른쪽 반쪽 전지 반응은 다음과 같다.

$$H^+ + e^- \rightleftharpoons \frac{1}{2}H_2(g) \qquad (3)$$

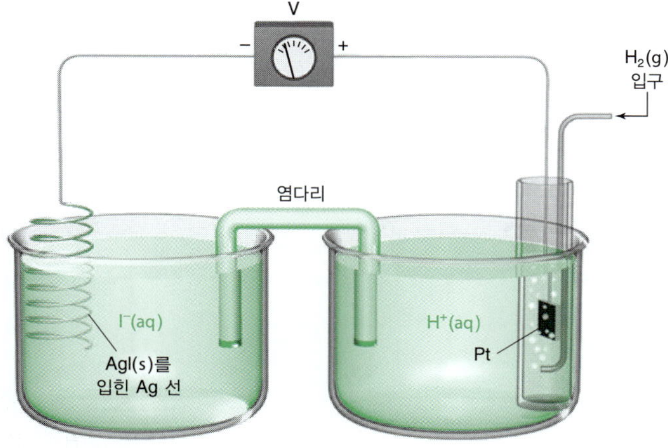

$Ag(s) \mid AgI(s) \mid NaI (0.10\ M) \parallel HCl (0.10\ M) \mid H_2(g, 0.20\ bar) \mid Pt(s)$

(a) 반응 (2)와 (3)을 사용하여 $E°$를 계산하고, 전지에 대한 Nernst 식을 적으시오.

(b) AgI에 대한 K_{sp}를 이용하여 $[Ag^+]$를 계산하고, 전지 전압을 구하시오. 전자는 어느 방향으로 흐를까?

(c) 이번에는 반응 (1)과 (3)을 이용하여 전지를 설명한다고 가정해 보자. 어떤 반응을 이용하여 설명하더라도, 전지 전압($E°$가 아닌 E)은 같아야 한다는 것을 알고 있다. 반응 (1)과 (3)에 대한 Nernst 식을 쓰고, 이를 이용하여 반응 (1)에 대한 $E°$를 구하시오. 계산 결과를 부록 H에 나타낸 값과 비교하시오.

14-E. 다음 전지의 전압을 구하시오.

$$Cu(s) \mid Cu^{2+}(0.030\ M) \parallel K^+Ag(CN)_2^-(0.010\ M),$$
$$pH\text{가 } 8.21\text{로 완충된 } HCN(0.10\ F) \mid Ag(s)$$

전지 전압을 계산하기 위해 다음 반응을 고려하시오.

$$Ag(CN)_2^- + e^- \rightleftharpoons Ag(s) + 2CN^- \qquad E° = -0.310\ V$$
$$HCN \rightleftharpoons H^+ + CN^- \qquad pK_a = 9.21$$

전자는 어느 방향으로 흐르는가?

14-F. (a) $PuO_2^+ \rightleftharpoons Pu^{4+}$ 반응에 대한 균형 반응식을 쓰고, 그 반응에 대한 $E°$를 구하시오.

$$PuO_2^{2+} \xrightarrow{+0.966} PuO_2^+ \xrightarrow{?} Pu^{4+} \xrightarrow{+1.006} Pu^{3+}$$
$$PuO_2^{2+} \xrightarrow{1.021} Pu^{3+}$$

(b) pH = 2.00이고 P_{O_2} = 0.20 bar에서 PuO_2^{2+}와 PuO_2^+가 똑같은 몰수로 들어 있는 혼합물은 H_2O를 O_2로 산화시킬 수 있는지 예측하시오. pH = 7.00에서 O_2가 발생될 것인가?

14-G. 다음 전지의 반쪽 전지 반응을 쓰고 전압을 계산하시오. 여기에서 KHP는 프탈산 수소 포타슘(potassium hydrogen phthalate)이며, 반쪽 전지에서 H^+를 제공하는 물질이다. 전자는 어느 방향으로 흐르는가?

$$Hg(l) \mid Hg_2Cl_2(s) \mid KCl(0.10\ M) \parallel KHP(0.050\ M) \mid$$
$$H_2(g, 1.00\ bar) \mid Pt(s)$$

14-H. $Cu(EDTA)^{2-}$의 형성 상수는 6.3×10^{18}이며, 반응 $Cu^{2+} + 2e^- \rightleftharpoons Cu(s)$의 $E°$는 +0.339 V이다. 이 정보를 이용하여 다음 반응의 $E°$를 구하시오.

$$CuY^{2-} + 2e^- \rightleftharpoons Cu(s) + Y^{4-}$$

14-I. pH = 0일 때, $H_2(g)$와 글루코스 중 어느 것이 더 강한 환원제인가? (**힌트**: 글루콘산의 $E°'$로부터, pH 0에서 적용되는 $E°$를 구하시오.)

$$\underset{\substack{\text{글루콘산} \\ pK_a = 3.56}}{HOCH(\text{CO}_2\text{H, HCOH, HCOH, HCOH, CH}_2\text{OH})} + 2H^+ + 2e^- \xrightarrow{E°' = -0.45\ V} \underset{\substack{\text{글루코스} \\ \text{(산성 양성자는 없음)}}}{HOCH(\text{CHO, HCOH, HCOH, HCOH, CH}_2\text{OH})} + H_2O$$

(글루콘산: CO_2H–HCOH–HOCH–HCOH–HCOH–CH_2OH; 글루코스: CHO–HCOH–HOCH–HCOH–HCOH–CH_2OH)

14-J. 생체 세포는 태양 또는 음식의 연소로부터 발생한 에너지를 에너지가 풍부한 ATP(adenosine triphosphate) 분자로 바꾼다. ATP 합성에 대한 ΔG는 +34.5 kJ/mol이다. 이 에너지는 ATP가 ADP(adenosine diphosphate)로 가수 분해될 때 세포가 이용할 수 있게 된다. 동물의 경우, 양성자가 미토콘드리아막에 있는 복잡한 효소를 통과할 때 ATP가 합성된다. 양성자가 이 효소를 통과하여 미토콘드리아로 이동하는 것은 두 가지 요인으로 설명할 수 있다. 즉 (1) 음식물의 산화를 촉진하는 효소가 양성자를 미토콘드리아 밖으로 퍼내기(pumped) 때문에 $[H^+]$는 미토콘드리아 안쪽보다 바깥쪽이 더 높다. (2) 미토콘드리아의 내부는 외부에 비해 음으로 하전되어 있다.

(a) 한 개의 ATP 분자 합성에는 $2H^+$가 인산화 효소를 통과하는 것이 필요하다. 하나의 분자가 활동도가 높은 영역에서 활동도가 낮은 영역으로 이동할 때 자유 에너지 차이는 다음과 같다.

$$\Delta G = -RT \ln \frac{\mathcal{A}_{\text{높음}}}{\mathcal{A}_{\text{낮음}}}$$

만약 두 개의 양성자가 이동하는 것이 한 개의 ATP 분자 합성에 충분한 에너지를 제공한다면, pH 차이(298 K에서)는 얼마나 커야 되겠는가?

(b) 이렇게 큰 pH 차이는 실제 미토콘드리아에서 관찰되지 않는다. ATP 합성에 필요한 에너지를 공급하기 위해 두 개의 양성자가 이동하는 데에는 미토콘드리아 내부와 외부 사이에 얼마나 큰 전위차가 필요한가? 이 질문에 답을 할 때는 pH 차이에서 오는 어떠한 기여도도 무시하시오.

(c) ATP 합성에 필요한 에너지는 pH 차이와 전지 전위 모두에

의해 제공되는 것으로 생각된다. pH 차이가 1.00 pH 단위인 경우, 전위차의 크기는 얼마인가?

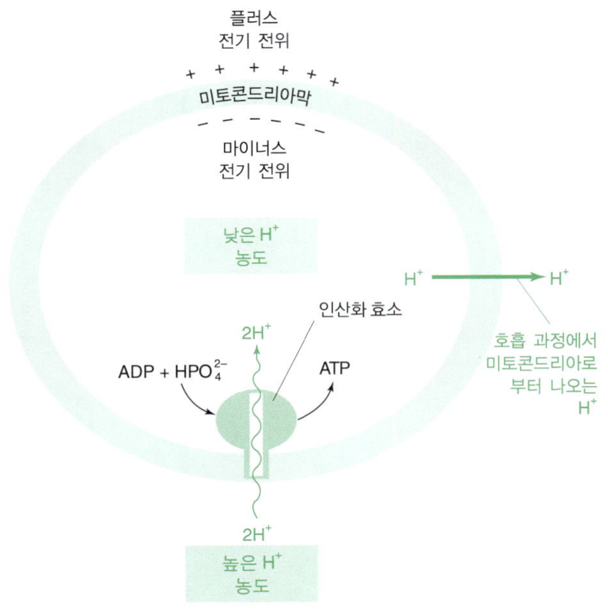

문제

기본 개념

14-1. 전하(q, 쿨롬), 전류(I, 암페어), 전위차(E, 볼트)의 차이를 설명하시오.

14-2. (a) 1쿨롬에는 몇 개의 전자가 있는가?

(b) 전하 1 mol은 몇 쿨롬인가?

14-3. 6.00 V의 전지가 2.00 kΩ의 저항기를 통해 연결되어 있다.

(a) 이 회로를 통해 얼마의 전류(A)와 초당 몇 개의 전자(e^-/s)가 흐르는가?

(b) 각각의 전자는 몇 줄(J)의 열을 발생시키는가?

(c) 만약 30.0분 동안 이 회로가 작동한다면, 몇 몰의 전자가 저항기를 통해서 흐르겠는가?

(d) 일률이 1.00×10^2 W가 되려면 몇 볼트의 배터리가 필요한가?

14-4. 체중이 70 kg인 사람이 소모하는 O_2의 기본 소비 속도는 하루에 약 16 mol이다. O_2는 음식물을 산화시키고 H_2O로 환원되며 생체에 필요한 에너지를 제공한다.

$$O_2 + 4H^+ + 4e^- \rightleftharpoons 2H_2O$$

(a) 이 호흡 속도는 어느 정도의 전류(암페어 = C/s)에 해당하는가? (전류는 음식물에서 O_2로 흐르는 전자의 흐름으로 정의된다.)

(b) **(a)**에서 얻은 답을 115 V에서 5.00×10^2 W를 소비하는 냉장고에 흐르는 전류와 비교하시오. 일률(와트) = 일/s = $E \cdot I$라는 것을 기억하라.

(c) 만약에 전자가 니코틴아마이드 아데닌 다이뉴클레오타이드(NADH: nicotinamide adenine dinucleotide)에서 O_2로 흐른다면 전압 강하가 1.1 V가 된다. 인간의 일률 출력(W)은 얼마인가?

14-5. 다음과 같은 산화-환원 반응을 생각해 보자.

$$I_2 + 2S_2O_3^{2-} \rightleftharpoons 2I^- + S_4O_6^{2-}$$

싸이오황산 이온 　 테트라싸이온산 이온

(a) 반응의 왼쪽에서 산화제를 찾고, 그것의 균형 반쪽 반응을 쓰시오.

(b) 반응의 왼쪽에서 환원제를 찾고, 그것의 균형 반쪽 반응을 쓰시오.

(c) 1.00 g의 싸이오황산 이온이 반응할 때 환원제에서 산화제로 흐르는 전하는 몇 쿨롬인가?

(d) 싸이오황산 이온이 소비되는 반응 속도가 분당 1.00 g이라면, 환원제에서 산화제로 흐르는 전류(암페어)는 얼마인가?

14-6. 우주 왕복선의 소모용 부스터 엔진은 고체 반응물로부터 동력을 얻는다.

$$6NH_4^+ClO_4^-(s) + 10Al(s) \rightarrow 3N_2(g) + 9H_2O(g) + 5Al_2O_3(s) + 6HCl(g)$$

FM 117.48

(a) 반응물과 생성물에 있는 원소 N, Cl, Al의 산화수를 구하시오. 어떤 반응물이 환원제로 작용하고, 어떤 것이 산화제로 작용하는가?

(b) Al이 10 mol씩 소비될 때마다 발생하는 반응열은 −9 334 kJ이다. 이것을 전체 반응물 1 g당 방출되는 열로 나타내시오.

갈바니 전지

14-7. 갈바니 전지가 자발적인 화학 반응을 이용하여 어떻게 전기를 생성하는지 설명하시오.

14-8. 그림으로 나타낸 각 전지에 대해 선 표기법과 두 개의 환원 반쪽 반응을 쓰시오.

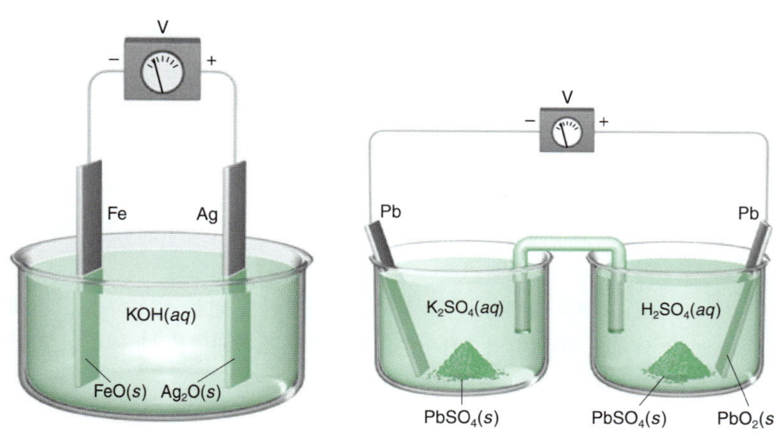

14-9. 다음 전지의 그림을 그리고, 각 전극에 대해 환원 반쪽 반응을 쓰시오.

$$Pt(s)|Fe^{3+}(aq), Fe^{2+}(aq)\|Cr_2O_7^{2-}(aq), Cr^{3+}(aq), HA(aq)|Pt(s)$$

14-10. 다음의 재충전형 배터리를 생각해 보자.

$$Zn(s)|ZnCl_2(aq)\|Cl^-(aq)|Cl_2(l)|C(s)$$

(a) 각 전극에 대해 환원 반쪽 반응을 쓰시오. 만약 전극 전위가 $E°$ 값과 큰 차이가 없다면, 전자는 어떤 전극에서 나와서 배터리를 통해 회로 내부로 흘러가겠는가?

(b) 배터리가 1.00시간 동안 1.00×10^3 A의 일정한 전류를 낸다면, 몇 kg의 Cl_2가 소모될 것인가?

14-11. 리튬 이온 배터리

(a) 환원 전극 물질이 $Li_{0.5}CoO_2$일 때, 보충 14-3에 있는 배터리의 각 전극에 대한 반쪽 반응을 쓰시오. 반응물($2Li_{0.5}CoO_2 + Li_6$)의 총 화학식량은 얼마인가?

(b) 배터리의 충전 용량은 A·h/kg으로 나타낼 수 있는데, 이는 1시간 동안에 1 kg의 반응물에 의해서 전달된 암페어(A)의 수이다. 1A·h에는 몇 쿨롬이 들어 있으며 전자는 몇 몰인가?

(c) Li^+ 이온 배터리의 이론적 용량이 반응물에 대해 100 A·h/kg이라는 것을 증명하시오.

(d) 배터리의 반응물 단위 질량당 비에너지(specific energy)는 W·h/kg으로 나타낼 수 있다. Li^+ 이온 배터리는 이론적으로 3.7 V에서 반응물에 대해 100 A·h/kg을 제공한다. 이론적 비에너지를 반응물의 W·h/kg으로 나타내시오.

14-12. 흐름 전지. 만일, 태양 전지나 풍차에서 얻은 전기를 배터리에 저장할 수 있다면, 태양이 비치지 않거나 바람이 불지 않을 때 그 에너지를 사용할 수 있다. 많은 양의 에너지를 저장할 수 있는 한 가지 방법은 반응물과 생성물이 탱크에 저장되어 있고 전극 위로 도입되는 흐름 전지이다. 그림에서, 왼쪽에 있는 탱크에는 1 M KOH에 2,6-dihydroxyanthraquinone의 산화형과 환원형(Q^{2-}와 Q^{4-})이 들어 있다. 오른쪽 탱크에는 1 M KOH에 헥사사이아노 철(III) 이온($Fe(CN)_6^{3-}$)과 헥사사이아노 철(II) 이온($Fe(CN)_6^{4-}$)이 들어 있다. 두 용액은 양이온 투과막에 의해 분리되어 있는 다공성 탄소 전극을 지나 도입된다. 풍차나 태양 전지에 의해 생산된 전류는 왼쪽 전극에서는 Q^{2-}를 Q^{4-}로 환원시키고, 오른쪽 전극에서는 $Fe(CN)_6^{4-}$를 $Fe(CN)_6^{3-}$로 산화시킴으로써 흐름 전지를 충전한다. 전하 균형 때문에, K^+ 이온은 양이온 투과막을 가로질러 이동한다. 전력을 얻기 위해 갈바니 전지로써 흐름 전지를 방전시키는데, 이때 왼쪽 전극에서는 Q^{4-}가 Q^{2-}로 산화되고, 오른쪽 전극에서는 $Fe(CN)_6^{3-}$가 $Fe(CN)_6^{4-}$로 환원되면서 1.0 V를 생산한다.

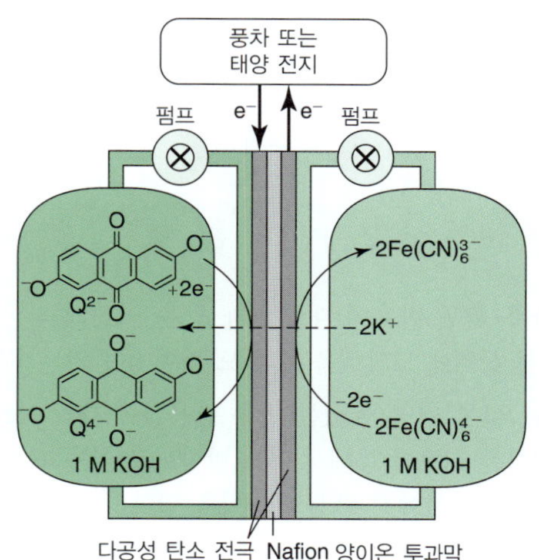

다음 자료에 바탕을 둔 흐름 전지. K. Lin, Q. Chen, M. R. Gerhardt, L. Tong, S. B. Kim., L. Eisenach, A. W. Valle, D. Hardee, R. G. Gordon, M. J. Aziz, and M. P. Marshak, "Alkaline Quinone Flow Battery," *Science* **2015**, *349*, 1529.

(a) 바람이 적당할 때 풍력 터빈은 1 MW(=10^6 J/s)의 전력을 생산할 수 있다. 1시간 동안 이 터빈에 의해 생산된 에너지를 저장할 수 있는 배터리는 1 MW·h(=10^6 J/s)(3600 s) = 3.6×10^9 J의 용량을 가져야 한다. 만약 배터리가 1.0 V를 제공한다면, 배터리는 몇 쿨롬을 저장해야 할까?

(b) 흐름 전지의 왼쪽 탱크에 들어 있는 2,6-dihydroxyanthraquinone의 농도는 0.5 M이다. **(a)**에서의 전하를 저장하기 위해 몇 L가 필요할까?

(c) 미국에서 55갤런 드럼은 200 L의 액체를 담을 수 있다. 1 MW·h의 에너지를 저장하기에 충분한 양의 0.5 M 2,6-dihydroxyanthraquinone을 담기 위해서는 55갤런 드럼 몇 개가 필요할까?

(d) 흐름 전지의 오른쪽 탱크에는 반응 $Fe(CN)_6^{4-} \rightarrow Fe(CN)_6^{3-} + e^-$에서 0.4 mol e^-/L를 제공할 수 있는 0.4 M의 $K_4[Fe(CN)_6]$이 들어 있다. 1 MW·h의 에너지를 저장하는 데 필요한 0.4 M $K_4[Fe(CN)_6]$의 부피는 얼마인가?

(e) 1 MW·h의 에너지를 저장하기 위해서는 양쪽 탱크를 모두 합쳐서 55갤런 드럼 몇 개가 필요할까? 이것은 바람이 불지 않을 때 한 개의 풍력 터빈에서 1시간 동안 얻을 수 있는 전기를 대체하기에 충분한 에너지이다. 여기에는 흐름 전지를 충전하고 방전할 때 전극으로 액체를 도입하는 데 필요한 에너지는 포함되어 있지 않다.

표준 전위

14-13. 다음 중 표준 조건(즉 모든 활동도 = 1)에서 가장 강한 산화제는 어느 것인가? HNO_2, Se, UO_2^{2+}, Cl_2, H_2SO_3, MnO_2

14-14. (a) 사이안화 이온은 Fe(III)의 $E°$를 감소시킨다.

$$\underset{\text{철(III) 이온}}{Fe^{3+}} + e^- \rightleftharpoons \underset{\text{철(II) 이온}}{Fe^{2+}} \qquad E° = 0.771\text{ V}$$

$$\underset{\text{헥사사이아노 이온}}{Fe(CN)_6^{3-}} + e^- \rightleftharpoons \underset{\text{헥사사이아노 철(II) 이온}}{Fe(CN)_6^{4-}} \qquad E° = 0.356\text{ V}$$

Fe(III)와 Fe(II) 중 어느 이온이 CN^-와 착물을 형성하여 더 안정화 되는가?

(b) 부록 H를 사용하여, 리간드가 CN^- 대신 페난트롤린(phenanthroline)일 때 같은 질문에 답하시오.

페난트롤린

Nernst 식

14-15. 산화-환원 반응에 대한 E와 $E°$는 어떻게 다른가? 전체 전지가 평형 상태에 도달했을 때 어느 것이 0이 되는가?

14-16. (a) 실험 14-1에 있는 반쪽 반응들에 대해 Nernst 식을 쓰시오. 전자는 회로를 통해서 어느 방향으로 이동하는가?

(b) 만약 실험 14-1에서 당신 손가락을 염다리로 사용한다면, 당신의 몸은 Cu^{2+}와 Zn^{2+} 중 어느 것을 받아들이겠는가?

14-17. 다음 반쪽 반응에 대한 Nernst 식을 쓰고, pH = 3.00이고 P_{AsH_3} = 1.0 mbar일 때 E를 구하시오.

$$As(s) + 3H^+ + 3e^- \rightleftharpoons \underset{\text{아르신}}{AsH_3(g)} \qquad E° = -0.238\text{ V}$$

14-18. (a) 다음 전지에 대해 선 표기법을 쓰시오.

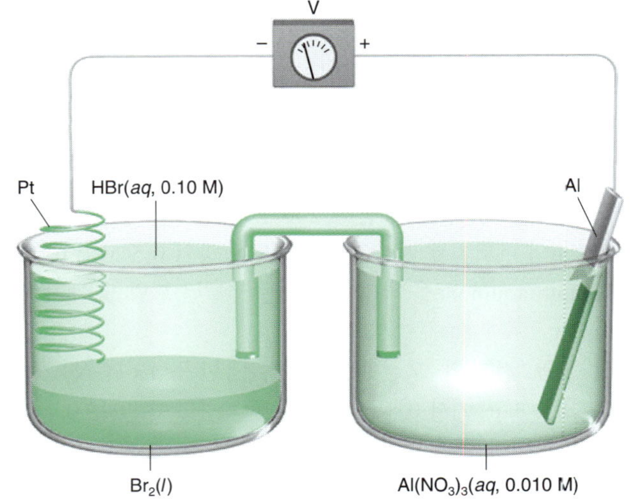

(b) 각 반쪽 전지의 전위와 전지 전압 E를 계산하시오. 전자는 회로를 통해 어느 방향으로 흐를까? 자발적인 알짜 전지 반응을 쓰시오.

(c) 왼쪽 반쪽 전지에는 14.3 mL의 $Br_2(l)$(밀도 = 3.12 g/mL)가 들어 있다. 알루미늄 전극에는 12.0 g의 Al이 들어 있다. Br_2와 Al 중 어느 것이 한계 시약인가? (즉 어느 시약이 더 먼저 소비되어 없어지는가?)

(d) 전지가 어떻게든 1.50 V의 일정한 전압을 생성하는 조건에서 작동한다면, 0.231 mL의 $Br_2(l)$가 소비되었을 때 얼마의 전기적 일이 수행될 것인가?

(e) 전위차계를 1.20 kΩ의 저항기로 대체하고 그 저항기에서 발생한 열이 1.00×10^{-4} J/s라면, Al(s)이 녹는 속도(g/s)는 얼마인가? (이 문제에서 전압은 1.50 V가 아니다.)

14-19. 예전에 노트북 컴퓨터에 사용된 니켈-금속 수소화물 재충전형 배터리는 다음과 같은 화학 반응을 기반으로 한다.

환원 전극:

$$NiOOH(s) + H_2O + e^- \underset{\text{충전}}{\overset{\text{방전}}{\rightleftharpoons}} Ni(OH)_2(s) + OH^-$$

산화 전극:

$$MH(s) + OH^- \underset{\text{충전}}{\overset{\text{방전}}{\rightleftharpoons}} M(s) + H_2O + e^-$$

산화 전극 물질 MH는 전이 금속 수소화물 또는 희토류 합금 수소화물이다. 전체 방전 주기 동안에 전압이 거의 일정하게 유지되는 이유를 설명하시오.

14-20. (a) H_2-O_2 연료 전지의 반쪽 반응을 쓰시오. 양쪽 전극에서 P_{H_2} = 1.0 bar, P_{O_2} = 0.2 bar, $[H^+]$ = 0.5 M인 경우에 25°C에서 이론적인 전지 전압을 구하시오(실제 연료 전지는 60 ~1000 °C에서 작동되며 ~0.7 V를 생산한다).

(b) 만약 화학 에너지를 전기 에너지로 변환하는 전지의 효율이 70%이고, 여러 개의 전지를 묶은 한 더미가 220 V에서 20 kW를 생산한다면, 한 시간에 소비되는 H_2는 몇 그램인가?

(c) 미국에서는 엔진은 흔히 '마력'으로 평가된다. 20 kW를 마력으로 변환하기 위해서 표 1-4를 이용하라.

14-21. 다음과 같은 전지에서 NaF와 KCl의 농도가 각각 0.10 M이라고 가정하자.

$$Pb(s)\,|\,PbF_2(s)\,|\,F^-(aq)\,\|\,Cl^-(aq)\,|\,AgCl(s)\,|\,Ag(s)$$

(a) 반쪽 반응 $2AgCl(s) + 2e^- \rightleftharpoons 2Ag(s) + 2Cl^-$와 $PbF_2(s) + 2e^- \rightleftharpoons Pb(s) + 2F^-$를 이용해서 전지 전압을 계산하시오.

(b) 전자는 어느 방향으로 흐르는가?

(c) 반응 $2Ag^+ + 2e^- \rightleftharpoons 2Ag(s)$와 $Pb^{2+} + 2e^- \rightleftharpoons Pb(s)$를 이용하여 전지 전압을 계산하시오. 이 경우에는 PbF_2와 AgCl의 용해도곱이 필요할 것이다.

14-22. 다음 전지는 $Ag^+\,|\,Ag$ 쌍의 표준 환원 전위를 측정하기 위해 제작되었다.

$$Pt(s)\,|\,HCl(0.010\,00\text{ M}),\ H_2(g)\,\|\,AgNO_3(0.010\,00\text{ M})\,|\,Ag(s)$$

온도는 25°C(표준 조건)이고, 대기압은 751.0 Torr였다. 25°C에서 물의 증기압은 23.8 Torr이기 때문에, 전지에서 P_{H_2}는 751.0 − 23.8 = 727.2 Torr이다. 활동도 계수를 포함한 전지의 Nernst 식은 다음과 같이 쓸 수 있다.

오른쪽 전극: $Ag^+ + e^- \rightleftharpoons Ag(s)$ $\qquad E^\circ_+ = E^\circ_{Ag^+|Ag}$

왼쪽 전극: $H^+ + e^- \rightleftharpoons \frac{1}{2}H_2(g)$ $\qquad E^\circ_- = 0\ V$

$$E_+ = E^\circ_{Ag^+|Ag} - 0.059\,16 \log\left(\frac{1}{[Ag^+]\gamma_{Ag^+}}\right)$$

$$E_- = 0 - 0.059\,16 \log\left(\frac{P_{H_2}^{1/2}}{[H^+]\gamma_{H^+}}\right)$$

$$E = E_+ - E_- = E^\circ_{Ag^+|Ag} - 0.059\,16 \log\left(\frac{[H^+]\gamma_{H^+}}{P_{H_2}^{1/2}[Ag^+]\gamma_{Ag^+}}\right)$$

측정된 +0.798 3 V의 전지 전압과 표 8-1에 있는 활동도 계수를 사용하여 $E^\circ_{Ag^+|Ag}$를 구하시오. 반응 지수에서 P_{H_2}는 bar로 표시하는 것을 명심하시오.

14-23. 다음 도표에서 물음표로 나타낸 반응에 대한 균형 화학 반응식(산성 용액에서)을 쓰시오.[26] 보충 14-4에서와 같이, 그 반응의 E°를 계산하시오.

$$BrO_3^- \xrightarrow{1.491} HOBr \xrightarrow{1.584} Br_2(aq) \xrightarrow{1.098} Br^-$$

($BrO_3^- \rightarrow Br^-$: 1.441; $HOBr \rightarrow Br^-$: ?)

14-24. 화학종 X^+가 표준 조건에서 자발적인 불균등화 반응으로 인해 X^{3+}와 X(s)로 될 때, E°_1와 E°_2는 어떠한 관계인가? 다음 불균등화 반응에 대한 균형 반응을 쓰시오.

$$X^{3+} \xrightarrow{E^\circ_1} X^+ \xrightarrow{E^\circ_2} X(s)$$

14-25. 활동도를 포함하여, 전지 $Ni(s)|NiSO_4(0.002\ 0\ M)\|CuCl_2(0.003\ 0\ M)|Cu(s)$의 전압을 계산하시오. 염들은 완전하게 해리되는 것으로 가정한다(다시 말해 이온쌍 형성은 무시하시오). 그림 14-9에 있는 추론을 이용했을 때, 전자는 어느 방향으로 흐르는가?

14-26. 활동도를 포함한 납축전지.[12] 지동차의 시동을 걸 때 사용되는 12 V 납축전지는 각각 2 V를 생산하는 전지 6개로 구성되어 있다. 최초의 충전식 배터리는 1859년에 프랑스의 물리학자 Gaston Planté가 25세 때에 발명하였다. 전극들은 표면적이 큰 금속 납 그리드이다. 고체 PbO_2를 환원 전극 위에 납작하게 만든다. 완전히 충전되면, 전지는 ~35 wt%의 H_2SO_4 수용액으로 채워지는데, 이는 약 5.5 m(~4.4 M)이다. 방전되는 동안(배터리가 전기를 생산할 때), 산화 전극에서 Pb는 $PbSO_4(s)$로 산화된다. 환원 전극에서 PbO_2는 $PbSO_4(s)$로 환원된다. 전지가 방전됨에 따라 양쪽 전극은 $PbSO_4(s)$로 덮이게 된다. 방전되는 동안 두 반응 모두 H_2SO_4를 소비하므로, H_2SO_4의 농도는 ~22 wt% ≈ 2.9 m로 떨어질 수 있다.

환원 전극: $PbO_2(s) + SO_4^{2-} + 4H^+ + 2e^- \rightleftharpoons PbSO_4(s) + 2H_2O$

산화 전극: $Pb(s) + SO_4^{2-} \rightleftharpoons PbSO_4(s) + 2e^-$

(a) 각각의 전극에 $PbSO_4$를 포함하고 있는 전지의 선 표기법을 쓰시오.

(b) 부록 H를 이용하여 방전하는 동안 산화 전극과 환원 전극에 대한 **환원** 반쪽 반응을 쓰시오. 알짜 반응을 쓰고, E°를 구하시오.

(c) 완전히 충전된 납축전지의 각 반쪽 반응에 대해 **활동도 계수를 포함하는** Nernst 식을 쓰시오. Nernst 식에서 용질의 농도는 몰랄 농도(m)로 나타내시오. 완전히 충전된 배터리에서 전해질의 농도는 5.5 m(몰랄) H_2SO_4(35 wt% H_2SO_4)이다. 모든 고체의 활동도는 1이다. 그러나 35 wt% H_2SO_4에 들어 있는 H_2O의 활동도는 1이 아닌데, 그 이유는 산의 농도가 너무 높기 때문이다. 물에 대해 $\mathcal{A}_{H_2O} = m_{H_2O}\gamma_{H_2O}$이며, 황산 이온에 대해 $\mathcal{A}_{SO_4^{2-}} = m_{SO_4^{2-}}\gamma_{SO_4^{2-}}$이고, H^+에 대해서 $\mathcal{A}_{H^+} = m_{H^+}\gamma_{H^+}$로 쓰시오.

(d) 산화 전극 식과 환원 전극 식을 합쳐서 단일 로그 항의 Nernst 식을 쓰시오.

(e) H_2O의 증기압 감소를 통해 측정한, 35 wt% H_2SO_4에 들어 있는 H_2O의 활동도는 25°C에서 $\mathcal{A}_{H_2O} = m_{H_2O}\gamma_{H_2O} = 0.66$이다.[27] SO_4^{2-}와 H^+의 활동도는 별도로 측정할 수 없지만, **평균 활동도**(mean activiy)는 측정이 가능하다. 양이온 C^{n+}과 음이온 A^{m-}로 구성된 염 C_mA_n의 경우, **평균 활동도 계수**(mean activity coefficient)는 $\gamma_\pm = (\gamma_+^m\gamma_-^n)^{1/(m+n)}$로 정의되는데, 이 식에서 γ_+와 γ_-는 각각의 활동도 계수이다. 평균 활동도 계수는 열역학적으로 정의되고 측정이 가능한 양이다. 5.5 m H_2SO_4의 경우, 25 °C에서 $\gamma_\pm = (\gamma^2_{H^+}\gamma_{SO_4^{2-}})^{1/3} = 0.22$이다($H_2SO_4$를 포함하는 갈바니 전지로부터 측정되듯이).[27] 납축전지 전압을 계산하기 위해서 Nernst 식에는 $\mathcal{A}_{H_2O} = 0.66$과 $\gamma_\pm = 0.22$를, 그리고 $m_{H^+} = 11.0$ mol/kg과 $m_{SO_4^{2-}} = 5.5$ mol/kg을 사용하여 납축전지의 전압을 계산하시오.

E°와 평형 상수의 관계

14-27. 반응 $CO + \frac{1}{2}O_2 \rightleftharpoons CO_2$에 대해, 298 K에서 CO 1 mol 당 $\Delta G^\circ = -257$ kJ이다. ΔG°와 E°의 관계는 $\Delta G^\circ = -nFE^\circ$이고, 이 식에서 n은 균형 반응식의 전자수이다. CO가 CO_2로 산화될 때는 전자 2개를 방출하고 탄소의 산화수가 +2에서 +4로 바뀐다.

(a) 이 반응의 E°를 구하시오.

(b) 이 반응의 평형 상수를 구하시오.

14-28. 부록 H의 반쪽 반응을 이용하여 다음 반응들에 대한 E°, ΔG°, K를 구하시오.

(a) $4Co^{3+} + 2H_2O \rightleftharpoons 4Co^{2+} + O_2(g) + 4H^+$

(b) $Ag(S_2O_3)_2^{3-} + Fe(CN)_6^{4-} \rightleftharpoons Ag(s) + 2S_2O_3^{2-} + Fe(CN)_6^{3-}$

14-29. 0.100 M Ce^{3+}, 1.00×10^{-4} M Ce^{4+}, 1.00×10^{-4} M Mn^{2+}, 0.100 M MnO_4^-, 1.00 M $HClO_4$가 포함된 용액이 있다.

(a) 이 용액의 화학종들 사이에 일어날 수 있는 균형 알짜 반응식을 쓰시오.

(b) 그 반응에 대한 ΔG°와 K를 계산하시오.

(c) 위의 조건에서 E를 계산하시오.

(d) 위의 조건에서 ΔG를 계산하시오.

(e) 298 K에서 주어진 농도의 Ce^{4+}, Ce^{3+}, Mn^{2+}, MnO_4^-가 평형에 있는 pH는 얼마인가?

14-30. 다음 전지의 E($E°$가 아님) = −0.289 V이다.

$Pt(s) | VO^{2+}(0.116\ M),\ V^{3+}(0.116\ M),\ H^+(1.57\ M) \| Sn^{2+}(0.031\ 8\ M),\ Sn^{4+}(0.031\ 8\ M) | Pt(s)$

알짜 전지 반응을 쓰고, 평형 상수를 계산하시오. 이 질문에 답하기 위해 부록 H의 $E°$ 값을 사용하지 마시오.

14-31. $Pd(OH)_2$의 K_{sp}는 3×10^{-28}이고, 반응 $Pd^{2+} + 2e^- \rightleftharpoons Pd(s)$의 $E° = 0.915$ V일 때, 다음 반쪽 반응에 대한 $E°$를 계산하시오.

$$Pd(OH)_2(s) + 2e^- \rightleftharpoons Pd(s) + 2OH^-$$

14-32. 부록 H에 있는 $Br_2(aq)$와 $Br_2(l)$의 표준 환원 전위로부터 25°C에서 Br_2의 물에 대한 용해도를 계산하시오. 답은 g/L로 나타내시오.

14-33. (a) Henry 법칙에 의하면, 녹아 있는 기체의 농도는 용액 위에 있는 그 기체의 부분 압력에 비례한다. Cl_2의 용해에 대해, Henry 법칙은 $[Cl_2(aq)] = K_h P_{Cl_2}$이다. 부록 H에 있는 반쪽 반응들을 이용하여 298.15 K에서 $Cl_2(g,\ 1\ bar)$와 평형을 이루고 있는 $Cl_2(aq)$의 농도를 구하시오.

(b) 298.15 K(25°C)에서 그다지 벗어나지 않는 온도에서, 반쪽 반응에 대한 표준 환원 전위는 다음과 같이 쓸 수 있다.

$$E°(T) = E° + \left(\frac{dE°}{dT}\right)\Delta T$$

여기서 $E°$는 298.15 K에서 표준 환원 전위이며, $E°(T)$는 온도 T(K)에서의 표준 환원 전위이고, $\Delta T = (T - 298.15)$이다. 부록 H에 있는 $dE°/dT$를 이용하여 323.15 K에서 Cl_2에 대한 K_h를 구하시오. 온도가 298.15 K에서 증가하거나 감소했을 때, $Cl_2(g)$의 용해도는 증가할 것인가 아니면 감소할 것인가?

14-34. 다음의 정보를 이용하여 $FeY^- + e^- \rightleftharpoons FeY^{2-}$에 대한 표준 전위를 계산하시오. 여기서 Y는 EDTA이다.

$$FeY^- + e^- \rightleftharpoons Fe^{2+} + Y^{4-} \qquad E° = -0.730\ V$$
$$FeY^{2-}: \qquad K_f = 2.1 \times 10^{14}$$
$$FeY^-: \qquad K_f = 1.3 \times 10^{25}$$

14-35. 50°C에서 $Al^{3+} + 3e^- \rightleftharpoons Al(s)$에 대한 $E°$를 구하시오. $dE°/dT$ 사용에 대해서는 문제 14-33(b)를 참고하시오.

14-36. 이 문제는 약간 까다롭다. 다음 반응에 대해서 $\Delta G°$, $E°$ 및 K를 계산하시오.

$$2Cu^{2+} + 2I^- + HO\text{–}C_6H_4\text{–}OH \rightleftharpoons$$
하이드로퀴논

$$2CuI(s) + O{=}C_6H_4{=}O + 2H^+$$
퀴논

이 반응은 부록 H에 나열한 **3개**의 반쪽 반응을 합한 것이다. 알짜 반응에 대한 $\Delta G°$를 구하기 위해 각 반쪽 반응의 $\Delta G° = -nFE°$를 사용하시오. 반응의 방향을 바꾸면, $\Delta G°$의 부호도 바꾸어야 한다.

생화학자들은 $E°'$를 사용한다

14-37. $E°'$이 무엇인지, 그리고 생화학에서는 $E°$보다 더 선호되는 이유를 설명하시오.

14-38. 반응 $C_2H_2(g) + 2H^+ + 2e^- \rightleftharpoons C_2H_4(g)$의 $E°'$을 구하려고 한다.

(a) 부록 H에 있는 $E°'$를 이용하여 반쪽 반응에 대한 Nernst 식을 쓰시오.

(b) Nernst 식을 다음과 같은 형태로 재배열하시오.

$$E = E° + \text{다른 항} - \frac{0.059\ 16}{2}\log\left(\frac{P_{C_2H_4}}{P_{C_2H_2}}\right)$$

(c) 위 식에서 ($E°$ + 다른 항)이 $E°'$이다. pH = 7.00에서 $E°'$를 구하시오.

14-39. 다음 반쪽 반응에 대한 $E°'$를 구하시오.

$$(CN)_2(g) + 2H^+ + 2e^- \rightleftharpoons 2HCN(aq)$$
사이아노젠 / 사이안화 수소

14-40. 다음 반응에 대한 $E°'$을 구하시오.

$$H_2C_2O_4 + 2H^+ + 2e^- \rightleftharpoons 2HCO_2H \qquad E° = 0.204\ V$$
옥살산 / 폼산

14-41. HOx는 $K_a = 1.4 \times 10^{-5}$인 일양성자성 산이고, H_2Red^-는 $K_1 = 3.6 \times 10^{-4}$이고 $K_2 = 8.1 \times 10^{-8}$인 이양성자성 산이다. 다음 반응에 대한 $E°$를 구하시오.

$$HOx + e^- \rightleftharpoons H_2Red^- \qquad E°' = 0.062\ V$$

14-42. 다음의 정보를 이용하여 아질산(HNO_2)에 대한 K_a를 구하시오.

$$NO_3^- + 3H^+ + 2e^- \rightleftharpoons HNO_2 + H_2O \qquad E° = 0.940\ V$$
$$E°' = 0.433\ V$$

14-43. 다음 반응과 부록 G에 있는 산 해리 상수를 사용하여,

$$HPO_4^{2-} + 2H^+ + 2e^- \rightleftharpoons HPO_3^{2-} + H_2O \qquad E° = -0.234\ V$$

아래 반응에 대한 $E°$를 계산하시오.

$$H_2PO_4^- + H^+ + 2e^- \rightleftharpoons HPO_3^{2-} + H_2O$$

14-44. 이 문제는 18장에 나오는 Beer 법칙을 필요로 한다. 일전자 환원제로 작용하는 플라보 단백질의 산화형(Ox)은 457 nm, pH 7.00에서 $1.12 \times 10^4\ M^{-1}\ cm^{-1}$의 몰흡광 계수(ε)를 갖는다. 환원형(Red)의 경우 457 nm, pH 7.00에서 $\varepsilon = 3.82 \times 10^3\ M^{-1}cm^{-1}$이다.

$$Ox + e^- \rightleftharpoons Red \qquad E°' = -0.128\ V$$

기질(S)은 단백질에 의해 환원된 분자이다.

$$Red + S \rightleftharpoons Ox + S^-$$

S와 S^-는 모두 무색이다. 초기 농도가 [Red] = [S] = 5.70 ×

10^{-5} M이 되도록 충분한 단백질과 기질을 섞어서 (Red + S), pH 7.00의 용액을 만들었다. 길이 1.00 cm의 셀을 사용해서 측정한 457 nm에서의 흡광도는 0.500이었다.

(a) 흡광도 자료로부터 Ox와 Red의 농도를 계산하시오.

(b) S와 S^-의 농도를 구하시오.

(c) 반응 $S + e^- \rightleftharpoons S^-$의 $E^{\circ\prime}$을 구하시오.

15 전극과 전위차법

양성자 산출에 의한 DNA 염기 서열 분석

Ion Torrent®라는 염기 서열 분석 기기는 마이크로미터 크기의 구멍에 들어 있는 구슬에 부착된, 길이가 증가하는 DNA 사슬에 한 개의 염기(A, T, C, G)가 첨가될 때마다 방출되는 H^+를 측정한다. [출처: J. M. Rothberg et al., "An Integrated Semiconductor Device Enabling Non-Optical Genome Sequencing," *Nature* **2011**, *475*, 348.]

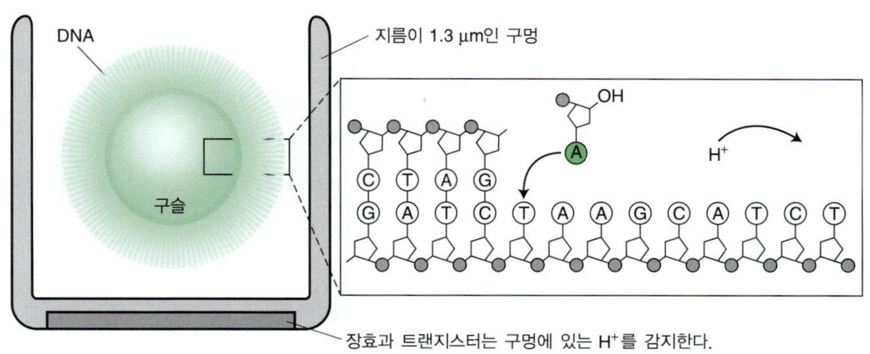

1990년대 Human Genome Project(인간 유전체 사업)에는 세계 최초로 인간 DNA의 뉴클레오타이드 염기 서열(A, T, C, G, 부록 L을 보라)을 해독하기 위해 약 10년에 걸쳐서 30억 달러가 투자되었다. 상업용 계측기는 1000달러의 비용으로 하루에 한 명의 DNA 서열을 정한다는 궁극적인 목표를 가지고 있다. 계측기는 DNA 한 가닥에 염기가 한 개 더해질 때마다 방출되는 H^+를 측정하기 위해 15-8절에 설명된 장효과 트랜지스터를 사용한다.

계측기의 핵심은 $\sim10^9$개의 식각된 구멍을 가지고 있는 2×2 cm 칩이다. 서열을 결정하려는 DNA를 한 개의 길이가 약 150개의 염기쌍으로 된 조각으로 무작위로 잘라낸다. 마이크로미터 크기의 폴리아마이드 구슬에는 $10^5\sim10^6$개의 조각난 가닥의 복제본이 코팅되어 있다. 다른 구슬에는 다른 조각들이 코팅되어 있다. DNA를 복제하는 데 필요한 DNA 중합 효소와 DNA 시발체(primer)는 구슬 위에 있는 조각들에 더해진다. 하나의 구슬이 각각의 구멍에 놓인다. 다른 구멍에는 다른 DNA 조각들이 들어 있다.

서열을 정하기 위해서 한 개의 염기를 포함하는 용액을 칩 위로 흘려보내고 그 염기는 각 구멍으로 확산된다. 그 염기가 그 구멍에 있는 DNA의 다음 위치에 필요한 염기라면, 그 염기는 DNA에 더해지고 H^+를 방출하며, 그 구멍의 pH는 약 0.02 만큼 감소한다. 만일 그 염기가 다음 위치에서 필요로 하는 염기가 아니라면, 그 구멍에서는 아무런 반응도 일어나지 않는다. 장효과 트랜지스터는 H^+가 구멍 밖으로 확산되기 전 수 초 동안에 전압의 변화를 기록한다. 그 후에는 시약들이 씻겨나가고 다른 종류의 염기가 포함된 새로운 용액이 더해진다. 서열 측정기는 뉴클레오타이드 염기를 매번 더할 때마다 각 구멍의 반응을 기록하여 그 구멍에 있는 DNA의 서열을 알아낸다. 컴퓨터로는 중복되는 짧은 조각들의 서열 순서를 이용하여 인간 DNA에 있는 $\sim3 \times 10^9$개 염기의 지도를 작성한다.

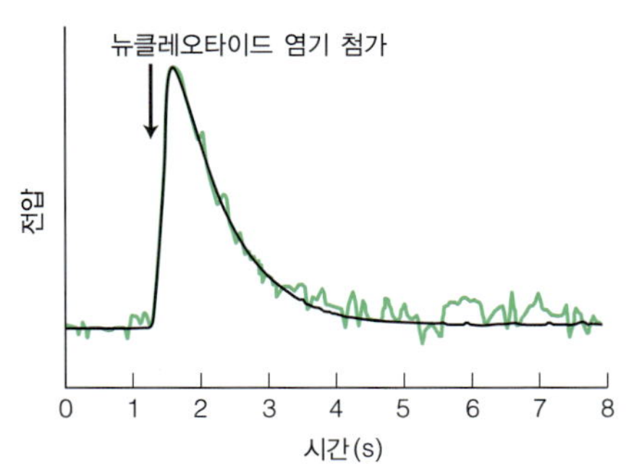

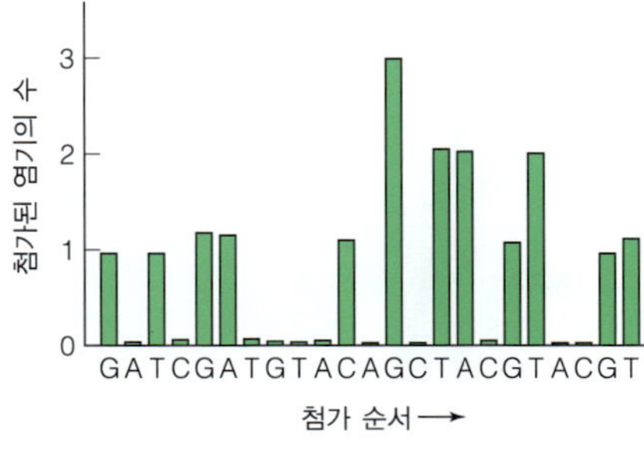

왼쪽: 하나의 뉴클레오타이드 염기가 DNA에 더해질 때 한 구멍에서 관찰된 신호. 매끈한 선은 자료를 물리적인 모델에 맞춘 것이다. 오른쪽: 한 개의 구멍에 계속해서 염기를 더해서 나온 통합된 신호. 이 도표에서 읽은 염기 서열은 GTGACGGGTTAAGTTGT이다. [출처: J. M. Rothberg et al., "An Integrated Semiconductor Device Enabling Non-Optical Genome Sequencing," *Nature* **2011**, *475*, 348.]

영리한 화학자들은 용액 혹은 기체상에서 특정 분석 물질에 선택적으로 감응하는 전극들을 고안해 왔다. 전형적인 이온 선택성 전극은 펜 정도의 크기이다. 1 μm 정도 크기이고 DNA 염기 서열 분석에 사용되는 이온 감응 장효과 트랜지스터는 377쪽에 나타내었다. 화학 정보를 제공하는 전압을 측정하기 위해 전극을 사용하는 것을 **전위차법**(**potentiometry**)이라고 한다.

가장 간단한 경우, 분석 물질은 Pt 선과 같은 전기 전도성 전극에서 전자를 내주거나 받아들이는 **전기 활성 화학종**(**electroactive species**)이다. 분석 물질에 감응하는 전극을 **지시 전극**(**indicator electrode**) 또는 동등하게 **작업 전극**(**working electrode**)이라고 한다. 분석 물질이 들어 있는 반쪽 전지를 다른 반쪽 전지와 염다리로 연결한다. 두 번째 반쪽 전지는 일정한 조성을 가지고 있어서 일정한 전위를 갖는다. 일정한 전위 때문에, 이 두 번째 반쪽 전지를 **기준 전극**(**reference electrode**)이라고 한다. 전지 전압은 작업 전극의 변화하는 전위와 기준 전극의 일정한 전위 사이의 차이이다.

지시(작업) 전극: 분석 물질의 활동도에 감응한다.

기준 전극: 고정된(기준) 전위를 유지한다.

15-1 기준 전극[1]

용액에 들어 있는 Fe^{2+}와 Fe^{3+}의 상대적인 양을 측정하고자 한다고 가정해 보자. 그림 15-1에 나타낸 것처럼, Pt 선을 담그고 염다리를 이용하여 일정 전위 반쪽 전지와 연결함으로써 이 용액을 갈바니 전지의 반쪽 전지로 만들 수 있다. 그림 15-1에서 전위차계(전압계)의 (+) 단자에 연결된 반쪽 전지의 전위를 E_+라고 지정할 것이다. 전위차계의 (−)단자에 연결된 반쪽 전지의 전위는 E_-로 표시될 것이다. 이런 표식은 반쪽 전지의 전위가 양의 값인지 또는 음의 값인지를 알려주지 않는다. 그런 표식은 단순히 전지들이 어떻게 전위차계에 연결되어 있는지를 알려줄 뿐이다.

두 반쪽 반응[**환원**(reduction)으로 나타낸]은 다음과 같다.

오른쪽 전극:	$Fe^{3+} + e^- \rightleftharpoons Fe^{2+}$	$E^\circ_+ = 0.771\ V$
왼쪽 전극:	$AgCl(s) + e^- \rightleftharpoons Ag(s) + Cl^-$	$E^\circ_- = 0.222\ V$

여기서 각 반쪽 전지에 대한 $E°$는 반응물과 생성물의 활동도가 모두 1일 때의 **표준 전위**(standard potential)이다. 전극 전위는 다음과 같고,

E_+는 전위차계의 (+) 입력 단자에 연결된 전극의 전위이다. E_-는 전위차계의 (−) 입력 단자에 연결된 전극의 전위이다.

$$E_+ = 0.771 - 0.059\,16 \log\left(\frac{[Fe^{2+}]}{[Fe^{3+}]}\right)$$
$$E_- = 0.222 - 0.059\,16 \log[Cl^-]$$

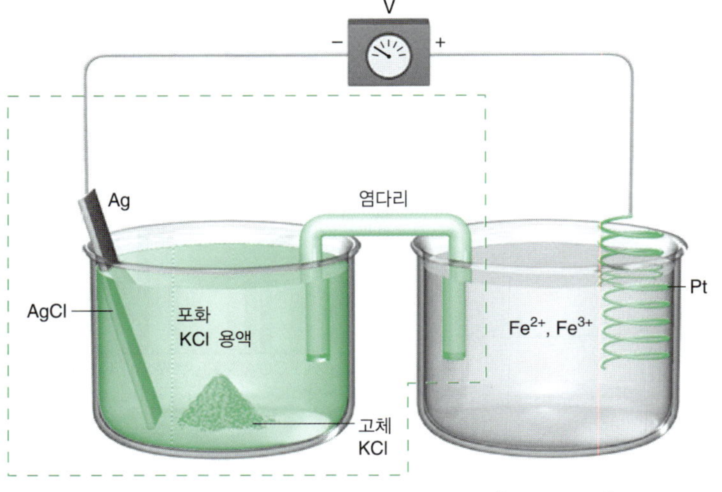

그림 15-1 오른쪽 반쪽 전지에 있는 $[Fe^{2+}]/[Fe^{3+}]$의 몫을 측정하는 데 사용될 수 있는 갈바니 전지. Pt 선은 지시 전극이고, 왼쪽 반쪽 전지 전체와 염다리를 합한 것(점선으로 둘러싸인)을 기준 전극으로 간주할 수 있다.

전지 전압은 $E_+ - E_-$이다.

$$E = \left\{0.771 - 0.059\ 16 \log\left(\frac{[Fe^{2+}]}{[Fe^{3+}]}\right)\right\} - \{0.222 - 0.059\ 16 \log[Cl^-]\}$$

그러나 왼쪽 반쪽 전지에 있는 $[Cl^-]$는 일정하며, KCl로 포화된 용액에서 KCl의 용해도에 의해 결정된다. 따라서 전지 전압은 $[Fe^{2+}]/[Fe^{3+}]$의 몫이 변할 때만 달라진다.

전압은 실제로 활동도(activity)의 비 $\mathcal{A}_{Fe^{2+}}/\mathcal{A}_{Fe^{3+}}$를 말해 준다. 앞으로는 대체로 활동도 계수를 무시하고, 활동도 대신 농도를 사용하여 Nernst 식을 쓸 것이다.

그림 15-1의 왼쪽에 있는 반쪽 전지는 **기준 전극** 역할을 한다. 점선으로 둘러싸인 반쪽 전지와 염다리는, 그림 15-2에서 나타낸 것과 같이 분석 물질 용액에 담겨 있는 한 개의 구성 단위로 묘사할 수 있다. Pt 선은 그 전위가 $[Fe^{2+}]/[Fe^{3+}]$ 의 몫에 감응하는 지시 전극이다. 기준 전극은 산화-환원 반응을 완성하며, 전위차계의 왼쪽에 **일정한 전위**(constant potential)를 제공한다. 전지 전압의 변화는 $[Fe^{2+}]/[Fe^{3+}]$의 몫의 변화로 인해 발생한다.

은-염화 은 기준 전극[2]

그림 15-1에서 점선으로 둘러싸인 반쪽 전지를 **은-염화 은 전극**(**silver-silver chloride electrode**)이라고 한다. 그림 15-3은 이 전극을 분석 물질 용액에 담글 수 있는 얇은 튜브로 재구성하는 방법을 보여 준다. 그림 15-4는 분석 물질 용액과 기준 전극의 용액 간의 접촉을 최소화하는 **겹접촉 전극**(double-junction electrode)을 보여 준다. 은-염화 은 전극과 칼로멜 기준 전극(뒤에 설명할)은 사용이 편리하다. 표준 수소 전극(S.H.E.)은 H_2 기체와 여러 용액에서 쉽게 더럽혀지는 새로운 Pt 촉매 표면을 필요로 하기 때문에 사용하기가 까다롭다.

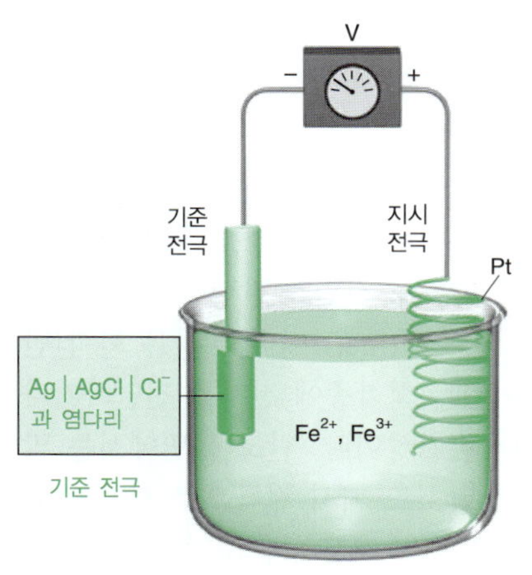

그림 15-2 그림 15-1의 또 다른 모습. 그림 15-1에서 점선으로 둘러싸인 부분은 이제 분석 물질 용액에 담겨 있는 기준 전극으로 간주한다.

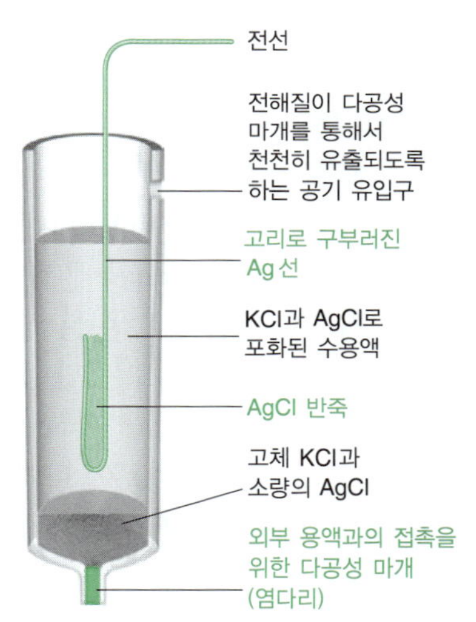

그림 15-3 은-염화 은 기준 전극

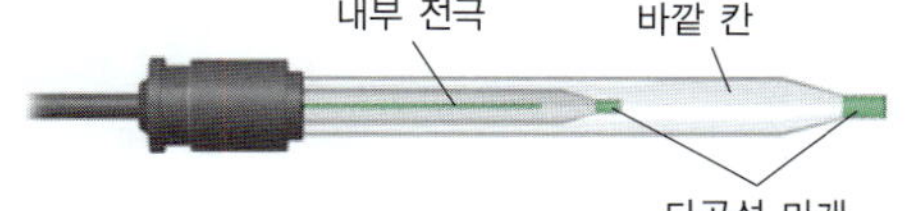

그림 15-4 겹접촉 기준 전극. 내부 전극은 그림 15-3에 있는 것과 동일하다. 바깥 칸에 있는 용액은 분석 물질 용액과 호환이 된다. 예를 들어 분석 물질이 Cl^- 이온과 접촉되는 것을 원하지 않으면 바깥 전극은 KNO_3 용액으로 채울 수도 있다. 내부 용액과 외부 용액은 천천히 섞이기 때문에, 바깥 칸은 신선한 KNO_3 용액으로 주기적으로 다시 채워 주어야 한다.

AgCl | Ag 쌍에 대한 표준 환원 전위는 25°C에서 +0.222 V이다. 이것은 $\mathcal{A}_{Cl^-}$가 1이라면 은-염화 은 전극의 전위가 될 것이다. 그러나 25°C에서 포화 KCl 용액에 들어 있는 Cl^-의 활동도는 1이 아니며, 그림 15-3에 있는 전극의 전위는 25°C에서 S.H.E.에 대해 +0.197 V이다.

Ag | AgCl 전극: $\quad AgCl(s) + e^- \rightleftharpoons Ag(s) + Cl^- \qquad E° = +0.222\ V$

$$E(\text{포화 KCl}^{\dagger}) = +0.197\ V$$

기준 전극과 관련된 하나의 문제점은 다공성 마개가 막혀서 전기적 감응이 느리고 불안정해진다는 것이다. 일부 기준 전극은 다공성 마개 대신 액체가 자유롭게 흐를 수 있는 모세관을 사용한다. 또 다른 기준 전극들은 측정 전에 전극-분석 물질 용액 접촉을 통해 전극으로부터 신선한 용액을 강제로 흘려 보낸다.

* KCl 포화 수용액의 몰농도는 25°C에서 ~4.2 M(~26.5 wt%)이다.

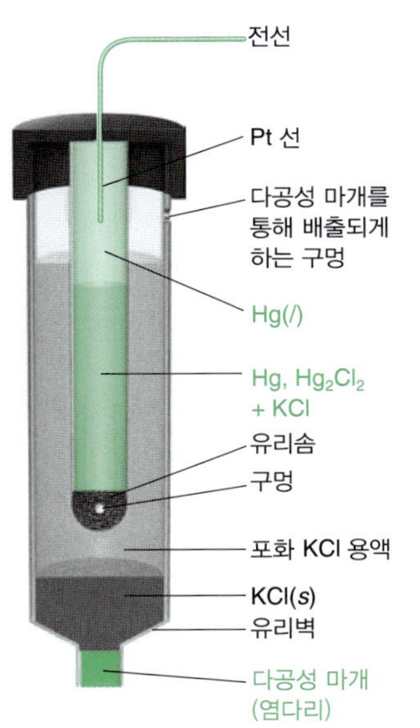

그림 15-5 포화 칼로멜 전극(S.C.E.)

칼로멜 전극

그림 15-5에 있는 **칼로멜 전극**(**calomel electrode**)은 다음과 같은 반응에 기반을 두고 있다.

칼로멜 전극: $\frac{1}{2}Hg_2Cl_2(s) + e^- \rightleftharpoons Hg(l) + Cl^-$ $E° = +0.268$ V

염화 수은(I) (칼로멜) E(포화 $KCl^{\dagger}$) $= +0.241$ V

이 반응에 대한 표준 전위는 +0.268 V이다. 전지가 25°C에서 KCl로 포화된다면 전위는 +0.241 V이다. KCl로 포화된 칼로멜 전극을 **포화 칼로멜 전극**(**saturated calomel electrode**)이라 하며, 줄여서 **S.C.E.**라고 한다. 포화 KCl을 사용하는 것의 장점은 용액 일부가 증발해도 $[Cl^-]$가 변화하지 않는 것이다.

다른 기준 척도 사이의 전압 변환

어떤 전극이 칼로멜 전극에 대하여 −0.461 V의 전위를 가지고 있을 때, 은-염화 은 전극에 대한 전위는 얼마일까? 표준 수소 전극에 대해서는 얼마의 전위를 가지게 될까?

이런 질문들에 답을 하기 위해서, 표준 수소 전극에 대해 칼로멜 전극과 은-염화 은 전극의 위치를 보여 주는 그림 15-6과 같은 도표를 그린다. S.C.E.에 대해 −0.461 V인 점 A는 은-염화 은 전극에 대해서는 −0.417 V이고, S.H.E.에 대해서는 −0.220 V인 것을 알 수 있다. 은-염화 은 전극에 대해 +0.033 V인 점 B는 S.C.E.에 대해서는 −0.011 V이고, S.H.E.에 대해서는 +0.230 V이다.

15-2 지시 전극

이제 지시 전극의 광범위한 두 부류에 대해 공부할 것이다. 이 절에서 설명하는 **금속 전극**(metal electrode)은 금속 표면에서의 산화-환원 반응에 감응하여 전위를 발생시킨다. 나중에 설명할 **이온 선택성 전극**(ion-selective electrode)은 산화-환원 반응에 기반을 두고 있지 않다. 대신, 한 종류의 이온이 막(membrane)에 선택적으로 결합하여 전위가 발생한다.

가장 보편적인 지시 전극은 백금으로, 이는 상대적으로 **비활성**(inert)이어서 많은 화학 반응에 참여하지 않는다. 백금 전극의 용도는 단순히 용액에 있는 화학종에 전자를 전달하거나 화학종으로부터 전자를 받는 것이다. 금 전극은 Pt보다 더 비활성이다. 탄소 표면에서는 많은 산화-환원 반응의 속도가 빠르기 때문에 다양한 종류의 탄소도 지시 전극으로 사용된다. 금속 전극은 표면이 넓고 깨끗할 때 가장 잘 작동한다. Pt 전극을 깨끗하게 하려면, 후드 안

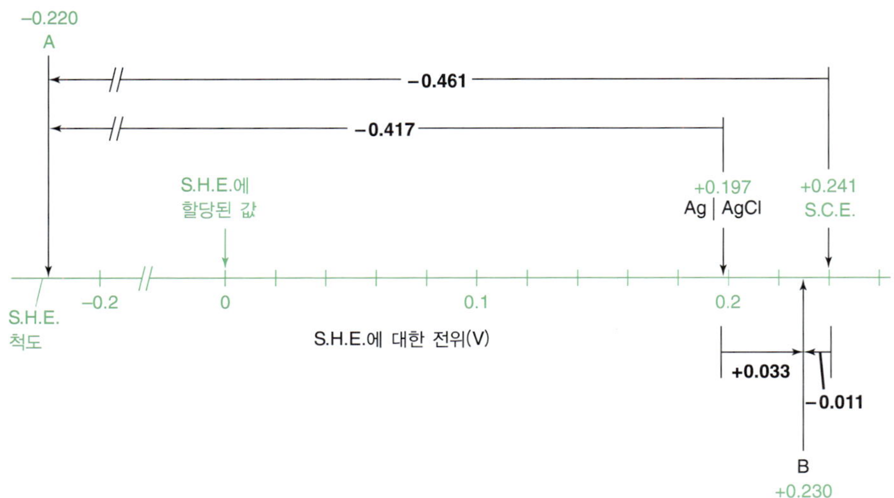

그림 15-6 다른 기준 척도 사이에 전극 전위를 변환하는 데 도움을 주는 도표

에서 뜨거운 8 M HNO_3에 담근 후 증류수로 씻어 낸다.

그림 15-7은 기준 전극과 연결된 은 전극이 어떻게 Ag^+ 농도를 측정하는 데 사용될 수 있는지를 보여 준다.[3] Ag 지시 전극에서의 반응은 다음과 같다.

$$Ag^+ + e^- \rightleftharpoons Ag(s) \qquad E^\circ_+ = 0.799\ V$$

칼로멜 기준 반쪽 전지의 반응은 다음과 같다.

$$Hg_2Cl_2(s) + 2e^- \rightleftharpoons 2Hg(l) + 2Cl^- \qquad E_- = 0.241\ V$$

기준 전지는 KCl로 포화되어 있기 때문에 기준 전위(E°_-가 아니라 E_-)는 0.241 V로 고정된다. 그러므로 전체 전지에 대한 Nernst 식은 다음과 같다.

$$E = E_+ - E_- = \underbrace{\left\{0.799 - 0.059\,16\log\left(\frac{1}{[Ag^+]}\right)\right\}}_{Ag\,|\,Ag^+\text{지시 전극의 전위}} - \{0.241\}$$

S.C.E. 기준 전극의 전위

$$E = 0.558 + 0.059\,16\log[Ag^+] \qquad \textbf{(15-1)}$$

그림 15-7에 있는 전지의 전압은 $[Ag^+]$의 값을 제공한다. 이상적으로 $[Ag^+]$가 10배 변할 때마다 전압은 59.16 mV씩(25°C에서) 변한다.

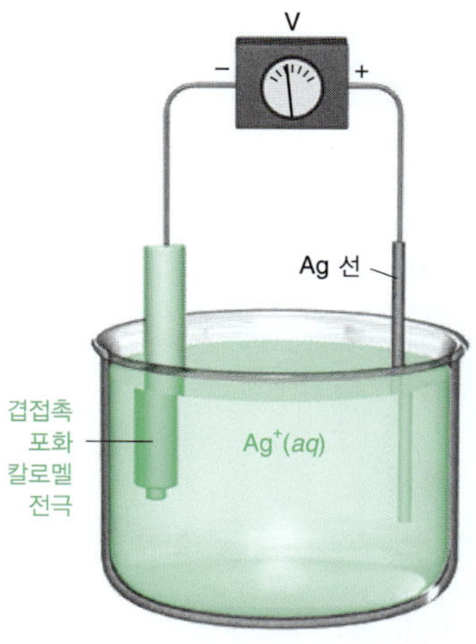

그림 15-7 $[Ag^+]$를 측정하기 위한 Ag와 칼로멜 전극의 사용. 칼로멜 전극은 그림 15-4에 있는 것처럼 겹접촉을 가지고 있다. 전극의 바깥 칸은 KNO_3로 채워져 있어서 안쪽 칸에 있는 Cl^-와 비커에 있는 Ag^+ 사이에는 직접적인 접촉이 없다.

예제 **전위차 침전 적정**

0.100 0 M NaCl이 들어 있는 100.0 mL 용액을 0.100 0 M $AgNO_3$로 적정하면서, 그림 15-7에 나타낸 전지의 전압을 측정하였다. 당량 부피 V_e = 100.0 mL이다. $AgNO_3$를 **(a)** 65.0 mL, **(b)** 135.0 mL 첨가한 후의 전압을 계산하시오.

풀이 적정 반응은 다음과 같다.

$$Ag^+ + Cl^- \rightarrow AgCl(s)$$

(a) 65.0 mL를 첨가했을 때, Cl^-의 65.0%는 침전되고 35.0%는 용액에 남는다.

$$[Cl^-] = \underbrace{(0.350)}_{\text{남아 있는 분율}}\ \underbrace{(0.100\,0\ M)}_{Cl^-\text{의 초기 농도}}\ \underbrace{\left(\frac{100.0}{165.0}\right)}_{\text{묽힘 인자}} = 0.021\,2\ M$$

(100.0: Cl^-의 초기 부피; 165.0: 용액의 총 부피)

식 15-1에 있는 전지 전압을 구하려면 $[Ag^+]$를 알아야 한다.

$$[Ag^+][Cl^-] = K_{sp} \Rightarrow [Ag^+] = \frac{K_{sp}}{[Cl^-]} = \frac{1.8\times10^{-10}}{0.021\,2\ M} = 8.5\times10^{-9}\ M$$

따라서 전지 전압은

$E = 0.558 + 0.059\,16\log(8.5\times10^{-9}) = 0.081$ V이다.

(b) 135.0 mL를 첨가했을 때, 총 부피 235.0 mL에는 35.0 mL의 $AgNO_3$ = 3.50 mmol Ag^+가 과량으로 들어 있다. 따라서 $[Ag^+]$ = (3.50 mmol)/(235.0 mL) = 0.014 9 M이다. 전지 전압은

$E = 0.558 + 0.059\,16\log(0.014\,9) = 0.450$ V이다.

자습 99.0 mL의 $AgNO_3$를 첨가한 후에 전압을 구하시오. (**답:** 0.177 V)

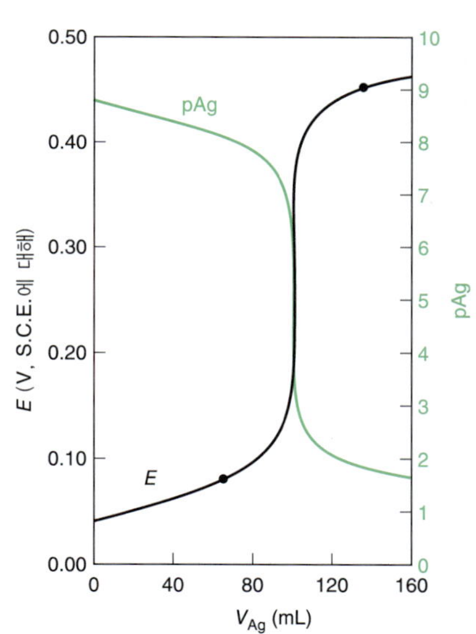

그림 15-8 그림 15-7에 있는 전극들로 0.100 0 M Cl^- 용액 100.0 mL에 0.100 0 M Ag^+를 첨가한 것에 대해 계산된 적정 곡선. 65.0 mL와 135.0 mL에서 계산된 점들을 보여 주고 있다. 색을 띤 곡선은 pAg = $-\log[Ag^+]$이다.

그림 15-8은 앞의 예제에 대한 적정 곡선을 보여 준다. Ag^+를 H^+로 대체하고 Cl^-를 적정하고자 하는 염기로 대체하면 산-염기 적정과 매우 유사해 보인다. 산-염

기 적정이 진행되면서 $[H^+]$는 증가하고 pH는 감소한다. Ag^+/Cl^- 적정이 진행되면서 $[Ag^+]$는 증가하고 pAg($\equiv -\log[Ag^+]$)는 감소한다. 은 전극은 pAg를 측정하는데, 그것은 식 15-1에 $pAg = -\log[Ag^+]$를 대입하면 알 수 있다.

$$E = 0.558 - 0.059\ 16\ pAg \tag{15-2}$$

전지는 $[Cl^-]$의 변화에 대해서 감응하는데, $[Ag^+][Cl^-] = K_{sp}$이기 때문에 $[Cl^-]$의 변화는 필연적으로 $[Ag^+]$를 변화시킨다.

은 전극은 고체 할로젠화 은(silver halide)이 함께 있는 경우라면, 할로젠화 이온 전극이기도 하다.[4] 만약에 용액에 $AgCl(s)$이 포함되어 있다면, $[Cl^-]$에 대한 전지 전압을 나타내는 식을 구하기 위해 식 15-1에 $[Ag^+] = K_{sp}/[Cl^-]$를 대입하면 된다.

실험 15-1 진동 반응에 대한 전위차법[5]

Belousov-Zhabotinskii 반응은 브로민산 이온에 의해 말론산이 산화되는 세륨 촉매 반응인데, 이 반응에서 $[Ce^{3+}]/[Ce^{4+}]$의 몫은 10~100배까지 반복해서 변한다.[6]

$$\underset{\text{말론산}}{3CH_2(CO_2H)_2} + \underset{\text{브로민산 이온}}{2BrO_3^-} + 2H^+ \rightarrow \underset{\text{브로모말론산}}{2BrCH(CO_2H)_2} + 3CO_2 + 4H_2O$$

Ce^{4+}의 농도가 높으면, 용액은 노란색이다. Ce^{3+}가 우세한 경우, 용액은 무색이다. 산화-환원 지시약(16-2절)을 사용하면, 이 반응은 일련의 색 사이를 왔다 갔다 하는 것을 알 수 있다[7]

노란색과 무색 사이의 주기적인 색 변화는 다음과 같은 용액으로 300 mL 비커에 준비할 수 있다.

1.5 M H_2SO_4 160 mL
2 M 말론산 40 mL
0.5 M $NaBrO_3$(또는 포화된 $KBrO_3$) 30 mL
포화된 황산 세륨 암모늄$[Ce(SO_4)_2 \cdot 2(NH_4)_2SO_4 \cdot 2H_2O]$ 4 mL

자석 젓개로 저으면서 5~10분 간의 유도 기간이 지난 후, 황산 세륨 암모늄 용액 1 mL를 첨가하면 진동 반응이 시작될 수 있다. 반응을 개시하기 위해서 5분마다 Ce^{4+}를 더 첨가할 필요가 있을 수도 있다.

그림에 나타낸 것처럼 반응 근처에 갈바니 전지를 설치한다. $[Ce^{3+}]/[Ce^{4+}]$의 몫은 칼로멜 전극과 Pt 전극으로 관찰한다. 여러분은 이 실험에 대해 전지 반응과 Nernst 식을 쓸 수 있어야 한다.

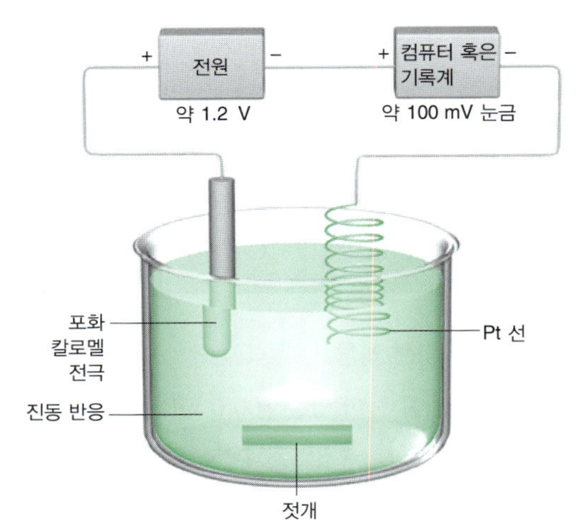

진동 반응에 대한 $[Ce^{3+}]/[Ce^{4+}]$ 값을 관찰하는 데 사용되는 장치 [이 실험에 대한 아이디어는 California Institute of Technology의 George Rossman으로부터 얻은 것이다.]

전위차계(pH 미터) 대신, 진동 현상을 관찰하기 위해 컴퓨터나 기록계를 사용한다. 전위는 약 1.2 V를 중심으로 약 100 mV 범위 정도에서 진동하기 때문에, 사용 가능한 전원으로 전지 전압을 약 1.2 V 정도로 상쇄시킨다.[8] 기록 *a*는 보통 관측되는 것을 보여 준다. 무색에서 노란색으로 급격하게 변하는 동안 전위는 급격하게 변하고, 노란색에서 무색으로 천천히 변할 때는 전위가 서서히 변한다. 기록 *b*는 같은 용액에서 두 개의 다른 주기가 중첩된 것을 보여 주고 있다. 이런 특이한 현상은 약 30분 동안 정상적으로 진동하는 반응에서 일어났다.[9]

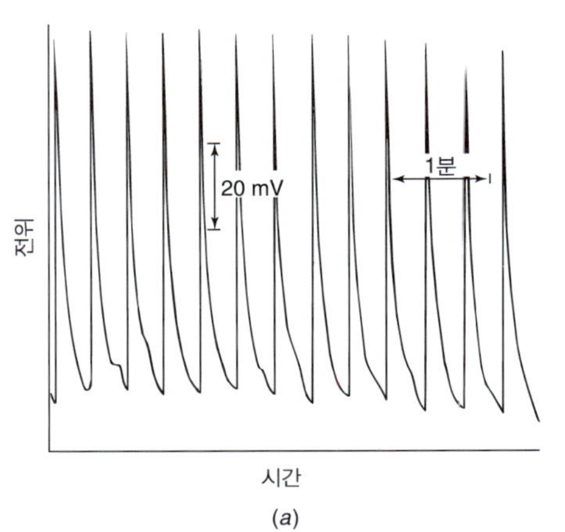

(*a*)

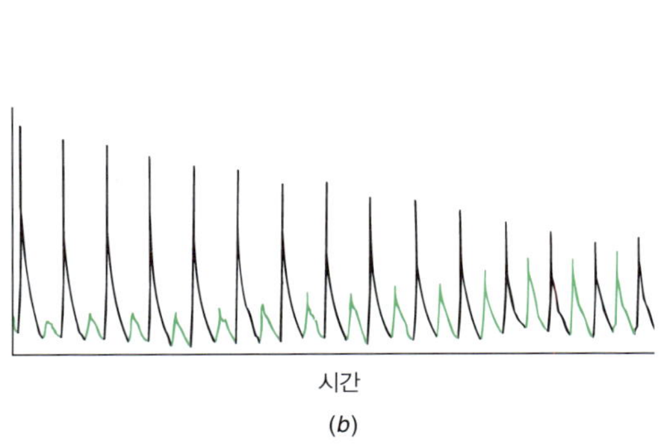

(*b*)

$$E = 0.558 + 0.059\ 16 \log\left(\frac{K_{sp}}{[Cl^-]}\right) \quad \mathbf{(15\text{-}3)}$$

Ag, Cu, Zn, Cd, Hg를 포함한 금속들은 수용액에 녹아 있는 각 금속의 이온에 대한 지시 전극으로 사용될 수 있다. 하지만 금속 표면에서 $M^{n+} + ne^- \rightleftharpoons M$ 반응에 대한 평형이 쉽게 이루어지지 못하기 때문에 대부분의 금속은 이러한 목적에는 적합하지 않다.

실험 15-1은 지시 전극과 기준 전극의 좋은 예이다.

15-3 접촉 전위란 무엇인가?

서로 다른 전해질 용액이 접촉할 때마다, 그 계면에서 **접촉 전위(junction potential)**라고 하는 전압 차가 발생한다. 작은 크기의 이 전압(대개 수 밀리볼트)은 두 개의 반쪽 전지를 연결하는 염다리의 양쪽 끝에서 발견된다. 일반적으로 측정된 전압에서 접촉 전위가 기여하는 정도를 알 수 없기 때문에, **접촉 전위는 직접 전위차 측정법의 정확도에 근본적인 한계로 작용한다.**

$E_{측정} = E_{전지} + E_{접촉}$

접촉 전위는 보통 알 수 없으므로, $E_{전지}$는 불확실하다.

접촉 전위가 발생하는 이유를 알아보기 위해, 증류수와 접촉하고 있는 NaCl 용액을 고려해 보자(그림 15-9). Na^+ 이온과 Cl^- 이온은 NaCl 용액에서 증류수로 확산하기 시작한다. 하지만 Cl^- 이온은 Na^+보다 **이동도(mobility)**가 더 크다. 즉 Cl^-는 Na^+보다 더 빨리 확산한다. 그 결과, Cl^-가 풍부해서 과량의 음전하를 띠는 지역이 전면에 나타난다. 그 뒤에는 Cl^-가 부족한 양전하 지역이 있다. 이런 결과로 NaCl과 H_2O 상(phase)의 접촉점에서 전위차가 발생한다. 접촉 전위는 Cl^-의 이동을 억제하고 Na^+의 이동을 가속시킨다. 정상 상태(steady-state) 접촉 전위는 전하 불균형을 일으키는 이동도의 차이와, 이로 인해 생성된 전하 불균형이 Cl^-의 이동을 지연시키려는 경향 사이에 균형이 이루어졌다는 것을 나타낸다.

표 15-1은 몇몇 이온의 이동도를 보여 주고, 표 15-2에는 몇몇 액간 접촉 전위를 나열해 놓았다. K^+와 Cl^-는 이동도가 비슷하기 때문에 염다리에는 포화 KCl이 사용된다. KCl 염다리의 두 계면에서의 접촉 전위는 작다.

그럼에도 불구하고 0.1 M HCl | 3.5 M KCl의 접촉 전위는 3.1 mV이다. pH 전극은 단위 pH당 59 mV의 감응을 나타낸다. 0.1 M HCl에 담겨 있는 pH 전극은 ~3 mV의 접촉 전위, 혹은 0.05 pH의 오차(67쪽의 'H^+ 농도의 불확정도'에서 설명한 것처럼, $[H^+]$로는 12%의 오차)를 가지게 된다.

표 15-1 25°C 물에서 이온의 이동도

이온	이동도 $[m^2/(s \cdot V)]$[a]
H^+	36.30×10^{-8}
Rb^+	7.92×10^{-8}
K^+	7.62×10^{-8}
NH_4^+	7.61×10^{-8}
La^{3+}	7.21×10^{-8}
Ba^{2+}	6.59×10^{-8}
Ag^+	6.42×10^{-8}
Ca^{2+}	6.12×10^{-8}
Cu^{2+}	5.56×10^{-8}
Na^+	5.19×10^{-8}
Li^+	4.01×10^{-8}
OH^-	20.50×10^{-8}
$Fe(CN)_6^{4-}$	11.45×10^{-8}
$Fe(CN)_6^{3-}$	10.47×10^{-8}
SO_4^{2-}	8.27×10^{-8}
Br^-	8.13×10^{-8}
I^-	7.96×10^{-8}
Cl^-	7.91×10^{-8}
NO_3^-	7.40×10^{-8}
ClO_4^-	7.05×10^{-8}
F^-	5.70×10^{-8}
HCO_3^-	4.61×10^{-8}
$CH_3CO_2^-$	4.24×10^{-8}

a. 이온의 이동도란 1 V/m 전기장에서 입자가 낼 수 있는 최종 속도(terminal velocity)이다. 이동도 = 속도/전기장, 따라서 이동도의 단위는 $(m/s)/(V/m) = m^2/(s \cdot V)$이다.

예제 접촉 전위

0.1 M NaCl 용액이 0.1 M $NaNO_3$ 용액과 접촉하고 있다. 접촉면의 어느 쪽이 플러스인가?

풀이 $[Na^+]$는 양쪽이 같으므로 접촉면을 통한 Na^+의 알짜 확산은 없다. 그러나 Cl^-는 $NaNO_3$ 쪽으로 확산하고, NO_3^-는 NaCl 쪽으로 확산한다. Cl^-의 이동도가 NO_3^-의 이동도보다 더 크기 때문에, NaCl 영역에서 Cl^-가 줄어드는 것이 $NaNO_3$ 영역에서 NO_3^-가 줄어드는 것보다 더 빠르다. $NaNO_3$ 쪽이 마이너스가 되고, NaCl 쪽이 플러스가 될 것이다.

자습 0.05 M NaCl | 0.05 M LiCl 접촉의 어느 쪽이 플러스가 될 것인가? (**답:** LiCl)

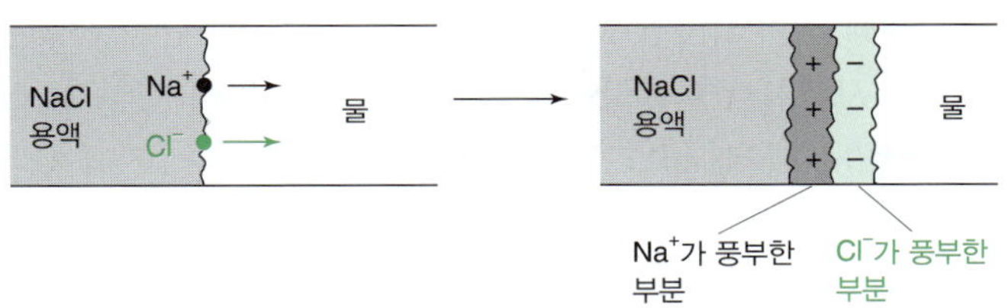

그림 15-9 Na^+와 Cl^-의 서로 다른 이동도로 인해 발생되는 접촉 전위의 전개 과정

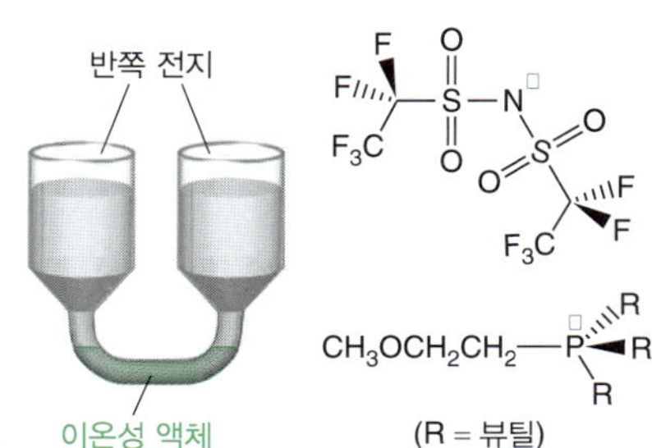

이온성 액체는 tributyl(2-methoxyethyl)phosphonium bis(pentafluoroethanesulfonyl)amidate이다.

그림 15-10 이온성 액체로 채워진 염다리는 접촉 전위를 약 0.1 mV까지 줄일 수 있다.

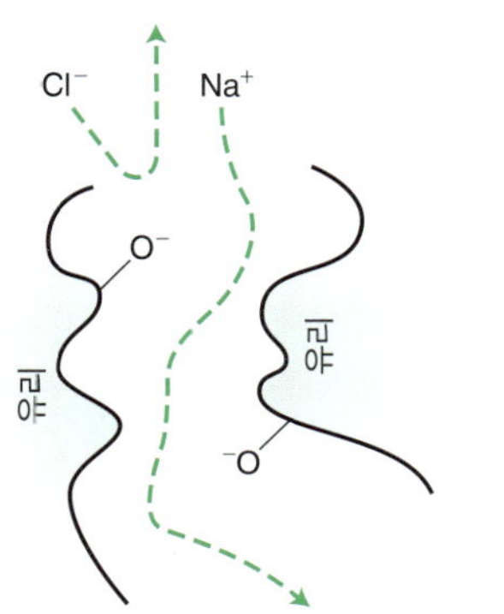

그림 15-11 좁은 통로의 유리벽에 있는 음전하는 음이온의 통과는 가로막지만, 양이온은 흐르게 한다. 전하의 분리는 나노 크기의 다공성 유리 마개에 전위차를 만든다.

표 15-2 25°C에서 예상되는 액간 접촉 전위

접촉	전위 (mV)
0.1 M NaCl | 0.1 M KCl	−6.4
0.1 M NaCl | 3.5 M KCl	−0.2
1 M NaCl | 3.5 M KCl	−1.9
0.1 M HCl | 0.1 M KCl	+27
0.1 M HCl | 3.5 M KCl	+3.1
0.1 M NaOH | KCl(포화)	−0.4
0.1 M NaOH | 0.1 M KCl	−19

주: 플러스 기호는 접촉점의 오른쪽이 왼쪽에 대해서 더 플러스라는 의미이다.

염다리에 KCl 수용액 대신, 현명하게 선택한 이온성 액체를 넣으면 접촉 전위를 약 0.1 mV까지 감소시킬 수 있다.[10] **이온성 액체**(ionic liquid)는 결정 형성이 되지 않는 양이온과 음이온을 포함하고 있다. 이온성 액체는 실온보다 낮은 온도에서 녹으며, 휘발성이 낮고 넓은 온도 범위에 걸쳐서 액체 상태로 있다. 그림 15-1은 포화 KCl이 들어 있는 거꾸로 된 U자관으로 이루어진 전형적인 염다리를 보여 준다. 그림 15-10은 **바닥**에서 두 개의 전기 화학 전지를 연결하고 있는 U자관을 보여 준다. U자관은 물에서의 용해도가 1 mM 이하인 이온성 액체만을 포함하고 있다. 양이온과 음이온의 이동도는 3% 이내에서 일치하며 K^+와 Cl^- 이동도의 1/3 정도이다.

만약 기준 전극이 시료 용액으로부터 내부 전극 용액을 분리하기 위해서 **미세 다공성**(microporous) 유리 마개 대신 나노 크기의 **다공성**(nanoporous) 유리 마개를 가지게 되면 약 10~100 mV의 오차가 발생할 수 있다.[11] 유리 마개의 한 예를 그림 15-3에 있는 전극의 바닥에 그려 놓았다. 나노 크기의 다공성 마개는 CoralPor®과 같은 상품명을 가지고 있다. 미세 다공성 유리 마개에는 액체가 천천히 흐르고 확산될 수 있도록 하는, 지름이 약 0.1~3 μm 크기의 통로들이 있다. 나노 크기의 다공성 유리에 있는 통로들은 지름이 약 4~20 nm이다. 유리에 있는 실란올기(Si—OH)는 pH 3 이상에서는 양성자가 떨어져서 $Si—O^-$로 이루어진 음으로 하전된 표면을 제공한다. 나노 크기 구멍의 1/4 정도에서, 음이온은 음으로 하전된 표면으로 인해 자유롭게 통과하지 못하지만, 양이온은 쉽게 통과한다(그림 15-11). 이런 정전기적 선별은 용액에 의존하는 전극 전위를 만들어 낼 수 있는데, 이런 전위는 미세 다공성 마개를 갖는 전극에서는 관찰되지 않는다.

15-4 이온 선택성 전극이 작동하는 방식[12]

이 장 나머지 부분에서 설명할 **이온 선택성 전극**(**ion-selective electrode**)은 한 종류의 이온에 대해 선택적으로 감응한다. 이온 선택성 전극은 산화-환원 반응과 관련이 없다는 점에서 금속 전극과는 근본적으로 다르다. 이상적인 이온 선택성 전극의 주요 특징은 목표로 삼은 이온만 결합이 가능한 얇은 막이다.

그림 15-12a에 있는 **액체 기반 이온 선택성 전극**(liquid-based ion-selective electrode)을 고려해 보자. 전극을 '액체 기반'이라고 하는 까닭은 이온 선택성 막이 이온 교환체와 때로는 양이온 분석 물질 C^+와 선택적으로 결합하는 리간드가 함께 녹아 있는 점성을 띤 유기 용매가 스며들어 있는 **소수성**(hydrophobic) 유기 고분자이기 때문이다. 전극 내부에는 $C^+(aq)$와 $B^-(aq)$로 구성된 채움 용액(filling solution)이 있다. 전극 외부는 $C^+(aq)$와 $B^-(aq)$ 및 아마도 다른 이온이 포함된 분석 물질 용액에 담겨 있다. 이상적으로는 A^-, B^- 또는 다른 이온이 무엇이든지 상관없다. 이온 선택성 막을 가로지르는 전위차(전압)는 두 개의 기준 전극으

소수성: '물을 싫어함' (물과 섞이지 않는다)

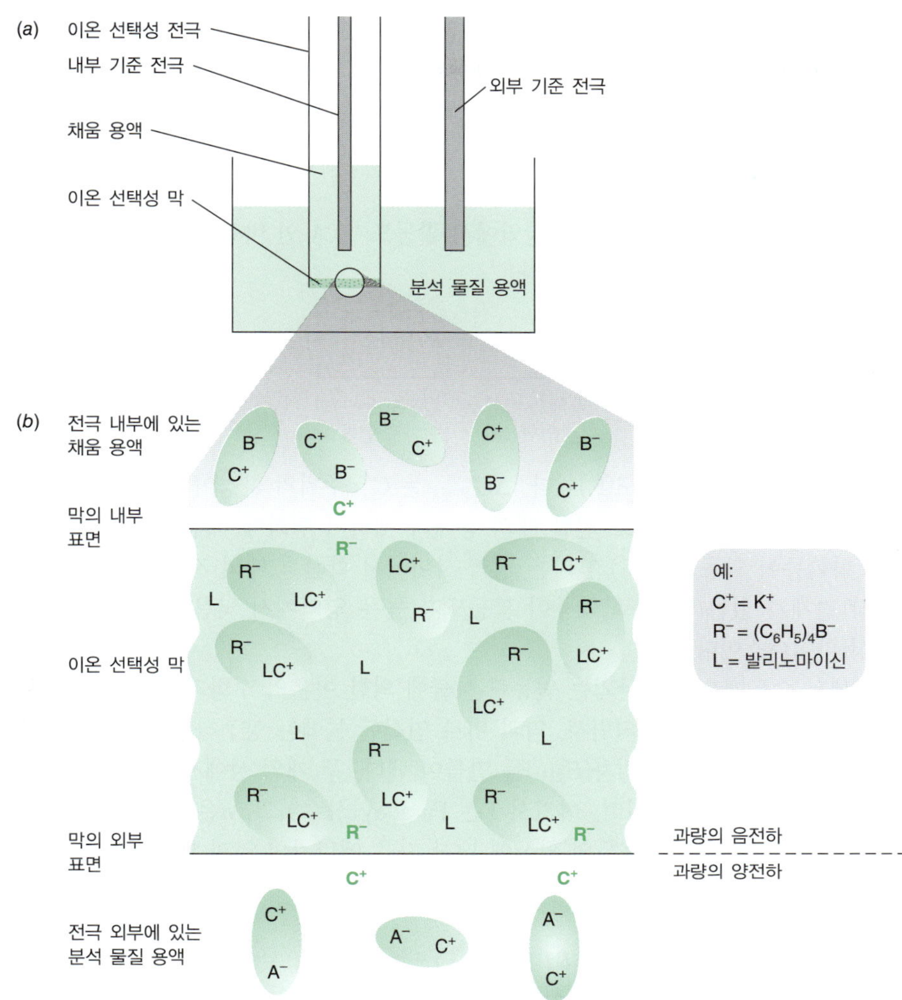

그림 15-12 (*a*) 양이온 분석 물질 C^+를 포함하는 수용액에 담긴 이온 선택성 전극. 일반적으로 막은, 막을 부드럽게 하는 전극성 액체인 **가소제**(plasticizer)인 세바스산 다이옥실(diotyl sebacate)을 스며들게 한 폴리염화바이닐(PVC)로 만든다. 막에는 이온 선택성 이온 운반체(L), 착물(LC^+), 소수성 음이온(R^-) 등이 녹아 있다. (*b*) 막의 상세 그림. 이온쌍을 둘러싼 타원은 각 상(phase)에 들어 있는 전하를 눈으로 계산하는 데 도움을 주기 위한 것이다. 진한 색으로 표시된 이온은 각 상에서 여분의 전하를 나타낸다. 각각의 막 표면에서의 전위차는 막과 접촉하고 있는 수용액에 있는 분석 이온의 활동도에 달려 있다.

로 측정하는데, 그 기준 전극은 아마도 Ag | AgCl 전극이다. 만약에 분석 물질 용액에서 C^+의 농도(실제로는 활동도)가 변하면, 두 기준 전극 사이에서 측정되는 전압 또한 달라진다. 교정 곡선을 사용하여 전압으로부터 분석 물질 용액에 있는 C^+의 활동도를 알 수 있다.

그림 15-12b는 전극이 어떻게 작동되는지를 보여 준다. 이 예에서 중요한 점은 리간드 L[**이온 운반체**(ionophore)]인데, 이것은 막 내부에서 용해되어 분석 이온과 선택적으로 결합한다. 예를 들어 포타슘 이온 선택성 전극에서 L은 발리노마이신(valinomycin)일 수도 있는데, 이것은 세포막을 가로질러 K^+ 이온을 운반하기 위해 특정 미생물이 분비하는 천연 항생 물질이다(그림 15-13). **리간드 L은 양이온 분석 물질 C^+에 대해서는 친화성이 크고, 다른 이온에 대해서는 친화성이 작은 것을 선택한다.** 이상적인 전극에서 L은 C^+와만 결합한다. 실제로 사용되는 전극은 다른 이온들에 대해 어느 정도의 친화도가 있고, 그 결과 이런 이온들은 C^+를 측정할 때 어느 정도 방해를 한다. 막에는 또한 전하를 중성으로 맞추기 위해서 테트라페닐보레이트[tetraphenylborate$(C_6H_5)_4B^-$]와 같은 소수성 음이온 R^-가 들어 있는데, 이것은 막에는 잘 녹지만 물에는 잘 녹지 않는다.

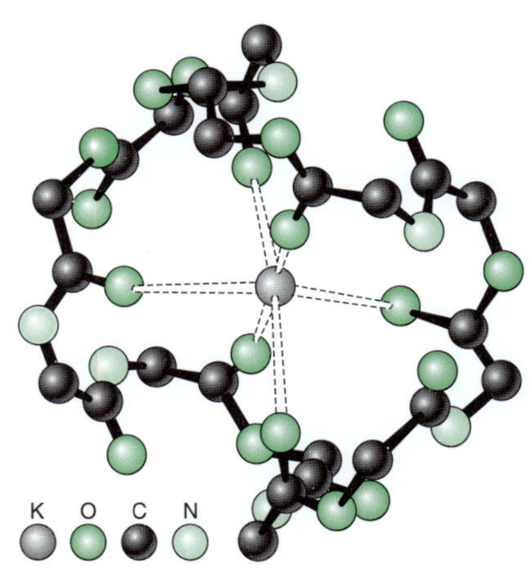

그림 15-13 발리노마이신-K^+ 착물은 K^+ 주위에 팔면체 배위를 하는 6개의 카보닐 산소 원자를 갖고 있다. [출처: L. Stryer, *Biochemistry*, 4th ed. (New York: W. H. Freeman and Company, 1995), p. 273.]

그림 15-12b에서 막의 내부에 있는 거의 대부분의 분석 이온들은 착물 LC^+의 형태로 결합되어 있으며, 이들은 막에서 착물을 형성하지 않은 소량의 C^+와 평형 상태에 있다. 막에는 착물을 이루지 않은 과량의 L도 포함되어 있다. C^+는 계면을 가로질러 확산할 수 있다. 이

L은 C^+ 외에 다른 이온들과도 어느 정도 결합할 수 있으므로, 이런 이온들은 C^+를 측정할 때 어느 정도 방해를 한다. 이온 선택성 전극은 분석하려는 이온에 강한 선호도를 갖는 리간드를 사용한다.

상적인 전극에서 R^-는 물에 녹지 않기 때문에 막을 빠져나올 수 없고, 수용성 음이온 A^-는 유기 용매에 녹지 않기 때문에 막으로 들어갈 수 없다. 소량의 C^+ 이온이 수용액 상으로 확산되면, 수용액 상에는 과량의 양전하가 존재한다. 이러한 불균형은 수용액 상으로 더 많은 C^+가 확산되는 것을 막는 전위차를 형성한다. 전하 불균형 영역은 불과 수 나노미터 정도의 크기로 막과 주변 용액으로 확장된다.

C^+가 활동도가 $\mathcal{A}_m$인 막 내부의 한 영역에서 활동도가 $\mathcal{A}_o$인 바깥 용액의 한 영역으로 확산될 때, 자유 에너지 변화는 다음과 같다.

$$\Delta G = \underbrace{\Delta G_{\text{용매화}}}_{\substack{\text{용매의 변화로} \\ \text{인한 } \Delta G}} - \underbrace{RT \ln\left(\frac{\mathcal{A}_m}{\mathcal{A}_o}\right)}_{\substack{\text{활동도(농도)의} \\ \text{변화로 인한 } \Delta G}}$$

여기서 R은 기체 상수, T는 온도(K)이다. $\Delta G_{\text{용매화}}$는 C^+ 주위의 환경이 막에 있는 유기 용매에서 막 외부에 있는 수용액으로 변할 때의 용매화 에너지 변화에 해당한다. $-RT \ln(\mathcal{A}_m/\mathcal{A}_o)$ 항은 화학종이 활동도(농도)가 다른 영역 사이에서 확산될 때의 자유 에너지 변화를 나타낸다. 상 경계가 없는 경우, 화학종이 활동도가 높은 영역에서 낮은 영역으로 확산될 때 ΔG는 항상 마이너스이다.

C^+가 막에서 수용액으로 확산되는 원동력은 물에 의한 이온의 수화가 유리하다는 것이다. C^+가 막에서 수용액으로 확산되면서, 막과 바로 인접한 물에는 양전하가 축적된다. 이런 전하 분리는 막을 가로지르는 전위차($E_{\text{외부}}$)를 만들어 낸다. 두 개의 상에서 C^+에 대한 자유 에너지 차이는 $\Delta G = -nFE_{\text{외부}}$이며, 여기서 F는 Faraday 상수이고, n은 이온의 전하이다. 평형에서, 막 경계를 가로지르는 C^+의 확산에 대한 자유 에너지의 알짜 변화는 0이 되어야 한다.

$$\underbrace{\Delta G_{\text{용매화}} - RT \ln\left(\frac{\mathcal{A}_m}{\mathcal{A}_o}\right)}_{\substack{\text{상 사이에서의 이동과 활동도} \\ \text{차이에 의한 } \Delta G}} + \underbrace{(-nFE_{\text{외부}})}_{\substack{\text{전하의 불균형으로} \\ \text{인한 } \Delta G}} = 0$$

$E_{\text{외부}}$에 대해 정리하면, 그림 15-12b에 있는 막과 바깥 수용액 사이 경계를 가로지르는 전위차는 다음과 같다는 것을 알게 된다.

막과 분석 물질 사이의 상 경계를 가로지르는 전위차:

$$E_{\text{외부}} = \frac{\Delta G_{\text{용매화}}}{nF} - \left(\frac{RT}{nF}\right) \ln\left(\frac{\mathcal{A}_m}{\mathcal{A}_o}\right) \quad \textbf{(15-4)}$$

내부 채움 용액과 막 사이의 경계에도 전위차 $E_{\text{내부}}$가 있는데, 식 15-4에 있는 것들과 유사한 항을 갖는다.

외부 분석 용액과 내부 채움 용액 사이의 전위차 $E = E_{\text{외부}} - E_{\text{내부}}$이다. 식 15-4에서, $E_{\text{외부}}$는 분석 용액에 있는 C^+의 활동도와 외부 표면에 근접한 막에 있는 C^+의 활동도에 의존한다. 채움 용액에 있는 C^+의 활동도가 일정하기 때문에 $E_{\text{내부}}$는 일정하다.

그러나 막에서 C^+의 활동드($\mathcal{A}_m$)는 다음과 같은 이유로 거의 일정하다. 막에 있는 높은 농도의 LC^+는 막 내부의 자유로운 L과 낮은 농도의 C^+와 평형을 이루고 있다. 소수성 음이온 R^-는 물에 거의 녹지 않기 때문에 막을 벗어날 수가 없다. 막에서 수용액으로 확산되는 각각의 C^+는 막 내부에 같은 수의 R^-를 남겨놓기 때문에 **아주 소량의** C^+만 확산될 수 있다(이러한 전하 분리가 상 경계에서 발생하는 전위차의 근원이다). 미량의 C^+만 막 외부로 확산되어 나온다. 미량의 C^+가 막에서 수용액으로 확산되자마자, 막 근처 용액에 있는 과량의 양전하로 인해 더 이상의 확산은 일어나지 않는다.

따라서 외부 용액과 내부 용액 사이의 전위차는 다음과 같다.

소수성 음이온(R^-)의 예

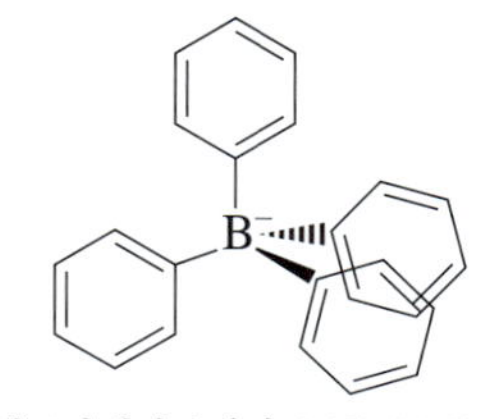

테트라페닐보레이트 $(C_6H_5)_4B^-$

$$E = E_{외부} - E_{내부} = \frac{\Delta G_{용매화}}{nF} - \left(\frac{RT}{nF}\right)\ln\left(\frac{\mathcal{A}_m}{\mathcal{A}_o}\right) - E_{내부}$$

$$E = \underbrace{\frac{\Delta G_{용매화}}{nF}}_{상수} + \left(\frac{RT}{nF}\right)\ln \mathcal{A}_o - \underbrace{\left(\frac{RT}{nF}\right)\ln \mathcal{A}_m}_{상수} - \underbrace{E_{내부}}_{상수}$$

$\ln \frac{x}{y} = \ln x - \ln y$

상수 항을 결합하면, 막을 가로지르는 전위차는 외부 용액에 들어 있는 분석 물질의 활동도에만 의존한다는 것을 알게 된다.

$$E = 상수 + \left(\frac{RT}{nF}\right)\ln \mathcal{A}_o$$

ln을 log로 바꾸고 R, T, F 값을 대입하면, 막을 가로지르는 전위차에 대한 유용한 식이 얻어진다.

부록 A로부터,
식 $\ln x = (\ln 10)(\log x) = 2.303 \log x$

이온 선택성 전극에 대한 전위 차:

$$E = 상수 + \frac{0.059\ 16}{n}\log \mathcal{A}_o \ (\text{V, 25°C에서}) \qquad (15\text{-}5)$$

숫자 0.05916 V는 25°C에서 $\frac{RT \ln 10}{F}$이다.

여기서 n은 분석 이온의 전하이고, $\mathcal{A}_o$는 외부(미지) 용액에 있는 분석 이온의 활동도이다. 식 15-5는 유리 pH 전극을 포함하여 어떠한 이온 선택성 전극에도 적용된다. 분석 물질이 음이온이라면, n의 부호는 마이너스이다. 나중에, 방해 이온을 설명하기 위해 이 식을 수정할 것이다.

분석 용액에서 H^+의 활동도가 10배 변할 때 유리 pH 전극을 가로질러서 59.16 mV(25°C에서) 차이가 발생한다. H^+의 활동도에서 10배 차이는 pH 1 단위에 해당하기 때문에, 예를 들어 4.00 pH 단위 차이는 $4.00 \times 59.16 = 237$ mV의 전압 차이로 나타난다. Ca^{2+}의 전하는 $n = 2$이므로 칼슘 이온 선택성 전극으로 측정한 분석 물질에서 Ca^{2+}의 활동도가 10배 변할 때마다 $59.16/2 = 29.58$ mV의 전위차가 예상된다.

15-5 유리 전극을 이용한 pH 측정

pH 측정에 사용되는 **유리 전극(glass electrode)**은 가장 보편적인 **이온 선택성 전극**이다. 유리 전극과 기준 전극이 일체형으로 되어 있는 전형적인 pH **복합 전극(combination electrode)**을 그림 15-14에 나타냈다. 이 전지의 선 표기법은 다음과 같다.

1906년에 Munich 생리학 연구소의 M. Cremer는 한쪽은 산 용액이고, 다른 쪽은 중성 생리 식염수 용액인 유리막에 0.2 V의 전위차가 발생하는 것을 발견하였다. 1908년에 Karlsruhe에서 F. Haber와 함께 일했던 학생 Klemensiewicz는 유리 전극을 개량하였고, 유리 전극으로 관찰하는 최초의 산-염기 적정을 수행하였다.[13]

유리막은 선택적으로 H^+와 결합한다.

$$\underbrace{\text{Ag}(s)|\text{AgCl}(s)|\text{Cl}^-(aq)}_{외부\ 기준\ 전극}\|\underbrace{\text{H}^+(aq,\ 외부)}_{유리\ 전극\ 외부에\ 있는\ H^+(분석\ 물질\ 용액)}\ \underbrace{\text{H}^+(aq,\ 내부)}_{유리\ 전극\ 내부에\ 있는\ H^+},\ \underbrace{\text{Cl}^-(aq)|\text{AgCl}(s)|\text{Ag}(s)}_{내부\ 기준\ 전극}$$

전극의 pH 감응 부분은 그림 15-14와 그림 15-15에 있는 전극들의 바닥에 있는 공 모양 또는 원뿔 모양의 얇은 유리이다. 선 표기법에서 왼쪽에 있는 기준 전극은 그림 15-14의 복합 전극에 있는 코일형 Ag|AgCl 전극이다. 선 표기법의 오른쪽에 있는 기준 전극은 그림 15-14에 있는 전극의 중심에 놓여 있는 직선 Ag|AgCl 전극이다. 이 두 개의 기준 전극이 유리막을 가로지르는 전위차를 측정한다. 선 표기법에 있는 염다리는 그림 15-14에 있는 복합 전극의 오른쪽 아래에 있는 다공성 마개이다.

그림 15-16a는 유리 pH 전극의 둥근 부분인 규산염 유리의 불규칙한 구조를 보여 준다. 유리에서 음으로 하전된 산소 원자는 적절한 크기의 양이온과 결합할 수 있다. 1가 양이온, 특히 Na^+는 유리를 통해서 매우 느리게 움직일 수 있다. 그림 15-16b는 순수한 실리카 유리(순수한 SiO_2)의 결정성 영역과 비결정성 영역을 보여 주는 원자 해상도 현미경 사진이

그림 15-14 은-염화 은 기준 전극을 갖춘 유리 복합 pH 전극. 미지의 pH 용액에 유리 전극을 담그고 오른쪽 아래에 있는 다공성 마개가 액체의 표면 아래에 위치하도록 한다. 두 개의 Ag|AgCl 전극으로 유리막을 가로지르는 전압을 측정한다. 전극 아래에 있는 공 모양의 유리에는 대개 AgCl로 포화된 KCl 완충 수용액이 들어 있다. 내부 완충 용액의 pH가 7 근처이면, 복합 전극이 pH 7 교정 완충 용액에 담겨 있을 때 관찰되는 전압은 0 근처가 된다.

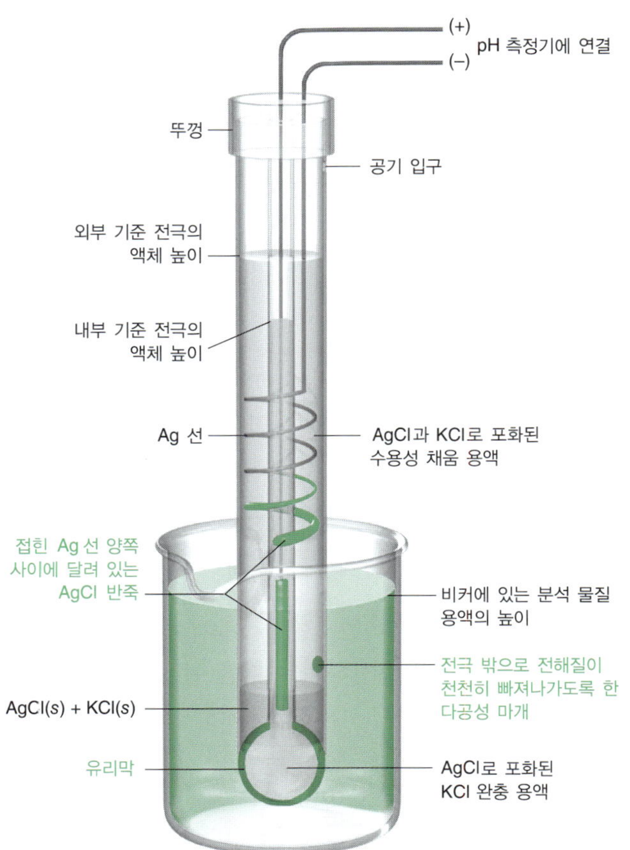

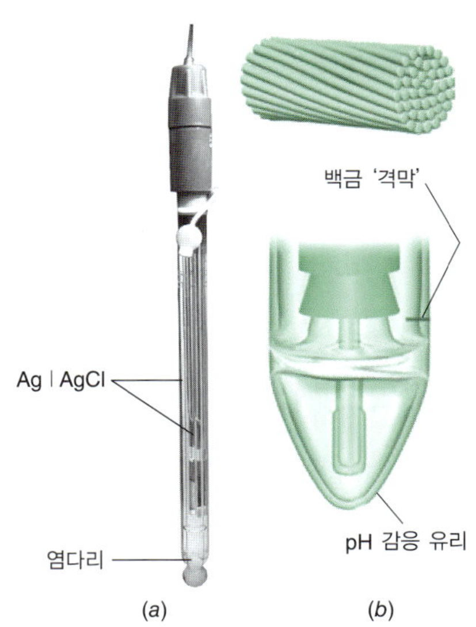

그림 15-15 (*a*) pH에 감응하는 공 모양의 유리가 바닥에 있는 유리관 복합 전극. 다공성 세라믹 마개(염다리)는 분석 용액을 기준 전극과 연결해 준다. AgCl로 덮여 있는 2개의 은 전극이 전극 내부에 보인다. [출처: Wikipedia] (*b*) 백금 격막(백금선 다발)을 갖춘 pH 전극. 백금 격막은 세라믹 마개보다 덜 막히는 경향이 있다고 한다. [출처 : W. Knappek, *Am. Lab. News Ed.* July 2003, p. 14.]

결정성: 반복되는 구조
비결정성: 넓은 범위에 걸친 규칙성이 없는 불규칙한 구조

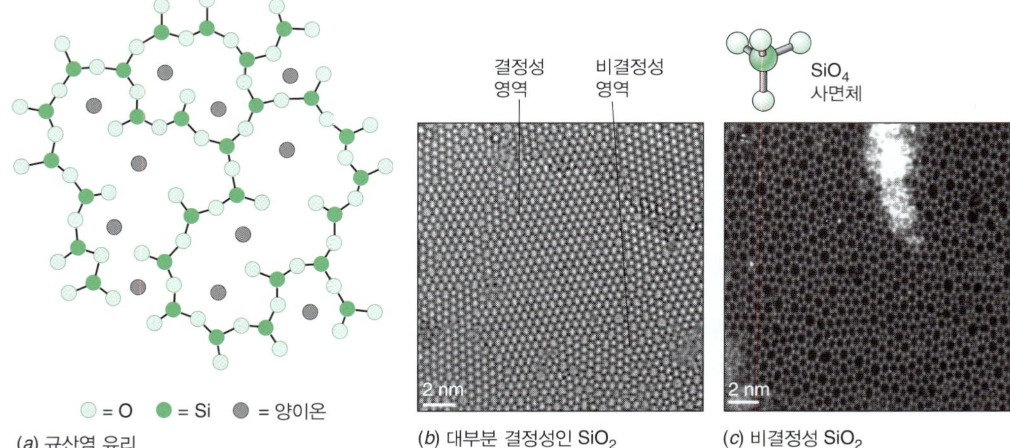

그림 15-16 (*a*) 산소 원자들로 연결된 불규칙적인 SiO_4 사면체 그물망 구조로 된 규산염 유리의 개략도. Li^+, Na^+, K^+, Ca^{2+}와 같은 양이온은 산소 원자들과 배위되어 있다. 그물망 구조는 평면이 아니다. 개략도는 각 사면체를 종이 평면에 투영한 것이다. [원본 출처: G. A. Perley, 'Glasses for Measurement of pH," *Anal. Chem.* **1949**, *21*, 394.] (*b*)와 (*c*) 그래핀 위에 석출시킨 SiO_2 얇은 층의 투과 전자 현미경 사진. 각 다각형의 모든 꼭짓점은 산소 원자를 통해 인접한 SiO_4 사면체들과 연결된 SiO_4 사면체의 축을 내려다 본 것이다. [출처: P. Y. Huang et al., "Direct Imaging of a Two-Dimensional Silica Glass on Graphene," *Nano Lett.* **2012**, *12*, 1081. 다음 문헌도 참고하라. P. Y. Huang et al., "Imaging Atomic Rearrangements in Two-Dimensional Silica Glass: Watching Silica's Dance," *Science* **2013**, *342*, 224. K. M. Burson, P. Schlexer, C. Büchner, L. Lichtenstein, M. Heyde, and H.-J. Freund, "Characterizing Crystalline-Vitreous Structures: From Atomically Resolved Silica to Macroscopic Bubble Rafts," *J. Chem. Ed.* **2015**, *92*, 1896.]

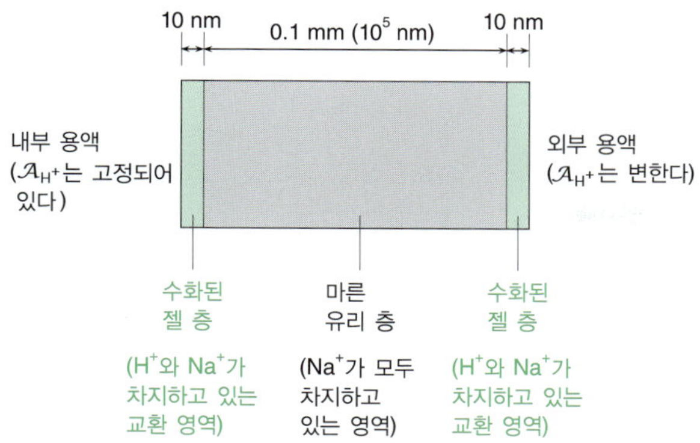

그림 15-17 pH 전극 유리막의 개략적인 단면

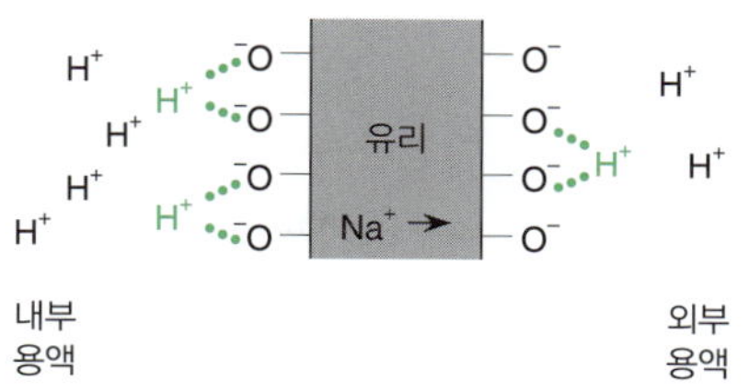

그림 15-18 유리막 표면에서의 이온 교환 평형: H^+는 음으로 하전된 산소 원자들에 결합되어 있는 금속 이온들을 대체한다. 내부 용액의 pH는 고정되어 있다. 외부 용액(시료)의 pH가 변함에 따라, 유리막을 가로지르는 전위차가 변한다.

다. 그림 15-16c는 실리카 유리의 비결정성 영역의 현미경 사진이다. 결정성 영역에는 6개의 SiO_4 단위로 구성된 반복되는 고리의 배열이 있다. 비결정성 영역은 불규칙적인 방향을 갖는 크기가 다른 고리들의 혼합체로 되어 있다. 비결정성 실리카 유리는 규산염 유리의 구조와 유사하다.

그림 15-17은 pH 전극에 사용되는 유리막의 개략적인 단면을 나타낸 것이다. 두 표면은 물을 흡수하면 부푼다. 막의 **수화된 젤**(hydrated gel) 층에 있는 금속 이온은 유리에서 용액으로 확산되어 나온다. 금속 이온을 대체하기 위해서 막 안으로 H^+가 확산되어 들어갈 수 있다. 유리에서 H^+가 금속 양이온을 대체하는 반응은 **이온 교환 평형(ion-exchange equilibrium)**이다(그림 15-18). 수화된 젤 층과 상당히 많이 결합하는 주된 이온이 H^+이기 때문에, pH 전극은 H^+에 선택적으로 감응한다.

유리 전극을 가로질러 전류가 거의 흐르지 않았기에 1906년에 유리 전극이 발견되었을 때 실용적이지 못했다. 유리 전극으로 pH를 측정하기 위해 진공관 증폭기를 처음 사용한 사람은 1928년에 Illinois 대학의 학부생이었던 W. H. Wright였는데, 그는 아마추어 무선 통신에서 전자공학을 배웠다. 1935년에 Caltech의 Arnold Beckman은 휴대용의 견고한 진공관 pH 미터를 발명했는데, 이 기기는 화학 분석 기기의 혁명을 가져왔다.[14]

전기적 측정을 수행하려면, 유리 pH 전극막을 포함해서 전체 회로를 통해 최소한의 작은 전류라도 흘러야 한다. 삼중수소(방사성 동위 원소 ^3H)를 사용한 연구 결과는 H^+가 유리막을 통과하지는 않는다는 것을 보여 주고 있다. 그러나 Na^+ 이온은 막을 천천히 통과한다. H^+에 감응하는 막은 Na^+의 이동에 의해 전기적으로 연결된 두 개의 표면으로 간주될 수 있다. 막의 저항은 보통 약 $10^8\ \Omega$으로, 실제로 막을 가로질러 전류는 거의 흐르지 않는다.

Beckman의 pH 미터 [Sciencehistory.org]

그림 15-14에 있는 안쪽과 바깥쪽의 은-염화 은 전극 사이의 전위차는 각 전극 칸에 있는 염화 이온 농도와 유리막을 가로지르는 전위차에 달려 있다. 각 칸에 있는 $[Cl^-]$는 고정되어 있고, 유리막 내부에 있는 $[H^+]$도 일정하기 때문에 유일한 변수는 유리막 바깥에 있는 분석물 용액의 pH이다. 식 15-6은 **25°C에서 이상적인 pH 전극의 전압은 활동도로 나타낸 분석물질의 pH가 한 단위 변할 때마다 59.16 mV 씩 변한다**는 것을 알려 주고 있다.

실제로 사용되는 유리 전극의 감응은 Nernst 식과 유사한 식으로 설명된다.

유리 전극 감응:

$$E = \text{상수} + \beta(0.059\,16)\log \mathcal{A}_{H^+}(\text{외부})$$

$$E = \text{상수} - \beta(0.059\,16)\,\text{pH}(\text{외부}) \quad (25°\text{C에서}) \qquad \textbf{(15-6)}$$

기전 효율(electromotive efficiency) β 값은 1.00(일반적으로 >0.98)에 가깝다. pH를 알고 있는 2개 이상의 용액으로 전극을 교정하면 상수와 β를 측정할 수 있다.

유리 전극 교정하기

pH 전극은 미지 용액의 pH가 표준 완충 용액의 pH 범위에 포함되는 두 개(또는 그 이상)의 표준 완충 용액을 이용하여 교정해야 한다. 표 15-3에 있는 표준 용액은 ±0.01 pH 단위까지 정확하다.[15] 문제 15-30은 표준 완충 용액의 pH를 어떻게 측정하는지 보여 준다.

pH 전극은 H^+의 농도가 아니라 H^+의 활동도를 측정한다.

숫자 0.05916 V는 25°C에서 (RT/F) ln 10이다. 여기에서 R은 기체 상수, T는 온도(K), F는 Faraday 상수이다.

표준 완충 용액으로 전극을 교정할 때는 각 완충 용액에서 전극으로 전압을 측정한다(그림 15-19). 완충 용액 S1의 pH는 pH_{S1}이며, 이 완충 용액에서 측정된 전극의 전위는 E_{S1}이다. 완충 용액 S2의 pH는 pH_{S2}이며, 측정된 전압은 E_{S2}이다. 두 표준점을 통과하는 직선의 식은

그림 15-19 pH 전극의 2점 교정

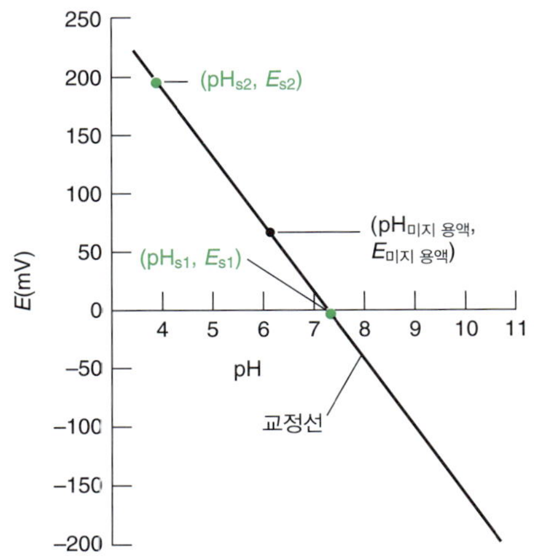

pH 전극은 사용하기 전에 반드시 미지 시료와 같은 온도에서 교정해야 한다. 계속해서 사용할 때에는 적어도 2시간마다 교정해야 한다.

다음과 같다.

$$\frac{E - E_{S1}}{\text{pH} - \text{pH}_{S1}} = \frac{E_{S2} - E_{S1}}{\text{pH}_{S2} - \text{pH}_{S1}} \quad \textbf{(15-7)}$$

이 직선의 기울기 $\Delta E/\Delta\text{pH} = (E_{S2} - E_{S1})/(\text{pH}_{S2} - \text{pH}_{S1})$인데, 25°C에서 이상적인 전극의 경우에는 59.16 mV/pH이고, 실제로 사용되는 전극의 경우에는 β(59.16) mV/pH이다. 여기에서 β는 식 15-6에 있는 보정 지수이다.

미지 시료의 pH를 측정하기 위해서는 교정된 전극으로 미지 시료의 전위를 측정하고, 식 15-7에 대입하여 pH를 계산한다.

$$\frac{E_{\text{미지 용액}} - E_{S1}}{\text{pH}_{\text{미지 용액}} - \text{pH}_{S1}} = \frac{E_{S2} - E_{S1}}{\text{pH}_{S2} - \text{pH}_{S1}} \quad \textbf{(15-8)}$$

놀랍게도 최신 pH 미터는 식 15-7과 15-8을 적용하여 이러한 계산을 하고, 자동으로 pH를 표시하는 '블랙박스'이다. 유리 전극으로 pH를 측정할 때, 전극(그림 15-15) 옆면의 염다리 구멍에서 발생하는 접촉 전위는 다른 용액에서는 변할 수 있다. 이러한 변화는 계산된 pH에 오차를 일으킨다.

식 15-8은 pH 측정 방법을 규정하는 '작동적인' 정의이다. 예를 들어 H^+와 같은 단일 이온의 활동도는 열역학적으로 정의되지 않기 때문에 pH의 정의인 $\text{pH} = -\log \mathcal{A}_{H^+}$는 정확하지 않다.[16] 단지 이온쌍(예를 들어 H^+Cl^-)의 **평균 활동도**(mean activity)가 열역학적으로 정의되고 측정될 수 있다. 식 15-8에 숨어 있는 절차는 표 15-3에 있는 표준 완충 용액을 사용하여 이상적인 값인 $\text{pH} = -\log \mathcal{A}_{H^+}$에 최대한 가깝게 맞추려고 하는 목적이 있다. 식 15-8에 대한 타당한 한계는 대략 $2 \le \text{pH} \le 12$와 이온 세기 ≤ 0.1 mol/kg이다(물리 화학자들은 보통 온도와 무관한 양인 몰랄 농도로 농도를 나타낸다. 용액이 가열되면 대개 팽창하기 때문에 몰농도는 온도에 따라 변한다).

pH가 2～12 범위 밖에 있거나 이온 세기가 0.1 mol/kg보다 더 큰 경우의 pH 측정은 큰 오차가 생길 수 있다.

pH 전극을 사용하기 전에, 그림 15-14에 있는 전극의 위쪽 끝에 가깝게 있는 공기 입구가 막히지 않았는지 확인해야 한다(이 구멍은 전극의 채움 용액이 증발하는 것을 방지하기 위해 보관하는 동안 막아 둔다). 증류수로 전극을 씻고 부드러운 휴지로 천천히 빨아들여 말린다. 유리에 정전기가 발생할 수 있으므로, 전극을 **닦지** 말라.

전극을 교정하기 위하여 pH가 7 근처인 표준 완충 용액에 전극을 담그고 적어도 1분 이상 저어 전극이 평형을 유지하도록 한다. 제조사의 사용 설명서에 따라, 표준 완충 용액의 pH를 나타내도록 마이크로프로세서 제어 측정기의 'Calibrate' 또는 'Read'를 누르거나 아날로그 측정기의 pH 눈금을 조정한다. 그 후에 전극을 물로 씻고 휴지로 천천히 빨아들여 말리고, 첫 번째 완충 용액의 pH인 7에서 차이가 많이 나는 pH를 갖는 두 번째 완충 용액에 담근다. 두 번째 완충 용액의 pH 눈금을 입력한다. 마지막으로 전극을 미지 용액에 담그고, 액체를 저어

준 뒤 눈금이 안정될 때까지 기다리고, pH를 읽는다.

유리의 탈수를 방지하기 위하여 유리 전극은 수용액에 보관하라. 이상적으로는, 보관 용액은 전극의 기준 칸 내부에 있는 용액과 유사해야 한다. 만약 전극이 건조되었다면 몇 시간 동안 묽은 산 용액에 담가 원상태로 되돌린다. 만약에 전극을 pH 9 이상의 용액에서 사용할 때는 높은 pH의 완충 용액에 담가 둔다(15-8절에 있는 장효과 트랜지스터 pH 전극은 마른 상태로 보관한다. 사용하기에 앞서, 부드러운 솔로 가볍게 문지르고 pH 7의 완충 용액에 10분 동안 담근다).

유리 전극을 물 밖에(또는 비수용성 용매 안에) 필요 이상으로 방치하지 말라.

만약 유리 전극의 감응이 느리거나 적절하게 교정할 수 없으면, 6 M HCl에 전극을 담근 후 물로 씻어 본다. 최후의 수단으로, 전극을 플라스틱 비커에서 20 wt% 바이플루오린화 암모늄(ammonium bifluoride, NH_4HF_2) 수용액에 1분 동안 담근다. 이 시약은 유리를 녹여 새로운 표면을 노출시킨다. 물로 전극을 씻고 다시 교정을 시도해 본다. **바이플루오린화 암모늄은 위험한 HF 화상을 입힐 수 있으므로 접촉을 피하라.** HF 화상에 대한 응급 처치는 908쪽의 여백에 설명되어 있다.

pH 측정의 오차

1. **표준 용액.** pH 측정은 일반적으로 ±0.01 pH 단위인 표준 용액보다 더 정확할 수는 없다.
2. **접촉 전위. 접촉 전위**(junction potential)는 그림 15-14에 있는 전극의 바닥 근처에 있는 다공성 마개에 존재한다. 만약 분석 물질 용액의 이온 조성이 표준 완충 용액의 이온 조성과 다르면, **두 용액의 pH가 같더라도** 접촉 전위는 변하게 된다(보충 15-1). 이러한 효과는 적어도 약 0.01 pH 단위의 불확실성을 발생시킨다.
3. **접촉 전위 표류.** 대부분의 복합 전극은 포화 KCl 용액을 포함하는 Ag | AgCl 기준 전극을 갖추고 있다. 리터당 350 mg 이상의 Ag(I)가 KCl에 녹아 있으며, 그것은 주로 $AgCl_4^{3-}$와 $AgCl_3^{2-}$이다. 다공성 마개에서 KCl은 묽어지고, AgCl은 침전될 수 있다. 만일 분석 물질 용액에 환원제가 포함되어 있으면, 마개에 Ag(*s*)가 침전될 수도 있다. 두 종류의 효과 모두 접촉 전위를 변화시켜 pH 값이 천천히 표류하는 원인이다(그림 15-20에서 색이 채워진 원). 두 시간마다 전극을 다시 교정해서 이런 오차를 바로잡을 수 있다.
4. **소듐 오차.** $[H^+]$가 낮고 $[Na^+]$가 높을 때, 전극은 Na^+에 감응하고 겉보기 pH는 실제 pH보다 낮다. 이것을 **소듐 오차**(sodium error) 또는 **알칼리 오차**(alkaline error)라고 한다(그림 15-21).
5. **산 오차**(acid error). 강산 용액에서는 측정된 pH가 실제 pH보다 높은데(그림 15-21), 이것은 아마도 유리 표면이 H^+로 포화되어 H^+가 더 이상 결합할 수 없기 때문이다.
6. **평형 시간.** 유리 전극이 완충이 잘된, 저어 주는 용액과 평형을 이루기 위해서는 약 30초가 걸린다. 완충이 잘 안 된 용액(적정에서 당량점에 근접한 용액)의 경우에는 몇 분이 필요하다.
7. **유리의 수화.** 건조한 전극이 H^+에 올바르게 감응하기 위해서는 미리 몇 시간 정도 담가 두어야 한다.
8. **온도.** pH 미터는 측정이 이루어지는 온도와 같은 온도에서 교정되어야 한다.
9. **세척.** 전극이 기름과 같은 소수성 액체에 노출되었다면, 그 액체를 잘 녹이는 용매

pH가 일정하더라도, 분석 물질의 이온 조성이 변하면 겉보기 pH는 변한다.

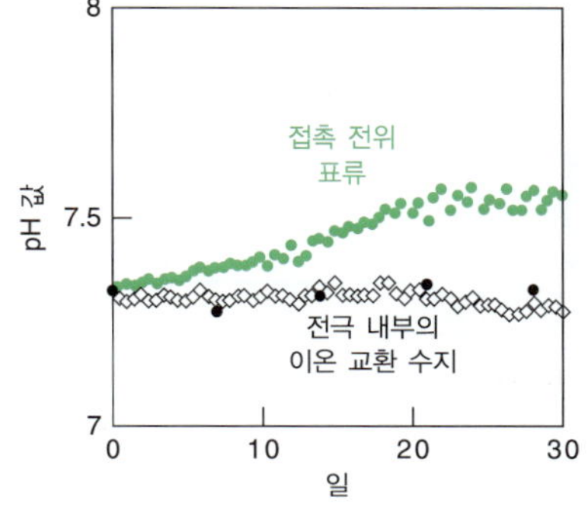

그림 15-20 색이 채워진 원은 전도성이 낮은 산업 용수를 단일 전극으로 연속해서 측정한 겉보기 pH가 표류하는 것을 보여 준다. 새롭게 교정한 전극으로 측정한 결과(검은색 원)는 pH가 표류하지 않는다는 것을 보여 준다. pH의 표류는 전극의 다공성 마개가 AgCl(*s*)로 서서히 막히기 때문이다. 양이온 교환 수지를 다공성 마개 근처의 기준 전극 내부에 놓아두었더니, Ag(I)는 수지에 의해 결합되었고 침전되지 않았다. 속이 빈 다이아몬드 모양으로 나타낸 것처럼, 이 전극은 표류가 없는 연속적인 측정 결과를 보여 준다. [출처: S. Ito, H. Hachiya, K. Baba, Y. Asano, and H. Wada, "Improvement of the Ag | AgCl Reference Electrode and Its Application to pH Measurement" *Talanta* **1995**, *42*, 1685.]

표 15-3 미국 국립표준기술연구소 완충 용액들의 pH 값

온도 (°C)	0.05 *m* potassium tetroxalate (1)	포화 (25°C) 타타르산 수소 포타슘 (2)	0.05 *m* 시트르산 이수소 포타슘 (3)	0.05 *m* 프탈산 수소 포타슘 (4)	0.08 *m* MOPSO 0.08 *m* NaMOPSO 0.08 *m* NaCl (5)
0	1.667	—	3.863	4.003	7.268
5	1.666	—	3.840	3.999	7.182
10	1.665	—	3.820	3.998	7.098
15	1.669	—	3.802	3.999	7.018
20	1.672	—	3.788	4.002	6.940
25	1.677	3.557	3.776	4.008	6.865
30	1.681	3.552	3.766	4.015	6.792
35	1.688	3.549	3.759	4.024	6.722
37	—	3.548	3.756	4.028	6.695
40	1.694	3.547	3.753	4.035	6.654
45	1.699	3.547	3.750	4.047	6.588
50	1.706	3.549	3.749	4.060	6.524
55	1.713	3.554	—	4.075	—
60	1.722	3.560	—	4.091	—
70	—	3.580	—	4.126	—
80	—	3.609	—	4.164	—
90	—	3.650	—	4.205	—
95	—	3.674	—	4.227	—

주: *m*이라고 표시된 것은 몰랄 농도이다. 아래 완충 용액 제조법에 있는 질량은 공기에서 측정된 겉보기 질량이다.

완충 용액을 제조할 때는 순도가 높은 시약과 저항도가 2 000 ohm · m보다 큰, 방금 증류한 증류수나 탈이온수를 사용하는 것이 필수적이다. pH가 6 이상인 용액은 플라스틱 통에 보관하며, 공기 중 CO_2의 침투를 방지할 수 있는 NaOH 트랩을 갖춘 것이 좋다. 제조한 완충 용액은 보통 약 2~3주 정도 보관할 수 있고, 냉장고에서는 약간 더 긴 시간 동안 보관할 수 있다. 이 표에 있는 완충 용액 제조에 사용되는 물질은 미국 국립표준기술연구소에서 표준 기준 물질로 이용될 수 있는 것들이다. http://ts.nist.gov/srm. D_2O와 수용성 유기 용액에 대한 pH 표준 물질은 P. R. Mussini, T. Mussini, and S. Rondinini, *Pure Appl. Chem.* **1997,** *69,* 1007에서 찾을 수 있다.

1. 0.05 *m* potassium tetraoxalate($KHC_2O_4 \cdot H_2C_2O_4$). 12.71 g의 potassium tetraoxalate dehydrate(건조 과정 없이 사용할 수 있는 표준 기준 물질)를 1 kg의 물에 녹인다. pH 값은 P. M. Juusola, J. I. Partanen, K. P. Vahteristo, P. O. Minkkinen, and A. K. Covington, *J. Chem. Eng. Data* **2007,** *52,* 973에서 온 것이다.

2. 포화(25°C) 타타르산 수소 포타슘($KHC_4H_4O_6$). 과량으로 염을 물과 함께 잘 흔들어 놓고, 그대로 보관할 수 있다. 사용하기 전에, 22°C와 28°C 온도 범위에서 여과하거나 가만히 따라서 사용한다.

3. 0.05 *m* 시트르산 이수소 포타슘($KH_2C_6H_5O_7$). 25°C에서 1 L의 용액에 11.41 g을 녹인다.

4. 0.05 *m* 프탈산 수소 포타슘. 반드시 필요한 것은 아니지만, 결정을 100°C에서 1시간 동안 말리고 건조 용기에서 식힌다. 25°C에서 $C_6H_4(CO_2H)(CO_2K)$ 10.12 g을 물에 녹이고 그 용액을 1 L로 만든다.

5. 0.08 *m* MOPSO [(3-*N*-morpholino)-2-hydroxypropanesulfonic acid, 표 9-2], 0.08 *m* MOPSO의 소듐 염, 0.08 *m* NaCl. 완충 용액 5와 7은 생리적 유체의 pH 측정 전극의 2점 표준화에 사용하는 것을 추천한다. MOPSO는 70 wt% 에탄올에서 두 번에 걸쳐 결정으로 만들어 50°C의 진공 속에서 24시간 동안 건조시킨다. NaCl은 110°C에서 4시간 동안 건조시킨다. Na^+MOPSO^-는 MOPSO를 표준 NaOH로 중화시켜 만들 수 있다. 이 염은 또한 표준 기준 물질로 구할 수 있다. MOPSO 18.00 g, Na^+MOPSO^- 19.76 g , NaCl 4.674 g을 1.000 kg의 물에 녹인다.

6. 0.025 *m* 인산 수소 이소듐과 0.025 *m* 인산 이수소 포타슘. 무수물 시약이 가장 좋다. 두 시약 모두 약간의 흡수성이 있기 때문에 120°C에서 두 시간 동안 말린 뒤 건조 용기에서 식힌다. 농축된 인산염이 생성되는 것을 방지하려면 더 높은 온도에서 말리는 것을 피해야 한다. 25°C에서 Na_2HPO_4 3.53 g과 KH_2PO_4 3.39 g을 물에 녹여 1 L 용액으로 만든다.

를 이용하여 씻어낸 다음, 수용액에서 상태를 조정해야 한다. 부적절하게 세척된 전극의 눈금은 전극이 수용액과 다시 평형에 도달하는 수 시간 동안 표류할 수 있다.

오차 1과 2는 유리 전극을 사용한 pH 측정의 오차를 기껏해야 ±0.02 pH 단위로 제한한다. 용액 간의 pH **차이**(difference)를 측정하는 것은 ±0.002 pH 단위까지 정확할 수 있으나, 참 pH의 값은 적어도 10배 정도의 불확실성이 있다. ±0.02 pH 단위의 불확실성은 $\mathcal{A}_{H^+}$에서는 ±5%의 불확실성에 해당한다.

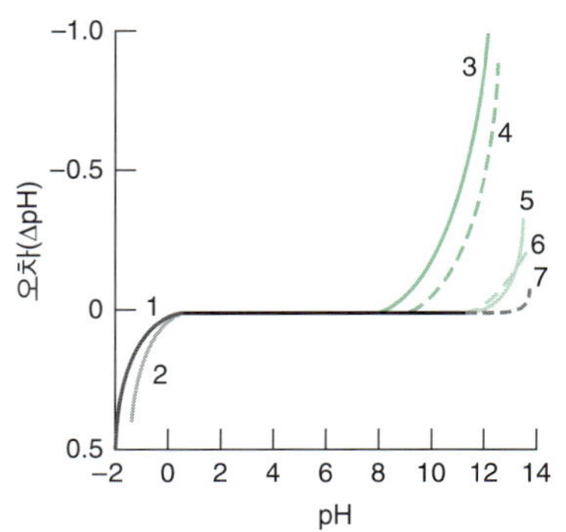

그림 15-21 몇몇 유리 전극의 산 오차와 알칼리 오차. 1: Corning 015, 황산. 2: Corning 015, 염산. 3: Corning 015, 1 M Na^+. 4: Beckman-GP, 1 M Na^+. 5: L&N Black Dot, 1 M Na^+. 6: Beckman E형, 1 M Na^+. 7: Ross 전극[17] [출처: R. G. Bates, *Determination of pH: Theory and Practice*, 2nd ed. (New York: Wiley, 1973). Ross 전극 데이터 출처: Orion *Ross pH Electrode Instruction Manual.*]

표 15-3 (계속) 미국 국립표준기술연구소 완충 용액들의 pH 값					
0.025 *m* 인산 이수소 포타슘 0.025 *m* 인산 수소 이소듐 (6)	0.08 *m* HEPES 0.08 *m* NaHEPES 0.08 *m* NaCl (7)	0.008 695 *m* 인산 이수소 포타슘 0.030 43 *m* 인산 수소 이소듐 (8)	0.01 *m* 붕사 (9)	0.025 *m* 탄산수소 소듐 0.025 *m* 탄산 소듐 (10)	포화 $Ca(OH)_2$ (25°C에서) (11)
6.984	7.853	7.534	9.464	10.317	13.42
6.951	7.782	7.500	9.395	10.245	13.21
6.923	7.713	7.472	9.332	10.179	13.00
6.900	7.645	7.448	9.276	10.118	12.81
6.881	7.580	7.429	9.225	10.062	12.63
6.865	7.516	7.413	9.180	10.012	12.45
6.853	7.454	7.400	9.139	9.966	12.29
6.844	7.393	7.389	9.102	9.925	12.07
6.840	7.370	7.385	9.088	9.910	11.98
6.838	7.335	7.380	9.068	9.889	11.71
6.834	7.278	7.373	9.038	9.856	—
6.833	7.223	7.367	9.011	9.828	—
6.834	—	—	8.985	—	—
6.836	—	—	8.962	—	—
6.845	—	—	8.921	—	—
6.859	—	—	8.885	—	—
6.877	—	—	8.850	—	—
6.886	—	—	8.833	—	—

7. 0.08 *m* HEPES (*N*-2-hydroxyethylpiperazine-*N*-2-ethanesulfonic acid, 표 9-2), 0.08 *m* HEPES의 소듐 염, 0.08 *m* NaCl. 완충 용액 5와 7은 생리적 유체의 pH 측정 전극의 2점 표준화에 사용하는 것을 추천한다. HEPES는 80 wt% 에탄올에서 두 번에 걸쳐 결정으로 만들고, 50°C 진공에서 24시간 건조시킨다. NaCl은 110°C에서 4시간 동안 건조시킨다. Na^+HEPES^-는 HEPES를 표준 NaOH로 중화시켜 얻을 수도 있다. 이 염은 또한 표준 기준 물질로 구할 수 있다. HEPES 19.04 g, Na^+HEPES^- 20.80 g, NaCl 4.674 g을 1.000 kg의 물에 녹인다.

8. 0.008 695 *m* 인산 이수소 포타슘, 0.030 43 *m* 인산 수소 이소듐. 완충 용액 6처럼 만든다. 25°C에서 KH_2PO_4 1.179 g과 Na_2HPO_4 4.30 g을 물에 녹이고, 1 L 용액을 만든다.

9. 0.01 *m* 십수화 사붕산 소듐. $Na_2B_4O_7 \cdot 10H_2O$ 3.80 g을 물에 녹여 1 L 용액을 만든다. 이 붕사 용액은 이산화 탄소 흡수로 인한 pH 변화에 특히 민감하므로 그것에 상응하게 잘 보호되어야 한다.

10. 0.025 *m* 탄산수소 소듐, 0.025 *m* 탄산 소듐. 일차 표준 시약 등급의 Na_2CO_3는 90분 동안 250°C에서 말리고 $CaCl_2$ 및 제습제(Drierite)와 함께 보관한다. 일반 시약 등급의 $NaHCO_3$는 실온에서 2일 동안 분자체 및 제습제와 함께 건조시킨다. $NaHCO_3$는 가열하지 말라. 그렇지 않으면 Na_2CO_3로 분해될 수도 있다. 25°C에서 $NaHCO_3$ 2.092 g과 Na_2CO_3 2.640 g을 녹이고 1 L 용액을 만든다.

11. $Ca(OH)_2$는 2차 표준 물질이다. 그것의 pH는 일차 표준 물질의 pH처럼 정확하지는 않다. 낮은 알칼리 등급 $CaCO_3$는 알칼리 금속을 제거하기 위해 물로 잘 씻는다. 백금 접시에 그 분말을 놓고 45분간 1 000°C까지 가열하고, 건조 용기에서 식힌다. 이런 과정에서 생성된 CaO를 물에 저으면서 천천히 첨가한다. 부유물을 끓이고 식힌 후에 중간 크기의 구멍을 가진 소결 유리 깔때기로 거른다. 고체를 110°C에서 말리고 고운 알갱이 상태로 부순다. 만약에 25°C에서 표준 용액의 $[OH^-]$가 0.020 6 M을 초과한다면 아마도 $CaCO_3$에 녹을 수 있는 알칼리 금속이 있을 것이다. 출처: R. G. Bates, V. E. Bower, and E. R. Smith, *J. Res. Natl. Bureau Stds.* **1956,** *56*, 305; http://www.nist.gov.nvl/jrespastpapers.cfm.

출처: R. P. Buck, S. Rondinini, A. K. Covington, F. G. K. Baucke, C. M. A. Brett, M. F. Camoes, M. J. T. Milton, T. Mussini, R. Naumann, K. W. Pratt, P. Spitzer, and G. S. Wilson, "Measurement of pH. Defi nitions, Standards, and Procedures," *Pure Appl. Chem.* **2002,** *74*, 2169. R. G. Bates, *J. Res. Natl. Bureau Stds.* **1962,** *66A*, 179; B. R. Staples and R. G. Bates, *J. Res. Natl. Bureau Stds.* **1969,** *73A*, 37. HEPES와 MOPSO의 자료 출처: Y. C Wu, P. A. Berezansky, D. Feng, and W. F. Koch, *Anal. Chem.* **1993,** *65*, 1084, and D. Feng, W. F Koch, and Y. C Wu, *Anal. Chem.* **1989,** *61*, 1400. 이 용액들을 제조하는 방법은 G. Mattock in C. N. Reilley, ed., Advances in Analytical Chemistry and Instrumentation (New York: Wiley, 1963), Vol. 2, p. 45에서 얻었다. 또한 다음도 참조하라. R. G. Bates, Determination of pH: Theory and Practice, 2nd ed. (New York: Wiley, 1973), Chap. 4.

모든 pH 전극이 유리는 아니다

유리 전극이 pH를 측정하기 위한 가장 보편적인 수단이기는 하지만 유일한 수단은 아니다. 장효과 트랜지스터에 기반을 둔 고체상 pH 전극은 이 장의 마지막 부분에서 설명할 것이다. 이 장의 시작 부분에 있는 DNA 염기 서열 분석기는 뉴클레오타이드 염기가 DNA에 결합할 때 방출되는 H^+를 감지하기 위해서 Ta_2O_5 층[18]을 갖춘 장효과 트랜지스터를 사용한다. H^+에 대한 액체 기반 이온 선택성 전극은 15-6절에서 설명할 것이다.

이리듐 선의 산화로 형성된 무수 IrO_2 층은 다음과 같을 수도 있는 반쪽 반응에 의해 pH에 감응한다.[19]

보충 15-1 빗물 pH 측정에서의 계통 오차: 접촉 전위의 영향

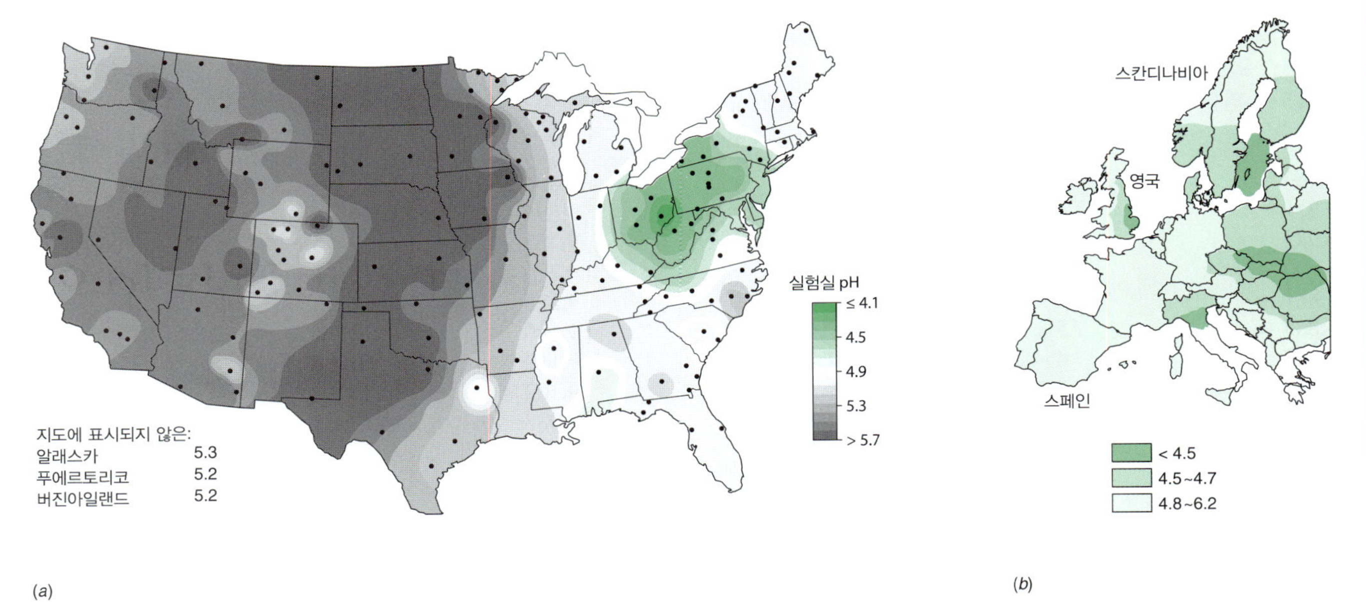

(a) 2001년 미국에서 빗물의 pH. pH가 낮을수록 물은 더 산성이다. [출처: National Atmospheric Deposition Program (NRSP-3)(2007). NADP Program Office, Illinois State Water Survey, 2204 Griffith Dr., Champaign, IL 61820.]
(b) 유럽에서 빗물의 pH. 이탈리아와 그리스에 대한 pH는 보고되지 않았다. [출처: H. Rodhe, F. Dentener, and M. Schulz, *Environ. Sci. Technol.* **2002**, *36*, 4382]

자동차나 공장에서 방출되는 연소 생성물에는 질소 산화물이나 이산화 황이 포함되어 있으며, 그들은 대기에 있는 물과 반응하여 산을 형성한다.[21]

$$\underset{}{SO_2} + H_2O \rightarrow \underset{\text{아황산}}{H_2SO_3} \xrightarrow{\text{산화}} \underset{\text{황산}}{H_2SO_4}$$

북아메리카의 **산성비**(acid rain)는 많은 석탄 화력 발전소의 바람이 부는 방향인 북동쪽 지역이 가장 심각하다. 새로운 법에 의해 SO_2 배출이 제한된 후, 1995~1997년의 3년 동안 미국 동부의 빗물에서 SO_4^{2-}와 H^+의 농도가 10~25% 감소하였다.[22]

산성비는 전 세계적으로 호수와 산림에 심각한 위협이 되고 있다. 빗물의 pH를 추적 관찰하는 일은 산성비의 생성을 줄이고 산성비를 측정하기 위한 프로그램의 중요한 부분이다.

빗물 pH 측정에서의 계통 오차를 밝히기 위해 17개 실험실에서 세밀한 연구가 수행되었다.[23] 각 실험실에 측정을 어떻게 해야 하는지에 대한 지침과 함께 8개의 시료가 제공되었다. 각 실험실은 pH 미터를 표준화하기 위해 두 개의 완충 용액을 사용하였다. 16개 실험실은 25°C에서 pH 4.008인 미지 시료 A의 pH를 성공적으로 측정하였다(±0.02 pH 내에서). 0.04 pH 단위만큼 낮게 측정한 한 실험실은 잘못된 시판 표준 완충 용액을 보유하고 있었다.

그림 (*c*)는 빗물의 pH에 대한 전형적인 결과를 보여 주고 있다. 17개 측정값의 평균은 수평선으로 표시된 pH 4.14이며, 문자 s, t, u, v, w, x, y, z는 pH 전극의 유형을 나타낸다. s형과 w형 전극은 비교적 큰 계통 오차를 갖고 있다. s형 전극은 매우 넓은 면적의 액간 접촉을 갖는 기준 전극이 포함된 복합 전극(그림 15-14)이었다. w형 전극은 젤로 채워진 기준 전극을 갖추고 있었다.

하나의 가정은 액간 접촉 전위(15-3절)의 변동이 pH 측정에 변동을 준다는 것이었다. 표준 완충 용액의 이온 세기는 0.05~0.1 M인 반면, 빗물 시료의 이온 세기는 수십~수백 배 이상 낮다. 접촉 전위가 계통 오차의 원인이 되는지 알아보기 위해, 이온 세기가 높은 완충 용액 대신에 2×10^{-4} M의 HCl 용액을 하나의 pH 표준 용액으로 사용하였다. 그림 (*d*)는 첫 번째 실험실을 제외하고 모두 좋은 결과를 보여 주고 있다. 17개의 측정에 대한 표준 편차는 0.077 pH 단위에서(표준 완충 용액을 쓴 경우) 0.029 pH 단위(HCl 표준 용액을 쓴 경우)로 줄어들었다. 따라서 접촉 전위가 실험실 간 대부분의 변동을 유발하였고, 이온 세기가 낮은 표준 용액이 빗물의 pH 측정에 적합하다는 결론을 내렸다.[24,25]

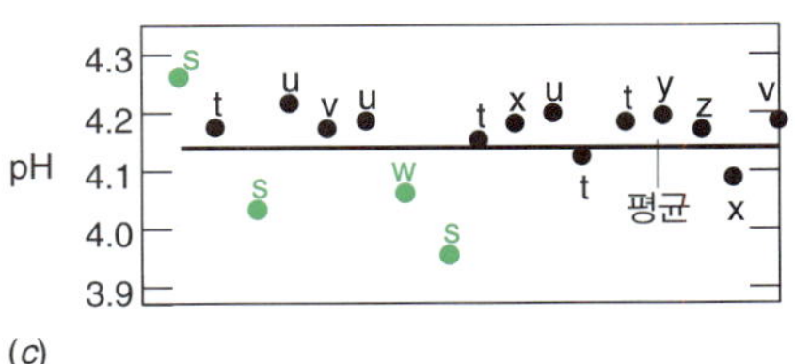

(c) 교정을 위해서 표준 완충 용액을 사용한 17개의 다른 실험실에서 측정한 동일한 빗물 시료의 pH. 문자들은 다른 종류의 pH 전극을 표시한 것이다.

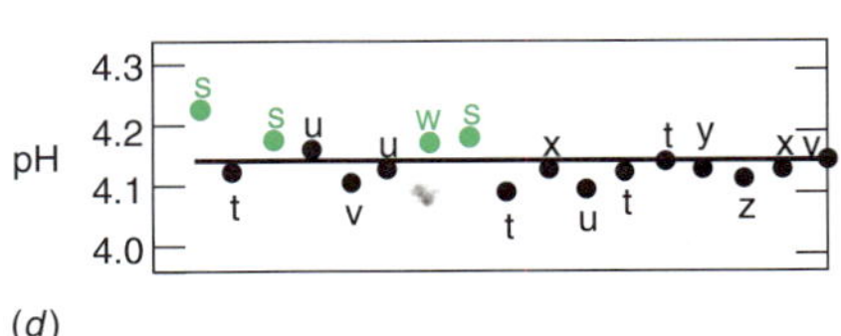

(d) 교정을 위해 낮은 이온 세기의 HCl 용액을 사용하여 측정한 빗물의 pH

$$\mathrm{IrO_2}(s) + \mathrm{H^+} + \mathrm{e^-} \rightleftharpoons \mathrm{IrOOH}(s)$$

$$E = E^\circ - 0.059\,16 \log\left(\frac{1}{[\mathrm{H^+}]}\right) = E^\circ - 0.059\,16\,\mathrm{pH}$$

이와 유사한 ZrO_2 전극은 300°C까지 pH를 측정할 수 있다.[20]

나중에 보충 15-3에서 설명할 **화성 탐사선 피닉스 호**(Phoenix Mars Lander)는 물에 현탁된 화성 토양의 pH를 측정하기 위해서 각각의 습식 화학 실험실(Wet Chemistry Lab)에 두 개의 액체 기반 이온 선택성 전극을 갖추고 있다. 임무를 수행하는 동안 이러한 전극들이 마주치는 온도와 압력을 견디어 낼 수 있을지 확신할 수 없어서, 견고한 IrO_2 전극이 추가되었다. IrO_2 전극은 이온 선택성 전극이 감응하지 않는 조건인 pH > 9에서 정확성을 유지한다.

도전 식 15-6을 사용하여 $\mathcal{A}_{H^+}$가 5% 변할 때 유리 전극의 전위가 1.3 mV 씩 변하는 것을 보이시오. 1.3 mV = 0.02 pH 단위임을 보이시오.

교훈: 전압(1.3 mV) 혹은 pH (0.02 단위)에 있어서 작은 불확실성은 분석 물질 농도에 있어서 큰 불확실성(5%)에 해당한다. 이와 유사한 불확실성은 다른 전위차 측정에서도 발생한다.

15-6 이온 선택성 전극[26,27]

응급 환자가 응급실에 실려 온다. 의사는 신속한 진단을 위해 혈액의 화학 정보가 필요하다. 표 15-4에 있는 분석 물질은 혈액 화학의 중요한 관심 목록의 일부분이다. 표에 있는 모든 분석 물질은 전기 화학적 방법으로 측정할 수 있다. 이온 선택성 전극은 Na^+, K^+, Ca^{2+}, Cl^-, pH와 P_{CO_2}에 대해 선택할 수 있는 방법이다(그림 15-22). 다른 이온 선택성 전극들은 수술 중에 투여되는 항응고제인 헤파린과 같은 혈액 내 의약품을 측정할 수 있다.[28]

대부분의 이온 선택성 전극은 다음 중 한 부류에 속한다.

1. H^+나 특정 1가 양이온을 위한 **유리막**
2. 무기 결정 혹은 전도성 고분자에 기반을 둔 **고체상 전극**
3. 소수성 액체 이온 교환체로 포화된 소수성 고분자막을 이용한 **액체 기반 전극**
4. 분석 물질을 다른 화학종과 분리하거나 화학 반응에서 분석 물질을 생성하는 막으로 둘러싸인 분석 물질 선택성 전극이 갖추어진 **결합 전극**

표 15-4 중요한 관심 목록

기능	분석 물질
전도성	K^+, Ca^{2+}
수축성	Ca^{2+}, Mg^{2+}
활동 능력	글루코스, P_{O_2}, 젖산, 헤마토크릿
호흡	P_{O_2}, P_{CO_2}
관류	젖산, O_2 포화 헤마토크릿
산-염기	pH, P_{CO_2}, HCO_3^-
삼투	Na^+, 글루코스
전해질 균형	Na^+, K^+, Ca^{2+}, Mg^{2+}
신장 기능	혈액 요소, 질소, 크레아티닌

출처: C. C. Young, "Evolution of Blood Chemistry Analyzers Based on Ion Selective Electrodes," *J. Chem. Ed.* **1997**, *74*, 177.

복습: 이온 선택성 전극의 작동 방식

그림 15-12에서, 분석 이온은 이온 선택성 막에 있는 이온 교환 리간드 L과 평형을 이루고 있다. 약간의 분석 이온이 막을 빠져나와 막과 분석 용액 사이의 계면을 가로지르는 약간의 전하 불균형(전위차)을 일으킨다. 용액에서 분석 이온의 농도 변화는 이온 선택성 막의 바깥쪽을 가로지르는 전위차 변화를 가져온다. 교정 곡선은 전위차를 분석 물질의 농도와 연관시킨다.

이온 선택성 전극은 착화된(complexed) 분석 물질이 아닌, 결합하지 않은 **자유로운 분석 물질**(free analyte)의 활동도에 감응한다. 예를 들어 pH 8의 수돗물에 들어 있는 Pb^{2+}를 이온 선택성 전극으로 측정했을 때, 그 결과는 $[Pb^{2+}] = 2 \times 10^{-10}$ M이었다.[29] 동일한 수돗물에 들어 있는 납을 유도 결합 플라스마-질량 분석법(21-6절)으로 측정했을 때의 결과는 3×10^{-9} M로 10배 이상 더 컸다. 이런 차이는 유도 결합 플라스마는 **모든** 납을 측정하며, 이온 선택성 전극은 결합하지 않은 자유로운(free) Pb^{2+}를 측정하기 때문에 발생한 것이다. pH 8의 수돗물에서 상당량의 납은 CO_3^{2-}, OH^-, 그리고 다른 음이온 등과 착물을 형성하고 있다. 수돗물의 pH를 4로 조절하였을 때 Pb^{2+}는 착물로부터 해리되고 이온 선택성 전극으로 측정한 농도는 3×10^{-9} M이었다. 이것은 유도 결합 플라스마로 알아낸 것과 동일한 값이다.

이온 선택성 전극은 Pb^{2+}에 감응하고 $Pb(OH)^+$나 $Pb(CO_3)(aq)$에는 감응하지 않는다.

선택 계수

어떠한 전극도 오로지 한 종류의 이온에만 감응하지 않지만, 유리 pH 전극은 그중에서도 선택성이 가장 크다. 소듐 이온이 주된 간섭 이온이다. pH 측정에서 간섭 효과는 $[H^+] \lesssim 10^{-12}$ M이고, $[Na^+] \gtrsim 10^{-2}$ M일 때에만 중요하다(그림 15-21).

이온 A를 측정하기 위한 전극은 이온 X에도 감응한다. **선택 계수(selectivity coefficient)**는 같은 전하를 가진 다른 종류의 이온에 대한 상대적 감응을 나타낸다.

선택 계수:
$$K_{A,X}^{Pot} = \frac{X\text{에 대한 감응}}{A\text{에 대한 감응}} \tag{15-9}$$

'전위차(potentiometric)'를 나타내는 위 첨자 'Pot'는 화학 문헌에서 관례적으로 사용된다. 선택 계수가 작을수록 X에 의한 방해는 더 작다. 액체 이온 교환체로 킬레이트인 발리노마이신(valinomycin, 그림 15-13)을 사용하는 K^+ 이온 선택성 전극은 $K_{K^+,Na^+}^{Pot} = 1 \times 10^{-5}$, $K_{K^+,Cs^+}^{Pot} = 0.44$, $K_{K^+,Rb^+}^{Pot} = 2.8$의 선택 계수를 갖는다. Na^+는 K^+의 측정을 거의 방해하지 않지만, Cs^+와 Rb^+는 강하게 방해한다. 사실 이 전극은 K^+보다 Rb^+에 더 잘 감응한다.

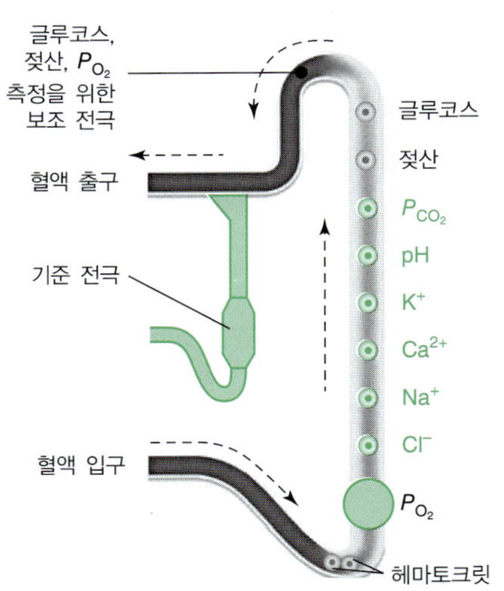

그림 15-22 1분 이내에 1밀리리터보다 더 적은 양의 혈액에서 O_2, CO_2, Cl^-, Na^+, K^+, Ca^{2+}, pH, 젖산 및 글루코스를 측정하는 전기 화학적 중환자 치료용 분석 장치의 흐름도. 색으로 표시된 분석물은 이온 선택성 전극으로 측정된다. 산소, 글루코스 및 젖산은 17장에 설명된 전류법(amperometry)으로 측정된다. 적혈구로 구성된 혈액량의 일부인 헤마토크릿은 전기 전도도에 의해 측정된다. 일부 기기는 빌리루빈 및 여러 형태의 헤모글로빈을 측정하는 분광 광도법 구역을 포함하고 있다. [정보: Instrumentation Laboratory, Bedford MA GEM Premier 5000 analyzer.]

만약에 각 이온에 대한 감응이 Nernst 식을 따른다면, 주성분 이온(A)에 대한, 그리고 **같은 전하**를 가진 방해 이온(X)에 대한 이온 선택성 전극의 감응은 다음과 같다.[12,30]

이온 선택성 전극의 감응:
$$E = \text{상수} \pm \frac{0.059\,16}{z_A}\log\left[\mathcal{A}_A + \sum_X K_{A,X}^{Pot}\mathcal{A}_X\right] \tag{15-10}$$

여기서 z_A는 A의 전하이고, $\mathcal{A}_A$와 $\mathcal{A}_X$는 활동도이며, $K_{A,X}^{Pot}$는 각 방해 이온에 대한 선택 계수이다. 만약 이온 선택성 전극이 전위차계의 (+)단자에 연결되어 있다면, 로그 항의 부호는 A가 양이온일 때 플러스이고, 음이온일 때 마이너스이다. 보충 15-2는 선택 계수를 어떻게 측정하는지를 설명한다. 문제 15-46은 주성분 이온 A를 측정할 때 A와 같은 전하일 필요는 없는, 방해 이온 X에 의한 오차를 가늠해 보는 공식을 제공하고 있다.

예제 선택 계수 이용하기

플루오린화 이온 선택성 전극의 선택 계수 $K_{F^-,OH^-}^{Pot} = 0.1$이다. pH가 5.5인 1.0×10^{-4} M F^- 용액의 pH를 10.5로 올릴 때 전극 전위는 얼마나 변할 것인가?

풀이 식 15-10으로부터, pH 5.5에서 OH^-가 무시할 만한 농도일 때 전위를 구하면 다음과 같다.

$$E = \text{상수} - 0.059\,16\log[1.0 \times 10^{-4}] = \text{상수} + 236.6 \text{ mV}$$

pH 10.5에서 $[OH^-] = 3.2 \times 10^{-4}$ M이므로 전극 전위는 다음과 같다.

$$E = \text{상수} - 0.059\,16\log[1.0 \times 10^{-4} + (0.1)(3.2 \times 10^{-4})]$$
$$= \text{상수} + 229.5 \text{ mV}$$

전위 변화는 229.5 − 236.6 = −7.1 mV이며, 이것은 상당한 의미가 있다. 만일 pH 변화에 대해서 알지 못했다면, F^-의 농도가 32% 증가했다고 생각할 것이다.

자습 pH 5.5인 1.0×10^{-4} M F^- 용액의 pH를 9.5로 증가시킬 때 전위의 변화를 구하시오.
(**답:** −0.8 mV)

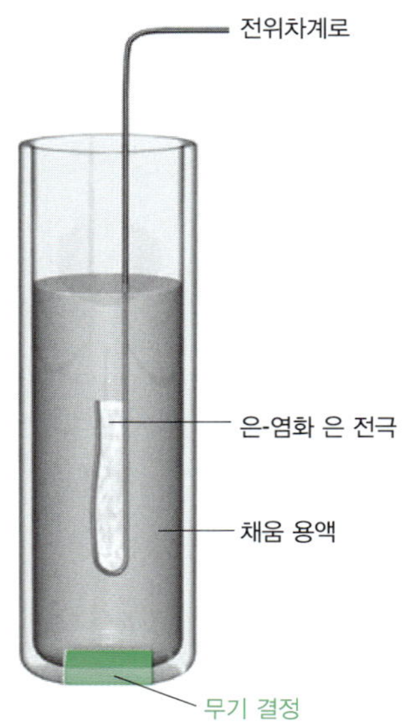

그림 15-23 이온 선택성 막으로 무기염 결정을 이용한 이온 선택성 전극

고체상 전극

그림 15-23은 무기물 결정에 기반을 둔 **고체상 이온 선택성 전극(solid-state ion-selective electrode)**을 나타낸 것이다. 이런 형태로 흔히 사용되는 전극은 F^- 전극인데, Eu^{2+}가 혼입된 LaF_3 결정을 이용한다. **혼입**(dopping)이란 La^{3+} 대신에 소량의 Eu^{2+}를 첨가한 것을 의미

보충 15-2 이온 선택성 전극에 대한 선택 계수 측정하기

선택 계수를 측정할 때에는, 각 방해 이온에 대한 전극의 감응이 Nernst 식을 따른다는 것을 **증명**해야 한다.[30,31,32] 이것은 말처럼 간단하지 않다. 주성분 이온과 평형을 이루는 이온 선택성 막은 약하게 결합된 방해 이온에 대해 천천히 감응할지도 모른다.

다음 그래프는 선택 계수 측정에 대한 **독립된 용액법**(separate solution method)을 보여 주고 있다. 이 방법에서는 각각의 이온만으로 교정 곡선을 만든다. 또 다른 일반적인 방법으로 **고정 방해법**(fixed interference method)과 **전위 비교법**(matched potential method)이 있다.[31]

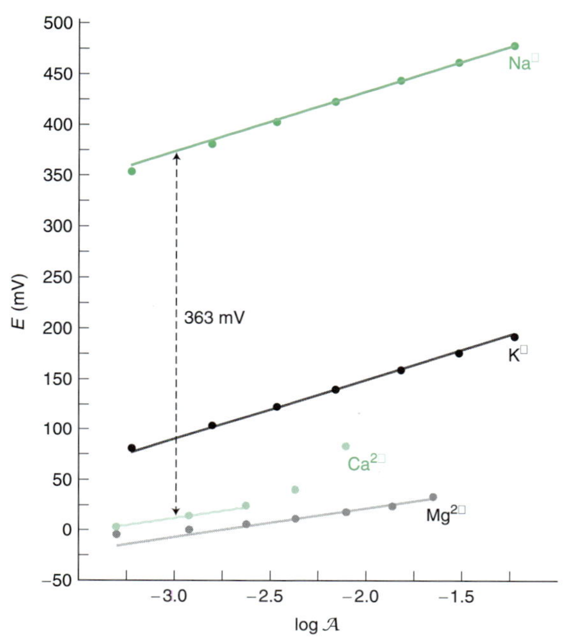

Na^+ 이온 선택성 전극에 대한 선택 계수의 측정. 가로축의 활동도는 농도와 활동도 계수로부터 계산되었다. [출처: E. Bakker, "Determination of Unbiased Selectivity Coefficients of Neutral Carrier-Based Cation-Selective Electrodes." *Anal. Chem.* **1997**, *69*, 1061.]

그래프는 K^+, Ca^{2+}, Mg^{2+}와 같은 방해 이온에 대한 소듐 이온 선택성 전극의 감응을 보여 준다. 방해 이온에 대한 Nernst 형의 감응을 얻기 위해, Na^+가 없는 상태에서 전극을 준비하였다. 전극을 0.01 M KCl 용액으로 채우고, 측정에 앞서서 이온 선택성 막을 길들이기 위해서 0.01 M KCl 용액에 하룻밤 동안 담가 놓았다. K^+, Ca^{2+}, Mg^{2+} 이온을 측정한 후에 Na^+ 이온을 측정하였다. 이어서 Na^+ 이온을 측정하기 위해, 내부 채움 용액을 0.01 M NaCl로 교체하였다.

자료는 각 이온에 대해 거의 Nernst형의 감응을 증명해 보이고 있다. 21.5°C의 실험실 온도에서, Nernst형 감응은 이온의 활동도가 10배 변할 때, $(RT \ln 10)/zF = 58.5/z$ mV로 될 것이다. 여기서 z는 이온의 전하이다. 측정된 기울기는 Na^+에 대해 61.3 ± 1.5 mV, K^+에 대해 56.3 ± 0.6 mV, Mg^{2+}에 대해 26.0 ± 1.0 mV, Ca^{2+}에 대해서는 31.2 ± 0.7 mV였다. $10^{-2.5}$ 이상의 활동도에서 Ca^{2+}가 직선에서 벗어나는 편차는 고순도 $CaCl_2$에 포함되어 있는 Na^+ 불순물 탓이다. Na^+에 대한 전극의 감응은 Ca^{2+}보다 훨씬 더 커서 소량의 Na^+ 이온도 큰 효과를 나타낸다.

선택 계수를 구하기 위해, Na^+ 이온의 교정선과 선택된 활동도에서 방해 이온의 교정선 간의 차이를 측정하고 다음 식을 적용한다.

$$\log K_{A,X}^{Pot} = \frac{z_A F(E_X - E_A)}{RT \ln 10} + \log\left(\frac{\mathcal{A}_A}{(\mathcal{A}_X)^{z_A/z_X}}\right) \quad \textbf{(15-11)}$$

여기에서 A는 $z_A = 1$인 Na^+이고, X는 전하가 z_X인 방해 이온이다. 점선은 활동도가 10^{-3}일 때, 두 전위의 차 $E_{Ca^{2+}} - E_{Na^+} = -363$ mV를 나타낸다. 선택 계수는 다음과 같다.

$$\log K_{Na^+,\,Ca^{2+}}^{Pot} = \frac{(+1)F(-0.363\text{ V})}{RT \ln 10} + \log\left(\frac{10^{-3}}{(10^{-3})^{1/2}}\right) = -7.7$$

그래프의 다른 선들로부터 $\log K_{Na^+,Mg^{2+}}^{Pot} = -8.0$과 $\log K_{Na^+,K^+}^{Pot} = -4.9$를 얻는다.

한다. 채움 용액에는 0.1 M NaF와 0.1 M NaCl이 들어 있다. 플루오린화 이온(F^-) 전극은 도시 상수도의 플루오린화 정도를 추적 관찰하는 데 이용된다.

작은 전류가 흐르게 하도록, F^-는 그림 15-24에 나타낸 것처럼 LaF_3 결정을 가로질러 이동한다 LaF_3를 EuF_2로 혼입하면 결정 내에 음이온 빈자리가 생성된다. 바로 이웃에 있는 플루오린화 이온이 빈자리로 이동하고 새로운 빈자리가 생긴다. 이러한 방법으로, F^- 이온은 한쪽에서 다른 쪽으로 확산된다.

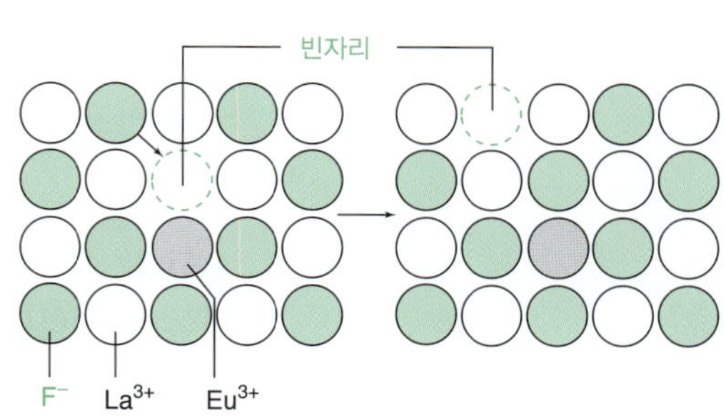

그림 15-24 EuF_2가 혼입된 LaF_3에서 F^-의 이동. Eu^{2+}는 La^{3+}보다 전하가 작으므로, 각 Eu^{2+}마다 한 개의 음이온 빈자리가 생긴다. 이웃의 F^-가 빈자리로 이동할 수 있어서, 그 위치에 또 다른 빈자리가 형성된다. 이 과정이 반복되면서 F^-는 격자를 통해 이동한다.

pH 전극과 유사하게, F^- 전극의 감응은 다음과 같다.

F^- 전극의 감응: $$E = \text{상수} - \beta(0.059\,16) \log \mathcal{A}_{F^-(\text{외부 용액})} \quad \textbf{(15-12)}$$

여기서 β는 1.00에 가깝다. 식 15-12는 로그 항 앞에 마이너스 부호가 있는데, 그것은 F^-가 음이온이기 때문이다. F^- 전극은 10^{-6} M~1 M의 F^- 농도 범위에 걸쳐서 거의 Nernst

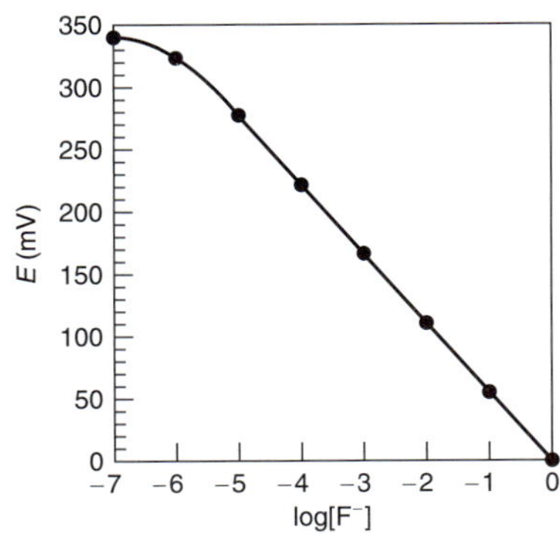

그림 15-25 F^- 이온 선택성 전극에 대한 교정 곡선 [출처: M. S. Frant and J. W. Ross, Jr., "Electrode for Sensing Fluoride Ion Activity in Solution," *Science* **1966**, *154*, 1553.]

형 감응을 나타낸다(그림 15-25). 이 전극은 대부분의 다른 이온에 비해 F^-에 대한 감응이 1000배 이상 더 좋다. 유일한 방해 이온은 OH^-이며, 그 선택 계수는 $K^{Pot}_{F^-,OH^-} = 0.1$이다. 낮은 pH에서 F^-는 전극이 감응하지 않는 HF로 변환된다($pK_a = 3.17$).

F^-를 측정하는 일상적인 절차는 미지 시료의 pH를 5.5로 조정하기 위해 아세트산, 시트르산 소듐, NaCl, NaOH가 포함된 높은 이온 세기의 완충 용액에서 묽히는 일이다. 완충 용액은 모든 표준 물질과 미지 시료의 이온 세기를 일정하게 유지하므로, F^-의 활동도 계수는 모든 용액에서 일정하다(따라서 무시할 수 있다).

$$E = \text{상수} - \beta(0.059\ 16)\log[F^-]\gamma_{F^-}$$
$$= \underbrace{\text{상수} - \beta(0.059\ 16)\log\gamma_{F^-}}_{\text{이 항은 일정한 이온 세기에서 }\gamma_{F^-}\text{가 일정하므로 상수이다.}} - \beta(0.059\ 16)\log[F^-]$$

pH 5.5에서는 OH^-에 의한 방해가 없고 F^-가 HF로 거의 변환되지 않는다. 시트르산 이온은 Fe^{3+} 및 Al^{3+}와 착이온을 형성한다. 그렇지 않으면 이들 이온은 F^-와 결합하여 분석을 방해할 수 있다.

예제 이온 선택성 전극의 감응

F^- 전극을 표준 용액($NaNO_3$로 이온 세기를 0.1 M로 일정하게 유지한)에 담갔을 때, 다음 전위(S.C.E.에 대해)가 관찰되었다.

$[F^-]$ (M)	E (mV)
1.00×10^{-5}	100.0
1.00×10^{-4}	41.5
1.00×10^{-3}	−17.0

이온 세기가 일정하므로, 감응은 F^- **농도**의 로그값에 의존해야 한다. 전위가 0.0 mV인 미지 시료에서 $[F^-]$를 구하시오.

풀이 교정 자료를 식 15-12에 대입한다.

$$\underset{y}{E} = m\underbrace{\log[F^-]}_{x} + b$$

log $[F^-]$에 대해 E를 그리면 기울기(m)가 −58.5 mV이고, y 절편 b = −192.5 mV인 직선을 얻는다. E = 0.0 mV를 넣고 $[F^-]$에 대해 푼다.

$$0.0\ \text{mV} = (-58.5\ \text{mV})\log[F^-] - 192.5\ \text{mV} \Rightarrow [F^-] = 5.1 \times 10^{-4}\ \text{M}$$

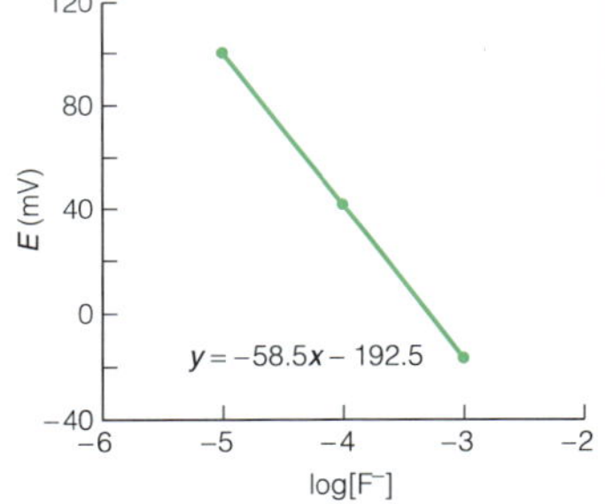

자습 E = 81.2 mV일 때 $[F^-]$를 구하시오. 이 교정 곡선은 E = 110.7 mV에 대해서도 유효한가? (**답:** 2.1×10^{-5} M, 교정 점들이 100 mV를 초과하지 않으므로 유효하지 않다.)

또 다른 보편적인 무기 결정 전극은 Ag_2S를 막으로 사용한다. 이 전극은 Ag^+와 S^{2-}에 감응한다. 이 전극을 CuS, CdS, PbS로 혼입하면 각각 Cu^{2+}, Cd^{2+}, Pb^{2+}에 감응하는 전극을 만들 수 있다(표 15-5).

그림 15-26은 CdS 결정이 특정 이온에 선택적으로 감응하는 메커니즘을 보여 주고 있다. 결정은 Cd 원자 혹은 S 원자가 노출되는 면으로 쪼개질 수 있다. 그림 15-26a에 있는 Cd 면은 HS^- 이온을 선택적으로 흡착하는 반면, S가 노출된 면은 HS^- 이온과 강한 상호 작용을 하지 않는다. 그림 15-26b는 노출된 Cd 면이 HS^-에 강하게 감응을 하지만, S가 노출된 면은 단지 약한 감응을 한다는 것을 보여 주고 있다. Cd^{2+} 이온에 대한 감응은 정반대의 양상이 관찰된다. 위의 곡선에서 S 면이 HS^-에 대해 부분적으로 감응하는 것은 노출된 원자의 약 10%가 S가 아니라 실제로는 Cd라는 사실에 기인한다.

표 15-5 고체상 이온 선택성 전극의 특성

이온	농도 범위 (M)	막의 재질	pH 범위	방해 물질
F^-	10^{-6}~1	LaF_3	5~8	OH^-(0.1 M)
Cl^-	10^{-4}~1	AgCl	2~11	CN^-, S^{2-}, I^-, $S_2O_3^{2-}$, Br^-
Br^-	10^{-5}~1	AgBr	2~12	CN^-, S^{2-}, I^-
I^-	10^{-6}~1	AgI	3~12	S^{2-}
SCN^-	10^{-5}~1	AgSCN	2~12	S^{2-}, I^-, CN^-, Br^-, $S_2O_3^{2-}$
CN^-	10^{-6}~10^{-2}	AgI	11~13	S^{2-}, I^-
S^{2-}	10^{-5}~1	Ag_2S	13~14	

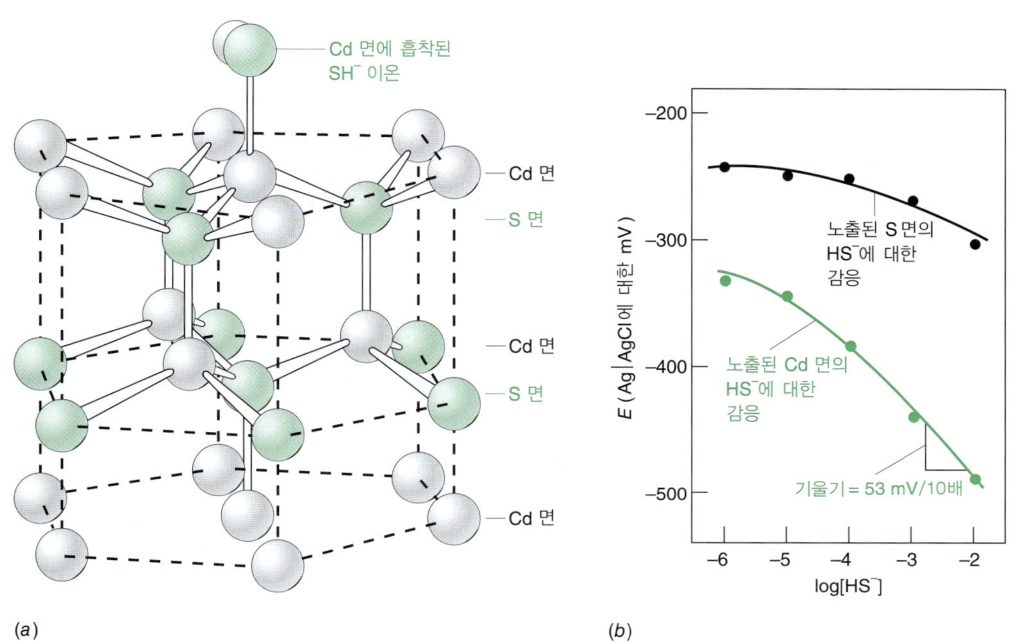

그림 15-26 (*a*) 수직인 축(결정의 C축)을 따라 Cd와 S가 번갈아 반복되는 면을 보여 주는 육방형 CdS의 결정 구조. HS^-가 맨 꼭대기의 Cd 면에 흡착된 것을 보여 준다. (*b*) 노출된 결정면들의 HS^-에 대한 전위차 감응 [출처: K. Uosaki, Y. Shigematsu, H. Kita, Y. Umezawa, and R. Souda, "Crystal-Face-Specific Response of a Single-Crystal Cadmium sulfide Based Ion-Selective Electrode," *Anal. Chem.* **1989**, *61*, 1980.]

액체 기반 이온 선택성 전극[33]

액체 기반 이온 선택성 전극(liquid-based ion-selective electrode)은 분석 이온에 대해 선택적인 소수성 이온 교환체(**이온 운반체**라고 불리는)가 스며들어 있는 소수성 막을 가지고 있다는 점을 제외하면, 그림 15-22에 있는 고체상 전극과 매우 유사하다. Ca^{2+} 이온 선택성 전극의 감응은 다음과 같이 주어진다.

Ca^{2+} 전극의 감응: $$E = \text{상수} + \beta\left(\frac{0.059\ 16}{2}\right)\log \mathcal{A}_{Ca^{2+}(\text{외부 용액})} \quad \textbf{(15-13)}$$

여기서 β는 1.00에 가깝다. 식 15-13과 15-12는 로그 항 앞의 부호가 다른데, 이것은 하나는 음이온을 포함하고 있고, 또 다른 하나는 양이온을 포함하고 있기 때문이다. 또한 Ca^{2+}의 전하 때문에 로그 항 앞의 분모에 2가 반드시 필요하다는 것에 유의해야 한다.

그림 15-27에 있는 전극의 바닥에 있는 막은 이온 교환체가 스며들어 있는 폴리염화 바이닐 [poly(vinyl chloride)]이다. 하나의 특정 Ca^{2+} 액체 이온 교환체는 **이온 운반체**(ionophore)라고 하는 중성의 소수성 리간드(L)와 폴리염화 바이닐 막에 있는 소수성 액체(그림 15-28)에 녹아 있는 소수성 음이온 염(Na^+R^-)으로 구성되어 있다. 가장 심각한 방해는 Sr^{2+}에서 발생한다. 식 15-9에 있는 선택 계수는 $K^{Pot}_{Ca^{2+},Sr^{2+}} = 0.13$인데, 이는 Sr^{2+}에 대한 감응이 같은 농

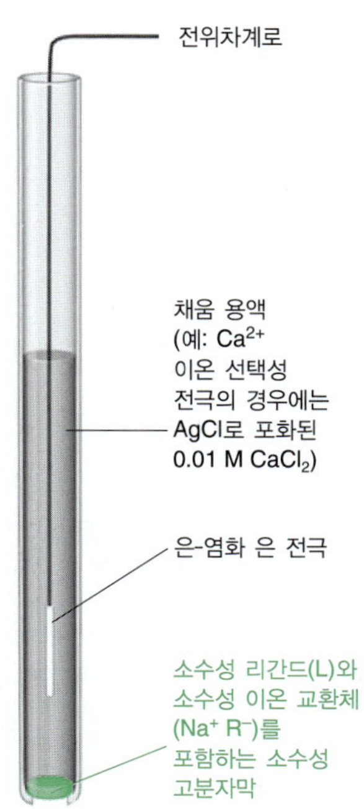

그림 15-27 액체 이온 교환체로 이루어진 칼슘 이온 선택성 전극

소수성 음이온(R^-)
Tetrakis[3,5-bis(trifluoromethyl)phenyl]borate

소수성 액체 용매
2-Nitrophenyl octyl ether

소수성 Ca^{2+} 결합 리간드(L)
N, *N*-Dicyclohexyl-*N*′,*N*′-dioctadecyl-3-oxapentanediamide

폴리염화 바이닐

그림 15-28 Ca^{2+} 이온 선택성 전극의 막 구성 성분들. 리간드 L은 Ca^{2+}와 선택적으로 결합하는 이온 운반체이다.

H^+ 이온 운반체 ETH 2418

그림 15-29 액체 기반 H^+ 이온 선택성 전극에 사용된 이온 운반체 ETH 2418. ETH는 스위스 국립 연구소(Eidgenössische Technische Hochschule Zürich)의 약자이며, 그곳에서 많은 이온 운반체가 합성되었다.

도의 Ca^{2+}에 대한 감응의 13% 정도의 크기라는 것을 의미한다. 대부분의 양이온(X)에 대해, $K^{Pot}_{Ca^{2+},X} < 10^{-3}$이다.

7장의 시작 부분에서 언급한 **화성 탐사선 피닉스 호**는 화성의 토양 화학을 연구하기 위해 이온 선택성 전극을 가지고 갔다. H^+에 대한 액체 기반 이온 선택성 전극은 ETH 2418(그림 15-29)이라고 하는 이온 운반체를 사용하였다. pH 1~9 범위에 걸쳐 감응하며, 선택 계수는 $K^{Pot}_{H^+,Na^+} = 10^{-8.6}$, $K^{Pot}_{H^+,K^+} = 10^{-9.7}$, $K^{Pot}_{H^+,Ca^{2+}} = 10^{-7.8}$이다. 보충 15-3은 전극 방해가 화성에서 어떻게 과염소산 이온을 발견할 수 있게 해 주었는지를 설명하고 있다.

그림 15-30은 그림 15-22의 중환자 치료용 혈액 분석 장치에 사용되는 원형의 이온 선택성 전극에 대해 가능한 구조를 보여 준다. 이온 선택성 막은 폴리염화 바이닐, 가소제, 강한 소수성 염인 $K^+(C_6F_5)_4B^-$ 및 H^+ 이온 운반체인 트라이도데실아민[tri(dodecyl)amine]을 함유하는 테트라하이드로퓨란(tetrahydrofuran) 용액을 증발시켜서 제조한다. 전기전도성 고분자의 얇은 층은 이온 선택성 막과 금 전극 사이의 이온-전자 변환기로 작동한다. 전도성 고분자는 긴 알킬 사슬에 의해 소수성이 된다. 금 전극에 가해진 플러스 전위에 의해 부분적으로 산화될 때 고분자는 전기적으로 전도성이 된다.

그림 15-30의 전도성 고분자는 미세한 얇은 수용성 층이 고분자와 이온 선택성 막 사이에 형성되는 것을 방지하기 위해 매우 소수성으로 설계된다. 수용성 층은 소수성이 작은 전도성 고분자에서 형성된다. 수용성 층은 혈액에서 CO_2를 흡수하여 H^+에 대한 감응을 방해하는 전위를 생성한다.

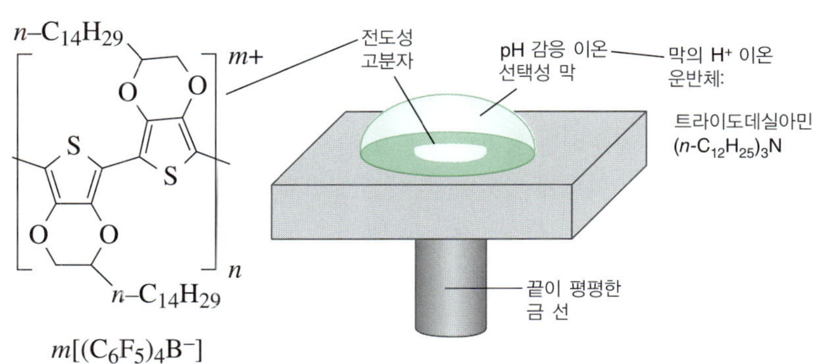

그림 15-30 그림 15-22의 중환자 치료용 혈액 분석 장치에서 pH를 측정하기 위한 실험용 이온 선택성 전극의 구조 [출처: E. Lindner, University of Memphis. See M. Guzinski, J. M. Jarvis, P. D'Orazio, A. Izadyar, B. D. Pendley, and E. Lindner, "Solid-Contact pH Sensor Without Interference with a Superhydrophobic PEDOT- as Solid Contact: The Ultimate "Water Layer" Test," *Anal. Chem.* **2017**, *89*, 8468.]

이온 선택성 전극의 검출 한계 낮추기[29]

미국 환경 보호국(U.S. Environmental Protection Agency)은 수돗물 시료의 10% 이상에서 15 ppb(7×10^{-8} M) 이상의 납이 포함되어 있으면, 수돗물 공급자에게 납을 제거하는 조치를 취할 것을 요구한다. 그림 15-31에 있는 검은색 곡선은 전형적인 액체 기반 이온 선택성 전극으로는 10^{-6} M 이하의 납을 측정할 수 없다는 것을 보여 준다. 이 전극의 내부 채움 용액은 0.5 mM의 $PbCl_2$를 포함하고 있다.

그림 15-31에 있는 색을 띤 곡선은 동일한 전극으로 얻은 것이지만, 내부 채움 용액은 $[Pb^{2+}]$를 10^{-12} M로 일정하게 유지해 주는 **금속 이온 완충 용액**(metal ion buffer, 15-7절)으로 대체하였다. 이제 전극은 $\sim 10^{-11}$ M 이하까지 $[Pb^{2+}]$의 변화에 감응하고, 음용수에 들어 있는 납을 측정하는 데 유용할 것이다.

액체 기반 이온 선택성 전극의 검출 한계는 내부 채움 용액으로부터 이온 교환막을 통해 흘러나오는 주요 이온(여기서는 Pb^{2+})의 누출이 지배한다. 누출로 인해 막의 바깥 표면에 상당한 농도의 주요 이온이 존재하게 된다. 만약에 분석 물질의 농도가 10^{-6} M 이하이면, 전극에서의 누출로 인해 전극 바깥 표면에서의 유효 농도는 거의 10^{-6} M로 유지된다. 전극 내

보충 15-3 화성에서 과염소산 이온은 어떻게 발견되었나?[34]

화성에 과염소산 이온(ClO_4^-)이 풍부할 것이라고 예상한 사람은 아무도 없었기 때문에, **화성 탐사선 피닉스 호**의 습식 화학 실험실은 ClO_4^-를 탐색하도록 고안되지 않았다. 하지만 화성으로 보낸 질산 이온 선택성 전극은 NO_3^-보다 ClO_4^-에 대해 1000배나 **더 민감했다**. 즉 $K^{Pot}_{NO_3^-,ClO_4^-} = 10^3$이다. 화성 토양에서 이온들을 추출하기 위한 수용액에는 1 mM NO_3^-가 포함되어 있었다. 질산 이온은 농도가 1 mM 이상인 경우에만 검출될 것이다.

이온 선택성 전극이 예상치도 못했던 엄청난 감응을 보였을 때, 이온 선택성 전극을 고안하고 설치한 Tufts 대학의 Sam Kounaves 교수와 학생들의 눈에 나타난 놀라움을 상상해 보라. 습식 화학 실험실에서 1 g의 화성 토양에서 염을 추출했을 때 NO_3^- 전극의 전위가 200 mV 변했는데, 이는 NO_3^- 농도가 1 M 이상인 것과 마찬가지이고, 분석되는 토양의 질량보다 더 많은 질량의 NO_3^-를 필요로 하는 것이었다. 하지만 4~6 mg의 ClO_4^-는 관측된 결과를 유발할 수 있었을 것이다. 지구에서도 Atacama 사막과 남극의 건조한 계곡을 포함하는 매우 건조한 지역에서는 비슷한 수준의 과염소산 이온이 존재한다.[35] 지구에서, ClO_4^-는 대기에 있는 오존과 염소 관련 화학종의 광화학 반응의 결과로 생성된다고 생각된다. 화성에서 ClO_4^-는 광물 촉매로 고체 염화물의 자외선 광산화에 의해 생성될 수도 있다.[36, 37] 2012년 화성 탐사 **로봇 큐리오시티**(Curiosity Rover)로부터 얻은 결과는 화성에 수화 과염소산 칼슘이 존재한다는 것과 일치한다. ClO_4^-에 대한 또 다른 증거는 화성 토양을 450°C 근처에서 열분해시켰을 때 질량이 32인 화학종이 방출된다는 것이다. 과염소산 이온은 이 온도에서 O_2(질량 32)를 방출할 것이다.

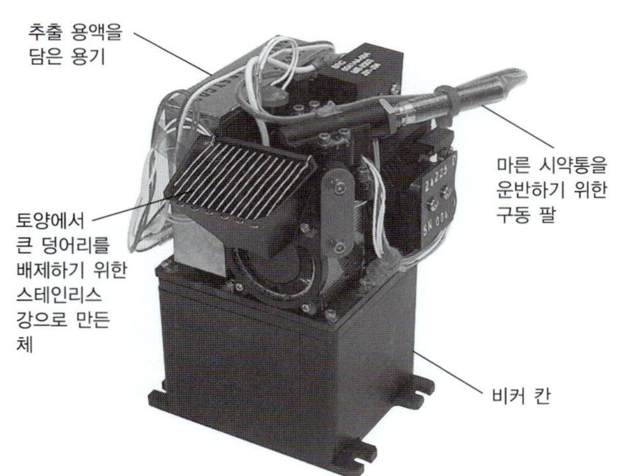

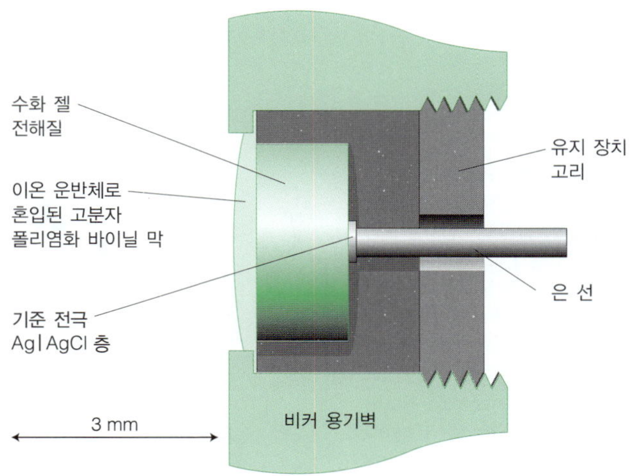

왼쪽: 2008년에 화성 탐사선 피닉스 호에 실린 토양 분석을 위한 4개의 습식 실험 장치 중 한 개. 여기에 달린 로봇 팔은 7장의 시작 부분에 나타냈다. 센서들은 에폭시 플라스틱 '비커'의 벽에 장착되어 있다. 15개의 이온 선택성 전극들은 토양에서 수용액으로 추출된 Ca^{2+}, Mg^{2+}, K^+, NO_3^-, SO_4^{2-}, Cl^-, Br^-, I^-, H^+를 측정한다. 다른 전극들은 전도도, 환원 전위, Cu^{2+}, Cd^{2+}, Pb^{2+}, Fe^{2+}, Fe^{3+}, Hg^{2+}와 같은 금속을 측정한다. [출처: (왼쪽) NASA/JPL-Caltech/University of Arizona/Max Planck Institute.]

표 15-6 주요 이온의 누출 없이 작동하는 액체 기반 이온 선택성 전극에 대한 검출 한계와 선택 계수

주요 이온 (A)	A의 검출 한계 (μM)	방해 이온(X)에 대한 선택 계수 $\log K^{Pot}_{A,X}$ (식 15-9)
Na^+	30	H^+: −4.8, K^+: −2.7, Ca^{2+}: −6.0
K^+	5	Na^+: −4.2, Mg^{2+}: −7.6, Ca^{2+}: −6.9
NH_3	20	
Cs^+	8	Na^+: −4.7, Mg^{2+}: −8.7, Ca^{2+}: −8.5
Ca^{2+}	0.1	H^+: −4.9, Na^+: −4.8, Mg^{2+}: −5.3
Ag^+	0.03	H^+: −10.2, Na^+: −10.3, Ca^{2+}: −11.3
Pb^{2+}	0.06	H^+: −5.6, Na^+: −5.6, Mg^{2+}: −13.8
Cd^{2+}	0.1	H^+: −6.7, Na^+: −8.4, Mg^{2+}: −13.4
Cu^{2+}	2	H^+: −0.7, Na^+: <−5.7, Mg^{2+}: <−6.9
ClO_4^-	20	OH^-: −5.0, Cl^-: −4.9, NO_3^-: −3.1
I^-	2	OH^-: −1.7

출처: E. Bakker and E. Pretsch," Modern Photentiometry," *Angew. Chem. Int. Ed.* **2007**, *46*, 5660.

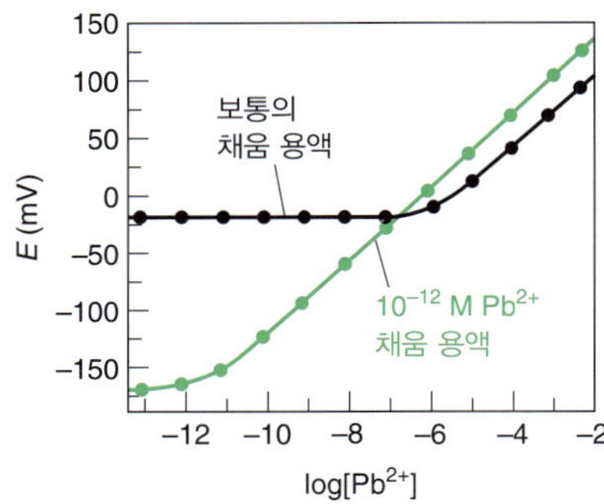

그림 15-31 Pb^{2+} 액체 기반 이온 선택성 전극의 감응. 검은색 곡선은 0.5 mM Pb^{2+}가 포함된 기존의 채움 용액을 사용한 결과이며, 색을 띤 곡선은 $[Pb^{2+}] = 10^{-12}$ M의 금속 이온 완충 용액을 넣은 결과이다. [출처: T. Sokalski, A. Ceresa, T. Zwickl, and E. Pretsch, "Large Improvement of the Lower Detection Limit of Ion-Selective Polymer Membrane Electrodes," *J. Am. Chem. Soc.* **1997**, *119*, 11347.]

부의 $[Pb^{2+}]$를 낮춤으로써 막의 바깥쪽으로 누출되는 농도가 줄어들고 검출 한계도 낮아진다.

채움 용액으로 10^{-12} M Pb^{2+}를 사용한 전극의 감응은 금속 이온 완충 용액 성분인 0.05 M Na_2EDTA가 포함된 내부 용액에 있는 Na^+의 방해로 제한을 받는다. Pb^{2+}에 대한 검출 한계가 10^5배 증가할 뿐 아니라, 다른 양이온에 대한 Pb^{2+}의 선택성도 수백~수천 배 증가한다. 표 15-6은 주요 이온의 누출을 방지하는 예방 조치를 한 액체 기반 이온 선택성 전극의 검출 한계와 선택 계수를 보여 준다.

이온 선택성 전극의 검출 한계를 낮추는 또 다른 방법은 이온 선택성 막을 통해 누출되는 주요 이온의 이동성을 낮추어서 주요 이온이 내부 채움 용액에서 막의 바깥쪽으로 쉽게 확산될 수 없도록 하는 것이다. 그림 15-32a는 Pb^{2+}와 선택적으로 결합하는 전도성 폴리아닐린 나노입자가 포함된 바이닐 고분자 막을 보여 준다. 바이닐 막은 가소제를 포함하고 있지 않아서 막을 통한 Pb^{2+}의 확산이 기존의 가소제가 포함된 막에서보다 10^6배 정도 느리다. 그림 15-27에 있는 것과 같은 전극은 그림 15-32a에 있는 막을 사용하여 만들었다. 그림 15-32b는 Pb^{2+}에 대한 이 전극의 감응을 보여 준다. 전극 내부의 채움 용액에는 10^{-5} M $Pb(NO_3)_2$가 들어 있어도 막을 통한 Pb^{2+} 확산은 거의 없어서 이 이온 선택성 전극의 검출 한계는 2×10^{-11} M이다. 견고한 이온

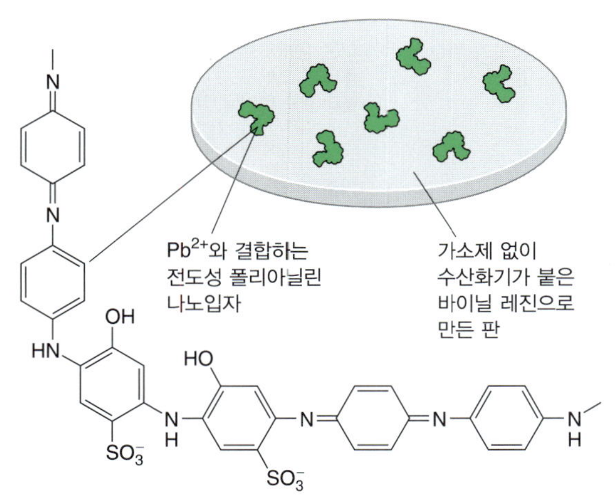

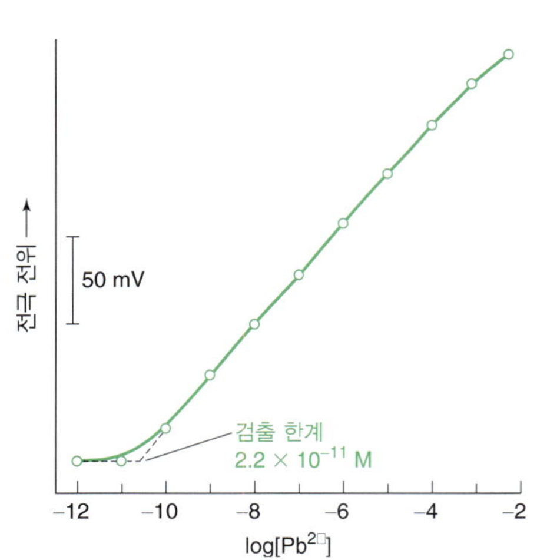

그림 15-32 **왼쪽**: 테트라페닐붕소산 소듐과 Pb^{2+}에 선택적으로 결합하는 전도성 폴리아닐린 나노입자를 포함하는 바이닐 고분자 막. 폴리아닐린의 구조 일부를 보여 준다. **오른쪽**: 바이닐 고분자 막으로 만든 이온 선택성 전극의 감응 [출처: X.-G. Li, H. Feng, M.-R. Huang, G.-L. Gu, and M. G. Moloney, "Ultrasensitive Pb(II) Potentiometric Sensor Based onCopolyaniline Nanoparticles in a Plasticizer-Free Membrane with Long Lifetime," *Anal. Chem.* **2012**, *84*, 134.]

선택성 막은 거의 분해되지 않고 최소 6개월 동안 작동한다. 그림 15-31에 보여 준 감응을 갖춘 전극 막의 수명은 약 1주일 정도이다.

보충 15-4 샌드위치 면역 검정을 위해 전도성 고분자로 만든 이온 선택성 전극

그림 15-27에 있는 채움 용액을 전도성 고분자로 대체하는 것으로 액체 기반 이온 선택성 전극의 채움 용액에서 누출된 이온에 의한 방해를 줄이는 것이 가능하다. 채움 용액 혹은 전도성 고분자는 이온 교환 막에서의 전위차를 내부 전극에 전달한다.

여기서 보여 주는 전극은 전도성 고분자인 폴리(3-옥틸싸이오펜)의 얇은 층으로 덮여 있는 금 선이다. 고분자가 산화될 때, 전자는 분자의 콘쥬게이션 주골격을 따라 움직인다. [콘쥬게이션(conjugated)이란 분자 내에 단일 결합과 이중 결합이 번갈아 가며 있는 것을 의미한다.] 산화된 분자의 전도도는 금속 구리 전도도의 약 0.1% 정도까지 높아질 수 있다. 코팅된 선은 플라스틱 10 μL 피펫 팁을 채우는데, 팁의 열린 부분은 Ag^+에 선택적인 리간드(그림 15-12에 있는 L)를 포함하는 이온 교환막으로 덮여 있다. 1 nM $AgNO_3$ 용액에서 길들여지면, 이 전극은 10 nM Ag^+까지의 선형 감응과 약 2 nM의 검출 한계를 나타낸다.

예민한 은 이온 분석은 항체를 이용한 **샌드위치 면역 검정**(sandwich immunoassay)에 의한 민감한 단백질 분석법으로 전환될 수 있다. **항체(antibody)**는 **항원(antigen)**이라고 하는 외부에서 유입된 분자에 대응하여 동물의 면역계에 의해 생성되는 단백질이다. 항체는 항체 생성을 자극하는 항원을 명확하게 인식하고 그것과 결합한다.

샌드위치 면역 검정에서는 항원이 분석 단백질이다. 이 단백질에 대한 항체가 금 표면에 부착된다. 분석 단백질이 들어오면, 그것은 항체에 결합한다. 그 후 분석 단백질의 또 다른 자리에 결합하는 두 번째 항체를 투입한다. 두 번째 항체는 약 10^5개의 금 원자가 포함된, 지름이 약 13 nm인 금 입자가 공유 결합으로 연결되어 있다. 결합되지 못한 항체를 씻어 버린 후에, 약 10^7개의 Ag 원자를 포함하고 있는 층이 촉매 반응을 통해 나노입자의 표면에 석출된다.

분석을 완결하려면 Ag 금속은 과산화 수소(H_2O_2)를 이용하여 Ag^+로 산화시키고, 방출된 Ag^+는 이온 선택성 전극으로 측정한다. 분석 단백질 한 분자당 대략 10^7개의 Ag^+ 이온이 생성된다. 이런 분석은 분석 신호를 10^7배만큼 **증폭한다**고 표현한다. 이런 분석은 50 μL 시료에 들어 있는 약 12 pmol(12×10^{-12} mol)의 분석 단백질을 검출한다. Ag^+ 이온 선택성 전극을 이용하여 리보핵산(RNA)을 유사한 방법으로 분석하면 4 μL 시료에 들어 있는 약 0.2 amol(0.2×10^{-18} mol, 분자 120 000개)을 검출한다.

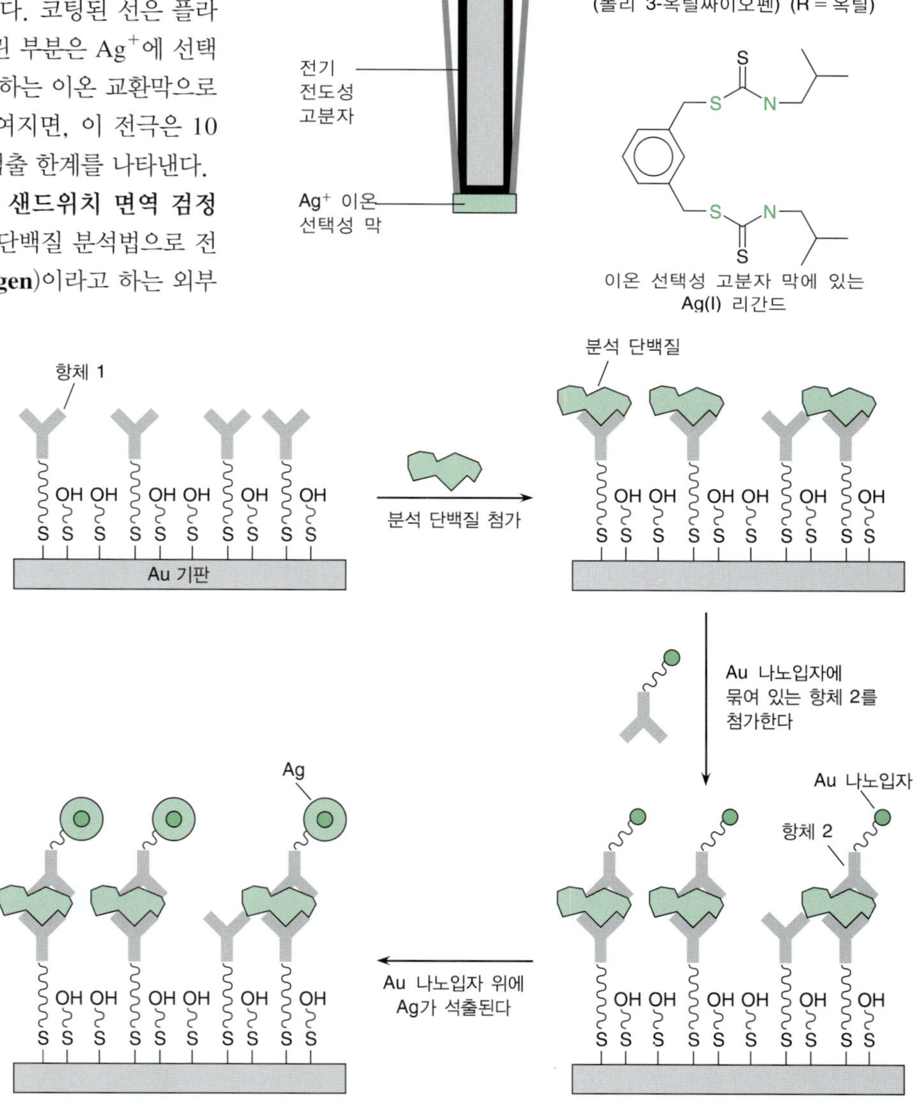

Au 나노입자 위에 금속 은을 석출시킨 샌드위치 면역 검정 [자료: K. Y. Chumbimuni-Torres, Z. Dai, N. Rubinova, Y. Xiang, E. Pretsch, J. Wang, and E. Bakker, "Potentiometric Biosensing of Proteins with Ultrasenstive Ion-Selective Microelectrodes and Nanoparticle Labels," *J. Am. Chem. Soc.* **2006**, *128*, 13676. *Anal. Chem.* **2006**, *78*, 1318. *Sensors and Actuators B* **2007**, *121*, 135.]

이온 선택성 전극의 검출 한계를 낮추기 위한 검증된 방법

- 금속 이온 완충 용액을 갖춘 내부 채움 용액에서 주요 이온(분석 물질)의 농도를 낮춘다.
- 이온 선택성 막에 있는 주요 이온의 이동도를 낮춰서 주요 이온이 내부 용액에서 누출될 수 없도록 한다.
- 내부 채움 용액을 전도성 고분자로 대체한다.

이온 선택성 전극 밖으로 빠져나오는 주요 이온의 양을 줄이는 또 다른 방법은 내부 채움 용액을 없애는 것이다. 보충 15-4는 내부 채움 용액을 전도성 고분자로 대체한 이온 선택성 전극을 설명하고 있다. 액체 기반 이온 선택성 전극의 검출 한계를 낮추기 위해 사용된 방법은 고체상 이온 선택성 전극에 대해서는 작동하지 않는데, 그 이유는 전극 근처에 있는 분석 물질 농도는 이온 선택성 막에 있는 무기 염 결정의 용해도에 달려 있기 때문이다.

결합 전극

결합 전극(compound electrode)은 그 전극에 감응하는 분석 물질을 분리하기 위한(또는 생성하기 위한) 막으로 둘러싸인 통상적인 전극을 포함하고 있다. 그림 15-33의 Severinghaus CO_2 기체 감응 전극은 평범한 유리 pH 전극으로 구성되어 있는데, 이 전극은 고무나 테플론 또는 폴리에틸렌으로 만든 반투막 안에 들어 있는 얇은 층의 전해질 용액으로 둘러싸여 있다.[38] Ag | AgCl 기준 전극도 전해질 용액에 담겨 있다. CO_2가 반투막을 통해 확산되면 전해질의 pH가 낮아진다. pH 변화에 대한 유리 전극의 감응은 전극 외부에 있는 용해된 CO_2 농도를 측정하는 것이다. NH_3, SO_2, H_2S, NO_x(질소 산화물), HN_3(하이드라조산)를 포함하는 다른 종류의 산성 또는 염기성 기체도 같은 방법으로 검출할 수 있고 CO_2 측정에 방해가 될 수 있다. 이런 전극들은 용액상에 있는 혹은 **기체상에 있는** 기체를 측정하는 데 사용될 수 있다.

그림 15-33에 있는 Severinghaus CO_2 결합 전극은 환자를 추적 관찰하는 데 유용하다. 그러나 이 전극은 CO_2가 바깥의 막을 통해서 확산되어야 하기 때문에 늦은 감응이 문제가 되기도 하고, 낮은 CO_2 농도에 대해서는 예민하지 않다. 다행히도 이 전극의 민감도는 생리학적 CO_2 양과 잘 맞는다.

용존 CO_2를 측정하는 또 다른 방법

탄산 이온(CO_3^{2-}) 선택성 전극[39]과 pH 전극을 함께 사용하면 Severinghaus 전극으로 측정할 수 있는 농도보다 더 넓은 농도 범위에 걸쳐서 용존 이산화 탄소(CO_2)를 신속하게 측정할 수 있다. 그림 15-34a에 있는 쌍으로 구성된 전극으로 측정된 전압은 다음과 같다.

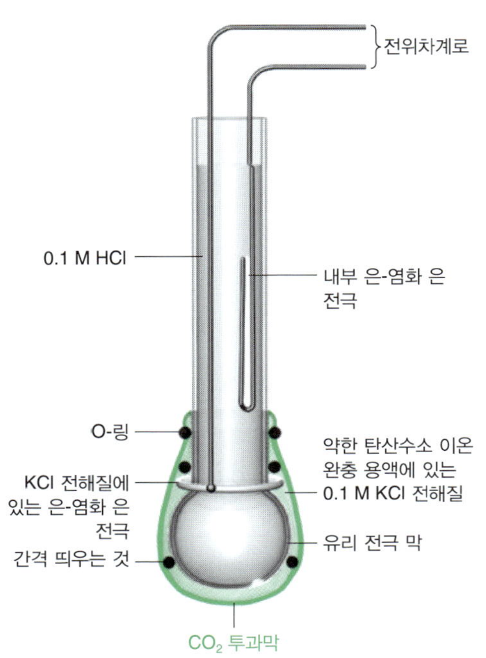

그림 15-33 CO_2 기체 감응 Severinghaus 전극.[38] 막은 팽팽하게 당겨져 있고, 막과 둥근 유리 전극 사이에는 얇은 층의 전해질이 있다.

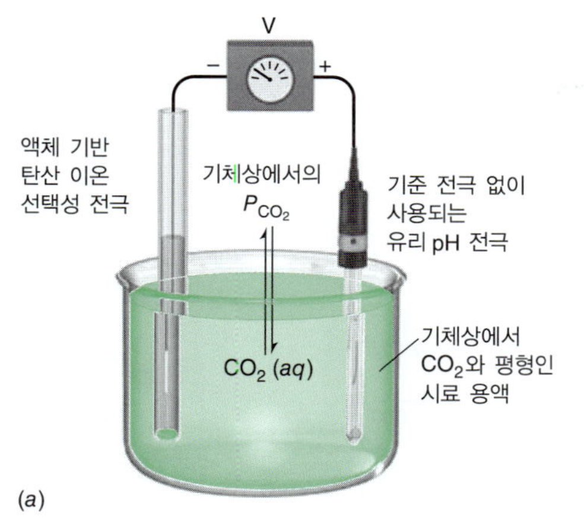

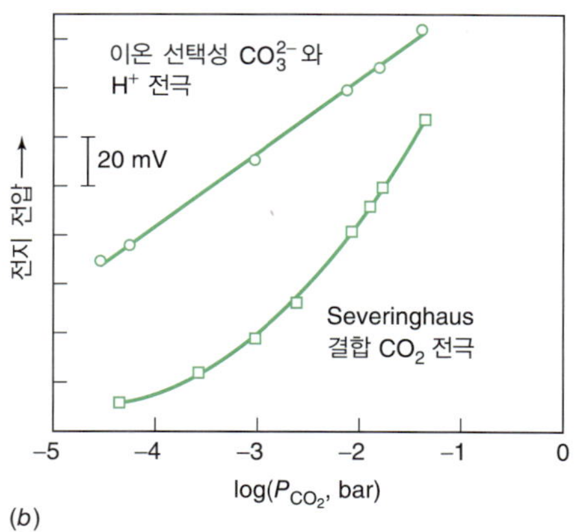

그림 15-34 (*a*) CO_2를 측정하기 위해 함께 사용된 탄산 이온(CO_3^{2-}) 선택성 전극과 H^+ 이온 선택성 전극. H^+ 전극은 기준 전극이 없이 사용된 유리 전극일 수 있다. (*b*) 결합 전극(그림 15-33)과 이온 선택성 전극 쌍의 CO_2에 대한 감응 [출처: X. Xie and E. Bakker, "Non-Severinghaus Potentiometric Dissolved CO_2 Sensor with Improved Characteristics," *Anal. Chem.* **2013**, *85*, 1332.]

$$E_+ = c_1 + S\log \mathcal{A}_{H^+}$$

$$E_- = c_2 - \left(\frac{S}{2}\right)\log \mathcal{A}_{CO_3^{2-}}$$

$$E_{전지} = E_+ - E_- = c_1 - c_2 + S\log \mathcal{A}_{H^+} + \left(\frac{S}{2}\right)\log \mathcal{A}_{CO_3^{2-}}$$

$$E_{전지} = (c_1 - c_2) + \left(\frac{S}{2}\right)\log \mathcal{A}_{CO_3^{2-}}\mathcal{A}_{H^+}^2 \quad \textbf{(15-14)}$$

여기서 S는 온도 의존 기울기(이상적으로는 25°C에서 0.059 16 V)이며, c_1과 c_2는 상수이다.

문제 10-11은 연속적인 평형 $CO_2(g) \overset{K_H}{\rightleftharpoons} CO_2(aq) \overset{K_{a1}}{\rightleftharpoons} HCO_3^- \overset{K_{a2}}{\rightleftharpoons} CO_3^{2-}$를 보여 주었다. 여기서 K_H는 수용액에서 $CO_2(aq)$의 용해도에 대한 Henry 법칙의 상수이며, K_{a1}과 K_{a2}는 '탄산'(주로 $CO_2(aq)$인)의 산 해리 상수이다. 평형에 대한 식을 결합하면 다음과 같다.

Henry 법칙:
$\mathcal{A}_{CO_2}(aq) = K_H P_{CO_2}$

$$P_{CO_2}K_H = \mathcal{A}_{CO_2(aq)} = \left(\frac{\mathcal{A}_{CO_3^{2-}}\mathcal{A}_{H^+}^2}{K_{a1}K_{a2}}\right) \quad \textbf{(15-15)}$$

여기서 P_{CO_2}는 $\mathcal{A}_{CO_2(aq)}$와 평형에 있는 $CO_2(g)$의 압력이다.

그림 15-34에 있는 전극들은 $\mathcal{A}_{CO_3^{2-}}\mathcal{A}_{H^+}^2$(식 15-14)을 측정하며, 그것으로부터 식 15-15를 이용하여 $\mathcal{A}_{CO_2(aq)}$와 P_{CO_2}를 구할 수 있다. 그 전극들은 그림 15-34b에 나타낸 것과 같이, 값을 알고 있는 P_{CO_2}와 평형을 이루고 있는 용액에서 교정될 수 있다.

이온 선택성 전극의 쌍으로 구성된 전극은 세 자릿수 이상의 범위에 걸쳐 약 $10^{-4.5}$ bar 또는 그 이하의 P_{CO_2}에 선형적으로 감응을 한다. 반면에 그림 15-33에 있는 결합 전극은 대략 10^{-1}~10^{-2} bar의 범위에서만 선형적으로 감응을 하고 더 낮은 압력의 P_{CO_2}에서는 감도가 낮아진다.

15-7 이온 선택성 전극 사용하기

이온 선택성 전극은 10^4~10^6배 이상의 범위에 걸쳐 분석 물질 활동도의 로그값에 선형적으로 감응한다. 전극은 미지 시료를 소모하지 않으며, 무시할 정도의 오염을 일으킨다. 감응 시간은 수초~수분 이내여서 산업 분야에서는 연속적으로 흐르는 시료를 추적 관찰하는 데 사용된다. 색깔이 있거나 혼탁한 용액도 전극을 방해하지는 않는다. 미소 전극은 생체 세포 내부에서 이용될 수 있다.

이온 선택성 전극의 장점
- 원자 분광법이나 이온 크로마토그래피법과 같은 경쟁 분석법보다 덜 비싸다.
- 넓은 범위에 걸쳐 log $\mathcal{A}$에 선형적으로 감응
- 비파괴성
- 비오염성
- 짧은 감응 시간
- 색깔이나 혼탁도에 영향을 받지 않는다.

정밀도는 1%보다 좋은 것은 거의 없으며 대개는 더 나쁘다. 단백질 또는 다른 유기 용질은 전극을 더럽혀서 전극의 감응을 느리게, 그리고 표류하게 만든다. 어떤 이온들은 특정한 전극을 방해하거나 망치게 만든다. 몇몇 전극은 깨지기 쉽고 보관 수명도 제한되어 있다.

그림 15-35 사람 혈장에 있는 칼슘 함유 화학종의 분리. 가장 큰 피크는 결합되지 않은 Ca^{2+}이다. 다른 피크들은 Ca^{2+}가 결합된 단백질 또는 작은 분자들이다. 검출기는 모든 형태의 칼슘에 감응한다. [출처: B. Deng, P. Zhu, Y. Wang,J. Feng, X. Li, X. Xu, H. Lu, and Q. Xu, "Determination of Free Calcium and Calcium-Containing Species in Human Plasma by Capillary Electrophoresis-Inductively Coupled Plasma Optical Emission Spectrometry", *Anal. Chem.* **2008**, *80*, 5721.]

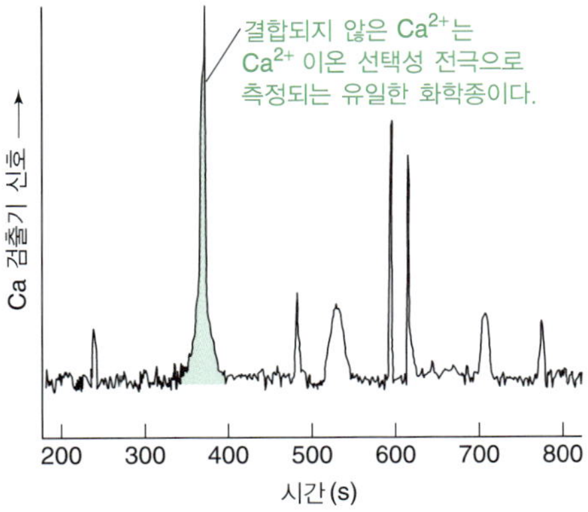

전극은 리간드와 **착화되지 않은** 분석 이온의 **활동도**(activity)에 감응한다. 따라서 리간드는 존재하지 않거나 가려져야 된다. 일반적으로 활동도가 아닌 농도를 알고 싶기 때문에, 모든 표준 물질과 시료의 이온 세기를 높고 일정하게 만들기 위해 보통은 비활성 염을 사용한다. 만약에 활동도 계수가 일정하다면, 전극 전위는 곧바로 농도를 나타낸다.

사람의 혈장에는 모세관 전기 이동법으로 분리할 수 있고 유도 결합 플라스마 원자 방출 분광법(그림 15-35)으로 측정이 가능한, 칼슘을 포함하는 8개의 중요한 화학종이 있다. 이 방법들은 이 책에서 나중에 배우게 될 것이다. 8개의 화학종 중에서 농도가 1.05 mM인 한 화학종은 리간드와 결합되지 않은 Ca^{2+}로 확인되었다. 총 농도가 1.21 mM인 다른 7개의 화학종에서는 Ca^{2+}가 단백질 또는 다른 리간드와 결합하고 있다. 그림 15-22의 중환자 치료용 분석 장치에서처럼, 혈액에 있는 Ca^{2+}를 이온 선택성 전극으로 측정하면, 결합하지 않은 Ca^{2+}만 측정된다.[40] 리간드에 결합된 칼슘은 이온 선택성 전극에 감응하지 않는다.

이온 선택성 전극을 이용한 표준 물질 첨가법

전위에서 1 mV의 오차는 1가 이온 활동도의 4% 오차에 해당한다. 5 mV 오차는 22% 오차에 해당한다. 상대 오차는 2가 이온에 대해 **두 배**, 3가 이온에 대해 **세 배**가 된다.

전극은 **착화되지 않은** 이온의 **활동도**에 감응한다. 이온 세기가 일정하면, 농도는 활동도에 비례하며 전극은 농도에 관해서 교정될 수 있다.

이온 선택성 전극을 사용할 때에는, 표준 용액의 조성을 미지 시료의 조성에 매우 근접하도록 하는 것이 중요하다. 분석 물질이 있는 매질을 **매트릭스(matrix)**라고 한다. 매트릭스가 복잡하거나 조성을 알지 못할 때는 **표준 물질 첨가법(standard addition method**, 5-3절)이 사용될 수 있다. 표준물 첨가법에서는, 전극을 미지 시료에 담그고 전위를 측정한다. 그런 다음, 미지 시료의 이온 세기가 변하지 않도록 소량의 표준 용액을 미지 시료에 첨가한다. 전위의 변화는 전극이 분석 물질에 어떻게 감응하는지를 알려주며, 따라서 미지 시료에 들어 있는 분석 물질의 양을 알려 준다. 서너 번 정도 연속하여 소량의 표준 시료를 넣고 그래프를 이용하여 미지 시료의 농도를 외삽법으로 추정하는 것이 가장 좋은 방법이다.

그래프를 이용한 방법은 이온 선택성 전극의 감응에 대한 식에 근거를 두고 있는데, 그 식은 다음과 같다.

R = 기체 상수
T = 절대 온도(K)
n = 검출되는 이온의 전하
F = Faraday 상수

$$E = k + \beta\left(\frac{RT\ln 10}{nF}\right)\log[\mathrm{X}] \tag{15-16}$$

여기서 E는 전위차계로 읽은 값이며, [X]는 분석 물질의 농도이다. E는 이온 선택성 전극과 기준 전극 간의 전위 차이다. 상수 k와 β는 특정 이온 선택성 전극에 따라 달라진다. (RT/F) ln 10 항은 298.15 K에서 0.0591 6 V이다. 만약 $\beta < 1$이면, 감응은 Nernst형이라고 말한다. 여기서 $(\beta RT/nF)$ ln 10을 기울기 S로 줄여 써 보자.

미지 시료의 초기 부피를 V_i, 분석 물질의 초기 농도를 c_X, 첨가된 표준 물질의 부피를 V_S, 표준 물질의 농도를 c_S라 하자. 그러면 표준 물질이 첨가된 후 분석 물질의 총 농도는 $(V_ic_X + V_Sc_S)/(V_i + V_S)$이다. 이 식을 식 15-16에 있는 [X]에 대입하고 정리하면 다음과 같다.

이온 선택성 전극에 대한 표준 물질 첨가법 도시:

$$\underbrace{(V_i + V_S)\,10^{E/S}}_{y} = \underbrace{10^{k/S}\,V_ic_X}_{b} + \underbrace{10^{k/S}\,c_S}_{m}\underset{\uparrow\,x}{V_S} \tag{15-17}$$

y축을 $(V_i + V_S)\ 10^{E/S}$로, x축을 V_S로 설정한 그래프의 기울기 $m = 10^{k/S}c_S$이고, y 절편 $b = 10^{k/S}V_i c_X$이다(그림 15-36). $y = 0$으로 놓으면, x 절편을 구할 수 있다.

$$x\ 절편 = -\frac{b}{m} = -\frac{10^{k/S}V_i c_X}{10^{k/S}c_S} = -\frac{V_i c_X}{c_S} \quad (15\text{-}18)$$

식 15-18은 V_i, c_S, x 절편으로부터 미지 시료의 농도 c_X를 구할 수 있게 해 준다.

이온 선택성 전극을 이용한 표준 물질 첨가법의 단점은 미지 시료 매트릭스에 대해 식 15-16에 있는 β를 측정할 수 없다는 것이다. 일련의 표준 용액(미지 시료가 들어 있지 않은)에서 β를 측정할 수 있고, 이 값을 이용하여 식 15-17에 있는 $(V_i + V_S)10^{E/S}$ 함수에서 S를 계산할 수 있다. 또는 미지 시료와 모든 표준 물질에 고농도이면서 이미 알고 있는 매트릭스를 첨가해서 모든 용액의 매트릭스가 실질적으로 같게 만드는 것이다.

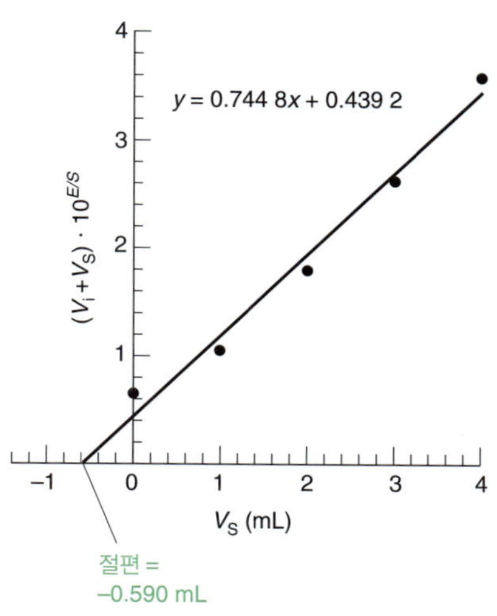

그림 15-36 식 15-17에 기반을 둔 이온 선택성 전극에 대한 표준 물질 첨가 그래프. 연습 문제 15-F를 보라. [출처: G. Li, B. J. Polk, L. A. Meazell, and D. W. Hatchett, "ISE Analysis of Hydrogen Sulfide in Cigarette Smoke," *J. Chem. Ed.* **2000**, *77*, 1049.]

그림 15-36에 있는 데이터는, 중간의 세 점은 직선의 아래에 있고 양쪽 끝의 두 점은 직선의 위에 있는 것으로 보인다. 이 경우, 직선 영역을 찾고 새로운 x 절편을 계산할 수 있는지 확인하기 위해 $V_S = 0$과 $V_S = 1$ mL 사이의 몇 가지 표준 물질을 사용하여 실험을 반복하는 것이 합리적이다. 데이터가 $V_S = 1$ mL까지 직선인 경우, 점선은 x 절편이 −1.4 mL 근처에 있다는 것을 시사하는데, 이는 계산된 미지 시료의 농도를 그래프의 실선으로부터 구한 것보다 2.4배 더 크게 만든다.

금속 이온 완충 용액

이온 선택성 전극을 표준화하기 위해 $CaCl_2$를 10^{-6} M로 묽히는 것은 의미가 없다. 이렇게 낮은 농도에서 Ca^{2+}는 유리벽에 흡착되거나 불순물과 반응하여 손실될 수도 있다.

이온들이 유리에 흡착되기 때문에 매우 묽은 금속 염 용액은 유리병보다는 플라스틱 병이 더 좋다.

금속 이온과 적절한 과량의 리간드를 합쳐서($CaCl_2$와 과량의 EDTA와 같이) 만든 **금속 이온 완충 용액(metal ion buffer)**은 금속 이온의 농도를 원하는 수준으로 조절할 수 있다. Y^{4-} 형태의 EDTA의 분율 $\alpha_{Y^{4-}} = 1.8 \times 10^{-5}$(표 12-1)인 pH 6.00에서 Ca^{2+}와 EDTA의 반응을 생각해 보자.

$$Ca^{2+} + Y^{4-} \rightleftharpoons CaY^{2-}$$

$$K_f = 10^{10.65} = \frac{[CaY^{2-}]}{[Ca^{2+}]\alpha_{Y^{4-}}[EDTA]} \quad (15\text{-}19)$$

[EDTA] = 금속 이온과 결합되지 않은 모든 형태의 EDTA 총 농도

용액에 존재하는 CaY^{2-}와 EDTA의 농도가 같다면, $[Ca^{2+}]$는 다음과 같다.

$$[Ca^{2+}] = \frac{[CaY^{2-}]}{K_f\alpha_{Y^{4-}}[EDTA]} = \frac{\cancel{[CaY^{2-}]}}{(10^{10.65})(1.8 \times 10^{-5})\cancel{[EDTA]}} = 1.2 \times 10^{-6}\ M$$

$\alpha_{Y^{4-}}$ = 결합되지 않은 Y^{4-} 형태의 EDTA 분율

좀 더 정확한 계산은 활동도 계수를 사용하는 것이다.

예제 금속 이온 완충 용액 만들기

$[Ca^{2+}] = 1.0 \times 10^{-6}$ M을 만들려면 pH 6.00의 0.010 M CaY^{2-} 용액에 어느 정도 농도의 EDTA를 첨가해야 하는가?

풀이 식 15-19로부터 다음을 구할 수 있다.

$$[EDTA] = \frac{[CaY^{2-}]}{K_f\alpha_{Y^{4-}}[Ca^{2+}]} = \frac{0.010}{(10^{10.65})(1.8 \times 10^{-5})(1.00 \times 10^{-6})} = 0.012_4\ M$$

이런 정도가 CaY^{2-}와 EDTA의 실제 농도이다.

자습 $[Ca^{2+}] = 1.0 \times 10^{-7}$ M을 만들려면 pH 6.00에서 0.010 M CaY^{2-} 용액에 어느 정도 농도의 EDTA를 첨가해야 하는가? (**답:** 0.12_4 M)

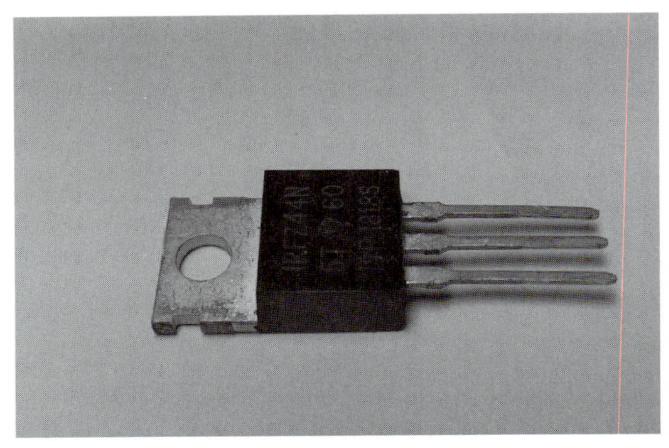

그림 15-37 장효과 트랜지스터에 기반을 둔 결합 pH 전극. 서미스터는 온도에 감응하며 자동 온도 보정을 위해서 사용된다. [출처: Karma Norbu/Shutterstock]

금속 이온 완충 용액은 그림 15-31에 있는 전극 채움 용액을 $[Pb^{2+}] \approx 10^{-12}$ M로 맞추는 유일한 방법이다.

15-8 고체상 화학 센서

고체상 화학 센서는 마이크로전자칩(microelectronic chip)에 사용되는 것과 동일한 기술로 제조된다. 장효과 트랜지스터(FET: field effect transistor)는 그림 15-37에 있는 pH 전극과 같은 많은 센서의 핵심이다. 이 장의 시작 부분에서는 뉴클레오타이드 염기가 DNA에 첨가될 때마다 방출되는 H^+를 측정하는 방식으로 DNA 염기 서열을 분석하기 위하여 2×2 cm 면적에 10^9개의 pH 감응 장효과 트랜지스터가 포함되어 있는 칩을 설명했다.

반도체와 다이오드

Si(그림 15-38), Ge, GaAs와 같은 **반도체(semiconductor)**는 전기 **저항도**(resistivity)[41]가 도체와 절연체의 전기 저항도 사이에 있는 물질이다. 순수한 물질에 들어 있는 네 개의 원자가 전자는 모두 원자 간의 결합에 관여한다(그림 15-39a). 5개의 원자가 전자를 가지고 있는 인(phosphorus) 불순물은 결정을 통해서 자유롭게 움직일 수 있는 여분의 **전도 전자(conduction electron)** 한 개를 제공한다(그림 15-39b). 알루미늄 불순물은 필요한 것보다 한 개 적은 결합 전자를 갖고 있어서 **정공(hole)**이라고 하는 빈자리를 만드는데, 정공은 양전하 운반체로 거동한다. 이웃에 위치한 전자가 정공을 채우면 새로운 정공이 이웃한 위치에 발생한다(그림 15-39c). 과량의 전도 전자를 가진 반도체를 ***n*** **형**(*n*-type)이라 하며, 과량의 정공을 가진 반도체를 ***p*****형**(*p*-type)이라고 한다.

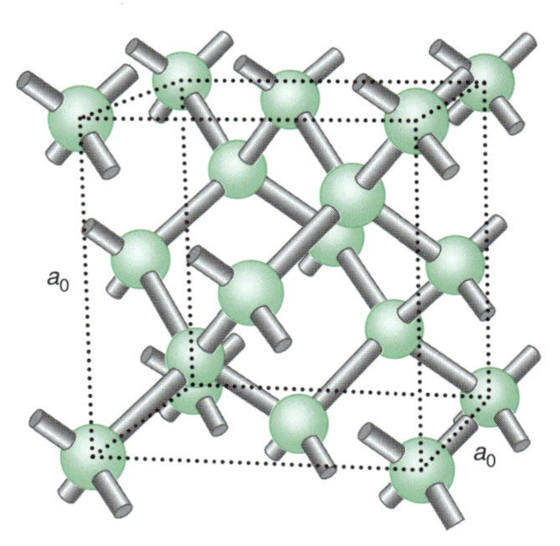

그림 15-38 다이아몬드와 규소의 면심 입방 결정 구조. 각 원자는 4개의 이웃 원자들과 정사면체로 결합하는데, 다이아몬드에서 C—C 결합의 길이는 154 pm이고, 규소에서 Si—Si 결합의 길이는 235 pm이다.

다이오드(diode)는 *pn* 접합이다(그림 15-40a). 만약에 *n*-Si를 *p*-Si에 대해서 음의 전위로 만든다면, 전자는 외부 회로에서 *n*-Si로 흐른다. *pn* 접합에서, 전자와 정공이 결합한다. 전자가 *p*-Si에서 회로로 움직임에 따라, *p*-Si에는 새로운 정공이 형성된다. *n*-Si가 *p*-Si에 대해서 음의 전압일 때, 최종 결과는 전류가 흐른다는 것이다. 이 다이오드는 **순바이어스**(forward bias) 상태라고 말한다.

만약 극성이 반대로 된다면(그림 15-40b), 전자는 *n*-Si 밖으로 빠져나가고 정공은 *p*-Si 밖으로 빠져나간다. 이렇게 되면 *pn* 접합 근처에는 전하 운반체가 없는 얇은 **결핍 영역**(depletion region)이 만들어진다. 이 다이오드는 **역바이어스**(reverse bias) 상태이며, 역바이어스에서는 전류가 흐르지 않는다.

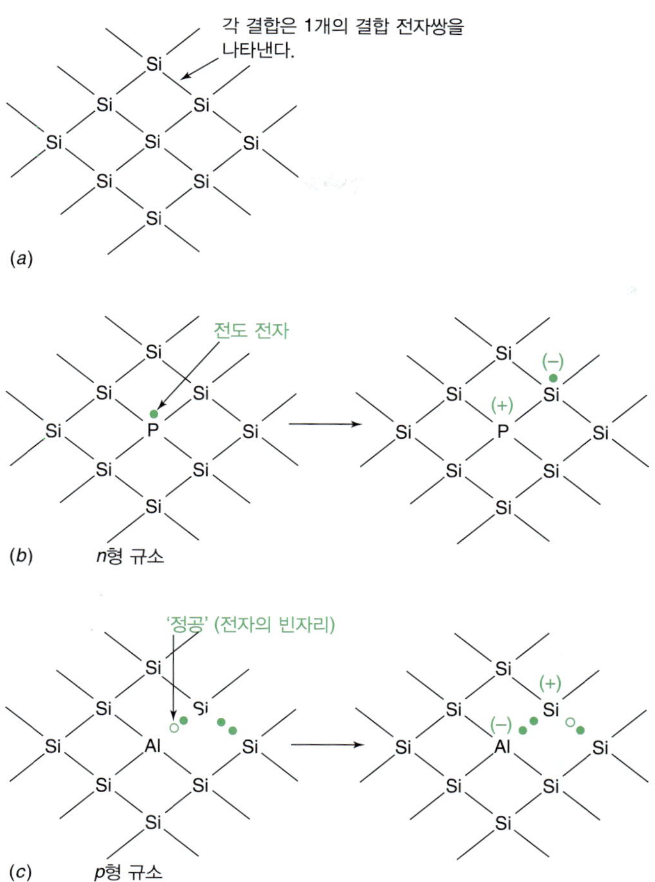

그림 15-39 (*a*) 순수한 규소의 전자들은 모두 시그마 결합 골격에 관여한다. (*b*) 인과 같은 불순물 원자는 한 개의 여분의 전자(●)를 첨가하며, 이것은 결정 사이를 비교적 자유롭게 움직인다. (*c*) 알루미늄 불순물 원자는 시그마 결합 골격에 필요한 전자가 한 개 부족하다. Al 원자에 의해 생긴 정공(○)은 이웃에 위치한 결합에서 온 전자로 채워질 수 있고, 이웃에 위치한 결합으로 효과적으로 움직인다.

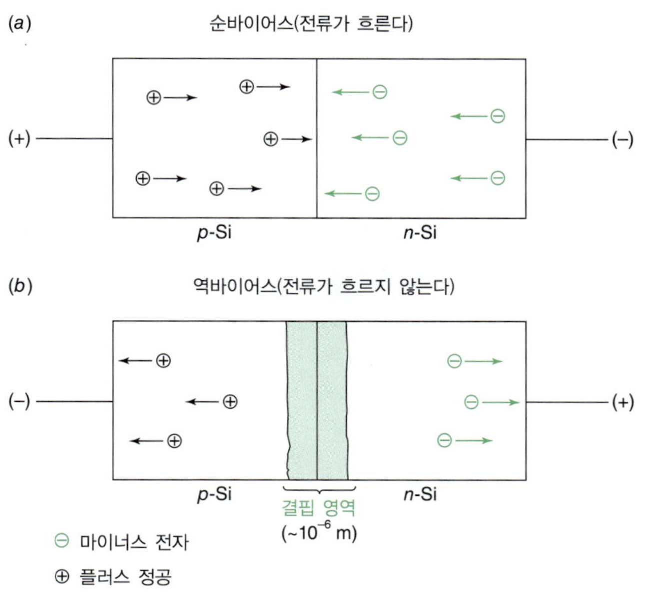

다이오드를 가로질러 전하 운반체가 이동하려면 **활성화 에너지**가 필요하다. Si의 경우, 전류가 흐르기 위해 약 0.6 V의 순바이어스가 필요하다. Ge의 경우, 필요한 순바이어스는 약 0.2 V이다.

보통의 역바이어스 전압의 경우, 전류는 흐르지 않는다. 만약 전압이 충분히 음인 경우, **파괴**가 일어나서 전류는 역방향으로 흐른다.

그림 15-40 (*a*) 순바이어스일 때는 전류가 흐르지만, (*b*) 역바이어스일 때는 전류가 흐르지 않는 것을 보여 주는 *pn* 접합 거동

화학적 감지 장효과 트랜지스터

그림 15-41에 있는 **장효과 트랜지스터**(**field effect transistor**)의 **베이스**(base)는 **소스**(source)와 **드레인**(drain)이라고 하는 두 개의 *n*형 영역과 함께 *p*-Si로 구성되어 있다. SiO_2의 절연 표면층은 소스와 드레인 사이에 전도성 금속 게이트(gate)로 뒤덮여 있다. 소스와 베이스에는 같은 전압이 걸려 있다. 드레인-베이스의 접촉면은 역바이어스된 *pn* 접합이므로, 소스와 드레인 사이에 전압을 가해도(그림 15-41a) 전류는 거의 흐르지 않는다.

게이트가 더 양으로 될수록, 소스와 드레인 사이에는 더 많은 전류가 흐를 수 있다.

게이트 전압이 양으로 변하면, 베이스 내의 전자가 게이트 쪽으로 끌려가고 소스와 드레인 사이에 전도성 통로가 형성된다(그림 15-41b). 게이트가 더 양으로 됨에 따라, 전류는 증가한다. **게이트 전위가 소스와 드레인 사이의 전류를 조절한다.**

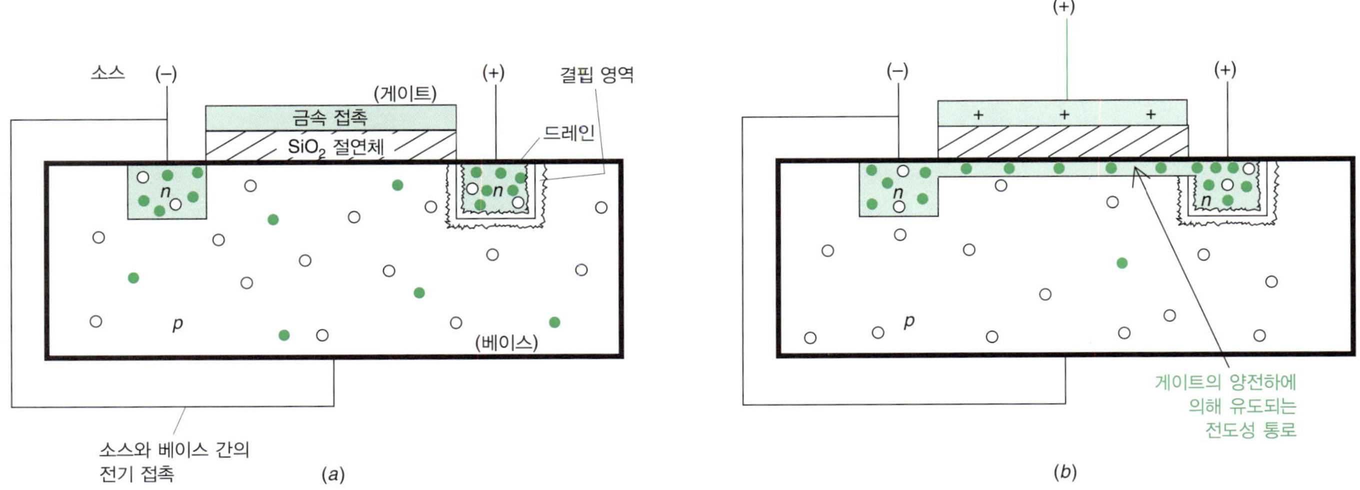

그림 15-41 장효과 트랜지스터의 작동. (*a*) 게이트에 전위가 없는 경우, 베이스에 있는 정공과 전자의 거의 무작위적인 분포. (*b*) 양의 게이트 전위는 게이트 아래에 전도성 통로를 형성하는 전자를 끌어당긴다. 전류는 이 통로를 통해 소스와 드레인 사이에서 흐를 수 있다.

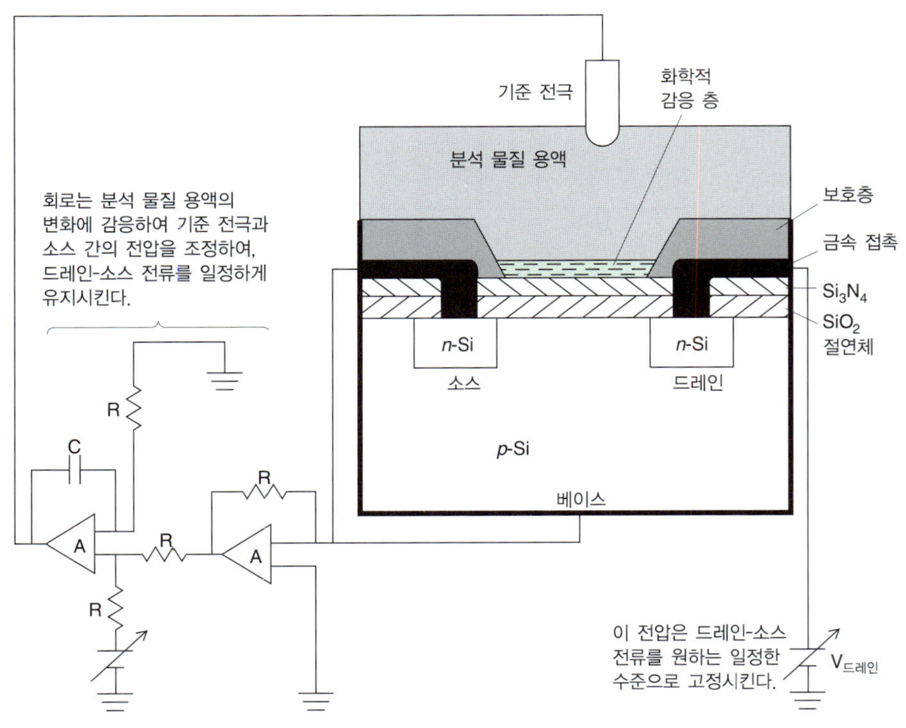

그림 15-42 화학적 감지 장효과 트랜지스터의 작동. 트랜지스터는 얇은 SiO_2 절연층으로 덮여 있고, 그 위에 이온에 둔감하고 전기적 안정성을 향상시키는 Si_3N_4(질화 규소) 층이 있다. 왼쪽 아래의 회로는 분석 물질 용액의 변화에 감응하여 기준 전극과 소스 간의 전압을 조정하여, 드레인-소스 전류를 일정하게 유지시킨다.

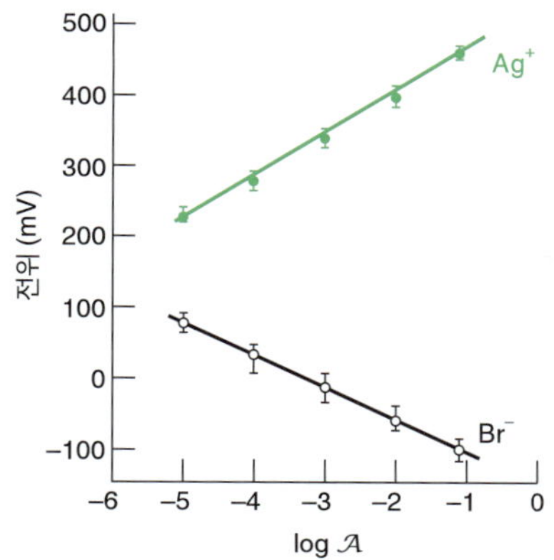

그림 15-43 브로민화 은을 코팅한 장효과 트랜지스터의 감응. 오차 막대는 다른 칩으로 만든 195개의 센서로부터 얻은 자료에 대한 95% 신뢰 구간이다. [출처: R. P. Buck and D. E. Hackleman, "Field Effect Potentiometric Sensors." *Anal. Chem.* **1977**, *49*, 2315.]

그림 15-42에 있는 화학적 감지 장효과 트랜지스터의 본질적인 특색은 게이트 위에 있는 화학적으로 민감한 층이다. 예로 AgBr 층이 있다. 질산 은 용액에 노출되면, Ag^+는 AgBr 위에 흡착되어(그림 27-2), 그것이 양전하를 띠게 하고 소스와 드레인 사이의 전류를 증가시킨다. **전류를 초기의 값으로 되돌리기 위해 외부 회로에 의해 가해야 하는 전압이 Ag^+에 대한 감응이다.** 그림 15-43은 Ag^+는 게이트를 더 양으로 만들고, Br^-는 게이트를 더 음으로 만든다는 것을 보여 준다. 감응은 10배 농도의 변화에 대해서 59 mV에 가깝다. 트랜지스터는 이온 선택성 전극보다 더 작고(그림 15-37) 더 견고하다. 감응하는 표면은 보통은 겨우 1 mm^2이다.

'전자코'

그림 15-44의 '전자코' 장효과 트랜지스터는 다양한 천연 향에 감응하는 방향제 결합 단백질을 함유하고 있다. 트랜지스터에 들어 있는 반도체는 환원된 산화 그래핀이다. 그래핀은 흑연에서 얻은 전기 전도성 sp^2 결합 탄소 원자의 단일 층이다. 그래핀을 얻거나 다루기는 쉽지 않다. 대안은 흑연을 물에 분산되는 산화 그래핀 조각으로 산화시키는 것인데, 산화 그래핀은 반도체인, 환원된 산화 그래핀으로 전환될 수 있다(그림 15-45).

그림 15-44의 장효과 트랜지스터는 산화 그래핀의 흡착을 촉진하기 위해 아미노프로필기로 유도체화된 300 nm 두께의 SiO_2 층을 갖는 실리콘 웨이퍼 위에 만들어진다. 산화 그래핀 조각의 얇은 층을 액체를 이용하여 유도체화된 SiO_2 표면의 윗부분에 석출시키고 하이드라진(그림 15-45의 N_2H_4)으로 환원시킨다. 환원된 산화 그래핀 위에 금 소스 및 드레인 접촉을 증착시킨다.

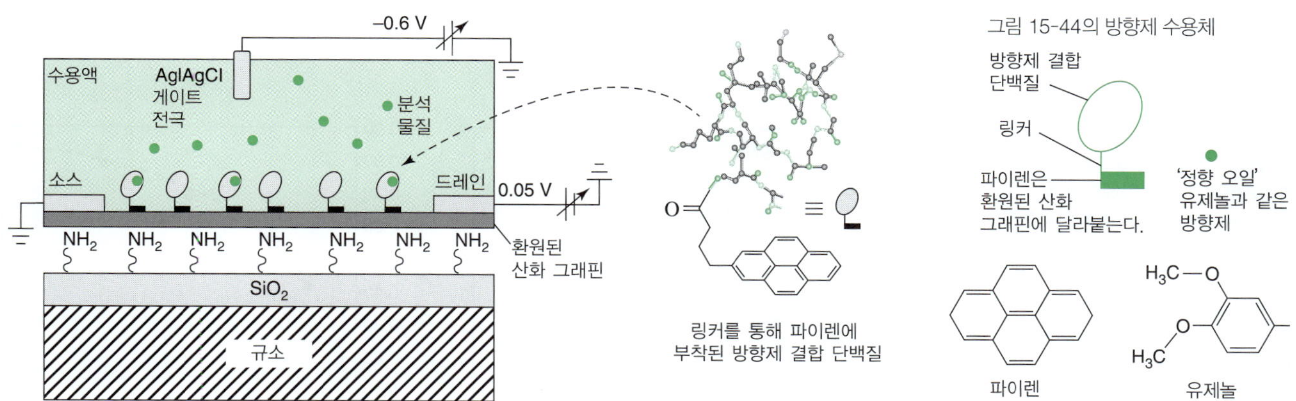

그림 15-44 꿀벌에서 얻은 방향제 결합 단백질이 포함된, 환원된 산화 그래핀 장효과 트랜지스터 [출처: M. Larisika, C. Kotlowski, C. Steininger, R. Mastrogiacomo, P. Pelosi, S. Schütz, S. F. Peteu, C. Kleber, C. Reiner-Rozman, C. Nowak, and W. Knoll, "Electronic Olfactory Sensor Based on *A. mellifera* Odorant-Binding Protein 14 on a Reduced Graphene Oxide Field-Effect Transistor," *Angew. Chem. Int. Ed.* **2015**, *54*, 13245 and supplement.]

$KMnO_4$
H_2SO_4/H_3PO_4
얼음조
(Ice bath)
N_2H_4
70°C

그래핀 산화 그래핀 환원된 산화 그래핀

그림 15-45 그래핀과 산화 그래핀 및 환원된 산화 그래핀의 개략적 구조. 흑연(다층 그래핀)은 $KMnO_4$로 산화시키면 산화 그래핀으로 전환된다. 산화 그래핀 조각을 하이드라진으로 처리하면 환원된 산화 그래핀이 만들어지는데, 이것은 반도체이다. 2010년의 노벨 물리학상은 그래핀을 분리한 공로로 A. Geim과 K. Novoselov에게 수여되었다. [출처: Kondratowicz, M. Nadolska, and K. Żelechowska, "Reduced Graphene Oxide Joins Graphene Oxide to Teach Undergraduate Students Core Chemistry and Nanotechnology Concepts," *J. Chem. Ed.* **2018**, *95*, 1012; ibid. **2017**, *94*, 764.]

그림 15-44의 환원된 산화 그래핀 위에 있는 화학적 감지 층은 꿀벌의 방향제 결합 단백질을 포함하고 있다. 단백질은 박테리아에서 유전자를 발현시키고 박테리아로부터 단백질을 정제함으로써 얻어진다. 그림 15-44의 오른쪽은 4개의 접합된 벤젠 고리를 함유하는 파이렌 분자에 아마이드 결합을 통해 연결된 단백질을 개략적으로 보여 준다. 파이렌은 파이-파이 van der Waals 상호 작용에 의해 환원된 산화 그래핀에 부착된다.

그림 15-46a는 액체에 담겨 있는 AgCl 전극에 가해진 전위의 함수로서 그림 15-44의 장효과 트랜지스터의 거동을 나타낸 것이다. 분석 물질이 없는 경우에는 점선의 교정 곡선이 관찰된다. 게이트 전위가 0.4 V보다 낮을 때는, 게이트가 더욱 음이 될수록 소스-드레인 전류(I_{SD})가 증가하는데, 이는 환원된 산화 그래핀의 주된 전하 운반체가 정공이라는 것을 의미한다.

그림 15-46a의 색깔이 있는 곡선은 액체에 방향제인 유제놀(정향 오일)을 첨가하면 소스-드레인 전류가 변한다는 것을 보여 준다. 크지 않은 이 변화(ΔI_{SD})가 이 장치의 분석 신호이다. ΔI_{SD}는 단백질에 결합된 방향제의 양에 비례한다고 여겨진다. 단백질이 방향제로 포화되면 최대 변화 $\Delta I_{SD,max}$가 관찰될 것이다. 이 연구의 저자들은 단백질이 방향제에 결합하면 단백질의 형태가 변화되고, 이것이 환원된 산화 그래핀 표면 근처의 전하 분포를 변화시켜 반도체의 전도도에 영향을 준다고 제안했다. 저자들은 그래프에서 수직 점선으로 나타낸 고정된 −0.6 V의 Ag|AgCl 게이트 전위를 선택하여 측정하였다.

그림 15-46b의 점들은 액체에 들어 있는 유제놀의 농도 변화에 대한 전류의 상대적 변화($I_{SD}/\Delta I_{SD,max}$)를 보여 준다. 점선의 곡선은 다음의 평형에 잘 들어맞는데, 여기에서 K_a는 정반응에 대한 결합 상수이고 $K_d(=1/K_a)$는 역반응에 대한 해리 상수이다.

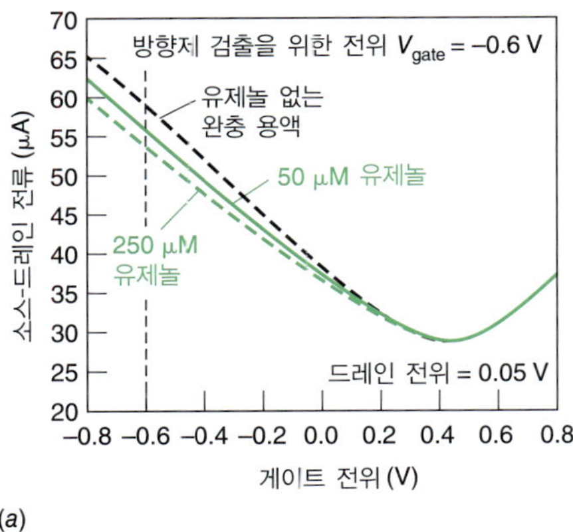

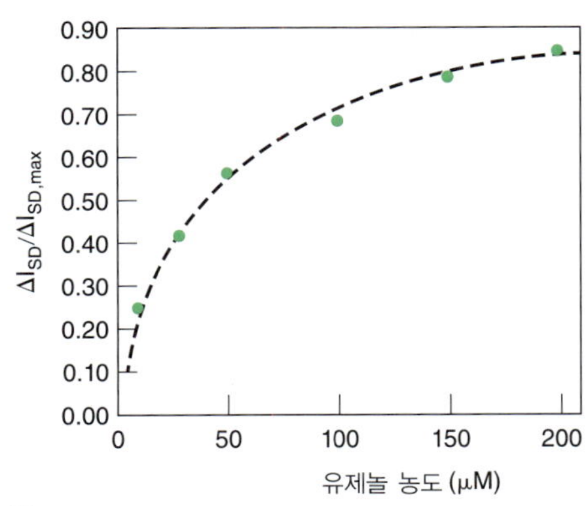

그림 15-46 (*a*) 장효과 트랜지스터의 소스-드레인 전류 대 그림 15-44의 Ag|AgCl 전극에 가해진 액체 게이트 전위. (*b*) 분석 물질 유제놀의 농도 증가에 따른 소스-드레인 전류의 상대적인 변화($\Delta I_{SD}/\Delta I_{SD,max}$). [M. Larisika, C. Kotlowski, C. Steininger, R. Mastrogiacomo, P. Pelosi, S. Schütz, S. F. Peteu, C. Kleber, C. Reiner-Rozman, C. Nowak, and W. Knoll, "Electronic Olfactory Sensor Based on A. mellifera Odorant-Binding Protein 14 on a Reduced Graphene Oxide Field-Effect Transistor," *Angew. Chem. Int. Ed.* **2015**, *54*, 13245 and supplement.]

$$단백질 + 유제놀 \underset{K_d}{\overset{K_a}{\rightleftharpoons}} 단백질 - 유제놀\ 착물$$

그림 15-46b의 점선 곡선은 데이터를 최소 제곱법으로 나타낸 것으로, $K_a = 2.5 \times 10^{-4}$ M^{-1} 또는 $K_d = 40\ \mu M$이다. 단백질이 절반 포화된 경우, [단백질] = [단백질 − 유제놀 착물]이고 K_d(40 μM)는 절반 포화된 단백질과 평형을 이루고 있는 자유 유제놀의 농도이다.

이해해야 할 용어

결합 전극(compound electrode)
고체상 이온 선택성 전극(solid-state ion-selective electrode)
금속 이온 완충 용액(metal ion buffer)
기준 전극(reference electrode)
다이오드(diode)
매트릭스(matrix)
반도체(semiconductor)
복합 전극(combination electrode)
선택 계수(selectivity coefficient)
액체 기반 이온 선택성 전극(liquid-based ion-selective electrode)
유리 전극(glass electrode)
은-염화 은 전극(silver-silver chloride electrode)
이동도(mobility)
이온 교환 평형(ion-exchange equilibrium)
이온 선택성 전극(ion-selective electrode)
작업 전극(working electrode)
장효과 트랜지스터(field effect transistor)
전기 활성 화학종(electroactive species)
전도 전자(conduction electron)
전위차법(potentiometry)
접촉 전위(junction potential)
정공(hole)
지시 전극(indicator electrode)
칼로멜 전극(calomel electrode)
표준 물질 첨가(standard addition)
포화 칼로멜 전극(saturated calomel electrode, S.C.E.)
항원(antigen)
항체(antibody)

요약

전위차 측정에서, 지시 전극은 분석 물질의 활동도 변화에 감응하고, 기준 전극은 일정한 전위를 갖는 독립된 반쪽 전지이다. 가장 흔한 기준 전극은 칼로멜 전극과 은-염화 은 전극이다. 일반적인 지시 전극은 (1) 비활성 Pt 전극, (2) Ag^+, 할로젠화물 및 Ag^+와 반응하는 다른 이온들에 감응하는 은 전극, 그리고 (3) 이온 선택성 전극 등이다. 액체-액체 계면에서의 알 수 없는 접촉 전위는 대부분 전위차 측정의 정확도를 제한한다.

유리 pH 전극을 포함해서 이온 선택성 전극은 전극의 이온 교환막에 선택적으로 결합하는 한 개의 이온에 주로 감응한다. 막을 가로지르는 전위차 E는 외부 분석 용액에 있는 분석 이온의 활동도($\mathcal{A}_o$)에 의존한다. 25°C에서 이상적인 관계는 $E(\text{V}) = 상수 + (0.059\ 16/n) \log \mathcal{A}_o$이다. 여기서 n은 분석 이온의 전하이다. 주요 이온(A)과 같은 전하를 가진 방해 이온(X)에 대하여 이온 선택성 전극의 감응은 $E = 상수 \pm (0.059\ 16/n) \log[\mathcal{A}_A + \sum K^{Pot}_{A,X} \mathcal{A}_X]$이고, 이 식에서 $K^{Pot}_{A,X}$는 각 화학종에 대한 선택 계수이다. 흔히 사용되는 이온 선택성 전극은 고체상, 액체 기반, 복합형으로 분류된다. 이온 선택성 전극으로 정량하는 경우에는 대개 교정 곡선을 이용하거나 표준 물질 첨가법을 이용한다. 금속 이온 완충 용액은 착화되지 않은 이온의 농도를 낮게 만들고 유지하는 데 적절하다. 화학적 감지 장효과 트랜지스터는 화학적 환경의 변화에 감응하는 반도체의 전기적 특성을 변화시키는, 화학적으로 민감한 피막을 사용한 고체상 장치이다.

연습 문제

15-A. 그림 15-7에 있는 장치는 0.100 M $AgNO_3$ 50.0 mL를 0.200 M NaBr로 적정하는 것을 관찰하는 데 사용되었다. NaBr의 부피가 1.0, 12.5, 24.0, 24.9, 25.1, 26.0, 35.0 mL일 때 전지 전압을 계산하고, 적정 곡선을 그리시오.

15-B. 다음 그림에 있는 장치는 EDTA 적정 과정을 추적할 수 있고 그림 12-10에 있는 곡선을 얻는 데 사용되었다. 전지의 핵심은 용액 및 선과 접촉하고 있는 액체 Hg 풀(pool)이다. 분석 물질에 첨가된 소량의 HgY^{2-}는 극히 적은 양의 Hg^{2+}와 평형을 이룬다.

$$Hg^{2+} + Y^{4-} \rightleftharpoons HgY^{2-}$$

$$K_f = \frac{[HgY^{2-}]}{[Hg^{2+}][Y^{4-}]} = 10^{21.5} \qquad \text{(A)}$$

산화-환원 평형 $Hg^{2+} + 2e^- \rightleftharpoons Hg(l)$은 Hg 전극의 표면에서 빠르게 이루어져서 이 전지의 Nernst 식은 다음과 같이 쓸 수 있다.

$$E = E_+ - E_- = \left(0.852 - \frac{0.059\ 16}{2}\log\left(\frac{1}{[Hg^{2+}]}\right)\right) - E_- \qquad \text{(B)}$$

여기서 E_-는 기준 전극의 고정 전위이다. 식 (A)에서 $[Hg^{2+}] = [HgY^{2-}]/K_f[Y^{4-}]$이고, 식 (B)에 대입하면 다음 식이 얻어진다.

$$E = 0.852 - \frac{0.059\ 16}{2}\log\left(\frac{[Y^{4-}]K_f}{[HgY^{2-}]}\right) - E_-$$
$$= 0.852 - E_- - \frac{0.059\ 16}{2}\log\left(\frac{K_f}{[HgY^{2-}]}\right) - \frac{0.059\ 16}{2}\log[Y^{4-}] \quad \text{(C)}$$

이 식에서 K_f는 HgY^{2-}의 형성 상수이다. 적정 과정에서 HgY^{2-}의 농도는 변하지 않는다. 따라서 이 장치는 EDTA를 적정하는 동안에 EDTA의 농도 변화에 감응한다.

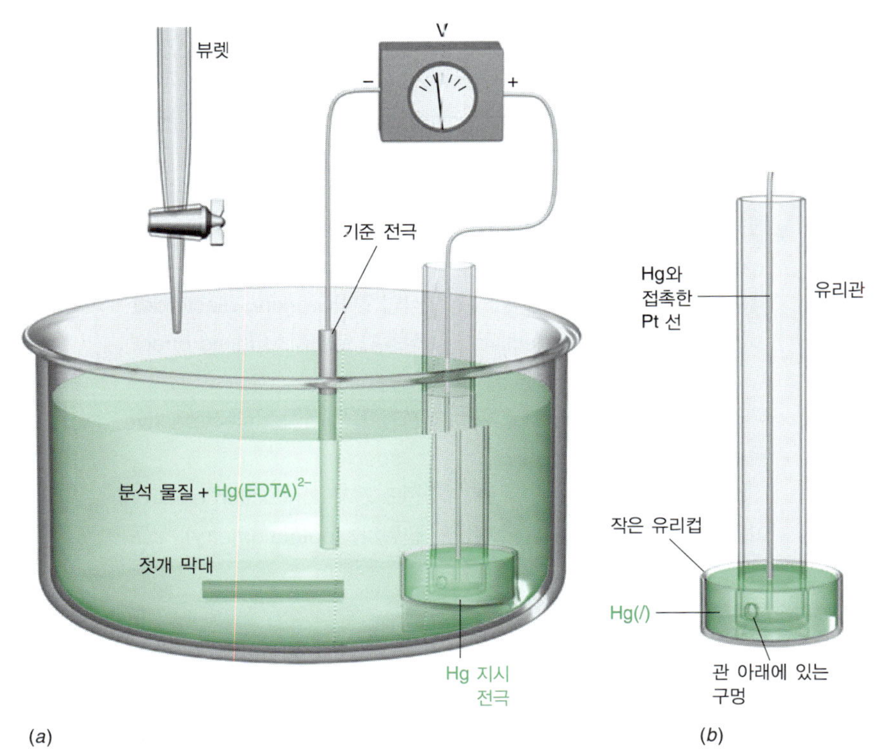

(*a*) 연습 문제 15-B에 대한 장치. (*b*) 수은 전극의 확대된 모습

S.C.E. 기준 전극이 있는 그림과 같은 장치를 사용하여, pH 10.0에서 0.010 0 M $MgSO_4$ 50.0 mL를 0.020 0 M EDTA로 적정한다고 가정하자. 분석 물질에는 적정을 시작할 때 첨가된 1.0×10^{-4} M Hg(EDTA)$^{2-}$가 들어 있다. 첨가된 EDTA의 부피가 각각 0, 10.0, 20.0, 24.9, 25.0, 26.0 mL일 때의 전지 전압을 계산하고, 전위(mV) 대 부피(mL)의 그래프를 그리시오.

15-C. 고체상 플루오린화 이온 선택성 전극은 F^-에 감응하지만 HF에는 감응하지 않는다. 이 전극은 $[OH^-] \approx [F^-]/10$일 때 높은 농도의 수산화 이온에도 감응한다. 이런 종류의 전극이 10^{-5} M NaF 용액에서는 +100 mV(S.C.E.에 대해)의 전위를, 10^{-4} M NaF에서는 +41 mV의 전위를 나타냈다고 가정하자. pH가 1에서 13까지 변하는 10^{-5} M NaF 용액에 전극을 담갔을 때 전위가 어떻게 변할 것인지 정성적으로 그려보시오.

15-D. 어떤 소듐 이온 선택성 유리막 전극의 선택 계수 $K^{Pot}_{Na^+,H^+} = 36$이다. 이 전극을 pH 8.00인 1.00 mM NaCl 용액에 담갔을 때, −38 mV(S.C.E.에 대해)의 전위가 기록되었다.

(a) 활동도 계수를 무시하고, 식 15-10을 이용하여 전극을 pH 8.00인 5.00 mM NaCl에 담갔을 때의 전위를 계산하시오.

(b) pH 3.87인 1.00 mM NaCl 용액의 전위는 얼마인가? pH가 소듐 전극에 대해 결정적인 변수라는 것을 알 수 있다.

15-E. 암모니아 기체 감응 전극은 모든 용액이 1 M NaOH를 포함하고 있을 때 다음과 같은 교정 점을 나타냈다.

NH_3(M)	*E*(V)	NH_3(M)	*E*(V)
1.00×10^{-5}	268.0	5.00×10^{-4}	368.0
5.00×10^{-5}	310.0	1.00×10^{-3}	386.4
1.00×10^{-4}	326.8	5.00×10^{-3}	427.6

건조한 식품 시료 312.4 mg을 Kjeldahl법(11-8절)으로 분해하여 모든 질소를 NH_4^+로 변환하였다. 분해 용액을 1.00 L로 묽힌 뒤, 그중 20.0 mL를 100 mL 부피 플라스크에 옮겼다. 20.0 mL 분액을 10.0 M NaOH 10.0 mL와 충분한 양의 NaI로 처리하여 분해 과정에서 온 Hg 촉매를 모두 착물로 만든 다음, 100.0 mL로 묽혔다. 암모니아 전극으로 측정했더니, 이 용액은 339.3 mV를 나타냈다. 식품 시료에 들어 있는 질소의 wt%를 계산하시오.

15-F. NaOH 수용액에 연기를 기포가 생기도록 통과시킴으로써 담배 연기에서 나온 H_2S를 모은 후, 황화 이온 선택성 전극으로 측정하였다. 농도 c_S = 1.78 mM이고 부피가 V_S인 Na_2S 표준 물질을 V_i = 25.0 mL인 미지 시료에 첨가하고 전극의 감응 *E*를 측정하였다.

V_S(mL)	E(V)
0	0.046 5
1.00	0.040 7
2.00	0.034 4
3.00	0.030 0
4.00	0.026 5

별도의 교정 곡선으로부터 식 15-16의 β = 0.985라는 것을 알아냈다. T = 298.15 K, n = −2(S^{2-}의 전하)를 이용하여, 식 15-17로 표준 물질 첨가 그래프를 작성하시오. 미지 시료에 들어 있는 황화 이온의 농도를 구하시오.

문제

기준 전극

15-1. **(a)** 은-염화 은 전극과 칼로멜 기준 전극의 반쪽 반응을 쓰시오.

(b) 다음 전지의 전압을 예측해 보시오.

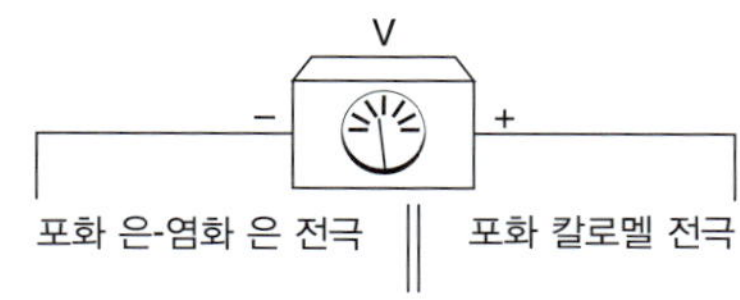

15-2. 다음 전위들을 변환하기 위해서 그림 15-6과 같은 도표를 그리시오. Ag | AgCl과 칼로멜 기준 전극은 KCl로 포화되어 있다.

(a) 0.523 V(S.H.E.에 대해) = ? (Ag | AgCl에 대해)

(b) −0.111 V(Ag | AgCl에 대해) = ? (S.H.E.에 대해)

(c) −0.222 V(S.C.E.에 대해) = ? (S.H.E.에 대해)

(d) 0.023 V(Ag | AgCl에 대해) = ? (S.C.E.에 대해)

(e) −0.023 V(S.C.E.에 대해) = ? (Ag | AgCl에 대해)

15-3. 포화 칼로멜 전극을 그림 15-2에 있는 은-염화 은 전극으로 대체한다고 가정해 보자. $[Fe^{2+}]/[Fe^{3+}] = 2.5 \times 10^{-3}$일 때 전지 전압을 계산하시오.

15-4. 다음 전위로부터 1 M KCl에 있는 Cl^-의 **활동도**를 계산하시오.

$$E^\circ \text{ (칼로멜 전극)} = 0.268 \text{ V}$$
$$E \text{ (칼로멜 전극, 1 M KCl)} = 0.280 \text{ V}$$

15-5. 은-염화 은 전극에 대해 다음 전위가 관찰되었다.

$$E^\circ = 0.222 \text{ V} \qquad E \text{ (포화 KCl)} = 0.197 \text{ V}$$

이 전위들로부터 포화 KCl에 있는 Cl^-의 활동도를 계산하시오. 칼로멜 전극에 대한 E°가 0.268 V라면, KCl로 포화된 칼로멜 전극에 대한 E를 계산하시오(계산한 값은 이 책에서 사용된 값 0.241과 정확히 일치하지 않을 것이다).

지시 전극

15-6. 0.10 M $CuSO_4$ 용액에 Cu 선과 포화 칼로멜 전극을 넣어 전지를 만들었다. Cu 선은 전위차계의 (+)단자에, 칼로멜 전극은 (−)단자에 연결되어 있다.

(a) 구리 전극에 대한 반쪽 반응을 쓰시오.

(b) 구리 전극에 대한 Nernst 식을 쓰시오.

(c) 전지 전압을 계산하시오.

15-7. 은 전극이 Ag^+와 할로젠화 이온에 대해서 어떻게 지시 전극으로 사용될 수 있는지 설명하시오.

15-8. 다음 전지를 이용하여 0.050 0 M $AgNO_3$ 10.0 mL를 0.025 0 M NaBr로 적정하였다.

S.C.E. ‖ 적정 용액 | Ag(s)

적정 용액이 0.1 mL, 30.0 mL일 때의 전지 전압을 구하시오.

15-9. pH 10.00으로 완충된 0.100 M EDTA 50.0 mL를 연습문제 15-B에 있는 전지를 이용하여 0.020 0 M $Hg(ClO_4)_2$ 50.0 mL로 적정하였다.

S.C.E. ‖ 적정 용액 | Hg(l)

전지 전압 E = −0.027 V로부터 $Hg(EDTA)^{2-}$의 형성 상수를 구하시오.

과정: E로부터 $[Hg^{2+}]$를 구하시오. 섞여 있는 EDTA와 $Hg(ClO_4)_2$의 양으로부터, $[Hg(EDTA)^{2-}]$와 [EDTA](= 금속에 결합되어 있지 않은 모든 형태의 EDTA의 총 농도)를 구하시오. $[Y^{4-}] = \alpha_{Y^{4-}}$[EDTA]를 구하시오. 이제 K_f 계산에 필요한 모든 농도가 준비되었다.

15-10. 전압이 −0.126 V인 전지 S.C.E. ‖ 전지 용액 | Pt(s)를 고려해 보자. 전지 용액은 1.00 L의 부피에 2.00 mmol $Fe(NH_4)_2(SO_4)_2$, 1.00 mmol $FeCl_3$, 4.00 mmol Na_2EDTA, pH 6.78의 완충 용액이 들어 있다.

(a) 오른쪽 반쪽 전지에 대한 반응을 쓰시오.

(b) 전지 용액에서 $[Fe^{2+}]/[Fe^{3+}]$의 몫을 구하시오(이것은 **착화되지 않은** 이온들의 비를 나타낸다).

(c) 1.00 L에 섞여 있는 염들의 양으로부터 $[FeEDTA^{2-}]$, $[FeEDTA^-]$, 그리고 결합하지 않은 총 [EDTA]를 구하시오.

(d) 형성 상수의 몫 ($FeEDTA^-$의 K_f)/($FeEDTA^{2-}$의 K_f)을 구하시오.

15-11. **평형에 대한 도전:** 정말로 좋아할 만한 전지가 여기에 있다.

Ag(s) | AgCl(s) | KCl(aq, 포화) ‖ 전지 용액 | Cu(s)

전지 용액은 다음을 섞어서 만들었다.

4.00 mM KCN 25.0 mL
4.00 mM $KCu(CN)_2$ 25.0 mL
pK_a = 9.50인 산 HA 0.400 M 25.0 mL
KOH 용액 25.0 mL

측정된 전압은 −0.440 V였다. **KOH 용액의 몰농도를 구하시오.** 모든 Cu(I)는 $Cu(CN)_2^-$로 있다고 가정하라. HA와 KCN

의 반응에서 소량의 HCN이 생성된다. HCN과 반응하여 소비되는 소량의 HA는 무시하라. 오른쪽 반쪽 전지에 대한 반응은 $Cu(CN)_2^- + e^- \rightleftharpoons Cu(s) + 2CN^-$이다. **제안된 절차:** E로부터 $[CN^-]$를 구하시오. $[CN^-]$으로부터 pH를 구하시오. pH로부터 OH^-가 얼마나 첨가되었는지를 계산하시오.

접촉 전위

15-12. 접촉 전위를 발생시키는 것은 무엇인가? 접촉 전위가 어떻게 전위차 분석의 정확도를 제한하는가? 14-2절에 있는 전지 중에서 접촉 전위가 없는 전지를 찾으시오.

15-13. 왜 0.1 M HCl | 0.1 M KCl의 접촉 전위는 표 15-2에 있는 0.1 M NaCl | 0.1 M KCl의 접촉 전위보다 더 크고 부호가 반대인가?

15-14. 0.1 M KNO_3 | 0.1 M NaCl 액간 접촉의 어느 쪽이 마이너스가 될 것인가?

15-15. 표 15-2에서 0.1 M HCl | 0.1 M KCl과 0.1 M NaOH | 0.1 M KCl의 접촉 전위는 왜 서로 반대 부호인가? 0.1 M NaOH | 0.1 M KCl에 대한 접촉 전위는 0.1 M NaOH | KCl (포화)보다 왜 훨씬 더 마이너스인가?

15-16. 문제 15-1에서, 포화 Ag|AgCl과 포화 칼로멜 전극을 연결하는 염다리의 양쪽 편에 있는 접촉 전위는 무시하였다. 이 전지에 사용될 수 있는 염다리 가운데 접촉 전위를 무시해도 될 만한 가장 합리적인 염다리는 무엇일까? 그 이유는?

15-17. 표 15-1의 각주를 참고하시오. 7.80×10^3 V/m의 전기장에서 **(a)** H^+, **(b)** NO_3^-가 12.0 cm의 거리를 이동하는 데 각각 몇 초가 걸리겠는가?

15-18. $Ag^+ + e^- \rightleftharpoons Ag(s)$ 반쪽 반응에 대한 $E°$를 측정하기 위해서 그림 14-8에 있는 것과 같은 이상적인 가상의 전지를 만들었다고 가정하자.

(a) 알짜 전지 반응에 대한 평형 상수를 계산하시오.

(b) 만약에 +2 mV의 접촉 전위(E 값을 0.799 V에서 0.801 V로 증가시키는)가 있다면, 계산된 평형 상수는 몇 % 증가하겠는가?

(c) Ag 반응에 대한 $E°$ 값을 0.799 V 대신에 0.100 V를 사용하여 **(a)**와 **(b)**에 답하시오.

15-19. Ag(s) | AgCl(s) | 0.1 M HCl | 0.1 M KCl | AgCl(s) | Ag(s) 전지가 어떻게 0.1 M HCl | 0.1 M KCl의 접촉 전위를 측정하는 데 사용될 수 있는지 설명하시오.

15-20. **Henderson 식.** 용액 α와 β 사이의 접촉 전위 E_j는 Henderson 식으로 유추해 볼 수 있다.

V
\- +
용액 α | 용액 β

$$E_j \approx \frac{\sum_i \frac{|z_i|u_i}{z_i}[C_i(\beta) - C_i(\alpha)]}{\sum_i |z_i|u_i[C_i(\beta) - C_i(\alpha)]} \frac{RT}{F} \ln \frac{\sum_i |z_i|u_i C_i(\alpha)}{\sum_i |z_i|u_i C_i(\beta)}$$

여기서 z_i는 화학종 i의 전하이고, u_i는 화학종 i의 **이동도**(표 15-1)이며, $C_i(\alpha)$는 상 α에서 화학종 i의 농도이고, $C_i(\beta)$는 상 β에서 화학종 i의 농도이다(이 식에서 활동도 계수는 무시한다).

(a) 25°C에서 0.1 M HCl | 0.1 M KCl의 접촉 전위가 26.9 mV임을 보이시오[$(RT/F) \ln x = 0.059\ 16 \log x$이라는 것에 유의하시오].

(b) **(a)**에서 얻은 결과를 재현할 수 있도록 스프레드시트를 설치하시오. 그런 다음, 스프레드시트를 이용하여 x가 1 mM에서 4 M까지 변할 때 0.1 M HCl | x M KCl 전지에 대한 접촉 전위를 계산하고 그래프를 그리시오.

(c) y M HCl | x M KCl의 접촉 전위의 거동을 알아보기 위해서 스프레드시트를 사용하시오. 여기서 $y = 10^{-4}$, 10^{-3}, 10^{-2}, 10^{-1} M이고, x는 1 mM 혹은 4 M이다.

유리 전극으로 pH 측정

15-21. **37°C에서** 어떻게 pH 전극을 교정하고 혈액의 pH(~7.5)를 측정할 것인지 설명하시오. 표 15-3에 있는 표준 완충 용액을 이용하시오.

15-22. 유리 전극을 이용한 pH 측정과 관련된 오차의 원인을 나열하시오.

15-23. 그림 15-21에 있는 전극 3을 pH 11.0 용액에 넣는다면, pH는 얼마로 읽힐 것인가?

15-24. 3~4 범위의 pH를 측정하기 위해 미국 국립표준기술연구소의 완충 용액 중 어떤 것을 사용하여 전극을 교정해야 할까?

15-25. 유리 pH 전극은 왜 강염기 용액에서 실제보다 더 낮은 pH를 나타내는 경향이 있는가?

15-26. 그림 15-14에 있는 Ag|AgCl 외부 전극이 포화 KCl 용액 대신 0.1 M NaCl 용액으로 채워져 있다고 가정해 보자. 이 전극을 25°C 및 pH 6.54에서 0.1 M KCl이 포함된 묽은 완충 용액으로 교정한다고 가정하자. 그런 다음,이 전극을 같은 온도와 **같은 pH에서** 3.5 M KCl이 포함된 두 번째 완충 용액에 담갔다. 표 15-2를 이용하여 표시되는 pH가 얼마나 변할 것인지 추정하시오.

15-27. **(a)** 25°C에서 유리 전극 막을 가로지르는 pH 차이가 4.63일 때, 이 pH 차이로 인해 어느 정도의 전압이 발생할 것인가?

(b) 37°C에서 같은 pH 차이에 대해서 전압은 얼마나 될 것인가?

15-28. 유리 전극을 교정할 때, 0.025 m 인산 이수소 포타슘/0.025 m 인산 수소 이소듐 완충 용액(표 15-3)은 20°C에서 −18.3 mV를 나타냈고, 0.05 m 프탈산 수소 포타슘 완충 용액은 +146.3 mV를 나타냈다. +50.0 mV를 나타내는 미지 시료의 pH는 얼마인가? 교정 곡선의 기울기(mV/pH 단위)는 얼마이며, 20°C에서 이론적 기울기는 얼마인가? 식 15-6에 있는 β 값을 구하시오.

15-29. **활동도 문제.** 표 15-3에 있는 0.025 0 m KH_2PO_4/0.025 0 m Na_2HPO_4 완충 용액(6)의 pH는 25°C에서 6.865이다.

(a) 완충 용액의 이온 세기 $\mu = 0.100\ m$임을 보이시오.

(b) 인산의 pH와 K_2로부터 $\mu = 0.100\ m$에서 $\gamma_{HPO_4^{2-}}/\gamma_{H_2PO_4^-}$의 몫을 구하시오. 표 8-1에서의 몫은 얼마인가?

(c) 표준 교정 용액으로 사용될 pH 7.000 완충 용액을 급히 만들어야 할 필요가 생겼다.[42] 이온 세기가 0.100 m로 유지되는 완충 용액을 정확하게 만드는 데 **(b)**에서 얻은 활동도 계수 비를 사용할 수 있다. **pH가 7.000이고 $\mu = 0.100\ m$인 용액을 만드는 데 몇 몰랄 농도의 KH_2PO_4와 Na_2HPO_4를 혼합해야 되는가?**

15-30. 일차 표준 물질의 pH는 측정하는 방법.[15,43] 액간 접촉이 없는 2개의 재현성 있는 전기 화학 전지가 측정에 사용되었다. 다음 식들에서 m은 몰랄 농도를, γ는 몰랄 농도 단위의 활동도 계수를 의미한다. 묽은 용액에서의 몰농도와 몰랄 농도는 거의 같다.

전지 1:

$Pt(s)\,|\,H_2(g)\,|$ 일차 표준 완충 용액(aq), $NaCl(aq)\,|\,AgCl(s)\,|\,Ag(s)$

$$\text{Ag 전극: } AgCl(s) + e^- \rightleftharpoons Ag(s) + Cl^-(aq)$$

$$E_{Ag} = E^\circ_{Ag|AgCl} - \frac{RT\ln 10}{F}\log m_{Cl}\gamma_{Cl}$$

$$\text{Pt 전극: } H^+(aq) + e^- \rightleftharpoons \frac{1}{2}H_2(g)$$

$$E_{Pt} = E^\circ_{H_2|H^+} - \frac{RT\ln 10}{F}\log\frac{P_{H_2}^{1/2}}{m_H\gamma_H}$$

$$E_{\text{전지 1}} = (E^\circ_{Ag|AgCl} - E^\circ_{H_2|H^+}) - \frac{RT\ln 10}{F}\log\frac{m_H\gamma_H m_{Cl}\gamma_{Cl}}{P_{H_2}^{1/2}}$$

전지 2:

$Pt(s)\,|\,H_2(g)\,|\,HCl(aq, 0.01\ m)\,|\,AgCl(s)\,|\,Ag(s)$

$$E_{\text{전지 2}} = (E^\circ_{Ag|AgCl} - E^\circ_{H_2|H^+}) - \frac{RT\ln 10}{F}\log\frac{m_H m_{Cl}\gamma_H\gamma_{Cl}}{P_{H_2}^{1/2}}$$

$$E_{\text{전지 2}} = (E^\circ_{Ag|AgCl} - E^\circ_{H_2|H^+}) - \frac{RT\ln 10}{F}\log\frac{(0.01)^2\gamma_\pm^2}{P_{H_2}^{1/2}}$$

$$E_{\text{전지 1}} - E_{\text{전지 2}} = -\frac{RT\ln 10}{F}(\log \underbrace{m_H\gamma_H m_{Cl}\gamma_{Cl}}_{\text{전지 1에서의 활동도}} - \log\underbrace{[(0.01)^2\gamma_\pm^2]}_{\text{전지 2에서의 활동도}}) \quad \textbf{(A)}$$

2개의 전지 모두 $Pt|H_2|H^+$와 $Ag|AgCl$ 전극을 가지고 있으며, 같은 온도 T에서 같은 압력 P_{H_2}를 사용한다. 전지 1에는 pH($\equiv -\log \mathcal{A}_H = -\log m_H\gamma_H$)를 측정하려는 완충 용액과 몰랄 농도가 m_{Cl}인 NaCl도 포함되어 있다. 전지 2에는 완충 용액 대신에 0.01 m HCl이 포함되어 있다. 식 A에서 전지 1과 전지 2 사이의 전압 차이는 두 개의 전지에 있는 H^+와 Cl^-의 활동도에만 의존한다.

0.01 m HCl의 평균 활동도 계수 $\gamma_\pm \equiv (\gamma_H\gamma_{Cl})^{1/2} = 0.905$는 갈바니 전지로 측정된 잘 정의된 값이다.[44] 전지 1에서 몰랄 농도 m_{Cl}은 이미 알고 있는 NaCl의 농도이다. 전지 1에서 $m_H\gamma_H\gamma_{Cl} = \mathcal{A}_H\gamma_{Cl}$인 것을 제외하고는 식 A에 있는 모든 것들이 알려져 있다. 활동도 $\mathcal{A}_H$는 측정하고자 하는 것이다. 왼쪽에 있는 미지수들을 분리하기 위해 식 A를 다시 정렬하면 다음과 같다.

$$\underbrace{-\log \mathcal{A}_H\gamma_{Cl}}_{\text{전지 1에서 } H^+\text{와 } Cl^-} = \frac{E_{\text{전지 1}} - E_{\text{전지 2}}}{(RT\ln 10)/F} - \frac{RT\ln 10}{F} \times \underbrace{\log[(0.01)^2(0.905)^2]}_{\text{전지 2에서의 0.01 } m \text{ HCl}} + \underbrace{\log m_{Cl}}_{\text{전지 1에서의 NaCl}} \quad \textbf{(B)}$$

왼쪽은 $-\log \mathcal{A}_H\gamma_{Cl} = p(\mathcal{A}_H\gamma_{Cl})$로 쓸 수도 있다.

0.025 m KH_2PO_4과 0.025 m Na_2HPO_4로 만들어 이온 세기가 0.1 m인, 표 15-3에 있는 완충 용액 6을 생각해 보자. 목표는 이것의 pH($= -\log \mathcal{A}_H$)를 측정하는 것이다. 이 완충 용액에 각각 0.005 m, 0.01 m, 0.02 m NaCl을 첨가하여 3개의 용액을 만들었다. 식 B로부터 측정되는 값 $p(\mathcal{A}_H\gamma_{Cl}) \equiv -\log \mathcal{A}_H\gamma_{Cl}$을 그래프에서 보여 주고 있고, NaCl을 전혀 첨가하지 않은 것에 대한 $p(\mathcal{A}_H\gamma_{Cl})^\circ = 6.972$까지 연장하였다. NaCl이 첨가되지 않는 경우, 완충 용액에 Cl^-가 존재한다면 γ_{Cl}은 Cl^-의 활동도 계수이다.

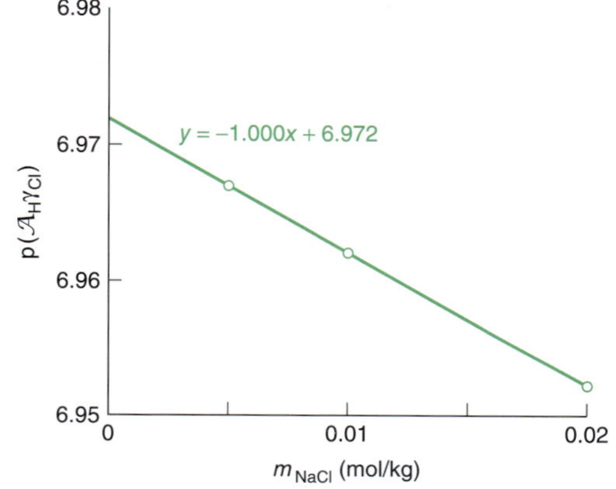

(a) 전지 1과 전지 2의 그림을 그리시오.

(b) 이온들은 항상 반대 전하를 가진 이온과 쌍을 이루고 있어서 단일 이온에 대한 활동도 계수(γ_{Cl})를 측정할 수 없기 때문에, 완충 용액의 pH를 구하는 정확한 방법은 없다. 그러나 확장된 Debye-Hückel 식 8-6은 단일 이온의 활동도 계수를 추정할 수 있도록 해 준다.

$$\log\gamma_{Cl} = \frac{-Az^2\sqrt{\mu}}{1 + B\alpha\sqrt{\mu}} \quad \textbf{(8-6)}$$

여기서 μ는 완충 용액의 이온 세기($= 0.1$ mol/kg)이며, A와 B는 Debye-Hückel 이론에서 나오는 온도 의존 상수이며, z는 이온의 전하(Cl^-의 경우 −1)이고, α는 표 8-1에 있는 이온 크기 파라미터이다. 25°C에서 A 값은 0.511이다. 표준 완충 용액의 pH를 측정하기 위해 γ_{Cl}을 추정하기 위해 선택된 **Bates-Guggenheim 협약**에서 $B\alpha = 1.5(\text{mol/kg})^{-1/2}$이다. 이 $B\alpha$ 값은 Cl^-에 대한 크기 파라미터를 458 pm로 선택하는 것과 동일하다(표 8-1에는 Cl^-의 크기가 300 pm로 수록되어 있다). $B\alpha = 1.5\ (\text{mol/kg})^{-1/2}$를 사용해서, 25°C에서 표준 완충 용액의 pH를 계산하고, 그 답을 표 15-3에 있는 값과 비교하시오.

이온 선택성 전극

15-31. **(a)** 이온 선택성 전극의 작동 원리를 설명하시오.

(b) 결합 전극은 이온 선택성 전극과 어떻게 다른가?

15-32. 선택 계수는 무엇을 말해주는가? 작은 선택 계수가 좋은가, 아니면 큰 선택 계수가 좋은가?

15-33. 액체 기반 이온 선택성 전극이 한 분석 물질에만 선택적이 되게 하는 것은 무엇인가?

15-34. pM = 8인 용액을 만들기 위해, 단순히 충분한 양의 M을 녹여서 10^{-8} M 용액을 만드는 것보다 금속 이온 완충 용액을 사용하는 것이 더 선호되는 이유는 무엇인가?

15-35. 이온 선택성 전극으로 묽은 분석 물질의 **농도**를 결정하려고 할 때, 농도가 일정하고 높은 비활성 염을 표준 물질로 사용하는 이유는 무엇인가?

15-36. 사이안화 이온 선택성 전극은 다음의 식을 따른다.

$$E = \text{상수} - 0.059\,16 \log[CN^-]$$

전극을 1.00 mM NaCN에 담갔을 때 전위는 −0.230 V였다.

(a) 위 식에서 상수를 구하시오.

(b) **(a)**의 결과를 사용하여, $E = -0.300$ V일 때 $[CN^-]$를 구하시오.

(c) **(a)**에서 얻은 상수를 사용하지 말고, $E = -0.300$ V일 때 $[CN^-]$를 구하시오.

15-37. 25°C에서 이상적인 Mg^{2+} 이온 선택성 전극을 1.00×10^{-4} M $MgCl_2$ 용액에서 꺼내 1.00×10^{-3} M $MgCl_2$ 용액으로 옮기면, 전위는 몇 볼트나 변할 것인가?

15-38. Massachusetts 州 Foxboro 지역의 플루오린 처리를 하지 않은 지하수에 들어 있는 F^-를, Nernst 감응을 하는 F^- 이온 선택성 전극으로 25°C에서 측정했을 때 전위는 Rhode Island 주 Providence 지역의 수돗물을 측정한 값보다 40.0 mV 더 크다. Providence 지역은 플루오린 처리된 물의 농도를 1.00 ± 0.05 mg F^-/L의 권장 수준으로 유지하고 있다. Foxboro 지역의 지하수에 들어 있는 F^-의 농도(mg/L)는 얼마인가? (불확정도는 무시하시오.)

15-39. 다음 그림은 Li^+ 이온 선택성 전극의 선택성을 나타낸 것이다. 어떤 알칼리 금속(1족) 이온이 가장 많이 방해하는가? 어떤 알칼리 토금속(2족) 이온이 가장 많이 방해하는가? 두 이온의 감응이 같아지려면 $[K^+]$가 $[Li^+]$보다 얼마나 더 커야 하는가?

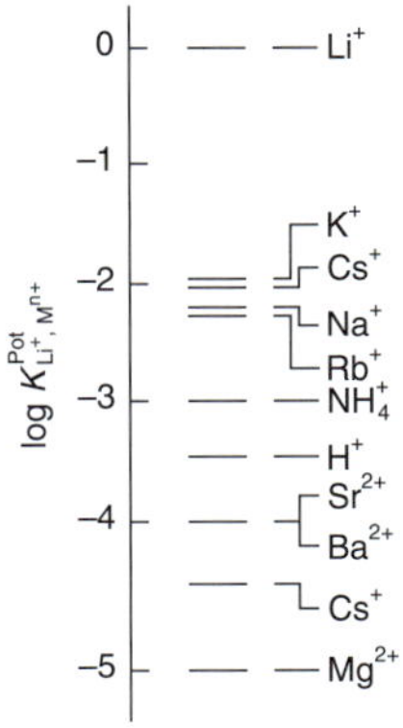

15-40. 금속 이온 완충 용액을 0.030 M ML과 0.020 M L로 만들었다. 여기서 ML은 금속 리간드 착물이며, L은 결합되지 않은 리간드이다.

$$M + L \rightleftharpoons ML \qquad K_f = 4.0 \times 10^8$$

이 완충 용액에서 결합되지 않은 금속 이온 M의 농도를 구하시오.

15-41. **지수에 대한 교정 곡선과 불확정도의 전파.** 다음 자료는 Ca^{2+} 이온 선택성 이온 세기가 2.0 M로 일정한 표준 용액에 담갔을 때 얻은 것이다.

Ca^{2+} (M)	E (mV)
3.38×10^{-5}	−74.8
3.38×10^{-4}	−46.4
3.38×10^{-3}	−18.7
3.38×10^{-2}	+10.0
3.38×10^{-1}	+37.7

(a) 교정 곡선을 그리고, 최소 제곱법 기울기와 절편 및 각각의 표준 오차를 구하시오.

(b) 식 15-13에 있는 β 값을 계산하시오.

(c) 측정된 전위에 대해 교정 곡선은 $\log[Ca^{2+}]$를 알려 준다. $[Ca^{2+}] = 10^{\log[Ca^{2+}]}$로 계산할 수 있다. 표 3-1에 있는 불확정도의 전파에 대한 규칙을 사용하여, 네 번 반복 측정의 결과가 −22.5 (±0.3) mV인 시료에 대한 $[Ca^{2+}]$와 불확정도를 계산하시오.

15-42. Li^+ 이온 선택성 전극에 대한 선택 계수 $K^{Pot}_{Li^+,H^+}$는 4×10^{-4}이다. 이 전극을 pH 7.2인 3.44×10^{-4} M Li^+ 용액에 넣었더니 S.C.E.에 대한 전위가 −0.333 V이다. pH를 1.1로 낮추고 이온 세기를 일정하게 유지시켰다면 전위는 얼마나 될 것인가?

15-43. **표준 물질 첨가.** 그림 15-33에 있는 전극처럼, 특정 CO_2 결합 전극은 $E = \text{상수} - [\beta RT (\ln 10)/2F] \log[CO_2]$ 식을 따른다. 여기서 R은 기체 상수, T는 온도(303.15 K), F는 Faraday 상수, β = 0.933(교정 곡선으로 측정된 값)이다. $[CO_2]$는 실험이 진행되었던 pH 5에서 모든 형태의 용해된 이산화 탄소를 나타낸다. 농도 c_S = 0.020 0 M이고, 부피가 V_S인 $NaHCO_3$ 표준 물질을 초기 부피 V_i = 55.0 mL인 미지 시료 용액에 첨가하였다.

V_S (mL)	E (V)	V_S (mL)	E (V)
0	0.079 0	0.300	0.058 8
0.100	0.072 4	0.800	0.050 9
0.200	0.065 3		

식 15-17을 이용하여 그래프를 그리고, 미지 시료에 들어 있는 $[CO_2]$를 구하시오.

15-44. **신뢰 구간을 갖춘 표준 물질 첨가.** 해수 중에 있는 암모니아를 암모니아 선택성 전극으로 측정하였다. 해수 100.0 mL 분액을 10 M NaOH 1.00 mL로 처리하여 NH_4^+를 NH_3로 변환시켰다. 따라서 V_i = 101.0 mL이다. 전극으로 측정하여 결과를 얻었다. 그런 다음, $NH_4^+Cl^-$ 표준 물질 10.00 mL 분액을 첨가하였고, 그 결과를 표에 나타내었다.

V_S (mL)	E (V)	V_S (mL)	E (V)
0	−0.084 4	30.00	−0.039 4
10.00	−0.058 1	40.00	−0.034 7
20.00	−0.046 9		

출처: H. Van Ryswyk, E. W. Hall, S.J. Petesch, and A. E. Wiedeman, "Extending the Marine Microcosm Laboratory," *J. Chem. Ed.* **2007**, *84*, 306.

표준 물질은 $NH_4^+Cl^-$ 형태로 100.0 ppm(mg/L)의 질소를 포함하고 있다. 별도의 실험으로 전극의 기울기 βRT (ln 10)/F가 0.056 6 V라는 것을 결정하였다.

(a) 표준 물질 첨가 그래프를 그리시오. 해수 100.0 mL에 들어 있는 암모니아성 질소의 농도(ppm)와 95% 신뢰 구간을 구하시오.

(b) 표준 물질 첨가는 첨가할 때마다 분석 물질 농도를 초기 농도의 2~5배로 증가시킬 때 최상이다. 이 실험은 이런 범주에 속하는가? 이 실험에 대한 비판은 직선식을 구하는 데 있어서 너무 많이 첨가된 표준 물질은 미지 시료보다 더 많이 기여한다는 것이다.

15-45. 아래 자료는 보충 15-2에 있는 그래프에서 얻은 것이다. 21.5°C에서 소듐 이온 선택성 전극에 대한 선택 계수를 측정하기 위해서 독립된 용액법(separate solution method)이 사용되었다. 다음 각 경우에 대해서 log K^{Pot}를 계산하기 위해 보충 15-2에 있는 식 15-11을 사용하시오.

$\mathcal{A} = 10^{-3}$에서 $(E_{Mg^{2+}} - E_{Na^+}) = -0.385\ V \Rightarrow \log K^{Pot}_{Na^+,Mg^{2+}} = ?$

$\mathcal{A} = 10^{-2}$에서 $(E_{Mg^{2+}} - E_{Na^+}) = -0.418\ V \Rightarrow \log K^{Pot}_{Na^+,Mg^{2+}} = ?$

$\mathcal{A} = 10^{-3}$에서 $(E_{K^+} - E_{Na^+}) = -0.285\ V \Rightarrow \log K^{Pot}_{Na^+,K^+} = ?$

$\mathcal{A} = 10^{-1.5}$에서 $(E_{K^+} - E_{Na^+}) = -0.285\ V \Rightarrow \log K^{Pot}_{Na^+,K^+} = ?$

15-46. 화성 탐사선 피닉스 호에 있는 H^+ 이온 선택성 전극의 선택 계수는 $K^{Pot}_{H^+,Na^+} = 10^{-8.6}$과 $K^{Pot}_{H^+,Ca^{2+}} = 10^{-7.8}$이다. A를 전극에 의해 감응되는 주요 이온이라 하고, 그것의 전하를 z_A라 하자. 전하가 z_X인 X를 방해 이온이라 하자. 방해 이온에 의한 주요 이온의 활동도에 있는 상대 오차는 다음과 같다.[45]

$$\mathcal{A}_A\text{의 오차(\%)} = \frac{(K^{Pot}_{A,X})^{z_X/z_A}\,\mathcal{A}_X}{\mathcal{A}_A^{z_X/z_A}} \times 100$$

이 식은 오차가 약 10%보다 작은 경우에 적용된다. pH가 8.0 ($\mathcal{A}_{H^+} = 10^{-8.0}$)이고 $\mathcal{A}_{Na^+} = 10^{-2.0}$이라면, $\mathcal{A}_{H^+}$ 측정에 있어서 상대 오차는 얼마인가? pH가 8.0이고 $\mathcal{A}_{Ca^{2+}} = 10^{-2.0}$이라면, $\mathcal{A}_{H^+}$ 측정에 있어서 상대 오차는 얼마인가?

15-47. Ca^{2+} 이온 선택성 전극을 이온 세기가 0.50 M로 고정된 금속 이온 완충 용액으로 교정하였다. 다음에 표시된 전극 측정값을 사용해서, Ca^{2+}와 Mg^{2+}에 대한 전극의 감응에 대한 식을 쓰시오.

$[Ca^{2+}]$ (M)	$[Mg^{2+}]$ (M)	mV
1.00×10^{-6}	0	−52.6
2.43×10^{-4}	0	+16.1
1.00×10^{-6}	3.68×10^{-3}	−38.0

15-48. 그림 15-31에 있는 색을 띤 곡선에 대한 전극의 내부에 사용된 Pb^{2+} 이온 완충 용액은 0.10 M $Pb(NO_3)_2$ 1.0 mL와 0.050 M Na_2EDTA 100.0 mL를 혼합하여 만들었다. 측정된 pH 4.34에서, $\alpha_{Y^{4-}} = 1.46 \times 10^{-8}$이다(식 12-4). $[Pb^{2+}] = 1.4 \times 10^{-12}$ M이라는 것을 보이시오.

15-49. 그림은 1 μM $NaNO_3$ + 1 mM NaCl 용액에 담겨 있는 아질산 이온(NO_2^-) 선택성 전극의 감응에 대한 pH의 영향을 보여 준다. 저자들은 아질산 이온을 측정하기 위해 pH 5.5 근처의 평평한 영역을 이용할 것을 권장하였다. 대략적으로, 전극은 E = 상수 − (59 mV) log $[NO_2^-]$ 식에 따라 $[NO_2^-]$에 감응할 것으로 예상된다.

(a) 아질산에 대한 pK_a를 찾아보고, pH < 4에서 이 곡선의 거동을 설명하시오.

(b) pH > 6에서의 거동에 대한 설명을 제시하시오.

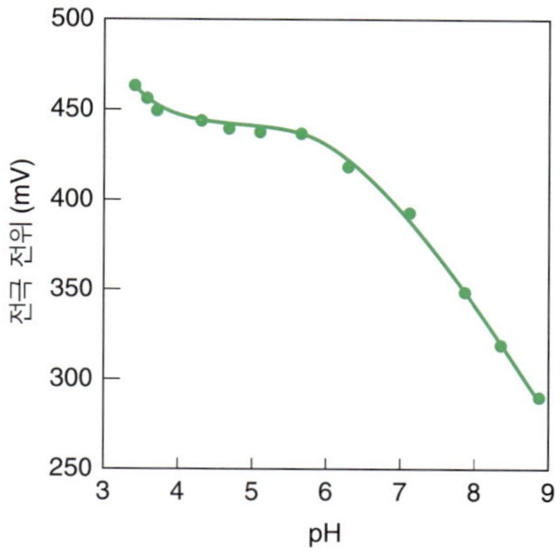

전 고체상 아질산 이온 선택성 전극의 감응에 대한 pH의 영향 [출처: N. Pankratova, M. Cuartero, T. Cherubini, G. A. Crespo, and E. Bakker, "In-Line Acidification for Potentiometric Sensing of Nitrite in Natural Waters," *Anal. Chem.* **2017**, *89*, 571.]

15-50. 실험적인 Hg^{2+} 이온 선택성 전극을 교정하기 위하여 넓은 범위의 Hg^{2+} 농도를 갖는 용액들을 제조했다. $10^{-5} < [Hg^{2+}] < 10^{-1}$ M 범위에서는 $Hg(NO_3)_2$를 직접 사용했다. $10^{-11} < [Hg^{2+}] < 10^{-6}$ M 범위에서는 완충 용액 $HgCl_2(s)$ + $KCl(aq)$($HgCl_2$의 pK_{sp} = 13.16)이 사용될 수 있다. $10^{-15} < [Hg^{2+}] < 10^{-11}$ M 범위에서는 $HgBr_2(s)$ + $KBr(aq)$($HgBr_2$의 pK_{sp} = 17.43)를 사용했다. 결과로 얻은 교정 곡선을 그림에서 보여 주고 있다. $HgCl_2$/KCl 완충 용액으로 얻은 점들은 다른 자료와 같은 직선에 있지 않다. 가능한 설명을 제시하시오.

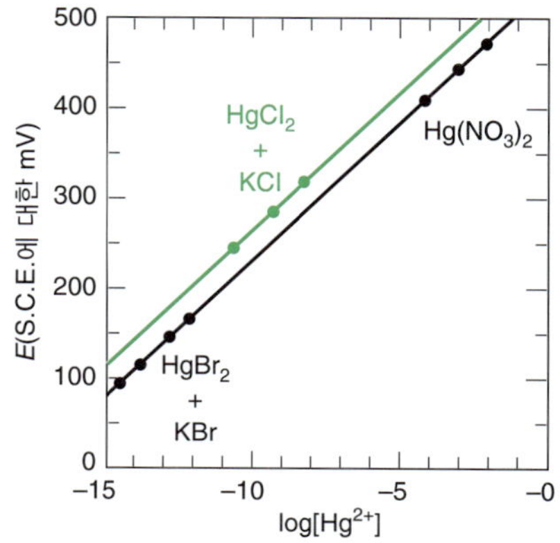

모든 용액이 동일한 이온 세기를 갖고 있다고 가정한 Hg^{2+} 이온 선택성 전극의 교정 곡선 [출처: J. A. Shatkin, H. S. Brown, and S. Licht, "Composite Graphite Ion Selective Electrode Array Potentiometry for the Detection of Mercury and Other Relevant Ions in Aquatic Systems," *Anal. Chem.* **1995**, *67*, 1147.]

15-51. 활동도 문제. 시트르산은 삼양성자성 산(H_3A)이고, 그것의 음이온 (A^{3-})은 많은 금속 이온과 안정한 착물을 형성한다.

$$Ca^{2+} + A^{3-} \overset{K_f}{\rightleftharpoons} CaA^-$$

29.58 mV의 기울기를 갖는 Ca^{2+} 이온 선택성 전극을 $\mathcal{A}_{Ca^{2+}} = 1.00 \times 10^{-3}$인 용액에 담갔을 때의 눈금은 +2.06 mV였다. 시트르산 칼슘 용액은 용액 1과 2를 같은 부피로 혼합하여 만들었다.

용액 1: $[Ca^{2+}] = 1.00 \times 10^{-3}$ M, pH = 8.00, $\mu = 0.10$ M

용액 2:

[시트르산 이온]$_{전체}$ = 1.00×10^{-3} M, pH = 8.00, $\mu = 0.10$ M

시트르산 칼슘 용액을 측정한 전위는 −25.90 mV를 나타냈다.

(a) 부록 A에 있는 그림 A-2와 설명을 참고하시오. 시트르산 칼슘 용액에 있는 Ca^{2+}의 활동도를 계산하시오.

(b) CaA^-에 대한 형성 상수 K_f를 구하시오. CaA^-의 크기는 500 pm로 가정하시오. pH 8.00과 $\mu = 0.10$ M에서, A^{3-} 형태의 결합되지 않은 시트르산 이온의 분율은 0.998이다.

고체상 화학 센서

15-52. 분석 물질은 분석 물질의 활동도와 관련된 신호를 생성하기 위하여 화학적 감지 장효과 트랜지스터에 어떤 일을 하는가?

15-53. 이 장의 시작 부분에 있는 장치가 DNA에 있는 뉴클레오타이드 염기 서열을 어떻게 측정하는지 설명하시오. 그 장치에서 화학적 감지 장효과 트랜지스터의 목적은 무엇인가?

16 산화-환원 적정

고온 초전도체의 화학 분석

영구 자석이 액체 질소가 담긴 통에서 냉각된 초전도체 원판 위에서 자기 부상을 한다. 산화-환원 적정은 초전도체의 화학적 조성을 측정하는 데 결정적이다. [U.S. government photo courtesy D. Cornelius with materials from T. Vanderah.]

초전도체(superconductor)는 임계 온도 이하로 냉각시켰을 때 전기 저항을 완전히 잃는 물질이다. 1987년 이전까지는, 알려진 모든 초전도체는 액체 헬륨의 온도(4 K)까지 냉각시켜야 했는데, 이 과정은 몇 가지 응용을 제외하고는 비용이 많이 들고 비실용적이다. 1987년에 액체 질소의 끓는점(77 K)보다 더 높은 온도에서 초전도성을 유지하는 '고온' 초전도체가 발견되었을 때 커다란 도약이 이루어졌다.

초전도체의 가장 놀라운 특성은 위에 보여 준 자기 부상 효과이다. 초전도체에 자기장을 걸어주면, 그 물체의 외부 표면에 전류가 흘러서 걸어준 자기장은 유도된 자기장에 의해 완전히 상쇄되고, 물체 내부의 알짜 자기장은 0이 된다. 초전도체의 표면에서 흐르는 전류는 자석을 밀어내고 초전도체 위에 떠 있게 만든다. 초전도체로부터 나온 자기장의 방출(expulsion)을 **Meissner 효과**(Meissner effect)라고 한다.

대표적인 고온 초전도체는 이트륨 바륨 구리 산화물인 $YBa_2Cu_3O_7$이다. 이 물질에 있는 구리의 2/3는 +2 산화 상태에 있고, 1/3은 흔하지 않은 +3 상태에 있다. 또 다른 예는 $Bi_2Sr_2(Ca_{0.8}Y_{0.2})Cu_2O_{8.295}$이다. 이 물질에 있는 구리의 평균 산화 상태는 +2.105이고, 비스무트의 평균 산화 상태는 +3.090이다(그것은 형식상으로는 Bi^{3+}와 Bi^{5+}의 혼합 상태이다). 이 복잡한 화학식을 밝혀 줄 가장 신뢰할 수 있는 방법은 이 장에 서술된 '습식' 산화-환원 적정이다.

철과 그 화합물은 지하수에서 독성 폐기물을 정화하는 데 점점 더 많이 사용되고 있는, 환경적으로 받아들일 만한 산화-환원 시약이다.[1]

$$\underset{\text{용해된 크로뮴산 이온 (발암 물질)}}{CrO_4^{2-}} + \underset{\text{철 입자 (환원제)}}{Fe(0)} + 4H_2O \rightarrow \underbrace{Cr(OH)_3(s) + Fe(OH)_3(s)}_{\text{혼합된 수산화 침전물 (상대적으로 안전함)}} + 2OH^-$$

$$\underset{\text{오염 물질}}{3H_2S} + \underset{\text{철산 이온(VI) (산화제)}}{8HFeO_4^-} + 6H_2O \rightarrow \underbrace{8Fe(OH)_3(s) + 3SO_4^{2-}}_{\text{(안전한 생성물)}} + 2OH^-$$

산화-환원 적정(**redox titration**)은 분석 물질과 적정 용액 간의 산화-환원 반응에 기반을 두고 있다. 화학, 생물학, 환경학, 재료 과학에서 산화-환원 적정으로 측정할 수 있는 많은 일반적인 분석 물질뿐 아니라, 초전도체 및 레이저 재료와 같은 특수한 물질에 있는 원소들의 흔하지 않은 산화 상태도 산화-환원 적정으로 측정할 수 있다. 예를 들어 레이저 결정의 효율을 높이기 위해 첨가된 크로뮴은 +3과 +6의 일반적인 산화 상태와, +4의 흔하지 않은 산화 상태로 존재한다. 산화-환원 적정은 이 복잡한 크로뮴 이온 혼합물의 성질을 밝혀내기 위한 좋은 방법이다.[2]

이 장에서는 산화-환원 적정의 이론을 소개하고 몇 가지 자주 쓰이는 시약에 대하여 논의한다. 표 16-1에 있는 몇 가지 산화제와 환원제는 적정 용액으로 사용될 수 있다.[3] 적정 용액으로 사용되는 대부분의 환원제는 O_2와 반응하므로 공기로부터의 보호가 필요하다.

표 16-1 산화제와 환원제

산화제		환원제	
BiO_3^-	비스무트산 이온	HO–CH₂–CH(OH)– 고리(O, =O, OH, OH) 구조	아스코브산(바이타민 C)
BrO_3^-	브로민산 이온	BH_4^-	수소화 붕소 이온
Br_2	브로민	Cr^{2+}	크로뮴(II) 이온
Ce^{4+}	세륨(IV) 이온	H_2	수소
$CH_3-C_6H_4-SO_2NCl^-Na^+$	클로라민 T	H_2O_2	과산화 수소
Cl_2	염소	H_2S	황화 수소
ClO_2	이산화 염소	$S_2O_4^{2-}$	다이싸이오나이트
$Cr_2O_7^{2-}$	다이크로뮴산 이온	Fe^{2+}	철(II) 이온
FeO_4^{2-}	철산 이온	N_2H_4	하이드라진
H_2O_2	과산화 수소	$HO-C_6H_4-OH$	하이드로퀴논
$Fe^{2+} + H_2O_2$	Fenton 시약[4]	NH_2OH	하이드록실아민
OCl^-	하이포염소산 이온	H_3PO_2	하이포아인산
IO_3^-	아이오딘산 이온	$C_2O_4^{2-}$	옥살산 이온
I_2	아이오딘	Sn^{2+}	주석(II) 이온
$Pb(acetate)_4$	아세트산 납(IV)	SO_3^{2-}	아황산 이온
HNO_3	질산	SO_2	이산화 황
O	원자 산소	$S_2O_3^{2-}$	싸이오황산 이온
O_2	이산소(산소)	HO, H_3C, CH_3, CH_3 치환 크로만 고리–$CH_2-(CH_2-CH_2-CH(CH_3)-CH_2)_3-H$	α-토코페롤(바이타민 E)[5]
O_3	오존	Zn	아연
$HClO_4$	과염소산[a]		
H_5IO_6	과아이오딘산		
MnO_4^-	과망가니즈산 이온		
$S_2O_8^{2-}$	과산화이황산 이온		

a. H_5IO_6는 오쏘과아이오딘산이다. NaOH가 H_5IO_6에 첨가될 때 침전되는 $Na_3H_2IO_6$ 염은 오쏘과아이오딘산 소듐이다. H_5IO_6의 산 해리 상수는 25°C, 0.5 M $NaNO_3$에서 $pK_1 = 1.0 \pm 0.2$, $pK_2 = 7.42 \pm 0.03$, $pK_3 = 10.99 \pm 0.02$이다. 화학종 IO_4^-는 메타과아이오딘산 이온이다. $NaIO_4$ 염은 메타과이오딘산 소듐이다. $NaIO_4$는 물에서 H_5IO_6로 가수 분해된다. pH 7에서 주된 화학종은 $H_4IO_6^-$이다. [L. Valkai, G. Peintler, and A. Horváth, *Inorg. Chem.* **2017**, *56*, 11417.]

과브로민산 이온(BrO_4^-)은 염기성 수용액(pH 12.5, 40°C)에서 하이포브로민산 이온(BrO^-)과 브로민산 이온(BrO_3^-)의 반응에 의해 만들어진다. [A. N. Pisarenko, R. Young, O. Quiñones, B. J. Vanderford, and D. B. Mawhinney, *Inorg. Chem.* **2011**, *50*, 8691.]

16-1 산화-환원 적정 곡선의 모양

적정 반응은 매번 적정 용액을 첨가한 후에 완결된다. 25°C에서 평형 상수 $K = 10^{nE°/0.05916}$이다. 강한 산성은 다음과 같은 가수 분해 반응을 막는다.
$Fe^{3+} + H_2O \rightleftharpoons Fe(OH)^{2+} + H^+$

그림 16-1에서 보여준 것처럼 Pt 전극과 칼로멜 전극을 이용하여 철(II) 이온을 세륨(IV) 표준 용액으로 적정하는 것을 전위차법으로 관찰하는 것에 대해 생각해 보자. 적정 반응은 다음과 같고, 1 M $HClO_4$ 용액에서 이 반응에 대한 평형 상수 $K \approx 10^{16}$이다.

적정 반응:

$$\underset{\substack{\text{세륨 4가 이온}\\(\text{적정 용액})}}{Ce^{4+}} + \underset{\substack{\text{철 2가 이온}\\(\text{분석 물질})}}{Fe^{2+}} \rightarrow \underset{\text{세륨 3가 이온}}{Ce^{3+}} + \underset{\text{철 3가 이온}}{Fe^{3+}} \qquad (16\text{-}1)$$

Ce^{4+} 이온 1 mol은 Fe^{2+} 이온 1 mol을 빠르게 정량적으로 산화시킨다. 적정 반응은 그림 16-1에 있는 비커에 Ce^{4+}, Ce^{3+}, Fe^{2+}, Fe^{3+}의 혼합물을 생성한다. 보충 16-1은 반응 16-1의 가능한 메커니즘을 보여 주고 있다.

Pt 지시 전극에서 **두 반응은 평형에 도달한다.**

평형 16-2와 16-3은 모두 Pt 전극에서 이루어진다.

지시 전극의 반쪽 반응: $Fe^{3+} + e^- \rightleftharpoons Fe^{2+} \quad E° = 0.767\text{ V}$ **(16-2)**

지시 전극의 반쪽 반응: $Ce^{4+} + e^- \rightleftharpoons Ce^{3+} \quad E° = 1.70\text{ V}$ **(16-3)**

이 전위들은 1 M $HClO_4$에서 적용되는 형식 전위이다. Pt 지시 전극은 Ce^{4+}와 Ce^{3+} 또는 Fe^{3+}와 Fe^{2+}의 상대적인 농도(실제로는 활동도)에 감응한다.

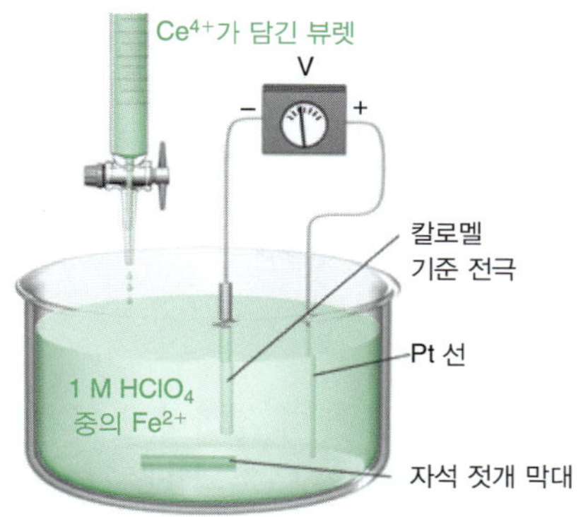

그림 16-1 Ce^{4+}로 Fe^{2+}의 전위차 적정을 위한 장치

이제 Fe^{2+}를 Ce^{4+}로 적정할 때 전지 전압이 어떻게 변하는지 계산을 시작해 보자. 적정 곡선에는 세 영역이 있다.

영역 1: 당량점 이전

Ce^{4+} 일정 분액이 첨가되면서, 적정 반응 16-1에서 Ce^{4+}가 소모되고 같은 몰수의 Ce^{3+}와 Fe^{3+}가 생성된다. 당량점 전에는 반응하지 않은 여분의 Fe^{2+}가 용액에 남아 있다. 그러므로 어렵지 않게 Fe^{2+}와 Fe^{3+}의 농도를 구할 수 있다. 반면에, 복잡한 평형 문제를 해결하지 않고는 Ce^{4+}의 농도를 구할 수 없다. Fe^{2+}와 Fe^{3+}의 양을 모두 알고 있기 때문에 반응 16-3 대신에 반응 16-2를 사용하여 전지 전압을 계산하는 것이 **편리하다**.

어느 순간이든지 전지 전압을 계산하기 위해서 반응 16-2나 16-3을 사용할 수 있다. 그런데 $[Fe^{2+}]$와 $[Fe^{3+}]$를 알기 때문에, 지금은 반응 16-2를 사용하는 것이 더 편리하다.

$$E = E_+ - E_- \tag{16-4}$$

$$E = \left[0.767 - 0.059\,16\log\left(\frac{[Fe^{2+}]}{[Fe^{3+}]}\right)\right] - 0.241 \tag{16-5}$$

(0.767: 1 M $HClO_4$에서 Fe^{3+} 환원에 대한 형식 전위; 0.241: 포화 칼로멜 전극의 전위)

E_+는 그림 16-1에 있는 전위차계의 (+)단자에 연결된 Pt 전극의 전위이다. E_-는 (−)단자에 연결된 칼로멜 전극의 전위이다.

$$E = 0.526 - 0.059\,16\log\left(\frac{[Fe^{2+}]}{[Fe^{3+}]}\right) \tag{16-6}$$

당량점 이전에 하나의 특별한 지점에 도달한다. 가해준 적정 용액의 부피가 당량점에 도달하는 데 필요한 양의 절반($V = \frac{1}{2}V_e$)일 때, $[Fe^{3+}] = [Fe^{2+}]$이다. 이 경우에는 로그 항이 0이고, $Fe^{3+}|Fe^{2+}$ 쌍에 대한 $E_+ = E°$이다. **$V = \frac{1}{2}V_e$인 경우는 산-염기 적정에서 $V = \frac{1}{2}V_e$일 때 $pH = pK_a$인 경우와 비슷하다.**

반응 16-2의 경우, $V = \frac{1}{2}V_e$일 때 $E_+ = E°(Fe^{3+}|Fe^{2+})$이다.

보충 16-1 많은 산화-환원 반응은 원자 이동 반응이다

반응 16-1은 마치 전자가 Fe^{2+}에서 Ce^{4+}로 이동하면서 Fe^{3+}와 Ce^{3+}가 생성되는 것처럼 보인다. 사실은 이 반응과 다른 많은 반응은 전자 이동이 아니라 원자 이동을 통해서 진행되는 것으로 여겨진다.[6] 이 경우에는 한 개의 수소 원자(한 개의 전자와 한 개의 양성자)가 수용성 Fe^{2+}에서 수용성 Ce^{4+}로 이동되는 것이다. 금속 화학종 간에 있는 흔하게 일어나는 다른 산화-환원 반응들은 산소 원자나 할로젠 원자의 이동을 통해서 진행된다.

'Ce^{4+}' $Ce(H_2O)_7(OH)^{3+}$ + 'Fe^{2+}' $Fe(H_2O)_6^{2+}$ → 'Ce^{3+}' $Ce(H_2O)_8^{3+}$ + 'Fe^{3+}' $Fe(H_2O)_5(OH)^{2+}$

적정 용액의 부피가 0일 때는 Fe^{3+}가 얼마나 존재하는지 알지 못하기 때문에 전압을 계산할 수 없다. 만약 $[Fe^{3+}] = 0$이라면, 식 16-6으로 계산된 전압은 $-\infty$가 될 것이다. 사실, 각 시약에는 불순물로, 또는 공기 중의 산소에 의한 Fe^{2+}의 산화로 인해 약간의 Fe^{3+}가 분명 존재할 것이다. 어떠한 경우든, 전압은 용매를 환원($H_2O + e^- \rightarrow \frac{1}{2}H_2 + OH^-$)시키는 데 필요한 전압보다 결코 낮을 수는 없다.

영역 2: 당량점에서

모든 Fe^{2+}와 반응하기에 충분한 양의 Ce^{4+}가 정확하게 첨가되었다. 사실상 모든 세륨은 Ce^{3+}의 형태로 존재한다. 평형에서 극미량의 Ce^{4+}와 Fe^{2+}가 존재한다. 반응 16-1의 화학량론으로부터 다음의 관계식을 얻을 수 있다.

$$[Ce^{3+}] = [Fe^{3+}] \qquad \textbf{(16-7)}$$

$$[Ce^{4+}] = [Fe^{2+}] \qquad \textbf{(16-8)}$$

식 16-7과 16-8이 왜 참인가를 이해하기 위해서, **모든** 세륨과 철이 Ce^{3+} 및 Fe^{3+}로 변환되었다고 상상해 보라. 당량점에 도달했기 때문에 $[Ce^{3+}] = [Fe^{3+}]$이다. 이제 반응 16-1이 평형에 이르도록 놓아두자.

$$Fe^{3+} + Ce^{3+} \rightleftharpoons Fe^{2+} + Ce^{4+} \qquad \text{(반응 16-1의 역반응)}$$

만약에 소량의 Fe^{3+}가 Fe^{2+}로 되돌아간다면, 반드시 같은 몰수의 Ce^{4+}가 생성되어야 한다. 그러므로 $[Ce^{4+}] = [Fe^{2+}]$이다.

어떤 순간에서도, 반응 16-2와 16-3은 **모두** Pt 전극에서 평형을 이루고 있다. 당량점에서는, 전지 전압을 나타내기 위해 두 반응을 모두 사용하는 것이 **편리하다**. 이들 반응에 대한 Nernst 식은 다음과 같다.

당량점에서, 전지 전압을 계산하기 위해 반응 16-2와 16-3이 모두 사용된다. 이것은 엄밀하게 대수학적으로 편리성의 문제이다.

$$E_+ = 0.767 - 0.059\,16 \log\left(\frac{[Fe^{2+}]}{[Fe^{3+}]}\right) \qquad \textbf{(16-9)}$$

$$E_+ = 1.70 - 0.059\,16 \log\left(\frac{[Ce^{3+}]}{[Ce^{4+}]}\right) \qquad \textbf{(16-10)}$$

현재까지의 상황은 식 16-9와 16-10이 각각 대수적으로 진실이라는 것이다. 그러나 Fe^{2+}와 Ce^{4+}의 미량 농도가 정확히 얼마인가를 알 수 없기 때문에, 두 식 중 어느 한 개만으로는 E_+를 구할 수 없다. 우선 식 16-9와 16-10을 **더하면** 식 16-7부터 16-10까지 4개의 연립 방정식을 푸는 것이 가능하다.

$\log a + \log b = \log ab$
$-\log a - \log b = -\log ab$

$$2E_+ = 0.767 + 1.70 - 0.059\,16 \log\left(\frac{[Fe^{2+}]}{[Fe^{3+}]}\right) - 0.059\,16 \log\left(\frac{[Ce^{3+}]}{[Ce^{4+}]}\right)$$

$$2E_+ = 2.46_7 - 0.059\,16 \log\left(\frac{[Fe^{2+}][Ce^{3+}]}{[Fe^{3+}][Ce^{4+}]}\right)$$

그러나 당량점에서 $[Ce^{3+}] = [Fe^{3+}]$이고 $[Ce^{4+}] = [Fe^{2+}]$이기 때문에, 로그 항에 있는 농도의 비는 1이다. 따라서 로그 항은 0이 되며,

$$2E_+ = 2.46_7\ \text{V} \Rightarrow E_+ = 1.23\ \text{V}$$

전지 전압은 다음과 같다.

$$E = E_+ - E(\text{칼로멜}) = 1.23 - 0.241 = 0.99\ \text{V} \qquad \textbf{(16-11)}$$

이 특별한 적정에서, 당량점 전위는 반응물의 농도 및 부피와 무관하다.

당량점 이후에는, $[Ce^{3+}]$와 $[Ce^{4+}]$를 쉽게 계산할 수 있기 때문에 반응 16-3을 이용한다. '소비되어 버린' Fe^{2+}의 농도를 모르기 때문에 반응 16-2를 사용하는 것은 편리하지 않다.

영역 3: 당량점 이후

이제 사실상 모든 철은 Fe^{3+}로 존재한다. Ce^{3+}의 몰수와 Fe^{3+}의 몰수가 같고, 농도를 알고 있는 반응하지 않은 과량의 Ce^{4+}가 있다. $[Ce^{3+}]$와 $[Ce^{4+}]$를 모두 알고 있기 때문에, Pt 전

극에서의 화학을 기술하기 위해서는 반응 16-3을 이용하는 것이 **편리하다.**

$$E = E_+ - E(\text{칼로멜}) = \left[1.70 - 0.059\,16 \log\left(\frac{[Ce^{3+}]}{[Ce^{4+}]}\right)\right] - 0.241 \qquad \textbf{(16-12)}$$

$V = 2V_e$인 특별한 지점에서, $[Ce^{3+}] = [Ce^{4+}]$이고 $E_+ = E°(Ce^{4+} \mid Ce^{3+}) = 1.70$ V이다.

V_e에 도달하기 전에는, 지시 전극의 전위 E_+는 $E°(Fe^{3+} \mid Fe^{2+}) = 0.77$ V 부근에서 거의 일정하다.[7] 전지 전압은 $E_+ - E(\text{칼로멜}) = E_+ - 0.241$ 근처에서 일정하다. V_e 이후에 지시 전극의 전위는 $E°(Ce^{4+} \mid Ce^{3+}) = 1.70$ V 근처에서 안정된다. V_e에서는 전압이 급격히 증가한다.

예제 **전위차 산화-환원 적정**

그림 16-1에 있는 전지를 사용하여, 100.0 mL의 0.050 0 M Fe^{2+}를 0.100 M Ce^{4+}로 적정한다고 가정해 보자. 당량점은 $V_{Ce^{4+}} = 50.0$ mL일 때이다. 36.0, 50.0, 63.0 mL에서의 전지 전압을 계산하시오.

풀이 **36.0 mL에서:** 이것은 당량점까지의 36.0/50.0이다. 그러므로 철의 36.0/50.0은 Fe^{3+} 형태이고, 14.0/50.0은 Fe^{2+} 형태이다. 식 16-6에 $[Fe^{2+}]/[Fe^{3+}] = 14.0/36.0$을 대입하면 $E = 0.550$ V가 된다.

50.0 mL에서: 식 16-11은 이 특별한 적정의 경우, 시약의 농도와 무관하게 당량점에서 전지 전압이 0.99 V라는 것을 알려주고 있다.

63.0 mL에서: 세륨의 처음 50.0 mL는 Ce^{3+}로 변환되었다. 13.0 mL Ce^{4+}가 과량이므로, 식 16-12에서 $[Ce^{3+}]/[Ce^{4+}]$는 50.0/13.0이며, $E = 1.424$ V이다.

자습 $V_{Ce} = 20.0$ mL와 51.0 mL에서 E를 구하시오. (**답:** 0.516 V, 1.358 V)

산화-환원 적정 곡선을 더 상세하게 계산할 필요가 있는 경우에는, 이 절에서 사용한 것보다 더 일반적인 식들을 조합하여 스프레드시트를 사용해야 한다.[8] SaplingPlus 또는 macmillanlearning.com에 있는 보충 자료는 산화-환원 적정 곡선을 계산하기 위해 스프레드시트를 어떻게 사용하는지를 설명하고 있다.

산화-환원 적정 곡선의 모양

위의 계산으로 그림 16-2에 있는 적정 곡선을 그릴 수 있는데, 적정 곡선은 첨가한 적정 용액 부피의 함수로 전위를 나타낸다. 당량점에서는 전압이 급격히 상승한다. $\frac{1}{2}V_e$에서 $[Fe^{2+}]/[Fe^{3+}]$의 몫이 1이기 때문에 E_+ 값은 $Fe^{3+} \mid Fe^{2+}$ 쌍의 형식 전위이다. 이 적정의 모든 점에서 전압은 반응물의 **비**(ratio)에만 의존한다. 이 예의 어떤 계산에서도 반응물의 **농도**는 등장하지 않는다. 그러므로 그림 16-2에 있는 적정 곡선은 묽힘과는 무관할 것이라고 예상할 수 있다. 만약에 두 반응물을 10배로 묽힌다 하더라도 동일한 곡선이 얻어져야 된다.

반응 16-1에 대해서, 그림 16-2에 있는 적정 곡선은 당량점 부근에서 대칭인데, 이는 반응의 화학량론이 1:1이기 때문이다. 그림 16-3은 1.00 M HCl에서 Tl^+를 IO_3^-로 적정한 것에 대해 계산된 곡선을 보여 준다.

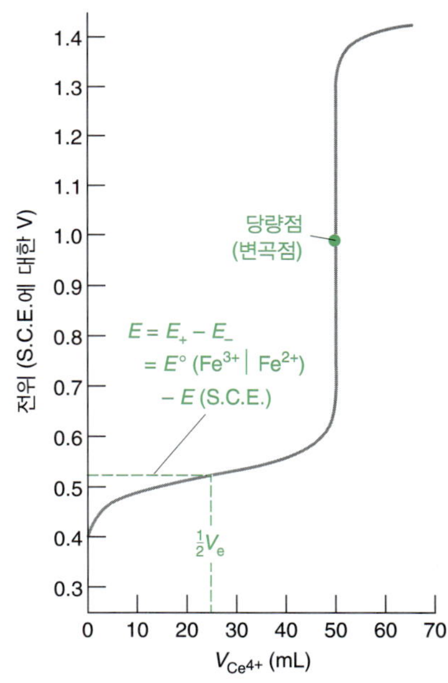

그림 16-2 1 M $HClO_4$에서 0.050 0 M Fe^{2+} 100.0 mL를 0.100 M Ce^{4+}로 적정할 때의 이론적인 곡선. 적정 용액을 전혀 첨가하지 않은 경우에 대한 전위는 계산할 수 없다. 그러나 $V_{Ce^{4+}} = 0.1$ mL와 같은 적은 부피에서 전위 계산을 시작할 수 있다.

$$IO_3^- + 2Tl^+ + 2Cl^- + 6H^+ \rightarrow ICl_2^- + 2Tl^{3+} + 3H_2O \qquad \textbf{(16-13)}$$

이 곡선은 **당량점 부근에서 대칭이 아닌데,** 이는 반응물의 화학량론이 2:1이기 때문이다. 그럼에도 불구하고 곡선은 당량점 부근에서 매우 가파르기 때문에, 이 가파른 부분의 중심을 종말점으로 택해도 오차는 무시할 정도이다. 실험 16-1은 적정 곡선의 모양이 반응 매질의 pH에도 의존하는 비대칭 적정 곡선의 예를 보여 준다.

적정에 사용되는 두 산화-환원쌍의 $E°$ 차이가 클수록, 당량점 부근에서 전압의 변화는 증가한다. $E°$의 차이가 클수록 적정 반응에 대한 평형 상수는 더 커진다. 그림 16-2의 경우, 반쪽 반응 16-2와 16-3은 0.93 V 만큼 차이가 나고, 적정 곡선의 당량점에서 커다란 변화가

그림 16-2의 곡선은 본질적으로 분석 물질 및 적정 용액의 농도와 무관하다. 화학량론은 1:1이므로 곡선은 V_e 근처에서 대칭이다.

있다. 그림 16-3에 대해서 반쪽 반응은 0.47 V 차이가 나서, 당량점에서의 변화는 더 작다.

$$IO_3^- + 2Cl^- + 6H^+ + 4e^- \rightleftharpoons ICl_2^- + 3H_2O \qquad E° = 1.24\ V$$
$$Tl^{3+} + 2e^- \rightleftharpoons Tl^+ \qquad E° = 0.77\ V$$

V_e에서의 변화가 크지 않기 때문에 약염기를 적정하기 위해 약산을 선택하지 않을 것이다.

가장 명확한 결과는 가장 강한 산화제와 가장 강한 환원제를 사용했을 때 얻어진다. 적정 용액이 강산 또는 강염기일 때 당량점에서 가장 급격한 변화를 보여 주는 산-염기 적정에도 똑같은 규칙이 적용된다.

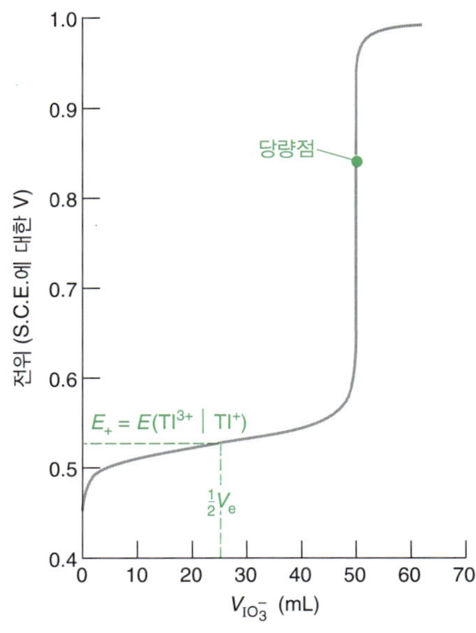

그림 16-3 1.00 M HCl에서 0.0100 M Tl^+ 100.0 mL를 0.010 0 M IO_3^-로 적정할 때의 이론적인 곡선. 반응의 화학량론이 1:1이 아니기 때문에 0.842 V에 있는 당량점은 곡선의 가장 가파른 부분의 중앙이 아니다.

16-2 종말점 찾기

산-염기 적정에서와 마찬가지로, 산화-환원 적정의 종말점을 찾는 데 통상적으로 지시약과 전극이 사용된다.

산화-환원 지시약

산화-환원 지시약(redox indicator)은 산화 상태에서 환원 상태로 바뀔 때 색깔이 변하는 화합물이다. 페로인(ferroin) 지시약은 연한 푸른색(거의 무색)에서 붉은색으로 변한다.

$$[Fe(III)(phen)_3]^{3+} + e^- \rightleftharpoons [Fe(II)(phen)_3]^{2+}$$

산화된 페로인 (연한 푸른색) In(산화형)   환원된 페로인 (붉은색) In(환원형)

시약 색깔이 변하는 전위 범위를 예측하기 위해, 먼저 지시약에 대한 Nernst 식을 적는다.

$$\text{In(산화형)} + ne^- \rightleftharpoons \text{In(환원형)}$$

$$E = E° - \frac{0.059\ 16}{n}\log\left(\frac{[\text{In(환원형)}]}{[\text{In(산화형)}]}\right) \qquad \textbf{(16-14)}$$

산-염기 지시약과 마찬가지로, In(환원형)의 색은 다음과 같을 때 관찰될 것이다.

$$\frac{[\text{In(환원형)}]}{[\text{In(산화형)}]} \gtrsim \frac{10}{1}$$

또한 In(산화형)의 색은 다음과 같을 때 관찰될 것이다.

$$\frac{[\text{In(환원형)}]}{[\text{In(산화형)}]} \lesssim \frac{1}{10}$$

위의 몫들을 식 16-14에 대입하면 색 변화가 다음과 같은 범위에 걸쳐 일어날 것이라는 것을 알 수 있다.

산화-환원 지시약의 색깔은 지시약의 $E°$를 중심으로 대략 $\pm(59/n)$ mV 범위에 걸쳐 변한다. n은 지시약의 반쪽 반응에 참여하는 전자의 수이다.

$$E = \left(E° \pm \frac{0.059\ 16}{n}\right)\text{V}$$

$E° = 1.147$ V(표 16-2)인 페로인의 경우, 표준 수소 전극에 대하여 대략 1.088 V~1.206 V 범위에서 색 변화가 일어날 것으로 예상된다. 포화 칼로멜 전극을 사용하면, 지시약의 변화 범위는 다음과 같이 될 것이다.

그림 15-6은 식 16-15를 이해하는 데 도움이 될 것이다.

$$\begin{pmatrix}\text{칼로멜 전극(S.C.E.)에} \\ \text{대한 지시약의} \\ \text{변화 범위}\end{pmatrix} = \begin{pmatrix}\text{표준 수소 전극} \\ \text{(S.H.E.)에 대한} \\ \text{변화 범위}\end{pmatrix} - E(\text{칼로멜 전극}) \qquad \textbf{(16-15)}$$

실험 16-1 MnO_4^-에 의한 Fe^{2+}의 전위차 적정

다음 반응은 전위차 적정의 많은 원리를 보여 준다.

$$\underset{\text{적정 용액}}{MnO_4^-} + \underset{\text{분석 물질}}{5Fe^{2+}} + 8H^+ \rightarrow Mn^{2+} + 5Fe^{3+} + 4H_2O \quad \text{(A)}$$

1 M H_2SO_4 400 mL에 0.60 g의 $Fe(NH_4)_2(SO_4)_2 \cdot 6H_2O$(FM 392.12, 1.5 mmol)를 녹인다. Pt 전극 및 칼로멜 전극을 갖춘 pH 미터를 전위차계로 사용하여 잘 저어준 용액을 0.02 M $KMnO_4$($V_e \approx 15$ mL)로 적정한다. 미터를 사용하기 전에 두 개의 입력 단자를 직접 연결하여 미터를 0으로 맞추고, 밀리볼트 단위의 눈금을 0으로 맞춘다.

실험을 수행하기 전에 이론적인 적정 곡선 위의 몇몇 점을 계산하라. 그런 다음, 이론치와 실험 결과를 비교해 보라. 또한 전위차법에 의한 종말점과 시각적인 종말점이 일치하는지 주목하라.

질문 과망가니즈산 포타슘은 자주색이고, 이 적정에서 다른 모든 화학종들은 무색(또는 대단히 엷은 색)이다. 당량점에서 어떤 색 변화가 예상되는가?

이론적인 적정 곡선을 계산하기 위하여, 다음의 반쪽 반응을 이용한다.

$$Fe^{3+} + e^- \rightleftharpoons Fe^{2+} \qquad E^\circ = 0.68\ \text{V}\,(1\ \text{M}\ H_2SO_4\text{에서}) \quad \text{(B)}$$

$$MnO_4^- + 8H^+ + 5e^- \rightarrow Mn^{2+} + 4H_2O \qquad E^\circ = 1.507\ \text{V} \quad \text{(C)}$$

V_e 이전까지의 계산 과정은 $E^\circ = 0.68$ V를 사용하는 것을 제외하면 16-1절의 Fe^{2+}를 Ce^{4+}로 적정하는 것과 비슷하다. V_e 이후에는, 반응 C를 이용하여 전위를 구할 수 있다. 예를 들어 3.75 mM Fe^{2+} 용액 0.400 L를 0.020 0 M $KMnO_4$로 적정한다고 가정해 보자. 반응 A의 화학량론으로부터, $V_e = 15.0$ mL이다. 만약에 17.0 mL의 $KMnO_4$를 첨가하면, 반응 C에 있는 화학종들의 농도는 $[Mn^{2+}] = 0.719$ mM, $[MnO_4^-] = 0.095\ 9$ mM, $[H^+] = 0.959$ M(적정 시 소비되는 소량의 H^+는 무시한다)이다. 전압은 반드시 다음과 같아야 된다.

$$E = E_+ - E(\text{칼로멜})$$
$$= \left[1.507 - \frac{0.059\ 16}{5}\log\left(\frac{[Mn^{2+}]}{[MnO_4^-][H^+]^8}\right)\right] - 0.241$$
$$= \left[1.507 - \frac{0.059\ 16}{5}\log\left(\frac{7.19 \times 10^{-4}}{(9.59 \times 10^{-5})(0.959)^8}\right)\right] - 0.241$$
$$= 1.254\ \text{V}$$

V_e에서의 전압을 계산하기 위해, 16-1절에서 세륨과 철의 반응에 대해 한 것처럼 반응 B와 반응 C에 대한 Nernst 식을 더한다. 그러나 그렇게 하기 전에 과망가니즈산의 식에 5를 곱해서 로그 항이 합해질 수 있도록 한다.

$$E_+ = 0.68 - 0.059\ 16\log\left(\frac{[Fe^{2+}]}{[Fe^{3+}]}\right)$$
$$5E_+ = 5\left[1.507 - \frac{0.059\ 16}{5}\log\left(\frac{[Mn^{2+}]}{[MnO_4^-][H^+]^8}\right)\right]$$

이제 두 식을 더하여 다음 식을 얻는다.

$$6E_+ = 8.215 - 0.059\ 16\log\left(\frac{[Mn^{2+}][Fe^{2+}]}{[MnO_4^-][Fe^{3+}][H^+]^8}\right) \quad \text{(D)}$$

적정 반응 A의 화학량론으로부터, V_e에서 $[Fe^{3+}] = 5[Mn^{2+}]$이며, $[Fe^{2+}] = 5[MnO_4^-]$라는 것을 알 수 있다. 이들 값을 식 D에 대입하면 다음 식을 얻는다.

$$6E_+ = 8.215 - 0.059\ 16\log\left(\frac{\cancel{[Mn^{2+}]}(5\cancel{[MnO_4^-]})}{\cancel{[MnO_4^-]}(5\cancel{[Mn^{2+}]})[H^+]^8}\right)$$
$$6E_+ = 8.215 - 0.059\ 16\log\left(\frac{1}{[H^+]^8}\right) \quad \text{(E)}$$

$[H^+]$의 농도, 즉 (400 mL/415 mL) × (1.00 M) = 0.964 M을 대입하면 다음 식을 얻게 된다.

$$6E_+ = 8.215 - 0.059\ 16\log\left(\frac{1}{(0.964)^8}\right) \Rightarrow E_+ = 1.368\ \text{V}$$

V_e에서 예상되는 전지 전압은 $E = E_+ - E(\text{칼로멜}) = 1.368 - 0.241 = 1.127$ V이다.

$$= (1.088 \sim 1.206) - (0.241)$$
$$= 0.847 \sim 0.965\ \text{V (S.C.E.에 대하여)}$$

지시약 색의 변화 범위는 적정 곡선의 급격히 변하는 부분과 겹쳐야 된다.

그러므로 페로인은 그림 16-2와 16-3에 있는 적정들에 대한 유용한 지시약이 될 것이다.

적정 용액과 분석 물질 간에 표준 전위 차이가 클수록, 당량점에서 적정 곡선의 변화는 더욱 크다. 분석 물질과 적정 용액 간의 차이가 ≥0.2 V이면 산화-환원 적정은 일반적으로 가능하다. 하지만 그런 적정의 종말점은 매우 뚜렷하지 못해서 전위차법으로 검출하는 것이 최선이다. 만약 형식 전위의 차이가 ≥0.4 V이면, 산화-환원 지시약은 일반적으로 만족할 만한 색 변화로 종말점을 나타낸다.

Gran 도시

그림 16-1에 있는 장치를 이용하여, 산화-환원 적정을 하는 동안 적정 용액의 부피 V에 대한 전극 전위 E를 측정한다. 종말점은 일차 도함수($\Delta E/\Delta V$)가 최대가 되는 점이거나 이차 도함

표 16-2 산화-환원 지시약			
	색깔		
지시약	산화형	환원형	$E°$
페노사프라닌	붉은색	무색	0.28
테트라설폰산 인디고	푸른색	무색	0.36
메틸렌 블루	푸른색	무색	0.53
다이페닐아민	보라색	무색	0.75
4′-에톡시-2,4-다이아미노아조벤젠	노란색	붉은색	0.76
다이페닐아민 설폰산	붉은 보라색	무색	0.85
다이페닐벤지딘 설폰산	보라색	무색	0.87
트리스(2,2′-바이피리딘)철	연한 푸른색	붉은색	1.120
트리스(1,10-페난트롤린)철 (페로인)	연한 푸른색	붉은색	1.147
트리스(5-나이트로-1,10-페난트롤린)철	연한 푸른색	붉은 보라색	1.25
트리스(2,2′-바이피리딘)루테늄	연한 푸른색	노란색	1.29

수 $\Delta(\Delta E/\Delta V)/\Delta V$가 0이 되는 점이다(그림 11-5).

전위차 자료를 더 정확하게 사용하는 방법은 11-5절의 산-염기 적정에서 한 것처럼 Gran 도시[9,10]를 작성하는 것이다. Gran 도시는 당량점(V_e)을 확인하기 위하여 V_e 훨씬 이전의 자료를 사용한다. 산화-환원쌍 중 하나가 거의 소모된 때에는, 전극이 용액에 있는 화학종과 평형을 이루는 것이 느리므로 V_e 가까이에서 얻은 자료들은 정확도가 가장 낮다.

상수 0.059 16 V는 $(RT \ln 10)/nF$이다. 여기서 R은 기체 상수, T는 298.15 K이며, F는 Faraday 상수이고, n은 $Fe^{3+} \mid Fe^{2+}$ 산화-환원 반쪽 반응에서 전자의 수($n = 1$)이다. $T \neq 298.15$ K 또는 $n \neq 1$인 경우, 숫자 0.059 16은 변한다.

Fe^{2+}가 Fe^{3+}로 산화하는 반응에 대하여, V_e 직전까지의 전지 전압은 다음과 같다.

$$E = \left[E^{\circ\prime} - 0.059\ 16 \log\left(\frac{[Fe^{2+}]}{[Fe^{3+}]}\right)\right] - E_{ref} \qquad (16\text{-}16)$$

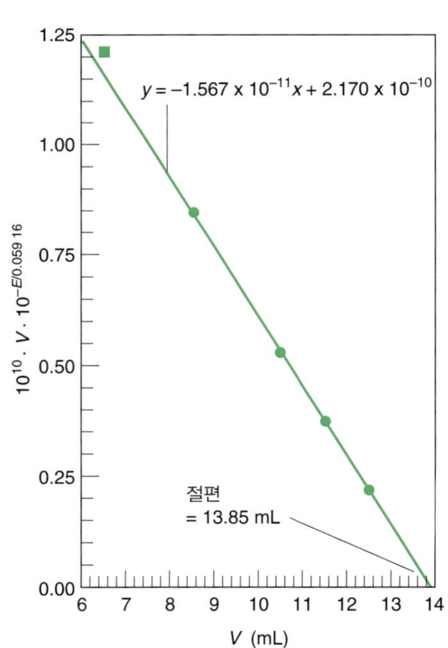

그림 16-4 연습 문제 16-D에 있는 Ce^{4+}로 Fe^{2+}의 적정에 대한 Gran 도시.[9] 직선은 원으로 표시된 네 개의 점들에 맞추었다. 세로축에 있는 함수에서 n 값은 1이다. 숫자는 표시를 쉽게 하려고 10^{10}을 곱했다. 곱셈 결과가 x 절편을 변화시키지는 않는다.

여기서 $E^{\circ\prime}$은 $Fe^{3+} \mid Fe^{2+}$의 형식 전위이며, E_{ref}는 기준 전극의 전위이다(E_-로 부르기도 한다). 적정 용액의 부피를 V라 하고, 적정 용액을 매번 첨가할 때마다 반응이 '완결'된다면, $[Fe^{2+}]/[Fe^{3+}] = (V_e - V)/V$이다. 이 식을 식 16-16에 대입하여 다시 정리하면, 마침내 $y = mx + b$ 형식을 갖춘 선형 식에 도달하게 된다.

$$\underbrace{V \cdot 10^{-nE/0.059\ 16}}_{y} = \underbrace{V_e \cdot 10^{-n(E_{ref} - E^{\circ\prime})/0.059\ 16}}_{b} - \underset{x}{V} \cdot \underbrace{10^{-n(E_{ref} - E^{\circ\prime})/0.059\ 16}}_{m} \qquad (16\text{-}17)$$

여기서 n은 지시 전극에서의 반쪽 반응에 참여하는 전자의 수이다.

V에 대한 $V \cdot 10^{-nE/0.059\ 16}$의 그래프는 x 절편이 V_e인 직선이 되어야 한다(그림 16-4). 만약에 반응의 이온 세기가 일정하다면, 활동도 계수가 일정하고, 식 16-17은 넓은 부피 범위에 걸쳐서 직선을 나타낸다. 만약에 적정 용액을 첨가함에 따라 이온 세기가 변한다면, V_e 직전 자료의 마지막 10~20%만을 이용한다.

녹말-아이오딘 착물

상당히 많은 분석 방법들은 아이오딘이 관여하는 산화-환원 적정에 기반을 두고 있다. 녹말[11]은 아이오딘과 진한 푸른색 착물을 형성하기 때문에, 이런 방법들에서 선택되는 지시약이다. 녹말은 산화-환원 지시약이 아니다. 녹말은 특별히 I_2가 존재할 때 감응을 나타내고, 산화-환원 전위의 변화에는 감응하지 않는다.

녹말의 활성 부분은 그림 16-5a에 나타낸 반복 단위를 갖는 α-D-글루코스의 고분자인 아밀로스이다. 아이오딘과 같은 작은 분자들은 나선으로 꼬인 고분자의 중심에 꼭 들어맞는다. 나선형 아밀로스 내에서 아이오딘 사슬이 형성되고 진한 푸른색으로 변한다. 가시

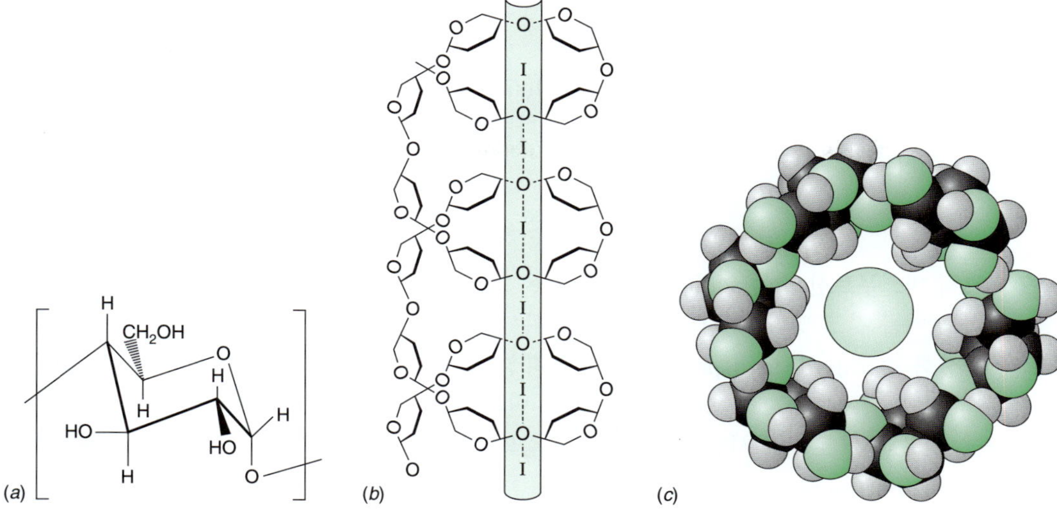

그림 16-5 (*a*) 아밀로스의 반복 단위의 구조. (*b*) 녹말-아이오딘 착물의 도식적 구조. 아밀로스 사슬은 아이오딘 사슬 주위로 나선을 형성한다. [원본 출처: A.T. Calabrese and A. Khan, "Amylose-Iodine Complex Formation with KI: Evidence for Absence of Iodide Ions within the Complex." *J. Polymer Sci.* **1999**, *A37*, 2711.] (*c*) 녹말 나선 구조를 내려다 본 모습. 나선 내부에 있는 아이오딘을 보여 준다.[11] [그림 제공: R.D. Hancock, Power Engineering, Salt Lake City.]

선 흡수 스펙트럼의 이론적 해석은 아밀로스의 아이오딘이 0.30 nm의 I−I 결합 길이를 갖는 I_6 단위로 존재한다는 것을 암시한다.[12] Raman 스펙트럼으로 얻은 아이오딘의 진동 주파수는 0.31 nm 근처의 I−I 결합 길이를 갖는 거의 선형의 무한히 긴 아이오딘 원자 사슬을 포함하는 것으로 알려진 결정의 진동 주파수와 동일하다.[13] 아밀로스에서 아이오딘의 구조는 여전히 해결되지 않은 문제로 남아 있다. 아밀로스 코일 내부에서 아이오딘에 대한 결합 능력은 0.26 g 아이오딘/g 아밀로스이며, 추가적인 아이오딘은 다른 곳에서 아밀로스에 느슨하게 부착되어 있다.[14]

녹말 지시약 만들기: 가용성 녹말 3 g이 물에 녹아 있는 반죽을 만들고, 이것을 500 mL의 끓는 물에 가한다. 10 g의 KOH를 가하고 섞은 뒤 2시간 동안 방치하여 현탁액이 안정되도록 한다. ~99.5 wt% 아세트산 3 mL를 첨가한다. 잘 섞은 다음 ~37 wt% HCl을 한 방울씩 첨가하여 pH를 4.0으로 만든다. 이 용액은 유리 마개 병에서 1년 동안 화학적으로 안정하다.

16-3 분석 물질의 산화 상태 조절

때로는 적정하기 전에 분석 물질의 산화 상태를 조절할 필요가 있다. 예를 들어 Mn^{2+}는 MnO_4^-로 **예비 산화(preoxidation)**될 수 있고, 그 후에 표준 Fe^{2+}로 적정될 수 있다. 예비 조절은 정량적이어야 하며, 이어지는 적정에서 방해되지 않도록 과량의 예비 조절 시약은 제거해야 한다.

예비 산화

여러 개의 강력한 산화제는 예비 산화 후 쉽게 제거될 수 있다. **과산화이황산 이온**[peroxydisulfate, $S_2O_8^{2-}$; **과황산 이온**(persulfate)이라고도 함]은 촉매로 Ag^+가 필요한 강력한 산화제이다.

$$S_2O_8^{2-} + Ag^+ \rightarrow 2SO_4^{2-} + \underset{\text{강력한 산화제}}{Ag^{3+}}$$

분석 물질의 산화가 완결된 후에 과량의 시약은 용액을 끓여서 파괴한다.

$$2S_2O_8^{2-} + 2H_2O \xrightarrow{\text{끓임}} 4SO_4^{2-} + O_2 + 4H^+$$

$S_2O_8^{2-}$와 Ag^+ 혼합물은 Mn^{2+}를 MnO_4^-로, Ce^{3+}를 Ce^{4+}로, Cr^{3+}를 $Cr_2O_7^{2-}$로, VO^{2+}를 VO_2^+로 산화시킨다.

진한 무기산에 녹아 있는 **산화 은**(I, III)(silver(I, III) oxide, $Ag^IAg^{III}O_2$, 보통 AgO로 씀)[15]은 $S_2O_8^{2-}/Ag^+$를 더한 것과 유사한 산화력을 가지고 있다. 과량의 Ag^{3+}는 끓여서 제거할 수 있다.

$$Ag^{3+} + H_2O \xrightarrow{\text{끓임}} Ag^+ + \tfrac{1}{2}O_2 + 2H^+$$

고체 **비스무트산 소듐**(sodium bismuthate, $NaBiO_3$)은 Ag^+에 $S_2O_8^{2-}$를 더한 것과 비슷한 산화 세기를 갖고 있다. 과량의 고체 산화제는 걸러서 제거한다.

과산화 수소(hydrogen peroxide)는 염기성 용액에서 좋은 산화제이다. 이것은 Co^{2+}를 Co^{3+}로, Fe^{2+}를 Fe^{3+}로, Mn^{2+}를 MnO_2로 변환시킨다. 산성 용액에서는 $Cr_2O_7^{2-}$를 Cr^{3+}로, MnO_4^-를 Mn^{2+}로 **환원**시킬 수도 있다. 과량의 H_2O_2는 끓는 물에서 자발적으로 **불균등화 반응(disproportionation)**을 일으킨다.

불균등화 반응에서, 반응물은 더 높은 산화 상태와 더 낮은 산화 상태의 생성물로 변환된다. 화합물은 그 자체를 산화시키고 환원시킨다.

$$2H_2O_2 \xrightarrow{\text{끓임}} O_2 + 2H_2O$$

실온에서 천천히 진행되는 H_2O_2의 불균등화 반응은 상처를 치료하는 소독약으로 사용되는 가정용 H_2O_2의 보관 수명을 제한한다.

도전: H_2O_2가 산화제로 작용하는 반쪽 반응과 환원제로 작용하는 반쪽 반응을 써 보라.

예비 환원

염화 주석(stannous chloride, $SnCl_2$)은 뜨거운 HCl에서 Fe^{3+}를 Fe^{2+}로 환원시킬 것이다. 과량의 환원제는 과량의 $HgCl_2$를 첨가해서 파괴한다.

$$Sn^{2+} + 2HgCl_2 \rightarrow Sn^{4+} + Hg_2Cl_2 + 2Cl^-$$

그 후에 Fe^{2+}는 산화제로 적정한다.

염화 크로뮴(chromous chloride)은 때때로 분석 물질을 더 낮은 산화 상태로 **예비 환원(prereduction)**시키는 데 사용하는 강력한 환원제이다. 과량의 Cr^{2+}는 공기 중의 O_2에 의해서 산화된다. **이산화 황**(sulfur dioxide)과 **황화 수소**(hydrogen sulfide)는 환원이 완결된 후에 산성 용액을 끓여서 제거할 수 있는 약한 환원제들이다.

중요한 예비 환원 기술 중 하나는 고체 환원제로 채워진 관을 사용하는 것이다. 그림 16-6은 아연 아말감으로 둘러싸인 아연을 포함하는 **Jones 환원기**(Jones reductor)를 보여 준다. **아말감(amalgam)**은 수은에 무엇인가가 들어 있는 용액이다. 아말감은 아연 알갱이와 2 wt% $HgCl_2$ 수용액을 10분 동안 혼합한 뒤 물로 씻어 만든다. 1 M H_2SO_4를 용매로 사용하여 Jones 환원기를 통과시키면 Fe^{3+}를 Fe^{2+}로 환원시킬 수 있다. 물로 관을 잘 씻고 씻은 액을 합친 다음, Fe^{3+}를 MnO_4^-, Ce^{4+}, $Cr_2O_7^{2-}$ 표준 용액으로 적정한다. 바탕값을 결정하기 위해서는 매트릭스만 포함된 용액을 미지 시료와 같은 방법으로 환원기를 통과시킨다.

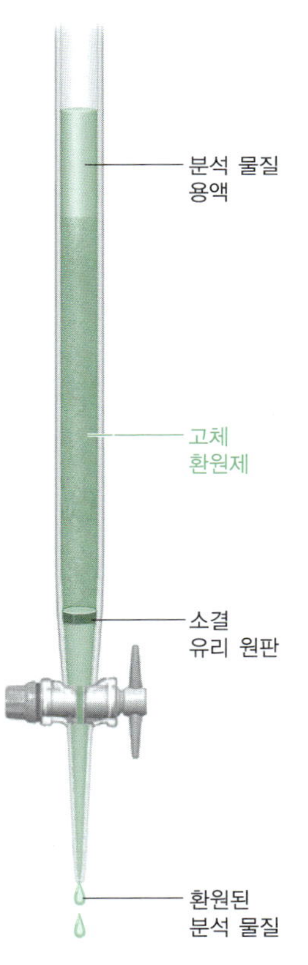

그림 16-6 분석 물질의 예비 환원에 사용되는 고체 시약이 채워진 관을 **환원기**라고 한다.

환원된 분석 물질 대부분은 공기 중의 산소에 의해 다시 산화된다. 산화를 막기 위해서, 환원된 분석 물질은 Fe^{3+}가 포함된 산성 용액에 모을 수 있다. Fe^{3+} 이온은 Fe^{2+}로 환원되는데, Fe^{2+}는 산성 용액에서 안정하다. 그 후에 Fe^{2+}를 산화제로 적정한다. 이러한 방법으로 Cr, Ti, V, Mo와 같은 원소들을 간접적으로 분석할 수 있다.

아연은 $Zn^{2+} + 2e^- \rightleftharpoons Zn(s)$ 반응에 대한 $E° = -0.80$ V인 강력한 환원제이어서, Jones 환원기는 매우 선택적이지는 않다. 고체 Ag와 1 M HCl로 채워진 **Walden 환원기**(Walden reductor)는 더 선택적이다. Ag | AgCl(0.222 V)에 대한 환원 전위는 충분히 높아서 Cr^{3+} 및 TiO^{2+}와 같은 화학종은 환원되지 못하고, 따라서 Fe^{3+}와 같은 금속을 분석하는 데 방해하지 않는다.

Jones 환원기나 다른 형태의 환원기에 들어 있는 수은은 독성 유해 물질을 생성하므로 사용을 최소화해야 하며, 대체 방법을 찾아야 한다. 다음 문장들은 유해한 카드뮴을 이용하여 환원하는 것에 대한 대체 방법을 어떻게 찾았는지 보여 준다.

미국 환경 규정은 음용수에서 NO_3^- 질소의 최대치를 10 ppm으로 정하고 있다. 금속 Cd는 물에 있는 NO_3^-의 측정에 가장 흔히 쓰이는 환원제였다. Cd를 채운 관을 통해서 NO_3^-를 통과시키면 NO_3^-는 분광 광도법 분석이 가능한 NO_2^-로 환원된다. 그러나 Cd는 독성이 있고 환경에 유해한 폐기물을 만들어 낸다.

따라서 Cd 대신 생물학적인 환원제인 β-니코틴아마이드 아데닌 다이뉴클레오타이드(NADH)를 사용하는 NO_3^-에 대한 상업적인 현장 측정법이 개발되었다. 유전공학적으로 만든 효모(yeast)에서 얻은 질산 이온 환원 효소는 다음 반응을 촉진시킨다.

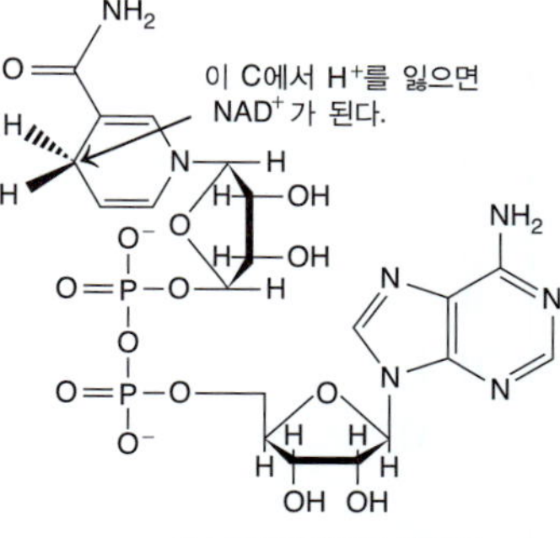

β-니코틴아마이드 아데닌 다이뉴클레오타이드(NADH)

$$\underset{\text{질산 이온}}{NO_3^-} + NADH + H^+ \xrightarrow[\text{pH 7}]{\text{질산 이온 환원 효소}} \underset{\text{아질산 이온}}{NO_2^-} + NAD^+ + H_2O$$

그 후 과량의 NADH는 NAD^+로 산화되어, 색이 있는 생성물을 형성하는 화학 반응에 의해 NO_2^-를 측정할 때 색이 나타나는 것을 방해하지 않도록 한다. 현장에서는 배터리로 작동하는 분광 광도계를 이용하여 0.05~10 ppm 범위의 질산성 질소를 색의 진하기로 측정한다. 현장 측정법을 수업 활동에 적용하여 수족관에 있는 NO_3^-를 측정한다.[16]

16-4 과망가니즈산 포타슘에 의한 산화

과망가니즈산 포타슘($KMnO_4$)은 진한 자주색의 강한 산화제이다. 강한 산성 용액(pH ≤ 1)에서 MnO_4^-는 무색의 Mn^{2+}로 환원된다.

$$\underset{\text{과망가니즈산 이온}}{MnO_4^-} + 8H^+ + 5e^- \rightleftharpoons \underset{\text{망가니즈(II) 이온}}{Mn^{2+}} + 4H_2O \qquad E° = 1.507 \text{ V}$$

중성 또는 알칼리성 용액에서 생성물은 갈색 고체인 MnO_2이다.

$$MnO_4^- + 4H^+ + 3e^- \rightleftharpoons \underset{\text{이산화 망가니즈}}{MnO_2(s)} + 2H_2O \qquad E° = 1.692 \text{ V}$$

강한 알칼리성 용액(2 M NaOH)에서 초록색 망가니즈산(VI) 이온이 생성된다.

$$MnO_4^- + e^- \rightleftharpoons \underset{\text{망가니즈산(VI) 이온}}{MnO_4^{2-}} \qquad E° = 0.56 \text{ V}$$

대표적인 과망가니즈산 이온 적정을 표 16-3에 나열하였다. 강한 산성 용액에서 적정을 하는 경우, 생성물인 Mn^{2+}는 무색이기 때문에 $KMnO_4$는 자체 지시약 역할을 한다. 종말점은 MnO_4^-의 연한 분홍색이 처음으로 지속적으로 나타나는 것으로 정한다. 만약 적정 용액이 너무 묽어서 볼 수가 없다면, 페로인 같은 지시약을 사용할 수도 있다.

$KMnO_4$는 산성 용액에서 자체 지시약으로 작용한다.

제조와 표준화

과망가니즈산 포타슘에는 언제나 미량의 MnO_2가 존재하기 때문에 일차 표준 물질이 아니다. 게다가 증류수는 대개 새롭게 준비한 MnO_4^-의 일부를 MnO_2로 환원시키기에 충분한 양의 유기물을 함유하고 있다. 0.02 M 저장 용액을 준비하기 위해, $KMnO_4$를 증류수에 녹이고, MnO_4^-와 유기 불순물 사이의 반응을 촉진하도록 한 시간 정도 끓인다. 그 결과 얻어지는 혼합물을 깨끗한 소결 유리(sintered glass) 필터로 여과하여 침전된 MnO_2를 제거한다. 거름종이를 사용하지 말라(유기물!). 시약은 검은색 유리병에 보관하라. 수용성 $KMnO_4$는 다음 반응으로 인해 불안정하다.

$KMnO_4$는 일차 표준 물질이 아니다.

$$4MnO_4^- + 2H_2O \rightarrow 4MnO_2(s) + 3O_2 + 4OH^-$$

이 반응은 MnO_2, Mn^{2+}, 열, 빛, 산, 염기 등이 없으면 느리다. 가장 정확한 측정을 하려면 과망가니즈산 이온을 자주 표준화해야 한다. 묽은 용액은 0.02 M 저장 용액과 $KMnO_4$를 이용하여 증류한 물로 새롭게 만들어서 표준화한다.

표 16-3 과망가니즈산 적정의 분석 응용

분석 화학종	산화 반응	비고
Fe^{2+}	$Fe^{2+} \rightleftharpoons Fe^{3+} + e^-$	Fe^{3+}는 Sn^{2+}나 Jones 환원기에 의해 Fe^{2+}로 환원된다. 적정은 1 M H_2SO_4 또는 Mn^{2+}, H_3PO_4, H_2SO_4가 포함된 1 M HCl에서 이루어진다. Mn^{2+}는 MnO_4에 의한 Cl^-의 산화를 억제한다. H_3PO_4는 노란색 Fe^{3+}-Cl^-착물이 형성되는 것을 방지하기 위해 Fe^{3+}와 착물을 형성한다.
$H_2C_2O_4$	$H_2C_2O_4 \rightleftharpoons 2CO_2 + 2H^+ + 2e^-$	25°C에서 적정 용액 95%를 첨가한 후에, 55~60°C에서 적정을 완결한다.
Br^-	$Br^- \rightleftharpoons \frac{1}{2}Br_2(g) + e^-$	$Br_2(g)$를 제거하기 위해서 끓는 2 M H_2SO_4 용액에서 적정한다.
H_2O_2	$H_2O_2 \rightleftharpoons O_2(g) + 2H^+ + 2e^-$	1 M H_2SO_4 용액에서 적정한다.
HNO_2	$HNO_2 + H_2O \rightleftharpoons NO_3^- + 3H^+ + 2e^-$	과량의 표준 $KMnO_4$를 첨가하고, 15분이 지난 후에 40°C에서 Fe^{2+}로 역적정한다.
As^{3+}	$H_3AsO_3 + H_2O \rightleftharpoons H_3AsO_4 + 2H^+ + 2e^-$	KI 또는 ICl 촉매로 1 M HCl에서 적정한다.
Sb^{3+}	$H_3SbO_3 + H_2O \rightleftharpoons H_3SbO_4 + 2H^+ + 2e^-$	2 M HCl에서 적정한다.
Mo^{3+}	$Mo^{3+} + 2H_2O \rightleftharpoons MoO_2^{2+} + 4H^+ + 3e^-$	Jones 환원기에서 Mo(VI)을 환원시키고, Mo^{3+}를 1 M H_2SO_4에 있는 과량의 Fe^{3+}에 넣는다. 생성된 Fe^{2+}를 적정한다.
W^{3+}	$W^{3+} + 2H_2O \rightleftharpoons WO_2^{2+} + 4H^+ + 3e^-$	50°C에서 Pb(Hg)로 W(VI)을 환원시키고, 1 M HCl 용액에서 적정한다.
U^{4+}	$U^{4+} + 2H_2O \rightleftharpoons UO_2^{2+} + 4H^+ + 2e^-$	Jones 환원기로 U(VI)를 U^{3+}로 환원시킨다. U^{4+}를 생성하기 위해서 공기에 노출시킨다. 그것을 1 M H_2SO_4 용액에서 적정한다.
Ti^{3+}	$Ti^{3+} + H_2O \rightleftharpoons TiO^{2+} + 2H^+ + e^-$	Jones 환원기로 Ti(IV)을 Ti^{3+}로 환원시키고, Ti^{3+}를 1 M H_2SO_4에 있는 과량의 Fe^{3+}에 넣는다. 생성된 Fe^{2+}를 적정한다.
Mg^{2+}, Ca^{2+}, Sr^{2+}, Ba^{2+}, Zn^{2+}, Co^{2+}, La^{3+}, Th^{4+}, Pb^{2+}, Ce^{3+}, BiO^+, Ag^+	$H_2C_2O_4 \rightleftharpoons 2CO_2 + 2H^+ + 2e^-$	옥살산 금속염을 침전시킨다. 산에서 녹이고, $H_2C_2O_4$를 적정한다.
$S_2O_8^{2-}$	$S_2O_8^{2-} + 2Fe^{2+} + 2H^+ \rightleftharpoons 2Fe^{3+} + 2HSO_4^-$	과산화이황산 이온을 H_3PO_4가 포함된 과량의 표준 Fe^{2+}에 첨가한다. 반응하지 않은 Fe^{2+}는 MnO_4^-로 적정한다.
PO_4^{3-}	$Mo^{3+} + 2H_2O \rightleftharpoons MoO_2^{2+} + 4H^+ + 3e^-$	$(NH_4)_3PO_4 \cdot 12MoO_3$가 침전되고, 그것을 H_2SO_4에 녹인다. Mo(IV)는 환원시키고(위와 같이), 적정한다.

과망가니즈산 포타슘은 반응 7-1과 같이 옥살산 소듐($Na_2C_2O_4$)을 이용하거나 순수한 전해 철선(electrolytic iron wire)을 이용한 적정으로 표준화될 수 있다. 실온에서, 건조된(105°C에서 2시간 동안) 옥살산 소듐(99.9~99.95% 순수한 일차 표준 물질로 구할 수 있다)을 1 M H_2SO_4에 녹이고 적정에 필요한 $KMnO_4$ 용액의 90~95%를 가한다. 그 후 용액을 55~60°C까지 가열하고 $KMnO_4$를 천천히 가해서 적정을 완결한다. 용액이 분홍색을 나타내는 데 필요한 적정 용액의 양(보통 한 방울)을 알아내기 위해 바탕값을 뺀다.

만약 순수한 Fe 선을 표준 물질로 이용한다면, 그것을 질소 분위기에서 따뜻한 1.5 M H_2SO_4에 녹인다. 생성물은 Fe^{2+}이며, 식힌 용액은 특별한 주의를 기울이지 않고도 $KMnO_4$(또는 다른 산화제들)를 표준화하는 데 사용될 수 있다. 용액 100 mL당 86 wt% H_3PO_4 5 mL를 첨가하는 것은 Fe^{3+}의 노란색을 가려주고 종말점을 더 쉽게 볼 수 있도록 해 준다. 황산 암모늄 철(II)$[Fe(NH_4)_2(SO_4)_2 \cdot 6H_2O]$과 황산 에틸렌다이암모늄 철(II)$[Fe(H_3NCH_2CH_2NH_3)(SO_4)_2 \cdot 2H_2O]$은 대부분의 경우에 일차 표준 물질이 될 정도로 충분히 순수하다.

16-5 Ce^{4+}에 의한 산화

Ce^{4+}에서 Ce^{3+}로의 환원은 산성 용액에서 매우 잘 진행된다. ClO_4^-, SO_4^{2-}, NO_3^-, Cl^- 같은 음이온은 Ce(IV)과 결합하기 때문에, 수화 이온 $Ce(H_2O)_n^{4+}$은 이들 음이온이 포함된 어떤 용액에도 존재하지 않는다. 음이온 결합은 다른 용액 속에서의 $Ce^{4+}|Ce^{3+}$ 형식 전위를 변화시킨다.

$$Ce^{4+} + e^- \rightleftharpoons Ce^{3+} \qquad \text{형식 전위} \begin{cases} 1.70\text{ V } (1\text{ F }HClO_4\text{에서}) \\ 1.61\text{ V } (1\text{ F }HNO_3\text{에서}) \\ 1.47\text{ V } (1\text{ F }HCl\text{에서}) \\ 1.44\text{ V } (1\text{ F }H_2SO_4\text{에서}) \end{cases}$$

다른 형식 전위는 각 용액에 다른 종류의 세륨 화학종이 존재한다는 것을 의미한다.

Ce^{4+}는 노란색이고 Ce^{3+}는 무색이지만, 색 변화는 세륨이 자체 지시약이 될 정도로 충분하지는 않다. 페로인과 그 밖의 치환된 페난트롤린 산화-환원 지시약(표 16-2)은 Ce^{4+}를 이용한 적정에 적합하다.

대부분의 방법에서 $KMnO_4$ 대신 Ce^{4+}를 사용할 수 있다. 실험 15-1에 있는 진동 반응에서 Ce^{4+}는 말론산을 CO_2와 폼산으로 산화시킨다.

$$\underset{\text{말론산}}{CH_2(CO_2H)_2} + 2H_2O + 6Ce^{4+} \rightarrow 2CO_2 + \underset{\text{폼산}}{HCO_2H} + 6Ce^{3+} + 6H^+$$

이 반응은 4 M $HClO_4$에 들어 있는 시료를 과량의 표준 Ce^{4+}와 함께 가열하고, 반응하지 않은 Ce^{4+}를 Fe^{2+}로 역적정함으로써 말론산의 정량 분석에 이용될 수 있다. 유사한 방법들이 여러 가지 알코올, 알데하이드, 케톤, 카복실산의 분석에 이용된다.

제조와 표준화

일차 표준급 시약인 육질산세륨(VI)산 암모늄[ammonium hexanitratocerate(IV), $(NH_4)_2Ce(NO_3)_6$]은 1 M H_2SO_4에 녹여 바로 사용할 수 있다. 비록 Ce^{4+}의 산화력 세기는 $HClO_4$ 또는 HNO_3 용액에서 더 크지만, 이들 용액은 물의 산화와 함께 광화학적 분해가 천천히 진행된다. 1.44 V의 환원 전위는 H_2O를 O_2로 산화시키기에 충분함에도 불구하고, Ce^{4+}는 H_2SO_4에서 매우 오랫동안 안정하다. 물과의 반응은 열역학적으로 유리하지만 느리다. HCl 용액은 뜨거울 때 Ce^{4+}가 Cl^-를 Cl_2로 빠르게 산화시키기 때문에 불안정하다. 분석 물질과의 반응은 빠른 반면, Cl^-와의 반응은 느리기 때문에 Ce^{4+}가 포함된 황산 용액은 HCl에 들어 있는 미지 시료의 적정에 사용될 수 있다. $Ce(HSO_4)_4$, $(NH_4)_4Ce(SO_4)_4 \cdot 2H_2O$와 $CeO_2 \cdot xH_2O$[$Ce(OH)_4$로도 불린다]를 포함하는 값싼 염들은 MnO_4^-에 대해 설명한 것과 같이 계속해서 $Na_2C_2O_4$나 Fe로 표준화하는 적정 용액을 준비하는 데 적합하다.

16-6 다이크로뮴산 포타슘에 의한 산화

다이크로뮴산 포타슘($K_2Cr_2O_7$)은 산화-환원 적정에 사용되는 일차 표준 물질이고, 그 용액은 안정하다. 산성에서, 주황색 다이크로뮴산 이온은 크로뮴(III) 이온으로 환원되는 강력한 산화제이다.

Cr(VI) 폐기물은 발암 물질이므로 배수구에 절대로 버리면 안 된다. 폐기 방법에 대해서 30쪽을 보라. 다른 시약이 있다면 다이크로뮴산 이온은 사용하지 말라.

$$\underset{\text{다이크로뮴산 이온}}{Cr_2O_7^{2-}} + 14H^+ + 6e^- \rightleftharpoons \underset{\text{크로뮴(III) 이온}}{2Cr^{3+}} + 7H_2O \qquad E^\circ = 1.36\text{ V}$$

1 M HCl 용액에서의 형식 전위는 1.00 V이고, 2 M H_2SO_4에서의 형식 전위는 1.11 V이다. 그러므로 다이크로뮴산 이온은 MnO_4^-나 Ce^{4+}보다는 약한 산화제이다. 염기성 용액에서, $Cr_2O_7^{2-}$는 산화력이 없는 노란색 크로뮴산 이온(CrO_4^{2-})으로 변환된다.

$$CrO_4^{2-} + 4H_2O + 3e^- \rightleftharpoons Cr(OH)_3(s, \text{수화물}) + 5OH^- \qquad E^\circ = -0.12\text{ V}$$

$^{-}O_3S$–⟨⟩–NH–⟨⟩–⟨⟩–NH–⟨⟩–SO_3^-

다이페닐벤지딘 설폰산염 (환원형, 무색)

↓

$^{-}O_3S$–⟨⟩–N=⟨⟩=⟨⟩=N–⟨⟩–SO_3^-

다이페닐벤지딘 설폰산염 (산화형, 보라색)

$+\ 2H^+ \ +\ 2e^-$

다이크로뮴산 이온은 주황색이고, Cr^{3+} 착물은 초록색에서부터 보라색까지의 색을 띠기 때문에, 다이페닐아민 설폰산(diphenylamine sulfonic acid) 또는 다이페닐벤지딘 설폰산(diphenylbenzidine sulfonic acid)과 같이 뚜렷한 색깔 변화를 일으키는 지시약이 다이크로뮴산의 종말점을 찾는 데 사용된다. 다른 방법으로는 Pt와 칼로멜 전극으로 반응을 추적 관찰할 수 있다.

다이크로뮴산 포타슘은 주로 Fe^{2+}를 정량하는 데 이용되며, Fe^{2+}를 Fe^{3+}로 산화시키는 화학종의 정량에 간접적으로 이용된다. 간접 분석에서는, 양을 아는 과량의 Fe^{2+}로 미지 시료를 처리한다. 그런 다음, 반응하지 않은 Fe^{2+}를 $K_2Cr_2O_7$으로 적정한다. 예를 들어 ClO_3^-, NO_3^-, MnO_4^- 및 유기 과산화물 등은 이 방법으로 분석할 수 있다. 보충 16-2는 수질 오염 분석에서 다이크로뮴산 이온의 사용에 대해 설명한다.

16-7 아이오딘이 포함된 방법

직접아이오딘 적정법: 아이오딘으로 적정
간접아이오딘 적정법: 화학 반응에 의해 생성된 아이오딘을 적정

환원 상태의 분석 물질을 아이오딘으로 적정할 때(I^-를 생성), 그 방법을 **직접아이오딘 적정법**(iodimetry)이라고 한다. **간접아이오딘 적정법**(iodometry)에서는, 산화 상태의 분석 물질에 과량의 I^-를 첨가하여 아이오딘을 생성시키고, 그런 다음 아이오딘을 표준 싸이오황산

보충 16-2 환경학적 탄소 분석과 산소 요구량

음용수와 산업 폐수는 탄소 함량이나 산소 요구량을 기준으로 규제되고 부분적으로 구별이 된다.[20] **무기 탄소**(IC: inorganic carbon)는 H_3PO_4를 사용하여 pH < 2로 만든 물에 아르곤이나 질소를 불어 넣을 때 방출되는 $CO_2(g)$이다. IC는 시료에 있는 CO_3^{2-}와 HCO_3^-에 해당된다. 무기 탄소를 제거한 후, **총 유기 탄소**(TOC: total organic carbon)는 남아 있는 유기 물질의 산화에 의해 생성된 CO_2이다.

TOC 분석: $$\text{유기 탄소} \xrightarrow[\text{금속 촉매}]{O_2/\sim700°C} CO_2$$

총 탄소(TC: total carbon)는 TOC와 IC의 합으로 정의된다.

각각의 산화 방법에 의해 모든 유기물이 산화되는 것은 아니기 때문에 산화 방법이 다르면 TOC 값도 달라진다. TOC는 어느 특정한 장치로 얻은 결과로 정의된다는 것이 최상이다.

열(thermal) 산화에 의해서 TOC를 측정하는 상업 기기들은 4~50 ppb(4~50 μg C/L)의 검출 한계를 갖는다. 일반적인 20 μL 물 시료는 CO_2를 측정하기 위해 적외선 흡수를 사용해서 3분 안에 분석된다. 다른 기기들은 pH 3.5의 물에 있는 고체 TiO_2 촉매(0.2 g/L) 서스펜션에 자외선을 쬐어서 유기물을 산화시키는데, 자외선은 TiO_2에 전자-정공 쌍(15-8절)을 만들어 낸다.[21] 정공은 H_2O를 수산화 라디칼(HO·)로 산화시키는데, 이것은 유기 탄소를 CO_2로 변환시키는 강력한 산화제이고, CO_2는 탄산의 전기 전도도로 측정된다(순수한 TiO_2는 가시광선을 거의 흡수하지 않아서, 태양 빛을 효율적으로 이용할 수 없다. TiO_2를 약 1 wt% 탄소로 도핑하면 가시광선 사용의 효율이 현저하게 증가한다[22]). 광분해 환경 탄소 분석기는, 산에서 $K_2S_2O_8$(과황산 포타슘)이 자외선에 노출되어 황산 라디칼(SO_4^{2-}가 아니라 SO_4^-)이 생성되는데, 그 라디칼은 유기 물질을 CO_2로 산화시킨다. 다른 기기들은 수용성 $K_2S_2O_8$을 100°C까지 가열하여 황산 라디칼을 만든다.

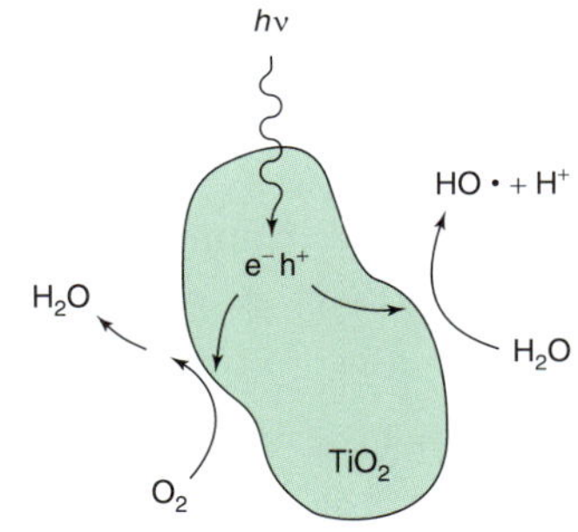

TiO_2에 흡수된 자외선은 전자-정공 쌍을 생성시킨다. 정공은 H_2O를 강력한 산화제인 HO·으로 산화시킨다. 연쇄 반응으로 전자는 O_2를 H_2O로 환원시킨다. TiO_2는 촉매이며, 알짜 반응에서 O_2가 소모된다. 알짜 반응: 유기 탄소 + $O_2 \rightarrow CO_2$

TOC는 폐수 방류법의 준수 여부를 결정하는 데 널리 사용된다. 생활 폐수 및 산업 폐수는 보통 TOC > 1 mg C/mL이다. 수돗물의 TOC는 50~500 ng C/mL이다. 전자 산업용 초순수는 TOC < 1 ng C/mL이다.

총 산소 요구량(TOD: total oxygen demand)은 폐수에 있는 오염 물질을 완전히 연소하는 데 O_2가 얼마나 필요한지를 알려준다. 양을 미리 알고 있는 O_2가 포함된 일정 부피의 N_2를 시료와 섞은 후 900°C에서 촉매를 통과시켜서 완전 연소가 되게 한다. 남은 O_2는 전자 센서로 측정된다. 폐수에 들어 있는 서로 다른 화학종은 서로 다른 양의 O_2를 소비한다. 예를 들어 요소는 폼산보다 5배 많은 O_2를 소비한다. NH_3와 H_2S 같은 화학종들도 TOD에 기여한다.

오염 물질은 다이크로뮴산 이온($Cr_2O_7^{2-}$)으로 환류하여 산화시킬 수 있다. **화학적 산소 요구량**(COD: chemical oxygen demand)은 이 과정에서 소비된 $Cr_2O_7^{2-}$와 화학적으로 동등한 O_2로 정의된다. 각 $Cr_2O_7^{2-}$는 $6e^-$를 소비하고($2Cr^{3+}$ 형성), 각각의 O_2는 $4e^-$를 소비한다(H_2O 형성). 따라서 이 계산의 경우, $Cr_2O_7^{2-}$ 1 mol은 O_2 1.5 mol에 해당한다. COD 분석은 Ag^+ 촉

(thiosulfate) 용액으로 적정한다.

아이오딘 분자는 물에 약간만 녹지만(20°C에서 1.3 mM), 용해도는 아이오딘화 이온과의 착물 형성을 통해 크게 증가한다.

$$\underset{\text{아이오딘}}{I_2(aq)} + \underset{\text{아이오딘화 이온}}{I^-} \rightleftharpoons \underset{\text{트라이아이오딘화 이온}}{I_3^-} \qquad K = 7 \times 10^2$$

물에 1.5 mM I_2 + 1.5 mM KI로 만든 용액은 다음과 같은 화학종과 농도를 포함한다.[17]

0.9 mM I_2	5 μM I_5^-
0.9 mM I^-	40 nM I_6^{2-}
0.6 mM I_3^-	0.3 μM HOI

적정에 흔히 사용되는 0.05 M I_3^- 용액은 0.12 mol KI와 0.05 mol I_2를 물 1 L에 녹여 만든다. 적정 용액으로 아이오딘을 사용한다는 것은, 항상 I_2에 과량의 I^-가 첨가된 용액을 사용한다는 것을 의미한다.

녹말 지시약의 이용

녹말(그림 16-5)은 아이오딘에 대한 지시약이다. 색을 띤 다른 화학종이 없는 용액에서 약 5 μM I_3^-의 색을 볼 수 있다. 녹말 지시약을 사용하면, 검출 한계가 10배 낮아진다.

직접아이오딘 적정법(I_3^-로 적정)에서, 녹말은 적정을 시작할 때에 첨가될 수 있다. 당량점 이후에 과량의 I_3^- 첫 방울은 용액을 진한 푸른색으로 변하게 한다.

매가 포함된 H_2SO_4에 들어 있는 과량의 표준 $Cr_2O_7^{2-}$로 오염된 물을 2시간 동안 환류시켜 진행한다. 반응하지 않은 $Cr_2O_7^{2-}$는 Fe^{2+} 표준 용액으로 적정하거나 분광법으로 측정한다. 산업용 허가에는 폐수의 COD 한계치가 포함될 수 있다. 유럽에서 사용되는 '산화력(oxidizability)'은 COD와 유사하다. 산화력은 100°C의 산성 용액에서 과망가니즈산 이온을 10분 동안 환류(reflux)시켜 측정한다. 한 개의 MnO_4^-는 5개의 전자를 소비하고 화학적으로 O_2 1.25개와 동등하다. TiO_2를 이용하는 광산화 또는 붕소가 도핑된 다이아몬드 전극에 2.5 V(Ag|AgCl에 대해)를 가해[24] 유기 탄소를 CO_2로 산화시키는 것에 기반을 둔 전기 화학적 방법(문제 17-24)은 $Cr_2O_7^{2-}$나 MnO_4^-로 환류하는 것을 대체할 수 있다.

생화학적 산소 요구량(BOD: biochemical oxygen demand)은 수생 미생물에 의한 유기물의 분해에 필요한 O_2이다.[25,26] 건강한 자연수의 BOD는 2~3 mg O_2/L이다. 오염된 물은 10~30 mg O_2/L가 필요할 수 있고 하수는 BOD > 1000 mg O_2/L이다. BOD 측정은 미생물이 폐기물에서 유기물을 대사하는 동안 20°C의 어둠 속에서 5일 동안 공간이 전혀 없는 밀폐된 폐수 용기에서 배양하는 것을 필요로 한다. 용존 O_2는 배양 전후에 Clark 전극(보충 17-2)으로 측정된다. 그 차이가 BOD이다. BOD는 또한 물에 있을 수도 있는 HS^- 및 Fe^{2+}와 같은 화학종을 측정한다. NH_3와 같은 질소 화학종의 산화를 막기 위해 억제제를 가한다. BOD와 동등한 정보를 제공하는 신속한 분석법을 개발하는 것에 관심이 있다. 이런 목표는 유기물의 박테리아 분해에 대한 전자 저장소로 이용되는 O_2를 $Fe(CN)_6^{3-}$로 대체하여 달성할 수 있다. $Fe(CN)_6^{3-}$는 단지 세 시간이 필요하며, 결과는 5일 걸리는 표준 방법과 비슷하다.[27]

결합 질소(bound nitrogen)에는 N_2를 제외하고 물에 용해된 모든 질소 함유 화합물이 포함된다. 11-8절에서 설명된 Kjeldahl 질소 분석법은 아민과 아마이드에 대해서는 성공적이지만, 많은 다른 형태의 질소에는 감응하지 않는다. 연소는 수용성 시료에 있는 거의 대부분의 질소를 NO로 변환시킬 수 있고, NO는 오존과 반응 후에 화학 발광법으로 측정될 수 있다.

결합 질소 분석:

$$\text{질소 화합물} \xrightarrow[\text{촉매}]{O_2/\sim 1\,000°C} \text{NO}$$

$$\underset{\text{아산화 질소}}{NO} + \underset{\text{오존}}{O_3} \rightarrow \underset{\text{이산화 질소 들뜬 전자 상태}}{NO_2^*}$$

$$NO_2^* \rightarrow NO_2 + \underset{\text{특정 파장의 빛 방출}}{h\nu}$$

아자이드(N_3^-)와 하이드라진($RNHNH_2$)은 연소에 의해 정량적으로 NO로 변환되지 않는다. 폐수 배출 규정을 준수하기 위해서는 결합 질소 측정이 필요하다.

빛을 쪼이기 전의 TiO_2가 섞인 PVC

20일 동안 빛을 쪼인 후

'녹색 아이디어': TiO_2는 PVC 플라스틱에 혼합될 수 있고, 혼합된 플라스틱은 햇빛에 의해 분해된다.[28] 보통의 PVC는 폐기된 후에 도시 매립지에 오랫동안 분해되지 않고 남아 있다. TiO_2가 섞인 PVC는 짧은 시간 안에 분해된다. [제공: H. Hidaka and S. Horikoshi, Meisei University, Tokyo. S. Horikoshi, N. Serpone, Y. Hisamatsu and H. Hidaka, *Environ. Sci. Technol.* **1998**, *32*, 4010, Figures 1b and 1c. Reprinted with permission ©1998, American Chemical Society.]

녹말을 사용하는 또 다른 방법은 격렬하게 저어주면서 적정 용기에 수 밀리리터의 *p*-자일렌을 첨가하는 것이다. 종말점 근처에서는 매번 적정 용액을 가한 후, 유기층의 색을 살피기에 충분한 시간 동안 젓는 것을 멈춘다. I_2는 물에서보다 *p*-자일렌에서 400배 정도 더 잘 녹고, 그 색은 유기층에서 쉽게 검출된다.[18]

간접아이오딘 적정법(I_3^-의 적정)에서 I_3^-는 당량점에 도달할 때까지 반응 내내 존재한다. **녹말은 당량점 직전까지 절대로 첨가해서는 안 된다**(I_3^-의 색이 옅어지는 것으로 당량점을 눈으로 검출할 수 있다. 천연색 사진 12). 그렇지 않으면 일부의 아이오딘은 당량점에 도달한 이후에도 녹말 입자와 결합한 채로 존재하는 경향이 있다.

녹말-아이오딘 착물의 형성은 온도에 의존한다. 50°C에서는 25°C에서의 색 세기의 1/10밖에 되지 않는다. 만약 최대의 감도가 필요하면, 얼음물에서 식히는 것을 추천한다.[19] 유기용매는 녹말에 대한 아이오딘의 친화력을 감소시켜서 지시약의 효용성을 크게 감소시킨다.

I_3^- 용액의 제조와 표준화

고체 I_2 및 I_3^- 수용액 위에는 유독성 I_2의 상당한 증기압이 있다. I_2나 I_3^-가 포함된 용기는 반드시 마개를 씌우고 후드 안에 보관해야 한다. I_3^- 폐기 용액은 개방된 실험실의 하수구에 버려서는 안된다.

트라이아이오딘화 이온(I_3^-)은 과량의 KI에 고체 I_2를 녹여 만든다. 승화된 I_2는 일차 표준 물질로 사용하기에 충분할 정도로 순도가 높지만, 무게를 잴 때 증발하기 때문에 표준 물질로 거의 사용하지 않는다. 그 대신 대략적인 무게를 빨리 측정하고, I_3^- 용액을 순수한 분석 물질이나 순수한 $Na_2S_2O_3$로 표준화한다.

과량의 I^-는 공기에 의해 천천히 산화되기 때문에, 산성 I_3^- 용액은 불안정하다.

$$6I^- + O_2 + 4H^+ \rightarrow 2I_3^- + 2H_2O$$

HOI 하이포아이오딘산
IO_3^- 아이오딘산 이온

중성 용액에서는 열, 빛, 금속 이온이 존재하지 않으면 산화는 중요하지 않다. pH ≳ 11에서 트라이아이오딘화 이온은 하이포아이오딘산, 아이오딘산 이온 그리고 아이오딘화 이온으로 불균등화 반응이 진행된다.

표준 I_3^-를 만드는 좋은 방법은 약간 과량의 KI에 일차 표준 물질인 아이오딘산 포타슘(KIO_3) 일정량을 첨가하는 것이다.[29] 그 후에 과량의 강산(pH ≈ 1)을 첨가하여, 정량적인 역불균등화 반응에 의해 I_3^-가 형성되도록 한다.

$$IO_3^- + 8I^- + 6H^+ \rightleftharpoons 3I_3^- + 3H_2O \qquad \textbf{(16-18)}$$

새롭게 산성화시킨 아이오딘산 이온과 아이오딘화 이온의 혼합 용액은 싸이오황산 이온의 표준화에 사용될 수 있다. I_3^-는 즉시 사용해야 한다. 그렇지 않으면 공기에 의해 산화될 것이다. KIO_3의 단점은 KIO_3가 받아들이는 전자 수에 비해 분자량이 작다는 것이다. 이것은 용액을 준비할 때 허용되는 무게 측정 오차보다 더 큰 오차를 유발한다.

싸이오황산 소듐의 이용

싸이오황산 소듐은 트라이아이오딘화 이온에 대해 거의 보편적인 적정 용액이다. 중성이나 산성 용액에서, 트라이아이오딘화 이온은 싸이오황산 이온을 테트라싸이온산 이온으로 산화시킨다.

$$I_3^- + 2S_2O_3^{2-} \rightleftharpoons 3I^- + O{=}\overset{\overset{\displaystyle O}{\|}}{\underset{\underset{\displaystyle O^-}{|}}{S}}-S-S-\overset{\overset{\displaystyle O}{\|}}{\underset{\underset{\displaystyle O^-}{|}}{S}}{=}O \qquad \textbf{(16-19)}$$

싸이오황산 이온　　　테트라싸이온산 이온

반응 16-19에서 I_3^- 1 mol은 I_2 1 mol과 동등하다. I_2와 I_3^-는 평형 $I_2 + I^- \rightleftharpoons I_3^-$를 통해서 상호 교환이 가능하다. 염기성 용액에서 I_3^-는 I^- 및 HOI로 불균등화 반응을 일으키며, HOI는 $S_2O_3^{2-}$를 SO_4^{2-}로 산화시킬 수 있다. 반응 16-19는 pH 9 이하에서 진행되어야 한다. 산성 I_3^- 용액을 적정할 수 있지만, N_2로 둘러싸서 공기에 의한 산화로부터 보호되어야 한다. 싸이오황산염의 흔한 형태인 $Na_2S_2O_3 \cdot 5H_2O$는 일차 표준 물질로 사용될 만큼 충분히 순수하지는 않다. 대신, 싸이오황산 용액은 일반적으로 KIO_3에 KI를 더해 새로이 만든 I_3^- 용액과의 반응을 통해 표준화한다.

무수(anhydrous) 일차 표준 물질 $Na_2S_2O_3$는 오수화물로부터 만들 수 있다.[30]

안정한 $Na_2S_2O_3$ 용액은 고순도의, 갓 끓인 증류수에 시약을 용해시켜 만들 수 있다. 용존

표 16-4 표준 트라이아이오딘화 이온으로 적정(직접아이오딘 적정법)

분석 화학종	산화 반응	비고
As^{3+}	$H_3AsO_3 + H_2O \rightleftharpoons H_3AsO_4 + 2H^+ + 2e^-$	$NaHCO_3$ 용액에서 I_3^-로 직접 적정한다.
Sn^{2+}	$SnCl_4^{2-} + 2Cl^- \rightleftharpoons SnCl_6^{2-} + 2e^-$	1 M HCl에서 Pb 또는 Ni 알맹이로 Sn(IV)를 Sn(II)로 환원시키고, 산소가 없는 곳에서 적정한다.
N_2H_4	$N_2H_4 \rightleftharpoons N_2 + 4H^+ + 4e^-$	$NaHCO_3$ 용액에서 적정한다.
SO_2	$SO_2 + H_2O \rightleftharpoons H_2SO_3$ $H_2SO_3 + H_2O \rightleftharpoons SO_4^{2-} + 4H^+ + 2e^-$	묽은 산 용액에서 과량의 표준 I_3^-에 SO_2(또는 H_2SO_3, HSO_3^-, SO_3^{2-})를 첨가한다. 그리고 반응하지 않은 I_3^-를 표준 싸이오황산으로 역적정한다.
H_2S	$H_2S \rightleftharpoons S(s) + 2H^+ + 2e^-$	1 M HCl 용액에서 과량의 I_3^-에 H_2S를 첨가한다. 그리고 싸이오황산으로 역적정한다.
Zn^{2+}, Cd^{2+}, Hg^{2+}, Pb^{2+}	$M^{2+} + H_2S \rightarrow MS(s) + 2H^+$ $MS(s) \rightleftharpoons M^{2+} + S + 2e^-$	금속 황화물로 침전시키고 씻는다. 그것을 3 M HCl 용액에서 과량의 표준 I_3^-로 녹인다. 싸이오황산으로 역적정한다.
시스테인, 글루타싸이온, 싸이오글리콜산, 머캅토에탄올	$2RSH \rightleftharpoons RSSR + 2H^+ + 2e^-$	pH 4~5에서 설프하이드릴(sulfhydryl) 화합물을 I_3^-로 적정한다.
HCN	$I_2 + HCN \rightleftharpoons ICN + I^- + H^+$	*p*-자일렌을 추출 지시약으로 사용하여 탄산염-탄산수소염 완충 용액에서 적정한다.
$H_2C{=}O$	$H_2CO + 3OH^- \rightleftharpoons HCO_2^- + 2H_2O + 2e^-$	미지 시료에 NaOH와 과량의 I_3^-를 첨가한다. 5분 후에 HCl을 첨가하고, 싸이오황산으로 역적정한다.
글루코스 (및 다른 환원당들)	$RC(=O)H + 3OH^- \rightleftharpoons RCO_2^- + 2H_2O + 2e^-$	시료에 NaOH와 과량의 I_3^-를 첨가한다. 5분 후 HCl을 첨가하고, 싸이오황산으로 역적정한다.
아스코브산 (바이타민 C)	아스코브산염 + $H_2O \rightleftharpoons$ 데하이드로아스코브산염 + $2H^+ + 2e^-$	I_3^-로 직접 적정한다.
H_3PO_3	$H_3PO_3 + H_2O \rightleftharpoons H_3PO_4 + 2H^+ + 2e^-$	$NaHCO_3$ 용액에서 적정한다.

CO_2는 용액을 산성으로 만들고 $S_2O_3^{2-}$의 불균등화 반응을 촉진한다.

$$\underset{}{S_2O_3^{2-}} + H^+ \rightleftharpoons \underset{\text{아황산수소 이온}}{HSO_3^-} + \underset{\text{황}}{S(s)} \qquad \textbf{(16-20)}$$

그리고 금속 이온은 싸이오황산 이온의 공기 산화를 촉진한다.

$$2Cu^{2+} + 2S_2O_3^{2-} \rightarrow 2Cu^+ + S_4O_6^{2-}$$

$$2Cu^+ + \frac{1}{2}O_2 + 2H^+ \rightarrow 2Cu^{2+} + H_2O$$

싸이오황산 용액은 어두운 곳에 보관해야 한다. 용액 1 L당 탄산 소듐 0.1 g을 첨가하여 용액의 안정성에 필요한 최적의 pH 범위를 유지한다. 싸이오황산 용액이 담긴 각 용기에 첨가된 세 방울의 클로로폼은 박테리아의 성장을 막는 데 도움이 된다. 산성의 싸이오황산 용액은 불안정하지만, 그 시약은 트라이아이오딘화 이온과의 반응이 반응 16-20보다 더 빠르기 때문에 산성 용액에서 I_3^-를 적정하는 데 사용될 수 있다.

아이오딘의 분석적 응용

환원제는 녹말 존재하에 녹말-아이오딘 종말점의 진한 푸른색에 도달할 때까지 표준 I_3^-로 직접 적정할 수 있다(표 16-4). 다음 예는 바이타민 C의 직접아이오딘 적정법 분석이다.

환원제 + $I_3^- \rightarrow 3I^-$

표 16-5 화학 반응으로 생성된 아이오딘을 적정(간접아이오딘 적정법)

분석 화학종	산화 반응	비고
Cl_2	$Cl_2 + 3I^- \rightleftharpoons 2Cl^- + I_3^-$	묽은 산에서 반응
$HOCl$	$HOCl + H^+ + 3I^- \rightleftharpoons Cl^- + I_3^- + H_2O$	0.5 M H_2SO_4에서 반응
Br_2	$Br_2 + 3I^- \rightleftharpoons 2Br^- + I_3^-$	묽은 산에서 반응
BrO_3^-	$BrO_3^- + 6H^+ + 9I^- \rightleftharpoons Br^- + 3I_3^- + 3H_2O$	0.5 M H_2SO_4에서 반응
IO_3^-	$2IO_3^- + 16I^- + 12H^+ \rightleftharpoons 6I_3^- + 6H_2O$	0.5 M HCl에서 반응
IO_4^-	$2IO_4^- + 22I^- + 16H^+ \rightleftharpoons 8I_3^- + 8H_2O$	0.5 M HCl에서 반응
O_2	$O_2 + 4Mn(OH)_2 + 2H_2O \rightleftharpoons 4Mn(OH)_3$ $2Mn(OH)_3 + 6H^+ + 3I^- \rightleftharpoons 2Mn^{2+} + I_3^- + 6H_2O$	시료를 Mn^{2+}, NaOH, KI로 처리한다. 1분 후 H_2SO_4로 산성으로 만들고, I_3^-로 적정한다.
H_2O_2	$H_2O_2 + 3I^- + 2H^+ \rightleftharpoons I_3^- + 2H_2O$	1 M H_2SO_4에서 반응
O_3^a	$O_3 + 3I^- + 2H^+ \rightleftharpoons O_2 + I_3^- + H_2O$	O_3를 중성인 2 wt% KI 용액에 통과시킨다. H_2SO_4를 첨가하고 적정한다.
NO_2^-	$2HNO_2 + 2H^+ + 3I^- \rightleftharpoons 2NO + I_3^- + 2H_2O$	I_3^-의 적정에 앞서서 산화 질소를 제거한다(즉석에서 생성된 CO_2를 불어 넣어 거품이 일도록 한다).
As^{5+}	$H_3AsO_4 + 2H^+ + 3I^- \rightleftharpoons H_3AsO_3 + I_3^- + H_2O$	5 M HCl에서 반응
$S_2O_8^{2-}$	$S_2O_8^{2-} + 3I^- \rightleftharpoons 2SO_4^{2-} + I_3^-$	중성 용액에서 반응. 그 후 산성으로 만들고 적정한다.
Cu^{2+}	$2Cu^{2+} + 5I^- \rightleftharpoons 2CuI(s) + I_3^-$	NH_4HF_2를 완충 용액으로 사용
$Fe(CN)_6^{3-}$	$2Fe(CN)_6^{3-} + 3I^- \rightleftharpoons 2Fe(CN)_6^{4-} + I_3^-$	1 M HCl에서 반응
MnO_4^-	$2MnO_4^- + 16H^+ + 15I^- \rightleftharpoons 2Mn^{2+} + 5I_3^- + 8H_2O$	0.1 M HCl에서 반응
MnO_2	$MnO_2(s) + 4H^+ + 3I^- \rightleftharpoons Mn^{2+} + I_3^- + 2H_2O$	0.5 M H_3PO_4 또는 HCl에서 반응
$Cr_2O_7^{2-}$	$Cr_2O_7^{2-} + 14H^+ + 9I^- \rightleftharpoons 2Cr^{3+} + 3I_3^- + 7H_2O$	0.4 M HCl에서 반응이 완결되려면 5분이 필요하고, 그 반응은 공기 산화에 특히 예민하다.
Ce^{4+}	$2Ce^{4+} + 3I^- \rightleftharpoons 2Ce^{3+} + I_3^-$	1 M H_2SO_4에서 반응

a. O_3를 I^-에 첨가할 때에는 반드시 pH가 7 이상이어야 된다. 산성 용액에서 한 개의 O_3는 한 개의 I_3^-가 아닌 1.25개의 I_3^-를 만든다. [N. V. Klassen, D. Marchington, and H. C. E. McGowan, *Anal. Chem.* **1994,** *66*, 2921.]

$$\text{아스코브산} + I_3^- + H_2O \rightarrow \text{데하이드로 아스코브산} + 3I^- + 2H^+$$

아스코브산 (바이타민 C)　　데하이드로 아스코브산[31]

산화제 + $3I^- \rightarrow I_3^-$

산화제는 과량의 I^-로 처리하여 I_3^-를 만들 수 있다(표 16-5, 보충 16-3). 간접아이오딘 분석은 유리된 I_3^-를 표준 싸이오황산으로 적정하는 것으로 완결된다. 녹말은 종말점 직전까지 첨가하지 않는다.

보충 16-3 고온 초전도체의 간접아이오딘 적정법 분석

초전도체의 중요한 응용은 의료용 자기 공명 영상(MRI)에 필요한 강력한 전자석에 있다. 그런 자석에 있는 평범한 전도체는 막대한 양의 전력을 필요로 한다. 전기는 아무런 저항이 없이 초전도체를 통해서 흐르기 때문에, 일단 전류가 흐르기 시작하면 전압은 전자기석 코일에서 제거될 수 있다. 전류는 전력 소비 없이도 계속 흐른다.

초전도체 기술에서 획기적인 발전은 이트륨 바륨 구리 산화물($YBa_2Cu_3O_7$)의 발견[32]에서 비롯되었고, 그 결정 구조를 아래에 나타내었다. 그 물질은 가열하면 Cu—O 사슬로부터 산소 원자를 쉽게 잃고, $YBa_2Cu_3O_7$에서 $YBa_2Cu_3O_6$ 사이의 어떤 조성도 관찰될 수 있다.

고온 초전도체가 발견되었을 때, 화학식 $YBa_2Cu_3O_x$에 있는 산소의 함량은 알지 못했다. $YBa_2Cu_3O_7$은 흔치 않은 산화 상태의 조합을 나타낸다. 이트륨과 바륨의 일반적인 상태는 Y^{3+}와 Ba^{2+}이며, 구리의 일반적인 상태는 Cu^{2+}와 Cu^{+}이다. 만약 모든 구리가 Cu^{2+}라면, 초전도체의 화학식은 +13의 양이온 전하와 −13의 음이온 전하로 이루어진 $(Y^{3+})(Ba^{2+})_2(Cu^{2+})_3(O^{2-})_{6.5}$가 될 것이다. $YBa_2Cu_3O_7$이라는 조성은 Cu^{3+}가 필요하며, 그것은 매우 드물다.[33] 형식상으로, $YBa_2Cu_3O_7$은 +14의 양이온 전하와 −14의 음이온 전하로 이루어진 $(Y^{3+})(Ba^{2+})_2(Cu^{2+})_2(Cu^{3+})(O^{2-})_7$로 생각될 수 있다.

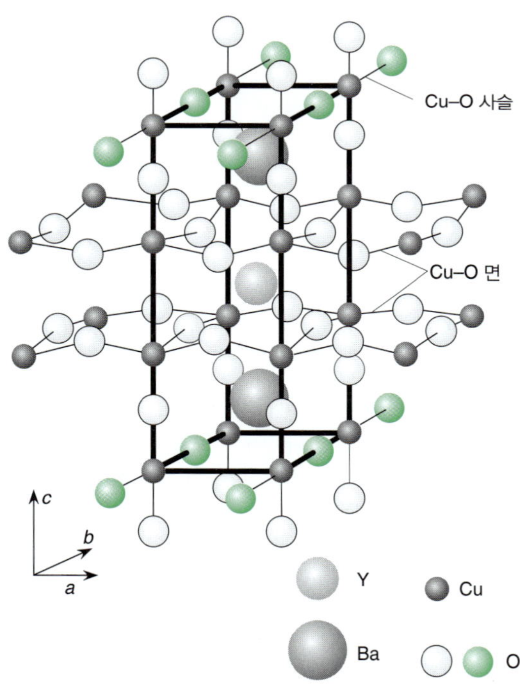

$YBa_2Cu_3O_7$의 구조. 일차원 Cu—O 사슬(색으로 나타냄)은 결정축 *b*를 따라 뻗어 있다. 이차원 Cu—O 얇은 판은 *a*−*b* 평면에 놓여 있다. 높은 온도에서 색을 띤 산소 원자가 사슬에서 빠져나가면 $YBa_2Cu_3O_6$가 생성된다. [출처: G. F. Holland and A. M. Stacy, "Physical Properties of the Quaternary Oxide Superconductor $YBa_2Cu_3O_6$," *Acc. Chem. Res.* **1988**. *21*. 8.]

산화-환원 적정은 구리의 산화 상태를 측정하고, 이를 통해 $YBa_2Cu_3O_x$의 산소량을 추론할 수 있는 가장 신뢰할 만한 방법이라는 것이 증명되었다.[34] 간접아이오딘법에는 두 종류의 실험 방법이 있다.

실험 A에서는 $YBa_2Cu_3O_x$를 묽은 산에 녹인다. 그때 Cu^{3+}는 Cu^{2+}로 변환된다. 간단히 하기 위해, $YBa_2Cu_3O_7$에 대해 반응을 쓰지만, $x \neq 7$에 대한 반응식들의 균형도 맞출 수 있다.[35]

$$YBa_2Cu_3O_7 + 13H^+ \rightarrow Y^{3+} + 2Ba^{2+} + 3Cu^{2+} + \frac{13}{2}H_2O + \frac{1}{4}O_2 \quad (1)$$

전체 구리의 양은 아이오딘화 이온으로 처리하여 생성된 트라이아이오딘화 이온을 반응 16-19에 따라 표준 싸이오황산으로 적정함으로써 측정한다.

$$Cu^{2+} + \frac{5}{2}I^- \rightarrow CuI(s) + \frac{1}{2}I_3^- \quad (2)$$

$YBa_2Cu_3O_7$의 구리 1 mol은 실험 A에서 $S_2O_3^{2-}$ 1 mol에 해당한다.

실험 B에서는 $YBa_2Cu_3O_x$를 과량의 I^-가 들어 있는 묽은 산에 녹인다. 1 mol의 Cu^{2+}는 반응 (2)에 따라 0.5 mol의 I_3^-를 만들고, 1 mol의 Cu^{3+}는 1 mol의 I_3^-를 만든다.

$$Cu^{3+} + 4I^- \rightarrow CuI(s) + I_3^- \quad (3)$$

실험 A에서 필요한 $S_2O_3^{2-}$의 몰수는 초전도체에 있는 구리의 전체 몰수와 같다. 실험 B와 A에서 필요한 $S_2O_3^{2-}$의 차이로부터 Cu^{3+} 양을 알 수 있다. 이 차이로부터 화학식 $YBa_2Cu_3O_x$에 있는 x를 알 수 있다.[36]

비록 화학식에 Cu^{3+}를 포함시켜 화학식 $YBa_2Cu_3O_7$에 있는 양이온과 음이온의 전하 균형을 맞출 수 있지만, 결정 안에 별도의 Cu^{3+} 이온이 존재한다는 증거는 없다. 산소가 과산화 이온(O_2^{2-})의 형태로 존재한다는 증거도 없다. 과산화 이온 또한 양이온과 음이온의 전하 균형을 맞출 것이다. 고체 결정에서의 원자가 상태를 가장 적절하게 설명하는 것은 Cu—O 면과 사슬에 비편재된 전자와 정공을 포함하는 것이다. 그럼에도 불구하고 Cu^{3+}의 형식적인 표현과 반응 1에서 반응 3까지는 $YBa_2Cu_3O_7$의 산화-환원 화학을 정확하게 설명하고 있다. 문제 16-37은 초전도체 $Bi_2Sr_2(Ca_{0.8}Y_{0.2})Cu_2O_{8.295}$에서 Cu와 Bi의 산화수를 별개로 측정하는 적정에 대해 설명한다.

이해해야 할 용어

불균등화 반응(disproportionation)	산화-환원 지시약(redox indicator)	산화-환원 적정(redox titration)	예비 산화(preoxidation)
		아말감(amalgam)	예비 환원(prereduction)

요약

산화-환원 적정은 분석 물질과 적정 용액 간의 산화-환원 반응에 기반을 두고 있다. 때때로 정량적인 화학적 예비 산화($S_2O_8^{2-}$, $Ag^IAg^{III}O_2$, $NaBiO_3$, H_2O_2와 같은 시약을 이용하여) 또는 예비 환원($SnCl_2$, $CrCl_2$, SO_2, H_2S와 같은 시약 또는 금속 환원관을 이용하여)은 분석에 앞서 분석 물질의 산화 상태를 조절하기 위해 필요하다. 일반적으로 산화-환원 적정의 종말점은 전위차법이나 산화-환원 지시약을 사용하여 검출한다. 유용한 지시약은 적정 곡선에서 전위의 급격한 변화와 겹쳐지는 변화 범위[$= E°$(지시약) $\pm$ 0.059 16/n V]를 반드시 갖고 있어야 한다.

분석 물질과 적정 용액 간의 환원 전위차가 클수록 종말점은 더 선명해진다. $E°$(분석 물질)와 $E°$(적정 용액) 근처를 중심으로 당량점 전과 후에는 평탄 영역이 있다. 당량점 이전에는, 분석 물질의 산화형과 환원형의 농도를 모두 알기 때문에 분석 물질을 포함하는 반쪽 반응이 전압을 구하는 데 사용된다. 당량점 이후에는 적정 용액을 포함하는 반쪽 반응이 이용된다. 당량점에서는, 전압을 구하기 위해 두 반쪽 반응이 모두 이용된다.

보편적인 산화 적정 시약에는 $KMnO_4$, Ce^{4+}, $K_2Cr_2O_7$ 등이 있다. 많은 분석 방법이 I_3^-로 산화시키거나, 혹은 화학 반응에서 생성된 I_3^-를 적정하는 것에 기반을 두고 있다.

연습 문제

16-A. 1 M HCl에 들어 있는 0.005 00 M Sn^{2+} 용액 20.0 mL를 0.020 0 M Ce^{4+}로 적정하여 Sn^{4+}와 Ce^{3+}를 얻었다. 첨가한 Ce^{4+}의 부피가 각각 0.100, 1.00, 5.00, 9.50, 10.00, 10.10, 12.00 mL일 때 전위(S.C.E.에 대한)를 계산하시오. 적정 곡선을 그리시오.

16-B. 1 M HCl에 들어 있는 Tl^{3+}로 $Fe(CN)_6^{4-}$를 적정하는 경우, 인디고 테트라설폰산염은 적절한 산화-환원 지시약인가? (**힌트:** 당량점에서의 전위는 반드시 각 산화-환원쌍에 대한 전위 사이에 있어야 한다.)

16-C. 1 M H_2SO_4에서 **pH**가 0.00으로 **고정**되었을 때 3.75 mM의 Fe^{2+} 400.0 mL를 20.0 mM의 MnO_4^-로 적정하는 실험 16-1에 대한 적정 곡선을 계산하시오. 적정 용액의 부피가 각각 1.0, 7.5, 14.0, 15.0, 16.0, 30.0 mL일 때 S.C.E.에 대한 전위를 계산하고 적정 곡선을 그리시오.

16-D. 25°C에서 미지 농도의 Fe^{2+} 50.0 mL를 0.100 M Ce^{4+}로 적정하면서, 백금 전극과 칼로멜 전극으로 추적 관찰한 결과 다음 표와 같은 자료를 얻었다.[9] Gran 도시를 작성하고, 어떤 자료들이 직선 위에 놓여 있는지 결정하시오. 당량점 부피인 이 직선의 x 절편을 구하시오. 미지 시료에 있는 Fe^{2+}의 몰농도를 계산하시오.

적정 용액의 부피 V(mL)	E(V)
6.50	0.635
8.50	0.651
10.50	0.669
11.50	0.680
12.50	0.696

16-E. 질량이 0.054 85 g인 고체 혼합물은 황산 암모늄 철(II)과 염화 철(II)만을 포함하고 있다. 이 시료를 1 M H_2SO_4에 녹이고 Fe^{2+}를 Fe^{3+}로 완전히 산화시키는 데 0.012 34 M Ce^{4+} 13.39 mL가 필요했다. 처음 시료에 있는 Cl의 무게 백분율을 구하시오. 다시 상기할 필요가 있다면, 7-2절의 혼합물 적정에 대한 예를 참고하시오.

$FeSO_4 \cdot (NH_4)_2SO_4 \cdot 6H_2O$	$FeCl_2 \cdot 6H_2O$
황산 암모늄 철 (II)	염화 철 (II)
FM 392.12	FM 234.84

문제

산화-환원 적정 곡선의 모양

16-1. 그림 16-2에 있는 적정을 생각해 보자.

(a) 균형 적정 반응을 쓰시오.

(b) 지시 전극에 대한 두 개의 서로 다른 반쪽 반응을 쓰시오.

(c) 전지 전압에 대한 두 개의 서로 다른 Nernst 식을 쓰시오.

(d) Ce^{4+}의 부피가 다음과 같을 때 E를 계산하시오.

10.0, 25.0, 49.0, 50.0, 51.0, 60.0, 100.0 mL

계산 결과를 그림 16-2와 비교하시오.

16-2. 1 M $HClO_4$에 들어 있는 0.010 0 M Ce^{4+} 100.0 mL를 0.040 0 M Cu^+로 적정하여 Ce^{3+}와 Cu^{2+}를 생성하는 적정을 고려해 보자. 종말점을 알아내기 위해 Pt와 포화 Ag|AgCl 전극을 사용한다.

(a) 균형 적정 반응을 쓰시오.

(b) 지시 전극에 대한 두 개의 서로 다른 반쪽 반응을 쓰시오.

(c) 전지 전압에 대한 두 개의 서로 다른 Nernst 식을 쓰시오.

(d) Cu^+의 부피가 다음과 같을 때 E를 계산하시오.

1.00, 12.5, 24.5, 25.0, 25.5, 30.0, 50.0 mL

적정 곡선을 그리시오.

16-3. 1 M HCl에 들어 있는 0.010 0 M Sn^{2+} 25.0 mL를 0.050 0 M Tl^{3+}로 적정하는 경우를 생각해 보자. 종말점을 알아내기 위해서 Pt와 포화 칼로멜 전극을 사용한다.

(a) 균형 적정 반응을 쓰시오.

(b) 지시 전극에 대한 두 개의 서로 다른 반쪽 반응을 쓰시오.

(c) 전지 전압에 대한 두 개의 서로 다른 Nernst 식을 쓰시오.

(d) Tl^{3+}의 부피가 다음과 같을 때 E를 계산하시오.

1.00, 2.50, 4.90, 5.00, 5.10, 10.0 mL

적정 곡선을 그리시오.

16-4. 아스코브산(0.010 0 M)을 pH 0.30인 0.020 0 M Fe^{3+} 10.0 mL에 첨가하면서, Pt와 포화 Ag|AgCl 전극으로 전위를 추적 관찰하였다.

$$\text{데하이드로아스코브산} + 2H^+ + 2e^- \rightleftharpoons \text{아스코브산} + H_2O \qquad E° = 0.390\ V$$

(a) 균형 적정 반응을 쓰시오.

(b) Fe^{3+} | Fe^{2+} 쌍에 대한 $E° = 0.767$ V를 이용하여, 아스코브산이 5.0, 10.0, 15.0 mL 첨가되었을 때의 전지 전압을 계산하시오(**힌트:** 실험 16-1에 있는 계산을 참고하라).

16-5. 0.050 0 M Sn^{2+} 25.0 mL를 1 M HCl에 들어 있는 0.100 M Fe^{3+}로 적정하여 Fe^{2+}와 Sn^{4+}를 생성하는 적정을 고려해 보자. Pt와 칼로멜 전극을 사용한다.

(a) 균형 적정 반응을 쓰시오.

(b) 지시 전극에 대한 서로 다른 두 개의 반쪽 반응을 쓰시오.

(c) 전지 전압에 대한 서로 다른 두 개의 Nernst 식을 쓰시오.

(d) Fe^{3+}의 부피가 다음과 같을 때 E를 계산하시오.

1.0, 12.5, 24.0, 25.0, 26.0, 30.0 mL

적정 곡선을 그리시오.

종말점 찾기

16-6. 그림 16-3에서 종말점을 알아내는 데 적합한 지시약을 표 16-2에서 선택하시오. 어떤 색 변화가 관찰될 것인가?

16-7. 트리스(2,2′-바이피리딘) 철은 Sn^{2+}를 $Mn(EDTA)^-$로 적정할 때 유용한 지시약이 될 것인가? (**힌트:** 당량점에서의 전위는 각 산화-환원쌍에 대한 전위들 사이에 있어야 한다.)

분석 물질의 산화 상태의 조절

16-8. **예비 산화**(preoxidation)와 **예비 환원**(prereduction)은 무엇을 의미하는지 설명하시오. 이런 목적으로 사용된 시약은 파괴될 수 있다는 것이 왜 중요한가?

16-9. $S_2O_8^{2-}$, Ag^{3+}, H_2O_2를 끓여서 파괴하는 것에 대한 균형 반응을 쓰시오.

16-10. Jones 환원기는 무엇이며, 어디에 사용되는가?

16-11. Jones 환원기 대신 Walden 환원기를 예비 환원에 사용하면, 왜 Cr^{3+}와 TiO^{2+}는 Fe^{3+} 분석을 방해하지 않는가?

$KMnO_4$, Ce(IV), $K_2Cr_2O_7$의 산화-환원 반응

16-12. 표 16-3에 있는 정보로부터, $(NH_4)_2SO_4$가 포함된 고체 혼합물에 들어 있는 $(NH_4)_2S_2O_8$의 양을 알아내기 위해서 $KMnO_4$를 어떻게 이용할 것인지 설명하시오. 이 과정에서 인산의 용도는 무엇인가?

16-13. 다음 pH에서 MnO_4^-가 산화제로 작용하는 균형 반쪽 반응을 쓰시오.

(a) pH = 0 (b) pH = 10 (c) pH = 15

16-14. 미지 용액 25.00 mL를 Jones 환원기에 통과시켰을 때, 몰리브데넘산 이온(MoO_4^{2-})이 Mo^{3+}로 변환되었다. 여과액은 자주색 종말점에 도달하는 데 0.010 33 M $KMnO_4$ 16.43 mL가 소비되었다.

$$MnO_4^- + Mo^{3+} \rightarrow Mn^{2+} + MoO_2^{2+}$$

바탕 용액 적정에는 0.04 mL가 필요했다. 반응의 균형을 맞추고 미지 용액에 있는 몰리브데넘산 이온의 몰농도를 구하시오.

16-15. 판매되는 과산화 수소 용액 25.00 mL를 부피 플라스크에서 250.0 mL로 묽혔다. 묽힌 용액 25.00 mL를 200 mL의 증류수 및 3 M H_2SO_4 20 mL와 섞은 후 0.021 23 M $KMnO_4$로 적정하였다. 첫 번째 분홍색은 적정 용액을 27.66 mL 가했을 때 관찰되었다. 과산화 수소 대신 증류수로 만든 바탕 용액은 알아볼 수 있는 분홍색을 띠기 위해서는 0.04 mL가 필요했다. 표 16-3에 있는 H_2O_2 반응을 이용하여, 판매되는 H_2O_2의 몰농도를 계산하시오.

16-16. O_2와 Mn^{2+}를 생성하기 위한 H_2O_2와 MnO_4^-의 두 가지 가능한 반응은 다음과 같다.

계획 1: $MnO_4^- \rightarrow Mn^{2+}$
$H_2O_2 \rightarrow O_2$

계획 2: $MnO_4^- \rightarrow O_2 + Mn^{2+}$
$H_2O_2 \rightarrow H_2O$

(a) e^-, H_2O, H^+를 더하여 두 계획 모두에 대한 반쪽 반응을 완결하고, 각각의 계획에 대한 균형을 맞춘 알짜 반응을 적으시오.

(b) 과산화붕산 소듐 사수화물[$NaBO_3 \cdot 4H_2O$(FM 153.86)]은 산에 녹아서 H_2O_2를 생성한다. $BO_3^- + 2H_2O \rightarrow H_2O_2 + H_2BO_3^-$. 계획 1 또는 계획 2가 일어날지를 결정하기 위해, 미국 해군사관학교[37] 학생들은 100 mL 부피 플라스크에 1.023 g의 $NaBO_3 \cdot 4H_2O$를 넣고 1 M H_2SO_4 20 mL를 첨가한 후 H_2O로 눈금까지 묽혔다. 그 후에 이 용액 10.00 mL를 첫 번째 옅은 분홍색이 지속될 때까지 0.010 46 M $KMnO_4$로 적정하였다. 계획

1과 계획 2에서 필요한 $KMnO_4$는 몇 mL인가? (계획 1의 화학량론이 관찰되었다.)

16-17. La^{3+}가 포함된 50.00 mL 시료를 옥살산 소듐으로 처리하여 $La_2(C_2O_4)_3$를 침전시키고, 이 침전을 씻고 산에 녹여서 0.006 363 M의 $KMnO_4$ 18.04 mL로 적정하였다. 적정 반응을 쓰고 미지 시료에 있는 $[La^{3+}]$을 구하시오.

16-18. 질량 100.0 mg의 글리세롤 수용액을 60°C에서 15분간 4 M $HClO_4$에 들어 있는 0.083 7 M Ce^{4+} 50.0 mL로 처리하여 글리세롤을 폼산으로 산화시켰다.

$$\underset{\text{OH}}{\overset{}{CH_2}}-\underset{\text{OH}}{CH}-\underset{\text{OH}}{CH_2} \qquad HCO_2H$$

글리세롤 FM 92.095　　폼산

과량의 Ce^{4+}를 0.044 8 M Fe^{2+}로 적정하는 데 페로인 지시약 종말점까지 12.11 mL가 소비되었다. 미지 시료에 있는 글리세롤의 wt%를 구하시오.

16-19. 아질산 이온(NO_2^-)은 과량의 Ce^{4+}로 산화시키고, 반응하지 않은 Ce^{4+}를 역적정해서 분석할 수 있다. $NaNO_2$(FM 68.995)와 $NaNO_3$만이 포함된 고체 시료 4.030 g을 500.0 mL에 녹였다. 이 용액 25.00 mL 시료를 강산에 들어 있는 0.118 6 M Ce^{4+} 50.00 mL로 5분간 처리한 다음, 과량의 Ce^{4+}는 0.042 89 M 황산 암모늄 철(II) 31.13 mL로 역적정하였다.

$$2Ce^{4+} + NO_2^- + H_2O \rightarrow 2Ce^{3+} + NO_3^- + 2H^+$$
$$Ce^{4+} + Fe^{2+} \rightarrow Ce^{3+} + Fe^{3+}$$

황산 암모늄 철(II)의 화학식은 무엇인가? 고체에 들어 있는 $NaNO_2$의 wt%를 계산하시오.

16-20. 형광인회석 칼슘[Calcium fluorapatite, $Ca_{10}(PO_4)_6F_2$, FM 1 008.6] 레이저 결정은 효율을 높이기 위하여 크로뮴으로 도핑되어 있다. 크로뮴은 +4의 산화 상태에 있을 수 있다고 의심이 되었다.[2]

1. 그 물질에 있는 크로뮴의 전체 산화력을 측정하기 위해서, 결정을 100°C에서 2.9 M $HClO_4$에 녹이고 20°C까지 냉각했다. 그 후 Pt와 Ag | AgCl 전극을 사용하여 표준 Fe^{2+}로 적정하였다. 이 단계에서 산화 상태가 +3보다 큰 크로뮴은 Fe^{2+} 당량을 산화시켜야 한다. 즉 Cr^{4+}는 Fe^{2+} 한 개를, $Cr_2O_7^{2-}$에 있는 Cr^{6+}는 세 개의 Fe^{2+}를 소비할 것이다.
$$Cr^{4+} + Fe^{2+} \rightarrow Cr^{3+} + Fe^{3+}$$
$$\frac{1}{2}Cr_2O_7^{2-} + 3Fe^{2+} \rightarrow Cr^{3+} + 3Fe^{3+}$$
2. 두 번째 단계에서 전체 크로뮴의 양은 결정을 100°C, 2.9 M $HClO_4$에 녹이고 20°C로 냉각시켜서 측정되었다. 그 후에 과량의 $S_2O_8^{2-}$와 Ag^+를 가해서 모든 크로뮴을 $Cr_2O_7^{2-}$로 산화시킨다. 반응하지 않은 $S_2O_8^{2-}$는 끓여서 파괴시키고, 남은 용액은 표준 Fe^{2+}로 적정하였다. 이 단계에서 본래의 미지 시료에 있는 각각의 Cr은 3개의 Fe^{2+}와 반응한다.
$$Cr^{x+} + \xrightarrow{S_2O_8^{2-}} Cr_2O_7^{2-}$$
$$\frac{1}{2}Cr_2O_7^{2-} + 3Fe^{2+} \rightarrow Cr^{3+} + 3Fe^{3+}$$

1단계에서 0.437 5 g의 레이저 결정은 적정하는 데 0.498 mL의 2.786 mM Fe^{2+}[$Fe(NH_4)_2(SO_4)_2 \cdot 6H_2O$를 2 M $HClO_4$에 녹여서 준비한]가 필요했다. 2단계에서는 0.156 6 g의 결정을 적정하는 데 동일한 Fe^{2+} 용액 0.703 mL가 필요했다. 결정에 있는 Cr의 평균 산화수를 구하고, 결정 1 g당 Cr의 총 양(μg)을 구하시오.

16-21. 일차 표준 시약급의 산화 비소(III)(As_4O_6)는 역사적으로 MnO_4^-, I_3^-와 같은 산화제의 표준화를 위한 유용한 시약이다. 산화 비소(III)는 발암 물질이고 환경에 해롭기 때문에 지금은 사용이 금지되고 있다. 일차 표준 시약급 옥살산 소듐($Na_2C_2O_4$)은 반응 7-1에 의해 과망가니즈산 이온을 표준화하기 위한 안전한 대안이다.

산화 비소(III)를 이용하여 MnO_4^-를 표준화하려면, As_4O_6를 염기에 녹이고 산에서 MnO_4^-로 적정한다. 소량의 아이오딘화 이온(I^-)이나 아이오딘산 이온(IO_3^-)이 H_3AsO_3와 MnO_4^- 간의 반응을 촉진한다.

$$As_4O_6 + 8OH^- \rightleftharpoons 4HAsO_3^{2-} + 2H_2O$$
$$HAsO_3^{2-} + 2H^+ \rightleftharpoons H_3AsO_3$$
$$5H_3AsO_3 + 2MnO_4^- + 6H^+ \rightarrow 5H_3AsO_4 + 2Mn^{2+} + 3H_2O$$

(a) $KMnO_4$(FM 158.034) 3.214 g을 물 1.000 L에 녹이고 불순물과의 모든 반응이 일어나도록 가열하고, 식혀서 거른다. 만약에 $KMnO_4$가 순수하고 불순물에 의해 소모되는 것이 전혀 없다면, 이 용액의 이론적인 몰농도는 얼마인가?

(b) **(a)**에 있는 $KMnO_4$ 용액 25.00 mL와 반응하는 데 필요한 As_4O_6(FM 395.68)의 질량은 얼마인가?

(c) 0.146 8 g As_4O_6의 적정에는 반응하지 않은 MnO_4^-의 옅은 색을 나타내기까지 29.98 mL의 $KMnO_4$가 필요했다. 바탕 적정에서는 볼 수 있을 정도로 충분한 색을 내는 데 0.03 mL의 MnO_4^-가 필요했다. 과망가니즈산 이온 용액의 몰농도를 구하시오.

아이오딘을 포함하는 방법들

16-22. 아이오딘은 항상 과량의 I^-가 포함된 용액에서 이용되는 이유는 무엇인가?

16-23. 트라이아이오딘화 이온 표준 용액을 만드는 두 가지 방법을 말하시오.

16-24. 직접아이오딘 적정법과 간접아이오딘 적정법 중 녹말 지시약을 종말점 직전까지 첨가하지 않는 것은 어느 것인가? 그 이유는 무엇인가?

16-25. 인간이 음식을 소화시킬 때 O_2를 사용하는 것처럼, 병원균 *salmonella enterica*는 사람의 장에서 발견되는 테트라싸이오산염(tetrathionate)을 산화제로 사용한다.[38] 테트라싸이오산염이 산화제로 작용하는 반쪽 반응을 쓰시오. 테트라싸이오산염은 O_2만큼 강한 산화제인가?

16-26. **(a)** 아이오딘산 포타슘 용액은 1.022 g의 KIO_3(FM

214.00)를 500 mL의 부피 플라스크에 녹여서 만든다. 그 후 이 용액 50.00 mL를 피펫으로 플라스크에 옮기고 과량의 KI(2 g)와 산(0.5 M H_2SO_4 10 mL)으로 처리하였다. 이 반응에서 생성되는 I_3^-는 몇 몰인가?

(b) **(a)**에서 생성된 트라이아이오딘화 이온은 $Na_2S_2O_3$ 37.66 mL와 반응하였다. $Na_2S_2O_3$ 용액의 농도는?

(c) 아스코브산과 비활성 성분이 포함된 1.223 g의 고체 시료를 묽은 H_2SO_4에 녹이고, 2 g의 KI와 **(a)**에서 준비한 KIO_3 용액 50.00 mL로 처리하였다. 과량의 트라이아이오딘화 이온의 적정에는 **(b)**의 $Na_2S_2O_3$ 용액 14.22 mL가 소비되었다. 미지 시료에 있는 아스코브산(FM 176.12)의 무게 백분율을 구하시오.

(d) **(c)**의 적정에서 녹말 지시약을 적정 초기에 첨가하는지, 아니면 종말점 근처에서 첨가하는지가 중요한가?

16-27. 3.026 g의 구리(II) 염을 250 mL 부피 플라스크에 녹였다. 이 용액 50.0 mL는 KI 1 g을 첨가하고, 생성된 아이오딘을 0.046 68 M $Na_2S_2O_3$ 23.33 mL로 적정하여 분석하였다. 염에 있는 Cu의 무게 백분율을 계산하시오. 녹말 지시약은 적정 초기에 넣어야 할까 아니면 종말점 직전에 넣어야 할까?

16-28. 용존 산소에 대한 Winkler 적정. 용존 산소는 수중 생명을 지탱하는 자연수의 질에 대한 주요 지표이다. 만약에 과량의 영양분들이 퇴비 혹은 하수에서 호수로 흘러가면, 조류와 플랑크톤은 번창한다. 조류가 죽어서 호수 바닥에 가라앉으면, 그들의 유기물은 물에 있는 산소를 소모하는 박테리아에 의해 분해된다. 결국에 물은 물고기가 살 수가 없도록 산소가 충분히 고갈될 수 있다. 물에 영양분이 풍부하게 되어 일부 생명체가 번성하고 결국에는 산소가 고갈되는 과정을 **부영양화**(eutrophication)라고 한다. 용존 산소를 측정하는 한 가지 방법은 간접아이오딘 적정법과 관련이 있는 Winkler 방법이다.[39]

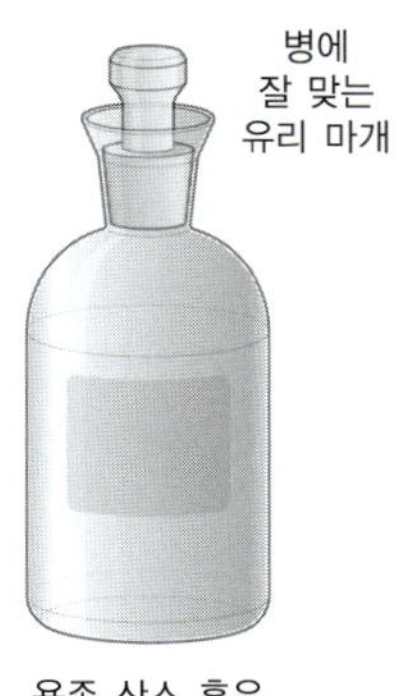

용존 산소 혹은
생화학적 산소
요구량(BOD) 병

1. 물 ~300 mL를 유리 마개가 단단하게 꼭 맞는 병에 수집한다. 제조 회사는 병 마개가 함께 있을 때의 병의 부피(±0.1 mL)를 표시하고 있다. 시료를 얻으려면 원하는 깊이까지 마개가 달린 병을 물에 넣는다. 마개를 열고 병에 물을 채운다. 병이 물에 잠겨 있는 동안에 마개를 닫기 전에 모든 공기 방울을 제거한다.
2. 곧바로 피펫으로 2.15 M $MnSO_4$ 2.0 mL와 500 g NaOH/L, 135 g NaI/L, 그리고 10 g NaN_3/L(아자이드화 소듐)가 포함된 알칼리성 용액 2 mL를 옮긴다. 피펫은 공기 방울이 들어가는 것을 방지하기 위해서 옮기는 동안에 반드시 액체 표면 아래에 놓여 있어야 된다. 밀도가 높은 용액은 가라앉고 병에 있는 자연수 4 mL 정도를 대체한다.
3. 병의 마개를 꽉 막고 마개 주위에 있는 대체된 액체를 제거한 후 병을 뒤집어서 섞는다. 산소가 소모되고 $Mn(OH)_3$가 침전된다.

$$4Mn^{2+} + O_2 + 8OH^- + 2H_2O \rightarrow 4Mn(OH)_3(s)$$

아자이드화 이온은 물에 있는 모든 아질산 이온(NO_2^-)을 소모해서 결과적으로 아질산 이온은 간접아이오딘 적정법을 방해할 수 없다.

$$2NO_2^- + 6N_3^- + 4H_2O \rightarrow 10N_2 + 8OH^-$$

4. 실험실에 가서, 18 M H_2SO_4 2.0 mL를 액체 표면 밑으로 천천히 첨가하고 병마개를 꽉 막는다. 대체된 액체를 제거한 후에 병을 뒤집어서 섞는다. 산은 $Mn(OH)_3$를 녹이고, 그것은 I^-와 정량적으로 반응한다.

$$2Mn(OH)_3(s) + 3H_2SO_4 + 3I^- \rightarrow 2Mn^{2+} + I_3^- + 3SO_4^{2-} + 6H_2O$$

5. 삼각 플라스크에 액체 200.0 mL를 옮기고 표준 싸이오황산염으로 적정한다. 종말점 직전에 녹말 용액 3 mL를 첨가하고 적정을 완결한다.

겨울에 0°C의 개울물 297.6 mL를 병에 담고, 이것을 적정하는데 10.22 mM 싸이오황산염 14.05 mL가 필요했다.

(a) $MnSO_4$와 알칼리성 용액으로 처리한 후에는 297.6 mL 시료 중 얼마가 남아 있는가?

(b) H_2SO_4로 처리한 후에는 얼마가 남아 있는가? H_2SO_4는 가라앉고 섞기에 앞서서 용액 2.0 mL를 대체한다고 가정한다.

(c) 적정되는 200.0 mL에는 초기 시료 몇 mL가 포함되어 있는가?

(d) 물에 있는 O_2 1 mol은 몇 mol의 I_3^-를 만들어 내는가?

(e) 용존 O_2의 양을 mg O_2/L 단위로 표시하시오.

(f) O_2로 포화된 순수한 물은 0°C에서 14.6 mg O_2/L를 포함한다. 개울물의 산소 포화도 분율은 얼마인가?

(g) N_3^-를 넣지 않았다면 적정을 방해할 수 있는 I^-와 NO_2^- 반응을 쓰시오. 표 16-5를 보라.

16-29. 산성화된 표준 0.010 44 M I_3^- 25.00 mL에 수용성 H_2S 25.00 mL를 천천히 첨가하여 원소 황을 침전시킴으로써 H_2S를 측정하였다($[H_2S] > 0.01$ M이면, 침전된 황은 약간의 I_3^- 용액을 붙잡고, 이것은 뒤에 적정이 되지 않는다). 남아 있는 I_3^-는 0.009 336 M $Na_2S_2O_3$ 14.44 mL로 적정하였다. H_2S 용액의 몰농도를 구하시오. 녹말 지시약은 적정 초기에 넣어야 할까, 종말점 직전에 넣어야 할까?

16-30. 다음의 환원 전위로부터

$$I_2(s) + 2e^- \rightleftharpoons 2I^- \qquad E° = 0.535\ V$$
$$I_2(aq) + 2e^- \rightleftharpoons 2I^- \qquad E° = 0.620\ V$$
$$I_3^- + 2e^- \rightleftharpoons 3I^- \qquad E° = 0.535\ V$$

(a) $I_2(aq) + I^- \rightleftharpoons I_3^-$에 대한 평형 상수를 계산하시오.

(b) $I_2(s) + I^- \rightleftharpoons I_3^-$에 대한 평형 상수를 계산하시오.

(c) 물에서 $I_2(s)$의 용해도(g/L)를 계산하시오.

16-31. 11-8절에 있는 Kjeldahl 분석법은 유기 화합물의 질소 함량을 측정할 때 쓰인다. 유기 화합물은 끓는 황산에서 암모니아로 분해된 후에 암모니아는 증류되어 표준 산으로 들어간다. 남은 산은 염기로 역적정한다. 1880년에 Kjeldahl 자신도 램프 불빛으로 역적정에서 메틸 레드 지시약의 종말점을 찾아내는 데 어려움을 겪었다. 밤에 실험하는 것을 중단할 수도 있었지만, 그 대신에 그는 분석을 완결하기 위해 다른 방법을 선택하였다. 암모니아를 표준 황산 용액 속으로 증류를 시킨 후에, KIO_3와 KI 혼합물을 그 산에 첨가했다. 생성된 아이오딘은 심지어 램프 불빛으로도 쉽게 종말점을 검출할 수 있는 녹말 지시약을 사용하여 싸이오황산 이온으로 적정했다.[40] 싸이오황산 이온 적정이 어떻게 미지 시료의 질소 함량과 연관이 되는지 설명하시오. 삭임에서 발생된 NH_3의 몰수와 아이오딘의 적정에 필요한 싸이오황산 이온의 몰수 간 관계식을 유도하시오.

16-32. 몇몇 사람들이 알레르기 반응을 나타내는 음식 방부제 아황산 이온(SO_3^{2-})은 기기 분석법[41] 혹은 산화-환원 적정으로 측정될 수 있다. 와인 50.0 mL에 (0.804 3 g KIO_3 + 6.0 g KI)/100 mL가 포함된 용액 5.00 mL를 첨가한다. 6.0 M H_2SO_4 1.0 mL를 가해서 산성으로 만들면 IO_3^-가 I_3^-로 정량적으로 변환된다. I_3^-는 SO_3^{2-}와 반응하여 SO_4^{2-}를 생성하고, 용액에는 과량의 I_3^-가 남는다. 녹말 지시약을 사용하여 과량의 I_3^-를 적정하는 데 종말점까지 0.048 18 M $Na_2S_2O_3$ 12.86 mL가 필요했다.

(a) H_2SO_4가 KIO_3 + KI에 첨가되었을 때 일어나는 반응을 쓰고, 6.0 g의 KI가 보관 용액에 첨가되는 이유를 설명하시오. 6.0 g을 정확히 측정하는 것이 필요한가? H_2SO_4 1.0 mL를 정확히 측정하는 것이 필요한가?

(b) I_3^-와 아황산 이온 간의 균형 반응식을 쓰시오.

(c) 와인에 있는 아황산 이온의 농도를 구하시오. 답을 mol/L와 L당 mg의 SO_3^{2-}로 구하시오.

(d) ***t* 시험.** 다른 와인을 직접아이오딘 적정법으로 3회 측정한 결과, 와인 1 L당 277.7 mg의 SO_3^{2-}(표준 편차 ±2.2 mg/L)가 포함된 것이 밝혀졌다. 분광 광도법으로 3회 측정한 결과는 273.2 ± 2.1 mg/L로 나타났다. 이 결과들은 95% 신뢰 수준에서 상당히 다른 것인가?

16-33. 브로민산 포타슘($KBrO_3$)은 산 용액에서 Br_2 생성을 위한 일차 표준 물질이다.

$$BrO_3^- + 5Br^- + 6H^+ \rightleftharpoons 3Br_2(aq) + 3H_2O$$

Br_2는 여러 종류의 불포화 유기 화합물의 분석에 이용될 수 있다. Al^{3+}는 다음과 같이 분석하였다. 미지 시료는 pH 5에서 8-하이드록시퀴놀린(옥신)으로 처리하여 옥신알루미늄 염 $Al(C_9H_6ON)_3$ 침전을 만들었다. 침전을 씻고 과량의 KBr이 포함된 따뜻한 HCl에 녹이고, 0.020 00 M $KBrO_3$ 25.00 mL로 처리하였다.

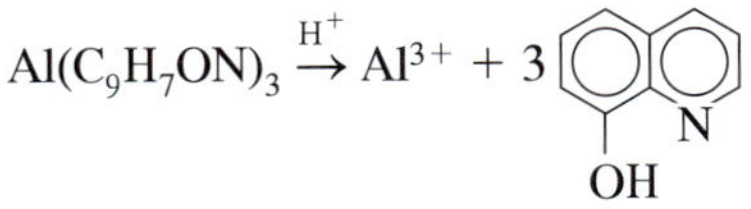

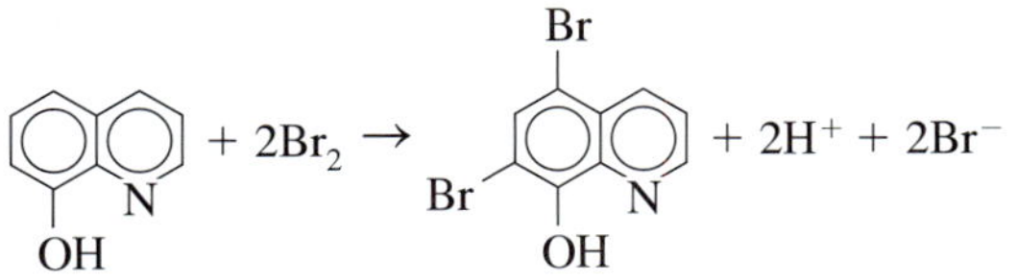

$$Al(C_9H_7ON)_3 \xrightarrow{H^+} Al^{3+} + 3\ [\text{N, OH}]$$

$$[\text{N, OH}] + 2Br_2 \rightarrow [\text{Br, Br, N, OH}] + 2H^+ + 2Br^-$$

과량의 Br_2는 KI로 환원시켰고, 그것은 I_3^-로 변환되었다. I_3^-는 녹말 지시약으로 종말점에 도달하는 데 0.051 13 M $Na_2S_2O_3$ 8.83 mL가 필요했다. 미지 시료에 있는 Al은 몇 mg인가?

16-34. 고온 초전도체의 간접아이오딘 적정법 분석. 화학식 $YBa_2Cu_3O_{7-z}$($0 \le z \le 0.5$)에 들어 있는 구리의 유효 산화 상태와 산소 원자의 수를 구하기 위해 보충 16-3에 있는 절차를 수행하였다.

(a) 보충 16-3의 실험 A에서 초전도체 1.00 g을 적정하는 데 4.55 mmol의 $S_2O_3^{2-}$가 필요했다. 실험 B에서는 초전도체 1.00 g을 적정하는 데 5.68 mmol의 $S_2O_3^{2-}$가 필요했다. 화학식 $YBa_2Cu_3O_{7-z}$(FM 666.19 − 15.999z)에서 z 값을 계산하시오.

(b) **불확정도의 전파.** 실험 A를 2~3차례 반복한 결과, $YBa_2Cu_3O_{7-z}$ 1 g당 필요한 $S_2O_3^{2-}$는 4.55(±0.10) mmol이었고, 실험 B에서 필요한 $S_2O_3^{2-}$는 1 g당 5.68(±0.05) mmol이었다. 식 $YBa_2Cu_3O_x$에서 x의 불확정도를 계산하시오.

16-35. 양을 모르는 Cu(I), Cu(II), Cu(III), 과산화 이온(O_2^{2-})이 포함된 초전도체의 분석 방법은 다음과 같다.[42] "가능한 3가의 구리와/또는 과산화 이온 형태의 산소는, 시료[약 (*ca.*) 50 mg]를 양을 알고 있는 과량의 1가 구리 이온[약 (*ca.*) 25 mg CuCl]이 포함된, 산소가 제거된 HCl 용액(1 M)에 녹일 때 Cu(I)에 의해 환원된다. 반면에 시료 자체에 1가의 구리가 포함되어 있다면, 용액에 있는 Cu(I)의 양은 시료를 녹일 때 오히려 증가할 것이다. 여분의 Cu(I)는 아르곤 분위기에서 전기량법 역적정으로 분석된다. 여기서 '약(*ca.*)'은 '대략(approximately)'의 의미이다. **전기량법**(coulometry)은 $Cu^+ \rightarrow Cu^{2+} + e^-$ 반응에서 생성되는 전자는 전극을 통과하는 전하로부터 측정하는 전기 화학적 방법이다. 이 분석 방법이 어떻게 작동하는지 자신만의 식과 말을 사용해서 설명하시오.

16-36. $Li_{1+y}CoO_2$는 리튬 전지의 산화 전극이다. 코발트는 Co(III)와 Co(II)의 혼합물로 존재한다. 대부분 준비 과정 또한 비활성 리튬염과 수분을 포함한다. 화학량론을 알아내기 위해서, Co는 원자 흡수 분광법으로 측정되었으며, 그것의 평균 산화 상태는 전위차 적정으로 측정되었다.[43] 적정을 위하여 고체 시료 25.00 mg을 N_2 분위기에서 6 M H_2SO_4와 6 M H_3PO_4가 섞인 용액에 들어 있는 0.100 0 M Fe^{2+} 용액 5.000 mL에 녹이면 선명한 분홍색 용액이 만들어진다.

$$Co^{3+} + Fe^{2+} \rightarrow Co^{2+} + Fe^{3+}$$

반응하지 않은 Fe^{2+}는 적정을 완결하는 데 0.015 93 M $K_2Cr_2O_7$

3.228 mL가 필요했다.

(a) 시료 25.00 mg에는 몇 몰의 Co^{3+}가 포함되어 있는가?

(b) 원자 흡수 분광법으로 고체에 56.4 wt% Co가 있다는 것을 알아냈다. Co의 평균 산화 상태는 무엇인가?

(c) 화학식 $Li_{1+y}CoO_2$에서 y 값을 구하시오.

(d) 고체 시료에 있는 Li과 Co의 이론적인 질량비 wt% Li/wt% Co는 얼마인가? 비활성 리튬염을 씻어낸 후에 그 비율은 0.138 8 ± 0.000 6이었다. 이 관측된 비는 코발트의 평균 산화 상태와 일치하는가?

16-37. **경고! 의사는 이 문제가 건강에 해롭다고 진단하였다.** $Bi_2Sr_2(Ca_{0.8}Y_{0.2})Cu_2O_x$ 형태의 고온 초전도체(Cu^{2+}, Cu^{3+}, Bi^{3+}, Bi^{5+}가 포함되어 있을 수 있음)에서 Cu와 Bi의 산화수는 다음과 같은 절차에 의해 측정될 수 있다.[44] 실험 A에서는 초전도체를 과량의 2 mM CuCl이 포함된 1 M HCl에 녹인다. Bi^{5+}(BiO_3^-로 표기)와 Cu^{3+}는 Cu^{2+}를 소모하여 Cu^+를 생성한다.

$$BiO_3^- + 2Cu^+ + 4H^+ \rightarrow BiO^+ + 2Cu^{2+} + 2H_2O \quad (1)$$

$$Cu^{3+} + Cu^+ \rightarrow 2Cu^{2+} \quad (2)$$

반응하지 않은 과량의 Cu^+는 전기량법(17장에서 설명)으로 적정한다. 실험 B에서는 초전도체를 과량의 1 mM $FeCl_2 \cdot 4H_2O$가 포함된 1 M HCl에 녹인다. Bi^{5+}는 Fe^{2+}와는 반응하지만, Cu^{3+}는 Fe^{2+}와 반응하지 않는다.[45]

$$BiO_3^- + 2Fe^{2+} + 4H^+ \rightarrow BiO^+ + 2Fe^{3+} + 2H_2O \quad (3)$$

$$Cu^{3+} + \frac{1}{2}H_2O \rightarrow Cu^{2+} + \frac{1}{4}O_2 + H^+ \quad (4)$$

반응하지 않은 과량의 Fe^{2+}는 전기량법에 의해 적정된다. Cu + Bi의 총 산화수는 실험 A에서 측정되며, Bi의 산화수는 실험 B에서 결정된다. 차이는 Cu의 산화수를 나타낸다.

실험 A에서, $Bi_2Sr_2CaCu_2O_x$(FM 760.37 + 15.999 $4x$)(이트륨은 포함하지 않음) 시료 102.3 mg을 2.000 mM의 CuCl이 포함된 1 M HCl 100.0 mL에 녹였다. 초전도체와 반응 후에, 전기량법에 의해 용액에 있는 반응하지 않은 0.108 5 mmol의 Cu^+를 검출하였다. 실험 B에서, 초전도체 94.6 mg을 1.000 mM $FeCl_2 \cdot 4H_2O$가 포함된 1 M HCl 100.0 mL에 녹였다. 초전도체와 반응 후, 전기량법에 의해 반응하지 않은 Fe^{2+} 0.057 7 mmol을 검출하였다. 초전도체에 있는 Bi와 Cu의 평균 산화수를 구하고, 산소의 화학량론 계수 x를 구하시오.

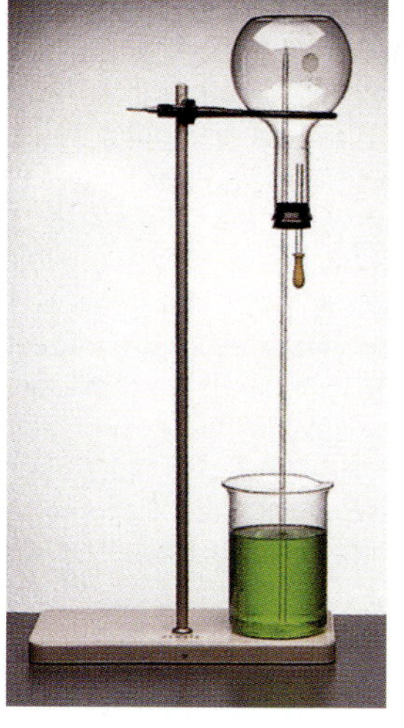

(*a*)

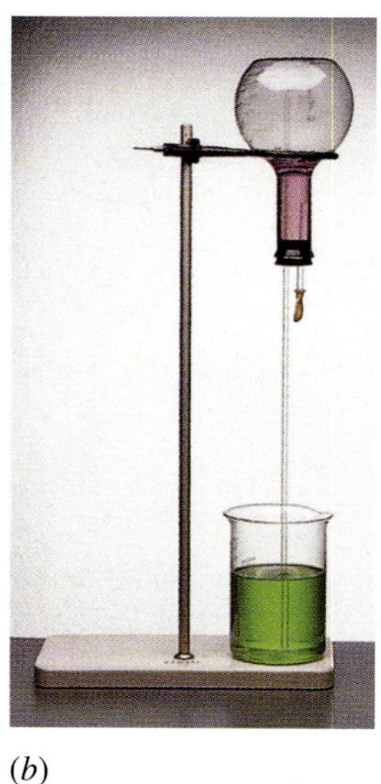

(*b*)

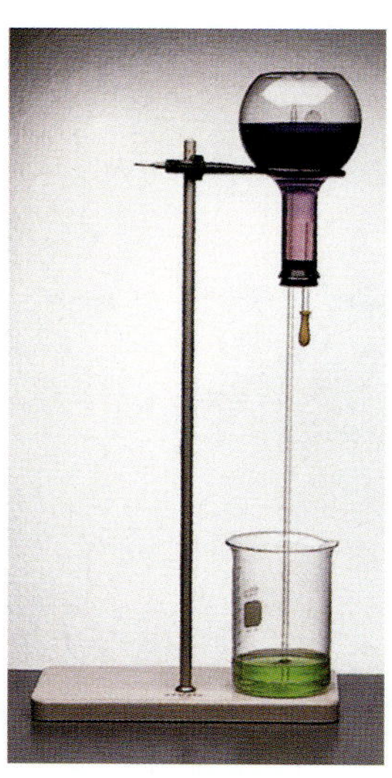

(*c*)

천연색 사진 1 **HCl 분수(실험 6-2).** (*a*) 염기성 지시약 용액이 들어 있는 비커, (*b*) 지시약이 플라스크 속으로 빨려 들어가면 산성 색으로 변한다. (*c*) 실험이 끝났을 때의 용액의 높이 [© Macmillan, Photo by Ken Karp.]

(*a*)

(*b*)

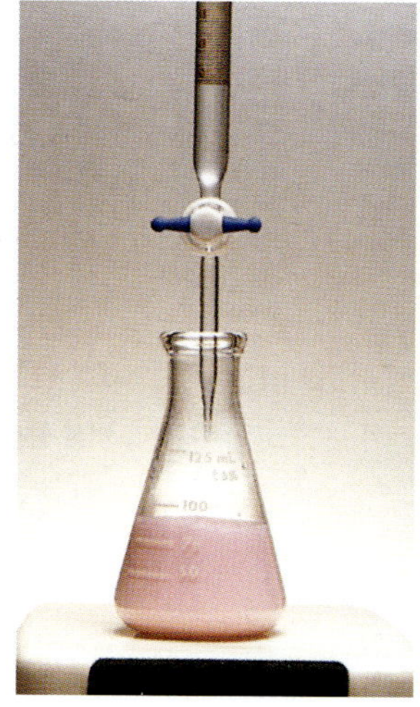

(*c*)

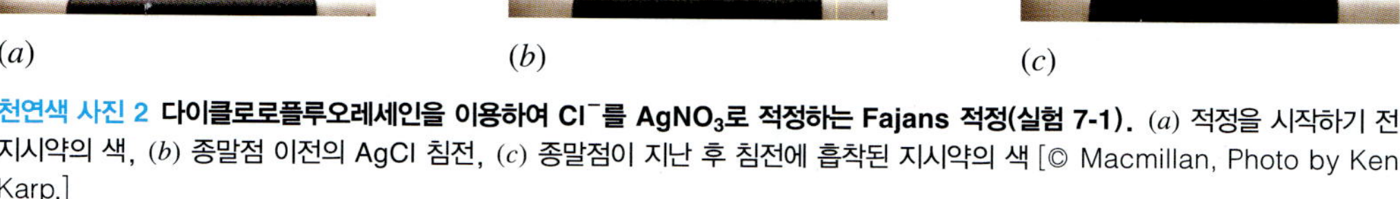

천연색 사진 2 **다이클로로플루오레세인을 이용하여 Cl^-를 $AgNO_3$로 적정하는 Fajans 적정(실험 7-1).** (*a*) 적정을 시작하기 전 지시약의 색, (*b*) 종말점 이전의 AgCl 침전, (*c*) 종말점이 지난 후 침전에 흡착된 지시약의 색 [© Macmillan, Photo by Ken Karp.]

(*a*)

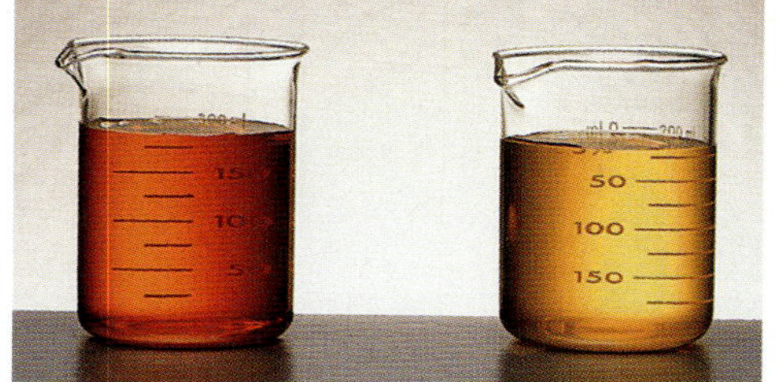

(*b*)

천연색 사진 3 **이온의 해리에 미치는 이온 세기의 영향(실험 8-1).** (*a*) $Fe(SCN)^{2+}$, Fe^{3+}, SCN^-이 녹아 있는 동일한 용액을 채운 두 비커, (*b*) 오른쪽 비커에 KNO_3를 넣으면 $Fe^{3+} + SCN^- \rightleftharpoons Fe(SCN)^{2+}$의 평형이 왼쪽으로 진행하기 때문에 $Fe(SCN)^{2+}$의 붉은색이 없어진다. [© Macmillan, Photo by Ken Karp.]

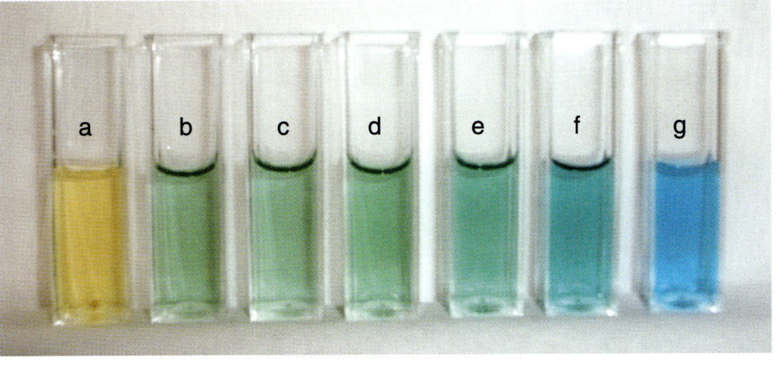

천연색 사진 4 브로모크레솔 그린의 색에 미치는 이온 세기의 영향 (문제 8-3). 물에 약 16 μM 농도로 녹아 있는 브로모크레솔 그린(H_2BG) 산-염기 지시약의 색은 NaCl이 첨가됨에 따라 녹색에서 푸른색으로 변한다. (*a*) NaCl의 첨가 없이 0.5 mM HCl 용액에서 얻어지는 노란색 산성형 HBG^-, (*g*) NaCl의 첨가 없이 0.5 mM NaOH 용액에서 얻어지는 푸른색 BG^{2-}, (*b*~*f*) 산이나 염기의 첨가 없이 NaCl의 농도가 증가할 때(0, 0.003 9, 0.010 6, 0.077 4, 0.203 2 M) 얻어지는 BG 용액의 색 변화 [From H. B. Rodriguez and M. Mirenda, "A Simplifi ed Undergraduate Laboratory Experiment To Evaluate the Effect of the Ionic Strength on the Equilibrium Concentration Quotient of the Bromcresol Green Dye," *J. Chem. Ed.* **2012**, *89*, 1201. Courtesy M. Mirenda, Universidad de Buenos Aires. Reprinted with permission © 2012, American Chemical Society.]

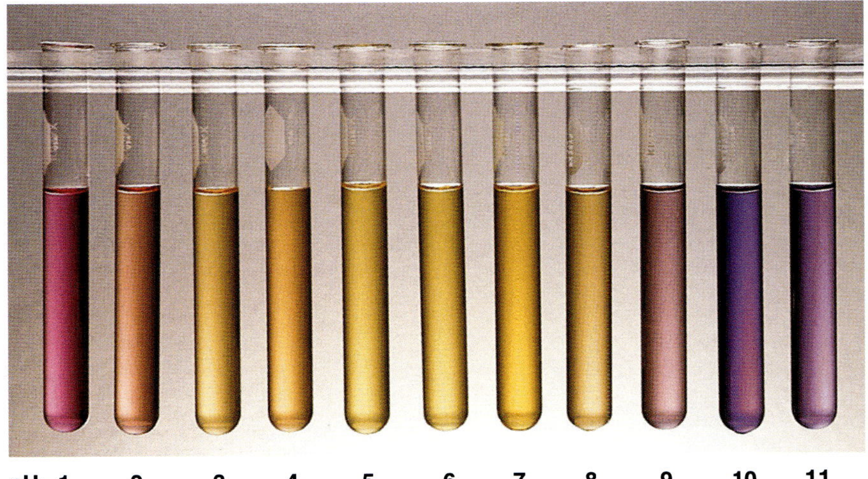
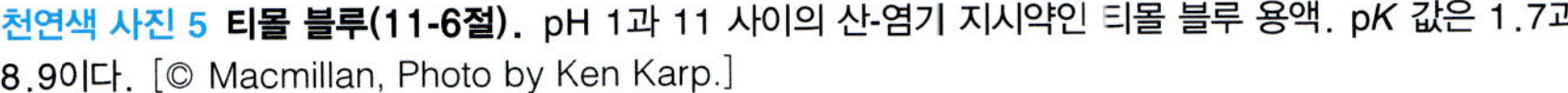

천연색 사진 5 티몰 블루(11-6절). pH 1과 11 사이의 산-염기 지시약인 티몰 블루 용액. p*K* 값은 1.7과 8.9이다. [© Macmillan, Photo by Ken Karp.]

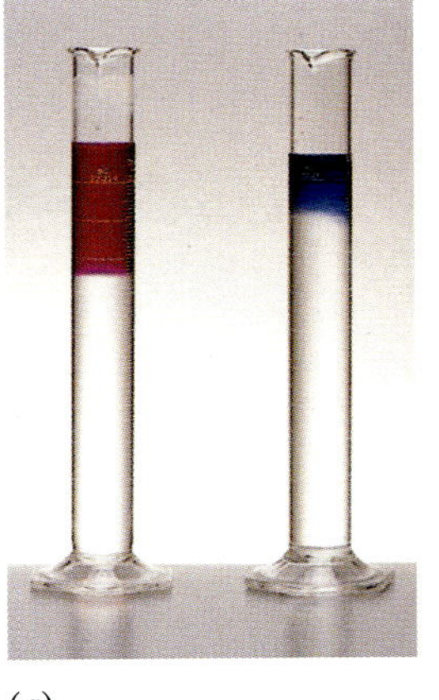
(*a*)

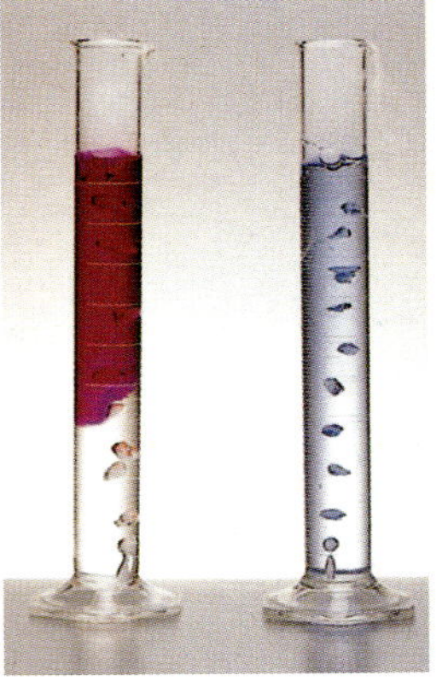
(*b*)

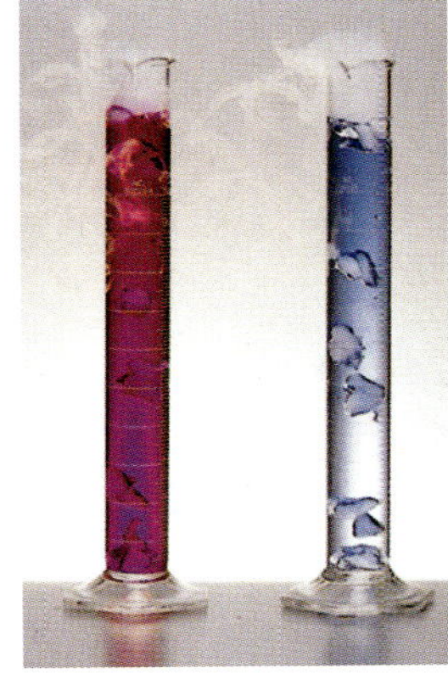
(*c*)

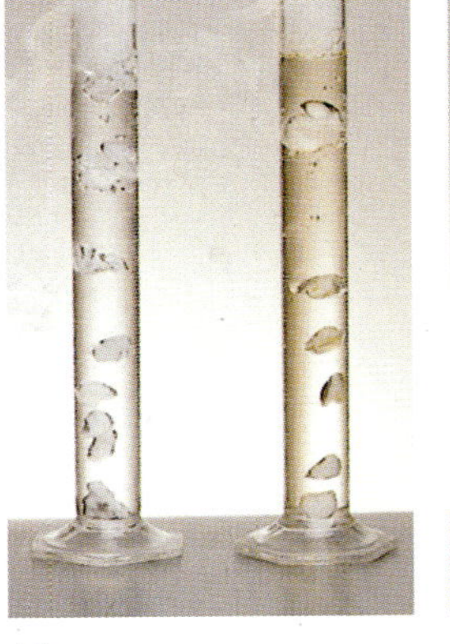
(*d*)

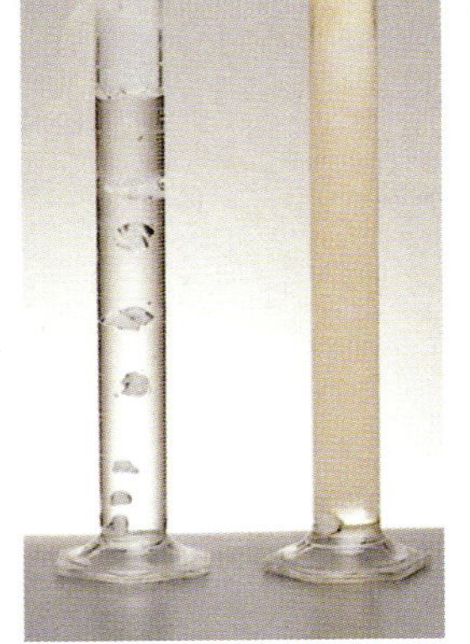
(*e*)

천연색 사진 6 지시약과 CO_2의 산도(실험 11-1). (*a*) 드라이아이스를 넣기 전의 실린더. 페놀프탈레인(왼쪽)과 브로모티몰 블루(오른쪽)의 에탄올 지시약 용액이 실린더 속에서 완전히 섞이기 전의 사진이다. (*b*) 드라이아이스를 넣으면 방울이 생기면서 용액이 섞인다. (*c*) 계속 섞이고 있는 용액, (*d*) 페놀프탈레인이 무색인 산성형으로 변하였다. 산성형과 염기성형이 섞여 있는 혼합 용액에서의 티몰 블루의 색깔, (*e*) 오른쪽 실린더에 HCl을 넣고 저으면 CO_2 기포가 용액을 빠져나가는 것을 볼 수 있고, 지시약은 완전히 산성색으로 변한다. [© Macmillan, Photo by Ken Karp.]

천연색 사진 7 보조 착화제를 이용한 Cu(II)의 EDTA 적정(12-5절). 적정 전 0.02 M $CuSO_4$ 용액(왼쪽), pH 10인 암모니아 완충 용액을 가했을 때 Cu(II)-암모니아 착물의 색(중앙), 모든 암모니아 리간드가 EDTA로 치환된 종말점의 색(오른쪽) [© Macmillan, Photo by Ken Karp.]

천연색 사진 8 에리오크롬 블랙 T 지시약을 이용한 Mg^{2+}의 EDTA 적정(실험 12-1). 당량점 전(왼쪽), 근처(중앙) 및 후(오른쪽) [© Macmillan, Photo by Ken Karp.]

천연색 사진 9 과망가니즈산 포타슘을 이용한 VO^{2+}의 적정(16-4절). 적정 전 푸른색의 VO^{2+} 용액(왼쪽), 적정 중 푸른색의 VO^{2+} 용액과 노란색의 VO^{2+} 용액의 혼합(중앙), 종말점에서의 MnO_4^-의 진한 색(오른쪽) [© Macmillan, Photo by Ken Karp.]

천연색 사진 10 간접아이오딘 적정법(16-7절). I_3^- 용액(왼쪽), $S_2O_3^{2-}$로 적정할 때 종말점 전의 I_3^- 용액(중앙 왼쪽), 녹말 지시약이 있을 때 종말점 직전의 I_3^- 용액(중앙 오른쪽), 종말점의 용액(오른쪽) [© Macmillan, Photo by Ken Karp.]

(*a*)

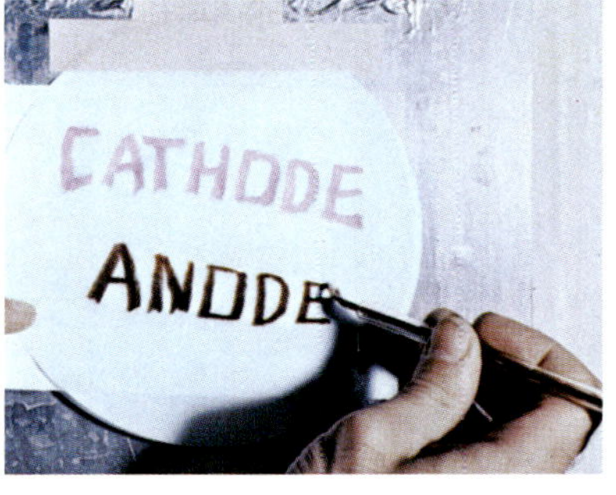

(*b*)

(*c*)

천연색 사진 11 전기 화학적 방법으로 글씨 쓰기(실험 17-1). (*a*) 환원 전극으로 사용되는 바늘, (*b*) 산화 전극으로 사용되는 바늘, (*c*) 뒤쪽의 포일은 바늘과 극성이 반대이므로, 바닥의 거름종이 위에는 반대색으로 나타난다. [Daniel C. Harris.]

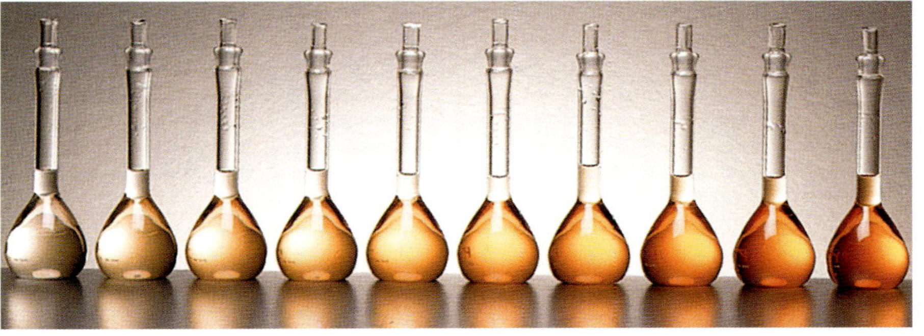

천연색 사진 12 Beer 법칙(18-2절). 분광 광도 분석에 대한 Fe(페난트롤린)$_3^{2+}$ 표준 용액. Fe의 농도가 1 mg/L(왼쪽)에서 10 mg/L(오른쪽)의 범위에 있는 Fe(페난트롤린)$_3^{2+}$ 용액이 담겨진 부피 플라스크. 색깔의 세기에서 알 수 있듯이, 흡광도는 철의 농도에 비례한다. [© Macmillan, Photo by Ken Karp.]

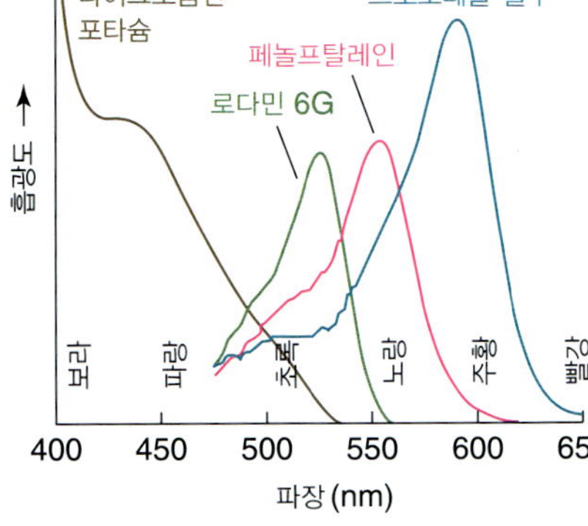

(*a*)

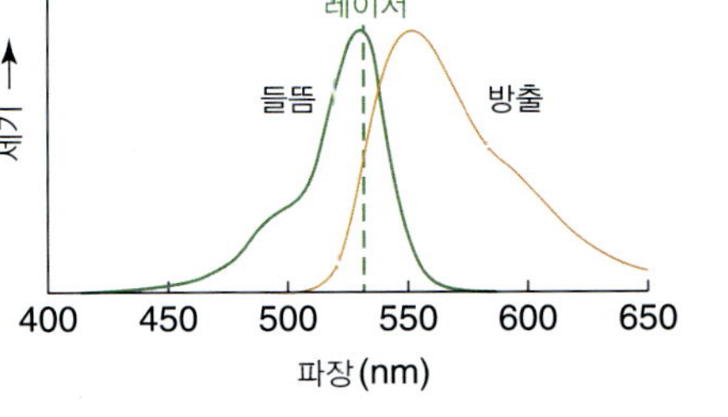

(*b*)

천연색 사진 13 흡수 스펙트럼(실험 18-1). (*a*) 분광 광도계를 이용하여 얻은 가시선 스펙트럼, (*b*) 로다민(Rhodamine) 6G의 들뜸 및 방출 스펙트럼 [Courtesy undergraduate student Sean Coppel, Alex Wlasenko, Dr. Alexandre G. Brolo, University of Victoria.]

천연색 사진 14 **O_2에 의한 Ru(II)의 발광의 감소(19-6절).** 왼쪽: 메탄올에서 5 mM 이하의 (bipyridyl)$_3$RuCl$_2$의 오렌지-레드색 발광(드라이아이스 주입으로 공기 제거). 오른쪽: 30초 동안 산소를 주입한 후 감소된 발광 [Daniel C. Harris.]

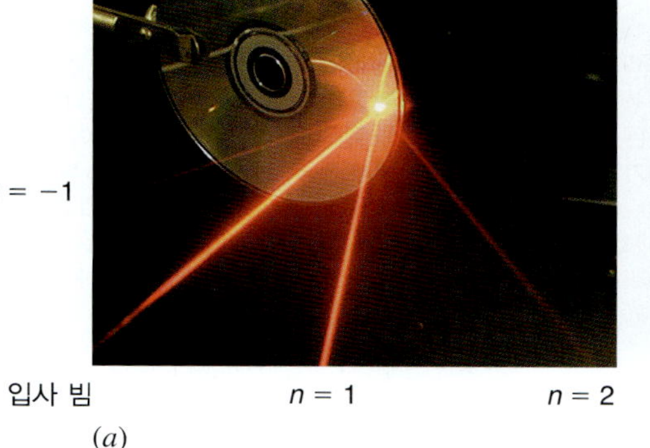

$n = -1$

입사 빔 $n = 1$ $n = 2$

(*a*)

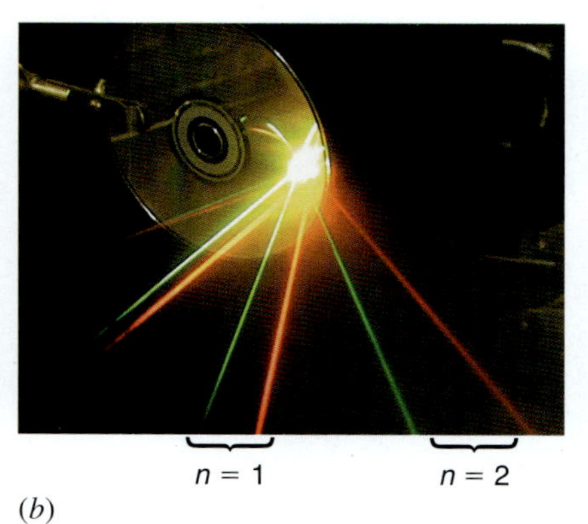

$n = 1$ $n = 2$

(*b*)

천연색 사진 15 **CD로부터의 레이저 회절(20-2절).** 음악 CD 또는 컴퓨터 CD의 작은 홈의 간격은 1.6 μm이다. (*a*) 적색 레이저가 CD의 정면에서 입사하여(그림 20-10과 식 20-4에서 $\theta = 0$), 표면에 맞으면 3개의 회절 선이 관찰된다($n = +1, +2, -1$). (*b*) 적색 및 녹색 레이저가 CD의 정면에서 입사하면, 녹색 레이저는 적색 레이저보다 짧은 파장을 가지므로 식 20-4에 의해서 녹색 레이저의 회절은 더 작은 각도(ϕ)로 일어난다. 빛은 액체 질소를 '안개화'하여 시각화하였다. [Courtesy of J. Tellinghuisen, Vanderbilt University. From J. Tellinghuisen," Exploring the Diffraction Grating Using a He-Ne Laser and a CD-ROM," *J. Chem. Ed.* **2002**, *79*, 703 (supplementary materials). Reprinted with permission © 2002, American Chemical Society. and F. Wakabayashi and K. Hamada, "A DVD Spectroscope: A Simple, High-Resolution Classroom Spectroscope," *J. Chem. Ed.* **2006**, *83*, 56. Reprinted with permission © 2006, American Chemical Society]

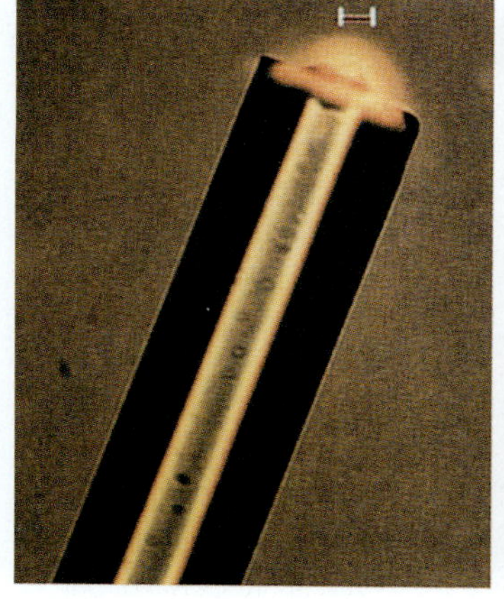

(*a*)

(*b*)

천연색 사진 16 **산소 광센서.** (*a*) 지름 100 μm의 광섬유로 제작된 센서. 섬유 끝 활성층은 공유 결합된 polyacrylamide에 용해된 tris(1,10-phenanthroline)Ru(II) chloride를 포함한다. 섬유에서 나오는 빛은 Ru 화합물을 여기(excite)시키고 현미경으로 수집되는 오렌지-레드 색의 빛을 방출한다. 산소가 포함된 시료에 담그면, 방출이 감소된다. 빛의 감소로 산소의 농도를 측정한다. (*b*) 더 큰 광섬유로 만든 submicrometer tip이 있는 광센서. 이 섬유로 10 amol의 산소를 감지할 수 있다. [From Z. Rosenzweig and R. Kopelman, "Development of a Submicrometer Optical Fiber Oxygen Sensor," *Anal. Chem.* **1995**, *67*, 2650. Reprinted with permission © 1995, American Chemical Society.]

천연색 사진 17 유도 결합 플라스마 토치(21-2절). (*a*) 유도 결합 플라스마는 6 000~10 000 K이다. (*b*) 이트륨을 포함하는 에어로솔을 도입하면, 이트륨의 원자로부터 분홍색 방출, 이온화된 Y^+로부터 파란색 방출, 산화된 YO로부터 빨간색 방출이 일어난다. 방출 방사성 측정은 Y^+ 방출 높이에서 이루어진다. [S. Alavi, T. Khayamian, and J. Mostaghimi, "Inductively Coupled Plasma Source for Spectrochemical Analysis," *Anal. Chem.* **2018**, *90*, 3036. Reprinted with permission © 2018, American Chemical Society]

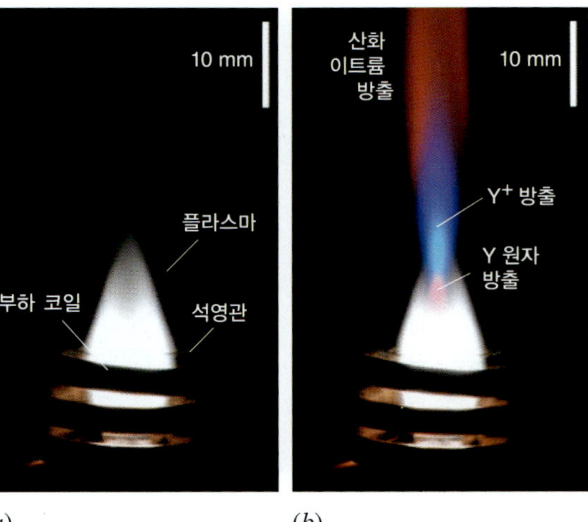

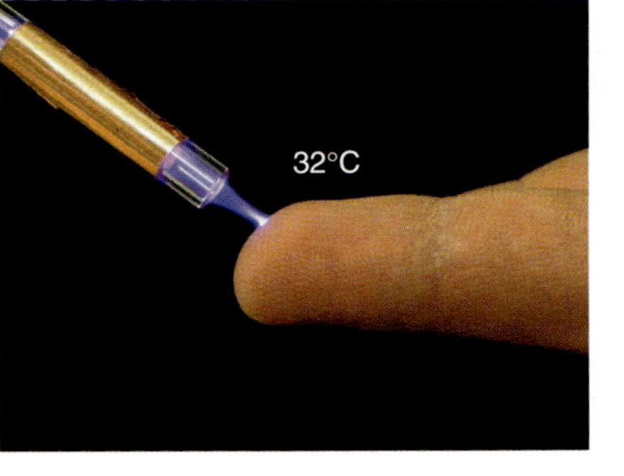

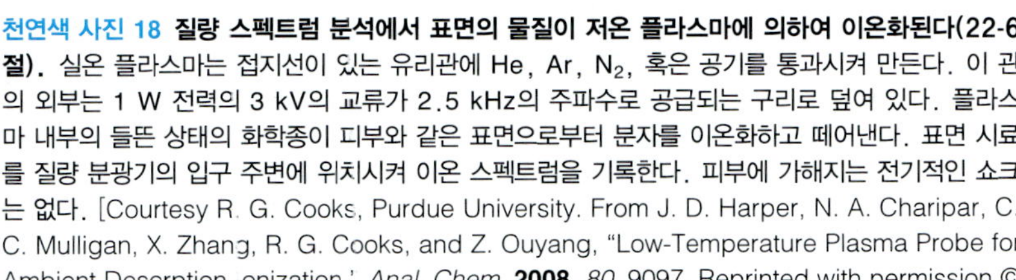

천연색 사진 18 질량 스펙트럼 분석에서 표면의 물질이 저온 플라스마에 의하여 이온화된다(22-6절). 실온 플라스마는 접지선이 있는 유리관에 He, Ar, N_2, 혹은 공기를 통과시켜 만든다. 이 관의 외부는 1 W 전력의 3 kV의 교류가 2.5 kHz의 주파수로 공급되는 구리로 덮여 있다. 플라스마 내부의 들뜬 상태의 화학종이 디부와 같은 표면으로부터 분자를 이온화하고 떼어낸다. 표면 시료를 질량 분광기의 입구 주변에 위치시켜 이온 스펙트럼을 기록한다. 피부에 가해지는 전기적인 쇼크는 없다. [Courtesy R. G. Cooks, Purdue University. From J. D. Harper, N. A. Charipar, C. C. Mulligan, X. Zhang, R. G. Cooks, and Z. Ouyang, "Low-Temperature Plasma Probe for Ambient Desorption Ionization,' *Anal. Chem.* **2008**, *80*, 9097. Reprinted with permission © 2008, American ChemicalSociety.]

천연색 사진 19 상 이동 시약이 색이 있는 음이온을 추출하여 물에서 에터 층으로 이동시킨다(23-1절). 아래 칸: 아래의 수용액 층과 위의 다이에틸 에터 층이 들어 있는 바이알. 색이 있는 음이온이 수용액 층에 포함되어 있다. 위 칸: **trioctylmethylammonium chloride**를 각 바이알에 가하고 잘 섞으면, **trioctylmethylammonium** 양이온에 의하여 색이 있는 음이온이 다이에틸 에터 층으로 추출된다. [Courtesy A. J. Pezhathinal and R. ChanYu-King, University of Science and Arts of Oklahoma. From A. J. Pezhathinal, K. Rocke, L. Susanto, D. Handke, R. Chan-Yu-King, and P. Gordon, "Colorful Chemical Demonstrations on the Extraction of Anionic Species from Water into Ether Mediated by Tricaprylylmethylammonium Chloride (Aliquat 336)," *J. Chem. Ed.* **2006**, *83*, 1161. Reprinted with permission © 2006, American Chemical Society. The first four authors were undergraduate researchers.]

상 이동 시약 첨가 후

상 이동 시약 첨가 전

카로틴
페오피틴
엽록소 *a*
엽록소 *b*
크산토필

크산토필
엽록소 *b*
엽록소 *a*
페오피틴
카로틴
용매 이동 방향

(*a*) (*b*)

천연색 사진 20 정상상 및 역상 얇은 층 크로마토그래피(실험 25-1). (*a*) 70:30 (vol/vol) *n*-헥세인:아세톤으로 전개된 실리카 젤 얇은 층 크로마토그래피 판을 이용한 정상상 크로마토그래피, (*b*) 15:35:50 *n*-헥세인:아세토나이트릴:에탄올로 전개한 C_{18} 실리카 판을 이용한 역상 크로마토그래피에 의한 시금치와 루꼴라 추출물의 분리 [Courtesy of L. Kvittingen, Norwegian University of Science and Technology. From B. J. Sjursnes, L. Kvittingen, and R. Schmid, "Normal and Reversed-Phase Thin Layer Chromatography of Green Leaf Extracts," *J. Chem. Ed.* **2015**, *92*, 193. Reprinted with permission © 2015, American Chemical Society.]

(*a*)

(*b*)

(*c*)

천연색 사진 21 초임계 이산화 탄소(보충 25-3). (*a*) 30°C, 6.9 MPa에서 60 mL의 강철 챔버에 들어 있는 액체 이산화 탄소. 붉은색은 눈에 잘 보이도록 아이오딘 용액을 약간 첨가한 것이다. (*b*) 온도가 상승하면 초임계 상태로의 전이가 시작된다. (*c*) 단일상의 초임계 이산화 탄소 [From H. Black, "Supercritical Carbon Dioxide: The 'Greener' Solvent," *Environ. Sci. Technol.* **1996**, *30*, 124A. Photos courtesy D. Pesiri and W. Tumas, Los Alamos National Laboratory. Reprinted with permission © 1996, American Chemical Society.]

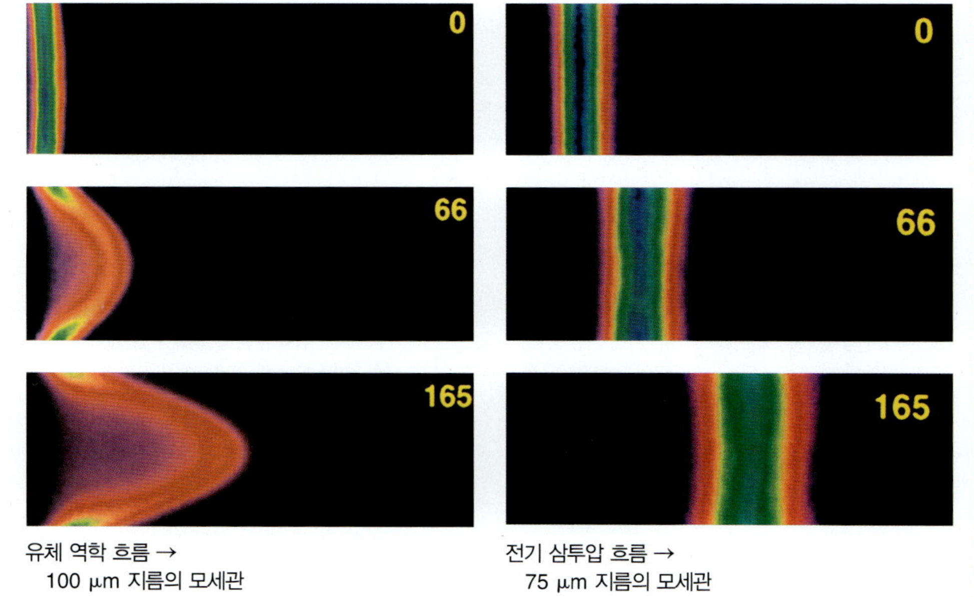

천연색 사진 22 유체 역학과 전기 삼투압 흐름에서의 속도 프로파일(26-6절). 흐름이 시작된 후 0, 66, 165 ms에서의 모세관 내부 형광 염료의 모습이다. 가장 높은 농도의 염료는 푸른색으로, 가장 낮은 농도는 붉은색으로 나타내었으며, 다른 색깔은 다른 형광 세기를 나타낸 것이다. [From P. H. Paul, M. G. Garguilo, and D. J. Rakestraw, "Imagining of Pressure and Electrokinetically Driven Flows through Open Capillaries," *Anal. Chem.* 1998, *70*, 2459. Reprinted with permission © 1998, American Chemical Society. See also D. Ross, T. J. Johnson, and L. E. Locascio, *Anal. Chem.* **2001**, *73*, 2509.]

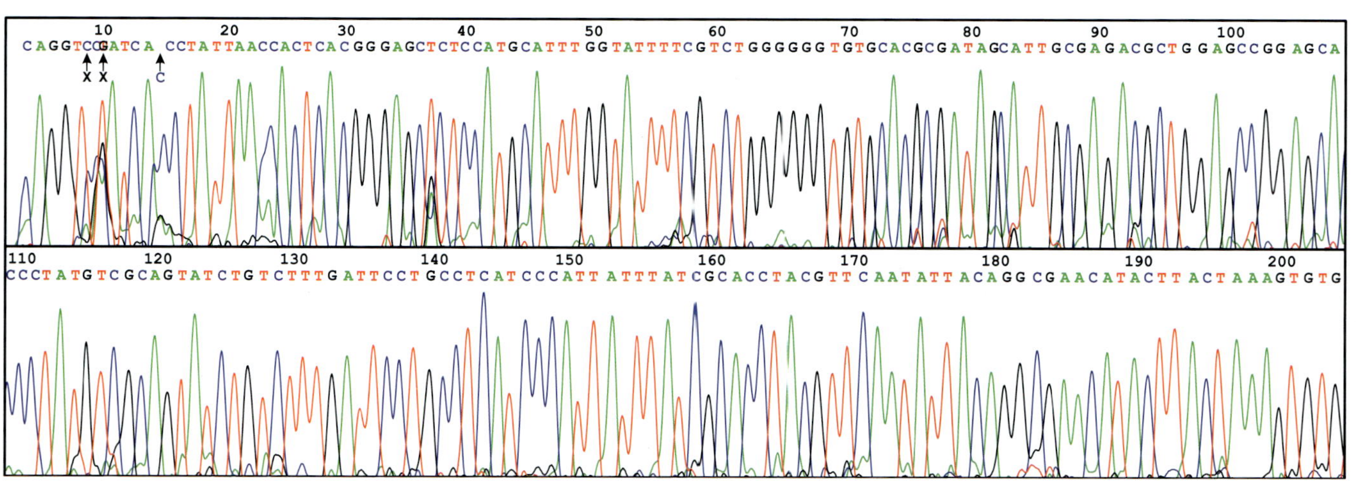

천연색 사진 23 **형광법 검출을 이용한 모세관 젤 전기 이동에 의한 DNA 서열 결정(26-7절).** 365개 길이의 염기를 99% 정확도로 읽을 수 있는 microfluidic device(lab-on-a-chip)를 이용하여 얻은 DNA 뉴클레오타이드 염기 서열. 각 피크의 다음 피크는 한 개의 염기가 더 붙은 사슬이다. 서로 다른 염기 A, T, C, G로 끝나는 각 DNA 사슬은 형광 검출기를 통과할 때 확인할 수 있도록 서로 다른 형광 표지를 붙였다. 서로 다른 길이의 DNA가 단일 가닥이 안정화될 수 있는 6 M 요소의 폴리아크릴아마이드 젤로 채운 길이 18 cm의 전기 이동관에서 길이에 따라 분리되었다. 시료의 부피는 30 nL로 DNA 100 amol(6000만 개의 분자)을 포함하고 있다. [From R. G. Blazej, P. Kumaresan, S. A. Cronier, and R. A. Mathies, "Inline Injection Microdevice for Attomole-Scale Sanger DNA Sequencing," *Anal. Chem.* **2007**, *79*, 4499. Reprinted with permission © 2007, American Chemical Society.]

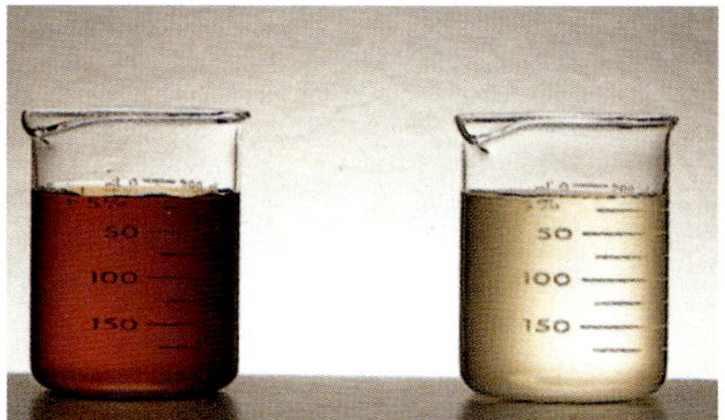

(*a*) (*b*) (*c*)

천연색 사진 24 **콜로이드와 투석(실험 27-1).** (*a*) 철(III) 콜로이드(왼쪽)와 일반적인 철(III) 수용액(오른쪽), (*b*) 철(III) 콜로이드(왼쪽)와 구리(II)의 용액(오른쪽)을 포함하는 투석 봉지를 플라스크 안에 넣은 직후, (*c*) 24시간 동안 투석한 후, 구리(II)는 확산되어 투석 봉지와 플라스크에 고르게 분산되었으나, 철(III) 콜로이드는 봉지 안에 남아 있다. [Dan Harris.]

천연색 사진 25 Fe(II)와 보라색 착물을 형성하는 황-주황 비색 시약을 이용하여 철을 분석하기 위한 **구름점 추출.** (*a*) 계면 활성제를 함유하는 10 mL 수용액 내 보라색 착물. (*b*) 마이셀을 상분리하기 위하여 가열한 후 얻은 흐린 용액. (*c*) 원심 분리 후 얻은 약 0.2 mL의 마이셀 상. (*d*) 수용액 상 제거 후 에탄올을 이용하여 마이셀 상을 2.00 mL로 희석하여 얻은 균일 용액. 두꺼운 흰색 선은 시험관 선반이다. [사진 제공: University of Wisconsin-Madison의 P. Doolittle, Ashlyn Erpenbach, 그리고 Ashlyn Erpenbach, 이상욱, Elizabeth Liu, Cameron Zalewski. 참고문헌: L. Khalafi, P. Doolittle, J. Wright, "Speciation and Determination of Low Concentration of Iron in Beer Samples by Cloud Point Extraction", *J. Chem. Ed.* **2018**, *95*, 463.]

17 전기 분석 기술

나노구멍을 이용한 DNA 염기 서열 분석

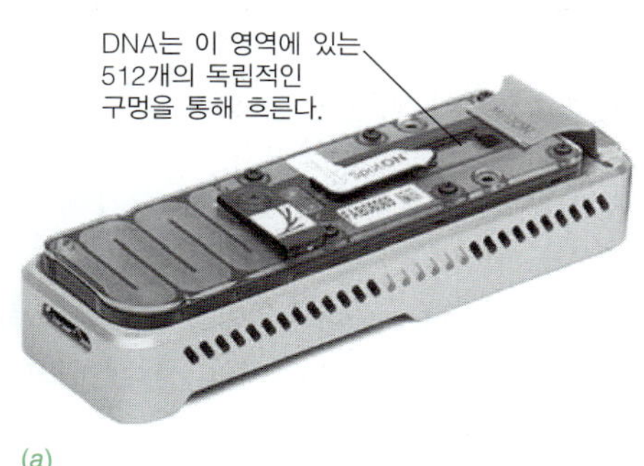

(a)

MinION DNA 염기 서열 분석기의 무게는 100 g 미만이며, 노트북 컴퓨터에 연결된다. 이 기기는 언제든지 최대 500개의 나노구멍을 이용한 염기 서열 분석을 수행할 수 있다. 더 큰 장치는 144 400개의 나노구멍을 이용한 분석을 수행할 수 있다. [제공: Oxford Nanopore Technologies.]

15장의 도입부에서는 DNA의 뉴클레오타이드 염기 서열(부록 L)을 결정하기 위해 pH 변화를 감지하는 장치를 소개했다. 그림 *a*에 표시된 더 빠른 장치는 외가닥의 DNA 또는 RNA가 구멍을 통과할 때 나노구멍(nanopore)을 통한 이온의 흐름에서 생성된 피코암페어 크기의 전류 변화를 측정하여 DNA 염기 서열을 찾아낸다. 2018년에 소모성 흐름셀은 한 조각의 DNA에서 최대 880×10^3개 염기의 판독 길이로 10×10^9~20×10^9개 염기 서열을 48시간 이내에 분석했다.[1] 상보적인 짧은 판독 서열을 포함시킨 후에는 3×10^6 염기 유전체의 서열 정확도가 99.8%를 초과하였다. 제조업체에 따르면, 2019년에는 판독 길이가 2.3×10^6개 염기로 증가했으며 최종 정확도는 99.99%를 넘어섰다.

그림 *b*는 측정 원리를 보여 준다.[2] 그림 *a*의 유리판 아래에 있는 512개의 우물 배열 내의 각 우물은 전기 절연성 막에 내장된 단백질 분자 구멍을 가지고 있다. 막을 가로질러 ~0.16 V의 전위차가 유지되어, 양이온은 위로 이동하고 음이온인 DNA는 구멍을 통해 내려간다. 염기 서열을 분석할 DNA는 구멍의 상단 입구에 있는 효소를 통과한다. 효소는 2개의 DNA 가닥을 분리하고 10 ms마다 뉴클레오타이드 염기 1개의 속도로 하나의 가닥을 구멍 안으로 공급한다. DNA가 구멍을 통과하면, 협착을 통과하는 뉴클레오타이드 염기의 종류에 따라 구멍을 통과하는 K^+와 같은 작은 이온에 의한 ~30 pA의 전류는 <10% 만큼 변동한다. 구멍 단백질은 서로 다른 뉴클레오타이드가 협착을 통과할 때 전류의 차이를 최대화하기 위해 좁은 협착에 특정 아미노산을 갖도록 설계된다. 나노구멍 염기 서열 분석은 급속도로 발전하고 있어서 속도, 정확성 및 내구성이 향상되고 있다.

이중 가닥 DNA
DNA 프로세싱 효소는 가닥을 분리하고 한 가닥을 나노구멍 안으로 밀어 넣는다.
0 V
외가닥 DNA
나노구멍 단백질
전기 절연성 막
5 nm
1.4 nm 협착
+0.16 V
K^+
DNA는 아래로 이동한다.
GGTTGTTTCTGTTGGTGCTGAT
전류 (pA) →
시간 (ms) →

(b)

서로 다른 DNA 뉴클레오타이드 염기는 구멍을 막는 정도가 달라서, 구멍을 통해 이동하는 K^+와 같은 이온에 의한 전류가 몇 % 정도 변동하게 만든다. [제공: Oxford Nanopore Technologies.]

앞 장에서는 전류가 거의 흐르지 않을 때 전압을 측정하는 **전위차법**(potentiometry)을 다루었다. 이제는 전류가 핵심이 되는 전기 분석법을 생각해 보자.[3] 이 장에서 다루는 기술들은 모두 **전기 분해(electrolysis)**와 관련이 있는데, 전기 분해는 가해진 전압에 의해 전극에서 화학 반응이 강제로 일어나도록 하는 과정이다(실험 17-1). 이 장에 설명하는 가정용 글루코스 측정기는 2017년에 전 세계적으로 120억 달러의 매출을 기록한, 단일 품목으로는 최대의 전기 분석 응용 분야이다.

17-1 전기 분해의 기초

Hall-Héroult 법에 의한 알루미늄의 전기 분해 생산은 전 세계 전기량의 약 3.5%를 소비하고,[4] 전기 분해에 의한 Cl_2의 생산은 2%를 소비한다.[5] 알루미늄을 생산하기 위해, Al_2O_3와 빙정석(Na_3AlF_6)의 용융액에 들어 있는 Al^{3+}는 대개 250 kA 전류가 흐르는 전지의 환원 전극에서 Al로 환원된다. 이 방법은 1866년에 Oberlin 대학을 갓 졸업한 22세의 Charles Hall이 발명하였다.[6]

Cu^{2+} 용액에 Cu와 Pt 전극을 담그고 전류가 흐르도록 하면, 환원 전극에서는 구리 금속이 석출되고 산화 전극에서는 O_2가 발생한다.

환원 전극: $$Cu^{2+} + 2e^- \rightleftharpoons Cu(s)$$

산화 전극: $$H_2O \rightleftharpoons \frac{1}{2}O_2(g) + 2H^+ + 2e^-$$

알짜 반응: $$H_2O + Cu^{2+} \rightleftharpoons Cu(s) + \frac{1}{2}O_2(g) + 2H^+ \qquad (17\text{-}1)$$

그림 17-1은 실험을 어떻게 진행할 것인지를 보여 준다. 전위차계는 전원에서 가해진 전압을 측정한다. 전류계는 회로를 통해서 흐르는 전류를 측정한다.

관심 있는 반응이 진행되는 전극을 **작업 전극(working electrode)**이라고 한다. 그림 17-1에서는 Cu^{2+}의 환원에 관심이 있으므로 Cu가 작업 전극이다. 다른 전극은 **상대 전극**(counter electrode)이다. 국제 순수 및 응용 화학연합(IUPAC: International Union of Pure and Applied Chemistry)의 관례는 **환원 전류는 마이너스이고, 산화 전류는 플러스이다.**

관례 **환원 전류**(cathodic current)는 **마이너스**로 간주한다.

전류는 반응 속도를 측정한다

전류 I가 시간 t 동안 흐르면, 회로의 어느 지점이든 통과한 전하 q는 다음과 같다.

전류와 시간에 대한 전하의 관계식:

$$\underset{\text{쿨롬}}{q} = \underset{\text{암페어}}{I} \cdot \underset{\text{초}}{t} \qquad (17\text{-}2)$$

전자의 몰수는 다음과 같다.

실험 17-1 전기 화학을 이용한 글자 쓰기[7]

그림에 나타낸 전기 분해 장치는 나무 표면에 접합시킨 혹은 테이프로 부착한 알루미늄 포일로 구성되어 있다. 크기는 상관없으나, 교실에서 시범을 보이기 위해서는 한 변이 15 cm인 넓이의 포일이 편리하다. 거름종이, 프린터 용지, 거름종이로 구성된 샌드위치 모양의 것을 금속 포일에 테이프로 접착시킨다(한쪽 끝에만). 구리선[18게이지(gauge) 또는 그보다 굵은]을 이용하여 한쪽 끝이 고리 모양인 뾰족한 바늘을 만들어 일정한 길이의 유리관을 통과하게 한다.

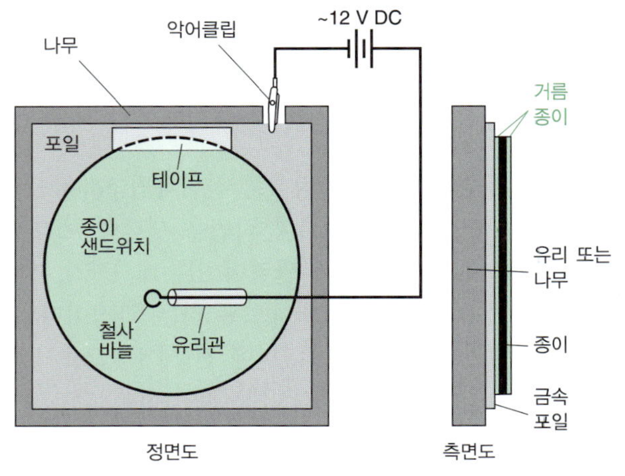

5 g의 가용성 녹말을 물 50 mL에 녹인 반죽을 만들어서 1 wt% 녹말을 준비한다. 반죽을 끓는 물 500 mL에 붓고 용액이 맑아질 때까지 끓인다. 식힌 후 맑은 녹말 용액에 방부제로 클로로폼 몇 방울을 첨가한다. 또 다른 방법은, 방부제 없이 신선한 녹말 용액을 만드는 것이다. KI 1.6 g, 물 20 mL, 녹말 용액 5 mL, 페놀프탈레인 지시약 5 mL를 이용하여 신선한 용액을 준비한다(며칠이 지나서 용액이 진해지면, 묽은 $Na_2S_2O_3$ 용액을 몇 방울 떨어뜨려 색깔이 사라지게 한다). KI-녹말-페놀프탈레인 용액으로 세 겹의 종이를 적신다. 뾰족한 바늘과 포일을 12 V 직류 전원에 연결하고, 바늘로 종이 위에 글씨를 쓴다.

바늘이 환원 전극일 때, 물은 H_2와 OH^-로 환원되고 OH^-와 페놀프탈레인과의 반응으로 분홍색이 나타난다.

환원 전극: $$H_2O + e^- \rightarrow \frac{1}{2}H_2(g) + OH^-$$

극성이 반대로 되어 바늘이 산화 전극일 때에는 I^-가 I_2로 산화된다. I_2와 녹말의 반응으로 검은색(매우 짙은 푸른색)이 나타난다.

산화 전극: $$I^- \rightarrow \frac{1}{2}I_2 + e^-$$

맨 위의 거름종이와 프린터 용지를 들면, 바닥의 거름종이 위에는 반대 색깔의 글씨를 볼 수 있을 것이다(천연색 사진 11).

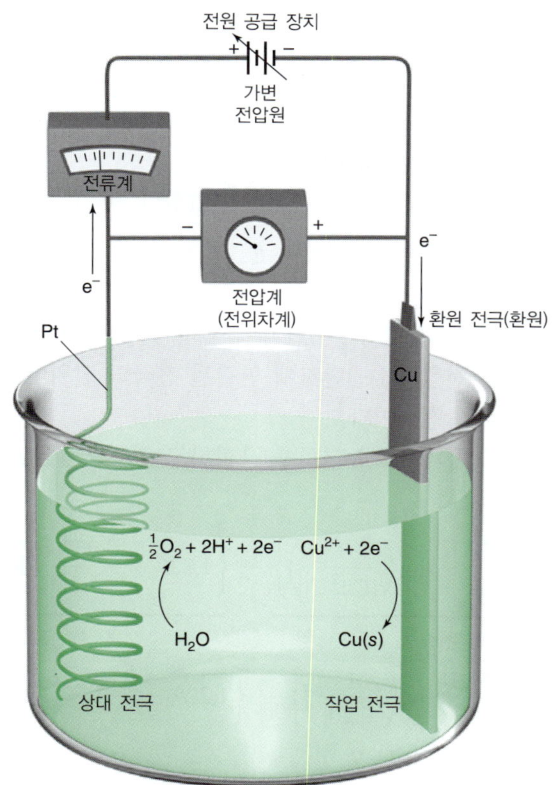

그림 17-1 전기 분해 실험. 전원 은 가변 전압이다. 전위차계는 전압을 측정하고, 전류계는 전류를 측정한다.

$$e^- \text{의 몰수} = \frac{\text{쿨롬}}{\text{쿨롬/몰수}} = \frac{I \cdot t}{F}$$

1**암페어**는 매초당 1쿨롬의 전류이다. 1**쿨롬**은 $6.241\ 5 \times 10^{18}$개의 전자를 포함한다.

Faraday 상수:

$F = 9.648\ 5 \times 10^4$ C/mol

전자의 몰수 $= \frac{I \cdot t}{F}$

어떤 반응이 분자당 n개의 전자를 필요로 한다면, 시간 t 동안 반응한 양은 다음과 같다.

전류와 시간에 대한 몰수의 관계:

$$\text{반응한 몰수} = \frac{I \cdot t}{nF} \tag{17-3}$$

예제 전류와 시간, 그리고 반응한 양의 관계

그림 17-1에 있는 전지를 통해서 0.17 A의 전류가 16분 동안 흐른다면, 몇 g의 Cu(s)가 석출되겠는가?

풀이 먼저 전지를 통해서 흐르는 e^-의 몰수를 계산한다.

$$e^- \text{의 몰수} = \frac{I \cdot t}{F} = \frac{\left(0.17\,\frac{C}{s}\right)(16\ \text{min})\left(60\,\frac{s}{\text{min}}\right)}{96\ 485\,\frac{C}{\text{mol}}} = 1.6_9 \times 10^{-3}\ \text{mol}$$

환원 전극 반쪽 반응은 석출된 Cu 1 mol에 대해 2 mol의 전자가 필요하다. 따라서

$$\text{구리}(s)\text{의 몰수} = \frac{1}{2}(e^- \text{의 몰수}) = 8.4_5 \times 10^{-4}\ \text{mol}$$

석출된 Cu(s)의 질량은 $(8.4_5 \times 10^{-4}\ \text{mol})(63.546\ \text{g/mol}) = 0.054$ g이다.

자습 여백에 보여 준 (100) 결정면에 있는 Cu **단일층**(monolayer, 원자들의 한 층)은 1.53×10^{15}개 원자/cm^2 = 2.54×10^{-9} mol/cm^{2}를 가지고 있다. 어떤 크기의 전류여야 1초 동안 1 cm^2 면적에 Cu 원자의 단일층을 석출시킬 수 있을까? (**답:** 0.490 mA)

(100) 결정면에서는 1.53×10^{15}개/cm^{2}의 원자가 있다.

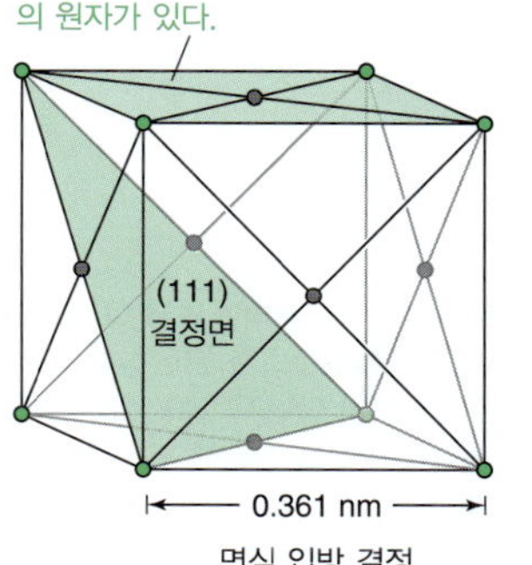

면심 입방 결정

전류가 흐를 때 전압은 변한다

그림 17-1은 그림 14-5와 같은 관례에 따라 그린 것이다. 환원이 일어나는 환원 전극은 그림의 오른쪽에 있다. 전위차계의 (+)단자가 오른쪽에 있다.

전류를 무시할 수 있으면, 전지 전압은 다음과 같다.

$E = E$(환원 전극) − E(산화 전극)을 사용하려면 두 반응을 모두 반드시 **환원**으로 써야 한다. E(환원 전극) − E(산화 전극)은 환원 전극과 산화 전극 간에 전류가 거의 흐르지 않을 때 측정된 **열린 회로**(open circuit) 전압이다.

$$E = E\,(\text{환원 전극}) - E(\text{산화 전극}) \quad \textbf{(17-4)}$$

14장에서는 $E = E_+ - E_-$로 썼는데, 여기서 E_+는 전위차계의 (+)단자에 연결된 전극의 전위이며, E_-는 전위차계의 (−)단자에 연결된 전극의 전위이다. 식 17-4는 $E = E_+ - E_-$와 같다. 전기 분해에서, 전자는 전원의 (−)단자에서 나와서 전기 분해 전지의 환원 전극으로 들어간다. E(환원 전극)은 전원의 (−)단자에 연결된 전극의 전위이며, E(산화 전극)은 전원의 (+)단자에 연결된 전극의 전위이다.

환원 전극(cathode)은 전원의 (−)단자에 연결된 전극이다.

반응 17-1이 0.20 M Cu^{2+}와 1.0 M H^+를 포함하고 있고 1.0 bar의 O_2가 방출된다면, 전압은 다음과 같다.

환원 전극: $Cu^{2+} + 2e^- \rightleftharpoons Cu(s)$
산화 전극: $\frac{1}{2}O_2(g) + 2H^+ + 2e^- \rightleftharpoons H_2O$

$$E = \underbrace{\left\{0.339 - \frac{0.059\ 16}{2}\log\left(\frac{1}{[Cu^{2+}]}\right)\right\}}_{E(\text{환원 전극})} - \underbrace{\left\{1.229 - \frac{0.059\ 16}{2}\log\left(\frac{1}{P_{O_2}^{1/2}[H^+]^2}\right)\right\}}_{E(\text{산화 전극})}$$

$$= \left\{0.339 - \frac{0.059\ 16}{2}\log\left(\frac{1}{0.20}\right)\right\} - \left\{1.229 - \frac{0.059\ 16}{2}\log\left(\frac{1}{(1.0)^{1/2}(1.0)^2}\right)\right\}$$

$$= 0.318 - 1.229 = -0.911\ \text{V}$$

반응 17-1에 대한 자유 에너지 변화:

$$\Delta G = -n \cdot F \cdot E$$

Joule/mol (J/mol) · 분자당 단위 전하 · C/mol · 볼트 (V)

$$\Delta G = -(2)\left(96\ 485\ \frac{\text{C}}{\text{mol}}\right)(-0.911\ \text{V})$$
$$= +1.76 \times 10^5\ \text{C}\cdot\text{V/mol}$$
$$= +1.76 \times 10^5\ \text{J/mol}$$
$$= 176\ \text{kJ/mol}$$

C × V = J임을 주목하라.

만약에 전류가 무시할 정도로 작다면, 그림 17-1에 있는 전위차계에서는 이 전압이 읽힐 것이다. 전위차계의 (+)단자가 전원의 (−) 쪽에 연결되어 있기 때문에 전압은 마이너스이다. 반응이 비자발적이기 때문에 여백에 계산한 자유 에너지 변화는 플러스이다. 반응이 일어나게 하려면 전원이 필요하다. 전류가 무시할 정도가 아니라면, **과전위**, **저항 전위**, 그리고 **농도차 편극**이 반응을 진행시키는 데 필요한 전압을 변화시킬 수 있다.

과전위(overpotential)는 전극에서 진행되는 반응에 대한 **활성화 에너지**(activation energy)를 극복하는 데 필요한 전압이다(그림 17-2).[8] 반응을 더 빨리 일어나게 하려면, 더 큰 과전위를 가해야 한다. 전류는 전자 전달의 속도를 측정하는 것이다. 더 큰 과전위를 가하면 더 큰 **전류 밀도**(current density, 단위 면적당 전류, A/m^2)를 유지할 것이다. 표 17-1은 Cu 표면에서 H_2 방출에 대한 전류 밀도를 10 A/m^{2}에서 10 000 A/m^{2}로 증가시키기 위해서는 과전위를 0.479 V에서 1.254 V로 높여야 한다는 것을 보여 주고 있다. 활성화 에너지는 표면의 성질에 달려 있다. H_2는 Pt 표면에서는 과전위가 거의 없이 방출되는 반면, Hg 표면에서 반응을 진행시키려면 약 1 V가 필요하다.

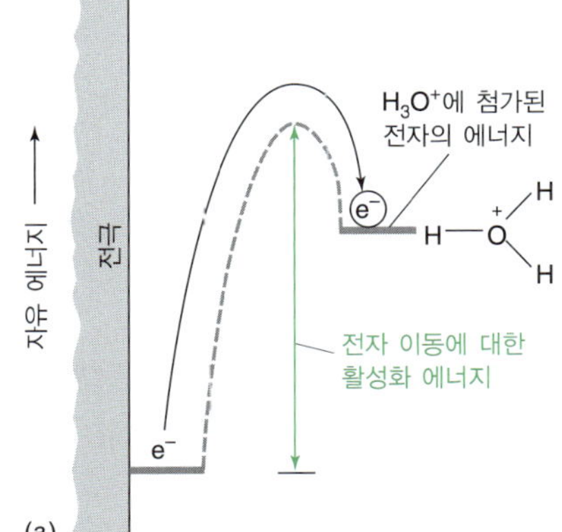

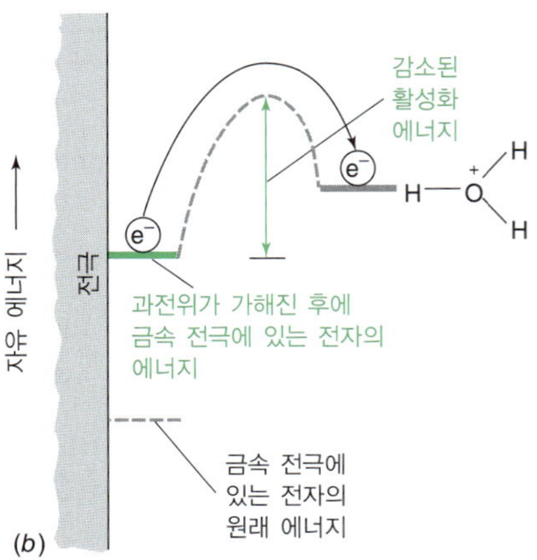

그림 17-2 (*a*) 금속에서 H_3O^+로 전자가 이동하여 수소가 발생하는 것에 대한 개략적인 에너지 도표. (*b*) 금속에 전위를 가하여 금속에 있는 전자의 에너지는 높이고 전자 이동에 대한 활성화 에너지는 낮춘다.

표 17-1 25°C의 여러 전류 밀도(A/m²)에서의 기체 방출에 대한 과전위(V)

전극	10 A/m²		100 A/m²		1 000 A/m²		10 000 A/m²	
	H_2	O_2	H_2	O_2	H_2	O_2	H_2	O_2
백금을 입힌 Pt	0.015 4	0.398	0.030 0	0.521	0.040 5	0.638	0.048 3	0.766
매끄러운 Pt	0.024	0.721	0.068	0.85	0.288	1.28	0.676	1.49
Cu	0.479	0.422	0.584	0.580	0.801	0.660	1.254	0.793
Ag	0.475 1	0.580	0.761 8	0.729	0.874 9	0.984	1.089 0	1.131
Au	0.241	0.673	0.390	0.963	0.588	1.244	0.798	1.63
흑연	0.599 5		0.778 8		0.977 4		1.220 0	
Pb	0.52		1.090		1.179		1.262	
Zn	0.716		0.746		1.064		1.229	
Hg	0.9		1.0		1.1		1.1	

출처: International Critical Tables, ***1929***, 6, *339*. 이 문헌은 또한 Cl_2, Br_2, I_2에 대한 과전위도 보여 준다.

저항 전위(ohmic potential)는 전류 I가 흐를 때 전기 화학 전지에 들어 있는 용액의 전기 저항 R을 극복하는 데 필요한 전압이다.

저항 전위: $$E_{\text{저항}} = IR \quad \textbf{(17-5)}$$

만약 전지의 저항이 2 Ω이고 20 mA의 전류가 흐른다면, 저항을 극복하는 데 필요한 전압 $E = (2\ \Omega)(20\ \text{mA}) = (2\ \Omega)(0.020\ \text{A}) = 0.040\ \text{V}$이다.

저항은 ohm으로 측정되며, 기호는 대문자 그리스어 오메가(Ω)이다.

농도차 편극(concentration polarization)은 전극 표면에서의 반응물 또는 생성물의 농도가 벌크 용액에서의 농도와 같지 않을 때 발생한다. 반응 17-1에 대한 Nernst 식은 다음과 같이 써야 한다.

$$E(\text{환원 전극}) = 0.339 - \frac{0.059\ 16}{2}\log\left(\frac{1}{[Cu^{2+}]_s}\right)$$

전극은 벌크 용액에 있는 농도에 감응하는 것이 아니라, 전극 근처에 있는 반응물과 생성물의 농도(활동도)에 감응한다.

여기서 $[Cu^{2+}]_s$는 **전극 표면에서의 용액 중 농도**이다. 만약에 Cu^{2+}의 환원이 빠르게 진행된다면, Cu^{2+}는 소비되는 것만큼 빠르게 확산될 수 없기 때문에 $[Cu^{2+}]_s$는 매우 작을 것이다. $[Cu^{2+}]_s$가 감소하면, E(환원 전극)는 점점 더 마이너스가 된다.

$[Cu^{2+}]_s$가 0.2 M에서 2 μM로 감소하면 E(환원 전극)는 0.318 V에서 0.170 V로 변할 것이다.

과전위, 저항 전위, 농도차 편극은 전기 분해를 더욱 어렵게 만든다. 이것들은 전지 전압을 더욱 더 마이너스로 만들고, 반응을 더 진행시키기 위해서는 그림 17-1에 있는 전원에서 더 큰 전압이 필요하다.

$$E = \underbrace{E(\text{환원 전극}) - E(\text{산화 전극})}_{\text{이 항들은 농도차 편극의 효과를 포함하고 있다.}} - IR - \text{과전위} \quad \textbf{(17-6)}$$

환원 전극과 산화 전극 모두에서 농도차 편극과 과전위가 있을 수 있다.

예제 **저항 전위, 과전위, 농도차 편극의 효과**

$P_{H_2} = 1.00$ bar이고 pH가 10.00일 때, 3.0×10^{-5} M I_3^-가 포함된 0.10 M KI 용액에서 I^-를 I_3^-로 전기 분해하고자 한다고 가정하자.

$$3I^- + 2H_2O \rightarrow I_3^- + H_2(g) + 2OH^-$$

(a) 전류가 흐르지 않는 경우에 전지 전압을 구하시오. **(b)** 그 후 전기 분해로 $[I_3^-]_s$는 3.0×10^{-4} M로 증가했지만, 다른 것들의 농도는 영향을 받지 않았다고 가정하자. 전지 저항이 2.0 Ω이고, 전류는 63 mA, 환원 전극의 과전위는 0.382 V, 산화 전극의 과전위는 0.025 V라고 가정하자. 반응을 일으키는 데 필요한 전압은 얼마인가?

풀이 **(a)** 열린 회로 전압은 E(환원 전극) − E(산화 전극)이다.

환원 전극: $2H_2O + 2e^- \rightarrow H_2(g) + 2OH^-$ $E° = -0.828$ V

산화 전극: $I_3^- + 2e^- \rightarrow 3I^-$ $E° = 0.535$ V

$$E(\text{환원 전극}) = -0.828 - \frac{0.059\ 16}{2}\log(P_{H_2}[OH^-]^2)$$

$$= -0.828 - \frac{0.059\ 16}{2}\log[(1.00)(1.0 \times 10^{-4})^2] = -0.591\ V$$

$$E(\text{산화 전극}) = 0.535 - \frac{0.059\ 16}{2}\log\left(\frac{[I^-]^3}{[I_3^-]}\right)$$

$$= 0.535 - \frac{0.059\ 16}{2}\log\left(\frac{[0.10]^3}{[3.0 \times 10^{-5}]}\right) = 0.490\ V$$

$$E = E(\text{환원 전극}) - E(\text{산화 전극}) = -0.591 - 0.490 = -1.081\ V$$

반응을 일으키기 위해서는 −1.081 V를 가해야 할 것이다.

(b) 이제 E(환원 전극)은 변하지 않으나, $[I_3^-]_s$가 벌크 용액에 있는 $[I_3^-]$와 다르기 때문에 E(산화 전극)은 변한다.

$$E(\text{산화 전극}) = 0.535 - \frac{0.059\ 16}{2}\log\left(\frac{(0.10)^3}{(3.0 \times 10^{-4})}\right) = 0.520\ V$$

$$E = E(\text{환원 전극}) - E(\text{산화 전극}) - IR - \text{과전위}$$

$$= -0.591\ V - 0.520\ V - (2.0\ \Omega)(0.063\ A) - 0.382\ V - 0.025\ V$$

$$= -1.644\ V$$

−1.081 V 대신, 반응을 일으키기 위해서는 −1.644 V를 가할 필요가 있다. 두 개의 과전위 모두 필요한 전압의 크기를 증가하는 방향으로 기여하는 것에 주목하라.

자습 $[I^-]_s = 0.01$ M일 때, **(b)**에서의 전압을 구하시오. (**답:** −1.732 V)

삼전극 전지를 이용한 조절 전위 전기 분해

작업 전극: 분석하려는 반응이 일어나는 곳

보조 전극: 전류의 흐름을 위해 필요한 또 다른 전극

기준 전극: 작업 전극의 전위를 측정하기 위해 사용되는 전극

전기 활성 화학종(electroactive species)은 전극에서 산화되거나 환원될 수 있는 물질이다. 작업 전극의 전위를 조절하여 어떤 화학종이 반응하고 어떤 화학종이 반응하지 않는지를 조절한다. 금속 전극은 **편극이 된다(polarizable)**고 말하는데, 그것은 작은 전류가 흐를 때 금속 전극의 전위가 쉽게 변하는 것을 의미한다. 칼로멜 또는 Ag | AgCl과 같은 기준 전극은 **편극이 되지 않는다(nonpolarizable)**고 말한다. 왜냐하면 상당히 큰 전류가 흐르지 않는 한, 전위가 많이 변하지 않기 때문이다. 이상적으로는, 편극이 되지 않는 기준 전극에 대해 편극이 되는 작업 전극의 전위를 측정하려고 한다. 작업 전극에는 전류가 많이 흘러야 하고 기준 전극에는 전류가 거의 흐르지 않아야 한다면, 어떻게 이것을 가능하게 할 수 있을까?

그 답은 세 번째 전극을 도입하는 것이다(그림 17-3). **작업 전극(working electrode)**은 관심 있는 반응이 일어나는 전극이다. 칼로멜 혹은 다른 **기준 전극(reference electrode)**은 작업 전극의 전위를 측정하는 데 사용된다. **보조 전극[auxiliary electrode, 상대 전극(counter electrode)이라고도 한다)]**은 작업 전극의 전류 흐름을 지원하는 동반자이다. 전류는 작업 전극과 보조 전극 사이에서 흐른다. 작업 전극을 통과하는 전류는 작업 전극 바로 옆에 놓인 전류계(A)로 측정된다. 거의 무시할 정도의 전류가 기준 전극을 통해 흐르기 때문에 기준 전극의 전위는 저항 전위, 농도차 편극, 과전위 등의 영향을 받지 않는다. 따라서 기준 전극 전위는 일정하다. **조절 전위 전기 분해(controlled-potential electrolysis)**에서, 삼전극 전지에 있는 작업 전극과 기준 전극 사이의 전압은 전위차계로 측정되며, **일정 전위기(potentiostat)**라고 하는 전자 장치에 의해 조절된다.

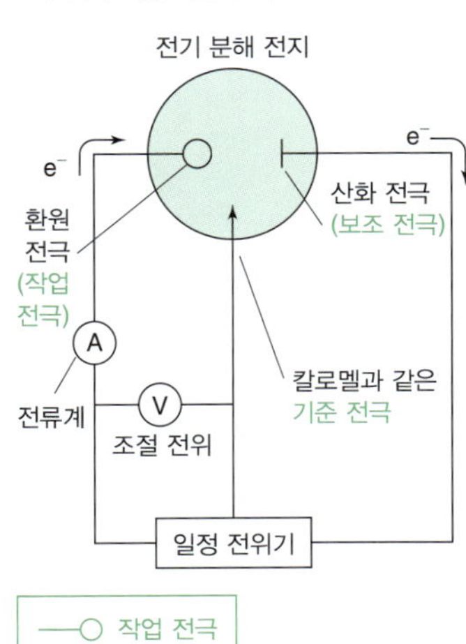

그림 17-3 삼전극 전지를 이용한 조절 전위 전기 분해에 사용되는 회로

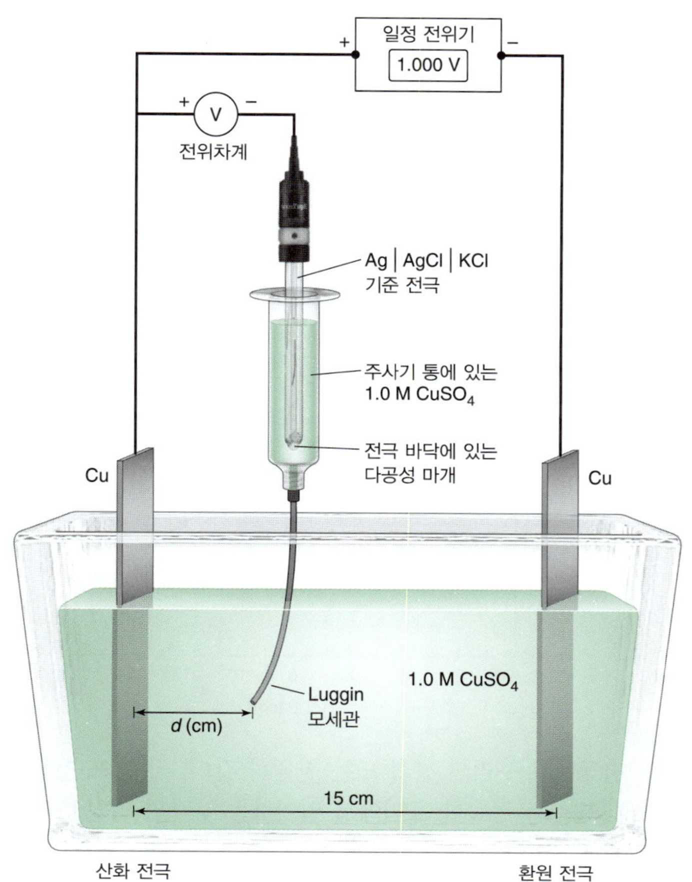

그림 17-4 구리 전극으로부터 거리 *d*에서 Luggin 모세관을 사용하여 Ag|AgCl 기준 전극에 대한 구리 전극 전위 측정. 기준 전극은 주사기에서 액체가 빠져나가는 것을 방지하기 위하여 파라필름으로 봉합된 주사기 통에 담겨 있다. 파라필름은 그림에 나타나 있지 않다. 플라스틱 모세관은 주사기의 출구에 부착되어 있다. [출처: F. J. Vidal-Iglesias, J. Solla-Gullón, A. Rodes, E. Herrero, and A. Aldaz, "Understanding the Nernst Equation and Other Electrochemical Concepts," *J. Chem. Ed.* **2012**, *89*, 936.]

그림 17-4는 학생 실험에서 과전위와 저항 전위의 측정을 보여 준다. 1.0 M $CuSO_4(aq)$에 담겨 있는 두 개의 구리 전극에 연결된 일정 전위기로 1.000 V의 전위차를 가했다. 산화 전극 반응은 $Cu(s) \rightleftharpoons Cu^{2+} + 2e^-$이고, 환원 전극 반응은 $Cu^{2+} + 2e^- \rightleftharpoons Cu(s)$이다.

전위차계는 그림 17-4의 왼쪽에 있는 Cu 전극과 1.0 M $CuSO_4$에 담겨 있고 **Luggin 모세관**(Luggin capillary)을 통해서 벌크 용액과 연결되어 있는 Ag|AgCl 기준 전극 사이의 전압을 측정한다. 기준 전극에는 전류가 거의 흐르지 않기 때문에 모세관의 끝과 기준 전극 사이에는 전류가 거의 흐르지 않는다. 작업 전극과 모세관 팁(tip) 사이의 간격 *d*에 걸쳐서 저항 손실이 있다. 기준 전극에 전류가 전혀 흐르지 않더라도, 내부 용액(KCl과 같은)이 1.0 M $CuSO_4$와 만나는 기준 전극 바닥의 다공성 마개에는 값을 알 수 없는 접촉 전위가 존재한다.

저항 손실(ohmic loss)은 용액에서 두 점 사이의 전기 저항 때문에 발생하는 두 점 사이의 전위차(전압)이다. 저항이 R이고 전류가 I라면, 저항 손실은 IR이다. 저항은 점 사이의 거리에 비례한다. 그림 17-4에서 산화 전극과 Luggin 모세관의 출구 사이의 전압은 그림 17-5에서 보면 64.7 mV/cm 만큼 변한다. 환원 전극과 기준 전극 사이의 변화는 −65.0 mV/cm이다. 기울기의 크기 차이는 실험 오차에 의한 것이다.

Cu 전극 사이에 아무런 전압이 걸려 있지 않으면, Luggin 모세관을 Cu 표면에 놓았을 때 측정된 각 구리 전극의 전위는 +109 mV였다. 이 전압은 Ag|AgCl 3 M KCl에 대하여 1.0 M $CuSO_4$에 담겨 있는 Cu의 평형(전류가 0) 전위이다. Cu 산화 전극과 Cu 환원 전극 사이에 1.000 V의 전압을 가하면, 용액을 통해서 전류가 흐른다. 전류가 흐르면, 그림 17-5에 있는 산화 전극의 전위는 $d = 0$ cm일 때 +122 mV로 추정되며, 환원 전극의 전위는 $d = 0$ cm일 때 +85 mV로 추정된다. 전류가 충분히 작아서 농도차 편극이 발생하지 않는다면, 차이 122 − 109 = +13 mV가 **산화 전극 과전위**(anode overpotential)이다. 차이 85 − 109 = −24 mV는 **환원 전극 과전위**(cathode overpotential)이다.

그림 17-5 용액에 담겨 있는 면적이 16.5 cm^2인 환원 전극과 산화 전극에 대해서 그림 17-4에 있는 실험에서 얻은 학생 자료 [출처: F. J. Vidal-Iglesias, J. Solla-Gullón, A. Rodes, E. Herrero, and A. Aldaz,, "Understanding the Nernst Equation and Other Electrochemical Concepts," *J. Chem. Ed.* **2012**, *89*, 936.]

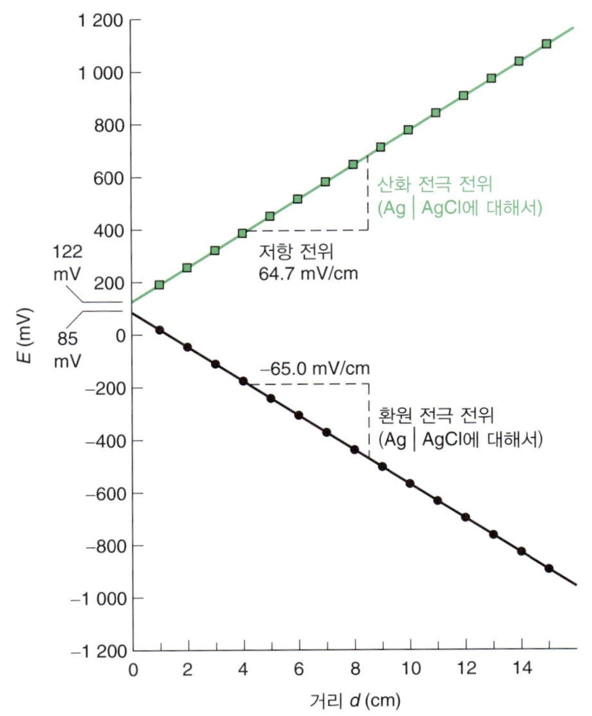

그림 17-4에 있는 전극에서 구리의 산화 또는 환원과 같이, 금속 표면에서 원자들이 용해하거나 석출되는 것은, 대개는 평탄한 표면에서 일어나는 무작위 과정이 아니다. 보충 17-1은 원자 계단 가장자리에서의 금의 산화 용해에 대해 설명한다.

보충 17-1 원자 계단에서의 금속 반응

결정의 표면에 있는 원자는 표면에 있는 주변의 원자들과 표면 아래에 있는 원자들에 묶여 있다. 금속 표면에서 원자들의 용해 또는 석출에 대한 반응성이 가장 큰 자리는 종종 원자 계단에 있는데, 여기에서 각 원자는 이웃하고 있는 원자들과 더 적은 화학 결합을 하고 있다. 사진은 금 결정의 표면에 있는 테라스(terrace)를 보여 준다. 선 SS′를 교차하는 각 테라스는 단지 원자 한 개 높이(0.25 nm)이다. 이렇게 품질이 좋은 결정 표면은 보통 '원자 수준으로 평탄하다'고 말한다.

그림은 0.1 M $HClO_4$와 3 mM HCl이 포함된 용액에서 용해를 개시하는 데 필요한 전위보다 0.1 V 이상 더 플러스인 전압에서의 금의 산화 용해 메커니즘을 보여 준다. 염화 이온이 테라스의 끝에 있는 금 원자를 공격하여 $AuCl_4^-(aq)$를 형성한다. 테라스는 실험 조건에서 400~600개 원자/분의 속도로 뒤로 물러난다.

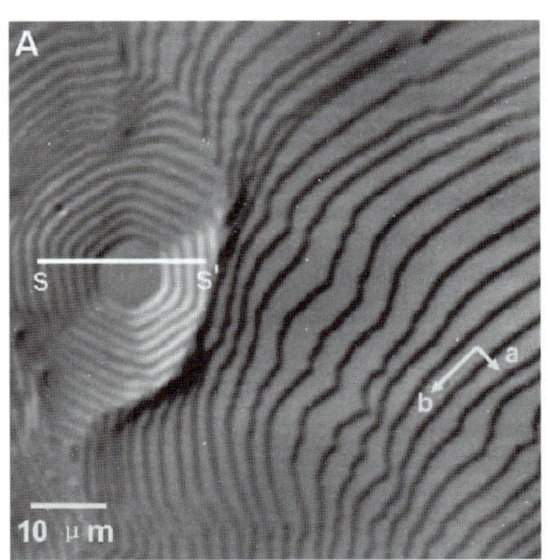

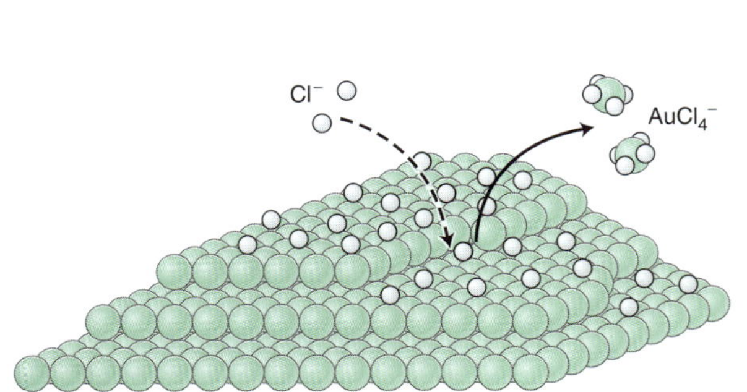

금 (111) 결정 표면에 있는 테라스들과 Cl^- 보조 산화 용해 메커니즘. (111) 결정 표면의 위치는 449쪽에 나타내었다. [R. Wen, A. Lahiri, M. Azhagurajan, S. Kobayashi, and K. Itaya, "A New in Situ Optical Microscope with Single Atomic Layer Resolution for Observation of Electrochemical Dissolution of Au(111)," *J. Am. Chem. Soc.* **2010**, *132*, 13657, Figure 2. Reprinted with permission © 2010, American Chemical Society.]

17-2 전기 무게 분석법

전기 무게 분석법(**electrogravimetric analysis**)에서, 분석 물질은 전기 분해에 의해 정량적으로 전극 위에 석출된다. 석출 전과 후의 전극 무게를 잰다. 증가한 질량은 분석 물질이 얼마나 석출되었는지를 말해 주는 것이다. 용액에 있는 Cu^{2+}는 넓은 표면적의 깨끗한 Pt 그물(gauze) 환원 전극 위에 Cu(*s*)로 환원시켜서 측정할 수 있다(그림 17-6). O_2는 상대 전극에서 발생한다.

석출 완결에 대한 검사
- 색의 사라짐
- 용액에 새롭게 잠긴 전극 표면에 석출이 안 됨
- 용액에 있는 분석 물질에 대한 정성 시험

전기 분해가 완결된 때를 어떻게 알 수 있을까? 한 가지 방법은 Cu^{2+}나 Co^{2+}와 같이 색깔이 있는 화학종이 제거될 때 용액에서 색이 사라지는 것을 관찰하는 것이다. 또 다른 방법은 전기 분해하는 동안 환원 전극 표면의 대부분(전부는 아니지만)을 용액에 잠기도록 하는 것이다. 반응이 완결되었는지를 검사하기 위해서, 비커를 들어 올리거나 물을 더 첨가해서 환원 전극의 새로운 표면이 용액에 잠기도록 한다. 전기 분해를 더 진행시킨 후에(예를 들어 15분 정도), 새롭게 잠기도록 한 표면에 석출된 것이 있는지를 본다. 석출된 것이 보인다면, 이 과정을 되풀이한다. 석출된 것이 보이지 않으면 전기 분해는 끝난 것이다. 세 번째 방법은 용액 한 방울을 덜어내서 분석 물질에 대한 정성 시험을 하는 것이다.

앞 절에서 환원 전극에 Cu(*s*)를 석출시키기 위해 전극 사이에 −0.911 V를 가해야 한다고 계산하였다. 그림 17-7에 있는 전기 분해의 실제 양상은 −0.911 V에서는 특별한 일이 일어나지 않는다는 것을 보여 준다. −2 V 근처에서, 반응이 본격적으로 시작된다. 낮은 전압에서는, 환원 전극에서의 환원과 산화 전극에서 같은 크기의 산화에 의한 작은 **잔류 전류**(residual current)가 관찰된다. 환원은 미량의 용존 O_2, Fe^{3+}와 같은 불순물, 또는 전극 위에 있는 표면 산화물과 관련이 있다.

표 17-1은 매끄러운 Pt 산화 전극에서 O_2 생성에 대해 약 1 V의 과전위가 필요하다는 것을 보여 준다. 과전위는 그림 17-7에서 −2 V가 가해질 때까지 많은 일이 일어나지 않는 주된 이유이다. −2 V를 넘어선 이후에, 반응 속도(전류)는 꾸준하게 증가한다. −4.6 V 부근에서 H_3O^+가 H_2로 환원이 시작되는 것과 함께, 전류는 더욱 빠르게 증가한다. 작업 전극에서 기체 거품은 고체의 석출을 방해한다.

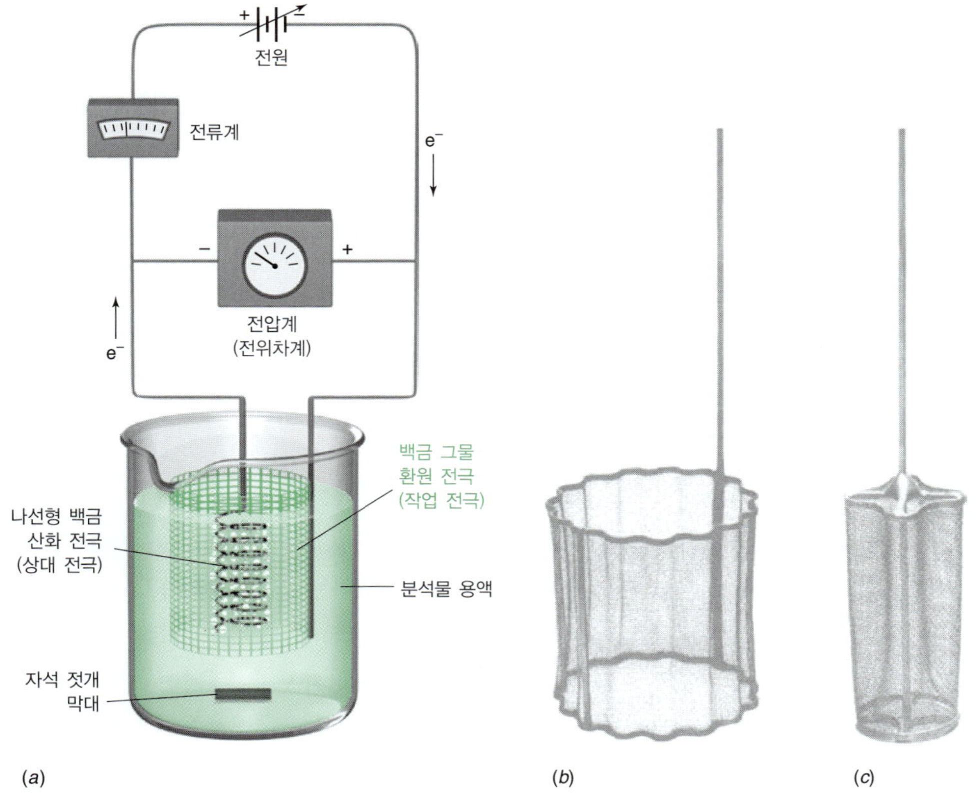

그림 17-6 (*a*) 전기 무게 분석법. 분석 물질은 커다란 Pt 그물 전극 위에 석출된다. 분석 물질이 환원되지 않고 산화된다면, 전극의 극성을 반대로 주어 여전히 큰 전극 위에 석출되도록 한다. (*b*) 바깥 Pt 그물 전극. (*c*) 자석으로 젓는 것 대신 모터에 의해 회전하도록 고안된 안쪽 Pt 그물 전극(선택 사항)

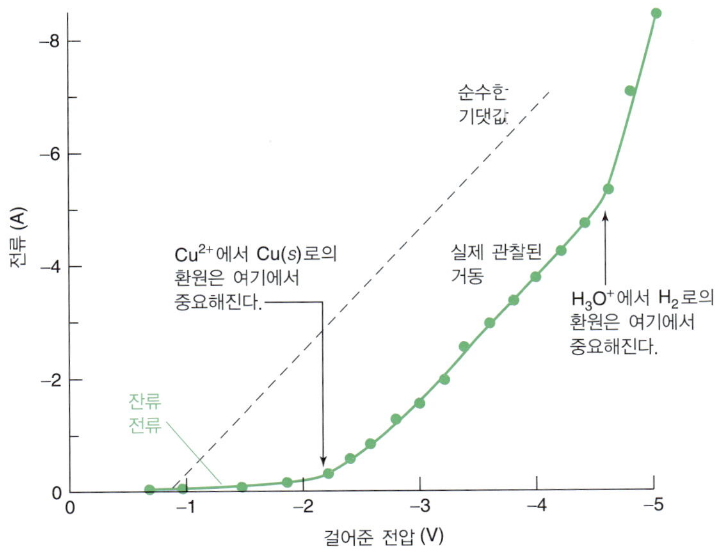

그림 17-7 그림 17-6에 있는 장치를 사용하여 질소 분위기에서 1 M $HClO_4$에서 0.2 M $CuSO_4$의 전기 분해에 대해 관찰된 전류-전압 관계. 관례에 따라 전류는 작업 전극에서 환원일 때 마이너스이다.

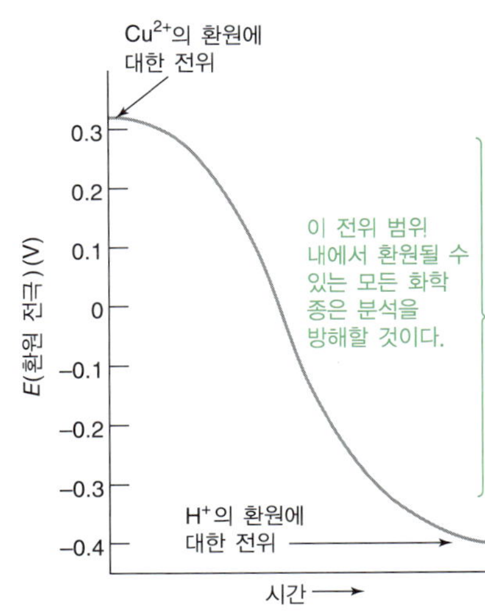

그림 17-8 두 개의 전극 사이에 일정 전압이 걸린 이전극(two-electrode) 전지에서 전기 분해를 진행하였을 때 E(환원 전극)는 시간이 지남에 따라 점점 더 마이너스가 된다.

두 전극 사이의 전압은 다음과 같다.

$$E = E(\text{환원 전극}) - E(\text{산화 전극}) - IR - \text{과전위} \quad \textbf{(17-6)}$$

가하는 전위를 −2.0 V로 고정한다고 가정해 보자. Cu^{2+}가 소모됨에 따라 전류가 감소하고, 저항 전위와 과전위의 크기는 감소한다. 산화 전극에서 산화되는($H_2O \rightarrow \frac{1}{2}O_2 + 2H^+ + 2e^-$) 높은 농도의 용매 때문에 E(산화 전극)는 거의 변함이 없다. 만약에 E와 E(산화 전극)가 일정하고 IR과 과전위의 크기가 감소한다면, 식 17-6에 있는 대수의 등식이 유지되기 위해 **E(환원 전극)는 반드시 더욱 더 마이너스가 되어야 한다.** 그림 17-8에서 E(환원 전극)는 H_3O^+가 H_2로 환원되는 −0.4 V까지 떨어진다. E(환원 전극)가 +0.3 V에서 −0.4 V로 떨어지면, Co^{2+}, Sn^{2+}, Ni^{2+}와 같은 다른 이온들이 환원될 수 있다. 일반적으로 **가해진 전위가 일정할 때, 환원 전극 전위는 더 마이너스 값으로 표류하게 되고 다른 용질들이 환원될 수도 있다.**

환원 감극제는 용매보다 우선적으로 환원된다.
산화 반응에 대한 산화 감극제로 N_2H_4(하이드라진)와 NH_2OH(하이드록실아민)가 있다.

환원 전극 전위가 너무 마이너스로 되어 원하지 않은 이온들이 환원되는 것을 방지하기 위해, NO_3^-와 같은 환원 **감극제(depolarizer)**를 용액에 첨가한다. 환원 감극제는 H_3O^+보다 더 쉽게 환원된다.

$$NO_3^- + 10H^+ + 8e^- \rightarrow NH_4^+ + 3H_2O$$

또는 일정 전위기와 함께 삼전극 전지(그림 17-3)를 사용하여 환원 전극 전위를 조절하고 원하지 않는 부반응을 방지할 수 있다.

예제 조절 전위 전기 분해

0.10 M Cu^{2+}의 99.99%를 $Cu(s)$로 환원시키는 데 필요한 환원 전극 전위는 얼마인가? 같은 용액에 들어 있는 0.1 M Sn^{2+}는 환원시키지 않고 Cu^{2+}를 제거하는 것이 가능한가?

$$Cu^{2+} + 2e^- \rightleftharpoons Cu(s) \qquad E^\circ = 0.339 \text{ V} \quad \textbf{(17-7)}$$

$$Sn^{2+} + 2e^- \rightleftharpoons Sn(s) \qquad E^\circ = -0.141 \text{ V} \quad \textbf{(17-8)}$$

풀이 만약 Cu^{2+}의 99.99%가 환원된다면, 남은 Cu^{2+}의 농도는 1.0×10^{-5} M이 될 것이고, 필요한 환원 전극 전위는 다음과 같을 것이다.

$$E(\text{환원 전극}) = 0.339 - \frac{0.059\ 16}{2}\log\left(\frac{1}{\underbrace{1.0 \times 10^{-5}}_{[Cu^{2+}]}}\right) = 0.19\ V$$

Sn^{2+}를 환원시키는 데 필요한 환원 전극 전위는 다음과 같다.

$$E(\text{환원 전극, } Sn^{2+} \text{ 환원에 대한}) = -0.141 - \frac{0.059\ 16}{2}\log\left(\frac{1}{\underbrace{0.10}_{[Sn^{2+}]}}\right) = -0.17\ V$$

−0.17 V보다 더 플러스인 환원 전극 전위에서 Sn^{2+}의 환원은 기대하지 않는다. Sn^{2+}의 환원 없이 Cu^{2+}의 99.99%를 환원시키는 것은 가능해 보인다.

자습 pH 2의 0.10 M SbO^+는 반응 $SbO^+ + 2H^+ + 3e^- \rightleftharpoons Sb(s) + H_2O$, $E° = 0.208$ V에 의해 E(환원 전극) = 0.19 V에서 환원이 될 것인가? (**답:** SbO^+에 대한 E(환원 전위)는 0.11 V이므로, 0.19 V에서 환원은 일어나지 않는다.)

미달 전위 석출

1 M HCl에 있는 Sn^{2+}가 금 작업 전극에서 전기 분해될 때, 이 장의 뒷부분에서 배우게 될 순환 전류-전압법에 의하면 E(환원 전극) = −0.18 V에서 환원이 관찰된다. 지금까지 우리가 알고 있는 것으로부터 −0.18 V보다 더 플러스 전위에서 Sn^{2+}가 환원될 것이라는 예상은 하지 말아야 한다. 그러나 E(환원 전위) = +0.12 V에서 작은 전류가 관찰된다. −0.18 V에서 필요로 하는 쿨롬(전하량)은 $[Sn^{2+}]$에 비례하여 증가한다. +0.12 V에서 필요한 쿨롬(전하량)은 금 전극 표면의 단위 cm^2당 8.7×10^{-10} mol Sn(s)을 생성하기에 적당한 양이다.[9] 그런 후 E(환원 전극) = +0.12 V에서는 더 이상의 전류가 흐르지 않는다.

+0.12 V에서의 환원을 **미달 전위 석출(underpotential deposition)**이라고 한다. 미달 전위 석출은 Sn^{2+}가 벌크 Sn(s)으로 환원이 예상되지 않는 전위에서 일어난다. 그것은 다음 반응으로 설명된다.

$$Sn^{2+} + 2e^- \rightleftharpoons Sn(\textbf{Au 표면의 단일층}) \qquad \textbf{(17-9)}$$

여기서 생성물은 금 위에 있는 원자 한 개 두께의 Sn 층이다. 분명히 벌크 금속 Sn 위에 Sn을 석출시키는 것보다 Au 위에 한 층의 Sn 원자를 석출시키는 것이 더 유리한 것이다. 따라서 반응 17-9에 대한 전위는 반응 17-8에 대한 전위보다 더 플러스이다.

17-3 전기량법

전기량법(coulometry)은 반응에 사용된 전자를 세는 것에 기반을 두고 있는 화학 분석법이다. 예를 들면 사이클로헥센은 Br^-의 산화 전기 분해로 생성된 Br_2를 이용하여 적정할 수 있다.

전기량법은 화학 반응에 참여하는 전자의 수를 측정하는 것에 기반을 두고 있다.

$$2Br^- \rightarrow Br_2 + 2e^- \qquad \textbf{(17-10)}$$

$$Br_2 + \text{사이클로헥센} \rightarrow \textit{trans}\text{-1,2-다이브로모사이클로헥세인} \qquad \textbf{(17-11)}$$

사이클로헥센 *trans*-1,2-다이브로모사이클로헥세인

처음 용액에는 양을 알 수 없는 사이클로헥센과 많은 양의 Br^-가 포함되어 있다. 반응 17-10으로 모든 사이클로헥센이 반응할 수 있는 충분한 양의 Br_2가 만들어졌을 때, 반응 17-10에서 생성된 전자의 몰수는 Br_2 몰수의 두 배에 해당하며, 따라서 사이클로헥센 몰수의 두 배이다.

반응은 그림 17-9에 있는 장치를 이용하여 **일정 전류에서** 진행된다. 왼쪽에 있는 Pt 산화 전극에서 생성된 Br_2는 사이클로헥센과 반응한다. 사이클로헥센이 모두 소모되었을 때, Br_2의 농도는 급격히 증가하며, 반응이 끝났음을 알려 준다.

Br_2 농도가 증가하는 것은 그림 17-9에 있는 오른쪽 두 개의 검출기 전극 사이에 흐르는 전류를 측정하면 알 수 있다. 이들 두 전극 사이에 가해진 0.25 V의 전압은 어떤 용질을 전기 분해하기에는 충분하지 않아서, 단지 $< 1\ \mu A$의 작은 전류가 마이크로 전류계를 통해 흐른다. 당량점에서, 사이클로헥센이 소모되고, $[Br_2]$가 갑자기 증가하며, 다음 반응으로 인해 검출기 전류가 흐른다.

검출기 반쪽 반응이 일어나려면 Br_2와 Br^-가 모두 존재해야 한다. 당량점 이전에는, Br^-는 있지만 Br_2는 사실상 존재하지 않는다.

검출기 산화 전극: $2Br^- \rightarrow Br_2 + 2e^-$

검출기 환원 전극: $Br_2 + 2e^- \rightarrow 2Br^-$

실제로는, 사이클로헥센이 없는 상태에서 먼저 충분한 Br_2가 생성되어 20.0 μA의 검출기 전류가 흐른다. 사이클로헥센이 첨가되면 Br_2가 소모되기 때문에, 전류는 매우 작은 값으로 감소한다. 그런 다음 전기량법 회로에 의해 Br_2가 생성되고, 검출기 전류가 다시 20.0 μA에 도달했을 때를 종말점으로 정한다. Br_2가 있는 상태에서 반응이 시작되었기 때문에, Br_2와 반응할 수 있는 불순물은 분석 물질이 첨가되기 전에 제거한다.

Br_2 생성 전극에 대한 전기 분해 전류(검출기 전류와 혼동되어서는 안 된다.)는 수동 스위치로 조절할 수도 있다. 검출기 전류가 20.0 μA에 접근할수록 점점 더 짧은 간격으로 스위치를 닫을 수 있다. 이 방법은 적정의 종말점 근처에서 뷰렛으로부터 적정 시약을 한 방울씩 첨가하는 것과 유사하다. 전기량법 회로에서 스위치는 반응에 Br_2를 첨가하는 것에 대한 '잠금 꼭지(stopcock)' 역할을 한다. 현대식 기기는 이 모든 과정을 자동화한다.

예제 전기량 적정

사이클로헥센 0.611 3 mg/mL가 포함된 용액 2.000 mL를 그림 17-9에서 적정하려고 한다. 4.825 mA의 일정한 전류로 적정할 때 걸리는 시간은 얼마인가?

풀이 사이클로헥센의 몰수는 다음과 같다.

$$\frac{(2.000\ \text{mL})(0.611\ 3\ \text{mg/mL})}{(82.146\ \text{mg/mmol})} = 0.014\ 88\ \text{mmol}$$

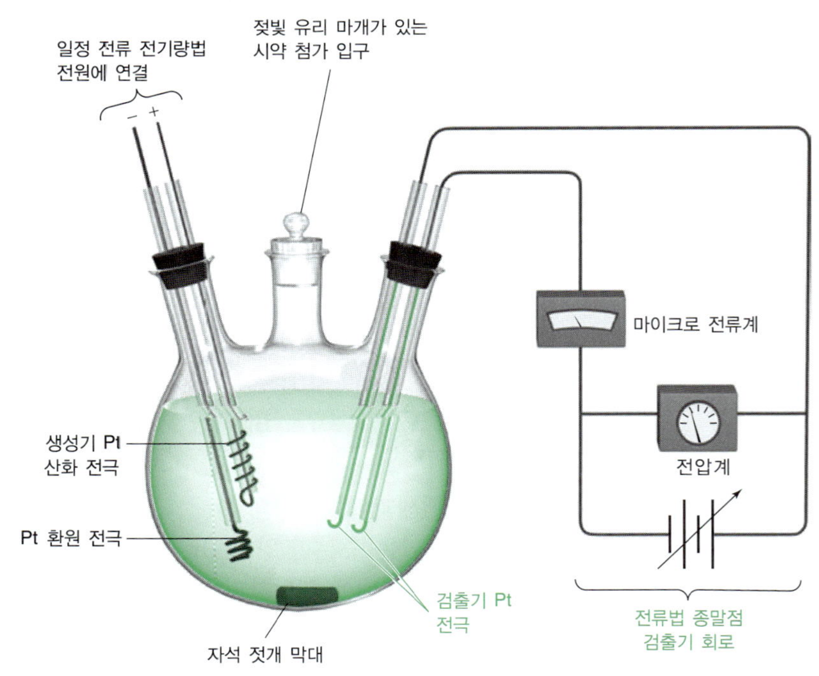

그림 17-9 Br_2로 사이클로헥센의 전기량 적정을 위한 장치. 용액은 아세트산, 메탄올, 물의 혼합 용매에 사이클로헥센, 0.15 M KBr, 3 mM 아세트산 수은을 포함하고 있다. 아세트산 수은은 올레핀에 Br_2의 첨가를 촉진한다. 이 실험은 수은 폐기물을 생성하기 때문에 지금은 권장되지 않는다. [출처: D. H. Evans, "Coulometric Titration of Cyclohexene with Bromine", *J. Chem. Ed.* **1968**, *45*, 88.]

반응 17-10과 17-11에서, 사이클로헥센 1 mol은 Br_2 1 mol을 필요로 하며, 이는 2개의 전자 ($n = 2$)를 필요로 한다. 식 17-3은 반응 시간과 반응 몰수를 연관지어 준다.

$$\text{사이클로헥센의 몰수} = \frac{I \cdot t}{nF} \Rightarrow t = \frac{(\text{사이클로헥센의 몰수})nF}{I}$$

$$t = \frac{(0.014\,88 \times 10^{-3}\ \text{mol})(2)(96\,485\ \text{C/mol})}{(4.825 \times 10^{-3}\ \text{C/s})} = 595.1\text{초}$$

반응은 완결되는 데 10분도 채 안 걸린다.

자습 4.000 mA로 1.000 mg의 사이클로헥센을 적정하는 데는 얼마의 시간이 걸리는가? (**답:** 587.3초)

$n = 2$는 사이클로헥센 분자당 필요한 전자의 수로, **차원이 없다**.

시판되고 있는 전기량계는 약 0.1%의 정확도로 전자를 공급한다. 아주 주의를 기울이면, Faraday 상수는 전기량법으로 수 ppm 내에서 측정된다.[10] 전기량계는 CO_2, 음식에 있는 아황산(sulfite), 폐수에 있는 황화물(sulfide), 건강 보조 식품에 있는 Fe^{2+} 등을 적정하기 위해서 H^+, OH^-, Ag^+, I_2, Ce^{4+}와 같은 화학종을 만들 수 있다.[11] Ag^{2+}, Cu^+, Mn^{3+}, Ti^{3+}와 같은 불안정한 시약들은 그 **자리에서** 만들어 사용될 수 있다.

그림 17-9에서, 반응성 화학종(Br_2)은 산화 전극에서 생성된다. 환원 전극 생성물(용매로부터 H_2와 촉매로부터 Hg)은 Br_2와 사이클로헥센의 반응을 방해하지 않는다. 그러나 몇 가지 경우에서 H_2나 Hg는 분석 물질과 반응할 수도 있다. 그런 경우에는 그림 17-10에 있는 전지를 사용하여 상대 전극을 분석 물질로부터 분리하는 것이 바람직하다. H_2는 벌크 용액과 섞이지 않고 환원 전극 칸 밖으로 거품으로 빠져나와 반응에 해를 끼치지 않는다.

전기량법의 장점
- 정밀성
- 민감도
- 불안정한 시약을 즉석에서 생성

라틴어 *in situ*는 '그 자리에서'를 의미한다. 시약은 생성된 곳에서 사용된다.

전기량법의 종류

전기량법은 **일정 전류**(constant current)법 혹은 **조절 전위**(controlled potential)법을 채택한다. 앞선 Br_2/사이클로헥센의 예처럼, 일정 전류법은 **전기량 적정(coulometric titration)**이라고 한다. 전류와 반응 시간을 알면, 식 17-2($q = I \cdot t$)로부터 몇 쿨롬이 공급되었는지를 알 수 있다.

삼전극 전지를 이용한 조절 전위 전기량법은 일정 전류 전기량법보다 더 선택적이다. 작업 전극 전위가 일정하기 때문에, 분석 물질이 소모됨에 따라 전류는 지수함수적으로 감소한다. 전하는 반응 시간 동안의 전류를 적분하여 측정된다.

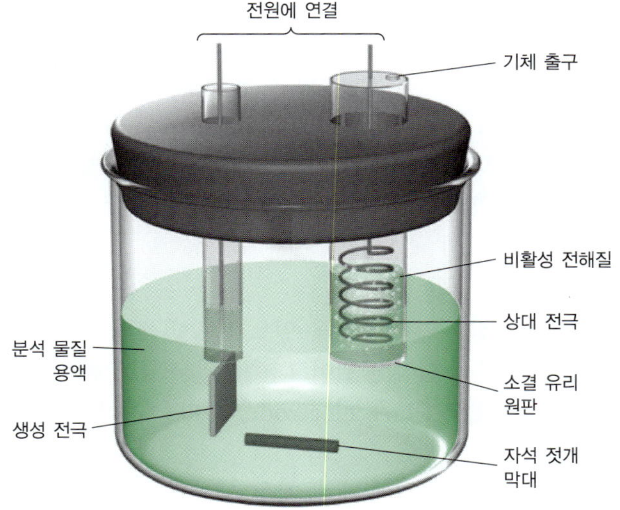

그림 17-10 분석 물질로부터 상대 전극 분리하기. 이온은 다공성 소결 유리 원판을 통해 흐를 수 있다. 상대 전극 칸에 있는 액체의 높이는 분석 물질 용액이 그 칸으로 흘러 들어가지 않도록 반응 용기에 있는 액체보다 더 높아야 한다.

그림 17-11 삼전극 전지에서 Ag | AgCl 전극에 대해 +500 mV를 유지하고 있는 탄소 전극 위에 놓인 탄소 입자에 흡착된 D-프럭토스 탈수소 효소에 의한 D-프럭토스의 조절 전위 전기량 산화. 효소가 없으면 전류의 흐름은 관찰되지 않는다. 염다리로 연결된 다른 칸에 있는 Pt 보조 전극은 회로를 완결시키고 완충 용액의 한 성분을 환원시킨다. [출처: S. Tsujimura, A. Nishina, Y. Kamitaka, and K. Kano, "Coulometric D-Fructose Biosensor Based on Direct Electron Transfer Using D-Fructose Dehydrogenase," *Anal. Chem.* **2009**, *81*, 9383.]

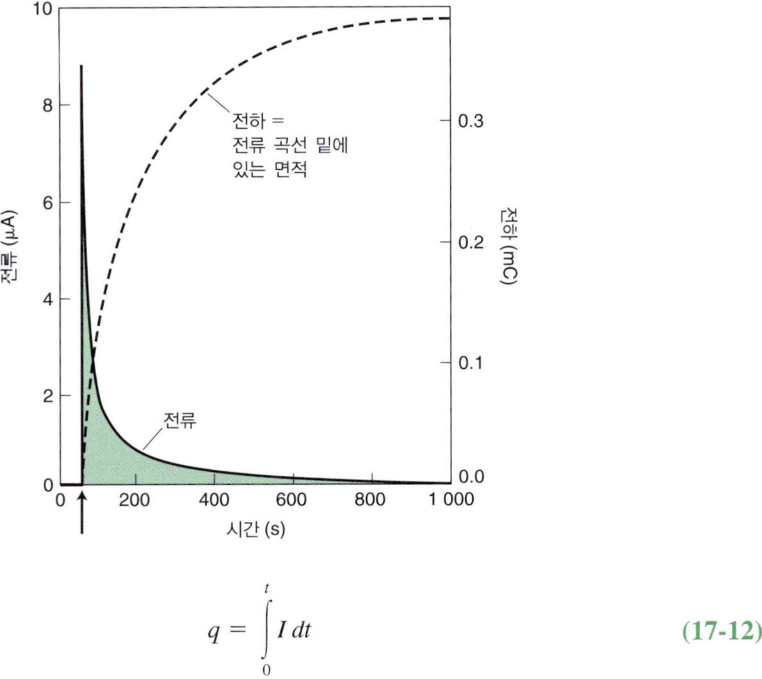

$$q = \int_0^t I\,dt \qquad \textbf{(17-12)}$$

그림 17-11에서, D-프럭토스는 조절 전위 전기량법에 의해 전극에서 산화된다. 산화는 Ag | AgCl 전극에 대해 +500 mV를 유지하고 있는 다공성 탄소 전극 위에 흡착된 D-프럭토스 탈수소 효소에 의해 촉진된다. D-프럭토스로부터 나온 전자는 효소를 통과해서 전극으로 들어간다. 화살표로 표시된 시간에서 D-프럭토스를 첨가하면 전류는 치솟은 후에 이어서 지수함수적으로 감소한다. D-프럭토스에서 전극으로 이동한 총 전하는 전류 대 시간 곡선 아래의 면적인데, 그것은 식 17-12의 적분으로 주어진다.

$$\begin{array}{ccc}
{}^{1}CH_2OH & & {}^{1}CH_2OH \\
{}^{2}C{=}O & & {}^{2}C{=}O \\
HO{-}{}^{3}C{-}H & \xrightarrow[\text{탈수소 효소}]{\text{D-프럭토스}} & HO{-}{}^{3}C{-}H \\
H{-}{}^{4}C{-}OH & & H{-}{}^{4}C{-}OH + 2H^+ + 2e^- \\
H{-}{}^{5}C{-}OH & & {}^{5}C{=}O \\
{}^{6}CH_2OH & & {}^{6}CH_2OH
\end{array}$$

D-프럭토스 5-케토-D-프럭토스

전류가 지수함수적으로 감소하는 경우, 전류 대 시간 곡선 밑에 있는 면적을 적분하는 것을 언제 멈출 것인가를 결정할 필요가 있다. 한 가지 방법은 전류가 미리 정한 값까지 감소하도록 하는 것이다. 예를 들면 전류(잔류 전류보다 큰)는 분석 물질이 99.9% 소모되었을 때 이상적으로는 초기 전류값의 0.1%가 될 것이다. 다른 방법으로는, 전류 대 시간 곡선을 적분이 가능한 이론적인 수학적 형태에 맞출 수 있도록 하는 것이다.

17-4 전류법

전류법: 전류가 분석 물질의 농도에 비례한다.

전기량법: 반응에 사용된 전체 전자의 수는 분석 물질이 얼마나 존재하는지를 알려준다.

효소: 생화학적 반응을 촉진하는 단백질. 효소는 반응 속도를 몇 자릿수 이상 증가시킨다.

전류법(amperometry)에서는 전기 분해 반응을 일으키는 한 쌍의 전극 사이에 흐르는 전류를 측정한다. 한 개의 반응물이 분석 대상 물질이고, 측정된 전류는 분석 물질의 농도에 비례한다. 보충 17-2에 있는 **Clark 전극(Clark electrode)**과 미소 전극을 이용한 용존 O_2 측정은 전류법에 기반을 두고 있다.

바이오센서(biosensor)[12]는 분석 물질에 대해 매우 선택적인 감응을 위해 **효소**, **항체**, 또는

보충 17-2 Clark 산소 전극

Clark 산소 전극[19]은 전류법으로 용존 산소를 측정하기 위해 의학과 생물학에서 광범위하게 이용된다. 이 전극을 발명한 Leland Clark은 글루코스 측정기와 심장-폐 의료기도 발명했다.

그림 *a*에 있는 미소 전극의 유리 몸통은 바닥에 5 μm 구멍이 있는 뾰족한 지점까지 잡아늘여졌다. 구멍 안쪽에는 O_2가 통과할 수 있는 10~40 μm 길이의 실리콘 고무 마개가 있다. 산소는 고무를 통해서 전극 안으로 확산되고, Ag | AgCl 기준 전극에 대해 −0.75 V가 걸려 있는 Pt 선 위의 Au 끝(tip)에서 환원된다.

$$\text{Pt}\,|\,\text{Au 환원 전극:}\quad O_2 + 4H^+ + 4e^- \rightarrow 2H_2O$$

$$\text{Ag}\,|\,\text{AgCl 산화 전극:}\quad 4Ag + 4Cl^- \rightarrow 4AgCl + 4e^-$$

Clark 전극은 O_2 농도를 알고 있는 용액 내에 전극을 담가서 교정하며, 전류 대 $[O_2]$의 그래프를 작성한다. 이 전극은 또한 은으로 된 **보호 전극**(guard electrode)을 포함하고 있으며, 그 전극의 길이는 거의 바닥까지 연장되어 있다. 보호 전극은 마이너스 전위로 유지하여 전극의 꼭대기로부터 확산되어 들어오는 모든 O_2를 환원시키며, 그 결과 아래쪽에 있는 실리콘 막을 통해서 확산되어 들어오는 O_2의 측정에 방해가 되지 않는다. 유사한 전극이 NO와 CO,[20] NO_2^-[21]의 검출을 위해 고안되었다.

그림 *b*는 마취된 쥐의 뇌 속에 삽입된 미소 전극으로 O_2를 측정하는 것을 보여 준다. 현미경 사진 속의 작업 전극은 지름이 10 μm인 탄소 섬유인데, 섬유 표면에 수직으로 성장한 나노 튜브를 가지고 있으며, 나노 튜브는 전기 분해로 석출된 백금 나노 결정으로 덮여 있다. 그래프는 Ag | AgCl에 대해 작업 전극에 −0.5 V가 유지되어 있는 Pt 나노 결정 표면에서 4전자 환원 반응 $O_2 \rightarrow 2H_2O$에 대한 전류를 보여 준다. −14 nA의 초기 전류는 세포액에서 ~30 μM O_2에 해당한다. 해당 영역으로의 혈류가 차단되면(허혈), $[O_2]$는 93% 감소한다. 혈류가 재개되면(재관류) $[O_2]$는 점차 정상으로 돌아온다. 작업 전극은 뇌의 특정 부위에 삽입될 수 있을 정도로 충분히 작고 단단해야 한다. 작업 전극의 Pt 나노 결정은 넓은 면적(상대적으로 높은 전류를 생성하기 위해)을 가지며 O_2의 2전자 환원에 의해 독성 H_2O_2를 생성하지 않고 O_2를 H_2O로 완전히 환원시킨다.

Pt 환원 전극과 같은 축으로 연결된 Cu 선
Ag | AgCl 산화 전극
뾰족한 지점까지 잡아당긴 유리관
Pt 선
채움 용액: 0.5 M KCl 0.5 M 탄산 이온 완충 용액, pH 10.5
Ag 보호 전극
실리콘 고무 막
Pt 선 위에 전기 도금된 금으로 만든 버튼형 환원 전극

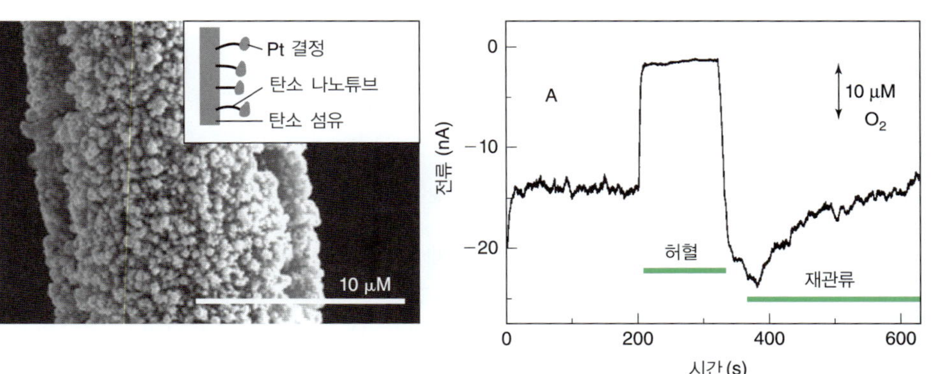

(*a*) 작은 부피에 있는 용존 O_2를 측정하는 데 사용되는 Clark 산소 미소 전극. 환원 전극의 끝은 금으로 도금되어 있는데, 금은 시험 용액에서 화학종의 흡착에 의해 오염되는 것이 Pt보다 덜한 경향이 있다. [출처: N. P. Revsbech, "An Oxygen MIcrosensor with a Guard Column," *Limnol. Oceanogr.* **1989**, *34*, 474.]

(*b*) 주사 전자 현미경 사진은 작업 전극의 표면 구조를 보여 준다. 탄소 나노튜브는 튜브 모양으로 돌돌 말린 그래핀(그림 15-45)이다. 그래프는 쥐의 뇌에서 산소 농도에 감응하여 측정된 전류를 보여 준다. [현미경 사진과 자료 출처: L. Xiang, P. Yu, M. Zhang, J. Hao, Y. Wang, L. Zhu, L. Dai, and L. Mao, "Platinized Aligned Carbon Nanotube-Sheathed Carbon Fiber Microelectrodes for In Vivo Amperometric Monitoring of Oxygen," *Anal. Chem.* **2014**, *86*(10), pp. 5017, Figure 1c, Figure 6. Reprinted with permission © 2014, American Chemical Society.]

DNA 같은 생물학적 요소를 사용한다. 전기 또는 광학 신호를 발생시키는 바이오센서가 가장 흔하다. 전류법에 기반을 둔 바이오센서의 예에는 땀 혹은 손상된 조직에서 젖산염,[13] 손상된 간 세포에서 H_2O_2 방출,[14] 유방암을 위한 생물 지표,[15] 특정 단백질, 핵산, 그리고 작은 분자[16,17]들을 측정하는 것 등이 있다. 이제, 상업용 바이오센서의 약 85%를 차지하고 있는 혈당 측정기를 설명하고자 한다.[18]

항체: **항원**이라고 하는 특정한 목표 분자에 결합하는 단백질. 항체는 신체를 감염시키는 외부 세포에 결합하여 그것의 파괴를 시작하거나 면역계 세포가 공격할 수 있도록 외부 세포를 식별하게 해 준다.

혈당 측정기

당뇨병이 있는 많은 사람은 식이 요법과 인슐린 투여를 통해 병을 조절하기 위하여 자신의 혈당을 하루에도 여러 번 측정해야 한다. 그림 17-12는 두 개의 탄소 작업 전극과 하나의

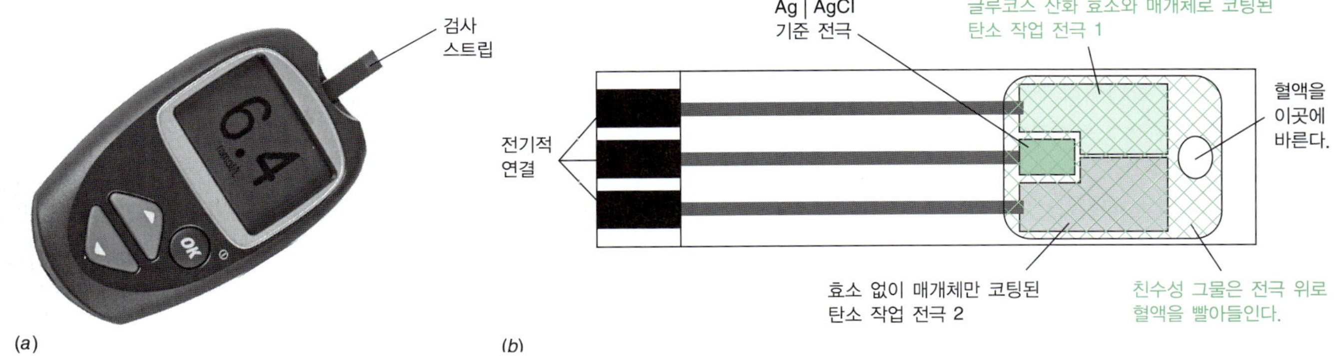

그림 17-12 (*a*) 혈당 수준을 측정하기 위하여 당뇨병 환자가 사용하는 개인용 글루코스 측정기 [Sinchukov Aleksander/Shutterstock]. (*b*) 혈액 한 방울이 공급되는 일회용 검사 스트립의 상세 구조

Ag|AgCl 기준 전극을 갖춘 일회용 검사 스트립(strip)이 달린 가정용 글루코스 측정기를 나타낸 것이다. 그림 오른쪽에 있는 원형 입구에 투입된, 작게는 4 μL 정도의 혈액이 얇은 **친수성**(hydrophilic, '물을 좋아하는') 그물에 의해 세 개의 전극 위로 빨려 들어간다. 액체가 기준 전극에 도달하면 20초 측정이 시작된다.

작업 전극 1은 **글루코스 산화 효소**(glucose oxidase)와 곧이어 설명되는 **매개체**(mediator)로 코팅되어 있다. 이 효소는 O_2와 글루코스 반응을 촉진한다.

작업 전극 1 위의 코팅에서 일어나는 반응:

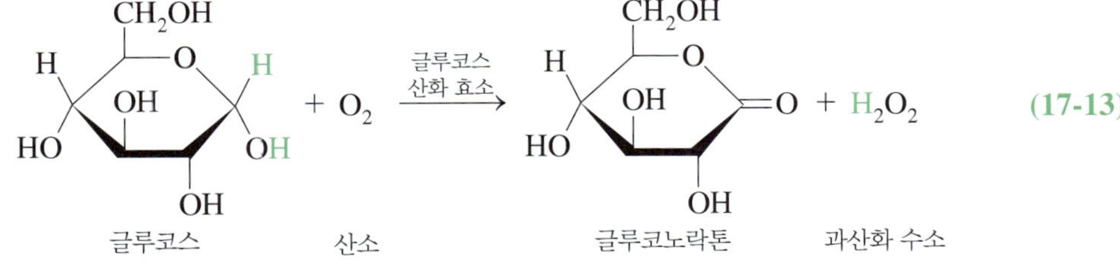

전류 (nA)

[글루코스] (mM)

전형적인 글루코스 수치

그림 17-13 0.027 bar의 산소 압력에 대응되는 용존 O_2 농도에서 전류법 글루코스 전극의 감응. 이 정도의 용존 O_2는 피하 조직에 있는 통상 농도보다 20% 낮다. [출처: S.-K. Jung and G. W. Wilson, "Polymeric Mercaptosilane-Modified Platinum Electrodes for Elimination of Interferents in Glucose Biosensors," *Anal. Chem.* **1996**, *68*, 591.]

효소가 없을 때, 글루코스의 산화는 무시할 정도이다.

초기의 글루코스 측정기는 Ag|AgCl에 대해서 +0.6 V가 유지된 단일 작업 전극에서 반응 17-13에서 생성되는 H_2O_2를 산화시켜서 측정했다.

작업 전극 1에서의 반응: $$H_2O_2 \rightarrow O_2 + 2H^+ + 2e^- \qquad (17\text{-}14)$$

전류는 H_2O_2의 농도에 비례하고, 결국 이것은 혈액에 있는 글루코스의 농도에 비례한다(그림 17-13).

초기 글루코스 측정기의 한 가지 문제는 O_2가 반응 17-13에 참여하기 때문에 측정기의 감응이 효소층에 있는 O_2 농도에 의존한다는 것이다. 만약에 O_2 농도가 낮으면, 측정기는 마치 글루코스 농도가 낮은 것처럼 감응한다.

O_2 의존도를 줄이기 위한 좋은 방법은 반응 17-13에 있는 O_2를 대체하는 화학종을 효소층으로 통합시키는 것이다. 분석 물질(이 경우에는 글루코스)과 전극 사이에서 전자를 전달해 주는 물질을 **매개체(mediator)**라고 한다.

매개체는 분석 물질과 작업 전극 간에 전자를 전달한다. 매개체 자체는 어떤 알짜 반응도 진행하지 않는다.

작업 전극 1 위의 코팅에서의 반응:

$$\text{글루코스} + 2\,[\text{Fe}(C_5H_4CH_3)_2]^+ \xrightarrow{\text{글루코스 산화 효소}} \text{글루코노락톤} + 2\,\text{Fe}(C_5H_4CH_3)_2 + 2H^+ \qquad (17\text{-}15)$$

1,1'-다이메틸페리시늄 양이온 매개체 — 1,1'-다이메틸페로센

페로센은 벤젠과 유사한 평면 오각형 고리를 포함하고 있다. 각 고리는 형식적으로는 −1가 전하를 지니고 있어서 두 고리 사이에 놓인 Fe 산화 상태는 +2이다. 이 분자를 **샌드위치 착물**(sandwich complex)이라고 한다.

그런 다음 반응 17-15에서 소비된 매개체는 작업 전극에서 재생된다.

작업 전극 1에서의 반응:

$$\text{(CH}_3\text{C}_5\text{H}_4)_2\text{Fe} \xrightarrow[-e^-]{\text{작업 전극}} [\text{(CH}_3\text{C}_5\text{H}_4)_2\text{Fe}]^+ \quad \textbf{(17-16)}$$

매개체는 필요한 작업 전극의 전위를 0.6 V에서 0.2 V(Ag|AgCl에 대한)로 낮춘다. 따라서 센서의 안정성을 개선하고 혈액에 있는 다른 화학종에 의한 몇 가지 방해를 제거한다.

작업 전극의 전류는 페로센의 농도에 비례하고, 그것은 결국 혈액에 있는 글루코스의 농도에 비례한다.

글루코스 측정기의 한 가지 문제는 혈액에서 발견되는 아스코브산(바이타민 C), 요산, 아세트아미노펜(타이레놀)과 같은 화학종이 반응 17-16에 있는 매개체를 산화시키는 데 필요한 전위와 같은 전위에서 산화될 수 있다는 것이다. 이러한 방해를 바로 잡기 위해, 그림 17-12에 있는 검사 스트립은 **글루코스 산화 효소는 없지만**, 매개체는 코팅이 된 두 번째 작업 전극을 갖추고 있다. 전극 1에서 산화되는 방해 화학종은 전극 2에서도 산화된다. 글루코스에 의한 전류는 전극 1에서의 전류에서 전극 2에서의 전류를 뺀 것이다(둘 다 기준 전극에 대해서 측정되었다). 이제 검사 스트립이 2개의 작업 전극을 갖추고 있는 이유를 알게 되었다.

수정된 센서는 단지 글루코스 분자 36,000개가 포함된 30 μL 부피에 있는 2 fM 농도의 글루코스를 측정한다.[24]

보충 17-3 글루코스 측정기와 앱타머를 사용하여 우유의 멜라민 측정하기

멜라민(보충 11-3)은 2008년에 중국에서 우유가 희석되지 않은 것처럼 보이기 위해 아기용 희석 우유에 의도적으로 첨가된 독성 질소 화합물이다. 글루코스 측정기는 2008년 이후 우유의 멜라민을 측정하기 위해 개발된 방법 중 하나에 사용된다.

앱타머(aptamer)는 특정 분자[22] 또는 어떤 유형의 생체 세포 표면에 **강하고 선택적으로** 결합하는 약 15~40개 염기 분자의 DNA(deoxyribonucleic acid) 또는 RNA(ribonucleic acid)이다. 원하는 표적 분자에 대한 앱타머는 표적에 결합, 비결합 물질의 제거, 그리고 결합된 핵산의 복제를 연속적으로 반복함으로써 ~10^{15}개의 무작위 DNA 또는 RNA 서열의 풀(pool)에서 선택된다. 특정 표적에 대한 앱타머의 핵산 서열이 알려지면, 그 앱타머는 대량으로 합성될 수 있다. 앱타머는 맞춤형의 합성 '항체'로 작동한다. 앱타머는 단백질과 같은 거대 분자의 한 부분에 결합할 수도 있고 작은 분자를 집어 삼킬 수도 있다. 반드시 냉장 보관해야 하는, 깨지기 쉬운 단백질인 항체와 달리, 앱타머는 실온에서도 유통 기한이 길어서 매우 특정적인 화학 센서로 사용될 수 있는 더 실용적인 후보이다.[23]

그림은 판독을 위해 가정용 글루코스 측정기를 사용한 앱타머 기반 멜라민 센서의 작동 원리를 보여 준다. 멜라민에 결합할 수 있는 앱타머는 그림의 상단에 있는 긴 외가닥의 DNA이다. 두 개의 또 다른 외가닥 DNA는 앱타머의 두 인접 부분에 결합한다. 외가닥 DNA 중 하나는 자석 구슬에 부착된다. 다른 외가닥은 전화 효소(invertase)에 부착되는데, 전화 효소는 설탕(슈크로스)을 쪼개서 단당류의 글루코스로 전환시킨다. 처음에는, 두 외가닥이 모두 앱타머에 부착되어 있다.

멜라민을 함유한 우유와 혼합되면, 앱타머는 멜라민과 강하게 결합하고 다른 두 DNA 가닥은 용액 속에서 느슨해진다. 첨가된

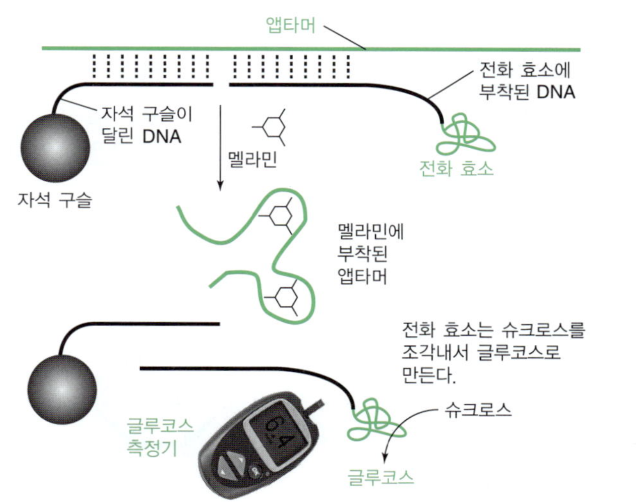

우유 시료의 멜라민이 색으로 나타낸 앱타머와 결합하면, 2개의 DNA 조각이 앱타머에서 떨어져 나온다. 한 조각은 전화 효소에 부착되어 슈크로스를 글루코스로 전환하고, 이것은 가정용 글루코스 측정기로 측정된다. 관찰된 글루코스 양은 우유의 멜라민 양과 관련 있다. [자료: C. Gu, T. Lan, H. Shi, and Y. Lu, "Portable Detection of Melamine in Milk Using a Personal Glucose Meter Based on an In Vitro Selected Structure–Switching Aptamer" *Anal. Chem.* **2015**, *87*, 7676; 사진 (글루코스 측정기): Roger Ashford/Alamy.]

멜라민의 양을 초과하는 여분의 앱타머는 두 개의 외가닥 DNA에 결합된 채로 유지된다. 그런 다음 자석을 튜브 옆에 배치하여 자석 구슬에 부착된 DNA를 잡는다. 상층액에는 멜라민 또는 전화 효소에 부착되어 있는 유리된 DNA가 들어 있다. 상층액 일부를 뽑아 슈크로스 용액에 넣어 그중 일부를 글루코스로 전환하고, 글루코스 검사 스트립에 주입하여 가정용 글루코스 측정기로 측정한다. 측정된 글루코스의 양은 1~1000 μM의 멜라민 농도 범위에서 우유에 들어 있는 멜라민의 양에 따라 증가한다.

하나의 도전 과제는 교정(calibration)이 필요하지 않을 정도로 재현성이 있는 방법으로 글루코스 측정기를 생산하는 것이다. 사용자는 농도를 알고 있는 혈액 내 글루코스를 이용하여 미리 교정 곡선을 작성하지 않아도, 혈액 한 방울을 검사 스트립에 가한 후 신뢰할 수 있는 수치를 얻기를 기대한다. 한날 동시에 제작된 검사 스트립들은 높은 재현성을 갖고 있고 공장에서 교정된다.

글루코스 측정기는 매우 쉽게 구할 수 있어서 글루코스를 생성하는 반응을 이용하여 다른 분석 물질을 측정하는 데 적용되고 있다.[25] 언젠가는 의사들이 비강 면봉을 이용하여 독감 바이러스를 검출하는 데 사용될 수도 있을 것이다.[26] 보충 17-3은 글루코스 측정기를 이용하여 우유에 들어 있는 멜라민 불순물을 측정하는 독창적인 방법을 보여 준다.

혈당 측정기를 위한 효소와 매개체의 '전기적 연결'

글루코스 측정기에 대한 수요는 가정용 글루코스 측정기의 성능을 지속적으로 향상시키기 위한 연구에 대해 경제적 자극을 제공하고 있다.[27] 주목할 만한 진보에는 (1) 전류법 대신에 전기량법으로 반응을 관찰하는 것, (2) 글루코스 산화를 촉진하기 위해 다른 종류의 효소를 사용하는 것, (3) 반응 속도를 증가시키고 반응물이 작업 전극으로부터 확산되어 달아나는 것을 방지하기 위한 '전기적 연결' 등이 포함된다.

전류법에서는 글루코스가 산화되는 동안 흐르는 전류를 측정한다. **전기량법**에서는 혈액 시료에 있는 글루코스를 산화시키는 데 필요한 전자의 수를 측정한다. 전류법은 **산화 속도**를 측정하는 것이다. 전기량법은 **산화되는 분자의 수**를 측정한다. 반응 속도, 즉 전류는 온도에 의존하지만, 산화하는 동안 이동하는 전체 전하는 온도와 무관하다. 따라서 전기량법 측정은 온도와 무관하다. 이동한 전체 전하는 효소의 활동도(얼마나 빨리 작동하는가)와 매개체의 이동도에 영향을 받지 않는데, 둘 다 전류에 영향을 미친다. 전류는 측정하는 동안 글루코스의 감소에도 영향을 받는다. 전기량법에서, 목표는 모든 글루코스를 다 사용하는 것이다.

보조 인자(cofactor)는 효소에 결합된 크기가 작고 단백질이 아닌 분자이며 효소의 활성에 필요하다.

글루코스 산화 효소를 **글루코스 탈수소 효소**(glucose dehydrogenase)로 대체하면 반응물에서 O_2를 제외시킬 수 있다. PQQ라 하는 **보조 인자**(cofactor)는 글루코스 탈수소 효소와 결합하고 있고, 글루코스가 산화하는 동안 $2H^+ + 2e^-$를 받는다.

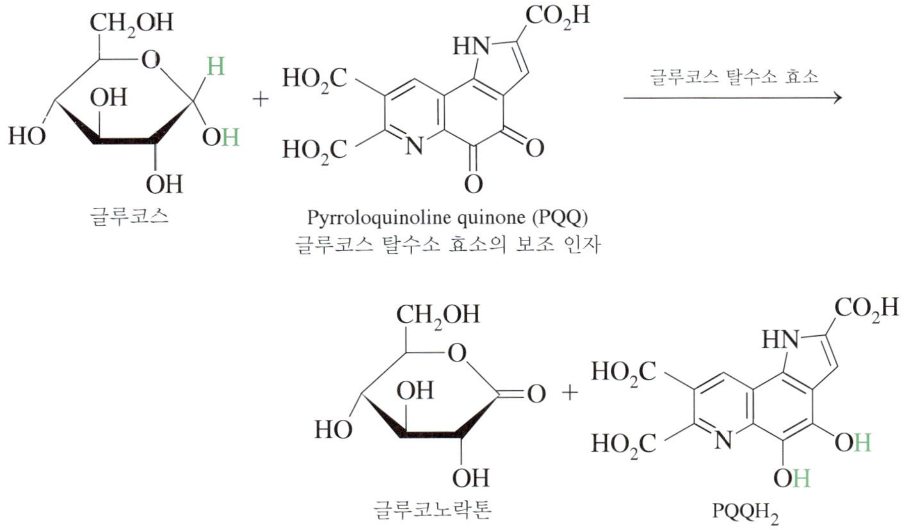

글루코스 + Pyrroloquinoline quinone (PQQ) 글루코스 탈수소 효소의 보조 인자 $\xrightarrow{\text{글루코스 탈수소 효소}}$ 글루코노락톤 + $PQQH_2$ **(17-17)**

반응 17-13과는 다르게, 반응 17-17에는 O_2가 포함되지 않는다. 따라서 감응은 용존 O_2에 의존하지 않는다.

탄소 전극의 표면 위에 '전기적으로 연결'된 고분자 젤(그림 17-14)에서는 효소와 오스뮴 매개체가 고분자 뼈대에 묶여 있다. 반응 17-17의 $PQQH_2$ 생성물은 근처에 있는 Os^{3+}에 의해 산화되어 PQQ + $2H^+$로 되돌아간다. 이 과정에서 Os^{3+}는 Os^{2+}로 환원된다. Os^{2+}는 다른 Os^{3+}와 전자를 교환할 수 있다. 전자들은 탄소 산화 전극에 도달할 때까지 Os에서 Os로

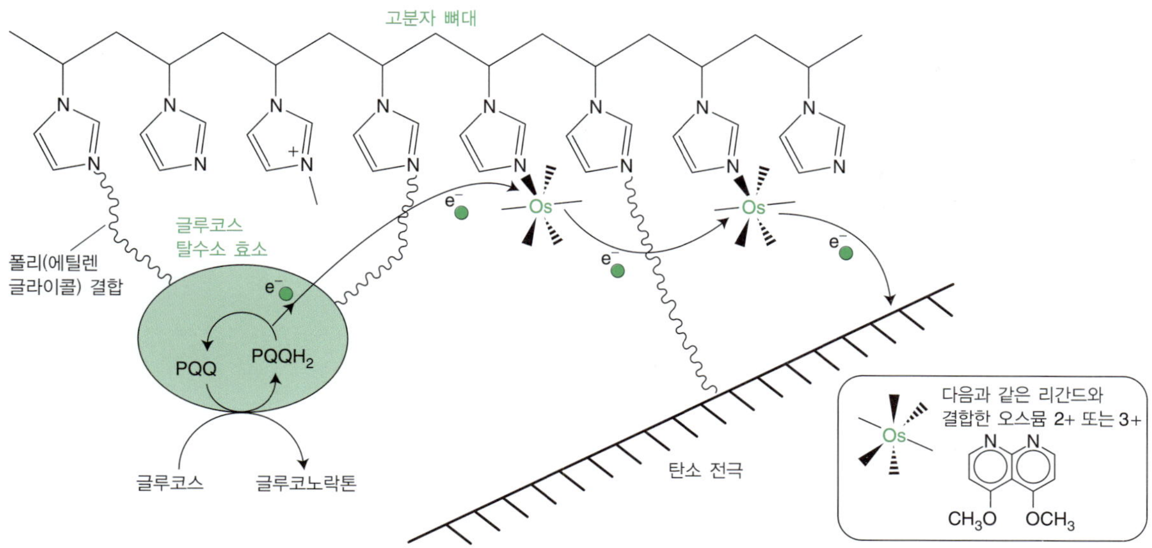

그림 17-14 '전기적으로 연결'된 글루코스 탈수소 효소. 효소는 PQQ를 $PQQH_2$로 환원시켜서 글루코스의 산화를 촉진한다. $PQQH_2$는 Os^{3+}에 의해 산화되어 PQQ와 $2H^+$로 되돌아간다. 전자는 탄소 산화 전극에 도달할 때까지 연속적인 오스뮴 원자를 통해 움직인다. 산화-환원 사슬의 모든 성분들은 하나의 고분자 뼈대에 묶여 있다.

빠르게 이동한다. 그 후 전자는 회로를 통해서 Ag | AgCl 상대 전극까지 도달하고, 그곳에서 AgCl이 Ag + Cl^-로 환원된다.

효소와 오스뮴 매개체의 '전기적 연결'은 전극 위에 석출된 효소/매개체 층과 비교하면 10~100배 정도 전류를 증가시킨다. 고분자에 오스뮴을 공유 결합으로 부착하는 것은 매개체가 상대 전극으로 확산되는 것을 막는데, 매개체는 상대 전극에서 반응을 하게 되어 큰 바탕 전류를 형성하게 될 수도 있다. 오스뮴에 대한 리간드는 글루코스를 산화시키기 위해 가장 낮은 전위(Ag | AgCl에 대하여 +0.1 V)를 전극에 가할 수 있는 것을 선택한다. 이 전위에서, 통상적으로 산화될 수 있는 방해물은 글루코스 측정에서 허용 가능한 작은 오차를 발생시킨다.

가장 최신 글루코스 측정기의 검사 스트립은 한 번 측정에 단지 0.3 μL의 혈액이 필요한데, 이는 하루에도 몇 차례씩 혈당을 측정할 필요가 있는 사람들이 겪는 고통을 대폭 줄여 주는 것이다. 전체 부피에 있는 글루코스는 약 1분 이내에 산화되고, 전류는 시간의 함수로 측정된다. 시간에 대해 전류를 적분하면(식 17-12), 글루코스를 산화하는 데 필요한 총 전하를 구할 수 있다.

17-5 전압-전류법

전압-전류법(**voltammetry**)은 전기 화학적 과정 동안 전류와 전압 간의 상관관계를 관찰하는 기술 모두를 말한다.[28] 먼저 회전 전극에서의 전압-전류법을 살펴보고 그다음에 정지 전극에서의 전압-전류법을 살펴본다.

회전 원반 전극

분자가 전극의 표면에 도달하는 데는 세 가지 방법이 있다. (1) 농도 기울기를 통한 **확산**(diffusion), (2) 젓기나 끓임과 같은 물리적 수단에 의해 벌크 유체가 움직이는 **대류**(convection), (3) 전하를 띤 표면에 의해 이온이 끌리거나 반발하는 **이동**(migration).[29] 전류법에서 통상적인 작업 전극은 **회전 원반 전극**(**rotating disk electrode**)으로, 대류와 확산이 분석 물질이 전극으로 이동하는 것을 조절한다.[30]

분석 물질이 전극에 도달할 수 있는 세 가지 방법
- 확산
- 대류
- 이동

그림 17-15a에 있는 전극이 분당 약 1000회로 회전할 때, 분석 물질을 대류에 의해 전극

모터에 유연하게 연결
탄소 접촉
스프링
전위차계로 연결
뚜껑
금속 접촉
테프론 덮개
금속 축
바닥면에서 본 것
전극 팁 (대개 Pt)
전극의 연마된 면
전극 회전에 의해 유도되는 액체 흐름 양상
(a)

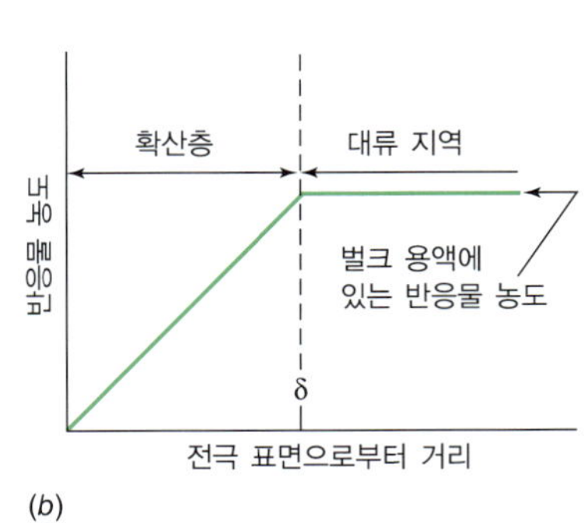

(b)

그림 17-15 (*a*) 회전 원반 전극. 보통 지름이 5 mm인 전극의 연마된 바닥 표면만 용액과 접촉한다. (*b*) 전위가 전극 표면에서 분석 물질의 농도를 0으로 감소시키기에 충분할 때 회전 원반 전극 표면 가까이에 있는 분석 물질의 개략적인 농도 개요

가까이 빠르게 이동시키는 소용돌이가 형성된다. 전위가 충분히 크고 반응이 충분히 빠르면, 전극 표면에 있는 분석 물질의 농도는 거의 0이다. 그림 17-15b는 농도 기울기를 개략적으로 보여 준다. 분석 물질은 마지막 짧은 거리(약 10~100 μm)를 확산만으로 통과해야 한다.

분석 물질이 벌크 용역에서 전극 표면으로 확산되는 속도는 두 영역 간의 농도 차이에 비례한다.

기호 ∝는 '**비례하는**' 것을 의미한다.

$$\text{전류} \propto \text{확산 속도} \propto C_0 - C_s \qquad \textbf{(17-18)}$$

여기서 C_0는 벌크 용액에서의 농도이고, C_s는 전극 표면에서의 농도이다. 전위가 충분히 크면, 전극에서의 반응 속도는 매우 빨라서 $C_s \ll C_0$이고 식 17-18은 다음과 같이 된다.

$$\text{한계 전류} = \text{확산 전류} \propto C_0 \qquad \textbf{(17-19)}$$

한계 전류는 분석 물질이 전극으로 확산하는 속도에 의해 지배를 받기 때문에 **확산 전류(diffusion current)**라고 한다. 확산 전류가 벌크 용질 농도에 비례하는 것이 전류법과 다음 절에 있는 전압-전류법으로 정량 분석을 하는 근거이다.

회전 원반 전극이 더 빠르게 회전할수록, 그림 17–15b에 있는 확산층은 더 얇아지고 확산 전류는 더 커진다. 빠르게 회전하는 Pt 전극은 빗물에 있는 20 nM의 H_2O_2를 측정할 수 있다.[31] H_2O_2는 Pt 표면에서 +0.4 V(S.C.E에 대해)에서 O_2로 산화되며, 전류는 빗물에 있는 $[H_2O_2]$에 비례한다.

그림 17-16a에 있는 **전압-전류 그림(voltammogram)**은 회전 원반 전극에서 산화되거나 환원되고 있는 $Fe(CN)_6^{3-}$와 $Fe(CN)_6^{4-}$의 혼합물에 대해서 작업 전극 전위에 대한 전류의 그래프이다. 관례에 의해, 분석 물질이 작업 전극에서 산화될 때 전류는 플러스이다. $Fe(CN)_6^{4-}$의 산화에 대한 한계(확산) 전류는 +0.5 V(S.C.E에 대해서) 이상의 전위에서 관찰된다.

$$\underset{\text{헥사사이아노 철(II) 이온}}{Fe(CN)_6^{4-}} \rightarrow \underset{\text{헥사사이아노 철(III) 이온}}{Fe(CN)_6^{3-}} + e^-$$

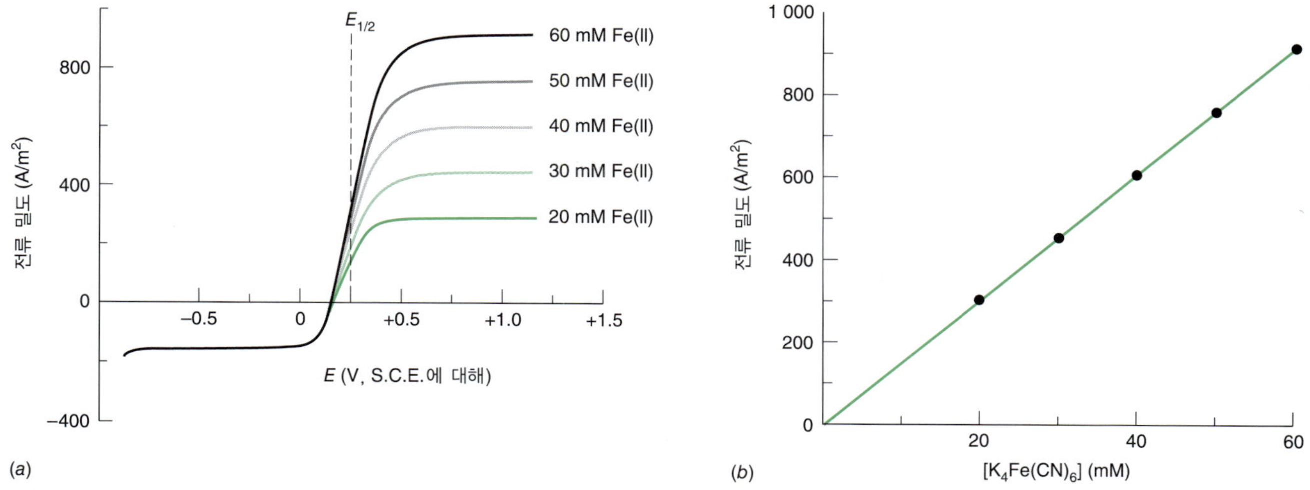

그림 17-16 (*a*) 포화 칼로멜 기준 전극과 Pt 보조 전극을 갖는 지름 2 mm의 유리질 탄소 회전 전극에서 0.1 M Na_2SO_4에 있는 10 mM $K_3Fe(CN)_6$와 20~60 mM $K_4Fe(CN)_6$ 혼합물에 대한 전압-전류 그림. 회전 속도 = 2 000회전/분이고, 전압 주사 속도 = 5 mV/s이다. O_2를 제거하기 위해 용액에 N_2를 불어 넣었다. (*b*) $K_4Fe(CN)_6$ 농도에 대한 한계 전류의 의존도 [출처: J. Nikolic, E. Exposito, J. Iniesta J. González-Garcia, and V. Montiel, "Theoretical Concepts and Applications of a Rotating Disk Electrode," *J. Chem. Ed.* **2000**, *77*, 1191.]

한계 전류는 $Fe(CN)_6^{4-}$가 전극으로 확산되는 속도에 지배를 받는다. 확산 전류는 $Fe(CN)_6^{4-}$의 벌크 농도에 비례한다(그림 17-16b). 0 V 미만에서, $Fe(CN)_6^{3-}$의 환원에 대한 확산 전류에 해당하는 하부 평탄 영역이 있고, $Fe(CN)_6^{3-}$의 농도는 모든 용액에서 10 mM이다. 전류가 상부 평탄 영역과 하부 평탄 영역의 절반일 때의 전위를 **반파 전위**(**half-wave potential**)라고 하는데, 그림 17-16의 +0.25V에 $E_{1/2}$로 나타내었다. 반파 전위는 반응 용액에서 $[Fe(CN)_6^{4-}] = [Fe(CN)_6^{3-}]$일 때의 형식 전위 $E°'$이다.

상대적으로 비활성 금속 전극인 백금과 금은 주로 산화에 사용된다. 이 전극들의 유용한 전위 범위는 표 17-2에 나타나 있다. 마이너스 전위에서 물은 Pt와 Au에서 H_2로 환원되며, 이 반응이 Pt와 Au의 사용을 제한한다. **유리질 탄소**(glassy carbon) 전극은 산화와 환원에 대해서 적절하다. 유리 같은(vitreous) 탄소라고도 불리는 유리질 탄소는 겉모습이 유리와 같은 딱딱하고 깨지기 쉬운 물질이다. 이것은 페놀 중합체의 열분해(비활성 분위기에서 가열하는 것)에 의해 만들어진다. 붕소 혼입 화학 증기 증착 다이아몬드(그림 17-17)는 넓은 전위 범위, 낮은 바탕 전류,[32] 표면 산화에 대한 저항,[33] O_2 발생에 대한 높은 과전위,[33] 가시광

다이아몬드는 전기 절연체이다. 탄소 원자 500개당 1개를 붕소로 치환하면 다이아몬드는 전도도가 금속의 10^{-5}에서 10^{-4}배인 반도체가 된다.

질문 B 혼입 다이아몬드는 *p*형인가, *n*형인가? 그림 15-37을 참조하라. **답:** *p*형

표 17-2 1 M H_2SO_4에서 대략적인 작업 전극 전위 범위

전극	전위 범위(V, S.C.E.에 대해)
Pt	−0.2~+0.9 V
Au	−0.3~+1.4 V
Hg	−1.3~+0.1 V
유리질 탄소	−0.8~+1.1 V
붕소 혼입 다이아몬드[a]	−1.5~+1.7 V
플루오린이 첨가된 붕소 혼입 다이아몬드[b]	−2.5~+2.5 V

a. A. E. Fischer, Y. Show, and G. M. Swain, "Electrochemical Performance of Diamond Thin-Film Electrodes from Different Commercial Sources," *Anal. Chem.* **2004**, *76*, 2553; Y. Dai, G. M. Swain, M. D. Porter, and J. Zak, "Optically Transparent Carbon Electrodes," *Anal. Chem.* **2008**, *80*, 14; J. Stotter, Y. Show, S. Wang, and G. Swain, "Comparison of Electrical, Optical, and Electrochemical Properties of Diamond and Indium Tin Oxide Thin-Film Electrodes," *Chem. Mater.* **2005**, *17*, 4880.

b. S. Ferro and A. De Battisti, "The 5-V window of Polarizability of Fluorinated Diamond Electrodes in Aqueous Solution," *Anal. Chem.* **2003**, *75*, 7040.

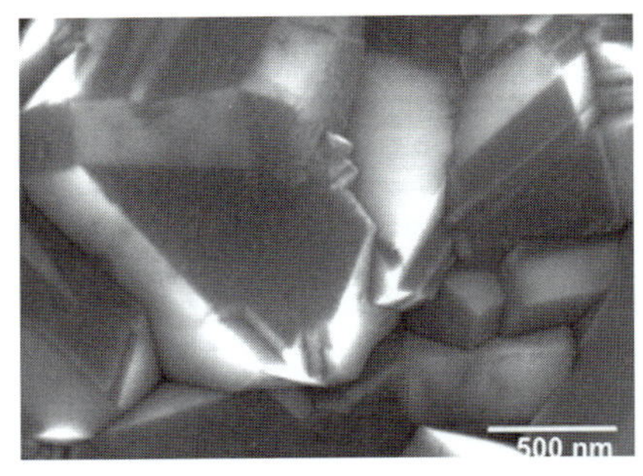

그림 17-17 붕소 혼입 다이아몬드 전극 다결정 표면의 주사 전자 현미경 사진 [출처: Y. Song and G. M. Swain, "Development of a Method for Total Inorganic Arsenic Analysis Using Anodic Stripping Voltammetry and a Au-coated, Diamond Thin-Film Electrode," *Anal. Chem.* **2007**, *79*, 2412. Reprinted with permission © 2007, American Chemical Society.]

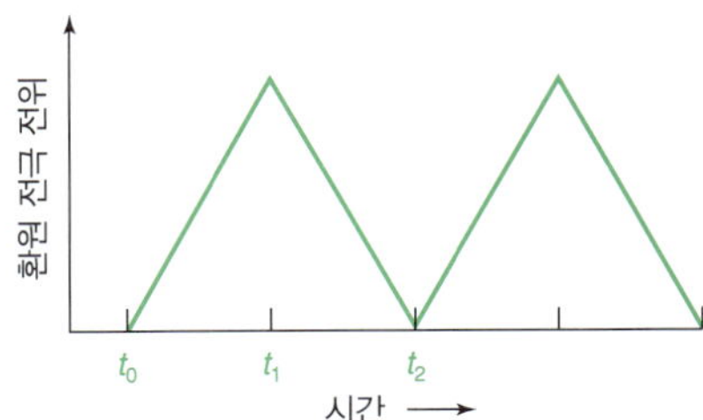

그림 17-18 순환 전압-전류법에 대한 파형. 대응되는 시간은 그림 17-19에 표시되어 있다.

선 및 적외선 투광성을 갖춘 예외적으로 비활성이며, 시중에서 구입할 수 있는 탄소 전극이다. 흑연의 단원자 층을 **그래핀**(graphene, 그림 15-45)이라고 한다. 인산염 완충 용액에서 Ag|AgCl에 대해 2.0 V를 가해 그래핀을 전기 화학적으로 산화('anodization'이라고 함)시키면 B 혼입 다이아몬드의 전기 화학적 전위 범위에 버금가는 전극이 생성된다.[34]

정지된 평면 전극에서의 순환 전압-전류법[35]

순환 전압-전류법(**cyclic voltammetry**)에서는 N_2 또는 Ar을 불어넣어 O_2를 쫓아낸 **저어 주지 않는 용액**에 담겨 있는 작업 전극에 그림 17-18의 **삼각 파형**(triangular waveform) 전압을 가한다. O_2를 쫓아낸 후, 용액은 비활성 기체로 덮여 있게 되고 기체가 용액 속으로는 통과하지 않아서, 용액에 대류는 발생하지 않는다. 분석 물질은 확산과 약간의 이동에 의해 전극에 도달한다. 과량의 **지지 전해질**(**supporting electrolyte**, 비활성 전해질, 그림 17-16에서 0.1 M Na_2SO_4)을 사용하면, 분석 물질이 이동(정전기적 인력)에 의해 전극으로 이동하는 것이 감소한다. 그림 17-18에서 시간 t_0와 t_1 사이에(보통 몇 초간) 선형 전압 경사가 가해진 후, 전압 경사는 역으로 되어 전압은 시간 t_2에서 초깃값으로 되돌아간다. 이 순환은 여러 번 반복될 수 있다.

그림 17-19a에 있는 순환 전압-전류 그림의 윗 부분, 즉 시간 t_0에서 시간 t_1까지는 분석 물질의 환원에 대한 **환원파**(cathodic wave)를 나타낸다. 파의 최고점에서 평탄해지는 대신, 전극 가까이에서 분석 물질이 고갈되기 때문에 더 마이너스 전위에서 전류는 감소한다. 확산은 너무 느려서 전극 가까이로 분석 물질을 다시 보충해 줄 수 없다. t_1에서 환원 전류는 최댓값 아래로 감소한다. t_1 이후, 가해진 전위가 반대로 바뀌고, 결국 전극 근처의 환원된 생성물이 산화된다. 산화 반응은 시간 t_1과 t_2 사이에서 **산화파**(anodic wave)를 만든다. 환원된 생성물이 고갈됨에 따라, 전류는 t_2에서 초깃값에 접근한다.

그림 17-19a는 **전극 표면에서** 반응물과 생성물의 평형 농도를 유지하기에 충분히 빠른 **가역** 반응을 나타내고 있다. 가역 과정에서 산화 피크 전류와 환원 피크 전류의 크기는 같고, 다음과 같이 분리되어 있다.

$$E_{pa} - E_{pc} = \frac{2.22RT}{nF} = \frac{57.0}{n}(\text{mV}) \quad (25°\text{C에서}) \qquad \textbf{(17-20)}$$

여기서 E_{pa}와 E_{pc}는 각각 산화 및 환원 피크 전류가 관찰되는 전위이고, n은 반쪽 반응에 참여하는 전자의 수이다. 반파 전위 $E_{1/2}$은 두 피크 전위의 중간에 놓여 있다. 그림 17-19b는 **비가역** 반응의 순환 전압-전류 그림이다. 이 반응은 너무 느려서 전극 표면에서 반응물과 생성물의 평형 농도를 유지할 수 없다. 환원 피크와 산화 피크는 더 넓고 더 멀리 떨어져 있다. 만약에 산화가 매우 느리다면, 산화 피크는 나타나지 않을 것이다.

가역 반응의 경우, 첫 번째 순환 과정의 정방향 주사에 대한 피크 전류(I_{pc}, 암페어)는 분석 물질의 농도와 주사 속도의 제곱근에 비례한다.

$$I_{pc} = (2.69 \times 10^8)n^{3/2}ACD^{1/2}v^{1/2} \quad (25°\text{C에서}) \qquad \textbf{(17-21)}$$

여기서 n은 반쪽 반응에 참여하는 전자의 수, A는 전극의 면적(m^2), C는 벌크 농도(mol/L), D는 전기 활성 화학종의 확산 계수(m^2/s), v는 주사 속도(V/s)이다. 반응이 가역적일 만큼 충분히 빠르다면, 주사 속도가 더 빨라질수록 피크 전류는 더 커진다. 전기 활성 화학종이 전극에 흡착되면, 피크 전류는 $\sqrt{v}$가 아닌 v에 비례한다.

그림 17-20의 왼쪽에 나타낸 것은 초기 벌크 농도가 C_0인 $Fe(CN)_6^{3-}$ 용액에서 평면 전극에 대해 시뮬레이션한 순환 전압-전류 그림이다.[36] 가운데 그림과 오른쪽 그림은 실험

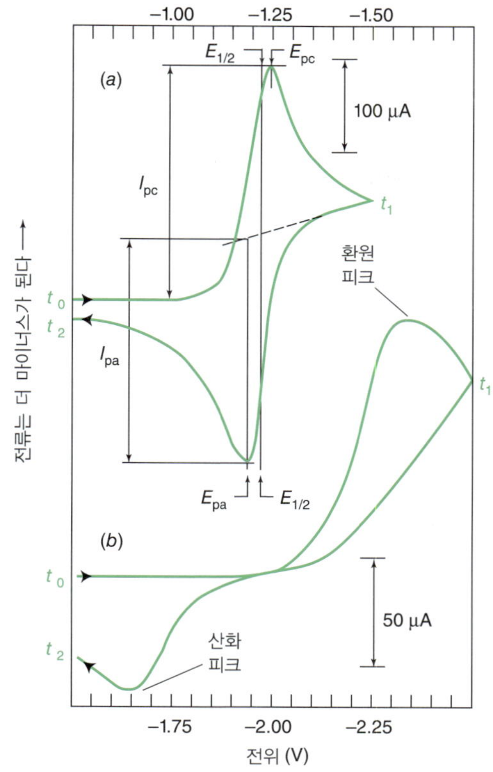

그림 17-19 (*a*) 0.10 M $(C_2H_5)_4N^+ClO_4^-$ 전해질이 포함된 아세토나이트릴에 있는 1 mM O_2. (*b*) 0.10 M $(n\text{-}C_7H_{15})_4N^+ClO_4^-$ 전해질이 포함된 아세토나이트릴에 있는 0.060 mM 2-나이트로프로페인의 순환 전압-전류 그림. 곡선 *a*에 있는 반응은 다음과 같다.

$$O_2 + e^- \rightleftharpoons \underset{\text{초과산화물}}{O_2^-}$$

작업 전극: Hg 방울, 기준 전극: Ag|0.001 M $AgNO_3(aq)$|0.10 M $(C_2H_5)_4N^+ClO_4^-$(아세토나이트릴), 주사 속도 = 100 V/s. I_{pa}는 산화 피크 전류이고, I_{pc}는 환원 피크 전류이다. E_{pa}와 E_{pc}는 이들 전류가 관측될 때 전위들이다. 곡선 (*a*)와 (*b*)는 원래 위치에서 수직적으로 옮겨놓았다. 각 곡선의 시간 t_0에서 전류는 거의 0이다. [출처: D. H. Evans, K. M. O'Connell, R. A. Petersen, and M. J. Kelly, "Cyclic Voltammetry," *J. Chem. Ed.* **1983**, *60*, 290.]

의 다양한 시간에서 전극 근처에 있는 $Fe(CN)_6^{3-}$와 $Fe(CN)_6^{4-}$의 계산된 농도를 보여 준다. S.C.E.에 대해 +0.75 V(점 a)에서 −0.25 V(점 d)로 전위를 감소시키면 헥사사이아노 철(III) 이온은 헥사사이아노 철(II) 이온으로 환원된다($Fe(CN)_6^{3-} + e^- \rightarrow Fe(CN)_6^{4-}$). 점 d에서 g로의 역방향 주사는 $Fe(CN)_6^{4-}$를 다시 $Fe(CN)_6^{3-}$로 산화시킨다.

그림 17-20의 점 b에서 $E = E_{1/2}$이고 $[Fe(CN)_6^{3-}]_s = [Fe(CN)_6^{4-}]_s = \frac{1}{2}C_0$이다. 아래 첨자 's'는 전극 표면에서의 농도를 의미한다. $E_{1/2}$는 용액에 존재하는 모든 조건에서의 **형식 전위**(formal potential, 14-6절)이다. 가역 반응은 평형에 있을 만큼 충분히 빠르고, 이는 전극 표면에서 Nernst 식이 지켜진다는 것을 의미한다.

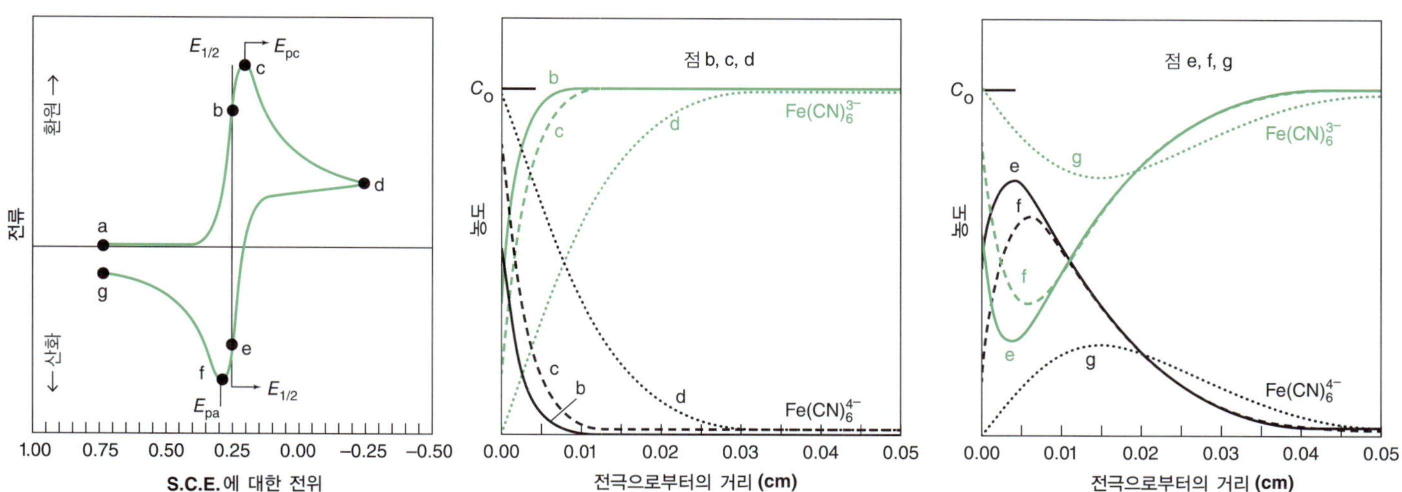

그림 17-20 왼쪽: 평면 전극에서 헥사사이아노 철(III) 이온에 대해 시뮬레이션한 가역적 순환 전압-전류 그림. $Fe(CN)_6^{3-}$와 $Fe(CN)_6^{4-}$의 확산 계수는 모두 0.7×10^{-9} m²/s이고, 주사 속도는 0.05 V/s이다. 점 a에서 g까지의 실험에 40초가 필요했다. 가운데 및 오른쪽: 전극으로부터의 거리 함수로 나타낸 $Fe(CN)_6^{3-}$와 $Fe(CN)_6^{4-}$의 농도 [출처: 다음의 자료를 이용하여 Excel 프로그램으로 시뮬레이션한 결과. J. H. Brown, "Development and Use of a Cyclic Voltammetry Simulator to Introduce Undergraduate Students to Electrochemical Simulations," *J. Chem. Ed.* **2015**, *92*, 1490.]

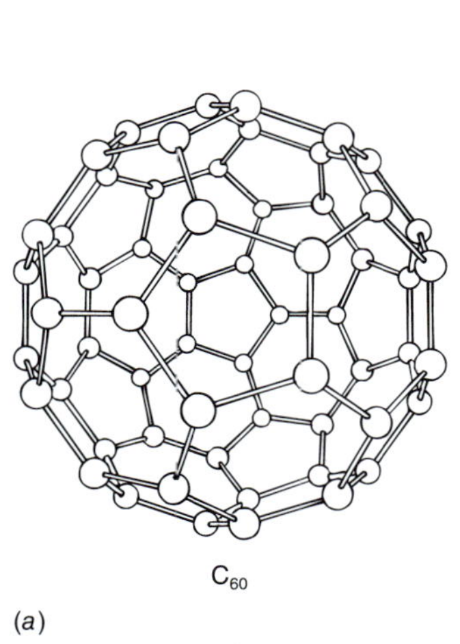

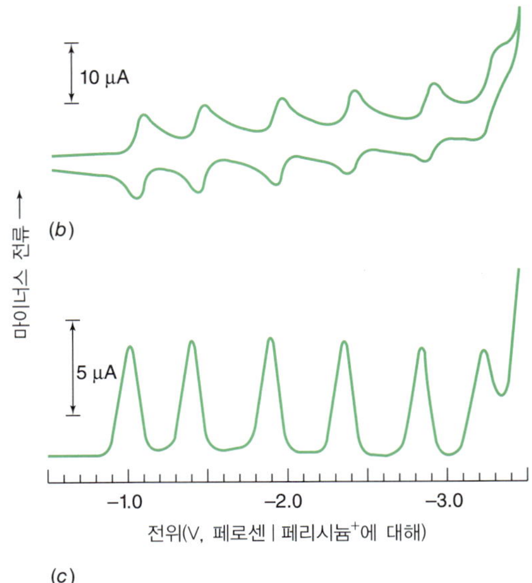

그림 17-21 (*a*) C_{60}(버크민스터풀러렌)의 구조. 0.8 mM C_{60}이 C_{60}^-, C_{60}^{2-}, . . . , C_{60}^{6-}로 환원되는 것에 대한 6개의 파를 보여 주는 (*b*) 순환 전압-전류법과, (*c*) 폴라로그램. $(n\text{-}C_4H_9)_4N^+PF_6^-$ 지지 전해질을 포함하고 있는 아세토나이트릴/톨루엔 용액의 온도는 −10°C였다. 기준 전극은 페로센|페리시늄$^+$ 산화-환원쌍을 포함한다. 페로센은 $(C_5H_5)_2Fe$이고, 페리시늄 양이온은 $(C_5H_5)_2Fe^+$이다. 페로센의 구조는 반응 17-15에 나타내었다. [출처: Q. Xie, E. Pérez-Cordero, and L. Echegoyen, "Electrochemical Detection of C_{60}^{6-} and C_{70}^{6-}," *J. Am. Chem. Soc.* **1992**, *114*, 3978. Figure 3a.]

$$Fe(CN)_6^{3-} + e^- \rightleftharpoons Fe(CN)_6^{4-} \qquad E = E_{1/2} - \frac{RT}{F}\ln\frac{[Fe(CN)_6^{4-}]_s}{[Fe(CN)_6^{3-}]_s}$$

점 c와 d는 $E_{1/2}$보다 더 마이너스 전위에 있으므로, 그림 17-20의 가운데 그림에서 전극 표면의 $[Fe(CN)_6^{4-}]_s > [Fe(CN)_6^{3-}]_s$이다. 점 d에서, 전극에서의 $[Fe(CN)_6^{4-}]_s \approx C_0$이고 $[Fe(CN)_6^{3-}]_s \approx 0$이다. 점 d에서는 전극 주변에 $Fe(CN)_6^{3-}$가 별로 남아 있지 않으므로, 점 c에서보다 더 작은 전류가 흐른다.

점 d 후에, 전위는 더 플러스가 되므로 $[Fe(CN)_6^{4-}]_s$는 감소하기 시작하고 $[Fe(CN)_6^{3-}]_s$는 증가하기 시작한다. 점 e는 다시 반파 전위이므로, 전극 표면에서 $[Fe(CN)_6^{3-}]_s = [Fe(CN)_6^{4-}]_s$이다. 점 d와 g 사이에서 산화될 $Fe(CN)_6^{4-}$의 공급원은 실험의 점 a와 d 사이에서 전극으로부터 확산될 시간이 없었던 $Fe(CN)_6^{4-}$이다. 한 주기의 끝인 점 g에서는, 전극으로부터 0.015 cm = 150 μm 부근에서 $Fe(CN)_6^{4-}$의 농도가 최고이고 $Fe(CN)_6^{3-}$의 농도는 최저라는 것을 그림 17-20의 오른쪽 그림에서 볼 수 있다. 최고점과 최저점의 위치는 화학종들의 확산 속도와 전압의 주사 속도에 의존한다.

순환 전압-전류법은 그림 17-21에 있는 C_{60}과 같은 화합물의 산화-환원 양상을 결정하고 전극 반응의 반응 속도론을 규명하는 데 사용된다.[37]

폴라로그래피

폴라로그래피는 Hg의 독성 위험도가 없는 전극을 사용하는 전압-전류법으로 대부분 대체되었다. 흘린 수은을 깨끗이 청소하는 것에 대해서는 참고 문헌 38을 보라.

적하 수은 전극(**dropping-mercury electrode**)으로 수행한 전압-전류법을 **폴라로그래피**(**polarography**)라고 한다. 그림 17-22에 있는 분배기는 모세관 바닥에 수은 한 방울을 매달아 놓는다. 전류와 전압이 측정된 이후에, 방울은 기계적으로 제거된다. 그 후 새롭게 방울이 매달리고, 다음 측정이 이루어진다. 새롭게 노출된 Hg는 재현성 있는 전류-전압 양상을 만든다. Pt와 같은 다른 전극에서, 전류는 전극의 표면 상태에 의존하며 새롭게 매달린 Hg의 전류만큼 재현성도 있지는 않다.

Hg 전극으로 연구된 대부분의 반응은 환원이다. Pt 표면에서는, H^+의 환원이 다른 많은 분석 물질의 환원과 경쟁한다.

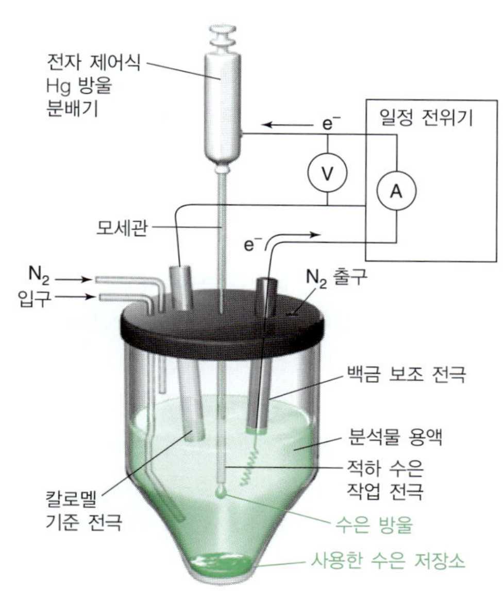

그림 17-22 적하 수은 작업 전극을 갖춘 폴라로그래피 장비. 폴라로그래피는 1922년에 J. Heyrovsk 에 의해 발명되었고, 이로 인해 그는 1959년에 노벨상을 받았다.

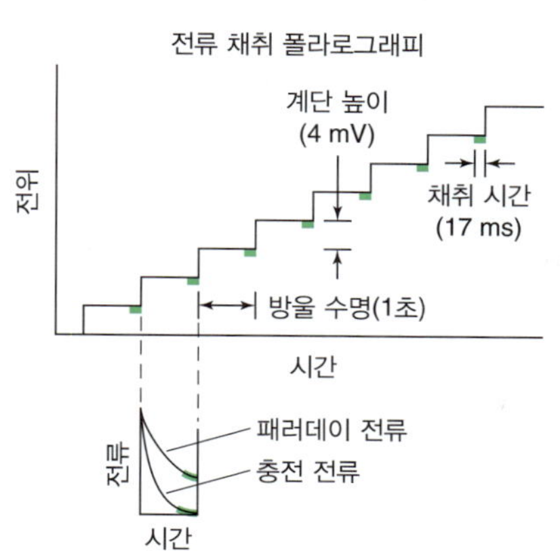

그림 17-23 **전류 채취 폴라로그래피**에 사용되는 **계단형 전압 도표**. 전류는 두껍게 채색된 선들로 나타낸 간격 동안에만 측정된다. 실험이 진행되면서 전위는 좀 더 마이너스 값으로 주사된다. 아래쪽 그래프는 각 전압 단계 후에 충전 전류가 패러데이 전류보다 더 급격히 줄어드는 것을 보여 준다.

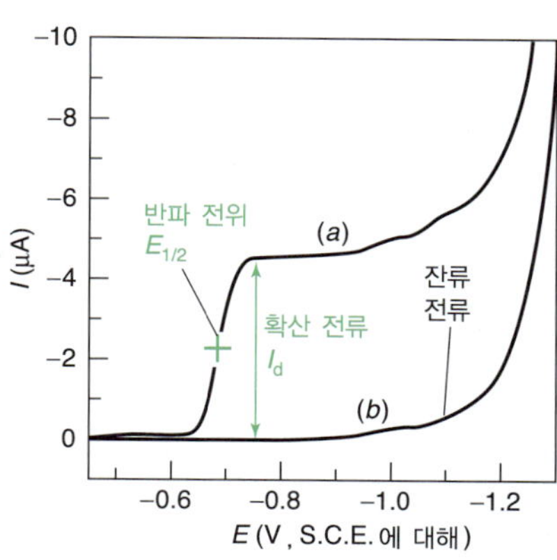

그림 17-24 (*a*) 1 M HCl에 있는 5 mM Cd^{2+}와 (*b*) 1 M HCl만의 **전류 채취 폴라로그램**

$$2H^+ + 2e^- \rightarrow H_2(g) \qquad E° = 0$$

표 17-1은 Hg 표면에서 H^+의 환원은 **과전위**(overpotential)가 크다는 것을 나타내고 있다. H^+의 환원보다 열역학적으로 덜 우세한 반응들이 H^+의 환원과 경쟁하지 않고 진행될 수 있다. 중성 또는 염기성 용액에서는 H^+의 반응에 대한 활성화 에너지가 높기 때문에 알칼리 금속 양이온(1족)조차도 H^+보다 더 쉽게 환원된다. 더군다나 수은 **아말감**(amalgam)으로 금속이 환원되는 것은 고체 상태로 환원되는 것보다 더욱 용이하다.

아말감은 수은에 용해된 모든 것이다.

$$K^+ + e^- \rightarrow K(s) \qquad E° = -2.936\ \text{V}$$
$$K^+ + e^- + Hg \rightarrow K(\text{Hg에서}) \qquad E° = -1.975\ \text{V}$$

Hg는 착물 형성이 되지 않는 매질에서 약 +0.25 V(S.C.E.에 대해)에서 산화되기 때문에, Hg는 산화 반응 연구에 유용하지 않다. 만일 Cl^-의 농도가 1 M이면, Hg(II)가 Cl^-에 의해 안정화되기 때문에 Hg는 0 V 근처에서 산화된다.

$$Hg(l) + 4Cl^- \rightleftharpoons HgCl_4^{2-} + 2e^-$$

측정을 수행하는 한 가지 방법은 그림 17-23에 있는 **계단형 전압 경사**(staircase voltage ramp)를 이용하는 **전류 채취 폴라로그래피**(**sampled current polarography**)이다. 각 Hg 방울이 떨어진 후, 전위는 4 mV씩 더 마이너스가 된다. 거의 1초를 기다린 후, 전류는 각 Hg 방울 수명의 마지막 17 ms 동안 측정된다. 그림 17-24a에 있는 **폴라로그래피 파**(**polarographic wave**)는 Cd^{2+} 분석 물질이 환원되어 아말감을 형성하는 것으로부터 얻은 결과이다.

오래된 문헌에 있는 폴라로그램은 그림 17-24a에 있는 파(wave) 위에 겹쳐진 커다란 진동들을 갖고 있다. 폴라로그래피의 처음 50년 동안, 전류는 Hg가 모세관에서 흐를 때 연속적으로 측정되었다. 각 방울은 떨어질 때까지 커졌고 새로운 방울로 대체되었다. 전류는 방울이 작을 때 작은 값에서 진동하고, 방울이 클 때는 큰 값으로 진동한다.

$$Cd^{2+} + 2e^- \rightarrow Cd(\textbf{Hg에서})$$

그림 17-23의 전류 채취 전압 도표는 수은 이외의 다른 전극을 이용하는 전압-전류법에도 사용된다.

그림 17-24a에서 최대 전류의 절반에 도달했을 때의 전위를 **반파 전위**(**half-wave potential**, $E_{1/2}$)라고 하는데, 이것은 실험하는 매질에 들어 있는 분석 화학종의 특성이며, 정성 분석에 사용될 수 있다. 예를 들어 $Fe^{3+} + e^- \rightleftharpoons Fe^{2+}$와 같이, 반응물과 생성물 모두가 용액에 들어 있는 전극 반응의 경우, $E_{1/2}$(S.H.E.에 대한)는 실험에 사용된 용액에서 반쪽 반응에 대한 형식 전위 $E°'$와 거의 같다.

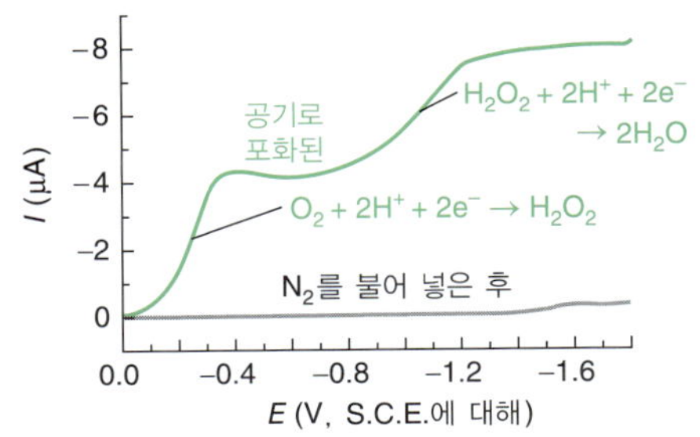

그림 17-25 공기로 포화된, 또는 O_2를 제거하기 위해 N_2를 불어넣은 (기포가 생성되는) 0.1 M KCl의 전류 채취 폴라로그램

정량 분석의 경우에, 평탄 영역에 있는 **확산 전류**(diffusion current)는 분석 물질의 농도에 비례한다. 그림 17-24b에서 확산 전류는 분석 물질이 없이 기록된 바탕선으로부터 측정된다. 분석 물질이 없을 때 **잔류 전류**(**residual current**)는 전극 표면이나 용액에 있는 불순물의 환원에 기인한 것이다. 그림 17-24에서 −1.2 V 근처의 전류는 H^+가 H_2로 환원이 시작되면서 빠르게 증가한다.

정량 분석의 경우에, 한계 전류는 분석 물질이 전극으로 확산할 수 있는 속도에 의해 조절되어야 한다. 젓지 않은 용액을 사용하여 대류를 최소화한다. 그림 17-24에 있는 1 M HCl과 같이, 높은 농도의 **지지 전해질**(supporting electrolyte)을 사용하여 이동(migration, 분석 물질의 정전기적 인력)을 최소화한다.

O_2는 H_2O_2로 환원된 후 다시 H_2O로 환원될 때 두 개의 폴라로그래프 파를 나타내기 때문에(그림 17-25), 산소는 반드시 없어야 한다. 대개는 O_2를 제거하기 위하여 N_2를 10분 동안 분석 용액을 통해 불어 넣는다.[39] 그런 다음, 기체상에서의 N_2 흐름이 O_2를 계속해서 차단한다. 대류에 의해 분석 물질이 전극으로 이동하는 것을 원하지 않기 때문에 측정하는 동안에는 N_2 기체를 액체에 불어 넣어서는 안 된다.

패러데이 전류와 충전 전류

전압-전류법에서 측정하려고 하는 전류는 작업 전극에서 분석 물질의 산화 혹은 환원으로 인해 발생하는 **패러데이 전류**(**faradaic current**)이다. 그림 17-24에서, 패러데이 전류는 Hg 전

보충 17-4 전기 이중층

전원이 전극으로 전자를 공급하거나 전극으로부터 전자를 받아들일 때, 하전된 전극 표면은 반대 전하의 이온들을 끌어당긴다. 하전된 전극과 그것과 인접한 반대 전하의 이온들은 **전기 이중층**(**electric double layer**)을 형성한다.

전극 / 용액 / 특별하게 흡착된 용질 / 다른 용질 / 특별하게 흡착된 용매 / 용매화된 양이온 / 용매화된 음이온

단단히 흡착된 내부층 / 이중층의 확산 영역 (0.3–10 nm) / 벌크 용액

전기 이중층은 하전된 전극, 단단하게 흡착된 내부층, 그리고 이중층의 확산 영역으로 이루어져 있다.

전극-용액 계면. 단단히 흡착된 내부층(조밀층, Helmholtz 층, Stern 층이라고도 불리는)은 용매와 용질 분자를 포함할 수 있다. 내부층에 있는 양이온은 전극의 전하와 완벽한 균형을 이루지는 않는다. 따라서 전하 균형을 위해 이중층의 확산 영역에 과량의 양이온이 필요하다.

주어진 용액은 전극 위에 여분의 전하가 전혀 없는 **영전하 전위**(potential of zero charge)를 갖는다. 0.1 M KBr에 담겨 있는 수은 전극의 경우, 이 전위는 −0.58 V(1 M KCl이 포함된 칼로멜 전극에 대해)이다. 같은 전극을 0.1 M KI에 담그면 이 전위는 −0.72 V로 이동된다.

전극 표면에 있는 분자의 첫 번째 층은 van der Waals 힘과 정전기 힘에 의해 **특별하게 흡착되어** 있다. 흡착된 용질은 중성 분자, 음이온, 또는 양이온일 수 있다. 아이오딘화 이온은 브로민화 이온보다 더 강하게 흡착되어 있어서, KI에 대한 영전하 전위는 KBr에 대한 영전하 전위보다 더 마이너스이다. 흡착된 아이오딘화 이온을 전극 표면에서 떼어내기 위해서는 더 마이너스인 전위가 필요하다.

특별하게 흡착된 분자층 다음에 있는 층에는 마이너스 전극에 끌리는 양이온이 풍부하다. 과량의 양이온은 전극으로부터 거리가 멀어질수록 감소한다. 벌크 용액과 조성이 다른 이 영역을 **이중층의 확산 영역**(diffuse part of the double layer)이라고 하고, 두께는 보통 0.3~10 nm이다. 그 두께는 전극에 대한 인력과 용액 내 과량의 양이온의 반발, 그리고 열운동에 의한 무작위 움직임 간의 균형에 의해 조절된다.

한 화학종이 전기 화학 반응에 의해 생성되거나 소멸될 때, 전극 가까이에서의 농도는 벌크 용액에서의 농도와 다르다(그림 17-20). 과량의 생성물 혹은 감소된 반응물이 포함된 영역을 **확산층**(diffusion layer, 이중층의 확산 영역과 혼동하지 말아야 한다)이라고 한다.

극에서 Cd^{2+}의 환원에 의해 생기고, 그림 17-26에 설명하였다. 그림 17-26에서 **충전 전류**(**charging current**, capacitor current 또는 condenser current)라고 하는 또 다른 전류는 모든 측정에 방해가 된다. 일정 전위기로부터 전극으로 전자가 흐르도록 작업 전극의 전위를 더 마이너스로 이동한다(그림 17-23). 이에 따라 용액에 있는 양이온은 전극을 향해 흐르며, 음이온은 전극으로부터 멀어진다(보충 17-4). 충전 전류라고 하는, 이온과 전자의 이런 흐름은 산화-환원 반응에 의한 것이 아니다. 패러데이 전류를 모호하게 만드는 충전 전류를 최소화하기 위해 노력해야 한다. 충전 전류는 보통 전압-전류법에서 검출 한계를 조절한다.

그림 17-23의 아래는 각 전위 단계 후에 패러데이 전류와 충전 전류의 양상을 보여 주고 있다. 분석 물질이 빠른 반응 속도를 유지하기에 충분할 정도로 빨리 전극으로 확산될 수 없기 때문에 패러데이 전류는 줄어든다. 충전 전류는 훨씬 더 빨리 줄어드는데, 그 이유는 전극 가까이에 있는 이온들이 빠르게 재배치되기 때문이다. 각 전위 단계의 1초 후에 패러데이 전류는 여전히 크고 충전 전류는 작다.

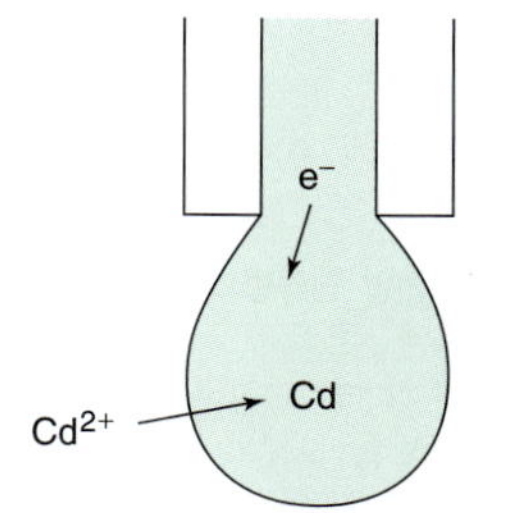

전극에서의 산화-환원 반응에 의한 **패러데이 전류**

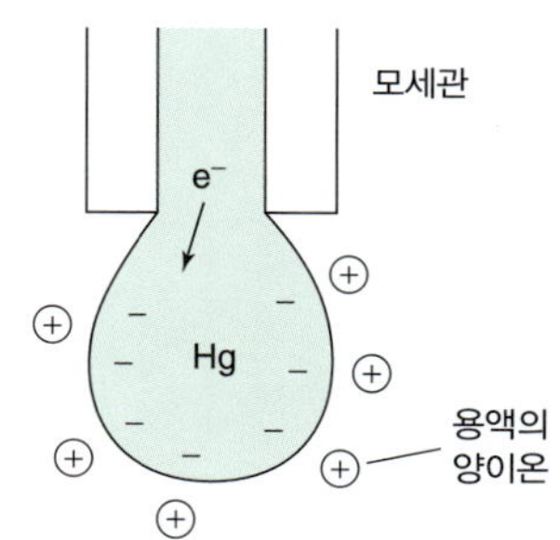

용액에 있는 이온과 전극에 있는 전자들의 정전기적 인력 또는 반발력에 의한 **충전 전류**

그림 17-26 패러데이 전류가 관심 신호이다. 충전 전류는 이 관심 신호를 모호하게 하므로 충전 전류를 최소화하려고 한다.

네모파 전압-전류법

네모파 전압-전류법(**square wave voltammetry**)이라고 하는 전압-전류법의 가장 효율적인 전압 형태는 그림 17-27에 있는 파형을 사용하는데, 파형은 계단파 위에 중첩된 네모파로 이루어져 있다.[40] 각 환원 펄스 동안, 분석 물질은 전극 표면에서 환원된다. 산화 펄스 동안에는, 방금 환원된 분석 물질이 다시 산화된다. 그림 17-28에 있는 네모파 폴라로그램은 그림 17-27에 있는 구간 1과 구간 2 사이의 전류 **차이**이다. 지점 1에서, 전자는 전극에서 분석 물질로 흐르고, 지점 2에서는 반대 방향으로 흐른다. 두 전류의 부호는 반대이기 때문에, 그 차이는 두 전류 중 하나만 단독으로 있을 때보다 더 크다. 그 차이를 그렸을 때, 그림 17-28에 있는 네모파 폴라로그램의 모양은 근본적으로 전류 채취 폴라로그램을 미분한 것이다.

네모파 전압-전류법의 신호는 전류 채취 전압-전류 그림에 비해 증가하며, 파형은 피크 모양이 된다. 신호가 증가하는 이유는 각 환원 펄스로부터 환원된 생성물이 바로 다음의 산화 펄스에 의해 산화되기 위해 전극의 표면에서 대기하고 있기 때문이다. 각각의 산화 펄스로 인해 전극의 표면에는 바로 다음의 환원 펄스에서 사용될 고농도의 반응물이 생성된다. 검출 한계는 전류 채취 전압-전류법의 경우 약 10^{-5} M에서, 네모파 전압-전류법의 경우 약 10^{-7} M까지 감소한다. 바로 옆에 있는 파(wave)들보다 바로 옆에 있는 피크(peak)들을 구별하는 것이 더 쉽기 때문에, 네모파 전압-전류법은 반파 전위가 약 0.05 V 차이가 나는 화학종을 구별할 수 있는 반면에, 전류 채취 전압-전류법에서는 구별이 되기 위해 전위가 반드시 약

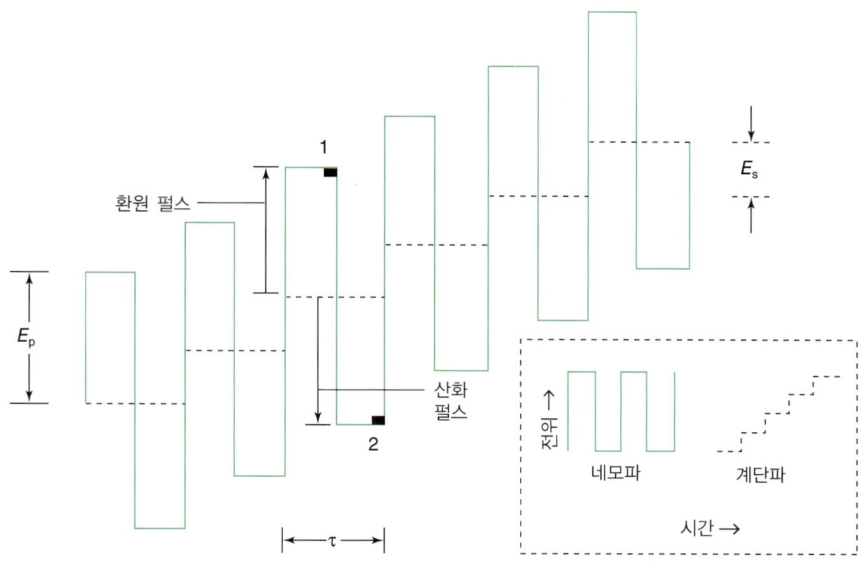

그림 17-27 네모파 전압-전류법의 파형. 전형적인 변수들은 펄스 높이(E_p) = 25 mV, 계단 높이(E_s) = 10 mV, 펄스 주기(τ) = 5 ms 등이다. 전류는 영역 1과 영역 2에서 측정된다. 최적 조건은 $E_p = 50/n$ mV와 $E_s = 10/n$ mV이고, 여기서 n은 반쪽 반응에 참여하는 전자의 수이다.

네모파 전압-전류법의 장점

- 증가된 신호
- 미분 (피크) 모양은 주변 신호들의 분리를 향상시킨다.
- 더 빠른 측정

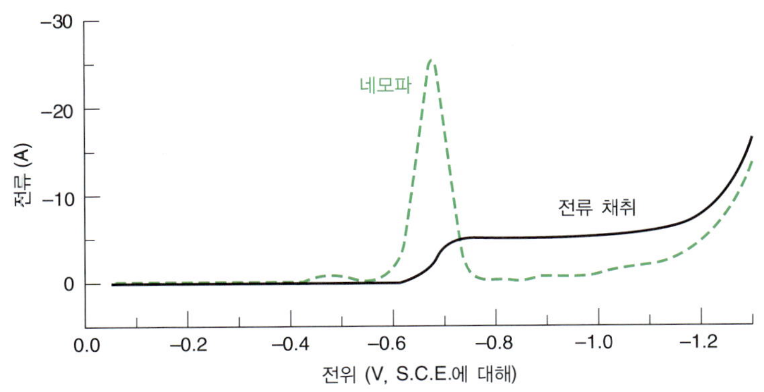

그림 17-28 1 M HCl에 있는 5 mM Cd^{2+}의 폴라로그램 비교. 파형은 그림 17-23과 17-27에 나타내었다. 전류 채취: 방울 수명 = 1초, 계단 높이 = 4 mV, 채취 시간 = 17 ms, 네모파: 방울 수명 = 1초, 계단 높이 = 4 mV, 펄스 주기 = 67 ms, 펄스 높이 = 25 mV, 채취 시간 = 17 ms

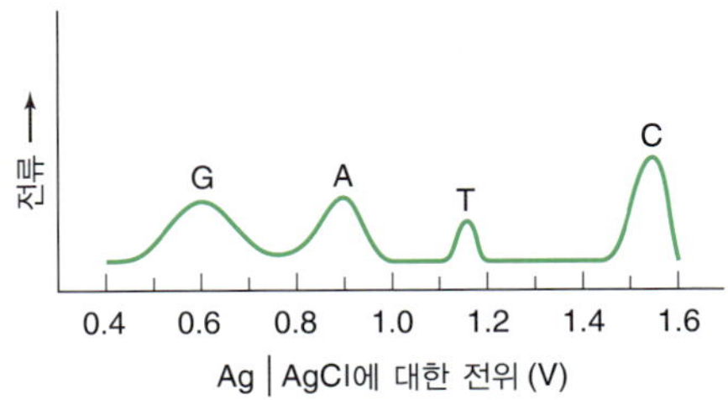

그림 17-29 산화된 그래핀 전극을 이용한 이중 나선 DNA(pH 7, 10 mM KCl과 10 mM 인산염 완충 소금 용액에 있는 30 mg/L)의 전압-전류법. 각 피크는 4개 뉴클레오타이드 염기인 구아닌, 아데닌, 타이민, 사이토신의 산화에 해당한다. 4개의 피크는 산화되지 않은 그래핀에서는 물론이고, 붕소 혼입 다이아몬드 전극이나 유리질 탄소 전극에서도 관찰되지 않는다. [출처: C. X. Lim, H. Y. Hoh, P. K. Ang, and K. P. Loh, "Direct Voltammetric Detection of DNA and pH Sensing on Epitaxial Graphene," *Anal. Chem.* **2010**, *82*, 7387.]

0.2 V 만큼 차이가 있어야 한다. 그림 17-29는 산화된 그래핀 전극에서 전압-전류법으로 이중 가닥 DNA에 있는 4개의 뉴클레오타이드 염기가 완전히 구별되는 것을 보여 준다.

네모파 전압-전류법은 다른 전압-전류법보다 더 빠르다. 그림 17-28에 있는 네모파 폴라로그램은 전류 채취 폴라로그램에 필요한 시간의 15분의 1 이내에서 기록되었다. 이론적으로, 그림 17-27에 있는 펄스 주기 τ가 짧을수록 더 큰 전류가 관찰될 것이다. τ = 5 ms(실질적으로 최저 한계)와 E_s = 10 mV를 사용하여, 1 V 전위 폭을 가진 전체 네모파 폴라로그램은 0.5초 내로 얻는다. 그렇게 빠른 주사는 크로마토그래피 칼럼을 빠져나오는 각각의 개별 성분에 대한 전압-전류 그림을 그릴 수 있게 해 준다. 보충 17-5는 검출을 위해서 네모파 전압-전류법을 사용한 임상 분석을 설명하고 있다.

보충 17-5 네모파 전압-전류법을 사용하는 임상용 앱타머 바이오센서

그림은 암 화학요법제인 독소루비신(doxorubicin)의 혈액 내 농도를 실시간으로 그리고 연속적으로 측정할 수 있는 바이오센서의 작동 원리를 보여 준다. 약물의 대사 속도는 환자마다 다르다. 목표는 치료하는 동안 환자의 혈액 내 약물을 측정하여 환자에 적합한 용량을 찾는 것이다. 이 센서의 핵심은 한쪽 끝의 황 원자를 통해 금 전극에 결합된 DNA 앱타머이다. 산화-환원 활성 분자인 메틸렌 블루가 다른 쪽 끝에 연결되어 있다. 독소루비신이 없으면, 앱타머는 길게 늘어지고 메틸렌 블루는 전극에서 멀리 떨어져 있게 된다. 독소루비신이 앱타머에 결합되면, 앱타머의 형태가 변하고 메틸렌 블루를 전극 가까이 오게 한다. 전극에서 메틸렌 블루로 전자가 이동하는 속도는 네모파 전압-전류법으로 측정된다. 독소루비신이 치료에 적절한 0.2~8.0 mM 범위에 있을 때 전류는 증가한다.

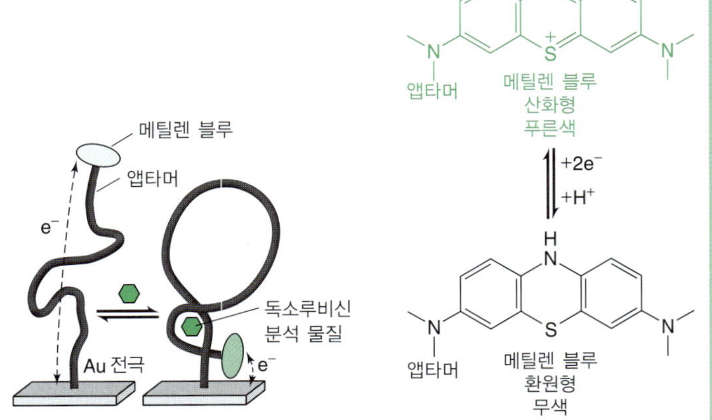

바이오 센서의 작동 원리. 독소루비신이 앱타머에 결합할 때 산화-환원 활성 분자인 메틸렌 블루가 전극으로 가까이 오게 되고 전류는 증가한다. [출처: B. S. Ferguson, D. A. Hoggarth, D. Maliniak, K. Ploense, R. J. White, N. Woodward, K. Hsieh, A. J. Bonham, M. Eisenstein, T. E. Kippin, K. W. Plaxco, and H. T. Soh, "Real-Time, Aptamer-Based Tracking of Circulating Therapeutic Agents in Living Animals," *Sci. Transl. Med.* **2013**, *5*, 213ra165.]

벗김 분석

벗김 분석(stripping analysis)에서, 분석 물질은 대개 전기 환원에 의해 묽은 용액에서 Hg 또는 다른 전극 물질의 박막 내부로 농축된다. 그 후 전압 주사의 방향을 역으로 하여 전극에서 전기 활성 화학종을 **벗겨낸다**. 전위가 더 **플러스**가 되면, 화학종들은 **산화되어** 다시 용액으로 되돌아간다. 산화 반응 동안 측정된 피크 전류는 석출되었던 분석 물질의 양에 비례한다. 그림 17-30은 꿀 속의 Cd, Pb, Cu의 산화 전극 벗김 전압-전류 그림을 보여 준다.

산화 전극 벗김 분석

1. 환원으로 전극 위에 분석 물질을 농축한다.
2. 더 플러스인 전위로 주사하여 분석 물질을 다시 산화시킨다.
3. 산화하는 동안의 피크 전류는 분석 물질의 농도에 비례한다.

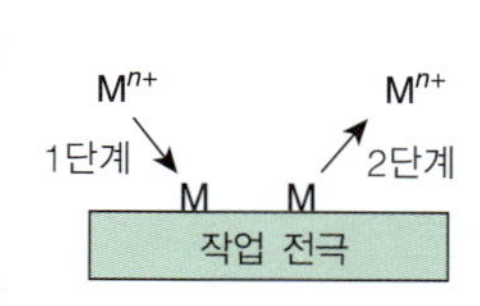

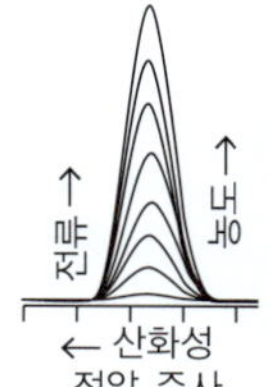

벗김은 가장 감도가 좋은 전압-전류법인데(표 17-3), 이는 분석 물질이 묽은 용액으로부터 농축되기 때문이다. 농축 기간이 길수록, 분석은 더 민감하게 된다. 용액으로부터 분석 물질의 일부만 석출되므로, 석출은 반드시 재현성 있게 저어 주면서 재현성 있는 시간(가령 5분) 동안 진행되어야 한다.

Hg는 독성이 있고 버릴 때 비용이 많이 들기 때문에, 다른 전극으로 교체되고 있다. 비스무트[41,42] 혹은 주석[43] 막(film)은 Hg의 바람직한 특성을 일부 가지고 있어서 상당히 재현성 있는 표면을 제공하며 H_2O가 H_2로 환원되기 전에 넓은 환원 전위를 이용할 수 있다. 벗김 분석의 특별한 응용에 사용되는 전극의 예로는 유리질 탄소 위의 탄소 나노 섬유,[44] 얇은 구리 막,[45] 얇은 금 선,[46] 전해 석출된 얇은 팔라듐,[47] 그리고 유리질 탄소 위의 산화 철[48] 등이 있다.

바닷물에 있는 Fe(III)에 대한 검출 한계는 **촉매 벗김**(catalytic stripping)을 이용하여 5×10^{-12} M까지 낮출 수 있다.[49] 30 μM 2,3-다이하이드록시나프탈렌(L)의 존재하에 HCl을 사용하여 바닷물을 pH 2.0으로 산성화하고 24시간 동안 평형에 도달할 때까지 방치한다. 그런 다음, 20 mM 브로민산 이온(BrO_3^-)의 존재하에 시료의 pH를 8.7로 조정하고, O_2를 제거하기 위해서 N_2를 불어 넣는다. 다이하이드록시나프탈렌은 착물 $L_nFe(III)$을 형성하고, 이것은 60초 동안 강하게 젓는 동안에 Ag | AgCl에 대해 0 V 전위가 가해진 수은 방울에 흡착된다. 젓는 것을 멈추고 용액이 정지하면, 전위를 −0.1 V에서 −1.15 V까지 주사한다. −0.6 V 가까이에서 Fe(III)가 Fe(II)로 환원되고, 전극으로부터 확산되어 나가기 시작한다. Fe(II)가 아주 멀리 가기 전에, BrO_3^-는 Fe(II)를 Fe(III)로 다시 산화시키고, Fe(III)는 전극 표면에 다시 흡착되어 다시 환원될 수 있다. 환원 전극 벗김 전류는 BrO_3^-가 없을 때보다 20 mM BrO_3^-가 있을 때 약 300배 더 크다. Fe(II)는 BrO_3^-의 알짜 환원에 대해 촉매이다.

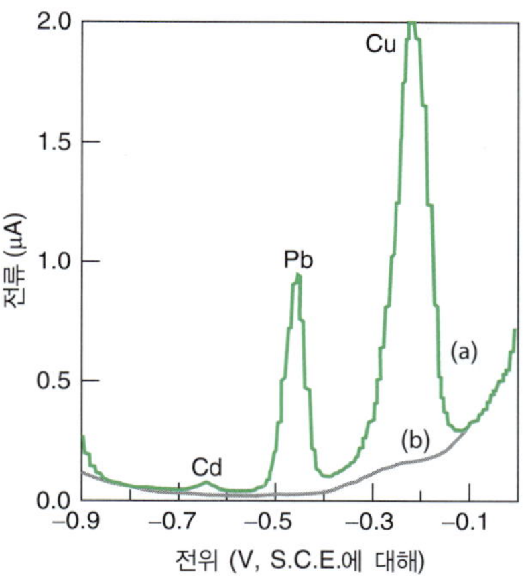

그림 17-30 (*a*) 물에 녹이고 HCl을 이용하여 pH 1.2로 산성화시킨 꿀의 산화 전극 벗김 전압-전류 그림을 기록하기에 앞서 Cd, Pb, Cu는 용액으로부터 −1.4 V(S.C.E.에 대해)에서 5분 동안 Hg 박막으로 환원되었다. (*b*) 5분 동안의 환원 단계 없이 얻은 전압-전류 그림. 꿀에 있는 Cd와 Pb의 농도는 각각 7, 27 ng/g (ppb)이었다. 정밀도는 2~4%였다. [출처: Y. Li, F. Wahdat, and R. Neeb. "Digestion-Free Determination of Heavy Metals in Honey," *Fresenius J. Anal. Chem.* **1995**, *351*, 678.]

표 17-3 벗김 분석에 대한 검출 한계

분석 물질	벗김법	검출 한계
Ag^+	산화 전극	2×10^{-12} M[a]
테스토스테론	산화 전극	2×10^{-10} M[b]
As(III)	산화 전극	3×10^{-11} M[c]
Ca^{2+}	산화 전극	$< 10^{-10}$ M[d]
I^-	환원 전극	1×10^{-10} M[e]
DNA 또는 RNA	환원 전극	2~5 pg/mL[f]
Fe^{3+}	환원 전극	5×10^{-12} M[g]

a. S. Dong and Y. Wang, *Anal. Chim. Acta* **1988**, *212*, 341.

b. J. Wang, P. A. M. Farias, and J. S. Mahmoud, *Anal. Chim. Acta* **1985**, *171*, 195.

c. H.-H. Chen and J.-F. Huang, *Anal. Chem.* **2014**, *86*, 12406.

d. B. Kabagambe, M. B. Garada, R. Ishimatsu, and S. Amemiya, *Anal. Chem.* **2014**, *86*, 939.

e. G. W. Luther III, C. Branson Swartz, and W. J. Ullman, *Anal. Chem.* **1988**, *60*, 1721. I^-는 산화 전극에서 산화에 의해 수은 방울에 석출된다. $Hg(l) + I^- \rightleftharpoons \frac{1}{2}Hg_2I_2$(Hg에 흡착) $+ e^-$.

f. S. Reher, Y. Lepka, and G. Schwedt, Fresenius J. *Anal. Chem.* **2000**, *368*, 720; J. Wang, Anal. Chim. Acta 2003, 500, 247.

g. L. M. Laglera, J. Santos-Echeandia, S. Caprara, and D. Monticelli, *Anal. Chem.* **2013**, *85*, 2486.

$$L_nFe(III)_{\text{흡착}} + e^- \xrightarrow[\text{벗김}]{\text{환원 전극}} L_nFe(II)_{\text{확산층에 있는}}$$

$$L_nFe(II)_{\text{확산층에 있는}} \xrightarrow{BrO_3^-} L_nFe(III)_{\text{확산층에 있는}} \longrightarrow L_nFe(III)_{\text{흡착}}$$

2,3-다이하이드록시나프탈렌

아마도, 편극되기 쉬운 나프탈렌의 파이(pi) 전자 구름은 van der Waals 힘에 의해 편극되기 쉬운 Hg에 묶여 있는 것으로 추정된다.

nM~pM의 농도를 측정할 때는, 시약과 기구에서 철을 제거하기 위해 철저한 주의가 요구된다. 예를 들면 염다리에 있는 3 M KCl은 반드시 정제해야 하며, 염다리 자체도 유리 대신에 테프론으로 만들어진다.

벗김 분석법은 10^{-15} M의 검출 한계를 갖는 데옥시리보핵산(DNA, 구조는 부록 L에 있다)을 측정하는 데 적용될 수 있다. 그림 17-31의 목적은 중합 효소 연쇄 반응으로부터 얻은 DNA 혼합물에서 DNA의 특정 21개 뉴클레오타이드 가닥(분석의 '표적')의 농도를 측정하는 것이다. 중합 효소 연쇄 반응으로부터 얻은 DNA의 한쪽 끝에는 비오틴 분자로 표시를 해 두었는데, 비오틴은 생합성 반응에서 CO_2를 활성화시키는 보조 인자이다. 비오틴은 박테리아 단백질인 스트렙타비딘과 강하고 특정적으로 결합하며 $\sim10^{15}$ M^{-1}의 형성 상수를 갖는다. 비오틴-스트렙타비딘의 비공유성 착물은 생명 공학에서 널리 사용되는데, 그 이유는 이 착물이 세제나 단백질 변성제 및 유기 용매에도 안정하며 극단적인 pH와 온도에서도 안정하기 때문이다.

그림 17-31의 a 단계에서는 표적 DNA에 상보적인 뉴클레오타이드 서열을 갖는 합성 포획 DNA 외가닥이 미소 우물(microwell) 반응 공간의 바닥에 부착되어 있다. 그림은 한 가닥의 포획 DNA를 보여 주고 있지만, 실제로 미소 우물에는 그러한 가닥이 많이 존재한다. b 단계에서는 표적(그리고 다른) DNA를 포함하고 있는 용액을 미소 우물에 넣고 표적이 포획 DNA에 결합할 수 있도록 배양한다.

1984년에 이 과정을 발명한 Kary Mullis에게 노벨상을 안겨 준 중합 효소 연쇄 반응은 선택된 DNA 가닥의 복사본을 많이 만든다.

그림 17-31의 c 단계에서는 스트렙타비딘 단백질이 들어 있는 용액을 미소 우물에 넣고 배양하여 스트렙타비딘이 표적 DNA에 부착된 비오틴과 결합하게 한다. 스트렙타비딘은 분자량이 53 000인 4개의 동일한 단백질 소단위체(subunit)를 갖는다. 각 소단위체는 한 개의 비오틴 분자와 결합한다. 사용하기 전, 스트렙타비딘은 ~2 000개의 Pb 원자를 갖는 지름 3 nm의 PbS 입자에 공유 결합으로 부착되었다. 비오틴화된 표적 DNA에 부착되지 않은 여분의 스트렙타비딘-PbS는 씻겨 내려간다. c 단계 후에는 각 표적 DNA 가닥과 결합한 한 개의 PbS 입자가 있고, 미소 우물에 결합하지 않은 PbS는 없다.

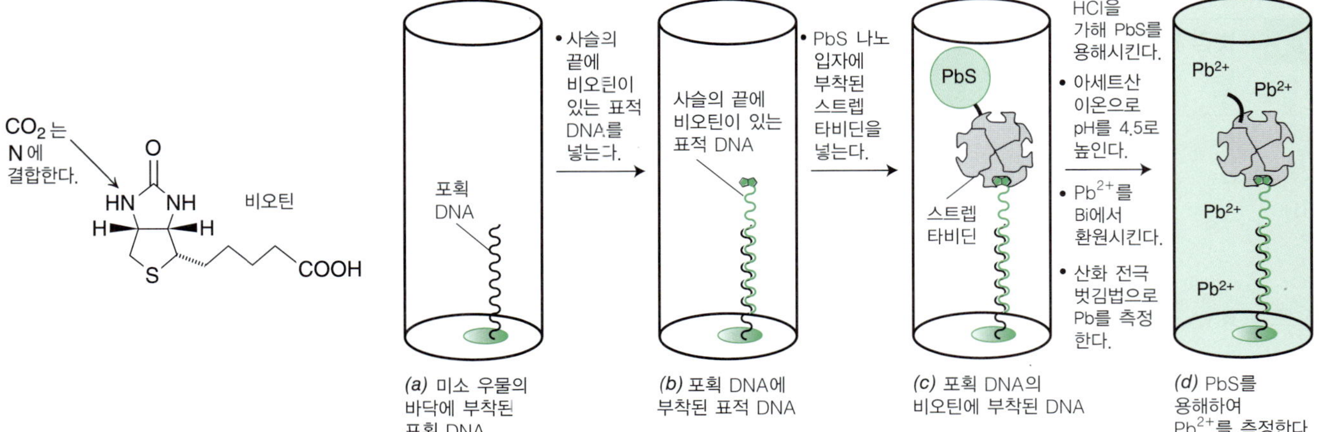

그림 17-31 '표적'으로 나타낸 특정 DNA 서열의 정량 분석 단계. (*a*) 표적에 상보적 서열을 가진 합성 포획 DNA가 미소 우물에 고정된다. (*b*) 공유 결합으로 부착된 비오틴을 가지고 있는 표적 DNA는 포획 DNA와 이중 나선을 형성한다. 표적에 상보적이 아닌 다른 DNA는 세척된다. (*c*) PbS 나노 입자가 부착된 스트렙타비딘 단백질은 비오틴에 결합한다. 여분의 스트렙타비딘-PbS는 씻겨 내려간다. (*d*) PbS를 HCl로 용해시켜 표적 DNA 분자당 ~2 000개의 Pb^{2+}를 방출시킨다. Pb^{2+}는 산화 전극 벗김 전압-전류법에 의해 비스무트 전극에서 측정된다. [출처: C. Kokkinos, A. Economou, T. Speliotis, P. Petrou, and S. Kakabakos, "Flexible Microfabricated Film Sensors for the In Situ Quantum Dot-Based Voltammetric Detection of DNA Hybridization in Microwells," *Anal. Chem.* **2015**, *87*, 853.]

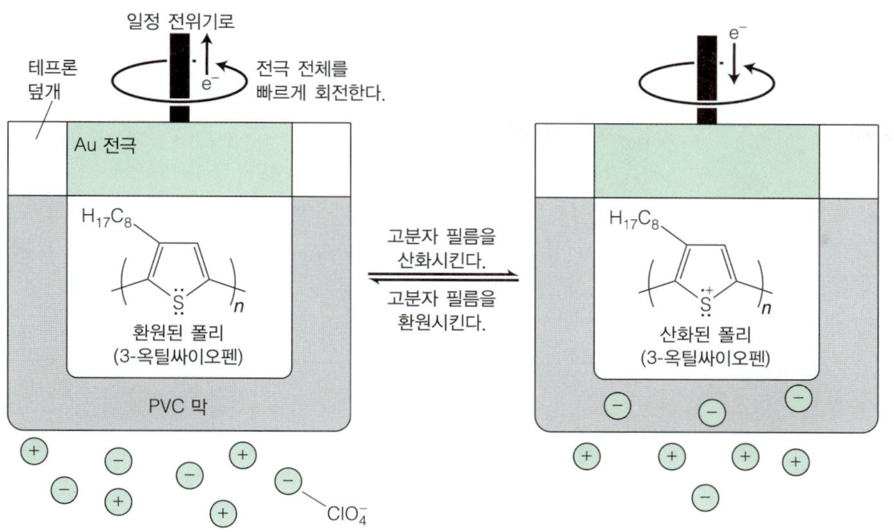

그림 17-32 얇은 폴리(3-옥틸싸이오펜)과 폴리염화 바이닐(PVC) 층이 있는 회전 금 전극 위에서의 과염소산 이온의 환원 전극 벗김의 원리. 전극에 있는 고분자가 산화될 때, 고분자는 (+)가 된다. 과염소산 음이온은 (+)로 산화된 고분자에 의해 PVC 막 속으로 끌린다. [출처: Y. Kim and S. Amemiya, "Stripping Analysis of Nanomolar Perchlorate in Drinking Water with a Voltammetric Ion-Selective Electrode Based on Thin-Layer Liquid Membranes," *Anal. Chem.* **2008**, *80*, 6056; A. Izadyar, U. Kim, M. M. Ward, and S. Amemiya, "Double-Polymer-Modified Pencil Lead for Stripping Voltammetry of Perchlorate in Drinking Water," *J. Chem. Ed.* **2012**, *89*, 1323.]

d 단계에서는 0.01 M HCl을 우물에 가해 PbS를 녹이고 Pb^{2+}를 용액 안에 방출시킨다. 그런 다음 작업, 기준 및 보조 전극을 갖춘 신축성 있는 폴리이미드 필름을 우물에 집어넣고 벗김 전압-전류법으로 Pb^{2+}를 측정한다. 작업 전극은 400 nm 두께의 비스무트 층이다. '유사 기준 전극'은 은의 얇은 층이고, 보조 전극은 얇은 백금 층이다. 은 위에는 얇은 산화물 층이 생겨서 Ag|AgO로 쓸 수 있는 산화-환원쌍이 만들어진다. 유사 기준 은(Ag) 전극의 전위는 주어진 용액에서는 대략적으로 일정하지만, 전위는 용액의 조성에 따라 달라진다. 분석을 위해, d 단계에서 방출된 Pb^{2+}는 유사 기준 전극에 대해 −1.2 V가 걸려 있는 Bi 전극에서 4분 동안 Pb(0)로 환원된다. 그런 다음 남은 네모파 산화 전극 벗김 전압-전류법에 의해 측정된다. $Pb(0) \rightarrow Pb^{2+} + 2e^-$. 각 표적 DNA 분자는 PbS 나노 입자로부터 ~2 000개의 Pb 원자를 제공한다. 분석의 선형 범위는 최소한 10^{-14}~10^{-8} M(~2×10^{-11}~2×10^{-5} M Pb^{2+})이고, 검출 한계는 10^{-15} M DNA 정도이다.

산화 또는 환원되지 않는 표적 분석 물질에 대한 벗김 분석의 다른 형태로는 음용수에 있는 과염소산 이온(ClO_4^-)의 측정을 예로 들 수 있다. ClO_4^-가 갑상샘에 의한 I^-의 흡수를 방해하고 갑상샘 호르몬의 생성을 감소시킬 수 있다는 것이 밝혀진 후, California 주의 음용수에 있는 과염소산 이온의 최대 허용 한계는 2007년에 6 μg/L(6 ppb)로 결정되었다.

그림 17-32는 ppb 농도의 ClO_4^-가 환원 전극 벗김법으로 측정되는 방법을 보여 준다. 금 전극은 폴리(3-옥틸싸이오펜)의 막으로 코팅되어 있다. 이 고분자가 산화될 때, 몇몇 황 원자는 (+)가 되고 고분자는 전도성을 띠게 된다. 그 고분자는 약 0.7 μm 두께의 PVC 층으로 다시 코팅이 되는데, 그 구조는 그림 15-28의 아래에 나타내었다. 고분자가 코팅된 전극을 1 mM Li_2SO_4 바탕 전해질이 포함된 음용수 시료에 담그고 대류에 의해서 액체가 전극으로 이동하도록 4000 rpm으로 젓는다(그림 17-15).

ClO_4^- 측정은 Ag|AgCl 전극에 대해 0.83 V를 가한 회전 전극에서 10분 동안 폴리(3-옥틸싸이오펜)을 산화시키는 것으로 시작된다. 음용수에 있는 흔한 무기 음이온 중에서 ClO_4^-만 소수성 PVC 막에 녹는다. 산화 과정 동안에 ClO_4^-는 PVC 막으로 이동하여 산화된 폴리(3-옥틸싸이오펜)의 전하를 중화시킨다. 그림 17-32의 오른쪽은 ClO_4^-가 PVC 막에서 농축된 것을 나타낸 것이다. 환원 전극 벗김법으로 ClO_4^-를 측정하기 위해, 전극 전위를 0.1 V/s의 속도로 0.83~0.3 V까지 주사하여 폴리(3-옥틸싸이오펜)을 본래의 중성 형태로 환원시키고 PVC 막으로부터 ClO_4^-를 방출시킨다. 벗김 동안에 관찰된 피크 전류(상당한 바탕 전류보다 더 큰)는 음용수에 있는 ClO_4^- 농도의 선형 함수이다. 0.2 nM(0.2 ppb)의 검출 한계는 수질을 관찰하는 데 적합하다.

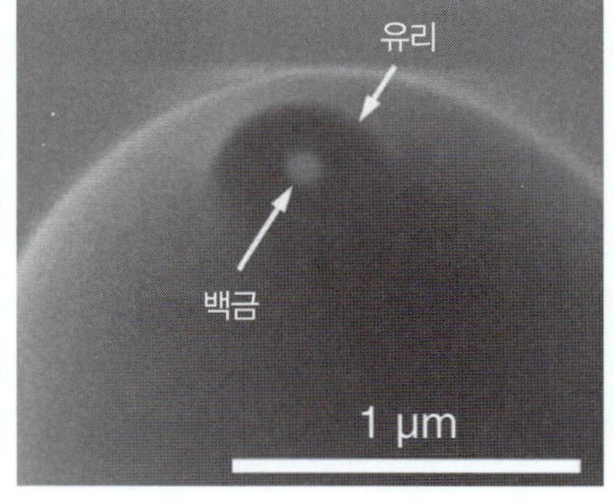

그림 17-33 유리 모세관에 봉합된 지름이 약 110 nm인 백금 전극 [출처: N. Nioradze, R. Chen, J. Kim, M. Shen, P. Santhosh, and S. Amemiya, "Origins of Nanoscale Damage to Glass-Sealed Platinum Electrodes with Submicrometer and Nanometer Size," *Anal. Chem.* **2013**, *85*, 6198, Figure 3a. Reprinted with permission © 2013, American Chemical Society.]

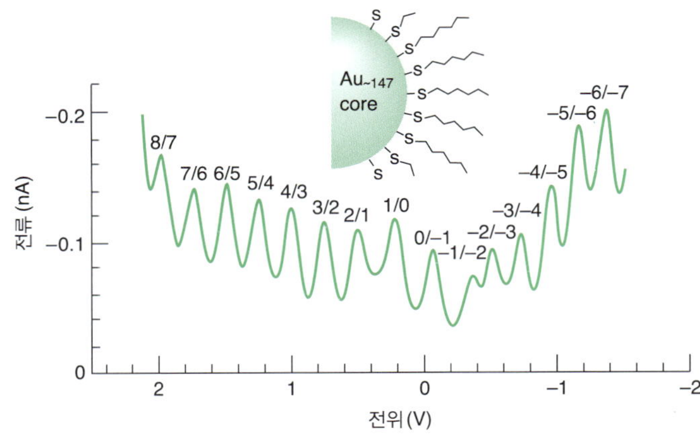

그림 17-34 1,2-다이클로로에테인 용액에서 지름이 25 μm인 Pt 작업 전극을 이용하여 측정한 금 나노입자[51](약 50개 헥세인싸이올 분자로 덮인 $Au_{\sim 147}$)의 전압-전류 그림. 나노입자는 −7부터 +8까지 산화 상태를 나타낸다. 지지 전해질: 10 mM $[(C_6H_5)_3P{=}N{=}P(C_6H_5)_3]^+[(C_6F_5)_4B]^-$. 전위는 '유사 기준' 전극인 은 선에 대해 측정하였는데, 은 선의 전위는 Ag|AgCl에 대하여 ~0.1 V이다. [출처: B. M. Quinn. P. Liljeroth, V. Ruiz, T. Laaksonen, and K. Kontturi, "Electrochemical Resolution of 15 Oxidation States for Monolayer Protected Gold Nanoparticles," *J. Am. Chem. Soc.* **2003**, *125*, 6644.]

미소 전극의 장점
- 작은 곳에도 설치할 수 있다.
- 저항이 있는, 비수용성 매질에서도 유용하다(작은 저항 손실 때문에).
- 빠른 전압 주사(작은 이중층 전기 용량 때문에 가능함)로 수명이 짧은 화학종을 연구하는 것이 가능하다.
- 낮은 충전 전류 때문에 검출 한계가 몇 자릿수 감소한다.

$-[(CF_2CF_2)_n-CFCF_2]_x-$, $|$ O $|$ CF_2 $|$ $CFCF_3$ $|$ O $|$ $CF_2CF_2SO_3^-Na^+$

양이온은 나피온 막을 통과할 수 있다. 그러나 음이온은 통과가 안 된다.

미소 전극

미소 전극(microelectrode)은 수십 마이크로미터에서 나노미터까지의 작업 규모를 갖고 있다(그림 17-33).[50] 전극 표면적이 작아서 전류도 매우 작다. 작은 전류로는, 저항이 큰 매질에서 저항 강하(= IR)도 작아서, 미소 전극은 전도성이 낮은 비수용성 매질에서도 사용이 가능하다(그림 17-34). 작은 표면적 때문에 미소 전극의 이중층(보충 17-4) 전기 용량 또한 매우 작다. 작은 전기 용량은 산화-환원 반응의 패러데이 전류에 비해 상대적으로 낮은 바탕 충전 전류를 만든다. 그 결과로 기존의 전극보다 검출 한계가 1000배 정도 낮아진다. 작은 전기 용량은 최대 10^6 V/s 속도로 전위를 변화시킬 수 있으므로, 수명이 1 μs 미만인 화학종을 연구할 수 있게 한다. 충분히 작은 전극은 생체 세포 내부에 설치할 수 있다.[52]

미소 전극을 이용한 순환 전압-전류법에서는 그림 17-19a에 있는 피크가 관찰되지 않는 조건을 이용하는 것이 일반적이다. 대신에 그림 17-35a와 같이 전류가 평평한 평탄 영역에 도달하는 **S자 모양** 곡선이 보인다. 전극으로의 분석 물질의 확산은 전기 분해 속도를 따라갈 수 없기 때문에 그림 17-19a에 있는 전류는 피크 이후에 감소한다. 낮은 주사 속도에서는, 전기 분해의 속도가 확산 속도를 초과하지 않기 때문에 전류는 평탄 영역에 도달할 것이다.

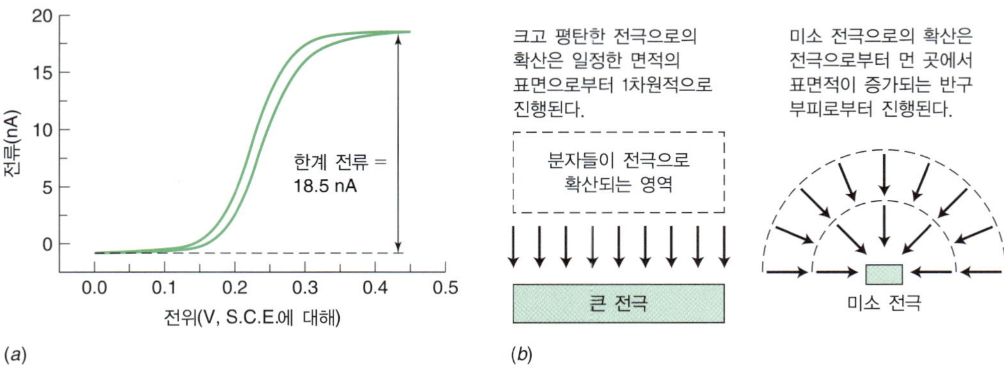

그림 17-35 (*a*) 미소 전극으로 흔히 관찰되는 S자 모양의 순환 전압-전류 그림. 원형 원반 Pt 미소 전극에서 5 mV/s 주사 속도와 수용성 1 M NaF에서 10 mM 헥사사이아노 철(II) 이온의 전압-전류 그림 [출처: U. K. Sur, A. Dhason, and V. Lakshminarayanan, "A Simple and Low-Cost Ultramicroelectrode Fabrication and Characterization Method for Undergraduate Students," *J. Chem. Ed.* **2012**, *89*, 168.] (*b*) 크고 평탄한 전극 쪽으로의 분석 물질의 확산은 일정하고 평탄한 면적으로부터 진행된다. 미소 전극 쪽으로의 분석 물질의 확산은 전극에서 멀어질수록 면적이 증가하는 반구 영역으로부터 진행된다.

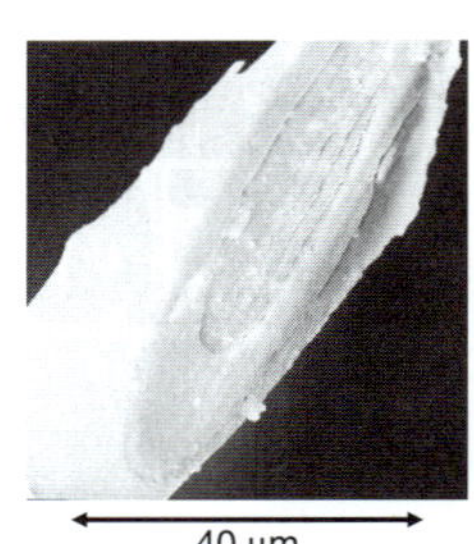

그림 17-36 나피온이 코팅된 탄소 섬유 전극 팁의 전자 현미경 사진. 전극 내부에 있는 탄소의 지름은 10 μm이다. 나피온은 양이온은 통과시키지만 음이온은 배척한다. [출처: R. M. Wightman, L. J. May, and A. C. Michael, "Detection of Dopamine Dynamics in the Brain," *Anal. Chem.* **1988**, *60*, 769A.]

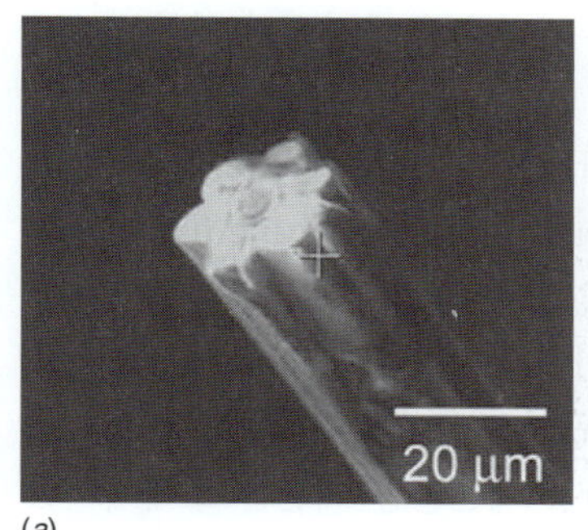

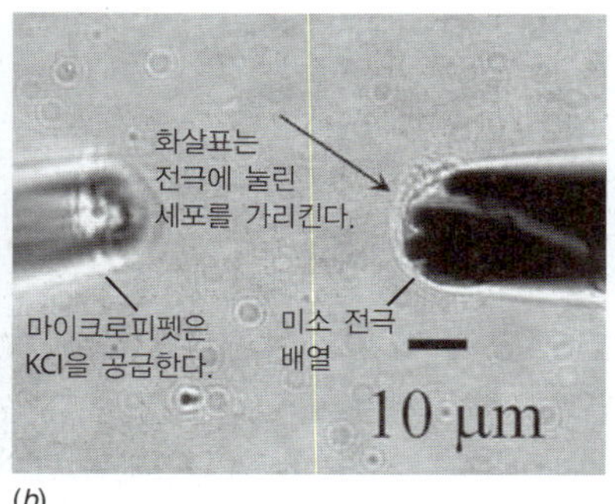

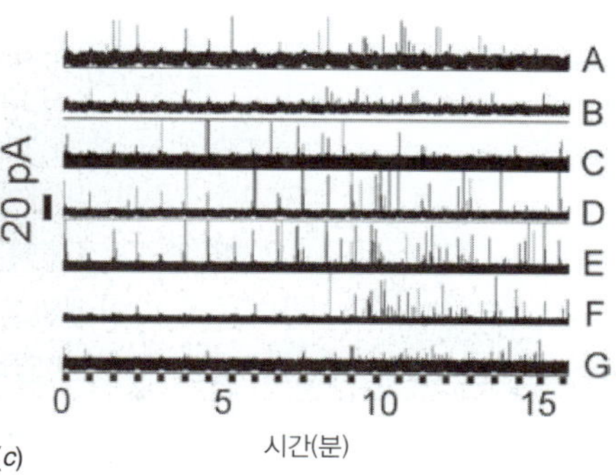

그림 17-37 (*a*) 7개의 전극을 갖춘 탄소 섬유 미소 전극 배열. (*b*) 전극에 의해 초승달 모양으로 찌그러진 PC 12 세포를 누르고 있는 미소 전극 배열(오른쪽). 마이크로피펫은 세포로부터 도파민 방출을 자극하기 위해 0.1 M KCl을 공급한다. Ag | AgCl 기준 전극/보조 전극은 보이지 않는다. (*c*) 신경 전달 물질의 세포외 유출 동안 7개 전극에서 나타난 전류 신호 [출처: B. Zhang, K.L. Adams, S.J. Luber, D.J. Eves, M. L. Heien, and A. G. Ewing, "Spatially and Temporally Resolved Sing-Cell Exocytosis Utilizing Individually Addressable Carbon Microelectrode Arrays," *Anal. Chem.* **2008**, *80*, 1394, Figure 2(A), Figure 7(A,B). Reprinted with permission © 2008, American Chemical Society.]

미소 전극의 경우, 확산은 전극에서 멀어질수록 표면적이 증가하는 반구 부피에서 이루어진다(그림 17-35b). 전기 분해 속도가 전극으로의 확산 속도를 초과하지 않기 때문에 미소 전극의 경우 그림 17-35a에 있는 모습을 보는 것이 일반적이다.

그림 17-36은 고정된 음전하를 가진 나피온(Nafion)이라는 양이온 교환막으로 코팅된 탄소 섬유를 보여 준다. 양이온은 막을 통해 확산되지만, 음이온은 배척된다. 이 전극은 쥐의 뇌에 있는 양이온성 신경 전달 물질인 도파민을 측정할 수 있다.[53] 흔히 도파민 분석을 방해하는 음으로 하전된 아스코브산 이온은 나피온에 의해 배제된다. 도파민에 대한 감응은 아스코브산 이온에 대한 감응보다 1000배 정도 더 크다.

HO, HO, NH_3^+
도파민
↓
O, O, NH_3^+ $+ 2H^+ + 2e^-$

그림 17-37은 생물학에서 미소 전극 배열(array)의 응용을 보여 준다. 부신의 종양에서 PC 12라고 하는 세포는 K^+에 의해 자극을 받으면 도파민을 분비한다. 신경 전달 물질은 **막소포**(vesicle)라고 하는 작은 세포 내 칸에 포함되어 있다. 내용물을 세포 밖으로 방출하기 위해서 막소포는 세포막과 융합되면서 열린다. 이 과정을 **세포외 유출**(exocytosis)이라고 한다. 미소 전극 배열은 미세한 한 점으로 끌어 당겨진 7개의 유리 모세관에 있는 지름이 5 μm인 탄소 섬유들로 구성된다. 그림 17-37a에 있는 각각의 탄소 섬유는 지름이 약 5 μm인 영역을 측정할 수 있는 독립된 작업 전극이다. 그림 17-37b는 한 개의 세포가 초승달 모양으로 찌그러져 눌린 전극을 보여 준다. 그림 17-37b에서 마이크로피펫에 있는 0.1 M KCl이 매질 안으로 주입될 때, 세포는 불연속적인 세포외 유출 사건으로 도파민을 방출한다. 그림 17-37c는 KCl이 45초마다 주입되는 16분 동안, 전극 A~G에서 온 신호를 보여 준다. 모든 신호가 다른 것은 세포 표면의 다른 부분들이 다르게 감응한다는 것을 말해 주고 있다. 예를 들어 전극 F와 G 가까이에 있는 영역은 처음 8분 동안은 반응이 없다. 8분 후에 무엇인가 변화가 있고 이들 두 영역은 반응을 보인다.

17-6 물의 Karl Fischer 적정

변압기 오일, 용매, 식료품, 고분자 및 그 밖의 물질에 있는 소량의 물을 측정하는 **Karl Fischer 적정(Karl Fischer titration)**[54,55]은 매일 50만 번 이상 수행되고 있을 것이다.[56] 이 적정은 보통 자동화 뷰렛을 이용하여 적정 용액을 가하거나 전기량법으로 적정 용액을 생성하는 방법을 이용하여 수행된다. 부피 측정 방법은 많은 양의 물 분석에 적합한 경향이 있고(그러나 약 1 mg 정도로 적은 H_2O도 가능할 수 있다), 전기량 적정 과정은 적은 양의 물 분석에 적합하다.

그림 17-38에 나타낸 전기량 적정 과정에서는 주된 칸에 산화 전극 용액과 미지 시료가 함께 들어 있다. 왼쪽에 있는 더 작은 칸에는 환원 전극 용액에 담긴 내부 Pt 전극과 주된 칸의

산화 전극 용액에 담긴 외부 Pt 전극이 있다. 두 칸은 이온 투과막으로 분리되어 있다. Pt 전극 두 개가 종말점 검출에 이용된다.

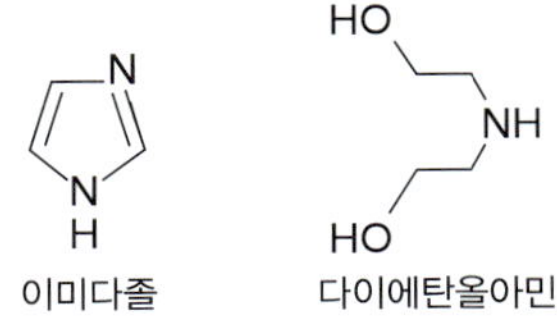

산화 전극 용액에는 알코올, 염기, SO_2, I^- 및 경우에 따라서는 다른 유기 용매가 들어 있다. 메탄올과 다이에틸렌 글라이콜 모노메틸 에터(diethylene glycol monomethyl ether, $CH_3OCH_2CH_2OCH_2CH_2OH$)는 예전에 사용했던 전형적인 알코올이다. 전형적인 염기는 이미다졸과 다이에탄올아민이다. 용매에는 주로 클로로폼, 다이클로로메테인, 사염화 탄소, 폼아마이드가 들어 있다. 환경 위험을 줄이기 위해서 염소가 포함된 용매는 피하는 것이 바람직하다. 환경에 영향이 적은 상업용의 특허권이 있는 용매에서, 메탄올은 에탄올로 대체되었는데, 에탄올은 독성이 작지만 유전 상수(dielectric constant)가 작아서 전기 전도도가 낮고 반응이 느리다. 특허권이 있는 첨가물들은 전도도와 반응 속도를 증가시킨다. 새로운 용매는 일부 용도에서 염소가 포함된 용매를 필요로 하지 않는다. 폼아마이드, 클로로폼, 또는 자일렌은 몇몇 시료의 용해도를 증가시키기 위해 시판되는 용매에 첨가될 수 있고, 용해도를 높이기 위해 온도를 50°C까지 올릴 수도 있다. 변압기 오일과 같은 무극성 물질은 반응이 균일하게 진행되도록 충분한 양의 클로로폼 같은 용매가 필요하다. 그렇지 않으면 기름기가 많은 에멀션에 잡혀 있는 수분은 접근할 수가 없다. [**에멀션**(emulsion)은 다른 종류의 액체에 있는 액상 방울의 미세한 현탁액이다.]

그림 17-38의 왼쪽 아랫부분에 있는 산화 전극은 I^-를 산화시켜 I_2를 생성한다. 물이 있는 경우, 반응은 알코올(ROH), 염기(B), SO_2와 I_2 사이에서 일어난다.

$$ROH + SO_2 + B \rightarrow BH^+ + ROSO_2^- \qquad (17\text{-}22)$$

$$H_2O + I_2 + ROSO_2^- + 2B \rightarrow ROSO_3^- + 2BH^+I^- \qquad (17\text{-}23)$$

pH는 4~7 범위에서 유지한다. pH 8 이상에서는, 비화학량론적 부반응이 일어난다. pH 3 이하에서는 반응이 느리다.

알짜 반응은 I_2에 의해 SO_2가 산화되어 $ROSO_3^-$가 생성되는 것이다. 용매가 메탄올일 때 물 1 mol당 I_2 1 mol이 소모된다. 다른 용매에서는 화학량론이 더 복잡할 수 있다.[56]

전형적인 절차에서, 그림 17-38에 있는 주된 칸은 산화 전극 용액을 채우고, 전기량 발생기(coulometric generator)에는 환원 전극에서 환원되도록 고안된 시약이 들어 있는 환원 전극 용액을 채운다. 예제 다음에 설명한 종말점 감지 장치에 의해 알 수 있듯이, 전류는 주된 칸에 있는 모든 습기가 소모될 때까지 흐른다. 미지 시료는 격막을 통해 주입되며, 습기가 없어질 때까지 전기량계는 다시 작동한다. I_2:물의 화학량론이 1:1이라면, 전자 2 mol은 물 1 mol에 해당한다.

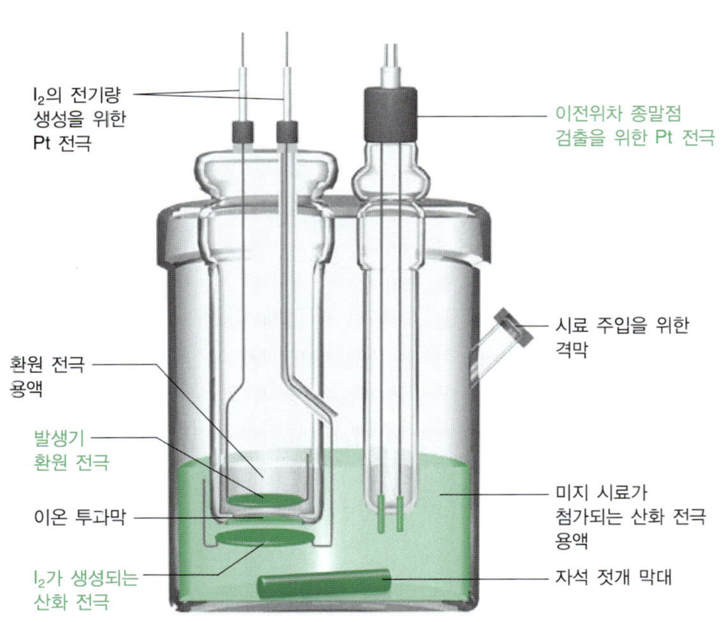

그림 17-38 전기량법 Karl Fischer 적정을 위한 장치

예제 Karl Fischer 적정에서 표준화와 바탕 보정

3.91 wt% H_2O가 포함된 lincomycin hydrochloride monohydrate와 같은 표준 물질로 Karl Fischer 시약 또는 심지어 전기량계를 표준화하는 것이 일상적인 일이다. 전기량계는 종말점에 도달할 때까지 작동되는데, 이것은 Karl Fischer 시약이 건조해졌다는 것을 나타낸다. 고체 린코마이신(lincomycin)을 첨가하기 위해서 입구를 잠시 열고, 그 후 같은 종말점까지 적정한다. 그런 다음에 미지 시료를 첨가하고, 동일한 방법으로 적정을 한다. 미지 시료에 있는 H_2O wt%를 구하시오.

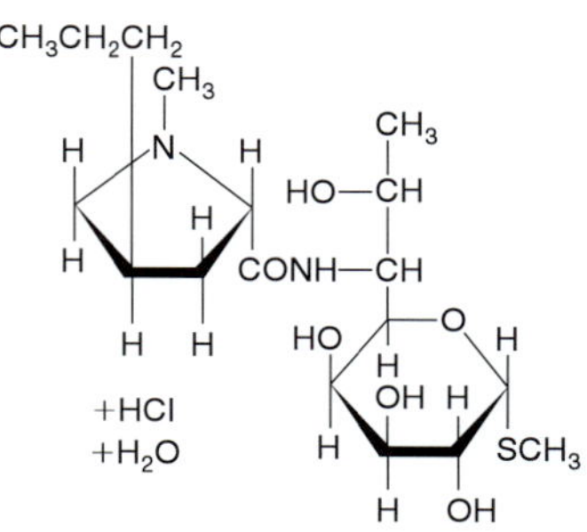

lincomycin hydrochloride monohydrate
$C_{18}H_{37}N_2O_7SCl$, FM 461.01
3.91 wt% H_2O

린코마이신 (mg)	관찰된 H_2O(μg)	이론적인 H_2O(μg)	바탕 보정 = 차이(μg)
3.89	172.4	152.1	172.4 − 152.1 = 20.3
13.64	556.3	533.3	556.3 − 533.3 = 23.0
19.25	771.4	752.7	771.4 − 752.7 = 18.7
			평균 보정 = 20.7

미지 시료 (mg)	관찰된 H_2O(μg)	보정된 H_2O(μg) (=관찰값 − 20.7)	미지 시료에 있는 H_2O wt%
24.17	540.8	520.1	520.1 μg/24.17 mg = 2.15%
17.08	387.6	366.9	366.9 μg/17.08 mg = 2.15%

출처: *W. C. Schinzer, Pfizer Co., Michigan Pharmaceutical Sciences, Portage, MI.*

풀이 린코마이신의 경우, **시료 크기와 무관하게** 예상했던 것보다 약 20.7 μg 더 많은 H_2O가 관찰된다. 여분의 H_2O는 고체를 첨가하려고 입구를 열 때 대기로부터 온 것이다. 미지 시료에 있는 수분의 양을 결정하기 위해서는 적정된 전체 수분에서 이 바탕값을 빼준다. 이 절차를 이용하면 매우 재현성 있는 자료를 얻을 수 있다.

자습 20.33 mg의 미지 시료에서 관찰된 H_2O는 888.8 μg이다. 보정을 하고 미지 시료에 있는 H_2O wt%를 구하시오. (**답:** 4.27%)

이전위차(bipotentiometric) 측정은 Karl Fischer 적정의 종말점을 검출하는 가장 보편적인 방법이다. 검출기 회로는 전류를 유지하는 데 필요한 전압을 측정하면서 그림 17-38의 오른쪽에 있는 두 검출기 전극 사이에 **일정 전류**(보통 5 μA 또는 10 μA)를 유지한다. 당량점 이전에는 용액에 I^-가 포함되어 있으나 I_2는 거의 없다(I_2는 생성되자마자 빠르게 반응 17-23에서 소모된다). 10 μA의 전류를 유지하려면 환원 전극 전위는 용매의 몇몇 성분을 환원시킬 수 있을 만큼 충분히 마이너스여야 한다. 당량점에서는 여분의 I_2가 있게 되며, 반응 17-24와 반응 17-25에 의해 낮은 전압에서도 전류가 흐를 수 있다. 급격한 전압 강하는 종말점을 표시한다.

$$\text{환원 전극:}\quad I_3^- + 2e^- \rightarrow 3I^- \qquad \textbf{(17-24)}$$

$$\text{산화 전극:}\quad 3I^- \rightarrow I_3^- + 2e^- \qquad \textbf{(17-25)}$$

Karl Fischer 전기량법 장비의 동향은 그림 17-38에 있는 분리된 환원 전극 칸을 제거하여, 시료를 분석하기 전에 요구되는 조정 시간을 줄이고 막의 막힘을 없애는 것이다.[57] 환원 반응의 생성물에 의한 방해를 최소로 하는 것이 도전 과제이다.

Karl Fischer 적정에서의 종말점은 느린 반응과 공기로부터 용기로 스며드는 습기 때문에 표류하는 경향이 있다. 몇몇 장치는 종말점을 유지하기 위해 I_2가 생성되어야 하는 속도를 측정하고, 그 후에 이 속도를 시료가 첨가되기 전에 측정된 속도와 비교한다. 다른 장치를 사용하면 '종말점 유지' 시간(보통 5~60초)을 설정하는 것이 가능하며, 그 시간 동안 검출기 전압은 종말점을 명확하게 정의할 수 있도록 안정해야 한다.

전기량법 절차의 정확도와 정밀성을 라운드 로빈(round robin, 순환 순서) 방식으로 연구한 결과 계통 오차의 원인을 규명하였다.[58] 몇몇 실험실에서는 기기가 부정확하였거나 실험자가 표준 물질의 양을 정확히 측정하지 못했다. 다른 실험실에서는 용매가 적절치 못했다. 각 장비에는 기기 제조사가 추천하는 상업용 시약을 사용해야 한다.

Karl Fischer 적정법을 대신할 수 있는 물 측정법이 존재한다. 이온성 액체 정지상과 장벽 이온화 방출 또는 진공 자외선 흡수와 같은 검출기를 갖춘 기체 크로마토그래피법은 여러 방해 물질과 Karl Fischer 적정의 부반응에 대해서 둔감하며, 1 ppm H_2O의 정량 한계를 나타낸다.[59] 하지만 크로마토그래피 장비는 Karl Fischer 적정기보다 훨씬 비싸다. 또 다른 대안으로, 전기 화학적 물 분석은 H_2O가 있을 때 금 전극에 형성된 금 산화물을 환원 전극 벗김 전압-전류법을 이용하는 것이다. 이 방법은 이온성 액체에 있는 H_2O를 측정하기 위해서 시약을 첨가할 필요가 없다.[60]

이해해야 할 용어

Clark 전극(Clark electrode)
Karl Fischer 적정(Karl Fischer titration)
감극제(depolarizer)
과전위(overpotential)
기준 전극(reference electrode)
네모파 전압-전류법(square wave voltammetry)
농도차 편극(concentration polarization)
매개체(mediator)
미달 전위 석출(underpotential deposition)
바이오센서(biosensor)
반파 전위(half-wave potential)
벗김 분석(stripping analysis)
보조 전극(auxiliary electrode)
비편극성 전극(nonpolarizable electrode)
순환 전압-전류법(cyclic voltammetry)
아말감(amalgam)
암페어(ampere)
앱타머(aptamer)
이전위차 적정(bipotentiometric titration)
일정 전위기(potentiostat)
작업 전극(working electrode)
잔류 전류(residual current)
저항 전위(ohmic potential)
적하 수은 전극(dropping-mercury electrode)
전기 무게 분석법(electrogravimetric anlaysis)
전기 분해(electrolysis)
전기 이중층(electric double layer)
전기 활성 화학종(electroactive species)
전기량법(coulometry)
전기량 적정(coulometric titration)
전류법(amperometry)
전류 채취 폴라로그래피(sampled current polarography)
전압-전류 그림(voltammogram)
전압-전류법(voltammetry)
조절 전위 전기 분해(controlled-potential electrolysis)
지지 전해질(supporting electrolyte)
충전 전류(charging current)
쿨롬(coulomb)
패러데이 전류(faradaic current)
편극성 전극(polarizable electrode)
폴라로그래피(polarography)
폴라로그래피 파(polarographic wave)
확산 전류(diffusion current)
회전 원반 전극(rotating disk electrode)

요약

전기 분해에서는 전지를 통해 전기를 흘려주어 화학 반응이 일어나도록 한다. 전지를 통해 흐르는 전자의 몰수는 It/nF이며, 여기서 I는 전류, t는 시간, n은 분자당 전자의 수이고, F는 Faraday 상수이다. 전기 분해 전지에 가해야 하는 전압의 크기는 $E = E$(환원 전극) $- E$(산화 전극) $- IR -$ 과전위이다.

1. 과전위는 전극 반응의 활성화 에너지를 극복하는 데 필요한 전압이다. 반응을 더 빠른 속도로 진행시키기 위해서는 더 큰 과전위가 필요하다.
2. 저항 전위($= IR$)는 전지의 내부 저항을 극복하는 데 필요한 전압이다. Luggin 모세관은 최소의 저항 손실로 전극 전위를

측정할 수 있게 해 준다.

3. 농도차 편극은 전극 가까이에 있는 전기 활성 화학종의 농도가 벌크 용액에 있는 전기 활성 화학종의 농도와 다를 때 발생한다. 농도차 편극은 E(환원 전극)와 E(산화 전극)에 포함되어 있다.

과전위, 저항 전위, 농도차 편극은 원하는 반응을 항상 방해하며 전기 분해를 위해 더 큰 전압을 필요로 한다.

조절 전위 전기 분해는 전류가 흐르지 않는 기준 전극의 전위에 대해서 작업 전극의 전위가 측정되는 삼전극 전지에서 이루어진다. 전류는 작업 전극과 보조 전극 사이에서 흐른다.

전기 무게 분석법에서는 분석 물질이 전극 표면에 석출되며, 전극의 질량 증가를 측정한다. 이전극 전지에 일정한 전압이 가해진 경우, 반응이 진행되면서 작업 전극의 전위가 변하기 때문에 전기 분해는 매우 선택적이지 못하다.

전기량법에서는 화학 반응에 필요한 전자의 몰수를 측정한다. 전기량(일정 전류) 적정에서, 반응을 완결하는 데 필요한 시간은 소모된 전자의 수를 측정하는 것이다. 조절 전위 전기량법은 일정 전류 전기량법보다 더 선택적이지만 더 느리다. 반응에서 소모된 전자의 수는 전류 대 시간 곡선을 적분해서 측정된다.

전류법에서 작업 전극의 전류는 분석 물질의 농도에 비례한다. Clark 전극은 전류법으로 용존 산소를 측정한다. 글루코스 바이오센서는 글루코스의 효소 산화 반응으로 H_2O_2가 생성되고, H_2O_2가 전극에서 산화되는 것을 전류법으로 측정한다. 매개체는 전극과 분석 물질 간에 전자를 빠르게 이동시키기 위해 사용된다. 전기량법 글루코스 측정기는 소량의 혈액 시료에 있는 모든 글루코스의 산화에 의해 방출되는 전자의 수를 센다. 글루코스 측정기에 있는 효소와 매개체의 '전기적 연결'은 원하는 반응에 대한 신호는 증가시키고, 보조 전극으로 확산되는 매개체에서 나오는 바탕 전류는 감소시킨다. 앱타머는 표적 분자에 선택적이며 견고하게 결합하는 DNA나 RNA의 작은 분자들이고, 그러한 분자들을 위한 센서 제작에 사용될 수 있다.

전기 활성 화학종은 확산, 대류, 이동(정전기 인력)에 의해서 전극의 표면에 도달한다. 회전 원반 전극은 화학종이 대류에 의해 전극으로 이동하는 것을 촉진한다. 분자들은 전극까지 마지막 수 μm의 거리를 확산에 의해 이동해야 한다. 확산 속도에 의해 결정되는 한계 전류를 확산 전류라고 한다. 패러데이 전류는 전극에서의 산화-환원 반응에 의한 것이다. 충전 전류는 하전된 전극의 이중층을 형성하기 위해 전극을 향하거나 전극에서 멀어지는 이온의 흐름에 의한 것이다.

전압-전류법은 작업 전극의 전위가 변하는 동안 전류를 측정하는 모든 방법을 말한다. 순환 전압-전류법에서는 삼각파 모양의 전압이 작업 전극에 가해지고 환원 과정과 산화 과정이 연속적으로 관찰된다. 밀리미터 이상 크기의 정지 작업 전극의 경우, 환원 전류나 산화 전류는 최대치를 통과하고 그 후 확산이 너무 느려서 전극 표면에 분석 물질을 다시 보충할 수 없기 때문에 전류는 감소한다. 가역 반응은 전극 표면에서 반응물과 생성물의 평형 농도를 유지할 정도로 충분히 빠르다. 산화와 환원 피크의 전류 폭이 넓어지는 것과 두 피크 간의 분리가 커지는 것은 반응이 충분히 빠르지 않아서 전극에서 평형 농도를 유지하지 못하는 비가역 반응에서 일어난다.

폴라로그래피는 적하 수은 작업 전극을 이용한 전압-전류법이다. 이 전극은 새로운 표면이 항상 노출되기 때문에 재현성 있는 결과를 준다. Hg에서는 H^+의 환원에 대한 과전위가 커서 H^+ 환원으로 인한 간섭을 막을 수 있기 때문에 Hg는 환원 반응에 대해 유용하다. Hg는 너무 쉽게 산화되기에 많은 분석 물질을 산화시키는 데는 유용하지 않다. 산화 반응은 Pt 또는 Au 전극에서 수행될 수 있다. 탄소 전극(유리질 탄소, 다이아몬드와 그래핀을 포함해서)은 산화 및 환원 반응에 대해 유용하다. 전압-전류법을 이용한 정량 분석의 경우, 지지 전해질 농도가 충분히 높다면 확산 전류는 분석 물질의 농도에 비례한다. 반파 전위는 특정한 매질에서 어느 특정한 분석 물질의 특징이다.

전류 채취 전압-전류법은 원하는 패러데이 전류의 측정에 비해 충전 전류의 기여도를 줄이기 위해서 계단형 전압 파형을 이용한다. 각 전압 단계 후 1초에서 충전 전류는 거의 0이지만, 산화-환원 반응에 의한 패러데이 전류는 여전히 상당량 존재한다

네모파 전압-전류법은 네모파에 계단형 전압 기울기가 중첩된 전압을 가해서 향상된 감도와 미분형 피크 모양을 얻는다. 환원 전극 펄스가 가해질 때마다, 환원되려는 분석 물질이 전극 표면으로 쇄도한다. 산화 펄스 동안에는, 환원되었던 분석 물질이 다시 산화된다. 전압-전류 그림은 환원 전류와 산화 전류의 차이이다. 네모파 전압-전류법은 다른 전기 화학적 방법으로는 가능하지 않은, 빠른 실시간 측정이 가능하다.

벗김 분석은 가장 민감한 형식의 전압-전류법이다. 산화 전극 벗김 전압-전류법에서, 분석 물질은 교반과 함께 일정 전압에서 일정 시간 동안 환원하여 수은 또는 다른 전극(Bi, Su, Cu, Au, Pd과 변성 탄소 표면 등)의 박막에서 농축된다. 그 후 더 플러스인 전위가 가해지고, 분석 물질이 다시 산화되면서 전류가 측정된다. ClO_4^- 전극에서는 분석 물질이 전도성 고분자가 산화하는 동안 전하를 중화시키기 위해서 고분자의 소수성 막으로 유입되면서 농축된다. 고분자의 환원은 막으로부터 ClO_4^-를 방출하게 만든다.

미소 전극은 작은 공간에 알맞으며, 작은 전류로 인해 저항이 크고 비수용성인 매질에서의 사용이 가능하다. 낮은 전기 용량은 충전 전류를 감소시키고 빠른 전압 주사를 가능하게 함으로써 수명이 짧은 화학종을 연구할 수 있도록 해준다. 적당한 전압 주사 속도에서 미소 전극으로부터 얻은 전압-전류 그림은 피크 전류를 거치지 않고 평탄한 확산 전류에 도달하는데, 이는 반구 부피로부터 분석 물질의 방사상 확산이 전극 반응 속도를 따라갈 수 있기 때문이다.

물의 Karl Fischer 적정은 시약 운반을 위해서 뷰렛을 사용하거나 시약을 만들기 위해서 전기량법을 사용한다. 이전위차 종말점 검출에서는 두 개의 Pt 전극 사이에 일정한 전류를 유지하는 데 필요한 전압이 측정된다. 산화-환원쌍 중 하나가 생성되거나 소멸될 때, 당량점에서 전압이 급격하게 변한다.

연습 문제

17-A. 한 쌍의 매끈한 Pt 전극을 이용하여 100 A/m^2 전류 밀도와 0.100 A 전류에서 묽은 Na_2SO_4 용액을 전기 분해한다. 생성물은 $H_2(g)$와 $O_2(g)$이며, 압력은 1.00 bar이다. 전지 저항이 2.00 Ω이고, 농도차 편극이 없을 때 필요한 전압을 계산하시오. 만약에 Pt 전극을 Au 전극으로 대체한다면, 얼마만한 전압이 필요하겠는가?

17-B. (a) pH 0.00에서 0.010 M SbO^+용액에서 Sb(*s*)가 석출되기 시작하는 환원 전위는 얼마인가? 이 전압을 S.H.E와 Ag | AgCl에 대한 전압으로 나타내시오.

$$SbO^+ + 2H^+ + 3e^- \rightleftharpoons Sb(s) + H_2O \qquad E^\circ = 0.208 \text{ V}$$

(b) pH 0.00에서 같은 용액에 있는 0.010 M SbO^+의 환원이 시작되기 전에 0.10 M Cu^{2+}의 몇 %가 전기 분해에 의해 Cu(*s*)로 석출되겠는가?

17-C. 다음 각 용액에 있는 Co(II)의 농도를 1.0 μM까지 환원시키는 데 필요한 환원 전극 전위(S.C.E.에 대해)를 계산하시오. 각 경우에서, Co(*s*)가 생성물이다(어떠한 과전위도 고려하지 않는다).

(a) 0.10 M $HClO_4$

(b) 0.10 M $C_2O_4^{2-}$ ($[Co(C_2O_4)_2^{2-}]$ = 1.0 μM이 되는 전위를 구하시오.)

$$Co(C_2O_4)_2^{2-} + 2e^- \rightleftharpoons Co(s) + 2C_2O_4^{2-} \qquad E^\circ = -0.474 \text{ V}$$

(c) pH 7.00의 0.10 M EDTA ($[Co(EDTA)^{2-}]$ = 1.0 μM이 되는 전위를 구하시오.)

17-D. Ag^+와 반응하는 이온은 Ag 작업 산화 전극에 석출시켜 전기 무게 분석으로 결정할 수 있다.

$$Ag(s) + X^- \rightarrow AgX(s) + e^-$$

(a) 산화 전극의 처음 질량이 12.463 8 g이었다면, 0.023 80 M KSCN 75.00 mL의 전기 분해에 사용된 은 산화 전극의 최종 질량은 얼마이겠는가?

(b) 어떤 전기 분해 전압에서(S.C.E.에 대하여) 0.10 M Br^-에서 AgBr(*s*)이 석출되기 시작할 것인가? (전류 흐름이 작은 것을 고려하여 저항 전위, 농도차 편극, 과전위는 없다.)

(c) 조절 전위 전기 분해법으로 0.10 M KBr로부터 0.10 M KI를 99.99%까지 분리하는 것이 이론적으로 가능한가?

17-E. 염소는 음용수 소독을 위해 수십 년 동안 사용되어 왔다. 이러한 처리법의 바람직하지 않은 부작용은 염소가 유기 불순물과 반응해 유기 염소 화합물을 만드는 것이며, 유기 염소 화합물의 일부는 독성이 있을 수 있다. 전체 유기 할로젠화물(TOX로 명명)을 추적 관찰하는 것이 많은 물 공급업자들에게 필요하다. TOX에 대한 표준화된 절차는 유기 화합물을 흡착하는 활성탄에 물을 통과시키는 것이다. 그 후에 활성탄은 수소 할로젠화물을 방출시키기 위해 연소된다.

$$\text{유기 할로젠화물(RX)} \xrightarrow{O_2/800^\circ C} CO_2 + H_2O + HX$$

HX는 수용액으로 흡수되어 은 산화 전극을 이용한 전기량 적정으로 측정된다.

$$X^-(aq) + Ag(s) \rightarrow AgX(s) + e^-$$

음용수 1.00 L를 분석할 때, 4.23 mA의 전류가 387초 동안 필요했다. 활성탄을 산화해서 만든 바탕 시료는 4.23 mA의 전류가 6초 동안 필요했다. 음용수의 TOX를 μmol 할로젠/L로 나타내시오. 만약에 모든 할로젠이 염소라면, TOX를 μg Cl/L로 나타내시오.

17-F. Cd^{2+}는 네모파 폴라로그래피로 Pb^{2+}를 분석하는 데 내부 표준 물질로 사용되었다. Cd^{2+}는 −0.60 V에서 환원파를 나타내고, Pb^{2+}는 −0.40 V에서 환원파를 나타낸다. 실험에서 사용한 모든 농도 범위에 걸쳐 피크 높이의 비는 농도의 비에 비례한다는 것이 먼저 확인되었다. 미지 혼합물과 알려진 혼합물에 대한 결과는 다음과 같다.

분석 물질	농도(M)	전류(μA)
표준 시료		
Cd^{2+}	$3.23\ (\pm 0.01) \times 10^{-5}$	1.64 (±0.03)
Pb^{2+}	$4.18\ (\pm 0.01) \times 10^{-5}$	1.58 (±0.03)
미지 시료 + 내부 표준 물질		
Cd^{2+}	?	2.00 (±0.03)
Pb^{2+}	?	3.00 (±0.03)

미지 혼합물은 25.00(±0.05) mL의 미지 시료(Pb^{2+}만 포함)와 10.00(±0.05) mL의 3.23(±0.01) × 10^{-4} M Cd^{2+}를 섞은 뒤 50.00(±0.05) mL로 묽혀서 만들었다.

(a) 불확정도를 무시하고, 묽히지 않은 미지 용액에 있는 $[Pb^{2+}]$를 구하시오.

(b) **(a)**의 답에 대한 절대 불확정도를 구하시오.

17-G. 각 리간드 $B_9C_2H_{11}^-$가 −1의 전하를 가지고 있는 Co(III) 화합물 $Co(B_9C_2H_{11})_2^-$의 순환 전압-전류 그림을 고려해 보자. 각 파를 설명하기 위한 화학 반응을 제안하시오. 반응은 가역적인가? 각 단계에 몇 개의 전자가 포함되는가? 이 화합물에 대해 예상되는 전류 채취 폴라로그램 및 네모파 폴라로그램을 그리시오.

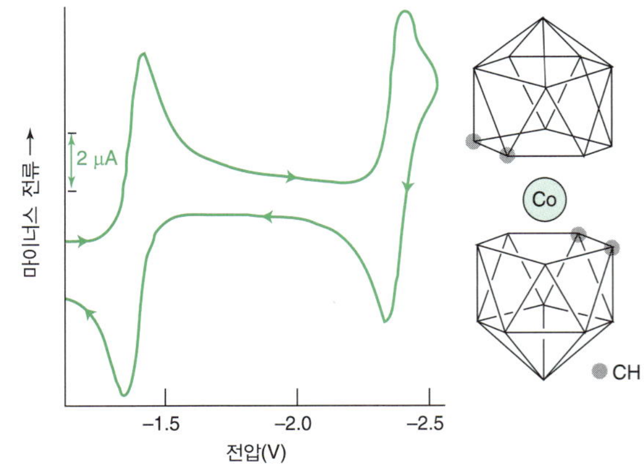

$Co(B_9C_2H_{11})_2^-$의 순환 전압-전류 그림 [출처: W. E. Geiger, Jr., W. L. Bowden, and N. El Murr. "An Electrochemical Study of the Protonation Site of the Cobaltocene Anion and of Cyclopentadienylcobalt(I) Dicarbollides," *Inorg. Chem.* **1979**, *18*, 2358.]

$E_{1/2}$ (V, S.C.E.에 대해)	I_{pa}/I_{pc}	$E_{pa} - E_{pc}$ (mV)
−1.38	1.01	60
−2.38	1.00	60

17-H. 전기량법 Karl Fischer 물 분석에서, 순수한 '건조' 메탄올 25.00 mL에 들어 있는 잔류 H_2O와 반응하기에 충분한 I_2를 생성하는 데 4.23 C이 필요했다. 동일한 '건조' 메탄올 25.00 mL에 들어 있는 0.847 6 g의 곱게 간 고분자 물질 현탁액은 63.16 C이 필요했다. 고분자에 들어 있는 H_2O의 wt%를 구하시오.

문제

전기 분해의 기초

17-1. 전류가 1.00 A라면, 회로를 통해 전자 0.100 mol이 흐르는 데에는 몇 시간이 필요한가?

17-2. $H_2O(l)$로부터 $H_2(g) + \frac{1}{2}O_2(g)$의 형성에 대한 표준 자유 에너지 변화 $\Delta G° = +237.13$ kJ이다. 반응은 다음과 같다.

환원 전극: $2H_2O + 2e^- \rightleftharpoons H_2(g) + 2OH^-$

산화 전극: $H_2O \rightleftharpoons \frac{1}{2}O_2(g) + 2H^+ + 2e^-$

식 14-5에서, 반응이 가역적으로 진행하면 $H_2O(l)$를 $H_2(g) + \frac{1}{2}O_2(g)$로 전기 분해하는 데 필요한 전압 $E°$는 $\Delta G° = -nFE°$에 의해 자유 에너지 변화와 관련이 있다는 것을 알 수 있다. 여기에서 $n = 2$는 균형 반쪽 반응에 참여하는 전자의 수이고, F는 Faraday 상수이다. **표준**(standrad)은 모든 화학종이 표준 상태(기체의 경우 1 bar, 물의 경우 순수한 액체, H^+와 OH^-의 경우 활동도가 1)에 있다는 것을 의미한다. 전기 분해를 이용하여 물을 원소로 분해하는 데 필요한 표준 전압($E°$)을 계산하시오.

17-3. 다음 전기 분해 반응을 고려해 보자.

환원 전극: $H_2O(l) + e^- \rightleftharpoons \frac{1}{2}H_2(g, 1.0\text{ bar}) + OH^-(aq, 0.10\text{ M})$

산화 전극: $Br^-(aq, 0.10\text{ M}) \rightleftharpoons \frac{1}{2}Br_2(l) + e^-$

(a) 부록 H에서 반쪽 반응의 $E°$를 구하고, 전류를 무시했을 때 알짜 반응을 진행시키기 위해 필요한 전압을 계산하시오.

(b) 전지 저항이 2.0 Ω이고, 100 mA의 전류가 흐른다고 가정하자. 전지 저항을 극복하는 데 필요한 전압은 얼마인가? 이것이 저항 전위이다.

(c) 산화 전극 반응의 과전위는 0.20 V이고, 환원 전극 반응의 과전위는 0.40 V라고 가정하자. 과전위는 항상 반응을 일으키기 위해 가해 주어야 하는 전압의 크기를 증가시킨다. **(a)**와 **(b)**에서 필요한 전압이 합쳐진 이러한 효과들을 극복하는 데 필요한 전압은 얼마인가?

(d) 농도차 편극이 일어난다고 가정하자. 환원 전극 표면에서 $[OH^-]_s$는 1.0 M로 증가하고, 산화 전극 표면에서 $[Br^-]_s$는 0.010 M로 감소한다. **(b)**와 **(c)**에서 필요한 전압이 합쳐진 이러한 효과를 극복하는 데 필요한 전압은 얼마인가?

17-4. **(a)** 1 M NaOH 용액에서 H_2O를 H_2와 O_2로 분해하는 전기 분해를 고려해 보자. 반쪽 반응 $2H^+ + 2e^- \rightleftharpoons H_2(g)$에 대한 Nernst 식을 쓰고, $P_{H_2} = 1$ bar이고 1 M NaOH에서 $[H^+] = 10^{-14}$ M일 때 E를 구하시오. 이 값을 부록 H의 반쪽 반응 $H_2O + e^- \rightleftharpoons \frac{1}{2}H_2(g) + OH^-$에 대한 $E°$ 값과 비교하시오. 두 결과의 관계를 설명하시오.

(b) Pt 합금 환원 전극 또는 Ti 환원 전극을 이용하여 H_2O를 $H_2(g)$로 환원시켰다. 그림은 환원 전극 전압의 함수로 전류를 측정한 것이다. Pt 전극에서 반응이 일어나기 시작하는 전압은 대략 얼마인가? 예상한 것과 비슷한가? 두 개의 서로 다른 환원 전극 물질에 대한 곡선이 겹치지 않는 이유는 무엇인가?

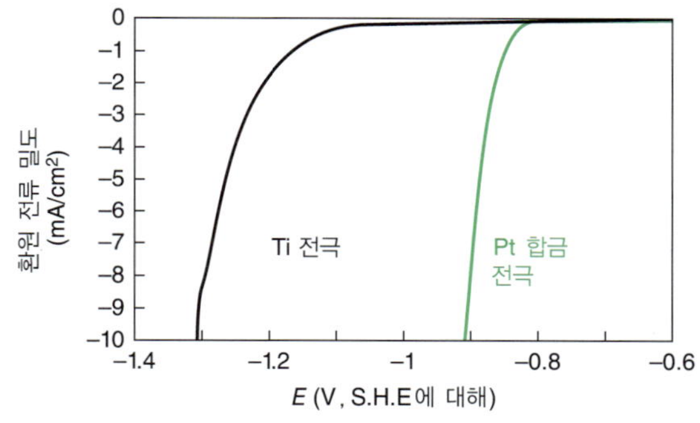

1 M NaOH 용액에서 물을 수소 기체와 산소 기체로 환원시키는 Pt 합금 환원 전극과 Ti 환원 전극에 대한 전류 대 전압 곡선 [출처: R. H. Goncalves, "Reusing a Hard Drive Platter to Demonstrate Electrocatalysts for Hydrogen and Oxygen Evolution Reactions," *J. Chem. Ed.* **2018**, *95*, 290]

17-5. **(a)** 그림에서 작업 전극, 보조 전극, 기준 전극은 어느 것인가? 조절 전위 전기 분해에서 다음 그림의 V_1과 V_2 중 어느 것이 일정한 전압인가?

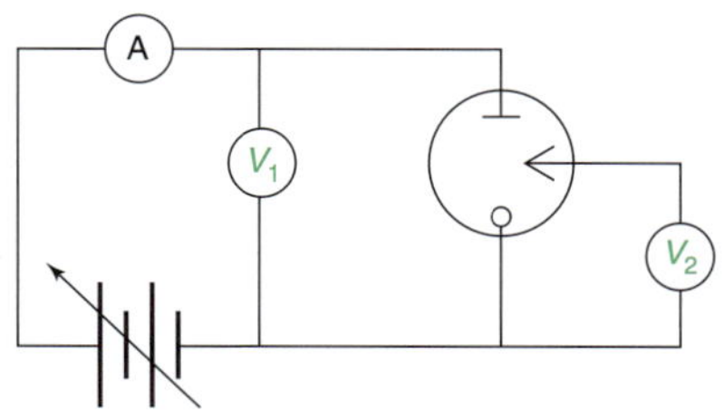

(b) 그림 17-4에 있는 Luggin 모세관은 모세관의 열린 끝에서 어떻게 전위를 측정하는지 설명하시오.

17-6. **(a)** 그림 17-4에 있는 전지는 다음과 같다.

$Cu(s) \mid 1.0\ M\ CuSO_4(aq) \mid KCl\ (aq, 3\ M) \mid AgCl(s) \mid Ag(s)$

이 전지에 대한 반쪽 반응을 쓰시오. 활동도 계수 및 $CuSO_4(aq)$와 $KCl(aq)$ 간의 접촉 전위는 무시하고, Luggin 모세관이 Cu 전극과 접촉하고 있을 때 예상되는 평형(전류가 0) 전압을 예측하시오. 이를 위해, 포화 내부 용액이 있는 기준 전극의 전위는 S.H.E.에 대해 0.197 V라고 가정하자. 관측된 평형 전위는 왜 계산된 값이 아닌 +109 mV인가?

(b) 만약에 일정 전위기로 1.000 V 이상이 가해지면, 과전위는 어떻게 변할 것인가?

17-7. Weston 전지는 전위차계에서 예전에 사용되었던 안정한 표준 전압이다(전위차계는 미지 전압을 표준 전압과 비교한다. 이 문제의 조건과 대조를 이루는 것은, 전지가 표준 전압이 된다면 전류는 전지로부터 거의 흐르지 않을 수 있다).

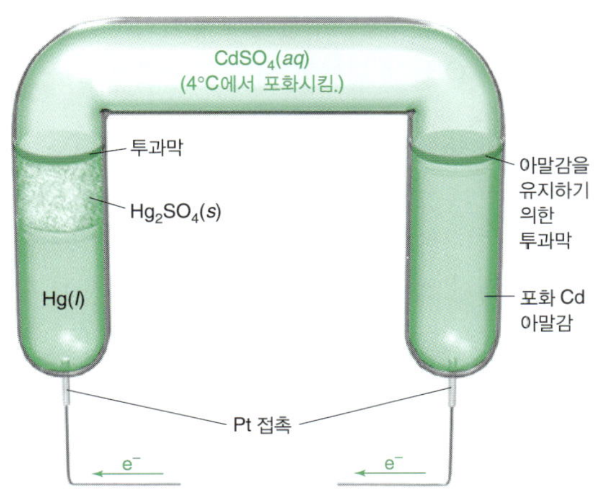

$Hg_2SO_4 + Cd(Hg에서) \rightleftharpoons 2Hg + CdSO_4$

(a) 전압이 1.02 V이고, 1.00 mL의 Hg(밀도 = 13.53 g/mL)가 '가역적'이기에 충분할 정도로 천천히 석출된다면, Weston 전지가 한 일(J)의 양은 얼마인가?

(b) 저항이 100 Ω인 전지를 통해 전류가 흐르고 0.209 J/분의 속도로 열을 방출한다면, 매 시간마다 몇 g의 Cd가 산화되는가? (문제 **(a)**와 일관성 있다는 것을 의미하지 않는다. 즉 전압은 더 이상 1.02 V가 아니다.)

17-8. 해수를 전기 분해하여 Cl_2와 NaOH를 생산하는 클로르-알칼리(chlor-alkali) 공정[61]은 알루미늄 생산에 이어 두 번째로 중요한 상업적인 전기 분해이다.

산화 전극: $Cl^- \rightarrow \frac{1}{2}Cl_2 + e^-$

Hg 환원 전극: $Na^+ + H_2O + e^- \rightarrow NaOH + \frac{1}{2}H_2$

산화 전극과 환원 전극 칸을 분리하는 데 사용된 나피온 막(478쪽)은 화학 물질의 공격을 막아낸다. 그것의 음이온 쪽 사슬은 Na^+의 전도는 허용하지만 음이온은 허용하지 않는다. 환원 전극 칸에는 순수한 물이 들어 있고, 산화 전극 칸에는 Ca^{2+}와 Mg^{2+}가 제거된 바닷물이 들어 있다. 막이 어떻게 NaCl이 없는 NaOH가 만들어지는 것을 가능하게 하는지 설명하시오.

17-9. 자동차에 있는 납축전지는 직렬로 6개 전지를 갖추고 있고, 전지가 방전될 때 각 전지는 약 2.0 V씩, 총 12 V를 낸다. 재충전에는 각 전지당 약 2.4 V, 또는 전체 전지에 대해 약 14 V가 필요하다.[62] 식 17-6과 관련하여 이러한 현상을 설명하시오.

전기 무게 분석법

17-10. $Pb(CH_3CHOHCO_2)_2$ (젖산 납, FM 385.3)과 비활성 물질이 포함된 미지 시료 0.326 8 g을 전기 분해하여 PbO_2(FM 239.2) 0.111 1 g을 만들었다. PbO_2는 산화 전극에서 석출되었는가, 환원 전극에서 석출되었는가? 미지 시료에 들어 있는 젖산 납의 무게 백분율을 구하시오.

17-11. Sn^{2+} 용액을 전기 분해해서 Sn^{2+}를 $Sn(s)$으로 환원시킨다. 농도차 편극이 일어나지 않는다고 할 때, $[Sn^{2+}]$를 1.0×10^{-8} M까지 줄이는 데 필요한 환원 전극 전위(S.H.E.에 대해)를 계산하시오. S.H.E. 대신에 S.C.E.에 대한 전위는 얼마가 되겠는가? 농도차 편극이 일어났다면, 전위는 더 플러스로 될 것인가, 더 마이너스로 될 것인가?

17-12. 무시할 정도의 전류가 있다면, 1.0 M 암모니아에 0.10 M Cd(II)가 포함된 용액에서 99.99% Cd(II)를 환원하는 데 필요한 환원 전극 전위(S.H.E.에 대해)는 얼마인가? 다음 반응을 고려하고 거의 모든 Cd(II)는 $Cd(NH_3)_4^{2+}$ 형태로 있다고 가정한다.

$$Cd^{2+} + 4NH_3 \rightleftharpoons Cd(NH_3)_4^{2+} \qquad \beta_4 = 3.6 \times 10^6$$

$$Cd^{2+} + 2e^- \rightleftharpoons Cd(s) \qquad E° = -0.402\ V$$

17-13. **전기 도금의 효율.**[63] $NiSO_4 \cdot 6H_2O$ 290 g/L, $B(OH)_3$ 30 g/L, NaCl 8 g/L가 들어 있는 용기에서 Ag | AgCl에 대해 −1.2 V가 걸려 있는 탄소 전극에 니켈을 전기 도금하였다. 가장 중요한 부반응은 H^+가 H_2로 환원되는 것이다. 한 실험에서, 석출되기 전에 0.477 5 g이었던 탄소 전극은 회로를 통해 8.082 C의 전하를 흘려준 후에 0.479 8 g이 되었다. 전류의 몇 %가 $Ni^{2+} + 2e^- \rightarrow Ni(s)$ 반응에 사용되었는가?

전기량법

17-14. 그림 17-9에 있는 전류법의 종말점 검출은 어떻게 작동이 되는지 설명하시오.

17-15. 매개체는 어떤 작용을 하는 것인가?

17-16. 전기량계의 감도는 최소 시간 동안 최소 전류를 공급하는 것에 의해 결정된다. 5 mA가 1초 동안 공급될 수 있다고 가정하자.

(a) 1초 동안 5 mA로 공급하는 전자는 몇 몰인가?

(b) 같은 수의 전자를 공급하는 데 필요한 0.01 M의 2전자 환원제 용액은 몇 밀리리터인가?

17-17. 그림 17-9의 실험은 미지의 사이클로헥센 용액 5.00 mL의 반응이 완결되는 데 5.32 mA가 964초 동안 필요했다.

(a) 전지를 통과한 전자는 몇 몰인가?

(b) 반응한 사이클로헥센은 몇 몰인가?

(c) 미지 시료에 있는 사이클로헥센의 몰농도는 얼마인가?

17-18. $H_2S(aq)$는 전기량법으로 생성된 I_2로 적정하여 분석될 수 있다.

$$H_2S + I_2 \rightarrow S(s) + 2H^+ + 2I^-$$

50.00 mL 시료에 KI 4 g을 첨가하였다. 전기 분해하는 데 52.6 mA에서 812초가 걸렸다. 시료에 있는 H_2S의 농도(μg/mL)를 계산하시오.

17-19. 그림 17-11에서, 프럭토스 2.0 nmol이 화살표로 표시된 시각에 주입되었다. 프럭토스 1 mol이 산화될 때 잃어버린 전자의 수는 얼마인가? 이론적 쿨롬 수를 시료의 완전한 산화에 관찰된 쿨롬 수와 비교하시오.

17-20. 다이아몬드는 면심 입방 결정(그림 15-38)에 있는 탄소 원자로 구성되어 있다. 아미노기($-NH_2$)는 $NH_3(g)$에 있는 라디오 주파수 방전으로 형성된 플라스마로부터 붕소 혼입 다이아몬드 전극의 표면에 첨가되었다. 그 후 페로센기가 질소 원자에 화학 결합으로 연결되었다. 페로센은 전극에 플러스 전위가 가해졌을 때 가역적으로 산화되었다.[64]

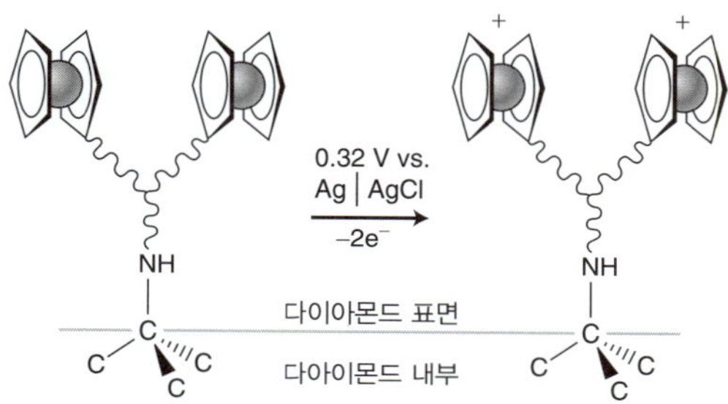

(a) 15-8절을 참고해서, 붕소 혼입이 어떻게 다이아몬드를 절연체에서 반도체로 변화시키는지를 설명하시오. 그 반도체는 *p*형인가, *n*형인가? 그런 선택을 한 이유를 설명하시오.

(b) 다이아몬드 위에 있는 탄소 원자의 표면 밀도는 대략 1.7×10^{15}개 원자/cm^2이다(다른 결정면은 약간 다른 원자 밀도를 갖는다. 그림 17-17에 있는 전극은 노출된 결정면이 다양하다). 다이아몬드 전극의 0.38 cm^2 표면 위에 결합된 페로센기를 산화시키는 데는 23 μC이 필요했다. 다이아몬드 위에 있는 페로센의 표면 밀도(분자/cm^2)를 구하시오. 만약에 질소 원자 1개에 2개의 페로센기가 붙어 있다면, 1 cm^2당 몇 개의 N 원자가 있는 것인가? 대략적으로 표면에 있는 C 원자 중에서 N 원자로 치환된 비율은 얼마인가?

17-21. 0.10 M $HClO_4$에서 아조벤젠(azobenzene)의 전기량법 환원으로 Ti^{3+}가 생성된다.

$$TiO^{2+} + 2H^+ + e^- \rightleftharpoons Ti^{3+} + H_2O \qquad E° = 0.100\ V$$

$$4Ti^{3+} + \underset{\text{아조벤젠}}{C_6H_5N{=}NC_6H_5} + 4H_2O \rightarrow \underset{\text{아닐린}}{2C_6H_5NH_2} + 4TiO^{2+} + 4H^+$$

상대 전극에서 물이 산화되어, 0.20 bar의 압력에서 O_2가 발생된다. 두 전극은 모두 평탄한 Pt이고, 총 표면적은 각각 1.00 cm^2이다. 아조벤젠의 환원 속도는 25.9 nmol/s이고, 생성 전극 사이의 용액 저항은 52.4 Ω이다.

(a) 전극 표면에서의 전류 밀도(A/m^2)를 계산하시오. O_2 발생에 대한 과전위를 구하는 데 표 17-1을 이용하시오.

(b) $[TiO^{2+}]_{표면} = [TiO^{2+}]_{벌크} = 0.050$ M이고, $[Ti^{3+}]_{표면} = 0.10$ M이라고 가정하고, 환원 전극 전위(S.H.E.에 대해)를 계산하시오.

(c) 산화 전극 전위를 계산하시오(S.H.E.에 대해).

(d) 걸어준 전압은 얼마나 되어야 하는가?

17-22. 불확정도의 전파. Faraday 상수를 아주 정확히 측정하기 위해서, 순수한 Ag 산화 전극을 18 000.075(±0.010)초 동안 0.203 639 0(±0.000 000 4) A의 일정 전류로 Ag^+로 산화시켰다. 그 결과 산화 전극의 질량이 4.097 900(±0.000 003) g 줄어들었다. Ag 원자량이 107.868 2(±0.000 2)라 할 때, Faraday 상수와 그 불확정도를 구하시오.

17-23. 포도주에 있는 아황산염의 전기량법 적정.[65] 이산화 황은 방부제로 많은 식품에 첨가된다. 수용액에서 다음 화학종들은 평형에 있다.

$$\underset{\text{이산화 황}}{SO_2} \rightleftharpoons \underset{\text{아황산}}{H_2SO_3} \rightleftharpoons \underset{\text{아황산 수소 이온}}{HSO_3^-} \rightleftharpoons \underset{\text{아황산 이온}}{SO_3^{2-}} \qquad \text{(A)}$$

아황산 수소 이온은 중성 pH 근처에서 식품에 있는 알데하이드와 반응한다.

$$\underset{\text{알데하이드}}{\text{H(R)C=O}} + HSO_3^- \rightleftharpoons \underset{\text{첨가 생성물}}{\text{H(R)(HO)C}-SO_3^-} \qquad \text{(B)}$$

아황산 이온은 2 M NaOH에서 첨가 생성물로부터 방출되며, 이 이온은 I_3^-와 반응하여 I^-와 황산 이온이 되는 반응을 이용하여 분석할 수 있다. 정량 반응을 위해서는 반드시 과량의 I_3^-가 존재해야 한다.

다음은 백포도주에 있는 총 아황산 이온의 분석에 대한 전기량법의 절차이다. 총 아황산 이온은 반응 A에 있는 모든 화학종과 반응 B에 있는 첨가 생성물을 의미한다. 백포도주를 사용하므로 녹말-아이오딘 종말점의 색을 구분할 수 있다.

1. 0.8 g NaOH와 9.00 mL 포도주를 섞고 10.00 mL로 묽힌다. NaOH는 유기 첨가 생성물로부터 아황산 이온을 방출한다.
2. 그림 17-10에 있는 전지를 통해서 일정 시간 동안 일정한 전류를 흘려주어 작업 전극(산화 전극)에서 I_3^-를 생성한다. 전지에는 1 M 아세트산 완충 용액(pH 3.7) 30 mL와 0.1 M KI가 들어 있다. 환원 전극 칸에서는 H_2O가 $H_2 + OH^-$로 환원된다. 소결 유리는 I_3^-와 반응해서 IO^-를 생성하는 주된 칸으로 OH^-가 확산되는 것을 늦춰 준다.
3. 4.00분 동안 10.0 mA의 전류로 산화 전극에서 I_3^-를 만든다.
4. 포도주/NaOH 용액 2.000 mL를 전지에 주입한다. 그곳에서 아황산 이온은 I_3^-와 반응하고, 과량의 I_3^-는 남는다.
5. 반응 16-19에 의해 I_3^-가 소모되도록 0.050 7 M 싸이오황산 이온 0.500 mL를 첨가한다. 과량의 싸이오황산 이온은 남는다.

6. 전지에 녹말 지시약을 첨가하고, 10.0 mA의 일정 전류로 새로운 I_3^-를 생성한다. 여분의 싸이오황산 이온을 소모하고, 녹말 종말점에 도달하는 데 131초가 걸렸다.

(a) 각각의 아황산은 어떤 pH 범위에서 주 화학종이 되는가?
(b) 산화 전극과 환원 전극에 대한 균형 반쪽 반응을 쓰시오.
(c) pH 3.7에서 아황산의 주 화학종은 HSO_3^-이고, 황산의 주 화학종은 HSO_4^-이다. I_3^-와 HSO_3^-, I_3^-와 싸이오황산 이온과의 균형 반응을 쓰시오.
(d) 희석되지 않은 포도주에서 총 아황산 이온의 농도를 구하시오.

17-24. 전기량법에 의한 화학적 산소 요구량. TiO_2 표면에서 광산화를 포함하는 전기 화학적 장치는 화학적 산소 요구량을 측정하기 위해서 $Cr_2O_7^{2-}$로 환류하는 것을 대체할 수 있다(보충 16-2). 다음 그림은 TiO_2 나노입자로 코팅되어 있고, Ag | AgCl에 대해 +0.30 V가 걸린 작업 전극을 보여 준다. 자외선을 쪼이면 TiO_2에 전자와 정공이 생성된다. 정공은 표면에 있는 유기물을 산화시킨다. 전자는 염다리로 작업 전극 칸과 연결된 또 다른 칸에 있는 보조 전극에서 H_2O를 환원시킨다. 시료 칸의 두께는 겨우 0.18 mm이고 부피는 13.5 μL이다. 모든 유기물이 TiO_2 표면으로 확산되어 완전히 산화되는 데는 1분 정도가 필요하다.

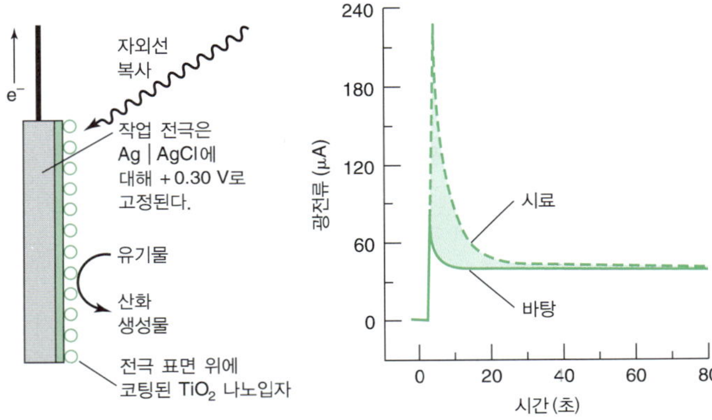

왼쪽: 작업 전극, **오른쪽:** 시료와 바탕에 대한 광전류 반응. 두 용액은 모두 2 M $NaNO_3$를 포함한다. [출처: H. Zhao, D. Jiang, S. Zhang, K. Catterall, and R. John, "Development of a Direct Photoelectrochemical Method for Detemination of Chemical Oxygen Demand," *Anal. Chem.* **2004**, *76*, 155.]

그림에 있는 바탕 곡선은 시료 칸에 전해질만 들어 있을 때의 감응을 보여 준다. 빛을 쪼이기 전에는 전류가 전혀 관찰되지 않는다. 자외선 복사는 전류를 급격히 상승하게 하며, 그 후에 40 μA 근처의 일정한 수준까지 감소한다. 이 전류는 자외선 노출하에 TiO_2 표면에서 물의 산화로 인한 것이다. 위쪽 곡선은 같은 실험이지만, 시료 칸에 폐수를 사용한 것을 보여 준다. 증가된 전류는 유기물의 산화로 인한 것이다. 유기물이 소모되면, 전류는 바탕 수준으로 감소한다. 두 곡선 사이의 면적은 시료에 있는 유기물의 산화로부터 몇 개의 전자가 흐르는지를 알려 준다.

(a) 이 전지에서 일어나는 산화 반쪽 반응을 다음과 같이 써 보자.

$$C_cH_hO_oN_nX_x + AH_2O \rightarrow cCO_2 + xX^- + nNH_3 + DH^+ + Ee^-$$

여기서 X는 할로젠이다. 산소의 환원($O_2 + 4H^+ + 4e^- \rightarrow 2H_2O$)으로 산화 반쪽 반응의 균형을 맞추기 위해 필요한 O_2 분자의 수는 얼마인가?
(b) 그래프에서 두 곡선 사이의 면적은 $\int_0^\infty (I_{시료} - I_{바탕})dt = 9.43$ mC이다. 이것은 시료의 완전한 산화로 발생된 전자의 수이다. 동일한 산화에는 몇 몰의 O_2가 필요한가?
(c) 화학적 산소 요구량(COD)은 시료 1 L를 산화시키는 데 필요한 O_2의 mg으로 나타낸다. 이 시료에 대한 COD를 구하시오.
(d) 시료에서 유일하게 산화가 가능한 물질이 $C_9H_6NO_2ClBr_2$이라면, 균형 산화 반쪽 반응은 다음과 같다.

$$C_9H_6NO_2ClBr_2 + 16H_2O \rightarrow 9CO_2 + 3X^- + NH_3 + 35H^+ + 32e^-$$

(b)의 9.43 mC 전자로부터 $C_9H_6NO_2ClBr_2$의 농도(mol/L)를 구하시오.

전류법

17-25. Clark 전극은 무엇이고, 어떻게 작동하는가?

17-26. (a) 그림 17-12에 있는 전류법 글루코스 측정기는 어떻게 작동하는가?
(b) 글루코스 측정기에서 매개체는 왜 장점이 되는가?
(c) 그림 17-14에 있는 전기량법 글루코스 측정기는 어떻게 작동하는가?
(d) 전기량법의 신호는 온도와 무관한 반면, 전류법 측정의 신호는 혈액 시료의 온도에 의존하는 이유는 무엇인가? 전류법에서 온도가 증가하면 신호는 증가할 것으로 예상하는가, 아니면 감소할 것으로 예상하는가?
(e) 글루코스($C_6H_{12}O_6$, FM 180.16)는 정상적인 사람 혈액에는 거의 1 g/L 농도로 존재한다. 농도가 1 g/L라면, 가정용 글루코스 측정기에 주입한 0.300 μL의 혈액에 있는 글루코스를 완전히 산화시키는 데 필요한 전하량은 몇 μC인가?

17-27. 그림 17-16에 있는 회전 원반 전극으로 얻은 전압-전류 그림은 낮은 전위와 높은 전위에서 평탄 영역에 도달되는 이유를 설명하시오. 각각의 평탄 영역에서 진행되는 화학 반응은 무엇인가? 왜 모든 곡선이 낮은 전위에서 겹쳐지는가? 만약에 회전 속도가 감소한다면, 각각의 평탄 영역에서 전류 밀도는 어떻게 변할 것인가?

17-28. 충분히 큰 전위에서 작동하는 회전 원반 전극의 경우, 산화-환원 반응 속도는 분석 물질이 확산층을 통해 전극으로 확산하는 속도에 지배된다(그림 17-15b). 확산층의 두께는 다음과 같다.

$$\delta = 1.61D^{1/3}\nu^{1/6}\omega^{-1/2}$$

여기서 D는 반응물의 확산 계수(m^2/s)이며, ν는 액체의 운동학적 점도(= 점도 / 밀도 = m^2/s), ω는 전극의 회전 속도(radians/s)이다. 한 바퀴는 2π라디안이다. 전류 밀도(A/m^2)는 다음과 같다.

$$전류\ 밀도 = 0.62nFD^{2/3}\nu^{-1/6}\omega^{1/2}C_0$$

여기서 n은 반쪽 반응에 참여하는 전자의 수이며, F는 Faraday 상수이고, C_0는 벌크 용액에 있는 전기 활성 화학종의 농도(mol/L가 아닌 mol/m^3)이다. 10.0 mM $K_3Fe(CN)_6$ + 50.0 mM

$K_4Fe(CN)_6$의 용액에서 분당 2.00×10^3회의 속도로 회전되며, +0.90 V(S.C.E.에 대해)로 고정된 전극에서 $Fe(CN)_6^{4-}$의 산화를 생각해 보자.[30] $Fe(CN)_6^{4-}$의 확산 계수는 2.5×10^{-9} m^2/s이며, 운동학적 점도는 1.1×10^{-6} m^2/s이다. 확산층의 두께와 전류 밀도를 계산하시오. 주의를 기울여 계산했다면, 전류 밀도는 그림 17-16b에 있는 값과 같게 보여야 한다.

전압-전류법

17-29. 1 M NH_3/1 M NH_4Cl 용액에서, Cu^{2+}는 −0.3 V(S.C.E.에 대해) 근처에서 Cu^+로 환원되고, Cu^+는 −0.6 V 근처에서 Cu(Hg**에서**)로 환원된다.

(a) Cu^+ 용액에 대한 정성적인 전류 채취 폴라로그램을 그리시오.

(b) Cu^{2+} 용액에 대한 폴라로그램을 그리시오.

(c) Hg 대신에 Pt를 작업 전극으로 사용한다고 가정하자. 바뀐다면 어떤 환원 전위가 바뀔 것으로 예상되는가?

17-30. (a) 충전 전류와 패러데이 전류의 차이를 설명하시오.

(b) 전류 채취 전압-전류법에서, 전압 펄스 후 전류를 측정하기 전에 1초를 기다리는 목적은 무엇인가?

17-31. (a) 네모파 전압-전류법이 전류 채취 전압-전류법보다 감도가 더 좋은 이유는 무엇인가?

(b) 네모파 전압-전류법의 피크 모양이 그림 17-28의 전류 채취 전압-전류법 피크 모양의 미분인 이유를 설명하시오.

17-32. 전극 표면에서 가역적인 산화-환원 반응을 고려해 보자. '가역적'은 반응물과 생성물이 전극 표면에서 Nernst 식과 일치하는 평형을 유지하도록 반응이 충분히 빠르다는 것을 의미한다.

(a) 그림 17-19의 거시적인 평면 전극에서의 순환 전압-전류법에서는 왜 피크(평탄 영역이 아닌)가 나타나는가? 전극은 밀리미터 크기이다.

(b) 그림 17-35의 미시적인 전극에서의 순환 전압-전류법에서는 왜 평탄 영역(피크가 아닌)이 나타나는가? 전극은 마이크로미터 크기이다.

(c) 그림 17-16의 거시적인 회전 원반 전극에서의 순환 전압-전류법에서는 왜 피크가 아닌 평탄 영역들이 나타나는가?

17-33. (a) 그림 17-20에서, 반응물 $Fe(CN)_6^{3-}$ 또는 $Fe(CN)_6^{4-}$는 점 b, c, d에 있는가? 점 b, c, d에서 전극 표면의 반응물 농도가 감소하는 순서를 쓰시오. 예를 들어 c > b > d일 수 있다.

(b) 점 c에서 전극 표면의 반응물 농도는 최대가 아님에도 불구하고 전류가 최대인 이유는 무엇인가?

(c) 반응물 $Fe(CN)_6^{3-}$ 또는 $Fe(CN)_6^{4-}$이 점 e, f, g에 있는가? 점 e, f, g에서 전극 표면의 반응물 농도가 감소하는 순서를 쓰시오.

(d) 전류가 e에서보다 f에서 더 큰 이유는 무엇인가?

(e) 실험 시간은 e < f < g의 순서로 증가하는가, g < f < e의 순서로 증가하는가? e < f < g에서 전극으로부터 거리가 증가함에 따라 $[Fe(CN)_6^{4-}]$가 최댓값을 갖는 이유는 무엇인가?

17-34. 수은 전극에서 Cd^{2+}의 환원에 대한 폴라로그램에서 확산 전류는 14 μA라고 가정하자. 용액이 0.50 mM Cd^{2+} 25 mL를 포함한다면, −0.6~−1.2 V까지 주사하는 데 필요한 3.4분 동안에 몇 퍼센트의 Cd^{2+}가 환원되는가?

17-35. 약 리브륨(Librium, 클로르디아제폭시드)은 0.05 M H_2SO_4에서 $E_{1/2} = -0.265$ V(S.C.E.에 대해)인 폴라로그래피 파를 나타낸다. 리브륨이 포함된 시료 50.0 mL는 0.37 μA의 파고가 나타냈다. 0.05 M H_2SO_4에 들어 있는 3.00 mM 리브륨 2.00 mL를 시료에 첨가했을 때, 파의 높이는 0.80 μA까지 증가하였다. 미지 시료에 있는 리브륨의 몰농도를 구하시오.

17-36. 산화 전극 벗김 전압-전류법에서 어떤 일이 진행되는지 설명하시오. 왜 벗김 분석이 감도가 가장 좋은 전압-전류법 기술인가?

17-37. 그림은 산성화된 수돗물에 Cu^{2+}의 표준 물질을 연속으로 첨가하고 이리듐 전극에서 산화 전극 벗김 전압-전류법으로 측정한 것이다. 미지 시료와 모든 표준 물질 첨가물의 최종 부피는 모두 같다.

(a) 분석의 농축 단계 동안에는 어떤 화학 반응이 일어나는가?

(b) 분석의 벗김 단계 동안에는 어떤 화학 반응이 일어나는가?

(c) 초기 전류와 매번 표준 물질을 첨가한 후의 전류를 측정하고 수돗물의 Cu^{2+} 농도를 구하시오.

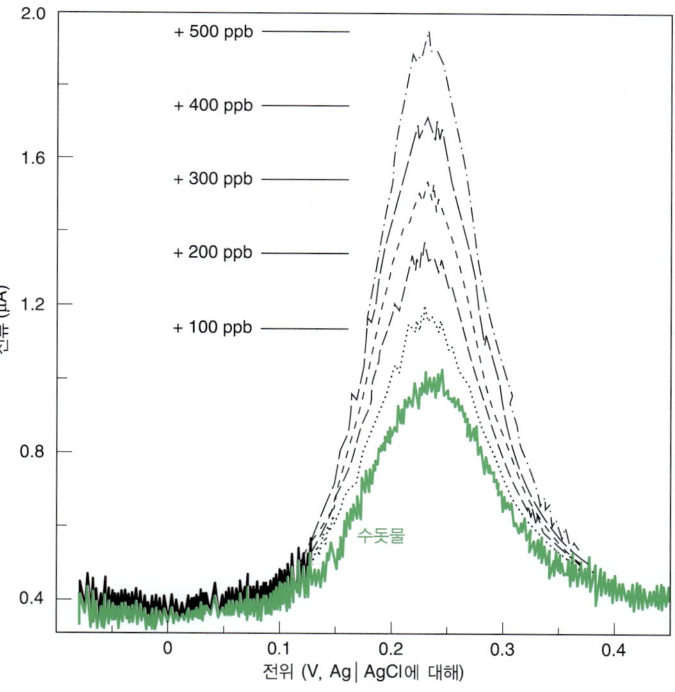

수돗물과 다섯 번의 100 ppb Cu^{2+} 표준 물질 첨가에 대한 산화 전류 벗김 전압-전류 그림 [출처: M. A. Nolan and S. P. Kounaves, "Microfabricated Array of Ir Microdisks for Determination of Cu^{2+} or Hg^{2+} Using Square Wave Stripping Voltammetry," *Anal. Chem.* **1999**, *71*, 3567.]

17-38. 그림에 있는 두 번의 50 pM Fe(III) 표준 물질 첨가로부터, 바닷물에 있는 Fe(III)의 농도를 구하시오. 각 곡선에서 바탕선은 어디로 할 것인지 추정해 보고, 그 바탕선으로부터의 피크 높

이를 측정하시오. 세 용액 모두의 부피는 일정하다고 생각하시오.

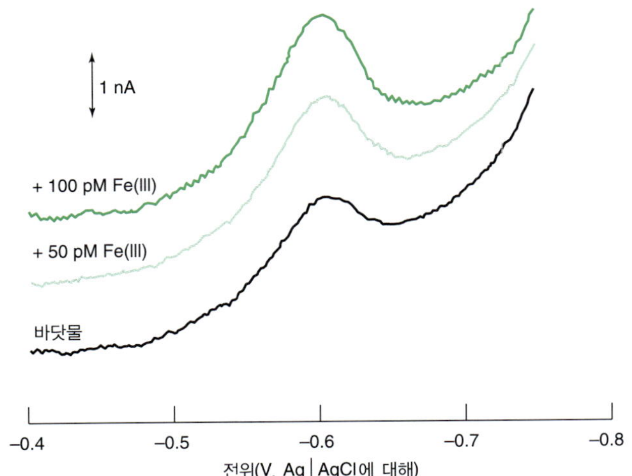

바닷물과 두 번의 50 pM Fe(III) 표준 물질 첨가에서 Fe(III)의 전류 채취 환원 전극 벗김 전압-전류 그림 [출처: H. Obata and C. M. G. van den Berg, "Determination of Picomolar Levels of Iron in Seawater Using Catalytic Cathodic Stripping Voltammetry," *Anal. Chem.* **2001**, *73*, 2522. See also C. M. G. van den Berg, "Chemical Speciation of Iron in Seawater by Cathodic Stripping Voltammetry with Dihydroxynaphthalene," *Anal. Chem.* **2006**, *78*, 156.]

17-39. 그림 17-32에 있는 ClO_4^-의 환원 전극 벗김은 ClO_4^-의 산화나 환원과는 관련이 없다. 이런 측정이 어떻게 이루어지는지 설명하시오.

17-40. 그림은 항생 물질인 클로람페니콜(chloramphenicol, 약자로 RNO_2)의 순환 전압-전류 그림이다. 첫 번째 환원 주사는 0 V에서 −1.0까지이다. 첫 번째 환원파 A는 반응 $RNO_2 + 4e^- + 4H^+ \rightarrow RNHOH + H_2O$에 의한 것이다. 역방향 산화 주사에서 피크 B는 $RNHOH \rightarrow RNO + 2H^+ + 2e^-$에 의한 것이라고 볼 수 있다. +0.9 V에서 −0.4 V까지의 두 번째 환원 주사에서, 새로운 피크 C가 나타난다. 피크 C에 대한 반응을 적고, 첫 번째 주사에서 피크 C가 보이지 않는 이유를 설명하시오.

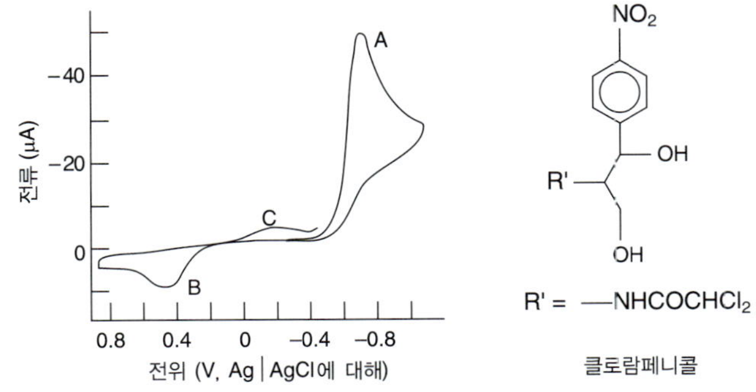

pH 4.62의 0.1 M 아세트산 완충 용액에서 3.7×10^{-4} M 클로람페니콜의 순환 전압-전류 그림. 탄소 반죽 작업 전극의 전압은 350 mV/s의 속도로 주사되었다. [출처: P. T. Kissinger and W. R. Heineman, "Cyclic Voltammetry," *J. Chem. Ed.* **1983**, *60*, 702.]

17-41. 0.1 M NaCl에 있는 수용성 페로센 유도체의 Fe(II) → Fe(III) 가역 반응의 순환 전압-전류법에 대한 피크 전류(I_p)와 주사 속도(ν)를 나열하였다.[66]

$\overset{+}{N}(CH_3)_3$ Fe PF_6^-

주사 속도 (V/s)	산화 피크 전류 (μA)
0.019 2	2.18
0.048 9	3.46
0.075 1	4.17
0.125	5.66
0.175	6.54
0.251	7.55

만약에 I_p 대 $\sqrt{\nu}$의 그래프가 직선을 나타내면, 그때 반응은 확산에 의해 조절된다. 그러한 그래프를 작성하고, 일전자 산화에 대해 식 17-21로부터 반응물의 확산 계수를 구하는 데 이 그래프를 이용하시오. 작업 전극의 면적은 0.020 1 cm^2이고, 반응물의 농도는 1.00 mM이다.

17-42. 전압-전류법 측정에서 미소 전극을 사용하면 어떤 장점이 있는가?

17-43. 그림 17-36에 있는 나피온 막의 목적은 무엇인가?

17-44. 순환 전압-전류법으로 미소 전극의 크기 측정하기.

(a) 그림 17-35에 있는 헥사사이아노 철(II) 이온의 산화-환원 화학은 17-5절의 첫 부분에 나타냈다. 0.4 V 근처에 있는 위쪽 평탄 영역과 0 V(S.C.E.에 대해서) 근처에 있는 아래쪽 평탄 영역에서 일어나는 분석 물질의 반쪽 반응을 쓰시오.

(b) 위쪽과 아래쪽 평탄 영역 간의 차이인 한계 전류 I_{limit}는 원반 모양의 전극 반지름(r), 확산 계수(D), 분석 물질의 벌크 농도(C)와 연관되어 있다.

$$I_{limit} = 4nFDCr$$

여기서 n은 반쪽 반응에 참여하는 전자의 수이고, F는 Faraday 상수이다. 이 식에서 농도 단위는 SI 단위로 된 다른 양과 일치하도록 mol/m^3이 되어야 한다. 그림 17-35에 대한 문헌에서 인용된 헥사사이아노 철(II) 이온의 확산 계수는 25°C의 물에서 9.2×10^{-10} m^2/s이다. 미소 전극의 반지름을 계산하시오.

17-45 통계에서 짝 t 시험. 6개의 서로 다른 나노 결정 시료에 있는 CdSe(g/L)를 두 개의 다른 방법으로 측정하였다. 95% 신뢰 수준에서 두 방법이 다른지 확인하기 위해 짝 t 실험(paired t test)을 이용하시오.

시료	방법 A 산화 전극 벗김	방법 A 원자 흡수
A	0.88	0.83
B	1.15	1.04
C	1.22	1.39
D	0.93	0.91
E	1.17	1.08
F	1.51	1.31

출처: E. Kucur, F. M. Boldt, S. Cavaliere-Jaricont, J. Ziegler, and T. Nann, *Anal. Chem.* **2007**, *79*, 8987.

17-46. **짝 t 시험을 위한 Excel.** 이제 문제 17-45를 위해 Excel의 내장 루틴(built-in routine)을 사용한다. 방법 A와 방법 B의 데이터를 스프레드시트의 두 열에 입력한다. Excel 2016의 경우, Data 리본에서 Data Analysis를 찾는다. 만약 Data Analysis가 나타나지 않으면, 4-5절의 시작 부분에 있는 방법에 따라 이 소프트웨어를 탑재하시오. Data Analysis를 선택한 다음, *t*-Test: Paired Two Sample for Means를 선택하시오. 4-5절의 지침을 따르면 루틴은 $t_{계산}$('t Stat'로 표시된)과 $t_{표}$('t Critical two-tail'로 표시된)를 포함한 정보를 인쇄할 것이다. 문제 17-45의 결과를 재현해야 한다.

Karl Fischer 적정

17-47. Karl Fischer 적정에서 1 mol의 H_2O에 대해 I_2 1 mol이 필요하다는 것을 보여 주는 화학 반응식을 쓰시오.

17-48. 그림 17-38에 있는 Karl Fischer 적정에서 종말점을 어떻게 검출하는지 설명하시오.

18 분광 광도법 기초

오존 구멍[1]

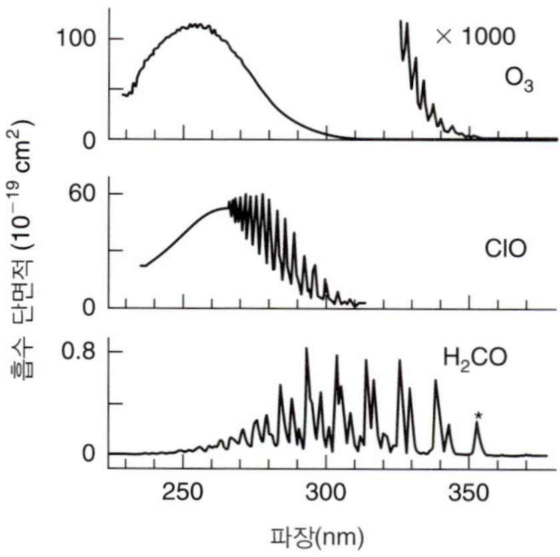

대기 중 극미량 기체들의 스펙트럼들. 260 nm 부근의 파장에서 최대 흡수를 보이는 오존층은 같은 질량의 금으로 이루어진 층보다 더 불투명하다. [출처: U. Platt, J. Stutz '차등 흡광 분광법' Berlin Heidelberg: Springer-Verlag, 2008]

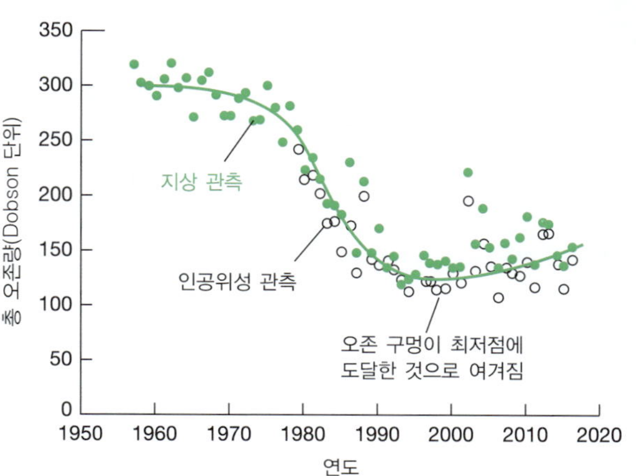

남극 Bay 관측소 Halley의 지상과 인공위성에서 함께 분광법으로 관측된 10월 대기 중 O_3의 농도. Dobson 단위는 문제 18-15에 정의되어 있다. [출처: NASA Ozone Watch, https://ozonewatch.gsfc.nasa.gov/facts/history.html]

O_2에 대한 태양 자외선($h\nu$)의 작용으로 고도 20~40 km에서 형성되는 오존(O_3)은 햇볕 화상과 피부암을 유발하는 자외선을 흡수한다.

$$O_2 \xrightarrow{h\nu} 2O \qquad O + O_2 \rightarrow \underset{\text{오존}}{O_3}$$

1985년에 남극의 이른 봄(10월)에 영국의 남극 조사단은 남극 성층권의 총 오존량이 이전 20년 동안 관찰된 수준에 비해 약 50%나 감소하였다는 사실을 보고하였다. 그 이후 지상과 공중, 그리고 위성을 통해 관찰한 결과, 이러한 '오존 구멍'은 주로 이른 봄에 일어나고(그림 1-1) 매년 계속 형성된다는 것을 알게 되었다. 분광법은 대기 중의 오존과 다른 극미량 기체들의 농도와 위치들에 대한 자세한 정보를 제공한다. 이러한 관찰로 인해 이전에 냉장고와 스프레이 분무제에 사용되던 염화플루오로탄소가 오존의 분해에 촉매로 작용한다는 연구가 이루어지게 되었다. 자외선으로부터 생명체를 보호하기 위하여 1987년에 협의된 몬트리올 의정서에 의해 염화플루오로탄소의 사용이 금지되고 현재는 더 안전한 다이플루오로메테인이나 1,2-다이플루오로에테인과 같은 대체 물질이 사용되어 오존의 양이 회복되기 시작하고 있다.

A-Train으로 알려진 5개의 인공위성의 일부인 Aura 위성은 지구 위 705 km의 궤도를 하루에 14번 돌고 있다.[2] 이 위성에 장착된 **차등 광학 흡광 분광기**(differential optical absorption spectrometer)가 270~500 nm의 태양 복사선의 세기(P_0)를 지구에서 반사된 그 복사선의 세기(P)와 비교한다. 대기 중의 극미량 기체가 빛의 특정 파장을 흡수하면 O_3, ClO, NO_2, SO_2, H_2CO(폼알데하이드), BrO 그리고 OClO의 존재를 확인하고 정량하게 된다. 2차원 전하 결합 소자(CCD) 검출기가 2초마다 0.5 nm의 분광 분해능으로 대기의 '사진'을 찍어 여러 극미량 기체들의 흡광 특성을 관측하게 된다.

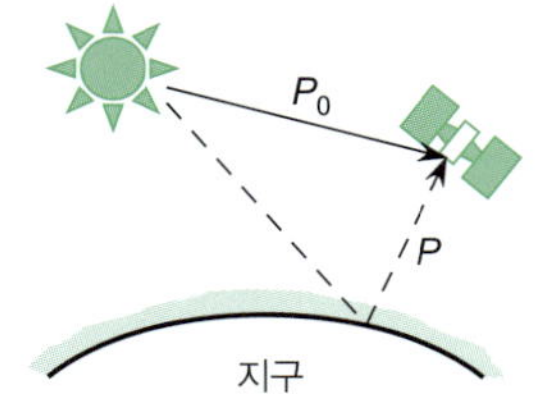

인공위성을 통한 차등 광학 흡광 분광기 [출처: U. Platt, J. Stutz '차등 흡광 분광법' Berlin Heidelberg: Springer-Verlag, 2008]

[PD-usGov/UCAR/NOAA]

1985년에 남극 오존 '구멍'의 발견에 이어서, 대기 화학자인 Susan Solomon은 1986년에 기구와 지상에서의 분광법을 사용하여 남극 대기의 구체적인 화학적 측정을 시도하는 최초의 탐구를 시작하였다. 이 탐구로부터 오존 고갈은 극지방에서 일출 후에 일어나고 성층권에 있는 화학적 활성이 있는 염소의 농도가 기체의 화학 반응에서 예측되는 것보다 약 100배나 높다는 사실이 밝혀졌다. Solomon 팀은 오존 파괴의 원인으로 염소를 확인하였으며, 극지방 성층권의 구름이 많은 양의 염소를 방출하는 촉매 표면으로 작용한다는 것도 확인하였다.

분광 광도법(**spectrophotometry**)은 빛을 사용하여 화합물의 농도를 측정하는 기술을 총칭한다. 가시선의 흡수에 기초한 방법은 **비색법**(colorimetry)이라 불린다. 18장은 소개용으로 충분한 분광 광도법의 개요에 관한 것이고, 19장은 더 나아가 분광 광도법의 응용에 관한 것이며, 20장은 기기 장치에 대해 다룬다.

18-1 빛의 성질

빛은 입자와 파동, 두 가지 모두로 설명하는 것이 편리하다. 광파는 서로 수직으로 진동하는 전기장과 자기장으로 이루어져 있다. 단순화하여 **면편광**(plane-polarized)된 광파를 그림 18-1에 나타내었다. 이 그림에서 전기장은 xy 면에 놓이고 자기장은 xz 면에 있다. **파장**(**wavelength**, λ)은 파동에서 마루와 마루 사이의 거리이다. **진동수**(**frequency**, ν)는 파동이 매초당 일으키는 진동의 횟수이며, 단위는 s^{-1}이다. 초당 1회 진동하는 것을 1**헤르츠**(**hertz, Hz**)라고 한다. 그리고 $10^6\ s^{-1}$의 진동수는 10^6 헤르츠, 즉 1**메가헤르츠**(megahertz, MHz)이다. 보통의 비편광된 빛은 진행 방향에 평행인 모든 면에서 전자기 성분을 가진다.

진동수와 파장 사이의 관계는 다음과 같다.

진동수와 파장 사이의 관계:

$$\nu\lambda = c \qquad (18\text{-}1)$$

여기서 c는 진공에서의 빛의 속도(2.998×10^8 m/s)이다. 진공이 아닌 다른 매질에서의 빛의 속도는 c/n인데, 이때 n은 그 매질의 **굴절률**(**refractive index**)이다. 대부분 물질의 굴절률은 가시선 파장에서 $n > 1$이므로 가시선은 진공에서보다 매질 속에서 더 느리게 진행한다. 빛은 굴절률이 다른 두 매질 사이를 진행할 때 진동수는 일정하게 유지되나 파장은 변하게 된다.

에너지의 관점에서 보면 빛을 **광자**(**photon**)라 불리는 입자로 생각하는 것이 더 편리하다. 각 광자는 다음의 식으로 주어지는 에너지 E를 가진다.

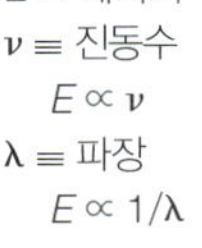

에너지와 진동수 사이의 관계:

$$E = h\nu \qquad (18\text{-}2)$$

여기서 h는 **Planck 상수**(Planck constant, $h = 6.626 \times 10^{-34}$ J · s)이다.

식 18-2는 빛에너지가 진동수에 비례한다는 사실을 알려 준다. 식 18-1과 18-2를 결합하면 다음과 같이 나타낼 수 있다.

$$E = \frac{hc}{\lambda} = hc\tilde{\nu} \qquad (18\text{-}3)$$

여기서 $\tilde{\nu}(= 1/\lambda)$는 **파수**(**wavenumber**)라고 한다. 빛에너지는 파장에 반비례하고, 파수에 비례한다. 즉 청색 빛보다 긴 파장을 가지는 적색 빛은 청색 빛보다 에너지가 작다. 문헌에서 가장 많이 쓰는 파수의 단위는 cm^{-1}이며, '센티미터의 역수' 또는 '파수'라고 읽는다.

빛의 파-입자 이중성(wave-particle duality of light): 빛은 파장과 진동수를 가진 파동으로 행동하고 간섭과 회절 그리고 반사의 파동 현상을 나타낸다. 빛은 분자에 의해 흡수되거나 방출되는 개별 에너지를 가진 입자(광자)로도 행동한다.

그림 18-2에 있는 **전자기 스펙트럼**(**electromagnetic spectrum**) 영역들의 명칭은 역사적으

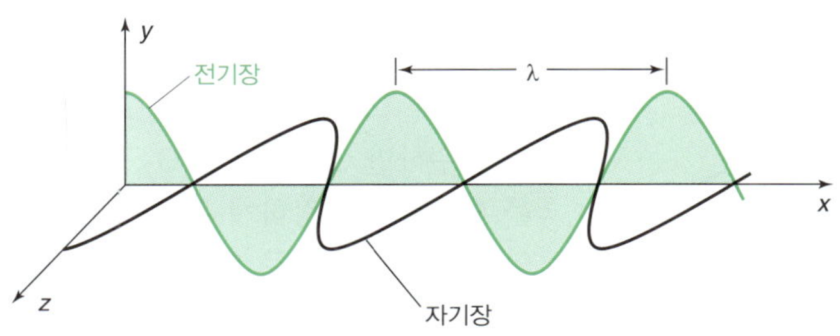

그림 18-1 x축을 따라 진행하고 있는 파장이 λ인 평면 편광된 전자기 복사선. 평면 편광된 빛의 전기장은 한 면에만 놓인다.

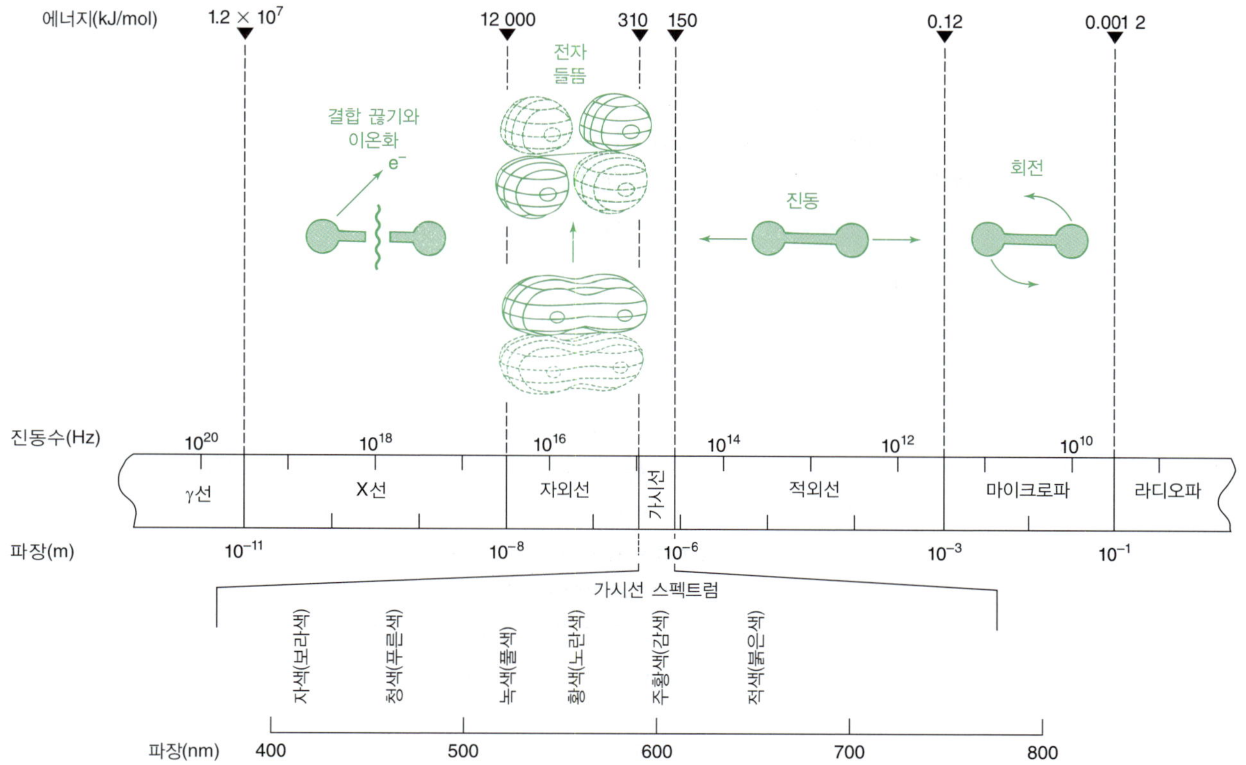

그림 18-2 각 영역의 빛이 흡수될 때 일어나는 대표적인 분자들의 변화 과정을 보여 주는 전자기파 스펙트럼. 가시선 스펙트럼은 380~780 nm 파장 영역에 걸쳐 있다(1 nm = 10^{-9} m).

로 유래된 것이다. 가시선에서 적외선 영역으로 가는 것과 같이, 한 영역으로부터 다른 영역으로 갈 때는 특성에 있어서 갑작스런 변화가 없다. 우리가 볼 수 있는 전자기 복사선의 한 일종인 가시선은 전자기 스펙트럼의 작은 한 부분에 해당한다. 파의 특성은 간섭과 회절과 같은 빛에 의한 현상을 설명하고, 화합물과의 작용은 빛의 입자 특성, 즉 광자와 그 에너지를 사용하여 설명된다.

18-2 빛의 흡수(흡광)

분자가 광자를 흡수하면 분자의 에너지는 증가된다. 이를 우리는 분자가 **들뜬 상태(excited state)**로 전이되었다고 말한다(그림 18-3). 분자가 광자를 방출하면 그 분자의 에너지는 낮아진다. 분자의 가장 낮은 에너지 상태를 **바닥 상태(ground state)**라고 한다. 그림 18-2는 마이크로파의 복사선이 흡수되었을 때 분자의 회전 운동을 촉진하는 것을 보여 준다. 적외선은 분자의 진동 운동을 촉진하고, 가시선과 자외선은 전자를 더 높은 에너지의 오비탈로 전이시킨다. 단파장의 자외선과 X선은 화학 결합을 깨뜨리고 분자를 이온화시키기 때문에 해롭다. 따라서 직사 태양광과 의료용 X선도 노출을 최소화해야 한다.

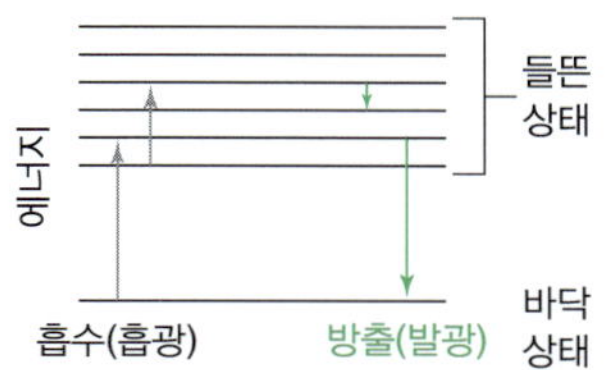

그림 18-3 빛의 흡수는 분자의 에너지를 증가시키고 빛의 방출은 그 에너지를 감소시킨다.

예제 광자의 에너지

O_2 분자가 파장이 147 nm인 자외선을 흡수했을 때 증가하는 에너지는 몰당 몇 kJ인가? CO_2 분자가 파수가 2 300 cm^{-1}인 적외선을 흡수했을 때 에너지는 얼마나 증가하는가?

풀이 자외선의 경우, 증가한 에너지는,

$$\Delta E = h\nu = h\frac{c}{\lambda}$$

$$= (6.626 \times 10^{-34}\ \text{J}\cdot\text{s})\left[\frac{(2.998 \times 10^8\ \text{m/s})}{(147\ \text{nm})(10^{-9}\ \text{m/nm})}\right] = 1.35 \times 10^{-18}\ \text{J/분자}$$

$$(1.35 \times 10^{-18}\ \text{J/분자})(6.022 \times 10^{23}\text{개 분자/mol}^{-1}) = 814\ \text{kJ/mol}$$

이것은 산소 분자에서 O═O 결합을 끊기에 충분한 에너지이다. CO_2의 경우에 에너지 증가는

$$\Delta E = h\nu = h\frac{c}{\lambda} = hc\tilde{\nu} \qquad \left(\tilde{\nu} = \frac{1}{\lambda}\text{임을 기억하라}\right)$$

$$= (6.626 \times 10^{-34}\ \text{J}\cdot\text{s})(2.998 \times 10^{8}\ \text{m/s})(2\ 300\ \text{cm}^{-1})(100\ \text{cm/m})$$

$$= 4.6 \times 10^{-20}\ \text{J/분자} = 28\ \text{kJ/mol}$$

적외선은 CO_2 결합의 진동 진폭을 증가시킨다.

자습 100 kJ/mol의 에너지를 가지는 복사선의 이름은 무엇이며, 파장과 파수는 얼마인가? (**답:** 적외선, 1.20 μm, $8.36 \times 10^{3}\ \text{cm}^{-1}$)

복사 세기는 단위 시간당, 단위 면적당 광선(빛살)의 에너지이다(W/m^2). '복사선의 세기(intensity)'와 '복사력(radiant power)'은 같은 양으로 사용되어 왔다.

단색광은 '한 가지 색'(단일 파장)으로 이루어져 있다. 단색화 장치의 성능이 좋을수록 나오는 빛의 파장 폭이 좁아진다.

빛이 시료에 흡수될 때 광선의 **복사 세기**는 감소한다. **복사 세기(irradiance,** P**)**는 광선의 단위 면적당, 초당 에너지이다. 기초적인 분광 광도법 실험 과정을 그림 18-4에 나타내었다. 빛은 **단색화 장치(monochromator**, 프리즘, 회절발 또는 광학 필터)를 지나 단일 파장(단색)이 선택된다. 매우 좁은 파장 영역을 가지는 빛을 **단색광(monochromatic light)**이라고 한다. 복사 세기가 P_0인 단색광이 통과 거리가 b인 시료를 통과하여 반대 면에서 나온 광선의 복사 세기는 P이다. 빛의 일부는 시료에 의해서 흡수될 수 있다. 따라서 $P \le P_0$이다.

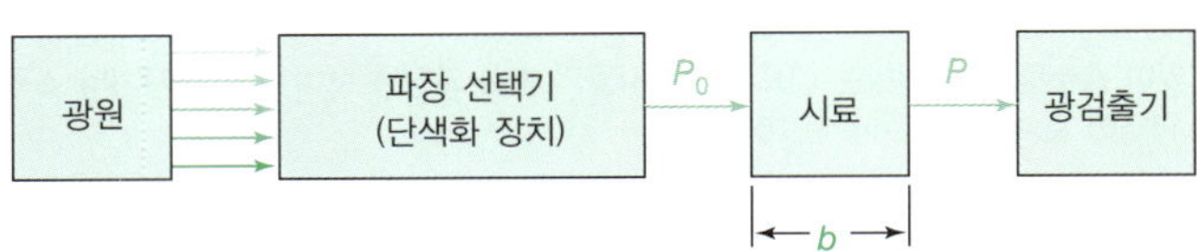

그림 18-4 단일 광선(홑빛살) 분광 광도계의 개요도. P_0: 시료에 들어가는 빛살의 복사 세기, P: 시료에서 나오는 빛살의 복사 세기, b: 시료를 통한 경로 길이. 단일 빛살 분광기의 조작법과 사용법은 www.youtube.com/watch?v=xHQM4BbR040 영상에 시연되어 있다.

투광도(transmittance, T**)**는 쪼여 주는 원래 빛과 시료를 통과하여 나온 빛의 분율로 정의된다.

투광도: $$T = \frac{P}{P_0} \qquad \textbf{(18-4)}$$

따라서 T는 0에서 1 사이의 값을 가진다. **백분율 투광도**(percent transmittance)는 단순히 $100T$로서, 0과 100% 사이의 값을 가진다. **흡광도(absorbance)**는 다음과 같이 정의된다.

투광도와 흡광도의 관계:

P/P_0	$\%T$	A
1	100	0
0.1	10	1
0.01	1	2

흡광도: $$A = \log\left(\frac{P_0}{P}\right) = -\log T \qquad \textbf{(18-5)}$$

빛이 전혀 흡수되지 않으면 $P = P_0$, 따라서 $A = 0$이다. 만약 90%의 빛이 흡수되었다면 10%가 투과되었으므로 $P = 0.10P_0$이다. 이 비율은 $A = 1$이 된다. 만일 1%의 빛이 투과되었다면 $A = 2$이다. 흡광도는 때로는 **광학 밀도**(optical density)로 불린다.

흡광도는 시료 속에 포함된 빛을 흡수하는 화학종의 농도 c에 비례하기 때문에 매우 중요하다(천연색 사진 12).

Beer 법칙: $$A = \varepsilon bc \qquad \textbf{(18-6)}$$

분광 광도법을 분석화학에서 응용할 때 가장 중요한 핵심이 되는 식 18-6을 **Beer-Lambert 법칙**(Beer-Lambert law)[3] 또는 간단히 **Beer 법칙(Beer's law)**이라고 한다. 흡광도는 단위가

보충 18-1 투광도와 농도 사이에는 왜 로그 관계가 성립하는가?[6]

식 18-6으로 표현되는 Beer 법칙은 시료의 **흡광도**가 빛을 흡수하는 화학종의 농도에 비례한다는 것을 나타낸다. 시료를 통과하는 빛의 분율(**투광도**)은 시료의 농도와 선형 관계에 있는 것이 아니라 로그(logarithm) 관계에 있다. 이러한 관계를 나타내는 이유는 무엇인가?

복사 세기가 P인 빛이 두께가 dx인 용액의 **무한히 얇은** 층을 통과한다고 생각해 보자. 흡광 과정의 물리적 모형에 의하면, 무한히 얇은 층 내에서 복사 세기의 감소량(dP)은 입사광의 세기(P), 흡수하는 화학종의 농도(c) 그리고 단면의 두께(dx)에 비례해야 한다.

$$dP = -\beta P c\, dx \qquad \text{(A)}$$

여기서 β는 비례 상수이고, 음의 값은 x가 증가함에 따라 P가 감소함을 나타낸다. 복사 세기의 감소가 입사광의 세기에 비례한다는 근거는 수많은 예로부터 이해될 수 있다. 1,000개의 입사 광자 중 한 개의 광자가 용액의 얇은 층에 의해서 흡수된다면 2,000 개의 입사 광자 중 2개의 광자가 흡수될 것으로 예상할 수 있다. 광자 수(세기)의 감소는 광자(세기)의 입사 선속(flux)에 비례한다.

식 A를 재배열하여 적분하면 P를 구할 수 있다.

$$-\frac{dP}{P} = \beta c\, dx \Rightarrow -\int_{P_0}^{P} \frac{dP}{P} = \beta c \int_0^b dx$$

적분 한계는 $x = 0$에서 $P = P_0$이고, $x = b$에서 $P = P$이다. 왼쪽의 적분 $\int dP/P = \ln P$이다. 따라서

$$-\ln P - (-\ln P_0) = \beta cb \Rightarrow \ln\left(\frac{P_0}{P}\right) = \beta cb$$

마지막으로 $\ln z = (\ln 10)(\log z)$의 관계를 이용하여 ln을 log로 바꾸면 다음과 같이 나타낼 수 있다.

$$\underbrace{\log\left(\frac{P_0}{P}\right)}_{\text{흡광도}} = \underbrace{\left(\frac{\beta}{\ln 10}\right)}_{\text{상수} \equiv \varepsilon} cb \Rightarrow A = \varepsilon cb$$

농도 대 P_0/P의 로그 관계는 전체 부피 중 무한히 작은 각 부분에서 **세기의 감소가 그 단면에 대한 입사선 세기에 비례한다**는 사실로부터 얻어진다. 빛이 시료를 통과할 때, 각 층에 도달한 입사광 세기의 크기가 감소되기 때문에 그다음 연속되는 각 층에서 세기의 감소는 줄어든다. 몰흡광 계수는 0(광자가 흡수될 확률이 0일 때)에서부터 대략 10^5 M^{-1} cm^{-1}(광자가 흡수될 확률이 1에 근접할 때) 사이의 값을 갖는다.

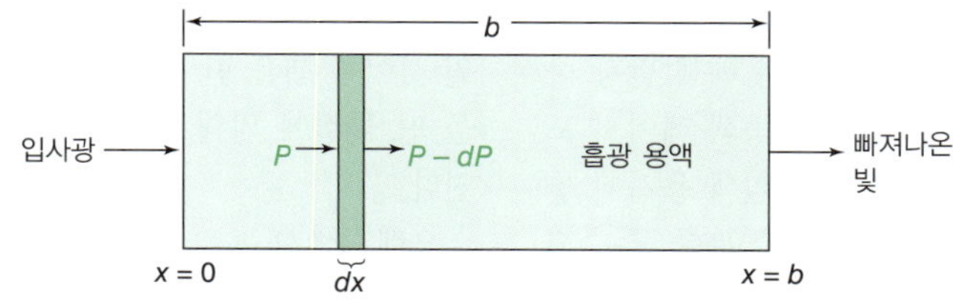

없지만, 일부 사람들은 흡광도 다음에 단위를 붙여 '흡광도 단위(absorbance unit)'를 사용하기도 한다. 시료의 농도 c는 주로 mol/L(M)의 단위를 사용하고, 빛의 통과 거리 b는 흔히 cm 단위를 사용한다. ε(엡실론)은 **몰흡광 계수(molar absorptivity)**(옛 문헌에서는 **소광 계수**(extinction coefficient)라고도 함)라 불리며, 단위는 M^{-1} cm^{-1}이다. 따라서 εbc의 곱은 단위가 없게 된다. 몰흡광 계수는 특정 물질 1 M 용액을 통해 1 cm의 경로로 특정 파장의 빛이 얼마나 흡수되는가를 알려준다.

보충 18-1은 투광도가 아닌 흡광도가 농도에 비례하는 이유를 설명한다.

예제 흡광도, 투광도, 그리고 Beer 법칙

몰흡광 계수가 313 M^{-1} cm^{-1}인 물질로 제조된 농도 0.002 40 M의 용액이 2.00 cm의 통과 거리를 가지는 흡광 셀에 들어 있을 때 흡광도와 투광도를 계산하시오.

풀이 식 18-6을 사용하면 흡광도를 계산할 수 있다.

$$A = \varepsilon bc = (313\ M^{-1}\ cm^{-1})(2.00\ cm)(0.002\ 40\ M) = 1.50$$

투광도는 식 18-5에서 양변에 밑수 10의 지수를 적용하면 계산된다.

$$\log T = -A$$
$$T = 10^{\log T} = 10^{-A} = 10^{-1.50} = 0.031_6$$

$x = y$이면, $10^x = 10^y$

따라서 용액에 입사되는 빛의 3.2%만이 용액을 통과한다.

> **자습** 통과 거리가 0.100 cm인 흡광 셀에 들어 있는 어떤 물질의 농도가 0.010 M이다. 이 용액의 투광도 $T = 8.23\%$라면, 흡광도와 몰흡광 계수는 얼마인가? (**답:** 1.08, 1.08×10^3 M^{-1} cm^{-1})

A와 ε은 빛의 파장에 의존하기 때문에 식 18-6은 다음과 같이 쓸 수 있다.

$$A_\lambda = \varepsilon_\lambda bc$$

Spectrum의 복수형은 spectra이다.

ε은 흡광도와 곱 bc 사이의 비례 상수이다. 몰흡광 계수가 클수록 흡광도는 커진다. **흡광 스펙트럼(absorption spectrum)**(실험 18-1)은 흡광도 A(또는 ε)가 파장에 따라서 어떻게 변하는지를 보여 주는 그래프이다.[4]

용액의 색은 그것이 흡수하는 빛의 색과 보색이다. 우리가 인지하는 색은 빛의 파장뿐만 아니라 세기에도 의존한다.

빛의 흡수에 관여하는 분자의 부분을 **발색단(chromophore)**이라고 한다. 가시선을 흡수하는 물질은 백색광을 투과 또는 반사시켜 색깔을 띤다(백색광은 가시선 스펙트럼 영역에 있는 모든 색을 포함하고 있다). 물질이 백색광의 특정 파장을 흡수하면 사람의 눈은 흡수하지 않은 파장의 빛을 감지하게 된다. 표 18-1에 색에 대한 대략적인 지침을 나타내었다.[5] 관찰되는 색은 흡수되는 색의 **보색**(complement color)이라 부른다. 예로서, 브로모페놀 블루는 591 nm(주황색)의 파장에서 최대 흡광도를 나타내고 관찰되는 색은 푸른색이다. 천연색 사진 13은 다른 색을 띠는 네 가지 화합물에 대한 흡광 스펙트럼을 보여 준다.

실험 18-1 흡광 스펙트럼

관찰되는 색과 흡수되는 색 사이의 관계를 보여 주는 간단하면서도 맛있는 실험을 거미베어 사탕과 펜광선 또는 백색 발광 다이오드(보충 18-2), 적색 레이저 포인터 그리고 녹색 레이저 포인트로 해볼 수 있다.[7] 적색과 녹색 거미베어를 흰색 용지에 놓고 암실에서 각 거미베어 반대편에 백색 광원을 놓는다. 흡수되는 색의 보색인 투과되는 빛(표 18-1)을 관찰한다. 적색 레이저 포인트를 적색과 녹색 거미베어에 비추어 이를 확인하고 녹색 레이저 포인터로 이를 반복한다.

흡광도에 대한 통과 거리의 효과를 탐구해 보기 위해 녹색 거미베어의 긴 쪽으로 적색 레이저 포인터를 비추어 보자. 이 젤리 사탕을 통해 진행하는 거리가 증가함에 따라 세기가 어떻게 감소하는지를 확인할 수 있다. 보색들은 채색된 발광 다이오드를 사용하여 시연할 수 있다.[8]

가시선 스펙트럼은 종이 공작이나 3D-프린트한 스마트폰 분광기를 사용하여 관찰할 수 있다. 백색 광원을 살펴보면 가시선 전체 스펙트럼을 관찰할 수 있다. 분광기의 입구 틈새와 백색 광원 사이에 색을 띤 용액 비커를 놓고 투과된 빛을 보면 된다. 색을 띤 물질에 의해 흡수되는 파장에서 스펙트럼의 세기가 약해진다.

오렌지색 또는 노란색을 띠는 다이크로뮴산 포타슘 용액은 청색 파장의 빛을 흡수한다. 브로모페놀 블루는 주황색 파장을 흡수하고 우리 눈에는 청색으로 보인다. 페놀프탈레인과 로다민 6G는 가시선 스펙트럼 영역의 중앙부의 빛을 흡수한다. 비교를 위해 분광 광도계로 기록한 이들 네 가지 용액의 스펙트럼을 천연색 사진 13a에 파장별 색과 함께 나타내었다. 천연색 사진 13b에 스펙트럼으로 보여진 바와 같이, 같은 장치로 녹색 레이저 포인터를 사용하여 로다민 6G의 형광을 시연할 수 있다. 휴대용 또는 스마트폰 분광기로 해볼 수 있는 다른 실험들과 시연들이 많이 개발되어 있다.[10]

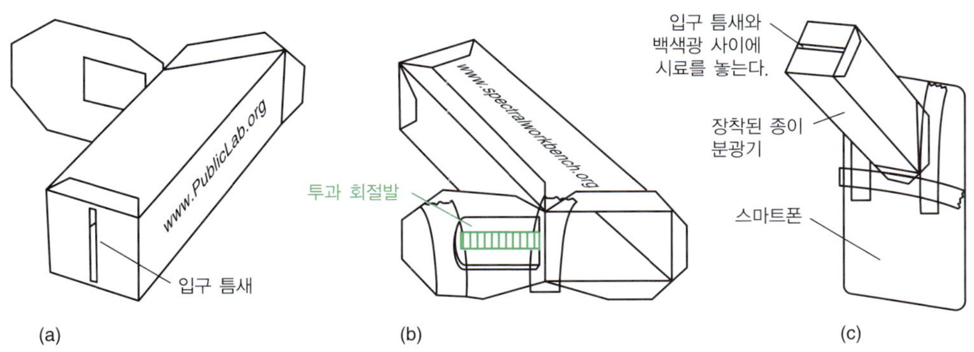

(a) 전면, *(b)* DVD 판으로 만든 투과 회절발을 보여 주는 후면. *(c)* 스마트폰에 장착된 접이형 종이 분광기
[출처: www.PublicLab.org]

표 18-1 가시선의 색

최대 흡수 파장(nm)	흡수되는 색	관찰되는 색
380~420	자색	황록색
420~440	청자색	황색
440~470	청색	주황색
470~500	청록색	적색
500~520	녹색	적자색
520~550	황록색	자색
550~580	황색	청자색
580~620	주황색	청색
620~680	적주황색	청록색
680~780	적색	녹색

18-3 흡광도의 측정

분광 광도계(빛의 흡광도를 측정하는 장치)가 갖추어야 할 최소한의 구성 요소를 그림 18-4에 나타내었다. 연속 광원에서 나온 빛은 단색화 장치를 통과하여 입사 광선으로부터 좁은 띠의 파장이 선택된다. 이 '단색광'은 통과 거리가 b인 시료를 통해 지나가고 빠져나온 빛의 복사 세기가 측정된다.

가시선-자외선 분광법에서 액체 시료는 일반적으로 용융 실리카(SiO_2) 평면으로 구성된 **큐벳(cuvet)**이라고 하는 셀(흡광 용기)에 넣는다(그림 18-5). 유리 셀은 가시선 측정에는 적합하지만, 유리가 자외선을 흡수하기 때문에 자외선 분광법에서는 사용할 수 없다. 큐벳의 상단에 'UV' 또는 'Q'가 표시된 셀은 자외선 측정에 적합하다. 가장 일반적인 큐벳의 통과 거리는 1.000 cm이며, 이것은 미지 시료와 기준 시료용으로 짝을 맞춘 쌍으로 시판된다. 표준 셀들은 2.5~4.5 mL까지 시료를 넣을 수 있고, 마이크로 셀은 70 μL까지 작은 부피의 용액을 사용할 수 있다. 폴리스타이렌과 메타크릴레이트 소재는 가시선에는 적합하나 유기 용매에는 적합하지 않다. 고리 올레핀 공중합체들은 자외선과 가시선에 사용될 수 있고 다양한 용매에도 사용될 수 있다.

사용 가능한 파장 영역과 셀의 가격:

유리	340 - 2 500 nm	$$
수정	190 - 2 500 nm	$$$

일회용 큐벳:

폴리스타이렌	340 - 900 nm	¢
메타크릴레이트	300 - 900 nm	¢
고리 올레핀 공중합체	220 - 900 nm	¢¢

적외선 측정에 사용되는 셀 소재들은 적외선 투과도와 용매 적합성에 기초하여 선택된다. 셀은 주로 NaCl이나 KBr로 제작되지만 습기에 민감하다. KRS-5(TlBr-TlI), ZnSe 그리고 다이아몬드는 물에 녹지 않는다. 600~10 cm^{-1} 영역의 원적외선에서는 폴리에틸렌과 다이아몬드를 투명 창으로 사용한다. 액체 시료들은 약한 적외선 흡수가 있는 이황화 탄소, 사염화 탄소 그리고 이염화 메테인들을 용매로 사용하여 준비된다. 물과 알코올은 적외선을 강하게 흡수하므로 많은 셀 재료들과 호환되지 않는다. 용매에 의한 흡수를 최소화하기 위해 통과 거리들은 0.1~1 mm로 짧다. 고정 셀들은 정해진 통과 거리를 가지지만, 조정 가능한 셀들은 셀의 창 사이에 교체가 가능한 스페이서(spacer)를 사용하여 통과 거리를 정한다. 고

흔히 사용되는 적외선 창들의 사용 가능한 파장:

NaCl	28 000–700 cm^{-1}
KBr	33 000–400 cm^{-1}
CsI	33 000–150 cm^{-1}
KRS-5	16 000–200 cm^{-1}
ZnSe	20 000–500 cm^{-1}
다이아몬드	45 000–10 cm^{-1}
사파이어(Al_2O_3)	66 000–2 000 cm^{-1}
폴리에틸렌	600–10 cm^{-1}

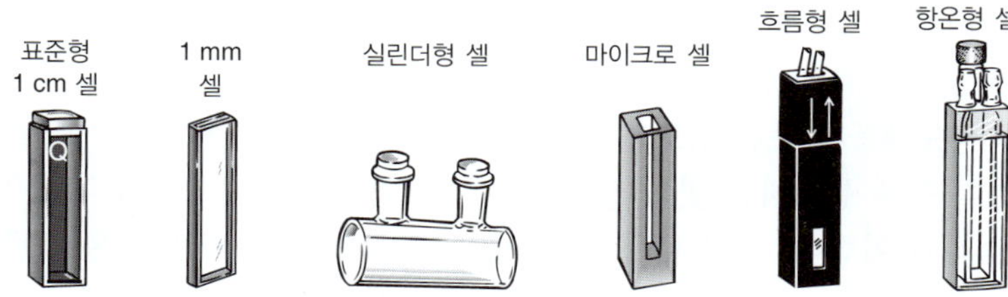

그림 18-5 가시선-자외선 분광법에 사용되는 보편적인 큐벳들. 마이크로 셀은 작은 부피의 용액을 사용하고, 흐름형 셀은 용액이 셀을 통하여 연속적으로 흘러가게 할 수 있다. 항온형 셀에서는 항온조의 액체를 셀 재킷을 통하여 흘려줌으로써 원하는 온도를 유지하게 해준다. [A. H. Thomas Co. Philadelphia, PA.]

체 시료는 미세 분말로 갈아서 광유(Nujol이라 불리는 점도가 높은 탄화수소)에 섞어 **뮬**(mull)이라고 불리는 분산액을 만들어 이를 두 KBr 판 사이에 압착시켜 측정한다.[11] 광유가 적외선을 흡수하는 일부 영역에서는 분석 물질의 스펙트럼이 부정확해진다. 또 다른 방법은 고체 시료를 KBr에 대해 1 wt% 정도로 KBr과 혼합하여 미세 분말로 간 다음, 약 60 MPa(600 atm)의 압력으로 압축하여 반투명의 펠릿(pellet)을 만들어 측정한다. 뮬 법과 KBr 법은 두께와 농도를 재현하기 어렵기 때문에 주로 정성 분석에만 사용된다.

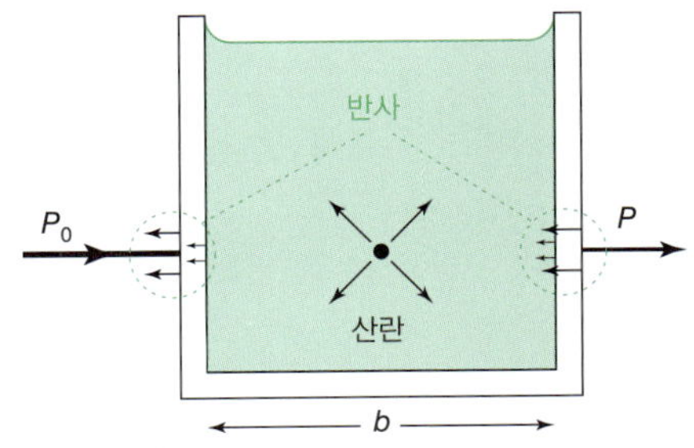

그림 18-6 빛의 흡수뿐만 아니라 반사와 산란도 큐벳을 통과하는 빛을 감쇄한다.

기체는 액체보다 농도가 낮으므로 10 cm에서 수 m까지 이르는 긴 통과 거리를 사용한다. 수 m의 통과 거리는 반사를 이용하여 시료를 여러 번 통과하게 한 후 검출기에 도달하는 방식으로 장치를 구성한다. 수 km의 통과 거리를 가지는 대기 측정은 레이저와 같이 **시준된**(collimated, 평행 광선으로 된) 광원을 필요로 한다(20-1절).

종이, 고체, 분말은 투과되는 복사선 대신에 반사되는 복사선을 측정하는 **난반사도**(diffuse reflectance)를 측정할 수 있다. 시료에 의해 흡수되는 파장은 반사를 잘 하지 않을 것이다. 이 방법은 시료 표면에서만 민감하게 측정된다.

그림 18-4는 단일 광선만을 사용하는 **홑빛살형**(single-beam) 기기의 개요도를 나타낸 것이다. 입사광의 복사 세기(P_0)를 직접 측정하지 않는다. 그림 18-6은 일부 복사 세기가 산란과 반사를 통해 잃는 것을 보여 준다. 먼지나 공기 방울도 빛을 산란시켜 투과하는 복사 세기를 멋대로 변화시킨다. 반사는 큐벳과 시료의 굴절률과 큐벳의 위치에 따라 달라진다. 이를 교정하기 위하여 순수한 용매(또는 바탕 시료)만 들어 있는 기준 큐벳(reference cuvette)을 통과한 복사 세기를 P_0로 **정의**한다. 기준 큐벳을 측정한 다음, 이를 제거하고 시료가 담긴 동일한 큐벳으로 교체하여 측정한다. 이때 시료를 통과하여 검출기에 도달하는 빛의 세기가 P이다. P와 P_0을 모두 측정하면 T 또는 A를 결정할 수 있다. 기준 큐벳은 큐벳과 용매에 의한 빛의 반사, 산란 또는 흡수를 보상하여 준다. 순수한 용매가 담긴 기준 큐벳이 투광도 측정에서 바탕 시료가 된다. 빛을 나누어 시료 큐벳과 기준 큐벳에 교대로 지나가게 하는 **겹빛살형**(double-beam) 기기는 그림 20-1, 20-2, 20-3에서 볼 수 있다.

빈 유리 큐벳은 입사되는 가시선 복사 세기를 13%나 반사한다. 창을 통해 플래시를 켜고 사진을 찍을 때 이러한 유리에 의한 반사를 관찰해 본 적이 있을 것이다 .

흡광 스펙트럼을 기록할 때 시료와 기준 큐벳 모두에 들어 있는 기준 용액(순수 용매 또는 바탕 시료)으로 **바탕선 스펙트럼**(baseline spectrum)을 먼저 기록한다. 큐벳은 가능하면 같은 한 쌍으로 구입하도록 한다. 만약 큐벳과 기기가 완벽하다면 바탕선은 어디에서나 0이 되어야 한다. 그러나 불완전한 우리 세상에서는 바탕선은 항상 작은 양 또는 음의 흡광도를 보여 준다. 시료 흡광도에서 바탕선 흡광도를 소거하여 각 파장에서의 참 흡광도를 얻는다.

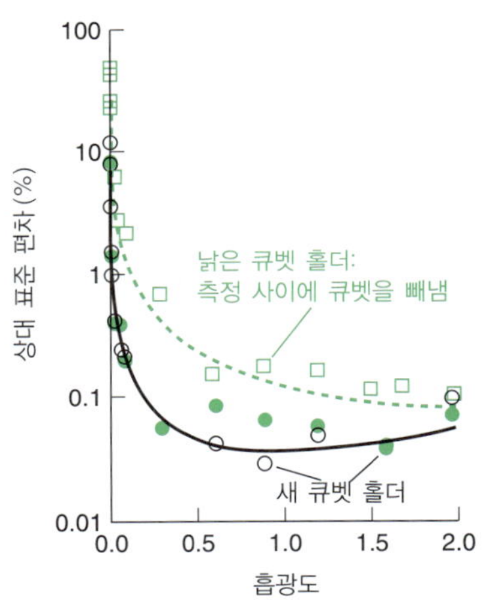

그림 18-7 다이오드 배열형 분광 광도계로 350 nm에서 다이크로뮴산 이온 용액의 흡광도를 반복 측정하여 구한 정밀도. 채워진 원은 시료를 큐벳 홀더에서 빼지 않고 반복 측정한 것이며, 빈 원은 측정 때마다 시료를 큐벳 홀더에서 뺀 다음, 다시 넣어 측정한 결과이다. 중간 흡광도 값($A \approx 0.3$~2)에서 가장 좋은 재현성이 관찰되었다. y 좌표는 로그 함수임을 주지하라. 선은 이론식에 최소 제곱법으로 데이터를 맞추어 구한 것이다. [출처: J. Galban, S. de Marcos, I. Sanz, C.Ubide, and J. Zuriarrain, "Uncertainty in Modern Spectrophotometers" *Anal. Chem.* **2007**, *79*, 4763.]

분광 광도법 분석에서 다음의 두 가지 이유 때문에 일반적으로 항상 최대 흡광도를 나타내는 파장을 선택한다. (1) 분석의 감도는 최대 흡광도에서 가장 크다. 즉 주어진 분석 물질의 농도에서 최대의 감응을 얻는다. (2) 최댓값에서 곡선은 비교적 평평하다. 따라서 만약 단색화 장치에 약간의 오차가 있거나 투과된 빛의 파장 폭이 약간 변한다 하더라도 흡광도의 변화는 매우 작다.

절차가 복잡하거나 색을 띤 화학종이 불안정할 때에는 불확정도(오차)가 더 커지지만 단순한 분광 분석에 대해서는 전형적인 상대 불확정도는 1~3%이다. 불확정도의 주요한 원인은 시료 준비의 재현성, 분광학적 반응 그리고 간섭[12]과 관련이 있지만 다른 요인들도 관여한다.

현대의 분광 광도계들은 중간 정도의 흡광도 범위($A \approx 0.3$~2)에서 가장 정밀하다(재현성이 있다). 시료를 통해 통과하는 빛의 양이 너무 적다면(높은 흡광도), 투과된 적은 양의 빛을 정확히 측정하기 어렵다. 또한 너무 많은 양의 빛이 통과되었다면(낮은 흡광도), 시료와 기준 큐벳 사이의 차이를 구별하기가 어렵다. 따라서 시료의 흡광도가 중간 정도 값의 범위에 들어가도록 시료의 농도를 조절하는 것이 바람직하다.

그림 18-7은 다이오드 배열형 분광 광도계로 350 nm에서 반복적으로 측정한 실험에 대한

상대 표준 편차들을 보여 준다. 채워진 원은 측정 사이에 시료를 큐벳 홀더에서 빼내지 않고 반복 측정한 경우이고, 빈 원은 측정 사이에 시료를 뺀 다음 다시 넣어 측정한 경우이다. 흡광도가 0.3에서 2 사이에서는 상대 표준 편차가 두 경우 모두에서 0.1% 이하이다. 10년 이상 된 큐벳 홀더를 사용하여 측정 사이에 뺀 다음, 다시 넣어 측정한 경우의 데이터를 빈 사각형으로 나타내었다. 큐벳의 위치 변화는 상대 표준 편차를 두 배 이상 차이가 나게 한다. 결론적으로 말하면 최신 큐벳 홀더가 장착된 최신 분광기는 매우 우수한 재현성을 제공한다. 낡은 셀 홀더를 사용하고 측정 사이에 시료를 다루는 과정을 거치는 경우에는 정밀도가 떨어지게 된다.

먼지가 들어가지 않도록 항상 용기의 덮개를 덮어 보관하라. 먼지는 빛을 산란시킴으로써 분광 광도계에서 '흡광도'로 나타난다. 매우 중요한 실험에서는 측정하려는 최종 용액을 극미세 필터로(예를 들어 0.5 μm) 거르는 것이 필요할 수도 있다. 혈청과 같이 농도가 높은 용액을 다룰 때에는 거르기를 한 후에 침전이 생기는지를 확인하여야 한다. 큐벳을 다룰 때는 반드시 불투명 면을 잡고 표면에 지문이 묻지 않도록 광학 티슈를 사용하여 다루고 항상 철저히 깨끗하게 유지해야 한다.

지문은 빛을 산란시키거나 흡수하기 때문에 큐벳의 투명 창 부분은 만지지 않는다.

시료와 기준 큐벳 사이에 약간의 차이라도 있으면 분광 광도법에서는 계통 오차를 일으킨다. 가능한 한 재현성 있게 큐벳을 분광 광도계 내에 위치시켜라. 큐벳을 약간이라도 다르게 위치시키거나 평면 큐벳을 180° 돌리거나 또는 원형 큐벳을 회전시키든지 하면 흡광도에서 외관상 값의 변화를 일으킨다.

18-4 화학 분석에서의 Beer 법칙

분광 광도법 분석은 다음의 네 가지 방법으로 수행될 수 있다. (1) 하나의 분석 물질이 특정 파장의 빛만을 흡수한다면 그 분석 물질을 직접 측정, (2) 분석 물질이 특정 파장의 빛을 흡수하는 생성물로 변환된다면 변환된 후에 측정, (3) 분석 물질이 혼합물일 때 복수의 파장에서 흡광도를 측정하여 다른 흡광 스펙트럼을 가지는 혼합물에 대해 측정(19-1절), (4) 크로마토그래피와 같은 기술을 사용하여 비슷하게 흡광하는 분석 물질들을 분리하여 각 분석 물질의 흡광도를 개별적으로 측정

다수의 성분으로 구성된 용액에 대해서는 어떤 파장에서의 흡광도는 그 파장에서의 모든 성분들의 흡광도의 합이다. 대부분의 화합물들은 자외선을 흡수하므로 이 영역의 스펙트럼에서의 측정은 다른 화합물들에 의해 간섭이 일어나기 쉽다. 직접 분석은 주로 가시선 스펙트럼에 국한된다. 그러나 간섭하는 화학종이 없다면, 자외선 흡광도도 만족할 만한 결과를 줄 수 있다. DNA와 RNA(부록 I)는 방향족 뉴클레오타이드들이 260 nm 부근에서 흡수하기 때문에 자외선 영역에서 분석한다(연습 문제 18-21).[13] 대부분의 단백질에 존재하는 방향족 아미노산인 타이로신과 트립토판이 자외선에서 흡수하기 때문에, 단백질은 280 nm에서 분석한다(연습 문제 18-22).[14]

예제 헥세인 속에 들어 있는 벤젠의 직접 측정

(a) 순수한 헥세인은 200 nm 이상의 파장에서 자외선의 흡수는 무시할 수준이다. 벤젠(C_6H_6, FM 78.11) 25.8 mg을 헥세인에 녹여 용액을 만들었다. 이를 250.0 mL로 묽힌 용액을 1.000 cm 흡광 셀에 넣고 측정하면 256 nm에서 최대 흡광 피크를 나타내며, 이때 흡광도는 0.266이었다. 이 파장에서 벤젠의 몰흡광 계수를 계산하시오.

이 예제는 단일 용액으로부터 몰흡광 계수를 측정하는 것을 예시하고 있다. 더 신뢰할 만한 흡광 계수를 얻으려면 여러 농도에서 측정하여 Beer 법칙을 따르는 것을 보여 주는 것이 더 낫다.

풀이 벤젠의 농도는 다음과 같다.

$$[C_6H_6] = \frac{(0.025\,8\ \text{g})/(78.11\ \text{g/mol})}{0.250\,0\ \text{L}} = 1.32_1 \times 10^{-3}\ \text{M}$$

Beer 법칙으로부터 다음과 같이 몰흡광 계수를 구할 수 있다.

$$몰흡광\ 계수 = \varepsilon = \frac{A}{bc} = \frac{(0.266)}{(1.000\ cm)(1.32_1 \times 10^{-3}\ M)} = 201._4\ M^{-1}\ cm^{-1}$$

(b) 벤젠으로 오염된 헥세인 시료를 길이가 5.000 cm인 큐벳에 넣고 256 nm에서 흡광도를 측정하였더니 0.070이었다. 벤젠의 농도는 몇 mg/L인가?

풀이 **(a)**로부터 얻은 몰흡광 계수를 Beer 법칙에 적용하여 벤젠의 농도를 구하면 다음과 같다.

$$[C_6H_6] = \frac{A}{\varepsilon b} = \frac{0.070}{(201._4\ M^{-1}\ cm^{-1})(5.000\ cm)} = 6.9_5 \times 10^{-5}\ M$$

$$[C_6H_6] = \left(6.9_5 \times 10^{-5}\ \frac{mol}{L}\right)\left(78.11 \times 10^3\ \frac{mg}{mol}\right) = 5.4\ \frac{mg}{L}$$

자습 0.10 mM의 $KMnO_4$ 용액을 1.000 cm 셀에 넣고 흡광도를 측정하면 525 nm에서 0.26의 최대 흡광도를 가진다. 같은 셀을 사용하였을 때 525 nm에서 흡광도가 0.52인 용액의 몰흡광 계수와 농도를 구하시오. (**답:** 2 600 $M^{-1}\ cm^{-1}$, 0.20 mM)

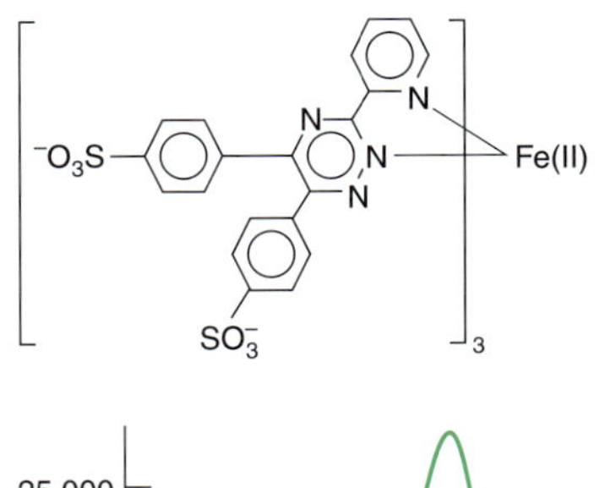

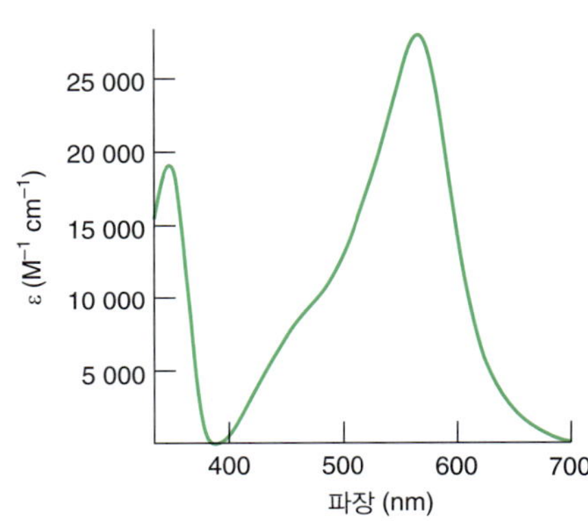

그림 18-8 혈청 속 철의 비색법 분석에 사용된 Fe(II)(페로진)$_3^{4-}$ 착물의 가시선 흡광 스펙트럼

흡광하는 생성물의 형성: 혈청 속 철의 정량

분광 광도법 분석은 분석 물질을 특정 조건하에서 시약과 반응시켜 색을 띠는 생성물을 형성하여 수행할 수 있다. 반응이 완결되어야 하므로 시약의 농도는 분석 물질의 수십 배에서 수백 배가 될 수 있다. 생성물은 안정하여야 한다. 반응이 완결될 때까지 시간이 오래 걸릴 수도 있다. 그러나 생성물이 분해될 정도로 오래 걸리면 안 된다. 반응 시약은 측정하는 파장에서 이상적으로는 흡광해서는 안되며 시료 속의 다른 화학종과 함께 생성물을 형성해서도 안 된다. 다른 화학종들이 반응하는 것을 방지하기 위해 추가 시약(가림제)이 필요할 수도 있다. 혈청 속 철의 정량은 다음의 단계들로 진행될 수 있다.

생체 합성에서 철은 **트랜스페린**(transferrin)이라는 단백질에 의해 혈류를 통해 운반된다. 다음의 방법으로 혈액 속의 트랜스페린 철 함량을 측정한다.[15] 이 분석 방법은 2~5%의 오차 범위에 대해 약 1 μg의 철이 필요하다. 사람의 혈액은 보통 약 45 vol%의 세포와 55 vol%의 **혈장**(plasma, 액체)으로 구성되어 있다. 만약 항응고제를 사용하지 않고 혈액을 채취하였을 때 혈액은 엉기는 고체와 액체로 분리되는데, 이때 남는 액체를 **혈청**(serum)이라고 한다. 일반적으로 혈청은 약 1 mL당 트랜스페린에 결합된 1 μg의 Fe를 함유하고 있다.

혈청 속 철의 정량은 다음과 같은 세 단계의 과정이 필요하다.

1단계 트랜스페린에 있는 Fe^{3+}를 Fe^{2+}로 환원시킨다. 그러면 Fe^{2+}는 단백질로부터 분리된다. 주로 사용되는 환원제는 하이드록실아민 염산염($NH_3OH^+Cl^-$), 싸이오글리콜산 또는 아스코브산 등이다.

$$2Fe^{3+} + \underset{\text{싸이오글리콜산}}{2HSCH_2CO_2H} \rightarrow 2Fe^{2+} + HO_2CCH_2S{-}SCH_2CO_2H + 2H^+$$

2단계 트라이클로로아세트산(Cl_3CCO_2H) 용액을 가하면 Fe^{2+}는 용액에 남고 단백질은 침전이 일어난다. 원심 분리하여 침전된 단백질을 제거한다. 만약 단백질이 용액 중에 남아 있다면 최종 용액에서 일부 침전이 일어날 수 있다. 이 침전물은 빛의 산란을 일으켜 흡광도 측정에서 오차를 낳을 수 있다.

$$단백질\,(aq) \xrightarrow{CCl_3CO_2H} 단백질\,(s)\downarrow$$

상층액(supernate)은 원심 분리하는 동안 분리관의 바닥에 모이는 고체 위에 있는 액체 층을 말한다.

3단계 2단계에서 얻은 상층액의 일정 부피를 새 용기에 옮기고, 완충 용액과 과량의 페로진(ferrozine)을 가해 자색 착물을 형성시킨다. 최대 흡광도를 보이는 562 nm에서 흡광도를 측정하여 정량한다(그림 18-8). 완충 용액은 착물이 완전히 형성될 수 있는 pH로 맞추어 준다.

$$Fe^{2+} + 3\ \text{페로진}^{2-} \rightarrow \underset{\substack{\text{자색 착물} \\ \lambda_{max} = 562\ \text{nm}}}{Fe(\text{페로진})_3^{4-}}$$

대부분의 분광 광도법 분석에서는 모든 시약을 그대로 포함하고 분석 물질만 증류수로 대체한 **바탕 시약(reagent blank)**을 준비하는 것이 중요하다. 바탕 시약의 흡광도는 착물을 형성하지 않은 페로진 뿐만 아니라 시약 및 유리 용기 중에 존재하는 철 불순물에 의해 생성된 색에 기인한다. **계산을 하기 전에 시료와 표준 시약으로 측정한 흡광도에서 바탕 시약의 흡광도를 빼주어야 한다.**

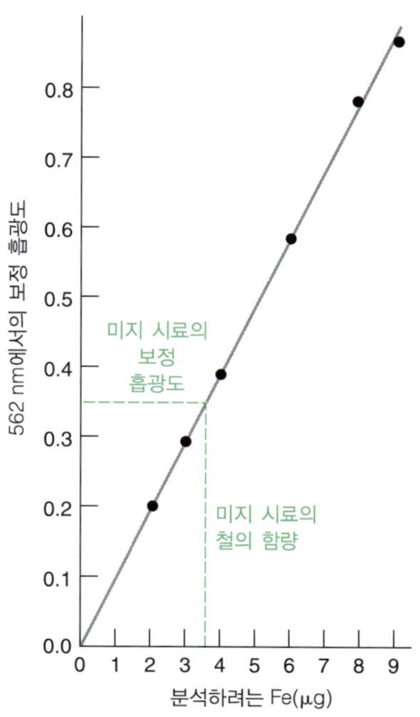

그림 18-9 혈청 속 철의 정량에 사용된 Fe(II)(페로진)$_3^{4-}$ 착물에 대하여 Beer 법칙의 유효성을 보여 주는 교정 곡선. 각 시료는 최종 부피 5.00 mL로 묽혀졌기 때문에 1.00 μg의 철은 3.58×10^{-6} M 농도에 해당한다.

일련의 철 표준 용액을 사용하여 그림 18-9와 같은 **교정 곡선(calibration curve)**을 구해 Beer 법칙이 적용된다는 것을 보여야 한다. 표준 시약은 항상 미지 시료과 같은 방법으로 준비되어야 한다. 미지 시료의 흡광도는 표준 용액에 의해서 얻어진 교정 곡선의 흡광도 범위 안에 들어가야 한다. 광택이 있고 표면이 녹슬지 않은 순수한 철선을 산에 녹여 표준 용액를 제조한다(부록 K 참조). 높은 정확도를 필요로 하지 않는 분석에서는 황산 암모늄철(II)[$Fe(NH_4)_2(SO_4)_2 \cdot 6H_2O$] 및 황산 에틸렌다이암모늄철(II) [$Fe(H_3NCH_2CH_2NH_3)(SO_4)_2 \cdot 4H_2O$]를 표준 시약으로 사용할 수 있다.

미지 시료와 표준 용액이 동일한 부피로 준비된다면 미지 시료 중의 철 함량은 교정선의 최소 제곱식으로부터 바로 계산할 수 있다. 예를 들면 그림 18-9에서 미지 시료의 흡광도가 0.357(바탕 시료의 흡광도를 뺀 값)이라면, 시료 속에 3.59 μg의 철이 포함되어 있다.

앞서 설명한 방법으로 구한 사람 혈청 속의 Fe의 함량은 혈청 속의 구리 또한 페로진과 색을 띤 착물을 형성하기 때문에 약 10% 정도 높은 값을 낸다. 이와 같은 방해는 네오쿠프로인(neocuproine)이나 싸이오우레아를 첨가하면 제거할 수 있다. 이들 시약은 Cu^+와 매우 강한 착물을 형성하여 Cu^+가 페로진과 반응하는 것을 막아 Cu^+를 **가림(mask)**한다.

2 (네오쿠프로인) + Cu^+ ⟶ (착물)

네오쿠프로인
구리에 대한 **가림제**

562 nm에서 낮은 흡광도를 가지는
강하게 결합된 착물

예제 혈청 속 철의 분석

혈청 속의 철과 철 표준 용액을 다음과 같이 분석하였다.

0단계 분광 광도계를 켜고 광원이 안정화될 때까지 예열한다.

1단계 1.00 mL의 혈청 시료에 2.00 mL의 환원제와 2.00 mL의 산을 가해 Fe를 환원하여 트랜스페린에서 분리시킨다.

2단계 30 wt% 트라이클로로아세트산 1.00 mL를 가해 단백질을 침전시키고 원심 분리하여 단백질을 제거한다.

3단계 상층액 4.00 mL를 새 시험관에 옮기고, 여기에 2 μmol의 페로진과 3 mmol의 아세트산 소듐이 들어 있는 용액 1.00 mL를 가한다. 아세트산 이온은 산과 반응하여 pH 5인 완충 용액을 형성한다. 10분 후에 용액의 흡광도를 측정한다.

4단계 혈청 대신 1.00 mL의 탈이온수를 사용하여 바탕 시약을 준비한다.

5단계 혈청 대신에 철 2~9 μg이 들어 있는 표준 시료 1.00 mL를 사용하여 그림 18-9의 교정 곡선을 구한다.

1.000 cm의 흡광 셀 속에 들어 있는 바탕 시료는 562 nm에서의 흡광도가 0.038이고, 같은 셀에서 혈청 시료는 흡광도가 0.129이다. 각 표준 시료의 흡광도에서 바탕 시료의 것을 뺀 후 그림 18-9의 데이터 점들이 얻어졌다. 표준 시료의 데이터 점들로부터 최소 제곱법에 의해 구해진 교정선은 다음의 식으로 주어진다.

$$\text{보정 흡광도} = 0.067_0 \times (\text{초기 시료 속의 Fe } \mu g) + 0.001_5$$

Beer 법칙에 따르면 y 절편은 0.001_5가 아니라 0이어야 한다. 그러나 여기서는 우리의 분석에서 나타난 작은 절편 값을 사용한다. 혈청 속에 있는 철의 농도를 구하시오.

풀이 최소 제곱법으로 얻은 교정선의 식을 재배열하여 미지 시료의 보정 흡광도(측정값 − 바탕 시료 값 = 0.129 − 0.038 = 0.091)를 대입하면,

μg 단위의 Fe 값에서 불확정도를 구하려면 식 4-27을 사용하라.

$$\text{시료 속의 Fe 양}(\mu g) = \frac{\text{흡광도} - 0.001_5}{0.067_0} = \frac{0.091 - 0.001_5}{0.067_0} = 1.33_6\ \mu g$$

혈청 속의 Fe 농도는

$$[\text{Fe}] = \text{Fe의 몰수/혈청의 부피(L)}$$
$$= \left(\frac{1.33_6 \times 10^{-6}\ \text{g Fe}}{55.845\ \text{g Fe/mol Fe}}\right)/(1.00 \times 10^{-3}\ \text{L}) = 2.39 \times 10^{-5}\ \text{M}$$

자습 관찰된 흡광도가 0.200이고 바탕 시료의 흡광도가 0.049라면, 혈청 속 Fe의 농도(μg/mL)는 얼마인가? (**답:** 2.23 μg/mL)

예제 표준 용액 제조

혈청 대신에 약 2, 3, 4, 6, 8, 9 μg의 Fe가 들어 있는 표준 용액 각 1 mL를 사용하여 그림 18-9의 교정 곡선을 구하기 위한 데이터 점들을 얻었다. 저장 용액은 1.086 g의 순수한 철선을 12 M HCl 40 mL에 녹여 물을 가해 1.000 L로 묽혀 만든다. 이 용액에는 0.48 M HCl 속에 1.086 g Fe/L가 들어 있다. 이 저장 용액으로부터 교정 곡선을 얻기 위해 약 0.1 M HCl에 들어 있는 Fe 표준 용액을 만들려면 어떻게 하여야 하나? (HCl은 $Fe(OH)_3$의 침전을 방지한다.)

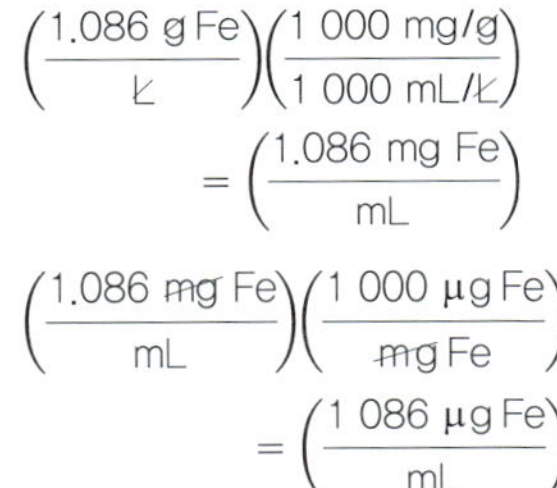

풀이 저장 용액에는 1.086 g Fe/L = 1.086 mg Fe/mL = 1 086 μg Fe/mL의 철이 들어 있다. 따라서 $\frac{2\ \text{mL}}{1\ 000\ \text{mL}}$(1 086 μg Fe/mL) = 2.172 μg Fe/mL가 되도록 2:1 000으로 묽혀서 약 2 μg Fe/mL 표준 용액을 만들 수 있다. A급 옮김용 피펫으로 저장 용액 2.000 mL를 1 L 부피 플라스크로 옮기고 0.1 M HCl 용액으로 묽히시오. 같은 방법으로 A급 옮김용 피펫으로 아래의 부피들을 옮기고 0.1 M HCl 용액으로 1 L가 되도록 묽히시오.

저장 용액의 부피(mL)	A급 피펫	옮긴 Fe의 양(μg)
3.00	3 mL	$3 \times 1.086 = 3.25_8$
4.00	4 mL	4.34_4
6.00	2 × 3 mL	6.51_6
8.00	2 × 4 mL	8.68_8
9.00	(5 mL + 4 mL) 또는 (3 × 3 mL)	9.77_4

이러한 방법으로 사용되는 피펫을 포함한 유리 기구들은 산으로 씻어서 유리면으로부터 미량의 금속을 제거하여야 한다.

자습 질량으로 묽히면 부피로 묽히는 것보다 더 정확하다. 0.48 M HCl 용액 속에 1.044 g Fe/kg이 들어 있는 저장 용액이 있다. 2.145 g의 저장 용액을 243.27 g의 0.1 M HCl과 혼합하여 만들어지는 용액 속에는 몇 μg Fe/g이 들어 있는가? (**답:** 9.125 μg Fe/g)

순차 묽힘(serial dilution, 일련의 연속 묽힘)은 적은 부피를 사용하여 묽혀서 다량의 화학 폐기물이 생기지 않도록 하는 중요한 방법이다.

순차 묽힘은 일련의 연속적인 묽힘이다.

예제 한정된 유리 기구로 순차 묽힘

0.5 M HCl 속에 1 000 μg Fe/mL가 들어 있는 저장 용액으로부터 0.1 M HCl 속에 3 μg Fe/mL의 표준 용액을 만들려고 할 때 100 mL 부피 플라스크와 1 mL, 5 mL, 10 mL의 옮김용 피펫만이 있을 때 어떻게 하여야 하는가?

풀이 이 문제를 푸는 한 가지 방법은 아래의 두 단계로 진행하는 것이다.

1. 저장 용액을 피펫으로 10.00 mL씩 세 번 100 mL 플라스크로 옮기시오. 그리고 표시까지 0.1 M HCl로 묽히시오.

$$[\text{Fe}] = \left(\frac{30\ \text{mL}}{100\ \text{mL}}\right)(1\ 000\ \mu\text{g Fe/mL}) = 300\ \mu\text{g Fe/mL}$$

2. 1단계에서 만든 용액에서 피펫으로 1 mL를 100 mL 플라스크로 옮기고 0.1 M HCl로 표시까지 묽히시오.

$$[\text{Fe}] = \left(\frac{1\ \text{mL}}{100\ \text{mL}}\right)(300\ \mu\text{g Fe/mL}) = 3\ \mu\text{g Fe/mL}$$

자습 1 000 μg Fe/mL로부터 3 μg Fe/mL 용액을 만드는 다른 방법을 설명해 보시오.
(**답:** 저장 용액 10 mL를 100 mL로 묽혀 [Fe] = 100 μg Fe/mL 용액을 만들고, 이 묽힌 용액을 1.00 mL씩 세 번 취해 다시 100 mL로 묽히면 3 μg Fe/mL 용액이 된다.)

순차 묽힘은 저장 용액에 계통 오차를 유발한다. 함량이 알려진 분석 물질로 이루어진 품질 관리용 시료들로 계통 오차를 검출할 수 있다.

Beer 법칙이 실패할 때

Beer 법칙은 흡광도가 흡광하는 화학종의 농도에 비례한다는 것을 나타내는 법칙이다. 이것은 **단색광**에 적용되고 대부분 물질에서 묽은 농도(≤ 0.01 M)에서도 잘 적용된다.

Beer 법칙은 흡광하는 화학종이 농도에 의존하는 화학 평형에 관여하지 않는 묽은 용액을 통과하는 단색 복사선에 잘 적용된다.

진한 용액에서는 용질 분자들이 서로 근접하고 있어서 상호 영향을 끼친다. 매우 높은 농도에서는 용질이 용매가 된다. 분자의 특성들은 다른 환경에서는 정확히 같지 않다. 용액 속의 흡광하지 않는 용질들은 흡광하는 종들과 상호 작용하여 흡광 계수를 변화시킨다.

흡광하는 분자들이 농도에 의존하는 화학 평형에 참여하고 있다면, 흡광 계수는 농도에 따라 변한다. 예를 들어 진한 용액에서 약산 HA는 대부분 해리되지 않고 있다. 용액이 묽어지면 해리는 증가한다. A^-의 흡광 계수가 HA의 것과 같지 않다면, 용액은 묽어짐에 따라 Beer 법칙을 따르지 않는다. 시료와 표준 용액을 완충하면 이런 오차를 최소화할 수 있다. 스펙트럼의 모양이 분석 물질의 농도에 따라 변하지 않는다는 것을 확인해야 한다. 화학적 비이상성으로 인해 Beer 법칙에서 양의 편차와 음의 편차가 모두 일어날 수 있다.

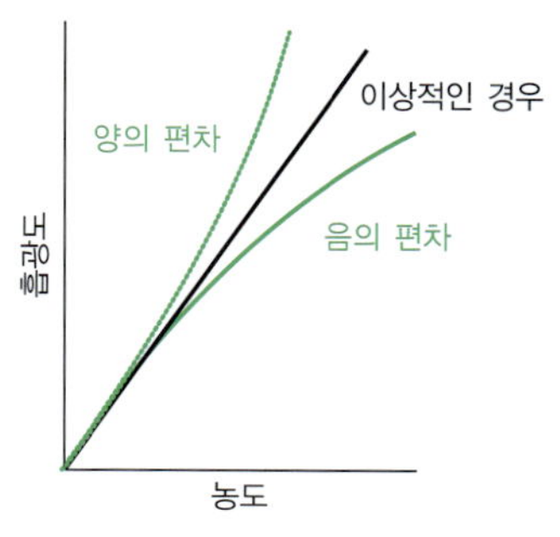

Beer 법칙은 단색광에 적용되지만, 분광기들은 선택된 파장을 중심으로 어느 정도의 폭이 있는 파장을 제공한다. 흡광도가 그림 18-8의 스펙트럼에서 562 ± 5 nm에서 Fe를 측정할 때와 같이 선택된 파장 띠에서 일정하면 Beer 법칙을 따르지만, 대신에 600 ± 5 nm에서 측정한다면 몰흡광 계수가 띠너비를 가로질러 상당히 차이가 날 것이다. 외형적 흡광도는 띠너비에 걸쳐 합쳐진 투광도에 의존한다. 더 낮은 흡광도를 나타내는 띠너비 내의 파장들은 흡광도와 투광도 사이의 로그 관계로 인해 불균형적으로 빛을 더 많이 투과시킨다. 이로 인해 더 낮은 외형적 흡광도를 보이게 된다. 또한 다색광에 기인한 Beer 법칙에 대한 음의 변이는 교정선을 휘게 하며 빛이 적게 투과되는 높은 흡광도에서 더 커진다. 실제적으로 '단색'은 빛의 띠너비가 발색단의 흡광 띠의 너비보다 더 작아야 함을 의미한다.[16]

Beer 법칙의 편차 원인
양의 편차: 화학적 효과
음의 편차: 화학적 효과, 다색광, 떠돌이빛

Beer 법칙은 검출기에 도달하는 모든 빛들이 시료를 통과하였다는 것을 가정한다. 실험실

Beer 법칙의 기기 편차는 20-2절에 더 자세히 논의된다.

로부터 또는 분광 광도계 자체로부터 나온 떠돌이빛이 검출기에 도달한다면 Beer 법칙에서 음의 변이가 일어나므로 기기의 시료실은 단단히 닫혀 있어야 한다. 큐벳에는 시료가 충분히 채워져서 빛이 시료 위로 지나가지 않도록 해야 한다. 마이크로 셀에서는 잘못 배열된 광선이 용액 용기의 투과 면이 아닌 옆면에 있는 유리벽을 통해 지나갈 수도 있다. 그림 18-5에 있는 흐름 셀과 같이 벽면이 검게 칠해진 경우에는 떠돌이빛을 최소화한다. 시료로부터의 형광도 떠돌이빛과 같은 역할을 한다. 떠돌이빛에 의한 효과는 낮은 흡광도에서 작업할 때에는 감소한다.

교정선을 구하고 측정된 값과 최소 제곱선에 의한 값 사이의 수직 차이 값인 **잔차**(residual)를 살펴보아야 한다(5-2절). 그 차이 값에 곡선과 같은 형태가 나타나면 Beer 법칙이 실패하고 있음을 나타내므로 절차를 재조정해야 한다. 화학적 편차는 시료와 표준 용액을 묽히거나 완충하면 줄일 수 있다. 기기 편차는 낮은 흡광도로 작업하거나 기기 설정을 조정하여 줄일 수 있다(20-2절). 교정선이 여전히 곡률을 보이면 더 작은 농도 영역을 사용하거나 2차 최소 제곱 맞춤법이 더 적절할 수 있다(부록 C).

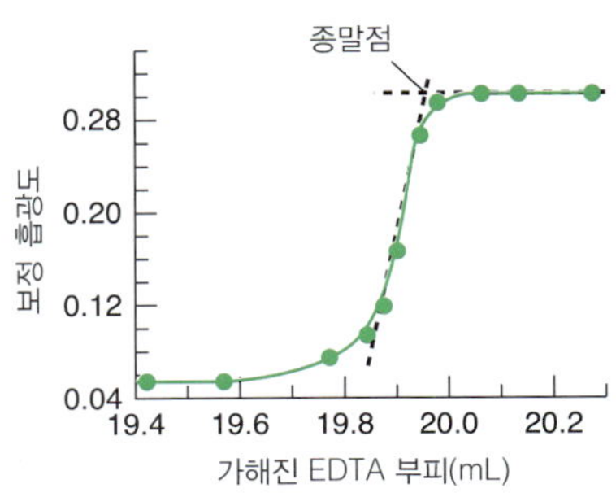

그림 18-10 pH 10에서 EDTA에 의한 칼슘과 마그네슘의 분광 광도법 적정. 결합 안 한 칼마가이트 지시약(In)의 흡광도는 610 nm에서 측정된다. 용액의 초기 흡광도는 610 nm에서의 MgIn의 작은 흡광도에 기인한다. [출처: G. Kiema, University of Alberta]

18-5 분광 광도법 적정

분광 광도법 적정(spectrophotometric titration)에서는 당량점에 언제 도달하는지를 확인하기 위해 적정하는 동안 흡광도의 변화를 측정한다. 물의 경도(hardness)(보충 12-2)를 결정하기 위하여 물속의 칼슘과 마그네슘을 pH 10에서 칼마가이트 지시약으로 에틸렌다이아민테트라아세트산(EDTA)으로 적정한다. 종말점 반응은 아래와 같다.

$$\underset{\text{적색}}{\text{MgIn}} + \underset{\text{무색}}{\text{EDTA}} \rightarrow \underset{\text{무색}}{\text{MgEDTA}} + \underset{\text{청색}}{\text{In}}$$

(In = 칼마가이트)

분광 광도법 분석의 정밀도: 교정 곡선 1~3%, 적정 0.3~1%

당량점에 도달함에 따라 색은 MgIn 착물의 적색에서 자색(적색과 청색의 혼합)을 거쳐 결합 안 한 In의 청색으로 변한다(천연색 사진 8). 당량점은 자색이 전혀 보이지 않는 순수한 청색일 때다. 이러한 종말점을 찾는 것이 이 적정에서 오차가 생기는 가장 큰 원인의 하나다.

그림 18-10은 10.00 mL의 시료를 pH 10으로 완충된 0.01523 M EDTA로 분광 광도법 적정을 하였을 때의 적정 곡선을 보여 준다. 흡광도는 비커 속에서 침투형 광학 탐침(optical immersion probe, 그림 18-11)을 사용하여 직접 측정한다. 시각적 검출을 통한 대략적 적정으로 종말점이 20 mL 근처에 있음을 우선 결정한다. 분광 광도법 적정을 위해 적정 용액을 종말점의 1 mL 내로 첨가한다. 종말점 가까이에서 EDTA는 MgIn 속 Mg^{2+}와 결합되고 방출된 In에 의한 610 nm에서의 흡광도를 측정한다. 모든 금속이 EDTA와 결합하고 있을 때 모든 지시약은 결합 안한 In 형태로 되고 흡광도는 변하지 않게 된다. 19.95_8 mL에서 적정 곡선의 두 직선 부분이 외삽으로 교차하는 점이 종말점이다. 적정 용액은 종말점 가까이에서 방울로 가하고 종말점 이후로도 수 개의 데이터를 얻어야 정확한 외삽이 가능하다. 완결된 반응에 필요한 EDTA 양은 $(0.199\ 5_8\ \text{L}) \times (0.015\ 23\ \text{mol/L}) = 3.040\ \text{mmol}$이다. 분광 광도법 적정에 대한 정밀도는 0.4~0.5%이다.

그림 18-10의 그래프를 얻으려면 각 점에서 부피가 다르기 때문에 희석 문제를 고려하여야 한다. 그래프상의 각 점들은 **반응 용액이 원래의 10.00 mL에서 희석되지 않았다는 가정하에서** 관찰되는 흡광도이다.

$$\text{보정 흡광도} = \left(\frac{\text{전체 부피}}{\text{초기 부피}}\right)(\text{측정된 흡광도}) \qquad \textbf{(18-7)}$$

예제 **묽힘 효과에 대한 보정 흡광도**

EDTA 19.90 mL를 식수 10.00 mL에 첨가한 후에 측정된 흡광도는 0.057이었다. 그림 18-10에서 그려져야 하는 보정 흡광도를 계산하시오.

풀이 총 부피는 10.00 + 19.90 = 29.90 mL. 남은 부피가 10.00 mL였다면 흡광도는 29.90/10.00의 비로 0.057보다 클 것이다.

$$\text{보정 흡광도} = \left(\frac{29.90\ \text{mL}}{10.00\ \text{mL}}\right)(0.057) = 0.170$$

그림 18-10에서 19.90 mL에 그려져야 되는 보정 흡광도는 0.170이다.

자습 다른 적정에서 식수 5.00 mL에 EDTA 8.94 mL를 첨가했을 때 흡광도가 0.105였다. 보정 흡광도를 구하시오. (**답:** 0.293)

작은 부피의 시료들은 분광기 내의 젓개가 들어 있는 큐벳 속에서 직접 적정될 수 있다. Hamilton 주사기(그림 2-15)로 적정액을 첨가하면 1~2%의 정밀도를 얻을 수 있다.

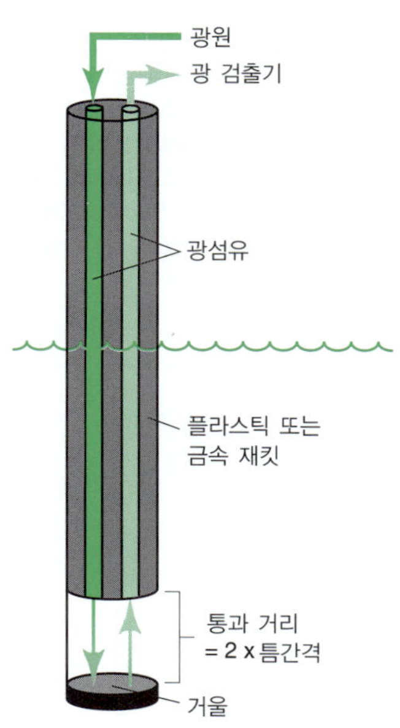

그림 18-11 시료 용액에 담그는 옵토드(optode)라 불리는 광섬유 탐침. 분광기로부터의 빛이 광섬유를 통해 안내되어 시료 용액을 통과하여 거울에서 반사되어 되돌아간다. 투과된 빛은 두 번째 광섬유로 수집되어 광 검출기로 향한다.

18-6 분자가 빛을 흡수할 때 어떤 일이 일어날까?

분자가 광자를 흡수하면 분자는 더 높은 에너지의 **들뜬 상태**(excited state)로 전이된다(그림 18-3). 반대로 분자가 광자를 방출하면 분자의 에너지는 방출된 광자의 에너지양만큼 감소한다.

예를 들어 그림 18-12에 나타낸 폼알데하이드를 고려해 보자. 바닥 상태의 분자는 탄소와 산소 사이에 이중 결합을 갖는 평면 구조이다. 가장 간단한 폼알데하이드의 전자점 모형으로부터 두 쌍의 비결합성 전자들이 산소 원자에 편재될 것으로 예상한다. 이중 결합은 탄소와 산소 원자 사이에 형성된 시그마 결합 한 개와, 탄소와 산소의 $2p_y$(평면 밖) 원자 오비탈로부터 형성된 파이 결합 한 개로 이루어진다.

폼알데하이드의 전자 상태

원자 오비탈(atomic orbital)이 원자에서의 전자 분포를 나타내는 것과 마찬가지로, **분자 오비탈**(**molecular orbital**)은 분자에서의 전자 분포를 나타낸다. 그림 18-13에 나타낸 폼알데하이드의 분자 오비탈 모형에서 산소 원자에 있는 한 개의 비결합성 오비탈은 3개의 시그마 결합성 오비탈과 혼합되어 있다. 이들 4개의 오비탈은 σ_1에서 σ_4로 표시하였으며, 각 오비탈은 반대 스핀(스핀 양자수 = $+\frac{1}{2}$ 및 $-\frac{1}{2}$)을 갖는 하나의 전자쌍으로 채워져 있다. 높은 에너지에 있는 한 개의 채워진 파이 결합성 오비탈(π)은 탄소와 산소의 p_y 원자 오비탈에 의해서 형성된다. 채워진 최고 에너지 오비탈은 산소의 $2p_x$ 원자 오비탈로 이루어진 비결합성 오비탈(n)이다. 비워진 최저 에너지 오비탈은 파이 반결합성 오비탈(π^*)이다. 이 오비탈에 있는 전자들은 탄소와 산소 원자 사이에서 인력보다는 오히려 반발을 일으킨다.

전자 전이(**electronic transition**)란 분자 에너지의 증가 또는 감소를 수반하면서 전자가 한 분자 오비탈로부터 다른 오비탈로 이동하는 것을 말한다. 폼알데하이드에서 최저 에너지의 전자 전이는 한 개의 비결합(n) 전자가 반결합 파이 오비탈(π^*)로 이동하는 것이다.[17] 들뜬 상태의 스핀 양자수에 따라 두 가지 가능한 전자 전이가 있다(그림 18-14). 스핀들이 반대인 상태를 **단일항 상태**(**singlet state**)라고 하며, 스핀이 같은 경우는 **삼중항 상태**(**triplet state**)라 부른다.

최저 에너지의 들뜬 단일항 및 삼중항 상태를 각각 S_1, T_1이라고 한다. 일반적으로 T_1은 S_1보다 낮은 에너지를 가진다. 폼알데하이드 분자에서 파장이 397 nm인 가시선이 흡수되는경우에 $n \rightarrow \pi^*(T_1)$의 전이가 일어난다. $n \rightarrow \pi^*(S_1)$의 전이는 파장이 355 nm인 자외선이 흡수되었을 때 일어난다.

397 nm 부근의 전자 전이가 일어난다는 사실에서 폼알데하이드 용액이 황록색(표 18-1)을 띨 것으로 예상할 수 있다. 그러나 실제로는 폼알데하이드 용액은 무색인데, 그 이유는 $n(S_0) \rightarrow \pi^*(T_1)$과 같은 단일항과 삼중항 사이의 전이가 일어날 확률이 극히 낮기 때문이다.

31° 132 pm 109 pm 119°
들뜬 상태 (S_1)

120 pm 116.5° 110 pm
바닥 상태 (S_0)

그림 18-12 바닥 상태 S_0와 가장 낮은 들뜬 단일항 상태 S_1에 있는 폼알데하이드의 기하 구조

그림 18-13 에너지 준위와 오비탈의 모양을 보여 주는 폼알데하이드의 분자 오비탈 도표. 분자 구조의 좌표계는 그림 18-12에서 나타내었다. [출처: W. L. Jorgensen and L. Salem, *The Organic Chemist's Book of Orbitals* (New York: Academic Press, 1973).]

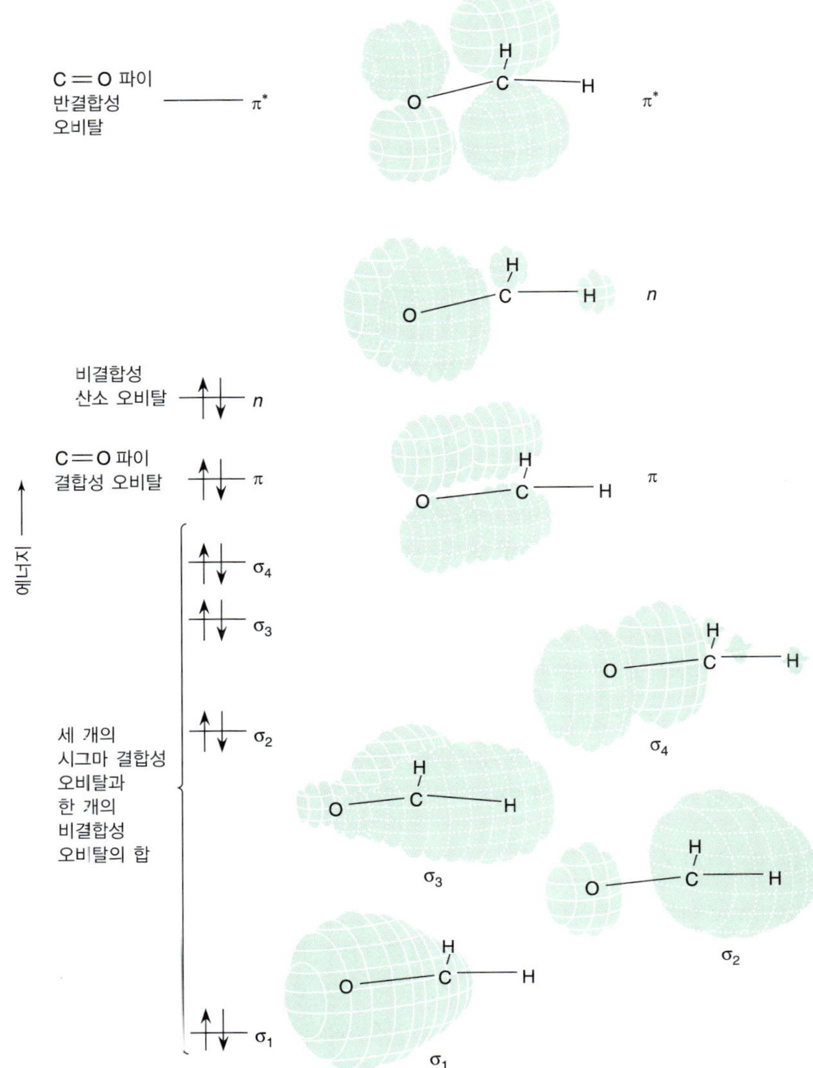

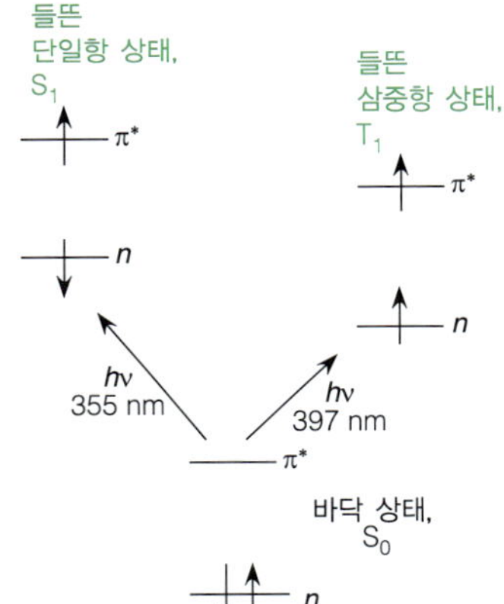

그림 18-14 $n \rightarrow \pi^*$ 전이에서 일어나는 가능한 전자 상태 두 가지. **단일항** 및 **삼중항**이라는 용어는 자기장하에서 삼중항은 세 가지 다른 에너지 상태로 분리되고 단일항은 분리되지 않기 때문에 사용된다.

폼알데하이드는 397 nm의 빛을 거의 흡수하지 않아 우리 눈으로는 흡광도를 전혀 감지하지 못한다. $n(S_0) \rightarrow \pi^*(S_1)$과 같은 단일항에서 단일항으로의 전이는 일어날 확률이 훨씬 더 크므로 자외선의 흡수가 더 강하게 나타난다.

폼알데하이드는 바닥 상태에서 평면 구조를 가지나, S_1(그림 18-12) 및 T_1 들뜬 상태에서는 둘 다 피라미드 구조를 갖는다. 비결합성 전자가 반결합성 C—O 오비탈로 전이하면 C—O 결합 길이가 늘어나고 분자의 기하 구조가 변화된다.

폼알데하이드의 진동 및 회전 상태

폼알데하이드가 가시선 또는 자외선을 흡수하면 전자가 높은 에너지의 오비탈로 전이한다. 적외선 및 마이크로파 복사선은 전자 전이를 일으킬 만큼 에너지가 충분히 크지 못하다. 그러나 그 에너지는 분자의 진동이나 회전 운동의 변화를 일으킨다.

폼알데하이드의 네 개의 원자 각각은 공간에서 3개의 축을 따라 이동할 수 있으므로 분자 전체는 $4 \times 3 = 12$개의 서로 다른 방향으로 이동할 수 있다. 이들 가운데 3개는 x, y, z 방향으로 분자 전체가 움직이는 병진 운동에 해당된다. 다른 3개의 운동은 분자의 질량 중심에 놓이는 x, y, z축에 대한 회전에 해당된다. 나머지 6개의 운동은 그림 18-15에서 보여진 진동 운동에 해당된다.

n개의 원자로 이루어진 비선형 분자는 $(3n-6)$개의 진동 방식과 세 종류의 회전이 가능하다. 그러나 선형 분자는 2개의 축에 대해서만 회전할 수 있다. 따라서 $(3n-5)$개의 진동 방식과 두 종류의 회전 방식을 갖는다.

폼알데하이드 분자가 1 251 cm^{-1}(= 14.97 kJ/mol)의 파수를 가지는 적외선 광자를 흡수하면 그림 18-15에 보여진 비대칭 굽힘 진동이 자극된다. 원자들의 진동 진폭이 증가하여 분자의 에너지도 증가한다.

분자의 회전 에너지 준위 사이의 차이는 진동 에너지 준위 사이의 차이보다 작다. 회전 에너지의 바닥 상태에 있는 분자가 0.029 07 또는 0.087 16 kJ/mol(파장으로는 4.115 또는 1.372 mm)의 에너지를 갖는 마이크로파 광자를 흡수한다면, 두 가지 최저 들뜬 상태로 전이된다. 일반적으로 마이크로파 복사선의 흡수는 분자의 회전이 바닥 상태에서보다 더 빨라지게 한다.

여러분의 가정에서 사용하는 전자 렌지(마이크로파 오븐)는 음식물 속의 물 분자에 회전 에너지를 전달함으로써 음식을 가열한다.

전자 전이, 진동 및 회전 전이의 결합

일반적으로 분자가 전자 전이를 일으킬 수 있는 충분한 에너지의 빛을 흡수하면 **진동**(**vibrational**) 및 **회전 전이**(**rotational transition**), 즉 진동 및 회전 상태의 변화도 함께 일어난다. 폼알데하이드가 적당한 에너지를 갖는 한 개의 광자를 흡수하게 되면 다음과 같은 변화가 동시에 일어난다. (1) S_0에서 S_1으로의 전자 전이, (2) S_0의 바닥 진동 상태에서 S_1의 들뜬 진동 상태로의 진동 에너지 변화, (3) S_0의 한 회전 상태에서 S_1인 다른 회전 상태로의 전이. 이러한 에너지 변화는 이 장의 시작 부분에 있는 기체 상태에 있는 폼알데하이드의 스펙트럼에서 명백히 보여진다. 355 nm에서 흡광(*와 함께 하이라이트된)은 진동 에너지에서의 가장 작은 변화를 보이는 S_0에서 S_1으로의 전자 전이이다. 더 높은 에너지 흡광 띠는 진동 에너지의 변화를 동시 수반하는 S_0에서 S_1으로의 전이에 해당한다. 각 진동 띠의 너비는 S_0에서 S_1으로의 전자 전이와 진동 전이에 수반되는 분리되지 않은 회전 전이에 기인한다.

진동 전이는 일반적으로 동시에 회전 전이를 수반한다.

전자 전이에 의한 흡광 띠는 일반적으로 넓다(그림 18-8). 용매 분자와의 상호 작용은 개별 분석 분자의 진동과 회전 에너지 준위를 동요시킨다. 이러한 상호 작용은 스펙트럼에서 회전과 진동의 특성조차 모호하게 한다. 특히 물과 같은 극성 용매에서는 넓고 특색이 없는 흡광 띠가 생기게 된다. 한 분자가 넓은 범위의 에너지를 갖는 광자들을 흡수할 수 있지만 바닥 전자 상태에서 하나의 특정 들뜬 전자 상태로만 전이하게 된다.

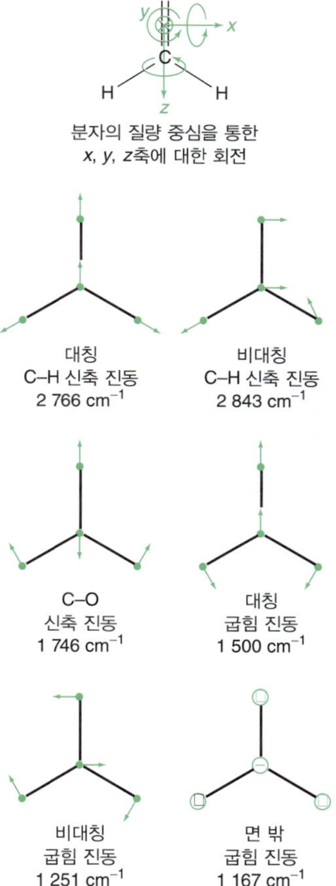

그림 18-15 폼알데하이드의 6가지 진동 방식. 각 진동 방식을 일으키는 데 필요한 적외선 복사의 파수는 센티미터의 역수(cm^{-1}) 단위로 주어진다. 분자는 C=O 결합의 가운데 부분 질량 중심에 위치한 *x*, *y*, *z*축에 대해 회전한다.

흡수된 에너지는 어떻게 될까?

분자가 에너지를 흡수하여 바닥 전자 상태 S_0로부터 들뜬 전자 상태 S_1에 있는 들뜬 진동 및 회전 준위로 전이하였다고 가정하자(그림 18-16). 일반적으로 이러한 흡수 다음에 최초에 일어나는 과정은 S_1의 바닥 진동 준위로의 **진동 이완**(vibrational relaxation)이다. 그림 18-16에서 R_1으로 표시한 이와 같은 **비복사**(nonradiative) 전이에서 진동 에너지는 충돌에 의해서 다른 분자들(예를 들면 용매)로 이동된다. 알짜 효과는 흡수된 광자의 일부 에너지가 매질 전체로 퍼지는 열로 전환되는 것이다.

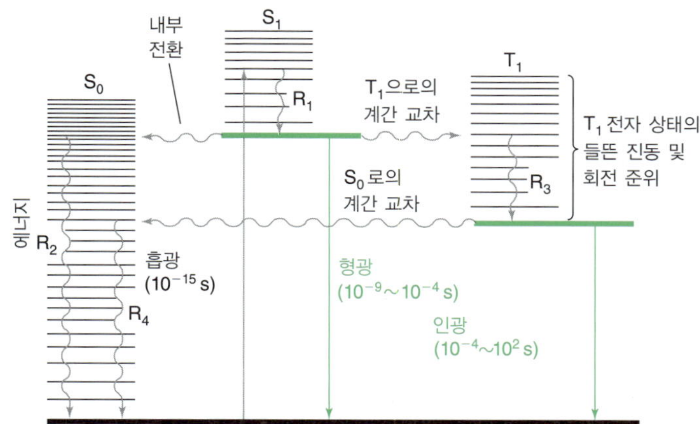

그림 18-16 분자가 자외선 또는 가시선 광자를 흡수한 다음 일어날 수 있는 물리적 과정들을 보여 주는 Jabłoński 도표. S_0는 분자의 바닥 전자 상태를, S_1과 T_1은 각각 최저 들뜬 단일항 및 삼중항 상태를 나타낸다. 직선 화살표는 광자가 포함된 과정을, 그리고 파형 화살표는 비복사 전이를 나타낸다. R은 진동 이완을 나타낸다. 광자 흡수는 S_1의 어떠한 진동 준위로도 올라갈 수가 있고, 형광과 인광은 S_0의 어떠한 진동 준위로도 내려갈 수 있다.

내부 전환은 같은 스핀 양자수를 갖는 상태 사이의 비복사 전이다(즉 $S_1 \rightarrow S_0$).

그다음에 일어나는 과정은 화합물과 그 환경에 따라 달라지는 상대 속도인 많은 과정들의 속도에 의존한다. S_1 준위에 있는 분자는 S_1과 같은 에너지를 가지는 높은 들뜬 진동 준위 S_0로 갈 수 있다. 이것을 **내부 전환**(IC: internal conversion)이라고 한다. 분자는 이러한 들뜬 상태로부터 바닥 진동 상태로 되돌아가가며 이완되고, 그 에너지는 충돌에 의하여 인접 분자들로 전달된다. 이러한 비복사 과정을 R_2로 표시하였다. 만일 분자가 그림 18-16에서 나타낸 $A-R_1-IC-R_2$ 경로를 따른다면 광자의 에너지 전부가 열로 전환된다. 이것이 흡광은 하나 발광을 하지 않는 분자에서 일어나는 과정이다.

계간 교차는 다른 스핀 양자수를 갖는 상태 사이의 비복사 전이다(즉 $T_1 \rightarrow S_0$).

이와 달리 분자가 S_1으로부터 T_1의 들뜬 진동 준위로 건너갈 수도 있다. 이러한 사건은 **계간 교차**(ISC: intersystem crossing)라고 알려져 있다. 비복사 진동 이완 과정인 R_3가 일어난 후 분자는 T_1의 가장 낮은 진동 준위로 내려간다. 이 준위에서 분자는 S_0로 두 번째 계간 교차가 일어나고, 이어서 비복사 이완 과정 R_4가 일어난다. 지금까지 언급된 모든 과정들은 빛이 열로 전환되는 것이다.

형광은 같은 스핀 양자수를 갖는 상태 사이의 복사 전이이다(즉 $S_1 \rightarrow S_0$).

인광은 다른 스핀 양자수를 갖는 상태 사이의 복사 전이이다(즉 $T_1 \rightarrow S_0$)

또한 분자는 S_1 또는 T_1으로부터 광자를 방출하면서 S_0로 이완될 수 있다. $S_1 \rightarrow S_0$ 복사 전이는 **형광(fluorescence)**이라 하며(보충 18-2), $T_1 \rightarrow S_0$ 복사 전이는 **인광(phosphorescence)**이라고 한다. 인광의 에너지는 형광 에너지보다 작으며, 따라서 인광은 형광보다 긴 파장을 가진다(그림 18-17). 내부 전환, 계간 교차, 형광 및 인광의 상대 속도는 분자, 용매, 그리고 온도 및 압력 등과 같은 물리적 조건에 의존된다. 그림 18-17의 이백금 착물에서 S_1에서 T_1으로의 계간 교차의 속도는 느리다. 온도가 증가하면 계간 교차 속도도 증가하며, 따라서 인광이 커지고 형광이 감소한다.

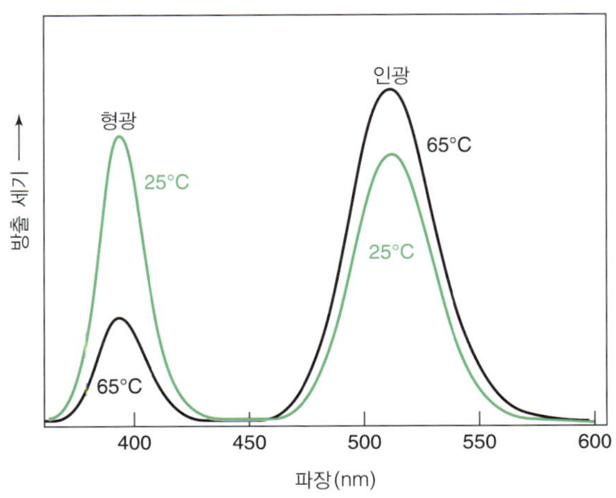

그림 18-17 인광이 같은 분자에서 나오는 형광보다 낮은 에너지(더 긴 파장)로 나오는 것을 보여 주는 발광 스펙트럼. S_1에서 T_1으로의 계간 교차는 느리다. 이 경우에 온도를 증가시키면 더 빠른 계간 교차가 일어나고 인광의 세기가 증가한다. [출처: A. C. Durrell, G. E. Keller, Y.-C. Lam, J. Sykora, A. Vlcek, Jr. and H. B. Gray, "Structural Control of $^1A_{2u}$-to-$^3A_{2u}$ Intersystem Crossing in Diplatinum(II,II) Complexes", *J. Am. Chem. Soc.* **2012**, *134*, 14201.]

한 상태의 수명은 그 상태의 수가 초깃값에서 1/e로 줄어드는 데 필요한 시간이다. e는 자연 로그의 밑수이다.

형광이나 인광을 내는 화합물은 비교적 드물다. 느슨하고 휘기 쉬운 분자들은 진동과 회전 방식들이 들뜬 상태에서 이완될 때 일반적으로 비복사 전이로 일어난다. 구조가 더 튼튼한 분자들은 비복사 경로가 없을 수 있고, 들뜬 분자들은 자발 발광에 의해서만 이완되지만 시간이 걸릴 수 있다. 형광 **수명**(lifetime)은 10^{-8}~10^{-4} s이며, 인광 수명은 확률이 낮은 스핀 양자수의 변화(두 홀전자로부터 짝진 두 전자로)를 수반하기 때문에 더 길다(10^{-4}~10^{2} s). 유로퓸과 디스프로슘으로 도핑된 알루미늄산 스트론튬($SrAl_2O_4$:Eu:Dy)이 빛에 노출되면 수 시간 동안 인광을 방출한다.[18] 이 물질을 응용한 예의 하나가 정전이 되었을 때 비상구 표시판으로 이 물질을 사용하는 것이다.

18-7 발광

형광과 인광은 분자의 들뜬 상태로부터 빛을 방출하는 **발광(luminescence)**의 일례이다. 발광은 본질적으로 흡광보다 더 예민하다. 밤에 전등이 꺼진 경기장에서 50 000명의 열광적인 관객들이 각자 촛불을 들고 있다고 상상해 보자. 여기서 만약 500명이 촛불을 껐다고 하여도 별다른 차이를 느끼지 못할 것이다. 그러나 완전히 불이 꺼진 캄캄한 경기장에서 500명의 사

보충 18-2 우리 주변에서 관찰할 수 있는 형광

대부분의 흰색 섬유들은 형광이 나온다. 재미로 여러 사람들이 있는 암실 안에서 자외선 등을 켜 보라(**그러나 자외선 등을 직접 쳐다보면 안 된다**). 흰색 섬유들(셔츠, 바지, 구두끈 및 그 외의 여러 가지 제품)은 흰색을 돋보이게 하려고 형광 화합물들이 포함되어 있어서 발광하는 것을 볼 수 있다. 치아에서도 그리고 표면이 손상되지 않은 최근에 입은 피부 타박상 부위에서도 형광이 나오는 것을 볼 수 있다. 세척수, 심황 양념, 표지 잉크 등등이 형광을 내는 일상적인 제품들이다. 어둠 속에서 빛을 내는 장난감들은 인광을 낸다. 참고 문헌들을 살펴보면 형광과 인광에 대한 많은 시연들을 찾아볼 수 있다.[19]

$^{-}O_3S$ Na^+

SO_3^- Na^+

세탁 세제 속의 형광 표백제

형광은 단지 아름다운 색을 위한 것만은 아니다. 2000년도에 전 세계 에너지 소비의 약 20%가 어둠을 밝히기 위해 사용되었다. 백열등은 발명된 이후 수 세기 동안 효율이 10배 정도밖에 향상되지 않았다. 형광등은 더 효율적이지만 유해한 수은을 포함하고 있다. 발광 다이오드는 훨씬 더 효율적이고 수명이 길어서 전망이 밝지만 전 가시광 영역을 다 내지는 못한다. 백색광이 자연광과 같으려면 청색, 녹색 그리고 적색의 균형이 필요하다.

상당한 연구들이 진행된 이후 결국 2014년에 노벨 물리학상이 형광 효율을 능가하는 백색 발광 다이오드에 주어졌다.[20] 백색 발광 다이오드는 흡광, 투광 그리고 인광의 균형에 의해 이루어진다. 청색 빛이 패널 *a*에 보이는 것처럼 질소화 갈륨과 질소화 인듐 갈륨과 같은 반도체로 이루어진 발광 다이오드에 의해 나오고, 일부 청색 빛은 패널 *b*에 보이는 다이오드 내부에 있는 Ce^{3+}가 활성화된 이트륨 알루미늄 호박($Y_3Al_5O_{12}$:Ce^{3+}) 인광체에 의해 흡수된다. 이로 인한 인광은 넓은 띠의 황색 발광으로 나오고, 이는 투과된 청색 빛과 결합하여 패널 *c*에 보이는 것처럼 백색광에 가까운 빛으로 되어 온다. 그러나 적색 발광이 부족하여 조명된 물체는 자연 색으로 보이지 않는다. 검은색으로 보이는 붉은 사과는 그리 맛있어 보이지 않을 것이다. 더 진짜 같은 백색광은 극미량의 가돌리늄을 첨가하여 더 강한 적색 성분을 내는 인광체로부터 얻을 수 있다. 백색 발광 다이오드의 광범위한 사용은 빛을 내는 데 사용되는 전기를 반으로 줄여 1년에 2억 톤의 이산화 탄소 배출량을 줄일 수 있다. 에너지 효율이 더 높고 더 자연스러운 백색광을 내는 인광체와 다이오드의 새로운 결합체의 개발이 매우 활발한 연구 분야가 되고 있다.

램프	근사적인 효율 (lumens/watt)^{a,b}
탄소 필라멘트로 된 에디슨 백열등	1~2
텅스텐 필라멘트로 된 백열등	10~18
소형 형광등	50~70
긴 형광등	65~95
백색 발광 다이오드(LED)^c	>200

a. J. Cho, J. H. Park, J. K. Kim and E. F. Schubert "White Light Emitting Diode" *Laser Photonics Rev*. **2017**, 1600147.

b. Lumen(lm)은 발광 선속의 세기에 대한 척도이다. 1 lm은 540 THz의 진동수로 모든 방향으로 균일하게 1/683 W/sr로 복사하는 광원으로부터 1 steradian(sr)의 입체각으로 방출되는 복사 에너지이다.

c. LED등의 수명은 약 10^5 h, 형광등의 수명은 약 10^4 h, 백열등의 수명은 10^3 h.

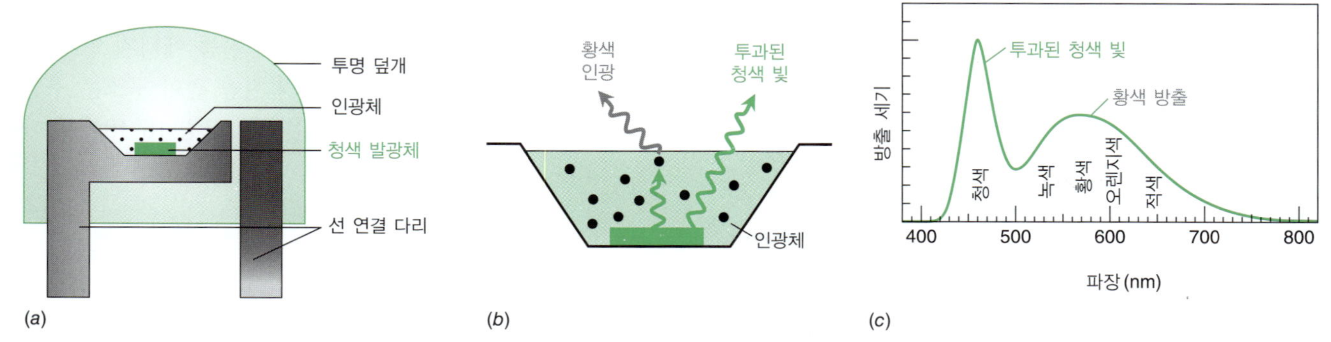

(*a*) 백색 발광 다이오드의 구조, (*b*) 청색 빛이 다이오드에서 나오고 황색 빛은 청색 빛이 인광체를 들뜨게 하여 나오는 인광이다. (*c*) 다이오드에 의해 나오는 460 nm의 청색 빛과 인광체에서 나오는 녹색에서 적색에 걸친 넓은 띠의 황색 인광을 보여 주는 초기의 백색 발광 다이오드의 스펙트럼 [출처: J. Cho, J. H. Park, J. K. Kim and E. F. Schubert "White Light Emitting Diode" *Laser Photonics Rev*. **2017**, 1600147]

람이 일순간에 촛불을 켰다고 생각해 보자. 이 경우에 그 효과는 매우 극적일 것이다. 첫 번째 예는 투광도가 100%에서 99%로 변하는 것과 비슷하다. 이것은 $-\log 0.99 = 0.004\ 4$인 흡광도와 같다. 배경이 너무 밝기 때문에 이와 같은 작은 흡광도를 측정하기는 매우 어렵다. 두 번째 예는 시료 중에서 1%의 분자로부터 형광을 관찰하는 것과 유사하다. 어두운 배경으로부터 형광은 유난히 눈에 띌 것이다.

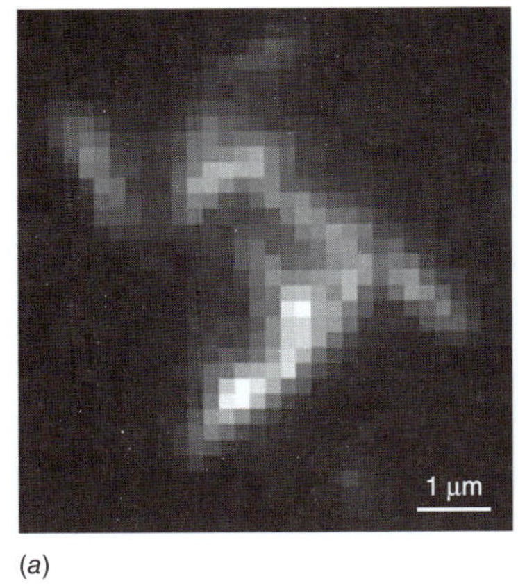

(*a*)

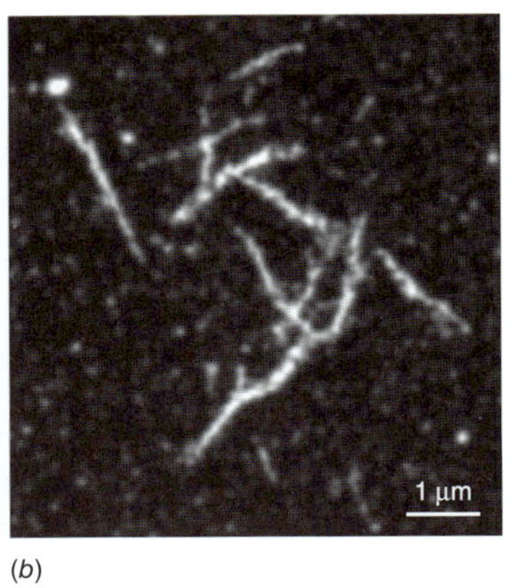

(*b*)

그림 18-18 (*a*) 회절 한계 현미경으로 관찰된, 그리고 (*b*) 초분해능 형광 현미경으로 관찰된 헌팅턴 병을 일으키는 헌팅턴 단백질의 응집체들. 헌팅턴 단백질을 형광이 강한 알렉사 플루오르 647로 표지하여 현미경으로 관찰이 가능하게 되었다. [사진: Whitney C. Duim, University of California, Davis W. C. Duim, Y. Jiang, K. Shen, J. Frydman, and W. E. Moemer, "Super-Resolution Fluorescence of Hungtingtin Reveals Growth of globular Species into Short Fibers and Coexistence of District Aggregates" *ACS Chem. Biol.* **2014**, *9*, 2767-2778]

알렉사 플루오르 647

발광은 **단일 분자**(single molecule)를 관찰할 수 있을 만큼 측정 감도가 좋다.[21] 각 단일 형광 분자는 크기가 1 nm인 광원으로 작용한다. 이것이 광학 회절 한계 이하의 크기에서 현미경이 작동하게 해주며, 이 내용으로 2014년 노벨 화학상을 받았다.[22] 빛의 파동 특성으로 일어나는 회절은 빛의 파장의 약 절반보다 작은 크기로 분리되는 특징들을 구별할 수가 없다. 그림 18-18은 회절 한계 현미경 영상과 형광이 강한 알렉사 플루오르 647로 표지된 헌팅턴 단백질의 초분해능 형광 영상을 보여 준다. 헌팅턴 유전자의 변이가 잘못 접혀진 단백질을 낳고 이들의 응집이 결과적으로 헌팅턴 병의 원인이 된다. 형광의 민감도 때문에 단일 분자 검출이 가능하였고 단일 단백질로부터 섬유 집합체로 가는 응집 경로를 밝힐 수 있게 되었다.

흡광 스펙트럼과 발광 스펙트럼 사이의 관계

그림 18-16은 형광과 인광이 일반적으로 흡수된 빛(**들뜸** 에너지)보다 에너지가 낮다는 사실을 보여 준다. 즉 분자는 흡수한 복사선보다 파장이 긴 복사선을 방출한다. 그 예가 그림 18-19에 나타나 있다.

그림 18-20은 발광이 흡광보다 낮은 에너지로 일어나는지를 보여 줄 뿐만 아니라, 왜 발광 스펙트럼이 흡광 스펙트럼에 대하여 대략 거울상의 관계를 갖는지를 설명해 준다. 흡광 스펙트럼에서, 파장 λ_0는 S_0의 바닥 상태 진동 준위로부터 S_1의 최저 진동 준위로의 전이에 해당된다. 더 높은 에너지(더 짧은 파장)의 흡광 최댓값은 하나 이상의 진동 에너지 양자의 흡수가 수반되는 S_0에서 S_1으로의 전이에 해당된다. 극성 용매에서의 진동 전이 구조는 구별할 수 없을 정도로 넓어져 흡광 스펙트럼은 하나의 넓은 띠로만 관찰된다. 그림 18-19에서 다이

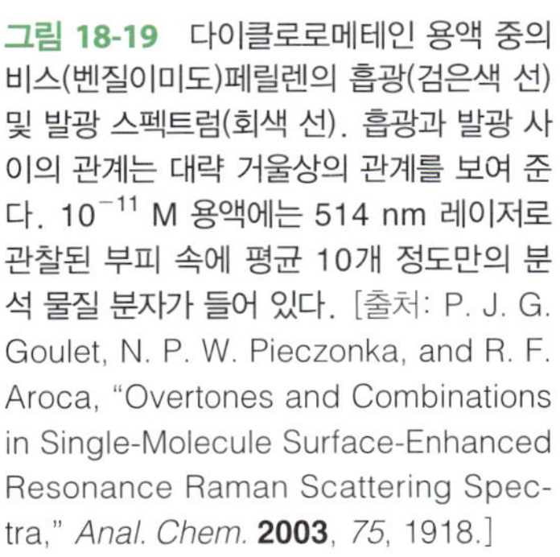

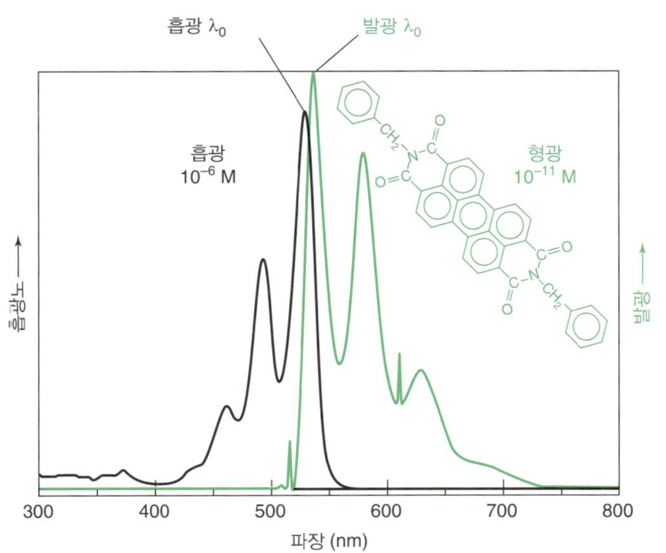

그림 18-19 다이클로로메테인 용액 중의 비스(벤질이미도)페릴렌의 흡광(검은색 선) 및 발광 스펙트럼(회색 선). 흡광과 발광 사이의 관계는 대략 거울상의 관계를 보여 준다. 10^{-11} M 용액에는 514 nm 레이저로 관찰된 부피 속에 평균 10개 정도만의 분석 물질 분자가 들어 있다. [출처: P. J. G. Goulet, N. P. W. Pieczonka, and R. F. Aroca, "Overtones and Combinations in Single-Molecule Surface-Enhanced Resonance Raman Scattering Spectra," *Anal. Chem.* **2003**, *75*, 1918.]

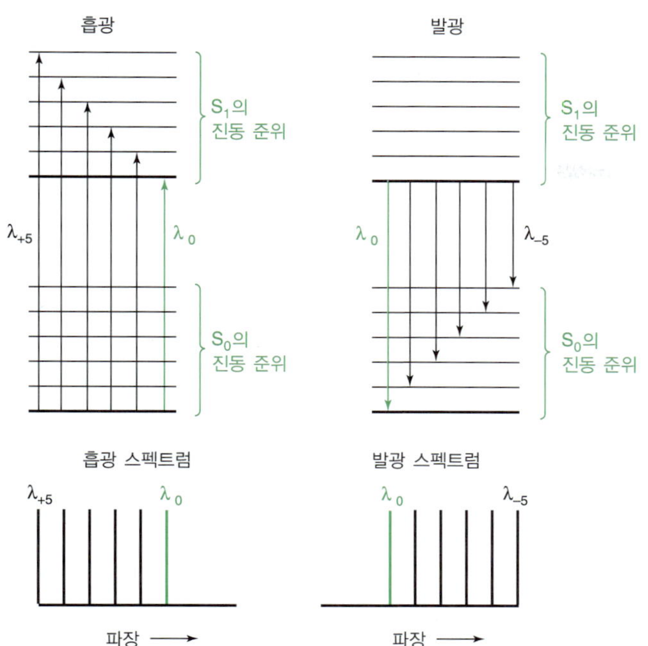

그림 18-20 흡광 및 발광 스펙트럼이 내부 구조를 가지고 이들 두 스펙트럼이 근사적으로 거울상이 되는 이유를 보여 주는 에너지 준위 도표. 흡광에서 파장 λ_0는 최저 에너지에서 나오고, λ_{+5}는 최고 에너지에서 나온다. 발광에서는 λ_0가 최고 에너지에서 나오고, λ_{-5}는 최저 에너지에서 나온다.

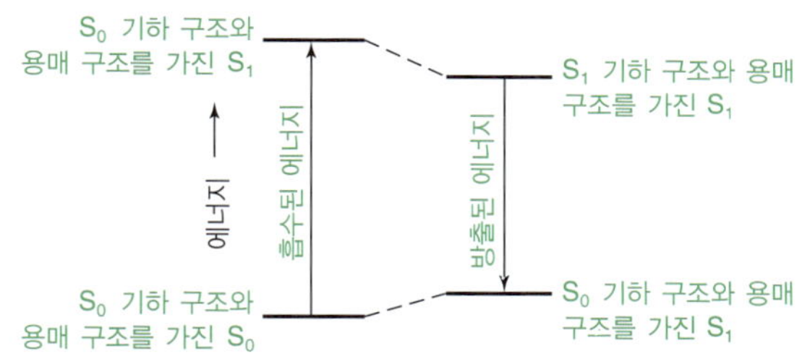

그림 18-21 λ_0 전이가 그림 18-19와 18-23에서 정확하게 겹치지 않는 이유를 보여 주는 도표

클로로메테인과 같이, 용매의 극성이 덜하거나 무극성 용매인 경우에서는 흡광 스펙트럼 속에 진동 구조가 관찰된다.

전자 전이들은 일반적으로 진동 및 회전 전이들을 동시에 포함한다.

흡광 후에 들뜬 진동 상태에 있는 S_1 분자는 복사선을 방출하기 전에 S_1의 바닥 진동 준위로 되돌아오면서 이완된다. 그림 18-20에 나타나 있는 바와 같이, 발광할 때 S_1에서 S_0의 어느 진동 준위로도 갈 수 있다. 최대 에너지 전이는 λ_0의 파장으로 일어나고, 이보다 긴 파장에서 일련의 피크들이 나타난다. 만일 진동 준위들 사이의 에너지 차이가 대략 같고 전이 확률이 비슷하다면, 흡광과 발광 스펙트럼은 근사적인 거울상의 관계를 가질 것이다.

그림 18-19에서 λ_0 전이(뒤에 그림 18-23)는 흡광 및 발광에서 정확히 겹치지 않는다. 발광 스펙트럼에서 λ_0는 흡광 스펙트럼의 경우보다 에너지가 약간 낮다(더 긴 파장). 그 이유는 그림 18-21에서 알 수 있다. 복사선을 흡수하는 분자는 초기의 전자 바닥 상태 S_0에 있다. 이들 분자는 특정한 기하 구조와 둘러싼 용매 구조를 가지고 있다. S_0에서 S_1으로의 전자 전이는 원자들의 진동 운동이나 용매 분자의 병진 운동보다 더 빠르다($\le 10^{-15}$ s). 복사선이 처음 흡수되었을 때 들뜬 분자는 여전히 S_0 상태의 기하 구조와 용매 구조를 가지고 있다. 들뜸이 일어난 다음에 곧 분자의 기하 구조와 둘러싼 용매 구조가 S_1 상태에 가장 적당한 구조로 변화된다. 이와 같은 재배열 과정이 들뜬 분자의 에너지를 낮추게 된다. S_1의 분자에서 형광이 나올 때, 그 분자는 S_0 상태로 되돌아오지만, S_1의 기하 구조와 용매 구조를 그대로 가지고 있다. 이와 같은 불안정한 배열은 S_0의 기하 구조와 용매 구조를 갖는 S_0 상태에 있는 분자보다 높은 에너지를 가지게 된다. 그림 18-21에서 나타낸 이러한 효과로 인해, λ_0 발광 에너지가 λ_0 들뜸 에너지보다 낮아지게 되는 것이다.

전자 전이는 핵 운동에 비해 매우 빠르므로, 각 원자는 전이 전후에 거의 같은 위치와 운동량을 갖는다. 이것을 Franck-Condon **원리**라고 한다.

들뜸 스펙트럼과 발광 스펙트럼

발광 실험 장치를 그림 18-22에 나타내었다. 들뜸 파장(λ_{ex})은 첫 번째 단색화 장치에 의해서 선택되고, 검출기에 도달하는 산란된 빛의 세기를 최소화하기 위하여 발광은 주로 입사광에 90°로 설치된 두 번째 단색화 장치를 통해 관찰된다. 만일 들뜸 파장을 고정시키고 발광 복사선에 대해 파장을 변화시키면 18-23과 같은 **발광 스펙트럼(emission spectrum)**을 얻게 된

발광 스펙트럼: 고정 λ_{ex}와 변화되는 λ_{em}

그림 18-22 발광 실험에서 필수 요소들을 보여 주는 도표. 단일 파장의 빛을 시료에 쪼여 주면 여러 파장 범위로 발광이 측정된다. 들뜸 단색화 장치는 들뜸 파장(λ_{ex})을 선택하고 발광 단색화 장치는 한 번에 하나의 발광 파장(λ_{em})을 선택한다.

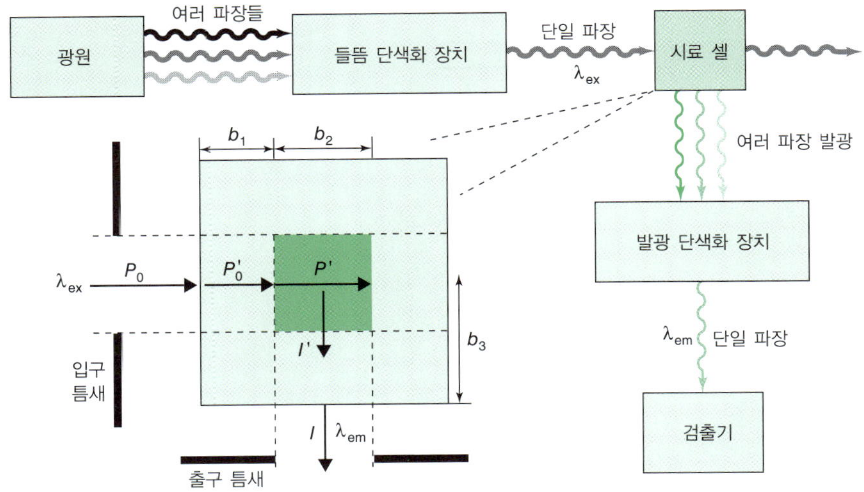

그림 18-23 안트라센의 들뜸 및 발광 스펙트럼은 그림 18-19의 흡광 및 발광 스펙트럼과 같이 거울상의 관계를 갖는다. 들뜸 스펙트럼은 흡광 스펙트럼과 거의 같다. [출처: C. M. Byron and T. C. Werner, "Experiments in Synchronous Fluorescence Spectroscopy for the Undergraduate Instrumental Chemistry Course," *J. Chem. Ed.* **1991**, *68*, 433.]

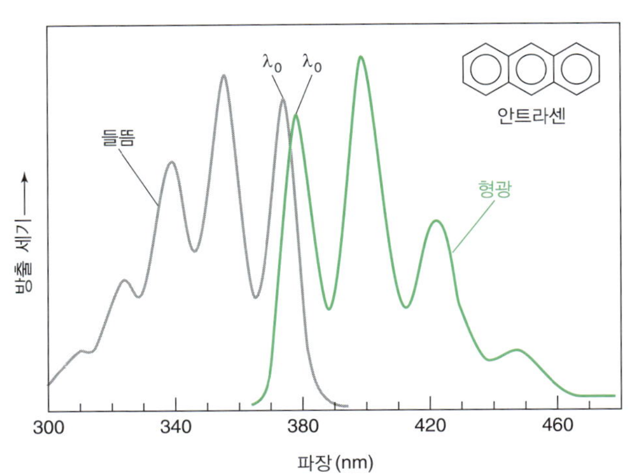

다. 발광 스펙트럼은 발광 파장에 대한 발광 세기의 그래프이다. 200개 이상의 형광 스펙트럼이 있는 데이터베이스는 온라인에서 사용할 수 있다.[4]

들뜸 스펙트럼: 변화되는 λ_{ex}와 고정 λ_{em}

들뜸 스펙트럼(excitation spectrum)은 발광 파장(λ_{em})을 고정하고 들뜸 파장을 변화시켜 측정한다. 들뜸 스펙트럼은 들뜸 파장에 대한 발광 세기의 그래프이다(그림 18-23). **들뜸 스펙트럼은 흡광 스펙트럼과 거의 비슷하게 보인다.** 왜냐하면 들뜸 파장에서의 흡광도가 클수록 더 많은 분자가 들뜬 상태로 전이하게 되어 더 많은 발광이 관찰되기 때문이다.

발광 분광법에서는 검출기에 도달하는 복사선과 입사 복사선 세기의 분율을 측정하는 것이 아니라 발광된 복사선 세기를 측정한다. 검출기의 감응과 단색화 장치는 파장에 따라 변하기 때문에, 기록된 발광 스펙트럼은 발광 파장 대 발광 세기를 나타낸 참 모양(true profile)이 아니다. 단일 발광 파장을 이용하는 정량 분석에서는 이 효과가 결과에 영향을 주지 않는다. 보충 18-3은 실험 스펙트럼을 해석할 때 발광과 혼동될 수 있는 공통된 유형들의 광 산란에 대해 기술하였다.

발광 세기

그림 18-22의 왼쪽 아래 부분의 확대된 시료 셀로부터 발광을 측정하는 동안 일어나는 과정에 대해 간략히 살펴보자. 발광되는 빛의 세기는 시료에 의해 흡수되는 빛의 세기에 비례한다고 예상할 수 있다. 그림 18-22에서, 시료에 쪼여지는 입사광의 복사 세기(W/m^2)는 P_0이다. 통과 거리 b_1에 걸쳐 입사광의 일부는 흡수되고 셀의 중심부까지 들어오는 빛은

식 18-8은 식 18-5와 18-6으로부터 구할 수 있다. 측정하는 파장에서 분석물 이외의 다른 화학종도 흡수하는 경우에는 이들 화학종도 포함해야 한다.

$$\text{셀의 중심부에 들어오는 빛의 세기} = P'_0 = P_0 \cdot 10^{-\varepsilon_{ex} b_1 c} \qquad \textbf{(18-8)}$$

보충 18-3 Rayleigh 및 Raman 산란

발광 스펙트럼은 형광과 인광에 추가적으로 혼란을 주는 특성이 있을 수 있다. 아래 그림은 들뜸 파장 400 nm에서 측정한 다이클로로플루오레세인 수용액의 발광 스펙트럼(유색 선)과 기준 시료로 사용한 순수한 물의 발광 스펙트럼(검은색 선)이다. 두 스펙트럼 사이의 차이는 단지 522 nm에서 피크를 가지는 다이클로로플루오레세인의 형광뿐이다.

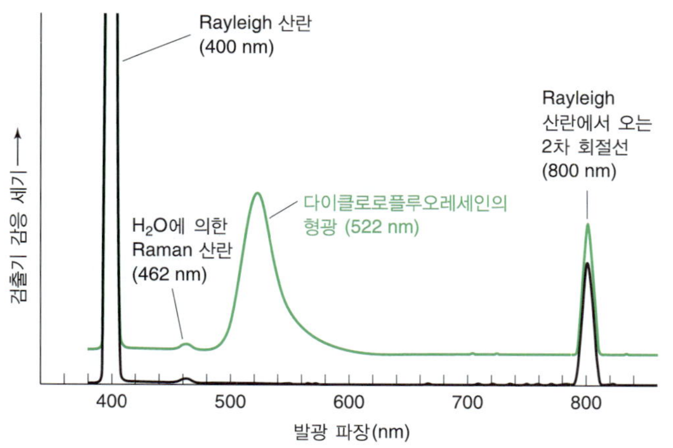

윗 선: 수용성 다이클로로플루오레세인의 발광 스펙트럼, 아래 선: 순수한 물에서 관찰된 스펙트럼 [출처: Kris Varazo, Francis Marion University, R. J. Clark and A. Oprysa, "Fluorescence and Light Scattering" *J. Chem. Ed.* **2004**, *81*, 705]

다른 피크들은 무엇인가? 측정 범위를 초과하는 가장 강한 세기의 피크가 400 nm의 들뜸 파장에서 관찰된다. 이것은 아르곤을 발견한 Rayleigh 경(J. W. Strutt)의 이름을 딴 **Rayleigh 산란(Rayleigh scattering)**이라 불리는 것이다. 들뜸 광원의 진동 전자기장이 물 분자의 전자들을 입사광과 같은 진동수로 진동시킨다. 진동하는 전자는 모든 방향으로 같은 진동수의 복사선을 방출한다. 산란에 필요한 시간은 입사 전자기파의 진동 주기, 즉 400 nm의 빛의 경우 약 10^{-8}~10^{-4}초이다. Rayleigh 산란은 항상 존재하며 발광 스펙트럼에서 나타나지 않도록 걸러진다.

이 예에서 두 번째 강한 피크는 들뜸 파장의 정확히 2배인 800 nm에서 생긴다. 이것은 단색화 장치에서 기인한 작위적인 피크이다. 회절발 단색화 장치는 파장이 λ뿐만 아니라 효율은 감소하지만 λ의 정수 분율들, λ/2, λ/3 등도 통과시킨다. 그림 18-22에서 발광 단색화 장치를 파장 800 nm에 고정시키면 400 nm의 빛도 통과시킨다. 400 nm의 Rayleigh 산란 빛이 800 nm에 고정된 단색화 장치를 통과해 나오게 된다. 우리는 이것을 단색화 장치의 **2차 회절**(2nd order diffraction)이라고 한다. 그림 18-22에서 시료 셀과 발광 단색화 장치 사이에 400 nm를 차단하는 광학 필터를 사용한다면 발광 스펙트럼에서 800 nm에서 피크는 나타나지 않을 것이다.

약하지만 재현성 있는 피크가 462 nm에서 물과 다이클로로플루오레세인 모두에서 관찰된다. 400 nm의 입사광과 462 nm의 피크 사이의 에너지 차이는 H_2O의 진동 에너지에 해당한다. 462 nm에서의 피크는 1928년에 이 현상을 발견하여 1930년에 Nobel 상을 수상한 인도의 물리학자 C. V. Raman의 이름을 따서 **Raman 산란(Raman scattering)**이라 불린다. 10^{-15}초의 시간대에서 일어나는 이런 유형의 산란에서는 입사 광자의 매우 적은 부분의 에너지가 H_2O의 분자 진동 에너지 양자로 전환된다. 산란된 복사선은 들뜸 에너지보다 낮은 에너지를 가진다. 진동 에너지는 관습적으로 그 에너지를 가지는 광자의 파수(cm^{-1})로 표현된다. 액체 H_2O는 3 404 cm^{-1} 부근에 중심을 두는 넓은 영역의 진동 에너지를 가진다. 들뜸 복사선의 파수는 1/파장 = 1/400 nm = 25 000 cm^{-1}이다. Raman 산란에서 에너지 25 000 cm^{-1}의 에너지를 가지는 입사광은 3 404 cm^{-1}의 에너지를 내어 놓고 (25 000 − 3 404) = 21 596 cm^{-1}에서 나타난다. 이것의 파장은 1/(21 596 cm^{-1}) ≈ 463 nm이다. 관찰된 피크는 462 nm에 있다.

이 예에서 무엇을 배울 수 있는가? 첫째, 순수한 용매의 스펙트럼을 시료의 스펙트럼과 비교하여 용매에서 기인하는 피크들을 버려라. 둘째, 형광은 다이클로로플루오레세인의 522 nm와 같이 고정된 파장에서 나온다. 산란된 복사선의 파장은 입사광의 파장과 함께 변한다. 400 nm 대신에 410 nm의 들뜸 파장을 사용한다면 2차 회절선은 820 nm에서 나오며 물의 Raman선은 들뜸 광보다 3 404 cm^{-1}의 에너지가 낮은, 즉 477nm에서 나올 것이다. 산란된 빛은 입사광의 파장과 함께 이동하지만 형광이나 인광은 그렇지 않다.

여기서 ε_{ex}는 파장 λ_{ex}에서의 몰흡광 계수이고, c는 분석 물질의 농도이다. 빛이 추가적으로 거리 b_2만큼을 더 진행한다면

$$P' = P_0' \cdot 10^{-\varepsilon_{ex} b_2 c} \quad \textbf{(18-9)}$$

발광 세기 I는 셀의 중심부에서 흡수되는 빛의 세기에 비례한다.

$$\text{발광 세기} = I' = k'(P_0' - P') \quad \textbf{(18-10)}$$

여기서 k'은 비례 상수이고, Φ는 흡수되는 광자에 대한 발광의 분율을 나타내는 **양자 수득률(quantum yield)**이다. 양자 수득률은 비복사 분자의 0에서 최대 1까지 되며 용액의 조건에 따라 달라진다(19-6절). 셀의 중심부로부터 출구 틈새 방향으로 나오는 모든 빛이 관찰된다

분자	양자 수득률[4]
벤젠	0.05
안트라센	0.36
퀴닌	0.55
로다민 6G	0.95
플루오레세인	0.97

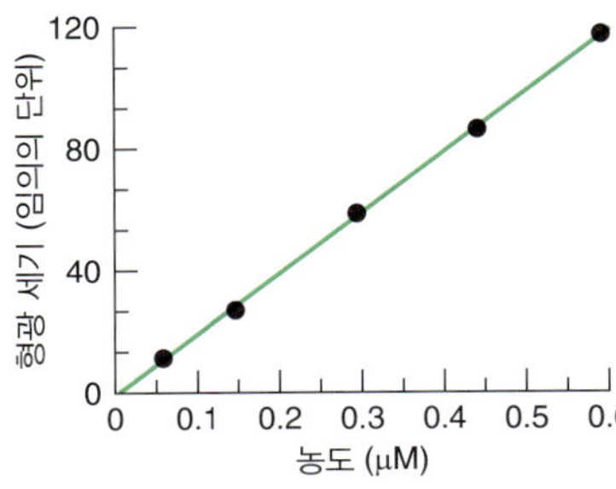

그림 18-24 그림 18-23에서 보여진 최대 형광 파장에서 측정된 안트라센의 형광 측정에 대한 선형 교정 곡선 [출처: C. M. Byron and T. C. Werner "Experiments in Synchronous Fluorescence Spectroscopy for the Undergraduate Instrumental Chemistry Course," *J. Chem. Ed.* **1991**, *68*, 433.]

는 사실을 주목하자. 일부 빛은 셀의 가장자리와 중심부 사이에서 흡수되기도 한다. 셀에서 나오는 발광 세기 I는 Beer 법칙에 의해 다음과 같이 주어진다.

$$I = I' \cdot 10^{-\varepsilon_{em} b_3 c} \quad \textbf{(18-11)}$$

여기서 ε_{em}은 발광 파장에서의 몰흡광 계수이고, b_3는 셀의 중심에서 가장자리까지의 거리이다.

식 18-10과 18-11을 결합하면 발광 세기는 다음과 같이 표현된다.

$$I = k'\Phi(P_0' - P')10^{-\varepsilon_{em} b_3 c}$$

식 18-8과 18-9로부터 P_0'과 P'을 대체하면 입사광의 세기와 발광 세기 사이의 관계를 얻을 수 있다.

$$\begin{aligned} I &= k'\Phi(P_0 \cdot 10^{-\varepsilon_{ex} b_1 c} - P_0 \cdot 10^{-\varepsilon_{ex} b_1 c} \cdot 10^{-\varepsilon_{ex} b_2 c})10^{-\varepsilon_{em} b_3 c} \\ &= k'\Phi P_0 \cdot \underbrace{10^{-\varepsilon_{ex} b_1 c}}_{\text{영역 1에서의 세기 감소}} \underbrace{(1 - 10^{-\varepsilon_{ex} b_2 c})}_{\text{영역 2에서의 흡광}} \underbrace{10^{-\varepsilon_{em} b_3 c}}_{\text{영역 3에서의 세기 감소}} \end{aligned} \quad \textbf{(18-12)}$$

농도가 매우 낮을 때 지수인 $\varepsilon_{ex} b_1 c$, $\varepsilon_{ex} b_2 c$, $\varepsilon_{em} b_3 c$도 모두 매우 작은 값이 되므로 $10^{-\varepsilon_{ex} b_1 c}$, $10^{-\varepsilon_{ex} b_2 c}$, $10^{-\varepsilon_{em} b_3 c}$은 모두 1에 가까워진다. 식 18-12에서 $10^{-\varepsilon_{ex} b_1 c}$과 $10^{-\varepsilon_{em} b_3 c}$을 1로 치환할 수 있다. 그러나 $10^{-\varepsilon_{ex} b_2 c}$은 1로 치환하면 전체 값이 0이 되기 때문에 그렇게 할 수 없다. 대신에 $10^{-\varepsilon_{ex} b_2 c}$를 멱급수 형태로 확장하면

급수 18-13은 $10^{-A} = (e^{\ln 10})^{-A} = e^{-A \ln 10}$의 관계와, 아래의 e^x의 멱급수 전개로부터 유도된다.

$$e^x = 1 + \frac{x^1}{1!} + \frac{x^2}{2!} + \frac{x^3}{3!} + \cdots$$

$$10^{-\varepsilon_{ex} b_2 c} = 1 - \varepsilon_{ex} b_2 c \ln 10 + \frac{(\varepsilon_{ex} b_2 c \ln 10)^2}{2!} - \frac{(\varepsilon_{ex} b_2 c \ln 10)^3}{3!} + \ldots \quad \textbf{(18-13)}$$

식 18-13에서 각 항은 점점 작아지기 때문에 앞의 두 항만을 고려하고 나머지 항들은 무시할 수 있다. 이를 활용하면 식 18-12의 가운데 항 $(1 - 10^{-\varepsilon_{ex} b_2 c}) = (1 - [1 - \varepsilon_{ex} b_2 c \ln 10]) = \varepsilon_{ex} b_2 c \ln 10$이 되고, 따라서 전체 식은 다음과 같이 쓸 수 있다.

낮은 농도에서의 발광 세기:

$$k'\Phi P_0(\varepsilon_{ex} b_2 c \ln 10) = \boxed{I = k\Phi P_0 c} \quad \textbf{(18-14)}$$

여기서 $k = k'\Phi\varepsilon_{ex} b_2 \ln 10$은 상수이다.

식 18-14는 **낮은 농도에서 발광 세기는 분석 물질의 농도에 비례한다**는 사실을 알려 준다. 그림 18-24에서 안트라센의 데이터가 10^{-6} M 농도 이하에서 선형 관계에 있음을 보여 주고 있다. 바탕 시료는 일정하게 빛을 산란하므로 모든 분석에서 측정되어야 한다. 식 18-14는 입사광의 세기(P_0)를 두 배로 증가시키면 발광하는 빛의 세기도 두 배가 된다는 사실을 보여 준다. 반면에 P_0를 두 배로 하는 것은 두 세기의 **비율**(ratio)인 흡광도에는 아무런 영향을 주지 않는다.

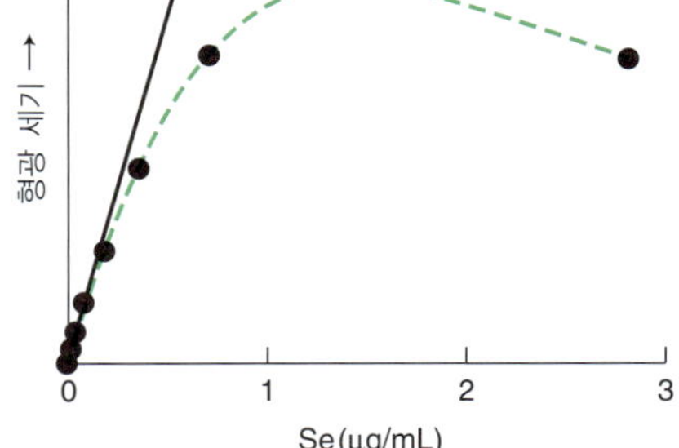

그림 18-25 반응 18-15에서 형광 생성물에 대한 교정 곡선. 교정선은 0.1 μg/mL 이하에서만 선형이다. 곡률과 최댓값은 자체 흡광에 기인한 것이다. [출처: M.-C. Sheffield and T. M. Nahir, "Analysis of Selenium in brazil Nuts by Microwave Digestion and Fluorescence Detection," *J. Chem. Ed.* **2002**, *79*, 1345]

농도가 높을 때에는 식 18-12의 모든 항들을 고려하거나 훨씬 더 정확한 식 또는 교정법을 사용하여야 한다.[23] 농도가 증가하게 되면 최대 발광에 도달하게 되고 그다음에는 발광보다 흡광이 더 빨리 증가하기 때문에 발광이 감소하게 된다. 이를 우리는 **자체 흡광(self-absorption)**에 의해 발광이 **소광(quenching)**된다고 하며, 이는 용액 속 분석 물질 분자에 의해 들뜸 또는 발광 복사선의 흡수가 일어나는 것을 의미한다. 자체 흡광에 의한 소광은 **내부 필터 효과**(inner filter effect)라고도 불린다. 높은 농도에서는 흡광 및 발광이 모두 파장에 의존하기 때문에 발광 스펙트럼의 **모양**(shape)도 변할 수 있다. 들뜸 및 발광 파장에서의 흡광도는 내부 필터 효과를 최소화하기 위해 0.1보다 작아야 한다. 형광은 매질의 성분 또는 공기의 산소에 의해서도 소광될 수 있다. 매질을 맞춘 표준 용액 또는 표준 물질 첨가 교정이 필요할 수 있다.

분석 예: 브라질 땅콩 속 셀레늄의 형광 분석법에 의한 정량

셀레늄은 생명 현상에 필수적인 극미량 원소이다. 예를 들어 셀레늄을 함유하고 있

는 글루타싸이온 과산화 효소는 인체에 해로운 과산화물(ROOH)의 파괴를 촉진하는 촉매이다. 반대로 셀레늄의 농도가 너무 높으면 유해할 수 있다.

브라질 땅콩 속에 함유된 셀레늄을 측정하기 위해서 0.1 g의 땅콩을 2.5 mL의 70 wt% 질산 용액이 담겨 있는 테프론 압력 용기(그림 28-6)에 넣고 전자레인지를 이용하여 삭인다. 삭임 과정에 생성된 셀레늄산(H_2SeO_4)을 하이드록실아민(NH_2OH)을 이용해 아셀레늄산(H_2SeO_3)으로 환원시킨다. 이렇게 생성된 아셀레늄산을 사이클로헥세인으로 추출할 수 있는 형광성 물질을 형성하도록 **유도체화**하였다.

유도체화(derivatization)란 분석 물질의 검출을 용이하게 하거나 다른 화학종으로부터 분리가 용이하도록 화학적으로 변형하는 것을 말한다.

$$2,3\text{-다이아미노나프탈렌} + H_2SeO_3 \xrightarrow[50°C]{pH = 2} \text{형광성 생성물} + 3H_2O \quad (18\text{-}15)$$

2,3-다이아미노나프탈렌 　　　형광성 생성물

형광 생성물의 최대 발광 세기는 378 nm의 들뜸 파장과 518 nm에서의 발광 파장에서 관찰되었다. 그림 18-25에서 발광 세기는 약 0.1 μg Se/mL의 농도까지만 비례한다. 0.1 μg Se/mL 이상의 농도에서는 감응도가 곡선이 되며, 결국 최댓값에 도달한 후 더 농도가 증가하면 자체 흡광이 지배적이 되면서 발광 세기가 **감소하게 된다**. 이와 같은 변화 양상은 식 18-12에 의해 예측된다.

이해해야 할 용어

Beer 법칙(Beer's law)
Raman 산란(Raman scattering)
Rayleigh 산란(Rayleigh scattering)
가림(masking)
광자(photon)
굴절률(refractive index)
단색광(monochromatic light)
단색화 장치(monochromator)
단일항 상태(singlet state)
들뜬 상태(excited state)
들뜸 스펙트럼(excitation spectrum)
몰흡광 계수(molar absorptivity)
바닥 상태(ground state)
바탕 시약(reagent blank)
발광(luminescence)
발색단(chromophore)
발광 스펙트럼(emission spectrum)
복사 세기(irradiance)
분광 광도법(spectrophotometry)
분광 광도법 적정(spectrophotometric titration)
분자 오비탈(molecular orbital)
삼중항 상태(triplet state)
소광(quenching)
양자 수득률(quantum yield)
유도체화(derivatization)
인광(phosphorescence)
자체 흡광(self-absorption)
전자 전이(electronic transition)
전자기파 스펙트럼(electromagnetic spectrum)
진동 전이(vibrational transition)
진동수 또는 주파수(frequency)
큐벳(cuvet)
투광도(transmittance)
파수(wavenumber)
파장(wavelength)
헤르츠(hertz)
형광(fluorescence)
회전 전이(rotational transition)
흡광도(absorbance)
흡광 스펙트럼(absorption spectrum)

요약

빛은 파장(λ)과 진동수(ν)가 $\lambda\nu = c$(c는 광속)라는 중요한 관계를 가지는 파동으로 생각할 수 있으며, 다른 한편으로는 에너지(E)가 $E = h\nu = hc/\lambda = hc\tilde{\nu}$($h$는 Planck 상수, $\tilde{\nu}$는 $(= 1/\lambda)$는 파수)인 광자로 이루어진 것으로도 볼 수 있다. 빛의 흡수는 일반적으로 흡광도(A) 또는 투광도(T)에 의해서 측정되고, $A = \log(P_0/P)$, $T = P/P_0$로 정의된다. 여기서 P_0는 시료에 입사된 복사선의 세기이며, P는 통과해 나온 복사선의 세기이다. 흡광 분광 광도법은 묽은 용액에서 흡광도가 흡수하는 화학종의 농도에 비례하기 때문에(Beer 법칙: $A = \varepsilon bc$, b는 빛의 통과 거리, c는 농도, ε는 몰흡광 계수) 정량 분석에 유용하다.

분광 광도계의 기본적인 구성 요소는 광원, 단색화 장치, 시료 용기 및 광 검출기이다. 분광 광도법의 오차를 최소한으로 줄이기 위해서는 표준 용액과 시료가 재현성이 있는 방법으로 준비되어야 하고 용액 중에 입자가 없어야 하며, 큐벳은 깨끗해야 하는 동시에 재현성 있게 시료 걸이에 놓아야 한다. 그리고 측정은 최대 흡광도를 나타내는 파장에서 이루어져야 한다. 기기 오차는 흡광도가 대략 $A \approx 0.3\sim2$ 범위 안에 들어갈 때 최소가 된다.

분광 광도법 적정에서는 적정 시약을 첨가하면서 흡광도를 측정한다. 많은 반응들의 경우 당량점에 도달하면 기울기의 급격한 변화가 생긴다.

분자가 빛을 흡수하면 바닥 상태로부터 들뜬 상태로 전이되며, 이는 곧 비복사 과정을 통해서나 형광(단일항 → 단일항 발광) 또는 인광(삼중항 → 단일항 발광)을 내는 복사 과정을 통해 바닥 상태로 되돌아간다. 발광 세기는 낮은 농도에서 시료의 농도에 비례한다. 충분히 높은 농도에서는 분석 물질에 의한 자체 흡광 때문에 발광이 감소한다. 들뜸 스펙트럼(들뜸 파장에 대한 발광 세기의 그래프)과 흡광 스펙트럼(파장에 대한 흡광도의 그래프)은 비슷하다. 발광 스펙트럼(발광 파장에 대한 발광 세기의 그래프)은 흡광 스펙트럼보다 낮은 에너지에서 관찰되고 흡광 스펙트럼의 거울상이 되는 경향이 있다.

연습 문제

18-A. **(a)** 45.0% T에 해당하는 흡광도 값은 얼마인가?

(b) 어떤 파장에서 0.010 0 M 용액이 45.0% T를 나타내었다면, 같은 물질 0.020 0 M 용액의 백분율 투광도는 얼마인가?

18-B. **(a)** 농도가 3.96×10^{-4} M인 화합물 A 용액은 1.000 cm의 수정 큐벳으로 측정하였을 때 238 nm에서 0.624의 흡광도를 나타내었다. 용매만 들어 있는 바탕 용액의 흡광도는 같은 파장에서 0.029였다. A 화합물의 몰흡광 계수를 계산하시오.

(b) 같은 용매와 큐벳에서 화합물 A의 미지 용액에 대한 흡광도가 238 nm에서 0.375였다. 미지 용액 속에 들어 있는 A의 농도는 얼마인가?

(c) 같은 용매로 제조한 화합물 A의 진한 용액을 초기 부피 2.00 mL에서 최종 부피 25.00 mL로 묽힌 다음 측정한 흡광도는 0.733이었다. 진한 용액에서 A의 농도는 얼마인가?

18-C. 암모니아는 미국 환경보호청 분석법 350.1로 하이포아염소산 이온(OCl^-)과 나이트로프루사이드($[Fe(CN)_5(NO)]^{2-}$)의 존재하에서 페놀과 반응시켜 분광 광도법으로 정량할 수 있다.

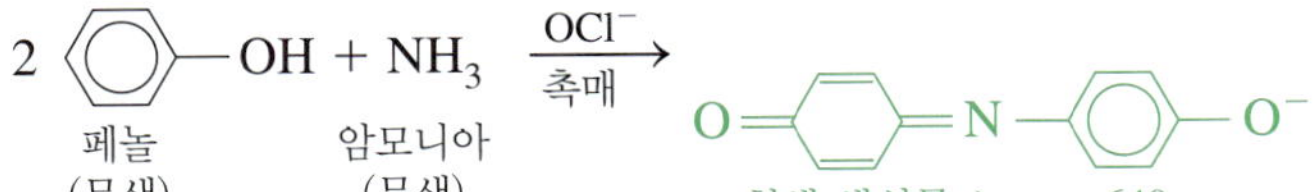

$$2\,\text{C}_6\text{H}_5\text{OH} + \text{NH}_3 \xrightarrow[\text{촉매}]{\text{OCl}^-} \text{O}{=}\text{C}_6\text{H}_4{=}\text{N}{-}\text{C}_6\text{H}_4{-}\text{O}^-$$

페놀 (무색)   암모니아 (무색)   청색 생성물, λ_{max} = 640 nm

지표수 10.0 mL 시료에 페놀 1.00 mL와 나이트로프루사이드산 소듐 용액 1.00 mL, 그리고 하이포아염소산 이온 용액 2.5 mL를 순차적으로 가하고 각 용액을 가할 때마다 잘 섞어 준다. 시료를 50.0 mL로 묽히고 잘 섞은 후, 1시간 동안 반응이 일어나도록 둔 다음, 1.000 cm 유리 큐벳으로 640 nm에서 흡광도를 측정한다. 분석법 350.1에서 암모니아 농도는 부피당 질소(N)의 질량 단위로 인용된다. 0.381 9 g NH_4Cl(FM 53.49)을 물 1.00 L에 녹여 100.0 mg N/L 저장 용액을 준비한다. 0.100 mg에서 1.00 mg의 분석용 표준 용액은 이 저장 용액을 묽혀서 준비한다. 각 표준 용액 10.0 mL를 50 mL 부피 플라스크에서 묽히고 미지 시료와 같은 방법으로 분석한다. 바탕 시료는 미지 시료 대신에 증류수를 사용하여 준비한다.

표준 용액(mg N/L)	640 nm에서의 흡광도
바탕 시료	0.028
0.100	0.089
0.300	0.200
0.500	0.306
0.700	0.428
1.00	0.597

(a) 0.500 mg N/L의 표준 용액을 사용하여 청색 생성물의 몰흡광 계수를 계산하시오.

(b) 암모니아 농도에 대한 보정 흡광도를 나타내는 교정 곡선을 그리시오. 시각적으로 보았을 때 교정선이 선형인가? [**힌트**: 데이터 점들과 선 사이의 수직 거리인 잔차(residual) 값은 선에 대해 무작위로 분포하여야 한다.]

(c) 미지 시료의 흡광도가 A = 0.272일 때 암모니아의 농도를 mg N/L로 계산하시오.

(d) 100.0 mg N/L 저장 용액으로부터 옮김용 피펫과 부피 플라스크를 사용하여 암모니아 교정용 표준 용액을 어떻게 만들 수 있는가?

18-D. 카티논(cathinone)은 아라비아 반도에서 자라는 캣(khat) 잎에 있는 향정신성 알칼로이드이다. 일부 '욕조 소금(bath salt)'이라 불리는 것들은 알려지지 않은 성질과 부작용이 있는 카티논의 합성 변형물들인데, 법망을 피하려고 고안된 것들이다.

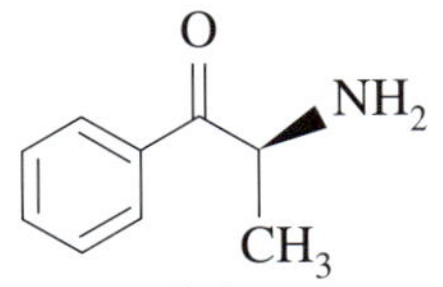

카티논 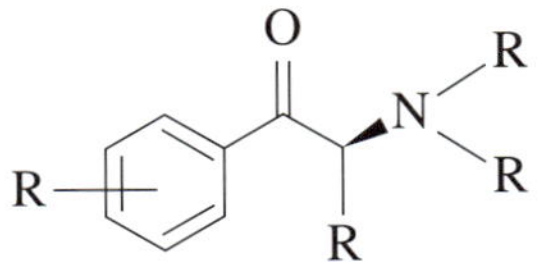   '욕조 소금'＝합성 카티논

범죄 과학 수사에서 시료 속에 특정 물질이 포함되어 있지 않거나 포함되어 있을 수 있는지를 확인하기 위하여 **추정 시험**(presumptive test)을 사용한다. 합성 카티논의 검출을 위한 추정 시험은 네오쿠프로인(neocuproine)의 존재에 카티논에 의한 Cu^{2+}이 Cu^+로 환원되는 것에 기초한다.[24] 카티논이 존재하고 다른 환원제가 없다면 454 nm에서 최대 흡광도를 가지는 색을 띤 Cu(네오쿠프로인)$_2^+$가 형성된다. 캣 잎 속의 카티논의 분석을 위한 분광 광도법 분석 절차는 다음과 같다.

1. **캣 추출물 용액**: 건조된 캣 잎을 작은 조각으로 잘라서 에탄올로 추출한다. 거른 후에 추출액을 정량적으로 500 mL 부피 플라스크에 옮긴다. 증류수를 눈금까지 채우고 잘 혼합한다.
2. 500 mL 플라스크로부터 용액 1.00 mL를 25 mL 부피 플라스크로 옮기고 Cu^{2+} 용액을 가한다. 그런 다음 네오쿠프로인 1.00 mL와 증류수 10.00 mL를 넣고 잠깐 끓인다.
3. 식은 후 아세트산 이온 완충 용액 1.25 mL를 가해 pH가 착물 형성에 적절하도록 하고 증류수를 가해 25 mL로 묽힌다.
4. 1.000 cm 유리 큐벳에 넣고 454 nm에서 황색 Cu(네오쿠프로인)$_2^+$의 흡광도를 측정하시오.

(a) **외부 교정법**: 카티논 표준 용액(2.5~10.0 μg/mL 농도 1.00 mL)과 1.27 g의 건조된 캣 잎으로부터 추출된 1.00 mL 캣 추출액이 분석되었다. 추출액 속의 카티논의 농도는 얼마인가? 아래의 흡광도 데이터로부터 건조된 캣 잎 속에 있는 카티논의 농도

(μg/g)는 얼마인가?

카티논 (μg/mL)	흡광도
바탕 시료	0.03
2.5	0.20
5.0	0.37
7.5	0.52
10.0	0.71
캣 잎 추출액	0.59

출처: A. M. Al-Obaid, S. A. Al-Tamrah, F. A. Aly, and A. A. Alwarthan, "Determination of (S)(−)−Cathinone by Spectrophotometric Detection," J. Pharm. Biomed. Anal. 1998, 17, 321.

(b) **표준 물질 첨가법**: 1.12 g의 건조된 캣 잎으로부터 추출된 캣 추출액과 카티논의 양을 첨가하면서 1.0 mL의 용액이 준비되었다. 건조된 캣 잎 속에 있는 카티논의 농도(μg/g)는 얼마인가?

첨가한 카티논(μg)	흡광도
바탕 용액	0.029
0	데이터 없음
4.0	0.800
8.0	1.090
12.0	1.359
16.0	1.637

18-E. 세미자이레놀 오렌지는 pH 5.9에서 황색이지만 Pb^{2+}와 반응하면 적색으로 변한다. pH 5.9인 2.025 mL의 세미자이레놀 오렌지를 7.515×10^{-4} M $Pb(NO_3)_2$ 용액으로 적정하여 다음과 같은 결과를 얻었다.

첨가한 Pb^{2+} 총 부피(μL)	490 nm 파장에서의 흡광도	첨가한 Pb^{2+} 총 부피(μL)	490 nm 파장에서의 흡광도
0.0	0.227	42.0	0.425
6.0	0.256	48.0	0.445
12.0	0.286	54.0	0.448
18.0	0.316	60.0	0.449
24.0	0.345	70.0	0.450
30.0	0.370	80.0	0.447
36.0	0.399		

첨가한 Pb^{2+} μL에 대한 흡광도의 그래프를 그리시오. 묽힘에 대한 보정 흡광도를 확인하시오. 보정 흡광도는 2.025 mL의 초깃값에서 부피가 변하지 않은 것처럼 측정된 것이다. 세미자이레놀 오렌지와 Pb^{2+}의 반응이 1:1 화학량론에 따른다면, 원래의 용액 속에 있던 세미자이레놀 오렌지의 몰농도를 구하시오.

문제

빛의 성질

18-1. 빈 칸을 채우시오.

(a) 전자기파의 진동수를 두 배로 하면 에너지는 ________배로 된다.

(b) 전자기파의 파장을 두 배로 하면 에너지는 ________배로 된다.

(c) 전자기파의 파수를 두 배로 하면 에너지는 ________배로 된다.

18-2. (a) $\lambda = 650$ nm인 적색 광의 양성자 1 mol의 에너지(kJ)는 얼마인가?

(b) $\lambda = 400$ nm인 자색 광의 양성자 1 mol의 에너지는 몇 kJ인가?

18-3. (a) 파장이 562 nm인 가시선의 진동수(Hz), 파수(cm^{-1}) 및 에너지(J/광자, J/mol 광자)를 각각 계산하시오.

(b) 파수가 3 028 cm^{-1}인 적외선 복사의 파장(μm), 진동수(Hz), 에너지(J/광자, J/mol 광자)를 각각 계산하시오.

18-4. 마이크로파, 적외선, 가시선 그리고 자외선 광자의 에너지는 어떠한 분자 전이 과정에 해당하는가?

18-5. 불꽃 속의 소듐에 의해 발생되는 특징적인 오렌지색 빛은 소듐 'D'선이라 부르는 강한 발광에 기인한다. 이 D선은 실제는 파장이 589.158 nm와 589.756 nm(진공에서 측정된)를 가지는 이중선이다. 파장 약 589 nm의 빛에 대한 건조 공기(15°C, 101.325 kPa, 450 ppm의 CO_2)의 굴절률은 1.000 277이다. 공기 중에서 측정된 D선의 각 성분의 진동수, 파장 및 파수를 계산하시오.

빛의 흡수(흡광)와 흡광도 측정

18-6. 투광도, 흡광도와 몰흡광 계수의 차이를 설명하시오. 어느 것이 농도에 비례하는가?

18-7. 흡광 스펙트럼이란 무엇인가?

18-8. 480 nm(청록색)에서 가시선의 최대 흡수가 일어나는 화합물은 왜 붉은색으로 보이는가?

18-9. **색과 흡광 스펙트럼.** 천연색 사진 17은 색을 띤 용액과 그것의 흡광 스펙트럼을 보여 준다. 표 18-1로부터 각 용액이 흡수하는 색이 무엇인지 설명하고, 각 용액의 최대 흡광 파장을 사용하여 용액의 색을 예측하시오. 예측된 색과 관찰된 색이 일치하는가?(이 문제는 원저작물의 사진 저작권 미해결로 사진을 제시할 수 없어 풀 수 없는 문제입니다.)

18-10. $A = 0.3 \sim 2$인 범위에서 흡광도를 측정하는 것이 가장 정확한 이유는 무엇인가?

18-11. 농도가 2.31×10^{-5} M인 어떤 화합물 용액을 1.00 cm 큐벳에 넣고 파장 266 nm에서 흡광도를 측정하였을 때 0.822였다.

(a) 266 nm에서의 몰흡광 계수를 계산하시오.

(b) 사용하는 큐벳은 어떤 소재로 되어야 하나?

18-12. 파장 562 nm에서 가시선의 최대 흡광도를 나타내는 Fe

(페로진)$_3^{4-}$ 이온의 용액은 어떤 색을 띨 것으로 예상하는가? 사용하는 큐벳은 어떤 소재로 되어야 하나?

18-13. 내가 어렸을 적에 Wilbur 아저씨는 그의 바나나 농장에서 흐르는 빗물 중에 함유된 철의 함량을 분석하는 과정을 나에게 보여 준 적이 있었다. 25.0 mL의 시료를 질산으로 산성화시키고 과량의 KSCN으로 처리하여 붉은색의 착물(KSCN 자체는 무색)을 형성시켰다. 그다음 용액을 100.0 mL로 묽히고 빛의 통과 거리를 변화시킬 수 있는 셀에 넣었다. 비교용으로 6.80×10^{-4} M의 Fe^{3+} 기준 시료 10.0 mL를 HNO_3와 KSCN으로 처리하여 50.0 mL로 묽혔다. 기준 시료는 통과 거리가 1.00 cm인 셀에 넣었다. 빗물 시료는 통과 거리가 2.48 cm에서 기준 시료와 같은 흡광도를 나타내었다. Wilbur 아저씨 농장에서 흐르는 빗물 속에 포함된 철의 농도는 얼마인가?

18-14. 고체 피라진 화합물에서 나온 30.3 μbar의 압력에서의 증기는 298 K에서 3.00 cm 셀로 측정하였을 때 266 nm의 파장에서 24.4%의 투광도를 보였다.

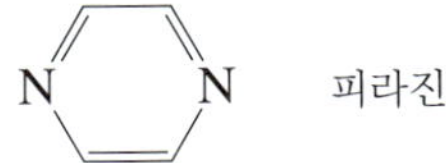

피라진

(a) 투광도를 흡광도로 변환하시오.

(b) 이상 기체 법칙(문제 1-17)을 사용하여 압력을 농도(mol/L)로 변환하시오.

(c) 266 nm에서 기체 피라진의 몰흡광 계수를 구하시오.

18-15. 이 장의 시작에서 나왔던 오존 흡광 스펙트럼의 세로 좌표에 대한 **흡광 단면적**(absorption cross section)은 다음과 같이 정의할 수 있다.

$$투광도(T) = e^{-n\sigma b}$$

여기에서 n은 cm^3당 흡광 분자의 수, σ는 흡광 단면적(cm^2)이고, b는 통과 거리(cm)이다. 대기 중 총 오존의 양은 지표면 cm^2당 약 8×10^{18}개 분자가 존재한다(지표에서부터 대기권 최상층까지). 만약 이것이 1 cm 두께의 층으로 압축된다면, 농도는 8×10^{18}개 분자/cm^3가 된다.

(a) 200~280 nm에 이르는 자외선은 대기에 있는 오존에 의해 완전히 차단되지만 315~400 nm 영역은 거의 흡수되지 않는다. 이 장의 시작에서 나온 오존의 스펙트럼을 이용하여, 325 nm와 300 nm에서 이 오존 1 cm^3 시료의 투광도와 흡광도를 구하시오.

(b) 햇빛 화상은 295~310 nm 영역의 복사선 때문이다. 이 영역의 중간 파장에서 측정한 대기 중 오존의 투광도는 0.14이다. $T = 0.14$, $n = 8 \times 10^{18}$개 분자/cm^3, $b = 1$ cm일 때 흡광 단면적을 구하시오. 만약 오존의 농도가 1% 감소하여 7.92×10^{18}개 분자/cm^3가 된다면, 투광도는 몇 퍼센트 증가하겠는가?

(c) 대기 중의 O_3는 **Dobson 단위**(Dobson unit)로 측정되는데, 이것은 지표면 cm^2당 2.69×10^{16}개 O_3 분자에 해당한다 [1 Dobson 단위는 0°C, 1기압으로 압축시킬 때 차지하는 오존 기둥의 두께(수백 밀리리터)로 정의된다]. 다음 그래프는 위도와 계절의 함수로서의 오존 농도의 변화를 보여 준다. 흡광 단면적 2.5×10^{-19} cm^2를 이용하여 북위 30°~50° 사이의 위치에서 겨울철과 여름철에 오존이 290에서 350 Dobson 단위로 변한다고 할 때, 이곳의 겨울과 여름에 오존의 투광도를 각각 구하시오. 여름보다 겨울에는 자외선의 투광도가 몇 퍼센트 더 클 것인가?

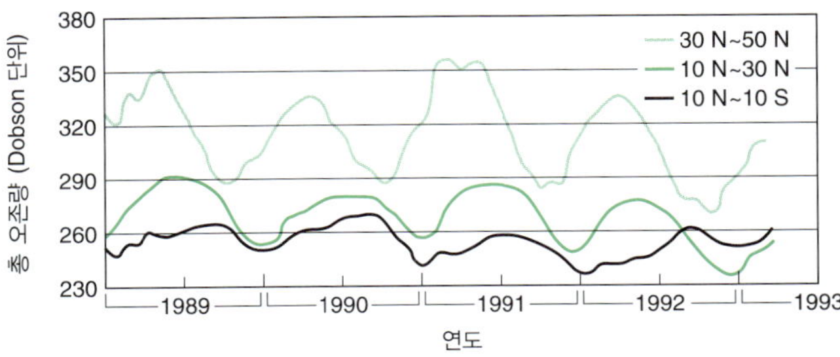

다른 위도에서의 대기 중 오존의 변화량 [출처: P. S. Zurer, *Chem. Eng. News* 24 May 1993, p. 8]

화학 분석에서의 Beer 법칙

18-16. 18-4절에서 페로진을 사용하는 철의 분석에서

(a) 바탕 시료의 흡광도 0.038을 측정된 흡광도에서 빼지 않는다면 교정 곡선은 어떻게 될 것인가?

(b) 흡광도를 562 nm가 아니라 600 nm에서 측정한다면, 바탕 시료를 보정한 교정 곡선은 어떻게 될 것인가? 피크 파장이 아니라 흡수 피크의 측면에서 흡광도를 측정하면 왜 잘못된 측정이 되는가?

(c) 바탕 시료로 보정된 미지 시료의 흡광도가 1.246이라면, 어떻게 농도를 구하는가? (**힌트**: 그림 18-9의 범위를 보라.)

18-17. 품질 보증. 18-4절에서 페로진을 사용한 혈청 속 철의 분석에 대해

(a) 이 분석법이 확립된 후 공인 기준 물질을 분석하는 목적은 무엇인가? 공인 기준 물질은 무엇인가?

(b) 기준 물질은 1.36 μg Fe/mL 농도로 공인되어 있다. 네오쿠프로인 없이 페로진을 사용한 5번의 반복 분석에서 1.49_3 μg Fe/mL의 평균값과 0.04_5 μg Fe/mL의 표준 편차를 얻었다. 이 분석은 신뢰 수준 95%에서 참값과 일치하는가?

(c) 혈청 속 철의 분석에서 네오쿠프로인을 사용하는 목적은 무엇인가?

(d) 네오쿠프로인과 페로진을 사용한 4번의 반복 분석에서 $1.38_7 \pm 0.04_3$ μg Fe/mL를 얻었다. 네오쿠프로인을 넣은 것이 **(b)**의 결과와 비교하여 통계적으로 상당한 의미의 차이가 있는가?

18-18. 분자량이 292.16 g/mol인 화합물을 5 mL 부피 플라스크에서 녹였다. 1.00 mL를 분취하여 10 mL 부피 플라스크에 옮기고 눈금까지 묽혔다. 340 nm에서 1.000 cm 큐벳으로 측정된 흡광도가 0.427이었다. 340 nm에서 이 화합물의 몰흡광 계수는 $\varepsilon_{340} = 6{,}130\ M^{-1}\ cm^{-1}$이다.

(a) 큐벳 속에 있는 화합물의 농도를 계산하시오.

(b) 5 mL 플라스크 속에 있는 화합물의 농도는 얼마인가?

(c) 5 mL 용액을 만들기 위해서는 화합물 몇 mg이 필요한가?

18-19. 분광 광도법 분석에서 시료를 10 cm 셀에 넣고 측정하였다면 1 cm 셀에 넣었을 때의 흡광도보다 10배가 클 것이다. 이때 바탕 시료 용액의 흡광도도 10배가 되겠는가?

18-20. 여러분들이 아이오딘 결핍으로 인한 갑상샘종의 발병을

조사하기 위하여 인도로 파견되었다고 하자. 역학 조사의 한 부분은 지하수 속 극미량의 아이오딘화 이온(I^-)을 현장 분석하는 것이다. 사용한 분석법의 절차는 I^-를 I_2로 산화시킨 다음, I_2를 유기 용매 톨루엔 속에서 브릴리언트 그린 염료와 반응시켜 강한 색을 띠는 착물로 변환시키는 것이다.

(a) 635 nm에서 1.000 cm 큐벳으로 측정한, 색을 띤 착물 3.15×10^{-6} M 용액의 흡광도는 0.267이었고, 지하수 대신 증류수를 넣어 만든 바탕 시료의 흡광도가 0.019였다. 채색된 착물의 몰흡광 계수를 구하시오.

(b) 지하수로부터 준비한 미지 시료 용액의 흡광도는 0.175였다. 미지 시료의 농도를 구하시오.

18-21. **DNA 농도.** DNA와 RNA의 뉴클레오타이드 염기는 방향족 화합물이며 자외선을 흡수한다(부록 L). DNA와 RNA의 농도는 260 nm에서 흡광도를 측정하여 결정할 수 있다. 1 cm 셀로 구한 15개 염기로 구성된 단일 가닥 DNA(FM 4568 g/mol)에 대한 교정 데이터는 아래 표와 같다.

DNA (μg/mL)	흡광도	DNA (μg/mL)	흡광도
2.5	0.080	15.0	0.442
5.0	0.149	20.0	0.620
10.0	0.307	25.0	0.739

출처: S.-H. Li, A. Jain T. Arnold, and D. W. Trau, "Hand-hold Photometer for Instant On-Spot Qualification for Nuclear Acids, Proteins, and Cells" *Anal. Chem.* **2018**, *90*, 2564

(a) 엑셀 프로그램을 사용하여 교정 데이터의 그래프를 그리고, 추세선을 추가하시오. 기울기와 절편의 표준 불확정도를 포함하여 교정선의 식을 쓰시오. 교정선은 직선인가? [**힌트**: 데이터 점들과 선 사이의 수직 거리인 잔차(residual) 값은 선에 대해 무작위로 분포해야 한다.]

(b) **(a)**에서 단일 가닥 DNA의 몰흡광 계수는 얼마인가?

(c) DNA와 RNA의 흡광 계수는 존재하는 뉴클레오타이드와 그들의 배열에 따라 달라진다.[13] 인기 있는 온라인 백과사전에는 모든 단일 가닥 DNA의 흡광 계수는 0.027 $(\mu g/mL)^{-1}\ cm^{-1}$로 나와 있다. 이 시료에 대해 웹 사이트의 값을 사용한다면, 오차가 얼마나 생길 것인가?

(d) DNA 시료를 세 번 반복하여 휴대용 분광기로 분석하여 8.246 μg/mL의 평균 농도와 0.017 μg/mL의 표준 편차를 얻었다. 같은 횟수의 측정에서 시판되는 분광기를 사용하여 8.385 ± 0.154 μg/mL의 값이 얻었다. 정밀도가 통계적으로 동일한가? 농도가 통계적으로 동일한가?

18-22. **단백질 농도.** 물 속 단백질의 몰흡광 계수는 아미노산 타이로신과 트립토판의 함량(표 10-1)과 시스타인 잔기 사이의 다이설파이드 결합(R—S—S—S—R)의 수로부터 약 5~10% 이내로 구해진다.[14]

$$\varepsilon_{280\ nm}(M^{-1}\ cm^{-1}) \approx 5\,500\, n_{Trp} + 1\,490\, n_{Tyr} + 125\, n_{S-S}$$

여기서 n_{Trp}은 트립토판의 수, n_{Tyr}은 타이로신의 수, n_{S-S}는 다이설파이드의 수이다. 인간 혈청 단백질 트랜스페린은 8개의 트립토판과 26개의 타이로신, 19개의 다이설파이드 결합 그리고 2개의 가변 길이의 탄수화물 사슬을 포함하여 679개의 아미노산으로 구성되어 있다.[25] 가장 흔한 탄수화물과 함께 이 단백질의 분자량은 79 570이다.

(a) 트랜스페린의 몰흡광 계수를 예측하시오.

(b) 1.000 cm의 통과 길이 큐벳에 들어 있는 1 wt% 트랜스페린 용액의 흡광도를 예측하시오. (**힌트**: Pace 등[14]에 의해 구해진 값은 11.10이다.)

(c) **(a)**에 대한 답으로부터, 280 nm에서 흡광도가 1.50인 트랜스페린 용액의 wt%와 mg/mL 농도를 구하시오.

18-23. 아질산 이온(NO_2^-)은 베이컨 및 그 밖의 식품 방부제로 사용되지만 발암 의심 물질이다. NO_2^-에 대한 AOAC 표준 분석법 973.31은 다음 반응을 활용하는 Griess 시험법에 기초한다.

$$HO_3S{-}C_6H_4{-}NH_2 + NO_2^- + 2H^+ \longrightarrow HO_3S{-}C_6H_4{-}\overset{+}{N}{\equiv}N + 2H_2O$$

설파닐산

$$HO_3S{-}C_6H_4{-}\overset{+}{N}{\equiv}N + C_{10}H_7{-}NH_2 \longrightarrow$$

1-아미노나프탈렌

$$HO_3S{-}C_6H_4{-}N{=}N{-}C_{10}H_6{-}NH_2 + H^+$$

유색 생성물, λ_{max} = 520 nm

이 정량법의 요약된 절차는 다음과 같다.

1. 아질산 이온이 포함된 50.0 mL의 미지 용액에 1.00 mL의 설파닐산 용액을 가한다.
2. 10분 후에 1-아미노나프탈렌 용액 2.00 mL와 완충 용액 2.00 mL를 가한다.
3. 다시 15분 후에 5.00 cm 셀을 사용하여 520 nm에서 흡광도를 측정한다.

다음의 용액들이 분석되었다.

A. 아질산 이온이 함유되어 있지 않은(즉 무시할 만한 양) 50.0 mL의 식품 추출물: 최종 흡광도 = 0.153

B. 아질산 이온이 함유되어 있을 것으로 의심되는 50.0 mL의 식품 추출물: 최종 흡광도 = 0.622

C. B와 같으나, 50.0 mL의 시료에 10.0 μL의 7.50×10^{-3} M $NaNO_2$를 첨가한 용액: 최종 흡광도 = 0.967

(a) 유색 생성물의 몰흡광 계수 ε을 계산하시오. 5.00 cm 셀을 사용하였다는 것을 기억하시오.

(b) 50.0 mL의 식품 추출물에는 몇 μg의 NO_2^-가 포함되어 있는가?

(c) 아질산 이온의 질량 또는 아질산 이온 속 질소의 질량에 대해 아질산 이온의 함량을 ppm(part per million)으로 나타낼 수 있다. 50.0 mL의 식품 추출물 속에 있는 아질산 이온의 함량(mg/L)을 두 형식으로 바꾸어 나타내시오.

18-24. **교정 곡선을 위한 표준 용액의 준비**

(a) 약 500 μg Fe/mL의 저장 용액을 만들려면 얼마만큼의 황

산 에틸렌다이암모늄 제1철[$Fe(H_3NCH_2CH_2NH_3)(SO_4)_2 \cdot 4H_2O$, FM 382.13]을 500 mL의 부피 플라스크 속에 1 M H_2SO_4 용액으로 녹여야 하는가?

(b) **(a)**의 저장 용액을 만들 때 시약을 1.627 g만큼 무게로 취했다면, Fe의 농도는 μg Fe/mL로 얼마인가?

(c) 500 mL 부피 플라스크만 사용하고 표 2-4에 있는 A급 피펫 중 어느 것이라도 사용하여 저장 용액 **(b)**로부터 0.1 M H_2SO_4 속의 약 1, 2, 3, 4, 5 μg Fe/mL의 표준 용액 500 mL를 어떻게 만드는가?

(d) 화학 폐기물을 줄이려면, 50 mL 부피 플라스크만 사용하고 표 2-4에 있는 A급 피펫 중 어느 것이라도 사용하여 순차 묽힘으로 저장 용액 **(b)**로부터 0.1 M H_2SO_4 속의 약 1, 2, 3, 4, 5 μg Fe/mL의 표준 용액 50 mL를 어떻게 만드는가?

18-25. 교정선을 위한 표준 용액의 준비

(a) 1000 μg Fe/mL의 저장 용액을 만들려면 얼마만큼의 황산 암모늄 제1철[$Fe(NH_4)_2(SO_4)_2 \cdot 6H_2O$, FM 392.12]을 500 mL의 부피 플라스크 속에 넣어 1 M H_2SO_4 용액으로 녹여야 하는가?

(b) **(a)**의 가림 저장 용액을 만들 때 시약을 3.627 g만큼 무게로 취했다면, Fe의 농도는 μg Fe/mL로 얼마인가?

(c) 250 mL 부피 플라스크와 5 mL 및 10 mL A급 피펫만을 사용하여 저장 용액 **(b)**를 두 번의 연속 묽힘만으로 0.1 M H_2SO_4 속의 약 1, 2, 3, 4, 5, 7, 8, 10(±20%) μg Fe/mL의 표준 용액 250 mL를 어떻게 만드는가? 예를 들면 약 4 μg Fe/mL의 용액을 만들려면 먼저 저장 용액 15 mL(= 10 + 5 mL)를 250 mL로 묽혀 $\sim(\frac{15}{250})$(1000 μg Fe/mL) = ~60 μg Fe/mL 용액을 만들고, 이 새로운 용액 15 mL를 250 mL로 다시 묽히면 $\sim(\frac{15}{250})$(60 μg Fe/mL) = ~3.6 μg Fe/mL가 된다.

18-26. 표준 용액 준비 시의 불확정도. 표 2-3과 2-4에 있는 A급 부피 플라스크와 피펫들의 불확정도를 사용하여 0.48 M HCl 속에 1.086 ± 0.002 g Fe/L가 들어 있는 저장 용액 3 mL를 두 번 취해 0.1 M HCl로 1 L로 묽혀 만든 용액의 농도에 대한 절대 및 상대 불확정도를 계산하시오.

18-27. 광도계(photometer)는 하나 또는 미리 정해진 몇 개의 파장에서만 측정할 수 있도록 고안된 간단한 분광기이다. 브리티시 컬럼비아 대학교에 다니는 학생이 유색 발광 다이오드를 광원으로 사용하여 광도계를 제작하였다.

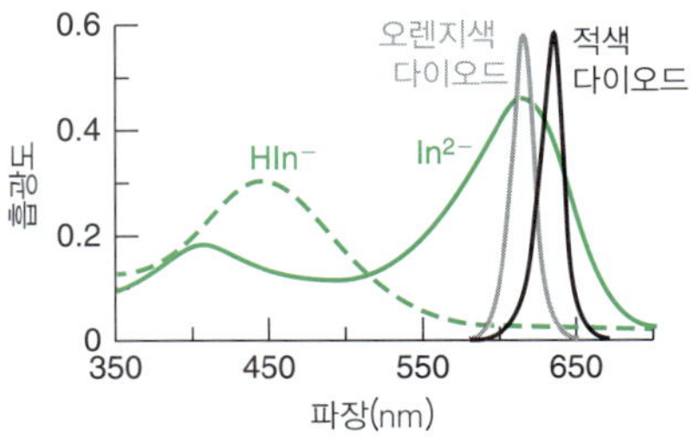

브로모크레졸 그린의 염기(In^{2-})와 그 짝산(HIn^-)에 대한 흡광 스펙트럼과 두 색상 다이오드의 발광 파장 모양 [출처: J. J. Wang, J. R. Rodriguez Núñez, E. J. Maxwell and W. R. Algar, "Build Your Own Photometer: A Guided-Inquiry Experiment to introduce Analytical Instrumentation", *J. Chem. Edu.* **2016**, *93*, 166. J. J Wang은 학부생임.]

(a) 어느 발광 다이오드가 브로모크레졸 그린의 염기형(In^{2-})에 최대 감도(교정 곡선의 기울기)를 낼 수 있는가?

(b) 어느 발광 다이오드가 교정선에 더 선형성을 낼 수 있는가? 그 이유는? 발광 다이오드 광도계가 Beer 법칙을 따르는 것에 실패한다면 교정선의 모양은 어떻게 되겠는가?

(c) 학생이 만든 발광 다이오드 광도계와 같은 파장에서 시판되는 분광 광도계를 사용하여 브로모크레졸 그린에 대한 교정선 데이터를 아래와 같이 얻었다. 광도계 교정선이 선형인가?(**힌트:** 데이터는 교정선에 대해 어떻게 분포하는가?)

농도 (μM)	분광 광도계 흡광도	광도계 흡광도
3.3	0.060	0.135
10.0	0.181	0.302
16.7	0.302	0.567
23.3	0.420	0.754
29.9	0.537	0.986

(d) 시판되는 분광 광도계는 1.000 cm 큐벳을 사용한다. 학생이 제작한 광도계의 통과 거리는 얼마인가?

분광 광도법 적정

18-28. 그림 18-10에서 나타낸 것처럼, 마그네슘과 칼슘을 포함하는 100 mL의 샘물 시료를 적정하였다. 종말점에 도달하는 데 10.83 mM 에틸렌다이아민테트라아세트산(EDTA) 14.59 mL가 소요되었다.

(a) 부피에 대한 흡광도 그래프의 기울기가 급격히 변할 때 왜 종말점에 도달하는가?

(b) 종말점에 도달하는 데 EDTA 몇 mol이 필요한가?

(c) 물의 경도는 알칼리 토금속 이온들의 총 농도를 이들이 모두 $CaCO_3$인 것처럼 L당 $CaCO_3$ mg으로 나타낸다. 50 mL 시료의 경도는 얼마인가?

18-29. 문제 18-27에서 스펙트럼들을 사용하여 다음 질문에 답하시오.

(a) 최대 흡광 파장을 사용하여 브로모크레졸 그린의 염기성형과 산성형의 색을 예측하시오.

(b) 브로모크레졸 그린 지시약과 함께 0.0496 M NaOH로 0.008 45 M HCl 30.0 mL를 적정하였을 때 610 nm에서 측정한 분광 광도법 적정 곡선을 그리시오. 그래프에서 종말점을 어떻게 결정하는지를 설명하시오.

(c) 만일 흡광도가 445 nm에서 측정된다면, 분광 광도법 적정 곡선의 모양은 어떠한가? 어느 파장이 더 정확한 결과를 내는가?

18-30. 금 나노입자(그림 17-34)들은 과량의 Br^-의 존재하에 산소를 제거한 톨루엔 용매 속에서 산화제 TCNQ로 Au(0)를 $AuBr_2^-$로 산화하여 적정할 수 있다. 입자 내부의 금 원자들은 Au(0)이다. 입자 표면에 있는 $C_{12}H_{25}S$(도데칸싸이올) 리간드에 결합된 금 원자들은 Au(I)이며 적정되지 않는다.

$$Au(0) + \text{TCNQ} + 2Br^- \rightarrow AuBr_2^- + TCNQ^{\cdot-}$$

TCNQ
테트라사이아노퀴노다이메테인

환원된 라디칼 음이온
λ_{max} = 856 nm

환원된 $TCNQ^{\cdot-}$는 856 nm에서 저에너지 전자 전이 흡광 피크를 갖는다.

다음 표에 0.700 mL의 1.00×10^{-4} M TCNQ와 0.05 M $(C_8H_{17})_4N^+Br^-$ 톨루엔 용액을 마이크로 주사기에 들어 있는 금 나노 입자 용액(1.43 g/L 톨루엔 용액)으로, 테프론으로 코팅된 바늘을 통해 가하면서 적정할 때 856 nm에서의 흡광도 변화를 나타내었다.

가해진 나노입자 용액의 총 부피(μL)	865 nm에서의 흡광도	가해진 나노입자 용액의 총 부피(μL)	865 nm에서의 흡광도
4.9	0.208	19.1	0.706
8.0	0.301	22.0	0.770
11.0	0.405	25.0	0.784
13.7	0.502	30.0	0.785
16.2	0.610	35.9	0.784

출처: G. Zotti, B. Vercelli, and Berlin, "Reaction of Gold Nanoparticles with Tetracyanoquinoidal Molecules," *Anal. Chem.* **2008**, *80*, 815.

(a) 적정 용액의 부피에 대한 흡광도의 그래프를 그리고, 당량점을 예측하시오. 1.00 g의 금 나노입자 속에 있는 Au(0)의 몰수를 계산하시오.

(b) 적정 곡선의 모양을 설명하시오.

(c) 비슷한 방법으로 제조된 나노 입자들에 대한 다른 분석 방법으로 입자 질량의 25 wt%가 도데케인싸이올 리간드($C_{12}H_{25}S$—, FM 201.39)라는 사실을 알았다. 1.00 g의 나노입자에 있는 $C_{12}H_{25}S$의 몰수를 계산하시오.

(d) 1.00 g의 나노입자 속 Au(I)의 함량은 (1.00 − Au(0) 질량 − $C_{12}H_{25}S$ 질량) g이어야 한다. 1.00 g의 나노입자 속에 있는 Au(I)의 마이크로몰수와 Au(I) : $C_{12}H_{25}S$의 몰비를 계산하시오. 원리적으로는 이 비가 1:1이어야 하지만, 이런 특정 나노입자의 합성에서는 $C_{12}H_{25}S$가 측정되지 않기 때문에 차이가 있을 것으로 생각된다.

발광

18-31. 폼알데하이드에서 $n \rightarrow \pi^*(T_1)$ 전이는 397 nm에서 일어나고, $n \rightarrow \pi^*(S_1)$ 전이는 355 nm에서 일어난다. S_1과 T_1 상태의 에너지 차이(kJ/mol)는 얼마인가? 이 차이는 두 상태에서 전자 스핀이 다르기 때문에 생긴다.

18-32. 형광과 인광의 차이는 무엇인가?

18-33. Rayleigh 산란과 Raman 산란에서 어떤 일이 일어나는지를 설명하시오. 형광보다 가시선의 산란이 얼마나 더 빨리 일어나는가?

18-34. S_1 상태로부터 형광을 내고, T_1 상태로부터 인광을 내는 분자를 고려해 보자. 형광과 인광 중 어느 것이 더 긴 파장에서 발광하는가? 단일 스펙트럼으로 흡광, 형광 및 인광을 보여 주는 그림을 그리시오.

18-35. 형광 들뜸 스펙트럼과 형광 발광 스펙트럼의 차이점은 무엇인가? 어느 것이 흡광 스펙트럼과 비슷한가?

18-36. 그림 18-23에서 안트라센의 최대 흡광 및 발광 파장은 대략 357 nm와 402 nm에서 나타났다. 이들 파장에서의 몰흡광 계수는 각각 $\varepsilon_{ex} = 9.0 \times 10^3\ M^{-1}\ cm^{-1}$과 $\varepsilon_{em} = 0.05 \times 10^3\ M^{-1}\ cm^{-1}$이다. 그림 18-22의 형광 실험에서 셀의 크기를 b_1 = 0.30 cm, b_2 = 0.40 cm, b_3 = 0.50 cm라 놓고, 10^{-8}~10^{-3} M의 범위에서 농도의 함수에 대한 식 18-12의 상대적 형광 세기를 계산하시오. 그리고 얻은 곡선의 모양에 대하여 설명하시오. 대략 어떤 농도까지 형광이 농도에 대해 5% 오차 범위로 비례하는가? 그림 18-24의 교정 범위는 타당한 것인가?

18-37. **표준 물질 첨가법.** 0.108 g의 브라질 땅콩 속에 들어 있는 셀레늄을 18-15의 반응식에 의해 발광성 생성물로 변형시켰다. 이 생성물을 10.0 mL의 사이클로헥세인으로 추출하여, 그 중 2.00 mL의 용액을 큐벳에 옮겨 형광을 측정하였다. 1.40 μg Se/mL의 형광 생성물을 시료에 첨가하여(표준 물질 첨가법으로) 얻은 형광 데이터가 아래 표에 주어졌다. 그림 5-7과 같은 표준 물질 첨가법에 의한 그래프를 그려서 2.00 mL의 미지 시료 속에 있는 Se의 농도를 구하시오. 브라질 땅콩 속에 있는 Se의 질량 퍼센트를 구하고, 불확정도와 95% 신뢰 구간도 구하시오.

첨가된 표준 용액의 부피(μL)	형광 세기 (임의의 단위)
0	41.4
10.0	49.2
20.0	56.4
30.0	63.8
40.0	70.3

18-38. **문헌 문제.** 3~5% 크로뮴과 티타늄을 함유한 바나듐 합금은 핵융합로의 구조물 소재로 전망되는 물질이다. 이 합금의 기계적이고 물리적인 특성은 합금 원소들의 농도에 따라 달라진다. L. F. Tian, D. S. Zou, Y. C. Dai, L. L. Wang 그리고 W. Gao는 *Anal. Methods* **2017**, *9*, 4471−4475의 논문에서 합금 속의 크로뮴을 정량하기 위하여 크로뮴을 크로뮴산 이온으로 산화시키고, 크로뮴산 이온을 분광 광도법으로 측정하는 방법을 제안하였다.

(a) 논문 속의 **요약**(abstract)은 그 분석법의 수행에 대한 정량적인 정보를 제공한다. 그 분석법의 범위와 정밀도는 얼마인가?

(b) 논문 속의 **소개**(introduction)는 새로운 분석법의 필요성을 설명한다. 바나듐 합금에서 크로뮴의 정량하는 다른 분석법은 어떤 것이 있는가?

(c) 논문 속의 **실험**(experiment)은 실험 기구와 실험 방법을 설명한다. 고체 합금을 분광 광도법 분석에 적합한 형태로 어떻게 변환하는가?

(d) 논문 속의 **결과와 토의**(results and discussion)에서 그 분석 절차들의 최적화에 대해 자세히 설명한다. 타타르산 이온을 첨가하는 목적은 무엇인가?

(e) 분석할 때 어떤 파장들이 사용될 수 있었고 실제로는 어떤 파장이 사용되었는가? (**힌트**: 논문 속 그림과 표에 핵심 정보들이 들어 있다.)

(f) 이 분석법의 정확도는 어떻게 검증되었는가? (**힌트**: 정확도 검증을 위한 방법에 대해서는 5-2절을 복습하시오.)

18-39. 문헌 문제. 분광 광도법 분석을 위한 시약으로 항체가 붙은 금 나노입자를 개발하는 것이 매우 활발한 연구 분야가 되었다. 이러한 방법의 감도는 금에 붙은 항체의 양에 의존한다. *Analyst*, **2016**, *141*, 3851−3857의 논문에서 S. L. Filbrun과 J. D. Driskell은 금 나노 입자에 고정된 항체의 양을 직접 정량하는 형광 분석법을 보여 주었다.

(a) 60 nm의 금 나노입자 위에 흡착된 항체의 수는 몇 개인가? 이전 분석법은 항체의 표면 함량을 얼마나 과대평가하였는가?

(b) 금 나노입자들 위에 결합된 단백질의 표면 함량을 정량하기 위해 어떤 대체 분석법이 사용될 수 있었는가?

(c) 어떤 형광 시약이 사용되었는가? 그 시약의 들뜬 파장과 발광 파장은 얼마인가?

(d) 형광 교정선은 선형인가? (**힌트**: 그 선에 대한 데이터의 분산 정도(5-2절)를 조사하시오.)

(e) 형광 분석법과 대체 분석법을 비교하기 위하여 어떤 통계적 시험법이 사용되었는가? (**힌트**: 사용될 수 있는 시험법들에 대해서는 4-4절을 복습하시오.)

(f) 가시선 흡광도를 사용한 흡광도 분석법에 대한 교정 곡선의 y 절편은 얼마인가? (**힌트**: 교정 곡선과 스펙트럼과 같은 추가 정보들은 그 논문집의 웹 사이트에 나온 이 논문의 전자 보충 자료에서 제공될 수 있다.)

19 분광 광도법의 응용

살아 있는 세포용 Förster 형광 공명 에너지 전이 바이오센서

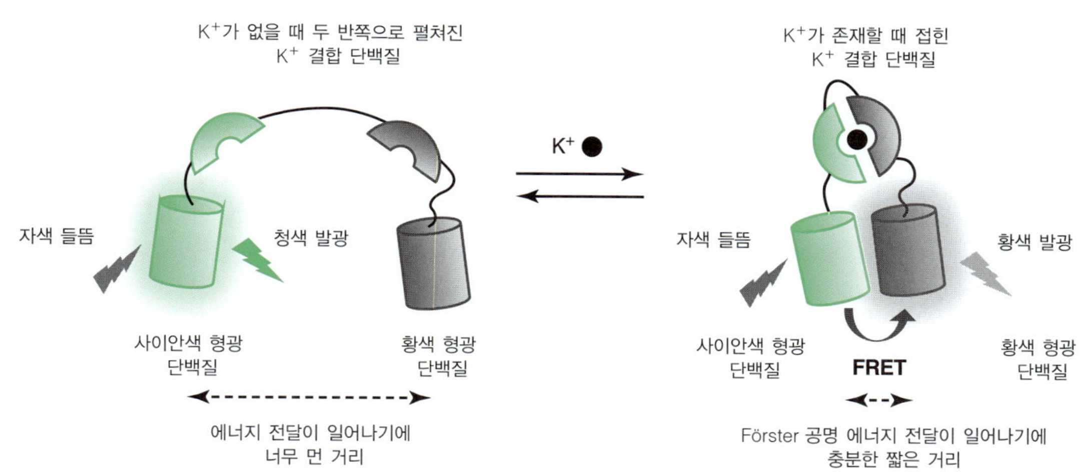

K^+ 결합 단백질과 두 형광 단백질과 함께 포타슘 이온을 측정하는 바이오센서 [출처: Y. Shen, S.-Y. Wu, V. Rancic, A. Aggarwal, S.-I. Miyashita, K. Ballanyl, R. E. Cambell, and M. Dong, "Genetically Encoded Ratiometric Indicators for Potassium Ion" *Commun. Biol.* **2019**, *2*, 18. Open Acess. A. Aggarwal은 학부생임.]

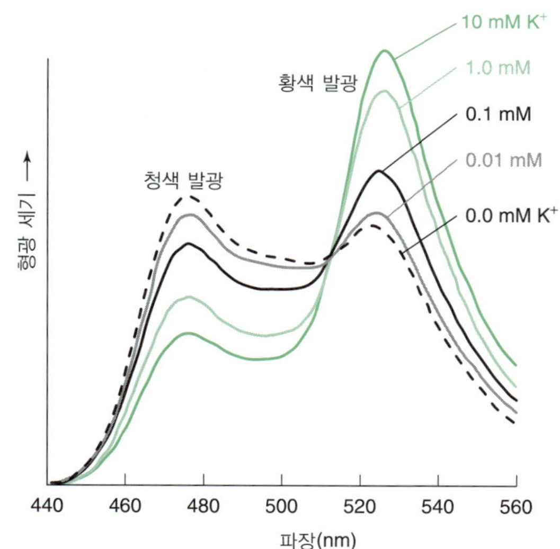

K^+가 존재할 때 바이오센서의 스펙트럼 변화 [출처: H. Bischof et al. "Novel Genetically Encoded Fluorescent Probes Enable Real-Time Detection of Potassium in Vitro and in Vivo", *Nature Commun.* **2017**, *8*, 1422. Open Access]

바이오센서(biosensor)는 이상적으로는 단 한 종류의 분석 물질에 대한 선택적 반응을 얻기 위해 전기 신호, 광신호 또는 다른 신호들과 결합하여 단백질이나 DNA와 같은 생물학적 성분들을 사용하는 장치이다. 위 그림의 K^+ 바이오센서는 세 가지 영역으로 구성되어 있다. 두 상현 형태로 구성된 중앙 부분은 K^+ 결합 단백질이며, 이 영역의 두 반쪽은 K^+가 존재할 때 함께 접힌다. K^+ 결합 단백질의 각 끝에 결합된 형광 단백질은 가시선을 비추면 빛을 낸다. 독립적으로 사이안색 형광 단백질은 자색 빛을 흡수하고 녹청색 형광을 낸다. 반면에 황색 형광 단백질은 청색을 흡수하고 황색 형광을 낸다.

K^+가 존재할 때 결합 단백질은 함께 접히고 형광 단백질들은 서로 가깝게 붙는다. 430 nm의 빛이 사이안색 단백질에 의해 흡수된다면 쌍극자–쌍극자 상호 작용으로 인해 비복사로 공간을 통해 황색 형광 단백질로 에너지 전달이 일어나고, 이 단백질은 강한 황색 형광을 내게 된다. 이러한 **Förster 공명 에너지 전달**(Förster resonance energy transfer)은 주개와 받개 사이 거리의 6제곱에 반비례하여 감소한다.[2,3] K^+가 없을 때에는 결합 단백질이 열려 있게 되어 두 형광 단백질은 멀리 떨어져 있다. 세포에 430 nm의 빛을 쪼이면 사이안색 형광 단백질을 들뜨게 하여 청색 형광은 나오지만 황색 형광 단백질을 들뜨게 하지는 못한다.

K^+의 농도가 증가하면 475 nm의 발광은 감소하는 반면에, 525 nm의 발광이 증가한다. 475 nm 빛에 대한 525 nm 빛의 발광비를 기반으로 하는 교정은 세포 속 K^+ 농도의 영역을 포함하고 있다. 이러한 바이오센서는 이온 선택성 전극과 비교하여 소변, 혈청, 혈액 등으로 검정되어 조직, 박테리아, 암 세포 속의 K^+ 변화를 추적할 수 있다. 살아 있는 뇌 속의 K^+를 직접 측정할 수 있게 됨으로써 우리가 어떻게 생각을 하는지에 대한 새로운 창을 열게 되었다.

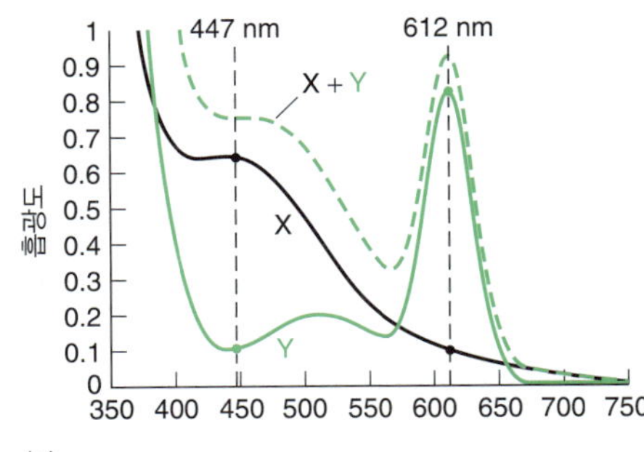

(a)

(b)

그림 19-1 혼합물의 스펙트럼. (a) 실선은 각 성분 X와 Y의 스펙트럼이며, 파선은 두 스펙트럼의 합이다. 이 경우에 X에 의한 흡광은 447 nm에서 주로 일어나며, Y에 의한 흡광은 612 nm에서 주로 일어난다. (b) Z와 W의 스펙트럼이 모든 파장에서 상당히 겹치는 경우

적외선에서부터 자외선까지의 스펙트럼에는 화학 정보가 풍부하다. 화학 반응과 생화학 반응을 통해 더 나은 선택성과 감도를 얻을 수 있다. 이런 점들이 함께 분광 광도법을 화학, 생화학, 세포 생물학, 환경 과학 그리고 농업 등 몇 가지 응용 분야 예만 들어도 이런 분야의 분석에서 강력하고도 유연한 기술이 되게 해준다.

19-1 혼합물의 분석

그림 19-1a에 가시선 흡광 스펙트럼이 보여진 화학종 X와 Y를 고려해 보자. 특정 파장에서 X와 Y를 포함하는 용액의 흡광도는 그림 19-1a에 있는 파선으로 나타난 것과 같이 그 파장에서 X와 Y의 흡광도의 합이다. 여러 화학종이 포함된 용액에 대한 **특정 파장에서의 흡광도는 용액 속에 들어 있는 모든 화학종의 흡광도의 합이다.**

혼합물의 흡광도: $$A_m = \varepsilon_X b[X] + \varepsilon_Y b[Y] + \varepsilon_Z b[Z] + \cdots \quad (19\text{-}1)$$

여기서 ε은 주어진 파장에서 각 화학종들의 몰흡광 계수이고, b는 셀의 통과 거리이다(그림 18-4). 단일 성분의 스펙트럼을 알고 있다면 수학적인 방법으로 혼합물의 스펙트럼을 각 성분의 스펙트럼으로 분리할 수 있다.

분석 물질의 농도를 정량적으로 예측하거나 시료의 특성을 예측하기 위하여 하나 이상의 측정된 변수(이 경우 다파장에서의 흡광도)를 사용하는 교정법의 모형은 **다변량 교정법(multivariate calibration)**을 참조한다. 다변량 교정법은 데이터로부터 화학적 정보를 얻기 위해 통계학과 선형 대수를 적용하는 **계량 화학**(chemometrics) 분야의 한 유형의 방법이다.[4]

화합물 X와 Y의 혼합물에 대하여 서로 다른 두 가지 경우가 있다. 그림 19-1a에서 X와 Y는 일부 파장에서 거의 겹치지 않는다. X는 447 nm의 파장에서 대부분의 흡광이 일어나고, Y는 612nm에서 흡광이 대부분 일어난다. 두 파장에서의 흡광도 측정은 두 미지 시료의 농도를 구하기에 수학적으로 충분하다. 그림 19-1b에서 화합물 Z와 W는 흡광 띠가 대부분의 파장에서 상당히 겹친다. 표시된 파장들은 두 미지 시료에 대한 네 번의 측정을 제공한다. 이러한 용액의 조성을 구하는 것은 스프레드시트로 처리하는 것이 최선의 방법이다. 미지수보다 더 많은 측정을 하면 정확도는 증가한다.

어느 경우에서나 먼저 여러 파장에서 각 단일 성분(표준 용액이라고 하는)의 흡광도를 측정한다. Beer 법칙으로부터 각 파장에서 각 성분의 몰흡광 계수를 찾는다.

식 19-2는 농도에 대한 흡광도의 각 교정선이 y축 절편이 0인 직선임을 가정한다.

$$\varepsilon_X = \frac{A_{X_s}}{b[X]_s} \qquad \varepsilon_Y = \frac{A_{Y_s}}{b[Y]_s} \quad (19\text{-}2)$$

여기에서 A_{X_s}는 표준 용액의 흡광도이고, $[X]_s$는 표준 용액의 농도이다. 각 파장에서 측정한 혼합 미지 시료의 흡광도 A_m은 각 성분에 의한 흡광도의 합이다.

흡광도는 합산이 된다.

$$A_m = \varepsilon_X b[X] + \varepsilon_Y b[Y] \quad (19\text{-}3)$$

그러나 혼합 시료 속의 [X]와 [Y]의 농도는 모르는 값이다.

혼합물의 분석에서 필요한 사항들
- 각 성분들의 스펙트럼이 달라야 한다.
- 파장의 수는 적어도 흡광하는 성분들의 수와 같아야 한다. 더 많은 파장들이 더 낫다.

혼합물의 성분들은 선형 연립 방정식을 동시에 풀어 수학적으로 분리할 수 있다. 결과의 정밀도는 선택된 파장에서 단일 성분의 흡광도가 얼마나 차이가 있느냐와 선택된 파장의 수에 따라 달라진다. 그림 19-1a처럼 큰 차이를 보여 주는 스펙트럼은 그림 19-1b와 같이 더 비슷한 스펙트럼보다 일반적으로 더 나은 결과를 가져온다. 스펙트럼들 사이의 차이가 가장 큰 추가 파장들을 선택하면 정확도를 향상시킨다. 다른 수학적 해결법들이 다음의 부속 절에서 논의되지만, 기본 원리는 같다.

두 파장을 사용하여 두 미지 시료에 대해 푸는 법

그림 19-1a에 있는 파장 λ′ = 447 nm와 λ″ = 612 nm를 사용하여 두 개의 연립방정식을 풀어 혼합물의 각 성분의 농도를 구할 수 있다.

λ′ = 447 nm에서: $A' = \varepsilon'_X b[X] + \varepsilon'_Y b[Y]$

λ″ = 612 nm에서: $A'' = \varepsilon''_X b[X] + \varepsilon''_Y b[Y]$ **(19-4)**

두 미지 시료 농도 [X]와 [Y]에 대해 식 19-4를 풀 수 있다.

스펙트럼이 분리되어 있을 때 혼합물의 분석:

$$[X] = \frac{\begin{vmatrix} A' & \varepsilon'_Y b \\ A'' & \varepsilon''_Y b \end{vmatrix}}{\begin{vmatrix} \varepsilon'_X b & \varepsilon'_Y b \\ \varepsilon''_X b & \varepsilon''_Y b \end{vmatrix}} \qquad [Y] = \frac{\begin{vmatrix} \varepsilon'_X b & A' \\ \varepsilon''_X b & A'' \end{vmatrix}}{\begin{vmatrix} \varepsilon'_X b & \varepsilon'_Y b \\ \varepsilon''_X b & \varepsilon''_Y b \end{vmatrix}} \qquad (19\text{-}5)$$

식 19-5에서 $\begin{vmatrix} a & b \\ c & d \end{vmatrix}$는 **행렬식**이며, $(a \times d) - (b \times c)$를 간단히 표시하는 방법이다. 따라서 $\begin{vmatrix} 1 & 2 \\ 3 & 4 \end{vmatrix}$는 $(1 \times 4) - (2 \times 3) = -2$이다.

$\begin{vmatrix} a & b \\ c & d \end{vmatrix} = (a \times d) - (b \times c)$

예제 식 19-5를 사용한 혼합물의 분석

X와 Y가 각각 따로 들어 있는 두 표준 용액을 사용하여 화합물 X와 Y(그림 19-1a에 있는 것과 다른)의 몰흡광 계수가 아래와 같이 측정되었다.

	ε(M^{-1} cm^{-1})	
λ (nm)	X	Y
272	16 400	3 870
327	3 990	6 420

1.000 cm 셀에 들어 있는 화합물 X와 Y의 혼합물은 272 nm에서 0.957, 327 nm에서 0.559의 흡광도를 나타내었다. 혼합물 속의 X와 Y의 농도를 구하시오.

풀이 b = 1.000 cm로 두고 식 19-5를 사용하면, [X]와 [Y]는 다음과 같이 구할 수 있다.

$$[X] = \frac{\begin{vmatrix} 0.957 & 3\,870 \\ 0.559 & 6\,420 \end{vmatrix}}{\begin{vmatrix} 16\,400 & 3\,870 \\ 3\,990 & 6\,420 \end{vmatrix}} = \frac{(0.957)(6\,420) - (3\,870)(0.559)}{(16\,400)(6\,420) - (3\,870)(3\,990)} = 4.43 \times 10^{-5}\ M$$

$$[Y] = \frac{\begin{vmatrix} 16\,400 & 0.957 \\ 3\,990 & 0.559 \end{vmatrix}}{\begin{vmatrix} 16\,400 & 3\,870 \\ 3\,990 & 6\,420 \end{vmatrix}} = \frac{(16\,400)(0.559) - (0.957)(3\,990)}{(16\,400)(6\,420) - (3\,870)(3\,990)} = 5.95 \times 10^{-5}\ M$$

자습 위 문제에서 흡광도가 272 nm에서 0.700, 327 nm에서 0.550이라면, [X]는 얼마인가? (**답:** 2.63×10^{-5} M)

두 화합물로 이루어진 혼합물을 분석하기 위해서는 반드시 두 파장에서 흡광도를 측정하고, 각 화합물에 대한 각 파장에서의 ε을 알아야 한다. 마찬가지로 n개 화합물의 혼합물은 n개의 파장에서 n개의 흡광도를 측정함으로써 분석할 수 있다.

엑셀을 사용하여 선형 연립방정식 푸는 법

엑셀은 단일 명령문으로 선형 방정식을 풀 수 있다. 만일 아래의 행렬 수학에 익숙하지 않다면 무시해도 된다. 중요한 결과는 연립방정식을 풀기 위한 그림 19-2에 있는 기본 틀이다.

그림 19-2 엑셀로 선형 연립방정식 풀기

	A	B	C	D	E	F	G
1	엑셀의 행렬 조작으로 선형 연립방정식 풀기						
2							
3	파장	계수 행렬 (εb)		미지 시료		혼합물의 농도	
4	(nm)	($M^{-1}cm^{-1}$) (cm)		흡광도		(M)	
5	272	16400	3870	0.957		4.430E-5	← [X]
6	327	3990	6420	0.559		5.954E-5	← [Y]
7		K		A		C	
8							
9	1. B5:C6 칸들에 계수 εb의 행렬을 입력하라.						
10	2. 각 파장에서의 미지 시료의 흡광도를 입력하라.						
11	3. 답을 주는 빈 칸(F5와 F6) 구역을 하이라이트하라.						
12	4. 식 "=MMULT(MINVERSE(B5:C6),D5:D6)"를 입력하라.						
13	5. PC에서는 CONTROL+SHIFT+ENTER 키를, 맥에서는 CONTROL+SHIFT+RETURN 키를 누른다.						
14	6. 기다리면 F5와 F6칸에 답이 나타날 것이다.						

이 수학적 방법에 익숙하지 않더라도, 이 절의 마지막 문단에 있는 지시 사항에 따라 이 기본 틀을 사용할 수 있다.

앞에서 기술한 예제의 연립방정식은 다음과 같다.

$$\begin{aligned} A' &= \varepsilon'_X b[X] + \varepsilon'_Y b[Y] \\ A'' &= \varepsilon''_X b[X] + \varepsilon''_Y b[Y] \end{aligned} \quad \Rightarrow \quad \begin{aligned} 0.957 &= 16\,440[X] + 3\,870[Y] \\ 0.559 &= 3\,990[X] + 6\,420[Y] \end{aligned}$$

이것을 행렬식으로 나타내면,

$$\underset{\mathbf{A}}{\begin{bmatrix} 0.957 \\ 0.559 \end{bmatrix}} = \underset{\mathbf{K}}{\begin{bmatrix} 16\,400 & 3\,870 \\ 3\,990 & 6\,420 \end{bmatrix}} \underset{\mathbf{C}}{\begin{bmatrix} [X] \\ [Y] \end{bmatrix}} \qquad (19\text{-}6)$$

K는 몰흡광 계수와 통과 거리의 곱인 εb의 **행렬**(matrix)이다. **A**는 미지 시료의 흡광도 행렬이다. 단 하나의 열 또는 행에 표시된 **A**와 같은 행렬을 **벡터**(vector)라고 한다. **C**는 미지 시료의 농도 벡터이다.

행렬 $\mathbf{K}^{-1}$는 K의 **역행렬**(inverse matrix)이라고 하고, 이것은 곱 $\mathbf{K}\mathbf{K}^{-1}$ 또는 $\mathbf{K}^{-1}\mathbf{K}$이 단위 행렬이 되도록 정의된다. 단위 행렬은 대각선 성분은 1로, 그 밖의 것들은 0이 되는 행렬이다.[5] 농도 벡터 **C**에 대한 식 19-6은 방정식 양변에 $\mathbf{K}^{-1}$을 곱하여 풀 수 있다. 즉

곱 $K^{-1}KC$가 바로 C이다. 즉

$$\underbrace{\begin{bmatrix} 1 & 0 \\ 0 & 1 \end{bmatrix}}_{K^{-1}K} \underset{C}{\begin{bmatrix} [X] \\ [Y] \end{bmatrix}} = \underset{C}{\begin{bmatrix} [X] \\ [Y] \end{bmatrix}}$$

$$\begin{aligned} \mathbf{KC} &= \mathbf{A} \\ \underbrace{\mathbf{K}^{-1}\mathbf{KC}}_{=\mathbf{C}} &= \mathbf{K}^{-1}\mathbf{A} \end{aligned}$$

연립 방정식을 풀기 위하여 역행렬 $\mathbf{K}^{-1}$을 구하고, 이것에 A를 곱하라. 그 곱 C가 미지 시료 속 혼합물의 농도들이다.

그림 19-2에서 정보를 추적하기 위해 A열에 파장을 입력한다. 계산에는 이들 파장을 사용하지는 않을 것이다. B열에는 단일 성분 X에 대한 곱 εb를, C열에는 단일 성분 Y에 대한 곱 εb를 각각 입력한다. B5:C6칸들의 배열이 행렬 **K**가 된다. 엑셀 함수 MINVERSE(B5:C6)는 역행렬 $\mathbf{K}^{-1}$을 준다. 그리고 함수 MMULT(행렬 1, 2)는 두 행렬(또는 한 개의 행렬과 벡터)의 곱을 구한다. 농도 벡터 **C**는 $\mathbf{K}^{-1}\mathbf{A}$와 같고, 이를 단일 명령문으로 나타내면 아래와 같다.

$$= \text{MMULT}(\underbrace{\text{MINVERSE(B5:C6)}}_{\mathbf{K}^{-1}}, \underbrace{\text{D5:D6}}_{\mathbf{A}})$$

엑셀로 연립방정식을 푸는 절차

그림 19-2의 기본 틀을 사용하려면 단일 화합물로부터 측정한 계수 εb를 B5:C6칸에 입력한다. D5:D6칸에는 미지 시료의 흡광도를 입력한다. 그리고 F5:F6칸을 하이라이트하고, 식

'=MMULT(MINVERSE(B5:C6), D5:D6)'을 입력한다. PC의 CTRL+SHIFT+ENTER 키 또는 Mac의 CTRL+SHIFT+RETURN 키를 누른다. 그러면 F5:F6칸에 혼합물의 농도 [X]와 [Y]가 나타난다. 더 많은 미지 시료들이 존재한다면 선형 방정식을 확장하기 위해 추가 파장들이 필요할 것이다.

미지 시료의 수보다 더 많은 파장을 사용하기(추천)

미지 시료의 수보다 더 많은 파장을 사용하면, 특히 스펙트럼이 많이 겹칠 때에는 정확도를 향상시킨다. 미지 시료의 수보다 더 많은 방정식이 있으므로 다른 수학적 접근법이 사용되어야 한다. 그림 19-3은 *p*-자일렌, 1,2-다이클로로에테인 그리고 톨루엔의 개별 적외선 흡광 스펙트럼들을 보여 준다. 용매인 테트라클로로에틸렌은 이 스펙트럼 영역에서는 흡광하지 않는다. 그리고 이 성분들의 혼합 미지 시료의 스펙트럼도 함께 나타나 있다. *p*-자일렌, 1,2-다이클로로에테인 그리고 톨루엔의 양을 구하기 위해 세 성분으로 이루어진 식 19-1의 **일반 최소 제곱법**(ordinary least square)이라고 불리는 **고전 최소 제곱법**(classical least square)을 적용한다.

먼저 각 표준 용액의 흡광도를 그림 19-3에서 점들로 나타낸 여러 파수에서 측정한다. 선택된 파수들은 각 성분의 스펙트럼에서 전형적으로 피크와 골에 있는 것들이다. 결과를 그림 19-4에 있는 A~D열에 나열하였다. 표준 용액들의 농도는 B13칸에서 B15칸에 들어 있고, 통과 거리(0.100 cm)는 B17칸에 있다. 세 성분 X(= *p*-자일렌), Y(= 1,2-다이클로로에테인), Z(= 톨루엔)을 불러들이면 각 파수에서 각 성분의 몰흡광 계수를 식 19-2를 사용하여 Beer 법칙으로부터 구한다. 이 계산은 그림 19-4의 F열에서 H열까지에서 수행된다. 혼합 미지 시료의 측정된 각 파수에서의 흡광도 A_m은 E열에 나열되어 있다. 각 파수에서 이 흡광도는 각 성분의 흡광도의 합이다.

혼합물 속의 성분들의 수보다 더 많은 파장들에서 흡광도를 측정하라. 더 많은 파장들이 정확도를 높인다.

[X], [Y], [Z]를 구하기 위해 일단 농도를 **추정하여**(guessing) I15칸~I17칸에 넣어 시작한다. 추정값은 정확한 값에 가까울 필요는 없다. 세 성분 추정값에 모두 1 M을 임의로 선택한다. 그러면 혼합물의 계산된 흡광도는 I열에 다음 식으로부터 계산된다.

$$A_{calc} = \varepsilon_X b[X]_{guess} + \varepsilon_Y b[Y]_{guess} + \varepsilon_Z b[Z]_{guess} \quad \textbf{(19-7)}$$

예를 들면 I6칸에서

$$A_{calc} = (1.172\ M^{-1}\ cm^{-1})(0.100\ cm)[1\ M] + (0.088\ M^{-1}\ cm^{-1})(0.100\ cm)[1\ M] + (2.372\ M^{-1}\ cm^{-1})(0.100\ cm)[1\ M]$$

이 된다. J열에는 계산된 흡광도와 측정한 흡광도 차이의 제곱값이 주어진다.

J열에는 $(A_{calc} - A_m)^2$ 값이 주어진다.

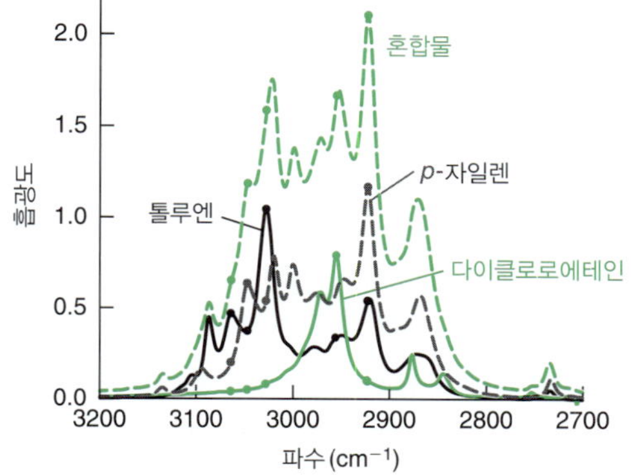

그림 19-3 1.69 M *p*-자일렌, 5.24 M 다이클로로에테인, 1.96 M 톨루엔 그리고 테트라클로로에틸렌에 녹은 이 세 성분의 혼합 미지 시료들의 적외선 흡광 스펙트럼 [출처: M. K. Gilbert, R. D. Luttrell, D. Stout, and F. Vogt, "Introducing Chemometrics to the Analytical Curriculum," *J. Chem. Ed.* **2008**, *85*, 135. D. Stout는 학부 연구생이었다.]

	A	B	C	D	E	F	G	H	I	J
1	혼합물의 성분들보다 더 많은 데이터 값들을 가질 때 혼합물의 분석									
2										
3					측정된		몰흡광 계수		계산된	
4	파수		표준 용액들의 흡광도		흡광도		($M^{-1}cm^{-1}$)		흡광도	
5	(cm^{-1})	자일렌	$C_2H_4Cl_2$	톨루엔		자일렌	$C_2H_4Cl_2$	톨루엔	A_{calc}	$[A_{calc}-A_m]^2$
6	3064.1	0.198	0.046	0.465	0.657	1.172	0.088	2.372	0.6548	4.68E-06
7	3047.4	0.634	0.056	0.374	1.194	3.751	0.107	1.908	1.2053	0.000127
8	3028.1	0.541	0.088	1.043	1.593	3.201	0.168	5.321	1.5928	2.39E-08
9	2955.4	0.589	0.795	0.336	1.674	3.485	1.517	1.714	1.6741	1.14E-08
10	2922.6	1.167	0.105	0.537	2.114	6.905	0.200	2.740	2.1083	3.28E-05
11									합계 =	0.000164
12	표준 용액:			`F6 = B6/($B$17*$B$13)`						
13	[자일렌] =	1.69	M	`G6 = C6/($B$17*$B$14)`				혼합물의 농도		
14	[$C_2H_4Cl_2$] =	5.24	M	`H6 = D6/($B$17*$B$15)`				(Solver로 얻은)		
15	[톨루엔] =	1.96	M	`I6 = ($B$17*F6*$I$15)+($B$17*G6*$I$16)`				[자일렌]	2.364	M
16				`+ ($B$17*H6*$I$17)`				[$C_2H_4Cl_2$]	3.970	M
17	통과 거리 =	0.100	cm	`J6 = (I6-E6)^2`				[톨루엔]	1.446	M

그림 19-4 그림 19-3에 있는 혼합물을 분석하기 위하여 Solver를 사용하는 스프레드시트. 스프레드시트는 SaplingPlus나 macmillanlearning.com에서 얻을 수 있다.

최소 제곱 조건은 여러 농도의 $[X]_{guess}$, $[Y]_{guess}$, $[Z]_{guess}$를 변화시켜 제곱의 합 $\Sigma(A_{calc} - A_m)^2$을 최소화하는 것이다. I15칸~I17칸에 있는 $[X]_{guess}$, $[Y]_{guess}$, $[Z]_{guess}$의 '가장 좋은' 값이 J11칸에 나타낸 제곱의 합을 최소화하는 값이다.

엑셀은 우리가 하고자 하는 최소화 작업을 수행할 수 있는 Solver라 불리는 강력한 도구를 가지고 있다. Excel 2016에서는 Analysis의 Data Tab 부분에서 Solver를 찾을 수 있다. Solver를 찾을 수 없다면 File Tab을 클릭하고 Option을 선택한 다음, Add-Ins를 선택하라. Solver를 하이라이트하고 OK를 클릭하면 Solver가 탑재된다. 맥 컴퓨터의 Exell 2016에서는 Data Tab에 Solver가 있다.

답을 얻기 위해 수렴하려면 때로는 Solver를 여러 번 수행하여야 한다.

그림 19-4에 있는 J11칸을 하이라이트하고 Solver를 선택하라. 그림 18-10a와 같은 창이 나타나면 Set Objective에 J11을 입력하고 Min이라 적힌 버튼을 선택하라. 'By Changing Variable Cells'에 I15:I17을 입력하고 Select Solving Method는 GRG Nonlinear로 선정되어 있음을 확인한다. Option을 클릭하고, 풀이의 정밀도를 높이기 위해 Constraint Precision을 1E-12와 같은 작은 값으로 설정하라. OK를 클릭하여 Option 창을 닫아라. 그러면 I15칸에서 I17칸까지(농도들)를 변화시키면서 J11칸 값(제곱들의 합)이 최소화되도록 Solver에 지시한 것이 된다. Solver를 클릭하면 잠시 후에 Solver는 *p*-자일렌에 대해 I15칸에 값 2.36_4 M을, 다이클로로에틸렌에 대해 I16칸에 3.97_0 M 값을, 톨루엔에 대해 I17칸에 1.44_6 M의 값을 나타낸다. J11칸 속 제곱의 합은 3.27로부터 0.000 16으로 감소할 것이다. 혼합물 속의 실제 양들은 *p*-자일렌 2.43 M, 다이클로로에틸렌 3.80 M, 톨루엔 1.41 M이었다. 이 예에서 평균 실험 오차는 약 3%이다.

더 많은 데이터 값들이 측정된다면 결과는 더 정확하다. 문제 19-12에서 이 말을 시험해 보고 한계를 확인해 보라.

역 다변량 교정법[6]

단변량(univariate): 단일 변수 Beer 법칙: $A = \varepsilon b[X]$

다변량(multivariate): 하나 이상의 변수 $A_m = \varepsilon_X b[X] + \varepsilon_Y b[Y] + \ldots$

역 다변량(inverse multivariate): 일부 미지 시료 성분의 스펙트럼이 있는 하나 이상의 변수

자일렌에 대한 정보는 없이 다이클로로메테인과 톨루엔만에 대한 몰흡광 계수를 가지고 그림 19-4의 스프레드시트를 사용하면 상당히 부정확한 농도를 구할 수 있다. 가솔린이나 식품과 같은 복잡한 시료들에 대해서는 포함된 모든 성분을 아는 것은 어렵다. 혼합물 속 일부 성분들의 스펙트럼에 대해 알 수 없을 때에 **역 다변량 교정법**(inverse multivariate calibration)

이 사용된다. 역 교정법은 단일 성분에 대해 Beer 법칙을 재배열한 형태와 유사하다.

$$c = \frac{A}{\varepsilon b} = PA \qquad \textbf{(19-8)}$$

여기서 $P = (\varepsilon b)^{-1}$이다. 한 혼합물 시료의 경우에 이를 구성하는 성분 중 일부는 모를 수 있다. 여러 파장에서 흡광도를 사용하는 행렬 형태로 유사한 관계를 찾으려고 한다. 분석 물질 X에 대해 추정되는 식은

$$[\mathrm{X}] = P_{\mathrm{X},\lambda_1} A_{\lambda_1} + P_{\mathrm{X},\lambda_2} A_{\lambda_2} + \ldots \qquad \textbf{(19-9)}$$

여기서 P 값은 각 파장에서 스펙트럼으로부터 측정된 X에 대한 회귀 계수이다. 식 19-9에 대한 행렬식 형태는 아래와 같다.

$$\underset{\text{농도}}{\boldsymbol{c}} = \underset{\text{회귀 벡터}}{\mathbf{P}}\ \underset{\text{흡광도 벡터}}{\mathbf{A}}: \quad [\mathrm{X}] = \begin{bmatrix} P_{\lambda_1} & P_{\lambda_2} & \cdots \end{bmatrix} \begin{bmatrix} A_{\lambda_1} \\ A_{\lambda_2} \\ \vdots \end{bmatrix} \qquad \textbf{(19-10a)}$$

역 교정법은 한 기준 방법을 사용하여 분석 물질의 농도나 다른 특성이 결정된 많은 **교정 시료**(calibration sample)들의 스펙트럼에서 흡광도를 측정하여 회귀 벡터 **P**를 구하는 과정을 포함한다. 여러 개의 교정 시료와 스펙트럼에 대해 식 19-10a는 다음과 같이 된다.

$$\underset{\text{농도 벡터}}{\mathbf{C}_{\text{standards}}} = \underset{\text{회귀 벡터}}{\mathbf{P}}\ \underset{\text{흡광도 행렬}}{\mathbf{A}_{\text{standards}}}: \quad \begin{bmatrix} [\mathrm{X}]_1 & [\mathrm{X}]_2 & \cdots \end{bmatrix} = \begin{bmatrix} P_{\lambda_1} & P_{\lambda_2} & \cdots \end{bmatrix} \begin{bmatrix} A_{\lambda_1,1} & A_{\lambda_1,2} & \cdots \\ A_{\lambda_2,1} & A_{\lambda_2,2} & \cdots \\ \vdots & \vdots & \end{bmatrix} \qquad \textbf{(19-10b)}$$

A의 행과 열의 수가 반드시 같은 것은 아니기 때문에, 그것의 역행렬 $\mathbf{A}^{-1}$ 대신에 **유사 역행렬** $\mathbf{A}^{+}$를 사용한다는 점을 제외하고는 **P**에 대해 푸는 것은 **C**에 대한 식 19-6을 푸는 것과 유사하다.

$$\mathbf{P} = \mathbf{C}\mathbf{A}^{+} = \mathbf{C}\mathbf{A}^{\mathrm{T}}(\mathbf{A}\mathbf{A}^{\mathrm{T}})^{-1} \qquad \textbf{(19-11)}$$

$\mathbf{A}^{\mathrm{T}}$는 행렬 A의 열과 행을 바꾸는 **전치 행렬**이다.

$$\mathbf{A} = \begin{bmatrix} a & b \\ c & d \\ e & f \end{bmatrix} \qquad \mathbf{A}^{\mathrm{T}} = \begin{bmatrix} a & c & e \\ b & d & f \end{bmatrix}$$

$\mathbf{A}^{\mathrm{T}}$는 **A**의 행렬에서 행과 열의 위치를 바꾼 **전치**(transpose) 행렬이다. 보충 19-1에서 미리 Kjeldahl 분석법(11-8절)으로 정량된 귀리 속 단백질의 함량에 대한 교정 벡터(**P**)는 근적외선 스펙트럼(**A**)으로 얻어진다. 교정은 전 영역의 농도를 포함해야 하고, 예상되는 행렬의 조성에 걸쳐 이루어져야 하며, 통계적으로 유효한 교정을 제공하기에 충분한 수가 되어야 한다.[7] 최소 20개의 교정 용액이 추천된다.

미지 시료의 분석 물질들의 농도 또는 관심 특성들은 아래 식을 사용하여 결정된다.

$$\mathbf{C}_{\text{미지 시료}} = \mathbf{P}\mathbf{A}_{\text{미지 시료}} \qquad \textbf{(19-12)}$$

예상 범위와 매질에 걸쳐 분석 물질의 농도가 알려진 **검증 시료**(validation sample)를 정확히 분석함으로써 교정의 목적에 대한 적합성이 확인된다. 정확도의 연속성은 주기적으로 품질 관리 시료를 분석하고 관리 기록지에 결과를 기록함으로써 확인된다.

교정 행렬 **P**는 여러 개의 **역최소 제곱법**(inverse least square)에 의해 형성된다. **다중 선형 회귀법**(multiple linear regression)에서 관심있는 성분들의 흡광 띠를 반영하는 파장들은 수동으로 선택된다. 교정용 표준 시료 수는 적어도 사용되는 파장 수만큼 있어야 한다. 교정 표준 시료가 충분히 다르지 않다면 신뢰할 만한 교정 결과를 얻지 못한다. **주성분 회귀법**(principle component regression)과 **부분 최소 제곱법**(partial least squre)과 같은 더욱 견고한 인자에 기초한 방법들은 원래의 변수에서 선형 대수로 유도된 더 적은 수의 변수로 원래의 변수를 대체하여 만들어진다. 그림 19-3에서 톨루엔과 다이클로로에테인의 농도는 주성분 회귀법을 사용

보충 19-1 농장에서 사용하는 다변량 교정법[8]

정밀 농업은 수확의 질과 양을 극대화한다. 다변량 교정법과 함께 근적외선 분광법은 현대 농업의 핵심 요소이다.

품질이 다른 두 보리 곡물에 대한 적외선 스펙트럼은 그림 *a*에 보이는 것처럼 거의 동일하게 보인다. 각 스펙트럼 특성은 삽입 그림에서 보인 것처럼 여러 개의 겹치는 흡광 띠들로 구성되어 있다. 이러한 겹침 때문에 근적외선 스펙트럼(12 500~4 000 cm^{-1} 또는 800~2 500 nm)이 중적외선 스펙트럼(4 000~400 cm^{-1} 또는 2 500~15 000 nm)보다 덜 유용하다. 그러나 이러한 겹침은 근적외선 스펙트럼에는 다변량 교정을 사용하여 접근할 수 있는 주요 성분들에 대한 정보가 풍부하다는 것을 의미하기도 한다.

중적외선에서의 흡광띠는 바닥 상태에서 첫 번째 들뜬 상태로의 들뜸에 해당한다. 그림 *a*에 있는 근적외선 스펙트럼에서 보리의 흡광 특성은 약한 **배진동**(overtone)들이나 C—H, N—H 그리고 O—H 기본 진동들의 결합에서 생긴다. **복합 띠**(combinations)들은 N—H와 O—H 같은 두 진동 또는 신축 진동과 굽힘 진동의 동시 들뜸에 의한 것이다. 1 440~1 479 nm 영역은 수분과 연관이 있고, O—H 신축 진동의 첫 번째 배진동을 포함하고 있다. 1 920~1 940 nm 띠는 O—H 굽힘 진동의 두 번째 배진동을 포함한다. 2 148~2 200 nm의 단백질 영역은 N—H 굽힘 진동의 두 번째 배진동을 포함하고 있다. 1 920~1 940 nm의 수분 영역은 O—H 신축과 O—H 변형 진동의 결합으로 인한 것이다. 반면에, 단백질 영역은 C—H 신축, C═O 신축, N—H 같은 면 굽힘, 그리고 C—N 신축 진동들의 결합에 기인한다.

귀리 속 단백질에 대한 다변량 교정법을 개발하기 위하여, 기후가 다른 지역에서 세 번의 여름에 걸쳐 키운 12가지 품종의 다양한 귀리에서 168개의 귀리 시료들을 모아, 각 시료에서 근적외선 스펙트럼들을 측정하였다. 스펙트럼들이 곡물 입자 시료에 따른 차이로 수집되었다. 작은 스펙트럼 차이를 명확히 보이도록 미분 값들로 재구성하여 나타내었다. 단백질 질소는 기준 방법으로 Kjeldahl 분석법(11-8절)에 의해 정량되었다. 시료들의 2/3에 대해 미분 스펙트럼과 Kjeldahl 분석에 의한 질소 함량을 사용하고 부분 최소 제곱 회귀법으로 다변량 교정 행렬 **P**(식 19-11)를 구하였다. 시료들의 나머지 1/3은 교정법을 검증하기 위하여 사용되었다. 검증 시료들에 대한 단백질 농도는 식 19-12를 사용하여 계산되어 Kjeldahl 분석법에 의한 것과 비교하였다.

일단 다변량 교정법 모형이 세워져서 검증되면, 시료는 스펙트럼을 얻는 시간 내로 분석할 수 있게 된다. 수확기의 앞쪽에 설치된 분광기는 수분, 마른 물질, 단백질, 녹말, 섬유질을 초당 10회씩 분석한다. 이러한 정보를 통해 농부는 수확 중 즉석 조정을 하여 피드백 품질을 최대화할 수 있다.

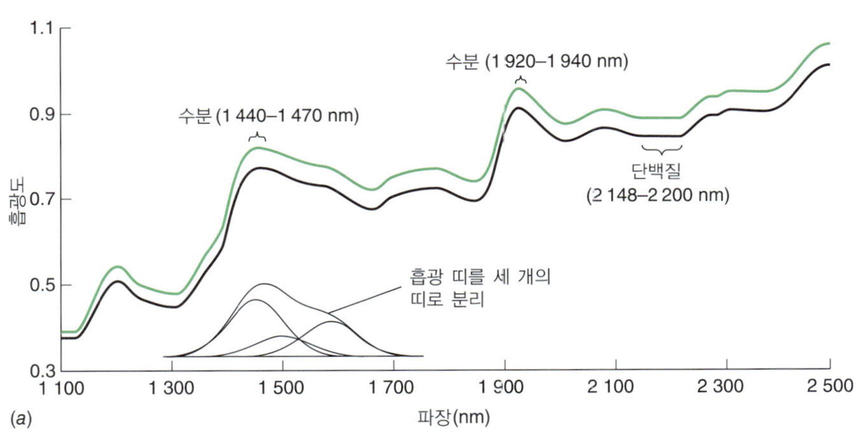

품질이 다른 두 보리 시료의 근적외선 스펙트럼 [출처: M. Manley, "Near-Infrared Spectroscopy and Hyperspectral Imaging: Non-Destructive Analysis of Biological Materials," *Chem. Soc. Rev.* **2014**, *43*, 8200, Open Access]

다변량 교정법을 확립하기 위해 사용된 데이터들

다변량 교정법을 검증하기 위해 사용된 데이터들

근적외선에 의한 단백질 함량 백분율

(b) Kjeldahl 분석 질소에 의한 단백질 함량 백분율

Kjeldahl 기준 분석법과 근적외선을 사용한 다변량 교정법으로 정량한 단백질 농도의 비교 [출처: S. Bellato, V. del Frate, R. Redaelli, D. Sgrulletta, R. Bucci, A. D. Magri, and F. Marini, "Use of Near Infrared Reflectance and Transmittance Coupled to Robust Calibration for the Evaluation of Nutritional Value in Naked Oats," *J. Agric. Food Chem.* **2011**, *59*, 4349. S. Bellato and V. del Frate은 학부생임.]

(c)

사료 수확기의 앞 꼭대기에 장착된 근적외선 분광기 [출처: "Real-time moisture measurement on a forage harvester using near-infrared reflectance spectroscopy" by M. F. Digman and K. J. Shinners. (2008). *Transactions of the ASABE, 51(5)*, 1801-1810.]

하면 혼합물 속에 p-자일렌이 존재하는 것을 몰라도 약 3% 이내로 예측할 수 있다. 인자에 기초한 방법들은 매우 유사한 스펙트럼들도 다룰 수 있고 잡음을 줄일 수도 있으며, 기기 반응에서의 적은 비선형성도 수용할 수 있다. 보충 19-1은 다변량 분석법과 근적외선 분광법이 복잡한 매질인 곡물 속의 단백질 함량을 신속히 결정하는 능력이 있음을 보여 준다.

19-2 평형 상수의 측정

분광 광도법으로 평형에 있는 혼합물 속 화학종의 농도를 측정하면 평형 상수를 계산할 수 있다. **등흡광점**(isosbestic point)에 대한 내용으로 시작하여 스펙트럼으로부터 평형 상수를 계산하는 법을 설명할 것이다.

등흡광점

한 흡광 화학종 X는 화학 반응 과정에서 종종 다른 흡광 화학종 Y로 변환된다. 이러한 변환은 그림 19-5에서 보이는 바와 같은 명확한 거동을 일으킨다. 만일 순수 화합물 X와 Y의 두 스펙트럼이 어떤 파장에서 서로 교차된다면, 이 화학 반응이 일어나는 동안 기록된 이들의 모든 스펙트럼은 **등흡광점(isosbestic point)**이라고 하는 동일한 한 점에서 교차될 것이다. **화학 반응 과정에서 한 개의 등흡광점이 관찰되면, 이것은 두 가지 주요 화학종만이 존재한다는 것을 나타내는 좋은 증거이다.**[9]

pH 7.1 부근에서 황색(HIn^-)과 청색(In^{2-})으로 변색하는 지시약인 브로모티몰 블루를 고려해 보자.

$pK_a = 7.1$ + H^+

브로모티몰 블루(HIn^-)
황색

In^{2-}
청색

같은 농도로 있는 HIn^-과 In^{2-}의 스펙트럼은 500 nm에서 교차하기 때문에, 그림 19-5에 나타낸 모든 스펙트럼은 이 점에서 교차한다. 만일 HIn^-과 In^{2-}의 스펙트럼이 여러 점에서 교차한다면 여러 개의 등흡광점이 있을 것이다.

한 개의 등흡광점을 갖는 이유를 알아보기 위하여, 500 nm에서 이 용액의 흡광도에 대한 식을 나타내면 다음과 같다.

$$A^{500} = \varepsilon^{500}_{HIn^-}b[HIn^-] + \varepsilon^{500}_{In^{2-}}b[In^{2-}] \qquad (19\text{-}13)$$

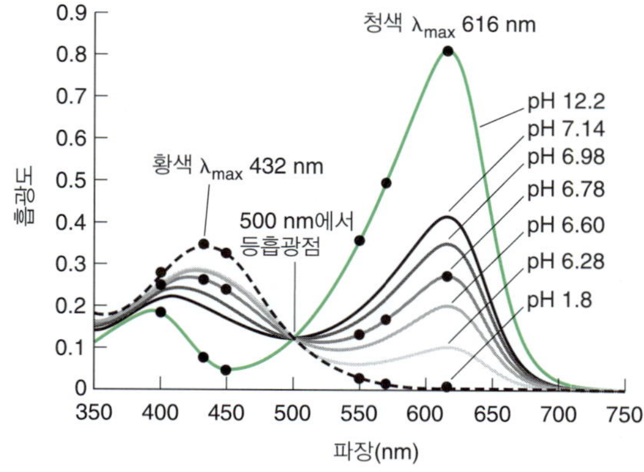

그림 19-5 다른 pH 값들에서의 10 μM 브로모티몰 블루의 흡광 스펙트럼. 점으로 표시한 흡광도 데이터는 문제 19-9에서 사용된다. [출처: E. Koltz, R. Doyle, E. Cross, and B Mattsin, "The Equilibrium Constant for Bromothymol Blue", *J. Chem. Ed.* **2011**, *88*, 637.이 *J. Chem. Ed.* 논문이 발간된 이후 색 변화에 관여하는 화학종들에 대한 이해가 진보하였다. 이 장에서 그려진 구조와 전하 상태는 다음 논문에 기초하였다. T. Shimada and T. Hasegawa, "Determination of Equilibrium Structures of Bromothymol Blue Revealed by Using Quantum Chemistry with an Aid of Multivariate Analysis of Electronic Absorption Spectra," *Spectrochim. Acta A* **2017**, *185*, 104.]

그러나 순수한 HIn^-과 In^{2-}(같은 농도에서)의 스펙트럼이 500 nm에서 교차되기 때문에, $\varepsilon_{HIn^-}^{500}$는 $\varepsilon_{In^{2-}}^{500}$과 같아야 된다. $\varepsilon_{HIn^-}^{500} = \varepsilon_{In^{2-}}^{500} = \varepsilon^{500}$로 놓으면, 식 19-13은 다음과 같이 정리할 수 있다.

$$A^{500} = \varepsilon^{500}b([HIn^-] + [In^{2-}]) \qquad (19\text{-}14)$$

등흡광점은 $\varepsilon_X = \varepsilon_Y$이고, [X] + [Y]가 일정할 때 얻어진다.

그림 19-5에서 모든 용액은 같은 전체 농도 $[HIn^-] + [In^{2-}]$를 가지고 단지 pH만이 변한다. 그러므로 식 19-14에서 농도의 합은 일정하고, 따라서 A^{500}도 일정하게 된다.

평형 상수를 측정하는 법

흡광도는 활동도가 아니라 **농도**에 비례하므로, 참 평형 상수를 구하기 위해서는 농도를 반드시 활동도로 바꾸어야 한다.

화학종 P(단백질과 같은)와 리간드 X가 반응하여 PX를 형성한다고 생각해 보자.

$$P + X \rightleftharpoons PX \qquad (19\text{-}15)$$

활동도 계수를 무시하면 평형 상수는 다음과 같이 나타낼 수 있다.

$$K = \frac{[PX]}{[P][X]} \qquad (19\text{-}16)$$

평형 상수를 구하기 위해 일정량의 리간드(X)에 단백질(P)을 조금씩 첨가하고 흡광도를 측정한다.

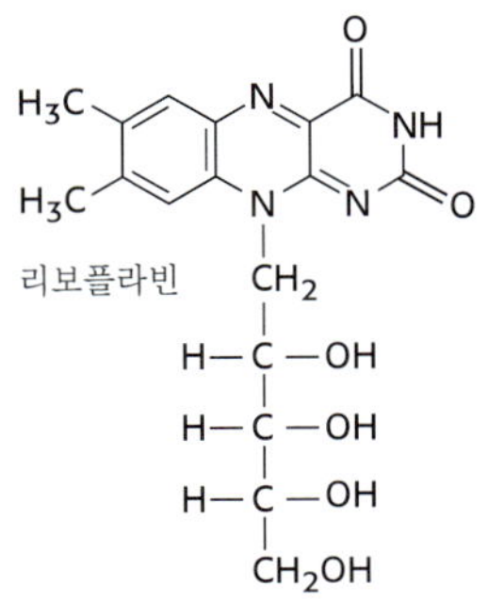

그림 19-6은 이러한 실험에 대한 분광 광도 데이터를 보여 준다. 바이타민 B_2라 불리는 **리보플라빈**(riboflavin)은 많은 종류의 세포에서 에너지 생성과 생체 합성에 필수적 물질이다. 난자 흰자위의 리보플라빈이 결합된 단백질은 배아에게는 바이타민 B_2를 제공하지만 난자 속 박테리아에게는 제공하지 않는 것으로 생각된다. 중성 레드는 리보플라빈과 구조가 유사한 염료이다. 중성 레드(X)와 이것의 착물(PX)은 가시선을 흡수하지만 단백질은 흡수하지 못한다. 단백질(P)을 일정량의 리간드(X = 중성 레드)에 점진적으로 첨가하면 450 nm에서의 X의 흡광도는 감소하는 반면, 545 nm에서의 생성물(PX)의 흡광도는 증가한다. 이 흡광은 용액 속의 결합하지 않은 중성 레드와 단백질과 결합한 중성 레드 둘 다에 의해 일어난다.

545 nm에서의 흡광도 변화를 사용하여 단백질-중성 레드 착물 형성에 대한 평형 상수를 구한다. 어떤 파장에서건 흡광도는 X와 PX의 흡광도의 합이다.

$$A = \varepsilon_X[X] + \varepsilon_{PX}[PX] \qquad (19\text{-}17)$$

ε_X와 ε_{PX}가 다른 한, 흡광도는 단백질(P)을 일정량의 리간드(X)에 첨가함에 따라 증가할 것이다.

X_0를 X의 총 농도(X와 PX로 있는)라고 하면

혼란스러운 머리를 맑게 하면, 식 19-18이 질량 균형식임을 알게 될 것이다.

$$[X] = [X]_0 - [PX] \qquad (19\text{-}18)$$

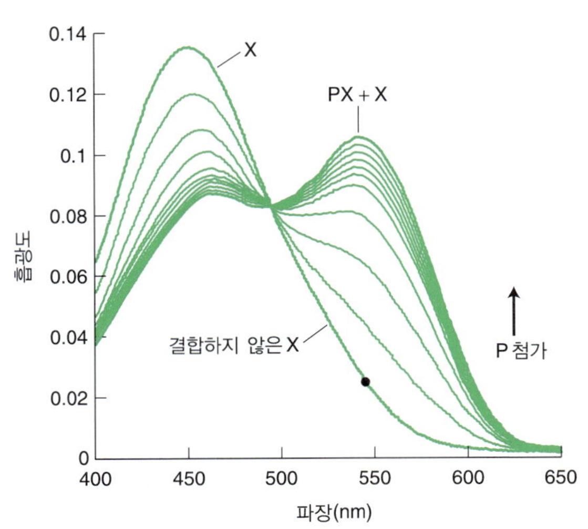

그림 19-6 0.310 mM의 리보플라빈이 결합된 단백질 용액 10 μL 분취량을 pH 9.0인 0.05 M 트리스-HCl 완충 용액(표 9-2) 속에 들어 있는 8.4 μM 중성 레드 용액 1. 00 mL에 연속적으로 10번 첨가하였을 때의 분광학적 변화 [출처: P. Chenprakhon, J. Suchanitakul, B. Panijpan, and P. Chaiyen, "Measurinbg Binding Affinity of Protein-Ligand Interactions Using Spectrophotometry," *J. Chem. Ed.* **2010**, *87*, 829.]

이 등가성을 식 19-17에 치환하면

$$A = \varepsilon_X(X_0 - [PX]) + \varepsilon_{PX}[PX] \tag{19-19}$$

P_0를 P의 총 농도(P와 PX로 있는)라 하면, 질량 균형으로부터

$$[P] = P_0 - [PX] \tag{19-20}$$

P + X ⇌ PX에 대한 질량 균형식
$X_0 = [X] + [PX]$
$P_0 = [P] + [PX]$

이들을 평형 상수식 19-16에 넣으면 상수식은 [PX]로 표현된다.

$$K = \frac{[PX]}{[P][X]} = \frac{[PX]}{(P_0 - [PX])(X_0 - [PX])} \tag{19-21}$$

식 19-21은 [PX]에 대한 2차 방정식이며 해는 다음과 같다.

$$[PX] = \frac{[K(P_0 + X_0) + 1] \pm \sqrt{[K(P_0 + X_0) + 1]^2 - 4K^2X_0P_0}}{2K} \tag{19-22}$$

식의 분자에서 음의 부호를 가진 해가 우리가 원하는 것이며, 양의 부호를 가진 해는 $[PX] > P_0$가 되어 가능한 해가 아니다.

식 19-19와 12-22를 사용하면 P와 X가 포함된 어떤 용액이라도 흡광도를 계산할 수 있다. 미지수는 ε_P, ε_{PX}, K뿐이다. 545 nm에서 X에 대한 몰흡광 계수(ε_X)는 그림 19-6에 있는 검은 점으로 표시된 순수한 X의 흡광도로부터 결정될 수 있다. 통과 거리 b = 1.000 cm에서 $\varepsilon_X = A_{545}/bX_0 = (0.026\ 4)/(1.000\ \text{cm} \times 8.4\ \mu\text{M}) = 3.143 \times 10^3\ \text{M}^{-1}\ \text{cm}^{-1}$. 다음 계산을 위해 유효하지 않지만 추가 자릿수를 남겨 둔다. 생성물 PX는 항상 X와 함께 미지의 혼합물 속에 있으므로, 이의 몰흡광 계수(ε_{PX})는 알 수 없다.

다음 절차는 K와 ε_{PX} 값을 **추정하고** 아래의 Beer 법칙을 적용하여 P와 PX의 혼합물에 대한 흡광도를 계산하는 것이다.

$$A_{calc} = \varepsilon_X(X_0 - [PX]) + \varepsilon_{PX}[PX] \tag{19-23}$$

	A	B	C	D	E	F	G	H	I	J
1	리보플라빈-결합 단백질(P)에 중성 레드(X)가 결합할 때의 K를 구하기									
2										
3	초기 변수:				Solver가 찾을 변수					
4	초기 [X] in 1000 μL =		8.40E-06	M	K =	1.99E+05			초기 추정값 =	4.3E+05
5		$[P]_{added}$ =	3.10E-04	M	ε_{PX} =	1.62E+04			초기 추정값 =	1.5E+04
6		ε_X =	3143	$M^{-1}cm^{-1}$						
7	첨가된				[PX] (M)					$[PX]/X_o$
8	단백질	X_o	P_o	A_{obs}	Eq. 19-22 with	[X] =	[P] =	A_{calc}		반응한 X의
9	(μL)	(M)	(M)	at 545 nm	minus sign	X_o − [PX]	P_o − [PX]	Eq. 19-23	$(A_{obs}-A_{calc})^2$	분율
10	0	8.400E-06	0.000E+00	0.0264	0.000E+00	8.400E-06	0.000E+00	0.02640	1.44E-12	0
11	10	8.317E-06	3.069E-06	0.0452	1.741E-06	6.576E-06	1.328E-06	0.04888	1.35E-05	0.209327
12	20	8.235E-06	6.078E-06	0.0645	3.080E-06	5.155E-06	2.998E-06	0.06611	2.60E-06	0.374034
13	30	8.155E-06	9.029E-06	0.0808	4.059E-06	4.097E-06	4.971E-06	0.07864	4.68E-06	0.49765
14	40	8.077E-06	1.192E-05	0.0897	4.752E-06	3.325E-06	7.171E-06	0.08745	5.07E-06	0.588342
15	50	8.000E-06	1.476E-05	0.0940	5.239E-06	2.761E-06	9.523E-06	0.09357	1.85E-07	0.654917
16	60	7.925E-06	1.755E-05	0.0970	5.583E-06	2.341E-06	1.196E-05	0.09782	6.76E-07	0.704531
17	70	7.850E-06	2.028E-05	0.0995	5.827E-06	2.023E-06	1.445E-05	0.10078	1.64E-06	0.7423
18	80	7.778E-06	2.296E-05	0.1018	6.002E-06	1.776E-06	1.696E-05	0.10283	1.07E-06	0.771705
19	90	7.706E-06	2.560E-05	0.1041	6.127E-06	1.579E-06	1.947E-05	0.10424	2.09E-08	0.79509
20	100	7.636E-06	2.818E-05	0.1066	6.216E-06	1.420E-06	2.197E-05	0.10519	2.00E-06	0.81408
21	B10 = $C$4*(1000/(1000+A10))							sum =	3.15E-05	
22	C10 = $C$5*(A10/(1000+A10))									
23	E10 = (($F$4*(C10+B10)+1)-SQRT(($F$4*(C10+B10)+1)^2-4*$F$4^2*B10*C10))/(2*$F$4)								J10 = E10/B10	
24	F10 = B10-E10			H10 = $C$6*F10 + $F$5*E10					I21 = SUM(I10:I20)	
25	G10 = C10-E10			I10 = (D10-H10)^2						

그림 19-7 그림 19-6의 분광 데이터로부터 식 19-15의 평형 상수를 구하기 위해 Solver를 사용한 스프레드시트

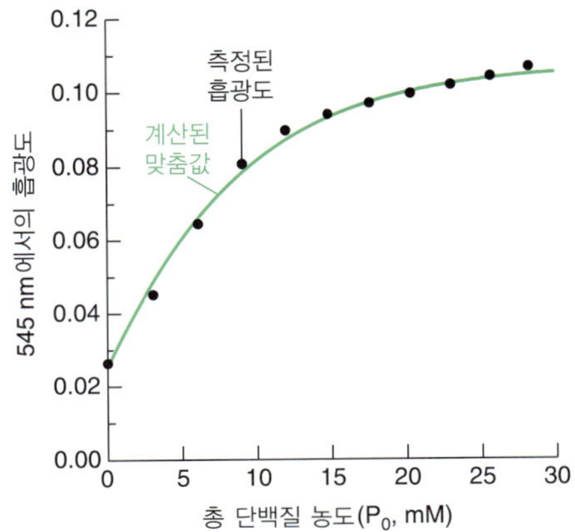

그림 19-8 545 nm에서 관찰된 흡광도 변화와, 그림 19-7의 Solver를 사용하여 구한 K와 ε_{PX} 값으로 계산된 흡광도의 변화

여기서 통과 거리 $b = 1.000$ cm는 간단히 표시하기 위해 생략한다. Excel Solver를 사용하여 545 nm에서의 계산된 흡광도가 그림 19-6에서 X에 P를 모두 10번 가한 뒤에 측정된 흡광도에 가능한 가까워질 때까지 K와 ε_{PX} 값을 조정한다.

그림 19-7은 이러한 계산을 위한 스프레드시트를 보여 준다. 310 μM 단백질 용액의 10 μL 분취액이 8.4 μM의 염료 1000 μL 용액에 10번 가해진다. 유색 칸은 입력 데이터들이다. 첨가된 단백질의 전체 부피는 A10:A20칸에 주어지고, 묽힘에 대해 교정된 염료의 전체 농도(X_0)는 B10:B20칸에 주어지며, 적정 용액 속 단백질의 전체 농도(P_0)는 C10:C20칸에 주어진다. D10:D20칸은 그림 19-6에서 545 nm에서 측정된 흡광도들이다. [PX]는 F4:F5칸에 있는 추정된 K와 ε_{PX}로부터 계산되어 E10:E20칸에 주어진다.

계산을 시작하기 위해 어떻게 K와 ε_{PX}를 추정하는가? Solver가 계산하는 데 보통은 매우 정확한 추정치를 필요로 하지 않는다. 그러나 이와 같은 경우에 타당한 초기 추정치가 제공된다면 Sover의 계산에 신뢰성이 커진다. 100 μL의 P 용액에 P와 결합한 90%의 X가 있다고 가정하자. 스프레드시트의 20행에 초기 형식 농도인 $X_0 = 7.64$ μM과 $P_0 = 28.18$ μM가 주어진다. X의 90%가 PX의 형태로 있다면, [PX] = 6.89 μM, [X] = 0.75 μM이고 [P] = P_0 − [PX] = 21.29 μM이 된다. 따라서 K의 추정치는 K = [PX]/([P][X]) = [6.89 μM]/([21.29 μM][0.75 μM]) = 4.3×10^5이 된다. 추정치인 [X] = 0.75 μM과 [P] = 21.29 μM로부터 Beer 법칙에서 ε_{PX}를 추정할 수 있다.

$$A_{obs} = \varepsilon_X b[X] + \varepsilon_{PX} b[PX]$$

$$0.1066 = (3.143 \times 10^3\ M^{-1}\ cm^{-1})(1.000\ cm)[0.75\ \mu M] + \varepsilon_{PX}(1.000\ cm)[6.89\ \mu M]$$
$$\Rightarrow \varepsilon_{PX} = 1.5 \times 10^4\ M^{-1}\ cm^{-1}$$

그림 19-7에서 F4:F5칸에 추정값 $K = 4.3 \times 10^5$과 $\varepsilon_{PX} = 1.5 \times 10^4\ M^{-1}\ cm^{-1}$를 입력해 보자. 이 값들르부터 스프레드시트는 E10:J20칸에 모든 값들을 계산해 내고 I21칸에 최소 제곱의 합 $\Sigma(A_{obs} - A_{calc})^2$을 준다.

Excel 2016에서 Data ribbon으로 가서 Analysis 부분의 Solver를 선택하라. Changing Variable Cells F4:F5를 사용하여 Objective I21을 Min으로 설정하라. 푸는 방법은 현재 설정된 GRG Nonlinear이다. Option에서 Constraint Precision을 1E-14로 지정하고 Automatic Scaling을 사용하는 것으로 설정하라. Option에서 OK를 클릭하고 Solve를 클릭하라. 순식간에 Solver는 $K = 1.99 \times 10^5$, $\varepsilon_{PX} = 1.62 \times 10^4\ M^{-1}\ cm^{-1}$ 값을 F4:F5칸에 줄 것이다. 그림 19-8는 이들 계산된 K와 ε_{PX} 값들이 관찰된 545 nm에서의 흡광도와 잘 일치하는 것을 보여 준다. J20칸은 100 μL의 P와 반응하는 X의 분율이 0.814라는 것을 알려 준다. K와 ε_{PX}의 초깃값을 추정하기 위하여 이 분율을 0.9로 가정하였다. Solver는 우리에게 생성물 PX의 몰흡광 계수와 평형 상수를 알아낼 수 있게 해주었다. Solver는 실험 데이터들로부터 평형 상수를 알아내는 매우 유용한 방법을 제공한다. 스프레드시트의 J열은 실험 데이터가 반응 분율이 0.2에서 0.8까지 변하는 것에 대해서도 보여 주는데, 이는 매우 바람직하다. 평형 19-15에 따른다는 결론을 내려면, X와 반응하는 P 포화 값의 약 75%를 포함하는 영역에서 측정되어야 한다. 사람들은 반응의 너무 작은 부분만으로 결론을 내려는 실수를 한다.

19-3 분광 광도법 반응

분광 광도법 분석은 특정 분석 물질을 유색 생성물로 변환하는 시약으로 시료를 처리하여 수행될 수 있다. 수백 종의 분석 물질에 대한 분석 절차들이 알려져 있고[10], 그중 많은 방법이 표준 분석법(표 19-1)으로 확립되어 있다. 반응 생성물들은 전형적으로 자연 간섭물이 적은 가시선을 흡수한다. 과량의 시약으로 반응 속도를 빠르게 하고 분석 물질이 정량적으로 변환되게 한다. 가림제와 pH 조절이 선택성을 확보하기 위하여 필요하기도 하다. 그러한 정량 분

표 19-1 물 시료 분석을 위한 분광 광도법들

분석되는 종[a]	분광 광도법 반응(측정되는 파장)	표준 분석법[b]
암모니아	NH_3는 페놀과 반응하고 염기성 HOCl 산화제는 나이트로프루시드산 소듐 촉매하에서 강한 청색의 인도페놀 생성물을 형성한다. (660 nm)	EPA 350.1; SM 4500-NH3 G
염화 이온	Cl^-는 Fe^{3+}가 존재할 때 $Hg(SCN)_2$에서 SCN^-를 치환하여 $Fe(SCN)^{2+}$를 형성한다. (460 nm)	SM 4500-Cl E
크로뮴(VI)	CrO_4^{2-}는 다이페닐카바자이드와 반응하여 적자색 착물을 형성한다. (540 nm)	EPA 7196a; SM 3500-Cr B
아질산 이온	NO_2^-는 *N*-(1-나프틸)-에틸렌다이아민의 존재하에 설파닐아마이드와 반응하여 적자색의 아조 염료를 형성한다. (520 nm)	EPA 353.2; SM 4500-NO_2^- B
질산 이온	NO_3^-는 Cu^{2+}의 존재하에 염기성에서 황산 하이드라진에 의해 NO_2^-로 환원되어 NO_2^-가 분석된다.	EPA 352.3; SM 4500-NO_3^- F
인산 이온	PO_4^{3-}는 산성에서 몰리브데넘산 이온, 안티모니, 아스코브산과 반응하여 청색의 인산 몰리브덴산 착물을 형성한다. (660 nm)	EPA 365.1; SM 4500-P F
황산 이온	SO_4^{2-}는 Ba^{2+}와 반응하여 $BaSO_4$ 침전을 형성한다. (405 nm, 탁도 측정)	ASTM D516; EPA 375.4

a. 암모니아, 아질산 이온, 질산 이온과 같은 화학종의 농도는 분석 물질 내의 질소(N)로 인용된다. 1.00 mg/N/L = 1.22 mgNH_3/L = 3.28 mg NO_2^-/L = 4.43 mg NO_3^-/L. 인산 이온과 크로뮴산 이온은 mg P/L과 mg Cr/L로 인용된다.

b. EPA는 미국 환경보호청(Environmental Protection Agency)이다. SM은 다음에서 인용한 표준 방법들이다. E. W. Rice, R. B. Baird and A. D. Eaton eds. Standard Methods for the Examination of Water and Wastewater, 23rd ed. (American Public Health Association, Washington, DC, 2017) or at www.standardmethods.org; ASTM methods are in the 80-volume Annal Books of ASTM standards or www.astm.org.

출처: *Information from SEAL Analytical, Discrete Analyzer USEPA Approved Methods; L. M. L. Nollet and L. S. P. De Gelder, eds. Handbook of Water Analysis, 3rd ed., (Boca Raton, FL: CRC Press, 2014). Free download of 950-page book from web search for "handbook of water analysis nollet pdf."*

석은 수행하기가 간단하고 자동화가 쉽고 값비싼 장비가 필요하지 않다. 많은 시료들이 동시에 분석될 수 있고 분취 시료들을 다른 시약들로 처리하여 많은 분석 물질을 측정할 수 있다.

비색계 키트

생산 공장에서, 야외 현장에서 그리고 가정에서조차(예를 들어 어항이나 수영장의 수질 분석) 분광 광도법 정량 분석을 수행할 수 있게 하는 시판되는 키트들이 있다. 키트는 간단한 부피 측정 유리 기구, 스포이드 병 시약이나 미리 무게를 단 시약이 들어 있는 자루 그리고 색의 세기를 정량화하는 수단 등으로 구성되어 있다. 가장 간단한 방법이 그림 19-9에 있는 것과 같이, 조작자가 시료 용액의 색과 표준 색들을 직접 비교하는 비색계를 사용하는 것이다. 색을 비교하는 비색계는 ±10% 정도의 오차를 가진다. 문제 18-27에서처럼 광원으로 발광 다이오드를 사용하는 광도계는 ±2%까지의 오차를 가지나, 이의 활용은 다이오드 파장에서 흡수하는 비색법 분석 물질로 제한된다. 휴대용 분광기도 ±2%까지의 오차를 가지나, 가

비색계 장치의 정확도
색 맞춤 ±10%
휴대용 광도계 ±2%

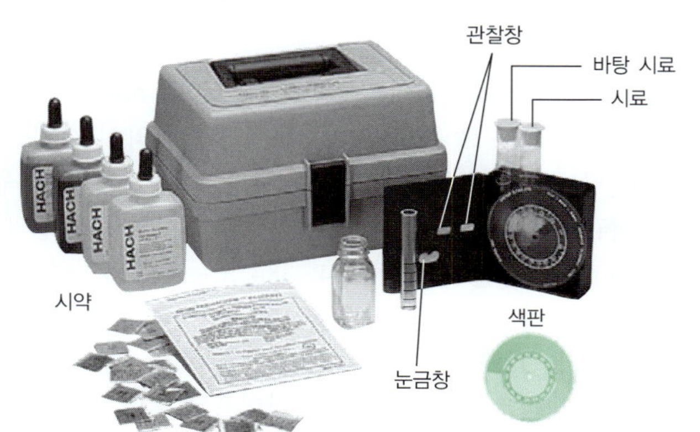

그림 19-9 유색 교정판으로 된 비색계. 시료를 키트의 사용법에 따라 시약과 혼합하여 오른쪽 튜브에 넣고 바탕 시료는 왼쪽 튜브에 넣는다. 비색계를 닫고 빛에 가져가서 관찰창의 색이 맞을 때까지 색판을 돌린다. 결과를 눈금창에서 읽는다(Hach Company 제공). 비색계를 사용하는 법을 보여 주는 영상은 www.youtube.com/watch?v=8KzbQ2kvi2c에서 볼 수 있다.

그림 19-10 개별 분석기는 광범위한 분광 분석법 정량 분석을 위해 마이크로리터 부피의 시료와 시약을 분리된 반응 용기들로 주입할 수 있는 자동화된 분석기이다.

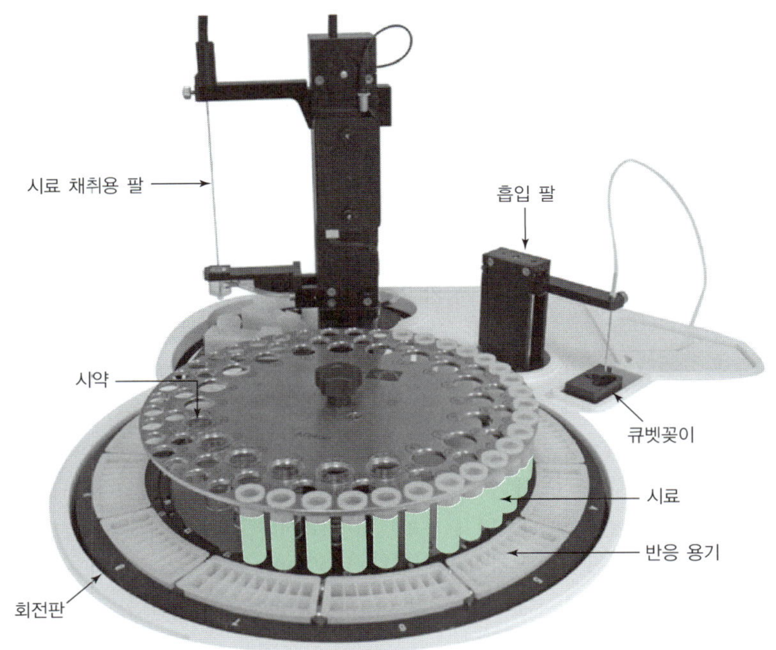

시선의 어떤 파장도 측정할 수 있는 추가적인 장점이 있다. 실험 18-1에서 논의되는 휴대폰 기반 분광기는 요즘 활발한 연구 대상이다.

개별 분석기

개별 분석기(discete analyzer)들은 환경, 식품, 임상 실험실들에서 매일 분석되는 수천 개의 시료에 대해 분광 광도법 정량 분석에서 습식 화학 단계들을 자동화한다. 그림 19-10에 있는 개별 분석기에서는 시료와 시약병들이 회전판의 구심원들 속에 장착된다. 회전판은 시료병들을 로봇팔 아래에 위치시키고 이동 주사기를 사용하여 용액을 꺼낸다. 회전판은 특정 반응 용기를 시료 채취용 팔 아래로 가게 하여 정확한 분취액이 주입되게 한다. 특정 분석 물질에 필요한 각 시약이 주입되어 혼합되고 반응에 필요한 시간을 기다리는 단계가 반복된다. 일단 모든 시약들이 가해지고 반응이 완결되면, 생성물은 흡입 팔에 의해 흡광도가 측정되는 큐벳으로 이동된다.

개별 분석기
- 자동화된 분석
- 많은 반응이 시료에 수행될 수 있다.
- 속도는 반응 시간과 필요한 시료의 수에 달려 있다.
- 시약 소모량이 적다.

단일 시료 속의 많은 분석 물질들은 시료의 분취액들을 분리된 용기에 나누어 주입되고, 각 분석 물질에 대해 다른 용기에 시약이 가해져 분석된다. 이 개별 분석기는 한 시료에 대해 14가지 시험까지 수행될 수 있고 120개의 시료를 한 번에 넣을 수 있다. 시간당 정량 분석되는 수는 반응 시간과 필요한 시약의 수에 달려 있다. 시료 채취기와 큐벳은 각 정량 사이에 세척되어 시료간 오염을 방지한다. 개별 분석기는 2~500 μL의 시료와 시약을 사용하여 수작업으로 분광 분석법 정량을 하는 것보다 폐기물을 적게 발생시킨다.

마이크로 플레이트[11]

마이크로피펫 사용의 오차 방지(41쪽)
- 제조사가 추천하는 팁 사용
- 피펫 팁을 적셔 내부를 증기와 평형에 도달하도록, 옮기기 전에 액체를 세 번 넣고 빼기
- 팁을 불필요하게 닦으면 시료의 손실이 생길 수 있다.
- 액체는 피펫과 같은 온도에 있어야 한다.
- 마이크로피펫은 해수면 압력으로 교정된다. 피펫을 그것이 옮기는 물의 무게를 측정하여 교정한다.

다용기 플레이트(multiwell plate)라고도 불리는 **마이크로 플레이트(microplate)**는 수백 개에서 수천 개에 이르는 시료를 다루고, 시료 부피가 한정적이거나 시약이 값비싼 분자 생물학의 응용 분야에서 널리 활용된다. 마이크로 플레이트는 작은 부피 용기들이 2차원으로 배열되어 있다. 각 용기는 개별 시험관으로 사용된다. 그림 19-11은 96개의 용기 플레이트를 보여 주는데, 각 용기는 250~300 μL를 넣을 수 있다. 24, 384 또는 1 536개의 배열 용기로 된 마이크로 플레이트도 흔히 사용된다. 마이크로피펫을 사용하여 96개의 용기 플레이트의 열린 상단으로 용액을 넣는다. 384개, 1 535개 용기 플레이트는 특별한 장비가 필요하다.

분광 광도법용 마이크로 플레이트는 용기 바닥이 평면으로 되어 있다. 바닥은 투명하며,

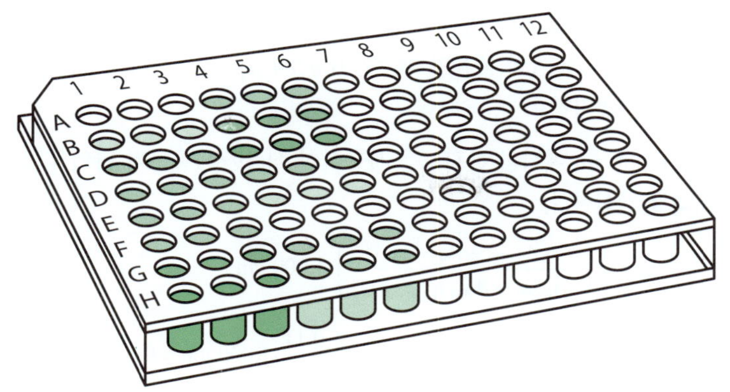

그림 19-11 교정용 표준 시료와 시료들이 중복하여 3개씩 들어 있는 96개 용기의 마이크로 플레이트

가시선용은 폴리스타이렌이나 유리로 되어 있고, 자외선용은 수정이나 고리형 올레핀 공중합체로 되어 있다. 발광과 형광용 마이크로 플레이트는 용기 측면이 불투명한 흰색이나 검은색으로 되어 한쪽 용기에서 인접한 다른 용기로 발광 빛이 들어가는 것을 막도록 되어 있다.

큐벳에서 통과 거리(b)는 그림 18-6에 있는 큐벳의 폭이다. 마이크로 플레이트에서는 복사선이 각 용기를 수직으로 통과한다. 통과 거리는 용기 속 용액의 부피에 따라 달라지고 부피를 재현되게 옮기는 것이 결정적이다. 정밀도를 높이려면 각 시료와 표준 시료는 전형적으로 세 번 분석된다. 그림 19-11에서 용기 A1~A3는 바탕 시료이고, B1~B3는 낮은 농도의 표준 시료들이다. 표준 시료들의 농도는 용기 B1-B3부터 H1~H3까지 증가한다. 용기 A4~A6부터 H4-H6는 3개씩 중복 준비된 시료들과 수행 시험용 시료들이다. 시약을 가한 후에 마이크로피펫으로 넣고 빼는 것을 반복하여 혼합한다. 다른 방법으로는 모든 용기에 시료를 첨가한 후 부착 필름으로 마이크로 플레이트를 덮고 가볍게 와류 혼합을 한다. 흡광도를 측정하기 전에 덮개 필름을 제거하여야 한다.

마이크로 용기의 통과 거리(b):

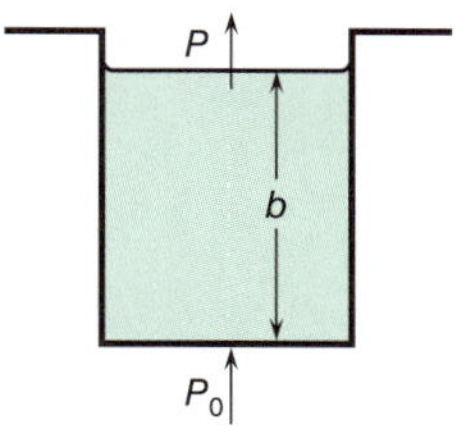

일부 플레이트 측정기들에서는 각 용기 내의 통과 거리를 물의 특정 흡광도를 사용하여 결정한다. 물은 근적외선인 977 nm에서 흡광한다. 최대 흡광도는 온도의 영향을 받는다. 1 000 nm 근처의 등흡광점을 사용하여 이러한 온도 의존성을 제거한다. 바탕 시료 흡광도는 물 흡광도에서 떨어진 파장인, 전형적으로는 900 nm에서 측정된다. 용기 속 수용액의 통과 거리는 1 000 nm에서 바탕 시료 보정 흡광도를 1 000 cm 큐벳에서의 흡광도와 비교하여 결정된다.

마이크로 플레이트를 채우기 전에 모든 용액의 위치에 대해 실험 노트에 표로 기입하라.

$$b_{\text{well}} = \left(\frac{(A_{1\,000} - A_{900})_{\text{well}}}{(A_{1\,000} - A_{900})_{\text{1-cm cuvette}}} \right) \cdot 1.000 \text{ cm} \qquad \textbf{(19-24)}$$

용액의 바탕 시료 보정 흡광도는 1 cm 큐벳에 대해 다시 계산될 수 있다.

$$A_{1\text{ cm}} = \left(\frac{A_{\text{well}} - A_{\text{blank}}}{b_{\text{well}}} \right) \cdot 1.000 \text{ cm} \qquad \textbf{(19-25)}$$

마이크로 플레이트 측정기는 관찰되는 값 그대로 또는 1.000 cm로 교정된 값으로 줄 수 있으니 사용하는 장비를 확인하여야 한다.

예제 식 19-24와 19-25를 사용한 마이크로 플레이트 흡광도의 교정

DNA(부록 L)는 260 nm의 흡광도로 정량할 수 있다(문제 18-21). 96개 용기 마이크로 플레이트의 한 마이크로 용기 속에 있는 230 μL DNA 시료와 다른 마이크로 용기 속 230 μL 바탕 시료 그리고 1.000 cm 큐벳 속의 물에 대한 측정된 흡광도 데이터는 아래 표와 같다.

	흡광도		
용액	260 nm	900 nm	1 000 nm
DNA 시료(마이크로 용기)	0.47	0.04	0.15
바탕 시료(마이크로 용기)	0.07		
물 (1 cm 큐벳)		0.06	0.24

230 μL DNA 시료에 대한 통과 거리를 구하고, 1 cm 큐벳 속의 DNA 시료에 대한 바탕 시료 보정 흡광도를 결정하시오. DNA의 몰흡광 계수가 $0.0284(\mu g/mL)^{-1}\ cm^{-1}$이라면, DNA의 농도는 μg/mL의 단위로 얼마인가?

풀이 900 nm와 1 000 nm에서의 흡광도를 사용하여 식 19-24로부터 마이크로 용기 속의 DNA 시료의 통과 거리를 계산한다.

$$b_{\text{well}} = \left(\frac{(A_{1\,000} - A_{900})_{\text{well}}}{(A_{1\,000} - A_{900})_{\text{1-cm cuvette}}}\right)\cdot 1.000\ \text{cm}$$

$$b_{\text{well}} = \left(\frac{0.15-0.04}{0.24-0.06}\right)\cdot 1.000\ \text{cm} = \frac{0.11}{0.18}\cdot 1.000\ \text{cm} = 0.61_1\ \text{cm}$$

DNA의 농도는 Beer 법칙으로 0.61_1 cm의 통과 거리와 260 nm 흡광도를 사용하여 결정된다.

$$c = \frac{A}{\varepsilon b} = \frac{0.47-0.07}{\left(0.0284\frac{\text{mL}}{\mu\text{g}}\frac{1}{\text{cm}}\right)0.61_1\ \text{cm}} = 23\ \frac{\mu\text{g}}{\text{mL}}$$

자습 같은 DNA이지만 다른 시료에 대해 마이크로 용기에서의 흡광도가 260 nm에서 0.42와 0.07, 900 nm에서 0.06, 1000 nm에서 0.20일 때 DNA의 농도를 구하시오. (**답:** 16 μg/mL)

개별 분석기와 마이크로 플레이트에서 용액들은 실험실 환경에 놓여 있어 오염될 수가 있다. 384개 용기 마이크로 플레이트를 가지고 형광 분석을 수행하는 약물 탐지 실험실에서 많은 가양성이 관찰되었다(보충 5-1). 그 원인은 형광 증백제가 들어 있는 세제로 세탁한 실험복의 보풀에 의한 오염이었다.[12] 플레이트 덮개나 부착 필름은 마이크로 플레이트의 오염을 감소시킨다.

입자에 의한 산란

표 19-1에서 황산 이온은 Ba^{2+}를 가해 용액을 뿌옇게, 즉 **탁하게**(turbid) 하는 $BaSO_4$ 침전을 형성시켜 정량된다. **탁도**(turbidity)와 **네펠로법**(nephelometry)은 용액을 통과하는 빛의 양을 측정한다. **탁도법**(turbidimetry)은 시료의 앞 방향에서 측정하고, 네펠로법은 특정 각도, 전형적으로는 90°에서 산란된 빛을 측정한다. 탁도법은 비교적 높은 농도의 부유 입자들이 있는 시료에 적합하고, 네펠로법은 매우 낮은 농도의 시료에 더 적합하다. 시료 용액은 색을 띠지 않아야 하고 측정은 분자 흡광이 없는 파장에서 이루어진다. 산란은 비특이적 성질이며 더 선택적인 분광 광도법 방법들이 없을 때에만 사용된다.

산란 세기는 흡광도가 아니라 탁도를 측정한다는 것을 강조하기 위하여 **광학 밀도**(OD: optical density)로 나타낸다.

$$OD = \frac{A(\text{산란에 기인한})}{b/1.000\ \text{cm}} = \frac{\log(P_0/P)}{b/1.000\ \text{cm}}$$

미생물학에서는 600 nm에서의 탁도를 사용하여 미생물의 성장을 관찰한다. 산란은 미생물의 종류, 머질, 분광 광도계에 따라 달라지며, 정량을 하려면 교정이 필요하다.[13] 교정은 세포 밀도가 높을 때 비선형이 된다. 산란은 또한 대기 과학에서 대기 중 미세 먼지를 측정할 때도 사용된다. '시민 과학'을 위한 값싼 입자 측정기들이 시판되고 있다.[14]

19-4 흐름 주입 분석법과 순차 주입법

흐름 주입 분석법(**flow injection analysis**)에서는 시료와 반응을 하는 시약이 들어 있는, **연속적으로 흐르는** 액체 운반체에 액체 시료가 주입된다.[15,16] 추가 시약이 주입될 수도 있다. 시료가 주입구에서 검출기로 흘러감에 따라 시료 영역이 넓어지며, 시약과 반응하여 검출기에 반응하는 생성물을 형성한다. 각각의 시료를 분리하여 분석하는 '개별 분석 과정(batch process)'에 비하면 흐름 주입법은 분석 속도, 취급하는 용액의 자동화 그리고 저비용 등의 장점을 가진다. 흐름 주입법에서는 한 시간에 100개의 시료를 분석하는 것이 보통이다. 한 번에 수백 개의 시료가 들어가는 자동 시료 채취기는 자동화 분석에서는 필수적이다. 흐름 주입법은 수많은 시료를 일상적으로 분석하는 토양 및 수질 분석에서는 사역마(workhorse)와 같다.

흐름 주입 분석기
- 자동화된다
- 1~2종류의 분석 물질에 제한된다.
- 시간당 분석되는 시료의 수가 많다.
- 시약 소모가 더 많다.
- 오염이 덜 된다.

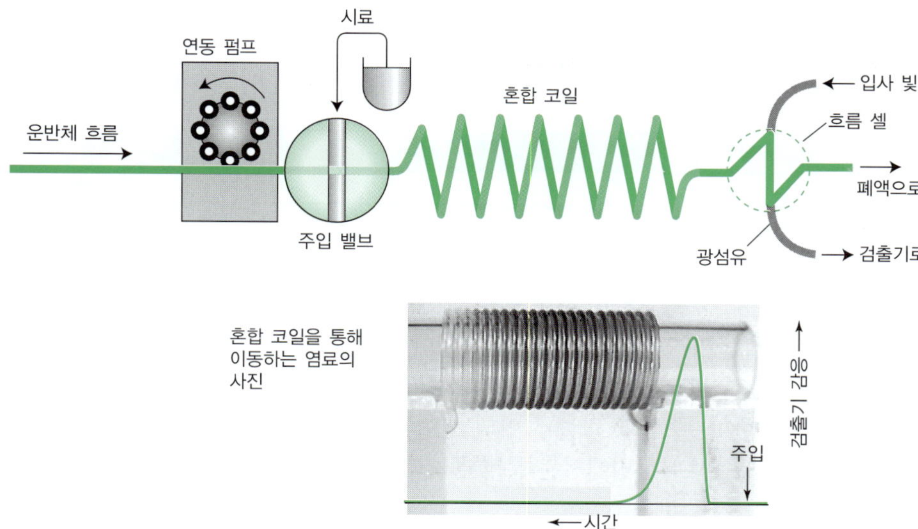

그림 19-12 분석 물질과 혼합되면 착색되는 시약이 들어 있는 운반체 흐름으로 시료가 주입되는 흐름 주입 분석의 개요도. 연동 펌프는 관을 따라 작동하는 8개의 롤러에 의해 유연한 관를 통해 액체를 밀어 낸다. 사진과 그래프는 운반체로 주입된 염료의 분산을 보여 준다. [출처: J. Ruzcka, *Flow Injection Analysis*, 2009, www.flowinjectiontutorial.com]

그림 19-12는 식품 속에 잔존하는 미량의 제초제 아세토클로르(acetochlor)를 분석하는 대표적인 방법을 보여 준다.[17] 곡물이나 밀가루와 같은 식품을 균질화하고 유기 용매를 사용하여 그 식품에서 제초제를 추출한 후 가수 분해하여 시료를 준비한다. 가수 분해 생성물을 그림 19-12에 나타낸 흐름 주입 분석기의 운반체 흐름에 주입한다.

Cl, O, N, O, NH_2 — 0.2 M HCl, 100°C →

제초제 아세토클로르 → 가수 분해 생성물

운반체 흐름은 시료와 반응하는 시약인 다이아조늄 염을 함유하고 있는데, 반응 생성물은 색을 띠게 되고 400 nm의 가시선 흡광도로 측정할 수 있다.

N≡N^+ + NH_2 —분석→ N=N, NH_2

운반체 흐름 속의 다이아조늄 시약 + 시료 속의 가수 분해 생성물 → 유색 생성물 (아조 염료의 일종)

그림 19-13은 시료가 운반체 흐름 속에 주입된 후에 일어나는 분산과 반응을 보여 준다. 시약이 없다면 시료는 아래로 흘러감에 따라 퍼지기(분산되기) 시작할 것이다. 액체가 원통형 관을 통해 비교적 천천히 흘러갈 때 그 흐름은 **층류**(laminar) 흐름이다. 관의 벽면과의 마찰력은 벽면에서 흐름을 느리게 하여 거의 멈추게 되고 관의 중심부에서의 흐름은 평균 흐름의 두 배나 빠르게 된다. 관의 중심과 벽면 사이에서 속도는 포물선 윤곽을 갖게 된다. 그림 19-13의 최상층 그림은 시료 영역의 곡면을 이룬 앞서가는 부분과 뒤에 끌려가는 부분을 보여 준다. 벽면 가까이의 액체는 내부 액체와 관의 지름 방향의 확산에 의해 혼합된다. 관이 좁을수록 지름 방향의 혼합은 빨라진다. 지름이 0.5~0.75 mm인 전형적인 관에서 벽면에서 멀어지는 액체의 확산은 몇 초 내에 이루어진다. 그림 19-12에서 주입과 검출 사이의 통로는 나선형 혼합 코일로 되어 있다. 흐름의 통로에서의 곡률과 날카로운 구부림으로 인해 지름 방향 혼합이 촉진된다.

주입된 시료가 혼합 코일을 따라 운반됨에 따라 시료 영역의 앞선 부분과 끌려가는 부분에

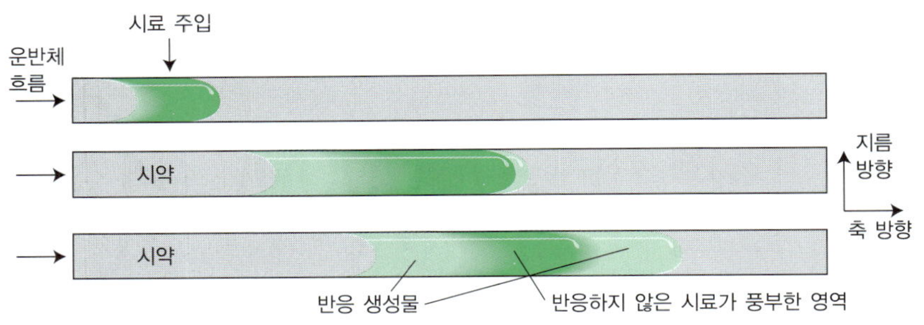

그림 19-13 시료가 운반체로 주입된 후 흘러 내려감에 따른 시료의 분산과 반응 [출처: J. Ruzicka, *Flow Injection Analysis*, 4th ed. 2019, www.flowinjectiontutorial.com]

서 운반체 흐름 속에 들어 있는 시약과 반응이 일어난다. 시료와 시약이 잘 혼합되기 위해서는 지름 방향의 흐름이 필요하다. 생성물의 형성은 시료 영역의 혼합 속도뿐만 아니라 화학 반응 속도에도 의존한다. 주입과 검출 사이의 전형적인 시간은 수초이다. 대부분의 화학 분석법과는 달리, 흐름 주입 분석법에서는 분석 물질과 시약의 혼합이 불완전하고 화학 평형에도 도달되지 않는다.

흐름 주입은 평형에 도달되지 않는 동적 과정이다. 재현성은 매번 시료를 주입할 때 같은 조건을 반복되어야 얻어진다.

분석의 정밀도에 대한 핵심은 흐름 주입의 재현성에 있다. 검출기를 통해 지나가는 생성물의 농도 윤곽은 시료의 부피, 흐름 속도, 반응 속도, 온도 등과 같은 수많은 조건에 따라 달라진다. 분석 조건이 재현성이 있어야 재현성이 있는 검출 반응을 얻을 수 있다. 제초제 아세토클로르에 대한 반복 주입에서 식품 속의 이 제초제 1 ppm을 측정할 경우, 상대 표준 편차는 1.6%였다.

그림 19-12에서 보이는 바와 같이 검출기 쪽 흐름 셀은 Z 모양으로 되어 액체가 지나가게 되어 있다. 단색광을 광섬유를 통해 Z셀의 한쪽 면으로 쪼여주면 흐름 셀을 통과하여 반대 면으로 나오는 빛은 다른 광섬유를 통해 검출기로 전달된다. 가장 많이 쓰이는 흐름 셀은 부피 60 μL에 통과 거리 10 mm로 되어 있다. 주입되는 시료의 전형적인 부피는 수십 μL이다. 흐름 주입법에서는 신호의 면적보다는 신호의 높이를 분석 신호로 사용한다.

그림 19-14는 배를 타고 가면서 연속적으로 해수로부터 나노몰 농도의 Fe(II)와 Fe(III)를 분석할 때 사용하는 흐름 주입 분석 장치를 보여 준다. 배로 인한 Fe의 오염을 피하기 위해, 해수는 견인 시료 채취기(tow-fish sampler)를 사용하여 배에 부딪히지 않도록 해수면 아래 1 m에서 채취된다. 선상 클린룸에서 연동 펌프를 사용하여 채취된 해수에 고순도 HCl을 가해 철의 산화 상태를 안정화시킨다. 시료는 말 그대로 바다 자체인 반면에, 선상에는 제한된 양의 시약만이 있기 때문에 160 μL의 시약이 0.5 mL/min의 시료 흐름 속으로 주입되는 역류 주입이 사용된다. Cu(I)을 가리는 네오쿠프린이 포함된 완충시킨 페로진을 주입하여 Fe(II)를 정량한다. 시약 주입 후에 0.2 mL/min 속도로 흐르는 해수 시료는 시약을 포함한 흐름과 만나 해수와 시약이 잘 혼합된다. 페로진과 해수 혼합물은 지름 0.75 mm, 길이 5.5 m의 반응 코일로 들어가서 보라색 Fe(페로진)$_3^{4-}$ 착물(그림 18-8)이 형성된다. 광섬유 기술에 기초한 긴 통과 거리를 가지나 부피가 작은 흐름 셀을 사용하여 562 nm에서의 흡광도

'혼합 코일(mixing coil)'과 '반응 코일(reaction coil)'이라는 용어는 서로 동일하게 사용한다.

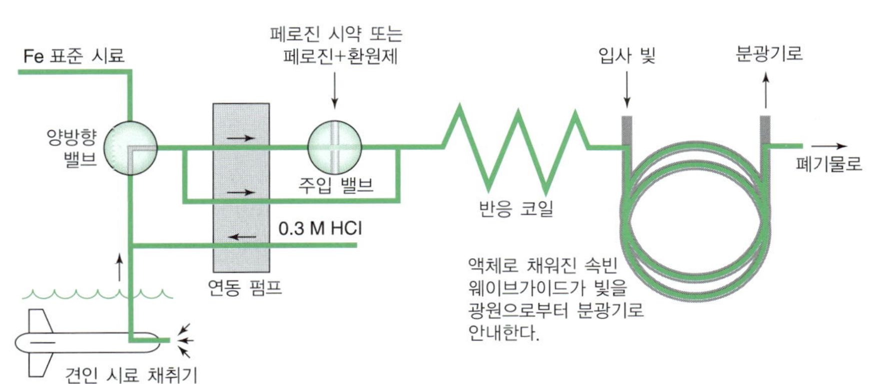

그림 19-14 해수 속 나노몰 농도의 Fe(II) 또는 Fe(II+III)를 분석하기 위하여 시료의 연속 흐름 속으로 시약이 주입되는 역류 주입 분석법 [출처: Y. M. Huang, D. X. Yuan, Y. Zhu, and S. C. Feng, "Real-Time Redox Speciation of Iron in Estuarine and Coastal Surface Waters," *Environ. Sci. Technol.* **2015**, *49*, 3619. S. C. Feng은 학부생 연구원임.]

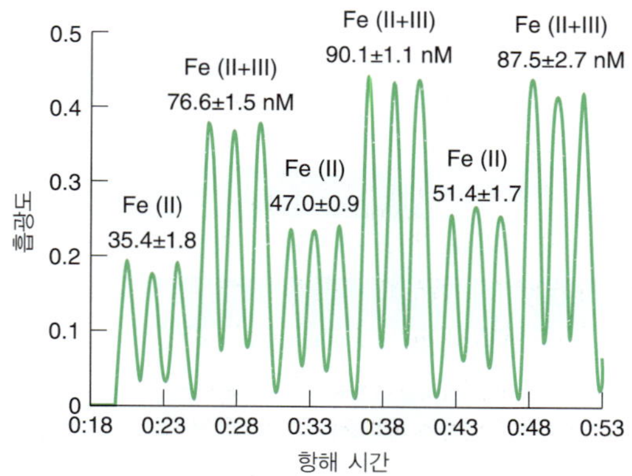

그림 19-15 해수 속 Fe(II)와 Fe(II+III)를 분석하기 위해 페로진과 페로진+아스코브산을 세 번씩 주입하여 얻은 응답 신호 [출처: Y. M. Huang, D. X. Yuan, Y. Zhu, and S. C. Feng, "Real-Time Redox Speciation of Iron in Estuarine and Coastal Surface Waters," *Environ. Sci. Technol.* **2015**, *49*, 3619. S. C. Feng은 학부생 연구원임.]

를 증폭시킨다. 철의 총 함량은 Fe(III)를 Fe(II)로 환원하는 아스코브산이 들어 있는 페로진을 따로 주입하여 결정한다. Fe(III)는 아스코브산이 없는 페로진과 아스코브산이 있는 페로진의 주입에서 생기는 두 피크 높이의 차이에 해당한다.

그림 19-15는 항해하는 동안 만나는 해수 속 Fe(II)와 Fe(II+III)의 실시간 종분포 규명을 보여 준다. 반복 주입에 의한 상대 표준 편차는 약 3%이고 검출 한계는 Fe(II)에 대해 0.3 nM, Fe(II+III)에 대해 0.7 nM이다. 현장 분석에는 정교한 솜씨가 요구된다. 초기의 선상 검출 한계는 배의 진동 때문에 좋지 않았다. 분광기를 커다란 스펀지 속에 넣어 진동을 제거하여 검출 한계를 향상시켰다.

종분포 규명(speciation): 화학종의 가능한 형태들 속에서의 한 분석 물질에 대한 분포

그림 19-14에 있는 양방향 밸브는 해수 흐름과 교정 흐름을 교체하여 교정을 하게 해준다. Fe(II)와 Fe(III) 둘 다에 대해 규칙적으로 품질 관리용 표준 시료를 분석하여 매일 9점 교정이 수행되었다. 해수 검증용 기준 시료를 사용하여 정확도가 1~2일마다 검증되었다.

순차 주입법[15,18]

순차 주입법(**sequential injection**)은 컴퓨터의 조절에 의해 **흐름을 프로그래밍**(flow programming)하고 **흐름을 역전**(flow reversal)할 수 있는 방법으로 흐름 주입법과 구별된다. 흐름은 연속적이 아니다. 흐름 주입법에 비해서 더 적은 양의 시료로 분석할 수 있고 폐기물도 적게 생긴다. 소형화와 불연속 흐름은 생화학 분석에 소요되는 효소나 항체와 같은 값비싼 시약의 소모를 줄인다. 순차 주입법은 환경 감시 및 산업 공정 검사와 같은 연속적 조사에 사용되며 원격으로도 할 수 있다. 국제 우주 정거장(ISS)의 재활용 물 속의 NH_4^+에 대한 순차 주입 분

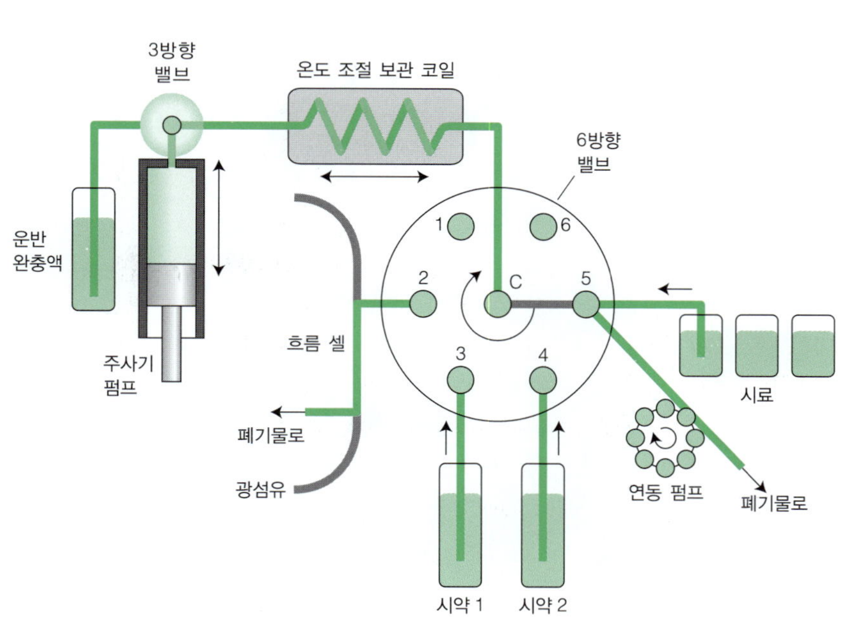

그림 19-16 순차 주입 장치의 개요도. 밸브의 회전을 통해 중심 연결부 C를 1번에서 6번까지의 어느 연결부로도 연결할 수 있다. [출처: J. Ruzicka, *Flow Injection Analysis*, 2019, www.flowinjectiontutorial.com]

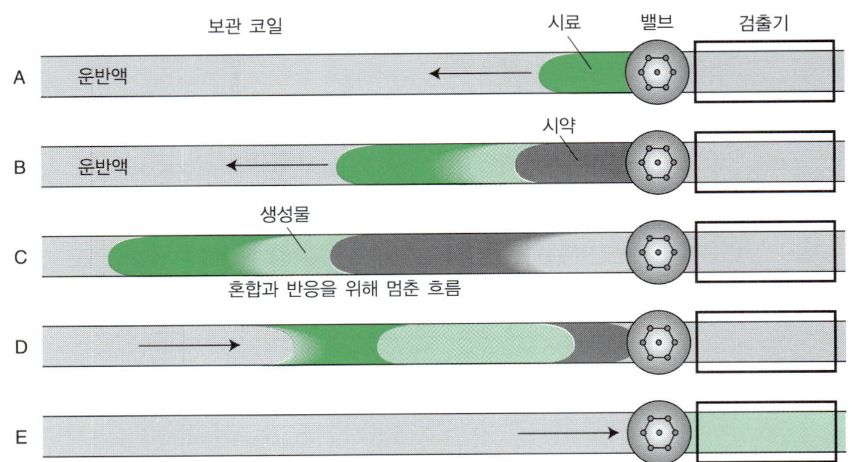

그림 19-17 순차 주입법에서 보관 코일에서의 시료와 시약의 혼합과 반응. 시료 (A)와 시약 (B)을 취한 후, 흐름이 멈추고(C) 생성물이 형성되도록 기다린다. 그러면 흐름의 방향이 바뀌고(D) 생성물은 검출기를 지나간다.(E) [출처: J. Ruzicka, *Flow Injection Analysis*, 2019, www.flowinjectiontutorial.com]

석법으로 분석당 경우 490 μL의 폐기물만 생긴다.[19] 그 전의 물 시료들은 분석을 위해 지구로 회수되어야 했다.

그림 19-16에 나타나 있는 순차 주입 장치의 핵심 특징은 6 방향 밸브이다. 이 예에서는 2, 3, 4, 5번 연결부가 사용되었다. 그림은 5번 연결부와 중심 연결부 C가 연결된 것을 보여준다. 액체 시료를 보조 연동 펌프로 5번 연결부로 보내면 컴퓨터의 조정에 의해 밸브를 회전하여 다른 연결부 중의 하나를 C와 연결한다. 그림의 왼쪽 윗부분에는 정확한 부피의 액체를 컴퓨터의 조정에 의해 앞뒤로 이동할 수 있는 스텝 모터-조절 주사기 펌프가 있다. 주사기 펌프의 위쪽에 있는 밸브는 주사기를 운반 완충액 보관 용기나 보관 코일로 연결할 수 있다.

그림 19-17은 시료와 한 시약의 반응이 어떻게 진행되는지를 보여 준다. 그림 19-16의 5번 연결부로부터 시료가 먼저 보관 코일로 들어간다. 그러면 6 방향 밸브가 회전하여 1번 시약을 3번 연결부로부터 취해 보관 코일로 보낸다. 그러면 흐름이 멈추고 보관 코일에서 시료와 시약을 혼합하고 반응하게 된다. 선택된 시간 후에 흐름은 방향이 바뀌어 혼합 액체는 2번 연결부를 통해 흐름 셀로 보내지고 그곳에서 선택된 파장에서 흡광도를 측정하게 된다. 혼합 코일에서의 각 시약들의 부피와 시간은 컴퓨터에 의해 조절된다. 그림 19-16에서 두 가지 다른 시약이 시료와 혼합될 수 있었다. 생성물 영역이 검출기에 도달하였을 때 흐름을 멈추게 하여 검출기에서 더 많은 생성물이 생기도록 하여 시간에 대한 흡광도의 변화를 측정하는 변형 측정 방법도 있다. 순차 주입법은 '밸브 위의 실험실'이라 불리는 정도로까지 소형화

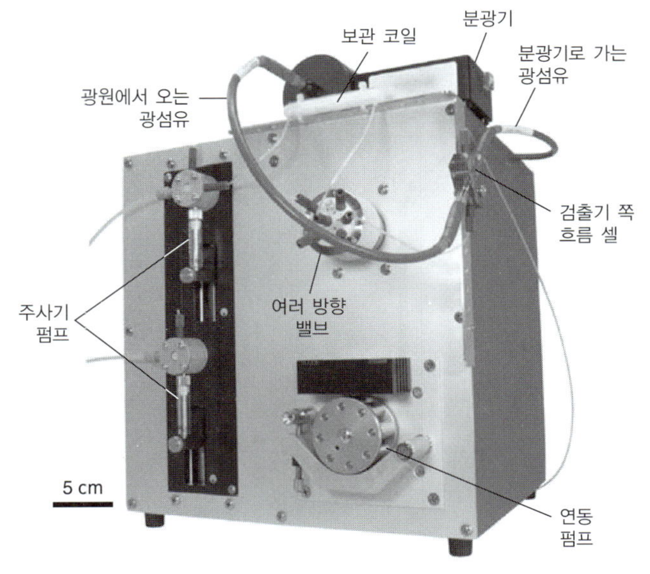

그림 19-18 그림의 위쪽에 보관 코일과 빛이 지나가는 광섬유, 그리고 기기의 오른쪽 위에 흐름 셀을 갖춘 순차 주입법 장치. 연동 펌프와 밸브 사이의 연결관은 보이지 않는다. [출처: FIAlab Instruments, Inc.]

되어 왔다. 그림 19-18은 순차 주입 장비의 한 예를 보여 준다. 그림 19-18에 있는 장비는 추가 시약을 넣기 위한 두 번째 주사기 펌프를 가지고 있다.

19-5 분석 화학에서의 발광[20]

퀴닌, 트립토판, 리보플라빈(바이타민 B_2)[21], 그리고 여러 고리 방향족 화합물과 같은 일부 분석 물질들은 자연적으로 형광이 나와 직접 분석할 수 있다. 엽록소 대사물인 페오포바이드(pheophorbide) *a*는 형광을 사용하여 간단히 정량되는데, 이는 우유가 목초에서 키운 소에서 얻은 것인지를 확인하는 데 사용되는 저비용 방법이다.[22]

대사물(metabollite)은 생체 대사에서 생기는 중간체나 생성물을 말한다. 원 화합물보다 검출하기 쉽거나 더 수명이 길다. 약물 자체보다 그 대사물인 벤조일에코닌이 코케인 사용에 대한 검출제로 사용된다.

보충 19-2 형광 검출을 위한 분자의 설계

형광 검출을 위한 분자는 착물 형성/착물 해리, 산화/환원, 공유 결합의 형성/분리에 의해 형광의 변화가 일어나도록 설계된다.[24] 여기에 약한 형광을 내는 분자가 형광을 내지 않는 사이안화 이온과 반응할 때 강한 형광을 내도록 잘 설계된 예를 제시한다.

그림 18-23의 구조가 견고한 안트라센과 같은 콘쥬게이션 방향족 화합물들은 강한 형광을 낸다. 아래에 보여진 트랜스-스틸벤은 형광을 얼마 내지 않지만, 가운데 이중 결합을 둘러싸서 접합 고리형으로 그 구조를 견고하게 하면 형광이 매우 강해진다.[25]

트랜스-스틸벤
약한 형광

트랜스-스틸벤의 구조가 견고한 유도체
강한 형광

그림 18-13과 18-14는 폼알데하이드의 최저 에너지 전이가 $n \rightarrow \pi^*$(비결합성 → 파이 반결합성)임을 보여 준다. 가장 낮은 들뜬 단일항이 $n \rightarrow \pi^*$인 분자들은 전형적으로 발광을 하지 않는다.[25] 알데하이드기가 정상적으로 형광을 내는 접합 방향족 고리 근처에 위치하고 알데하이드의 $n \rightarrow \pi^*$ 에너지가 방향족의 $\pi \rightarrow \pi^*$ 에너지 아래에 있다면, $\pi \rightarrow \pi^*$에서 $n \rightarrow \pi^*$로 에너지 전달이 일어나고 비복사 과정에 의해 에너지가 손실된다. 알데하이드가 방향족 분자의 형광을 **소광**(quench)한다.

방향족 탄화수소 $^1\pi \rightarrow \pi^*$
알데하이드 $^1n \rightarrow \pi^*$
알데하이드 $^3n \rightarrow \pi^*$
A F
에너지 →
S_0 바닥 상태

방향족 분자로부터의 형광(F)은 들뜬 에너지가 근접한 알데하이드기로 전달되어 감소되고, 이어서 물결 무늬선으로 보여진 비복사 과정이 일어난다.

분자 I은 사이안화 이온 검출용 센서로 의도적으로 설계된 것이다. 분자 I의 형광은 CN^-가 알데하이드와 반응하여 사이아노하이드린을 생성할 때 7배 증가한다. C═O 이중 결합이 형광을 소광하지 않는 단일 결합으로 변환된다. 생성물의 형광을 증가시키는 반응 전후에 이 분자의 방향족 부분이 수소 결합에 의해 견고하게 유지된다. 만일 다이페닐아세틸렌 부분이 자유롭게 회전한다면 형광은 약해진다. 빛을 흡수하는 분자의 부분을 **발색단**(chromophore)이라 하듯이, 형광이 나오는 분자의 부분을 **형광단**(fluorophore)이라고 한다.

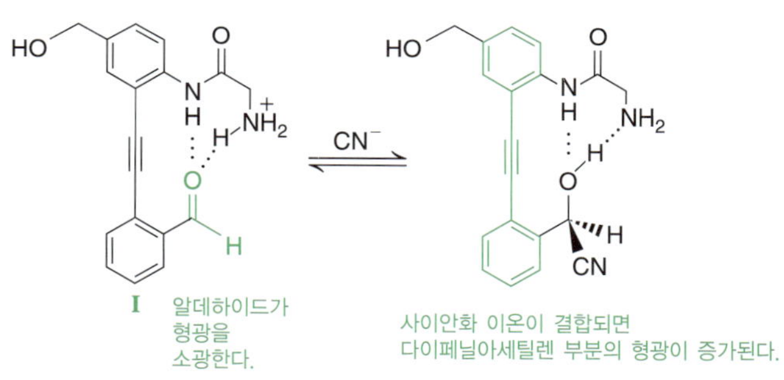

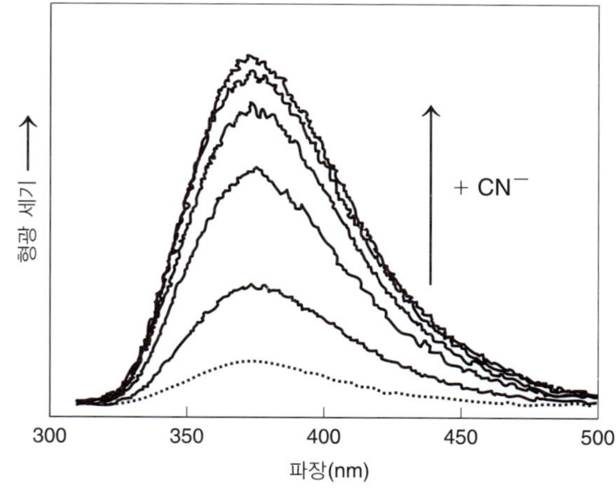

0, 0.2, 0.5, 0.9, 1.2, 1.5 mM NaCN을 가함에 따라 증가하는 화합물 I의 형광(들뜸 파장 λ_{ex} = 270 nm, 10.0 mM HEPES 완충 수용액 속 5.0 μM, 표 9-2). I의 형광은 1.5 mM의 농도에서 15가지 다른 음이온에 의해 영향을 받지 않는다. [출처: J. Jo and D. Lee, "Turn-On Fluorescence Detection of Cyanide in Water: Activation of Latent Fluorophores Through Remote Hydrogen Bonds That Mimic Peptide-Turn Motif," *J. Am. Chem. Soc.* **2009**, *131*, 16283.]

형광 유도체화

대부분 화합물들은 형광을 내지 않는다. 그러나 **플루오레세인**(fluorescein)과 같은 형광단과 결합하면 감도가 좋은 분석 수단이 제공된다. Ca^{2+}는 플루오레세인 유도체와 함께 형성하는 **칼세인**(calcein)이라 불리는 착물의 형광을 측정하여 정량할 수 있다. 살아 있는 세포 속이나 시험관 속의 크고 작은 분자들에 반응하여 선택적으로 발광하는 분자나 나노 물질들이 있다.[23] 보충 19-2는 CN^-에 대한 형광 검출 분자의 구조를 설계하기 위한 아이디어에 대해 설명한다.

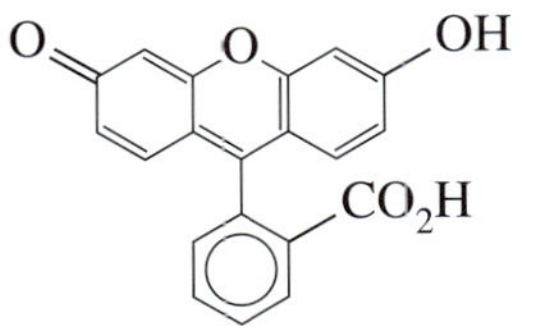

플루오레세인

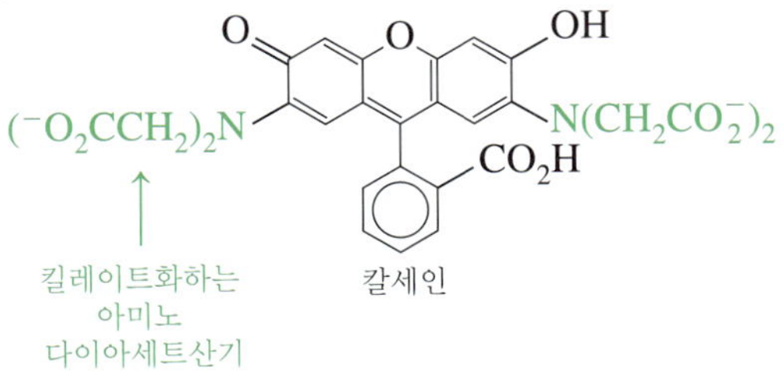

칼세인

유도체화는 쉽게 검출되거나 다른 화학 종들로부터 쉽게 분리되도록 하는 분석물의 화학적 변형이다.

유도체화(**derivatization**)는 분자에 화학 작용기를 붙여 쉽게 검출되게 하거나, 휘발성이나 용해도 같은 원하는 특성으로 수정하는 것이다. 생체 분자 속의 아민, 카보닐, 싸이올은 다양한 합성 경로를 통해 유도체화되어 형광 생성물을 형성할 수 있다(표 19-2)[26]. 염화 단실같은 비형광 염화 설포닐은 아민과 반응하여 형광을 내는 설포아마이드를 형성한다. 이러한 반응을 유도체 반응을 통해 형광을 유도하거나 향상시키기 때문에 **형광 발현**(fluorgenic) 반응이라고 한다. 와인 속 히스타민의 염화 단실 유도체는 형광 분석으로 12 ppb의 검출 한계를 가지고, 자외선 흡광 분석으로는 57 ppb의 검출 한계를 가진다.[27] 다른 **생체 발현**(biogenic) 아민들도 염화 단실에 의해 표지되어 액체 크로마토그래피(25장)를 사용하여 분리되고 각 아민은 정량된다.

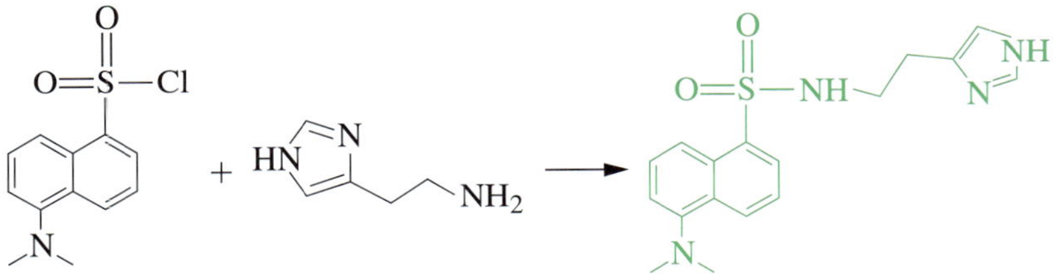

염화 단실 (비형광) + 히스타민 (비형광) → 단실 유도체 (형광)

낮은 농도에서 $I = k\Phi P_0 c$ (식 18-14)
I = 형광 세기
k = 몰흡광 계수와 기기 요인에 의존하는 상수
Φ = 양자 수득률
P_0 = 입사광의 세기
c = 분석 물질 농도

묽은 용액에서 형광 세기는 입사광에 비례한다. 레이저는 강한 단색 광원의 하나이다. **레이저 유도 형광법**(laser-induced fluorescence)은 강한 복사선을 사용하여 검출 한계를 단일 분자 수준까지 낮출 수 있다. 레이저 파장에 맞는 최대 들뜸 파장($\varepsilon_{\lambda_{max}}$)을 가지는 형광 염료들이 선택된다.

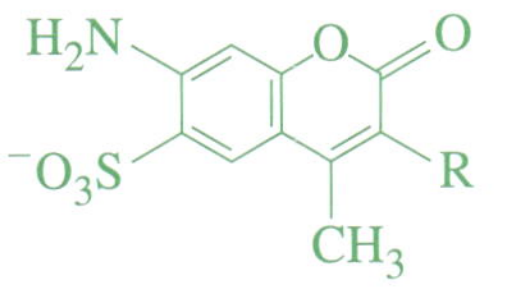

알렉사 플루오르 350
$\varepsilon_{346} = 19\,000\ M^{-1}\ cm^{-1}$
아르곤 이온 레이저 351 nm

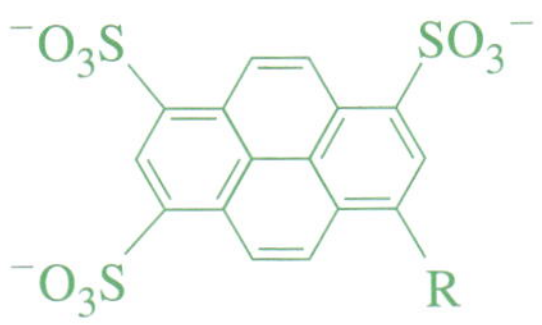

알렉사 플루오르 405
$\varepsilon_{400} = 35\,000\ M^{-1}\ cm^{-1}$
자색 다이오드 레이저 405 nm

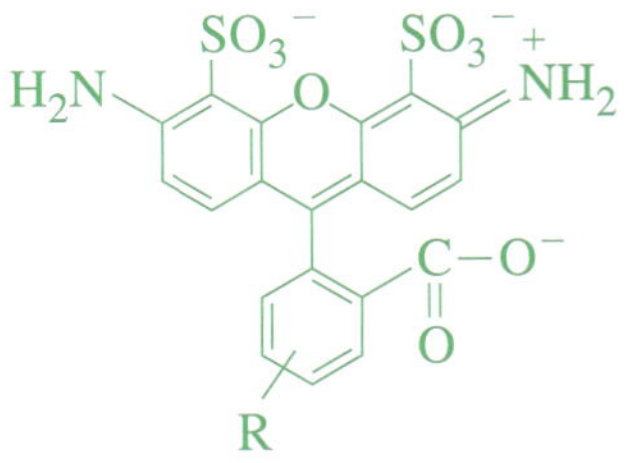

알렉사 플루오르 488
$\varepsilon_{494} = 73\,000\ M^{-1}\ cm^{-1}$
아르곤 이온 레이저 488 nm

들뜸 스펙트럼과 발광 스펙트럼에 대해서는 문제 19-26을 보라.

특정 적용을 위한 형광 유도체화 시약은 유도체화될 때의 기능성 그리고 pH와 레이저 파장과 같은 유도체 반응 조건의 적합성에 기반하여 선택된다(표 19-2).

표 19-2 생체 분자들을 위한 유도체화 반응

분석 화학종	유도체화 시약[a]	형광 생성물
1차–2차 아민		
$R^1-NH(R^2)$	$D-SO_2Cl$ 염화 설포닐[b]	$R^1-N(R^2)-SO_2-D$ 설포아마이드
1차 아민		
R^1-NH_2	$D-N=C=S$ 아이소사이아안산 이온	$R^1-NH-C(=S)-NH-D$ 싸이오유레아
R^1-NH_2	$D-C(=O)-O-N$(석신이미드) 석신이미딜 에스터	$R^1-NH-C(=O)-D$ 카복스아마이드
R^1-NH_2	R^2-$C_6H_3(CHO)_2$ + Nu 다이알데하이드 친핵체	R^2-아이소인돌(Nu)-$N-R^1$ Schiff 염기 중간체를 경유한 알킬아민
카보닐기		
$R^1-C(=O)-R^2$	$D-NH-NH_2$ 하이드라진	$R^1-C(R^2)=N-NH-D$ 하이드라존
$R^1-C(=O)-R^2$	$D-NH_2$ + $Na^+(H_3BCN^-)$ 아민 사이안화수소화붕소	$R^1-CH(R^2)-NH-D$ 알킬아민
싸이올		
R^1-SH	N-D 말레이미드 말레이미드	R^1-S-석신이미드-N-D 싸이오에터
R^1-SH	$D-NH-C(=O)-CH_2I$ 아이오도아세트아마이드	$R^1-S-CH_2-C(=O)-NH-D$ 싸이오에터

a. **D** = 형광 염료, **D** = 비형광 염료

b. 시약은 반응에 필요한 높은 pH에서 불안정할 수 있고 페놀, 지방족 알코올, 싸이올과 반응할 수 있다.

출처: *M. E. Diaz-Garcia and R. Badia-Laino, "Fluorescent Labeling," in P. Worsfold, A. Townshend, and C. F. Poole, eds., Encyclopedia of Analytical Science, 2nd ed. (Amsterdam: Elsevier, 2005);* Molecular Probes Handbook: A Guide to Fluorescent Probes and Labeling Technologies, *11th ed. (Thermo Fisher Scientific, 2010), free online version at www.thermofisher.com/handbook.*

염화 설포닐과 방향족 다이알데하이드는 형광 발현 유도체화 시약들의 예이다.

다이알데하이드 유도체화의 예들에 대해 연습 19-D와 757쪽을 보라.

분자 생물학에서의 형광

생물 시료들은 플라빈이나 NADH 같은 원래 형광이 나오는 생체 분자들로 인해 500 nm보다 작은 파장에서 **자가 형광**(autofluorescence)으로 알려진 바탕 형광을 가지고 있다(431쪽). 500 nm보다 더 큰 파장에서 들뜨는 유도체들은 그러한 광학적 간섭을 덜 받는다. 638 nm에

서 들뜨는 알렉사 플루오르 647이 그림 18-18의 잘못 접힌 헌팅턴 단백질의 초분해능 사진을 얻는 데 사용되었다.

형광 단백질(fluorescent protein)은 가시선에 노출되었을 때 형광을 낸다.[3,18] Osamu Shimomura와 Martin Chalfie 그리고 Roger Y. Tsein은 강력한 생체 분자 도구로서 녹색 형광 단백질(그림 19-19)을 발견하고 개발한 공로로 2008년 노벨 화학상을 받았다.[29] 분자 생물학자들은 유전자 암호화 형광 단백질을 관심이 있는 단백질을 암호화하는 DNA(부록 L)에 융합시킨다. 개질된 세포가 세포 기능을 변경하지 않고 형광 단백질과 공유 결합된 관심 있는 단백질을 생산한다. 이 개질된 단백질은 시각화되어 살아 있는 세포 내에서 목표 단백질의 추적이 가능해진다. 가시선과 근적외선에서 발광하는 형광 단백질들은 해파리와 산호로부터 분리한 자연 형광 단백질을 돌연 변이시켜 개발되어 왔다. 형광 단백질의 다양한 색들로 인해 이장의 시작 부분에 기술된 것과 같이, 살아 있는 세포 내의 분석 측정이 가능하게 되었다.

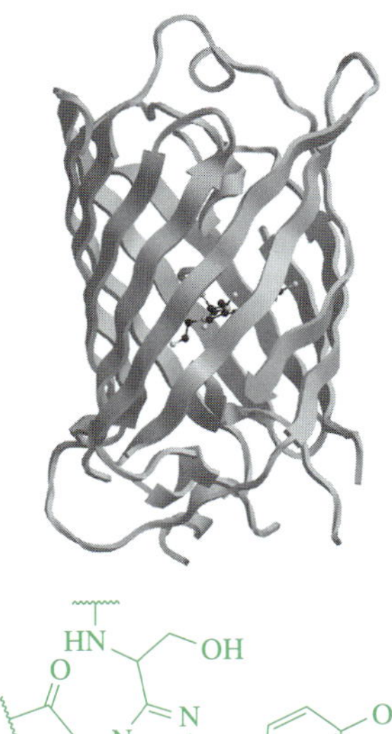

그림 19-19 녹색 형광 단백질은 스프 통조림과 같은 모양을 하고 있다. 이 단백질의 238개 아미노산은 색으로 밝게 표시한 발색단을 가진 가닥과 함께 리본으로 나타낸 통을 형성하고 있다. 단백질 그림 아래에 보여진 발색단은 트라이펩타이드인 세린-타이로신-글라이신으로부터 형성된다. [출처: Rainundo79/Shutterstock]

심해에서의 발광에 관한 Edith Widder의 강의를 확인해 보라.[32]

마이크로 배열(microarray)은 마이크로리터 이하의 부피를 가지는 시료 분석을 위해 10^2~10^4개의 다른 분자들을 2차원으로 배열하는 것이다.[30] 배열 속 지점의 **주소**(address)로 알려진 위치들은 그 분자가 어떤 분자인지를 알려 준다. 배열들은 DAN, 단백질, 펩타이드, 탄수화물 혹은 유기 분자들의 자료실(library)로부터 준비될 수 있다. 분자 생물학자들은 수천 개의 단일 가닥 DNA 염기 서열을 가진 DNA 마이크로 배열('유전자 칩')을 사용하여 유전자 발현과 돌연 변이를 관찰하여 병리학적 미생물들을 검출하고 확인한다. 그 칩은 형광 표지된 미지의 단일 가닥 DNA로 배양된다. 그 미지의 DNA가 칩 위의 상보 가닥에 붙은 후 칩 상의 각 정해진 위치에 결합된 DNA 양은 형광 세기로 측정된다.

생체 발광과 화학 발광[31]

반딧불이의 빛은 **생체 발광**(**bioluminescence**—살아 있는 생명체에서 빛이 나오는 현상)의 한 예이다. **비브리오 피셔리**(bibrio fisheri) 박테리아는 대사의 부산물로서 일정하게 발광한다. 생체 발광하는 박테리아를 수질 환경 시료와 혼합하여 나오는 빛을 관찰하면 독성을 검출하는 간단하면서 신속한 수단이 된다.[33] 생체 발광이 작아지면 독성이 강하다는 것이다. 박테리아 성장은 살충제, 금속, 공업용 화학 물질, 제초제 등을 포함하는 오염물에 의해 저해된다. 생체 발광을 저해하는 시료들만이 환경적 관심사이고, 오염물의 유형과 농도를 결정하는 분석은 더 이루어져야 한다.

발광봉[34]은 **화학 발광**(**chemiluminescence**—화학 반응에 의해 빛이 나오는 현상)의 한 예이다. 범죄과학 수사에서 벽면에 흩트려진 피는 그 표면에 루미놀(luminol)과 과산화 수소의 염기 용액을 뿌리면 드러난다.[35] 헤모글로빈 속 철은 화학 발광 반응에 촉매로 작용한다. 유기 화합물 속의 황과 질소에 대한 화학 발광 검출기들이 기체 크로마토그래피에서 사용된다(24-3절). 산화 수처리 동안 생길 수 있는 돌연 변이 및 발암 가능 물질인 *N*-나이트로사민은 자외선에 의한 광분해로 산화 질소(NO)를 생성시켜 오존과 반응시키면 화학 발광이 일어나 마이크로몰 농도 이하로 측정될 수 있다.[36] 자연수 속에 있는 살아 있는 유기체들에서 생기는 유기 황 화합물들은 화학 발광으로 ppt(part-per-trillion) 농도로 측정될 수 있다.[37] 전극에서 산화-환원 반응으로부터 나오는 빛은 **전기 화학 발광**(electrochemiluminescence)이라 불린다.[38]

루미놀
(5-아미노-2,3-다이하이드로-1,4-프탈아자인다이온)

산화제 (NO나 H_2O_2 같은), OH^-, 금속 촉매 → $+ N_2 +$ 청색 빛

19-6 발광 소광에 기초한 센서

분자가 광자를 흡수하면 분자는 들뜬 상태로 전이되고, 이것은 열로서 에너지를 잃거나 낮은 에너지의 광자를 방출할 수 있다(그림 18-16). 이 절에서는 들뜬 상태의 분자들이 어떻게 화학 센서에 응용될 수 있는지를 논의한다. 이것은 들뜬 상태의 분자에서 나오는 발광이 다른 분자로의 에너지 전달에 의해 감소되는 과정인 **소광**(**quenching**)에 의해 이루어진다.

발광 소광

그림 18-16은 발광하는 분자에서 빛이 흡수되고 방출되는 것에 관여하는 과정들을 보여 주었다. 분자 M은 빛을 흡수하여 M*인 들뜬 상태로 전이된다.

흡광: $$\mathrm{M} + h\nu \rightarrow \mathrm{M}^* \qquad \text{속도} = \frac{d[\mathrm{M}^*]}{dt} = k_a[\mathrm{M}]$$

M*가 생성되는 속도($d[\mathrm{M}^*]/dt$)는 M의 농도에 비례한다. 속도 상수(k_a)는 빛의 세기와 M의 흡광 계수에 비례한다. 빛의 세기가 클수록, 흡광 효율이 클수록 M*의 생성이 빨라진다.

흡광에 이어 M*는 광자를 방출하고 바닥 상태로 돌아온다.

발광: $$\mathrm{M}^* \rightarrow \mathrm{M} + h\nu \qquad \text{속도} = -\frac{d[\mathrm{M}^*]}{dt} = k_e[\mathrm{M}^*]$$

M*의 감소 속도는 M*의 농도에 비례한다. 또한 들뜬 분자는 열의 형태로 에너지를 잃을 수 있다.

비활성화: $$\mathrm{M}^* \rightarrow \mathrm{M} + \text{열} \qquad \text{속도} = -\frac{d[\mathrm{M}^*]}{dt} = k_d[\mathrm{M}^*]$$

광화학 과정에서 **양자 수득률(quantum yield)**은 원하는 결과를 낳는 흡수된 양자의 분율이다. 만일 광자가 흡수할 때마다 결과가 일어나면 양자 수득률은 1이 된다. 양자 수득률은 0과 1 사이의 값이다.

M*로부터 발광에 대한 양자 수득률은 발광 속도를 흡광 속도로 나눈 값이다. 양자 수득률 Φ_0은 다음과 같이 표현할 수 있다.

$$\Phi_0 = \frac{\text{초당 방출된 광자수}}{\text{초당 흡수된 광자수}} = \frac{\text{발광 속도}}{\text{흡광 속도}} = \frac{k_e[\mathrm{M}^*]}{k_a[\mathrm{M}]} \qquad \textbf{(19-26)}$$

용액과 기체 상태에서 분자들은 끊임없이 서로 충돌한다. 충돌하는 동안 들뜬 분자는 **소광자**(quencher)라고 하는 다른 분자(Q)로 에너지를 전달하여 소광자를 들뜬 상태(Q*)로 전이시킨다.

소광은 들뜬 분자로부터 다른 분자(소광자)로 에너지가 전달됨으로써 발광이 감소되는 과정이다.

소광: $$\mathrm{M}^* + \mathrm{Q} \rightarrow \mathrm{M} + \mathrm{Q}^* \qquad \text{속도} = -\frac{d[\mathrm{M}^*]}{dt} = k_q[\mathrm{M}^*][\mathrm{Q}]$$

소광은 M*를 바닥 상태 M으로 광자의 방출없이 되돌린다. 들뜬 소광자는 여러 가지 과정에 의해서 에너지를 잃을 수 있다.

일정한 세기로 빛을 쪼이면 계는 M*와 M의 농도가 일정하게 유지되는 정류 상태에 곧 도달한다. 정류 상태에서는 M*의 생성 속도와 M*의 소멸 속도가 같다. 생성 속도는

$$\mathrm{M}^*\text{의 생성 속도} = \frac{d[\mathrm{M}^*]}{dt} = k_a[\mathrm{M}]$$

소멸 속도는 발광, 비활성화 및 소광 속도의 합이다.

$$\mathrm{M}^*\text{의 소멸 속도} = k_e[\mathrm{M}^*] + k_d[\mathrm{M}^*] + k_q[\mathrm{M}^*][\mathrm{Q}]$$

생성 속도와 소멸 속도를 서로 같게 놓으면 아래의 식이 주어진다.

$$k_a[\mathrm{M}] = k_e[\mathrm{M}^*] + k_d[\mathrm{M}^*] + k_q[\mathrm{M}^*][\mathrm{Q}] \qquad \textbf{(19-27)}$$

정류 상태에서는 생성 속도와 소멸 속도가 같다.

식 19-27의 $k_a[\mathrm{M}]$를 식 19-26에 대입하고 $[\mathrm{Q}] = 0$으로 놓으면, 소광자가 없을 때 양자 수득률(Φ_0)을 나타내는 식이 된다.

$$\Phi_0 = \frac{k_e[\mathrm{M}^*]}{k_e[\mathrm{M}^*] + k_d[\mathrm{M}^*] + k_q[\mathrm{M}^*][0]} = \frac{k_e}{k_e + k_d} \qquad \textbf{(19-28)}$$

소광이 없을 때의 발광에 대한 양자 수득률(Φ_0)

만일 $[\mathrm{Q}] \neq 0$이면 발광에 대한 양자 수득률(Φ_Q)는 다음과 같다.

소광은 발광에 대한 양자 수득률을 감소시킨다($\Phi_Q < \Phi_0$).

$$\Phi_Q = \frac{k_e[M^*]}{k_e[M^*] + k_d[M^*] + k_q[M^*][Q]} = \frac{k_e}{k_e + k_d + k_q[Q]} \tag{19-29}$$

발광-소광 실험에서는 소광자가 존재할 때와 존재하지 않을 때 발광을 측정한다. 식 19-28과 19-29로부터 상대 수득률이 아래의 식으로 주어짐을 알 수 있다.

Stern-Volmer 식의 그래프

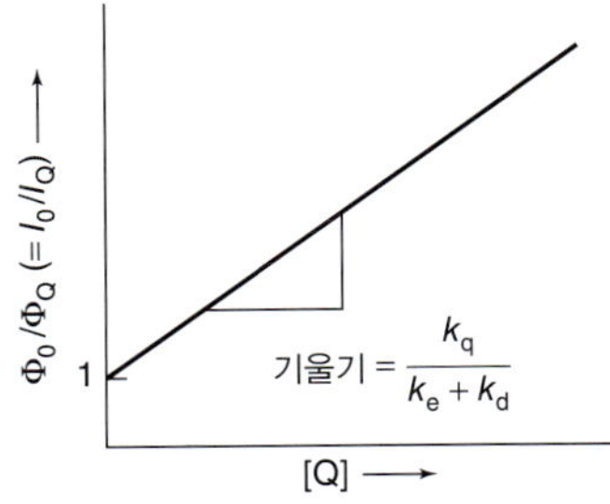

Stern-Volmer 식:
$$\frac{\Phi_0}{\Phi_Q} = \frac{k_e + k_d + k_q[Q]}{k_e + k_d} = 1 + \left(\frac{k_q}{k_e + k_d}\right)[Q] \tag{19-30}$$

Stern-Volmer 식은 상대적 발광(Φ_0/Φ_Q)을 소광자의 농도 함수로 측정하여 [Q]에 대한 이 값을 그래프로 그리면 직선이 얻어진다는 것을 알려 준다. 식 19-30에서 Φ_0/Φ_Q의 비는 I_0/I_Q와 같다. 여기서 I_0는 소광자가 존재하지 않을 때의 발광 세기이고, I_Q는 소광자가 존재할 때의 세기이다.

발광 속도는 발광 세기가 초깃값의 1/e(=37%, e는 자연 로그의 밑수)로 감소하는 데 걸리는 시간인 **수명**(lifetime)으로 설명된다.[†] 소광자가 존재할 때(τ_0)와 존재하지 않을 때(τ_Q) 수명은 아래와 같다.

들뜸 펄스

형광은 시간에 따라 감소한다.

초기 세기의 1/e

형광 세기 ⟶

τ 시간 ⟶

형광 수명:
$$\tau_0 = \frac{1}{k_e + k_d} \qquad \tau_Q = \frac{1}{k_e + k_d + k_q[Q]}$$

이를 Stern-Volmer 식에 대입하면

Stern-Volmer 식:
$$\frac{\tau_0}{\tau_Q} = 1 + k_q\tau_0[Q] \tag{19-31}$$

정적 소광(static quenching)에서 소광자와 발색단은 안정한 비형광 바닥 상태 착물을 형성한다. 형광 세기는 식 19-30에서처럼 소광자 농도와 같은 의존성을 가진다.

세포내 O_2 발광 센서

가시선을 강하게 흡수할 뿐만 아니라 흡수하는 파장보다 상당히 긴 파장의 빛을 효율적으로 발광하는 Ru(II) 착물을 가지고 이 절을 논의해 보자. 이 화합물은 장기간의 안정성을 가지고 있으며 O_2에 의해서 발광이 소광되는 수명이 긴 들뜬 상태를 가지고 있다(천연색 사진 14)[39]. 널리 사용되고 있는 발광성 Ru(II) 착물은 $Ru(dpp)_3^{2+}$이다.

$(C_6H_5$–dpp–$C_6H_5)_3$Ru(II) ≡ $(dpp)_3$Ru(II)

dpp = 4,7-다이페닐-1,10-페난트롤린

Ru(II)의 바닥 상태는 단일항이고, 최저 들뜬 상태는 삼중항이다. Ru(II)가 가시선을 흡수하면, 들뜬 단일항은 발광하는 삼중항 상태로 이완된다. 산소는 삼중항이 바닥 상태의 단일항으로 전환되는 비복사 경로를 제공하여 발광을 소광시킨다. C_{70} 풀러렌의 형광 소광은 Ru(II)의 것보다 훨씬 더 민감하여 O_2의 ppb 농도에 반응한다. 관계되는 C_{60} 풀러렌의 구조가 그림 17-21에 있다.

O_2가 좋은 소광자인 이유는 바닥 상태에서 두 개의 홀전자를 가지고 있기 때문이다. 즉 이는 $^3O_2$로 표시되는 **삼중항**(triplet)이다. O_2는 낮은 에너지의 홀전자가 없는 **단일항**(singlet) 상태를 가지고 있다. 그림 18-14는 대부분 분자에서 최저 에너지의 들뜬 상태가 삼중항이라는 것을 보여 준다. 이 삼중항의 들뜬 상태 $^3M^*$는 $^3O_2$에 에너지를 전달하여 바닥 상태의 단일항 분자 ^1M과 들뜬 상태의 $^1O_2^*$를 형성한다.

† 속도 상수가 k_e인 **1차 반응** $M^* \xrightarrow{k_e} M + h\nu$에 대해, 반응물의 소모 속도는 반응물의 농도에 비례한다. 속도 $= -d[M^*]/dt = k_e[M^*]$. 초기 농도 $[M^*]_0$에 대한 적분 속도 법칙은 시간 t에서의 M^*의 농도 값을 준다. $[M^*]_t = [M^*]_0e^{-kt} = [M^*]_0e^{-t/\tau}$, 여기서 $\tau = 1/k_e$. τ를 반응의 **수명**이라고 한다. 수명은 속도 상수의 역수이다. 시간 $t = \tau$에서 반응물의 농도는 초깃값의 1/e로 감소한다. $[M^*]_t = [M^*]_0e^{-t/\tau} = [M^*]_0e^{-\tau/\tau} = [M^*]_0e^{-1}$

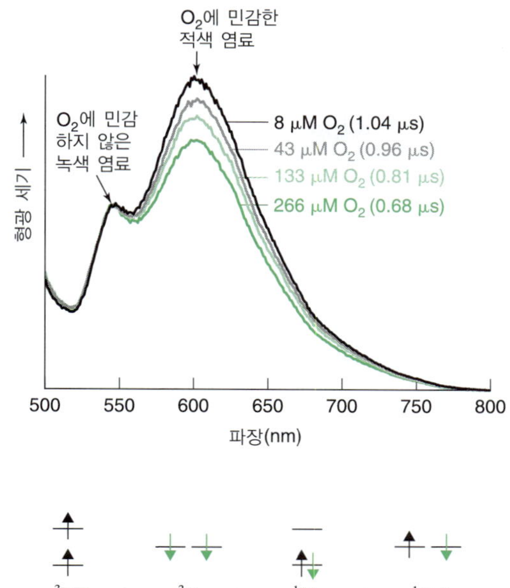

그림 19-20 547 nm에서는 일정한 세기를 보여 주고 601 nm에서는 세기가 변하는 O_2 탐지 구슬로부터의 형광. 이 두 파장에서의 발광 세기의 비는 O_2의 농도와 관계가 있다. 루테늄 염료의 발광에 대한 형광 수명은 괄호 안에 나타내었다. [출처: A. Byrne, J. Jacobs, C. S. Burke, A. Martin, A. Heise, and T. E. Keyes, "Rational Design of Polymeric Core Shell Ratiometric Oxygen-Sensing Nanostructures," *Analyst* **2017**, *142*, 3400.]

$$^3M^* + {}^3O_2 \rightarrow {}^1M + {}^1O_2^*$$

들뜬 상태 바닥 상태 바닥 상태 들뜬 상태

반응물과 생성물들은 모두 두 개의 상향 스핀(up spin) 전자와 두 개의 하향 스핀(down spin) 전자를 가지고 있다. 이 에너지 전달에서 알짜 스핀은 보존되며, 이 과정은 스핀이 바뀌는 과정보다 더 빨리 진행된다.

광섬유 O_2 센서는 $Ru(dpp)_3^{2+}$를 광섬유 끝에 입히고, 발광 다이오드에서 나오는 450 nm의 빛을 광섬유를 통해 $Ru(dpp)_3^{2+}$에 쪼이면 발생하는 형광을 다른 광섬유를 통해 검출기로 전달한다. 만일 광섬유 탐침을 산소가 있는 곳에 두면 산소에 의해 형광이 소광되어 형광 세기가 감소되어 산소를 검출한다. 하지만 다이오드의 빛이 약해져도 형광 세기는 감소하므로, 발광 다이오드의 빛을 펄스로 쪼이면 들뜸광의 세기에 의존하지 않는 형광 수명을 사용한 산소 정량이 가능해진다.

살아 있는 세포 속의 산소량은 두 가지 염료가 들어 있는 100 nm의 구슬 입자들을 세포에 넣어 정량할 수 있다. 청색 빛을 쪼이면, 한 염료는 550 nm 부근의 녹색 빛을 내고 다른 염료는 600 nm 부근의 주황색 빛을 낸다(그림 19-20). 녹색 염료는 O_2에 의해 영향을 받지 않지만, 주황색 루테늄 염료는 영향을 받는다. 루테늄 형광의 세기와 형광 수명은 산소의 농도가 증가하면 감소한다. 녹색에 대한 주황색의 발광 비를 사용하면 현미경에서 빛의 세기 변화에 대해 교정을 하여 그 구슬에 인접한 O_2의 농도를 정량할 수 있다.

Förster 공명 에너지 전달

생화학 문헌에서는 FRET의 약어로 사용되는 **Förster 공명 에너지 전달(Förster resonance energy transfer)**은 인접해 있지만 접촉하지 않은 분자 사이의 쌍극자-쌍극자 작용에 기인한 비복사 에너지 전달이다. 에너지는 들뜬 상태(D*)에 있는 주개 분자로부터 바닥 상태(A)에 있는 받개 분자로 이동되어, 그 결과 바닥 상태의 주개(D)와 들뜬 상태의 받개(A*)가 된다.

Förster 공명 에너지 전달은 **형광 공명 에너지 전달**이라고도 불린다.

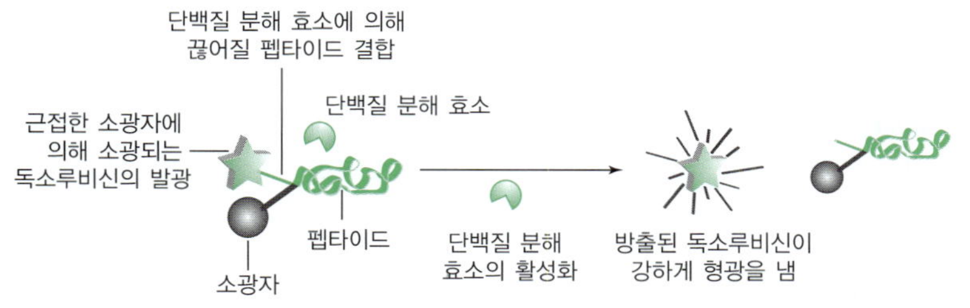

그림 19-21 암 세포 내의 단백질 분해 효소를 정량하기 위한 Förster 공명 에너지 전달 [출처: L. L. Lock, Z. Tang, D. Keith, C. Reyes, and H. G. Cui, "Enzyme-Specific Doxorubicin Drug Beacon as Drug-Resistant Theranostic Molecular Probes," *ACS Macro Lett.* **2015**, *4*, 552. D. Keith와 C. Reyes은 학부생임.]

Förster 공명 에너지 전달: $D^* + A \rightarrow D + A^*$

에너지 전달이 일어나기 위해서는 주개의 발광 스펙트럼이 받개의 흡광 스펙트럼과 겹쳐져야 한다. 즉 $D^* \rightarrow D$와 $A \rightarrow A^*$는 비슷한 에너지 차이를 가져야 한다. 에너지 전달이 일어날 개연성은 주개와 받개 사이 거리의 6제곱에 반비례하여 감소하며, 주개와 받개가 1~10 nm 거리 내에 있어야 한다.

Förster 소광
$D^* + A \rightarrow D + A^*$
$A^* \rightarrow A +$ 열 비복사 이완

그림 19-21은 농도가 암으로 의심되는 세포에서 증가하는 **단백질 분해 효소**(protease)를 분석하기 위한 Förster 공명 에너지 전달 시약을 보여 준다. 그림 19-21의 왼쪽에 있는 원래 탐침에는 독소루비신(doxorubicin)이 펩타이드의 골격에 의해 그 소광자에 매우 가까이 붙잡혀 있다. 붉게 표시한 형광을 내는 독소루비신 대신에, 에너지는 500~650 nm 사이에서 강하게 흡광하고 형광을 내지 않는 블랙홀(상품명) 소광자로 전달된다. 이 소광자는 비복사 내부 전환과 진동 이완을 통해 에너지를 분산시킨다.

독소루비신은 단백질 분해 효소에 의해 인식되는 4개의 아미노산 서열에 의해 펩타이드 골격에 결합되어 있다. 탐침이 세포 속으로 들어갔을 때 단백질 분해 효소가 펩타이드 기질을 분해하면 독소루비신이 방출되어 형광이 강하게 나온다. 형광 세기의 증가 속도는 단백질 분해 효소의 농도와 상관된다. 이것이 반응 속도가 분석 물질 농도를 결정하는 데 사용되는 속도론적 **분석법**(kinetic method)이다.

Förster 공명 에너지 전달
$D^* + A \rightarrow D + A^*$
$A^* \rightarrow A + h\nu$ 형광을 내는 받개

이장의 도입부에 있는 K^+ 센서와 같이 받개 분자가 발광을 한다면, 높은 에너지(짧은 파장) 빛이 주개 분자에 의해 흡수되어 비복사적으로 받개로 전달되고 낮은 에너지 광자(긴 파장)로 방출된다. 흡수되는 파장과 측정되는 파장 사이의 큰 차이는 매질 성분에서 나오는 형광에 기인한 배경 신호를 감소시키고 광학 필터와 같은 단순하고 값싼 파장 선택기를 사용할 수 있게 해준다.

광탈색

광탈색(photobleaching)은 화학적으로 반응하여 비형광 생성물을 낳는 들뜬 분자에 기인한 형광의 비가역적 손실이다. 광탈색은 형광단이 들뜨는 횟수와 들뜬 상태의 수명에 의존한다. 들뜸의 횟수는 들뜸 광의 세기와 노출 시간에 달려 있다. 삼중항의 수명은 들뜬 단일항의 수명보다 길다. 이 차이는 플루오레세인의 경우 약 4.5 ns 대 1 μs이다. 광탈색의 정도는 형광단이 삼중항의 수를 얼마나 가질 수 있느냐에 달려 있다. 형광 염료는 높은 몰흡광 계수와 양자 수득률에 덧붙여 광안정성을 가지도록 설계되지만, 10^4~10^6 정도의 들뜸이 일어나면 광탈색이 일어난다.

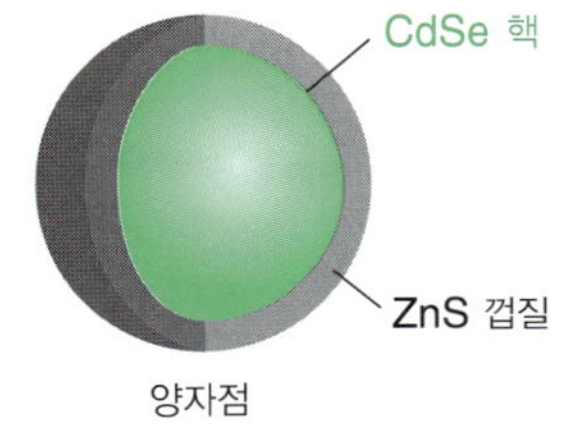

양자점

광안정성이 더 크거나 다른 매력적인 광화학 특성을 가지는 발광 물질들이 개발되어 왔다(표 19-3). 란타넘족 착물들은 매우 긴 수명을 가지고 있어 면역 분석에 유리하다(19-7절). 양자점(quantum dot)은 CdSe/ZnS, CdSeS/ZnS, CdTe/ZnS와 같은 물질들로 이루어진 핵(core)/껍질(shell) 구조로 된 4~10 nm의 반도체 나노결정 입자이다. 양자점은 유기 염료보다 높은 몰흡광 계수와 광안정성을 가지고 좁은 파장의 발광을 한다. 고분자점(polymer dot)은 π 접합 반도체 고분자가 응집된 나노 입자이다.

19-7 면역 분석법

Rosalyn Yalow는 검출이 가능하도록 방사성 동위 원소 ^{131}I로 표지한 단백질을 사용한 면역 분석법을 1950년대에 개발한 공로로, 1977년에 노벨 의학상을 받았다. 물리학자인 Yalow는 이 분석법의 개척자적 노력 과정에서 의사인 Solomon Berson과 함께 작업하였다.

흡광과 발광의 중요한 응용 분야는 분석 물질을 검출하기 위하여 항체를 이용하는 **면역 분석법 (immunoassay)**이다. **항체**(antibody)는 일종의 단백질로서, **항원**(antigen)이라고 하는 이 물질 분자에 반응을 보이는 동물의 면역계에 의해 생성된다. 항체는 자신이 생성되도록 자극한 항원을 인지할 수 있다. 항체-항원 착물에 대한 형성 상수는 매우 크지만, 항원 이외의 다른 분자와 항체의 결합은 약하다.

보충 19-3 상향 전환

형광과 인광은 그림 18-19에서처럼 항상 들뜸 에너지보다 낮은 에너지로 나온다. 왜냐하면 들뜸 에너지의 일부가 그림 18-16에 있는 R_1, R_3와 같은 진동 이완에 의해 열로 전환되기 때문이다. **녹색** 레이저 빛을 쪼여 **청색** 형광을 내는 실험이 보고된 논문이 있다. 청색 광자는 녹색 광자보다 **더 많은** 에너지를 가지고 있다. 이러한 낮은 에너지의 광자로부터 높은 에너지의 광자가 생성되는 **상향 전환**(upconversion)이 에너지 보존 법칙을 위반하는 것은 아니다. 왜냐하면 **한 개**의 청색 광자가 생성되는 데 **두 개**의 녹색 광자가 사용되기 때문이다.

이 논문에서 사용된 화합물들은 아래에 구조를 나타낸 루테늄(II) 착물(L_3Ru)과 9,10-다이페닐안트라센(A)으로, 이 둘을 공기가 제거된 유기 용매에 넣고 녹색 레이저 빛을 쪼이면 청색 발광이 나오는 것이 확인되었다.

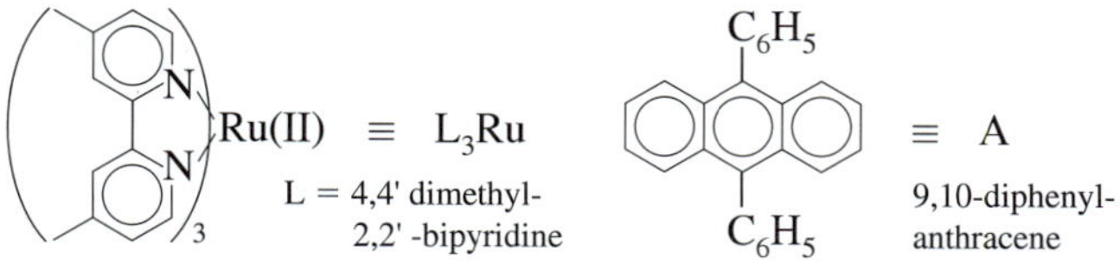

Ru(II) ≡ L_3Ru L = 4,4′ dimethyl-2,2′-bipyridine

C_6H_5, C_6H_5 ≡ A 9,10-diphenyl-anthracene

녹색 레이저 빛의 흡수는 바닥 상태(S_0)의 Ru 착물을 들뜬 상태(S_1)로 전이시키고, 이는 다시 삼중항 상태(T_1)로 내려간다.

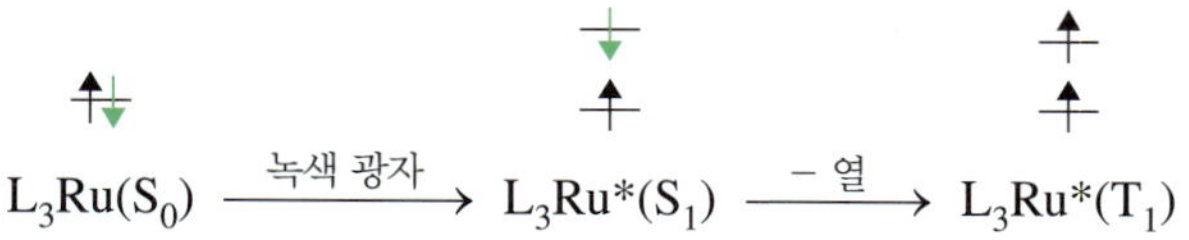

$$L_3Ru(S_0) \xrightarrow{\text{녹색 광자}} L_3Ru^*(S_1) \xrightarrow{-\text{열}} L_3Ru^*(T_1)$$

들뜬 상태를 표시하기 위해 별표(*)를 사용한다. 들뜬 삼중항 $L_3Ru^*(T_1)$는 O_2가 없을 때에는 비교적 긴 수명을 가진다. 이 상태는 들뜸 에너지를 바닥 상태의 안트라센으로 전달하여 안트라센을 들뜬 삼중항 상태에 있게 한다.

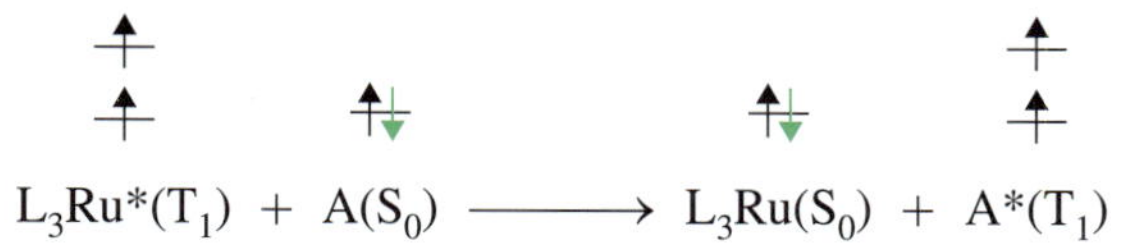

$$L_3Ru^*(T_1) + A(S_0) \longrightarrow L_3Ru(S_0) + A^*(T_1)$$

$L_3Ru^*(T_1)$와 $A(S_0)$의 반응에서는 반응물과 생성물이 모두 두 개의 상향 스핀과 두 개의 하향 스핀을 가지면서 전자-스핀 각운동량이 보존된다. 일반적으로 스핀 각운동량을 보존하는 반응은 스핀이 변하는 반응보다 더 빠른 속도로 진행된다. 아래의 모든 반응은 스핀 각운동량이 보존된다.

삼중항 안트라센은 수명이 길어 두 삼중항이 충돌하여, 하나는 들뜬 단일항 상태 S_1으로 전이되고, 다른 하나는 바닥 상태 S_0로 내려간다.

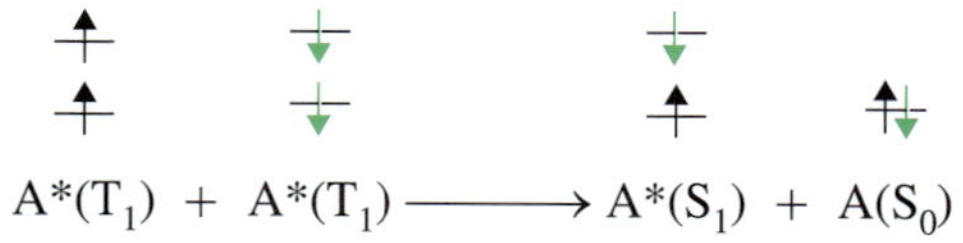

$$A^*(T_1) + A^*(T_1) \longrightarrow A^*(S_1) + A(S_0)$$

최종적으로 들뜬 단일항 안트라센은 청색 광자를 방출하고 바닥 상태로 되돌아간다.

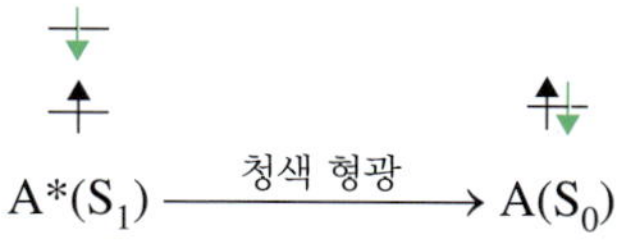

$$A^*(S_1) \xrightarrow{\text{청색 형광}} A(S_0)$$

알짜 결과는 $L_3Ru(II)$에 의해 흡광된 두 개의 녹색 광자를 안트라센에 의해 발광되는 한 개의 청색 광자로 전환하는 것이다. 이러한 절묘하게 선택된 반응들의 드문 조합이 녹색 광자를 청색 광자로 전환한다.

이 과정에 대한 측정된 **양자 수득률**은 3.3%로, 이는 100개의 녹색 광자당 3.3개의 청색 광자를 방출하는 것을 의미한다.

상향 전환 인광 물질은 시판용 의료 진단 도구[42]와 폭넓은 생체 사진과 생체 분석 응용[43]에 사용되어 왔다. 생체 의료용 탐침에 상향 전환을 이용하면 낮은 에너지의 근적외선(800~1 000 nm) 입사광으로 가시선에 의해 높은 형광을 낼 수 있는 복합 생체 매질에 의한 배경 발광이 일어나지 않게 하는 이점이 있다.

표 19-3 발광 물질들

특성	염료와 단백질	란타넘족 착물	양자점	고분자점
들뜸 스펙트럼	좁음	좁음	매우 넓음	넓음
몰흡광 계수	적당	낮음	높음	매우 높음
발광 스펙트럼	넓음	좁음	좁음	매우 넓음
양자 수득률	다양함	높음	적당	적당
발광 수명	ns	μs~ms	~10 ns	~100 ps
광탈색	흔히 일어남	높은 저항력	높은 저항력	높은 저항력

출처: W. R. Algar, University of British Columbia. Numerical comparison available in M. Massey, M. Wu, E. M. Conroy, and W. R. Algar, "Mind Your P's and Q's: The Coming of Age of Semiconducting Polymer Dots and Semiconductor Quantum Dots in Biological Applications," *Curr. Opin. Biotechnol.* **2015**, *34*, 30.

그림 19-22 효소 결합 면역 흡착 분석법. 대상 분석 물질에 고유적으로 반응하는 항체 1은 고분자 지지체에 결합되어 미지 시료로 처리된다. 과량의 결합되지 않은 분자들을 씻어 버리면 분석물은 항체 1에 결합되어 남아 있고, 결합된 분석 물질은 분석 물질의 다른 자리를 인식하는 항체 2로 처리된다. 항체 2에는 효소가 공유 결합되어 있다. 다시 결합하지 않은 물질들을 씻어 버리면 분석 물질 분자들에 그림 19-23에서 사용될 효소가 결합되어 있는 상태가 된다.

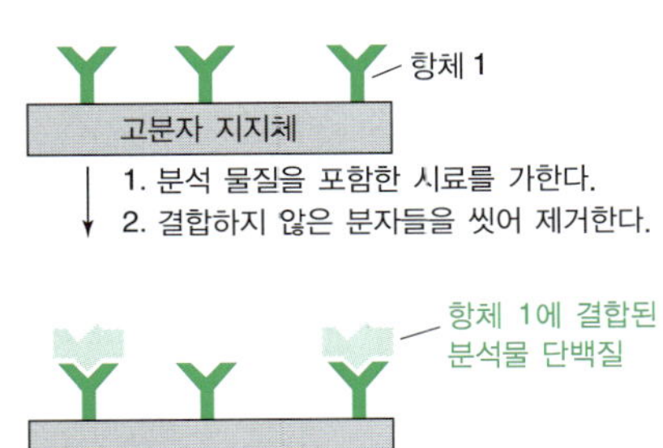

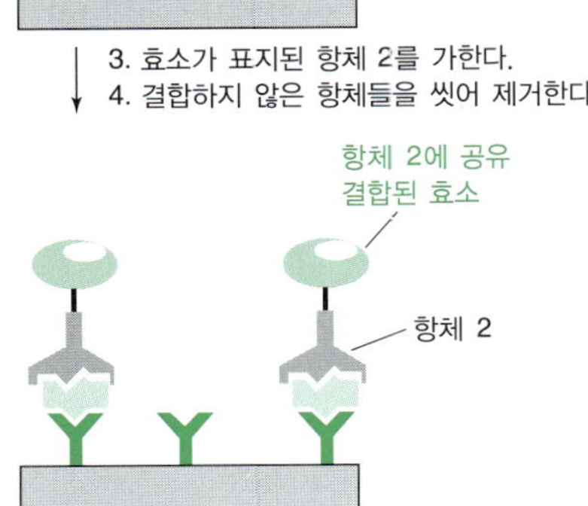

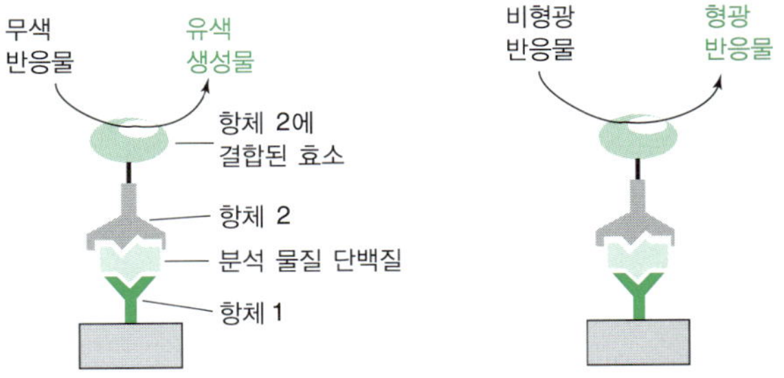

그림 19-23 항체 2에 결합된 효소는 유색 또는 형광 생성물을 형성하는 반응에 촉매 역할을 한다. 면역 분석법에서 결합된 분석 물질 분자 하나가 쉽게 측정되는 수많은 유색 또는 형광 생성물 분자들을 생성한다.

그림 19-22에 **효소 결합 면역 흡착 분석법**(enzyme-linked immunosorbent assay, 생화학 문헌들에서는 약자인 ELISA로 표기되는)의 원리를 나타내었다. 대상 분석 물질(항원)에 대하여 고유적으로 반응하는 항체 1은 고분자성 지지체에 결합되어 있다. 1, 2 단계에서 분석 물질은 항원-항체 착물을 형성하도록 고분자에 결합된 항체와 함께 배양된다. 분석 물질과 결합하는 항체 자리의 분율은 미지 시료 속에 포함된 분석 물질의 농도에 비례한다. 그다음 결합되지 않은 물질을 제거하기 위하여 표면을 씻는다. 3, 4 단계에서 항체-항원 착물은 분석 물질의 다른 부분을 인식하는 항체 2로 처리된다. 항체 2는 분석 과정에서 나중에 이용될 효소와 공유 결합되어 면역 분석용으로 특별히 준비되었다. 다시 과량의 결합되지 않은 물질을 씻어버린다.

항체 2에 결합된 효소는 정량 분석에서 결정적인 역할을 한다. 그림 19-23은 효소가 이용되는 두 가지 방법을 보여 준다. 한 가지는 효소가 무색의 반응물을 유색의 생성물로 변환시키는 것이다. 한 개의 효소 분자는 같은 반응에서 여러 번 촉매 작용을 하기 때문에, 분석 물질 한 분자로부터 여러 개의 유색 생성물 분자가 형성된다. 그러므로 효소는 화학 분석에서 신호를 **증폭시킨다**. 원 미지 시료 속 분석 물질의 농도가 높을수록, 더 많은 효소가 결합되어 효소-촉매 반응이 더 확대된다. 다른 하나는 효소가 비형광 반응물을 형광 생성물로 변환시키는 것이다. 비색 및 형광 효소 결합 면역 흡착 분석법은 분석 물질을 나노그램보다 더 작은 양을 분석할 수 있다. 보충 19-4의 가정용 임신 진단 검사는 소변 속의 태반 단백질에 대한 면역 분석법에 기초를 두고 있다. 보충 17-3의 앱타머는 항체와 같은 방법으로 화학 분석에서 사용될 수 있다.[45]

환경 분석에서의 면역 분석법

지하수, 토양, 식품 속에 함유된 살충제, 공업용 화학 물질, 폭발물, 독소 미생물들을 백만분의 1(ppm)에서 1조분의1(ppt)까지 검출하고 분석할 수 있는 시판용 면역 분석 장비들이 있다.[46] 현장에서의 검사는 더 이상 관리할 필요가 없는 오염되지 않은 지역을 쉽게 확인할 수 있는 장점이 있다. 면역 분석법은 크로마토그래피 분석법보다 20~40배는 비용이 덜 들며, 현장에서 1 mL의 시료만으로 0.3~3시간 안에 분석이 완료될 수 있다. 크로마토그래피는 실험실에서 수행되어야 하며 분석 물질을 추출하여 분석이 가능한 농도를 얻기 위하여 수 L의 양에서 농축해야 하므로 분석하는 데 수일이 걸린다.

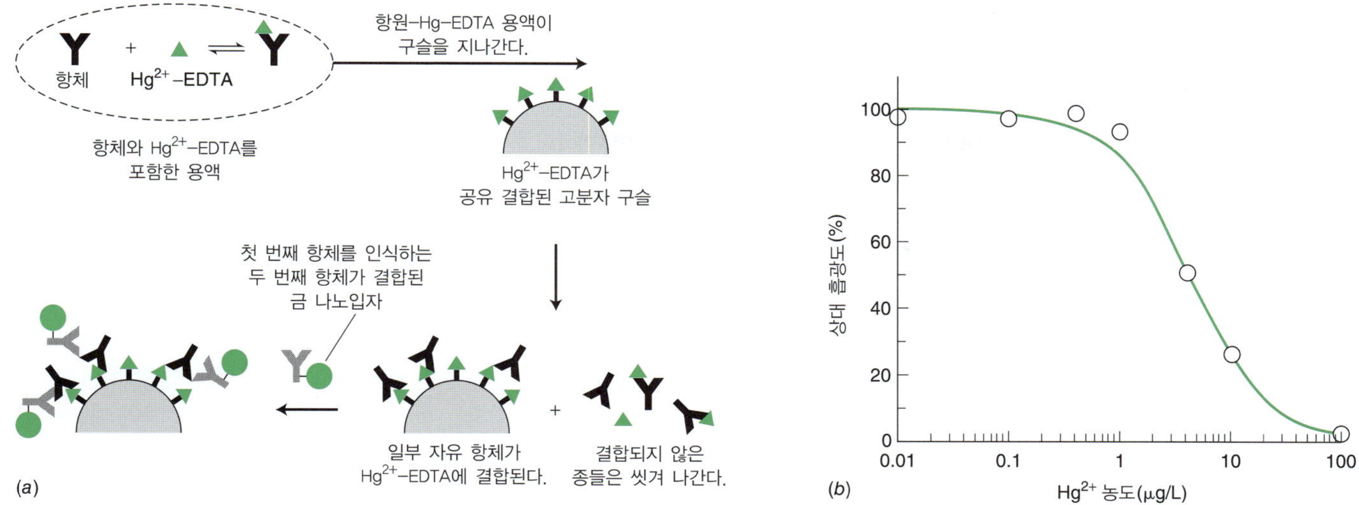

그림 19-24 천연수 속의 Hg^{2+}를 분석하는 면역 분석법 (a) 면역 분석법 절차. (b) 표준 물질 곡선 [출처: Y. Data, A. Aota, S. Terakado, K. Sasaki, N. Matsumoto, Y. Watanabe, T. Matsue, and N. Ohmura, "Trace-Level Mercury Ion (Hg^{2+}) Analysis in Aqueous Sample based on Solid-Phase Extraction Followed by Microfluidic Immunoassay" *Anal. Chem.* **2013**, *85*, 434.]

그림 19-24는 환경 수질 분석에서 극미량의 Hg^{2+}를 측정하는 면역 분석법을 보여 준다. 그림 19-24a의 과정에 앞서, 시료 속의 Hg^{2+}는 HCl이 0.1 M 농도가 될 때까지 가해져 $HgCl_4^{2-}$로 변환된다. 5 mL 시료를 0.1 mL의 음이온 교환 수지(26-1절)가 들어 있는 고체상 추출관(solid-phase extraction column, 28-3절)으로 통과시키면 $HgCl_4^{2-}$는 흡착되어 전이 금속 이온들, 특히 간섭하는 Cd^{2+}나 Mn^{2+}와 분리된다. 이 추출관을 pH 7.5의 EDTA 용액으로 씻어 내면 흡착된 $HgCl_4^{2-}$는 Hg^{2+}-EDTA 착물(12장)로 변환되어 빠져나온다. 그런 다음, 이 용액을 Hg^{2+}-EDTA를 인식하는 쥐 항체로 처리하면, 용액은 그림 19-24a의 왼쪽 위 파선 타원으로 표시한 것처럼 Hg^{2+}-EDTA와 결합한 항체와 일부 과량의 항체를 포함하게 된다. 물 시료 속에 Hg^{2+}가 많을수록 더 많은 Hg^{2+}-EDTA에 결합한 항원이 생성되고 결합하지 않은 항체(자유 항체)는 적어지게 된다.

다음 단계에서 이 용액이 Hg^{2+}-EDTA가 공유 결합된 지름 100 μm의 폴리메틸메타크릴레이트 고분자 구슬로 덮힌 1 mm^2의 면을 지나가게 하면 시료 속의 자유 항체들은 구슬 표면의 공유 결합된 Hg^{2+}-EDTA와 결합하게 된다. 물 시료 속에 Hg^{2+}가 많을수록 구슬에 결합되는 자유 항체는 적어지게 된다. 그림 19-24a의 최종 단계에서 두 번째 항원이 고분자 구슬을 지나가게 하면 이 두 번째 항체는 쥐 항체를 인식하게 된다. 두 번째 항체 분자에 지름 40 nm의 금 나노입자를 붙여 놓으면 강한 붉은색을 띠고 520 nm의 발광 다이오드를 사용하여 광다이오드 검출기로 검출할 수 있게 된다. 천연수 속에 Hg^{2+}가 많을수록 항체가 구슬에 적게 결합되게 되고, 따라서 구슬에 결합하는 금 나노입자도 적어지게 된다. 천연수 속의 Hg^{2+}가 증가할수록 그림 19-24b에 표준 물질 곡선으로 나타낸 것처럼 붉은색이 감소하게 된다. 이것의 검출 한계는 음용수의 분석 능력에 대한 기준인 0.8 μg Hg/L(0.8 ppb)를 만족한다. 전 분석 과정은 현장에서 사용 가능한 휴대용 마이크로 흐름 장치—'칩 위의 실험식'(26-8절)—에 의해 수행된다.

시간 분해 형광 면역 분석법[48]

형광 면역 분석법의 감도는 란타넘족 이온인 Eu^{3+}와 Tb^{3+} 형광의 시간 분해 측정으로부터 100배까지(분석 물질의 농도로 10^{-13} M까지) 향상될 수 있다. 플루오레세인과 같은 유기 발색단은 용매, 다른 용질, 불순물 입자 등으로부터 350~600 nm에서 바탕 형광에 의해 방해를 받는다. 이러한 바탕 형광은 들뜸 후 100 μs 이내에 무시할 만한 수준으로 감소한다. 그

보충 19-4 가정용 임신 진단기는 어떻게 작동하는가?

일반적인 가정용 임신 진단기는 소변 속에 있는 hCG라 불리는 호르몬을 검출한다. 이 호르몬은 수태 직후 배출되기 시작한다. hCG와 같은 인간 단백질에 대한 항체는 동물에서 배양될 수 있다.

아래 도표 속의 **측면 흐름 가정용 임신 면역 분석법**(lateral flow home pregnancy immunoassay)에서 소변은 심지로 사용되는 나이트로셀룰로스로 만들어진 수평 띠 시험지의 왼쪽 끝에 있는 시료 패드에 적용된다. 액체는 왼쪽에서 오른쪽으로 모세관 작용에 의해 흘러간다. 액체는 먼저 짝 패드 위의 검출 시약과 만난다. 이 시약은 적색의 금 나노입자에 붙은 hCG의 항체로 구성되어 짝이라 불린다. 항체가 hCG의 한 자리에 결합한다.

소변액이 오른쪽으로 흘러감에 따라 짝에 결합된 hCG는 hCG의 다른 자리에 결합하는 항체가 있는 진단선에서 붙잡히게 된다. 오른쪽으로 나아감에 따라 짝 시약에 결합된 항원이 있는 조절선과 만나게 된다. 오른쪽 맨 끝에 진단선과 조절선에서 머물지 않은 어떤 것이라도 들어 있는 소변 액을 빨아들이는 흡수 패드가 있다.

임신 진단에서 양성이면 두 선이 모두 적색이고, 음성이면 조절선만이 적색이다. 조절선이 붉게 변하지 않으면 그 진단은 무효이다.

임신 진단기와 개인용 포도당(혈당) 측정기(그림 17-12)는 의학 진단 분석이 돌봄을 받는 환자 바로 옆에서 실험실 밖의 비실험실 인원에 의해 수행되는 **현장 진료**(point-of-care) 분석의 예들이다. 현장 진료 분석은 질병의 조기 진단을 가능하게 하고 더 나은 치료 관리가 이루어지게 하는 분석 화학 연구의 활발한 분야이다.[47]

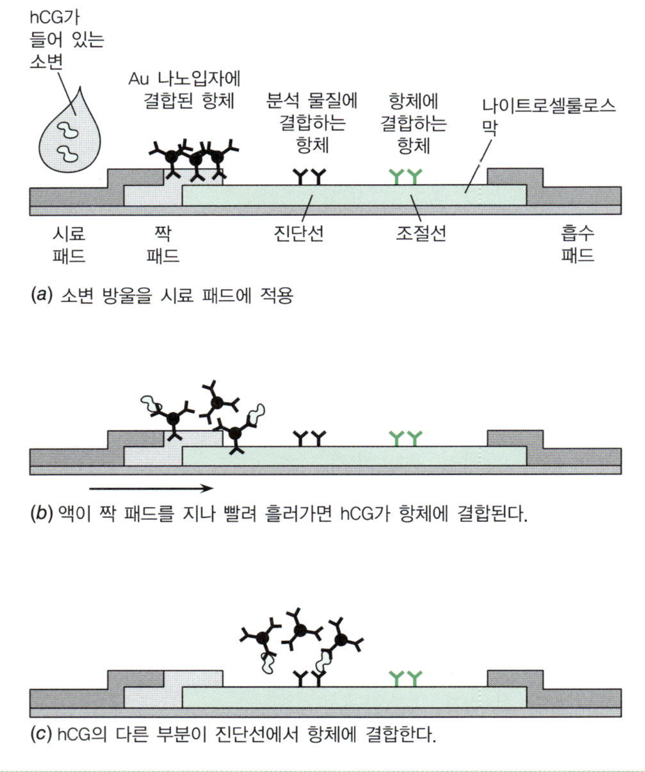

(*a*) 소변 방울을 시료 패드에 적용

(*b*) 액이 짝 패드를 지나 빨려 흘러가면 hCG가 항체에 결합된다.

(*c*) hCG의 다른 부분이 진단선에서 항체에 결합한다.

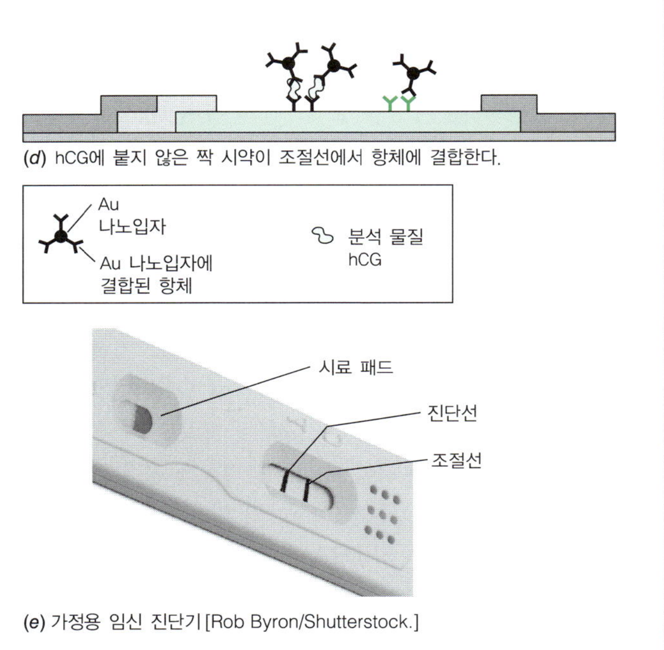

(*d*) hCG에 붙지 않은 짝 시약이 조절선에서 항체에 결합한다.

(*e*) 가정용 임신 진단기 [Rob Byron/Shutterstock.]

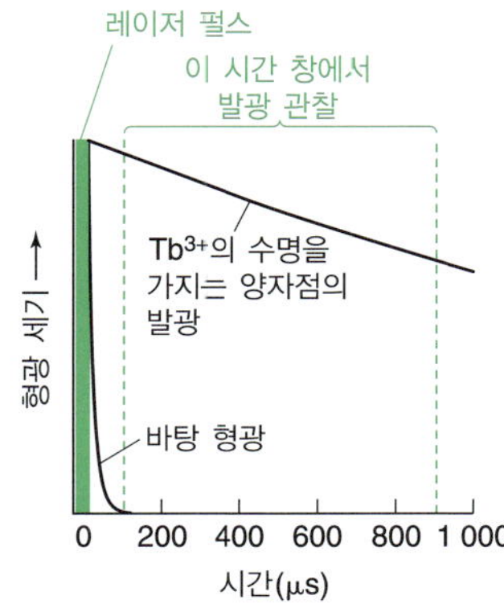

그림 19-25 시간 분해 형광 실험에서의 발광 세기. 시간 분해 형광은 시간 개폐 형광(time-gated fluorescence)라고도 불림

러나 Eu^{3+}와 Tb^{3+}의 발광은 훨씬 더 긴 수명을 가지고 1 ms보다 더 긴 시간에 초기 세기의 1/e(= 37%)로 떨어진다.

시간 분해 형광 측정(그림 19-25)에서는 340 nm의 짧은 레이저 펄스 후 100~900 μs에서 발광이 측정된다. 두 번째 레이저 펄스는 50 ms 지나 쪼여지는 방식으로 초당 약 20번의 반복 횟수로 측정된다. 들뜸 펄스 후 100 μs 이내에 나타나는 발광을 무시하면 대부분의 바탕 형광 신호를 제거할 수 있다. 루미4-Tb와 같은 란타넘족 킬레이트 리간드들은 용액에서 Tb^{3+}를 안정화시켜 그것의 발광을 증가시킨다.

Tb^{3+}의 발광 수명은 길다.

이 팔은 항체의 아미노기와 공유 결합을 형성한다.

킬레이트 리간드가 자외선을 흡수하여 Tb^{3+}로 에너지를 전달하면 Tb^{3+}가 가시선을 발광한다.

루미4-Tb

그림 19-26은 Tb^{3+} 이온이 전립선암의 생체 표지인 전립선 고유 항원에 대한 면역 분석법에 어떻게 활용될 수 있는지를 보여 준다. 란타넘족 킬레이트 리간드가 항체 1에 결합되어 있고 항체 2는 양자점으로 표지되어 있는데, 이 양자점의 흡광 띠가 넓어 Tb^{3+}의 발광과 겹친다. 분석 물질이 존재할 때 항체는 항원과 샌드위치를 형성하여 Tb^{3+} 킬레이트와 양자점을 가깝게 붙인다. Tb^{3+} 킬레이트가 광자를 흡수하면 Förster 공명 에너지 전달에 의해 양자점으로 에너지가 전달된다. 660 nm에서 양자점의 발광 수명은 Tb^{3+*}의 수명에 의해 정해진다. 들뜸 후 100~900 μs 지나 발광을 측정하면 짧은 수명의 배경 형광이 없는 항원-항체 착물로부터의 신호를 얻게 된다. 분석 물질이 없을 때 Tb^{3+}는 양자점으로부터 멀리 떨어져 660 nm에서의 발광은 100 μs보다 짧은 시간에 감퇴한다. 150 μL 용기로 된 검은색 96개 용기 마이크로 플레이트를 사용하면 전립선 고유 항원에 대한 검출 한계는 85 pM로 얻어진다.

생체 표지(biomarker)는 생물학적 계에 고유적으로 관계되는 분자이다. 생체 표지의 농도는 장기의 기능, 질병 혹은 건강의 다른 측면에 대한 정보를 제공한다.

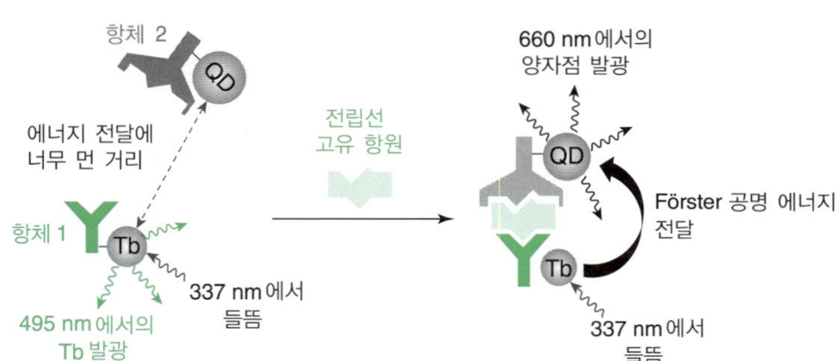

그림 19-26 660 nm에서의 양자점 시간 분해 형광에 의한 전립선 고유 항원의 면역 분석법. 들뜬 Tb^{3+}의 긴 수명이 양자점으로의 Förster 공명 에너지 전달을 위한 긴 수명을 확보해 준다. [출처: G. Annio, T. L. Jennings, O. Tagit, and N. Hildebrandt, "Sensitivity Enhancement of Förster Resonance Energy Transfer Immunoassays by Multiple Antibody Conjugation on Quantum Dots," *Bioconj. Chem.* **2018**, *29*, 2082. G. Annio는 학부생 연구원임.]

이해해야 할 용어

Förster 공명 에너지 전달(Förster resonance energy transfer)
개별 분석기(discrete analyzer)
광탈색(photobleaching)
다변량 교정법(multivariate calibration)
등흡광점(isosbestic point)
면역 분석법(immunoassay)
색도계(colorimeter)
생체 발광(bioluminescence)
소광(quenching)
순차 주입법(sequential injection)
양자 수득률(quantum yield)
유도체화(derivatization)
화학 발광(chemiluminescence)
흐름 주입 분석법(flow injection analysis)

요약

혼합물의 흡광도는 혼합물 속에 있는 각 성분 흡광도의 합과 같다. 두 파장에서의 흡광도에 대한 두 개의 연립방정식을 세우고 풀면, 최소한 혼합물 중에 있는 두 화학종의 농도를 구할 수 있어야 한다. 이 방법은 두 흡광 스펙트럼이 많이 겹치지 않는 영역이 있는 경우에 매우 정확하다. 스프레드시트에 의한 행렬 연산법을 이용하면, n개의 파장에서 흡광도를 측정하여 용액 속에 있는 n개의 성분에 대하여 Beer 법칙에 의해 주어지는 n개의 연립방정식을 풀 수 있다. Excel Solver를 사용하면, $(A_{calc} - A_m)^2$ 값을 최소화하여 혼합 용액의 스펙트럼을 용액 속에 있는 성분 스펙트럼들의 합으로 분리할 수 있다. 다변량 교정법은 많은 측정된 변수를 사용하여 하나 이상의 분석 물질 농도 또는 시료의 특성에 대한 정량적인 정보를 예측하는 수학 모형이다. 역 다변량 교정법은 성분의 수나 일부 성분이 무엇인지도 모르는 혼합물의 분석을 가능하게 해 준다.

등흡광점(교차점)은 전체 농도는 일정하지만 두 성분의 조성이 변화되는 용액에서 관찰된다. Excel Solver를 사용하면 흡광도나 형광 세기 같은 비선형 실험 측정값을 평형 상수식에 맞추어 평형 상수 값을 구할 수 있다.

분광 광도법 반응은 간단한 휴대용 시험에서 고성능 실험실 분석기에 맞는 형태로 분석 물질을 분광 광도적으로 관찰 가능한 생성물로 변환한다. 개별 분석기는 로봇을 사용하여 시료와 시약을 처리한다. 분취액들을 다른 시약들과 반응시켜 단일 시료 속의 복수의 분석 물질을 측정할 수 있다. 마이크로 플레이트는 96개 이상의 용액을 분석할 수 있는 400 μL 이하의 용기들의 2차원 배열로 구성된다. 빛의 통과 거리는 용기 내의 용액 부피에 따라 달라진다. 반응은 각 용기 내에서 완결되어야 한다.

흐름 주입 분석법에서는 운반체 흐름 속에 주입된 시료가 발색제와 혼합되어 검출기로 흘러 지나가게 된다. 분석 물질은 분산이 되어 시약과 반응하지만, 평형에는 도달되지 않는다. 정밀도는 재현성 있게 과정을 수행하는 것에 의존한다. 순차 주입법에서는 시료와 시약이 컴퓨터에 의해 조절되는 주사기 펌프에 의해 독립적으로 운반체로 빨려 들어간다. 반응 코일에서 반응이 정류 상태에 도달하면 분석 물질과 생성물, 그리고 시약이 검출기로 밀려 들어간다.

발광 세기는 발광하는 화학종의 농도가 낮다면 그 농도에 직접 비례한다. 형광을 내지 않는 분자는 형광단을 붙여 분석하거나 그 분자가 센서 화합물의 형광을 증가시키거나 감소시키는 능력을 이용하여 간접적으로 분석될 수 있다. 화학 반응에 의해 나오는 빛(화학 발광)이나 생물계에서 나오는 빛(생체 발광)은 정량 분석에 사용될 수 있다. Förster 공명 에너지 전달은 들뜬 주개 분자에서 바닥 상태의 받개 분자로 짧은 거리에서 일어나는 비복사 에너지 전달이다. 분석 특이성은 반응에 의해 주개 분자와 받개 분자가 가까이 붙거나 떨어지도록 하는 탐침 분자의 구조적 설계에서 생긴다.

면역 분석법은 항체를 사용하여 대상 분석 물질을 검출한다. 효소 결합 면역 흡착 분석법(ELISA)에서는 유색 또는 형광 생성물을 형성하는 반응에 여러 회 반복적으로 촉매 작용을 하는 효소에 분석 물질을 결합시킴으로써 신호가 증폭된다. 시간 분해 형광 측정은 시간과 파장에 따라 분석 물질의 형광을 바탕 형광으로부터 분리함으로써 예민한 감도를 나타내게 된다.

연습 문제

19-A. 이 문제에서 식 19-5를 푸는 데 계산기를 사용하거나 그림 19-2의 스프레드시트를 사용할 수 있다. 트랜스페린(transferrin)은 혈액 속에 있는 철을 운반하는 단백질이며, 분자량은 81 000이고, 두 개의 Fe^{3+} 이온을 운반한다. 데스페리옥사민(desferrioxamine) B는 철이 과량인 환자의 치료에 사용되는 킬레이트제이다(12장 도입부). 분자량은 약 650이고, 한 개의 Fe^{3+}와 결합할 수 있다. 데스페리옥사민은 인체 내 여러 부위에서 철을 취하여 콩팥을 통해서 철과 함께 배출된다. 철로 포화된 이 화합물들에 대한 두 파장에서의 몰흡광 계수가 아래 표에 주어져 있다. 두 화합물은 철이 없을 경우 모두 무색이다(가시선 흡수가 일어나지 않음).

	ε (M^{-1} cm^{-1})	
λ(nm)	트랜스페린	데스페리옥사민
428	3 540	2 730
470	4 170	2 290

(a) 1.000 cm 셀에 들어 있는 트랜스페린 용액은 470 nm에서 0.463의 흡광도를 나타내었다. 트랜스페린의 농도(mg/mL)와 철의 농도(μg/mL)를 계산하시오.

(b) 데스페리옥사민을 첨가한 후(이것은 시료를 묽힌다), 측정한 흡광도는 470 nm에서 0.424이고, 428 nm에서는 0.401이었다. 트랜스페린 및 데스페리옥사민 속 철의 분율을 각각 계산하시오. 트랜스페린은 두 개의 철 원자와 결합하고, 데스페리옥사민은 한 개의 철 원자와 결합한다는 사실을 상기하라.

19-B. 다음의 스프레드시트에 감기약 성분들의 몰흡광 계수와 1.000 cm 석영 셀에서의 감기약 혼합물에 대한 흡광도를 수록하였다. 그림 19-4의 최소 제곱법을 사용하여, 이 조제약 속에 들어 있는 각 약 성분의 농도를 구하시오. 데이터가 있는 스프레드시트는 SaplingPlus나 macmillanlearning.com에서 얻을 수 있다.

	A	B	C	D	E
1	감기약 혼합물				
2					혼합물에서
3	파장	몰흡광 계수 (M^{-1} cm^{-1})			측정된
4	(nm)	구알페네신	데오필린	암브록솔	흡광도
5	225	7929	5375	8913	0.546
6	248	297	3183	12510	0.294
7	260	1024	7026	4629	0.332
8	271	2412	9369	1589	0.407
9	280	2081	7177	1175	0.318

출처: M. M. Abdelrahman and N. S. Abdelwahab, "Spectrophotometric Method for Determination of a Ternary Mixture with Overlapping Spectra," *Anal. Meth.* **2014**, *6*, 509.

19-C. 소혈청 알부민 단백질은 여러 개의 메틸 오렌지 염료 분자들과 결합할 수 있다. 염료 분자 한 개에 대한 결합 상수를 측정하기 위하여 일정한 농도(X_0)의 염료 분자 용액과, 값이 더 크고 여러 농도의 단백질(P) 용액을 준비하였다. 단백질(P)의 메틸 오렌지 X와의 평형식은 $P + X \rightleftharpoons PX$(식 19-15)이다. 여기서 X는 메틸 오렌지이다.

$(H_3C)_2N-C_6H_4-N{=}N-C_6H_4-SO_3^-Na^+$

메틸 오렌지

실험 데이터가 스프레드시트의 A9:D13칸에 주어져 있다. 저자들은 P를 X에 가함에 따라 490 nm에서의 흡광도 증가(ΔA)를 보고하였다. X와 PX는 가시선을 흡수하지만, P는 가시선을 흡수하지 않는다. 식 19-21의 평형 상수식이 적용되며, [PX]는 식 19-22에 의해 음의 부호 제곱근으로 주어진다. P가 가해지기 전에 흡광도는 $\varepsilon_X X_0$이다. P가 가해질 때 흡광도의 증가는 아래 식으로 주어진다.

$$\Delta A = \varepsilon_X[X] + \varepsilon_{PX}[PX] - \varepsilon_X X_0 = \underbrace{\varepsilon_X([X] - X_0)}_{= -\varepsilon_X[PX]\ (\text{질량 균형식 } [X] = X_0 - [PX] \text{ 로부터})} + \varepsilon_{PX}[PX] = \Delta\varepsilon[PX] \qquad \Delta\varepsilon = \varepsilon_{PX} - \varepsilon_X$$

스프레드시트에서 Solver를 사용하여 C4:C5칸에 주어진 K, $\Delta\varepsilon$을 변화시켜 다른 양의 P 용액들에서 관찰된 ΔA와 계산된 ΔA의 차의 합의 제곱을 최소화시킨다. E9칸에는 식 19-22로부터 [PX]를 계산하고, F9칸과 G9칸에는 질량 균형식으로부터 [X]와 [P]의 값을 구하고, H9칸은 $\Delta A_{calc} = \Delta\varepsilon[PX]$를 계산해 준다.

C4칸에 있는 K의 초깃값을 추정하기 위하여 스프레드시트의 13행에서 X의 50%가 반응한다고 가정한다. X의 총 농도는 $X_0 = 5.7$ μM이다. 그것의 반이 반응한다면 [X] = [PX] = 2.85 μM이며, $[P] = P_0 - [PX] = 40.4 - 2.85 = 37.55$ μM이다. 평형 상수 $K = [PX]/([P][X]) = (2.85\ \mu M)/(37.55\ \mu M)(2.85\ \mu M) = 2.7 \times 10^4$이며, 이 값을 C4칸에 K의 추정값으로 대입한다. C5칸의 $\Delta\varepsilon$ 값은 스프레드시트의 13행에서 X의 50%가 반응한다고 가정하여 추정한다. 흡광도 변화는 식 $\Delta A = \Delta\varepsilon[PX]$으로 계산된다. 13행의 측정된 ΔA 값은 0.029 1이고, [PX] = 2.85 μM로 바로 앞에서 추정하였다. 따라서 C5칸의 $\Delta\varepsilon$의 추정값은 $\Delta\varepsilon = \Delta A/[PX] = (0.029\ 1)/(2.85\ \mu M) = 1.0 \times 10^4$이다.

데이터가 있는 스프레드시트는 SaplingPlus나 macmillanlearning.com에서 구할 수 있다. **여러분의 과제**는 스프레드시트의 E열에서 J열까지에 공식들을 넣고 9행에 보인 값들을 재현하여 E10:I13칸의 값을 구하는 것이다. 그런 다음 Solver를 사용하여 I14칸의 $\Sigma(A_{obs} - A_{calc})^2$을 최소화하여 C4:C5칸에 K와 $\Delta\varepsilon$ 값을 구하시오. P_0에 대한 측정된 ΔA와 예측된 ΔA의 그래프를 그리고, 맞는 정도를 평가하시오.

19-D. 카르노신은 자유 라디칼로부터 세포를 보호하는 항산화 특성이 있는 다이펩타이드이다. 카르노신을 나프탈렌-2,3-다이카복시알데하이드와 사이안화 이온으로 유도체화하여 445 nm에서 들뜨게 하여 490 nm에서 나오는 형광을 측정하여 정량하였다. 정량은 표준 물질 첨가법으로 진행하였다. 20 μL 세포 용해물 4개의 분취액에 100 μM의 카르노신 표준 용액을 가해 각 분취

	A	B	C	D	E	F	G	H	I	J
1	소혈청 알부민(P)에 결합하는 메틸 오렌지(X)의 평형 상수 K 구하기									
2										
3		Solver로 찾을 변수들								
4		K =	2.70E+04				초기 추정값 K =	2.7E+04		
5		Δε =	1.00E+04	$M^{-1}cm^{-1}$			초기 추정값 Δε =	1.0E+04	$M^{-1}cm^{-1}$	
6					[PX] (M)					$[PX]/X_o$
7	단백질	X_o	P_o	ΔA_{obs}	Eq. 19-22 with	[X] =	[P] =	ΔA_{calc}	단백질	반응한 X의
8	첨가	(M)	(M)	at 490 nm	minus sign	X_o − [PX]	P_o − [PX]	= Δε[PX]	$(\Delta A_{obs}-\Delta A_{calc})^2$	분율
9	1	5.7E-06	8.00E-06	0.0118	9.153E-07	4.785E-06	7.085E-06	0.0092	7.0086E-06	0.161
10	2	5.7E-06	1.14E-05	0.0148						
11	3	5.7E-06	1.63E-05	0.0187						
12	4	5.7E-06	3.28E-05	0.0268						
13	5	5.7E-06	4.04E-05	0.0291						
14								합 =	7.0086E-06	

연습 문제 19-C를 위한 스프레드시트

출처: A. Örstan, and J. F. Wojcik, "Spectroscopic Determination of Protein–Ligand Binding Constant," *J. Chem. Ed.* **1987**, *64*, 814.

액에서 표준 용액의 최종 농도가 각각 0, 1.0, 2.5, 5.0 μM이 되도록 하였다. 용액들을 70 μL가 되도록 묽힌 다음, 5 mM 나프탈렌-2,3-다이카복시알데하이드 용액 15 μL와 10 mM NaCN 15 μL를 가하였다.

나프탈렌-2,3-다이카복시알데하이드 + 카르노신 → (사이안화 이온) 형광 생성물

최종 100 μL 속에 첨가된 카르노신의 농도(μM)	형광 세기
0.0	0.406
1.0	0.647
2.5	0.964
5.0	1.605

출처: C. G. Fresta, M. L. Hogard, G. Caruso, E. E. Melo Costa, G. Lazzarino, and S. M. Lunte, "Monitoring Carnosine Uptake by RAW 264.7 Macrophage Cells Using Microchip Electrophoresis with Fluorescence Detection," *Anal. Meth.* **2017,** *9*, 402.

(a) 네 가지 표준 물질 첨가를 준비하기 위해 첨가된 카르노신 표준 용액의 부피는 얼마인가?

(b) 세포 용해물에 들어 있는 카르노신의 농도는 얼마인가?

19-E. Portland 주립대학에 다니는 학생들이 금속 조각상의 부식을 조기 검출하는 비파괴법을 개발하는 일을 맡았다. 학생들은 탄소 양자점의 형광이 소광되는 것을 기반으로 하여 낮은 농도의 Fe^{3+}를 검출하는 방법을 연구하였다. 다음 표에 형광 세기 측정에 대한 자료가 있다.

용액	형광 세기	용액	형광 세기
바탕	11	30.0 μM Fe^{3+}	2 344
0.0 μM Fe^{3+}	2 687	40.0 μM Fe^{3+}	2 255
10.0 μM Fe^{3+}	2 600	50.0 μM Fe^{3+}	2 199
20.0 μM Fe^{3+}	2 506	미지 시료	2 477

출처: C. Hensen, T. L. Clare, and J. Barbera, "Using Quenching to Detect Corrosion on Sculptural Metalwork," *J. Chem. Ed.* **2018,** *95*, 858. https://youtu.be/wgytRjUPAPY

(a) Fe^{3+}에 의한 형광의 소광에 대해 Stern-Volmer 교정선을 그리시오. 교정선이 직선인가? **힌트:** 교정선에 대한 잔차들(residuals)에서 특정 형태가 있는가? (5-2절)

(b) 미지 시료 속의 Fe^{3+}의 농도를 결정하시오.

문제

혼합물의 분석

19-1. 이 문제는 계산기나 그림 19-2의 스프레드시트를 이용하여 풀 수 있다. 19-1절의 '식 19-5를 사용한 혼합물의 분석'이라는 표제를 가진 예제에 있는 화합물 X와 Y를 고려해 보자. 0.100 cm 석영 셀에 들어 있는 혼합 용액의 흡광도가 272 nm에서 0.233이고, 327 nm에서 0.200이라면, [X]와 [Y]는 얼마인가?

19-2. 다음 그림은 1.00×10^{-4} M MnO_4^-와 1.00×10^{-4} M $Cr_2O_7^{2-}$, 그리고 이 두 이온의 혼합 미지 시료의 스펙트럼이다. 흡광도는 다음 표에 수록하였다. 그림 19-4의 최소 제곱법을 사용하여 혼합물 속에 있는 각 화학종의 농도를 구하시오.

파장(nm)	MnO_4^- 표준 용액	$Cr_2O_7^{2-}$ 표준 용액	혼합 미지 시료
266	0.042	0.410	0.766
288	0.082	0.283	0.571
320	0.168	0.158	0.422
350	0.125	0.318	0.672
360	0.056	0.181	0.366

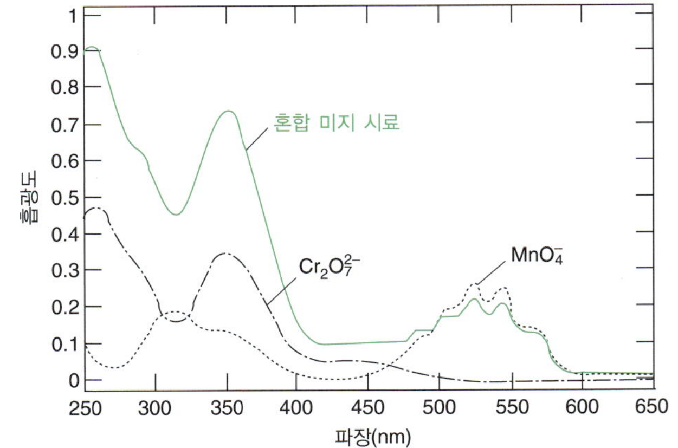

MnO_4^-, $Cr_2O_7^{2-}$와, 이 두 이온의 혼합 미지 시료의 가시선 스펙트럼 [출처: M. Blanco, H. Iturriaga, S. Maspoch, and P. Tarin, "A Simple Method for Spectrophotometric Determination of Two-Components with Overlapped Spectra," *J. Chem. Ed.* **1989**, *66*, 178.]

19-3. 북알버타 기술대학의 학생들이 1.000 cm 큐벳 흡광도를 사용하여 228 nm, 243 nm, 273 nm에서의 아세틸살리실산

(ASA), 아세트아미노펜(ACE) 그리고 카페인(CAF)에 대한 분광 분석법을 개발하였다.

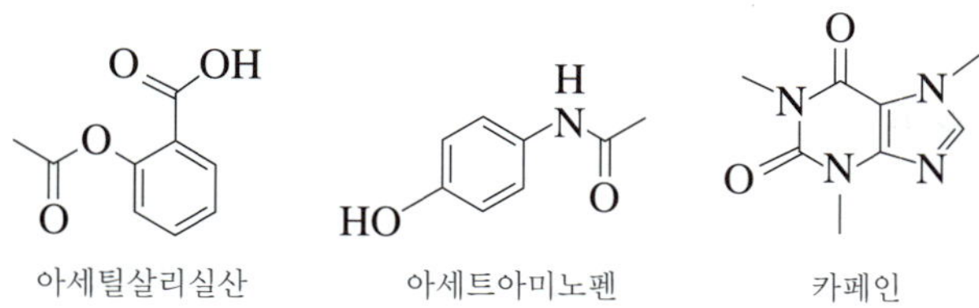

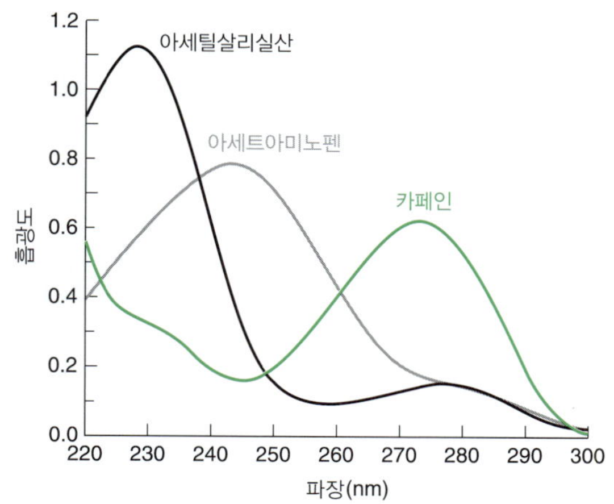

1.38×10^{-4} M 아세틸살리실산, 8.34×10^{-5} M 아세트아미노펜, 6.44×10^{-5} M 카페인의 개별 자외선 스펙트럼 [출처: 북알버타 기술대학의 L. Lucan 교수 지도하에 학부생 G. Morrison, J. Slingerland, C. Senecark이 얻은 데이터]

(a) 사용하는 큐벳은 어떤 재질로 되어야 하나?

(b) 학생들이 분석을 위해 228, 243, 273 nm의 파장을 선택한 이유는?

(c) 학생들이 분석 절차를 개발하기 위하여 0.3과 1.2 사이의 흡광도를 주는 농도를 사용한 이유는?

(d) 완충하지 않은 혼합물의 정량은 7%까지 오차가 생긴다. 표준 용액과 혼합물의 산성화는 오차를 2.5%까지 낮춘다. 초기 부정확성의 원인은 무엇인가?

(e) 그림 19-2에 있는 행렬 계산을 사용하여 산성화시킨 세 성분 혼합물에서 각 화학종의 농도를 구하시오.

	몰흡광 계수(M^{-1} cm^{-1})			혼합물의
λ(nm)	ASA	ACE	CAF	흡광도
228	8 170	6 820	5 380	1.220
243	2 940	9 440	2 610	0.951
273	1 070	2 120	9 710	0.741

출처: Data from undergraduates G. Morrison, J. Slingerland, and C. Seneca under the direction of L. Lucan, Northern Alberta Institute of Technology.

19-4. 어떤 경우에 등흡광점이 관찰되며, 그 이유는 무엇인가?

19-5. 금속 이온 지시약인 자일레놀 오렌지(표 12-3)는 pH 6.0에서 황색(λ_{max} = 439 nm)이다. pH 6.0의 이 지시약에 VO^{2+}를 가해 생기는 스펙트럼의 변화가 다음 그림에 나타나 있다. 각 점에서 VO^{2+}/(자일레놀 오렌지)의 몰비는 다음과 같다.

그래프	몰비	그래프	몰비	그래프	몰비
0	0	6	0.60	12	1.3
1	0.10	7	0.70	13	1.5
2	0.20	8	0.80	14	2.0
3	0.30	9	0.90	15	3.1
4	0.40	10	1.0	16	4.1
5	0.50	11	1.1		

스펙트럼의 변화, 특히 457 nm와 528 nm에서의 등흡광점을 설명할 수 있는 화학 반응 과정을 제시하시오.

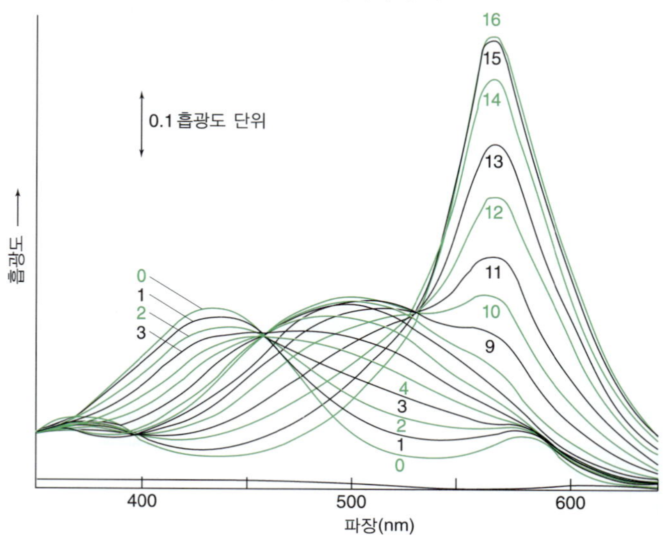

pH 6.0에서 자일레놀 오렌지와 VO^{2+}의 반응에 대한 흡광 스펙트럼 [출처: D. C. Harris and M. H. Gelb, "Binding of Xylenol Orange to Transferrin: Determination of Metal-Anion Linkage," *Biochim. Biophys. Acta* **1980**, *623*, 1.]

19-6. 적외선 스펙트럼은 약한 띠와 강한 띠가 같은 비율로 나타날 수 있도록 관례적으로 투광도 눈금으로 나타낸다. 화합물 A와 B에 대한 2 000 cm^{-1} 부근의 적외선 스펙트럼을 아래 그림에 나타내었다. 이 그림에서 흡광은 아래로 향한 피크에 해당한다는 것에 주목하라. 통과 거리가 0.00500 cm인 셀을 사용하여 A와 B 각각의 0.0100 M 용액의 스펙트럼들을 기록하였다. 0.005 00 cm 셀에 들어 있는 A와 B의 혼합물이 2 022 cm^{-1}에서 34.0%, 1 993 cm^{-1}에서 38.3%의 투광도를 나타내었을 때, 혼합물 속의 A와 B의 농도를 구하시오.

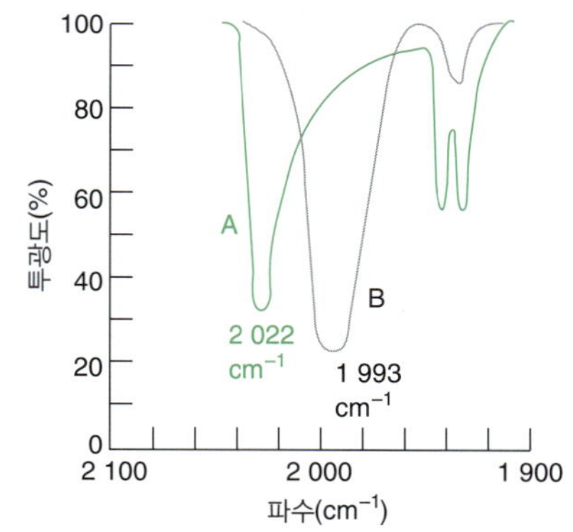

파수	순수한 A	순수한 B
2 022 cm^{-1}	31.0% *T*	97.4% *T*
1 993 cm^{-1}	79.7% *T*	20.0% *T*

19-7. 지시약인 티몰 블루(TB), 세미티몰 블루(STB), 메틸티몰 블루(MTB)의 분광 광도 자료를 다음의 표에 수록하였다. 1.000 cm 큐벳에 들어 있는 TB, STB, MTB의 혼합 용액의 흡광도를 측정한 결과, 455 nm에서 0.412, 485 nm에서 0.350, 545 nm에서 0.632였다. 그림 19-2의 스프레드시트를 변형하여 3개의 연립방정식을 풀어 혼합물 속에 있는 [TB], [STB], [MTB]를 각각 구하시오.

	ε(M^{-1} cm^{-1})		
λ(nm)	TB	STB	MTB
455	4 800	11 100	18 900
485	7 350	11 200	11 800
545	36 400	13 900	4 450

출처: S. Kiciak, H. Hontarz, and E. Krzyzanowska, "Monitoring the Synthesis of Semimethylthymol Blue and Methylthymol Blue," *Talanta* **1995**, *42*, 1245.

19-8. 적외선 파장에서 4개의 순수한 화합물과 혼합물에 대한 εb 값을 스프레드시트에 나타내었다. 그림 19-2를 변형시켜 4개의 방정식을 풀고, 혼합물 중에 있는 각 화합물의 농도를 구하시오. 모든 측정에서 통과 거리가 일정하였기 때문에(미지 시료는 제외), 계수 행렬을 흡광 계수로 간주할 수 있다.

파장 (μm)	계수 행렬 (εb)				미지 시료의 흡광도
	p-자일렌	*m*-자일렌	*o*-자일렌	에틸벤젠	
12.5	1.502 0	0.051 4	0	0.040 8	0.101 3
13.0	0.026 1	1.151 6	0	0.082 0	0.099 43
13.4	0.034 2	0.035 5	2.532	0.293 3	0.219 4
14.3	0.034 0	0.068 4	0	0.347 0	0.033 96

출처: Z. Zdravkovski, "Mathcad in Chemistry Calculations. II. Arrays," *J. Chem. Ed.* **1992,** *69*, 242A.

19-9. **혼합물을 분석하는 두 가지 방법.** 그림 19-5는 여러 가지 pH 값에서의 지시약 브로모티몰 블루의 스펙트럼을 나타낸 것이다. pH 12.2에서의 스펙트럼은 순수한 청색형의 것이며, pH 1.8에서의 스펙트럼은 순수한 황색형의 스펙트럼이다. 다른 pH 값에서는 이들 두 가지 형태의 혼합물로 존재한다. 모든 스펙트럼은 이 지시약의 총 농도가 10 μM이며, 통과 거리는 1.000 cm에서 측정되었다. 계산 목적상 농도와 통과 거리에서 두 자리 이상의 유효숫자를 가진다고 가정하자. 그림 19-5의 세 곡선상의 점들에 해당하는 흡광도 데이터가 아래 표에 주어져 있다.

파장 (nm)	표준 용액의 흡광도		pH 6.78에서의 혼합물의 흡광도
	청색형(pH 12.2) In^{2-}	황색형(pH 1.8) HIn^-	
400	0.182	0.274	0.248
432	0.076	0.344	0.265
450	0.046	0.323	0.237
550	0.356	0.027	0.131
570	0.570	0.011	0.193
616	0.811	0.005	0.272

출처: E. Klotz, R. Doyle, E. Gross, and B. Mattson, "The Equilibrium Constant for Bromothymol Blue," *J. Chem. Edu.* **2011,** *88*, 637.

(a) 그림 19-4와 같이 스프레드시트를 준비하여 모든 6개 파장에서의 흡광도를 사용하여 혼합물 속의 [In^{2-}]와 [HIn^-]을 구하시오. [In^{2-}] + [HIn^-]의 합을 밝히시오.

(b) 혼합물 속의 [In^{2-}]와 [HIn^-], 그리고 HIn^-에 대한 pK_a = 7.10을 사용하여 혼합물의 pH를 구하시오(이 계산은 그림 속 pH의 근거이다).

(c) 432 nm와 616 nm의 피크 파장에서 식 19-6을 사용하여 혼합물 속의 [In^{2-}]와 [HIn^-]를 계산하시오. 이 답을 **(a)**의 답과 비교하시오. **(a)**와 **(c)** 중 어느 것이 더 정확한가? 그 이유는 무엇인가?

19-10. **여러분의 산-염기 문제 해결 능력에 대한 도전.** 0.0800 M 아닐린 25.00 mL, 0.0600 M 설파닐산 25.00 mL, 1.23 × 10^{-4} M HIn 1.00 mL를 혼합한 다음, 100.0 mL로 묽힌 용액을 만들었다(HIn은 양성자성 지시약을 나타낸다).

아닐리늄 이온 ($C_6H_5NH_3^+$), pK_a = 4.601

설파닐산 ($^-O_3S-C_6H_4-NH_3^+$), pK_a = 3.232

$$HIn \rightleftharpoons H^+ + In^-$$

HIn: $\varepsilon_{325} = 2.45 \times 10^4\ M^{-1}\ cm^{-1}$, $\varepsilon_{550} = 2.26 \times 10^4\ M^{-1}\ cm^{-1}$

In^-: $\varepsilon_{325} = 4.39 \times 10^3\ M^{-1}\ cm^{-1}$, $\varepsilon_{550} = 1.53 \times 10^4\ M^{-1}\ cm^{-1}$

5.00 cm 셀로 550 nm에서 측정한 흡광도는 0.110이었다. HIn과 In^-의 농도와 HIn의 pK_a 값을 각각 구하시오.

19-11. **화학 평형과 혼합물의 분석.(경고: 이 문제는 상당히 길다.)** 지시약을 사용하는 분광 광도법은 해수의 pH를 원격으로 측정하는 기준 분석법이다.[49] 해수 CO_2를 측정하는 원격 광학 센서는 교정할 필요가 없이 작동하도록 되어 있다.[50]

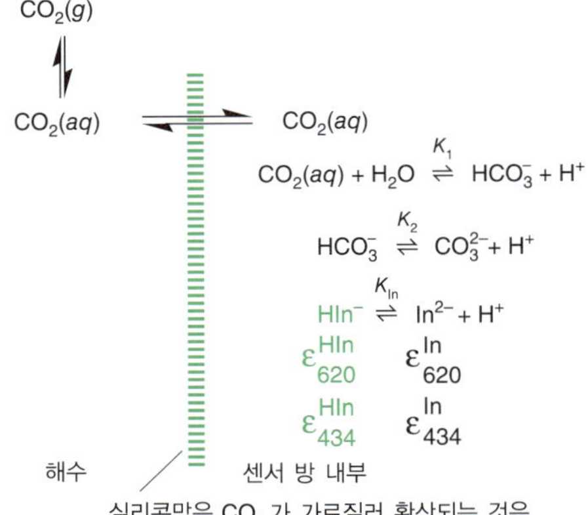

센서 방은 용존 이온들은 통과하지 못하고 CO_2는 확산하여 통과할 수 있는 실리콘막으로 해수로부터 격리되어 있다. 센서 내부에서 CO_2는 HCO_3^- 및 CO_3^{2-}와 평형을 이룬다. 측정 시에 센서를 신선한 50.0 μM 브로모티몰 블루 지시약(NaHIn)과 42.0 μM NaOH의 혼합 용액으로 매번 씻는다. 모든 지시약은 중성 pH 근처에서 HIn^- 또는 In^{2-}의 형태로 존재하므로 두 개의 질량 균형식으로 나타낼 수 있다. (1) [HIn^-] + [In^{2-}] = F_{In} = 50.0 μM, (2) [Na^+] = F_{Na} = 50.0 μM + 42.0 μM = 92.0 μM. HIn^-는 434 nm에서, In^{2-}는 620 nm에서 최대 흡광이 일어난

다. 센서는 교정할 필요가 없도록 흡광도 비(ratio) $R_A = A_{620}/A_{434}$를 측정한다. 이 비로부터 $[CO_2(aq)]$를 구할 수 있다.

(a) 혼합물에 대한 Beer 법칙으로부터 620 nm와 434 nm에서의 흡광도(A_{620}과 A_{434})로 $[HIn^-]$과 $[In^{2-}]$에 대한 식을 쓰고, 아래와 같이 나타낼 수 있음을 보이시오.

$$\frac{[In^{2-}]}{[HIn^-]} = \frac{R_A\varepsilon_{434}^{HIn^-} - \varepsilon_{620}^{HIn^-}}{\varepsilon_{620}^{In^{2-}} - R_A\varepsilon_{434}^{In^{2-}}} \equiv R_{In} \qquad \text{(A)}$$

(b) 질량 균형식 (1)과 산해리 상수 K_{In}으로부터 아래의 두 식을 보이시오.

$$[HIn^-] = \frac{F_{In}}{R_{In} + 1} \qquad \text{(B)}$$

$$[In^{2-}] = \frac{K_{In}F_{In}}{[H^+](R_{In} + 1)} \qquad \text{(C)}$$

(c) 다음 식이 성립함을 보이시오.

$$[H^+] = K_{In}/R_{In} \qquad \text{(D)}$$

(d) 탄산의 해리 평형으로부터 아래의 식을 보이시오.

$$[HCO_3^-] = \frac{K_1[CO_2(aq)]}{[H^+]} \qquad \text{(E)}$$

$$[CO_3^{2-}] = \frac{K_1K_2[CO_2(aq)]}{[H^+]^2} \qquad \text{(F)}$$

(e) 센서 방에 있는 용액에 대한 전하 균형식을 쓰고 B, C, E, F 식에 $[HIn^-]$, $[In^{2-}]$, $[HCO_3^-]$, $[CO_3^{2-}]$를 대입하시오.

(f) 사용되는 상수들이 다음과 같은 값을 갖는다고 가정하고, 측정된 흡광도 비 $R_A = A_{620}/A_{434} = 2.84$로부터 해수 속의 $[CO_2(aq)]$를 구하시오.

$\varepsilon_{434}^{HIn^-} = 8.00 \times 10^3\ M^{-1}\ cm^{-1}$ $\quad K_1 = 3.0 \times 10^{-7}$
$\varepsilon_{620}^{HIn^-} = 0$ $\quad K_2 = 3.3 \times 10^{-11}$
$\varepsilon_{434}^{In^{2-}} = 1.90 \times 10^3\ M^{-1}\ cm^{-1}$ $\quad K_{In} = 2.0 \times 10^{-7}$
$\varepsilon_{620}^{In^{2-}} = 1.70 \times 10^4\ M^{-1}\ cm^{-1}$ $\quad K_w = 6.7 \times 10^{-15}$

(g) 센서 방 내부 용액의 이온 세기는 근사적으로 얼마인가? 이 문제를 풀 때 활동도 계수를 무시해도 괜찮은가?

19-12. **다변량 교정법.** 다변량 교정법에서 중요한 점은 교정 모형을 세우기 위해 어떤 특성(예를 들어 파장과 파수)과 몇 가지 특성을 사용할 것인가 하는 것이다.

(a) 그림 19-4의 스프레드시트는 SaplingPlus나 macmillanlearning.com에서 구할 수 있다. I15:I17칸 속에 임의의 추정값을 넣고 Solver를 사용하여 J11칸에 있는 제곱의 합을 I15:I17 칸을 변화시켜 최소화하라. 이제 여러분의 스프레드시트는 그림 19-4와 같이 보여야 한다. 자일렌, 다이클로로에테인, 톨루엔의 참 농도가 각각 2.43, 3.80, 1.40 M이라고 주어진 결정에 대한 상대 오차를 계산하시오.

(b) 2 971.5 cm^{-1}와 2 868.8 cm^{-1}에서의 흡광도를 여러분의 스프레드시트 속 원래 5가지 데이터 모음에 더하고, Solver를 사용하여 세 성분의 계산된 농도를 수정하시오. 세 농도의 상대 오차는 얼마인가?

파수 (cm^{-1})	표준 시료의 흡광도			혼합물의 흡광도
	자일렌	$C_2H_4Cl_2$	톨루엔	
2 971.5	0.570	0.595	0.273	1.443
2 868.8	0.569	0.107	0.244	1.097
3 124.5	0.033	0.027	0.031	0.118
2 780.6	0.019	0.018	0.006	0.069

출처: M. K. Gilbert, R. D. Luttrell, D. Stout, and F. Vogt, "Introducing Chemometrics to the Analytical Curriculum," *J. Chem. Ed.* **2008**, *85*, 135. D. Stout은 학부생 연구원임.

(c) 2917.5 cm^{-1}와 2868.8 cm^{-1}에서의 흡광도를 3124.5 cm^{-1}와 2780.6 cm^{-1}에서의 흡광도들로 교체하여 Solver를 사용하여 세 성분의 농도를 결정해 보시오. 상대 오차는 얼마인가?

(d) 두 추가 파수에서 흡광도 정보를 추가하면 **(b)**와 **(c)**에서 다른 효과가 나타나는 이유는 무엇인가?

평형 상수의 측정

19-13. 아이오딘은 메시틸렌과 반응하여 사염화 탄소(CCl_4) 용액에서 332 nm에서 최대 흡광도를 가지는 전하 전달 착물을 형성한다.

I_2 + 메시틸렌 ⇌ 착물 $\qquad K = \dfrac{[\text{착물}]}{[I_2][\text{메시틸렌}]}$

아이오딘 $\varepsilon_{332} \approx 0$ 메시틸렌 $\varepsilon_{332} \approx 0$ 착물 $\lambda_{max} = 332$ nm

일련의 평형 용액에 대한 분광 광도 데이터들이 표에 주어져 있다.

[메시틸렌]$_{tot}$ (M)	$[I_2]_{tot}$ (M)	332 nm에서의 흡광도
1.690	7.817×10^{-5}	0.369
0.921 8	2.558×10^{-4}	0.822
0.633 8	3.224×10^{-4}	0.787
0.482 9	3.573×10^{-4}	0.703
0.390 0	3.788×10^{-4}	0.624
0.327 1	3.934×10^{-4}	0.556

출처: P. J. Ogren and J. R. Norton, "Applying a Simple Linear Least-Squares Algorithm to Data with Uncertainties in Both Variables," *J. Chem. Ed.* **1992**, *69*, A130.

Solver를 사용하여 K 값을 구하시오. 332 nm에서 흡광하는 종은 착물뿐이며 Beer 법칙으로부터 [착물] = A/ε(통과 거리는 1.000 cm이므로). I_2는 홀로 있거나 착물과 결합되어 있으므로 $[I_2] = [I_2]_{tot}$ − [착물]이다. 메시틸렌은 아주 과량으로 있으므로 [메시틸렌] = [메시틸렌]$_{tot}$.

$$K = \frac{[\text{착물}]}{[I_2][\text{메시틸렌}]} = \frac{A/\varepsilon}{([I_2]_{tot} - A/\varepsilon)[\text{메시틸렌}]_{tot}}$$

아래의 스프레드시트에 데이터의 일부가 주어져 있다. 여러분은 모든 데이터를 사용해야 하고, A열에는 [메시틸렌]이 주어지고, B열에는 $[I_2]_{tot}$가 주어진다. C열에는 측정된 흡광도가 주어진다. A7칸에 착물의 몰흡광 계수(ε)의 추정값을 넣고, D열에 있는 착물의 농도(= A/ε)를 계산하시오. E열의 평형 상수 K는 다음 식으로 주어진다.

E2 = [착물]/([I_2] × [메시틸렌]) = (D2)/((B2−D2)*A2)

	A	B	C	D	E
1	[메시틸렌]	$[I_2]_{tot}$	A	[착물] = A/ε	K_{eq}
2	1.6900	7.817E-05	0.369	7.380E-05	9.99282
3	0.9218	2.558E-04	0.822	1.644E-04	1.95128
4	0.6338	3.224E-04	0.787	1.574E-04	1.50511
5				평균값 =	4.48307
6	ε 추정값:			표준 편차 =	4.77680
7	5.000E+03			표준 편차/평균값 =	1.06552

우리가 Solver로 최소화하는 것은 무엇인가? E열의 K 값이 일정하게 될 때까지 A7칸의 ε 값을 변화시키고자 한다. 우리는 $\Sigma(K_i - K_{av})^2$ 함수를 최소화하고자 한다. 여기서 K_i는 표의 각 라인에 있는 값이고, $K_{average}$는 모든 계산된 것들의 평균이다. $\Sigma(K_i - K_{average})^2$의 최소화에서 문제는 K_i가 반드시 일정하지 않아도 K_i를 작게만 하여도 이 함수를 최소화시킬 수 있다는 것이다. 실제 우리가 원하는 것은 모든 K_i 값이 그것의 평균값 영역으로 모여 있도록 하는 것이다. 이것을 하는 좋은 방법은 K_i의 **상대 표준 편차**(relative standard deviation), 즉 표준 편차/평균값을 최소화하는 것이다. E5칸에 K의 평균값을 계산하였고, E6칸에는 표준 편차를 계산하였다. E7칸에는 상대 표준 편차가 주어진다. Solver를 사용하여 A7칸의 값을 변화시켜 E7칸을 최소화하시오.

분광 광도법 반응과 개별 분석기, 마이크로 플레이트와 흐름 주입법

19-14. 표 19-1은 분광 광도법 반응을 사용한 표준 분석 방법의 예들을 보여 준다.

(a) **표준 분석 방법**(standard method of analysis)이란 무엇인가?

(b) 암모니아에 대한 미국 환경청 분석법 350.1은 알려진 양의 분석 물질이 주입된 바탕 시료가 시료들의 각 원액 내에서 분석될 것을 요구한다. 주입된 바탕 시료의 목적은 무엇인가?

(c) 염화 이온에 대한 표준 분석법 4500-CI E에는, 입자성 물질은 거르기나 원심 분리로 제거되어야 한다고 기술되어 있다. 왜 입자들은 제거되어야 하는가?

19-15. I~IV 방법 중에서 아래에 주어진 각 분석 응용에 가장 적합한 방법을 고르시오.

I. 비색법　　III. 96개 용기 마이크로 플레이트

II. 개별 분석기　　IV. 흐름 주입 분석법

(a) 4주간의 생화학 실험 중 두 번째 주에 젤거르기 관에서 모은 50개의 분액 가운데 락트산 이온 탈수소화 효소가 포함되어 있는 분액을 결정하고자 한다. 여러분은 교정선을 얻기 위해 사용할 락트산 이온 탈수소화 효소는 0.100 mg/mL 농도로 400 μL만 가지고 있다.

(b) 여러분의 환경 실험실에 다음 주까지 분석해야 할 미량 암모니아 시료 2 000개가 있다.

(c) 각 작업 단계에서 Cl^-, NH_3, PO_4^{3-}, SO_4^{2-}를 분석해야 할 물 시료 20개가 있다.

(d) 여러분이 내년 여름에 애팔레치아 탐방로를 산행할 것이라는 것을 여러분의 교수가 듣고, 인산 이온의 농도가 가장 높은 10곳의 개울에서 100 mL 물 시료를 가져다 줄 것을 요청하였다.

19-16. 마이크로 용기의 통과 거리 교정. 아래 표에 마이크로 플레이트에서 측정된 오브알부민(ovalbumin) 용액에 대한 흡광도가 주어져 있다.

	흡광도		
용액	280 nm	900 nm	1 000 nm
오브알부민(마이크로 용기)	0.634	0.052	0.226
바탕(마이크로 용기)	0.016		
물(1 cm 큐벳)		0.058	0.243

(a) 마이크로 용기 속 오브알부민 용액의 통과 거리를 결정하시오.

(b) 1.000 cm의 통과 거리에 대해 오브알부민에 대한 바탕 교정 흡광도를 계산하시오.

(c) 단백질 농도를 280 nm에서의 흡광도에 기초하여 약 5~10% 오차로 결정할 수 있다(문제 18-22). 오브알부민은 3개의 트립토판, 10개의 타이로신 그리고 한 개의 다이설파이드 결합이 포함된 385개의 아미노산을 가지고 있고, 분자량은 45 000 Da이다. 오브알부민의 몰흡광 계수를 결정하시오.

(d) **(b)**와 **(c)**의 일부를 사용하여 오브알부민의 농도를 mg/mL 단위로 결정하시오.

19-17. 광산란에 의한 박테리아 세포 밀도 측정. 박테리아가 배양되어 다른 성장 단계에서 시료로 채취되었다. 대장균(*E. coli*)의 초기와 말기 정류 단계에 대한 교정 용액을 96개 용기 마이크로 플레이트를 사용하여 순차 묽힘으로 준비하였다. 광학 밀도가 600 nm에서 측정되었다. 배양 매질에 대해 측정된 바탕 값을 모든 시료 측정값에서 공제하였다. 세포 농도들은 현미경을 사용하여 결정하였다.

말기 단계 대장균		초기 단계 대장균	
세포 수 (×10^8)/mL	1.000 cm 통과 거리로 교정된 광학 밀도	세포 수 (×10^8)/mL	1.000 cm 통과 거리로 교정된 광학 밀도
0.31	0.018	0.36	0.086
1.26	0.089	0.71	0.183
2.51	0.177	1.43	0.328
5.03	0.316	2.85	0.626
7.54	0.486	5.71	1.243
12.56	0.783	11.41	2.127
17.59	1.081	28.53	3.793
27.64	1.692		

출처: K. Stevenson, A. F. McVey, I. B. N. Clark, P. S. Swain, and T. Pilizota, "General Calibration of Microbial Growth in Microplate Readers," *Sci. Reports*, **2017**, *6*, 38838, open access. K. Stevenson은 학부생 연구원임.

(a) 엑셀을 사용하여 말기 단계 대장균 데이터의 그래프를 그리고 추세선을 넣으시오. 추세선에 대한 식을 구하고, 기울기와 절편에 대한 표준 오차를 넣으시오. 교정선은 직선인가? (**힌트**: 데이터 점들과 선 사이의 수직 거리인 잔차(residual)는 선에 대해 무작위로 분포하여야 한다(5-2절).

(b) 엑셀을 사용하여 초기 단계 대장균 데이터의 그래프를 그리시오. 교정선은 직선인가? 직선이 아니라면, 이 교정선에 대한 직선 부분은 어디인가?

(c) **비선형 맞춤.** 완전한 초기 단계 대장균 데이터를 2차 식에 맞추어 교정선을 다음과 같이 구하였다.

$$y = -0.003\,2x^2 + 0.223\,8x + 0.0020\,9$$
$$R^2 = 0.999\,7,\ \text{잔차는 무작위로 작음}$$

2.50의 광학 밀도에 대해 예측되는 세포 농도는 얼마인가?

(d) 마이크로 플레이트 측정기가 100 μL 용액에 대한 흡광도 측정값을 교정하기 위하여 6.37의 인자를 사용하였다. 마이크로 용기 내의 100 μL 용액에 대한 실제 통과 거리는 얼마인가? **(c)**에서 측정된 실제 광학 밀도는 얼마인가?

19-18. 개별 분석기와 흐름 주입 분석법은 어떻게 수행되는지를 설명하시오. 두 방법 사이의 두 핵심 차이는 무엇인가?

19-19. 흐름 주입 분석과 순차 흐름 분석은 어떻게 수행되는지를 설명하시오. 두 분석법의 핵심 차이는 무엇인가? '실험실 위의 밸브'라 불리는 것은 무엇인가?

19-20. 국제 우주 정거장에 도입되기 전에 암모늄 이온 분석을 위한 순차 주입 분석 시스템은 검증될 필요가 있었다.

(a) 새로운 방법을 식수(PW), 위생수(HW), 물 재활용 시스템이 우주 정거장과 비슷한 남극 콘코디아 연구소에서 채취한 물(AC)에 대해 새로운 방법을 표 19-1의 표준 암모늄 분석법과 비교하였다. 새로운 방법이 더 정확한지를 확인하기 위하여 짝진 t 시험법(87쪽)을 사용하시오.

	농도(mg/L NH_4^+)						
	PW 1	PW 2	HW 1	HW 2	AC 1	AC 2	AC 3
공인된 방법	0.33	0.70	1.05	5.72	3.55	0.34	18.66
새로운 방법	0.32	0.75	1.08	5.38	3.28	0.32	19.02

출처: G. Giakisikli, E. Trikas, M. Petala, T. Karapantsios, G. Zachariadis, and A. Anthemidis, "An Integrated Sequential Injection Analysis System for Ammonium Determination in Recycled Hygiene and Potable Water Samples for Future Use in Manned Space Missions," *Microchem. J.* **2017**, *133*, 490.

(b) 새로운 방법의 정확도를 검증할 수 있는 두 가지 다른 절차를 설명하시오.

형광 및 소광

19-21. 발광, 화학 발광, 생체 발광의 차이점은 무엇인가?

19-22. 문헌에 나오는 아래의 각 응용 분석에 적용할 수 있는 I~III의 형광 유도체화 시약을 선택하시오.[51]

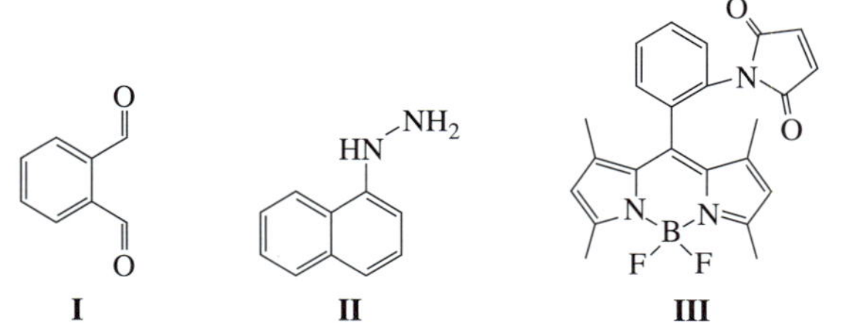

(a) 단일 세포 속에 존재하는 글루타싸이온, 시스테인, 호모시스테인, γ-글루타밀시스테인과 같은 싸이올의 정량

(b) 식품을 γ선을 사용하여 방부 처리하였는지를 확인하는 표지 분자인 2-알킬 사이클로뷰탄온의 극미량 정량

(c) 살아 있는 세포에서 도파민과 같은 1차 아민 신경 전달 물질의 형광 검출을 허용하는 형광 생성 시약

19-23. **비오틴-스트렙타비딘 형광 적정.** 비오틴은 효소에 의한 카복실화 반응에서 보조 인자이다. 비오틴은 생체 합성 반응에서 CO_2를 활성화한다.

CO_2가 N에 결합한다.

비오틴

스트렙타비딘(streptavidin)은 ~10^{14} 형성 상수를 가지고 비오틴에 결합하는 박테리아 스트렙도미세스 아비디니(*streptomyces avidinii*)에서 추출한 단백질이다. 비오틴-스트렙타비딘 착물은 비공유성 착물인데도 세제, 단백질 유기 용매 그리고 극단적인 pH와 온도에서도 안정하여 생물 공학과 생물 분석 화학에서 널리 사용된다.

비오틴-스트렙타비딘 착물의 화학량론이 형광 적정으로 측정되었다. 비오틴의 카복실기에 의해 비오틴에 공유 결합한 염료 플루오레세인(546쪽)은 493 nm로 빛을 쪼이면 520 nm에서 형광을 낸다. 비오틴-플로오레세인(BF)이 스트렙타비딘(SA)에 결합하면 형광이 감소한다. 아래 표는 SA에 BF가 가해졌을 때 또는 BF에 SA가 가해졌을 때 형광 세기를 보여 준다. 표의 데이터는 묽힘에 대한 교정을 한 데이터이다.

SA에 BF 첨가[a]		BF에 SA 첨가[b]	
몰비 [BF]:[SA]	형광 세기 (10^5 counts/s)	몰비 [SA]:[BF]	형광 세기 (10^6 counts/s)
0.00	0.000	0.000	2.958
0.51	0.202	0.061	2.394
1.02	0.333	0.122	1.613
1.53	0.476	0.183	0.884
2.04	0.595	0.244	0.212
2.55	0.678	0.306	0.144
3.06	0.749	0.367	0.144
3.57	0.892	0.428	0.144
4.08	1.927	0.489	0.144
4.59	3.770	0.550	0.144
5.10	5.970		
5.61	8.230		
6.12	10.609		

a. ~0.11 μM SA를 BF로 pH가 7.3인 10 mM 트라이에탄올아민 완충 용액에서 적정

b. ~0.72 μM BF를 SA로 pH가 7.3인 10 mM 트라이에탄올아민 완충 용액에서 적정

출처: D. P. Mascotti and M. J. Waner, "Complementary Spectroscopic Assays for Investigating Protein-Ligand Binding Activity," *J. Chem. Ed.* **2010,** *87*, 735.

(a) 각 적정에 대해서 몰비에 대한 형광 세기의 그래프를 그리고, 스트렙타비딘에 결합하는 비오틴의 화학량론을 밝히시오.

(b) 각 적정 곡선의 모양에 대하여 설명하시오.

19-24. Stern-Volmer 도식. 아래 표는 그림 19-20의 루테늄 착물의 산소 농도에 대한 발광 세기와 발광 수명의 데이터이다.

산소 농도(μM)	형광 세기	형광 수명(μs)
0	590	1.008
22	574	0.978
44	557	0.964
72	552	0.950
132	518	0.916
174	503	0.893
267	478	0.836

출처: A. Byrne, J. Jacobs, C. S. Burke, A. Martin, A. Heise, and T. E. Keyes, "Rational Design of Polymeric Core Shell Ratiometric Oxygen-Sensing Nanostructures," *Analyst*, **2017**, *142*, 3400.

(a) 왜 산소 농도가 증가하면서 발광 세기가 감소하는가?

(b) 형광 세기에 기초하여 Stern-Volmer 그래프를 그리시오. 교정선은 직선인가?

(c) 형광 수명에 기초하여 Stern-Volmer 그래프를 그리시오. 이 그래프는 어떤 유형의 소광을 나타내는가?

19-25. 아래 그래프는 트리스(2,2′-바이피리딘)Ru(II)의 2,6-다이메틸페놀에 의한 발광 소광에 대한 pH의 영향을 보여 준다. 수직축 K_{SV}는 Stern-Volmer 식 19-30에서 상수 $k_q/(k_e + k_d)$ 값으로 주어진다. K_{SV}가 커질수록 소광이 더 이루어진다. 그래프의 모양에 대한 설명을 제시하고, 2,6-다이메틸페놀에 대한 pK_a 값을 구하시오.

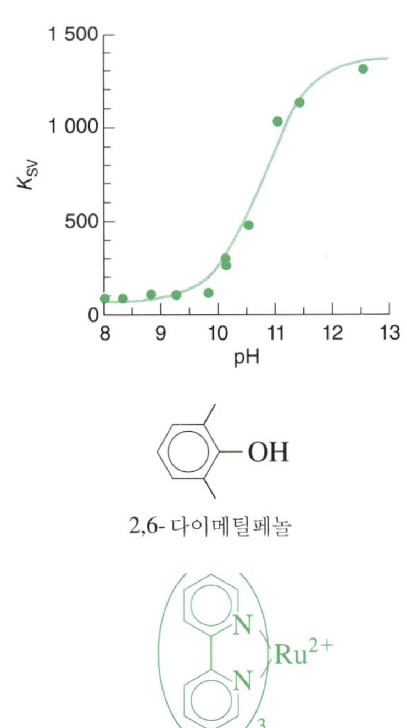

pH의 함수로서 2,6-다이메틸페놀에 의한 트리스(2,2′-바이피리딘)Ru(II)의 소광 [출처: H. E. Gsponer, G. A. Argüello, and G. A. Argüello, "Determinations of pK_a from Luminescence Quenching Data," *J. Chem. Ed.* **1997**, *74*, 968.]

19-26. Förster 공명 에너지 전달. 6가지 염료의 스펙트럼이 다음과 같이 주어졌다. 아래의 각 분석 목적에 적합한 주개/받개 쌍을 선택하시오.

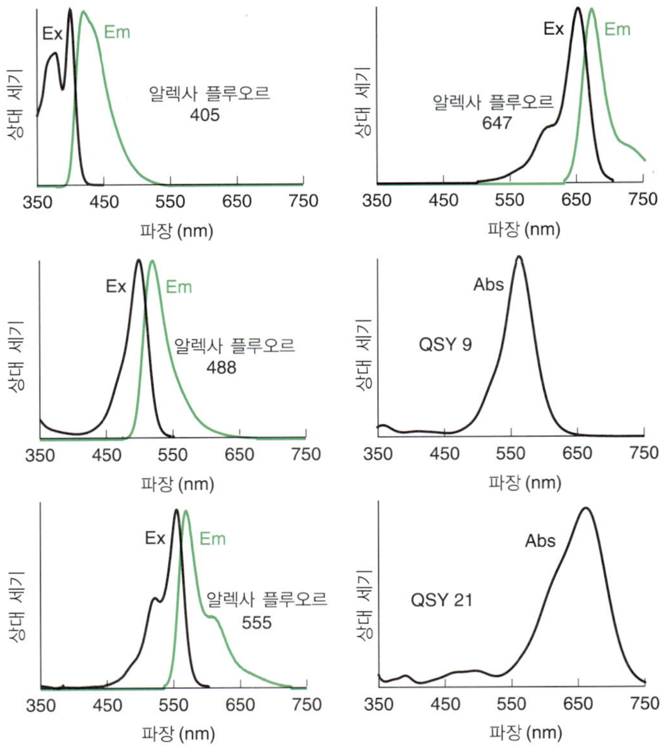

염료와 소광자에 대한 들뜸과 발광 스펙트럼들 [출처: Thermo Fisher Scientific 사의 *Fluorescence Spectra Viewer* online resource.]

(a) 488 nm에서 들뜨게 하는 경우 두 염료가 떨어져 있을 때는 600 nm에서 형광이 약하고, 가까이 있으면 600 nm에서 강한 형광이 나온다.

(b) 488 nm에서 들뜨게 하는 경우 두 염료가 가까이 있을 때는 형광이 전혀 나오지 않고, 떨어져 있으면 520 nm에서 강한 형광이 나온다.

(c) 532 nm에서 들뜨게 하는 경우 두 염료가 가까이 있을 때는 670 nm에서 강한 형광이 나오고, 떨어져 있으면 형광이 570 nm로 이동하여 나온다.

19-27. 마이셀에서의 형광 소광. 높은 농도의 마이셀(보충 26-1)을 함유하고 있는 수용액을 생각해 보자. 아울러 비교적 낮은 농도의 형광 분자인 파이렌(pyrene)과 소광자(염화 세틸피리디늄, Q로 표시)가 모두 마이셀 속에 녹아 있다고 가정하자.

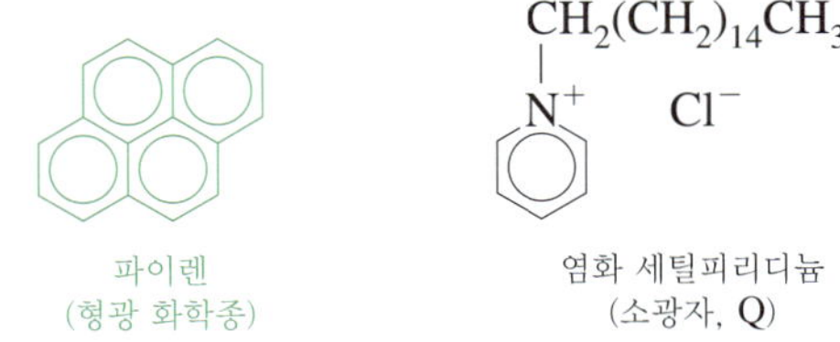

만약 한 마이셀 속에 파이렌과 Q가 함께 들어 있다면, 소광이 일어난다. 소광자의 전체 농도를 [Q], 마이셀의 농도를 [M]이라고 하자. 마이셀당 소광자의 평균수는 $\overline{Q}$ = [Q]/[M]이다. Q가 마이셀 중에 자유롭게 분포되어 있다고 가정하면, 특정 마이셀 속

에 n개의 Q 분자가 들어 있을 확률은 **Poisson 분포**(Poisson distribution)에 의해서 다음과 같이 나타낼 수 있다.[52]

$$n\text{개의 Q 분자가 마이셀 속에 있을 확률} \equiv P_n = \frac{\overline{Q}^n}{n!}e^{-\overline{Q}} \quad (1)$$

여기서 $n!$은 n 계승($= n[n-1][n-2]...[1]$)이다. 마이셀 속에 분자 Q가 들어 있지 않을 확률은 $0! \equiv 1$이기 때문에,

$$\text{마이셀 중에 0개의 Q 분자가 있을 확률} = \frac{\overline{Q}^0}{0!}e^{-\overline{Q}} = e^{-\overline{Q}} \quad (2)$$

Q가 없을 때 파이렌의 형광 세기를 I_0, Q가 존재할 때의 세기를 I_Q라고 하자(이들은 같은 농도의 마이셀에서 측정함). 비 I_Q/I_0는 $e^{-\overline{Q}}$이며, 이것은 마이셀이 소광자 분자를 포함하지 않는 확률이다. $\overline{Q} = [Q]/[M]$을 대입하면,

$$I_Q/I_0 = e^{-\overline{Q}} = e^{-[Q]/[M]} \quad (3)$$

마이셀은 계면 활성제 분자인 도데실 황산 소듐으로 되어 있다. 도데실 황산 소듐은 탄화수소 꼬리는 안쪽을 향하고, 이온성 머리는 물에 노출된 마이셀을 형성한다.

$$CH_3(CH_2)_{11}OS(=O)_2O^-\ Na^+$$

계면 활성제를 용액에 가할 때 마이셀은 **임계 마이셀 농도**(CMC: critical micellar concentration)라고 하는 최소 농도에 도달할 때까지 형성되지 않는다. 계면 활성제의 전체 농도 [S]가 이 임계 농도를 초과하게 되면, 마이셀 속의 계면 활성제의 농도는 [S] − [CMC]이다. 따라서 마이셀의 몰농도는,

$$[M] = \frac{[S] - [CMC]}{N_{av}} \quad (4)$$

여기서 N_{av}는 각 마이셀 속에 들어 있는 계면 활성제의 평균 분자수이다.

식 (3)과 (4)를 결합하면 형광 세기는 소광자의 전체 농도 [Q]의 함수로 아래와 같이 나타낼 수 있다.

$$\ln\frac{I_0}{I_Q} = \frac{[Q]N_{av}}{[S] - [CMC]} \quad (5)$$

임계 마이셀 농도(S의 용액에서 따로 측정되는)를 안다면, 일정한 [S] 값에서 [Q]의 함수로서 형광 세기를 측정함으로써 마이셀당 S의 평균 분자수를 얻을 수 있다. 아래 표는 도데실 황산 소듐의 전체 농도 [S] = 20.8 mM인 마이셀 용액 속에 있는 3.8 μM 파이렌에 대한 형광 데이터를 보여 준다.

Q (μM)	I_0/I_Q	Q (μM)	I_0/I_Q	Q (μM)	I_0/I_Q
0	1	158	2.03	316	4.04
53	1.28	210	2.60	366	5.02
105	1.61	262	3.30	418	6.32

출처: M. F. R. Prieto, M. C. R. Rodríguez, M. M. González, A. M. R. Ridríguez, and J. C. M. Fernández, "Fluorescence Quenching in Microheterogeneous Media," *J. Chem. Ed.* **1995**, *72*, 662.

(a) 만약 마이셀이 존재하지 않으면, 소광은 Stern-Volmer 식 19-30을 따를 것으로 예상할 수 있다. [Q]에 대한 I_0/I_Q의 그래프가 직선이 아님을 보이시오.

(b) 임계 마이셀 농도는 8.1 mM이다. [Q]에 대한 $\ln(I_0/I_Q)$의 그래프를 그리시오. 식 (5)를 사용하여 마이셀당 도데실 황산 소듐의 평균 분자수 N_{av}를 구하시오.

(c) [Q] = 0.200 mM일 때, 마이셀의 농도 [M]와 마이셀당 Q의 평균 분자수 $\overline{Q}$를 구하시오.

(d) [Q] = 0.200 mM일 때, Q 분자를 0, 1, 2개 포함하고 있는 마이셀의 분율을 계산하시오.

19-28. 보충 19-3의 끝 부분에서 "생체 의료용 탐침에 상향 전환을 이용하면 낮은 에너지의 근적외선(800~1 000 nm) 입사광으로 가시선에 의해 높은 형광을 낼 수 있는 복합 생체 매질로부터 배경 발광을 일으키지 않게 하는 이점이 있다."고 설명하였다. 근적외선을 쪼이는 것이 가시선을 쪼이는 것보다 발광을 덜 일으키는 이유를 설명하고, 이러한 거동이 왜 유용한지를 설명하시오.

19-29. 문헌 문제. 건강한 사람의 혈청 알부민 수치는 전형적으로 0.75 mM이며, 이보다 낮은 수치는 심장 질환과 노인의 인지 장애를 예측할 수 있다. 현재의 측정법은 다른 단백질들이 점차적으로 반응하기 때문에 정확한 타이밍이 요구된다. S. E. Smith 등이 형광 소강을 사용하여 혈청 알부민을 측정하는, 더 감도가 높고 안정한 방법의 기술 노트(technical note) 논문(*Anal. Chem.* **2014**, *86*, 2332, open access)을 발표하였다. 기술 노트는 완전한 논문에서 나오는 소개, 실험 등의 절이 없는, 새로운 기구나 방법에 대한 짧은 논문을 말한다.

(a) 그 분석법에서 피츠버그 그린 II가 왜 선택되었는가?

(b) 정량을 위해 어떤 pH와 완충 용액을 사용하였는가? 왜 이들이 선택되었는가?

(c) 이 새로운 방법은 어떻게 검증되었는가?

(d) 새로운 방법의 선형 농도 구간은 얼마인가?

(e) 그림 3d에서 무엇이 자유 염료의 형광을 감소시켰는가?

(f) 여러분의 공책에 관찰 사항들을 기록하기. 공저자인 학부생 J. M. William은 소광 메커니즘을 이해하는 데 핵심 관찰 사항인, 알부민 염료가 붉게 변하는 것을 발견하였다. 그 실험실의 다른 저자들은 96개 용기의 검은색 마이크로 플레이트를 사용하였기 때문에 색 변화를 보지 못했다. 그들이 검은색 용기의 마이크로 플레이트를 사용한 이유는? (**힌트**: 답은 그 논문이 아니라 이 장에 있다.)

면역 분석법

19-30. 효소 결합 면역 흡착 분석법에서 어떻게 신호 증폭이 일어나는지를 설명하시오.

19-31. 유기 형광단에서 나오는 형광 측정에 비해 Eu^{3+}와 Tb^{3+}의 시간 분해 발광 측정법의 장점은 무엇인가?

19-32. 이 문제는 토양에서 유기 용매로 추출한 트라이나이트로톨루엔(TNT)과 같은 폭발물을 측정하는 **면역 분석법**을 다룬 것이다. 이 분석법은 좁은 관을 통해 검출기로 지나가는 살아 있는 세포와 같은 작은 입자를 셀 수 있는 **흐름 계수기**(flow cytometer)를 사용한다. 이 실험에서 계수기는 녹색 레이저로 입자들을

비추고, 입자들이 검출기로 흘러갈 때 각 입자로부터의 형광을 측정한다.

1. TNT와 결합하는 항체는 5 μm 지름의 라텍스 구슬에 화학적으로 결합되어 있다.
2. 이 구슬을 TNT의 형광 유도체와 함께 일정한 온도로 유지시켜 항체로 포화시킨 다음, 과량의 TNT는 제거하고 구슬은 수용성 세제에 재분산시킨다.

NO_2 / O_2N / CH_3 / NO_2 — 트라이나이트로톨루엔(TNT)

NO_2 / O_2N / 유연한 연결 / 형광기 / NO_2 — 형광이 표지된 TNT

3. 5 μL의 분산액을 100 μL의 시료나 표준 용액에 가한다. 시료나 표준 용액 속의 TNT는 항체에 결합된 일부 TNT 유도체와 교체된다. TNT의 농도가 높을수록 TNT 유도체가 더 많이 교체된다.
4. 분취액을 흐름 계수기에 주입하면 검출기로 지나감에 따라 각 구슬의 형광이 측정된다. 다음 그림은 평균 형광 세기 ± 표준 편차를 보여 준다. TNT는 ppb에서 ppm 영역까지 정량할 수 있다.

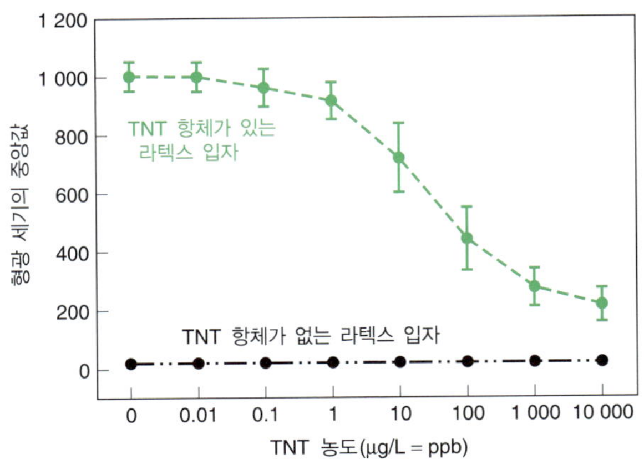

TNT 농도에 대한 TNT-항체 구슬의 형광 [출처: G. P. Anderson, S. C. Moreira, P. T. Charles, I. L. Medintz, E. R. Goldman, M. Zeinali, and C. R. Taitt, "TNT Detection Using Multiplexed Liquid Array Displacement Immunoassay," *Anal. Chem.* **2006**, *78*, 2279.]

1, 2, 3단계에서 구슬의 상태를 보여 주는 그림을 그리고, 이 방법이 어떻게 작동하는지를 설명하시오.

20 분광 광도계

공동 RING-DOWN 분광학

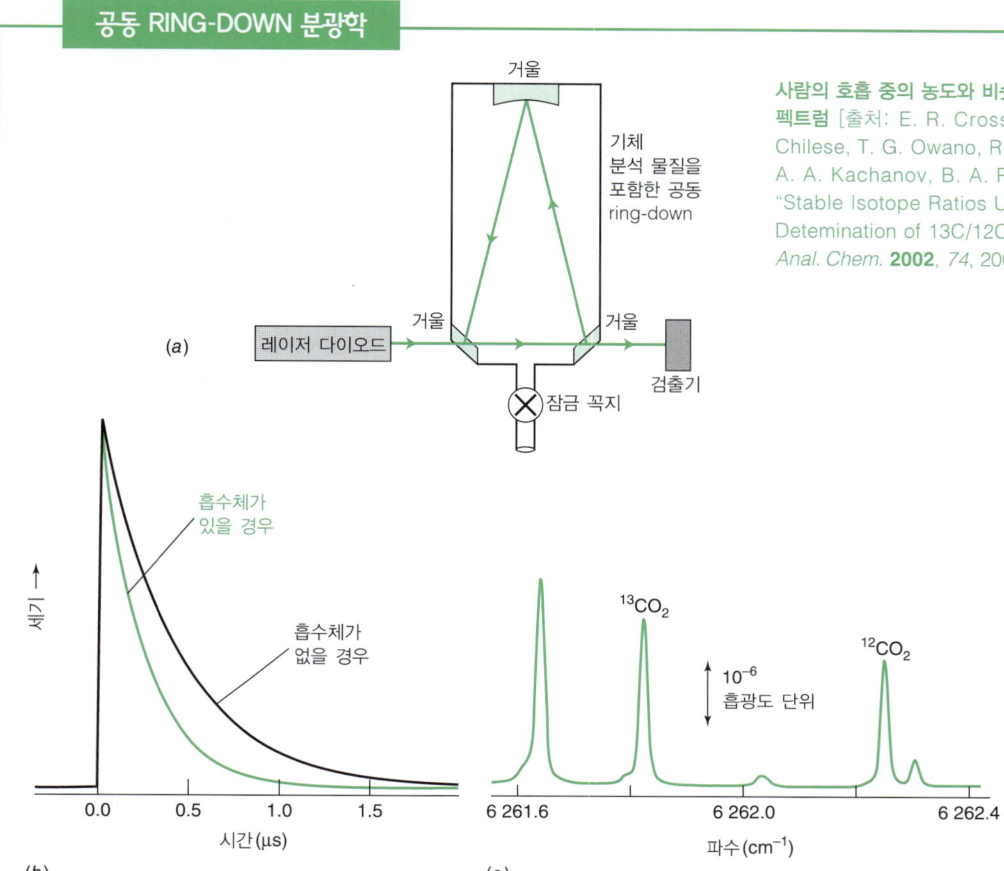

사람의 호흡 중의 농도와 비슷한 ~3 mbar CO_2의 공동 ring-down 스펙트럼 [출처: E. R. Crosson, K. N. Ricci, B. A. Richman, F. C. Chilese, T. G. Owano, R. A. Provencal, M. W. Todd, J. Glasser, A. A. Kachanov, B. A. Paldus, T. G. Spence, and R. N. Zare, "Stable Isotope Ratios Using Cavity Ring-Down Spectroscopy: Detemination of 13C/12C for Carbon Dioxide in Human Breath," *Anal. Chem.* **2002**, *74*, 2003.]

공동 강화 분광법은 광학 공동을 이용하여 경로를 크게 증가시켜서 ~10^{-6} 정도의 낮은 흡광도를 측정할 수 있다. 이 기술은 크로마토그래피나 마이크로 플레이트 사용자를 위한 대단히 예민한 검출기로 이용할 수 있는 잠재력을 가지고 있다.[1] 윗 그림 *a*에서 레이저 펄스는 세 개의 고반사 거울에 의해 공동 속을 지나간다. 만약 거울의 반사율이 99.999%라면, 매번 레이저 세기의 0.001%가 각 거울을 통과하여 공동으로 들어간다. 0.05 ms 미만 이후에 공동은 회전하는 빛으로 채워지고 광원이 갑자기 꺼진다. 매번 회전하는 빛이 오른쪽 아래에 있는 거울에 도착하고 ~0.001%의 출력이 검출기로 새어나온다. 그래프 *b*는 비흡수 기체 또는 액체를 함유하는 공동으로부터 검출기 신호가 감소되는 것을 보여 준다. 만약 흡수 화학종이 존재하면, 거울 사이로 지나가는 동안 흡수를 일으켜 신호가 줄어들기 때문에 감소는 더욱 빨라진다. 흡수체가 있을 때와 없을 때의 신호 감소 시간의 차이는 흡광도로 측정한다. 한 상용화된 기기는 공동의 길이가 25 cm이고, 빛이 ~10^5회 회전함으로써 유효 통과 길이는 ~20 km이고, 통과할 때마다 빛이 약간씩 새어나온다. 이 기기로 CO_2, CH_4, N_2O, NH_3, CO, H_2S, HF, HCl, H_2CO, C_2H_4와 같은 기체의 동위 원소를 측정한다.[2]

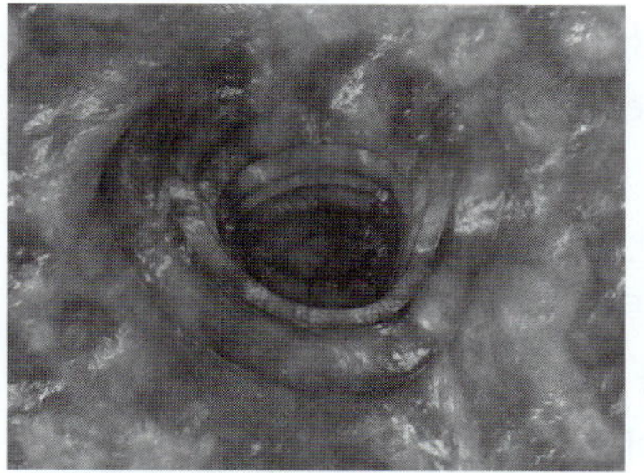

궤양: 궤양성 대장염으로 고통 받는 환자의 장 점막 표면 [Crevis/Shutterstock]

스펙트럼 *c*는 ^{12}C 98.9%와 ^{13}C 1.1%의 천연 혼합물인 $CO_2(g)$의 흡광도 측정을 보여 주고 있다. 피크는 두 진동 상태에 있는 회전 준위 사이의 전이로 나타난다. 스펙트럼 범위는 $^{13}CO_2$의 강한 흡수와 $^{12}CO_2$의 약한 흡수가 포함될 수 있도록 선택된다. 그러므로 동위 원소 피크의 세기는 비슷하다. 스펙트럼에서 각 점은 레이저 주파수를 변화시켜 얻는다.

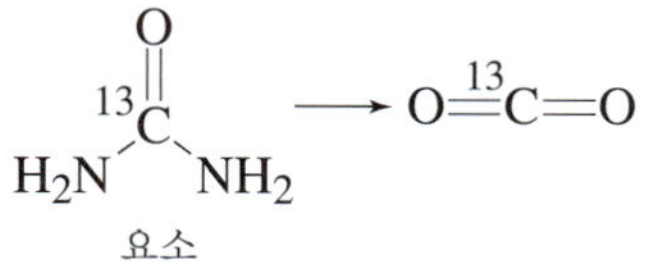

사람의 호흡으로부터 측정한 $^{13}CO_2$와 $^{12}CO_2$ 피크의 넓이는 환자가, 궤양을 일으키는 박테리아 일종인 *Helicobacter pylori*에 감염되었는지를 결정하는 데 이용된다. 환자가 ^{13}C 요소를 섭취한 후; *H. pylori*는 ^{13}C 요소를 $^{13}CO_2$로 변화시키는데, 이것이 환자의 호흡에 나타난다. 감염된 사람의 호흡에서 $^{13}C/^{12}C$ 비는 1~5% 정도 증가하며, 감염되지 않은 사람에서의 $^{13}C/^{12}C$ 비는 0.1% 이내에서 일정한 값을 갖는다.

홑살형 분광 광도계(single-beam spectrophotometer)의 기본적인 모형은 그림 18-4에 나타내었다. 광원(source)으로부터 나온 빛은 **단색화 장치**(monochromator)에서 좁은 띠의 파장으로 분리되어 시료를 통과한 다음, **검출기**(detector)에서 측정된다. 시료 칸막이 속의 **기준 용기**(reference cell, 용매 또는 시약 바탕)를 통과하여 검출기에 도달하는 **복사 세기**(irradiance, P_0, watts/m^2)를 측정한다. 기준 용기에 대상 시료를 바꿔 넣으면, 일부의 복사선이 0과 1 사이의 값을 나타내는 P/P_0의 비는 **투광도**(transmittance)가 된다. 그리고 농도에 비례하는 **흡광도**(absorbance)는 $A = \log P_0/P = -\log T$이다.

투광도: $T = P/P_0$
흡광도: $A = -\log T = \varepsilon_\lambda bc$
ε_λ = 파장 λ에서의 몰흡광 계수
b = 경로 길이
c = 농도

홑살형 분광 광도계는 시료와 기준을 빛살에 번갈아가며 바꾸어 놓아야 하기 때문에 불편하다. 여러 개의 다른 파장에서 측정하기 위해서는 각 파장마다 기준 큐벳으로 보정해야 한다. 홑살형 기기는 반응 속도 실험에서와 같이 시간의 함수로 측정하는 경우에는 적당하지 않다. 그 이유는 광원의 세기와 검출기 감응이 둘 다 변화를 일으키기 때문이다.

그림 20-1은 **회전 빛살 토막틀**(beam chopper)을 이용하여 빛을 분리하는 **겹살형 분광 광도계**(double-beam spectrophotometer)를 보여 준다. 빛이 시료를 통과하게 되면 검출기는 복사 세기 P를 측정한다. 빛이 기준 큐벳을 통과하면 검출기는 P_0를 측정한다. 빛살은 1초당 수회 분할되며, 회로는 투광도와 흡광도를 얻을 수 있도록 자동적으로 P와 P_0를 비교한다. 이 방법은 시간과 파장에 따른 광원의 세기나 검출기 감응의 변화를 자동적으로 보정한다. 그 이유는 두 시료를 통과하여 나온 빛의 세기가 연속적으로 비교되기 때문이다. 또한 대부분의 연구용 분광 광도계는 자동적으로 파장을 주사시키는 동시에 흡광도 대 파장을 연속적으로 기록한다.

흡수 스펙트럼을 기록하는 데 있어서 두 개의 큐벳에 들어 있는 기준 용액으로 **바탕선**(baseline) 스펙트럼을 먼저 기록하는 것이 기본적인 과정이다. 그다음 각 파장에서 시료의 참 흡광도를 얻기 위해서는 각 파장에서 시료의 흡광도로부터 바탕선 흡광도를 보정해 주어야 한다.

그림 20-2에 전형적인 겹살형 자외선-가시선 분광 광도계를 나타내었다. 이 기기에서, 가시선은 석영-텅스텐 할로젠 램프로부터 방출되고(자동차 전조등 불빛과 같은), 자외선의 광원은 200~400 nm 범위의 빛을 방출하는 중수소 아크 램프이다. 한 번에 한 종류의 램프만을 사용할 수 있다. 회절발(grating) 1은 단색화 장치로 들어가는 좁은 띠의 파장을 선택하며, 단색화 장치는 시료를 통과하는 보다 더 좁은 띠의 파장을 선택한다. 회전 거울—**빛살 토막틀**로 알려진—로 빛을 1초에 30회씩 시료와 기준 용기를 교대로 통과시킨다. 두 번째 토막틀은 투과된 빛을 **광전자 증배관**(photomultiplier tube)으로 보내고, 이것은 검출기에 도달하는 복사선의 세기에 비례하는 전류를 발생시킨다.

그림 20-3에 하나의 겹살형 분광 광도계를 나타내었다. 제논 섬광 램프는 자외선과 가시선을 모두 방출하고, 단색화 장치는 좁은 띠의 파장을 선택한다. 반투명 거울—**빛살 분할기**(beamsplitter)로 알려진—이 빛을 반으로 나누어 시료와 기준 용기를 통과해 광다이오드로 보내고, 각각은 조도에 비례하는 전류를 생성한다. 다음에 분광 광도계의 구성 부분에 대하여 좀 더 자세히 기술하였다.

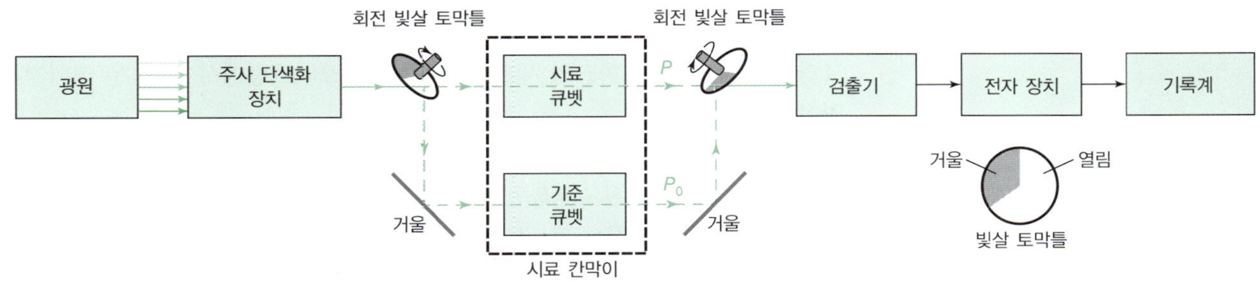

그림 20-1 겹살형 주사 분광 광도계의 모형도. 입사 빛살은 회전 빛살 토막틀에 의해서 시료 큐벳과 기준 큐벳을 교대로 지나간다.

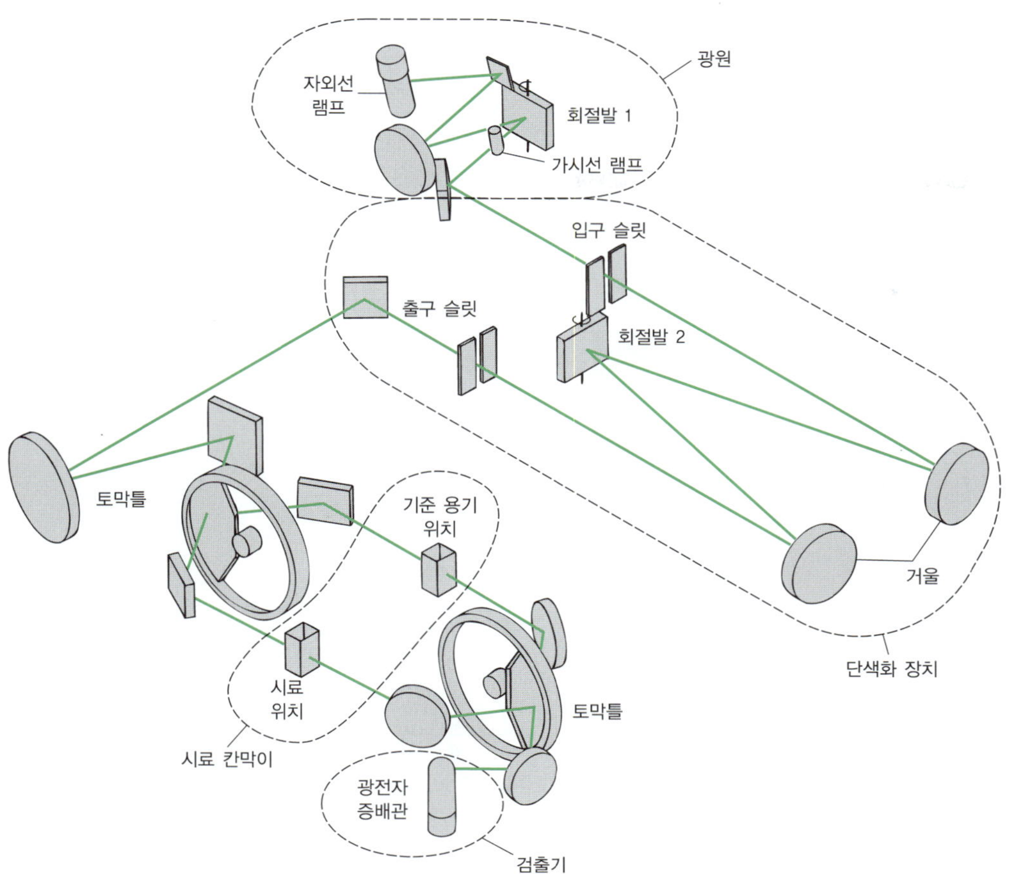

그림 20-2 Agilent Cary 300 겹살형 자외선-가시선 분광 광도계의 광의 진행 경로. 회전 빛살 토막틀은 입사 광선을 시료와 기준 용기를 통해 번갈아가며 통과시킨다. 두 번째 회전 토막틀은 각 용기를 투과한 빛을 광 검출기로 교대로 보낸다. [출처: Agilent Technologies Inc., Victoria, Australia.]

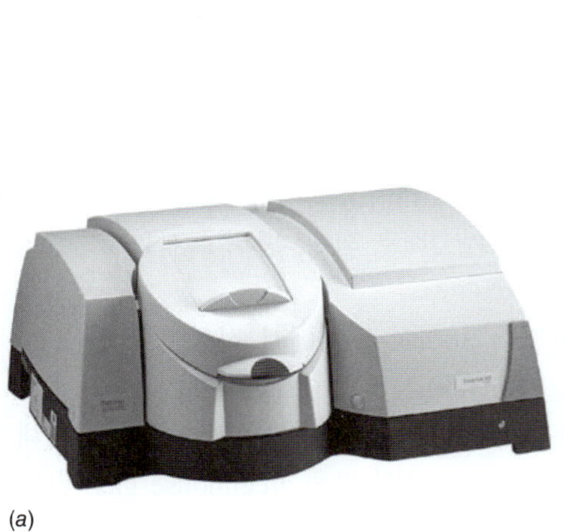

(*a*)

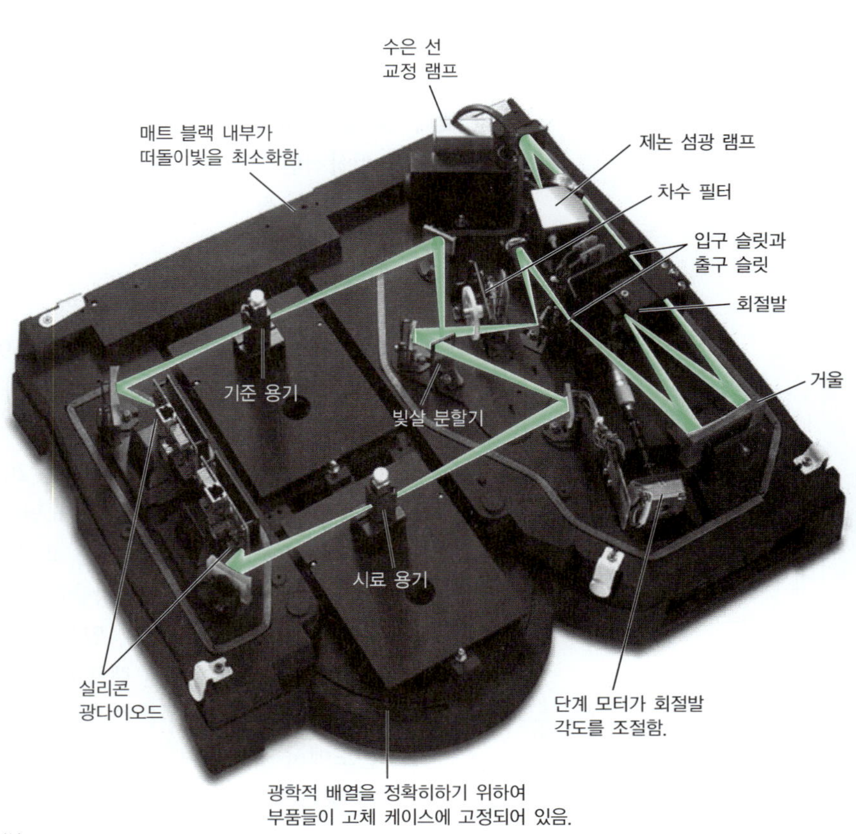

(*b*)

그림 20-3 (*a*) Thermo Scientific Evolution 350 겹살형 자외선-가시선 분광 광도계, (*b*) Evolution 350의 색으로 표시된 광의 진행 경로 및 부품의 배열. 빛살 분할기는 입사광의 일부를 시료와 기준 큐벳에 보낸다. [제공: Thermo Fisher Scientific, Madison, WI.]

20-1 램프와 레이저: 광원

이상적인 연속 광원의 특징
- 전 파장에 걸친 넓은 방출
- 강함
- 장기간의 안정한 세기

분광 광도계는 연속 광원과 단색화 장치의 조합을 이용하여 흡광도에 적합한 파장을 선택한다. 연속 광원의 이상적인 특성은 자외선 및 가시선 범위의 파장에서 강하고 시간이 지남에 따라 각 파장에서 안정한 방출이 있어야 한다. 연속 광원은 열이나 아크로부터 발생될 수 있다. 발광 기기나 광도계는 좁은 띠 또는 라인 소스를 쓴다.

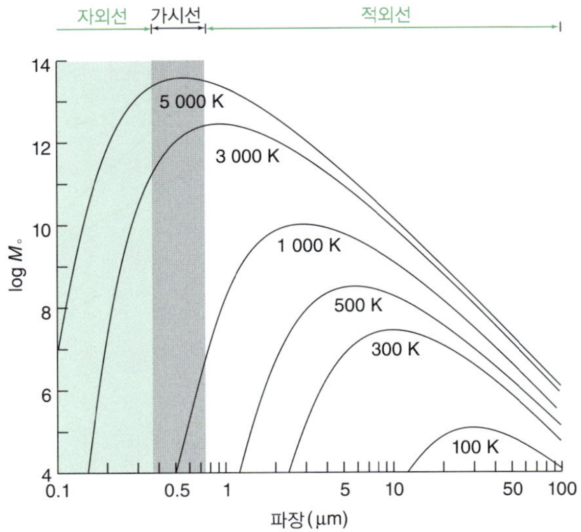

그림 20-4 흑체 복사의 스펙트럼 분포. 각 축은 log 척도이다. 곡선의 그룹을 독일 과학자 Max Planck(1858~1947)를 기리기 위하여 **Planck 분포**(Planck distribution)라고 한다. 1900년에 흑체 복사를 설명하기 위한 법칙의 유도는 전자기 에너지는 불연속적인 양자로 방출된다는 가설에 의존했다. Planck는 1918년에 노벨상을 수상했다.

흑체 연속 소스

어떤 물체를 가열하면 복사선이 방출된다. 그것은 빨갛게 빛난다. 실온에서도 모든 물체는 적외선 복사선을 방출한다. 내부가 완전히 검은색인 속이 빈 공을 생각해 보자. 공의 표면은 쪼여진 모든 복사선을 흡수한다. 만약 공이 일정한 온도를 유지한다면, 흡수하는 것만큼 복사선을 방출한다. 벽에 작은 구멍을 뚫으면, 그 구멍을 통하여 연속적인 스펙트럼을 갖는 복사선이 방출되는 것을 관찰할 수 있다. 이러한 물체를 **흑체**(blackbody)라고 하며, 그 복사선을 **흑체 복사(blackbody radiation)**라고 한다. 전구의 텅스텐 필라멘트와 같은 실제 물체에서의 복사도 이상적인 흑체 복사와 매우 비슷하다.

물체의 표면에서 복사되는 단위 면적당 세기를 **단위 복사**(exitance, M)라고 하며, 다음과 같이 나타낼 수 있다.

흑체의 단위 복사: $$M = \sigma T^4 \qquad \textbf{(20-1)}$$

여기에서 σ는 Stefan-Boltzmann 상수($5.669\ 8 \times 10^{-8}$ W/($\text{m}^2 \cdot \text{K}^4$))이다. 온도가 1 000 K인 흑체는 제곱미터당 5.67×10^4 W를 복사한다. 온도가 2배로 되면, 단위 복사는 $2^4 = 16$배로 증가한다.

최대 흑체 복사 방출은 그림 20-4와 같이 300 K 근처에서 적외선 파장(~10 μm)에서 나타난다. 태양의 표면은 온도가 5 800 K 근처이고 주로 가시선(~0.5 μm = 500 nm)을 방출하는 흑체와 대단히 비슷하다. 지구의 표면—태양에 의해 따뜻해진—은 적외선을 방출하고, 일부는 대기의 **온실 기체**(greenhouse gas)에 의해 흡수되고(보충 20-1), 일부는 지구로 다시 복사된다.

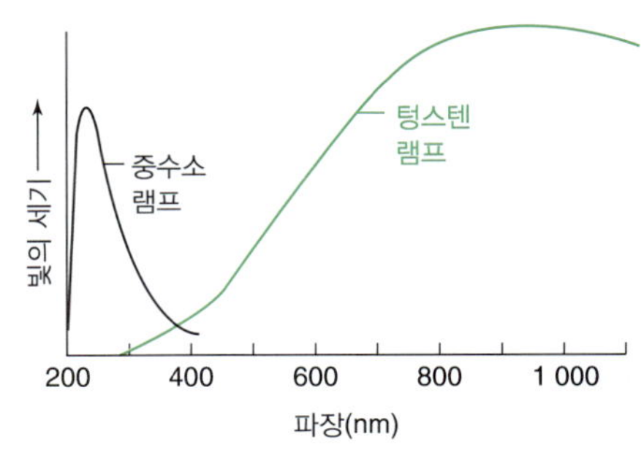

그림 20-5 3 200 K에서 텅스텐 필라멘트와 중수소 아크 램프의 세기

석영-텅스텐 할로젠 램프(quartz-tungsten halogen lamp)는 연속적인 가시선과 근적외선 복사의 아주 좋은 광원이다. 전형적인 텅스텐 필라멘트는 약 3 200 K의 온도에서 작동되며, 320~2 500 nm 영역의 유용한 복사선을 방출한다(그림 20-5). 이 영역은 모든 가시선뿐만 아니라 자외선과 적외선도 약간 포함한다. 4 000~200 cm^{-1}의 적외선은 탄화 규소 글로바(globar)를 전류로 1 500 K 정도로 가열하여

얻는다. 글로바는 흑체가 1000 K에서 방출하는 것과 비슷한 스펙트럼을 방출한다.

아크 소스

아크 소스는 적절한 이온화 기체의 방전으로부터 연속 방출—대부분 자외선인—을 제공한다. 일반적으로 자외선 분광법은 **중수소 아크 램프**(deuterium arc lamp)를 사용하는데, D_2를 전기적으로 방전(스파크)시켜 분해하면 110~400 nm 영역의 자외선을 방출한다(그림 20-5).

주의 자외선은 눈을 상하게 하기 때문에 보호 장비 없이 자외선 광원을 쳐다보면 안 된다.

중수소 아크: $$D_2\,(g) \xrightarrow{\text{Arc}} D_2^*\,(g) \longrightarrow D'(g) + D''(g) + h\nu$$

전형적인 자외선-가시선 분광 광도계에서는 360 nm를 지날 때마다 항상 최대 복사를 일으키는 광원을 사용하도록 중수소와 텅스텐 램프를 서로 바꾸어 사용한다.

D_2: 중수소(^2H) 기체
D_2^*: 들뜬 상태의 중수소 기체
D'와 D'': 넓은 영역의 운동 에너지를 가진 중수소 원자

제논 아크 램프(xenon arc lamp)에서는 제논 기체의 전기적 방전이 175~1 000 nm의 강한 연속 방출을 제공한다. 이 복사는 흑체의 5 000~7 000 K의 흑체 방출과 비슷하지만, 추가적으로 800~1 000 nm 영역에 선명한 방출선이 있다. 제논 아크 소스는 펄스(짧은 시간 동안 동작)로 사용해서 전력 소비를 줄이고 램프의 수명을 연장시킨다. 높은 빛의 세기는 특히 형광 측정에 유용하다.

선 소스

수은 증기로 채워진 전기 방전 아크 램프는 몇 개의 강하고 좁은 자외선과 가시광선 파장의 원자 방출을 한다. 광학 필터(581쪽)는 흡광도 측정을 위해 단색 방출을 선택할 수 있다. 일부 분광 광도법에 사용된 파장들은 초기의 수은 증기 소스의 유산이다.

저압 수은 램프 방출 선

184.45 nm	435.8 nm
253.7 nm	546.1 nm
365.4 nm	578.2 nm
404.7 nm	

형광 램프는 Hg 증기가 채워진 유리관이다. 내벽은 적색과 녹색 **인광 물질**(phosphor, 발광 물질)로 코팅이 되어 있다. 램프에 있는 Hg 증기가 전류에 의해 들뜨게 되고 일련의 자외선과 가시선을 방출한다. 적색 인광 물질은 Eu^{3+}가 도핑된 Y_2O_3이다. 녹색 인광 물질은 Tb^{3+}가 $CeMgAl_{11}O_{19}$에 도핑된 것이다. Hg 자체의 발광은 우리 눈에 청색으로 보인다. 자외선 복사선이 인광 물질에 흡수되면, Eu^{3+}는 612 nm의 붉은 빛을 내고, Tb^{3+}는 542 nm의 녹색 빛을 낸다. 청색, 적색 그리고 녹색 발광 조합이 우리에게 흰색으로 나타난다.

레이저

레이저(**laser**)는 다양한 응용을 위하여 단일 파장을 방출한다. 파장이 3 μm인 레이저는 **띠너비**(**bandwidth**, 파장 범위; **선너비**(linewidth)라고도 함)가 3×10^{-14}~3×10^{-8} μm 범위이다. 띠너비는 출력이 최댓값의 반으로 떨어진 주파수에서 측정한다. 출력 파장에서 세기가 낮은 레이저의 밝기는 태양의 가장 밝은(노랑) 파장에서의 밝기보다 10^{13}배나 더 세다(물론 태양은 모든 파장의 빛을 방출하지만, 레이저는 대단히 좁은 띠만을 방출한다. 태양의 총 밝기는 레이저의 경우보다 훨씬 강하다). 레이저 빛살의 진행 방향으로부터의 각분산도는 작은 표적만을 비출 정도로 대개 0.05°보다 작다. 레이저 빛은 대개 **평면 편광**(plane polarized)이므로, 전기장은 빛의 진행 방향에 대해 수직인 평면에서 진동한다(그림 18-1). 레이저의 또 다른 특성은 **결맞음**(coherence)으로, 이것은 레이저로부터 나오는 모든 빛의 파가 서로 같은 위상으로 진동한다는 것을 뜻한다.

레이저 빛의 대표적인 성질

단색 파장:	단일 파장
매우 밝음:	단일 파장에서의 높은 출력
평행성:	평행한 빛
편광성:	파의 전기장이 한 면에서 진동
결맞음:	모든 파의 위상이 동일

레이저 빛 생성에 필요한 조건은 **입자수 반전**(population inversion)이다. 이것은 레이저 빛을 방출하는 매질에서 높은 에너지 상태의 입자수(n)가 낮은 에너지 상태의 입자수보다 더 큰 것을 의미한다. 그림 20-6a에서 레이저는 E_2 상태의 입자수가 E_1보다 클 때 발생된다. 레이저를 방출하는 매질에서 출력이 강한 램프 또는 전기 방전에 의한 넓은 띠의 복사선에 의해서 바닥 상태(E_0)의 분자는 들뜬 상태(E_3)로 **전이**(pumped)한다. E_3 상태의 분자는 상대적으로 수명이 긴 E_2 상태로 빠르게 이완된다. E_2 상태에 있는 분자들이 E_1으로 감쇄된 다음, 빠르게 바닥 상태 E_0로 이완된다(그러므로 E_2의 입자수가 E_1의 경우보다 더 많게 유지됨).

보충 20-1 온실 효과

지구 궤도의 평균 태양빛 선속은 ~1 365 W/m^{2}이다. 행성의 구 표면의 평균으로 지구 대기에 도달하는 선속은 340 W/m^{2}이다. 이 중에서 23%가 대기에 의해서 흡수되고, 22%는 대기권 밖의 우주 공간으로 다시 반사된다. 지구는 47%의 태양빛 선속을 흡수하고, 7%는 반사된다. 지구에 도달하는 복사선은 알다시피, 생명을 지탱하는 데 도움이 되지 않고, 표면 온도를 254 K로 유지하는 데에만 충분하다. 그러면 어떻게 지구 표면의 평균 온도가 안락한 온도인 287 K로 유지될 수 있을까?

그림 20-4의 흑체 복사 곡선은 지구가 가시선보다 주로 **적외선**(infrared)을 방출한다는 것을 설명해 준다. 대기는 가시선이 통과할 수 있을 정도로 투과성이 있지만, 방출되는 적외선을 강하게 흡수한다. **온실 기체**(**greenhouse gas**)라고 하는 주요한 흡수체는 물[3]과 CO_2 그리고 적은 양으로 O_3, CH_4, 클로로플루오로탄소 및 N_2O이다. 지구로부터 방출되는 복사는 대기에 의해서 흡수되고, 그 일부분은 재복사되어 지구로 되돌아온다. 그러므로 대기는 초고층 대기보다 33 K 더운 지구 표면의 온도를 유지시키는 단열 담요와 같이 거동한다.[4]

산업 혁명이 시작된 이래 인간의 활동은 화석 연료의 연소로 인하여 대기 중 이산화 탄소의 수준을 1750년 ~280 ppm에서, 현재 ~400 ppm으로 크게 증가시켰다. 추가적인 온실 기체 CO_2의 증가는 지구 표면에 ~2 W/m^{2}의 복사열을 기여하였다. CO_2는 복사열의 가장 큰 공급원(사람이 만든)이다. 그림 10-1은 지구의 표면이 1880~1900년에 비하여 ~0.8°C 정도 더 따뜻하다는 것을 보여 준다. "19세기 후반부터 전체 평균 표면 온도가 증가된 것은 확실하다. 기계적 기록이 있기 전의 수십 년보다 과거 각 삼십 년 동안 지구 표면이 더 더워졌고, 21세기의 처음 10년이 가장 더웠다."[5]

증가된 대기의 CO_2 효과의 결과로 지구 온난화가 이제 관측이 된다. 한 가지 결과는 물의 열적 팽창과 극 지방 얼음이 녹아서 해수면이 상승되고, 저지대 해안 지역의 침수가 증가된다. 두 번째 효과는 강한 허리케인과 태풍 그리고 극심한 가뭄을 포함한 극단적인 날씨의 형태이다. 증가된 대기의 CO_2는 해양의 용존 CO_2를 증가시키고, 이것이 해양의 생태계를 위협한다(보충 10-1).

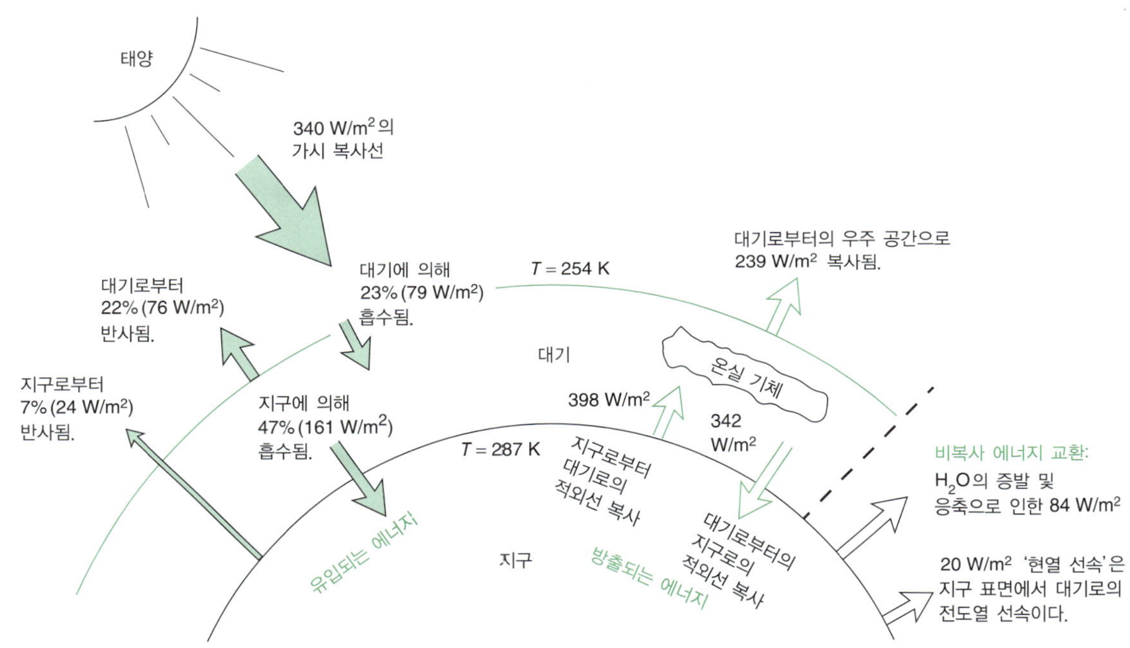

태양으로부터 지구에 도달하는 에너지와 우주 공간으로 다시 복사하는 에너지 사이의 균형을 맞추어 보자. 지구와 대기권 사이의 적외선 복사의 교환은 초고층 대기권보다 33 K 정도 지구 표면을 따뜻하게 유지시킨다.

레이저 빛은 눈에 손상을 줄 수 있다. 이 기호를 보면 실험실의 절차를 읽고 따르라. [Yobidaba/Shutterstock]

두 분자 상태 사이의 에너지 폭과 똑같은 에너지를 갖는 광자를 흡수하면 분자는 들뜬 상태로 올라간다. 반대로 알맞은 에너지를 갖는 광자는 들뜬 분자를 자극하여 다른 광자를 내놓고 낮은 상태로 되돌아갈 수 있다. 이것을 **자극된 방출**(stimulated emission)이라고 한다. E_2로부터 E_1 상태로 떨어진 분자에 의해서 방출된 광자가 E_2 상태에 있는 다른 분자를 두드리면, 입사 광자와 동일한 위상과 편광성을 갖는 두 번째의 광자를 방출한다. 만약 입자수의 반전($n_2 > n_1$)이 일어나면, 한 개의 광자가 레이저가 통과하는 동안 많은 광자의 방출이 자극된다.

그림 20-6b는 레이저의 필수적인 구성 부품을 보여 주고 있다. 레이저 방출 매질의 옆면으

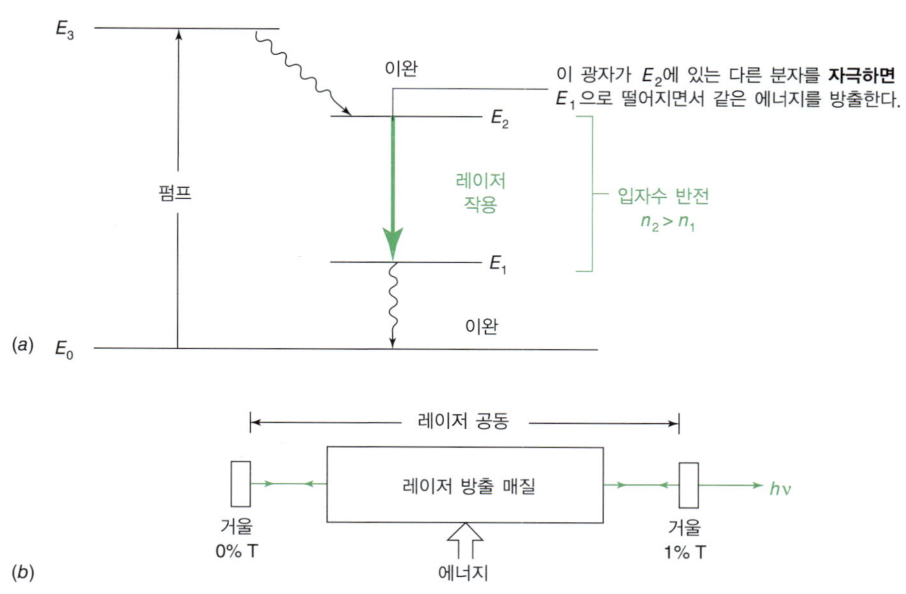

그림 20-6 (a) 레이저의 작동 원리를 나타낸 에너지 준위 모형도. (b) 레이저의 기본적인 구성 부품. 입자수 반전은 레이저를 방출하는 매질에서 일어난다. 들뜸 에너지는 강한 세기의 램프 또는 전기 방전에 의해서 유도된다.

로 (들뜸) 펌프 에너지를 가하면 입자수 반전이 일어난다. 레이저 공동의 한쪽 끝에 있는 거울은 모든 빛을 전반사시킨다(투광도 0%). 다른 쪽 끝은 대부분의 빛을 반사하지만 부분적으로 투과성이 있는 거울(투광도 1%)이다. 거울 사이의 앞뒤로 튀어나온 $E_2 - E_1$의 에너지를 갖는 광자는 대단히 많은 새로운 광자들이 튀어나오도록 자극한다. 부분적으로 투과성인 오른쪽 거울을 통과한 빛의 일부는 레이저의 출력으로 유용하게 이용된다.

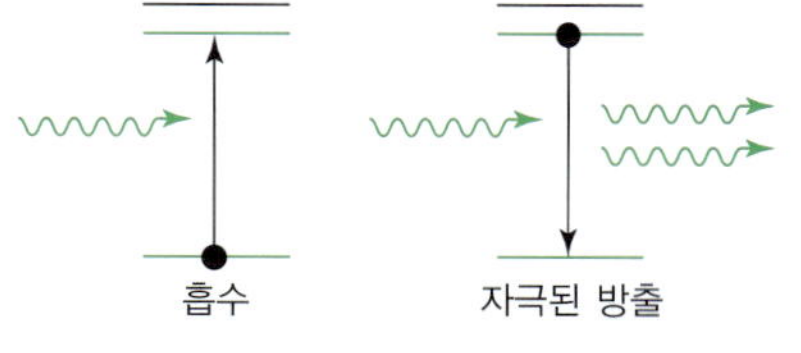

헬륨-네온 레이저는 632.8 nm의 파장을 갖는 붉은 빛의 보편적인 광원으로, 출력은 0.1~25 mW이다. 전기 방전으로 헬륨 원자를 그림 20-6에서의 E_3 상태로 전이시킨다. 들뜬 헬륨이 네온 원자와의 충돌에 의하여 에너지를 운반하고 네온의 상태를 E_2 상태까지 올려놓는다. 헬륨의 높은 농도와 강한 전기적인 펌핑은 네온 원자의 입자수 반전을 일으킨다.

레이저(laser)는 **l**ight **a**mplification by **s**timulated **e**mission of **r**adiation의 약자이다.

레이저 다이오드(laser diode)[6]에서 반도체(15-8절)의 전하 운반체의 입자수 반전은 매우 높은 전위를 p-n 접촉점에 지나도록 가함으로써 일으킬 수 있다. 전도띠로 이동한 전자가 원자가띠에 있는 정공과 재결합하여 빛을 방출한다. 방출 파장은 반도체 물질의 띠간격에 의해 결정된다. 일반적으로 상용화된 레이저 다이오드는 360~1 650 nm 영역의 파장을 발생한다. 반도체의 결정이 쪼개지면 띠너비가 수 나노미터인 유도 방출을 증폭시키는 평행한 거울의 역할을 한다. 적외선 방출 **양자 연쇄 반응 레이저**(quantum cascade laser)는 동등한 간격의 에너지 차이를 생성하고 물질의 에너지를 점진적으로 낮추는 **초격자**(superlattice)라 불리는 얇은 반도체 층이 반복된 구조이다. 하나의 전자가 가장 높은 에너지 준위에서 가장 낮은 에너지 준위로 전이할 때 같은 에너지를 갖는 여러 개의 광자를 방출한다. 양자 연쇄 반응 레이저는 제한된 적외선 영역에 작동하도록 조절될 수 있고, 이 장의 시작에서 보여 준 그림 c에서와 같이 좁은 흡수 띠를 갖는 기체를 선택적으로 감지할 수 있는 분석적 응용에 유용하다.

레이저 활성 반도체	전형적인 방출 파장
InGaN	380, 405, 450, 470 nm
AlGaInP	635, 650, 670 nm
AlGaAs	720–850 nm
InGaAs	900–1 100 nm
InGaAsP	1 000–1 650 nm

출처: R. Paschotta, "Laser Diodes" in Encyclopedia of Laser Physics and Technology(Weinheim: Wiley-VCH, 2008).

광방출 다이오드[7]

광방출 다이오드는 다이오드 레이저와 같이 pn 접촉점에서 전자와 정공의 재결합을 기본으로 하고 있지만, 광학 공동이 없다. 광방출 다이오드의 방출은 다이오드 레이저와 같이 걸러지거나 단색화되지 않았다. 띠너비는 보통 20~25 nm이고, 이는 많은 흡수 장치에 쓰일 만큼 충분이 좁은 것이다(문제 18-27). 방출 세기는 형광 측정에 사용될 만큼 충분하다. 광방출 다이오드 분광기는 기존의 분광 광도계를 싼 값으로 대체할 수 있지만, 전용 파장이라는 제한점이 있다. 광방출 다이오드 분광기는 전력 소비가 작아 휴대용으로 매력적이다.

2014년 노벨 물리학상은 효율적인 청색 LED(light emitting diodes)를 발명한 I. Akasaki, H. Anamo와 S. Nakamura에게 주어졌다. 이 다이오드는 레이저가 아니고 에너지를 절약하는 백색 LED이다(보충 18-2).

광방출 다이오드 분광기의 익숙한 응용은 병원에서 사용되는 동맥혈중 산소 수치의 결정이다. **펄스 산소 측정기**(pulse oximeter)는 반투명한 신체 부위, 즉 손가락 끝이나 귓볼에 끼운다[8]. 적색 660 nm와 근적외선 940 nm 방출 다이오드가 클립의 한 쪽에 있고, 두 광검출기가 클립의 다른 쪽에 있다. 산소가 있을 때, 헤모글로빈이 O_2와 결합하여 옥시헤모글로빈을 형성한다.

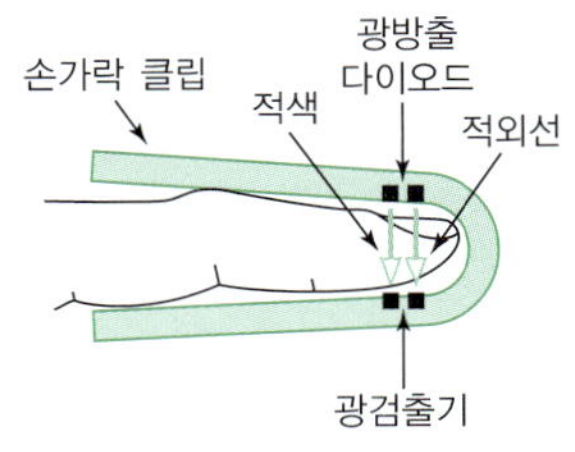

$$\text{데옥시헤모글로빈} + O_2 \rightleftharpoons \text{옥시헤모글로빈}$$

옥시헤모글로빈과 데옥시헤모글로빈은 660 nm와 940 nm의 다른 파장을 흡수하고, 두 파장의 흡광도로부터 두 미지수를 풀어서 농도를 결정할 수 있다(19-1절). 동맥의 옥시헤모글로빈과 데옥시헤모글로빈의 흡광도는 맥박에 따라 달라지고, 이는 조직에 의한 산란과 정맥혈에 의한 흡수와 같이, 빛을 일정하게 감쇠시키는 요소들과 구별하는 신호로 사용될 수 있다.

20-2 단색화 장치

단색화 장치(**monochromator**)는 빛을 각 성분 파장으로 분산시키고 좁은 띠의 파장을 선택하여 시료 또는 검출기로 보낸다. 그림 20-2의 단색화 장치는 입구 및 출구 슬릿, 거울, 그리고 빛을 분산시키는 **회절발**로 구성되어 있다. **프리즘**(prism)은 회절발 대신에 오래된 구형 기기에 이용되었다.

회절발[9]

회절발: 촘촘히 선이 그어진 광학 구성 요소(부품)
회절: 회절발에 의한 빛의 구부러짐
굴절: 렌즈 또는 프리즘에 의한 빛의 구부러짐

회절발(**grating**)은 일련의 선들이 촘촘히 그려져 있는 반사성 또는 투과성 광학 부품이다. 빛이 회절발로부터 반사되거나 투과되면, 각각의 선은 독립된 복사선원의 역할을 한다. 빛의 서로 다른 파장은 회절발로부터 서로 다른 각도로 반사되거나 투과되는 현상을 보일 것이다. 회절발에 의해서 빛이 구부러지는 현상을 **회절**(**diffraction**)이라고 한다(프리즘이나 렌즈에 의해서 빛이 구부러지는 것을 **굴절**(**refraction**)이라 하며, 20-4절에서 논의하겠다).

반사 회절발은 소형 분광 광도계를 가능하게 하며, 가장 보편적으로 사용된다. 먼저 이론은 같지만 구조가 간단한 투과 회절발에 대해서 논의하겠다. 그림 20-7에 거리 d만큼 떨어진 두 개의 홈에 입사 광선이 수직인 투과 회절발을 나타내었다. 각 홈은 투과된 빛을 모든 각도로 전파시키는 복사선원 역할을 한다. 빛살이 각도 ϕ만큼 회절될 때, 밑의 빛살은 진한 검은색과 점선으로 강조한 것처럼 증가된 경로($d \sin \phi$)를 이동한다. 각도 ϕ에서 파장의 정수 배(n)가 증가된 경로 길이와 같고, 인근의 빛살과 같은 위상을 갖고 서로 강화된다.

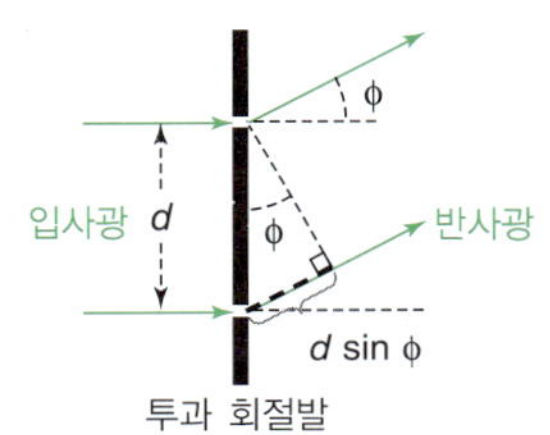

그림 20-7 입사광이 회절발에 수직으로 들어올 때 투과 회절발의 원리 [출처: M. J. Samide, "Understanding Diffraction Using Paper and Protractor," *J. Chem. Ed.* **2013**, *90*, 907]

회절발 식: $$n\lambda = d(\sin \phi) \quad (20\text{-}2)$$

보강 간섭은 그림 20-8a에 나타내었다. 광파가 동일 위상이 아니면, 부분적으로 또는 완전히 상쇄된다(그림 20-8b와 c). 식 20-2에서 좌변의 더 작은 λ는 우변에 더 작은 ϕ를 만든다. $n = \pm 1$인 경우, 최대 간섭을 **1차 회절**(first order diffraction)이라고 한다. $n = \pm 2$인 경우는 **2차 회절**(second order diffraction)이라고 하며, 그다음도 마찬가지 방법으로 정한다.

다색화: 여러 개의 파장
단색화: 단일 파장

그림 20-9에 나타낸 반사 회절발 단색화 장치는 이론은 같지만 구조가 조금 복잡하다. 입구 슬릿을 통하여 들어온 **다색 파장 빛**(**polychromatic light**)은 오목 거울에서 **조준된다**(collimated, 평행 광선의 빛살로). 이 빛이 반사 회절발에 도달하면 각각의 파장은 서로 다른 각도로 회절된다. 빛은 오목 거울에 부딪히는데, 이것은 초점 면의 서로 다른 점에서 각각의 파장으로 초점이 맞춰진다. 반사 회절발의 방향에 따라 단지 한 가지 좁은 파장 띠의 빛이 단색화 장치의 출구 슬릿을 빠져나가게 된다. 그리고 회절발을 회전시키면 다른 파장의 빛이 출구 슬릿을 빠져나가도록 한다.

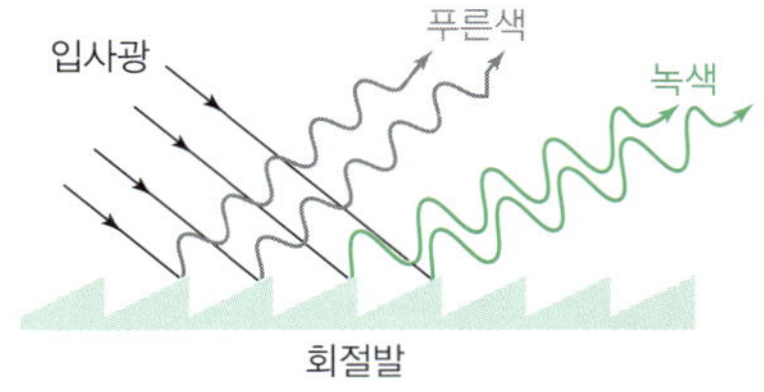

다른 파장의 회절된 빛은 다른 각도에서 보강 간섭을 일으킨다. [출처: P. A. E. Piunno, "Principles of a Diffraction Grating Using a 3D-Printable Demonstration Kit", *J. Chem. Ed.* **2017**, *94*, 615.]

그림 20-10에 나타낸 반사 회절발은 반복 거리가 d인 일련의 평행한 홈이 촘촘하게 그어져 있다. 회절발은 빛을 반사할 수 있도록 알루미늄막이 입혀져 있다. 그리고 알루미늄막 위에는 얇은 실리카(SiO_2) 보호막이 입혀져 있는데, 이것은 금속 표면이 산화되어 반사율이 감소되는 것을 방지해 주는 역할을 한다. 빛이 회절발로부터 반사될 때 각

그림 20-8 인접한 파가 (a) 0°, (b) 90°, (c) 180° 만큼씩 위상 차이가 있을 때의 간섭

각의 고랑, 즉 홈(groove)은 복사원으로 작용한다. 만약 인접한 빛과 위상이 같으면 그 빛은 강화된다. 그러나 위상이 다르면 그 빛은 부분적으로 또는 완전히 약화된다(그림 20-8).

그림 20-10에 나타낸 입사 광선과 반사 광선을 생각해 보자. 만약 두 빛의 경로 길이 차이가 빛의 파장과 정수 배가 되면 완전한 보강 간섭이 일어난다. 경로 차이는 그림 20-10에서 거리 $a - b$와 같다. 즉 보강 간섭은 다음과 같을 경우에 일어난다.

$$n\lambda = a - b \qquad \textbf{(20-3)}$$

여기서 회절 차수 $n = \pm1, \pm2, \pm3, \pm4, \cdots$이다.

그림 20-10에서 입사각 θ는 양의 부호로 정한다. θ로부터 반대 방향에 있는 회절각 ϕ는 규약상 음의 부호를 갖는다. ϕ는 θ와 같은 쪽에 있을 수 있는데, 이 경우 ϕ는 양의 부호를 가질 수 있다. 그림 20-10의 기하학적 모형에서 $a = d \sin \theta$이고, $b = -d \sin \phi$임을 알 수 있다(ϕ가 음의 부호를 가지므로 $\sin \phi$도 음의 부호를 나타낸다). 따라서 식 20-3에 대입시키면 보강 간섭이 일어날 조건은 다음과 같다.

회절발 식:

$$n\lambda = d(\sin\theta + \sin\phi) \qquad \textbf{(20-4)}$$

그림 20-7의 투과 회절발에서 $\theta = 0$이면 $\sin \theta = 0$이고 식 20-4가 20-2로 간소화된다.

여기서 d는 인접하고 있는 홈 사이의 거리이다. 각각의 입사각 θ에 대하여, 그 위치에서 주어진 파장이 최대의 보강 간섭을 일으킬 수 있는 일련의 반사각 ϕ가 있다(천연색 사진 15).

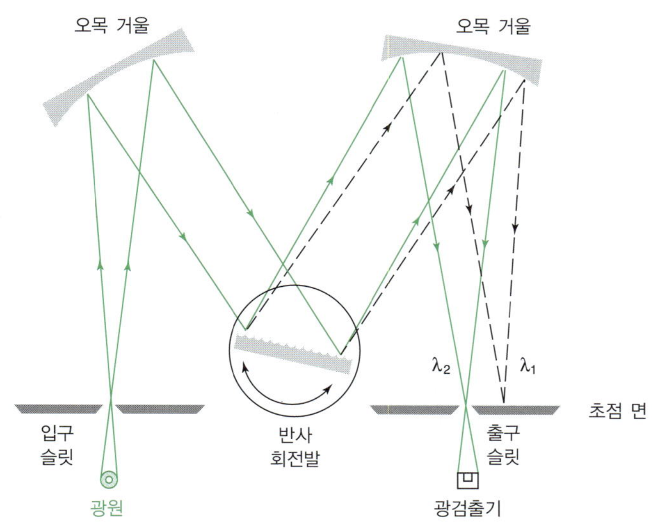

그림 20-9 Czerny-Turner 반사 회절발 단색화 장치

그림 20-10 반사 회절발의 원리

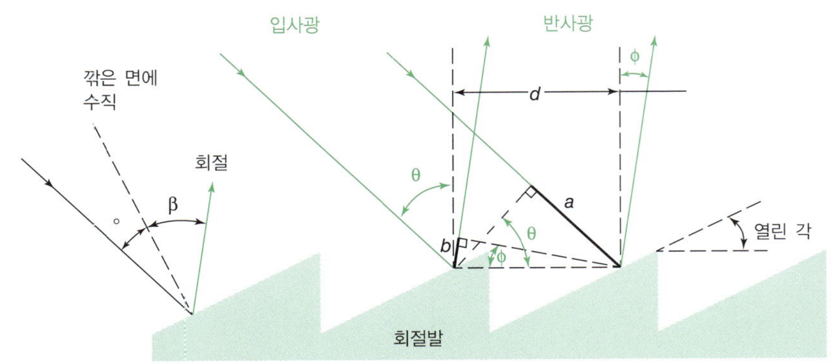

분리 능력, 분산 및 회절발의 효율

분별능(resolution)은 두 개의 피크를 서로 구별할 수 있는 최소의 파장($\Delta\lambda$) 차이이다. 정확한 정의(이 논의의 범위를 벗어난)에 의하면, 두 피크 사이 골의 높이가 피크 높이의 약 3/4이 될 때 두 피크가 겨우 분리되었다고 한다. 이와 연관된 용어, **분리 능력**(resolving power)은 $(\lambda/\Delta\lambda)$로 정의되는데, 여기서 λ는 파장이고, $\Delta\lambda$는 분별능이다. 분별능은 작은 수일 때 좋고, 분리 능력은 큰 수일 때 좋다. 회절발의 분리 능력은 빛이 쪼여지는 회절발의 홈의 수(N)에 비례한다.

회절발의 분리 능력: $$\frac{\lambda}{\Delta\lambda} = nN \qquad (20\text{-}5)$$

분별능: 두 인접한 피크의 파장 차이

분리 능력: 가깝게 인접한 두 파장을 분리하는 능력.

분산: 인접한 파장을 다른 각도로 분리할 수 있는 능력

여기서 n은 식 20-3의 회절 차수이다. 회절발에서 홈의 수가 많을수록 인접한 파장의 분별능이 더 좋아진다. 500 nm에서 0.05 nm 떨어져 있는 선들을 분해하기 위해서는 $\lambda/\Delta\lambda$ = 500 nm / 0.05 nm = 10^4의 분해 능력이 필요하다. 식 20-5는 1차 분별능이 10^4이 되도록 하려면 회절발에는 10^4개의 홈이 있어야 한다는 것을 설명해 준다. 회절발이 10 cm의 길이를 갖는다면, 10^3개 홈/cm가 필요하다.

분산(dispersion)은 $\Delta\lambda$의 차이가 있는 파장을 각 $\Delta\phi$(라디안)의 차이로 분리하는 능력의 척도이다. 그림 20-10의 회절발에 대한 분산은 다음 식과 같이 나타낼 수 있다.

회절발의 분산: $$\frac{\Delta\phi}{\Delta\lambda} = \frac{n}{d\cos\phi} \qquad (20\text{-}6)$$

여기서 n은 회절 차수이다. 분산과 분리 능력은 둘 다 홈의 간격이 감소될수록 증가한다. 식 20-6은 n = 1이고, ϕ = 10°이면, 10^3개 홈/cm인 회절발이 1마이크로미터의 파장당 0.102 라디안(5.8°)의 분산을 나타내는 것을 설명해 준다. 1 μm의 차이가 있는 파장은 5.8° 각도에 의해서 분리될 수 있다.

분별능과 신호 사이의 타협: 출구 슬릿이 좁을수록 분별능은 커지고, 신호의 잡음은 증가한다.

단색화 장치에서 좁은 띠를 갖는 파장을 선택하기 위해서 출구 슬릿의 너비를 그림 20-9처럼 감소시켜야 한다. 단색화 장치의 출구 슬릿 너비가 감소하면 복사선의 띠너비뿐만 아니라 검출기에 도달하는 에너지가 감소된다. 즉 **가깝게 인접한 흡수띠의 분별능은 신호 대 잡음비가 감소되는 대가로 얻어진다.** 정량 분석에서 단색화 장치의 띠너비는 흡수 띠너비(피크 높이의 절반에서 측정한) 의 약 1/5 정도가 적당하다.

회절발의 **상대적 효율**(relative efficiency, 전형적으로 45~80%임)은 다음과 같이 정의된다.

$$\text{상대적 효율} = \frac{E_\lambda^n(\text{회절발})}{E_\lambda(\text{거울})} \qquad (20\text{-}7)$$

여기에서 E_λ^n(회절발)은 특수 파장에서 관련 차수 n으로 회절되는 복사 에너지이고, E_λ(거울)는 같은 파장에서 회절발과 동일하게 표면이 입혀진 거울에 의해서 반사되는 복사 에너지이다. 효율은 그림 20-10에서와 같이 깎은 홈의 **열린 각**(blaze angle)에 의해서 부분적으로 조절된다. 평평한 표면에서의 반사는 입사각(α)과 반사각(β)이 같을 때 최대가 된다. 그림

정반사: 거울과 같이 평평한(flat) 반사 표면에서는 입사각은 반사각과 같다(그림 20-10에서 $\alpha = \beta$).

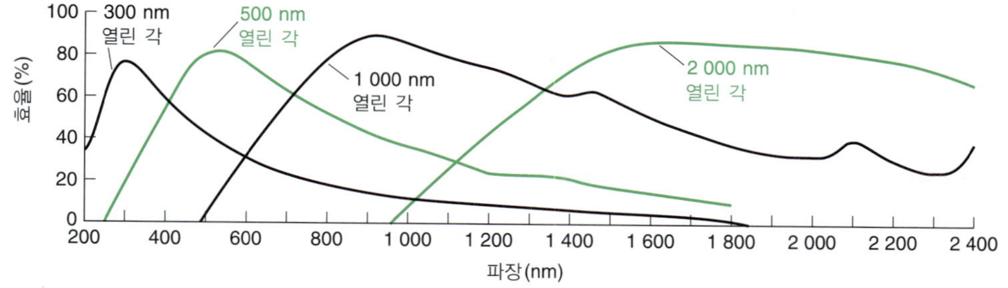

그림 20-11 3000 개 홈/cm와 다른 파장들에 대하여 최적화된 열린 각을 가진 회절발의 성능 [출처: Princeton Instrument, Trenton, NJ]

20-10에서 이 각은 표면과 수직인 선으로부터 측정된다. 어떤 파장의 회절을 최적화하기 위해서 열린 각이 두 조건, 즉 $n\lambda = d(\sin\theta + \sin\phi)$과 $\alpha = \beta$를 만족하도록 선택한다. 각각의 회절발은 제한된 파장 범위에서 최적화되어 있기 때문에(그림 20-11), 분광 광도계는 전체 스펙트럼 범위에서 주사할 수 있도록 여러 가지 다른 회절발을 이용할 수도 있다.

단색화 장치의 띠너비 선택

그림 20-9에서 출구 슬릿이 넓어지면 단색화 장치에 의해서 선택되는 파장의 띠가 넓어진다. 그러므로 항상 슬릿에 의해서 선택되는 복사선의 띠너비 함수로서 슬릿 너비를 측정한다. 슬릿이 0.3 mm 간격이라고 하는 대신, 슬릿을 통과한 **띠너비**(bandwidth)가 1.0 nm라고 한다.

넓은 슬릿에서는 검출기에 도달하는 에너지가 증가하고, 신호 대 잡음비를 높이므로 측정하는 흡광도의 정밀성을 좋게 한다. 그러나 그림 20-12a에서 보는 바와 같이, 만약 띠너비가 측정하는 피크의 너비보다 상대적으로 크면 피크 모양이 일그러진다. 가능한 한 최대의 빛이 검출기에 도달되도록 스펙트럼이 허용하는 정도만큼 넓은 띠너비를 선택한다. 단색화 장치

대표적인 흡광도 띠너비:

화합물	띠너비
원자와 이온(기체상)	10^{-2}~10^{-3} nm
벤젠(증기)	≪0.1 nm
벤젠(i사이클로헥세인에서)	2 nm
티민(물에서)	30 nm

출처: Optimum Parameters for UV-VIS- NIR Spectroscopy *poster, Agilent Technologies Inc., Australia, 2011.*

단색화 장치의 띠너비는 가능한 한 넓어야 하지만, 측정되는 피크의 너비보다는 좁아야 한다.

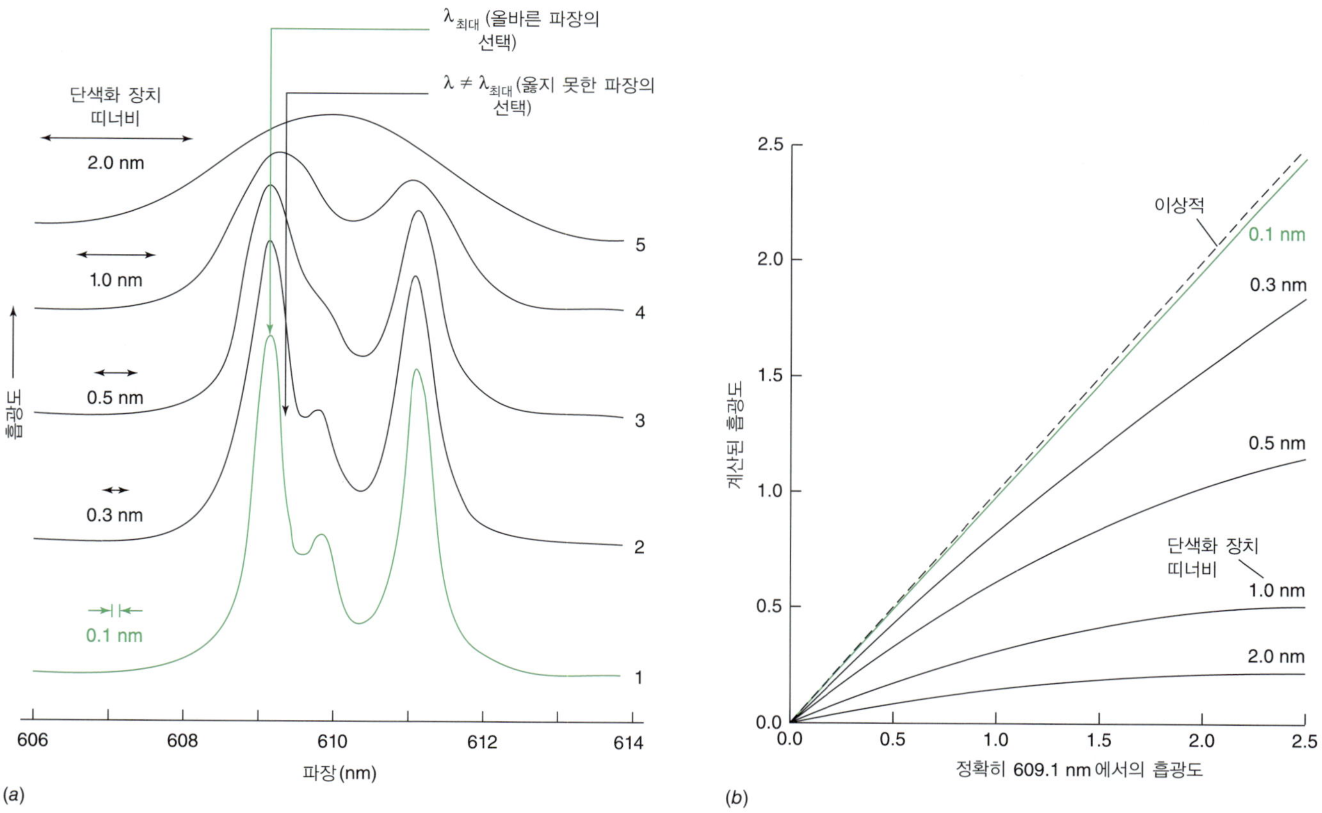

그림 20-12 (*a*) 단색화 장치의 띠너비가 증가하면 띠가 넓어지고 이트륨 알루미늄 석류석 결정(레이저 물질의 한 종류)에 있는 Pr^{3+}의 겉보기 흡광도가 감소한다. [출처: M. D. Seltzer, Michelson Laboratory, China Lake, CA.] (*b*) 단색화 장치의 띠너비가 증가하면 609.1 nm 에서 Pr^{3+}의 Beer 법칙으로부터 다색화 편차가 증가한다. [출처: G. C.-Y. Chan and W. T. Chan, "Beer's Law Measurements Using Non-Monochromatic Light Sources: A Computer Simulation," *J. Chem. Ed.* **2001**, *78*, 1285.]

의 띠너비는 피크 모양이 적게 일그러지도록 일반적으로 흡수 피크의 1/5 정도 넓이가 되도록 한다.

다색화 빛

Beer 법칙의 다색화 편차는 다음을 증가시킨다.
- 흡광도
- 단색화 장치의 띠너비에 대한 $\Delta\varepsilon$

Beer 법칙은 단색화 빛—하나의 파장의 빛—에 엄격히 적용된다. 입사광이 다색화 빛(여러 파장들)이면, 각 파장에서의 몰흡광도에 따라서 각 파장의 흡수가 달라진다. 그림 20-12a에서는 0.50 nm의 띠너비를 가진 Pr^{3+}의 피크가 609.1 nm에 있다. 그림 20-12b는 609.1 nm에서의 여러 가지 단색화 장치를 이용하여 계산된 Pr^{3+} 흡광도의 곡선을 보여 준다. 0.1 nm(흡광도 띠너비의 1/5) 띠너비의 단색화 장치를 사용하였을 때, 609.1 nm 단색화 빛의 기울기와 거의 같은 선형 교정선을 만든다. 더 넓은 단색화 장치 띠너비를 사용하면 더 낮은 기울기를—더 낮은 몰흡광도를 갖는 파장들이 신호에 기여하는 것처럼—나타내고, 선형성으로부터 음의 편차를 보여 준다. Beer 법칙으로부터 **다색화 편차**(polychromatic deviation)는 더 넓은 단색화 장치 띠너비와 더 높은 흡광도에서 커진다.

우리는 일반적으로 감도가 가장 크고 단색화 장치 띠너비에 대한 몰흡광도의 변화가 가장 작은 영역에서 최대의 흡광도를 보이는 파장으로 작업한다.

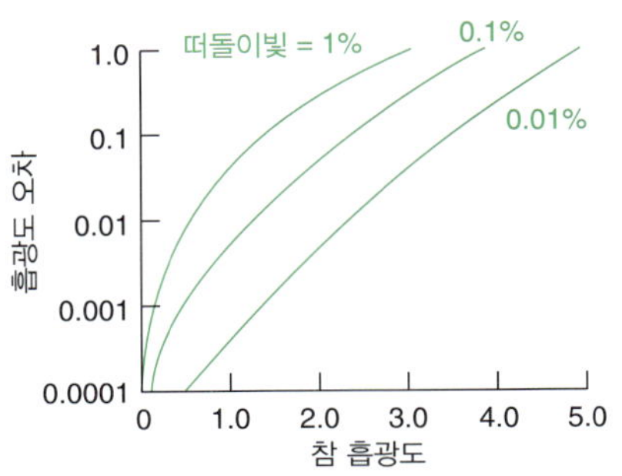

그림 20-13 떠돌이빛의 양에 따른 흡광도 오차. 떠돌이빛은 시료의 입사된 복사 세기에 대한 백분율로 표시되었다. [출처: M. R. Sharp, "Stray Light in UV-VIS Spectrophotometers," *Anal. Chem.* **1984**, *53*, 339A.]

떠돌이빛

모든 기기에서, 약간의 **떠돌이빛**(**stray light**, 단색화 장치로부터 예상되는 띠너비 범위 밖에 있는 파장의 빛)이 검출기에 도달한다. 떠돌이빛은 광원으로부터 단색화 장치를 통과하여 나오는데, 이것은 원하지 않는 차수 및 각도로 회절하거나 광학 부품이나 단색화 장치 내부 벽으로부터 의도되지 않은 산란에 의해서 발생된다. 또한 떠돌이빛은 시료 칸막이(실)가 완전히 밀폐되지 않은 경우, 기기 외부로부터도 올 수 있다. 일부 실험에서 시료에 필요한 관이나 전기선을 도입시키는 구멍은 떠돌이빛을 감소시키기 위해서 밀폐시켜야 한다. 떠돌이빛에 의한 오차는 흡광도가 높을 때 대단히 커지는데(그림 20-13), 그 이유는 떠돌이빛이 검출기에 도달하는 빛에 대하여 큰 분율을 차지하기 때문이다. 떠돌이빛은 P_0의 백분율로 표시되는데, 그것은 시료가 없을 때 검출기에 도달되는 조사량을 의미한다.

Beer 법칙의 떠돌이빛 편차는 다음을 증가시킨다.
- 흡광도
- 입사 광선의 세기에 대한 떠돌이빛의 크기

고성능 분광계는 떠돌이빛을 감소시키기 위해서 연속적으로 연결된 두 개의 단색화 장치(**이중 단색화 장치**)를 가지고 있다. 첫 번째 단색화 장치를 통과한 원하지 않은 복사선은 두 번째 단색화 장치에서 제거된다.

예제 떠돌이빛

만약 시료의 참 흡광도가 2.00이며, 1.0%의 떠돌이빛이 있을 때, 겉보기 흡광도를 구하시오.

풀이 참 흡광도가 2.00일 때, 참 투광도는 $T = 10^{-A} = 10^{-2.00} = 0.010 = 1.0\%$이다. 투광도는 시료를 통과하는 복사 세기($P$)를, 기준을 통과하는 복사 세기($P_0$)로 나눈 것, 즉 $T = P/P_0$이다. 떠돌이빛이 시료와 기준을 각각 통과한 복사 세기를 S라고 하면, 겉보기 투광도는 다음과 같다.

$$\text{겉보기 투광도} = \frac{P + S}{P_0 + S} \qquad (20\text{-}8)$$

만약 $P/P_0 = 0.010$이고, 떠돌이빛이 1.0%라고 하면, $S = 0.010$이 되고 겉보기 투광도는 다음과 같다.

$$\text{겉보기 투광도} = \frac{P + S}{P_0 + S} = \frac{0.010 + 0.010}{1 + 0.010} = 0.019_8$$

따라서 겉보기 흡광도는 2.00이 아니고 $-\log T = -\log(0.019_8) = 1.70$이다.

자습 흡광도 2에서 0.01의 흡광도 오차를 보이는 떠돌이빛의 양은 얼마인가? 그것은 '1.99의 겉보기 흡광도를 나타내는 S의 값은 얼마인가?'라고도 할 수 있다. (**답:** $S = 0.000\ 24 = 0.024\%$)

연구용 기기에서 떠돌이빛은 0.01~0.000 1% 또는 훨씬 더 작은 값을 갖는다.

검증

표 20-1은 분광 광도계로 측정한 흡광도의 정확성을 시험하기 위한 용액의 흡광도를 나타낸 것이다. 마이크로 플레이트 판독기와 마이크로볼륨 분광 광도계[10]의 경로 길이를 확인하기 위하여 트립토판과 유라실 표준 기준 용액을 사용할 수 있다. 중성 밀도 유리 필터는 가시선 스펙트럼을 교정하는 데 사용한다[11]. 파장의 정확도를 측정하기 위해서 흡수에서는 산화 홀뮴 표준 물질을 사용하고, 방출에서는 저압 원자 방전 램프 또는 란타넘족 원소 표준 물질을 사용한다[12]. 몇몇 분광 광도계는 486.1 nm와 656.3 nm의 수은 선 방출(그림 20-3) 또는 중수소 선 방출을 이용하여 시작하는 동안 파장 교정을 한다.

표 20-1 자외선 흡광도의 교정 표준

파장 (nm)	1 cm 용기 속의 1.0 M $HClO_4$ 중 $K_2Cr_2O_7$(60.00 mg/L)의 흡광도
235.0	0.741 ± 0.007
257.0	0.862 ± 0.009
313.0	0.289 ± 0.003
350.0	0.645 ± 0.006

출처: Data from ASTM Standard E925, "Standard Practice for Monitoring the Calibration of Ultraviolet-Visible Spectrophotometers," ASTM International, West Conshohocken, PA, 2014. Certified absorbances for 40, 80, and 100 mg/L $K_2Cr_2O_7$ are also available.

필터

가끔은 신호로부터 넓은 띠의 복사선을 **거를** 필요가 있다. 예를 들면 그림 20-9의 회절발 단색화 장치는 좁은 파장띠를 갖는 1차 회절의 빛만 출구 슬릿으로 나가게 한다('1차'라 함은 식 20-4에서 $n = 1$인 회절을 의미한다). 여기에서 λ_1을 출구 슬릿에 도달하는 1차 회절에 의한 파장이라고 하자. 식 20-4를 살펴보면, $n = 2$일 때 $\frac{1}{2}\lambda_1$인 파장의 빛도 출구 슬릿에 도달한다. 왜냐하면 $\frac{1}{2}\lambda_1$인 파장도 λ_1과 마찬가지로 같은 각도에서 보강 간섭을 일으키기 때문이다. $n = 3$이면, $\frac{1}{3}\lambda_1$인 파장도 슬릿에 도달하게 된다. λ_1만을 고르기 위한 한 가지 방법으로 빛살에 필터를 놓으면, 일정 영역의 파장들만이 필터를 통과할 수 있도록 한다. 파장 $\frac{1}{2}\lambda_1$이나 $\frac{1}{3}\lambda_1$은 필터에 의해 통과하지 못하게 된다. 넓은 영역의 파장을 다루려면 여러 개의 필터가 필요하게 되고, 원하는 파장의 영역이 바뀌면 필터도 바뀌게 된다.

가장 간단한 형태의 필터는 색유리로, 색을 띠는 물체가 스펙트럼의 넓은 부분을 흡수하고 나머지 부분을 통과하게 한다. 필터의 거동을 보다 정밀하게 조절하기 위해서 **간섭 필터**(interference filter)와 **홀로그래피 필터**(holographic filter)라고 하는 특별히 설계된 것을 이용하면 원하는 영역의 복사선은 통과시키고 그 이외의 파장은 반사시킨다(그림 20-14). 이들 장치의 기능은 필터 내부에서 광파(light wave)의 보강과 상쇄 간섭에 의하여 이루어진다. 몇몇 홀로그래피 표식 필터(notch filter)는 예리한 차단을 하여, Raman 분광학(보충 18-3)에서 Rayleigh 선을 10^6배 감쇠를 함으로써 Rayleigh 선으로부터 100 cm^{-1} 떨어진 신호의 관측을 가능하게 한다.

필터는 어떤 특정한 파장의 띠만을 통과하도록 한다.

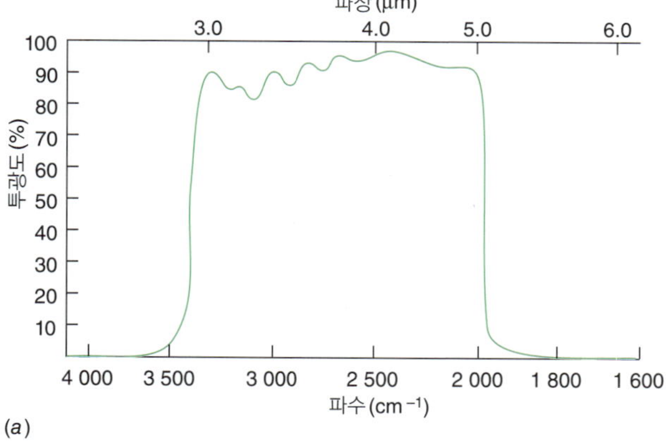

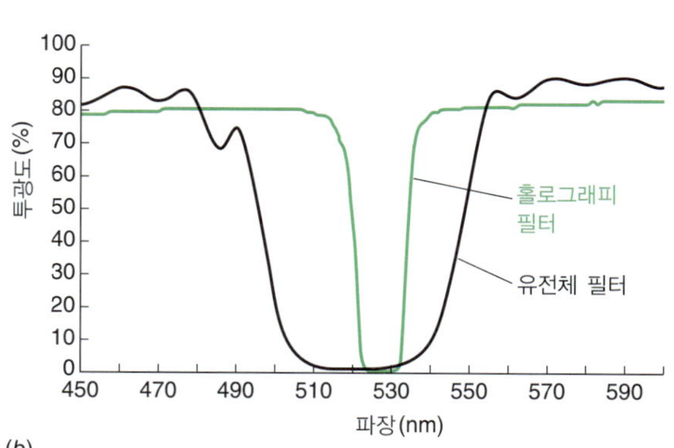

그림 20-14 적외선 간섭 필터의 투광 스펙트럼. (*a*) 넓은 띠 통과 필터는 3~5 μm 파장 범위에서 투광도가 약 90%이지만, 이 범위 밖에서는 투광도가 <0.01%이다. [출처: Barr Associates, Inc., Westford, MA.] (*b*) 홀로그래피 간섭 필터는 아주 큰 상쇄를 제공하고 유전체 필터보다 더 좁은 띠 통과를 나타낸다. [출처: H. Owen, "The impact of Volume Phase Holographic Filters and Gratings on the Development of Raman Instrument," *J. Chem. Ed.* **2007**, *84*, 61.]

20-3 검출기

검출기는 광자가 검출기에 도달하면 전기 신호를 발생한다. **광전관**(**phototube**)은 감광성인 음으로 하전된 표면에 가시선이나 자외선을 쪼이면 전자를 방출한다. 전자는 진공 상태에서 양으로 하전된 집전극(collector)으로 흐르며, 흐르는 전류는 복사 세기에 비례한다. 광검출기의 선택은 관심있는 스펙트럼 영역, 세기—흡광도처럼 높은지, 형광처럼 낮은지—그리고 단일 파장 또는 공간상의 점을 측정할 것인지, 아니면 스펙트럼 전 영역 또는 형상을 측정할 것인지에 의존한다.

검출기 감응은 입사광의 파장에 대한 함수이다.

그림 20-15는 검출기 감응이 들어오는 입사 광자의 파장에 따라 다르다는 것을 보여 준다. 예를 들면 S-20 광전자 증배관은 주어진 복사 세기(W/m^2)를 갖는 420 nm의 빛이, 같은 복사 세기의 300 nm 빛보다 4배 정도 더 많은 전류를 생성한다. 280 nm 이하와 800 nm 이상에서의 감응은 거의 0이다. 홑살형(single-beam) 분광 광도계에서는 파장이 바뀔 때마다 100%의 투광도가 되도록 조절해 주어야 한다. 이와 같은 교정은 분광 광도계가 각 파장에서 최대 검출기 출력을 얻을 수 있도록 조절해 준다. 그러므로 그다음의 측정은 100% 투광도 척도에 따라 얻게 된다.

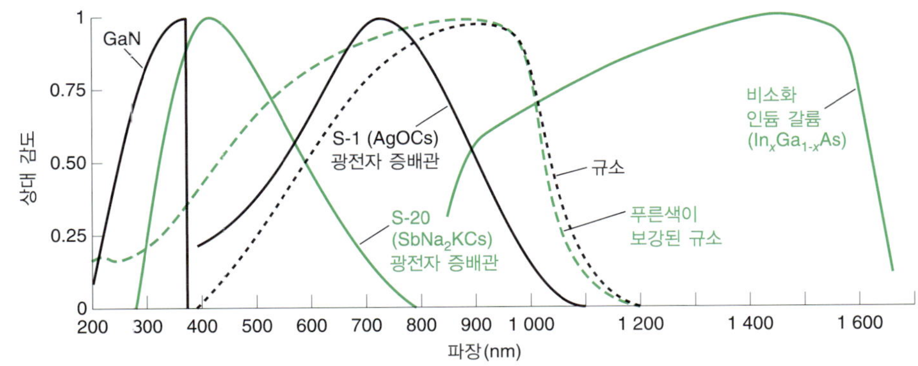

그림 20-15 검출기 감응. 감도가 클수록 검출기의 주어진 입사 광자의 세기(단위 면적당 와트)의 전류나 전압이 증가한다. 각각의 곡선은 최댓값을 1로 정규화시켰다. $In_xGa_{1-x}As$의 감응은 성분이 변함에 따라 길거나 짧은 파장으로 이동될 수 있다. [출처: Barr Associates, Inc., Westford, MA. GaN data from APA Optics, Blaine, MN.]

광전자 증배관[13]

대단히 예민한 장치인 **광전자 증배관**(**photomultiplier tube**, 그림 20-16)은 감광성인 표면으로부터 방출된 전자들이 **다이노드**(dynode)라고 하는 두 번째 표면을 두드린다. 다이노드는 감광성 방출체에 대하여 양전하를 띠고 있다. 따라서 방출된 전자는 가속되고, 원래 운동 에너지보다 큰 에너지로 다이노드에 부딪힌다. 높은 에너지의 전자가 다이노드를 두드리면 한

다이노드 1을 두드리는 한 개의 전자에 대해
다이노드 1에서 방출되는 여러 개의 전자
음극으로부터
방출된 광전자
다이노드
투명한 창
입사 복사선
($h\nu$)
막
감광성 음극
양극, 한 개의 광자에 대해
10^6개 이상의 전자 방출
1 2 3 4 5 6 7 8 9
(a)

(b)

그림 20-16 9개의 다이노드가 배열된 광전자 증배관의 구조. 앞쪽 다이노드보다 뒤쪽 다이노드의 전압이 약 90 V 더 높다. 그 결과 각 다이노드에서 신호가 증폭된다. [출처: Dr. Me/Shutterstock]

개 이상의 전자가 다이노드로부터 방출된다. 이들 새로운 전자들은 첫 번째보다 더 큰 양전하를 띠고 있는 두 번째 다이노드를 향하여 가속된다. 두 번째 다이노드를 두드림으로써 더 많은 수의 전자들이 방출되고, 세 번째 다이노드로 향하여 가속된다. 이러한 과정이 여러 번 반복되면, 결국 첫 번째 다이노드 표면을 두드린 한 개의 광자에 대해 10^6개 이상의 전자가 발생한다. 따라서 아주 낮은 세기의 빛도 측정할 수 있는 전기 신호로 바뀌게 된다. 광전자 증배관이 예민한 것과 마찬가지로, 우리의 눈도 매우 예민하다(보충 20-2).

모든 광검출기는 빛이 없는 상황에서도 작은 감응을 보여 준다. 이러한 **암전류**(dark current)는 광전자 증배관의 음극에서의 전자의 자발적 방출 또는 반도체 소자에서 전자와 정공의 자발적인 생성으로 생길 수 있다. 예를 들면 원자의 진동의 음극으로부터 전자가 빠져나오는 데 충분한 에너지를 제공할 수 있다. 음극의 온도가 높을수록, 암전류는 더 커진다.

보충 20-2 가장 중요한 광수용체

사람의 눈동자 뒤쪽에 있는 망막은 **간상**(rod)세포 및 **원뿔**(cone) 세포라고 하는 광감응 세포를 포함하고 있다. 이들 세포는 7자리 정도의 크기로 변하는 빛의 양을 감응한다. 이들 세포에 부딪히는 빛은 시신경을 통하여 뇌에 전달되도록 자극하는 신경 쪽으로 이동한다. 간상세포는 매우 흐린 빛을 감지할 수 있으나 색깔은 구별할 수 없다. 원뿔세포는 밝은 빛에서 활동하여 색깔을 감지할 수 있게 한다.

각각의 간상세포에 있는 약 1 000개의 **원반체**(disk, 막으로 된 주머니) 집단은 광감응 단백질인 **로돕신**(rhodopsin)을 함유하고 있다. 이 단백질에는 발색단으로 작용하고 있는 11-시스-레틴알(11-*cis*-retinal, 바이타민 A로부터)이 **옵신**(opsin) 단백질과 결합되어 있다. 광자가 로돕신에 의해서 흡수되면 피코초 이내에 시스 이중 결합이 이성질체화되어 트랜스 구조로 변하여 약 0.5 nm의 단백질 원자에 붙는다. 단백질의 구조적 변화가 일련의 변화를 일으키고, 이는 세포막을 통과하는 이온의 수송에 영향을 끼쳐 신경 신호를 뇌에 생성한다. 간상 세포가 단일 광자에 감응하고 10개 이내의 간상세포가 자극을 받을 때 뇌는 빛을 받는다. 광자의 흡수가 로돕신으로부터 모든 트랜스-레틴알(*trans*-retinal)을 방출한다. 이 단계에서 색소는 **탈색되고**(모든 색을 잃음), 레틴알이 11-시스형으로 이성질화되어 다시 단백질과 재결합할 때까지 더 이상 빛을 감응하지 못한다.

어둠 속에서 간상세포의 내부 분절(inner segment, 또는 내절이라고도 함) 밖으로 초당 10^9개의 Na^+ 이온이 연속적으로 흘러나와서 인접한 매질을 통하여 세포의 외부 분절(outer segment, 또는 외절) 쪽으로 들어간다. 아데노신 삼인산(ATP)과 산소를 이용한 에너지 의존 과정은 세포 밖으로 Na^+를 배출시킨다. 고리형 GMP 분자가 관여하는 또 다른 과정은 이온들이 세포 속으로 다시 유입되도록 외부 분절의 문을 열게 한다. 빛이 흡수되어 로돕신이 탈색될 때, 일련의 반응으로 고리형 GMP를 파괴시키고, Na^+ 이온이 세포 속으로 흘러 들어가는 통로를 막는다. 한 개의 광자는 3%의 이온 흐름을 감소시키는데, 이것은 초당 3×10^7개 이온의 흐름 감소에 대응한다. 이와 같은 **증폭**(amplification)은 광전자 증배관의 경우보다 크며, 이것은 인간이 만든 가장 예민한 광검출기이다. 이온 흐름은 단백질과 레티날이 재결합함으로써 원래의 어두운 정도를 되찾고, 고리형 GMP는 원래의 초기 농도로 회복된다.

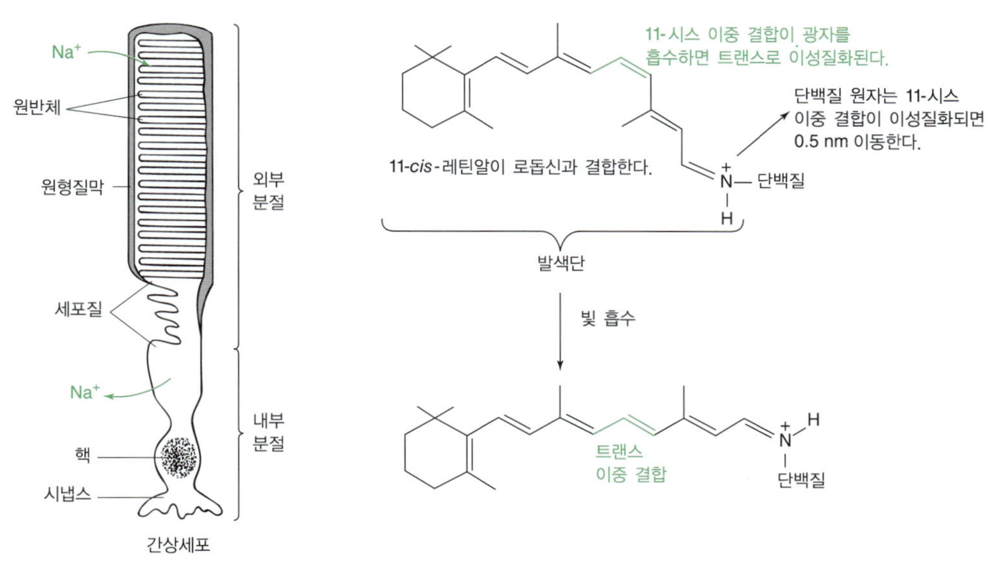

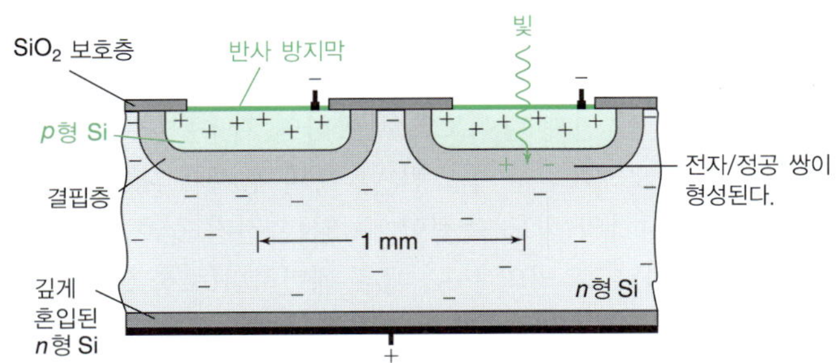

그림 20-17 배열 광다이오드 검출기의 개략적인 단면도

광다이오드[14]

광다이오드(photodiode, 그림 20-17)는 작고 저렴하고 저전력을 소비하며, 빛이 반도체에 도달하여 전류를 생성하는 광검출기이다. 단일 광다이오드는 *pn* 접합 다이오드를 만들기 위해서 *n*형 실리콘의 기질(밑에 놓인 몸체) 위에 *p*형 실리콘으로 구성되어 있다. 역방향 전압은 각 다이오드가 전자와 정공을 접합으로부터 멀리 떨어지게 한다. 그림 20-17의 다이오드에서처럼 각 접합에서의 결핍 영역에서 약간의 전자와 정공이 전하를 운반하여 약간의 전류가 흐른다. 충분한 에너지를 가진 빛이 반도체를 때리면, 자유 전자와 정공이 생성되고 반대 전하의 영역으로 이동하여 전류가 흐른다.

반도체를 다시 공부하기 위해서는 15-8절을 참고하라.

띠간격(band gap)은 반도체의 원자가띠와 전도띠의 에너지 분리이다.

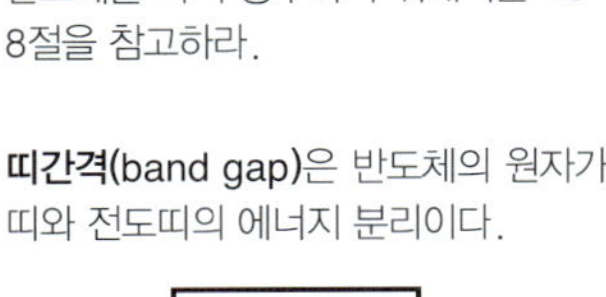

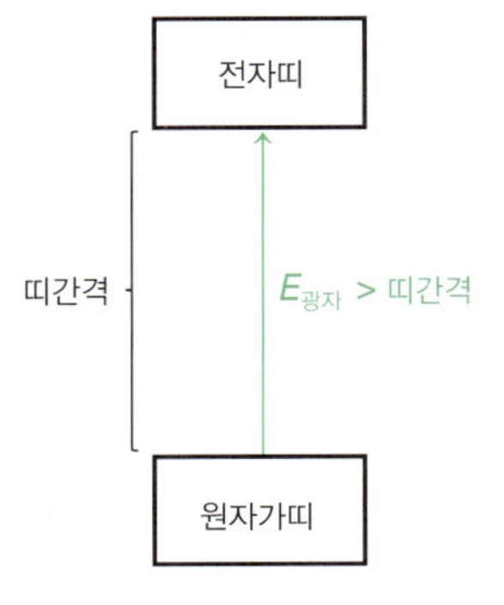

전자와 정공을 생성하는 데 필요한 빛에너지는 반도체의 원자가띠와 전도띠 사이의 에너지 차이인 띠간격에 의존한다. 실리콘 반도체는 자외선으로부터 근적외선(1 100 nm) 파장까지 감응한다. InGaAs과 황화 납 광다이오드는 근적외선까지 감응한다. 광다이오드는 광전자 증배관보다는 덜 민감하고, 흡광도 측정과 같은 높은 빛의 세기의 응용에 일반적으로 사용된다.

배열 광다이오드

광전자 증배관을 사용하는 분광 광도계에서는 한 번에 한 파장씩 주사하여 스펙트럼을 얻는다. 배열 광다이오드 분광 광도계는 전체 스펙트럼을 1초 미만의 시간에 한꺼번에 모두 기록한다. 이와 같은 빠른 주사 방법의 한 가지 응용은 크로마토그래피에 적용하는 것이다. 즉 크로마토그래피 칼럼으로부터 용출되는 짧은 시간 내에 화합물의 전체 스펙트럼을 기록할 수 있다.

이와 같은 신속한 분광계의 핵심적인 장치는 그림 20-17에 나타낸 **배열 광다이오드(photodiode array)**이다(또는 뒤에서 논의할 전하 결합 장치임). 배열 광다이오드는 수만 개의 개별 광다이오드로 구성되어 있다. 각 다이오드의 *pn* 접합은 축전기처럼 작용하며, 전하는 결핍 영역 양쪽에 저장된다. 측정 주기가 시작될 때, 각 다이오드는 완전히 충전된다. 자외선 또는 가시선이 반도체를 조사하면 자유 전자와 정공이 생기게 되고, 이들은 반대 전하의 영역으로 이동하여 축전기를 부분적으로 방전한다. 각 다이오드를 조사하는 복사선이 많을수

반도체	띠간격 (eV)	띠간격 (nm)
실리콘	1.1	1 100
InGaAs	0.7	1 700
PbS	0.4	3 000
HgCdTe	0.1	12 500

출처: Opto-Semiconductor Handbook (*Hamamatsu City, Japan: Hamamatsu Photonics, 2014.*)

배열 광다이오드 검출기
타원형 거울
슬릿
거울
시료
광원
회절발 다색화 장치

그림 20-18 배열 광다이오드 분광 광도계의 구조

록 측정이 끝날 때 각 다이오드에 남아 있는 전하는 더욱 감소된다. 다이오드가 빛에 노출된 시간이 길수록 각각의 축전기는 더 많이 방전된다. 축전지의 상태는 주기의 마지막에 축전기를 재충전하는 데 필요한 전류의 측정으로부터 결정된다.

분산형 분광계(dispersive spectrometer, 그림 20-1)에서는 항상 한 파장의 좁은 띠만이 검출기에 도달한다. **배열 광다이오드 분광 광도계**(photodiode array spectrophotometer, 그림 20-18)에서는 모든 파장이 한 번에 검출기 배열의 다른 부분에 도달된다. 모든 파장이 동시에 저장되어 매우 빠르게 스펙트럼을 얻거나 또는 높은 신호 대 잡음비를 얻거나 또는 둘의 조합을 이룰 수 있다. 배열 광다이오드 분광 광도계에서는 **백색광**(white light, 모든 파장을 갖는)이 시료를 통과한다. 그다음 빛은 **다색화 장치**(**polychromator**)로 들어가며, 이곳에서 빛을 구성하는 각각의 성분 파장으로 분산된 빛이 배열 광다이오드 쪽으로 향한다. 즉 각 다이오드는 서로 다른 파장의 띠를 받으며 모든 파장을 동시에 측정한다. 분별능은 다이오드 간의 간격이 얼마나 촘촘한가, 얼마나 분산이 다색화 장치에 의해서 잘 되는가에 따라 결정된다.

배열 광다이오드 분광 광도계는 동시에 모든 파장을 측정하는데, 검출이 빠르고 신호 대 잡음비가 높다.

배열 광다이오드는 단색화 장치를 가진 기기(수 분)보다 빠르게(<1 s) 스펙트럼을 측정한다. 배열 광다이오드 기기는 거의 움직여 작동해야 하는 부품이 없으므로, 스펙트럼을 얻기 위하여 회절발을 회전시키고 필터를 바꾸어야 하는 단색화 기기보다 견고하다. 분산형 기기에서 얻을 수 있는 분별능은 ~0.1 nm이며, 파장의 정확도도 배열 광다이오드의 경우보다 좋다(~0.5~1.5 nm의 분별능). 단색화 기기에서는 광다이오드 기기보다 떠돌이빛도 적으므로 높은 흡광도 측정에 대한 동적 범위(dynamic range)도 크게 된다. 불켜진 실험실에서 시료 칸막이를 열었을 때 배열 광다이오드 기기에서 검출기에 도달하는 떠돌이빛은 크게 증가하지 않는다. 그러나 단색화 기기에서는 측정하는 동안 시료 칸막이를 꼭 닫아야만 한다.

전하 결합 장치[15]

전하 결합 장치(**charge coupled device**)는 광학적으로 생성된 전하를 이차원적인 배열로 저장할 수 있는 매우 예민한 검출기이다. 전하 결합 장치는 광전자 증배관에서 얻는 신호 대 잡음비보다도 더 높은 값을 얻을 수 있다. 그림 20-19a의 장치는 *p*형 혼입(*p*-doped) Si를 *n*형 혼입 재질에 접촉시킨 것이다. 이 다이오드의 구조는 절연성인 SiO_2층으로 덮개를 씌우고 그 위에 전도성인 Si 전극을 놓는다. 빛이 *p*형 혼입 영역에서 흡수되면 전자가 전도띠 속으로

디지털 카메라는 전하 결합 장치를 이용하여 비디오 영상을 기록한다. 2009년에 Bell Laboratories의 W.S. Boyle과 G.E. Smith가 전하 결합 장치를 1969년에 발명한 공로로 노벨상을 공동 수상했다.

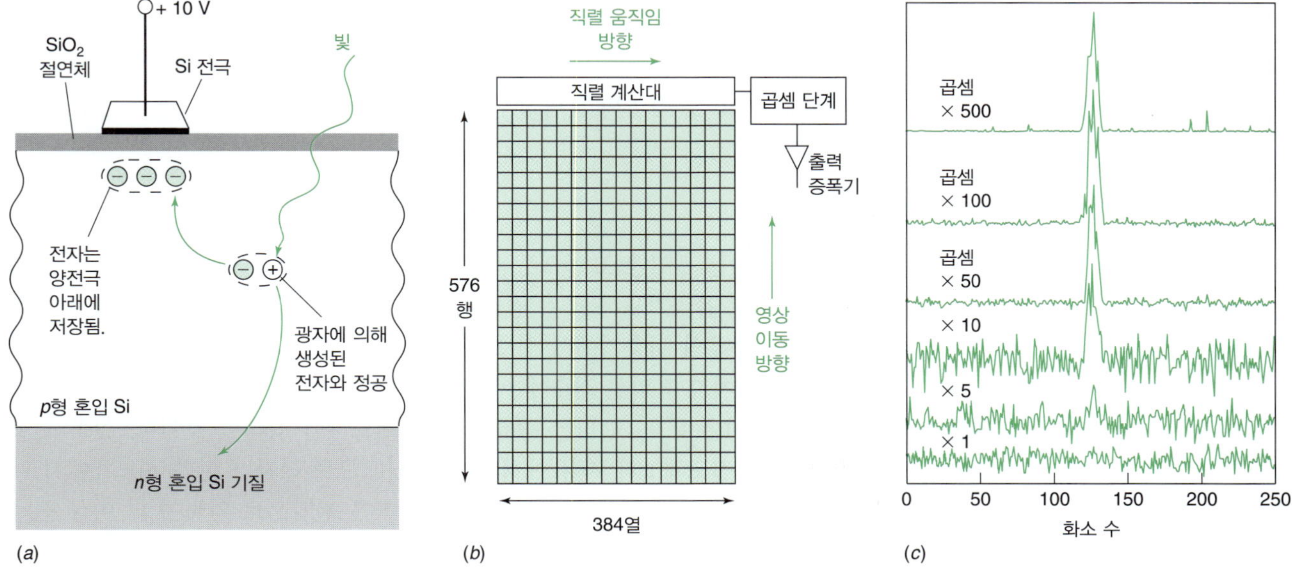

그림 20-19 전하 결합 장치의 개략적인 그림. (*a*) 각각의 화소에서 전하의 생성과 저장을 나타내는 단면도. (*b*) 한 특정한 배열판의 이차원적인 구조를 위에서 본 그림. 실제의 배열판은 대략 우표 크기 정도이다. (*c*) 신호가 너무 약해서 곱셈 없이는 보이지 않는 신호에 대한 신호 대 잡음비에 미치는 곱셈 단계의 효과 [출처: C.G. Coates, "A Sensitive Detector of Ultralow-Light Imaging," *Am. Lab.*, August 2004, p 13. 제공: C.G. Coates, Andor Technology, Belfast, Ireland.]

표 20-2 자외선/가시선 검출기들의 최소 검출 가능한 신호(광자/초/검출 소자)

신호 취득 시간(초)	배열 광다이오드		광전자 증배관		전하 결합 장치	
	자외선	가시선	자외선	가시선	자외선	가시선
1	6 000	3 300	30	122	31	17
10	671	363	6.3	26	3.1	1.7
100	112	62	1.8	7.3	0.3	0.2

출처: R. B. Bilhorn, J. V. Sweedler, P. M. Epperson, and M. B. Denton, "Charge Transfer Device Detectors for Analytical Optical spectroscopy," *Appl. Spectros*, **1987**, *41*, 1114.

여러 개의 인접한 화소에 있는 전자들은 합쳐져서 하나의 큰 화소를 생성할 수도 있다. 이와 같은 과정을 **비닝**(**binning**)이라고 하는데, 분별능이 감소하는 대신, 전하 결합 장치의 감도를 높인다.

들어가고 원자가띠에 구멍이 남게 된다. 전자는 양극 바로 아래쪽의 영역으로 끌려가서 저장된다. 구멍은 n형 혼입 재질로 이동하여 그곳의 전자와 결합한다. 각 전극은 전자가 넘쳐서 인접한 소자로 흘러들어 가기 전까지 대개 10^5개 정도의 전자를 저장할 수 있다.

전하 결합 장치는 그림 20-19b에서 보는 바와 같이, 이차원적인 배열을 하고 있다. 원하는 측정 시간 후 가장 윗줄에 있는 각각의 **화소**(pixel)에 저장된 전자는 위에 있는 직렬 계산대(serial register)로 옮겨진다. 그리고는 한 번에 한 화소씩 오른쪽 맨 위칸으로 옮겨져서 저장된 전하가 읽혀진다. 그다음에는 다음 행이 위로 올려져 읽히게 되고, 이와 같은 과정은 모든 배열이 읽어질 때까지 반복된다. 저장된 전하의 운반은 그림 20-19a에 나타낸 것보다 훨씬 더 복잡한 전극의 배열에 의해서 이루어진다. 한 화소로부터 다음 화소로 이동되는 전하 운반은 100만 개당 5개의 전자를 잃을 정도로 대단히 효과적이다. 전하 결합 장치의 작동은 일련의 양동이(화소)에 빗물(전자)이 채워지는 것과 유사하다. 판독을 위해서는 양동이에 들어 있는 양을 옮겨서 측정해야 한다.

표 20-2에서 가시선의 최소 검출 가능한 신호는 초당 17개 광자이다. 전하 결합 장치의 감도는 높은 **양자 효율**(quantum efficiency, 입사 광자당 생성되는 전자 수), 낮은 전기적 바탕 잡음(background electric noise, 열에 의해 생성되는 자유 전자)뿐만 아니라 판독과 관련된 낮은 잡음 등에 기인한다.

가장 민감한 전하 결합 장치는 '곱셈 단계'가 있다. 이것은 직렬 계산대와 출력 증폭기 사이의 신호를 $\sim 10^2$에서 10^3배 증가시킨다. 신호를 수집하는 동안 잡음도 증폭이 되지만 잡음과 관련된 판독은 그렇지 않다. 신호의 세기가 가장 작을 때는 판독이 잡음의 중요한 요소가 되고, 곱셈은 신호 대 잡음비를 증가시킨다(그림 20-19c). 큰 잡음이 신호를 수집하는 동안 발생하는 경우에 곱셈은 신호 대 잡음비를 향상시킬 수 없지만, 신호를 수집하는 시간은 감소시킬 수 있다.

적외선 검출기

가시선과 자외선의 검출기는 광감응 표면으로부터 전자를 방출하거나 또는 실리콘의 원자가 띠로부터 전자를 전도띠로 올라가도록 하는 검출기에 들어오는 광자에 의존한다. 그러나 적외선 광자는 이와 같은 종류의 검출기에서 신호를 발생할 정도로 에너지가 크지 않다. 그러므로 여러 다른 종류의 장치가 적외선 검출에 이용된다.

열전기쌍(**thermocouple**)은 두 가지 다른 종류의 전기 전도체를 접촉한 것이다. 한쪽 전도체에 있는 전자는 다른쪽 전도체보다 자유 에너지가 더 낮으므로 전자가 한쪽 전도체에서 다른 쪽으로 이동한다. 이것은 양쪽 전도체 사이에 생기는 작은 전압으로 인하여 더 이상 전자가 이동되지 않을 때까지 진행된다. 이와 같은 고체 사이의 접촉 전위는 온도에 의존한다. 그 이유는 온도가 상승하면 전자가 높은 에너지의 전도체 쪽으로 다시 이동하기 때문이다. 만약 복사선을 흡수할 수 있도록 열전기쌍을 어두운 곳에 설치하면, 열전기쌍의 온도(즉 볼트)는 복사선에 민감하게 감응한다. 전형적인 감도는 흡수된 복사선의 와트당 6 V이다.

보충 20-3 Mauna Loa에 있는 CO_2의 비분산성 광음향 적외선 측정

10장(237쪽)의 시작에 있는 그래프의 오른쪽 위의 색선은 1958년에 시작한 하와이의 Mauna Loa 화산의 대기 중 CO_2의 측정을 보여 준다.[16] Charles David Keeling이 1956년에 하와이의 Mauna Loa의 대기에 있는 이산화 탄소의 연속적 관찰에 이용한 **'비분산성'**, **'광음향성'** 적외선 분석기는 오늘날의 기기와는 다르다.[17] '비분산성'의 의미는 복사선을 각 성분 파장으로 펼쳐주는 프리즘이나 회절발이 없다는 것이다.

적외선은 저항열로 전선을 ~525°C로 가열하여 얻는다. 복사선은 20 Hz로 회전하는 바퀴로 '토막내서'(방해를 받아서) 두 선으로 나뉜다. 토막내기는 광음향 검출의 핵심이다. 시료 용기에는 기상대의 외부로부터 주입된 건조한 기체가 담겨져 있다. 기준 용기에는 CO_2가 제거된 건조한 공기가 담겨져 있다. 시료 용기의 CO_2는 약간의 적외선을 흡수하지만, 기준 용기의 공기는 적외선을 흡수하지 않는다. 검출 용기는 아르곤에 포함된 CO_2를 포함하고 있다. 검출기에 있는 CO_2가 적외선을 흡수하여, 검출기 기체가 20 Hz의 진동수로 따뜻해지거나(팽창하거나) 차가워진다(수축한다). 보온과 냉각이 20 Hz의 압력의 진동을 생성하고, 이것이 각 검출기의 마이크로폰으로 검출된다. **광음향 검출**(photoacoustic detection)이라고 하는 적외선의 흡수로 인해 생기는 진동 압력 파동은 마이크로폰을 이용하여 관측한다. 기록 장치가 두 검출기의 감응의 차이를 보여 준다. 시료에 CO_2가 많을수록 더 적은 복사선이 검출기에 도달되고, 두 용기 사이의 감응의 차이가 더 크게 나타난다.

하와이의 Mauna Loa의 기상대는 태평양의 깨끗한 공기를 측정하기 위해서 해발 3.4 km에 있다. 네 개의 공기 흡입구는 서로 90° 방향으로 지상 7 m 위에 있으며, 기상대로부터 175 m 떨어져 있다. 위로 감긴 두 개의 흡입구가 관측을 위해 선택되었다. 분광계가 한 흡입구의 공기를 10분 동안 분석한 다음, 흡입구의 공기를 10분 동안 관측한 후 기준 기체를 10분 동안 측정한다.

띠 기록계가 매 시간마다 네 공기의 측정으로부터 얻은 기준 기체와 공기의 차이의 평균값을 보여 준다. 때때로 수치가 일정하지만 Mauna Loa의 화산 분출로 방출된 CO_2가 있을 때 값이 변하기도 한다. 깨끗한 공기에 관한 자료는 매 시간에 CO_2의 변화가 0.5 ppm 이상인 값을 제거한 값으로부터 얻어진다. 주어진 날의 값으로 채택되려면, 평균값으로 얻어진 값이 6시간 동안 일정한 값을 가져야 한다. 수치가 너무 많이 변하면 그 날의 값은 보고되지 않는다.

정확도의 핵심은 기준 기체 내에 있는 CO_2의 농도를 아는 것이고, 이는 캘리포니아[16]의 Keeling의 실험실에 있는 압력 측정 장치로 측정한다. 공기 중의 CO_2의 실험적 불확정도는 300~400 ppm 범위에서 ±0.2 ppm 정도로 예측된다. 1958년부터 매년 증가하는 CO_2는 우리가 지구 대기에 끼치는 영향에 경각심을 준다.

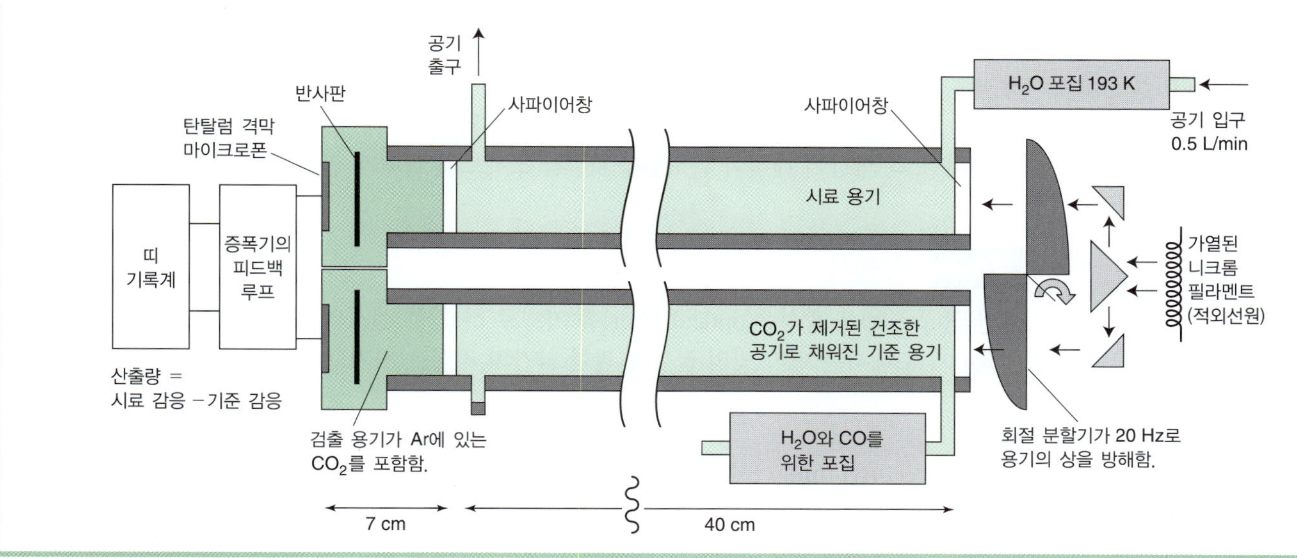

중수소화 황산 트라이글라이신(deuterated triglycine sulfate)과 같은 **강유전성 물질**(**ferroelectric material**)은 결정 내의 분자 배열 때문에 영구적인 전기 분극을 띠게 된다. 즉 결정의 한쪽 면은 양전하를 띠며, 다른 면은 음전하를 띠게 된다. 이러한 분극의 정도는 온도에 의존하며, 온도에 따른 변화를 **초전 효과**(pyroelectric effect)라고 한다. 이와 같은 결정이 적외선을 흡수하면 결정의 온도뿐만 아니라 전기 분극이 변한다. 이러한 전압의 변화는 초전 검출기에서의 신호가 된다. 이와 같은 중수소화 황산 트라이글라이신 검출기는 이 장의 뒤쪽에서 논의한 Fourier 변환 분광계에서 주로 사용된다.

강유전성 물질은 외부 전기장이 없어도 분자의 쌍극자 모멘트를 유지하도록 배열되어 있다. 이와 같은 배열은 물질이 영구적인 전기 분극을 띠게 한다.

적외선은 전자를 실리콘의 원자가띠로부터 전도띠로 들뜨게 할 정도로 에너지가 크지 않다. 적외선 검출기로 이용되는 반도체는 띠에너지 간격이 실리콘의 경우보다 작다.

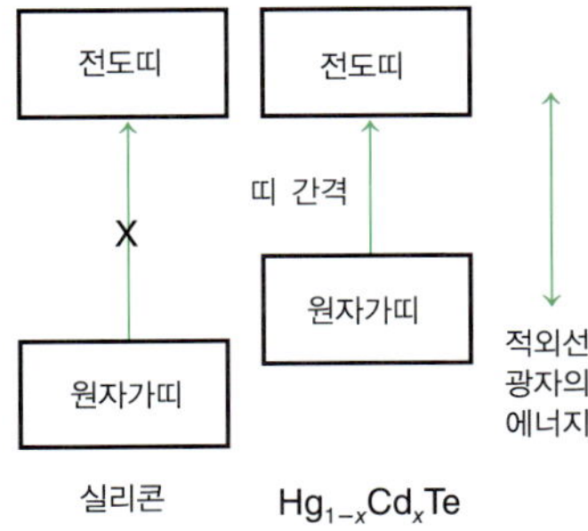

광전도도 검출기(photoconductive detector)는 적외선이 직접 원자가띠에 있는 전자를 전도띠로 들뜨게 할 때 전기 전도도가 증가하는 반도체이다. **광기전 검출기(photovoltaic detector)**는 전기장이 걸린 *pn* 반도체 접합을 가지고 있다. 적외선이 흡수되면 많은 수의 전자와 정공이 생성되고, 접합의 반대쪽으로 끌려가게 된다. 그 결과 접합을 따라 전위의 변화가 일어난다. 텔루륨화 카드뮴 수은($Hg_{1-x}Cd_xTe$, $0 < x < 1$)은 대표적인 검출기 재료의 하나로, 서로 다른 파장의 복사선에 대한 이 물질의 감도는 화학량론적 계수 x에 영향을 받는다. 흔히 77 K(액체 질소의 온도)로 냉각시킨 광전도도 및 광기전 검출 장치는 열에 의한 전기적 잡음을 한 자리 크기 이상으로 감소시킨다.

적외선 복사는 물질에 의해 빠르게 흡수되어 열(원자의 운동)로 전환되고, 공기나 물질을 둘러싸고 있는 기체를 따뜻하게 한다. 만약 적외선 복사가 1000 Hz와 같은 가청 주파수로 변조되면 시료 주위의 공기가 이 주파수로 따뜻해지고(팽창) 식으면서(수축) 음파를 발생한다. **광음향 검출기**(photoacoustic detector)는 변조된 적외선 복사의 흡수에 기인하는 음파를 측정한다. 광음향 검출은 특히 기체의 미량 검출에 유용하다. 보충 20-3에 1958년 이후 대기 중의 CO_2 증가를 측정하기 위해 Keeling이 고안한 광음향 검출계를 설명하였다.

발광 측정을 위한 검출기 감응의 교정

그림 20-15에 다른 분광학적 감응을 보여 주는 검출기를 나타내었다. 다른 파장에서 같은 수의 입사 광자에 대하여 특별한 검출기는 다른 출력 신호를 생성한다. 이러한 감응의 변화는 투과된 조사량(P)을 주사한 조사량(P_0)으로 나누는 투광도를 측정할 때는 문제가 되지 않는다. 이 비율은 주어진 파장에 대하여 검출기가 그 파장에 얼마나 민감한가에 의존하지 않는다. 검출기의 분광학적 감도는 단일 파장에서 발광을 정량 분석할 때도 문제가 되지 않는다.

그러나 발광 띠의 참 **형태**를 측정하기를 원한다면, 다른 파장들에 대해서 검출기가 어떻게 감응하는지를 알아야 한다. 발광 스펙트럼의 참 형태를 측정하기 위해서는 각 파장에 대한 검출기의 상대적인 감응을 측정해야 한다. 물질의 형광이 교정된 검출기로 측정된 공인된 발광 표준 물질을 이용하여 교정이 이루어져야 한다.[18] 여러분의 기계로 측정된 겉보기 형광과 알려진 형광을 비교하여 교정 인자를 각 파장에 대하여 구해야 한다. 측정된 스펙트럼에 교정 인자를 각 파장에 대하여 곱하였을 때, 참 스펙트럼 형태가 얻어진다.

20-4 광센서

광전극(optode)은 **광섬유**(optical fiber)를 기초로 한 화학 센서의 일종이다. 광전극의 역할을 이해하기 위해서는 먼저 빛의 굴절에 관한 약간의 지식을 가지고 있어야 한다.

굴절

소듐 D선에서의 굴절률

진공	1
공기(0℃, 1 bar)	1.000 29
물	1.33
용융 석영	1.46
벤젠	1.50
Br_2	1.66
I_2	3.34

굴절률(refractive index)이 n인 매질에서 빛의 속도는 c/n이 되며, 여기서 c는 진공에서 빛의 속도이다. 즉 진공에서 $n = 1$이다. 굴절률은 일반적으로 20°C에서, 그리고 소듐(나트륨) D선의 파장($\lambda = 589.3$ nm)에서 측정한다. 매질 속에서 빛의 진동수(ν)는 진공에서의 진동수와 차이가 없다. 그러나 매질 속에서 빛의 속도(c/n)는 진공의 경우보다 감소하기 때문에 $\lambda\nu = c/n$이므로 파장은 감소한다.

빛이 반사되었을 때, 반사각은 입사각과 같다(그림 20-20). 빛이 서로 다른 매질을 통과하면, 그 경로는 구부러진다. **굴절(refraction)**이라고 하는 이 굽힘 현상은 다음의 **Snell 법칙(Snell's law)**으로 나타낸다.

Snell 법칙: $$n_1 \sin \theta_1 = n_2 \sin \theta_2 \quad (20\text{-}9)$$

여기에서 n_1과 n_2는 각 매질에서의 굴절률이며, θ_1과 θ_2는 그림 20-20에서 정의된 각도이다.

예제 물에 의한 빛의 굴절

가시광선이 공기(매질 1)에서 물(매질 2)로 45° 각도로 입사할 때(그림 20-20에서 θ_1), 물을 통과하는 빛의 각도 θ_2는 얼마인가?

풀이 공기의 굴절률은 1에 가깝고, 물은 약 1.33이다. Snell 법칙으로부터,

$$(1.00)(\sin 45°) = (1.33)(\sin\theta_2) \Rightarrow \sin\theta_2 = (\sin 45°)/1.33 = 0.532$$
$$\theta_2 = \sin^{-1}(0.532) = 32°$$

라디안과 역삼각함수가 어렵다면 다음과 같이 θ_2를 구하시오. $\sin\theta_2 = (\sin 45°)/1.33 = 0.532$, 따라서 $\theta_2 = \sin^{-1}(0.532) = \arcsin(0.532)$. 엑셀에서 역사인함수는 ASIN이고, 각은 라디안으로 표시된다. 엑셀함수 ASIN(0.532)은 0.561이라는 값을 준다.

$$도 = 180 \times \frac{라디안}{\pi} = 180 \times \frac{0.561}{\pi} = 32°$$

만약 입사광이 표면에 수직이면(즉 $\theta_1 = 0°$), θ_2는 얼마인가?

$$(1.00)(\sin 0°) = (1.33)(\sin\theta_2) \Rightarrow \theta_2 = 0°$$

이며, 따라서 수직한 입사광은 굴절되지 않는다

자습 가시선이 45°의 입사각으로 벤젠의 표면에 부딪힌다. 빛이 어떤 각도로 벤젠을 통과하겠는가? (**답:** 28°)

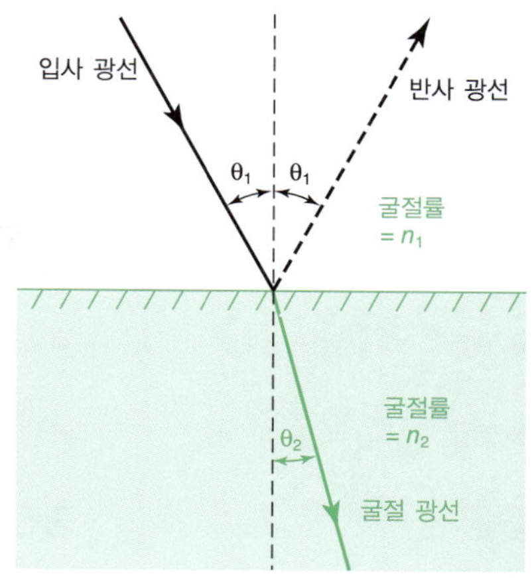

그림 20-20 Snell 법칙 설명: $n_1 \sin\theta_1 = n_2 \sin\theta_2$. 빛이 공기로부터 어떤 매질로 통과될 때 매질의 굴절률이 커질수록 θ_2는 작아진다.

경고: 엑셀의 삼각함수는 도를 쓰지 않고 라디안을 쓴다

용액의 굴절률은 용매와 용질의 굴절률과 용질의 농도에 의존한다. 굴절기로 성분 농도의 변화를 관측할 수 있다. 애호가들은 휴대용 굴절계를 이용하여 수족관 해수의 염도를 관측한다. 간호사는 굴절계를 이용하여 기증된 혈장에서 총혈장 단백질을 확인한다. 식품 산업에서는 굴절계로 꿀 속의 수분을 측정하고, 브릭스(Brix)로 알려진 과일 주스의 당 질량 퍼센트를 측정한다. 굴절률은 액체 크로마토그래피에서 비특이적, 저감도 검출기로 측정되는 성질이다.

주스 안의 당의 wt%	굴절률
0%	1.333 0
10%	1.347 5
20%	1.363 5
30%	1.381 1
40%	1.399 7

광섬유

광섬유(optical fiber)는 **내부 전반사**(total internal reflection)에 의해 빛을 운반한다. 광섬유는 전화 통신의 전선으로 대체되고 있다. 그 이유는 광섬유가 전기 잡음의 영향이 거의 없으며, 데이터를 고속으로 보낼 수 있을 뿐만 아니라, 전선보다 더 많은 양의 신호를 동시에 처리할 수 있기 때문이다. 특히 광섬유는 공정 과정을 감시하기 위하여 화학 반응 용기 내부로부터 발생되는 광학 신호를 분광 광도계로 이동시킬 수 있다.

신축성 있는 광섬유는 굴절률이 높으며, 광학적으로 투과성인 중심(core)이 굴절률이 낮은 투과성 껍질관(cladding) 속에 끼워져 있다(그림 20-21a). 껍질관은 플라스틱 보호 피막으로 둘러싸여 있다. 그리고 중심과 코팅 재료는 유리 또는 고분자이다.

그림 20-21b와 같이 중심의 벽에 입사각이 θ_i인 빛이 쪼여지고, 그 일부가 중심 내부에서 굴절되며 나머지 일부는 굴절각 θ_r로 껍질관을 통과한다고 가정하자. 중심의 굴절률이 n_1이고 껍질관의 경우는 n_2라고 하면, Snell 법칙(식 20-9)으로부터 다음과 같이 나타낼 수 있다.

$$n_1 \sin\theta_i = n_2 \sin\theta_r \Rightarrow \sin\theta_r = \frac{n_1}{n_2}\sin\theta_i \qquad \textbf{(20-10)}$$

만약 $(n_1/n_2)\sin\theta_i$가 1보다 크면, $\sin\theta_r$는 1보다 클 수 없기 때문에 껍질관 속으로 빛이 투과할 수 없게 된다. 그럴 경우에는 θ_i가 내부 전반사에 필요한 **임계각**(critical angle)보다 크게 된다. **만약 $n_1/n_2 > 1$이면, 모든 빛이 중심의 벽에서 반사하고 껍질관으로 거의 들어가지 않는 θ_i의 각도 범위에 있게 된다.** 빛이 수용체의 원뿔 모형에 있는 광섬유의 한쪽 끝으로 들어오면 거의 손실없이 섬유의 다른쪽 끝으로 통과하게 된다.

높은 굴절률(n_1) 영역에서 낮은 굴절률(n_2) 영역으로 이동하는 빛은 입사각이 $\sin\theta_{임계} = n_2/n_1$으로 주어진 임계각보다 크면 전반사를 일으킨다.

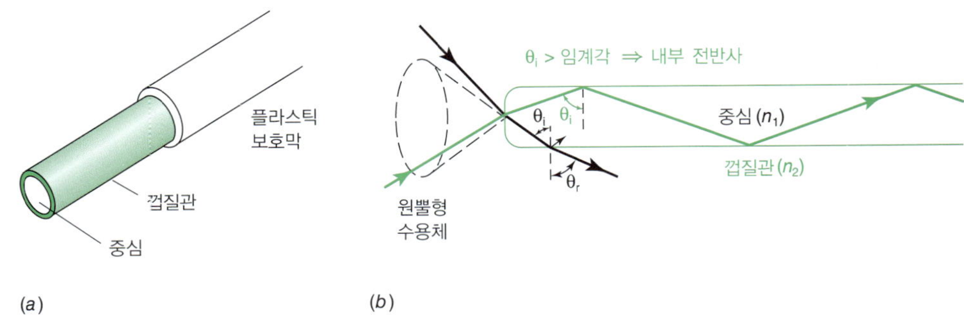

그림 20-21 (*a*) 광섬유의 구조와 (*b*) 작동 원리. 빛을 받을 수 있는 원뿔형 수용체 속으로 들어간 빛은 광섬유의 벽면에서 모두 반사된다.

광전극

광섬유 끝에 화학적으로 예민한 층을 배열함으로써 특이한 분석 물질을 검출할 수 있는 광 센서를 만들 수 있다.[19] 광섬유를 기초로 한 센서는 '광학(optical)' 및 '전극(electrode)'이라는 단어로부터 유래되어 **광전극(optode** 또는 optrode)이라고 한다. 광전극은 피 속의 용존 산소, pH, 생의학 응용에서 항생제 및 마취제, 해수의 염도, 출혈열에 대한 혈청 항체, 대기 중의 NO_2와 O_3 같은 다양한 분석 물질들을 감응할 수 있도록 제작된다.[20]

천연색 사진 16에 나타낸 O_2 광전극의 끝 부분은 고분자 층에 함유된 Ru(II) 착물로 입혀져 있다. 19-6절에서 설명한 바와 같이, Ru(II)로부터의 발광은 O_2에 의해서 **소광된다**(quenched, 감소된다). 광전극을 현미경의 시편대 위에 놓여 있는 100 fL(100×10^{-15} L) 정도로 작은 시료 속으로 삽입시킨다. 빛의 소광량은 시료 중 O_2의 농도를 의미한다. O_2의 검출 한계는 10아토몰(amol)이다. 광전극 끝부분에 효소 글루코스 산화제(반응식 17-13)를 주입시키면, 이것은 검출 한계가 1 fmol인 글루코스 센서가 된다.[21] 생화학적 산소 요구량(BOD, 보충 16-2)의 측정용 광전극은 막 속에 고정시킨 다음, 효모 세포를 이용하여 O_2를 소모시키고 Ru(II) 발광을 측정함으로써 O_2를 분석한다.[22]

질문 10 amol 속에는 몇 개의 분자가 들어 있는가? (**답:** 6백만 개)

광섬유 분광 광도계

연속 주입 분석과 흐름 주입에 이용되는 광섬유 분광 광도계의 효용성을 볼 것이다. 그림 19-12에 흡광도를 측정하기 위한 흐름 셀을 포함한 흐름 주입의 주된 장점에 대해 나타내었다. 시료는 한쪽 끝이 텅스텐-할로젠 램프로부터 나온 가시광선이 광섬유를 통하여 쪼여지는 원통형 셀을 흐른다. 흐름 셀의 다른 쪽 끝으로 투과된 빛을 광섬유를 이용하여 분광 광도계로 보낸다. 그림 19-18은 흐름 셀을 가진 연속 분석기를 보여 주고 있다. 광섬유와 작은 분광 광도계가 이러한 분석 성능을 가능하게 하였다.

그림 20-22는 분광 광도계의 광경로를 보여 주고 있다. 흐름 셀로부터 나온 광섬유가 커넥터 1과 입구 슬릿 2를 통해서 빛을 전달한다. 입구 슬릿의 폭이 몇 개의 선이 회절발에 쪼여질 것인가, 즉 단색화 장치의 분리도를 결정한다(식 20-3). 필터 3은 분광 광도계에 들어갈 제한된 파장의 띠만 통과시킨다. 거울 4는 빛살을 집속하여 모든 빛을 평행화한다. 회절발 5는 빛을 성분 파장들로 분리한다. 거울 6은 회절된 빛을 원통형 집속 렌즈 7로 모으고, 렌즈 7은 빛을 3 648개 화소의 선형 전하 결합 장치가 있는 검출기 8로 보낸다. 각 화소는 8 μm의 너비와 200 μm의 크기를 갖고, 파장의 영역을 받는다. 렌즈 7과 검출기 8 사이에 있는 필터 9는 2차와 3차($n = 2$와 $n = 3$) 회절선을 막는다.

사용자가 분광 광도계를 주문할 때에는 관심 분야와 파장의 영역을 명시해야 한다. 제조사에서는 원하는 파장 영역에 맞는 회절발과 필터를 공장에서 설치한다. 분광 광도계는 다른 회절발과 필터를 사용하여 200~1 100 nm 영역에서 작동하도록 할 수 있다. 가시광선 떠돌이빛은 ~0.05에서 0.1%이다. 기기는 스펙트럼을 측정하는 데 4 ms가 소요된다. 신호는 길게는 10초까지 축적되어 신호 대 잡음비를 개선할 수 있다(20-6절). 견고하고 상대적으로 값이 싼 이 기기에는 움직이는 부품이 없다.

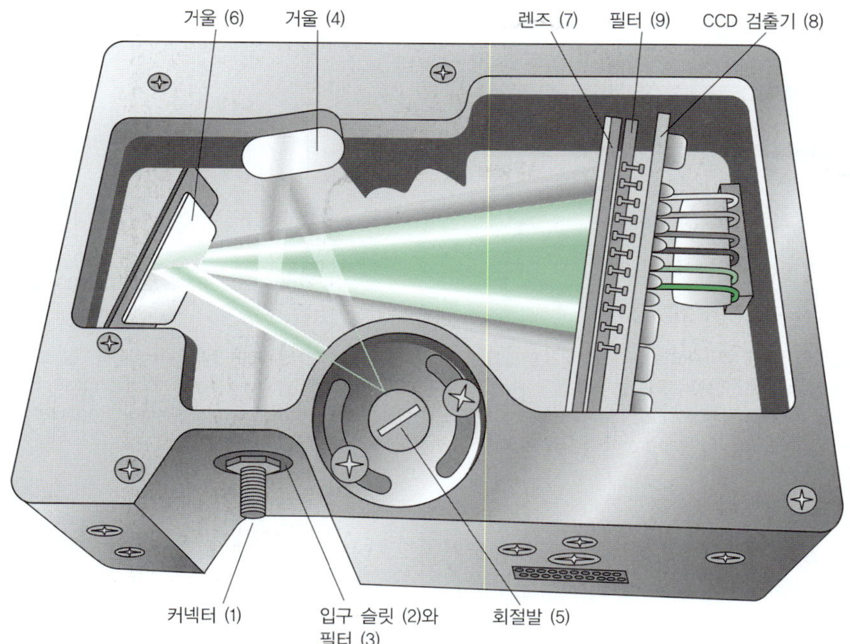

그림 20-22 유체 주입과 연속 주입 분석에 쓰이는 Ocean Optics USB 4000 광섬유 분광 광도계의 광경로. 이 소형 분광 광도계는 손에 쥘 정도이고 질량이 190 g이다. [제공: Ocean Optics, Dunedin, FL.] Video at www.youtube.com/watch?v=OI3plvLhVcc.

광섬유와 비슷한 기술이 그림 19-14의 흐름 주입 분석 시스템의 5 m 경로 흡광도 셀에 적용되었다. **액체 코어 도파관**(liquid-core waveguide)은 내부의 액체보다 낮은 굴절률을 갖는 모세관 튜브로 제작된다.[23] 테프론 AF는 물보다 낮은 굴절률인 1.29~1.31의 굴절률을 가지고 있다. 빛이 모세관의 한쪽 끝으로 들어오면 모세관 벽에서 내부 전반사를 하게 되고 액체 코어를 따라 전파하게 된다.

감쇠 전반사

그림 20-21은 빛이 광섬유를 따라 이리저리 반사되면서 통과하는 내부 전반사를 보여 주고 있다. 이와 같은 거동은 굴절률 n_1이 주위의 굴절률 n_2보다 큰 물질의 평면층에서도 관찰된다. 빛이 전반사를 일으키는 평면층을 **도파관**(**waveguide**)이라고 한다. 이제 어떻게 도파관 위에 화학적으로 예민한 층을 놓음으로써 화학적 센서가 조립되는지를 논의하자.[24]

그림 20-21에서와 같이 빛의 파동이 입사각 θ_i로 벽을 두드릴 때, θ_i가 $\sin\theta_{임계} = n_2/n_1$인 임계각보다 크면 빛은 전반사를 일으킨다. 빛이 전반사를 일으킬지라도 빛의 전기장은 어느 정도 껍질관에 침투된다. 그림 20-23은 전기장이 껍질관 속에서 지수적으로 감소하는 것을 보여 주고 있다. 광섬유나 도파관 벽을 통과한 빛을 **소멸파**(evanescent wave)라고 한다.

소멸(evanescent)이란 '사라짐' 또는 '빨리 지나감'을 의미한다. 빛이 도파관으로부터 '새어나오지만', 짧은 거리를 지나가면서 소멸된다.

그림 20-23에 나타낸 소멸파의 전기장(E)은 다음 식과 같이 나타낼 수 있다.

$$\frac{E}{E_0} = e^{-x/d_p} \qquad \left(d_p = \frac{\lambda/n_1}{2\pi\sqrt{\sin^2\theta_i - (n_2/n_1)^2}}\right) \tag{20-11}$$

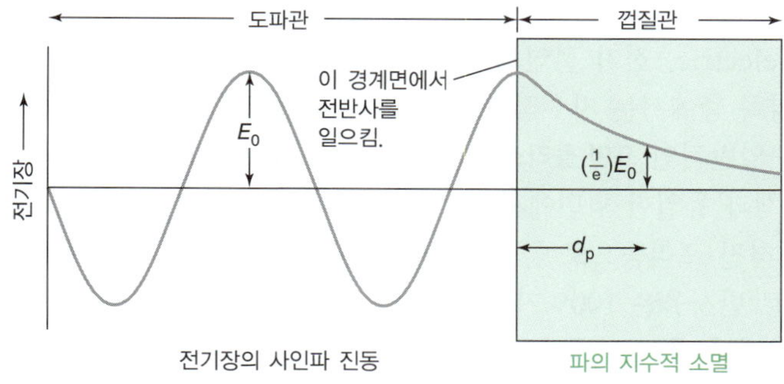

그림 20-23 전자기파가 전반사를 일으키는 표면에 부딪힐 때의 거동. 전기장이 반사 장벽을 침투하여 지수함수적으로 감소한다.

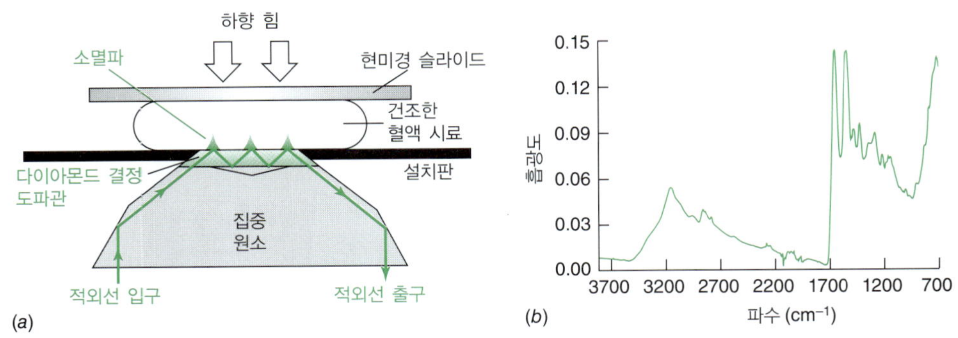

그림 20-24 (*a*) 감쇠 전반사에 의한 혈액 속의 말라리아 기생충 분석. (*b*) 건강한 피에 말라리아 기생충, 당 그리고 요소를 소량 첨가하여 얻은 감쇠 전반사 스펙트럼 [출처: S. Roy, D. Perez-Guaita, D. W. Andrew, J. S. Richards, D. McNaughton, P. Heraud, and B. R. Wood, "Simultaneous ATR-FTIR Based Determination of Malaria Parasitemia, Glucose and Urea in Whole Blood Dried onto a Glass Slide," *Anal. Chem.* **2017**, *89*, 5238.]

결정 물질	굴절률	분광 영역
다이아몬드	2.4	4 500~2 300 cm^{-1}
		1 800~650 cm^{-1}
Ge	4.0	5100~600 cm^{-1}
ZnSe	2.4	5100~600 cm^{-1}

출처: ATR Sampling Accessories for Agilent Cary 630 FTIR Spectrometers (*USA: Agilent, 2016*).

'감쇠'의 의미는 '감소'이다.

여기에서 E_0는 반사성 경계면에서 장의 크기이고, x는 껍질관 속으로 진행한 거리, λ는 진공에서 빛의 파장이다. **침투 깊이**(penetration depth)라고 하는 거리 d_p는 소멸장이 경계면에서 그 값의 1/e로 감소되는 영역이다. $n_1 = 2.4$, $n_2 = 1.5$이고 임계각이 39°인 다이아몬드 도파관을 생각해 보자. 만약 파장이 1000 cm^{-1}인 빛이 입사각이 45°이면 침투 깊이는 2 μm가 된다. 저마늄같이 굴절률인 큰 물질은 낮은 투과를 보인다. 더 긴 결정은 튐(bounce)이 더 많아져 더 큰 감도를 보여 준다.

그림 20-24a는 혈액 속의 말라리아 기생충을 측정하는 **감쇠 전반사(attenuated total reflectance)** 적외선 화학적 센서를 보여 준다. 다이아몬드 결정이 도파관의 역할을 한다. 작은 양의 시료—액체, 고분자, 반죽 또는 고체—가 노출된 결정의 2 mm 지름의 원에 직접 놓여진다. 말라리아를 검출하기 위해서, 혈액 시료 모두를 얼림과 녹임을 여러 번 거쳐 용해(세포가 파괴되어 열림)시킨 뒤 3 mL를 슬라이드 유리 위에 올린 뒤 말린다. 피와 결정이 접촉이 잘 되도록 하기 위해서 슬라이드의 위가 아래로 가도록 뒤집어서 누른다. 빛이 결정을 지날 때, 세 번 완전히 반사가 된다. 적외선 복사로부터 나온 소멸파는 다이아몬드 도파관을 통해 흡수 피로 도달된다. 피의 성분으로부터 흡수된 파장은 감쇠되고, 20-24b와 같은 스펙트럼을 만든다. 기생충이 만든 지질은 적혈구가 만든 지질과는 구조와 양이 다르다. 기생충 DNA는 포스포다이에스터 띠를 미묘하게 변화시킨다. 여러 파장에서의 흡광도로 말라리아 기생충, 그리고 당과 요소의 다변량 교정 모델을 만들고, 감염된 사람의 건강 상태의 지표로 사용된다. 감쇠 전반사 분광계는 간단한 시료의 준비, 낮은 구매 비용과 쉬운 조작으로 원격으로 낮은 인프라의 **포인트 케어 분석**(point-of-care analysis)에 매력적이다. 연료의 벤젠과 바이오디젤의 정량, 윤활유 내의 그을음, 고분자 블렌드의 폴리프로필렌, 섬유와 페인트의 법의학 식별 등에 감쇠 전반사를 표준 방법으로 사용한다.[25]

파우더의 감쇠 전반사 분석 비디오는 www.youtube.com/watch?v=mKiV5vQXwKc를 참조하라.

표면 플라스몬 공명[26]

금속 내부의 전도성 전자들은 가해준 전기장의 감응으로 금속 안에서 매우 자유롭게 움직인다. **표면 플라스몬**(surface plasmon)이라고도 하는 **표면 플라스마파**(surface plasma wave)는 금속과 **절연체**(dielectric, 전기 절연체) 사이의 경계면을 따라 전파되는 전자기파의 하나이다. 전자기장은 양쪽 층에서는 지수적으로 감소하지만 절연체에서는 강해진다.

그림 20-25a는 일반적인 **표면 플라스몬 공명(surface plasmon resonance)** 측정의 주요 과정을 보여 준다. 책과 동일한 평면에서 진동하는 전기장인 단색 파장의 빛이 바닥 면이 ~50 nm 금 층으로 입혀진 프리즘으로 들어간다. θ가 내부 전반사를 일으킬 수 있는 임계각으로 커지면 이상적으로 반사율은 100%가 된다. 플라스몬이 입사광과 공명을 일으키는 지역에서 그림 20-25b의 곡선과 같이 예민하게 깊게 파진 작은 범위의 각이 나타나게 된다. θ가 공명

표면 플라스몬 공명 비디오는 www.youtube.com/watch?v=o8d46ueAwXI을 참고하라.

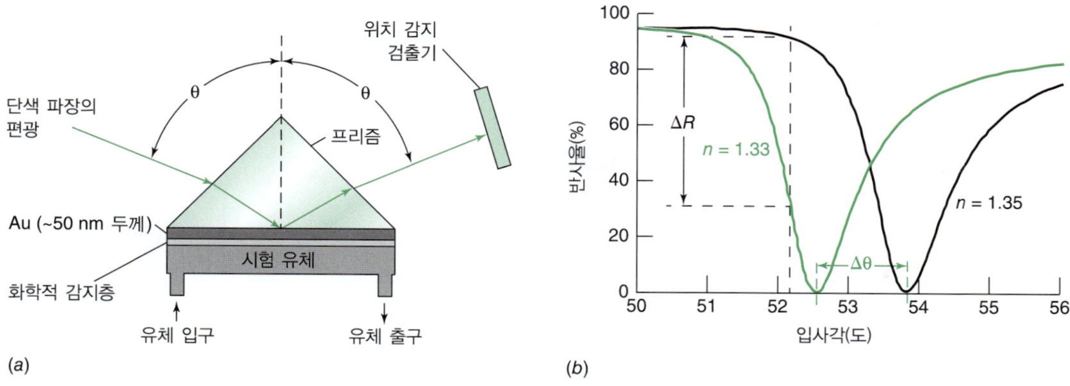

그림 20-25 (*a*) 표면 플라스몬 측정. (*b*) 반사율 대 각(θ) [출처: T.-H. Lee, D. J. Hirst, K. Kulkarni, M. P. Del Borgo, and M.-I. Aguilar, "Exploring Molecular-Biomembrane Interactions with Surface Plasmon Resonance and Dual Polarization Interferometry," *Chem. Rev.* **2018**, *118*, 5392.]

조건을 벗어나 증가하면, 적은 에너지가 흡수되므로 반사율은 증가한다.

반사율이 최소가 되는 각은 그림 20-25a의 절연체의 ~150 nm 감지층의 굴절률에 극도로 민감하다. 시판 기기는 ~10^{-4}에서 10^{-5}도의 정밀성으로 표면 플라스몬 공명각이 변한다. 굴절률에 비특이적 감응은 금 표면에 화학적 감지층을 첨가함으로써 특이적 감응으로 전환된다. 바이오센서에서 화학적으로 예민한 층은 몇 가지 분석 물질과 선택적으로 상호 작용을 일으키는 항체 또는 항원, DNA 또는 RNA, 단백질 혹은 탄수화물을 함유할 수 있다. 5~100 μL/min로 시료의 흐름이 감지층을 흐른다. 분석 물질의 결합이 경계 부근의 굴절률을 약간 변하게 하는 결과로 최소 반사각이 변한다.

그림 20-26은 바이오 의약품의 품질 관리용 표면 플라스몬 칩의 제작을 보여 준다. 문제가 있는 항체와 강하고 선택적인 결합이 있다. 50 nm의 금과 100 nm의 카복시메틸 덱스트란이 1 cm^2의 슬라이드 유리에 코팅되어 있다. 덱스트란 내의 카복실산이 표면에 연결하기 위한 결합 단백질인 석신이미드 에스터를 생산하기 위해 활성화되었다.

그림 20-27의 **센서그램**(sensorgram)은 표면 플라스몬 감응 대 바탕 시료와 마이크로리터 양의 6.7 μM 항체 시료가 미세 흐름(microflow) 셀을 통과하는 시간의 그림이다. 시료 주입 후 500초 동안 문제의 항체와 화학적 감지층의 결합으로 인해서 신호가 증가한다. 500초 이후에 깨끗한 바탕 시료가 결합하지 않은 항체를 제거하여 신호가 약간 감소한다. 600초에서의 Δθ를 문제의 항체 분율의 척도로 취했다. 0.1°의 변화는 mm^2의 개질된 덱스트란 표면과 결합한 ~1 ng의 단백질에 해당된다.

문제 있는 항체의 선택적 결합

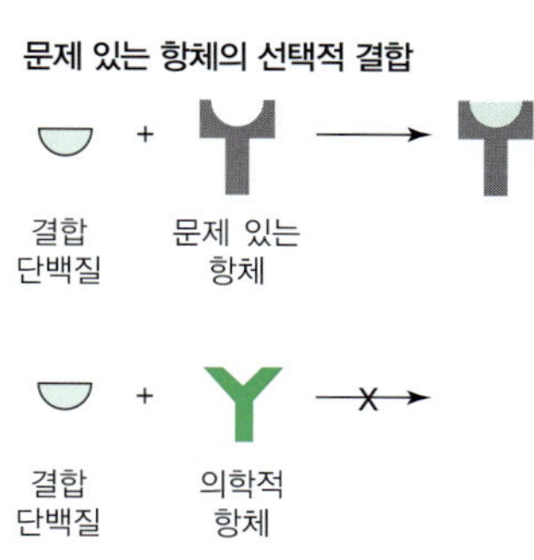

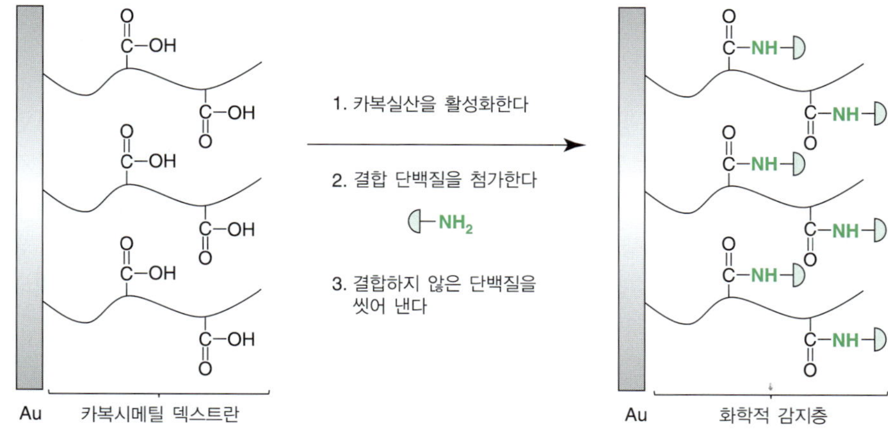

입사각의 변화를 측정하기 전에 결합하지 않은 시료는 완충 용액을 이용해서 씻어낸다.

그림 20-26 표면 플라스몬 공명을 위한 화학적 감지층 준비

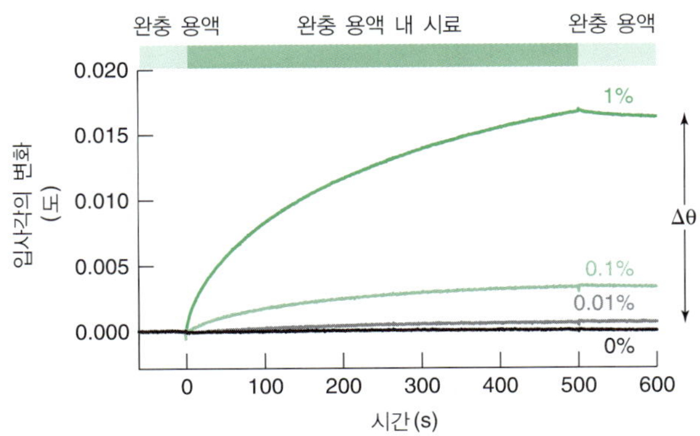

그림 20-27 문제가 생긴 항체가 화학적 감지층과 결합하였을 때 표면 플라스몬 공명각의 이동이 발생한다. 0.01~1%는 잘못된 항체의 백분율이다. 600초 후에 결합한 항체가 재생 용액으로 탈착되고, 칩은 새로운 시료를 위해 재생된다. [출처: H. Watanabe, S. Yageta, H. Imamura, and S. Honda, "Biosensing Probe for Quality Control Monitoring of Structural Integrity of Therapeutic Antibodies," *Anal. Chem.* **2016**, *88*, 10095, Open Access.]

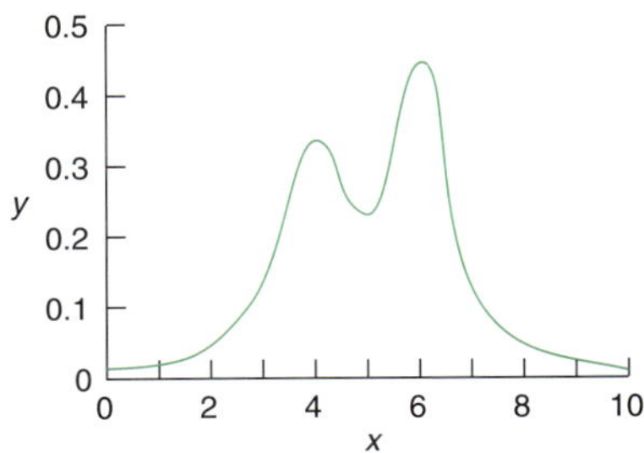

그림 20-28 Fourier 해석으로 sin항과 cos항의 합으로 분해시킨 곡선

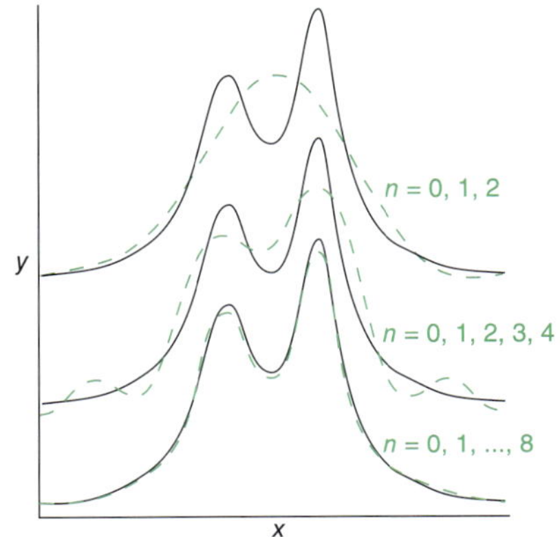

그림 20-29 그림 20-28의 곡선을 Fourier 급수로 재작성한 그림. 실선은 원래의 곡선이고, 점선은 식 20-10에서 n = 0으로부터 n = 2, 4, 8로 변화시킬 때 얻어진 곡선이다. 계수 a_n과 b_n은 표 20-3에 수록하였다.

표 20-3 그림 20-29의 Fourier 계수

n	a_n	b_n
0	0	0.136 912
1	−0.006 906	−0.160 994
2	0.015 185	0.037 705
3	−0.014 397	0.024 718
4	0.007 860	−0.043 718
5	0.000 089	0.034 864
6	−0.004 813	−0.018 858
7	0.006 059	0.004 580
8	−0.004 399	0.003 019

20-5 Fourier 변환 적외선 분광법[27]

배열 광다이오드 검출기나 전하 결합 장치를 이용함으로써 일시에 전체 스펙트럼을 얻는 방법을 알았다. 이 방법에서는 스펙트럼을 각 성분 파장으로 분해시킨 다음, 각 파장의 좁은 띠를 각각의 검출기 소자로 향하게 한다. 그러나 적외선 영역에 있어서 한 번에 전체 스펙트럼을 측정할 수 있는 대단히 중요하고 널리 사용되고 있는 방법은 **Fourier 변환 분광법**(Fourier transform spectroscopy)이다.

Fourier 해석

Fourier 해석(Fourier analysis)이란 어떤 곡선이든지 **Fourier 급수**(Fourier series)에 의해 sin항과 cos항의 합으로 분해시키는 방법을 말한다. 그림 20-28에 나타낸 $x_1 = 0$에서 $x_2 = 10$까지의 구간을 갖는 곡선을 해석하기 위하여, Fourier 급수는 다음과 같은 형태로 나타낼 수 있다.

Fourier 급수:
$$y = a_0 \sin(0\omega x) + b_0 \cos(0\omega x) + a_1 \sin(1\omega x) + b_1 \cos(1\omega x) + a_2 \sin(2\omega x) + b_2 \cos(2\omega x) + \dots$$
$$= \sum_{n=0}^{\infty} [a_n \sin(n\omega x) + b_n \cos(n\omega x)] \quad \textbf{(20-12)}$$

여기에서

$$\omega = \frac{2\pi}{x_2 - x_1} = \frac{2\pi}{10 - 0} = \frac{\pi}{5} \quad \textbf{(20-13)}$$

식 20-12는 어떤 x 값에 대한 y 값이 sin파와 cos파의 무한한 합으로 표시될 수 있다는 것을 말해 준다. 계속되는 항은 증가하는 주파수를 갖는 sin파와 cos파에 해당한다.

그림 20-29는 어떻게 3개, 5개 또는 9개의 계속되는 sin파와 cos파가 그림 20-28에 나타낸 곡선과 점점 더 잘 맞아 들어가는가를 보여 준다. 그림 20-29의 곡선을 작성하는 데 필요한 계수 a_n과 b_n은 표 20-3에 수록하였다.

간섭계

Fourier 변환 적외선 분광 광도계의 핵심 부분은 **간섭계(interferometer)**로, 그림 20-30에 나타내었다. 그림 왼쪽에 있는 광원으로부터 나온 복사선을 **빛살 분할기**(beamsplitter)에 쪼이면 일부는 반사하고 일부는 투과한다. 이에 대한 논의를 위하여 단색 파장 적외선 복사선을 생각해 보자(실제로 Fourier 변환 분광 광도계는 단색화 광원이 아닌 연속적인 적외선 광원을 사용한다). 그리고 간단하게 빛살 분할기는 빛의 절반을 반사하고 절반은 투과한다고 가정하자. 빛이 빛살 분할기의 O점을 두들기면, 그 일부는 OS만큼 떨어진 고정 거울 쪽으로 반사되고, 나머지는 OM만큼 떨어진 이동 거울 쪽으로 투과된다. 거울에 반사된 빛은 빛살 분할기 쪽으로 다시 향한다. 여기에

서도 빛의 절반은 통과되고 절반은 반사되며, 다시 모아진 일부의 빛은 검출기 쪽으로 향하고, 일부는 광원 쪽으로 되돌아간다.

일반적으로 OM과 OS의 길이는 같지 않으므로, 검출기에 도달하는 두 빛의 위상은 서로 같지 않다. 그림 20-8에서와 같이 두 빛의 위상이 같다면, 이들은 보강 간섭을 일으켜 진폭이 두 배로 증폭된다. 만약 위상이 반파장(180°) 만큼 차이가 있다면 상쇄 간섭을 일으켜 빛은 사라진다. 이 밖의 위상 차이를 나타내는 경우에 빛은 부분적으로 사라진다.

그림 20-30의 간섭계에서 두 파의 경로 차이는 2(OM − OS)이다. 이 차이를 **지연**(retardation)이라고 하며, δ로 표시한다. 보강 간섭은 δ가 빛의 파장(λ)의 정수 배일 때 발생한다. δ가 λ의 반정수 배이면 최솟값이 된다. 거울(M)이 빛살 분할기로부터 일정한 속도로 멀어지면, 검출기에서 감지되는 빛은 보강과 상쇄 상이 반복되는 간섭에 따라 최댓값과 최솟값이 연속적으로 반복된다.

Albert Michelson은 1880년경에 간섭계를 발견하였고, 1887년 Michelson-Morley 실험으로 빛의 속도는 광원 및 관찰자의 움직임과 무관하다는 사실을 발견하였다. 이 실험이 Einstein으로 하여금 상대성 이론을 이끌어내게 한 결정적인 계기가 되었다. Michelson은 또한 빛의 파장을 근거로 한 오늘날의 길이 표준보다 앞선 기준을 만들기 위해 간섭계를 이용하였다. 그는 1907년에 이들 장치의 도움으로 광학기기의 정밀성과 분광학 및 도량형학의 연구를 수행함으로써 노벨상을 수상하였다. 2017년 노벨 물리학상은 4 km의 긴 팔을 가진 간섭계를 이용한 중력파 관찰에 대해 수상되었다.

지연값 δ에 대한 빛의 세기를 나타낸 그래프를 **간섭도(interferogram)**라고 한다. 광원으로부터 나온 빛이 단색 파장이면 간섭도는 단순히 cosine파이다.

$$I(\delta) = B(\tilde{\nu}) \cos\left(\frac{2\pi\delta}{\lambda}\right) = B(\tilde{\nu}) \cos(2\pi\tilde{\nu}\delta) \quad \textbf{(20-14)}$$

여기에서 $I(\delta)$는 검출기에 도달하는 빛의 세기이고, $\tilde{\nu}$는 빛의 파수(= 1/λ)이다. 분명히 I는 지연값 δ의 함수이다. $B(\tilde{\nu})$는 광원의 세기, 빛살 분할기의 효율(정확하게 50%의 반사와 50%의 투과를 일으키기는 힘들다), 그리고 검출기의 감응을 나타내는 상수이다. 이들 모든 인자들은 $\tilde{\nu}$에 의존한다. 그러나 단색 파장의 빛인 경우에는 한 가지 값만을 갖는다.

그림 20-31a는 파수가 $\tilde{\nu}_0 = 2\ \text{cm}^{-1}$인 단색 파장에 의해서 얻어진 간섭도이다. 그림에서 간섭도의 파장(반복되는 거리)은 λ = 0.5 cm이고, 이것은 $1/\tilde{\nu}_0 = 1/(2\ \text{cm}^{-1})$과 같다는 것을 보여 준다. 그림 20-31b는 상대적 세기가 1:1인 두 가지 단색 파장을 가진 광원($\tilde{\nu}_0 = 2$와 $\tilde{\nu}_0 = 8\ \text{cm}^{-1}$)으로부터 얻은 간섭도이다. 간섭도에는 단파 진동($\lambda = \frac{1}{8}$ cm)이 장파 진동($\lambda = \frac{1}{2}$ cm)에 겹쳐져 있다. 이 경우 간섭도는 다음과 같이 두 항의 합이 된다.

$$I(\delta) = B_1 \cos(2\pi\tilde{\nu}_1\delta) + B_2 \cos(2\pi\tilde{\nu}_2\delta) \quad \textbf{(20-15)}$$

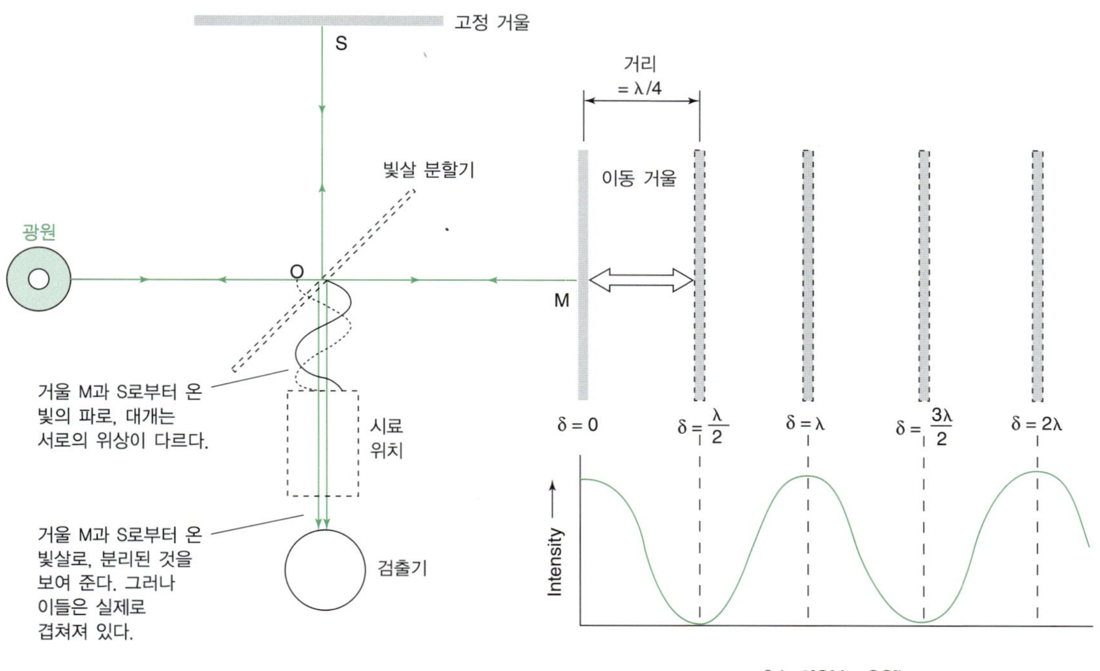

그림 20-30 Michelson 간섭계의 개략적인 구조. 검출기는 지연 함수(= 2[OM − OS])로서 감응한다. 이것은 파장이 λ인 단색 파장의 입사 복사선에 대해 나타낸 것이다.

여기에서 $B_1 = 1$, $\tilde{\nu}_1 = 2\ \text{cm}^{-1}$, $B_2 = 1$, $\tilde{\nu}_2 = 8\ \text{cm}^{-1}$이다.

Fourier 해석을 하면, 간섭도는 원래의 스펙트럼으로 되돌아간다. 즉 **스펙트럼은 간섭도의 Fourier 변환이다.**

Fourier 해석은 한 곡선을 구성하는 성분 파장으로 분해하는 방법이다. 그림 20-31a의 간섭도를 Fourier 해석하면, 이 간섭도는 $\lambda = \frac{1}{2}$ cm인 한 가지의 파장 함수로 구성되어 있다는 결과(보편적인)를 얻게 된다. 그림 20-31b의 간섭도를 Fourier 해석하면, 좀 더 흥미있는 결과를 얻게 된다. 즉 이 간섭도는 1:1의 상대적 크기를 갖는 두 파장($\lambda = \frac{1}{2}$ cm와 $\lambda = \frac{1}{8}$ cm)으로 구성되었음을 알 수 있다. 그러므로 스펙트럼은 간섭도의 **Fourier 변환**(Fourier transform)이라고 말할 수 있다.

그림 20-31c의 간섭도는 중심이 $\tilde{\nu}_0 = 4\ \text{cm}^{-1}$인 흡수띠로 이루어진 스펙트럼으로부터 얻어졌다. 간섭도는 모든 광원 파장들이 기여하는 것을 합한 결과이다. 그림 20-31c에 나타낸 간섭도를 Fourier 변환하면, 그림 20-31c의 스펙트럼이 된다. 즉 그것을, 간섭도를 구성하는 성분 파장으로 분해하면, 중심이 $\tilde{\nu}_0 = 4\ \text{cm}^{-1}$인 띠가 얻어진다. **간섭도를 Fourier 해석하면, 그것을 구성하는 성분 파장의 세기를 나타내게 된다.**

그림 20-31d의 간섭도는 왼쪽의 스펙트럼에서 두 개의 흡수띠로부터 얻은 것이다. 따라서 이 간섭도를 Fourier 변환하면, 왼쪽에 있는 스펙트럼이 나타난다.

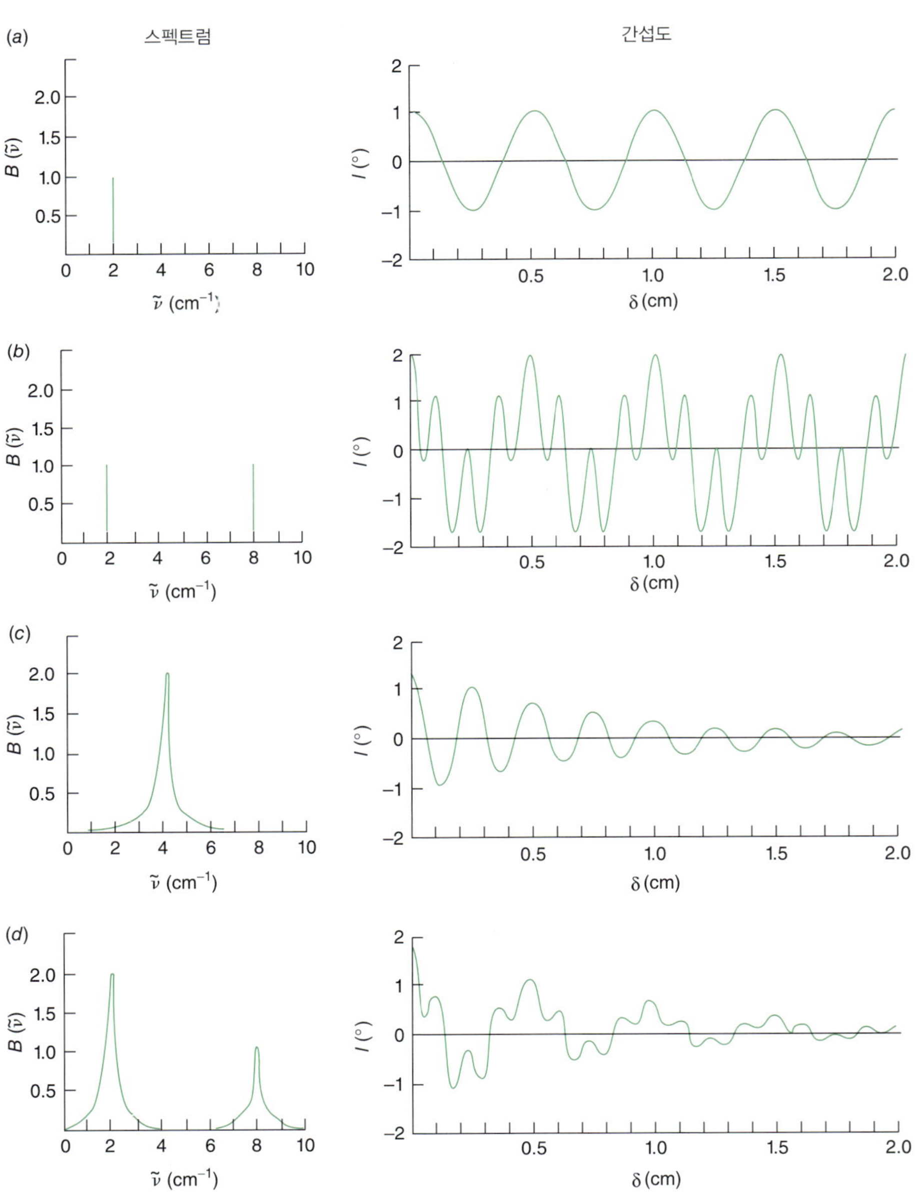

그림 20-31 서로 다른 스펙트럼에 의해 얻어진 간섭도

Fourier 변환 분광법

Fourier 변환 분광 광도계에서 시료는 그림 20-30과 20-32에 나타낸 바와 같이, 대체로 간섭계와 검출기 사이에 놓인다. 시료가 어떤 파장의 빛을 흡수하기 때문에 **간섭도는 광원의 빛 중에서 시료의 스펙트럼을 제외한 것이 된다.** 셀과 용매를 함유하는 기준 시료의 간섭도를 먼저 기록하고 스펙트럼으로 변환한다. 그다음 같은 시료의 용매를 사용한 시료의 간섭도를 기록하고 스펙트럼으로 변환한다. 스펙트럼을 기준 스펙트럼으로 나눈 비가 시료의 투광 스펙트럼이 된다(그림 20-33). 얻어진 두 스펙트럼의 비는 투광도를 얻기 위해 P/P_0를 계산한 것과 같다. 여기서 P_0는 기준 시료를 통과하여 검출기에 도달한 빛의 복사 세기이고, P는 시료를 통과한 빛의 복사 세기이다.

간섭도는 시료에 의해 흡수된 파장에서 그 세기가 감소된다.

간섭도는 일정한 간격으로 기록한다. 스펙트럼의 **분별능**(가깝게 겹치는 피크를 분리하는 능력)은 대략 $(1/\Delta)\text{cm}^{-1}$으로, Δ는 최대 지연이다. 만약 거울이 ±2 cm를 이동하면, 최대 지연은 ±4 cm이고, 분별능은 $1/(4\text{ cm}) = 0.25\text{ cm}^{-1}$이다.

분별능 ≈ $(1/\Delta)\text{ cm}^{-1}$
Δ = 최대 지연 (cm)

스펙트럼의 파장 범위는 어떻게 간섭도를 얻었는지에 의해서 결정된다. 데이터 점 사이의 간격이 좁을수록 파장 범위는 넓어진다. $\Delta\tilde{\nu}$인 파수 범위의 스펙트럼을 얻기 위해서는 지연 간격 $\delta = 1/(2\Delta\tilde{\nu})$에서 간섭도를 얻어야 한다. 만약 $\Delta\tilde{\nu}$가 8 000 cm^{-1}이면, $\delta = 1/(2 \cdot 8\,000\text{ cm}^{-1}) = 0.625 \times 10^{-4}\text{ cm} = 0.625\ \mu\text{m}$ 간격마다 데이터를 얻어야 한다. 이 간격은 0.312 μm로 거울이 이동하는 것에 해당한다. 따라서 이 거울이 1 cm 이동할 때, 3.2×10^4개의 데이터 점을 얻게 된다. 거울이 초당 2 mm의 속도로 이동하면 데이터 점의 수집 속도는 초당 6 400개가 된다.

$\Delta\tilde{\nu}$ cm^{-1}의 스펙트럼 범위에서 데이터 점은 $1/(2\Delta\tilde{\nu})$의 지연 간격에서 얻어야 한다.

Δ는 이 절에서 다른 두 가지 용도로 쓰인다.
$\Delta\tilde{\nu}$ = 스펙트럼 범위(cm^{-1})
Δ = 최대 지연(cm)

광원, 빛살 분할기 및 검출기도 마찬가지로 각각 이용 가능한 파장이 제한된 범위를 갖는다. 분명히 기기는 빛살 분할기에 흡수되는 파장이나 검출기가 감응하지 못하는 파장의 빛은 감응할 수 없다. 중간 적외선 영역(~4 000~400 cm^{-1})의 빛살 분할기는 보편적으로 저마늄 층을 KBr 판 위에 증착시킨 것이다. 더 긴 파장($\tilde{\nu} < 400\text{ cm}^{-1}$)에서는 유기 고분자 물질인 마일러(Mylar) 필름이 적합한 빛살 분할기이다.

간섭도에서 시료의 자료를 얻는 간격을 조절하려면, 단색 파장의 가시선 레이저를 다색 파장의 적외선과 함께 간섭계를 통과시킨다(그림 20-32). 레이저 광선은 경로 차이가 레이저

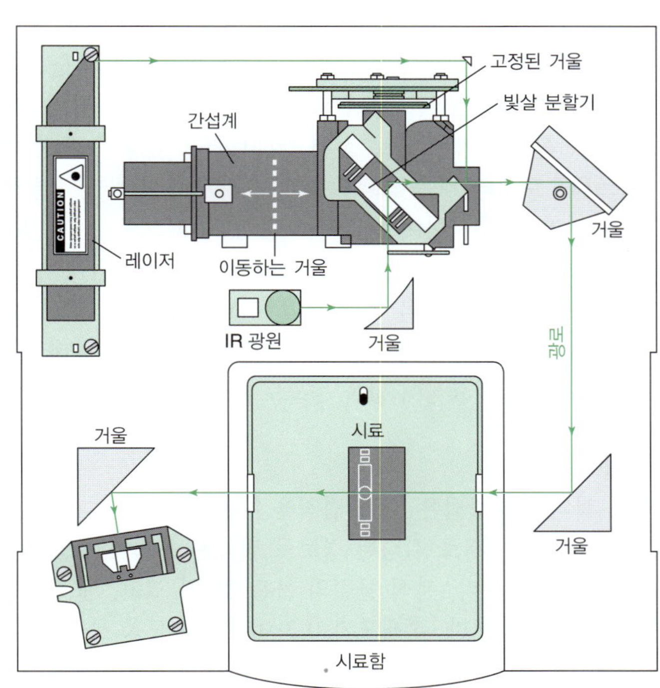

그림 20-32 Fourier 변환 적외선 분광계의 모형도 [출처: ThermoFisher Scientific, Madison, WI.]

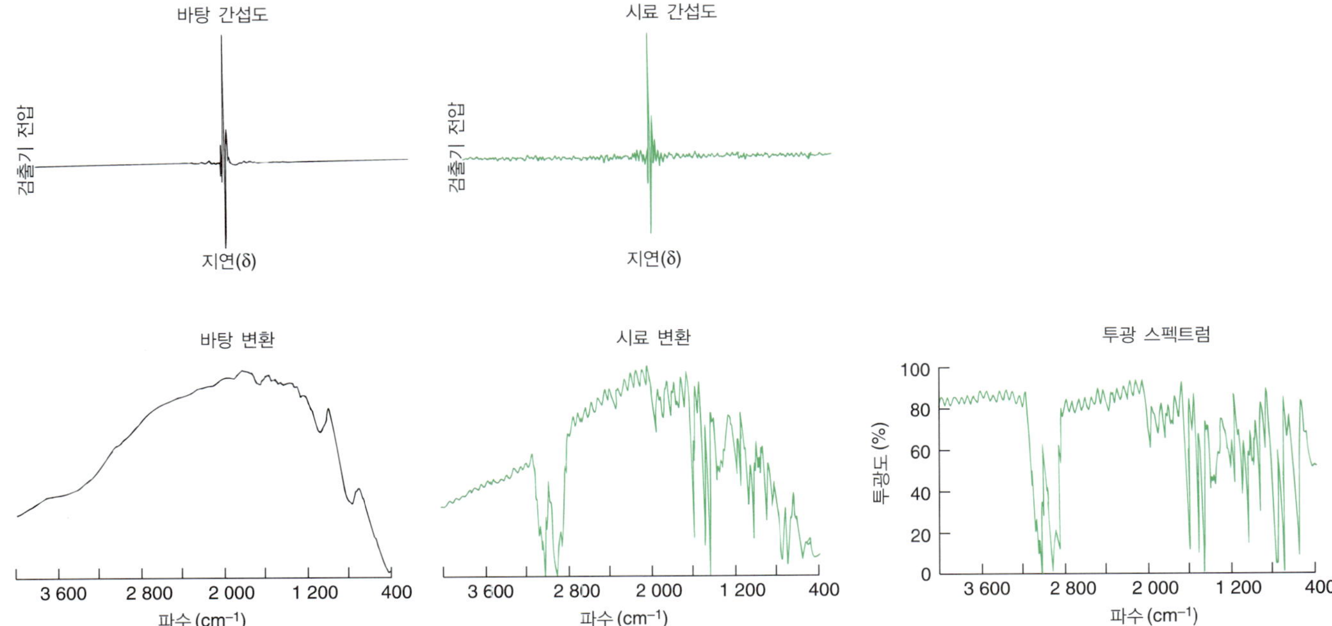

그림 20-33 폴리스타이렌 필름의 Fourier 변환 적외선 스펙트럼. 바탕 간섭도의 Fourier 변환은 광원의 세기, 빛살 분할기 효율, 검출기 감응과 대기 중 미량의 H_2O 및 CO_2의 흡수에 의하여 결정되는 스펙트럼을 나타낸다. 시료함은 H_2O와 CO_2의 수준을 감소시키기 위해 건조한 N_2를 불어넣는다(purge). 시료의 간섭도 변환은 이와 같은 기기적 인자에 시료에 의한 흡수를 더한 스펙트럼을 나타낸다. 투광 스펙트럼은 시료 변환을 바탕 변환으로 나누어서 얻는다. 각 간섭도는 32번 주사한 것의 평균이고, 4 096개의 데이터 점을 가지고 있으며, 8 cm^{-1}의 분별능을 갖는다. 거울의 이동 속도는 0.693 cm/s이다. [출처: M. P. Nadler, Michelson Laboratory, China Lake, CA.]

파장의 반정수 배일 때 상쇄 간섭을 나타낸다. 가시선 검출기로 측정한 레이저 신호가 0일 때 적외선 간섭도의 자료를 얻는 간격을 조절한다. 예를 들면 적외선 간섭도의 데이터 점은 가시선 간섭도가 두 번째 0이 될 때마다 취할 수 있다. 레이저 주파수의 정밀성을 알고 있으므로 적외선 스펙트럼은 0.01 cm^{-1}의 정확도로 얻을 수 있다. 이 정확도는 보통 분산형(회절발)보다 100배 높은 것이다.

Fourier 변환 분광법의 이점

Fourier 변환 분광계는 분산형 기기에 비하여 주어진 분별능에서 신호 대 잡음비를 개선시킬 뿐만 아니라, 보다 좋은 주파수 정확도, 속도 및 내장된 자료의 처리 능력을 갖는다. 신호 대 잡음비의 개선은 단색화 장치의 경우, 가능한 한 좁은 띠의 파를 파장의 크기 순서에 따라 분석하는 대신, Fourier 변환 분광계는 주로 전체 스펙트럼을 얻을 수 있는 에너지를 이용하기 때문이다. 한 스펙트럼으로부터 다음 스펙트럼까지 파수의 위치를 정밀하게 재현함으로써 Fourier 변환 기기는 여러 번 주사하여 평균 신호를 얻게 되므로, 신호 대 잡음비를 더욱 개선하게 된다. 또한 파수의 정밀성과 낮은 잡음 수준은 각 스펙트럼에서 나타나는 차이를 보정해 줌으로써 거의 일정한 스펙트럼을 얻게 된다. 그러나 Fourier 변환 기기는 투광도의 측정에는 분산형 분광계보다 정확하지 않다. Fourier 변환 적외선 분광계의 이점은 더 이상 분산형 적외선 분광계를 구입할 필요성이 없을 정도로 대단히 우수하다.

정량적 적외선 분광법[27,28]

투과와 감쇠 전반사 적외선 분광법은 Beer 법칙을 기본으로 한다. 가장 높은 정확도는 액체 시료를 6~1 000 μm의 스페이서로 결정된 경로로 밀봉된 용기에 넣었을 때 얻어진다. 용기 부피의 최소 5배로 용기를 씻는다. 분석 물질의 몰흡광도가 크고, 매트릭스와 용매의 흡광도가 작은 파장을 이용해서 측정한다. 흡광도가 0.3~0.8이 되도록 분석 물질의 농도를 조절한다. 흐린 용액과 긴 경로는 화학적 상호 작용 때문에 비선형성이 감소한다. 적외선 기기의 비선형성은 적외선의 더 좁은 흡수띠와 낮은 세기의 선원 때문에 가시광선 분광법보다 크다. 여러 성분을 결정함에 있어서는 흡광도를 0.8보다 크게 사용하지만, 표준 물질은 시료 흡광도를 포함해야 하고 전체 흡광도는 1.5를 넘어서는 안된다.

$A < 0.3$인 정확도는 적절한 **바탕선 보정**(baseline correction)에 의존한다. 바탕 흡광도가 없으면 분석 물질의 흡광도를 직접 사용할 수 있다. 바탕 흡광도가 있을 때에는 피크의 양쪽 바탕선의 점을 잇는 직선을 그린다. 측정된 흡광도에서 바탕선 흡광도를 빼서 바탕선 보정 흡광도를 구한다. 투광 스펙트럼에서는 용액과 바탕 용액의 투광도를 바탕선 보정 흡광도를 구하기 전에 흡광도로 변환한다.

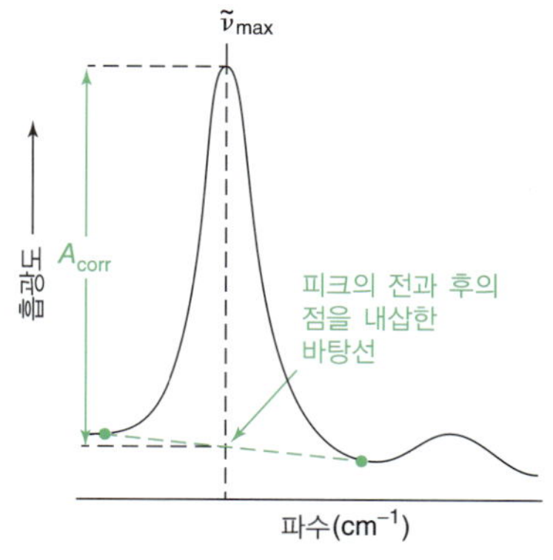

감쇠 전반사는 수용액 시료에 사용할 수 있다. 고분자 필름, 압착된 펠렛, 그리고 분산된 시료는 내부 표준 물질 교정(5-4절)을 추천한다. 다른 방법으로 경로는 간섭 무늬로 결정할 수 있다(문제 20-15).

분광학적 분별능이 ≤0.5 cm^{-1}인(전형적인 고체와 액체는 4 cm^{-1}) 기체 시료는 주어진 진동 전이와 연관된 많은 회전 전이도 분리할 필요가 있다. 흡광도는 H_2O와 CO_2를 흡수하지 않는 파장으로 흡광도를 측정하거나, 이 바탕 기체의 방해가 없도록 하기 위해서 제거해야 한다. 시료와 표준 물질은 압력이 같아야만 한다. 빛이 기체 용기를 한 번 통과하거나(보충 20-3), 양 끝에 있는 거울에 앞뒤로 반사되어 20 m까지 경로를 증가시키는 다중 통과 용기가 있다.

20-6 잡음의 처리[29]

Fourier 변환 분광법의 장점은 전체 간섭도를 수초 내에 기록하여 컴퓨터에 저장하는 것이다. 신호 대 잡음비는 수십, 수백 개의 간섭도를 얻어서 이들을 평균하면 개선된다.

신호 평균화

신호 평균화(signal averaging)는 그림 20-34에 나타낸 바와 같이, 여러 실험에서 데이터의 질을 개선해 준다.[30] 가장 밑에 나타낸 스펙트럼은 많은 잡음을 포함하고 있다. 잡음 크기를 측정하는 쉬운 방법은 신호가 나타나지 않는 파장에서 잡음의 최대 진폭을 측정하면 된다. 신호는 바탕선 잡음의 중앙으로부터 잡음 피크의 중앙 부분까지 측정한다. 따라서 그림 20-34에 나타낸 맨 아래 스펙트럼의 신호 대 잡음비는 14/9 = 1.6이다.

보다 일반적인 잡음의 측정(디지털 신호가 요구되는)은 **근평균 제곱 잡음[root mean square(rms) noise]**으로, 다음과 같이 정의한다.

근평균 제곱 잡음:
$$\text{rms 잡음} = \sqrt{\frac{\sum_i (A_i - \bar{A})^2}{n}} \qquad \textbf{(20-16)}$$

여기서 A_i는 i번째 데이터 점의 측정된 신호이고, $\bar{A}$는 평균 신호, n은 데이터 점의 수이다. 많은 수의 데이터 점에서 rms 잡음은 잡음의 표준 편차이다. 그림 20-34의 왼쪽 및 오른쪽과 같이 신호가 편평한 지점에서 식 20-16을 이용하는 것이 가장 바람직하다. rms 잡음은 피크 대 피크 잡음보다 ~5배 정도 작다. 만약 피크 대 피크 잡음 대신 rms 잡음을 사용하면, 그림 20-34의 가장 아래쪽 스펙트럼에서 잡음은 9/5 = 1.8이 되고, 신호 대 잡음비는 14/1.8 = 7.8이 된다. 분명히 신호 대 잡음비는 잡음을 어떻게 정의하는가에 의존한다.

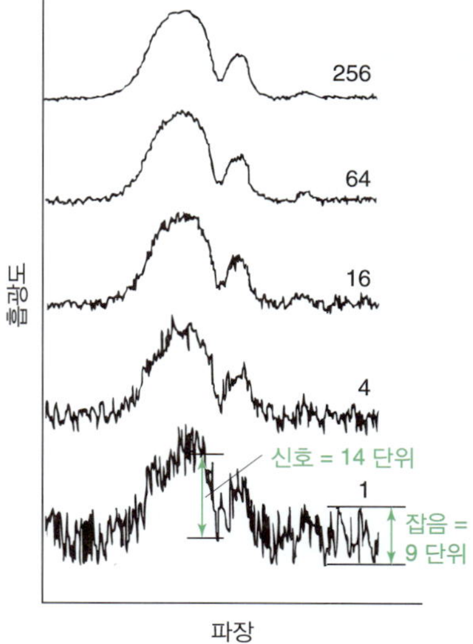

그림 20-34 잡음을 많이 포함하고 있는 모의 스펙트럼에 대한 신호 평균화의 효과. 숫자는 평균화한 주사수를 나타낸다. [출처: R. Q. Thompson, "Experiments in Software Data Handling," *J. Chem. Ed.* **1985**, *62*, 866.]

만약 스펙트럼을 두 번 측정하여 이들을 합칠 경우 어떻게 변화될까 생각해 보자. 두 스펙트럼의 신호가 서로 같기 때문에 스펙트럼의 값은 두 배가 될 것이다. 만약 n개의 스펙트럼을 더하면, 신호는 첫 번째 스펙트럼의 n배가 될 것이다. 한편, 잡음은 일정하지 않기 때문에 스펙트럼의 한 점에서 이보다 양이거나 음이게 된다. n개의 스펙트럼

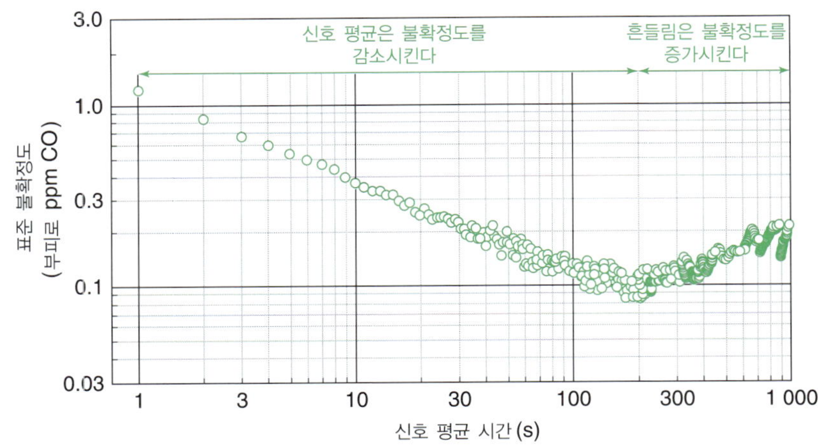

그림 20-35 비분산 적외선 측정 방법으로 공기 중의 31.8 ppm CO를 측정 횟수를 증가하고 평균을 구할 때 표준 불확정도의 감소. 다이오드 레이저의 측정 속도 =1 Hz이므로 100개의 신호를 평균하는 데 걸리는 시간 100초. 100개의 신호를 평균할 때, 표준 불확정도는 10배 감소한다. [J. M. Dang, H. Y. Yu, C. T. Zheng, Y. D. Wang, and Y. J. Sun, "An Early Fire Sensor Based on Infrared Gas Analytical Methods," *Anal. Meth.* **2018**, *10*, 3325.]

을 더하면, 잡음의 진폭은 $\sqrt{n}$배 커진다고 알려져 있다(문제 20-36). 따라서 신호는 n배 커지므로, 신호 대 잡음비는 $n/\sqrt{n} = \sqrt{n}$배 증가한다.

신호 대 잡음비를 n배 개선하기 위해서는 n^2개의 스펙트럼을 평균해야 한다.

> **질문** 16개의 스펙트럼을 평균을 냈다면, 신호 대 잡음비는 얼마나 개선되는가? 예측을 평가하기 위해서 그림 20-34에서 잡음의 레벨을 측정하라.

n개의 스펙트럼을 평균하면, 신호 대 잡음비는 $\sqrt{n}$배 만큼 향상된다. 즉 신호 대 잡음비를 2배 증가시키려면, 4개의 스펙트럼을 평균해야 한다. 그리고 신호 대 잡음비를 10배 증가시키려면, 100개의 스펙트럼을 평균해야 한다. 분광학자들은 약한 신호를 측정하기 위하여 10^4~10^5번 정도 기록한다. 기기의 불안정성으로 인하여 불규칙한 잡음뿐 아니라 표류(drift)도 발생하므로, 이 이상 더 좋은 결과를 얻기는 거의 힘들다. 기기가 표류하면 더 이상 신호의 중심에 있지 않다. 그러므로 신호의 세기가 측정 횟수에 비례하여 증가하는 것이 중단된다.

$$\text{검출 한계} \equiv \frac{3s}{m}$$

s = 잡음의 표준 편차
m = 직선 교정 곡선의 기울기

식 5-6에서 언급하였듯이, 분석 방법의 최소 검출 농도(검출 한계)는 종종 $3s/m$으로 취하며, 여기서 s는 바탕(또는 신호가 기대되지 않는 영역)을 여러 번 측정한 표준 편차, m은 선형 교정 곡선의 기울기이다. 기울기는 분석 물질의 농도 변화에 대한 신호의 mV(리터당 몰)과 같이, 분석 물질의 농도 변화에 대한 신호의 변화이다. 만약 분석 물질의 농도를 점점 더 작게 하여 기울기 m의 감응이 일정하게 되면, 신호의 표준 편차(**잡음**)을 감소시켜서 더 낮은 검출 한계를 얻을 수 있다.

비분산(nondispersive)의 의미는 복사선을 파장 성분으로 나누기 위한 프리즘이나 회절발이 없다는 것이다. 그림 20-35는 CO의 진동-회전 전이와 정확히 일치하는 파장을 내는, 조절이 가능한 다이오드 레이저를 사용한다.

그림 20-35는 적외선-레이저 복사선을 이용한 비분산 흡광도를 기본으로 한 신호 평균 시간을 증가시킴으로써 공기 중의 CO 측정에서의 표준 불확정도를 어떻게 감소시키는지를 보여 준다. 더 오랜 시간을 소비하면 잡음을 평균 내어 없애고, 200번 측정치를 평균 내어 더 낮은 불확정도를 얻을 수 있다. 다이오드 레이저 광원의 진동수 흔들림과 같은 불안정성은 신호 평균 시간을 증가시키는 것이 더 나쁜 검출 한계의 원인이 된다. 만약 레이저 광원의 흔들림이 있다면, 더 이상 CO의 선명한 흡수선과 공명을 일으키지 않아서, 측정한 흡수는 감소하게 된다.

잡음의 종류

그림 20-36은 전기 기기에서 세 가지 공통된 잡음의 형태를 보여 준다.[31] 그래프는 잡음의 진폭에 대한 잡음의 진동수를 나타낸다. 맨 위의 그림은 **백색 잡음**(white noise)으로, **Gauss 잡음**(Gaussian noise)이라고도 한다. 잡음의 진폭은 진동수와 무관하다. **Johnson 잡음**(Johnson noise)이라고도 하는 백색 잡음의 근원은 전자 장치에서 전자들의 불규칙적인 요동에 의해서 생긴다. 작동 온도를 낮추는 것이 Johnson 잡음을 감소시키는 한 방법이다. **산탄 잡음**(shot noise)은 백색 잡음의 또 다른 종류이며, 전하 운반체와 광자의 양자화에 기인하는 잡음이다. 신호가 작은 범위에서는, 검출기에 도달하는 광자의 작은 수의 불규칙적인 변화 또는 반도체에서 생성되는, 작은 수의 전자와 정공에 의해서 잡음이 발생한다.

그림 20-36의 두 번째 그림은 **표류**라고 하는 1/*f* **잡음**이다. 이것은 0의 주파수에서 최대이고, 1/주파수에 비례하여 감소한다. 실험 기기에 대한 낮은 주파수 잡음의 한 예는 분광 광도계에서 광원이나, 원자 분광법에서 불꽃이 깜빡거리거나 변화되는 것이다. 표류는 온도, 수명 및 전원의 전압 변동으로 기기 구성품이 서서히 변화되는 것에 기인한다. 표류를 검출하고 평가하는 고전적인 방법은 주기적으로 표준 물질을 측정하고, 측정된 변화로 인한 기기의 읽은 값을 보정한다.[32] 그림 20-35에서 신호의 평균이 200번 측정의 평균 이후에는 검출 한계를 개선시키는 것은 끝났다. 왜냐하면 CO를 측정하기 위한 다이오드 레이저의 파장이 CO 흡수의 공명에서 벗어나기 때문이다.

그림 20-36의 맨 아래쪽 그림은 지하실에서 코끼리 걸음으로 천천히 걸을 때, 60 Hz의 투과선 주파수 또는 0.2 Hz 진동 주파수와 같은 불연속적인 주파수로부터 발생되는 **선잡음**(line noise, **간섭 잡음** 또는 whistle noise)을 보여 준다. 전기적 가림이나, 가림과 기기의 접지를 같은 지점에 할 때 선잡음을 감소시킬 수 있다.

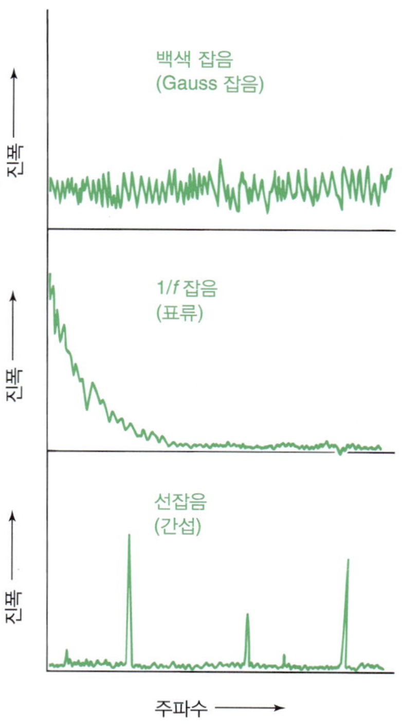

그림 20-36 전기 기기 잡음의 세 가지 형태. 백색 잡음은 항상 존재한다. 빛살 토막내기 주파수는 1/*f* 잡음과 선잡음을 무시할 수 있을 정도의 작은 값으로 줄일 수 있도록 선택할 수 있다.

겹살 분광 광도계를 이용한 잡음의 최소화

분광 광도계의 잡음은 i) 광원과 독립적인 원인, ii) 광생성 전류에 비례하는 원인, 그리고 iii) 광원의 세기의 변화에 기인한다.[33] 그림 20-1과 20-2에 나타낸 분광 광도계에는 각각 **빛살 토막틀**(beam chopper)이라고 하는 회전 거울이 있는데, 이것은 시료와 기준 시료 용기(셀)에 번갈아가며 빛을 보내는 장치이다. 토막내기는 거의 연속적으로 위의 두 셀에 빛을 보내며, 이것은 또한 잡음을 감소시키는 방법을 제공해 준다. 분광 광도계에서 **빛살 토막내기(beam chopping)**는 분석 신호를 0의 주파수에서 토막틀의 주파수까지 이동시킨다. 토막내기 주파수는 1/*f* 잡음 및 선잡음이 최소가 되도록 선택할 수 있다. 높은 주파수의 검출기 회로는 빛살 토막내기의 장점이 얻어지도록 요구한다.

그림 20-3은 광원의 변화로 발생되는 잡음을 소거시키도록 두 개의 검출기를 사용하는 장치를 보여 준다. 제논 램프로부터 나온 가시선이 단색화 장치를 통과한 뒤 빛살 분할기를 통해 두 개의 광선으로 나뉘어서 시료 셀과 기준 셀을 통과한다. 시료로부터 나온 빛은 광검출기에 도달하여 전류 I_{sample}을 생성한다. 기준 셀로부터 나온 빛이 광검출기에 도달하여 I_{ref}를 생성한다. 전자 장치가 전류를 흡광도로 전환한다. 광원 세기의 변화로부터 기인한 잡음은 I_{sample}과 I_{ref}에 동시에 영향을 끼친다. 만약 순간적으로 빛이 0.1% 증가하면, 각 검출기에 기록된 전류들도 동시에 0.1% 증가한다. I_{sample}/I_{ref} 지수는 상수로 남는다.

잡음이 있는 데이터의 디지털 스무딩

가능하다면 잡음을 줄이는 우수한 첫 번째 시도는 신호의 평균이다. 실용적 한계에 도달한 신호의 평균 이후에 더욱 잡음의 감소가 필요하다면, 잡음 감소를 위한 수치 조작이 필요하다. **디지털 스무딩(digital smoothing)**은 데이터의 잡음을 감소하기 위해 수치 알고리즘을 적용한 것이다.

그림 20-37c에 원래의 잡음이 있는 데이터 400개를 나타내었다. 7개(*b*와 *d*) 또는 31개(*a*와 *e*)의 데이터를 두 개의 알고리즘으로 스무딩한 것을 보여 준다. 디지털 스무딩을 하려면 *x*축의 데이터 간격들이 일정해야 하며, 이것은 대부분의 기기가 데이터를 저장하는 방식이다.

잡음이 있는 원래의 데이터 1~7을 그림 20-38에 색으로 채워진 원으로 나타내었다. 4번째 점의 잡음을 감소시키기 위해서 이동 평균을 이용하여 1~7까지의 7개 점을 평균을 내어 $x = 4$에서 y의 위치에 열린 사각형으로 그렸다. 2번째 점을 스무딩하기 위해서, 원래 잡음이 있는 2, 3, 4, 5, 6, 7, 8번째 점을 이용하여 $x = 5$에 y의 위치에 그린다. 이러한 과정은 4에서부터 397까지의 모든 점이 조정이 될 때까지 계속되어야 한다. 그 결과가 7점 스무딩된 데이터가 그림 20-37b에 있다. 1, 2, 3, 398, 399, 400번째의 점은 양쪽으로 필요한 3점의 데이터가 없으므로 손실된다.

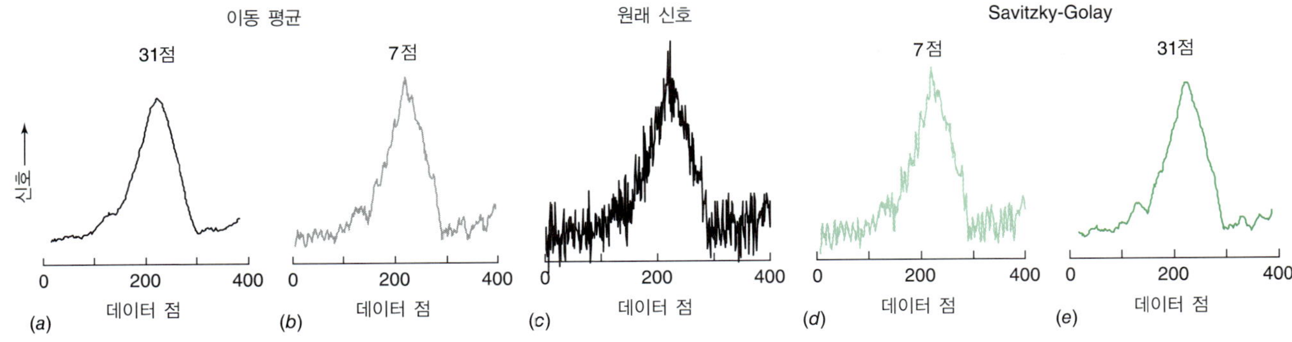

그림 20-37 잡음이 있는 데이터의 디지털 스무딩. 실선 *c*는 원래의 잡음이 있는 데이터이다. 실선 *a*와 *b*는 31점과 7점 이동 평균을 이용해 스무딩한 것이다. 실선 *d*와 *e*는 7점과 31점 Savitzky-Golay 다항식으로 스무딩한 것이다. [출처: T. Drevinskas, L. Telksnys, A. Maruška, J. Gorbatsova, and M. Kaljurand, "Capillary Electrophoresis Sensitivity Enhancement Based on Adaptive Moving Average Method," *Anal. Chem.* **2018**, *90*, 6773.]

이동 평균 스무딩 알고리즘은 스프레드시트에서 쉽게 실행된다. 7점 이동 평균에서의 중간 점의 y 좌표(조정된) y_0는

경고: 엑셀의 이동 평균 추세선은 식 20-17을 사용하지 않는다. 문제 20-39를 보라.

7점 이동 평균의 중심:
$$y_0(\text{조정된}) = \frac{y_{-3} + y_{-2} + y_{-1} + y_0 + y_1 + y_2 + y_3}{7} \quad \textbf{(20-17)}$$

여기서 y_i는 조정될 점 y 주위의 7개의 측정치이다. 예를 들면 조정된 y_4은

$$y_4(\text{조정된}) = \frac{y_1 + y_2 + y_3 + y_4 + y_5 + y_6 + y_7}{7}$$

그림 20-37b의 점들은 $x = 4$에서부터 $x = 397$까지의 원래의 잡음이 있는 데이터를 식 (20-17)을 적용하여 얻은 것이다.

스무딩에 최적의 수의 데이터가 잡음을 줄이는 것과 신호의 왜곡이 없도록 균형을 이룬다.

그림 20-37a의 그림은 31점의 데이터로 이동 평균을 한 결과이다. 16번째 점에 적용하기 위해서 잡음이 있는 원래의 데이터 1에서 31까지의 점을 평균했다. 31점 스무딩이 7점 스무딩보다 더 작은 잡음을 갖는 것을 보았다. 그러나 스무딩을 하기 위해서 이용되는 점들의 수를 증가시키면 왜곡이 생길 수 있다. 예를 들면 31점 스무딩이 7점 스무딩보다 피크의 진폭(높이)는 14% 감소하고, 너비는 13% 증가된다. 잡음을 줄이기 위해서 이동 평균 스무딩은 효과적이지만, 너무 많은 점으로 평균을 내면 데이터의 특성이 넓어진다.

예리한 특징을 더 잘 유지하는 두 번째 스무딩 방법이 Savitzky-Golay 방법이다.[34,35] 그림 20-38의 점 4를 스무딩하기 위해서, 7점 1~7을 최소 제곱법으로 세제곱 곡선을 찾는다. 그러면 점 4는 $x = 4$에서 세제곱 곡선의 y 위치로 움직여서 조정된다. 빈 원은 점 4가 스무딩된 점이다. 점 5를 스무딩하기 위해서, 7점 2~8을 최소 제곱법으로 세제곱 곡선을 찾는다. 이러한 과정은 그림 20-37d와 같이 4에서 457번째 점이 조정이 될 때까지 계속한다. 원래의 잡음이 있는 데이터의 수가 31로 증가하면 세제곱 다항식을 만족하는 그림은 20-37e와 같다. 7점 Savitzky-Golay 방법보다 잡음이 더 많이 감소하고, 그림 20-37a의 31점 이동 평균보다 신호의 왜곡이 적다. 31점 Savitzky-Golay 필터의 결과는 진폭의 손실이 덜하고 폭의 변화가 없다.

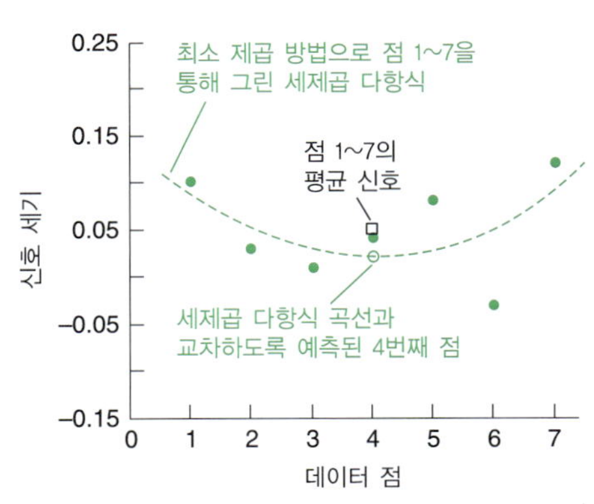

그림 20-38 어떻게 스무딩되는가. 색이 있는 점은 원래의 잡음이 있는 데이터를 나타낸다. 이동 평균 방법으로 4번째 점이 7점을 평균해서 열린 사각형으로 표시하였다. Savitzky-Golay은 세제곱 다항식 스무딩 식 20-18을 이용해서 점 4를 스무딩했다. 빈 원은 다항식으로 스무딩된 점 4의 예측된 위치이다.

7점 Savitzky-Golay 스무딩 방법을 스프레드시트로 실행하기 위해서, 중앙 점의 y 좌표(조정된)는,

9점 스무딩에 적용되는 식은

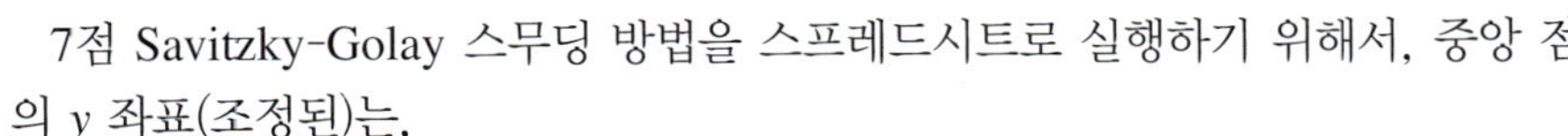

7점 Savitzky-Golay:
$$y_0(\text{조정된}) = \frac{-2y_{-3} + 3y_{-2} + 6y_{-1} + 7y_0 + 6y_1 + 3y_2 - 2y_3}{21} \quad \textbf{(20-18)}$$

부록 C에 5~25점 Savitzky-Golay 방법에 대한 계수가 수록되어 있다.

이해해야 할 용어

간섭계(interferometer)
간섭도(interferogram)
감쇠 전반사(attenuated total reflectance)
강유전성 물질(ferroelectric material)
광기전 검출기(photovoltaic detector)
광다이오드(photodiode)
광섬유(optical fiber)
광전관(phototube)
광전극(optode)
광전도도 검출기(photoconductive detector)
광전자 증배관(photomultiplier tube)
굴절(refraction)
굴절률(refractive index)
근평균 제곱 잡음[root-mean-square(rms) noise]
다색선(polychromatic light)
다색화 장치(polychromator)
단색화 장치(monochromator)
도파관(waveguide)
디지털 스무딩(digital smoothing)
떠돌이빛(stray light)
띠너비(bandwidth)
레이저(laser)
배열 광다이오드(photodiode array)
분별능(resolution)
분산(dispersion)
분리 능력(resolving power)
빛살 토막내기(beam chopping)
Snell 법칙(Snell's law)
신호 평균화(signal averaging)
열전기쌍(thermocouple)
온실 기체(greenhouse gas)
전하 결합 장치(charge coupled device)
표면 플라스몬 공명(surface plasmon resonance)
Fourier 해석(Fourier analysis)
회절(diffraction)
회절발(grating)
흑체 복사(blackbody radiation)

요약

분광 광도계의 주요 구성 부품은 광원, 시료 셀, 단색화 장치, 그리고 검출기이다. 흑체 광원은 흑체의 온도에 의존하는 분광 분포와 강한 세기를 갖는 넓은 영역의 파장을 방출한다. 온도가 증가하면 방출이 짧은 파장 쪽으로 이동한다. 텅스텐은 가시선을 제공하고, 탄화 규소 글로바는 좋은 적외선 광원이다. 아크 소스는 이온화된 기체의 전기 방전으로 연속 방출을 만든다. 중수소 램프는 자외선 복사선을 방출하고, 제논 아크 램프는 자외선과 가시선 영역을 방출한다. 수은 증기 램프와 같은 선소스는 광학 필터와 함께 같이 사용할 때, 단색화 소스로 쓸 수 있는 좁은 원자 방출을 한다. 레이저는 세기가 강하고 결맞음이 있으며, 단색 파장의 복사선이다. 이것은 낮은 상태의 입자수보다 더 많은 입자수의 들뜬 상태로 전이한 매질로부터 자극에 의해 방출된다. 광방출 다이오드는 많은 흡수 장치에 쓰일 만큼 띠너비가 충분히 좁은 저가의 광원이다.

시료 용기(셀)는 대상 복사선을 투과시킬 수 있도록 투명해야 한다. 기준 시료는 정량 분석 시 용기와 용매에 의한 반사와 산란을 보정한다. 회절발 단색화 장치는 빛을 구성하는 성분 파장으로 분산시킨다. 회절발의 홈이 좁게 그어져 있을수록 분별능이 커지고, 전체 각도에 대하여 파장의 분산을 증가시킨다. 좁은 단색화 장치의 슬릿은 분별능을 향상시키지만, 검출기에 도달하는 빛이 적기 때문에 잡음을 증가시킨다. 띠너비가 스펙트럼 피크 넓이의 1/5이 되면 최대 신호 대 잡음비와 최소 피크 일그러짐을 나타내는 가장 좋은 결과를 얻게 된다. 떠돌이빛은 시료의 투광도가 매우 낮을 때 가장 심각한 흡광도 오차를 일으킨다. 필터는 한 파장의 띠를 통과시키지만, 다른 파장의 띠는 통과시키지 못한다.

광전자 증배관은 가시선과 자외선 빛에 대해 예민한 검출기이다. 광자는 금속 음극으로부터 전자가 튀어나가도록 한다. 연속적으로 배열시킨 각 다이노드에 광전자가 충돌하면 신호는 증폭된다. 배열 광다이오드와 전하 결합 장치는 광자가 반도체 물질에서 전자와 정공을 생성하는 고체 검출기이다. 다색화 장치와 연결하면, 이 장치들은 모든 파장의 스펙트럼을 동시에 기록할 수 있으며, 분별능은 검출 소자의 수와 간격에 의해 정해진다. 일반적인 적외선 검출기에는 열전기쌍, 강유전성 물질, 그리고 광전도도 및 광기전 검출 장치가 있다. 광음향 분광학은 흡수한 에너지를 음파로 전환한 후 적외선 흡수를 검출한다.

빛이 굴절률 n_1인 영역에서 굴절률 n_2인 영역으로 통과할 때, 굴절각(θ_2)과 입사각(θ_1)은 Snell 법칙에 따라 $n_1 \sin \theta_1 = n_2 \sin \theta_2$의 관계를 갖는다. 광섬유와 평면 도파관은 일련의 내부 전반사에 의해 빛을 투과시킨다. 광전극은 광섬유를 기초로 한 센서(감지기)이다. 몇 가지 광전극에는 분석 물질이 존재하면 흡광도 또는 형광이 변화되는 물질층이 있다. 빛은 광섬유에 의해 끝부분으로부터 끝부분 쪽으로 이동한다. 한편 형광은 현미경 렌즈에 집광시킬 수 있다. 빛은 내부 전반사를 일으키면서 섬유 광학 장치 또는 도파관을 투과하며, 소멸이라고 하는 일부의 빛은 반사를 일으키는 동안 반사성 경계면 속으로 침투된다. 감쇠 전반사 장치에서 도파관은 분석 물질이 존재할 때 빛을 흡수하는 물질로 입혀져 있다. 표면 플라스몬 공명 센서에서는 프리즘 뒷면의 화학적으로 예민한 층으로 입혀진 금 필름으로부터 일어나는 최소 반사각의 변화를 측정한다. 금 필름층의 굴절률을 변화시키는 화학적 반응은 최소 반사각을 변화시킨다.

Fourier 해석은 신호를 구성하는 성분 파장으로 분해한다. 간섭계는 빛살 분할기, 고정 거울 및 이동 거울로 구성된다. 두 거울로부터의 빛의 반사로 간섭도가 얻어진다. 간섭도의 Fourier 해석은 주파수가 간섭도로 변환되었다는 것을 말해 준다. Fourier 변환 분광 광도계는 시료가 아닌 광원만의 간섭도를 먼저 측정한다. 다음 시료를 빛살 속에 놓고 두 번째 간섭도를 기록한다. 두 간섭도의 변환은 시료가 있고 없을 때 검출기에 도달하는 주파수를 알 수 있다. 두 변환의 비가 투광 스펙트럼이다. Fourier 변환 스펙트럼의 분별능은 약 $1/\Delta$ 정도이며, 여기에서 Δ는 최대 지연이다. $\Delta\tilde{\nu}$의 파수 범위를 갖는 스펙트럼을 얻으려면, $\delta = 1/(2\Delta\tilde{\nu})$의 간격에서 간섭도의 자료를 얻어야 한다.

투과와 감쇠 전반사 적외선 분광법의 정량은 Beer 법칙을 기본으로 한다. 적외선의 더 좁은 흡수띠와 더 낮은 빛의 세기로 인해서 적외선 분광법이 가시광선보다 Beer 법칙으로부터 기기적 비선형성이 더 크다.

만약 평균 n번 주사하면, 신호 대 잡음비는 $\sqrt{n}$ 만큼 증가한다. 백색 잡음은 진동수와 무관하고, 부품 내의 전자의 불규칙적인 요동(Johnson 잡음)과 전하 수송자와 광자의 불연속성(산탄 잡음)에 기인한다. $1/f$ 잡음은 진동수를 증가시킴으로써 감소된다. 광원의 세기와 원자 분광기에서의 불꽃 밝기의 흐름과 깜빡임이 $1/f$ 잡음의 원인이 된다. 선잡음은 전원 공급기의 60 Hz 진동수의 불연속적인 진동수에 의해 나타난다. 겹살 분광 광도계에서 빛살 토막틀은 $1/f$ 잡음과 선잡음을 감소시킨다. 이동 평균 및 Savitzky-Golay(다항식) 스무딩 방법은 데이터의 잡음을 줄여주는 많은 디지털 중의 두 가지이다.

연습 문제

20-A. **(a)** 회절발의 분별능이 10^4이라면, 이 회절발로 10.00과 10.01 mm 사이에 있는 두 스펙트럼 선의 분리가 가능할까?

(b) 10^4의 분별능으로 겨우 분리할 수 있는 1 000 cm^{-1}에 가장 가깝게 인접한 선의 파수는 어느 정도 가까운가?

(c) 5.0 cm 길이에 2 500개 선/cm로 홈이 그어져 있는 회절발의 분별능을 1차 차수($n = 1$) 및 10차 차수($n = 10$)의 회절에 대하여 계산하시오.

(d) 파수가 1 000 cm^{-1}과 1 001 cm^{-1}인 빛의 각분산($\Delta\phi$, 라디안/도)이 2 500개 선/cm이고, ϕ가 30°일 때 회절발로부터 분산되는 2차($n = 2$) 회절에 대한 분별능을 구하시오.

20-B. 시료의 참 흡광도는 1.000이다. 그러나 단색화 장치가 1.0%의 떠돌이빛을 통과시킨다. 시료를 통과하는 빛에 떠돌이빛을 합하면 시료의 실제 투광도가 된다. 이것을 흡광도로 환산하고, 시료 농도의 상대 오차를 구하시오.

20-C. 그림 20-33의 Fourier 변환 적외선 스펙트럼을 참고하시오.

(a) 지연 간격이 $1.266\ 0 \times 10^{-4}$ cm가 되도록 간섭도를 얻었다면, 이 스펙트럼의 이론적인 파장 범위(0에서 ?까지)는 얼마인가?

(b) $\delta = -\Delta$에서 $\delta = +\Delta$까지 총 4 096개의 데이터 점을 얻었다. Δ 값을 구하고, 최대 지연을 구하시오.

(c) 스펙트럼의 근사 분별능을 계산하시오.

(d) 각 스펙트럼의 간격은 몇 마이크로초(μs)인가?

(e) 각 간섭도를 한 번 얻는 데 몇 초 걸리겠는가?

(f) 400~4 000 cm^{-1}의 영역에 걸쳐 사용되는 전형적인 빛살 분할기는 어떤 종류인가? 400 cm^{-1} 이하의 영역에서 스펙트럼이 관찰되지 않는 이유는 무엇인가?

20-D. 아래의 표는 핵자기 공명(nuclear magnetic resonance) 실험에서 기록한 신호 대 잡음비이다.

(a) 신호 대 잡음비와 n 사이의 그래프를 그리시오.

(b) 신호 대 잡음비와 $\sqrt{n}$ 사이의 그래프를 그리시오. 각 점에서 표준 편차에 해당하는 오차 구간을 표시하시오.

신호 대 잡음비가 $\sqrt{n}$에 비례하는가? 표의 각 가로줄 결과에 대한 95% 신뢰 구간을 구하시오.

CCl_4 중에 함유되어 있는 1% 에틸벤젠의 방향족에 있는 양성자의 신호 대 잡음비

실험 횟수	데이터 축적 수(n)	신호 대 잡음비	표준 편차
8	1	18.9	1.9
6	4	36.4	3.7
6	9	47.3	4.9
8	16	66.7	7.0
6	25	84.6	8.6
6	36	107.2	10.7
6	49	130.3	13.3
4	64	143.2	15.1
4	81	146.2	15.0
4	100	159.4	17.1

출처: M. Henner, P. Levoir, and B. Ancian, "An NMR Spectrometer-Computer Interface Experiment," *J. Chem. Ed.* **1979**, *56*, 685.

문제

분광 광도계

20-1. **(a)** 그림 20-1에서 분광 광도계의 각 주요 부분에 대한 역할을 설명하시오.

(b) 그림 20-2의 분광 광도계는 토막틀을 사용하고, 그림 20-3은 빛살 분할기를 사용한다. 빛살 분할기의 작용에 대해 설명하시오.

20-2. 파장이 300 nm인 복사선의 광원으로 텅스텐 램프와 중수소 램프 중 어느 것을 사용하는가? 어떤 램프가 4 μm의 복사선을 발생시키는가?

20-3. 77 K(액체 질소의 온도)와 298 K(실온)에서 흑체로부터 복사되는 단위 면적당 복사 세기(단위 복사, W/m^2)를 계산하시오.

20-4. 흑체로부터 복사 세기(단위 파장당 단위 면적당 세기)는 **Planck 분포**로부터 다음과 같이 나타낼 수 있다.

$$M_\lambda = \frac{2\pi hc^2}{\lambda^5}\left(\frac{1}{e^{hc/\lambda kT}-1}\right)$$

여기서 λ는 파장, T는 온도(K), h는 Planck 상수, c는 빛의 속도, k는 Boltzmann 상수이다. 그림 20-4에서 두 파장 사이의 각 곡선 아래의 넓이는 두 파장 사이에서 방출되는 단위 면적당 세기(W/m^2)와 같다. 파장 λ_1에서 λ_2까지의 복사 세기는 Planck 분포 함수를 적분함으로써 얻어진다.

$$\text{방출 세기} = \int_{\lambda_1}^{\lambda_2} M_\lambda\, d\lambda$$

좁은 파장 영역 Δλ에 대하여 M_λ의 값은 거의 일정하기 때문에, 방출 세기는 단순히 $M_\lambda\Delta\lambda$로 나타낼 수 있다.

(a) T = 1 000 K일 때, λ = 2.00 μm와 λ = 10.00 μm에서 M_λ를 구하시오.

(b) 1 000 K에서 λ = 1.99 μm, λ = 2.01 μm의 Δλ = 0.02 μm일 때, m^2당 방출 세기를 M_λ, Δλ로 구하시오.

(c) **(b)**의 문제를 9.99~10.01 μm에 대하여 푸시오.

(d) $M_{2\,\mu m}/M_{10\,\mu m}$의 값은 두 파장에서의 단위 복사(relative exitance)이다. 1 000 K와 100 K에서 이 두 파장 사이의 단위 복사를 비교하시오. 이 답은 무엇을 의미하는가를 설명하시오.

20-5. 레이저가 어떻게 빛을 방출하는가를 설명하시오. 레이저 빛의 중요한 특성을 쓰시오.

20-6. 회절발의 분리 능력을 증가시키는 변수는 무엇인가? 회절발의 분산을 증가시키는 변수는 무엇인가? 특정 파장에 대해 회절발을 최적화하는 데 선택되는 열린 각(blaze angle)은 얼마인가?

20-7. 회절발 단색화 장치에서 필터의 역할은 무엇인가?

20-8. 단색화 장치의 슬릿 너비를 줄일 때 장 · 단점은 무엇인가?

20-9. 그림 20-10에서 입사각이 40°인 반사 회절발을 생각해 보자.

(a) 600 nm(가시선)의 빛에 대한 1차 회절각이 −30°라면, 회절발에 새겨질 홈은 cm당 몇 개인가?

(b) 1 000 cm^{-1}의 적외선에 대하여 같은 질문 **(a)**에 답하시오.

20-10. 10^3개 홈/cm인 회절발은 식 20-6에서 n = 1이고, ϕ = 10°일 때 5.8°/μm의 분산을 일으킨다는 것을 보이시오.

20-11. **(a)** 512.23 nm와 512.26 nm의 파장을 분리하기 위해서는 회절발의 분별능이 얼마가 되어야 하는가?

(b) 분별능이 10^4이라고 하면, 겨우 분리할 수 있는 512.23 nm에 가장 인접한 선(nm)을 구하시오.

(c) 길이가 8.00 cm이고, 185개 선/mm로 홈이 그어져 있는 회절발의 4차 분별능을 계산하시오.

(d) 250개 선/mm와 ϕ = 3.0°인 회절발로부터 1차(n = 1) 및 3차 회절을 일으키는 파장 512.23 nm, 512.26 nm 사이에서의 각분산(Δϕ)을 구하시오.

20-12. 그림 20-12a에서 분광 화학적 분석에 대한 λ_{max}가 좋은 파장의 선택이고, $\lambda = \lambda_{max}$는 왜 나쁜 선택인가?

20-13. **(a)** 시료의 참 흡광도는 1.500이다. 그러나 0.50%의 떠돌이빛이 검출기에 도달된다. 시료의 겉보기 투광도와 흡광도를 구하시오.

(b) 참 흡광도가 2이고 흡광 오차가 0.001을 넘지 않을 때, 허용되는 떠돌이빛의 양은?

(c) 연구용 흡광 광도계는 340 nm에서 0.000 05% 미만의 떠돌이빛을 허용한다. 참 흡광도가 각각 2, 3인 시료의 최대 흡광도 오차는 얼마인가?

20-14. Azusa Pacific 대학의 학생들이 제논 램프, 렌즈, 거울, 회절발, 광학 장치 고정용 3D 프린트물, 그리고 광다이오드를 사용하여 그들의 가시선 분광 광도계를 제작하였다. 그들이 제작한 분광 광도계를 $CuSO_4(aq)$의 교정 곡선 제작에 의한 시판용 기기와 비교하였다.

	보정 흡광도	
구리 농도(mM)	시판용 기기	학생 제작 기기
10.2	0.079	0.053
20.3	0.146	0.089
30.4	0.184	0.111
40.6	0.287	0.176
50.8	0.368	0.219
60.9	0.440	0.258
71.1	0.516	0.299
76.1	0.554	0.322

출처: Data from E. J. Davis, M. Jones, D. A. Thiel, and S. Pauls, "Using Open Source, 3D Printable Optical Hardware to Enhance Student Learning in the Instrumental Analysis Laboratory," *J. Chem. Ed.* **2018**, *95*, 672. M. Jones and D. A. Thiel were undergraduate researchers.

(a) 시판용 기기와 학생 제작 기기의 교정 곡선이 선형인가?

(b) 교정 데이터에서 엉뚱 오차가 있는가?

(c) 학생 제작 기기는 방 불빛에 열려 있었다. 학생 기기의 낮은 감도는 시판용 기기에 없는 떠돌이빛 때문이라고 가정하라. 식 20-8과 60.9 mM Cu^{2+}의 흡광도 데이터를 이용하여 학생 제작 기기에 미치는 떠돌이빛의 양을 예측하시오.

(d) 떠돌이빛이 학생 제작 기기에 어떤 영향을 미치는가? 왜 교정 곡선은 곡선이 아닌가?

20-15. 적외선 분광법에 있어서 셀의 통로 길이는 **간섭 무늬**(interference fringe, 투광 스펙트럼에서의 파동)를 계산하여 측정할 수 있다. 다음 스펙트럼은 1 906 cm^{-1}과 698 cm^{-1} 사이에서 빈 KBr 용기로부터 30개의 최대 간섭파를 분광 광도계로 측정한 것이다.

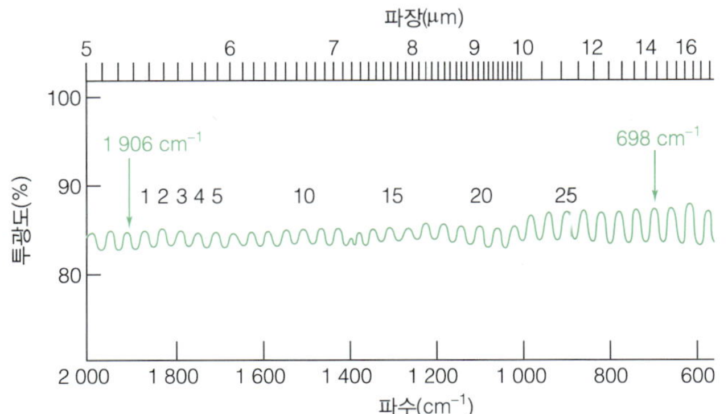

간섭 무늬는 용기 칸막이로부터 반사된 빛과 반사되지 않은 빛 사이의 보강 간섭 또는 상쇄 간섭에 의하여 발생한다.

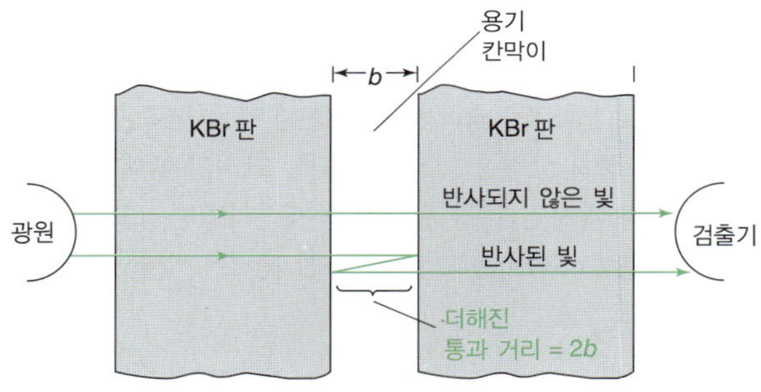

반사된 빛이 λ 만큼 이동한다면, 반사되지 않은 빛과 보강 간섭을 일으킬 것이다. 반사 통로 길이가 λ/2이면, 상쇄 간섭이 일어난다. 따라서 피크는 $m\lambda = 2b$일 때, 골짜기는 $m\lambda/2 = 2b$일 때 나타나며, 여기에서 m은 정수이다. 만약 KBr 판 사이의 매질의 굴절률이 n이고, 매질의 파장이 λ/n이라면, 식은 $m\lambda/n = 2b$ 및 $m\lambda/2n = 2b$가 된다. 따라서 용기의 통로 길이는 다음 식과 같이 나타낼 수 있다.

$$b = \frac{N}{2n} \cdot \frac{\lambda_1 \lambda_2}{\lambda_2 - \lambda_1} = \frac{N}{2n} \cdot \frac{1}{\tilde{\nu}_1 - \tilde{\nu}_2}$$

이때 파장 λ_1과 λ_2 사이에서 N개의 최댓값을 갖는 파가 얻어진다. 간섭 무늬가 위의 그림과 같을 때, 용기의 통로 길이를 구하시오.

20-16. 가시선 영역에 쓰이는 다음 검출기에 대하여 설명하시오.
(a) 광전자 증배관 **(b)** 배열 광다이오드 **(c)** 전하 결합 장치

20-17. 중수소로 처리한 황산 트라이글라이신염(약자로 DTGS)은 대표적인 강유전성 적외선 검출 물질이다. 이것이 어떻게 작용하는지를 설명하시오.

20-18. (a) 이 장의 시작 부분에서 언급한 공동 ring down 측정에서 흡광도는 다음과 같이 나타낼 수 있다.

$$A = \frac{L}{c \ln 10}\left(\frac{1}{\tau} - \frac{1}{\tau_0}\right)$$

여기에서 L은 거울 사이 공동의 길이이고, c는 빛의 속도, τ는 공동 속에 있는 시료의 ring down 수명이며, τ_0는 공동 속에 시료가 없을 때의 ring down 수명이다. ring down 수명은 측정된 ring down 신호 세기 I가 $I = I_0 e^{-t/\tau}$와 같이 지수적으로 감소한다는 식으로 얻어지고, I_0는 처음의 세기이고, t는 시간이다. CO_2의 측정은 한 파장에서 분자가 흡수를 일으키는 것으로 이루어진다. 길이가 21.0 cm인 빈 공동의 ring down 수명은 18.52 μs이고, CO_2를 포함한 공동의 경우는 16.06 μs이다. 이 파장에서 CO_2의 흡광도를 구하시오.

(b) 아래의 ring-down 스펙트럼은 0.13 bar의 공기 중에 있는 메테인 1.9 ppm(vol/vol)에 있는 $^{13}CH_4$와 $^{12}CH_4$로부터 얻은 것이다. 스펙트럼은 분자의 진동 바닥 상태에서 두 번째 들뜬 C—H 진동 상태로의 개별적 회전 전이로부터 나온 것이다. (i) 어떠한 양이 y축에 표시되었는지 설명하시오. (ii) $^{12}CH_4$의 피크는 6 046.954 6 cm^{-1}이다. 파장이 몇 nm인가? 이 피크가 나오는 분광학적 영역은 어디인가?

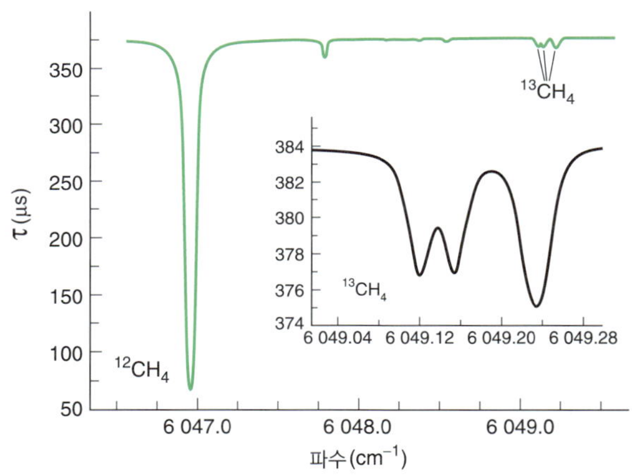

공기 중의 메테인의 공동 ring-down 스펙트럼 [출처: Y.Chen, K.K. Lehmann, J. Kessler, B.S. Lollar, G.L. Couloume, and T.C. Onstott, "Measurement of the $^{13}C/^{12}C$ of Atmospheric CH_4 using Near-Infrared Cavity Ring-Down Spectroscopy," *Anal. Chem]*. **2013**, *85*, 11250.]

광센서

20-19. 그림 20-20에서 **(a)** $\theta_1 = 30°$ 또는 **(b)** $\theta_1 = 0°$에서 빛이 벤젠(매질 1)에서 물(매질 2)로 통과한다. 각 경우에서 θ_2를 구하시오.

20-20. 광섬유가 어떻게 작동하는지를 설명하시오. 또 왜 광섬유가 구부러져 있을 경우에도 작동하겠는가?

20-21. 천연색 사진 20은 파란 빛이 큐벳 안에서 내부 전반사가 일어나는 모습을 보여 주고 있다. 파란 빛의 큐벳으로의 입사각

이 ~55°이다. 유기 용매의 굴절률이 1.50이고, 용융 실리카 큐벳의 굴절률이 1.46이다. 용매/실리카 경계면과 실리카/공기 경계면에서의 임계각을 계산하시오. 사진에서 어느 경계면이 내부 전반사에 중요한 역할을 하는가?(이 문제는 원저작물의 사진 저작권 미해결로 사진을 제시할 수 없어 풀 수 없는 문제입니다.)

20-22. 그림 20-24에 나타낸 감쇠 전반사 센서가 어떻게 작동하는지를 설명하시오.

20-23. 감쇠 전반사 신호는 침투 깊이와 관계가 있다.
(a) 1500 cm^{-1} 복사선이 다이아몬드 도파관($n_1 = 2.42$)을 통해 유기 시료($n_2 = 1.5$)에 입사각 45°로 침투하는 깊이를 계산하시오.
(b) 같은 조건에서 3 000 cm^{-1} 복사선의 침투 깊이를 계산하시오.
(c) 띠의 상대적인 세기가 다르기 때문에 투광 스펙트럼을 이용한 감쇠 전반사 스펙트럼을 비교하기는 어렵다. **(a)**와 **(b)**를 기초로 하여 볼 때, 왜 띠들의 상대 세기가 다른가?

20-24. 감쇠 전반사에 사용되는 도파관의 한쪽 표면이 필름으로 코팅된 평면 도파관이 있다고 하자. 주어진 입사각에서, 감쇠 전반사 센서의 감도는 도파관의 두께가 감소할수록 증가한다. 그 이유를 설명하시오(도파관 두께는 1 μm보다 얇다).

20-25. **(a)** ZrF_4로 만들어진 적외선 광섬유에서 더 이상 내부 전반사를 하지 않는 그림 20-21에서 θ_i의 임계값을 구하시오(광섬유 중심의 굴절률은 1.52이고, 껍질관의 굴절률은 1.50이다).
(b) 길이가 l인 광섬유에서 복사선 세기의 감소(흡수 및 산란에 의한)는 미터당 데시벨(dB/m)이며, 다음과 같이 정의된다.

$$\frac{\text{출력 세기}}{\text{입력 세기}} = 10^{-\ell(\text{dB/m})/10}$$

0.010 0 dB/m인 20.0 m 길이의 섬유에 대한 출력/입력의 비를 계산하시오.

20-26. 그림 20-21과 같은 광섬유에서 껍질관의 굴절률이 1.400이고, 중심관의 굴절률이 **(a)** 1.600, **(b)** 1.800일 때, 전반사를 일으키기 위한 최소 각도 θ_i를 구하시오.

20-27. 다음 프리즘은 90°로 빛을 반사시키는 데 이용된다. 이 프리즘 표면은 은으로 처리하지 않았다. Snell 법칙을 이용하여 전반사가 일어나는 이유를 설명하시오. 전반사를 일으키기 위한 프리즘의 최소 굴절률은 얼마인가?

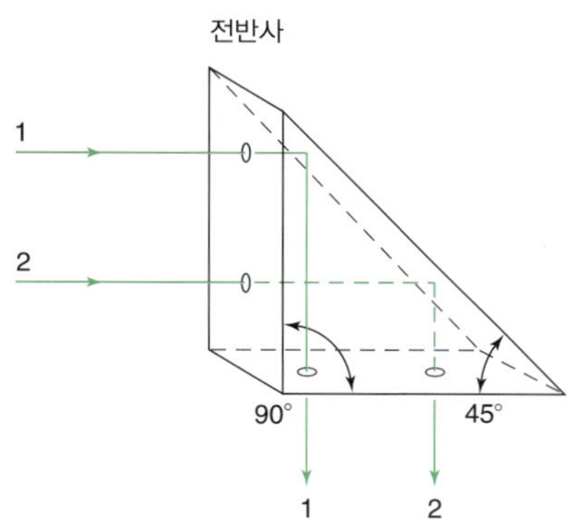

20-28. 대기 입자 중에서 추출한 인산 이온(PO_4^{3-})을 측정할 수 있는 대단히 예민한 방법을 소개한다. 물 추출물을 산성 용액에서 몰리브덴산으로 처리하여 12-몰리브도인산을 만든다. 이것을 염화 주석(II)로 환원시켜 유색의 인산몰리브데넘 블루를 만든다.

$$PO_4^{3-} + 12\ MoO_4^{2-} + 27\ H^+ \rightarrow H_3PO_4(MoO_3)_{12} + 12\ H_2O$$

$$H_3PO_4(MoO_3)_{12} \xrightarrow{SnCl_2} \text{인산몰리브데넘 블루}$$

유색 용액은 길이 2.5 m, 굴절률 1.29, 안벽이 플루오로탄소로 되어 있는 나선형 테플론관 속으로 넣는다. 관 속에 있는 수용액의 굴절률은 1.33 가까이 된다. 광섬유로 관의 한쪽 끝으로 백색광을 쪼인다. 용액/테프론 경계에서 내부 전반사가 일어나서 빛을 튜브의 용액을 통해서 전파시킨다. 다른 쪽 끝의 광섬유는 다색화 장치 및 검출기 쪽으로 보낸다.

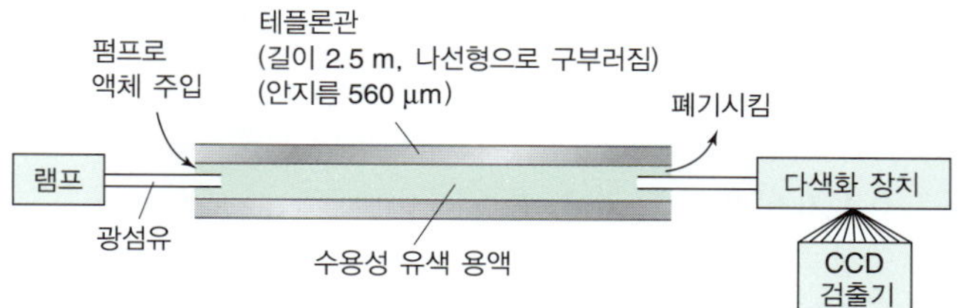

그림 19-14에서와 같은, 흐름 주입 분석계를 이용한 긴 통로 분광계 [출처: W. Yao, R. H. Byme, and R. D. Waterbury, "Detemination of Nanomolar Concentratins of Nitrite and Nitrate Using Long Path Length Absorbance Spectroscopy," *Environ. Sci. Technol.* **1998**, *32*, 2646.]

(a) 나선형 테플론관의 사용 목적과 그 기능을 설명하시오.
(b) 테플론/물 경계면에서 내부 전반사를 일으키는 입사광의 임계각은 얼마인가?
(c) 다음은 인산 이온 표준 물질의 흐름 주입 분석법으로부터 얻은 교정 데이터이다. 교정선이 직선인가? 흡광도가 0.107인 시료의 인산 이온의 농도는 얼마인가?

인산 농도(nM)	흡광도
6.07	0.024
12.13	0.044
24.27	0.083
48.53	0.160
97.07	0.314

출처: Data from K. Violaki, T. Fang, N. Mihalopoulos, R. Weber, and A. Nenes, "Real-Time, Online Automated System for Measurement of Water-Soluble Reactive Phosphate Ions in Atmospheric Particles," *Anal. Chem.* **2016**, *88*, 7163.

(d) 정확도를 검사하기 위해 소량 첨가 회수율을 수행하였다. 처음에 7.7 nM 인산 이온을 포함하고 있는 시료를 63.1 nM로 농축하였다. 농축한 시료의 측정된 농도가 73.0 nM이다. 소량 첨가 회수율은 얼마인가?

20-29. **(a)** 특수 실리카 유리 도파관은 514 nm 파장의 빛에 대하여 감소 계수가 0.050 dB/cm(문제 20-25에서 정의하였음)라고 보고되었다. 도파관의 두께가 0.60 μm이고, 길이가 3.0 cm이다. 입사각(그림에서 θ_i)은 70°이다. 도파관을 투과하는 입사선의 세기 분율은 얼마인가?

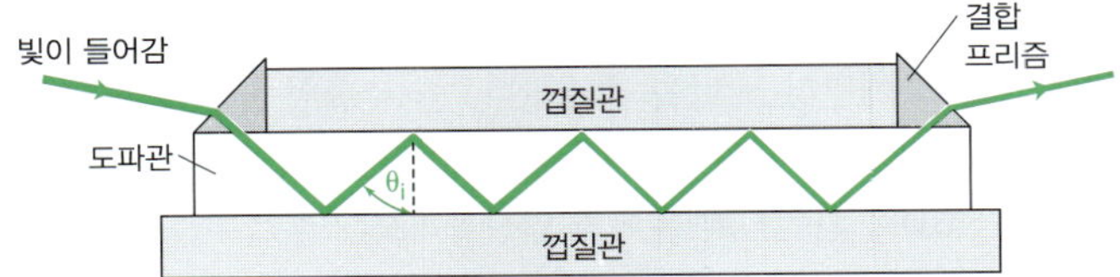

(b) 만약 도파관 물질의 굴절률이 1.5라면, 도파관 내부에 있는 빛의 파장은 얼마인가? 그리고 진동수는 얼마인가?

20-30. 용융 실리카에서 파장에 대한 굴절률(n)의 변화는 다음 식과 같이 나타낼 수 있고,

$$n^2 - 1 = \frac{(0.696\,166\,3)\lambda^2}{\lambda^2 - (0.068\,404\,3)^2} + \frac{(0.407\,942\,6)\lambda^2}{\lambda^2 - (0.116\,241\,4)^2} + \frac{(0.897\,479\,4)\lambda^2}{\lambda^2 - (9.896\,161)^2}$$

여기서 λ의 단위는 μm이다.

(a) 다음 파장에서 λ 대 n의 관계를 나타낸 그래프를 그리시오. 0.2, 0.4, 0.6, 0.8, 1, 2, 3, 4, 5, 6 μm

(b) 인접 파장의 빛을 분리(분산)하는 프리즘의 성능은 기울기 $dn/d\lambda$가 커질수록 증가한다. 용융 프리즘의 분산은 푸른빛과 붉은빛 중 어느 것에 대하여 더 큰가?

Fourier 변환 분광법

20-31. Fourier 변환 적외선 분광 광도계의 간섭계 거울이 ±1 cm 이동한다.

(a) 최대 지연 Δ는 몇 cm인가?

(b) 분별능의 의미를 설명하시오.

(c) 기기의 근사적 분별능(cm^{-1})은 얼마인가?

(d) 얼마의 지연 간격(δ)에서 0~2 000 cm^{-1}의 스펙트럼 범위에 걸치는 간섭도를 얻어야 하는가?(디지털형으로 변환하여)

20-32. 그림 20-33의 투광도 스펙트럼은 왜 차이(시료 변환 − 바탕 변환) 대신에 비(시료 변환/바탕 변환)로 계산하는지 설명하시오.

잡음의 처리

20-33. 진동수에 대하여 다르게 의존하는 세 종류의 잡음에 대하여 설명하시오. 각 잡음에 대한 예를 드시오.

20-34. 빛살 토막틀이 선잡음과 떨림에 의한 잡음을 어떻게 감소시키는지를 설명하시오.

20-35. 어떤 스펙트럼의 신호 대 잡음비가 8/1이다. 신호 대 잡음비를 20/1로 증가시키기 위해서는 몇 개의 스펙크럼을 평균화해야 하는가?

20-36. 어떤 측정에서 신호 대 잡음비가 100/1인 것은 1%의 불확정도(e)를 포함하는 신호(S)로 생각할 수 있다. 즉 측정은 $S \pm e = 100 \pm 1$이다.

(a) 불확정도의 전파 규칙에 따라, 위와 같은 두 개의 신호를 더한 결과, 전체 신호 $= 200 \pm \sqrt{2}$이고, 신호 대 잡음비는 $200/\sqrt{2} = 141/1$이 됨을 증명하시오.

(b) 위와 같은 4개의 신호를 더할 때, 신호 대 잡음 비가 200/1로 증가함을 보이시오.

(c) n번 측정한 평균값은 한 번 측정한 값에 비해 $\sqrt{n}$배가 증가하는 것을 보이시오.

20-37. 그림 20-35는 평균 시간을 1~1000초로 사용하여 일산화탄소를 측정할 때의 표준 불확정도이다.

(a) 그림 20-35는 로그-로그 그림이다. 그림으로부터 4초와 16초 때의 표준 불확정도를 읽으시오.

(b) 1초의 신호 평균 때의 1.18 ppm 값을 기초로 하여, 동일한 실험에서 4초와 16초 때 기대되는 표준 불확정도는 얼마인가?

(c) 만약 100초를 신호 평균으로 사용한다면, 표준 불확정도는 얼마인가? 이 결과가 그림 20-35와 일치하는가?

(d) 왜 평균 시간을 200초 또는 이상을 사용하면 표준 불확정도가 증가하는가?

20-38. 다음 그림은 전기 화학적 실험의 결과를 보여 주고 있다. 각각의 경우, 시간 = 20 s일 때 전압을 두 전극에 가하였고, 용액의 흡광도는 시간 = 60 s에서 전압이 초기의 값으로 되돌아올 때까지 감소한다. 위쪽의 기록들은 100, 300, 1 000번 반복 실험에서 얻은 평균 결과이다. 가장 위쪽 기록에서 측정된 신호 대 rms 잡음비는 60.0이다. 300, 100, 1회에 대해 기대되는 신호 대 잡음비를 예측하고, 그 결과를 그림에서 측정된 값과 비교하시오.

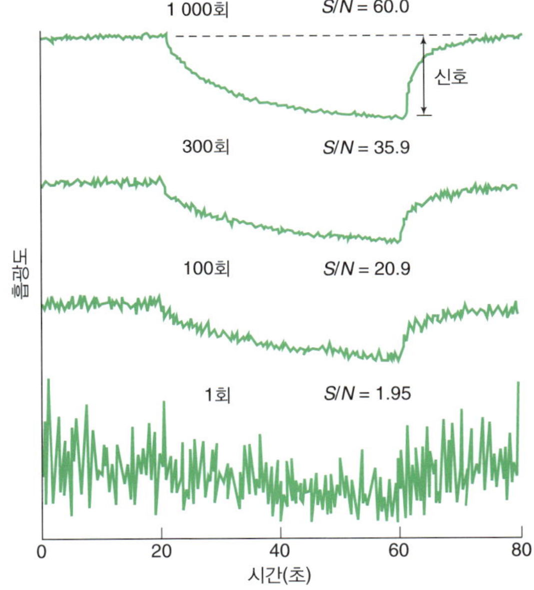

전기 전위를 20초에서 변화시킨 후 흡광도를 측정한 실험의 평균 신호 [출처: A. F. slaterbeck, T. H. Ridgeway, C. J. Seliskar, an W. R. Heineman, "Spectroelectrochemical Sensing Based on Multimode Selectivity Simultaneously Achievable in a Single Device," *Anal. Chem.* **1999**, *71*, 1196.]

20-39. 디지털 스무딩. 잡음이 있는 X선 형광 스펙트럼으로부터 얻은 실험 데이터가 표에 주어졌다.

(a) 7점 중앙 이동 평균 스무딩은 식 20-17을 이용하여 $x = 7.025$ eV일 때 y 값을 계산하고, 7점 세제곱 다항식 Savitzky-Golay 스무딩은 식 20-18로 계산하시오.

(b) 전체 데이터의 7점 중앙 이동 평균 스무딩과, 7점 세제

곱 다항식 Savitzky-Golay스무딩된 값을 계산하시오. 원래의 데이터와 스무딩된 데이터를 그래프에 중첩하여 그리시오.

x X선 에너지 (eV)	y 신호 (counts/s)	x X선 에너지 (eV)	y 신호 (counts/s)	x X선 에너지 (eV)	y 신호 (counts/s)
6.750	0.000	6.950	6.956	7.150	8.695
6.775	0.000	6.975	5.000	7.175	6.086
6.800	0.869	7.000	6.086	7.200	1.739
6.825	1.086	7.025	14.347	7.225	2.391
6.850	0.000	7.050	14.130	7.250	2.391
6.875	1.086	7.075	13.913	7.275	1.086
6.900	0.869	7.100	11.739	7.300	0.652
6.925	1.956	7.125	9.782		

(c) 엑셀에 이동 평균 추세선 선택은 있지만, 식 20-17을 이용하는 **중앙** 이동 평균에 대한 것은 없다. 엑셀의 이동 평균은 다음을 계산한다.

$$y_n(\text{조정된}) = \frac{y_1 + y_2 + \cdots + y_{n-1} + y_n}{n}$$

원래 데이터의 그래프를 그리시오. 데이터 점에서 우클릭하고 추세선을 첨가하시오. 라디오 버튼을 눌러서 이동 평균을 선택하고, 점 7을 조정하시오. 엑셀의 이동 평균과 **(b)**에서의 중앙 이동 평균을 비교하시오.

20-40. **빅 데이터 신호 평균**. SaplingPlus나 macmillanlearning.com에서 1 μM 안트라센의 10개의 형광 방출 스펙트럼의 데이터를 다운로드하라.

(a) 데이터 조사. 많은 데이터를 분석하기 전에 엉뚱 오차, 흐름, 비이상성이 있는지를 먼저 조사해야 한다. 그래프가 데이터를 조사하는 데 효과적이다. A6:K136셀을 선택하라. 삽입 리본에 있는 Scatter 그래프를 선택하고, 직선 Scatter를 선택하라. x축을 더블 클릭하고, 막대 그래프 아이콘을 클릭해서 축 옵션을 최소 370, 최대 500으로 조절하라. 모든 10개의 스펙트럼이 하나의 그래프에 그려진다. 이 중첩이 비정상적인 것을 보이게 한다. 이 데이터에서 두 개의 엉뚱 오차를 찾으시오.

(b) 스캔 신호 4회의 평균. L6셀에 '=AVERAGE(B6:E6)'를 입력하라. 544.9를 보게 될 것이다. L6셀을 클릭하여, 채워진 핸들을 클릭하고, 셀의 오른쪽 하단의 작은 사각형—L136셀로 드래그하라. 이러면 스캔 1~4의 평균이 L열에 채워진다. 스캔 1의 스펙트럼과 Ctrl을 누르고 A6:B136셀을 선택한 다음, L6:L136셀을 선택해서 네 개의 스캔의 평균과 중첩하라. A, B, L 열은 강조되나 C에서 K까지는 강조가 안 될 것이다. 스캔 1과 1~4번 스캔의 평균을 **(a)** 과정으로 그래프를 그리라.

(c) 큰 데이터 파일을 위아래로 스크롤하면 잃어버리기 쉽다. B6셀을 선택하라. 보기 리본에서 창 고정을 선택한 뒤, 창 고정을 선택하라. 이제 아래로 스크롤하면 위의 5열은 화면 위에 그대로 있을 것이다. A열은 오른쪽으로 스크롤해도 그대로 있을 것이다. 창 고정을 취소하려면 보기 리본에서 창 고정을 선택하고, 창고정 해제를 선택하라.

(d) 스캔 신호 9회의 평균. M6셀에 '=AVERAGE(B6:L6)'를 입력하라. 557.7을 보게 될 것이다. **(b)**와 같이 M열의 평균을 구하라. 스캔 1과 스캔 1~9 평균의 그래프를 중첩하시오.

(e) 470~500 nm 영역은 신호가 없는 바탕 신호이다. 스캔 1, 스캔 1~4의 평균 그리고 스캔 1~9의 평균의 470~500 nm에서의 근평균 제곱 잡음을 계산하시오. 잡음이 n에 또는 $\sqrt{n}$에 비례하는가?

(f) 스캔 1, 스캔 1~4의 평균 그리고 스캔 1~9의 399 nm에서의 신호 대 잡음을 계산하시오. 바탕 신호를 예측하기 위해서 470~500 nm의 평균을 사용하라. 신호 대 잡음이 n에, 아니면 $\sqrt{n}$에 비례하는가?

21 원자 분광법

원자 분광법으로 연구된 구리 시대의 생명

1991년에 이탈리아 알프스를 하이킹하던 커플이 빙하에 묻힌 미라를 발견하였다. Ötzi는 석기 시대와 청동기 시대에 유럽에서 살던 사냥꾼이었다. 그의 잘 보존된 시체와 도구로 그 시대의 그의 삶에 대해 알 수 있도록 원자 분광기가 가능하게 해 주었다. 원자 분광법에서, 물질은 불꽃 또는 **플라스마** 속에서 원자들로 분해된다. **플라스마(plasma)**는 이온과 자유 전자를 포함하는 대단히 뜨거운 기체이다. 각 원소의 양은 기체 원자들에 의한 자외선 또는 가시선의 흡수 혹은 방출에 의해서 측정된다.

Ötzi의 치아와 뼈에 있는 미량의 원소들을 측정하기 위하여 극소량의 물질을 레이저 펄스로 **에블레이트한**(ablation) 다음, 플라스마 속으로 보낸다. 플라스마는 일부의 원자들을 이온화시킨다. 그다음 질량 분석계를 통과하면서 질량에 따라 이온들로 분리되고 그들의 함량을 측정한다. 원소들은 음식물이나 호흡에 의해 치아 속으로 혼입된다. 치아 속의 미량 원소는 유년기의 환경을 반영하는 반면에, 뼈는 성인의 환경을 반영한다. Ötzi의 치아와 뼈 속의 Sr과 Pb 동위 원소의 미묘한 변화는, 그가 발견된 곳에서 60 km 남동쪽 계곡에서 태어나고 살았다는 것을 보여 준다[1]. Ötzi의 위 속 내용물의 작은 양을 HNO_3와 HCl로 소화시켰다. 유도 결합 플라스마-질량 분석법으로 액체 시료를 조사한 결과, 신석기 시대 식단은 다량 및 미량 원소의 영양분이 균형을 이루었음을 보여 준다[2]. Ötzi의 소화관 내용물의 현미경과 분자 연구 결과는 그의 마지막 식사의 주성분이 아이벡스와 붉은 사슴의 지방과 고기, 그리고 밀과 양치류의 식물임을 보여 준다[2].

그러면 Ötzi의 소중한 도끼의 구리는 어디서 왔을까? **X선 형광**(X-ray fluorescence)은 소중한 유산을 희생할 필요없이 직접 분석을 가능하게 한다. X선 형광법은 비소와 은은 검출했지만, 어디서 구리가 채굴되었는지 알 수 있는 미량 불순물을 검출할 수 없었다. 많은 토론 후에 과학자들은 6.7 mg의 시료를 도끼로부터 채취했다. 유도 결합 플라스마-질량 분석법은 많은 원소들과 동위 원소에 대하여 낮은 검출 한계를 제공한다. 불순물들과 납 동위 원소의 비율로부터 구리가 Ötzi가 마지막 살던 곳보다 500 km 남쪽에서 온 것임이 밝혀졌다. 이 예기치 않은 고고학의 결과는 5000년 전 무역에 관한 오래된 가정에 대한 도전이다.

많은 원자 분광학 기술이 Ötzi와 그의 유산물에 대한 연구에 이용되었다. 방법은 분석할 원소의 수, 그들의 농도와 범위, 시료가 얼마나 있는지, 그리고 어떤 형태인지에 의존한다. 이 장에서는 많은 원자 분광법 기술을 소개하고, 어디에 가장 적합한지를 소개할 것이다.

원자 분광법(atomic spectroscopy)에서 시료는 2 000~8 000 K에서 기화되고, 원자와 이온들로 분해된다. 증기 중에서 원자들의 농도는 특정 파장에서 일으키는 흡수 또는 방출에 의하여 측정한다. 이들 방법은 감도가 높고, 복잡한 시료 중에 있는 다른 원소들로부터 한 원소를 선택적으로 분석할 수 있으며, 여러 원소를 동시에 그리고 많은 시료들을 자동적으로 분석할 수 있는 특징을 가지고 있다. 따라서 원자 분광법은 분석 화학의 중요한 도구 중 하나이다.[3] 증기 속의 이온도 질량 분석계로 측정될 수 있다. 원자 분광기는 비싸지만 널리 사용되고 있다.

분석 물질은 ppm(μg/g)에서 ppt(pg/g) 정도에서 측정된다. 따라서 미지 시료 중에 함유된 주성분을 분석하기 위해서는 ppm 수준으로 시료의 농도를 묽혀야 한다. 치아의 분석에서 시료 중 미량 성분은 **예비 농축**(preconcentration) 과정 없이 바로 측정할 수 있다. 일반적으로 원자 분광법의 정밀성은 몇 % 정도로, 몇 가지 습식 화학 분석법보다 좋지 않다. 적당한 시료를 가장 조심스러운 방법으로 분석하는 것으로, 유도 결합 플라스마-원자 방출 분광기는 0.1% 정도의 정확도와 정밀도를 가지고 있고, 인 함량에 기초한 DNA 기준 물질을 인증하는 데 사용될 수 있다.[4]

예비 농축: 묽은 분석 물질을 분석이 가능할 정도의 높은 농도로 농축시키는 것을 의미한다.

21-1 원자 분광법의 기본 개념

세 가지 형태의 원자 분광법은 흡수, 방출, 그리고 형광에 기초를 두고 있다(그림 21-1).[5] 그림 21-2의 **원자 흡수**(**atomic absorption**)에서 액체 시료는 온도가 2 400~3 400 K인 불꽃 속으로 흡입된다(빨려 들어간다). 이때 액체는 증발되고, 남아 있는 고체는 통상적인 분광 광도법의 측정 용기 대신 불꽃 속에서 **원자화**(**atomized**, 원자들로 쪼개짐)된다. 불꽃의 통로 길이는 일반적으로 10 cm이다. 그림 21-2의 왼쪽에 나타낸 **속빈 음극 램프**(hollow cathode lamp)는 Fe로 만들어진 음극을 가지고 있다. 음극을 에너지가 큰 Ne^+ 또는 Ar^+ 이온으로 두드리면, 들뜬 Fe 원자 증기가 기화해서 불꽃 속의 분석 물질인 Fe가 흡수할 같은 주파수의 빛을 방출한다. 그림 21-2의 오른쪽에 나타낸 검출기는 불꽃을 통과하는 빛의 양을 측정한다.

원자 형광은 형광이 약하더라도 검은색 바탕 위에서 관찰 가능하기 때문에 흡수보다 더 예민하다. 흡수에서는 검출기에 도달하는 많은 양의 빛으로부터 발생하는 약간의 차이를 관찰한다.

원자 분광법과 분자 분광법의 중요한 차이 중의 하나는 흡수 또는 방출되는 복사선의 띠너비이다. 그림 18-8과 18-19에서와 같이, 액체와 고체의 스펙트럼은 전형적으로 띠너비가 약 100 nm이다. 이와 대조적으로 기체 원자의 스펙트럼은 띠너비가 약 0.001 nm인 예리한 선

원자 분광법의 종류

- **열적**으로 들뜬 상태로 올라간 원자로부터의 방출
- 속빈 음극 램프로부터 **방출**되는 예리한 선의 흡수
- 레이저 복사선의 **흡수** 다음에 일어나는 형광

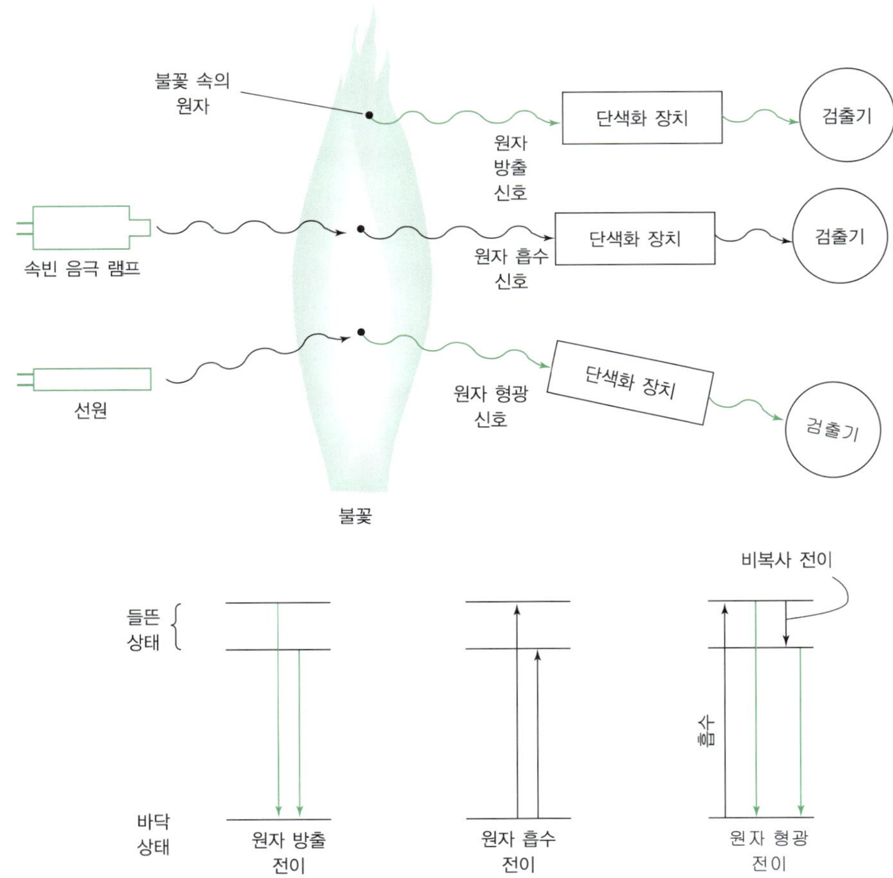

그림 21-1 불꽃 중의 원자에 의한 원자 흡수, 방출 및 형광. 원자 흡수에 있어서, 원자들은 광원으로부터 쪼여 주는 빛의 일부를 흡수하고, 흡수하지 않은 나머지 빛은 검출기에 도달한다. 원자 방출은 불꽃으로 인하여 들뜬 상태의 원자들로부터 일어난다. 원자 형광은 외부 선원이나 레이저를 통해 들뜬 원자로부터 생긴다.

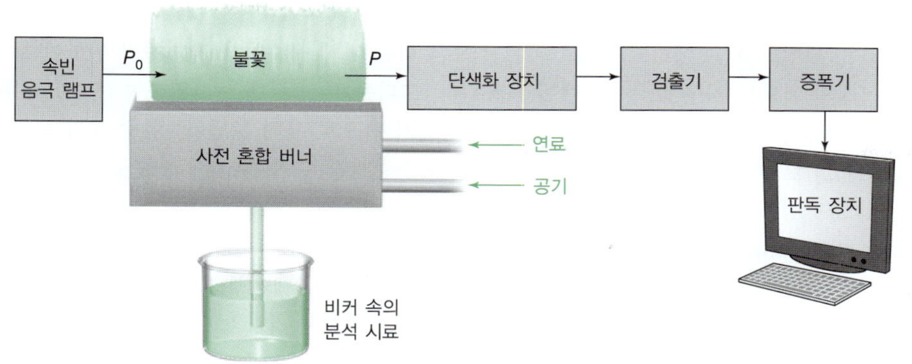

그림 21-2 원자 흡수 실험. 그림 18-4에서 투광도 = $T = P/P_0$, 흡광도 = $A = -\log T$이다. 실제로 P_0는 불꽃 시료를 주입시키지 않았을 때 검출기에 도달하는 빛의 세기이고, P는 시료를 주입시켰을 때 측정된다.

이다(그림 21-3). 이와 같이 선은 대단히 예리하므로, 같은 시료 중에 함유된 다른 원소들의 스펙트럼과는 거의 겹치지 않는다. 그러므로 몇몇 기기는 70종 이상의 원소를 동시에 분석할 수 있다. 분석 물질의 흡수선이 예리하기 때문에 그와 같은 예리한 선을 방출하는 광원을 필요로 한다는 것을 나중에 알게 될 것이다.

그림 21-1은 **원자 형광(atomic fluorescence)** 실험을 보여 주고 있다. 불꽃 속의 원자들은 레이저를 쪼여 주면 바닥 상태로부터 들뜬 전자 상태로 올라간 다음, 다시 바닥 상태로 되돌아오면서 형광을 방출한다. 그림 21-4는 수돗물 중에 함유된 0~100 ppt(ng/L) 카드뮴 표준 물질의 원자 형광 교정 데이터를 보여 주고 있다. 통상적인 형광 분광법은 흡수 분광법보다 약 1000배 정도 더 예민하지만 원자 형광 장치는 흔하지 않다. 원자 형광 실험의 한 가지 중요한 예를 들면 수은의 분석이다(보충 21-1).

이와 대조적으로 **원자 방출(atomic emission)**은 널리 사용된다(그림 21-1).[9] 대단히 뜨거운 **플라스마** 중에서 일으키는 원자 충돌로 인하여 일부의 원자들은 바닥 상태로부터 들뜬 에너

보정된 세기 = 신호 − 바탕

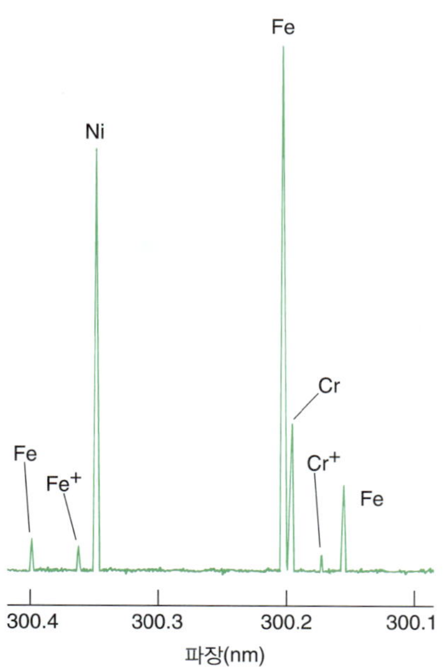

그림 21-3 강철 속빈 음극 램프로부터 방출된 스펙트럼의 일부. Fe, Ni 및 Cr 기체 원자들의 선과, Cr^+와 Fe^+ 기체 이온으로부터 방출된 약한 선을 보여 주고 있다. 단색화 장치의 분해능은 0.001 nm이고, 이것은 참 선너비와 비슷하다. [출처: A. P. Thorne, "Fourier Transform Spectrometry in the Ultraviolet," *Anal. Chem.* **1991**, *63*, 57A.]

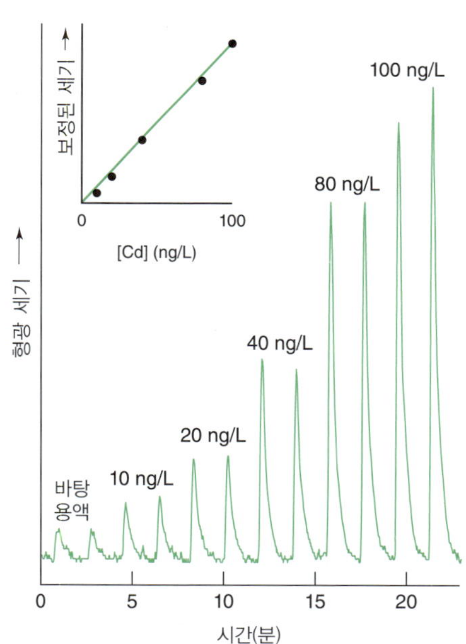

그림 21-4 카드뮴으로부터 방출된 원자 형광. 1조 분의 일(ppt)의 Cd^{2+}를 함유하는 물을 흐름 주사 시스템에 주입시켜 카드뮴 원자 증기를 생성했다. 증기는 카드뮴 속빈 음극 램프로부터 나오는 228.8 nm로 들뜨게 된다. 11번의 바탕 용액의 표준 편차의 3배에 근거한 검출 한계는 2.4 ng Cd/L이다. [출처: Y. X. Li, X. L. Zhu, H. T. Zheng, L. L. Jin, and S. H. Hu, "Dielectric Barrier Discharge Plasma Induced Vapor Generation for Mercury and Cadmium by Atomic Fluorescence Spectrometry," *J. Anal. Atom. Spec.* **2016**, *31*, 383.]

$$\text{검출 한계} \equiv \frac{3s}{m}$$

s = 표준 편차

m = 선형 교정 곡선의 기울기

보충 21-1 차가운 증기 원자 형광법에 의한 수은 분석

수은은 휘발성이 있는 유독성 오염 물질이다. 세계의 한 곳에서 방출된 수은이 다른 지역으로 이동한다. 아래의 지도는 지구 표면 근처의 대기 중 Hg(0)의 농도를 보여 주고 있다. 또한 수은은 구름 속이나 대기 중 입자 표면 위에 Hg(II)(*aq*)로 존재하는 것이 확인되었다. 근사적으로 대기 중 수은의 2/3 정도가 석탄 연소, 폐기물 소각과 염소-알칼리 공정(chlor-alkali process)에 의한 Cl_2 발생 등을 포함한 인간 활동에 기인한다(문제 17-8).

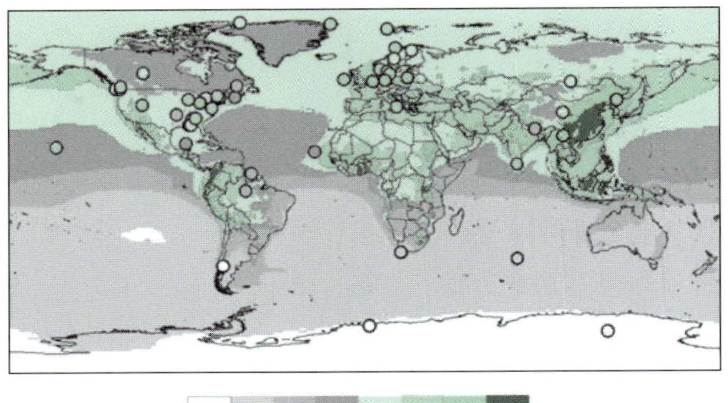

지구상 Hg(0)의 연평균 표면 농도. 원은 지상의 측정 장소의 관측된 값이다. [출처: J. M. Pacyna, O. Travnikov, F. De Simone, I. M. Hedgecock, K. Sundseth, E. G. Pacyna, F. Steenhuisen, N. Pirrone, J. Munthe, and K. Kindbom, "Current and Future Levels of Mercury Atmospheric Pollution of a Global Scale," *Atmos. Chem. Phys.*, *16*, 12495-12511, **2016** www.atmos-chem-phys.net/16/12495/2016/ doi:10.5194/acp-16-12495-2016 © Author(s) 2016. CC Attribution 3.0 License.]

물, 토양 및 어류 등과 같은 매질 중에 함유된 수은을 측정하는 가장 민감한 방법은 Hg(*g*)를 생성시키고 원자 흡수 또는 형광으로 측정하는 것이다.[6] 대부분의 환경 시료의 분석을 위하여 자동화된 삭임/분석 장비가 이용된다.[7] 한 가지 물 분석 표준 방법에 따르면, 모든 수은은 먼저 퍼지 플라스크(purge flask) 속에서 BrCl로 처리하여 Hg^{2+}로 산화시킨다. 할로젠들은 하이드록실아민(NH_2OH)으로 환원시키고, Hg^{2+}는 $SnCl_2$에 의해서 Hg(0)로 환원시킨다. 이 두 단계 과정이 Hg^{2+}과 단단히 결합한 I^-의 방해를 막아 준다. Hg(*g*)는 정제된 Ar 또는 N_2로 기포를 발생시켜 용액으로부터 거품을 일게 하여 몰아 낸다. Hg(0)는 실온에서 금이 입혀진 실리카 모래가 담겨 있는 시료 트랩 속에 포집한다. 몰아낸 기체 흐름 속에 있는 다른 기체들이 통과되는 동안 Hg는 Au와 결합한다. 그다음 시료 트랩을 450°C로 가열하여 Hg(*g*)를 유리시키고 실온에서 분석용 트랩 속에 포집된다. 분석하기 전 모든 다른 기체 불순물을 제거하기 위하여 두 개의 트랩이 사용된다. 그다음 분석 트랩을 가열하여 Hg(0)를 유리시키고 형광 시료 용기 속으로 흘려 보낸다. 형광 세기는 Hg로부터 방출되는 빛을 소광시킬 수 있는 기체 불순물에 크게 영향을 받는다.

정량 분석의 하한은 ~0.5 ng/L(ppt)이다. 이와 같은 소량을 측정하기 위해서는 각 분석 단계에서 오염을 막을 수 있도록 특별한 주의가 필요하다. 실험자 치아의 수은 아말감은 호흡 시 시료를 오염시킬 수 있다.

테프론 병 세척 방법[8]

1. 1% 고순도 염산으로 세 번 닦는다.
2. 병을 10% 고순도 BrCl로 24시간 동안 채워 둔다.
3. BrCl을 비우고, 고순도 물로 세 번 닦는다.
4. 5. 2번과 3번 과정을 청정실에서 반복한다.
6. 초순수 물을 채우고 마개로 막는다.
7. 봉지, 마개 그리고 채워진 용기를 플라스틱 통 안에 있는 큰 플라스틱 봉지에 넣고 청정실이나 청정벤치에 사용할 때까지 놓아 둔다.
8. 시료를 담기 바로 직전에 초순수 물을 비운다. 시료로 시료 병을 세 번 닦고, 시료를 채우고 고순도 산으로 산성화한다.

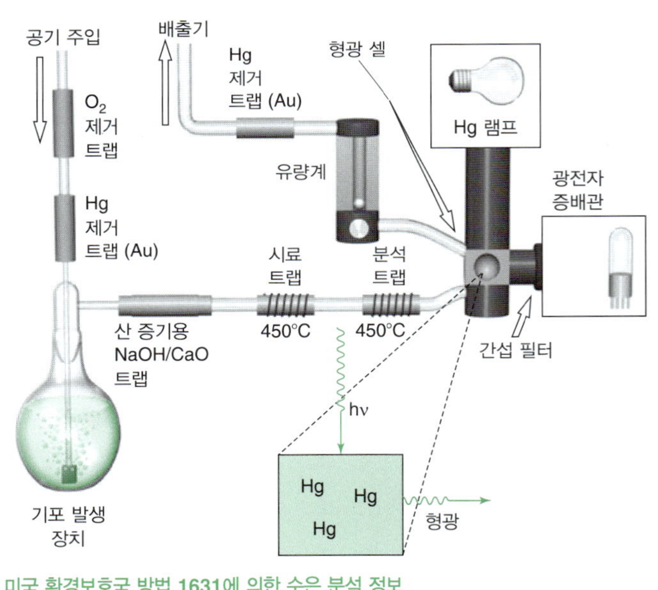

미국 환경보호국 방법 1631에 의한 수은 분석 정보

지 상태로 올라간 다음, 다시 바닥 상태로 되돌아오면서 광자를 방출한다. 따라서 이 실험에서는 램프가 필요없다. 방출 세기는 시료 중에 있는 원소의 농도에 비례한다. 플라스마에서 원자로부터의 방출은 현재 원자 분광법의 주된 방법 중의 하나이다.

21-2 원자화: 불꽃, 노 및 플라스마

원자 분광법에서는 분석 물질이 불꽃이나 전기 가열로 또는 플라스마 중에서 **원자화**(atom-

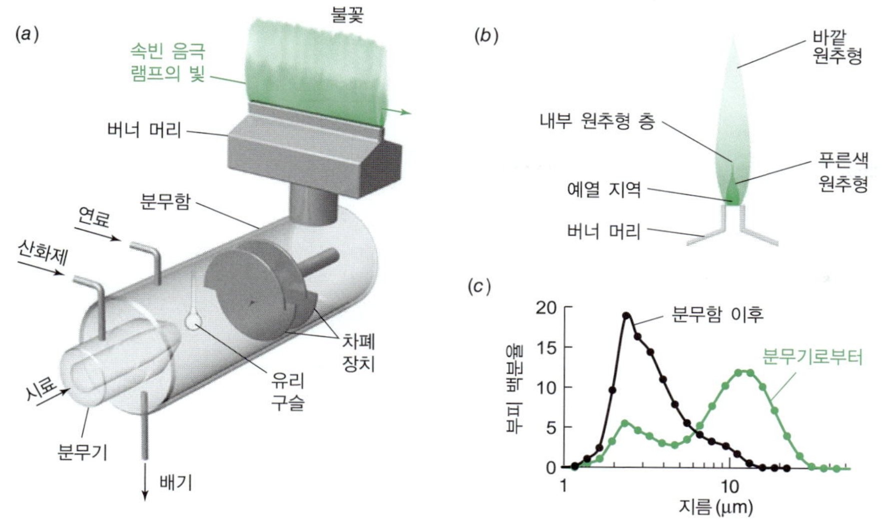

그림 21-5 (*a*) 사전 혼합 버너. (*b*) 불꽃의 단면도. 버너 머리의 홈은 폭이 약 0.5 mm이다. (*c*) 특정 분무기로부터 얻어진 미세방울 크기의 분포 [출처: A. S. Groombridge, K. Inagaki, S.-I. Fujii, K. Nagasawa, T. Okahashi, A. Takatsu, and K. Chiba, "High Performance Concentric Nebulizer," *J. Anal. Atom. Spec.* **2012**, *27*, 1787.]

ized)된다. 불꽃은 수십 년 동안 사용되어 왔으나 현재는 유도 결합 플라스마와 흑연로로 대치되고 있다. 실험실에서 가장 보편적으로 사용되고 있는 불꽃에 관해서 논의를 시작하자.

불꽃

대부분의 불꽃 원자 분광계는 그림 21-5와 같이 연료, 산화제 및 시료를 불꽃으로 주입시키기 전에 미리 혼합시키는 **사전 혼합 버너**(premix burner)를 이용한다. 시료 용액은 산화제(주로 공기)의 빠른 흐름에 의해서 시료 모세관 끝부분을 통하여 **기압식 분무기**(pneumatic nebulizer) 속으로 빨려 들어간다. 액체는 모세관을 통과한 후 미세한 안개방울로 쪼개어진다. 분무액은 빠른 속도로 유리 구슬에 직접 부딪쳐서 작은 방울은 더 작은 입자로 쪼개어진다. 대단히 작은 방울을 생성하는 것을 **분무**(**nebulization**)라고 한다. 기체 중에 대단히 미세한 액체(또는 고체)가 서스펜션되어 있는 것을 **에어로솔**(**aerosol**)이라고 한다. 분무기는 액체 시료로부터 에어로솔을 만든다. 그다음 안개방울, 산화제 및 연료는 일련의 차폐 장치를 통과하면서 계속적으로 혼합되고, 큰 액체 방울들은 차단된다. 분무함 바닥에 떨어져 모인 액체는 배수관을 통해 밖으로 흘러 나간다. 불꽃 속에 들어간 에어로솔은 원래 시료의 겨우 5% 정도이다.

물보다 표면 장력이 낮은 유기 용매들은 더욱 효과적으로 원자화를 일으킬 수 있는 작은 방울을 만들기 때문에 원자 분광법에서 매우 유용하다

가장 일반적인 연료-산화제의 조합은 약 2 400~2 700 K의 불꽃 온도를 나타내는 아세틸렌과 공기이다(표 21-1). 끓는점이 높은 원소[**내화성**(refractory) 원소]를 원자화시키기 위하여 더 뜨거운 불꽃이 필요하면, 보통 아세틸렌-산화 이질소를 사용한다. 그림 21-5b에 나타낸 불꽃의 단면도에서 버너 머리로부터 예열 지역으로 들어간 기체는 일차 반응 지역(푸른색 원추형 지역)으로부터 아래쪽으로 전도 및 복사되는 열에 의해 가열된다. 연소는 주위의 공기가 불꽃 속으로 유입되는 바깥 원추형 지역에서 완결된다. 분석 물질의 신호 세기를 얻기 위해서는 전체 신호 세기에서 불꽃에서 방출되는 빛의 세기를 빼 주어야 한다.

표 21-1 전형적인 불꽃의 온도

연료	산화제	온도(K)
아세틸렌(HC≡CH)	공기	2 400~2 700
아세틸렌	산화 이질소(N_2O)	2 900~3 200
아세틸렌	산소	3 350~3 450
수소	공기	2 300~2 400
수소	산소	2 850~3 000

출처: Data from Table 4.1 of A. Sanz-Medel and R. Pereiro, Atomic Absorption Spectrometry: *An Introduction*, 2nd ed. (New York: Momentum, 2014).

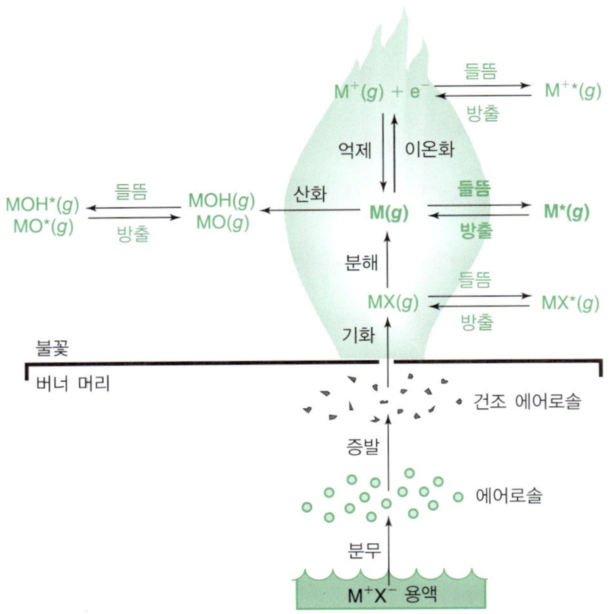

그림 21-6 버너 머리에서 일어나는 물리 · 화학적 과정과 불꽃. 불꽃은 이온성 분석 물질 M^+X^-를 기체 원자 $M(g)$로 전환한다. [출처: Figure 4.1 of A. Sanz-Medel and R. Pereiro, *Atomic Absorption Spectrometry: An Introduction*, 2nd ed. (New York: Momentum, 2014).]

그림 21-6은 불꽃이 생기는 과정을 묘사하였다. 시료 내에 분석 물질은 M^+X^-로 표시되는 많은 분자와 이온의 형태로 존재한다. 분무는 시료를 고운 안개의 형태로 전환한다. 용매는 불꽃 근처에서 에어로솔의 형태로 증발한다. 불꽃은 건조한 에어로솔을 기체 분자 $MX(g)$의 형태로 증발시키고, 이것은 기체 원자 $M(g)$로 분해되고 이것의 흡광도 또는 방출을 측정한다. 이상적으로 모든 분석 물질은 $M(g)$로 전환된다. 내화성 화합물은 열적으로 분해되지 않고 분자의 형태로 남아 있는다. 많은 원소들의 산화물과 수산화물이 바깥 원추형에 형성된다. 몇몇 금속은 불꽃에서 이온화된다. 분자와 이온은 원자와 동일한 스펙트럼을 나타내지 않으므로, 이때 얻어지는 원자 신호는 약해진다. 또한 분자들이 방출하는 완만한 복사선의 신호는 원하는 예민한 원자 신호로부터 빼주어야 한다. 상대적으로 연료가 많은 불꽃, 즉 연료 '과잉' 불꽃(rich flame)에서는 과량의 탄소가 금속 산화물과 수산화물을 환원시킴으로써, 그 결과 감도가 증가한다. 연료 '부족' 불꽃(lean flame)은 과량의 산화제를 함유하고 있으므로 더 뜨겁다. 분석 원소의 종류에 따라 연료 부족 또는 과잉 불꽃 중에서 적당한 것을 선택하여 분석해야 한다. 최대 원자 흡수 또는 방출이 일어나는 불꽃의 위치는 시료, 연료 및 산화제의 흐름 속도뿐만 아니라 측정하려는 원소에 의존한다는 것이 관찰되었다.[10] 보충 21-2는 음료수 속의 Na^+를 측정하는 데 Bunsen 버너의 불꽃으로부터 나오는 원자 방출을 어떻게 이용하는지를 설명하고 있다.

화학 증기 생성

주입한 수용액 시료의 약 5%만이 분무기를 통해 분석에 필요한 불꽃에 도달한다. 분석 물질을 더 휘발성이 있는 물질로 전환하면 더 많은 분석 물질이 가열 지역에 도달할 것이다. 보충 21-1에서 Hg(II)가 Hg(0)으로 환원되는데, 이것은 불꽃의 온도보다 훨씬 낮은 온도에서 분석하기에 적절한 증기 압력을 가지고 있다. 우리는 **차가운 증기**(cold vapor) 과정으로 수은의 원자 분석을 기술한다. 수소화붕소 소듐($NaBH_4$)과 As, Sb, Bi, Ge, Sn, Pb, Se, Te 등이 반응하면 아르신(AsH_3)과 같은 휘발성 수소화물이 형성되어, 원자화가 일어나는 가열된 석영 셀로 아르곤으로 씻겨서 들어간다.[11] 불꽃 분광학에서 분석 물질이 불꽃을 통해서 빠르게 상승함에 따라 분석 물질의 **체류 시간**(residence time)은 광학 경로에서 1초 미만이다. 석영관은 원자화된 시료를 광학 경로에 몇 초 동안 가두어 더 높은 감도를 제공한다.

보충 21-2 Bunsen 버너 광도계를 이용한 소듐의 측정

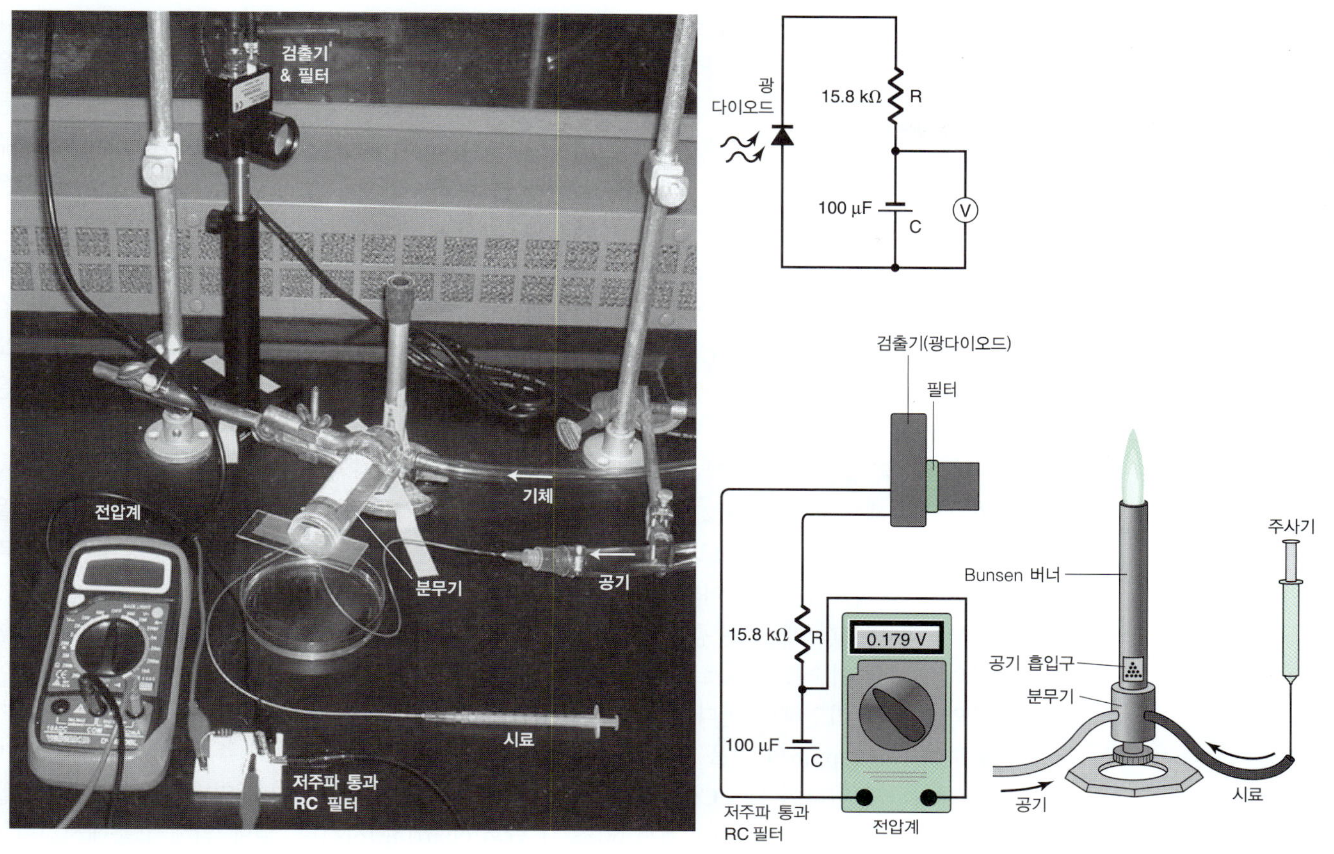

음료수 속의 Na^+를 측정하기 위하여 학생이 Bunsen 버너로부터 나오는 원자 방출을 불꽃 분광계를 이용한다. [출처: C.N. LaFratta, S. Jain, I. Pelse, O. Simoska, and K. Elvy, "Using a Homemade Flame Photomter to Measure Sodium Concentration in a Sports Drink." *J. Chem. Ed.* **2013**, *90*, 372. 사진 제공 C.N. LaFratta, Bard College, Annandale on Hudson, New York.]]

금속 이온 용액을 백금선 끝에 묻혀 불꽃에 넣으면 특유한 색을 방출한다. 이러한 불꽃 실험은 과거에 무기 **정성**(qualitative) 분석의 주된 요소였다. 소듐은 첫 번째 전자 들뜬 상태 $(1s)^2(2s)^2(2p)^6(3p)^1$에서 바닥 상태 $(1s)^2(2s)^2(2p)^6(3s)^1$로 떨어질 때 589 nm에서 강한 노란색 빛을 방출한다. 사진에서의 실험은 이온 음료에 들어 있는 소듐을 측정하기 위하여 Bunsen 버너 불꽃을 이용한다.

물로 20배 희석한 이온 음료를 Bunsen 불꽃으로 물방울 안개로 보내기 위하여 직접 제작한 분무기의 공기 기류에 넣는다. 광다이오드 검출기 끝에 부착된 590±5 nm 범위의 복사파만 통과할 수 있는 광섬유로 노란색 원자 방출을 측정한다. 불꽃의 깜박임은 빛의 양을 빠르게 변화시킨다. 이러한 잡음의 원인을 극복하기 위하여 검출기로부터 나오는 출력을 저항(R)과 콘덴서(C)로 만든 **저주파 통과 RC 필터**(low-pass RC filter)를 통과시킨다. 콘덴서 양 끝의 전압을 측정한다. 이러한 회로는 ~0.3 Hz보다 큰 진동수를 제거한다. 천천히 변하는 신호는 받아들이나, 불꽃의 깜박임에 의해 빠르게 변하는 신호는 제거된다. 그래프는 잡음이 있는 여과되지 않은 신호와, 여과된 더 부드러운 신호를 보여 준다. 교정 곡선은 NaCl 표준 용액으로 작성되었다. 460 mg/L라 표기된 6% 이온 음료 용액의 미지의 소듐 농도에 해당되는 방출이다.

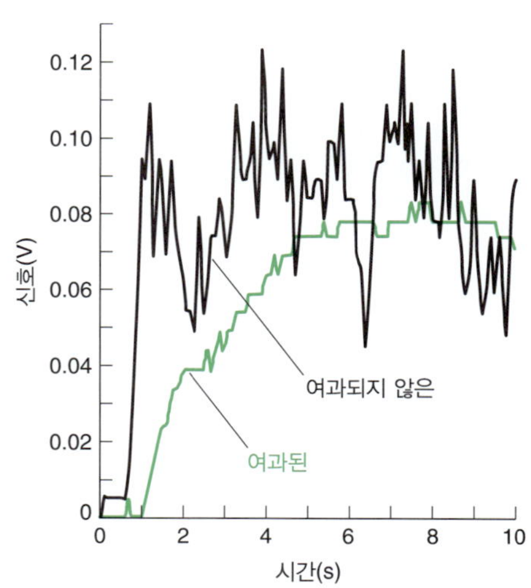

원시 신호는 불꽃의 깜박임 잡음을 가지고 있다. 다른 측정에서, 저주파 통과 필터가 잡음을 감소한다. [출처: C.N. LaFratta et al. ibid.]

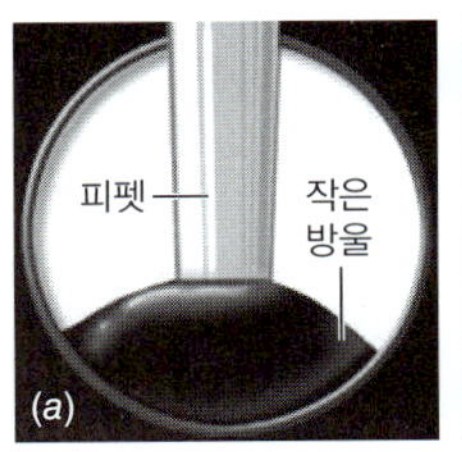

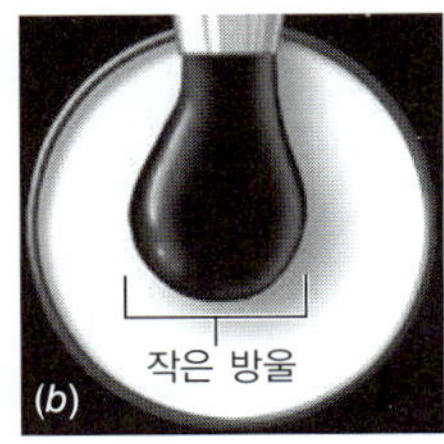

그림 21-7 (*a*) 노 바닥에 적은 부피의 방울이 생기도록 흑연로에 시료를 주입시키는 올바른 위치. (*b*) 너무 높은 위치에서 주입시키면 시료가 튀기게 되어 정밀성이 낮아진다. [출처: P. K. Booth, "Improvements in Method Development for Graphite Furnace Atomic Absorption Spectrometry," *Am. Lab.* February 1995, p. 48X.]

노는 불꽃보다 적은 양의 시료와 증가된 감도를 제공한다.

노[12]

전기 가열 **흑연로(graphite furnace)**는 불꽃의 경우보다 더 높은 감도를 나타내는 동시에 보다 작은 부피가 요구된다. 1~100 μL의 시료가 중앙에 있는 구멍을 통하여 노 속으로 주입된다. 속빈 음극 램프로부터 나온 빛은 흑연관의 양쪽 끝에 있는 창을 통하여 지나간다. 흑연의 산화를 방지하기 위하여 Ar 기체를 노 주위로 통과시킨다. 그리고 권장하는 최대 온도는 2 550°C로, 약 7초 이하의 짧은 시간 안에 통과시켜야 한다.

수소화물 생성에 사용되는 석영관과 같이 흑연로는 원자화된 시료가 몇 초 간의 체류 시간 동안 광로(optical path)에 집중적으로 몰려 있기 때문에 높은 감도를 나타낸다. 불꽃 분석에서는 용액의 최소 부피가 1~2 mL 정도이지만, 노에서는 1 μL 정도의 적은 양이 적당하다. 수동으로 시료를 주입하면 정밀성은 5~10%보다 좋지 않지만, 자동적인 시료 주입은 재현성을 ~1% 정도 향상시킨다.

시료를 주입할 때에는 작은 방울을 노의 밑바닥에 접촉시켜야 하는 동시에 좁은 면적을 차지하도록 해야 한다(그림 21-7a). 너무 높은 위치에서 방울을 주입시키면(그림 21-7b), 방울이 튀기면서 넓게 퍼지므로 정밀성이 낮아진다. 가장 나쁜 경우는 피펫 끝에 방울이 매달려 있어 결국에는 피펫을 들어낼 때 주입구 주위에 스며들게 하는 것이다.

각각의 분석 단계에서 적합한 시간과 온도를 결정해야 한다. 한번 프로그램이 설정되면 이 조건을 많은 수의 비슷한 시료에 적용할 수 있다.

주의 질소 기체는 2300°C 이상의 고온에서 독성의 사이아노젠(C_2N_2)을 생성한다. 아르곤을 추천한다

불꽃과 비교할 때 노는 종류가 다른 각각의 시료에 대한 적당한 조건을 결정하는 데 실험자의 숙련된 기술을 필요로 한다. 시료를 적당히 원자화시키기 위해서는 세 단계 또는 그 이상의 단계로 가열해야 한다. 철 저장 단백질인 페리틴(ferritin) 중에 함유된 Fe를 분석하기 위하여 ~0.1 ppm의 철을 함유하는 시료 10 μL를 ~90°C 노 속에 주입시켰다. 노는 용매를 제거하기 위하여 125°C에서 20초 동안 **건조되도록** 프로그램되어 있다. 그다음 유기물을 파괴시키기 위하여 1 400°C에서 60초 간 **탄화**(charring)시킨다. 열에 의해서 분해시킨다는 뜻에서 탄화를 **열분해**(pyrolysis)라고도 한다. 탄화 과정에서 Fe 정량에 방해를 일으키는 연기가 발생된다. 탄화 후 2 100°C에서 10초 동안 **원자화시킨다**. 철이 기화되는 동안 흡광도는 최대에 도달하고, Fe가 오븐에서 증발된 다음에는 흡광도가 감소한다. 원자화되는 동안 측정하는 분석 신호는 시간 적분 흡광도이다. 원자화한 후에 노는 2 500°C로 3초 동안 가열하여 남아 있는 모든 찌꺼기를 제거한다.

노는 원자화를 제외한 각각의 단계를 거치는 동안 휘발성 물질들을 제거하기 위하여 Ar 또는 N_2 기체를 흘려주어 씻어 준다. 원자화를 시키는 동안에는 분석 물질이 노 밖으로 빠져가는 것을 피하기 위하여 기체를 흘려주는 것을 중지한다. 새로운 종류의 시료를 분석하는 방

열이 전기로부터 발생되면, 흑연로 원자 흡수 분광법을 **전열 원자 흡수 분광법**(electrothermal atomic absorption spectroscopy)이라 부르기도 한다.

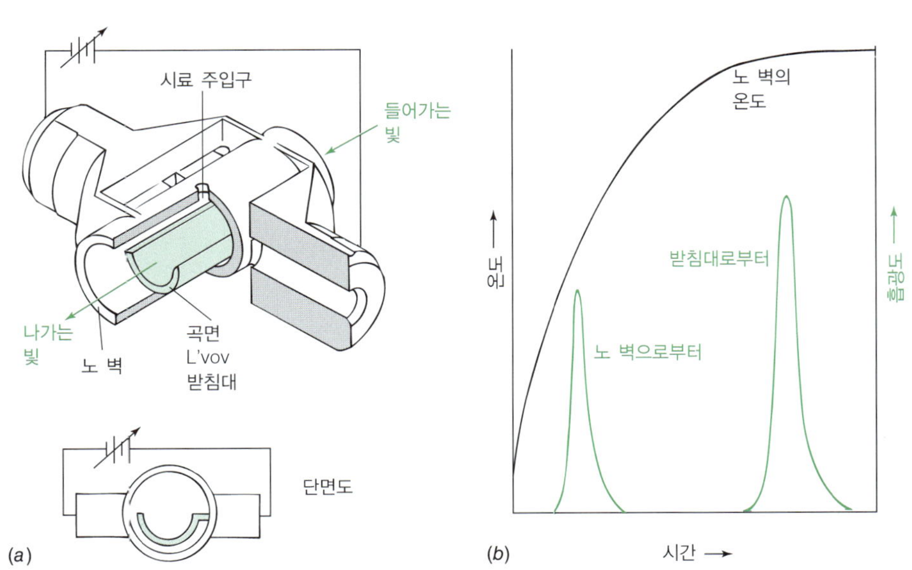

그림 21-8 (*a*) 가로 방향 가열 **흑연로**는 노의 전체 길이에 걸쳐 거의 일정한 온도를 유지하므로, 앞에서 분석한 시료로부터 발생되는 기억 효과가 감소된다. **L'vov 받침대**는 전도에 의해서가 아니라 바깥 벽으로부터의 복사에 의해 일정하게 가열된다. 받침대는 이 그림 뒷면에 있어 보이지 않는 작은 연결 장치에 의하여 노 벽에 부착되어 있다. [Perkin-Elmer Corp., Norwalk, CT.] (*b*) 노 벽과 받침대로부터 분석 물질의 증발을 비교한 가열 양상 [출처: W. Slavin, "Atomic Absorption Spectroscopy," *Anal. Chem.* **1982**, *54*, 685A.]

법을 개발할 경우, 신호는 시간의 함수로 기록하는 것이 중요하다. 왜냐하면 신호는 시료가 열분해될 때 생성되는 연기로부터 측정될 뿐만 아니라 원자화의 마지막 단계에서 빨갛게 가열된 오븐으로부터도 측정되기 때문이다. 숙련된 실험자는 측정해야 할 정확한 피크를 적분하기 위하여 신호가 분석 물질에 기인하는 것인지를 확인해야 한다.

그림 21-8a에 나타낸 노의 성능은 간단한 흑연관보다 우수하다. 시료를 받침대 위에 주입시킨다. 받침대는 노 벽으로부터의 복사에 의해 가열되는데, 가열하는 동안 받침대의 온도는 노 벽의 온도보다 낮다. 그러므로 받침대 위에 있는 분석 물질은 노 벽이 일정한 온도에 도달할 때까지 기화되지 않는다(그림 21-8b). 일정한 노 온도에서 그림 21-8b에 나타낸 흡광도 피크의 넓이는 분석 물질의 믿을 만한 측정 양이 된다. 가열 속도를 2 000 K/s로 하면 분자들이 빠르게 분해되고, 노 속에서 유리된 자유 원자의 농도가 증가한다.

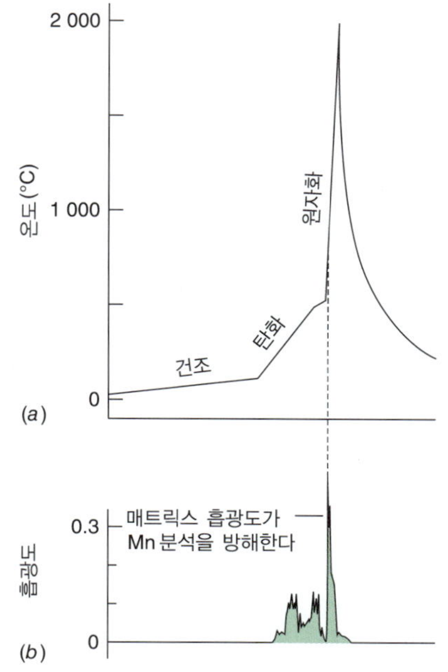

그림 21-8a의 노는 노 전체에 걸쳐 거의 일정한 온도를 유지하도록 **가로**(transversely, 옆에서 옆으로) 방향으로 가열한다. **세로**(longitudinal, 끝에서 끝) 방향으로 가열하는 노에서는 노의 중앙 부분이 그 끝부분보다 더 뜨겁다. 중앙 부분에서 생성된 원자는 노의 끝 부분에서 응축되므로 다음 시료를 분석할 때 함께 기화될 가능성이 있다. 이와 같이 앞에서 분석한 시료로부터 발생되는 방해 영향을 **기억 효과**(memory effect)라고 한다. 이 효과는 가로 방향으로 가열하는 노에서 감소된다. 또한 보통의 흑연관들은 기억 효과를 보다 더 줄이기 위해서 유기물 증기의 열분해로 생성된, 조밀한 **열분해 탄소**(pyrolytic carbon) 층으로 입혀져 있다. 입혀진 층은 다른 원자들을 흡수할 수 없도록 비교적 다공성인 흑연을 덮고 있다.

노에서의 매트릭스 변형제

분석 물질을 제외하고 시료 중에 존재하는 모든 것을 **매트릭스(matrix)**라고 한다. 이상적으로 매트릭스는 탄화 과정 중에 분해하여 기화된다. **매트릭스 변형제(matrix modifier)**는 매트릭스를 보다 휘발성을 크게 하거나 분석 물질의 휘발성이 낮아지도록 함으로써 탄화 과정 중 분석 물질의 손실을 감소시키기 위하여 시료에 첨가하는 물질이다.

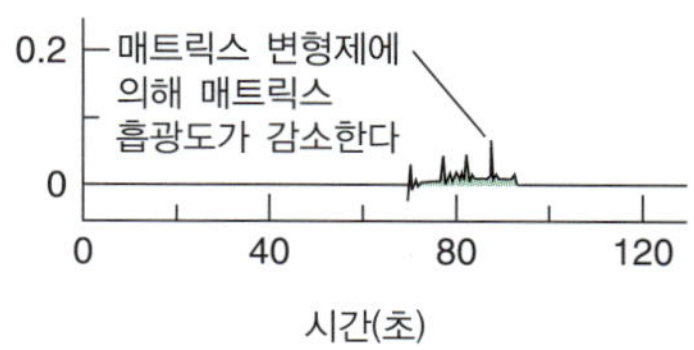

그림 21-9 매트릭스 변형제를 이용한 방해 영향의 감소. (*a*) 바닷물 중 Mn의 분석을 위한 온도 프로필. (*b*) 0.5 M 시약급 NaCl 용액 10 μL를 *a*의 온도 프로필에 적용시켰을 때 나타나는 흡광도 프로필. 흡광도는 띠너비가 0.5 nm인 파장 279.5 nm에서 측정하였다. (*c*) 매트릭스 변형제로서 50 wt% NH_4NO_3 10 mL를 첨가시킨 0.5 M NaCl 용액 10 mL의 흡광도가 크게 감소되었다. [출처: M. N. Quigley and F. Vernon, "Matrix Modiflcation Experiment for Electrothermal Atomic Absoption Spectrophotometry," *J. Chem. Ed.* **1996**, *73*, 980.]

NaCl에 의한 방해를 감소시키기 위하여 바닷물에 질산 암모늄을 매트릭스 변형제로 첨가한다. 바닷물 중 Mn의 분석에 이용되는 흑연로의 가열 양상(프로필)을 그림 21-9a에 나타내었다. 0.5 M NaCl 용액을 이 프로필의 조건으로 가열하였을 때 신호는 Mn의 분석 파장에서 나타난다(그림 21-9b). 겉보기 흡광도의 대부분은 NaCl의 가열에 의해서 생성되는 연기가 일으키는 빛의 산란에 기인한 것이다. 원자화 단계가 시작될 때 나타나는 흡수는 Mn의 측정에 방해를 일으킨다. 그림 21-9c와 같이 시료에 NH_4NO_3를 첨가시키면 매트릭스의 흡수 피크가 감소한다. 이것은 NH_4NO_3가 NaCl과 반응하여 NaCl보다 휘발성이 큰 NH_4Cl과 $NaNO_3$를 형성하여 연기를 생성하지 않고 깨끗하게 증발되기 때문이다.

매트릭스 변형제인 $Mg(NO_3)_2$는 Al 분석 물질의 원자화 온도를 높게 올린다.[13] 즉 높은 온도에서 $Mg(NO_3)_2$는 $MgO(g)$로 분해되고, Al은 Al_2O_3로 변화된다. 충분히 높은 온도에서 Al_2O_3는 Al과 O로 분해된 다음, Al이 증발된다. 그러나 MgO가 존재하는 한, 다음과 같은 반응의 영향으로 Al의 증발이 지연된다.

$$3MgO(g) + 2Al(s) \rightleftharpoons 3Mg(g) + Al_2O_3(s) \qquad \textbf{(21-1)}$$

MgO가 증발되었을 때 반응 21-1은 더 이상 진행되지 않고, 그다음 Al_2O_3가 분해되어 증발된다. 매트릭스 변형제인 $Pd(NO_3)_2$는 As와 같은 금속과 반응하여 PdO를 형성하여 분석 물질의 휘발성을 감소시킨다.[14] 50 μg $Mg(NO_3)_2$가 Al, Be, Co, Fe, Mn, V, Zn의 매트릭스 변형제로, 10 μg $Mg(NO_3)_2$ + 15 μg Pd($Pd(NO_3)_2$로부터)가 Ag, As, Au, Bi, Cd, Cu, Ga, Ge, Hg, In, Sb, Se, Sn, Te, Tl의 매트릭스 변형제로 추천된다.

매트릭스 변형제: 매트릭스와 분석 물질의 분리를 더욱 깨끗이 하기 위하여 매트릭스의 휘발성을 증가시키거나 분석물의 휘발성을 감소시킨다.

흑연로를 이용할 경우 그림 21-9b와 같이 시간의 함수로서 흡수 신호를 관측하는 것이 중요하다. 피크 모양은 분석 물질로부터 깨끗한 신호가 얻어질 수 있도록 각 단계의 시간과 온도를 어떻게 조절해야 하는가를 결정하는 데 도움을 준다. 또한 흑연로는 일정한 수명을 가진다. 피크 모양이 예민하지 않게 변형되거나 교정 곡선 기울기가 크게 변화되면, 이때가 노를 바꿔 줄 시간이다.

유도 결합 플라스마

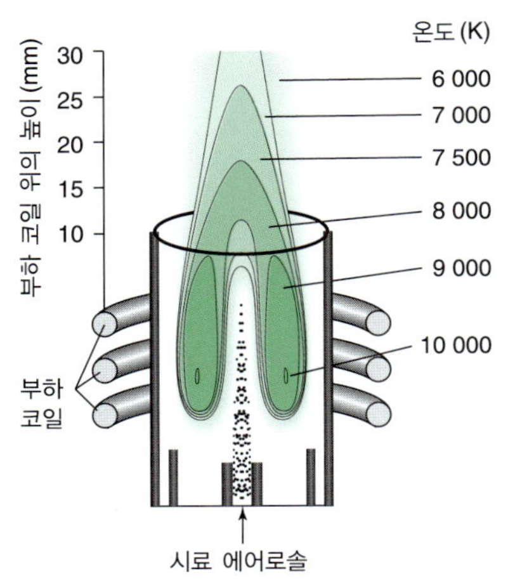

그림 21-10 유도 결합 플라스마의 온도 분포도. 에어로솔 속의 분석 물질은 열적 평형에 도달하지 않는다. 방출은 분석 물질의 온도가 6000 K임을 반영한다. [출처: S. Alavi, T. Khayamian, and J. Mostaghimi, "Inductively Coupled Plasma Source for Spectrochemical Analysis," *Anal. Chem.* **2018**, *90*, 3036.]

이 장을 시작할 때 보여 준 **유도 결합 플라스마**(**inductively coupled plasma**)[16]는 통상적인 연소 불꽃의 경우보다 두 배 이상 뜨겁다(그림 21-10). 플라스마는 온도가 높고 안정성이 있으며, 화학적으로 비활성인 아르곤 환경은 일반적인 불꽃에서 나타나는 여러 방해 작용을 제거한다. 21-4절에서 기술한 동시 다중 분석은 유도 결합 플라스마 기기의 기본이 되고 있으며, 따라서 불꽃 원자 흡수가 플라스마로 대치되고 있다. 플라스마-원자 방출 분리학 기기는 불꽃형보다 기기 구입과 작동하는 데 비용이 많이 든다.

유도 결합 플라스마 버너의 단면도를 그림 21-11에 나타내었다. 두 가닥의 27 MHz 또는 41 MHz 유도 코일이 열린 석영 장치의 윗부분 둘레를 감고 있다. 고순도 Ar 기체를 플라스마 기체 도입구를 통하여 공급한다. 테슬라 코일(Tesla coil)로부터 생성된 스파크는 Ar 기체를 이온화시킨 다음, 자유 전자들이 라디오 주파수의 파장에 의해서 가속된다. 가속된 전자들은 원자들과 충돌하여 모든 기체에 에너지를 전이시키므로 6 000~10 000 K(천연색 사진 17a)의 온도가 유지된다. Ar 냉각 기체는 석영 토치가 과열되는 것을 막는다. 그림 21-12는 고운 안개를 토치에 주입하는 한 가지 방법을

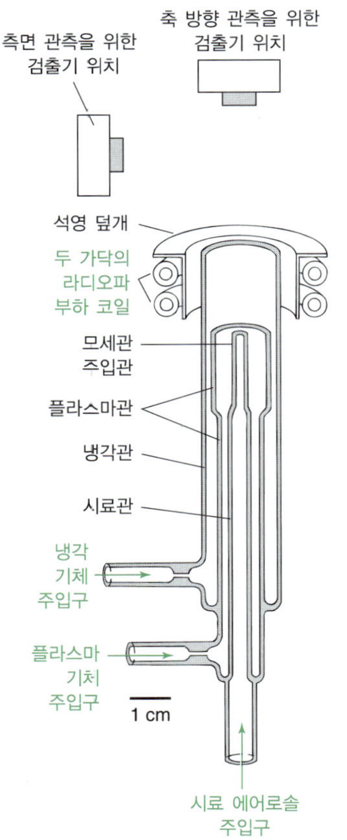

그림 21-11 유도 결합 플라스마 버너와, 축 방향과 방사 방향 위치 [출처: R. N. Savage and G. M. Hiefije, "Minlature Inductively Coupled Plasma Source for Atomic Emission Spectrometry," *Anal. Chem.* **1979**, *51*, 408.]

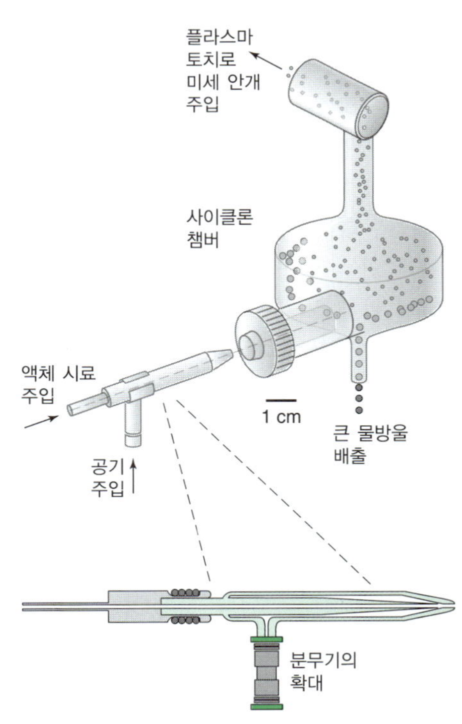

그림 21-12 유도 결합 플라스마 토치를 위한 분무기와 사이클론 용기. 이것들이 함께 작동하여 시료의 고운 안개가 플라스마에 도달하게 해 준다. [출처: P. Liddeli, Glass Expansion, West Melbourne, Australia.]

보여 준다. 왼쪽 아래에 있는 분무기로 액체 시료를 천천히 뽑아 준다. 분무기의 모세관 끝에서 나오는 액체를 동축으로 흐르는 Ar로 사이클론 챔버로 뿌려 준다. 큰 입자들은 아래로 떨어진다. 위에 있는 챔버를 나온 고운 안개는 들뜬 원자와 이온으로부터 방출이 관측되는 플라스마 토치로 간다(천연색 사진 17b).

적당한 신호를 나타내는 데 요구되는 분석 물질의 농도는 시료 용액을 약 1 MHz의 주파수로 진동하는 **압전성**(piezoelectric) 결정 속으로 도입시키는 **초음파 분무기**(ultrasonic nebulizer)를 사용하면 한 자리로 감소시킬 수 있다. 진동 결정은 대단히 미세한 에어로솔을 생성하는데, 이것은 용매를 증발시키는 가열된 관을 통하여 Ar 기체를 흘려보냄으로써 운반된다. 기체의 흐름은 용매가 응축되는 냉각 지역으로 통과시킴으로서 용매가 제거된다. 분석 물질은 미세하고 건조한 고체 입자의 에어로솔 상태로 플라스마 불꽃 속으로 들어간다. 플라스마 에너지는 용매를 증발시킬 필요가 없으므로 대부분의 에너지가 원자화에 이용될 수 있다. 그러므로 이것은 통상적인 분무기보다 많은 양의 시료 용액이 플라스마에 도달할 수 있다.

압전성 결정은 전기장을 걸어줌으로써 크기가 변하는 것 중의 하나이다. 결정의 두 면 사이에 사인파 전압을 걸어주면 결정은 진동을 일으킨다. 석영은 가장 일반적인 압전성 물질이다.

유도 결합 플라스마법의 감도는 플라스마의 지름을 가로 지르는 대신 플라스마의 길이 방향(그림 21-11의 축방향)으로 방출을 측정하면, 3~10배 정도 크게 향상된다. 21-6절에서 기술한 바와 같이, 광학 방출 대신 질량 분석기를 연결한 유도 결합 플라스마법으로 이온을 검출하면 더 민감한 감도를 얻을 수 있다.

유도 결합 플라스마는 꽤 많은 양의 비싼 아르곤의 흐름을 필요로 한다. **마이크로파 플라스마**(microwave plama)가 저비용의 대체품이다.[17] 2.45 MHz 마이크로파 자기장이 공기 중에서 추출한 질소를 사용하여 5000 K 플라스마를 형성한다. 시료는 분무되고 에어로솔은 건조되고, 분해되고, 원자화되고 플라스마 안에서 들뜨게 된다. 분석에서 실용적일 수 있는 소형 플라스마를 만드는 데 많은 노력을 기울이고 있다. 한 실험 장치는 두 개의 텅스텐 전극에 가해진 고주파 교류 전류로 생성된 2 mm 길이의 플라스마에서 나오는 원자 방출로 14개 원소를 정량할 수 있다.[18]

21-3 원자 분광법에서 온도의 영향

온도는 시료를 원자 상태로 분해시키는 정도뿐만 아니라 주어진 원자가 바닥 상태, 들뜬 상태 또는 이온화된 상태로 발견되는 정도를 결정한다(그림 21-6). 이와 같은 효과들은 측정하는 신호의 세기에 영향을 미친다.

Boltzmann 분포

한 원자가 ΔE만큼 떨어진 E_0와 E^*의 에너지 준위를 생각해 보자(그림 21-13). 한 원자(또는 분자)는 주어진 에너지 준위에서 한 가지 이상의 가능한 상태를 가질 수 있다. 그림 21-13은 E^*에서의 세 가지 가능한 상태와 E_0에서의 두 가지 가능한 상태를 보여 준다. 각 에너지 준위에서 가능한 상태의 수는 준위의 **축퇴도**(degeneracy)라고 한다. 축퇴도는 g_0와 g^*라고 부르자.

그림 21-13 축퇴도도 다른 두 가지 에너지 준위. 바닥 상태의 원자들은 빛을 흡수하여 높은 상태로 전이한다. 들뜬 상태의 원자들은 빛을 방출하면서 바닥 상태로 되돌아온다.

Boltzmann 분포(Boltzmann distribution)는 열평형에 있는 서로 다른 상태의 상대적인 입자의 분포를 나타낸다. 만약 평형 상태가 이루어졌다면(불꽃의 푸른색 원추형 지역이 아니고, 아마도 그 바로 위 지역에서 이루어진 것이 타당할 것이다), 어떤 두 에너지 상태의 상대적인 입자의 수(N^*/N_0)는 다음 식과 같이 나타낼 수 있다.

Boltzmann 분포:

$$\frac{N^*}{N_0} = \frac{g^*}{g_0} e^{-\Delta E/kT} \quad (21\text{-}2)$$

Boltzmann 분포를 열적 평형계에 적용한다.

여기에서 T는 온도(K)이고, k는 Boltzmann 상수(1.381×10^{-23} J/K)이다.

들뜬 상태의 원자 분포에 미치는 온도의 영향

소듐 원자의 바닥 상태 바로 위에 있는 가장 낮은 들뜬 상태의 에너지는 3.371×10^{-19} J/

atom이다. 들뜬 상태의 축퇴도는 2이고, 바닥 상태는 1이다. 2 600 K의 아세틸렌-공기 불꽃에서 들뜬 상태에 있는 소듐 원자의 분율은 식 21-2로부터 다음과 같이 된다.

$$\frac{N^*}{N_0} = \left(\frac{2}{1}\right) e^{-(3.371\times10^{-19}\ \mathrm{J})/[(1.381\times10^{-23}\ \mathrm{J/K})(2\ 600\ \mathrm{K})]} = 1.67 \times 10^{-4}$$

즉 들뜬 상태의 원자 분율은 0.02% 이하이다.

만약 온도를 2 610 K로 증가시키면, 들뜬 상태의 원자 분율은 다음과 같다.

$$\frac{N^*}{N_0} = \left(\frac{2}{1}\right) e^{-(3.371\times10^{-19}\ \mathrm{J})/[(1.381\times10^{-23}\ \mathrm{J/K})(2\ 610\ \mathrm{K})]} = 1.74 \times 10^{-4}$$

이 예에서 온도가 10 K 올라가면, 들뜬 상태의 입자수는 4% 변한다.

들뜬 상태의 원자 분율은 여전히 0.02% 이하이다. 그러나 원자 분율은 100(1.74 − 1.67)/1.67 = 4% 만큼 증가한다.

흡수 및 방출에 미치는 온도의 영향

우리는 2 600 K에서 99.98% 이상의 소듐 원자가 바닥 상태에 있다는 것을 알았다. **10 K의 온도 변화는 바닥 상태의 입자수에 영향을 거의 주지 않을 뿐만 아니라 원자 흡수 실험에서의 신호에도 큰 영향을 주지 않는다.**

원자 흡수는 원자 방출에 비해 온도에 예민하지 않다. 그러나 원자 방출은 온도에 지수적으로 예민하게 영향을 받는다.

온도가 10 K 상승함에 따라 방출 세기는 어떤 영향을 받게 될 것인가? 그림 21-13에서 보면, 흡수는 바닥 상태의 원자, 그리고 방출은 들뜬 상태의 원자에 의해서 일어난다. 방출 세기는 들뜬 원자수에 비례한다. **온도가 10 K 증가하면 들뜬 상태의 입자수는 4% 변하기 때문에, 방출 세기는 4% 증가하게 될 것이다.** 원자 **방출** 분광법에서는 불꽃 조건이 매우 안정되는 것이 중요하며, 그렇지 않으면 방출 세기는 크게 변화될 것이다. 원자 **흡수** 분광법에서는 불꽃 온도의 변화가 중요하지만 심각하지는 않다.

현재 거의 대부분의 원자 방출은 불꽃보다 안정한 온도의 유도 결합 플라스마에 의해서 이루어진다. 유도 결합 플라스마는 대단히 많은 수의 들뜬 원자 및 이온들이 존재할 정도로 뜨겁기 때문에, 주로 흡수가 아니라 방출에 이용된다. 표 21-2에는 2 500 K의 불꽃과 6 000 K의 플라스마에서 들뜬 원자의 분율을 비교하였다. 들뜬 원자의 분율이 작더라도 각 원자는 초당 많은 광자를 방출한다. 왜냐하면 원자는 충돌에 의해 재빨리 들뜬 상태로 다시 전이되기 때문이다. 불꽃의 낮은 온도는 Li, Na, K, Ca, Mg와 같이, 낮은 들뜸 에너지를 갖는 원소의 원자 방출에만 사용하도록 제한을 받는다. 마이크로파 플라스마의 방출은 대부분 금속의 원자 흡수의 검출 한계와 견줄 만한 반면에, 더 높은 들뜬 상태 밀도의 유도 결합 플라스마는 더 낮은 검출 한계를 보인다.

할로젠 원자(F, Cl, Br, I)들은 에너지 준위가 높아 200 nm 이하에서 자외선을 방출한다. 200 nm 이하의 복사선은 O_2에 의해서 흡수되기 때문에, 이 스펙트럼 영역을 **진공 자외선**(vacuum ultraviolet)이라고 한다. 그러므로 원자외선 영역의 분광계는 통상적으로 진공 상태를 유지되어야 한다. 몇 가지 플라스마 방출 분광계는 현재 130~200 nm 영역을 측정할 수 있도록 N_2 기체를 도입하여 공기를 제거시키며, Cl, Br, I, P, S와 분석할 수 있다.[19]

표 21-2 들뜬 상태 원자수에 미치는 에너지 차이와 온도의 영향

상태 간의 파장 차이(nm)	상태 간의 에너지 차이(J/atom)	들뜬 상태의 원자 분율(N^*/N_0)[a] 2 500 K	6 000 K
250	7.95×10^{-19}	1.0×10^{-10}	6.8×10^{-5}
500	3.97×10^{-19}	1.0×10^{-5}	8.3×10^{-3}
750	2.65×10^{-19}	4.6×10^{-4}	4.1×10^{-2}

a. $N^*/N_0 = (g^*/g_0)e^{-\Delta E/kT}$에 근거하고 있으며, 여기에서 $g^* = g_0 = 1$이다.

21-4 기기

원자 흡수 실험에 있어 필요한 기본적인 장치는 그림 21-2에 나타내었다. 원자 분광법과 통상적인 분자 분광법과의 근본적 차이는 광원, 시료 용기(불꽃, 노 또는 플라스마), 그리고 측정된 신호로부터 불꽃 방출 스펙트럼을 보정해 주어야 한다는 점 등이다.

원자 선너비[20]

Beer 법칙은 광원의 선너비(linewidth)가 흡수 시료의 선너비보다 충분히 더 좁아야 한다. 그렇지 않으면, 측정된 흡광도는 시료의 농도에 비례하지 않을 것이다. 원자 흡수선은 고유한 너비가 단지 $\sim 10^{-4}$ nm로 대단히 예민하다.

광원의 선너비는 Beer 법칙에 만족하기 위해서 원자 증기의 선너비보다 좁아야 한다. '선너비' 및 '띠너비'라는 용어는 필요에 따라 번갈아 가며 함께 사용하지만, '선'은 '띠'보다 더 좁다.

고유한 선너비는 **Heisenberg 불확정성 원리(Heisenberg uncertainty principle)**에 의해서 정해지는데, 이 원리는 들뜬 상태의 수명이 짧을수록 들뜬 상태 에너지의 불확정성은 커진다는 것을 의미한다.

식 21-2에서 ΔE는 바닥 상태와 들뜬 상태의 에너지 차이이다. 식 21-3에서 δE는 ΔE에 대한 불확정도이고, δE는 ΔE의 미소 분율이다.

Heisenberg 불확정성 원리: $$\delta E \delta t \gtrsim \frac{h}{4\pi} \qquad \textbf{(21-3)}$$

여기에서 δE는 바닥 상태와 들뜬 상태 사이의 에너지 차이에 대한 불확정도, δt는 바닥 상태로 되돌아가기 전 들뜬 상태의 수명이고, h는 Planck 상수(Planck's constant)이다. 식 21-3은 두 상태 사이의 에너지 차이에 대한 불확정도는 적어도 $h/4\pi$와 같거나 크다. 만약 δt가 감소하면 δE는 증가한다. 고립된 기체 원자에 대한 들뜬 상태의 수명은 $\sim 10^{-9}$초 정도이다. 그러므로 에너지의 불확정도는 다음과 같다.

$$\delta E \gtrsim \frac{h}{4\pi\delta t} = \frac{6.6 \times 10^{-34}\ \text{J}\cdot\text{s}}{4\pi(10^{-9}\ \text{s})} \approx 10^{-25}\ \text{J}$$

바닥 상태와 들뜬 상태 원자의 에너지 차이(ΔE)가 파장이 $\lambda = 500$ nm인 가시선에 해당한다고 가정하자. 이 에너지 차이는 $\Delta E = hc/\lambda = 4.0 \times 10^{-19}$ J이다(식 18-3에서, c는 빛의 속도이다). 에너지 차이에 대한 상대 불확정도는 $\delta E/\Delta E \lesssim (10^{-25}\ \text{J})/(4.0 \times 10^{-19}\ \text{J}) \approx 2 \times 10^{-7}$이다. 그리고 파장에 대한 상대 불확정도($\delta\lambda/\lambda$)는 에너지에 대한 상대 불확정도와 같다. 즉

$$\frac{\delta\lambda}{\lambda} = \frac{\delta E}{\Delta E} \gtrsim 2 \times 10^{-7} \Rightarrow \delta\lambda \gtrsim (2 \times 10^{-7})(500\ \text{nm}) = 10^{-4}\ \text{nm} \qquad \textbf{(21-4)}$$

$\delta\lambda$는 피크의 반높이에서 측정되는 흡수 또는 방출의 선너비이다.

원자 흡수 또는 방출 신호의 고유한 선너비는 $\sim 10^{-4}$ nm인데, 그 이유는 들뜬 상태의 수명이 짧기 때문이다.

원자 분광법에서 10^{-3}~10^{-2} nm 정도로 선이 넓어지는 데에는 두 가지 메커니즘이 기여한다. 그 하나가 **Doppler 효과(Doppler effect)**이다. 광원을 향하여 움직이는 원자는 광원으로부터 멀어져 가며 움직이는 원자보다 더 자주 진동하는 전자기파와 부딪치게 된다(그림 21-14). 즉 광원을 향하여 움직이는 원자는 광원으로부터 멀어져 가며 움직이는 원자의 경우보다 더 높은 주파수의 빛을 만난다. 그러나 실험실 기준 좌표계에서는 광원을 향하여 움직이는 원자들은 광원으로부터 멀어져 가며 움직이는 원자의 경우보다 낮은 주파수의 빛을 흡수한다. Doppler 효과에 기인한 선너비($\delta\lambda$)는 근사적으로 다음과 같이 나타낸다.

Doppler 효과와 압력 효과는 그들의 고유한 선너비에 비해서 한두 자리 정도의 크기로 원자선 너비를 넓힌다.

Doppler 선너비: $$\delta\lambda \approx \lambda(7 \times 10^{-7})\sqrt{\frac{T}{M}} \qquad \textbf{(21-5)}$$

여기에서 T는 온도(K), M은 원자량 단위(돌턴)이다. 그림 21-3에 나타낸 바와 같이, 2 500 K에서 Fe(M = 56 Da)로부터 방출되는 $\lambda = 300$ nm 부근의 방출선의 Doppler 선너비는 $(300\ \text{nm})(7 \times 10^{-7})\sqrt{2\,500/56} = 0.001\ 4$ nm이다. 이것은 고유한 선너비보다 한 자리 크기 이상 더 넓다.

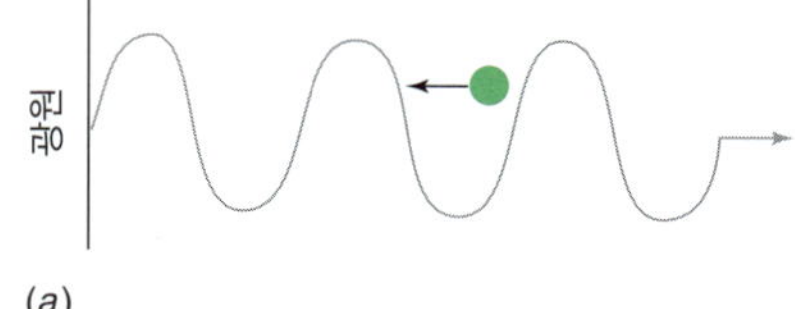

(*a*)

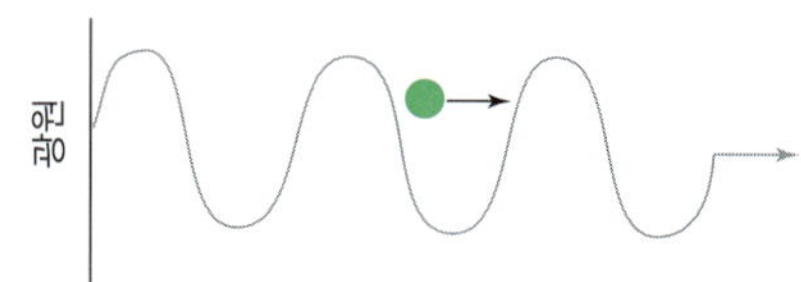

(*b*)

그림 21-14 Doppler 효과. 광원을 향하여 움직이는 분자 (*a*)는 광원으로부터 멀어져 가는 분자 (*b*)보다 더 자주 진동하는 전자기장을 '감지'하게 된다.

또한 선너비는 원자간의 충돌에 기인하는 **압력 폭넓어짐**(**pressure broadening**)에 영향을 받는다. 충돌은 들뜬 상태의 수명을 짧게 한다. 원자 흡수와 방출선의 주파수에 대한 불확정도는 대략 원자들 간의 충돌 주파수와 같으며, 이것은 압력에 비례한다. Doppler 효과와 압력 폭넓어짐은 그 크기가 거의 비슷하다. 원자 분광법에서는 이들의 영향으로 선너비가 10^{-3}~10^{-2} nm 정도로 넓어진다.

속빈 음극 램프

일반적으로 원자 흡수 기기는 비싸지 않고, 낮은 분해능의 단색화 장치를 사용하고 10^{-3}~10^{-2} nm보다 좁은 선너비를 만들 수 없다. 정확한 주파수의 좁은 선을 방출시키기 위해서는 분석 원소와 같은 원소의 증기가 채워진 **속빈 음극 램프**(**hollow-cathode lamp**)를 사용한다.

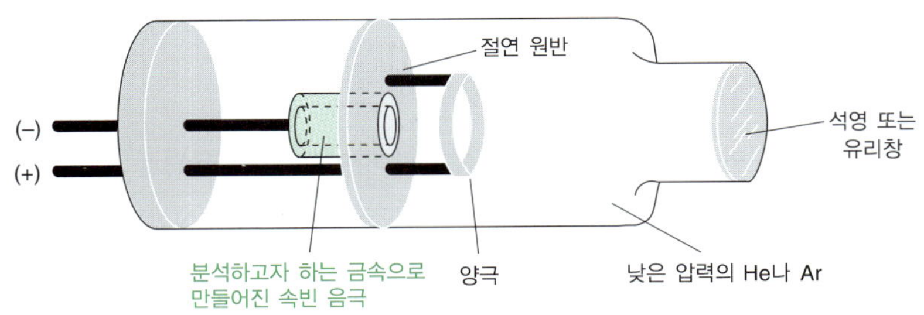

그림 21-15 속빈 음극 램프

그림 21-15에 나타낸 바와 같이, 속빈 음극 램프는 약 130~700 Pa(1~5 Torr) 압력의 Ne이나 Ar으로 채워져 있다. 음극은 원하는 선을 방출할 수 있는 원소로 제작된다. 양극과 음극 사이에 ~500 V를 걸어주면 충전 기체는 이온화되고, 양이온은 음극 쪽으로 가속된다. 이온화가 일어난 후, 램프는 낮은 전압에 의해 2~30 mA의 일정 전류로 유지된다. 양이온들은 음극으로부터 기체 상태의 금속 원자가 '튕겨' 나올 정도의 충분한 에너지로 음극을 두드린다. 기체 원자는 높은 에너지의 전자와 충돌하여 들뜬 다음, 광자를 방출한다. 이 원자 복사선은 불꽃이나 노 중에서 분석 물질의 원자에 의해서 흡수될 빛의 주파수와 정확하게 같다. 램프 속의 원자들은 불꽃 중의 원자보다 차갑기 때문에 램프로부터의 방출은 불꽃 속 원자들의 흡수 띠너비보다 충분히 좁고 거의 '단색 파장'이 된다(그림 21-16). 원자 흡수 분광법에서 단색화 장치의 사용 목적은 속빈 음극 램프로부터 방출되는 한 개의 선을 선택하고, 가능한 한 불꽃 또는 노로부터 방출되는 대부분의 선들을 제거시키는 것이다. 몇 가지 램프는 음극이 그림 21-3의 속빈 음극 철 램프 등과 같이, 한 가지 이상의 물질로 만들어진 경우도 있지만, 일반적으로 각각의 원소는 각기 다른 램프를 필요로 한다. 부스트된 속빈 음극 램프는 원자 형광에 더 큰 광도를 제공하기 위해서 두 번째 방전으로 튕긴(sputtered) 원자를 더 들뜨게 한다. 무전극 방전 램프는 As, Se, Hg와 같이 속빈 음극 램프를 만들 수 없는 휘발성 원소에 사용된다.

단색화 장치
띠너비
(원자선보다
약 100배 큼)
세기
흡수선의
너비
속빈 음극 램프
방출선의 너비
파장

그림 21-16 속빈 음극 램프 방출, 원자 흡수 및 단색화 장치의 상대적인 선너비. 선너비는 신호의 반높이에서 측정된다.

원자 방출에 의한 다원소 검출

유도 결합 플라스마 방출 분광계 또는 마이크로파 플라스마 분광계는 램프가 필요 없으며, ~70종의 원소를 동시에 측정할 수 있다. 원자 방출은 조준 거울(평행화 거울, 빛을 평행선으로 만듦)에 의해서 반사되고, 프리즘에 의해 수직면으로 분산된 다음, 다시 회절발에 의해서 수평면으로 분산된다. 분산된 복사선은 그림 20-19에 나타낸 **전하 결합 장치**(CCD)와 관련된 전하 주입 장치(charge injection device, CID) 검출기에 들어간다. 서로 다른 여러 파장의 복사선들이 CID의 262 000개 화소 위에 분산된다. CCD 검출기에서 각각의 화소는 가로줄을 따라 순서대로 동시에 한 개씩 읽을 수 있다. 그러나 CID 검출기에서 각각의 화소는 언제든지 개별적으로 읽을 수 있다. 선택적으로 관계된 화소만 읽는 것은 관심의 대상이 아닌 화소를 읽는 데 소모되는 시간을 줄인다. 주어진 화소는 완전히 채워지기 전에 읽고 관측된다. 그 뒤 화소를 초기화하기 위해 화소의 전하가 중화된다. 그 화소는 다른 화소가 느린 속도로 채워지는 동안 더 많은 전하를 축적하고 여러 번 읽혀질 수 있다. 이러한 과정은 다른 화소들이 작은 신호들을 측정하는 동안 큰 신호들을 검출함으로써 검출기의 동적 범위를 증가시킨다. CCD 검출기를 능가하는 CID 검출기의 또 다른 이점은 한 개의 화소에 있는 강한 신호가 인접한 화소 쪽으로 흘러들어가는 경향[이 과정은 CCD 검출기에서 **블루밍**(blooming)이라고 함]이 적다는 것이다. 그러므로 CID 검출기는 강한 신호 근처의 인접한 약한 방출 신호를 측정할 수 있다.

CID 검출기의 성능

- 화소들이 개별적으로 주소화되었다.
- 빠르게 채워진 화소가 읽혀지고, 초기화되고 다시 읽혀진다.
- 채워진 화소는 인근 화소로 흘러들어가지 않는다.

바탕 보정

원자 분광법에서는 흡수, 방출 그리고 시료 매트릭스의 광학적 산란, 불꽃, 플라스마 또는 시뻘겋게 달궈진 흑연로로부터 분석 물질의 신호를 구별할 수 있는 **바탕 보정(background correction)**을 해야 한다. 그림 21-17은 넓은 연속적인 방출과 날카로운 원자 방출들의 바탕 위에 비소 원자 방출을 보여 준다. 만약 바탕 흡광도를 빼주지 않으면, 결과에 큰 오차가 발생하게 된다.

바탕 신호는 불꽃, 플라스마 또는 노에 의한 흡수, 방출, 산란뿐만 아니라, 분석 물질을 제외한 시료 속의 모든 화학종(매트릭스)에 의한 흡수, 방출, 산란에 의해서 나타난다.

그림 21-18은 어떻게 바탕을 전하 주입 장치 검출기로 얻은 방출 스펙트럼으로부터 보정하는가를 보여 준다. 그림은 검출기의 가로줄에 있는 15개의 화소에 분석 피크가 중심에 위치한 것을 보여 준다(비록 원래의 자료는 각 화소가 한 번 읽은 값들이고, 막대그래프와 같이 보이지만, 스펙트럼은 컴퓨터 연산으로 처리하여 보기 좋은 모양으로 변형시켰다). 피크는 화소 7과 8을 선택하여 나타내었다. 화소 1과 2는 왼쪽 바탕선, 화소 14와 15는 오른쪽 바탕선을 나타낸다. 평균 바탕선은 화소 1, 2, 14, 15의 평균이다. 평균 피크 진폭은 화소 7과 8의 평균이다. 보정된 피크 높이는 평균 신호 진폭에서 평균 바탕선 진폭을 빼 준 것이다.

원자 분광법에서 **빛살 토막내기**(beam chopping) 또는 속빈 음극 램프의 전기적 **변조**(modulation) 장치(램프를 켰다가 끄는 방법으로 펄스시키는)는 같은 파장에서 측정하려는 원자선으로부터 불꽃에 의한 신호를 구별하는 데 이용되고 있다. 그림 21-19에 나타낸 바와 같이, 램프로부터 나온 빛은 회전 토막틀에 의해서 주기적으로 차단된다. 빛살이 차단되는 동안 검출기에 도달하는 신호는 불꽃 방출에 의한 것이다. 빛살이 차단되지 않는 동안 검출기에 도달한 신호는 램프와 불꽃으로부터 나온 신호이다. 이들 두 신호의 차이가 바로 원하는 분석 신호가 된다.

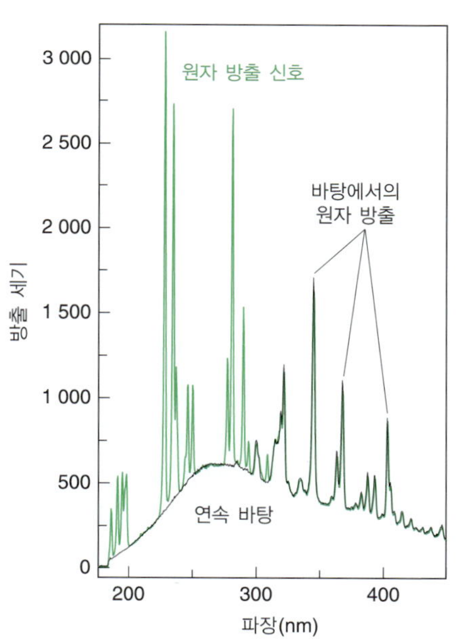

그림 21-17 연속적인 바탕과 원자 방출에 의한 바탕 위의 비소의 원자 방출 [출처: S. Burhenn, J. Kratzer, M. Svoboda, F. D. Klute, A. Michels, D. Veža, and J. Franzke, "Arsenic in a Capillary Dielectric Barrier Discharge by Hydride Generation High-Resolved Optical Emission Spectrometry," *Anal. Chem.* **2018**, *90*, 3424.]

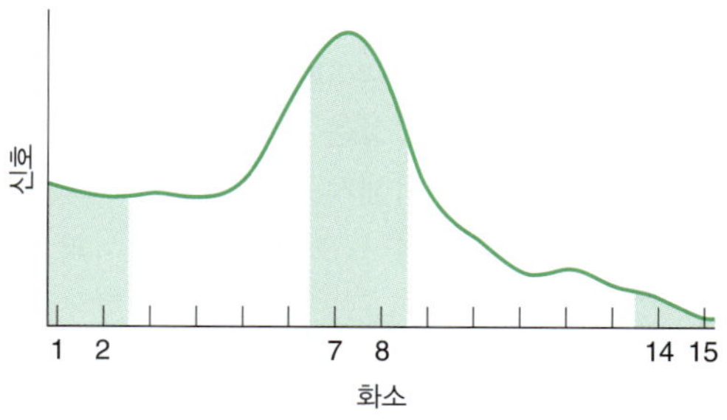

그림 21-18 플라스마 방출 분광법에서 바탕 보정을 나타내는 전하 주입 검출기의 자료. 피크 양쪽 화소들의 평균값은 피크를 나타내는 화소들의 평균값으로부터 빼준다. [출처: Courtesy M. D. Seltzer, Micheison Laboratory, China Lake, CA]

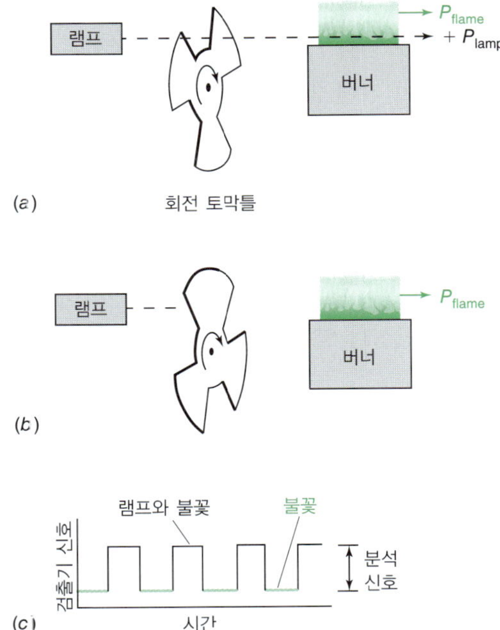

그림 21-19 바탕 보정을 위한 빛살 토막틀. (*a*) 램프와 불꽃 방출선이 검출기에 도달한다. (*b*) 불꽃 방출만이 검출기에 도달한다. (*c*) 네모파(square wave) 모형의 결과 신호

바탕 보정 방법
- CID 영상의 인접한 화소 빼기
- 빛살 토막내기
- D_2 램프
- Zeeman

빛살 토막내기로 불꽃 방출을 보정할 수 있지만, 산란의 경우는 보정되지 않는다. 대부분의 분광계는 바탕 산란과 폭넓은 바탕 흡수를 보정하는 부수적인 방법을 제공해 준다. 중수소 램프, Zeeman 보정 방법 등이 가장 보편적으로 이용되고 있다.

중수소 램프 바탕 보정(deuterium lamp background correction)에서는 D_2 램프(그림 20-5)로부터 방출된 폭넓은 방출선이 속빈 음극으로부터 나온 방출선과 번갈아 가며 불꽃을 통과하게 된다. 단색화 장치의 띠너비는 D_2 램프 복사선의 무시할 수 있을 정도로 극히 작은 분율만이 분석 물질의 원자 흡수선에 의해서 흡수될 정도로 넓다. 속빈 음극 램프로부터 나온 빛은 분석 물질에 의해 흡수되는 동시에, 바탕에 의해서 흡수되고 산란된다. 그러나 D_2 램프에서 나온 빛은 바탕에 의해서만 흡수되고 산란된다. 따라서 속빈 음극 램프로 측정된 흡광도와 D_2 램프로 측정된 흡광도의 차이가 분석 물질에 의한 흡광도가 된다.

흑연로에서 대부분 원소들의 바탕 보정 방법은 매우 우수하지만 값이 비싼 **Zeeman 효과**(Zeeman effect)에 의한 것이다. 불꽃 또는 노를 통과하는 광로에 평행이 되도록 자기장을 걸어 주면, 분석 원자의 흡수(또는 방출) 선은 세 가지 성분으로 갈라진다. 두 가지 성분은 약간 낮거나 높은 파장으로 이동되고(그림 21-20), 한 가지 성분은 이동되지 않는다. 이동되지 않은 성분은 자기장에 평행되게 통과하는 빛을 흡수할 수 있는 전자기적 편광성을 가지고 있지 않다. 그 결과, 이것은 '나타나지 않는다(invisible)'.

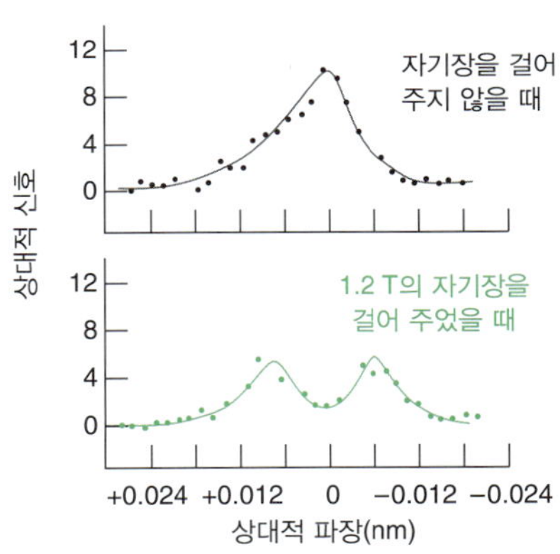

그림 21-20 301 nm에서 들뜨고, 341 nm에서 검출한 흑연로법에서의 Co 형광에 미치는 Zeeman 효과. 아래쪽 스펙트럼에 대한 자기장의 세기는 1.2테슬라이다. [출처: J. P. Dougherty, F. R. Preli, Jr., J. T. McCaffrey, M. D. Seltzer, and R. G. Michel, "Instrumentation for Zeeman Electrothermal Atomizer Laser Excited Atomic Fluorescence Spectrometry," *Anal. Chem.* **1987**, *59*, 1112.]

Zeeman 효과를 바탕 보정에 이용하기 위해서는 강한 자기장을 걸어 주었다가 꺼주는 방법으로 펄스시킨다. 자기장을 걸어 주지 않으면 시료와 바탕의 신호가 측정되고, 자기장을 걸어 주면 바탕 신호만이 측정된다. 그 차이가 바로 보정된 신호가 된다.

Zeeman 바탕 보정의 장점은 분석 파장에서 작동한다는 것이다. 반면 D_2 램프 바탕 보정은 넓은 띠에 걸쳐서 이루어진다. 평평하거나 또는 경사진 바탕 신호는 이 과정에 의해서 평균화된다. 그림 21-18에 나타낸 바탕 보정은 D_2 바탕 보정과 비슷하다. 그러나 그림 21-18에서의 파장 범위는 분석 피크에 인접한 영역으로 제한된다.

검출 한계

검출 한계(detection limit)의 한 가지 일반적인 정의는 바탕 신호의 표준 편차의 세 배와 같은 신호를 나타내는 원소의 농도이다(식 5-6). 또는 검출 한계는 분석 물질 신호 근처의 바탕선의 근평균제곱 잡음(식 20-16)의 세 배와 같은 신호를 나타내는 원소의

농도이다.

그림 21-21은 한 제작 회사에서 생산된 기기로 측정한 불꽃, 노 및 유도 결합 플라스마 방법, 그리고 다른 회사의 마이크로파 플라스마의 검출 한계를 비교한 것이다. 노의 검출 한계는 일반적으로 불꽃에서 측정한 것보다 두 자리 크기 정도가 낮다(더 좋아지는 경우임). 왜냐하면 노에서는 시료가 상대적으로 장시간 작은 부피 속에 몰려 있기 때문이다. 차가운 증기와 수소화물 생성법(616쪽)은 더 많은 분석 물질을 불꽃으로 이동시킴으로 인해서 검출 한계가 한 자리 수 이상 낮아진다. 마이크로파 플라스마는 원자 흡수와 비슷한 검출 한계로 다원소 분석을 수행할 수 있다. 유도 결합 플라스마-원자 방출의 검출 한계는 축 방향 플라스마 방향이다(그림 21-11). 방사 방향의 검출 한계는 10배 정도 높다.

유도 결합 플라스마-원자 방출 분광법은 유도 결합-광방출 분광법이라고 부르기도 한다.

이러한 검출 한계에 가까운 정량을 수행할 때는 실험의 각 단계에 주의를 기울여야 한다.[21] 시료 채취 장치, 도구 그리고 용기는 폴리에틸렌, 폴리프로필렌, 테프론과 같이 미량 금속 함유량이 낮은 플라스틱으로 제작되어야 한다. 시료 채취 물질은 316 외과용 스테인리스강, 고순도 타이타늄 또는 니켈을 분석할 원소가 아니라면 이것들을 쓸 수 있다. 액체 시료는 기벽에 흡착하는 것과 박테리아 성장을 억제하기 위해서 고순도 HNO_3나 HCl로 pH<2로 산성화시킨다. 산성화된 물의 **현장 바탕**(field blank)은 시료 채취하는 동안이나 보관하는 동안의 보관 용기로부터 나올 수 있는 오염을 조사한다. 플라스틱 용기는 고순도 산과 물로 씻어야 하고 먼지로부터 가려져야 한다(보충 21-1). 고순도 탈염수와 고순도 시약을 써야 한다. 적당한 순도는 **시약 바탕**—시료에 같은 양의 모든 시약들이 포함된 것—으로 확인한다. 바탕 레벨은 분석 물질 농도의 10%보다 작아야 한다. 불꽃 원자 흡수법에서 사용하는 각 원소들

현장 바탕: 시료 채취 현장과 동일하게 노출된 시료를 저장

시약 바탕: 분석 물질을 제외한 동일한 시약들을 포함한 시료

검출 한계(ng/mL)

원소	불꽃 원자 흡수법 / 차가운 증기 또는 수소화물 생성법	흑연로 원자 흡수법	마이크로파 플라스마-원자 방출	유도 결합 플라스마-원자 방출	유도 결합 플라스마-질량 분석법 (청정실에서의 검출 한계)
Li	0.8	0.06	0.007	0.3	0.0000004
Be	1.5	0.008		0.09	0.00009
B	1000	20	1.1	1	0.0002
C					
N					
O					
F					
Ne					
Na	0.3	0.005	0.1	0.5	0.00001
Mg	0.15	0.004	0.1	0.04	0.00001
Al	40	0.1	0.4	1	0.00001
Si	90	1	3	10	0.1
P	75000	130	70	4	0.6
S	-	-	3000	10	0.5
Cl					2
Ar					
K	3	0.005	0.6	1	0.00004
Ca	1.5	0.01	0.04	0.05	0.00005
Sc	30	-		0.1	0.001
Ti	80	0.4	2.1	0.4	0.00003
V	60	0.1	3	0.5	0.00001
Cr	3	0.004	0.3	0.2	0.00005
Mn	1.5	0.005	0.2	0.1	0.00005
Fe	5	0.06	1.7	0.1	0.0001
Co	9	0.15	3	0.2	0.000006
Ni	6	0.07	1.1	0.5	0.00006
Cu	1.5	0.014	0.5	0.4	0.00003
Zn	1.5	0.02	3	0.2	0.0001
Ga	80	-		1.5	0.00004
Ge	300	-		1	0.0004
As	150/0.03	0.05	60	1	0.0003
Se	100/0.03	0.05	80	2	0.0003
Br					0.04
Kr					
Rb	3	0.03		5	0.0002
Sr	3	0.02		0.05	0.00002
Y	80	-		0.2	0.00002
Zr	400	-		0.5	0.00002
Nb	1500	-		1	0.000009
Mo	40	0.03	0.8	0.5	0.00003
Tc					
Ru	100	1		1	0.00002
Rh	6	-	0.5	5	0.00003
Pd	30	0.09	1.6	2	0.00008
Ag	1.5	0.005	0.3	0.6	0.00003
Cd	0.8	0.002	1.4	0.1	0.00006
In	30	-		1	0.000003
Sn	150	0.1	4	2	0.00003
Sb	45/0.15	0.05		2	0.00003
Te	30/0.03	0.1		2	0.0003
I					0.003
Xe					
Cs	15	-		-	0.00005
Ba	15	0.4	0.04	0.03	0.00002
La	3000	-		0.4	0.00004
Hf	300	-		0.5	0.0003
Ta	1500	-		1	0.000006
W	1500	-		1	0.00002
Re	800	-		0.5	0.0003
Os	-	-		6	0.00006
Ir	900	3		1	0.00009
Pt	60	2	6	1	0.00007
Au	9	0.15	2	1	0.00005
Hg	300/0.006	0.6		1	0.001
Tl	15	0.1	0.8	2	0.000004
Pb	15	0.05	2	1	0.00001
Bi	30/0.03	0.05		1	0.000004
Po					
At					
Rn					
Ce	-	-		1.5	0.00005
Pr	8000	-		2	0.00003
Nd	1500	-		2	0.0003
Pm					
Sm	3000	-		2	0.0002
Eu	30	-		0.2	0.00007
Gd	1800	-		0.9	0.0003
Tb	900	-		2	0.00003
Dy	50	-		0.5	0.0002
Ho	60	-		0.4	0.00004
Er	60	-		0.5	0.0001
Tm	15	-		0.6	0.00003
Yb	8	-		0.1	0.0001
Lu	1000	-		0.1	0.00004
Th	-	-		2	0.00005
Pa					
U	15000	-	4	10	0.000005
Np					
Pu					
Am					
Cm					
Bk					
Cf					
Es					
Fm					
Md					
No					
Lr					

그림 21-21 불꽃, 노, 마이크로파 플라스마-원자 방출, 유도 결합 플라스마-원자 방출 및 유도 결합 플라스마-질량 분석법의 검출 한계(ng/mL). 정확한 정량 분석은 보통 검출 한계보다 10~100배 정도 높은 농도를 필요로 한다. [출처: *Atomic Spectrometry: A Guide to Selecting the Appropriate Technique and System*, PerkinElmer, Inc., Waltham, MA, 2018. Microwave plasma-atomic emission from *Agilent 4200 MP-AES Typical Performance*, Agilent Technologies.]

의 시판용 표준 용액은 플라스마와 노에 의한 분석에서도 반드시 적당한 것은 아니다. 후자의 방법들은 표준 용액의 조제뿐만 아니라, 특히 묽힐 경우 고순도의 물과 산을 필요로 한다. 오염이 문제가 되지 않는다는 것을 확실히 하기 위해 10개의 시료 측정 후에 바탕과 교정 곡선을 점검해야 한다.

어떠한 표준 용액도 유효 기간이 있다. 원자 분광학에 쓰이는 표준 물질은 고밀도 폴리에틸렌 플라스틱 병에 밀폐하고, 알루미늄 봉지로 밀봉하여 증발을 지연시킨다. 한 연구에서 알루미늄 봉지에 담겨지지 않은 표준 물질은 밀폐된 병으로부터 물이 증발하여 1년 동안 농도가 23°C에서 0.11%, 30°C에서 0.26% 증가하였다.[22] 알루미늄 봉지에 밀봉된 병으로부터 1년 동안 23°C에서 0.01%, 30°C에서 0.08% 증발되었다.

21-5 방해

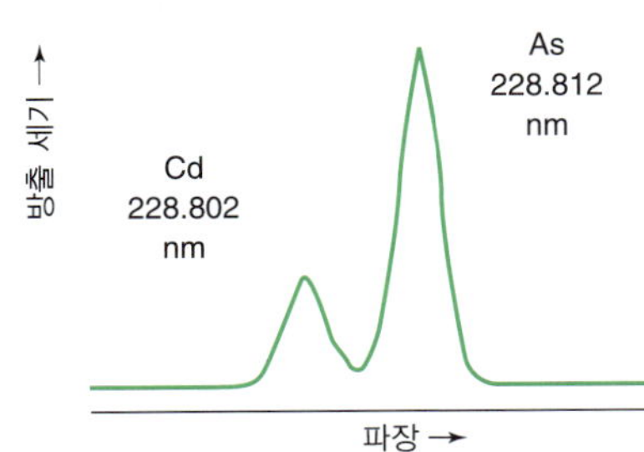

그림 21-22 228.802 nm의 Cd선은 대부분의 분광계에서 228.812 nm에서 나타나는 As 선과 스펙트럼 방해를 일으킨다. 대단히 높은 분해능으로 두 피크가 분리되므로 방해를 일으키지 않는다. 이 스펙트럼 측정에 이용된 기기는 1 m 길이의 Czerny-Turner 단색화 장치(그림 19-6)를 가지고 있다. 기기의 분해능은 0.005 nm이다. [출처: Jobin Yvon Horiba Group, Longjumeau Cedex, France.]

방해(interference)란 분석 물질의 농도가 일정한 상태에서 신호를 변화시키는 효과를 의미한다. 방해 요인을 제거하거나 동일한 방해 영향을 나타내는 표준 물질을 조제함으로써 보정할 수 있다.

방해의 종류

스펙트럼 방해(**spectral interference**)는 분석 물질의 신호가 시료 중에 있는 다른 원소나 분자의 신호, 또는 불꽃이나 노에서 발생하는 신호와 겹치는 것을 의미한다. 불꽃으로부터의 방해는 D_2 램프 또는 Zeeman 바탕 보정에 의해서 제거할 수 있다. 시료 중에 있는 다른 원소의 선과 겹치는 것을 극복하는 가장 좋은 방법은 다른 파장을 선택하여 분석하는 것이다. 고성능 분광계들은 매우 가깝게 인접한 선들을 분리함으로써 다른 원소들로부터 발생되는 방해를 제거할 수 있다(그림 21-22).

방해 분석 물질들은 파장표를 보고 찾아낼 수 있고—기기 소프트웨어가 제공하는—분석 파장을 방해할 수 있는 분광학적 특징을 확인할 수 있다. Nb와 같은 단일 원소도 1000개가 넘는 불연속적인 방출선을 나타낸다. 그래서 몇몇 선은 다른 원소로부터 나온 선과 중복이 된다—고해상도에서조차도. 상용화된 기기의 소프트웨어로 여러 개의 스펙트럼 선으로부터 각 원소를 측정한다.[23] 각 선을 다른 교정 곡선을 이용하여 각각의 세기를 농도로 전환한다. 만약 스펙트럼 방해가 없다면, 한 원소로부터 나온 모든 선들은 모두 같은 농도를 나타낼 것이다. 대부분의 결과들보다 좀 더 많은 편차를 보이는 것은 스펙트럼 방해에 의한 결과이므로 버린다.

열적으로 대단히 안정한 이원자 산화물을 형성하는 원소들은 불꽃이나 노의 온도에서 불완전하게 원자화된다. 분자 스펙트럼은 원자의 경우보다 더 넓고 복잡하다. 왜냐하면 전자 전이와 함께 진동 및 회전 전이가 수반되기 때문이다(18-6절 참조). 완만한 스펙트럼은 여러 파장에서 스펙트럼 방해를 일으킨다. CaO, CaF 분자와 함께 Cu, Na 원자를 포함한 플라스마를 그림 21-23에 나타내었다. 분자 방출 스펙트럼이 원자 방출에 비하여 얼마나 넓은지를 주목하라.

방해의 종류
- **스펙트럼:** 원하지 않는 신호가 분석 신호와 겹침
- **물리적:** 분석 물질의 분무와 운반을 변화시키는 용액의 점도 또는 밀도
- **화학적:** 화학 반응이 분석 물질의 농도를 감소시킴
- **이온화:** 분석 물질 원자의 이온화로 인한 중성 원자의 농도 감소

물리적 방해(**physical interference**)는 시료의 이송 또는 분무를 변화시키는 모든 요소에 의해 기인한다. 예를 들면 소화와 보존을 위해 사용된 시약이나 매트릭스로 인해 시료의 점도나 밀도의 차이가 시료의 분무를 다르게 하는 원인이 될 수 있다. 분무기에 쌓인 염들이 분무에 영향을 줄 수 있다. **화학적 방해**(**chemical interference**)는 시료 중에 공존하고 있는 어떤 성분에 의해서 분석 물질의 원자화 정도가 감소되는 것을 말한다(그림 21-6). 예를 들면 SO_4^{2-}와 PO_4^{3-}는 비휘발성 염의 형성으로 Ca^{2+}의 원자화를 방해한다. **해방제**(**releasing agent**)는 화학적 방해를 감소시키기 위하여 시료에 가하는 시약이다. EDTA와 8-하이드록시퀴놀린은 Ca^{2+}를 SO_4^{2-}와 PO_4^{3-}의 방해 효과로부터 막아 준다. 또한 분명히 La^{3+}는 우선적으로 PO_4^{3-}와 반응하여 Ca^{2+}를 유리시켜 주기 때문에 해방제로 이용될 수 있다. 연료 과잉

불꽃의 이용은 다른 형태로 원자화를 방해하는 산화된 분석 화학종을 감소시키는 데 효과적이다. 또한 높은 불꽃 온도는 여러 종류의 화학적 방해를 제거시켜 준다.

이온화 방해(ionization interference)는 상대적으로 낮은 불꽃 온도에서 알칼리 금속을 분석할 때 문제가 되고, 그 밖의 다른 원소들은 높은 온도에서 문제가 된다. 원소에 대한 기체 상태의 이온화 반응은 다음과 같이 나타낼 수 있다.

$$M(g) \rightleftharpoons M^+(g) + e^-(g) \qquad K = \frac{[M^+][e^-]}{[M]} \qquad \textbf{(21-6)}$$

알칼리 금속들은 이온화 퍼텐셜이 낮기 때문에, 그들은 불꽃에서 상당량 이온화된다. 2 450 K와 0.1 Pa의 압력에서 소듐은 5% 정도 이온화된다. 이보다 이온화 퍼텐셜이 더 낮은 포타슘은 같은 조건하에서 33% 정도 이온화된다. 이온은 중성 원자와 에너지 준위가 다르기 때문에 측정하려고 하는 원자 신호는 감소된다. 물론 이온으로부터 발생되는 강한 신호가 나타날 경우에는 원자 신호 대신 이온 신호를 사용할 수 있다.

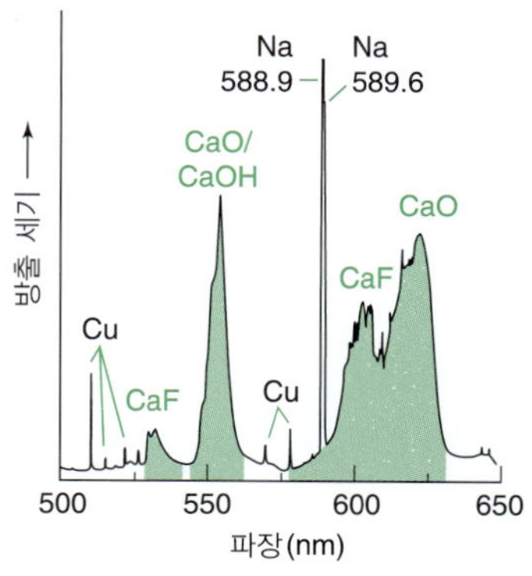

그림 21-23 원자와 분자를 포함한 플라스마로부터 얻어진 방출 스펙트럼. 들뜬 Cu 원자와 Na 원자는 특징적인 좁은 선을 방출한다. 분자들은 넓은 방출을 하고, 그것은 원자 방출과 겹칠 수 있다. [출처: C. Alvarez-Llamas, J. Pisonero, and N. Bordel, "Fluorine Analysis Using CaF Emission in Calcium-Samples," *J. Anal. Atom. Spec.* **2017**, *32*, 162. C. Alvarez-Llamas was an undergraduate researcher.]

이온화 억제제(ionization suppressor)는 분석 물질의 이온화 정도를 감소시킨다. 예를 들면 포타슘의 분석에서 1 000 ppm의 CsCl을 함유한 용액이 추천되는데, 그 이유는 세슘이 포타슘보다 더 쉽게 이온화되기 때문이다. 불꽃에서 높은 농도의 전자를 생성함으로써 Cs의 이온화는 K의 이온화를 억제한다. 중성 원자를 측정하기를 원하는 낮은 온도의 불꽃에서는 이온화 억제가 바람직하다.

Le Châtelier 원리는 반응식 21-6의 오른쪽에 전자를 첨가하면 반응이 왼쪽으로 진행하는 것을 알려 준다.

표준 물질 첨가법(method of standard addition, 5-3절 참조)은 매질이 복잡한 미지 시료에 알고 있는 양의 분석 물질을 첨가시키면 여러 종류의 방해를 보정할 수 있다. 예를 들면 그림 21-24는 표준 물질 첨가법으로 수족관 물 중의 Sr을 분석한 결과를 보여 주고 있다. 표준 물질 첨가 곡선의 기울기는 0.018 8 흡광도 단위/ppm이다. 만약 증류수에 Sr를 첨가시켰을 경우는 0.030 8 흡광도 단위/ppm이다. 즉 각 표준 Sr을 첨가시켰을 경우 증류수에서의 흡광도는 수족관 물에서보다 0.030 8/0.018 8 = 1.64배 증가한다. 수족관 물에서는 공존하는 다른 화학종들에 의한 간섭으로 낮은 감응을 일으킨다. 표준 물질 첨가 곡선에서 *x*축 절편의 절댓값 7.41 ppm은 수족관 물 중 신뢰성 있는 Sr의 측정값이다.

가장 정확한 작업은 시료와 표준 물질의 정확한 매트릭스의 일치가 요구된다. 예를 들면 산화 베릴륨 표준 기준 물질의 베릴륨 질량 분율이 유도 결합 플라스마-원자 분광법으로 인증되어야 한다[24]. 매트릭스를 2.1 vol% H_2SO_4:H_2O에서 (2.0 vol% H_2SO_4와 0.07 vol% HCl)로 바꾸면 2.3%의 Be와 Mn(내부 표준)의 계통 오차가 있다. 네 개의 다른 실험실에서 정확하게 매트릭스를 일치시키고 주의를 기울이면 다른 실험실에서 얻은 결과들 사이의 일치도는 약 0.07%의 표준 편차를 보인다.

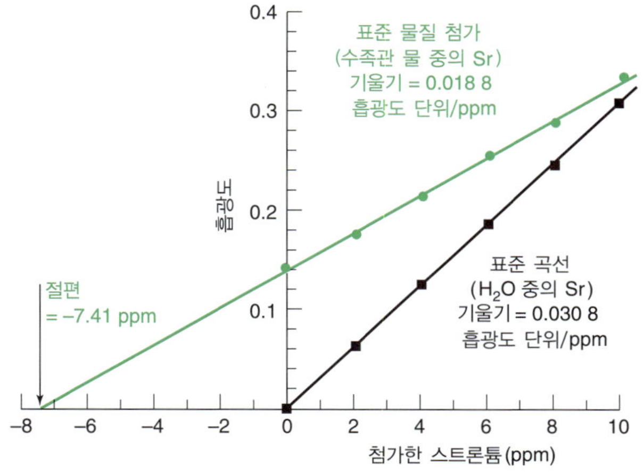

그림 21-24 증류수 및 수족관 물에 표준 물질 Sr을 각각 첨가시켰을 때의 원자 흡수 교정 곡선. 모든 용액은 부피가 일정하도록 만들었으므로 가로 좌표는 첨가한 Sr의 농도가 된다. [자료 출처: L. D. Gilles de Pelichy, C. Adans, and E. T. Smith, "Analysis of Sr in Marine Aquariums by Atomic Absorption Spectroscopy," *J. Chem. Ed.* **1997**, *74*, 1192. L. D. Gilles de Pelichy and C. Adams were undergraduate researchers.]

유도 결합 플라스마의 장점

유도 결합 아르곤 플라스마는 흔히 잘 일어나는 여러 가지 방해를 제거시킨다.[25] 플라스마는 통상적인 불꽃보다 두 배 정도 뜨거운 동시에, 불꽃 속에서 분석 물질의 체류 시간이 두 배 정도 길다. 그러므로 원자화는 불꽃에서보다 더욱 완전히 일어나고, 아울러 신호는 이에 대응하여 증가된다. 분석 물질의 산화물과 수산화물의 형성은 무시할 수 있다. 플라스마는 또한 시료 방출을 측정하는 영역인 부하 코일 위 15~35 mm에서 바탕 복사선을 현저하게 제거시킨다(천연색 사진 17).

불꽃 방출 분광법에서 불꽃의 바깥 부분인 냉각 지역에서 전자가 들뜬 원자의 농도는 불꽃의 중심부인 뜨거운 지역에서보다 더 낮아진다. 결과적으로, 중심 지역으로부터 방출된 빛이 바깥 지역에 있는 들뜬 원자에 의해서 흡수된다. 이러한 **자체 흡수**(**self-absorption**)는 분석 물질의 농도가 커지면 증가되므로, 비직선형의 교정 곡선이 얻어지게 된다. 플라스마에서는 불꽃 온도가 보다 일정하므로, 자체 흡수는 그다지 중요하지 않다. 플라스마 방출 교정 곡선은 약 다섯 자리 크기 이상의 농도까지 직선을 이룬다. 통상적인 불꽃이나 노에서의 직선 범위는 두 자리 정도의 크기이다. 그러나 유도 결합 플라스마-질량 분석법에서의 직선 범위는 10자리 크기이다.

21-6 유도 결합 플라스마 - 질량 분석법

Ar의 이온화 에너지는 15.8전자볼트(eV)로 He, Ne, F를 제외한 어떤 원소들보다 크다. Ar 플라스마에서 분석 원소들은 Ar^+, 들뜬 아르곤 원자 또는 에너지가 높은 전자들과의 충돌로 인해 이온화될 수 있다. 플라스마를 질량 분석계(22장 참조)에 들여보내 질량 대 전하비에 따라 이온들을 분리하고 측정되게 할 수 있다.[26] 동위 원소비의 가장 정확한 측정을 위하여 질량 분석계는 원하는 각각의 동위 원소를 측정할 수 있는 한 개의 검출기를 가지고 있다.[27]

보석으로 쓰이는 **백금**은 금-니켈-구리-아연의 합금을 로듐으로 도금한 것이다.

이 장의 시작 부분에서 언급한 Ötzi 아이스맨과 그의 도끼 중에 있는 흔적량 원소들의 프로필은 유도 결합 플라스마-질량 분석법으로 얻었다. 그림 21-25는 백금 결혼 반지를 레이저 에블레이션(21-7절)으로 시료를 채취하고, 레이저 에블레이트된 물질을 유도 결합 플라스마-질량 분석법으로 분석한 예를 보여 준다.

질량 분석계에 의한 시료 채취는 어려운데, 그것은 분석계가 이온과 바탕 기체 분자 사이에 충돌이 일어나서 이온들이 자기장 궤도로부터 벗어나게 하는 것을 막기 위하여 고진공이 요구되기 때문이다. 그림 21-26은 수평 방향 Ar 플라스마와 질량 분석계를 연결시킨 예를 보여 주고 있다. 왼쪽에 있는 플라스마는 물로 냉각시킨 Ni 원뿔형 시료 채취 콘(cone) 쪽으로 향하고 있는데, 이 콘은 소량의 플라스마를 통과시킬 수 있는 반지름이 1 mm인 구멍이 뚫려 있다. 시료 채취 콘(sampling cone) 다음에 더욱 작은 구멍이 뚫려 있는 물로 냉각시킨 거르기 콘(skimmer cone)이 있다. 거르기 콘 다음에 있는 추출 렌즈는 플라스마로부터 양이온들을 끌어들이기 위해 높은 음의 퍼텐셜을 띠고 있다. 압력은 기기를 구성하는 연속된 연결 부분에서 낮춰진다. 거르기 콘을 통과한 이온들은 낮은 압력의 He과 같은 비활성 기체 또는 NH_3나 CH_4 같은 반응성 기체를 포함하고 있는 **충돌/동적 반응 셀**(collision/dynamic reaction cell) 속으로 들어간다. 충돌/동적 반응 셀은 플라스마로부터 동중 방해종을 제거한다. **동중 방해**(**isobaric interference**)는 분석 물질 이온과 같은 질량 대 전하비를 갖는 방해종이 있을 때 나타난다. 충돌/동적 반응 셀에 관한 화학을 아래에 간단히 설명할 것이다. 충돌/동적 반응 셀을 통과한 다음, 이온들은 질량 분석계에서 분리된다. 이온들은 검출기 쪽을 향해 휘어지고(그림의 오른쪽에 있는), 플라스마 중의 광자들은 질량 분석계를 통과해도 검출기에 도달하지 못한다. 검출기에 도달하는 광자는 신호를 나타낼 수 있다.

유도 결합 플라스마-질량 분석계의 많은 원소의 검출 한계는 시약, 용기 및 처리 과정에서 청결이 보장될 경우 10억 분의 1 정도로 대단히 낮다. 먼지가 오염의 가장 큰 요인이다. 용기들은 닫혀 있거나 덮여 있어야 한다. 용액은 먼지가 없는 청정실이나, 기기에 검출되는 바

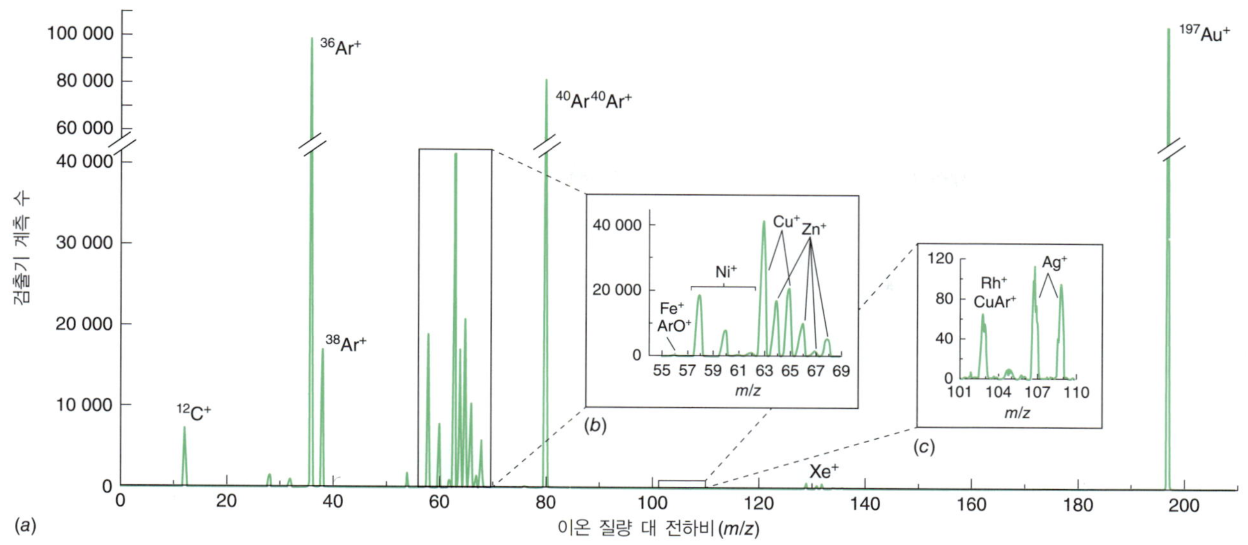

그림 21-25 (*a*) 유도 결합 플라스마-질량 분석법에 의한 백금 결혼 반지의 원소 프로파일. (*b*) 미량 원소의 확장된 질량 범위. (*c*) 초미량 원소의 확장된 질량 범위. *m/z* 38.5에서 42.5까지는 $^{40}Ar^+$의 강한 신호를 피하기 위해서 데이터를 수집하지 않았다. [출처: G. Schwarz, M. Burger, K. Guex, A. Gundlach-Graham, D. Kaser, J. Koch, P. Velicsanyi, C.-C. Wu, D. Gunther, and B. Hattendorf, "Elemental Analysis of Participant-Supplied Objects," *J. Chem. Ed.* **2016**, *93*, 1749.]

탕 오염을 줄이기 위해서 필터한 공기를 이용한 공기 캐비닛(그림 21-27)에서 만들어야 한다. 머리카락과 피부는 Zn, Cu, Fe, Pb, Mn을 포함하고 있고, 귀금속은 Au, Ag, Ni, Cr의 오염을 증가시키고, 화장품은 Bi와 Sb의 바탕을 증가시키고, 탈취제는 Al을 포함한다. 분석자는 오염을 최소화하기 위해서 머리카락, 손, 발을 포함한 신체 모두를 덮는 흰색 옷을 입어야 한다.

미량 분석의 경우, 유리 용기는 피해야 한다. 표준 물질을 만들기 위해 저울을 사용하고 희석을 수행한다. 용액은 대단히 순수한 물과 미량 금속급의 HNO_3로 먼지 유입이 방지된 폴리에틸렌, 폴리프로필렌 또는 테플론 용기(보충 21-1)에서 만든다[28]. HCl, H_2SO_4, H_3PO_4는 동중 방해를 일으킬 가능성이 있으므로 사용을 피하는 것이 좋다. 그러나 동적 반응 셀은 동중 방해를 제거함으로써 H_2SO_4와 H_3PO_4 용액의 사용을 가능하게 해 준다.[29] 플라스마-질량 분석기 결합 장치는 시료 채취 콘의 구멍을 막히게 할 정도로 높은 농도인 용해된 고체를 견디어 내지 못한다. 플라스마는 유기물을 탄소로 환원시키므로, 이것이 구멍을 막을 수 있다. 유기물은 플라스마 속으로 약간의 산소를 유입하여 탄소를 산화시킬 경우 분석이 가능해진다.

플라스마 내에서 이온들의 생성에 미치는 매트릭스 효과는 중요하므로, 표준 용액은 미지 시료와 같은 매트릭스가 되도록 맞추어야 한다[30]. 표준 물질 첨가법은 매트릭스 효과를 보정

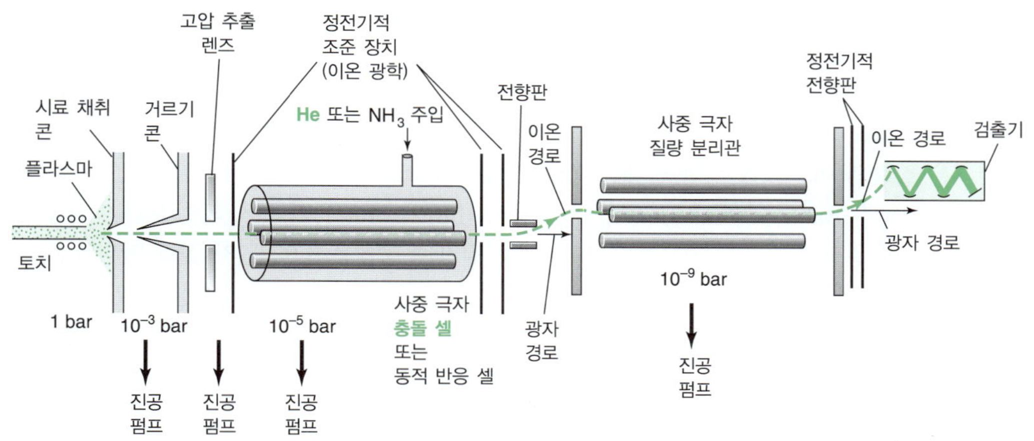

그림 21-26 유도 결합 플라스마와 질량 분석계. 같은 질량을 갖는 분석 물질이 있는 플라스마의 동중 방해를 감소시키는 충돌 또는 동적 반응 셀을 보여 주는 유도 결합 플라스마와 질량 분석계의 경계. 질량 분석법은 22장에서 논의할 것이다.

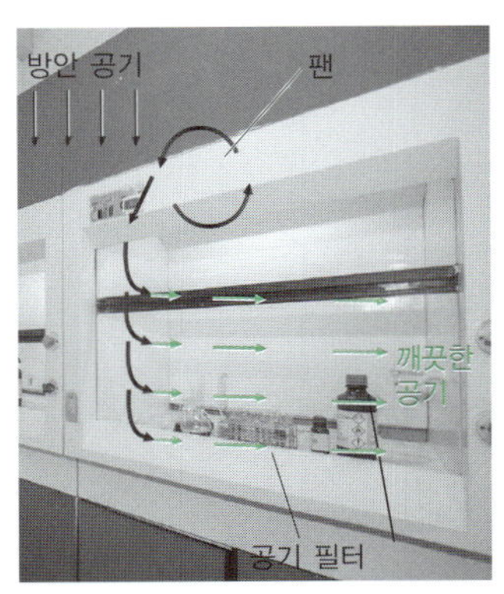

그림 21-27 금속-프리 청정 공기 캐비닛은 고성능 입자 공기(HEPA) 필터를 이용하여 실험실 공기를 걸러 먼지로부터의 오염을 막는다. 캐비닛으로부터 나온 공기의 흐름이 캐비닛으로 들어가는 방 먼지의 유입을 막는다. [출처: Rabbitmind photo/Shutterstock]

초청정 금속-프리 실험실에 들어가기 위해 버니 수트를 입었다. 결혼 반지와 휴대폰은 실험실 밖에 두어야 한다. [출처: Aleksandar Malivuk/Shutterstock]

하는 아주 효과적인 방법이다. 피 속의 미량 원소를 유도 결합 플라스마-질량 분석법으로 분석할 경우, 매트릭스 방해가 $^{75}As^+$와 $^{78}Se^+$의 값을 표준 기준 물질보다 2배 큰 값을 생성한다.[31] 표준 물질 첨가법에 의한 보정은 그 오차를 0~4%로 줄인다. 표준 물질 첨가법은 분무기나 토치에 용존 고체의 점진적인 침착으로 인한 기기의 드리프트를 보정하지는 않는다.

분석 물질과 거의 같은 이온화 에너지를 갖는 유도 결합 플라스마-질량 분석법의 내부 표준 물질은 매트릭스 효과와 흔들림 모두를 보정한다. 예를 들면 Tm은 U의 내부 표준 물질로 사용된다. 두 원소의 이온화 에너지는 각각 5.81 eV와 6.08 eV이므로, 이들은 매트릭스가 다르더라도 거의 같은 정도로 이온화된다. 만약 가능하다면, 최대 감응을 얻기 위해서는 한 가지 주된 동위 원소만을 갖는 내부 표준 물질을 선택해야 된다.

원자 동중 방해

동중 방해는 다른 원소의 동위 원소 또는 분석 물질과 같은 질량 대 전하비를 갖는 다원자 종으로부터 발생한다. 예를 들면 아연의 가장 풍부한 동위 원소는 ^{64}Zn(그림 21-25)이다. 니켈의 소량 동위 원소(0.93% 존재)는 ^{64}Ni이다. 이것이 m/z 64 신호에 기여를 한다.

$$I\,(m/z\ 64) = I\,(^{64}\text{Zn로부터}) + I\,(^{64}\text{Ni로부터}) \qquad \textbf{(21-7)}$$

여기서 I는 신호 세기이다. 대부분의 원소는—아연을 포함해서—여러 개의 동위 원소를 가지고 있고, 인듐을 제외한 모든 것은 원자 동중 방해에 자유스러운 최소한 한 개의 동위 원소를 가지고 있다. ^{66}Zn은 원자 동중 방해가 없고 아연을 정량하는 데 사용할 수 있으나, 이것의 동위 원소 존재비가 낮아서(^{64}Zn의 경우 27.7% 대 49.2%) 덜 민감할 것이다.

$$I\,(^{66}\text{Zn}) = \left(\frac{27.7}{49.2}\right) I\,(^{64}\text{Zn})$$

대안으로, 원자 동중 방해는 알려진 자연계에 존재하는 동위 원소의 비와 방해 원소의 다른 동위 원소의 신호를 이용하여 수학적으로 보정될 수 있다. ^{60}Ni는 26.2% 존재하며 방해를 받지 않는다. 니켈의 신호를 질량 대 전하 60에서 측정하는 것은 질량 대 전하 64의 신호에서 니켈의 기여를 뺄 수 있게 해 준다.

$$I\,(^{64}\text{Zn}) = I\,(m/z\ 64) - \left(\frac{0.93}{26.2}\right) I\,(m/z\ 60) \qquad \textbf{(21-8)}$$

Ar^+는 화학적 반응성이 Cl과 유사하다.

보정은 측정된 신호보다 작아야 한다. 미국 환경보호국 방법 200.8과 같은 표준 방법들로부터 물과 쓰레기에 들어 있는 미량 원소들의 정량에 추천하는 보정 식이 제공된다.

표 21-3 보편적인 동중 방해

다원자 종	분석 물질
$^{12}C^{15}N^+$, $^{12}C^{14}NH^+$	$^{27}Al^+$
$^{38}Ar^1H^+$	$^{39}K^+$
$^{40}Ar^+$	$^{40}Ca^+$
$^{35}Cl^{16}O^+$	$^{51}V^+$
$^{35}Cl^{16}O^+$, $^{40}Ar^{12}C^+$	$^{52}Cr^+$
$^{38}Ar^{16}O^1H^+$	$^{55}Mn^+$
$^{40}Ar^{16}O^+$	$^{56}Fe^+$
$^{40}Ar^{16}O^1H^+$	$^{57}Fe^+$
$^{40}Ar^{35}Cl^+$	$^{75}As^+$
$^{40}Ar^{40}Ar^+$	$^{80}Se^+$

출처: T. W. May and R. H. Wiedmeyer, "Polyatomic Interferences in ICP-MS," *Atom. Spec.* **1998**, *19*, 150.

충돌과 동적 반응 셀의 다원자 방해

Ar은 화학적으로 '안정한' 기체이다. 그러나 Ar^+는 Cl과 같은 전자 배치를 갖고 화학적 성질이 비슷해진다. 그림 21-25에서 보는 바와 같이, 유도 결합 플라스마에는 Ar^+와 표 21-3에 있는 다원자 이온과 같은 화학종이 많다. 이들은 질량이 같은 원소들의 분석에 방해를 일으킬 수 있다.

예를 들면 $^{40}Ar^{16}O^+$는 $^{56}Fe^+$와, $^{40}Ar^{2+}$은 $^{80}Se^+$과 거의 같은 질량을 가지고 있고, $^{63}Cu^{40}Ar^+$는 로듐의 오직 하나의 동위 원소인 $^{103}Rh^+$(그림 21-25)를 방해한다. 같은 질량의 이온들에 의한 방해를 **동중 방해**(isobaric interference)라고 한다. 두 번 이온화된 $^{138}Ba^{2+}$는 $^{69}Ga^+$와 전하 대 질량비(138/2 = 69/1)가 근사적으로 같기 때문에 Ga^+의 측정에 방해를 일으킨다. 고분해능 질량 분석계는 0.02 원자 질량 단위만 다른 $^{40}Ar^{16}O^+$과 $^{56}Fe^+$과 같은 이온종들을 분리하므로 동중 방해를 제거시킬 수 있다. 그러나 대부분의 기기는 이온종들을 분리시킬 정도의 충분한 분해능을 가지고 있지 않다.

그림 21-26의 왼쪽에 있는 사중 극자는 **충돌 셀** 또는 **동적 반응 셀**로 작용한다. 충돌 셀은 He 또는 N_2와 같은 비활성 기체의 낮은 압력(~10^{-5} bar)을 갖는다. 동적 반

응 셀은 반응성 기체의 낮은 압력을 갖는다.

충돌 셀에서는 플라스마로부터 나온, 빠르게 움직이는 이온이 비활성 기체와 충돌하여 플라스마 이온의 속도(운동 에너지)가 감소한다. HCl 용액으로부터 생성되는 $^{35}Cl^{16}O^+$와 같은 다원자 이온은 $^{51}V^+$와 같은 단원자 이온보다 더 크고, 더 자주 충돌하게 된다. 그러므로 $^{35}Cl^{16}O^+$는 $^{51}V^+$보다 더 많이 감속한다. 충돌 셀의 출구에 있는 정전기적 에너지 장벽(양의 전기장)은 높은 운동 에너지를 가진 분석 이온($^{51}V^+$)은 통과시키고, 낮은 운동 에너지를 갖는 방해물($^{35}Cl^{16}O^+$)은 막는다. 원하는 분석 물질 $^{51}V^+$로부터 방해 물질 $^{35}Cl^{16}O^+$의 대부분을 제거할 수 있다(표 21-4).

표 21-4 유도 결합 플라스마–질량 분석법에서 2% HCl 내의 바나듐($^{51}V^+$)의 $^{35}Cl^{16}O^+$의 동중 방해 제거

	겉보기 V 농도(ppb)	
	바탕 용액	10 ppb 표준 물질
방해물 제거 없음	88.8	97.9
He 충돌 셀	0.39	11.7
NH_3 동적 반응 셀	0.00	10.1

출처: R. Merrifield, PerkinElmer Inc.

그림 21-26에 있는 **동적 반응 셀**을 이용하여 **열역학적으로 유리한** 반응으로 다원자 동중 방해를 줄일 수 있다.[32] 동적 반응 셀은 NH_3, CH_4, N_2O, CO, 또는 O_2와 같은 반응성 기체를 낮은 압력으로 함유하고, 그것의 전기장이 셀을 통과하는 동안 이온의 질량을 선택할 수 있다. 몇몇 원소를 방해하는 플라스마 종은 다음과 같은 반응으로 10^{-9}까지도 줄일 수 있다.

충돌 셀: 중성 기체가 다원자 방해물의 분리를 위해 운동 에너지를 느리게 한다.

동적 반응 셀: 분석 물질의 신호에는 영향을 미치지 않으면서 첨가된 기체가 방해물을 제거하는 반응을 한다.

NH_3로부터 전자의 전달:

$$^{40}Ar^+ + NH_3 \rightarrow NH_3^+ + Ar \qquad ^{40}Ar^{14}N^+ + NH_3 \rightarrow NH_3^+ + Ar + N$$

$$^{40}Ar^{12}C^+ + NH_3 \rightarrow NH_3^+ + Ar + C \qquad ^{40}Ar^{16}O^+ + NH_3 \rightarrow NH_3^+ + Ar + O$$

NH_3로부터 수소의 전달:

$$^{40}ArH^+ + NH_3 \rightarrow NH_4^+ + Ar \qquad ^{35,37}Cl^{16}OH^+ + NH_3 \rightarrow NH_4^+ + ClO$$

$$^{40}Ar^{14}NH^+ + NH_3 \rightarrow NH_4^+ + Ar + N$$

예를 들면 HCl 용액으로부터 만들어진 $^{35}Cl^{16}O^+$는 $^{51}V^+$를 방해한다. NH_3가 있는 동적 반응 셀은 ClO^+(표 21-4)를 제거함으로써 V를 측정할 수 있게 한다. 유사하게 $^{40}Ar^{16}O^+$는 $^{56}Fe^+$를 방해한다. NH_3와의 반응으로 ArO^+를 제거하거나 N_2O와의 반응으로 Fe^+를 다른 질량으로 이동시킬 수 있다.

$$Fe^+ + N_2O \rightarrow FeO^+ + N_2$$

미량의 철과 높은 농도의 칼슘을 포함한 천연수에서 $^{40}Ca^{16}O^+$가 $^{56}Fe^+$를 방해한다. CO와의 반응에 의해서 CaO^+를 제거할 수 있다.

$$CaO^+ + CO \rightarrow Ca^+ + CO_2$$

He과 같은 중성 기체의 운동 에너지 차별은 환경 감시에서 관측되는 것처럼 넓은 범위의 조성을 가진 시료에서 바탕 신호를 줄이는, 쉽고 유용하며 많은 원소들의 검출 한계를 향상시키는 방법이다. 동적 반응 셀은 분석 물질의 신호를 바꾸지 않고 특정한 방해물을 제거함으로써 선택된 원소의 검출 한계를 크게 향상시킬 수 있으나 각 매트릭스를 최적화해야 한다. 마이크로파 유도 결합 플라스마-질량 분석법은 다원자 방해가 작은 마이크로파 플라스마-질량 분석법과 유사한 검출 한계를 보이는 잠재성을 보인다[33].

21-7 고체 시료의 원자 분광학

흑연 받침대 위에서 무게를 다는 고체 시료

(a)

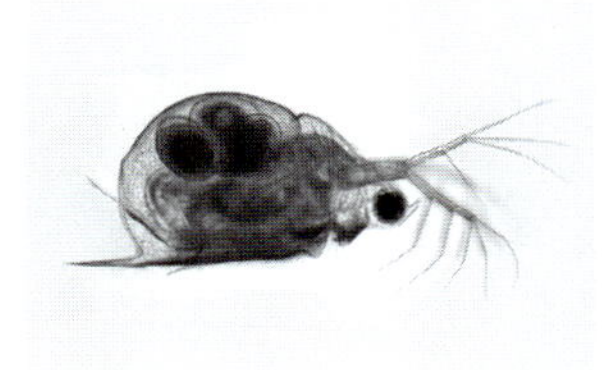

(b)

그림 21-28 (a) 직접 시료 채취법에서 노의 단면도. (b) 물벼룩 마그나(*Daphnia magna*) 한 개는 대략 30 μg이다. [출처: SrjT/Shutterstock]

원자 분광학에서는 액체 시료가 일반적으로 사용되지만, 고체 분석을 위한 접근들도 있다. 흑연로 원자 흡수에 의한 **직접 고체 시료 채취**(direct solid sampling)에서는 시료 준비 없이 고체를 분석한다(그림 21-28).[34] 은 나노입자의 환경적 독성에 대한 연구에서, 하나의 물벼룩 마그나(*Daphnia magna*) 무척추동물(그림 21-28b)을 흑연 받침대에 올려놓고 마이크로 저울을 이용하여 무게를 측정했다.[35] 로봇 자동 시료 주입 장치로 받침대를 노로 이동시킨 후, 무척추동물에 의해 소화된 은을 원자화하기 위해 1 800°C로 가열했다. Ag 분석 물질의 끓는점을 높이기 위해서 매트릭스 변형제 $Pd(NO_3)_2$를 첨가했다. 더 높은 끓는점은 분석 물질의 손실 없이 매트릭스를 제거하기 위한 더 높은 탄화 온도를 만든다. 고체를 주입하면 액체가 주입될 때보다 훨씬 많은 시료가 분석되기 때문에 액체 주입 때보다 100배 낮은 검출 한계를 얻을 수 있다. Ag는 3 pg/무척추동물의 수준으로 검출될 수 있다. 교정 곡선은 1% HNO_3에 10 μL의 Ag^+ 표준 용액을 첨가해서 얻었다. 연속 선원을 사용함으로써 많은 파장에서의 교정 곡선을 작성할 수 있었고, 동적 범위를 개별 *D. magna*에 대해 3 pg에서 1 μg으로 확장했다. 광산 부스러기, 립스틱, 결정, 그리고 음식물을 포함한 다른 고체들이 직접 고체 시료 채취 방법으로 분석되었다.

레이저 에블레이션

이 장의 시작 부분에서 치아의 분석에 레이저 에블레이션-유도 결합 플라스마-질량 분석법(laser ablation-inductively coupled plasma-mass spectrometry)[37]을 이용한 예를 보았다. 레이저 **에블레이션**(**기화 제거, ablation**)에서는 펄스화시킨 높은 에너지의 레이저 빛살을 고체 시료의 미세한 반점 위로 초점을 맞추는데, 이때 입자, 원자, 전자 및 이온들이 폭발적으로 기체 상태로 변한다. 파장이 1.064 μm인 Nd-YAG(neodymium-doped yttrium aluminum garnet) 레이저가 많이 쓰인다. 레이저 파장을 증폭시켜 532, 266, 213 nm의 파장을 갖게 하면 덜 강하지만, 많은 시료들에 의해서 더 강하게 흡수될 수 있다. 193 nm의 깊은 자외선 레이저는 대부분의 시료가 세게 흡수한다. 19 mJ의 에너지를 갖는 10 ns의 펄스가 지름 50 μm 지점에 50 GW/cm^2의 전력을 공급한다. 밀폐된 용기 속에서 생성된 에블레이션 생성물은 질량 분석법 또는 원자 방출법으로 분석하기 위하여 Ar 또는 He에 의해서 테플론을 입힌 관을 통하여 플라스마 쪽으로 일시에 보내진다. 연속적인 펄스로 더 깊게 조사하여 깊이에 따른 원소의 농도를 측정하는 **깊이 조성 분석**(depth profiling)이 가능하다. **래스터 스캔**(raster scan)은 연속적인 펄스를 기하학적 패턴으로 표면을 가로질러 이동하여, 표면의 원소 조성을 그려낼 수 있다.

레이저 유발 분해 분광학[38]

각각의 펄스는 10 000~20 000 K의 온도를 갖는 짧은 수명의 플라스마를 생성한다. 거기에는 물질이 분해되어 들뜬 원자들과 이온들이 있다. 플라스마를 원자 방출로 분석하면, 이 방법을 **레이저 유발 분해 분광학**(**laser-induced breakdown spectroscopy**)이라고 한다. 초기의 플라스마로부터의 광방출은 약간의 정보만을 포함한 연속 스펙트럼이다. 플라스마를 초음속으로 팽창시켜 온도를 낮추면 ~1–10 μs 뒤에 불연속적인 원자 선이 관측된다. 레이저 펄스 뒤에 수 마이크로초 동안 검출기의 문이 **열려**(gated) 원자 방출을 기록한다. 한 상용화된 장비는 7개의 다색화기에 연결된 7개의 광섬유로 플라스마 발광을 관측한다. 각각의 다색화기는 다른 스펙트럼 영역을 측정하기 위해 2 048개의 선형 전하 결합 화소에 연결된다. 200~980 nm 영역에서 스펙트럼의 분해능은 0.1 nm이다. 보충 21-3에서 화성 표면의 토양을 측정하는 데 사용된 레이저 유발 분해 분광학에 대하여 설명하고 있다. 휴대용 레이저 유발 분해 분광계는 Be, Li, Mg, Al, Si와 같은, 낮은 원자 번호가 금속 합금의 물질 연구를 가능하게 해 준다.

정량 분석

레이저 유발 분해 분광학에 의한 정량 분석에서는 세심한 주의가 필요하고,[39] 부정확도가 ±10% 또는 그 이상이 될 수 있다. 원소들을 선택적으로 기화 제거한 다음, 플라스마 쪽으로 이동시키거나 플라스마 중에서 선택적으로 원자화하는 것이다. 그러므로 검출되는 이온들의 상대적인 수는 반드시 고체 시료 중에 있는 원소들의 상대적 양과 같을 필요가 없다. 가장 신뢰할 수 있는—그러나 일반적으로는 얻을 수 없는—교정 방법은 미지 시료와 동일한 매트릭스 속에 분석 대상 원소를 함유하는 표준 시료를 만드는 것이다. 아는 양의 관심 있는 원소를 가루로 만든 매트릭스에 첨가하고, 균일화하고 압착해서 시료와 유사한 펠렛으로 **매트릭스 맞춤 표준 물질**(matrix-matched standard)을 만들 수 있다. 몇몇 시료는 완전히 삭혀서 원소 조성을 용액 기반 분석으로 결정한다. 삭혀지지 않는 시료의 부분은 레이저 에블레이션 교정에 이용될 수 있다.

21-8 X선 형광[40,41]

Dmitri Mendeleev는 1869년에 알려진 원소를 원자량이 증가하는 순으로 화학적 성질에 따라서 배열한 (약간의 예외를 포함한) 주기율표를 만들었다. 원자 번호 *Z*는 수소를 1로 시작하여 주기율표에서의 순서를 각 원소에 배정하였다. Harry Moseley—영국 맨체스터의 Ernest Rutherford와 함께 일한 26살의 대학원생—가 X선 형광으로부터 *Z*가 원자핵의 양전하의 수라는 증거를 발견한 1913년까지는 *Z*에는 물리적 의미가 없었다. 1921년에 방사성 붕괴와 동위 원소 이론 연구에 대한 공로로 노벨상을 수상한 Frederick Soddy에 의하면, "Moseley는…원소의 두루마리라고 불렀고, 처음으로 처음부터 끝까지 가능한 원소들의 수를 말할 수 있었고, 발견되어야 할 원소의 수도 아직 있었다."[42] 안타깝게도, 1914년 세계 대전이 일어났을 때, Moseley는 군에 자원 입대하였고, 1915년 Gallipoli에서 전사하였다. 그가 살았더라면, 노벨상을 받았을 것이다.

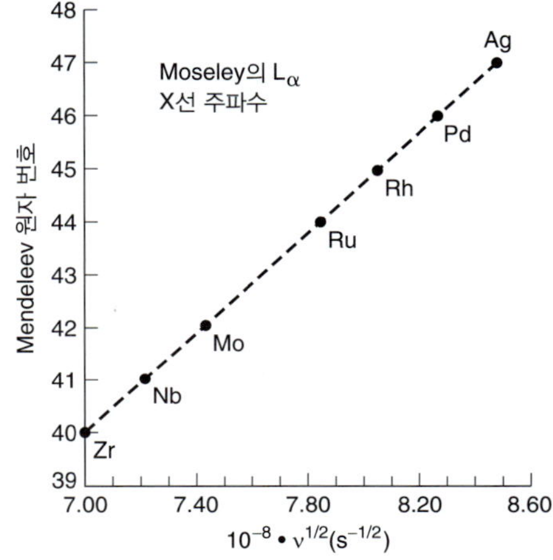

Moseley가 Mendeleev 주기율표에서 원자 번호에 따른 X선 형광 주파수가 부드럽게 변하는 것을 보여 주었다. [*Philosophical Magazine* **1914**, *27*, 703]. 그래프는 Mo와 Ru 사이에 원자가 빠진 것을 보여 주고, 그 원자가 발견되었을 때의 X선 형광 주파수를 말해 준다.

X선은 높은 에너지(10~50 kV)의 전자가 W, Mo, Ag, Rh 등으로 만들어진 음극에 가속되었을 때 발생되는 고에너지의 광자이다. **X선 형광(X-ray fluorescence)**은 물질이 X선을 흡수한 뒤 X선을 방출하는 것이다. 그림 21-29는 토양의 X선 형광 스펙트럼이다. 존재하는 각 원소는 두 개의 특징적인 X선을 방출한다(좁은 띠). *x*축은 파장이 아니라 keV 단위의 X선 에너지(수천 전자볼트)이다. 광자의 에너지(*E*)는 그 파장의 역수에 비례한다(λ): $E = hc/\lambda$, 여기서 *h*는 Planck 상수이고, *c*는 빛의 속도이다. 원소는 그들의 피크의 에너지로 인식되고, 각 피크의 광자의 수로 정량화된다.

> **예제:** 6.4 keV의 X선 에너지를 파장으로 변환하시오.
>
> $E = (6\,400\ \text{eV})(1.602 \times 10^{-19}\ \text{J/eV}) = 1.025 \times 10^{-15}\ \text{J}$
> (표 1-4로부터 변환)
> $\lambda = hc/E$
> $= (6.626 \times 10^{-34}\ \text{J} \cdot \text{s})(2.998 \times 10^{8}\ \text{m/s})/(1.025 \times 10^{-15}\ \text{J})$
> $= 1.94 \times 10^{-10}\ \text{m} = 0.194\ \text{nm}$
>
> 파장 = 0.194 nm (가시광선 파장보다 3 000배 작다)

X선 형광의 근원은, 원자에 있는 전자들의 에너지 준위의 껍질을 보여 주는 그림 21-30에 묘사되어 있다. 껍질들은 양자 역학적으로 구조가 설명되기 전까지는 역사적으로 K, L, M, … 등으로 표식되었다. 1s 오비탈을 K라고 하고, L은 2s와 2p 오비탈을 포함한다. 오직 내부의 껍질들만 에너지가 분리되어 있다.

그림 21-30의 왼쪽 위의 과정은 입사 X선이 원자의 K 또는 L 껍질의 전자를 떼어내는 것으로 시작한다. 왼쪽 아래는 더 높은 에너지의 전자가 빈자리로 떨어지면서 X선이 방출되는 과정이다. 전자가 L로부터 K로 떨어지는 X선을 K_α라고 한다. M으로부터 K로의 방출은 K_β라고 한다. L이나 M에 생긴 빈자리는 더 높은 에너지의 전자와 관계있으며, 더 많은 X선을 방출한다. M으로부터 L로의 방출은 L_α라고 하고, N으로부터 L로의 방출은 L_β라고 한다. 표 21-5에 원소들의 X선 형광 에너지를 나타내었다. 그것은 전자들이 원자의 깊숙한 곳에 있기 때문에 화학적 형태(±0.002 keV)와 무관하다. 철의 Fe(0)와 Na_2FeO_4의 Fe(VI)는 같은 K와 L 에너지를 갖는다.

보충 21-3 화성에서의 원자 방출 분광학

[NASA/JPL-Caltech.]

2012년 이래, **화성 과학 실험실**(Mars Science Laboratory) 탐사 로봇 **Curiosity**는 10개의 과학적 장비를 탑재하고 화성을 탐사했다. ChemCam 레이저 유발 분해 분광학 장비로 7 m까지 떨어져 있는 토양과 암석의 화학적 성분을 측정했다. 1.067 μm 파장의 일련의 레이저 펄스로 ~0.4 mm 지름의 영역을 망원경을 통해서 기화시켰다. 1 MW/mm^2 이상의 전력 밀도를 갖는 각 펄스는 원자의 선명한 플라스마를 생성한다. 망원경을 통해서 플라스마로부터 나오는 광방출을 수집하고, 조사된 영역의 원자 구성의 프로필을 만들기 위하여 세 개의 분광도로 보내졌다.

여기에 보여진 스펙트럼은 임무의 Sol 707(화성 일)에 Hidden Valley에서 수집한 두 종류의 토양에서 얻은 것이다. 마그네슘, 칼슘, 소듐, 철과 같은 원소의 원자 방출이 강하게 관측되었다. 원자 방출의 선명함은 약한 인근 신호도 관측하게 하였다. 위쪽 삽입도는 수소와 탄소로부터의 방출이다. 수소는 비결정성 입자의 물의 수화로 생각되고 화성에서의 물의 양을 짐작하게 해준다. 아래쪽 삽입도는 Mn이 풍부한 광물의 방출을 보여 주는데, 이는 화성의 대기가 오늘날의 대기보다 더 많은 자유 산소가 있었음을 보여 준다. ChemCam은 착륙 이전에 69종의 지구 화학 표준 물질에 대해 정량하였으나, 기대하지 않은 많은 광물이 발견되었다. Los Alamos 국립 실험실에서 ChemCam의 클론이 화성의 조건을 시뮬레이션하여 400개 이상의 매트릭스 맞춤 보정으로 5억 마일 이상 떨어진 곳에서 정량 분석을 수행할 수 있도록 개선되었다.

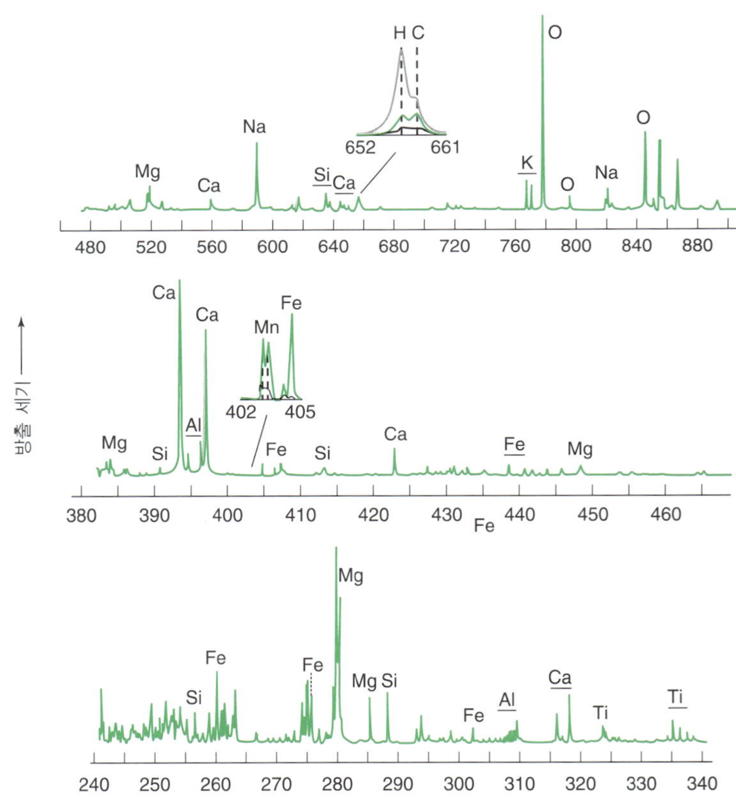

화성 토양의 레이저 유발 분해 원자 방출 스펙트럼 [출처: S. Maurice et al., "ChemCam Activities and Discoveries of the Mars Science Laboratory," *J. Anal. Atom. Spec.* **2016**, *31*, 863.]

ChemCam의 임무는 www.mal-chemcam.com에서 확인하라.

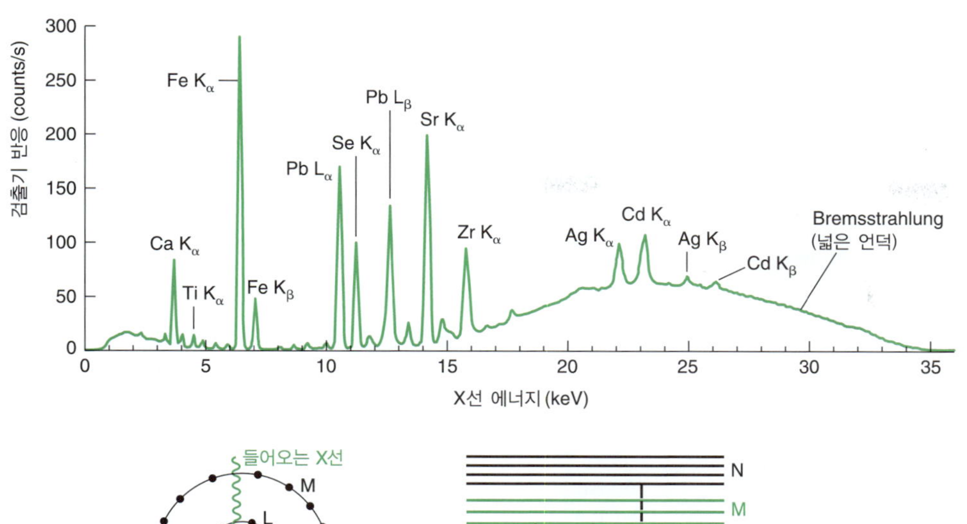

그림 21-29 토양의 X선 형광 스펙트럼 [출처: P.T. Palmer, San Francisco State University.]

그림 21-30 **왼쪽 위**: 입사 X선 광자가 원자의 K 껍질(1s) 전자를 쳐낸다. **왼쪽 아래**: L 또는 M 껍질의 전자가 K 껍질의 빈자리로 떨어지고 K_α 또는 K_β X선 형광을 방출한다. **오른쪽**: 철의 X선 형광 전이

그림 21-31은 현장에서 빠르게 정성 분석 및 정량 분석을 할 수 있도록 제작된 소형 X선 형광 분석계를 보여 준다. 이 분광계는 단색화 장치를 쓰는 대신에, 실리콘 표류 검출기를 사용하여 에너지와 그 에너지에서의 광자의 수(초당 수로 표현되는)를 측정한다. 시료는 가능하면 X선관과 검출기에 가깝게 위치시킨다. 수동형 기기는 통상적으로 페인트나 장난감에 있는 납, 보석 중의 합금, 광석 중의 금속, 그리고 토양과 음식 속에 있는 독성이 있는 원소를 검출하는 데 이용된다. 박물관에서는 예술품의 비파괴적 검사를 위하여 예술품의 진위와 출처를 결정하는 데 X선 형광을 이용한다.

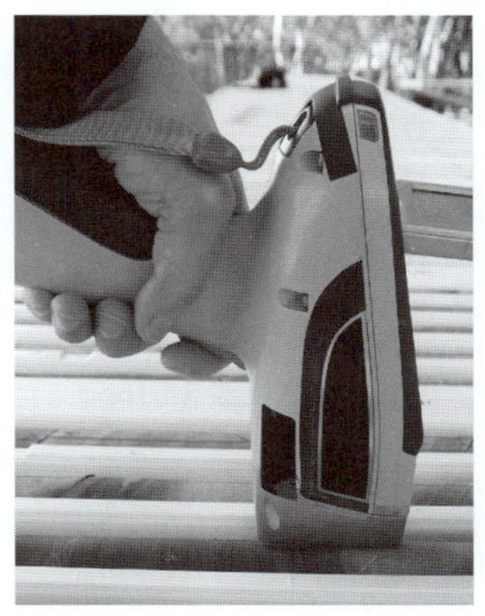

그림 21-31 현장 분석을 위한 소형 X선 형광 분석기 [출처: Bruker Corporation]

수동형 X선 형광 분석계는 As, Pb, Hg(표 21-5)와 같은 무거운 원소는 1 ppm(1 μg/g)까지 검출할 수 있다. 효과적으로 들뜨지 않거나 형광이 공기에 흡수되는 Mg, Al, Si와 같은 가벼운 원소의 검출 한계는 거의 1 wt%이다. H, C, N, O와 같이 더 가벼운 원소는 검출되지 않는다. 검출 한계는 매트릭스, 들뜸 조건, 그리고 측정 시간에 의존한다. 알루미늄 합금에 있는 납의 검출 한계는 5~60 ppm이고, 구리 합금은 30~150 ppm이며, 철 합금은 75~450 ppm이다(낮은 합금은 더 낮고 스테인리스강은 더 높다).

비록 수동 분석계의 X선 세기는 치과용이나 의료용 X선 기기보다는 훨씬 낮은 세기이지만, **이러한 장치를 사용할 때 안전이 최우선으로 고려되어야 한다**. 실험실에서 수동형 분석계는 사용자에게 X선의 노출을 방지하기 위하여 납을 댄 검사 장치에 장착해야 한다. 현장에서는 분석계 뒤에 있어야 하며, 사람을 향해서는 안된다.

휴대용 X선 형광 분석계는 자동차 한 대의 가격과 비슷하다.

정성 및 반정량 분석(±50% 내외)을 위해서는 시료 준비는 필요 없고, 분석에는 약 1분 정도의 시간이 필요하다. 10% 또는 그보다 나은 정밀도로 분석하기 위해서는 균질화하여야 하고(예를 들면 갈아서), 교정 표준 물질은 시료와 같은 매트릭스로 만들어야 한다. 곱게 간 시료에 분석 물질의 **표준 물질 첨가**가 가장 정확한 정량적 결과를 제공한다.

기계가 보고하는 대로 그대로 결과를 받아들이면, 제조사의 소프트웨어는 가양성, 가음성 그리고 부정확한 원소의 농도를 보일 수 있다. **항상 있을지도 모르는 원소의 두 K 피크 또는**

표 21-5 X선 형광 에너지(keV)

원소	$K_{\alpha 1}$	$K_{\beta 1}$	$L_{\alpha 1}$	$L_{\beta 1}$	원소	$K_{\alpha 1}$	$K_{\beta 1}$	$L_{\alpha 1}$	$L_{\beta 1}$
3 Li	0.054				48 Cd	23.174	26.096	3.134	3.317
4 Be	0.109				49 In	24.210	27.276	3.287	3.487
5 B	0.183				50 Sn	25.271	28.486	3.444	3.663
6 C	0.277				51 Sb	26.359	29.726	3.605	3.844
7 N	0.392				52 Te	27.472	30.996	3.769	4.030
8 O	0.525				53 I	28.612	32.295	3.938	4.221
9 F	0.677				54 Xe	29.779	33.624	4.110	
10 Ne	0.849				55 Cs	30.973	34.987	4.287	4.620
11 Na	1.041	1.071			56 Ba	32.194	36.378	4.466	4.828
12 Mg	1.254	1.302			57 La	33.442	37.801	4.651	5.042
13 Al	1.487	1.557			58 Ce	34.720	39.257	4.840	5.262
14 Si	1.740	1.836			59 Pr	36.026	40.748	5.034	5.489
15 P	2.014	2.139			60 Nd	37.361	42.271	5.230	5.722
16 S	2.308	2.464			61 Pm	38.725	43.826	5.433	5.961
17 Cl	2.622	2.816			62 Sm	40.118	45.413	5.636	6.205
18 Ar	2.958	3.191			63 Eu	41.542	47.038	5.846	6.456
19 K	3.314	3.590			64 Gd	42.996	48.697	6.057	6.713
20 Ca	3.692	4.013	0.341	0.345	65 Tb	44.482	50.382	6.273	6.978
21 Sc	4.091	4.461	0.395	0.400	66 Dy	45.998	52.119	6.495	7.248
22 Ti	4.511	4.932	0.452	0.458	67 Ho	47.547	53.877	6.720	7.525
23 V	4.952	5.427	0.511	0.519	68 Er	49.128	55.681	6.949	7.811
24 Cr	5.415	5.947	0.573	0.583	69 Tm	50.742	57.517	7.180	8.101
25 Mn	5.899	6.490	0.637	0.649	70 Yb	52.389	59.370	7.416	8.402
26 Fe	6.404	7.058	0.705	0.719	71 Lu	54.070	61.283	7.656	8.709
27 Co	6.930	7.649	0.776	0.791	72 Hf	55.790	63.234	7.899	9.023
28 Ni	7.478	8.265	0.852	0.869	73 Ta	57.532	65.223	8.146	9.343
29 Cu	8.048	8.905	0.930	0.950	74 W	59.318	67.244	8.398	9.672
30 Zn	8.639	9.572	1.012	1.035	75 Re	61.140	69.310	8.653	10.010
31 Ga	9.252	10.264	1.098	1.125	76 Os	63.001	71.413	8.912	10.355
32 Ge	9.886	10.982	1.188	1.219	77 Ir	64.896	73.561	9.175	10.708
33 As	10.544	11.726	1.282	1.317	78 Pt	66.832	75.748	9.442	11.071
34 Se	11.222	12.496	1.379	1.419	79 Au	68.804	77.984	9.713	11.442
35 Br	11.924	13.291	1.480	1.526	80 Hg	70.819	80.253	9.989	11.823
36 Kr	12.649	14.112	1.586	1.637	81 Tl	72.872	82.576	10.269	12.213
37 Rb	13.395	14.961	1.694	1.752	82 Pb	74.969	84.936	10.552	12.614
38 Sr	14.165	15.836	1.807	1.872	83 Bi	77.108	87.343	10.839	13.024
39 Y	14.958	16.738	1.923	1.996	84 Po	79.290	89.800	11.131	13.447
40 Zr	15.775	17.668	2.042	2.124	85 At	81.520	92.300	11.427	13.876
41 Nb	16.615	18.623	2.166	2.257	86 Rn	83.780	94.870	11.727	14.316
42 Mo	17.479	19.608	2.293	2.395	87 Fr	86.100	97.470	12.031	14.770
43 Tc	18.367	20.619	2.424	2.538	88 Ra	88.470	100.130	12.340	15.236
44 Ru	19.279	21.657	2.559	2.683	89 Ac	90.884	102.850	12.652	15.713
45 Rh	20.216	22.724	2.697	2.834	90 Th	93.350	105.609	12.969	16.202
46 Pd	21.177	23.819	2.839	2.990	91 Pa	95.868	108.427	13.291	16.702
47 Ag	22.163	24.942	2.984	3.151	92 U	98.439	111.300	13.615	17.220

검출 한계

<5 ppm	<0.2%
<10 ppm	<0.5%
<20 ppm	<1%
<50 ppm	not measured

Tabulation from J. B. Kortright and A. C. Thompson, X-Ray Data Booklet, http://xdb.lbl.gov/Section1/Sec_1-2.html; Original source: J. A. Bearden, "X-Ray Wavelengths," Rev. Mod. Phys. 1967, 39, 78.

토양, 분말 그리고 액체와 같은 밀도가 낮은 시료를 휴대용 Olympus Innov-X로 1~2분 측정할 때의 검출 한계

K_α와 K_β의 세기 비 ≈5:1. $Z > 50$인 원소, L_α와 L_β의 세기 비 ≈1:1. 첨자 1($K_{\alpha 1}$과 같은)은 각 형태에서 가깝게 위치한 여러 개의 전이가 있기 때문에 나타내었다. 소형 X선 형광 분석기의 분해능으로는 각 형태의 한 개의 피크만 관측할 수 있다.

두 L 피크가 표 21-5(±0.05 keV)에 주어진 적절한 세기의 비로 관측이 되는지 확인하라. 그림 21-29에서 K_α와 K_β 피크의 세기의 비가 표 21-5의 주석에 주어진 대로 ~5:1이라는 것을 확인하기 전까지는 철이 존재한다고 결론지을 수 없다. L_α피크와 L_β 피크의 세기 비가 ~1:1이라는 것을 확인하기 전까지는 납이 존재한다고 결론지을 수 없다. 칼슘의 K_α는 3.69 keV이다. 표 21-5로부터 4.01 keV에 K_β가 있다고 예측할 수 있고, 4.01 keV에 작은 피크

가 보이지만 스펙트럼에 표기하지는 않았다. 일반적으로 3 keV 밑의 스펙트럼은 광원과 검출계의 감도가 나쁘기 때문에 수동형 분석계에서는 의미가 없다.

원시 스펙트럼에 많은 가공물이 있을 수 있다. 그림 21-29에 Bremsstrahlung이라 표기된 15~35 keV의 넓은 피크는 시료에서 검출기로의 X선의 역산란에 기인하는 것이다. X선 광원이나 이차 필터로부터 피크들이 시료의 스펙트럼에 그들의 정상 에너지(Rayleigh 산란)에, 조금 낮은 에너지(Compton 산란)에, 또는 양쪽 에너지에 나타날 수 있다. 강한 분석 물질의 형광으로부터 두 광자가 동시에 검출기에 도착하여 약한 '합'(철의 경우 $2K_\alpha$, $2K_\beta$ 그리고 $K_\alpha + K_\beta$ 피크)으로 나타날 수 있다. 검출기의 Si는 Si K_α 에너지(1.74 keV)를 흡수하고 약한 '탈출' 피크를 강한 분석 물질 피크보다 1.74 eV 낮은 에너지 영역에 나타낸다. 시료의 매트릭스, 시료의 홀더 그리고 X선관 광원, 필터 그리고 광학 요소를 만드는 데 쓰인 물질의 피크들이 나올 수 있다. 이러한 가공물들은 스펙트럼의 해석을 어렵게 한다. 제조사의 사용 설명서와 Analytical Sciences Digital Library에 있는 지침서는 스펙트럼 해석에 있어서 실용적인 안내와 정량 분석의 방법을 제공한다.

이 신호를 보면 실험실 방사선 안전 수칙을 읽고 따르라.

에블레이션 마이크로크레이터의 이미지에 사용되는 것과 같은 주사 전자 현미경은 에너지 분산 X선 형광 마이크로 분석을 수행할 수 있다.[43] 에너지를 가진 입사 전자가 K 또는 L 껍질의 전자를 원자로부터 떼어낸다. 더 높은 에너지의 전자들이 빈자리로 떨어지면서 X선을 방출한다. 0.1~10 μm의 공간 분해능으로 원소의 조성을 결정하고, 100 ppm까지의 원소 농도를 검출할 수 있다. 정성 분석 및 정량 분석을 휴대용으로도 비슷하게 수행할 수 있다.

파장 분산 X선 형광(wavelength-dispersive X-ray fluorescence) 분광계는 Bragg 회절을 이용하여 X선 형광을 분산시킨다. 파장 분산 분광기는 에너지 분산 분광기보다 더 큰 분광 분해능을 보이는데(5~20 eV 대 150~200 eV), 이것이 가깝게 위치한 분광학적 특징의 분해를 가능하게 한다(희토류 금속을 포함한 복잡한 시료의 정량 분석에 중요하다). 진공을 사용하여 Be와 같은 가벼운 원소의 분석을 가능하게 한다. 파장 분산 분광기는 에너지 분산 분광기보다 100~1000배 강한 X선원이 필요하기 때문에 실험실에서 사용하는 기기로는 비싸다. 실험실 기반 파장 분산 X선 형광은 시멘트, 금속, 광물, 반도체, 세라믹, 그리고 페인트의 품질 관리에 이용된다. 시료는 5~50 mm의 반지름을 갖는 원형 디스크이고, 이상적으로 완벽하게 평평한 표면을 가지며 균일해야 한다. 금속, 전자 기기, 그리고 플라스틱은 잘라서 광택을 내야 한다. 파우더 물질(>15 g)은 곱게 갈아서 플라스틱 시료 홀더에 압착한다. 광물 시료의 용융(28-2절)이 최상의 결과를 나타낸다. 액체 시료는 플라스틱 컵으로 밀봉한다.

X선의 파장은 원자 간 거리보다 작다. 결정 격자 내의 원자열은 자외선/가시선을 분산시키는 회절발과 같이 X선을 분산시킨다.

파장 분산 X선 형광 분광계는 자동차 3~5대의 가격과 비슷하다.

21-9 바른 원자 분광기 선택

각각의 원자 분광법은 낮은 검출 한계로 많은 원소를 분석할 수 있다(그림 21-21). 어떤 원자 분광기를 쓸 것인가는 여러분 실험실에서 사용이 가능한 원자 분광기로 종종 지정된다. 만약 선택해야 한다면, 결정은 분석의 목적에 따라, 분석할 원소의 수가 얼마인지, 어느 정도의 분석 물질의 농도가 예측되는지에 달려 있다(그림 21-32).

예를 들면 작업장에서의 공기로 운반되는 먼지는, 만약 흡입한다면, 해로울 수 있는 여러 가지 금속과 준금속을 포함하고 있을 수 있다. 노출을 평가하기 위해서, 산업 위생사는 작업자에게 공기를 빨아들여 필터를 통해서 부유 입자를 수집할 수 있는 작은 펌프를 장착한다. 포집된 작은 양의 먼지(바라건데)는 여러 원소에 대해서 분석되어야 한다. 그림 21-32를 이용하여, 이 분석의 목적인 **많은 원소**들의 노출 수준을 **정량**한다. 이것은 **미량**일 수 있다. 이것의 목적은 결정할 농도에 따라서 마이크로파 플라스마, 유도 결합 플라스마-원자 방출 또는 유도 결합 플라스마-질량 분석법 중에서 선택할 수 있게 하는 것이다. 표준 방법 ASTM D7037은 유도 결합 플라스마-원자 방출 분광법으로 작업장에 존재할 수 있는 먼지 내의 40여 종의 금속 또는 준금속의 정량화를 규정한다.

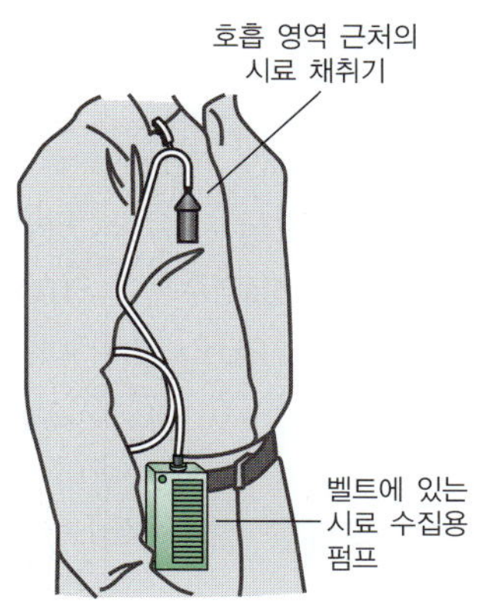

개별 물벼룩 마그나 내의 은의 분석과 같은 응용(그림 21-28)에서, 추가적인 요소로 제한된 시료의 크기가 방법의 선택에 영향을 준다. 표 21-6은 가장 적절한 방법을 선택할 때 고려할 요소들을 비교하고 있다. 필요한 시료의 양, 선형 범위, 정밀도, 그리고 구입 가격 등이 중요한 요소들이다.

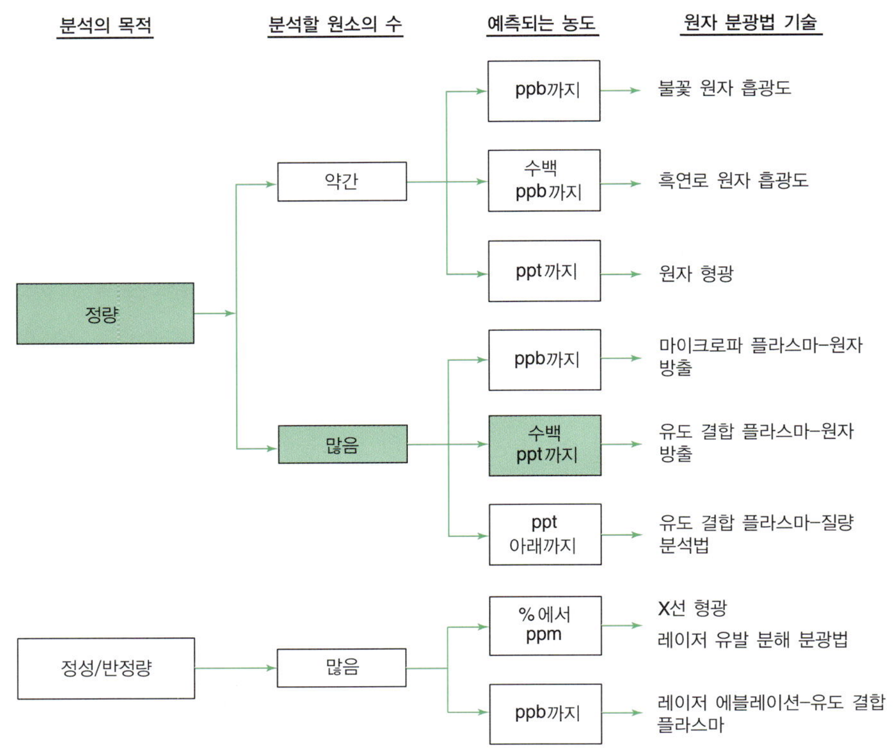

그림 21-32 원자 분광법 기술 선택의 가이드. ppt = parts per trillion [출처: S. Elliott, "Comparison of ICP-QQQ and MP-AES to Alternative Atomic Spectrometry Techniques," Am. Lab. March 2017, p. 20.]

표 21-6 원자 분석 방법들의 비교

	불꽃 흡수	노 흡수	마이크로파 방출	플라스마 방출	플라스마-질량 분석법
검출 한계(ng/g)	10~100	0.01~0.1	1~10	0.1~1	<0.001
선형 범위	10^3~10^4	10^2~10^3	10^4~10^5	10^7~10^8	10^{10}~10^{11}
정밀성					
단기(5분)	0.1~1%	0.5~5%	0.1~2%	0.1~2%	0.5~2%
장기(시간)	1~10%	1~10%	<3%	1~5%	<5%
방해					
스펙트럼	거의 없음	거의 없음	많음	많음	약간
화학적	많음	대단히 많음	약간	거의 없음	약간
질량	—	—	—	—	많음
운영자 숙련도	낮음	중간	약간	중간	높음
일당 최대 시료 수	100~200	50~100	300~500	2 000~2 500	750~1 200
동시 분석 원소 수	~6	~2	~10	50+	50+
용해된 고체	<3%	>20% 곤죽과 고체	<3%	1~20%	0.1~0.4%
시료 부피	큼	대단히 작음	중간	중간	중간
구입가[a]	1	2~3	2~3	3~5	7~10

a. 구입가 1 ≈ 중형차의 가격, 구입가 7 ≈ 중형차 7대의 가격(또는 정말 좋은 차 한 대의 가격)

출처: *Information from TJA Solutions, Franklin, MA, with information from S. Elliott, "Comparison of ICP-QQQ and MP-AES to Alternative Atomic Spectrometry Techniques," Am. Lab., March 2017, p. 20; Microwave Plasma Atomic Emission Spectroscopy, publication no. 5991-7282EN (Agilent Technologies, 2016).*

이해해야 할 용어

Boltzmann 분포(Boltzmann distribution)
Doppler 효과(Doppler effect)
Heisenberg 불확정성 원리(Heisenberg uncertainty principle)
X선 형광(X-ray fluorescence)
검출 한계(detection limit)
동중 방해(isobaric interference)
레이저 유발 분해 분광법(laser-induced breakdown spectroscopy)
매트릭스(matrix)
매트릭스 변형제(matrix modifier)
물리적 방해(physical interference)
바탕 보정(background correction)
분무(nebulization)
속빈 음극 램프(hollow-cathode lamp)
스펙트럼 방해(spectral interference)
압력 폭넓어짐(pressure broadening)
압전성 결정(piezoelectric crystal)
에블레이션(기화 제거, ablation)
에어로솔(aerosol)
원자 방출(atomic emission)
원자 형광(atomic fluorescence)
원자화(atomization)
원자 흡수(atomic absorption)
유도 결합 플라스마(inductively coupled plasma)
이온화 방해(ionization interference)
이온화 억제제 (ionization suppressor)
자체 흡수(self-absorption)
플라스마(plasma)
해방제(releasing agent)
화학적 방해(chemical interference)
흑연로(graphite furnace)

요약

원자 분광법에서는 기체 원자로부터 흡수, 방출 또는 형광을 측정한다. 액체 시료는 불꽃, 노 또는 플라스마에 의해서 원자화된다. 불꽃과 플라스마에서의 과정들은 에어로솔을 형성하기 위한 분무, 용매의 증발, 분자종의 기화, 그리고 원자로의 분해이다. 원자들의 열적 들뜸은 원자 방출을 만든다. 이온화와 분자를 만드는 반응들은 방해를 하게 되고 추가적인 흡수와 방출종을 만든다. 분석 물질을 휘발성 화합물로 전환하는 것은 불꽃으로 들어가는 분석 물질의 양을 증가시킨다. 불꽃 온도는 보통 2 300~3 450 K 범위이다. 연료와 산화제의 선택은 불꽃 온도를 결정하는 동시에, 일으킬 수 있는 스펙트럼, 화학적 방해 또는 이온화 방해의 크기에도 영향을 미친다. 불꽃 온도의 불안정성은 원자 흡수에서 원자화에 영향을 준다. 원자 방출에서는 들뜬 상태의 원자수가 온도에 지수적으로 크게 변하기 때문에 온도는 원자 방출에 큰 영향을 준다. 전기 가열되는 흑연로는 불꽃보다 대단히 적은 양의 시료를 필요로 하며, 검출 한계가 낮다. 유도 결합 플라스마에서 라디오 주파수 유도 코일은 아르곤 기체 흐름 중에 있는 Ar^+ 이온을 6 000~10 000 K로 가열하는 데 이용된다. 이와 같은 높은 온도에서 들뜬 원자 및 이온으로부터의 방출이 관찰된다. 유도 결합 플라스마에서는 화학적 방해가 적으며, 불꽃 온도 역시 대단히 안정한 동시에 자체 흡수도 거의 관찰되지 않는다. 5000 K의 마이크로파 질소 플라스마는 저가의 대체품이다.

플라스마 방출 분광법은 광원이 필요 없으며, 전하 주입 장치 검출기를 사용하면 ~70여 종의 원소를 동시 분석할 수 있다. 주어진 방출 피크에 대한 바탕 보정은 검출기에서 인접 화소의 세기를 빼 주는 것에 기초를 두고 있다. 가장 낮은 검출 한계는 플라스마를 질량 분석계 쪽으로 향하게 함으로써 플라스마로부터 생성된 이온들을 분리하고 측정하는 방법으로 얻을 수 있다. 불꽃 및 노 원자 흡수 분광법에서 분석 원소로 만들어진 속빈 음극 램프는 원자 증기의 경우보다 더 예리한 선 스펙트럼을 제공한다. 원자선의 고유한 선너비는 Heisenberg 불확정성 원리에 의해서 제한된다. 불꽃, 노, 플라스마 중에서 선은 Doppler 효과와 원자 충돌에 의해서 10~100배 정도 넓어진다. 불꽃에 기인한 바탕 방출의 보정은 주로 램프를 켜고 끄는 전기적인 펄스나 기계적인 빛살 토막 장치에 의해서 이루어진다. 빛의 산란과 바탕 스펙트럼은 중수소 램프의 흡수 측정에 의해, 또는 Zeeman 바탕 보정에 의해 보정할 수 있다. Zeeman 보정에서, 자기장에 의해서 원자의 에너지 준위가 램프와 같은 주파수를 갖는 공명선보다 크거나 작은 주파수로 이동된다. 화학적 방해는 보통 분석 물질이 방해 화학종과 반응하는 것을 막아 주는 해방제를 가함으로써 감소시킬 수 있다. 불꽃에서 이온화 방해는 주로 Cs와 같이 쉽게 이온화되는 원소를 시료에 가함으로써 억제시킬 수 있다.

매트릭스 맞춤 표준 물질과 표준 물질 첨가법은 여러 방해를 보상해 준다. 내부 표준 물질 교정은 물리적 방해나 시료의 손실을 보상해 준다. ppb 이하의 농도 분석은 청결에 유의해야 하고, 시료의 오염과 분석 물질의 손실을 최소화하는 절차가 필요하다. 최적의 원자 분광학 방법은 원소 몇 가지를 분석해야 하는지, 기대하는 농도가 얼마인지, 그리고 시료 몇 가지를 분석해야 하는지에 달려 있다.

유도 결합 플라스마-질량 분석법에서는 같은 질량 대 전하비를 갖는 화학종들 사이에서 동중 방해가 일어난다. 원자의 동중 방해를 피하기 위해서는 방해물에 영향을 받지 않는 분석 물질의 동위 원소를 이용하거나, 알려진 동위 원소의 존재비를 이용하여 수학적으로 보정한다. ArC^+, ArO^+, $ArCl^+$와 같은 분자 이온의 방해는 충돌 셀 또는 동적 반응 셀을 이용해서 제거할 수 있다. 충돌 셀은 분자 이온을 비활성 기체와 충돌시켜 느리게 하여 정전기적인 에너지 장벽을 넘지 못하게 하는 운동 에너지 차별을 이용한다. 원자 이온들은 작아 충돌수가 적어서 정벽을 통과한다. 동적 반응 셀은 NH_3, N_2O, CO와 같은 발열 반응 기체를 이용하여 동중 방해를 하는 ArO^+와 같은 방해 분자 이온을 제거시키거나 분석 물질을 이온으로 전환시켜서 방해 없이 측정할 수 있다.

고체는 흑연로나 레이저 에블레이션 방법으로 직접 고체 시료 채취에 의해 분석될 수 있다. 에블레이트된 물질은 유도 결합 플라스마를 통과하여 다중 원소가 원자 방출이나 질량 분석기로 씻겨질 수 있다. 레이저 에블레이션으로부터 방출이 측정될 때, 이 기술을 레이저 유발 분해 분광법이라 한다. 매트릭스 맞춘 표준 물질이 반정량 분석을 위하여 필요하다.

X선 형광은 물질이 X선을 흡수한 후의 X선 방출이다. 소형 분광기는 실제로 원소의 정성 및 반정량 분석을 가능하게 해 준다. 분광기의 광원으로부터의 X선은 원자의 안쪽(K, L) 껍질의 전자를 이온화시킨다. 바깥 껍질의 전자가 빈자리로 떨어지면, 특징적인 X선이 방출된다. 좁은 X선의 에너지로 원소를 판별할 수 있고, 적분된 세기는 원소의 농도에 비례한다. 주의깊게 분석하면 많은 원소는 ~10%의 정확도로 0.01wt% 미만의 수준으로 측정될 수 있다.

연습 문제

21-A. 소철석(갈철석)은 저급 철 광석이다. Evergreen State College의 학생들이 광석 시료와 메타붕산 리튬과 사붕산 리튬을 노(28-2절)에서 용융시키고, 얻은 구슬을 질산에 녹여서 광석 시료를 만들었다. 철을 248.3 nm의 원자 흡수 분광법을 이용하여 정량하였다.

(a) 아래의 자료를 이용하여 교정 곡선(4-8절)을 만드시오. 교정선이 직선인가?

Fe 농도(ppm)	원자 흡광도 신호(mV)
0.10	1.45
0.40	4.17
1.00	12.80
2.00	24.45
5.00	58.95
품질 관리 표준 물질	11.87

출처: A. M. R. P. Bopegedera, C. L. Coughenour, and A. J. Oswalt, "Determination of Iron in Limonite Using Spectroscopic Methods," *J. Chem. Ed.* **2016**, *93*, 1916. A. J. Oswalt was an undergraduate researcher.

(b) 품질 관리 표준 물질을 측정하는 이유는 무엇인가? 관리 표준 물질에서 Fe 농도와 Fe의 표준 불확정도를 구하시오. 이 값이 1.00 ppm의 알려진 값과 일치하는가?

(c) 만약 품질 관리 표준 물질을 두 번 측정했다면, 표준 불확정도는 얼마인가? 네 번 측정했다면? 10번 측정했다면? 이 질문의 잘못된 점은 무엇인가?

(d) 모든 시약을 포함하지만 광석이 들어 있지 않은 바탕 용액을 분석하였다. Fe가 검출되지 않았다. 바탕 용액의 목적은 무엇인가?

(e) 소철 시료의 Fe%를 두 번 측정하였다. $\bar{x}_1 = 24.1$, $s_{x1} = 1.5$, $n_1 = 7$; $\bar{x}_2 = 21.5$, $s_{x1} = 0.9$, $n_2 = 7$. t 시험을 통해서 두 광석이 통계학적으로 같은지 다른지를 결정하시오.

21-B. 원자 방출을 이용한 표준 물질 첨가법으로 Li를 정량하였다. 다음 표의 데이터로부터 표준 물질 첨가 그래프(5-3절)를 작성하고, 이를 이용하여 순수한 미지 시료 중에 있는 Li의 농도와 미지 시료에서 표준 불확정도를 구하시오. Li 표준 용액은 1.62 μg/mL를 함유하고 있다.

미지 시료 (mL)	표준 물질 (mL)	최종 부피 (mL)	방출 세기 (임의 단위)
10.00	0.00	100.0	309
10.00	5.00	100.0	452
10.00	10.00	100.0	600
10.00	15.00	100.0	765
10.00	20.00	100.0	906

21-C. 원자 흡수법에 의한 Fe의 정량에 Mn은 내부 표준 물질로 이용된다. 2.00 μg Mn/mL와 2.50 μg Fe/mL를 함유한 표준 혼합물의 신호비는 (Fe 신호/Mn 신호) = 1.05/1.00이다. 미지 Fe 용액 5.00 mL에 13.5 μg Mn/mL를 함유한 용액 1.00 mL를 혼합하여 부피가 6.00 mL인 혼합 용액을 만들었다. Mn 파장에서 이 혼합물의 흡광도는 0.128이었고, Fe 파장에서 흡광도는 0.185였다. 미지 Fe 용액의 몰농도를 계산하시오.

21-D. (a) 다음에 나타낸 원자 흡수 신호는 0.048 5 μg Fe/mL를 흑연로법으로 측정하여 얻어졌다. 기기의 컴퓨터로 측정한 바탕선의 근평균제곱 잡음은 $s = 0.30$ 수직 단위이다. 도표의 수평선은 1 수직 단위를 나타낸다. 큰 신호의 바탕선에서 신호의 높이를 측정하시오. Fe에 대한 검출 한계를 계산하시오. 이 문제에서 $3s$의 신호 높이를 Fe 농도로 정의한다.

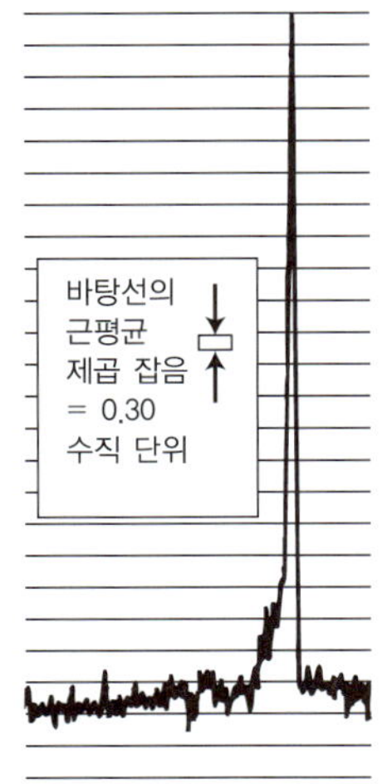

(b) 1.00 ng Hg/L를 포함한 표준 물질을 냉각 증기 원자 흡광도로 7회 측정한 값이 0.88, 1.48, 0.94, 1.12, 1.03, 1.40, 1.14

ng/L였다(보충 21-1). 식 5-6과 5-7을 이용하여 검출 한계와 정량 한계를 계산하시오(식 5-6과 5-7에서 s/m은 농도의 표준 편차이다).

21-E. 소금물(염수) 중 Li의 측정은 유전에서 이 액체의 근원을 결정하는 데 도움을 받기 위하여 지구 과학자들에 의하여 이용되어 왔다. Li의 불꽃 원자 방출과 흡수는 산란, 이온화 그리고 다른 원소의 방출 스펙트럼과의 겹침 등에 의한 방해를 받는다. 해양 침강물의 복제 시료를 원자 흡수법으로 분석한 결과는 아래 표에 수록하였다.

시료 및 처리 방법	구한 Li 농도(μg/g)	분석 방법	불꽃 종류
1. 처리하지 않음	25.1	표준 곡선	공기/C_2H_2
2. H_2O로 1/10 되게 묽힘	64.8	표준 곡선	공기/C_2H_2
3. H_2O로 1/10 되게 묽힘	82.5	표준물 첨가	공기/C_2H_2
4. 처리하지 않음	77.3	표준 곡선	N_2O/C_2H_2
5. H_2O로 1/10 되게 묽힘	79.6	표준 곡선	N_2O/C_2H_2
6. H_2O로 1/10 되게 묽힘	80.4	표준물 첨가	N_2O/C_2H_2

출처: B. Baraj, L. F. H. Niencheski, R. D. Trapaga, R. G. Franca, V. Cocoli, and D. Robinson, "Interference in the Flame Atomic Absorption Determination of Li," Fresenius *J. Anal. Chem.* **1999**, *364*, 678.

(a) 1~3 시료에서 Li의 겉보기 농도가 증가하는 이유를 설명하시오.

(b) 4~6 시료에서는 거의 일정한 결과를 나타내는 이유는 무엇인가?

(c) 어떤 값을 시료 중 실제 Li 농도로 추천할 것인가?

21-F. 그림에 나타낸 X선 형광 스펙트럼에서 가능한 많은 피크를 부여하시오. 각 K_α 피크에는 K_β 피크가 나타나야 하고 K_β 위치에 가능한 피크를 기술하시오. 모든 K_α에 K_β가 있어야 하지만, K_β의 세기는 K_α의 세기의 ~1/5 정도이다.

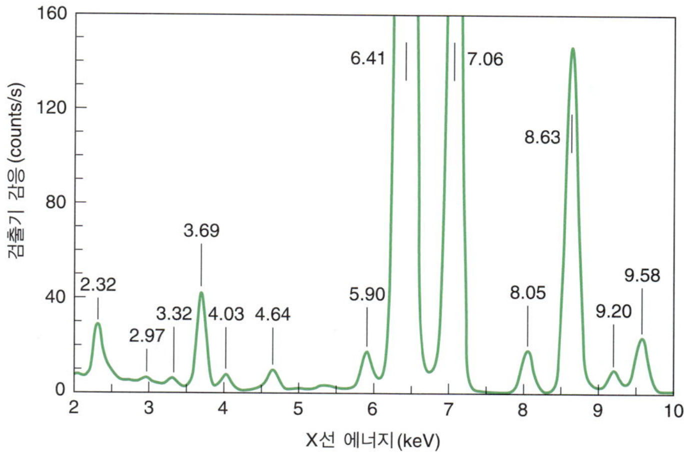

토양 시료의 X선 형광 스펙트럼의 일부분 [출처: P.T. Palmer, San Francisco State University.]

문제

원자 분광법의 분석 방법

21-1. 그림 21-6에서, 금속 이온을 포함한 용액의 원자 흡수법에 포함된 과정은 무엇인가? 원자 방출법은?

21-2. 원자 흡수와 원자 방출법 중 어떤 방법이 불꽃 온도의 안정성에 더 예민한가? 그 이유는 무엇인가?

21-3. 왜 휘발성 AsH_3를 형성하는 것이 비소 용액을 직접 분사하는 것보다 검출 한계가 향상되는지 설명하시오.

21-4. 원자 흡수 분광법에서 불꽃과 비교하여 노의 장 · 단점을 설명하시오.

21-5. 그림 21-9는 노 원자 흡수 실험에서의 온도 양상을 보여주고 있다. 가열량이 다른 부분의 목적을 각각 설명하시오.

21-6. 원자 분광법에서의 통상적인 불꽃과 비교하여 유도 결합 플라스마의 장 · 단점을 설명하시오.

21-7. Doppler 효과란 무엇을 의미하는지 설명하시오. 식 21-5에서 Doppler 넓어짐이 온도 증가와 질량 감소에 따라 증가하는 이유를 이론적으로 설명하시오.

21-8. 다음 바탕 보정 방법의 원리를 각각 설명하시오.
(a) 빛살 토막내기 **(b)** 중수소 램프 **(c)** Zeeman

21-9. 스펙트럼, 화학적, 이온화 및 동중 방해의 의미를 설명하시오.

21-10. 이장의 시작에 Ötzi 아이스맨의 치아와 뼈의 미량 금속으로부터 유아 시절과 성인일 때의 식습관과 환경에 대한 정보를 얻었다. 치아와 뼈의 무기질 매트릭스는 하이드록시아파타이트[$Ca_{10}(PO_4)_6(OH)_2$]이다. 매트릭스 맞춤 물질이 Ötzi 연구에서 레이저 에블레이션 측정의 교정에 필요했다. 표준 기준 뼈에서의 망가니즈의 함량을 흑연로 원자 흡수법과 유도 결합 플라스마-질량 분석법으로 결정했다.[44]

(a) 왜 흑연로 원자 흡수법에서 Mn을 분석할 때 매트릭스 방해를 억제하기 위해서 $Mg(NO_3)_2$를 뼈 시료에 첨가했는가?

(b) 다른 방법으로 Mn을 흑연로로 분석할 때 La^{3+}를 뼈 시료에 첨가한 이유는 무엇인가?

(c) 유도 결합 플라스마-질량 분석법에서 방해를 억제하기 위해서 동적 반응 셀에 NH_3를 첨가한 이유를 설명하시오.

21-11. (a) 그림 21-26에서 충돌 셀의 목적은 무엇인가?
(b) ^{28}Si의 연구에 유리 부품으로부터 침출된 바탕 실리콘과 N_2^+의 동중 방해가 있다.[45] 운동 에너지 차별이 이 두 방해 신호에 어떤 영향을 미치는가?

21-12. (a) 그림 21-26에서 동적 반응 셀의 사용 목적을 설명하시오.

(b) 지질의 스트론튬 동위 원소 분석에서, $^{87}Rb^+$과 $^{87}Sr^+$ 사이에 동중 방해가 존재한다. 따라서 CH_3F와의 동적 반응 셀은 Sr^+를 SrF^+로 변환시키지만, Rb^+를 RbF^+로 변환시키지 않는다. 위 반응이 어떻게 동중 방해를 제거시키는지 설명하시오.

21-13. 유도 결합 플라스마-질량 분석법에 사용되는 바탕 용액의 $^{51}V^+$ 형태의 바나듐을 관측한 결과가 다음과 같다.

바탕 용액	바나듐 겉보기 농도(ppb) 방해물 제거 이전	He 충돌 셀	동적 반응 셀 NH_3
물	0.00	0.10	0.00
2% HCl	88.8	0.39	0.00
5% HCl	205	0.87	0.00
10% HCl	418	1.82	0.00

출처: *R. Merrifield, PerkinElmer Inc.*

(a) 바탕 용액을 만든 HCl이 바나듐으로 오염되었는가?

(b) $^{50}V^+$를 관측하는 것이 더 나은 선택인가? (**힌트**: 바나듐의 동위 원소 존재비를 인터넷으로 찾아보라.)

(c) HCl 대신에 어떤 산을 써야 하는가?

21-14. 매트릭스 맞춤 표준 물질을 레이저 유발 분해 분광학에서 사용하는 목적을 설명하시오.

21-15. 1988~1992년에 Greenland의 Agassiz Ice Cap 중에 함유된 금속의 농도(눈 g당 pg)를 원자 형광법으로 분석한 결과는 다음과 같다.[31] 즉 Pb: $1.0_4(\pm 0.1_7) \times 10^2$, Tl: $0.43 \pm 0.08_7$, Cd: $3.5 \pm 0.8_7$, Zn: $1.7_4(\pm 0.26) \times 10^2$, Al: $6.1(\pm 1._7) \times 10^3$. 연평균 강설량은 11.5 g/cm^{2}이다. 각 금속의 연평균 유출량을 ng/cm^{2}으로 구하시오. 각 금속의 연평균 유출량을 ng/cm^{2}으로 구하시오(유출량은 cm^{2}당 금속의 강하량을 의미한다).

21-16. 바닥 상태보다 3.371×10^{-19} J/분자의 높은 에너지 상태에 있는 들뜬 원자의 방출 스펙트럼 파장(nm)을 계산하시오.

21-17. 표 21-2에 나타낸 바와 같이 500 nm에 해당하는 각각의 값이 얻어지는 과정을 설명하시오. $g^* = 3$이고, $g_0 = 1$이라면, 6 000 K에서 N^*/N_0은 얼마인가?

21-18. 2 000 K에서 589 nm인 Na 선과 254 nm인 Hg 선에 대한 Doppler 선너비를 계산하시오.

21-19. Ca은 422.7 nm의 빛을 흡수하면 첫 번째 들뜬 상태로 전이한다.

(a) 바닥 상태와 들뜬 상태의 에너지 차이(kJ/mol)는 얼마인가?

(b) Ca의 축퇴도는 $g^*/g_0 = 3$이다. 2 500 K에서 N^*/N_0의 비는 얼마인가?

(c) **(b)**에서 온도를 15 K 증가시키면 N^*/N_0는 몇 퍼센트 변화될까?

(d) 6 000 K에서 N^*/N_0의 비는 얼마인가?

21-20. 1 eV는 한 개의 전자가 1 V 전위차로 이동할 때의 에너지 변화이다. eV = $(1.602 \times 10^{-19}$ C)(1 V) = 1.602×10^{-19} J/전자 = 96.49 kJ/전자의 몰수. Boltzmann 분포를 이용하여 다음 표의 빈 칸을 채우고, 왜 Br의 원자 흡수나 원자 방출을 쉽게 관찰할 수 없는지를 설명하시오.

	Na	Cu	Br
들뜬 상태의 에너지(eV)	2.10	3.78	8.04
파장(nm)			
축퇴도 비(g^*/g_0)	3	3	2/3
N^*/N_0(2 600 K 불꽃에서)			
N^*/N_0(6 000 K 플라스마에서)			

21-21. MgO는 노에서 Al_2O_3의 형태로 유지시키면서 측정하기 전에 Al이 증발되는 것을 막는다. 또한 다른 종류의 매트릭스 변형제는 흑연로(탄소의 공급원이 됨)에서 카바이드 분자인 XC를 잘 형성하므로, X 원소의 신호가 감소되는 것을 막아 준다. 예를 들면 바륨을 함유한 시료에 이트륨을 가하면 약 30% 정도 신호가 증가한다. YC 결합의 해리 에너지가 BaC의 경우보다 크다고 할 때, Ba의 신호가 증가하는 이유를 설명하시오.

원자 분광법에 의한 정량 분석

21-22. 포타슘 표준 물질들은 404.3 nm에서 다음과 같은 방출 세기를 나타낸다.

시료(μg K/mL):	0	5.00	10.00	20.00	30.00
상대적 방출 세기:	0	124	243	486	712

(a) 교정 곡선이 선형인가? **힌트**: 직선에서의 데이터의 흩어짐을 조사하라(5-2절).

(b) 미지 시료의 방출 세기는 417이었다. 미지 시료 중에 함유된 [K^+]와 이것의 표준 불확정도를 구하시오.

21-23. **교정 곡선.** St. John Fisher College 학생들이 U.S. 약전법 USP-36-NF-31을 참고하여, 불꽃 원자 흡수 분광법으로 포타슘 분석을 위한 표준 운영 지침을 개발했다. 공기/아세틸렌 불꽃을 이용하고, 포타슘 속빈 음극 램프에서 나온 766.5 nm 선의 흡광도를 측정했다.

K 농도(ppm)	원자 흡광도 신호
0.00	0.000
0.15	0.049
0.30	0.105
0.45	0.159
0.60	0.212
0.75	0.266

출처: I. Kimaru, M. Koether, K. Chichester, and L. Eaton, "Analytical Method Transfer for Pharmaceuticals," *J. Chem. Educ.* **2017**, *94*, 1066.

(a) 교정 곡선이 선형인가? **힌트**: 직선에서의 데이터의 흩어짐을 조사하라(5-2절).

(b) 한 시료가 흡광도 0.179를 나타내었다. 분석한 용액에서의 포타슘의 농도는 얼마인가?

(c) 학생들은 시료 내의 K 농도가 교정 범위의 중간에 오도록 지침을 만들었다. 왜 그런가?

21-24. **교정 곡선.** 그림 21-28은 물벼룩 마그나 속의 은을 조사한 흑연로 원자 흡수법을 보여 준다. 328.068 nm의 교정 데이터가 아래에 있다.

Ag(pg)	흡광도 면적	Ag(pg)	흡광도 면적
3.0	0.006 5	253.7	0.405 6
51.0	0.081 7	495.8	0.695 5
99.6	0.162 7	986.0	0.996 3

(a) 교정 곡선을 그리시오. 선형인가?

(b) 무시할 만한 잔차와 $R^2 = 0.999\ 9$인 이차 방정식 $y = -8.079 \times 10^{-7} x^2 + 1.812 \times 10^{-3} x - 0.004\ 8$을 얻었다. 미지 시료의 피크 면적이 0.5982이다. 미지 시료에 있는 Ag의 양은?

21-25. 시료를 만드는 동안 시료의 손실을 피할 수 없을 경우 내부 표준 물질을 이용하는 것이 정량 분석에 가장 적당하다. 그 이유는 무엇인가?

21-26. **표준 물질 첨가.** 아침 식사용 곡물 중에 함유된 Ca를 분석하기 위하여 잘게 부순 오트밀 0.521 6 g을 도가니에 넣고, 공기 중에서 2시간 동안 600°C에서 가열하여 재로 만들었다.[39] 찌꺼기를 6 M HCl에 녹인 다음, 정량적으로 부피 플라스크에 옮기고 100.0 mL 되게 묽혔다. 5.00 mL를 정확히 취하여 몇 개의 50 mL 부피 플라스크에 각각 옮겼다. 아래 표와 같이 Ca^{2+} 표준 용액(20.0 μg/mL)을 각 플라스크에 일정량씩 가한 다음, H_2O로 눈금까지 묽히고 불꽃 원자 흡수법으로 분석하였다.

Ca^{2+} 표준 용액 (mL)	흡광도	Ca^{2+} 표준 용액 (mL)	흡광도
0	0.151	8.00	0.388
1.00	0.185	10.00	0.445
3.00	0.247	15.00	0.572
5.00	0.300	20.00	0.723

(a) 표준 물질 첨가 그래프를 작성하시오. 선형인가? **힌트**: 직선에서의 데이터의 흩어짐을 조사하라(5-2절)

(b) 최소 제곱법을 이용하여 *x*축의 절편과 불확정도를 구하시오.

(c) 오트밀에 들어 있는 Ca의 wt%와 불확정도를 각각 구하시오.

21-27. **표준 물질 첨가.** 학생들이 그림 5-8과 같은 실험을 수행했다. 각 플라스크에는 25.00 mL의 혈청이 들어 있고, 2.640 M NaCl 표준 물질의 양을 변화시켜 가면서 전체 부피를 50.00 mL로 유지하였다.

플라스크	표준 물질 부피 (mL)	Na^+ 원자 방출 신호(mV)
1	0	3.13
2	1.000	5.40
3	2.000	7.89
4	3.000	10.30
5	4.000	12.48

(a) 표준 물질 첨가 곡선을 작성하시오. 선형인가?

(b) 혈청의 $[Na^+]$를 구하시오.

(c) 표준 불확정도와 $[Na^+]$의 95% 신뢰 구간을 각각 구하시오.

21-28. **내부 표준 물질.** 10.00 mL의 미지 시료(X)와 8.24 mg S/mL의 표준 물질(S)를 함유하고 있는 내부 표준 용액 5.00 mL를 혼합시킨 다음, 50.0 mL가 되게 묽혔다. 측정된 신호의 비(X에 의한 신호/S에 의한 신호) = 1.690/1.000이었다.

(a) 별도의 다른 실험에서 X와 S의 농도가 같을 때 신호의 비는 (X의 신호/ S의 신호) = 0.930/1.000이다. 미지 시료 중 X의 농도를 구하시오.

(b) 만약 또 다른 실험에서 X의 농도가 S 농도의 3.42배일 때 신호의 비는 (X의 신호/ S의 신호) = 0.930/1.000이다. 미지 시료 중에 함유된 X의 농도를 구하시오.

21-29. **품질 보증.** 주석은 통조림 식품에 의해서 침출(녹아 나옴)된다.[48] 주석 도금 강철 캔으로부터 이를 유도 결합 플라스마-원자 방출법으로 분석하기 위하여 식품을 테플론통(그림 28-6 참조) 속에서 HNO_3, H_2O_2, HCl로 세 단계로 처리하면서, 마이크로파로 가열하여 삭였다 .

(a) 최종 용액에 1 g/L의 농도가 되도록 CsCl을 첨가시켰다. CsCl을 가한 목적은 무엇인가?

(b) 교정 곡선 작성을 위한 자료는 다음과 같다. 기울기, 절편, 표준 편차 그리고 자료들이 직선으로 잘 일치하는가를 나타내는 척도인 R^2을 구하시오. 교정 곡선을 작성하시오.

Sn(μg/L)	189.927 nm 에서의 방출	Sn(μg/L)	189.927 nm 에서의 방출
0	4.0	40.0	31.1
10.0	8.5	60.0	41.7
20.0	19.6	100.0	78.8
30.0	23.6	200.0	159.1

(c) 높은 농도로 존재하는 다른 원소들의 방해는 Sn의 다른 방출 파장에서 확인한다. 소량의 주석을 함유하는 식품을 삭이고 100.0 μg/L의 Sn을 첨가한다. 그다음 다른 원소들은 신중히 고려하여 첨가한다. 얻은 결과를 다음 표에 수록하였다. 어떤 원소가 두 파장에서 각각 방해를 일으키는가? 분석을 위해서는 어느 파장이 적합한가?

첨가한 원소 (50 mg/L)	189.927 nm 방출선에서 구한 Sn(μg/L)	235.485 nm 방출선에서 구한 Sn(μg/L)
첨가하지 않음.	100.0	100.0
Ca	96.4	104.2
Mg	98.9	92.6
P	106.7	104.6
Si	105.7	102.9
Cu	100.9	116.2
Fe	103.3	강한 방출
Mn	99.5	126.3
Zn	105.3	112.8
Cr	102.8	76.4

(d) **검출 한계와 정량 한계.** (a)에서 교정 곡선의 기울기는 Sn (μg/L)당 0.782 단위이다. 소량의 Sn을 함유하는 식품을 7회 반복하여 실험했을 경우, 평균 신호는 5.1 단위였다. 30.0 μg Sn/L를 첨가시킨 식품의 경우, 7회 반복 실험의 평균 신호는 표준 편차가 2.4 단위인 29.3 단위였다. 식 5-6과 5-7을 이용하여 검출 한계와 정량 한계를 추정하시오.

(e) 2.0 g 식품 시료를 삭인 다음, 분석을 위하여 최종적으로 50 mL가 되게 묽혔다. **(d)**로부터 정량 한계를 mg Sn/식품 kg으로 나타내시오.

21-30. 이염화 타이타노센 (π-$C_5H_5)_2TiCl_2$은 트랜스페린 단백질에 의해 암세포에 전달된다고 여겨지는 잠재적인 항암 치료제이다(그림 18-7). 트랜스페린의 Ti(IV)의 결합 능력을 측정하기 위해서, 단백질을 과량의 이염화 타이타노센으로 처리한다. 단백질에 Ti(IV)가 결합하도록 일정한 시간이 흐른 뒤에, 투석으로 과량의 작은 분자들을 제거한다(실험 27-1). 단백질을 2 M NH_3로 삭히고 화학 분석을 위한 표준 물질을 첨가한 일련의 용액들을 준비하기 위해 사용된다. 모든 용액은 총부피가 같도록 만든다. 각 용액에 들어 있는 타이타늄과 황은 유도 결합 플라스마 방출 분광법에 의해 측정하고 결과를 표에 나타내었다. 각 트랜스페린 분자는 39개의 황 원자를 포함하고 있다. 단백질에 있는 Ti/트랜스페린의 비를 구하시오.

첨가한 Ti (mg/L)	방출 신호	첨가한 S (mg/L)	방출 신호
0	0.86	0	0.017 4
3.00	1.10	37.0	0.022 1
6.00	1.34	74.0	0.026 8
12.0	1.82	148.0	0.036 2

자료 출처: A. Cardona and E. Melendez, "Determination of the Titanium Content of Human Transferrin by Inductively-Coupled Plasma–Atomic–Emission Spectroscopy," *Anal. Bioanl. Chem.* **2006**, *386*, 1689.

X선 형광

21-31. 물질이 충분한 에너지의 X선을 흡수하였을 때, X선 형광이 관측되는 이유를 설명하시오. 왜 원소가 고유한 X선 신호를 갖는가?

21-32. 그림 21-29에서 Ti, Se, Zr의 K_β 방출이 어디서 나타나는가? 왜 표시되어 있지 않은가?

21-33. 그림 21-29에서 납을 찾기 위해서 K_α, K_β 피크가 아닌 L_α, L_β 피크를 쓰는가? 왜 L_α, L_β는 철을 분석하는 데 쓰이지 않는가?

21-34. 0.392 keV에서 질소가 K_α 복사를 방출할 때 kJ/mol 단위로 얼마만큼의 에너지가 방출되는가? N_2의 삼중 결합을 끊는 데 필요한 에너지(가장 강한 화학 결합 중 하나) 945 kJ/mol의 K_α와 비교하시오.

21-35. 물이 지붕으로부터 땅으로 떨어지는 지점의 토양에서의 X선 형광 스펙트럼에서 가능한 많은 피크를 찾으시오. 각 K_α 피크는 어디에 K_β 피크가 나타나야 하는지 K_β 위치에 그럴 듯한 피크가 있는지 알려 준다. 모든 K_α마다 K_β가 있어야 하지만, K_β의 세기는 K_α의 세기의 ~1/5이어야 한다.

21-36. 아유르베다(Ayurveda)는 인도의 내과 실습 시스템이다. 한 연구에서, 2005년에 인터넷을 통해서 구입한, 미국과 인도에서 제조된 아유르베다 약의 20%가 검출될 정도의 몇몇 독성 원소를 포함하고 있다.[49] 아유르베드 약의 X선 형광 스펙트럼에서 가능한 많은 원소를 찾으시오.

원자 분광법 선택

21-37. 논문 문제. 아연은 필수 미량 영양소이다. 10억 명이 아연 결핍으로 예측된다. B.J. Stevens 등이 혈장에 들어 있는 아연을 측정하는 방법을 Technical Note(*J. Anal. Atom. Spec*. **2017**, *32*, 843, Open Access)에 썼다. Technical Note는 고유한 장치나 기술에 대한 짧은 설명이다.

(a) 이 연구에서는 아연만 연구한다. 임상 시료는 0.6 ppb에서 1.6 ppb까지의 아연을 함유하고 있다. 적은 부피의 시료 사용이 바람직하다. 원자 분광법 기술을 예측하기 위해서 그림 21-32와 표 21-6을 이용하시오.

(b) **서론**은 주제의 배경과 기존의 일을 설명한다. 혈청의 Zn을 결정할 때 '금 표준 물질'이 무엇인가? 왜 그 기술이 이 연구에 사용되는가?

(c) **방법과 물질**은 다른 이름으로 '실험' 절이라고도 하며, 실험 조건들을 상세하게 설명한다. 미량 분석을 위해서 어떻게 유리기구를 씻는가? 어떻게 바이알의 청결도를 조사하는가?

(d) 장치의 조건은 실험 절에 자세히 쓰거나 표로 요약할 수 있다. 사용된 속빈 음극 램프의 파장은 얼마인가?

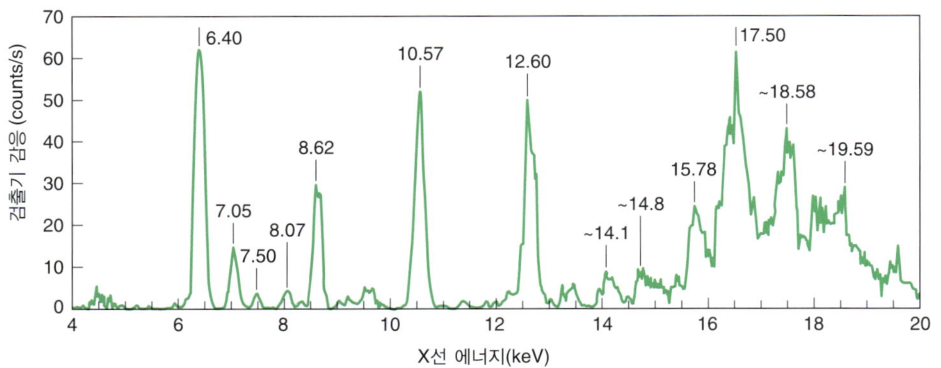

문제 21-35. 지붕으로부터 물이 떨어지는 지점의 토양의 X선 형광 스펙트럼 [출처: S.J. Bachofer, "Sampling the Soils Around a Residence Containing Lead-Based Paints: An X-ray Fluorescence Experiment," *J. Chem. Ed.* **2008**, *85*, 980. Savitzky-Golay 5점 다항식 C-2를 이용하여 곡선화하였다.]

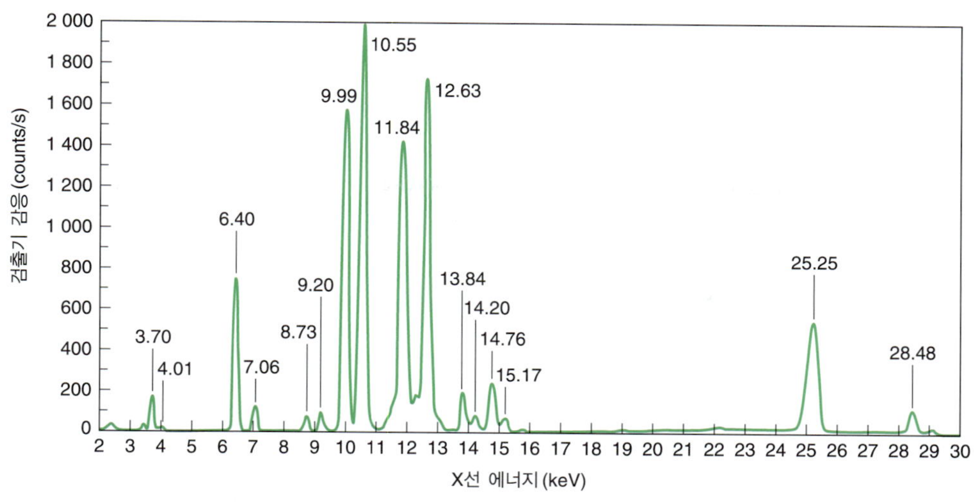

문제 21-36. 아유르베다 약의 X선 형광 스펙트럼 [출처: P.T. Palmer, San Francisco State University.]

(e) 직선 교정 곡선 또는 2차 교정 곡선이 사용되었는가?

(f) **결과 및 토의**에서 실험적 결과와 그것들의 의미에 대해서 설명한다. 많은 토의가 매트릭스 변형제의 선택에 관한 것이다. 혈장에서 아연을 정량할 때 사용된 매트릭스 변형제는 무엇인가?

(g) 방법은 어떻게 검증되었는가?

21-38. **논문 문제.** 생명에 필수적인 원소는 25개 원소 이상이다. 논문 *J. Anal. Atom. Spec.* **2018**, *33*, 1196, Open Access에 Q. Zhang 등이 식물성 플랑크톤 배양액의 과량 및 미량 영양소를 동시에 분석할 수 있는 방법을 개발했다.

(a) 30% 정도의 고체를 녹인 시료에 들어 있는 32종의 원소를 ppb 수준까지 분석하였다. 원자 분광법 기술을 예측하기 위해서 그림 21-32와 표 21-6을 이용하시오.

(b) **방법과 물질**은 실험과 방법에 대해 상세히 설명했다. **시료 준비** 절에서 시약과 시료를 다룰 때 층 흐름 후드(공기 청정 캐비닛)을 사용하였는가?

(c) 플라스마나 시료 매트릭스로부터 동중 방해가 생길 수 있다. 논문의 표 2에서 $^{56}Fe^{2+}$의 잠재적인 방해는 플라스마인가, 시료인가?

(d) **결과 및 토의**에서 실험적 결과와 그것들의 의미에 대해서 설명한다. 왜 저자들은 동적 반응보다 운동 에너지 차별을 더 선호했는가?

(e) 결과는 보통 그림과 표로 요약된다. 넓은 선형 범위를 갖는 원자 분광학적 기술을 사용하면 넓은 다른 농도 범위의 분석 물질들을 동시에 측정할 수 있다. 플랑크톤의 공인된 기준 물질 BCR 414의 원소들의 농도 범위는 얼마인가?

22 질량 분석법

공룡은 포유류처럼 항온 동물이었을까, 파충류처럼 냉혈 동물이었을까?

탄산염 내부에서의 $^{13}C-^{18}O$ 농도의 온도 의존성 [출처: P. Ghosh, J. Adkins, H. Affek, B. Balta, W. Guo, E. A. Schauble, D. Schrag, and J. M. Eiler, "$^{13}C-^{18}O$ Bonds in Carbonate Minerals: A New Kind of Paleothermometer," *Geochim. Cosmochim. Acta* **2006**, *70*, 1439 and R. A. Eagle, E. A. Schauble, A. K. Tripati, T. Tutken, R. C. Hulbert, and J. M. Eiler, "Body Temperatures of Modern and Extinct Vertebrates from $^{13}C-^{18}O$ Bond Abundances in Bioapatite," *Proc. Natl. Acad. Sci. USA*, **2010**, *107*, 10377.]

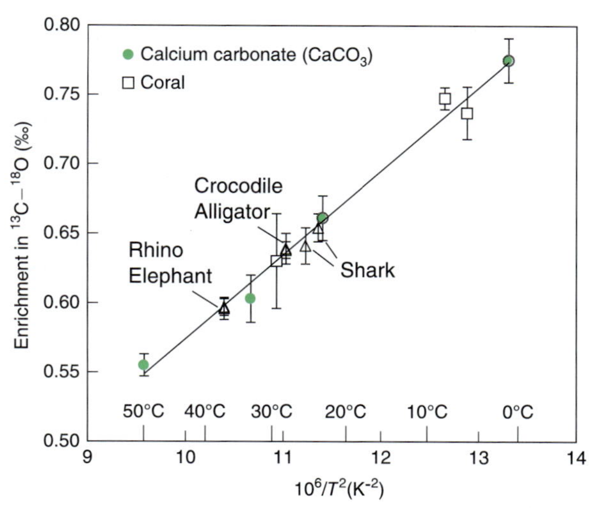

온혈 동물은 체온을 조절한다. 하지만 악어와 같은 냉혈 동물의 체온은 주변 온도와 비슷하다. 질량 분석법은 혼합물에서 동위 원소로 구별되는 분자의 양을 측정할 수 있게 해준다. 이를 활용하면 놀랍게도 공룡 치아의 탄산염 동위 원소 분포를 통해 1억 5천만 년 전에 살았던 공룡의 체온을 추정할 수 있다.

탄산염(CO_3^{2-})의 동위 원소는 온도 의존적 평형에 도달하는데, ^{13}C와 ^{18}O 동위 원소가 함께 있는 탄산염의 비율이 낮은 온도에서 증가한다.

위 그래프는 온도에 따른 산호와 $CaCO_3$의 동위 원소 조성의 상관관계를 보여준다. 상관관계에서 현대 동물 치아의 탄산염 동위 원소 조성은 우리가 알고 있는 체온과 일치하는 것을 알 수 있다. 용각류 공룡 이빨에 존재하는 탄산염은 이들의 체온이 34~38°C이었음을 가리킨다.

$$^{13}C^{16}O_3^{2-} + {}^{12}C^{18}O^{16}O_2^{2-} \rightleftharpoons {}^{13}C^{18}O^{16}O_2^{2-} + {}^{12}C^{16}O_3^{2-}$$

낮은 온도에서 선호됨

공룡	체온(°C)
브라키오사우루스	38.2±1.0
디플로도쿠스아과	33.6±4.0
카마라사우르스	35.7±1.3

출처: R. A. Eagle, T. Tütken, T. S. Martin, A. K. Tripati, H. C. Fricke, M. Connely, R. L. Cifelli, and J. M. Eiler, "Dinosaur Body Temperatures Determined from Isotopic ($^{13}C-^{18}O$) Ordering in Fossil Biominerals," Science 2011, 333, 443. Dinosaur growth rate and adult mass suggests that dinosaurs used metabolic energy to raise, but not closely regulate, body temperature. J. M. Grady, B. J. Enquist, E. Dettweiler-Robinson, N. A. Wright, and F. A. Smith, "Evidence for Mesothermy in Dinosaurs," Science 2014, 344, 1268.

Francis W. Aston(1877~1945)은 1919년 1% 정도로 질량 차이가 작은 이온들을 분리하고, 이들을 사진 건판에 집속시킬 수 있는 '질량 분석 사진기'를 개발하였다. 즉시 Aston은 네온이 두 개의 동위 원소(^{20}Ne과 ^{22}Ne)로 구성되어 있다는 사실을 확인하였고, 계속해서 자연계에 존재하는 281개의 동위 원소 중에서 212개를 발견하였다. 그 업적으로 그는 1922년에 노벨 화학상을 수상하였다.

질량 분석법(mass spectrometry)은 동위 원소 측정과 유기 화합물의 구조 해석에 오랫동안 이용되어 왔다.[1] 남극 아이스 코어(ice core)의 수소와 산소 동위 원소들은 지구 기후의 역사를 말해 주며(10장 서문), 위에서 보듯이 공룡의 체온을 기록한다. 질량 분석법은 단백질의 아미노산[2,3]과 DNA에서의 핵산 배열, 그리고 복잡한 탄수화물의 구조와 단일 유기체의 지방질 종류를 명확하게 규명할 수 있다. 질량 분석법은 정성 및 정량 분석을 위한 자료를 제공하며, 감도가 대단히 높을 뿐만 아니라 머무름 시간이 같은 서로 다른 물질을 구분할 수 있으므로 크로마토그래피에서 가장 유용한 검출기라고 할 수 있다. 크로마토그래피-질량 분석법은 살충제 잔유물과 같은 유해 물질 감시를 통해 식품의 안전을 확보해 주는 주요 도구 역할을 한다.

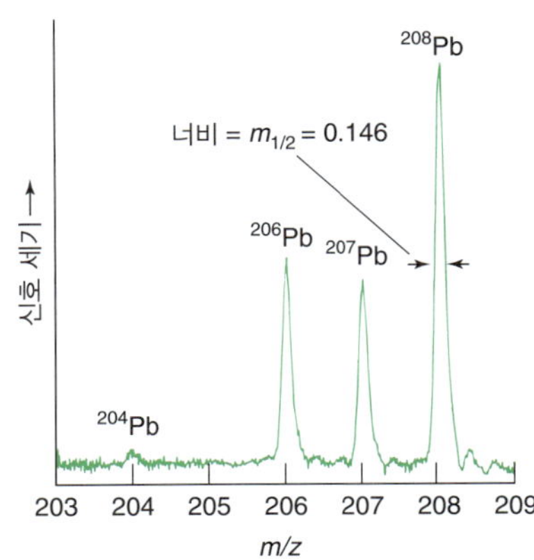

그림 22-1 놋쇠 중 불순물 Pb의 자연 동위 원소비를 나타내는 질량 스펙트럼 [출처: Y. Su, Y. Duan, and Z. Jin, "Development and Evaluation of a Glow Discharge Microwave-Induced Plasma Tandem Source for Time-of-Flight Mass Spectrometry," *Anal. Chem.* **2000**, *72*, 5600.] 자연계에 존재하는 Pb 동위 원소비의 변화는 큰 주기율표의 원자 질량 (207.2 ± 0.1)에 대한 불확정도를 크게 한다.

22-1 질량 분석법이란?

질량 분석법(mass spectrometry)은 원자나 분자, 또는 분자 토막 이온의 질량을 연구하는 기술이다.[4] **질량 스펙트럼(mass spectrum)**을 얻기 위해 응축 고체상으로부터 떨어져 나온 기체 종을 이온화시키고, 생성된 이온들은 전기장에 의해 가속시킨 다음, **질량 대 전하비(mass-to-charge ratio, m/z)**에 따라 분리시킨다. 질량 스펙트럼은 각각의 m/z 값에서 감지된 이온들의 수를 보여준다. m/z 값은 무차원 값으로, m은 통합 질량 단위 u(보충 22-1)를 나타내며, z는 기본 전하량 e의 배수로 주어진다. 만약 모든 이온의 전하가 ±1이라면, m/z는 질량과 같게 된다. 그리고 이온의 전하가 ±2라면, m/z는 질량의 1/2이 된다. 그림 22-1의 질량 스펙트럼은 자연계에 존재하는 네 개의 Pb^+ 동위 원소에 대한 검출기 감응 대 m/z의 관계를 보여 주고 있다. 피크 넓이는 각 동위 원소의 존재비에 비례한다. 보충 22-1에서는 이 장에서 주로 언급하는 질량인 **명목 질량(nominal mass)**을 정의하였다.

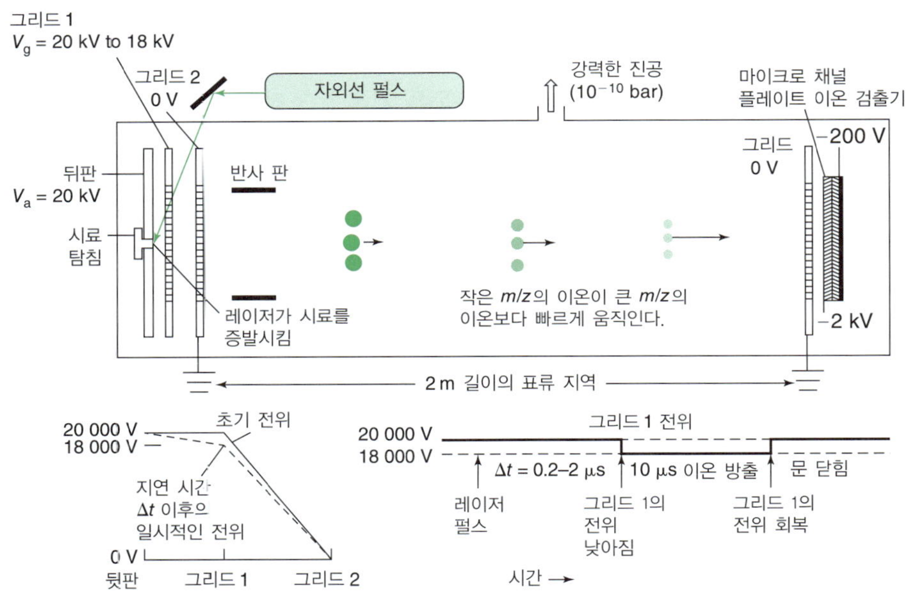

그림 22-2 매트릭스 보조 레이저 탈착/이온화법(MALDI)을 통한 샘플 도입 및 시간 지연 이온 추출 기능이 있는 비행 시간형 질량 분석계의 모식도.

보충 22-1 분자 질량과 명목 질량

원자 질량(atomic mass)은 한 원소에 있는 동위 원소들의 질량을 합한 가중 평균 질량이다. 원자 질량 단위는 **통합 질량 단위(unified atomic mass unit, u)** 또는 **돌턴(dalton, Da)**이라고 하며 ^{12}C 질량의 1/12로 정의한다. 브로민에는 질량이 78.918 34 Da인 ^{79}Br 50.69%와, 질량이 80.916 29 Da인 ^{81}Br 49.31%가 존재한다. 그러므로 브로민의 원자 질량은 (0.506 9)(78.918 34 Da) + (0.493 1) (80.916 29 Da) = 79.904 Da이다.

분자 또는 이온의 **분자 질량(molecular mass)**은 주기율표에 수록된 원자 질량의 합이다. 브로모에테인 C_2H_5Br의 경우, 분자 질량은 (2 × 12.010 6 Da) + (5 × 1.007 98 Da) + (1 × 79.904 Da) = 108.965 Da이다.

분자 또는 이온의 **명목 질량(nominal mass)**은 각 구성 원자 중에서 가장 존재비가 큰 동위 원소 종의 질량들을 **정수**로 나타내고, 이것을 합한 것이다. 탄소, 수소, 브로민에서 존재비가 가장 큰 동위 원소는 ^{12}C, ^{1}H, ^{79}Br이다. 따라서 C_2H_5Br의 명목 질량은 (2 × 12) + (5 × 1) + (1 × 79) = 108이다. **한동위 원소 질량(monoisotopic mass)**이란 각 구성 원자의 최대 존재비 동위 원소로 구성된 화학종의 질량이다. C_2H_5Br의 경우 한동위 원소 질량은 (2 × 12 Da) + (5 × 1.007 825 Da) + (1 × 78.918 34 Da) = 107.957 46 Da가 된다. 몇몇 원소들의 동위 원소의 질량은 표 22-1에 나타내었다.

질량 분석계의 세 가지 필수 요소는 (1) 이온 발생기, (2) 질량/전하 분리기, (3) 검출기이다. 이외에도 분자들이 경로에서 벗어나게 하는 충돌을 방지하여 정해진 궤적을 따라 이동할 수 있도록 강력한 진공 시스템 또한 필요하다.

비행 시간형 질량 분석계

비행 시간형 질량 분석계(time-of-flight mass spectromcter)의 원리는 그림 22-2에서 나타내고 있다. 비행 시간형 질량 분석계는 작은 분자들뿐 아니라 단백질 같은 거대 분자의 연구에서도 폭넓게 사용되며, m/z를 10^6까지 측정할 수 있다. 그림에서는 **매트릭스 보조 레이저 탈착/이온화법(matrix-assisted laser desorption/ionization**; MALDI[5])의 샘플을 소개하고 있다. MALDI에서는 기구의 왼쪽 끝부분에서 짧은 파장(~1 ns = 10^{-9} s)의 자외선 레이저 펄스를 이용하여 고체 시료로부터 기체상 이온을 만들어낸다. 기체화된 이온을 생성시키는 방법에는 이외에도 여러 가지가 있다.

그림 22-3은 매트릭스 보조 레이저 탈착/이온화의 과정을 보여준다. 전형적으로, 10 μM 분석 물질 용액 1 μL를 2,5-다이하이드록시벤조산(**매트릭스**)과 같이 자외선을 흡수하는 화합물 1~100 mM 용액 1 μL와 혼합해 직접 주입이 가능한 시료 탐침(probe) 장치에 넣고, 질량 분석계의 이온원 속으로 주입시킨다. 액체가 증발됨으로써 분석 물질과 매트릭스가 잘 섞인 미세한 결정이 얻어진다.

레이저 펄스가 흡수될 때, 매트릭스는 분석 물질을 증발시키면서 최고 400 m/s의 속도로 함께 이동한다. 높은 매트릭스-샘플 비율은 분석 대상이 되는 분자들 사이의 결합을 억제하며, 양성자화된 이온들을 제공하는데, 이들은 일련의 메커니즘에 의해 단일 전하로 하전된 분석물 이온을 생성한다. 전기 분무 이온화라고 부르는 단백질에 대한 다른 이온화법은 다전하의 양전하를 띤 단백질을 제공한다.

레이저가 쪼여지는 동안, 그림 22-2의 뒤판(Backplate)과 그리드 1은 동일한 퍼텐셜(이 예에서는 20 kV)에 놓이기 때문에 그리드 1과 뒤판 사이에는 이온을 뒤판으로부터 끌어낼만한 전기장이 없다. 그러다가 레이저 펄스로부터 시간 t = 0.2~2 μs가 지연되면, 그리드 1의 퍼텐셜은 18 kV로 낮아지고, 뒤판의 양성자는 그리드 1을 지나 바닥 상태(0 V)인 그리드 2에 도달한다. 여기서 가속 전압은 뒤판과 그리드 2 사이의 전위차인 20 kV가 된다. 10 μs의 시간이 지나면, 그리드 1은 다시 20 kV로 높아지므로, 샘플 영역에서의 추가적인 이온 끌림은 일어나지 않는다. 레이저 펄스 이후에 이온이 추출되기까지 지연되는 시간 Δt에 따라서 MALDI의 분별능이 향상되고,[6] 가속이 적용되기 전에 탈착된 생성물이 분산되도록 한다. 만약 퍼텐셜이 가속될 때까지 생성물이 분산되지 못하면 높은 에너지-충돌이 분석 이온을 부분으로 쪼갤 수 있다.

질량 m의 이온이 전하 $+ze$(e는 기본 전하량)를 가지고 퍼텐셜 차이 V = 20 kV에 의해 가속된다고 할 때, 그 전기적 퍼텐셜 에너지 zeV는 다음과 같은 운동 에너지로 전환된다.

$$\underset{\text{운동 에너지 (v = 속도)}}{\tfrac{1}{2}mv^2} = \underset{\text{위치 에너지 (joules)}}{zeV} \quad \Rightarrow v = \sqrt{\frac{2zeV}{m}} \qquad \textbf{(22-1)}$$

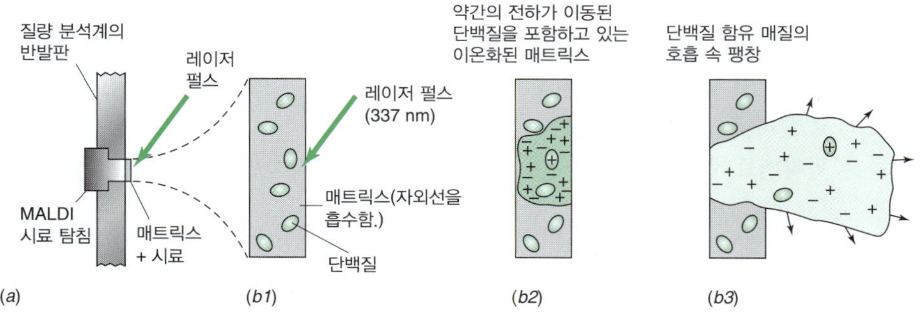

그림 22-3 매트릭스 보조 레이저 탈착/이온화의 단계적 과정. (*a*) 시료 탐침 위의 건조된 분석 물질과 매트릭스 혼합물을 이온원의 반발판으로 삽입시킴. (*b1*) 시료에 쪼여 준 레이저 펄스를 확대시킨 모양. (*b2*) 매트릭스는 레이저에 의해서 이온화 및 기화되고, 약간의 전하가 분석 물질로 이동됨. (*b3*) 증기가 초음파에 의해서 구름 모양으로 확장됨.

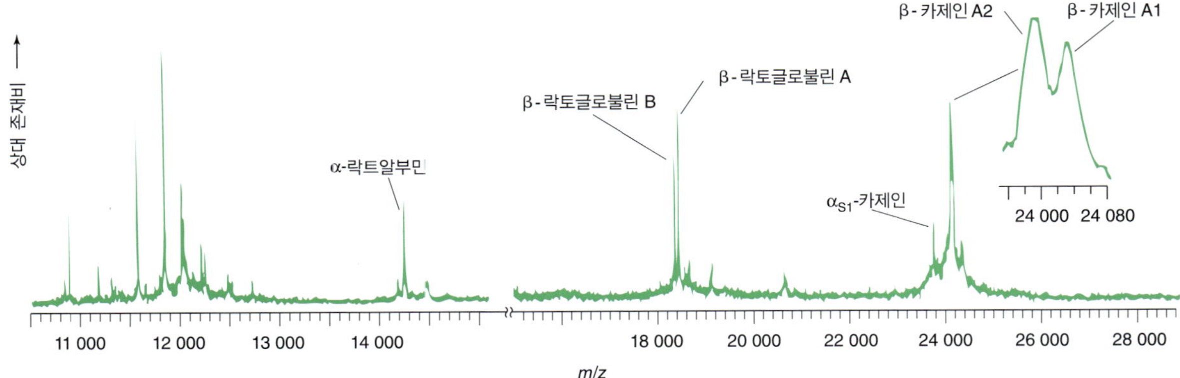

그림 22-4 MALDI/비행 시간형 질량 분석법으로 측정한 젖소 우유(2%의 우유 지방을 함유하는)의 질량 스펙트럼 일부 [출처: R. M. Whittal and L. Li, "Time-Lag-Focusing MALDI-TOF Mass Spectrometry," *Am. Lab.* December 1997, p. 30.]

200 Da의 분자량을 가진 이온 M^+의 질량을 킬로그램으로 나타내면,

$$m = (200\text{ Da})(1.6605 \times ^{-27}\text{ kg/Da}) = 332.11 \times 10^{-27}\text{ kg}$$

여기서 1.6605×10^{-27} kg/Da는 아보가드로 수를 이용하여 원자 질량(atomic mass)이 1 g/mol인 원자 하나의 질량을 계산한 것이다(표 22-1의 각주). 20 kV의 퍼텐셜 차이에 의한 가속이 진행되면, 그 속도는

$$\text{v} = \sqrt{\frac{2zeV}{m}} = \sqrt{\frac{2(1)(1.60218\times10^{-19}\text{ C})(20\,000\text{ V})}{332.11\times10^{-27}\text{ kg}}} = 1.3891\times10^{5}\text{ m/s} \qquad \textbf{(22-2)}$$

만약 그림 22-2의 분광계 속의 표류 지역이 정확하게 2 m라면, m/z 200인 이온은 검출기 앞의 그리드에 도달하기까지 14 397.4 ns가 소요될 것이다. m/z 200.1인 이온의 경우에는 검출기에서 측정할 수 있게 되는 표류 시간이 3.6 ns만큼 증가한다. 검출기는 도달하는 이온 사이의 시간 차이를 0.5 ns 정도까지 식별할 수 있다. m/z가 증가할수록, 이온은 천천히 움직인다. 젖소 우유에서 얻어지는 카제인 단백질(그림 22-4)은 24 000에 가까운 분자량을 가지고 표류 시간은 2 m 경로를 기준으로 약 158 000 ns이다. 질량 분석계는 수 미터의 드리프트에서 분자 간의 충돌을 최소화하기 위해 약 10^{-10} bar의 압력으로 비워야 한다.

레이저 탈착/이온화에 의해 생성되는 이온은, 그리드 1에 전압 펄스를 적용하여 이온을 추출하기 전에 그림 22-2에 나와 있는 이온원 내에서 속도와 위치의 분포를 가진다. 속도 및 위치의 확산은 표류 속도의 분포를 가지게 하여 m/z가 동일한 이온들이 검출기에 도달하는 시간을 조금씩 다르게 한다. 이런 현상은 m/z 값이 매우 적게 차이가 나는 동위 원소를 포함한 이온을 구별할 수 있는 분별능($\Delta m/z$)을 감소시킨다.

전자 이온화

그림 22-2에서, 비행 시간형 질량 분석계를 위한 이온들은 매트릭스 안의 비휘발성 분석 물질에 대한 레이저의 작용으로 얻어진다. 휘발성 분석 물질로부터 이온들을 얻는 일반적인 방법은 **전자 이온화법**(**electron ionization**)이다. 그림 22-5에서 나타낸 질량 분석계의 전자 이온원은 300°C까지 가열되는데, 이를 통해 분석 물질과 용매와의 축합 작용을 방지한다. 고온(약 2000°C)의 레늄이나 텅스텐 필라멘트로부터 방출된 전자들(검은 점)은 필라멘트와 이온화실 벽 사이의 70 V 전위차에 의해 가속된다. 이때의 전자 에너지를 70 **전자 볼트**(electron volt)라고 한다.*

전자들은 필라멘트에서 양으로 하전된 금속의 수집기로 이동한다. 이온원 양단에 위치한

* 식 22-1에서 전자 에너지 $= zeV = (1)(1.602 \times 10^{-19}\text{ C})(70\text{ V}) =$ 전자당 1.12×10^{-17} J, 전자 속도 $= \sqrt{2zeV/m} = 5 \times 10^{6}$ m/s(m = 전자 질량 $= 9.109 \times 10^{-31}$ kg). 70-eV의 에너지를 가지는 전자의 속도는 빛의 속도의 약 2%이다. 에너지가 조금이라도 더 높으면, 전자의 속도가 빛보다 빠를 수 없으니 아인슈타인의 특수 상대성 이론이 필요할 것이다.

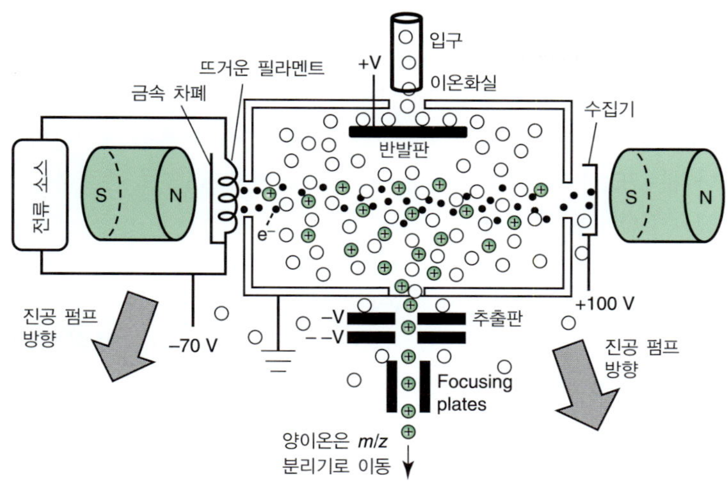

그림 22-5 질량 분석계의 이온원

필라멘트와 수집기의 영구 자석은 전자가 직경 1 mm 정도의 좁은 나선형 경로로 이동하도록 한다. 전자들은 기체상의 분자들(빈 원)과 상호 작용하면서 약간의 양이온(색칠된 원)을 만들어낸다. 전자는 분자들의 에너지를 올려서 분자들이 전자 하나를 방출하여 더 낮은 에너지 상태가 되게끔 하여 양이온을 만드는 것이다. 기존 분자와 원소 조성이 같은 양이온을 **분자 이온**(**modeaular ion**)이라고 부른다. 몇몇의 양이온은 더 작은 값의 m/z를 가지는 부분들로 깨지기에 충분한 진동 에너지를 가지기도 한다.

그림 22-5에서, 약한 양전하를 띠는 반발판(repeller)과 약한 음전하를 띠는 추출판(extraction plate)은 양이온들을 m/z 분리기쪽으로 가속한다. 분리기에 의해 양이온의 에너지는 수 전자 볼트에서 수천의 전자 볼트가 될 수 있다. 전자 이온화는 기체 크로마토그래피의 검출기로 쓰이는 투과형 사중 극자 질량 분석계나 사중 극자 이온 트랩, 자기 부채꼴 질량 분석계 같은 몇몇의 통상적인 m/z 분리기와 호환 가능하다.

70 eV의 전자 운동 에너지는 분자의 이온화 에너지보다 훨씬 크다. 70 eV의 전자들이 기체상의 분석 물질을 투과할 때, 소량(약 0.01%)의 분자(M)들은 이온화를 일으키기에 충분한 12~15전자 볼트(1 eV = 96.5 kJ/mol)의 에너지를 흡수하여 다음과 같이 이온화된다.

$$\underset{}{M} + \underset{70\text{ eV}}{e^-} \rightarrow \underset{\text{분자 이온}}{M^{+\cdot}} + \underset{\text{약 55 eV}}{e^-} + \underset{0.1\text{ eV}}{e^-}$$

대부분의 안정한 분자들은 짝수개의 전자를 갖는다. 하나의 전자를 잃으면, 생성된 한 개의 홀전자를 가진 양이온을 분자 이온이라고 하고, $M^{+\cdot}$으로 표시한다. 이온화된 다음, 몇몇 분자 이온은 다른 분자들과의 충돌을 통해 에너지를 잃은 상태로 남아있기도 한다. 또 다른 몇몇 분자 이온은, 긴 시간이 주어진다면, 더 낮은 m/z 값의 이온과 중성 분자 혹은 홀전자를 가진 라디칼로 깨어지기에 충분한 내부의 진동 에너지(약 1 eV)를 유지하고 있다. 70 eV의 전자 운동 에너지는 분자의 이온화 에너지보다 훨씬 크다.

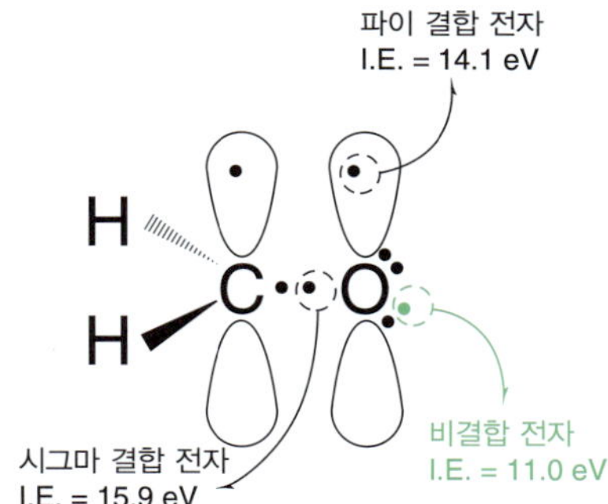

그림 22-6 폼알데하이드에서 원자가 전자의 이온화 에너지(I.E.) [출처: C. R. Brundle, M. B. Robin, N. A. Kuebler, and H. Basch, "Perfluoro Effects in Photoelectron Spectroscopy," *J. Am. Chem. Soc.* **1972**, *94*. 1451.] 다른 몇몇 화합물의 일차 이온화 에너지:

$CH_3CH_2CH_2CH_3$	10.6 eV (시그마)
$CH_2{=}CHCH_2CH_3$	9.6 eV (파이)
$(CH_3CH_2)_2\ddot{O}$	9.6 eV (비결합)
(piperidine, N̈H)	8.6 eV (비결합)
(benzene)	9.2 eV (파이)

그림 22-6의 폼알데하이드를 생각해 보자. 이 분자의 분자 오비탈은 그림 18-13에 나타내었다. 이온화 에너지가 11.0 eV 정도 되는 산소의 비결합('고립 전자쌍') 오비탈로부터 가장 쉽게 전자를 잃는다. 중성 폼알데하이드 분자로부터 파이 전자를 제거하기 위해서는 14.1 eV, 가장 높은 에너지의 시그마 전자를 제거하기 위해서는 15.9 eV가 필요하다. 가장 높은 에너지의 시그마 오비탈(그림 18-13의 σ_4)은 시그마 결합과 홀전자 산소의 특성을 모두 가지고 있다.

그림 22-7에서 보여주는 폼알데하이드의 질량 스펙트럼[7]에서 분자 이온 $M^{+\cdot}$ ($H_2CO^{+\cdot}$, m/z 30)은 두 번째로 지배적인 이온이다. 질량 스펙트럼에서 가장 강한 피크는 기준 피크(base peak)라고 부르며, 이 피크의 상대적 세기를 100으로 나타낸다. 다른 피크의 세기는 기준 피크의 세기에 대한 비율로 표현한다. 그림 22-7에서,

m/z 29의 기준 피크는 수소 원자의 손실로 얻어지는 분자 이온으로부터 얻어진 것이다. 낮은 m/z의 약한 피크들은 C^+(m/z 12), CH^+(m/z 13), CH_2^+(m/z 14)의 기여로부터 얻어진다. m/z 15에서 나타나는 갑작스러운 피크는 폼알데하이드의 어떤 토막 이온과도 일치하는 질량을 나타내지 못한다. 그러나 이 피크는 +2 전하를 가지는 H_2CO^{2+} 이온을 표시한다. 그림 22-7의 m/z 31에서 나타나는 또 하나의 약한 피크는 자연 상태에서 1.1%로 존재하는 ^{13}C에 의한 동위 원소적 변형, $H_2{}^{13}CO^{+\bullet}$을 표시하는 것이다.

일부 분자들은 너무 쉽게 토막화되어 질량 스펙트럼에서 $M^{+\bullet}$ 피크가 작게 나타나거나 소실될 수도 있다. 그림 22-8 왼쪽에 나타낸 전자 이온화 질량 스펙트럼에서는 m/z 226으로 예상되는 $M^{+\bullet}$ 피크가 나타나지 않았다. m/z 197, 156, 141, 112, 98, 69, 55의 피크들이 분자의 구조를 해석하는 자료로 이용된다.

컴퓨터 탐색은 미지 물질의 스펙트럼을 라이브러리(library)에 저장된 유사한 스펙트럼과 비교(짝맞춤)하는 데 이용되고 있다. 컴퓨터로 가능한 이온의 식별은 정확성을 담보하지는 않는다. 전자 이온화법의 중요한 이점은 수십만 종의 화합물에 대한 70 eV 질량 스펙트럼을 사용할 수 있다는 것이다. 전자 라이브러리는 기체 크로마토그래프에 의한 보존 정보와 질량 스펙트럼을 결합하여 보다 확실한 식별을 돕는다. 라이브러리는 이제 전기 분무 이온화법에 의해 형성된 전구체 이온의 스펙트럼까지 제시하고 있다. 이러한 기술들은 이 장의 뒷부분에서 설명할 것이다.

예를 들어 만약 이온원에서 20 eV 정도로 전자의 운동 에너지를 낮추면 이온들의 생성률이 감소되는 동시에 토막내기도 줄어든다. 그 대신 분자 이온의 존재비가 증가되는 것을 관찰할 수 있다. 만일 이온화 이전에 기체를 초음속 팽창 노즐을 통과시켜 냉각시키면, 냉각된 분자는 적은 진동 에너지를 가지고 있어 냉각되기 전에는 관찰할 수 없었던 분자 이온을 관측할 수 있다.[8]

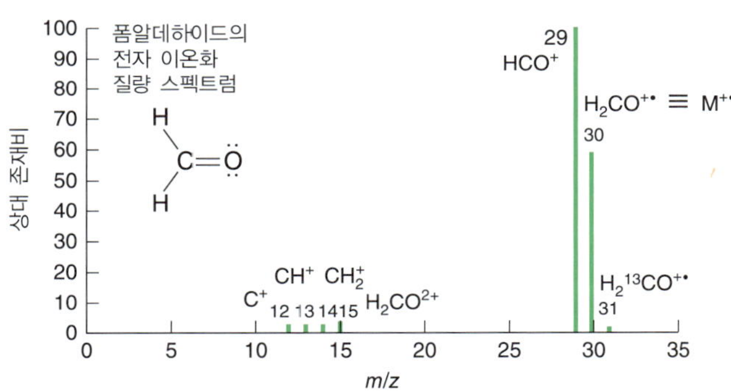

그림 22-7 폼알데하이드의 전자 이온화법(70 eV) 질량 스펙트럼 [출처: NIST/EPA/NIH Mass Spectral Database.[7]]

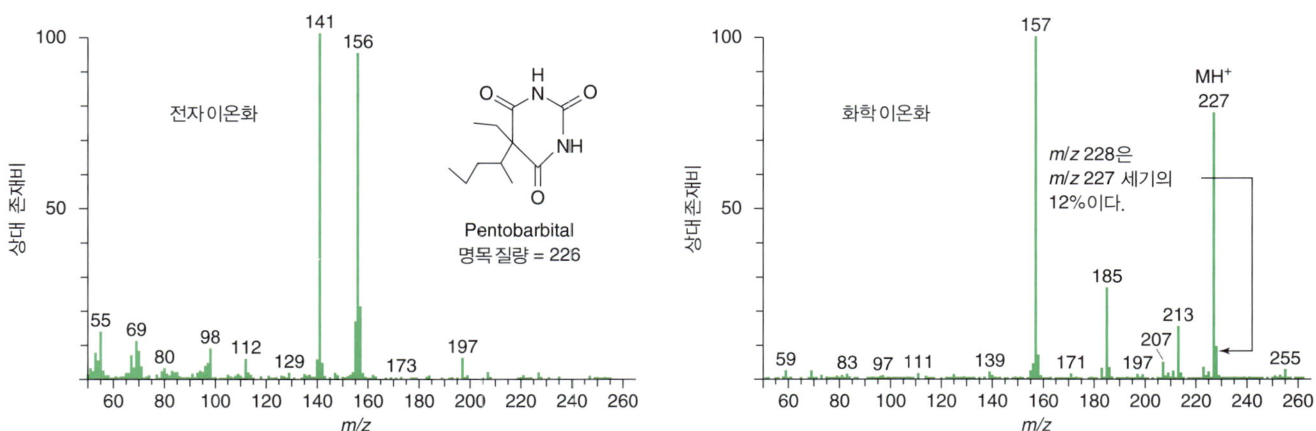

그림 22-8 전자 이온화(왼쪽) 또는 화학 이온화(오른쪽)를 이용한 진정제 pentobarbital의 질량 스펙트럼. 분자 이온($M^{+\bullet}$, m/z = 226)은 전자 이온화의 경우 확인되지 않는다. 화학 이온화로부터 생긴 주된 이온은 MH^+이다. 화학 이온화 스펙트럼에서, m/z 255의 피크는 $M(C_2H_5)^+$에 의한 것이다. [출처: Varian Associates, Sunnyvale, CA.]

약 70 eV 에너지를 갖는 전자들은 거의 양이온 분자 생성물만을 만든다. 전자 에너지가 낮으면 전자 친화도가 높은 분자로부터 음이온 생성이 가능하다.

공명 포획: $M + \underset{<0.1\ \text{eV}}{e^-} \rightarrow M^{-\cdot}$

분리 포획: $XY + \underset{0.1-10\ \text{eV}}{e^-} \rightarrow X + Y^{-\cdot}$

화학 이온화

화학 이온화(**chemical ionization**)법은 전자 이온화법보다 토막내기가 적게 일어난다. 화학 이온화법에서는 그림 22-5의 이온화실이 약 1 mbar의 압력으로 메테인, 아이소뷰테인, 암모니아와 같은 **시약 기체**(reagent gas)로 채워져 있다. 높은 에너지의 전자(100~200 eV)들은 다음과 같이 CH_4를 여러 가지 반응 생성물로 변환시킨다.

$$CH_4 + e^- \rightarrow CH_4^{+\cdot} + 2e^-$$
$$CH_4^{+\cdot} + CH_4 \rightarrow CH_5^+ + {}^\cdot CH_3$$
$$CH_4^{+\cdot} \rightarrow CH_3^+ + H^\cdot$$
$$CH_3^+ + CH_4 \rightarrow C_2H_5^+ + H_2$$

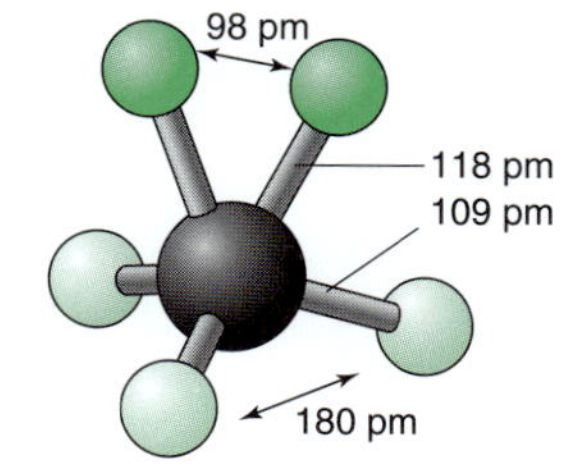

CH_5^+는 CH_3 삼각대에 한 분자 H_2가 첨가된 단위로 나타낼 수 있다. [H—C—H]는 세 개의 원자들에 분배된 두 개의 전자에 의해서 서로 결합되어 있다. H_2 단위의 원자들은 CH_3 단위의 원자들과 빠르게 교환된다.[9]

CH_5^+는 강력한 양성자 주개로서 분석 물질과 반응하여 **양성자첨가 분자**(protonated molecule) 이온인 MH^+를 생성한다. MH^+ 이온은 화학 이온화법으로 얻은 질량 스펙트럼에서 가장 많이 생성되는 이온이다.

$$CH_5^+ + M \rightarrow CH_4 + MH^+$$

그림 22-8의 화학 이온화 질량 스펙트럼을 보면 m/z 227에서 나타난 MH^+ 이온이 두 번째로 큰 피크이고, 전자 이온법보다 토막 이온들이 적게 생성된다.

MH^+의 토막내기를 감소시키기 위해 CH_4 대신 암모니아 또는 아이소뷰테인을 사용한다. 이들 시약은 CH_4보다 H^+를 보다 더 강하게 결합하는 동시에 양성자가 M 쪽으로 이동할 때 MH^+에 보다 적은 에너지를 준다. 화학 이온화법에서 MH^+에 전달되는 에너지는 반응 기체와 분석 물질의 양성자 친화도 차이에 기인한다. 암모니아는 NH_2^-로도 존재하는데, 이는 분석물로 전자를 이송할 수 있다. 기타 음이온 화학 이온화법 시약들은 CO_2, O_2^-, F^-와 SF_6^- 등을 포함한다.

메테인과 NH_3는 또한 음이온 $M^{-\cdot}$의 형성을 촉진하고, 화학 이온화법과는 다른 **전자 포획 이온화법**(electron capture ionizaion)이라고 부르는 과정을 통해 토막 음이온들을 내놓는다. 이 방법에서 전자들은 기체를 통과할 때 에너지를 잃으며, 분석 분자들은 에너지를 잃은 전자를 보다 쉽게 포획하여 분석 음이온을 만들어 낼 수 있다.

분자 이온 $M^{+\cdot}$은 다음과 같은 반응으로 생성된다.

$$CH_4^{+\cdot} + M \rightarrow CH_4 + M^{+\cdot}$$

MH^+는 분자 이온이 아니고 양성자첨가 이온이다.
$(M-H)^-$는 M에서 H^+를 잃어서 생성된 음이온이다.

분리 능력

그림 22-8의 질량 스펙트럼은 컴퓨터로 작성한 막대 그래프이다. 반면 그림 22-1은 검출기의 실제 신호를 보여 준다. 질량 스펙트럼에서 각 피크의 너비는 두 피크가 얼마나 가깝게 있으며, 이들이 서로 분리될 수 있을까를 결정한다. 만약 피크가 너무 가깝게 있으면, 이들은 한 개의 피크로 나타난다.

질량 분석계의 **분리 능력**(**resolving power**)이 클수록, m/z 값이 비슷한 두 피크를 더 잘 분리할 수 있다. 분리 능력은 흔히 두 가지 다른 방법으로 정의된다.

$$R_{\text{FWHM}} = \text{분리 능력(반치전폭)} \underset{\text{그림 22-9a}}{\rightarrow} \frac{(m/z)}{(m/z)_{1/2}} \tag{22-3}$$

여기서 (m/z)는 피크의 위치이고 $(m/z)_{1/2}$는 그림 22-9a의 피크의 중간 높이의 전체 폭이다. 낮은 피크보다 10% 낮은 골을 가진 계곡으로 분리된 그림 22-9b의 두 피크를 예로, 두 번째

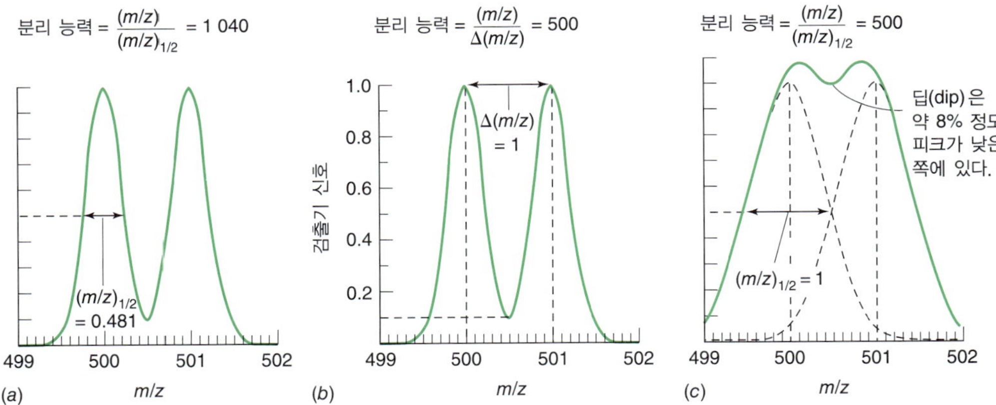

그림 22-9 분리 능력. (*a*) 식 22-3에 의한 분리 능력은 $(m/z)/(m/z)_{1/2}$ = 500/0.481 = 1040이다. (*b*) 식 22-4에 의한 분리 능력은 같은 피크 쌍에 대해 $(m/z)/\Delta(m/z)$ = 500/1 = 500이다. (*c*) 식 22-3의 정의에 따른 분리 능력이 500이라면, *m/z* 500과 501의 두 피크는 겨우 구별할 정도이다.

분리 능력의 정의는 다음과 같다.

$$R_{10\%\ \text{valley}} = \text{분리 능력(10\% 밸리)} \rightarrow \underset{\text{그림 22-9b}}{\frac{(m/z)}{\Delta(m/z)}} \qquad \textbf{(22-4)}$$

이 식에서 (m/z)는 대상이 되는 두 m/z 중 낮은 값이고 $\Delta(m/z)$는 두 피크의 차이다.

그림 22-9a와 22-9b는 동일한 두 피크를 보여준다. 식 22-3에 의한 분리 능력은 $(m/z)/(m/z)_{1/2} = 500/0.481 = 1.04 \times 10^3$이지만, 식 22-4에 의한 분리 능력은 $(m/z)/\Delta(m/z) = 500/1.00 = 5.00 \times 10^2$이다. 그림 22-9c는 식 22-3에 의한 분리 능력이 5.00×10^2일 때, m/z 500과 501에서의 피크는 거의 구분되지 않는 것을 보여 주고 있다. 따라서 일반적으로 분리 능력을 표시할 때는 사용한 정의를 분명히 밝혀야 한다.

예제 분리 능력

그림 22−1의 ^{208}Pb 피크들로부터 식 22-3으로 정의되는 분리 능력을 구하시오.

풀이 최대 피크의 반높이 너비는 0.146 m/z 단위이다. 그러므로

$$\text{분리 능력} = \frac{(m/z)}{(m/z)_{1/2}} = \frac{208}{0.146} = 1.42 \times 10^3$$

분리 능력이 1.42×10^3인 기기는 m/z 200 근처의 피크들을 잘 분리하지만, m/z 1 420에서는 거

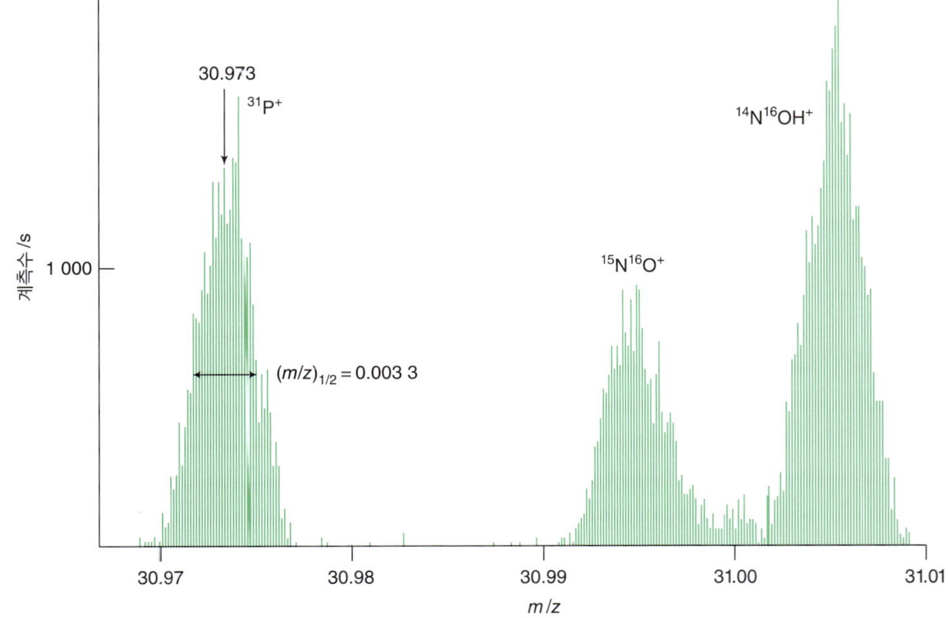

그림 22-10 $^{31}P^+$, $^{15}N^{16}O^+$, $^{14}N^{16}OH^+$ 이온을 분리시킨 고분별능 질량 스펙트럼은 m/z의 증가에 따른 계측수/s의 막대 그래프로 나타난다. [출처: J. S. Becker, S. F. Boulyga. C. Pickhardt, J. Becker, S. Buddrus, and M. Przybylski, "Determination of Phosphorus in Small Amounts of Protein Samples by ICP-MS," *Anal. Bioanal. Chem.* **2003**, *375*, 56.]

의 분리하지 못한다.

자습 그림 22-10의 각각의 수직선들은 $m/z = 0.00014$의 간격으로 나타낸 고분별능 질량 스펙트럼을 단순화한 것이다. $^{31}P^+$ 피크로부터 $(m/z)/(m/z)_{1/2}$의 분리 능력을 구하라. (**답:** 30.973/0.0033 = 9400)

분별능(resolution)은 명시된 기준에 의해 서로 구별될 수 있는 두 이온의 m/z의 최소 차이이다. 분별능은 그림 22-9b와 식 22-4의 분모에 나타나는 $\Delta(m/z)$를 뜻한다. 분별능이라는 용어는 때때로 분리 능력의 잘못된 표현으로 사용된다. 높은 분리 능력을 통해 얻어진 스펙트럼을 고분별능 스펙트럼이라고 부르는 것은 전자 이온화 질량 스펙트럼 라이브러리에 있는 것 같은 정수 m/z의 분별능을 가진 스펙트럼과 구별하기 위해서이다.

22-2 질량 스펙트럼아! 내게 말하라*

*역자 주: 제목은 질량 분석학계의 유명 학자인 O. David Sparkman이 언급한 것을 인용하였음.

각 질량 스펙트럼은 분석 대상 물질에 관한 정보를 제공한다. 분자 이온 $M^{+\bullet}$는 미지 물질의 한동위 원소 질량을 말한다. 불행하게도 전자 이온화법의 경우, 어떤 화합물은 $M^{+\bullet}$가 너무나 쉽게 깨어지기 때문에 분자 이온이 나타나지 않는다. 그러나 토막 이온들은 미지 물질의 구조에 대한 정보를 제공한다. 분자량을 얻기 위해서는 주로 MH^+가 바탕 피크로 검출되는 화학 이온법을 이용한다.

질소 규칙(**nitrogen rule**)은 분자 이온의 조성에 대한 정보를 제공해 준다. 만약 화합물이 홀수 개의 질소 원자를 포함하면 C, H, 할로젠, O, S, Si, P의 수에 무관하게 화합물의 명목 질량은 홀수가 된다. 질소 원자가 짝수(0, 2, 4 등) 개인 화합물에 대해서 $M^{+\bullet}$의 명목 질량은 짝수이다. m/z 128인 분자 이온이 0 또는 2의 질소 원자를 포함하지만, 한 개의 질소 원자는 가질 수 없다.

분자 이온과 동위 원소 패턴

방향족 화합물(벤젠 고리를 포함하는)은 전자 이온화법에 의해서 항상 강한 세기의 $M^{+\bullet}$ 피크를 나타낸다. 그림 22-11에서 보면, $M^{+\bullet}$가 벤젠과 바이페닐 질량 스펙트럼의 기준 피크(가장 강한)이다.

인접한 바로 다음의 질량 피크 M+1은 원소 조성에 관한 많은 정보를 제공한다. 표 22-1에는 자연계에 존재하는 몇 가지 동위 원소의 존재비를 나타내었다. 탄소의 경우 98.93%가 ^{12}C이며, 1.07%가 ^{13}C이다. 두 동위 원소의 비는 $^{13}C/^{12}C = 1.07/98.93 = 0.010\,8$이다. 또한 거의 모든 수소가 ^{1}H이며, ^{2}H는 단지 0.012%이다. C_nH_m 조성을 가지는 화합물에 대해 표 22-2의 자료들을 이용해 구하면, M+1 피크의 세기는 다음과 같다.

분자 이온은 $M^{+\bullet}$로 표시하지만, 다른 피크들은 양전하를 표시하지 않고 M+1과 M−29 등으로 표기한다. 따라서 M+1은 M보다 한 단위 질량이 큰 것을 의미한다.

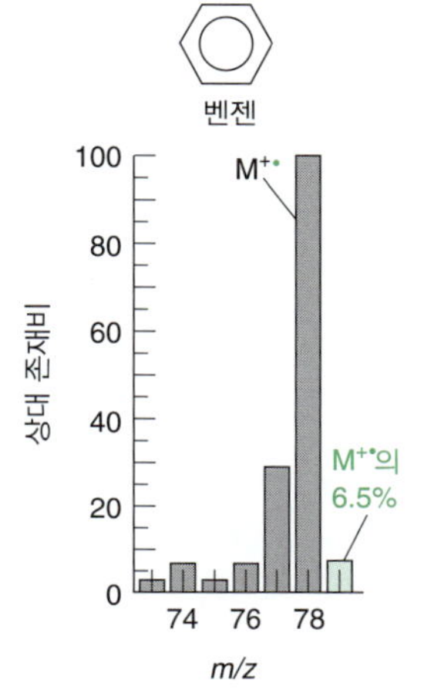

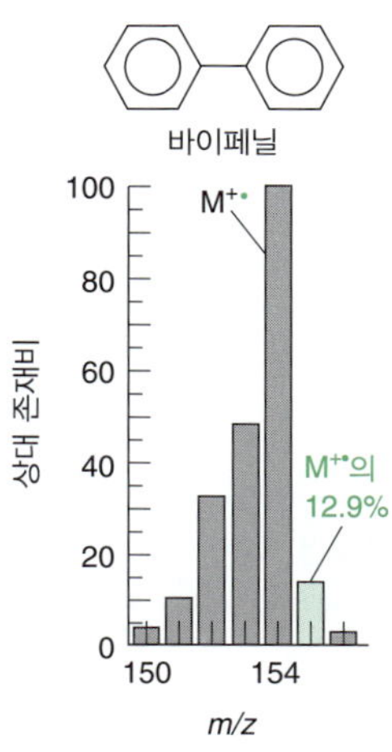

그림 22-11 전자 이온화(70 eV)에 의한 벤젠(C_6H_6)과 바이페닐($C_{12}H_{10}$)의 분자 이온 영역에서의 질량 스펙트럼 [출처: NIST/EPA/Mass Spectral Database.[7]]

C_nH_m의 분자 이온에 대한 M+1의 세기:

$$\text{세기} = \underbrace{n \times 1.08\%}_{^{13}\text{C로부터}} + \underbrace{m \times 0.012\%}_{^{2}\text{H로부터}} \qquad (22\text{-}5)$$

벤젠(C_6H_6)에서 $M^{+\cdot}$는 m/z 78에서 관찰된다. 여기서 m/z 79의 예상된 세기는 $M^{+\cdot}$ 존재비에 대해 $6 \times 1.08\% + 6 \times 0.012\% = 6.55\%$이다. 그림 22-11에서 측정된 세기는 6.5%이다. 예상값으로부터 ±10% 이내의 세기(이 경우 5.9~7.2)는 통상적인 질량 분석계에서 측정되는 정밀성 범위에 들어간다. 바이페닐 분자($C_{12}H_{10}$)에 대해서 M + 1은 $M^{+\cdot}$ 세기에 대해 $12 \times 1.08\% + 10 \times 0.012\% = 13.1\%$ 정도인데, 실험적인 측정값은 12.9%이다.

유기 질량 분석법은 대부분 C, H, O, N, S, P, Si, 할로젠 원소, Na, K 같은 제한적인 원소들의 집합들을 다룬다. 알칼리 금속은 전기 분무 질량 분석법을 통해 관측되는데, 이 분석법에서 H^+, Na^+, K^+는 유기 분자들과 붙어있는 상태로 찾을 수 있다. **이온의 원소 조성은 정확한 질량 측정이나 동위 원소 피크의 상대적 세기를 통해 설정된다.** 정확한 질량 측정이 가장 좋은 방법이지만, 그러기 위해서는 비싼 기구들이 필요하다. 동위 원소 피크의 상대적인 세기를 측정하는 것이 가장 간단하고, 덜 비싼 질량 분석계를 이용하여 데이터를 얻어내는 방법이다.

단전하 이온의 질량 스펙트럼은 하나의 m/z 단위를 통해 분리된 일련의 피크들로 나타난다. 세 피크 중에서 가장 낮은 m/z 값을 한동위 원소 피크(각 원소의 모든 원자들이 자연 상태에서 가장 풍부한 핵종을 가짐)라고 한다. 증가하는 정수 m/z 값의 피크들은 동위 원소 피크이다. 첫 번째의 더 높은 m/z 피크는 일반적인(가장 풍부한) 질량 동위 원소보다 한 단위

보충 22-2 동위 원소 피크 강도를 이용한 원소 성분 분석하기

일반적인 유기 화합물의 원소는 X, X + 1, X + 2 유형이 있다. X 원소(F, P, I, Na)는 하나의 천연 동위 원소를 가지고 있다. 중수소가 그렇게 많이 존재하지 않기 때문에 H도 X 원소로 간주한다. C와 N은 X + 1 원소인데, 가장 많이 존재하는 동위 원소보다 다른 동위 원소가 1 Da 무겁기 때문이다. X + 2 원소는 가장 많이 존재하는 동위 원소보다 다른 동위 원소가 2 Da 무겁다. 일부 X + 2 원소는 3개의 동위 원소(O, S, Si 및 K)를 갖기도 하고 일부는 2개(Cl 및 Br)만 가지고 있기도 하다.

1. 한동위 원소 피크를 식별한다. 한동위 원소 피크는 m/z 피크 클러스터에서 가장 낮은 m/z 값을 가지는 피크이다. 각각 1 m/z 값으로 분리된 더 높은 m/z를 가지는 모든 피크는 동위 원소의 다중성 때문이다. 특히 Br과 Cl의 여러 원자가 존재하는 경우 한동위 원소 피크는 클러스터에서 가장 세기가 큰 피크가 아닐 수 있다. 한동위 원소 피크를 식별하는 과정에는 시행 착오가 있을 수 있다. 선택한 X 피크의 세기에 대해 X + 1 및 X + 2의 세기를 설명할 수 없는 경우, X는 한동위 원소 피크가 아닐 수 있다.
2. 선택한 한동위 원소 피크보다 1, 2 m/z 값 아래의 다른 이온에서 기인한 피크가 있는지 확인한다. 이러한 피크가 있는 경우 선택한 한동위 원소 피크의 측정 세기에서 m/z 값이 일치하는 다른 이온의 동위 원소에 의해 추가된 피크 측정 세기를 빼야 한다.
3. 산소를 제외한 X + 2 원소의 원자 수를 할당한다. Cl 및 Br의 경우 일부 Br이나 Cl의 X + 2 패턴의 유사성 때문에 이론적 피크 측정 세기와 관찰된 피크 측정 세기에 대한 표로 작성된 데이터를 비교해야 할 수 있다.
4. X + 1의 원자 수를 할당한다. Si와 S의 X + 2 원소가 X + 1 할당에 기여하여 C와 N의 X + 1에 영향을 주기 때문에, X + 2를 X + 1에 앞서 할당하는 것이다. 질소 규칙에 의해 N 원자가 이온에 홀수로 존재하면, N 원자를 먼저 할당하고, 하나의 N 원자가 있다고 가정하고 시작한다. 3개의 N 원자의 X + 1 원소에서의 피크 측정 세기에 대한 기여도는 탄소 원자 1개의 기여도와 동일하다.
5. 산소 원자의 수를 지정한다. 탄소의 ^{13}C 원자가 두 개 있을 경우 X + 2에 포함된다. C 원소가 6, 7개 존재할 경우에 X + 2의 피크 측정 세기에 주는 영향은 O가 하나(0.205 %) 있을 때와 같다. 표 22-2에서 탄소를 찾아보면 X + 2에서 여섯 개의 탄소의 함유 비율은 $(0.005\,8\%) \times 6 \times 5 = 0.17\%$, 일곱 개에 탄소는 $(0.005\,8\%) \times 7 \times 6 = 0.24\%$이다. 만약 C 원자의 수보다 먼저 O 원자의 수를 지정하면 O 원자의 수가 실제 존재량보다 더 많게 할당될 수 있다. 피크의 측정 세기를 측정하는 데 있어 최고의 절대 정밀도는 ±0.2%로, 할당된 O 원자의 수가 ±1 원자의 수보다 크지 않다는 것을 의미한다.
6. X + 2(O 포함)와 X + 1에 원자의 수를 할당하고 남은 질량은 H를 포함한 X 원소 때문이다.
7. 동위 원소 피크의 세기에 기여하는 원소가 하나 이상일 경우, 다음과 같은 값이 추가된다; 이온이 S 원자 1개와 Br 원자 1개를 포함하는 경우, X + 2의 세기는 Br 원자 하나(97.3%)와 S 원자 하나(4.5%)에 의한 세기의 합(101.9%)이다.

표 22-1 몇 가지 원소의 동위 원소

원소	질량수	질량 (Da)[a]	존재비 (원자 %)[b]	원소	질량수	질량 (Da)[a]	존재비 (원자 %)[b]
양성자	1	1.007 276 467	—	Cl	35	34.968 85	75.78
중성자	1	1.008 664 916	—		37	36.965 90	24.22
전자	—	0.000 548 580	—	Ar	36	35.967 55	0.336
H	1	1.007 825	99.988		38	37.962 73	0.063
	2	2.014 10	0.012		40	39.962 38	99.600
B	10	10.012 94	19.9	Fe	54	53.939 61	5.845
	11	11.009 31	80.1		56	55.934 94	91.754
C	12	12(정확히)	98.93		57	56.935 40	2.119
	13	13.003 35	1.07		58	57.933 28	0.282
N	14	14.003 07	99.632	Br	79	78.918 34	50.69
	15	15.000 11	0.368		81	80.916 29	49.31
O	16	15.994 91	99.757	I	127	126.904 47	100
	17	16.999 13	0.038	Hg	196	195.965 81	0.15
	18	17.999 16	0.205		198	197.966 75	9.97
F	19	18.998 40	100		199	198.968 26	16.87
Si	28	27.976 93	92.230		200	199.968 31	23.10
	29	28.976 49	4.683		201	200.970 29	13.18
	30	29.973 77	3.087		202	201.970 63	29.86
P	31	30.973 76	100		204	203.973 48	6.87
S	32	31.972 07	94.93	Pb	204	203.973 03	1.4
	33	32.971 46	0.76		206	205.974 45	24.1
	34	33.967 87	4.29		207	206.975 88	22.1
	36	35.967 08	0.02		208	207.976 64	52.4

a. 1 dalton (Da) ≡ ^{12}C 질량의 1/12 = 1.660 538 86(28) × 10^{-27} kg (출처: *http://physics.nist.gov/constants*). 핵종 질량 출처: *G. Audi, A. H. Wapsta, and C. Thibault,* Nucl. Phys. ***2003,*** A729, *337, www.nndc.bnl.gov/masses*. 이 자료는 표에 인용된 것보다 더 많은 유효 숫자를 제공한다.

b. 존재비는 자연에서 발견되는 전형적인 값이다. 특이한 변동이 관찰되는데, 예를 들면 천연 물질 중에 있는 ^{18}O은 0.188~0.222 원자% 범위로 발견된다. 이 표의 값과 약간 차이가 있지만, 가장 최근에 얻은 동위 원소 존재비는 J. K. Böhlke 등에 의해서 발견된 것이다. 출처: *"Isotopic Compositions of the Elements, 2001,"* J. Phys. Chem. Ref. Data ***2005,*** *34, 57*.

표 22-2 질량 스펙트럼 해석을 위한 동위 원소 존재비 인자(%)

원소	X + 1	X + 2	X + 3	X + 4	X + 5	X + 6
H	$0.012n$					
C	$1.08n$	$0.005\,8n(n-1)$				
N	$0.369n$					
O	$0.038n$	$0.205n$				
F	0					
Si	$5.08n$	$3.35n$	$0.170n(n-1)$	$0.056n(n-1)$		
P	0					
S	$0.801n$	$4.52n$	$0.036n(n-1)$	$0.102n(n-1)$		
Cl	—	$32.0n$	—	$5.11n(n-1)$	—	$0.544n(n-1)(n-2)$
Br	—	$97.3n$	—	$47.3n(n-1)$	—	$15.3n(n-1)(n-2)$
I	0					

예: n개의 탄소 원자를 포함하는 $m/z = X$ 피크에 대해서, $X + 1$ 위치에서 탄소에 의한 피크 세기는 X 세기의 $n \times 1.08\%$에 해당한다. $X + 2$의 세기는 X 세기의 $n(n-1) \times 0.005\,8\%$이다. 이온 중에 포함된 여러 가지 다른 원자들의 동위 원소는 서로 부가적으로 기여한다.

가 높은 동위 원소를 가진 이온에서 비롯된다. 그 다음 피크(monoisotopic+2)는 일반적인 질량 동위 원소보다 두 단위가 높은 동위 원소를 가진 이온에서 비롯된다.

통상적인 유기 화합물의 원소들은 세 가지 유형에 속한다: X, X + 1, X + 2. X 원소들(F, P, I, Na)은 자연에서 오직 하나의 핵종을 가진다. H는 X 원소로 취급되는데, X + 1 상태인 중수소는 수소 이온이 1000 Da가 있을 때에야 의미 없는 수준으로 존재하기 때문이다. X + 1 원소들(C, N)은 자연 상태에서 가장 풍부한 핵종과 그것에 1 Da가 더 큰 하나의 동위 원소만을 가진다. X + 2 원소들은 가장 풍부한 핵종과, 그것에 2 Da가 더 큰 동위 원소를 가진다. 몇몇 X + 2 원소들(O, S, Si, K)은 자연에서 세 개의 동위 원소를 가지기도 하며 몇몇(Cl, Br)은 두 개의 동위 원소만 가진다. 보충 22-2에서 더 높은 m/z의 동위 원소 피크의 강도에서 이온에 있는 각 원소의 종류 수를 찾는 과정을 설명하고 있다.

예제 질량 스펙트럼에 주목하라.

그림 22-4에서 보여 주는 pentobarbital의 화학 이온화 질량 스펙트럼에서 맨 끝부분의 높은 m/z 227에서 가장 큰 세기로 나타난 피크는 MH^+에 의한 것으로 예상된다. 만약 예상한 것이 맞는다면, M의 명목 질량은 226이 된다. 질소 규칙에 따르면, 질량이 짝수인 분자는 짝수 개의 질소 원자를 포함하고 있다. 원소 분석 결과 이 화합물이 C, H, N, O를 함유하고 있다면, 분자 내에 몇 개의 탄소 원자가 존재할 것으로 예상되는가?

풀이 m/z 228 피크 세기는 m/z 227 피크 높이의 12.0%이다. 표 22-2에 의하면 n개의 탄소 원자가 포함되어 있다면, ^{13}C는 m/z 228 피크 세기에 $n \times 1.08\%$ 정도 기여할 것이다. 여기서 ^{2}H와 ^{17}O에 의한 기여는 대단히 작지만, ^{15}N는 비교적 크다. 그러나 아마도 화합물 중에 포함된 질소 원자의 수는 작을 것으로 예상된다. 탄소 원자수에 대한 추정치는 다음과 같이 구할 수 있다. 즉

$$\text{탄소 원자의 수} = \frac{\text{M + 1의 측정된 피크 세기}}{\text{탄소 원자의 기여도}} = \frac{12.0\%}{1.08\%} = 11.1 \approx 11$$

m/z 227인 MH^{++}의 실제 조성은 $C_{11}H_{19}O_3N_2$이다. 표 22-2에 수록된 인자들로부터 m/z 228 피크의 이론적 세기는 다음과 같이 구할 수 있다. 즉

$$\text{세기} = \underbrace{11 \times 1.08\%}_{^{13}C} + \underbrace{19 \times 0.012\%}_{^{2}H} + \underbrace{3 \times 0.038\%}_{^{17}O} + \underbrace{2 \times 0.369\%}_{^{15}N} = 13.0\%$$

이론적 세기는 측정값 12.0%에 대해 10% 불확정도 범위에 있다.

자습 어미 이온의 m/z가 117인 화합물이 상대 세기 9.3%인 피크를 보인다. 질소 원자수가 홀수인가, 짝수인가? 수식에 몇 개의 탄소 원자가 들어 있는가? (**답:** 홀수, 8C. C_9N은 너무 무거워서 추가적인 원자의 도입 없이는 분별 가능한 분자를 만들어내지 못하므로 탄소 원자의 수는 9C가 될 수 없다.)

보충 22-3에는 공룡의 체온 측정을 포함한 동위 원소비로부터 얻을 수 있는 정보가 기술되어 있다.

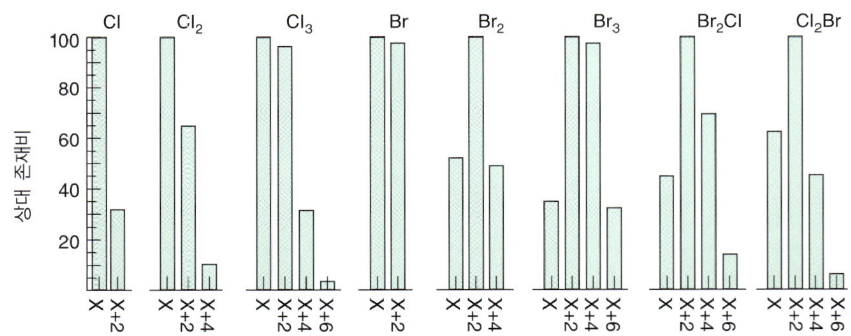

그림 22-12 Cl과 Br을 포함하는 화학종에서 계산된 동위 원소 패턴

그림 22-12에서 보는 바와 같이 Cl 또는 Br 원자를 포함하는 이온들은 독특한 동위 원소 피크를 나타낸다.[14] 그림 22-13의 1-브로모뷰테인 질량 스펙트럼에서 m/z 136과 138에서 거의 비슷한 세기로 나타난 두 피크는 분자 이온이 한 개의 Br 원자를 포함하고 있다는 것을 강하게 암시해 주고 있다. m/z 토막 이온 피크도 거의 같은 세기로 나타난 m/z 109의 피크와 함께 나타나고 있다. 이것 또한 이 토막 이온이 Br 원자를 포함하고 있음을 강하게 암시한다.

자연 속의 물에서 인공적인 감미료인 슈크랄로스가 관찰된다면, 이 슈크랄로스는 도시의 폐수로 인한 수질 오염의 척도가 될 수 있다.[16] 그림 22-14에 있는 슈크랄로스의 음이온 질량 스펙트럼은 M에서 양성자 한 개를 잃은 $[M - H]^-$이온에 Cl 원자 세 개가 들어 있는 특

예제 22-C는 Cl 원자가 여러 개인 분자 피크의 상대적 세기를 계산하는 방법을 보여 준다. 더 심화된 계산 방법을 사용하면 복잡한 임의의 분자에 대해서도 계산할 수 있다.[15]

보충 22-3 동위 원소비 질량 분석법과 공룡 체온

24장의 시작 부분에 **동위 원소비 질량 분석법**(isotope ratio mass spectrometry)을 이용하여 고대 인류의 뼈 중에 함유된 콜레스테롤의 분석에 관한 내용을 기술하였다.[10,11] 기체 크로마토그래피 칼럼에서 용리된 화합물은 유기 화합물을 CO_2로 산화시키기 위하여 금속 촉매(820°C에서 CuO/Pt와 같은)가 담겨 있는 연소로를 통과하게 된다. 연소 부산물로 생긴 H_2O는 Nafion 플루오로탄소관을 통해 제거시킨다. 이 막을 통해 물은 확산되지만, 그 밖의 다른 연소 생성물들은 남아 있게 된다. 다음, CO_2는 질량 분석계로 들어가서 m/z 44 ($^{12}CO_2$)와 45($^{13}CO_2$)를 측정한다. 한 개의 검출기로 각 이온을 검출한다. 각각의 검출기의 상대적인 반응은 반드시 보정되어야 한다.

자연계의 탄소는 98.9%의 ^{12}C와 1.1%의 ^{13}C로 구성되어 있다. 다음의 도표는 자연계에서 ^{13}C의 작은 편차가 일관성 있게 존재함을 보여 준다. 탄소의 동위 원소비를 측정하는 데 사용되는 표준 물질은 South Carolina에서 생성된, 비율이 $R_{PDB} = {}^{13}C/{}^{12}C = 0.011\ 23_{72}$인 Pee Dee belemnite(화석의 껍질 PDB로 표시)로부터 채취한 탄산 칼슘이다(그 조성은 유효 숫자 네 자리까지 정확하지만, 유효 숫자 여섯 자리까지는 정밀성에서 작은 차이를 보인다). δ^{13}C 척도는 동위 원소 조성에서 작은 편차를 나타낸다.

$$\delta^{13}\text{C (천분율, ‰)} = 1\ 000\left(\frac{R_{\text{시료}} - R_{PDB}}{R_{PDB}}\right)$$

천연물의 δ^{13}C는 그들의 생물학적, 지리학적 근원에 관한 정보를 제공한다.[12,13] 한 예로 음료수 중 카페인의 δ^{13}C는 카페인이 자연산인지, 인공 합성인지를 구분할 수 있음을 보여 준다.

이 장의 시작에는 공룡 치아 탄산의 동위 원소 조성이 공룡 체온의 척도로 사용된다. 탄산 칼슘 결정화 온도가 낮을수록 ^{13}C와 ^{18}O이 더 농축되어 있다. 치아 에나멜에는 광물 $Ca_{10}(PO_4)_6(OH)_2$가 함유되어 있는데, 인산염의 일부는 탄산으로 치환되어 있다. 치아 에나멜을 무수 인산으로 처리하면 $CO_2(g)$가 방출한다. 이 CO_2를 펌프로 뽑아 낮은 농도에서 응축하고 증류와 기체 크로마토그래프로 정제한 후 동위 원소비를 질량 분석한다. m/z 47에서 $^{13}C^{18}O^{16}O^+$의 양을 m/z 44의 $^{12}C^{16}O_2^+$와 비교한다.

$$\text{농축률(‰)} = 1\ 000\left(\frac{R_{obs} - R_{random}}{R_{random}}\right)$$

여기서 $R_{obs} = (m/z\ 47)/(m/z\ 44)$는 공룡 치아와 같은 시료의 값이고 $R_{random} = (m/z\ 47)/(m/z\ 44)$는 자연 존재비 동위 원소의 우연 분포이다. 농축률은 책 뒷표지에 있는 그래프의 축을 나타낸다. 교정선은 실험실에서 알고 있는 온도에서 결정화한 $CaCO_3$에 대해 측정한 점과 온도를 알고 있는 해양에서 자라는 산호에 대해 측정한 점들이다. 현세 동물의 치아에서 측정한 농축률은 이들 동물의 체온값과 일치한다. 공룡 치아로부터 측정한 농축률은 그 공룡의 체온을 나타낸다.

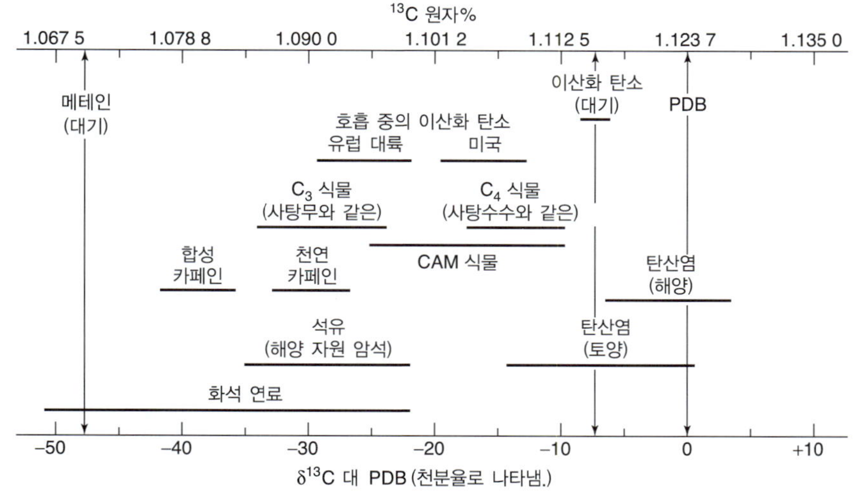

천연 물질에 대한 ^{13}C의 분포 변화. C_3, C_4, CAM은 다른 ^{13}C 계열을 이루는 별개의 특이한 대사 과정을 가진 식물의 종류들이다. [출처: W. Meier-Augenstein, LCGC 1997, 15, 244. Caffeine data from L. Zhang et al., *Anal. Chem.* **2012**, *84*, 2805.]

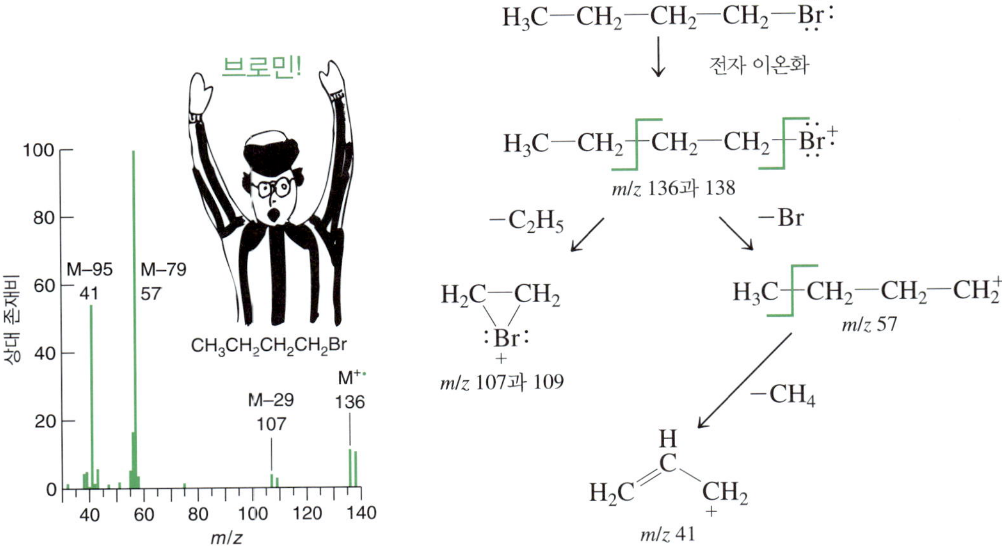

그림 22-13 전자 이온화(70 eV)에 의한 1-브로모뷰테인의 질량 스펙트럼 [출처: A. Illies, P. B. Shevlin, G. Childers, M. Peschke, and J. Tsai, "Mass Spectrometry for Large Undergraduate Labaratory Sections," *J. Chem. Ed.* **1995**, *72*, 717. Referee from Maddy Harris.]

징적인 유형을 보인다. *m/z* 395 피크는 $[^{12}C_{12}{}^{1}H_{18}{}^{16}O_8{}^{35}Cl_3]^-$이다. 그림 22-14에 있는 Cl_3를 붙인 $^{35}Cl_3$, $^{35}Cl_2{}^{37}Cl$, $^{35}Cl^{37}Cl_2$, $^{37}Cl_3$를 함유한 분자에서 예상되는 동위 원소 패턴은 상대 세기 X: X+2: X+4:X+6 = 1.000:0.959:0.307:0.032 7이다. 그림 22-14에 있는 *m/z* 395, 397, 399, 401의 상대 세기는 1.00, 0.99, 0.28, 0.02이다.

이제 머리를 써서 그림 22-14의 X+1, X+3, X+5에 대한 상대 세기를 예측하자. *m/z* 396에서 X+1의 조성은 주로 $[^{13}C^{12}C_{11}{}^{1}H_{18}{}^{16}O_8{}^{35}Cl_3]^-$이고, ^{13}C 하나 대신에 ^{2}H 하나 또는 ^{17}O 하나인 분자의 조그만 기여가 있다. 표 22-2에 있는 인자를 적용하여 (X+1의 세기)/(X의 세기)를 예측한다.

$$\text{X + 1 세기} = \underbrace{12 \times 1.08\%}_{^{13}C} + \underbrace{18 \times 0.012\%}_{^{2}H} + \underbrace{8 \times 0.038\%}_{^{17}O} = 13.5\%$$

그림 22-14에서 관측한 X+1의 세기는 *m/z* 395에서의 X 세기의 12.0%이다.

X+2 피크는 주로 $^{35}Cl_2{}^{37}Cl$로부터 온다. X+3은 주로 X+2의 ^{13}C 동위 원소에서 온 것이다. 똑같은 방법으로 계산을 정확히 하면 X+3 세기는 X+2 세기의 13.5%가 되어야 한다.

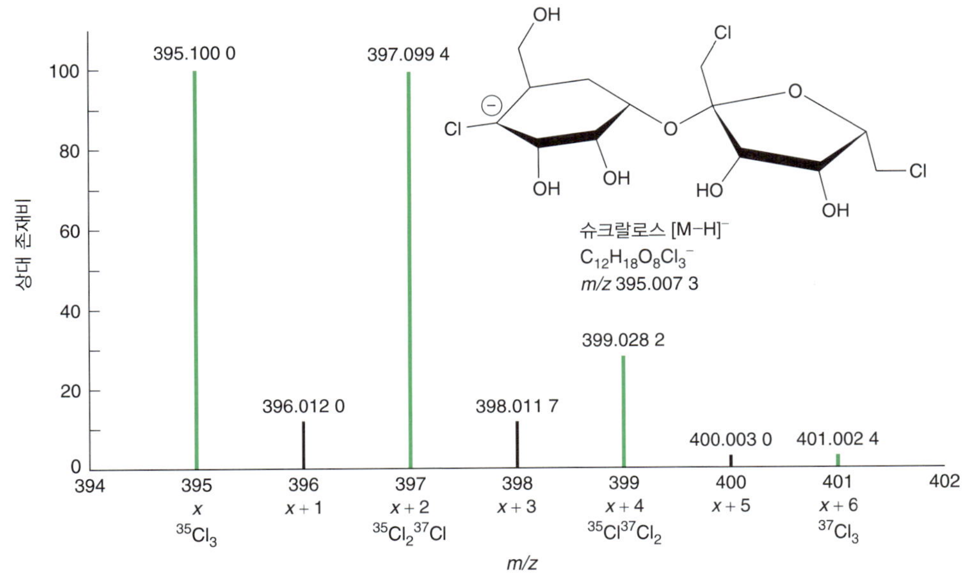

그림 22-14 슈크랄로스 음이온 $[M - H]^-$에 대한 분자 이온 영역의 고분해 비행 시간 스펙트럼 [출처: I. Ferrer, J. A. Zweigenbaum, and E. M. Thurman, "Analytical Methodologies for the Detection of Sucralose in Water," *Anal. Chem.* **2013**, *85*, 9581.]

X+3의 실측 세기는 X+2의 11.8%가 된다.

고분별능 질량 분석법

m/z 84인 이온은 $C_5H_8O^+$ = 84.056 96 Da 또는 $C_6H_{12}^{+\cdot}$ = 84.093 35 Da과 같은 여러 가지 원소 조성을 가질 수 있다. 보조단에서처럼 이러한 정확한 질량을 계산하고 싶으면, 잃어버린 전자의 질량을 뺌으로써 양이온의 질량을 구해야한다. 만약 질량 분석계가 작은 m/z 차이를 분리할 수 있다면 정확한 원소의 조성을 구할 수 있다. **비행 시간형 질량 분석계**(time of flight mass spectrometer), **오비트랩 질량 분석계**(orbitrap mass spectrometer, 22-3절)를 이용하면 m/z 100에서 0.001 또는 그 이하의 질량 차이를 분리할 수 있다. 그림 22-10은 명목 m/z가 모두 31 Da인 $^{31}P^+$, $^{15}N^{16}O^+$, $^{14}N^{16}OH^+$를 분리한 질량 스펙트럼을 보여 주고 있다.

표 22-1로부터 예상된 질량과 고분별능 질량 분석법으로 얻은 측정 질량:

$C_5H_8O^{+\cdot}$:

5C	5 × 12.000 00
8H	+8 × 11.007 825
1O	+1 × 15.994 91
$-e^-$	−1 × 0.000 55
	84.056 96
측정값:[17]	84.059 1

$C_6H_{12}^{+\cdot}$:

6C	6 × 12.000 00
12H	12 3 11.007 825
2e2	21 × 0.000 55
	84.093 35
측정값:[17]	84.093 9

질량 분석계는 m/z를 측정하기 위해 perfluorokerosene[$CH_3(CF_2)_nCF_3$] 또는 perfluorotributhylamine[$(CF_3CF_2CF_2CF_2)_3N$]과 같은 화합물의 고분별능 질량 스펙트럼으로 교정한다. 고분별능 스펙트럼에서 플루오로탄소 토막 이온의 정확한 질량은 C, H, O, N, S를 포함하는 이온의 경우보다 약간 작다. 고분별능 질량 분석 실험에서 표준 물질을 미지 시료와 함께 측정해야 한다.

정확한 질량차를 근거로 어떤 화합물을 다른 화합물에서 구분할 수 있는 능력은 많은 분석 물질이 어떤 시료에 존재하는지를 판단하는 능력을 혁신하였다. 예로 크로마토그래프와 고분별능 질량 분석계를 결합한 방법으로 살충제, 바이오톡신, 약물, 유기 오염물의 식품 오염 여부를 실용적 속도로 스크리닝할 수 있다.[18]

고리수 + 이중 결합수

만약 분자 이온의 조성을 알고 있을 경우, **고리수 + 이중 결합수(rings + double bonds, R + DB)**를 구할 수 있는 한 가지 유용한 식은 다음과 같다.

고리수 + 이중 결합수 식:

$$R + DB = c - h/2 + n/2 + 1 \quad (22\text{-}6)$$

여기서 c는 14족 원자(C, Si 등과 같이 네 개의 결합을 형성하는)의 수, h는 (H + 할로젠) 원자(한 개의 결합을 형성하는)의 수이고, n은 15족(N, P, As 등 세 개의 결합을 형성하는) 원자의 수이다. 16족 원자(O, S 등 두 개의 결합을 형성)의 수는 식에 대입시키지 않는다. 예를 들면 다음과 같다.

Cl As(CH$_3$)$_2$ Br S O Si(CH$_3$)$_3$ H N H C=O HO

$C_{14}SiH_{22}ClBrNAsO_3S$ (c: $C_{14}Si$, h: $H_{22}ClBr$, n: NAs)

$$R + DB = c - h/2 + n/2 + 1$$

$$R + DB = (14 + 1) - \frac{22 + 1 + 1}{2} + \frac{1 + 1}{2} + 1 = 5$$

분자에는 한 개의 고리와 네 개의 이중 결합이 있다. c는 C + Si를, h는 H + Cl + Br, n은 N + As를 포함하고 있음을 유의하라.

만약 P 원자가 세 개 이상의 결합, S 원자가 두 개 이상의 결합을 형성하면, 식 22-3은 이들의 추가된 결합을 무시한다. 식 22-3을 혼란시키는 예:

$(CH_3)_3P{=}O$ $\qquad$ $CH_3{-}S(=O)_2{-}OH$

분자 이온 피크의 확인

그림 22-15는 원소 조성이 $C_6H_{12}O$인 이성질체들의 전자 이온화 질량 스펙트럼을 보여 준다. $M^{+\cdot}$는 m/z 100에서 검은 삼각형으로 표시하였다.

만약 이들 스펙트럼을 미지 물질로부터 얻었다면, m/z 100인 피크가 분자 이온이라는 것을 어떻게 확인하였을까? 이를 위한 몇 가지 기준은 다음과 같다.

1. $M^{+\cdot}$는 질량 스펙트럼에서 동위 원소 또는 바탕 피크로부터 나타난 것이 아닌, '의미 있

그림 22-15 조성이 $C_6H_{12}O$인 케톤 이성질체의 전자 이온화(70 eV) 질량 스펙트럼 [출처: NIST/EPA/NH Mass Spectral Database.[7]]

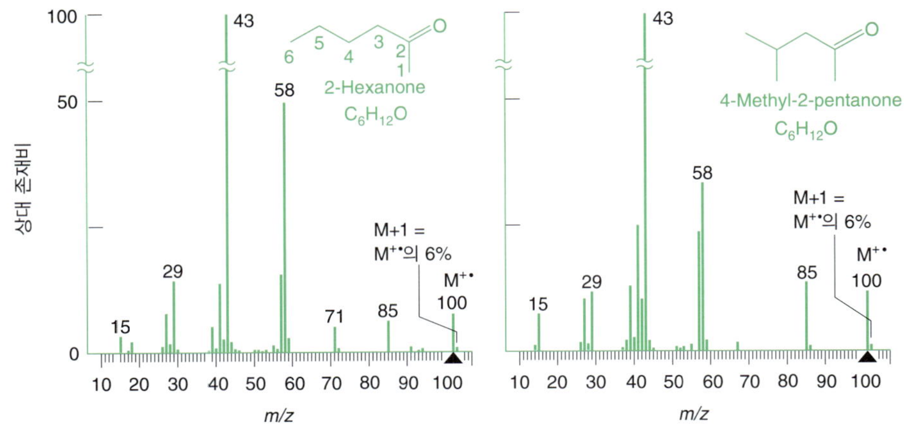

는' 피크들 중에서 m/z 값이 가장 큰 것이 될 것이다. '바탕'은 분석계(낮은 질량의 지방족 이온들)의 진공 펌프 오일이나 기체 크로마토그래피의 정지상(m/z 207, 281), 계에 축적된 프탈레이트 상용화제(m/z 149)와 같은 오염원으로부터 나타난다. 이들 신호의 확인에는 경험이 필요하다. 전자 이온화에 의한 분자 이온 피크의 세기는 보통 기준 피크의 5~20%보다 크지 않으며, 모든 이온에 대해서 1%보다 크게 나타나지 않을 수 있다.

2. M+1, M+2 등과 같은 동위 원소 피크의 세기는 제시한 화학식으로부터 구한 결과와 일치해야 한다(보충 22-2).
3. 가장 질량이 큰 토막 이온의 피크는 $M^{+\bullet}$로부터 예상되는 질량 손실과 일치해야 한다. 3~14 또는 21~25 Da 범위에서의 질량 손실은 거의 나타나지 않는다. 주된 질량 손실은 15 (CH_3), 17 (OH 또는 NH_3), 18 (H_2O), 29 (C_2H_5), 31 (OCH_3), 43 Da (CH_3CO 또는 C_3H_7) 등이다. 만약 $M^{+\bullet}$가 m/z 150이라고 예측되는데, m/z 145에서 유의성 있는 피크가 나타났다면 5 Da의 질량 손실을 일으킬 가능성이 없기 때문에 m/z 150을 $M^{+\bullet}$에 대한 피크라고 단정하는 것은 잘못이다. 한편 이들 두 피크는 다른 화합물로부터 생성된 이온에 의해서 나타난 것이거나, 질량이 150 Da보다 큰 한 화합물에 의한 것으로 생각할 수 있다.
4. 만약 토막 이온이 어떤 원소 X의 세 개 원자를 포함하고 있는 것으로 확인하였다면, 분자 이온은 적어도 세 개의 X 원자를 포함하고 있다. 어떤 토막 이온도 분자 이온이 포함하는 것보다 더 많은 원소의 원자를 포함할 수는 없다.

m/z 86에 나타난 작은 피크는 $M^{+\bullet}$로부터 14 Da의 질량 손실에 의한 것이 아니다. 이것은 ^{13}C를 함유하므로 나타나는 *m/z* 85의 동위 원소 피크이다.

그림 22-15의 두 스펙트럼에서, '의미 있는' 세기로 나타난 가장 큰 m/z의 피크는 m/z 100이다. 다음으로 의미있는 세기를 가지는 피크는 m/z 85로서, 이것은 15 Da(아마도 CH_3)의 질량 손실이 일어난 것이다. m/z 85와 100에서 나타난 피크는 $M^{+\bullet}$이 m/z 100이라는 사실과 잘 일치한다. 만약 $M^{+\bullet}$의 질량이 짝수라면, 질소 규칙에 따라 분자에는 홀수의 질소 원자를 포함하지 않는다.

Cl, Br, Si, S 원소에 의한 M+1, M+2, M+3 피크라는 증거가 없음을 알 수 있다.

도전 만약 분자에 Cl, Br, Si, S 원자가 한 개씩 포함되어 있다면, M+2와 M+3 피크의 세기는 얼마인가?

답: Cl: M+2에서 0.32 M,
Br: M+2에서 0.97 M,
Si: M+2에서 0.034 M,
S: M+2에서 0.045 M

두 스펙트럼에서 M+1 피크는 단지 한 자리의 유효 자리수로 측정되었고, 그 세기는 $M^{+\bullet}$ 피크 세기의 약 6% 정도이다. M+1의 세기로부터 C 원자의 수를 추정할 수 있다.

$$\text{C 원자의 수} = \frac{(M+1)/M^{+\bullet}\ \text{세기의 측정값}}{\text{탄소 원자당 동위 원소 분포}} = \frac{6\%}{1.08\%} = 5_{.6} \approx 6$$

만약 6개의 C 원자를 포함하고 있으나 N 원자가 없을 경우, 가능한 화학적 조성은 $C_6H_{12}O$이다. 따라서 예상되는 M+1 피크의 세기는 표 22-1에서,

$$\text{세기} = \underbrace{6 \times 1.08\%}_{^{13}C} + \underbrace{12 \times 0.012\%}_{^{2}H} + \underbrace{1 \times 0.038\%}_{^{17}O} = M^{+\bullet}\text{의 } 6.7\%$$

$$R + DB = c - h/2 + n/2 + 1 = 6 - 12/2 + 0 + 1 = 1$$

6%인 M+1의 측정 세기는 계산값 6.7%와 실험 오차 범위 이내이므로, $C_6H_{12}O$는 실험 자료와 비교적 잘 일치한다. $C_6H_{12}O$ 분자는 한 개의 고리 또는 이중 결합을 가지고 있어야 한다.

토막 패턴의 해석

그림 22-15에서 2-헥산온 분자 이온이 어떻게 여러 개의 피크를 나타낼 수 있도록 쪼개질 수 있는지 생각해 보자. 그림 22-16에서 반응 A와 B는 $M^{+\bullet}$가 가장 낮은 이온화 에너지를 갖는 산소 원자로부터 비결합 전자를 잃어 생성되었다는 것을 보여 준다. 반응 A에서, C=O에 인접한 C—C 결합은 한 개의 전자를 각 C 원자에 주고 결합이 끊어진다. 생성물은 중성 뷰틸기($^{\bullet}C_4H_9$)와 $CH_3CO^{+\bullet}$이다. 그중에서 이온만이 질량 분석계에서 m/z 43의 기준 피크로 검출된다. 반응 B에서 C—C 결합이 깨짐으로 인해 m/z 85인 이온이 생성되는데, 이것은 분자 이온으로부터 $^{\bullet}CH_3$가 떨어져 나간 것과 잘 일치한다. 질량 스펙트럼에서 다른 두 개의 큰 피크는 C_4—C_5 결합이 분해되어 $CH_3CH_2^+$(m/z 29)와 $^+CH_2CH_2COCH_3$(m/z 71)을 형성한 결과이다. 질소 규칙은 C, H, 할로젠, O, S, Si, P와 짝수 개의 N(O와 같은)을 포함하는 분자의 질량이 짝수라는 것을 말해 준다. 중성 분자에서 한 개의 H 원자를 잃는 토막 이온의 질량은 홀수이다.

m/z 58에서 나타난 두 번째 큰 피크에 대해서 아직 설명하지 않았다. 이 피크의 질량은 특이하게도 **짝수**이다. 분자 이온의 질량도 짝수(100 Da)이다. 그러나 $CH_3CH_2^{\bullet}$와 같은 토막 라디칼의 질량은 **홀수**이다. 지금까지 논의한 모든 토막 이온의 질량은 홀수였다. m/z 58의 피크는 질량이 42 Da로서 짝수인 **중성**(neutral) 분자를 잃으므로 얻어진 결과이다.

그림 22-16의 반응 D는 질량이 짝수인 중성 분자가 떨어져 나가는 잘 알려진 이동 반응을 보여 주고 있다. γ 탄소 원자에 H 원자를 포함하는 케톤에서 H 원자는 O^+ 쪽으로 이동할 수 있다. 동시에 부수적으로 C_α—C_β 결합이 분해되고 프로펜 중성 분자($CH_3CH{=}CH_2$, 42 Da)를 잃는다. 그 결과 생성된 이온의 질량은 58 Da가 된다.

그림 22-15에 나타낸 스펙트럼을 보면, 한 가지 $C_6H_{12}O$ 이성질체를 다른 것과 구별할 수 있다. 두 스펙트럼의 주요한 차이는 4-메틸-2-펜탄온에서는 나타나지 않고, 2-헥산온에서만 얻어지는 m/z 71 피크이다. m/z 71 피크는 $M^{+\bullet}$로부터 에틸 라디칼($CH_3CH_2^{\bullet}$)이 떨어져 나간 결과이다. 에틸 라디칼은 2-헥산온의 5번과 6번 원자에 의한 것이다. 4-메틸-2-펜탄온으로부터 단순히 에틸 라디칼이 분해되는 경로는 존재하지 않는다. 보조단에 나타낸 그림은 어떻게 4-메틸-2-펜탄온 분자의 결합이 깨어져 m/z 15, 85, 43, 57에서 피크가 나타나는가를 보여 주고 있다. 그림 22-16의 밑에 나타낸 이동 반응은 m/z 58 피크가 나타나는 것을 설명해 준다.

m/z 15, 85, 43, 57 피크가 얻어지는 4-메틸-2-펜탄온 결합의 분해

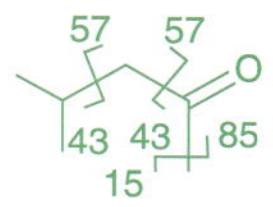

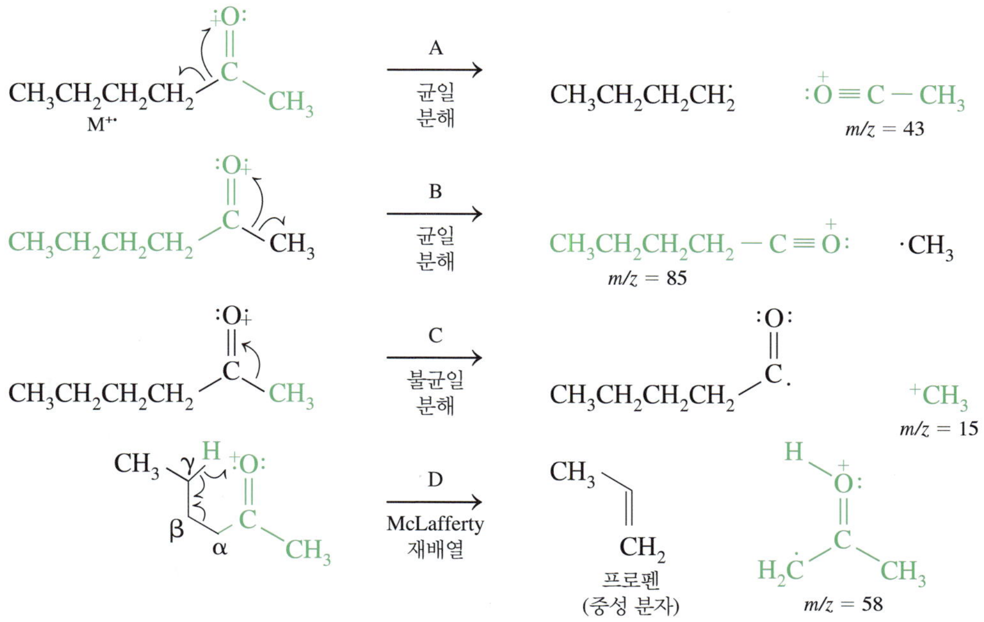

그림 22-16 2-헥산온 분자 이온의 네 가지 가능한 토막 반응 경로

반쪽 화살표는 한 개 전자의 이동
온 화살표는 두 개 전자의 이동

결합 파괴의 형태:

- **균일 분해(homolytic cleavage):** 각각의 토막 이온에 한 개의 전자가 남음.
- **불균일 분해(heterolytic cleavage):** 한 토막 이온에 두 개의 전자가 모두 남음.

일반적으로 가장 세기가 큰 피크는 가장 안정한 토막 이온에 해당된다.

도전 어떻게 m/z 58이 나타나는가를 보여 주는 그림 22-11의 반응 D와 같은 전이 반응을 예로 들어라.

그림 22-15에 나타낸 그 밖의 주요 피크들은 $CH_2{=}C{=}O^{+\bullet}$(m/z 42), $C_3H_5^+$(m/z 41), $C_3H_3^+$(m/z 39), $C_2H_5^+$ 또는 $HC{\equiv}O^+$(m/z 29), $C_2H_3^+$(m/z 27)에 의한 것이라고 생각된다. 작은 피크들이 대부분의 질량 스펙트럼에서 흔히 나타나며, 이것들은 구조 결정에 크게 유용하지 않다.

분자 구조를 규명하기 위한 질량 스펙트럼의 해석은 질량 분석의 중요한 응용분야이다.[19] 토막 반응 패턴은 또한 탄수화물이나 단백질 같은 비교적 큰 생물학적 분자의 구조를 해석할 수 있다.

22-3 질량 분석계의 종류

이 절에서는 몇 가지 일반적인 유형의 질량 분석계와 그러한 분석계에 사용되는 몇 가지 검출기에 대해서 설명할 것이다.

투과형 사중 극자 질량 분석계

투과형 사중 극자 질량 분석계(transmission quadrupole mass spectrometer)는 **사중 극자 질량 필터**(quadrupole mass filter)라고도 불리며, 상대적으로 간단하고 저렴한 질량 스펙트럼 검출기로써 기체 및 액체 크로마토그래피에 사용된다.[20] 그림 22-17에서 보여 주는 투과형 사중 극자 질량 분석계는 열린 관 기체 크로마토그래피의 칼럼과 연결되어 각 성분이 용리될 때 이들의 다중 스펙트럼을 기록한다. 칼럼에서 나온 기체는 전자 이온원(그림 22-5 참조)으로 들어가는데, 전자 이온원은 고속 터보 분자 또는 기름 확산 펌프에 의해 10^{-9} bar 정도의 압력을 유지하도록 배기시켜야 한다. 이온들은 사중 극자 질량 필터에 들어가기 전에 5~15 V의 전위로 가속된다. 이는 그림 22-2에 나타난 비행 시간형 질량 분석계의 가속 전위차 20 kV와 대조된다. 사중 극자 질량 필터의 낮은 가속 전압은, 이온이 필터를 통과할 때 그림 22-17의 궤적에서 여러 진동을 경험할 수 있을만큼 충분히 작은 속도를 제공한다.

사중 극자는 일정한 전위와 고주파 진동 전위가 걸린 네 개의 평행한 쌍곡선이나 원통 모양의 금속 막대로 이루어진다. 전기장은 이온들이 이온화실에서 검출기 쪽으로 이동할 때 복잡한 비행 궤도로 굽어지게 하고, 또한 특정한 질량 대 전하 비(m/z)를 갖는 이온들만이 검출기에 도달하게 한다. 다른 비공명 이온들은 실린더에 부딪혀 검출기에 도달하기 전에 사라지게 된다. 전압 조절을 신속히 함으로써 질량이 다른 이온들이 검출기에 선택적으로 도달

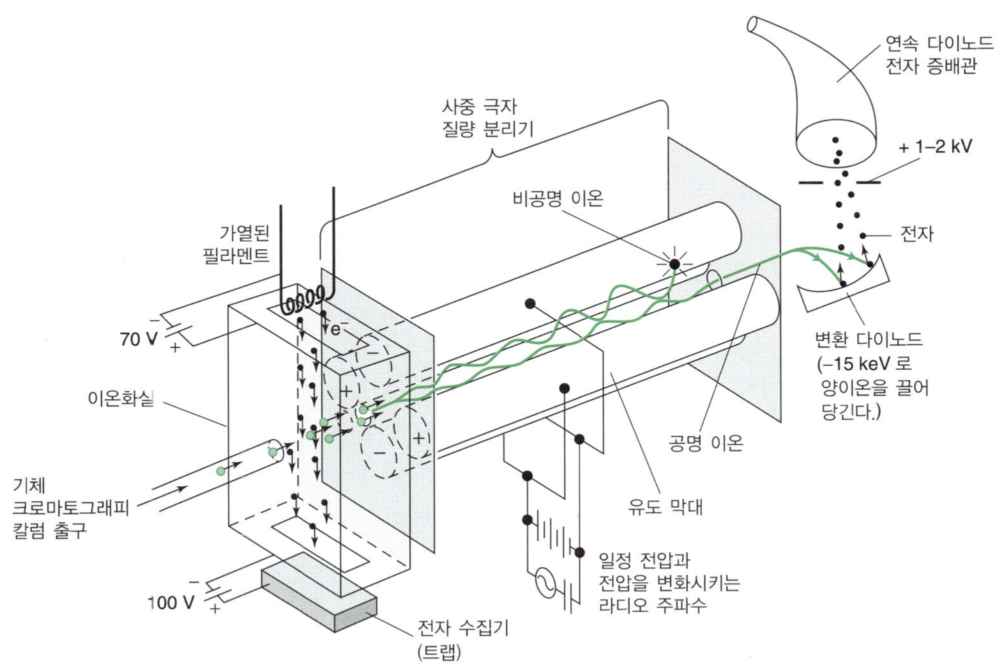

그림 22-17 사중 극자 질량 분석계. 이상적으로 네 개의 막대는 서로 마주 보는 표면 위에 쌍곡선의 교차 지점을 가지고 있다.

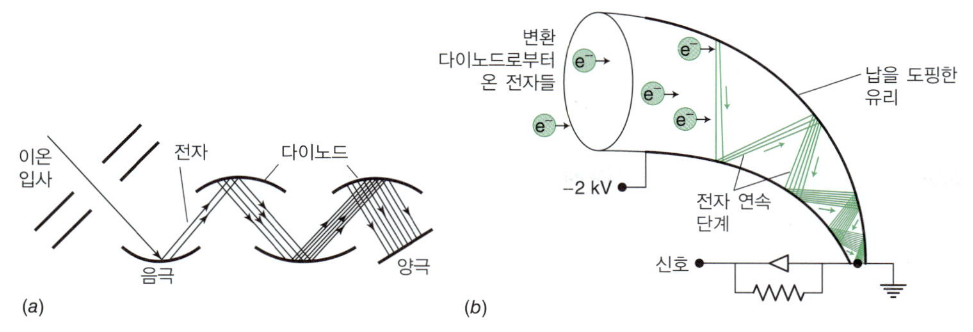

그림 22-18 (a) 불연속 다이노드 전자 증배관은 그림 20-16의 광전자 증배관과 유사하며, 신호 증폭을 위한 12~18개의 다이노드를 가질 수 있다. 입사된 전자 각각에 대해 약 10^6~10^8개의 전자가 양극에 도달한다. (b) Channeltron®이라고 하는 연속 다이노드 전자 증배관. 각 입사 나팔관 맨 끝에서 약 10^6~10^8개로 증폭된다. [출처: J. T. Watson and O. D. Sparkman, *Introduction to Mass Spectrometry*, 4th ed. (Chichester: Wiley, 2007).]

하게 된다. 투과형 사중 극자 질량 분석계는 1 500~3 000 m/z 단위의 넓은 범위에서 초당 2~8개 스펙트럼을 기록할 수 있을 정도로 빠르게 주사(scan)된다. 그것들은 m/z 0.3에 의해 분리된 피크를 분해할 수 있다.

투과형 사중 극자 및 후술한 사중 극자 필드를 사용하는 다른 질량 분석계들은 일반적으로 전체 m/z 범위에서 동일하게 $m/z = 1$인 인접한 피크를 구분할 수 있다. 즉, 투과형 사중 극자는 **단위 분별능**(unit resolution)을 가진다고 할 수 있다. m/z 500인 이온과 501인 이온은 m/z 100인 이온과 101인 이온에서와 같은 정도로 분리된다. 식 22-4에 의한 분리 능력 $(m/z)/\Delta(m/z)$는 m/z 100에서 100이고, m/z 500에서 500이다. $\Delta(m/z) = 1$ 이하인 이온들은 분리되지 않는다. 이와 대조적으로, 비행 시간형 질량 분석계는 **일정 분리 능력**(constant resolving power)으로 작동한다. m/z가 증가하면 인접하게 위치하여 분리되어야 할 m/z 값을 가지는 이온 사이에 필요한 $\Delta(m/z)$ 값 역시 증가한다.

질량 분석법의 검출기

그림 22-18a의 **불연속 다이노드 전자 증배관**(discrete dynode electron multiplier) 검출기[21]에서는 광전자 증배관이 광자에 의해서 단계적으로 전자를 방출하는 것처럼 검출기에 도달하는 이온에 의해서 단계적으로 전자를 방출한다(그림 20-16 참조). 일련의 다이노드들은 전자들이 전류가 측정되는 양극에 도달되기 전까지 약 10^6~10^8배 정도로 전자수를 증폭시킨다. 질량 스펙트럼은 검출기의 감응을 자기장에 의해 선택된 m/z의 함수로 보여준다. 일부 검출기는 디지털 모드로 운용되는데, 이 검출기의 하나의 카운트는 검출기에 도달하는 하나의 이온에 해당한다. 검출기 대부분은 검출기에 도달하는 이온의 속도에 비례하는 아날로그 신호를 나타낸다. 질량 분석계는 이온 형성과 검출이 이루어지는 부분에 전압을 반대로 주어 음이온을 측정할 수 있다.

불연속 다이노드 검출기 대신 사용하는, 변환 다이노드에 뒤따르는 연속 다이노드 전자 증배관을 그림 22-17에 나타냈다. 변환 다이노드는 사중 극자 질량 분리기 및 사중 극자 이온 트랩과 함께 사용된다. 다이노드의 전위는 양이온(−15 kV) 또는 음이온(+15 kV)을 끌어당기도록 설정된다. 다이노드에 부딪히는 이온은 다이노드에서 전자가 방출되도록 한다. 이 전자는 전자 증배관 쪽으로 끌린다. 변환 다이노드는 모든 이온이 검출기에서 유사한 전기적

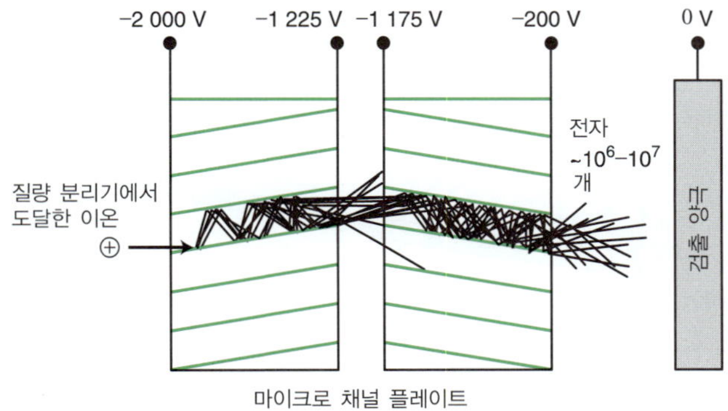

그림 22-19 비행 시간형 질량 분석계에서 사용되는 마이크로 채널 플레이트 검출기

반응을 생성하도록 한다. 그렇지 않으면 질량 스펙트럼은 다른 m/z의 이온이면 다른 반응을 생성하게 되는 **질량 차별**(mass discrimination)을 나타낼 수 있다.

변환 다이노드에 부딪히는 이온은 그림 22-18b에서 연속 다이노드 전자 증배관의 입구 쪽으로 가속되는 전자를 방출한다. 뿔 모양의 전자 증배관은 전기 저항성 납을 유리 벽에 도핑한 것으로 입구에는 −2 kV의 전위가 걸려있고, 좁은 끝에는 접지되어 있다. 전자가 입 근처의 전자 증배관 벽에 부딪히면, 여러 개의 전자가 방출되어 더 큰 양전위인 뿔 안으로 가속된다. 입사된 전자 한 개는 수차례 충돌을 반복하여 좁을 뿔 입구에서 약 10^6~10^8개의 전자로 증배된다. 변환 다이노드는 높은 전위로 이온을 끌어당긴다. 질량 분리기를 통과한 중성 분자와 광자는 직선 경로를 계속 유지하며 전자 증배관에 부딪히지 않는다.

그림 22-2의 비행 시간형 질량 분석계에 표시된 검출기는 한 쌍의 마이크로 채널 플레이트로 구성된다(그림 22-19). 이 2~5 cm 직경의 플레이트는 그림 22-18b의 연속 다이노드 전자 증배관에 사용되는 납 도핑 된 유리로 만든 2~5 μm 직경의 기공의 2차원 배열이라고 할 수 있다. 플레이트의 면에는 전도성 코팅이 되어있어 800 V 정도의 전위차가 면 사이에 작용할 수 있다. 각 전자가 채널 벽에 부딪히면 여러 전자가 방출되면서 오른쪽으로 가속된다. 두 플레이트 각각은 약 10^3~10^4의 이득을 제공하여 첫 번째 플레이트에 들어오는 모든 전자는 약 10^6~10^7개로 증배된 상태로 두 번째 플레이트의 오른쪽으로 방출된다. 두 플레이트의 기공은 각도가 오프셋되어있어 중성 또는 광자가 검출기 양극으로 곧바로 이동할 수 없다.

정전기 거울을 이용한 비행 시간형 질량 분석계

이온원에 매트릭스 보조 레이저 탈착/이온화를 이용한 선형 **비행 시간형 질량 분석계**(**time-of-flight mass spectrometer**)를 그림 22-2에 나타냈다.[22,23] 그림 22-20은 왼쪽 상단의 외부 이온원을 이용하였고, 오른쪽에는 **정전기 거울**(electrostatic mirror, "반사경")이 있다. 이온원은 왼편 맨 위쪽에 있다. 초당 약 3 000~20 000번의 5 000 V 전압을 반발판에 걸어 주어 오른쪽으로 이온들을 가속시킨 다음, 이온원으로부터 표류(drift) 지역으로 보낸다. 이 지역에서는 전기장이나 자기장이 걸리지 않으므로 더 이상 가속되지 않는다. 이상적으로, 모든 이온은 $\frac{1}{2}mv^2$의 같은 운동 에너지를 가지고, 속도는 식 22-1을 따른다. 여기서 m은 이온의 질량이고, v는 이온의 속도이다. 만약 운동 에너지가 같지만 질량이 다르면, **가벼운 이온은 무거운 이온의 경우보다 더 빨리 비행한다**. 그림 22-2에서, 비행 시간형 질량 분석계는 한쪽 끝에 이온원이 있고 다른 쪽 끝에 검출기가 있는 2 m의 길이의 진공관이다. 광원에서 방출

이상적으로, 이온원으로부터 나온 이온들의 운동 에너지는 zeV이다. 여기서 ze는 이온의 전하량이고, V는 반발판의 전압이다.

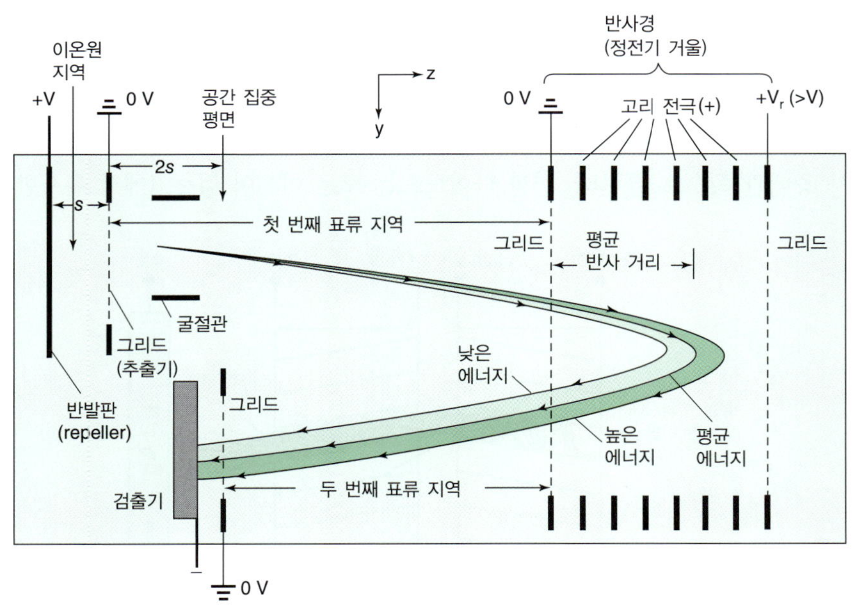

그림 22-20 비행 시간형 질량 분석계. 양이온은 주기적으로 반발판에 걸어준 전압 +V에 의해서 이온원 밖으로 가속된다. 가벼운 이온은 빠르게 비행하여, 무거운 이온보다 먼저 검출기에 도달한다.

된 이온은 질량이 증가하는 순서대로 검출기에 도달하는데, 가벼운 이온이 더 빨리 비행하기 때문이다.

그림 22-20은 분별능이 개선되도록 제작된 기기를 보여 주고 있다. 분별능의 주된 한계는 같은 m/z를 갖는 이온들이 모두 같은 운동 에너지를 가지고 이온원으로부터 빠져 나오지는 않는다는 것에 있다. 반발판 근처에서 형성된 이온들은 그리드(grid) 부근에서 형성된 이온들보다 높은 전압 차이로 가속된다. 그러므로 반발판 근처의 이온들은 더 큰 운동 에너지를 얻게 된다. 또한 이온들 사이에는 가속 전압을 걸어주지 않더라도 약간 다른 운동 에너지 분포를 나타낸다. 평균 운동 에너지보다 더 큰 무거운 이온들은 평균 에너지보다 작은 가벼운 이온들과 동시에 검출기에 도달한다.

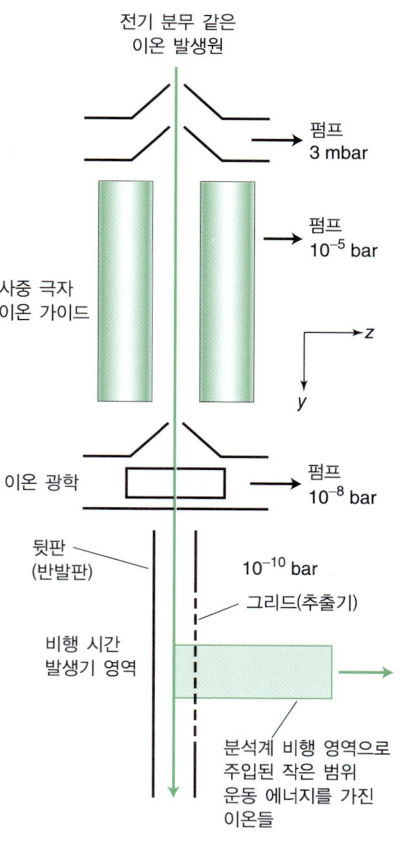

그림 22-21 비행 시간형 질량 분석계로의 이온의 수직 주입(orthogonal injection). 이온 옵틱스, 사중 극자 이온 가이드, 이온 발생기가 그림 22-16에 있는 스펙트로미터의 왼쪽 상단에 부착되어 있다. [출처: I. V. Chernushevich, W. Ens, and K. G. Standing, "Orthogonal Injection TOFMS," *Anal. Chem.* **1999**, *71*, 452A.]

다른 시간과 속도로 이온원으로부터 나오는, 같은 m/z를 갖는 두 개의 이온을 생각해 보자. 그리드 근처에서 형성된 이온들은 운동 에너지가 작지만 먼저 방출된다. 반면 반발판 부근에서 형성된 이온들은 운동 에너지가 크지만 나중에 방출된다. 결국 빠른 이온들은 그리드로부터 $2s$ 거리(여기서 s는 반발판과 그리드 사이의 거리임)에 있는 **공간 집중 평면**(space focus plane)에서 가벼운 이온들을 추월하게 된다. 이것은 주어진 일정한 질량의 모든 이온은 동시에 공간 집중 평면에 도달한다는 것을 설명해 준다. 공간 집중 평면을 지난 이온은 다시 분산되어 빠른 이온들이 느린 이온들을 추월한다. 적절한 조치를 취하지 않으면, 검출기에 도달하는 이온들은 바람직하지 않게 시간에 따라 분산되고, 그 결과 분별능이 낮아지게 될 것이다. 한동위 원소 이온에 대한 질량 스펙트럼 피크의 너비는 해당 이온의 에너지 분산 때문이다.

분별능을 개선하기 위해 이온들은 그림 22-20의 오른쪽에 있는 '반사경'에 의해서 방향을 바꾸게 된다. 반사 장치는 양전위가 점차적으로 증가하는 일련의 빈 금속 고리로 이루어져 있으며, 이온원의 반발판에 걸린 가속 전위보다 더 큰 양전위가 마지막 그리드에 걸린다. 또는 반사경은 그림 22-18의 연속 다이노드 전자 증배기와 같은 연속 저항성 납 유리관일 수 있다. 반사 지역에 들어간 이온들은 속도가 점점 느려져 정지되었다가 왼쪽으로 다시 반사된다. 반사 지역에 들어갔을 때 이온들의 운동 에너지가 클수록 방향을 바꾸기 전에 더 깊숙하게 침투된다. 반사된 이온들은 검출기 입구 쪽 그리드에 있는 새로운 공간 집중 평면에 도달한다. **그러므로 초기 운동 에너지의 차이에 무관하게 m/z가 같은 모든 이온은 동시에 그리드에 도달한다.**

분리 능력을 50 000 정도로 높일 수 있으며, m/z의 정확도는 약 2 ppm이 된다. m/z 500에서 2 ppm 정확도는 $(500)(2 \times 10^{-6}) = 0.001$ m/z이다. 비행 시간형 분석계의 또 다른 장점은 빠른 검출 속도(10^2~10^4 스펙트럼/초)와 매우 높은 질량($m/z \approx 10^6$)까지도 측정이 가능하다는 것이다. 그러나 비행 시간형 질량 분석계는 투과형 사중 극자의 경우보다 더 낮은 작동 압력(10^{-7} bar vs 10^{-9} bar)이 필요한데, 표류 거리가 더 길고 이온이 바탕 기체와 충돌할 수 없기 때문이다.

비행 시간형 질량 분석계에서 분별능을 제한하는 인자는, 그림 22-20의 왼쪽 상단에 있는 이온 생성 영역에서 방출되는 이온이 일정 범위의 운동 에너지를 가진다는 것이다. 따라서 m/z가 같은 이온도 검출기에 일정한 범위의 시간에 도달하여 결국 폭이 넓은 피크를 생성한다. 그림 22-21에 보여준 이온의 **수직 주입**(orthogonal injection)은 운동 에너지 분포를 줄여 검출기에 도달하는 피크의 너비를 줄인다. 반사경은 심지어 수직 주입보다도 분별능 향상에 있어서 효과적이므로, 두 방법 모두 일반적으로 사용된다.

전기 분무(22-4절)와 같은 이온 발생기에서 나오는 이온은 그림 22-21의 사중 극자 **이온 가이드**(*i*on guide, 수직 가속)를 통과하면서 넓은 범위의 m/z 이온이 y축을 따라 통과하는 반면, z 방향과 x 방향으로는 모여 있다. 사중 극자는 그림 22-17의 투과 사중 극자 질량 분리기와 같고, 다만 라디오파 진동수의 교류 전압(일정 전압은 걸지 않고)만 극자에 걸어 준다. 라디오 진동수 모드에서만 작동하는 사중 극자(육중 극자 또는 팔중 극자)를 이온 가이드

W. Paul은 Bonn 대학에서 1950년대에 사중 극자 전기장으로 이온 움직임을 조절할 수 있음을 보여 주었다. 그는 1989년에 노벨 물리학상을 받았다.

라 부르는데, 이는 이온을 한쪽에서 다른 쪽으로 효과적으로 이동시키기 때문이다. 중성 분자들은 극자 사이로 도망가거나 진동으로 뽑아낼 수 있다. 이온 가이드는 파이프로 고압 영역에서 저압 영역으로 이온을 가이드해 주면서 중성 분자를 제거해 준다. 이온 가이드 속에서 바탕 기체와 이온이 충돌하여 운동 에너지 분포를 거의 열의 값(thermal value)으로 낮출 수 있다. 그림 22-21에 있는 작은 오리피스, 사중 극자 이온 가이드, 그리고 이온 옵틱스는 좁은 에너지 분포를 가진 좁은 이온살을 생성한다. 비행 시간형 이온 발생기의 뒤판에 전압 펄스를 주기적으로 걸어주면 좁은 영역의 운동 에너지를 가진 이온을 스펙트로미터의 이동 영역으로 배출할 수 있다.

선형 사중 극자 이온 트랩 질량 분석계

몇몇 앞선 디자인의 이온 트랩과 비교하자면, 그림 22-22의 **선형 사중 극자 이온 트랩(linear quadrupole ion trap)** 질량 분석계는 트랩 효율은 10배 더 높고, 저장 용량은 30배가 더 크다. 그림 22-17의 사중 극자 질량 필터는 특정 m/z 이온을 선택적으로 필터를 통과시키는데 직류 전압과 라디오파 전압을 사용한다. 그림 22-22의 선형 사중 극자 이온 트랩은 사중 극자 끝마다 전위 우물(potential well)을 만들기 위해 부속을 달았다. 끝부분의 전위가 중심 부분에 비해 충분히 양전위를 띠면, 양이온들은 중심 부분으로 고이게(trap) 된다. 이온들은 (xy 평면의) 가운데로 걸어준 라디오파 전장에 의해 중심으로 모이게 된다. 전압을 조절함으로써 특정 m/z 값의 이온은 x 방향의 슬릿이나 검출기가 한 개 또는 여러 개 있는 z 방향으로 나가게 된다.

선형 사중 극자 이온 트랩은 스펙트럼의 스캔 속도와 분별능을 서로 맞바꿀 수 있지만, 이들은 보통 초당 11 000 m/z 스캔 속도에서 1 단위 분별능을 가진다. 속도를 초당 27 m/z로 낮출 경우 0.05 m/z 분별능을 얻을 수 있다.

오비트랩 질량 분석계

오비트랩 질량 분석계(orbitrap mass spectrometer)는 자기장이나 라디오파 전장을 필요로 하지 않는 고분별능 질량 분석계이다. 오비트랩은 분리 능력이 약 140 000~480 000 m/z(그림 22-23), 외부 표준 물질 교정으로 정확도 0.5~3 ppm m/z, 측정 상한 6 000 m/z, 정량 범위 수천이 된다. 내부 교정 표준 물질로 m/z ppm 이하 정확도를 얻을 수 있다. 그림 22-24는 m/z 차이가 단지 0.003에 불과한 화학종을 구별하는 능력에 대한 분리 능력의 영향을 보여준다.

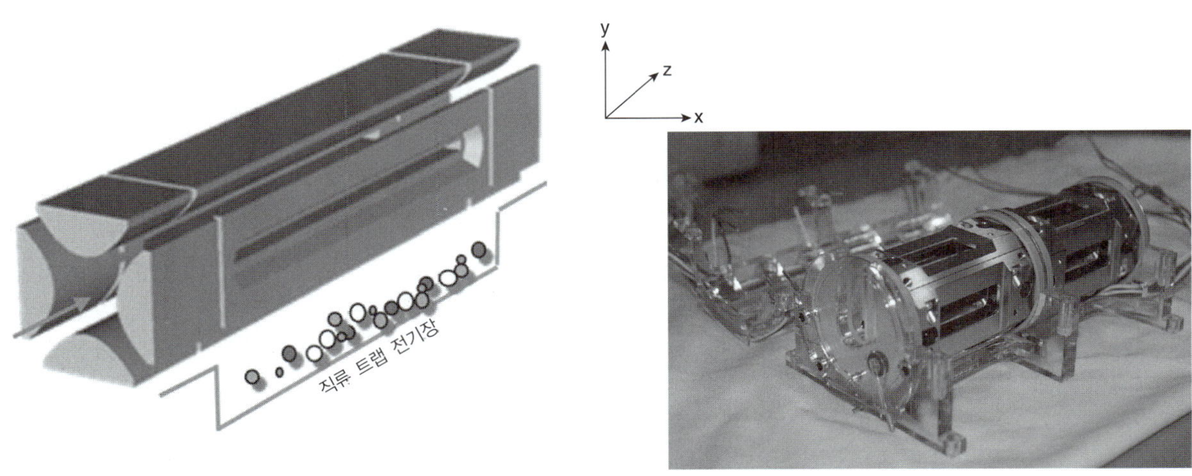

그림 22-22 (*a*) 선형 이온 트랩 [출처: Z.Ouyang, G. Wu, Y. Song, H. Li, W. R. Plass, and R. G. Cooks, "Rectilinear Ion Trap: Calculations, and Analytical Performance of a New Mass Analyzer," *Anal. Chem.* **2004**, *76*, 4595. Reprinted with permission © 2004, American Chemical Society.] (*b*) 이중 선형 이온 트랩 사진 [출처: M Kotl/CC BY_SA(https://creative commons.org/licen ses/BY/3.0)]

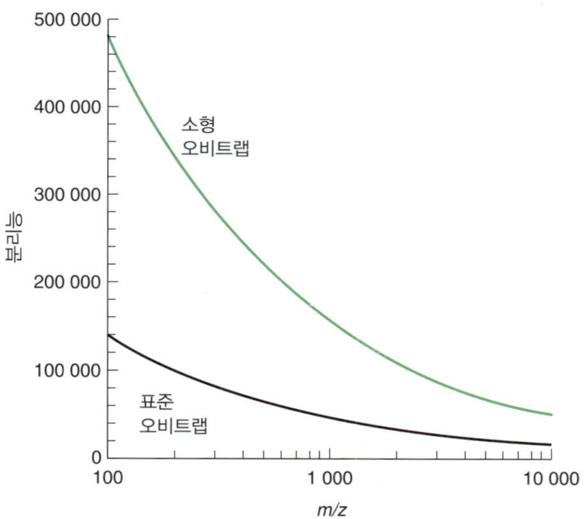

그림 22-23 0.76초 스캔 시간의 오비트랩 분리능($m/m_{1/2}$). 분리능은 $\sqrt{m/z}$에 비례하여 감소하고 스캔 시간에 비례하여 증가한다. 스캔 시간을 늘리면 분리능을 높일 수 있으나 스캔 시간은 ~**3**초가 실제 한계이다. [출처: R. A. Zubarev and A. Makarov, "Orbitrap Mass Spectrometry," *Anal. Chem.* **2013**, *85*, 5288.]

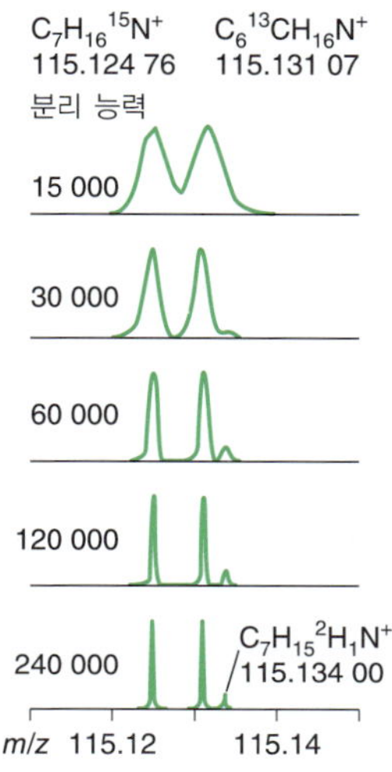

그림 22-24 오비트랩의 분별능이 그림 22-38의 항목과 관련된 가까운 간격의 한동위 원소 탠덤 질량 태그를 분별하는 능력에 미치는 영향 [출처: D. C. Frost, T. Greer, and L. Li, "High-Resolution Enabled 12-Plex DiLeu Isobaric Tags for Quantitative Proteomics, *Anal. Chem.* **2015**, *87*, 1646.]

그림 22-25a의 단면도는 기계로 정밀하게 가공한 전극의 중심과 끝부분을 보여 준다. 중심 전극은 −5 kV, 두 바깥 전극(그림 22-25b)은 접지 전위에 가깝고 서로 분리되어 있다. 그림 22-25b는 오비트랩 중심에 가까운 대칭축(z)에 수직이나 중심에서 멀어지면서 오비트랩 중심을 향하게 각도가 증가하는 전기장 벡터를 보여 준다.

한 이온 덩어리가 그림 22-25b 지면의 수직 방향으로 표시된 점에 주입되었다. 전기장이 이온들을 그림 22-25c의 오비트랩 중심을 향하는 궤도 속으로 밀어 넣는다. 초기 운동량은 이온을 오비트랩의 오른쪽에서 왼쪽으로 전기장 세기가 충분히 커서 이온을 다시 오른쪽으로 밀어 줄 때까지 이동시킨다. 이온이 오른쪽으로 너무 많이 움직이면 다시 왼쪽으로 밀린다. 이온들이 다른 분자와 충돌할 때까지 중심 전극 주위를 계속 돈다. 궤도 운동이 충분히 오랫동안 지속되기 위해서는 모든 질량 분석계 중 가장 높은 진공 평균 자유 행로 100 km, 약 10^{-13} bar가 필요하다. 오비트랩 좌우 반쪽 사이의 이온 진동의 진동수는 $1/\sqrt{m/z}$에 비례한다.

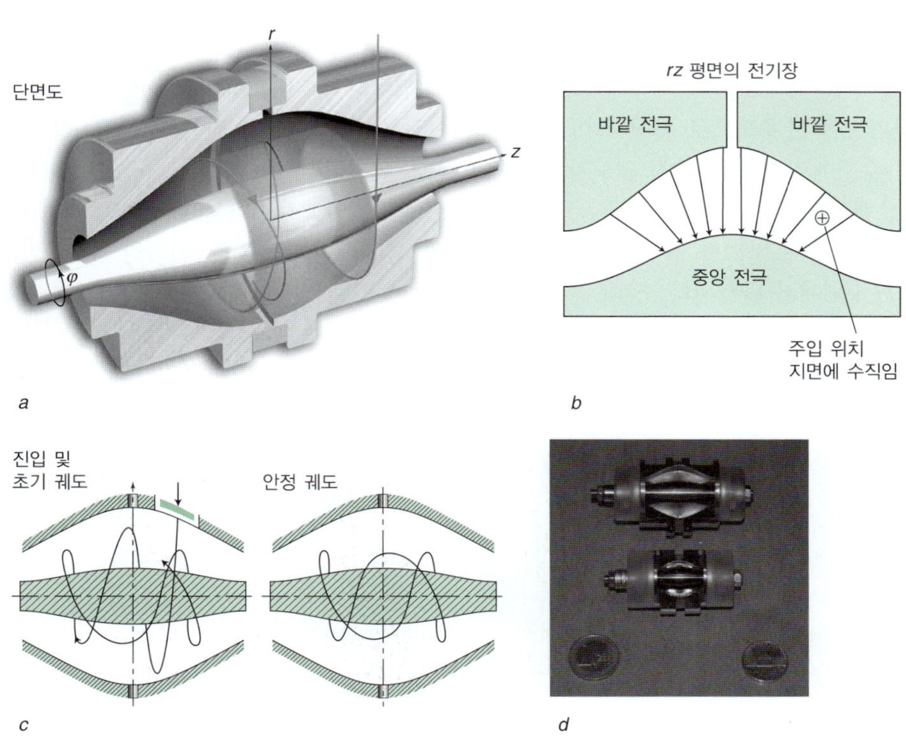

그림 22-25 (*a*) 오비트랩의 단면도, (*b*) 오비트랩 평면의 전기장, (*c*) 오비트랩에 들어온 이온의 초기 경로와 후속 안정 궤도 [출처: A. Makarov, "Electrostatic Axially Harmonic Orbital Trapping: A Hihg-Performance Technique of Mass Analyis," *Anal. Chem.* **2000**, *72*, 1156. Reprinted with permission © 2000, American Chemical Society.] (*d*) 바깥 보호막(sheath) 반쪽을 제거한 오비트랩 사진. 소형 오비트랩의 노출 부위의 해당 길이는 21 mm이다. [출처: Thermo Fisher Scientific(Bremen), CC BY_SA(https:creativecommons.org/licenses/by-Sa/3.0)]

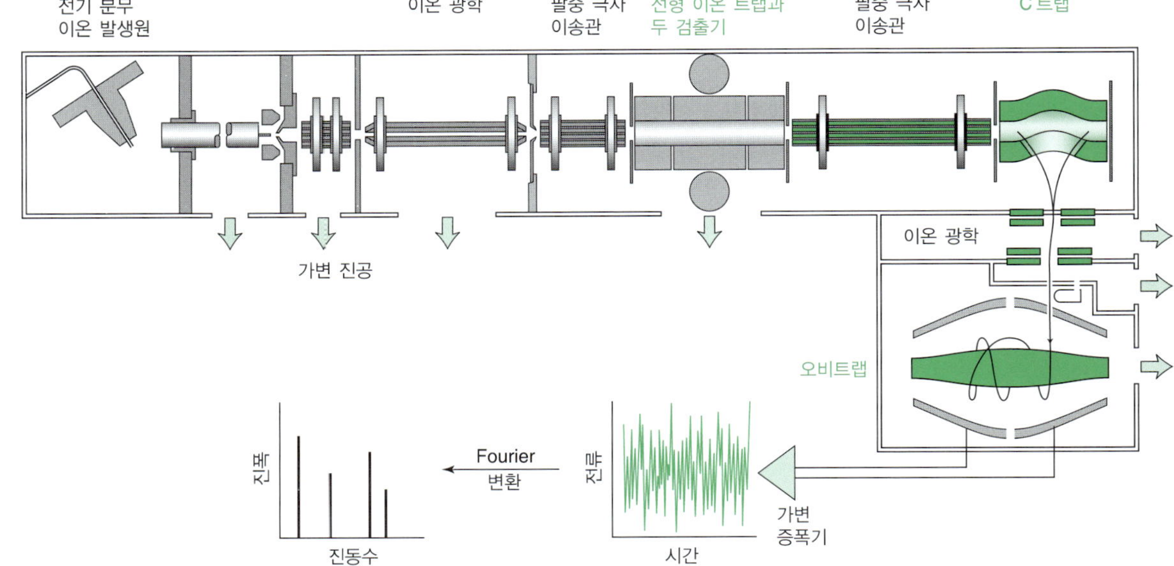

그림 22-26 이온 수집, 압축, 오비트랩으로 주입을 보여 주는 선형 이온 트랩과 C 트랩의 배열 [출처: A. Makarov, E. Denisov, A. Kholomeev, W. Balschun, O. Lange, K. Strupat, and S. Horning, "Performance Evaluation of a Hybrid Linear Ion Trap/Orbitrap Mass Spectrometer," *Anal. Chem.* **2006**, *78*, 2113.]

오비트랩의 반쪽 사이를 진동하는 이온은 바깥 전극에 **상 전하**(image charge)라고 하는 반대 전하를 유도한다. 오비트랩 오른쪽 반쪽에 있는 양이온 뭉치는 바깥 오른쪽 전극에 전자를 끌어 당긴다. 오비트랩 왼쪽 반쪽에 있는 양이온 뭉치는 바깥 왼쪽 전극에 전자를 끌어당긴다. 갈라진(두 개로 분리된) 바깥 전극 두 반쪽에 연결된 증폭기는 상전류를 측정한다. 오비트랩 속의 서로 다른 m/z 이온들은 서로 다른 진동수 전류를 만든다. 이 전류를 정해진 시간 동안(약 0.1~3초) 기록한 후, 컴퓨터를 이용해 Fourier 변환(20-5절)을 통해 각 진동수 전류(m/z 값)으로 분해한다.

이온들은 오비트랩 속의 작은 공간(주머니)에 주입해야 한다. 그림 22-26는 어떻게 하는지를 보여 준다. 전기 분무 발생원(22-4절)에서 나온 이온은 한 선형 사중 극자 이온 트랩에 축적된 후 하나의 배치(batch)로 C 트랩(10^6의 기본 전하량을 유지할 수 있는 휘어진 형태의 사중 극자)에 옮겨지고, 거기서 전기 역학적으로 작은 뭉치가 되게 쥐어 짠다(squeeze). 이 작은 뭉치는 이온 렌즈(광학)를 통해 오비트랩으로 주입된다. 약 0.1 ms 주입 기간에 오비트랩 내의 전기장을 단계적으로 높여서 이온들이 중앙 전극 주위를 돌게 만든다. 중앙 전극 전압이 일정 수준에 도달하여 안정 궤도가 형성되면 검출을 시작한다.

아이소토포로그(Isotopologue): 한 원소 또는 그 이상의 원소의 동위 원소가 다른 분자나 이온: $^{12}C_2H_4O$와 $^{12}C^{13}CH_4O$

아이소토포머(Isotopomer): 동위 원소 조성은 같고 위치가 다른 분자나 이온: $^{13}CH_3{}^{12}CH{=}O$와 $^{12}CH_3{}^{13}CH{=}O$

오비트랩은 높은 분별능과 m/z 정확도를 보여준다. 일례로, 명목 m/z 195에서 $C_8H_{11}N_4O_2^+$ 이온을 오비트랩 질량 분석계로 분석하면, 상대 존재비가 약 10%인 동위 원소 피크가 m/z 196에서 관찰된다. 상대 존재비가 약 0.05%인 두 번째 피크는 m/z 197에서 관측된다. m/z 197에서의 피크를 확대하면 아이소토포로그 $^{12}C_7{}^{13}C_1{}^1H_{11}{}^{14}N_3{}^{15}N_1{}^{16}O_2^+$, $^{12}C_8{}^1H_{11}{}^{14}N_4{}^{16}O_1{}^{18}O_1^+$, $^{12}C_6{}^{13}C_2{}^1H_{11}{}^{14}N_4{}^{16}O_2^+$, $^{12}C_7{}^{13}C_1{}^1H_{10}{}^2H_1{}^{14}N_4{}^{16}O_2^+$에 대한 피크도 각각 관찰할

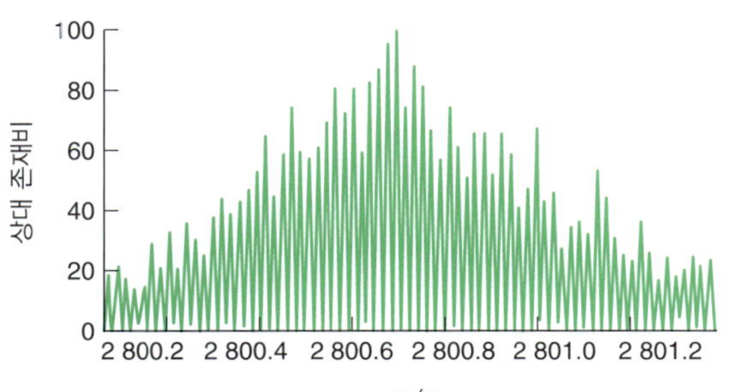

그림 22-27 고분별능 최적화 조건에서 3초에 걸쳐 얻은 전하 +53인 단백질의 오비트랩 질량 분석 스펙트럼의 일부분 [J. Shaw and J. S. Brodbelt, "Extending the Isotopically Resolved Mass Range of Orbitrap Mass Spectrometers," *Anal. Chem.* **2013**, *85*, 8313, Figure 4C. Reprinted with permission © 2013, American Chemical Society.]

수 있다. 이 피크들은 분리 능력 $(m/z)/(m/z)_{1/2}$은 1×10^6이고, 계산 질량과 실측 질량 간의 차이는 1.5 ppm 정도이다.

그림 22-27은 실제 전하가 +53인 148 kDa 단백질에 대한 오비트랩의 단위 질량의 분별능을 보여준다. 그림에는 스펙트럼의 일부만 표시되었다. m/z 2800.69 근처에 나타난 가장 큰 피크는 $53 \times 2\,800.69 = 148\,436.6$ Da 질량을 가진다. 인접 피크들은 1 Da만큼 질량을 달리하는 단백질의 아이소토포로그에 대한 것이다. $(m/z)/(m/z)_{1/2}$로 측정한 분리 능력은 m/z 2 800에서 3×10^5이 된다. 무거운 이온에 높은 감도를 가지도록 조정된 오비트랩은 전하량이 +222을 가지는 9.3-MDa의 온전한 바이러스의 질량도 측정할 수 있다(m/z ° 42 040, $(m/z)_{1/2} = 70$, 분리 능력 ° 600).[24]

양이온의 이론 질량에서 전자 한 개의 질량을 빼주는 것을 확인하라. ${}^{12}C_8{}^{1}H_{11}{}^{14}N_4{}^{16}O_1{}^{18}O_1{}^{+}$에 대해 이론적인 질량 = 197.091 90과 실측 질량 = 197. 091 62 Da. ppm 차이 = 10^6 (197.091 90 − 197.091 62)/197.091 90 = 1.4 ppm. 피크의 $w_{1/2}$은 0.000 17 Da이고, 분리능 = $m/m_{1/2}$ = (197.091 62)/(0.000 17) = 1.2×10^6

22-4 크로마토그래피-질량 분석법

질량 분석법은 크로마토그래피로 얻어진 분석물의 정성적, 정량적 정보를 제공하기 위하여 널리 사용된다. 질량 분석계는 대상 분석 물질에 대하여 선택성이 높다. 이러한 선택성은 시료 제조나 크로마토그래피로 혼합 물질의 구성 성분들을 쉽고 완전하게 분리하는 데 필요한 조건들을 줄여 줌으로써 신호 대 잡음 비를 향상시킨다. 기체 크로마토그래피와 질량 분광법의 결합은 어려웠지만, 액체 크로마토그래피와의 결합은 많은 혁신을 가지게 했고 지금도 발전하고 있다. 고압의 이동상이 필요한 크로마토그래피 요건과 m/z의 이온 분리를 위해 높은 진공을 필요로 하는 질량 분석계는 서로 결합이 어려울 수 있다. 그렇기 때문에 크로마토그래피의 입구로 질량 분석계를 사용하거나, 질량 분석계를 크로마토그래피의 검출기로 취급하기가 어렵다.

질량 분석계는 기체 또는 액체 크로마토그래피 칼럼에서 나오는 분석 물질의 좁은 밴드를 측정하기 위해서 초당 여러 번 질량 스펙트럼을 측정할 수 있어야 한다. 그림 22-17의 투과형 사중 극자와 그림 22-20과 22-21의 주입기가 있는 비행 시간형 질량 분석계, 그림 22-22의 사중 극자 이온 트랩, 그림 22-26의 오비트랩은 모두 크로마토그래피에 적합하게 빠른 속도로 작동한다. 크로마토그래피의 피크 너비가 1초 미만일 경우, 비행 시간형 질량 분석계나 오비트랩 질량 분석계는 초당 60~100개의 스펙트럼을 수집할 수 있다. 그러나 오비트랩의 분별능은 획득 속도가 증가함에 따라 낮아진다.

질량 분석법은 이온들을 분리하는 동안 분자 충돌을 막기 위해 높은 진공 상태를 유지해야 한다. 그러나 크로마토그래피는 근본적으로 높은 압력이 요구되는 기술이다. 따라서 두 기술을 접속하는 데 있어서 가장 큰 장애물은 크로마토그래프와 질량 분석계 사이에 있는 과잉의 물질을 제거하는 것이다. 기체 크로마토그래피는 용출되는 성분으로 인해 질량 분석계 진공 시스템의 펌핑 능력에 과부하가 걸리지 않도록 좁은 모세관 칼럼을 사용함으로써 이 문제를 효과적으로 개선할 수 있다. 모세관 칼럼은 그림 22-17에 나타낸 바와 같이, 가열 이동선을 통해 질량 분석계의 입구와 연결되어 있다.[25]

질량 분석법에 적합한 액체 크로마토그래피의 휘발성 완충제와 첨가물질은 NH_3, HCO_2H, CH_3CO_2H, CCl_3CO_2H, $(CH_3)_3N$, $(C_2H_5)_3N$ 등을 포함한다. 그러나 첨가제 농도 >20 mM와 계면 활성제 농도 >10 μM가 되는 것은 피해야 한다.

액체 크로마토그래피에서는 용매가 칼럼과 질량 분석계의 연결 장치에서 증발됨으로써 큰 부피의 기체가 생성된다.[26] 대부분 기체들은 이온들을 분리하기 전에 제거시켜야 된다. 크로마토그래피에서 흔히 사용하는 인산염 완충액과 같은 비휘발성 이동상 첨가제는 질량 분석법을 이용할 때에는 사용을 피해야 한다. **전기 분무 이온화**(electrospray ionitation)법과 **대기압 화학 이온화**(atmospheric pressure chemical ionization)법은 용리액을 액체 크로마토그래프로부터 질량 분석계로 주입하는 방법으로 널리 이용되고 있다.

전기 분무 이온화

전기 분무(electrospray)는 질량 분석을 위해 비휘발성의 열적으로 불안정한 분자들(예: 단백질)의 하전된 이온을 기체 상태로 방출시키는 하나의 방법이다. 그림 22-28에서 보여 주는 실험은 노즐로부터 나오는 지름이 16 μm인 아세톤 미세 방울들이 낙하하면서 +6 000 V의

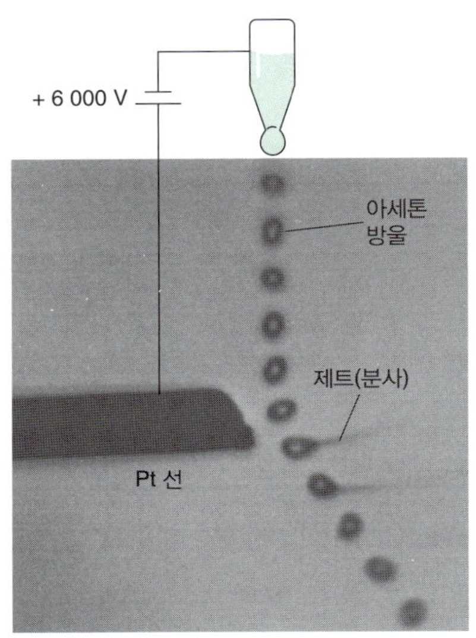

그림 22-28 +6 000 V가 걸려 있는 백금선 근처로 낙하되어 지나가는 미세한 액체 방울의 굴절과 분열(분사) [출처: D. B. Hager and N. J. Dovich, "Behavior of Microscopic Liquid Droplets Near a Strong Electrostatic Field: Droplet Electrospray," *Anal. Chem.* **1994**, *66*, 1593. Reprinted with permission © 2004, American Chemical Society. See also D.B.Hager, N.J.Dovichi, J. Klassen, and P. Kebarle, "Droplet Electrospray Mass Spectrometry." *Anal. Chem.* **1994**, *66*, 3944.]

J. B. Fenn은 전기 분무 이온화법으로 2002년에 노벨 화학상을 수상하였다.[28] Fenn은 단백질을 기체상으로 방출하면서 "우리는 코끼리를 날리는 법을 배웠다."고 말했다. K. Tanaka는 매트릭스 보조 레이저 탈착/이온화를 연구한 업적으로 공동 수상하였다.

화학자들은 질량 분석법 검출에 유용한 BH^+ 또는 A^-를 얻기 위하여 크로마토그래피 용매의 pH를 조절해야 한다.

전기 분무는 질량 스펙트럼에서 완충용액 이온들이 분석 물질 이온들의 스펙트럼을 덮어버리지 않도록 하기 위하여 낮은 이온 세기의 용매를 필요로 한다. 표면 장력이 낮은 유기 용매는 물보다 유용하다. 역상 크로마토그래피(25-1절 참조)에서 높은 분율의 유기 용매가 사용될 수 있도록 분석 물질을 강하게 머무르게 하는 정지상을 사용하는 것이 좋다. 전기 분무에서 액체의 흐름 속도는 0.05~0.4 mL/min이 가장 적당하다.

전하를 띠는 백금선 근처를 지나가는 모양이다. 전압은 백금선 주위에 백열의 전기 코로나 방전(전자와 양이온으로 구성된 플라스마)을 형성하지만 사진에서는 볼 수 없다. 방전 지역을 통과하는 미세 방울들은 양전하를 띠게 되고 백금선에 의해 반발되어 오른쪽으로 경로가 구부러지게 된다. 양전하를 띠는 미세 방울들이 백금선에 가까워지면, 이들이 양전하를 띠는 선으로부터 멀어지는 쪽으로 분사(jet)되는 미세 방울의 흐름을 볼 수 있다. 이 미세한 분무 속에 있는 작은 방울들은 급격히 증발한다. 이 액체가 단백질 수용액이라면, 물은 증발하고 전하를 띠는 기체 상태의 단백질 분자만 남게 된다.

그림 22-29a는 액체 크로마토그래피의 출구를 **전기 분무 이온화기(electrospray ionization)**[27]로 질량 분광기의 입구에 연결하는 단면을 보여준다. 전기 분무 이온화법은 크로마토그래피가 없는 질량 분석계에도 적용할 수 있다. 이 경우 분석 용액은 그림 22-29a에서 볼 수 있듯이 N_2 기체의 흐름과 같은 방향으로 펌프에 의해 강철제 모세관으로 흐르게 된다. 양이온 모드의 질량 분석계의 전기 분무 이온화 분무기는 0 V로, 분무실은 −3 500 V로 유지된다. 음이온 모드의 질량 분석계의 경우 반대의 전압을 적용한다. 분무기 주변의 강한 전기장과 N_2 기체의 흐름은 전하를 띤 미세한 에어로솔을 생성한다. 일반적으로 전기 분무 이온화는 극성 분자의 이온화에 사용된다.

항상 그런 것은 아니지만 대개, **에어로솔 방울로부터 기화되는 이온은 크로마토그래피 칼럼의 용액 중에 이미 이온으로 존재하고 있다.** 예를 들면 양성자가 첨가된 염기(BH^+)와 이온화된 산(A^-)들이 관찰될 수 있다. 여러 가지 다른 기체상 이온들은 분석 물질 M(중성 또는 전하를 띤)과 용액 중에 있는 안정된 이온 사이의 복잡한 형성 과정으로부터 생성될 수 있다. 예를 들면 다음과 같다.

MH^+ (질량 = M + 1)	$M(K^+)$ (질량 = M + 39)
$M(NH_4^+)$ (질량 = M + 18)	$M(HCO_2^-)$ (질량 = M + 45)
$M(Na^+)$ (질량 = M + 23)	$M(CH_3CO_2^-)$ (질량 = M + 59)

단백질 전기 분무에서는 $[M + nH]^{n+}$, $[M + nNa]^{n+}$, $[M + nNH_4]^{n+}$, $[M + nH + mNa + oK]^{m+n+o+}$와 같은 다중의 전하를 띤 이온이 흔히 나타난다. 전기 분무에서는 토막내기가 거의 일어나지 않는다.

에어로솔로부터 생성된 양이온들은 적어도 −4 500 V 이상의 음전위에 의해 유리 모세관 속으로 끌려 들어가 질량 분석계에 주입된다. 분무실에 대기 압력으로 기체를 흘려주면 이온들은 모세관을 통해 오른쪽 출구로 이동된다. 출구의 압력은 진공 펌프에 의해 약 3 mbar 정도로 낮춰져 있다.

그림 22-29b는 보다 자세한 이온화 과정을 보여 준다. 강철 분무기 모세관과 질량 분석계의 입구 사이에 걸어준 전압은 산화-환원 반응에 의해 액체가 과전하를 띠게 한다. 만약 분무기에 양전하가 걸리면 다음과 같은 산화 반응으로 액체 중에 양이온이 많이 생성된다.

$$Fe(s) \rightarrow Fe^{2+} + 2e^-$$

$$H_2O(l) \rightarrow \frac{1}{2}O_2 + 2H^+ + 2e^-$$

산화 반응으로 생성된 전자는 외부 회로를 따라 흐르고, 결국 질량 분석계 입구에 있는 기체 양이온을 중화시킨다. 분석 물질이 전기 분무 과정에서 생성되는 $HO^{\bullet}$와 같은 화학종과 반응할 가능성이 있다.[29]

모세관을 빠져나온 전하를 띤 액체는 원뿔형으로 되고, 그다음 미세한 액체 필라멘트를 형성하고, 마지막으로 미세한 방울의 분무 상태로 쪼개어진다(그림 22-29c와 그림 22-28). 미세 방울들은 과량의 전하 입자들 사이에 작용하는 반발력과 표면 장력에 의한 응집력이 같아질 때까지 용매의 증발로 인해 지름이 약 1 μm까지 수축된다. 이 점에서 미세 방울은 지름

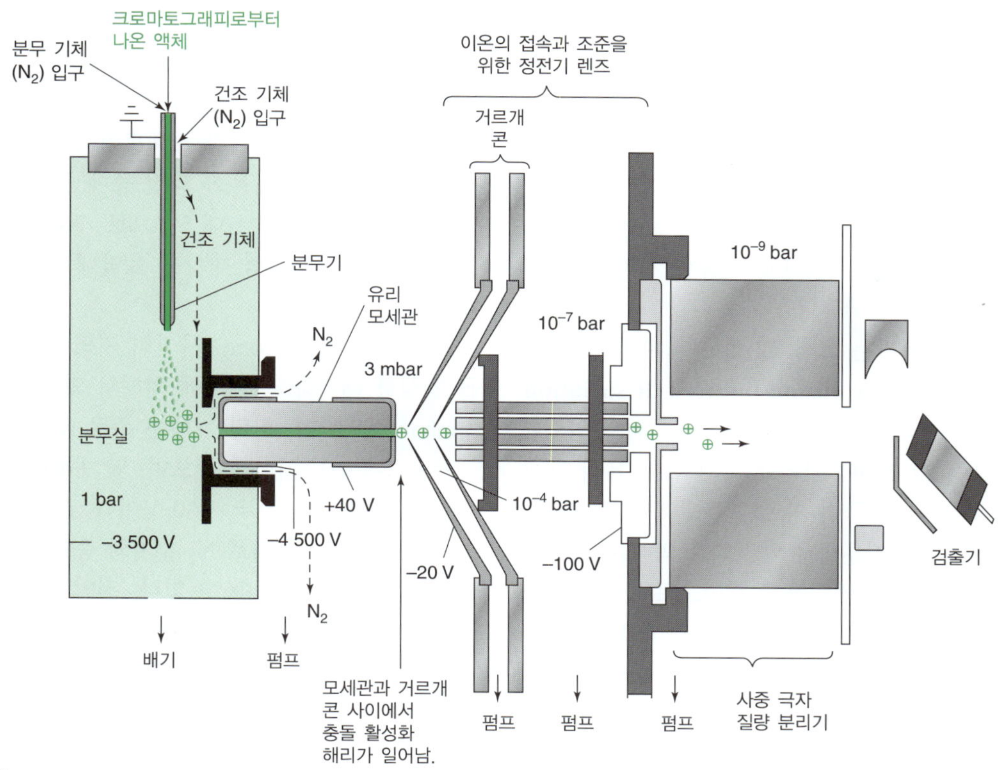

(*a*)

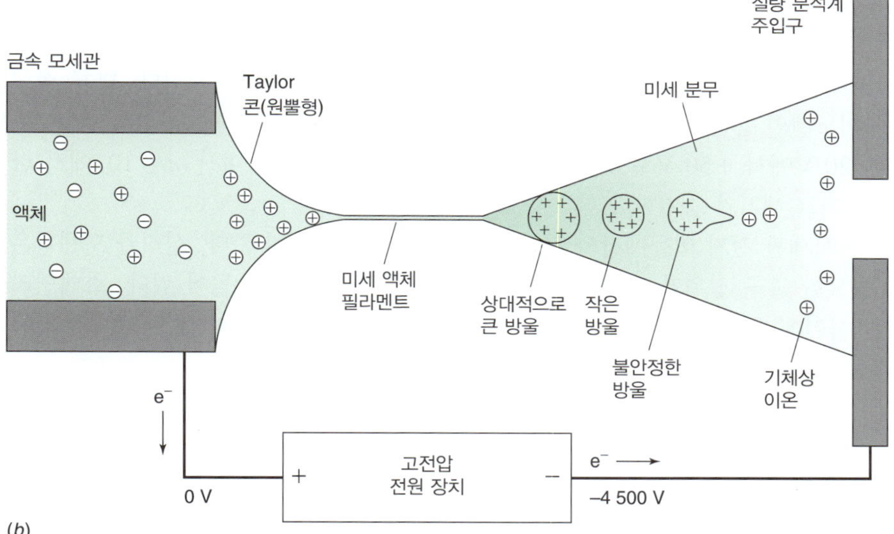

(*b*)

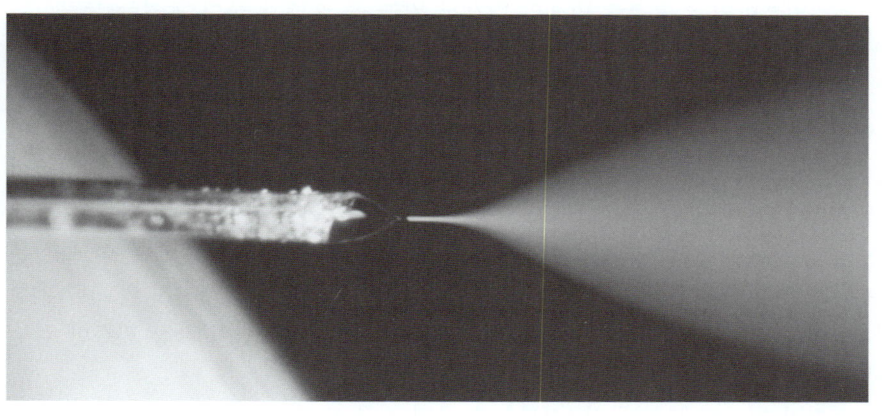

(*c*)

그림 22-29 (*a*) 질량 분석법의 기압 보조 전기 분무 연결 장치, (*b*) 기체상 이온 형성 [출처: E. C. Huang, T. Wachs, J. J. Conboy, and J. D. Henion, "Atmospheric Pressure Ionization Mass Spectrometry," *Anal. Chem.* **1990**, *62*, 713A and P. Kebarle and L. Tang, "From Ions in Solution to Ions in the Gas Phase," *Anal. Chem.* **1993**, *65*, 972A.] (*c*) 실리카 모세관으로부터의 전기 분무 [제공: R. D. Smith, Pacific Northwest Laboratory, Richland, WA.]

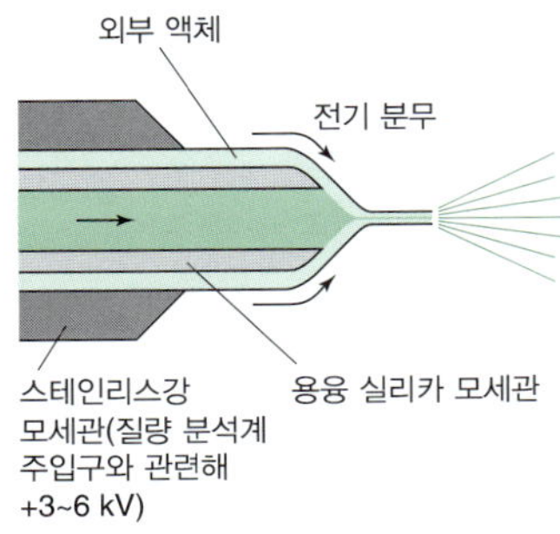

그림 22-30 모세관 전기 이동/질량 분석법의 전기 분무 연결 장치

아세트아미노펜의 충돌 유도 해리:

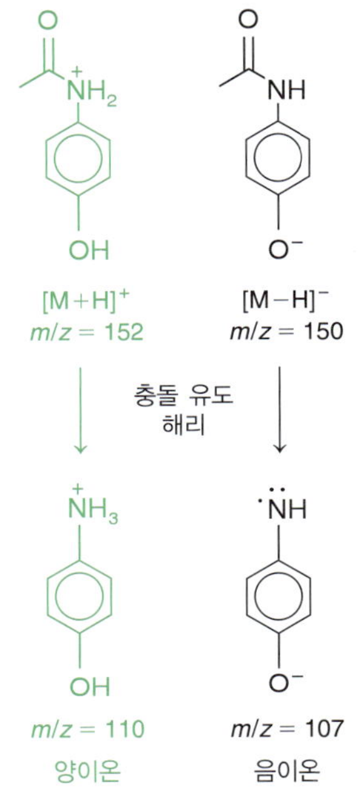

이 약 10 nm인 대단히 미세한 방울들을 형성하면서 쪼개어진다. 이들은 증발하여 기체상에 이온(적하 이온; cargo ion)을 남긴다. 유체역학적인 힘도 방울이 깨어지는 데 기여한다.[30]

전기 분무 이온화는 H^+, Na^+, K^+ 등의 이온들이 여러 개 붙어 동일한 분자가 여러 전하량을 갖게 되는 것을 제외하고는 분석 물질의 거의 토막나지 않아서 질량 스펙트럼이 비교적 단순하다. 전기 분무 이온화와 화학 이온화(다음 절에서 다룸)는 이온화 과정 중에 분석 물질의 쪼개짐이 거의 없어서 부드러운 이온화 기법이라고 한다. 이와는 대조적으로, 70-eV의 에너지를 갖는 전자를 이용한 전자 이온화는 이온화 과정 중에 분석 대상을 토막내서 많은 토막을 만들어낸다.

토막내기는 그림 22-29a의 유리 모세관과 거르개 콘(skimmer cone) 사이의 지역에서 **충돌 유도 해리**(**collision-induced dissociation**, **충돌 활성화 해리**라고도 함)에 의해서 의도적으로 증가시킬 수 있다. 이 지역에서의 압력은 약 3 mbar 정도이며, 바탕 기체는 주로 N_2이다. 그림 22-29a에 나타낸 바와 같이 유리 모세관 출구는 금속층이 입혀져 있으며, 약 +40 V가 걸려 있다. 금속 거르개 콘과 모세관 사이의 전위차는 $-20 - (40) = -60$ V이다. 60 V로 가속된 양이온들은 약간의 토막 이온으로 해리되기에 충분한 에너지로 N_2 분자와 충돌한다. 거르개 콘의 전압을 조절함으로써 토막내기가 일어나는 정도를 제어할 수 있다. 전압 차이가 적으면 분자 이온을 주로 생성하고, 전압 차이가 크면 분석 물질의 확인에 도움을 주는 토막 이온들을 많이 생성한다. 또한 충돌 유도 해리는 $M(H_2O)H^+$과 같은 복합 물질들을 분해시키는 경향이 있다.

예를 들면 −20 V의 콘 전압 차이로 측정한 의약품인 아세트아미노펜(acetaminophen)의 양이온 질량 스펙트럼은 m/z 152에서 양성자화된 분자 $[M+H]^+$(보조단에 색깔로 표시한)의 기준 피크가 나타난다. 또한 m/z 110에서 나타낸 작은 피크는 아마도 토막 이온과 일치하는 것으로 추정된다. 콘 전압 차이가 −50 V이면 충돌 유도 해리로 인해 m/z 152에 나타나는 피크를 감소시키고, 대신 m/z 110의 토막 이온 피크의 세기를 증가시킨다. 다른 실험에서 아세트아미노펜의 음이온 스펙트럼은 m/z 150에서 $[M-H]^-$의 큰 피크가 나타난다. 콘 전압 차이를 +20 V에서 +50 V로 높이면 이 피크 세기는 감소하고, 대신 m/z 107에서 나타난 토막 이온 피크 세기가 증가한다.

그림 22-30은 모세관 전기 이동에서의 전기 분무 연결 장치를 보여 준다. 실리카 모세관은 전기 이동에 필요한 출구 전위가 걸려 있는 스테인리스강 모세관 속에 들어 있다. 스테인리스강은 모세관 사이에 흐르는 외부 액체에 의해서 전기가 통하도록 실리카 내부 액체와 접촉되어 있다. 주로 유기 용매와 물로 혼합된 외부 액체는 분무되는 에어로솔의 약 90%를 차지한다.

대기압 화학 이온화

전기 분무와는 달리, 대기압 화학 이온화법은 **중성 분석 물질 분자로부터 기체 이온을 생성한다**. 분석 물질은 어느 정도 휘발성이 있어야 한다. 설탕, 단백질과 같은 비휘발성 분자들은 전기 분무를 이용할 수 있다.

대기압 화학 이온화(**atmospheric pressure chemical ionization**)법에서는 열 그리고 같은 축 방향의 N_2 흐름을 이용하여 용출액을 미세한 안개로 만든 후 용매와 분석 물질을 증발시킨다(그림 22-31). 질량 분석계의 이온원에서 일으키는 화학 이온화와 같이, 대기압 화학 이온화는 이온과 분자들 사이의 기체상 반응으로 새로운 이온을 생성한다. 다른 방법과 구별되는 이 방법의 특이한 차이점은 높은 전압을 에어로솔이 지나가는 통로에 있는 금속 바늘에 걸어 주는 것이다. 전기 코로나(전하 입자가 포함된 플라즈마)가 바늘 주위에 형성되어 에어로솔에 전자를 주입하고 대기 중의 O_2, N_2, H_2O로부터 시약 이온을 생성하며 액체 크로마토그래피에서 이동상 구성 요소로부터 시약 이온을 생성한다. 그런 다음 시약 이온과 분석 물질은 기체상에서 이온과 분자 간의 반응을 갖게된다. 분석 물질은 가열 시 쪼개지지 않고 휘발성이 있어야 한다. 기체 크로마토그래피의 경우 대기압 내 화학 이온화법이 가장 민감한 검출 방법 중 하나로 꼽힌다.

예를 들면 양성자가 첨가된 분석 물질 MH^+는 다음과 같은 과정으로 생성된다.

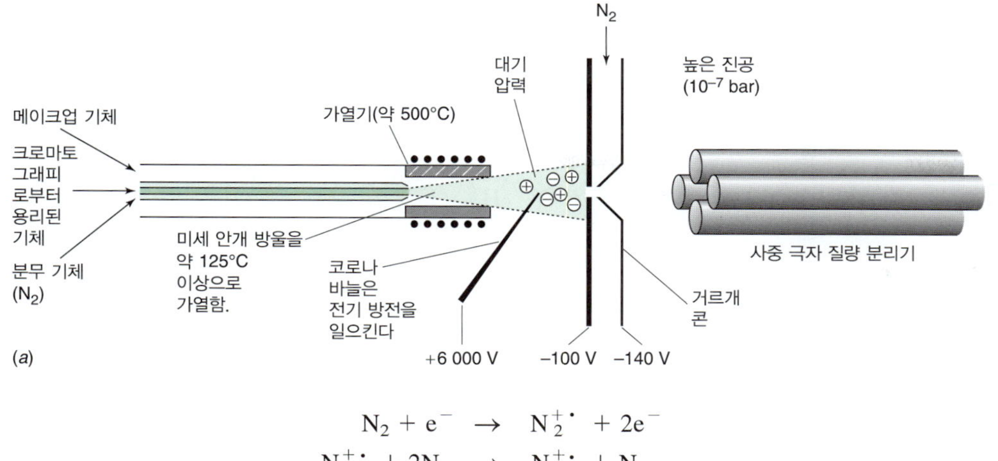

그림 22-31 액체 크로마토그래피 칼럼과 질량 분석계 사이의 대기압 화학 이온화 연결 장치. 미세한 에어로솔이 분무 기체의 흐름과 가열기에 의해서 생성된다. 코로나 바늘로부터의 전기 방전으로 분석 물질은 기체 이온을 생성한다. [출처: E. C. Huang, T. Wachs, J. J. Conboy, and J. D. Henion, "Atmospheric Pressure Ionization Mass Spectrometry," *Anal. Chem.* **1990**, *62*, 713A.]

$$\begin{aligned}
N_2 + e^- &\rightarrow N_2^{+\cdot} + 2e^- \\
N_2^{+\cdot} + 2N_2 &\rightarrow N_4^{+\cdot} + N_2 \\
N_4^{+\cdot} + H_2O &\rightarrow H_2O^{+\cdot} + 2N_2 \\
H_2O^{+\cdot} + H_2O &\rightarrow H_3O^+ + {}^{\cdot}OH \\
H_3O^+ + nH_2O &\rightarrow H_3O^+(H_2O)_n \\
H_3O^+(H_2O)_n + M &\rightarrow MH^+ + (n+1)H_2O
\end{aligned}$$

또한 분석 물질 M은 전자 포착에 의해 음이온을 생성할 수 있다.

$$M + e^- \rightarrow M^{-\cdot}$$

용출액 중의 분자 X—Y는 다음과 같은 반응으로 음이온을 생성할 수 있다.

$$X\text{—}Y + e^- \rightarrow X^{\cdot} + Y^-$$

Y^- 이온은 약산성 분석 물질인 AH로부터 양성자를 떼어낼 수 있다. 즉

$$AH + Y^- \rightarrow A^- + HY$$

대기압 화학 이온화법은 기체 및 액체 크로마토그래피에 모두 사용하며, 최대 2 mL/min까지의 액체 흐름 속도를 수용한다. 일반적으로 분석 물질 M은 측정을 위해 양성자가 첨가된 이온인 MH^+를 형성해야 한다. 대기압 화학 이온화는 한 가지의 단일 전하 이온을 생성하는 경향이 있으며, 단백질과 같은 거대 분자의 경우에는 적합하지 않다. 이 방법에서는 토막내기가 거의 일어나지 않지만, 거르개 콘 전압 차이를 조절하면 **충돌 유도 해리** 방법으로 적은 수의 토막 이온이 생성될 수 있다.

22-5 크로마토그래피-질량 분석 기술

크로마토그래피와 결합한 질량 분석법은 매우 강력하여 복잡한 혼합물에 들어 있는 분석 물질 하나 또는 몇 개를 분리가 불충분한 경우에도 선택적으로 검출하는 데 쓸 수 있다. 분리를 높이기 위해 노력하지만 질량 분석법은 크로마토그래피의 짐을 덜어줄 수 있다.

선택 이온 검출법

선택 이온 검출법(selected ion monitoring)은 개별 분석물에 대한 정량 한계를 낮추고 투과형 사중 극자 질량 분석계를 사용할 때 바탕 신호(잡음)를 감소시킨다. 그림 22-32a는 강물에 약 1 ppb 수준으로 소량 첨가시킨(임의로 소량 첨가시킨) 6종의 제초제(1~6으로 표시) 혼합물을 자외선 흡광도로 검출한 액체 크로마토그램을 보여 준다. 분석 물질 피크 아래 완만한 낙타등과 같은 모양은 강물에 많은 자외선-흡광 물질들이 함유되어 있다는 것을 나타낸다. 크로마토그래피와 질량 분석계를 함께 이용하는 가장 간단한 방법은 자외선 검출기 대신 질량 분석계로 대체하고, 선택한 값 이상의 신호에서 검출된 모든 m/z의 이온들로부터 총 전류를 측정하는 것이다. 이들의 **재작성 총 이온 크로마토그램**(**reconstructed total ion chromatogram**)은 그림 22-32b에 나타냈으며, 이것은 어느 때라도 유입되는 모든 물질을 신호

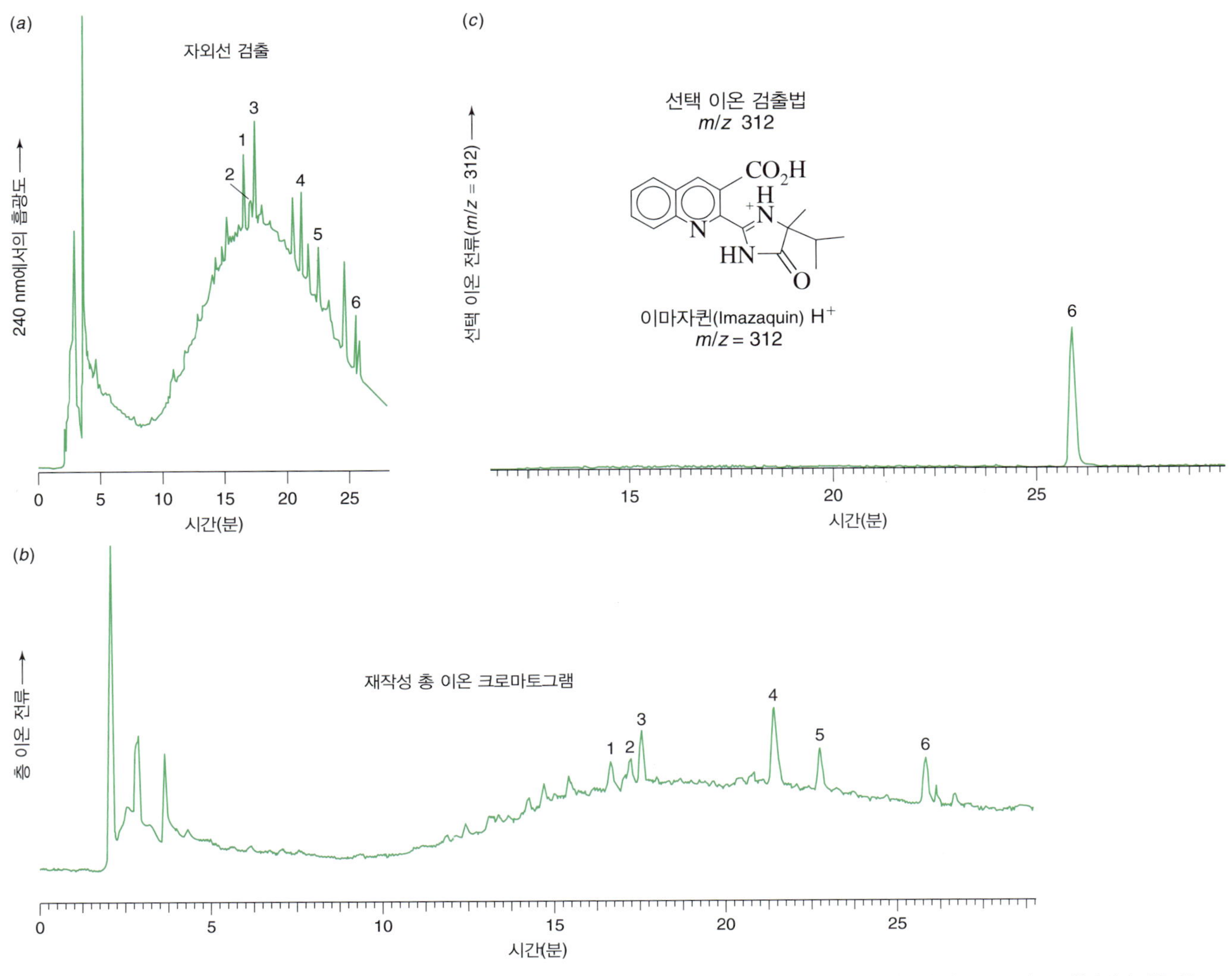

그림 22-32 선택 이온 검출법에서 신호 대 잡음 비가 증가하는 것을 보여 주는 강물에 약 1 ppb 정도로 첨가시킨 제초제(1~6으로 표시함)의 크로마토그램, (*a*) 240 mm에서의 자외선 검출. (*b*) 전기 분무법으로 재작성한 총 이온 크로마토그램, (*c*) *m*/*z* 312에서 전기 분무 선택 이온 검출 결과[출처: A. Lagana, G. Fago, and A. Marino, "Simultaneous Determination of Imidazolinone Herbicides from Soil and Natural Waters," *Anal. Chem.* **1998**, *70*, 121.]

로 나타내기 때문에 자외선 검출기로 얻은 크로마토그램과 유사하게 복잡하다.

선택성을 높이기 위해, 또 정량적 측정의 하한을 결정하는 신호 대 바탕 신호 비율을 높게 얻기 위해서 질량 분석계를 몇 개의 m/z 값만을 측정할 수 있도록(일정 검출 시간 범위에서 10개 이상이 되지 않도록) 조정한 **선택 이온 검출법(selected ion monitoring)**을 이용한다. 그림 22-32c는 m/z 312에서 측정한 선택 이온 검출 크로마토그램을 보여 준다. 신호는 6번 제초제인 이마자퀸(imazaquin)의 MH^+와 일치한다. 선택 이온 검출법에서 신호 대 바탕 신호 비는 크로마토그램 *a* 또는 *b*의 경우보다 크다. 그 이유는 (1) 작은 m/z 범위에 있는 자료들을 수집하는 데 대부분의 스펙트럼 획득 시간을 소비하며, (2) m/z 312에서 신호를 나타내는 물질이 대상 분석 물질인 이마자퀸 이외에는 없기 때문이다.

추출 이온 크로마토그램

추출 이온 크로마토그램(extracted ion chromatogram)은 선택 이온 크로마토그램과 유사하지만, 하나 또는 여러 m/z 값을 측정하는 데 모든 시간을 쓸 수 있는 장점은 가지지 못한다. 추출 이온 크로마토그램을 생성하기 위해서는 크로마토그래피 분리 중에 모든 질량 스펙트럼을 반복적으로 기록해야 한다. 그리고서 각 스펙트럼에서 하나의 m/z 값을 끌어낸다. 예를

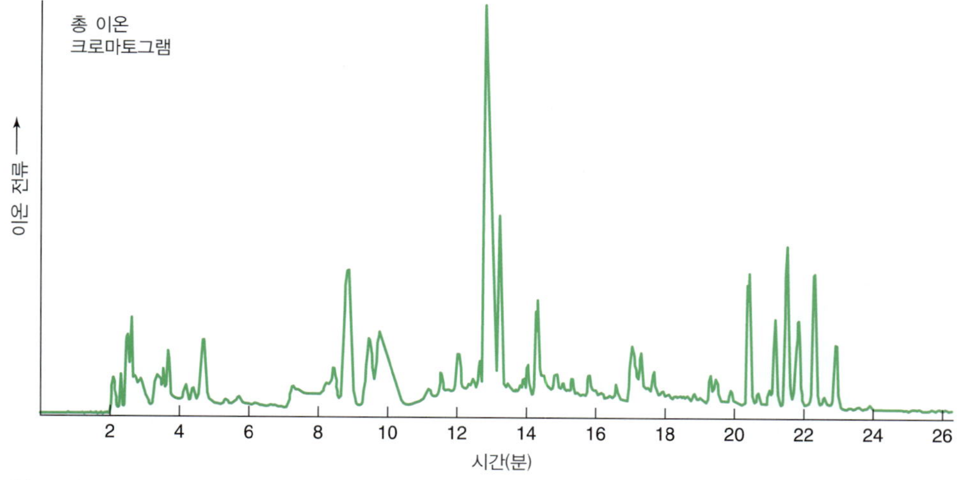

(a)

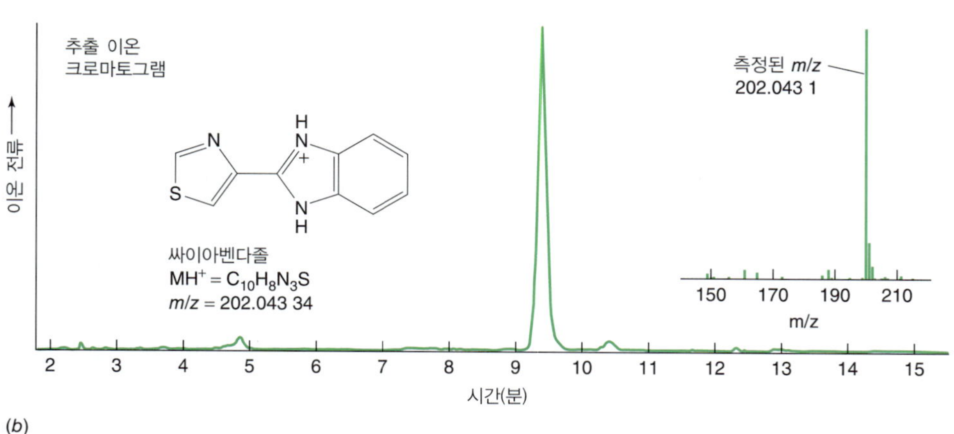

(b)

그림 22-33 (a) London 공항 과일 주스에 들어 있는 살충제 총 이온 크로마토그램, (b) m/z 창(window) 202.243 ± 0.01로 얻은 싸이아벤다졸의 추출 이온 크로마토그램. 그림 내부는 9.31분에서 싸이아벤다졸 피크의 질량 스펙트럼을 보여 준다. [출처: J. F. Garcia-Peyes, B. Gilbert-López, A. Molina-Diaz, and A.R. Femández-Alba, "Determnation of pesticide Residues in Fruit-Based Soft Drinks," *Anal. Cem.* **2008**, *80*, 8966.]

들면 m/z 312 신호 세기의 시간 변동을 나타낼 수 있다. 선택 이온 검출법에서는 m/z 312 신호만을 수집한다. 추출 이온 크로마토그램을 위해서는 모든 m/z 값을 측정한 후, m/z 312 신호 세기만 나타낸다. 모든 것을 관찰하길 원하거나 무엇을 찾는지 구체적인 정보를 모를 경우 질량 스펙트럼 전부를 얻어야 한다.

그림 22-33는 추출 이온 크로마토그램의 중요한 한 예를 보여 준다. 액체 크로마토그래피-고분별능 비행 시간형 질량 분석법을 이용해서 식품 추출물에 들어 있는 살충제 100여 종을 한 번에 찾을 수 있다. 비행 시간형 질량 분석계는 m/z 불확정도 약 1~2 ppm의 정확한 질량 측정을 통해 살충제와 같은 작은 분자 확인법을 제공하는 거의 유일한 방법이다. 고체상 추출법(28-3절)에 의해 얻은 과일 청량 음료 성분을 액체 크로마토그래피법으로 분리하여 그림 22-33의 상부에 있는 복잡한 총 이온 크로마토그램을 얻는다. 추출 이온 크로마토그램 창을 살충제 싸이아벤다졸(thiabendazole)을 찾기 위하여 m/z 202.043 ± 0.01에 고정하면 9.31분에서 큰 피크 한 개가 관측된다. 시험한 많은 나라의 청량음료 대부분은 유럽의 음용수 최대 허용 잔류 기준을 10~35배 넘는 높은 농도의 여러 살충제가 검출되었다.

그림 22-32의 선택 이온 검출법은 원하는 m/z 값만 통과하도록 사중 극자 질량 분석계에서 수행할 수 있다. 그림 22-33에 나타낸 추출 이온 크로마토그램은 비행 시간형 질량 분석계로 얻었다. 비행 시간형 질량 분석계는 한 사이클에서 검출한 모든 이온이 스펙트럼에 나온다. 그림 22-33의 비행 시간형 질량 분석계는 ±0.01 m/z의 차이를 구별할 수 있는 분리 능력을 가졌다. 추출 이온 검출법은 선택 이온 검출법에서 얻을 수 있는 것보다 낮은 신호 대 바탕 비율을 갖는다.

탠덤 질량 분석법

탠덤 질량 분석법(**tandem mass spectrometry**)은 두 번의 질량 분석을 위한 장치가 직렬로 연결되어 있고, 그 사이에 충돌 셀이 있다. 그림 22-34에서 Q1과 Q3 라벨로 표시된 두 개의 투과형 사중 극자가 q2로 표시된 육중 극자 충돌 셀에 앞뒤로 연결되어있다. 명명법은 투과형 사중 극자 질량 분석 부분은 대문자 Q를 사용해서 표시하고(그림 22-17과 같음) 사중 극자, 육중 극자 또는 팔중 극자로 구성될 수 있는 충돌 셀은 소문자 q를 사용하여 표시한다. 충돌 셀에는 라디오 주파수의 전기장이 적용되고, 이는 넓은 범위의 m/z의 이온이 셀을 통과하도록 한다. 충돌 셀은 약 10^{-5}의 압력으로 N_2, Ar 또는 He으로 채워져 있다. 충돌 셀 내부에서 이온은 채워진 기체와 충돌하게 되고, 이를 통해서 쪼개지게 된다. 탠덤 질량 분석법은 일반적으로 MS/MS 또는 MS^2로 약칭된다.

그림 22-34의 Q1q2Q3 장비 이외에도 비행 시간형(TOF) 장비가 연결되어있는 탠덤 질량 분석계는 QqTOF 및 TOFqTOF와 다양한 조합으로 연결될 수 있으며, 이는 모든 단계나 2단계 질량 분석 단계 모두에서 높은 분리 능력을 가질 수 있다. 그림 22-26의 장비는 선형 사중 극자 이온 트랩과 오비트랩이 연결된 탠덤 질량 분석계이다. 선형 사중 극자 이온 트랩은 전구체 이온의 m/z 선택과 충돌에 의한 쪼개짐을 모두 할 수 있다.

탠덤 장비는 전기 분무 이온화법이나 대기압 화학 이온화법과 같이 이온화 과정에서 쪼개짐이 일어나지 않아 분석 이온의 구조적 정보가 제한적인 부드러운 이온화 기법에 특히 유용하다. 그림 22-34의 탠덤 질량 분석법에서 Q1은 q2 충돌 셀에서 쪼개져서 형성되는 **토막 이온**(생성 이온, **product ion**)으로 분석할 **전구체 이온**(**percusor ion**)을 전달한다. Q3에서 쪼개진 토막 이온들의 분석이 이루어져 전구체 이온에 대한 구조적 정보가 담겨있는 질량 스펙트럼을 제공한다.

탠덤 질량 분석계는 정성 및 정량 정보를 제공한다. 전구체 이온과 토막 이온의 조합을 전이 쌍이라고 한다. 토막 이온의 질량 스펙트럼 강도는 전구체 이온의 정량 분석에 사용된다. 전구체 이온의 구조를 확실히 검토하기 위해 하나 이상의 전이 쌍(보통 3개 이하)을 찾는다.

q2 과정을 충돌 유도 해리 또는 충돌 활성화 해리라고 한다.

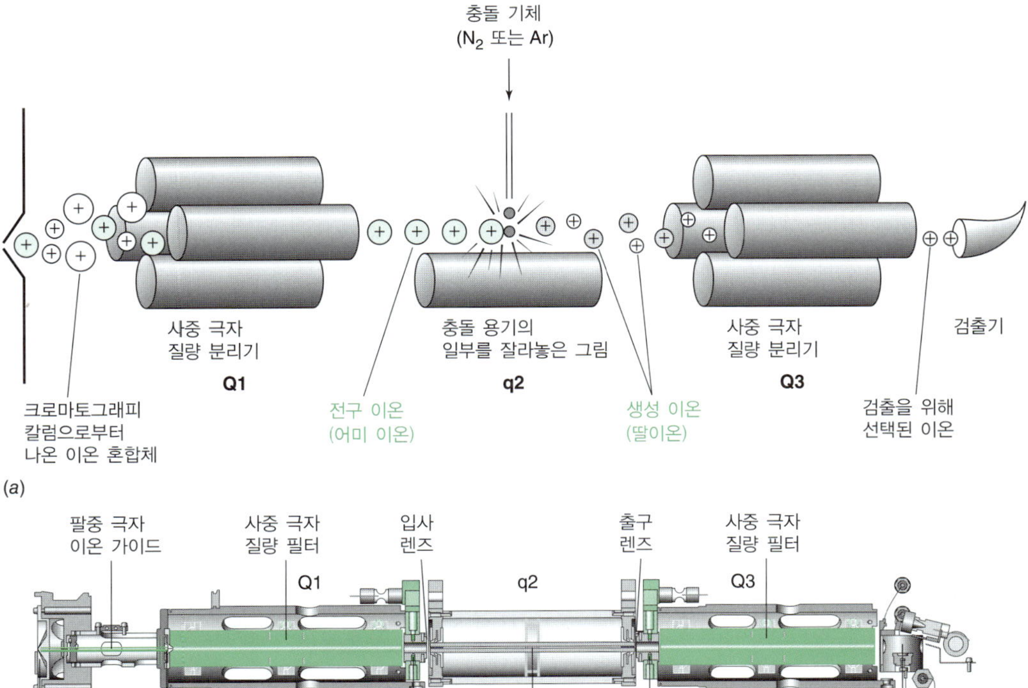

그림 22-34 (*a*) MS/MS 혹은 MS^2이라고도 하는 탠덤 질량 분석법. Enke와 동료가 1978년에 이 절차를 개발하였다.[31] (*b*) 삼중 사중 극자 질량 분석계 단면도 [출처: Agilent Technologies, Santa Clara, CA.]

매커니즘과 구조 연구를 위한 탠덤 질량 분석법은 특정 전구체 이온에서 생성된 토막 이온을 알 수 있으며, 또한 특정 토막 이온을 발생시키는 전구체 이온에 대한 정보도 알 수 있다. 이러한 정보들을 통해 한 이온에서 다른 이온으로 이어지는 화학 반응 경로와 이온의 구조에 대해 유용하게 이해할 수 있다.

선택 반응 검출법

탠덤 사중 극자 질량 분석계의 주요 용도는 **선택 반응 검출법(selected reaction monitoring)**을 통한 정량 분석이다. 이 기술은 특정 분석물에 대한 선택성을 향상시키고 신호 대 바탕 비율을 증가시켜 정량 한계를 향상시킨다. 예를 들어, 탠덤 질량 분석법은 폴리유레테인 폼, 섬유, 실란트, 접착제 및 합성 고무 등을 만드는 데 사용되는 미량의 다이아이소시아네이트를 인간의 소변에서 신속하게 검출하고 분석하는 데 사용되었다.[32] 다이아이소시아네이트를 흡입하면 폐가 손상될 수 있다. 대사 가수 분해 산물인 *p*-페닐렌다이아민은 인체 발암 물질로 의심되고 있다.

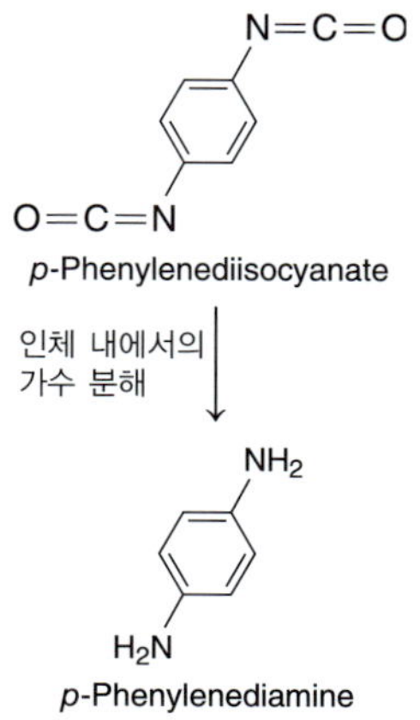

N=C=O

O=C=N

p-Phenylenediisocyanate

인체 내에서의 가수 분해

NH_2

H_2N

p-Phenylenediamine

사람의 *p*-페닐렌다이아이소아네이트 및 *p*-페닐렌다이아민 노출을 측정하기 위해 소변을 *p*-페닐렌다이아민-$^{13}C_6$ 동위 원소 내부 표준 물질로 처리한 다음 HCl로 가수 분해하여 *p*-페닐렌다이아이소아네이트를 *p*-페닐렌다이아민으로 전환했다. *p*-페닐렌다이아민과 내부 표준 물질은 고체상 추출(28-3절)에 의해 사전 농축되었다. 농축액의 성분은 고성능 액체 크로마토그래피(25장)로 분리되었으며, 개별 성분은 그림 22-34의 삼중 사중 극자 장비를 사용한 탠덤 질량 분석법으로 식별 및 정량화되었다. 대기압 화학 이온화법을 사용하여 크로마토그래피로 분리한 물질을 질량 분석계로 분석했다. 양성자가 붙어 이온화된 전구체 이온 $C_6N_2H_9^+$(m/z 109)는 사중 극자 Q1에 의해 선택되었다. 충돌 셀 q2에서 생성된 두 개의 토막은 $C_6NH_6^+$(m/z 92) 및 $C_5H_5^+$(m/z 65)였다. 정량화에는 전이 쌍 m/z 109 → m/z 92를 사용하고 m/z 109의 정체를 확인하기 위해 전이 쌍 m/z 109 → m/z 65를 사용했다.

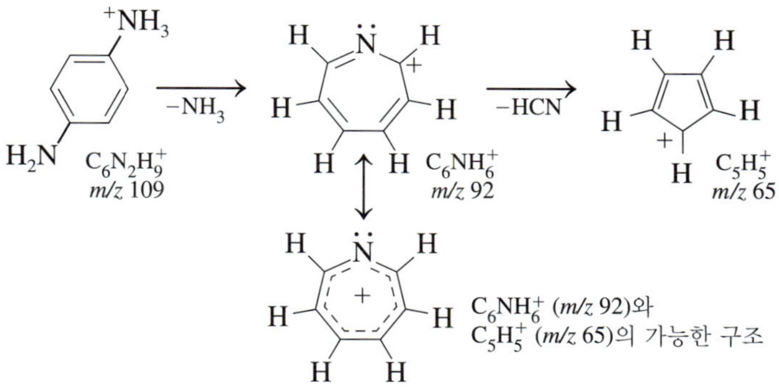

$^+NH_3$ H_2N $C_6N_2H_9^+$ m/z 109 → ($-NH_3$) → $C_6NH_6^+$ m/z 92 → ($-HCN$) → $C_5H_5^+$ m/z 65

$C_6NH_6^+$ (m/z 92)와 $C_5H_5^+$ (m/z 65)의 가능한 구조

동위 원소 내부 표준 물질인 $^{13}C_6N_2H_8$은 분리 및 정제의 모든 단계에서 분석물인 $C_6N_2H_8$과 유사한 성질을 갖는다. 정량화를 위해 $C_6NH_6^+$(m/z 92)의 피크 면적을 내부 표준 물질에서 파생된 $^{13}C_6NH_6^+$(m/z 98)의 피크 면적과 비교했다. 분석물(m/z 109)의 정체를 확인하기 위해서 생성 이온 $C_5H_5^+$(m/z 65)의 피크 면적은 $C_6NH_6^+$의 피크 면적(m/z 92)과 비슷해야 한다. 분석법을 적용하여 하루 333개의 소변 샘플을 처리할 수 있었으며(각각 3회 측정), 소변 내 *p*-페닐렌다이아민의 정량 한계는 0.33 ng/mL(0.33 ppm)였다.

선택 반응 검출법은 대상 분석 물질에 대한 특수성이 매우 높다. 오수(하수)에 1조분의 1(ng/L) 수준으로 들어 있는 인체 에스트로젠(estrogen)의 분석을 예로 들어 보자. 에스트로젠은 난소 순환계에 들어 있는 호르몬이다. 합성 에스트로젠 17α-ethinylestradiol(EE_2로 표시)은 피임제의 일종이다. 몇 가지 에스트로젠은 1조분의 1 수준으로도 물고기에 대해 생식 교란을 일으킨다.

이탈리아에서 수행한 한 프로젝트는 인간의 배설물로부터 수질 환경으로 유입된 에스트로젠을 측정하였다. 이 문제에 대해서 생각해 보자. 오수는 대부분 높은 농도로 존재하는 천

예비 농축에서, 150 mL로부터 얻은 분석 물질을 200 μL에 녹였다. 농도는 다음과 같은 인자로 증가한다.

$$\frac{150 \times 10^{-3}\ \text{L}}{200 \times 10^{-6}\ \text{L}} = 750$$

오수 중 3.6 ng/L의 분석 물질은 크로마토그래피에서 750 × 3.6 ng/L =2.7 μg/L이 된다.

여 종의 유기 화합물을 함유하고 있다. 하나의 분석 물질의 나노그램량을 측정하는 것은 탠덤 질량 분석법 이전에는 분석 화학의 능력을 넘어서는 것이었다. 극성이 약한 분석 물질로부터 극성이 있는 화합물을 제거하고, 시료를 **예비 농축**(preconcentration)해야 하는 **시료 제조**(sample preparation)가 필요하다. 원래의 오수 시료(150 mL)를 걸러 >1.5 μm 입자들을 제거하고, 분석 물질을 머무르게 하는 탄소 흡착제를 함유하고 있는 **고체상 추출**(solid phase extraction) 카트리지(28-3절 참조)를 통과시켰다. 카트리지는 극성 용매로 씻어 극성 물질을 제거하였다. 그다음 다이클로로메테인과 메탄올 혼합 용액으로 카트리지로부터 에스트로젠 분획(일부, fraction)을 추출하였다. 이 분획을 증발시키고, 내부 표준 물질로 다른 에스트로젠을 함유하는 수용액 200 μL에 녹였다. 그중 50 μL 부피의 용액을 크로마토그래피에 주입시켰다.

그림 22-35a는 탈양성자된 에스트로젠 EE_2 분자의 충돌 유도 해리 질량 스펙트럼을 보여 준다. 전기 분무에 의해 얻어진 **전구체 이온**(precursor ion) $[M-H]^-$(m/z 295)는 그림 22-34의 Q1에 의해서 선택되며, 충돌 셀 q2로 보낸다. 그다음 >m/z 140인 모든 토막 이온을 Q3에 의해서 분석하여 그림 22-35a의 질량 스펙트럼을 얻었다. 다음으로, **선택 반응 검출법**(selected reaction monitoring)에서 m/z 159와 145인 **생성 이온**(product ions)들만이 Q3에 의해서 선택된다. 그림 22-35b의 크로마토그램을 m/z 295가 Q1에 선택되었을 때 이들 생성 이온으로부터 얻어진 신호를 보여 준다. EE_2의 피크 넓이로부터 계산한 오수 중에 함유된 농도는 3.6 ng/L이다. 놀랍게도 용리 시간 15~18분 사이에 같은 질량(295 → 159 + 145)에서 질량 스펙트럼 신호를 나타내는 다른 화합물이 존재한다. EE_2는 크로마토그래피에서의 머무름 시간과 완벽한 질량 스펙트럼으로 확인되었다.

최근에 도시 하수에 들어 있는 마약이나 의약품이 널리 퍼져 있는 문제가 부각되고 있다.[33] 2011년 스페인의 한 연구에서, 도시 하수에 주민 1,000명 하루 투입량이 암페타민 2.5알, 코케인 4.6알, 카나비스 68알인 것으로 나타났다.[34] 이런 물질은 폐수에서 다시 식수나 환경으로 유입된다. 놀랍게도 이런 약품은 처리 폐수로 재배한 채소에 독성이 우려되는 수준까지 발견된다.[35]

선택 반응 검출법은 범죄독성학 분야의 강력한 무기로, 일례로 소변 시료 중의 100여 약물을 방해가 거의 없이 한 번의 분석으로 스크리닝할 수 있다.[36] 선택 반응 검출법은 방해를 제거하는 데 매우 효과적이어서 **크로마토그래피를 이용한 분석 물질의 분리 없이** 흐름 분석으로도 가능하다. 식품 추출물에 들어 있는 잔류 농약 6종의 측정 시간이 액체크로마토그래피-질량 분석의 경우 시료당 15~30분에서 흐름 주입-질량 분석의 경우 시료당 65초로 줄어든다.[37] 기체 크로마토그래피-탠덤 선택 반응 검출 질량 분석법을 통해 정량 한계가 2 μg/

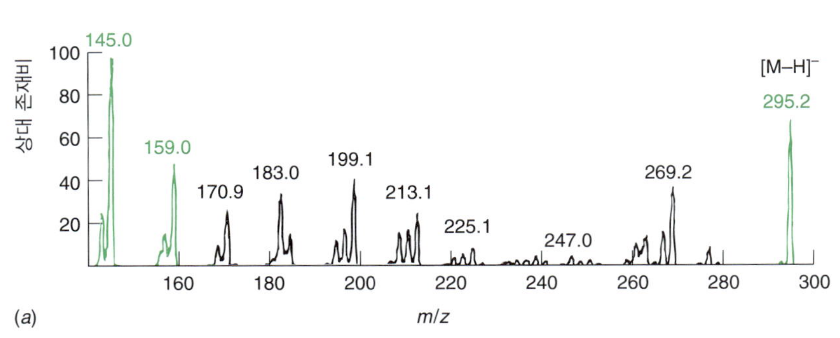

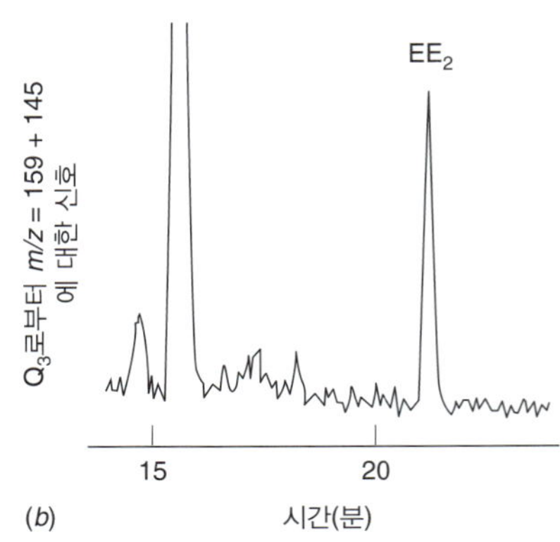

그림 22-35 (*a*) 순수한 에스트로젠 EE_2의 전기 분무 직렬 질량 스펙트럼. $[M-H]^-$(m/z 295) 이온은 그림 22-34의 사중 극자 Q1에 의해서 선택되고, q2에서 해리시켰다. 토막 이온의 전체 스펙트럼은 Q3에 의해서 측정되었다. (*b*) 오수로부터 추출한 3.6 ng/L의 에스트로젠 EE_2의 용리를 보여 주는 선택 반응 검출법의 크로마토그램. m/z 295가 Q1에 의해서 선택될 때 신호는 Q3로부터 m/z 159 + 145의 합이 된다. [출처: C. Baronti, R. Curini, G. D9Ascenzo, A. di Corcia, A. Gentili, and R. Samperi, "Monitoring Estrogens at Activated Sludge Sewage Treatment Plants and in a Receiving River Water," *Environ. Sci. Tech.* **2000**, *34*, 5059.]

kg(2 ppb)인 과일과 채소에서 한 번에 203개의 살충제를 검색할 수 있다.[38]

그림 22-34에 있는 투과형 사중 극자 Q3은 단위 m/z 분별능을 가지고 있다. 선택 반응 검출법은 두 번째 단계의 m/z 분석을 비행 시간형 질량 분석계나 오비트랩 질량 분석계로 수행할 경우 방해 작용이 더욱 없어져 높은 분리 능력을 보인다.

그림 22-22[39]의 선형 사중 극자 이온 트랩은 추가적인 질량 분리기 없이도 선택 반응 검출을 개별적으로 수행할 수 있다. m/z가 다른 이온을 이온 트랩에 주입한 후, 한 m/z를 제외한 모든 이온을 의도적으로 방출시킨다. 그러고 나서 남은 한 m/z 이온들을 가속하여 이온 트랩 속에 있는 헬륨과 충돌 분해를 유도한다. 일정 기간 분해 후 생성 이온을 검출기로 주입하여 질량 스펙트럼을 기록한다. 그림 22-26의 선형 이온 트랩과 연결한 오비트랩 하이브리드 질량 분석계는 초당 60번의 MS/MS 스캔을 수행할 수 있다.[40]

단일 토막 이온을 선택해서 이온 트랩에서 선택 반응 검출법을 사용하면 추가적으로 선택한 토막 이온의 토막 이온을 생성할 수 있다. 이 반복 과정을 선택 반응 검출의 다중 반복을 나타내는 MS^n이라고 한다. 이온 트랩을 이용한 MS^n의 매력은 모든 과정이 한 하드웨어 내에서 소프트웨어 조절로 일어난다는 것이다.

MS^n: 선택 반응 검출법의 연속 순환. 하나의 순환 생성 이온은 다음 순환의 전구체 이온이 된다.

선택 반응 검출법을 통한 신호 대 바탕 비율 향상

향상된 신호 대 바탕 비율의 예는 세포막의 구성 요소인 스핑고인지질 분석에서 찾아볼 수 있다. 지질은 아래 구조에서 색상으로 표시된 것이다. 한동위 원소 질량은 590.44 Da이며 중성의 양쪽성 이온이다.

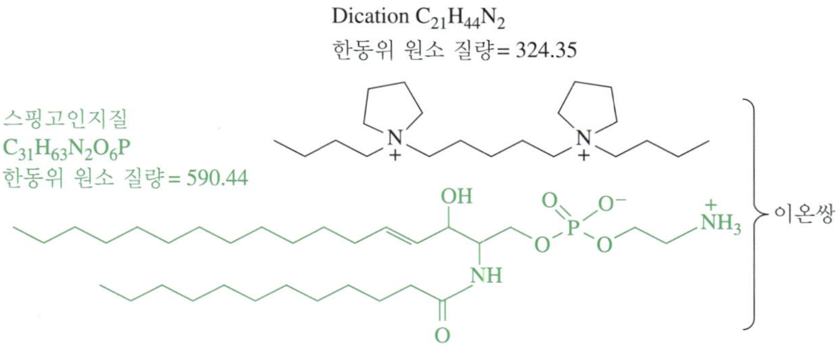

Dication $C_{21}H_{44}N_2$
한동위 원소 질량= 324.35

스핑고인지질
$C_{31}H_{63}N_2O_6P$
한동위 원소 질량= 590.44

OH, O, O⁻, P, O, O, $\overset{+}{N}H_3$, NH, O, N⁺

이온쌍

액체 크로마토그래피로 분리하고 전기 분무 이온화를 통해 질량 분석계에 도입하면 [지질]H^+ 종에 대해 식별 가능한 신호가 거의 없다. 검정색으로 표시된 구조의 분자를 12배 비율로 혼합하면, 2가 전하를 지닌 단단한 이온쌍 [지질 + dication]$^{2+}$가 형성되고 질량 분석계에서 $m/z = (590.44 + 324.35)/2 = 457.4$에서 피크가 검출된다. 이온쌍은 선택 이온 검출법으로 중간 크로마토그램에서 신호 대 바탕 비율(S/N)을 11까지 올려놓는다. 선택 반응 검출법에서 m/z 457.4의 이온쌍은 충돌 유도 해리에 의해 [지질] + [dication]$^{2+}$로 분해되었으며, [dication]$^{2+}$는 m/z 162에서 발견된다(예측 : $324.35/2 = 162.2$). 선택 반응 검출법에 의한 크로마토그램의 신호 대 바탕 비율은 약 63으로, 선택 이온 검출법에서보다 6배 더 높다.

22-6 단백질 질량 분석법

질량 분석법은 단백질 연구, 특히 아미노산 염기서열 분석에 큰 기여를 해왔다. 이 절에서는 단백질 질량 분석의 몇 가지 내용을 다룬다.

단백질의 전기 분무

전기 분무와 매질 보조 레이저 탈착/이온화(MALD1, 그림 22-2)는 단백질과 같이 전하를 띤 거대 분자의 연구에 아주 적합하다.[41,42,43] 단백질은 카복실산과 아민의 결사슬(표 10-1)을 가지고 있으므로 pH에 따라 알짜 양전하 또는 음전하를 나타낸다. 전기 분무(그림 22-29)는 단백질 이온들을 보충 22-4에 서술한 메카니즘에 의해 용액으로부터 기체상으로 방출시킨

보충 22-4 Elephants Fly 만들기(단백질 전기 분무 메커니즘)

전기 분무로 생성되는 액체 에어로솔 방울로부터 기체상 다전하 단백질 양이온이 방출되는 메커니즘으로 두 종류가 고려되고 있다. 자연 단백질 대부분은 그림 10-6의 마이오글로빈과 같은 내부의 비수용성 부분과 외부의 하전된 수용성 부분으로 구성된 밀집된 구형을 가진다. 원형인 단백질은 극성 부분이 물에 용매화되도록 수용성 에어로솔 방울 내부에 위치할 가능성이 있다. 만일 산이 가해지면 양으로 하전된 부위가 많아져서 단백질 풀림이 일어날 것이다. 풀린 상태에서는 소수성 부분은 기름이 물의 표면으로 움직이는 것과 같이 자발적으로 방울의 표면으로 움직일 것이다.

양전위 전기 분무는 전기 분해($H_2O \rightarrow \frac{1}{2}O_2 + 2H^+ + 2e^-$)에 의해 방울 내부에 다량의 H^+를 생성한다. 그림 *a*는 양성자 6개가 첨가된 곁사슬을 가진 원형 단백질에 대한 **사슬 방출 모형**(chain ejection model)을 보여 주는데, 이 단백질은 H_2O 분자 1 000개와 NH_4^+ 이온 4개를 함유하는 에어로솔 방울의 중앙 부근에 자리 잡고 있다. 양성자가 붙은 단백질 사슬은 뒤틀림이 풀어져서 ~100 ps (10^{-10} s) 이내에 방울의 외부로 밀려나온다. 양으로 하전된 곁사슬은 방울 표면에 있는 과량의 양전하에 의해 밀린다. 단백질 사슬이 방울 입자로부터 배척되면서 과량의 H^+ 일부가 방울 입자에서 곁사슬이 붙어 있는 단백질과 함께 떨

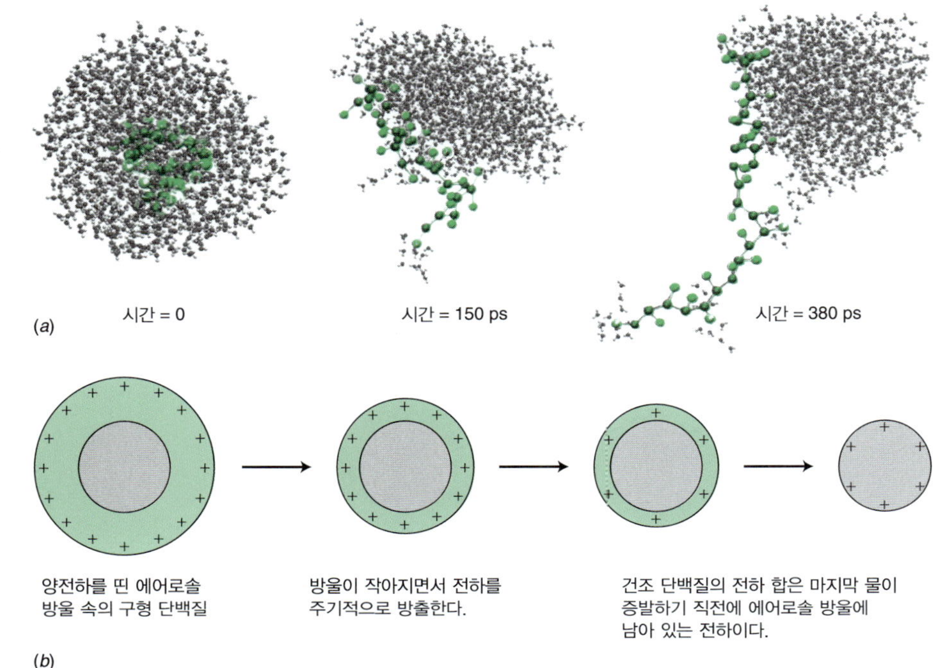

(*a*) **사슬 방출 모형. 양전하를 띤 곁사슬이 양전하를 띤 에어로솔 방울로부터 방출하는 풀린 단백질에 대한 분자동력학 모사** [L. Konermann, E. Ahadi, A. D. Rodriguez, and S. Vahidi, "Unraveling the Mechanism of Electrospray Ionization," *Anal. Chem.* **2013**, *85*, 2, Figure 6. American Chemical Society publication. Reprinted with permission © 2013, American Chemical Society.]

(*b*) **하전 잔여 모형. 구형 단백질 함유 방울이 작아지면서 물과 과량의 전하를 방출하여 방울을 뭉치는 응집 표면 장력보다 정전기 반발력이 크지 않게 한다. 최종적으로 방울은 구형 단백질의 크기보다 조금 큰 크기가 되고 과량의 전하는 단백질 크기와 최종적으로 남은 물의 양에 의해 결정된다. 마지막 물이 증발하면 과량의 전하는 단백질에 남는다.** [출처: L. Konermann, E. Ahadi, A. D. Rodriguez, and S. Vahidi, "Unraveling the Mechanism of Electrospray Ionization," *Anal. Chem.* **2013**, *85*, 2.]

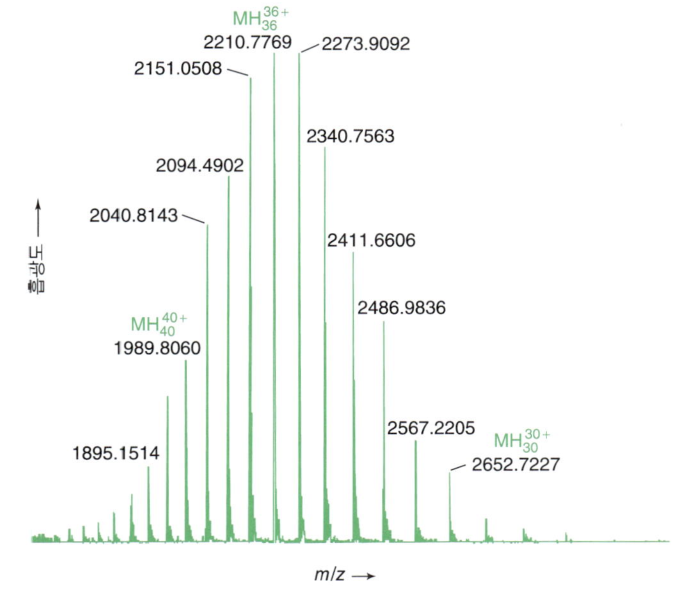

그림 22-36 일련의 탄수화물 치환기를 가진 트랜스페린 단백질을 함유한 음이온 교환 크로마토그래피 피크에 대한 전기 분무 비행 시간형 질량 스펙트럼. 피크는 붙어 있는 양성자수가 서로 다른 화학종 MH_n^{n+}에서 유래된 것임. [출처: M. E. Del Castillo Busto, M. Montes-Bayón, E. Blanco-González, J. Meija, and A. Sanz-Medel, "Strategies to Study Human Serum Transferrin Isoforms Using Integrated Liquid Chromatography ICPMS, MALDI-TOF, and ESI-Q-TOF Detection: Application to Chronic Alcohol Abuse," *Anal. Chem.* **2005**, *77*, 5615.]

어져 나간다. H_2O 일부는 기체 상태로 있는 단백질의 하전된 부위에 붙어 남아 있는다. 약 1 ns 이내에 단백질은 입자 방울에서 완전히 이탈한다. 용매화된 물은 기체 분자와의 충돌에 의해 단백질로부터 잃어버린다.

만일 원액이 중성 pH 부근의 완충 상태일 경우 단백질이 구형을 유지할 경우, 물이 증발함에 따라 에어로솔 입자 방울의 중심 부근에 남게 된다. 그림 *b*의 **하전 잔여 모형**(charged residue mode)에서는 과량의 전하가 표면장력의 응집력과 같아질 때까지 방울은 쪼그라든다. 이때에는 방울 이 더 작은 방울을 방출하여 전하 일부를 버린다. 이 과정은 방울 크기가 단백질 크기와 거의 같아질 때까지 계속된다. 마지막 물이 증발할 때 과량의 전하가 단백질과 함께 남는다. 기체 상태로 떨어져 나가는 구형 단백질이 갖는 알짜 전하는 주로 입자 직경에 의존하고 원용액의 pH에서 양성자화된 정도에는 의존하지 않는다. 그림 *b*의 과정은 ~1 μs 걸리는데, 이는 그림 *a*보다 1 000배 긴 시간이다.

그림 *c*에는 pH 7과 pH 2인 용액에서 얻은 마이오글로빈 단백질의 질량 스펙트럼을 대비한 것이다. pH 7에서 구형 단백질은 하전 잔여 메커니즘에 의해 방출된 것이다. 관측된 전자는 +9와 +8이다. 구형 글로블린 직경과 동등한 에어로솔 입자의 예측 전하는 +9.5인데, 이는 질량 스펙트럼에서 관측한 전하와 잘 일치한다. 반면 pH 2 용액에서 풀린 마이오글로빈의 전기 분무는 더 높은 수율의 단백질 양이온을 발생하여 +8에서 +25의 전하 범위를 보인다. 결사슬 방출 메커니즘에서 단백질은 방울이 작아지면서 방울 크기가 다른 입자에서 방출된다. 방출 당시 입자가 클수록 입자는 더 많이 하전되고 또 H^+가 더 많이 붙어 있다. 질량 스펙트럼에서 관측된 전하 범위가 넓을수록 단백질 방출 당시 입자 크기 범위가 넓다.

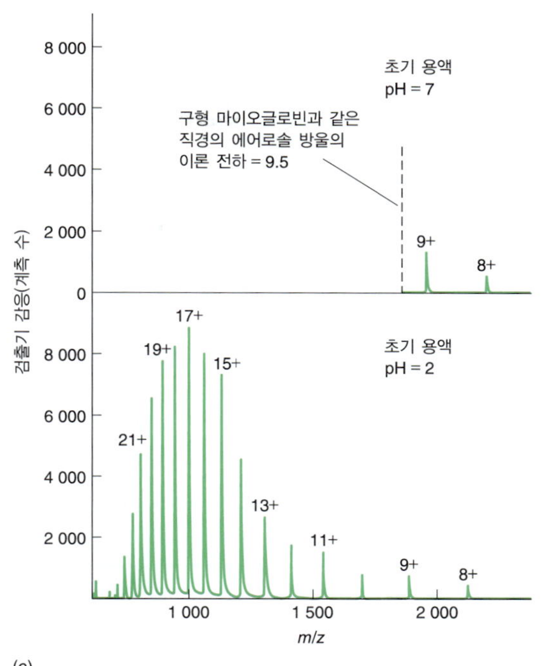

(*c*) **초기 pH 7과 pH 2인 용액에서 얻은 마이오글로빈 단백질의 질량 스펙트럼. 하전 잔여 모형에 의해 단백질 크기 방울의 전하를 띤 구형 단백질이 방출된다. pH 2에서는 사슬 방출 모형에 의해 풀린 일련의 크기를 가진 방울로부터 일련의 전하를 띤 단백질이 방출된다.** [L. Konermann, E. Ahadi, A. D. Rodriguez, and S. Vahidi, "Unraveling the Mechanism of Electrospray Ionization," *Anal. Chem.* **2013**, *85*, 2, Figure 7. Reprinted with permission © 2013, American Chemical Society.]

다. 전기 분무의 한 응용으로 건조 혈액 시료에서 헤모글로빈 변형 확인에 관한 것이 있다.[44]

그림 22-36에 나타낸 트랜스페린 단백질의 질량 스펙트럼에서 각 피크는 양성자수가 다른 분자들 MH_n^{n+}로부터 얻어졌다.[45] 이미 여러 피크에 전하를 표시하였지만, 실제로 이들의 전하는 스펙트럼을 분석하지 않고서는 알 수 없다. 각 이온종들의 전하를 알 수 있으면, 중성 단백질의 분자 질량 *M*을 구할 수 있다.

전하를 구하기 위해 중성 분자에 *n*개의 양성자가 첨가된 것으로부터 나타난 $m/z = m_n$인 피크를 생각해 보자.

$$m_n = \frac{\text{질량}}{\text{전하}} = \frac{M + n(1.008)}{n} = \frac{M}{n} + 1.008 \;\Rightarrow\; \boxed{m_n - 1.008 = \frac{M}{n}} \qquad \textbf{(22-7)}$$

질량 = 단백질의 질량 (*M*) + 수소 원자 *n*개의 질량 (*n* × 1.008).

이 될 것이다. 바로 옆에 있는 낮은 *m*/*z*의 피크는 *n* + 1개의 양성자수와 *n* + 1의 전하를 가지게 된다. 이 피크는,

$$m_{n+1} = \frac{M + (n+1)(1.008)}{n+1} = \frac{M}{n+1} + 1.008 \;\Rightarrow\; \boxed{m_{n+1} - 1.008 = \frac{M}{n+1}} \qquad \textbf{(22-8)}$$

표 22-3	그림 22-36에 나타낸 테트라시알로-트랜스페린의 전기 분무 질량 스펙트럼 분석 자료			
측정값 $m/z \equiv m_n$	$m_{n+1} - 1.008$	$m_n - m_{n+1}$	전하 $= n = \dfrac{m_{n+1} - 1.008}{m_n - m_{n+1}}$	분자량 $= n \times (m_n - 1.008)$
2 652.722 7	2 566.212 5	85.502 2	30.013 ≈ 30	79 551.44
2 567.220 5	2 485.975 6	80.236 9	30.983 ≈ 31	79 552.59
2 486.983 6	2 410.652 6	75.323 0	32.004 ≈ 32	79 551.22
2 411.660 6	2 339.748 3	70.904 3	32.999 ≈ 33	79 551.54
2 340.756 3	2 272.901 2	66.847 1	34.001 ≈ 34	79 551.44
2 273.909 2	2 209.768 9	63.132 3	35.002 ≈ 35	79 551.54
2 210.776 9	2 150.042 8	59.726 1	35.998 ≈ 36	79 551.68
2 151.050 8	2 093.482 2	56.560 6	37.013 ≈ 37	79 551.58
2 094.490 2	2 039.806 3	53.675 9	38.002 ≈ 38	79 552.32
2 040.814 3	1 988.798 0	51.008 3	38.990 ≈ 39	79 552.45
1 989.806 0	1 894.143 4		40	79 551.92
				평균 = 79 551.78 ± 0.48

출처: *M. E. Del Castillo Busto, M. Montes-Bayón, E. Blanco-González, J. Meija, and A. Sanz-Medel, "Strategies to Study Human Serum Transferrin Isoforms Using Integrated Liquid Chromatography ICPMS, MALDI-TOF, and ESI-Q-TOF Detection: Application to Chronic Alcohol Abuse,"* Anal. Chem. ***2005,*** 77, *5615.*

가 된다. 앞의 두 식으로부터,

$$\frac{m_n - 1.008}{m_{n+1} - 1.008} = \frac{M/n}{M/(n+1)} = \frac{n+1}{n} \tag{22-9}$$

이 된다. 따라서 식 22-9를 풀면, m_n 피크의 전하수 n을 구할 수 있다.

$$n = \frac{m_{n+1} - 1.008}{m_n - m_{n+1}} \tag{22-10}$$

식 22-10으로부터 구한 각 피크의 전하 n을 표 22-3의 네 번째 세로줄에 수록하였다. m/z 2 652.722 7인 피크의 전하는 $n = 30$이다. 따라서 이 피크는 MH_{30}^{30+}로 표시한다. 그리고 다음의 m/z 2 567.220 5에서 나타난 피크는 MH_{31}^{31+}로 표시한다. 크로마토그래피 용매(95 vol% 아세토나이트릴 + 5 vol% H_2O + 0.2 vol% 폼산)가 산성이므로 H^+가 여러 개 붙은 화학종이 나타난다. 폼산을 첨가하지 않아도 양이온 전에 분무에서 H_2O의 산화로 H^+가 생성한다.

어떤 피크에 대한 중성 분자의 질량은 식 22-7의 오른쪽 항을 재배열하여 다음과 같이 구할 수 있다. 즉

$$M = n \times (m_n - 1.008) \tag{22-11}$$

식 22-11로부터 계산한 질량값들은 표 22-3의 마지막 세로줄에 수록하였다. 분자 질량 계산에 있어서의 정확도 한계는 m/z 눈금의 정확도라고 할 수 있다. 이 연구에서 m/z 눈금은 폴리프로필렌 글리콜[poly(propylene glycol)]의 외부 표준 물질을 사용해 교정되었다.

전자 전달 해리 단백질 서열 분석[3]

이미 앞부분에서 단백질은 아마이드(펩타이드라고도 함) 결합에 의한 아미노산 사슬임을 보았다. 단백질은 **리보솜**(ribosome) 위에서 합성되는데, 리보솜은 RNA와 DNA 서열을 아미노산의 서열로 번역하는 단백질과의 조합물이다. 합성 후에 어떤 단백질은 효소 작용에 의해 아미노산 곁사슬에 아세트산 이온, 인산 이온, 탄수화물, 지질 등과 같은 작용기가 첨가 변형된다. **단백질체학**(proteomics)은 유기체에 있는 단백질의 구조와 기능을 밝히는 생화학의 한 분야이다.

질량 분석법은 단백질의 아미노산 서열을 밝히는 중요한 도구이다. 단백질은 효소 분해 과정에 의해 짧은 사슬로 분해된다. 각 사슬은 다시 가능한 모든 부분의 길이로 깨진다. 고분별능 질량 분석법은 어떤 부분에 어떤 아미노산이 붙어 있는지 추정을 가능하게 한다. 이 정보를 컴퓨터에 입력하여 아미노산 서열을 밝힌다.

전자 전달 해리(electron-transfer dissociation)는 질량 분석계 속에서 폴리펩타이드를 선별적으로 토막내는 한 방법이다.[46] 이 과정은 기체상 음이온에서 기체상 폴리펩타이드 양이온으로, 한 전자의 발열 전달에 의해 화학 결합이 깨지는 과정이다. 아래에 있는 아미노산 사슬에서

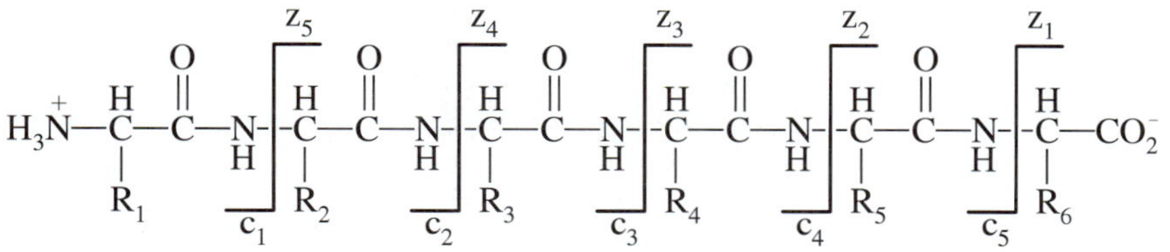

c_1에서 c_5, z_1에서 z_5로 표시된 부분에서 결합이 깨져 10개의 전하를 띤 조각을 생성한다. c 조각에서는 전하가 깨진 결합의 왼쪽에 놓이고, z 조각에서는 깨진 결합의 오른쪽에 놓인다. 충돌 유도 해리와는 달리, 전자 전달 해리는 곁사슬에 결합된 탄수화물이나 인산 이온기와 같은 곁사슬기나 펩타이드 사슬에 있는 다른 결합을 깨지는 않는다. 전자 전달 해리는 충돌 해리로부터 얻는 정보에 보완적인 구조 정보를 제공한다.[47]

그림 22-26의 질량 분석계는 전기 분무원 두 개가 장착되어 있을 때 폴리펩타이드 서열 분석에 필요한 전자 전달 해리를 일으킬 수 있다.[48] 0.2초간의 전기 분무에서 생성된 폴리펩타이드 양이온들은 선형 사중 극자 이온 트랩에 수집되어 적절한 전압을 걸어서 흐름 하부 부분에 저장된다. 그리고서 폴리펩타이드 발생원을 끄고 0.4초 후, 제2의 발생원으로부터 0.2초 동안 9-안트라센카복실산에 전기 분무한다. 안트라센카복실산 음이온은 선형 사중 극자 이온 트랩의 상류 부분에 0.2초 동안 수집된다. 이온 트랩 내에서 충돌 유도 탈카복실화로 음이온 A^-가 생성된다.

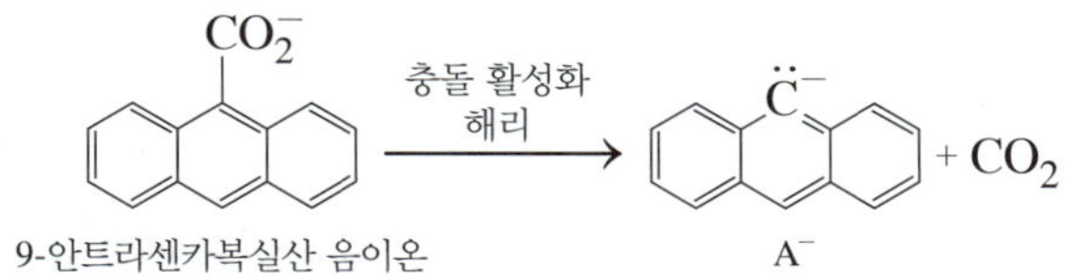

충돌 활성화 해리

9-안트라센카복실산 음이온 → A^- + CO_2

그 후 전위를 조절하여 이온 트랩의 반대쪽에 위치한 음이온과 양이온을 서로 혼합되도록 한다. A^-에서 전자 한 개가 폴리펩타이드 P^{n+}로 이동하게 되고, 그로 인해 폴리펩타이드 결합 한 개의 전자 전달 해리가 유도된다.

$$A^- + P^{n+} \rightarrow A + P^{(n-1)+} \rightarrow \text{한 개의 폴리펩타이드 결합 깨짐.}$$

각 분자마다 깨지는 결합이 다르므로 위에 그려져 있는 모든 가능한 c와 z 조각을 만든다. 마지막으로 펩타이드 양이온들은 방출되며, 정확한 m/z값을 가진 것만 그림 22-26의 오비트랩으로 측정된다. 1 ppm m/z 정확도로 m/z가 1 000 이하인 전자 전달 해리 생성 이온들 대부분이 N 또는 C 말단 펩타이드로 확인된다.[49]

정량분석을 위한 탠덤 질량 태그

조지워싱턴대학의 연구진은 개구리 배아의 단일 세포에서 단백질의 발현이 성장함에 따라 어떻게 변화하는지 알아보려고 노력했다.[50] 배아가 16개(수정 후 약 3시간)에 불과했을 때, 그림 22-37에서 보듯 색소 침착과 위치를 바탕으로 3가지 유형의 분화 세포가 확인되었다. D11형 세포는 개구리의 중추 신경계가 될 예정이었다. V11형 세포는 신경능선과 표피가, V21형 세포는 후장이 될 것이었다. 16개의 세포 배아를 해부해 세포 유형을 분리했고, 각

종류의 세포를 자체 0.6mL 원심 분리 튜브에 넣었다. 세포는 **용균**(이온 강도가 낮은 완충제를 사용하여 세포를 부풀려서 세포막이 분해되는 작용)되었고, 단백질 사슬 사이의 이황화 결합은 환원 및 알킬화되어 다시 결합되는 것을 방지하였다. 그런 다음 아미노산 라이신(Lysine)과 아르지닌(Arginine)의 카복시기 쪽에서 단백질을 분해하는 효소인 트립신(trypsin)으로 단백질을 분해했다(표 10-1). 이때 각 샘플에는 한 세포에서부터 나온 수백, 수천 개의 서로 다른 단백질 토막들이 혼재하고 있었다. 각각의 토막인 펩타이드는 단백질보다 작은 아미노산 사슬이다. 세 개의 다른 배아에서 나온 복제 세포는 각각의 실험에서 별도로 처리되었다.

그림 22-37을 계속 보면, 개별 세포에서 분해한 펩타이드 토막에는 탠덤 질량 태그(아래 설명)가 라벨로 붙어서 각 펩타이드의 출처가 식별되게 했다. D11 세포의 모든 펩타이드에는 같은 질량을 가지는 태그가 라벨로 부착했다. V11 세포의 모든 펩타이드에는 다른 질량의 태그가 라벨로 부착됐고, V21 세포의 모든 펩타이드에도 역시 다른 질량의 태그가 부착됐다. 각기 다른 태그를 라벨로 부착한 뒤, 세 가지 다른 세포 유형으로부터 나온 펩타이드를 모두 섞은 뒤에 모세관 전기 이동법(26장)을 이용하여 분리하였다. 전기 이동법을 통과해 나오는 각각의 펩타이드들은 전기 분무를 이용하여 이온화되어 고분별능 질량 분석계로 분석되었다. 각 펩타이드 내 각 질량 태그의 상대적인 양은 배아의 D11, V11 및 V21 세포에서 얼마나 펩타이드가 추출되었는지 알려준다. 이 실험으로부터 다른 종류의 배아 세포에서 각각의 다른 단백질들의 상대적인 양을 보여주는 카탈로그를 만들 수 있었다. 배아가 계속 자랄수록 세포는 더욱 분화하며 단백질 혼합물은 계속 분화한다.

각 펩타이드 토막의 아미노산 염기서열은 고분별능 질량 분석법으로 분석할 수 있다. 아미노산의 염기서열 분석을 바탕으로 많은 펩타이드 토막을 맞춰 모 단백질을 확인할 수 있다.

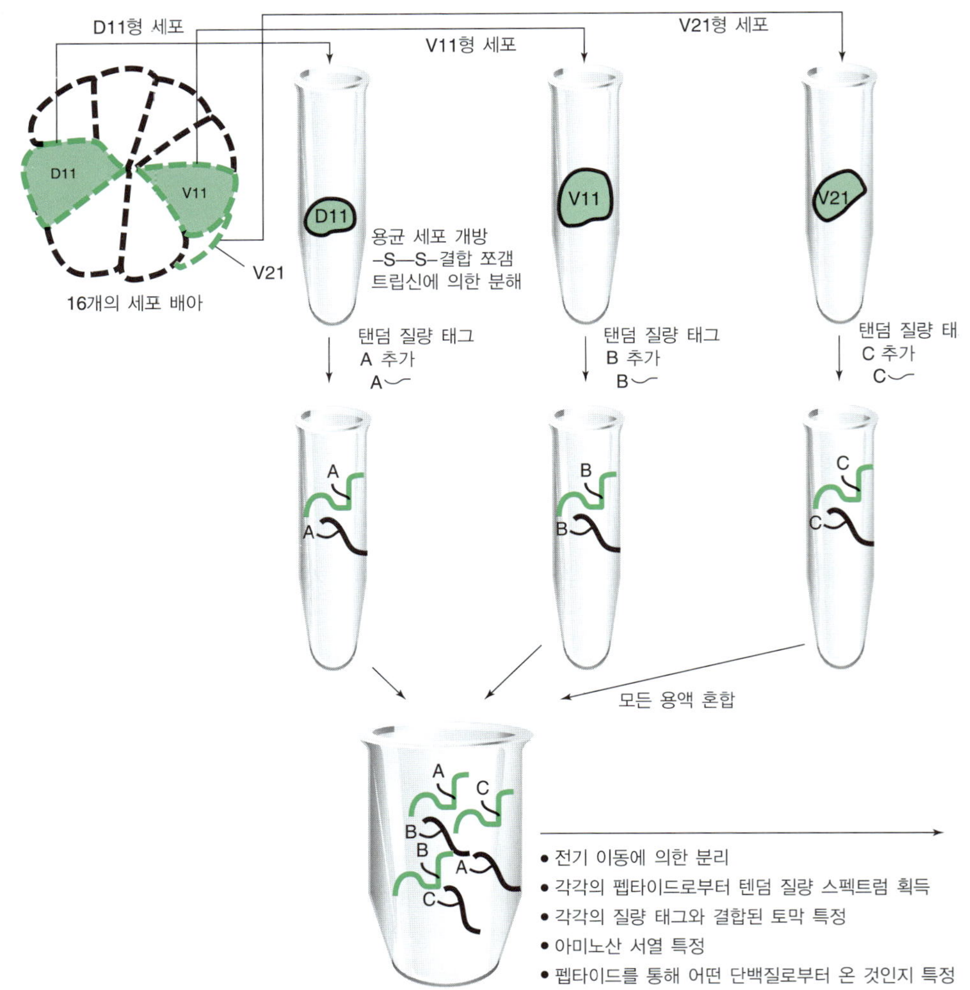

그림 22-37 개구리 배아의 3종류의 세포 각각에서 단백질의 상대적 양을 확인하는 절차.[50]

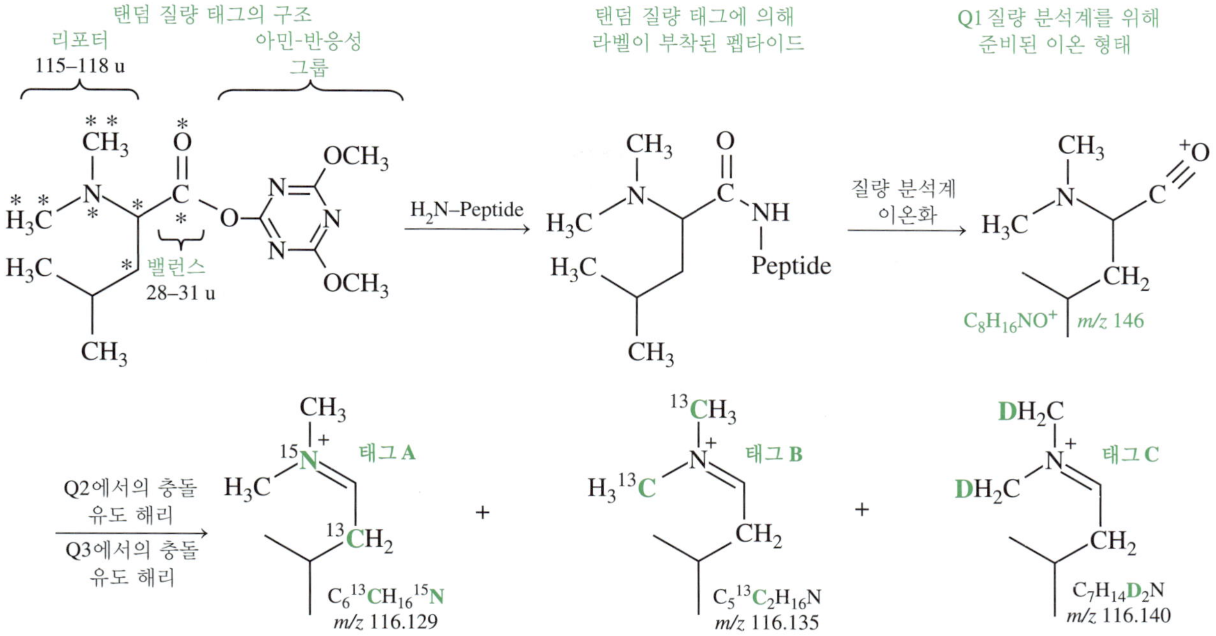

그림 22-38 혼합물에 포함된 펩타이드의 각 소스별 양을 결정하기 위해 펩타이드에 라벨을 붙이는 데 사용하는 탠덤 질량 태그. 여기에 표시된 3개의 태그는 ^{2}H, ^{13}C, ^{15}N 및 ^{18}O을 조합한 12개의 소스를 각각 라벨링할 수 있는 12개의 태그에서 나왔다. 왼쪽 상단에 있는 별표는 12개의 질량 태그에 무거운 원자로 라벨을 붙일 수 있는 사이트를 보여준다. 그림 22-24는 이 질량 태그 제품군에서 2 *m/z* 115 동위 원소 분별능을 전력 분리 능력으로 보여준다. [출처: D. C. Frost, T. Greer, and L. Li, "High-Resolution Enabled 12-Plex DiLeu Isobaric Tags for Quantitative Proteomics," *Anal. Chem.* **2015**, *87*, 1646.]

각 세포에는 약 10 μg의 단백질이 들어 있으며, 이 중 90%는 개구리 알의 노른자 단백질이다. 분석 대상에 해당하는 단백질은 세포 내 단백질의 0.2%(20 ng)에 불과했다. 총 1 709개의 각기 다른 단백질이 세 가지 세포 유형에서 확인되었다. 고분별능 오비트랩 탠덤 질량 분석법과 결합된 크로마토그래피 또는 전기 이동법은 펩타이드 분석에 혁신적인 능력을 가지고 있다. 전기 이동/질량 분석법은 90분만에 0.2 μg의 펩타이드 샘플로부터 27 000종의 펩타이드 분석과 이를 바탕으로 4 400 단백질을 특정할 수 있고,[51] 크로마토그래피 질량 분석법은 120분이면 1 μg의 샘플에서 53 000종의 펩타이드를 분석할 수 있다.[40]

탠덤 질량 태그(tandem mass tag)는 혼합물 속의 여러 펩타이드에 공유 결합으로 부착되도록 설계된 분자다.[52] 태그를 통해 얼마만큼의 펩타이드가 특정 세포에서 나온 것인지 결정할 수 있다. 예를 들어, D11 세포에 Vtga2 단백질의 양은 V11 세포보다 1.55배 많았지만, V21 세포보다는 0.61배 많았을 뿐이다. 따라서 V21/V11에서 단백질 Vtga2의 비율은 표준 오차 14% 범위에서 1.55/0.61 μ = 2.5이다.

그림 22-38은 화학 구조와 분자의 정수 질량이 같지만 수소, 탄소, 질소, 산소의 무거운 동위 원소가 서로 다른 위치에 있는 3개의 탠덤 질량 태그를 보여준다. 3개의 태그는 12개의 태그 세트의 일부로서 최대 12개의 단백질 공급원을 식별하는 데 사용될 수 있다.[53] 그림의 왼쪽 상단에 있는 태그의 일반적인 구조는 3개의 구성 요소를 가지고 있다. 아민-반응성 트라이아진 그룹은 태그가 펩타이드의 아미노 그룹에 결합하면 제거된다. 리포터 그룹과 CO 밸런스 그룹의 정수 질량이 항상 146 Da가 되도록 동위 원소의 조합을 선택한다.

그림 22-37의 D11 세포 유형으로부터 준비한 펩타이드에 태그 A를 추가하면 D11의 펩타이드 아미노 그룹은 태그 A로 라벨이 부착된다. 마찬가지로, 태그 B는 V11 세포의 펩타이드에 라벨을 붙이고, 태그 C는 V21 세포의 펩타이드에 라벨을 붙인다. 라벨을 부착한 후 모세관 전기 이동 또는 크로마토그래피에 의해 합쳤던 세 용액의 펩타이드가 분리된다. 분리가 잘 되면 전기 이동 또는 크로마토그래피로부터 각 피크는 하나의 펩타이드 종류를 포함한다. 각각의 피크는 태그 A를 부착한 펩타이드를 포함하고, 태그 B나 태그 C를 부착한 펩타이드가 함께 있기도 하다.

분리된 각 부분은 그림 22-26과 같은 전기 분무 이온화 과정을 통해 탠덤 질량 분석계로 전달된다. 그림 22-26의 선형 이온 트랩은 질량 태그가 부착된 단백질 Vtga2의 펩타이드 토막 1개에 해당하는 m/z 정숫값 1개를 유지하도록 설정되었다. 선형 이온 트랩에 머무는 일부 이온에는 태그 A, 일부 이온에는 B, 그리고 일부 이온에는 C 라벨이 붙어 있다. 모두 같은 정수 분자량을 가지고 있다. 서로 다른 태그로 표시된 펩타이드이지만, 태그가 미묘한 동위 원소 차이만 있기 때문에 정화 및 분리의 모든 단계에서 함께 이동한다.

선형 이온 트랩은 다음으로 이온과 He과의 충돌로 펩타이드 이온을 쪼개는 작동을 한다. 그림 22-38 우측 상단에서 보듯 펩타이드로부터 쪼개져 나온 동위 원소를 가진 태그 토막 이온은 모두 m/z 146을 가진다. 이 파편들은 $^{12}C^{18}O$를 손실하여 그림 22-38의 하단에 m/z가 116.129, 116.135 또는 116.140인 양이온을 남기게 된다. 이 파편들은 적어도 30 000의 분리 능력을 가진 오비트랩에서 명확하게 구별된다. **m/z 116.129, 116.135, 또는 116.140에서 이온의 비율은 배아 세포 C11, V11, V21에서 파생된 펩타이드의 비율을 알려준다.***

22-7 공기 노출 시료 채취 질량 분석법

공기에 노출된 시료의 표면에서 시료 손상을 크게 시키지 않으면서 분석 물질을 증기화하고 이온화할 수 있는 새로운 질량 분석 시료 채취법이 많이 있다. 이 시료 채취법은 질량 분석법을 이용한 정성 분석 분야의 새로운 활로를 열었다.[54]

실시간 직접 분석

실시간 직접 분석(direct analysis in real time, DART) 이온화원은 전자적으로 들뜬 He나 진동적으로 들뜬 N_2를 발생시켜 이들을 분석 대상 물질 표면에 향하게 하여 공기 중에서 시료 채취를 가능하게 한다. 그림 22-39에서 가열된 기체는 바늘 전극을 통해 흐르는데, 바늘 전극은 다공성 디스크 형태인 상대 전극에 대해 +1~+5 kV 전위를 가진다. 글로우 방전 플라스마는 전자, 이온, 들뜬 상태의 중성 화학종을 함유하고 있다. 전극 1, 2는 양이온 질량 분석법에서는 양전위를, 음이온 질량 분석법에서는 음전위를 띤다. 양전위 상태에서 전극 1과 2는 DART 발생원에서 양이온이 나오는 것을 막는다. 음전위에서 음이온과 전자는 남게 된다.

$He^* + H_2O \rightarrow H_2O^+ + He + e^-$
$H_2O^+ + H_2O \rightarrow H_3O^+ + OH$
$H_3O^+ + (n-1)H_2O \rightarrow (H_2O)_nH^+$

들뜬 He 원자가 H_2O 같은 분자를 이온화하는 과정을 Penning **이온화**라 한다.

DART 총(gun)은 시료 채취 목적물을 향한다. 헬륨 발생원을 쓰면, 19.8 eV(2^3S로 표시, 보조단 수식에서는 He*로 표기) 에너지를 가진 들뜬 He 원자는 대기 중 수증기와 반응하여 분자 이온 H_2O^+를 형성한다. 이 이온들은 다시 수증기와 반응하여 H_3O^+와 하이드록실 라디칼(OH)을 만든다. H_3O^+는 H_2O와 함께 H^+가 붙어 있는 물 클러스터를 생성한다. 이 클러스터는 시료 표면에서 분석 물질 M과 반응하여 MH^+를 생성한다. 다른 화학 과정을 통해 $(M-H)^-$, M^-, $(M+NH_4)^+$, $(M+Cl)^-$ 등도 생성될 수 있다.

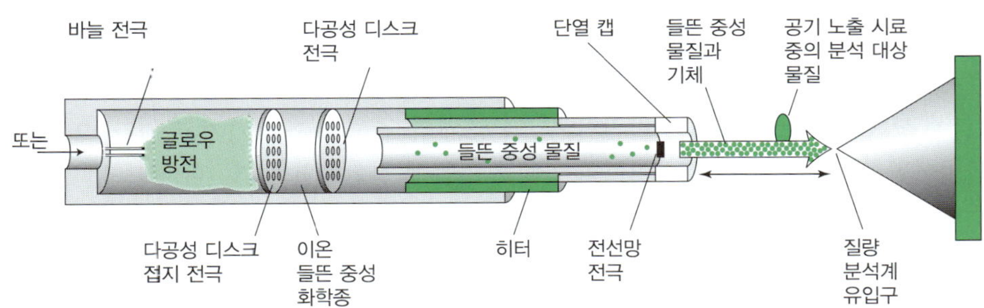

그림 22-39 실시간 직접 분석(DART) 발생원 [출처: R.B. Cody, J A. Laramee, and H. D. Eurst, "Versatile New Ion Source for the Analysis of Materials in Open Air Under Ambient Ambient Conditions," *Anal. Chem.* **2005**, *77*. 2297 and JEOL USA, Peabody, MA]

* 3개의 질량 태그의 상대적인 양을 계산할 때 질량 태그의 동위 원소 순도와 ^{12}C의 명목 질량 위치에서 1.1% ^{13}C와 같이 자연적으로 풍부한 동위 원소의 존재를 고려해야 한다.

베이글 빵에 들어 있는 양귀비 씨앗이 시료인 경우, 고분별능 비행 시간형 질량 분석계에 나타나는 주요 두 화학종은 H^+가 붙은 분자, (모르핀)H^+($C_{17}H_{19}NO_3H^+$, m/z 286.144 3)과 (코데인)H^+($C_{18}H_{21}NO_3H^+$, m/z 300.161 1)일 것이다.[55] 별도의 정량 분석 결과 양귀비 씨앗에는 모르핀과 코데인이 각각 약 33, 14 μg/g (ppm) 함유되어 있었다.

저온 플라스마

DART와 관련된 기술의 하나인 저온 플라스마는 중심에 접지선을 붙인 유리관 속으로 He, Ar, N_2, 또는 대기를 흘려주어 발생시킨다(그림 22-40과 천연색 사진 18). 유리관 외벽은 3 kV 교류를 흘려주는 구리층(copper sheath)이 감겨 있다. 플라스마 속의 들뜬 화학종은 사람 피부와 같은 표면에서 분자를 이온화시켜 질량 분석계로 보내는 역할을 한다. 연구 대상 표면에 전기 쇼크는 생기지 않는다.[56]

탈착 전기 분무 이온화

탈착 전기 분무 이온화(desorption electrospray ionzation, DESI)에서 분석 물질이 들어 있지 않은 용매의 전기 분무에 의해 생성된 전하를 띤 방울(그림 22-29)을 연구 대상 물질의 표면에 쪼여준다.[57] 표면에 있는 분석 물질은 용매 방울에 녹는다. 전자 충격을 계속하면 용매 방울은 공기 중으로 떨어져 나가 질량 분석계 입구로 향한다. 일반적인 전기 분무 경우와 마찬가지로, 여러 전하를 가진 이온이나 알칼리 금속이 붙어 있는 물질이 질량 스펙트럼에 나타난다. DESI는 뇌 수술 중 암과 암이 아닌 조직을 구별하는 데 사용되어 의사가 제거할 조직을 결정하는 데 도움을 준다.[58]

브라질의 화학자 Livia S. Eberlin은 오스틴에 있는 텍사스 대학교의 연구 그룹을 이끌고 있으며, 질량 분석을 위한 open-air 샘플링을 개발하여 수술 중 의사가 조직을 분류하는 데 도움을 주려고 한다. 기대되는 적용의 예를 들면, 외과의가 조직에 "샘플링 펜"을 터치하여 해당 조직이 암인지 아닌지를 결정할 수 있는 일을 돕는 것이다. 이 샘플링 기기를 통해 림프샘을 제거해야 하는 부갑상선인지 아니면 부갑상선처럼 보이는 림프절인지를 식별할 수 있을 것이다. Eberlin은 그녀의 연구로 MacArthur Award를 수상했으며 세 자녀의 어머니이기도 하다.

그림 22-41은 종이에 쓰여 있는 잉크 글씨의 DESI 맵핑을 보여 준다. 메탄올과 물 혼합물을 분무 팁에서 불과 2 mm 거리에서 전기 분무를 한다. 튕겨 나온 방울의 질량 스펙트럼(m/z 150~600)은 0.67초마다 기록된다. 종이를 조금씩 이동시켜 이차원 지도를 얻을 수 있다. 종이에 글씨가 없는 부분의 질량 분광 신호를 얻어서 잉크가 있는 부분의 신호를 빼어 줌으로서 피크 스펙트럼을 얻는다.

예를 들어 한 문서에 푸른색 잉크로 '1432' 연도가 쓰여 있다고 생각해보자. 누군가가 이 연도 위에 원래 잉크와 아주 색이 유사한 다른 푸른색 잉크로 획을 덧씌워서 연도를 '1982'로 변경했다. 이 문서의 연도가 바뀐 것이라는 것을 보여주기 위해 DESI 맵핑을 할 수 있다. 처음 잉크로 Basic Violet 3을 사용했다면, 이 잉크는 m/z 372.243인 어미 이온 M^+을 갖는다. 두 번째 잉크로 Solvent Blue 2를 사용했다면, 이 잉크는 m/z 484.275인 어미 이온 M^+

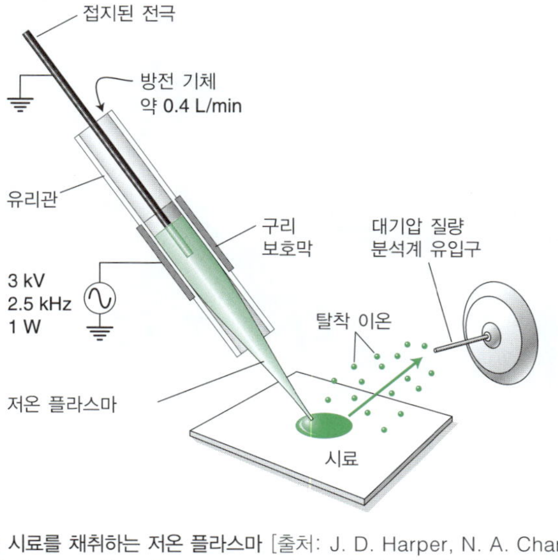

그림 22-40 공기 노출 표면 시료를 채취하는 저온 플라스마 [출처: J. D. Harper, N. A. Charipar, C. C. Mulligan, X. Zhang, R.G. Cooks, and Z. Ouyang, "Low-Temperature Plasma Probe for Ambient Desorption Ionization," *Anal. Chem.* **2008**, *80*, 9097.]

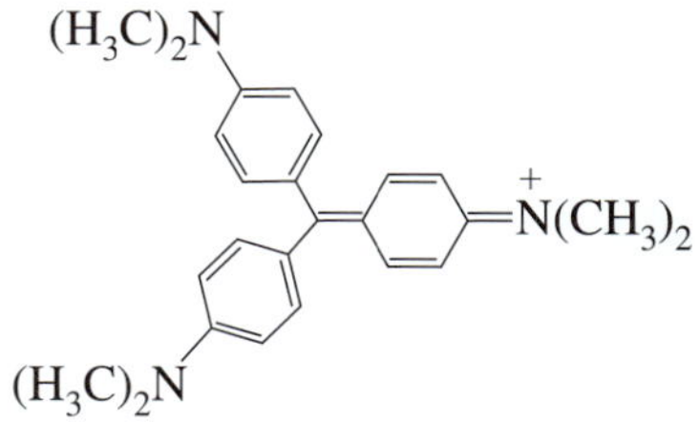

Basic Violet 3
also called crystal violet
$^{12}C_{25}{}^{1}H_{30}{}^{14}N_3^+$ m/z 372.243

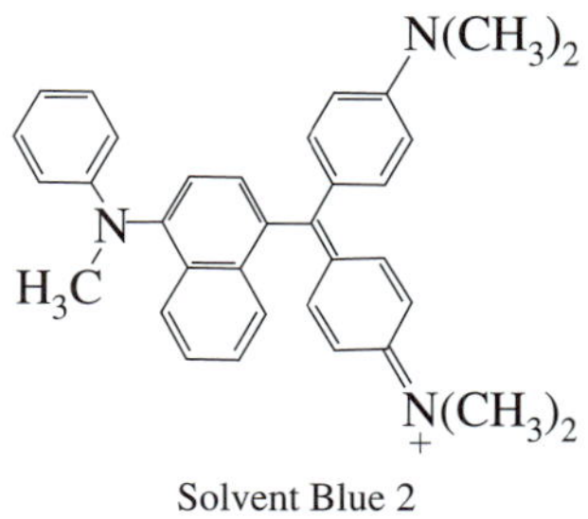

Solvent Blue 2
$^{12}C_{34}{}^{1}H_{34}{}^{14}N_3^+$ m/z 484.275

그림 22-41 잉크의 탈착 전기 분무 이온화(DESI) 맵핑

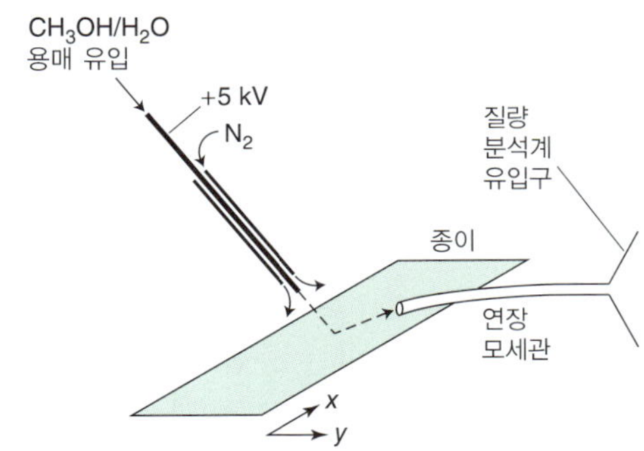

을 갖는다. 따라서 m/z 372.4에서 1 단위 분별능으로 추출 이온 검출법을 시행하면 '1432'만 나타날 것이고, m/z 484.5에서 추출 이온 검출법을 시행하면 덧씌운 획만 나타날 것이다. DESI는 이런 식으로 잉크의 질량 스펙트럼 영상을 통해 법정에서 문서의 진위를 평가하는 데 이용되기도 한다.

소형 질량 분석계[59]와 종이 분무 시료의 도입

종이 분무 시료 소개

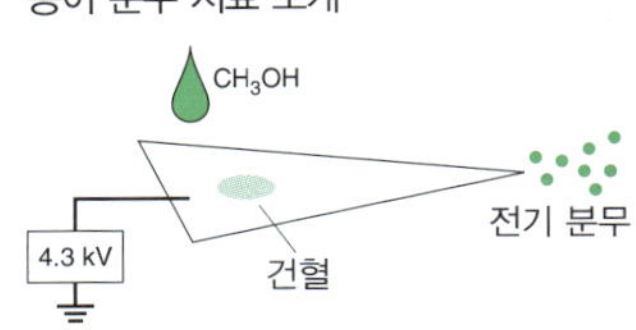

그림 22-42는 의료 분석 목적으로 개발 중인 소형 질량 분석계이다. 질량이 25 kg인 이 기기는 선형 사중 극자 이온 트랩을 채용하고 있는데, 상대적으로 높은 압력(10^{-5} bar)에서 작동이 가능하고 혈액에 들어 있는 의약품 같은 복잡한 매질 시료에서 적절한 신호 대 잡음비로 선택 반응 검출법을 수행할 수 있기 때문이다. 정량에 필요한 내부 표준 물질이 들어 있는 혈액 시료 2.5 mL를 삼각형 모양의 실리카 코팅 종이에 떨어뜨린 후 건조시킨다. 종이를 시료 주입 장치에 올려놓은 후 CH_3OH 40 mL를 용매 펌프를 이용하여 흘려주어 혈액으로부터 얻은 작은 화합물을 녹인다. 종이에 4.3 kV 전압을 걸어서 삼각형 종이 끝에서 이온의 전기 분무를 발생케 하여 질량 분석계로 주입한다. 극성 화합물에만 적용되는 전기 분무 이온화와 달리 종이 분무 이온화는 비극성 화합물(예: 방향족 화합물) 및 저극성 화합물에 대해 작동한다.[60] 실리카 코팅 용지 대신 고체상 미세 추출을 위한 크로마토그래피 코팅(24-4절) 및 폴리스타이렌 마이크로스피어는 종이 분무와 같은 샘플 도입에 사용된 다른 매체이다.[61]

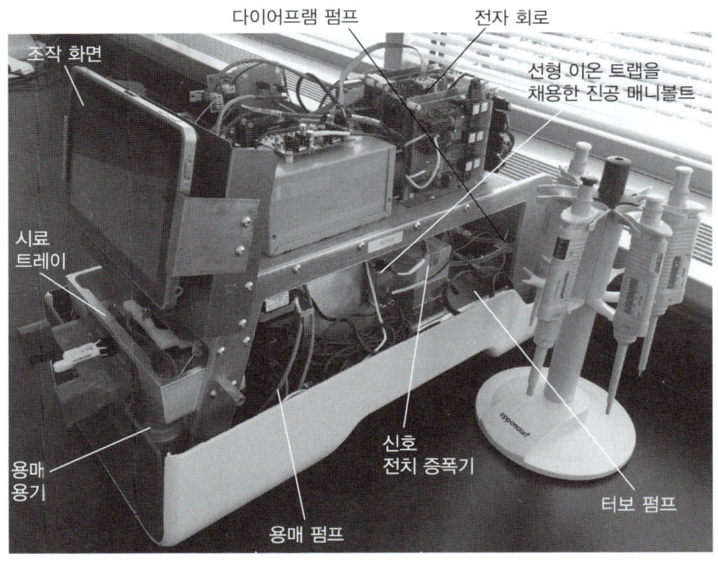

그림 22-42 혈액 속 약물과 같은 복잡한 시료의 다중 반응 검출을 위해 개발 중인 선형 사중 극자 이온 트랩 소형 질량 분석계 [Courtesy Zheng Ouyang, Purdue University.]

미세 방울에서 가속되는 화학 반응

살아있는 세포에서 일어나는 화학 반응은 세포막이나 상 경계에 매우 가까운 미세한 곳에서 단단히 갇혀있는 상태에서 발생한다. 일부 화학 반응의 속도는 반응물이 전기 분무나 종이 분무에 의해 형성된 미세 방울에 갇혀있을 때 크게 가속된다는 사실이 화학자에 의해서 발견

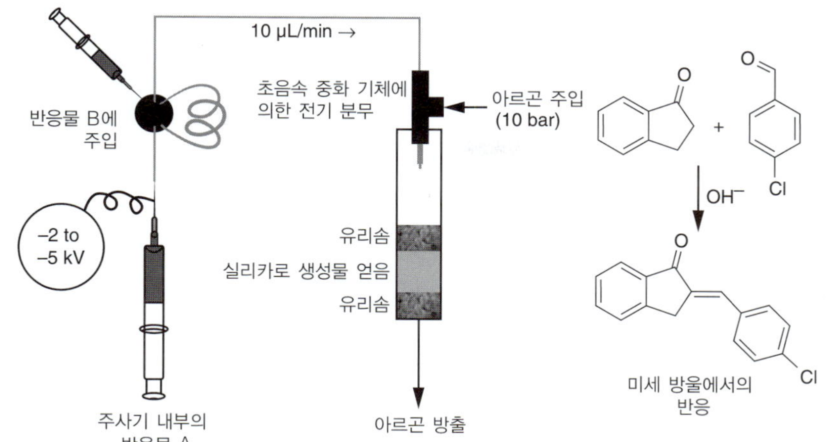

그림 22-43 전기 분무 방울에서 메탄올 용액의 화학 합성 [출처: T. Müller, A. Badu-Tawiah, and R. G. Cooks, "Accelerated Carbon-Carbon Bond-Forming Reactions in Preparative Electrospray," *Angew. Chem. Int.* Ed. **2012**, *51*, 11832.]

됐다. 그림 22-43은 메탄올 용액에서 탄소-탄소 결합을 형성하기위한 마이크로 스케일 반응 장치를 보여준다. 이 반응은 많은 양의 용액에서는 몇 시간이 걸리지만 전기 분무 미세방울에서는 몇 초 만에 발생한다. 종이 스프레이도 일부 화학 반응을 가속화할 수도 있다.[62]

매트릭스 보조 이온화

매트릭스 보조 이온화(matrix-assisted ionization)는 전기장이나 레이저를 적용하지 않고도 질량 분석을 위한 이온을 생성하는 놀라운 방법이다. 샘플은 질량 분석계의 입구로 승화되도록 하는 과량으로 결정화한 적절한 매트릭스 물질과 단순히 혼합한다. 그림 22-44a의 종이에서 미세한 잉크 샘플을 얻으려면 유리 모세관 융점 튜브의 둥근 끝으로 종이를 약 30초 동안 문질러 일부 잉크를 흡수하게 한다. 그런 다음 0.1 mg의 매트릭스 물질 3-nitrobenzonitrile이 함유된 1 μL의 아세토나이트릴을 모세관 튜브의 둥근 끝 부분에 찍어 바른다(그림 22-44b).

NO_2 — C≡N

3-Nitrobenzonitrile

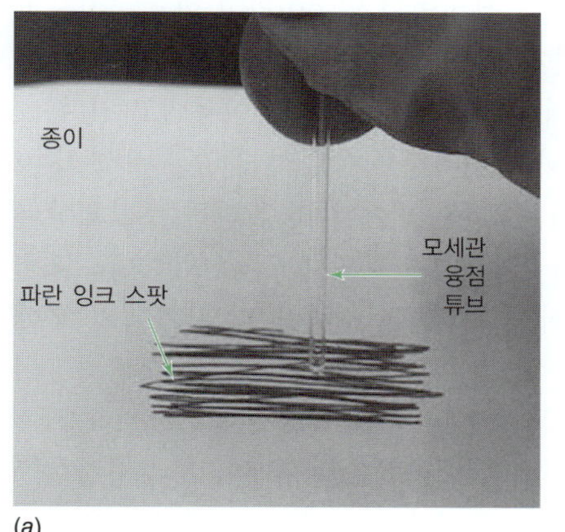

(*a*)

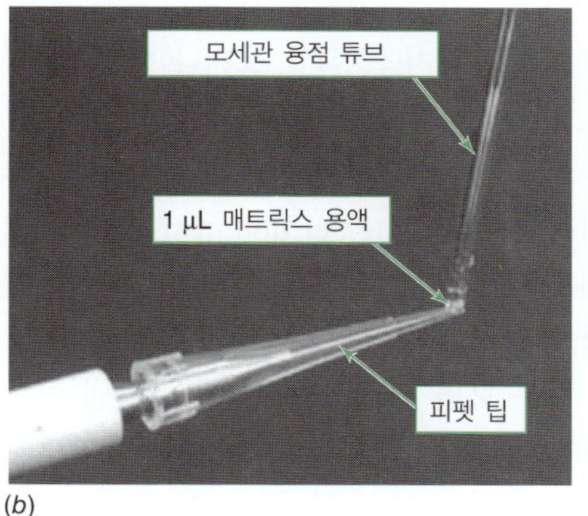

(*b*)

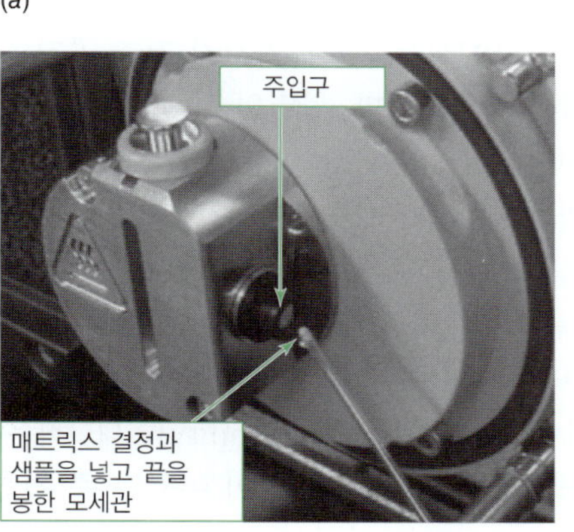

(*c*)

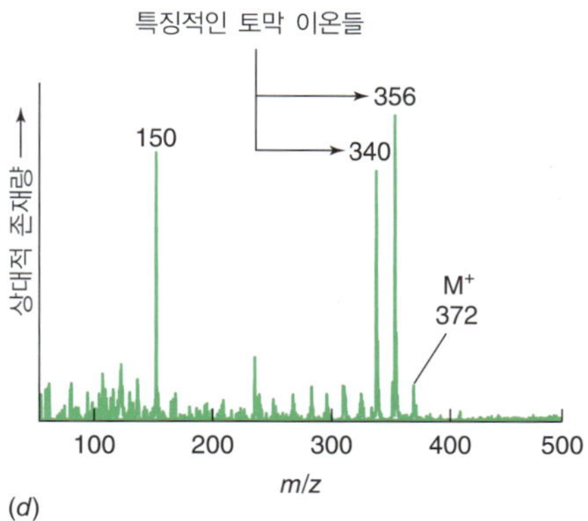

(*d*)

그림 22-44 (*a*) 크리스탈 바이올렛 잉크의 흔적(그림 22-40 옆의 Basic Violet 3과 동일)은 잉크를 가로질러 유리 모세관의 밀봉 된 끝을 문질러서 취한다. (*b*) 1 μL의 매트릭스 용액이 모세관에 방울로 적용되고 건조된다. (*c*) 매트릭스와 샘플을 질량 분석계의 입구 근처에 댄다. (*d*) 잉크의 스펙트럼. 분광계 입구에 걸린 80 V의 전압은 분자 이온의 충돌 유도 해리를 유발하여, *m/z* 356 및 340에서 토막으로 이온이 검출되게 한다. 쪼개진 이온들과 함께 *m/z* 372의 온전한 이온은 크리스탈 바이올렛의 식별을 가능하게 해준다. [출처: Z. J. Devereaux, C. A. Reynolds, J. L. Fischer, C. D. Foley, J. L. DeLeeuw, J. Wagner-Miller, S. B. Narayan, K. Mackie, and S. Trimpin, "Matrix-Assisted Ionization on a Portable Mass Spectrometer: Analysis Directly from Biological and Synthetic Materials," Anal. Chem. **2016**, *88*, 10831, Figures 3 and S14. Reprinted with permission © 2016 American Chemical Society]

용매가 증발하면 미량의 분석물과 혼합된 매트릭스 결정을 남기게 된다. 그림 22-44c의 질량 분석계의 대기압 입구 근처에 모세관 튜브를 대면 그림 22-44d의 스펙트럼이 나타난다. 매트릭스-분석물 결정을 질량 분석계의 대기압 이하의 압력에 노출시키기만하면 이온이 생성되는 것이다.

어떻게 이런 식으로 기체상 이온을 생성할 수 있을까? 매트릭스로 사용된 3-나이트로벤조나이트릴은 결정이 부서질 때 빛을 방출하는 마찰 발광 물질 중 하나이다. 다른 많은 결정질 매트릭스 재료도 승화라는 간단한 방식으로 질량 분석을 위한 이온을 효과적으로 생성할 수 있다. 마찰 발광 물질에 일어나는 균열이 표면의 반대 방향으로 일어나면, 서로 반대되는 전하를 갖는다고 생각된다. 마찰 발광 물질의 균열이 벌어지면 전하가 가로질러 이동하고 빛이 방출된다. 매트릭스 보조 이온화에 대한 가능한 설명은 매트릭스 결정의 승화가 전하를 지닌 매트릭스 에어로솔 입자를 생성한다는 것이다. 매트릭스가 승화하고 입자가 줄어들면 전하가 남게 된다. 결국 이 전하는 각 에어로솔 입자에 있던 분석물에 남아 있게 된다. 이 공정은 보충 22-4, panel *b*의 전기 분무 이온화를 위한 잔류 전하 모델과 유사하다고 생각할 수 있다.

전기 분무 이온화와 마찬가지로 매트릭스 보조 이온화는 라이소자임(8+~15+)과 같은 다중 전하량을 지닌 단백질 이온을 생성할 수 있다.[63] 3-나이트로벤조나이트릴 매트릭스를 20달러 지폐 위에 대고 질량 분석계 입구 근처로 가져가면, 양성자로 이온화된 코카인을 관찰할 수 있다.[64] 일회용 피펫 끝에 있는 1 μL의 소변과 매트릭스로 만든 샘플을 이용하면 소변에서 미량의 불법 약물에 대한 질량 스펙트럼을 확인할 수 있다.[65] 시료가 질량 분석계의 진공 영역에 완전히 삽입되면 분석 정밀도가 향상될 수 있다.[66]

22-8 이온 이동도 분석법

10^4대 이상의 **이온 이동도 분석계(ion mobility spectrometer)**[67]가 폭발물을 검출하기 위해 공항 안전 검사대에 설치되어 있고, 약 10^5개 이상의 소형 휴대용 장치가 군과 시민 방어 요원들에 의해서 이용되고 있다. 기능적으로는 질량 분석계와 비슷하지만, 이온 이동도 분석계는 보통 압력의 대기 중에서 작동되므로, 이 방법은 질량 분석법의 일종이라고 할 수 없다. 따라서 이온 이동도 분석계는 분자 m/z 측정에 이용하지 않을 뿐만 아니라 구조 해석에 관한 정보도 제공하지 않는다. 그러나 이 방법은 이 책에서 소개할 정도로 널리 이용되고 있다.

26장에서 논의하게 될 **전기 이동**(electrophoresis)은 전기장의 영향하에 있는 용액 내 이온들의 이동이다. 이온 이동도 분석법은 이온을 크기 대 전하 비에 따라 분리하는 **기체상 전기 이동**(gas phase electrophoresis)이라고 할 수 있다. 질량 분석계와는 달리 이온 이동도 분석계는 이성질체 분리에 사용된다. 이온 이동도는 최대 50 MDa 질량을 갖는 거대 단백질 집합체 연구에 이용할 수 있다.[68]

처음 보면 그림 22-45a에 나타낸 이온 이동도 분석계는 비행 시간형 분석계를 연상하게 한다. 휴대용 장치에서 표류관은 길이가 5~10 cm이다. 전형적으로 면봉에 흡수시킨 시료는 그림 왼쪽의 가열 모루(anvil) 속에 넣어 분석 물질의 증기를 탈착시킨다. 화학 이온화 시약(음이온에 대해서는 Cl_2, 양이온의 경우는 아세톤이나 암모니아)을 첨가시킨 건조 공기를 불어 넣어 증기를 10밀리큐리의 ^{63}Ni이 들어 있는 관을 통과시킨다. ^{63}Ni의 β 방출(전자 방출)에 의해 이온화된 시약 기체들은 분석 물질과 반응하여 분석 이온을 생성한다.

스펙트럼의 주사는 문짝 그리드에 약 250 μs 펄스 전압을 가해서 이온 집단이 표류관 속으로 들어감으로써 시작된다. 표류 고리에 전위차를 가해서 표류 지역 내에 200~300 V/cm의 전기장이 생기게 한다. 전기장은 양이온이나 음이온을 약 1~2 m/s로 오른쪽을 향해 표류시킨다. 이온은 대기 압력하에서 기체 분자와 충돌하여 속도가 감소된다. 각 이온은 KE가 같은 속도로 비행한다. 여기서 E는 전기장의 세기이고, K는 **이동도**(mobility)이다. 작은 이온은 전하가 같은 큰 이온보다 이동도가 커지게 되는데, 그 이유는 큰 이온이 더 큰 견인력(drag)을 받기 때문이다.

작은 이온은 큰 이온보다 빠르게 표류한다. 전기 이동으로 이온 이동도 분석계를 설명한 내용은 문제 26-51을 참조하라.

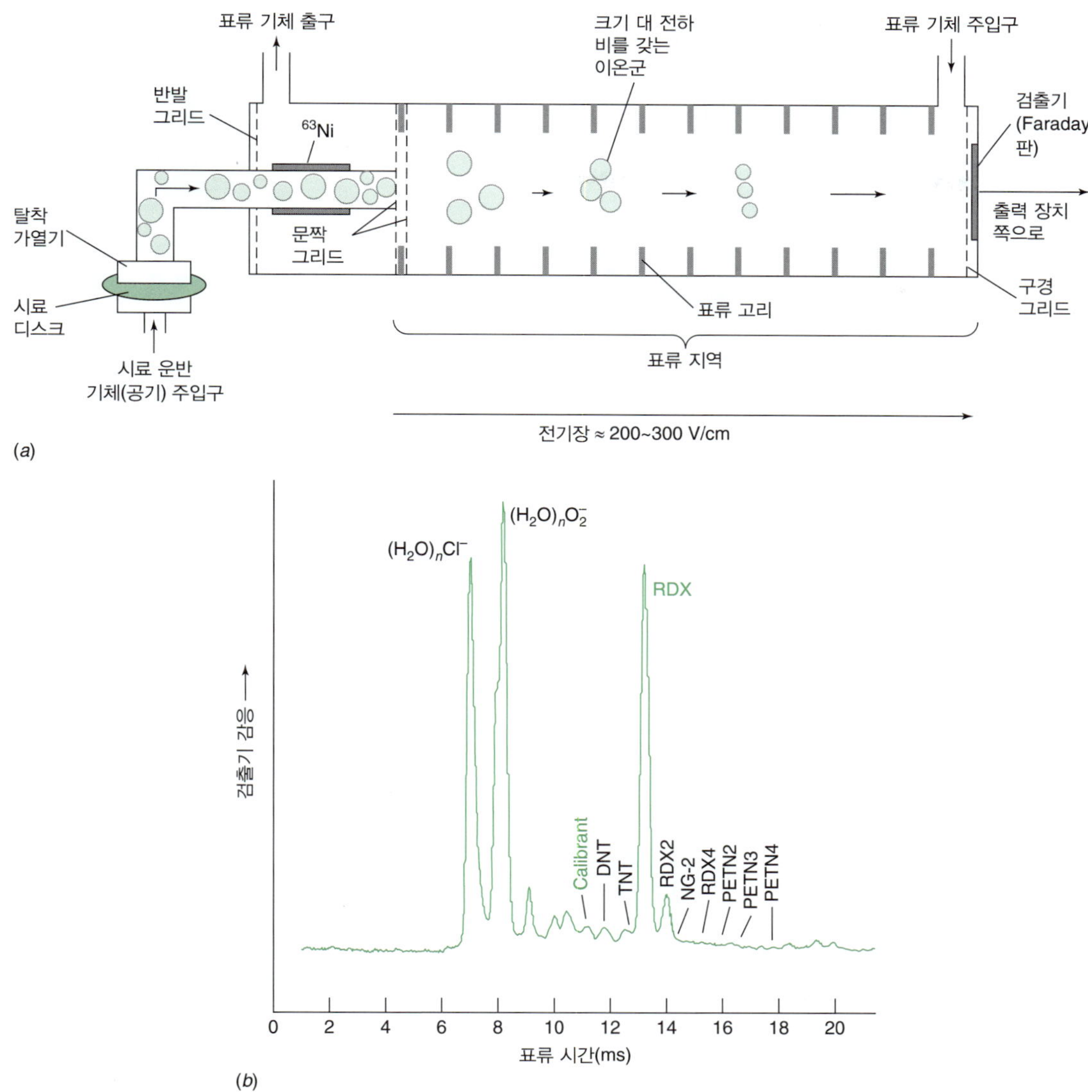

그림 22-45 (*a*) 이온 이동도 분석계의 계략적 그림. 구경 그리드(aperture grid)는 선너비가 심하게 증가하는 것을 막아준다. 노출된 검출기 판에 접근하는 이온들은 전류를 발생하는데, 이 전류는 이온이 도달하기 전에 신호로 나타난다. 구경 그리드는 이온이 그리드와 검출기 사이에 있을 때까지 유도 전류로부터 검출기를 보호한다. (*b*) RDX, TNT, PETN 등으로 표시한 폭약들의 음이온 이동도 스펙트럼. 교정 화합물인 4-나이트로벤조나이트릴은 내부 이동 표준 물질이다. Cl_2는 화학 이온화법으로 음이온을 생성하기 위한 시약 기체이다. [출처: W. R. Stott, Smiths Detection, Toronto.]

그림 22-45b에 나타낸 이온 이동도 '스펙트럼'은 여러 가지 폭발물에 대한 검출기 감응 대 표류 시간을 나타낸 그래프이다. '스펙트럼'은 실제로 이온 크로마토그램이다. 피크 면적은 이온 수에 비례한다. 피크는 내부 표준의 이동도에 비례하는 재현성 있게 측정된 이동도에 의해서 확인한다. 측정은 초당 약 20회 반복할 수 있다. 나타낸 스펙트럼은 여러 번 측정하여 평균을 구한 것으로, 스펙트럼을 얻는 데 약 2~5초 정도 필요하다.

그림 22-45b의 RDX에 대한 이온 이동도 분리 능력은 분리 능력 = (표류 시간)/(반치전폭) ° 50 형식으로 식 22-3처럼 표현할 수 있다. 이온 이동도 분석계는 분리 능력이 상당히 제한적이다. 그러나 이동도와 선택적 이온화를 결합하면 위양성을 최소화할 수 있다. 2~4 bar의 압력으로 밀폐된 챔버에서 작동하면 분별능을 향상시킬 수도 있다.[69] 이온화가 잘되는 화합물의 검출 한계는 0.1~1 pg이다.

이온 이동도 질량 분석법

일부 상업용 질량 분석계는 이온 이동도 분석법과 연결해서 개별 물질을 연구할 수 있도록

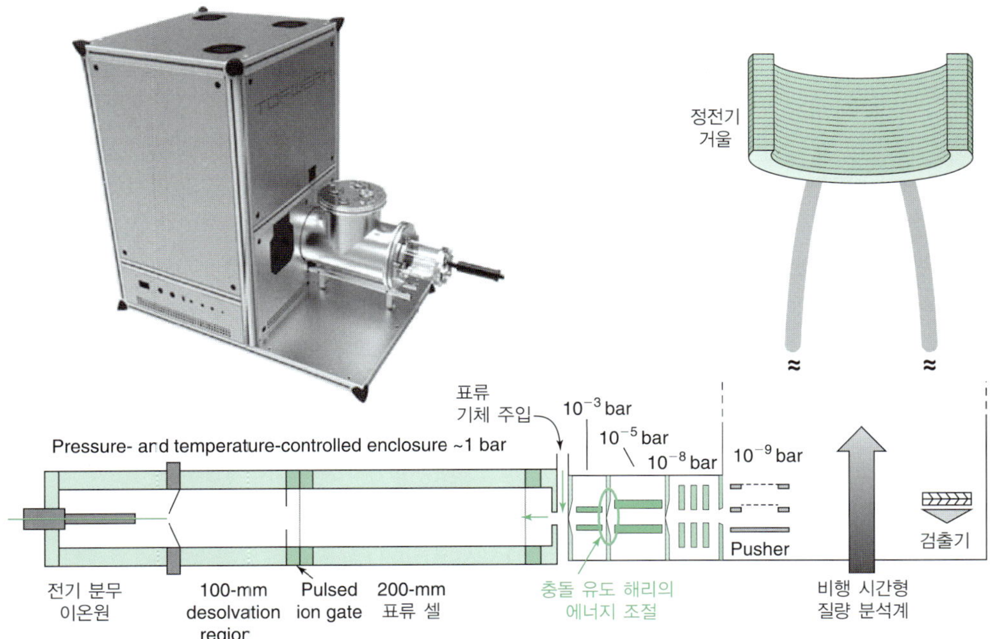

그림 22-46 상업용 이온 이동도 질량 분석계의 배치도 [출처: Courtesy of Tofwerk AG]

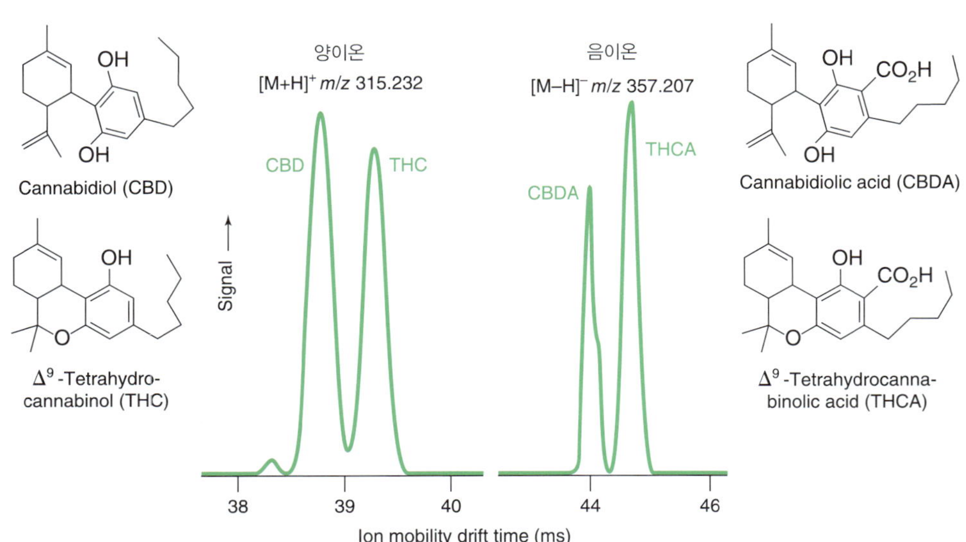

그림 22-47 대마초 샘플 성분을 그림 22-46의 이온 이동도 질량 분석계를 사용하여 분석하면 의료용 마리화나와 불법 약물을 구분할 수 있다. [출처: M. Hädener, M. Z. Kamrath, W. Weinmann, and M. Grossl, "HighResolution Ion Mobility Spectrometry for Rapid Cannabis Potency Testing," *Anal. Chem.* **2018**, *90*, 8764, Figure 3. Reprinted with permission ©2018 American Chemical Society.]

이온을 분리한다.[70] 그림 22-46의 기기는 전기 분무 이온화를 사용하여 짧은 펄스로 이온 이동도 분석계의 표류 튜브에 도입되는 이온을 생성한다. 양이온 모드나 음이온 모드를 선택할 수 있다. 그림 22-18의 연속 다이노드 전자 증배관과 같은 표류 튜브는 ~400 V/cm의 균일한 전기장을 가진 저항성 유리로 만들어진다. 이온은 이동도에 따라 분리된 후 압력이 1 bar에서 10^{-8} bar로 낮아진 라디오 주파수 이온 가이드로 이동한다. 여기에서 충돌 유도로 이온

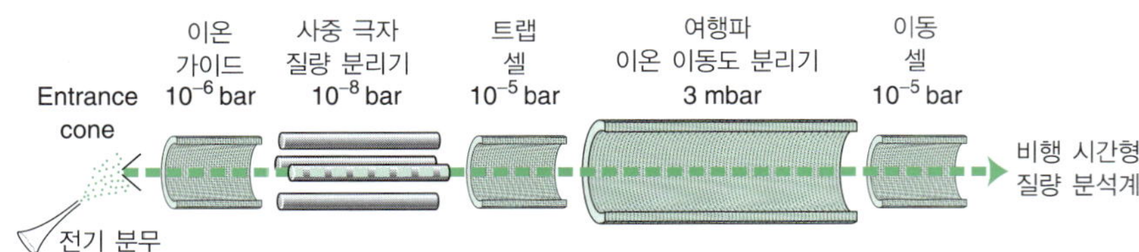

그림 22-48 사중 극자와 비행 시간형 질량 분리기 사이에 여행파 이온 이동도 분리기가 부착된 질량 분석계 모식도 [Courtesy Prof. Matthew F. Bush, Department of Chemistry, University of Washington.]

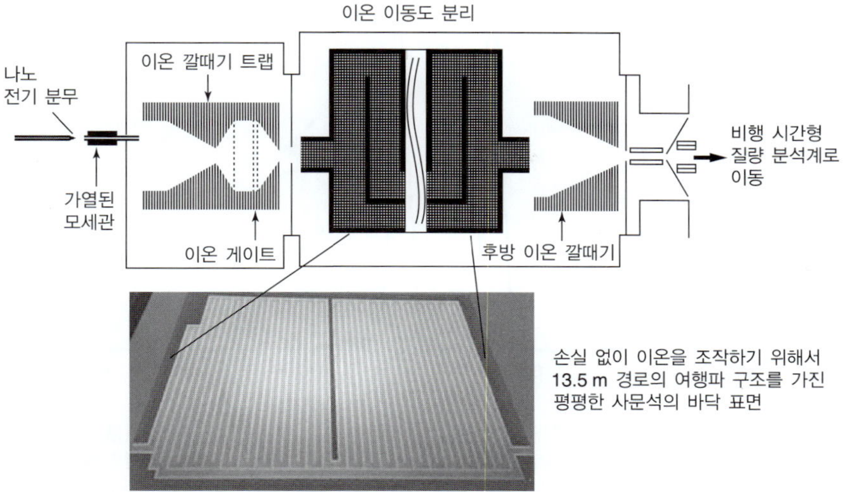

그림 22-49 이온의 무손실 검출을 위한 고분별능 여행파 구조는 그림 22-50과 같이 입체 이성질체의 이온 이동도 분리를 위해 ~ 100 m의 경로를 가지게 한다. [출처: L Deng, I. K. Webb, S. V. B. Garimella, A. M. Hamid, X. Zheng, R. V. Norheim, S. A. Prost, G. A. Anderson, J. A. Sandoval, E. S. Baker, Y. M. Ibrahim, and R. D. Smith, "Serpentine Ultralong Path with Extended Routing High Resolution Traveling Wave Ion Mobility–MS Using Structures for Lossless Ion Manipulations," *Anal. Chem.* **2017**, *89*, 4628, Figure 1b. Reprinted with permission © 2017 American Society]

을 토막낼 수도 있다. 수직 이온 주입 기능이 있는 비행 시간형 질량 분석계는 수십 밀리 초 동안 지속되는 각 이온 이동도 분리 과정 중에 수백 개의 질량 스펙트럼을 수집할 수 있다. 이온 이동도 분리 능력은 (반치전폭)/(표류 시간) ≈ 170으로, 이온을 분리한 스펙트럼의 예는 그림 22-47에 찾을 수 있다.

여러 상용화된 질량 분석계와 연결된 이온 이동도 분석계는 이온 이동도에 따라 분리한 이온을 선택 반응 검출법으로 분석할 수 있다. 그림 22-48의 기기는 표류 튜브 대신 **여행파 이온 이동도 분리기**(traveling wave ion mobility separator)를 사용한다. 이 분리기에는 축을 따라 이온을 모으기 위해 라디오 주파수 전압이 있는 금속 링이 나열되어 있다. 연속적으로 나열된 링을 따라서 적용되는 직류 펄스는 이온을 분리기를 통해 왼쪽에서 오른쪽으로 이동시키는 전위의 "여행파"를 생성한다. 크기와 모양이 다른 이온은 분리기에서 헬륨과의 충돌로 인해 이동에 대한 각기 다른 저항을 가진다.

이온 이동도 분석계와 질량 분석계의 조합은 이성질체와 같은 일부 동질량 이온(동일한 m/z를 가진 이온)을 분별할 수 있다. 분리될 수 있는 이온에는 **부분 입체 이성질체**(diastereoisomers, 용어집 참조) 및 동일한 펩타이드의 다른 구조 등이 포함된다. 이온 이동도는 혼합물을 구성 요소로 나누어 질량 스펙트럼을 단순화할 수 있으며 바탕 이온에서 분석물을 분리하여 신호 대 바탕 비율을 높일 수 있다.

그림 22-49의 U.S. Pacific Northwest National Laboratory의 여행파 이온 이동도 분석계는 이전의 기기보다 더 큰 분별능을 제공한다. 그림 22-50은 강조 표시된 하나의 OH 작용기의 입체 화학적 차이만 있는 담즙산 이성질체의 이온 이동도 분리를 보여준다. 그림 22-49에서 볼 수 있는 뱀 모양의 채널의 길이는 13.5 m이다. 이온은 채널을 여러 번 통과하여 100 m 이상의 길이를 이동하게 된다. 채널은 약 3 mm로 분리된 두 개의 병렬 회로 기판으로 만들어져 있다.[71] 각 기판에는 직류 전위와 라디오 주파수 발진 전위가 있는 별도의 구리 전극 배열이 있다. 이러한 전위는 이온을 채널 안에 모으고 그 안에서 이동하게 한다. 전위는 이온을 몰아서 거의 100%의 효율로 채널 안에서 나가지 않게 한다. 1.1 km의 총 경로 길이를 테스트한 실험에서 이온 손실은 없었다. 그림 22-50에서 고분별능 분리와 높은 신호 대 바탕 비율을 생성하기 위해, 전기 분무 이온화에서 약 10^9개의 이온이 몇 초 동안 축적된 다음 이온 이동도 분리를 위해 좁은 공간으로 정전기적으로 응축됐다.[72]

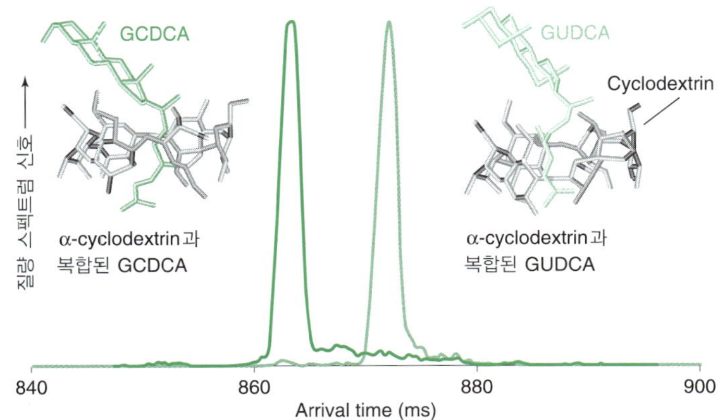

그림 22-50 α-사이클로덱스트린(CD)과 복합된 담즙산 입체 이성질체(M)의 이온 이동도 분리는 $[M + CD + H^+ + K^+]^{2+}$ 이온으로 수행한다. 그림 22-49의 여행파 구조로 된 경로 길이는 72 m이다. 내부가 소수성인 배럴 모양의 사이클로덱스트린은 보충 24-1에 설명되어 있다. [출처: C. D. Chouinard, G. Nagy, I. K. Webb, S. V. B. Garimella, E. S. Baker, Y. M. Ibrahim, and R. D. Smith, "Rapid Ion Mobility Separations of Bile Acid Isomers Using Cyclodextrin Adducts and Structures for Lossless Ion Manipulations," *Anal. Chem.* **2018**, *90*, 11086. Reprinted with permission © 2018 American Society]

이해해야 할 용어

고리 + 이중 결합수 식 (rings + double bonds formula)
기준 피크(base peak)
대기압 화학 이온화(atmospheric pressure chemical ionization)
매트릭스 보조 레이저 탈착/이온화(matrix–assisted laser desorption/ionization, MALDI)
명목 질량(nominal mass)
분리능(resolving power)
분자 이온(molecular ion)
분자 질량(molecular mass)
비행 시간형 질량 분석계 (time-of-flight mass spectrometer)
생성 이온(product ion)
선택 반응 검출법(selected reaction monitoring)
선택 이온 검출법(selected ion monitoring)
선형 사중 극자 이온 트랩 질량 분석계(linear quadrapole ion-trap mass spectrometer)
실시간 직접 분석(DART)
오비트랩 질량 분석계(obitrap mass spectrometer)
원자 질량(atomic mass)
이온 이동도 분석계(ion mobility spectrometer)
재작성 총 이온 크로마토그램 (reconstructed total ion chromatogram)
전구체 이온(precursor ion)
전기 분무 이온화(electrospray ionization)
전자 이온화(electron ionization)
질량 분석법(mass spectrometry)
질량 스펙트럼(mass spectrum)
질량-전하비(mass-to-charge ratio, m/z)
질소 규칙(nitrogen rule)
추출 이온 크로마토그램 (extracted ion chromatogram)
충돌 유도 해리(collision-induced dissociation)
탈착 전기 분무 이온화 (desorption electrospray ionization, DESI)
탠덤 질량 분석법 (tandem mass spectrometry)
탠덤 질량 태그(tandem mass tag)
투과형 사중 극자 질량 분석계 (transmission quadrupole mass spectrometer)
화학 이온화(chemical ionization)

요약

이온들은 질량 분석계의 이온원에서 생성되거나 탈착된다. 중성 분자들은 전자 이온화(분자 이온 $M^{+\bullet}$과 여러 개의 토막 이온이 생성되는) 또는 화학 이온화(MH^+와 적은 수의 토막 이온을 생성하는 경향이 있는)에 의해 이온으로 변환될 수 있다. 매트릭스 보조 레이저 탈착/이온화에서 자외선이나 적외선 레이저의 짧은 펄스는 레이저 방사선을 흡수하는 과도한 매트릭스 결정과 시료의 혼합물을 증발시킨다. 기화된 매트릭스는 분석물을 기체상으로 이끌고, 전하를 분석물로 전달한다.

비행 시간형 질량 분석계는 펄스 전기장을 이용하여 이온원에서 동일한 전하의 모든 이온을 (이상적으로) 동일한 운동 에너지로 가속한다. 이온원에서 방출된 이온은 질량 대 전하(m/z) 비율 및 가속 전압에 따라 달라지는 속도로 수 미터 동안 고진공 상태에서 표류한다. m/z가 작은 이온은 m/z가 높은 이온보다 먼저 검출기에 도달한다. 질량 스펙트럼은 검출기의 감응 대 m/z 값으로 나타낸 그래프이다.

비행 시간형 질량 분석법의 분별능은 이온원 옆에 있는 검출기로 이온을 다시 반사하는 정전기 거울(반사경)에 의해 크게 향상된다. 실제로 이온은 항상 일정 범위의 운동 에너지와 함께 이온원에서 발생한다. 주어진 m/z에 대해 고에너지 이온은 저에너지 이온보다 리플렉터로 더 깊게 침투한다. 고에너지 이온은 저에너지 이온보다 더 먼 거리를 이동하기 때문에 m/z가 동일한 고에너지 및 저에너지 이온은 동시에 검출기에 도달하며, 이온의 m/z 차이를 백만 분의 1까지 분별할 수 있는 분별능을 갖는다. 비행 시간형 기기는 높은 획득 속도를 제공하고 중이온에 최적화된 특수 검출기를 사용하여 $\sim 10^6$까지 확장 할 수 있는 상위 m/z 범위를 가지고 있다. 높은 m/z 범위와 높은 획득 속도는 동일한 장비로 얻을 수 없다.

다른 m/z 분리기는 투과형 사중 극자, 선형 사중 극자 이온 트랩 및 오비트랩을 포함한다. 상대적으로 저렴한 투과형 사중 극자는 정전압 및 무선 주파수 진동 전압의 조합이 적용된 4개의 전극이 병렬로 구성되어 있다. 전극과의 충돌로 인해 손실되지 않도록 적절한 m/z 값을 선택하여 검출기에 도달하도록 한다. 전압은 급격하게 변하면서 다른 m/z 값을 선택하고, 검출기 신호 대 m/z 값의 그래프인 질량 스펙트럼을 생성한다. 투과형 사중 극자는 스캐닝 기기인 반면에 비행 시간형 분석계는 이온원에서 제공하는 각각의 이온 펄스에서 전체 스펙트럼을 반드시 수집한다. 투과형 사중 극자는 초당 2~8개의 스펙트럼을 기록할 수 있으며, 최대 1,500에서 3,000까지의 m/z 값을 포함한다. 투과형 사중 극자는 일반적으로 유용한 m/z 범위에서 일정한 분리를 통해 $\Delta m/z = 1$의 차이를 가진 이온까지 분별할 수 있다.

질량 스펙트럼의 분리 능력은 $(m/z)/\Delta(m/z)$나 $(m/z)/(m/z)_{1/2}$로 정의된다. 여기서 m/z가 측정되는 값이다. $\Delta(m/z)$는 10%의 골 사이로 분리된 동일한 세기의 두 피크 사이에서 m/z 차이이고, $(m/z)_{1/2}$은 최대 높이의 절반에서 피크의 전체 폭을 의미한다. 정의에 따라 2배 정도의 값이 차이나기 때문에, 어떤 정의의 분리 능력으로 표현할 것인지를 사전에 지정해야 한다. 비행 시간형 분석계나 오비트랩 분석계는 백만 분율 m/z의 정확도로 (높은 분리 능력에서 얻어진) 고분별능 스펙트럼을 제공할 수 있다. m/z의 정확도를 높게 하기 위해서는 내부의 플루오린화 표준 물질로 검정해야 한다.

불연속 다이노드 전자 증배관 검출기는 투과형 사중 극자 또는 선형 사중 극자 이온 트랩과 함께 사용할 수 있다. 검출기는 광전자 증배관처럼 작동한다. 첫 번째 다이노드에 부딪히는 이온은 두 번째 다이노드를 향해 더 많은 전자를 방출한다. 전자 증식은 양의 다이노드로 향할수록 점점 더 증가하며 계속된다. 전류는 마지막으로 양극에서 수집된다. 고전압의 변환 다이노드는 모든 이온이 검출기에서 비슷한 전기적 응답을 생성하도록 전자 증배관 전에 사용할 수 있다. 연속 다이노드 전자 증배관은 일반적으로 불연속 다이노드 전자 증배관 대신에 사용되는데, 두 전자 증배관은 각각의 입사 이온에 대해 10^6~10^8개의 전자를 생성한다. 비행 시간형 질량 분석계에서 통상적으로 사용되는 다중 채널 플레이트는 각각 연속 다이노드 전자 증배관의 역할을 하는 미세 기공의 2차원적인 배열이다. 두 개의 연속된 플레이트트 각각의 입사 이온에 대해 역시 10^6~10^8개의 전자를 제공해준다. 이온의 이동 방향에 대해 기공의 축을 기울이면, 이온이 벽과 충돌하지 않고 기공을 통해 곧바로 통과하는 것을 방지할 수 있다. 이온 빔이 원형 단면을 가지고 있어서 큰 면적의 검출기가 필요하기 때문에 다중 채널 플레이트가 비행 시간형 질량 분석계에 이용되는 것이다.

비행 시간형 질량 분석계는 m/z에 있어서 백만분율의 정확도와, 일반적으로 6,000의 m/z 상한값을 가지며 특수한 수정을 거치면 40,000까지 제공할 수 있는데, 오비트랩 질량 분석계는 심지어 이런 특성의 비행 시간형 질량 분석계보다도 높은 분리 능력을 제공할 수 있다. 각각의 측정에 대해서 서로 다른 m/z의 이온 패킷이 오비트랩에 주입된다. 이온은 특수한 모양의 중앙 전극을 중심으로 앞뒤로 나선형 경로를 보이며 진동한다. m/z가 다른 이온은 다른 주파수로 외부 전극에 이미지 전류를 유도한다. 전류는 푸리에 변환을 통해 초당 여러 번의 구성 주파수로 분해되며, 이 주파수가 질량 스펙트럼을 구성하게 된다.

질량 스펙트럼에서 분자 이온은 동위 원소 또는 바탕 신호가 아닌 '의미 있는' 피크 중에서 가장 높은 m/z에서 나타난다. 주어진 화학 조성에서 M + 1, M + 2 등에서 나타나는 동위 원소 피크들의 상대 세기를 예측할 수 있다. 측정된 동위 원소 피크들의 상대적 세기를 통해 원소 구성을 추정할 수 있다. 잘 알려진 원소들 중에서 Cl과 Br은 매우 특성적인 동위 원소 패턴을 나타낸다. 분자의 화학 조성으로부터 고리수 + 이중 결합수를 구하는 식은 구조 예측에 도움이 된다. 홀수 개의 질소 원자를 포함하는 분자는 홀수의 명목 질량을 가진다. 결합이 깨어지거나 재배열로 생성되는 토막 이온들은 분자 구조 확인에 결정적인 자료를 제공한다.

기체 크로마토그래피의 모세관 칼럼으로부터 나온 기체는 진공이 잘 유지된 질량 분석계의 이온원으로 직접 주입되어 혼합물의 조성에 관한 정성 및 정량적인 정보를 제공한다. 전기 분무 이온화법은 액체 크로마토그래피와 모세관 액체 전기 이동법에 주로 사용된다. 전기 분무는 칼럼 출구에 높은 전압을 걸어주고, N_2 기체를 같은 방향으로 흘려줌으로써 액체상에서 미리 전하를 띠고 있는 이온종이 포함된 미세 에어로솔을 생성한다. 분석 물질은 흔히 다른 이온들과 회합하여 $[MNa]^+$ 또는 $[M(CH_3CO_2)]^-$와 같은 이온종을 형성한다. pH를 조절하면 특정 분석 물질이 음이온 또는 양이온종을 형성한다. 액체 크로마토그래피를 위한 다른 인터페이스로는 대기압 화학 이온화법이 있는데, 이 방법은 에서는 고전압 코로나 방전을 이용하여 에어로솔 방울에서 기체 이온을 생성한다. 대기압 화학 이온화와 전기 분무는 두 방법 모두 토막 반응을 일으키지 않은 이온, 즉 분자 이온을 주로 생성하는 경향이 있다. 토막 이온을 생성하기 위한 충돌 유도 해리는 질량 분석계의 입구에 걸어준 콘 전압을 조절한다. 단백질 분석을 위한 전기 분무는 전형적으로 MH_n^{n+}와 같이 일련의 높게 전하를 띤 이온들을 생성한다. 매트릭스–보조 레이저 탈착/흡착법은 단백질이 분해되지 않고 주로 단일 전하만을 띤 이온을 생성하는 유용한 방법이다.

재작성 총 이온 크로마토그램은 크로마토그래피로부터 빠져 나오는 선택된 m/z 이상에 있는 모든 이온의 전체 신호를 시간의 함수로 나타낸다. 추출 이온 크로마토그램은 전체 질량 스펙트럼에서 한 이온에 대한 신호를 보여 준다. 하나 또는 몇 개의 m/z 값에 대한 선택 이온 검출법은 투과형 사중 극자를 사용할 때 신호 대 잡음 비율을 향상시킨다. 모든 검출 시간이 하나 또는 몇 가지 종류의 이온을 측정하는 데 소비되기 때문이다. 선택 반응 검출법에서는 한 개의 m/z 분리기로 분리한 전구체 이온을 충돌 셀 속으로 통과시키고, 그곳에서 생성 이온으로 깨어진다. 한 개(또는 그 이상)의 생성 이온은 그 다음 두 번째 m/z 분리기에 의해서 선택되어 검출기로 향한다. 이 과정은 단 한 가지 분석 물질에 대해 선택성이 대단히 높으며, 이 분석 물질에 대한 신호 대 잡음 비를 크게 증가시킨다. 전자 전달 해리법은 다른 결합은 그대로 두고 폴리펩타이드의 아마이드 결합만 깨는 단백질 서열 분석에 응용된다.

탠덤 질량 태그는 다른 세포나 기관같이 서로 다른 곳에서 얻어진 단백질에 라벨을 지정하는 데 사용되는 단일 화합물의 동위 원소이다. 표지된 단백질은 고분별능 비행 시간형 또는 오비트랩 질량 분석법을 사용한 선택 반응 검출법을 거쳐 풀링되고 분석된다. 선택 반응 검출법에서 표지된 단백질은 동위 원소적으로 구별되는 '리포터' 토막으로 분해되며, 각각의 단백질 공급원에 대응되는 리포터가 있다. 각 리포터의 상대적인 양이 그 리포터에 대응되는 공급원으로부터 얻어진 단백질의 상대적인 양을 결정한다.

대기 중에 물질 표면 분자를 이온화하는 방법에는 여러 가지가 있다. 실시간 직접 분석(DART)과 저온 플라스마 분석 물질 이온화에 들뜬 상태 He나 N_2를 쓴다. 탈착 전기 분무 이온화(DESI)에서는 전기 분무 용매를 표면에 향하게 하여 이온을 튀어나오게 한다. 매트릭스 보조 이온화에서 과도한 매트릭스 결정은 전기장이나 레이저의 도움 없이도 분석 물질을 승화시켜 기체 상태로 운반한다. 승화 과정에서 매트릭스는 전하를 분석 물질 분자로 전달할 수 있는 하전된 입자를 생성한다.

이온 이동도 분석계는 대기압의 전기장 속에서의 서로 다른 이동도에 의해 기체상 이온을 분리한다. 저분별능 혹은 고분별능의 여행파 이온 이동도 분리는 이동도 차이에 따른 동질량 이온(동일 m/z) 분리로 질량 분석계의 또 하나의 수단을 제공한다.

연습 문제

22-A. (a) m/z 53에서 나타난 피크의 반높이에 해당하는 피크 너비를 구하고, $(m/z)/(m/z)_{1/2}$ 정의에 따라 질량 분석계의 분리 능력을 계산하시오.

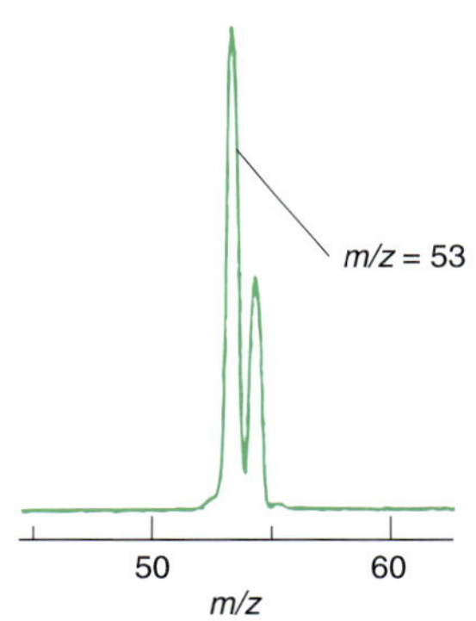

질량 스펙트럼 [출처: V. J. Angelico, S. A. Mitchell, and V. H. Wysocki, "Low-Energy Ion-Surface Reactions of Pyrazine with Two Classes of Self-Assembled Monolayers," *Anal. Chem.* **2000**, *72*, 2603.]

(b) 만약 분리 능력(resolving power)이, 서로 다른 값의 m/z에 대하여 일정했다면 m/z 100과 101에서 두 피크의 분리가 그만큼 클 것으로 예상하는가? 만약 기기가 단위 분별능(unit resolution)으로 작동한다면, m/z 100과 101에서 두 개의 피크를 구분할 수 있을 것으로 예상하는가?

22-B. $HC{\equiv}O^+$로부터 $CH_3CH_2^+$를 분리할 수 있는 분리 능력 $(m/z)/\Delta(m/z)$은 얼마인가?

22-C. 동위 원소 패턴. 자연계의 존재비가 a와 $b(a + b = 1)$인 두 개의 동위 원소를 갖는 한 원소를 생각해 보자. 만약 화합물 중에 원소의 원자수가 n개라고 하면, 각 동위 원소 조합을 알 수 있는 확률은 이항식 $(a + b)^n$을 전개시킴으로써 유도할 수 있다. 탄소 원자에서 ^{12}C의 존재비는 $a = 0.989\ 3$이고, ^{13}C의 경우는 $b = 0.010\ 7$이다. 아세틸렌 $HC{\equiv}CH$에서 두 개의 ^{12}C 원자 조합인 $2\ ^{12}C$가 발견될 확률은 $(a + b)^2 = a^2 + 2ab + b^2$의 첫 번째 항으로 구할 수 있다. 즉 a^2값은 $(0.989\ 3)^2 = 0.978\ 7$이므로 아세틸렌 분자에서 두 개의 ^{12}C 조합이 발견될 확률은 0.978 7이다. 한편 한 개의 ^{12}C와 한 개의 ^{13}C 조합, 즉 $1\ ^{12}C + 1\ ^{13}C$의 발견될 확률은 $2ab = 2(0.989\ 3)(0.010\ 7) = 0.021\ 2$이고, $2\ ^{13}C$의 경우는 $(0.010\ 7)^2 = 0.000\ 114$이다. 정의에 따르면 분자 이온은 두 개의 ^{12}C 원자, 즉 $2\ ^{12}C$를 포함하고 있다. 그리고 M+1 피크는 $1\ ^{12}C + 1\ ^{13}C$에 의해서 나타난다. 따라서 $M^{+\bullet}$에 대한 M+1의 상대 세기는 $(0.021\ 2)/(0.978\ 7) = 0.021\ 7$이 된다($^2H$의 경우는 자연계에서의 존재비가 작기 때문에 무시하였음). 아울러 1,2-다이클로로벤젠에서 $C_6H_4{}^{35}Cl_2$, $C_6H_4{}^{35}Cl^{37}Cl$, $C_6H_4{}^{37}Cl_2$의 상대 존재비를 예측하시오. 그림 22-12와 같이 이들 분포에 대한 막대 그래프를 그리시오.

22-D. (a) 화학 조성이 $C_{14}H_{12}$인 분자에서 고리수 + 이중 결합수를 구하고, 한 가지 예상되는 구조를 그리시오.

(b) 고리수 + 이중 결합수 식은 모든 전자가 쌍을 이루는 중성 분자의 원자가에 기초를 두고 있기 때문에, 이 식으로 이온 또는 라디칼에 대해서 구한 답은 정수가 아니다. $C_4H_{10}NO^+$에는 몇 개의 고리와 이중 결합이 있는지 예측하시오. 그리고 한 개의 $C_4H_{10}NO^+$의 구조를 그리시오.

22-E. (a) $C_6H_{12}O$ 이성질체의 스펙트럼 A와 B는 다음과 같다.

그림 22-16의 추론을 통해 이들은 각각 어떤 이성질체의 스펙트럼인지 설명하시오.

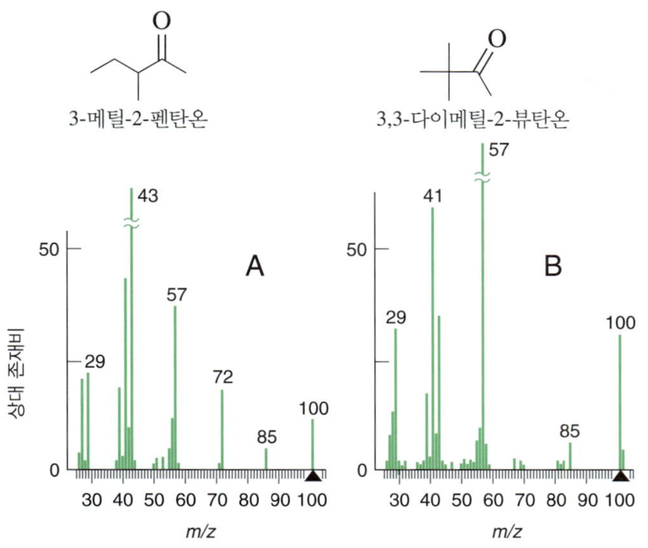

$C_6H_{12}O$의 화학 조성을 갖는 케톤 이성질체들의 질량 스펙트럼 [출처: NIST/EPA/NIH Mass Spectral Database.[7]]

(b) 두 스펙트럼에서 m/z 101의 M+1 피크 세기는 정확하지 않음에 틀림없다. 스펙트럼 A인 경우는 전혀 나타나지 않았고, 스펙트럼 B에서의 세기는 상대적으로 너무 강하다($M^{+\bullet}$ 세기의 약 15.6% 정도임). 조성이 $C_6H_{12}O$인 분자에서 $M^{+\bullet}$와 M+1의 상대적인 세기는 얼마일까?

22-F. (이 문제는 상당히 길기 때문에 학생들이 그룹을 지어 푸는 것이 바람직함.) 몇 가지 화합물들의 분자 이온이 나타나는 범위에서의 상대 세기 자료를 아래의 **(a)**~**(d)**에 수록하고, 그림으로 나타내었다. 각 분자들의 화학 조성을 제시하고, 이들에 대해서 예상되는 동위 원소 피크의 세기를 계산하시오.

(a) m/z (세기): 94 (999), 95 (68), 96 (3)

(b) m/z (세기): 156 (566), 157 (46), 158 (520), 159 (35)

(c) m/z (세기): 224 (791), 225 (63), 226 (754), 227 (60), 228 (264), 229 (19), 230 (29)

(d) m/z (세기): 154 (122), 155 (9), 156 (12) (**힌트:** 황 원자를 포함하고 있음.)

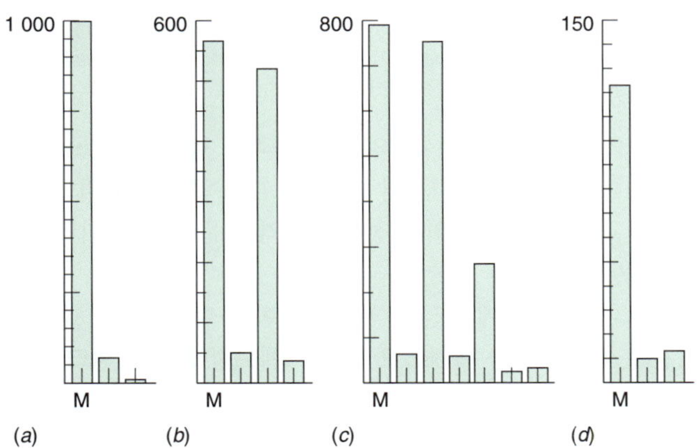

질량 스펙트럼 [출처: NIST/EPA/NIH Mass Spectral Database.[7]]

22-G. 고분별능 질량 스펙트럼. 658쪽에 표시된 pigment crystal violet은 $C_{25}H_{30}N_3^+$ 양이온의 염화물이다.

(a) 표 22-1에서 m/z 372의 대응하는 분자 이온 M^+의 정확한 질량 값을 계산하시오. 전자 한 개의 질량을 빼는 것을 고려하시오. 저분별능 질량 스펙트럼에서는 $^{13}C^{12}C_{24}{}^1H_{30}{}^{14}N_3^+$ + $^{12}C_{25}{}^2H{}^1H_{29}{}^{14}N_3^+$ + $^{12}C_{25}{}^1H_{30}{}^{15}N^{14}N_2^+$로 구성된 M + 1에 하나의 피크가 있다. 표 22-2를 보고 M^+와 비교한 M + 1의 세기를 예측하시오.

(b) 고분별능 질량 스펙트럼에서 동위 원소 $^{13}C^{12}C_{24}{}^1H_{30}{}^{14}N_3^+$, $^{12}C_{25}{}^2H{}^1H_{29}{}^{14}N_3^+$ 및 $^{12}C_{25}{}^1H_{30}{}^{15}N^{14}N_2^+$에 대해 M + 1에 세 개의 구별된 피크가 있다. 각 이온의 정확한 질량을 소수점 다섯 자리로 표현하고 M^+에 상대적인 세 피크 각각의 세기를 예측하시오. 또한, 스펙트럼이 어떻게 보일지 그리시오.

(c) 반치전폭(FWHM)이 0.001을 초과하지 않기 위해 얼마의 분리 능력(식 22-3으로 정의)이 필요한가? 이 분리 능력으로 X + 1에서 세 개의 피크 사이에 기준선 분리를 할 수 있는가? 가우시안 피크(Gaussian peak)에 대한 기준점으로 그림 22-9a의 두 피크는 1 unit으로 분리되고 반치전폭(FWHM)은 0.48이다. 피크 분리는 1/2 높이에서 1/0.48 = 2.08 × 전체 너비이다.

22-H. 전기 분무로부터 단백질 분자 질량 결정. 라이소자임[73] 효소는 m/z = 1 789.1, 1 590.4, 1 431.5, 1 301.5, 1 193.1에서 MH_n^{n+} 피크를 나타낸다. 표 22-3의 계산 방법에 따라 평균 분자량과 이들의 표준 편차를 각각 구하시오.

22-I. 선택 이온 검출법에 의한 정량 분석. 음료수와 오줌 중에 함유된 카페인은 내부 표준 물질로 카페인-D_3를 첨가하고, 기체 크로마토그래피로 각 화합물을 선택 이온 검출법을 이용하여 측정함으로써 분석할 수 있다. 다음 그림은 머무름 시간이 거의 같은 카페인(m/z 194)과 카페인-D_3(m/z 197)의 질량 크로마토그램이다.

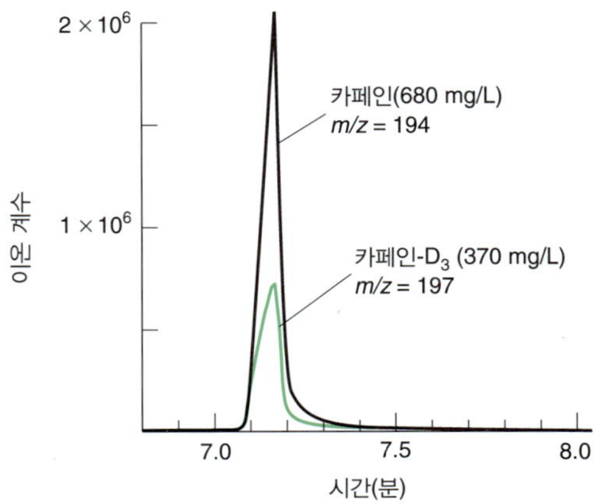

모세관 기체 크로마토그래피 칼럼으로 용리시킨 카페인과 카페인-D_3의 선택 이온 검출 질량 크로마토그램 [출처: D. W. Hill, B. T. McSharry, and L. S. Tizupek, "Quantitative Analysis by sotopic Dilution Using Mass Spectrometry," *J. Chem. Ed.* **1988**, *65*, 907.]

카페인(M = 194 Da) 카페인-D_3 (M = 197 Da)

다음의 자료들은 표준 물질을 첨가시킨 혼합물로부터 얻은 것으로 가정하라.

카페인 (mg/L)	카페인-D_3 (mg/L)	카페인의 피크 넓이	카페인-D_3의 피크 넓이
13.60×10^2	3.70×10^2	11 438	2 992
6.80×10^2	3.70×10^2	6 068	3 237
3.40×10^2	3.70×10^2	2 755	2 819

주: 세 가지 실험에서 주입시킨 용액의 부피는 각각 다르다.

(a) 다음 식으로부터 평균 감응 인자를 계산하시오.

$$\frac{\text{분석 물질 신호의 넓이}}{\text{표준 물질 신호의 넓이}} = F\left(\frac{\text{분석 물질의 농도}}{\text{표준 물질의 농도}}\right)$$

(b) 콜라 음료를 분석하기 위해, 음료수 1.000 mL를 메탄올 중에 1.11 g/L의 카페인-D_3를 함유하는 표준 용액 50.0 μL를 가하고 섞었다. 혼합 용액을 카페인을 머무르게 하는 고체상 추출 카트리지로 통과시켰다. 극성 용질은 물로 씻어 제거하였다. 그 다음, 유기 용매로 카트리지에 있는 카페인을 씻어 모으고 용매를 증발, 건조시켰다. 남아 있는 찌꺼기는 기체 크로마토그래피 분석을 위하여 50 μL 메탄올에 녹였다. 피크 넓이는 m/z 197에서 1 144이고, m/z 194에서 1 733이었다. 음료수 중에 함유된 카페인의 농도(mg/L)를 구하시오.

문제

질량 분석법이란?

22-1. 그림 22-2의 비행 시간형 질량 분석계의 작동 방식을 간략히 설명하시오. 그림 22-20의 정전기적 거울(electrostatic mirror)의 이점은 무엇인가?

22-2. 폼알데하이드는 명목 질량(정수)이 30 Da이지만 그림 22-7의 질량 스펙트럼에는 서로 다른 값의 m/z으로 7개의 피크들이 존재한다. 각 피크의 기원을 설명하시오. 각각의 이온의 루이스 전자점식 구조를 그려 어떤 것이 홀전자를 가지는지 결정하시오.

22-3. 그림 22-8에서 나타낸 질량 스펙트럼에서 이온들이 어떻게 생성되었는가? 두 스펙트럼이 서로 다른 이유는 무엇인가?

22-4. 돌턴 단위의 정의. 정의에 따라 1 Da의 질량을 그램 단위로 계산하시오. MALDI법으로 증발시키고, 사중 극자 이온 트랩법으로 *E. coli* 세포의 질량을 각각 60번 측정한 평균값은 5.03 (±0.14) × 10^{10} Da이었다. 이 질량을 펨토그램(femtogram)으로 나타내시오.

22-5. 니켈에는 두 가지 주요 동위 원소와 세 가지 소수 동위 원소가 있다. 그러나 이 문제를 풀기 위해서 니켈에는 단지 두 가지 동위 원소, ^{58}Ni과 ^{60}Ni만이 있다고 가정하자. ^{58}Ni의 원자 질량은 57.935 3 Da이고, ^{60}Ni의 경우는 59.933 2 Da이다. 다음 그림의 피크 세기로부터 Ni의 원자 질량을 구하고, 주기율표의 값과 비교하시오.

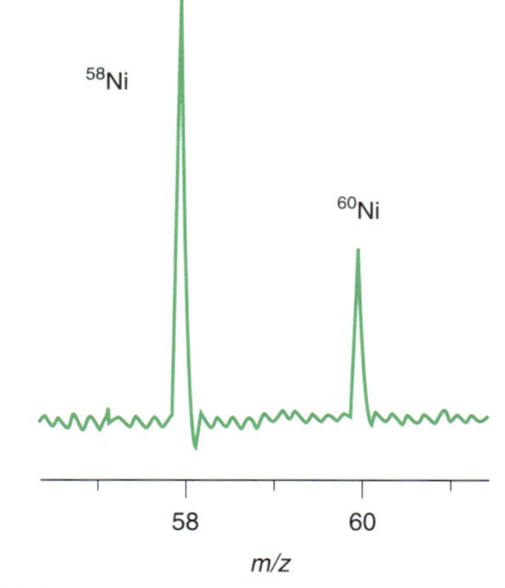

질량 스펙트럼 [출처: Y. Su, Y. Duan, and Z. Jin, "Helium Plasma Source Time-Flight Mass Spectrometry: Off-Cone Sampling for Elemental Analysis," *Anal. Chem.* **2000**, *72*, 2455.]

22-6. 오비트랩 질량 분석계의 분리 능력은 검출(acquisition)에 걸리는 시간을 늘려 증가시킬 수 있다. 다음 그림의 밑의 스펙트럼에서 구분되는 두 개의 밀접하게 간격을 둔 피크는 위의 스펙트럼에서 겹친다.

(a) 위의 스펙트럼에서 넓은 피크의 절반 높이에서의 전체 폭(반치전폭, FWHM)을 측정하고 밑의 스펙트럼에서 두 피크 중 더 큰 피크를 측정하시오. $(m/z)/(m/z)_{1/2}$의 분리 능력을 계산하시오. 선택한 기기 분해능은 위의 스펙트럼의 경우 17 500이고 밑의 스펙트럼의 경우 1400 00이다.

(b) 밑의 스펙트럼의 큰 피크는 $C_{15}H_{26}NO_3^+$의 구성을 갖는다. 작은 피크의 구성은 $^{13}CC_{13}H_{23}N_2O_3^+$이다. 각 구성별 정확 질량을 계산하고 스펙트럼의 m/z와 비교하시오.

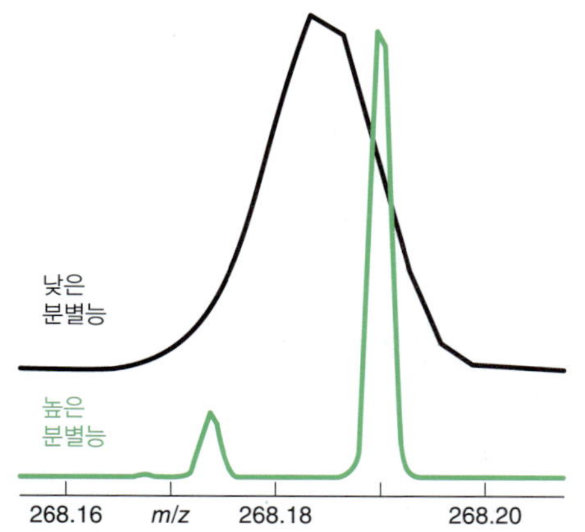

다른 분리 능력에서의 오비트랩 질량 스펙트럼 [출처: N. L. Stock, "Introducing Graduate Students to High-Resolution Mass Spectrometry Using a Hands-On Approach," *J. Chem. Ed.* **2017**, *94*, 1978.]

22-7. 그림 22-10에 나타낸 m/z 31.00 근처의 두 피크는 질량 차이가 0.010 Da이고, 피크의 높이 차이는 약 10%이다. 그림의 측정 자료를 이용하지 않고 식 $(m/z)/\Delta(m/z)$에 의한 분석계의 분리 능력을 **추정**하시오.

22-8. 가장 높은 분별능[74]과 가장 정확한 질량[75]은 Fourier 변환 이온 사이클로트론 공명 질량 분석법(Fourier transform ion cyclotron resonance mass spectrometry)으로 얻어진다. 질량 차이가 0.000 45 Da인 두 가지 펩타이드(7개의 아미노산이 결합된 사슬)의 분자 이온들은 피크가 10% 정도 겹치면서(바탕선에서 두 피크가 10% 정도 겹침) 분리되었다.[76] 각 이온들의 질량은 906.49 Da이며, 반높이 피크 너비는 0.000 27 Da이다. 식 22-3에과 식 22-4를 이용한 분리 능력을 각각 계산하시오. 이들 두 화합물의 질량 차이와 전자의 질량을 비교하시오.

질량 스펙트럼

22-9. 고분별능 스펙트럼에서 어떤 토막 이온의 질량을 구한 결과 83.086 5 Da이었다. $C_5H_7O^+$ 또는 $C_6H_{11}^+$ 중에서 어떤 화학 조성이 측정 질량과 잘 일치하겠는가?

22-10. 그림 22-10에 나타낸 이온종들의 이론적 질량을 계산하고, 이것을 그림에서 구한 측정값과 비교하시오.

22-11. 화학식이 $C_7H_{10}NO_2^+$인 한 이온은 m/z 140에서 나타났다.

(a) m/z에 나타나는 동위 원소 화학식을 쓰고, m/z 140에 비교하여 m/z 141의 크기를 예측하시오.

(b) m/z 142에 가장 크게 기여하는 동위 원소 화학식 세 종류를 쓰시오.

22-12. 미지 물질의 질량 스펙트럼을 본다고 가정할 때, 분자 이온 M이 상대적으로 스펙트럼의 높은 분자량 대에서 나타나며, M+1 피크는 m/z 간격이 0.5만큼 차이나는 것을 확인하였다. 이 두 피크에 대해 가능한 판단을 서술하시오.

22-13. 그림 22-14에 명목 질량 X = 395인 슈크랄로스는 $[^{12}C_{12}{}^{1}H_{18}{}^{16}O_8{}^{35}Cl_3]^-$이다. X+1은 ^{13}C, ^{2}H, ^{17}O를 가진 화학종에 대한 것이다. X+1의 예측 세기는 $12 \times 1.08\% + 18 \times 0.012\% + 8 \times 0.038\% = 13.5\%$ (X 대비)가 된다. 표 22-2의 값을 이용하여 $[^{13}C_2{}^{12}C_{10}{}^{1}H_{18}{}^{16}O_8{}^{35}Cl_3]^-$와 $[^{12}C_{12}{}^{21}H_{18}{}^{18}O_1{}^{16}O_7{}^{35}Cl_3]^-$에서 발생하는 X+2의 세기에 대한 유사한 식을 쓰시오. X+2의 세기가 계산한 값에 비해 훨씬 더 큰 것은 무엇 때문인가?

22-14. 그림 22-14의 명목 질량 395, 397, 399, 401에 대한 슈크랄로스 화학종의 이론 질량을 계산하시오. 아래 수식으로 계산한 m/z와 실측값의 차이는 ppm으로 얼마인가?

$$\text{차이(ppm)} = 10^6 \times \frac{(\text{실측 } m/z - \text{계산 } m/z)}{\text{계산 } m/z}$$

22-15. 도데실 프탈산은 대부분의 실험실에는 널리 퍼져 있는 물질이다. 왜냐하면 타이곤 관에 가소제로 들어 있기 때문이다.

O
O(n-C_8H_{17}) 도데실 프탈산 $C_{24}H_{38}O_4$
O(n-C_8H_{17}) 명목 질량 390
O

(a) 전자 이온화법에 의해 관측된 바탕 피크 m/z 149와 두 번째로 큰 피크 m/z 279의 구조를 제시하시오.

(b) NH_3 기체를 사용한 음이온 화학 이온화에서 가장 큰 m/z 390에 나타난 어미 음이온 $M^{-\bullet}$와 m/z 277과 221인 조각 음이온의 구조를 제시하시오.

22-16. 동위 원소 패턴. 연습 문제 22-C를 참고하여 1,2-다이브로모에틸렌 분자에서 $C_2H_2{}^{79}Br_2$, $C_2H_2{}^{79}Br^{81}Br$, $C_2H_2{}^{81}Br_2$의 상대적 양을 예측하시오. 이 결과를 그림 22-12에서 구한 값과 비교하시오.

22-17. 동위 원소 패턴. 연습 문제 22-C를 참고하여 다이보레인(B_2H_6) 중에 있는 $^{10}B_2H_6$, $^{10}B^{11}BH_6$, $^{11}B_2H_6$의 상대 존재비를 예측하시오.

22-18. 동위 원소 패턴. ^{79}Br과 ^{81}Br의 자연의 존재비로부터 $CH^{79}Br_3$, $CH^{79}Br_2{}^{81}Br$, $CH^{79}Br^{81}Br_2$, $CH^{81}Br_3$의 상대적 양을 예측하시오. 연습 문제 22-C에서 같이, 각각의 동위 원소 분자의 분율은 $(a+b)^3$ 전개식에서 나오며, 여기에서 a는 ^{79}Br의 양이고 b는 ^{81}Br의 양이다.

$$(a+b)^n = a^n + \frac{n}{1!}a^{n-1}b^1 + \frac{(n)(n-1)}{2!}a^{n-2}b^2 + \frac{(n)(n-1)(n-2)}{3!}a^{n-3}b^3 + \cdots$$

당신의 답과 그림 22-12를 비교하시오.

22-19. 알케인은 전자 이온화 질량 분석 스펙트럼에 분자 이온 $M^{+\bullet}$를 보통 보이지 않는다. 그 이유는 $M^{+\bullet}$가 토막나기 때문이다. 만일 He로 희석한 알케인을 좁은 오리피스를 통해 진공으로 팽창시키면 기체 팽창으로 분자가 냉각되고 진동 에너지는 감소

한다. 분자가 충분히 냉각되면, $C_{72}H_{146}$인 알케인의 분자 이온이 기준 피크가 된다.[8]

(a) $C_{72}H_{146}^{+\bullet}$ 분자 이온의 명목 질량을 구하시오.

(b) $C_{72}H_{146}^{+\bullet}$의 동위 원소 질량을 구하시오.

(c) ^{13}C와 ^{2}H의 자연 존재비는 각각 1.07%와 0.012%이다. 따라서 분자 이온의 주된 동위 원소 피크는 $^{12}C_{72}H_{146}$와 $^{12}C_{71}{}^{13}C^{1}H_{146}$이 된다. 앞서의 문제와 같이 $^{12}C_{72}$와 $^{12}C_{71}{}^{13}C_{1}$의 상대 존재비를 이항 정리 $(a+b)^{72}$의 첫 두 항으로부터 구할 수 있다. 여기서 a와 b는 ^{12}C와 ^{13}C에 대하여 각각 0.989 3과 0.010 7이다. $C_{72}H_{146}$의 질량 스펙트럼에 있는 M과 M+1의 상대 존재비를 예측하시오.

22-20. 다음과 같은 화학 조성을 갖는 분자에서 고리수 + 이중 결합수를 구하고, 각 분자에 예상되는 한 개의 구조를 그리시오. **(a)** $C_{11}H_{18}N_2O_3$, **(b)** $C_{12}H_{15}BrNPOS$, **(c)** 질량 스펙트럼에서 조성이 $C_3H_5^+$인 토막 이온

22-21. (이 문제는 상당히 길기 때문에 학생들이 그룹을 지어 푸는 것이 바람직함.) 분자 이온 영역에서 나타나는 피크 세기는 **(a)~(g)**에 수록하였고, 아래 그림에 나타내었다. 분자 이온 피크를 확인하고, 그 분자의 조성을 제시한 다음, 동위 원소 피크 세기를 계산하시오. 계산 시 표 22-1에 수록된 원소들로 한정되어 있음을 유의하라.

(a) m/z (세기): 112 (999), 113 (69), 114 (329), 115 (21)

(b) m/z (세기): 146 (999), 147 (56), 148 (624), 149 (33), 150 (99), 151 (5)

(c) m/z (세기): 90 (2), 91 (13), 92 (96), 93 (999), 94 (71), 95 (2)

(d) m/z (세기): 226 (4), 227 (6), 228 (130), 229 (215), 230 (291), 231 (168), 232 (366), 233 (2), 234 (83) (주요 원소에 존재하는 동위 원소로부터 예상되는 세기를 계산하시오.)

(e) m/z (세기): 172 (531), 173 (12), 174 (999), 175 (10), 176 (497)

(f) m/z (세기): 177 (3), 178 (9), 179 (422), 180 (999), 181 (138), 182 (9)

(g) m/z (세기): 182 (4), 183 (1), 184 (83), 185 (16), 186 (999), 187 (132), 188 (10)

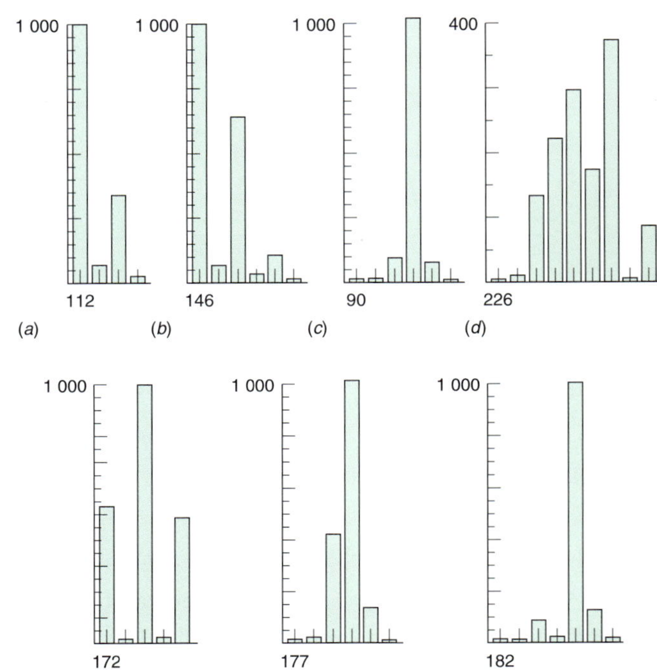

질량 스펙트럼 [출처: NIST/EPA/NIH Mass Spectral Database.7]

22-22. 아래 그림에서 할로젠 화합물의 화학 조성을 제시하고, 각 주요 피크를 확인하시오.

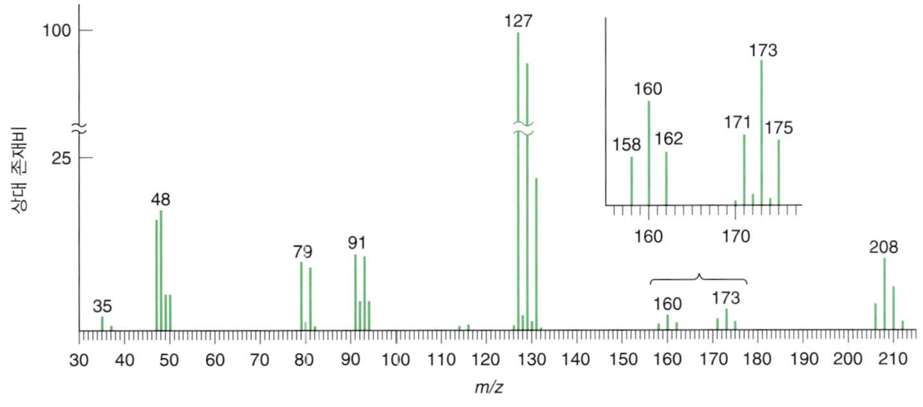

문제 22-22의 질량 스펙트럼 [출처: NIST/EPA/NIH Mass Spectral Database.[7]]

22-23. 질량 스펙트럼 해석. $C_9H_4N_2C_{16}$ 화합물은 염소화 살충제에서 발견되는 한 부산물이다.

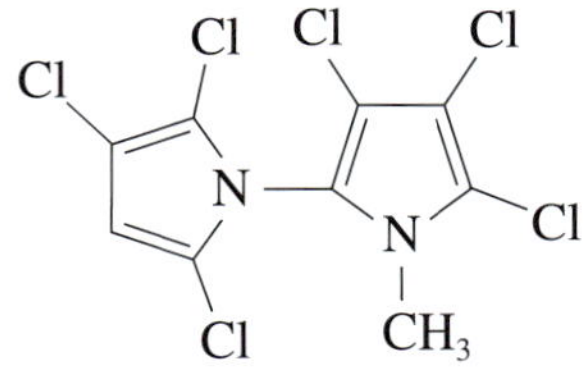

(a) 고리수 + 이중 결합 수의 식이 구조와 일치함을 검증하시오.

(b) $C_9H_4N_2Cl_6$의 명목 질량을 구하시오.

(c) 아래의 전자 이온화 질량 스펙트럼의 높은 질량 영역에 있는 m/z 350, 315, 280, 245, 210에 해당하는 화학종을 제시하시오.

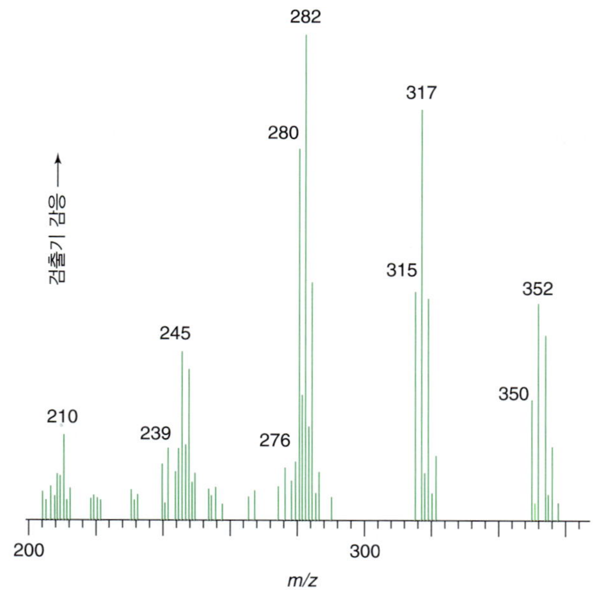

$C_9H_4N_2Cl_6$의 질량 스펙트럼 [출처: W. Vetter and W. Jun, "Elucidation of a Polychlorinated Bipyrrole Structure Using Enantioselective GC," *Anal. Chem.* **2002**, *74*, 4287.]

22-24. 보충 22-3에 나타낸 도표는 미국에서 사람의 호흡 중에 함유된 CO_2가 유럽 중심 지역의 경우와 비교하여 $\delta^{13}C$ 값 정도 차이가 난다는 것을 보여 준다. 그 이유를 설명하시오.

22-25. (a) 표 22-1에서 ^1H의 질량은 1.007 825 Da이다. 이것을 표에 수록된 한 개의 양성자와 전자의 질량을 합한 값과 비교하시오.

(b) ^2H (중수소)는 양성자, 중성자와 전자를 각각 한 개씩 포함하고 있다. ^2H의 질량과 이들 세 가지 입자들의 질량을 합한 것을 비교하시오.

(c) 문제 **(b)**에서의 차이는 핵들이 서로 집합하는 데 필요한 결합 에너지로 질량이 변환되기 때문이다. 질량 m과 에너지 E의 관계식은 $E = mc^2$이고, 여기서 c는 빛의 속도이다. 문제 **(b)**에서의 질량 차이로부터 ^2H의 결합 에너지를 줄 및 kJ/mol 단위로 각각 계산하시오(1 Da = $1.660\,5 \times 10^{-27}$ kg).

(d) 수소 또는 중수소 원자에서 전자의 결합 에너지(이온화 에너지)는 13.6 eV이다. 표 1-4를 이용하여 이것을 kJ/mol로 환산하고, ^2H 핵의 결합 에너지와 비교하시오.

(e) 전형적으로, 분자에서의 결합 해리 에너지는 400 kJ/mol이다. ^2H의 핵 결합 에너지가 결합 해리 에너지보다 몇 배 더 큰가?

22-26. **동위 원소 패턴.** (주의: 이 문제는 대단히 풀기 어려운 문제이다.) 어떤 한 원소가 세 가지 동위 원소 a, b, c를 가지고 있다고 생각하자. n개 원자로 구성된 분자에서 동위 원소 분포는 $(a + b + c)^n$을 전개하여 구한다. 예제 22-C의 것과 유사한 절차를 따라 Si_2의 질량 스펙트럼 모양을 예측하시오

질량 분석계

22-27. 질량 분석계의 질량 정확도가 2 ppm이라면 m/z 100과 m/z 20 000에서의 m/z의 절대 불확정도는 얼마인가?

22-28. 비행 시간형 질량 분석계에서 초당 몇 개의 질량 스펙트럼을 기록할 수 있느냐 하는 제한 요인은 가장 느린 이온들이 이온원으로부터 검출기에 도달하는 시간이다. $z = 1$인 이온에 대해서 m/z 500까지 스캔한다고 가정하자. 이온원에서 5.00 kV로 가속시켰다고 할 때, 가장 무거운 이온의 속도를 계산하시오. 이온이 분석계에서 2.00 m 정도 표류할 때 걸리는 시간은 얼마인가? 만약 새로운 추출 사이클이 가장 무거운 이온이 검출기에 도달할 때마다 다시 시작된다면, 스펙트럼이 기록할 수 있는 빈도는 얼마이겠는가? 그리고 만약 m/z 1 000까지 스캔하려고 할 때 빈도는 얼마일 것인가?

22-29. 비행 길이가 2.00 m인 비행 시간형 질량 분석계 이온화 장치 내에서 이온이 20 kV로 가속되었을 때 $m/z = 100$과 $m/z = 1\ 000\ 000$인 이온($z = 1$)의 이동 시간은 얼마인가?

21-30. (a) **평균 자유 행로**(mean free path)는 한 분자가 다른 분자와 충돌하기 전에 이동하는 평균 거리이다. 평균 자유 행로 λ는 $\lambda = kT/(\sqrt{2}\sigma P)$로 나타내며, 여기서 k는 Boltzmann 상수, T는 온도(K), P는 압력(Pa)이고, σ는 충돌 단면적이다. 지름이 d인 분자에 대한 충돌 단면적은 πd^2이다. 충돌 단면적은 어떤 분자가 다른 분자와 충돌할 때 밀어내는 면적이다. 비행 시간형 질량 분석계는 질량 분석관을 통하여 이동할 때 서로 충돌(휘어짐)하지 않도록 하기 위해 약 10^{-5} Pa(10^{-10} bar)의 압력을 유지한다. 질량 분석관에서 300 K일 때 지름이 1 nm인 분자의 평균 자유 행로는 얼마인가?

(b) 오비트랩 질량 분리관 내의 진공은 약 10^{-8} Pa(10^{-13} bar)이다. **(a)**와 같은 조건에서 오비트랩 내에서의 평균 자유 행로를 구하시오.

크로마토그래피/질량 분석법

22-31. 액체 크로마토그래피와 질량 분석법 연결 장치, 즉 대기압 화학 이온화 또는 전기 분무 중 어느 것이 연결 장치에 들어가기 전에 분석 물질 이온이 용액 중에서 존재해야 하는가? 그렇지 않은 다른 연결 장치는 어떻게 용액 내의 중성 화학종으로부터 기체상 이온을 생성하는가?

22-32. 충돌 유도 해리란 무엇인가? 질량 분석계의 어떤 지점에서 이 과정이 일어나는가?

22-33. 총 이온 크로마토그램, 추출 이온 크로마토그램, 선택 이온 크로마토그램의 차이점은 무엇인가?

22-34. 선택 반응 검출법이란 무엇인가? 이것은 무슨 이유로 MS/MS라고도 하는가? 이 방법이 특정 분석 물질의 신호 대 잡음 비를 개선시키는 이유는 무엇인가?

22-35. (a) 액체 크로마토그래피/질량 분석법으로 의약품인 이부프로펜을 검출하기 위하여 질량 분석계에서 양이온과 음이온 모드 중 어느 것을 선택하겠는가? 그리고 산성 또는 중성 크로마토그래피 용매 중 어느 것을 택하겠는가? 그 이유를 설명하시오.

CO_2H

Ibuprofen (FM 206)

(b) 만약 토막 반응을 일으키지 않은 이온, 즉 분자 이온의 세기가 100이라면, M+1의 세기는 얼마가 되겠는가?

22-36. 산성 용액에서 헤모글로빈 α 사슬의 전기 분무/투과형 사중 극자 질량 스펙트럼은 MH_n^{n+}에 대응하는 9개의 피크를 나타낸다. 피크 A~ I의 전하를 구하시오. 피크 A, B, G, H, I로부터 중성 단백질 M의 분자 질량을 각각 계산하고, 이들의 평균값을 구하시오.

피크	*m/z*	세기	피크	*m/z*	세기
A	1 261.5	0.024	F	언급이 없음.	1.000
B	1 164.6	0.209	G	834.3	0.959
C	언급이 없음.	0.528	H	797.1	0.546
D	언급이 없음.	0.922	I	757.2	0.189
E	언급이 없음.	0.959			

22-37. 단백질과 같은 거대 분자의 질량 스펙트럼에서 분자 이온이 나타나는 영역은 1 Da의 차이가 나는 피크들이 덩어리로 검출된다. 그 이유는 여러 개의 원자로 이루어진 분자가 한 개 또는 여러 개의 ^{13}C, ^{15}N, ^{18}O, ^{2}H, ^{34}S 원자를 포함하고 있을 확률이 매우 높기 때문이다. 실제로 ^{12}C, ^{14}N, ^{16}O, ^{1}H, ^{32}S만을 포함하는 분자가 발견될 확률은 대단히 낮으므로 명목 이온을 관찰할 수 없다. 쥐 단백질인 interleukin-8의 전기 분무 질량 스펙트럼은 원래 단백질 중에 존재하는 전하가 다른 분자 이온들로부터 나타나는 몇 개의 덩어리로 된 피크가 검출된다. 한 덩어리는 *m/z* 1 961.12, 1 961.35, 1 961.63, 1 961.88, 1 962.12(가장 큰 피크), 1 962.36, 1 962.60, 1 962.87, 1 963.10, 1 963.34, 1 963.59, 1 963.85, 1 964.09에서 나타난다. 이들 피크는 1 Da 차이를 갖는 동위 원소 이온들의 피크와 일치한다. 측정된 피크들을 분리하여 이 피크 덩어리를 이루는 이온들의 전하를 구하시오. 가장 큰 피크의 *m/z*에서 단백질의 분자량을 구하시오.

22-38. $Au_x(SR)_y$ 조성을 가진 금 중심부와 유기 싸이올 외부 껍질로 구성된 나노입자를 합성하고 분리하였다.[77]

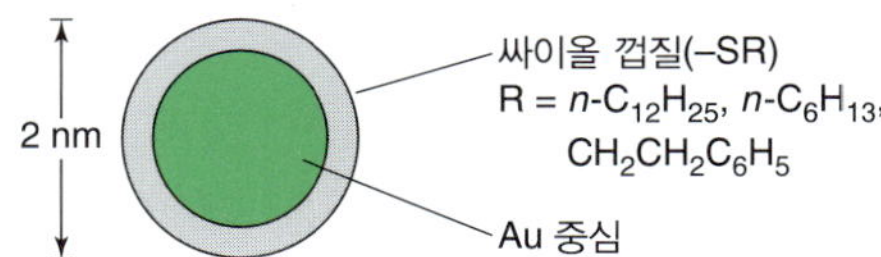

(a) R = $CH_2CH_2C_6H_5$로 된 나노입자의 MALDI-시간 비행형 질량 스펙트럼은 *m/z* 76.3 kDa에서 넓은 폭의 분자 이온 피크를 나타낸다. 전기 분무 이온화는 *m/z* 38 152.7 (전하 = +2), 25 433.3(+3), 19 075.2(+4), 15 260.4(+5) 등 일련의 뾰족한 피크를 보인다. 이 네 개의 피크로부터 $Au_x(SCH_2CH_2C_6H_5)_y$의 평균 분자량을 구하시오.

(b) 또 다른 전기 분무 실험에서 세 개의 서로 다른 싸이올 껍질로부터 (−3)이온이 *m/z* 27 243 (R = n−$CH_{12}H_{25}$), 25 440 (R = $CH_2CH_2C_6H_5$), 24 876 (R = n−C_6H_{13})에서 나타났다. 세 $Au_x(SR)_y$ 나노입자의 분자 이온의 질량을 계산하시오. x를 상수로 가정하고 나노입자 각각에 대한 y값을 찾으시오. y값으로부터 x값을 구하시오. Au는 하나의 동위 원소로 질량이 196.966 6임을 참고하시오.

22-39. 해수면에 있는 phytoplankton은 온도가 변화될 때 지질(지방)을 변화시켜 세포막이 유동성을 유지하도록 한다. 해수 온도가 높으면 플랑크톤은 상대적으로 37:3보다 37:2를 더 많이 합성한다.[78]

O ‖ —$(CH_2)_{11}$—CH=CH—$(CH_2)_5$—CH=CH—$(CH_2)_{13}CH_3$

37:2 = $C_{37}H_{70}O$

O ‖ —$(CH_2)_4$—CH=CH—$(CH_2)_5$—CH=CH—$(CH_2)_5$—CH=CH—$(CH_2)_{13}CH_3$

37:3 = $C_{37}H_{68}O$

플랑크톤이 사멸하면 해양 바닥에 가라앉고, 결국은 침적물 속에 묻힌다. 침적물을 채취하는 깊이가 깊을수록 더욱 오랜 시간 일어났던 여러 가지 현상들을 연구할 수 있다. 깊이가 다른 침적물 중에 함유된 세포막 화합물의 상대적인 양을 추정함으로써 고대 해양의 온도를 추측할 수 있다.

37:2와 37:3의 화학 이온화 질량 스펙트럼에서 분자 이온 영역에서 측정된 자료들을 다음 표에 수록하였다. 예상되는 M, M+1, M+2의 피크 세기를 예측하시오. 이들의 세기는 주로 C, H, O, N에 의해서 얻어진다. 예상값과 측정값을 비교하시오. 바람직한 자료를 얻기 위한 특별한 조치를 취하지 않는 한, 이렇게 차이가 나는 것은 일반적인 현상이다.

	질량 스펙트럼에서의	상대 세기		
화합물	이온종	M	M+1	M+2
37:3	$[MNH_4]^+$(*m/z* 546)[a]	100	35.8	7.0
37:3	$[MH]^+$(*m/z* 529)[b]	100	23.0	8.0
37:2	$[MNH_4]^+$(*m/z* 548)[a]	100	40.8	3.7
37:2	$[MH]^+$(*m/z* 531)[b]	100	33.4	8.4

a. 암모니아로 화학 이온화
b. 아이소뷰테인으로 화학 이온화

22-40. 식수에 함유되어 있는 염소산 이온(ClO_3^-), 아염소산 이온(ClO_2^-), 브로민산 이온(BrO_3^-), 아이오딘산 이온(IO_3^-)은 선택 반응 검출법에 의해서 1%의 정밀성으로 1 ppb 수준까지 측정할 수 있다.[79] 염소산 이온과 아염소산 이온은 살균제로 사용되는 ClO_2로부터 생성된다. 브로민산 이온과 아이오딘산 이온은 물을 오존(O_3)으로 살균시킬 때 Br^- 또는 I^-로부터 형성된다. 선택성이 높은 염소산 이온의 측정을 위하여 그림 22-34의 Q1에서 선택된 음이온은 *m/z* 83이고, Q3에서 선택된 음이온은 *m/z* 67이다. 이 측정은 어떻게 하는지, 그리고 어떻게 ClO_2^-, BrO_3^-, IO_3^-로부터 ClO_3^-를 구별하는지를 설명하시오.

22-41. 탠덤 질량 태그. 그림 22-38의 *m/z* 116의 리포터 이온(reporter ion)에 해당하는 태그 A, B, C는 특정 합성 경로로 접근할 수 있는 12개의 태그 집합의 멤버이다.

(a) 그림 22-38 왼쪽 상단에 있는 구조의 아민-반응성 작용기, 밸런스 CO 작용기, 리포터의 기능을 설명하시오.

(b) 탠덤 질량 분석계에서 Q1에 의해 선택된 이온은 모두 m/z 146을 갖는다. 라벨이 부착된 펩타이드가 m/z 146가 되기 위해 깨지는 화학적 결합은? 왜 모든 질량 태그가 Q1 단계에서 동일한 질량(m/z 146)의 토막(fragment)을 생성해야 하는가?

(c) 그림 22-38의 일반 구조를 가진 보고된 질량 태그 세트에는 m/z 115의 리포터 2개, m/z 116의 리포터 3개, m/z 117의 리포터 3개, m/z 118의 리포터 4개가 있다. m/z 115, m/z 117, m/z 118 리포터를 생산하는 m/z 146의 $C_8H_{16}NO^+$ 이온의 동위 원소 1개를 그리시오. 그림 22-38의 왼쪽 상단 구조는 2H, ^{13}C, ^{15}N 또는 ^{18}O로 라벨을 표시할 수 있는 위치를 보여준다.

22-42. 동위 원소 희석법에 의한 정량 분석.[80] 동위 원소 희석법(isotope dilution)은 내부 표준 물질로 기지량의 희귀 동위 원소를 미지 시료에 첨가하며(spike라고도 함) 분석하는 방법이다. 혼합물을 균일하게 잘 섞고 분석 대상 원소들의 일부를 분리한다. 그다음 동위 원소비를 측정한다. 이 비로부터 원래 미지 시료 중에 함유된 원소들의 양을 계산한다. 질량 분식계는 m/z 10에서의 다른 값에 대해 약간씩 다른 반응을 나타내도록 보정해야 한다.[10]

자연계에 분포된 바나듐은 $^{51}V = 0.997\ 5$와 $^{50}V = 0.002\ 5$이다. 원자 분율은 다음과 같이 정의할 수 있다.

$$^{51}\text{V의 원자 분율} = \frac{^{51}\text{V 원자의 수}}{^{50}\text{V 원자의 수} + {}^{51}\text{V 원자의 수}}$$

^{50}V가 농축된 첨가물의 원자 분율은 $^{51}V = 0.639\ 1$이고, $^{50}V = 0.360\ 9$이다.

(a) 동위 원소 A는 ^{51}V, 동위 원소 B는 ^{50}V이라고 하자. 그리고 A_x는 미지 시료 중에 있는 동위 원소 A의 원자 분율 (= A 원자의 수/[A 원자의 수 + B 원자의 수], B_x는 미지 시료 중 B 원자의 분율이라고 하자. 한편 A_s와 B_s는 첨가시킨 물질 중의 원자 분율이다. 또한 C_x는 미지 시료 중에 있는 모든 바나듐 동위 원소의 총 농도(μmol/g)이고, C_s는 첨가시킨 물질 중의 총 농도라고 하자. 그리고 m_x는 미지 시료의 질량, m_s는 첨가시킨 물질의 질량이라고 하자. 미지 시료의 그램수 m_x와 첨가물 그램수 m_s를 섞었을 때 혼합물에서의 동위 원소비를 다음과 같이 R로 나타내면,

$$R = \frac{\text{A의 몰수}}{\text{B의 몰수}} = \frac{A_xC_xm_x + A_sC_sm_s}{B_xC_xm_x + B_sC_sm_s} \qquad \textbf{(A)}$$

(b) C_x에 관하여 식 A를 풀면,

$$C_x = \left(\frac{C_sm_s}{m_x}\right)\left(\frac{A_s - RB_s}{RB_x - A_x}\right) \qquad \textbf{(B)}$$

가 된다.

(c) 자연계에 존재하는 미지 농도의 바나듐을 함유하는 원유 0.401 67 g에 ^{50}V으로 농축시킨 2.243 5 μmol V/g의 0.419 46 g을 첨가시켰다(원자 분율: $^{51}V = 0.639\ 1$, $^{50}V = 0.360\ 9$).[81] 원유와 첨가시킨 물질을 녹이고 평형에 도달한 다음, 바나듐 일정량을 이온 교환 크로마토그래피로 분리하였다. 분리된 바나듐 중의 동위 원소비 측정값은 $R = {}^{51}V/{}^{50}V = 10.545$였다. 원유 중 바나듐의 농도(μmol/g)를 구하시오.

(d) (c)에서의 계산을 검증하고, 정확한 유효 숫자 값으로 나타내시오.

23 분리 분석의 입문

우유는 아이에게 좋다

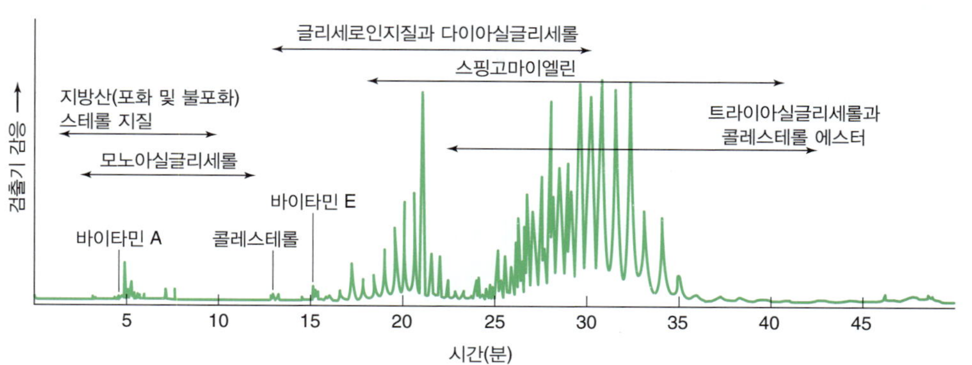

양이온 전자 분무 이온화 질량 분석 검출기와 역상 액체 크로마토그래피를 이용한 모유 추출물 분리 [출처: A. Villaseñor, I. Garcia-Perez, A. Garcia, J. M. Posma, M. Fernández-López, A. J. Nicholas, N. Modi, E. Holmes, and C. Barbas, "Breast Milk Metabolome Characterization in a Single-Phase Extraction, Multiplatform Analytical Approach," *Anal. Chem.* **2014**, *86*, 8245.]

모유의 어떤 성분이 유아에게 좋은가?[1] 모유에는 탄수화물, 단백질 그리고 많은 미량 영양소를 함유하는 지질 방울(유적)이 있다. 지방 유적은 인지질과 같은 표면 활성 분자들에 의해 안정화된 트리아실글리세롤이다. 모유의 성분은 수유기 동안 산모의 식습관에 크게 영향을 받는데, 하루 동안에도 변한다.

표적 분석(targeted analysis)에서는 어떤 성분이 중요한지를 가정하고, 그 성분을 선택적으로 정량 분석하기 위한 방법을 개발한다. 물론 그 가정이 옳은 가정이기를 바란다. Omic 기술은 모든 화합물의 역할을 이해하고자 한다. **대사체학**(metabolomics)은 유기체 또는 세포 내 **모든** 대사산물을 연구하며, 질병이나 암을 조기에 발견할 가능성이 있다. **지질학**(lipidomics)는 우유와 같은 복잡한 시료에서 **모든** 지질의 기능을 분석하고 설명한다.[2]

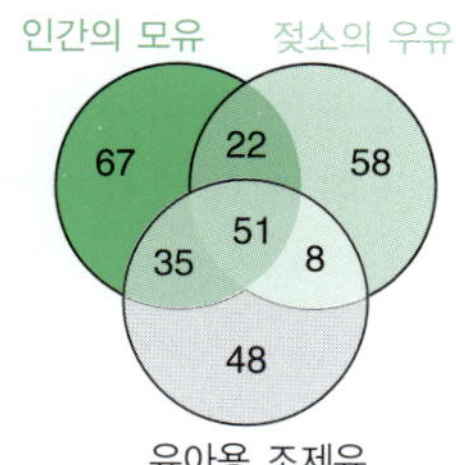

벤다이아그램은 각 우유에 공통으로 혹은 고유하게 존재하는 지질이 무엇인지 보여 준다. [출처: D. Garwolińska, W. Hewelt-Belka, J. Namieśnik, and A. Kot- Wasik, "Rapid Characterization of Human Breast Milk Lipidome Using Solid-Phase Microextraction and Liquid Chromatography- Mass Spectrometry," *J. Proteome Res.* **2017**, *16*, 3200.]

지질학의 첫 번째 중요한 단계는 단백질 및 분석을 방해하는 다른 성분으로부터 지질을 분리하기 위한 추출이다. 일반적으로 액체-액체 추출은 많은 양의 폐기물을 생성한다. 새로운 방법에서는 환경친화적 용매를 이용하거나 유기 용매를 사용하지 않는 미세 추출(microextraction)을 사용한다. 액체 크로마토그래피는 추출된 지질을 분리하여 질량 분석계가 각 지질을 식별하고 정량화할 수 있도록 한다. 사람의 모유에서 확인된 175개의 지질 중 67개는 젖소의 우유나 유아용 조제유에는 없다. 조제유의 48가지 지질은 사람이나 젖소의 우유에 자연적이지 않다. 이러한 연구는 더 나은 유아용 조제유 개발을 돕는다. 이 장에서는 추출 및 크로마토그래피의 기본에 대하여 설명한다.

대부분의 실제 분석에서는 복잡한 혼합물로부터 하나 혹은 그 이상의 성분들을 분리하고, 확인한 후, 측정해야 한다. 이 장에서는 분리 분석의 기초를 다루고, 다음 세 장에서는 구체적인 분리 분석 방법들을 소개한다.

두 액체가 섞인다(miscible)는 것은 그 두 액체가 어떤 비율로 섞여도 하나의 상(phase)을 이룬다는 것이다. 두 액체가 섞이지 않는다(immiscible)는 것은 두 액체가 분리된 상으로 남아 있음을 의미한다. 일반적으로 극성이 작은 유기 용매는 극성이 큰 물과는 섞이지 않는다.

23-1 용매 추출

추출(extraction)이란 용질을 물리적으로 한 상에서 다른 상으로 옮기는 것이다. 분석화학에서 추출을 하는 이유는 원하는 분석 물질을 분리 혹은 농축시키거나, 분석을 방

그림 23-1 두 액체상 사이에서 용질의 분배는 한 상에서 다른 상으로의 용질의 물리적 이동이 필요하다. 이를 두 상 사이에서의 **질량 이동**(mass transfer)이라고 한다.

해하는 물질로부터 분석 물질을 분리하기 위한 것이다. 가장 일반적인 경우는 수용액으로부터 유기 용매로의 추출이다. 톨루엔과 헵테인은 흔히 사용되는 유기 용매로서, 물과는 **섞이지 않으며** 물보다 가볍다. 이 용매들은 수용액상 위에 뜨는 분리된 상을 형성한다. 클로로폼, 다이클로로메테인, 사염화 탄소는 물보다 무겁다.[†] 두 개의 상으로 구성된 혼합물에서 하나의 상은 물이 주성분이고, 다른 상은 유기 용매가 주성분이다.

어떤 용질 S가 그림 23-1에서와 같이 상 1과 상 2 사이에 분배된다고 하자. 용질의 분배는 "비슷한 것이 비슷한 것을 녹인다"에 기초한다. 즉 용질은 극성이 비슷한 상에서 잘 용해된다. **분배 상수(distribution coefficient,** K_D)는 다음 반응의 평형 상수이다.

$$\text{S(상 1)} \rightleftharpoons \text{S(상 2)}$$

분배 상수:

$$K_D = \frac{\mathcal{A}_{S_2}}{\mathcal{A}_{S_1}} \approx \frac{[S]_2}{[S]_1} \qquad (23\text{-}1)$$

여기에서 $\mathcal{A}_{S_1}$은 상 1에서의 용질의 활동도이다. 활동도 계수를 모르므로, 분배 상수를 농도로 표시하기로 한다.

용매 1(물) V_1 mL에 녹아 있는 용질 S를 용매 2(헵테인) V_2 mL를 이용해 추출한다고 하자. S의 몰수를 m, 평형 상태에서 상 1에 남아 있는 S의 분율을 q라고 하자. 그러면 상 1에서의 몰농도는 qm/V_1이다. 상 2로 이동한 용질의 분율은 $(1-q)$이며, 상 2에서의 몰농도는 $(1-q)m/V_2$이다. 따라서

단순화하기 위해 두 상은 서로에게 녹지 않는다고 가정한다. 실제로는 대부분의 액체들이 서로에게 부분적으로 녹는다.[3]

$$K_D = \frac{[S]_2}{[S]_1} = \frac{(1-q)m/V_2}{qm/V_1}$$

q에 대하여 풀면,

분배 상수가 클수록 상 1에 남는 용질의 양은 적다.

$$\text{1회 추출 후 상 1에 남은 분율} = q = \frac{V_1}{V_1 + K_D V_2} \qquad (23\text{-}2)$$

식 23-2를 보면, 물(상 1)에 남은 용질의 분율은 분배 상수와 두 용매의 부피에 의존한다. 만약 두 상을 분리한 후 새로운 헵테인(용매 2) V_2 mL를 가하면, 평형 상태에서 물에 남는 용질의 분율은 다음과 같다.

$$\text{2회 추출 후 상 1에 남은 분율} = q \cdot q = \left(\frac{V_1}{V_1 + K_D V_2}\right)^2$$

예: $q = \frac{1}{4}$이면, 1회 추출 후 용질의 $\frac{1}{4}$이 상 1에 남는다. 2회 추출 후에는 1회 추출 후 남은 양의 $\frac{1}{4}$이 남게 되어 최초 농도의 $(\frac{1}{4})(\frac{1}{4}) = \frac{1}{16}$로 감소한다.

같은 부피(V_2)의 톨루엔으로 n회 추출 후 물에 남는 용질의 분율은 다음과 같다.

$$n\text{회 추출 후 상 1에 남은 분율} = q^n = \left(\frac{V_1}{V_1 + K_D V_2}\right)^n \qquad (23\text{-}3)$$

예제 **추출 효율**

용질 A의 헵테인과 물 사이의 분배 상수는 3이다. 즉 물보다 헵테인에 세 배 더 많이 분포된다. 농도가 0.010 M인 용질 A의 수용액 100 mL를 헵테인으로 추출하고자 한다. **(a)** 500 mL 헵테인으로 1회 추출할 때와, **(b)** 100 mL 헵테인으로 5회 추출할 때 수용액에 남아 있는 용질 A의 분율은 얼마인가?

풀이 **(a)** 물을 상 1, 헵테인을 상 2라고 하고, 식 23-2를 이용하면, 헵테인 500 mL로 1회 추출 후 물에 남아 있는 용질 A의 분율은

작은 부피로 여러 번 추출하는 것이 큰 부피로 작은 횟수 추출하는 것보다 더 효과적이다.

$$q = \frac{100}{100 + (3)(500)} = 0.062 \approx 6\%$$

(b) 식 23-3을 이용하면, 100 mL로 5회 추출 후 물에 남아 있는 용질 A의 분율은

[†] 가능하다면 염소화 용매나 방향성 용매는 환경친화적인 용매로 대체하는 것이 좋다. 보충 23-1 참조.

$$\text{남은 분율} = \left(\frac{100}{100 + (3)(100)}\right)^5 = 0.000\,98 \approx 0.1\%$$

큰 부피로 1회 추출하기보다 작은 부피로 여러 번 추출하는 것이 더 효율적이다.

자습 어떤 용질의 분배 상수가 10이라면, 20 mL 헵테인으로 1회와 5회 추출 후 100 mL 물에 남아 있는 용질의 분율은 얼마인가? (**답:** 33%, 0.41%)

용질 S를 상 1(부피 = V_1)로부터 상 2(부피 = V_2)로 추출할 때의 추출 한계는 V_2를 매우 작은 부피로 나눈 후, 그 작은 부피로 추출을 무한 번 반복한다고 가정하면 얻어진다. $K_D = [S_2]/[S_1]$이므로, 상 1에 남는 용질의 한계 분율은 다음과 같다[4].

$$q_{limit} = e^{-(V_2/V_1)K_D}$$

pH의 영향

만일 용질이 산이나 염기라면, 용질의 전하는 pH에 따라 변한다. 보통 중성 물질은 유기 용매에 잘 녹고, 전하를 띤 물질은 수용액에 잘 녹는다. 염기성인 아민의 중성 형태인 B가 수용액(상 1)과 유기 용매(상 2) 사이에서 분배 상수 K_D를 가진다고 하자. 짝산 BH^+는 수용액인 상 1에만 녹는다고 가정하고, BH^+의 산해리 상수를 K_a라고 하자. **분배비(distribution ratio, D)**는 다음과 같이 정의된다.

분배비:

$$D = \frac{\text{상 2에서의 전체 농도}}{\text{상 1에서의 전체 농도}} \tag{23-4}$$

위 식은

$$D = \frac{[B]_2}{[B]_1 + [BH^+]_1} \tag{23-5}$$

으로 표현되는데, $K_D = [B]_2/[B]_1$, $K_a = [H^+][B]_1/[BH^+]_1$을 식 23-5에 대입하면 다음 식을 얻는다.

두 상 사이의 염기 분배:

$$D = \frac{K \cdot K_a}{K_a + [H^+]} = K_D \cdot \alpha_B \tag{23-6}$$

$$\alpha_B = \frac{[B]_{aq}}{[B]_{aq} + [BH^+]_{aq}}$$

α_B는 식 10-18의 α_{A^-}와 동일하다.

여기에서 α_B는 수용액에서 중성 형태 B로 존재하는 약염기의 분율이다. **B와 BH^+와 같이 두 개 이상의 화학종으로 존재하는 용질을 다룰 때, 식 23-2에서 분배 상수 K_D 대신 분배비 D를 사용한다.**

전하를 띤 화학종은 유기 용매보다 물에 더 잘 녹는 경향이 있다. 염기를 물로 추출하기 위해서는 B가 BH^+가 되도록 pH를 충분히 낮추어야 한다(그림 23-2). 같은 이유로, 산 HA를 물로 추출하기 위해서는 산이 HA가 A^-가 되도록 pH를 충분히 높여야 한다.

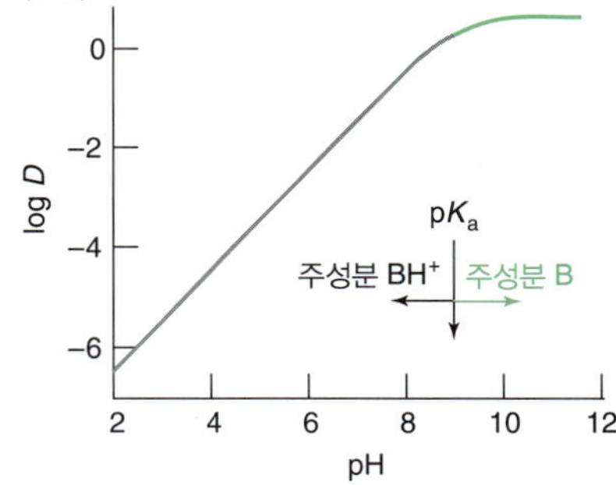

그림 23-2 염기를 유기 용매로 추출할 때 분배비에 미치는 pH의 영향. 여기에서 K_D = 3.00이고, BH^+의 pK_a는 9.00이다.

도전 산 HA(해리 상수 K_a)가 수용액상 1과 유기 용매상 2 사이에서 분배 상수 K_D를 가진다. A^-가 유기 용매에 녹지 않는다고 가정할 때, 분배비가 다음과 같이 주어짐을 밝히시오.

두 상 사이에서 산의 분배:

$$D = \frac{K_D \cdot [H^+]}{[H^+] + K_a} = K_D \cdot \alpha_{HA} \tag{23-7}$$

여기에서 α_{HA}는 수용액에서 HA 형태로 존재하는 약산의 분율이다.

예제 **추출에 미치는 pH의 영향**

아민 B의 분배 상수 K_D = 3.0이며, BH^+의 산해리 상수 $K_a = 1.0 \times 10^{-9}$라고 하자. 만일 0.010 M의 아민 수용액 50 mL를 용매 100 mL로 추출한다면, **(a)** pH 10.00과 **(b)** pH 8.00에서 수용액에 남아 있는 포말 농도(formal concentration)는 각각 얼마인가?

풀이 **(a)** pH 10.00에서 $D = K_D K_a/(K_a + [H^+]) = (3.0)(1.0 \times 10^{-9})/(1.0 \times 10^{-9} + 1.0 \times 10^{-10}) = 2.73$. **$K_D$ 대신 D를 사용하면,** 식 23-2로부터 수용액상에 남아 있는 분율은 다음과 같다.

$$q = \frac{50}{50 + (2.73)(100)} = 0.15 \Rightarrow \text{물에 15\% 남음}$$

수용액상의 아민의 농도는 0.010 M의 15%인 0.001 5 M이다.

(b) pH 8.00에서 $D = (3.0)(1.0 \times 10^{-9})/(1.0 \times 10^{-9} + 1.0 \times 10^{-8}) = 0.273$. 따라서

$$q = \frac{50}{50 + (0.273)(100)} = 0.65 \Rightarrow \text{물에 65\% 남음}$$

수용액상에서의 농도는 0.006 5 M이다. pH 10에서, 염기는 주로 B의 형태로 존재하므로 유기 용매에 추출된다. pH 8에서는 BH^+ 형태로 존재하므로 물에 남는다.

자습 $K_D = 3.0$, $K_a = 1.0 \times 10^{-9}$을 가지는 산 HA가 있다. pH 10.00과 8.00에서 수용액에 남아 있는 포말 농도는 얼마인가? 산과 염기에 대한 답이 서로 반대인 이유를 설명하시오. (**답:** pH 10에서 65%, pH 8에서 15%; 중성 화학종인 HA와 B는 유기 용매에 더 잘 녹는다.)

금속 킬레이트제를 이용한 추출

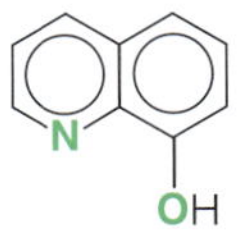

8-하이드록시퀴놀린 (oxine)

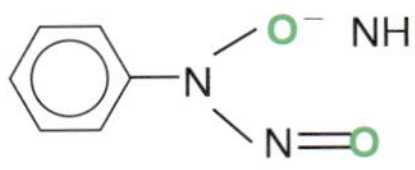

쿠페론

β는 보충 6-2에서 정의한 대로 누적 형성 상수이다.

유기 용매로 추출할 수 있는 대부분의 착물은 중성이다. $Fe(EDTA)^-$나 $Fe(1,10\text{-phenanthroline})_3^{2+}$와 같이 전하를 띠는 착물은 유기 용매에 잘 녹지 않는다. 금속 이온들을 서로로부터 분리하는 방법은 유기 리간드를 이용하여 한 이온만의 착물을 형성한 후, 유기 용매로 추출하는 것이다. 다이싸이존(dithizone, 실험 23-1), 8-하이드록시퀴놀린(8-hydroxyquinoline), 쿠페론(cupferron)과 같은 리간드가 흔히 사용된다. 각 리간드는 약산 HL로 표시할 수 있으며, **굵은체**로 표시된 원자를 통하여 금속 이온과 결합할 때 양성자 한 개를 잃는다.

$$HL(aq) \rightleftharpoons H^+(aq) + L^-(aq) \qquad K_a = \frac{[H^+]_{aq}[L^-]_{aq}}{[HL]_{aq}} \tag{23-8}$$

$$nL^-(aq) + M^{n+}(aq) \rightleftharpoons ML_n(aq) \qquad \beta_n = \frac{[ML_n]_{aq}}{[M^{n+}]_{aq}[L^-]^n_{aq}} \tag{23-9}$$

각 리간드는 많은 다른 금속 이온들과도 반응할 수 있으나, pH를 조절하면 어느 정도의 선택성을 얻을 수 있다.

실험 23-1 다이싸이존을 이용한 추출

다이싸이존[다이페닐싸이오카바존(diphenythiocarbazone)]은 초록색 화합물로, 무극성 유기 용매에 녹으며, pH 7 이하의 물에는 불용성이다.[5] 알칼리성 수용액에서, 다이싸이존은 노란색 이온을 형성하며 녹는다. 다이싸이존은 2가나 3가 금속과 붉은색 소수성 착물을 형성한다. 다이싸이존은 금속 이온의 추출 및 비색 정량에 사용된다.

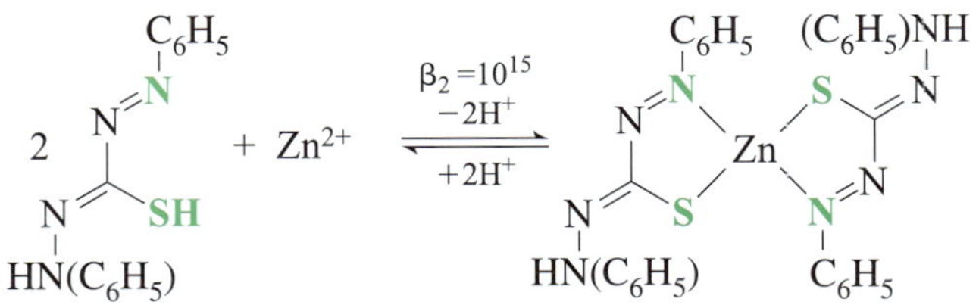

$$2\,\text{다이싸이존} + Zn^{2+} \underset{+2H^+}{\overset{\beta_2 = 10^{15},\ -2H^+}{\rightleftharpoons}} \text{금속 착물}$$

다이싸이존 ($pK_a \approx 4.5$) (초록색) — 금속 이온 (무색) — 금속 착물 (붉은색)

'녹색' 화학

상대적으로 폐기물을 적게 내거나 독성이 약한 폐기물을 생성하는 화학은 유해한 환경 효과를 줄여주므로 '녹색 화학(green chemistry)'이라고 한다(보충 23-1). 다이싸이존을 이용하는 분석은 이온성 액체를 대체할 수 있다(그림 23-4).

수용성 마이셀(보충 26-1)은 클로로폼(CH_3Cl)과 같은 전통적인 유기 용매에 대한 친환경적 대안이다.[6] 예를 들어 마이셀을 형성하는 계면 활성제인 Triton X-100 5.0 wt% 용액은 25°C, pH 7 이하에서 8.3×10^{-5} M의 다이싸이존을 녹인다. 마이셀 내에서의 다이싸이존의 농도는, 용액 내에서 마이셀이 차지하는 부피가 작기 때문에 8.3×10^{-5} M보다 훨씬 높다. 다이싸이존의 수용성 마이셀 용액은 Zn(II), Cd(II), Hg(II), Cu(II), Pb(II) 등의 금속의 분광 광도 분석에 사용될 수 있는데, 그 결과는 유기 용매를 사용했을 때의 결과와 비슷하다.

수용액상(aq)의 금속은 모두 M^{n+}로 존재하며, 유기 용매상(org)의 금속은 모두 ML_n으로 존재할 때 어떤 금속의 분배비를 유도해 보자(그림 23-3). 리간드와 착물에 대한 분배 상수는 다음과 같이 정의된다.

$$HL(aq) \rightleftharpoons HL(org) \qquad K_L = \frac{[HL]_{org}}{[HL]_{aq}} \tag{23-10}$$

$$ML_n(aq) \rightleftharpoons ML_n(org) \qquad K_M = \frac{[ML_n]_{org}}{[ML_n]_{aq}} \tag{23-11}$$

분배비는

$$D = \frac{[\text{유기 용매 층 내 전체 금속 농도}]_{org}}{[\text{수용액 층 내 전체 금속 농도}]_{aq}} \approx \frac{[ML_n]_{org}}{[M^{n+}]_{aq}} \tag{23-12}$$

그림 23-3 킬레이트제를 이용한 금속 이온의 추출. 수용액상에서의 금속 이온의 주된 형태는 M^{n+}이고, 유기 용매상에서는 ML_n이 주된 형태이다.

M^{n+}는 수용액상에 존재하고, ML_n은 유기 용매상에 존재한다.

식 23-11과 23-9로부터 다음을 얻는다.

$$[ML_n]_{org} = K_M[ML_n]_{aq} = K_M\beta_n[M^{n+}]_{aq}[L^-]^n_{aq}$$

식 23-8로부터 얻은 $[L^-]_{aq}$를 사용하면 다음 식을 얻는다.

$$[ML_n]_{org} = \frac{K_M\beta_n[M^{n+}]_{aq}K_a^n[HL]^n_{aq}}{[H^+]^n_{aq}}$$

이 $[ML_n]_{org}$을 식 23-12에 넣으면 아래 식을 얻는다.

$$D \approx \frac{K_M\beta_n K_a^n[HL]^n_{aq}}{[H^+]^n_{aq}}$$

대부분의 HL은 유기 용매상에 있으므로, $[HL]_{aq} = [HL]_{org}/K_L$을 위 식에 대입하면 분배비에 대한 매우 유용한 다음 식을 얻는다.

두 상 사이에서의 금속-킬레이트 착물의 분배:

$$D \approx \frac{K_M\beta_n K_a^n}{K_L^n}\frac{[HL]^n_{org}}{[H^+]^n_{aq}} \tag{23-13}$$

금속 이온의 추출에서 분배비는 pH와 리간드 농도에 의존함을 알 수 있다. 한 금속에 대해서는 분배비 D 값이 크지만, 다른 금속에 대해서는 작아지는 pH를 선택할 수 있다. 예를 들어 그림 23-4에서 보면, pH 2에서 다이싸이존으로 추출하면 Pb^{2+}와 Zn^{2+}로부터 Cu^{2+}를 분리할 수 있다. pH 의존성을 사용하면 분석 물질을 농축할 수도 있다. 알칼리 용액으로부터 다이싸이존 착물을 추출하고 이온성 액체를 분리한 다음, 소량의 산 용액으로 이온성 액체로부터 Cu^{2+}를 벗김(stripping)으로써 Cu^{2+}를 50배 농축시켰다. 농축 계수는 최초 시료 용

pH를 적당히 선택하면, 수용액상이나 유기 용매 중 원하는 곳으로 금속 이온을 추출할 수 있다.

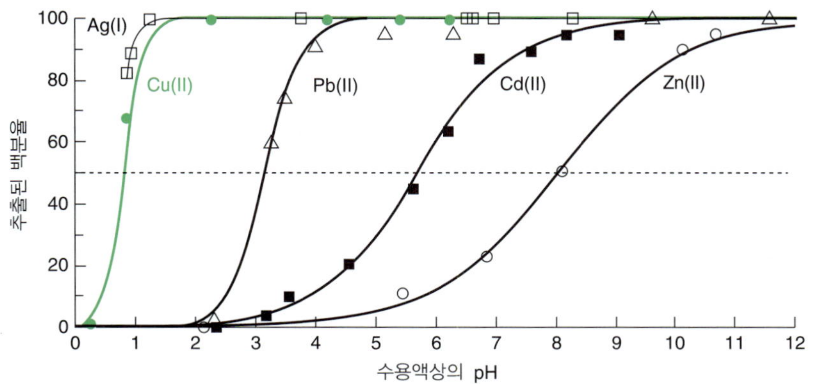

그림 23-4 다이싸이존을 이용한 이온성 액체(1-뷰틸-3-메틸이미다졸륨 헥사플루오로포스페이트)로의 금속 이온의 추출. pH 2에서 Cu^{2+}는 이온성 액체로 완전히 추출되는 반면, Pb^{2+}와 Zn^{2+}는 수용액에 남는다. [출처: G.-T. Wei, Z. S. Yang and C.-J. Chen, "Room Temperature Ionic Liquid for Liquid/Liquid Extraction of Metal Ions," *Anal. Chim. Acta*, **2003**, *488*, 183. Z. S. Yang과 C.-J. Chen은 학부 연구생이었다.]

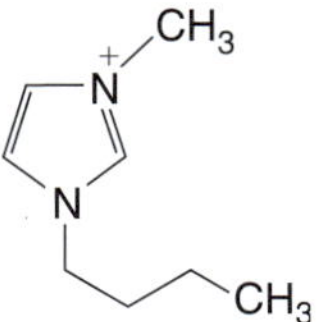

1-뷰틸-3-메틸이미다졸륨 헥사플루오로포스페이트와 같은 **이온성 액체**는 쉽게 결정화되지 않는 양이온과 음이온을 가진다. 상온 이하에서 녹으며, 낮은 휘발성과 넓은 액체 범위를 가진다. 이온성 액체상에는 다른 용매를 첨가하지 않는다.[7]

보충 23-1 환경친화적 추출(녹색 추출)[8]

녹색 화학은 자원 및 에너지 소비와 유해 폐기물 생성을 최소화하는 방향으로 화학 제품 및 프로세스를 설계한다. 녹색 추출 공정은 최소량의 용매와 시약을 사용한다. **미세 추출**(microextraction) 기술(28-3절)은 액체-액체 추출에서 수 마이크로리터의 용매만을 사용한다. 고체상 미세 추출(24-4절)에서는 용매를 전혀 사용하지 않을 수도 있다. 용매 선택 안내서는 폐기물 처리, 환경, 건강 및 안전 등의 사안에 따라 용매의 순위를 매긴다.[9] 가능하면 더 환경친화적인 용매를 사용해야 한다. 녹색 화학 연구에서는 전통적인 용매를 대체하기 위해 바이오 기반 또는 재생 가능한 용매를 찾는다. 예를 들어 리모넨은 사염화 탄소를 대체할 수 있고, 2-메틸테트라하이드로퓨란은 클로로폼을 대체할 수 있다. 이온성 액체와 심층 공융 용매는 휘발성 유기 용매의 친환경 대안이다. 그림 23-4의 **이온성 액체**는 질소나 인 헤테로 원자를 가지는 큰 비대칭 유기 양이온과 작은 유기 혹은 무기 음이온으로 구성된다. 이들 염은 실온 근처에서 액체이다. 이온성 액체는 증기압이 매우 낮고 열안정성이 높으며 다양한 유기 및 무기 물질들을 녹인다. 양이온이나 음이온을 바꾸어 줌으로써 극성을 조절할 수 있다.

심층 공융 용매(deep eutectic solvent)는 각 성분의 온도보다 상당히 낮은 온도에서 용융되는 화합물들의 혼합물이다. 세포 대사산물로부터 제조된 공융 용매는 자연적이고, 무독성이며, 재생 가능하고 추출 및 분리에 효율적이므로 녹색 화학의 원리를 충족시킨다. **초임계 유체**(supercritical fluid)(보충 25-2)와 계면 활성제(보충 26-1)는 추출 및 크로마토그래피에 사용되는 녹색 용매이다.

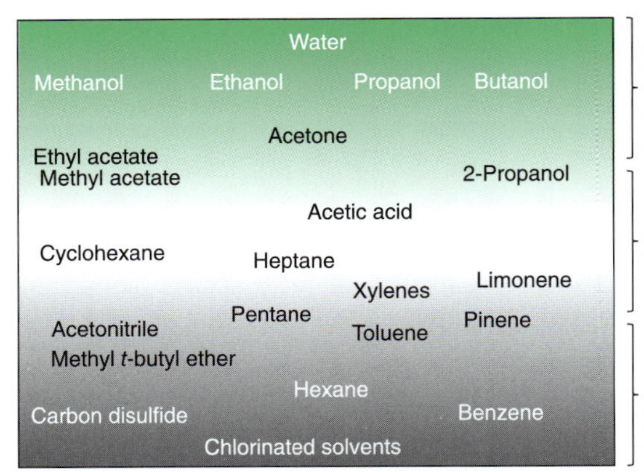

분석화학에서 사용되는 용매의 녹색도(환경친화도) [출처: M. Tobiszewski, "Metrics for Green Analytical Chemistry," *Anal. Meth.* **2016**, *8*, 2993, open access. 일반적인 산과 염기에 대한 도표도 있다.]

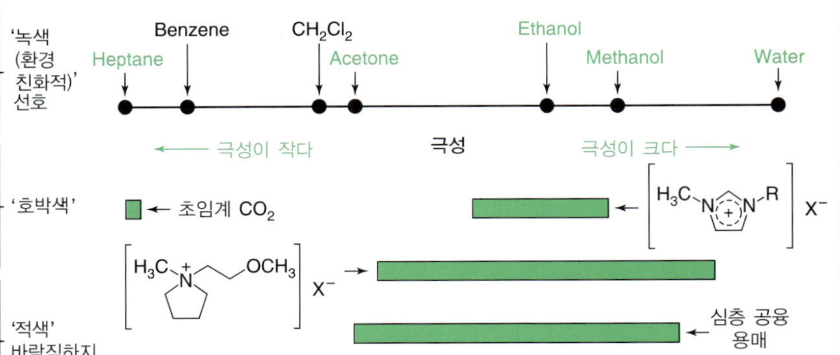

기존 용매 대비 이온성 액체와 심층 공융 용매의 극성 [그림 출처: C. Reichardt, "Polarity of Ionic Liquids," *Green Chem.* **2005**, *7*, 339. 데이터 출처: C. Florindo, A. J. S. McIntosh, T. Welton, L. C. Branco, and I. M. Marrucho, "Deep Eutectic Solvents: Exploring Intermolecular Interactions," *Phys. Chem. Chem. Phys.* **2018**, *20*, 206.]

액 대 벗김용 산 용액의 부피비에 의존한다. 비정량적(<100%) 추출과 같은 요인에 의해 발생하는 체계적인 오류를 수정하기 위해 동일한 방식으로 표준 물질을 추출해야 한다. 실험 23-1은 추출의 pH 의존성을 보여 준다. 보충 23-1은 추출에 사용되는 **이온성 액체** 및 다른 녹색 용매를 기술한다.

이온쌍 추출

브로민화 도데실트라이메틸 암모늄

황산 도데실 소듐

메틸렌 블루

소수성 양이온 및 음이온은 반대 전하의 이온을 유기 용매로 추출하기 위한 **이온쌍**제로 작용할 수 있다. 예를 들어 천연색 사진 19는 염화 트라이옥틸메틸암모늄을 이용한 하층 수용액상으로부터 상층의 다이에틸 에터 층으로의 착색된 음이온의 추출을 보여 준다. 수용액상의 $KMnO_4$에 대하여, 아래의 평형은 오른쪽으로 많이 진행된다.

$$K^+(aq) + MnO_4^-(aq) + \underbrace{(C_8H_{17})_3\overset{+}{N}CH_3Cl^-(org)}_{\text{이온쌍}} \rightleftharpoons K^+(aq) + Cl^-(aq) + \underbrace{(C_8H_{17})_3\overset{+}{N}CH_3MnO_4^-(org)}_{\text{이온쌍}}$$

이 반응의 중요한 응용은 수용성 이온성 물질(MnO_4^-)이 유기상으로 추출되어 소수성 유기 화합물과 반응하는 **상 이동 촉매 작용**(phase transfer catalysis)이다.

계면 활성제(**surfactant**)는 소수성 및 친수성 특성을 가지는 분자이며, 두 상 사이의 계면에 축적되어 표면 특성을 변형시킨다. 계면 활성제는 석유 산업에서 오일 회수를 향상시키는 데 사용된다. 유전수(oil-field water) 내 양이온성 계면 활성제 농도를 결정하기 위해, 황산 도데실 소듐과 같은 음이온성 계면 활성제로 시료를 적정한다.[10] 양이온성/음이온성 계면 활성제 이온쌍이 형성되고 유기상으로 추출된다. 모든 양이온성 계면 활성제가 적정되면, 양이온성 메틸렌 블루는 과량의 적정제와 이온쌍을 형성하고 유기상으로 추출된다. 종말점은 수용액상으로부터 청색이 사라지는 지점이다.

23-2 크로마토그래피란 무엇인가?

크로마토그래피의 원리는 추출과 동일하다. 상 하나는 고정되어 있고, 다른 상이 고정된 상을 지나쳐 이동한다는 점이 다르다.[11,12] 그림 23-5에서 보면, 용질 A와 B를 포함하는 용액이 칼럼(분리관)의 윗부분(입구)에 주입된다. 고체 입자로 충전된 칼럼은 용매로 채워져 있다. 칼럼의 아래쪽(출구)이 열리면 용질 A과 B는 칼럼을 따라 출구 쪽으로 이동한다. 칼럼 입구를 통하여 용매를 계속 공급하면 혼합물은 용매 흐름에 의해 칼럼을 따라 아래로 이동한다. 만일 용질 A가 B보다 고체 입자의 표면에 더 강하게 붙잡힌다면, 용질 A는 상대적으로 더 짧은 시간 동안 자유로운 상태로 용액에 머문다. 용질 A는 B보다 더 느리게 이동하게 되어 용질 B보다 나중에 칼럼을 빠져나온다. 이렇게 **크로마토그래피**를 이용하여 혼합물을 각 성분별로 분리할 수 있다.

1903년에 Warsaw(바르샤바)의 식물학자 M. Tswett는 흡착 크로마토그래피를 발명하였다. 그는 inulin(일종의 탄수화물) 가루를 정지상으로, 탄화수소 용매를 이동상으로 사용하여 식물 색소를 분리하였다. 분리된 띠들이 색깔을 띠었으므로, 색을 의미하는 그리스어 chromatos와, '쓴다'는 의미의 그리스어 graphein에서 **chromatography**라는 이름이 탄생하였다.[13]

크로마토그래피에서 **이동상**(**mobile phase**, 칼럼을 통해 이동하는 용매)은 액체이거나 기체이다. **정지상**(**stationary phase**, 칼럼 안에 머물러 있는 상)은 보통 모세관 내벽이나, 칼럼을 채우고 있는 고체 입자의 표면에 화학적으로 결합된 높은 점도의 액체이다. 경우에 따라서는 그림 23-5에서와 같이 고체 입자 자신이 정지상이 되기도 한다. 어느 경우든 이동상과 정지상 사이에서의 용질의 평형에 의해 분리가 얻어진다.

크로마토그래피는 1931년에 Heidelberg의 E. Lederer와 R. Kuhn, Zurich의 P.Karrer, Hungary의 L. Zechmeister가 Tswett의 방법을 생화학 분리에 응용할 때까지 동면 상태에 있었다.[14] 1930년대에 흡착 크로마토그래피는 생화학 분야에서 입증된 도구가 되었다.

칼럼으로 들어가는 액체를 **용리액**(**eluent**)이라고 하고, 칼럼을 빠져나오는 액체를 **용출액**(**eluate**)이라고 한다.

용리액(들어감) → 칼럼 → 용출액(나옴)

eluent(용리액)-in
eluate(용출액)-out

액체나 기체가 크로마토그래피 칼럼을 통과하는 과정을 **용리**(**elution**)라고 한다.

칼럼은 **충전**(**packed**)되거나 **열린 관**(**open tubular**) 형태이다. 충전 칼럼은 그림 23-5에서와 같이 정지상 입자들로 채워져 있다. 열린 관칼럼은 벽 내부가 정지상으로 코팅되어 있는 속이 빈 좁은 모세관이다.

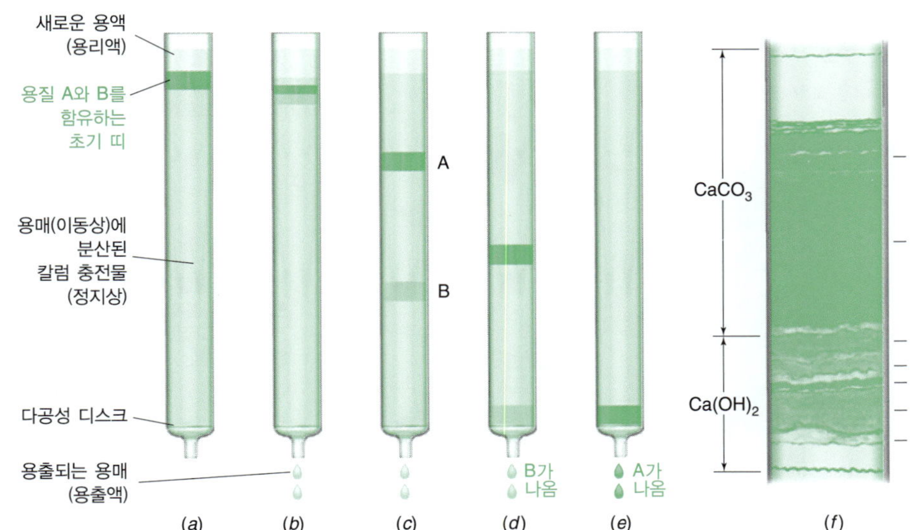

그림 23-5 크로마토그래피에서의 분리. 용질 B보다 정지상에 대한 친화력이 큰 용질 A가 칼럼에 더 오래 머문다. 그림 *f*는 1930년대에 L. Zechmeister가 수행한 붉은 파프리카 껍질 색소의 분리를 보여 준다. 수평한 띠(band)들이 색소들이다. 아래쪽 정지상은 $Ca(OH)_2$이고, 위쪽 정지상은 $CaCO_3$이다. [그림 *f* 정보 출처: L. S. Ettre, "The Rebirth of Chromatography 75 Years Ago", *LCGC North Am.* **2007**, *25*, 640.]

크로마토그래피의 종류

크로마토그래피는 용질과 정지상 사이 상호 작용의 메커니즘에 따라 분류된다(그림 23-6).

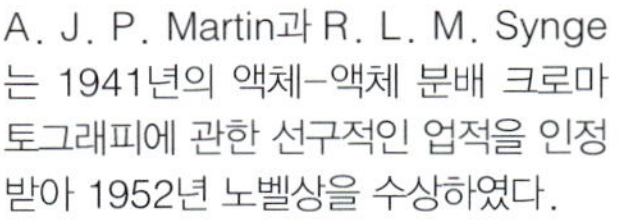

Tswett는 1903년에 흡착 크로마토그래피를 발명하였다.

흡착 크로마토그래피(adsorption chromatography). 고체 정지상과 액체나 기체의 이동상을 사용한다. 용질은 고체 입자의 표면에 흡착된다. 용질이 강하게 흡착될수록 느리게 칼럼을 통과한다.

A. J. P. Martin과 R. L. M. Synge는 1941년의 액체-액체 분배 크로마토그래피에 관한 선구적인 업적을 인정받아 1952년 노벨상을 수상하였다.

분배 크로마토그래피(partition chromatography). 액체 정지상이 고체 표면에 결합되어 있는데, 기체 크로마토그래피에 사용되는 용융 실리카(SiO_2) 칼럼의 내벽이 대표적인 예이다. 용질은 정지상 액체와 이동상(기체 크로마토그래피에서 공급되는 기체) 사이에서 분배되어 평형에 도달한다.

B. A. Adams와 E. L. Holms는 1935년에 최초로 이온 교환 합성 수지를 개발하였다. **수지**는 비교적 단단한 비결정성 유기 고체이고, **젤**은 비교적 연하다.

이온 교환 크로마토그래피(ion-exchange chromatography). $—SO_3^-$와 같은 음이온이나 $—N(CH_3)_3^+$ 같은 양이온들이 **수지**(resin)라고 하는 고체 정지상에 공유 결합되어 있다. 반

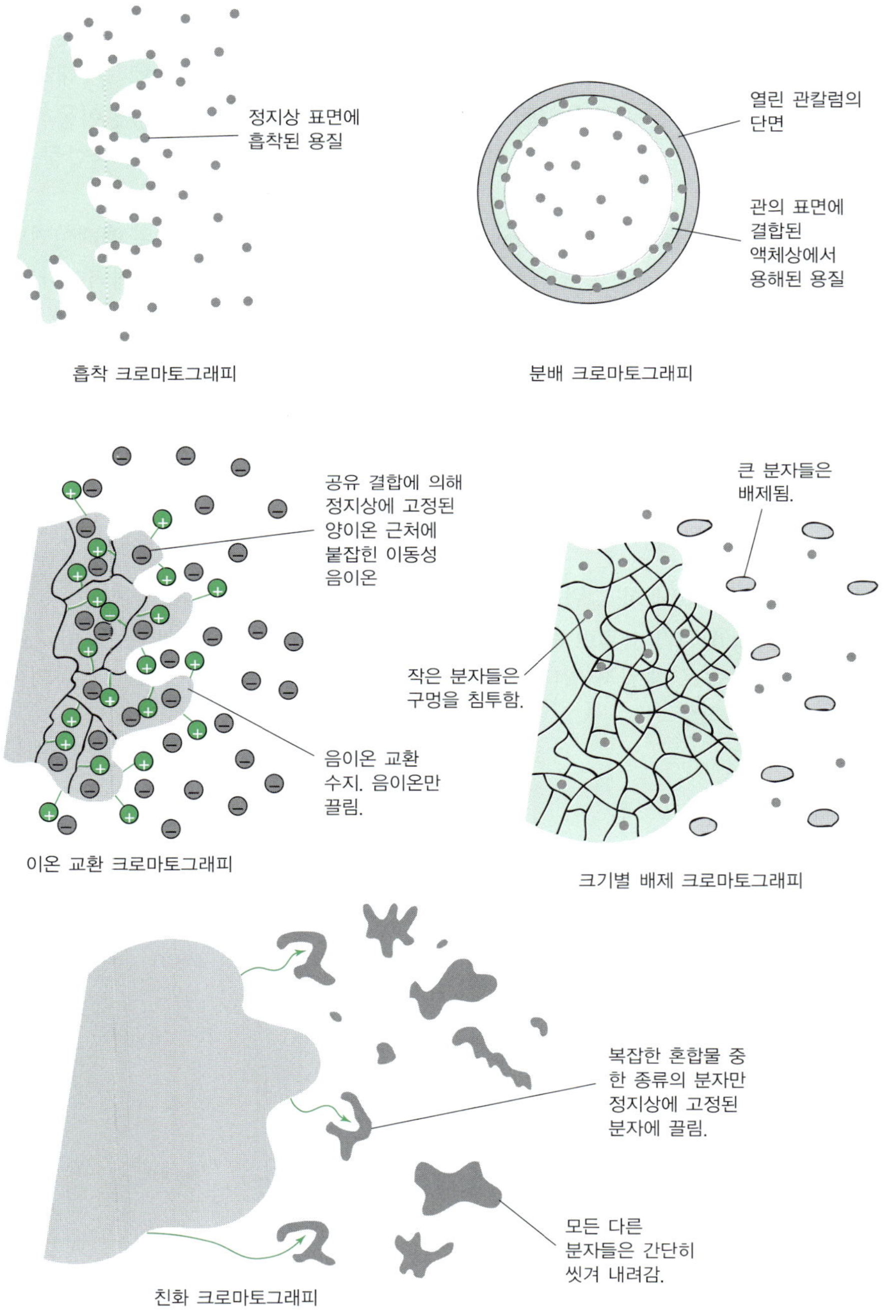

정지상 표면에
흡착된 용질

흡착 크로마토그래피

열린 관칼럼의
단면

관의 표면에
결합된
액체상에서
용해된 용질

분배 크로마토그래피

공유 결합에 의해
정지상에 고정된
양이온 근처에
붙잡힌 이동성
음이온

음이온 교환
수지. 음이온만
끌림.

이온 교환 크로마토그래피

큰 분자들은
배제됨.

작은 분자들은
구멍을 침투함.

크기별 배제 크로마토그래피

복잡한 혼합물 중
한 종류의 분자만
정지상에 고정된
분자에 끌림.

모든 다른
분자들은 간단히
씻겨 내려감.

친화 크로마토그래피

그림 23-6 크로마토그래피의 분류

대 전하의 용질 이온들은 정전기적 인력으로 인해 정지상에 끌린다. 이동상은 액체이다.

크기별 배제 크로마토그래피(size exclusion chromatography). **분자 배제 크로마토그래피**(molecular exclusion chromatography)**.** **젤거르기(gel filtration)**, **젤투과(gel permeation)** 크로마토그래피라고도 한다. 이 방법은 분자들을 크기에 따라 분리하여 큰 분자가 먼저 용리된다. 이상적인 크기별 배제에서는 정지상과 용질 사이에 상호 작용이 없다. 대신, 액체나 기체 이동상이 다공성 젤을 통과한다. 구멍의 크기는 큰 용질 분자를 배제할 수 있을 정도로 충분히 작으나, 작은 분자까지 배제하지는 못한다. 큰 분자는 구멍에 들어가지 못하고 통과한다. 작은 분자가 칼럼을 통과하는 데는 더 긴 시간이 필요한데, 그 이유는 작은 분자들은 구멍에 들어갈 수 있어서 그들이 칼럼을 통과하기 위해서는 더 많은 부피의 용리액이 필요하기 때문이다.

큰 분자는 작은 분자보다 **더 빠르게** 칼럼을 통과한다.

친화 크로마토그래피(affinity chromatography). 가장 선택성이 높은 크로마토그래피 방법이다. 공유 결합에 의해 정지상에 고정된 분자와 용질 분자 사이의 특정 상호 작용을 이용한다. 예를 들어 결합된 분자가 특정 단백질에 대한 항체인 경우이다. 1 000종의 단백질을 함유하는 혼합물이 칼럼을 통과할 때, 항체와 반응하는 하나의 단백질만 칼럼에 결합된다. 칼럼에 결합된 단백질을 제외한 모든 다른 용질을 씻어낸 후, pH나 이온 세기를 바꾸어 줌으로써 원하는 단백질을 회수한다.

23-3 크로마토그래피의 구체적인 개념

크로마토그래피 칼럼을 통과하는 이동상의 속도는 흔히 부피 유속이나 선속도로 표현한다. 액체 크로마토그래피에서 칼럼의 내경이 0.46 cm(반지름 $\equiv r = 0.23$ cm)이고, 이동상이 칼럼 부피의 64%를 차지한다고 하자. 칼럼 1 cm에 해당하는 부피는 $\pi r^2 \times$ 길이 $= \pi(0.23 \text{ cm})^2(1 \text{ cm}) = 0.166$ mL이고, 이 부피의 64%(= 0.106 mL)가 이동상(용매)이다. **부피 유속(volume flow rate)**은 분당 통과하는 용매의 부피(mL)이다. **선속도(linear velocity)**는 분당 통과하는 칼럼 길이(cm)이다. 칼럼 1 cm가 0.106 mL의 이동상을 포함하므로, 1.00 mL는 (1.00 mL)/(0.106 mL/cm) = 9.4 cm의 칼럼 길이를 차지한다. 따라서 1.00 mL/min에 해당하는 선속도는 9.4 cm/min 혹은 0.157 cm/s이다.

부피 유속 = F = 단위 시간당 칼럼을 통과하는 용매의 부피

선속도= u_x = 용매가 단위 시간당 이동하는 거리

크로마토그램

크로마토그래피 칼럼을 빠져나오는 용질은 나중에 소개할 검출기를 이용하여 관찰한다. **크로마토그램(chromatogram)**은 용리 시간의 함수로 검출기의 신호를 보여 주는 그래프이다. 그림 23-7은 옥테인, 노네인, 미지 물질의 혼합물을 24장에서 설명할 기체 크로마토그래피로 분리하여 얻은 크로마토그램을 보여 준다. 각 성분의 **머무름 시간(retention time, t_R)**은 혼합물이 칼럼에 주입된 시점부터 각 성분이 검출기까지 도달하는 데 걸리는 시간이다. **머무름 부피(retention volume, V_R)**는 용질이 칼럼을 통과하는 데 필요한 이동상의 부피이다. 일정한 크로마토그래피 조건에서, 화합물의 머무름 시간 및 머무름 부피는 일정하다. 동일 조건에서 옥테인 표준 물질을 분리하여 어떤 피크가 옥테인인지 확인한다. 옥테인 표준 물질은 시료에 존재하는 옥테인과 동일한 머무름 시간 및 머무름 부피를 가지는 피크를 줄 것이다. 정량 분석은 시료와 표준 물질의 피크 면적이나 높이의 비교를 기반으로 한다.

일정 조건에서:
- 분석 물질의 머무름 시간은 일정하며, **정성** 분석에 사용된다.
- **정량** 분석에서는 피크의 면적이나 높이를 표준 물질과 비교한다.

이동상이나 머무름이 없는 용질은 가장 짧은 시간(t_M)에 칼럼을 통과한다. 이동상의 선속도는 칼럼 길이를 t_M으로 나누어 결정한다. **보정 머무름 시간(adjusted retention time, t'_R)**은 머무름이 있는 용질이 칼럼을 빠져나올 때 용매가 빠져나오는 데 걸리는 시간에 추가하여 걸리는 시간이다.

선속도 = $U_x = L/t_M$
L은 칼럼 길이이고, t_M은 머무름이 없는 물질이 칼럼을 통과하는 데 필요한 시간이다.

보정 머무름 시간: $$t'_R = t_R - t_M \qquad \textbf{(23-14)}$$

그림 23-7 머무름 시간을 보여 주는 기체 크로마토그램

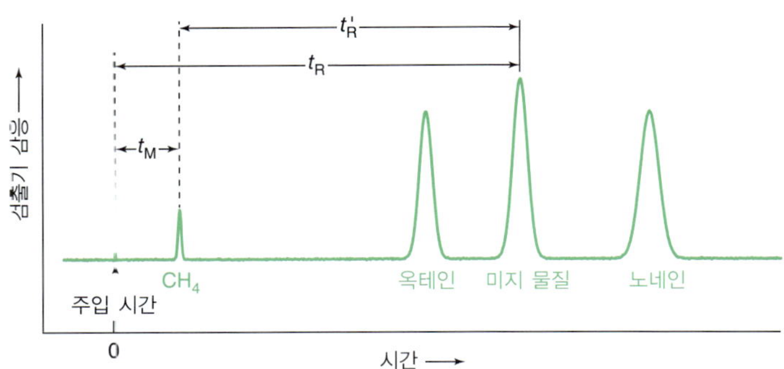

일반적으로 기체 크로마토그래피에서의 t_M은 CH_4(혹은 다른 머무름이 없는 물질)가 칼럼을 통과하는 데 걸리는 시간이다(그림 23-7).

두 성분 1과 2에 대한(성분 2가 늦게 용리) **분리 인자**(**separation factor**, α)는 두 성분의 보정 머무름 시간의 비이다.

분리 인자:

$$\alpha = \frac{t'_{R2}}{t'_{R1}} = \frac{k_2}{k_1} \qquad \textbf{(23-15)}$$

$t'_{R2} > t'_{R1}$이므로 $\alpha > 1$이다. 분리 인자가 클수록 두 성분 사이의 분리는 증가한다. 분리 인자는 유속과 무관하므로, 유속이 변할 때 피크를 확인하는 데 이용할 수 있다.

크로마토그램의 각 피크의 **머무름 인자**(**retention factor**, k)는 그 피크의 t_R과 t_M의 차이를 t_M의 배수로 나타낸 값이다.

머무름 인자:

$$k = \frac{t_R - t_M}{t_M} \qquad \textbf{(23-16)}$$

칼럼에 오래 머무를수록 머무름 인자는 커진다. 용매를 칼럼의 입구에서 출구까지 밀어내는 데에 V_M 만큼의 용매가 필요하다. 만약 용질을 용리시키기 위하여 추가로 3 V_M의 용매가 필요하다면, 그 용질의 머무름 인자는 3이다.

예제 **머무름 매개 변수**

벤젠, 톨루엔, 메테인의 혼합물을 칼럼의 길이가 5.0 m인 기체 크로마토그래피에 주입하였다. 머무름이 없는 메테인은 42초에 뾰족한 피크를 보이고, 벤젠은 251초에, 톨루엔은 333초에 용리하였다. 각 용질의 선속도, 보정 머무름 시간, 머무름 인자, 그리고 분리 인자를 계산하시오.

풀이 선속도는 $u_x = L/t_M = 5.0\ \text{m}/42\ \text{s} = 0.119\ \text{m/s}$
보정 머무름 시간은

벤젠: $t'_R = t_R - t_M = 251 - 42 - 209\ \text{s}$ 　　톨루엔: $t'_R = t_R - t_M = 333 - 42 = 291\ \text{s}$

머무름 인자는

벤젠: $k = \frac{t_R - t_M}{t_M} = \frac{251 - 42}{42} = 5.0$ 　　톨루엔: $k = \frac{333 - 42}{42} = 6.9$

분리 인자는 1보다 크게 표현한다.

$$\alpha = \frac{t'_{R(\text{톨루엔})}}{t'_{R(\text{벤젠})}} = \frac{333 - 42}{251 - 42} = 1.39$$

자습 에틸벤젠은 353초에 용리한다. 에틸벤젠과 톨루엔의 머무름 인자와 분리 인자를 구하시오.
(**답:** 7.4, 1.07)

머무름 시간과 분배 상수와의 관계

식 23-16의 머무름 인자는 다음과 같이 표현할 수 있다.

$$k = \frac{\text{용질이 정지상에서 보낸 시간}}{\text{용질이 이동상에서 보낸 시간}} \quad \textbf{(23-17)}$$

이 표현이 성립하는 이유를 알아보자. 만약 용질이 정지상에는 머무르지 않고 이동상에서만 시간을 보낸다면, 그 용질의 용리 시간은 t_M이다. 식 23-16에서 $t_R = t_M$이라 놓으면 $k = 0$이 된다. 이는 용질이 정지상에서는 시간을 보내지 않기 때문이다. 용질이 정지상과 이동상에서 같은 시간을 머문다고 가정하자. 그러면 머무름 시간 $t_R = 2t_M$이 되고, $k = (2t_M - t_M)/t_M = 1$이 된다. 용질이 이동상에서보다 세 배의 시간 동안 정지상에 머문다면 $t_R = 4t_M$이 되고 $k = (4t_M - t_M)/t_M = 3$이 된다.

만약 용질이 이동상에서보다 세 배의 시간 동안 정지상에 머문다면, 매 순간 정지상에 머무르는 몰수는 이동상에서보다 세 배가 된다. 식 23-17은 다음과 같이 나타낼 수 있다.

$$\frac{\text{용질이 정지상에서 보낸 시간}}{\text{용질이 이동상에서 보낸 시간}} = \frac{\text{정지상에 있는 용질의 몰수}}{\text{이동상에 있는 용질의 몰수}}$$

$$k = \frac{[\mathrm{S}]_\mathrm{S} V_\mathrm{S}}{[\mathrm{S}]_\mathrm{M} V_\mathrm{M}} \quad \textbf{(23-18)}$$

여기에서 $[\mathrm{S}]_\mathrm{S}$는 정지상에 있는 용질의 농도, V_S는 정지상의 부피, $[\mathrm{S}]_\mathrm{M}$은 이동상에 있는 용질의 농도, V_M은 이동상의 부피이다.

$[\mathrm{S}]_\mathrm{S}/[\mathrm{S}]_\mathrm{M}$는 정지상과 이동상에서 용질의 농도비이다. 만일 칼럼이 평형을 유지할 정도로 충분히 느리게 작동된다면, $[\mathrm{S}]_\mathrm{S}/[\mathrm{S}]_\mathrm{M}$비는 용매 추출에서 소개한 분배 상수와 비슷한 **분배 상수**(distribution constant, K_D)이다. 식 23-18은 다음과 같이 바꿀 수 있다.

분배 상수 $= K_\mathrm{D} = \frac{[S]_\mathrm{s}}{[S]_\mathrm{M}}$

머무름 시간과 분배 상수의 관계:

$$k = K_\mathrm{D}\frac{V_\mathrm{S}}{V_\mathrm{M}} \overset{\text{식 23-16}}{=} \frac{t_\mathrm{R} - t_\mathrm{M}}{t_\mathrm{M}} = \frac{t'_\mathrm{R}}{t_\mathrm{M}} \quad \textbf{(23-19)}$$

위 식은 머무름 시간을 분배 상수, 이동상과 정지상의 부피와 관련시키는 식이다. $t'_\mathrm{R} \propto k \propto K_\mathrm{D}$이므로 상대 머무름은 다음과 같이 표현된다.

분리 인자:

$$\alpha = \frac{t'_\mathrm{R2}}{t'_\mathrm{R1}} = \frac{k_2}{k_1} = \frac{K_\mathrm{D2}}{K_\mathrm{D1}} \quad \textbf{(23-20)}$$

두 용질의 분리 인자는 그들의 분배 상수의 비에 비례한다. 이 관계가 크로마토그래피의 기본 원리이다.

> **크로마토그래피의 기본 원리**
> 두 성분의 분배 상수의 비가 클수록 두 성분 사이의 분리는 증가한다.

머무름 부피(V_R)는 특정 용질을 칼럼으로부터 용리시키는 데 필요한 이동상의 부피이다.

머무름 부피:

$$V_\mathrm{R} = t_\mathrm{R} \cdot F \quad \textbf{(23-21)}$$

F는 이동상의 부피 유속(단위 시간당 부피)이다. 특정 용질의 머무름 부피는 넓은 유속 범위에서 일정하다.

부피는 시간에 비례한다. 따라서 시간 비는 부피비와 같다.

$$k = \frac{t_\mathrm{R} - t_\mathrm{M}}{t_\mathrm{M}} = \frac{V_\mathrm{R} - V_\mathrm{M}}{V_\mathrm{M}}$$

V_R은 용질의 머무름 부피이다.

예제 머무름 시간과 분배 상수

앞의 예에서 머무름이 없는 메테인은 42초에 뾰족한 피크를 보였고, 벤젠은 251초가 걸렸다. 열린 관 크로마토그래피 칼럼은 내경이 250 μm이고 내벽이 1.0 μm 두께의 정지상 층이 코팅되어 있다. 벤젠의 분배 상수($K_\mathrm{D} = [S]_\mathrm{s}/[S]_\mathrm{M}$)를 계산하고, 벤젠이 이동상에서 보내는 시간 분율을 말하시오.

풀이 정지상과 이동상의 상대 부피를 계산해야 한다. 칼럼은 내벽이 얇은 정지상으로 코팅된 열린 관이다.

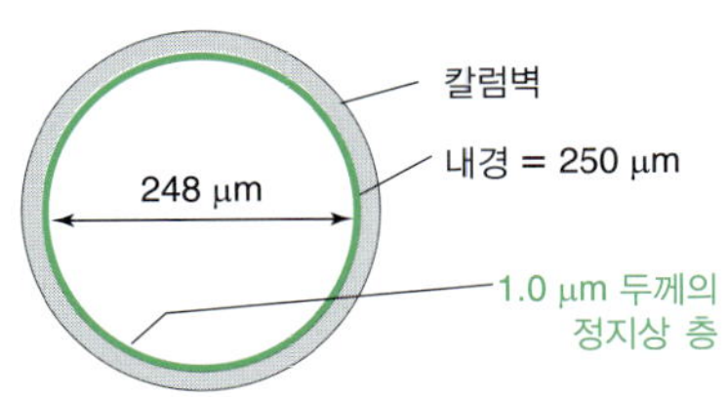

속이 빈 부분의 반지름: $r_1 = 124\ \mu m$
정지상 층의 중간까지의 반지름: $r_2 = 124.5\ \mu m$

칼럼의 단면적 $= \pi r_1^2$
$= \pi(124\ \mu m)^2 = 4.83 \times 10^4\ \mu m^2$
정지상 층의 단면적 $\approx 2\pi r_2 \times$ 두께
$= 2\pi(124.5\ \mu m)(1.0\ \mu m) = 7.8_3 \times 10^2\ \mu m^2$

두 상의 상대 부피는 두 상의 상대 단면적에 비례한다. 따라서 $V_S/V_M = (7.8_3 \times 10^2\ \mu m^2)/(4.83 \times 10^4\ \mu m^2) = 0.016\ 2$. 앞의 예에서 벤젠의 머무름 인자 $k = 5.0$이다. 이 값을 식 23-19에 대입하면 분배 상수는

$$k = K_D \frac{V_S}{V_M} \Rightarrow 5.0 = K_D(0.016\ 2) \Rightarrow K_D = 310$$

이동상에서 보낸 시간 분율을 얻기 위해서는 식 23-16과 23-17을 사용한다.

$$k = \frac{\text{정지상에서 보낸 시간}}{\text{이동상에서 보낸 시간}} = \frac{t_R - t_M}{t_M} = \frac{t_S}{t_M} \Rightarrow t_S = kt_M$$

t_S는 정지상에 머문 시간이다. 이동상에서 보낸 시간 분율은

$$\text{이동상에서 보낸 시간 분율} = \frac{t_M}{t_S + t_M} = \frac{t_M}{kt_M + t_M} = \frac{1}{k+1} = \frac{1}{5.0+1} = 0.17$$

자습 톨루엔($t_R = 333$초)의 분배 상수를 구하고, 톨루엔이 이동상에서 보내는 시간 분율을 말하시오. (**답:** 430, 0.13)

규모 확대

우리는 일반적으로 **분석** 목적(혼합물 내 성분들을 분리하고 확인 또는 정량하기 위해) 또는 **분취** 목적(혼합물 내 특정 성분의 상당량을 정제하기 위해)으로 크로마토그래피를 수행한다. 보통 분석 목적의 크로마토그래피에서는 좋은 분리를 제공하는 좁은 칼럼을 사용한다. 분취 목적의 크로마토그래피에서는 많은 양의 시료를 다루어야 하므로 두꺼운 칼럼을 사용한다.[15] 분취용 크로마토그래피는 약물의 **광학 이성질체**(optical isomer) 같은 화합물 분리에 필요한 고비용을 감당할 수 있는 제약 산업에서 특히 중요하다(보충 24-1).

만일 지름이 1.0 cm인 칼럼으로 2 mg의 혼합물을 분리하기 위한 크로마토그래피 방법을 개발하였다면, 20 mg의 혼합물을 분리하기 위해서는 어떤 크기의 칼럼을 사용해야 하는가? 규모를 확대하기 위한 가장 간단한 방법은 칼럼의 길이를 고정시키고 단면적을 증가시킴으로써 시료의 질량 대 칼럼 부피의 비를 일정하게 하는 것이다. 단면적 $= \pi r^2$이므로(r = 칼럼의 반지름), 원하는 칼럼 반지름은 다음과 같다.

규모 확대의 규칙
- 칼럼 길이는 일정하게 유지한다.
- 칼럼의 단면적 ∝ 분석 물질의 질량:

$$\frac{\text{질량}_2}{\text{질량}_1} = \left(\frac{\text{반지름}_2}{\text{반지름}_1}\right)^2$$

(∝은 '비례한다'는 뜻)
- 일정한 선속도 유지:

$$\frac{\text{부피 흐름}_2}{\text{부피 흐름}_1} = \left(\frac{\text{반지름}_2}{\text{반지름}_1}\right)^2$$

- 칼럼에 주입하는 시료 부피 ∝ 분석 물질의 질량
- 만약 칼럼의 길이를 바꾸면, 전체 길이에 비례하여 시료 질량을 증가시킬 수 있다.

규모 확대 관련 식:

$$\frac{\text{큰 질량}}{\text{작은 질량}} = \left(\frac{\text{큰 칼럼의 반지름}}{\text{작은 칼럼의 반지름}}\right)^2 \qquad (23\text{-}22)$$

$$\frac{20\ \text{mg}}{2\ \text{mg}} = \left(\frac{\text{큰 칼럼의 반지름}}{0.50\ \text{cm}}\right)^2$$

$$\text{큰 칼럼의 반지름} = 1.58\ \text{cm}$$

지름 약 3 cm의 칼럼이 적당하다.

큰 칼럼에서도 작은 칼럼에서의 조건을 유지하려면 부피 유속이 아닌 **선속도**를 일정하게 유지해야 한다. 위의 예에서, 큰 칼럼의 면적(따라서 부피)이 작은 칼럼보다 10배 크므로, 일정한 선속도를 유지하기 위해서는 부피 유속이 10배 커져야 한다. 만일 작은 칼럼에서의 부피 유속이 0.3 mL/min였다면, 큰 칼럼에서는 3 mL/min가 되어야 한다.

성분 A와 B를 분취용 칼럼에서 분리하고자 한다. 작은 칼럼에서 두 성분의 분리 인자는 $\alpha = 2.0$이다. 역상 실리카 칼럼(793쪽)을 사용하는 분취용 크로마토그래피에 사용할 수 있는 시료의 질량(g)은 **대략** 아래와 같다.

$$\text{주입 가능한 최대 시료 양 (g)} \approx (3.7 \times 10^{-8})\left[\frac{\alpha - 1}{\alpha}\right]^2 L d_c^2 \sigma_g$$

여기에서 L은 칼럼 길이, d_c는 칼럼 지름(mm), σ_g는 정지상 1 g당 표면적(m^2)이다.[16] L = 250 mm, d_c = 50 mm(분석 칼럼보다 10배 넓은), $\sigma_g = 200\ m^2/g$일 때 칼럼 용량은 대략 $(3.7 \times 10^{-8})\ (1/2)^2(250)(50)^2(200) = 1.2$ g이다. 분리도가 낮아서 $\sigma = 1.3$이라면, 분취용 칼럼에서는 0.25 g의 시료를 분리할 수 있다.

23-4 분리 효율

크로마토그래피에서 물질들이 얼마나 잘 분리되는지를 판단하는 두 가지 인자는 다음과 같다. 하나는 용리 시간의 차이이다. 그 차이가 클수록 분리가 잘된다. 다른 인자는 피크가 얼마나 넓은가이다. 피크가 넓을수록 분리는 나쁘다. 이 절에서는 분리 효율을 어떻게 측정하는지를 생각해 본다.

분리도

용질은 크로마토그래피 칼럼을 통과하면서 점차 퍼져서 표준 편차가 σ인 Gauss 모양이 되는 경향이 있다(그림 23-8). 용질이 칼럼에 오래 머물수록 띠는 더 넓어진다. 일반적으로 사용되는 띠너비의 척도에는 (1) 피크 높이의 반높이에서 측정한 너비 $w_{1/2}$와 (2) 피크의 변곡점에서의 탄젠트가 **바탕선**과 만나는 두 지점 사이의 너비 w가 있다. Gauss 피크에 대한 식 4-3에 따르면 $w_{1/2} = 2.35\sigma$이며, $w = 4\sigma$이다.

크로마토그래피에서 두 피크의 **분리도(resolution)**는 다음과 같이 정의된다.

분리도: $$\text{분리도} = \frac{\Delta t_R}{w_{av}} = \frac{\Delta V_R}{w_{av}} = \frac{0.589\,\Delta t_R}{w_{1/2av}} \qquad (23\text{-}23)$$

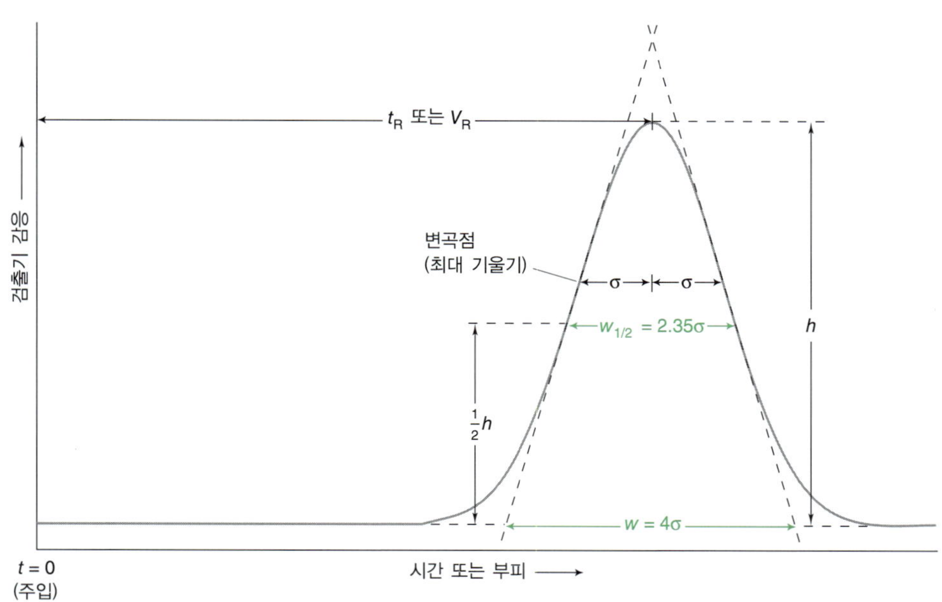

그림 23-8 이상적인 Gauss 크로마토그램. w와 $w_{1/2}$을 측정하는 방법을 보여 준다. w 값은 피크의 변곡점에 대한 탄젠트를 바탕선까지 외삽하여 얻는다. 바탕선은 용질이 없을 때의 바탕 신호이다.

그림 23-9 면적과 높이가 같은 두 Gauss 피크의 분리도. 점선은 각 성분의 피크이며, 실선은 두 피크의 합이다. 중첩되는 영역은 그림자로 표현했다.

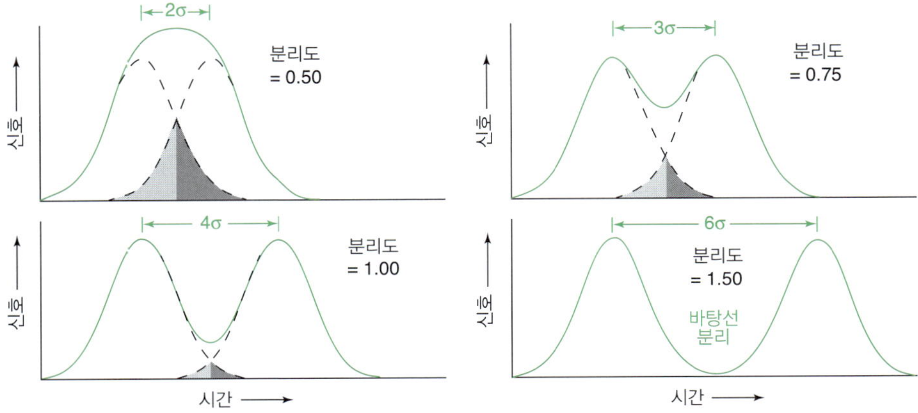

여기에서 Δt_R, ΔV_R은 시간이나 부피 단위로 나타낸 피크 사이의 거리이며, w_{av}는 시간이나 부피 단위로 나타낸 두 피크의 평균 너비이다(피크 너비는 그림 23-8에서와 같이 바탕선에서 측정한다). 혹은 식 23-23의 마지막 식에서와 같이 피크 반높이에서의 너비의 평균 $w_{1/2}$를 사용한다. 보통 $w_{1/2av}$를 사용하는데, 그 이유는 더 쉽게 측정할 수 있기 때문이다. 그림 23-9는 분리도가 다른 두 피크를 보여 준다. 정량 분석을 위해서는 분리도가 1.5(**바탕선 분리도**) 이상이어야 한다.

바탕선 분리도(baseline resolution)는 피크 사이의 신호가 0으로 돌아감을 의미한다.

예제 분리도 측정

머무름 시간이 407초인 피크의 $w_{1/2}$가 7.6초이다. 이웃 피크가 17초 후에 용리하였으며 $w_{1/2}$가 9.4초이다. 두 성분의 분리도를 구하시오.

풀이

$$\text{분리도} = \frac{0.589\Delta t_R}{w_{1/2av}} = \frac{0.589(17\text{ s})}{\frac{1}{2}(7.6\text{ s} + 9.4\text{ s})} = 1.1_8 \approx 1.2$$

자습 Δt_R가 얼마일 때 바탕선 분리도(분리도 = 1.5)가 생기는가? (**답:** 21.6초)

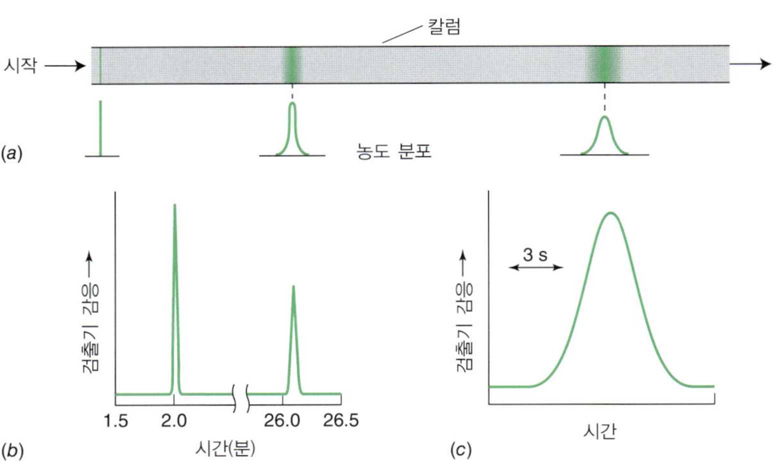

그림 23-10 (*a*) 용질의 초기 좁은 띠가 크로마토그래피 칼럼을 통과하면서 넓어지는 현상. (*b*) 모세관 전기 이동 칼럼에서 2분과 26분 후에 실험적으로 관찰된 확산에 의한 띠넓어짐. (*c*) 26분에서의 Gauss 띠 모양의 확대 그림 [출처: M. U. Musheev, S. Javaherian, V. Okhonin, and S. N. Krylc, "Diffusion as a Tool of Measuring Temperature Inside a Capillary," *Anal. Chem.* **2008**, *80*, 6752. S. Javaherian은 학부연구생이었다.]

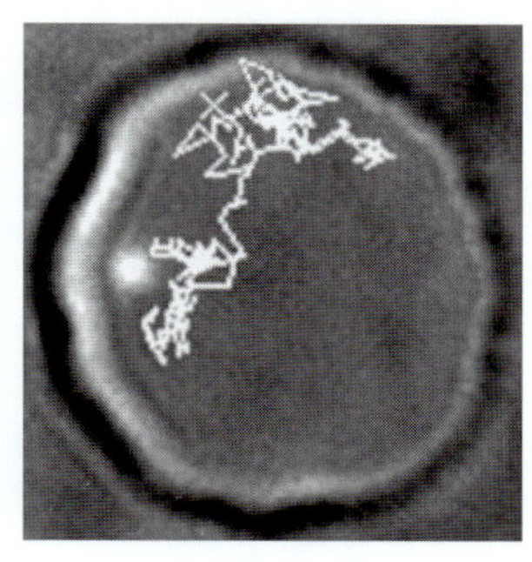

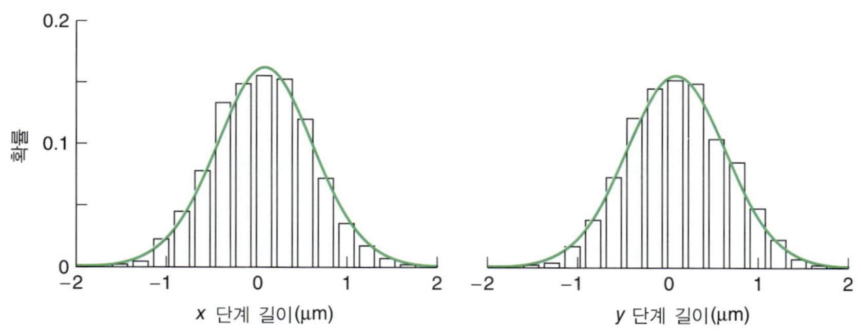

그림 23-11 지름이 20 μm인 물방울 속에 있는 지름 290 nm인 형광 구슬의 155 ms 간격의 Brown 운동. 히스토그램은 800개의 사진에서 나타난 각 단계에서의 Δx와 Δy를 보여 준다. 곡선은 Gauss 식을 히스토그램에 맞춘 선이다. [출처: J. C. Gadd, C. L. Kuyper, B. S. Fujimoto, R. W. Allen, and D. T. Chiu, "Sizing Subcellular Organelles and Nanoparticles Confined within Aqueous Droplets," *Anal. Chem.* **2008**, *80*, 3450. Reprinted with permission © 2008, American Chemical Society.]

확산

용질의 띠는 크로마토그래피 칼럼을 통과하면서 넓어진다(그림 23-10). 이상적으로는, 칼럼 입구에 주입된 매우 좁은 띠는 Gauss 형태로 칼럼 출구를 빠져나온다. 덜 이상적인 환경에서 띠는 비대칭이다.

띠넓어짐(band spreading)의 주된 원인 중의 하나는 **확산(diffusion)**이다. 확산은 농도가 높은 영역에서 낮은 영역으로의 용질의 이동이다. 확산은 분자들의 무작위 운동(random movement)에 의해 야기된다. 그림 23-11은 작은 물방울 속에 있는 형광 구슬의 **Brown 운동**(Brownian motion)을 통하여 분자의 무작위 운동을 보여 준다. 구슬은 임의의 방향과 속도로 움직이는 물 분자들에 의해 밀린다. 구슬의 연속적인 위치 변화는 Gauss 분포를 따른다.

확산 계수(diffusion coefficient)는 물질이 농도가 진한 영역에서 묽은 영역으로 무작위로 움직이는 속도의 척도이다. 그림 23-12는 농도 기울기가 dc/dx인 평면을 통과하는 용질의 움직임을 보여 준다. 초당 1 m^2의 면적을 통과하는 몰수를 **플럭스**(flux)라 하고, J로 표시하는데, J는 농도 기울기(dc/dx)에 비례한다.

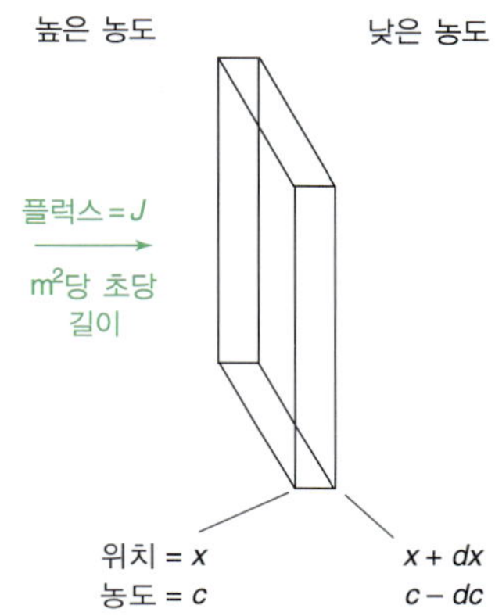

그림 23-12 단위 면적의 평면을 통과하여 확산되는 분자의 플럭스(J)는 농도 기울기와 확산 계수에 비례한다. $J = -D(dc/dx)$

확산 계수의 정의: (Fick 확산 제1법칙)

$$\text{플럭스}\left(\frac{\text{mol}}{\text{m}^2\cdot\text{s}}\right) \equiv J = -D\frac{dc}{dx} \qquad (23\text{-}24)$$

비례 상수 D가 '확산 계수'이다. 음의 부호는 용질이 높은 농도에서 낮은 농도로 이동하므로 필요하다. 만약 농도를 mol/m^3로 표현한다면, D의 단위는 m^2/s이다.

확산 계수는 분자의 열에너지와 확산되는 동안의 마찰과 연관이 있다.

Stokes-Einstein 식:

$$D = \frac{kT}{f} \qquad (23\text{-}25)$$

여기서 kT는 분자의 **열에너지**이며(k = Boltzmann 상수, T = 켈빈 온도), f는 **마찰 계수**(friction coefficient)이다. 마찰 계수가 클수록, 유체 내에서 분자가 확산하기 어렵다. 점도가 η인 유체에서 움직이는 반지름 r의 구형 입자에 대하여 마찰 계수는 다음과 같다.

Stokes 식:

$$f = 6\pi\eta r \qquad (23\text{-}26)$$

입자 크기가 증가할수록, 유체의 점도가 증가할수록 마찰 계수는 증가한다. 표 23-1은 액체의 점도가 기체보다 높으므로 액체에서의 확산이 기체에서보다 10^4배 느림을 보여 준다. 리보핵산 분해 효소나 알부민과 같은 거대 분자는 크기로 인하여 작은 분자보다 10~100배 느리게 확산한다.

점도(viscosity)는 유체의 흐름에 대한 저항의 척도이다. 압력이 일정할 때, 액체의 점도가 높을수록 흐름이 느리다.

만약 칼럼의 단위 단면적당 m몰의 용질이 무한히 좁은 띠로 시작하여 칼럼을 이동하며, 이동하는 과정에서 확산에 의해 띠가 넓어진다면, 띠의 Gauss 분포는 다음과 같이 표현된다.

표 23-1 298 K에서의 확산 계수		
용질	용매	확산 계수(m^2/s)
물에서의 작은 분자		
H_2O (FM 18)	H_2O	2.3×10^{-9}
CH_3OH (FM 32)	H_2O	1.6×10^{-9}
슈크로스(FM 75)	H_2O	1.1×10^{-9}
글라이신(FM 342)	H_2O	0.52×10^{-9}
물에서의 거대 분자		
리보핵산 (FM 13 700)	H_2O (293 K)	0.12×10^{-9}
혈청 알부민 (FM 65 000)	H_2O (293 K)	0.059×10^{-9}
유기 용매에서의 작은 분자		
I_2	헥세인	4.0×10^{-9}
CCl_4	헵테인	3.2×10^{-9}
N_2	CCl_4	3.4×10^{-9}
공기 중 기체		
$CS_2(g)$	공기(293 K)	1.0×10^{-5}
$O_2(g)$	공기(273 K)	1.8×10^{-5}
물에서의 전해질		
H^+	H_2O	9.3×10^{-9}
OH^-	H_2O	5.3×10^{-9}
Li^+	H_2O	1.0×10^{-9}
Na^+	H_2O	1.3×10^{-9}
K^+	H_2O	2.0×10^{-9}
Cl^-	H_2O	2.0×10^{-9}
I^-	H_2O	2.0×10^{-9}

확산 계수는:

- 확산하는 분자의 크기와 매질의 점도에 반비례한다.
- 액체의 점도가 더 높으므로 액체에서의 확산이 기체에서 보다 10^4배 느리다.
- 거대 분자는 작은 분자보다 10~100배 느리게 확산한다.

확산에 의한 크로마토그래피 띠넓어짐:

$$c = \frac{m}{\sqrt{4\pi Dt}} e^{-x^2/(4Dt)} \tag{23-27}$$

여기에서 c는 농도(mol/m^3), t는 시간, x는 띠의 중심으로부터 칼럼 길이를 따라 퍼진 거리이다(이 식에서 띠의 중심은 항상 $x = 0$이다). 식 23-27과 식 4-3을 비교하면 띠의 표준 편차는 다음과 같다.

띠너비 $\propto \sqrt{t}$. 용리 시간이 4배 증가하면, 띠는 확산에 의해 2배 넓어진다.

띠의 표준 편차:

$$\sigma = \sqrt{2Dt} \tag{23-28}$$

단높이: 칼럼 효율의 척도

F = **부피 유속** (부피/시간)
u_x = **선속도** (거리/시간) = L/t_M
L은 칼럼 길이, t_M은 머무름이 없는 물질의 용리 시간이다.

식 23-28에서 확산에 의한 띠넓어짐의 표준 편차는 $\sqrt{2Dt}$이다. 만일 용질이 u_x(m/s)의 선속도로 x 만큼의 거리를 이동하였다면, 칼럼 안에 머무름 시간 $t = x/u_x$이다. 그러므로

$$\sigma^2 = 2Dt = 2D\frac{x}{u_x} = \underbrace{\left(\frac{2D}{u_x}\right)}_{\text{단높이} \equiv H} x = Hx$$

단높이:

$$H = \sigma^2/x \tag{23-29}$$

분배 크로마토그래피의 공동 발명자인 A. J. P. Martin은 10대 시절 커피캔을 이용하여 증류 칼럼을 만들었다(그가 무엇을 증류하고 있었는지는 모른다!). 그는 분배 크로마토그래피의 이론을 세울 때 증류 이론의 용어들을 사용하였다.

단높이(plate height, H)는 띠의 가변도(variance, σ^2)와 띠가 이동한 거리(x) 사이의 비례 상수이다. 단높이란 이름은 '단(plate)'이라고 하는 불연속적인 단계로 행해지는 증류 이론에서 유래한다. 단높이를 **height equivalent to a theoretical plate**(HETP)라고도 한다. 단높이는 이동상과 정지상 사이에서 용질이 한 번 평형에 도달하는 데 필요한 칼럼의 대략적인 길이이다. 이러한 개념은 보충 23-2에서 알아보도록 한다. **단높이가 낮을수록 띠너비는 좁아진다.**

혼합물을 분리하는 칼럼의 성능은 단높이가 감소할수록 향상된다. 효율이 높은 칼럼은 효율이 낮은 칼럼보다 더 많은 이론단(theoretical plate)을 가진다. 단높이는 기체 크로마토그래피에서는 약 0.1~1 mm 범위이고, 고성능 액체 크로마토그래피에서는 약 5~10 μm, 모세관 전기 이동에서는 1 μm 이하이다.

단높이는 σ^2/x의 길이를 가진다. 여기에서 σ는 그림 23-8의 Gauss 띠의 표준 편차이고, x는 칼럼을 통해 이동한 거리이다. 길이가 L인 칼럼을 통과하는 용질에 대하여, $x = L$이고 $\sigma = w/4$이므로, 전체 칼럼에서의 **단수(plate number**, N)는 길이 L을 단높이로 나눈 것이다.

낮은 단높이 ⇒ 좁은 피크 ⇒ 더 좋은 분리

$$N = \frac{L}{H} = \frac{Lx}{\sigma^2} = \frac{L^2}{\sigma^2} = \frac{16L^2}{w^2}$$

w는 길이의 단위를 가지며, 단수 N에는 단위가 없다. 만일 L과 w(또는 σ)를 길이 대신 시간 단위로 표현하여도 N에는 여전히 단위가 없다. N에 관한 유용한 식은 다음과 같다.

단수:

$$N = \frac{16t_R^2}{w^2} = \frac{t_R^2}{\sigma^2} \quad \textbf{(23-30)}$$

칼럼의 단수를 측정할 때에는 머무름 인자 $k > 5$인 피크를 선택한다.

여기에서 t_R은 피크의 머무름 시간이며, w는 그림 23-8에서 **시간 단위**로 측정한 바탕선에서의 피크 너비이다. 만일 바탕선에서의 너비 대신 반높이에서의 너비 $w_{1/2}$를 사용하면, 다음 식을 얻는다.

단수:

$$N = \frac{5.55t_R^2}{w_{1/2}^2} \quad \textbf{(23-31)}$$

도전 N이 일정할 때, 크로마토그래피 피크의 너비가 머무름 시간에 비례함을 보이라. 즉 크로마토그램에서 늦게 나올수록 피크의 너비가 넓어진다.

예제 단높이 계산

머무름 시간이 407초인 용질이 12.2 m 길이의 칼럼에서 용리할 때 바탕선에서 측정한 띠너비가 13.0초였다. 단수와 단높이를 계산하시오.

풀이

$$N = \frac{16t_R^2}{w^2} = \frac{16 \cdot (407\text{ s})^2}{(13.0\text{ s})^2} = 1.57 \times 10^4$$

$$H = \frac{L}{N} = \frac{12.2\text{ m}}{1.57 \times 10^4} = 0.78\text{ mm}$$

자습 같은 반높이에서의 너비가 7.6초이다. 단높이 H를 구하시오. (**답:** 0.77 mm)

그림 23-13의 비대칭 피크의 단수를 측정하기 위해서는 피크 높이의 1/10 높이를 가로지르는 수평선을 그린다. A와 B의 길이로부터 **비대칭 인자(asymmetry factor**, B/A)를 결정한다. Foley-Dorsey 식을 이용하면 꼬리끌기 피크의 단수를 추정할 수 있다.[17]

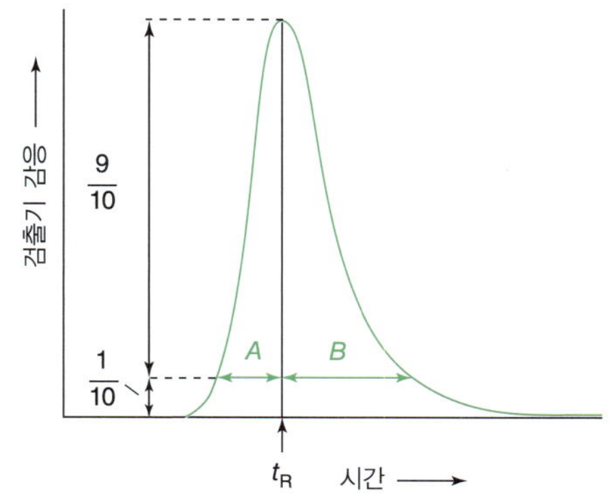

그림 23-13 단수 측정에 사용되는 인자들을 보여 주는 비대칭 피크

U. S. Pharmacopeia는 피크 높이의 1/20에서 측정한 비대칭 피크의 **꼬리끌기 인자**(tailing factor, T_f)를 $T_f = w_{0.05}/2A_{0.05}$로 정의하였다. $T_f > 1$이면 꼬리끌기이며, $T_f < 1$이면 **머리끌기**(fronting)이다. 꼬리끌기 피크는 꼬리 부분이 길고, 머리끌기 피크는 앞부분이 길다.

$$N \approx \frac{41.7(t_R/w_{0.1})^2}{(B/A) + 1.25} \tag{23-32}$$

여기에서 $w_{0.1}$은 피크 높이의 1/10 높이에서의 너비($A + B$)이다. 모든 양은 같은 단위(시간 혹은 길이)로 측정되어야 한다.

분리도에 영향을 미치는 인자

인접한 두 개의 대칭형 피크에 대한 분리도는 다음과 같다.[18]

Purnell 식:

$$\text{분리도} = \frac{\sqrt{N}}{4}\frac{(\alpha - 1)}{\alpha}\left(\frac{k_2}{1 + k_2}\right) \tag{23-33}$$

여기에서 N은 단수, α는 두 피크의 분리 인자(식 23-20 참고), k_2는 머무름이 큰 성분의 머무름 인자(식 23-16 참고)이다. 식 23-23은 분리도를 측정할 때 사용하는 반면, 식 23-33은 분리도에 영향을 미치는 중요한 변수들을 보여 준다.

분리도 $\propto \sqrt{N} \propto \sqrt{L}$

식 23-33의 한 가지 중요한 점은 분리도가 $\sqrt{N}$에 비례한다는 점이다. 따라서 **칼럼 길이를 두 배로 늘리면 분리도는 $\sqrt{2}$배 증가한다.** 그림 23-14는 고리 사이 연결 부분의 입체 화학만 다른 삼당류의 분리에 미치는 칼럼 길이의 영향을 보여 준다. 혼합물은 특수 고안된 밸브 시스템을 이용하여 한 쌍의 액체 크로마토그래피 칼럼을 반복 통과한다. 그림 23-14에서 보듯이, 두 번 통과한 후에도 두 피크는 거의 분리되지 않는다(분리도 = 0.7). 16회 반복 통과 후 두 피크의 바탕선 분리를 얻었다(분리도 >1.5).

기체 크로마토그래피에서 k는 칼럼의 온도를 변화시킴으로써 조절할 수 있고, α는 정지상을 변화시킴으로써 조절할 수 있다.

그러나 칼럼 길이가 길어지면 분리 시간도 증가한다. 만약 칼럼의 단높이(H)가 작다면, 분리 시간의 변화 없이 단수(N)가 증가하여 피크가 좁아지고 분리도가 좋아진다(그림 23-15). 띠넓어짐에 영향을 미치는 인자들에 대해서는 다음 절에서 다룬다. 만약 조건을 변화시켜 머무름 k를 줄이면, 분리도는 나빠질 것이다. 일반적으로 k를 증가시키면 분리도는 좋아진다. 만약 분리 인자 α가 증가하면 피크는 서로 멀어지고 분리도는 증가할 것이다. 크로마토그래피와 관련된 중요한 식들을 표 23-2에 정리하였다.

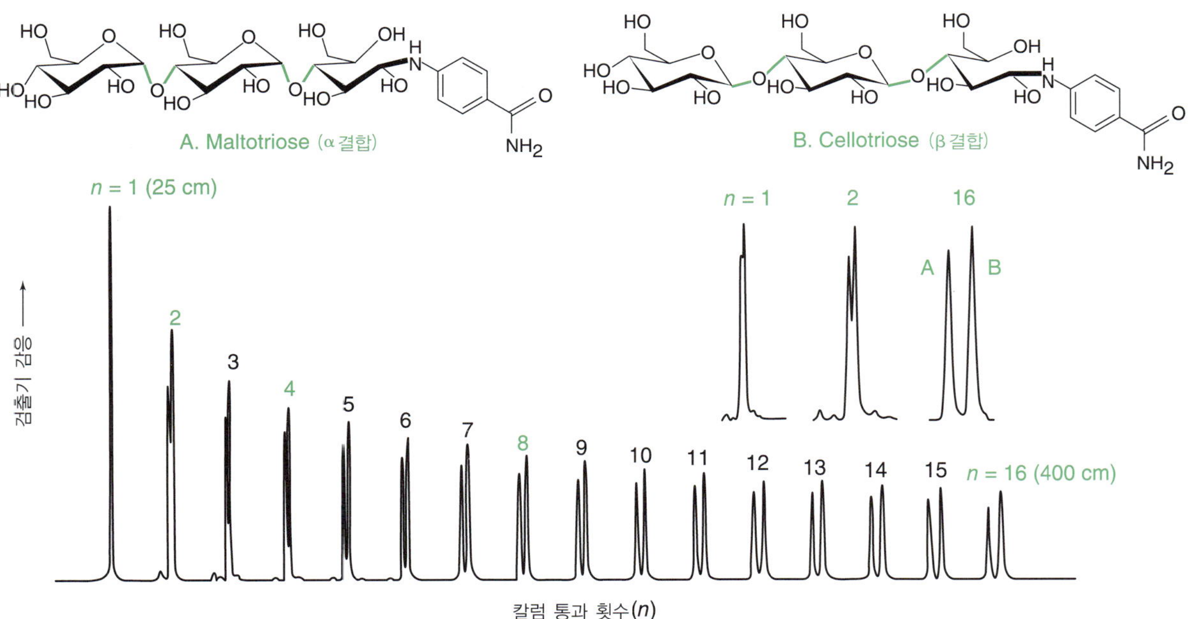

그림 23-14 한 쌍의 아마이드 80 액체 크로마토그래피 칼럼(25 cm × 4.6 mm)을 반복 통과시켜 얻은 선형 삼당류(고리 사이 연결 부분의 입체 화학만 다름)의 분리. 용리액: 60:40 vol:vol 아세토나이트릴:10 mM 아세트산 암모늄(pH 7.0). 삼당류는 자외선 검출을 위하여 4-아미노벤즈아마이드(4-aminobenzamide)로 유도체화하였다. [출처: W. R. Alley, Jr., B. F. Mann, V. Hruska, and M. V. Novotny, "Isolation and Purification of Glycoconjugates from Complex Biological Sources by Recycling High-Performance Liquid Chromatography," *Anal. Chem.* **2013**, *85*, 10408.]

표 23-2 크로마토그래피 식 요약

항목	식	매개 변수
분배 상수	$K_D = [S]_S/[S]_M$	$[S]_S$ = 정지상 내에서의 용질의 농도 $[S]_M$ = 이동상 내에서의 용질의 농도
보정 머무름 시간	$t'_R = t_R - t_M$	t_R = 용질의 머무름 시간 t_M = 머무름이 없는 용질의 머무름 시간
머무름 부피	$V_R = t_R \cdot F$	F = 부피 유속 = 단위 시간당 부피
머무름 인자	$k = t'_R/t_M = K_D V_S/V_M$ $k = \frac{t_S}{t_M} = \frac{t_R - t_M}{t_M}$	V_S = 정지상의 부피 V_M = 이동상의 부피 t_S = 용질이 정지상에서 보낸 시간 = $t_R - t_M$ t_M = 용질이 이동상에서 보낸 시간
분리 인자	$\alpha = \frac{t'_{R2}}{t'_{R1}} = \frac{k_2}{k_1} = \frac{K_{D2}}{K_{D1}}$	첨자 1과 2는 두 용질을 의미($\alpha \geq 1$)
단수	$N = \frac{16t_R^2}{w^2} = \frac{5.55\, t_R^2}{w_{1/2}^2}$	w = 바탕선에서의 너비 $w_{1/2}$ = 반높이에서의 너비
단높이	$H = \frac{\sigma^2}{x} = \frac{L}{N}$	σ = 띠의 표준 편차 x = 띠의 중심이 이동한 거리 L = 칼럼의 길이 N = 칼럼의 단수
분리도	분리도 = $\frac{\Delta t_R}{w_{av}} = \frac{\Delta V_R}{w_{av}}$	Δt_R = 머무름 시간의 차이 ΔV_R = 머무름 부피의 차이 w_{av} = 같은 단위(시간 또는 부피)로 바탕선에서 측정한 평균 너비
	분리도 = $\frac{\sqrt{N}}{4}\frac{(\alpha - 1)}{\alpha}\left(\frac{k_2}{1 + k_2}\right)$	N = 단수 α = 분리 인자 k_2 = 두 번째 피크에 대한 머무름 인자

예제 원하는 분리도를 얻는 데 필요한 단수

두 용질의 분리 인자 $\alpha = 1.08$, 머무름 인자 $k_1 = 5.0$, $k_2 = 5.4$이다. 두 성분의 단수는 거의 같다. 분리도 1.5 혹은 3.0을 얻는 데 필요한 단수는 얼마인가? 기체 크로마토그래피에서 단높이 $H = 0.5$ mm일 때, 분리도 1.5를 얻기 위해 필요한 칼럼의 길이는 얼마인가?

풀이 식 23-33을 이용한다. 분리도에 1.5를 대입하면,

$$분리도 = 1.5 = \frac{\sqrt{N}}{4}\frac{(1.08 - 1)}{1.08}\left(\frac{5.4}{1 + 5.4}\right) \Rightarrow N = 9.2_2 \times 10^3 단$$

분리도를 3.0으로 두 배 증가시키려면 단수는 네 배가 되어야 하므로 필요한 단수 = $3.6_9 \times 10^4$이다. 분리도 1.5를 얻기 위한 칼럼 길이는 (0.5 mm/단) × ($9.2_2 \times 10^3$ 단) = 4.6 m이다.

자습 만약 액체 크로마토그래피에서 $\alpha = 1.08$, $k_2 = 5.4$이고, $H = 6$ μm라면, 분리도 1.5를 얻기 위해서 필요한 칼럼 길이는 얼마인가? (**답:** 5.5 cm)

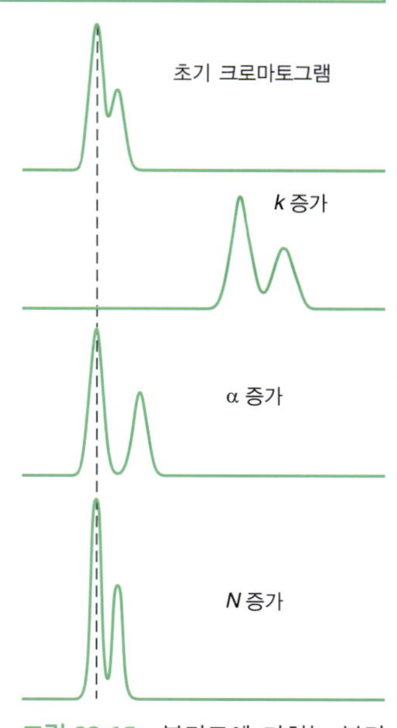

그림 23-15 분리도에 미치는 분리 인자들의 영향 [출처: L. R. Snyder, J. J. Kirkland, and J. L. Glajch, *Practical HPLC Method Development*, 2nd ed. (New York: Wiley, 1997.)]

23-5 띠가 넓어지는 이유[19]

크로마토그래피 칼럼(그림 23-10)을 통과하면서 용질의 띠는 넓어지며, 검출기에 도달할 때에는 표준 편차 σ를 가진다. 띠넓어짐에 기여하는 각 메커니즘은 표준 편차 σ_i를 야기시킨

다. 관측된 띠의 가변도(σ^2_{obs})는 띠넓어짐에 기여하는 모든 메커니즘에 의한 가변도의 합이다. 즉

가변도는 가산적(additive)이지만, 표준 편차는 그렇지 않다.

가변도는 가산적이다: $$\sigma^2_{관측} = \sigma^2_1 + \sigma^2_2 + \sigma^2_3 + \cdots = \sum \sigma^2_i \qquad (23\text{-}34)$$

칼럼 밖 띠넓어짐[20]

용질은 무한히 작은 부피로 칼럼에 주입될 수 없다. 만약 시료 주입 부피가 ΔV라면, 최종 띠너비의 가변도에 대한 기여는 다음과 같다.

주입 혹은 검출로 인한 가변도: $$\sigma^2_{주입} = \sigma^2_{검출기} = \frac{(\Delta V)^2}{12} \qquad (23\text{-}35)$$

부피가 ΔV인 검출기에서의 띠너비에 대해서도 동일한 관계가 성립된다. 때로는 칼럼에서의 직접 검출(on-column detection)이 가능하며, 그런 경우에는 검출기에서의 띠넓어짐을 방지할 수 있다

칼럼 밖 띠넓어짐: 칼럼 밖에서 일어나는 띠넓어짐

크로마토그래피의 구성 요소(주사기, 칼럼, 검출기)는 모세관과 같이 가는 튜빙으로 연결되어 있다. 튜빙을 통과하는 **층류(laminar flow)**에서, 유속은 중심에서 최대이며 벽에서 0으로 감소한다(그림 19-13). 중심 근처의 액체와 벽 근처의 액체 사이의 혼합은 일어나지 않는다. 띠너비에 대한 층류의 기여는 다음과 같다.

튜빙에 의한 가변도: $$\sigma^2_{tubing} = \frac{\pi d_t^4 l_t F}{384 D} \qquad (23\text{-}36)$$

여기에서 d_t와 l_t는 튜빙의 내경과 길이, F는 부피 유속이고 D는 확산 계수이다. 튜빙을 좁고 짧게 유지함으로써 튜빙 내에서의 띠넓어짐을 최소화할 수 있다.

예제 칼럼 전과 후에서의 띠넓어짐

칼럼으로부터 1.35 mL/min의 속도로 용출되는 띠의 $w_{1/2} = 0.272$ min이다. 주입 시료의 부피는 0.30 mL, 검출기의 부피는 0.20 mL이고, 연결용 튜빙의 내경은 0.050 cm, 길이는 30 cm이다. 용질의 확산 계수가 1.0×10^{-9} m^2/s라 가정하고, 시료 주입, 검출, 연결 튜빙에 의해 발생하는 가변도를 계산하시오. 만약 띠넓어짐이 칼럼 내에서만 발생한다면, 시간 단위로 $w_{1/2}$는 얼마이겠는가?

풀이 그림 23-8에서, $w_{1/2} = 2.35\sigma$이다. 그러므로 부피 단위의 총 가변도는

$$\sigma^2_{관측} = \left(\frac{w_{1/2}}{2.35}\right)^2 = \left(\frac{0.272\ \text{min} \cdot 1.35\ \text{mL/min}}{2.35}\right)^2 = 0.024\ 42\ \text{mL}^2$$

주입 부피 $\Delta V_{주입} = 0.30$ mL이다. 그러므로

$$\sigma^2_{주입} = \frac{\Delta V^2_{주입}}{12} = \frac{(0.30\ \text{mL})^2}{12} = 0.007\ 50\ \text{mL}^2$$

검출기 부피 $\Delta V_{검출기} = 0.20$ mL이므로, $\sigma^2_{검출기} = \Delta V^2_{검출기}/12 = 0.003\ 33\ \text{mL}^2$. 확산 계수는 1.0×10^{-9} m^2/s 또는 6.0×10^{-4} cm^2/min이다. 그러므로

$$\sigma^2_{튜빙} = \frac{\pi d_t^4 l_t F}{384D} = \frac{\pi(0.050\ \text{cm})^4(30\ \text{cm})(1.35\ \text{cm}^3/\text{min})}{384(6 \times 10^{-4}\ \text{cm}^2/\text{min})} = 0.003\ 45\ \text{cm}^6 = 0.003\ 45\ \text{mL}^2$$

관측된 가변도는

$$\sigma^2_{관측} = \sigma^2_{칼럼} + \sigma^2_{주입} + \sigma^2_{검출기} + \sigma^2_{튜빙}$$

$$0.024\ 42\ \text{mL}^2 = \sigma^2_{칼럼} + 0.007\ 50\ \text{mL}^2 + 0.003\ 33\ \text{mL}^2 + 0.003\ 45\ \text{mL}^2$$

$$\Rightarrow \sigma_{칼럼} = 0.101\ \text{mL}\ (\text{부피 단위})$$

$$\text{혹은}\quad \sigma^2_{칼럼} = \frac{0.101\ \text{mL}}{1.35\ \text{mL/min}} = 0.074\ 6\ \text{min}\ (\text{시간 단위})$$

칼럼에서의 띠넓어짐만에 의한 띠너비는 $w_{1/2} = 2.35\sigma_{칼럼} = 0.175$ min. 이는 관측된 너비의 2/3이다. 따라서 칼럼 밖에서의 요인에 의한 띠넓어짐 기여는 1/3이다.

자습 시료 주입 부피가 0.15 mL로 감소했을 때 $w_{1/2}$를 예상하시오. (**답:** 0.239분)

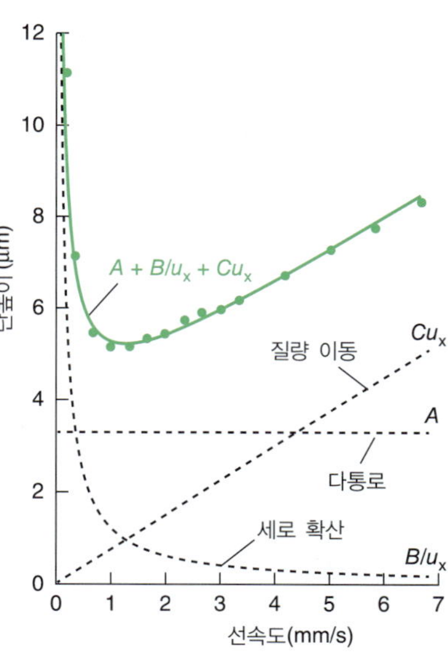

그림 23-16 카이랄 액체 크로마토그래피에서의 van Deemter 식의 적용. 인자 $A = 3.29$ μm, $B = 1.26$ μm · mm/s, $C = 0.745$ μm · s/mm. [출처: D. C. Patel, M. F. Wahab, T. C. O'Haver, and D. W. Armstrong, "Separations at the Speed of Sensors," *Anal. Chem.* **2018**, *90*, 3356.]

현대의 크로마토그래프 시스템은 작은 칼럼을 사용한다. 그에 상응하여 주입, 검출 및 튜빙 부피도 작아져야 한다.

단높이 식

단높이(plate height, H)는 크로마토그래피 띠의 가변도에 비례한다(식 23-29). 단높이가 작을수록 띠는 좁아진다. **van Deemter 식(van Deemter equation)**은 칼럼과 선속도가 어떻게 단높이에 영향을 미치는지를 설명한다.

단높이에 관한 van Deemter 식:

$$H \approx A + \frac{B}{u_x} + Cu_x \qquad (23\text{-}37)$$

다통로 세로 확산 질량 이동

여기에서 u_x는 선속도, A, B, C는 주어진 칼럼과 정지상에 대하여 상수이다. 칼럼과 정지상을 바꾸면 A, B, C 값이 변한다. Van Deemter 식을 보면, 띠넓어짐에는 선속도에 비례하거나, 선속도에 반비례하거나, 선속도와는 무관한 세 가지 메커니즘이 있음을 보여 준다(그림 23-16). **최적 선속도**(optimum linear velocity)에서는 칼럼의 단높이 H가 가장 낮고, 따라서 단수 N이 가장 크다. 최적 선속도 이하에서는, 세로 확산에 의한 띠넓어짐 B/u_x가 가장 중요하다. 최적 선속도 이상에서는 질량 이동에 의한 띠넓어짐 Cu_x가 우세하다. 최적 선속도에서는 B항과 C항이 동등하게 단높이에 기여한다.

세로 확산과 질량 이동에 의한 띠넓어짐이 같을 때($B/u_x = Cu_x$), H는 최적(최소)이 된다.

충전 칼럼에서는 위의 세 항 모두 띠넓어짐에 기여한다. 열린 관칼럼에서는 다통로항 $A = 0$이므로, 띠너비가 감소하여 분리도가 증가한다. 모세관 전기 이동(26장)에서는 A항과 C항이 모두 0이 되어 단높이가 마이크론 이하로 낮아져서 놀라운 정도의 높은 분리도를 제공한다.

충전 칼럼: $A, B, C \neq 0$
열린 관칼럼: $A = 0$
모세관 전기 이동: $A = C = 0$

세로 확산

기체에서의 세로 확산은 액체에서보다 훨씬 빠르므로, 기체 크로마토그래피에서의 최적 선속도는 액체 크로마토그래피에서보다 높다.

용질을 얇은 디스크형의 띠로 칼럼의 중앙 부분에 주입하면, 농도가 높은 띠의 중앙 부분에서 농도가 낮은 앞쪽과 뒤쪽으로 분자들이 확산되기 때문에 띠가 서서히 넓어진다. 이때 확산이 칼럼의 축을 따라 일어나므로 **세로 확산(longitudinal diffusion)**이라고 하는데, 확산에 의한 이러한 띠넓어짐은 띠가 용매 흐름에 의해 칼럼을 통과하는 동안 일어난다(그림 23-17).

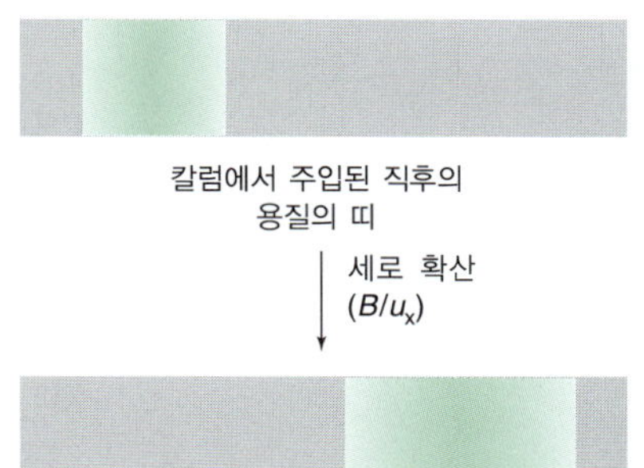

그림 23-17 van Deemter 식의 B/u_x는 세로 확산에 기인한다. 용질은 높은 농도의 띠중심으로부터 계속 확산된다. 용매 흐름이 빠를수록 성분이 칼럼 내에 머무는 시간이 짧아져서 세로 확산은 감소한다.

식 23-37의 B/u_x항은 세로 확산에 기인한다. 유속이 빠를수록 칼럼 내에 머무는 시간이 짧아지므로 확산에 의한 띠넓어짐은 감소한다. 식 23-28은 확산에 의한 가변도를 말해 준다.

$$\sigma^2 = 2D_M t = \frac{2D_M L}{u_x}$$

세로 확산에 기인한 단높이:

$$H_{세로\ 확산} = \frac{\sigma^2}{L} = \frac{2D_M}{u_x} \equiv \frac{B}{u_x} \qquad (23\text{-}38)$$

여기에서 D_M은 이동상에서의 용질의 확산 계수, t는 이동상에 머문 시간, $H_{세로\ 확산}$은 세로 확산에 기인한 단높이이다. 칼럼 길이(L)를 통과하는 데 필요한 시간은 L/u_x이고, 여기에서 u_x는 선속도이다.

상간 질량 이동에의 한정된 시간

식 23-37의 Cu_x항은 용질이 이동상과 정지상 사이를 이동하는 데에 주어진 시간이 한정되어 있음에 기인한다.[21] **질량 이동(mass transfer)**은 한 상에서 다른 상으로 이동하는 용질의 움직임이다. 평형이 일어나기 위하여 용질은 이동상을 통해 확산되어 정지상 표면에 도달해야 한다(그림 23-18). 이에 필요한 시간은 용질이 정지상에 도달하기 위해 이동해야 하는 거리에 비례하고, 용질의 확산 속도에 반비례한다. 이동상의 속도(u_x)가 빠를수록 질량 이동에 더 짧은 시간이 허용된다.

질량 이동 항으로부터의 단높이(**한정된 평형 시간**이라고도 함)는

한정된 평형 시간에 기인한 단높이:

$$H_{\text{질량 이동}} = Cu_x = (C_M + C_S)u_x \qquad \textbf{(23-39)}$$

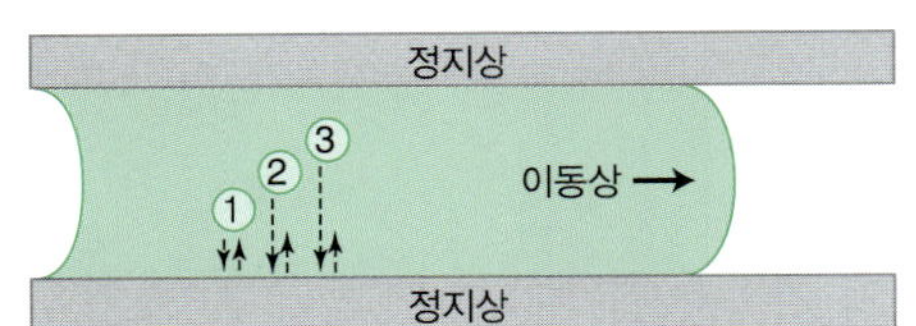

이동상의 속도보다 상대적으로 빠른 질량 이동

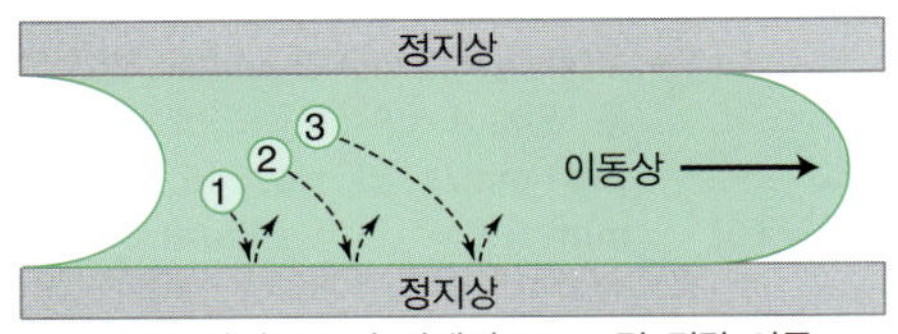

이동상의 속도보다 상대적으로 느린 질량 이동

그림 23-18 이동상에서의 질량 이동(점선 화살표)이 빠르다면, 용질 분자는 C_M 항으로 인해 추가적인 띠넓어짐이 발생하지 않는다. 만약 이동상 속도에 비해 질량 이동이 느리면, C_M에 의한 띠넓어짐이 발생한다. [출처: J. F. Rubinson and K. A. Rubinson, *Contemporary Chemical Analysis* (Upper Saddle River, NJ: Prentice Hall, 1998)의 그림 13A.5]

여기에서 C_M은 이동상에서의 질량 이동을, C_S는 정지상에서의 질량 이동을 설명한다. C_M과 C_S에 관한 식은 크로마토그래피의 종류와 칼럼의 기하학적 구조에 따라 다르다.

열린 관칼럼 기체 크로마토그래피에서,

이동상에서의 질량 이동:

$$C_M = \frac{1+6k+11k^2}{24(k+1)^2}\frac{r^2}{D_M} \qquad \textbf{(23-40)}$$

정지상에서의 질량 이동:

$$C_S = \frac{2k}{3(k+1)^2}\frac{d_f^2}{D_S} \qquad \textbf{(23-41)}$$

여기에서 k는 머무름 인자, r은 칼럼 반지름, D_M은 이동상에서의 용질의 확산 계수, d_f는 정지상의 두께, D_S는 정지상에서의 용질의 확산 계수다. 그림 23-18은 C_M 띠넓어짐을 묘사한다. 칼럼 반지름(r)을 줄이면 용질이 정지상에 도달하기 위해 확산해야 하는 거리가 감소하여 단높이가 감소한다. 정지상 층 내에서의 용질의 느린 확산은 C_S 띠넓어짐을 야기한다(식 23-41). 정지상의 두께(d_f)를 줄이면 단높이가 감소하고 단수가 증가한다. 이는 용질이 정지상 층을 더 빨리 통과하여 이동상으로 확산할 수 있기 때문이다.

기체 및 액체 크로마토그래피에서, 온도를 높이면 정지상과 이동상에서의 용질의 확산 계수가 증가하여 질량 이동 단높이는 감소한다. 액체 크로마토그래피에서 온도를 높이면 원하는 분리도를 유지하면서 선속도를 증가시킬 수 있다.[22] 온도가 증가하면 정지상과 이동상 간 질량 이동 속도가 증가하므로 분리도는 유지된다. 머무름과 분리 인자 역시 온도의 영향을 받는다.

다통로

이전에는 A항을 **소용돌이 확산**(eddy diffusion) 항이라고 했다.

van Deemter 식(23-37)의 A항은 아직 분명히 밝혀지지 않은 여러 가지 효과에 의해 발생한다.[23] 그림 23-19는 그중 하나를 그림으로 설명한다. 일부 통로는 다른 통로보다 길기 때문에, 동시에 칼럼으로 들어가더라도 빠져나오는 시간은 다르다. 간단히 하기 위해 식 23-37에서는 여러 가지 효과를 상수 A로 표시한다.

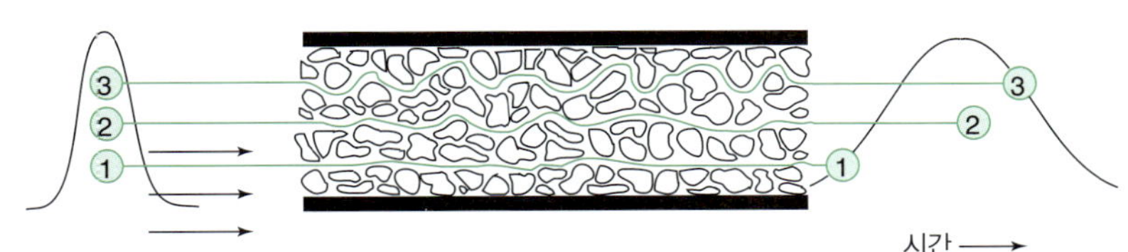

그림 23-19 다통로에 기인한 띠넓어짐. 정지상 입자가 작을수록 이 문제는 덜 심각해진다. 이러한 현상은 열린 관 칼럼에서는 발생하지 않는다. [출처: H. M. McNair and E. J. Bonelli, *Basic Gas Chromatography* (Palo Alto, CA: Varian Instrument Division, 1968).]

열린 관칼럼의 장점

기체 크로마토그래피에서는 열린 관칼럼과 충전 칼럼 중 하나를 선택할 수 있다. 분석 시간이 비슷할 때, 열린 관칼럼은 더 높은 분리도와 (적은 양의 시료에 대한) 높은 감도를 제공한다. 열린 관칼럼은 시료 용량이 작으므로 준비용 분리에는 유용하지 않다.

충전 칼럼과 비교할 때 열린 관칼럼은 시료 용량이 감소하는 단점은 있으나 다음의 장점을 제공한다.

- 더 높은 분리도
- 더 짧은 분석 시간
- 더 높은 감도

칼럼에 충전된 정지상 입자들은 이동상 흐름에 저항을 가하므로 선속도가 매우 빠를 수 없다. 칼럼 길이와 압력이 같을 때, 열린 관칼럼에서의 선속도는 충전 칼럼에서보다 훨씬 빠르다. 따라서 열린 관칼럼은 충전 칼럼보다 100배 정도 더 길어도 압력과 선속도는 비슷하다. 단높이가 같다면, 100배 긴 칼럼은 100배 더 큰 이론 단수를 제공하여 분리도는 $\sqrt{100} = 10$배 더 커진다.

열린 관칼럼에서는 단높이가 감소하는데, 그 이유는 다통로 현상에 기인한 띠넓어짐이 없기 때문이다(그림 23-19). 그림 23-16의 충전 칼럼에 대한 van Deemter 곡선을 보면, A항은 가장 효율적인 (최소 H) 선속도인 1 mm/s 근처에서 전체 H의 2/3에 해당한다. 만약 A항이 제거된다면 칼럼의 단수는 3배 증가할 것이다. 열린 관칼럼으로부터 높은 성능을 얻기 위해서는 칼럼의 반지름이 작아야 하고, 이동상과 정지상 간 빠른 질량 이동을 위해 정지상 층이 얇아야 한다(C_M항과 C_S항이 작아짐).

충전 칼럼과 비교하여 열린 관칼럼은 다음을 제공한다.

- 더 높은 선속도 혹은 더 긴 칼럼의 사용, 혹은 둘 다
- 더 낮은 단높이, 즉 더 높은 분리도

표 23-3에 같은 정지상을 사용하는 충전 칼럼과 열린 관 기체 크로마토그래피 칼럼의 성능을 비교하였다. 분석 시간이 비슷할 때 열린 관칼럼은 충전 칼럼보다 7배(10.6 대 1.5) 더 높은 분리도를 제공한다. 속도를 높이기 위해 분리도를 양보할 수도 있다. 열린 관칼럼의 길이를 5 m로 줄이면, 분리도는 1.5로 감소하고, 분석 시간은 38.5분에서 0.83분으로 단축될 것이다.

표 23-3 충전 및 벽 도포 열린 관 기체 크로마토그래피 칼럼의 성능 비교[a]

특성	충전 칼럼	열린 관칼럼
칼럼 길이(L)	2.4 m	100 m
선형 기체 속도	8 cm/s	16 cm/s
올레산 메틸(methyl oleate)의 단높이	0.73 mm	0.34 mm
올레산 메틸의 머무름 인자(k)	58.6	2.7
이론 단수(N)	3 290	294 000
스테아르산 메틸(methyl stearate)과 올레산 메틸 사이의 분리도	1.5	10.6
올레산 메틸의 머무름 시간	29.8분	38.5분

a. poly(diethylene glycol succinate) 정지상 칼럼을 이용하여 180°C에서 스테아르산 메틸($CH_3(CH_2)_{16}CO_2CH_3$)과 올레산 메틸(*cis*-$CH_3(CH_2)_7CH{=}CH(CH_2)_7CO_2CH_3$)을 분리하였다.

출처: *L. S. Ettre,* Introduction to Open Tubular Columns *(Norwalk, CT: Perkin-Elmer Corp., 1979), p. 26.*

현실적 문제: 비대칭 피크

Gauss형 피크는 분배 상수 $K_D(= [S]_S/[S]_M)$가 용질의 농도와 무관할 때 얻어진다. 실제로는 용질의 농도가 증가하면 K_D가 변하고, 크로마토그래피 피크가 찌그러진다.[24] 일정 온도에서 $[S]_S$ 대 $[S]_M$의 그래프를 **등온선**(isotherm)이라고 한다. 흔히 볼 수 있는 세 가지 등온선과 결과적으로 얻어지는 피크 모양을 그림 23-20에서 볼 수 있다. 가운데 등온선은 이상적인 경우로서, 용질의 농도에 의존하지 않는 머무름 시간($t_{R,ideal}$)을 가지는 대칭형 피크가 얻어진다. 이러한 일정함은 머무름 시간 t_R을 이용하여 시료를 확인(정성 분석)할 수 있게 해 준다.

$[S]_S$ = 정지상에서의 용질 농도
$[S]_M$ = 이동상에서의 용질 농도

그림 23-20에서 위와 아래의 등온선은 **과주입**(overloaded)된 경우인데, 칼럼에 용질을 너무 많이 주입한 경우이다. 위 등온선은 **머리끌기**(fronting) 피크를 야기하여(그림 23-13에서 $B/A < 1$인 경우), 피크는 서서히 올라가다가 급히 떨어진다. 용질의 농도가 증가하면, 용질은 정지상에 더 많이 녹는다. 정지상에 너무 많은 용질이 분배되면, 정지상의 성질은 용질과

분석 물질의 낮은 농도(무한히 희석되었을 때)에서 세 가지 등온선은 모두 선형이다. 따라서 칼럼 용량이 충분히 높다면, Gauss 피크를 보인다.

기체 크로마토그래피에서의 과주입은 머리끌기를, 액체 크로마토그래피에서의 과주입은 꼬리끌기를 야기한다.

보충 23-2 크로마토그래피의 미시적 접근[25]

확률론적 이론(stochastic theory)은 크로마토그래피의 모델을 제공한다. '확률론적'이라는 용어는 임의 변수(random variable)의 존재를 의미한다. 이 모델은 분자가 칼럼을 통과하면서 정지상으로부터 탈착된 후 다시 흡착될 때까지 이동상에 머무는 평균 시간을 τ_M이라고 한다. 탈착된 후 다시 흡착될 때까지의 시간은 일정하지 않으나 **평균** 시간은 τ_M이다. 한 번 정지상에 흡착되어 탈착될 때까지 보내는 평균 시간은 τ_S이다. 정지상에 흡착되어 있는 동안 분자는 이동하지 않는다. 이동상에 머무는 동안 분자는 이동상의 선속도 u_x로 이동한다. 주어진 시간에 흡착 또는 탈착이 일어날 확률은 문제 19-27에서 간단히 설명하였듯이 Poisson 분포를 따른다.

모든 분자들이 이동상에서 보내는 전체 시간을 t_M이라고 한다. t_M은 머무름이 없는 용질의 머무름 시간이다. 확률론적 모형의 중요한 결과는 다음과 같다.

- 용질 분자는 칼럼을 통과하는 동안 평균 n회 흡착과 탈착을 반복한다. 여기에서 $n = t_M/\tau_M$이고, t_M은 이동상에서의 전체 시간이다.
- 용질의 보정 머무름 시간은 다음과 같다.

$$t'_R = n\tau_S \qquad \textbf{(A)}$$

  이는 용질이 칼럼을 통과하는 동안 정지상에 붙들려 있는 평균 시간이다.
- 정지상에 의해 발생하는 피크의 너비(표준 편차)는 다음과 같다.

$$\sigma = \tau_S\sqrt{2n} \qquad \textbf{(B)}$$

아래 그림은 한 개의 머무름이 없는 성분과 두 개의 머무름이 있는 성분, A와 B를 보여 주는 이상적인 크로마토그램이다. 지름이 5 μm인 구형 C_{18} 실리카 입자로 채워진 길이 15 cm, 지름 0.39 cm의 칼럼을 이용하여 얻은 전형적인 고성능 액체 크로마토그래피(HPLC) 분리를 보여 준다(25-1절 참조). 부피 유속이 1.0 mL/min이므로 선속도 u_x = 2.4 mm/s이다. 반높이에서의 피크 너비($w_{1/2}$)를 측정하면, $w_{1/2} = 2.35\ \sigma$의 관계를 이용하여 Gauss 피크의 표준 편차(σ)를 계산할 수 있다(그림 23-8). 식 23-30을 이용하여 결정한 성분 A와 B의 단수는 $N = (t_R/\sigma)^2 = 1.00 \times 10^4$이다.

확률론적 모델은 정지상을 포함하는 과정에 적용된다. 크로마토그램을 분석하기 위해서는 이동상에서의 띠넓어짐과 칼럼 밖 효과(일정 크기의 시료 주입폭과 검출기 부피, 연결 튜빙 등)에 의한 띠넓어짐을 빼주어야 한다. 이러한 효과들은 머무름이 없

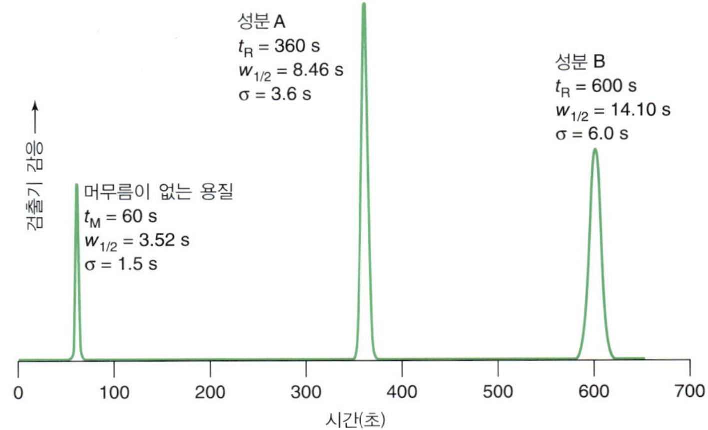

세 성분의 이상적인 액체 크로마토그래피 분리

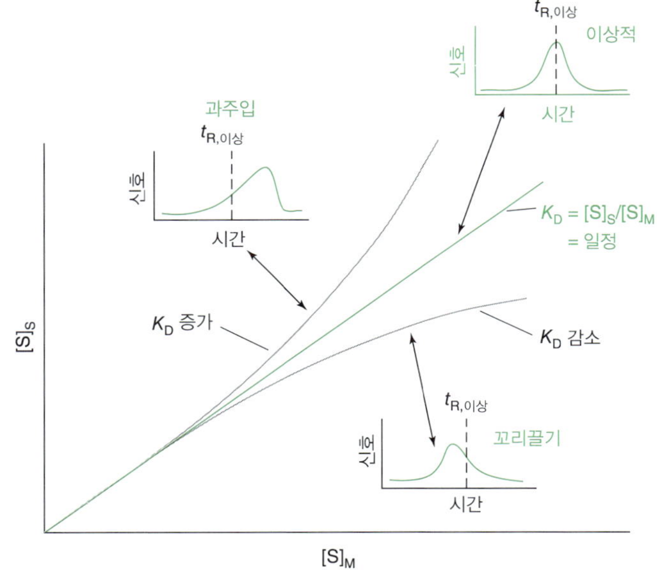

그림 23-20 흔히 볼 수 있는 등온선과 그 결과로 얻어지는 크로마토그래피 피크 모양. $t_{R,이상}$은 선형 등온 조건에서의 머무름 시간이다.

유사하게 된다(추출에서처럼, 일반적인 규칙은 '비슷한 물질끼리 잘 녹인다'). 따라서 과주입이 증가할수록 머리끌기는 더욱 심각해진다.

는 피크의 너비를 설명해 준다. 원하지 않는 효과들을 빼주기 위해 다음과 같이 표현한다.

$$\sigma^2_{\text{측정}} = \sigma^2_{\text{정지상}} + \sigma^2_{\text{머무름 없는 피크}}$$
$$\sigma^2_{\text{정지상}} = \sigma^2_{\text{측정}} - \sigma^2_{\text{머무름 없는 피크}}$$

성분 A에 대하여, $\sigma^2_{\text{정지상}} = \sigma^2_{\text{측정}} - \sigma^2_{\text{머무름 없는 피크}} = (3.6\text{초})^2 - (1.5\text{초})^2 \Rightarrow \sigma^2_{\text{정지상}} = 3.27\text{초}$. 성분 B에 대하여, $\sigma^2_{\text{정지상}} = 5.81\text{초}$. 성분 A의 보정 머무름 시간 $t'_R = t_R - t_M = 360 - 60 = 300\text{초}$. 성분 B에 대하여 $t'_R = 600 - 60 = 540\text{초}$이다.

이제 각 성분의 t'_R과 $\sigma_{\text{정지상}}$을 이용하여 물리적으로 의미가 있는 파라미터들을 찾아보자. 식 A와 B를 합치면,

$$n = 2\left(\frac{t'_R}{\sigma}\right)^2 \qquad \tau_S = \frac{\sigma^2}{2t'_R}$$

그리고 우리는 $\tau_M = t_M/n$임을 이미 알고 있다. 그림의 값으로부터 아래 표의 결과를 얻는다.

	성분 A	성분 B
n (흡착된 횟수)	16 800	17 300
τ_S (흡착이 지속되는 시간)	17.8 ms	31.2 ms
τ_M (흡착할 때까지 걸린 시간)	3.6 ms	3.5 ms
흡착 사이 이동 거리($= u_x\tau_M$)	8.6 μm	8.4 μm

두 성분은 한 번 탈착된 후, 다음 흡착까지 이동상에서 보내는 시간(~3.5 ms)이 거의 같다. 성분 A는 평균 17.8 ms, 성분 B는 평균 31.2 ms 동안 정지상에 붙들린다. 이 τ_S의 차이로 인하여 성분 A와 B가 분리된다.

칼럼을 통과하는 동안, 각 성분은 $n \approx 17\ 000$회 흡착된다. 흡착되어 있는 동안 이동 거리는 약 8.5 μm이다. 그림의 크로마토그램은 이론 단수 $N = 10\ 000$인 칼럼에 대하여 시뮬레이션한 것이다. 단높이는 15 cm/(10 000단) = 15 μm이다. 23-4절에서, 단높이는 이동상과 정지상 사이에서 용질이 한 번 평형을 이루는 데 필요한 칼럼의 길이와 대략 비슷하다고 기술한 바 있다. 본 예에서의 확률론적 이론으로부터, 단높이에 해당하는 길이당 대략 2회 정지상과 평형을 이룸을 볼 수 있다.

용질이 지름 5 μm(d = 5 μm)의 정지상 입자를 통과하기 위하여 필요한 시간은 t = (5 μm)/(2.4 mm/s) = 2.1 ms이다. 확률론적 이론에 의하면, 이동상에 있는 분자가 d보다 짧은 거리를 이동하는 시간 분율은 $1 - e^{-t/\tau_M} = 1 - e^{-(2.1\ \text{ms})/(3.5\ \text{ms})} = 0.55$이다. 즉 약 절반의 시간 동안 용질 분자는 다음 정지상 입자에 도달하지 못하고 방금 떨어져 나온 입자에 다시 흡착된다. 만약 구형 정지상 입자를 일렬로 세운다면, 15 cm 길이의 칼럼을 채우는 데 3만 개의 입자가 필요하다. 각 용질 분자는 칼럼을 통과하는 동안 약 17 000번 흡착되는데, 그중 절반 정도는 방금 탈착된 입자에 다시 흡착되는 것이다.

이 모델은 크로마토그래피 과정을 미시적으로 관찰할 수 있도록 해 준다. 이 모델은 실제 칼럼에서 일어나는 몇 가지 현상을 간과한다. 예를 들어 정지상이 다공성(porous)인 경우 공동(pore) 내의 이동상은 움직이지 않는다. 어떤 분자가 공동 안으로 들어가면, 그 분자는 공동을 빠져나오기까지 같은 입자에 흡착과 탈착을 여러 번 반복하게 된다.

그림 23-20의 아래 등온선은 **꼬리끌기**(tailing) 피크를 야기하여(그림 23-13에서 $B/A > 1$인 경우), 피크는 급하게 오르고 서서히 떨어진다. 만약 칼럼이 제한된 머무름 용량을 가진다면, 고농도의 용질의 주입은 상당 부분의 흡착 부위를 포화시켜 머무름이 일어나는 부위를 감소시키므로 k가 감소한다. 이러한 포화는 머무름 시간을 감소시켜 피크를 앞으로 이동시킨다. 과주입이 증가할수록 피크는 더욱 앞으로 이동한다. 낮은 농도에서는 세 등온선 모두 거의 선형이며, 머무름 시간은 일정하다.

액체 크로마토그래피에서는 표면적이 큰 다공성 입자를 사용함으로써 표면적을 높여 과주입을 최소화한다.

용질을 강하게 붙잡는 부위는 꼬리끌기를 유발할 수 있다. 칼럼과 정지상의 실리카 표면은 실란올기(—SiOH)를 가지는데, 이들은 극성 용질과 수소 결합을 형성하여 심각한 꼬리끌기를 유발한다. 칼럼 제조업체는 꼬리끌기를 감소시키기 위하여 실란올기를 무극성인 트라이메틸실릴기로 막아준다(**실란화**, **silanization**).

실란화는 **말단 캡핑**(end-capping)이라고도 한다.

$$\underset{\text{노출된 —SiOH기를 가지는 고체상}}{\text{—Si(OH)—O—Si(OH)—}} + \underset{\text{헥사메틸다이실라진}}{(CH_3)_3SiNHSi(CH_3)_3} \rightarrow \underset{\text{보호된 표면}}{\text{—Si(OSi(CH}_3)_3\text{)—O—Si(OSi(CH}_3)_3\text{)—}} + NH_3 \quad \textbf{(23-42)}$$

기체 크로마토그래피에서 용융 실리카 칼럼을 실란화함으로써 용질과 칼럼 내벽의 활성 자리 사이의 상호 작용을 최소화한다.

지금까지 여러분은 값은 개념들을 배웠다. 보충 23-2에 있는 크로마토그래피의 미시적 모델(microscopic model)을 읽어보기 바란다.

이해해야 할 용어

단높이(plate height)
단수(plate number)
머무름 부피(retention volume)
머무름 시간(retention time)
머무름 인자(retention factor)
바탕선 분리(baseline resolution)
보정 머무름 시간(adjusted retention time)
부피 유속(volume flow rate)
분리 인자(separation factor)
분리도(resolution)
분배 크로마토그래피(partition chromatography)
분배비(distribution ratio)
분배 상수(distribution constant)
비대칭 인자(asymmetry factor)
섞이는(miscible)
선속도(linear velocity)
세로 확산(longitudinal diffusion)
실란화(silanization)
열린 관칼럼(open tubular column)
용리(elution)
용리액(eluent)
용출액(eluate)
이동상(mobile phase)
이온 교환 크로마토그래피(ion-exchange chromatography)
정지상(stationary phase)
젤거르기 크로마토그래피(gel filtration chromatography)
젤투과 크로마토그래피(gel permeation chromatography)
질량 이동(mass transfer)
추출(extraction)
충전 칼럼(packed column)
층류(laminar flow)
친화 크로마토그래피(affinity chromatography)
크기별 배제 크로마토그래피(size exclusion chromatography)
크로마토그램(chromatogram)
확산(diffusion)
확산 계수(diffusion coefficient)
흡착 크로마토그래피(absorption chromatography)
van Deemter 식(van Deemter equation)

요약

어떤 상에 녹아 있는 용질은 용해도가 더 큰 다른 상으로 추출할 수 있다. 평형 상태에서 각 상에 있는 용질의 농도비를 분배 상수라고 한다. 용질이 한 가지 이상의 형태로 존재할 때는 분배 상수 대신 분배비를 이용한다. 우리는 추출되는 용질의 분율과 분배 상수, 분배비, 부피, pH 사이의 관계식들을 유도하였다. 큰 부피로 한 번 추출하는 것보다 작은 부피로 여러 번 추출하는 것이 더 효율적이다. 유기 용매에만 녹는 금속 킬레이트제는 수용액으로부터 금속 이온을 추출할 수 있는데, 이때 pH를 조절함으로써 원하는 선택성을 얻을 수 있다. 이온쌍 추출에서, 소수성 양이온과 음이온은 수용액상의 반대 전하 이온을 유기 용매상으로 가져온다. 보다 친환경적인 대체 용매를 선택하고 용매 사용량을 최소화하라.

흡착 및 분배 크로마토그래피에서 용질은 이동상과 정지상 사이에서 끊임없이 평형에 도달한다. 용리액은 칼럼으로 들어가고, 용출액은 나온다. 칼럼은 정지상으로 채울 수도 있고, 내벽에 정지상이 결합된 열린 관일 수도 있다. 이온 교환 크로마토그래피에서 용질은 Coulomb 힘에 의해 정지상에 끌린다. 크기별 배제 크로마토그래피에서는 용질 분자의 크기가 증가할수록 용질 분자가 접근할 수 있는 정지상 구멍 부피의 분율이 감소한다. 친화 크로마토그래피는 정지상과 혼합물 내 한 용질 사이의 특정 비공유 상호 작용에 의존한다.

두 성분의 분리 인자(α)는 보정 머무름 시간의 비이다. 머무름 인자는 보정 머무름 시간을 머무름이 없는 물질의 용리 시간으로 나눈 값이다. 머무름 인자는 용질이 이동상에서 보낸 시간에 대한 정지상에서 보낸 시간의 비이다. 더 많은 양의 시료를 분리하기 위해 크로마토그래피의 규모를 증가시킬 때에는 선속도를 일정하게 유지하고, 시료 주입량에 비례하여 칼럼의 단면적을 증가시켜야 한다.

단높이($H = \sigma^2/x$)는 칼럼을 빠져나오는 띠너비의 척도이다. 단높이가 낮을수록 띠는 좁아진다. Gauss 피크의 단수는 $N = 16t_R^2/w^2 = 5.55\ t_R^2/w_{1/2}^2$으로 주어진다. 여기서 w와 $w_{1/2}$은 바탕선에서의 너비와 반높이에서의 너비이다. 단높이는 이동상과 정지상 사이에서 용질이 한 번 평형을 이루는 데 필요한 칼럼 길이와 대략 비슷하다. 이웃하는 피크 사이의 분리도는 머무름 시간의 차이를 바탕선에서 측정한 두 피크의 평균 너비($w = 4\sigma$)로 나눈 값이다. 분리도는 $\sqrt{N}$에 비례한다. 칼럼 길이가 두 배 길어지면 분리도는 $\sqrt{2}$배 증가한다. 적당한 머무름($k \approx 0.5$~20)은 원하는 분리도를 얻기에 필수적이나, k 값이 20 이상이 되면 분리도의 뚜렷한 개선 없이 분리 시간만 증가한다. 분리 인자는 분리도에 크게 영향을 미친다.

용질 띠의 표준 편차 $\sigma = \sqrt{2Dt}$이며, 여기에서 D는 확산 계수이고, t는 시간이다. Van Deemter 식은 크로마토그래피 칼럼에서의 띠넓어짐을 설명한다: $H \approx A + B/u_x + Cu_x$. 여기에서 H는 단높이, u_x는 선속도, A, B, C는 상수이다. 첫째 항은 불규칙한 흐름 통로(다통로)에, 둘째 항은 세로 확산에, 셋째 항은 이동상과 정지상 사이에서의 용질의 한정된 질량 이동 속도에 기인한다. 단높이가 최소가 되는 최적 유속은 액체 크로마토그래피에서보다 기체 크로마토그래피에서 더 빠르다. 단수와 최적 선속도는 정지상의 입자 크기나 열린 관칼럼의 내경이 작을수록 증가한다. 기체 크로마토그래피에서, 열린 관칼럼은 충전 칼럼보다 높은 분리도와 짧은 분리 시간을 제공할 수 있다. 용질의 띠넓어짐은 칼럼을 통과하는 동안뿐만 아니라, 시료 주입 동안, 검출 과정에서, 그리고 연결 튜빙 내에서도 발생한다. 띠의 가변도는 띠넓어짐을 유발하는 모든 메커니즘에 의한 가변도의 합이다. 머리끌기와 꼬리끌기는 시료 주입량을 줄이거나 정지상 표면의 강한 흡착 자리를 막아주면(masking) 개선할 수 있다.

연습 문제

23-A. 분배 상수가 4.0인 용질을 10 mL의 상 1로부터 상 2로 추출한다.

(a) 한 번에 99%의 용질을 상 2로 추출하는 데 필요한 상 2의 부피는 몇 mL인가?

(b) 같은 부피의 상 2를 사용하여 세 번의 추출로 용질 99%를 추출하는 데 필요한 상 2의 전체 부피는 얼마인가?

23-B. 머무름 인자가 각각 $k_1 = 4.00$, $k_2 = 5.00$인 두 성분을 단수 $N = 1.00 \times 10^3$인 칼럼에 주입한 크로마토그래피 실험을 생각해 보자. 머무름이 작은 성분의 머무름 시간은 $t_{R1} = 10.0$분이다.

(a) t_M과 t_{R2}를 계산하고, 각 피크의 반높이에서의 너비($w_{1/2}$)와 바탕선에서의 너비(w)를 답하시오.

(b) 두 피크가 같은 크기(높이)를 가진다고 가정하고, 그래프 용지를 이용하여 그림 23-7과 유사한 크로마토그램을 그리시오. 반높이 너비($w_{1/2}$)를 정확히 표시하시오.

(c) 두 피크의 분리도를 계산하고, 그 값을 그림 23-9의 값과 비교하시오.

23-C. (a) 그림 23-7에서 옥테인과 노네인의 머무름 인자를 구하시오. 길이를 측정할 때, 0.1 mm까지 측정하시오.

(b) 다음 비를 구하시오.

$$\frac{\text{옥테인이 정지상에서 머문 시간}}{\text{옥테인이 칼럼에 머문 전체 시간}}$$

(c) 옥테인과 노네인의 분리 인자를 구하시오.

(d) 정지상의 부피가 이동상 부피의 절반이라 가정하고, 옥테인의 분배 상수를 구하시오.

23-D. 톨루엔과 아세트산 에틸 혼합물의 기체 크로마토그램은 다음과 같다.

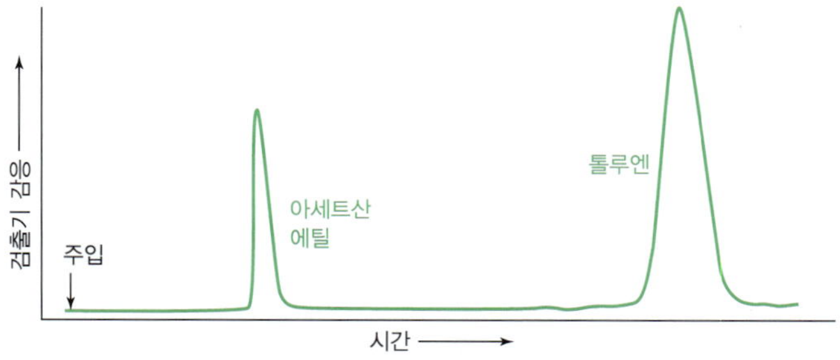

(a) 바탕선에서 측정한 각 피크의 너비를 이용하여 칼럼의 단수를 계산하시오. 모든 길이를 0.1 mm까지 측정하시오. 그림 23-8에서, 기울기가 최대인 두 지점에서 두 개의 접선을 그려 바탕선에서의 너비 w를 표시하였다.

(b) 바탕선에서의 톨루엔 피크 너비를 이용하여 반높이 너비를 계산하시오. 측정값과 계산값을 비교하시오. 측정하는 길이와 비교하여 선의 두께가 무시할 수 없을 정도라면, 펜으로 그린 선의 두께를 계산에 넣는 것이 중요하다. 아래 그림에서와 같이 한 선의 한쪽 가장자리에서 다른 선의 같은 쪽 가장자리까지 측정하면 된다.

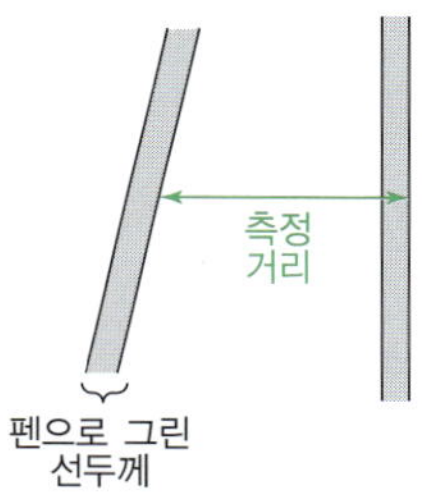

23-E. 아래의 세 크로마토그램은 아세트산 에틸 2.5, 1.0, 0.4 μL를 같은 조건에서 같은 칼럼에 주입하여 얻은 것이다. 시료의 양이 감소할 때 피크의 대칭성이 증가하는 이유를 설명하시오.

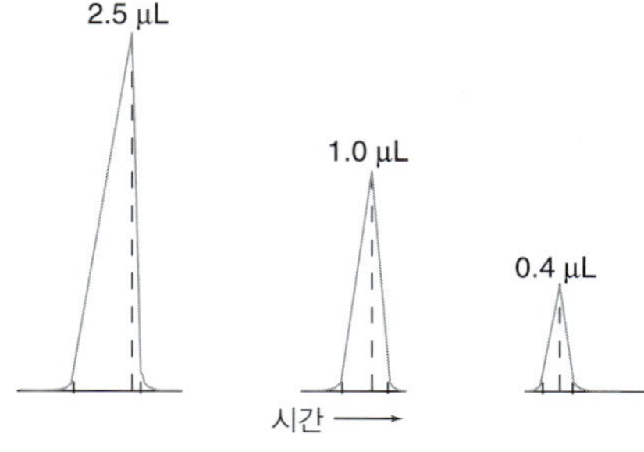

23-F. 단높이가 0.520 mm인 기체 크로마토그래피에서 두 성분의 분리 인자가 1.068이다. 성분 1의 머무름 인자는 5.16이다.

(a) 성분 2의 머무름 인자를 구하시오.

(b) 분리도가 1.50이 되기 위한 칼럼 길이는 얼마인가?

(c) 공기의 머무름 시간(t_M)이 2.00분이다. 두 성분에 대한 단수가 같을 때, 각 피크의 t_R과 $w_{1/2}$을 구하시오.

(d) 이동상에 대한 정지상의 부피비가 0.30이라면, 성분 1의 분배 상수는 얼마인가?

문제

용매 추출

23-1. 어떤 물질을 물층에서 에터층으로 추출하는 경우, 에터 300 mL로 한 번 추출하는 것과, 100 mL로 세 번 추출하는 것 중 어느 것이 더 효율적인가?

23-2. 액체-액체 추출을 할 때, 분별 깔때기를 흔들어 주어 두 상이 섞이도록 하는 것이 일반적이다.

(a) 분별 깔때기를 흔들어 주면 분배 상수가 변하는가?

(b) 깔때기를 흔드는 목적을 설명하시오.

23-3. (a) 수용액 내 아세트산을 헥세인으로 추출할 때, 수용액의 pH를 3과 8 중 어디로 맞추는 것이 더 효율적인가?

(b) 보충 23-1의 그림을 이용하여, 이 추출을 위한 환경친화적인 대체 용매를 제안하시오.

23-4. (a) 알루미늄의 EDTA 착물은 유기 용매로 추출하기 어려우나, 8-하이드록시퀴놀린 착물은 쉽게 추출되는 이유를 설명하시오.

(b) 만약 EDTA 착물을 유기 용매로 추출하고 싶다면, 소수성 양이온, 아니면 소수성 음이온을 가지는 이온쌍제를 가해야 하는가?

23-5. 8-하이드록시퀴놀린을 이용하여 금속 이온을 유기 용매로 추출할 때 pH를 높이면 더 효율적인 이유는 무엇인가?

23-6. 수용액으로부터 금속 착물을 유기 용매로 추출하는 경우 D = [유기 용매 내 총 금속 농도]/[수용액 내 총 금속 농도]이다. 식 23-13$\left(D \approx \frac{K_M\beta_nK_a{}^n}{K_L{}^n}\frac{[HL]^n_{org}}{[H^+]^n_{aq}}\right)$에서 β_n과 K_a는 분자에 나타나고, K_L과 $[H^+]_{aq}$는 분모에 나타나는 이유를 설명하시오.

23-7. 10-5절에서 다룬 일양성자성 산에 대한 분율 조성 식을 이용하여, 식 23-6과 23-7의 물리적 의미를 설명하시오.

23-8. 식 23-1$\left(K_D = \frac{As_2}{As_1} \approx \frac{[S]_2}{[S]_1}\right)$에서 물(상 1)과 헵테인(상 2) 사이에서 용질 S의 분배 상수는 4.0이다.

(a) $[S]_{aq}$ = 0.020 M일 때, 헵테인에 있는 S의 농도를 계산하시오.

(b) 물의 부피가 80.0 mL이고, 헵테인의 부피가 10.0 mL일 때, (헵테인에서의 S의 몰수)/(물에서의 S의 몰수)를 구하시오.

23-9. 문제 23-8의 용질은 처음에는 물 80.0 mL에 용해되어 있었다. 이것을 헵테인 10.0 mL로 6번 추출하였다. 수용액상에 남아 있는 용질의 분율을 구하시오.

23-10. 약염기인 B($K_b = 1.0 \times 10^{-5}$)가 물(상 1)과 톨루엔(상 2) 사이에서 평형을 이룬다.

(a) 이 시스템에 대한 분배비(D)를 정의하시오.

(b) 분배비 D와 분배 상수 K_D 사이의 차이점을 설명하시오.

(c) K_D = 50.0일 때, pH 8.00에서 D를 계산하시오.

(d) pH 10에서의 D 값은 pH 8에서보다 클까, 작을까? 그 이유를 설명하시오.

23-11. 양성자화된 리간드 HL과의 반응을 이용하여 수용액 내 M^{n+}를 유기 용매로 추출하였다.

$$M^{n+}(aq) + nHL(org) \rightleftharpoons ML_n(org) + nH^+(aq)$$

$$K_{추출} = \frac{[ML_n]_{org}[H^+]^n_{aq}}{[M^{n+}]_{aq}[HL]^n_{org}}$$

식 23-13을 $K_{추출}$을 넣어 다시 쓰고, $K_{추출}$을 식 23-13에 있는 상수로 표시하시오. 각 상수가 왜 $K_{추출}$값을 증가시키거나 감소시키는지, 그 물리적 이유를 설명하시오.

23-12. 물과 벤젠 사이에서 뷰탄산($CH_3CH_2CH_2COOH$)의 분배 상수는 3.0이다(벤젠에 더 많이 분배). 다음의 각 pH에서 0.10 M 뷰탄산 수용액 100 mL를 25 mL 벤젠으로 추출할 때, 각 상에서의 뷰탄산의 포말 농도를 구하시오, (a) pH 4.00에서, (b) pH 10.00에서. (c) 보충 23-1의 그림을 이용하여 이 추출을 위한 환경친화적 대체 용매를 제안하시오.

23-13. 식 23-13의 $[HL]_{org}$ 값이 주어졌을 때, n = 2라면 어떤 pH 범위(pH 단위로)에서 D 값이 0.01에서 100으로 변하는가?

23-14. 이온성 액체에 있는 다이싸이존(dithizone)으로 Cu^{2+}를 추출할 때, $K_L = 1.1 \times 10^4$, $K_M = 7 \times 10^4$, $K_a = 3 \times 10^{-5}$, $\beta = 5 \times 10^{22}$, n(추출된 착물 내 리간드 수) = 2이다.

(a) pH 1.0과 4.0에서 0.1 mM 다이싸이존을 이용하여 0.1 μM Cu^{2+}를 이온성 액체로 추출할 때 분배비를 계산하시오.

(b) pH 1.0에서 100 mL의 0.1 μM Cu^{2+} 수용액을 10 mL의 0.1 mM 다이싸이존 용액으로 1회 추출 후 수용액에 남아 있는 Cu^{2+}의 분율(%)은 얼마인가?

23-15. $M^{2+}(aq)$ 100.0 mL를 이온성 액체에 녹인 1×10^{-5} M 다이싸이존 2.0 mL로 추출한다. $K_L = 1.1 \times 10^4$, $K_M = 7 \times 10^4$, $K_a = 3 \times 10^{-5}$, $\beta = 5 \times 10^{18}$, n = 2이다.

(a) 이온성 액체로 추출되는 금속 이온의 분율을 분배비와 두 상의 부피의 함수로 표현하시오.

(b) pH 0~5까지의 영역에서 추출되는 금속 이온의 백분율을 그래프로 작성하시오.

23-16. 상 1(부피 = V_1)에서 상 2(부피 = V_2)로 용질 S를 추출할 때의 이론적 한계치는 V_2를 무한히 작게 나누어 추출을 무한 번 반복할 때 얻어진다. 분배 상수 $K_D = [S]_2/[S]_1$이므로, 상 1에 남아 있는 용질의 한계 분율[4] $q_{limit} = e^{-(V_2/V_1)K_D}$이다. $V_1 = V_2$ = 50 mL이고, K_D = 2라고 하자. 부피 V_2를 n개의 같은 부피로 나누어, 추출을 n회 반복한다. n = 1, 2, 10일 때, 상 2로 추출된 용질 S의 분율을 구하시오. 이론적 한계치의 95%를 달성하기 위해서는 n이 얼마가 되어야 하는가?

23-17. 옥테인-물 분배 상수(octane-water partition coefficient). 경구용 약물이 효과가 있으려면 소화 기관에서 혈류로 건너가야 한다. 약물은 물에 녹기에 충분하게 극성이 있어야 하지만, 동시에 소수성 세포막에 분배될 수 있을 정도로 무극성이어야 한다. **친유성**이라 부르는 약물 극성의 척도는 물과 1-옥탄올

사이의 약물의 분배 상수의 로그값이다.

$$\text{수용액 내 약물} \xrightleftharpoons{K_{ow}} \text{옥테인 내 약물} \quad K_{ow} = \frac{[\text{약물}]_{oct}}{[\text{약물}]_{w}} \qquad \textbf{(A)}$$

K_{ow}를 결정하기 위하여 옥탄올로 추출하기 전(A_i)과 후(A_f) 수용액의 흡광도를 측정한다.[26] 낮은 농도(<0.01 M)의 약물을 함유하는 물(옥탄올로 포화됨, 부피 = V_w)을 옥탄올(물로 포화됨, 부피 = V_{oct})로 추출한다. 약물의 농도는 낮게 유지되어 활동도 계수는 1에 가깝다. 혼합물을 잘 흔들어 평형에 이르도록 한 후 원심분리로 상을 분리한다. 옥탄올과 평형에 이르기 전과 후에 최대 흡수 파장(absorption maximum)에서 수용액의 자외선 또는 가시선 흡광도는 측정한다.

A_i는 수용액 내 약물의 초기 흡광도이고, A_f는 옥탄올과 평형에 이른 후 수용액 내 약물의 최종 흡광도이다. Beer 법칙에서 약물의 농도 $c = A/\varepsilon b$이다. 여기에서 ε은 몰흡광 계수(molar absorptivity)이고, b는 흡광도 측정에 사용된 시료 셀의 경로 길이이다. 반응 A로부터 $[\text{약물}]_{oc} = K_{ow}[\text{약물}]_w$이다. 이제 질량 균형식을 작성하고, 농도를 Beer 법칙으로 대체한 후, 분배 상수 K_{ow}를 구한다:

$$(\text{수용액 내 약물의 몰수})_{\text{초기}} = (\text{수용액 내 약물의 몰수})_{\text{최종}} + (\text{옥테인 내 약물의 몰수})_{\text{최종}}$$

$$[\text{약물}]_{w,\text{초기}} \cdot V_w = [\text{약물}]_{w,\text{최종}} \cdot V_w + [\text{약물}]_{oct,\text{최종}} \cdot V_{oct}$$

$$[\text{약물}]_{w,\text{초기}} \cdot V_w = [\text{약물}]_{w,\text{최종}} \cdot V_w + K_{ow} \cdot [\text{약물}]_{w,\text{최종}} \cdot V_{oct}$$

$$(A_i/\varepsilon b) \cdot V_w = (A_f/\varepsilon b) \cdot V_w + K_{ow} \cdot (A_f/\varepsilon b) \cdot V_{oct}t$$

$$K_{ow} = \frac{A_i \cdot V_w - A_f \cdot V_w}{A_f \cdot V_{oct}} \qquad \textbf{(B)}$$

(a) 물과 옥탄올의 밀도는 각각 1.00, 0.83 g/mL이다. 원심 분리 후 물이 상층일까, 아니면 하층일까?

(b) 옥탄올은 물에 약간 용해되고, 물은 옥탄올에 매우 잘 용해된다. K_{ow}를 측정하기 전에 옥탄올을 물로, 물을 옥탄올로 미리 포화시키는 것이 중요한 이유는 무엇인가?

(c) 10 mL의 아세트아미노펜(acetaminophen) 수용액을 10 mL의 옥탄올로 추출한다. 초기 수용액 600 μL를 1400 μL의 물로 희석했을 때 흡광도는 0.979이다. 추출 후 희석하지 않은 수용액의 흡광도는 1.056이다. 식 B를 이용하여 아세트아미노펜의 K_{ow}를 구하시오(**힌트**: 흡광도를 측정하기 전에 희석하였다면, 흡광도 A_i와 A_f는 보정해야 한다).

(c) 수용액의 최종 흡광도가 너무 낮으면 옥탄올과 물의 상대적 부피를 조정하여 흡광도를 높일 수 있다. 다른 약물의 초기 시험에서 10 mL 수용액을 10 mL 옥탄올로 추출했을 때 수용액의 최종 흡광도가 0.20이다. 더 많은 양의 옥탄올을 사용해야 하는가, 아니면 더 적은 양의 옥탄올을 사용해야 하는가?

크로마토그래피의 구체적인 개념

23-18. 첫 번째 목록(1~5)의 용어와 두 번째 목록(A~E)의 특성을 연결하시오.

1. 흡착 크로마토그래피

2. 분배 크로마토그래피

3. 이온 교환 크로마토그래피

4. 크기별 배제 크로마토그래피

5. 친화 크로마토그래피

A. 이동상에 있는 이온들이 정지상에 공유 결합된 반대 이온에 끌린다.

B. 이동상에 있는 용질은 정지상에 공유 결합된 특정 작용기에 끌린다.

C. 용질은 이동상과 정지상의 표면 사이에서 평형을 이룬다.

D. 용질은 이동상과 정지상에 코팅된 액체막 사이에서 평형을 이룬다.

E. 서로 다른 크기의 용질들이 정지상의 구멍(빈 공간) 안으로 침투하는 정도가 다르다. 가장 큰 용질이 가장 먼저 용리된다.

23-19. 크로마토그래피에서 용질의 분배 상수 $K_D = [S]_S/[S]_M$이다. 여기에서 $[S]_S$는 정지상에서의 농도이고, $[S]_M$은 이동상에서의 농도이다. 분배 상수가 클수록 용질이 용리되는 데 더 오래 걸린다. 그 이유를 설명하시오.

23-20. (a) 머무름 인자(k)의 의미를 용질이 각 상에서 보낸 시간의 개념으로 설명하시오.

(b) 용질이 이동상에서 보낸 시간 분율을 k의 함수로 표현하시오.

23-21. (a) 길이가 10.3 cm, 내경이 4.61 mm인 크로마토그래피 칼럼 부피의 61.0%가 정지상으로 채워져 있다. 만약 부피 유속이 1.13 mL/min라면, 선속도는 몇 cm/min인가?

(b) 용매(머무름이 없는 용질과 같음)가 칼럼을 통과하는 데 얼마나 걸리는가?

(c) 머무름 인자가 10.0인 용질의 머무름 시간은 얼마인가?

23-22. 열린 관칼럼의 길이는 30.1 m이고, 내경은 0.530 mm이다. 칼럼의 내벽은 3.1 μm 두께의 정지상으로 코팅되어 있다. 머무름이 없는 용질이 칼럼을 통과하는 데 2.16분이 걸린다. 어떤 용질의 머무름 시간은 17.32분이다.

(a) 선속도와 부피 유속을 구하시오.

(b) 용질의 머무름 인자와 용질이 정지상에서 보낸 시간 분율을 구하시오.

(c) 용질의 분배 상수 $K_D = [S]_S/[S]_M$을 구하시오.

23-23. 길이가 40 cm, 내경이 0.85 cm인 칼럼을 이용하여 미지 혼합물 4.0 mg을 분리한다.

(a) 같은 시료 100 mg을 분리한다면 어떤 크기의 칼럼을 사용하겠는가?

(b) 작은 칼럼에서의 유속이 0.22 mL/min라면, 큰 칼럼에서 사용해야 할 부피 유속은 얼마인가?

(c) 이동상은 칼럼 부피의 35%를 차지한다. 작은 칼럼과 큰 칼럼에서의 선속도를 계산하시오.

23-24. $V_S = V_M/5$인 크로마토그래피 칼럼을 사용할 때, $K_D = 3$인 경우와 30인 경우의 머무름 인자를 구하시오.

23-25. 그림 5-9는 성분 X와 내부 표준 물질 S의 크로마토그램

이다. 크로마토그램의 초기에 용리되는 작은 피크는 머무름이 없는 성분이다.

(a) 칼럼 길이가 100 mm인 경우 선속도는 얼마인가?

(b) X와 S의 머무름 시간, 보정 머무름 시간, 머무름 인자는 얼마인가?

(c) X와 S 사이의 분리 인자는 무엇인가?

23-26. 열린 관칼럼의 내경이 207 μm이고, 내벽에 코팅된 정지상의 두께는 0.50 μm이다. 머무름이 없는 용질이 칼럼을 통과하는 데 63초 걸리고, 시료 용질은 433초 걸린다. 이 용질의 분배 상수와 정지상에서 소비한 시간 분율을 구하시오.

23-27. 다음 보기에 맞는 칼럼을 고르시오.

(a) 단수가 가장 높은 것은?

(b) 머무름이 가장 큰 것은?

(c) 분리 인자가 가장 큰 것은?

(d) 분리가 가장 좋은 것은?

칼럼 1: $N = 1\ 000$, $k_2 = 1.2$, $\alpha = 1.16$, 분리도 = 0.6

칼럼 2: $N = 5\ 000$, $k_2 = 3.9$, $\alpha = 1.06$, 분리도 = 0.8

칼럼 3: $N = 500$, $k_2 = 4.7$, $\alpha = 1.31$, 분리도 = 1.1

칼럼 4: $N = 2\ 000$, $k_2 = 2.4$, $\alpha = 1.24$, 분리도 = 1.5

23-28. 크로마토그래피에서 분리도는 (a) 단수, (b) 분리 인자, (c) 머무름 인자에 의해 결정된다. 이 세 가지 인자에 대한 분리도의 의존성을 보여 주는 그래프를 그리고, 각 인자에 대한 의존성을 설명하시오.

23-29. (a) 표 23-1에서 메탄올(CH_3OH, FM = 32)의 확산 계수가 설탕(sucrose, FM = 342)보다 높은 이유를 설명하시오.

(b) 298 K에서 공기 중 수증기의 확산 계수를 대략적으로 추정하시오.

23-30. HPLC 분리 시뮬레이션용 Excel 스프레드시트, Resolution with **HPLC Teaching Assistant**.[27] SaplingPlus, macmillanlearning.com, 또는 참고문헌 27의 링크로부터 Excel 파일을 다운로드하고 파일을 연다. 왼쪽 상단에 **분리도**(Resolution)가 포함된 메뉴 페이지가 보인다. 안 보이면 왼쪽 상단 모서리의 파란색 홈 버튼을 클릭한다. 분리도를 클릭한다. 분리도와 머무름 인자, 분리 인자 α(선택성), 단수 *N*(효율)간 관계를 보여 주는, 문제 23-28에서 만든 것과 유사한 세 개의 그래프가 하단에 표시되도록 이미지 크기를 조정한다.

(a) 왼쪽 상단의 슬라이드 바를 사용하여 머무름 인자를 조정한다. α는 1.10으로, *N*는 10 000으로 유지한다. 머무름 인자 $k_1 = 0$, 1, 2, 5, 10일 때 분리도는 얼마인가? 각 k_1 값에서 두 번째 피크의 머무름 시간은 얼마인가? **팁**: Excel 그래프에 커서를 놓으면 해당 지점의 *x* 및 *y* 값을 표시한다.

(b) 머무름 인자가 1이고 *N*이 10 000인 경우, α를 1.00, 1.10 및 1.20으로 조정한다. 각 α 값에서 두 번째 피크의 분리도와 머무름 시간은 얼마인가?

(c) 머무름 인자 = 1, α = 1.10으로 하고, *N*을 2 000, 4 000, 6 000, 8 000, 10 000, 12 000, 17 000으로 조정한다. 각 *N* 값에서 두번째 피크의 분리도와 머무름 시간은 얼마인가?

(d) (c)를 반복한다. *N*이 2 000, 6 000, 17 000일 때, 피크 1의 최대 흡광도는 얼마인가? 피크 높이에서 바탕선 신호를 빼 준다.

효율 및 띠넓어짐

23-31. 길이가 같은 두 개의 칼럼(칼럼 1, 칼럼 2)을 이용하여 동일 유속에서 화합물 A와 B의 크로마토그램을 얻었다. 두 경우 모두에서 t_M = 1.3분이다.

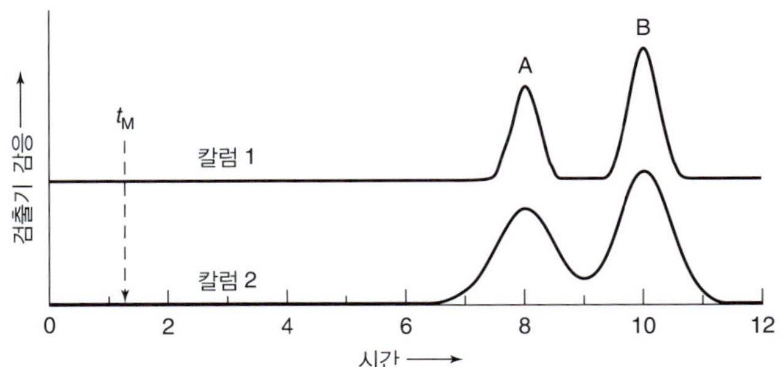

(a) 어떤 칼럼의 단수가 더 높은가?

(b) 어떤 칼럼의 단높이가 더 높은가?

(c) 어떤 칼럼의 분리도가 더 높은가?

(d) 어떤 칼럼에서의 분리 인자가 더 큰가?

(e) 어떤 화합물의 머무름 인자가 더 큰가?

(f) 어떤 화합물의 분배 상수가 더 큰가?

(g) 피크 A의 머무름 인자는 얼마인가?

(h) 피크 B의 머무름 인자는 얼마인가?

(i) 분리 인자는 얼마인가?

23-32. 문제 23-31에서 칼럼 2에서의 분리에 대하여

(a) 주로 세로 확산에 의해 띠넓어짐이 발생한다면, 분리도를 향상시키기 위하여 유속을 어떻게 변화시켜야 하는가?

(b) 주로 한정된 평형 시간에 의해 띠넓어짐에 발생한다면, 분리도를 향상시키기 위하여 유속을 어떻게 변화시켜야 하는가?

(c) 주로 다통로에 의해 띠넓어짐에 발생한다면, 유속이 분리도에 어떤 영향을 미치는가?

23-33. 단높이가 부피 유속이 아닌 선속도에 의존하는 이유는 무엇인가?

23-34. 단높이가 0.1 mm와 1 mm인 칼럼 중 어떤 칼럼의 효율이 더 높은가?

23-35. 세로 확산은 액체 크로마토그래피에서보다 기체 크로마토그래피에서 더 심각한 문제인 이유는 무엇인가?

23-36. 크로마토그래피에서, 정지상 입자 크기가 작을수록 최적 선속도가 증가하는 이유는 무엇인가?

23-37. 그림 23-16에서 최선의 분리를 위한 최적 선속도는 얼마인가?

23-38. 다음 1~5의 문장과 두 번째 목록의 띠넓어짐 용어 중 서로 관계 있는 것끼리 연결하시오.

1. 열린 관칼럼의 반지름에 의존한다.
2. 열린 관칼럼에서는 존재하지 않는다.

3. 연결 튜빙의 길이와 내경에 의존한다.
4. 용질의 확산 계수가 증가할수록 증가한다.
5. 정지상 막의 두께가 증가할수록 증가한다.
A 다통로
B 세로 확산
C_M 이동상에서의 질량 이동
C_S 정지상에서의 평형 시간
EC 칼럼 밖 띠넓어짐

23-39. 실란화(silanization)가 어떻게 크로마토그래피 피크의 꼬리끌기를 감소시키는지 설명하시오.

23-40. 비선형 머무름 등온선이 어떻게 비Gauss형 띠모양을 유발하는지 설명하시오. 과주입된 기체 및 액체 크로마토그래피에서의 피크 모양을 그리시오.

23-41. 길이가 L, 지름이 d인 칼럼에서 미지 혼합물 2.5 mg의 분리를 최적화하였다.
(a) 주입 부피를 2배로 하여 2.5 mg의 시료를 주입한다면, 같은 분리도를 얻지 못할 수도 있는 이유를 설명하시오.
(b) 원래의 주입 부피로 시료 5.0 mg을 주입한다면, 같은 분리도를 얻지 못할 수도 있는 이유를 설명하시오.

23-42. 시간 $t = 0$에서 무한히 좁은 용질 띠를 칼럼의 중심에 주입하였다. 시간 t_1 동안 확산된 후, Gauss 띠의 표준 편차가 1.0 mm였다. 20분이 더 지난 후, 시간 t_2에서 표준 편차는 2.0 mm였다. 20분이 더 지난 후, 시간 t_3에서 띠너비는 얼마일까?

23-43. 이상적인 Gauss 모양을 가지는 크로마토그램의 $t_R = 9.0$분, $w_{1/2} = 2.0$분이다.
(a) 이론 단수는 얼마인가?
(b) 칼럼 길이가 10 cm라면, 단높이는 얼마인가?

23-44. **(a)** 그림 23-13의 비대칭형 크로마토그램에서, 비대칭 인자 B/A를 구하시오.
(b) 그림 23-13의 비대칭형 크로마토그램의 머무름 시간이 15.0분이고, $w_{0.1}$은 44초이다. 단수를 구하시오.
(c) 피크 높이의 1/10에서의 Gauss 피크의 너비는 4.297σ이다. 문제 **(b)**의 피크가 $A = B = 22$초인 대칭이라 가정하고, 식 23-30과 23-32를 이용하여 단수를 구하시오.

23-45. **(a)** 6분의 평균 너비(w_{av})를 가지는 두 크로마토그래피 피크의 머무름 시간이 각각 24분과 29분이다. 그림 23-9의 어느 그림이 이 크로마토그램과 가장 비슷하겠는가?
(b) 두 개의 크로마토그래피 피크는 바탕선 분리가 얻어진다. 그림 23-9에 기초하여 볼 때, 피크 사이의 분리도 값은 얼마인가?

23-46. 어떤 크로마토그래피 피크의 너비(w)가 4.0 mL이고, 머무름 부피가 49 mL이다. 다른 시료의 머무름 부피가 127 mL일 때, 이 띠의 너비는 얼마이겠는가? (단, 띠넓어짐은 칼럼 내에서만 발생한다고 가정한다.)

23-47. 유속이 0.66 mL/min인 칼럼에서 물에 의해 용리된 설탕(sucrose) 피크의 반높이에서의 너비($w_{1/2}$) = 39.6초이다. 시료의 주입 부피는 0.40 mL, 검출기 부피는 0.25 mL, 연결 튜빙의 내경은 0.050 cm이며, 길이는 20 cm이다. 시료 주입, 검출, 연결 튜빙에 의해 발생하는 가변도를 구하시오. 만약 띠넓어짐이 칼럼 내에서만 발생한다면, $w_{1/2}$는 얼마이겠는가?

23-48. 분배 상수가 15와 18인 두 성분을 $V_M/V_S = 3.0$이고, $t_M = 1.0$분인 칼럼을 이용하여 분리하고자 한다. 분리도 1.5를 얻기 위해 필요한 단수를 계산하시오.

23-49. 그림 5-9는 분석 물질 X와 내부 표준 물질 S의 크로마토그램을 나타낸 것이다.
(a) 식 23-30을 이용하여 X와 S의 단수 N을 구하시오.
(b) 그림 23-9의 어느 분리도가 그림 5-9의 분리도와 가장 비슷하겠는가?
(c) 피크 X와 S 사이의 분리도를 측정하시오.

23-50. 다음 조건에서, 분리도 = 2.0을 얻기 위해 필요한 단수를 계산하시오.
(a) $\alpha = 1.05$, $k_2 = 5.00$ **(b)** $\alpha = 1.10$, $k_2 = 5.00$
(c) $\alpha = 1.05$, $k_2 = 10.00$
(d) 크로마토그래피에서 어떻게 N, α, k_2를 증가시킬 수 있는가? 이 문제에서 α와 k_2 중 어느 것이 분리도에 더 큰 영향을 미치는가?

23-51. 다음의 기체 크로마토그램에서 펜타플루오로벤젠과 벤젠의 피크를 생각해 보자. 머무름이 없는 용질의 용리 시간은 1.06분이다. 열린 관칼럼은 길이가 30.0 m이고, 지름이 0.530 mm이며, 내벽에 도포된 정지상의 두께가 3.0 μm이다.

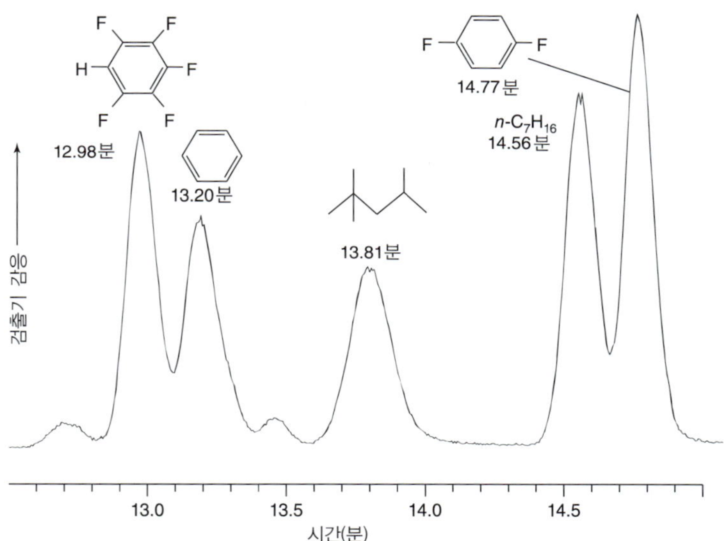

(a) 두 성분의 보정 머무름 시간과 머무름 인자를 구하시오.
(b) 분리 인자(α)를 구하시오.
(c) 크로마토그램에서 $w_{1/2}$을 측정한 후, 두 성분의 단수 N_1, N_2, 단높이를 구하시오.
(d) 크로마토그램의 바탕선에서의 너비 w를 측정한 후, 두 성분에 대한 단수를 구하시오.
(e) **(d)**의 답을 이용하여 두 피크 사이의 분리도를 구하시오.
(f) **(d)**의 값을 $N = \sqrt{N_1 N_2}$에 대입하고, 식 23-33을 이용하여 분리도는 얼마여야 하는지 계산하고, 그 결과를 **(e)**에서 측정한 분

리도와 비교하시오.

23-52. $D = 1.6 \times 10^{-9}$ m^2/s인 메탄올 10.0 nmol을 물이 들어 있는 지름이 5.00 cm인 튜브에 두께를 무시할 수 있을 정도의 얇은 층으로 주입하여 확산되게 하였다. 식 23-27을 사용하여 1.00, 10.0, 100분 후 메탄올 띠의 Gauss 농도 분포를 보이는 그래프를 그리시오. 리보핵산 분해 효소($D = 0.12 \times 10^{-9}$ m^2/s)를 이용하여 동일한 실험을 수행하였을 때의 그래프를 그리시오.

23-53. 0.25 mm 지름의 열린 관 기체 크로마토그래피 칼럼에 0.25 μm 두께의 정지상 층이 도포되었다. 머무름 인자 $k = 10$인 어떤 화합물의 확산 계수는 기체상에서는 $D_M = 1.0 \times 10^{-5}$ m^2/s, 정지상에서는 $D_S = 1.0 \times 10^{-9}$ m^2/s이다. 띠넓어짐의 원인으로 세로 확산과 이동상 및 정지상에서의 한정된 질량 이동만을 고려하자. 식 23-37~23-41을 이용하여, 이 세 가지 인자에 의한 각 단높이와 전체 단높이를 선속도의 함수로 그래프로 나타내시오(선속도 범위: 2 cm/s~1 m/s). 정지상 두께가 2 μm일 때 계산을 반복해 보시오. 두 결과의 차이점을 설명하시오.

23-54. 상대 면적비가 4:1인 두 개의 Gauss 피크를 생각해 보자. 분리도가 0.5, 1, 2인 경우 피크의 겹침을 보여 주는 그래프를 그리시오.

23-55. HPLC의 Excel 시뮬레이션, **Efficiency with HPLC Teaching Assistant.**[27] SaplingPlus, macmillanlearning.com 또는 참고문헌 27의 링크를 통해 Excel 파일을 다운로드하고 파일을 연다. 왼쪽 상단에 '분리도'가 있는 메뉴 페이지가 보인다. 안 보이면 왼쪽 상단 모서리의 파란색 홈 버튼을 클릭한다. 메뉴에서 '**효율**(efficiency)'를 선택한다. 설정을 확인한다. $L_{col} = 150$ mm; $d_{col} = 4.6$ mm; $d_p = 5.0$ μm; 유속 = 1.0 mL/분. t_0로 표시된 하단 크로마토그램의 빨간색 선은 t_M이라고 부르는 머무름이 없는 화합물의 머무름 시간이다.

(a) 유속 슬라이드 바를 사용하여 가장 높은 단수 N과 가장 낮은 단높이 H를 제공하는 유속을 결정하시오.

(b) **(a)**의 최적 유속부터 시작하여 유속을 증가시킨다. 단수 N과 단높이 H에는 어떤 변화가 일어나는가? 어떤 띠넓어짐 과정이 이 변화를 유발하는가? 유속을 증가시키면 머무름 시간은 어떻게 변하는가?

(c) **(a)**의 최적 유속으로 돌아가기 위해 유속을 줄이시오. 단수 N과 단높이 H에는 어떤 변화가 일어나는가? 어떤 띠넓어짐 과정이 이 변화를 유발하는가? 유속을 줄이면 머무름 시간은 어떻게 변하는가?

(d) **(a)**의 최적 유속에서 단높이 H가 0이 아닌 이유는 무엇인가? (**힌트**: 액체 크로마토그래피는 충전 칼럼을 사용한다.)

23-56. HPLC의 Excel 시뮬레이션, **Extra-column Broadening with HPLC Teaching Assistant.**[27] SaplingPlus, macmillanlearning.com 혹은 참고문헌 27의 링크로부터 Excel 파일을 다운로드하고 파일을 연다. 왼쪽 상단에 '분리도'가 있는 메뉴 페이지가 보인다. 안 보이면 왼쪽 상단 모서리의 파란색 홈 버튼을 클릭한다.

(a) **주입 부피**를 클릭한다. 다음 기본 설정으로 시작한다.

$L_{col} = 150$ mm	log $P = 1.6, 2.0, 2.3$
$d_{col} = 4.6$mm	%MeOH = 30
$d_p = 5.0$ μm	$V_{inj} = 20$ μL
유속 = 1.0 mL/min	$C_{inj} = 20$ mg/L

log P(log K_{ow}라고도 함)의 정의에 대해서는 문제 23-17을 참조하시오. 왼쪽 하단에 $N_{theoretical}$이 표시되도록 이미지 크기를 조정한다. 이 값은 ~11 700이다. 세 개의 피크에 대하여 관찰된 단수(N_{real})를 기록한다. 각 피크의 피크 높이를 기록한다. **팁**: Excel 그래프에 커서를 놓으면 해당 지점의 x 및 y 값을 표시한다. 피크 높이에서 바탕 신호를 뺀다. 주입 부피를 100 μL로 변경하고 세 개의 피크에 대하여 관찰된 단수와 바탕선이 보정된 피크 높이를 기록한다. 주입 부피가 증가함에 따라 단수와 피크 높이는 어떤 경향을 보이는가?

(b) 100 mg/L 표준 물질을 20 μL 주입했을 때, 단수와 보정된 피크 높이는 얼마인가? 20 mg/L 표준 물질 100 μL 주입했을 때와 비교하면 어떠한가?

(c) 왼쪽 상단의 홈 버튼을 클릭한다. 메뉴에서 **Tubing geometry**를 선택한다. **(a)**에 열거한 기본 설정과 $L_{tubing} = 100$ cm, $D_{tubing} = 127$ μm로 시작한다. 세 개의 피크에 대한 단수를 기록한다. $L_{tubing} = 200$ cm 및 $D_{tubing} = 127$ μm, 그리고 $L_{tubing} = 100$ cm 및 $D_{tubing} = 250$ μm일 때 단수는 얼마인가?

정량 분석

23-57. 크로마토그램의 피크 높이 또는 피크 면적을 사용하여 분석 물질의 양을 결정할 수 있다.

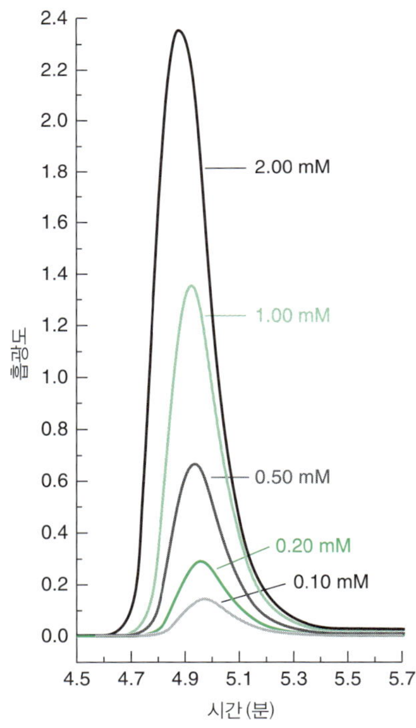

이온 크로마토그래피에 의해 분리된 질산염 표준 물질의 피크 [출처: F. Kadjo, J. Z. Liao, P. K. Dasgupta, and K. G. Kraiczek, "Width Based Characterization of Chromatographic Peaks: Beyond Height and Area," *Anal. Chem.* **2017**, *89*, 3893.]

(a) 자를 사용하여 피크 전후의 평평한 부분을 연결하여 피크 밑에 바탕선을 그린다. 바탕선에서 최고점까지 각 피크의 높이를 측정한다. 피크 높이 대 질산염 농도의 그래프를 그린다. 교정(calibration)이 선형인가? (**힌트**: 잔차(residual, 데이터 점과 교정선 사이의 수직 거리)는 선(5-2절)을 중심으로 무작위로 분포해야 한다.)

(b) 피크 면적은 일반적으로 크로마토그래피 데이터 스테이션을 이용하여 적분한다. 만약 Gauss 피크의 면적을 수동으로 측정해야 한다면,

$$\text{Gauss 피크 면적} = 1.064 \times \text{피크 높이} \times w_{1/2}$$

여기에서 $w_{1/2}$는 피크의 반높이 너비이다. 각 피크의 면적을 측정한다. 피크 면적 대 질산염 농도의 그래프를 그린다. 보정이 선형인가?

(c) 그룹 활동: 피크가 Gauss일 필요가 없는 또 다른 수동 적분 방법은 cut-and-weigh 방법이다. 한 페이지를 채우도록 5개의 질산염 피크를 확대 복사한다. 피크 전후의 바탕선을 연결하여 피크 하단에 바탕선을 그린다. 가위를 사용하여 5개의 피크를 잘라내어 분석용 저울로 각 피크의 무게를 잰다. 각 피크에 대해 별도의 복사본을 사용한다. 질산염 농도에 대한 각 피크의 면적(무게)을 그래프로 그린다. 교정이 선형인가?

(d) 비선형의 두 가지 가능한 원인은 (1) 고농도에서 Beer 법칙으로부터 벗어남과 (2) 비선형 등온선에 기인한 피크의 꼬리끌기 및 머리끌기이다. 이러한 원인들이 어떻게 피크 면적보다 피크 높이에 더 큰 영향을 미치는지를 설명하시오.

23-58. 표준 물질 첨가. 알리신(allicin)은 마늘에 들어 있는 약 0.4 wt% 성분으로 항균, 항암 및 항산화 기능이 있다. 알리신은 불안정하여 측정이 어렵다. 갓 으깬 마늘에 안정한 전구체인 알리인(alliin)을 첨가하여, 마늘에 있는 알리이네이스(alliinase) 효소에 의해 알리신으로 전환하는 분석법이 개발되었다. 마늘 성분을 추출하여 크로마토그래피로 분석한다. 크로마토그램은 마늘 그램당 첨가된 알리인 mg으로 보고된 표준 물질 첨가를 보여준다. 크로마토그래피 피크는 알리인이 전환되어 생성된 알리신이다.

$$2\,(\text{알리인, FM 177.2}) \xrightarrow{\text{알리이네이스}} \text{알리신, FM 162.3}$$

(a) 표준 물질 첨가에서는 총 부피가 일정하다. 그림의 피크 높이를 측정하고 그림 5-8과 같은 표준 추가 그래프를 준비한다. 교정이 선형인가?

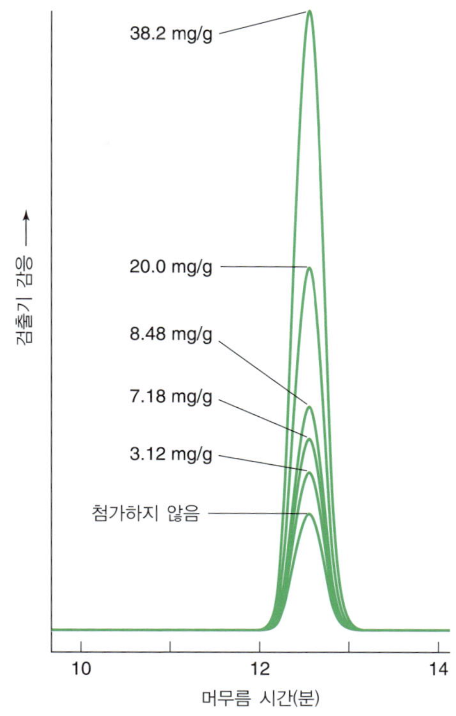

마늘에 표준 물질 첨가 후 알리인의 크로마토그래피 피크 [출처: M. E. Rybak, E. M. Calvey, and J. M. Harnly, "Quantitative Determination of Allicin in Garlic: Supercritical Fluid Extraction and Standard Addition of Alliin," *J. Agric. Food Chem.* **2004**, *52*, 682.]

(b) 표준 물질을 첨가하지 않은 마늘에 알리인 등가물(alliin equivalent)이 얼마나 들어 있는가? 단위는 mg 알리인/g 마늘이다. 95% 신뢰 구간도 구하시오.

(c) 알리인 2 mol이 알리신 1 mol로 전환된 경우, 95% 신뢰 구간에서 마늘의 알리신 함량(mg 알리신/g 마늘)을 구하시오.

24 기체 크로마토그래피

스포츠에서의 금지 약물 복용

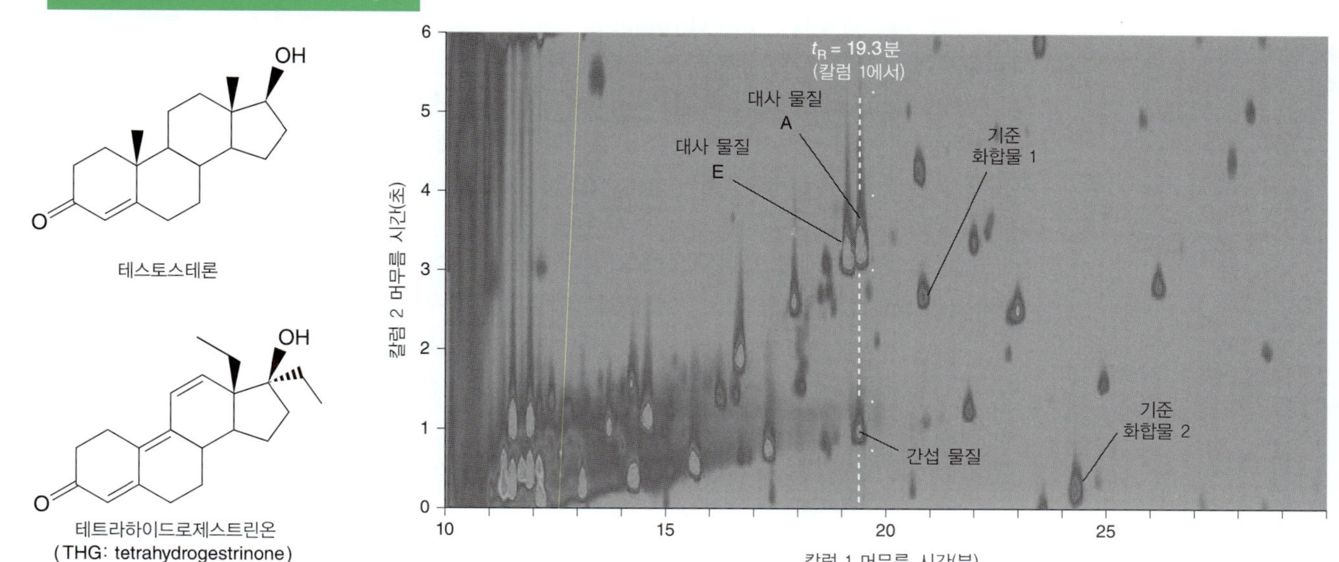

이차원(2D) 기체 크로마토그래피-연소 동위 원소 비율 질량 분석법을 이용한 운동 선수의 소변 분리. 두 가지 칼럼에서의 머무름 시간의 함수로 $^{12}CO_2$(m/z 44)의 신호를 보여 준다. 밝게 나타낸 피크는 테스토스테론 대사 물질과 천연 물질이다. 칼럼 1: 30 m × 0.25 mm, 100% dimethylpolysiloxane 층두께 = 1 μm. 칼럼 2: 1.5 m × 0.1 mm, $(phenylpolysilphenylenesiloxane)_{0.5}(dimethylpolysiloxane)_{0.5}$ 층두께 = 0.1 μm [출처: H. J. Tobias, Y. Zhang, R. J. Auchus, and J. T. Brenna, "Detection of Synthetic Testosterone Use by Novel Comprehensive Two-Dimensional Gas Chromatography Combustion-Isotope Ratio Mass Spectrometry," *Anal. Chem.* **2011**, *83*, 7158, Figure 4A. Reprinted with permission © 2011, American Chemical Society.]

스포츠에서는 성적을 높이기 위하여 비윤리적으로 **금지 약물**을 복용한다.[1] 스테로이드는 가장 일반적이고 지속적으로 남용되는 금지 약물이다. 천연 테스토스테론과 합성 아나볼릭(anabolic) 스테로이드는 근육 성장과 재활을 촉진한다. 그러나 스테로이드 사용은 많은 장기에 악영향을 미친다. 세계 반도핑 기구(World Anti-Doping Agency)는 모든 아나볼릭 스테로이드 사용을 금지한다. 테트라하이드로제스트린온(tetrahydrogestrinone)은 합성 **디자이너 스테로이드**(designer steroid)의 한 예이며, 검증되지 않아 부작용을 알 수 없는 위험한 약물이다.[2]

소변은 수백 가지 천연 물질이 함유된, 편리하지만 복잡한 시료이다. 금지 약물은 매우 소량 존재한다. 기체 크로마토그래피를 이용한 소변 내 스테로이드 측정을 위해서는 시료의 복잡성을 줄이기 위하여 광범위하고 비용이 많이 드는 시료 전처리 과정이 필요하다.

이차원 기체 크로마토그래피에 대한 더 자세한 내용은 보충 24-3을 참조하라.

복잡한 시료 준비 과정은 **이차원 기체 크로마토그래피**(two-dimensional gas chromatography)를 사용함으로써 단순화할 수 있다. 여기에 보여 준 예에서, 30 m 길이의 칼럼 1에서 분리되어 용리되는 물질을 6초 간격으로 수집하여 1.5 m 길이의 칼럼 2로 보낸다. 칼럼 1의 정지상은 메틸기를 가지고 있고, 칼럼 2의 정지상은 벤젠 고리를 많이 가지고 있다. 칼럼 1에서 분리되지 않고 함께 용리되는 성분(예: 19.3분에 함께 용리하는 대사 물질 A와 간섭 물질)들이 칼럼 2에서는 분리되는데, 그 이유는 칼럼 2에서는 그들의 머무름이 다르기 때문이다. 이차원 크로마토그램은 한 축(x, y축)에 한 칼럼에서의 머무름 시간을 보여 준다.

운동 선수로부터 시료를 수집하는 방법을 알고 싶으면 www.youtube.com/watch?v=JQiRPnHYN00을 참조하고, 도핑 방지 실험실 내부를 보고 싶으면 www.youtube.com/watch?v=BJsIWTYRQU0을 참조하라.

두 번째 칼럼에서 용리된 성분들은 연소실을 통과하는데, 그곳에서 모든 탄소 원자가 $^{12}CO_2$나 $^{13}CO_2$로 변환된다. 동위 원소 비율 질량 분석법은 두 동위 원소의 상대 존재비를 측정한다(보충 22-3). 생합성 과정에서의 차이로 인하여 합성 테스토스테론에는 천연 테스토스테론보다 ^{13}C가 적게 존재한다. ^{13}C가 겨우 4.6‰(천분율) 낮게 존재하더라도, 실험적 불확실성을 넘어서게 되어 합성 스테로이드가 존재함을 확인할 수 있다.

23장에서는 크로마토그래피 분리의 기초를 다루었다. 24~26장에서는 구체적인 방법과 기기를 다루는데, 그 목적은 크로마토그래피 방법이 어떻게 작동하며, 어떤 인자를 조절하여 최적의 결과를 얻을 수 있는지를 이해하는 것이다.[3,4]

24-1 기체 크로마토그래피에서의 분리 과정

기체 크로마토그래피
이동상: 기체
정지상: 보통 비휘발성 액체같은 고분자, 때로는 고체도 사용됨.
분석 물질: 기체 혹은 휘발성 액체

기체 크로마토그래피(**GC: gas chromatography**)[5,6]에서는 기체 상태의 시료가 **운반 기체**(**carrier gas**)라고 하는 기체 상태의 이동상에 의해 칼럼을 통과한다. **기체-액체 분배 크로마토그래피**(gas-liquid partition chromatography)에서는 정지상이 칼럼의 내부(그림 23-6의 오른쪽 위) 혹은 작은 고체 지지체에 결합된 비휘발성의 액체같은 고분자(liquid-like polymer)이다. **기체-고체 흡착 크로마토그래피**(gas-solid adsorption chromatography)에서는 시료가 정지상 고체 입자에 직접 흡착된다(그림 23-6 왼쪽 위).

운반 기체는 검출기의 종류, 원하는 분리 효율 및 분리 속도를 고려하여 선택한다.

그림 24-1은 **기체 크로마토그래피**의 개략도를 보여 준다. 휘발성 액체 또는 기체 시료가 **격막**(**septum**, 원판 모양의 고무)을 통해 가열된 주입구 속으로 주입되는데, 여기에서 시료는 빠르게 휘발한다. 시료 증기는 운반 기체인 He, N_2, H_2에 의해 칼럼을 통과하면서 분리되고, 분리된 성분들이 검출기를 통과할 때 검출기 신호가 컴퓨터에 표시된다. 칼럼은 용질이 적당한 시간 내에 용리되기에 충분한 증기압을 제공할 수 있도록 충분히 뜨거워야 한다. 용질이 기체 상태로 유지되도록, 검출기는 칼럼보다 높은 온도를 유지해야 한다.

기체 크로마토그래피에서 분석 물질이 끓는점보다 낮으면 일부만 증기상에 있을 수도 있다.

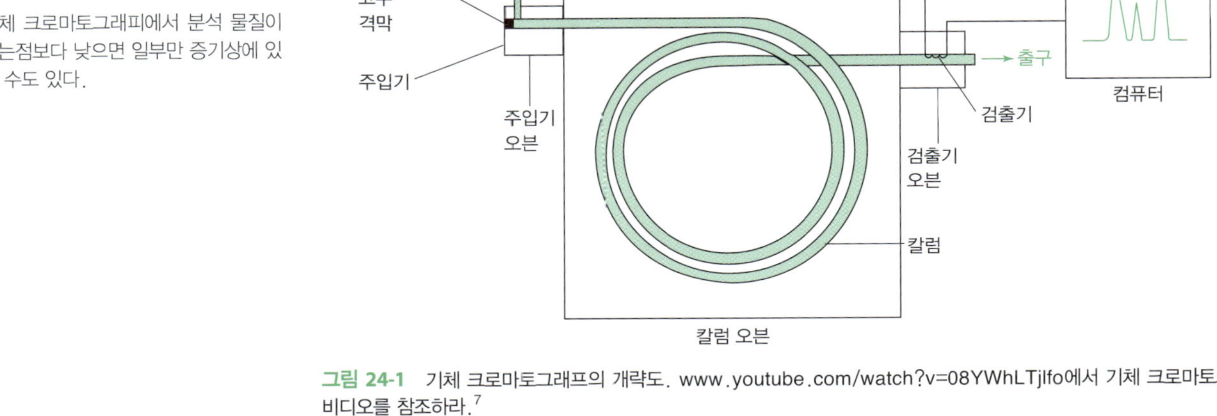

그림 24-1 기체 크로마토그래프의 개략도. www.youtube.com/watch?v=08YWhLTjlfo에서 기체 크로마토그래피에 관한 비디오를 참조하라.[7]

그림 24-2 (*a*) 전형적인 열린 관 기체 크로마토그래피 칼럼의 크기. (*b*) 지름이 0.2 m인 칼럼 케이지(cage)에 설치된 15~100 m 길이의 용융 실리카 칼럼. (*c*) 내벽 코팅, 다공성 층, 충전 칼럼의 단면도

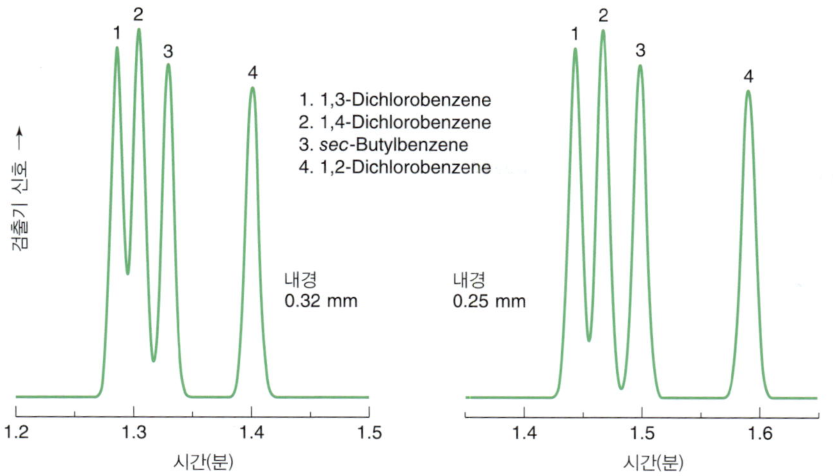

그림 24-3 분리도에 미치는 열린 관 칼럼 내경의 영향. 좁은 칼럼은 높은 분리도를 제공한다. 좁은 칼럼에서는 피크 1과 2 사이의 분리도가 증가한다. 조건: 내벽 코팅 칼럼, 정지상 = Rtx-1(100% dimethylpolysiloxane), 정지상층 두께 = 0.25 μm, 칼럼 길이 = 15 m, 칼럼 온도 = 105°C, 이동상 He의 유속 = 34 cm/s. [ProEZGC© 소프트웨어(https://www.restek.com/proezgc에서 무료로 제공, Restek Corp., Bellefonte, PA)를 이용하여 생성하였음.]

열린 관칼럼

대부분의 분석에서 사용되는, 길고 가는 용융 실리카(SiO_2) 재질의 **열린 관칼럼(open tubular column**, 그림 24-2)은 칼럼을 지지하고 대기 중 습기로부터 보호하기 위해 칼럼 외벽이 폴리이미드(350°C까지 견딜 수 있는 플라스틱)로 코팅되어 있다.[8] 칼럼이 부러질 가능성이 있거나 휴대용 혹은 현장용 기기에서처럼 작은 크기로 말아야 하는 경우에는 비활성화된 스테인리스강 재질의 칼럼이 사용된다. 23-5절에서 설명한 것처럼, 열린 관칼럼은 충전 칼럼보다 높은 분리도, 짧은 분석 시간, 높은 선택성을 제공하지만 시료 용량은 더 작다.

내벽 코팅 열린 관칼럼(wall-coated open tubular column): 액체 정지상이 칼럼 내벽에 코팅되어 있다.

다공성 층 열린 관칼럼(porous-layer open tubular column): 칼럼의 내벽에 고체 정지상 입자로 코팅되어 있다.

충전 칼럼(packed column): 칼럼이 고체 정지상 입자로 채워져 있다.

기체 크로마토그래피에서 가장 일반적으로 사용되는 칼럼은 그림 24-2c의 **내벽 코팅**(wall-coated) 칼럼으로, 칼럼 내벽에 높은 분자량의 액체 같은 고분자 정지상 층이 0.1~5 μm 두께로 코팅되어 있다. 그다음으로 많이 사용되는 **다공성 층**(porous-layer) 칼럼은 내벽에 고체 입자 정지상이 입혀져 있다.

충전 칼럼과 비교하여 열린 관칼럼은 다음을 제공한다.
- 더 높은 분리도
- 더 짧은 분석 시간
- 더 큰 선택성
- 그러나 더 낮은 시료 용량

칼럼의 내경은 보통 0.10~0.53 mm이고, 길이는 15~100 m인데 30 m가 일반적이다. 칼럼은 온도 조절 장치(column oven) 안에 들어갈 수 있도록 감겨 있다(그림 24-2b). 칼럼의 내경이 작을수록 분리도는 증가하지만(그림 24-3, 식 23-40), 시료 용량이 감소하고 압력이

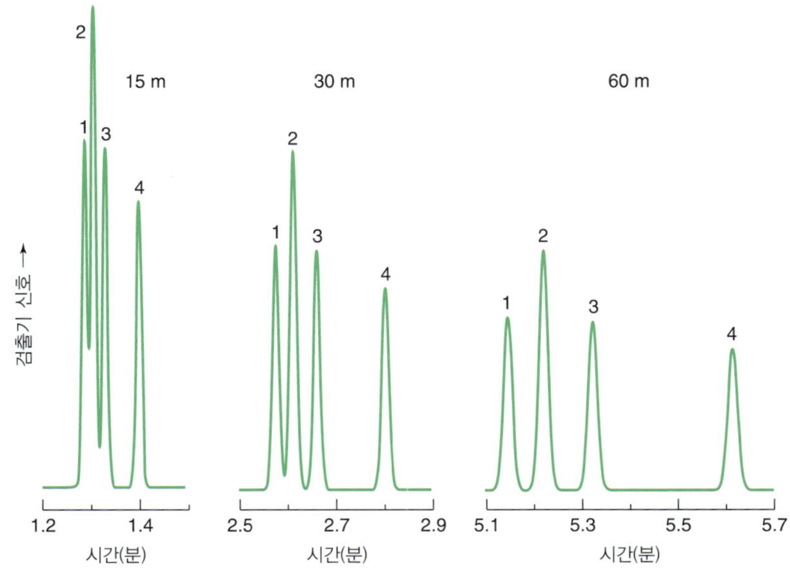

그림 24-4 분리도는 칼럼 길이의 제곱근에 비례한다. 칼럼 길이가 증가함에 따라 피크 1과 2의 분리도가 증가한다. 조건: 내벽 코팅 칼럼, 정지상 = Rtx-1(100% dimethylpolysiloxane), 정지상 층 두께 = 0.25 μm, 칼럼 온도 = 105°C, 이동상 He의 유속 = 34 cm/s. 성분 1~4는 그림 24-3에서와 동일하다. [ProEZGC© 소프트웨어(https://www.restek.com/proezgc에서 무료로 제공, Restek Corp., Bellefonte, PA)를 이용하여 생성하였음.]

그림 24-5 열린 관칼럼의 성능에 미치는 정지상 막두께의 영향. 정지상 막두께가 증가할수록 머무름 시간이 증가하고, 일찍 용리되는 피크들의 분리도가 증가한다. 조건: 내벽 코팅 칼럼(30 m × 0.32 mm), 정지상 = Rtx-1(100% dimethylpolysiloxane), 칼럼 온도 = 40°C, 이동상 He의 유속 = 38 cm/s [ProEZGC© 소프트웨어(https://www.restek.com/proezgc에서 무료로 제공, Restek Corp., Bellefonte, PA)를 이용하여 생성하였음.]

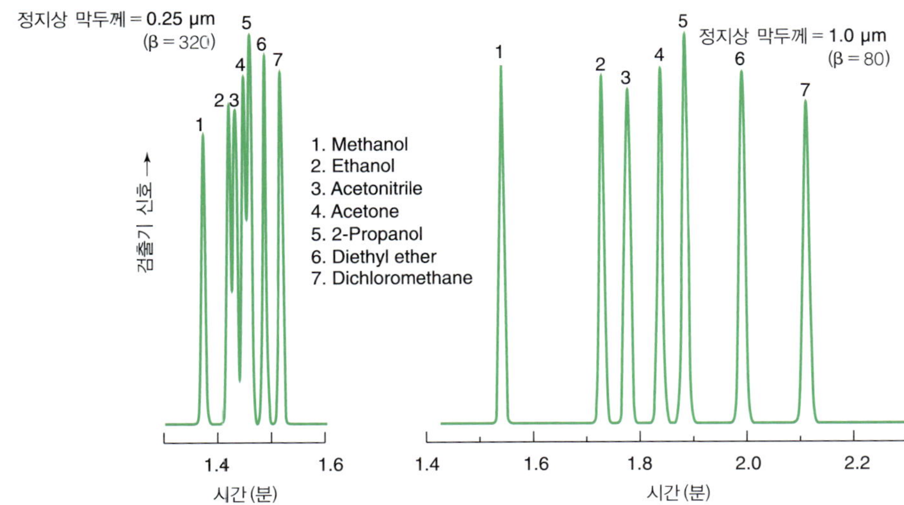

식 23-33:

분리도 = $\frac{\sqrt{N}}{4}\frac{(\alpha-1)}{\alpha}\left(\frac{k_2}{1+k_2}\right)$

N = 이론 단수

α = 분리 인자

K_2 = 두 번째 피크의 머무름 인자

머무름 인자: $k = \frac{t_R - t_M}{t_M}$

t_R = 용질의 머무름 시간

t_M = 용매의 통과 시간

분포 상수: $K_D = [A]_S / [A]_M$

$[A]_S$ = 정지상에서의 용질 농도

$[A]_M$ = 이동상에서의 용질 농도

증가하여 용매가 샐 가능성이 높아진다. 지름 0.32 mm 이상의 칼럼은 질량 분석계의 진공 시스템에 과주입(overload)을 야기할 수 있으므로 기체 흐름을 분할하여 일부만 질량 분석계로 들어가게 한다. 칼럼의 이론 단수(N)는 칼럼 길이에 비례한다. 식 23-33에서, 분리도는 $\sqrt{N}$에 비례하는데, 따라서 칼럼 길이의 제곱근에 비례한다(그림 24-4).

식 23-16에서 내벽 코팅 칼럼에 대한 **머무름 인자**(k)는 **분포 상수**(K_D) 및 **상비**(phase ratio, β)와 다음 관계를 가진다.

$$k = \frac{K_D}{\beta} \qquad \textbf{(24-1)}$$

상비는 단위가 없으며, 이동상 부피를 정지상 부피로 나눈 것이다. 일반적인 칼럼에서, 상비는 다음과 같다.

상비:

$$\beta = \frac{r}{2d_f} \qquad \textbf{(24-2)}$$

여기에서 r은 칼럼 반지름이고, d_f는 정지상의 층두께이다(그림 24-2a). 이동상의 선속도가 일정할 때, 정지상의 층두께가 증가하면 β가 감소하여 그림 24-5에서와 같이 머무름 시간과 시료 용량이 증가한다. 머무름 인자가 증가하면 빨리 용리되는 피크들($k \lesssim 5$)의 분리도가 증가한다(식 23-33). 정지상의 두꺼운 층은 시료가 실리카 표면에 닿는 것을 방지하여 **꼬리끌기**(tailing)를 줄여주지만(그림 23-20), 높은 온도에서 정지상의 블리딩(bleeding, 분해 및 증발)을 증가시킬 수도 있다. 정지상의 층두께는 0.25 μm가 표준인데, 휘발성이 높은 시료의 경우 더 두꺼운 정지상층을 사용하기도 한다.

"비슷한 것은 비슷한 것을 녹인다"는 규칙에 근거하여 액체 정지상(표 24-1)을 선택한다. 무극성 용질을 분리할 때에는 무극성 칼럼이 좋다. 중간 정도의 극성 칼럼은 극성이 중간 정도인 용질에 좋고, 강한 극성의 칼럼은 강한 극성의 용질의 분리에 좋다. 보충 24-1은 광학 이성질체의 분리에 사용되는 **카이랄**(chiral, 광학 활성인) 결합 정지상을 설명한다.

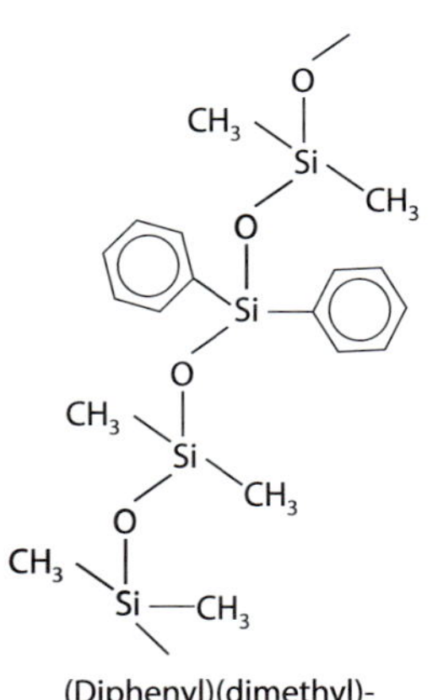

(Diphenyl)(dimethyl)-polysiloxane

칼럼을 오래 사용하면 정지상이 벗겨져, 표면의 실란올기(Si—O—H)가 노출되어 꼬리끌기가 증가한다. 높은 온도에서 정지상의 블리딩을 감소시키기 위해 정지상을 실리카 표면에 **결합**시키고(공유 결합), 정지상끼리 **가교 결합**(cross-link)시킨다. 칼럼 성능을 관찰하기 위한 좋은 방법은 표준 물질의 머무름 인자(식 23-16), 단수(식 23-30), 피크의 대칭성(그림 23-13)을 주기적으로 측정하는 것이다. 이들이 변했다면 칼럼의 성능이 저하되었음을 의미한다.

고온에서 정지상은 분해하여 분해 산물들이 서서히 '블리딩' 된다. 분해 산물들은 바탕 신호를 증가시켜 신호 대 잡음 비를 감소시키고 검출기를 오염시킨다. 아릴렌(arylene) 정지상은 열안정도가 높아서 고온에서도 블리딩이 적어서, 특히 기체 크로마토그래피-질량 분석법

표 24-1 모세관 기체 크로마토그래피에서 흔히 사용되는 정지상

구조	극성[a]	응용 예	온도 범위[b]
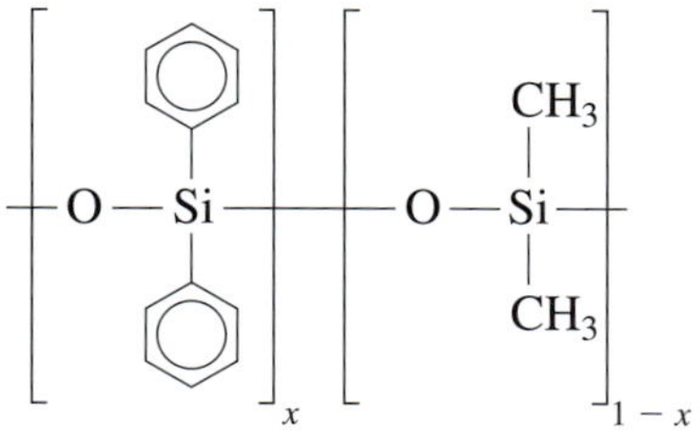 (Diphenyl)$_x$(dimethyl)$_{1-x}$ polysiloxane	$x = 0$ 무극성 van der Waals 힘	용매, 석유 제품, 왁스, 모의 증류	−60~330/350°C
	$x = 0.05$ 무극성 van der Waals 힘	향, 환경 방향족 탄화수소	−60~330/350°C
	$x = 0.35$ 중간 극성 van der Waals 힘	농약, 폴리염화비페닐, 아민, 질소를 포함한 제초제	40~310°C
	$x = 0.65$ 중간 극성 van der Waals 힘	트라이글리세라이드, 페놀, 유리 지방산	50~280/300°C
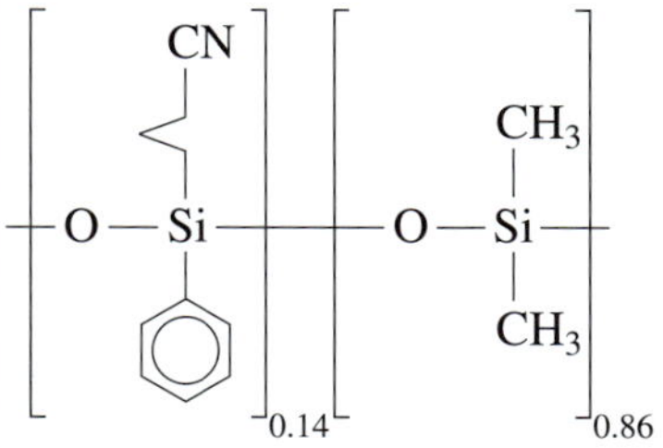 (Cyanopropylphenyl)$_{0.14}$(dimethyl)$_{0.86}$ polysiloxane	중간 극성 쌍극자-쌍극자 힘, van der Waals 힘	농약, 폴리염화비페닐, 알코올, oxygenate	−20~270/280°C
$—[CH_2CH_2—O]_n—$ Carbowax poly(ethylene glycol)	강한 극성 쌍극자-쌍극자 힘, 수소 결합, van der Waals 힘	지방산 메틸 에스터, 향, 아민, 용매, 자일렌 이성질체	40~250/260°C
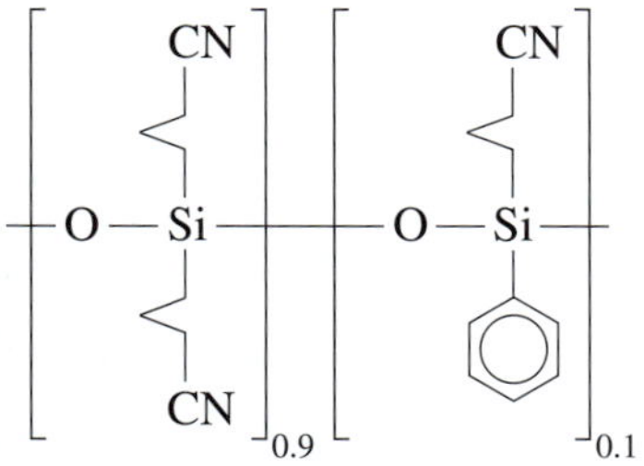 (Biscyanopropyl)$_{0.9}$(cyanopropylphenyl)$_{0.1}$ polysiloxane	강한 극성 쌍극자-쌍극자 힘, van der Waals 힘	시스/트랜스-지방산 메틸 에스터, 다이옥신 이성질체	0~260/275°C

a. 지배적인 머무름 힘은 극성 밑에 표시하였다. 모든 분자에 van der Waals 힘이 작용한다. 이는 (i) 순간 쌍극자와 인근에서 유도된 쌍극자 사이의 인력과 (ii) 영구 쌍극자와 인근에 유도된 쌍극자 사이의 인력이다. 쌍극자–쌍극자 힘은 영구 쌍극자 간의 인력이다. 수소 결합은 O와 같은 전기 음성(electronegative)인 원자의 전자를 이웃 분자의 양으로 하전된 H 원자와 부분적으로 공유함으로써 발생하는 인력이다.

b. 하한은 액체 정지상이 더 이상 액체로 행동하지 않는 온도이다. 두 개의 상한을 보여 주는데, 첫 번째 값은 등온 온도(isothermal temperature)로서, 일상적으로 칼럼을 사용할 수 있는 온도이다. 두 번째 값은 온도 기울기 용리에서 적용할 수 있는 최고 온도로서, 이 온도에서는 칼럼을 잠시만 이용할 수 있다.

자료 출처: *Restek Chromatography Products Catalog, 2013-2014, Bellefonte, PA.*

(GC-MS)에 적합하다. 아릴렌 정지상과 (다이페닐)(다이메틸)폴리실록세인[(diphenyl)(dimethyl)polysiloxane] 정지상에서의 상대 머무름은 다르다.

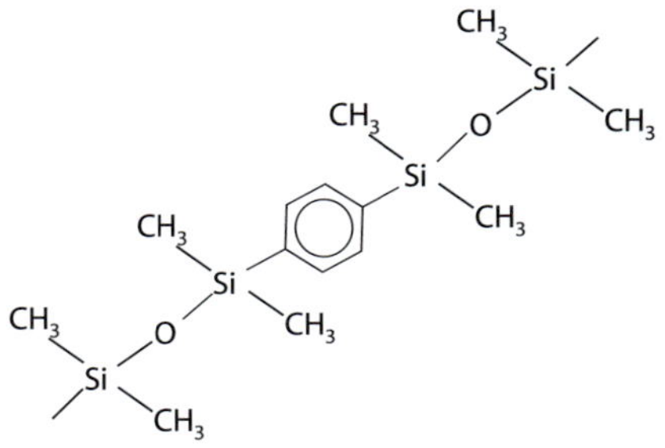

칼럼 블리딩에 의한 방해를 줄이기 위해서는, 원하는 분리를 얻을 수 있는 범위 내에서 가능한 한 얇은 정지상층과 가능한 한 좁고 짧은 칼럼을 사용한다. O_2에 의한 정지상의 산화는 블리딩의 주된 원인이다. 운반 기체는 순도가 높아야 하며, 칼럼으로 들어가기 전에 O_2 세정 장치(scrubber)를 통과시켜야 한다. 1 ppb 수준의 낮은 농도의 O_2도 칼럼 성능을 서서히 저하시킨다. 심각성은 덜하지만, H_2O도 가수 분해를 통해 정지상을 분해시킨다. 블리딩을 최소화하기 위해 칼럼 제조업체는 모세관의 실

Arylene polysiloxane

보충 24-1 광학 이성질체의 분리를 위한 카이랄상

광학 이성질체(optical isomer)는 **거울상 이성질체**(enantiomer)라고도 하는, 서로 겹쳐지지 않는 거울상 화합물들이다. 예를 들어 단백질을 형성하는 자연계의 아미노산은 L-아미노산이다.

거울면

L-아미노산 D-아미노산

아미노산의 거울상 이성질체

기체 크로마토그래피용 휘발성 유도체

거울상 이성질체는 매우 다른 생물학적 특성을 가질 수 있다. 메토르판(methorphan)의 거울상 이성질체 중 하나는 기침 억제제이며, 그 거울상은 금지된 오피오이드(opioid)이다. **카이랄**(chiral, 광학 활성인) 정지상을 사용한 크로마토그래피는 거울상 이성질체를 분리하는 몇 안되는 방법 중 하나이다. 아미노산은 기체 크로마토그래피에 충분한 증기압을 가지지 않는다. 기체 크로마토그래피에 적합한 휘발성 유도체는 위 그림에 보여 준다.[10]

일반적인 기체 크로마토그래피용 카이랄 정지상은 전통적인 폴리실록세인 정지상에 **사이클로덱스트린**(cyclodextrin)이 결합되어 있다.[11,12] 사이클로덱스트린은 자연계에 존재하는 고리형 당이다. β-사이클로덱스트린은 지름이 0.78 nm인 소수성 카이랄 공동(cavity)을 가진다. 극성을 감소시키기 위해 수산화기는 알킬기로 덮는다(capped).

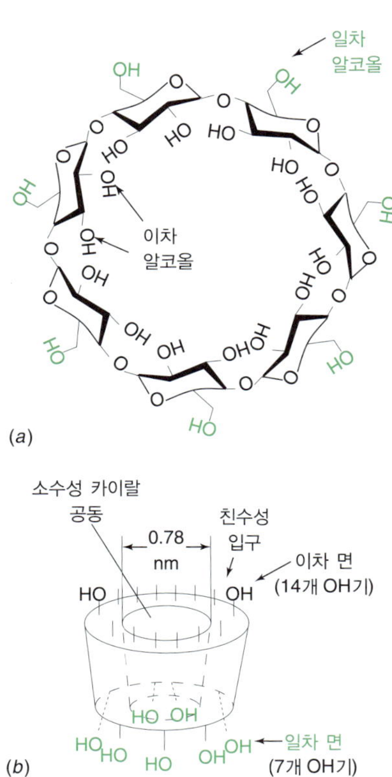

(*a*) 7개의 글루코스 분자로 이루어진 고리형 당인 β-사이클로덱스트린의 구조(α-사이클로덱스트린은 6개, γ-사이클로덱스트린은 8개의 단량체를 가진다). (*b*) 일차 수산화기가 한쪽 면에, 이차 수산화기는 다른 쪽 면에 위치한다.

리카 표면을 개질하여 고정상의 분해가 개시되게 하는 노출된 실란올기(Si—OH)를 제거한다.

이온성 액체(ionic liquid)는 새로운 형태의 기체 크로마토그래피용 정지상이다.[9] 이들은 상온 이하에서 녹고, 고온에서도 넓은 온도 범위에서 낮은 휘발성을 가지며 액체로 존재한다. 이온성 액체는 다양한 형태의 용매화 작용을 제공한다. 따라서 이들은 극성 분석 물질에 대한 새로운 형태의 선택성을 제시하며, 블리딩을 최소화하면서 칼럼 온도를 높일 수 있게 해준다.

이온성 액체

1,5-Di(2,3-dimethylimidazolium)pentane bis(trifluoromethanesulfonyl)imide
(Supelco SP-IL 111 정지상)

내벽 코팅 칼럼에서는 O_2, N_2, CH_4와 같은 기체나 천연가스와 같이 낮은 끓는점을 가지는 화합물의 머무름이 낮다. 그림 24-2c의 **다공성 층** 칼럼의 내벽에는 높은 표면적을 가지는 다공성 고체 입자들이 붙어 있다.[13] 이들 입자의 머무름 힘이 큰 표면이 활성 정지상이다. **분자체**(**molecular sieve**, 그림 24-6)는 공동(cavity)을 가지는 무기 또는 유기 물질인데, 작은 분자는 그 공동에 들어가 머물 수 있다.[14] He, Ar, O_2, N_2, CH_4, CO 같은 분자들을 서로 분리할 수 있다(그림 24-7). 다공성 고분자, 높은 표면적을 가지는 탄소, **알루미나**(Al_2O_3)는 기체-고체 흡착 크로마토그래피에서 탄화수소를 분리할 수 있다.

거울상 이성질체들은 사이클로덱스트린 공동에 대한 친화력이 다르므로 크로마토그래피 칼럼을 통과하는 동안 분리된다. 아래 크로마토그램은 세 가지 폴리염화비페닐(PCB: polychlorinated biphenyl) 각각의 두 가지 거울상 이성질체의 분리를 보여 준다.

폴리염화비페닐은 발암 물질이므로 생산이 금지되어 있다. 그러나 환경에서 없어지지 않고 지속되므로 여전히 우려된다. 생산할 때, 폴리염화비페닐은 두 거울상 이성질체의 1:1(라셈, racemic) 혼합물이다. 두 이성질체의 함량이 다르다는 것은 식물이 두 거울상 이성질체를 대사시키는 속도가 다르다는 증거이다.

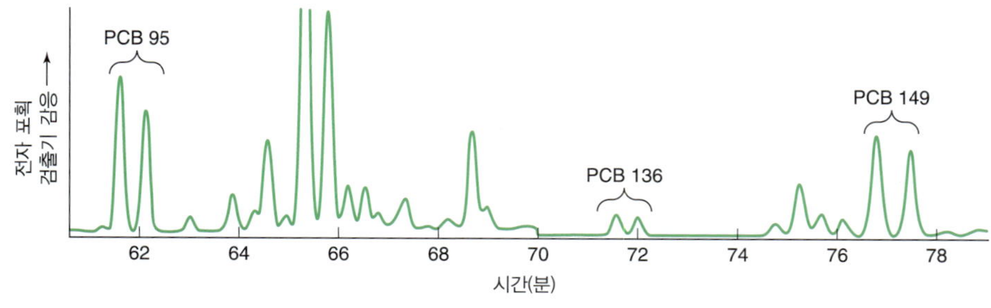

유칼립투스 잎으로부터 폴리염화비페닐의 카이랄 분리. 칼럼: 25 m × 0.25 mm 열린 관 칼럼, 정지상 막두께 = 0.25 μm, 정지상 = 폴리다이메틸실록세인에 화학적으로 결합된 메틸화된 β-사이클로덱스트린 [출처: S.-J. Chen, M. Tian, J. Zheng, Z. -C. Zhu, Y. Luo, X.-J. Luo, and B.-X. Mai, "Elevated Levels of Polychlorinated Biphenyls in Plants, Air, and Soils at an E-Waste Site in Southern China and Enantioselective Biotransformation of Chiral PCBs in Plants," *Env. Sci. Tech.* **2014**, *48*, 3847.]

카이랄 폴리염화비페닐 PCB 136 두 고리는 서로 수직이다. 거울상들은 서로 겹치지 않는다. 고리 사이의 C—C 결합이 자유롭게 회전할 수 없기 때문이다.

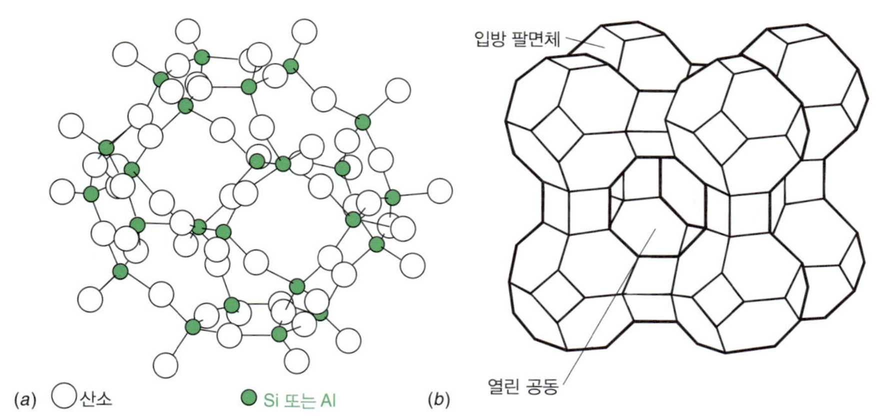

그림 24-6 분자체 $Na_{12}(Al_{12}Si_{12}O_{48}) \cdot 27H_2O$의 구조. (*a*) '제올라이트'라고 하는 광석의 알루미노 실리케이트 입방 팔면체 골격. (*b*) 8개의 입방 팔면체를 연결하여 작은 분자가 들어갈 수 있는 공동을 생성한다.

분자체를 함유하는 트랩에 기체를 통과시키면 물이 강하게 머무르므로 기체가 건조된다. 무기체는 진공이나 N_2 환경에서 300°C로 가열하여 재생(건조)할 수 있다.

충전 칼럼

충전 칼럼(packed column, 그림 24-2c)은 비휘발성 액체 정지상을 입힌 작은 고체 입자 지지체로 채워져 있다. 고체 자체가 정지상이 되기도 한다. 열린 관칼럼과 비교할 때, 충전 칼럼에서는 시료 용량은 더 크지만 피크가 더 넓어지고, 머무름 시간이 더 길어지며, 분리도가 낮아진다(그림 24-8). 충전 칼럼은 상대적으로 분리도는 낮으나 많은 양의 정지상이 요구되는 회수용 분리(preparative separation)나 머무름이 약한 기체를 분리할 때 유용하다. 충전

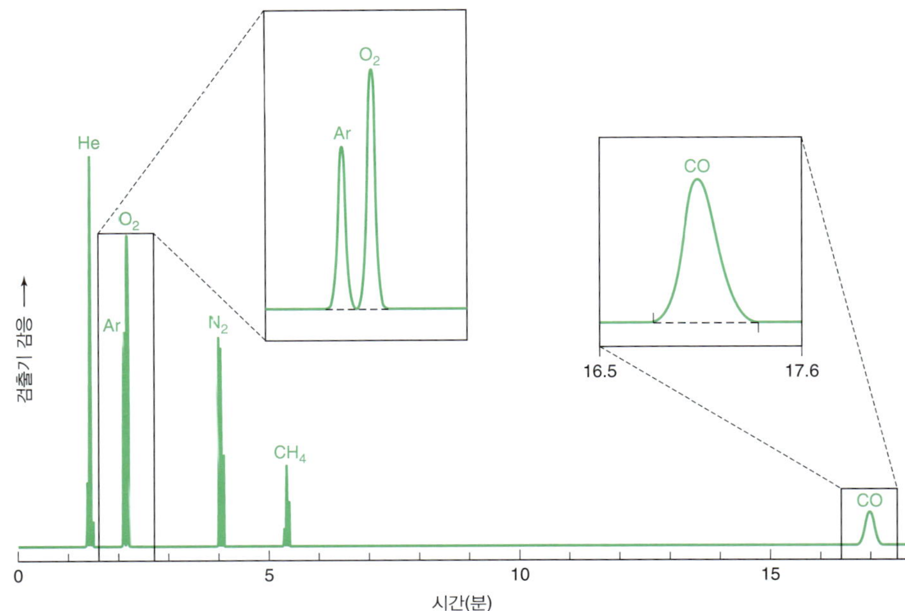

그림 24-7 다공성 층 열린 관칼럼(30 m × 0.53 mm)과 열전도도 검출을 이용한 영구 기체의 기체 크로마토그래피 분석. 정지상 = MXT-MSieve 5A, 칼럼 온도 = 30°C, 정지상 막두께 = 50 μm, 운반 기체 = H_2. 확대된 CO 피크 양쪽의 눈금 표시가 소프트웨어에 의해 적용된 적분 범위이다. [출처: J. de Zeeuw, "Development and Applications of PLOT Columns in Gas-Solid Chromatography," *LCGC North Am.* **2010**, *28*, 848. Courtesy of Restek Corp., Bellefonte, PA.]

기체-고체 크로마토그래피: 분석 물질이 정지상(고체 입자)에 직접 흡착된다.

기체-액체 크로마토그래피: 분석 물질이 정지상(비휘발성 액체 층)에 분배된다.

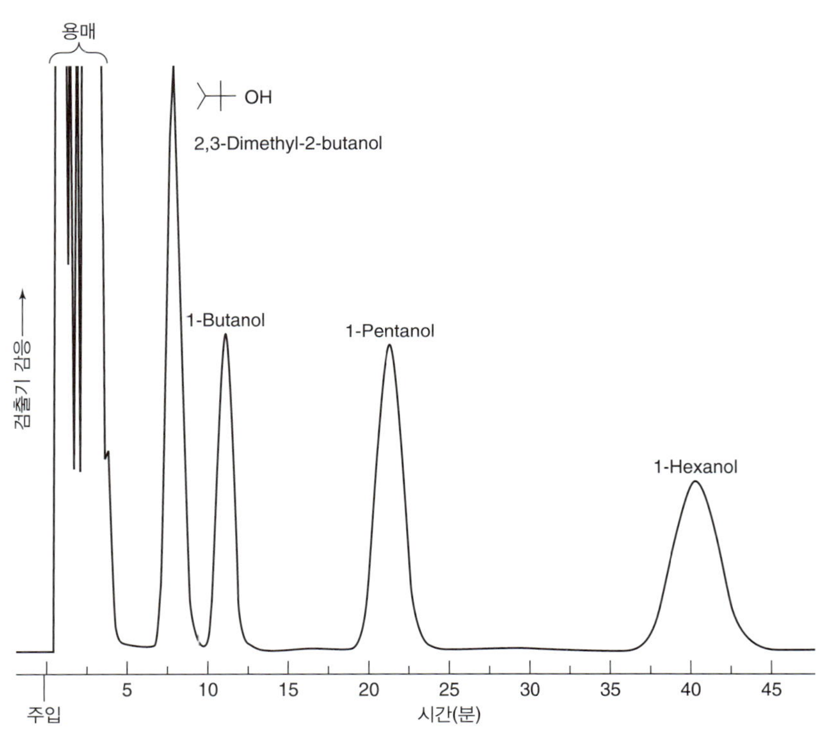

그림 24-8 40°C에서 불꽃 이온화 검출기를 이용하여 얻은 알코올 혼합물의 크로마토그램. 칼럼: Gas-Chrom R 지지체에 20% 카보왁스 20 M(폴리에틸렌글라이콜)을 함유하는 충전 칼럼(76 cm × 2 mm) [제공: Norman Pearson]

칼럼은 보통 스테인리스강이나 유리관으로 만들며, 길이는 1~5 m이고 지름은 2~4 mm이며, 6~10 mm 지름의 칼럼이 분취용 분리에 사용된다. 고체 지지체로는 실리카가 주로 사용되는데, 극성 용질에 대한 수소 결합을 감소시키기 위해 **실란화**(silanized, 반응 23-42)되어 있다. 강하게 결합하는 용질에 대해서는 테플론(Teflon)이 유용한 지지체이나, 250°C 이하로 사용이 제한된다.

테플론은 —CF_2—CF_2—CF_2—CF_2— 구조를 가지며, 화학적으로 비활성인 고분자이다.

충전 칼럼에서 입자 크기가 균일하면 van Deemter 식(23-37)의 다통로항이 감소하여, 단높이가 감소하고 분리도는 증가한다. 입자 크기가 감소하면 용질이 평형에 도달하는 데 필요한 시간이 감소하여 칼럼 효율이 증가한다. 그러나 입자 크기가 감소하면 입자 사이의 공간이 감소하여 이동상을 흘려주는 데 더 높은 압력이 필요하다. 입자 크기는 마이크로미터 혹은 **메시 크기**(mesh size)로 나타낸다. 메시 크기란 입자가 통과하거나 걸러지는 체망(screen)

의 크기를 의미한다(표 28-2). 100/200 메시 입자는 100메시 체망은 통과하나 200메시 체망은 통과하지 못한다. 메시는 체망의 1인치당 구멍의 수이다.

머무름

그림 24-9는 용질의 끓는점(T_{bp})과 정지상의 극성이 변함에 따라 극성 및 무극성 용질의 머무름이 어떻게 변하는지를 보여 준다. 그림 24-9a에서는 무극성 정지상에서 끓는점이 증가하는 순서로 무극성 화합물이 용리된다. 머무름의 주된 결정 요소는 용질의 휘발성이다. 그림 24-9b에서, 강한 극성 정지상에는 극성 용질의 머무름이 크다. 네 가지 알케인이 먼저 용리되고, 이어서 세 가지 케톤, 마지막으로 세 가지 알코올이 용리된다.

머무름은 열역학에 의해 결정된다.[15] 머무름 인자(k)는 순수한 용질의 기화 엔탈피(ΔH°_{vap})와 정지상 액체와의 혼합 엔탈피(ΔH°_{mix})에 의존한다.[16]

ΔH°_{vap}에서 위 첨자 °는 반응물과 생성물이 표준 상태에 있음을 의미한다. 표준 상태란 순수한 액체, 1 bar 압력의 기체, 혹은 활동도가 1인 용질을 의미한다.

$$\ln k = \frac{\Delta H^\circ_{vap}}{RT} + \frac{\Delta H^\circ_{mix}}{RT} + \text{상수} \qquad (24\text{-}3)$$

수소 결합을 하지 않는 용질에 대하여 Trouton 법칙은 기화열이 끓는점에 비례함을 보여 준다.[17]

Trouton은 대학 시절 "오후의 숫자놀이 결과"로 이 법칙을 발견하였다.

$$\Delta H^\circ_{vap} \approx (88\ \text{J mol}^{-1}\ \text{K}^{-1}) \cdot T_{bp} \qquad (24\text{-}4)$$

식 24-3과 24-4를 합치면 다음을 얻는다.

$$\ln k \approx \frac{(88\ \text{J mol}^{-1}\ \text{K}^{-1})T_{bp}}{RT} + \frac{\Delta H^\circ_{mix}}{RT} + \text{상수} \qquad (24\text{-}5)$$

그림 24-9에서 보면, 동족 계열의 화합물의 머무름은 끓는점(T_{bp})에 따라 증가한다. ΔH°_{mix}가 증가할수록 머무름이 증가하는 것은 '비슷한 것끼리 녹는다'의 결과이다. 따라서 극성의 폴리에틸렌글라이콜 정지상에는 알코올이 알케인보다 더 오래 머무른다(그림 24-9b). 극성 정지상에서의 머무름은 극성 상호 작용의 종류에 의존한다(표 24-1). 그림 24-9b에서는 정지상과의 수소 결합이 머무름을 야기하는 가장 강한 힘으로 보인다. 케톤의 쌍극자 상호 작용이 두 번째로 강한 힘이다.

등온 분리의 경우, Kovats **머무름 지수(I)**는 동일한 정지상을 가진 모든 컬럼에서 일정하게 유지되는 상대 머무름의 척도를 제공한다. 선형 알케인의 경우, I는 탄소 원자 수에 100을

머무름 지수는 용질의 머무름 시간을 선형 알케인의 머무름 시간과 관련시킨다.

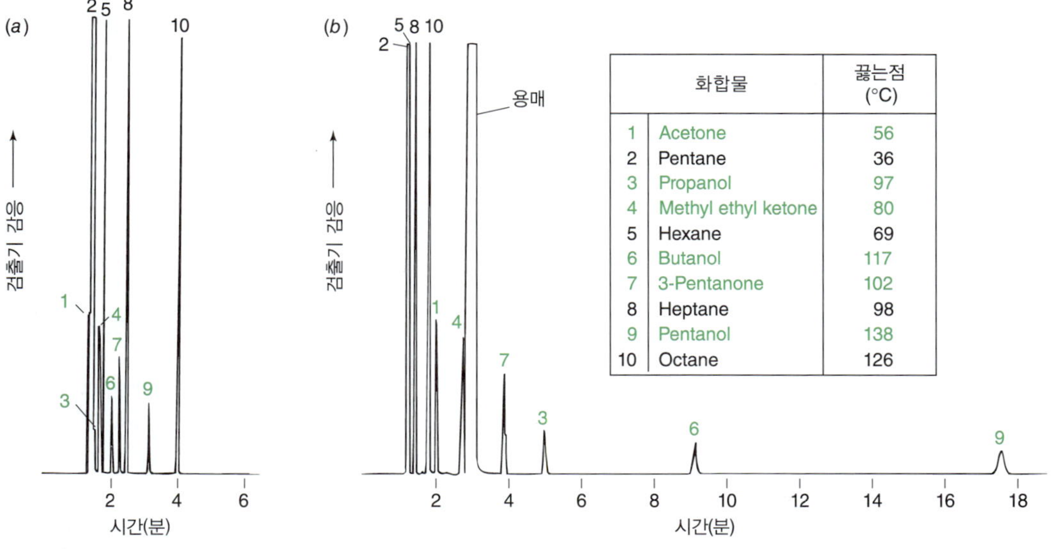

그림 24-9 70°C의 30 m × 0.32 mm의 열린 관칼럼에서 10개 화합물의 분리(정지상 막두께 = 1 μm, 상비 β = 80). (*a*) 정지상 = 무극성 poly(dimethylsiloane), (*b*) 정지상 = 강한 극성의 poly(ethylene glycol) [출처: Restek Corp., Bellefonte, PA.]

곱한 수다.[18] 옥테인의 경우 $I \equiv 800$이고, 노네인의 경우 $I \equiv 900$. 옥테인과 노네인 사이에 용출된 화합물(그림 23-7)은 800에서 900 사이의 머무름 지수를 가지며, 다음 식에 의해 계산된다.

머무름 지수:

$$I = 100\left[n + (N - n)\frac{\log t'_R(\text{미지 시료}) - \log t'_R(n)}{\log t'_R(N) - \log t'_R(n)}\right] \quad \textbf{(24-6)}$$

보정 머무름 시간: $t'_R = t_R - t_M$
t_R = 용질의 머무름 시간
t_M = 머무름이 없는 용질(CH_4)이 칼럼을 통과하는 시간

여기에서 n은 **작은** 알케인에 있는 탄소 원자의 수이고, N은 **큰** 알케인에 있는 탄소 원자의 수이다. $t'_R(n)$은 **작은** 알케인의 보정 머무름 시간이고, $t'_R(N)$은 **큰** 알케인의 보정 머무름 시간이다.

예제 머무름 지수

그림 23-7에서 머무름 시간은 $t_M(CH_4) = 0.5$분, t_R(옥테인) = 14.3분, t_R(미지 시료) = 15.7분, t_R(노네인) = 18.5분이다. 미지 시료의 머무름 지수를 구하시오.

풀이 식 24-6을 이용하여 지수를 계산한다.

$$I = 100\left[8 + (9 - 8)\frac{\log 15.2 - \log 13.8}{\log 18.0 - \log 13.8}\right] = 836$$

자습 그림 23-7에서 머무름 지수가 936인 미지 시료는 어디에서 용리하겠는가? (**답:** 노네인 다음에)

용리된 화합물의 질량 스펙트럼을 데이터베이스와 비교하여 확인하는 경우, 종종 잘못된 정보를 얻기도 한다. 머무름 지수를 제2의 확인 수단으로 사용한다면 잘못된 경우를 줄일 수 있다.

표 24-2에서, 무극성 폴리(다이메틸실록세인) 정지상에서 벤젠의 머무름 지수가 651인데, 이는 벤젠이 헥세인($I \equiv 600$)과 헵테인($I \equiv 700$) 사이에 용리됨을 의미한다. 같은 칼럼에서 나이트로프로페인은 헵테인 바로 다음에 용리된다. 표에서 아래로 내려갈수록 정지상의 극성은 증가한다. 표의 아래에 있는 폴리(에틸렌글라이콜) 정지상에서, 벤젠은 노네인 다음에 용리되고, 나이트로프로페인은 도데케인 다음에 용리된다. 맨 아래의 SB IL-111 이온

표 24-2 흔히 사용하는 정지상에서 몇 가지 화합물의 머무름 지수

정지상	머무름 지수[a]			
	Benzene 끓는점 80°C	Butanol 끓는점 117°C	2-Pentanone 끓는점 102°C	1-Nitropropane 끓는점 132°C
Poly(dimethylsiloxane)	651	651	667	705
$(Diphenyl)_{0.05}(dimethyl)_{0.95}$-polysiloxane	667	667	689	743
$(Diphenyl)_{0.35}(dimethyl)_{0.65}$-polysiloxane	746	733	773	867
$(Cyanopropylphenyl)_{0.14}$-$(dimethyl)_{0.86}$ polysiloxane	721	778	784	881
$(Diphenyl)_{0.65}(dimethyl)_{0.35}$-polysiloxane	794	779	825	938
Poly(ethylene glycol)	963	1 158	998	1 230
1,5-Di(2,3-dimethylimidazolium) pentane bis(trifluoromethane sulfonyl)imide (SP-IL 111)	1 400	1 567	1 585	1 834

a. . 알케인의 끓는점은 다음과 같다. 헥세인: 69°C, 헵테인: 98°C, 옥테인: 126°C, 노네인: 151°C, 데케인: 174°C, 운데케인: 196°C, 도데케인, 216°C. 선형 사슬 알케인의 머무름 지수는 정지상에 관계없이 일정하다. 헥세인: 600, 헵테인: 700, 옥테인: 800, 노네인: 900, 데케인: 1 000, 운데케인: 1 100, 도데케인: 1 200, 벤젠은 쌍극자-유도 쌍극자 상호 작용을, 뷰탄올은 수소 결합 주기 및 받기를, 2-펜탄온과 나이트로프로페인은 쌍극자-쌍극자 상호 작용을 설명한다.

출처: 이온성 액체 데이터는 www.sigmaaldrich.com, 나머지는 *Restek Chromatography Products Catalog, 2013-2014, Bellefonte, PA.*

성 액체는 극성이 매우 높으며, 벤젠은 옥타데케인 다음에 테트라데케인 및 나이트로프로페인과 함께 용리된다. 표 24-2에서 화합물의 평균 머무름 지수는 정지상의 극성을 정의하지만, 선택성은 각 칼럼에서의 극성 상호 작용의 유형과 강도에 의존한다. (다이페닐)$_{0.35}$(다이메틸)$_{0.65}$ 폴리실록세인과 (사이아노프로필페닐)$_{0.14}$(다이메틸)$_{0.86}$ 폴리실록세인 정지상은 모두 중간 극성이다. 뷰탄올은 사이아노프로필페닐 정지상에서 더 강한 머무름을 보이는데, 이는 정지상의 쌍극자 특성 때문이다.

온도 및 압력 프로그래밍

많은 경우 기체 크로마토그래피에서는 **온도 프로그래밍(temperature programming)**을 이용한다. 온도 프로그래밍은 분리 **도중** 칼럼의 온도를 올려줌으로써 분석 물질의 증기압을 증가시켜, 늦게 용리되는 성분의 머무름 시간을 줄이는 방법이다. 기체 크로마토그래피에서, 용질은 정지상과 증기상 사이에서 평형을 유지한다. 용질의 증기압은 온도(T)와 용질의 기화열(ΔH_{vap})에 의존한다.

Clausius-Clapeyron 식:

$$\log P_{solute} = -\frac{\Delta H_{vap}}{RT} + \text{상수} \qquad (24\text{-}7)$$

그림 24-10에서 150°C의 일정 온도에서 칼럼은 작은 알케인의 끓는점보다 높다. 작은 알케인들은 거의 전부 증기 상태에 있어서 정지상에 매우 약하게 머무르며 t_M 근처에서 함께 용리한다. 머무름은 화합물의 끓는점이 높아짐에 따라 급격히 증가한다(식 24-5). 휘발성이 작은 화합물은 칼럼에서 용출되지 않을 수도 있다. 그림 24-10a는 **일반적인 용리 문제(general elution problem)**를 보여 준다. 일정한 온도에서는 적절한 시간 내에 끓는점이 매우 다른 화

칼럼 온도를 높이면
- 머무름 시간이 감소한다.
- 피크가 좁아진다.

끓는점은 압력에 의존한다.

압력(bar)	옥테인 T_{bp}(℃)
1.0	126
1.5	142
2.5	162

출처: *C. F. Beaton and C. F. Hewitt, eds.*, Physical Property Data for the Chemical and Mechanical Engineer (*New York: Hemisphere Pub. Corp., 1989*).

대기압에서 T_{bp}는 화합물의 상대 **증기압**을 나타내는 데 사용된다.

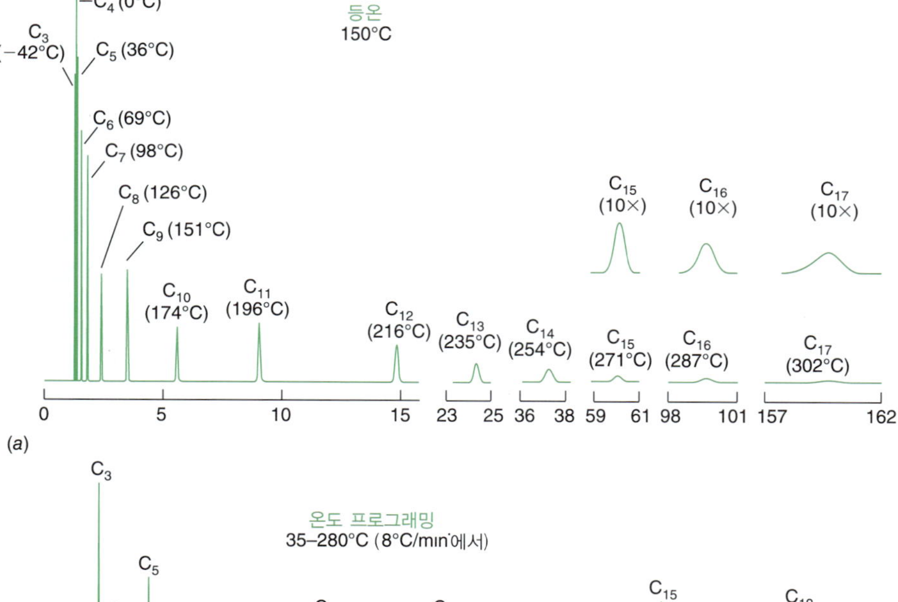

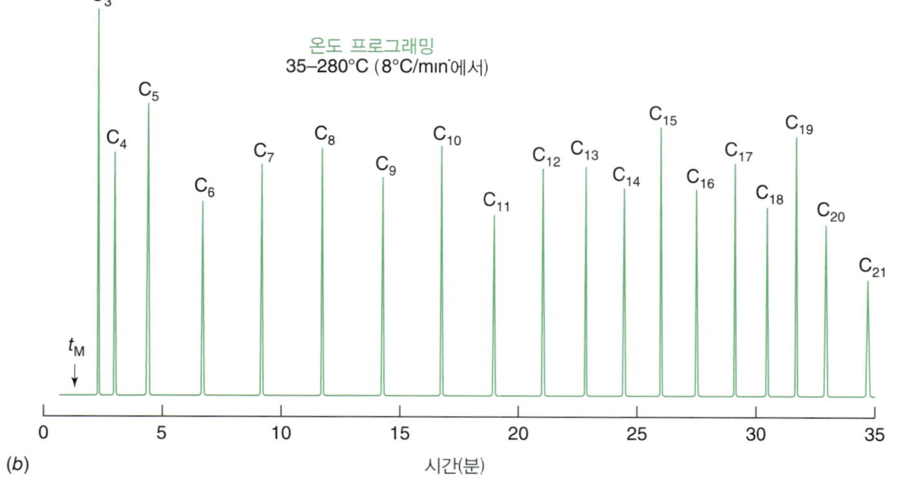

온도 프로그래밍에서 용질은
- 대부분의 시간 동안 칼럼 입구 쪽에 강하게 머무른다(갇혀 있다).
- 높은 온도에서는 정지상에 짧게 머무르며, 그 결과 뾰족한 피크를 얻는다.

그림 24-10 (*a*) 등온(일정 온도)과 (*b*) 온도 프로그래밍 결과 비교. 시료는 선형 알케인을 함유한다. 칼럼 = 30 m × 0.32 mm 내벽 코팅 칼럼, 정지상 = 5.0 μm Rtx-1 poly(dimethylsiloxane), He 유속 = 2 mL/min. (a)에 각 알케인의 끓는점을 표시하였다. [ProEZGC® 소프트웨어(https://www.restek.com/proezgc에서 무료로 제공, Restek Corp., Bellefonte, PA.)를 사용하여 생성하였음]

합물들을 함유하는 시료의 분리는 불가능하다.

칼럼 온도가 8°C/min의 속도로 35°C에서 280°C로 증가하면(그림 24-10b) 모든 화합물이 용리되고 피크 분리가 상당히 균일하다. 초기 온도(35°C)는 대부분의 화합물의 끓는점보다 훨씬 낮으므로 낮은 증기압을 가지고 칼럼 헤드에 강하게 머무른다(**갇힌다**). 대부분의 온도 프로그래밍에서 각 화합물의 증기압은 낮게 유지되고 화합물은 칼럼 헤드에 머문다. 화합물이 상당한 증기압을 가질 수 있을 만큼 칼럼 온도가 높아지면 칼럼을 따라 화합물이 이동하기 시작한다. 화합물이 이동함에 따라 온도가 계속 상승하면 화합물의 머무름이 점점 낮아지고, 결국 뾰족한 거의 머무름이 없는 피크로 나타난다.

과도한 칼럼 블리딩의 징후

- 저온에서 바탕선이 정상보다 높거나 상승
- 연속 주입 시 띠넓어짐과 꼬리끌기 증가
- 연속 주입 시 머무름 시간 변화

과도한 칼럼 블리딩의 원인[19]

- 과도한 칼럼 온도
- 새는 격막이나 피팅(fitting)으로부터의 산소
- 운반 기체의 산소 오염
- 정지상과 반응하는 물질 주입

대부분의 기체 크로마토그래피 칼럼에는 온도 한계가 표시되어 있다(표 24-1). 하한은 정지상이 더 이상 액체처럼 행동하지 않는 온도이다. 최저 온도 이하에서 칼럼을 작동시켜도 해를 끼치지는 않으나 피크 모양이 좋지 않고 기타 성능 문제가 발생할 수 있다. 두 개의 상한값이 표시될 수 있다. 낮은 값은 등온 상한으로서, 칼럼이 수용 가능한 수준의 열안정성을 제공한다. 높은 값은 프로그래밍 상한으로서, 칼럼은 한 번에 수 분 정도만 사용되어야 한다(예: 칼럼 오염을 제거하기 위해 칼럼 컨디셔닝 동안이나 혹은 칼럼에서 용리되지 않는 고분자량 분석 물질을 용리시키는 동안). 정지상의 분해 및 휘발로 인하여 일반적으로 바탕선은 등온 상한보다 30~40°C 아래에서 상승하기 시작한다. 과한 온도나, 산소와 같은 반응성 물질은 정지상을 분해하고 과도한 칼럼 '블리딩'을 야기한다. 저온에서의 바탕선 신호의 증가는 칼럼 손상(column degradation)의 징후이다. 칼럼 손상의 다른 징후로는 피크 넓어짐, 꼬리끌기, 피크 세기 감소 및 머무름 시간 변화가 있다.

대부분의 크로마토그래프에는 온도 프로그래밍 동안 유속을 일정하게 유지하기 위해 운반기체의 압력 제어 장치가 부착되어 있다. 온도 프로그래밍에 압력이나 유속 프로그래밍을 추가하여 늦게 용리하는 용질의 머무름 시간을 감소시킬 수 있다. 입구 압력을 높이면 이동상의 흐름이 증가하고 머무름 시간이 감소한다. 한 번의 실험이 끝나면 압력을 빠르게 감소시켜 다음 실험의 초깃값으로 낮출 수 있다.

운반 기체

헬륨은 가장 흔히 사용하는 운반 기체로서, 대부분의 검출기와 호환된다. 불꽃 이온화 검출기의 경우, N_2가 He보다 더 낮은 검출 한계를 제공한다. 그림 24-11은 H_2, He, N_2가 상당히 다른 속도에서도 동일한 최적 단높이(0.2 mm)를 제공함을 보여 준다. 최적 유속은 칼럼 지름과 정지상에 따라 달라지지만 항상 $N_2 < He < H_2$ 순서로 증가한다. H_2를 운반 기체로 사용하면 가장 빠른 분리를 얻을 수 있으며, 최적 유속보다 훨씬 빠른 유속에서도 분리도는 조금밖에 감소하지 않는다. 그림 24-12는 동일 온도, 동일 칼럼에서 두 화합물의 분리에 대한 운반 기체의 영향을 보여 준다.

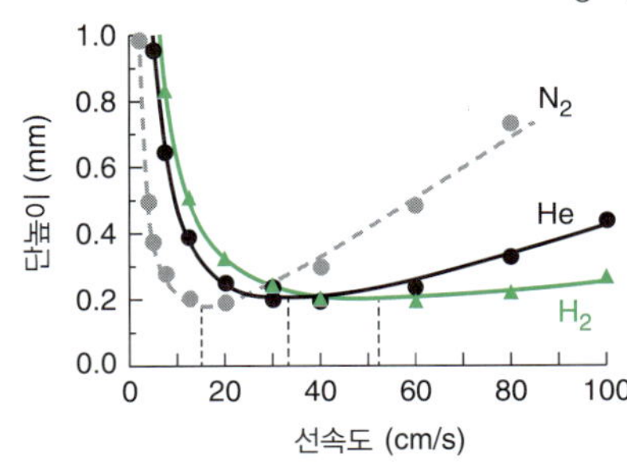

그림 24-11 70°C에서 0.25 μm Rxi-5ms ((diphenyl)$_{0.05}$(dimethyl)$_{0.95}$polysiloxane) 정지상을 가지는 내벽 코팅 칼럼(30 m×0.32 mm)과 운반 기체로 N_2, He, H_2를 사용하여 얻은 monoterpene eucalyptol(k = 4.7)의 기체 크로마토그래피에서의 van Deemter 곡선 [ProEZGC® 소프트웨어를 사용하여 생성하였음(소프트웨어는 https://www.restek.com/proezgc(Restek Corp., Bellefonte, PA)에서 무료로 제공)]

칼럼 온도가 증가함에 따라 운반 기체의 점도는 증가한다. 일정한 입구 압력에서 온도 프로그래밍을 사용하면 선속도가 변하고(띠넓어짐에 영향), 일부 검출기에서는 바탕 신호가 변한다. 대부분의 크로마토그래프에는 유속 또는 선속도를 일정하게 유지하기 위한 기압식 제어 기능이 있다.[20] 제어 소프트웨어에는 칼럼 길이, 지름, 막두께 및 기타 인자들을 입력해야 한다. 인자들은 표준 물질의 머무름 시간을 기반으로 조정되거나 '잠근다(locked)'.

운반 기체는 대부분 고압 가스 실린더를 통해 기기에 공급된다. 실린더 취급 시에는 실험실 프로토콜을 따라야 한다.[21] 실험 시작 시 실린더 압력이 충분한지 확인한다. 실린더 압력이 빨리 감소하면 기체가 새는지를 의심하라. 실린더가 비워지면서 불순물이 농축되어 기체 라인을 오염시킬 수 있으므로 실린더가 완전히 비워질 때까지 사용하지 않는다. 헬륨 공급이 감소하면서 운반 기체로 수소의 사용이 증가하고 있다.[22] 전기 분해 장치는 고순도의 수소를 제공하므로 압축 수소 탱크를 필요로 하지 않는

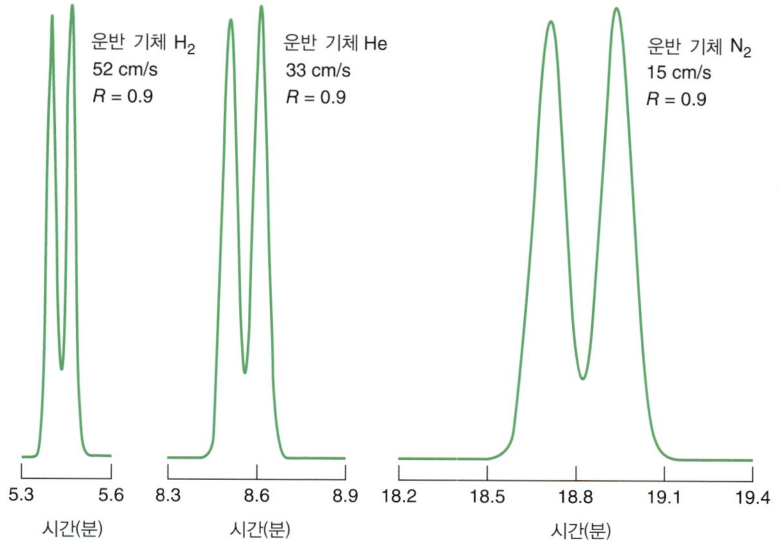

Eucalyptol

D-Limonene

그림 24-12 다양한 운반 기체의 최적 선속도에서 내벽 코팅 칼럼(30 m × 0.32 mm)을 사용한 monoterpenes D-limonene과 eucalyptol의 분리. 정지상 = 0.25 μm Rxi-5ms $(\text{diphenyl})_{0.05}(\text{dimethyl})_{0.95}$ polysiloxane, 칼럼 온도 = 70℃. 운반 기체가 $H_2 \rightarrow He \rightarrow N_2$로 바뀜에 따라 분리도($R$)는 일정하게 유지되나 분석 시간은 증가한다. [ProEZGC® 소프트웨어를 사용하여 생성하였음(소프트웨어는 https://www.restek.com/proezgc에서 무료로 제공, Restek Corp., Bellefonte, PA).]

다. 모세관 크로마토그래피에서 사용하는 낮은 유속에서는 위험한 H_2 축적이 야기되지 않는다. 운반 기체의 압력 제어 장치는 가스 누출이 감지되면 오븐을 차단한다. 기체 크로마토그래피-질량 분석(GC-MS)의 경우 H_2는 진공 펌프의 효율을 감소시키지만 확산 펌프에는 거의 영향을 주지 않는다. H_2는 금속 표면의 불포화 화합물과 반응할 수 있으나, 장비를 적절히 유지 관리한다면 그런 표면은 비활성화된다.

빠른 유속에서 H_2와 He은 N_2보다 높은 분리도(낮은 단높이)를 제공하는데, 그 이유는 용질이 N_2에서보다 H_2나 He에서 더 빨리 확산되기 때문이다. 이동상과 정지상 사이에서 용질이 빠르게 확산할수록 van Deemter 식(식 23-37)의 질량 이동(Cu_x) 항은 작아진다. 식 23-40과 23-41은 열린 관칼럼에서의 한정된 질량 이동 속도의 영향을 설명한다. 만일 정지상층이 충분히 얇으면(약 0.5 μm 미만), 질량 이동은 정지상보다 이동상을 통한 느린 확산에 지배된다. 즉 식 23-40과 23-41에서 $C_s \ll C_M$이다. 칼럼의 반지름이 r이고, 용질의 머무름 인자가 k일 때, 이동상에서의 질량 이동 속도에 영향을 미치는 유일한 인자(식 23-40)는 이동상에서의 용질의 확산 계수이다. 용질의 확산 계수는 $H_2 > He > N_2$의 순으로 감소한다.

van Deemter 식

$$H \approx A + \frac{B}{u_x} + Cu_x \qquad (23\text{-}27)$$

다통로　세로 확산　질량 이동

대부분의 분석에서 운반 기체의 유속은 van Deemter 곡선의 최저점에서의 최적 유속보다 1.5~2배 빠르다. 빠른 유속을 사용하는 이유는 단위 시간당 최대 효율(최대 이론 단수)을 얻기 위함이다. 분리도가 낮아지면 분석 속도가 빨라진다.

좁은 칼럼의 경우, 기체 흐름이 너무 느려서 검출기가 최고 성능을 나타내지 못할 수도 있다. 그래서 칼럼과 검출기 사이에 **보충 기체**(makeup gas)를 첨가하기도 한다. 보충 기체는 검출에 최적인 기체로서, 운반 기체와는 다를 수도 있다.

운반 기체 내의 불순물은 정지상을 손상시키거나 바탕선 잡음을 야기한다. 고품질의 기체를 사용해야 하며, 미량의 O_2, H_2O 및 유기 물질을 제거하기 위하여 기체가 칼럼으로 들어가기 전에 정제관(purifier)을 통과시킨다. 정제관 뒤에는 산소 트랩을 설치한다. 기체 전달을 위해서는 플라스틱이나 고무관보다는 강철이나 구리관을 이용하는데, 그 이유는 금속이 공기 침투성이 낮으며, 휘발성 오염 물질을 배출하지 않기 때문이다. 산화에 의한 정지상의 손상(degradation)의 징후는 저온에서의 바탕선 신호 증가, 피크 넓어짐, 꼬리끌기 및 머무름 시간의 변화 등이다.

보호 칼럼과 머무름 간격

기체 크로마토그래피에서 **보호 칼럼**과 **머무름 간격**은 보통 3~10 m 길이의 빈 모세관으로서, 모세관 크로마토그래피 칼럼 앞에 설치한다. 모세관은 실란화되어 있어서 실리카 벽에 의한 시료의 머무름은 없다. 겉보기로는 보호 칼럼과 머무름 간격은 동일하다. 단지 그들의 사용 목적이 다를 뿐이다.

보호 칼럼: 크로마토그래피 칼럼을 오염시키는 비휘발성 물질들을 모은다.

보호 칼럼(guard column)의 목적은 크로마토그래피 칼럼을 오염시켜 칼럼의 성능을 저하시키는 비휘발성 물질을 모으기 위함이다. 주기적으로 보호 칼럼의 시작 부분을 잘라내어 비휘발성 찌꺼기들을 제거한다. 대칭형 피크를 제공하던 칼럼이 비정상적인 피크 모양을 보이기 시작하면 보호 칼럼을 잘라내기 바란다. 주입용 입구의 라이너(injection inlet liner)를 교환할 때마다 보호 칼럼을 10~20 cm 정도 잘라내는 것이 좋다. 기압에 의해 제어되는 장치에서는 바뀐 보호 칼럼 길이가 소프트웨어에 입력되었는지 확인해야 한다.

머무름 간격: 크로마토그래피를 하기 전에 휘발성이 낮은 용질로부터 휘발성이 높은 용매를 분리함으로써 피크 모양을 개선한다.

머무름 간격(retention gap)은 주어진 조건에서 피크의 모양을 개선하기 위해 사용된다. 만약 2 μL 이상의 대량의 시료를 **비분할**(splittless) 또는 **칼럼내 주입**(on-column injection, 다음 절에서 설명함) 방법으로 주입한다면, 처음 수 미터의 칼럼 내부에 용매의 미세 물방울(microdroplet)이 남을 수 있다. 물방울 내에 녹아 있는 용질들은 물방울과 함께 운반되어 일련의 지저분한 띠가 생기게 한다. 머무름 간격은 용매가 크로마토그래피 칼럼 안으로 들어가기 전에 증발하게 한다. 극성 혹은 무극성 표면을 가지는 모세관 머무름 간격을 구입할 수 있다. 머무름 간격은 용매와 유사한 극성을 가져야 한다. 용매 1 μL당 적어도 1 m의 머무름 간격을 사용하라. 머무름 간격과 극성이 매우 다른 용매는 소량이라도 불규칙한 피크 모양을 유발할 수 있다. 머무름 간격은 용질에서 용매를 분리하여 피크 모양을 개선하는 데 도움이 된다.

단수는 등온 크로마토그램(isothermal chromatogram)에서만 측정이 가능하다.

식 23-30을 이용하여 머무름 시간과 피크 너비로부터 단수(N)를 계산한다. 단높이(H)는 칼럼 길이(L)를 N으로 나눈 값이다. H를 계산할 때 L에 머무름 간격이나 보호 칼럼의 길이를 포함시키지 않는다.[23] 보호 칼럼이나 머무름 간격을 사용하는 경우, 머무름 인자 $k < 5$인 피크에 대해서는 단높이가 별 의미가 없을 것이다.

24-2 시료 주입[24]

고무 격막을 통하여 가열된 주입기 포트 내 유리관으로 약 1 μL의 액체를 주입한다. 기체 시료는 약 10 μL~5 mL를 주입할 수 있으며, 기체가 새지 않는 주사기나 액체 크로마토그래피에서와 비슷한 시료 주입 밸브(그림 25-20 참조)를 이용한다.

액체 시료 0.1~2 μL를 주입하기 위해서는 10 μL의 미량 주사기를 사용한다.[25] 미량 주사기를 채우기 위하여, 먼저 용매를 여러 번 빨아들이고 빠르게 내보냄으로써 주사기 내부의 모든 공기를 제거한다. 그 후 주입하려는 부피보다 더 많은 액체 시료를 천천히 빨아들이고, 주사기의 바늘이 위쪽으로 향하게 하여 플런저(plunger)를 주입하고자 하는 부피가 될 때까지 밀어 준다. 바늘 끝은 제외하고 티슈로 바늘을 닦고, 그림 24-13과 같이 주사기로 약간의 공기를 빨아들인다. 바늘이 고무 격막을 통해 크로마토그래프의 가열된 주입구에 삽입되면 바늘 부분에 시료가 없으므로 시료가 즉시 증발하지 않는다. 만일 바늘 내에 시료가 있다면, 가장 휘발성이 강한 성분이 증발하기 시작하여 시료가 주입되기도 전에 소모될 것이다.

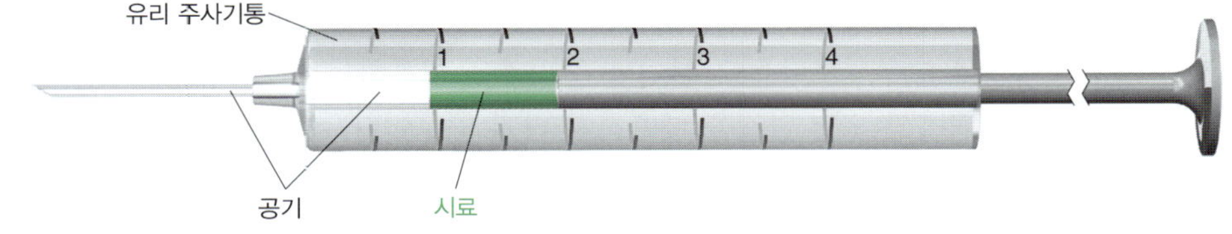

그림 24-13 1 μL의 액체 시료로 채워진 미량 주사기. 주입 포트에서 시료의 조기 증발을 방지하기 위하여 통으로 공기가 유입된다. 미량 주사기 사용 방법에 대한 실험은 www.youtube.com/watch?v=xelz9qbi0T8을 참조하라.

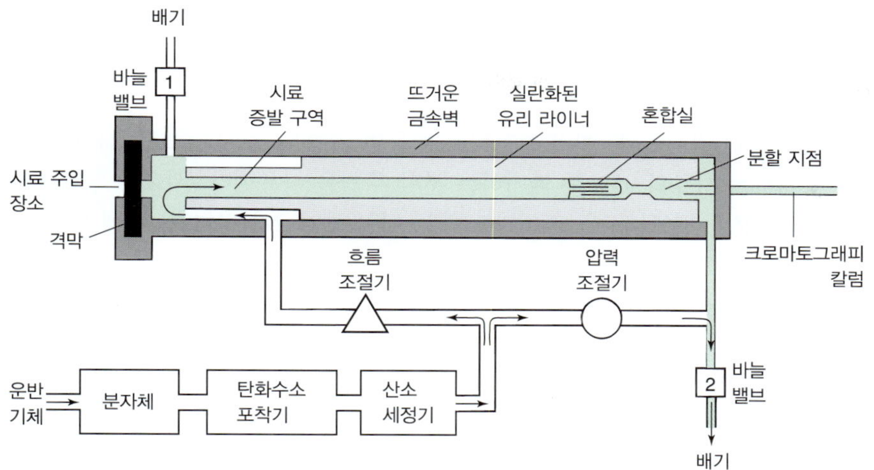

그림 24-14 열린 관칼럼으로 분할 주입하기 위한 주입 포트. 유리 라이너는 비휘발성이거나 분해된 시료에 의해 서서히 오염되므로 주기적으로 교체해야 한다. 비분할 주입의 경우, 유리 라이너는 혼합실이 없는 일자형 관이다. 시료 중 원치 않는 성분들을 흡착시키기 위해 라이너 내에 충전 물질을 채울 수 있다. 바늘을 빼내기 전 주사기 바늘 외부에 묻은 액체를 닦아 내기 위해 라이너의 끝부분에 유리솜(glass wool)을 채우기도 한다.

그림 24-14는 실란화된 유리 라이너를 가지는 주입구(injection port)를 보여 준다. 액체 시료는 뜨거운 라이너에 의해 빠르게 기화된다. 운반 기체는 기화된 시료를 크로마토그래피 칼럼으로 보낸다. 분해된 시료, 비휘발성 화합물, 격막 부스러기는 유리 라이너 내에 축적되므로 유리 라이너는 주기적으로 교환해 준다. 일부 라이너에는 바닥 부분에 유리솜을 삽입하여 입자나 열분해 생성물들이 칼럼 안으로 들어가는 것을 방지한다. 라이너에는 틈새가 없어야 하는데, 그렇지 않으면 운반 기체는 라이너를 우회하여 지나간다. 고무 격막의 수명은 수동 주입의 경우 약 20회, 자동 주입의 경우 약 100회 정도로 짧을 수 있다. 격막이 새면 공기가 유입되어 바탕선이 이동하고 칼럼이 손상될 수 있다.[26]

라이너가 더러워진 징후: 낮은 머무름 시간 재현성, 반응성 화합물에 대한 피크가 더 낮아지거나 누락되거나 꼬리끌기, 라이너에 격막 파편이 있거나 더러운지 검사하라.

격막 손상의 징후: 잡음이 많거나 표류하는 바탕선, 꼬리끌기, 모든 피크가 더 작아지거나 없어짐; 규칙적인 간격의 피크들이 추가됨; 머무름 시간의 변화

분할 주입

시료 내 관심 대상 분석 물질이 비교적 고농도인 경우(1 ppm 이상), 보통 **분할 주입(split injection)**이 선호된다. 높은 분리도를 위해서는, 시료의 양이 가능한 한 적어야 하는데(1 μL 이하), 적절한 검출을 위해 각 성분이 1 ng 이상이 되면 최상의 결과를 얻는다. 지름 0.32 mm 이하의 칼럼의 경우, 전량 주입을 하면 너무 많은 시료를 주입하게 된다. 분할 주입에서는 시료의 0.2~2%만 칼럼에 주입된다. 그림 24-14에서 시료는 격막을 통해 빠른 속도(1초 미만)로 증발 구역으로 주입된다. 빠른 증발을 돕기 위해 주입기는 높은 온도로 유지된다(예: 250°C 이상). 그러나 주입기 온도가 너무 높으면 분해가 일어날 수 있다. 운반 기체의 빠른 흐름은 시료를 **혼합실**(mixing chamber)로 밀어 넣는데, 이 곳에서 시료는 완전히 증발하고 섞인다. 분할 지점에서 기화된 시료의 일부가 칼럼으로 들어가고, 대부분은 바늘 밸브 2를 통해 폐기된다. 바늘 밸브 2에 연결된 압력 조절기는 폐기되는 시료의 비를 조절한다. 칼럼으로 주입되지 않는 시료의 비율을 **분할비**(split ratio)라고 하는데, 보통 1:1에서 500:1 범위

너무 낮은 주입 온도의 징후: 피크 넓어짐(특히 용매 전면에서), 다음 분석 시 크로마토그램에 고스트 피크 추가됨

너무 높은 주입 온도의 징후: 주입 시 증기 손실, 분석 물질의 분해로 인하여 피크 전후에서 바탕선에 평평한 계단 나타남

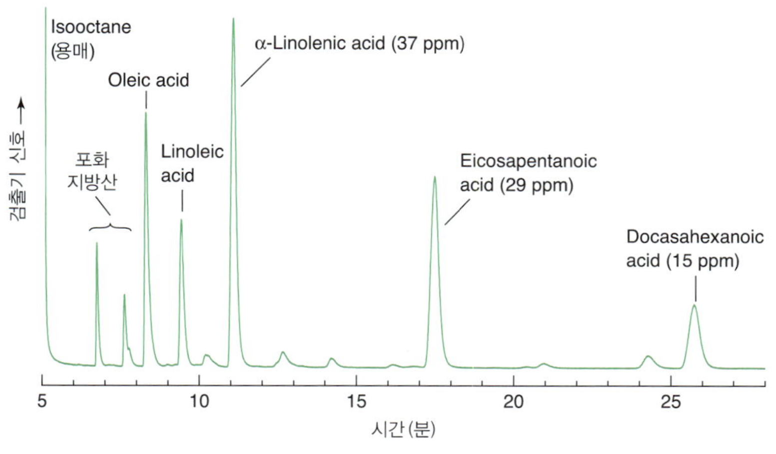

그림 24-15 생선 기름에 들어 있는 오메가-3 지방산과, 아이소옥테인에 용해된 아마씨 기름의 분석. 0.5 μL의 시료를 20:1의 분할비로 주입하였음. 11.2분, 17.6분, 25.9분의 피크는 오메가-3 지방산이다. 초기에 용리되는 피크의 구조는 그림 5-4를 참조하라. 칼럼: Supelco SLB-IL 111 이온성 액체(구조는 748쪽 참조)가 코팅된 내벽 코팅 열린 관칼럼(60 m × 0.25 mm, 층두께 = 0.20 μm, β = 310). 칼럼 온도 = 180°C, 운반 기체 = He, 유속 = 1 mL/min, 검출기 = 질량 분석기. 질량 분석기로 들어가는 용매의 양을 최소화하기 위해 데이터 수집은 5분에 시작되었다. [출처: C. A. Weatherly, Y. Zhang, J. P. Smuts, H. Fan, C. D. Xu, K. A. Schug, J. C. Lang, D. W. Armstrong, "이온성 액체 기체 크로마토그래피에 의한 긴 고리 불포화 지방산의 분석", *J. Agric. Food Chem.* **2016**, *64*, 1422.]

이다. 낮은 분할비는 더 강한 피크를 제공하지만, 너무 많은 시료는 칼럼에 과부하를 야기하여 넓고 비대칭인 피크가 생긴다. 높은 분할비에서는 시료의 정량적 전달과 높은 재현성으로 시료를 칼럼에 빠르게 전달하여 더 좁은 피크를 제공하지만, 칼럼에 전달되는 분석 물질이 적어져서 피크는 더 작아진다. 최적 분할비는 이들의 균형을 맞춘다. 그림 24-15의 오메가-3 지방산 분석에서는 시료의 95%를 폐기하는 분할 주입을 사용했다. 시료가 주입구에서 사라진 후(약 30초), **분할 밸브**(split valve)라고 하는 바늘 밸브 2가 닫히고, 이에 따라 운반 기체 흐름이 감소한다. 칼럼에 실린 시료의 정확한 양은 알 수 없으나 일정하다. 시료와 동일한 주입 조건에서 표준 물질을 분석한다. 수동 주입의 경우 2~4%, 자동 시료 주입기를 사용하는 경우 1%의 정밀도가 예상된다.

1 μL의 액체가 주입될 때 증기의 부피
헥세인 ⇒ 증기 200 μL
염화 메틸렌 ⇒ 증기 400 μL
메탄올 ⇒ 증기 630 μL
물 ⇒ 증기 1 410 μL
[250°C, 0.69 bar에 대하여 온라인 용매 팽창 계산기를 이용하여(Restek Corp., Bellefonte, PA, 2010) 계산하였음]

증기 과주입의 증상: 강하고 꼬리끌기 용매 피크, 피크 갈라짐, 피크 크기 재현성 낮음, 다음 분석 시 크로마토그램에 고스트 피크 추가됨

1 μL의 액체가 주입되면 대략 0.5 mL의 기체가 생성되고, 이 기체는 그림 24-14의 유리 라이너를 채운다. 용매 증기의 부피를 라이너 부피의 50% 이내로 유지하라. 그렇지 않으면 기체의 일부가 역방향으로 이동하여(backflash) 운반 기체 라인을 오염시킬 수 있다. 최상의 결과를 얻으려면 격막을 통해 바늘을 빠르게 삽입하고, 시료를 주입한 후 바늘을 빼낸다. 항상 약간의 시료는 바늘에 남는다. 주입이 느리면 끓는점이 낮은 성분이 먼저 증발하여 끓는점이 높은 성분보다 바늘에서 빠져나갈 가능성이 높다. 주입구의 온도는 이러한 용질 간 차이를 최소화할 수 있도록 충분히 높아야 한다. 시료 주입과 크로마토그래피가 진행되는 동안, 그림 24-14의 바늘 밸브 1을 통해 흐르는 **격막 퍼지**(septum purge)용 기체 흐름을 약 1 mL/min 정도로 흐르게 하여 과량의 시료 증기와 가열된 고무 격막에서 발생하는 기체를 제거한다.

비분할 주입

분석 물질이 ppm 이하인 미량 분석[27]에는 **비분할 주입**(**splitless injection**)이 유리하다. 그림 24-14의 분할 주입에서와 동일한 주입구를 사용한다. 그러나 그림 24-16에서 보듯이, 유리 라이너는 선형이며, 혼합실이 없는 비어 있는 관이다. 끓는점이 낮은 용매에 녹인 묽은 시료 용액의 큰 부피(약 2 μL)를 분할 출구가 닫힌 상태에서 천천히(약 2초) 라이너 안으로 주입한다. 주입관으로부터 유출되는 증기를 제거하기 위하여 주입 및 크로마토그래피 분리가 진행되는 동안 격막 퍼지를 통한 낮은 흐름을 유지한다. 비분할 주입 시 주입기 온도는 분할 주입의 경우보다 낮다(약 220°C). 그 이유는 시료가 더 오래 동안 주입구에 머물게 되는데, 그 동안 열분해가 일어나지 않도록 하기 위함이다. 시료가 유리 라이너에 머무르는 시간은 약 1분인데, 그 이유는 운반 기체가 약 1 mL/min의 칼럼 유속으로 라이너를 통과하기 때문이다. 주입한 지 약 1분 후, 분할 출구를 열어 주입기에서 남은 시료를 내보낸다(flushing). 일부 시료는 손실되지만 양은 적고, 매번 일정하여 일관성이 있다. 이 플러싱 과정은 용매 피크의 꼬리끌기를 줄이고 일찍 용출되는 피크들을 좁게 한다. 비분할 주입을 사용하면 분할 주입에서보다 훨씬 더 많은 시료가 칼럼에 주입되어 검출 한계를 향상시키고, 끓는점이 낮은 성분과 높은 성분의 양 차이가 거의 없어진다.

분할, 비분할, 칼럼내 주입을 위해, 그리고 고체상 미세 추출과 함께 사용하도록 주입구 라이너는 다양하게 디자인된다.

그러나 분석 물질이 칼럼 입구에 모아지지 않는 한, 약 1분 동안 시료를 칼럼에 주입하면 피크가 넓어진다. **용매 트래핑**(**solvent trapping**)에서는 초기 칼럼 온도가 용매의 끓는점보다 10~20°C **낮게** 설정되어 용매가 칼럼의 시작 부분에 응축된다. 용질이 응축된 용매 부분에 도달하면, 용질은 용매에 잡혀 칼럼의 앞부분에서 좁은 띠를 형성한다. 이와 같은 용매 트래핑은 크로마토그래피의 피크를 뾰족하게 한다. 크로마토그래피는 칼럼 온도를 높여 주어 칼럼 앞부분에 잡혀 있던 용매를 증발시킴으로써 시작된다. 관심 있는 첫 번째 피크의 끓는점은 용매의 끓는점보다 30°C 이상 높아야 한다. 용매의 극성을 칼럼의 극성과 일치시키면(무극성 칼럼에 대하여 무극성 용매 사용), 용매 플러그가 좁아진다.

용매 트래핑의 경우, 시료는 분석 물질보다 10^4배 많은 용매를 함유해야 하며, 칼럼 온도는 용매의 끓는점보다 10~20°C 낮아야 한다.

칼럼의 앞부분에 용질을 좁은 띠로 응축시키는 다른 방법은 **냉각 트래핑**(**cold trapping**)이다. 칼럼의 초기 온도를 용질의 끓는점보다 적어도 100°C 낮게 한다. 용매와 끓는점이 낮은

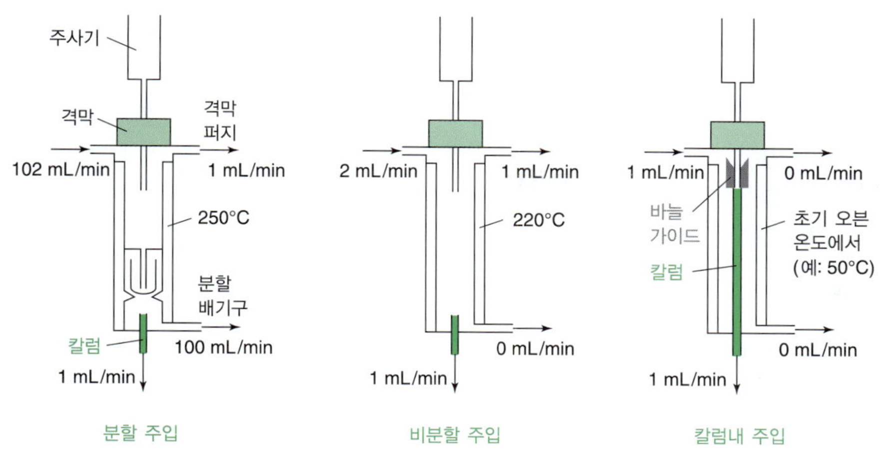

그림 24-16 열린 관칼럼에서의 분할, 비분할, 칼럼내 주입의 대표적 조건

성분은 빨리 용리되나, 끓는점이 높은 용질은 칼럼의 앞부분에 좁은 띠로 남는다. 그런 후 빠른 속도로 칼럼의 온도를 높여 주어 끓는점이 높은 용질을 용리시킨다. 끓는점이 낮은 용질에 대해서는 **저온 집중**(cryogenic focusing)이 요구되는데, 이때 칼럼의 초기 온도는 실온보다 낮다.

그림 24-17은 분할 및 비분할 주입에서 분석 조건의 영향을 보여 준다. 실험 A는 20:1 분할비를 사용한 표준 분할 주입의 결과를 보여 주는데, 이때 그림 24-16의 분할 배기구(split vent)를 통한 흐름이 빠르다. 칼럼 온도는 75°C로 일정하게 유지했다. 주입관은 운반 기체에 의해 빠르게 퍼지(purge)되었고, 피크는 상당히 뾰족하다. 실험 B는 분할 배기구가 닫혀 있다는 점을 제외하고는 동일 시료를 동일한 방법으로 주입한 결과이다. 주입관은 서서히 퍼지되어 긴 시간에 걸쳐 시료가 칼럼에 주입되었다. 피크들은 넓어지고 꼬리끌기가 심해진다. 그 이유는 새로 공급되는 운반 기체가 주입기 내에서 증기와 계속 혼합되어 점점 희석될 뿐, 시료를 주입기에서 완전히 밀어내지는 못하기 때문이다. B의 피크 면적은 A에서보다 훨씬 큰데, 그 이유는 B에서는 시료 전량이 칼럼에 도달하는 반면, A에서는 시료의 일부분만 칼럼에 도달하기 때문이다.

실험 C는 B의 경우와 같으나, 이번에는 주입관으로부터 모든 증기를 빨리 밀어내기 위해 30초 후에 분할 배기구를 열어 준다. 크로마토그램 C의 띠들은 B에서와 비슷한데, 피크들은 30초 후에 잘린다. 실험 D는 C와 같은데, 다른 점은 칼럼의 앞부분에 용매와 용질을 잡아

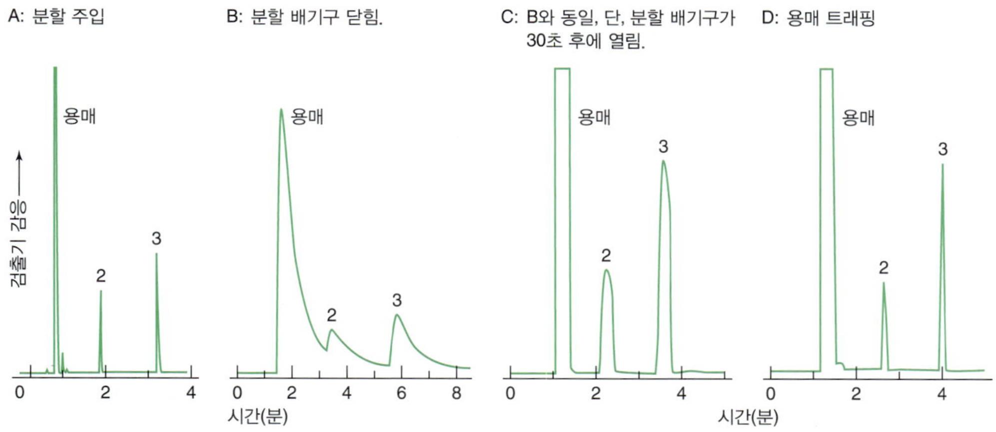

그림 24-17 열린 관칼럼(10 m × 0.22 mm)에서의 분할 및 비분할 주입. 시료: 1 vol%의 메틸 아이소뷰틸 케톤(끓는점 118°C)과 1 vol%의 *p*-xylene(끓는점 138°C)이 다이클로로메테인(끓는점 40°C)에 녹아 있음. 정지상: BP-10 중간 극성의 cyanopropylphenyl methyl silicone. 정지상 두께 = 0.25 μm, 칼럼 온도 = 75°C. 그림 A~C에서의 세로축 스케일은 같다. 그림 D의 세로축 값이 그림 A~C의 값과 같아지기 위해서는 신호에 2.33을 곱해 주어야 함 [출처: P. J. Marriott and P. D. Carpenter, "Capillary Gas Chromatography Injection," *J. Chem. Ed.* **1996**, *73*, 96.]

두기 위하여 초기에는 칼럼을 25°C로 냉각시킨다. 다이클로로메테인 용매는 중간 극성인 시아노프로필 칼럼의 입구 근처에 좁은 띠로 응축된다. 이는 비분할 주입을 위한 옳은 조건이다. 용질 피크들은 뾰족하다. 그 이유는 용질이 응축된 용매의 좁은 띠로 용해되어 들어가기 때문이다. 용매 띠가 증발하면서 용질은 정지상을 만나고 분리가 시작된다. D에서의 검출기 감응은 A~C의 경우와 다르다. D에서의 실제 피크 면적은 A에서보다 더 큰데, 이는 D에서는 시료의 대부분이 칼럼으로 들어가는 반면, A에서는 시료의 일부분만 주입되기 때문이다.

칼럼내 주입

열린 관칼럼으로의 시료 주입

분할: 열린 관칼럼에 적은 부피의 시료를 주입하는 일반적인 방법

비분할: 끓는점이 낮은 용매에 끓는점이 높은 용질이 미량 녹아 있을 때 유용

칼럼내: 끓는점이 높은 용매에 녹아 있는, 열적으로 불안정한 용질의 정량 분석에 최선의 방법

칼럼내 주입(**on-column injection**)은 정량 분석에 가장 적합한 주입 방법이다. 용액은 뜨거운 주입기를 통하지 않고 칼럼에 직접 주입된다(그림 24-16). 증발이 일어나지 않기 때문에 끓는점에 따른 분석 물질의 차별이 없다. 초기 칼럼 온도는 용질을 좁은 영역에 응축시킬 수 있을 정도로 충분히 낮다. 크로마토그래피는 칼럼의 온도를 높임으로써 시작된다. 이 과정에서 시료는 가능한 가장 낮은 온도에 노출되므로, 고온에서 분해되는 시료에 적합한 냉각 칼럼 주입이 가능하다. 표준 마이크로리터 주사기의 바늘은 내경이 0.53 mm인 칼럼 내로 잘 들어가지만, 이 칼럼이 최선의 단수를 제공하지는 않는다. 더 높은 분리도를 제공하는 내경 0.25~0.32 mm의 칼럼의 경우, 바늘이 가는 특별한 주사기가 필요하다. 칼럼내 주입은 모든 시료가 칼럼으로 이동하므로, 비휘발성 성분이 전혀 혹은 거의 포함되지 않은 깨끗한 시료에 국한된다. 주입된 비휘발성 성분은 칼럼에 남아 칼럼 성능을 급격히 저하시킨다. 매우 깨끗한 시료를 제외한 모든 시료에 대해 머무름 간격(retention gap)을 사용해야 한다.

온도 프로그래밍 증발(programmed temperature vaporization)은 시료가 냉각된 칼럼이 아닌 냉각관으로 주입된다는 점을 제외하고는 컬럼내 주입과 유사하다. 모든 용질이 냉각관으로 이동하는 데 충분한 시간이 지나면, 입구 온도가 높아져 시료가 증발한다. 비휘발성 성분은 주입관에 남으므로 칼럼 성능을 저하시키지 않는다. 온도 프로그래밍 증발은 차별 없는(discrimination-free) 정량적 특징과 분할 및 비분할 주입의 견고성(robustness)을 가진다. 입구를 빠르게 가열 및 냉각하기 위해 특별한 주입 오븐이 필요하며, 주입 조건 최적화를 위해 실험자의 높은 숙련도가 요구된다.

24-3 검출기

확인 테스트(confirmatory test): 법의학에서, 특정 화합물의 확인 및 정량을 위해 사용하는 기기 분석

추정 테스트(presumptive test): 법의학에서, 확인 테스트가 필요한지를 결정하기 위해 우선 수행하는 간단한 테스트

피크의 성분을 확인하기 위한 **정성 분석**(qualitative analysis)에서는 피크의 머무름 시간과 아는 화합물의 머무름 시간을 비교한다. 머무름 시간을 비교하기 위한 가장 신뢰할 수 있는 방법은 **소량 첨가**(**spiking**)인데, 시료에 아는 화합물을 소량 첨가하는 것이다. 첨가된 화합물이 미지 성분과 동일하다면, 해당 피크의 면적이 증가한다. 피크 확인을 하나의 컬럼에서만 수행했다면 결과는 잠정적이나, 그림 24-18의 혈중 알코올 농도 확인 분석에서와 같이 고정상의 극성이 다른 다양한 칼럼에서 수행했다면 더 확실하다. 상업적 테스트에서, 혈액이나 소변이 담긴 용기를 60°C로 가열한 후 **헤드스페이스**(**head space**, 밀폐된 용기에 담긴 고체 또는 액체 위의 기체상)에서 기체 시료를 채취한다. 기체 시료는 서로 다른 종류의 정지상을 가진 두 개의 칼럼으로 이어지는 입구로 주입한다. 두 칼럼 모두에서 에탄올의 예상 머무름 시간에서 피크가 나타나면, 그 피크는 에탄올일 가능성이 매우 높다.

추가적인 피크 확인은 질량 분석법(22장)으로 가능한데, 질량 분석계는 피크 성분의 스펙트럼을 데이터베이스의 목록과 비교함으로써 피크 화합물을 확인할 수 있다. 이를 위해 전자 이온화 스펙트럼(electron ionization spectrum)상의 3개의 두드러진 질량 스펙트럼 피크를 선택한다. 정량 분석을 위해서는 **정량 이온**(quantitation ion)을 이용한다. 정성 분석을 위해서는 **확인 이온**(confirmation ion)을 이용한다. 예를 들어 하나의 확인 이온의 세기는 정량이온의 65%일 것으로 예상된다. 만약 측정된 세기가 65%에 가깝지 않다면, 그 화합물은 잘못 확인된 것으로 판단된다.

정량 분석(quantitative analysis)은 크로마토그래피 피크의 면적이나 높이에 근거한다. 면적이 선호된다. 높이는 낮은 분리도 혹은 잡음이 있거나 기울어진 바탕선의 영향을 덜 받지만, 띠넓어짐의 작은 변화에도 영향을 받는다. **선형 감응**(linear response) 농도 범위에서는 **피크의 면적이 그 성분의 양에 비례한다.** 소프트웨어는 피크 아래에 바탕선을 그리고, 면적을 측정할 범위를 정한다.[28] 그림 24-7의 CO와 같이, 적분하려는 구간의 시작과 끝에 수직 눈금을 표시한다. 수직 눈금을 검사하여 적분 설정이 적절한지 확인하라.

자동 시료 주입기를 사용한 정량 분석에서는 일반적으로 외부 표준 물질을 이용하여 만든 교정 곡선을 사용한다. 수동 주입을 통한 정량 분석에서는 거의 항상 그림 24-18의 혈중 알코올 측정에서와 같이, 알려진 양의 **내부 표준 물질**을 미지 시료(5-4절)에 첨가한다. 표준 혼합물로 **감응 인자**(response factor)를 측정한 후, 여백 부분에 보이는 식을 사용하여 정량한다.

선형 감응이란 피크 면적이 분석 물질의 농도에 비례함을 의미한다. 매우 좁은 피크의 경우, 종종 피크 면적 대신 피크 높이가 사용된다.

내부 표준 물질을 이용한 정량 분석

$$\frac{A_X}{[X]_f} = F\left(\frac{A_S}{[S]_f}\right)$$

A_x = 분석 물질 피크 면적
A_s = 내부 표준 물질 피크 면적
$[X]_f$ = 분석 물질의 최종 농도
$[S]_f$ = 내부 표준 물질의 최종 농도
F = 감응 인자

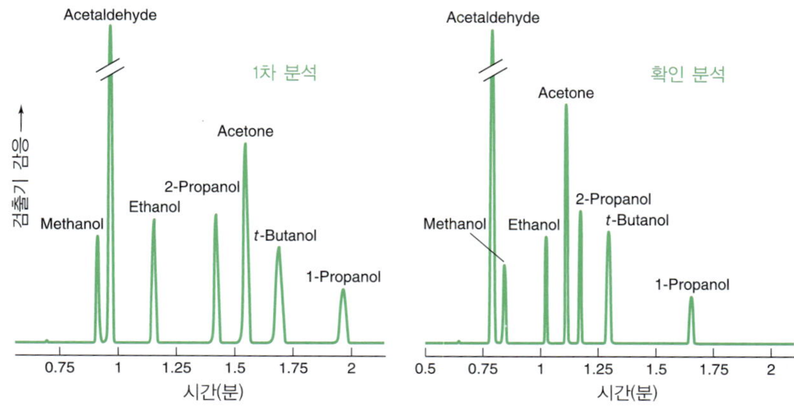

그림 24-18 직교(orthogonal) 정지상(머무름 메커니즘이 서로 다른)을 이용한 알코올의 정성 분석. 동일 시료를 머무름 메커니즘이 서로 다른 두 개의 칼럼에 주입한다. 소변 또는 혈액 시료가 평형을 이룬 헤드스페이스 시료를 50:1 분할 주입한다. 40°C에서의 분리를 위해 운반 기체는 불꽃 이온화 검출기가 연결된 두 개의 칼럼에 동시에 들어간다. 두 개의 칼럼은 수소 결합과 쌍극자 힘의 균형이 다르므로 용리 순서가 달라진다. *t*-뷰탄올과 1-프로판올은 내부 표준 물질이다. 여기에서 시료는 혈액의 헤드스페이스가 아니고, 실험실 표준 물질이다. [출처: Restek Co., Bellefonte, PA.]

검출기의 분류

표 24-3은 기체 크로마토그래피 검출기의 특성을 요약한 것이다. 불꽃 이온화 및 열전도도와 같은 검출기는 모든 분석 물질에 감응하는 **범용**(universal) 검출기이다. 전자 포획 검출기와 같은 다른 검출기는 제한된 종류의 분석 물질에 감응하는 **선택성**(selective) 검출기이다. 기체 크로마토그래피 검출기의 **선택성**은 표적 화합물에 대한 감응 대 비표적 간섭종에 대한 감응이다. 불꽃 이온화는 C−H 결합을 가지는 모든 유기 화합물에 감응한다. 전자 포획 검출기는 선택적이며, 할로젠화 유기 화합물에 대하여 비할로젠화 화합물보다 백만 배 더 높은 감응을 보인다. 선택성 검출은 크로마토그램을 단순화하고, 복잡한 매트릭스 내 한 종류의 화합물의 미량 분석을 허용한다. 질량 분석기는 범용이거나 선택성 검출기일 수 있다. 이들 4개의 검출기는 현재 기체 크로마토그래피 분석의 약 90%에 사용된다.[29]

범용 검출기: 모든 분석 물질에 감응하나 운반 기체에는 감응하지 않는다.
선택성 검출기: 제한된 종류의 분석 물질에 감응

열전도도 검출기

과거에는 기체 크로마토그래피에서 **열전도도 검출기**(**thermal conductivity detector**)가 흔히 사용되었는데, 그 이유는 간단하고 범용(모든 분석 물질에 감응)이기 때문이다. 열전도도 검출기는 충전 칼럼이나 다공성 층 열린 관칼럼에 유용하나, 열린 관칼럼에 사용되는 다른 검출기보다는 감도가 낮다. 열전도도 검출기는 시료를 파괴하지 않으므로 다른 검출기와 함께 사용이 가능하다.

표 24-3 기체 크로마토그래피 검출기의 특징

검출기	일반적인 검출 한계[a]	선형 범위	선택성[b]	감응 대상
열전도도	400 pg/mL	10^5		농도
불꽃 이온화	2 pg C/s	10^7	1	질량
전자 포획	5 fg/mL	10^4	최대 10^6	농도
질량 분석 (선택 이온 검출법)	10 pg~ng	10^5	높음	질량
질소-인	0.4 pg N/s	10^5	25 000	질량
	0.2 pg N/s	10^5	75 000	질량
불꽃 광도	4 pg S/s	10^3	10^6	질량
	0.06 pg P/s	10^4	10^6	질량
광이온화 (광원 에너지에서 이온화된 화합물만 검출)	10 pg C/s	10^6	—	질량
진공 자외선	15~250 μg/mL	10^3		농도
화학 발광	0.5 pg S/s	10^4	10^7	질량
	3 pg N/s	10^4	10^7	질량

a. 1 μL 비분할 주입, 1 mL/min, 피크 너비 5초의 경우. 질량 검출기 감응은 단위 시간당 질량이다. 농도 검출기 감응은 단위 부피당 질량이다.

b. 선택성은 표적종에 대한 감응 대 탄소에 대한 감응이다.

출처: M. S. Klee, in C. F. Poole, ed., Gas Chromatography (Amsterdam: Elsevier, 2012), Table 12.1; J. S. Zavahir, Y. Nolvachai, and P. J. Marriott, "Molecular Spectroscopy-Information Rich Detection for Gas Chromatography," *Trends Anal. Chem.* **2018**, *99*, 47.

표 24-4 273 K, 1 atm 에서의 열전도도

기체	열전도도 J/(K·m·s)
H_2	0.170
He	0.141
NH_3	0.021 5
N_2	0.024 3
C_2H_4	0.017 0
O_2	0.024 6
CO	0.023 0
Ar	0.016 2
C_3H_8	0.015 1
CO_2	0.014 4
Cl_2	0.007 6

뜨거운 영역에서 찬 영역으로의 흐름의 단위 시간 및 단위 면적당 에너지는 다음과 같다.

에너지 흐름 ($J/m^2 \cdot s$) $= -\kappa(dT/dx)$

여기에서 κ = 열전도도[단위 = $J/(K \cdot m \cdot s)$], dT/dx는 온도 구배(K/m)이다. 확산 계수가 질량 흐름의 비례 상수이듯, 열전도도는 에너지 흐름의 비례 상수이다.

열전도도 검출기
- 선형 감응 범위 = 10^5
- H_2와 He가 가장 낮은 검출 한계를 제공한다.
- 검출기 감도는 아래에 따라 증가한다.
  필라멘트 전류 증가
  유속 감소
  검출기 블록의 온도 감소
- 비파괴적이다.

열전도도는 어떤 물질이 뜨거운 영역에서 찬 영역으로 열을 이동시키는 능력의 척도이다(표 24-4). 열전도도 검출기에서 운반 기체는 분석 물질과 매우 다른 열전도도를 가져야 한다. 헬륨이 가장 흔히 사용된다. He는 두 번째로 높은 열전도도를 보이는데(H_2 다음), 따라서 어느 분석 물질이든 He와 혼합되면 기체 흐름의 열전도도를 낮춘다. 그림 24-19a에 보면, 칼럼에서 나온 용출 기체는 가열된 텅스텐-레늄(tungsten-rhenium) 필라멘트 위를 흐른다. 분석 물질이 용리되면, 기체 흐름의 전도도가 감소하고 필라멘트는 뜨거워져서 전기 저항이 증가하며, 필라멘트에 걸리는 전위가 변한다. 검출기는 전위의 변화를 측정한다.

용출액의 열전도도는 순수한 운반 기체의 열전도도에 대한 상대치로 측정된다. 두 개의 흐름은 서로 다른 필라멘트 위를 통과하거나, 혹은 하나의 필라멘트를 교대로 통과한다. 기준 필라멘트(reference filament)에서 발생하는 저항에 대한 시료 필라멘트에서 발생하는 저항의 상대치를 측정한다. 칼럼외 띠넓어짐(extra-column broadening)을 최소화하기 위해 필라멘트는 피크의 너비보다 짧다. 감도는 필라멘트 전류의 제곱에 비례하여 증가한다. 그러나 추천 최대 전류는 넘지 말아야 한다. 운반 기체가 흐르지 않을 때는 필라멘트를 꺼 두어야 한다.

다음에 소개할 불꽃 이온화 검출기와는 달리, 열전도도 검출기의 피크 면적은 농도에 직접 비례하고, 유속에 반비례한다. **농도 검출기**(concentration-sensitive detector)는 낮은 유속에서 더 큰 피크 면적을 준다. 또한 감도는 필라멘트와 주위 블록 사이의 온도차가 클수록 증가한다(그림 24-19 참조). 따라서 검출기 블록은 모든 용질이 기체 상태로 존재할 수 있는 범위 내에서 가장 낮은 온도를 유지해야 한다.

불꽃 이온화 검출기[30,31]

그림 24-20의 **불꽃 이온화 검출기(flame ionization detector)**에서는 H_2와 공기 혼합물 내에서 용출액(eluate)을 태운다. 탄소 원자(카보닐 탄소와 카복실 탄소는 제외)는 CH 라디칼을

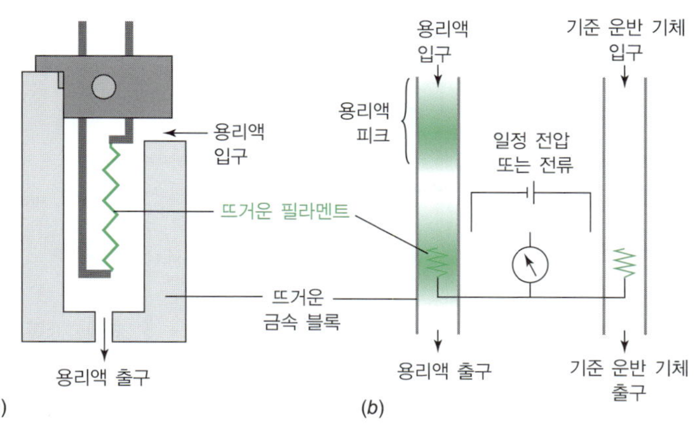

그림 24-19 열전도도 검출기. (*a*) 검출기 상세도 (*b*) 운반 기체가 흐르는 기준 필라멘트에 대한 시료 필라멘트의 저항의 상대치를 측정한다. [출처: J. V. Hinshaw, "The Thermal Conductivity Detector," *LCGC North Am.* **2006**, *24* (January), 38; M. S. Klee, in C. F. Poole, ed., *Gas Chromatography* (Amsterdam: Elsevier, 2012), Figure 12.5.]

생성하는데, 이 라디칼이 불꽃 속에서 CHO^+ 이온과 전자를 생성한다.

$$CH + O \rightarrow CHO^+ + e^-$$

탄소 원자 10^6개 중 약 한 개만 이온을 만들지만, 이온 생성은 불꽃 속으로 들어가는 탄소 원자의 수에 비례한다. 분석 물질이 없을 때, 불꽃의 끝(tip)과 수집기(collector) 사이에 약 10^{-14} A의 전류가 흐르는데, 수집기는 불꽃 끝에 대하여 약 −200 V로 일정하게 유지된다. 분석 물질은 약 10^{-12} A의 전류를 생성하는데, 이 전류는 볼트(voltage)로 전환되고, 증폭되며, 고주파 잡음을 제거하기 위해 필터된 후 디지털 신호로 바뀐다.

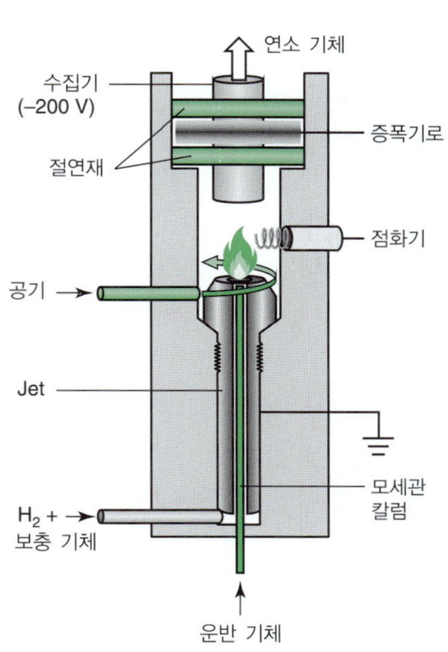

그림 24-20 불꽃 이온화 검출기 [출처: C. F. Poole, "Ionization-Based Detectors for Gas Chromatography," *J. Chromatogr. A*, **2015**, *1421*, 137, Figure 1.]

유기 화합물에 대한 감응은 10^7 이상의 질량 범위에서 용질의 질량에 비례한다. 검출 한계는 열전도도보다 약 100배 정도 낮으며, 운반 기체로 He 대신 N_2를 사용하면 50% 낮아진다. 불꽃 이온화 검출기는 파괴적인 **질량 검출기**(mass-sensitive detector)로서, 감응은 단위 시간당 들어오는 탄소의 질량에 비례한다. 검출 한계의 단위는 초당 탄소의 pg이다(pg C/s). 불꽃 이온화 검출기는 좁은 내경 열린 관칼럼 (narrow-bore open tubular column)에 사용하기에 충분한 정도의 감도를 가진다. 모세관 칼럼의 끝은 불꽃의 바로 아래에 위치한다. 칼럼 유출액과 H_2가 제트(jet) 내에서 혼합된 후 공기가 들어간다. 불꽃 조건을 최적화하기 위하여 N_2 보충 기체를 H_2에 첨가하기도 한다. 불꽃 이온화 검출기는 대부분의 탄화수소에 감응하는데, 탄소 원자당 감응이 거의 일정하나, N이나 O에 결합된 탄소에 대해서는 감응이 낮다.[32] 불꽃 이온화는 H_2, He, N_2, O_2, CO, CO_2, H_2O, NH_3, NO, H_2S, SiF_4와 같은 비탄화수소에 대해서는 감도가 낮다. CO, CO_2 및 산소화된 유기 화합물(oxygenated organic compound)을 CH_4로 칼럼 후 변환하면 탄소 원자당 일정한 감응을 제공한다.[33] 그림 24-21은 테킬라 추출물의 기체 크로마토그램을 보여 준다. 여기에서는 칼럼 유출액이 나뉘어 두 개의 검출기로 보내진다. 위쪽 크로마토그램은 불꽃 이온화 검출기를 사용한 결과이며, 아래쪽 크로마토그램은 **후각 탐지**(olfactometric detection)를 사용한 결과이다. 후각 탐지는 훈련된 사람이 유출액의 냄새를 맡고 냄새의 강도와 특징을 평가하는 방법이다.[35]

불꽃 이온화 검출기
- 신호는 탄소 원자의 수에 비례
- 열전도도 검출기보다 검출 한계가 100배 낮음
- 10^7배의 선형 감응 범위

직업: 기회, 의무, 필수 교육 및 급여에 대한 정보를 보려면 "ACS College to Careers" 및 "Food chemistry"를 검색해 보라.

전자 포획 검출기[31]

가장 널리 사용되는 선택성 검출기는 **전자 포획 검출기**(**electron capture etector**)다(그림 24-22). 할로젠을 함유하는 분자(보충 24-1), 콘쥬게이션된 카보닐, 나이트릴, 나이트로 화합물(보충 24-2) 및 유기 금속 화합물에는 특히 민감하나, 탄화수소, 알코올 및 케톤에는 상대적으로 감도가 낮다. 검출기는 환경 시료 중 염소계 살충제 및 플루오로탄소 검출에 특히 유용

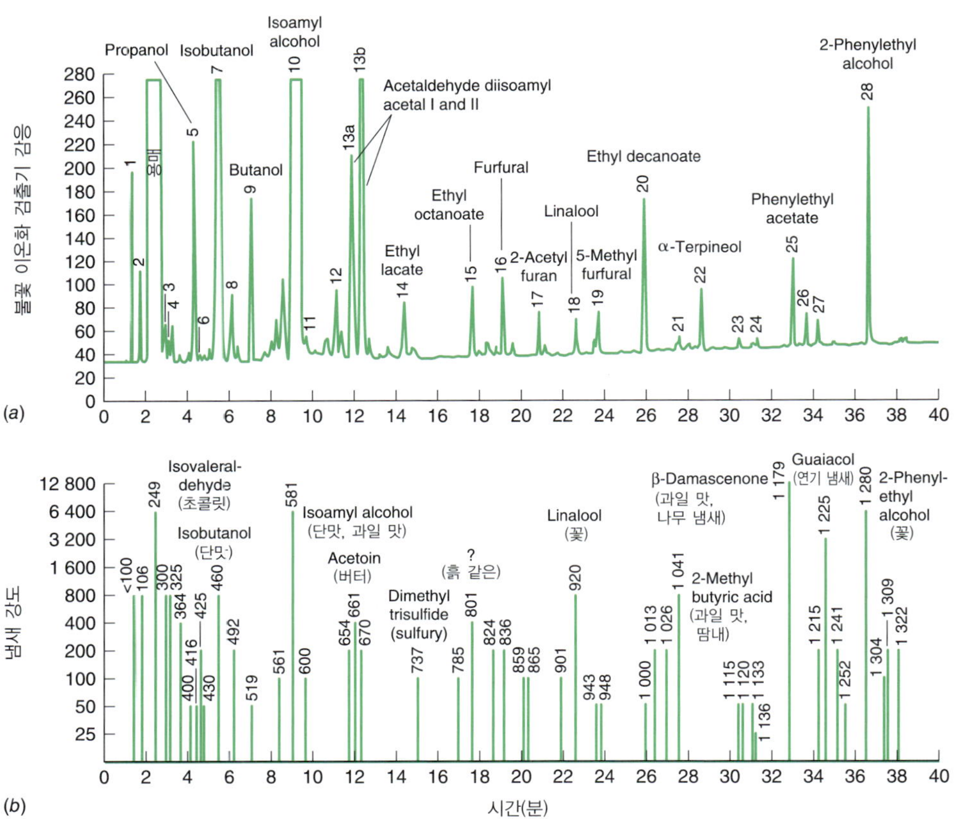

그림 24-21 테킬라 추출물의 기체 크로마토그램. (*a*) 불꽃 이온화 검출기 감응, (*b*) 후각(냄새) 감응. 폴리에틸렌 글라이콜 열린 관칼럼(30 m × 0.53 mm, 막두께 = 1 μm, 온도 = 3°C/min으로 50°C에서 230°C까지 증가). 번호를 매긴 피크들은 175개의 구성 성분 중 질량 분석기와 Kováts 머무름 지수로 확인된 것들이다. 테킬라의 가장 강력한 많은 냄새 성분들은 불꽃 이온화 검출기의 감응이 거의 또는 전혀 없는 머무름 시간에 용리된다. 크로마토그램 (*b*)에 표시된 직선형 사슬(straight-chain) 에틸 에스터를 기반으로 한 머무름 지수를 이용하면, (*b*)의 피크들을 다른 검출기와 다른 칼럼을 이용하여 얻은 피크들과 관련지을 수 있다. [출처: S. M. Benn and T. L. Peppard, "Characterization of Tequila Flavor by Instrumental and Sensory Analysis," *J. Agric. Food Chem.* **1996**, *44*, 557.] 후각 분석하는 모습은 www.youtube.com/watch?v=ehEnjI22qTI에서 확인하라.

하다. 선택성을 향상시키기 위해 초고순도의 N_2 또는 5~10% 메테인을 함유하는 Ar 보충 기체를 He이나 H_2 운반 기체에 첨가한다. 검출기로 들어가는 기체는 방사성 ^{63}Ni을 함유하는 포일(foil)에서 방출되는 고에너지 전자(β 입자)에 의해 이온화된다. 이렇게 형성된 플라스마 내 전자는 양극으로 끌려가 작은 전류를 생성하는데, 이 전류는 양극과 음극 사이에 가해지는 가변 주파수 펄스(variable frequency pulse)에 의해 일정하게 유지된다. 전자 친화도가 큰 분석 물질이 검출기로 들어가면, 일부 전자를 포획하여 플라스마의 전도도를 감소시킨다. 검출기는 일정한 전류를 유지하기 위해 전압 펄스의 주파수를 변화시킴으로써 감응한다. 펄스의 주파수가 검출기 신호이다. 전자 포획 검출기는 매우 민감하며(표 24-3), 검출 한계는 질량 분석계의 검출 한계와 비교될 정도이다. 분석 물질에 따라 감도가 다르므로, 정량을 위해서는 화합물 각각에 대하여 교정(calibration)이 필요하다. 감도는 운반 기체 및 보충 기체의 유속에도 의존하며, 검출기의 오염 및 습기에 의해 감소한다.

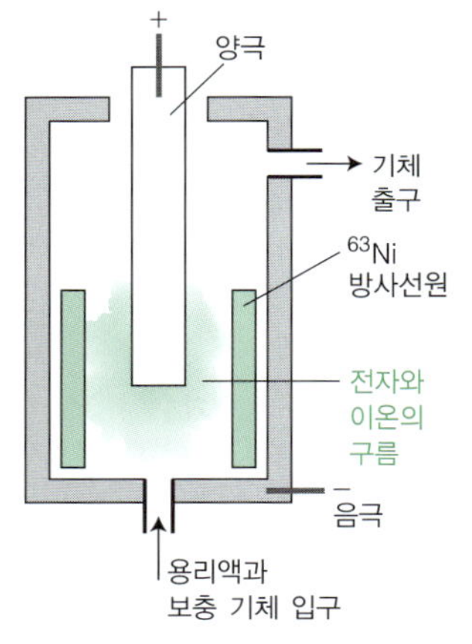

그림 24-22 전자 포획 검출기

전자 포획 검출기의 방사선원은 밀봉되어 있다. 그럼에도 불구하고 이 표시가 보이면 실험실 방사선 안전 프로토콜을 읽고 준수해야 한다.

기체 크로마토그래피-질량 분석법(GC−MS)

질량 분석법은 정성 및 정량 정보를 모두 제공하는 민감한 검출기이다. 검출기는 범용일 수도, 선택성일 수도 있다. 가장 일반적인 것은 **전자 이온화**(그림 22-5)를 사용하는 투과 사중 극자 질량 분석기(transmission quadrupole mass analyzer, 22-3절)로, 70 eV 전자가 기체 분석 물질에 충돌하면 이온화되고 상당한 조각화가 발생한다. 비행 시간형(time-of-flight) 분석기는 신속한 스펙트럼 수집 또는 정확한 질량 측정이 필요할 때 사용된다. 그림 24-23은 등유(kerosene) 분석을 보여 준다. 그림 24-23(a)의 **재구성 총이온 크로마토그램**(reconstructed total ion chromatogram)은 2 ms마다 m/z 40에서 400까지 칼럼 유출물의 질량 스펙트럼을 수집한 GC−MS로부터 얻은 것이다. 용출액의 5 628개 스펙트럼이 1~12분 사이에 기록되었고, 그림에서는 분리의 일부만 보여 준다. 재구성 총이온 크로마토그램의 세로 좌표는 선택한 한계 이상의 모든 m/z에 대한 검출기 신호의 합이다. 칼럼에서 용리되는 모든

보충 24-2 칩 위의 크로마토그래피 칼럼

환경 모니터링, 국토 안보, 의료 진단 및 법의학을 위해 미세 가공 기기가 개발되고 있다.[34] 그림 *a*는 면이 8 cm인 실리콘에 식각된 전체 길이 70 cm의 사문석 패턴으로 10개의 세그먼트가 있는 마이크로칩 디자인을 보여 준다. 각 세그먼트 내에는 세그먼트를 가로질러 기체를 앞뒤로 보내는 통로(그림 *b*)가 있어서 효과적으로 칼럼 길이를 9배 늘린다. 미세 가공은 매우 균일하게 만든다. 칩을 통과하는 각 채널은 길이와 너비가 정확히 동일하므로 다중 경로 띠넓어짐이 최소화된다. 그림 *c*의 다이아몬드 모양은 운반 기체를 좌우로 분배하여 잘 섞이도록 하고, 세그먼트 측면의 둥근 모서리는 기체 흐름을 다시 중앙으로 가져온다. 실리콘 상단에 결합된 유리판은 새지 않는 통로를 생성하는데, 이 통로는 75 nm 두께의 가교 결합된 $(\text{diphenyl})_{0.03}(\text{dimethyl})_{0.97}$-폴리실록세인 층으로 코팅되어 있다(표 24-1).

칩에 적용하는 기체 크로마토그래피의 한 가지 응용은 폭발물 모니터링이다. 2,4,6-Trinitrotoluene(TNT)은 휘발성이 낮아서 직접 검출할 수 없으나, 불순물인 2,4- 및 2,6-dinitrotoluene (2,4-DNT, 2,6-DNT)은 휘발성이 더 높으므로 스크리닝에 사용된다. 또한 2,3-dimethyl-2,3-dinitrobutane(DMNB)은 비군사용 폭발물의 검출을 가능하게 하기 위해 첨가하는 휘발성 **타간트**(taggant)이다. 미세 가공된 기체 크로마토그래프는 스크리닝에 필요한 휴대성과 속도(1분 미만)를 제공한다. 사전 농축 및 전자 포획 검출기는 훨씬 더 높은 농도의 바탕 화합물이 존재하는 경우에도 이러한 나이트로 화합물의 민감하고 선택적인 검출을 허용한다.

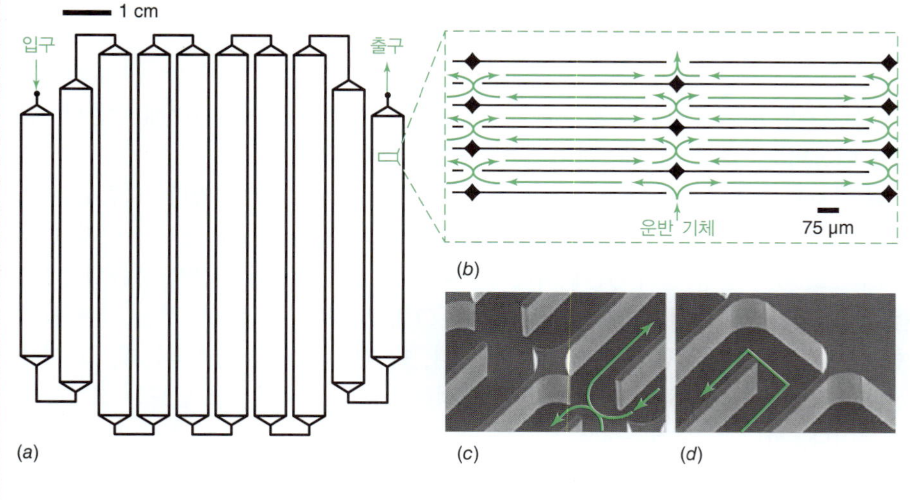

(*a*) 사문석 마이크로칼럼의 배열. (*b*) 75 × 75 μm 채널의 미로. (*c*), (*d*) 칩의 교차점과 모서리의 전자 현미경 사진 [출처: S. Jespers, S. Schlautmann, H. Gardeniers, W. De Malsche, F. Lynen, and G. Desmet, "Chip-Based Multicapillary Column with Maximal Interconnectivity to Combine Maximum Efficiency and Maximum Loadability," *Anal. Chem.* **2017**, *89*, 11605, 그림 1a, 1c, 그림 2 parts 3과 4는 2017년 미국화학회의 허락을 얻었음. S. Jespers는 학부연구생이었음.]

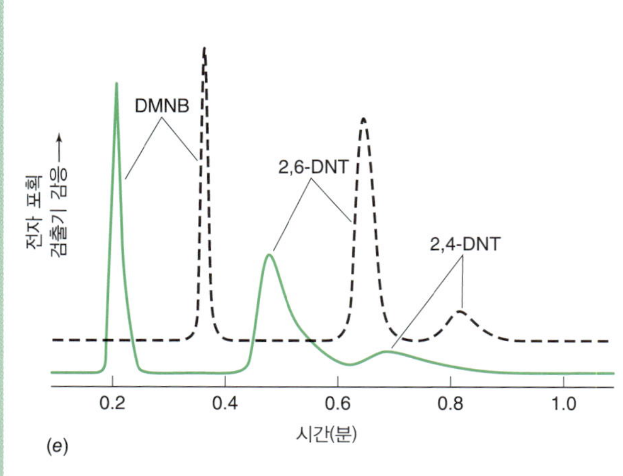

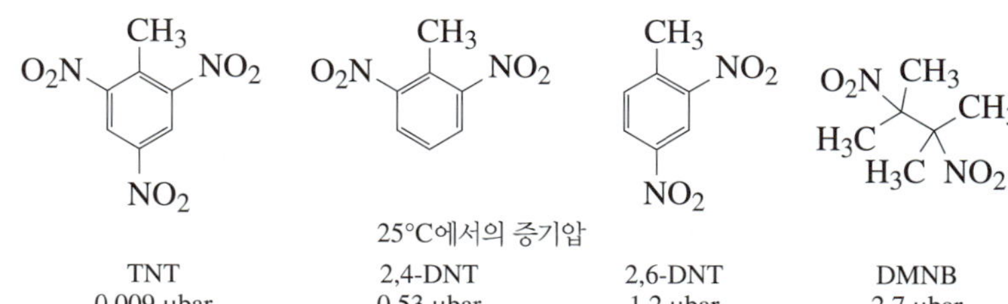

(*e*) 등온(120°C) 칼럼과 유속 3 mL/min의 N_2 운반 기체 및 전자 포획 검출기를 이용한 폭발성 마커의 신속한 검출. 점선 크로마토그램은 70°C에서 15초 동안 냉각 트래핑하여 개선된 피크 모양을 보여 준다. [출처: W. R. Collin, G. Serrano, L. K. Wright, H. W. Chang, N. Nuñovero and E. T. Zellers, "Microfabricated Gas Chromatograph for Rapid, Trace-Level Determination of Gas-Phase Explosive Marker Compounds," *Anal. Chem.* **2014**, *86*, 655.]

물질을 측정한다. 많은 피크들이 잘 분리되고 정량할 수 있었으나, 에틸벤젠은 부분적으로 분리되었다. 그림 24-23(b)의 **추출 이온 크로마토그램**(extracted ion chromatogram, 22-5절)은 모노 방향족(monoaromatics)의 특징인 m/z 91($C_7H_7^+$)에서 수집된 신호만 표시한다. 이러한 특정 작용기에 선택적인 신호(class-selective response)는 크로마토그램을 단순화하여 정량화를 가능하게 한다. 질량 분석기가 단 하나의 m/z에 대해서만 신호를 수집하는 **선택 이온 검출법(selected ion monitoring)**을 사용하면 관심있는 이온의 수집에만 더 많은 시간을

재구성 총이온 크로마토그램: 선택한 범위의 질량-대-전하비(m/z)에서의 모든 이온 신호의 합 대 시간을 그래프로 표시.

추출 이온 크로마토그램: 전체 범위의 질량 스펙트럼을 연속으로 수집하지만 하나의 m/z만 그래프로 표시. 표시되지 않는 다른 m/z를 모니터링하는 데 대부분의 시간을 소비한다.

선택 이온 검출법: 질량 분석기가 몇 개의 m/z만을 모니터링하여 검출기 신호 대 시간을 그래프로 표시

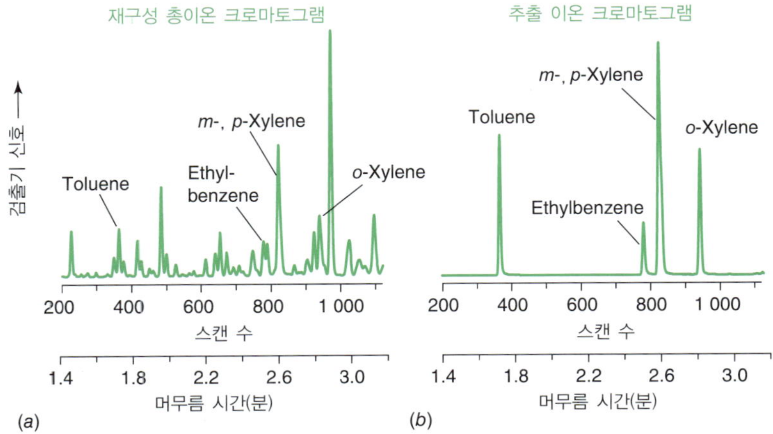

그림 24-23 기체 크로마토그래피용 범용 및 선택성 검출기로서의 전자 이온화 질량 분석기. (*a*) 등유 분리 초기 부분의 재구성 총이온 크로마토그램. (*b*) m/z 91에서의 추출 이온 크로마토그램 [출처: G. M. M. Pacot, L. M. Lee, S.-T. Chin, and P. J. Marriott, "Introducing Students to Gas Chromatography-Mass Spectrometry Analysis and Determination of Kerosene Components in a Complex Mixture," *J. Chem. Ed.* **2016**, *93*, 742. L. M. Lee는 방문 학부연구생이었다.]

소비함으로써 신호-대-잡음이 개선되므로 m/z-스캐닝에 비해 검출 한계를 10^2배 낮춘다. 일반적으로 하나 이상의 추가 m/z를 검출하여 분석 물질을 확인한다.

선택 반응 검출법(selected reaction monitoring)은 그림 24-24에 나타내었다. 그림 *a*는 오렌지 껍질 추출물의 재구성 총이온 크로마토그램이다. 살충제 fensulfothion의 선택적인 분석을 위해, 그림 22-34의 질량 필터 Q1에 의해 선택된 m/z 293 전구체 이온을 충돌셀 Q2로 보내 조각냄으로써 m/z 264에서 주피크를 생성한다. 그림 24-24의 그림 *b*에서는 질량 필터 Q3을 통과한 m/z 264에서의 검출기 신호를 보여 준다. 한 개의 피크만 관측되는데, 그 이유는 Fensulfothion 외에는 m/z 264인 조각 이온을 생성하는 m/z 293 이온을 만드는 화합물이 거의 없기 때문이다. 선택 반응 검출법은 심각한 화학 간섭을 제거함으로써 크로마토그래피의 분석에서 신호-대-잡음비를 증가시킨다.

Fensulfothion (명목 질량 308 Da) $\xrightarrow[-\,CH_3]{-\,e^-}$ M − 15 (m/z 293) Q1에 의해 선택 $\xrightarrow[-\,CH_2CH_3]{\text{충돌 셀, Q2}}$ M − 15 − 29 (m/z 264) Q3에 의해 선택

그림 24-24 GC-MS에서의 선택 반응 검출법. (*a*) 전자 이온화를 이용한 오렌지 껍질 추출물의 재구성 총이온 크로마토그램. (*b*) 그림 22-34의 질량 필터 Q1에 의해 선택된 m/z 293인 전구체 이온과 질량 필터 Q3에 의해 선택된 m/z 264 생성 이온을 이용한 선택 반응 검출법. (*b*)의 크로마토그램은 Q3에 의해 선택된 m/z 264에서의 신호 세기 대 시간의 그래프이다. [출처: Thermo Finnigan GC and GC/MS Division, San Jose, CA.]

그 밖의 검출기

알칼리 불꽃 검출기(alkali flame detector) 또는 **열이온 이온화 검출기**(thermionic ionization detector)라고도 하는 **질소-인 검출기**(nitrogen-phosphorus detector)는 N과 P를 포함하는 화합물에 특히 민감한 변형된 불꽃 이온화 검출기이다.[31] N과 P에 대한 반응은 탄소에 대한 반응보다 10^5 배 더 크다. 약물, 살충제 및 제초제 분석에 특히 유용하다. 검출기는 버너 팁에 Rb 혹은 Cs 염을 함유하는 유리 또는 세라믹 구슬을 가진다. 알칼리 금속은 표면에서 전자를 방출하는 데 필요한 에너지를 낮춘다. N이나 P를 함유하는 화합물은 열분해되어 전자 친화도가 큰 생성물을 형성하는데, 이들은 구슬 표면에서 전자를 추출하여 선택적으로 이온화된다. 표면 반응에 의해 생성된 CN^-, PO^-, PO_2^-, PO_3^-와 같은 이온이 전달하는 전류를 측정한다. 공기 중의 N_2는 이 검출기에 대해 불활성이며 간섭하지 않는다. 검출기는 N과 P를 모두 검출하거나 P만 검출할 수도 있다. 감응 인자가 분석 물질과 작동 조건에 따라 변하므로 각 분석 물질에 대해 보정(calibration)이 필요하다. 알칼리 금속이 소모되므로 구슬은 주기적으로 교체해 주어야 한다. 구슬의 수명을 단축시키므로 염소화된 용매의 사용을 피하라.

다른 GC 검출기

전자 포획 검출기: 할로젠, 콘쥬게이션 $C{=}O$, $-C{\equiv}N$, $-NO_2$

질량 분석기: 대부분의 분석 물질

질소-인 검출기: P, N

불꽃 광도 검출기: P, S, Sn과 같은 개별적으로 선택된 원소

진공 자외선 흡광도 검출기: 대부분의 분석 물질

광이온화 검출기: 방향족, 불포화 화합물

황 화학 발광 검출기: S

질소 화학 발광 검출기: N

원자 방출 검출기: 대부분의 원소(개별적으로 선택된)

불꽃 광도 검출기(flame photometric detector)는 인, 황, 주석을 포함한 선택된 원소들로부터 방출되는 빛을 측정한다.[36] 불꽃 이온화 검출기에서와 마찬가지로, 용출액이 H_2-공기 불꽃을 통과할 때에는 들뜬 원자들이 특정 빛을 방출한다. 526 nm에서의 인의 방출이나 394 nm에서의 황의 방출은 좁은 띠 간섭 필터에 의해 분리되어 광전자 증배관에서 검출된다. 황이나 인 화합물들에 대한 감응은 탄화수소보다 10^6배 더 크다. 민감하고 선택적인 감응은 석유 중 황과, 식품이나 환경 중 인을 함유하는 살충제의 검출을 가능하게 한다. S_2^*에서 방출되는 황은 이차 함수 관계를 따른다. 일부 기기는 보정 회로를 사용하여 가상 선형(pseudo-linear) 출력을 제공한다. P와 S의 방출은 같이 용리하는 매트릭스 화합물에 의해 꺼진다.

진공 자외선 검출기(vacuum ultraviolet detector)는 115~185 nm 범위에서 흡수 스펙트럼을 측정한다.[36,37] 실제로 모든 분자들은 이 파장 범위에서 빛을 흡수한다. 기체상 분자 스펙트럼은 분리된 진동 및 회전 특징을 보여주는데, 이는 특히 불안정하거나 이성질체인 화합물에 대하여, 질량 분석법을 보완하는 정성적인(qualitative) 정보를 제공한다. 10^3~10^4 배의 농도 범위에서 Beer 법칙을 만족하며 μg/mL 범위의 검출 한계를 가진다.

광이온화 검출기(photoionization detector)는 방향족이나 불포화 화합물을 이온화하기 위하여 9.5 eV의 진공 자외선 광원을 이용한다. 포화 탄화수소나 할로젠화 탄소 화합물에 대해서는 감응이 거의 없다.[31] 이온화에 의해서 발생된 전자들을 수집하여 측정한다. 광자의 에너지가 낮을수록 검출은 더 선택적이다. 8.3 eV 광원은 광이온화가 여러 고리 방향족(polycyclic aromatic) 화합물에 특정적(specific)이도록 한다. 10.2 eV 광원은 거의 보편적인 감응을 제공하고, 11.7 eV 광원은 많은 염소화 지방족 화합물을 포함하여 가장 광범위한 화합물에 감응한다. 광이온화는 연소 기체가 필요하지 않으므로 휴대용 기기나 이러한 기체의 사용이 위험한 작업 환경에서 유용하다.

황 화학 발광 검출기(sulfur chemiluminescence detector)[36,38]는 수소 불꽃 배출물(황은 불꽃에서 SO로 산화된다)을 오존(O_3)과 섞어 들뜬 상태의 SO_2(SO_2^*)를 형성하는데, 들뜬 상태의 SO_2는 푸른색 및 자외선을 방출한다. 방출 세기는 황의 출처와는 상관없이 용출된 황의 질량에 비례한다. **질소 화학 발광 검출기**(nitrogen chemiluminescence detector)[38]도 유사한 방법으로 작동한다. 용출 기체를 1 800°C에서 태워서 대부분의 질소 화합물(N_3 제외)을 NO로 바꾸고, NO를 오존과 반응시켜 1 200 nm의 근적외선을 방출하는 화학 발광 생성물을 발생시킨다. S나 N에 대한 감응은 C에 대한 감응보다 10^7배 더 크다. 감응은 S나 N의 양에만 의존하며, 10% 이내의 오차 범위에서 모든 분석 물질(미지 분석 물질 포함)의 정량이 가능하다.

황 화학 발광을 야기하는 반응

$$\text{황 화합물} \xrightarrow{H_2\text{-}O_2\ \text{불꽃}} SO + \text{생성물}$$

$$SO + O_3 \rightarrow SO_2^* + O_2$$

(SO_2^* = 들뜬 상태)

$$SO_2^* \rightarrow SO_2 + h\nu$$

크로마토그래피 칼럼으로부터의 용출액은 플라스마를 통과하여 성분들을 원자화 및 이온화하고, 원자 분광법 또는 질량 분광법을 이용하여 선택한 원소를 측정할 수 있다.[39] **원자 방**

출 검출기(atomic emission detector)는 용출액이 마이크로파 공동(cavity)에서 헬륨 플라스마를 통과시킨다. 주기율표 상의 모든 원소는 광 다이오드 배열 다색화 장치로 감지할 수 있는 특징적인 빛을 방출한다. 황에 대한 감도는 불꽃 광도 검출의 감도보다 10배 더 우수할 수 있다. 원자 분광법에서는 분자가 원자화되므로, 관심있는 원소를 함유하는 표준 화합물을 사용하여 보정할 수 있다.

24-4 시료 준비

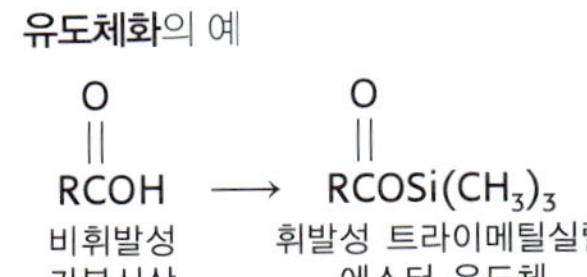

시료 준비(**sample preparation**)란 시료를 분석하기에 적당한 형태로 바꾸는 과정이다. 이 과정은 복잡한 매트릭스에서 분석 물질의 추출, 매우 묽은 분석 물질을 측정에 충분한 농도로 **예비 농축**(preconcentrating), 방해 물질을 제거하거나 막아 주는 일, 또는 분석 물질을 화학적으로 바꾸어(**유도체화**, derivatizing) 좀 더 편리하게 혹은 좀 더 쉽게 검출할 수 있는 형태로 바꾸는 일이다. 시료 준비는 28장에서 다룬다. 여기에서는 기체 크로마토그래피에 적용되는 방법만 기술하고자 한다.[40]

고체상 미량 추출(**solid-phase microextraction**)은 어떤 용매도 사용하지 않고 액체, 공기 혹은 심지어 슬러지로부터 화합물을 추출하는 방법이다.[41] 핵심 부분은 기체 크로마토그래피에서 사용하는 것과 비슷한 정지상을 10~100 μm 두께로 코팅한 용융 실리카 섬유이다. 그림 24-25는 일반 마이크로 주사기의 플런저를 대체하는 금속 튜브에 부착된 섬유를 보여 준다. 그림 24-26은 저어 주거나 가열하면서 정해진 시간 동안 섬유를 시료 용액에 노출시키는 절차를 보여 준다. 시료 중 분석 물질의 일부만 섬유로 추출된다. 섬유가 분석 물질과 평형을 이루는 데 필요한 시간을 실험을 통해 결정하고, 추출에 그 시간만큼 허용하는 것이 가장 좋다. 더 짧은 시간을 사용하면 섬유 내 분석 물질의 농도가 시료마다 다를 수 있으며, 더 복잡한 운동 교정(kinetic calibration)이 필요하다.[42]

시료 채취 후 섬유를 밀어 넣고, 내경이 0.7 mm인 주입구 라이너가 장착된 기체 크로마토그래프에 주사기를 삽입한다. 섬유를 뜨거운 주입관 안으로 늘여 넣으면, 분석 물질은 일정 시간 동안 비분할 방식으로 열에 의해 섬유로부터 탈착된다. 좁은 주입구는 탈착된 분석 물질을 좁은 띠로 유지한다. 크로마토그래피를 시작하기 전, 탈착된 분석 물질을 **냉각 트래핑**(cold trapping, 24-2절) 방법으로 칼럼의 머리 부분에 모은다. 시료 채취와 주입 사이에 시간이 길어지면, 바늘을 격막 속으로 삽입하여 섬유가 대기로 노출되지 않도록 밀봉한다.

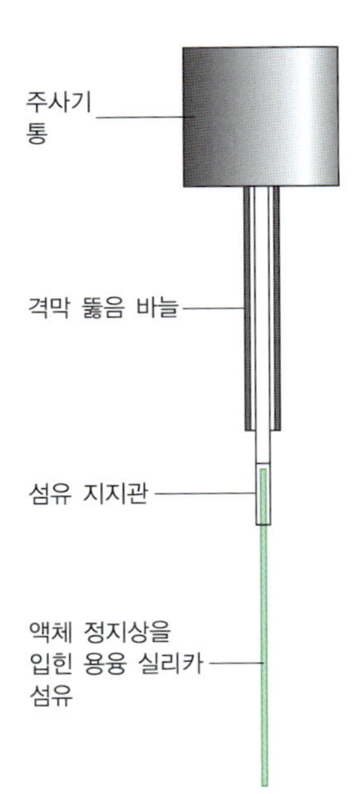

그림 24-25 고체상 미량 추출에 사용되는 주사기. 용융 실리카 섬유는 시료 수집 후와 주사기로 격막을 뚫을 때 강철 바늘 속으로 들어간다.

복잡한 시료는 밀봉된 용기 내의 고체나 액체 상부의 **헤드스페이스** 기체를 분석함으로써 간소화할 수 있다.[43] 휘발성 화합물은 기체상으로 분배되어 비휘발성 매트릭스로부터 분리된다. 혈액이나 소변 중 에탄올은 시료와 평형을 이루는 헤드스페이스 기체를 주입하여 분석한다(그림 24-18). 그림 24-27은 고체상 미량 추출법으로 볶은 커피 원두의 헤드스페이스를 추출하여 얻은 휘발성 화합물의 크로마토그램을 보여 준다.

섬유와 시료로 이루어진 2상 시스템에서의 고체상 미량 추출에서, 코팅된 섬유에 흡착된 분석 물질의 질량(m, μg)은

추출된 분석 물질의 질량: $$m = \frac{K_D V_f c_0 V_s}{K_D V_f + V_s} \quad (24\text{-}9)$$

여기에서 V_f는 섬유에 코팅된 막의 부피, V_s는 추출되는 용액의 부피, c_0는 추출되는 용액 내 분석 물질의 초기 농도(μg/mL)이다. K_D는 코팅층과 용액 사이에서의 용질의 분포 상수로서 $K_D = c_f/c_s$인데, c_f는 코팅층 내 분석 물질의 농도이고, c_s는 용액 내 분석 물질의 농도이다. 용액의 부피가 커서 $V_s \gg K_D V_f$가 성립되면, 식 24-9는 $m = K_D V_f c_0$로 간단해진다. 즉 추출 질량은 용액 내 분석 물질의 농도에 비례한다. 정량 분석을 위해서는, 아는 용액을 추출함으로써 교정 곡선(calibration curve)을 작성할 수 있다. 다른 방법으로, 고체상 미량 추출에서는 내부 표준 물질법과 표준 물질 첨가법이 둘 다 유용하다.[42]

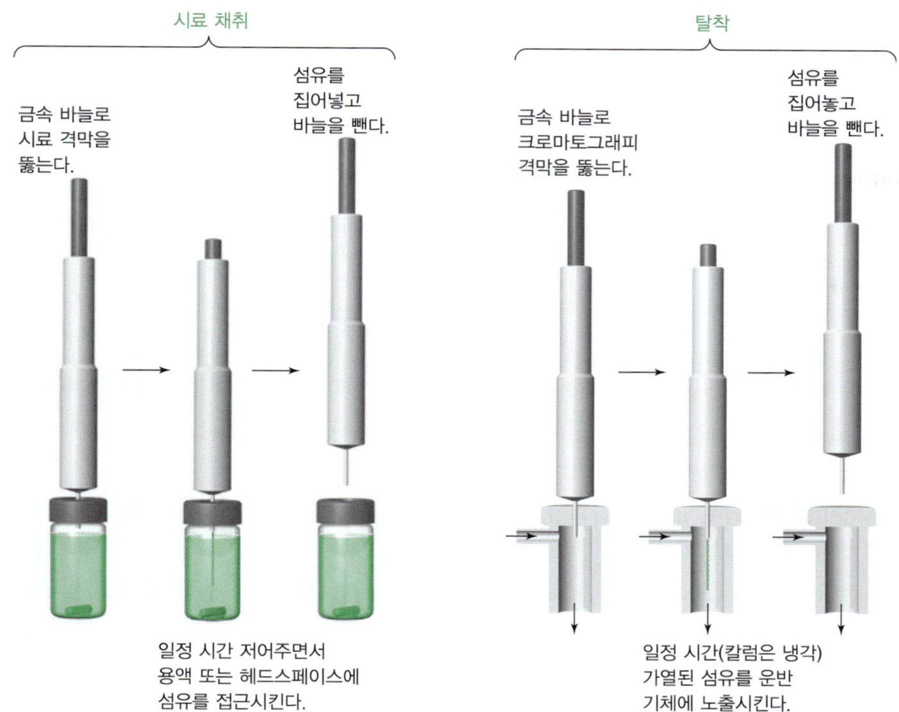

그림 24-26 고체상 미량 추출에 의한 시료 채취 및 섬유로부터 분석 물질을 탈착시켜 기체 크로마토그래피에 주입하는 그림 [출처: Supelco Chromatography Products catalog, Bellefonte, PA.]]

고체상 미량 추출에서의 회수율을 최대화하기 위해서는

- '비슷한 것은 비슷한 것을 녹인다'에 기초하여 섬유를 선택하고,
- 휘발성이 높은 물질(C_2~C_6)의 분석을 위해서는 코팅층을 두껍게 만들거나 다공성을 가지도록 한다.
- 시료를 휘젓거나 교반한다.
- 25% NaCl을 첨가하고 pH 조절(산의 경우 pH 감소, 염기의 경우 pH 증가)
- 헤드스페이스의 경우, 40~90°C로 시료 가열. 시료 용기의 약 2/3을 고체나 액체로 채운다. 헤드스페이스 부피가 너무 크면 추출 효율이 감소한다.

교반 막대 흡착 추출(stir-bar sorption extraction)은 고체상 미량 추출과 유사하지만, 낮은 분포 상수를 가지는 분석 물질의 미량 분석에서는 감도가 약 100배 정도 더 높다.[44] 얇은 유리 재킷(jacket) 속에 교반용 막대 자석을 넣는데, 이 교반 막대에는 0.5~1 mm 두께로 poly(dimethylsiloxane)과 같은 흡착제가 코팅되어 있다. Poly(dimethylsiloxane)은 무극성 기체 크로마토그래피 칼럼의 정지상이다. 교반 막대(stirring bar)를 과일 주스, 포도주, 소변, 혹은 혈장과 같은 수용액 시료에 담그고, (질량 전달을 촉진시키기 위해) 0.5~4시간 동안 교

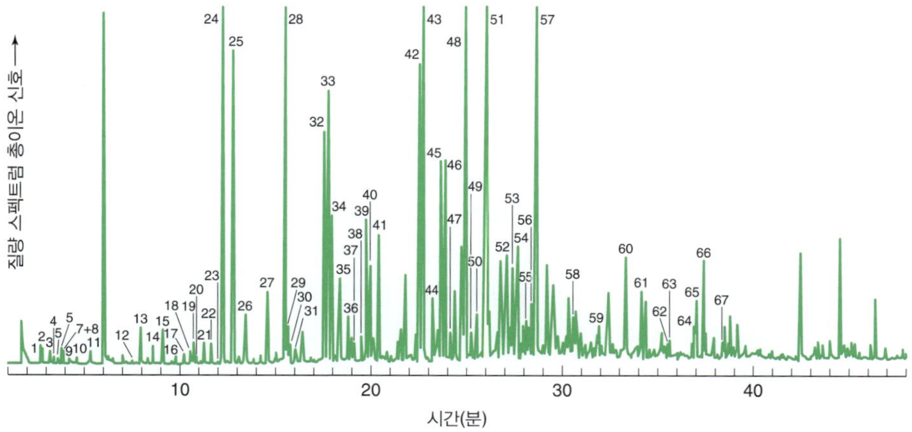

그림 24-27 볶은 커피 원두 2 g의 헤드스페이스를 60°C에서 40분 동안 고체상 미량 추출하여 얻은 휘발성 화합물의 기체 크로마토그램. 다양한 화합물을 추출하기 위하여 섬유에는 divinylbenzene이 50 μm 두께로 코팅되어 있고, 30 μm 두께의 poly(dimethylsiloxane) 위에 탄소질 수지(carbonaceous resin)를 가진다. 섬유에 흡착된 분석 물질은 260°C에서 5분 동안 섬유로부터 탈착시켜 비분할 방식으로 주입하였다. 탈착하는 동안 칼럼 온도는 40°C였고, 크로마토그래피 분리하는 동안 4°C/min으로 증가한다. 칼럼: 30 m × 0.25 mm, 0.25 μm 두께의 poly(ethylene glycol). 재구성 총이온 크로마토그램에서는 *m/z* 40~400 범위의 모든 이온을 합한다. 번호 매긴 피크들은 커피향을 가지는 성분들이다. [출처: Luigi Mondello, University of Messina, Italy and Supelco, Bellefonte, PA.]

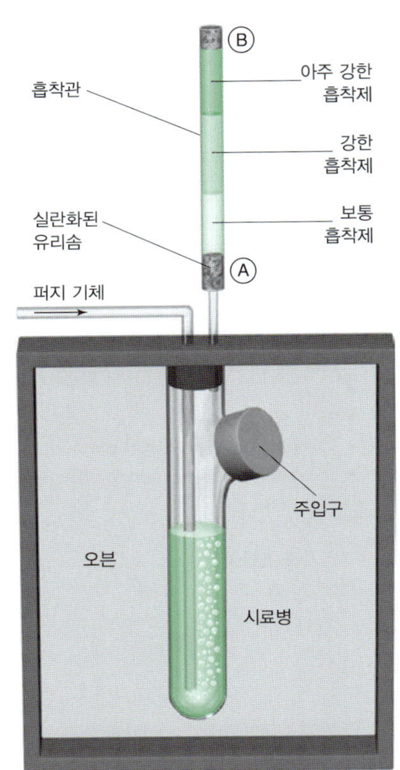

그림 24-28 기체 흐름을 이용하여 액체 또는 고체로부터 휘발성 물질을 추출하기 위한 퍼지 및 트랩 장치

반하여 소수성 분석 물질을 흡착시킨다. 추출된 분석 물질의 질량은 식 24-9에 의해 주어지는데, 흡착제의 부피 V_f는 고체상 미량 추출에서의 0.5 μL보다 커서 교반 막대 흡착 추출에서는 25~125 μL 범위이다. 따라서 교반 막대 흡착 추출에서는 K_D가 낮은 분석 물질이 50~250배 정도 더 많이 추출된다. 추출 후에는 티슈를 이용하여 터치하듯이 교반 막대의 물방울을 제거하고(수 mL의 물로 씻어낼 수도 있다), 교반 막대를 **열탈착관**(thermal desorption tube)에 넣는다. 탈착을 위해서는 보통 운반 기체의 흐름 속에서 250°C에서 5분 동안 탈착관을 가열한다. 휘발성 분석 물질은 냉각 트래핑을 이용하여 모은 후, 기체 크로마토그래피로 분리한다. ppb 혹은 그 이하의 농도로 존재하는 분석 물질은 표준 물질 첨가법, 동위 원소 내부 표준 물질법, 혹은 동일한 매트릭스를 이용하여 만든 교정 곡선을 이용하여 측정한다. 교반 막대는 **헤드스페이스 추출**(headspace extraction)[45]용 구부러진 철사를 이용하여 용기(vial)의 헤드스페이스에 매달려 있을 수도 있다.

퍼지 및 트랩(**purge and trap**)은 액체 또는 고체(예: 지하수 또는 토양)에서 휘발성 분석 물질을 끝까지 제거한 후, 농축하여 기체 크로마토그래피에 도입하기 위한 동적 버전(dynamic version)의 헤드스페이스 분석이다. 시료에서 분석 물질의 일부만 제거하는 고체상 미세 추출과는 달리, 퍼지 및 트랩의 목표는 시료에서 분석 물질을 100% 제거하는 것이며, 여러분은 이를 반드시 확인해야 한다. 극성 매트릭스에서 극성 분석 물질을 정량적으로 제거하는 것은 어려울 수 있다.

그림 24-28은 탄산음료에 함유된 휘발성 향료 성분을 측정하는 장치를 보여 준다. 스테인리스강 바늘을 통하여 헬륨 퍼지 기체를 공급하여 시료 용기 속 콜라에 기포를 발생시킨다. 분석 물질의 증발을 돕기 위해 시료 용기는 50°C로 가열한다. 시료 용기를 빠져나온 퍼지 기체는 흡착 강도가 증가하는 순서로 배열된 세 층의 흡착 입자가 들어 있는 흡착관을 통과한다. 예를 들면 중간 세기의 흡착제로 무극성 (다이페닐)(다이메틸)폴리실록세인[(diphenyl)(dimethyl)polysiloxane], 더 강한 흡착제로 테낙스(Tenax), 그리고 가장 강한 흡착제로 탄소 분자체를 사용할 수 있다.[46]

C_6H_5 / O / n / C_6H_5

테낙스

퍼지 및 트랩 과정 중 기체는 그림 24-28의 A에서 B 쪽으로 흡착관을 통과한다. 시료로부터 모든 분석 물질을 흡착관으로 퍼지시킨 후에는, 기체 흐름의 방향을 반대로 바꾸어(B에서 A로) 25°C에서 트랩을 퍼지하여 흡착제로부터 가능한 한 많은 양의 물이나 다른 용매를 제거한다. 그런 다음, 흡착관의 A 출구를 비분할 양식으로 작동하는 기체 크로마토그래피의 주입구에 연결하고, 트랩을 약 200°C로 가열한다. 탈착된 분석 물질은 크로마토그래피 칼럼 속으로 흘러 들어가서 냉각 트래핑에 의해 농축된다. 트랩으로부터의 탈착이 완료되면, 크로마토그래피 칼럼을 가열하여 분리를 시작한다.

열탈착(**thermal desorption**)은 고체 시료로부터 휘발성 화합물들을 날려보내는 방법이다. 무게를 아는 시료를 강철 혹은 유리관에 넣고 유리솜으로 고정시킨다. 먼저 운반 기체를 흘려주어 산소를 제거하는데, 이때 운반 기체는 크로마토그래피 칼럼이 아닌 공기 중으로 배출한다. 그런 다음 탈착관을 크로마토그래피 칼럼에 연결한 후 탈착관을 가열하여 휘발성 물질을 탈착시킨다. 탈착된 물질은 냉각 트래핑에 의해 칼럼의 입구 부분에 모아진다. 그런 다음 컬럼을 빠르게 가열하여 크로마토그래피를 시작한다.

열분해: 열에 의한 물질의 분해

열분해(**pyrolysis**)에서는 고무 또는 고분자와 같은 비휘발성 시료가 열분해를 야기하는 온도로 가열된다. 10~100 μg 시료의 무게를 측정한 후 시료를 용기에 넣고 600~800°C로 가열하면, O_2 없는 기체 흐름이 휘발성 생성물을 운반하여 크로마토그래피 칼럼에 냉각 트랩한 후 분석한다. 시료에 따라 휘발성 분해 생성물이 다르다. 폴리스타이렌의 열분해는 스타이렌 단량체, 이합체 및 약간의 삼합체를 생성하는 반면, 아크릴 고분자는 아크릴 및 메타크릴 단량체를 생성한다. 질량 분석과 연결한 열분해-기체 크로마토그래피는 환경 시료에서 미세 플라스틱을 식별하고 정량할 수 있다.[47]

24-5 기체 크로마토그래피 방법 개발

특정 문제를 성공적으로 해결하려면 기체 크로마토그래피 방법의 선택이 필요하다. 대략적인 안내를 위해 다음 주제들을 순서대로 고려해 보자. (1) 분석 목적, (2) 시료 준비, (3) 검출기, (4) 칼럼, (5) 주입[48]

결정 순서
1. 분석 목적
2. 시료 준비
3. 검출기
4. 칼럼
5. 주입

분석 목적

분석을 통하여 무엇을 알려고 하는가? 혼합물 내 성분들을 정성적으로 확인하고자 하는가? 모든 성분에 대하여 높은 분리도를 요구하는가? 아니면 크로마토그램의 일부분에 대해서만 분리가 필요한가? 분리 시간을 줄이기 위하여 분리도는 희생해도 되는가? 한 성분 혹은 여러 성분의 정량 분석이 필요한가? 높은 정밀도를 요구하는가? 분석 물질이 적절한 농도로 존재하는가, 아니면 예비 농축이 필요한가, 혹은 초미량 분석(ultratrace analysis)을 위해 매우 예민한 검출기가 필요한가? 분석 비용은 얼마인가? 방법을 선택하는 데에 있어서 이러한 인자들 사이에서 균형을 맞추어야 한다.

시료 준비

복잡한 시료의 성공적인 크로마토그래피를 위한 중요한 요건은 칼럼에 들어가기 전에 시료를 정제하는 것이다. 24-4절에서, 복잡한 매트릭스로부터 휘발성 성분을 유리시키는 방법으로 고체상 미량 추출, 교반 막대 추출, 퍼지 및 트랩, 열탈착을 다루었다. 액체 추출, 초임계 유체 추출, 고체상 추출을 포함하는 다른 방법들은 28장에서 다룬다. 이들 방법은 방해 물질로부터 원하는 분석 물질을 유리시키고, 낮은 농도의 분석 물질을 검출 가능한 수준으로 농축한다. 만일 시료를 정제하지 않으면, 크로마토그램은 분리되지 않은 피크들의 '숲'을 보이며, 비휘발성 물질은 고가의 크로마토그래피 칼럼을 손상시킨다.

쓰레기가 들어가면 쓰레기가 나온다!

검출기 선택

다음 단계는 검출기를 선택하는 것이다. 시료 내 모든 성분의 정보가 필요한가, 아니면 특정 원소나 특정 종류의 화합물을 검출하고 싶은가?

열린 관 크로마토그래피에서 가장 일반적인 용도의 검출기는 질량 분석기이다. 불꽃 이온화는 가장 널리 쓰이는 검출 방법이지만 주로 탄화수소에 감응하며, 표 24-3에서 보듯이, 전자 포획, 질소-인 또는 화학 발광 검출기만큼 민감하지 않다. 분할 주입의 경우, 불꽃 이온화 검출기는 분석 물질의 농도가 약 10 ppm 이상이 되어야 한다. 열전도도 검출기는 모든 종류의 화합물에 감응하지만 예민하지 않다.

초미량 분석에 사용되는 예민한 검출기들은 각각 제한된 종류의 분석 물질에 감응한다. 선택성 검출기를 선택하면 모두에 반응하지 않음으로써 크로마토그램을 단순화할 수 있다. 전자 포획 검출기는 할로젠을 함유하는 분자, 나이트릴, 나이트로 화합물, 콘쥬게이션된 카보닐 화합물에 선택적으로 감응한다. 분할 주입에서 전자 포획 검출기를 사용하려면 분석 물질의 농도가 100 ppb 이상이어야 한다. 선택 반응 검출법(그림 24-24)을 이용한 질량 분석법은 복잡한 시료 내 관심있는 한 가지 분석 물질을 측정하기 위한 우수한 방법이다. 용리된 성분의 전체 질량 스펙트럼은 성분 확인에 도움이 된다.

칼럼 선택

기본적인 선택 사항은 정지상, 칼럼의 지름과 길이, 그리고 정지상층의 두께이다. 표 24-1의 무극성 정지상이 가장 유용하다. 중간 극성의 정지상은 무극성 칼럼이 다룰 수 없는 대부분의 분리에 적용된다. 극성이 큰 화합물의 경우, 강한 극성 칼럼이 필요할 수도 있다. 영구 기

표 24-5 기체 크로마토그래피 칼럼 비교

항목	얇은 막 좁은 내경 (Thin-film narrow-bore)	두꺼운 막 좁은 내경 (Thick-film narrow-bore)	두꺼운 막 넓은 내경 (Thick-film wid-bore)
내경	0.10~0.32 mm	0.25~0.32 mm	0.53 mm
막두께	약 0.2 μm	약 1~2 μm	약 2~5 μm
상비($\beta = V_M/V_S$)	125~400	31~80	26~66
장점	높은 분리도 미량 분석 빠른 분리 낮은 온도 끓는점이 높은 화합물 용리	적절한 시료 용량 좋은 분리도(4 000단/m) 사용하기 쉬움. 휘발성 화합물의 머무름 질량 분석법에 좋음.	높은 시료 용량(용질당 100 ng) 열전도도 검출기 사용 가능 주입 방법이 간단
단점	낮은 용량(용질당 1 ng 이하) 높은 감도의 검출기 요구 실리카의 노출된 표면의 활성	중간 정도의 분리도 끓는점이 높은 화합물의 긴 머무름 시간	낮은 분리도(500~2 000단/m) 끓는점이 높은 화합물의 긴 머무름 시간

출처: *S. Cram, "How to Develop, Validate, and Troubleshoot Capillary GC Methods," American Chemical Society Short Course, 1996.*

체의 경우, 다공성 층 칼럼이나 충전 칼럼이 필요하다. 광학 이성질체나 기하 이성질체의 분리를 위해서는 특별한 정지상이 필요하다. 칼럼 공급업체는 칼럼 선택을 안내하기 위한 일반적인 분석 물질의 크로마토그램의 데이터베이스를 보유하고 있다.

표 24-5는 칼럼의 지름과 정지상 막두께 사이의 합리적인 조합이 단지 몇 개만 존재함을 보여 준다. 가장 좁은 칼럼이 가장 높은 분리도를 제공한다. 두꺼운 정지상층을 가지는 칼럼에 너무 강하게 머무르는, 끓는점이 높은 화합물들을 분리하고자 할 때에는 정지상 막두께가 얇은 좁은 내경 칼럼이 특별히 유용하다. 머무름 시간이 짧으면 빠른 분리가 가능하다. 그러나 얇은 층을 가지는 좁은 칼럼은 시료 용량이 매우 낮고, 끓는점이 낮은 화합물의 머무름이 없으며, 실리카 표면의 활성 자리가 노출되는 단점이 있다.

표 24-5에서 두꺼운 막을 가진 좁은 내경 칼럼은 분리도와 시료 용량 사이에 훌륭한 타협을 제공한다. 이들 칼럼은 대부분의 검출기(보통 열전도도는 제외)를 사용할 수 있으며, 휘발성이 큰 화합물에 적합하다. 머무름 시간은 얇은 막 칼럼에서 보다 길다. 열전도도 검출기를 사용하고자 할 때에는 두꺼운 막, 넓은 내경 칼럼이 요구된다. 이들은 시료 용량이 크고, 휘발성이 큰 화합물을 다룰 수 있으나, 분리도가 낮고 머무름 시간이 길다.

만일 어떤 특정 칼럼이 대부분의 당신의 요구 조건은 만족시키지만 분리도가 충분하지 않다면, 동일한 종류의 더 좁은 칼럼을 사용한다(식 23-40). 같은 길이의 칼럼으로부터 비슷한 머무름 시간을 얻기 위해서는 상비 β를 일정하게 유지해야 한다. 정지상의 두께는 내경에 비례하여 감소되어야 한다. 분리도를 최대화하기 위해서는 특별히 디자인된 좁은 칼럼을 사용하지 않고, 칼럼 내경이 0.15 mm인 칼럼을 사용하는 것이 적당하다.[49]

분리도를 개선하기 위해서는,
- 더 높은 칼럼
- 더 긴 칼럼
- 다른 종류의 정지상

을 사용한다.

컬럼의 길이를 2배로 늘리면 단수가 2배 증가하고, 식 23-33에 따르면 분리도도 $\sqrt{2}$배 증가한다. 칼럼 길이를 2배로 늘리면 머무름 시간도 2배 증가하므로 분리도를 높이기 위한 최선의 방법은 아니다. 칼럼이 좁아지면 머무름 시간에 희생 없이 분리도를 증가시킨다. 다른 정지상을 선택하면 분리 인자(식 23-33의 α)를 변경시켜 관심 성분들을 분리할 수도 있다.

보충 24-3 이차원 기체 크로마토그래피

이차원 크로마토그래피(종종 GC × GC라고 함)는 서로 다른 머무름 선택성을 가진 두 개의 칼럼을 사용하여 복잡한 시료의 성분을 분리한다.[51] 그림 *a*는 무극성 칼럼 1에 의해 분리되지 않은 세 가지 성분을 보여 준다. 불꽃 이온화 검출기는 세 성분의 신호의 합(검은색)을 하나의 피크로 보여 준다. 피크를 다섯 부분으로 분획한 후, 각각을 극성 칼럼 2에 차례로 주입하여 얻은 5개의 크로마토그램을 그림 *b*에 보여 준다. 칼럼 2는 칼럼 1에서 함께 용리하는 성분들을 분리한다.

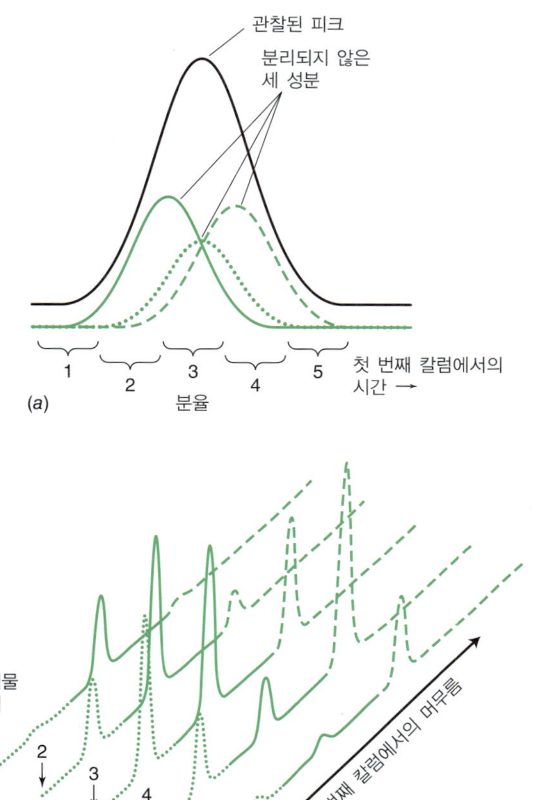

피크를 분획하여 극성이 다른 두번째 칼럼에 주입하였을 때, 그림 (*a*)에서는 분리되지 않은 성분들이 그림 (*b*)에서는 분리되었다. [출처: J. Dallüge, J. Beens, and U. A. Th. Brinkman, "Comprehensive Two-Dimensional Gas Chromatography: A Powerful and Versatile Analytical Tool," *J. Chromatogr. A.* **2003**, *1000*, 69.]

이 장의 시작 부분에서 스테로이드 대사 물질의 분리를 보여 준 것처럼, 이차원 크로마토그램은 한 축에는 칼럼 1에서의 머무름 시간을, 수직축에는 칼럼 2에서의 머무름 시간을 그린다. 검출기의 신호 세기는 각 점에서의 색이나 밝기로 나타낸다.

이차원 크로마토그래피의 핵심 부분은 그림 *c*의 두 칼럼 사이에 위치한 모세관 **변조기**(modulator)이다. 이 장의 소개 부분에서, 변조기는 칼럼 1에서 용출되는 물질을 6초 동안 모은다. 그 후 변조기에 모아진 용질은 칼럼 2로 빠르게 보낸다(6초 이내). 그림 *d*는 원하는 시간 동안 변조기가 액체 CO_2나 액체 N_2를 이용하여 칼럼 1에서 용출되는 물질을 응축하여 한곳에 머무르게 하는 메커니즘을 보여 준다.

칼럼 2에서 빠른 분리를 얻기 위해서는 칼럼 2가 칼럼 1보다 훨씬 짧아야 한다. 이 장의 시작 부분에서 설명하였듯이, 높은 분리도를 얻기 위해서는 칼럼 2가 칼럼 1보다 좁아야 하며, 정지상층의 두께는 얇아야 한다. 이 모든 인자가 짧은 시간에 높은 분리도를 허용한다.

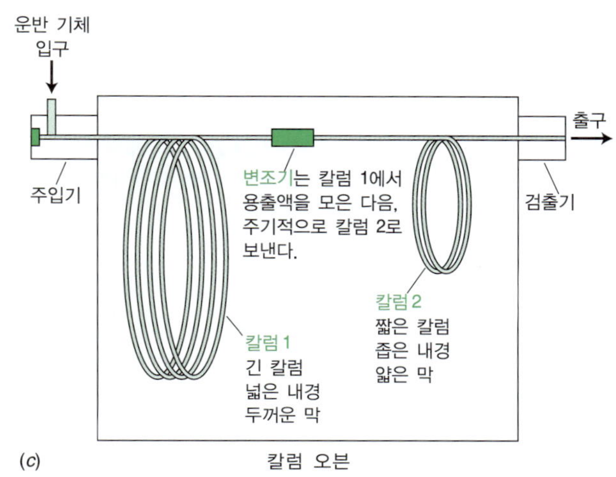

(*c*) 이차원 크로마토그래피(GC × GC)의 배치도. 변조기는 칼럼 1에서 용리된 물질을 모은 후 주기적으로 칼럼 2로 보낸다.

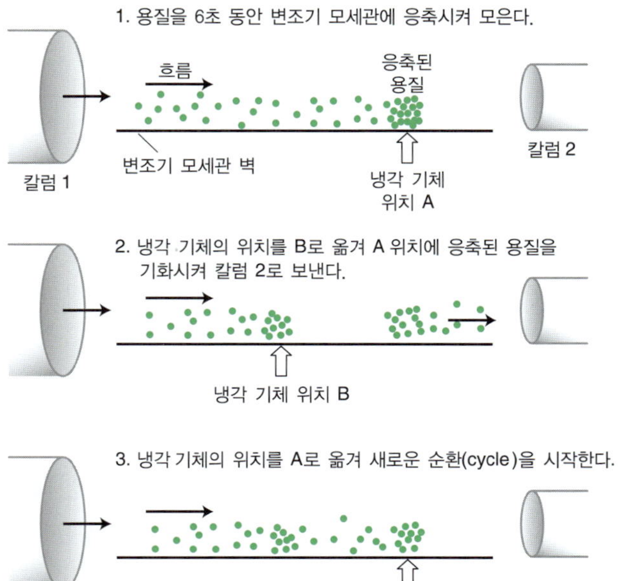

(*d*) 변조기가 차가운 기체 흐름을 이용하여 용출물을 응축시키는 메커니즘

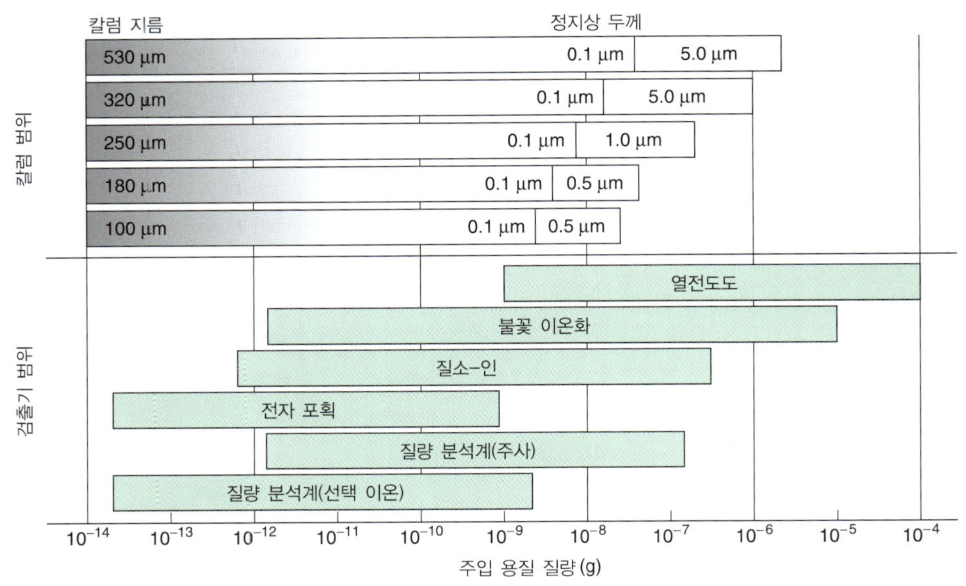

그림 24-29 내벽 코팅 열린 관 기체 크로마토그래피 칼럼과 검출기의 대략적인 시료 주입량 범위 [출처: J. V. Hinshaw, "Setting Realistic Expectations for GC Optimization," *LCGC North Am.* **2006**, *24* (November), 1194.]

분리도를 감소시키지 않으면서 분석 속도를 증가시키기 위해서는 더 짧고 더 좁은 칼럼을 선택할 수 있다. 분리도를 희생시키지 않으면서 머무름 시간을 줄이기 위한 다른 방법은 운반 체를 He에서 H_2로 바꾸고, 유속을 1.5~2배 크게 하는 것이다(그림 24-11).[22]

만약 몇 가지 조건에서 어떤 혼합물의 몇 가지 주된 성분의 분리도를 측정하였다면, 상용 소프트웨어를 이용하여 최선의 분리를 위한 최적화가 가능하다(예: 온도 및 압력 프로그래밍).[50] 복잡한 혼합물 내 많은 성분의 정량 분석이 필요한 경우에는 이차원(2D) 분리(보충 24-3)가 필요할 수도 있다.

그림 24-29는 여러 가지 칼럼과 검출기에 대한 분석 물질의 대략적인 질량 한계(상한과 하한)를 제시한다. 가로축은 칼럼 혹은 검출기에 도달하는 분석 물질의 질량이다. 주입 액체의 통상적인 부피는 1 μL이며, 질량은 1 mg이다. 만약 분석 물질의 농도가 1 ppm이라면, 1 μL 내 분석 물질의 질량은 10^{-9} g = 1 ng이다. 주입량 10^{-9} g에 수직으로 선을 그리면, 칼럼 모두와 검출기 네 개의 작동 범위에 들어간다. 이 시료 질량은 열전도도 검출기에는 너무 작고, 전자 포획 검출기에는 너무 크며, 선택 이온 검출에는 상한에 가깝다. 100:1 분할 주입의 경우, 칼럼에 주입되는 시료 양은 100배 작아지므로 10^{-11} g이다. 이 양은 열전도도 검출기를 제외한 모든 칼럼과 검출기의 작동 범위에 들어간다. 주입 시료 양이 감소할수록 크로마토그래피가 어려워지므로, 모든 칼럼에 대하여 10^{-11} g의 왼쪽 영역은 음영 처리하였다. 시료 질량이 10^{-11} g보다 작아지면 주입기와 칼럼에서의 흡착 및 분해로 인해 시료가 손실될 수도 있다. 극성 용질은 흡착에 의해 이보다 더 많은 양이 손실될 수도 있다. 각 칼럼의 우측(상한 부분)에 보이는 분할선은 적절한 시료 용량을 유지하기 위하여 얇은 막에서 두꺼운 막으로 바꾸어 주어야 할 지점을 표시한다.

시료 주입 방법의 선택

마지막 중요한 결정은 시료를 어떻게 주입하느냐 하는 것이다. **분할 주입**은 고농도 분석 물질이나 기체 분석에 가장 적합하다. 분할 주입은 높은 분리도를 제공하며, 주입관에 유리 섬유(glass wool)를 충전하면 더러운 시료를 처리할 수 있다

매우 희석된 용액의 경우 **비분할 주입**이 필요하다. 비분할 주입은 시료를 칼럼에 천천히 도입하기 때문에 용매 트래핑이나 냉각 트래핑이 요구되며 온도 프로그래밍이 필요하다. 각

분석 물질의 함유량이 100 ppm 미만인 시료는 정지상의 층두께가 1 μm 미만인 칼럼과 비분할 주입으로 분석할 수 있다. 각 분석 물질 100~1 000 ppm을 함유한 시료는 1 μm 이상의 층두께를 가지는 칼럼이 요구된다.

칼럼내 주입(on-column injection)은 열에 예민한 화합물이나 정확한 정량 분석에 최선이다. 칼럼내 주입은 내경이 0.2 mm 미만인 칼럼에는 사용할 수 없다. 이 방법은 농도가 낮거나 높은 용액과, 상대적으로 크거나 작은 부피를 처리할 수 있다. 칼럼내 주입은 비휘발성 성분이 거의 또는 전혀 들어 있지 않은 시료에 제한된다.

분할 주입
- 고농도의 시료
- 불순물이 많은 시료(충전된 관 사용)

비분할 주입
- 낮은 농도의 시료
- 용매 트래핑 또는 냉각 트래핑 필요

칼럼내 주입
- 정량 분석에 최선
- 열에 예민한 화합물
- 순수한 시료를 요구

이해해야 할 용어

격막(septum)
고체상 미량 추출(solid-phase microextraction)
교반 막대 흡착 추출(stir-bar sorptive extraction)
기체 크로마토그래피(gas chromatography)
냉각 트래핑(cold trapping)
머무름 간격(retention gap)
머무름 지수(retention index)
보호 칼럼(guard column)
분자체(molecular sieve)
분할 주입(split injection)
불꽃 이온화 검출기(flame ionization detector)
비분할 주입(splitless injection)
상비(phase ratio)
선택 반응 검출법(selected reaction monitoring)
선택 이온 검출법(selected ion monitoring)
소량 첨가(spiking)
시료 준비(sample preparation)
열린 관칼럼 (open tubular column)
열분해(pyrolysis)
열전도도 검출기(thermal conductivity detector)
열탈착(thermal desorption)
온도 프로그래밍(temperature programming)
용매 트래핑(solvent trapping)
운반 기체(carrier gas)
일반적인 용리 문제(general elution problem)
전자 포획 검출기(electron capture detector)
충전 칼럼(packed column)
칼럼내 주입(on-column injection)
퍼지 및 트랩(purge and trap)
헤드스페이스(headspace)

요약

기체 크로마토그래피에서는 휘발성 액체나 기체 상태의 용질이 기체 이동상에 의해 운반되어 열린 관칼럼의 내벽이나 고체 지지체 표면에 코팅된 정지상 위를 통과한다. 길고 좁은 용융 실리카 열린 관칼럼은 시료 용량은 작으나 훌륭한 분리를 제공한다. 용융 실리카 열린 관칼럼은 내벽 코팅 혹은 다공성 층이다. 충전 칼럼은 시료 용량은 크지만 분리도가 낮다. 용질은 부분적으로 증기상에 있어야 기체 크로마토그래피 칼럼으로부터 용리된다. 용질의 부분 압력과 머무름은 열역학에 의해 좌우되며, 이는 칼럼 온도가 머무름을 결정함을 의미한다. 액체 정지상은 자신과 극성이 비슷한 용질을 가장 강하게 머무르게 한다('비슷한 것은 비슷한 것을 녹인다'). 고체 정지상으로는 다공성 탄소, 알루미나 및 분자체를 포함하며, 이들은 영구 기체 분리에 사용한다. 머무름 지수(retention index)는 선형 알케인의 용리 시간과 관련지어 머무름 시간을 측정한다. 온도나 압력 프로그래밍은 강하게 머무르는 성분의 용리 시간을 줄여 준다. 운반 기체로 N_2 대신 H_2나 He을 사용하면 분리 효율의 희생 없이 선속도를 증가시킬 수 있다. 분할 주입은 상대적으로 높은 농도의 시료에 대해 높은 분리도를 제공한다. 비분할 주입은 매우 낮은 농도의 시료에 적용되는데, 좁은 띠를 얻기 위해서는 칼럼의 시작 지점에 용질을 농축하는 용매 트래핑이나 냉각 트래핑이 요구된다. 칼럼내 주입은 정량 분석과 열적으로 불안정한 용질에 가장 적합하다.

정량 분석은 보통 자동 주입기를 사용할 때는 외부 표준을, 수동 주입의 경우에는 내부 표준 물질을 사용하여 수행한다. 서로 다른 머무름 선택성을 가지는 여러 가지 칼럼에 알려진 시료를 첨가하면 미지 피크의 정성 분석에 유용하다. 질량 스펙트럼 검출기는 미지 물질 확인에 도움을 주는 분자 구조에 관한 정보를 제공한다. 선택 이온 검출법이나 선택 반응 검출법을 이용하면 질량 분석계는 더욱 예민하며 방해를 덜 받는다. 열전도도 검출기는 보편적 감응을 제공하지만, 아주 예민하지는 않다. 불꽃 이온화 검출기는 대부분의 칼럼에 이용할 수 있는 충분한 감도를 가지며, 대부분의 유기 화합물에 감응한다. 전자 포획, 질소-인, 불꽃 광도법, 광이온화, 화학 발광, 원자 방출 검출기는 특정 종류의 화합물이나 개별 원소에 선택적으로 감응한다.

크로마토그래피 방법을 개발하기 전에 분석의 목적을 정의하는 것이 필요하다. 성공적인 크로마토그래피의 열쇠 중 하나는 시료 정제이다. 고체상 미량 추출, 교반 막대 흡착 추출, 퍼지 및 트랩,

열탈착은 복잡한 매트릭스로부터 휘발성 물질을 분리하는 방법이다. 열분해는 비휘발성 분석 물질을 휘발성 물질로 분해하여 분석한다. 시료 준비 후에는 방법 개발을 위하여 검출기, 칼럼, 주입 방법의 순으로 선택한다.

연습 문제

24-A. **(a)** 표 24-2의 폴리에틸렌글라이콜 칼럼(Carbowax라고도 함)에서 2-펜탄온의 머무름 지수는 998이다. 어느 두 개의 선형 사슬 탄화수소 사이에서 2-펜탄온이 용리되는가?

(b) 머무름이 없는 용질이 어떤 칼럼을 통과하는 데 1.80분이 걸린다. 데케인($C_{10}H_{22}$)이 용리되는 데 15.63분, 운데케인($C_{11}H_{24}$)은 17.22분이 걸린다. 머무름 지수가 1 050인 화합물의 머무름 시간은 얼마인가?

24-B. 동족 계열 화합물(구조는 유사하나 사슬의 CH_2기의 수가 다른)의 등온 용리에서, log t'_R은 보통 탄소 원자수의 일차 함수이다. 아래 화합물은 이 동족 계열 화합물이다.

$$(CH_3)_2CH(CH_2)_nCH_2OSi(CH_3)_3$$

(a) 아래의 기체 크로마토그래피 머무름 시간으로부터 log t'_R 대 n의 그래프를 작성하고, 화학식의 n 값을 구하시오.

$n = 7$	4.0분	CH_4	1.1분
$n = 8$	6.5분	미지 시료	42.5분
$n = 14$	86.9분		

(b) 미지 시료의 머무름 인자(k)를 계산하시오.

24-C. 두 피크의 분리도(식 23-33)는 칼럼의 단수(N), 분리 인자(α), 머무름 인자(k)에 의존한다. 분리도가 1.0인 두 피크가 있다. 정량 분석을 위해 바탕선까지 분리되도록 분리도를 1.5로 증가시키고자 한다(그림 23-9).

(a) 분리도를 1.5로 증가시키기 위해 칼럼 길이를 늘일 수 있다. 칼럼을 몇 배 증가시켜야 하는가? 유속이 일정하다면, 길이를 늘인 후 분리 시간은 얼마나 증가하는가?

(b) 다른 정지상을 선택하면 분리 인자(α)를 변화시킬 수 있다. 만일 α가 1.016이라면, 분리도가 1.5가 되기 위해서 α는 얼마로 증가하여야 하는가? $(\text{diphenyl})_{0.05}(\text{dimethyl})_{0.95}$ polysiloxane 정지상(표 24-1)을 이용하여 두 개의 알코올을 분리한다면, α를 증가시키기 위하여 어떤 정지상을 선택하겠는가? 이 변화는 분리 시간에 영향을 미치는가?

24-D. **(a)** **5-4절 내부 표준 물질에 대하여 복습해 보자.** 뷰탄올(FM 74.12) 234 mg과 헥산올(FM 102.17) 312 mg이 함유된 10.0 mL 용액을 기체 크로마토그래피로 분리할 때, 피크의 상대 면적은 뷰탄올:헥산올 = 1.00:1.45였다. 내부 표준 물질로 뷰탄올을 이용할 때 헥산올의 감응 인자는?

(b) 보통 피크 면적은 컴퓨터로 측정한다. 피크 면적을 수동으로 측정한다면, Gauss 피크의 경우,

$$\text{피크 면적} = 1.064 \times \text{피크 높이} \times w_{1/2}$$

여기서 $w_{1/2}$는 반높이에서의 피크 너비이다. 이 식을 이용하여 그림 24-8의 뷰탄올과 헥산올의 피크 면적을 측정하시오.

(c) 용액에 뷰탄올 112 mg이 함유되어 있다면, 용액 내 헥산올의 질량은 얼마인가?

(d) 여기에서 가장 큰 불확정도의 요인은 무엇인가? 불확정도는 얼마인가?

24-E. **5-4절 내부 표준 물질에 대하여 복습해 보자.** 1.06 mmol의 1-펜탄올과 1.53 mmol의 1-헥산올을 기체 크로마토그래피로 분리하였을 때, 피크 면적은 각각 922와 1 570이었다. 헥산올을 함유하는 미지 시료에 0.57 mmol의 펜탄올을 첨가하였을 때, 피크 면적은 843:816(펜탄올:헥산올)이었다. 미지 시료는 헥산올을 얼마나 함유하는가?

문제

24-1. **(a)** 기체 크로마토그래피에서 충전 칼럼과 열린 관칼럼의 상대적인 장단점은 무엇인가?

(b) 내벽 코팅과 다공성 층 열린 관칼럼 사이의 차이점을 설명하시오.

(c) 정지상을 칼럼 벽에 공유 결합시키거나 정지상 간 가교 결합시킬 때의 장점은 무엇인가?

24-2. 기체 크로마토그래피에서 충전 칼럼보다 열린 관칼럼의 분리도가 좋은 이유는 무엇인가?

24-3. **(a)** 내경이 좁은 열린 관칼럼을 사용할 때의 장단점은 무엇인가?

(b) 길이가 긴 열린 관칼럼을 사용할 때의 장단점은 무엇인가?

(c) 정지상층이 두꺼울 때의 장단점은 무엇인가?

24-4. **(a)** poly(dimethyl siloxane)으로 코팅된 열린 관칼럼을 이용하여 분리할 수 있는 용질의 종류는 무엇인가?

(b) poly(ethylene glycol)로 코팅된 열린 관칼럼을 이용하여 분리할 수 있는 용질의 종류는 무엇인가?

(c) 다공성 층 열린 관칼럼을 이용하여 분리할 수 있는 용질의 종류는 무엇인가?

24-5. **(a)** 기체 크로마토그래피에서 온도 프로그래밍의 장단점은 무엇인가?

(b) 기체 크로마토그래피에서 압력 프로그래밍의 장점은 무엇인가?

24-6. **(a)** 이상적인 운반 기체의 특징은 무엇인가?

(b) 기체 크로마토그래피에서 H_2와 He가 칼럼 효율의 손실 없이 N_2보다 더 빠른 선형 유속을 허용하는 이유는 무엇인가? (그림 24-11)

24-7. **(a)** 기체 크로마토그래피에서 언제 분할, 비분할, 혹은 칼럼내 주입을 하겠는가?

(b) 비분할 주입에서 용매 트래핑과 냉각 트래핑이 어떤 역할을 하는지 설명하시오.

24-8. 어떤 종류의 분석 물질이 다음의 기체 크로마토그래피 검출기에 감응하는가?

(a) 열전도도
(b) 불꽃 이온화
(c) 전자 포획
(d) 불꽃 광학
(e) 질소-인
(f) 9.5 eV 빛을 이용한 광이온화
(g) 황 화학 발광
(h) 원자 방출
(i) 질량 분석계
(j) 진공 자외선 흡수

24-9. 열전도도 검출기가 운반 기체를 제외한 모든 분석 물질에 감응하는 이유는 무엇인가? 불꽃 이온화 검출기가 범용이 되지 못하는 이유는 무엇인가?

24-10. 재구성 총이온 크로마토그램, 선택 이온 검출법, 선택 반응 검출법이 무엇을 보여 주는지 설명하시오. 어느 것이 가장 선택적이고, 어느 것이 가장 덜 선택적인가? 그 이유는 무엇인가?

24-11. 크로마토그래피에서 유도체화의 목적은 무엇인가? 그리고 그 예를 드시오.

24-12. **(a)** 고체상 미량 추출을 설명하시오. 이 방법으로 시료를 주입할 때 냉각 트래핑이 필요한 이유는? 고체상 미량 추출에서는 미지 시료 내 모든 분석 물질이 섬유로 추출되는가?

(b) 교반 막대 흡착 추출과 고체상 미량 추출의 차이를 설명하시오. 어느 것이 더 예민한가? 그 이유는 무엇인가?

24-13. 퍼지 및 트랩에서 비분할 주입이 사용되는 이유는 무엇인가?

24-14. 열분해 기체 크로마토그래피는 어떻게 환경 내 미세 플라스틱과 같은 비휘발성 분석 물질의 정성 및 정량 분석을 가능하게 하는가?[47]

24-15. 기체 크로마토그래피에서의 방법 개발에서의 선택 순서를 쓰시오.

24-16. 이 문제는 23장의 개념을 검토한다. 머무름이 없는 용질이 크로마토그래피 칼럼을 통과하는 데 3.7분이 걸리는데, 분석 물질은 8.4분 걸린다.

(a) 분석 물질의 보정 머무름 시간과 머무름 인자를 구하시오.

(b) 1.0 μm 정지상 두께와 0.32 mm 내경을 가지는 칼럼의 상비 β를 구하시오.

(c) 분석 물질의 분포 상수를 구하시오.

(d) 같은 온도에서, 같은 길이와 0.32 mm의 내경을 가지는, 정지상 막두께가 0.5 μm인 칼럼에서의 머무름 시간을 계산하시오.

24-17. **(a)** 그림 23-7에서 머무름 시간이 메테인 1.0분, 옥테인 12.0분, 미지 물질 13.0분, 노네인 15.0분이다. 미지 물질의 Kováts 머무름 지수를 구하시오.

(b) 칼럼의 상비가 두 배가 될 때, 미지 물질의 Kováts 지수는 얼마인가?

(c) 만약 칼럼 길이가 반으로 준다면, 미지 물질의 Kováts 지수는 얼마인가?

24-18. 표 24-2를 사용하여 **(a)** poly(dimethylsiloxane), **(b)** $(\text{diphenyl})_{0.35}(\text{dimethyl})_{0.65}$polysiloxane, **(c)** poly(ethylene glycol)을 함유하는 칼럼에서 다음 화합물의 용리 순서를 예측하시오.

헥세인, 헵테인, 옥테인, 벤젠, 뷰탄올, 2-펜탄올

24-19. 표 24-2를 사용하여, **(a)** poly(dimethylsiloxane), **(b)** $(\text{diphenyl})_{0.35}(\text{dimethyl})_{0.65}$polysiloxane, **(c)** poly(ethylene glycol)을 함유하는 칼럼에서 다음 화합물의 용리 순서를 예측하시오.

1. 1-펜탄온(n-$C_5H_{11}OH$, 끓는점 138°C)
2. 2-헥산온($CH_3C(=O)C_4H_9$, 끓는점 128°C)
3. 헵테인(n-C_7H_{16}, 끓는점 98°C)
4. 옥테인(n-C_8H_{18}, 끓는점 126°C)
5. 노네인(n-C_9H_{20}, 끓는점 151°C)
6. 데케인(n-$C_{10}H_{22}$, 끓는점 174°C)

24-20. **(a)** Trouton 법칙 $\Delta H°_{vap} \approx (88\ \text{J mol}^{-1}\text{K}^{-1}) \cdot T_{bp}$을 이용하여, 옥테인(끓는점 126°C)의 증발 엔탈피를 추정하시오.

(b) 아래에 있는 Clausius-Clapeyron 식의 형태를 이용하여, 칼럼 온도 70°C에서 옥테인의 증기압(단위 bar)을 추정하시오(그림 24-9).

$$\ln\left(\frac{P_1}{P_2}\right) = -\left(\frac{\Delta H_{vap}}{R}\right)\left(\frac{1}{T_1} - \frac{1}{T_2}\right)$$

(c) 70°C에서 헥세인(끓는점 69°C)의 증기압을 계산하시오.

(d) 용질의 증기압과 머무름 사이의 관계는 무엇인가?

(e) 머무름이 있는 분석 물질이 부분적으로 증발하는데 '기체 크로마토그래피'라고 하는 이유는 무엇인가?

24-21. $\log t'_R = (a/T) + b$ 식을 보면, 머무름 시간은 온도(T)에 의존한다. 여기에서 a와 b는 특정 칼럼에서 특정 화합물에 대하여 상수이다. 기체 크로마토그래피 칼럼의 온도가 373 K일 때, 어떤 화합물의 보정 머무름 시간 t'_R = 15.0분이고, 363 K에서는 t'_R = 20.0분이다. 상수 a와 b를 구하고, 353 K에서의 t'_R을 예측하시오.

24-22. 폴리에틸렌글라이콜 칼럼에서 온도가 증가함에 따라 뷰탄올의 머무름 시간이 어떻게 변하는지 설명하시오. 그림 24-9b에서의 뷰탄올의 머무름 시간을 시작점으로 사용하시오.

24-23. 이번 문제는 그림 24-7을 이용하여 23장의 개념을 검토한다.

(a) CO에 대한 이론 단수(식 23-30의 N)와 단높이(H)를 계산하시오.

(b) 아르곤과 산소 사이의 분리도(식 23-23)를 구하시오.

24-24. 이번 문제는 그림 24-15를 이용하여 23장의 개념을 검토한다.

(a) docasahexanoic acid의 머무름 인자를 계산하시오($t_M = 6.7$ 분).

(b) 반높이 너비(식 23-31)와 바탕선 너비(식 23-30)를 이용하여 docasahexanoic acid 피크에 대하여 단수 N을 계산하시오.

(c) **(b)**로부터 평균 단수를 이용하여 docasahexanoic acid 피크에 대하여 단높이(H)를 구하시오.

24-25. **(a)** 0.1 μg/mL 벤젠 1 μL를 비분할 주입을 이용하여 GC에 주입한다. 칼럼에 실리는 벤젠의 양은 얼마인가?

(b) 분할 비율이 100:1인 분할 주입에서 칼럼에 주입되는 벤젠의 양은 얼마인가?

(c) 두 피크 너비가 모두 1초인 경우, **(a)**와 **(b)**에서 검출기로 들어가는 탄소의 질량은 얼마인가?

(d) 표 24-3의 검출 한계를 고려할 때, 불꽃 이온화 검출기는 분할 및 비분할 주입을 검출할 수 있을 만큼 민감한가?

24-26. **(a)** 내경이 큰(지름 0.53 mm) 열린 관칼럼에서 얇은 정지상 두께(0.2 μm)를 사용하는 것이 비논리적인 이유는 무엇인가?

(b) 내경이 작고(지름 0.25 mm) 미터당 5 000단수를 가지는 얇은(0.10 μm) 칼럼과, 내경이 크고(지름 0.53 mm) 미터당 1 500단수를 가지는 층이 두꺼운(5.0 μm) 칼럼이 있다. 정지상의 밀도는 약 1.0 g/mL이다. 각 칼럼에서 한 개의 단에 해당하는 길이에 존재하는 정지상의 질량은 얼마인가? 시료의 질량이 한 개 단 내의 정지상 질량의 1.0%를 초과하지 않으려면, 각 칼럼에 주입할 수 있는 시료의 질량은 몇 나노그램인가?

24-27. 그림은 내경이 다른 열린 관칼럼에서의 헬륨의 띠넓어짐 거동을 보여 준다.

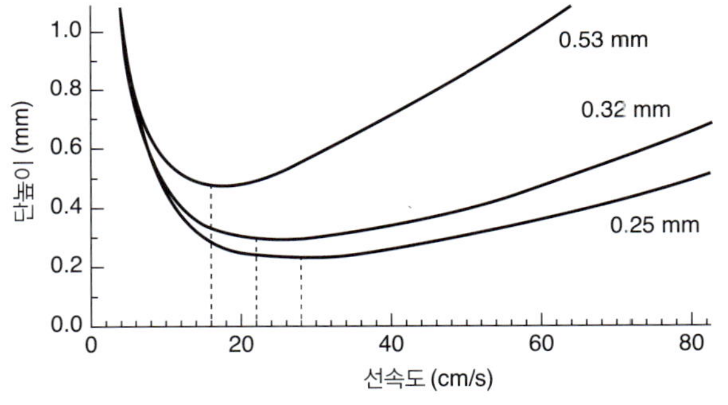

문제 24-27의 van Deemter 곡선 [출처: J. de Zeeuw, "Impact of GC Parameters on Performance: Part 2. Choice of Column Inner Diameter," *Sep. Sci.* **2014**, *6(4)*, 2.]

(a) 왜 높은 선속도가 더 넓은 지름의 칼럼에서 단높이에 더 많은 영향을 미치는가?

(b) 3개의 칼럼 지름이 8 cm/s 미만의 선속도에서 유사한 단높이를 보이는 이유는 무엇인가?

(c) 칼럼 지름에 따르는 최적 선속도의 경향성은 무엇인가?

24-28. 다음 그림은 70°C에서 1~2 μm 두께의 정지상을 가진 휴대용 기체 크로마토그래피에서 실리콘에 식각된 3.0 m 칼럼에서의 n-노네인에 대한 van Deemter 그래프를 보여 준다. 기체 실린더를 현장으로 운반할 필요 없이, 물과 유기 증기를 제거하기 위해 여과한 공기를 운반 기체로 사용한다.

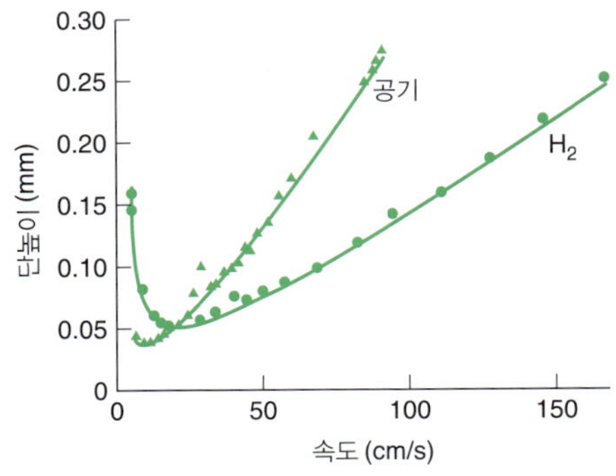

문제 24-28의 van Deemter 곡선 [출처: G. Lambertus, A. Elstro, K. Sensenig, J. Potkay, M. Agah, S. Scheuering, K. Wise, F. Dorman, and R. Sacks, "Design, Fabrication, and Evaluation of Microfabricated Columns for Gas Chromatography," *Anal. Chem.* **2004**, *76*, 2629. S. Scheuering은 학부 연구생이었음]

(a) 운반 기체로 공기를 사용할 때의 위험은 무엇인가?

(b) 운반 기체로서 공기와 H_2에 대한 최적 유속과 단높이를 측정하시오.

(c) 칼럼 길이가 3 m일 때, 각 운반 기체의 최적 유속에서의 단수는 얼마인가?

(d) 각 운반 기체의 최적 유속에서 머무름이 없는 기체가 칼럼을 통과하는 데 걸리는 시간은 얼마인가?

(e) 정지상이 칼럼 내경에 비해 충분히 얇다면, 두 개의 질량 이동항(23-40과 23-41) 중 어느 것을 무시할 수 있는가? 그 이유는?

(f) 운반 기체로 공기보다 H_2를 이용하면, 높은 유속에서의 칼럼 효율의 저하가 덜 심각한 이유는 무엇인가?

24-29. **(a)** 기체 크로마토그래피에서 어떻게 인접한 두 피크 사이의 분리도를 향상시킬 수 있는가?

(b) **(a)**의 방법 중 가장 비용 효율적인 방법은 무엇인가? (구매하지 않고)

24-30. **(a)** 펜탄올(FM 88.15) 234 mg과 2,3-다이메틸-2-뷰탄올(FM 102.18) 237 mg을 함유하는 10.0 mL 용액을 분리할 때, 상대 피크 면적은 펜탄올: 2,3-다이메틸-2-뷰탄올 = 0.913 : 1.00이다. 펜탄올을 내부 표준 물질로 가정하고 2,3-다이메틸-2-뷰탄올의 감응 인자를 구하시오.

(b) 연습 문제 24-D의 식을 이용하여, 그림 24-8의 펜탄올과 2,3-다이메틸-2-뷰탄올의 피크 면적을 구하시오.

(c) 미지 용액 내 내부 표준 물질 펜탄올의 농도가 93.7 mM이다. 2,3-다이메틸-2-뷰탄올의 농도는 얼마인가?

24-31. 6.3×10^{-8} M 아이오도아세톤과 2.0×10^{-7} M p-다이클로로벤젠(내부 표준 물질)을 함유하는 용액의 기체 크로마토

그래피 피크 면적은 각각 395, 787이다. 아이오도아세톤을 함유하는 미지 용액 3.00 mL를 0.100 mL의 1.6×10^{-5} M *p*-다이클로로벤젠과 혼합시킨 후, 그 혼합물이 10.00 mL가 되도록 희석하였다. 아이오도아세톤과 *p*-다이클로로벤젠의 기체 크로마토그래피 피크 면적은 각각 633, 520이었다. 원래 미지 용액 3.00 mL 내 아이오도아세톤의 농도를 구하시오.

24-32. 헵테인, 데케인, 미지 시료의 보정 머무름 시간은 각각 12.6분, 22.9분, 20.0분이다. 헵테인과 데케인의 머무름 지수는 각각 700, 1 000이다. 미지 시료의 머무름 지수를 구하시오.

24-33. 그림 24-21에서 테킬라 내 취기제(odorant) 분석을 위하여, 테킬라를 물로 희석하고 다이클로로메테인(CH_2Cl_2, 끓는점 40°C)으로 4회 추출하였다. 400 mL의 CH_2Cl_2가 1 mL가 될 때까지 증발시키고, 추출물 1 μL를 폴리에틸렌글라이콜 열린 관칼럼(길이 30 m × 칼럼 내경 0.53 mm, 막두께 = 1 μm)에 칼럼내 주입하였다. 초기 온도 50°C이고 230°C까지 증가시킨다.

(a) 희석된 테킬라를 큰 부피의 다이클로로메테인으로 1회 추출하지 않고 4회 추출하는 이유는 무엇인가?

(b) 칼럼내 주입을 한 이유는 무엇인가?

(c) 폴리에틸렌글라이콜 칼럼을 선택한 이유는 무엇인가?

(d) 칼럼의 상비는 얼마인가?

(e) 0.53 mm 내경의 넓은 내경 칼럼을 선택한 이유는 무엇인가?

24-34. 휘발유 첨가제인 메틸 *t*-뷰틸 에터(MTBE)는 사용하는 동안 지하수로 누출되었다. MTBE는 25% (wt/vol) NaCl이 첨가된 지하수에서 고체상 미량 추출법으로 ppb 수준까지 측정할 수 있다(**염석**, 문제 8-9). 미량 추출 후, 분석 물질은 기체 크로마토그래피의 주입구에 있는 섬유로부터 열탈착된다. 아래 화학 구조는 재구성 총이온 크로마토그램과 선택 이온 검출법으로 추출 섬유로부터 탈착된 물질의 결과를 보여 준다.

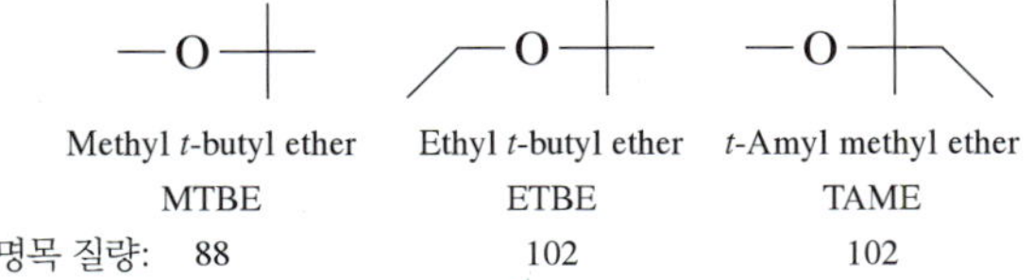

(a) 추출하기 전에 NaCl을 넣어 주는 이유는 무엇인가?

(b) 선택 이온 검출법에서 관측되는 명목 질량은 무엇인가? 단지 세 피크만 보이는 이유는 무엇인가?

(c) 아래 표는 질량 스펙트럼에 나타나는 m/z 50 이상의 주된 이온들을 보여 준다. 기본(가장 높은) 피크는 별표로 표시하였다. MTBE와 TAME는 m/z 73에서 강한 피크를 보이며, ETBE는 m/z 73에서 두드러진 피크를 나타내지 않는다. m/z 73에 대한 구조를 제시하시오. 표에 있는 모든 이온의 구조를 제안하시오.

MTBE	ETBE	TAME
73*	87	87
57	59*	73*
	57	71
		55

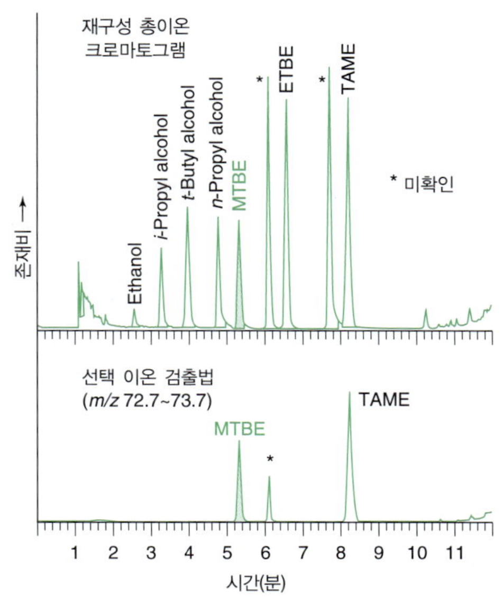

지하수의 고체상 미량 추출물의 재구성 총이온 크로마토그램과 선택 이온 검출법 결과. 크로마토그래피 조건: 5 μm 두께의 poly(dimethylsiloxane) 칼럼(30 m × 0.32 m). 온도 = 4분 동안 50°C로 유지한 후, 90°C까지 분당 20°C로 올리고, 3분 동안 유지한 후 200°C까지 분당 40°C씩 올린다. [자료 출처: D. A. Cassada, Y. Zhang, D. D. Snow and R. F. Spalding, "Trace Analysis of Ethanol, MTBE, and Related Oxygenate Compounds in Water Using Solid-Phase Microextraction and Gas Chromatography/Mass Spectrometry," *Anal. Chem.* **2000**, *72*, 4654.]

24-35. 소변 내의 니코틴을 측정하는 방법은 다음과 같다. 1.00 mL의 생물학적 유체 시료를 0.7 g의 Na_2CO_3 분말이 들어 있는 12 mL 시료병에 넣는다. 내부 표준 물질로 5-아미노퀴놀린(5-aminoquinoline) 5.00 μg을 주입한 후, 테플론이 코팅된 실리콘 고무 격막 마개로 막는다. 시료병을 80°C로 20분 동안 가열한 후, 고체상 미량 추출용 주사 바늘로 격막을 통과시켜 유리병 내 헤드스페이스(headspace)에 5.00분 동안 방치한다. 추출 섬유를 기체 크로마토그래피에 주입한다. 휘발성 물질들은 250°C의 시료 주입구에서 9.5분 동안 추출 섬유로부터 열탈착되며, 이때 칼럼 온도는 60°C로 유지된다. 칼럼 온도를 260°C까지 1분당 25°C로 가열하였고, 전자 이온화 질량 분석법과 니코틴 검출을 위해 m/z 84에서, 내부 표준 물질 검출을 위해 m/z 144에서 선택 이온 검출법으로 관찰하였다. 동일한 과정을 반복하여 얻은 교정용 자료가 아래 표에 주어졌다.

소변 내의 니코틴(μg/L)	면적비 m/z 84/144
12	0.05_6, 0.05_9
51	0.40_2, 0.39_1
102	0.68_4, 0.66_9
157	1.01_1, 1.06_3
205	1.27_8, 1.35_5

출처: A. E. Witter, D. M. Klinger, X. Fan, M. Lam, D. T. Mathers, and S. A. Mabury, "Quantitative Determination of Nicotine and Cotinine in Urine and Sputum Using a Combined SPME–GC/MS Method," *J. Chem. Ed.* **2002**, *79*, 1257

(a) 추출 전과 추출 과정에서 시료병을 80°C로 가열하는 이유는 무엇인가?

(b) 추출 섬유의 열탈착 과정 중에 크로마토그래피 칼럼을 60°C로 유지하는 이유는 무엇인가?

(c) 니코틴으로부터 생성되는 m/z 84 물질의 구조를 제시하시오. 내부 표준 물질, 5-아미노퀴놀린으로부터 생성되는 m/z 144인 물질은 무엇인가?

Nicotine $C_{10}H_{14}N_2$ 　　 5-Aminoquinoline $C_9H_8N_2$

(d) 비흡연 성인 여성의 소변을 반복 분석한 결과, 면적비는 m/z 84/144 = 0.51과 0.53이었다. 흡연을 많이 하는 부모를 둔 비흡연 여성의 소변을 반복 분석한 결과, 면적비는 1.18과 1.32였다. 이 두 사람의 소변에서 니코틴 농도(μg/L)와 불확정도를 구하시오.

24-36. 산화 질소(NO)는 혈관 확장, 응고 억제 및 염증을 포함한 생리적 과정에서의 세포 신호 작용제이다. 생물학적 유체 내 대사 물질인 아질산 이온(NO_2^-)과 질산 이온(NO_3^-)을 측정하기 위해 감도가 높은 크로마토그래피–질량 분석법을 개발하였다. 내부 표준 물질로 $^{12}NO_2^-$와 $^{15}NO_3^-$를 각각 80.0, 800.0 μM의 농도로 생물학적 유체에 첨가하였다. 자연에 존재하는 $^{14}NO_2^-$, $^{14}NO_3^-$, 내부 표준 물질을 다음과 같은 휘발성 유도체로 전환하였다.

Pentafluorobenzyl bromide $\xrightarrow{NO_3^-}$ $C_6F_5CH_2$–O–NO_2 (^{14}N에 대한 m/z 62, ^{15}N에 대한 m/z 63)

Pentafluorobenzyl bromide $\xrightarrow{NO_2^-}$ $C_6F_5CH_2$–O–NO (^{14}N에 대한 m/z 46, ^{15}N에 대한 m/z 47)

생물학적 유체는 매우 복잡하므로, 먼저 유도체들을 고성능 액체 크로마토그래피(HPLC)로 분리하였다. 정량 분석을 위해 두 생성물의 액체 크로마토그래피 피크들을 GC에 주입하고, **음이온 화학 이온화**로 이온화하고(NO_2^-와 NO_3^-의 주요 피크 제공), 선택 이온 모니터링하였다. 결과는 아래 그림에서 볼 수 있다. 만약 ^{15}N 내부 표준 물질이 ^{14}N 분석 물질과 같은 반응을 하고 같은 속도로 분리된다면, 분석 물질의 농도는 간단히 다음과 같이 나타낼 수 있다.

$$[^{14}NO_x^-] = [^{15}NO_x^-](R - R_{바탕})$$

여기에서 R은 측정된 피크의 면적비(아질산 이온에 대한 m/z 46/47, 질산 이온에 대한 m/z 62/63)이며, $R_{바탕}$은 질산 이온과 아질산 이온을 첨가하지 않고, 같은 완충제와 시약으로 만든 바탕의 피크 면적비이다. 시료 피크 면적비는 m/z 46/47 = 0.062, m/z 62/63 = 0.538이고, 바탕 피크 면적비는 m/z 46/47 = 0.040, m/z 62/63 = 0.058이다. 소변 속 질산과 아질산 이온의 농도는 얼마인가?

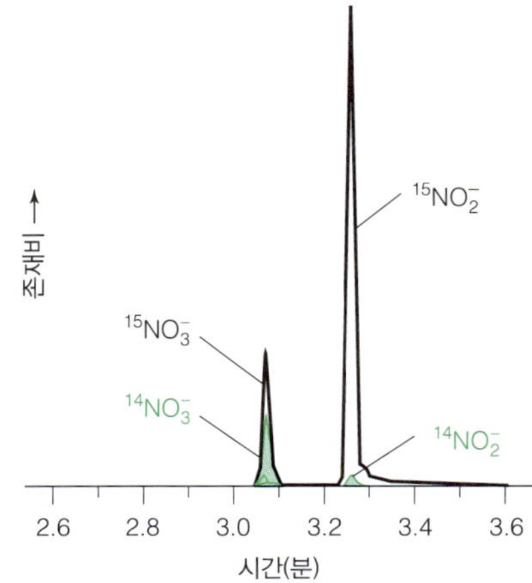

소변 속 아질산, 질산 이온과 함께 내부 표준 물질($^{15}NO_2^-$와 $^{15}NO_3^-$)을 유도체화하여 얻은 음이온을 m/z 46, 47, 62, 63에서의 선택 이온 크로마토그램을 보여 준다. [출처: D. Tsikas, "Derivatization and Quantification of Nitrite and Nitrate in Biological Fluids by Gas Chromatography/Mass Spectrometry," *Anal. Chem.* **2000**, *72*, 4064; *Anal. Chem.* **2010**, *82*, 2585.]

24-37. 열린 관칼럼에 대한 van Deemter 식. 식 23-37은 세 가지 띠넓어짐 메커니즘을 기술하는 항(A, B, C)들을 포함한다.

(a) 열린 관칼럼에서는 어느 항이 0이 되는가? 그 이유는?

(b) B의 값을 측정 가능한 물리적 성질로 나타내시오.

(c) C의 값을 측정 가능한 물리적 양으로 나타내시오.

(d) 최소 단높이를 주는 선속도는 $dH/du_x = 0$을 풀면 얻어진다. **(b)**와 **(c)**의 답을 이용하여 측정 가능한 물리적 양으로 최소 단높이를 나타내시오.

24-38. 기체 크로마토그래피의 이론적인 성능. 열린 관칼럼의 내경이 감소함에 따라 최대 칼럼 효율은 증가하고, 시료 용량은 감소한다. 분석 물질과 빠르게 평형을 이루는 얇은 정지상의 경우, 최소 이론단 높이는 다음과 같이 주어진다.

$$\frac{H_{min}}{r} = \sqrt{\frac{1 + 6k + 11k^2}{3(1 + k)^2}}$$

여기에서 r은 칼럼의 내경이고, k는 머무름 인자이다.

(a) $k \to 0$(머무름이 없는 용질)일 때와 $k \to \infty$(머무름이 무한대인 용질)일 때의 제곱근 항의 한계값을 구하시오.

(b) 칼럼의 반지름이 0.10 mm인 경우, **(a)**의 두 경우에 대한 H_{min}을 구하시오.

(c) 만일 k = 5.0이라면, 반지름이 0.10 mm이고 길이가 50 cm인 칼럼의 최대 이론 단수는 얼마인가?

(d) 상비는 이동상의 부피를 정지상의 부피로 나눈 것($\beta = V_M/V_S$)으로 정의한다. 칼럼의 내경이 r인 내벽 코팅 칼럼(d_f)에서 고정상의 두께와 사이의 관계를 유도하시오.

(e) K = 1 000, d_f = 0.20 μm, r = 0.10 mm일 때, k를 구하시오.

24-39. 정지상 두께가 3.0 μm인 5% phenyl–95% methyl polysiloxane 칼럼(25 m × 0.53 mm)을 이용한 n-$C_{12}H_{26}$의 열린 관 기체 크로마토그래피를 생각해 보자. 운반 기체는 He이며, 온도는 125°C이다. n-$C_{12}H_{26}$의 머무름 인자는 8.0이다. 다양한 선속

도 u_x(m/s)에서 단높이 H(m)를 측정하였다. 데이터를 통과하는 최소 제곱 곡선은 다음과 같이 표현된다.

$$H\,(\text{m}) = (6.0 \times 10^{-5}\ \text{m}^2/\text{s})/u_x + (2.09 \times 10^{-3}\ \text{s})u_x$$

van Deemter 식의 계수로부터 이동상과 정지상에서의 n-$C_{12}H_{26}$의 확산 계수를 구하시오. 확산 계수 중의 하나가 다른 것보다 월등히 큰 이유는 무엇인가?

24-40. **고체상 미량 추출의 효율.** 식 24-9는 고체상 미량 추출 섬유로 추출된 분석 물질의 질량을, 섬유 코팅 물질과 용액 사이의 분포 상수의 함수로 나타낸다.

(a) 100 μm 두께로 코팅된 상업용 섬유는 6.9×10^{-4} mL의 막 부피를 가진다. 용액 내 분석 물질의 초기 농도 $c_0 = 0.10$ μg/mL(100 ppb)로 가정하자. 스프레드시트를 이용하여, 분포 상수가 10 000, 5 000, 1 000, 100인 경우, 섬유로 추출된 분석 물질의 질량을 용액 부피의 함수로 나타내는 그래프를 그리시오. 용액의 부피는 0에서 100 mL까지 변하도록 한다.

(b) V_s가 K_DV_f에 비해 매우 크게 될 때 식 24-9의 한계를 구하시오. 위 그래프로부터 얻은 추출된 질량은 이 한계에 접근하는가?

(c) $K_D = 100$일 때와 10 000일 때, 용액 10.0 mL로부터 분석 물질의 몇 %가 섬유로 추출되는가?

24-41. 빗물과 비염소 식수에 있는 질산염(NO_2^-)의 농도는 두 가지 방법으로 측정된다. 그 결과 표준 편차(시료 수)는 다음과 같다.

시료	기체 크로마토그래피	분광법
빗물	0.069 ± 0.005 mg/L ($n = 7$)	0.063 ± 0.008 mg/L ($n = 5$)
식수	0.078 ± 0.007 mg/L ($n = 5$)	0.087 ± 0.008 mg/L ($n = 5$)

출처: Data from I. Sarudi and I. Nagy, "Gas-Chromatographic Method for the Determination of Nitrite Ions in Natural-Waters," *Talanta* **1995**, *42*, 1099.

(a) 빗물과 식수에 대한 95% 신뢰 수준에서 두 방법의 결과는 서로 일치하는가?

(b) 95% 신뢰 수준에서 두 방법의 결과는 식수가 빗물보다 더 많은 아질산염을 포함하고 있는가?

24-42. **문헌 검색 문제.** 발암 가능성이 있는 아세트아마이드(CH_3CONH_2)는 기체 크로마토그래피 분석으로 식품에서 발견되었다. R. Vismeh(제1저자)는 *J. Agric. Food Chem.* **2018**, *66*, 298 (open access)에 아세트아마이드가 실제로 식품에 존재하는 것인지, 시료 주입구에서 발생한 매트릭스의 열분해 부산물인지 분석한다.

(a) **초록**은 논문의 주요 결과를 요약한다. 아세트아마이드가 실제로 음식에 존재하는가, 아니면 열분해 부산물인가?

(b) **서론**은 연구의 배경 또는 맥락을 제공한다. 저자가 기체 크로마토그래피로 측정된 아세트아마이드가 부산물일 수 있다고 의심하는 증거는 무엇인가?

(c) **서론**에서는 대체 분석 방법을 논의할 수 있다. 저자는 왜 액체 크로마토그래피를 사용하지 않는가?

(d) **재료 및 방법**은 실험 장비 및 절차를 자세히 설명한다. 중수소화된 아세트아마이드는 대체 분석 물질로 사용되었다. **대체 분석 물질**(surrogate analyte)은 무엇이며, 왜 사용되었는가?

(e) **결과 및 토론**은 자세한 실험 결과 및 결과의 중요성을 보여준다. 칼럼내 주입이 연구된 이유는 무엇인가? 왜 사용되지 않았는가?

(f) 아세트아마이드는 크산티드롤(xanthydrol) 시약으로 유도체화되었다. 이 유도체화를 사용한 이유는 무엇인가? 최적화된 유도체화 변수는 무엇인가?

Acetamide + Xanthydrol $\xrightarrow{H^+}$ Xanthyl-acetamide (m/z 239)

(g) 정량 분석을 위해 m/z 239, 242, 253에서 선택 이온 검출법이 사용되었다. 각 m/z는 어떤 이온을 검출하기 위한 것인가? m/z 196, 181, 168, 152에서도 검출되는 이유는 무엇인가?

24-43. **문헌 검색 문제.** 옥살산(oxalate)은 과일이나 야채와 같은 식물성 식품에서 자연적으로 발생하는 물질이다. 체내에서 칼슘과 결합하여 요로 결석이 될 수도 있다. 식품 내 옥살산의 측정을 위한 헤드스페이스 기체 크로마토그래피 방법이 HI H. L. Li, Y. Y. Liu, Q. Zhang, and H. Y. Zhan, *Anal. Methods* 2014, *6*, 3720에 설명되었다.

(a) 사용된 기체 크로마토그래피의 검출기 종류는 무엇인가? 이 검출기가 적합한 이유는 무엇인가?

(b) 이 방법의 정확성과 정량 한계, 선형 범위는 얼마인가?

(c) 기체 크로마토그래피의 결과를 어떻게 입증하였는가?

(d) 식품에서 옥살산을 측정하기 위하여 사용할 수 있는 다른 방법으로 무엇이 있는가?

(e) 도전 질문: 사용한 칼럼의 종류는 무엇인가?

24-44. **빅 데이터: 기체 크로마토그래피-질량 분석법.** 질량 분석법은 기체 크로마토그래피의 범용 또는 선택성 검출기가 될 수 있다. 이 문제는 그림 24-23에 보인 등유 분석 데이터를 사용하여 특성 분석한다(macmillanlearning.com 또는 SaplingPlus에서 스프레드시트로 제공).

(a) A열 시간을 x축으로, B열 총이온 전류를 y축으로 그래프화한다. (**힌트**: 많은 데이터를 선택하려면 시간이 걸리므로, 엑셀의 다음 기능을 사용한다. End 키를 누르고 아래쪽 방향키를 누르면 열의 마지막 칸으로 이동하며, 반대로 End 키를 누르고 위쪽 방향키를 누르면 열의 첫 칸으로 이동한다. 시간의 셀은 A7:A5634이고, 총이온 전류의 셀은 B7:B5634이다.) 1.4~3.2분으로 확대하면 그림 24-23의 총이온 전류 크로마토그램이 생성된다.

(b) m/z 91(E열)을 그래프화한다. 이 추출 이온 크로마토그램은 모노 방향족의 특징이다. 1.4~3.2분으로 확대하면 그림 24-23의 추출 이온 크로마토그램이 생성된다. 1.72분에서 톨루엔의 피크 높이는 얼마인가?

(c) 검출기 신호는 컴퓨터가 처리할 수 있도록 숫자로 디지털화되어야 한다. **(b)**의 크로마토그램을 선택하고, 데이터 포인트에 마커를 추가한 후 1.70~1.76분으로 확대한다. 이때 톨루엔 피크의 바탕선(4σ) 너비에 걸쳐 몇 개의 데이터 포인트가 수집되었는가?

(d) *m/z* 85(C열)을 그래프화한다. 이 추출 이온 크로마토그램은 직선형 사슬 및 가지형 알케인을 포함하는 알케인의 특징이다. 두 번째 스프레드시트에 있는 표준 물질에 대한 머무름 시간 데이터를 사용하여 옥테인, 데케인 및 도데케인의 피크를 구별한다. 알케인이 톨루엔과 동시에 용출되는가? 이 알케인의 최대 높이는 얼마인가? 총이온 전류를 이용하여 톨루엔을 정량화할 때 알케인은 어떤 영향을 미칠까?

(e) 나프탈렌의 특징인 *m/z* 128(F열)을 그래프화한다. 나프탈렌의 머무름 시간은 ~5.95분이다. 피크가 2.91분에 있는 이유는 무엇인가? (**힌트**: **(b)**나 **(c)**의 추출 이온 크로마토그램에서 2.91분에 피크가 있는가?)

(f) **추가적인 데이터 사용 가능**. 만약 데이터를 더 활용하고 싶다면, 추출 이온 신호를 다른 *m/z*에도 사용할 수 있다. *m/z* 83은 사이클로헥실 및 이중 치환된 사이클로펜틸 화합물의 특징이며, 직선형 사슬 및 가지형 알케인에 대한 낮은 반응을 나타낸다. *m/z* 142는 메틸나프탈렌의 특징이며, 데케인에 약한 반응을 나타낸다. *m/z* 156은 다이메틸나프탈렌 이온과 운데케인을 나타내며, 질량 분석법으로 다이메틸나프탈렌 이성질체를 구별할 수는 없다. *m/z* 170의 신호는 추출 이온 크로마토그래피에서 두드러지는 트라이메틸나프탈렌 이온과 도데케인이다. 표준 물질의 머무름 시간 데이터는 두 번째 스프레드시트에 있다.

25 고성능 액체 크로마토그래피

칵테일 크로마토그래피: 친환경 액체 크로마토그래피 만들기

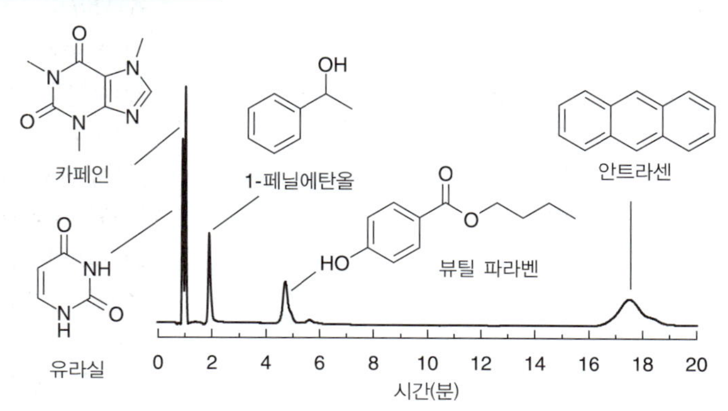

화이트 럼과 물을 이동상으로 사용한 극성 차이가 큰 화합물의 역상 분리. 크로마토그래피 실험은 60°C에서 5 μm C_8 실리카 입자가 코팅된 150 × 4.6 mm 칼럼으로 1.5 mL/min 유속으로 수행되었으며, 220 nm 흡수 파장에서 관찰되었다. [출처: C. J. Welch, T. Nowak, L. A. Joyce, and E. L. Regalado, "Cocktail Chromatography: Enabling the Migration of HPLC to Nonlaboratory Environments," *ACS Sustain. Chem. & Eng.* **2015**, *3*, 1000.]

고성능 액체 크로마토그래피는 화학, 약학, 생의약품 연구, 환경 모니터링 그리고 다양한 분야에서 널리 사용되고 있는 유용한 분석 기술이다. 기존의 방법에서는 하나의 장비에 아세트나이트릴과 같은 값비싼 용매가 매일 수 리터가 사용된다. 아세트나이트릴은 '호박색' 용매로, 추가적인 환경과 처리 비용이 발생한다(보충 23-1).

친환경 화학은 유해 물질의 생성 및 사용을 줄이거나 억제하려고 노력한다. 위의 액체 크로마토그래피 분리는 친환경적인 대안으로, 에탄올을 지속 가능한 공급원인 럼주로부터 사용한다. 럼주는 40 wt%의 에탄올을 함유하고 있다. 에탄올은 아세토나이트릴과 같은 크로마토그래피 효율성 및 성능을 제공하지 않지만, 크로마토그래피의 이해와 최신 기기를 통하여 효과적인 분리가 가능하다. 장비의 연결 길이와 부피가 마이크로미터와 마이크로리터 단위로 최소화되는 **미세 유체**(microfluid) 크로마토그래피를 사용하면 기내 서비스로 제공되는 한 번의 화이트 럼 또는 보드카로 1 500번 이상의 바닐라 추출물 분석을 진행할 수 있다[1]. 기존의 4.6 mm 지름 칼럼으로 동일한 횟수의 분석을 위해서는 5 L의 럼이 필요하다.

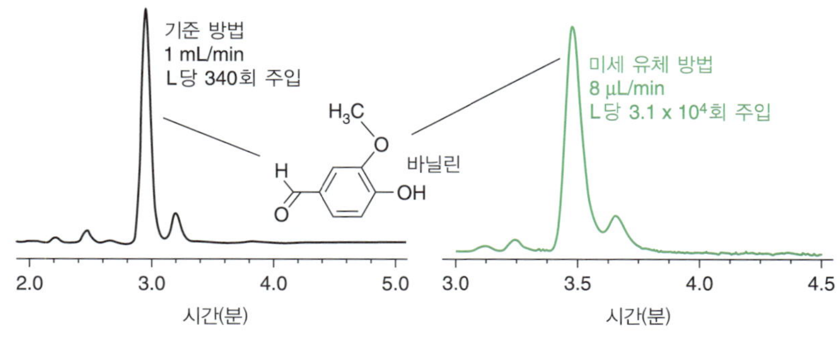

0.1% 아세트산(시장에서 구매한 식초)을 포함하는 보드카를 이동상으로 하여 기존 150 × 4.6 mm 칼럼과 150 × 0.3 mm 모세관 칼럼을 사용한 바닐라 추출물의 역상 분리 [출처: C. J. Welch, T. Nowak, L. A. Joyce, and E. L. Regalado, "Cocktail Chromatography: Enabling the Migration of HPLC to Nonlaboratory Environments," *ACS Sustain. Chem. & Eng.* **2015**, *3*, 1000.]

고성능 액체 크로마토그래피의 개척자는 1965년 Yale 대학교의 C. Horváth이다.

고성능 액체 크로마토그래피(**HPLC: high-performance liquid chromatography**)는 미세 입자로 채워진 칼럼을 통해 높은 압력으로 용매를 흘려주어 고분리능의 분리를 제공한다.[2~9] 이 장에서는 액체-액체 분배 크로마토그래피와 액체-고체 흡

그림 25-1 고성능 액체 크로마토그래피(HPLC) 장비의 모식도. HPLC에 관련된 내용은 www.youtube.com/watch?v=kz_egMtdnL4의 비디오를 참조하라.

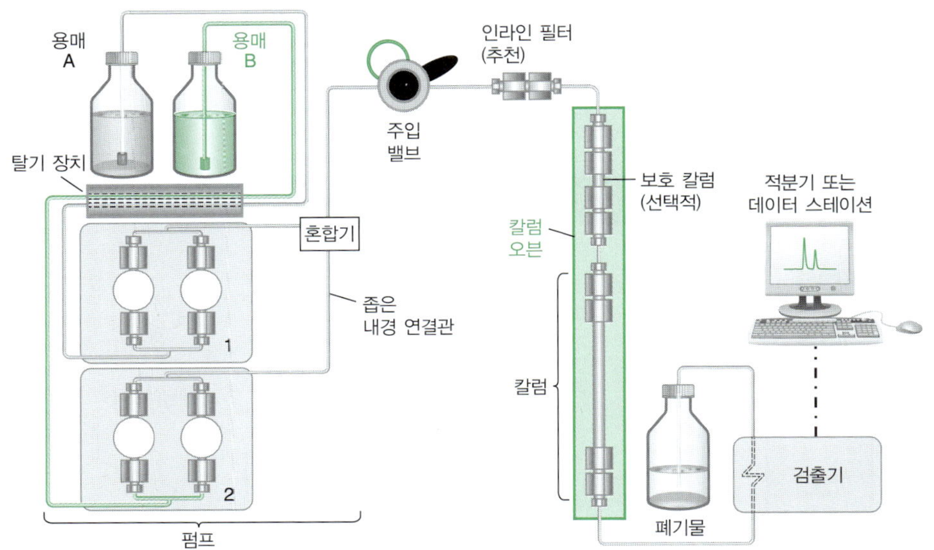

착 크로마토그래피에 대하여 설명한다. 26장에서는 이온 교환, 크기별 배제, 친화 및 소수성 상호 작용 크로마토그래피를 다룬다.

크로마토그래피를 사용하는 전문가들은 비용이 더 저렴하고, 분리 효율이 높으며, 폐기물이 적게 생성되는 기체 크로마토그래피를 액체 크로마토그래피보다 선호한다. 기체 크로마토그래피 분석을 위해서 충분한 휘발성이 없는 많은 화학, 생화학, 약품 물질의 분리를 위해서 액체 크로마토그래피는 중요하다.

그림 25-1의 HPLC 장치는 용매 공급 장치(펌프), 시료 주입 밸브, 고압 HPLC 칼럼, 검출기, 데이터 수집 시스템으로 구성되어 있다. 각 장치들은 좁은 지름의 튜빙으로 연결된다. 칼럼은 온도를 일정하게 유지하기 위하여 오븐에 보관된다. 수백 개의 시료 및 표준 물질을 보관하고 시료 로딩 및 주입을 자동화하는 자동 주입 장치는 그림에 나타내지 않았다.

25-1 크로마토그래피 과정

효율을 높이는 것은 van Deemter 식 (23-37)의 단높이(H)를 감소시키는 것과 같다.

$$H \approx A + \frac{B}{u_x} + Cu_x$$

u_x = 선속도

용질이 정지상과 이동상 사이에서 평형을 이루는 속도를 증가시키면 크로마토그래피의 효율은 증가한다. 열린 관칼럼을 사용하는 기체 크로마토그래피의 경우, 칼럼 지름을 줄이면 분자들이 채널과 내벽에 도포된 정지상 사이에서 빠르게 확산할 수 있으므로 빠른 평형이 이루어진다. 액체에서의 확산은 기체에서보다 약 10^4배 느리다. 따라서 액체 크로마토그래피에서는 열린 관칼럼의 사용이 적합하지 않다. 이는 짧은 시간 안에 용질 분자들이 횡단하기에는 용매 채널의 지름이 너무 크기 때문이다. 액체 크로마토그래피에서는 용질 분자들이 멀리까지 확산하지 않아도 정지상을 만날 수 있도록 충전 칼럼을 사용한다.

작은 입자들은 고효율을 제공하지만 높은 압력을 요구한다

정지상 입자의 크기가 감소할수록 충전 칼럼(packed column)의 효율은 증가한다. 일반적으로 HPLC에서의 정지상 입자 크기는 1.7~5 μm이다. 그림 25-2a와 b는 입자 크기가 감소함에 따라 분리도가 증가함을 보여 준다. 입자 크기가 감소함에 따라 이론 단수는 2 000에서 7 500으로 증가하였으며, 그 결과 피크들이 좁아졌다. 그림 25-2c에서는 시료들을 더 빨리 용리시키기 위해 더 강한 용매를 사용하였다. 입자 크기를 줄이면 분리도를 증가시키거나 분리 시간을 줄이면서도 분리도를 같은 수준으로 유지할 수 있다.

예제 칼럼 간 크기 조정[10]

일반적으로 실리카 입자들은 입자 크기에 상관없이 칼럼 부피의 약 40%를 차지하고, 용매는 약 60%를 차지한다. 그림 25-2a에서 칼럼 지름은 4.6 mm, 시료량은 20 μL, 부피 유속(F)은 3.0 mL/min이다. 그림 25-2b에서 칼럼 지름 d_c는 2.1 mm이다. a에서와 동일한 선속도(u_x)를 가지기 위한 b에서의 부피 유속은 얼마인가? 주입해야 할 시료 부피는 얼마인가?

풀이 칼럼 부피는 칼럼 지름의 제곱에 비례한다. 칼럼 지름이 4.6 mm에서 2.1 mm로 감소하면, 칼럼 부피는 $(2.1/4.6)^2 = 0.208$배로 감소한다. 따라서 동일 선속도를 유지하기 위해서는 u_v도 0.208배 감소해야 한다.

$$F(\text{작은 칼럼}) = 0.208 \times F(\text{큰 칼럼}) = (0.208)(3.0\ \text{mL/min}) = 0.62\ \text{mL/min}$$

칼럼 부피에 대한 주입된 시료량의 비를 일정하게 유지하기 위해서는,

$$\text{작은 칼럼에 주입할 시료 부피} = 0.208 \times (\text{큰 칼럼에서의 주입 부피}) = (0.208)(20\ \mu\text{L}) = 4.2\ \mu\text{L}$$

자습 지름이 1.5 mm인 칼럼에서는 부피 유속과 시료의 주입 부피가 얼마가 되어야 하는가? (**답:** 0.32 mL/min, 2.1 μL)

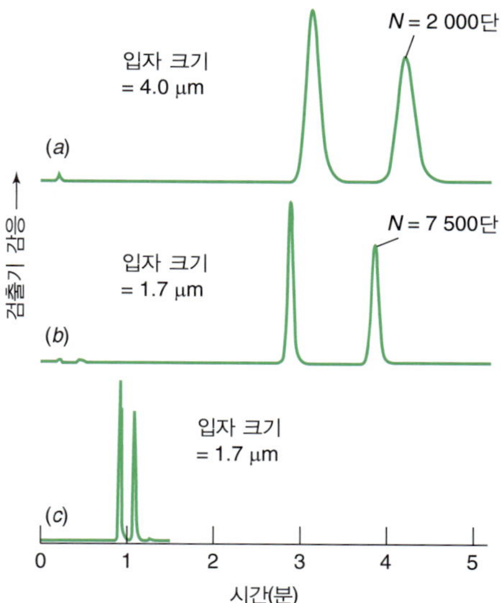

그림 25-2 (a)와 (b) C_{18} 실리카로 충전된 5.0 cm 칼럼을 이용하여 동일 선속도에서 얻은 동일 시료의 크로마토그램. (c) 시료들을 b에서보다 더 빨리 용리시키기 위해 더 강한 용매를 사용하였다. [출처: Y. Yang and C. C. Hodges, "Assay Transfer from HPLC to UPLC for Higher Analysis Throughput," *LCGC North Am. Supplement*, May 2005, p. S31.]

그림 25-3의 van Deemter 그래프는 입자 크기가 감소함에 따라 단높이(plate height)가 감소하며, 입자 크기가 충분히 작을 때에는 단높이가 유속 증가에 따라 예민하게 증가하지 않음을 보여 준다. 일반적인 조건에서 칼럼이 작동하는 경우, 실제 시료에 대한, 길이가 L(cm)인 칼럼의 이론 단수는 대략 다음과 같다.[11]

$$N \approx \frac{3\,000 \cdot L(\text{cm})}{d_p(\mu\text{m})} \tag{25-1}$$

여기에서 d_p는 μm 단위로 나타낸 입자 지름이다. 그림 25-2a의 4.0 μm 입자로 채워진 5.0 cm 칼럼은 약 (3 000)(5.0)/4.0 = 3 800의 단수를 제공할 것으로 예상된다. 두 번째 피크로부터 실제로 얻은 단수는 2 000이다. 아마도 이 차이는 유속이 최적화되지 않았기 때문인 것으로 보인다. 정지상 입자의 크기가 1.7 μm로 감소하면 최적 단수는 약 (3 000)(5.0)/1.7 = 8 800일 것으로 기대된다. 실제로 얻은 단수는 7 500이다.

최적 단높이 $H \approx 2 \times$ 입자 크기 $= 2d_p$

작은 입자가 더 좋은 분리도를 보이는 첫 번째 이유는 입자가 작을수록 칼럼을 통과하는 흐름이 더 균일해져서 van Deemter 식(23-37)의 A항(다통로항)이 작아지기 때문이다. 두 번째 이유는 정지상과 이동상 내에서 용질이 확산해야 하는 거리가 입자 크기와 비슷하기 때문이다. 즉 입자의 크기가 작을수록 용질이 확산해야 하는 거리가 감소한다. 이것은 van Deemter 식 중 C항을 감소시키는 역할을 한다. 작은 입자의 경우, 용질이 확산해야 하는 거리가 짧기 때문에 최적 유속은 큰 입자의 경우에 비해 더 빠르다.

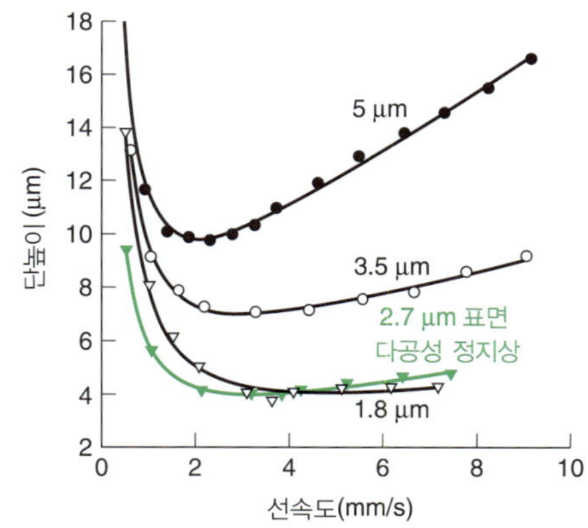

그림 25-3 지름이 5.0, 3.5, 1.8 μm인 **미세 다공성**(microporous, 그림 25-5) 정지상과, 지름이 2.7 μm인 표면 다공성(그림 25-9, 다공성층 두께 = 0.5 μm) 정지상에서의 van Deemter 그래프[입자 선속도(mm/s)의 함수로서의 단높이]. 시료: 나프탈렌, 칼럼: C_{18} 실리카(길이 50 mm × 지름 4.6 mm), 이동상: 60 vol% 아세토나이트릴/40 vol% 물, 온도: 24°C [자료 출처: MAC-MOD Analytical, Chadds Ford, PA.]

표 25-1 입자 지름에 따른 성능

입자 크기 d_p(μm)	머무름 시간(분)	단수(N)	요구 압력(bar)
5.0	30	25 000	19
3.0	18	42 000	87
1.5	9	83 000	700
1.0	6	125 000	2 300

주: 25 cm 길이 × 33 μm 지름의 모세관의 최소 단높이를 위한 이론적 성능. 용질의 머무름 인자 $k = 2$이고, 확산 계수 = 6.7×10^{-10} m^2/s이며, 용리액은 아세토나이트릴/물이다.

출처: J. E. MacNair, K. D. Patel, and J. W. Jorgenson, "Ultrahigh-Pressure Reversed-Phase Capillary Liquid Chromatography with 1.0 μm Particles," *Anal. Chem.* **1999,** *71*, 700.

입자 크기가 작으면 다음을 야기한다.
- 높은 단수
- 높은 압력
- 짧은 최적 분리 시간
- 낮은 측정 한계

좁은 칼럼과 높은 유속에서 작은 입자 크기가 주는 추가적인 이득은 분석 물질이 칼럼을 통과하는 과정에서 그리 많이 희석되지 않는다는 점에 있다. 그림 25-2c에서의 정량 한계는 50 μg/L로서, 그림 25-2a에서의 200 μg/L보다 네 배 낮다.

입자 크기가 작을 때의 단점은 용매 흐름에 대한 저항이 높다는 점이다. 칼럼을 통해 용매를 흘려보내는 데 요구되는 압력은 아래와 같다.

칼럼 압력:
$$P = f\frac{F\eta L}{\pi r^2 d_p^2} \tag{25-2}$$

점도는 유체의 흐름에 대한 저항의 척도이다. 주어진 유속에서 압력이 높으면, 액체의 점도가 높아진다.

여기에서 F는 부피 유속, η는 용매의 점도, L은 칼럼의 길이, r은 칼럼의 반지름, d_p는 입자 지름이다. 인자 f는 입자의 모양과 충전 상태에 의존한다. 식 25-2의 물리적 의미는, HPLC에서의 압력은 유속과 칼럼 길이에 비례하고, 칼럼 반지름(혹은 지름)의 제곱과 입자 크기의 제곱에 반비례한다는 것이다. 그림 25-2의 a와 b의 차이점은 입자 크기가 4.0 μm에서 1.7 μm로, 칼럼 지름이 4.6 mm에서 2.1 mm로 감소하였다는 점이다. 따라서 요구되는 압력은 $(4.6\ \text{mm}/2.1\ \text{mm})^2(4.0\ \mu\text{m}/1.7\ \mu\text{m})^2 = 27$배 증가한다. 즉 그림 25-2b의 칼럼을 작동하는 데에는 **27배 더 높은 압력이** 필요하다.

HPLC: 고성능 액체 크로마토그래피

UHPLC: 초고성능 액체 크로마토그래피

입자 지름 ≤ 2 μm

2004년 이전에, HPLC는 약 0.5~5 mL/min의 유속을 얻기 위해 약 7~40 MPa(70~400 bar, 1 000~6 000 pounds/inch^2)의 압력에서 작동되어 왔다. 현재 HPLC 장비는 150 MPa(1 500 bar, 22 000 pounds/inch^2)의 압력에서 1.5~2 μm 크기의 입자를 사용할 수 있게 되었다.[12] 이러한 기기들은 분리도를 크게 개선시켰고, 분석 시간을 상당히 감소시켰다. 표 25-1은 입자 크기에 따르는 이론적 성능을 보여 주는데, 이러한 성능은 초고압 기기를 사용한 연구에서 실현될 수 있었다. 보통 고압에서 지름이 1.5~2 μm인 입자를 사용하는 크로마토그래피를 **초고성능 액체 크로마토그래피(UHPLC: ultra-high-performance liquid chromatography)**라고 한다. 표 25-2는 HPLC보다 UHPLC가 칼럼외 부피가 더 작고, 시료를 더 작은 크기의 필터로 전처리한다는 것을 보여 주며, 이는 UHPLC의 성능 유지를 위한 것이다.

표 25-2 HPLC와 UHPLC 기기와 시료 특징

특성	HPLC	UHPLC
연결 튜빙(connecting tubing)	0.175~0.125 mm 내경	0.125~0.062 5 mm 내경
칼럼외 편차(Extra column variance)	≥40 μL^2	≤10 μL^2
칼럼 프릿(column frits)	5 μm 입자: 2.0 μm 프릿 3 μm 입자: 0.5 μm 프릿	<2 μm 입자: 0.2 μm 프릿
시료 필터(sample filtration)	5 μm 또는 3 μm 입자: 0.5 μm 필터 또는 원심 분리	<2 μm 입자: 0.2 μm 필터

출처: J. W. Dolan, "UHPLC Tips and Techniques," LCGC North Am. 2010, 28, 944; S. Fekete and J. Fekete, "The Impact of Extra-Column Band Broadening on the Chromatographic Efficiency of 5-cm-Long Narrow-Bore Very Efficient Columns," *J. Chromatogr. A* **2011,** *1218*, 5286.

UHPLC 칼럼으로부터 용리되는 피크는 매우 좁아서, 빠르게 측정할 수 있는 검출기가 필요하다. 더 빠른 분리와 작은 칼럼 부피로 인하여 HPLC보다 UHPLC에서 용매 소비가 적다.[13]

입자 크기가 작을 때의 또 다른 단점은 용매가 입자 사이를 흐르는 과정에 발생하는 마찰열이 증가한다는 점이다.[14] 칼럼의 중심부는 바깥 부분보다, 칼럼의 출구는 입구보다 온도가 더 높다. 1.7 μm 입자로 충전된 100 mm 길이 × 2.1 mm 지름을 가지는 칼럼의 경우, 1.0 mL/min의 유속에서 입구와 출구 사이에 약 10°C의 온도 차이가 발생한다. 칼럼의 중심은 벽보다 약 2°C 더 높다. 온도 차이에 의한 지나친 띠넓어짐을 최소화하기 위해서는 약 2 μm 입자의 경우 칼럼 지름이 2.1 mm 이하여야 한다.

환경친화도[13]

HPLC < UHPLC < 초임계 유체(보충 25-2)

유체 흐름과 전류의 유사성

전력(W) = 전류(A) × 전압(V)

크로마토그래피에서의 열 발생

$$\text{힘(W)} = \underbrace{\text{부피 유속}}_{m^3/s} \times \underbrace{\text{압력 강하}}_{Pa = kg/(m \cdot s^2)}$$

칼럼

칼럼은 비싸고, 시료나 용매에 존재하는 먼지나 입자에 의해 그리고 시료나 용매에 존재하는 불순물의 비가역적인 흡착에 의해 쉽게 성능이 떨어진다. 입자성 물질이 칼럼으로 들어가는 것을 피하기 위해서는, 시료를 자동 시료 주입기용 병에 담거나 수동 주입을 위해 주사기에 담기 전에 시료를 원심 분리하거나, 0.5 μm 이하의 필터(표 25-2)로 걸러주어야 한다. 자동 시료 주입기 바로 뒤에는 0.5 μm 인라인 필터(in-line filter)를 장착해야 한다.

그림 25-1의 HPLC 장치는 내경이 1~5 mm이며, 길이가 3~30 cm인 스테인리스나 고강도 플라스틱 재질로 된 칼럼을 사용한다(그림 25-4). 주칼럼의 정지상과 같은 정지상으로 충전된 짧은 **보호 칼럼**(**guard column**)을 사용하여 주칼럼의 입구를 보호한다. 보호 칼럼은 미세 입자나 강하게 흡착되는 용질들을 미리 잡아준다. 칼럼 압력이 증가하거나, 정해진 횟수만큼 주입한 후 혹은 정해진 사용 시간이 경과한 후에는 보호 칼럼을 주기적으로 교환해 준다. 주칼럼의 길이가 10~30 cm 정도 되면 보호 칼럼을 사용하는 것이 타당하지만, 많은 사람들은 5 cm 이하의 주칼럼에 보호 칼럼을 사용하는 것이 비용면에서 비효율적이라고 생각한다.

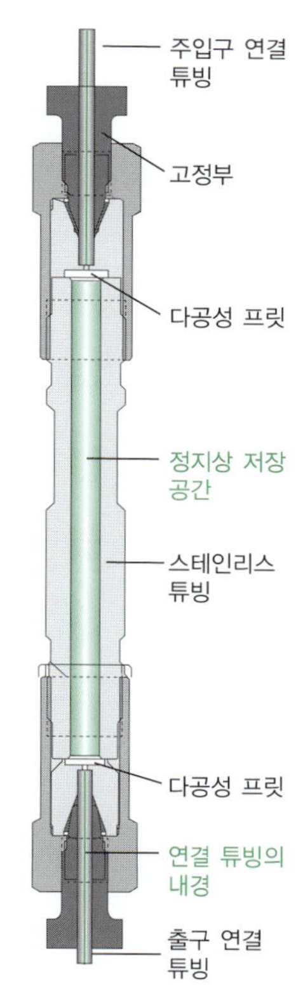

그림 25-4 길이 5.0 cm × 내경 0.30 cm인 HPCL 칼럼. 스테인리스 프릿은 정지상을 유지하고 칼럼 지름에 걸쳐 이동상을 고르게 흐르게 한다. 연결 튜빙은 내경이 좁다. [출처: Waters Corporation, Milford, MA]

크로마토그래피 칼럼을 가열하여[16] 용매의 점도를 낮추어 줌으로써 압력을 낮추어 주거나 높은 유속을 사용할 수 있다. 온도를 높이면 머무름 시간이 감소하고 상대 머무름에 영향을 준다. 그러나 온도의 증가는 정지상의 성능을 약화시키고 칼럼의 수명을 단축시킨다. 대부분의 HPLC 정지상은 60°C까지 견딜 수 있으며, 일부는 그 이상의 온도까지 견딜 수 있다. 만약 칼럼 온도를 조절하지 않으면, 머무름은 주위 온도와 함께 변한다. 칼럼 가열 장치를 이용하여 실온보다 10°C 높은 온도에서 실험하면 머무름 시간의 재현성과 정량 분석에서의 정밀도를 개선할 수 있다. 일부 연구자들은 일상적으로 모든 분리를 50°C 혹은 60°C에서 행한다. 가열된 칼럼을 이용하는 경우, 이동상을 시료 주입기와 칼럼 사이의 전가열(preheating) 장치를 통과시켜 이동상의 온도를 칼럼의 온도와 같게 해주어야 한다. 만약 이들의 온도가 다르면 피크들이 일그러지고 머무름 시간이 변한다.

최근까지만 해도 가장 일반적인 HPLC 칼럼의 지름은 4.6 mm였다. 지금은 2.1 mm가 가장 일반적이 되었다. 좁은 칼럼은 낮은 용매 흐름을 요구하는 질량 분석계와 가장 잘 어울린다. 좁은 칼럼은 많은 양의 시료를 요구하지 않으며, 따라서 폐기물을 적게 생산한다. 4.6 mm 칼럼용으로 설계된 장치는 2.1 mm 칼럼도 사용할 수 있다. 2.1 mm보다 좁은 칼럼을 사용하기 위해서는 칼럼외 띠넓어짐을 줄이기 위해 특수하게 디자인된 기기가 요구된다(표 25-2). 이번 장 시작에서 언급된 모세관 칼럼은 지름이 10 μm 정도로 작을 수 있다.[17] 나노그램 미만의 시료를 분석하는 성능의 모세관 칼럼은 질량 분석법과의 호환성으로 인하여, 유기체에서 생성되고 변형되는 모든 단백질에 관련된 연구 분야인 **단백질체학**(proteomics)에서 유용하다.

칼럼외 띠넓어짐은 23-5절에서 다룬다.

정지상

가장 많이 사용되는 지지체는 고순도, 구형의 **미세 다공성**(**microporous**) 실리카로(그림 25-

그림 25-5 (*a*) 다공성 입자의 구조. 기공의 지름은 일반적으로 입자 지름의 약 0.2%이다. (*b*) Waters 사의 K. Wyndham이 만든, 지름이 4.4 μm인 미세 다공성 실리카 크로마토그래피 입자들의 주사 전자 현미경 사진(SEM) [출처: J. Jorgensen, University of North Carolina.]

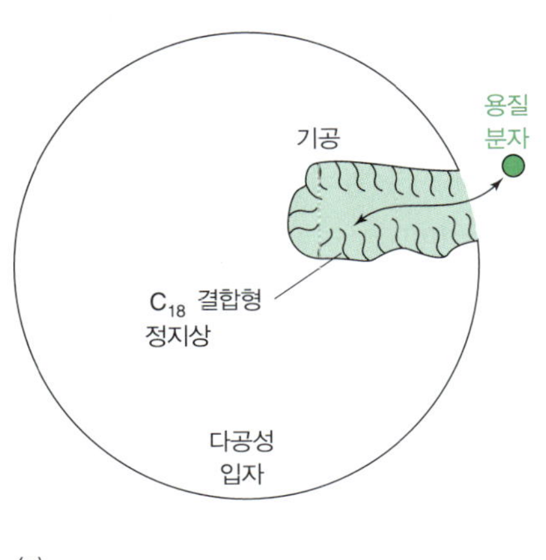

(*a*)

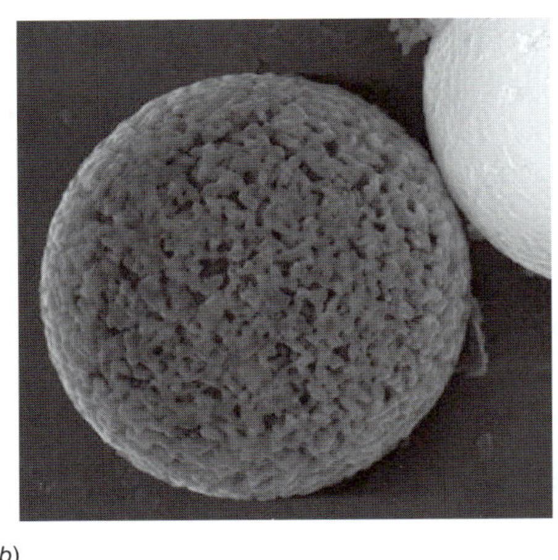
(*b*)

작은 분자: 6~12 nm 기공
폴리펩타이드와 단백질: 30 nm 이상의 기공

5), 1 g당 수백 제곱미터의 표면적을 가진다. 이 표면적이 99% 이상인 경우 내부에 기공이 있다. 기공(pore)은 용질과 용매가 자유롭게 들어갈 수 있을 정도로 넓어야 한다. 대부분의 실리카는 염기성에서 용해하므로, pH 8 이상에서는 사용할 수 없다. 그림 25-6은 일반적인 실리카와 에틸렌 다리(ethylene bridge)를 가진 실리카의 구조를 보여 준다. 에틸렌 다리를 가진 실리카는 pH 12까지에서도 가수 분해에 저항력이 있다.[18] pH 8~12 범위에서 염기성 화합물의 분리를 위해서는 에틸렌 다리를 가진 실리카 혹은 폴리스타이렌 (그림 26-1)과 같은 고분자 지지체를 사용할 수 있다.

실리카 표면(그림 25-6)은 1 m^2당 최대 8 μmol의 실란올기(Si—OH)를 가진다. 실란올기는 pH 약 2~3일 때 완전히 양성자화되고, pH 3 이상의 넓은 pH 영역에서는 $Si—O^-$ 음이온으로 해리된다. 노출된 $Si—O^-$기는 양성자화된 염기(예: RNH_3^+)를 강하게 머무르게 하고 꼬리끌기를 야기한다(그림 25-7). 예전의 A형 실리카에는 노출된 실란올기가 많고 금속 불순물이 포함되어 있어 심한 꼬리끌기를 야기했다. 따라서 A형 실리카의 사용은 추천하지 않는다. B형 실리카와 에틸렌 다리 혼성체는 오늘날 사용되는 가장 일반적인 형태의 지지체이다.

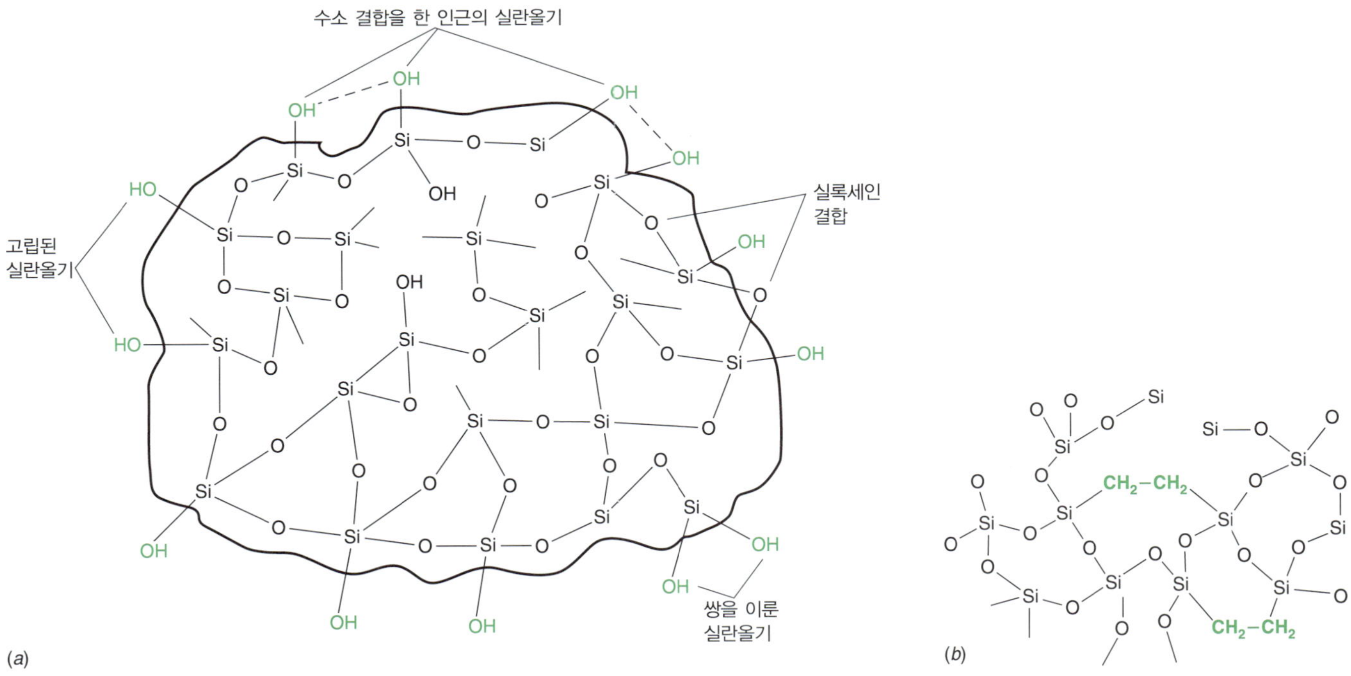

(*a*) (*b*)

그림 25-6 (*a*) 실리카 입자의 화학 구조 [출처: R. E. Majors, *LCGC Supplement*, May 1997, p. S8.] (*b*) 규소 원자 사이에 산소 대신 에틸렌을 도입하여 만든 염기와 가수 분해에 저항력이 강한 실리카. 에틸렌을 도입한 구조는 더 견고하고, 지름이 2 μm 이하인 입자에 적합하며, 높은 압력에 잘 견딘다.

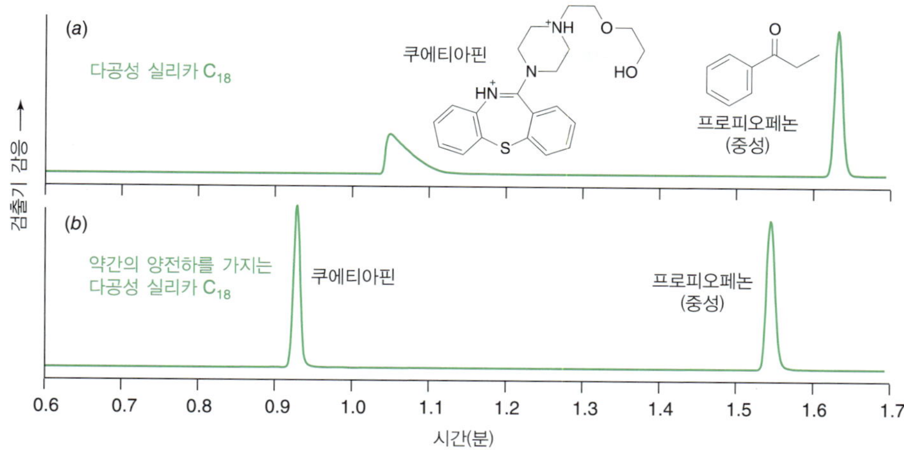

그림 25-7 (*a*) 노출된 실란올기는 양성자화된 시료 피크의 꼬리끌기를 유발하며, 중성 시료는 영향을 받지 않고 대칭 피크를 가진다. (*b*) 아민이 노출된 실란올기와 상호 작용하는 것을 방지하면 대칭 피크를 가진다. 칼럼은 1.7 μm 입자로 채워진 길이 50 mm × 내경 2.1 mm이며, 0.7 μg의 각 분석 물질은 0.6 mL/min으로 30°C에서 2.5분 동안 0.1% 폼산과 5% 아세토나이트릴 수용액을 95% 아세토나이트릴로 기울기 용리하여 분리되었다. [출처: Data from K. J. Fountain and H. B. Hewitson, "Improving Mass Load Capacity for Basic Compounds Using Charged Surface Hybrid (CSH) Technology Columns," *LCGC North Am.* **2011**, *Application Notebook*, p. 56. Courtesy of Waters Corporation Milford, MA.]

처리하지 않은(bare) 실리카는 흡착 크로마토그래피의 정지상으로 사용된다. 흔히 액체-액체 분배 크로마토그래피는 실리카 표면에 공유 결합으로 붙어 있는 **결합형 정지상(bonded stationary phase)**에서 이루어지는데, 결합형 정지상은 다음과 같은 반응에 의해 만들어진다.

$$\sim\text{Si—OH} + \text{ClSi}(\text{CH}_3)_2\text{—R} \xrightarrow{-\text{HCl}} \sim\text{Si—O—Si}(\text{CH}_3)_2\text{—R}$$

$$2\,\sim\text{Si—OH} + n\,\text{Cl}_3\text{SiR} \xrightarrow{-4\text{HCl}} (\sim\text{Si—O})_2\text{Si—R—O—Si(R)(HO)(OH)}$$

결합형 정지상

실리카 표면

실리카 표면에 남아 있는 실란올기는 $ClSi(CH_3)_3$와 반응시켜 트라이메틸실릴기로 처리함으로써 꼬리끌기를 유발하는 극성 흡착 자리들을 제거한다.

지지체의 표면적 1 m^2당 약 4 μmol의 R기가 존재하는데, 크로마토그래피가 수행되는 동안 정지상이 칼럼으로부터 떨어져 나오는 유출(bleeding)은 거의 없다.

표 25-3은 일반적인 결합형 정지상을 보여 준다. 옥타데실(C_{18}) 정지상(간단히 ODS라고 함)은 지금까지 가장 일반적으로 사용되는 정지상이다. 다른 무극성 결합형 정지상(C_4, C_8, C_{18}과 같은)에서 동일한 용질의 머무름 인자는 다르다. 또한 같은 C_{18} 칼럼이라도 제조 회사에 따라 동일한 용질의 머무름 인자는 정지상 표면의 부분적 차이로 인하여 다를 수 있다.[19]

역상 정지상의 일반적인 머무름: 사이아노 < C_4 < 페닐 < C_8 < C_{18}

표 25-3 액체 크로마토그래피에서 사용되는 일반적인 결합형 정지상

극성 결합형 정지상		무극성 결합형 정지상	
R = spacer—(C=O)NH_2	아마이드	R = $(CH_2)_{17}CH_3$	옥타데실
R = $(CH_2)_3NH_2$	아미노	R = $(CH_2)_7CH_3$	옥틸
R = $(CH_2)_3C{\equiv}N$	사이아노	R = $(CH_2)_3C_6H_5$	페닐
R = $(CH_2)_2OCH_2CH(OH)CH_2OH$	다이올	R = $(CH_2)_3C_6F_5$	펜타플루오로페닐
R = spacer—$CH_2\overset{+}{N}(CH_3)_2(CH_2)_3SO_3^-$	ZIC-HILIC®	R = $(CH_2)_3CH_3$	뷰틸
		R = $(CH_2)_3C{\equiv}N$	사이아노

무극성 정지상은 표의 위에서 아래로 갈수록 무극성이 낮아진다. 사이아노프로필은 극성 및 무극성 머무름을 보여 준다.

그림 25-8 부피가 큰 아이소뷰틸기는 낮은 pH에서 실록세인 결합의 가수분해를 막아 준다. [정보 출처: J. J. Kirkland, *Am. Lab.* June 1994, p. 28K.]

무극성인 펜타플루오로페닐과 페닐 정지상은 옥타데실 정지상과 다른 선택성을 제공하며, 특히 방향족 화합물을 분리에 유용하다. 사이아노프로필 정지상은 극성 또는 무극성 상호 작용에 의해 용질을 머무르게 한다. 사이아노프로필 정지상에 의한 약한 무극성 머무름은 세포막 지질과 같이 소수성이 큰 화합물의 분리에 유용하다.

두자리(bidentate) C_{18} 정지상은 pH 8 이상에서 증가된 안정성을 제공한다.

실록세인(Si—O—SiR) 결합은 pH 2 이하에서 가수 분해되므로, 실리카 지지체에 붙은 결합형 정지상을 사용하는 HPLC는 pH 범위가 2~8로 제한된다. 만약 부피가 큰 아이소뷰틸기가 결합형 정지상의 실리콘 원자에 결합되어 있다면(그림 25-8), 정지상은 H_3O^+의 공격으로부터 보호받게 되어 낮은 pH에서도 오랫동안 안정하다. 심지어 높은 온도(예: pH 0.9, 90°C)에서도 안정하다. 보호기는 입체적으로 부피가 크며, 정지상은 결합 리간드의 밀도(표면 1 m^2당 약 2 μmol의 R기)가 낮아 머무름이 낮아진다.

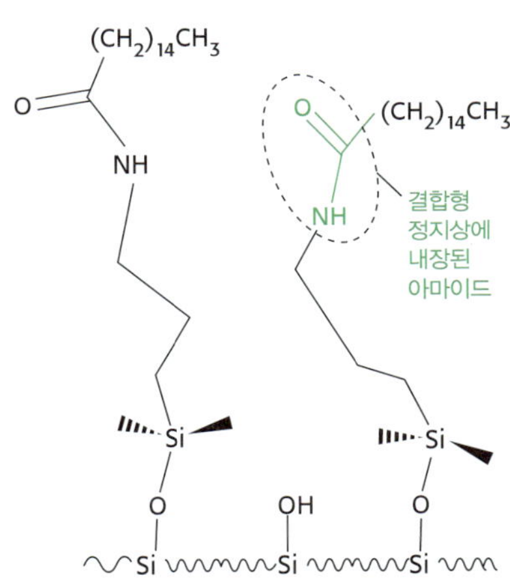

극성기가 내장된 무극성 결합형 정지상은 C_{18}과는 다른 선택성을 제공한다. 염기의 피크 모양이 개선되고 100% 수용액에도 견딘다.

또 다른 형태의 무극성 정지상은 **내장된 극성기**(polar embedded group)를 가진다. 그림의 예에서는 극성 아마이드기를 가지는 긴 탄화수소 사슬로 이루어져 있다. 내장된 극성기는 C_{18}과는 다른 선택성을 제공하는데, 염기에 대하여 개선된 피크 모양을 제공하고 100% 수용액을 사용할 수도 있다. 다른 무극성 정지상은 100% 수용액을 사용할 수 없는데, 그 이유는 이동상과 다시 평형에 도달하기 어려워지기 때문이다.[20]

그림 25-9는 **표면 다공성 입자**(**superficially porous particle**, fused-core 혹은 core-shell particle이라고도 함)를 보여 준다. 이 입자의 내부는 다공성이 없는 1.7 μm 지름의 실리카 입자이고, 외부에는 0.5 μm 두께의 다공성 실리카층을 가진다. 얇은 다공성 바깥층 전체에 걸쳐 C_{18}과 같은 정지상이 결합되어 있다. 표면 다공성 입자 개발의 이론적 근거는 다공성층이 없는 2.7 μm 크기의 입자에서 발생하는 질량 이동 속도보다, 0.5 μm 두께의 다공성층에서 발생하는 질량 이동 속도가 빠르다는 것이다. 이와 같은 이론적 설명은 느리게 확산하는 거대 분자(5~500 kDa)에 적절하다. 작은 분

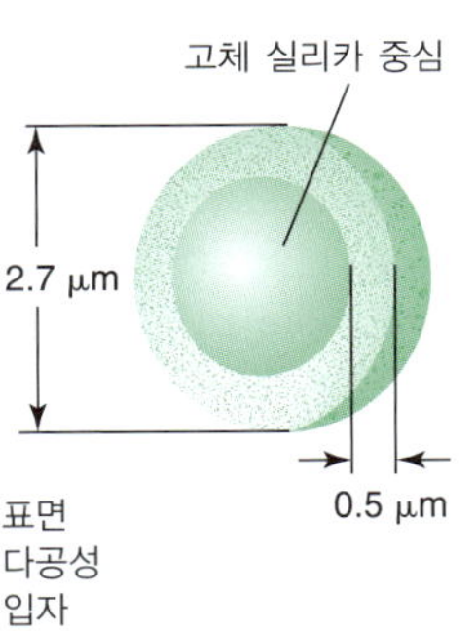

그림 25-9 2.7 μm의 다이아이소뷰틸 옥타데실실란(그림 25-8) 표면 다공성 입자

자(<500 Da)의 경우에는 질량 이동 속도의 변화는 없지만, 다공성 표면 입자를 사용할 경우 소용돌이 확산에 의한 띠넓어짐이 감소한다.[21] 그림 25-3은 전체 지름이 2.7 μm이고 다공성 층의 두께가 0.5 μm인 표면 다공성 입자에 대한 van Deemter 그래프가, 지름이 1.8 μm인 전체 다공성 입자에 대한 그래프와 비슷함을 보여 준다. 표면 다공성 입자는 높은 압력을 요구하지 않으면서도, 지름이 1.8 μm인 전체 다공성 입자가 제공하는 것과 비슷한 수준의 분리가 가능하게 해 준다.

표면 다공성 입자
- 거대 분자는 얇은 다공성층으로의 질량 이동이 빠르다.
- 작은 분자의 경우 소용돌이 확산에 의한 띠넓어짐이 적다.
- 높은 칼럼 압력이 요구되지 않는다.
- 시료 용량이 약 25% 낮아진다.

보충 25-1은 모세관 칼럼에서 실리카를 이용한 **콜로이드 결정**(colloidal crystal)의 고분리능(high-resolution), 고속(high-speed) 크로마토그래피를 설명한다. 보충 부분에서는 **슬립 흐름**(slip flow) 현상은 10^6단의 분리도를 제공할 수 있으며, 흐름에 대한 저항의 감소를 설명하고 있다.

다공성 흑연[22]은 C_{18}과 비교할 때, 무극성 화합물의 머무름 증가를 보이는 정지상이다. 흑연은 극성 화합물에 대하여 높은 친화력을 가지며, C_{18}에서는 분리할 수 없는 이성질체들의 분리를 제공한다. 이 정지상은 10 M 산에서 10 M 염기에 이르는 pH 범위에서 안정하다.

한 가지 약물에 대한 두 거울상 이성질체는 약리 효과가 서로 다르므로, 제약 회사에서는 종종 이들을 분리한다. 1960년대에 임산부의 입덧을 줄이기 위해 처방된 탈리도마이드(thalidomide)는 만 명 이상의 유아에게 선천적 장애를 유발하였으며, 이와 같은 유아의 선천적 장애는 탈리도마이드의 거울상 이성질체에 의해 발생된다는 사실이 확인되어 탈리도마이드의 사용이 금지되었다.

문제 25-13은 탈리도마이드의 거울상 이성질체 분리를 보여 준다

거울상 이성질체를 분리하기 위하여 그림 25-10과 연습 문제 25-B의 광학 활성 결합형 정지상들이 사용된다.[23] 거울상 이성질체 분리는 분석 물질과 카이랄 정지상 사이에서 일시적 부분 입체 이성질체 착물의 형성으로 발생된다. 착물 형성은 수소 결합, 이온, 이온-쌍극자, 쌍극자-쌍극자, van der Waals, 그리고 π-π 상호 작용을 포함한 비공유 상호 작용에 의해 주도된다. 그림 25-10은 정지상의 한 거울상 이성질체에 결합된 카이랄 약물 나프록센의 계산된 기하학적 구조를 보여 준다. 약물의 거울상 형태는 *R*과 *S*로 표시하였다. 정지상의 거울상

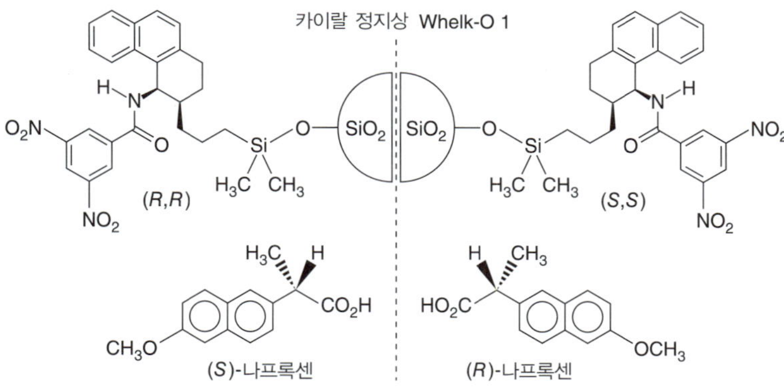

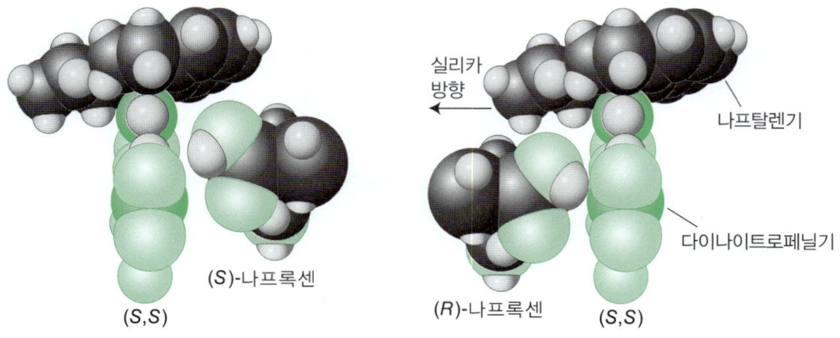

그림 25-10 나프록센 약물의 거울상 이성질체와 (*S*, *S*) 카이랄 정지상 Whelk-O 1. (*S*)-나프록센은 더 강하게 흡착되므로 칼럼에 더 오래 머무른다. [출처: S. Ahuja, "A Strategy for Developing HPLC Methods for Chiral Drugs," *LCGC North Am.* **2007**, *25*, 1112.]

형태는 (*R,R*)과 (*S,S*)로 표시하였다. (*S,S*)-정지상과 (*S*)-나프록센의 결합은 (*R*)-나프록센의 결합보다 강하다. 따라서 (*S,S*)-정지상에서는 (*R*)-나프록센이 (*S*)-나프록센보다 먼저 용리한다. 일부 다른 카이랄 정지상은 치환된 셀룰로스, 당치환체를 가지는 고리형 펩타이드, 사이클로덱스트린(보충 24-1)에 기초한다.

용리 과정

HPLC에서 가장 일반적으로 사용되는 방법은 **역상 크로마토그래피(reversed-phase chromatography)**이다. 정지상은 무극성이거나 약한 극성이며, 용매는 정지상보다 상대적으로 더 극성이다. **분배 크로마토그래피**(partition chromatography)에서 용질은 이동상에 용해되거나

보충 25-1 슬립 흐름에 의해 작동하는 10^6단의 콜로이드 결정 칼럼

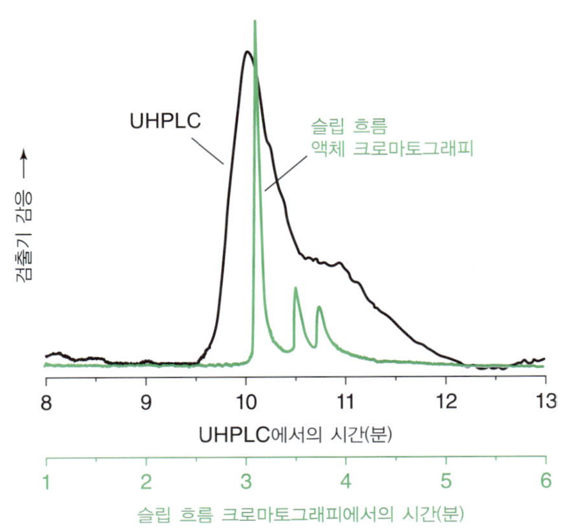

(*a*) 50 × 2.1 mm UHPLC 칼럼(1.7 μm C_4 실리카 입자)과 12.5 mm × 75 μm 콜로이드 결정 칼럼(470 nm C_4 실리카 나노입자)을 이용한 IgG4 단일 항체 약물과 그 응집체의 기울기 분리 [자료 출처: B. J. Rogers, R. E. Birdsall, Z. Wu, and M. J. Wirth, "RPLC of Intact Proteins Using Sub-0.5μm Particles and Commercial Instrumentation," *Anal. Chem.* **2013**, *85*, 6820.]

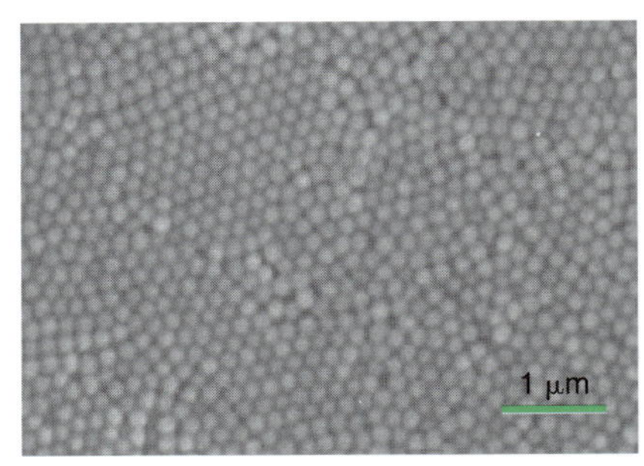

(*b*) 125 nm 구형 실리카 입자의 콜로이드 결정 [자료 출처: B. J. Rogers and M. J. Wirth, "Slip Flow Through Colloid Crystals of Varying Particle Diameter," *ACS Nano* **2013**, *7*, 725. 출처: Benjamin J. Rogers and Mary J. Wirth, Department of Chemistry, Purdue University. © 2013, American Chemical Society.]

단백질체학과 제약 생명공학 분야의 응용, 질병에 대한 생물학적 지표의 발견을 위하여 분리 과학의 발전이 필요하다. 예를 들어 단일 클론 항체 약물 효능은 이합체 또는 삼합체로 응집하게 될 경우 감소한다. 그림 *a*에서 50 mm 길이의 UHPLC 칼럼으로 항체 약물의 응집체를 거의 분리되지 않지만, 470 nm C_4 실리카 나노입자로 충전된 12.5 mm 길이의 모세관 칼럼으로 바탕선 분리를 얻었다. 이러한 **콜로이드 결정**(colloidal crystal) 칼럼은 10^6 이상의 단수를 가지며, 단높이(H)는 기존의 단백질 분리보다 500배 낮다. **콜로이드**(colloid)는 지름이 1~500 nm인 입자이다. **콜로이드 결정**은 이런 입자들의 배열이 거의 규칙적이며(그림 *b*), 모세관 벽에 붙어 있다.

콜로이드 결정 칼럼에서는 단수가 입자 크기와 선속도를 이용하여 예측한 것보다 15배 더 높으며, 압력은 식 25-2로 예측한 것보다 5배 더 낮다. 그림 *c*의 위에서와 같이 인접한 입자들간의 유속을 고려해야 한다. 정지상 표면에서 마찰 항력은 일반적으로 표면에서 유체 속도에 의해 발생하며, 층흐름(그림 *c*의 오른쪽)의 포물선형 속도 윤곽이 움직이는 표면에서 0이 된다. 만약 유체와 입자 표면 사이의 상호 작용이 약하다면, **슬립 흐름**(slip flow)은 표면의 유체에서 발생하며 지속적으로 움직인다.[24] 슬립 흐름은 입자 사이에서 액체가 움직이는 데 필요한 압력이 낮으며, 더 일정한 속도가 주어진다(그림 *c*의 왼쪽). 그림 *c*에서 100 nm **슬립 길이**(slip length)는 HPLC 입자 크기에 비해 작지만, 나노입자에 중요한 영향을 미친다.

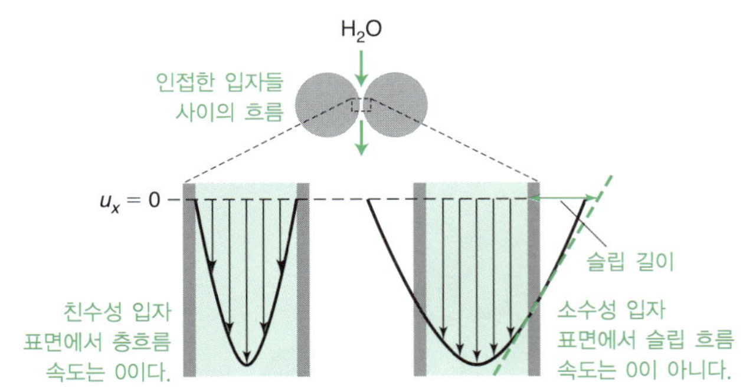

(*c*) 입자 사이의 채널에서의 흐름: 층흐름에서는 입자 표면에서의 속도가 0이며 포물선형 속도 분포가 가파르다. 슬립 흐름에서는 입자 표면에서의 속도가 0이 아닌데, 이는 수용성 용매가 소수성 표면을 잘 적시지 않기 때문이다. 결과적으로, 포물선형 속도 분포는 가파르지 않다. [출처: B. J. Rogers, B. C. Wei, and M. J. Wirth, "Ultrahigh-Efficiency Protein Separations with Submicrometer Silica Using Slip Flow," *LCGC North Am.* **2012**, *30(October)*, 890.]

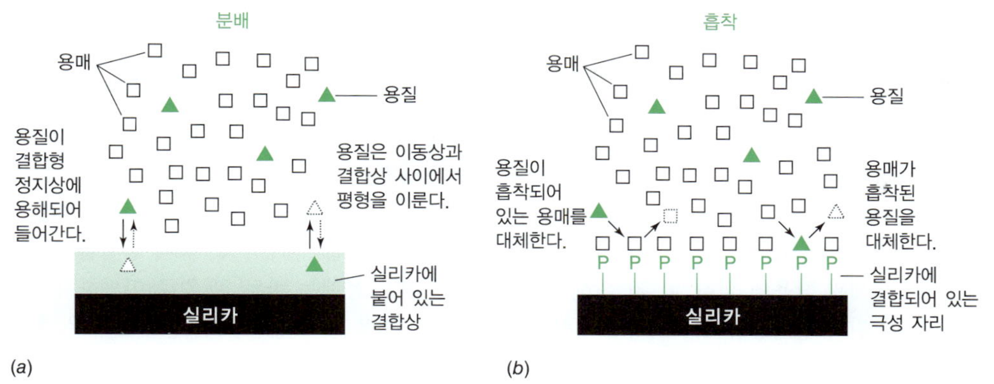

그림 25-11 (*a*) **분배 크로마토그래피**에서, 용질은 이동상과 결합형 정지상 사이에서 평형을 이룬다. 용질이 이동상에서 더 많은 시간을 보낼수록 더 빨리 용리된다. (*b*) **흡착 크로마토그래피**에서, 용매 분자는 정지상의 결합 자리를 두고 용질 분자와 경쟁한다. 용매의 용리 세기가 클수록 더 쉽게 용질을 쫓아낸다.

실리카 표면에 붙인 결합형 정지상에 용해된다(그림 25-11a). 극성의 용질을 용해시키기 위하여 표 25-4에서 용매의 **극성 지수(polarity index**, P')에 기초하여 이동상을 선택한다. 용매의 극성 지수가 높을수록 극성이 강하다. 용매의 극성은 수소 결합에서 수소 주개(표 25-4에서 수소 결합 산도) 또는 수소 받개(표 25-4에서 수소 결합 염기도) 능력과 쌍극자로부터 발생한다. 아세토나이트릴의 극성은 강한 쌍극자 때문이며, 메탄올은 수소 결합을 형성한다. 정지상과 이동상의 극성이 비슷할수록 용질의 머무름은 감소한다. 따라서 **역상 크로마토그래피에서는 극성이 약한 용매가** 용질을 칼럼으로부터 더 빠르게 용리시키므로 **더 강한 이동상이다.**

역상 크로마토그래피
- 무극성 정지상
- 극성이 약한 용매가 이동상 세기가 크다.

정상상 크로마토그래피
- 극성 정지상
- 극성이 강한 용매가 이동상 세기가 크다.

흡착 크로마토그래피(adsorption chromatography)에서 용매 분자는 정지상의 머무름 자리를 놓고 용질 분자와 경쟁한다(그림 25-11b). 실리카 표면에서의 흡착 크로마토그래피는 **정상상 크로마토그래피(normal-phase chromatography)**의 한 예로, 극성 정지상과 상대적으로 낮은 극성의 용매를 사용한다. **용매의 극성이 증가할수록 용리액 세기는 커진다.** 어떤 용질을 흡착제로부터 용리시키는 여러 가지 용매의 상대적 능력은 용질의 성질과는 거의 무관하다. 용리는 용매가 정지상으로부터 용질을 쫓아낼 때 이루어진다.

표 25-4에서 **용리액 세기(eluent strength)**는 실리카 표면에 대한 용매의 흡착 에너지의 척

표 25-4 일반적인 HPLC 용매의 특성

용매	극성의 종류: 수소 결합 산도	극성의 종류: 수소 결합 염기도	극성의 종류: 쌍극자	극성 지수 (P')	용리액 세기(처리하지 않은 실리카)	자외선 한계 파장(nm)
알케인	0	0	0	0	≤0.01	≤200
톨루엔	17%	83%	0%	2.4	0.22	284
메틸 *t*-뷰틸 에터	0%	약 60%	약 40%	약 2.4	0.48	210
클로로폼	43%	0%	57%	2.7	0.26	245
다이메틸 에터	0%	64%	36%	2.8	0.43	215
다이클로로메테인	27%	0%	73%	3.1	0.30	233
2-프로판올	36%	40%	24%	3.9	0.60	205
테트라하이드로퓨란(THF)	0%	49%	51%	4.0	0.53	212
아세트산 에틸	0%	45%	55%	4.4	0.48	256
메탄올(CH_3OH)	43%	29%	28%	5.1	0.70	205
아세톤	6%	38%	56%	5.1	0.53	330
아세토나이트릴(CH_3CN)	15%	25%	60%	5.8	0.52	190
물	43%	18%	39%	10.2	—	190

출처: L. R. Snyder, J. J. Kirkland, and J. W. Dolan, in Introduction to Modern Liquid Chromatography, 3rd ed. (Hoboken, NJ: Wiley, 2010), revised using M. Vitha and P. W. Carr, "The Chemical Interpretation and Practice of Linear Solvation Energy Relationships in Chromatography," *J. Chromatogr.* A **2006,** *1126,* 143.
색으로 표시한 용매는 역상 크로마토그래피에서 일반적으로 사용한다. 색으로 표시되지 않은 용매는 정상상 크로마토그래피에서 일반적으로 사용되며, 회색 용매는 역상/정상상 크로마토그래피에 모두 사용된다.

실험 25-1 정상상 및 역상 크로마토그래피[25]

이 실험은 (Mikhail Tswett의 선구적인 크로마토그래피 연구의 관점) 정상상 및 역상 얇은 층 크로마토그래피를 사용하여 식물 안료를 분리한다. **얇은 층 크로마토그래피**(thin-layer chromatography)에서 고정상은 유리판, 플라스틱판, 또는 알루미늄 포일 표면에 코팅된다. 용질은 판 바닥 근처 점에 위치한다. 판의 하단 가장자리는 용매와 접촉되며, 이때 모세관 작용에 의하여 용매는 판 위로 이동한다. 분석 물질은 판 위의 정지상과 위로 이동하는 이동상 사이에서 평형을 이룬다. 얇은 층 크로마토그래피는 유기 반응이 완료되었는지를 확인하기 위해 사용할 수 있고, 정량 분석에도 사용된다.[26]

약 5 g의 시금치 또는 루콜라 잎을 종이타월 사이에 넣고 밀방망이나 플라스크 바닥으로 단단히 눌러 물기를 제거한다. 물기를 제거한 잎을 조각으로 잘게 찢어서 절구에 넣고, 약간의 모래(한 티스푼)와 6~7 g의 건조제(황산 나트륨 또는 황산 마그네슘)를 첨가한다. 막자를 이용하여 3~5분 동안 갈아 주며 모든 수분이 건조제에 흡수되도록 한다. 건조된 시료는 베이킹 파우더와 유사해야 된다. 약 10 mL 아세톤을 첨가하고 액체가 짙은 녹색이 될 때까지 1~2분 더 갈아 준다.

정상상 분리는 1 × 6.5 cm 실리카 얇은 층 크로마토그래피 판을 사용하고, 1.5 × 10 cm 시험관에서 1 mL 이하의 헵테인(70):아세톤(28):무수 에탄올(2) 혼합 용매를 사용한다. 이동상은 실리카보다 극성이 **작다**. 부드러운 연필로 판의 하부에서부터 0.7 cm 높이에 선을 그린다. 판의 모서리에 너무 가깝지 않게 선을 따라서 모세관을 이용하여 시료의 점을 찍는다. 더 선명한 색을 얻으려면 시료의 점을 건조시킨 후 같은 위치에 최대 4~5회 반복하여 다시 시료의 점을 찍어 주면 된다. 추출 용매를 증발시켜 부피를 줄인다면 더욱 선명한 색을 얻을 수 있다. 얇은 층 크로마토그래피 판을 시험관에 넣고 하부에 그린 선을 넘지 않도록 시험관에 정상 용매를 넣어 주고, 용매 증발을 방지하기 위해 뚜껑을 닫아 준다. 용매는 바로 판 위로 이동하기 시작하므로 용리가 시작되는 것을 계속 관찰한다. 용매가 얇은 층 크로마토그래피 판 상부에서 0.5~1 cm 떨어진 높이까지 이동하면 판을 시험관에서 빼낸다. 일반적으로 약 10분 미만이 소요된다. 부드러운 연필로 용매의 이동 높이를 표시하고 사진을 찍는다. 화합물은 빛과 공기에 민감하므로, 투명 테이프로 판을 덮거나 냉장고에 보관하면 색상을 보존하는 데 도움이 된다. 천연색 사진 20a는 정상상 분리 결과를 보여 준다.

역상 분리는 1 × 6.5 cm의 C_{18} 얇은 층 크로마토그래피 판을 사용한다. 정상상 얇은 층 크로마토그래피에서와 같이, 판의 하부에 선을 그리고 시료를 준비한다. 헵테인(15):아세토나이트릴(35):95% 아세톤(50)을 1.5 × 10 cm 시험관에 넣어 준다. 이 용리액은 C_{18} 정지상보다 극성이 **크다**. 역상 얇은 층 크로마토그래피 판을 시험관에 넣고 뚜껑을 닫은 후 분리가 일어나는지 관찰한다(10분 미만으로 빠름). 용매가 얇은 층 크로마토그래피 상부에 가까워지면 판을 시험관에서 빼내고, 부드러운 연필로 용매의 이동 높이를 표시하고 사진을 찍는다. 천연색 사진 20은 역상 얇은 층 크로마토그래피로 얻어진 시료의 용출 순서가 정상상 얇은 층 크로마토그래피의 결과와 반대임을 보여 준다.

도이며, 펜테인의 용리액 세기를 0으로 정한다. 용매의 극성이 증가할수록 실리카를 이용한 흡착 크로마토그래피에서의 용리액 세기가 커진다. 용리액의 세기가 커질수록 용질은 정상상 칼럼으로부터 더 빨리 용리된다. 머무름 메커니즘이 다르므로 극성 지수와 용리액 세기 사이의 차이는 존재한다. 정상상 크로마토그래피는 용리액 내 소량의 물에 예민하지만, 역상 크로마토그래피는 그렇지 않다. 역상 크로마토그래피에 사용되는 물과 극성 용매의 혼합물은 정상상 크로마토그래피 용매보다 더 친환경적이다(보충 23-1).

환경친화도[13]
정상상 ≪ 역상

액체 크로마토그래피 방법의 다양성과 상반되는 극성 의존성을 고려할 때, 액체 크로마토그래피 칼럼으로부터 시료 성분들을 용리시키는 이동상의 포괄적인 능력을 설명하기 위하여 **이동상 세기**(**mobile phase strength**)를 이용한다. 실험 25-1은 정상상 크로마토그래피와 역상 크로마토그래피의 차이를 보여 주고 있다.

등용매 및 기울기 용리

등용매 용리: 이동상의 조성이 일정
기울기 용리: 이동상의 세기를 점차 증가시키기 위해 연속적으로 용매 조성을 바꾸어 준다.

등용매 용리(**isocratic elution**)에서는 단일 용매(혹은 균일 용매 혼합물)만을 사용한다. 만일 단일 용매만으로는 모든 성분들을 충분히 빠른 속도로 용리시킬 수 없다면, **기울기 용리**(**gradient elution**)를 사용할 수 있다. 이 경우, 분리하는 동안 A 용매에 B 용매의 양을 점차 증가하면서 첨가함으로써 연속적인 기울기를 만든다.

그림 25-12는 역상 칼럼을 이용한 8가지 성분의 등용매 용리에서 이동상 세기의 증가에 의한 영향을 보여 준다. 역상 분리에서는 용매의 극성이 **증가**할수록 이동상의 세기는 **감소**한

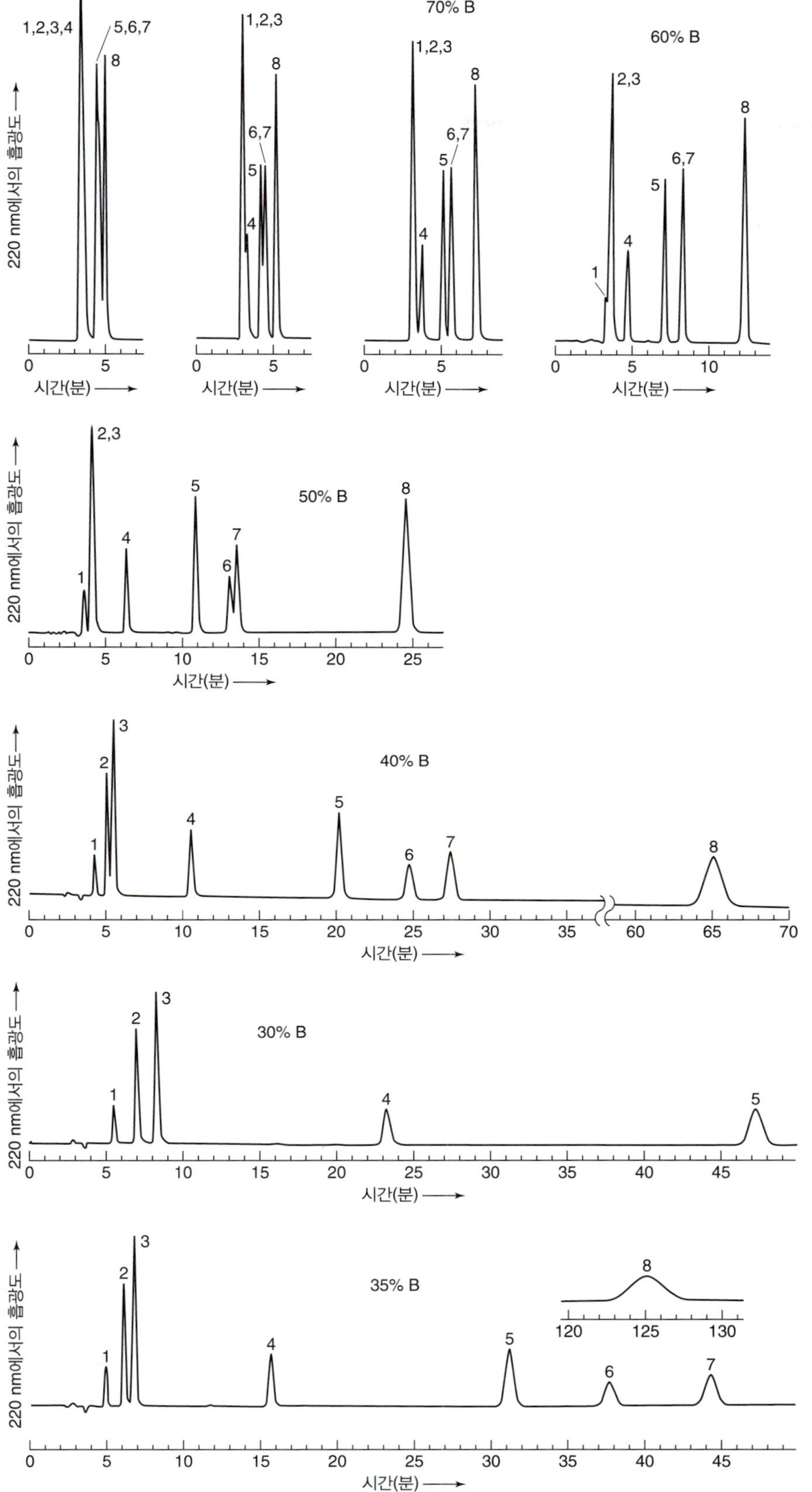

그림 25-12 실온(약 22°C)에서 25 × 0.46 cm Hypersil ODS 칼럼(5 μm 실리카를 입힌 C_{18})을 이용하여 1.0 mL/min의 유속에서 얻은 방향족 화합물의 혼합물 등용매 HPLC 분리: (1) 벤질 알코올, (2) 페놀, (3) 3′,4′-다이메톡시아세토페논, (4) 벤조인, (5) 에틸 벤조에이트, (6) 톨루엔, (7) 2,6-다이메톡시톨루엔, (8) *o*-메톡시바이페닐. 용리액은 완충 수용액(A로 표시)과 아세토나이트릴(B로 표시)로 구성되었다. 첫 번째 크로마토그램에서 '90% B'는 10 vol% A와 90 vol% B를 의미한다. 25 mM KH_2PO_4와 0.1 g/L 아자이드화 소듐(sodium azide)을 함유하는 완충 용액은 염산을 이용하여 pH 3.5로 조절하였다.

- HPLC용 완충 수용액을 조제한 후, 유기 용매와 섞기 **전에** pH를 조절한다.[27]
- HPLC용 초순수(ultrapure water)는 순수 제조 장치나 증류 장치로 새로 만들어야 한다. 물은 폴리에틸렌이나 유리병으로부터 불순물을 천천히 추출한다.
- 예를 들어 70% B를 만들기 위해서 B 70 mL를 A 30 mL와 섞는다. 그 **결과는** 부피 플라스크에 B를 70 mL 넣은 후 A로 100 mL까지 채운 결과와는 **다르다**. A와 B가 섞일 때 부피 변화가 있기 때문이다.

보편적인 용리 문제: 복잡한 혼합물의 경우, 등용매 용리는 빨리 용리되는 피크나 늦게 용리되는 피크를 용리시킬 수는 있으나, 두 피크를 동시에 분리하기에는 적당하지 않다. 이러한 문제를 해결하기 위해 기울기 용리를 이용한다.

점도는 이동상 조성에 따라 변한다. 동일한 유속에서 30 vol% 아세토나이트릴/70 vol% 물은 90% 아세토나이트릴/10% 물보다 칼럼 압력을 두 배 높인다.

다. 이동상의 극성은 두 가지(혹은 그 이상) 용매를 혼합함으로써 조절한다. 통상적으로 용매 A는 수용성 용매를, 용매 B는 유기 용매를 의미한다. 혼합물의 극성 지수(P')는 다음과 같다.

$$P'_{AB} = \Phi_A P'_A + \Phi_B P'_B \tag{25-3}$$

여기에서 Φ_A와 Φ_B는 용매 A와 B의 부피 분율이다. 왼쪽 위의 첫 번째 크로마토그램은 90 vol% 아세토나이트릴과 10 vol% 수용성 완충 용액으로 구성되는 용매를 사용하여 얻은 결과이다. 아세토나이트릴의 이동상 세기가 강하므로(극성이 낮음), 모든 성분이 빨리 용리된다. 피크의 겹침으로 인해 세 개의 피크만 보인다. 용매를 80% B로 바꾸어 이동상의 극성을 증가시키면, 분리가 조금 개선되어 5개의 피크가 보인다. 60% B 용매로는 6개의 피크가 보인다. 40% B 용매로는 8개의 피크 모두를 볼 수는 있으나, 성분 2와 3이 완전히 분리되지 않는다. 30% B 용매로는 모든 피크가 분리되었으나 분리 시간이 너무 길다. %B를 10% 변화시킬 때마다 머무름 인자가 약 세 배 정도 변한다. 다시 돌아가 35% B 용매(맨 아래 그림)로는 두 시간이 약간 넘는 시간에 모든 피크를 분리할 수 있었다(여러 가지 목적을 감안하면 너무 오랜 시간이다). 이동상의 점도는 %B에 따라 변하며, 이는 칼럼 압력을 변화시킨다(식 25-2). 칼럼 압력은 분리에 영향을 미치지 않지만, 압력이 칼럼의 압력 한계치를 넘지 않도록 관찰해야 한다.

www.hplcsimulator.org는 역상 크로마토그래피를 시뮬레이션할 수 있는 무료 소프트웨어이다.[8]

실험적인 **선형 용매 세기 모형**(linear-solvent-strength model)은 주어진 용매에 대한 머무름 인자 k와 이동상 성분 Φ 사이의 로그 관계를 추정한다.

실험적인 모형은 이론에 의한 것이 아니라 관찰에 기초한 것이다. 식 25-4는 k와 Φ 사이의 관계를 설명한다. 이 관계는 이론에 기초한 원리로 예측한 것은 아니다.

$$\log k \approx \log k_W - S\Phi \tag{25-4}$$

여기에서 $\log k_W$는 100% 수용성 용리액에 대한 추정된 머무름 인자이며, Φ는 유기 용매의 분율(40 vol% 유기 용매/60 vol% 물에서 $\Phi = 0.4$)이고, S는 각 화합물에 대한 상수(작은 분자의 경우, 일반적으로 값이 약 4이다)이다. 그림 25-13은 그림 25-12에서의 머무름에 맞는 선형 용매 세기 모형을 보여 준다.

보충 25-2에서 **초임계 유체 크로마토그래피**에서의 기울기 용리를 설명한다.

그림 25-12의 등용매 용리 결과를 바탕으로, 그림 25-14에서는 모든 피크를 38분 안에 분리할 수 있는 기울기 용리 조건을 선택하였다. 먼저 30% B(B는 아세토나이트릴)로 8분간

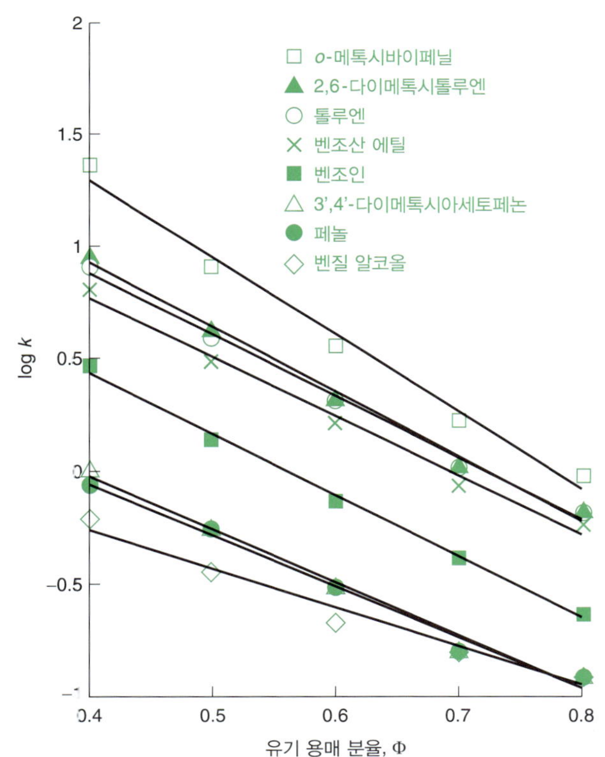

그림 25-13 선형 용매 세기 모형. 그림 25-12에 보인 8가지 방향족 화합물에 대한 $\log k$ 대 Φ의 그래프. *o*-메톡시바이페닐 데이터의 굽음(curvature)은 선형 용매 세기 모형이 이동상 조성의 일부 범위에서만 적용 가능함을 보여 준다.

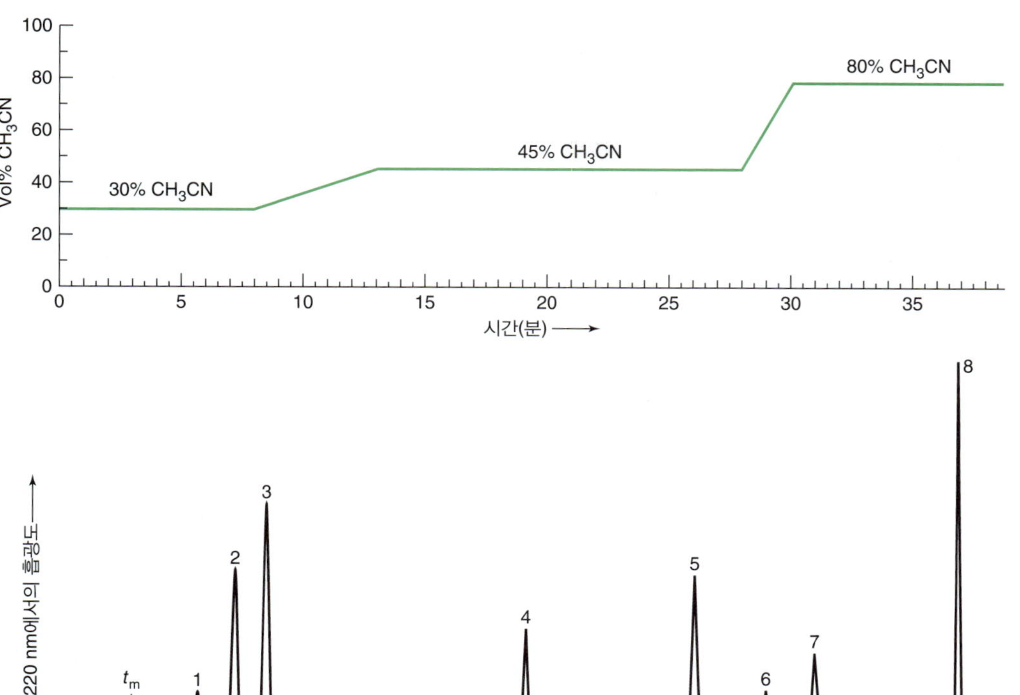

그림 25-14 그림 25-12의 시료와 동일한 방향족 화합물의 혼합물 기울기 용리(칼럼, 유속, 용매 모두 동일 조건). 윗 그림은 부분화된 기울기 용리에서의 용매 조성 변화를 보여 준다.

용리시켜 성분 1, 2, 3을 분리하였다. 그런 다음, 이동상 세기를 5분 동안 45% B까지 증가시킨 후 15분간 유지하여 피크 4와 5를 용리시켰다. 마지막으로 2분 동안 80% B로 바꾸어 준 후 유지하여 마지막 피크를 용리시켰다.

친수성 상호 작용 크로마토그래피(HILIC)[28]

친수성 물질(hydrophilic substance)은 물에 녹거나 물질의 표면으로 물을 끌어당긴다. 극성 유기 분자 또는 생화학 분자는 친수성 부분을 가진다. **친수성 상호 작용 크로마토그래피(HILIC: hydrophilic interaction chromatography)**는 극성이 너무 커서 역상 칼럼에는 머무르지 않는 분자들의 분리에 사용한다. 그림 25-15는 HILIC에서 분리 순서가 역상 크로마토그래피에서와 상반된다는 것을 보여 준다. HILIC는 극성 약물, 펩타이드, 당류를 분리하는 데 유용하다.

친수성: '물을 좋아하는'–물에 녹는다. 표면이 물에 젖는다.

소수성: '물을 싫어하는'–물에 녹지 않는다. 표면이 물에 젖지 않는다.

친수성 상호 작용 크로마토그래피의 정지상(그림 25-16에서 보는 것과 같은)은 매우 강한 극성이다. 이동상은 60~97 vol%의 아세토나이트릴이나 다른 비양성자성 유기 용매가 완충 수용액과 섞인 용액이다. 극성 정지상의 표면은 얇은 수용성 층으로 코팅되어 있다. 극성 용질은 이 얇은 수용성 층으로 분배되며, 또한 극성 결합상과 바로 상호 작용할 것이다. 유기 용매(무극성)의 농도가 높을수록, 극성 용질은 이동상에 적게 용해된다. 극성 결합상과의 직접적인 상호 작용은 머무름과 분리 계수에 영향을 미칠 수 있다.

기울기 용리는 약한 이동상에서 강한 이동상으로의 변화이다(그림 25-15). 용매는 주로 수용성 용매/유기 용매 혼합물이다. 역상 크로마토그래피에서는 이동상 내 용질의 용해를 증가시키기 위하여 용리액 내 물의 분율을 감소시킴으로써 이동상 세기를 증가시킨다. HILIC에서는 이동상 내 물의 분율을 **높임으로써** 이동상 세기를 증가시킬 수 있는데, 기울기 용리에서는 물의 분율을 점차 높여 준다. 정상상 크로마토그래피에서 이동상은 비수용성이고, 기울기 용리에서는 무극성에서 극성 유기 용매의 양을 점차 증가시킨다(예: 헵테인 내에서 5% 아세트산 에틸에서 30% 아세트산 에틸로 증가).

보충 25-2 친환경 기술: 초임계 유체 크로마토그래피

이산화 탄소의 상평형 그림을 보면, 고체 CO_2(드라이 아이스)는 −78.7°C의 온도, 1.00 bar의 압력에서 기체 CO_2와 평형을 이룬다. 고체는 액체 단계를 거치지 않고 **승화**(sublime)된다. **삼중점**(triple point)인 −56.6°C(고체, 액체, 기체가 평형 상태이다) 이상에서는 액체와 증기가 서로 다른 상으로 공존한다. 예를 들어 0°C일 때, 액체는 34.9 bar의 압력에서 기체와 평형을 이룬다. 액체-기체 상경계를 따라 올라가면 **임계점**(critical point, 31.3°C, 73.9 bar)에 이를 때까지 항상 두 개의 상이 존재함을 볼 수 있다. **이 온도 이상에서는 어느 압력에서도 단 하나의 상만 존재한다.** 우리는 이 상을 **초임계 유체**(**supercritical fluid**)라고 한다(천연색 사진 21). 초임계 유체의 밀도와 점도는 용매로서의 능력과 마찬가지로 기체와 액체 사이의 값을 가진다. Western Norway University of Applied Sciences의 비디오는 초임계 온도를 지날 때 발생되는 CO_2의 상변화를 보여 준다.[29]

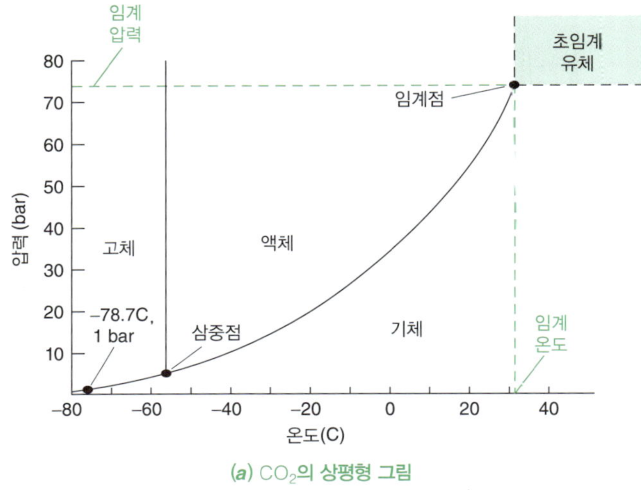

(*a*) CO_2의 상평형 그림

임계 상수

화합물	임계 온도 (°C)	임계 압력 (bar)	임계 밀도 (g/mL)
아르곤	−122.5	47	0.53
이산화 탄소	31.3	73.9	0.448
헥사플루오린화 황(SF_6)	45.6	37.0	0.755
암모니아	132.2	113.0	0.24
다이에틸 에터	193.6	36.8	0.267
메탄올	240.5	79.9	0.272
물	374.4	229.8	0.344

CO_2와 유기 용매의 혼합 용매를 사용하는 **초임계 유체 크로마토그래피**(supercritical fluid chromatography)는 '친환경' 기술로, 제약 산업에서 kg 단위의 화합물이나 거울상 이성질체를 분리하는 데 유기 용매의 소비를 90%까지 절약할 수 있다.[30] 초임계 유체의 낮은 점도는 높은 유속의 사용을 허용하므로 생산성을 높여 준다. 비록 CO_2 자신은 약한 용매이지만, 일부 유기 용매와 섞이면 다양한 화합물을 녹일 수 있다.

초임계 유체에서는 용질의 확산 계수가 액체에서보다 크므로, 초임계 유체 크로마토그래피는 액체 크로마토그래피에 비해 증가된 속도와 분리도를 제공한다. 초임계 유체는 기체와는 달리 비휘발성 용질을 녹일 수 있다. 압력을 풀어 주면, 용매가 기체로 되면서 기체상에 용질이 남게 되어 쉽게 검출된다. 이산화 탄소는 불꽃 이온화 검출기나 자외선 검출기에 적합하고(190 nm 이상에서는 자외선을 흡수하지 않는다), 임계 온도가 낮으며 독성이 없기 때문에 초임계 유체 크로마토그래피에 선호된다.

초임계 유체 크로마토그래피 장치는 충전 칼럼 또는 열린 관 칼럼 HPLC와 비슷하다. HPLC에서는 기울기 용리로, 기체 크로마토그래피에서는 온도를 높여줌으로써 용리액 세기를 증가시킨다. 초임계 유체 크로마토그래피에서는 기울기 용리를 이용하여 압력을 높이거나 용매의 밀도를 높임으로써 용리액의 세기가 증가한다. 크로마토그램은 다중 HPLC 검출기로 동시 분석을 이용한 기울기 용리를 보여 준다.

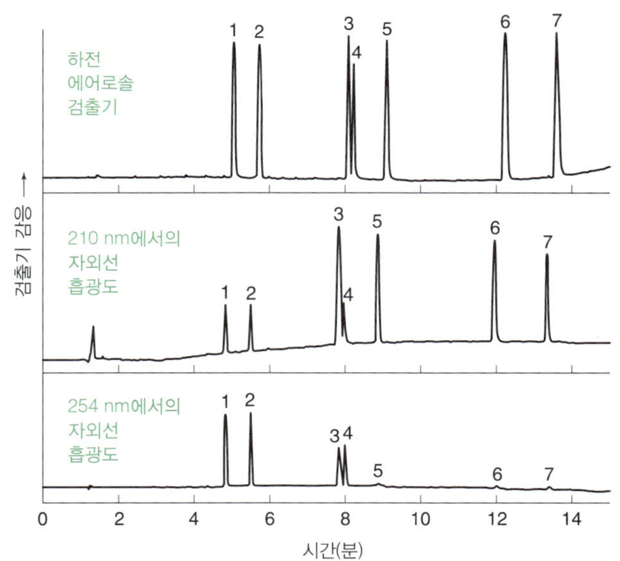

(*b*) 40°C, 10 MPa(100 bar, 출구압), CO_2에서 10~35% 메탄올 기울기를 이용한 7가지 스테로이드(100 mg/L)의 충전 칼럼 초임계 크로마토그램. (1) 7-메틸테스토스테론, (2) 테스토스테론, (3) 프로제스테론, (4) 코티손, (5) 에스트론, (6) 에스트라이올, (7) 에스트리올 [자료 출처: C. Brunelli, T. Górecki, Y. Zhao, and P. Sandra, "Corona-Charged Aerosol Detection in Supercritical Fluid Chromatography for Pharmaceutical Analysis," *Anal. Chem.* **2007**, *79*, 2472.]

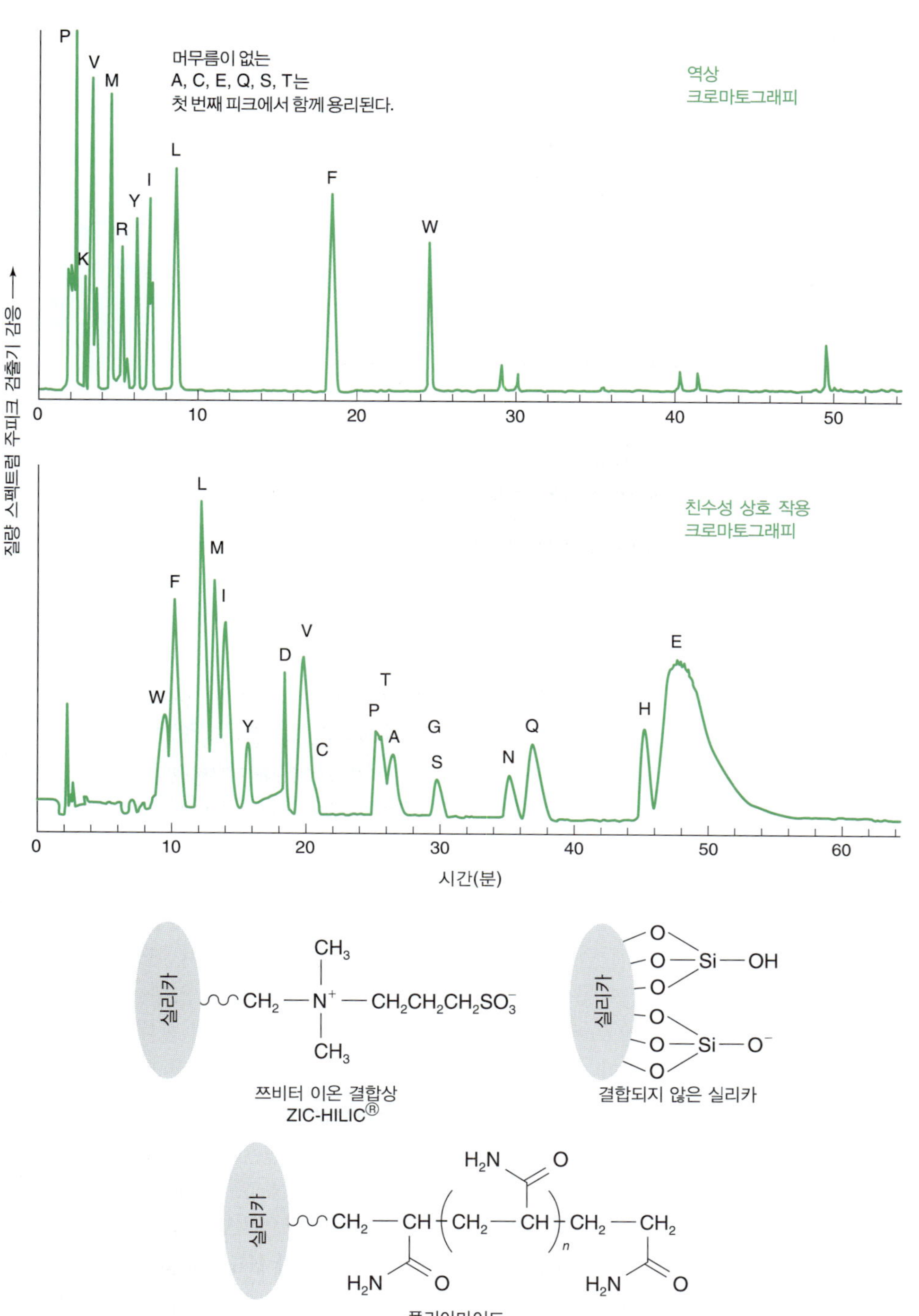

그림 25-15 역상 크로마토그래피와 친수성 상호 작용 액체 크로마토그래피를 이용한 유도체화된 아미노산의 기울기 용리. 글라이신(G), 세린(S), 글루타민(Q)과 같은 극성 아미노산은 역상에 약하게 머무르지만 HILIC에서는 강하게 머무른다. 역상 분리 조건: 15 × 0.1 cm 칼럼, 3.5 μm Zorbax XDB C_{18} 정지상, 64분 동안 5%에서 90% 메탄올까지 기울기 용리, 0.1% 폼산 포함. HILIC 분리 조건: 25 × 0.1 cm TSKgel Amide-80 칼럼(아마이드 5 μm 실리카), 유속 55 μL/min, 45분 동안 85%에서 55% CH_3CN까지 기울기 용리, 수용액상에 15 mM 아세트산 암모늄 완충 용액(pH 5.5) 포함. 천연물로 유도체화하거나 동위 원소로 표시된 폼알데하이드는 400개 이상의 아민(소변 내 화합물 포함)을 검출할 수 있게 한다. 아미노산 약어는 표 10-1에 있다. [자료 출처: K. Guo, C. J. Ji, and L. Li, "Stable-Isotope Dimethylation Labeling Combined with LC-ESI MS for Quantification of Amine-Containing Metabolites in Biological Samples," *Anal. Chem.* **2007**, *79*, 8631.]

그림 25-16 친수성 상호 작용 크로마토그래피(HILIC) 정지상

분리 방법의 선택

여러 방법을 통해 주어진 혼합물 내 성분들을 분리할 수 있다. 그림 25-17은 출발점을 선택하기 위한 계통도이다. 만일 분석 물질의 분자량이 2 000 미만이라면, 그림의 윗 부분을 사용하고, 2 000 이상이라면 아래 부분을 사용한다. 어느 쪽이든, 첫 번째 질문은 용질이 물에 녹는지, 아니면 유기 용매에 녹는지이다. 메탄올에 녹는 작은 분자(분자량 2 000 미만)들의 혼합물이 있다고 가정하자. 표 25-4는 용매의 극성 순서를 나타내는 것으로, 아래로 갈수록 극성이 증가한다. 메탄올은 극성 지수가 5.1로, 역상 크로마토그래피에서 사용하는 일반적인 용매 중의 하나이다. 그림 25-17은 역상 크로마토그래피를 제안한다. 결정 과정은 색깔로 보여 준다. 결합형 정지상으로 옥타데실(C_{18}), 옥틸(C_8), 페닐, 펜타플루오로페닐, 사이아노기

그림 25-17의 결정 과정에는 정해진 규칙이 없다. 분자 크기가 다른 부분에 속하더라도, 위 또는 아래 방법을 모두 이용할 수도 있다.

가 붙어 있는 칼럼을 선택한다. 이동상은 메탄올/물 또는 아세토나이트릴/물의 혼합물이다.

만일 용질이 물에만 녹는다면, 용질의 전하를 결정해야 한다. 만약 용질이 하전되지 않았다면, 의사 결정 분지도에서 역상 크로마토그래피 또는 친수성 상호 작용 크로마토그래피 사용을 제안한다. 만약 용질에 약산이나 염기가 있다면, 완충 용액이나 이온쌍 물질을 사용할 필요가 있으며, 이온 교환 크로마토그래피(26-1절에서 설명)에서도 사용한다.

만일 용질의 분자량이 2 000 이상이고 유기 용매에 녹는다면, 그림 25-17은 26-3절에서 설명할 크기별 배제 크로마토그래피를 추천한다. 만일 용질의 분자량이 2 000 이상이고 물에 녹는다면, 분자의 특성으로 구분해야 한다. 예를 들어 분자의 크기, 전하, 소수성이 다른가? 이와 같은 액체 크로마토그래피 방법은 26장에서 다루고 있다.

용매

HPLC 용매는 인화성이 있으므로 사용하지 않을 때에는 금속 보관함에 안전하게 보관한다.

비싼 칼럼의 불순물에 의한 손상을 막고, 오염 물질에 의한 검출기의 바탕 신호를 최소화하기 위해 순수한 HPLC용(비싼) 용매를 사용해야 한다. 오염 물질은 칼럼에 축적될 수 있으며, 기울기 용리 중에 '고스트 피트(ghost peak)'로 나타날 수 있다. 고스트 피크는 기울기 용리를 시작하기 전에 오염된 이동상이 칼럼을 통과한 시간에 따라서 크기가 달라진다.

용매는 사용 전에 He로 기체를 몰아내거나(purge), 빨아내어(evacuate) 용해 산소를 제거한다.[31] 또는 0.5 μm 이하 크기의 기공을 가지는 필터를 사용하여 진공 펌프로 용매로부터 입자성 물질을 제거한다. 기포는 펌프, 칼럼, 검출기에 문제를 야기한다. 용해 산소는 자외선, 형광, 전기 화학 검출기의 감응에 영향을 미친다. 현재 사용하는 대부분의 기기들은 용해 기체를 제거하기 위해 **탈기 장치**(degasser)가 연결되어 있다. 용매 용기 내의 튜빙에는 HPLC의 경우 0.5 μm 이상, UHPLC의 경우 0.2 μm 이상 크기의 입자성 물질을 제거하기 위한 필터가 연결되어 있다.

오염된 인라인 필터의 증상: 압력이 10% 이상 증가하면 인라인 필터를 교체해 준다.

오염된 보호 칼럼의 증상: 단수가 10% 이상 감소하거나 분할 피크가 관찰되면 보호 칼럼을 교체한다. 보호 칼럼을 교체하여도 성능이 향상되지 않는다면, 칼럼을 세척해 준다.

시료와 용매는 짧고 소모성인 **보호 칼럼**(guard column, 그림 25-1)을 통과한다. 보호 칼럼은 분석 칼럼과 동일한 정지상으로 채워져 있으며, 강하게 흡착하는 물질을 잡아준다. 실험 후 또는 보관 전에는 분석 칼럼을 씻어 주어야 한다. 칼럼 매뉴얼에서 허용하는 경우에는 검출기에서 칼럼을 분리하고 이동상의 흐름 방향을 반대로 세척할 수 있다. 일부 2 μm 미만 입자의 칼럼은 입구 프릿으로 정지상 입자가 유실될 수 있기 때문에 반대 흐름으로 세척할 수 없다. 예를 들어 용리액이 40:60 vol/vol 아세토나이트릴/완충 수용액이라면, 먼저 완충 수용액을 물로 교체하고[32] 이동상 부피(V_M)의 10배의 10:90 vol/vol 아세토나이트릴/물로 칼럼을 씻어준다. 그런 후 강하게 붙어 있는 용질을 제거하기 위해 이동상 부피의 10~20배의 95:5 vol/vol 아세토나이트릴/물과 같은 강한 용리액으로 칼럼을 씻어주고, 박테리아의 생성을 억제하기 위하여 강한 용매를 채워서 칼럼을 보관한다. 이러한 과정은 알킬, 아릴, 사이아노 및 내장형 극성 칼럼(embedded polar-phase column)과 HILIC 칼럼에 적합하다. 정상상 칼럼에는 다른 방법을 사용한다.[33] 새 칼럼이나 보관한 칼럼을 처음 사용할 때에는 칼럼과 함께 제공된 크로마토그래피 검증 결과를 재현해 본다. 만약 머무름 또는 단수가 제공된 결과와 유사하다면, 칼럼이 잘 작동하고 있음을 확신할 수 있다.

이동상 부피 = $V_M \approx Ld_c^2/2$, 여기에서 L과 d_c는 cm 단위로 칼럼의 길이와 지름이다. V_M은 정지상 입자 사이와 내부 기공 내에 존재하는 칼럼 내 용매의 부피이다.

분리능의 저하 없이 소비 용매 감소
- 입자가 작고 짧은 칼럼 사용
- 칼럼의 지름을 4.6 mm에서 2.1 mm로 변경
- 등용매 분리의 경우, 피크가 용리되지 않을 때 용매를 수집하는 재활용 장치 사용

정상상 분리는 용매 내 물의 존재에 민감하다. 용리액을 바꿀 때 정지상과의 평형을 빠르게 하기 위해서는, 정상 크로마토그래피용 유기 용매는 물이 50% 포화되어 있어야 한다. 포화는 마른 용매에 수 mL의 물을 가한 후 교반함으로써 얻을 수 있다. 그런 후 과량의 물로부터 젖은 용매를 분리하고, 같은 부피의 마른 용매와 섞는다.

대칭형 띠모양의 유지[34]

HPLC 시스템을 평가하기 위하여 매일 표준 물질로 확인하라. 피크 모양이나 머무름 시간이 변한다면 문제가 있음을 인식해야 한다.

HPLC 칼럼은 좁고 대칭인 피크를 제공해야 한다. 만약 새로운 칼럼으로 표준 시료 혼합물을 분리했을 때, 칼럼에 동봉된 크로마토그래피처럼 얻을 수 없거나, 실험자 스스로가 판단하기에 칼럼을 제외한 나머지 시스템에 문제가 없다면 칼럼을 반환해야 한다.

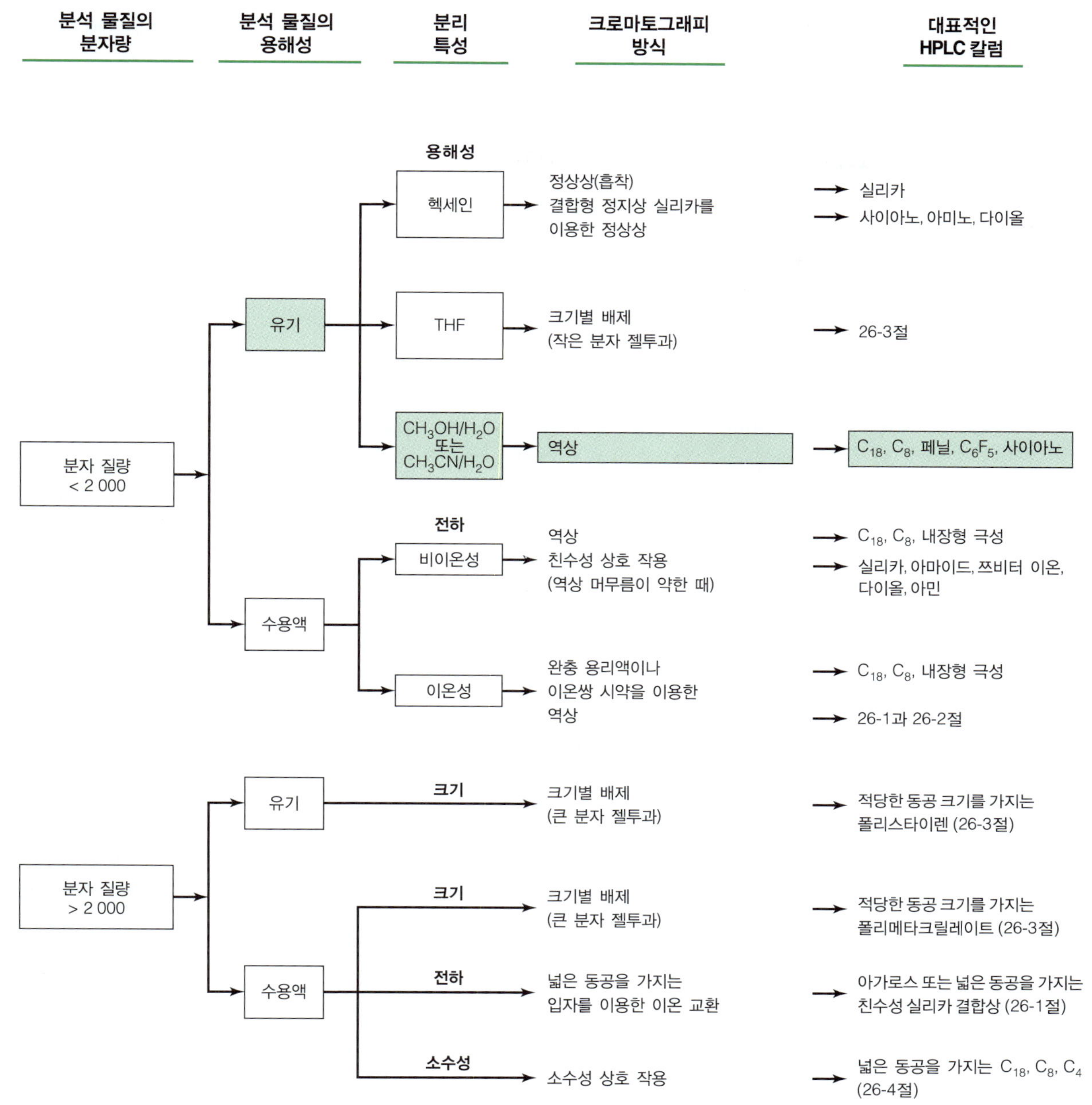

그림 25-17 HPLC 방식 선택 안내. THF는 테트라하이드로퓨란(tetrahydrofuran)이다. [정보 출처: *The LC Handbook*, publication no. 5990-7595EN (Agilent Technologies, 2016).]

그림 23-13의 비대칭 인자 B/A는 0.9~1.5의 범위를 벗어나지 않아야 한다. 만약 새로운 용리액이나 새 칼럼으로 바꿈과 동시에 피크 모양이 갑자기 변한다면, 원인을 확인해야 한다. 약산과 염기에서는 이동상의 pH와 완충 능력이 머무름과 피크 모양에 크게 영향을 미친다. 만약 보호 칼럼을 사용한다면, 보호 칼럼을 교체해야 한다. 만약 피크 모양이 점차적으로 악화된다면, 이전 절에서 설명한 것처럼 칼럼을 씻어주어야 한다. 옛날 방법은 이동상에 트라이에틸아민을 첨가하는 것이다. 첨가제는 분석 물질과 강하게 결합하는 깨끗하지 않은 실리카(A형)의 특정 부위에 결합하며 꼬리끌기를 야기시킨다(그림 25-7). 개선된 실리카(B형)는 꼬리끌기가 줄어들고, 따라서 첨가제의 필요성도 줄었다.

만약 모든 피크에 꼬리끌기나 갈라짐(splitting)이 발생한다면, 칼럼 입구의 프릿(frit)은 입자성 물질로 막힌 것이다.[35] 막힌 프릿을 뚫어주기 위하여, 칼럼을 분리한 후 20~30 mL의 이동상을 역방향으로 흘려주어 볼 수도 있다. 이때 칼럼이 검출기에 연결되어 있지 않아야 한다. 만약 피크의 일그러짐이 그대로이면, 칼럼을 교체해야 한다.

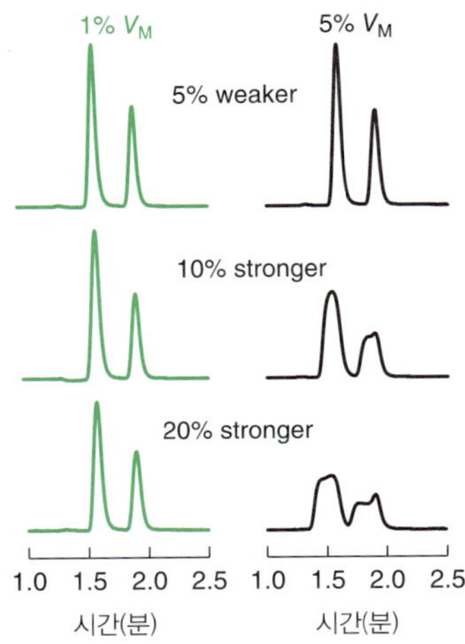

그림 25-18 시티딘과 구아노신의 머무름 시간과 피크 모양에 미치는 시료 용매의 영향. 상단의 크로마토그램은 주입 용매가 이동상보다 약하고, 하단의 크로마토그램은 주입 용매가 이동상보다 강하다. 50 μg/mL의 시티딘과 40 μg/mL의 구아노신이 포함된 시료를 2 μL(1% VM) 또는 10 μL(5% VM) 주입. 용리액(0.4 mL/min)은 pH 3.0의 100 mM의 폼산 암모늄을 함유하는 90:10(vol/vol)의 아세토나이트릴/물. 칼럼: 10 cm × 2.1 mm, 지름이 2.7 μm인 Ascentis Express HILIC 실리카, 40 °C, 254 nm에서 자외선 검출 [자료 출처: D. R. Stoll, "What's Trending in Troubleshooting?" *LCGC North Am.* **2019**, *37* (January), 18.]

시료를 녹인 용매의 이동상 세기가 이동상의 이동상 세기보다 훨씬 클 때에는 이중 피크(doubled peak)를 보이거나 머무름 시간에 변화가 발생할 수 있다(그림 25-18). 시료는 이동상보다 이동상 세기가 작은 용매나 이동상에 녹이는 것이 좋다. 주입량을 칼럼 내부 이동상 부피의 1% 이하로 유지하면 시료 용매의 영향이 최소화된다.

그림 23-20에서 보듯이, 과주입(overloading)은 피크의 모양을 일그러뜨린다.[36] 과주입 여부를 알아보려면 시료 주입 질량을 10분의 1로 줄이고 머무름 시간이 증가하는지, 또는 피크가 좁아지는지를 관찰한다. 이 중 어느 하나라도 발생하면, 주입량이 머무름 시간과 피크의 모양에 영향을 미치지 않을 때까지 주입량을 줄인다. 일반적으로 역상 칼럼에는 실리카 1 g당 1~10 μg의 시료를 주입할 수 있다. 4.6 mm 지름의 칼럼은 10 cm 길이에 1 g의 실리카가 충전되어 있다.

크로마토그래피 시스템의 시료 주입부에서 검출기까지에서 칼럼을 제외한 부피를 **칼럼외 부피**(extra-column volume)라고 한다. 과도한 칼럼외 부피는 확산과 섞임에 의해 용리띠가 넓어지게 한다. 일찍 용리된 피크의 꼬리끌기는 칼럼외 부피에 의한 띠넓어짐을 의미한다.[37] 가능한 짧고 좁은 내경의 튜빙(표 25-2에 제시)을 이용하고, 잘 맞는 연결 부품을 이용하여 **틈**(gap)을 줄임으로써 칼럼외 띠넓어짐 현상을 최소화시킬 수 있다.

일반적으로 HPLC 칼럼에는 500~2 000번의 시료 주입이 가능하다. 압력, 분리도, 피크 모양을 기록해 둠으로써 칼럼의 상태를 점검할 수 있다. 시간이 흐르면서 동일 유속을 유지하는 데 필요한 압력이 점차 증가한다. 압력이 24 MPa(3 500 pounds/inch^2)를 초과하면 시스템에 심각한 무리가 가해지게 된다. 압력이 20 MPa(2 900 pounds/inch^2)를 초과하지 않는 방법을 개발하는 것이 필요하다. 압력이 24 MPa에 이르면, 0.5 μm 프릿이나 보호 칼럼을 교체해야 한다. 문제가 되는 부분을 찾기 위해서는 우선적으로 문제가 예상되는 부분을 교체한다.[38] 만약 문제가 지속된다면, 처음 교체한 부분을 원래대로 돌려놓고 두 번째로 문제가 예상되는 부분을 교체해 준다. 이와 같은 과정을 문제가 해결될 때까지 계속 진행한다. 만약 이 모든 과정을 통해서도 문제가 해결되지 않는다면, 아마도 새 칼럼을 구입해야 할 것이다. 칼럼을 반복 분석에 사용할 때, 요구하는 분리도가 얻어지지 않는다거나 꼬리끌기가 심각해지면 칼럼을 교체한다. 분리도나 꼬기끌기에 대한 기준은 분리 방법 개발 과정 중에 확립되어야 한다.

25-2 HPLC에서의 주입 및 검출

이제 시료와 용매를 칼럼으로 주입하고 칼럼을 통해 용리되는 성분을 검출하는 데 필요한 장치에 대해 살펴보자. 질량 분석 검출기는 매우 강력하고 중요한데, 22-4절과 22-5절에서 이미 다루었다.

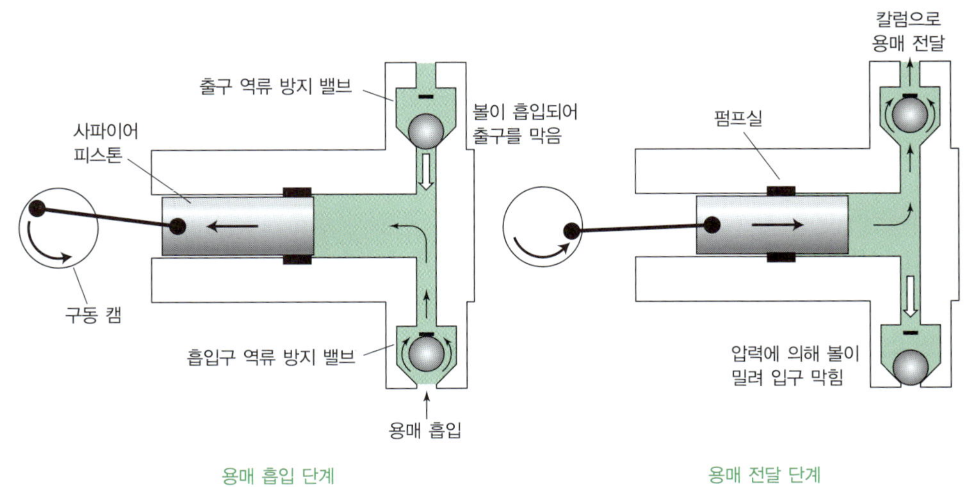

그림 25-19 HPLC용 고압 왕복 피스톤 펌프. 사파이어 피스톤은 회전 캠(rotating cam)에 의해 앞뒤로 움직인다. 역류 방지 밸브(check valve)는 흐름의 방향에 따라 열리고 닫힌다. 피스톤이 왼쪽으로 움직이면, 용매는 흡입구(inlet port)를 통해 피스톤실로 들어온다. 흡입은 출구 밸브(outlet valve)에서 볼로 출입구(oulet port)를 막는다. 피스톤이 오른쪽으로 움직이면, 용매는 피스톤실에서 칼럼으로 배출된다. 흐름은 입구 밸브에서 볼로 흡입구(inlet valve)를 막는다. 출구 역류 방지 밸브에서 흐름은 볼을 들어올리며, 액체를 칼럼으로 보낸다. 용매의 전달 속도는 피스톤의 왕복 운동 주기(stroke frequency)나 부피에 의해 조절된다. [정보 출처: J. W. Dolan, "How Does It Work? Part I: Pumps," *LCGC North Am.* **2016**, *34* (May), 324.]

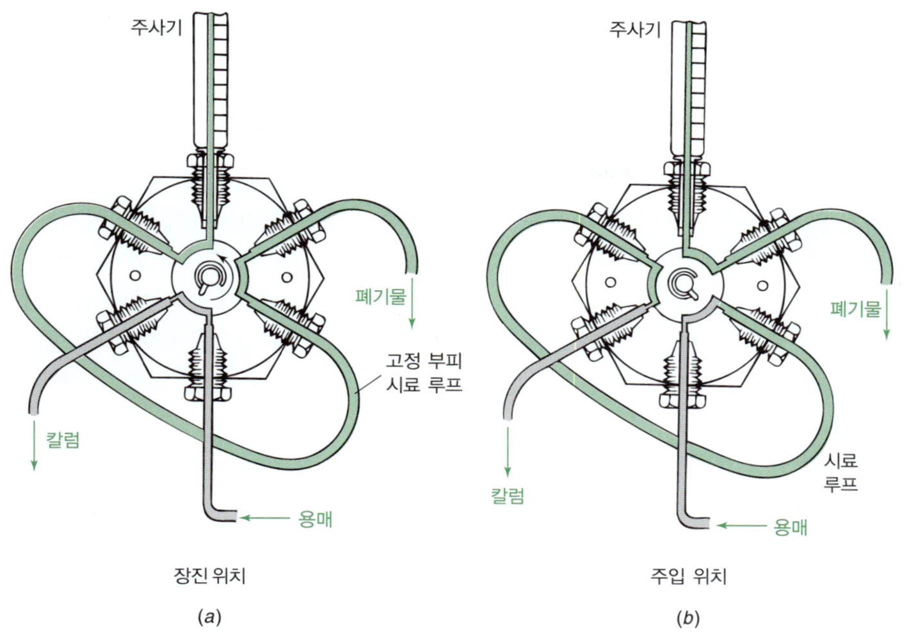

그림 25-20 **채워진 루프 주입 방식에서 HPLC용 주입 밸브.** (*a*) 장진 위치에서 주사기의 시료는 시료 루프로 흐르고, 펌프로부터 전달되는 용매는 칼럼으로 직접 흐른다. (*b*) 주입 위치에서는 펌프로부터 전달되는 용매는 시료 루프를 통과하면서 루프에 주입된 시료를 칼럼으로 이동시킨다. 이때 주사기는 펌프 흐름에서 분리되며, 주입 밸브에서 제거할 수 있으며, 새 시료 또는 표준 물질의 주입을 준비할 수 있다.

펌프와 주입 밸브

그림 25-19는 HPLC의 경우 40 MPa(400 bar), UHPLC의 경우 100 MPa(1 000 bar)까지의 압력에서 프로그램이 가능하고, 10 mL/min까지의 일정한 유속을 제공하는 펌프의 기본 구조를 보여 준다.[39] 사파이어 피스톤은 용매를 저장기(reservoir)에서 피스톤실로 끌어당기고 그 후 칼럼으로 용매를 보낸다. 두 개의 역류 방지 밸브(check valve)는 용매의 흐름이 역류(칼럼에서 피스톤실, 또는 피스톤실에서 용매 저장기로의 흐름)하는 것을 방지한다. HPLC의 경우 펌프의 품질은 얼마나 일정하고 재현성 있는 흐름을 공급하는가로 평가된다. 유속의 요동은 검출기 잡음을 야기하는데, 이는 약한 신호를 교란한다. 대부분의 펌프는 일정한 흐름을 제공하기 위하여 다중 피스톤을 사용한다.

역류 방지 밸브에서 누수를 발생시킬 수 있는 입자성 물질을 제거하기 위해서는 용매를 여과해야 한다. 펌프에서 누수를 막아 주는 부분(seals)은 6~12개월마다 교체해 주어야 한다.

기울기는 두 가지 방법으로 전달할 수 있다. 첫 번째 방법은 **고압 혼합 펌프**(high-pressure mixing pump)에서 다른 펌프(그림 25-1에서 용매 A는 펌프 1로, 용매 B는 펌프 2로)로 각 용매를 전달하는 방법으로, 각각의 펌프의 상대 유속으로 이동상의 조성을 결정하는 방법이다. 두 번째 방법은 **저압 혼합 펌프**(low-pressure mixing pump)를 이용하여 최대 네 가지 용매를 사용할 수 있으며, 용매들은 피스톤 전에 낮은 압력에서 네 방향 밸브를 이용하여 액체 혼합률을 조절한 후 높은 압력으로 혼합된 용매를 칼럼으로 보내 주는 방법이다. 어느 쪽이든 기울기 용리는 자동 조절되며, 0.1 vol% 단위로 프로그래밍이 가능하다.

고압 혼합 펌프
- 작은 체류 부피(dwell volume)
- 제한된 이중 기울기 용리(두 용매)

저압 혼합 펌프
- 값이 싸다, 단일 펌프 사용
- 네 가지 이상의 기울기 용리 가능

그림 25-20의 **주입 밸브**(injection valve)는 교환 가능한 시료 루프가 장착되어 있는데, 각각은 고정된 부피를 가진다. 부피가 다른 루프는 각각 2~1 000 μL 범위의 부피를 가진다. 장진(load) 위치에서는 끝이 뭉툭한 주사기를 사용해 대기압하에서 루프를 세척하고 시료를 채운다. 펌프에서 칼럼으로의 고압 흐름이 밸브의 왼쪽 아래 부분을 통과한다. 그림 25-20b에서 밸브를 시계 반대 방향으로 60° 돌리면, 펌프에서의 흐름은 시료 루프 왼쪽에 연결되고 루프에 채워진 시료가 칼럼에 주입된다.

그림 25-20은 시료가 **채워진 루프 주입**(filled-loop injection)을 보여 주며, 시료가 폐기물 출구로 배출될 때까지 충분하게 루프를 채워 준다. 루프를 완전히 채우려면 적어도 루프 부피의 세 배의 시료를 주입해야 한다. 주입 부피를 바꾸기 위해서는 다른 부피의 루프로 교체해야 한다. 또 다른 방법으로는 기존 루프 부피의 반 이하의 시료를 조심스럽게 주입하는 **부분 루프 주입**(partial-loop injection)법이 있다. 주입 밸브를 돌리면, 루프에 들어 있는 물질은 칼럼으로 흘러나온다. 자동 시료 주입 장치의 주입 정밀도는 부분 루프 주입법에서는

주입 조언
- 시료를 주입하기 전에 0.2 μm 또는 0.5 μm 필터에 통과시켜 입자를 제거한다.
- 시료의 용매 세기는 이동상의 용매 세기와 동일하거나 작아야 한다(그림 25-18 참조).
- HPLC용 주사기의 바늘은 뾰족하지 않고 무디어 주입구를 손상하지 않게 되어 있다.
- 시료 주입기 루프에 재현성 주입을 위하여 루프 부피의 <0.5 또는 >3의 부피를 주입한다.

0.6%, 채워진 루프 주입법에서는 0.1%라는 것을 적정법으로 확인하였다[40](기기 분석에서도 적정은 중요한 역할을 한다).

분광 광도 검출기

선형 범위: 검출기의 감응이 농도에 비례하는 분석 물질의 농도 범위

동적 범위: 검출기가 어떤 형태로든지(반드시 직선일 필요는 없음) 분석 물질의 농도 변화에 감응하는 범위(그림 4-14 참조)

검출 한계: 특정 신호 대 잡음비(3:1)를 보이는 분석 물질의 농도

이상적인 검출기(표 25-5)는 분석 물질의 낮은 농도에도 감도가 높고, 선형으로 감응하며, 피크가 넓어지지 않게 해야 한다.[41] 또한 온도와 용매 조성의 변화에 민감하지 않아야 한다. 피크의 넓어짐을 피하기 위해서는, 검출기의 부피가 크로마토그래피 띠 부피의 20% 미만이어야 한다. 정확한 정량을 위해, 검출기는 한 피크에 대하여 적어도 20개의 데이터 점을 수집할 수 있을 정도로 빨리 감응해야 한다. 검출기 내부의 기포 발생은 잡음을 야기한다. 검출기에서 용질이 빠져나올 때의 압력 감소로 인한 기포 발생을 방지하기 위해, 검출기 출구에 모세 배관을 연결하여 검출기에 압력을 걸어주기도 한다.

그림 25-21은 HPLC 검출기로 가장 널리 이용되고 있는 흐름 셀(flow cell)을 이용하는 **자외선 검출기(ultraviolet detector)**이다. 이는 많은 용질이 자외선을 흡수하기 때문이다. 간단한 장치로 수은 증기 램프로부터 방출되는 강한 254 nm 자외선을 이용하는 검출기가 있으며, 초기 HPLC 시스템의 검출기로 많이 사용하였으나 현재는 거의 사용하지 않는다. 다용도인 **가변 파장 검출기**(variable-wavelength detector)는 중수소, 제논 혹은 텅스텐 램프로부터 방출되는 넓은 범위의 자외선과 단색화 장치를 사용함으로써 분석 물질에 따라 파장을 선택할 수 있다. 따라서 210 nm 이상의 파장에서 흡수하는 발색단을 가지는 화합물을 선택적으로 검출할 수 있다. 동일한 시료의 크로마토그램이 서로 다른 파장에서 관찰할 때 상당히 다르게 나타날 수 있다(그림 25-22). 대부분의 화합물은 210 nm 이하의 파장을 흡수하므로 더 짧은 파장의 자외선 검출이 일반적으로 사용된다.

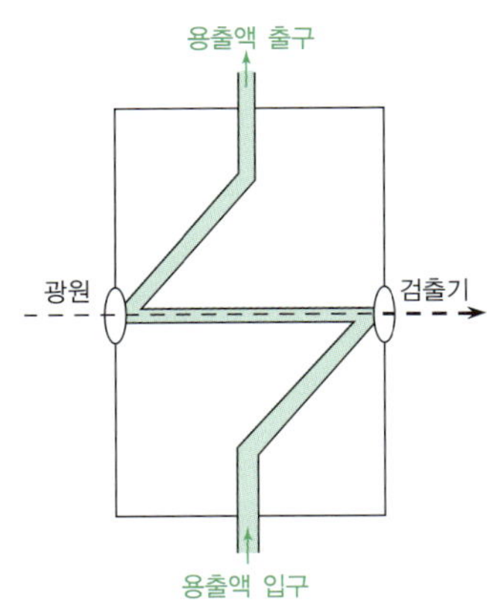

그림 25-21 분광 광도 검출기의 Z 통로 흐름 셀 내에서의 광로. 통로 길이가 1 cm인 셀의 부피는 14 μL이다. 통로 길이가 0.3 cm인 셀의 부피는 2 μL이다.

그림 25-23의 장치는 각 용질이 용리할 때 스펙트럼을 기록하기 위한 **광다이오드 배열**(photodiode array)을 보여 준다. 피크의 성분을 확인하기 위하여 라이브러리 스펙트럼과 비교해 볼 수 있으며, 시료의 스펙트럼은 순도 평가와 분리된 화합물의 검출을 비교할 수 있다. 효율이 높은 UHPLC 시스템에는 작은 칼럼외 부피가 필요하며(표 25-2), 반면에 검출 감도를 높이기 위한 긴 검출 경로가 필요하다. 그림 25-23은 긴 검출 경로를 유지하면서 셀 부피를 1 μL로 감소시킨 내부 반사(20-4절) 흐름 셀 구조를 보여 준다.

고성능 검출기는 0.000 5~3의 흡광도 범위를 제공하는데, 잡음은 최대 흡광도의 1% 정도

표 25-5 일반적으로 사용되는 HPLC 검출기의 비교

검출기	감응*	검출 한계	선형 범위	기울기 용리 가능 여부
자외선	선택적 ≥210 nm 일반적 ≤210 nm	ng	10^5	가능
굴절률	일반적	μg	10^3	불가능
증발 광산란	일반적	높은 ng	10^3	가능
하전 에어로솔	일반적	낮은 ng	10^4	가능
전기 화학	매우 선택적	fg~pg	10^5	불가능
형광	매우 선택적	pg	10^3~10^4	가능
질소 화학 발광 $N \xrightarrow{\text{연소}} NO \xrightarrow{O_3} NO_2^* \rightarrow h\nu$	선택적	1 ng 미만		가능
전기 전도도	선택적	높은 ng	10^4	불가능
질량 분석법	선택적 또는 일반적	ng		가능

* 선택적 감응은 검출기가 특정 종류의 분석 물질(특정 부분)에 감응한다는 것을 의미한다. 예를 들어 질소 화학 발광 검출기는 질소 원자를 포함하는 화합물에만 감응한다. 일반적 감응은 검출기가 거의 모든 화합물에 감응한다는 것을 의미한다. 예를 들면 하전 에어로솔 검출기는 구조에 상관없이 모든 비휘발성 화합물에 감응한다.

출처: M. Swartz, "HPLC Detectors: A Brief Review," *J. Liq. Chromatogr.* **2010,** *33,* 1130.

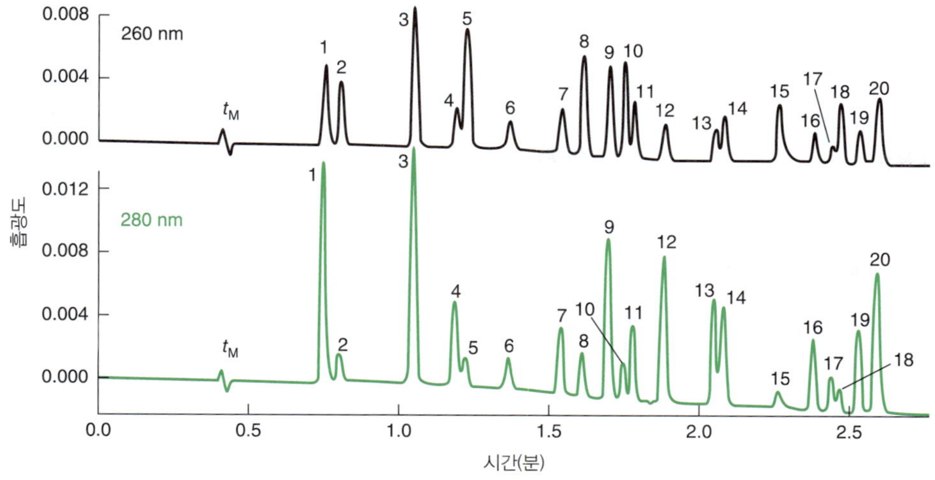

피크의 크기는 분석 물질의 농도와 검출기 감응 인자에 따라 다르다.

그림 25-22 페놀 화합물 분리에 대한 두 파장에서의 자외선 흡광도 비교. 분리는 1.7 μm C_{18} 에틸렌 다리 하이브리드 입자로 채워진, 길이 100 mm × 내경 2.1 mm의 칼럼을 사용하고, 이동상은 3분에 걸쳐 1% 아세트산이 포함된 4% 아세토나이트릴에서 50% 아세토나이트릴로 변화되는 기울기 용리를 사용. 그림 25-23은 실험에 사용된 검출기를 보여 준다.[Data from W. Setyaningsih, I. E. Saputro, C. A. Carrera, M. Palma, and C. García-Barroso, "Fast Determination of Phenolic Compounds in Rice Grains by Ultraperformance Liquid Chromatography Coupled to Photodiode Array Detection," *J. Agric. Food Chem.* **2019**, 67, 3018.]

이다. 선형 범위는 10^5배의 용질 농도 범위이다(즉 이 범위에서 Beer 법칙이 만족된다). 자외선 검출기는 자외선을 흡수하지 않는 용매를 사용한 기울기 용리에 유용하다. 표 25-4는 그 이하에서는 용매가 너무 강하게 흡수하는 자외선 한계 파장을 보여 준다.

그림 25-12의 각 피크의 자외선 스펙트럼을 기록하는 데 광다이오드 배열이 사용된다. 이와 같은 방법으로 각 피크 내 화합물을 확인할 수 있다.

형광 검출기(fluorescence detector)는 레이저로 용질을 들뜨게 한 후 장파장에서 방출되는 형광을 측정한다(그림 18-22). 형광 검출기는 자외선 검출기보다 100배 더 민감하지만 형광성이 있는 소수의 분석 물질에만 적용할 수 있다. 형광 검출기나 전기 화학적 검출기(뒤에 논의함)의 용도를 넓히기 위해 형광 물질이나 전기적 활성기를 분석 물질에 공유 결합시킬 수 있다. 19-5절에서처럼, 이러한 **유도체화(derivatization)** 과정은 크로마토그래피를 하기 전에 시료 혼합물에 적용하거나, 칼럼과 검출기 사이에서 시약을 가함으로써(**칼럼후 유도체화**(post-column derivatization)라고 함) 적용할 수 있다.[42] 예를 들어 형광성이 없는 *o*-프탈다이알데하이드(*o*-phthaldialdehyde)에 형광성을 부여하기 위하여 알칼리 조건에서 일차 아민 화합물과 반응시켜, 345 nm 근처에서 들뜨

유도체화:

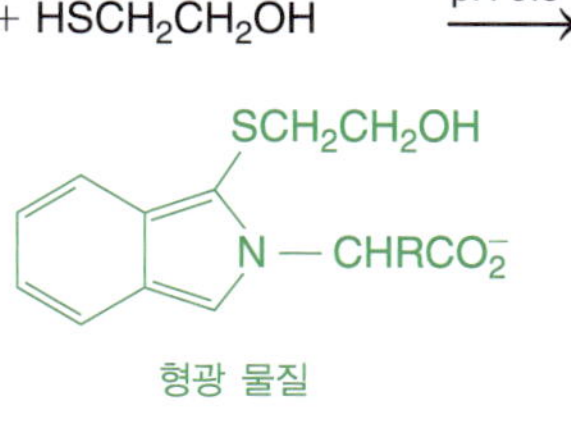

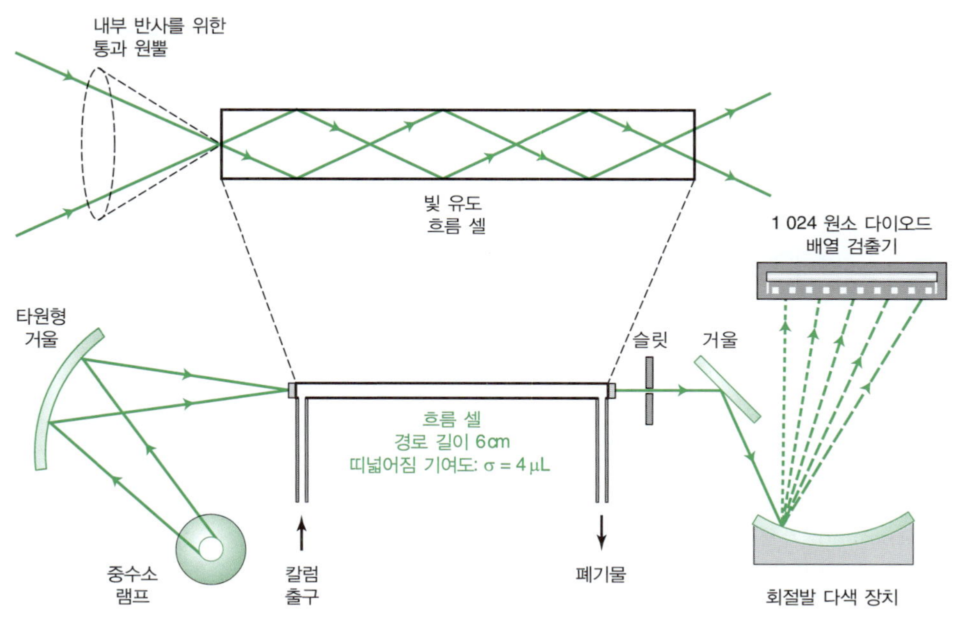

그림 25-23 UHPLC용 광다이오드 배열 자외선 검출기. 중수소 램프로부터 방출된 넓은 띠는 빛 유도 흐름 셀 검출기로 향한다. 투과된 빛은 격자에 의해 회절되어 광다이오드 배열로 향한다(20-3절). 빛 유도 흐름 셀은 광학 섬유와 동일하다(20-4절). 6 cm 빛 유도 흐름 셀은 띠넓어짐 기여도(σ)가 4 μL이다.

게 하고 400~500 nm에서 강하게 방출하게 한다. 칼럼후 유도체화를 이용한 UHPLC 분리는 식품의 부패를 알려 주는 히스타민(histamine), 카다베린(cadaverine), 스페르미딘(spermidine), 티라민(tyramine), 푸트레신(putrescine)을 검출할 수 있으며, 검출 한계는 6분 이내에 펨토몰(fmol = 10^{-15} mol) 범위로 매우 낮다.[43] 적절한 유도체화 물질의 선택은 대상 분석 물질의 기능, 유도체화 조건과 시료의 적합성, 들뜸 파장, 그리고 반응의 친환경성에 따라 달라진다.[44]

증발 광산란 검출기

증발 광산란 검출기(**evaporative light-scattering detector**)는 이동상보다 휘발성이 현저하게 낮은 모든 분석 물질에 감응한다.[45,46] 그림 25-24a에서 보면, 용리액은 검출기의 윗부분으로 들어간다. 분무기 안에서 용리액은 질소 기체와 섞이고, 내경이 작은 바늘을 통과하여 균일하게 분산된 물방울을 형성한다. 가열된 표류관(drift tube) 내에서는 용매가 증발되고, 미세한 안개 형태의 고체 입자만이 아래쪽에 위치한 검출기 부분으로 들어간다. 고체 입자는 다이오드 레이저로부터의 발산된 빛을 산란시키고, 산란된 빛은 광다이오드에 의해 검출된다. 검출기의 감응은 분석 물질의 구조나 분자량과 관계 없다. 검출기의 감응은 m^x에 의존하는데, 여기서 m은 분석 물질의 질량이고, x는 분리 및 검출기 매개 변수에 따라 달라지는 계수 <1이다. log(피크 면적) 대 log(시료 농도)의 그림은 선형이며 정량 분석에 사용할 수 있다. 2차 교정 방정식도 사용할 수 있다(부록 C 참조).

증발 광산란은 기울기 용리에 적합하다. 또한 용매와 관련된 피크가 나타나지 않으므로, 일찍 용리하는 피크도 간섭받지 않는다. 그럼 용매선(solvent front)은 무엇을 의미하는 것인

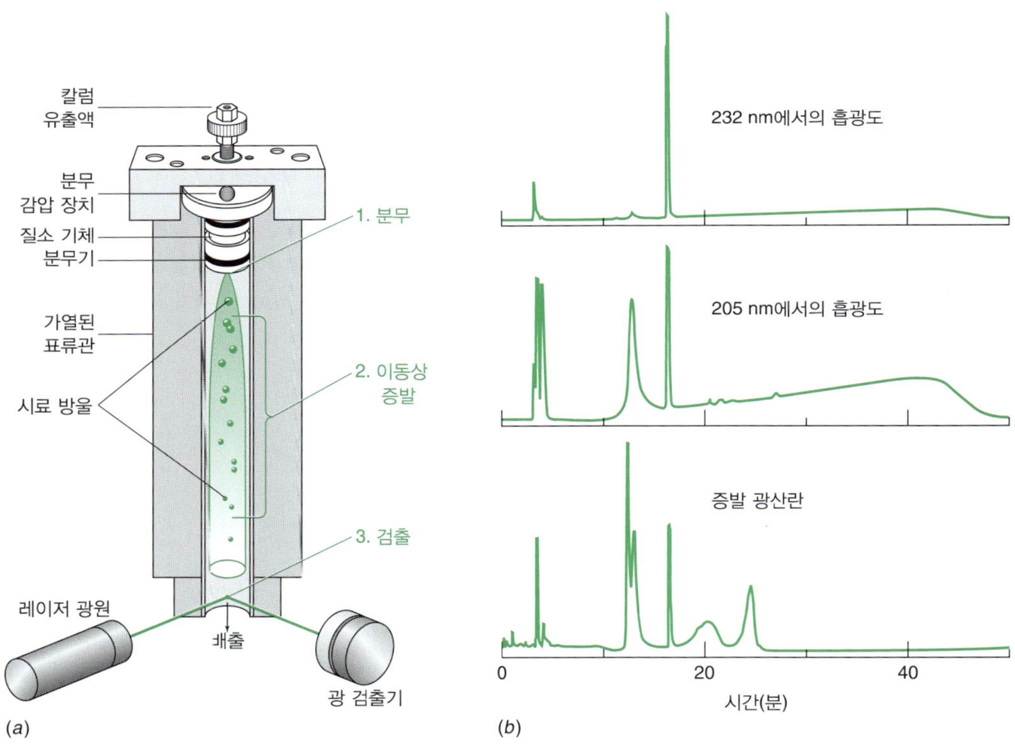

그림 25-24 (*a*) 증발 광산란 검출기의 작동 [정보 출처: Altech Associates, Deerfield, IL.] (*b*) 자외선 흡광도와 증발 광산란 검출기의 감응 비교. 약물로부터 가용성 성분을 추출한 후 역상 액체 크로마토그래피로 분리하였다. 칼럼: 30 nm 기공을 가지는 고분자 분리용 C_{18} 실리카 150 × 4.6 mm 칼럼. 용매 A: 0.01 wt% 트라이플루오로아세트산 수용액. 용매 B: 45 wt% 프로판올 + 0.01 wt% 트라이플루오로아세트산 수용액. 기울기 용리: 10 vol% B에서 시작하여 90 vol% B까지 변화. 유속: 1 mL/min. 기울기 용리의 시간은 명시되어 있지 않음. [자료 출처: L. A. Doshier, J. Hepp, and K. Benedek, "Method Development Tools for the Analysis of Complex Pharmaceutical Samples," *Am. Lab.*, December 2002, p. 18.]

가? 그림 25-22에서는 0.4~0.45분 범위에서 작은 양의 신호와 음의 신호를 볼 수 있다. 이 신호는 시료가 녹아 있는 용매에 의해 이동상의 굴절률이 변화하여 생긴 것이다. 이 변화는 머무름이 없는 이동상이 칼럼을 통과하는 데 필요한 시간 t_M에서의 자외선 검출기 신호에 영향을 준다. 만일 어떤 피크가 t_M 근처에서 용리된다면, 그 피크는 용매선 피크에 의해 변형될 수 있다. 증발 광산란 검출기는 용매에 감응하지 않아서 용매선 피크를 보이지 않는다.

만약 용리액으로 완충 용액을 이용한다면, 완충 용액 성분의 휘발성이 높아야 한다. 그렇지 않으면 용매가 증발한 후 완충 용액 성분이 고체 입자로 되어 빛을 산란시키므로 분석 물질 신호를 방해한다. 아세트산, 폼산, 트라이플루오로아세트산, 아세트산 암모늄, 인산 다이암모늄, 암모니아, 혹은 트라이에틸아민으로 만든 낮은 농도의 완충 용액이 적합하다. 증발 광산란 검출기용 완충 용액은 질량 분석 검출용과 같다.

증발 광산란 검출기는 200 nm 이상에서 흡수되지 않는 비휘발성 화합물들을 측정하는 데 주로 사용된다. 그림 25-24b에 약에서 추출한 가용성 성분의 검출에 있어서 자외선 흡수와 증발 광산란 검출기를 비교하였다. 가용성 성분은 고분자와 작은 분자 활성 성분을 포함한다. 두 가지 성분이 232 nm에서 흡수된다. 205 nm에서는 네댓 가지의 성분을 볼 수 있다. 205 nm에서는 용매 기울기로 인해 경사진 바탕선을 보인다. 증발 광산란 신호에 모든 성분이 나타나며, 바탕선에 경사가 없다. 일부 넓은 피크들은 분자량 분포를 가지는 고분자들의 피크다.

비자외선 흡수 화합물은 다음과 같다.
- 포화 탄화수소
- 스테로이드
- 당류
- 지질, 인지질 및 트라이글리세라이드
- 지방산
- 아미노산
- 고분자
- 계면 활성제

하전 에어로솔 검출기

하전 에어로솔 검출기(**charged aerosol detector**)는 예민하고, 범용에 가까운 검출기로, 같은 질량의 비휘발성 물질에 대해서는 거의 동일한 감응을 보인다.[46,47] 예를 들어 하전 에어로솔 검출기는 약품 조제용 물질에 있어서 물질 균형 측정에 유용한데, 그 이유는 크로마토그램 피크의 상대 면적이 약품 조제용 물질 내 그 성분의 상대 질량과 거의 같기 때문이다. 지질과 탄화수소는 자외선 검출기에서는 감응이 거의 없지만, 하전 에어로솔 검출기는 혼합물 내 다른 성분과 같은 감응을 보인다. 하전 에어로솔 크로마토그램에서 어떤 성분의 피크가 상대적으로 작다면, 그 성분은 시료 내에 소량 존재함을 의미하지만, 자외선 검출기에서는 주된 성분일 수도 있다.

그림 25-25에서 보면, 하전 에어로솔 분무기의 왼쪽 위에서 용출액과 N_2 기체가 그림

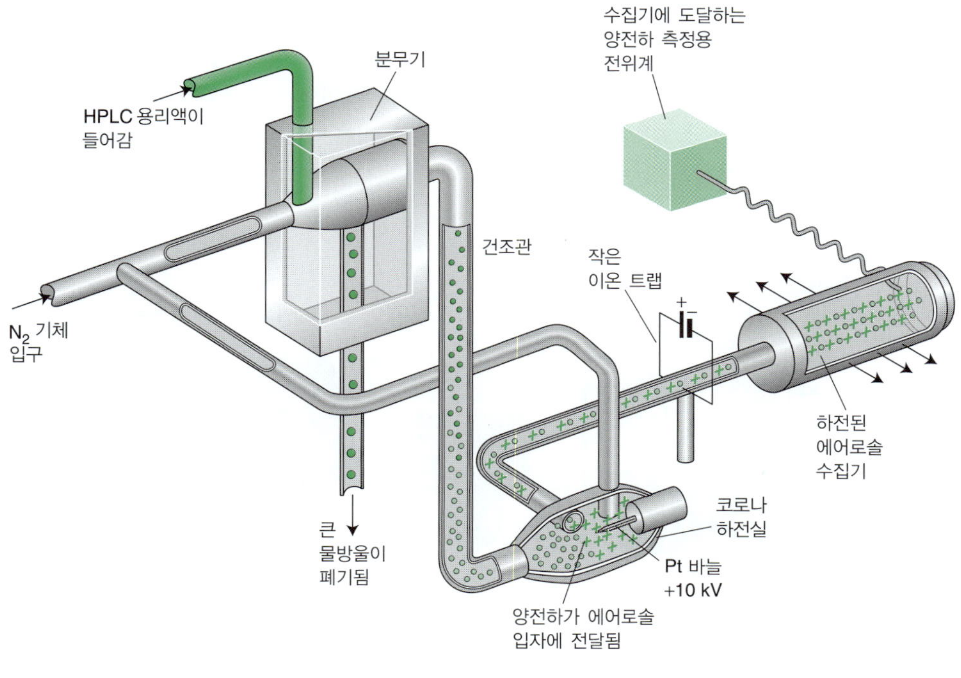

그림 25-25 하전 에어로솔 검출기의 작동 [정보 출처: ESA, Inc., Chelmsford MA.]

21-5의 사전 혼합 버너(premix burner)와 비슷한 분무기로 들어간다. 분무기에서 생성된 미세한 물방울들은 건조관으로 들어가고, 큰 물방울들은 배수되어 폐기된다. 건조관에서는 용매가 실온에서 기화되어 약 1%의 분석 물질을 함유하는 에어로솔이 남는다. 한편 N_2 기체의 일부는 코로나 하전실(corona charging chamber)의 바깥 용기에 대하여 약 +10 kV로 유지되는 Pt 바늘 위를 통과하여 N_2^+를 형성한다. 22-4절의 대기압 화학 이온화에 대해 기술한 바와 같이, 일련의 과정을 통해 하전실을 나와 작은 이온 트랩(small-ion trap)을 통과하는 에어로솔 입자에 양전하가 전달된다. 트랩에서 전하를 띤 판(plate)은 작은 기동성이 있는 이온(small mobile ion)을 끌어당겨 제거한다. 에어로솔 입자는 무거워서 경로가 휘어지지 않으므로, 트랩을 통과하여 수집기(collector)로 들어간다. 수집기에 도달한 전체 전하는 크로마토그램에 대한 검출기 신호를 만들어 내어 전위계로 측정된다.

검출기의 동적 범위는 10^4~10^5 농도 범위이다. 신호는 대략 $m^{2/3}$에 비례한다.[48] 등용매 용리에서는 다른 분석 물질이라도 질량이 같으면 약 15% 범위 내에서 같은 세기의 신호를 낸다. 검출기 감응은 용매 조성에 의존한다. 즉 휘발성 유기 용매의 분율이 높을수록 신호는 커지고, 물에 대해서는 신호가 낮다. 검출기는 기울기 용리와 함께 사용할 수 있지만, 기울기 용리에 사용되는 유기 용매의 성분이 증가함에 따라 신호도 증가한다.[49]

전기 화학 검출기[50]

전기 화학을 이용하여 검출할 수 있는 분석 물질 종류
- 페놀 및 카테콜
- 방향족 아민
- 과산화물
- 머캅탄
- 케톤 및 알데하이드
- 콘쥬게이션된 나이트닐
- 방향족 할로젠 화합물
- 방향족 나이트로 화합물

전기 화학 검출기(electrochemical detector)는 적당한 전위에서 산화되거나 환원될 수 있는 분석 물질에 감응한다. 그림 25-26은 삼전극 박막 흐름 셀(three-electrode thin-layer flow cell)을 나타낸 것이다. 분석 물질은 작업 전극에서 산화되거나 환원되며, 작업 전극의 전위는 일정 전위기의 기준 전극에 대하여 상대적으로 선택된 값으로 측정된다(그림 17-3). 백금, 금, 은, 유리질 탄소, 붕소 혼입 다이아몬드 작업 전극이 일반적이다. 전류는 작업 전극과 보조 전극(탄소가 함유된 PTFE) 사이에서 측정된다. 검출 한계는 미세 투석법(실험 27-1)으로 수집된 마이크로리터 시료 부피에서의 도파민(카테콜)과 세로토닌(방향족 아민)과 같은 신경 전달 물질에 대하여 μM 미만이며, 살아 있는 동물의 뇌 기능을 관찰할 수 있다.[51] 전류는 10^6배 범위의 농도에서 용질 농도에 비례한다. 바탕 신호가 이동상 조성에 따라 달라지기 때문에 등용매 용리를 사용하는 것이 일반적이다. 10^{-2}~10^{-3} M 전해질을 포함하는 수용액이나 극성 용매가 요구되며, 산소의 환원 전위에서 사용하는 경우 용매의 산소는 완전히 제거해야 한다. 이 검출기는 유속 변화와 온도 변화에 민감하다.

이중 작업 전극 구성

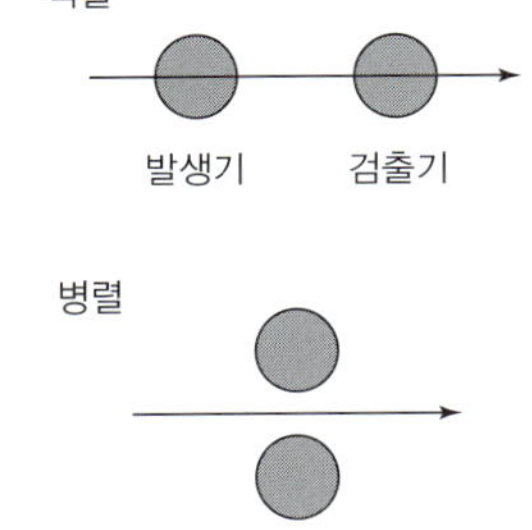

이전극 구성을 사용하면 산화나 환원에 대한 많은 잠재력을 가진 분석 물질의 검출이 가능하다.[52] 두 전극이 직렬로 연결된 상태에서 첫 번째 전극은 물질을 생성하고, 두 번째 전극에서 선택적으로 감지된다. 이런 발생기-검출기 구성은 커피에 넣는, 데이트 성범죄에 사용되는 Rohypnol을 검출할 수 있다(단일 전극 전기 화학 검출기로는 매트릭스 성분의 큰 간섭 피크로 인하여 분석이 불가능하였다).

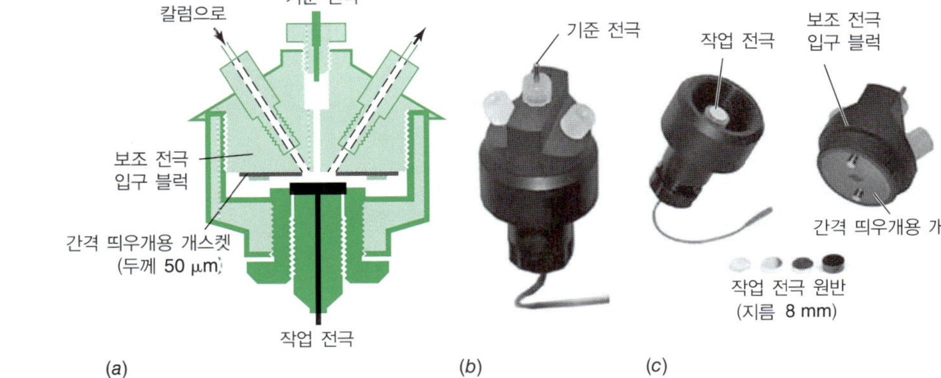

그림 25-26 HPLC용 전기 화학 검출기의 흐름 셀. (*a*) 모식도, (*b*) 전체 사진, (*c*) 분해 사진. 흐름 셀 부피는 0.7 μL이다. 작업 전극은 백금, 금, 유리질 탄소, 붕소로 도핑된 다이아몬드를 사용한다 [자료 출처: Antec Scientific]

Rohypnol

$+2e^- + 2H^+$ / $-H_2O$ → $+2e^- + 2H^+$ →

첫 번째 전극에서의 생성　　두 번째 전극에서의 검출

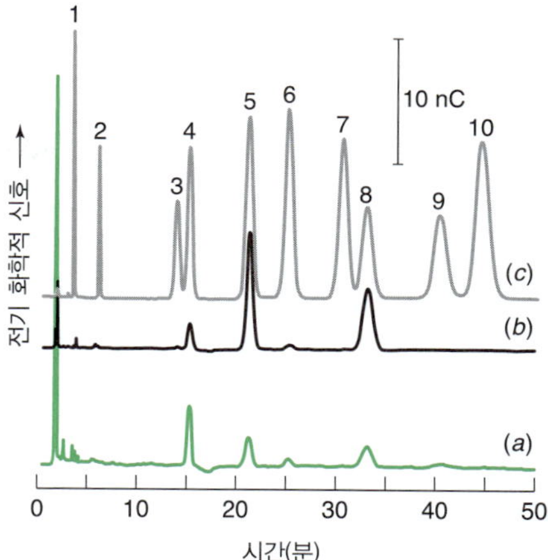

그림 25-27 펄스 전기 화학 검출. (*a*) 인스턴트 커피에서 자유 탄수화물, (*b*) 인스턴트 커피에서 추출한 총 탄수화물, (*c*) 분석 화학자 협회(AOAC) 공정 시험법 995.13에 기초한, 혼합된 탄수화물 표준 물질. 분리 조건: CarboPac PA1 음이온 교환 칼럼, 50분 동안 10~300 mM NaOH 기울기 용리. 피크: 1. 만니톨, 2. 퓨코스, 3. 람노스, 4. 아라비노스, 5. 갈락토스, 6. 글루코스, 7. 자일로스, 8. 마노스, 9. 프럭토스, 10. 리보스 [자료 출처: Thermo Scientific, Sunnyvale, CA.]

작업 전극을 병렬로 배열하고 각각 다른 전위를 적용하면 이중 전기 화학 검출기를 다중 파장 흡광도 검출기(multiwavelength absorbance detector)처럼 사용할 수 있다.

Au이나 Pt 작업 전극을 이용하여 **펄스 전기 화학 측정**(pulsed electrochemical measurement)을 하면, 검출할 수 있는 화합물이 알코올, 탄수화물 및 황 화합물로까지 확장된다.[53] 일반적으로 백금(Pt)은 탄수화물의 산화를 어렵게 하는 산화층을 가지고 있다. 펄스 전류 측정법은 빠른 전위 주기를 사용하여 작업 전극을 깨끗하게 하고, 전극 표면을 전기 화학 측정에 적합한 상태로 변환한 뒤 전류 측정 신호를 감지한다. 그림 25-27은 인스턴트 커피에 들어 있는 탄수화물을 음이온 교환 크로마토그래피와 펄스 전기 화학 검출기를 이용하여 측정한 결과를 보여 준다. 전극을 120 ms 동안 +0.8 V(S.C.E.에 대해)로 유지하여 전극 표면으로부터 유기 화합물을 산화 탈착시키고 금속 표면을 산화시킨다. 그런 다음 산화물을 원래 금속으로 환원시키기 위해 전극을 200 ms 동안 −0.6 V가 되게 한다. 그다음 전극을 일정한 작업 전위(보통 −0.4 V~+0.4 V 범위)로 유지하여 분석 물질을 산화시키거나 환원시킨다. 충전 전류(그림 17-23)가 0으로 떨어질 때까지 400 ms를 기다린 후, 200 ms 동안 전류를 적분하여 분석 물질을 측정한다. 용출액이 칼럼을 빠져나올 때 이러한 펄스를 반복적으로 적용하여 연속적인 데이터를 수집한다.

굴절률 검출기

굴절률 검출기(**refractive index detector**)는 거의 모든 용질에 감응을 하지만, 검출 한계는 자외선 검출기보다 약 1 000배 높다. 굴절형 검출기는 그림 25-28과 같이, 삼각형 모양의 5~10 μL 부피의 칸(compartment)을 두 개 가지고 있는데, 이들을 통해 순수한 용매나 용출액이 통과한다. 시료를 가열할 수 있는 적외선 복사를 제거하기 위해 필터한 평행한 가시선이 두 칸의 순수한 용매가 담긴 셀을 통과하여 광다이오드 배열로 향한다. 굴절률이 다른 용질이 셀에 들어오면 빛살이 굴절되어 배열의 다른 픽셀에 쪼여진다.

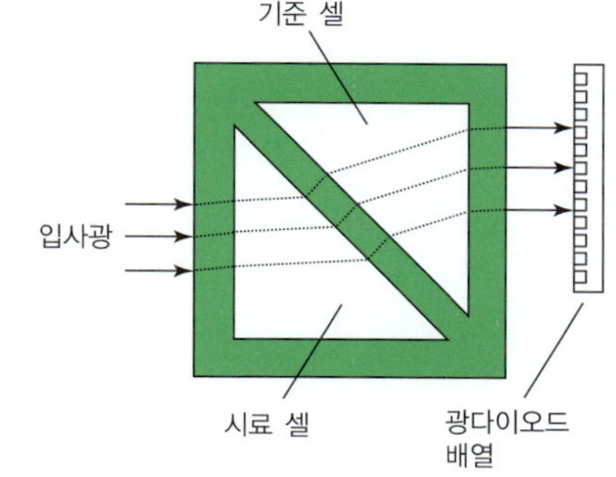

그림 25-28 굴절률 검출기 [자료 출처: J. W. Dolan, "Avoiding Refractive Index Detector Problems," *LCGC North Am.* **2012**, *30* (December), 1032.]

굴절률 검출기는 기울기 용리에는 쓸모가 없다. 그 이유는 용매의 조성이 변하는 동안에는 시료와 참조 물질을 맞추기가 불가능하기 때문이다. 굴절률은 압력과 온도(약 0.01°C)의 변화에 민감하다. 굴절률 검출기는 감도가 낮기 때문에 미량 분석에는 사용되지 않는다. 또한 선형 범위가 좁은데, 약 500배 정도의 용질 농도 범위이다. 굴절률 검출기의 주된 매력은 자외선 흡수가 거의 없는 물질을 포함한 모든 물질에 감응하는 것이다.

액체 크로마토그래피에서의 질량 분광 검출

전기 분무 이온화(그림 22-29)는 가장 일반적인 액체 크로마토그래피-질량 분석법 연결 방법이다. 여기에서는 용액 내에서 분석 물질을 하전시키는 것이 필요하다. 대기압 화학 이온화(그림 22-31)는 전기 분무 이온화로 이온화되지 않는 화합물에 사용한다. 일반적으로 분자량이 작은 화합물과 몇몇 무극성 화합물에 더 안정하다. 대기압 화학 이온화는 먼저 시료를 기화시키고나서 기체상의 분석 물질을 하전시키기 위하여 코로나 방출을 사용한다. 이 과정은 전기 분무 이온화보다 더 많은 시료를 분해시킨다. 전기 분무 이온화와 대기압 화학 이온화는 서로 다른 이온화 방법이므로 인터페이스(interface)의 감응과 선택성이 확연히 다르다.

매트릭스 구성 요소를 공동 용리(codluting)시키면 신호를 증폭하거나 상쇄시킬 수 있다(그림 5-5). 안정한 동위 원소 내부 표준 물질은 분석 물질에 ^{13}C, ^{15}N, ^{17}O로 대체된 여러 원자를 포함한다. 동위 원소 표준 물질은 분석 물질과 함께 용리되므로 동일한 증폭 또는 상쇄가 나타나지만 질량 분석계로 구별할 수 있다.[54]

전기 분무 이온화에 사용되는 휘발성 완충액
- 폼산
- 아세트산
- 트라이플루우오로아세트산
- 암모니아

질량 분석계에는 휘발성이고 농도가 낮은(10 mM 이하) 완충 용액이 사용된다. HCl은 질량 분석기의 금속을 부식시키기 때문에 사용해서는 안 된다. 바탕(blank)을 주입하여 시료가 없을 때 생성되는 바탕 이온(background ion)들을 관찰해야 한다. 아세토나이트릴, 메탄올, 에탄올, 프로판올, 아세톤 등이 적절한 유기 용매이다. 테트라하이드로퓨란(THF)은 별로 바람직하지 않은데, 그 이유는 일부 시료의 경우 전체 이온 크로마토그램에 큰 바탕 신호를 야기할 수 있기 때문이다. 이온쌍 시약(그림 26-10)이나 계면 활성제는 바탕 신호를 생성하여 전기 분무 신호를 억누르기 때문에 사용해서는 안 된다. 트라이에틸아민(trimethylamine)은 이온화를 억제하여 m/z 102 위치에서 강한 MH^+ 피크를 낸다.

전기 분무 이온화에 사용할 수 없는 용액
- 10 mM 이상의 완충액
- 이온쌍 시약
- 계면 활성제
- 트라이에틸아민
- 시료와 구성 요소가 다른 용액

질량 스펙트럼의 감도는 수용성 이동상에 의해 감소한다. 칼럼과 질량 분석계 사이에 'T'자 연결을 이용하여 유기 용매를 첨가할 수도 있다. 대안으로는, 더 많은 유기 용매를 요구하는 정지상을 선택할 수도 있다. 만약 화합물이 역상 칼럼에 약하게 머무른다면, 친수성 상호 작용 크로마토그래피에서 유기성이 풍부한 이동상을 사용한다. 산성 혹은 염기성 분석 물질이 이온화되도록, 칼럼과 질량 분석계 사이에서 이동상의 pH를 조절할 수 있다. 적절한 감도를 얻기 위해 대기압 화학 이온화나, 양이온 혹은 음이온 전기 분무 이온화 모두를 시도해 볼 수 있다. t_M 이전에 용리하는 물질은 우회시켜 폐기함으로써 불필요한 염이 질량 분석계로 들어가는 것을 막을 수 있다.

시스템 검증 시험은 규제 기관(예: 미국 약전)의 요구 사항이다.

성능 검증(performance qualification) 또는 **벤치마킹 실험**(venchmarking experiment)이라고 불리는 **시스템 검증 시험**(system suitability test)은 장비가 제대로 작동하는지를 확인하는 시험이다.[55] 검증 시료(test sample)는 구성과 특성이 실제 시료와 유사해야 한다. 머무름 시간과 전기 분무 반응 범위에 포함하는 22개의 펩타이드 조합은 단백질체학을 위한 시험 검증 시료로 사용할 수 있다. 시스템 검증 시험이 예상 결과와 동일하다면 장비는 정상이며, 결과가 다르다면 문제가 있는 것이다. 시스템 검증 시험은 각 시료의 분석을 시작할 때를 포함하여 주기적으로 시행되어야 한다. 머무름 시간, 피크 너비, 분리능은 크로마토그래피 성능의 지표이다. 신호 세기, 정밀도, 질량 정확도 그리고 조각내기 방식은 질량 분석계의 성능 지표이다. 자외선 검출기는 크로마토그래피와 주입에 대한 독립적인 성능 지표를 제공한다. 질량 분석계에 표준 물질이나 교정용 용액을 직접 주입함으로써 질량 분석계만 따로 시험할 수 있다. 액체 크로마토그래피-질량 분석법에 문제점이 보이는데 성능 검증 결과가 정상이라면, 이는 아마도 미지 시료의 크로마토그래피에 문제가 있는 것이다.

25-3 등용매 역상 분리에서의 분석 방법 개발[2,3,56]

산업체나 연구실에서 경험하는 많은 분리는 역상 크로마토그래피를 이용하여 해결할 수 있다. 이 절에서는 역상 칼럼을 이용한 미지 혼합물의 등용매 분리 방법을 개발하는 일반적인 과정을 논의하고자 한다. 기울기 용리를 이용한 분리는 다음 절에서 다룬다. 분석 방법 개발에서의 목표는 적당한 시간 내에 적절한 분리를 얻는 것이다. 이상적으로, 실험 과정은 충분히 **강인해야**(rugged) 하는데, 이는 칼럼 성능의 점진적인 저하, 용매 조성이나 pH, 그리고 온도의 작은 변화, 같은 정지상이지만 다른 시기에 구입하였거나 제조 회사가 다른 경우에 발생할 수 있는 변화 등에 의해 분리가 심각하게 영향을 받아서는 안 된다는 의미이다. 만약

새로운 크로마토그래피 방법에 요구되는 속성
- 대상 분석 물질의 적절한 분리도
- 짧은 분리 시간
- 강인함(작은 조건 변화에 크게 영향을 받지 않음)

칼럼 오븐이 없는 경우에는 칼럼을 단열하여 온도 변화를 줄일 수 있다.

일반적으로 역상 크로마토그래피는 분자량이 작은 중성 혹은 전하를 띠는 유기 화합물 혼합물 분리에 적합하다. 만약 이성질체들이 잘 분리되지 않는다면, 정상상 크로마토그래피나 다공성 흑연 탄소를 추천한다. 왜냐하면 용질이 정지상과 더 강하고 선택적인 상호 작용을 하기 때문이다. 거울상 이성질체의 경우에는 카이랄 정지상(그림 25-10)이 요구된다. 무기 이온, 고분자, 생물학적 거대 물질의 분리에 대해서는 26장에서 논의한다.

기체 크로마토그래피에서와 같이(24-5절), 분석 방법 개발의 첫 단계는 (1) 분석 목표의 결정, (2) 깨끗한 시료를 얻기 위한 시료 전처리 방법 선택, (3) 분석 물질을 검출할 수 있는 검출 방법 선택이다. 이 세 단계를 수행하였다고 가정하고, 나머지 단계를 아래에 설명한다.

방법 개발의 초기 단계
1. 목표 결정
2. 시료 전처리 방법 선택
3. 검출기 선택

적절한 분리의 조건

액체 크로마토그래피에서, 용매와 작은 용질이 접근 가능한 칼럼 내 전체 공간을 **무용 부피**(**dead volume,** V_M)라고 한다. 이 부피는 입자에서 기공과 입자 간의 부피를 포함한다. 만약 칼럼을 통해 용매나 머무르지 않는 용질이 이동하는 데 필요한 시간이 t_M이라면, 무용 부피 $V_M = t_M F$이며, 여기에서 F는 부피 유속이다.

식 23-16의 **머무름 인자**(retention factor) k는 이동상이 칼럼을 통과하는 데 필요한 시간 t_M 단위로 보정 머무름 시간($t_R - t_M$)을 측정한 것이다. 합리적인 분리를 위해서는 모든 피크의 k 값이 0.5~20 범위 내에 있어야 한다. 만약 k 값이 너무 작으면 첫 번째 피크는 용매 피크와 겹쳐져서 일그러진다. k 값이 너무 크면, 분리 시간이 너무 길어진다. 그림 25-12의 맨 아래 크로마토그램에서 t_M은 3분 근처에서 바탕선에 첫 번째 변화가 나타나는 시간이다. 만약 바탕선에 변화가 나타나지 않는다면, 다음과 같이 용매선의 위치를 예측할 수 있다.

머무름 인자: $k = \frac{t_R - t_M}{t_M}$

t_R = 분석 물질의 머무름 시간
t_M = 이동상 혹은 머무름이 없는 용질의 용리 시간

용매선의 위치:

$$V_M \approx \frac{Ld_c^2}{2} \quad \text{또는} \quad t_M \approx \frac{Ld_c^2}{2F} \qquad \textbf{(25-5)}$$

여기에서 V_M은 머무름이 없는 용질이 용리하는 부피(mL), 즉 용매선이 나타나는 부피이고, L은 칼럼 길이(cm), d_c는 칼럼 지름(cm), F는 유속(mL/min)이다. 역상 크로마토그래피에서 t_M은 머무름이 없는 유라실(260 nm에서 검출)이나 $NaNO_3$(210 nm에서 검출)를 칼럼에 통과시켜 측정할 수 있다. 친수성 상호 작용 크로마토그래피에서, t_M은 톨루엔(215 nm에서 검출)을 이용하여 측정할 수 있다.

정량을 위해서는 근접한 두 개의 피크 사이에서 최소한 1.5의 분리도가 요구된다(그림 23-9). 강인함(ruggedness)을 위해서라면, 실험 조건의 작은 변화나 칼럼의 점진적인 성능 저하에도 불구하고 적절한 분리도를 유지하기 위해서는 2 정도의 분리가 요구된다.

좋은 분리의 속성
- $0.5 \le k \le 20$
- 분리도 ≥ 2
- 작동 압력 ≤ 20 MPa
- 0.9 ≤ 비대칭 인자 ≤ 1.5

크로마토그래피를 수행할 때에는 장치가 견딜 수 있는 최대 압력을 초과하지 않아야 한다. 압력을 HPLC의 경우 약 20 MPa(200 bar) 이하로, UHPLC의 경우 약 60 MPa(600 bar)로 유지하면 펌프, 밸브, 봉함(seal)과 자동 시료 주입기의 수명을 연장시킬 수 있다. 점진적인 막힘(clogging)으로 인해 하나의 칼럼이 수명을 다할 때까지 압력이 두 배까지 증가할 수 있다. 방법을 개발하는 동안 작동 압력을 20 MPa 이하 또는 60 MPa 이하로 유지하면 칼럼의 퇴화를 줄일 수 있다.

그림 23-13의 비대칭 인자 B/A가 0.9~1.5 범위인 상태에서 모든 피크(당연히, 측정하고자 하는 모든 피크를 말함)는 대칭이어야 한다. 분리를 최적화하기 전에 25-1절의 끝 부분에서 언급한 것처럼, 비대칭형 피크 모양은 개선되어야 한다.

등용매 머무름 최적화

분리도를 좌우하는 매개 변수(머무름 인자 k, 단수 N, 분리 인자 α)를 고려하여 분리 방법을 개발한다. 분리가 본인의 조건을 만족시키는 순간, 분리 방법 개발은 끝난다. 모든 단계를 거치지 않고도 적절한 분리에 도달할 가능성은 충분히 있다.

식 23-33:

분리도 $= \frac{\sqrt{N}}{4} \frac{(\alpha - 1)}{\alpha} \frac{k_2}{1 + k_2}$

N = 단수
α = 분리 인자
k_2 = 피크들 중 두 번째 피크의 머무름 인자

표 25-6 역상 크로마토그래피의 초기 조건

정지상:	B형 실리카의 C_{18} 또는 C_8
칼럼:	HPLC: 5 μm 입자의 경우 15 cm, 또는 3 μm 입자의 경우 10 cm(더 짧은 시간, 비슷한 분리도) UHPLC: 2 μm 이하의 입자의 경우 10 cm(더 짧은 시간, 더 좋은 분리도)
유속:	HPLC: 지름이 0.46 cm인 칼럼의 경우 1.0 mL/min 지름이 0.21 cm인 칼럼의 경우 0.2 mL/min $= \left(\frac{0.21\ \text{cm}}{0.46\ \text{cm}}\right)^2\left(1.0\ \frac{\text{mL}}{\text{min}}\right)$ UHPLC: 지름이 0.21 cm인 칼럼의 경우 0.7 mL/min(더 짧은 시간)
이동상^a:	중성 분석 물질의 경우: CH_3CN/H_2O 약산성 또는 염기성의 경우: CH_3CN/완충액^b 기울기 용리의 경우: H_2O 또는 완충액에 5%~95% CH_3CN
온도:	30~40°C 범위에서 조절
시료량:	길이 15 cm × 지름 0.46 cm 칼럼의 경우: 50 μg 이하의 중성 분석 물질 또는 10 μg 이하의 이온성 물질이 포함된 25 μL 이하의 부피 더 좁은 내경 또는 짧은 길이의 칼럼의 시료량은 새 칼럼의 V_M과 길이 15 cm × 지름 0.46 cm 칼럼의 $V_M(\approx Ld_c^2/2 \approx 1.6\ \text{mL})$ 비율로 결정한다.

a. 등용매 분리를 사용하는 경우에는 80% CH_3CN으로 시작해서 모든 화합물이 $0.5 \le k \le 20$ 이내에서 용출될 때까지 10% 단계로 조절한다(그림 25-12 참조).

b. 일반적으로 사용되는 완충액은 다음과 같다. H_3PO_4을 KOH로 처리하여 만든 pH 2.5의 10 mM 인산염이다. K^+는 유기 용매에서 Na^+보다 더 잘 용해된다. 완충 용액의 농도는 자외선 검출에 적합하다. 만약 완충 용액을 빨리 사용하지 않는다면, 10 vol% 이상의 유기 용매를 보존제로 첨가한다. 질량 분석계의 경우 0.1% 폼산 또는 0.1% 트라이플루오로아세트산은 용리액의 pH를 낮추는 데 사용되는 산성 휘발성 물질이다. 약산 및 염기의 pK_a 미만의 pH에서 시작하여 예상 가능한 형태의 분석 물질로 분석법 개발을 시작할 수 있다. 산은 중성이고 염기는 이온화된다. 보편적으로 사용되는 완충 용액은 표 25-8을 참조. pH 8 이상에서는 특수 칼럼이 필요하다.

출처: Information from L. R. Snyder, J. J. Kirkland, and J. W. Dolan, *Introduction to Modern Liquid Chromatography*, 3rd ed. (Hoboken, NJ: Wiley, 2010)]

유기 용매의 선택 순서

1. 아세토나이트릴(CH_3CN)
2. 메탄올(CH_3OH)
3. 테트라하이드로퓨란

아세토나이트릴을 유해 폐기물로 폐기하기를 피하고 싶으면, 아세트산 소듐으로 가수 분해하여 하수구로 버리면 된다.[57]

1단계: 사용할 칼럼과 유기 용매를 선택한다.

2단계: 이동상의 유기 용매/물 구성 성분을 변화시킴으로써 머무름 인자 k를 조절하여 분리를 최적화한다.

3단계: 낮은 단수를 가지는지 확인한다(식 25-1).

4단계: 다음을 조절함으로써 상대 머무름을 조절한다. (i) 용매 성분, (ii) 칼럼 온도, (iii) 유기 용매의 종류, (iv) 칼럼 종류

5단계: 단수를 증가시키거나 분리 시간 또는 용매의 사용량을 감소시키기 위해 칼럼 크기를 최적화한다.

1단계는 표 25-6에서 나열한 것처럼, 시작 조건을 선택한다. 역상 HPLC의 경우, 일반적으로 사용되는 칼럼은 5 μm 크기의 C_{18} B형 실리카로 채워진 15 cm 길이, 또는 3 μm 크기의 C_{18} B형 실리카로 채워진 10 cm 길이를 갖는다. 역상 UHPLC의 경우, 2 μm 이하 크기의 C_{18} B형 실리카로 채워진 10 cm 길이의 칼럼을 사용한다. 첫 번째로 시도하는 혼합액은 아세토나이트릴과 물이다. 아세토나이트릴은 점도가 낮아서, 상대적으로 낮은 작동 압력과 190 nm까지의 UV 검출을 허용한다(표 25-4). 190 nm에서는 많은 분석 물질이 약간이나마 흡수한다. 메탄올은 아세토나이트릴보다 점도가 높고, 자외선 한계 파장이 길기 때문에 유기 용매 중 두 번째로 선택하는 용매이다. 테트라하이드로퓨란은 사용 가능한 자외선 영역이 좁고, 산화에 의해 서서히 분해되며, 폭발성 과산화물을 형성할 수 있다.[58] 이것은 폴리에터 에터 케톤(PEEK) 튜빙과 맞지 않으며, 정지상과의 평형이 늦으므로 세 번째로 선택된다.

메탄올/물 혼합액의 점도는 순수한 물보다 최대 70% 이상 크다.

2단계는 모든 화합물에 대해 $0.5 \le k \le 20$의 머무름을 갖도록 이동상의 구성 성분을 조절한다. 그림 25-12는 이동상의 구성 성분의 변화에 따른 머무름의 변화를 보여 준다. 초기 실험에서는 미지 시료의 모든 성분을 용리시키기 위하여 높은 농도의 CH_3CN(90% B)을 이용하였다. 그다음 모든 성분의 머무름을 증가시키기 위해 %B를 연속적으로 낮춘다. 비록 마지

'3의 규칙': %B가 10% 감소하면 머무름 인자 k는 약 3배 증가한다.

막 성분의 용리 시간이 2시간으로 길지만, 모든 성분을 분리하기 위한 용리액으로 35% B의 선택이 필요하다는 것을 확인할 수 있다.

35% B의 용리액에서 피크 1은 4.9분에 용리되었고, 피크 8은 125.2분에 용리되었다. 용매 피크는 2.7분에 나타났다(t_M = 2.7분). 따라서 피크 1의 k 값은 (4.9 − 2.7)/2.7 = 0.8이고, 피크 8의 k 값은 (125.2 − 2.7)/2.7 = 45이다. **$0.5 \le k \le 20$ 이내에 모든 성분이 분리되지 않았으므로, 기울기 용리를 제안한다**(25-4절).

만약 모든 성분이 $0.5 \le k \le 20$ 범위에서 용리되지 않는다면, 기울기 용리를 시도하라.

만약 피크 1~3의 측정이 중요하지 않다면, 40% B, 50% B, 60% B의 이동상은 모두 피크 4~8의 적절한 머무름($0.5 \le k \le 20$)을 제공한다. 분리도를 높이기 위해서는 추가적인 최적화 단계가 필요하다.

3단계에서는 칼럼이 예상되는 단수(N)를 제공하는지를 확인하기 방법을 연습하기 좋다. 그림 25-12에서 관찰된 단수(12 000)는 식 25-1에 의해 예측한 이론적인 최댓값(15 000)에 가깝다. 따라서 칼럼은 잘 작동하며 최적화 방법 개발을 진행할 수 있다. 만약 단수가 부족하다면, 칼럼을 세척하거나 교체해야 한다. 그리고 기기의 칼럼외 부피를 확인해야 한다.

4단계: 상대 머무름 최적화

다음의 방법으로 상대 머무름을 조절할 수 있다.

i. 용매 성분(%B)을 미세하게 조절한다.
ii. 칼럼 온도를 변화시킨다.
iii. 유기 용매의 극성을 변화시킨다.
iv. 정지상을 변화시킨다.

(i) %B를 미세하게 조절하는 것이 가장 쉬운 방법이다.[59] 만약 그림 25-12에서 4~8 화합물에 대한 분리 최적화 방법을 개발한다면, 45% B 톨루엔(6)과 2,6-다이메톡시톨루엔(7)으로 분석하고 적절한 전체 분석 시간을 준다. 더 이상의 상대 머무름 최적화는 필요하지 않으며, 5단계로 넘어갈 수 있다. 그림 25-12와 25-13에서 %B 변화는 분리도에 미묘한 영향을 준다. %B를 조절할 때, 몇몇 시료는 상대 머무름에서 상당한 변화를 보인다(용리 순서를 변화시킬 수도 있다).

온도가 1°C 증가할 때마다 머무름은 1~3% 감소한다.

(ii) 만약 %B를 조절함으로써 적절한 분리도를 얻지 못하면, 두 번째로 분리 인자를 미세하게 조절하기 위해 칼럼 온도를 변화시킨다. 대부분의 HPLC 기기는 재현성 있는 머무름을 보장하기 위해 칼럼 온도를 조절/유지하는 장치가 있다. 칼럼의 온도는 화합물의 분리 인자에 영향을 미치며, 고온에서 고속 크로마토그래피가 가능하다.[16,60] 그림 25-29는 용매 조성과 온도를 두 개의 독립 변수로 사용한 체계적인 방법 개발 과정을 제시한다. 한 번에 %B와 T 중 한 가지 변수를 바꾸면, 각 변수의 변동은 상관되기 때문에 선택적인 변화를 계획할 수 있으므로 용매 성분과 칼럼 온도의 최적화 조건을 찾을 수 있다. 고온에서 실험하는 경우, 실리카의 용해를 지연시키기 위해 pH는 6 이하에 있어야 한다. 지르코니아(zirconia)를 기반으로 하는 정지상은 최소 200°C까지 작동한다.

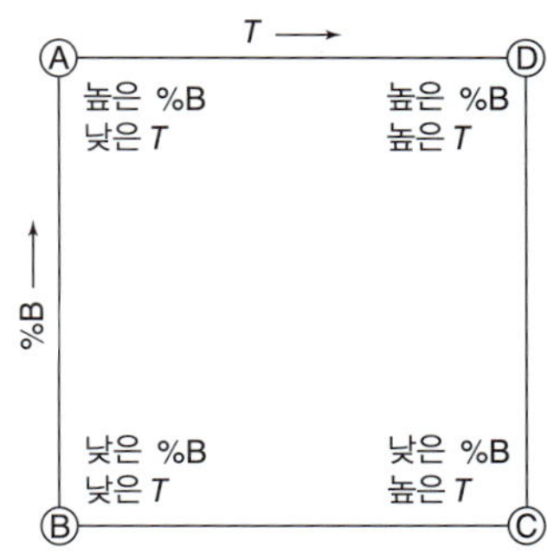

그림 25-29 독립 변수로서 용매 조성(%B)과 온도(T)를 이용한 HPLC 등용매 방법 개발. %B와 T는 각각 선택한 낮은 값과 높은 값 사이에서 바꾸어 준다. A~D의 조건으로 얻은 분리의 특성으로부터 분리를 개선할 수 있는 적절한 조건을 선택할 수 있다.

(iii) 만약 %B와 온도 조절이 모두 적절한 분리도를 제공하지 못한다면, 아세토나이트릴 유기 용매에서 극성이 다른 종류의 유기 용매(표 25-4)로 바꾸는 것이 분리도에 변화를 줄 것이다.[61] 아세토나이트릴의 극성은 대개 쌍극자이며, 메탄올은 강한 수소 결합 용매이고, 테트라하이드로퓨란은 수소 결합 주개로 작용하지 않는다.

그림 25-30은 용매의 변화가 분리에 미치는 영향을 설명한다. 크로마토그램 A를 얻기 위해서는 아세토나이트릴/완충 용액 이동상을 2단계(모든 화합물은 $0.5 \le k \le 20$ 이내에 용리된다)에 따라 최적화한다. 최적 비율인 30 vol% 아세토나이트릴/70 vol% 완충 용액에서, 피크 4와 5는 정량 분석에 적합한 분리를 얻지 못하였다. 그림 25-30에서 크로마토그램 B는 메탄올/완충 용액 이동상으로 변화시켰을 때의 영향을 보여 준다. 90% 메탄올로 실험을 처

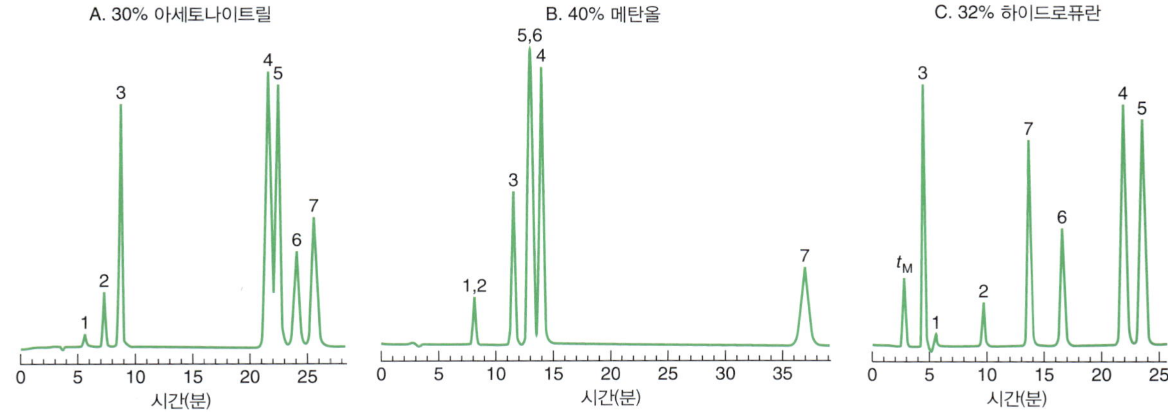

그림 25-30 HPLC에 의한 7개 방향족 화합물의 분리에 대한 유기 용매의 영향. 칼럼: 약 22°C의 25 × 0.46 cm Hypersil ODS(5 μm 실리카를 입힌 C_{18}). 이동상 유속: 1.0 mL/min. 이동상: (A) 30 vol% 아세토나이트릴/70 vol% 완충 용액, (B) 40% 메탄올/60% 완충 용액, (C) 32% 테트라하이드로퓨란/68% 완충 용액. 완충 수용액은 HCl로 pH를 3.5로 조절한 25 mM KH_2PO_4와 0.1 g/L NaN_3 혼합 용액이다. 그림 C의 피크 3과 1 사이에서, 용매로 인한 바탕선 하락이 생긴다. 피크의 확인은 광다이오드 배열 자외선 분광계를 이용하였다. (1) 벤질 알코올, (2) 페놀, (3) 3′,4′-다이메톡시아세토페논, (4) *m*-다이나이트로벤젠, (5) *p*-다이나이트로벤젠, (6) *o*-다이나이트로벤젠, (7) 벤조인

음부터 다시 시작할 필요는 없으며, 메탄올의 비율을 줄이면서 실험해 보자. 그림 25-31은 특정 아세토나이트릴/물 혼합 용매와 비슷한 이동상 세기를 가지는 메탄올/물 혼합 용매를 선택할 수 있게 해 준다. 30% 아세토나이트릴(크로마토그램 A에서 사용한) 지점을 통과하는 수직선은 메탄올 40% 근처를 가로지른다. 즉 40% 메탄올은 30% 아세토나이트릴과 유사한 이동상 세기를 가진다. 그림 25-30에서 크로마토그램 B의 평균 머무름 시간은 크로마토그램 A와 거의 같다. 그러나 메탄올에서는 성분이 7가지이지만, 피크는 5개만 보인다. 또한 아세토나이트릴에서 메탄올로 바꾸었을 때, 일부 화합물의 용리 순서가 바뀐다.

각 피크가 어떤 화합물인지를 확인하기 위해서는 하나의 표준 물질을 더 많이 주입하여 어느 피크가 증가하는지를 확인하거나, 용리되어 나오는 각 피크의 전체 자외선 스펙트럼을 기록하기 위한 광다이오드 배열 분광계를 사용한다.

그림 25-30의 크로마토그램 C는 테트라하이드로퓨란을 이용한 분리를 보여 준다. 그림 25-31에서 보는 바와 같이, 22% 테트라하이드로퓨란은 30% 아세토나이트릴과 같은 이동상 세기를 가진다. 22% 테트라하이드로퓨란을 이용하였을 때는 용리 시간이 너무 길어진다. 시행착오 실험의 결과, 32% 테트라하이드로퓨란이 가장 좋음을 알 수 있다. 크로마토그램 C에서 7가지 화합물은 모두 적당한 시간 내에 깨끗하게 분리된다. 테트라하이드로퓨란에서의 용리 순서는 아세토나이트릴에서와 상당히 다르다. 일반적으로 용매의 교체는 여러 가지 화합물의 분리 인자를 바꿀 수 있는 강력한 방법이다. 그러나 분리 인자가 어떻게 변할지 예측하기는 불가능하다.

유기 용매를 바꾸면 칼럼 압력이 달라진다. 30 vol% 아세토나이트릴에 비해 40% 메탄올은 1.6배, 32% 테트라하이드로퓨란은 동일한 유속에서 1.4배 더 높은 압력이 필요하다.

이전에는 분리도를 최적화하기 위하여 여러 유기 용매를 혼합하는 것이 일반적이었다. 그림 25-30의 시료는 20% 메탄올/16% 테트라하이드로퓨란/64% 완충 용액을 이동상으로 사용하였을 때 용질의 머무름이 $0.5 \le k \le 20$ 범위 내에서 바탕선 분리를 얻을 수 있다. 그러나 세 개 혹은 그 이상의 성분을 함유하는 이동상은 복잡하고, 성능 유지를 위하여 계속 확인해야 한다. 이와 같은 이유로 다중 용매는 단일 저장고(한 개의 용기)에 넣어 사용해야 한다.

단일 이동상은 더 강력하다.

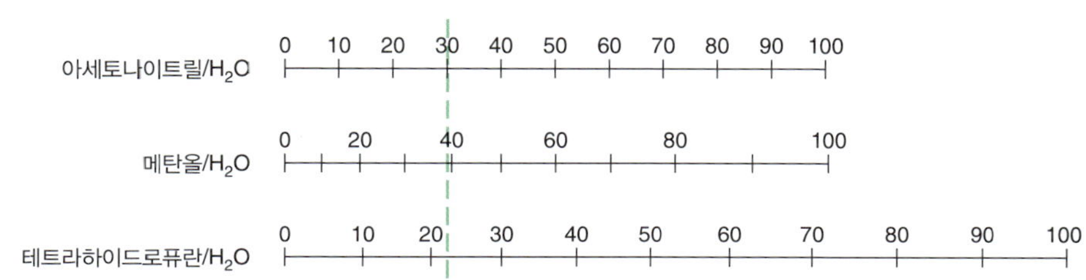

그림 25-31 같은 이동상 세기를 가지는 용매의 부피 백분율을 보여 주는 노모그래프(nomograph). 수직선은 각 용매의 같은 용리 세기를 지닌다. 예를 들어 30 vol% 아세토나이트릴/70 vol% 물은 40 vol% 메탄올 혹은 22 vol% 테트라하이드로퓨란과 거의 같은 용리 세기를 갖는다. [출처: L. R. Snyder, J. J. Kirkland, and J. L. Glajch, *Practical HPLC Method Development* (New York: Wiley, 1997).]

표 25-7 역상 액체 크로마토그래피에서 결합형 정지상의 선택

분리 인자(α)에 영향을 주는 칼럼 속성

- 실리카 종류(A형, B형)
- 결합상의 소수성(사이아노 < 페닐 < C_8 < C_{18})
- 추가적인 상호 작용(페닐 = 파이-파이, 모양; 사이아노 = 쌍극자; 펜타플루오로페닐 = 파이-파이, 쌍극자, 플루오린화)
- 극성기(수소 결합, 쌍극자)
- 말단 캡핑 종류(특히 아민 분리에 영향을 줌)

분리 인자(α)에 영향을 주지 않는 칼럼 속성

- 입자 크기
- 칼럼 지름
- 칼럼 길이

(**iv**) 만약 분리 인자의 변화를 통해서도 적절한 분리도를 얻지 못한다면, 칼럼을 바꾼다. C_{18} 실리카는 가장 일반적인 정지상이며, 그림 25-12와 25-30에서와 같이 이동상을 잘 선택하면 다양한 혼합물을 분리할 수 있다. C_{18} 칼럼의 머무름과 선택성은 실리카, 기공 크기, 결합상 그리고 다른 특성들에 의존한다. 따라서 C_{18} 칼럼의 한 종류를 C_{18} 칼럼의 또 다른 종류로 임의로 교체할 수 없고, 같은 결과를 예상할 수 없다.[62]

모든 C_{18} 칼럼은 같은 성질을 가지지 않는다!

표 25-7은 다른 결합형 정지상을 선택하는 가이드이다. A형 실리카를 갖는 칼럼은 아민의 경우 꼬리끌린 피크를 보이고 머무름의 재현성이 낮으므로 추천하지 않는다. 정지상의 소수성(hydrophobicity)은 표면적, 결합상 밀도, 결합된 리간드의 탄소 길이에 의존한다. 결합상의 화학적 성질과 극성 기능은 상대 머무름이 변하는 것에 대한 추가적인 상호 작용을 설명한다. 비슷하거나 다른 선택성을 가지는 칼럼을 선택하기 위해, 수백 개의 상용 HPLC 칼럼에 대한 데이터베이스를 이용하면 도움을 받을 수 있다.[63]

5단계: 칼럼 크기 최적화

머무름의 조절(2단계) 그리고 그 후 상대 머무름(4단계)은 종종 적절한 분리를 제공한다. 더 나아가 분리도의 향상은 단수 N을 증가시키는 칼럼 조건(길이, 입자 크기, 또는 유속)의 변화로 달성할 수 있다.[64,65] 주어진 정지상에서, 칼럼 길이나 입자 크기를 바꾸면 머무름 인자(k)나 분리 인자(α)는 바꿀 수 없지만, 분리 시간은 증가한다(긴 칼럼 또는 느린 유속).

반대로, 만약 분리도가 적절한 값(분리도 >> 2) 이상이라면, 단수를 낮춰 빠른 분리를 얻는 것이 좋다. 그림 25-12에서 화합물 4~8을 분리하는 경우, 5 μm 입자의 25 cm 칼럼을 이용하면 40% 아세토나이트릴은 분리도가 3.3이지만, 분석 시간이 68분이다. 같은 입자의 10 cm 칼럼은 분리도가 2.1이며 분석 시간이 27분으로 줄어든다.

예제 칼럼 조건 조절

그림 25-12에서 짧은 시간에 같은 분리도를 얻으려면 어떻게 칼럼 조건을 변화시키면 되는가?

풀이 식 25-1은 칼럼의 단수가 칼럼 길이 대 입자 크기 비(L/d_p)와 관련된다는 것을 보여 준다. 3 μm 입자로 충전된 15 cm 칼럼은 5 μm 입자의 25 cm 칼럼(그림 25-12에서 사용된)과 같은 단수를 갖는다.

$$N \approx \frac{3\,000\, L\ (\text{cm})}{d_p\ (\mu\text{m})} = \frac{3\,000\ (25\ \text{cm})}{(5\ \mu\text{m})} = 15\,000 = \frac{3\,000\ (15\ \text{cm})}{(3\ \mu\text{m})}$$

분리에 필요한 시간은 칼럼 길이에 비례한다. 15 cm 칼럼을 이용한 분석 시간은 (15 cm/ 25 cm) 또는 그림 25-12에서의 분석 시간의 60%이다.

자습 그림 25-12에서와 같은 단수를 얻기 위해 필요한 칼럼(2 μm 입자로 충전된) 길이는 얼마인가? 분리 시간은 얼마인가? (**답:** 10 cm, 분리 시간은 10/25 또는 그림 25-12에서 걸린 시간의 40%이다.)

HPLC 분석법을 환경친화적으로 만드는 방법
- 칼럼 지름을 줄여 용매 소비량을 줄인다.
- 보다 효율적인 칼럼(낮은 단높이)을 사용하여 적은 시간과 용매로 필요한 단수를 달성한다.
- $0.5 \le k \le 20$, 분리도 >2를 유지하면서 분석 시간을 단축한다.
- 보다 친환경적인 이동상을 사용한다(문제 25-40).

분석을 여러 차례 수행해야 하는 경우, 용매 소비 및 분석 시간을 최소화하기 위하여 칼럼의 크기를 최적화해야 된다. HIV/AIDS 약물인 도라비린(doravirine)에 대한 분석법은 5 μm 크기의 C_{18} 입자로 채워진 길이 5.0 cm × 지름 0.46 cm 칼럼으로 처음 개발되었다.[66] 선속도(linear velocity)를 일정하게 유지하면서 지름이 0.21 cm인 칼럼을 사용한다면, 부피 유속이 1.5 mL/min에서 0.31 mL/min로 낮아짐으로써 폐용매의 양은 81%로 줄어든다. 입자 크기를 3 μm로 줄이면 단수가 증가하고 >2의 분리도를 가진다. 아세토나이트릴이 40%에서 50%로 변화되면 머무름 인자가 감소하지만, 여전히 >2의 분리도를 가진다. 머무름 시간이 감소하여 분석 시간이 43% 단축되었고, 폐용매도 줄어들었다. 이와 같은 방법으로 한 제약 회사는 환경적 영향을 줄이면서 이동상을 연간 2 100 L와 $110 000 이상 절약하였다. 근본적으로 칼럼 조건은 분리도, 수행 시간, 칼럼 압력 및 용매 소모의 균형이다.

pH가 머무름에 어떻게 영향을 주는가

만약 용질이 산 또는 염기라면, 용질의 전하는 pH에 의존한다. 중성은 역상 칼럼에 머무르지만('비슷한 것은 비슷한 것을 녹인다'), 이온화된 형태는 친수성이며 약하게 머무른다. 산 해리 평형은 HPLC 분리 시간과 비교하여 상당히 빠르다. 그러므로 머무름은 산이나 염기의 '평균' 형태에 의해 좌우된다.

$$\alpha_{HA} = \frac{[HA]_{aq}}{[HA]_{aq} + [A^-]_{aq}}$$

$$\alpha_{A^-} = \frac{[A^-]_{aq}}{[HA]_{aq} + [A^-]_{aq}}$$

약산의 머무름 인자: $$k_{obs} = \alpha_{HA}k_{HA} + \alpha_{A^-}k_{A^-} \quad \text{(25-6a)}$$

여기에서 α_{HA}는 이동상 내 중성 형태 HA에서 산의 분율이고, α_{A^-}는 이온화된 형태 A^-에서 산의 분율이고, k_{HA}와 k_{A^-}는 완전히 양성자화된 형태와 탈양성자화 형태에 대한 머무름 인자이다. 작은 분자의 경우 기본적으로 이온화된 형태는 머무르지 않는다($k_{A^-} \approx k_{BH^+} \approx 0$). 따라서

작은 약산의 머무름 인자: $$k_{obs} \approx \alpha_{HA}k_{HA} \quad \text{(25-6b)}$$

HPLC용 수용성 완충 용액을 준비하고 유기 용매와 혼합하기 **전에** pH를 조절한다. 혼합하기 전에 수용액의 pH와 농도를 생각하라.[27]

그림 25-32a는 낮은 pH에서 벤조산($pK_a = 4.20$)과 같은 산성 용질은 완전히 양성자화($\alpha_{HA} \approx 1$)되며, 머무름은 작은 pH의 변화에 영향을 받지 않는다는 것을 보여 준다. 이동상의 pH가 pK_a에 근접할수록, 양성자화된 형태에서 벤조산의 분율은 감소하여 머무름이 감소한다. pH가 pK_a 이상일 때, 이온화된 벤조산염이 우세한 형태이며, 기본적으로 머무르지 않는다. 이동상에서 유기 용매는 이온 형태 A^-보다 중성 형태인 HA를 안정화시킨다. 따라서

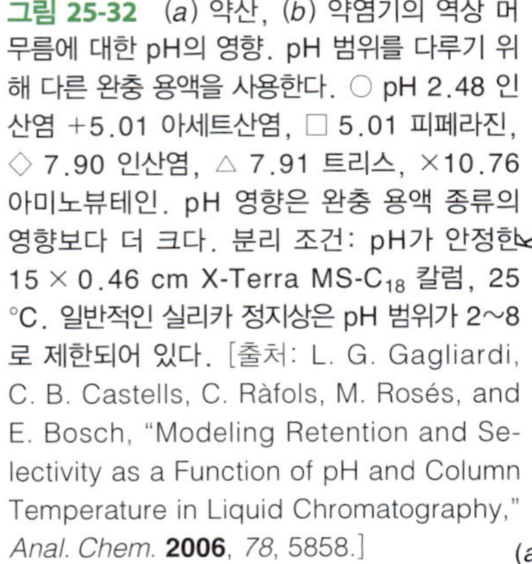
그림 25-32 (*a*) 약산, (*b*) 약염기의 역상 머무름에 대한 pH의 영향. pH 범위를 다루기 위해 다른 완충 용액을 사용한다. ○ pH 2.48 인산염 +5.01 아세트산염, □ 5.01 피페라진, ◇ 7.90 인산염, △ 7.91 트리스, ×10.76 아미노뷰테인. pH 영향은 완충 용액 종류의 영향보다 더 크다. 분리 조건: pH가 안정한 15 × 0.46 cm X-Terra MS-C_{18} 칼럼, 25 °C. 일반적인 실리카 정지상은 pH 범위가 2~8로 제한되어 있다. [출처: L. G. Gagliardi, C. B. Castells, C. Ràfols, M. Rosés, and E. Bosch, "Modeling Retention and Selectivity as a Function of pH and Column Temperature in Liquid Chromatography," *Anal. Chem.* **2006**, *78*, 5858.]

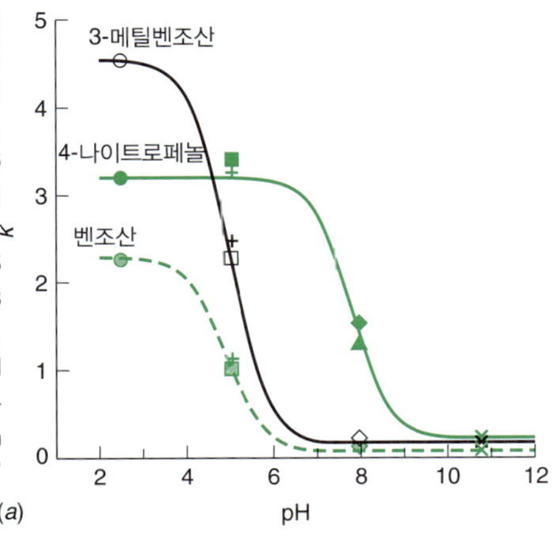

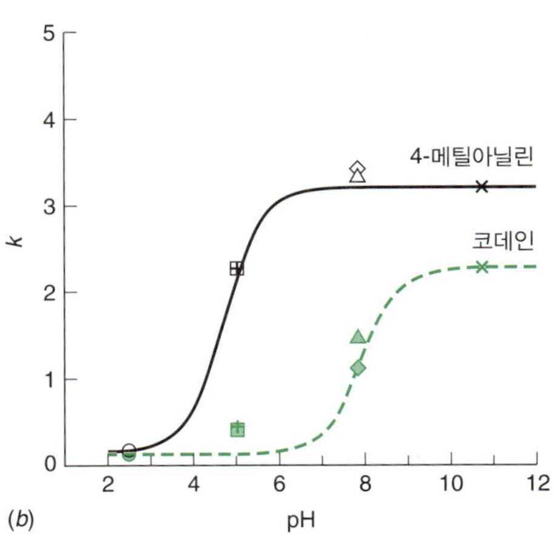

유기 용매는 약산의 pK_a를 증가시키고 완충액의 pK_a도 증가시킨다. 그러므로 수용액상 pK_a는 일반적으로 HPLC 방법 개발을 효과적으로 안내한다.

유사하게 약염기의 경우

약염기의 머무름 인자: $$k_{obs} = \alpha_{BH^+}k_{BH^+} + \alpha_B k_B \approx \underbrace{\alpha_B k_B}_{\text{작은 분자 근사치}} \quad (25\text{-}7)$$

여기에서 α_{BH^+}는 이동상에서 양성자화된 형태 BH^+에서 염기의 분율이고, α_B는 이동상 내 중성 형태 B에서 염기의 분율이며, k_{BH^+}와 k_B는 양성자화와 중성 형태에서의 머무름 인자이다. 그림 25-32b는 4-메틸아닐린($pK_a = 5.08$)과 같은 염기성 용질이 낮은 pH에서 약하게 머무르고, pH가 pK_a에 도달할수록 더 머무른다는 것을 보여 준다. B가 완전히 탈양자성자화되면, pK_a 이상에서 머무름이 일정하다. 이동상에서 유기 용매는 수용액상에서의 BH^+의 pK_a를 약간 낮은 값으로 이동시킨다. 큰 소수성 탈양성자화된 산(A^-)과 양성자화된 염기(BH^+)는 큰 머무름을 보여 줄 수 있다.

산이나 염기를 분리할 때, 이동상의 수용성 성분은 완충 용액에 들어 있다. 중성 화합물의 머무름은 완충 용액이 존재함으로써 영향을 거의 받지 않는다. 원하는 pH에서 HPLC 완충 용액은 적절한 완충 능력을 가져야 하고, 이동상에 녹아야 하며, 검출기와 기기 하드웨어에 적합해야 한다. 표 25-8은 일반적인 HPLC 완충 용액을 보여 준다. 자외선 검출법과 pH 8 이상에서 분리하는 경우, 인산염, 트라이플루오로아세트산염, 폼산염, 아세트산염이 가장 일반적인 완충 용액이다. 완충 용액의 휘발성은 전자 분무 질량 분석계나 증발 광산란과 같은 검출기에 중요하다. 암모늄 이온을 갖는 완충 용액은 포타슘 이온을 갖는 완충 용액(소듐 이온을 갖는 완충 용액보다 가용성)보다 더 수용성이다. 완충 용액은 메탄올에서 대부분 수용성이며, 두 번째로 아세토나이트릴이고, 테트라하이드로퓨란에서 가장 작다. 적절한 완충 용액 능력을 갖게 하기 위해서, pK_a와 완충 용액 농도(일반적으로 5~25 mM)를 모두 고려해야 한다.

비커에서 유기 용매와 혼합함으로써 새로운 완충 용액의 용해도를 테스트하라. 완충 용액의 용해도:
$NH_4^+A^- > K^+A^- > Na^+A^-$
$CH_3CN > CH_3OH >$ 테트라하이드로퓨란

완충 용액을 준비할 때 오염을 방지하기 위해서 pH 전극을 완충 용액에 직접 넣어 측정하지 말아야 한다. 소량의 완충 용액을 비커에 덜어 내어 pH를 측정한다. pH가 정확하지 않으면, 비커에 덜어 낸 완충 용액을 버리고, 이동상의 pH를 조절하고, 그다음 다시 비커에 pH가 조절된 완충 용액을 다시 덜어 내어 pH를 측정한다. 미생물 성장을 억제하기 위하여 완충 용액에 10% 이상의 유기 용매를 추가한다. 저장(10−50×) 완충액(stock buffer solution)을 냉장고에 보관한다. 모든 이동상에 제조한 날짜를 표시하고, 1주일 후 완충 용액을 교체한다. 0.1% 폼산 또는 트라이플루오로아세트산과 같은 단순 산성화된 용액은 1~2개월 동안 보관할 수 있다.[67]

부족한 완충 작용의 증상
- 머무름 시간의 재현성이 부족하다.
- 비대칭 '상어 지느러미 같은' 피크

산과 염기의 등용매 분리 최적화

역상 크로마토그래피에서 산과 염기의 분리를 최적화하는 단계는 중성 화합물에서와 비슷하며, 몇 가지 중요한 차이점이 있다. 우리는 분석 물질의 양성화 정도를 조절하기 위해서 다른 pH의 완충 용액을 사용할 수 있다. pH가 카복실산이나 아민의 pK_a 근처일 때, 머무름은 급격히 변한다(그림 25-32). 강하게 머무르고 견고한 방법을 위하여, pH는 카복실산의 pK_a(4~5) 이하이거나 아민의 pK_a(5~10) 이상이어야 한다. 높은 pH(8 이상)는 실리카 입자가 분해되는 것을 막기 위해 특정 칼럼에 필요한 아민이 양성화되지 않아야 한다.

이온화할 수 있는 성분의 분리 최적화를 위한 단계
1. 칼럼, 유기 용매, pH를 선택한다.
2. $0.5 \le k \le 20$이 되도록 %B를 조절한다.
3. 분리 인자를 다음을 이용하여 조절한다. pH(가장 중요) > 용매 ≈ 칼럼 > %B > 온도 > **완충 용액 농도**나 **종류**(덜 중요).

분리 방법 개발은 자외선 검출의 경우 인산염 완충 용액을, 질량 분석기 검출의 경우 폼산 암모늄을 이용하여 pH 2.5~3.0으로 조절된 이동상을 일반적으로 사용한다. 낮은 pH는 약산과 염기가 분석법 개발을 시작할 때 예측 가능한 이온화된 형태(산은 중성, 염기는 이온화됨)로 유지되도록 한다. 모든 화합물을 적절한 시간에 용리시키기 위하여 높은 %B로 시작하고 모든 화합물이 적절한 머무름을 가질 때까지 %B를 낮추어 조절한다. 만약 피크가 $0.5 \le k \le 20$에 해당되지 않는다면, 기울기 분리가 필요하다. 분리 인자는 pH로 강력하게

표 25-8 일반적인 HPLC 완충 용액

완충 용액	수용액의 pK_a	완충 pH 범위	자외선 한계(UV) 파장(nm)*	성질
트라이플루오로아세트산(TFA)	0.3		210 (0.1%)	이온쌍 형성, 휘발성
인산염 pK_{a1}	2.1	1.1~3.1	<200 (10 mM)	제한된 용해성
pK_{a2}	7.2	5.2~8.2	<200 (10 mM)	
시트르산염 pK_{a1}	3.1	2.1~4.1	230 (10 mM)	스테인리스강을 부식시킬 수 있음
pK_{a2}	4.7	3.7~5.7	230 (10 mM)	
pK_{a3}	6.4	5.4~7.4	230 (10 mM)	
폼산염	3.8	2.8~4.8	210 (10 mM)	휘발성
아세트산염	4.8	3.8~5.8	210 (10 mM)	휘발성
BIS-TRIS 프로페인 · 2HCl pK_{a1}	6.8	5.8~7.8	215 (10 mM)	공기 중에서의 완충 용액 산화는 UV 흡수를 증가시킴
pK_{a2}	9.0	8.0~10.0	215 (10 mM)	
붕산염	9.1	8.1~10.1	200 (10 mM)	
암모니아	9.2	8.2~10.2	200 (10 mM)	휘발성
탄산수소염 pK_{a2}	10.3	9.3~11.3	<200 (10 mM)	휘발성
1-메틸피페리딘 · HCl	10.1	9.1~11.1	215 (10 mM)	완충 용액이 오래될수록 UV 흡수 증가
트라이에틸아민 · HCl	11.0	10.0~12.0	<200 (10 mM)	완충 용액이 오래될수록 UV 흡수 증가

*한계 파장 이상에서, 수용액의 흡광도는 0.5 이하이다.

출처: L. R. Snyder, J. J. Kirkland, and J. W. Dolan, *Introduction to Modern Liquid Chromatography, 3rd ed.* (Hoboken, NJ: Wiley, 2010)의 표 7.1.

조절할 수 있지만, 이상적으로 완충 용액 pH는 중요한 성분의 pK_a로부터 pH 1 이상이어야 한다. 만약 최적화된 pH가 pK_a와 비슷하다면, 가장 좋은 머무름 재현성은 pH 미터로 pH를 조절하는 것보다 무게나 부피로 완충 용액을 준비함으로써 해결할 수 있다.

25-4 기울기 분리[3]

그림 25-12는 2시간이 넘게 소요되는 8가지 화합물의 등용매 분리를 보여 주었다. 먼저 용리되는 피크(2와 3)를 분리할 수 있을 정도로 이동상 세기가 충분히 낮으면, 나중에 나오는 피크들은 너무 늦게 용리된다. 분리도를 유지하면서 분석 시간을 단축시키기 위해서는 그림 25-14에서처럼 **분할 기울기**(segmented gradient, 부분적으로 다른 기울기)법이 선택된다. 피크 1~3은 낮은 이동상 세기(30% B)로 분리하였다. 8~13분에서는 중간 피크들을 용리시키기 위해 B의 조성을 30%에서 45%로 선형 증가시켰다. 28~30분에서는 마지막 피크들을 용리시키기 위해 B의 조성을 45%에서 80%로 선형 증가시켰다.

새로운 혼합물에 대한 정찰용 용리는 기울기로 수행해야 한다.

- $\Delta t/t_G > 0.40$이면, 기울기 용리를 사용하라.
- $\Delta t/t_G < 0.25$이면, 등용매 용리를 사용하라.
- 등용매 용리용 용매는 Δt의 반 정도 지난 시점에서의 용매를 사용한다.
- 만약 $0.25 < \Delta t/t_G < 0.40$이면, 둘 다 사용할 수 있다. 시료의 복잡성에 따라 결정하라.

분리를 시작할 때 기울기 용리는 좋은 방법이다

등용매 용리를 사용할지, 기울기 용리를 사용할지를 결정하기 위한 가장 빠른 방법은 넓은 범위의 기울기 용리를 수행하는 것이다.[68] 그림 25-33a는 아세토나이트릴을 10%에서 90%까지 선형으로 기울기 용리하는 경우, 그림 25-12의 혼합물을 어떻게 40분 내에 분리되는지를 보여 준다. **기울기 시간**(gradient time, t_G)은 용매의 조성이 변하는 시간이다(40분). Δt가 크로마토그램의 첫 번째 피크와 마지막 피크의 머무름 시간의 차이라면, 그림 25-33a에서 Δt = 35.5분 − 14.0분 = 21.5분이다. 기울기 용리의 사용 여부를 결정하는 기준은 다음과 같다.

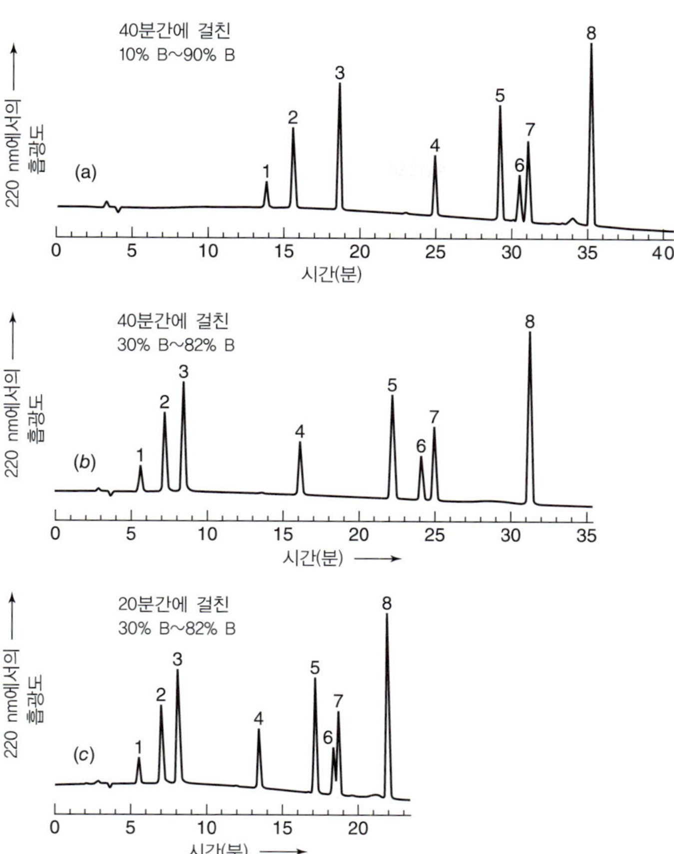

그림 25-33 그림 25-12에서와 같은 칼럼과 용매 시스템[완충 용액(용매 A)과 아세토나이트릴(용매 B)]을 사용하여 얻은 같은 시료의 선형 기울기 분리. 유속은 1.0 mL/min이고, 체류 시간은 5분이다.

만약 $\Delta t/t_G > 0.40$이면 기울기 용리를, $\Delta t/t_G < 0.25$이면 등용매 용리를 사용한다.

모든 피크가 좁은 용매 조성 범위에서 용리된다면, 등용매 용리도 괜찮을 것이다. 만약 넓은 용매 조성 범위가 요구된다면, 기울기 용리가 더 실용적이다. 그림 25-33a에서, $\Delta t/t_G = 21.5$분/40분 $= 0.54 > 0.40$이다. 따라서 기울기 용리를 추천한다. 등용매 용리도 가능하지만, 그림 25-12에서처럼 비실용적으로 오랜 시간이 요구된다.

만약 $\Delta t/t_G < 0.25$이기 때문에 등용매 용리를 사용한다면, 시작 용매는 Δt의 반 정도 지난 시점에서의 용매 조성을 가지는 것이 좋다. 첫 번째 피크가 10분에, 마지막 피크가 20분에 용리된다면, 등용매 용리용 용매는 기울기 용리에서 15분에 해당하는 조성을 가지는 용매가 바람직하다.

만약 $0.25 < \Delta t/t_G < 0.40$이라면, 등용매 용리 혹은 기울기 용리가 적절할 것이다. 사용할 기기와 시료의 복잡성과 같은 다른 요인들이 이를 선택하는 데 영향을 줄 것이다.

기울기 용리 분리법 개발

첫 번째 실험은 그림 25-33a에서의 40분간에 걸친 10~90% B까지의 아세토나이트릴 기울기에서처럼, 넓은 이동상 세기에서 수행한다. 그림 25-33에서는 뜻하지 않게도 첫 번째 시도에서 8개의 피크를 모두 분리하였다. 36분의 분리 시간이 수용할 만하다면, 이 시점에서 실험을 중단할 수 있다.

기울기 용리 방법을 개발하는 데 있어서의 다음 단계는 좀 더 낮은(shallow) 기울기를 선택하여 피크들의 간격을 넓히는 일이다. 그림 25-33a의 기울기 용리 프로필은 그림 25-34와 같다. 피크 1은 28% B일 때 14분에 용리되었고, 피크 8은 71% B일 때 35.5분에 용리되었다. 즉 10~28% B와 71~90% B까지의 변화 부분은 필요한 것이 아니다. 따라서 두 번째 시도로는, 같은 t_G(40분)에 걸쳐 28~71% B까지의 기울기 용리를 수행할 수 있다. 그림 25-

기울기 방법 개발 단계

1. 넓은 기울기(예: 5~95% B)로 40~60분에 걸쳐 수행하라. 이를 통해 기울기 용리와 등용매 용리 중 어떤 것이 더 나은지를 결정하라.
2. 기울기 용리를 선택했다면, 첫 번째 피크 이전과, 마지막 피크 이후의 기울기 용리 조건은 제거해야 한다. 1단계에서와 같은 기울기 시간을 사용하라.
3. 2단계에서 분리가 만족스럽다면, 기울기 시간을 줄여서 분석 시간을 줄이도록 노력한다.

그림 25-34 그림 25-33a에서 시용한 기울기 용리. 기울기 용리는 시료가 주입된 시점($t = 0$)에 시작되었으며, 체류 시간은 5분이다. 따라서 처음 5분 동안 용매는 10% B이다. 그런 후, 40분간에 걸쳐 조성이 선형적으로 90% B까지 증가했다. $t = 45$분 후에 조성은 90% B로 일정하다.

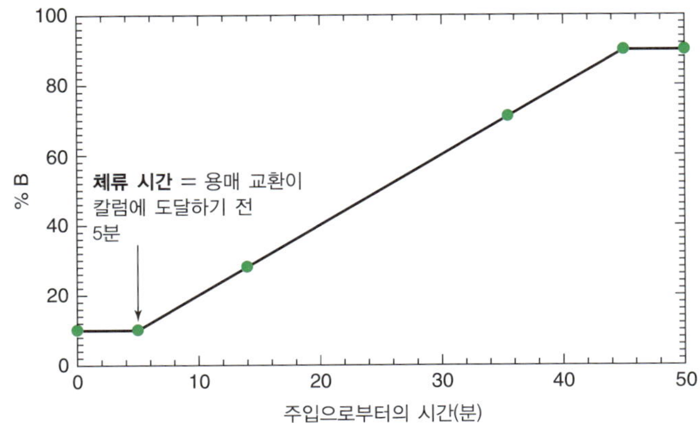

33b에서 선택한 조건은 40분 동안 30~82% B까지의 변화이다. 이 조건에서 피크 간격을 넓히고, 분리 시간이 32분으로 감소하였다.

그림 25-33c에서는 좀 더 가파른 기울기 용리로 용리 시간을 단축시킬 수 있는지를 보고자 한다. 기울기 한계는 *b*에서와 같으나, t_G는 20분으로 단축되었다. 기울기 시간이 단축되면서 피크 6과 7은 완전히 분리되지 않았다. 즉 *b*가 기울기 용리를 위한 바람직한 조건임을 보여 준다.

보충 25-3 기울기 용리의 조건 및 크기 조정 선택

여기에서는 적절한 선형 기울기 용리 조건을 선택하고, 칼럼 크기가 바뀔 때 기울기 용리 조건을 조정하는 방법을 알려 주는 식을 제공한다. 기울기 용리에서 어떤 용질의 평균 머무름 인자 k^*은 그 용질이 칼럼의 반을 통과할 때의 k 값이다.

$$k^* = \frac{t_G F}{\Delta\Phi V_M S} \qquad \textbf{(25-8)}$$

여기에서 t_G는 기울기 용리 시간(분), F는 유속(mL/min), $\Delta\Phi$는 기울기 용리 동안 용매 조성의 변화, V_M은 칼럼 내 이동상의 부피(mL), S는 선형 용매 세기 모형의 기울기이다(식 25-4). 여기에서는 $S = 4$라고 하자.

등용매 용리에서는 머무름 인자 k가 약 5 정도면 용매 피크와의 분리가 가능하며, 과다한 분리 시간을 요구하지도 않는다. 기울기 용리에서는 k^*가 약 5 정도면 적당한 시작점이다. 그림 25-33a에서는 25 × 0.46 cm 칼럼과 1.0 mL/min의 유속에서 용매 B의 분율을 10%에서 90%($\Delta\Phi = 0.8$)로 변화시켰다. 이때의 적절한 기울기 용리 시간을 계산해 보자. 식 25-5로부터 $V_M = \approx Ld_c^2/2 = (25\text{ cm})(0.46\text{ cm})^2/2 = 2.6_5\text{ mL}$. 식 25-8을 재배열하여 기울기 용리 시간을 계산한다.

$$t_G = \frac{k^*\Delta\Phi V_M S}{F} = \frac{(5)(0.8)(2.6_5\text{ mL})(4)}{(1.0\text{ mL/min})} = 42\text{ min} \qquad \textbf{(25-9)}$$

적당한 기울기 용리 시간은 42분이다. 그림 25-33a에서 t_G는 40분이며, 이때 $k^* = 4.7$이다. 그림 25-33b에서 $\Delta\Phi$를 0.52로 변화시켰을 때 더 좋은 분리를 얻었다.

$$k^* = \frac{t_G F}{\Delta\Phi V_M S} = \frac{(40\text{ min})(1.0\text{ mL/min})}{(0.52)(2.6_5\text{ mL})(4)} = 7.3$$

그림 25-33c에서는 $k^* = 3.6$이었으며, 분리는 더 나빠졌다.

기울기 용리를 이용하여 성공적인 분리를 얻었다고 하자. 만약 동일한 기울기 용리 방법을 크기가 다른 칼럼에 적용하고 싶다면, 다음과 같은 관계식을 이용하여 조건을 조정해야 한다.

$$\frac{F_2}{F_1} = \frac{m_2}{m_1} = \frac{t_{D2}}{t_{D1}} = \frac{V_2}{V_1} \qquad \textbf{(25-10)}$$

위 식에서, F는 부피 유속(mL/min), m은 시료의 질량, t_D는 기울기 용리가 칼럼에 도달하기 전까지의 체류 시간, V는 전체 칼럼 부피이다. 기울기 용리 시간 t_G는 변하지 않아야 한다. 그림 25-34에서 혼합기와 칼럼 사이의 체류 부피로 인해 체류 시간 $t_D = 5$분이다. 식 25-10에 의하면, 칼럼 부피에 비례하여 부피 유속, 시료 질량, 체류 시간을 바꾸어 주어야 한다. 만약 체류 부피가 칼럼 내 용매 부피 V_M에 비해 작다면, 체류 시간 t_D는 중요하지 않다. 만약 체류 부피가 크다면 체류 시간이 중요한 요소가 되지만, 사실 체류 시간에 대하여 우리가 할 수 있는 일은 별로 없다.

예를 들어 25 × 0.46 cm 칼럼에서 최적화된 기울기 용리 방법을 10 × 0.21 cm 칼럼에 적용해 보자. V_2/V_1은 $(\pi r^2 L)_2/(\pi r^2 L)_1$이므로 0.083이다($r$ = 칼럼 반지름, L = 칼럼 길이). 식 25-10에 의하면 부피 유속, 시료 질량, 체류 시간을 0.083배만큼 줄여야 한다. 그러나 기울기 용리 시간은 바뀌지 않는다.

이렇게 바꾸어도 k^*은 두 개의 칼럼에서 같음을 알게 될 것이다. 만약 k^*에 영향을 미치는 조건을 바꾼다면, k^*의 변화를 상쇄시키는 변화를 주어 k^*을 원래 값으로 회복시켜야 한다. 예를 들어 식 25-8에 의하면, t_G를 두 배로 늘인다면 유속을 반으로 줄여 $t_G F$가 상수가 되고, k^*이 일정하게 유지되도록 해야 한다.

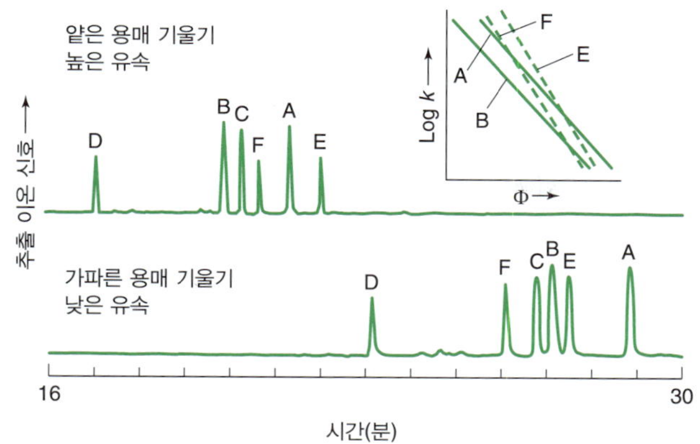

그림 25-35 다른 분자량을 가진 펩타이드의 기울기 분리에 대한 유속의 영향. 용매 기울기 조건이 바뀌면, 가장 큰 펩타이드 E와 F의 용리 순서가 가장 짧은 펩타이드 A와 B의 순서와 바뀐다. [자료 출처: M. Gilar, H. W. Xie, and A. Jaworkski, "Utility of Retention Prediction Model for Investigation of Peptide Separation Selectivity in Reversed-Phase Liquid Chromatography: Impact of Concentration of Trifluoroacetic Acid, Column Temperature, Gradient Slope and Type of Stationary Phase," *Anal. Chem.* **2010**, *82*, 265.]

만일 그림 25-33b에서의 분리가 만족스럽지 않다면, 유속을 줄이거나 **분할 기울기**(segmented gradient, 그림 25-14)를 이용하여 분리를 향상시킬 수 있다. 분할 기울기는 크로마토그램의 각 부분별로 적절한 용매 조성을 제공한다. 유속이나 기울기 프로필을 테스트하는 것은 쉬운 일이다. 용매 교체, 더 긴 칼럼 사용, 작은 입자 사용, 혹은 정지상 교체 등은 분리를 개선하기 위한 더 어려운 방법들이다. 보충 25-3은 기울기 용리 시간의 선택과 칼럼 크기[69]가 바뀔 때의 기울기 용리의 적용에 대한 안내를 제공한다.

기울기 용리 조건이 변할 때 용질의 용리 순서는 변할 수 있다. 그림 25-13에서처럼, log k 대 Φ의 그래프는 용리 순서가 어떻게 변하는지를 보여 준다. 그림 25-13에서 시료 중 모든 성분들은 거의 평행한 선과 같이 이동상의 변화에 유사하게 반응한다. 그림 25-33에서는 용리 순서에 변화는 없다. 그와 반대로 그림 25-35는 log k 대 Φ의 그래프에서 선이 평행하지 않고 다른 선과 엇갈리는 예를 보여 주며, 기울기 용리 조건이 변할 때 용질의 용리 순서가 바뀌는 것을 보여 준다.

피크는 면적이나 기울기 방법의 개발을 돕는 질량 분석계와 같은 선택적인 검출기를 이용하여 확인할 수 있다.

역상 크로마토그래피에서의 기울기 용리에서는 한 번의 분리가 끝난 후 V_M의 10~20배 부피의 초기 용매를 흘려주어 정지상과 평형에 이르게 한 후, 다음 분리를 시작한다. 평형에 도달하는 데에는 분리 시간만큼 소요될 수도 있다. 경우에 따라서는, 재현성을 위하여 칼럼을 초기 용매로 평형 상태에 도달시킬 필요가 없다.[70]

체류 부피와 체류 시간

용매가 섞이는 지점과 칼럼의 시작 부분 사이의 부피를 **체류 부피**(**dwell volume**)라고 한다. **체류 시간**(dwell time), t_D는 기울기 용리용 용매가 칼럼에 도달할 때까지 걸리는 시간이다. 체류 부피는 시스템에 따라 0.5~10 mL 범위이다. 그림 25-34의 경우, 체류 부피는 5 mL이고, 유속은 1.0 mL/min이다. 따라서 체류 시간은 5분이다. 8분에 시작된 용매 교환은 13분이 될 때까지는 칼럼에 도달하지 않는다.

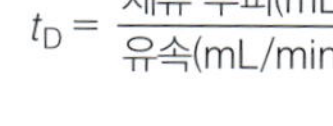

$$t_D = \frac{\text{체류 부피(mL)}}{\text{유속(mL/min)}}$$

시스템에 따라 체류 부피가 다르므로, 한 시스템에서의 기울기 용리 조건이 다른 크로마토그래피에 그대로 적용될 수 없다.[65,71] 체류 부피는 고압 혼합 펌프에서는 작고 저압 혼합 펌프에서는 크다. 기울기 용리 결과를 보고할 때는 사용한 시스템의 체류 부피를 명시하는 것이 바람직하다. 체류 부피를 보정하는 한 가지 방법은 $t = 0$ 대신에 t_D에 시료를 주입하는 것이다. 그림 25-34의 기울기의 경우 $t = 5$분에서 시료를 주입하는 것이 좋지만, 여기서는 그렇게 하지 않았다.

시스템의 체류 부피는 우선 칼럼과의 연결을 끊고 입구 튜브를 출구 튜브에 직접 연결하여 측정할 수 있다. 용매 저장 용기 A와 B에 물을 채우고, 용기 B에 0.1 vol% 아세톤을 첨가한다. 20분 동안 0~100% B의 기울기로 프로그래밍한 후, $t = 0$에서 기울기 용리를 시작한다. 검출기가 260 nm에 고정되어 있을 때 이상적인 신호는 그림 25-36과 같다. 기울기 용리의 시작과 첫 번째 검출기 신호 사이의 지연이 체류 시간(t_D)이다.

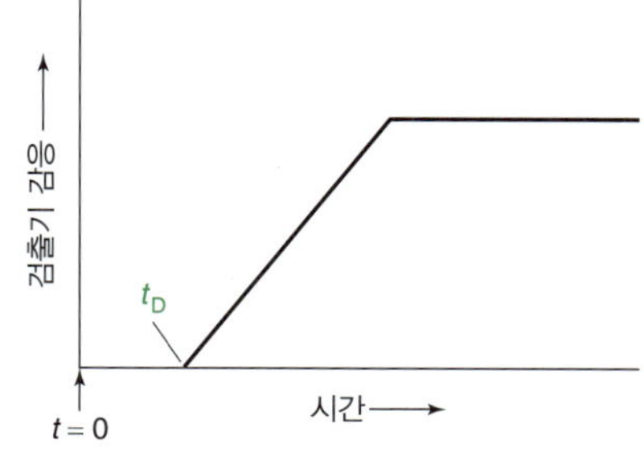

그림 25-36 저장 용기 A의 비흡광 용매와 B의 약한 흡광제를 이용한 체류 시간의 측정. 0~100% B까지의 기울기 용리는 $t = 0$ 지점에서 시작되지만, t_D가 될 때까지 검출기에 도달하지 않는다. 시스템에서 칼럼을 제거한 후 측정한다. 실제 감응은 이 그림에서처럼 예리하게 직선으로 연결되는 대신, 다소 부드럽게 변한다.

25-5 컴퓨터를 이용하라

방법 개발은 상용 소프트웨어를 이용한 컴퓨터 시뮬레이션을 통하여 쉽게 할 수 있다.[3,72] 몇 번의 실험으로부터 얻은 데이터를 이용하면, 등용매나 기울기 분리에서의 용매 조성과 온도의 영향을 예측할 수 있다. 며칠이 아닌 몇 시간 내에 최적 조건을 예측할 수 있다.

역상 분리에서의 대부분의 시뮬레이션은 실험적인 '**선형 용매 세기 모형**(linear-solvent-strength model, 식 25-4)을 근거로 하는데, 이 모형은 어떤 용질의 머무름 인자 k와 이동상 조성 Φ가 아래와 같이 로그 관계라고 가정한다. 그림 25-37은 메탄올/물 용리액과 C_{18} 칼럼으로 얻은 0.65~0.8 범위의 Φ 값을 가지는 9가지 유기 화합물에 대한 데이터를 보여 준다. 식 25-4에서 S와 $\log k_W$는 각각 그림 25-37의 기울기와 y 절편이다.

$$\log k \approx \log k_w - S\Phi \quad (25\text{-}4)$$

식 25-4는 넓은 Φ 범위에서 정확하지는 않다. 그림 25-37에서 Φ는 0.65에서 0.8까지만 변화하였다. 변화 범위를 벗어나는 지점까지 외삽하면, 우리는 미지의 영역에 있는 것이다. 그림 25-37에서는 분석 시간을 줄이기 위해 Φ의 높은 범위에서만 데이터를 취하였다. Φ의 측정 범위 내에서는 p-나이트로페놀이 가장 먼저, 그리고 페놀이 그다음에 용리한다. 이 두 성분에 대한 외삽선은 $\Phi = 0.61$에서 교차한다. $\Phi < 0.61$일 때에는 페놀이 p-나이트로페놀보다 먼저 용리할 것으로 예측된다.

어떤 HPLC 칼럼에서 $\Phi = 0.6$(예: 60 vol% 메탄올/40 vol% 물)일 때 등용매 용리 크로마토그램을 시뮬레이션하기 위해, 용매의 용리 시간 $t_M = 1.85$분, 단수(N) = 7 000으로 시작해 보자. 특정 용매 세기 Φ에서 각 성분의 머무름 인자 k는 다음과 같이 계산할 수 있다.

$$k = 10^{(\log k_W - S\Phi)} \quad \textbf{(25-11)}$$

식 23-16을 재배열하면 머무름 시간 t_R을 얻기 위한 다음 식을 얻는다.

$$t_R = t_M(k + 1) \quad \textbf{(25-12)}$$

피크가 Gauss 형태를 가진다고 가정하고 식 23-30을 재배열하면, 그림 23-9에 보인 띠의 표준 편차를 구하는 다음 식이 얻어진다.

$$\sigma = t_R/\sqrt{N} \quad \textbf{(25-13)}$$

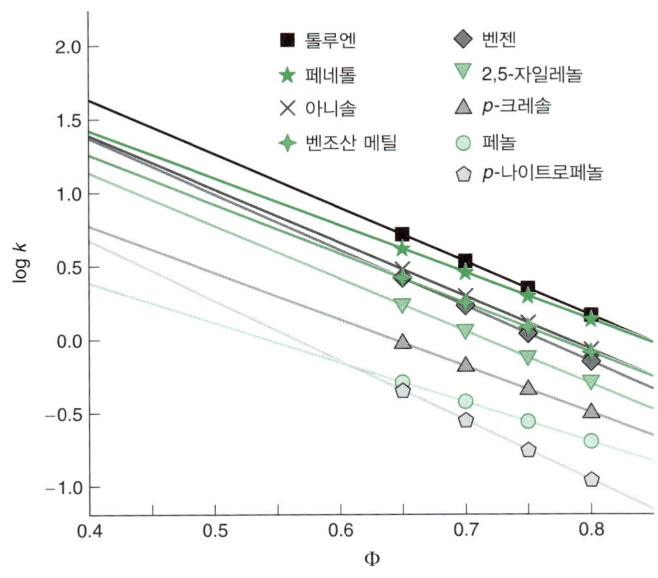

그림 25-37 선형 용매 세기 모형. 메탄올/물 용리액으로 C_{18} 칼럼으로부터 용리하는 9가지 유기 화합물에 대한 log k 대 Φ 그래프 [출처: R. A. Shalliker, S. Kayillo, and G. R. Dennis, "Optimizing Chromatographic Separation: An Experiment Using an HPLC Simulator," *J. Chem. Ed.* **2008**, *85*, 1265.]

	A	B	C	D	E	F	G	H
1	Chromatogram simulator - Gaussian peaks							
2	Data for methanol:water with Waters C-18 column - Shalliker et al., J. Chem. Ed. **2008**, *85*, 1265							
3								
4		constants						
5		t_M =	1.85	min	(time for mobile phase to transit the column)			
6		N =	7000	plates	(plate number for column)			
7		time step =	0.01	min	(time between calculated points)			
8		sqrt(2*pi) =	2.50663					
9		Φ =	0.56		(fraction of organic solvent)			
10								
11						k	Retention	σ (std dev
12	Compound				Relative	retention	time	peak width)
13	Number	Name	log k_W	S	area	factor	t_R (min)	(min)
14	1	p-nitrophenol	2.323	4.113	0.25	1.05	3.79	0.045
15	2	phenol	1.488	2.734	0.2	0.91	3.53	0.042
16	3	p-cresol	2.059	3.205	0.25	1.84	5.25	0.063
17	4	2,5-xylenol	2.591	3.619	0.4	3.67	8.63	0.103
18	5	benzene	2.895	3.806	0.8	5.80	12.59	0.150
19	6	methyl benzoate	2.617	3.392	0.8	5.22	11.50	0.137
20	7	anisole	2.840	3.646	0.4	6.28	13.48	0.161
21	8	phenetole	2.734	3.258	0.4	8.12	16.87	0.202
22	9	toluene	3.118	3.705	0.5	11.05	22.28	0.266

	C	D	E
27			y
28	time	time	detector
29	step	(min)	signal
30	0	0	0
31	1	0.01	0
32	2	0.02	0

F14 = 10^(C14-D14*$C$9)
G14 = $C$5*(F14+1)
H14 = G14/SQRT($C$6)
Detector signal:
E30 = ($E$14/($H$14*$C$8)*EXP(-((D30-$G$14)^2)/(2*$H$14^2)))
+ ($E$15/($H$15*$C$8)*EXP(-((D30-$G$15)^2)/(2*$H$15^2)))
+ an analogous term for each of the other compounds

그림 25-38 등용매 크로마토그래피 분리를 시뮬레이션하기 위한 스프레드시트

그림 25-38의 스프레드시트는 등용매 분리의 시뮬레이션을 보여 준다. 색이 칠해진 셀은 여러분이 입력해야 한다. C7셀(time step)에는 크로마토그램을 계산할 시간 간격을 입력한다. E14:E22셀의 상대 면적에는 임의의 수를 입력한다. 모두 1을 입력해도 되고, 임의의 숫자들을 입력하여 실제 크로마토그램의 피크 높이와 맞추어도 된다. C14:D22셀의 선형 용매 세기 파라미터 log k_W와 S는 그림 25-37에서와 같이 실험으로부터 얻는다. 스프레드시트는 식 25-11을 이용해 k를 계산하여 F14셀에서 F22셀까지 채우고, 식 25-12를 이용하여 t_R을 G14:G22셀에, 식 25-13을 이용하여 각 Gauss 피크 H14:H22셀에 표준 편차를 계산한다.

각 Gauss 피크의 모양은 다음 식으로 주어진다.

$$\text{검출기 신호}(y) = \frac{\text{상대 면적}}{\sigma\sqrt{2\pi}} e^{-(t-t_R)^2/2\sigma^2} \qquad \textbf{(25-14)}$$

위 식에서 상대 면적은 E14:E22셀에 여러분이 입력한 값이고, t는 시간, t_R은 G14:G22셀까지의 머무름 시간, σ는 H14:H22셀까지의 표준 편차이다. E30셀부터 시작하는 검출기 신호는 혼합물 내 9개 화합물의 피크에 대한 식 25-14의 합이다. 각 화합물은 고유한 σ, t_R, 상대 면적을 가진다. 스프레드시트는 $t = 0$부터 시작하여 마지막 피크가 용리한 이후까지 일정한 시간 간격으로 검출기 신호를 계산한다.

그림 25-39는 스프레드시트로 얻은 시뮬레이션 결과를 보여 준다. 용매 세기 $\Phi = 0.75$일 때, 9개의 화합물 모두 6분 내에 용리하지만, 피크 5, 6, 7 사이의 분리도가 좋지 않다.

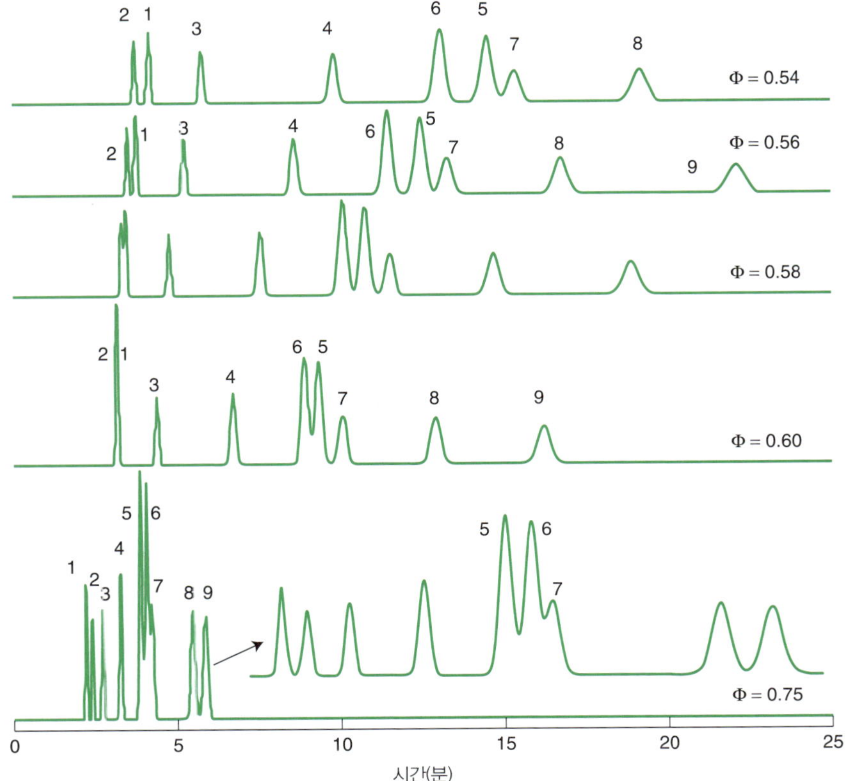

그림 25-39 그림 25-38의 스프레드시트로 시뮬레이션한 크로마토그램. 피크는 각각 *p*-나이트로페놀(1), 페놀(2), *p*-크레솔(3), 2,5-자일레놀(4), 벤젠(5), 벤조산 메틸(methyl benzoate)(6), 아니솔(7), 페네톨(phenetole)(8), 톨루엔(9)이다.

$$\text{분리도} = \frac{\Delta t_R}{w_{av}} \qquad (\text{식 } 23\text{-}23)$$

Δt_R = 머무름 시간의 차이
w_{av} = 바탕선에서 측정한 두 피크의 평균 너비 = 4σ

SaplingPlus 또는 www.macmillanlearning.com의 보충 자료에 보면, 기울기 및 등용매 용리를 시뮬레이션하기 위한 식과 스프레드시트가 있다.

Φ = 0.60일 때에는 피크 1과 2가 겹치고, 피크 5와 6은 용리 순서가 바뀐다. Φ = 0.56일 때에는 모든 피크가 분리되고, 마지막 피크는 22분에 용리한다.

용매 조성 Φ = 0.56(56 vol% 메탄올/44 vol% 완충 수용액)은 이 크로마토그래피 방법이 견고하다고 할 수 있을 만큼 우수하지는 않다. **견고한**(robust) 분리란 Φ, pH, 온도 등의 **작은** 변화에도 불구하고 적절한 수준의 분리도를 유지하는 분리 방법이다. 서로 이웃한 피크 2와 1 사이의 **분리도**는 1.5이고, 피크 6과 5 사이의 분리도는 1.8, 피크 5와 7 사이의 분리도는 1.3이다. 견고한 분리가 되기 위해서는, 분리도가 최소한 2.0은 되어야 바람직하지만, 항상 이러한 수준의 분리도를 얻을 수 있는 것은 아니다. 용매 조성 Φ = 0.54일 때, 피크 2와 1 사이, 피크 6과 5 사이의 분리도는 2.0 이상이지만, 피크 5와 7 사이의 분리도는 1.2로 감소한다. 그림에는 보이지 않지만 피크 9의 머무름 시간은 26분이다. Φ = 0.56일 때가 이 칼럼에서 메탄올/물 혼합 용매를 사용해서 얻을 수 있는 최선으로 보인다. 분리도를 더 증가시키고자 한다면, 유속을 줄이거나, 더 작은 칼럼 충전 입자를 사용하거나, 칼럼 길이를 늘이거나, 온도, 용매, 정지상 등을 바꾸어 볼 수 있다.

S와 $\log k_W$를 구하기 위한 몇 번의 실험을 수행하고 스프레드시트를 이용함으로써, Φ = 0.56일 때가 실험실에서 시도할 수 있는 최적 조건임을 추측할 수 있다. Φ = 0.56은 그림 25-37의 측정 범위를 벗어난다. 그림 25-37의 선들이 Φ = 0.56일 때까지도 선형을 유지하는지를 알 수 있는 유일한 방법은 실제로 실험을 해보는 것이다. 약간 더 복잡하기는 하지만, 선형 용매 세기 모형은 기울기 용리를 시뮬레이션하여 최적 조건을 찾을 수 있게 해 준다.[3]

이 장에서 소개한 도구를 사용하면, 혼합물이 지나치게 많은 수의 화합물을 함유하지만 않는다면 그 혼합물을 분리하는 방법을 찾을 수 있다. 만약 역상 크로마토그래피 방법이 실패하면, 친수성 상호 작용 또는 정상상 크로마토그래피나 26장에서 설명하는 방법 중 하나를 선택하면 된다. 방법 개발은 과학인 동시에 예술이며, 운이기도 하다.

이해해야 할 용어

결합형 정지상(bonded stationary phase)
고성능 액체 크로마토그래피(high-performance liquid chromatography)
굴절률 검출기(refractive index detector)
극성 지수(polarity index)
기울기 용리(gradient elution)
등용매 용리(isocratic elution)
무용 부피(dead volume)
미세 다공성 입자(microporous particle)
보호 칼럼(guard column)
역상 크로마토그래피(reverse-phase chromatography)
용리액 세기(eluent strength)
유도체화(derivatization)
이동상 세기(mobile phase strength)
자외선 검출기(ultraviolet detector)
전기 화학 검출기(electrochemical detector)
정상상 크로마토그래피(normal-phase chromatography)
증발 광산란 검출기(evaporative light-scattering detector)
체류 부피(dwell volume)
초고성능 액체 크로마토그래피(ultra-high-performance liquid chromatography)
초임계 유체(supercritical fluid)
친수성 물질(hydrophilic substance)
친수성 상호 작용 크로마토그래피(hydrophilic interaction chromatography)
표면 다공성 입자(superficially porous particle)
하전 에어로솔 검출기(charged aerosol detector)

요약

고성능 액체 크로마토그래피(HPLC)에서는 지름이 1.5~5 μm인 정지상 입자를 채운 작은 칼럼을 통해 용매를 고압 펌프로 흘려 보낸다. 입자 크기가 작을수록 칼럼의 효율은 증가하지만, 흐름에 대한 저항이 증가한다. 옥타데실기($—C_{18}H_{37}$)와 같은 액체상이 공유 결합되어 있는 미세 다공성 실리카 입자가 가장 일반적이다. 극성 지수는 극성 분자를 용리시키기 위한 용매의 능력을 나타낸다. 이동상의 세기는 용매가 용질을 칼럼으로부터 용리시킬 수 있는 능력의 척도이다. 정상상 크로마토그래피와 친수성 상호 작용 크로마토그래피에서는 정지상이 극성이고 상대적으로 극성이 약한 용매가 사용되는데, 용매의 극성이 증가할수록 이동상의 세기는 증가한다. 역상 크로마토그래피에서는 무극성 정지상과 극성 용매가 사용되는데, 용매의 극성이 감소할수록 이동상의 세기는 증가한다. 역상 칼럼에서 머무르지 않는 극성 화합물은 친수성 상호 작용 크로마토그래피를 사용하여 분리한다. 유기 용매에서만 용해되는 극성 화합물들은 정상상 크로마토그래피를 이용하여 분리한다. 정상상 크로마토그래피나 다공성 흑연 탄소는 이성질체의 분리에 좋다. 카이랄상은 광학 이성질체에 사용된다.

역상 크로마토그래피에서 유기 용매와 물을 사용할 경우 유기 용매의 비율이 증가할수록 이동상의 세기가 증가한다. 용매의 조성이 일정할 때, 그 과정을 등용매 용리라고 한다. 기울기 용리에서는 크로마토그래피 과정 중에 강한 용매(극성이 낮은)의 비율을 증가시킴으로써 이동상의 세기가 증가된다.

고성능 펌프는 평탄한 용매 흐름을 제공한다. 주입 밸브는 빠르고 정확한 시료 도입을 가능하게 해 준다. 인라인 필터는 분석 칼럼 전에 위치하며, 작은 입자성 물질로부터 분석 칼럼의 오염을 방지한다. 분석 칼럼과 같은 종류의 정지상을 가지는 짧은 보호 칼럼을 분석 칼럼 앞에 설치함으로써 입자성 물질이나 비가역적으로 흡착되는 용질로 인한 분석 칼럼의 오염을 방지할 수 있다. 칼럼은 재현성 있는 온도를 유지할 수 있도록 오븐 안에 넣는 것이 가장 좋다. 높은 온도에서는 정지상과 이동상 사이에서의 질량 이동 속도를 증가시키므로 작은 입자일수록 칼럼 효율이 높아진다. 질량 분석 검출은 칼럼에서 용리되는 각 물질의 정성 및 정량 정보를 제공한다. 자외선 검출이 가장 널리 사용되는데, 광다이오드 배열을 사용하여 각 분석 물질의 전체 스펙트럼을 기록한다면 정성적인 정보 제공이 가능하다. 굴절률 검출은 모든 물질에 감응하지만 감도가 높지 않다. 증발 광산란과 하전 에어로솔 검출은 비휘발성 용질의 질량에 감응한다. 전기 화학 검출과 형광 검출은 감도는 매우 높지만 선택적이다. 초임계 유체 크로마토그래피에서는 비휘발성 용질을 분리하는데, 효율, 속도, 검출기는 액체 크로마토그래피보다 기체 크로마토그래피와 더 비슷하다.

분석 방법 개발에서의 단계는 (1) 분석 목적의 결정, (2) 시료 전처리 방법의 선택, (3) 검출기의 선택, (4) 등용매 혹은 기울기 용리를 위한 이동상을 결정하기 위해 체계적 절차를 이용하는 것으로 나눌 수 있다. 수용액상의 아세토나이트릴, 메탄올, 테트라하이드로퓨란은 역상 분리에서의 일반적인 용매이다. 머무름은 이동상에서 유기 용매의 조성을 변화시킴으로써 최적화한다. 분리 인자는 유기 용매 농도의 미세 조정, 온도 조절, 새로운 유기 용매나 칼럼을 선택함으로써 변화시킨다. 분석 속도나 효율을 향상시키기 위하여 칼럼 길이와 정지상의 입자 크기를 변화시킬 수 있다. 성공적인 분리의 기준은 $0.5 \le k \le 20$, 분리도 ≥ 2.0, 작동 압력 ≥ 20 MPa(HPLC 장치에서), 비대칭 인자가 0.9~1.5 범위이다. 약산과 약염기 용질의 머무름은 그들의 이온화 상태에 의해 좌우되며, 이동상의 pH로 조절한다. 이동상으로 완충 용액을 선택할 때 원하는 pH, 완충 용량, 용해도, 검출기의 적합성을 고려한다.

등용매 용리와 기울기 용리 중 어느 것을 선택할지를 결정하기 위해서는 넓은 범위의 기울기 용리를 수행하는 것이 좋다. 만약 $0.5 \le k \le 20$에서 모든 성분이 분리되지 않는다면, 기울기 용리가 필요하다. 몇 가지 용매로 측정한 머무름 인자를 선형 용매 세기 모형에 넣어 컴퓨터로 분리를 최적화할 수 있다.

연습 문제

25-A. 화합물 A와 B를 포함하는 혼합물의 HPLC 결과는 다음과 같다.

화합물	혼합물 내의 농도(mg/mL)	피크 면적(임의 단위)
A	1.03	10.86
B	1.16	4.37

용액은 12.49 mg의 B와, A만을 포함하는 미지 시료 10.00 mL를 혼합한 후 25.00 mL로 희석하여 만들었다. A와 B의 측정된 피크 면적은 각각 5.97과 6.38이었다. 미지 시료 중 A의 농도(mg/mL)를 구하시오.

25-B. 광학 이성질체 분리용 결합형 정지상의 구조는 다음과 같다.

입자 — Si(O)(O)(OCH$_2$CH$_3$) —∿∿∿— O—C(=O)—C[(CH$_3$)$_2$CH][H]—N(H)—(나프틸)

광학 활성 중심

아민, 알코올 또는 싸이올의 거울상 이성질체를 분리하기 위하여 먼저 화합물들을 나이트로 방향족기로 유도체화하여 결합형 정지상과의 상호 작용을 증가시키고, 또한 분광 광도 검출기 측정이 가능하도록 한다.

(R)-거울상 이성질체 + (S)-거울상 이성질체
분리된 혼합물 (RNH_2)
+ $(O_2N)_2C_6H_3$—N=C=O →
RNH—C(=O)—NH—$C_6H_3(NO_2)_2$
방향족 유도체
(두 거울상 이성질체의 혼합물)

20 vol% 2-프로판올을 함유하는 헥세인으로 용리하면, (*R*)-거울상 이성질체가 (*S*)-거울상 이성질체보다 먼저 용리되는데, 크로마토그래피 파라미터들은 다음과 같다.

$$\text{분리도} = \frac{\Delta t_R}{w_{av}} = 7.7 \qquad \text{분리 인자}(\alpha) = 4.53$$

(*R*)-이성질체의 $k = 1.35$ $\quad t_M = 1.00$분

w_{av}는 두 개의 Gauss 피크의 바닥에서의 너비의 평균이다.

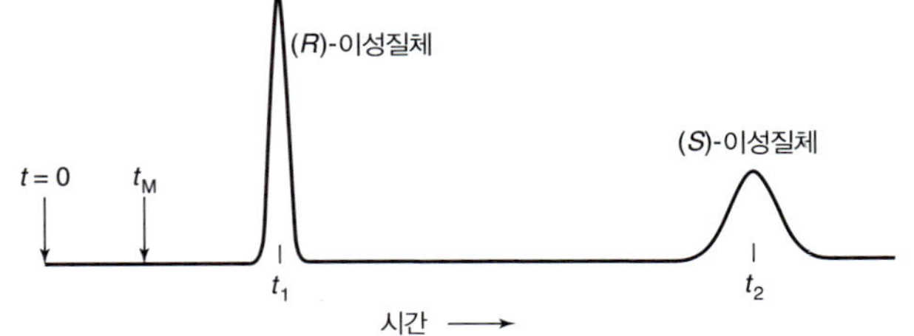

(a) t_1, t_2, w_{av}를 분(min) 단위로 구하시오.

(b) 피크의 반높이에서의 너비를 $w_{1/2}$이라고 한다(그림 23-8). 각 피크의 단수가 같다면, 각 피크의 $w_{1/2}$를 구하시오.

(c) Gauss 피크의 면적은 $1.064 \times$ 피크 높이 $\times w_{1/2}$이다. 두 피크의 면적이 같을 때, 피크의 상대 높이(높이$_R$/높이$_S$)를 구하시오.

25-C. 역상 크로마토그래피 칼럼에서 용리되는 두 개의 피크를 다음 그림에 나타내었다.

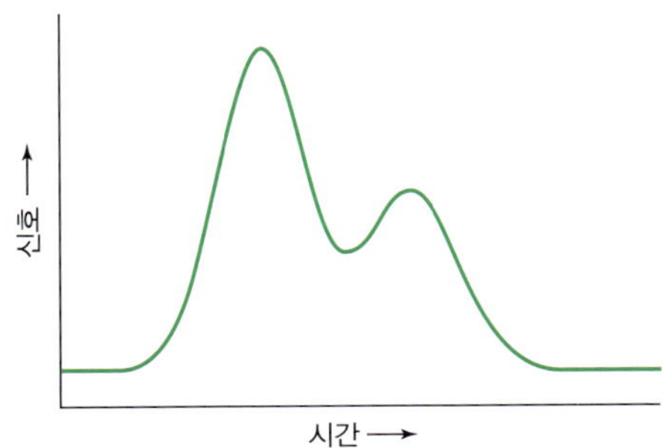

식 23-33에 의하면, 분리도는 다음과 같다.

$$\text{분리도} = \frac{\sqrt{N}}{4}\frac{(\alpha - 1)}{\alpha}\left(\frac{k_2}{1 + k_2}\right)$$

여기에서 *N*은 단수이고, α는 분리 인자(식 23-20), k_2는 더 오래 머무르는 성분에 대한 머무름 인자이다(식 23-16).

(a) 이동상에서 유기 용매의 양을 감소시키면 머무름은 증가한다. *N*과 α가 일정하고 머무름 인자가 증가할 때 크로마토그램을 대략적으로 그려 보시오.

(b) 용매 종류나 정지상이 변하면 분리 인자(α)가 변한다. *N*과 k_1이 일정하고 α가 증가할 때 크로마토그램을 대략적으로 그려 보시오.

(c) 입자 크기가 감소하거나 칼럼 길이가 증가하면 단수가 증가한다. (i) 입자 크기가 감소하고, (ii) 칼럼 길이가 증가함으로써 *N*이 증가할 때 크로마토그램을 대략적으로 그려 보시오. α와 k_2가 일정하다고 가정하자.

25-D. 2008년 중국에서는, 우유에서 유독한 멜라민(melamine)과 사이아누티르산(cyanuric acid)이 검출되었는데(보충 11-3), 이 물질들을 측정하기 위한 방법을 개발하느라 한바탕 소동이 있었다. 우유를 분석하는 방법은 우유를 9배 부피의 물:아세토나이트릴(20:80 vol/vol) 혼합 용매로 처리하여 단백질을 침전시킨다. 상층액은 0.5 μm 필터로 거르고, HILIC 액체 크로마토그래피 칼럼(TSKgel Amide-80 정지상)에 주입한 후, 질량 분석법(선택 이온 검출법, 22-5절)으로 검출한다. 멜라민은 127 → 85의 변환 *m*/*z*에서 양이온 방식으로 측정하고, 사이아누르산은 128 → 42의 변환 *m*/*z*에서 음이온 방식으로 측정한다.

(a) 네 가지 이온의 화학식을 쓰고, 네 가지 이온의 구조를 제시하시오.

(b) 우유는 복잡한 물질이지만, 멜라민에 대하여 하나의 피크만 나타나고, 우유에 첨가한 사이아누르산에 대해서도 오직 하나의 피크만 보인다. 그 이유를 설명하시오.

25-E. 그래프는 아세토나이트릴/물 이동상과 C_8 실리카 칼럼으로부터 얻은 머무름 데이터이다.

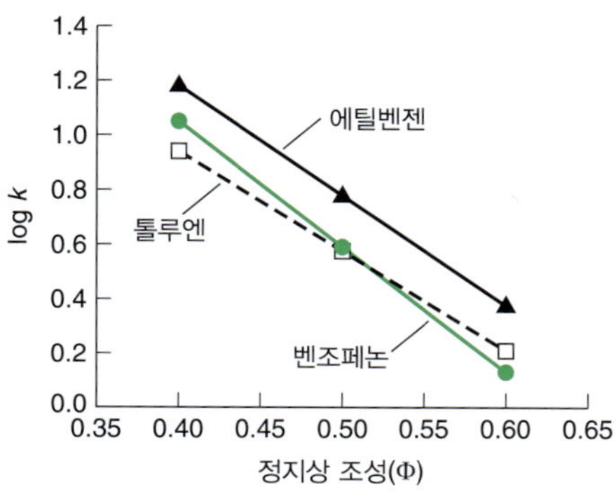

C_8 실리카 칼럼에서 머무름의 선형 용매 세기 그래프(칼럼 조건: 15 × 0.46 cm, 5 μm 입자, 1.0 mL/min, 압력 = 7~8 MPa) [자료 출처: J. H. Zhao and P. W. Carr, "An Approach to the Concept of Resolution Optimization through Changes in the Effective Chromatographic Selectivity," *Anal. Chem.* **1999**, *71*, 2623.]

(a) 성분들에 대해서 가장 좋은 머무름(k)을 제공하는 이동상의 구성 성분은 무엇인가? 가장 작은 머무름을 가지는 성분은 무엇인가? 두 성분이 동시에 용리되는 조건은 무엇인가(k가 동일한 조건)?

(b) 아세토나이트릴 40%와 60%에서 각 피크의 머무름 시간을 예측하시오. 각 이동상 구성 성분에서 분리되는 크로마토그램(수직선으로 각 피크를 대신하는 막대 도표로)을 그리시오.

(c) 60% 아세토나이트릴이 충분한 분리도를 보여 주는가?

(d) Gauss 피크라고 가정할 때, 60% 아세토나이트릴에서 좋은 분리도를 보여 주는가?

(e) 그림 25-31의 노모그래피를 통해 역상 크로마토그래피에서 유사한 이동상 세기를 갖는 다른 용매의 부피 백분율을 확인할 수 있다. 메탄올/물과 테트라하이드로퓨란/물 혼합물은 60% 아세토나이트릴과 비슷한 수준의 머무름을 제공하는가?

문제

고성능 액체 크로마토그래피

25-1. (a) 역상 크로마토그래피에서 이동상의 세기는 극성이 **감소**할수록 증가하는 반면, 정상상 크로마토그래피에서는 이동상의 세기가 극성이 **증가**할수록 증가하는 이유는 무엇인가?

(b) 초임계 유체 크로마토그래피에서는 어떤 종류의 기울기 용리가 사용되는가?

25-2. 흡착 크로마토그래피에서 용매의 상대적인 용리 세기가 용질과는 거의 무관한 이유는 무엇인가?

25-3. 친수성 상호 작용 크로마토그래피(HILIC)에서, 이동상 대 물의 분율이 증가함에 따라 용리액 세기가 **증가하는** 이유는 무엇인가?

25-4. (a) HPLC에서 높은 압력을 필요로 하는 이유는 무엇인가?

(b) 주어진 칼럼 길이에서, 입자가 작을수록 단수가 높은 이유는 무엇인가?

(c) 액체 크로마토그래피에서 결합형 정지상은 무엇인가?

25-5. (a) 식 25-1을 이용하여, 정지상의 입자 크기가 10.0, 5.0, 3.0, 1.5 μm일 때 1.0×10^4의 단수를 얻기 위한 칼럼 길이를 추정하시오.

(b) 10.0 μm 입자 크기를 가지는 칼럼에서 머무름 시간이 20분일 때, **(a)**로부터 5.0, 3.0, 1.5 μm 칼럼에 대한 머무름 시간은 얼마인가? (단, 모든 칼럼에서 유속이 일정하다고 가정함)

(c) 식 25-2를 사용하여, **(a)**에서 주어진 칼럼의 압력을 추정하시오(10.0 μm 칼럼의 압력은 4.4 MPa이다).

(d) 유속이 2.0 mL/min일 때, **(a)**의 10.0, 5.0, 3.0, 1.5 μm 칼럼에서의 피크들의 바탕선 너비(시간과 부피 단위로)는 얼마인가?

(e) 이러한 칼럼 중 UHPLC 장치를 요구하는 것은 무엇인가?

25-6. (a) HPLC 입자들이 다공성인 이유는 무엇인가?

(b) 작은 분자인 경우 60~120 Å 기공을 가진 입자를 사용하지만, 폴리펩타이드와 단백질을 분리하기 위해서는 300 Å의 넓은 기공을 가진 정지상을 사용하는 이유는 무엇인가?

25-7. 만약 15 cm 길이의 HPLC 칼럼이 5.0 μm의 단높이를 가진다면, 10.0분에 용리되는 피크의 반높이 띠너비는 얼마인가(초 단위로)? 만약 단높이가 25 μm라면, $w_{1/2}$는 얼마인가?

25-8. (a) UHPLC는 긴 칼럼으로 느리게 분리할 때 정교한 분리도를 제공하며, 짧은 칼럼에서 빠르게 분리한다면, 적정한 분리도와 빠른 분리를 제공한다. 약물 아세트아미노펜(acetaminophen)은 C_{18} UHPLC 칼럼(50 × 2.1 mm)으로 분리하며, 머무름 시간은 0.63분이고 반높이 너비는 2.3초이다. 단수와 단높이를 구하시오. 한 이론단에 동일하게 나란히 놓이는 지름 1.7 μm인 입자는 몇 개인가?

(b) 그림 25-3에서, 최적 단높이가 4.0 μm라고 예상한다. 한 이론단에 동일하게 나란히 놓이는 입자의 수는 몇 개인가? **(a)**에서 칼럼이 최대 분리도나 최대 속도로 실행될지 생각해 보자.

25-9. 실리카 정지상이 일반적으로 pH 2~8 범위에 한정되는 이유는 무엇인가? 그림 25-8의 실리카가 낮은 pH에서도 안정성이 개선되는 이유는 무엇인가?

25-10. 트라이에틸아민 같은 첨가제는 어떻게 특정 용질의 꼬리 끌기를 감소시키는가?

25-11. 일반적으로 HPLC 피크의 비대칭 인자 B/A(그림 23-13)는 0.9~1.5 범위를 벗어나지 말아야 한다.

(a) 비대칭 인자가 1.8인 피크의 모양을 그리시오.

(b) 비대칭성을 정정하기 위하여 무엇을 하겠는가?

25-12. (a) van Deemter 식의 그래프를 그리시오(단높이 대 선속

도). 만약 다중 통로항이 0이라면 그래프는 어떻게 되겠는가? 만약 세로 확산항이 0이라면? 또한 제한된 평형 시간항이 0이라면?

(b) 그림 25-3에서 1.8 μm 입자에 대한 van Deemter 그래프가 높은 유속에서 거의 평평하게 유지되는 이유를 설명하시오. 1.8 μm 입자에 대한 van Deemter 식의 각 항에 대해서 무엇을 말할 수 있는가?

(c) 2.7 μm 표면 다공성 입자가 1.8 μm 전체 다공성 입자와 비슷한 분리를 제공하지만, 낮은 압력이 요구되는 이유를 설명하시오.

25-13. 그림은 카이랄 정지상에서 탈리도마이드의 두 거울상 이성질체의 매우 빠른 분리를 보여 준다.

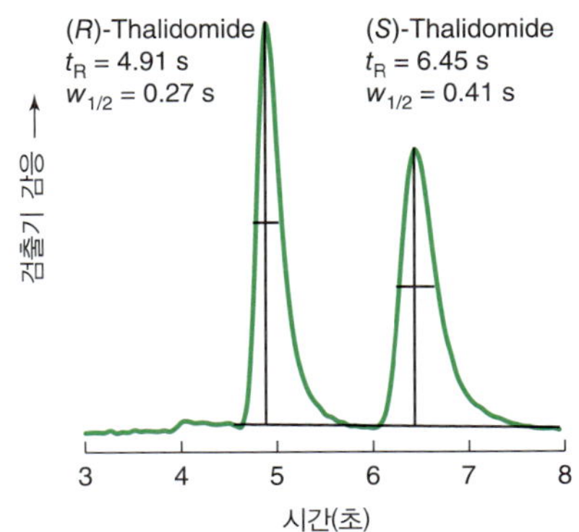

카이랄 정지상에서의 탈리도마이드 거울상 이성질체의 HPLC 분리[자료 출처: D. C. Patel, Z. S. Breitbach, M. F. Wahab, C. L. Barhate, and D. W. Armstrong, "Gone in Seconds: Praxis, Performance, anc Peculiarities of Ultrafast Chiral Liquid Chromatography with Superficially Porous Particles," *Anal. Chim.* **2015**, *87*, 9137, open access]

(a) t_R와 $w_{1/2}$로부터 각 피크의 N 값을 결정하시오.

(b) t_R와 $w_{1/2}$로부터 분리도를 결정하시오.

(c) 주어진 t_M = 3.85초에서, 평균 N 값과 식 23-33을 이용하여 분리도를 예측하시오.

(d) 이동상이 메탄올이며, 유속이 4.95 mL/min, 2.7 μm 표면 다공성 입자로 채워진 3.00 cm 길이 × 0.46 cm 지름의 칼럼에서 분리가 수행되었다. 이때 선속도는 얼마인가? (**힌트: (c)**의 t_M이 필요하다). 계산된 선속도를 그림 25-3과 비교하시오. 2.7 μm 표면 다공성 입자가 사용된 이유는 무엇인가? 3.00 cm의 짧은 길이를 사용한 이유는 무엇인가?

25-14. (a) 식 25-2에 따르면, 모든 조건이 일정하다면 입자 크기가 3 μm에서 0.7 μm로 감소할 때 선속도를 일정하게 유지하기 위해서 압력은 몇 배 증가해야 하는가?

(b) 만약 압력을 제외한 모든 조건이 일정하다면, 칼럼 압력이 10배 증가하면 선속도는 몇 배 증가하는가?

(c) 9 cm × 50 μm 칼럼에 0.7 μm 입자가 채워져 있다. 압력을 70 MPa에서 700 MPa로 증가시키면, 분석 시간은 약 10배 감소하고, 단수는 12 000에서 45 000으로 증가한다.[73] 입자 크기가 작아지면 효율에 손실이 없이(이 경우에는 효율이 높아졌음) 10배 빠른 유속을 허용하는 이유를 설명하시오.

25-15. 아래의 물질을 분리하는 데 어떤 종류의 액체 크로마토그래피를 사용할지를 그림 25-17을 사용하여 제시하시오.

(a) 분자량이 2 000보다 작고 옥테인에 용해된다.

(b) 분자량이 2 000보다 작고 메탄올-물 혼합액에 용해된다.

(c) 분자량이 2 000보다 작고 약산이다.

(d) 분자량이 2 000보다 작고 극성이 크다.

(e) 분자량이 2 000보다 작고 이온성이다.

(f) 분자량이 2 000보다 크고 물에 용해되며, 비이온성이고 다양한 크기의 용질이다.

(g) 분자량이 2 000보다 크고 물에 용해되며, 전하가 다양하다.

(h) 분자량이 2 000보다 크고 테트라하이드로퓨란에 용해된다.

25-16. 밀도가 2.2 g/mL이고, 지름이 10 μm인 미세 다공성 실리카 입자의 표면적이 300 m^2/g으로 측정되었다. 실리카 입자가 속이 찬 입자라 가정하고, 구형 입자의 표면적을 계산하시오. 이 결과는 입자의 모양이나 다공성에 대하여 무엇을 말하고 있는가?

25-17. 장 시작에 강한 이동상으로 화이트 럼(에탄올)을 사용한 역상 분리를 보여 주고 있다.

(a) 이 분리에서 화합물의 용리 순서를 설명하시오.

(b) 친수성 유라실(uracil)은 역상 칼럼의 t_M을 측정하는 데 사용된다. 장의 시작에서 보여 주는 유라실의 머무름 시간이 식 25-5를 사용하여 예측된 t_M과 일치하는가?

(c) HPLC용 친환경 이동상으로 에탄올을 사용하는 데 어려운 점은 에탄올/물 혼합물의 점도가 높다는 것이다. 50:50 에탄올:물(점도 = 0.002 3 kg/ms), 50:50 메탄올:물(점도 = 0.001 6 kg/ms), 그리고 50:50 아세토나이트릴:물(점도 = 0.000 80 kg/ms)을 사용할 때 상대적인 압력은 어떻게 되는가?

25-18. (a) 무극성 방향족 화합물들이 실리카 입자에 옥타데실기(C_{18})가 공유 결합된 결합상을 이용한 HPLC로 분리되었다. 용리액은 65 vol% 메탄올-물이었다. 만일 메탄올을 90%로 바꾸면, 머무름 시간은 어떻게 되겠는가?

(b) (a)의 칼럼과 20% 메탄올 / 80% 완충 용액(pH 3.0) 혼합 용리액을 이용하여 옥탄산과 1-아미노옥테인을 통과시켰다. 어느 화합물이 먼저 용리되는지와, 그 이유는 무엇인지 설명하시오.

$$CH_3CH_2CH_2CH_2CH_2CH_2CH_2CO_2H$$
옥탄산

$$CH_3CH_2CH_2CH_2CH_2CH_2CH_2CH_2NH_2$$
1-아미노옥테인

(c) 극성 용질은 친수성 상호 작용 크로마토그래피(HILIC)로 분리하며, 강한 극성의 결합형 정지상을 가진다. 만일 용리액이 아세토나이트릴 80 vol%에서 90 vol%로 변한다면, 머무름 시간은 어떻게 되겠는가?

(d) 극성 용질은 텅빈 실리카로 정상상 크로마토그래피를 이용하여 분리하며, 메틸 *t*-뷰틸 에터와 2-프로판올 용매를 사용한다. 만일 용리액이 2-프로판올 40 vol%에서 60 vol%로 변한다면, 머무름 시간은 어떻게 되겠는가? (**힌트**: 표 25-4를 보라.)

25-19. 단량체 칼럼에서,[74] 정지상은 칼럼 전체를 채우는 실리카나 고분자의 단일 다공성 한 개이며, 액체 전구체로 칼럼 내부를 합성하였다. 단량체 칼럼은 HPLC 입자와 비슷한 단높이를 제공

하지만, 흐름에 대한 저항이 적다. 그러므로 빠른 흐름이나 긴 칼럼을 사용할 수 있다. 그림은 긴 단량체 칼럼에 대한 동위 원소 분자의 분리를 보여 준다. 충전 칼럼은 길게 만들수록 흐름에 대한 저항이 매우 크다.

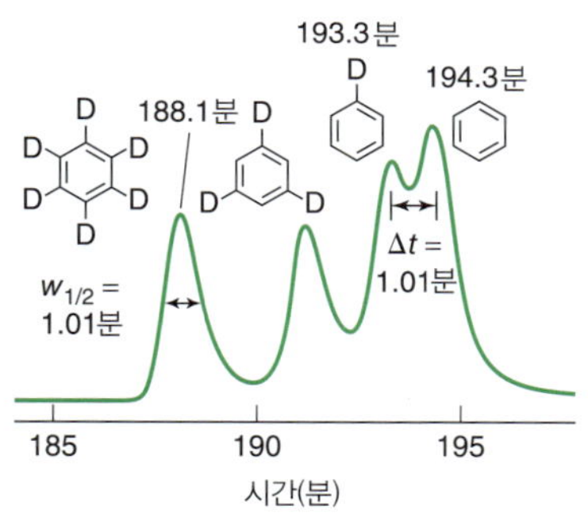

동위 원소 분자의 분리. 조건: 440 cm 길이의 단량체 C_{18} 실리카 칼럼, 용리액 = CH_3CN/H_2O(30:70 vol/vol), 온도 = 30°C [자료 출처: K. Miyamoto, T. Hara, H. Kobayashi, H. Morisaka, D. Tokuda, K. Horie, K. Koduki, S. Makino, O. Nuñez, C. Yang, T. Kawabe, T. Ikegami, H. Takubo, Y. Ishihama, and N. Tanaka, "High-Efficiency Liquid Chromatographic Separation Utilizing Long Monolithic Silica Capillary Columns," *Anal. Chem.* **2008**, *80*, 8741.]

(a) 머무름이 없는 싸이오유레아(thiourea)는 41.7분에 용리한다. 선속도 u_x(mm/s)를 계산하시오.

(b) C_6D_6의 머무름 인자 k를 구하시오.

(c) C_6D_6의 단수 N과 단높이를 구하시오.

(d) C_6H_5D와 C_6H_6의 피크 너비가 C_6D_6의 피크 너비와 같다고 가정하고, C_6H_5D와 C_6H_6의 분리도를 구하시오.

(e) C_6H_5D와 C_6H_6의 머무름 시간은 각각 193.3분, 194.3분이다. C_6H_5D와 C_6H_6 사이의 분리 인자(α)를 구하시오.

(f) 만약 N을 증가시키기 위해 칼럼 길이를 늘인다면, 분리도 1.000을 얻기 위해 요구되는 N과 칼럼 길이는 얼마인가?

(g) 칼럼 길이를 늘이지 않고, 정지상도 바꾸지 않으면서 어떻게 분리도를 개선할 수 있는가?

(h) 용매를 CH_3CN/H_2O(30:70 vol/vol)에서 $CH_3CN/CH_3OH/H_2O$(10:5:85)로 바꾸었을 때, C_6H_5D와 C_6H_6의 분리 인자가 1.008_8로 증가하고, C_6H_6의 머무름 인자는 17.0으로 바뀌었다. 만약 단수가 변하지 않았다면, 분리도는 얼마이겠는가?

25-20. 항암제인 기마테칸(gimatecan)은 거의 순수한 (S)-거울상 이성질체의 형태로 얻어진다. 순수한 (R)-거울상 이성질체나 (R)과 (S)의 **라셈** 혼합물(동량 혼합물)은 얻어지지 않는다. 거의 순수한 (S)-기마테칸 내에 존재하는 소량의 (R)-이성질체를 측정하기 위하여, 상용화된 카이랄 정지상인 (S,S)-DACH-DNB와 (R,R)-DACH-DNB를 이용한 정상상 크로마토그래피를 수행하였다. (R,R)-DACH-DNB 정지상에서는 t_R = 6.10분에서 머무름 인자 k 값이 1.22인 약간 비대칭형 피크를 얻었다. (S,S)-정지상에서는 t_R = 6.96분에서 k 값이 1.50인 약간 비대칭형 피크를 얻었고, 6.10분에 주피크 면적의 0.03%인 작은 피크가 발견되었다.

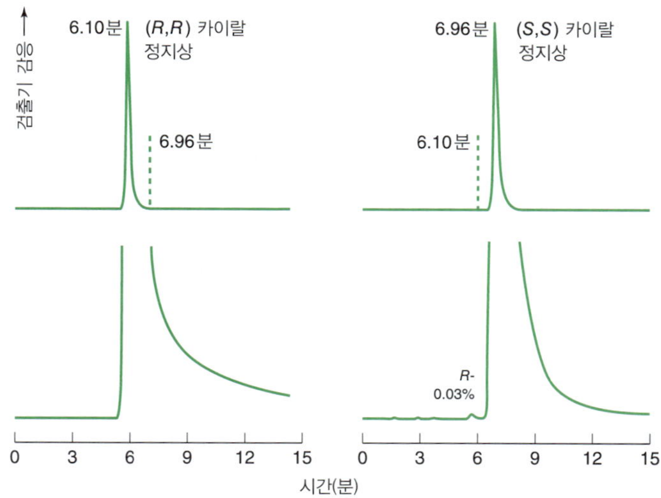

카이랄 정지상에서의 기마테칸의 크로마토그래피. 아래 그림은 위 그림의 y축을 확장한 것이다. [자료 출처: E. Badaloni, W. Cabri, A. Ciogli, R. Deias, F. Gasparrini, F. Giorgi, A. Vigevani, and C. Villani, "Combination of HPLC 'Inverted Chirality Columns Approach' and MS/MS Detection for Extreme Enantiomeric Excess Determination Even in Absence of Reference Samples." *Anal. Chem.* **2007**, *79*, 6013.]

(a) 그림의 위에 있는 크로마토그램의 모습을 설명하시오. 점선은 크로마토그램의 일부분이 아니라 위치 표시용이다. 같은 두 개의 정지상에서 순수한 (R)-기마테칸의 크로마토그램은 어떠하겠는가?

(b) 그림의 아래에 있는 크로마토그램의 모습을 설명하시오. 기마테칸은 0.03%의 (R)-이성질체를 함유한다고 결론지을 수 있는 이유를 설명하시오. (R)-이성질체가 (R,R)-정지상과 함께 관찰되지 않는 이유는 무엇인가?

(c) (S,S)-정지상에서의 두 이성질체의 분리 인자(α)를 구하시오.

(d) 칼럼의 단수 N = 6 800이다. (R)-기마테칸과 (S)-기마테칸의 라셈 (동량) 혼합물 내 두 피크의 분리도는 얼마이겠는가? 만약 피크들이 대칭형이라면, 이 분리도에서 두 피크의 바탕선 분리가 얻어지는가? 바탕선 분리란 첫 번째 피크의 신호가, 다음 피크가 시작하기 전에 바탕선까지 돌아가는 것을 의미한다.

25-21. HPLC 칼럼이 Gauss 피크를 제공한다고 하자. 검출기는 254 nm의 파장에서 흡광도를 측정한다. 같은 몰수의 A와 B를 함유하는 시료를 칼럼에 주입하였다. 화합물 A(ε_{254} = 2.26 × 10^4 M^{-1} cm^{-1})의 피크 높이 h = 128 mm이고, $w_{1/2}$ = 10.1 mm이다. 화합물 B(ε_{254} = 1.68 × 10^4 M^{-1} cm^{-1})의 $w_{1/2}$ = 7.6 mm이다. 화합물 B의 피크 높이는 몇 mm인가?

25-22. 3 μm 입자로 채워진, 50 × 4.6 mm인 두 개의 다른 칼럼을 이용하여 모르핀(morphine)과 모르핀 3-β-D-글루쿠로나이드(morphine 3-β-D-glucuronide)를 분리하였다.[75] 칼럼 A는 C_{18} 실리카로 유속이 1.4 mL/min이고, 칼럼 B는 표면 처리하지 않은(bare) 실리카로 유속이 2.0 mL/min이다.

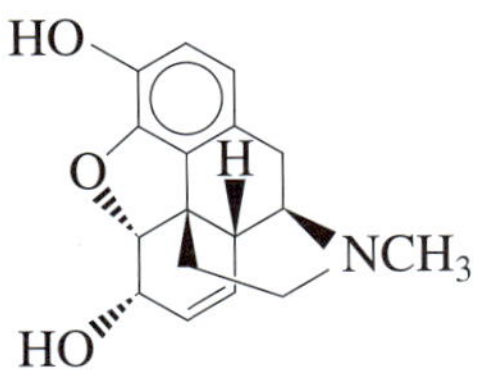

모르핀 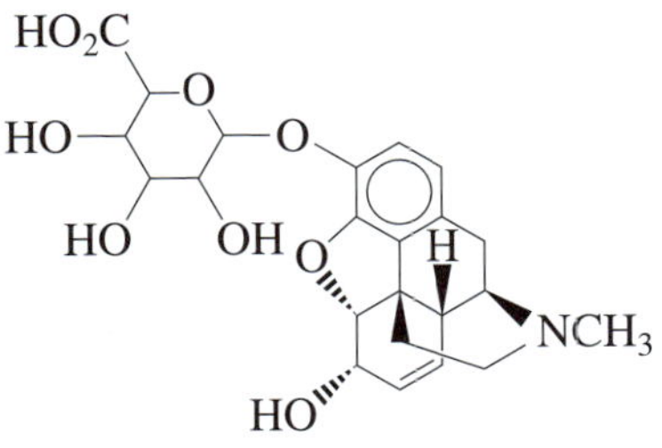　　모르핀 3-β-D-글루쿠로나이드

(a) 각 칼럼으로부터 머무름이 없는 성분들이 용리하는 V_M과 t_M을 예측하시오. 실제로 측정된 시간은 칼럼 A에서는 0.65분이고, 칼럼 B에서는 0.50분이다.

(b) 칼럼 A의 용리액은 pH 3인 10 mM 폼산 암모늄을 함유하는 물에 2 vol% 아세토나이트릴이 녹아 있는 수용액이다. 모르핀 3-β-D-글루쿠로나이드는 1.5분에, 모르핀은 2.8분에 용리하였다. 이 용리 순서를 설명하시오.

(c) t_M = 0.65분을 이용하여 칼럼 A에서의 각 성분의 머무름 인자 k를 계산하시오.

(d) 칼럼 B에서는 기울기 용리를 이용하였다. 이때 용리액은 5.0분 동안 90 vol% 아세토나이트릴 수용액에서 50 vol% 아세토나이트릴 수용액으로 바뀌었다. 두 용액 모두 pH 3인 10 mM 폼산 암모늄을 함유한다. 모르핀은 1.3분에, 모르핀 3-β-D-글루쿠로나이드는 2.7분에 용리하였다. 이 용리 순서를 설명하시오. 기울기 용리를 아세토나이트릴의 함량이 감소하는 방향으로 진행하는 이유는 무엇인가?

(e) $S = 4$, t_M = 0.50분이라고 가정하고, 보충 25-3의 식 25-8을 이용하여 칼럼 B에 대한 k^*를 예측하시오.

25-23. 흐르는 액체의 마찰로 인해 크로마토그래피 칼럼 내에 열이 발생하는 속도(rate)는 힘(watts, W = J/s) = 부피 유속(m^3/s) × 압력 강하(파스칼, Pa = kg/[m · s^2])이다.

(a) 크로마토그래피 칼럼에서 발생하는 열과 전기 회로에서 발생하는 열(힘 = 전류 × 전압) 사이의 유사점을 설명하시오.

(b) 유속이 1 mL/min이고, 칼럼 입구와 출구 사이의 압력차가 3 500 bar일 때, 열이 발생하는 속도(watts = J/s)를 계산하시오. mL/min 단위를 m^3/s 단위로 변환해야 한다. 1 bar ≡ 10^5 Pa이다.

25-24. 아래의 액체 크로마토그래피 검출기에 반응하는 분석 물질의 종류에는 무엇이 있는가?

(a) 자외선
(b) 굴절률
(c) 증발 광산란
(d) 하전 에어로솔
(e) 전기 화학
(f) 형광
(g) 질소 화학 발광
(h) 전도도

25-25. 보충 25-2에 있는 크로마토그램은 세 가지 검출기로 관찰된 7가지 스테로이드의 초임계 유체 크로마토그래피 분리를 보여 준다.

(a) 가운데 크로마토그램에서 자외선 검출법은 스테로이드에 대한 전반적인 감응을 제공하는 반면에, 아래의 크로마토그램에서는 자외선 검출법이 몇 개의 스테로이드에 대해 선택적인 감응을 제공한다. 자외선 검출법에서 선택적인 감응과 일반적인 감응이 일어나는 이유는 무엇인가?

(b) 210 nm에서 기울어진 바탕선이 관찰되지만, 254 nm에서는 평평하다. 그 이유는 무엇인가?

(c) 254 nm 크로마토그램의 초기 부분에서 바탕선 방해를 이용하여 t_M을 측정하시오. 식 25-5를 이용하여 예측한 값과 측정된 값을 비교하시오. 칼럼의 크기는 25 × 0.46 cm이며, 유속은 2.0 mL/min이다.

25-26. 크로마토그래피-질량 분석법. 쥐의 코카인 대사를 연구하기 위해 약을 주입하고 주기적으로 피를 뽑아 HPLC-질량 분석법으로 대사 물질의 농도를 측정한다. 정량 분석을 위해 동위 원소로 표지한 내부 표준 물질을 혈액 시료에 섞는다. 혈액은 산성 용리액으로 역상 크로마토그래피에서 분리하고, 대기압 화학 이온화 질량 분석법으로 검출한다. 충돌에 의해 활성화된 m/z 304 양이온의 해리 생성물의 질량 스펙트럼을 그림에 나타내었다. 선택 반응 검출법(그림 22-34의 질량 필터 Q1으로부터의 m/z 304와 Q3로부터의 m/z 182)은 9.22분에서 코카인의 단일 크로마토그래피 피크를 보여 준다. 내부 표준 물질인 $^2H_5$-코카인은 m/z 309 (Q1) → 182(Q3)에 대하여 9.19분에서 단일 피크를 보인다.

(a) m/z 304에서 이온의 구조를 그리시오.

(b) m/z 182에서 이온의 구조를 제안하시오.

(c) m/z 182와 304의 강한 피크는 m/z 183과 305에 ^{13}C 동위원소를 가지는 짝(^{13}C isotopic partner)을 가지지 않는다. 그 이유를 설명하시오.

(d) 쥐의 혈장은 매우 복잡하다. 그런데 크로마토그램이 단 하나의 깨끗한 피크를 보이는 이유는 무엇인가?

(e) $^2H_5$-코카인은 m/z 309와 182에서 단지 두 개의 주된 질량 스펙트럼 피크를 보인다. 어느 원자가 중수소로 표지되었는가?

(f) 혈액 중 코카인을 측정하는 데 $^2H_5$-코카인을 어떻게 사용할 것인지 설명하시오.

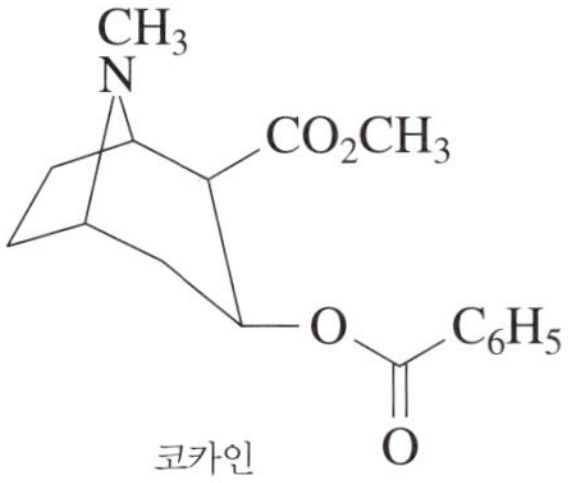

코카인

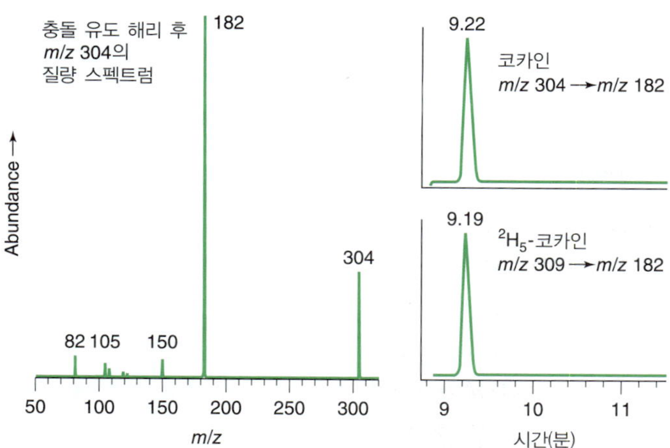

(왼쪽) 코카인의 대기압 화학 이온화에 의해 생성되는 *m/z* 304의 양이온의 충돌 유도 해리 생성 물질의 질량 스펙트럼. **(오른쪽)** 선택 반응 검출법으로부터 얻은 크로마토그램 [자료 출처: G. Singh, V. Arora, P. T. Renn, B. Mets, and I. A. Blair, "Isotope Dilution Liquid Chromatography Tandem Mass Spectrometry Assay for Trace Analysis of Cocaine and Its Metabolites in Plasma," *Anal. Chem.* **1999**, *71*, 2021.]

25-27. 크로마토그래피-질량 분석법. 약물 리타린(Ritalin)의 거울상 이성질체는 카이랄 정지상에서 분리되었다.[76]

리타린 (methylphenidate)
$C_{14}H_{19}O_2N$
명목 질량 = 233
CO_2CH_3

(a) m/z 234에서 84로의 전이를 선택 반응 검출법으로 대기압 화학 이온화를 이용해 검출하였다. 이 검출 방법이 어떻게 진행되는지 설명하고, m/z 234와 84인 물질의 구조를 제안하시오.

(b) 정량 분석을 위해, 중수소화된 메틸기를 가지는 $^2H_3$-리타린을 내부 표준 물질로 첨가하였다. 중수소화된 거울상 이성질체의 머무름 시간은 중수소화되지 않은 이성질체의 머무름 시간과 같다. 중수소화되지 않은 리타린이, 보이지 않는 내부 표준 물질의 크로마토그램을 얻기 위해서는 어떤 전이를 선택 반응 검출법을 통해 검출해야 하는가?

방법 개발

25-28. (a) k와 분리도를 측정하는 방법을 설명하시오.

(b) 역상 크로마토그래피에서 t_M을 측정하는 방법 세 가지를 서술하시오.

(c) 친수성 상호 작용 액체 크로마토그래피에서 t_M을 측정하는 방법 세 가지를 서술하시오.

(d) 5 μm 입자의 15 × 0.46 cm 칼럼에서 유속이 1.5 mL/min일 때 t_M을 예측하시오. 또 입자가 3.5 μm일 때 t_M을 예측하시오.

25-29. 칼럼외 부피와 체류 부피의 차이를 말하시오. 각 부피는 어떻게 크로마토그램에 영향을 끼치는가?

25-30. 분리 과정이 '강인하다(rugged)'는 것은 어떤 의미인가? 또 이것이 바람직한 이유는 무엇인가?

25-31. 적절한 등용매 크로마토그래피 분리의 기준은 무엇인가?

25-32. 등용매 용리와 기울기 용리 중 어떤 것이 더 적절한지를 결정하기 위해 처음 수행하는 기울기 용리를 어떻게 해야 하는지 설명하시오.

25-33. 하나의 유기 용매를 사용하여 등용매 역상 크로마토그래피 방법을 개발할 때의 일반적인 절차는 무엇인가?

25-34. (a) 그림 25-31을 이용하여 80% 메탄올과 동등한 세기를 가지는 테트라하이드로퓨란(THF)/물의 이동상 세기를 선택하시오.

(b) 이 테트라하이드로퓨란 이동상 1 L를 준비하는 방법을 설명하시오.

(c) 테트라하이드로퓨란을 사용함에 있어 어떤 제한점이 있는가?

25-35. 온도를 변수로 하여, 하나의 유기 용매로 등용매 역상 크로마토그래피 방법을 개발할 때의 일반적인 절차는 무엇인가?

25-36. '3의 규칙'에 의하면, 유기상이 10% 증가하면 주어진 용질의 머무름 인자는 **약** 세 배 증가한다. 그림 25-12에서, t_M = 2.7분이다. 50% B에서 피크 5의 k를 구하시오. 40% B일 때 피크 5의 머무름 시간을 예측하고, 관측된 시간과 예측한 시간을 비교하시오.

25-37. (a) 그림 25-12의 피크 6, 7, 8의 머무름 시간을 %아세토나이트릴(%B)의 함수로 그래프를 그리고, 45% B에서 피크 8의 머무름 시간을 예측하시오.

(b) 선형 용매 세기 모형: 그림 25-12에서, t_M = 2.7분이다. %B의 함수로, 피크 6, 7, 8의 k를 계산하시오. k대 Φ의 그래프를 그리시오(Φ = %B/100). 피크 8의 적절한 선형 범위에 해당하는 직선의 식을 구하시오. 기울기는 $-S$이고, 절편은 log k_w이다. 그 직선으로부터 45% B에서의 피크 8의 t_R을 예측하고, 그 답을 **(a)**와 비교하시오.

(c) 기울기 용리: 그림 25-12의 칼럼을 이용하여 30분 동안 40%에서 80%로 아세토나이트릴의 선형 기울기 용리를 수행하였다. 체류 부피(dwell volume)가 0 mL라고 가정하고, **(b)**에서의 데이터를 이용하여 피크 6과 8의 머무름 인자 그래프를 그리시오. 그래프의 일반적인 특성은 무엇인가?

(d) 기울기 분리에서 피크가 뾰족한 이유는 무엇인가?

25-38. 어떤 반응 혼합물의 역상 분리는 48% 메탄올/52% 물의 등용매 용리를 요구한다. 만일 아세토나이트릴/물을 사용하고 싶다면, 몇 %의 아세토나이트릴로 시작하는 것이 좋은가?

25-39. (a) 미지 혼합물을 50% 아세토나이트릴/50% 물을 이용하여 역상 크로마토그래피로 분리하였더니, 피크들이 지나치게 인접해 있었으며, k는 2~6의 범위였다. 다음 시도에서는 아세토나이트릴의 농도를 높여야 하는가, 아니면 낮추어야 하는가?

(b) 미지 혼합물을 50% 헥세인/50% 메틸 t-뷰틸 에터를 이용하여 정상상 크로마토그래피로 분리하였더니, 피크들이 지나치게 인접해 있었으며, k는 2~6 범위였다. 다음 시도에서는 헥세인의 농도를 높여야 하는가, 아니면 낮추어야 하는가?

25-40. 친환경 HPLC. HPLC 환경 평가 도구는 사용된 각 용매의 질량(m), 각 용매의 안전성(S), 건강(H) 및 환경(E)에 미치는 영향에 따라 가중치를 부여하여 HPLC의 친환경성을 나타낸다.

$$누적\ 영향 = \sum S_n m_n + H_n m_n + E_n m_n$$

안전(S)은 방출, 화재, 폭발, 분해 등의 기능성을 고려하며, 건강(H)은 발암성, 발달 독성, 알레르기 반응, 변이 원성, 냄새 등이며, 환경(E)은 기후 변화, 오존 파괴, 산성화, 환경 축적 등에 대한 영향을 설명한다. 누적 계수가 낮을수록 좋은 것이다.

용매	밀도(g/mL)	S	H	E
수용성 완충액	0.997	0.00	0.00	0.00
메탄올	0.786	1.91	0.43	0.32
아세토나이트릴	0.792	2.72	1.06	0.77
테트라하이드로퓨란	0.889	1.97	0.99	0.90

출처: Data from Y. Gaber, U. Törnvall, M. A. Kumar, M. A. Amin, and R. Hatti-Kaul, "HPLC-EAT(Environmental Assessment Tool): A Tool for Profiling Safety, Health and Environmental Impacts of Liquid Chromatography Methods," *Green Chem.* **2011**, *13*, 2021, supplemental materials.

1.0 mL/min으로 10분간 50:50 vol% 아세토나이트릴:물을 사용한 경우 누적 계수를 생각해 보자. 간단하게 계산하기 위하여 아세토나이트릴과 물을 혼합할 때 부피의 변화는 없다고 가정한다. 물에 대한 안전(S), 건강(H), 환경(E)은 모두 0이므로 아세토나이트릴에 대한 합계만 계산하면 된다.

각 실험에 대한 아세토나이트릴 질량

$= 10\ \text{min} \times 1.0\ \text{mL/min} \times 0.50$

(50 vol% 아세토나이트릴에 대한) $\times\ 0.792\ \text{g/mL} = 3.96\ \text{g}$

따라서 각 실험에 대한 누적 계수는 (2.72 + 1.06 + 0.77)(3.96 g) = 18.0이 된다.

(a) 1.0 mL/min으로 10분간 50:50 vol% 아세토나이트릴:물을 50회 사용하였을 때의 누적 계수는 무엇인가?

(b) 1.0 mL/min으로 10분간 메탄올:물을 사용하였을 경우 누적 계수는 무엇인가? (**힌트**: 그림 25-31을 사용하여 50% 아세토나이트릴과 동일한 용리의 메탄올 %를 확인하라. 메탄올과 물을 혼합할 때 부피의 변화는 없다고 가정한다.) 또 50회 사용하였을 때의 누적 계수는 무엇인가?

(c) **(a)**의 분리는 4.6mm 내경의 칼럼을 사용하였다. **(a)**와 동일한 선속도, 이동상 조성과 입자 크기에서 내경만 2.1mm로 변경하였을 때 50회 실험에 대한 누적 계수는 무엇인가?

(d) **(b)**와 **(c)**의 결과를 **(a)**의 결과와 비교하면 어떤 결론을 도출할 수 있는가?

(e) 제약 회사에서 **(a)**의 실험은 HPLC 기기를 사용하고, **(c)**에 대한 실험은 UHPLC를 사용했다.[66] 이런 변경이 필요한 이유는 무엇인가? (**힌트**: 표 25-2에 설명된 기기적 차이점을 생각하라.)

25-41. 그림은 세 가지 성분에 대한 역상 칼럼에서의 머무름 데이터이다.

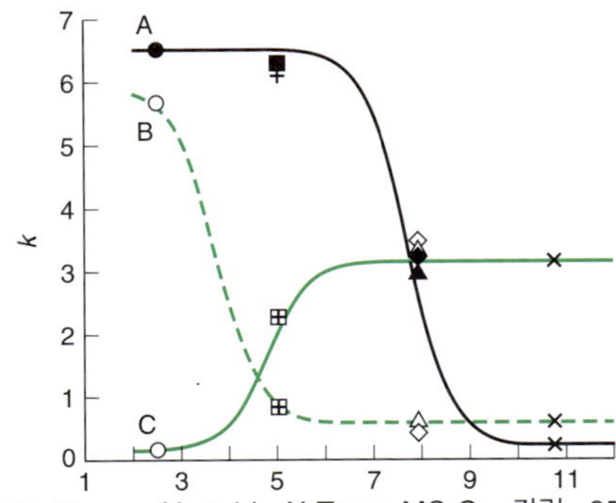

역상 칼럼(15 × 0.46 cm pH-stable X-Terra MS-C_{18} 칼럼, 25°C)에 기초한 약산과 약염기의 머무름에 대한 pH의 영향 [자료 출처: L. G. Gagliardi, D. B. Castells, C. Ràfols, M. Rosés, and E. Bosch, "Modeling Retention and Selectivity as a Function of pH and Column Temperature in Liquid Chromatography," *Anal. Chem.* **2006**, *78*, 5858.]

(a) 화합물 A, B, C가 약산인지, 약염기인지를 확인하시오. 각 화합물에 대하여, 완전히 양성자화된 형태의 pK_a와 머무름 인자는 얼마인가?

(b) 성분 C의 머무름을 조절할 수 있는 pH 범위는 얼마인가?

(c) 그래프에서 다른 기호는 다른 완충 용액을 나타낸다(삼각형 = pH 2.48 인산염, 플러스 = pH 5.01 아세트산염, 등등). 이 실험에서 다른 완충 용액을 사용한 이유는 무엇인가?

25-42. 그림 25-32를 이용하여 다음 질문에 답하시오.

(a) 벤조산, 4-나이트로페놀, 3-메틸벤조산을 분리하기에 좋은 pH는 얼마인가?

(b) 벤조산, 3-메틸벤조산, 4-메틸아닐린을 분리하기에 좋은 pH는 얼마인가?

(c) 일반적인 C_{18} 실리카 칼럼을 이용하여 4-나이트로페놀, 4-메틸아닐린, 코데인(codeine)을 분리하기에 좋은 pH는 얼마인가?

25-43. C_8 무극성 정지상에서 분리된 세 가지 용질의 머무름 인자를 표에 정리하였다. 용리액은 50 mM 시트르산염 완충 용액과 메탄올의 70:30 혼합액이다. 표의 각 pH에서 각 화합물의 우세 화학종을 밝히고, 머무름 인자의 거동을 설명하시오.

	머무름 인자		
분석 물질	pH 3	pH 5	pH 7
아세토페논	4.21	4.28	4.37
살리실산	2.97	0.65	0.62
니코틴	0.00	0.13	3.11

아세토페논 ($C_6H_5COCH_3$)　　살리실산 ($pK_a = 2.97$)　　니코틴 ($pK_1 = 3.15$, $pK_2 = 7.85$)

25-44. 14가지 화합물의 혼합물을 60분 동안 아세토나이트릴의 농도가 5%에서 100%까지 변하는 역상 기울기 용리로 분리하였다. 시료는 t = 체류 시간에 주입하였고, 모든 피크는 22~50분에

용리되었다.

(a) 이 혼합물에는 등용매 용리와 기울기 용리 중 어느 것이 더 적합한가?

(b) 만일 다음 실험이 기울기 용리인 경우, 시작점과 끝점에서의 % 아세토나이트릴과 기울기 시간을 선택하시오.

25-45. **(a)** 인접한 두 개의 피크 사이의 분리도를 변화시키는 방법들을 열거하시오.

(b) 여러 용매들을 테스트하여 등용매 용리를 최적화한 결과, 두 피크의 분리도가 1.2였다. 용매나 정지상을 바꾸지 않고 분리도를 개선시킬 수 있는 방법을 말하시오.

25-46. **(a)** 작은 분자들의 혼합물을 분리하기 위해 등용매 용리를 사용할지, 기울기 용리를 사용할지를 결정하기 위해, 용매 B의 분율이 5 vol%에서 95 vol%까지 변하는 넓은 범위의 기울기 용리를 수행하고자 한다. 3 μm 입자로 채워진 15 × 0.46 cm 칼럼에서 1.0 mL/min의 유속을 사용할 때의 기울기 시간 t_G는 얼마로 해야 하는가?

(b) 최적화된 기울기 용리 방법은 1.0 mL/min의 유속에서 11.5분 동안 용매 B의 분율을 20 vol%에서 34 vol%까지 변화시키는 것이다. 이때 k^*를 구하시오. 동일한 기울기 용리를 더 큰 15 × 1.0 cm 칼럼에 적용하고자 한다면, 기울기 시간과 부피 유속은 얼마로 조정되어야 하는가? 만약 첫 번째 칼럼에서의 시료량이 1 mg이었다면, 큰 칼럼에 주입할 수 있는 시료량은 얼마인가? 칼럼이 바뀌어도 k^*는 변하지 않음을 증명하시오.

25-47. **스프레드시트를 이용한 분리 시뮬레이션.** 그림 25-38의 스프레드시트를 이용하여 그림 25-39에서 $\Phi = 0.75$일 때와 $\Phi = 0.56$일 때의 크로마토그램을 시뮬레이션하시오.

25-48. HPLC Teaching Assistant를 사용한 등용매 용리. 역상 크로마토그래피 분리를 시뮬레이션하는 스프레드시트가 있다.[8] SaplingPlus 또는 www.macmillanlearning.com에서 파일을 다운받으라. 파일을 열면 오른쪽 상단에 **등용매 모드**가 있는 메뉴 페이지가 표시된다. 그렇지 않은 경우 왼쪽 상단의 파란색 홈 버튼을 클릭한다. 이 문제에 대해서는 **등용매 모드**를 클릭하라. 5개의 피크가 있는 크로마토그램을 볼 수 있도록 이미지 크기를 조절하라.

(a) t_0로 표시된 빨간색 선은 t_M이라고 하는 잔류되지 않은 화합물의 머무름 시간이다. (**tip**: 엑셀에서는 커서를 피크 위에 놓으면 크로마토그램의 피크 최댓값에 대한 x 값과 y 값이 표시된다). 이동상의 메탄올 함량을 변경하려면 '% MeOH'라고 표시된 왼쪽 상단의 슬라이드 막대를 사용하라. 이동상의 다른 구성 요소는 물이다. 메탄올 함량을 변경하라. 역상 크로마토그래피에서 메탄올이 강한 이동상 성분인가, 약한 이동상 성분인가? t_M 이전에 피크가 용리되는가?

(b) 이동상의 메탄올 함량을 70%로 조절한다. 마지막 용리 피크의 머무름 시간을 기록한다. 마지막 피크의 머무름 인자는 얼마인가?

(c) 60, 50, 40% 메탄올에서 마지막 피크의 머무름 시간을 기록하고, 각 퍼센트에서 머무름 인자를 계산하시오. 메탄올이 10% 감소할 때마다 머무름 인자가 증가하는 이유는 무엇인가?

(d) 메탄올 % 대 log k(각 %메탄올의 마지막 피크에 대한)를 그리고, 45% 메탄올에서 마지막 피크의 머무름 시간을 예측하시오.

(e) 이동상을 30% 메탄올로 변경하면 몇 개의 피크가 관찰되는가? 일부 피크가 누락된 이유는 무엇인가?

(f) 분리도를 ≥1.5로 유지하면서 분리 시간을 최소화하려면 메탄올 비율을 몇 %로 해야 하는가? 견고함을 위해서는 분리도 2 이상이 바람직하므로, 만약 조건에 작은 변화가 있거나 칼럼의 느린 성능 저하가 있는 경우, 분리도가 적절하게 유지된다. 가장 견고한 방법을 제공하는 메탄올%는 얼마인가?

25-49. 그림 25-9는 다공성 C_{18} 칼럼을 사용한 펩타이드 역상 분리를 보여 준다.

(a) 식 25-5를 사용하여 칼럼의 t_M을 계산하시오. 그림 25-9의 크로마토그램에 계산된 t_M의 특징이 있는가?

(b) 이 기울기 용리에 사용된 체류 부피는 1.00 mL이다. 이때 체류 시간은 얼마인가?

(c) 체류 시간은 이동상의 변화가 칼럼 전면에 도달하기까지 걸리는 시간이다. 기울기의 시작은 언제 검출기에 도달하는가? 현재 크로마토그램에 그 특이점이 있는가?

25-50. HPLC Teaching Assistant를 사용한 기울기 용리. 역상 크로마토그래피 분리를 시뮬레이션하는 스프레드시트가 있다.[8] 문제 25-48에서 사용한 엑셀 파일에서 **기울기 용리** 메뉴를 선택하라. 5개의 피크가 있는 크로마토그램을 볼 수 있도록 이미지 크기를 조절하라.

(a) 초기 조건이 $L_{col} = 150$ mm, $d_{col} = 4.6$ mm, $d_p = 5.0$ μm, 유속 = 1.0 mL/min인지 확인한다. 슬라이드 바를 사용하여 초기 MeOH를 10%, 최종 MeOH를 90%, 기울기 용리 시간을 40분으로 조절한다. 크로마토그램의 첫번째 피크와 마지막 피크 사이의 머무름 시간 차이인 Δt를 결정한다. 이 분리에서 기울기 용리와 등용매 용리 중 어떤 방법으로 수행해야 하는가?

(b) 기울기 용리의 피크는 더 작은 변화의 기울기 용리를 사용하여 분산할 수 있다. **(a)**의 기울기 용리 조건에서 첫 번째 피크의 머무름 시간에서의 메탄올%와, 마지막 피크의 머무름 시간에서 메탄올%는 얼마인가? 이러한 이동상 조건에서 40분 기울기 용리를 시작하고 종료한다. 낮은 변화의 기울기 용리로 첫 번째와 마지막 피크의 머무름 시간을 비교한다. 가장 낮은 분리도는 얼마인가?

(c) 최소 분리도 ≥2를 위해 초기 또는 최종 메탄올%를 미세 조절한다. 첫 번째와 마지막 피크에 대한 머무름 시간은 얼마인가? 최소 분리도는 얼마인가?

(d) 더 가파른 기울기 용리를 사용하여 분리 시간을 단축할 수 있다. 기울기 용리 시간을 10분으로 조절한다. 초기 및 최종 메탄올%를 **(c)**와 동일하게 유지한다. 이때 분리가 적절한가?

25-51. 문헌 검색 문제: 거리에서 구입한 코카인(cocaine)의 순도는 매우 다르다. 레바미솔(levamisole)이 포함된 물질은 일반

적으로 기생충을 죽이는 데 사용된다. A. Brancaccio et al.은 거리 코카인의 순도를 측정하기 위한 다이오드 배열 검출법과 역상 액체 크로마토그래피 방법을 개발하였다(*Analytical Methods* **2013**, *5*, 2584).

(a) **초록**(Abstract)은 논문의 주요 결과의 요약을 제공한다. 연구의 범위와 검출 한계는 어떻게 되는가?

(b) **서론**은 연구의 배경 또는 맥락을 제공한다. 오염된 코카인을 분석할 수 있는 다른 방법은 무엇인가?

(c) **실험**은 사용된 시약 및 기기에 대한 세부 정보를 제공한다. 분석에 어떤 유형의 분석 칼럼이 사용되었는가?

(d) **결과 및 토론**은 자세한 실험 결과 및 결과의 중요성을 설명한다. 이 연구에서 분석 물질은 어떻게 검증되었는가?

(e) 분석법은 어떻게 입증하였는가?

(f) '분석 방법의 견고함'이란 무엇인가?

25-52. 문헌 검색 문제: 사람의 혈청 알부민(HSA: Human serum albumin)은 체외 수정과 같은 절차에서 사용되는 냉동 보존 매체 중 중요한 단백질 성분이다. 사람의 혈청 알부민과 의료 장치에 사용되는 안정제인 *N*-아세틸트립토판의 분석을 위한 고성능 액체 크로마토그래피 방법이 *Analytical Methods* **2011**, *3*, 1296에 F. Eertmans, V. Bogaert와 B. Puype에 의해 보고되었다.

(a) 분석할 수 있는 혈청 알부민의 농도 범위는 어떻게 되는가?

(b) 사람의 혈청 알부민의 분석에 사용할 수 있는 다른 방법은 무엇인가?

(c) 분석에 사용된 칼럼의 종류는 무엇인가?

(d) 기울기 용리는 얼마 동안 진행되었는가? 기울기 용리 과정 중 추가 세척과 평형 단계는 얼마나 걸리는가?

(e) 방법 검증을 위하여 평가하는 파라미터들은 무엇인가?

(f) 300 Å 기공을 가진 입자를 사용하는 이유는 무엇인가?

26 크로마토그래피와 모세관 전기 이동

칩상 실험실

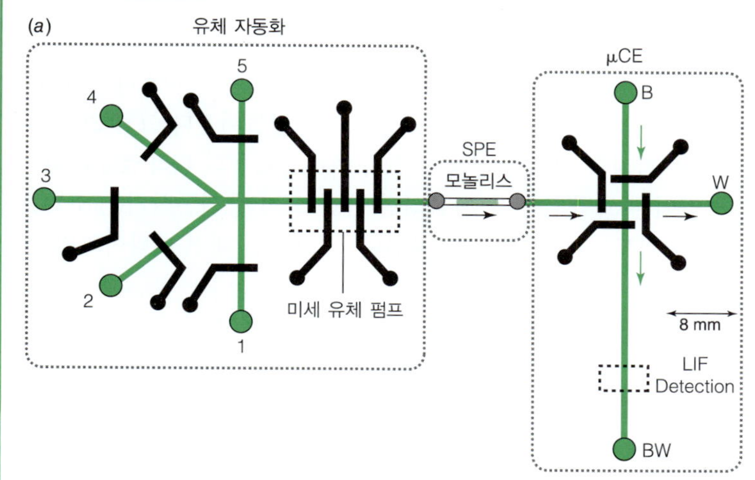

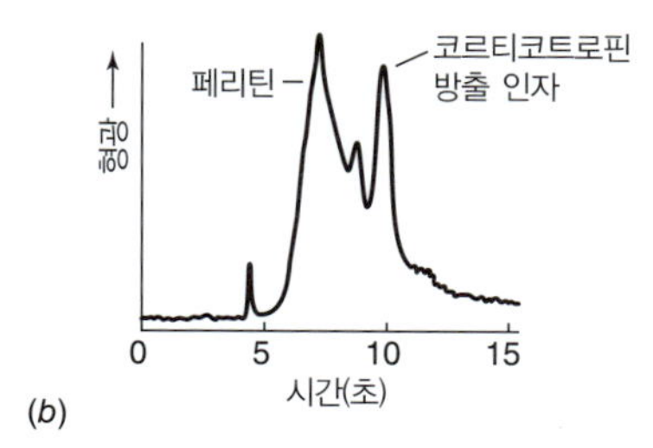

(a) 칩상 실험실 개념도. 검은색 화살표는 액체의 흐르는 방향을, 녹색 화살표는 전기 이동 분리의 방향을 나타낸다. (b) 임부 소변 중의 단백질 조산 지표 분리. B: buffer, W: waste, BW: buffer waste [출처: (*a*) V. Sahore, M. Sonker, A. V. Nielsen, R. Knob, S. Kumar, and A. T. Woolley, "Automated Microfluidic Devices Integrating Solid-Phase Extraction, Fluorescent Labeling, and Microchip Electrophoresis for Preterm Birth Biomarker Analysis," *Anal. Bioanal. Chem.* **2018**, *410*, 933. (*b*) V. Sahore, M. Sonker, A. V. Nielsen, R. Knob, S. Kumar, and A. T. Woolley, "Automated Microfluidic Devices Integrating Solid-Phase Extraction, Fluorescent Labeling, and Microchip Electrophoresis for Preterm Birth Biomarker Analysis," *Anal. Bioanal. Chem.* **2018**, *410*, 933.]

조산은 신생아 질병의 주요 원인이다. 단백질 및 펩타이드 생물 지표를 이용하면 조산을 수 주 전에 미리 예측할 수 있다. 시료를 실험실로 보내는 대신 실험실을 환자에게 가져갈 수 있다면 환자 치료가 어떻게 변할 것인지 상상해 보라. 칩상 실험실(lab-on-a-chip) 기술은 분석의 여러 단계를 통합하고 자동화할 수 있다.

미세 유체 장비의 핵심은 플라스틱 또는 유리 '칩'이다. 그림 *a*의 칩 개념도에는 세 개의 실험실 기기가 대략 우표 크기의 장치에 구성되어 있다. 회색 막대는 공기압에 의해 작동되는 유체 흐름 조절 밸브이다. 미세 유체 펌프에 있는 5개의 밸브는 순서대로 작동하여 유체 펌프 역할을 한다. 왼쪽의 유체 자동화 칩은 미세 밸브를 사용하여 소변 시료, 시약, 용매 등의 다섯 가지 액체를 공급원으로 보낸다. 소변은 C_8 정지상의 고체상 추출 칼럼으로 보내지고, 소변 중의 표적 분석 물질이 칼럼에 농축된다. 추출 칼럼에 결합되어 있는 동안, 분석 물질은 두 번째 액체 유도체화 시약으로 형광을 띠게 된다. 세 번째 및 네 번째 공급원의 용매로 세척하여 과량의 유도체화 시약을 씻어낸다. 마지막으로 분석 물질은 다섯 번째의 더 강한 용매를 사용하여 칼럼에서 용리된다.

형광 분석 물질은 모세관 전기 이동 영역으로 옮겨져서 강한 전기장에서의 속도 차이에 의해 분리된다. 분석 물질은 분리관의 하단에서 형광으로 검출된다(그림 b). 최소한의 시약만을 소비하는 단일 장치에 수많은 작업을 통합할 수 있는 능력은 병원 침대 바로 옆에서 자동화되고 신뢰할 수 있는 분석을 제공하거나, 먼 행성에서 생명의 징후를 검색할 수 있는 가능성을 제공한다.

이 장에서는 이온 교환, 크기별 배제, 친화, 소수성 상호 작용 크로마토그래피와 같이 압력을 이용한 크로마토그래피 방법들에 대해 계속 다룬다. 다음으로는 전기장에 의한 분리법을 소개한다. 전기 이동에서는 **전기 삼투**(electroosmosis) 현상으로 액체가 모세관에서 흐르게 된다. 이것을 이용하면 유리판 또는 플라스틱판을 식각해서 만든 모세관 채널을 통해 유체가 흐르는 소형의 분석 칩을 만들 수 있다. 화학 반응과 화학 분리가 이러한 칩에서 수행된다.

26-1 이온 교환 크로마토그래피[1]

음이온 교환체는 **양전하**를 띤 작용기가 붙어 있다.

양이온 교환체는 **음전하**를 띤 작용기가 붙어 있다.

이온 교환 크로마토그래피(ion-exchange chromatography)에서, 머무름은 용질 이온과 정지상에 결합된 하전된 자리 사이의 인력에 근거한다(그림 23-6). **음이온 교환체(anion exchanger)**에서는 정지상의 양전하 작용기가 **음이온** 용질을 끌어당긴다. **양이온 교환체(cation exchanger)**에서는 음전하의 자리가 **양이온** 용질을 끌어당긴다.

이온 교환체

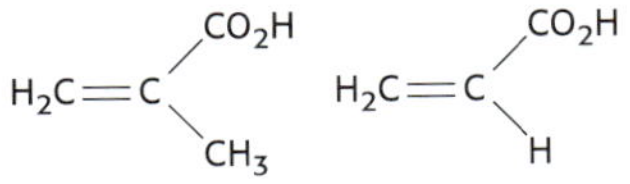

$H_2C{=}C(CO_2H)CH_3$ 메타아크릴산 $H_2C{=}C(CO_2H)H$ 아크릴산

일회용 기저귀의 초강력 흡착제에 들어 있는 폴리아크릴산은 흔히 사용되는 양이온 교환체로 강의실에서도 시연할 수 있다.[2]

강산성 양이온 교환체: RSO_3^-
약산성 양이온 교환체: RCO_2^-
'강염기성' 음이온 교환체: RNR'^+_3
약염기성 음이온 교환체: RNR'_2H^+

수지(resin)는 유기 물질로 된 비결정성 입자들이다. 이온 교환에 사용되는 **폴리스타이렌 수지**(polystyrene resin)는 스타이렌과 다이바이닐벤젠의 공중합으로 만들어진다(그림 26-1). 다이바이닐벤젠의 함량을 1~16%까지 변화시켜 불용성 탄화수소 중합체의 **다리 결합(cross linking)** 정도를 증가시킨다. 양이온 교환 수지를 만들려면 벤젠 고리에 설폰산기($-SO_3^-$)를 붙이고, 음이온 교환 수지에는 암모늄기($-NR_3^+$)를 붙인다. 스타이렌 대신 메타아크릴산(methacrylic acid)을 쓰면 카복실기가 붙은 중합체가 얻어진다.

이온 교환체는 표 26-1에서와 같이 강산성 또는 약산성, 강염기성 또는 약염기성으로 분류된다. 강산성 수지의 설폰산기($-SO_3^-$)는 강한 산성 용액에서도 이온화된 상태로 있다. 약산성 수지의 카복실기($-CO_2^-$)는 약 pH 4 이하에서 양성자화되어 양이온 교환 능력이 사라진다. '강염기성'의 사차 암모늄기($-CH_2NR_3^+$, 실제로는 염기성이 전혀 아님)는 모든 pH 영역에서 양이온으로 존재한다. 약염기성의 삼차 암모늄($-CH_2NHR_2^+$) 음이온 교환체는 중간 정도 이상의 염기성 용액에서 양성자가 이탈되어 음이온과 결합하는 힘이 사라진다. 이미노다이아세트산염 교환체와 같은 킬레이트 수지는 전이 금속 양이온에 대한 선호도가 높고, 알칼리 토금속(2족) 양이온에 대해서도 어느 정도 선호도를 보여 준다. pH 4 이하에서는 킬레이트 성능을 잃는다.

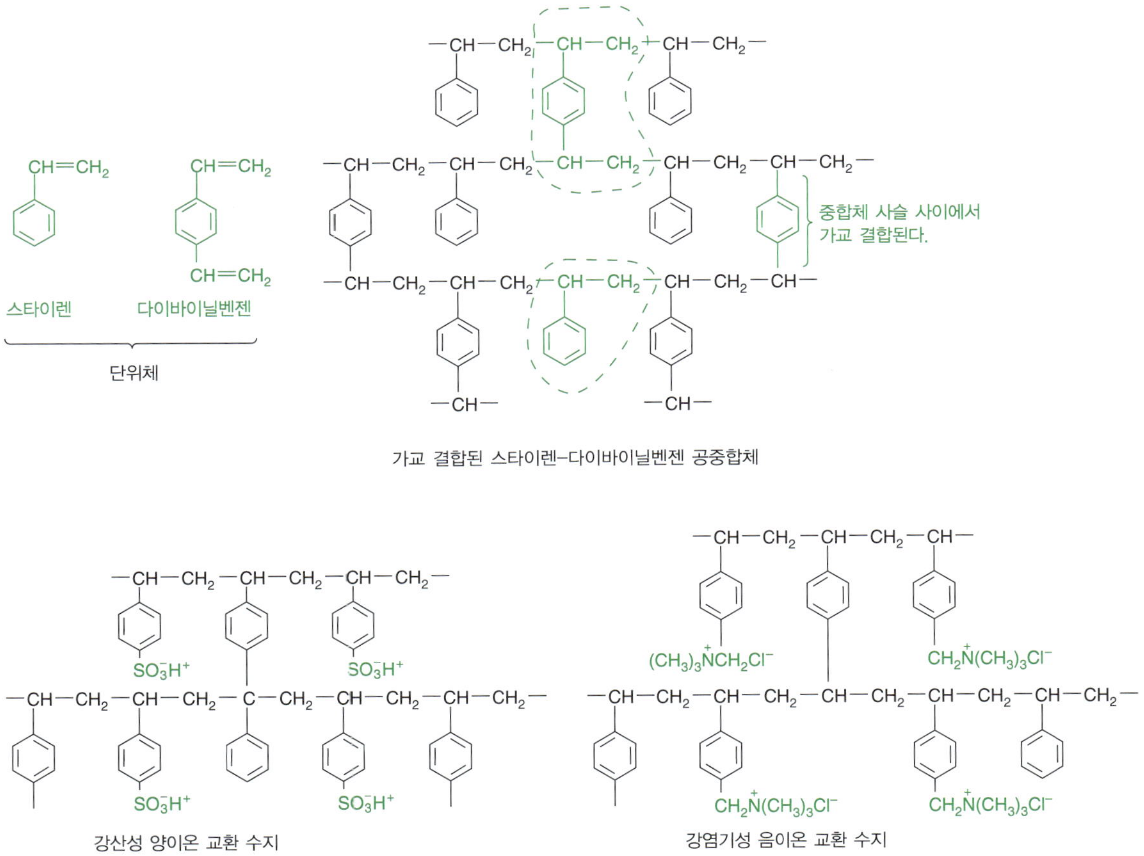

스타이렌 다이바이닐벤젠 단위체

중합체 사슬 사이에서 가교 결합된다.

가교 결합된 스타이렌–다이바이닐벤젠 공중합체

강산성 양이온 교환 수지

강염기성 음이온 교환 수지

그림 26-1 스타이렌-다이바이닐벤젠 가교 결합으로 된 이온 교환 수지들의 구조

표 26-1 이온 교환 수지

형태	구조	예	용량(meq/mL)[a]
양이온 교환체			
강산성	Aryl—$SO_3^-H^+$	Dowex 50W-X4	1.1
		Dowex 50W-X8, Amberlite IR-120	1.7~1.9
		Dowex 50W-X12, Amberlite IR-122	2.1
약산성	R—$CO_2^-Na^+$	Duolite C-433, Bio-Rex 70	2.4~4.5
		Amberlite IRC-86	
음이온 교환체			
강염기성			
1형	Aryl—$CH_2\overset{+}{N}(CH_3)_3\,Cl^-$	Dowex 1-X4	1.0
		Dowex 1-X8, Amberlite IRA-400	1.2~1.4
2형	Aryl—$CH_2\overset{+}{N}(CH_3)_2(CH_2)_2OH\,Cl^-$	Dowex 2-X8, Amberlite IRA-410	1.2~1.4
약염기성	R—$\overset{+}{N}HR_2Cl^-$	Dowex 4-X8, Amberlite IRA-68	1.6
킬레이트			
이미노다이아세테이트	Aryl—$N(CH_2CO_2^-)_2$	Chelex 100®	0.4

a. 1 meq/mL는 젖은 수지 1 mL당 1밀리당량의 이온 교환 자리를 의미한다. 1밀리당량은 수지의 1 mmol 전하이다.

출처: J. A. Dean, ed., *Analytical Chemistry Handbook*, 2nd ed. (New York: McGraw-Hill, 2000).

다리 결합의 정도는 수지 이름 뒤의 기호 '−X*N*'으로 표시된다. 예를 들면 Dowex 1-X4는 다이바이닐벤젠이 4% 포함되고, Bio-Rad AG 50W-X12는 12%의 다이바이닐벤젠을 포함한다. 다리 결합이 증가되면 수지는 더욱 딱딱해지고 다공성이 적어진다. 다리 결합이 약한 수지에서는 입자 안과 밖 사이에서 용질의 평형이 빨리 이루어진다. 그러나 다리 결합이 적은 수지는 물에 의해 잘 팽윤된다. 수화는 이온 교환 자리의 밀도와 수지의 서로 다른 이온들에 대한 선택성을 감소시킨다. 다리 결합이 큰 수지일수록 팽윤성이 감소되고 이온 교환 능력과 선택성은 커지지만, 평형에 도달하는 시간은 길어진다. 폴리스타이렌 이온 교환체의 전하 밀도는 상당히 커서 단백질과 같이 높은 전하를 갖는 거대 분자가 비가역적으로 결합될 수 있다.

분석용 등급(analytical grade) '*AG*' 수지는 유기, 무기 불순물을 제거하기 위해 철저하게 정제된 것들이다.

전형적 폴리스타이렌 수지의 공동은 지름이 ~1 nm인데, **거대 다공성**(**거대 망상**이라고도 함) 수지는 공동이 ~100 nm여서 단백질이 수지 내부에서 자유롭게 움직일 수 있다. 셀룰로스와 덱스트란 및 아가로스 이온 교환체는 설탕 분자의 중합체이며, 폴리스타이렌 수지에 비해 공동 크기가 크고 전하 밀도가 낮다. 이 교환체들은 단백질과 같은 거대 분자의 이온 교환

덱스트란과 그와 비슷한 것들은 폴리스타이렌 **수지**보다 더 연하므로 **젤(gel)**이라고 한다.

표 26-2 이온 교환 젤의 활성기

형태	약자	이름	구조
양이온 교환체			
강산성	SP	설포프로필	—O—$CH_2CHOHCH_2OCH_2CH_2CH_2SO_3^-$
	S	메틸 설폰산염	—O—$CH_2CHOHCH_2OCH_2CHOHCH_2SO_3^-$
약산성	CM	카복시메틸	—O—$CH_2CO_2^-$
음이온 교환체			
강염기성	Q	사차 암모늄	—O—$CH_2\overset{+}{N}(CH_3)_3$
약염기성	DEAE	다이에틸아미노에틸	—O—$CH_2CH_2\overset{+}{N}H(CH_2CH_3)_2$
	ANX	다이에틸아미노프로필	—O—$CH_2CHOHCH_2\overset{+}{N}H(CH_2CH_3)_2$

출처: *Ion Exchange Chromatography: Principles and Methods* (publication no. 11000421, GE Healthcare, 2016).

수지의 상용 명칭은 구조를 의미한다.

- Sephacel과 HyperCel: 다리 결합된 셀룰로스
- Sephadex: 다리 결합된 덱스트란
- Sepharose: 다리 결합된 아가로스

에 적합하다. 다당류의 수산기에 결합되어 전하를 띠게 하는 작용기들이 표 26-2에 수록되어 있다. 예를 들면 DEAE-Sepharose는 다이에틸아미노에틸기를 갖는 다리 결합된 아가로스의 음이온 교환체이다. 다른 거대 다공성 이온 교환체들은 폴리아크릴아마이드나 폴리메타아크릴산염을 기반으로 한다. HPLC용으로는 고압에서 사용할 수 있도록 단단하면서도 단백질과 상호 작용할 수 있도록 적절한 공동 크기와 전하 밀도를 가지는 유기 혹은 무기 이온 교환체를 설계한다.

표 26-3 양이온 교환 수지의 선택 계수

다이바이닐벤젠의 함량	상대적 선택성	
	K_{Na^+,H^+}	K_{Ca^{2+},H^+}
4%	1.3	3.4
8%	1.5	3.9
12%	1.7	4.6
16%	1.9	5.8

출처: F. de Dardel and T. V. Arden, "Ion Exchangers" in *Ullmann's Encyclopedia of Industrial Chemistry*, 7th ed. (New York: Wiley-VCH, 2010)

이온 교환 선택성과 당량

양이온 교환 수지의 교환 자리 R^-를 두고 Na^+와 H^+가 경쟁한다고 하자.

선택 계수: $$R^-H^+ + Na^+ \rightleftharpoons R^-Na^+ + H^+ \qquad K = \frac{[R^-Na^+][H^+]}{[R^-H^+][Na^+]} \tag{26-1}$$

위의 평형 상수를 **선택 계수(selectivity coefficient)**라고 하는데, Na^+와 H^+에 대한 수지의 상대적 선택성을 의미한다. 폴리스타이렌 수지의 선택성은 다리 결합의 정도가 클수록 증가하는데(표 26-3), 수지의 다리 결합이 커질수록 공동 크기가 작아지기 때문이다. Li^+와 같이 **수화 반지름**(hydrated radius)이 큰 이온들(8장 도입부)은 Cs^+와 같이 작은 이온들처럼 수지 속으로 쉽게 접근하지 못한다.

일반적으로 이온 교환 수지는 전하가 클수록, 수화 반지름이 작을수록, 그리고 **편극성**(polarizability)이 큰 이온에 대해서 더 큰 친화성을 보인다. 양이온에 대한 일반적인 선택성의 크기 순위는 다음과 같다.

$$Pu^{4+} \gg La^{3+} > Ce^{3+} > Pr^{3+} > Eu^{3+} > Y^{3+} > Sc^{3+} > Al^{3+} \gg$$
$$Tl^+ > Ba^{2+} > Ag^+ > Pb^{2+} > Sr^{2+} > Ca^{2+} > Ni^{2+} > Cd^{2+} >$$
$$Cu^{2+} > Co^{2+} > Zn^{2+} > Mg^{2+} > UO_2^{2+} \gg$$
$$Cs^+ > Rb^+ > K^+ > NH_4^+ > Na^+ > H^+ > Li^+$$

편극성이란 한 이온의 전자구름이 인접 전하 때문에 변형되는 경향을 의미한다. 전자구름의 변형은 이온의 쌍극자를 유도한다. 유도된 쌍극자와 인접한 전하 사이의 인력은 이온이 수지에 붙는 정도를 증가시킨다.

유기 이온의 소수성은 폴리스타이렌 수지의 선택성에 영향을 미친다. 그림 26-1과 같이 강염기성 이온 교환체에서 1가 음이온의 선택성 순서는 다음과 같다.

$$\text{벤젠 설폰산염} > \text{살리실산염} \gg I^- > \text{페놀산염} > HSO_4^- > ClO_3^- > NO_3^- > Br^- \gg$$
$$CN^- > HSO_3^- > BrO_3^- > NO_2^- > Cl^- > HCO_3^- > IO_3^- > \text{폼산염} >$$
$$\text{아세트산염} > \text{프로피온산염} > F^- > OH^-$$

이온 교환은 본질적으로 평형 과정이다. Na^+가 H^+보다 수지에 더 단단히 붙을지라도 반응 26-1은 양쪽으로 진행될 수 있다. Na^+형의 칼럼을 상당히 과량의 H^+염으로 흘려주면 Na^+가 떨어지고 H^+로 대치되며, 이러한 과정을 **재생**(regeneration)이라고 한다. 비록 Fe^{2+}가 H^+보다 더 강하게 수지에 붙지만, Fe^{2+}는 과량의 산으로 세척함으로써 칼럼으로부터 제거된다. H^+형의 칼럼을 Na^+로 세척하면 Na^+형으로 바뀐다.

한 종류의 이온으로 완전히 채워진 이온 교환체는 일반적으로 적은 양의 다른 이온을 거의 정량적으로 부착시킨다. H^+의 선택성이 더 크지만, H^+로 포화된 수지는 작은 양의 Li^+와 거의 정량적으로 결합한다. Li^+가 결합하면 **같은 당량의** 전하가 H^+의 형태로 떨어져 나온다. 이 칼럼에 많은 양의 Ni^{2+} 혹은 Fe^{2+}를 강하게 부착시킬 수 있는데, 이것은 수지가 H^+보다 이 이온들에 대한 선택성이 더 크기 때문이다. +2가 이온 한 개가 결합하면 2개의 H^+가 떨어져 나온다. 교환된 전하의 양은 **당량(equivalent: eq)**으로 표시하는데, 이는 양이온 1 mol과 교환되는 H^+와 같은 1가 이온의 양이다.

1850년대에 J. Thomas Way가 '토양의 비료 흡수 능력'에 대해 연구하면서 이온 교환의 기본적 성질에 대해 많은 것을 발견하였다.[3]

당량: $$nR^-H^+ + M^{n+} \rightarrow (R^-)_nM^{n+} + nH^+ \qquad eq = n \times (M^{n+}\text{의 mol수}) \tag{26-2}$$

1 mol의 Ni^{2+}는 2 mol의 H^-와 교환되므로, Ni^{2+} 1 mol은 2당량이다. 음이온 교환 당량도 마찬가지로 계산한다. 1 mol의 SO_4^{2-}는 2 mol의 Cl^-와 교환되므로, SO_4^{2-} 1 mol은 2당량이다.

이온 교환 용량(**ion-exchange capacity**)은 교환 과정에 참여하는 수지의 이온성 자리의 수이다. 용량은 마른 수지의 경우에는 g당 밀리당량으로, 젖은 수지의 경우에는 mL당 밀리당량으로 나타낸다. 전형적인 스타이렌-다이바이닐벤젠 수지의 경우, 젖은 수지 1 mL당 1~5 밀리당량의 용량을 가진다. 이온 크로마토그래피(26-2절)에 사용되는 입자는 보다 작은 용량을 가진다. 약산성이나 약염기성 이온 교환체의 용량은 pH에 따라 크게 좌우된다.

예제 **양이온 교환 칼럼의 당량**

H^+형의 양이온 교환 칼럼에 20 mM의 Na^+ 100 mL가 정량적으로 부착되면 H^+가 얼마나 떨어져 나오는가? 5.0 mM의 Fe^{3+} 40 mL가 칼럼에 부착되는 경우는?

풀이 Na^+ 한 개가 부착되면 H^+ 한 개가 떨어져 나온다. 1 mol의 H^+는 1당량의 전하를 가진다. 따라서

$$\begin{aligned}\text{당량} &= n \times (M^{n+}\text{의 mol수}) \\ &= 1\ \text{eq/mol} \times 0.100\ \text{L} \times 0.020\ \text{mol/L} \\ &= 0.002\,0\ \text{eq} = 2.0\ \text{meq}\end{aligned}$$

5.0 mM의 Fe^{3+} 40 mL가 칼럼에 부착되면

$$\begin{aligned}\text{당량} &= n \times (M^{n+}\text{의 mol수}) \\ &= 3\ \text{eq/mol} \times 0.040\ \text{L} \times 0.005\,0\ \text{mol/L} \\ &= 6.0 \times 10^{-4}\ \text{eq} = 0.60\ \text{meq}\end{aligned}$$

자습 26.3 mM의 Ni^{2+} 100 mL가 H^+형의 양이온 교환 칼럼에 부착되면, 몇 밀리당량의 H^+가 떨어져 나오는가? (**답:** 5.26 meq)

Donnan 배제

강산성(RSO_3^-) 양이온 교환 수지의 경우, 양이온(M^{n+})은 수지의 공동에 자유롭게 들어가서 R^- 자리에서 이온 교환이 일어난다. 중성 분석 물질도 이온 교환 자리와 상호 작용은 하지 않지만, 이온 교환 수지의 공동에 자유롭게 들어간다. 그러나 Cl^-와 같이 수지와 같은 전하의 이온은 R^- 자리와의 정전기적 반발력에 의해 수지의 공동에서 배제된다. 이를 **Donnan 배제**(**Donnan exclusion**)라고 한다.

수지 내의 높은 농도의 음전하는 수지로부터 음이온들을 배척한다.

Donnan 배제는 **이온 배제 크로마토그래피**(ion-exclusion chromatography)의 기본 원리이다.[4] Na^+Cl^-와 설탕의 용액을 고정된 R^- 자리와 이동성의 Na^+ 반대 이온을 가진 양이온 교환 칼럼에 통과시키면, 설탕은 수지의 공동 안으로 들어갈 수 있지만 Cl^-는 들어갈 수 없으므로, Na^+Cl^-가 설탕보다 먼저 칼럼으로부터 나온다. 약산(HA)과 같이 부분적으로 이온화되는 시료는 주어진 pH에서 탈양성자화된 A^-의 분율이 시료의 pK_a 값에 따라 달라지는 것을 이용하여 분리한다.

이온 교환 크로마토그래피의 수행

이온 교환 **수지**들은 수지 내 작은 공동으로 침투할 수 있는 작은 분자(FM ≤ 500)를 분리하는 데 사용된다. 100/200 정도의 메시(mesh) 크기(표 28-2)가 대부분의 용도에 적합하다. 메시 번호가 클수록(더 작은 입자 크기) 더 정밀하게 분리할 수 있으나 칼럼 조작은 느려진다. 대용량 분리에서 시료는 칼럼 부피의 10~20%를 차지할 수 있다. 이온 교환 **젤**(**gel**)은 수지의 공동 속으로 들어갈 수 없는 큰 분자(단백질이나 핵산과 같은)를 분리하는 데 사용된다. 다루기 힘든 화학 조건(높은 온도, 높은 방사 수준, 강한 염기성 용액, 강한 산화제)에서의 분리는 Zr, Ti, Sn 및 W의 수화성 산화물과 같은 **무기 이온 교환체**(inorganic ion exchanger)를 사용한다.

세 가지 종류의 이온 교환체
1. 수지
2. 젤
3. 무기 이온 교환체

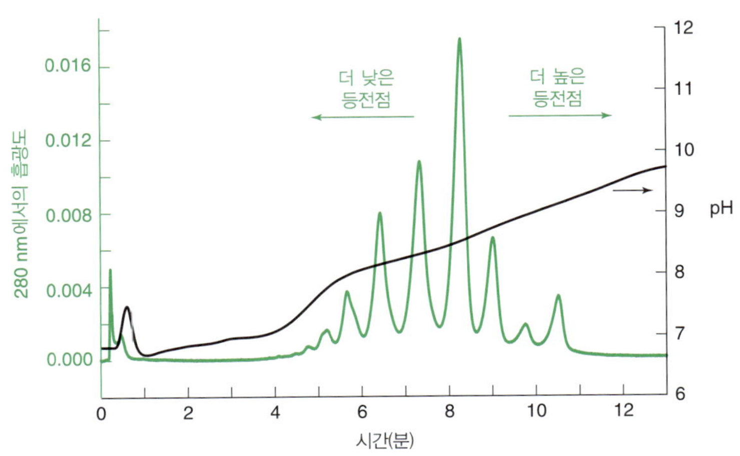

그림 26-2 카복실산 또는 아민 작용기의 손실 또는 단백질의 전개로 인한 단일 클론 항체 약물 세툭시맙 전하 변이체의 pH 기울기 양이온 교환 분리. 50 × 2.1 mm 칼럼은 지름 5 μm의 비다공성 에틸바이닐벤젠-다이바이닐벤젠 공중합체 입자를 포함하며 설폰산 양이온 교환 자리가 있다. 입자의 친수성 코팅은 항체와 소수성 중합체 사이의 비특이적 상호 작용을 최소화한다. [출처: F. Füssl, K. Cook, K. Scheffler, A. Farrell, S. Mittermayr, and J. Bones, "Charge Variant Analysis of Monoclonal Antibodies Using Direct Coupled pH Gradient Cation Exchange Chromatography to High-Resolution Native Mass Spectrometry," *Anal. Chem.* **2018**, *90*, 4669.]

이온 세기나 pH 기울기는 액체 크로마토그래피의 용매 기울기나 기체 크로마토그래피의 온도 기울기와 비슷하다.

이온 세기를 증가시키거나 pH를 변화시키는 **기울기 용리(gradient elution)**는 이온 교환 크로마토그래피에서 흔히 쓰인다. 양이온 A^+가 B^+보다 칼럼에 더 강하게 붙는 경우를 생각해 보자. A^+나 B^+보다 더 약하게 결합하는 C^+로 용리시킴으로써 A^+를 B^+로부터 분리해 낼 수 있다. C^+의 농도를 증가시켜 주면, B^+는 결국 밀려나서 칼럼 아래로 내려온다. C^+의 농도를 더욱 높여주면 양이온 A^+도 용리된다.

단일 클론 항체: 하나의 개체에서 유래한 동일한 면역 세포에 의해 생산된 항체 분자. 단일 클론 항체는 표적 항원 분자의 단일 특정 부분에 결합한다.

등전점: 단백질의 알짜 전하가 0이 되는 pH

치료용 단일 클론 항체의 경우, 효소 또는 화학적 변형으로 인한 전하 변화는 약물의 효능에 영향을 주므로 면밀히 관찰해야 한다. 그림 26-2는 결장/직장암과 폐암 치료제로 사용되는 **단일 클론 항체** 세툭시맙(cetuximab)의 여러 전하 변이체를 양이온 교환 분리 결과를 보여 준다. 종래의 염 농도 기울기를 사용하여 분리하면 질량 분석에 적합하지 않으므로 휘발성 완충 용액의 pH 기울기를 이용하였다. 칼럼의 설폰산 양이온 교환체의 용량이 낮으므로 묽은 완충 용액을 사용할 수 있었다. 초기 용리액 pH는 모든 전하 변이체의 등전점보다 낮아서 모든 변이체가 양전하를 띠어 칼럼에 붙어 있다. 용리액 pH가 상승하면 단백질이 점차적으로 탈양성자화되어 양전하와 잔류량이 줄어든다. 등전점이 낮은 산성 변이체가 먼저 용리되고, 등전점이 높은 염기성 변이체가 더 높은 pH에서 용리된다.

이온 교환의 응용

이온 교환은 한 종류의 염을 다른 염으로 바꾸는 데 사용될 수 있다. 예를 들면 수산화 테트라프로필암모늄은 다른 음이온의 테트라프로필암모늄염으로부터 만들 수 있다.

$$\underset{\text{아이오딘화 테트라프로필암모늄}}{(CH_3CH_2CH_2)_4N^+I^-} \xrightarrow[\text{OH}^-\text{형}]{\text{음이온 교환체}} \underset{\text{수산화 테트라프로필암모늄}}{(CH_3CH_2CH_2)_4N^+OH^-}$$

사전 농축: 분석 전에 시료 중의 흔적량 성분을 농축하는 과정

이온 교환은 용액 중 흔적량의 성분을 분석하기에 충분한 양이 되도록 **사전 농축(preconcentration)**시키는 데 사용된다. 해양학에서 계속 진행되고 있는 연구는 Na^+, Ca^{2+}, Mg^{2+}가 엄청난 과량으로 들어 있는 바닷물에서 Al, Mn, Fe, Cu, Cd를 ppt(parts per trillion) 수준으로 측정하는 것이다. 흔적량의 원소들은 그림 26-3의 킬레이트-PA1 이온 교환 수지를 통과시켜서 알칼리 금속(1족)과 알칼리 토금속(2족)으로부터 분리하고 농축한다. 수지에 결합되어 있는 에틸렌다이아민트라이아세트산기는 pH 6 이상에서 전이 금속 이온과 정량적으

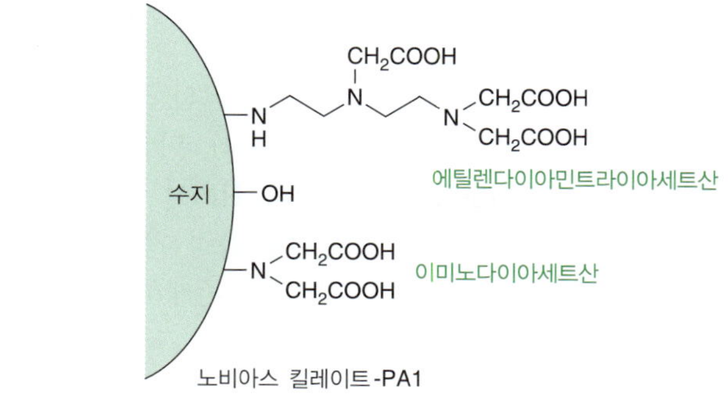

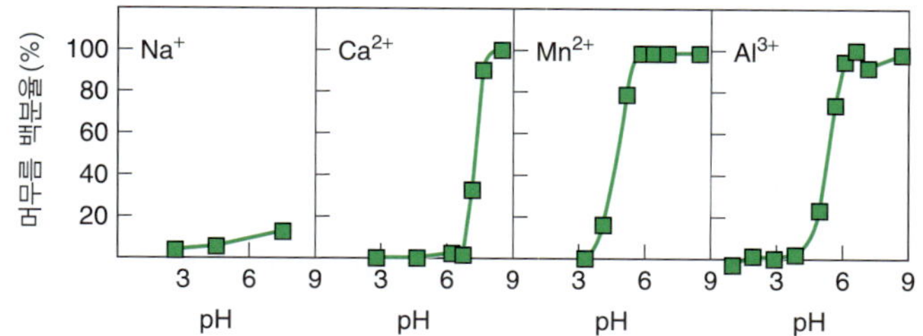

그림 26-3 에틸렌다이아민트라이아세트산기와 이미노다이아세트산기가 공유 결합되어 있는 친수성 메타아크릴산 중합체 노비아스 킬레이트-PA1 수지를 이용한 바닷물의 흔적량 금속 사전 농축. 그래프는 pH에 따라 수지에 머무르는 금속 이온의 분율을 보여 준다. pH 6에서 Mn^{2+}와 Al^{3+}는 강하게 잡혀 있고 Na^+와 Ca^{2+}는 약하게 잡혀 있다. [출처: Y. Sohrin, S. Urushihara, S. Nakatsuka, T. Kono, E. Higo, T. Minami, K. Norisuye, and S. Umetani, "Multielemental Determination of GEOTRACES Key Trace Metals in Seawater by ICPMS after Preconcentration Using an Ethylenediaminetriacetic Acid Chelating Resin," *Anal. Chem.* **2008**, *80*, 6267.]

로 결합한다. 알칼리 원소와 알칼리 토금속 원소는 pH 6에서 약하게 결합된다. 0.5 g의 수지에 125 g의 바닷물(아세트산 암모늄 완충 용액으로 pH 6으로 조정)을 흘려보내고, 40 mL의 pH 6 완충 용액으로 약하게 붙어 있는 금속들을 씻어 낸다. 그 후 1 M HNO_3 15 mL를 역방향으로 흘려서 강하게 붙어 있는 금속들을 정량적으로 용리시킨다. 흔적량의 금속들은 125 g의 바닷물에서 ~15 g의 용리액으로 8배 농축되고 알칼리와 알칼리 금속들의 >99.9%가 제거된다. 용리액은 유도 결합 플라스마-질량 분석법으로 분석한다.

이온 교환은 물을 정제하는 데 사용된다. **탈이온수(deionized water)**는 물을 H^+형의 양이온 교환 수지와 OH^-형의 음이온 교환 수지에 통과시켜서 만든다. 예를 들어 용액 속에 $Cu(NO_3)_2$가 존재한다고 하자. 양이온 교환 수지는 Cu^{2+}를 붙잡고 대신 $2H^+$로 치환시켜 준다. 음이온 교환 수지는 NO_3^-를 붙잡고 대신 OH^-로 치환시켜 준다. 용리액은 순수한 물이 된다.

단물화 장치는 '센' 물로부터 Ca^{2+}, Mg^{2+}을 제거하기 위하여 이온 교환을 사용한다(보충 12-2).

$$\left.\begin{array}{l} Cu^{2+} \xrightarrow{H^+\ \text{이온 교환체}} 2H^+ \\ 2NO_3^- \xrightarrow{OH^-\ \text{이온 교환체}} 2OH^- \end{array}\right\} \longrightarrow \text{순수한 } H_2O$$

구약 성경(출애굽기 15:25)에서 모세는 쓴 물을 마실 수 있게 하기 위해 썩은 나무를 사용하였다. 카복실 셀룰로스는 물에서 쓴맛의 양이온을 제거할 수 있는 효과적인 양이온 교환체이다.

일부 실험실 건물에서는 수돗물을 먼저 활성 탄소를 통하여 유기물을 흡착시키고, 그다음 **역삼투**(reverse osmosis)로 정제한다. 역삼투 과정에서는 H_2O보다 큰 분자들이 거의 통과할 수 없는 공동을 가진 막을 압력으로 밀어서 물을 통과시킨다. 이온들은 이 공동을 통과하지 못한다. 왜냐하면 이들의 수화 반지름(hydrated radius)이 공동 크기보다 크기 때문이다. 역삼투는 95~99%의 이온과 유기 분자, 박테리아 및 물속의 입자들을 제거한다.

많은 실험실에서 사용하는 '물 정제(water polishing)' 장치는 역삼투 후의 물을 더 정제한다. 물이 활성탄을 통과하고 몇 개의 이온 교환 카트리지를 통과하면 이온들은 H^+와 OH^-로 치환된다. 결과적으로 고순도의 물을 얻게 되어 180 000 ohm · m(18 Mohm · cm)의 비저항(15장, 참고 문헌 41)을 가지며, 각 이온의 농도는 1 ng/mL(1 ppb) 이하가 된다.[5]

초순수는 즉시 사용해야 한다. 저장 용기에 의한 오염과 대기 중 CO_2와의 평형으로 비저항이 약 1 Mohm · cm로 나빠진다.

제약 산업에서 이온 교환 수지는 약물 안정화 혹은 정제(tablet) 분해의 보조제로 사용된다. 또한 이온 교환체는 미각 차폐(taste masking), 지속적 배출 제품(sustained release product), 피부용 국소 제품(topical product), 그리고 눈이나 코를 통한 전달(ophthalmic or nasal delivery) 등에도 사용된다.[6]

26-2 이온 크로마토그래피[7]

표 26-4 미국 환경보호국의 식수 중 음이온 허용 한계

이온	최대 오염 한계 (mg/L = ppm)
F^-	4
ClO_2^-	1
CN^-(결합하지 않은)	0.2
BrO_3^-	0.01
Cl^-	비규제
NO_2^-(N으로 계량)	1
Br^-	비규제
NO_3^-(N으로 계량)	10
ClO_3^-	비규제
할로아세트산	0.06
비소	0.01
인산염	비규제
크로뮴(총량)	0.1
셀레늄	0.05
SO_4^{2-}	비규제

출처: C. Pohl, in S. Ahuja, ed., *Chemistry and Water: The Science Behind Sustaining the World's Most Crucial Resource* (Amsterdam: Elsevier, 2017), Chap. 10.

이온 크로마토그래피(ion chromatography)는 이온 교환 크로마토그래피의 고성능 버전으로, 일반적으로 음이온 분석에 이용된다(표 26-4). 미국 환경보호국의 분석법 300.1 part A는 식수에서 F^-, Cl^-, Br^-, NO_2^-, NO_3^-, HPO_4^{2-}를, 분석법 300.1 B는 BrO_3^-, Br^-, ClO_2^- 및 ClO_3^-를 이온 크로마토그래피로 측정하는 방법이다. 이온 크로마토그래피는 반도체 산업에서 사용되는 탈이온수 내에 존재하는 0.1 ppb 수준의 음이온과 양이온을 조사하는 데 사용된다.

억압 이온 음이온 및 양이온 크로마토그래피

이온 크로마토그래피 장비는 폴리에터 에터 케톤(PEEK: polyether ether ketone)과 같은 기계적으로 강하고 화학적으로 내구성 있는 플라스틱으로 만든다. 이는 OH^-, H^+ 같은 용리액이 일반적인 HPLC 기기에 사용되는 스테인리스 강으로 만든 구성 요소를 부식시키기 때문이다. 칼럼은 가수 분해에 대해 안정하여 극한의 pH를 견디는 고분자 재료를 기반으로 한다. 이온에 민감하고 보편적인 전도도 검출법이 사용된다.

억압 이온 음이온 크로마토그래피(suppressed-ion anion chromatography, 그림 26-4a)에서는 **음이온** 혼합물이 이온 교환으로 분리되고, 전기 전도도로 검출된다. 억압 이온 크로마토그래피에서의 중요한 특징은 전도도 측정에 앞서 원하지 않는 전해질을 제거하는 것이다.

예를 들면 $Na^+NO_3^-$와 $Ca^{2+}SO_4^{2-}$가 포함된 시료를 수산화 이온형의 음이온 교환 칼럼인 **분리 칼럼**(separator column)에 주입하여 K^+OH^-로 용리하는 것을 생각해 보자. NO_3^-와 SO_4^{2-}는 수지와 평형을 이루고, OH^- 용리액에 의하여 서서히 치환된다. Na^+와 Ca^{2+} 양이온은 머물지 않고 그대로 씻겨 나온다. 시간이 지나면 $K^+NO_3^-$와 $2K^+SO_4^{2-}$가 그림 26-4a의 위 그래프와 같이 분리 칼럼에서 용리된다. 이 화학종들은 쉽게 검출될 수 없는데, 이것은 용매인 K^+OH^-의 농도가 진해서 전도도가 높아 분석 화학종에 의한 전도도 변화를 가리기 때문이다.

이 문제를 해결하기 위해, 용액을 **억압기**(suppressor)에 통과시켜서 양이온을 H^+로 치환한다. 이 예에서는 억압기의 양이온 교환막을 통과할 때 H^+가 K^+와 교환된다. H^+는 농도가 높은 막 외부에서 농도가 낮은 막 내부로 확산된다. K^+는 농도가 높은 내부에서 농도가 낮은 외부로 확산된다. K^+는 막 밖으로 빼내서 바깥쪽은 항상 농도가 낮게 한다. 결과적으로 높은 전도도의 K^+OH^- 용리액이 낮은 전도도의 H_2O로 바뀐다. 분석 물질이 존재할 때는 높은 전도도를 가지는 $H^+NO_3^-$ 또는 $(H^+)_2SO_4^{2-}$가 생겨서 검출이 된다.

분리 칼럼은 분석 물질을 분리하고, 억압기는 이온성 용리액을 비이온성 화학종으로 바꾸어 준다.

억압 이온 양이온 크로마토그래피(suppressed-ion cation chromatography)도 비슷한 방법으로 용리액의 Cl^-가 억압기의 음이온 교환막을 통과하면서 OH^-로 바뀌게 한다. 그림 26-4b는 $Na^+NO_3^-$와 $Ca^{2+}SO_4^{2-}$의 분리를 보여 준다. H^+Cl^-를 용리액으로 사용하여, Na^+Cl^-와 $Ca^{2+}(Cl^-)_2$가 양이온 교환 분리 칼럼에서 분리되고, 억압기에서 Na^+OH^-와 $Ca^{2+}(OH^-)_2$가 나온다. H^+Cl^- 용리액은 억압기에서 H_2O로 변환된다.

그림 26-5는 남극의 얼음 코어에 들어 있는 흔적량의 음이온과 양이온 분석을 보여 준다. 음이온 분리는 OH^-로, 양이온 분리는 H^+ 용리액을 사용하였다. 억압기를 통과하면 두 용리액은 낮은 전도도의 H_2O로 변환된다. 크로마토그램의 음의 **물꺼짐**(water dip)은 머물지 않는 물이 각 칼럼을 통과하는 시간(t_M)을 나타낸다. 낮은 ppb 수준의 분석을 위해서는 초순수를 사용하여 조심스럽게 실험을 진행해야 한다.

흔적량 음이온 분석의 예: 하나의 지문은 80~520 ng의 Cl^-와 다음의 화학종을 함유한다.[8]

750~2 800 ng 젖산염	30~150 ng 인산염
30~440 ng 옥살산염	70~220 ng 질산염
60~100 ng 황산염	50~60 ng 아질산염

H^+나 OH^-와 같은 1가 용리액을 사용하는 경우, 이온 크로마토그래피의 머무름은 다음의 식으로 주어진다.

$$\log k = \text{상수} - n \log[E^{+/-}] \tag{26-3}$$

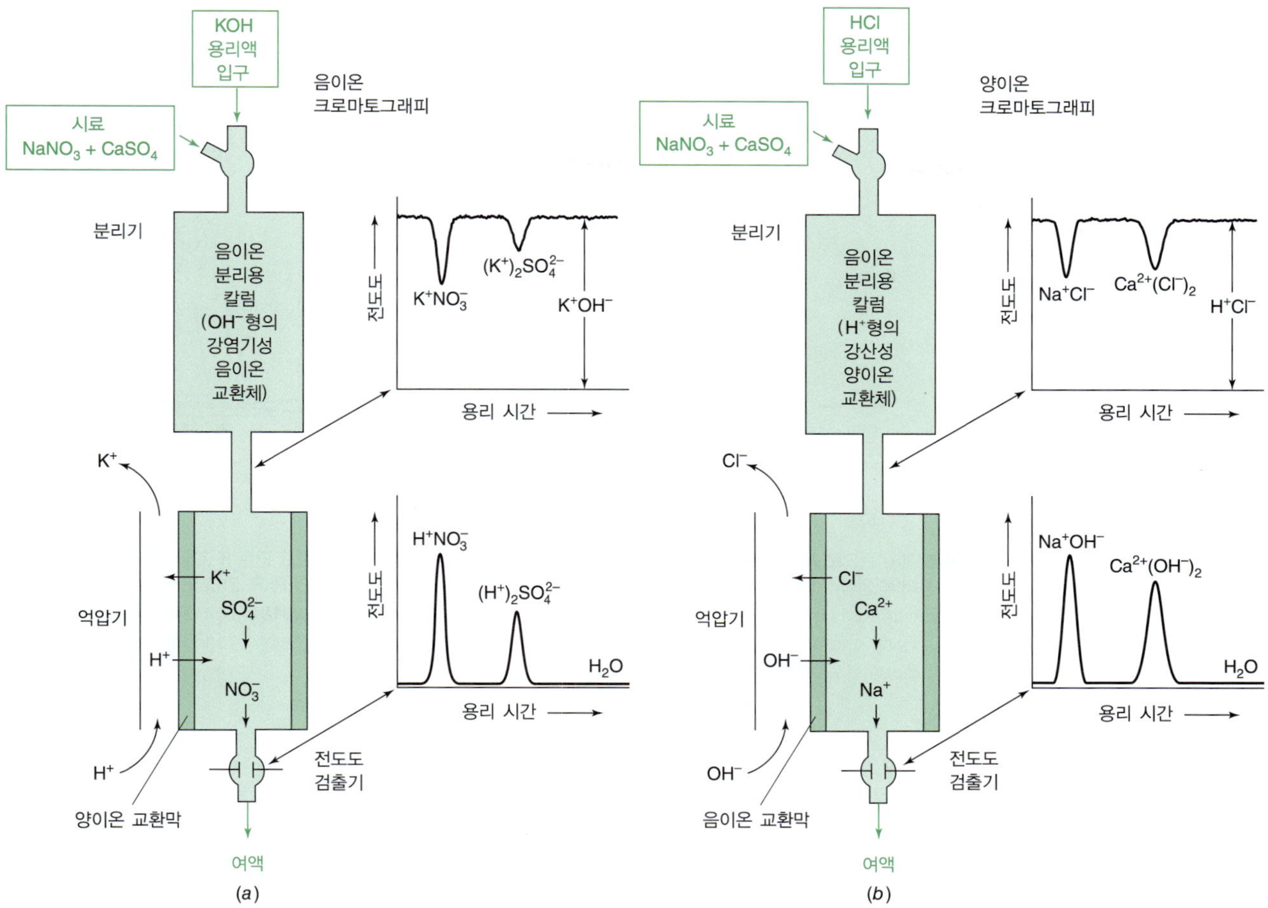

그림 26-4 (*a*) 억압 이온 음이온 크로마토그래피와 (*b*) 억압 이온 양이온 크로마토그래피를 설명하는 그림

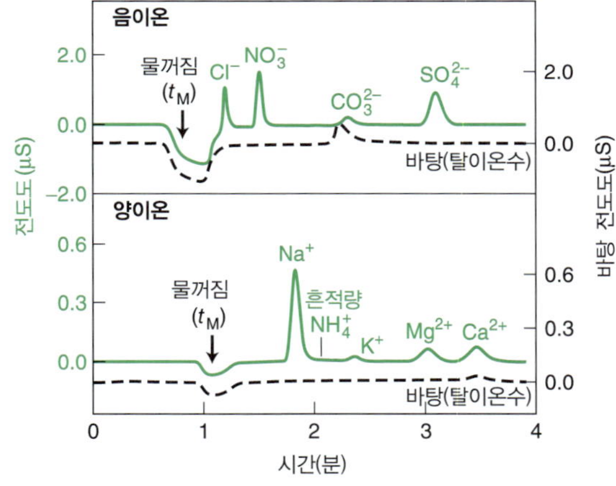

그림 26-5 남극 얼음 코어 시료에 들어 있는 흔적량 음이온과 양이온의 이온 크로마토그래피. 얼음 코어를 실험실로 옮기는 과정에서 시료와 바탕이 오염된다. 이온 크로마토그래피를 해빙기와 직접 연결하여 코어의 조작을 줄여서 낮은 ppb의 이온 농도를 측정할 수 있었다. 음이온 분석: IonPac AS11 칼럼, 8.0 mM NaOH 용리액, 이온 억압. 양이온 분석: IonPac CS12A 칼럼, 11 mM H_2SO_4 용리액, 이온 억압 [출처: J. H. Cole-Dai, D. M. Budner, and D. G. Ferris, "High Speed, High Resolution, and Continuous Chemical Analysis of Ice Cores Using a Melter and Ion Chromatography," *Environ. Sci. Technol.* **2006**, *40*, 6764. Undergraduates S. Klein and C. Duval contributed to the laboratory testing of the apparatus.]

여기서 상수는 칼럼 용량과 이온 교환 선택성에 관계되는 값이며, n은 분석 이온 전하의 크기이고, E는 용리 이온이다. 이온 크로마토그래피의 선택성은 이온 교환 자리의 성질과 지지체의 다리 결합 정도에 따라 결정된다.[9] 쉽게 구할 수 있는 소프트웨어를 이용하여 이온 크로마토그래피의 분리를 모사하고 최적화할 수 있다.[10]

수산화 이온 용액은 대기 중의 CO_2를 흡수하여 CO_3^{2-}를 형성한다(11-7절). 그림 26-6a는 새로 만들어진 K^+OH^-도 Cl^-나 SO_4^{2-}와 같은 이온성 불순물과 상당량의 CO_3^{2-}를 이미 함유하는 것을 보여 준다. 이러한 오염물은 등용매 용리에서는 바탕선 잡음을, 기울기 용리에서는 급하게 상승하는 바탕선을 야기한다. 자동화된 이온 크로마토그래피 장비에서는 물을 전

이 책의 전반부에서 공부한 산-염기 화학은 기기를 사용할 때도 여전히 중요하다.

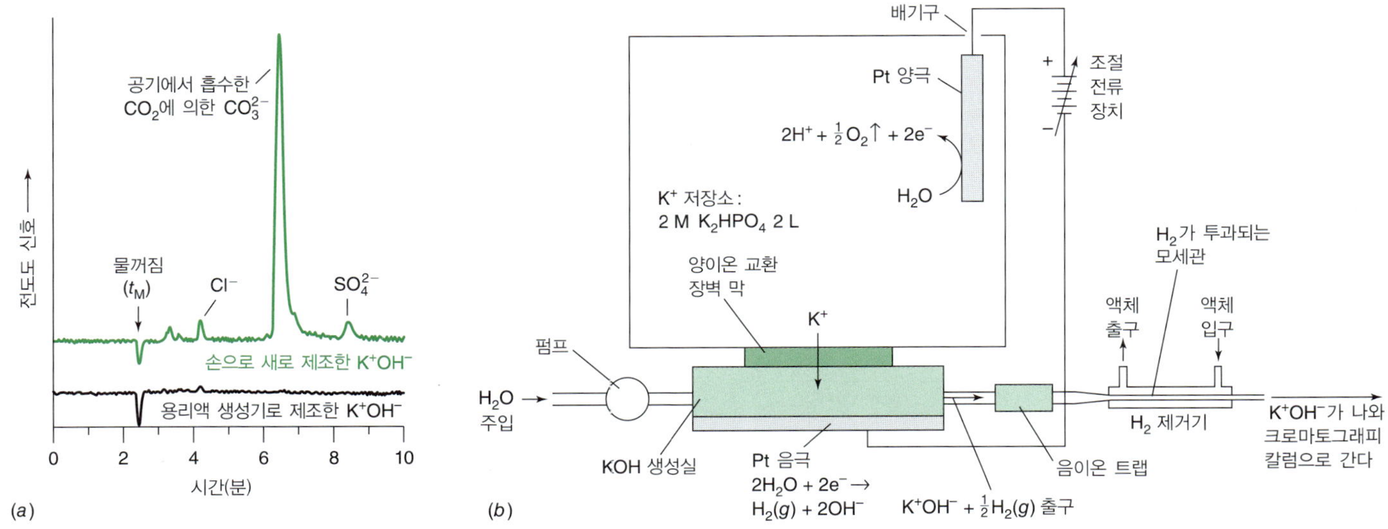

그림 26-6 (*a*) 손으로 제조한 K^+OH^-와 이온크로마토그래피용 전기 분해 용리액 생성기로 만든 K^+OH^-의 이온 불순물. (*b*) K^+OH^- 용리액 생성기 [출처: Y. F. Lu, L. T. Zhou, B. C. Yang, S. J. Huang, and F. F. Zhang, "Online Gas-Free Electrodialytic KOH Eluent Generator for Ion Chromatography," *Anal. Chem.* **2018**, *90*, 12840; Y. Liu, K. Srinivasan, C. Pohl, and N. Avdalovic, "Recent Developments in Electrolytic Devices for Ion Chromatography," *J. Biochem. Biophys. Methods* **2004**, *60*, 205.]

손으로 제조한 HCO_3^-/CO_3^{2-} 혼합물은 음이온 크로마토그래피에서 흔히 사용하는 용리액이다. 억압하면 중성의 탄산이 된다.

$$HCO_3^- \text{ 또는 } CO_3^{2-} \xrightarrow{H^+} H_2CO_3$$

기 분해하여 H^+와 OH^- 용리액(eluent)을 만든다. 그림 26-6b는 시약을 새로 공급하지 않고도 1 000시간 이상 등용매 혹은 기울기 용리가 가능하도록 K^+OH^-를 만드는 장치를 보여 준다. K_2HPO_4 수용액 용기 안의 물은 금속 양극(anode)에서 분해되어 H^+와 $O_2(g)$를 생성한다. H^+는 HPO_4^{2-}와 반응하여 $H_2PO_4^-$를 형성한다. 생성된 H^+ 한 개당 K^+ 한 개가 양이온 교환 장벽 막(cation-exchange barrier membrane)을 통해 이동하는데, 이 막은 K^+는 운반하지만 음이온은 운반하지 않으며, 통과되는 액체의 양은 무시할 수 있는 정도이다. 장벽 막은 크로마토그래피 칼럼으로 향하는 K^+OH^- 생성실 안 액체의 높은 압력에 견딜 수 있어야 한다. 양극에서 생성된 H^+ 한 개당 K^+ 한 개가 양이온 교환 장벽 막을 통과하여 흐르고, OH^- 한 개가 음극(cathode)에서 생성된다. K^+OH^- 생성실에서 나오는 액체는 K^+OH^-와 $H_2(g)$를 함유한다. 이 액체는 소량의 탄산염이나 이온 교환 수지의 퇴화 생성물 같은 음이온을 제거해 주는 음이온 트랩을 통과한다. 그림에는 보이지 않지만, 이 트랩은 전기 분해에 의해 생성되는 OH^- 이온으로 계속 채워진다. 트랩을 통과한 액체는 $H_2(g)$가 투과할 수 있는 고분자 모세관을 통하여 흐른다. $H_2(g)$는 외부의 흐르는 액체로 확산되어 제거된다. 그림 26-6의 장치에 의해 생성되는 K^+OH^-의 농도는 액체의 유속과 전류에 의해 결정된다. 컴퓨터를 이용하여 전원을 제어함으로써 정밀한 기울기를 만들 수 있다. 그림 26-7은 수산화 이온의 기울기 용리를 이용하여 44가지 음이온을 분리한 것을 보여 준다.

그림 26-4의 억압기는 용리물을 중화시키는 데 필요한 H^+와 OH^- 이온을 생성하는 그림 26-8의 전해 장치로 구성되는데, 이 장치의 공급 원료로는 물만 필요하다. 전해에 의한 용리액 생산 및 전해에 의한 억압을 이용함으로써 이온 크로마토그래피는 단순화되었으며, 고도로 자동화되었다. 이온 크로마토그래피의 검출 한계는 낮은 ppb 수준인데, 전력이나 반도체 산업에서는 온라인 이온 크로마토그래피로 사전 농축하여 초순수에서 ppt 수준까지도 검출한다.[11] 교정 곡선은 일반적으로 선형이지만, 분석 물질의 농도가 매우 낮거나 HCO_3^-/CO_3^{2-} 용리액을 사용할 경우 비선형이 되기도 한다.[12] 측정 불확정도는 일반적으로 1%보다 크지만, 0.2%까지 낮출 수도 있다.[13]

억압 없는 이온 크로마토그래피

만일 분리 칼럼의 이온 교환 용량이 충분히 작고 묽은 용리액을 사용할 때는 이온 억압이 필

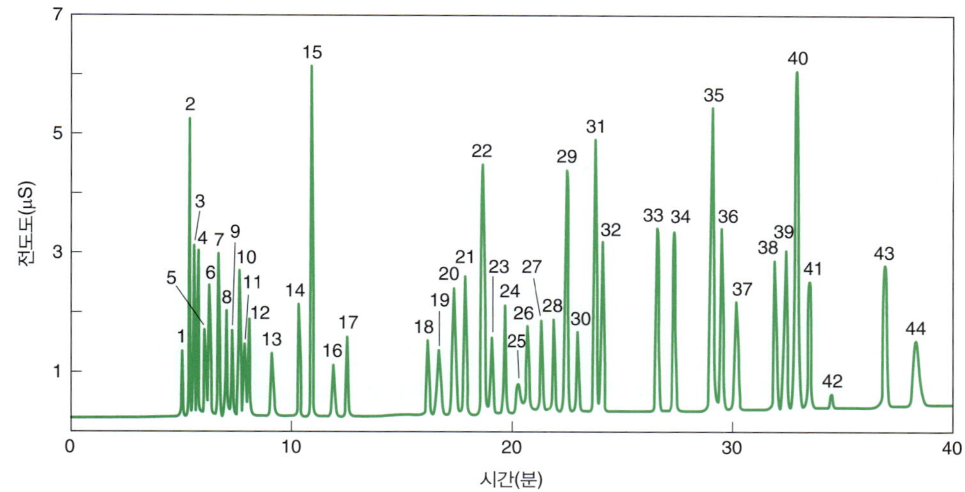

그림 26-7 이온 크로마토그래피에 의한 음이온 분리. 전기 분해에 의해 생성된 K^+OH^-의 기울기 용리와 억압 후 전도도 검출기를 이용했음. 칼럼: Thermo IonPac AS11-HC, 25 × 0.04 cm, 4 μm 입자, 유속 = 15 μL/min. 용리액: 0~16분 동안 1~14 mM OH^-, 16~40분 동안 14~55 mM OH^-, 주입 = 0.6~4 ppm 표준 시료 0.4 μL. 피크: (1) quinate, (2) F^-, (3) acetate, (4) lactate, (5) 2-hydroxybutyrate, (6) propionate, (7) formate, (8) butyrate, (9) 2-hydroxyvalerate, (10) pyruvate, (11) isovalerate, (12) ClO_2^-, (13) valerate, (14) BrO_3^-, (15) Cl^-, (16) 2-oxovalerate, (17) NO_2^-, (18) ethylphosphonate, (19) trifluoroacetate, (20) azide, (21) Br^-, (22) NO_3^-, (23) citramalate, (24) malate, (25) CO_3^{2-}, (26) malonate, (27) citraconitate, (28) maleate, (29) SO_4^{2-}, (30) α-ketoglutarate, (31) $C_2O_4^{2-}$, (32) fumarate, (33) oxaloacetate, (34) WO_4^{2-}, (35) MoO_4^{2-}, (36) PO_4^{3-}, (37) phthalate, (38) AsO_4^{3-}, (39) citrate, (40) CrO_4^{2-}, (41) iso-citrate, (42) *cis*-aconitate, (43) *trans*-aconitate, (44) I^- [출처: Thermo Scientific, Sunnyvale, CA.]

요하지 않다. 또한 붕산, 규산, 아황산 및 사이안산 같은 약산의 음이온들은 이온 억압을 해도 잘 측정되지 않는다. 왜냐하면 이들 음이온은 매우 낮은 전도도의 생성물(예: H_2S)로 바뀌기 때문이다.

비억압 음이온 크로마토그래피(nonsuppressed anion chromatography)에는 교환 용량이 5 μmol/g 정도 되는 수지가 사용되며, 용리액으로는 10^{-4} M의 Na^+나 K^+의 벤조산염, *p*-하이드록시벤조산염, 프탈산이 사용된다. 이런 용리액은 전도도 바탕값이 낮으므로 칼럼으로부터 분리되어 나오는 음이온 분석 물질에 의한 작은 전도도 **변화**를 검출할 수 있다. pH를 잘 선택하면 0~−2 사이의 평균 용리 전하를 얻을 수 있으며, 용리 세기도 조절할 수 있다. 이온화 분율이 낮은 묽은 카복실산도 적당한 용리액이 되는 경우도 있다. **비억압 양이온 크로마토그래피**(nonsuppressed cation chromatography)에서는 용리액으로 1가 이온에 대해서는 묽은 HNO_3 용리액, 2가 이온에 대해서는 에틸렌다이암모늄염($^+H_2NCH_2CH_2NH_3^+$)이 사용된다.

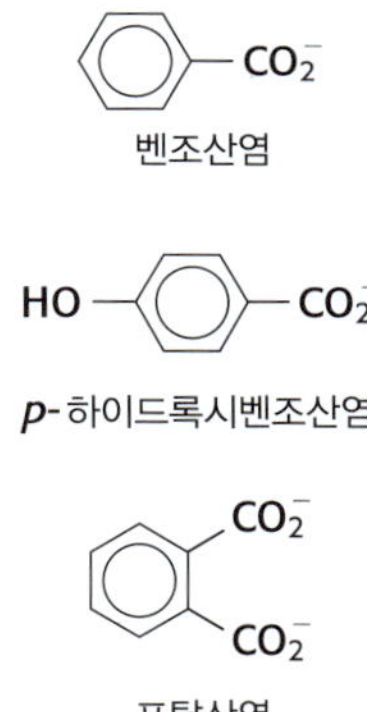

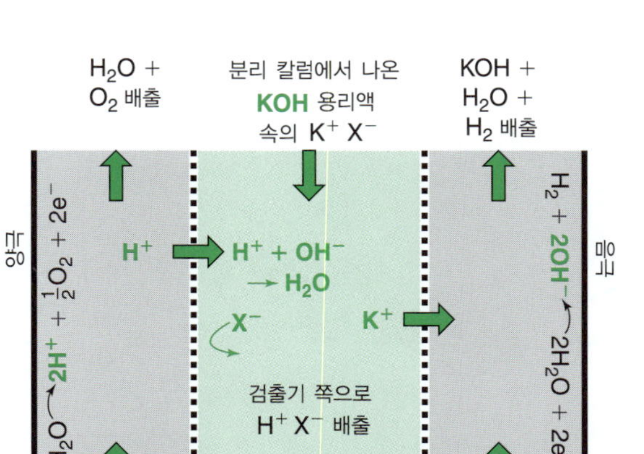

그림 26-8 음이온 크로마토그래피에서 전기 분해 억압이 K^+OH^- 용리액을 H_2O로 대체한다. 양극에서 생성된 H^+는 양이온 교환막을 통과하여 용리액의 K^+를 대체한다. X^-와 같은 음이온은 Donnan 배제 때문에 양이온 교환막을 통과하지 못한다.

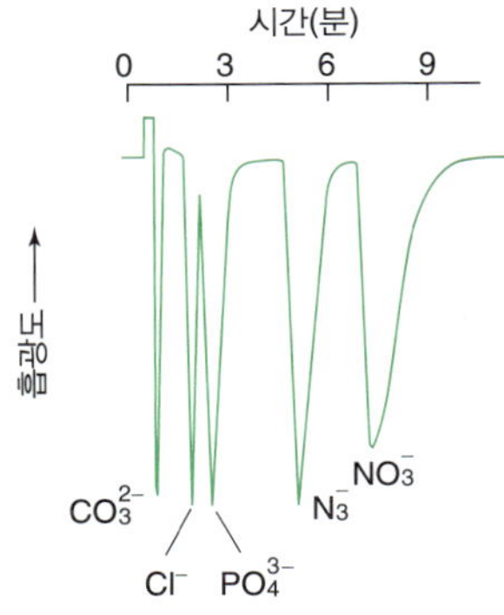

그림 26-9 흡광도가 없는 이온의 간접 분광 광도 검출. 칼럼은 1 mM 프탈산 소듐에 1 mM의 pH 10 붕산 완충 용액을 가한 용리액으로 흘려 준다. 간접 검출기의 원리는 그림 26-29에서 보여 준다. [출처: H. Small and T. E. Miller, "Indirect Photometric Chromatography," *Anal. Chem.* **1982**, *54*, 462.]

검출기[14]

25-2절에서 다룬 대부분의 HPLC 검출기들은 이온 크로마토그래피에서도 사용할 수 있다. 예를 들면 몇몇 무기 음이온이나 카복실산은 자외선 흡광으로 검출할 수 있다. 수산화 이온 용리액에서 음이온인 탄수화물은 펄스 전류 검출법으로 검출할 수 있다(그림 25-27).

전도도 검출기는 모든 이온에 감응하므로 가장 널리 사용된다. 억압 이온 크로마토그래피에서는 용리액의 전도도가 억압 단계에 의해 거의 0에 가까워 분석 물질을 측정하기가 쉽다. 억압을 하면 용리액의 농도 기울기도 사용할 수 있다. 비억압 음이온 크로마토그래피에서는 음이온 분석 물질의 전도도가 용리액보다 높아, 분석 물질이 칼럼에서 나올 때 전도도의 증가를 관찰할 수 있다. 검출 한계는 보통, 낮은 ppm에서 중간 ppb이며, 카복실산염 대신에 카복실산 용리액을 사용하면 검출 한계를 10배 정도 더 낮출 수 있다.

전도도 측정기로 정량 분석을 하려면, 이온 종류에 따라 전도도가 다르므로 각 이온마다 감응 인자를 측정해야 한다. 전하 검출기는 각 용리 띠의 전도도가 아닌 전체 **전하**를 측정하므로, 알고 있는 이온과 미지의 이온 모두 정량할 수 있다.[15] 전하 검출기는 암모니아, 유기 아민, 카복실산, 규산염 등의 약전해질 이온이나 인산염 같은 2가 이상의 이온에도 민감하다.

벤조산염이나 프탈산염 용리액을 사용하면 음이온을 민감하게(<1 ppm) **간접 검출(indirect detection)**할 수 있다. 각각의 분석 물질이 나올 때는 비흡광 분석 물질 음이온이 흡광도가 큰 용리액 음이온을 대체한다(그림 26-29). 따라서 그림 26-9처럼 분석 물질이 나올 때 흡광도가 **줄어든다**. 양이온 크로마토그래피에서는 자외선을 흡수하는 $CuSO_4$가 적당한 용리액이다.

이온쌍 크로마토그래피

이온쌍 크로마토그래피(ion-pair chromatography)는 극성이나 이온 결합 화합물을 분리하는 데 이온 교환 칼럼 대신 역상 HPLC 칼럼을 사용한다.[16] 양이온 혼합물(예를 들어 양성자화된 유기 염기)을 분리하기 위해서는 n-$C_6H_{13}SO_3^-$와 같은 음이온 **계면 활성제**(보충 26-1)를 이동상에 첨가한다. 첨가된 계면 활성제는 소수성의 정지상에 자리잡게 되어 정지상은 사실상 이온 교환체로 변환된다(그림 26-10). 양이온 분석 물질은 음이온 계면 활성제에 끌리게 된다.[17] 머무름 메커니즘은 역상과 이온 교환 상호 작용이 동시에 관여한다. 그림 26-11은 네 가지의 중성 비소 화학종이 C_{18} 칼럼에 머무르는 것을 보여 준다. **종 규명(speciation)**이란

종 규명(speciation): 한 분석 물질이 가능한 화학적 형태로 분류하는 것

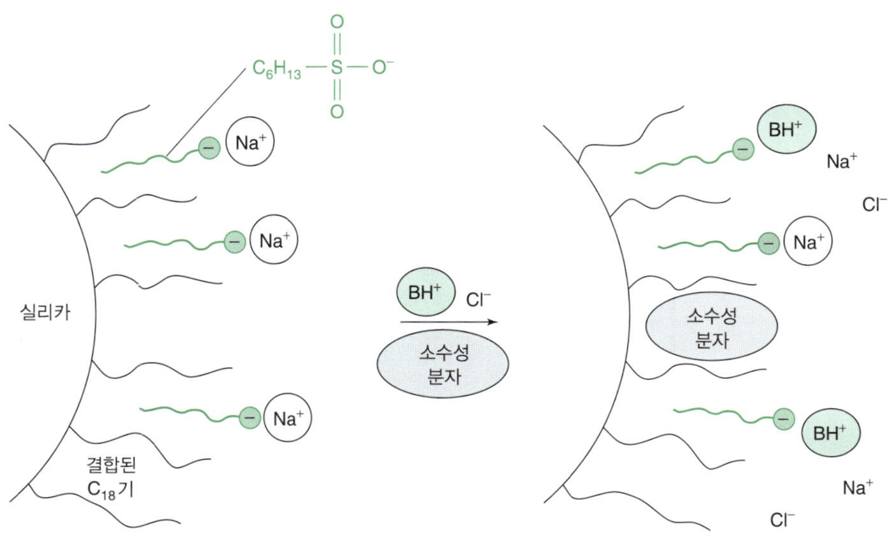

그림 26-10 이온쌍 크로마토그래피. 이동상에 첨가된 계면 활성제 헥세인설폰산 소듐이 무극성 정지상과 결합한다. 정지상에서 튀어 나온 음이온의 설폰기가 양성자화된 유기 염기 BH^+와 같은 양이온 분석 물질에 대해서 이온 교환 자리로 작용한다. 소수성 분자들의 역상 머무름도 일어날 수 있다.

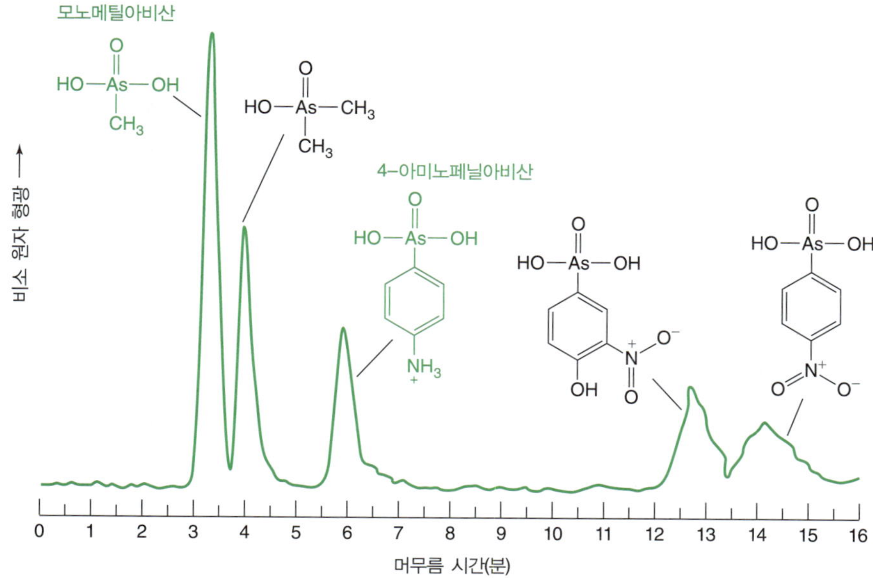

그림 26-11 Zorbax SQ-Aq 역상 칼럼을 이용한 이온쌍 크로마토그래피에 의한 닭 간의 비소 종규명. 칼럼은 20 mM 시트릭산으로 pH 2.0으로 맞춘 5 mM 헥세인설폰산(n-$C_6H_{13}SO_3^-$) 소듐 완충 용액의 수용성 이동상으로 평형화시켰다. 닭 간에 각각의 비소 화학종을 40 μg As L^{-1}의 농도로 첨가하였다. 중성의 비소 화합물들은 C_{18}와 소수성 상호 작용에 의해 머무른다. 양전하의 비소 화합물은 흡착된 이온쌍 시약과의 작용으로 머무른다. 비소의 원자 형광 검출로, 복잡한 매트릭스에 들어 있는 비소 화학종을 고감도로 검출하였다. [출처: R. P. Monasterio, J. A. Londonio, S. S. Farias, P. Smichowski, and R. G. Wuilloud, "Organic Solvent-Free Reversed-Phase Ion-Pairing Liquid Chromatography Coupled to Atomic Fluorescence Spectrometry for Organoarsenic Species Determination in Several Matrices," *J. Agric. Food Chem.* **2011**, *59*, 3566.]

용어는, 그림 26-11의 5가지 비소의 형태와 같이, 하나의 분석 물질이 여러 가지 가능한 화학적 형태로 분류하는 것을 말한다. 비소는 화학종에 따라 독성의 차이가 매우 크다. 음이온을 분리하기 위해서는 테트라뷰틸암모늄염과 같은 이온쌍 시약을 이동상에 첨가할 수 있다.

이온쌍 크로마토그래피는 역상 크로마토그래피보다 더 복잡한데, 계면 활성제와 정지상 사이의 평형은 느리게 일어나며, 분리도는 온도, pH의 변화에 매우 민감하며, 계면 활성제의 농도에 의해서도 영향을 받기 때문이다. 이온성 계면 활성제가 아세토나이트릴/물 혼합물보다 메탄올/물 혼합물에 더 잘 녹기 때문에, 메탄올이 유기 용매로 많이 사용된다. 분리법을 개발하기 위한 전략은 그림 25-29의 방법과 유사하게 메탄올의 농도와 온도를 고정하고, pH와 계면 활성제의 농도를 변화시키는 것이다.[18] 정지상과 계면 활성제 사이의 평형은 느리게 진행되므로 이온쌍 크로마토그래피에서는 기울기 용리를 추천하지 않는다. 많은 이온쌍 시약들은 자외선을 상당히 흡수하므로 자외선 흡광도가 작은 분석 물질에는 자외선 검출법을 사용하기 어렵다. 또한 계면 활성제는 질량 분석에서 전기 분무 이온화를 방해한다. 트라이플루오로아세트산은 전통적인 알킬설폰산염보다 약한 이온쌍 시약으로, 평형도 빨리 일어나고 기울기 용리도 가능해서 펩타이드나 단백질의 분리에 널리 쓰인다.

혼합 방식 크로마토그래피: 두 가지 이상의 머무름 메커니즘

혼합 방식 크로마토그래피(mixed-mode chromatography) 칼럼은 복수의 메커니즘(일반적으로 역상 및 이온 교환)으로 분석 물질을 머무르게 하므로, 이동상에 이온쌍 시약을 첨가하지 않는 이온쌍 크로마토그래피와 같다.[19] 골다공증 약인 이반드론산염을 분석하려면, 다른 알킬기를 가진 불순물로부터 분리해야 하므로 역상 크로마토그래피가 적절해 보인다. 그러나 모든 화합물은 이온화되어 기존의 역상 칼럼에는 약하게 머무른다. 음이온 교환 자리가 내장된 역상 칼럼은 추가 머무름을 제공하여 바탕선 분리를 가능하게 하며, 이동상은 전기 분무 질량 분석법에도 사용할 수 있다. 혼합 방식 크로마토그래피의 분석법 개발은 역상 및 이온 교환 분리를 모두 제어하는 매개 변수의 최적화가 필요하므로 복잡하다. 혼합 방식 분리는 일반적으로 역상 또는 이온 교환 크로마토그래피만으로 실패했을 때 시도된다.

실리카

이반드론산염

보충 26-1 계면 활성제와 마이셀

계면 활성제(surfactant)는 두 상의 계면에 축적되어 표면 장력을 변형시키는 분자이다(**표면 장력**이란 표면 또는 계면을 형성하는 데 필요한 단위 면적당 에너지이다). 수용액에서의 계면 활성제의 일반적 부류는 긴 소수성 꼬리와 이온성 머리기를 가지는 분자들이다.

CH_3, N^+, CH_3, CH_3, Br^-

브로민화 세틸트라이메틸암모늄
$C_{16}H_{33}N(CH_3)_3^+ Br^-$

마이셀(micelle)은 계면 활성제의 응집체이다. 물에서는 소수성 꼬리들이 뭉치(cluster)를 형성하여 실질적으로 작은 기름방울이 되어 이온성 머리기에 의해 수용성 상으로부터 격리된다. 낮은 농도에서는 계면 활성제 분자들이 마이셀을 만들지 않는다. 농도가 **임계 마이셀 농도**(critical micelle concentration)를 넘으면 자발적 응집으로 마이셀이 생성된다.[20] 유리된 계면 활성제 분자들은 마이셀과 평형 상태로 존재한다. 무극성 유기 용질은 마이셀 안에 녹는다. 물에서 브로민화 세틸트라이메틸암모늄은 25°C일 때 0.9 mM의 임계 마이셀 농도에서 약 61개의 분자를 포함하는 마이셀(질량 ≈ 22 kDa)을 형성한다. 소수성 꼬리가 길어질수록 임계 마이셀 농도는 낮아진다. 전하를 띤 계면 활성제는 반대 이온의 농도가 높아질수록 임계 마이셀 농도가 낮아진다.

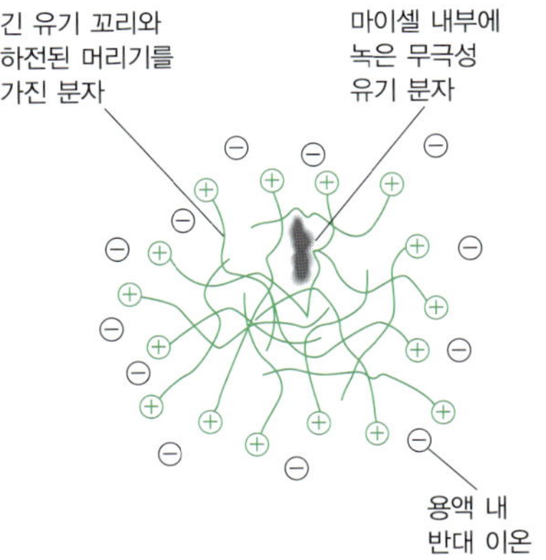

수용액에서 긴 무극성 꼬리를 가지는 이온성 분자의 응집으로 형성된 마이셀의 구조. 마이셀의 내부는 무극성 유기 용매와 닮았고, 바깥의 하전된 작용기들은 물과 강하게 작용한다. [출처: F. M. Menger. R. Zana, and B. Lindman, "Portraying the Strucuture of Micelles," *J. Chem. Ed.* **1998**, *75*, 115.]

26-3 크기별 배제 크로마토그래피

젤거르기: 보통 친수성 정지상과 수용성 용리액의 경우를 지칭한다.

젤투과: 보통 소수성 정지상과 유기 용리액의 경우를 지칭한다.

크기별 배제 크로마토그래피(size exclusion chromatography)[**분자 배제**(molecular exclusion), **젤거르기**(gel filtration), 또는 **젤투과**(gel permeation) 크로마토그래피라고도 함]에서는 분자가 크기에 따라 분리된다.[21] 작은 분자는 정지상의 공동 속으로 침투할 수 있으나 큰 분자는 침투할 수 없다(그림 23-6). 작은 분자들은 칼럼 내에서 큰 유효 부피를 통하여 지나가므로 큰 분자들이 먼저 용리된다(그림 26-12). 이 방법은 생화학에서 거대 분자들을 정제하고, 고분자 화학에서 고분자의 크기와 분자량 분포를 조사하는 데 널리 사용된다.

작은 분자량의 염(혹은 작은 분자)은 젤거르기에 의해 큰 분자의 용액으로부터 제거될 수 있다. **탈염**(desalting)이라 일컫는 이 방법은 거대 분자의 용액에서 완충 성분을 변화시키는 데 유용하다.

용리식

크로마토그래피 칼럼의 젤 입자 내부와 외부의 용매를 포함한 이동상의 **총** 부피는 V_M이다. 젤 입자 **외부**의 이동상 부피는 **틈새 부피(interstitial volume, V_o)**라고 한다. 따라서 젤 **내부** 용매의 부피는 $V_M - V_o$이다. K_{av}(K 평균이라 읽는다)은 다음 식으로 정의한다.

$$K_{av} = \frac{V_R - V_o}{V_M - V_o} \qquad (26\text{-}4)$$

순수한 분자 배제에서, 모든 분자는 $K_{av} = 0$과 $K_{av} = 1$ 사이에서 용리된다.

여기서 V_R은 용질의 머무름 부피이다. 젤 속으로 침투하지 않는 큰 분자에 대해서는 $V_R = V_o$이며, $K_{av} = 0$이다. 젤 속으로 자유롭게 침투하는 작은 분자에 대해서는 $V_R = V_M$이며, $K_{av} = 1$이다. 중간 정도의 크기를 갖는 분자는 어떤 젤의 공동 속으로는 침투할 수 있고, 어떤 젤에는 침투할 수 없으므로, K_{av} 값은 0과 1 사이에 있게 된다. 이상적으로는 젤 침투가 이 크로마토그래피에서의 유일한 머무름 메커니즘이다. 실제로는 얼마간의 흡착이 관여하여 K_{av}는 1보다 클 수 있다.

틈새 부피는 큰 비활성 분자를 칼럼에 넣고 흘려주어 측정한다. 이 분자의 용리 부피를 V_o라고 정한다. 보통 이를 분자량이 2×10^6 Da인 파란색 염료인 Blue Dextron 2000이 사용된다. V_M 부피는 건조된 젤이 차지하는 칼럼의 부피를 측정함으로써 계산할 수 있다. 예를 들어 건조한 Sephadex G-100 1 g은 수용액 내에서 부풀어 15~20 mL의 칼럼 부피를 차지한다. 고체 1 g은 약 1 mL이므로 V_M은 14~19 mL로 전체 칼럼 부피의 93~95%이다. 고체의 종류에 따라 용매에 부풀렸을 때 그 부피가 상당히 달라진다.

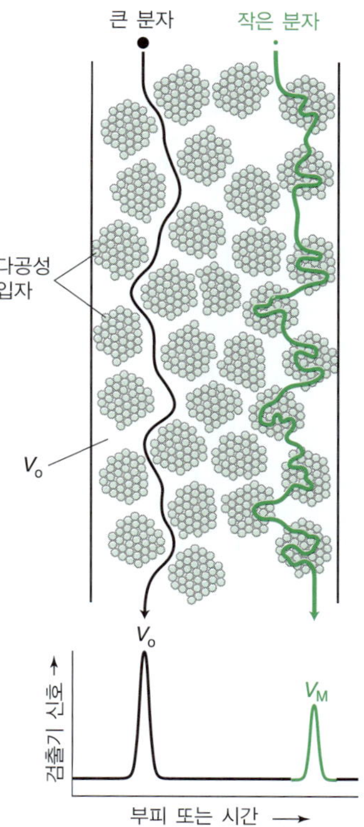

그림 26-12 큰 분자는 정지상의 공동으로 침투할 수 없으며, 용리 부피가 V_o(입자들 사이의 이동상 부피)이다. 작은 분자는 젤의 안과 밖에서 존재할 수 있어, 용리 부피가 늘어난다. 가장 작은 공동에도 들어가는 분자의 용리 부피는 V_M(젤 입자의 내부와 외부의 용매 전체의 부피)이다. 크기별 배제에 대한 동영상은 www.youtube.com/watch?v=oV5VB5kO3tQ에서 볼 수 있다.

정지상[22]

크기별 배제에서 대용량 열린 관칼럼에 사용되는 젤은 Sephadex(표 26-5)와 *N,N'*-메틸렌비스아크릴아마이드로 다리 결합된 폴리아크릴아마이드인 Bio-Gel P이다. 다리 결합이 많이 된 젤의 가장 작은 공동은 분자량 ≳700 Da의 분자들을 배제하고, 반면에 가장 큰 공동은 분자량 ≳10^8 Da의 분자들을 배제한다. 젤 입자 크기가 미세할수록 분리도는 커지고 칼럼의 유속은 느려진다.

크기별 배제용 HPLC에서는 보통 지름 8 mm, 길이 30 cm의 칼럼을 사용한다. 친수성 HPLC의 충전제는 다리 결합된 수산화 폴리메타크릴레이트로 만든다. 잘 조절된 공동 크기를 갖는 10 μm 실리카 입자로 충전된 칼럼은 10 000~20 000 단수를 제공한다(표 26-5). 실리카는 용질의 흡착을 최소화하기 위하여 친수성 상으로 덮여 있다. 실리카상은 일반적으로 pH 8 이상에서는 사용할 수 없지만, 일정한 공동 크기를 갖는 수산화 폴리에터 수지는 pH 2~12 범위에 걸쳐서 사용할 수 있다. 좀 더 광범위한 크기 범위의 분자들을 분리하기 위해 공동 크기가 다른 실리카를 혼합할 수 있다.

소수성 고분자의 HPLC를 위해 5 nm에서 수백 nm에 이르는 공동을 갖는 다리 결합된 폴리스타이렌 구슬이 이용된다. 입자의 크기가 작으면 칼럼의 효율이 좋아져서 지름이 3 μm인 입자는 15 cm의 칼럼에서 16 000 이상의 단수를 제공한다. 분자량이 아주 큰 고분자(>2 000 000 Da)는 전단 변성(shear degradation)을 피하기 위해 큰 입자를 사용하여 분리한다.

분자량 결정

크기별 배제 HPLC의 칼럼은 V_o와 V_M 사이의 분리 부피를 증가시키기 위해 일반적 HPLC 칼럼보다 크다.

크기별 배제는 크기가 상당히 다른 분자들의 혼합물을 분리하는 데 주로 쓰인다(그림 26-13). 공동의 크기는 분리하려는 분자들의 분자량에 따라 고른다. 각 정지상에 대해 log(분자량)과 용리 부피 사이의 교정 곡선을 만든다(그림 26-14). 미지 시료의 분자량은 표준 물질의 용리 부피와 비교하여 추정할 수 있다. 그러나 분자량을 해석하는 데는 주의가 요구되는데, 이는 분자량은 같으나 모양이 다른 분자들이 서로 다른 용리 특성을 보이기 때문이다. 단백질의 분리에서, 간혹 있는 젤 속의 전하를 띤 자리로 인한 용질의 정전기 흡착을 막기 위해

표 26-5 대표적인 크기별 배제 배지

열린 칼럼 젤거르기		HPLC용 TSKgel SW 실리카		
명칭	구형 단백질에 대한 분리 범위(Da)	명칭	공동 크기 (nm)	구형 단백질에 대한 분리 범위(Da)
Sephadex G-10	700까지	G2000SW	12.5	5 000~150 000
Sephadex G-25	1 000~5 000	G3000SW	25	10 000~500 000
Sephadex G-50	1 500~30 000	G4000SW	45	20 000~7 000 000
Sephadex G-75	3 000~80 000			
Sephadex G-100	4 000~150 000			
Sephadex G-200	5 000~600 000			

참고: Sephadex는 GE Amersham Biosciences에서 제작된다. TSK SW 실리카는 Tosoh Bioscience에서 제작된다.

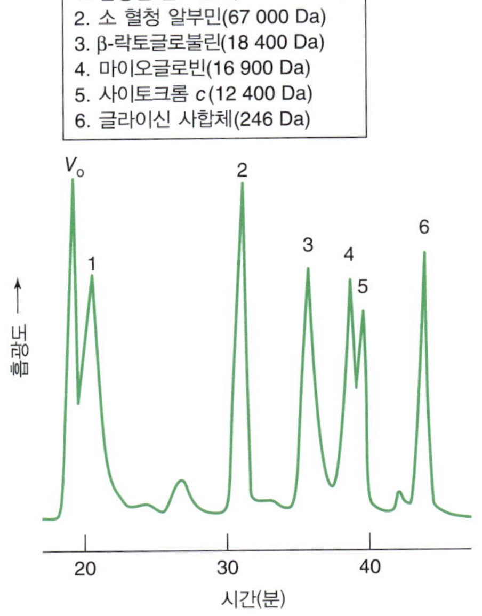

그림 26-13 직렬로 연결된 두 개의 60 × 0.75 cm TSKgel G3000SW 칼럼을 사용한 단백질의 크기별 배제 크로마토그래피 분리. 용리액: 0.3 M NaCl을 첨가한 0.05 M 인산 완충 용액, pH 7, 유속 = 1.0 mL/min [출처: Tosoh Bioscience, Stuttgart, Germany.]

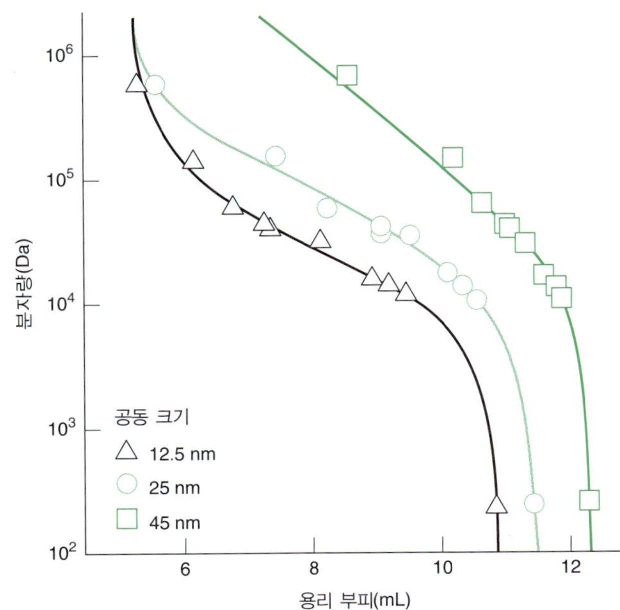

그림 26-14 친수성 실리카 크기별 배제 칼럼(30 × 0.78 cm)의 공동 크기에 따른 분자량 교정선. 갑상샘 글로불린(660 000 Da)에서 글라이신 사합체(246 Da)에 이르는 여러 가지 생체 물질로 교정선을 만들었다. [출처: Tosoh Bioscience, Stuttgart, Germany.]

충분히 높은 이온 세기(>0.05 M)를 사용하는 것이 중요하다.

고분자 시료는 필히 고분자를 녹일 수 있는 용매로 만들고 분리해야 한다. 정지상은 용매에 적합해야 하며, 예측되는 시료의 분자량 범위를 포함하는 분자량 교정 범위를 가져야 한다. 합성 고분자는 사슬 길이의 분포를 가진다. 용리 부피는 고분자의 평균 분자량을 반영하며, 피크의 너비는 사슬 길이 분포를 반영한다. 큰 고분자는 가시광선을 산란시키므로 젤투과 크로마토그래피에서는 광산란 검출기가 흔히 사용된다.

26-4 친화 크로마토그래피

많은 생화학 응용을 위해 친화 배지와 실험법들이 구매 가능하다.[23]

친화 크로마토그래피(**affinity chromatography**)는 복잡한 혼합물로부터 단일 화합물이나 일련의 화합물을 분리하는 데 사용된다.[24] 이 기법은 한 화합물이 정지상과 특정하게 가역적으로 결합하는 것을 이용한다(그림 23-6). 친화 크로마토그래피는 특히 생화학 분야에 적용되며, 항원과 항체, 효소와 기질, 렉틴과 탄수화물 사이의 특정한 상호 작용을 이용한다. 친화 크로마토그래피는 특정한 표적 분석 물질을 **농축**(enrich)하거나 특정한 매트릭스 성분을 선택적으로 **고갈**(deplete)시킬 수 있다(그림 26-15). 시료를 칼럼에 통과시키면 단지 한 용질만 결합한다. 그 밖의 성분들을 잘 씻어낸 후, 달라붙은 용질은 정지상과의 결합을 약화시킬 수 있게 pH나 이온 세기를 바꿔줌으로써 용리시킨다.

그림 26-16은 칼럼에 단백질 A를 공유 결합시킨 친화 크로마토그래피를 이용하여 면역 글로불린 G(IgG) 단백질을 분리한 예를 나타내었다. pH ≳ 7.2에서 단백질 A는 IgG의 특정 영역에 결합한다. pH 7.6에서 IgG와 다른 단백질의 혼합물을 칼럼에 통과시켰더니, IgG를 제외한 모든 물질이 0.3분 이내에 용리되었다. 1분 후 용리액의 pH를 2.6으로 낮추었더니, 정제되고 농축된 IgG가 1.3분에 깨끗하게 용리되었다. 높은 회수율로 활성 물질을 회수하며 수천 배의 농축이 가능하다.

친화 크로마토그래피는 특정 오염물이나 여러 매트릭스 성분을 제거하는 데도 쓰일 수 있다. 예를 들면 인간 혈청이나 혈장에 들어 있는 질병의 **생물 표지**(biomarker)가 될 가능성이 있는 미량의 단백질은 농도가 1조 배 이상도 될 수 있는 다른 단백질들로 인해 발견하기가

그림 26-15 친화 크로마토그래피를 이용한 농축과 고갈. 항체가 결합된 정지상을 사용하면 **면역 농축**(immunoenrichment), **면역 고갈**(immunodepletion)이라 한다. [출처: C. C. Wu, J. C. Duan, T. Liu, R. D. Smith, and W.-J. Qian, "Contributions of Immunoaffinity Chromatography to Deep Proteome Profiling of Human Biofluids," *J. Chromatogr. B.* **2016**, *1021*, 57..]

어렵다. 10가지의 가장 풍부한 단백질을 붙잡을 수 있는 항체를 붙인 **면역 고갈**(immunodepletion) 칼럼을 사용하면, 용리된 혈장에서 90%의 단백질을 제거할 수 있다. 22가지의 풍부한 단백질을 잡아내면 매트릭스의 99%가 제거된다.[25]

고정화 금속 친화 크로마토그래피(immobilized metal affinity chromatography)는 금속 이온에 대한 친화성에 따라 단백질과 펩타이드를 붙잡는다.[26] Ni^{2+}, Zn^{2+} 및 Cu^{2+}는 히스티딘, 트립토판 및 사이토신과 같은 아미노산과 강력한 착물을 형성한다. 나이트릴로트라이아세트산(그림 12-4) 킬레이팅 수지는 Ni^{2+}와 결합하지만 Ni^{2+}의 일부 배위 자리는 아미노산과 착물을 형성할 수 있도록 비어 있다. 인공 단백질은 종종 한쪽 끝에 6개의 히스티딘을 갖도록 설계된다. 이 히스티딘 꼬리는 Ni^{2+}가 장착된 수지에 강하게 결합하여 약하게 결합하는 다른 단백

보충 26-2 분자 각인[28]

분자 각인 고분자(**molecularly imprinted polymer**)는 주형 분자의 존재하에 주형 분자와 약간의 친화력을 가진 고분자를 중합하여 만든다. 주형을 제거하면 고분자는 주형의 모양으로 '각인'되며, 상보적인 작용기를 지녀 주형과 결합할 수 있다. 주형은 분리 대상 물질을 쓸 수도 있지만, 구조적으로 연관된 분자를 써서, 고분자를 사용할 때 남아 있는 주형이 가양성 신호를 주지 않도록 하는 것이 좋다. 각인된 고분자는 친화 크로마토그래피에서 정지상이 될 수 있으며, 화학 센서에서 인지 원소도 될 수 있다.

분자 각인 고분자를 이용하여 강물에서 페니실린 항생제를 모으고 사전 농축할 수 있다. 그림은 페니실린 G를 주형으로 사용하여 단위체들을 중합할 때 생긴 고분자 주머니의 개념도이다. 메탄올과 HCl로 페니실린 G를 씻어내어도, 주머니의 모양과 작용기들의 배치가 유지되어 색깔로 표시한 비슷한 분자 페니실린 V와 결합할 수 있다.

강물에 30 ppb 수준의 8가지 페니실린 유도체를 추가하고 각인 고분자가 들어 있는 칼럼을 통과시키면 6가지 페니실린의 90~99%가 칼럼에 붙잡힌다. 두 가지 페니실린은 잘 붙잡히지 않았다. 붙잡힌 페니실린들을 0.05 M 황산 수소 테트라뷰틸암모늄의 메탄올 용액 소량으로 용리시키고 HPLC로 분석하였다.

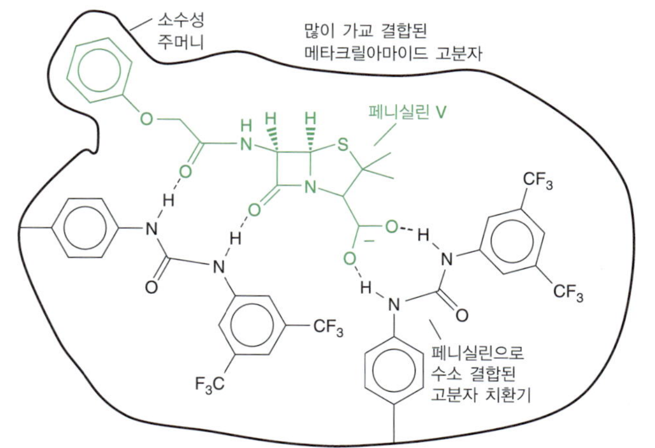

페니실린 유도체들과 결합하는 각인 고분자 주머니의 구조 개념도 [출처: . L. Urraca, M. C. Moreno-Bondi, A. J. Hall, and B. Sellergren, "Direct Extraction of Penicillin G and Derivatives from Aqueous Samples Using a Stoichiometrically Imprinted Polymer," *Anal. Chem.* **2007**, *79*, 695.]

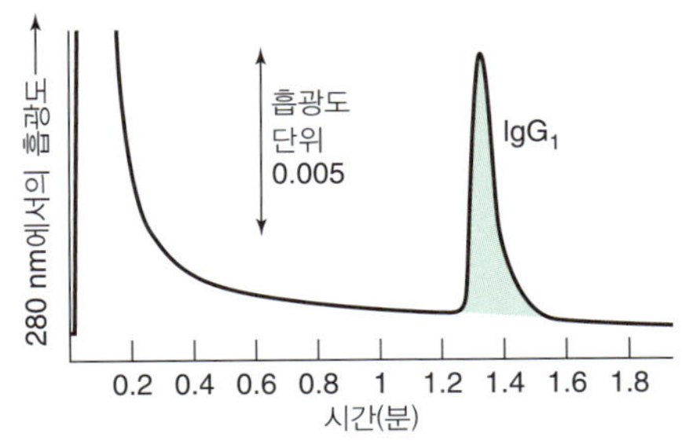

그림 26-16 단백질 A가 고분자 지지체에 공유 결합된 5 × 0.46 cm의 칼럼을 이용한 단일 클론 항체 IgG의 친화 크로마토그래피 정제. 시료 중 다른 단백질은 pH 7.6에서, 0에서 0.3분 내로 용리됨. 용리액의 pH를 2.6으로 낮추면 IgG는 단백질 A로부터 유리되어 칼럼 밖으로 나온다. [출처: B. J. Compton and L. Kreilgaard, "Chromatographic Analysis of Therapeutic Proteins," *Anal. Chem.* **1994**, *66*, 1175A.]

질을 씻어낼 수 있다. 표적 단백질은 pH를 낮추거나 이미다졸과 같은 경쟁 리간드를 추가하여 용리시킨다. Fe^{3+}나 Ti^{4+}가 장착된 칼럼은 인산단백질을 선택적으로 붙잡는다.

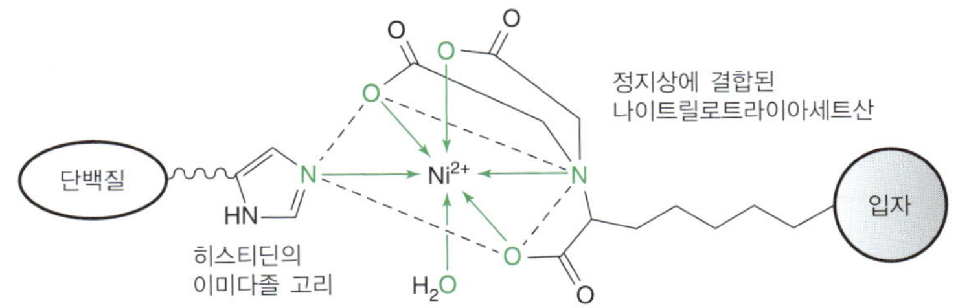

보충 26-2는 **분자 각인 고분자**가 친화 배지(meida)로 어떻게 사용되는지를 보여주고 있다. **앱타머**(aptamer, 보충 17-3)는 선택된 표적물에 대한 강한 친화력을 가지는 또 다른 브류의 유용한 크로마토그래피용 화합물이다.[27]

26-5 소수성 상호 작용 크로마토그래피

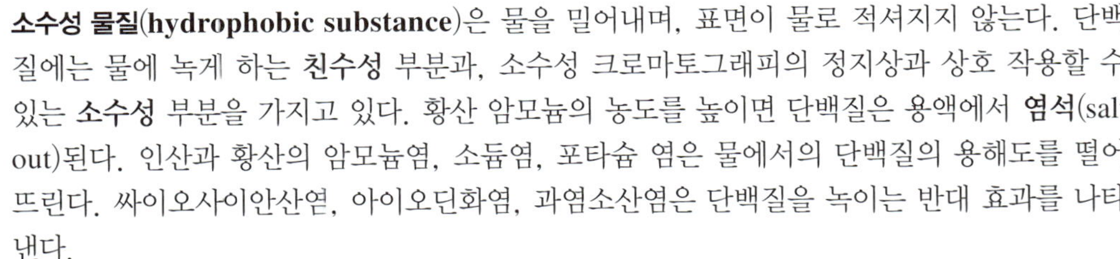

소수성 물질(hydrophobic substance)은 물을 밀어내며, 표면이 물로 적셔지지 않는다. 단백질에는 물에 녹게 하는 **친수성** 부분과, 소수성 크로마토그래피의 정지상과 상호 작용할 수 있는 **소수성** 부분을 가지고 있다. 황산 암모늄의 농도를 높이면 단백질은 용액에서 **염석**(salt out)된다. 인산과 황산의 암모늄염, 소듐염, 포타슘 염은 물에서의 단백질의 용해도를 떨어뜨린다. 싸이오사이안산염, 아이오딘화염, 과염소산염은 단백질을 녹이는 반대 효과를 나타낸다.

탄소 나노튜브로 만든 소수성 표면에 물이 젖지 않아서 방울이 거의 구형이다. 유리와 같은 친수성 표면에서는 방울이 퍼진다. [출처: K. S. Lau, J. Bico, K. B. K. Teo, M. Chhowalla, G. A. J. Amaratunga, W. I. Milne, G. H. McKinley, and K. K. Gleason, "Superhydrophobic Carbon Nanotube Forests," *Nano Lett.* **2003**, *3*, 1701.]

소수성 상호 작용 크로마토그래피(hydrophobic interaction chromatography)는 생물학적 화합물을 소수성에 따라 분석하거나 정제하는 데 이용된다.[29] 정지상은 역상 크로마토그래피(25-1절)에 사용되는 것과 유사하지만, 단백질과 펩타이드가 자유롭게 들어갈 수 있도록 30 nm 이상의 공동이 있다. 단백질의 3차 구조와 생물학적 활성을 보존하도록 **비변성** 용리액이 사용된다. 높은 농도(예컨대 1 M)의 황산 암모늄을 포함한 단백질 용액을 칼럼에 주입하면, 염에 의해 단백질은 정지상의 소수성 표면과 결합하게 된다. 그 후 **염의 농도가 감소하는** 기울기 용리를 적용하면 물에서의 단백질의 용해도가 **증가**함에 따라 칼럼에서 용리되어 나온다.

26-6 모세관 전기 이동의 원리[30,31]

2007년 후반에, 혈액 응고 방지제 헤파린을 맞은 사람들 중에 200명 이상이 심한 거부 반응을 일으키고 사망했다.[32] 헤파린은 분자량이 2~50 kDa인 황산화 다당류의 복잡한 혼합물로, 돼지의 장에서 추출한다. 이 문제가 2008년 1월에 인식되자마자, 미국의 공급 회사들은 헤파린을 회수 조치를 하였고, 미국 식품의약청은 조사를 시작하였다. 헤파린은 하루에도 수천 건씩 생명이 위급한 환자들에게 사용되기 때문에 문제의 원인과 해법을 즉각 찾아야만 했다.

헤파린은 헤파린 분해 효소에 의해 이당류로 잘라진다. 문제가 된 헤파린은 헤파린 분해 효소에 의해 잘라지지 않는 거대 분자 조성이 20~50 wt%나 되었다. **모세관 전기 이동**(capillary electrophoresis)으로 두 가지 불순물을 가장 먼저 찾아내었다(그림 26-17).[33] 하나는 거부 반응이 알려지지 않은 황산 더마탄(dermatan sulfate)이었다. 다른 하나는 핵자기 공명에 의해 과황산화된 황산 콘드로이틴(chondroitin sulfate)으로 밝혀졌다. 동물 실험에 의해 황산 콘드로이틴이 거부 반응을 일으킴이 밝혀졌다. 2008년 3월에는 미국에 수입되는 헤파린을 모세관 전기 이동과 핵자기 공명으로 검사하는 긴급 조치가 취해졌고, 오염된 헤파린으로 인한 사망은 그치게 되었다. 오염된 헤파린은 중국에서 만들어진 것이었다. 과황산화된 황산 콘드로이틴이 혈액 응고 방지 작용도 있고 헤파린보다 값이 싸기 때문에 섞어 넣었던

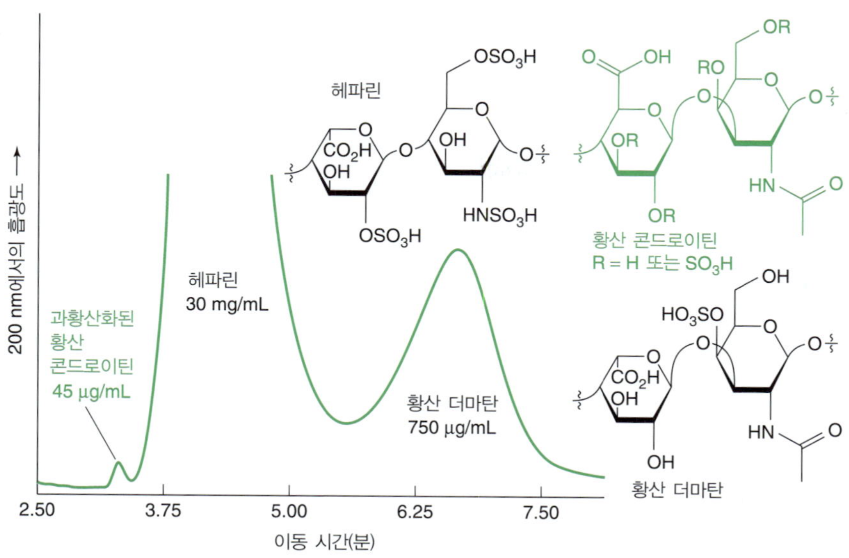

그림 26-17 과황산화된 황산 콘드로이틴과 황산 더마탄이 첨가된 헤파린(30 mg/mL)의 전기 이동 그림. 오염된 헤파린에는 이 경우보다 약 200배의 과황산화된 황산 콘드로이틴이 들어 있었다. 조건: −16 kV, 20°C, 30 cm × 25 μm 모세관, 검출기 21.5 cm. 바탕 완충 용액은 0.60 M Li_3PO_4를 0.60 M H_3PO_4로 pH를 2.8로 조절하여 만든 것이다. [출처: Robert Weinberger, CE Technologies and Todd Wielgos, Baxter Healthcare. 상세 내용: T. Wielgos, K. Havel, N. Ivanova, and R. Weinberger, "Determination of Impurities in Heparin by Capillary Electrophoresis Using High Molarity Phosphate Buffers," *J. Pharma. Biomed. Anal.* **2009**, *49*, 319.]

것으로 추정된다.

전기 이동(**electrophoresis**)이란 용액 중 이온이 전기장의 영향에 의해 이동하는 것이다. 이 기법은 1930년대에 스웨덴의 생물리화학자 A. Tiselius가 개척했으며, 그는 전기 이동에 대한 연구와 '혈청 단백질의 복잡성에 대한 발견'의 공로로 1948년 노벨 화학상을 수상하였다.

양이온은 음의 단자(음극)에 끌린다. 음이온은 양의 단자(양극)에 끌린다.

그림 26-18의 **모세관 전기 이동**(**capillary electrophoresis**)에서는 길이가 50 cm, 내경이 25~75 μm인 용융 실리카(SiO_2) 모세관 양단에 ~30 kV의 전압을 가하여 용액 성분을 분리한다. 서로 다른 이온은 다른 **이동도**(mobility)를 가지므로 다른 속력으로 모세관을 따라 이동한다. 나중에 설명하게 될 이 과정의 변형은 이온뿐만 아니라 중성 분자를 분리할 수 있게 해준

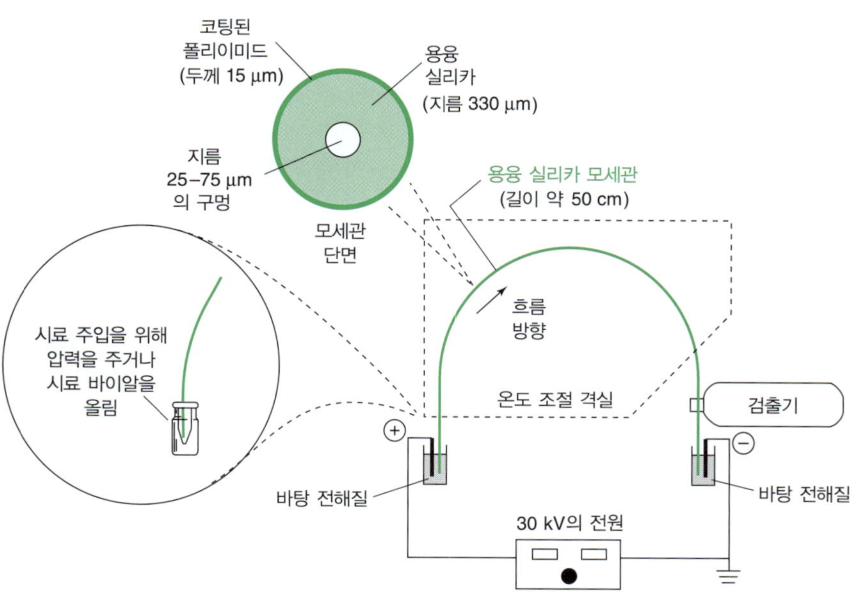

그림 26-18 모세관 전기 이동 장치. 시료 주입은 한쪽 모세관을 시료 용기에 놓고 압력을 가하면 된다. 전기장을 이용한 시료 주입에 대해서는 본문에 설명해 놓았다. 모세관 전기 이동 장치에 대한 동영상은 www.youtube.com/watch?v=102gXzAVJ-8을 보라.

전위차 = 30 kV

$$\textbf{전기장} = \frac{30\ \text{kV}}{0.50\ \text{m}} = 60\ \text{kV/m}$$

용융 실리카 모세관을 사용한 전기 이동은 1981년에 J. W. Jorgenson에 의해 처음 소개되었다.[37]

다. 전기 이동을 빠르게 진행하면 신경 전달 물질의 방출과 같이, 짧은 시간에 일어나는 현상도 관찰할 수 있다.[34] 작은 내경의 모세관을 사용하여 단일 세포, 핵, 소포, 미토콘드리아 등도 분석할 수 있다.[35] 생체와 비슷한 분리 조건은 생체 분자의 상호 작용 조사를 가능하게 한다.[36]

모세관 전기 이동은 높은 분리도를 제공한다. 충전 칼럼으로 크로마토그래피를 수행하면 피크들이 van Deemter 식(23-37)의 세 가지 메커니즘, 즉 흐름 다통로, 세로 확산 및 질량 이동 속도의 한계 때문에 퍼지게 된다. 열린 관칼럼을 사용하면 다통로 요인이 없어져서 단 높이가 감소되어 분리도가 증가된다. 모세관 전기 이동은 이동상과 정지상 사이에서의 용질 평형에 걸리는 시간에 기인하는 질량 이동 항이 제거됨으로써 단높이가 더욱 감소된다. 모세관 전기 이동에는 **정지상이 존재하지 않는다**. 이상적인 조건에서 넓어짐의 근본적인 원인은 세로 확산뿐이다.

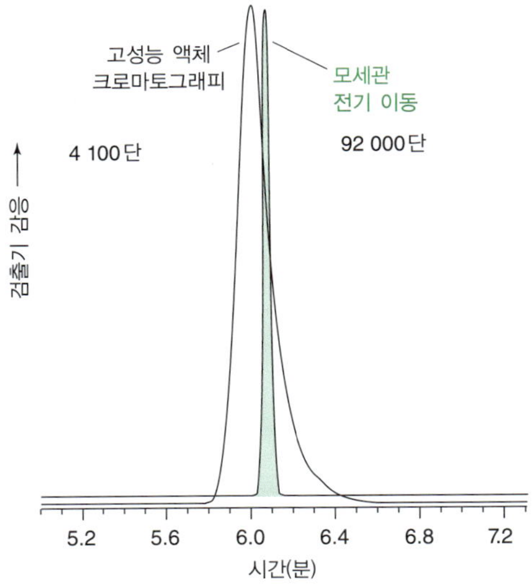

고성능 액체 크로마토그래피
모세관 전기 이동
4 100단
92 000단
검출기 감응 →
5.2 5.6 6.0 6.4 6.8 7.2
시간(분)

그림 26-19 모세관 전기 이동과 HPLC에 의한 벤질 알코올($C_6H_5CH_2OH$)의 피크 너비 비교 [출처: S. Fazio, R. Vivilecchia, L. Lesueur, and J. Sheridan, *Am. Biotech. Lab.* January 1990, p. 10.]

$$H = \cancel{A} + \frac{B}{u_x} + \cancel{Cu_x} \tag{26-5}$$

(A 항) 열린 관칼럼을 사용함으로써 제거된 다통로 항
(Cu_x 항) 정지상이 존재하지 않기 때문에 제거된 질량 이동 항

(실제 경우에서 넓어짐에 대한 다른 원인들은 나중에 다룬다.) 모세관 전기 이동은 일상적으로 50 000~500 000 정도의 단수를 가지고 있어서, 액체 크로마토그래피보다 성능이 10배 이상 더 우수하다(그림 26-19).

전기 이동

전하 q(쿨롬)를 갖는 이온이 전기장 E(V/m)에 놓여 있을 때, 이온에 걸리는 힘은 qE(뉴턴)이다. 용액 내에서 저지하는 마찰력은 fu_{ep}이고, 여기서 u_{ep}는 이온의 속력, f는 **마찰 계수**(friction coefficient)이다. 아래 첨자 ep는 '전기 이동(electrophoresis)'을 나타낸다. 이온은 곧 가속력과 마찰력이 같을 때인 정류 속력에 도달한다.

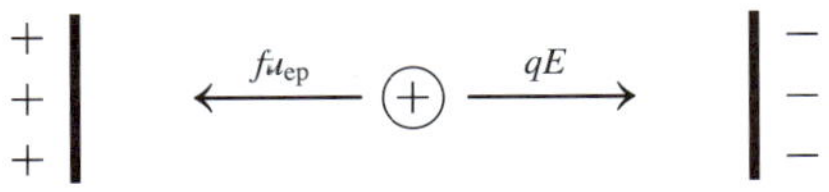

$$qE = fu_{ep}$$

(가속력 = 마찰력)

전기 이동 속도:

$$u_{ep} = \frac{q}{f}E \equiv \mu_{ep}E \tag{26-6}$$

(μ_{ep}: 전기 이동 이동도)

앞에서 접점 전위와 관계되는 **이동도**를 살펴보았다(표 15-1).

전기 이동 이동도(μ_{ep}: electrophoretic mobility)는 이온 속력과 전기장 세기 사이의 비례 상수이다. 이동도는 이온의 전하에 비례하고, 마찰 계수에 반비례한다. 비슷한 크기의 분자의 경우, 이동도는 전하가 증가할수록 커진다.

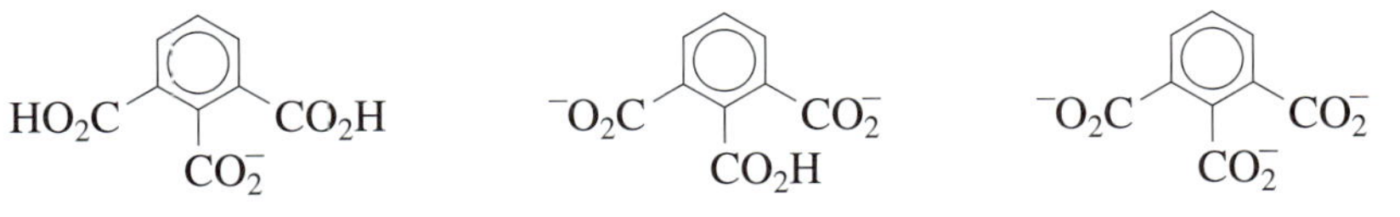

HO_2C, CO_2H, CO_2^-: $\mu_{ep} = -2.54 \times 10^{-8}\ \frac{m^2}{V \cdot s}$

^-O_2C, CO_2^-, CO_2H: $\mu_{ep} = -4.69 \times 10^{-8}\ \frac{m^2}{V \cdot s}$

^-O_2C, CO_2^-, CO_2^-: $\mu_{ep} = -5.95 \times 10^{-8}\ \frac{m^2}{V \cdot s}$

(용매는 25°C의 H_2O이다)

점도는 유체 내에서 흐름에 대한 저항이다. 단위는 kg m^{-1} s^{-1}이다. 단풍 시럽의 점도는 물에 비해 매우 크며, 헥세인의 점도는 물보다 낮다.

점도가 η인 유체 속을 이동하는, 반지름 r인 구형 입자의 마찰 계수(f)는

Stokes 식:

$$f = 6\pi\eta r \tag{26-7}$$

과 같다. 이 식은 23장의 확산에 관한 논의에서 다룬 바 있다. 이동도가 $\mu = q/f = q/6\pi\eta r$이므로, 반지름이 증가할수록 이동도는 낮아진다. 대부분의 분자들은 구형이 아니지만, 식

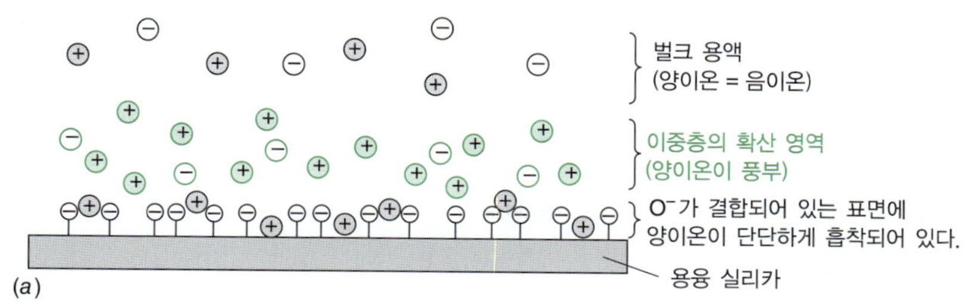

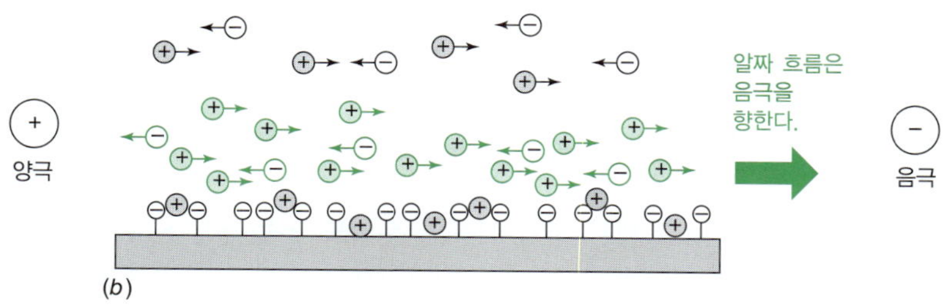

그림 26-20 (*a*) 음으로 하전된 실리카 표면과 인접된 양이온에 의해 형성된 전기 이중층. (*b*) 이중층 확산 영역 내에 양이온이 우세하여 외부 전기장을 걸어주었을 때 알짜 전기 삼투 흐름은 음극을 향한다.

26-7은 실험으로 관찰된 이동도로부터 분자를 구형으로 생각하여 유효 **유체 역학 반지름**(hydrodynamic radius)을 정의하는 데 사용된다.

전기 삼투

용융 실리카 모세관의 내벽은 pH 3 이상에서는 음전하(Si—O⁻)를 가지는 실란올(Si—OH)기로 덮여져 있다. 그림 26-20a는 모세관 표면의 **전기 이중층**(electric double layer, 보충 17-4)을 나타낸다. 이중층은 벽에 고정된 음전하와 벽 근처의 과량의 양이온으로 구성된다. 표면에 단단하게 흡착된 양이온의 부동층은 내벽의 음전하를 부분적으로 중성화한다. 나머지 음전하는 벽 근처 용액 내의 **이중층의 확산 영역**에 있는 이동성 양이온에 의해 중성화된다. 이중층 확산 영역의 두께는 이온 세기가 1 mM일 때의 ~10 nm로부터 이온 세기가 1 M일 때의 ~0.3 nm까지 변한다.

전기장 내에서는 양이온은 음극 쪽으로 끌려가고, 음이온은 양극 쪽으로 끌려간다(그림 26-20b). 이중층의 확산 영역에 있는 과량의 양이온에 의해 알짜 운동량은 음극 쪽으로 향한다. **전기 삼투**(**electroosmosis**)라고 일컫는 이 펌프 작용은 벽에서 ~10 nm 이내에 있는 양이온에 의해 추진되며, 음극 쪽으로 균일한 마개와 같은 용액 전체의 **전기 삼투 흐름**(electroosmotic flow)을 생성한다(그림 26-21a). 이러한 전기 삼투 흐름은 압력차에 의해 생기는 **유체 역학 흐름**(hydrodynamic flow)과 확실히 다르다. 유체 역학 흐름에서 유체의 횡단면

모세관 벽에 인접한 이중층 확산 영역 내에 존재하는 이온은 전기 삼투 흐름을 추진시키는 '펌프'이다.

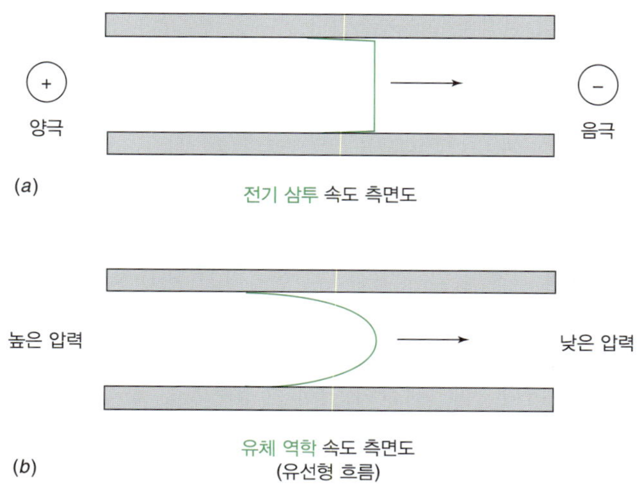

그림 26-21 (*a*) 전기 삼투는 모세관 횡단면의 99.9% 이상이 균일 흐름을 이룬다. 속력은 모세관 벽 근처에서 급격히 감소한다. (*b*) 유체 역학 흐름(**유선형 흐름**이라고도 함)의 포물선형 속도 측면은 관의 중앙에서 속도가 가장 빠르고 벽에서의 속도는 0이다. 실험으로 관측한 속도 유형은 천연색 사진 22에서 볼 수 있다.

에서의 속도 윤곽은 포물선이다. 속도는 중앙에서 가장 빠르고 벽에서는 0으로 느리다(그림 26-21b, 천연색 사진 22).

전기 삼투 속도는 시료에 검출기가 감지할 수 있는 **중성** 분자를 첨가함으로써 측정한다.

전기 삼투 속도(u_{eo})와 걸어준 장 사이의 비례 상수를 **전기 삼투 이동도**(electroosmotic mobility, μ_{eo})라고 한다.

$$\text{전기 삼투 속도} = \frac{\text{주입기와 검출기 사이의 거리}}{\text{중성 분자의 이동 시간}}$$

전기 삼투 속도:

$$u_{eo} = \mu_{eo}E \quad (26\text{-}8)$$

↑ 전기 삼투 이동도 (단위 = $m^2/[V \cdot s]$)

전기 삼투 이동도는 실리카의 표면 전하 밀도에 비례하고, 이온 세기의 제곱근에 반비례한다. 전기 삼투는 낮은 pH($Si—O^- \rightarrow Si—OH$로 되므로 표면 전하 밀도가 감소한다)와 높은 이온 세기에서 감소된다. pH 9인 20 mM 붕산 완충 용액에서 전기 삼투 흐름은 약 2 mm/s 이며, pH 3에서는 10배 정도 감소한다.

균일한 전기 삼투 흐름으로 인해 모세관 전기 이동의 분리도가 높아진다. 균일성을 감소시키는 모든 효과는 띠넓어짐을 일으켜서 분리도를 감소시킨다. 모세관 내에서 흐르는 이온은 초당 I^2R joule의 비로 열(**Joule 열**, Joule heating)을 발생시킨다. 여기서 I는 전류(A)이고, R은 용액의 저항(ohm)이다(14-1절). 그림 26-18에서 모세관의 대부분은 온도 조절 격실 안에 넣어 모세관 내부의 온도가 조절된다.[38] 전형적인 조건에서 모세관 통로의 중앙이 통로의 가장자리보다 온도가 0.02~0.3 K 정도 더 높다. 온도가 높은 영역에서 용액의 점도가 낮아지므로 모세관 중심부의 이동도가 벽 근처보다 커서 띠넓어짐이 생긴다. 내경 50 μm의 모세관에서는 Joule 열이 큰 문제가 되지 않지만, 내경이 ≥100 μm인 경우에는 온도 차가 너무 심해질 수 있다.

모세관은 열을 빨리 제거하기에 충분할 정도로 내경이 작아야 한다. 온도 기울기는 흐름을 교란시키므로 분리도가 감소된다.

이동도

이온의 **겉보기**(apparent, 또는 관찰된) **이동도**(mobility, μ_{app})는 이온의 전기 이동 이동도와 용액의 전기 삼투 이동도의 합이다.

$$\text{속력} = \frac{\text{검출기까지의 거리}}{\text{이동 시간}} = \frac{L_d}{t}$$

겉보기 이동도:

$$\mu_{app} = \mu_{ep} + \mu_{eo} \quad (26\text{-}9)$$

$$\text{전기장} = \frac{\text{걸어준 전압}}{\text{모세관 길이}} = \frac{V}{L_t}$$

전기 삼투 흐름과 같은 방향으로 이동하는 **양이온** 분석 물질의 경우에는, μ_{ep}와 μ_{eo}가 같은 부호를 가지므로 μ_{app}가 μ_{ep}보다 크다. 음이온의 경우에는 전기 이동이 전기 삼투(그림 26-20b)와 반대 방향이므로, 식 26-9의 두 항이 반대 부호를 갖는다. 중성이나 높은 pH에서, 보통 전기 삼투의 속도가 전기 이동보다 더 빠르므로 우세한 전기 삼투에 의해 음이온은 **음극** 쪽으로 움직인다. 낮은 pH에서는 전기 삼투가 약해져서 음이온은 검출기에 도달하지 못할 수도 있다. 이와 같이 낮은 pH에서 음이온을 분리하려면 시료 쪽이 음극이 되고, 검출기 쪽이 양극이 되도록 역방향의 전압을 걸 수도 있다.

화학종의 겉보기 이동도는 그 화학종의 알짜 속도(u_{net})를 전기장(E)으로 나눈 것이다.

겉보기 이동도:

$$\mu_{app} = \frac{u_{net}}{E} = \frac{L_d/t}{V/L_t} \quad (26\text{-}10)$$

여기서 L_d는 주입구로부터 검출기까지의 칼럼 길이이고, L_t는 칼럼의 끝에서 끝까지의 총 길이이며, V는 두 끝 사이에 걸어준 전압이고, t는 용질이 주입구 끝에서부터 검출기까지 이동하는 데 걸리는 시간이다. 일반적으로 전기 삼투 흐름은 시료에 자외선을 흡수하는 중성 용질을 첨가하여 검출기까지의 **이동 시간**($t_{neutral}$)을 재서 측정한다.

전기 이동에서 실험할 때마다 이동 시간이 변하는 경우에는 전기 이동법으로 정량 분석하는 데 **정규화된 피크 면적**(normalized peak area)이라고도 불리는 **교정 피크 면적**(corrected peak area)을 사용해야 한다.[39] 교정 피크 면적은 측정한 피크 면적을 이동 시간으로 나눈 값

정량 분석의 경우

$$\text{교정 피크 면적} = \frac{\text{피크 넓이}}{\text{이동 시간}}$$

이다. 크로마토그래피에서는 각 분석 물질이 같은 속도로 검출기를 통과하므로 피크 면적은 분석 물질의 양에 비례한다. 전기 이동에서는 겉보기 이동도가 다른 분석 물질은 서로 다른 속도로 검출기를 통과한다. 겉보기 이동도가 클수록 이동 시간이 짧아지고 분석 물질이 검출기를 통과하면서 보내는 시간이 단축된다. 검출기 내에서 보내는 시간을 교정하기 위해서 각 분석 물질의 피크 면적을 이동 시간으로 나누는 것이다.

전기 삼투 이동도는 중성 화학종의 속력(u_{neutral})을 전기장(E)으로 나눈 것이다.

전기 삼투 이동도: $$\mu_{eo} = \frac{u_{\text{neutral}}}{E} = \frac{L_d/t_{\text{neutral}}}{V/L_t} \qquad \textbf{(26-11)}$$

분석 물질의 **전기 이동 이동도**(electrophoretic mobility)는 $\mu_{app} - \mu_{eo}$이다. 최대 정밀도를 위해서, 이동도는 내부 표준 물질에 대해 상대적으로 측정된다.[39] 절대 이동도는 실험마다 달라질 수 있지만, 상대 이동도는 변하지 않는다.

크기가 비슷한 분자들에서는 전기 이동 이동도의 크기는 전하에 따라 증가한다. 산이나 염기 분자들의 전하는 pH에 따라 변한다.[40] 이온화된 형태는 전하를 띠므로 전기 이동 이동도를 가지게 되지만, 중성 형태는 전하가 없고 따라서 전기 이동 이동도도 없다. 산의 해리 평형의 속도는 모세관 전기 이동 분리의 시간보다 훨씬 빠르다. 따라서 산이나 염기의 전기 이동 이동도는 평균 전하에 의해 결정된다. 약산의 경우에는 다음과 같이 주어진다.

유효 전기 이동 이동도: $$\mu_{\text{ep eff}} = (\alpha_{A^-})(\mu_{\text{ep A}^-}) \qquad \textbf{(26-12)}$$

$$\alpha_{A^-} = \frac{[A^-]}{[HA] + [A^-]}$$

그림 26-22는 평균 전하가 −0.5인 벤조산($pK_a = 4.20$)과, 평균 전하가 −0.67인 2-메틸벤조산($pK_a = 3.90$)이 분리된 것을 보여 준다. 이동 시간은 겉보기 이동도(식 26-9)에 따라 결정된다.

모세관 구역 전기 이동에서의 일반적 추출 순서
1. 양이온(이동도가 큰 것 먼저)
2. 모든 중성 물질(분리되지 않음)
3. 음이온(이동도가 큰 것 나중에)

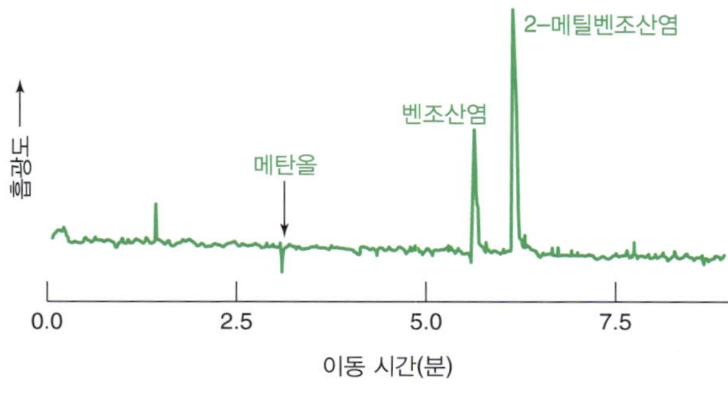

그림 26-22 학생이 Grignard 반응으로 만든, 치환된 벤조산의 모세관 전기 이동 분리. 전기 이동은 pH 4.20(벤조산의 pK_a)의 5 mM 아세트산 완충 용액을 이용하여 0.500 m(검출기까지 0.400 m) 모세관 양단에 2.50×10^4 V의 전압을 걸어 수행하였다. 바닥선의 음의 피크는 전기 삼투 흐름을 측정하기 위하여 시료에 첨가한 메탄올에 의한 것이다. [출처: N. S. Mills, J. D. Spence, and M. M. Bushey, "Capillary Electrophoresis of Substituted Benzoic Acids," *J. Chem. Ed.* **2005**, *82*, 1226.]

예제 이동도 계산

그림 26-22에서 치환된 벤조산의 이동 속력은 전기 삼투 흐름과 전기 이동 이동도의 합에 의해 정해진다. 0.500 m 길이의 모세관에 걸어준 전압은 2.50×10^4 V이다. 중성 표지 분자가 전기 삼투 흐름에 의해 주입부에서 검출기에 이르는 0.400 m를 이동하는 데 188초가 걸린다. 벤조산염과 2-메틸벤조산염의 이동 시간은 각각 340초, 371초이다. 전기 삼투 속도와 전기 삼투 이동도를 구하시오. 벤조산과 2-메틸벤조산염의 겉보기 이동도와 전기 이동 이동도를 구하시오.

풀이 전기 삼투 속도(u_{eo})는 중성 표지의 이동 시간으로부터 얻는다.

$$\text{전기 삼투 속도} = \frac{\text{검출기까지의 거리}(L_d)}{\text{이동 시간}} = \frac{0.400\ \text{m}}{188\ \text{s}} = 0.002\,13\ \text{m/s}$$

전기장은 전압을 칼럼의 전체 길이(L_t)로 나눈 값이다($E = 2.50 \times 10^4$ V/0.500 m = 5.00×10^4 V/m). 이동도는 속도와 전기장 사이의 비례 상수이다.

$$u_{eo} = \mu_{eo}E \Rightarrow \mu_{eo} = \frac{u_{eo}}{E} = \frac{0.002\ 13\ \text{m/s}}{5.00 \times 10^4\ \text{V/m}} = 4.26 \times 10^{-8}\frac{\text{m}^2}{\text{V} \cdot \text{s}}$$

위에서 계산한 중성 표지의 이동도는 전체 용액에 대한 전기 삼투 이동도이다.

벤조산염의 겉보기 이동도는 이동 시간으로부터 구한다.

$$\mu_{app} = \frac{u_{net}}{E} = \frac{0.400\ \text{m}/340\ \text{s}}{5.00 \times 10^4\ \text{V/m}} = 2.35 \times 10^{-8}\frac{\text{m}^2}{\text{V} \cdot \text{s}}$$

전기 이동 이동도는 이온의 전기장에 대한 감응을 말해 준다. 전기 이동 이동도를 얻기 위해서는 겉보기 이동도에서 전기 삼투 이동도를 빼준다.

$$\mu_{app} = \mu_{ep} + \mu_{eo} \Rightarrow \mu_{ep} = \mu_{app} - \mu_{eo} = (2.35 - 4.26) \times 10^{-8}\frac{\text{m}^2}{\text{V} \cdot \text{s}} = -1.91 \times 10^{-8}\frac{\text{m}^2}{\text{V} \cdot \text{s}}$$

전기 이동 이동도는 음의 값을 가진다. 왜냐하면 벤조산염이 음의 전하를 가지며, 전기 삼투 흐름과는 반대 방향으로 이동하기 때문이다. pH 4.2에서 전기 삼투 흐름은 전기 이동보다 빠르기 때문에 벤조산은 검출기에 운반된다. 비슷한 계산으로 2-메틸벤조산염의 경우 $\mu_{app} = 2.16 \times 10^{-8}$ m^2/(V · 초)이고, $\mu_{ep} = -2.10 \times 10^{-8}$ m^2/(V · 초)이다. 2-메틸벤조산염이 벤조산염보다 더 음의 평균 전하를 가지기 때문에 2-메틸벤조산염의 전기 이동 이동도가 더 음의 값을 가진다.

자습 전기 삼투 이동도가 3.00×10^{-8} m^2/(V · 초)이었다면, 중성 표지와 벤조산염의 이동 시간은 얼마이었겠는가? (**답:** 267초, 734초)

단수와 분리도

주입부에서 검출기까지의 길이가 L_d인 모세관을 고려해 보자. 23-4절에서 단수는 $N = L_d^2/\sigma^2$으로 정의하였으며, 여기서 σ는 띠의 표준 편차이다. 띠넓어짐의 메커니즘이 단지 세로 확산이라면, 표준 편차는 식 23-28에 의해 주어진다: $\sigma = \sqrt{2Dt}$, 여기서 D는 확산 계수이고, t는 이동 시간($= L_d/u_{net} = L_d/[\mu_{app}E]$)이다. 표준 편차 식과 전기장의 정의($E = V/L_t$, 여기서 V는 걸어준 전압)를 합치면 모세관 전기 이동의 단수에 대한 표현은 다음과 같이 된다.

단수: $N = \dfrac{L_d^2}{\sigma^2}$

L_d = 검출기까지의 거리
σ = Gauss 띠의 표준 편차
L_t = 칼럼의 전체 길이

단수:
$$N = \frac{\mu_{app}V}{2D}\frac{L_d}{L_t} \qquad \textbf{(26-13)}$$

몇 개의 단수를 얻기를 바라는가? 전형적인 값 $\mu_{app} = 2 \times 10^{-8}$ m^2/(V · s)(L_t = 60 cm, L_d = 50 cm이며, 25 kV의 모세관에서 이동 시간 10분에 관해 유도된)과 표 23-1의 확산 계수를 사용하여

K^+:
$$N = \frac{[2 \times 10^{-8}\ \text{m}^2/(\text{V} \cdot \text{s})][25\ 000\ \text{V}]}{2(2 \times 10^{-9}\ \text{m}^2/\text{s})}\frac{0.50\ \text{m}}{0.60\ \text{m}} = 1.0 \times 10^5\ \text{단}$$

혈청 알부민:
$$N = \frac{[2 \times 10^{-8}\ \text{m}^2/(\text{V} \cdot \text{s})][25\ 000\ \text{V}]}{2(0.059 \times 10^{-9}\ \text{m}^2/\text{s})}\frac{0.50\ \text{m}}{0.60\ \text{m}} = 3.5 \times 10^6\ \text{단}$$

을 구할 수 있다. 작고, 빠르게 확산하는 K^+ 이온에 대해서는 100 000 단수가 예상된다. 느리게 확산하는 단백질 혈청 알부민(66 000 Da)은 3백만보다 높은 단수가 예상된다. 높은 단수는 띠가 매우 좁고, 이웃 띠 사이의 분리도가 우수하다는 것을 의미한다.

역방향의 유체 역학 흐름을 통해 분석 물질의 모세관 내 흐름을 느리게 하는 특별한 경우에는 작은 분자들의 분리에서 1 700만까지의 단수를 관찰할 수 있다![41] (실험 방법이 달라 식 26-13을 직접 적용할 수 없음)

실제로는, 그 밖의 띠넓어짐의 원인으로 모세관에 주입되는 용질의 일정한 띠너비(식 23-35), 모세관 안쪽에서 발생한 열로 인한 포물선형 흐름, 모세관 벽 위 용질 흡착(모세관 벽이 정지상으로 작용), 일정한 검출기 길이, 용질과 완충 이온의 이동도 불일치로 인한 비이상적인 전기 이동 등이 있다. 이들 인자를 적절히 조절하면 대체로 10^5단수 정도 얻을 수 있다.

식 26-13은 L_d/L_t가 일정할 때 단수는 모세관 길이와 무관하다는 것을 말한다. 크로마토그

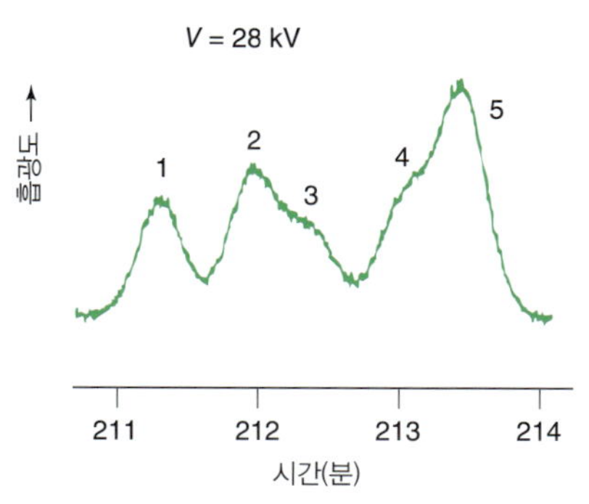

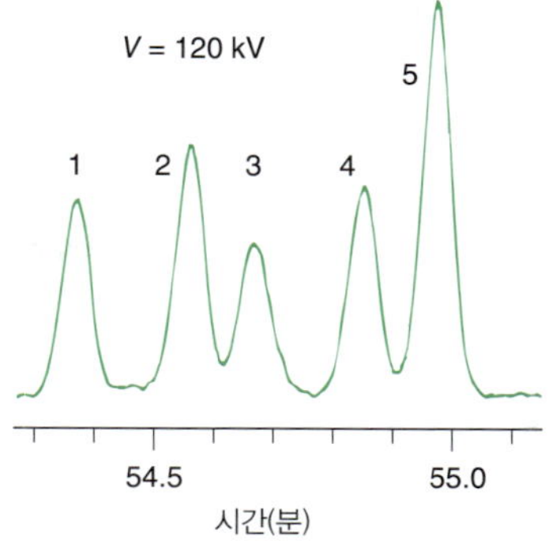

그림 26-23 전압을 높이면 분리도가 증가되는 것을 보여 주는 복잡한 혼합물의 전기 이동 그림의 한 부분. 두 실험에서 전압을 제외하고는 모든 조건이 같다. 보통 전압의 한계는 ~30 kV이다. 120 kV에서는 전기 아크와 과열을 방지하는 조치가 필요하다. [출처: K. M. Hutterer, J. W. Jorgenson, "Ultrahigh-Voltage Capillary Zone Electrophoresis," *Anal. Chem.* **1999**, *77*, 1293.]

래피에서와는 달리, 전기 이동에서는 모세관이 길다고 분리도가 별로 커지지 않는다.

식 26-13은 전압이 높을수록 단수가 더욱 높아짐을 나타낸다(그림 26-23). 궁극적으로 전압은 모세관의 열에 의해 제한되며, 이 열은 포물선형의 온도 분포를 만들고, 띠가 넓어지게 된다. 최적의 전압은 **바탕 전해질**[background electrolyte, **수행 완충액**(run buffer)]의 전압 대 전류에 관한 **Ohm 법칙 도표**(Ohm's law plot)를 작성하여 구할 수 있다. 과열이 존재하지 않을 때 이 관계는 직선을 나타낸다. 최대 허용 전압은 선형으로부터 벗어나기 시작하는 (5% 정도) 위치에서의 값이다. 완충액의 농도와 조성, 항온조 온도 및 능동 냉각 시스템들이 사용 가능한 전압을 결정짓는다. 최대 허용 전압까지는 전압이 높을수록 분리도가 우수하고, 분리가 더 빠르게 이루어진다.

바탕 전해질(모세관과 전극 용기 내의 용액)은 pH와 모세관 내의 전해질 성분을 조절한다.

전기 이동 그림에서 가까이 이웃한 피크 A와 B 사이의 분리도는 다음과 같이 주어진다.

분리도:
$$\text{분리도} = \frac{\sqrt{N}}{4}\frac{\Delta\mu_{app}}{\bar{\mu}_{app}} \qquad \textbf{(26-14)}$$

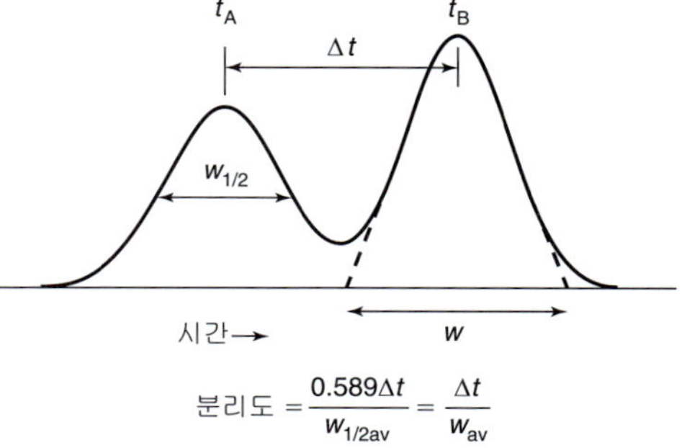

여기서 N은 단수, $\Delta\mu_{app}$는 두 이온의 겉보기 이동도 차이, $\bar{\mu}_{app}$는 겉보기 이동도의 평균이다. $\Delta\mu_{app}$를 증가시키면 피크 사이의 분리가 증가하며, N을 증가시키면 피크의 너비가 좁아진다. 평균 겉보기 이동도가 줄어들면 피크 분리가 일어날 시간이 증가한다.

26-7 모세관 전기 이동 수행

전기 이동을 영리하게 변화시키면 이온은 물론 중성 분자들도 분리할 수 있으며, 광학 이성질체의 분리도 가능하며, 검출 한계도 10^6배만큼 낮출 수 있다.

모세관의 내부 환경 조절

모세관 내부의 벽은 전기 삼투 속도를 조절하고, 단백질과 같이 다중으로 하전된 분자들에게 원하지 않는 흡착 장소를 제공하기도 한다. 대부분 비싸지 않은 용융 실리카 모세관을 사용한다. 용융 실리카 모세관을 **처음** 사용하기 전에 1 M NaOH를 약 4칼럼 부피/분의 유속으로 1시간, 물로 1시간, 6 M HCl로 1시간, 그리고 사용할 수행 완충액으로 1시간 정도 씻어 주는 것이 좋다.[42] NaOH는 실리카 표면의 Si—OH기들을 생성하고, HCl은 표면에서 금속 이온들을 제거하는 것으로 추정된다. 계속해서 높은 pH에서 사용하려면, 0.1 M NaOH로 2분 정도 씻고, 탈이온수로 30초 동안 씻은 다음, 수행 완충액으로 적어도 5분간 씻어 준다. pH 2.5인 인산 완충액을 사용한다면, 한 번 분석이 끝날 때마다 1 M 인산, 탈이온수, 수행 완충액의 순으로 씻어 준다. 완충액을 바꿀 때는 평형이 이루어질 때까지 최소한 5분간 흐름을 유지시킨다. 평형이 서서히 이루어지는 pH 4~6 범위에서 수행할 경우, 이동 시간이 불규칙하면 모세관은 0.1 M NaOH로 자주 재생해야 한다. 양쪽 용기에 있는 완충액은 정기적으로 바꾸어 주어야 한다. 왜냐하면 이온들이 소모되며 전기 분해가 음극에서는 pH를 높이고

민짜(uncoated) 용융 실리카 모세관의 세척 방법이다. 코팅된 모세관은 제작사의 지침을 따라야 한다.

양극에서는 pH를 낮추어 주기 때문이다. 모세관 주입부는 전극보다 ~2 mm 정도 옆과 아래로 떨어지게 위치하여 전기 분해로 생성된 산 또는 염기가 칼럼에 들어가는 것을 최소화해야 한다.[43] 모세관을 보관할 때는 증류수로 채워 두어야 한다.

분리에 따라서 그에 적절한 전기 삼투 흐름이 필요하다. 예를 들어 이동도가 높은, 작은 음이온이나 강하게 음으로 하전된 단백질은 강한 전기 삼투 흐름을 걸어주지 않으면 음극 쪽으로 이동할 수 없다. pH 3에서 실란올기가 전하를 거의 띠지 않아, 전기 삼투 흐름은 약하다. pH 8에서 내벽은 높게 하전되어 있고, 전기 삼투 흐름은 강하다. 그림 26-24는 pH 3 아래에서 민짜 용융 실리카 모세관에서의 전기 삼투 이동도가 작은 양(positive)의 값을 가지는 것을 보여 준다. pH 8 이상에서는 전기 삼투 이동도가 증가하여 높고 안정된 값을 가진다.

공유 결합 코팅은 단백질이 모세관에 붙는 것을 막아 주어 이동 시간이 재현성있게 한다.

양전하의 치환기를 많이 포함하는 단백질은 음전하의 실리카에 단단히 들러붙는다. 이것을 조절하기 위해 1,4-뷰테인다이아민($^+H_3NCH_2CH_2CH_2CH_2NH_3^+$이 된다)과 같은 폴리아민을 수행 완충액에 첨가하여 벽의 전하를 중화시킬 수 있다. 중성의 친수성 치환기를 가진 실레인을 공유 결합시켜 벽의 전하를 거의 0으로 감소시킬 수도 있다. 그러나 대부분의 코팅은 알칼리 조건에서 불안정하다.

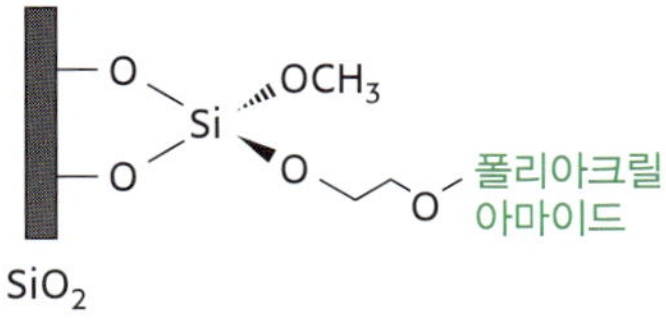

브로민화 다이도데실다이메틸암모늄과 같은 양이온성 계면 활성제를 수행 완충액에 첨가하여 전기 삼투 흐름의 방향을 반대로 할 수 있다.[44] 이 분자는 한쪽 끝이 양전하로 되어 있고, 다른 쪽은 두 개의 긴 탄화수소 꼬리로 되어 있다. 계면 활성제의 양전하는 음전하의 실리카에 부착되고, 꼬리는 표면으로부터 멀리 떨어지게 된다(그림 26-25). 계면 활성제의 두 번째 층은 반대 방향을 향하여 꼬리는 무극성 탄화수소층을 형성하고 양전하가 겉에 나온다. 이러한 **두겹층**(bilayer)은 모세관의 벽에 단단히 부착되어 있어 결과적으로 벽의 전하를 음전하에서 양전하로 바꾸어 준다. 전압을 걸어 주면 완충액의 음이온은 전기 삼투 흐름이 음극에서 양극 쪽으로 형성되므로, 그림 26-20의 경우와 반대 방향으로 전기 삼투 흐름이 생긴다. 매번의 실험에서 모세관 내벽이 새로 재생되어야 좋은 결과가 얻어진다.

그림 26-24에서는 모세관 벽에 실리카층을 만들면서 양이온 고분자 폴리브렌을 포함시켜 보다 안정성이 향상된 양전하의 코팅을 보여 준다. 그래프는 pH 3~11의 영역에서 전기 삼투 흐름이 거의 일정하고, 방향은 민짜 실리카와 반대인 것을 보여 준다. 음전하의 고분자 황산 덱스트란을 양전하의 폴리브렌 표면에 흡착시켜 pH와 관계없이 안정된 음전하의 표면을 만들 수도 있다.

시료 주입과 조성

그림 26-18의 **유체 역학적 주입**(**hydrodynamic injection**)은 압력으로 모세관에 시료를 넣는 것이다. 유체 역학적 주입에서 주입량은 다음과 같다.

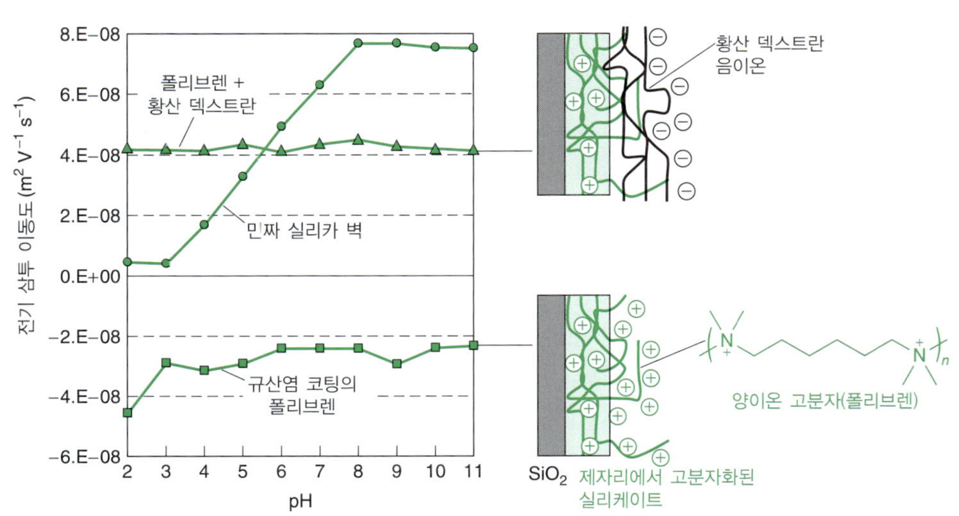

그림 26-24 내벽 코팅과 전기 삼투 이동도. 민짜 실리카는 pH 3 아래에서는 거의 전하가 없고, pH 8 위에서는 높은 음전하를 가진다. 규산염(silicate) 층에 포함시킨 폴리브렌 양이온은 벽의 전하를 거의 일정하게 한다(아래쪽 구조). 폴리브렌에 흡착된 황산 덱스트란 음이온은 벽이 일정한 음전하를 가지게 한다(위쪽 구조) [출처: M. R. N. Monton, M. Tomita, T. Soga, and Y. Ishihama, "Polymer Entrapment in Polymerized Silicate for Preparing Highly Stable Capillary Coatings for CE and CE-MS," *Anal. Chem.* **2007**, *79*, 7838.]

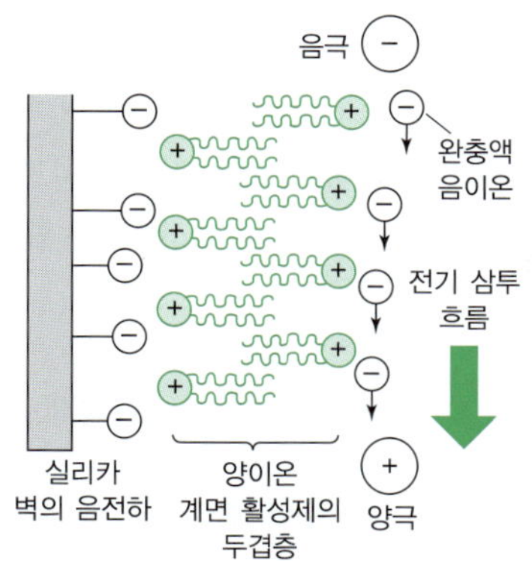

그림 26-25 모세관 내벽에 코팅된 양이온성 계면 활성제의 두겹층에 의해 전기 삼투 흐름이 반대로 된다. 이중층의 확산 부분은 음이온을 우세하게 함유하고 있으며, 전기 삼투 흐름은 그림 26-20의 경우와 반대 방향이 된다. 계면 활성제는 다이도데실다이메틸암모늄 이온 $(n\text{-}C_{12}H_{25})N(CH_3)_2^+$이며, 그림에서 ～～(+)로 나타내었다.

전기 이동에서의 정량 분석은 내부 표준 물질을 사용하는 것이 좋다. 이는 모세관에 주입된 시료의 양이 재현성이 낮기 때문이다.

유체 역학적 주입:
$$\text{부피} = \frac{\Delta P \pi d^4 t}{128\eta L_t} \qquad \textbf{(26-15)}$$

여기서 ΔP는 모세관 양끝 사이의 압력차이며, d는 모세관의 내경, t는 주입 시간, η는 모세관 내 용액의 점도이고, L_t는 모세관의 총 길이이다.

예제 유체학적 주입 시간

내경이 50 μm이고, 압력차가 2.0×10^4 Pa(0.20 bar)이라면, 50 cm 모세관 길이의 2.0%에 해당하는 시료를 주입하는 데 필요한 시간은 얼마인가? 모세관 내 수행 완충액의 점도는 0.001 0 kg/(m · s)라고 가정하며, 이것은 물의 점도와 비슷하다.

풀이 주입 플러그는 길이가 1.0 cm이고, 부피는 $\pi r^2 \times$ 길이 $= \pi(25 \times 10^{-6}\ \text{m})^2(1.0 \times 10^{-2}\ \text{m}) = 1.9_6 \times 10^{-11}\ \text{m}^3$이다. 필요한 시간은 다음과 같다.

$$t = \frac{128\eta L_t(\text{부피})}{\Delta P \pi d^4} = \frac{128[0.001\,0\ \text{kg/(m}\cdot\text{s)}](0.50\ \text{m})(1.9_6 \times 10^{-11}\ \text{m}^3)}{(2.0 \times 10^4\ \text{Pa})\pi(50 \times 10^{-6}\ \text{m})^4} = 3.2\ \text{s}$$

Pa = 힘/면적 = $(\text{kg} \cdot \text{m/s}^2)/\text{m}^2 = \text{kg}/(\text{m} \cdot \text{s}^2)$이므로 단위가 맞게 된다.

자습 같은 압력차 ΔP로 내경 50 μm, 40 cm의 모세관에 점도가 물의 2배인 바탕 전해질이 들어 있을 때 시료를 1.0 cm 주입하는 데 필요한 시간은 얼마인가? (**답:** 5.1초)

동전기 주입(electrokinetic injection)은 전기장으로 시료가 모세관으로 들어가게 한다. 모세관을 시료 용액 속으로 담그고 칼럼의 양 끝 사이에 전압을 걸어 준다. t초 동안 모세관 속으로 들어간 각 이온의 몰수는 다음과 같다.

유체 역학 주입: 압력이나 진공을 이용하여 시료를 주입한다.
동전기 주입: 전기장을 이용하여 시료를 주입한다.

동전기 주입:
$$\text{주입된 몰수} = \underbrace{\left(\mu_{eo}E + \mu_{ep}E\frac{\kappa_b}{\kappa_s}\right)}_{\text{유효 전기장} \equiv E_{eff}} t\pi r^2 C \qquad \textbf{(26-16)}$$

여기서 μ_{eo}는 전기 삼투 이동도, μ_{ep}는 분석 물질의 전기 이동 이동도, E는 적용 전기장(V/m), r은 모세관 반지름, C는 시료의 농도(mol/m³)이며, κ_b/κ_s는 바탕 전해질과 시료의 전도도 비이다. 각각의 분석 물질이 서로 다른 이동도를 가지므로, 주입된 시료는 원래 시료와 조성이 달라질 수 있다. 동전기 주입은 모세관에 액체를 유체 역학적으로 주입하기에는 점도가 너무 높은 모세관 체질 전기 이동(나중에 다룸)에서 매우 유용하다.

예제 동전기 주입 시간

지름이 50 μm이고, 주입 전기장이 10 kV/m이라면, 50 cm 모세관 길이의 2.0%에 해당하는 시료를 주입하는 데 필요한 시간은 얼마인가? 시료의 전도도는 바탕 전해질 전도도의 1/10이고,

$\mu_{ep} = 2.0 \times 10^{-8}$ m^2/(V · s)라고 가정한다. 코팅된 모세관을 사용하여 전기 삼투 흐름은 제거되었다고 가정한다($\mu_{eo} = 0$).

풀이 이 경우, 식 26-16의 κ_b/κ_s 인자는 10이다. 칼럼 속으로 주입된 시료 띠의 길이는 (시료 속력) × (시간) = $\kappa_b/\kappa_s\ \mu_{ep}Et$이다. 원하는 주입 띠의 길이는 1.0 cm이다. 필요한 시간은 다음과 같다.

$$t = \frac{\text{띠 길이}}{\text{속력}} = \frac{\text{띠 길이}}{0 \cdot E + \frac{\kappa_b}{\kappa_s}\mu_{ep}E} = \frac{0.010\ \text{m}}{10 \times 2.0 \times 10^{-8}\text{m}^2/(\text{V}\cdot\text{s})](10\,000\ \text{V/m})} = 5.0\ \text{s}$$

식 26-16은 플러그 길이와 단면적을 곱하여 부피를 구한 다음, 해당 부피의 몰수를 찾기 위해 농도를 곱한다.

자습 주입 전압을 절반으로 낮추면, 같은 양을 주입하기 위해 주입 시간은 어떻게 되어야 하는가? (**답:** 주입 시간이 2배가 된다.)

전도도 효과: 쌓임과 비틀린 피크

쌓임: 낮은 전도도의 시료와 높은 전도도의 바탕 전해질의 경계면에 분석 물질을 좁은 띠로 농축함

쌓임(**stacking**)을 사용해서 분석 물질이 모세관 출발점에서 좁은 띠로 집중되게 할 수 있다. 쌓임 과정이 없이, 만일 10 mm의 길이를 가지는 띠로 주입을 하면 어떠한 피크도 검출기에 도달할 때 10 mm보다 좁아질 수 없다.

쌓임은 주입된 시료 영역에서의 전기장과 시료 양쪽의 바탕 전해액에서의 전기장의 관계에 의존한다. 시료 용액 내 완충액의 최적 농도는 바탕 전해질 농도의 1/10이며, 시료 농도는 바탕 전해질 농도의 1/500보다 낮아야 한다. 만약 시료 용액이 수행 완충액보다 훨씬 낮은 이온 세기를 가진다면, 시료의 전도도는 더 낮아지고 저항은 훨씬 크게 된다. 전기장은 전도도에 반비례한다. 즉 전도도가 낮을수록 전기장은 커진다. 모세관 내 시료 영역을 가로지르는 전기장은 바탕 전해질의 전기장보다 높다. 그림 26-26은 시료 영역의 이온들이 매우 빨리 이동하는 것을 보여 주는데, 이는 전기장이 매우 높기 때문이다. 이온들이 띠 경계선에 도달하면 이동 속도가 줄어든다. 이는 시료 영역 바깥쪽의 전기장이 낮기 때문이다. 이 **쌓임** 과정은 양이온 분석 물질이 시료 영역의 한쪽에 농축되고, 음이온 분석 물질은 다른 쪽에 농축

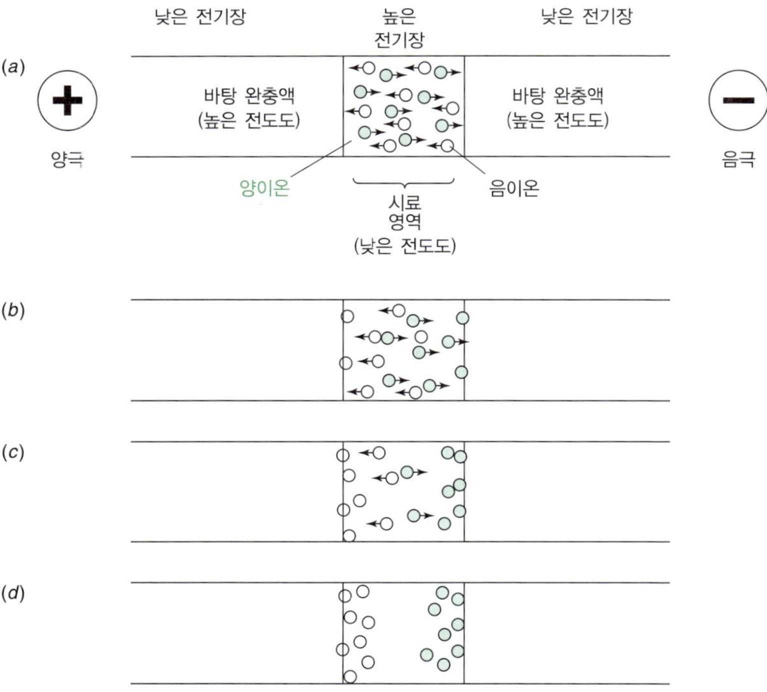

그림 26-26 전도도가 낮은 시료 영역 반대 끝에서의 양이온과 음이온 쌓임은 시료 영역 내의 전기장이 바탕 전해질 내의 전기장보다 아주 높기 때문에 발생한다. 시간은 (*a*)에서 (*d*)로 증가한다. 전기 중성은 나타내지 않은 바탕 전해질 이온의 이동에 의해 유지된다.

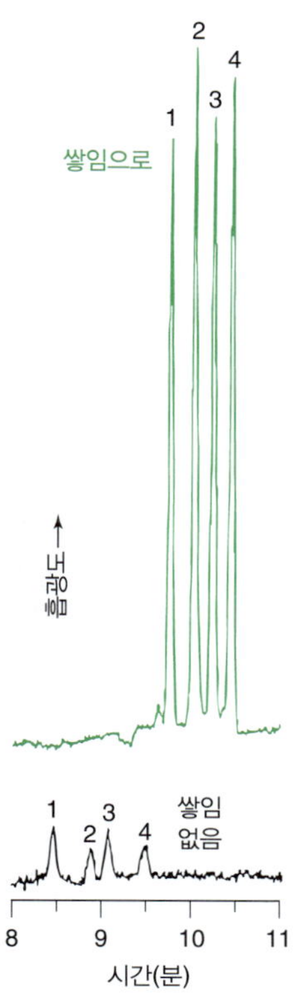

그림 26-27 아래 그림: 쌓임 없이 2초간 동전기 주입한 시료. 띠넓어짐이 생기지 않도록 주입 부피를 제한하였다. 윗 그림: 쌓임으로 15배의 많은 시료가 주입되어(30초간) 신호가 15배 크며 띠너비의 증가도 없다. [출처: Y. Zhao and C. E. Lunte, "pH-Mediated Field Amplification On-Column Preconcentration of Anions in Physiological Samples for Capillary Electrophoresis," *Anal. Chem.* **1999**, 71, 3985.]

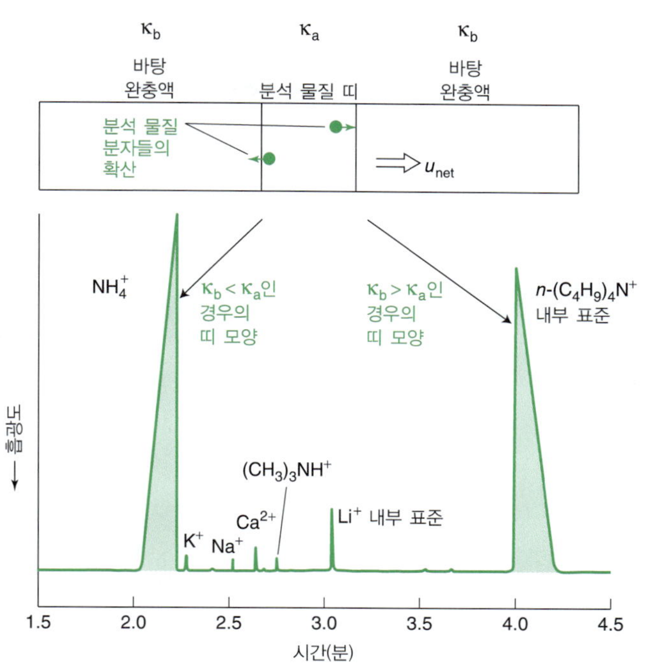

그림 26-28 고르지 않은 피크 모양은 분석 물질 띠의 전도도, κ_a가 바탕 전도도인 κ_b와 같지 않을 때 발생한다. 전기 이동 그림은 실리콘 반도체 웨이퍼의 표면에서 추출한 양이온들을 보여 준다. 바탕 분석 물질은 그림 26-29에 설명되어 있는 **간접** 분광 광도 측정법을 사용하기 위해 이미다졸륨 이온을 포함하고 있다. [출처: F. Ehmann, L. Favry, L. Kotz, and S. Pahlke, "Monitoring of Ionic Contaminants on Silicon Wafer Surfaces Using Capillary Electrophoresis," *Am. Lab.* June 2002, p. 18.]

될 때까지 계속된다. 결과적으로 폭이 넓게 주입된 양이온 또는 음이온 분석 물질이 좁은 띠로 농축된다. 그림 26-27은 쌓임으로 인해 증폭된 신호의 예를 보여 준다. 이밖에도 모세관 안의 분석 물질을 농축하는 여러 가지 방법이 개발되었다.[45]

만일 분석 물질 띠의 전도도가 바탕 전해질의 전도도와 현저하게 다르다면, 피크 찌그러짐 현상이 발생한다. 그림 26-28은 한 개의 분석 물질을 함유하는 띠를 나타낸다(전체 주입 내에서 모든 분석 물질을 함유하고 있는 그림 26-26의 시료 영역과는 대조적으로). 바탕 전도도가 분석 물질의 전도도보다 크다고 가정하면($\kappa_b > \kappa_a$), 분석 물질 띠의 안보다 바깥에서 전기장이 낮다. 그림 26-28에서 분석 물질의 띠는 오른쪽으로 이동한다. 오른쪽 전면을 지나 확산하는 분석 물질 분자는 낮은 전기장과 마주치게 되며 전기 이동 속도가 감소한다. 곧 분석 물질 띠는 그 분자를 따라잡아서 분자가 띠 속에 들어가게 된다. 띠의 왼쪽으로 확산하는 분자는 낮은 전기장과 마주치게 되고 역시 전기 이동 속도가 감소한다. 분석 물질 띠는 이 분자보다 빠르게 이동하여 끌고 간다. 이 조건은 그림 26-28의 아래 오른쪽 전기 이동 그림에서 보여 주는 것처럼, 앞을 예리하게, 꼬리를 넓게 한다(위 그림의 가로축은 거리, 아래 전기 이동 그림의 가로축은 시간이다). $\kappa_b < \kappa_a$일 때는 반대의 전기 이동 그림을 관찰할 수 있다(전도도가 더 큰 분석 물질이 이동도가 더 크기 때문에 전기 이동 그림에서 더 빨리 나온다).

띠가 찌그러지는 것을 최소화하기 위해서는 시료 농도는 바탕 전해질 농도보다 훨씬 묽어서 분석 물질 띠의 전도도가 바탕 전해질과 거의 같아야 한다. 그렇지 않다면 분석 물질 이온과 전기 이동 이동도가 같은 **동전하 이온**(co-ion)의 완충액을 선택할 필요가 있다.

동전하 이온(co-ion): 분석 물질과 전하의 부호가 같은 완충 이온
반대 이온(counterion): 분석 물질과 전하의 부호가 반대인 완충 이온

검출기

전기 이동에서 직접 검출법에 대한 대략적 검출 한계(M)

자외선 흡광	10^{-5}~10^{-7}
레이저 유도 형광	10^{-9}~10^{-12}
전도도	10^{-6}~10^{-7}
전류법	10^{-10}~10^{-11}
질량 분석	10^{-8}~10^{-9}

출처: H. H. Lauer and G. P. Rozing, *High Performance Capillary Electrophoresis*, 2nd ed. (Agilent Technologies, 2010).

물은 아주 투명하기 때문에, **자외선 검출기**(ultraviolet detector)는 185 nm까지 작동할 수 있으며, 이 파장에서 대부분의 용질은 빛을 강하게 흡수한다. 짧은 파장의 자외선을 이용하기 위해서는 바탕 전해질이 아주 낮은 흡수를 보여야 한다. 붕산염 완충액은 투명도가 높아서 전기 이동에서 많이 사용되는 완충액이다.[46] 모세관 전기 이동은 일반적으로 감도가 낮은데, 이는 빛의 통과 거리가 25~75 μm 모세관 내경에 불과하기 때문이다. 모세관이 원통 구조여서 직선성은 1~2 자릿수로 제한된다.[47]

형광 검출(fluorescence detection, 천연색 사진 23)은 자연적으로 형광을 방출하는 물질이나 형광 유도체[48]에 민감하며 동적 구간이 10^9까지도 가능하다.[49] **비접촉 전도도 검출**(contactless conductivity detection)에서는 모세관 바깥쪽에서 분석 물질 영역과 완충 용액 사이의 전도도 차이를 감지한다.[50] **전류 검출**(amperometric detection)은 전극에서 산화되거나 환원될 수 있는 분석 물질에 반응한다.[51] **전기 분무 질량 분석기**(electrospray mass spectrometry, 그림 22-30)는 매우 낮은 검출 한계를 보이며, 분석 물질의 구조에 관한 정보도 제공한다.[52]

그림 26-29는 형광, 흡광, 전류, 전도도 및 다른 형태의 검출에 적용될 수 있는 **간접 검출**(indirect detection)의 원리를 보여 준다.[53] 일정한 바탕 신호를 갖는 성분을 바탕 전해질에 첨가한다. 분석 물질 띠에서는 분석 물질 분자가 발색단 물질을 배제시키므로, 검출기 신호는 분석 물질이 통과될 때 **감소한다**. 그림 26-30은 자외선을 흡수하는 음이온인 크로뮴산염의 존재하에서 Cl^- 동위 원소를 분리한 엄청난 결과를 Cl^- 동위 원소의 간접 검출로 확인한 것을 보여 준다. 전기 중성 조건에 의해 분석 물질 Cl^- 띠에서의 CrO_4^{2-} 농도는 바탕 전해질에서보다 낮아야 한다. 자외선을 흡수하는 CrO_4^{2-}가 줄어들므로, Cl^-이 검출기에 도달하면 음의 피크가 나타난다. 벤조산염, 프탈산염 및 다른 음이온들도 이러한 목적에 유용하다. 모세관 전기 이동의 무기 음이온 검출 한계는 이온 크로마토그래피와 비교해서 10배 정도 높지만, 이온 선택성 전극과 비교해서는 10~100배 정도 낮다.

간접 검출에서의 검출 한계는 일반적으로 직접 검출보다 10~100배 높다(나쁘다).

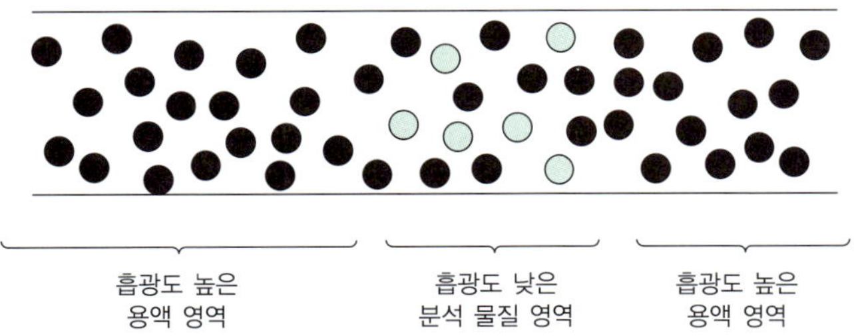

그림 26-29 간접 검출의 원리. 분석 물질이 모세관으로부터 나오면 강한 바탕 신호는 감소한다.

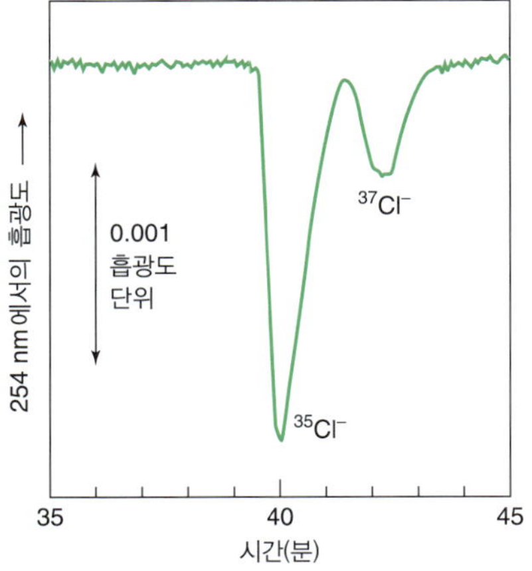

그림 26-30 모세관 전기 이동과 254 nm에서의 간접 흡광 검출에 의한 0.56 mM Cl^- 용액에서 동위 원소의 분리. 바탕 전해액은 254 nm에서 흡광도를 유지하기 위해 5 mM CrO_4^{2-}와 pH 9.2의 2 mM 붕산염 완충액을 포함한다. $^{35}Cl^-$와 $^{37}Cl^-$의 이동도 차이는 0.12%에 불과하다. 용액의 전기 삼투 흐름은 전기 이동에 의한 흐름과 방향은 반대이지만 속도는 거의 동일한 상태로 조절하였다. 결과적으로 겉보기 속도는 거의 '0'에 가깝게 되고, 두 동위 원소는 최장 시간을 모세관에 머무르면서 작은 속도 차이에 의해서 분리된다. [출처: C. A. Lucy and T. L. McDonald, "Separation of Chloride Isotopes by Capillary Electrophoresis Based on the Isotope Effect on Ion Mobility," *Anal. Chem.* **1995**, *67*, 1074.]

마이셀 동전기 크로마토그래피[54]

지금까지 다룬 전기 이동의 형태는 **모세관 띠 전기 이동(capillary zone electrophoresis)**이다. 분리는 전기 이동의 이동도 차이 때문이다. 모세관 벽이 음전하를 띠면 전기 삼투 흐름은 음극 쪽을 향하며(그림 26-20), 용리 순서는 양이온 > 중성 > 음이온이다. 모세관 벽에 양이온 계면 활성제를 입힘으로써 모세관 벽의 전하가 바뀌고(그림 26-25), 기기의 극성이 반대로 바뀌면 용리 순서는 음이온 > 중성 > 양이온이다. 그러나 두 방법 중 어느 것도 중성 분자끼리는 분리되지 않는다.

정방향 모세관 띠 전기 이동에서 용리 순서

1. 양이온(이동도가 가장 빠른 것이 첫 번째)
2. 모든 중성 물질(**서로 분리되지 않음**)
3. 음이온(이동도가 가장 빠른 것이 마지막)

마이셀 동전기 크로마토그래피(micellar electrokinetic chromatography)는 중성 분자와 이온을 분리한다. 음이온 계면 활성제 도데실 황산 소듐(SDS: sodium dodecyl sulfate)이 **임계 마이셀 농도**(critical micelle concentration, 보충 26-1) 이상으로 존재하면, 음으로 하전된 마이셀이 형성된다.[55] 그림 26-31에서 전기 삼투 흐름은 오른쪽으로 향한다. 음으로 하전된 마이셀의 전기 이동은 왼쪽으로 향하지만, 전기 삼투 흐름이 더 우세하기 때문에 알짜 이동 방향은 오른쪽이다.

OSO_3^- Na^+

도데실 황산 소듐
(n-$C_{12}H_{25}OSO_3^-\ Na^+$)

마이셀이 없는 경우, 모든 중성 분자는 t_0 시간에 검출기에 도달한다. 시료와 함께 주입된 마이셀은 t_{mc} 시간에 검출기에 도착하는데, 이것은 마이셀의 전기 이동이 역방향이기 때문에 t_0보다 긴 시간이다. 중성 분자들은 자유 용액과 마이셀 내부 사이에서 평형을 이루는데, 마이셀에 들어 있는 동안에는 느려지기 때문에 중성 분자의 이동 시간은 증가한다. 이 경우, 중성 분자는 t_{mc} 시간 사이에 검출기에 도착한다. 중성 분자가 **마이셀 내부에서 보내는 시간이 길어질수록 이동 시간이 더 길어진다.** 양이온과 음이온의 이동 시간 역시 마이셀의 영향을 받는데, 그 이유는 이온이 용액과 마이셀 사이에서 분배되고 마이셀과의 정전기적 상호 작용하기 때문이다.

마이셀 동전기 크로마토그래피: 중성 분석 물질이 마이셀 안에 오래 머무를수록 이동 시간이 길다. 이 기법은 1984년에 S. Terabe가 도입하였다.[56]

마이셀 동전기 크로마토그래피는 마이셀이 **유사 정지상**(pseudostationary phase)처럼 거동하기 때문에 크로마토그래피의 한 형태라 볼 수 있다. 마이셀도 전기장에 의해 이동하지만 수행 완충 용액의 일부이므로 농도는 일정하다. 중성 분자들의 분리는 용액과 유사 정지상 사이의 분배의 차이 때문이다. van Deemter 식 26-5에서 질량 이동항 Cu_x는 0이 아니지만, 마이셀 안에서 질량 이동은 매우 빠르므로 띠넓어짐은 별로 문제되지 않는다. 전형적인 단수 N은 수십만이다.

마이셀 동전기 크로마토그래피는 다양한 변화가 가능하다. 분석 물질의 분포 계수를 변화시키기 위해 음이온, 양이온, 양쪽성 이온 및 중성 계면 활성제를 첨가할 수 있다(양이온 계면 활성제는 또한 벽의 전하를 바꾸어서 전기 삼투 흐름의 방향을 바꾼다). 유기 분석 물질의 용해도를 증가시키고 용액과 마이셀 사이의 분포 계수를 변화시키기 위해 아세토나이트릴이나 메탄올과 같은 용매를 첨가할 수 있다. 사이클로덱스트린(보충 24-1)을 첨가하여 거울상 이성질체들이 사이클로덱스트린과 회합하는 정도의 차이를 이용하여 거울상 이성질체의 분리도 가능하다.[57] 그림 26-32는 카이랄 마이셀과 사이클로덱스트린을 이용하여 유도체화된 아미노산의 거울상 이성질체들을 분리한 것을 보여 준다. 5-카복시플루오레세인 N-숙신이미딜 에스터(표 19-2)로 유도체화하고 488 nm 레이저로 여기시켜 검출 한계를

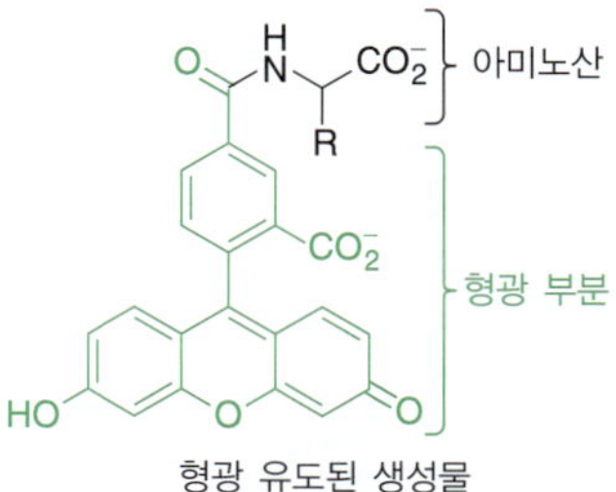

형광 유도된 생성물

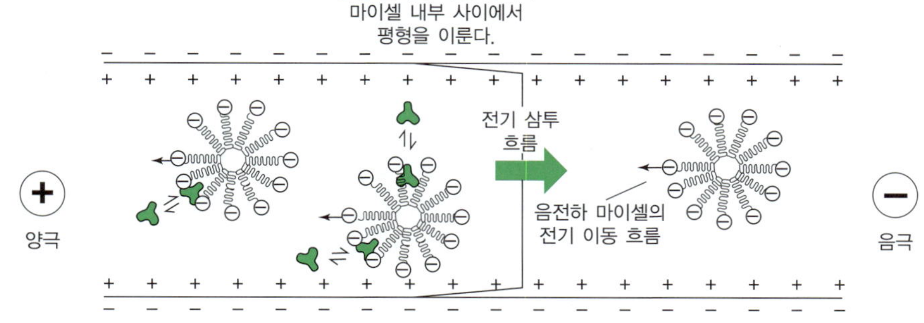

그림 26-31 음으로 하전된 도데실 황산 소듐의 마이셀은 전기 삼투 흐름의 반대 방향으로 전기 이동한다. 중성 분자(짙은 색깔)는 바깥 용액과 마이셀 내부 사이에서 동적 평형을 이룬다. 마이셀 안에서 보내는 시간이 길수록 중성 분자는 전기 삼투 흐름 뒤에 처지게 된다.

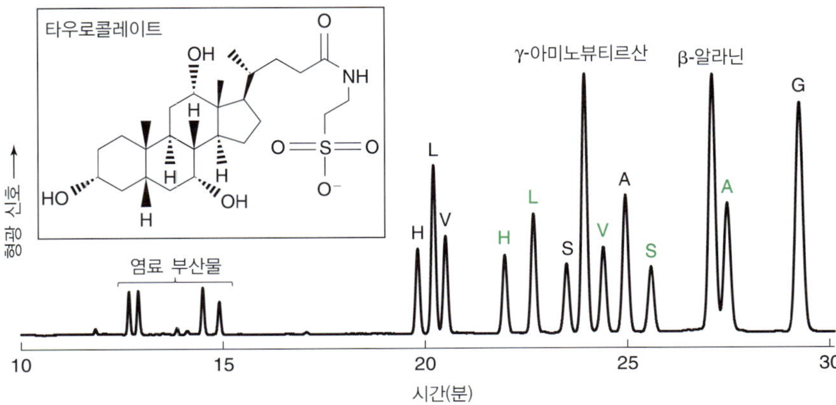

그림 26-32 형광 시약으로 유도된 아미노산 거울상 이성질체의 마이셀 동전기 크로마토그래피 분리. D-아미노산은 검게, L-아미노산은 색깔로 표시하였다. 아미노산 약어는 표 10-1 참조. 추가 피크는 물과 불순물이 형광 시약과 반응한 것들이다. 카이랄 계면 활성제 타우로콜레이트(구조 참조)와 γ-사이클로덱스트린(보충 24-1)을 카이랄 선택제로 5% 아세토나이트릴을 포함한 pH 9.2의 붕산염 완충액에 첨가하여 40 cm의 모세관으로 분리하였다. [출처: J. S. Creamer, M. F. Mora, and P. A. Willis, "Enhanced Resolution of Chiral Amino Acids with Capillary Electrophoresis for Biosignature Detection in Extraterrestrial Samples" *Anal. Chem.* **2017**, *89*, 1329, open access.]

5 nM(외계 생명체를 검출하기에 충분)까지 낮추었다. 전하를 띤 사이클로덱스트린의 유도체는 카이랄 거울상 이성질체의 분리를 위한 유사 정지상으로도 이용될 수 있다.

모세관 체질 전기 이동

모세관 체질 전기 이동(**capillary sieving electrophoresis**)은 **모세관 젤 전기 이동**(capillary gel electrophoresis)이라고도 하는데, 생화학의 기본 도구인 젤 전기 이동을 변형한 것이다. 크기에 따라 거대 분자를 분리하는 데 사용된 고분자 젤의 얇은 판은 보통 화학 젤로, 사슬이 화학 결합으로 다리 결합되어 있다(그림 26-33a). 화학 젤은 문제가 생기면 모세관에서 제거하기가 힘들어 선형 고분자가 단순히 엉킨 물리 젤(그림 26-33b)을 흔히 사용한다. 물리 젤은 분리할 때마다 모세관에서 제거하고 새것으로 만들기 위해 재충전할 수 있으므로 모세관 체질 전기 이동이 고전적인 판형 젤 전기 이동보다 자동화가 용이하다.

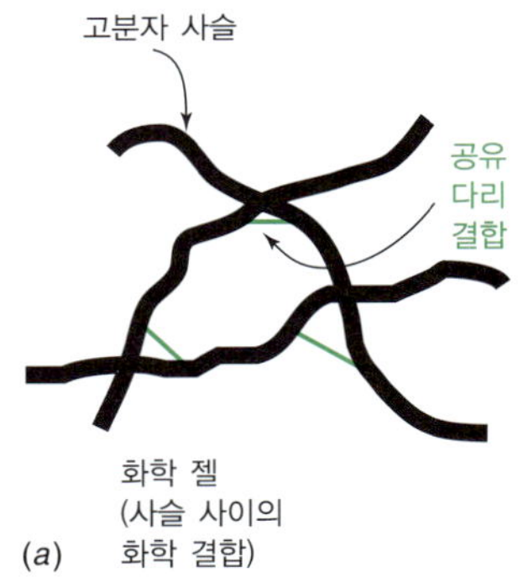

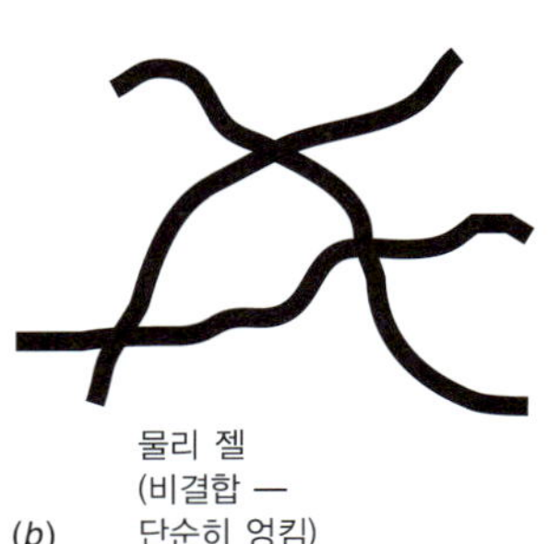

그림 26-33 (*a*) 화학 젤은 다른 고분자 사슬 사이에서 공유 다리 결합을 이루고 있다. (*b*) 물리 젤은 다리 결합을 가지고 있지 않지만, 성질은 물리적으로 얽힌 고분자에 의존한다.

거대 분자들은 젤 내에서 **체질**(sieving)에 의해 분리되는데, 작은 분자는 큰 분자에 비해 빠르게 서로 엉킨 고분자 구조를 이동한다. 천연색 사진 23은 DNA 서열 분석의 한 부분을 보여 주는데, 뉴클레오타이드가 400개까지 되는 형광 표지된 조각들의 혼합물을 38 g/L의 선형 폴리아크릴아마이드 체질 매체와 단일 가닥의 DNA를 안정화하기 위한 6 M 요소로 채운 모세관으로 32분 안에 분리하였다. 각 조각의 끝에는 형광 표지로 구분되는 A, T, G, C 염기 중의 하나가 있어서, 형광 검출기를 지나갈 때 어느 염기인지를 알 수 있다. 모세관 전기 이동은 인간 유전체 내 핵산의 순서를 결정할 수 있도록 해 준 기술이다.[58] 대부분의 과학 수사 DNA 분석은 여러 개의 모세관으로 전기 이동 분석을 자동으로 수행하는 **유전자 분석기**(genetic analyzer)를 이용한다.[59]

생화학자들은 **도데실 황산 소듐**(SDS)−**젤 전기 이동**(gel electrophoresis)을 이용하여 단백질의 분자량을 측정한다.[60] 우선 과량의 2-머캅토에탄올($HSCH_2CH_2OH$)로 이황화 결합(—S—S—)을 환원시키고 SDS($C_{12}H_{25}OSO_3^-Na^+$)를 가함으로써 단백질을 **변성시켜** 무정형 코일(random coil) 형태로 만든다. 도데실 황산 음이온은 단백질의 소수성 부분을 둘러싸는데, 이는 단백질이 대략적으로 길이에 비례하는 큰 음전하를 띠게 한다. 변성된 단백질은 체질용 젤(sieving gel)을 통과하면서 전기 이동에 의해 분리된다. 크기별 배제 크로마토그래피에서와는 반대로, 큰 분자들은 작은 분자들보다 뒤처진다. 그림 26-34에서 보듯이, 단백질의 분자량의 로그함수는 1/(이동 시간)에 비례한다. 이동 시간은 실험마다 일정하지 않으므로, 내부 표준 물질 대비 이동 시간을 측정한다. 상대 이동 시간은 단백질의 이동 시간을, 빠르게 움직이는 작은 염료 분자의 이동 시간으로 나눈 값이다.

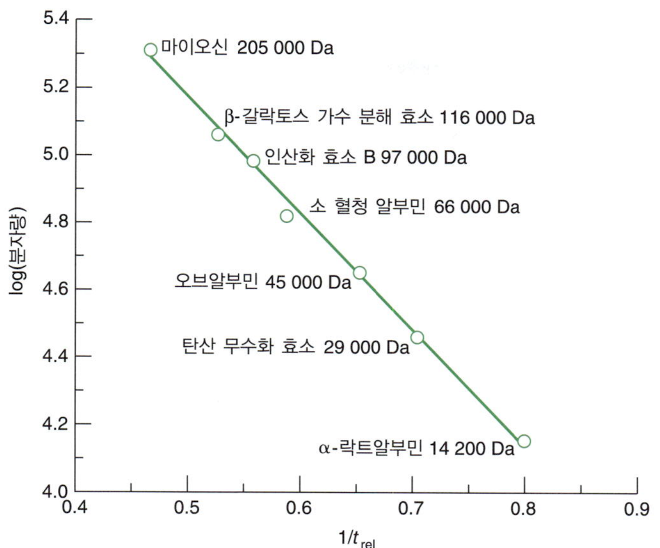

그림 26-34 도데실 황산 소듐-모세관 체질 전기 이동으로 단백질의 분자량을 측정하기 위한 교정 곡선. x축의 t_{rel}는 각 단백질의 이동 시간을 작은 염료 분자의 이동 시간으로 나눈 상대 이동 시간이다. 상대 이동 시간(t_{rel})은 이동 시간보다 재현성이 높다. [출처: J. K. Grady, J. Zang, T. M. Laue, P. Arosio, and N. D, Chasteen, "Characterization of the H- and L-Subunit Ratios in Ferritins by Sodium Dodecyl Sulfate-Capillary Gel Electrophoresis," *Anal. Biochem.* **2002**, *302*, 263.]

방법 개발

모세관 전기 이동은 액체 크로마토그래피만큼 널리 사용되지는 않는다. 전기 이동이 크로마토그래피에 비해 우월한 점은 (1) 분리도가 높고, (2) 폐기물 배출이 적으며, (3) 장치가 간단하다는 점 등이다. 전기 이동의 약점은 (1) 검출 한계가 높고, (2) 이동 시간의 재현성이 낮으며, (3) 일부 시료는 일반적인 전해질 용액에 녹지 않고, (4) 시료 처리량을 대용량 분리(preparative separation) 수준까지 높일 수 없다는 점 등이다.

액체 크로마토그래피는 모세관 전기 이동보다 20여 년 앞서서 개발되었으며, 흔히 첫 번째 시도되는 분석법이다. 그러나 제약 산업 특히 생물 약제의 경우, 모세관 전기 이동이 보다 널리 활용되어 가고 있다.[61] 예를 들어 지구력을 요하는 운동에서 약물로 오용되는 적혈구 세포 생성 촉진제 에리트로포이에틴의 이성질체를 분리하는 공식 약전 분석법은 모세관 전기 이동이다. DNA, 단백질, 글리칸, 무기 음이온, 거울상 이성질체 등의 분석을 위해 모세관, 완충 용액, 시약, 그리고 실험법을 포함한 상용 키트도 있다.

분석법 개발에서는 전기 이동이 크로마토그래피와 근본적으로 다름을 숙지하는 것이 중요하다. 모세관 전기 이동의 방법을 개발할 때에는 다음 사항들을 고려해야 한다.[62]

1. 요구되는 검출 한계를 제공하는 검출 방법을 선택한다. 자외선 흡수 방법에서는 최적 파장을 선택한다. 필요하다면 간접 검출 방법이나 유도체화 방법을 활용한다.
2. 가능하다면, 분석 물질을 음으로 하전된 벽에 붙지 않는 음이온 형태로 분리한다. 낮은 pH에서 단백질과 같은 다중 양이온(polycation)을 분리할 때에는 벽을 코팅하거나 벽의 전하를 바꾸기 위한 첨가제를 가한다. 넓은 피크는 내벽 효과가 있다는 것을 의미하므로 코팅이 필요할 수도 있다.
3. 모든 시료를 녹인다. 만약 시료가 묽은 완충 수용액에 녹지 않는다면, 6 M 요소 혹은 계면 활성제를 첨가한다. 아세트산염(acetate) 완충액은 인산염(phosphate) 완충액보다 유기물 용질을 더 잘 녹이는 경향이 있다. [필요하다면 비수용성 용매(nonaqueous solvent)를 사용할 수 있다.[63] 그러나 비수용성 용매는 장비의 플라스틱 부품들과 문제가 없어야 한다. 아세토나이트릴과 메탄올이 추천할 만하지만, 기체 방출이나 증발을 최소화하기 위해 낮은 전류를 사용해야 한다. 유기 용매 대신 마이셀이나 사이클로덱스트린의 수용액으로 용해도 문제를 해결하기도 한다.]
4. 한 종류의 분석마다 전용 모세관을 사용한다. 새 모세관은 끝이 날카롭지 않도록 자르고 사용 전에 NaOH와 수행 완충 용액으로 전처리한다.

5. 피크가 몇 개 존재하는지를 결정한다. 분석 물질의 검증된 시료와 다이오드 배열 자외선 검출기나 질량 분석기 등을 이용하여 각 피크가 무엇인지를 알아낸다.
6. pH만 조절하면 분리가 되는지 알아본다. 산의 경우, pH 9.3의 50 mM 붕산염 완충액부터 시도해 본다. 염기의 경우, pH 2.5의 50 mM 인산염 완충액을 시도한다. 분리가 충분하지 않으면, 용질의 평균 pK_a 값 근처의 pH를 사용한다.
7. pH를 조절해도 분리가 좋지 않거나 분석 물질이 중성이면 마이셀 동전기 크로마토그래피를 위해 계면 활성제를 사용한다. 거울상 이성질체의 분리에는 사이클로덱스트린을 넣어 본다.
8. 모세관 세척 과정을 고른다. 씻지 않아도 매번 재현성 있는 결과가 나오면 씻지 않는다. 이동 시간이 길어지면 0.1 M NaOH로 5~10초간 그다음 수행 완충액으로 5분간 씻는다. 이동 시간이 아직도 일정하지 않으면, NaOH 세척 시간을 수초 늘리거나 줄여 본다. 이동 시간이 짧아지면, 0.1 M H_3PO_4로 씻는다. 단백질이나 다른 양이온들이 벽에 흡착되면, 0.1 M SDS로 씻거나 상용 혹은 동적 코팅된 모세관을 쓴다.
9. 필요하면 시료 세척 방법을 모색한다. 분리도가 낮거나, 염의 농도가 높거나, 모세관이 오염되면 세척이 필요하다. 세척 방법에는 고체상 추출(28-3절), 단백질 석출, 투석(실험 27-1) 등이 있다.
10. 검출 한계가 높으면, 쌓임(stacking) 등의 모세관 내 농축법을 사용한다.
11. 정량 분석을 위해서는 가장 묽은 분석 물질과 가장 진한 분석 물질을 측정하는 데 필요한 선형 구간을 정한다. 필요하면 내부 표준 물질을 사용한다. 표준 물질의 이동 시간이나 피크 면적이 변하는 것은 무언가 분석 조건이 변했다는 것을 의미한다.

26-8 칩상 실험실

칩상 실험실은 **미세 통합 분석 시스템**(micro total analysis system; μTAS)으로도 불린다.

이 장의 도입부에서 조산의 생물 지표를 검출하기 위한 소형화된 도구를 보여 주었다. 이러한 유형의 장치를 **칩상 실험실**(lab-on-a-chip)이라고 한다.[64,65] **미세 유체 역학**(microfluidics)은 전기 삼투 또는 압력으로 마이크로리터에서 피코리터까지의 유체를 정밀하게 움직이고 조절하는 것이다. 칩상 실험실은 유리, 실리콘(보충 24-2) 또는 중합체(26장 도입부)에 식각된 마이크로미터 크기의 채널로 구성되며, 유체 이동과 감지를 제어하는 외부 전자 장치, 공압 및 광학 장치가 있다.[66] 모든 분석 단계는 재현 가능한 조건에서 칩 내에서 수행된다. 도입부의 칩은 고체상 추출, 형광 유도체화 및 전기 이동 분리를 포함하는 생물 지표 분석을 위해 미세 우물과 미세 밸브에 프로그래밍된 일련의 전압 및 압력을 제공하는 다기관에 장착되었다. 이 칩은 실험실 밖에서 자동으로 실험을 수행할 수 있다.

그림 26-35는 **바이오 분석기**(bioanalyzer)라고 하는 DNA 및 단백질의 체질 전기 이동을 위한 상용 미세 유체 장비를 보여 준다. 17.5 × 17.5 mm 유리 칩에는 다양한 시약, 시료 또는 표준 물질이 도입되는 16개의 우물이 있다. 미세 우물들은 광식각법으로 유리에 식각된 깊이 13 μm × 너비 36 μm의 채널로 연결된다. 칩 집게를 사용하면 칩과 기기를 연결할 수 있으며, 이전 시료에 의한 오염을 방지하기 위해 일회용으로 설계되었다. 바이오 분석기는 16개의 고압 전원 공급 장치, 레이저 및 검출 광학 장치를 포함한다. 16극 배열 전극은 칩의 우물과 정렬되어 다양한 채널에 고전압을 적용하여 용액을 칩 내의 다른 지점으로 이동시킬 수 있다.

체질 전기 이동으로 단백질을 분석하기 위해 물리적 체질 젤, 도데실 황산 소듐 계면 활성제 및 형광 염료의 혼합물 12 μL를 미세 우물 G에 채운다. 미세 우물 G의 점성 젤을 모든 채널이나 폐액 미세 우물 G_1~G_3로 강제로 보내는 데 주사기가 사용된다. 젤은 체질 매질의 역할을 하며 전기 삼투 흐름을 억제한다. 단백질 시료는 다이싸이오트레이톨과 같은 변성제와 혼합되어 이황화 결합을 끊고, 6 μL 시료 10개를 미세 우물 1~10에 채운다. 각 우물은 주입 영역과 채널로 연결된다. 간단하게 하기 위해 그림 26-35에는 미세 우물 1에서 주입기까지의 채널만 나타내었다. 칩이 바이오 분석기에 삽입되면 전극이 각 미세 우물의 용액과

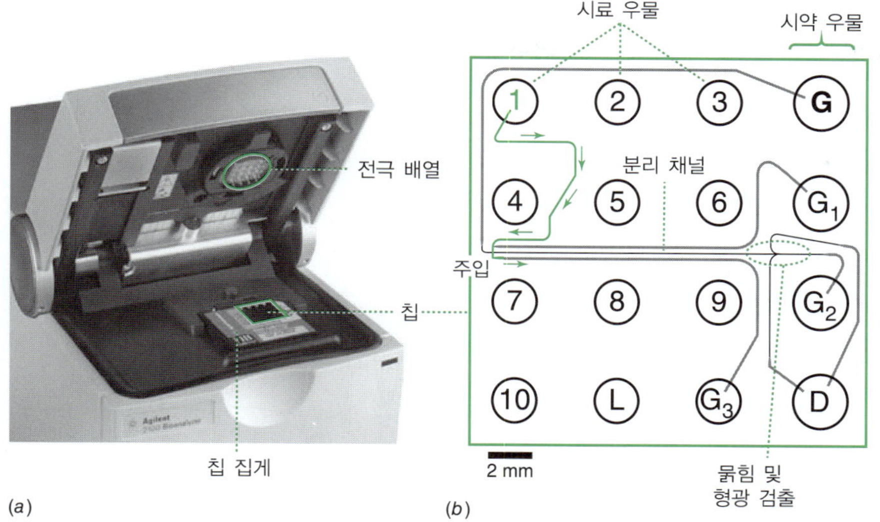

그림 26-35 단백질의 자동 체질 전기 이동을 위한 미세 유체 장치. (a) 칩이 삽입된 바이오 분석기. (b) 칩 배치도. 색깔 채널은 우물 1에서 주입기까지의 시료 경로이다. 우물 2~10과 L을 주입기에 연결하는 추가 채널은 표시하지 않았다. [출처: L. Bousse, S. Mouradian, A. Minalla, H. Yee, K. Williams, and R. Dubrow, "Protein Sizing on a Microchip," *Anal. Chem.* **2001**, *73*, 1207.]

접촉하여 칩의 다양한 우물에 전압을 가할 수 있다.

시료 1을 주입하기 위해 미세 우물 1(−)과 G_3(+) 사이에 전압이 적용된다. 음전하의 단백질-계면 활성제 착물은 그림 26-35의 우물 1에서 우물 G_3으로 전기 이동으로 옮겨진다. 그림 26-36a의 주입 영역에서 시료는 우물 1에서 G_3까지 전기 경로를 따라간다. 다음으로 그림 26-36b에서 전압을 변환하여 액체를 G에서 G_2로 이동시키고, 작은 시료 띠를 G_2 분리 채널에 주입한다. 유사한 방식으로 미세 우물 2~10 및 L에 단백질 시료 또는 표준 물질을 주입할 수 있다. 우물 L은 **사다리**로 불리는 단백질 분자량 표준의 혼합물이 들어 있다.

단백질은 12.5 mm 길이의 분리 채널에서 26-7절에서 논의된 체질 전기 이동으로 분리된다. 체질 배지의 형광 염료는 단백질-계면 활성제 착물로 분배되어 형광이 강화된다(그림 26-37). 염료는 마이셀로도 분배되어 형광이 강화되고 높은 바탕 신호를 생성한다. 분리가 끝나면 우물 D의 두 채널은 액체를 도입하여 계면 활성제를 임계 마이셀 농도 미만으로 희석한다(보충 26-1). 마이셀이 분해되고 마이셀 내 염료의 배경 형광이 사라진다. 단백질-계면 활성제-염료 착물은 손상되지 않고 강한 형광성을 유지한다. 그림 26-38은 우유 단백질의 체질 전기 이동을 보여 준다.

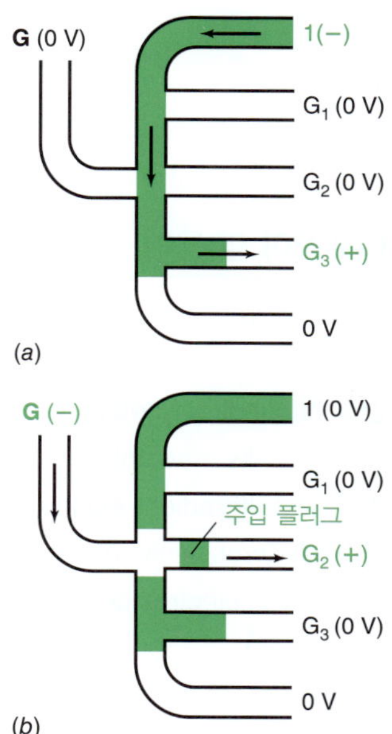

그림 26-36 미세 유체 칩에 시료 주입하기. (a) 우물 1과 G_3 사이에 전압을 가하면 시료 1이 주입 채널에 채워진다. (b) 전압을 바꿔서 25 pL의 시료 1을 분리 채널에 주입한다. [출처: "Principle of operation figure" of Agilent 2100 Bioanalyzer System/Agilent 4200 TapeStation System: Applications for DNA, RNA, and Protein Analysis, Agilent 5991-8974EN, pg. 11.]

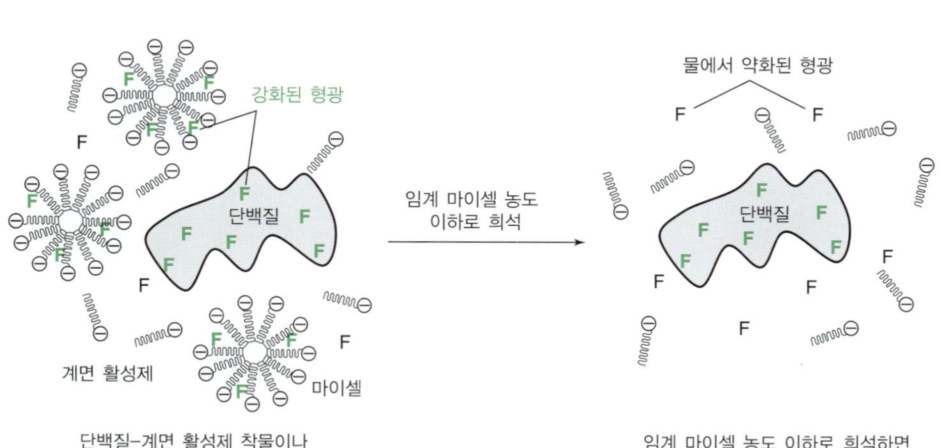

그림 26-37 단백질-계면 활성제 착물이나 마이셀에 들어간 염료는 강한 형광을 낸다. 계면 활성제를 임계 마이셀 농도 이하로 희석하면 마이셀의 형광은 사라진다.

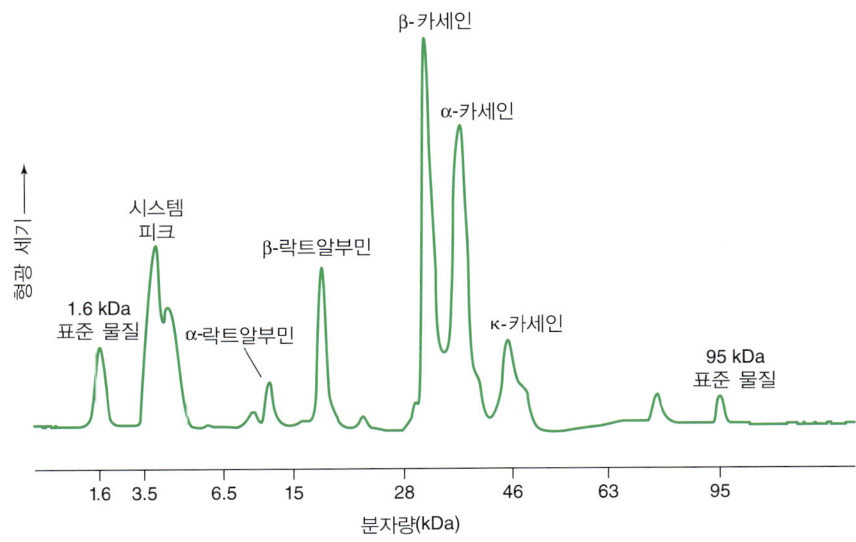

그림 26-38 미세 유체 체질 전기 이동으로 분석한 우유의 성분 [출처: R. Nitsche, "Milk Protein Analysis with the Agilent 2100 Bioanalyzer and Agilent Protein 80 Kit," Application note 5990-8125, Agilent Technologies, 2016.]

이해해야 할 용어

Donnan 배제(Donnan exclusion)
간접 검출(indirect detection)
계면 활성제(surfactant)
기울기 용리(gradient elution)
다리 결합(cross-linking)
동전기 주입(electrokinetic injection)
등가(equivalent)
마이셀(micelle)
마이셀 동전기 크로마토그래피(micellar electrokinetic chromatography)
모세관 띠 전기 이동(capillary zone electrophoresis)
모세관 전기 이동(capillary electrophoresis)
모세관 체질 전기 이동(capillary sieving electrophoresis)
미세 유체학(microfluidics)
분자 각인 고분자(molecularly imprinted polymer)
사전 농축(preconcentration)
선택 계수(selectivity coefficient)
소수성 물질(hydrophobic substance)
소수성 상호 작용 크로마토그래피(hydrophobic interaction chromatography)
수지(resin)
쌓임(stacking)
양이온 교환체(cation exchanger)
억압 이온 크로마토그래피(suppressed-ion chromatography)
유체 역학 주입(hydrodynamic injection)
음이온 교환체(anion exchanger)
이동도(mobility)
이온 교환 용량(ion-exchange capacity)
이온 교환 크로마토그래피(ion-exchange chromatography)
이온쌍 크로마토그래피(ion-pair chromatography)
이온 크로마토그래피(ion chromatography)
전기 삼투(electroosmosis)
전기 이동(electrophoresis)
젤(gel)
젤거르기(gel filtration)
종 규명(speciation)
친화 크로마토그래피(affinity chromatography)
크기별 배제 크로마토그래피(size exclusion chromatography)
탈이온수(deionized water)
틈새 부피(interstitial volume)
혼합 방식 크로마토그래피(mixed-mode chromatography)

요약

이온 교환 크로마토그래피에서는 반대 전하를 잡아당기는 하전된 작용기가 공유 결합한 수지나 젤을 사용한다(같은 전하를 가지고 있는 이온은 배제된다). 이온 교환 결합은 전하와 편극률이 클수록, 이온의 수화 반지름이 작을수록 커진다. 이온이 결합하면 같은 당량의 이온 전하가 수지에서 떨어져 나온다. 플리스타이렌 수지는 작은 이온에 유용하다. 공동 크기가 크고 전하 밀도가 낮은 셀룰로스와 덱스트란으로 된 이온 교환 젤은 거대 분자의 분리에 적합하다. 이온 교환체는 질량 작용의 원리로 작동되며, 이온 세기를 증가시키는 기울기로 분리 목적을 달성하는 데 가장 일반적으로 사용된다.

억압 이온 크로마토그래피에서, 분리용 칼럼은 원하는 이온을 분리하고 억압 막(membrane)은 용리액을 비이온성 형태로 변환시켜서 분석 물질을 전기 전도도에 의해 검출한다. 용리액과 억압제는 전기 분해를 이용하여 연속적으로 공급할 수 있다. 대안으로, 비억압 이온 크로마토그래피는 이온 교환 칼럼과 농도가 낮은 용리액을 사용한다. 이온쌍 크로마토그래피는 용리액에 이온성 계면 활성제를 넣어서 역상 칼럼이 이온 교환 칼럼의 작용을 하게 한다. 혼합 방식 칼럼은 역상과 이온쌍의 특성을 모두 가지고 있다.

크기별 배제 크로마토그래피는 거대 분자들을 크기에 따라 분리하거나 분자량을 결정하는 데 쓰인다. 크기별 배제는 큰 분자들이 정지상의 공동 속으로 들어가지 못하는 데에 근거한다. 작은 분자들은 공동 속으로 들어가기 때문에 큰 분자보다 용리 시간이 길다. 친화 크로마토그래피에서는 복잡한 혼합물 안에 있는 특정 용질이나 특정 종류의 용질만 정지상에 붙잡힌다. 농축은 원하는 분석 물질을 머무르게 하고 농축시키는 것이다. 고갈은 시료의 매트릭스 성분을 없애는 것이다. 소수성 상호 작용 크로마토그래피에서는 높은 농도의 황산 암모늄으로 단백질들이 소수성의 정지상에 붙도록 유도한다. 염의 농도가 줄어드는 기울기 용리로 단백질의 용리액 용해도를 증가시켜 가면서 단백질들을 칼럼에서 용리시킨다.

모세관 띠 전기 이동에서 이온은 실리카 모세관의 양끝 사이에 걸어 준 강한 전기장 내에서 이동도 차에 의해 분리된다. 전하가 클수록, 유체 역학 반지름이 작을수록, 전기 이동 이동도는 커진다. 통상적으로 모세관 벽은 음전하이고, 용액은 전기 이중층 안에 있는 양이온의 전기 삼투에 의해 양극에서 음극으로 흐른다. 먼저 양이온 용질이 도착되고, 다음에 중성 화학종이, 그다음에 음이온 용질이 도착된다(대부분의 경우처럼 전기 삼투가 전기 이동보다 센 경우). 겉보기 이동도는 전기 이동 이동도와 전기 삼투 이동도(이것은 모든 화학종에 대하여 같다)의 합이다. 띠넓어짐은 주로 주입된 시료의 세로 확산과 시료 주입 길이 때문이다. 모세관 내에서 용질 이온의 쌓임은 시료의 전도도가 낮을 때 발생한다. 낮은 pH에서 표면의 Si—O^-기는 양성자화되므로 전기 삼투 흐름은 감소한다. Si—O^-기는 폴리아민 양이온에 의해 가려질 수 있고, 벽의 전하는 벽을 따라 두겹층을 형성하는 양이온 계면 활성제를 사용하여 변환시킬 수 있다. 공유 결합 코팅은 전기 삼투와 벽 흡착을 감소시킨다. 유체 역학적 시료 주입은 압력을 이용한다. 동전기 주입은 전기장을 이용한다. 일반적으로 자외선 흡광도가 검출에 사용된다. 마이셀 전기 이동 크로마토그래피는 마이셀을 유사 정지상으로 사용하여 중성 분자와 이온을 분리한다. 모세관 체질 전기 이동은 체질로 거대 분자를 분리한다. 크기별 배제 크로마토그래피와는 반대로, 체질 전기 이동에서는 작은 분자가 가장 빠르게 이동한다. 미세 유체 장치(칩상 실험실)는 화학 반응이나 화학 분석을 하기 위해 식각으로 만든 미세 통로의 전기 삼투나 유체 역학적 흐름을 이용한다.

연습 문제

26-A. 총염도 측정 실험: 무기 양이온은 염 용액을 H^+ 형태로 채워진 양이온 교환 칼럼에 통과시켰을 때 칼럼에서 빠져나오는 H^+를 강염기로 적정하여 정량할 수 있다. 적정액의 OH^- 몰수는 용액 양이온 전하와 같은 당량이다.

(a) 0.045 8 M KNO_3 10.00 mL를 H^+ 형태의 양이온 교환 칼럼에 주입하였을 때의 용리액을 적정하는 데 필요한 0.023 1 M NaOH의 부피는 얼마인가?

(b) 미지의 염 시료 0.269 2 g을 탈이온수에 녹여 H^+ 형태의 양이온 교환 칼럼에 주입하였다. 칼럼을 탈이온수로 세척하고, 시료 주입 때 용리된 용액과 세척 용액을 모아 0.139 6 M KOH로 적정하였다. 종말점에 이르는 데 30.64 mL가 소요되었다. 시료에는 몇 당량의 양이온이 있었는가? 시료 1 g당 양이온의 밀리당량(meq/g)을 구하시오.

(c) 물질 1당량의 질량을 **당량 질량**(equivalent mass)이라고 한다. 양이온의 전하가 +1이면, 당량 질량은 분자량과 같다. 양이온의 전하가 +2이면, 당량 질량은 분자량의 절반이다. **(b)**의 시료는 당량 질량이 얼마인가?

26-B. 시판용 황산 바나딜($VOSO_4$, FM 163.00)은 황산(H_2SO_4, FM 98.07)과 H_2O로 오염되어 있다. 물 50.0 mL에 불순한 $VOSO_4$ 0.244 7 g을 녹였다. 분광 광도법에 의한 분석 결과는 파란색 VO^{2+} 이온의 농도가 0.024 3 M이었다. 시료 5.00 mL를 H^+ 형태로 채워진 양이온 교환 칼럼에 통과시켰다. 5.00 mL의 시료가 칼럼에 결합하고 떨어져 나온 H^+를 적정하는 데 0.022 74 M NaOH가 13.03 mL 소모되었다. 황산 바나딜에 존재하는 각 성분($VOSO_4$, H_2SO_4, H_2O)의 무게 백분율을 계산하시오.

26-C. Blue Dextran 2000을 40 × 2 cm(길이 × 지름)인 Sephadex G-50 칼럼을 사용하여 젤거르기로 분리시킨 결과, 36.4 mL에서 용리되었다. Sephadex G-50 칼럼은 분자량 1 500~30 000 범위의 분자를 분별한다.

(a) 헤모글로빈(분자량 64 000)의 머무름 부피는 얼마나 되겠는가?

(b) 칼럼에 흡착되지 않는 방사성 $^{22}NaCl$이 109.8 mL에서 용리된다면, K_{av}가 0.65인 분자의 머무름 부피는 얼마인가?

26-D. 모세관 전기 이동 실험을 pH 9 근처에서 실행하였고, 이때 전기 삼투 흐름이 전기 이동 흐름보다 세다.

(a) 양극, 음극, 주입기 및 검출기의 배치를 나타내는 모세관의 그림을 그리시오. 양이온과 음이온에 대한 전기 삼투 흐름 방향과 전기 이동 흐름 방향을 나타내시오. 알짜 흐름 방향을 나타내시오.

(b) 표 15-1을 사용하여 Cl^-가 I^-보다 이동 시간이 짧은 이유를 설명하시오. Br^-의 이동 시간이 Cl^-보다 짧은지, I^-보다 길지를 예측하시오.

(c) I^-의 이동도가 Cl^-보다 큰 이유는?

문제

이온 교환 크로마토그래피와 이온 크로마토그래피

26-1. 이온 교환 칼럼의 다리 결합을 증가시켰을 때의 효과를 말하시오.

26-2. 이온 교환 수지의 교환 용량은 건조한 수지 1 g당 하전된 자리의 몰수로 정의된다. 음이온 교환 수지의 교환 용량을 NaOH 표준 용액, HCl 표준 용액, 혹은 다른 몇 가지 시약을 사용하여 측정하는 방법을 기술하시오.

26-3. 크로마토그래피 정지상의 용기에 적혀 있는 200/400메시 표시는 무엇을 의미하는가? 그러한 입자들의 크기 범위는 어떠한가?(표 28-2 참조) 100/200 또는 200/400메시 중 어느 입자가 더 작은가?

26-4. 그림 26-7의 무기, 유기 음이온의 분석을 고려해 보자.

(a) pyruvate(10번 피크), 2-oxovalerate(16번 피크), maleate(28번 피크)의 전하(X^{n-})는 얼마이겠는가? (**힌트**: 피크 근처의 이온들을 살펴보라.)

(b) 아이오딘화 이온(44번 피크)의 전하는 −1이다. 이것이 강하게 머무르는 이유를 설명하시오.

26-5. 음전하를 갖는 단백질이 pH 8에서 음이온 교환 젤에 흡착되어 있다고 가정하자.

(a) 용리액의 pH 기울기(pH 8에서 낮은 pH로)가 단백질을 용리시키는 데 어떻게 유용하겠는가? 용리액의 이온 세기는 일정하게 유지시킨다고 가정한다.

(b) 단백질을 용리시키는 데 이온 세기(일정 pH에서)의 기울기가 어떻게 유용하겠는가?

26-6. 이온 교환 크로마토그래피로 트라이메틸아민, 다이메틸아민, 메틸아민, 암모니아를 분리하는 방법을 제시하시오.

26-7. 탈이온수란 무엇인가? 어떤 종류의 불순물들이 탈이온화 과정에서 제거되지 않는가?

26-8. 바닷물의 철 농도가 낮으면(0.02 nM), 식물 플랑크톤이 잘 자라지 못한다. 이렇게 낮은 철 농도를 측정하려면 사전 농축이 요구된다. 큰 부피의 바닷물에 녹아 있는 흔적량의 Fe^{3+}를 1.2 mL의 킬레이팅 수지 칼럼으로 농축하고 30 mL의 초순수로 세척한 후, 10 mL의 고순도 1.5 M HNO_3로 용리한다.

(a) 각 시료는 바닷물을 10 mL/min의 유속으로 17시간 동안 통과시켜 만든다. 10 mL의 HNO_3 용리액에 들어 있는 Fe^{3+}는 사전 농축 과정에 의해 얼마나 농축되었는가?

(b) 질산 용리액의 Fe^{3+} 농도가 57 nM이라면, 바닷물에서의 Fe^{3+} 농도는 얼마인가?

26-9. 물질 균형(material balance). 미지 시료 속의 모든 음이온과 양이온을 측정하고자 한다면, 결과에서 총 양전하가 총 음전하와 같은지를 검사해야 한다. 아래의 표는 학부 실험에서 측정한 연못물의 음이온과 양이온의 농도를 μg/mL 단위로 표시되었다. 분석의 질을 판단하기 위해 음과 양의 전하의 총 농도(mol/L)를 구하시오. 이 분석에서 어떤 결론을 얻는가?

음이온	μg/mL	양이온	μg/mL
F^-	0.26	Na^+	2.8
Cl^-	43.6	NH_4^+	0.2
NO_3^-	5.5	K^+	3.5
SO_4^{2-}	12.6	Mg^{2+}	7.3
		Ca^{2+}	24.0

출처: K. Sinniah and K. Piers, "Ion Chromatography: Analysis of Ions in Pond Water," *J. Chem. Ed.* **2001,** *78*, 358.

26-10. 이온 배제 크로마토그래피에서는 이온 물질이 이온 교환 칼럼을 통과할 때 비전해질로부터 분리된다. 비전해질은 정지상 내부로 들어가지만, 수지와 같은 전하를 띤 이온은 고정된 전하에 의해 밀쳐진다. 동전하 이온은 칼럼 부피를 다 접근할 수 없어서 비전해질보다 먼저 용리된다. 아래의 표는 0.1% 트라이플루오르아세트산(pH 1.9) 용리액을 이용하여 이온 배제 크로마토그래피-질량 분석으로 구한 세 카복실산의 머무름 시간이다.

HO_2CCO_2H (옥살산) $HOCH_2CO_2H$ (글리옥실산) $CH_3CH(OH)CO_2H$ (젖산)

산	pK_a	머무름 시간 (분)	$[M-H]^-$ 이온 m/z
옥살산	1.25, 4.27	2.4	89.1
글리옥실산	3.46	3.4	73.2
젖산	3.86	4.5	89.1

출처: A. Schriewer, M. Brink, K. Gianmoena, C. Cadenas, and H. Hayen, "Oxalic Acid Quantification in Mouse Urine and Primary Mouse Hepatocyte Cell Culture Samples by Ion Exclusion Chromatography–Mass Spectrometry," *J. Chromatogr. B* **2017,** *1068*, 239.

(a) 이온 배제 칼럼에 고정된 전하는 음이온인가, 양이온인가? 칼럼은 음이온 교환체인가, 양이온 교환체인가?

(b) 세 가지 산이 분리된 이유와, 나오는 순서의 이유를 설명하시오.

(c) 다음 실험을 하기 전에 젖산보다 약한 산들을 용리하려고 7분간 분석하였다. 약한 산들이 더 늦게 나오는 이유는 무엇인가?

(d) 옥살산과 젖산의 $[M-H]^-$는 둘 다 $m/z = 89.1$의 질량 분석 신호가 나온다. 두 피크의 반치전폭(full with at half-height)은 0.5분이다. 옥살산과 젖산 피크의 크로마토그래피 분리도는 얼마인가? 이 분리도는 옥살산을 정확하게 분석하기에 충분한가?

(e) 물과 세포 배양 상층액에 녹인 젖산 표준 용액의 교정 곡선은 모두 직선이었지만, 세포 배양 상층액 표준 물질의 경우에는 기울기가 48%만큼 작았다. 세포 배양액이나 소변과 같은 생체 시료를 분석하려면 어떤 교정 방법을 사용해야 하는가?

26-11. 억압 이온 크로마토그래피에서 분리용 칼럼과 억압기의 목적을 말하시오. 양이온 크로마토그래피에서 억압기가 음이온 교환 수지로 되어 있는 이유는 무엇인가?

26-12. (a) 그림 26-6b의 저장 용기에 1.5 L의 2.0 M K_2PO_4가 담겨 있다고 하자. 이 저장 용기는 20 mM KOH를 몇 시간 동안 제공할 수 있는가? (단, 유속은 1.0 mL/min이며, 저장 용기 내 K^+의 75%까지 사용할 수 있다고 가정한다.)

(b) 1.0 mL/min 유속으로 5.0 mM KOH에서 시작하여 0.10 M KOH로 변하는 용매 기울기를 얻고자 할 때 필요한 처음 전류와 나중 전류는 얼마인가?

26-13. 그림 26-6b의 장치는 강산 용리액인 메테인설폰산($CH_3SO_3^-H^+$)을 생산하도록 바꿀 수 있다. 이를 위해 전극의 극성을 반대로 하고, 저장 용기에 $NH_4^+CH_3SO_3^-$를 넣는다. 그림 아래의 장벽 막과 수지 층은 둘 다 $CH_3SO_3^-$로 가득 차 있는 음이온 교환체여야 한다. 각 부분에서 발생하는 화학을 기술하고, 이 장치를 그리시오.

26-14. **(a)** 그림 26-8의 억압기는 Cl^-나 Br^- 같은 음이온을 낮은 ppb 수준으로 전도도로 검출할 수 있게 한다. 그러나 CN^-나 붕산염 같은 음이온의 검출 한계는 아주 나쁘다. 이유를 설명하시오.

(b) 억압 이온 크로마토그래피에서는 Na_2CO_3와 $NaHCO_3$의 혼합물을 용리액으로 쓸 수 있다. 이 경우 배경 전도도가 높아 OH^- 용리액보다 검출 한계가 나쁘다. 이유를 설명하시오.

26-15. 전도도 검출기와 비접촉 전도도 검출기는 억압 모세관 이온 크로마토그래피를 위해 개발되었다. 브로민화 표준 시료에서 관찰한 피크 높이를 밀리볼트 단위로 다음 표에 나열하였다.

브로민화 이온의 농도(mM)	피크 높이 전도도(mV)	피크 높이 비접촉 전도도(mV)
0.01	0.0	0.09
0.05	17.6	0.39
0.10	32.5	0.78
0.20	61.9	1.83
0.30	91.8	3.57
0.40	119.1	5.34
0.50	149.0	8.79

출처: W. X. Huang, B. Chouhan, and P. K. Dasgupta, "Capillary Scale Admittance and Conductivity Detection," *Anal. Chem.* **2018**, *90*, 14561.

(a) Excel을 사용하여 전도도 검출의 피크 높이(2열)와 Br^- 농도 사이의 그래프를 그리고, 추세선도 추가하시오. 기울기와 절편의 표준 불확정도를 포함한 선의 식도 구하시오. 교정선은 직선인가?

(b) Excel을 사용하여 비접촉 전도도 검출의 피크 높이(3열)와 Br^- 농도 사이의 그래프를 그리시오. 교정선은 직선인가? 그렇지 않다면 이 교정의 선형 구간은?

(c) 비접촉 전도도 피크 높이를 이차 함수에 맞추어, $y = 29.84x^2 + 1.906x + 0.190$과 무시할 정도의 잔류 값을 얻었고, $R^2 = 0.996$이었다. 미지 시료의 피크 높이는 1.46 mV였다. 미지 시료의 브로민화 이온의 농도는?

(d) **(c)**에서 구한 농도가 맞는다고 가정하면, **(b)**에서 구한 교정 곡선으로 피크 높이 1.46 mV에 대해 구한 값의 오차는 얼마인가?

$$오차 = 100 \times \frac{측정값 - 알려진\ 값}{알려진\ 값}$$

26-16. 이싸이온산($S_2O_4^{2-}$)의 분해를 음이온 교환 칼럼 상에서 90 vol% CH_3CN에 20 mM 1,3,6-나프탈렌트라이설폰산 트라이소듐을 섞은 용액으로 용리시키고, 280 nm에서 자외선 검출을 하는 크로마토그래피로 연구하였다. 공기가 없는 상태에서 34일 동안 저장한 이싸이온산 소듐 용액이 나타내는 5개의 피크는 SO_3^{2-}, SO_4^{2-}, $S_2O_3^{2-}$, $S_2O_4^{2-}$, $S_2O_5^{2-}$로 확인되었다. 모든 피크는 음의 흡광도를 갖는다. 그 이유를 설명하시오.

26-17. 사람의 소변 속에 들어 있는 노르에피네프린(NE)은 옥타데실실레인 정지상과 이동상 첨가제로 옥틸설폰산 소듐을 사용한 이온쌍 크로마토그래피에 의해 분석된다. 전기 화학 검출(Ag | AgCl에 대해 0.65 V에서 산화)이 사용되며, 내부 표준 물질로는 2,3-다이하이드록시벤질아민(DHBA)이 사용된다.

노르에피네프린(NE)

2,3-다이하이드록시벤질아민 (DHBA)

$CH_3CH_2CH_2CH_2CH_2CH_2CH_2CH_2OSO_3^-Na^+$
옥틸설폰산 소듐

(a) 이온쌍 분리가 작동하는 물리적 메커니즘을 설명하시오.

(b) 미지의 양의 NE에 일정한 농도의 DHBA가 첨가된 소변 시료에서 검출된 피크의 높이 비가 NE/DHBA = 0.298이었다. 소량의 NE 표준 물질을 첨가하여 사용하여 다음과 같은 결과를 얻었다.

첨가된 NE의 농도 (ng/mL)	피크의 높이 비 NE/DHBA
12	0.414
24	0.554
36	0.664
48	0.792

5-3절의 그래프 처리법을 사용하여 NE의 처음 농도를 구하시오.

26-18. 혼합 방식 크로마토그래피를 설명하시오. 이온쌍 크로마토그래피와 다른 점은 무엇인가?

크기별 배제, 친화, 소수성 상호 작용 크로마토그래피

26-19. 다음의 응용에서 크기별 배제, 친화, 소수성 상호 작용 크로마토그래피 중 가장 적절한 것은 무엇인가?

(a) 정제되지 않은 항체 혼합물의 정제와 농축

(b) 30 kDa의 단백질을 포함한 용액의 탈염

(c) 평균 분자량이 15 kDa인 폴리스타이렌의 분자량 분포 조사

(d) 사이토크롬 *c*(12 400 Da)와 리보뉴클레이스 A(12 600 Da)의 분리(사이토크롬 *c*는 리보뉴클레아제 A보다 표면 소수성이 낮다.)

26-20. **(a)** 크기별 배제 크로마토그래피가 단백질의 분자량을 측정하는 데 어떻게 사용되는가?

(b) 그림 26-14에 있는 공동 크기 중에서 어떤 것이 분자량 약 100 000인 분자의 크로마토그래피에 가장 적당한가?

26-21. 젤거르기 칼럼은 반지름(r)이 0.80 cm이고, 길이(l)가 20.0 cm이다.

(a) $\pi r^2 l$인 칼럼의 부피(V_t)를 계산하시오.

(b) 틈새 부피(V_o)는 18.1 mL이고, 이동상의 전체 부피는 35.8 mL이다. 27.4 mL에서 용리되는 용질의 K_{av}를 구하시오.

26-22. Bio-Gel P-300을 사용한 크기별 배제 크로마토그래피로 페리틴(분자량 450 000), 트랜스페린(분자량 80 000), 구연산 철을 분리하였다. 칼럼의 길이는 37 cm이고 지름은 1.5 cm이다. 용리액은 0.65 mL 단위로 받았다. 각각의 피크에 대한 최댓값은 다음 단위에서 나왔다: 페리틴, 22; 트랜스페린, 32; 구연산 철, 84(즉 페리틴 피크의 용리 부피는 22 × 0.65 = 14.3 mL이다). 페리틴이 틈새 부피에서 용리되었고, 구연산 철이 V_M에서 용리되었다고 할 때 트랜스페린의 K_{av}를 구하시오.

26-23. **(a)** 그림 26-14에서 틈새 부피(V_o)는 왼쪽에 선이 수직적으로 올라간 위치에서의 부피이다. 공동 크기가 25 nm인 칼럼의 V_o를 구하시오. 이 칼럼에서 배제된 가장 작은 분자의 분자량은 대략 얼마인가?

(b) 12.5 nm 칼럼으로부터 9.7 mL에서 용리되는 분자의 분자량은 얼마인가?

(c) V_M은 그래프 오른쪽에서 수직으로 내려가는 부피이다. 45 nm 공동에 자유로이 들어가는 분자의 분자량 최댓값은 얼마인가?

26-24. 폴리스타이렌 수지 크기별 배제 HPLC 칼럼은 지름이 7.8 mm이고 길이가 30 cm이다. 젤 입자의 고체는 칼럼 부피의 20%를 점유하며, 공동은 40%, 입자 사이의 부피는 40%를 점유한다.

(a) 완전히 배제된 분자가 빠져나오는 데 필요한 총 부피는 얼마인가?

(b) 가장 작은 분자가 빠져나오는 데 필요한 부피는 얼마인가?

(c) 분자량이 다른 폴리에틸렌 글리콜의 혼합물은 23 mL와 27 mL 사이에서 용리된다. 이 결과는 칼럼상에서 이들 용질의 머무름 메커니즘에 관하여 무엇을 의미하는가?

26-25. 아래의 물질들은 젤거르기 칼럼에서 분리되었다. 미지 성분의 분자량을 추산하시오.

화합물	V_R (mL)	분자량(Da)
Blue Dextran 2000	17.7	2×10^6
알돌레이스	35.6	158 000
카탈레이스	32.3	210 000
페리틴	28.6	440 000
갑상샘 글로불린	25.1	669 000
미지	30.3	?

26-26. 소수성 상호 작용 크로마토그래피를 이용한 단백질의 분리에서 용리액의 세기가 수용액에서의 이온 농도가 감소함에 따라 증가하는 이유는 무엇인가?

모세관 전기 이동

26-27. 약산인 페놀(HA = C_6H_5OH)과 유도체들의 음이온 형태 A^-의 전기 이동 이동도는 다음과 같다.

분석 물질 HA	pK_a	μ_{A^-} ($m^2/(V \cdot s)$)
페놀	9.98	-2.99×10^{-8}
4-메틸페놀	10.27	-2.59×10^{-8}
4-에틸페놀	10.22	-2.39×10^{-8}
2,4,5-트라이클로로페놀	6.83	-2.85×10^{-8}

출처: S. C. Smith and M. G. Khaledi, "Optimization of pH for the Separation of Organic Acids in Capillary Zone Electrophoresis," *Anal. Chem.* **1993,** *65,* 193.

(a) 페놀, 4-메틸페놀, 4-에틸페놀의 전기 이동 이동도의 경향을 설명하시오.

(b) pH 10.0에서 분석 물질들의 유효 전기 이동 이동도를 예측하시오. μ_{A^-}와 다른 이유는 무엇인가?

(c) 전기 삼투 이동도는 음극을 향하며 분석 물질의 전기 이동 이동도보다 크다. pH 10.0에서 어떤 순서로 피크들이 검출되겠는가?

26-28. '목욕용 소금'이라고 위장하여 법망을 피하기 위해 고안된 합성 카티논은 알려지지 않은 성질과 부작용이 있다. 산 해리 상수가 유도체의 독성에 영향을 끼친다. 전기 이동 이동도를 측정하여 화합물의 pK_a 값을 결정할 수 있다.

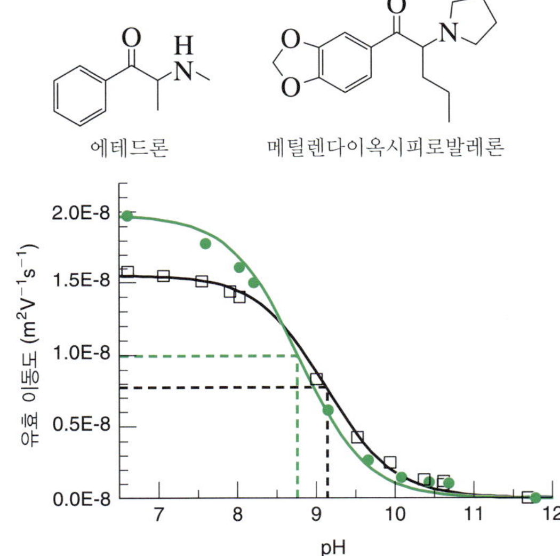

합성 카티논의 이동도 [출처: M. Woźniakiewicz, P. M. Nowak, M. Gołab, P. Adamowicz, M. Kała, and P. Kościelniak, "Acidity of Substituted Cathinones Studied by Capillary Electrophoresis Using the Standard and Fast Alternative Approaches," *Talanta* **2018**, *180*, 193.]

(a) 에테드론과 메틸렌다이옥시피로발레론 같은 약산의 유효 전기 이동 이동도는 다음과 같이 주어진다.

유효 전기 이동 이동도: $\mu_{ep\ eff} = \alpha_{BH^+}(\mu_{ep\ BH^+})$

이 식을 이용하여 유효 전기 이동 이동도와 pH의 그래프 모양을 설명하시오.

(b) 전기 이동 이동도는 이온의 전하에 비례하고, 이온의 크기에 반비례한다. 완전히 양성자화되었을 때 어느 카티논의 전기 이동 이동도가 더 크겠는가?

(c) 완전히 양성자화된 염기($\mu_{ep\ BH^+}$)의 전기 이동 이동도로부터 에테드론과 메틸렌다이옥시피로발레론의 곡선은 어느 것인지 판

명하시오.

(d) 그래프에 의하면, 두 카티논의 pK_a 값은 8.77과 9.10이다. 에테드론의 산 해리 상수는 어느 것인가?

(e) 두 카티논의 분리도가 최대인 pH는 얼마인가?

26-29. 전기 삼투란 무엇인가?

26-30. 다음 표는 민짜 실리카 모세관과, 내벽에 아미노프로필기가 공유 결합한(실리카—Si—$CH_2CH_2CH_2NH_2$) 모세관에서의 완충 용액의 전기 삼투 속도를 보여 준다. (+) 부호는 흐름이 음극 쪽이라는 것을 의미한다. 부호와 상대적인 속도의 크기를 설명하시오.

	전기 삼투 속도(mm/s) $E = 4.0 \times 10^4$ V/m	
모세관 벽	pH 10	pH 2.5
민짜 실리카	+3.1	+0.2
아미노프로필-개질 실리카	+1.8	−1.3

출처: K. Emoto, J. M. Harris, and M. Van Alstine, "Grafing Poly(ethylene glycol) Epoxide to Amino-Derivatized Quartz: Effect of Temperature and pH on Grafting Density," *Anal. Chem.* **1996**, *68*, 3751.

26-31. 그림 26-22는 치환된 벤조산염들의 분리를 보여 준다. 86.0초에 미지의 피크가 있다.

(a) 미지의 물질은 양이온인가, 중성인가, 음이온인가?

(b) 미지의 물질의 겉보기 이동도, 전기 이동 이동도를 구하시오.

26-32. 모세관 띠 전기 이동에 의해 분리된 아미노산의 아이소사이안산염 형광 유도체의 이동 시간은 다음의 순서이다.

아르지닌(가장 빠름) < 페닐알라닌 < 아스파라진 < 세린 < 글라이신(가장 느림)

왜 아르지닌이 이동 시간이 가장 짧은지를 설명하시오.

S R
HN NHCHCO$_2^-$
아미노산
CO$_2^-$
형광 부분
HO O O

26-33. 이상적인 모세관 전기 이동에서 띠넓어짐의 주요 원인은 무엇인가?

26-34. 그림 26-17의 헤파린의 전기 이동을 고려해 보자.

(a) 전기 이동은 황산기가 음전하를 띠는 pH 2.8에서 수행되었다. 왜 역방향 극성(검출기 쪽이 양극)이 이용되었는가?

(b) 헤파린 시료의 이온 세기 30 mg/mL는 전기 이동의 일반적인 시료의 경우보다 높다. 높은 농도의 완충액(0.6 M 인산 완충액)의 장점은 무엇인가?

(c) 높은 이온 세기의 완충액에는 가는 모세관(내경 25 μm)이 적절하였다. 가는 모세관의 장점은 무엇인가?

(d) Li^+는 Na^+보다 이동도가 낮다. 같은 전류를 발생할 때, 인산 소듐보다 인산 리튬이 더 높은 전기장에 사용될 수 있는 이유는 무엇인가? 이 분리에서 강한 전기장의 이점은 무엇인가?

26-35. 전기 삼투 흐름을 감소시키는 방법을 세 가지 말하시오. 왜 실리카 모세관을 양이온성 계면 활성제로 코팅하면 전기 삼투 흐름의 방향이 바뀌는가?

26-36. 중성 분자가 마이셀 동전기 크로마토그래피에 의해 어떻게 분리될 수 있는지를 설명하시오. 마이셀 동전기 크로마토그래피가 크로마토그래피의 일종인 이유는 무엇인가? 마이셀을 유사 정지상이라고 하는 이유는 무엇인가?

26-37. **(a)** 모세관 내경이 50 μm인 경우, 4.0초 동안에 60.0 cm인 모세관 길이의 1.0%에 해당하는 시료를 주입하는 데 필요한 압력은 얼마인가? (모세관 내 용액의 점도는 0.001 0 kg/(m · s)라고 가정하시오.)

(b) 실험실에서 직접 제작한 모세관 전기 이동 장치에서는 시료 용기를 높여서 사이폰 현상으로 시료를 주입한다. 물의 높이가 h인 칼럼에 작용하는 압력은 $h\rho g$인데, 여기서 ρ는 물의 밀도이고 g는 중력 가속도(9.8 m/s^2)이다. 4.0초 동안 시료를 위의 모세관에 1.0% 채우는 데 필요한 압력을 얻으려면 시료 용기의 높이를 얼마나 높여야 하는가? 칼럼의 주입구를 이 높이로 올리는 일이 가능한가? 원하는 압력을 얻으려면 어떻게 해야 하는가?

26-38. **(a)** 60.0 cm × 25 μm인 모세관 길이의 1.0%를 점유하고 있는 10.0 μM 용액 중에는 분석 물질이 몇 몰 존재하는가?

(b) 시료의 전도도가 바탕 전해질 전도도의 1/10이고, $\mu_{ep} = 3.0 \times 10^{-8}$ m^2/(V · s)이며, 시료의 농도가 10.0 μM이라면, 4.0초 동안 모세관 속으로 **(a)**에서와 같은 몰수의 시료를 주입하는 데 필요한 전압은 얼마인가? 코팅된 모세관을 사용하여 전기 삼투 흐름은 제거되었다고 가정한다($\mu_{eo} = 0$).

26-39. 그림 26-19의 전기 이동 피크에 대한 단수를 측정하시오. 크로마토그래피 피크 단수를 계산할 때 비대칭성 피크에 대한 식 23-32를 사용하시오.

26-40. **(a)** 길고 가는 분자는 짧고 굵은 분자보다 큰 마찰 계수를 가진다. 퓨마르산염과 말레산염 중 전기 이동 이동도가 더 큰 것은 어느 것인지 예측하시오.

CO$_2^-$ $^-$O$_2$C — 퓨마르산염
$^-$O$_2$C CO$_2^-$ — 말레산염

(b) 전기 이동은 시료 주입은 양극의 끝에서 시작하고, 검출은 음극의 끝에서 한다. pH가 8.5에서 두 음이온의 전하는 −2이다. 양전하 말단에서 음전하 말단으로의 전기 삼투 흐름이 전기 이동 흐름보다 더 크다. 이들 두 이온은 전기 이동에 있는 모세관의 양전하 끝에서 음전하 끝으로 알짜 이동이 있다. **(a)**의 답을 근거로 하여, 이들 두 화학종의 검출 순서를 예측하시오.

(c) pH 4.0에서 두 음이온의 전하는 −1에 가까우며 전기 삼투는 약하다. 그래서 시료 주입을 (−)극에서 하고, 검출을 (+)극에서 한다. 음이온은 모세관의 음극 끝에서 양극 끝으로 이동한다. 검출 순서를 예측하시오.

26-41. **(a)** 어느 모세관 내에서 특정 용액의 전기 삼투 이동도는 pH 2에서 1.3×10^{-8} $m^2/(V \cdot s)$이고, pH 12에서 8.1×10^{-8} $m^2/(V \cdot s)$이다. 만일 62 cm 길이의 모세관에 27 kV의 전압이 걸렸다면, pH 2에서 중성 용질이 주입부부터 검출기까지인 52 cm를 이동하는 데 걸리는 시간은 얼마인가? pH 12에서는?

(b) 음이온 분석 물질의 전기 이동 이동도는 -1.6×10^{-8} $m^2/(V \cdot s)$이다. pH 2에서 음이온 분석 물질이 검출기에 도착되는 데 걸리는 시간은 얼마인가?

26-42. 그림 26-23은 전압을 28 kV에서 120 kV로 올렸을 때의 분리도의 변화를 보여 준다.

(a) 두 실험에서 예상되는 이동 시간의 비($t_{120\ kV}/t_{28\ kV}$)는 얼마인가? 피크 1의 이동 시간을 측정하고 관측된 비를 구하시오.

(b) 두 실험에서 예측되는 단수의 비($N_{120\ kV}/N_{28\ kV}$)는 얼마인가?

(c) 예상되는 띠너비의 비($\sigma_{120\ kV}/\sigma_{28\ kV}$)는 얼마인가?

(d) 전압을 올리면 띠너비는 감소하고, 분리도가 증가하는 물리적 이유는 무엇인가?

26-43. 벤질 알코올($C_6H_5CH_2OH$)을 모세관 전기 이동으로 분석한 결과는 아래와 같다. 전기장 대비 단수의 그래프를 그리고, 전기장을 증가시키면 어떤 일이 일어나는지를 설명하시오.

전기장(V/m)	단수
6 400	38 000
12 700	78 000
19 000	96 000
25 500	124 000
31 700	124 000
38 000	95 000

26-44. 그림 26-30에서 $^{35}Cl^-$ 피크의 반치전폭(full with at half-height)을 측정하고, 단수를 계산하시오. 모세관의 길이가 40.0 cm였다. 단높이를 구하시오.

26-45. 모세관 띠 전기 이동 실험에서 Cl^-의 이동 시간은 17.12분이고, I^-의 이동 시간은 17.78분이다. 표 15-1에 나와 있는 이동도 값을 사용하여 Br^-의 이동 시간을 예상하시오(관측값은 19.6분이다).

26-46. **도데실 황산 소듐-젤 전기 이동을 이용한 분자량 결정.** 페리틴(ferritin)은 속이 빈 이온 저장 단백질로, 무겁거나(H) 가벼운(L) 사슬이 혼합된 24개의 소단위(subunit)가 팔면체 대칭성(octahedral symmetry)을 가지도록 배열되어 있다.[67] 속이 빈 중간 부분의 지름은 8 nm인데, 페리하이드라이트($5Fe_2O_3 \cdot 9H_2O$) 광물의 형태로 존재하는 철 원자를 4 500개까지 수용할 수 있다. 철(II)은 팔면체의 3겹 대칭축(3-fold symmetry axis) 상에 위치한 8개의 공동을 통해 단백질로 들어간다. H 사슬이 있는 촉매 위치에서 철(III)으로 산화한다. L 사슬 내부의 다른 장소는 페리하이드라이트의 결정화의 핵을 이루는 것으로 보인다.

단백질 표준 물질과 페리틴 소단위들의 이동 시간을 표에 나타내었다. log(분자량)을 y축으로, 1/(상대 이동 시간)을 x축으로 하는 그래프를 그리시오. 상대 이동 시간은 (이동 시간)/(염료의 이동 시간)이다. 페리틴 L 사슬과 H 사슬의 분자량을 계산하시오. 아미노산 배열로부터 계산된 사슬의 질량은 각각 19 766 Da, 21 099 Da이다.

단백질	분자 질량 (Da)	이동 시간 (min)
오렌지 G 표지물 염료	작음	13.17
α-락트알부민	14 200	16.46
탄산 무수화 효소	29 000	18.66
오브알부민	45 000	20.16
소의 혈청 알부민	66 000	22.36
인산화 효소 B	97 000	23.56
β-갈락토스 분해 효소	116 000	24.97
마이오신	205 000	28.25
페리틴 L 사슬		17.07
페리틴 H 사슬		17.97

출처: J. K. Grady, J. Zang, T. M. Laue, P. Arosio, and N. D. Chasteen, "Characterization of the H- and L-Subunit Ratios in Ferritins by Sodium Dodecyl Sulfate-Capilary Gel Electrophoresis," *Anal. Biochem.* **2002,** *302,* 263.

26-47. **분리도.** 어떤 용액의 전기 삼투 이동도가 $+1.61 \times 10^{-7}$ $m^2/(V \cdot s)$이라고 하자. 분리도가 2.0이 되도록 황산염과 브로민화 이온을 분리하려면 몇 개의 단(plate)이 필요한가? 이동도는 표 15-1을, 분리도는 식 26-14를 이용하시오.

26-48. 수용성 바이타민이 나이아신아마이드(중성 화합물), 리보플라빈(중성 화합물), 나이아신(음이온) 및 싸이아민(양이온)을 마이셀 동전기 크로마토그래피를 사용하여 15 mM 붕산염 완충 용액(pH 8.0)과 50 mM 도데실 황산 소듐으로 이루어진 용액으로 분리하였다. 이동 시간은 나이아신아마이드 8.1분, 리보플라빈 13.0분, 나이아신 14.3분 및 싸이아민 21.9분이었다. 도데실 황산 소듐을 넣지 않으면, 이동 시간은 어떤 순서이겠는가? 어떤 화합물이 마이셀 내에서 가장 잘 녹는가?

26-49. 다음 세 화합물을 pH 9.6에서 마이셀 동전기 크로마토그래피로 분리하여 세 개의 피크를 얻었다. 10 mM α-사이클로덱스트린을 수행 완충액에 첨가했을 때 세 피크 중 두 개가 각각 두 개의 피크로 갈라져서 총 5개의 피크를 얻었다. 이 현상을 설명하고, 어떤 화합물이 갈라지지 않았는지 예상하시오.

1	2	3
사이클로바비탈	싸이오펜탈	페노바르비탈

26-50. 마이셀 동전기 크로마토그래피에 의해서 중성 염료의 분리에 대한 van Deemter 도표를 다음 그래프에 나타내었다.[68]

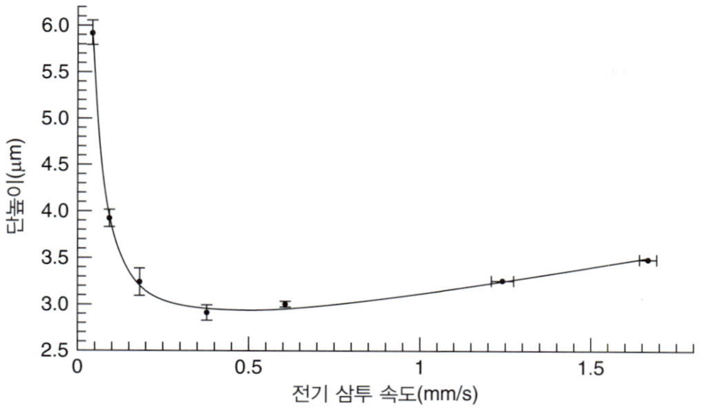

(a) 낮은 속도와 높은 속도에서 단높이가 증가하는 이유를 설명하시오.

(b) van Deemter 식에서 다흐름 통로 항 A는 마이셀 동전기 크로마토그래피에서는 이상적으로 0이어야 한다. A의 관측 값은 2.32 μm로, 최적 속도에서 띠넓어짐의 2/3임을 설명하는 값이다. A가 0이 아닌 이유를 설명하시오.

26-51. 교정 피크 넓이. 마이셀 동전기 크로마토그래피를 이용하여 프탈라진과 그 대사 물질 1-프탈라진온을 분석할 때, 50 mM 프탈라진온 표준 용액을 6회 주입하여 얻은 **반복성** 조사 결과이다.

주입 번호	이동 시간 (분)	피크 넓이 (임의의 단위)
1	3.946	8 947
2	3.921	9 124
3	3.900	8 834
4	3.932	9 250
5	3.915	9 057
6	3.881	8 986

출처: S. Y. Huang, G. Kahsay, E. Adams, and A. Van Schepdael, "Study of Aldehyde Oxidase with Phthalazine as Substrate Using Both Off-Line and On-Line Capillary Electrophoresis," *J. Pharm. Biomed. Anal.* **2019**, *165*, 393.

(a) **반복성**과 **재현성**의 차이는 무엇인가? **힌트:** 117쪽을 참조.

(b) 이동 시간과 피크 넓이의 상대 표준 편차를 구하시오.

(c) 주입에 대해 피크 넓이를 이동 시간으로 나눈 교정 피크 넓이를 계산하시오. 교정 피크 넓이의 상대 표준 편차는 얼마인가? **(b)**에서 구한 피크 넓이의 표준 편차와 다른 이유는 무엇인가?

26-52. 모세관 전기 이동에서 두 약산을 가장 잘 분리하려면 전하 차가 가장 최대인 pH를 사용하는 것이 합리적이다. pH에 따른 말론산과 프탈산의 전하를 조사하기 위한 스프레드시트를 준비하시오. 어느 pH에서 차이가 최대인가?

26-53. (a) **이온 이동도 분광법**(ion mobility spectrometry, 22-8절)은 **기체상 전기 이동**이다. 이온 이동도 분석의 원리를 설명하고, 이 방법과 전기 이동의 유사점을 기술하시오.

(b) 전기 이동에서와 같이, 기체상 이온의 속도 $u = \mu E$이다. 여기에서 μ는 이온의 이동도, E는 전기장($E = V/L$, V는 거리 L 사이에 걸리는 전위차)이다. 이온 이동도 분광법에서, 입구에서 검출기까지 가는 데 걸리는 시간(그림 22-45a)을 **표류 시간**(drift time, t_d)이라고 하는데, $t_d = L/u = L/(\mu E) = L/(\mu(V/L) = L^2/(\mu V)$이다. 단수는 $N = 5.55(t_d/w_{1/2})^2$이고, $w_{1/2}$는 피크 반치전폭(full with at half-height)이다. 이상적인 경우, 피크의 너비는 이온들을 표류관(drift tube)으로 끌어들이는 입구 펄스(gate pulse)의 너비와 이온들이 이동하는 동안의 확산에 의존한다.[69]

$$w_{1/2}^2 = \underbrace{t_g^2}_{\text{입구 펄스로부터의 초기 너비}} + \underbrace{\left(\frac{16kT\ln 2}{Vez}\right)t_d^2}_{\text{확산에 의한 띠넓어짐}}$$

여기서 t_g는 이온 입구가 열려 있는 시간, k는 Boltzmann 상수, T는 절대 온도, V는 입구에서 검출기 사이의 전위 차이, e는 기본 전하량, z는 이온 전하이다. 300 K에서 t_g가 0, 0.05, 0.2 ms일 때 $\mu = 8 \times 10^{-5}$ m²/(s · V)인 이온에 대해 y축을 N으로, x축을 $V(0 \le V \le 20\ 000)$로 하는 그래프를 그리시오. 표류관의 길이는 $L = 0.2$ m이다. 그래프의 모양을 설명하시오. t_g가 짧을 때의 단점은 무엇인가?

(c) 왜 T가 감소하면 N이 증가하는가?

(d) 최적화된 이온 이동도 분광법에서, 양성자화된 아르지닌 이온($z = 1$)의 $t_d = 24.925$ ms이고, $w_{1/2} = 0.154$ ms이다. 온도는 300 K이다. 이때 N 값을 구하시오. $V = 12\ 500$ V이고 $t_g = 0.05$ ms일 때 이론 단수를 구하시오.

(e) 최적화된 이온 이동도 분광법에서 표류관의 길이가 10 cm, 전기장이 200 V/cm일 때 양성자화된 루신의 $t_d = 22.5$ ms이고, 양성자화된 아이소루신의 $t_d = 22.0$ ms이다. 두 성분 모두 $N \approx 80\ 000$이다. 두 피크의 분리도는 얼마인가?

27 무게 분석과 연소 분석

지질학적 시간과 무게 분석

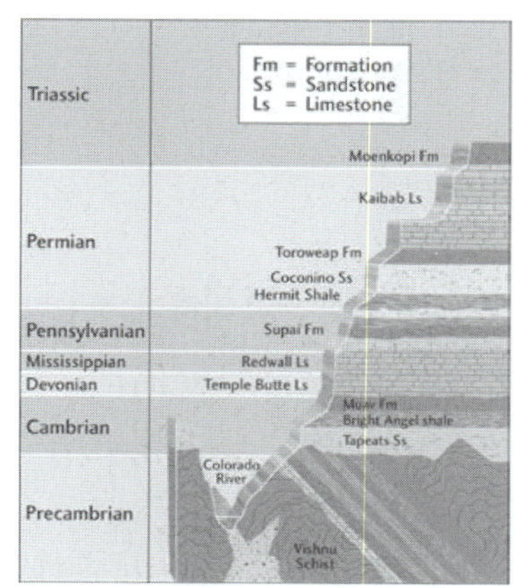

Colorado 강의 부식에 의해 형성된 Grand Canyon의 암반층은 10억 년의 지구 역사를 보여 준다. [왼쪽 그림 출처: F. Press, R. Siever, J. Gratzinger, and T. H. Jordan. *Understanding Earth*, 4th ed.(New York: W. H. Freeman and Company, 2004). 오른쪽 그림 출처: Simone Pitrolo/Shutterstock.]

1800년대에 지질학자들은 기존층 위에 새로운 암반층(**지층**, strata)이 형성된다고 생각하였다. 각 암반층에 존재하는 특징적인 화석들은 지질학자들이 전 세계에서 같은 시대의 지층을 확인하는 데 도움을 주었다. 그러나 각 층의 실제 나이는 알 수 없었다.

1900년 초에 Ernest Rutherford, Frederick Soddy, Bertram Boltwood, Robert Strutt은 우라늄이 수십억 년의 반감기를 가지며 납으로 붕괴하면서 8개의 헬륨 원자를 방출한다는 것을 보여 주었다. Rutherford는 암석 중의 U과 He을 분석하여 암석의 연대를 추정하였다. 그리고 Boltwood는 U과 Pb의 함량으로부터 더 믿을 수 있는 광물 연대를 구하였다.

1910년에 London에 있는 Imperial College의 Strutt의 20세밖에 되지 않은 학생인 Holmes는 특정 지질 연대에 형성된 암석에 처음으로 실제 나이를 지정한 사람이 되었다. 그는 우라늄을 함유하는 암석이 뜨거운 마그마에서 결정화될 때 Pb과 같은 불순물은 상대적으로 없다는 것에 착안하였다. 그러나 일단 광물이 고체화되면 Pb은 축적되기 시작한다. Pb/U 비는 광물이 얼마나 오래 전에 결정화되었는지를 말해 준다. Holmes는 U을 측정하는 데 방사선 Rn 기체의 생성 속도를 이용하였다. 그는 또 Pb을 측정하기 위해서 광물을 용융 붕사(borax)에 녹인 후 다시 산에 녹이고, 수 밀리그램의 $PbSO_4$를 정량적으로 침전하였다. 15종의 광물에 대한 거의 일정한 Pb/U 비 = 0.045 g/g은 Pb이 U 붕괴의 생성물이고, 또 광물이 결정화되는 시점에는 Pb이 거의 존재하지 않는다는 가정과 일치한다. '데본기 시대'의 광물의 계산된 나이는 3억 7천만 년인데, 이는 당시 가장 믿었던 지구의 나이보다 네 배나 되는 값이다.

1911년에 Holmes가 추론한 지질학적 나이

지질 시대	Pb/U(g/g)	나이(백만 년)	현재 판단되는 나이
석탄기	0.041	340	330~362
데본기	0.045	370	362~380
실루리아기	0.053	430	418~443
선캄브리아기	0.125~0.20	1 025~1 640	900~2 500

출처: C. Lewis, *The Dating Game*(Cambridge: Cambridge University Press, 2000); A. Holmes, "The Association of Lead with Uranium in Rock-Minerals, and Its Application to the Measurement of Geological Time," *Proc. R. Soc. Lond*. **A 1911**, *85*, 248.

무게 분석은 18~19세기에는 주된 화학 분석 방법이었으나 너무나 따분하여 오늘날에는 널리 사용되지 않는다. 그러나 무게 분석은 아직도 가장 정확한 방법 중의 하나이다. 기기를 교정하는 데 사용되는 표준 물질들은 무게 분석이나 적정법을 이용하여 정확한 농도를 결정한다.

무게 분석(gravimetric analysis)에서는 생성물의 질량을 측정하여 분석 물질(분석될 화학종)의 양을 계산하는 데 이용한다. 20세기 초에 T. W. Richards와 그의 공동 연구자들은 대단히 주의 깊게 무게 분석을 함으로써 Ag, Cl, N의 원자량을 여섯 자리 수까지 정확하게 측정하였다.[1] 노벨상을 수상한 이 연구로 인해 많은 원소들의 원자량을 정확히 측정하는 기초가 확립되었다. **연소 분석(combustion analysis)**은 시료를 과량의 산소 중에서 태우고 CO_2, H_2O와 같은 생성물을 분석한다. 연소 분석은 전형적으로 유기 화합물 중에 함유된 C, H, N, S와 할로젠 원소의 정량에 이용된다. 닫힌 계에서 유기물을 연소시킨 후, 생성물과 **재**(ash, 타지 않은)는 산이나 염기에 녹이고, 그 조성은 원자 발광 또는 질량 분석법의 유도 결합 플라스마로 측정된다.

27-1 무게 분석의 예

Cl^-는 Ag^+로 음이온을 침전시켜 AgCl 질량을 측정하여 정량할 수 있다.

$$Ag^+ + Cl^- \rightarrow AgCl(s) \tag{27-1}$$

예제 간단한 무게 분석 계산

Cl^-를 함유한 용액 10.00 mL를 과량의 $AgNO_3$로 처리하여 0.436 8 g의 AgCl을 침전시켰다. 미지 시료 중 Cl^-의 몰농도는 얼마인가?

풀이 AgCl의 화학식량은 143.32이다. AgCl 침전 0.463 8 g의 몰수를 구하면,

$$\frac{0.436\,8\ \text{g}\ \cancel{\text{AgCl}}}{143.32\ \text{g}\ \cancel{\text{AgCl}}/\text{mol AgCl}} = 3.048 \times 10^{-3}\ \text{mol AgCl}$$

AgCl 1 mol은 Cl^- 1 mol을 함유하기 때문에 미지 시료 중 Cl^-의 몰수는 3.048×10^{-3} mol이 된다.

$$[Cl^-] = \frac{3.048 \times 10^{-3}\ \text{mol}}{0.010\,00\ \text{L}} = 0.304\,8\ \text{M}$$

자습 AgBr 침전물(FM = 187.77) 1.000 g을 생성하는 시료 중에는 Br^-가 몇 그램 들어 있는가? (**답:** 0.425 5 g)

Marie Curie, Pierre Curie, Henri Becquerel은 방사능에 대한 연구를 개척한 공로로, 1903년에 노벨 물리학상을 공동 수상하였다. Curie 부부가 수 톤의 광석(ore)에서 100 mg의 $RaCl_2$를 분리하는 데에는 4년이 걸렸다. Marie Curie는 금속 라듐을 분리한 공로로 1911년에 노벨 화학상을 수상하였다. Marie Curie 외에 Linus Pauling, John Bardeen, Frederick Sanger만이 노벨상을 두 번 수상하였다.

예제 Marie Curie의 라듐 원자량 측정

Marie Curie는 박사 학위 연구(*Radioactive Substances*, 1903)의 일환으로, 그녀가 새로 발견한 방사성 원소인 라듐의 원자량을 측정하였다.[2] 그녀는 라듐이 바륨과 같은 족이며, 따라서 염화 라듐의 화학식이 $RaCl_2$임을 알았다. 0.091 92 g의 순수한 $RaCl_2$를 녹인 후 과량의 $AgNO_3$를 가하여 0.088 90 g의 AgCl을 침전시켰다. $RaCl_2$에는 몇 몰의 Cl^-가 함유되어 있는가? 이 실험으로부터 Ra의 원자량을 구하시오.

풀이 0.088 90 g의 AgCl 침전은

$$\frac{0.088\,90\ \text{g}\ \cancel{\text{AgCl}}}{143.32\ \text{g}\ \cancel{\text{AgCl}}/\text{mol AgCl}} = 6.202_9 \times 10^{-4}\ \text{mol AgCl}$$

을 함유한다. 1 mol AgCl은 1 mol Cl^-를 함유하므로, $RaCl_2$에는 $6.202_9 \times 10^{-4}$ mol의 Cl^-가 함유되어 있다. 2 mol Cl에 대해 1 mol의 Ra이 존재한다. 따라서

$$\text{라듐 몰수} = \frac{6.202_9 \times 10^{-4}\ \cancel{\text{mol Cl}}}{2\ \cancel{\text{mol Cl}}/\text{mol Ra}} = 3.101_4 \times 10^{-4}\ \text{mol}$$

0.091 92 g $RaCl_2$에는 $3.101_4 \times 10^{-4}$ mol의 $RaCl_2$가 존재한다. 따라서

$$3.101_4 \times 10^{-4}\ \text{mol RaCl}_2 = \frac{0.091\,92\ \text{g RaCl}_2}{x\ \text{g RaCl}_2/\text{mol RaCl}_2}$$

$$x = \frac{0.091\ 92\ \text{g RaCl}_2}{3.101_4 \times 10^{-4}\ \text{mol RaCl}_2} = 296.3_8\ \text{g/mol}$$

Cl의 원자량은 35.45이므로

$$\text{RaCl}_2\text{의 화학식량} = \text{Ra의 원자량} + 2(35.45\ \text{g/mol}) = 296.3_8\ \text{g/mol}$$

$$\Rightarrow \text{Ra의 원자량} = 225.5\ \text{g/mol}$$

자습 $RaBr_2$ 침전물 0.100 g으로부터 생성되는 AgBr은 몇 그램인가? (**답:** 0.097 g)

이 책의 표지 안쪽에는 수명이 긴 Ra 동위 원소의 원자량을 226 정수 질량으로 나타내고 있다.

대표적인 분석의 침전물들은 표 27-1에, 그리고 몇 가지 일반적인 유기 **침전제(precipitant**, 침전을 형성하는 시약)들은 표 27-2에 각각 수록하였다. 한 가지 화학종을 선택적으로

표 27-1 대표적인 무게 분석

분석 화학종	침전형	무게 달기형	방해 화학종
K^+	$KB(C_6H_5)_4$*	$KB(C_6H_5)_4$	NH_4^+, Ag^+, Hg^{2+}, Tl^+, Rb^+, Cs^+
Mg^{2+}	$Mg(NH_4)PO_4 \cdot 6H_2O$	$Mg_2P_2O_7$	Na^+, K^+를 제외한 여러 가지 금속들
Ca^{2+}	$CaC_2O_4 \cdot H_2O$	$CaCO_3$ 또는 CaO	Mg^{2+}, Na^+, K^+를 제외한 여러 가지 금속들
Ba^{2+}	$BaSO_4$	$BaSO_4$	Na^+, K^+, Li^+, Ca^{2+}, Al^{3+}, Cr^{3+}, Fe^{3+}, Sr^{2+}, Pb^{2+}, NO_3^-
Ti^{4+}	TiO (5,7-다이브로모-8-하이드록시퀴놀린)$_2$	같음	Fe^{3+}, Zr^{4+}, Cu^{2+}, $C_2O_4^{2-}$, 시트르산 이온, HF
VO_4^{3-}	Hg_3VO_4	V_2O_5	Cl^-, Br^-, I^-, SO_4^{2-}, CrO_4^{2-}, AsO_4^{3-}, PO_4^{3-}
Cr^{3+}	$PbCrO_4$	$PbCrO_4$	Ag^+, NH_4^+
Mn^{2+}	$Mn(NH_4)PO_4 \cdot H_2O$	$Mn_2P_2O_7$	많은 금속들
Fe^{3+}	$Fe(HCO_2)_3$	Fe_2O_3	많은 금속들
Co^{2+}	Co(1-나이트로소-2-나프톨)$_2$	$CoSO_4$ (H_2SO_4와의 반응에 의해)	Fe^{3+}, Pd^{2+}, Zr^{4+}
Ni^{2+}	Ni(다이메틸글리옥심)$_2$	같음	Pd^{2+}, Pt^{2+}, Bi^{3+}, Au^{3+}
Cu^{2+}	CuSCN (HSO_3^-로 Cu^{2+}를 Cu^+로 환원한 후)	CuSCN	NH_4^+, Pb^{2+}, Hg^{2+}, Ag^+
Zn^{2+}	$Zn(NH_4)PO_4 \cdot H_2O$	$Zn_2P_2O_7$	많은 금속들
Ce^{4+}	$Ce(IO_3)_4$	CeO_2	Th^{4+}, Ti^{4+}, Zr^{4+}
Al^{3+}	Al(8-하이드록시퀴놀린)$_3$	같음	많은 금속들
Sn^{4+}	Sn(쿠페론)$_4$	SnO_2	Cu^{2+}, Pb^{2+}, As(III)
Pb^{2+}	$PbSO_4$	$PbSO_4$	Ca^{2+}, Sr^{2+}, Ba^{2+}, Hg^{2+}, Ag^+, HCl, HNO_3
NH_4^+	$NH_4B(C_6H_5)_4$*	$NH_4B(C_6H_5)_4$	K^+, Rb^+, Cs^+
Cl^-	AgCl	AgCl	Br^-, I^-, SCN^-, S^{2-}, $S_2O_3^{2-}$, CN^-
Br^-	AgBr	AgBr	Cl^-, I^-, SCN^-, S^{2-}, $S_2O_3^{2-}$, CN^-
I^-	AgI	AgI	Cl^-, Br^-, SCN^-, S^{2-}, $S_2O_3^{2-}$, CN^-
SCN^-	CuSCN	CuSCN	NH_4^+, Pb^{2+}, Hg^{2+}, Ag^+
CN^-	AgCN	AgCN	Cl^-, Br^-, I^-, SCN^-, S^{2-}, $S_2O_3^{2-}$
F^-	$(C_6H_5)_3SnF$	$(C_6H_5)_3SnF$	많은 금속들(알칼리 금속 제외), SiO_4^{4-}, CO_3^{2-}
ClO_4^-	$KClO_4$	$KClO_4$	
SO_4^{2-}	$BaSO_4$	$BaSO_4$	Na^+, K^+, Li^+, Ca^{2+}, Al^{3+}, Cr^{3+}, Fe^{3+}, Sr^{2+}, Pb^{2+}, NO_3^-
PO_4^{3-}	$Mg(NH_4)PO_4 \cdot 6H_2O$	$Mg_2P_2O_7$	Na^+, K^+를 제외한 여러 가지 금속들
NO_3^-	질산 나이트론	질산 나이트론	ClO_4^-, I^-, SCN^-, CrO_4^{2-}, ClO_3^-, NO_2^-, Br^-, $C_2O_4^{2-}$
CO_3^{2-}	CO_2 (산성화에 의해)	CO_2	(유리된 CO_2를 아스카라이트(Ascarite)에 포집하고 무게 달기를 함)

The solubility of $KB(C_6H_5)_4$ in water is 1.8×10^{-4} M at 25°C and 1.3×10^{-4} M at 0°C. [V. P. Kozitskii, "Solubility of Potassium Tetraphenylborate in Mixtures of Acetone with Water at 0~50° and Its Solubility in Water at 0~97.5°," Bull. Acad. Sci. USSR Div. Chem. Sci., **1972, 21, 6.] For a gravimetric procedure to measure K^+ in the presence of NH_4^+, see R. M. Engelbrecht and F. A. McCoy, "Determination of Potassium by a Tetraphenylborate Method," *Anal. Chem.* **1956**, *28*, 1772.

표 27-2 일반적인 유기 침전제

이름	구조	침전되는 이온들
다이메틸글리옥심	N—OH, N—OH	Ni^{2+}, Pd^{2+}, Pt^{2+}
쿠페론	N=O, N, $O^- NH_4^+$	Fe^{3+}, VO_2^+, Ti^{4+}, Zr^{4+}, Ce^{4+}, Ga^{3+}, Sn^{4+}
8-하이드록시퀴놀린(옥신)	N, OH	Mg^{2+}, Zn^{2+}, Cu^{2+}, Cd^{2+}, Pb^{2+}, Al^{3+}, Fe^{3+}, Bi^{3+}, Ga^{3+}, Th^{4+}, Zr^{4+}, UO_2^{2+}, TiO^{2+}
살리실알독심	N—OH, OH	Cu^{2+}, Pb^{2+}, Bi^{3+}, Zn^{2+}, Ni^{2+}, Pd^{2+}
1-나이트로소-2-나프톨	O, N, OH	Co^{2+}, Fe^{3+}, Pd^{2+}, Zr^{4+}
나이트론	NC_6H_5, ^-N, N, N^+, C_6H_5, C_6H_5	NO_3^-, ClO_4^-, BF_4^-, WO_4^{2-}
테트라페닐붕산 소듐	$Na^+B(C_6H_5)_4^-$	K^+, Rb^+, Cs^+, NH_4^+, Ag^+, 유기 암모늄 이온들
염화 테트라페닐아르소늄	$(C_6H_5)_4As^+Cl^-$	$Cr_2O_7^{2-}$, MnO_4^-, ReO_4^-, MoO_4^{2-}, WO_4^{2-}, ClO_4^-, I_3^-

침전시킬 수 있도록 침전 조건들을 조절해야 한다. 방해 가능성이 있는 물질들은 분석하기 전에 미리 제거해야 한다.

27-2 침전 과정

무게 분석에서 이상적인 생성물은 순수하며, 잘 녹지 않고, 쉽게 거를 수 있으며, 잘 알려진 화학적 조성을 가지고 있어야 한다. 이상의 모든 조건을 만족할 수 있는 물질은 거의 없기 때문에, 적당한 방법을 이용하여 무게 분석 침전의 성질을 최적화시켜야 한다.

침전물의 입자들은 거르기에 의해 쉽게 분리될 수 있을 정도로 충분히 커야 한다. 큰 결정들은 다른 화학종들이 달라붙을 수 있는 표면적이 작다. 이와 극단적으로 다른 경우는 입자

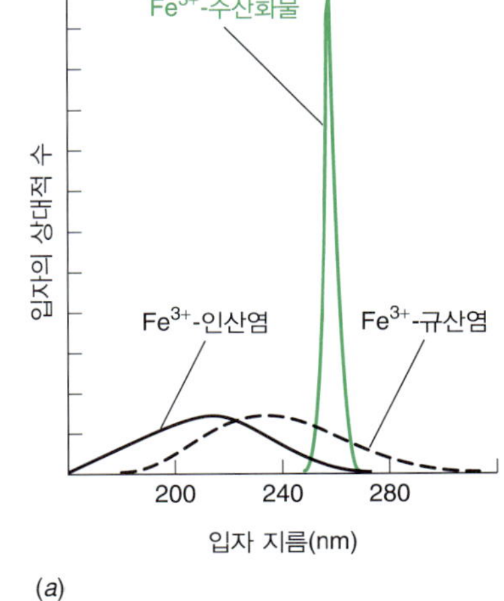

(*a*)

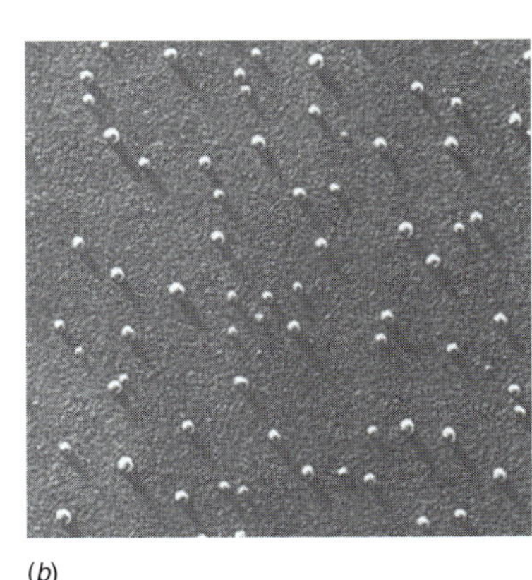
(*b*)

그림 27-1 (*a*) 인산 이온(PO_4^{3-}), 규산 이온(SiO_4^{4-}), 혹은 음이온이 없는 10^{-4} M OH^- 조건에서 $FeSO_4$가 Fe^{3+}로 산화될 때 생성되는 콜로이드의 입자 크기 분포 [출처: M. L. Magnuson, D. A. Lytle, C. M. Frietch, and C. A. Kelty, *Anal. Chem.* **2001**, *73*, 4815.]
(*b*) Fe^{3+} 하나당 HCO_3^- 두 개의 비율로 질산 철을 처리하여 제조한 지름 7 nm $[Fe(OH)_{\sim2.5}(NO_3)_{\sim0.5}]_{\sim1000}$ 콜로이드 입자의 전자 현미경 사진 [출처: T. G. Spiro, S. E. Allerton, J. Renner, A. Terzis, R. Bils, and P. Saltman "The Hydrolytic Polymerization of Iron (III)," *J. Am. Chem. Soc.* **1966**, *88*, 2721. Reprinted with permission © 1966, American Chemical Society.]

실험 27-1 콜로이드와 투석 및 미세 투석

콜로이드(colloid)는 지름이 약 1~500 nm인 입자이다. 이것은 분자보다는 크지만 침전되기에는 너무 작다. 용액 중의 콜로이드는 용매 분자의 **Brown 운동**(Brownian motion, 무작위 운동)으로 끊임없이 떠다닌다.[3]

콜로이드 Fe(III) 수산화물을 얻으려면 비커에 담긴 200 mL의 증류수를 70~90°C로 가열하고, 같은 부피의 물이 담긴 비커를 실온에서 방치한다. 각 비커에 1 M $FeCl_3$ 1 mL를 가하고 젓는다. 상온 용액에서는 노란색을 유지하지만, 따뜻한 용액에서는 몇 초만에 적갈색으로 변한다(천연색 사진 24). 노란색은 분자량이 작은 Fe^{3+} 화합물의 특징이다. 붉은색은 Fe^{3+} 이온들이 수산화 이온, 산화 이온 및 몇 가지 염화 이온들과 콜로이드성 응집체를 형성한 결과이다. 이들 입자는 분자량이 10^5이고 지름이 10 nm인 Fe 원자 약 10^3개를 포함하고 있다.

투석(dialysis) 실험을 통해 콜로이드성 입자의 크기를 알아볼 수 있다. 투석에서 두 용액은 **반투막**(semipermeable membrane)에 의해서 분리된다. 반투막은 1~5 nm 지름의 구멍을 가진 막이다.[4] 작은 분자는 이 막을 통해 확산할 수 있으나, 큰 분자(단백질이나 콜로이드와 같은)는 확산할 수 없다.

한쪽 끝은 매듭으로 묶여 있고, 다른 한쪽 끝은 묶이지 않은 투석관 속으로 적갈색의 콜로이드성 Fe 용액을 붓고 매듭을 묶어라. 그리고 이것을 증류수가 채워진 플라스크에 담그면 며칠이 지나도 관 속의 색깔은 변하지 않고 그대로 남아 있는 것을 볼 수 있다(천연색 사진 24). 비교 실험을 하기 위하여 진한 푸른색의 1 M $CuSO_4 \cdot 5H_2O$ 용액이 채워진 동일한 관을 물이 담긴 다른 플라스

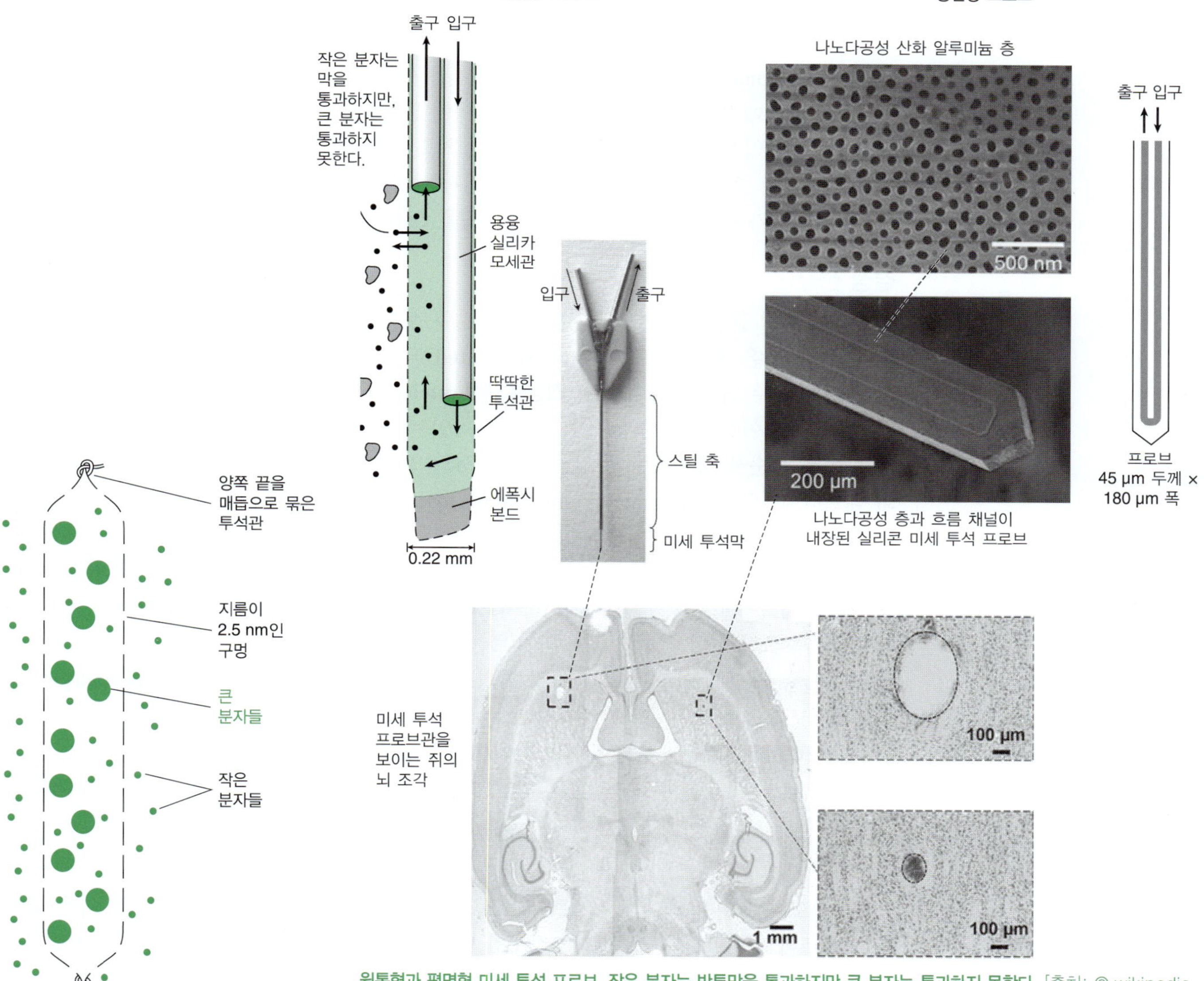

작은 분자들은 막을 통하여 양쪽 방향으로 확산되지만, 큰 분자들은 투석관 속에 그대로 남아 있다.

원통형과 평면형 미세 투석 프로브. 작은 분자는 반투막을 통과하지만 큰 분자는 통과하지 못한다. [출처: © wikipedia. Flat probe from W. H. Lee, T. Ngernsutivorakul, O. S. Mabrouk, J.-M. T. Wong, C. E. Dugan, S. S. Pappas, H. J. Yoon, and R. T. Kennedy, "Microfabrication and in Vivo Performance of a Microdialysis Probe with Embedded Membrane," *Anal. Chem.* **2016**, *88*, 1230, Figures 1 and 6. Reprinted with permission © 2016, American Chemical Society]

크에 넣고 방치하라. 푸른색의 Cu^{2+}는 관 밖으로 확산될 것이고, 플라스크의 용액은 24시간 이내에 연한 푸른색을 띠게 될 것이다. 한편 노란색 식품용 물감인 타트라진(tartrazine)을 Cu^{2+} 대신에 사용할 수 있다. 만약 이것을 뜨거운 물에서 투석시키면 실험 시간 내에 투석이 완료될 것이다.[5]

투석은 신장 질환자의 치료에 이용된다. 혈액을 표면적이 대단히 큰 투석막을 지나가게 하면, 혈액 속에 생성된 물질대사 폐기물인 작은 분자들은 막을 통하여 확산되고, 폐기시킬 큰 부피의 액체 속으로 들어가 묽혀진다. 혈장의 필수 성분인 단백질 분자는 너무 커서 막을 통과할 수 없기 때문에 혈액 속에 그대로 남아 있게 된다.

미세 투석

생물학에서 **미세 투석 프로브**(microdialysis probe)를 이용하여 단백질과 같이 큰 분자를 오염시키지 않으면서 액체에 들어 있는 작은 분자 시료를 채취한다. 예를 들어 가늘고 단단한 반투막 관으로 만든 원통형 프로브를 마취한 쥐의 뇌에 삽입하여 신경 전달 분자들을 채취할 수 있다. 프로브 속으로 액체를 펌프하여 프로브 안으로 확산된 작은 분자를 3 μL/분의 속도로 통과시킨다. 질량 분석법(22장)에 연결된 액체 크로마토그래피(25장)나 모세관 전기 이동(26장)을 이용하여 프로브 출구로 나오는 액체(투석물)에 들어 있는 작은 분자들을 모니터한다. 또는 나노다공성 세라믹 층을 가진 평평하고 미세 제조된 실리콘 프로브를 상대적으로 큰 원통형 프로브 대신 사용하고 100 nL/min로 액체를 흘려 보내주면 조직 손상이 줄어든다.

의 지름이 1~500 nm로 대부분의 거름종이를 통과하는(그림 27-1, 실험 27-1) **콜로이드성 서스펜션**(colloidal suspension)이다. 침전 조건은 생성되는 입자의 크기에 큰 영향을 준다.

결정의 표면에 있는 원자의 에너지는 결정 속에 있는 원자의 에너지보다 높기 때문에 콜로이드 입자가 큰 입자로 성장하는 것은 열역학적으로 유리하다. 입자가 성장할수록 표면에 있는 원자의 비율은 줄어든다. 나노미터 크기의 입자는 마이크로미터 크기의 입자보다 더 잘 녹는다. 작은 입자가 녹아 큰 입자로 성장하는 과정을 **Ostwald 숙성**(Ostwald ripening)이라고 한다.

결정 성장

침전제를 분석 물질에 첨가한 후 잠깐 동안은 용액 속에 녹아 있는 용질은 평형 상태보다 더 많다. 이와 같은 용액을 **과포화(supersaturated)**되어 있다고 한다. 결정화는 결정핵 생성과 입자 성장의 두 단계로 일어난다. **결정핵 생성(nucleation)** 과정에서 용질은 불규칙한 응집체를 형성하고, 이것이 더 큰 입자로 성장할 수 있는 규칙적인 구조로 재배열된다.[6] 결정핵 생성은 부유 불순물 입자나 긁힌 유리 표면에서도 일어난다. Fe(III)이 25°C에서 0.1 M 수산화 테트라메틸암모늄(tetramethylammonium hydroxide)과 반응할 때 생성되는 수화된 산화 Fe(III)(페리하이드라이트, $\sim 5FeO(OH) \cdot 2H_2O$)의 핵은 Fe 원자 약 50개로 구성되고 지름이 4 nm가 된다.[7] **입자 성장**(particle growth) 단계에서는 분자나 이온 또는 다른 핵[8]이 핵 위에 응축되어 더 큰 결정을 만든다. 페리하이드라이트는 침철광[FeO(OH)]로 변형되고, 60°C에서 15분 후에 판상 위에 평면 규격 약 30 × 7 nm 크기로 자란다.

탄산 칼슘 결정화 연구는 동시 결정핵 경로를 밝혀냈다. 즉 결정은 **비결정성**(amorphous) 입자에서도 성장하고, 용액에서 직접 또는 보이지 않을 정도로 작은 핵으로부터도 자란다.[9] **결정화**(crystallization)에서는 장거리 질서를 갖는 고체가 생성된다.

$$Ca^{2+}(aq) + CO_3^{2-}(aq) \rightleftharpoons \underset{\text{비결정성}}{(CaCO_3)_n(aq)} \rightleftharpoons \underset{\text{결정성}}{(CaCO_3)_n(s)}$$

과포화도가 높은 용액에서는 결정핵 생성이 입자 성장보다 더 빠르게 진행되어 작은 입자 또는 콜로이드를 만든다. 반면 과포화도가 낮은 용액에서는 결정핵 생성이 천천히 진행되므로 더 큰 입자로 자라는 기회를 갖는다.

입자 성장을 촉진시키는 방법은 다음과 같다.

과포화는 침전물의 입자 크기를 감소시키는 경향이 있다.

- 용해도를 증가시키고 과포화도를 감소시키기 위하여 온도를 올린다.
- 침전제를 분석 물질에 처음 가할 때, 국부적으로 생기는 높은 과포화 조건을 피하기 위

하여 천천히 가하면서 격렬하게 섞는다.

- 분석 물질과 침전제의 농도가 낮아지도록 용액의 부피를 크게 한다.

균일 용액 침전

지금까지는 침전제 용액과 분석 물질 용액을 혼합하여 침전을 수행하였다. **균일 용액 침전(homogeneous precipitation)**에서는 침전제가 화학 반응(표 27-3)에 의해 초기 균일 용액 내에서 천천히 생성된다. 침전이 느리게 진행되는 이 과정은 결정핵 생성보다 입자 성장을 촉진시키고, 그 결과 더 크고 순수하며 여과하기 쉬운 입자를 생성하기 때문에 바람직하다. 반면 침전이 빠르면, 결정핵 생성이 주도적으로 일어나 여과하기 힘든 작은 입자가 생성된다.

균일 용액 침전의 예로 Fe(III) 용액과 폼산에서 폼산 Fe(III)의 느린 생성을 들 수 있다. 요소(urea)는 끓는물에서 분해되어 OH^-를 생성한다.

$$\underset{\text{요소}}{H_2N\!-\!\overset{\overset{\displaystyle O}{\|}}{C}\!-\!NH_2} + 3H_2O \xrightarrow{\text{가열}} CO_2 + 2NH_4^+ + 2OH^- \qquad \textbf{(27-2)}$$

점진적인 OH^- 생성은 폼산 Fe(III) 침전물의 입자 크기를 증가시킨다.

$$\underset{\text{폼산}}{H\!-\!\overset{\overset{\displaystyle O}{\|}}{C}\!-\!OH} + OH^- \rightarrow \underset{\text{폼산 이온}}{HCO_2^-} + H_2O \qquad \textbf{(27-3)}$$

$$3HCO_2^- + Fe^{3+} \rightarrow \underset{\text{폼산 Fe(III)}}{Fe(HCO_2)_3 \cdot nH_2O(s)\downarrow} \qquad \textbf{(27-4)}$$

표 27-3 균일 용액 침전에 사용되는 일반적인 시약

침전제	시약	반응	침전되는 몇 가지 원소들
OH^-	요소	$(H_2N)_2CO + 3H_2O \rightarrow CO_2 + 2NH_4^+ + 2OH^-$	Al, Ga, Th, Bi, Fe, Sn
OH^-	사이안산 포타슘	$\underset{\text{사이안산 수소}}{HOCN} + 2H_2O \rightarrow NH_4^+ + CO_2 + OH^-$	Cr, Fe
S^{2-}	싸이오아세트아마이드[a]	$CH_3\overset{\overset{\displaystyle S}{\|}}{C}NH_2 + H_2O \rightarrow CH_3\overset{\overset{\displaystyle O}{\|}}{C}NH_2 + H_2S$	Sb, Mo, Cu, Cd
SO_4^{2-}	설팜산	$H_3\overset{+}{N}SO_3^- + H_2O \rightarrow NH_4^+ + SO_4^{2-} + H^+$	Ba, Ca, Sr, Pb
$C_2O_4^{2-}$	옥살산 다이메틸	$CH_3O\overset{\overset{\displaystyle O}{\|}}{C}\overset{\overset{\displaystyle O}{\|}}{C}OCH_3 + 2H_2O \rightarrow 2CH_3OH + C_2O_4^{2-} + 2H^+$	Ca, Mg, Zn
PO_4^{3-}	인산 트라이메틸	$(CH_3O)_3P{=}O + 3H_2O \rightarrow 3CH_3OH + PO_4^{3-} + 3H^+$	Zr, Hf
CrO_4^{2-}	브로민산염을 가한 크로뮴(III) 이온	$2Cr^{3+} + BrO_3^- + 5H_2O \rightarrow 2CrO_4^{2-} + Br^- + 10H^+$	Pb
8-하이드록시퀴놀린	8-아세트옥시퀴놀린	8-아세트옥시퀴놀린($CH_3\overset{\overset{\displaystyle O}{\|}}{C}O$–, N) $+ H_2O \rightarrow$ 8-하이드록시퀴놀린(OH, N) $+ CH_3CO_2H$	Al, U, Mg, Zn

a. 유리된 H_2S는 휘발성이고 대단히 유독하다. 따라서 환기가 잘 되는 후드에서 취급해야 한다. 싸이오아세트아마이드는 장갑을 끼고 취급해야 하는 발암 물질이다. 만일 피부에 싸이오아세트아마이드가 묻으면 즉시 잘 씻어야 한다. 사용 후 남은 시약은 싸이오아세트아마이드 1 mol당 5 mol의 NaOCl을 가하고 50°C에서 가열하여 파괴시킨 다음, 배수구에 씻어 버려라. [H. Elo, "Is Thioacetamide a Serious Health Hazard in Inorganic Chemistry Laboratories?" *J. Chem. Ed.* **1987**, 64, A144.]

수화된 폼산 Fe(III) 생성물은 조성이 일정하지 않으므로, 850°C에서 한 시간 동안 가열하여 Fe_2O_3로 분해한 후 무게를 재어 Fe(III)의 양을 알 수 있다.

전해질 존재하에서의 침전

전해질이란 녹았을 때 이온으로 해리되는 화합물이다.

결정 표면에는 일반적으로 공통 이온이 과량으로 존재하지만 다른 이온도 선택적으로 흡착될 수 있다. 시트르산 이온은 $BaSO_4$ 표면에 황산 이온에 우선하여 결합된다.

이온 결합 화합물들은 보통 전해질 존재하에서 침전된다. 그 이유를 이해하기 위해서는 아주 작은 콜로이드성 미소 결정이 어떻게 **응집하여**(coagulate, 회합) 큰 입자(결정)를 형성하는가를 생각해야 한다. 일반적으로 0.1 M HNO_3 존재하에서 형성되는 AgCl의 경우를 설명해 보자. 그림 27-2는 과량의 Ag^+, H^+, NO_3^-가 존재하는 용액 중에서 콜로이드성 AgCl 입자의 성장을 보여 준다. 입자의 표면은 노출된 염화 이온에 과량의 은 이온이 **흡착**(**adsoprtion**) 됨으로 인하여 과량의 양전하를 띤다[흡착된다는 것은 표면에 부착된다는 것을 의미한다. 반대로 **흡수**(**absorption**)는 표면 안쪽으로 침투되는 것을 의미한다]. 양전하를 띤 표면은 입자 주위의 **이온 분위기**(ionic atmosphere)로부터 음이온들을 끌어당기고 양이온들과는 반발한다(그림 27-2). 이처럼 양전하를 띤 입자와 음전하를 띤 이온 분위기를 합쳐서 **전기 이중층**(**electric double layer**)이라고 한다.

콜로이드성 입자가 합체되기 위해서는 서로 충돌해야 한다. 그러나 음전하를 띤 이온 분위기의 입자들은 서로 반발한다. 따라서 입자들은 서로 합체되기 전에 정전기적 반발력을 이길 수 있는 충분한 운동 에너지를 가져야만 한다.

용액을 가열하면 입자의 운동 에너지가 증가되므로 합체가 촉진된다. 전해질 농도(AgCl에 대한 HNO_3의 경우)가 증가함에 따라 이온 분위기가 감소하고 정전기적 반발력이 크게 작용하기 전에 입자들이 서로 가깝게 접근한다. 이것이 바로 대부분 무게 분석의 침전 반응을 전해질 존재하에서 진행시키는 이유가 된다.

그림 27-3은 높은 이온 세기 용액과 낮은 이온 세기 용액에서 같은 전하를 가진 입자들 사이에 측정된 힘을 각각 보여 준다. 낮은 이온 세기에서는 입자들이 서로 접근함에 따라 반발력을 느끼게 된다. 높은 이온 세기에서는 입자들이 서로 접근함에 따라 인력을 느끼게 된다. 실험에서는 pH 11(LiOH)에서 지름 10 μm의 결정성 Al_2O_3 구형 입자와 Al_2O_3 평면 사이의 힘을 1 mM LiCl과 1 M LiCl 존재하에서 측정하였다. 이 pH에서는 아마도 흡착된 OH^-로 인해 두 표면은 모두 음전하를 띠게 된다. 1 mM LiCl 속에서 각 표면 간의 이온 분위기 두께는 ~10 nm이다. 구가 결정에 접근할수록 ~30 nm 떨어진 거리에서 양전하를 띤 이온 분위기 간에 반발력이 작용하고 ~7 nm에서 최대의 반발력에 도달한다. 떨어진 거리가 줄어들면 **van der Waals 힘**(van der Waals force)이 압도한다(보충 27-1). 인력은 ~0.5 nm에서

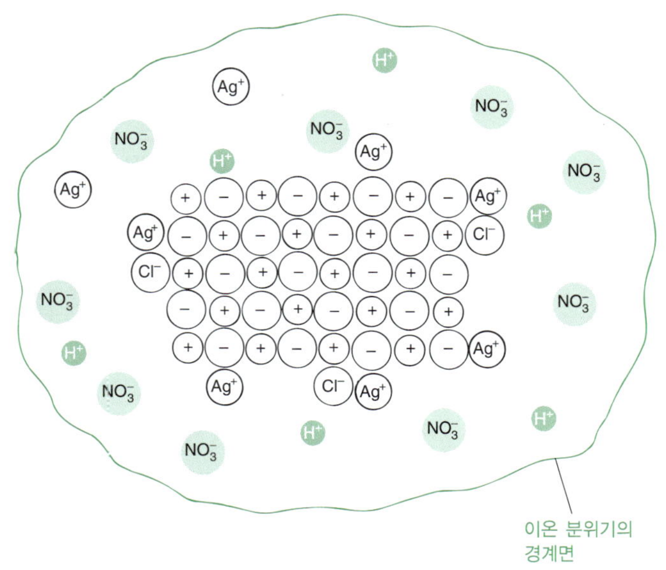

그림 27-2 과량의 Ag^+, H^+, NO_3^-가 들어 있는 용액에서 콜로이드성 AgCl 입자의 성장을 나타낸 모형도. 입자는 흡착된 Ag^+ 이온으로 인하여 알짜 양전하를 띤다. 입자 주위에 있는 용액의 영역을 **이온 분위기**라고 한다. 입자는 음이온을 끌어당기고 양이온을 밀어내기 때문에 알짜 음전하를 띤다.

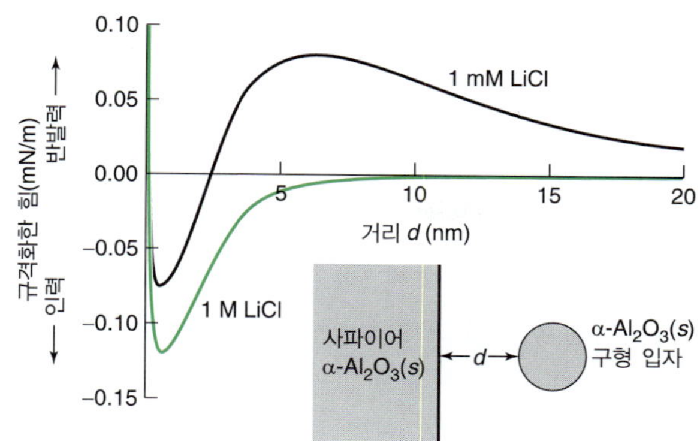

그림 27-3 1 mM LiCl과 pH 11(LiOH로 조절)인 1 M LiCl 전해질 용액 중에서 지름이 10 μm인 구형 α-알루미나(Al_2O_3) 결정과 사파이어(Al_2O_3) 결정의 *c* 결정 평면 간에 작용하는 힘의 측정값. 규격화한 힘은 힘/($2\pi r$), *r*은 구의 지름이다. [출처: H. Yilmaz, K. Sato, and K. Watari, "Ion-Specific Interaction of Alumina Surfaces," *J. Am. Ceram. Soc.* **2009**, *92*, 318.]

최대가 된다. 더 가깝게 밀어 넣으면 전자구름이 겹치기 시작하여 강한 반발력이 일어난다. 그림 27-3은 1 M LiCl에서 수행한 실험 결과도 보여 준다. 이와 같이 높은 전해질 농도에서 이온 분위기의 두께는 ~0.3 nm가 되고, 먼 거리 반발력은 관측되지 않고 van der Waals 힘이 주도하여 ~0.7 nm에서 최댓값에 도달한다.

삭임

어떤 물질의 침전이나 결정화가 일어나는 액체를 **모액(mother liquor)**이라고 한다. 침전시킨 다음, 대부분의 무게 분석에서는 보통 가열하면서 모액 중에 방치시키는 일정 시간이 요구된다. **삭임(digestion)**이라고 하는 이와 같은 처리 과정은 침전의 느린 재결정화를 촉진시킨다. 이때 입자의 크기는 증가하고, 불순물들은 결정으로부터 제거되는 경향이 있다.

순도

흡착된(adsorbed) 불순물은 결정의 표면에 달라붙어 있다. **흡수된**(absorbed) 불순물(결정 속에)은 **포함**(inclusion)과 **내포**(occlusion)로 분류된다. 포함은 결정을 이루는 이온들에 의해서 정상적으로 점유되고 있는 결정 격자점에 불규칙하게 불순물이 점유하고 있는 것을 말한다. 포함은 불순물 이온이 생성물에 있는 이온의 크기 및 전하가 비슷할수록 더 잘 일어난다. 내포는 말 그대로 성장된 결정 내부에 잡혀 있는 불순물 주머니라고 할 수 있다.

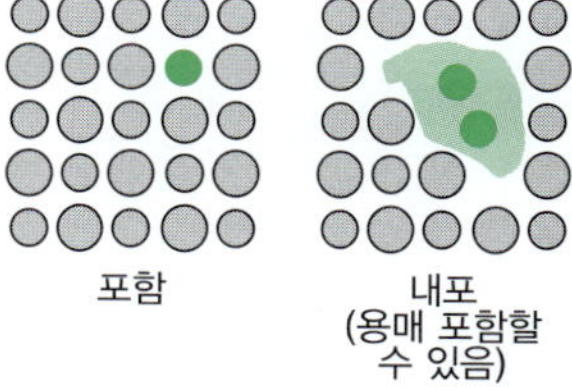

흡착되었거나, 내포되었거나, 포함된 불순물들은 **공동 침전(coprecipitation**, 공침)되었다고 한다. 즉 불순물은 비록 이들의 용해도를 초과하지 않을지라도 원하는 생성물과 함께 침전된다(그림 27-4).

보충 27-1 van der Waals 힘

van der Waals 힘은 모든 유형의 분자에 존재한다. 전기적으로 중성이고 영구 쌍극자가 아닌(분자 내 전하 분리가 없는) 두 분자를 생각해 보자. 어떤 순간에 분자 A에 있는 전자들의 움직임은 분자 내에 양전하와 음전하로 순간적인 전하 분리를 야기한다. 음의 영역은 인접한 분자 B의 전자를 밀어내어 B 분자 내에 순간 전하 분리를 발생시킨다. A의 음전하 부분과 B의 양전하 부분 사이의 정전기적 인력이 van der Waals 힘이다. 인력은 수 나노미터 내에서 작용하며, 분자 내의 전자가 움직임에 따라 계속 변한다.

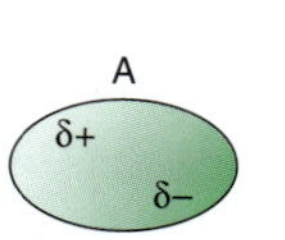

어떤 순간에 전자의 움직임은 중성 분자 A 내에 음의 영역과 양의 영역을 만든다.

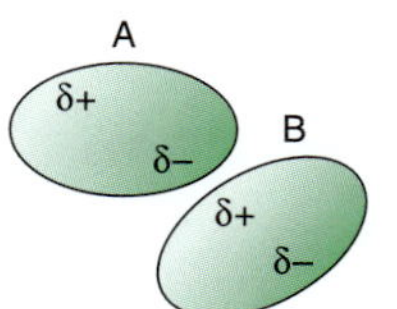

중성 분자 B가 A에 접근할 때 A 내의 순간 전하는 B의 전하 분리를 유도하여 A와 B 사이에 정전기적 인력을 가져온다.

재침전에 의한 $BaSO_4$ 중 NO_3^-의 제거

	침전물 중 $[NO_3^-]/[SO_4^{2-}]$
초기 침전	0.279
일차 재침전	0.028
이차 재침전	0.001

[출처: H. Bao, "Purifying Barite for Oxygen Isotope Measurement by Dissolution and Reprecipitation in a Chelating Solution," *Anal. Chem.* **2006**, *78*, 304.]

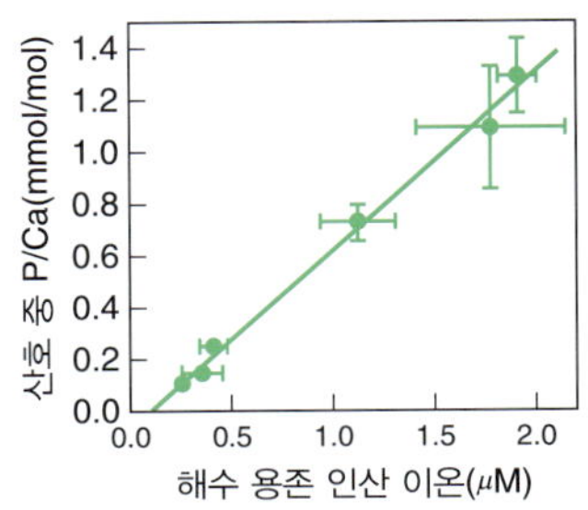

그림 27-4 산호 속의 탄산 칼슘에 의한 인산 이온의 공동 침전. 공동 침전된 인산 이온은 해수 중 인산 이온 농도에 비례한다. 과거의 산호 중 P/Ca 측정으로부터 11 200년 전 서지중해 해수 중 인산 이온 농도가 지금보다 두 배만큼 높은 것을 추정할 수 있다. [출처: P. Montagna, M. McCulloch, M. Taviani, C. Mazzoli, and B. Vendrell, "Phosphorus in Cold-Water Corals as a Proxy for Seawater Nutrient Chemistry," *Science* **2006**, *312*, 1788.]

N-p-클로로페닐신나모하이드록삼산(RH)
(리간드 원자들은 색 표시)

염화 암모늄을 가열하면 다음과 같이 분해된다.

$$NH_4Cl(s) \rightarrow NH_3(g) + HCl(g)$$

공동 침전은 $BaSO_4$, $Al(OH)_3$, $Fe(OH)_3$ 등과 같은 콜로이드성 침전물(표면적이 큰) 중에서 더 잘 일어나는 경향이 있다. 따라서 모액을 씻어버리고 침전물을 다시 녹여 생성물을 **재침전**(reprecipitation)시키는 여러 가지 과정이 요구된다. 용액 중의 불순물 농도는 일차 침전의 경우보다 이차 침전하는 동안 낮아지므로, 그 결과 공동 침전되는 정도가 감소하는 경향이 있다.

때로는 미량 성분을 용액의 주성분과 함께 의도적으로 공동 침전시킴으로써 분리시킨다.[10] 미량 성분의 포집에 이용되는 침전을 **모음제**(gathering agent)라고 하며, 그 과정을 **모음**(**gathering**)이라고 한다. 방글라데시 식수에 들어 있는 비소는 건강을 크게 위협하고 있다. 비소의 제거 방법의 하나로 $Fe(OH)_3$ 공동 침전법이 있다.[11] Fe(II)나 $Fe(s)$를 물에 가하고 수 시간 공기로 산화시켜 $Fe(OH)_3$ 침전을 만든다. 고형물을 제거하기 위해 모래로 여과한 후에는 물을 마실 수 있다.

가림제(**masking agent**)를 가하여 몇 가지 불순물 화학종이 침전제와 반응하는 것을 막을 수 있다. *N-p*-클로로페닐신나모하이드록삼산(*N-p*-chlorophenylcinnamohydroxamic acid) 시약을 이용하여 Be^{2+}, Mg^{2+}, Ca^{2+}, Ba^{2+}를 무게 분석할 때 과량의 KCN을 가하여 Ag^+, Mn^{2+}, Zn^{2+}, Cd^{2+}, Hg^{2+}, Fe^{2+}, Ga^{3+}와 같은 불순물들을 용액 중에 그대로 남아 있게 할 수 있다. Pb^{2+}, Pd^{2+}, Sb^{3+}, Sn^{2+}, Bi^{3+}, Zr^{4+}, Ti^{4+}, V^{5+}, Mo^{6+} 이온들은 시트르산염과 옥살산염의 혼합물에 의해서 가려진다.

$$\underset{\text{분석 물질}}{Ca^{2+}} + \underset{\text{N-p-클로로페닐-신나모하이드록삼산}}{2RH} \rightarrow \underset{\text{침전물}}{CaR_2(s)\downarrow} + 2H^+$$

$$\underset{\text{불순물}}{Mn^{2+}} + \underset{\text{가림제}}{6CN^-} \rightarrow \underset{\text{용액 중에 남음}}{Mn(CN)_6^{4-}}$$

심지어 침전물이 순수한 상태로 형성될 경우에도 모액 중에 방치하는 동안 생성물 중에 불순물들이 모이게 된다. 이것을 **후침전**(postprecipitation)이라고 하는데, 보통 후침전에는 쉽게 결정화되지 않는 과포화된 불순물이 관계된다. 예를 들면 CaC_2O_4 중의 MgC_2O_4 결정화이다.

필터 위에 있는 침전물 씻기는 과량의 용질을 함유한 액체 방울들을 제거하는 데 도움이 된다. 일부 침전물은 물로 제거가 되지만, 대부분의 침전물은 응집시키기 위하여 전해질이 필요하다. 이들 침전물은 매우 작은 입자들의 표면 전하를 중화시킬 수 있는 이온 분위기가 필요하다. 만약 전해질을 물로 씻어버리면 전하를 띤 고체 입자들은 서로 반발하고, 생성물은 분해된다. 이와 같은 분해를 **풀림**(**peptization**)이라고 한다. 이것은 필터를 그대로 통과함으로써 생성물의 양을 감소시키는 결과를 초래한다. AgCl은 물로 씻으면 풀리게 되므로 묽은 HNO_3 용액으로 씻어야 한다. 씻기에 사용되는 전해질은 건조시키는 동안 쉽게 제거될 수 있도록 휘발성이어야 한다. 몇 가지 일반적인 휘발성 전해질은 HNO_3, HCl, NH_4NO_3, NH_4Cl, $(NH_4)_2CO_3$ 등이다.

생성물의 조성

최종 생성물은 잘 알려져 있는 동시에 안정한 조성을 가져야 한다. **흡습성 물질**(**hygroscopic substance**)은 공기로부터 물을 빨아들이므로 정확하게 무게를 달기가 어렵다. 대부분의 침전물은 일정하지 않은 양의 물을 함유하고 있기 때문에, 알고 있는 H_2O의 화학량론을 유지시킬 수 있는(가능한 한 모든 H_2O가 제거되는) 조건에서 건조시켜야 한다.

강열(**ignition**, 강하게 가열함)은 어떤 침전물의 화학적 형태를 변화시키는 데 이용된다. 예를 들면 식 27-4에 있는 $Fe(HCO_2)_3 \cdot nH_2O$를 1시간 동안 850°C에서 강열하면, 무게를 재기 쉬운 Fe_2O_3가 된다. 표 27-1에 제시된 것처럼, 인산염에 Mg^{2+}와 과량의 NH_4^+를 가하면 $Mg(NH_4)PO_4 \cdot 6H_2O$로 침전되는데, 이를 1 100°C에서 강열하면 무게 재기가 용이하며 화학

조성이 일정한 $Mg_2P_2O_7$가 생성된다. 하수 슬러지에서 나오는 영양분이 풍부한 액체를 $MgCl_2$와 NH_4^+로 처리하여 수화된 $Mg(NH_4)PO_4$로 침전시키고, 이를 농업에서 비료로 사용하는 것은 인산염 화학 응용의 한 예이다.[12]

열무게 분석(**thermogravimetric analysis**)에서는 시료를 가열하고 시료의 질량을 온도의 함수로 측정한다. 그림 27-5는 살리실산 칼슘의 조성이 4단계 과정에서 어떻게 변화되는가를 보여 준다.

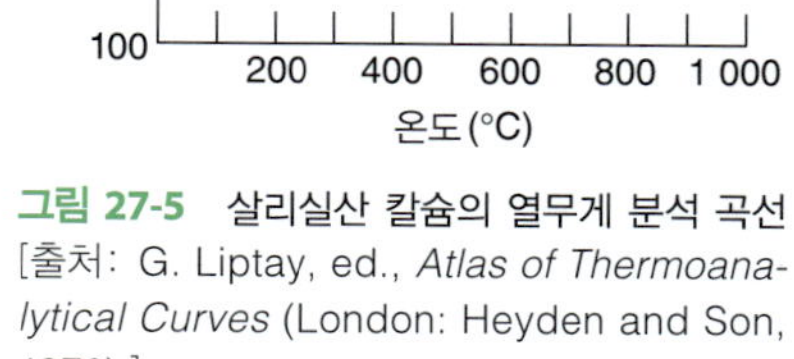

그림 27-5 살리실산 칼슘의 열무게 분석 곡선 [출처: G. Liptay, ed., *Atlas of Thermoanalytical Curves* (London: Heyden and Son, 1976).]

$$\text{살리실산 칼슘 일수화물} \cdot H_2O \xrightarrow{\text{약 } 200^\circ C} (HOC_6H_4CO_2)Ca(O_2CC_6H_4OH) \xrightarrow{\text{약 } 300^\circ C} CaC_7O_3H_4 \xrightarrow{\text{약 } 500^\circ C} \underset{\text{탄산 칼슘}}{CaCO_3} \xrightarrow{\text{약 } 700^\circ C} \underset{\text{산화 칼슘}}{CaO} \quad (27\text{-}5)$$

생성물의 조성은 항상 온도 및 가열 과정에 의존한다.

27-3 무게 분석 계산의 예

이제 무게 분석에서 침전물의 무게와 원래 분석 물질의 양 사이에 어떤 관계가 있는가를 나타내는 몇 가지 예를 들어 보자. 일반적인 접근 방법은 생성물의 몰수와 반응물의 몰수의 관계이다.

예제 반응물의 질량과 생성물의 질량과의 관계

시판용 불순 시료에 포함된 피페라진(piperazine) 함량은 다이아세트산염으로 침전시켜 무게 달기 방법으로 정량한다.[13]

$$\underset{\substack{\text{피페라진}\\ \text{FM 86.138}}}{:NH\;\;HN:} + \underset{\substack{\text{아세트산}\\ \text{FM 60.052}}}{2CH_3CO_2H} \rightarrow \underset{\substack{\text{다이아세트산 피페라진}\\ \text{FM 206.242}}}{H_2\overset{+}{N}\;\;\overset{+}{N}H_2(CH_3CO_2^-)_2} \quad (27\text{-}6)$$

이 분석을 수행할 때 피페라진 중에서 침전되지 않는 불순물을 정량하는 것이 중요하다. 그렇지 않으면 결괏값이 커질 수 있다.

한 실험에서 시료 0.312 6 g을 아세톤 25 mL에 녹이고, 아세트산 1 mL를 가하였다. 5분 후 침전물을 거르고 아세톤으로 씻은 다음, 110°C로 건조시키고 무게를 달아보니 0.712 1 g이었다. 시판용 시료에 포함된 피페라진의 무게 백분율은 얼마인가?

풀이 불순 시료에 포함된 피페라진 1 mol에 대하여 생성물 1 mol이 생성될 것이다. 그러므로 생성물의 몰수는

$$\text{생성물의 몰수} = \frac{0.712\,1\text{ g}}{206.242\text{ g/mol}} = 3.453 \times 10^{-3}\text{ mol}$$

이다. 피페라진 몰수에 대응하는 그램수는 다음과 같다.

$$\text{피페라진의 그램수} = (3.453 \times 10^{-3}\,\cancel{\text{mol}})\left(86.138\frac{\text{g}}{\cancel{\text{mol}}}\right) = 0.297\,4\text{ g}$$

따라서

$$\text{분석 물질 중 피페라진의 무게 백분율} = \frac{0.297\,4\text{ g}}{0.312\,6\text{ g}} \times 100 = 95.14\%$$

이 문제를 푸는 또 다른 방법(그러나 결과는 동일하다)은 피페라진 86.138 g(1 mol)에 대해 생성물 206.242 g(1 mol)이 생성될 것이라는 사실을 아는 것이다. 0.712 1 g의 생성물이 얻어졌으므로, 반응물의 양은 다음과 같다.

$$\frac{x \text{ g 피페라진}}{0.712\,1 \text{ g 생성물}} = \frac{86.138 \text{ g 피페라진}}{206.242 \text{ g 생성물}}$$

$$\Rightarrow x = \left(\frac{86.138 \text{ g 피페라진}}{206.242 \cancel{\text{g 생성물}}}\right) 0.712\,1 \cancel{\text{g 생성물}} = 0.297\,4 \text{ g 피페라진}$$

무게 분석 계수는 생성물의 질량과 분석 물질의 질량의 관계이다.

여기에서 86.138/206.242의 비는 출발 물질의 질량과 생성물의 질량의 관계를 나타내며, **무게 분석 계수**(gravimetric factor)라고 한다.

자습 시료 0.385 4 g으로 생성물 0.800 0 g을 얻었다. 시료에 포함된 피페라진의 무게 백분율은 얼마인가? (**답:** 86.70%)

분석 물질과 생성물 사이의 화학량론적 관계가 1:1이 아닌 반응에 대해서 무게 분석 계수는 정확한 화학량론을 이용하여 구해야 한다. 예를 들면 미지의 Mg^{2+}(원자 질량 = 24.305)는 $Mg_2P_2O_7$(FM 222.551)을 만들어 무게 분석법으로 분석할 수 있다. 이 경우 무게 분석 계수는,

$$\frac{\text{분석 물질 중 Mg의 그램수}}{\text{생성된 } Mg_2P_2O_7 \text{ 의 그램수}} = \frac{2 \times (24.305)}{222.551}$$

이 된다. Mg^{2+} 2 mol은 $Mg_2P_2O_7$ 1 mol을 만들기 때문이다.

예제 침전제 사용량의 계산

(a) 강철에 포함된 니켈 함량을 정량하기 위해서 합금을 12 M HCl에 녹이고, 용액 속에 철이 그대로 남아 있도록 시트르산 이온 존재하에서 중화시킨다. 약한 염기성 용액을 따뜻하게 가열하고 다이메틸글리옥심(DMG)을 가하면 붉은색의 DMG-Ni 착물이 정량적으로 침전된다. 생성물을 거르고 차가운 물로 씻은 다음, 110°C에서 말린다.

$$Ni^{2+} + 2\,\text{DMG} \longrightarrow \text{비스(다이메틸글리옥심)니켈(II)} + 2H^+ \qquad \textbf{(27-7)}$$

FM 58.69 — DMG FM 116.12 — 비스(다이메틸글리옥심)니켈(II) FM 288.91

니켈 함량이 약 3 wt%인 강철 1.0 g을 분석한다고 가정하자. 이때 분석에서 50% 과량의 DMG를 사용하기 위해서 필요한 1.0 wt% DMG 알코올 용액의 부피는 얼마인가? 알코올 용액의 비중은 0.79 g/mL라고 가정한다.

풀이 Ni 함량이 약 3%이므로, 1.0 g의 강철은 약 0.03 g의 Ni을 함유한다. 따라서 몰수는 다음과 같다.

$$\frac{0.03 \cancel{\text{ g Ni}}}{58.69 \cancel{\text{ g Ni}}/\text{mol Ni}} = 5.11 \times 10^{-4} \text{ mol Ni}$$

Ni^{2+} 1 mol은 DMG 2 mol을 필요로 하기 때문에 금속의 양은 다음과 같다.

$$2(5.11 \times 10^{-4} \cancel{\text{mol Ni}})(116.12 \text{ g DMG}/\cancel{\text{mol Ni}}) = 0.119 \text{ g DMG}$$

50% 과량의 DMG는 (1.5)(0.119 g) = 0.178 g이다. 따라서 DMG가 함유된 용액의 무게를 구하면

$$\frac{0.178 \cancel{\text{ g DMG}}}{0.010 \cancel{\text{ g DMG}}/\text{g 용액}} = 17.8 \text{ g 용액}$$

따라서 부피는

$$\frac{17.8\ \text{g 용액}}{0.79\ \text{g 용액/mL}} = 23\ \text{mL}$$

(b) 만약 1.163 4 g의 강철 시료에서 0.179 5 g의 침전이 얻어진다면, 강철에 함유된 Ni의 무게 백분율은 얼마인가?

풀이 강철에 포함된 1 mol의 Ni에 대하여 1 mol의 침전물이 생성된다. 따라서 0.179 5 g의 침전물에 대응하는 몰수를 구하면

$$\frac{0.179\ 5\ \text{g Ni(DMG)}_2}{288.91\ \text{g Ni(DMG)}_2\text{/mol Ni(DMG)}_2} = 6.213 \times 10^{-4}\ \text{mol Ni(DMG)}_2$$

따라서 강철에 포함된 Ni의 양은

$$(6.213 \times 10^{-4}\ \text{mol Ni})(58.69\ \text{g/mol Ni}) = 0.036\ 46\ \text{g}$$

이고, 강철에 포함된 Ni의 무게 백분율은

$$\frac{0.036\ 46\ \text{g Ni}}{1.163\ 4\ \text{g 강철}} \times 100 = 3.134\%$$

이 문제를 좀 더 간단히 푸는 방법은 58.69 g의 Ni(1 mol)이 288.91 g의 생성물(1 mol)을 형성한다는 것을 이용하는 것이다. 시료에 함유된 Ni의 무게를 x라고 하면, 다음과 같은 관계식을 나타낼 수 있다.

$$\frac{\text{분석할 Ni의 그램수}}{\text{생성된 생성물의 그램수}} = \frac{x}{0.179\ 5} = \frac{58.69}{288.91} \Rightarrow \text{Ni} = 0.036\ 46\ \text{g}$$

자습 약 2.0 wt% Ni을 함유하는 합금이 있다. 이 합금 1.8 g을 분석하는 데 50%의 과량의 DMG를 제공하기 위해 필요한 0.83 wt% DMG의 부피는 얼마인가? 예상되는 $Ni(DMG)_2$ 침전물의 질량은 얼마인가? (**답:** 33 mL, 0.18 g)

예제 두 가지 성분이 혼합된 시료에 관한 문제

Al과 Mg의 8-하이드록시퀴놀린 착물이 섞인 혼합물의 질량이 1.084 3 g이다. 공기가 통하는 전기로에서 가열하면 혼합물이 분해되어 0.134 4 g의 Al_2O_3와 MgO의 찌꺼기가 남았다. 원래의 혼합물 중 $Al(C_9H_6NO)_3$의 무게 백분율을 구하시오.

$$\underset{\substack{AlQ_3 \\ \text{FM } 459.44}}{AlQ_3} + \underset{\substack{MgQ_2 \\ \text{FM } 312.61}}{MgQ_2} \xrightarrow{\text{가열}} \underset{\text{FM } 101.96}{Al_2O_3} + \underset{\text{FM } 40.304}{MgO}$$

풀이 8-하이드록시퀴놀린 음이온을 Q라 하고, AlQ_3의 질량을 x, MgQ_2의 질량을 y라고 하면, 다음과 같은 관계식을 나타낼 수 있다.

$$\underset{AlQ_3\text{의 질량}}{x} + \underset{MgQ_2\text{의 질량}}{y} = 1.084\ 3\ \text{g}$$

Al의 몰수는 $x/459.44$이고, Mg의 몰수는 $y/312.61$이 될 것이다. Al_2O_3의 몰수는 전체 Al 몰수의 1/2이다. 그 이유는 2 mol의 Al이 1 mol의 Al_2O_3를 형성하기 때문이다.

$$Al_2O_3\text{의 몰수} = \left(\frac{1}{2}\right)\frac{x}{459.44}$$

MgO의 몰수는 Mg의 몰수 $= y/312.61$과 같으므로 다음과 같은 관계식을 나타낼 수 있다.

$$\overbrace{\left(\frac{1}{2}\right)\underbrace{\frac{x}{459.44}}_{\text{mol Al}_2\text{O}_3}\underbrace{(101.96)}_{\frac{\text{g Al}_2\text{O}_3}{\text{mol Al}_2\text{O}_3}}}^{\text{Al}_2\text{O}_3\text{의 질량}} + \overbrace{\underbrace{\frac{y}{312.61}}_{\text{mol MgO}}\underbrace{(40.304)}_{\frac{\text{g MgO}}{\text{mol MgO}}}}^{\text{MgO의 질량}} = 0.1344\text{ g}$$

위 식에 $y = 1.0843 - x$를 대입시키면,

$$\left(\frac{1}{2}\right)\left(\frac{x}{459.44}\right)(101.96) + \left(\frac{1.0843 - x}{312.61}\right)(40.304) = 0.1344\text{ g}$$

이것으로부터 $x = 0.3003$ g을 구할 수 있고, 이 양은 원래 혼합물의 27.70%에 해당된다.

매우 큰 불확정도에 유의하라: 생성물 질량 0.5 mg 차이는 혼합물 조성 계산값에 9% 차이를 야기한다.

자습 재현성이 ±0.5 mg이라면, 생성물 질량은 0.133 9 g에서 0.134 9 g 사이로 예상된다. 생성물 질량이 0.133 9 g이라면 $Al(C_9H_6NO)_3$의 무게 백분율은 얼마인가? (**답:** 30.27%. **생성물의 질량이 단지 0.5 mg 변했는데 $Al(C_9H_6NO)_3$의 wt% 변화가 크다는 것은, 이 특정 분석 방법이 목적에 부합하지 않음을 의미한다.** 혼합물에서 특별히 각 금속 원소를 측정하는 원자 발광 분광법 같은 방법이 더 적절할 수 있겠다.)

27-4 연소 분석

연소 분석(combustion analysis)은 역사적으로 중요한 무게 분석 방법으로, 과량의 O_2 중에서 연소시켜 유기 화합물에 함유되어 있는 C와 H를 정량하는 방법이다. 연소 생성물의 무게를 측정하는 대신, 현대 기기들은 열전도도, 적외선 흡수, 불꽃 광도법(S의 경우) 또는 전기량법(할로젠의 경우)으로 생성물의 양을 측정한다.

무게 연소 분석

그림 27-6의 무게 연소 분석에서 불완전 연소 생성물은 CO_2와 H_2O로 완전히 산화하도록 높은 온도에서 Pt 그물, CuO, PbO_2, MnO_2와 같은 촉매를 통과시킨다. 연소 생성물들은 P_4O_{10}('오산화 인')이 들어 있는 관을 통과하면서 물이 흡수되고, 아스카라이트(Ascarite)*가 채워진 관을 통과하면서 CO_2가 흡수된다. 각 관의 무게 증가는 H와 C가 각각 얼마나 생성되었는가를 의미한다. 두 관 다음에 있는 보호관은 관 속으로 대기 중의 H_2O 또는 CO_2가 유입되는 것을 막아 준다.

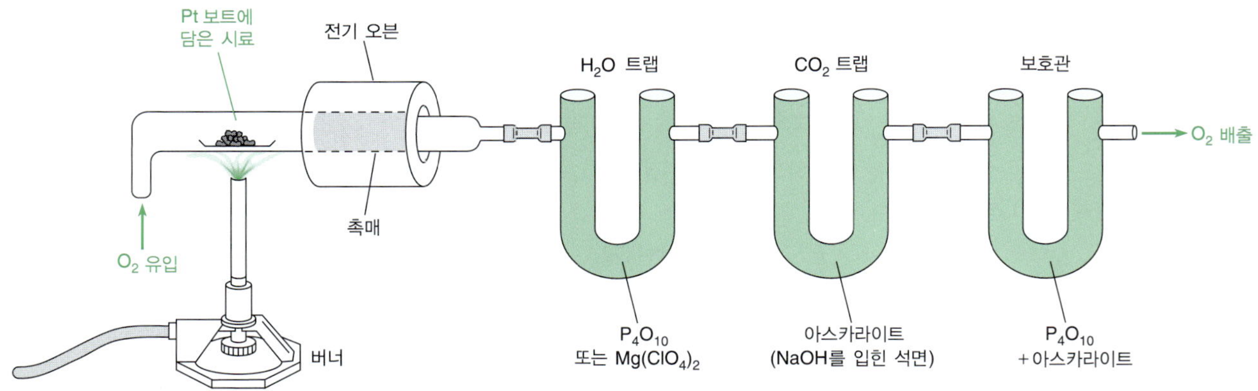

그림 27-6 탄소와 수소의 무게 연소 분석

* 원래 아스카라이트는 석면에 NaOH를 입힌 것이다. 석면 입자를 호흡하면 치명적인 폐질환을 일으킬 수 있기 때문에 더 이상 석면을 사용하지 않는다. 아스카라이트 II®에서는 석면이 비활성 실리카(SiO_2)로 대체된다.

예제 연소 분석 계산

5.714 mg의 화합물을 연소시켰을 때 CO_2 14.414 mg과 H_2O 2.529 mg이 생성되었다. 시료에 있는 C와 H의 무게 백분율을 구하시오.

풀이 1 mol의 CO_2는 1 mol의 탄소를 함유하므로,

$$\text{시료에 포함된 C의 몰수} = \text{생성된 } CO_2\text{의 몰수}$$
$$= \frac{14.414 \times 10^{-3}\text{ g } CO_2}{44.009\text{ g/mol } CO_2} = 3.275 \times 10^{-4}\text{ mol}$$

$$\text{시료에 포함된 C의 질량} = (3.275 \times 10^{-4}\text{ mol C})(12.011\text{ g/mol C}) = 3.934\text{ mg}$$

$$\text{C의 무게 백분율} = \frac{3.934\text{ mg C}}{5.714\text{ mg 시료}} \times 100 = 68.85\%$$

1 mol의 H_2O는 2 mol의 H를 함유하므로,

$$\text{시료에 포함된 H의 몰수} = 2(\text{생성된 } H_2O\text{의 몰수})$$
$$= 2\left(\frac{2.529 \times 10^{-3}\text{ g } H_2O}{18.015\text{ g/mol } H_2O}\right) = 2.808 \times 10^{-4}\text{ mol}$$

$$\text{시료에 포함된 H의 질량} = (2.808 \times 10^{-4}\text{ mol H})(1.008\text{ g/mol H}) = 2.830 \times 10^{-4}\text{ g}$$

$$\text{H의 무게 백분율} = \frac{0.283\,0\text{ mg H}}{5.714\text{ mg 시료}} \times 100 = 4.95\%$$

자습 시료 6.234 mg으로부터 CO_2 12.123 mg과 H_2O 2.529 mg이 생성되었다. 시료에 포함된 C와 H의 무게 백분율은 얼마인가? (**답:** 53.07%, 4.54%)

최근의 연소 분석[14]

한 번의 조작으로 C, H, N, S를 정량하는 기기를 그림 27-7에 나타내었다. 먼저, 시료 약 2 mg을 정확하게 달아 주석 또는 은 캡슐 속에 넣고 봉인한다. 미량의 O_2, H_2O, CO_2를 제

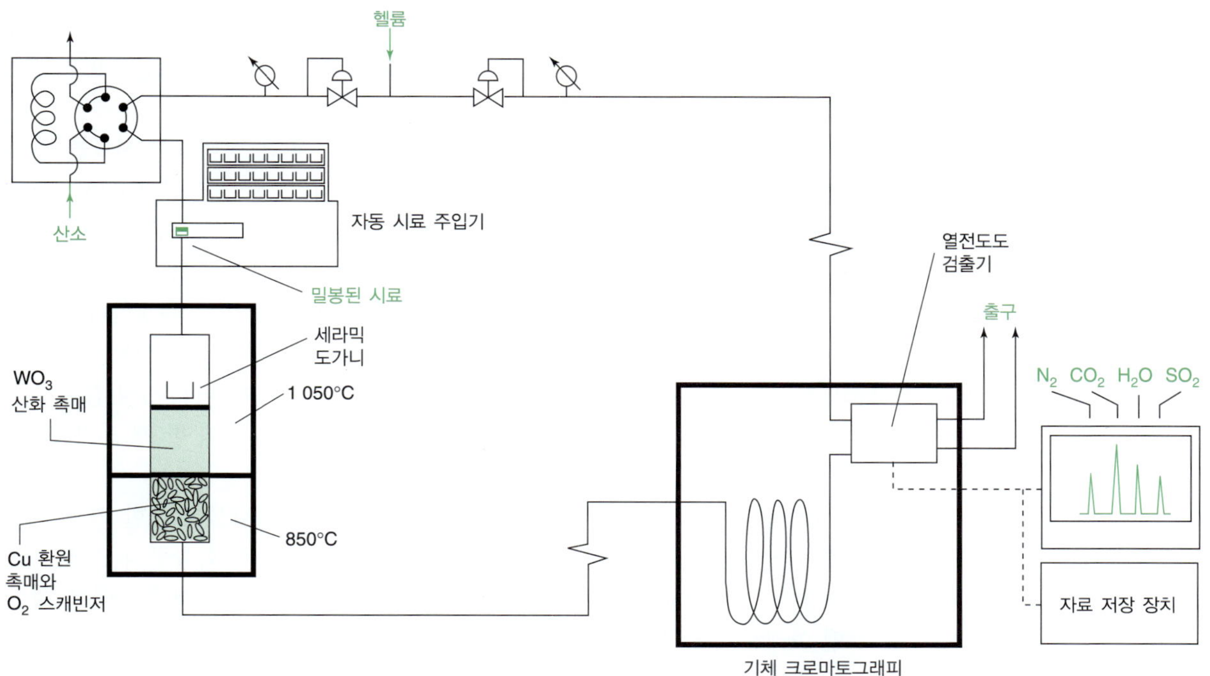

그림 27-7 N_2, CO_2, H_2O, SO_2 연소 생성물을 측정하기 위해 기체 크로마토그래피에 의한 분리와 열전도도 검출기를 이용한 C, H, N, S 원소 분석 장치의 모형도 [출처: E. Pella, "Elemental Organic Analysis. 2. State of the Art." *Am. Lab.*, August 1990, p. 28.]

거시킨 He 기체를 통과시켜 장치 내부를 씻는다. 분석하기 전에 He 증기를 흘려보낸 후, 부피를 알고 있는 과량의 O_2를 흘려보낸다. 그리고 시료 캡슐을 예열된 세라믹 도가니에 떨어뜨려 캡슐을 녹이면 시료는 즉시 산화된다.

$$\text{C, H, N, S} \xrightarrow{1\,050°\text{C} / \text{O}_2} \text{CO}_2(g) + \text{H}_2\text{O}(g) + \text{N}_2(g) + \underbrace{\text{SO}_2(g) + \text{SO}_3(g)}_{95\%\ \text{SO}_2}$$

시료를 완전히 산화시키기 위하여 **산화 촉매**를 사용한다. 그러나 환원이 필요하거나 과량의 O_2를 제거하기 위해서는 **환원 촉매**를 사용하기도 한다.

생성물들은 뜨거운 WO_3 산화 촉매 속으로 통과시켜 C를 CO_2로 완전 연소시킨다. 다음 단계에서, 금속 Cu는 850°C에서 SO_3를 SO_2로 환원시키고 과량의 O_2를 제거한다.

$$\text{Cu} + \text{SO}_3 \xrightarrow{850°\text{C}} \text{SO}_2 + \text{CuO}(s)$$

$$\text{Cu} + \frac{1}{2}\text{O}_2 \xrightarrow{850°\text{C}} \text{CuO}(s)$$

Sn 캡슐은 SnO_2로 산화된다. 즉

1. 시료의 기화와 열분해를 위하여 열을 방출한다.
2. 가능한 즉시 산소를 사용한다.
3. 기체 상태에서 시료의 산화를 보장한다.
4. 산화 촉매로 작용한다.

CO_2, H_2O, N_2, SO_2의 혼합물은 기체 크로마토그래피로 분리하고, 각 성분들은 열전도도 검출기로 측정한다(그림 24-19). CO_2, H_2O, SO_2는 적외선 흡광도로 측정할 수 있다.

원소 분석 장치의 특징은 몇 분간에 걸쳐 천천히 생성물을 새어나오게 하는 대신에 기체 상태 생성물들을 짧은 시간 내에 순간적으로 불어내는 **동적 섬광 연소**(dynamic flash combustion) 방법을 이용한 것이다. 기체 크로마토그래피 분석에서는 전체 시료를 일시에 주입해야 하기 때문에 이와 같은 특징은 매우 중요하다. 그렇지 않고 시료 주입 시간이 길어지면 생성물들을 분리할 수가 없다.

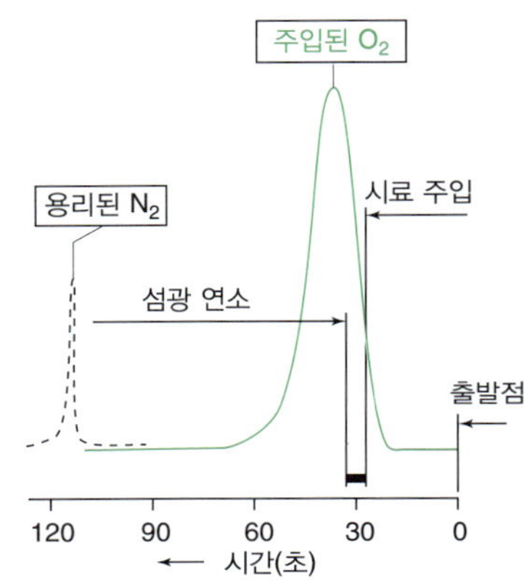

그림 27-8 동적 섬광 연소에서의 연속적인 과정 [출처: E. Pella, "Elemental Organic Analysis. 1. Historical Developments," *Am. Lab.*, February 1990, p. 116.]

동적 섬광 연소 분석에서는 시료를 넣고 밀봉시킨 주석 캡슐을 50 vol% O_2/50 vol% He의 혼합 기체를 흘리기 시작한 직후에 예열된 노(furnace) 속으로 떨어뜨린다(그림 27-8). Sn 캡슐은 235°C에서 녹는 즉시 SnO_2로 산화됨으로써 594 kJ/mol의 열량을 방출하게 되고, 그로 인하여 시료를 1 700~1 800°C로 가열하게 된다. 충분한 양의 O_2가 존재하기 전에 시료를 떨어뜨리면 산화되기 전에 시료의 열분해가 먼저 일어나 산화 질소의 생성이 감소한다(가연성의 액체 시료들은 폭발을 방지하기 위하여 O_2를 흘려보내기 전에 미리 넣는다).

C, H, N(S는 제외)의 분석 장치들은 보다 효과적으로 이와 같은 연소 과정이 이루어질 수 있도록 촉매를 이용한다. 산화 촉매는 Cr_2O_3이다. 그다음 기체는 할로젠과 황을 흡수시키기 위하여 Ag를 입힌 뜨거운 Co_3O_4를 통과시킨다. 그리고 뜨거운 Cu 환원관은 과량의 O_2를 제거시킨다.

산소의 분석은 다른 방법이 필요하다. O_2를 더 추가하지 않은 상태에서 시료를 열적으로 분해[**열분해**(**pyrolysis**) 과정이라 함]시킨다. 기체 상태의 생성물들은 1 075°C에서 니켈화된 탄소를 통과시켜 화합물에서 산소를 CO(CO_2가 아님)로 변화시킨다. 다른 생성물들은 N_2, H_2, CH_4와 할로젠화 수소를 포함한다. 산성 생성물들은 NaOH에 흡수시키고, 나머지 기체들은 기체 크로마토그래피로 분리시킨 다음, 열전도도 검출기로 측정한다.

할로젠 화합물을 연소하면 CO_2, H_2O, N_2와 HX(X = 할로젠)가 생성된다. HX는 수용액에 모으고, Ag의 산화에 의해서 생성된 Ag^+ 이온을 전기량계로 적정한다(17-3절 참조). 전기량계는 HX와의 반응이 완결되는 동안 생성된 전자의 수(각 Ag^+에 대해 한 개 전자)를 계측한다.

표 27-4는 35개 이상의 실험실에 보내서 얻은 7개 화합물 중 두 화합물에 대한 연소 분석 결과를 나타낸 것이다. 7개 화합물에 대한 정확도는 매우 양호하다. 각 화합물의 C, H, N, S를 약 150번 측정한 값의 평균값은 이론적인 값의 0.1 wt% 이내이다. 7개 화합물에 대한 정밀도는 표의 맨 아래칸에 있다. C에 대한 평균 95% 신뢰 구간은 ±0.47 wt%이다. H, N, S에 대한 95% 신뢰 구간은 각각 ±0.24, ±0.31, ±0.76 wt%이다. 분석값이 이론적 wt% ±0.3 이내이면 분석 화합물이 예상 화학식을 가진다는 좋은 증거로 받아들인다. 이 기준은 C와 S에 대한 1회 분석값에는 적용되지 않는다. 그 이유는 이 두 원소에 대한 95% 신뢰 구

표 27-4 순수한 화합물의 연소 분석 정확도와 정밀도[a]

물질	C	H	N	S
$C_7H_9NO_2S$ 이론적 wt% Toluene-4-sulfonamide	49.10 49.1±0.63	5.30 5.3±0.31	8.18 8.2±0.38	18.73 18.7±0.89
$C_4H_7NO_2S$ 이론적 wt% 4-Thiazolidinecarboxylic acid	36.07 36.0±0.33	5.30 5.3±0.16	10.52 10.5±0.16	24.08 24.0±0.53
화합물 7종에 대한 평균 불확정도(wt%)	±0.47	±0.24	±0.31	±0.76

a. 6년에 걸쳐 매년 33~45개의 실험실에서 순수한 화합물 7종 중 두 가지에 대한 분석한 결과. 각 실험실의 각 화합물 분석은 적어도 2일에 걸쳐 최소 5회 이상 실시한 것임. 각 화합물에 대해 첫 번째 줄은 이론적 wt%를, 두 번째 줄은 실험 측정값을 나타냄. 불확정도 값은 1% 신뢰 수준으로 아웃라이어(outlier)를 제거한 후 계산한 95% 신뢰 구간임.

출처: R. Campanyó, R. Rubio, A. Sahuquillo, R. Boqué, A. Maroto, and J. Riu, "Uncertainty Estimation in Organic Elemental Analysis Using Information from Proficiency Tests," *Anal. Bioanal. Chem.* **2008**, *392*, 1497.

간이 ±0.3 wt%보다 크기 때문이다.

물과 폐수에 존재하는 질소를 연소 분석하는 상용화된 장치는 물 관련 규정을 지키기 위한 것이다.[15] 물에서 규제 대상 질소 화합물은 아질산 이온(NO_2^-), 질산 이온(NO_3^-), 암모니아(NH_3)와 유기 질소 화합물들이다. Kjeldahl 분석법(11-8장)과 같이, 현재 승인된 분석법은 지루하고 느린 방법이다. 알루미나에 담지된 백금 촉매와 함께 ≥720°C로 연소하면 질소 화합물(N_2가 아닌)들이 일산화 질소(NO)로 변환된다. 그다음 연소 생성물을 포함한 기류('탄소 무함유' 공기)는 냉각되고, 습기가 제거되며, 오존과 혼합되어 빛을 낸다.

$$\text{산화:} \quad NO + O_3 \rightarrow NO_2^*(\text{들뜬 상태의 } NO_2) + O_2$$
$$\text{화학 발광:} \quad NO_2^* \rightarrow NO_2 + h\nu \ (\text{빛 방출})$$

같은 과정이 기체 크로마토그래피의 화학 발광 질소 검출기에서도 사용된다. 통합된 발광 검출기 신호는 물 시료 내 질소 양에 비례한다. 전체 분석은 시료당 ~5분 정도 소요된다.

SiC, Si_3N_4와 같은 규소 화합물과 규산염(암석)은 Ni 용기 속에서 플루오린(F_2) 원소와 반응하여 SiF_4를 생성하는 반응을 이용하여 분석할 수 있다. O, N, He, Ne, Ar, Kr를 제외한 주기율표상 모든 원소는 플루오린화 생성물을 만든다.[16] 이들 생성물은 질량 분석법으로 측정할 수 있다. Si_3N_4나 다른 금속 질소 화합물에 들어 있는 질소는 비활성 대기 상태에서 3 000°C로 가열하여 질소를 N_2로 방출시키고 이를 열전도도로 측정할 수 있다.

F_2는 반응성이 높아 매우 위험하다. 따라서 F_2 전용 시스템 속에서 다루어야 한다.

이해해야 할 용어

가림제(masking agent)
강열(ignition)
결정핵 생성(nucleation)
공동 침전(coprecipitation)
과포화 용액(supersaturated solution)
균일 용액 침전(homogeneous precipitation)
모액(mother liquor)
모음(gathering)
무게 분석(gravimetric analysis)
삭임(digestion)
연소 분석(combustion analysis)
열무게 분석(thermogravimetric analysis)
열분해(pyrolysis)
전기 이중층(electric double layer)
침전제(precipitant)
콜로이드(colloid)
투석(dialysis)
풀림(peptization)
흡수(absorption)
흡습성 물질(hygroscopic substance)
흡착(adsorption)

요약

무게 분석에서는, 알고 있는 생성물의 질량을 분석 물질의 질량과 관련짓는다. 일반적으로 분석 물질의 이온은 적당한 반대 이온에 의해 침전된다. 침전은 결정핵 생성과 입자(결정) 성장이라는 두 단계로 일어난다. 과포화를 감소시키고, 크고 쉽게 거를 수 있는 입자(콜로이드에 반대되는)의 생성을 촉진시키는 방법에는 (1) 침전되는 동안 온도를 높이고, (2) 시약을 천천히 가하고 격렬하게 섞으며, (3) 시료의 부피를 크게 유지하며, (4) 균일 용액 침전 반응의 이용 등이 있다. 침전물들은 보통 입자 성장과 재결정을 촉진시키기 위하여 뜨거운 모액에서 삭인다. 그런 다음 모든 침전물을 거르고 씻어야 하는데, 일부 침전물은 풀림을 막기 위하여 휘발성 전해질로 씻어야 한다. 생성물을 건조시키기 위하여 가열하거나 재현성 있고 안정된 조성을 얻기 위해 강열한다. 모든 무게 분석의 계산은 생성물의 몰수와 분석 물질의 몰수와의 관계를 찾는 것이다.

C, H, N, S, 할로젠에 대한 연소 분석에서 주석 캡슐 속에 들어 있는 유기 화합물은 우선적으로 CO_2, H_2O, N_2, SO_2와 HX(할로젠화 수소)를 형성시키기 위하여 과량의 O_2 중에서 빠르게 가열한다. 뜨거운 산화 촉매는 산화 과정을 완결시키고, 뜨거운 Cu는 과량의 O_2를 제거한다. 황을 분석하는 경우, 뜨거운 구리는 SO_3를 SO_2로 변화시킨다. 생성물들은 기체 크로마토그래피로 분리시킨 다음, 열전도도 검출기로 측정한다. 어떤 경우에는 CO_2, H_2O, SO_2를 측정하기 위해 적외선 흡수를 사용한다. HX는 수용액에서 전기 분해로 생성된 Ag^+로 전기량 적정에 의해 측정된다. 유기 화합물에서 산소는 O_2가 존재하지 않는 상태에서 열분해시키고, 마지막으로 화합물로부터 방출되는 O_2를 CO로 변화시키는 방법으로 측정된다.

연습 문제

27-A. Marie Curie는 0.091 92 g의 $RaCl_2$를 녹인 후 과량의 $AgNO_3$를 가하여 0.088 90 g의 AgCl을 침전시켰다. 그 당시(1900년)에는 Ag의 원자량은 107.8로, Cl의 원자량은 35.4로 알려져 있었다. 이 값들을 이용하여 Marie Curie가 계산한 Ra의 원자량을 구하시오.

27-B. 다음 반응을 이용하여, 분자량 417 g/mol인 유기 화합물의 에톡시(CH_3CH_2O—)기를 분석하였다.

$$ROCH_2CH_3 + HI \rightarrow ROH + CH_3CH_2I$$
$$CH_3CH_2I + Ag^+ + OH^- \rightarrow AgI(s) + CH_3CH_2OH$$

25.42 mg의 시료가 29.03 mg의 AgI를 생성하였다면, 각 분자에는 몇 개의 에톡시기가 존재하는가?

27-C. K_2SO_4(FM 174.25)와 $(NH_4)_2SO_4$(FM 132.13)만을 함유한 시료 0.649 g을 물에 녹이고 $Ba(NO_3)_2$로 처리하여, 모든 SO_4^{2-}를 $BaSO_4$(FM 233.38)로 침전시켰다. 만약 0.977 g의 침전물을 형성하였다면, 시료 중 K_2SO_4의 무게 백분율은 얼마인가?

27-D. 비(ratio)를 모르는 두 고체 $BaCl_2 \cdot 2H_2O$(FM 244.26)와 KCl(FM 74.55)의 혼합물을 생각하자($BaCl_2 \cdot 2H_2O$는 각 $BaCl_2$에 두 개의 물 분자가 결합된 결정을 의미한다). 미지 시료를 160°C에서 한 시간 동안 가열하면 결정수가 제거된다.

$$BaCl_2 \cdot 2H_2O(s) \xrightarrow{160°C} BaCl_2(s) + 2H_2O(g)$$

1.783 9 g의 시료를 가열한 후 무게를 달아보니 1.562 3 g이었다. 원래 시료 중에 있는 Ba, K, Cl의 무게 백분율을 계산하시오.

27-E. 테트라플루오로붕산 알루미늄[$Al(BF_4)_3$, FM 287.39]과 질산 마그네슘[$Mg(NO_3)_2$, FM 148.31]만을 함유하는 혼합물을 0.282 8 g 달았다. 이것을 1 wt% HF 수용액에 녹이고, 나이트론(nitron) 용액으로 처리하여 생성된 테트라플루오로붕산 나이트론과 질산 나이트론 침전물의 무게는 1.322 g이었다. 원래 고체 혼합물 중 Mg의 무게 백분율을 계산하시오.

나이트론
$C_{20}H_{16}N_4$
FM 312.37

테트라플루오로붕산 나이트론 BF_4^-
$C_{20}H_{17}N_4BF_4$
FM 400.19

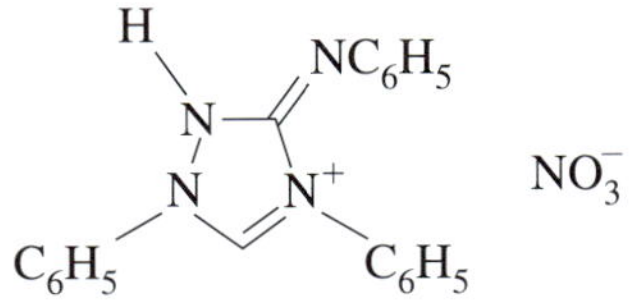

질산 나이트론 NO_3^-
$C_{20}H_{17}N_5O_3$
FM 375.39

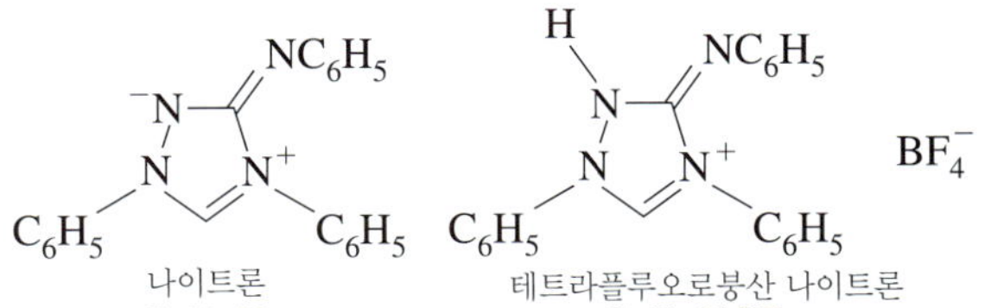

27-F. $LaCoO_{3\pm x}$는 페로브스카이트(perovskite, 보충 19-1) 구조이며, 다양한 산소 함량을 가진다. 그림은 41.872 4 mg을 5 vol% H_2가 들어 있는 Ar 속에서 가열하였을 때 얻은 열무게 분석 곡선이다. La(III)은 반응하지 않으나, 코발트는 Co(*s*)로 환원된다.

(a) 이상적인 화학식 $LaCoO_3$에 있는 코발트의 산화 상태는 무엇인가?

(b) $LaCoO_3$와 H_2가 반응하여 $La_2O_3(s)$, Co(*s*), $H_2O(g)$를 생성하는 반응식을 쓰시오.

(c) $LaCoO_3$ 41.872 4 mg이 완전히 반응하였다면, 고체 생성물(La_2O_3 + Co)의 질량은 얼마나 되겠는가?

(d) $LaCoO_{3+x}$와 H_2가 반응하여 La_2O_3, Co, H_2O를 생성하는 균형 반응식을 쓰시오. $LaCoO_{3+x}$ 41.872 4 mg이 완전히 반응을 한다면, 고체 생성물의 질량은 얼마가 되겠는가? 답은 *x*가 포함된 수식일 것이다.

(e) 700°C에서 관측된 생성물 질량(37.763 7 mg)으로부터

$LaCoO_{3+x}$의 x 값을 구하시오. 초기 반응물 고체의 화학식을 쓰시오.

(f) **(c)**에서 이상적인 화학식 $LaCoO_3$로부터 잃은 질량은 4.087 7 mg이다. 500°C 부근에서 질량이 ~40.51 mg인 생성물은 무엇인가?

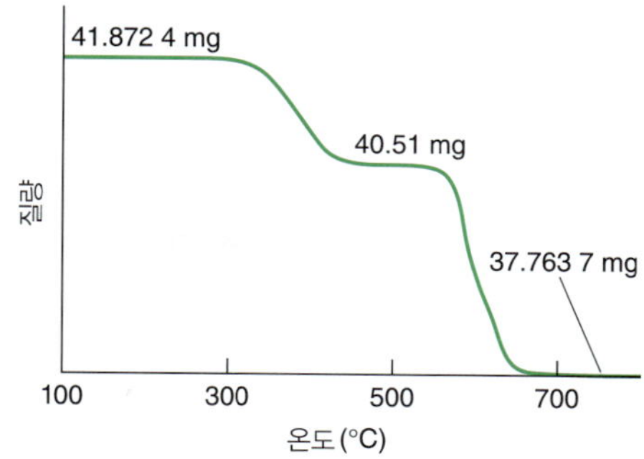

부피로 5 vol% H_2가 들어 있는 Ar 속에서의 $LaCoO_{3+x}$ 열무게 분석 [출처: O. Haas, Chr. Ludwig, and A. Wokaun, "Determination of the Bulk Cobalt Valence State of Co-Perovskites Containing Surface-Adsorbed Impurities," *Anal. Chem.* **2006**, *78*, 7273.]]

문제

무게 분석

27-1. **(a)** 흡수와 흡착의 차이는 무엇인가?
(b) 포함과 내포는 어떻게 다른가?

27-2. 바람직한 무게 분석 침전물의 네 가지 성질을 설명하시오.

27-3. 높은 상대적 과포화도가 무게 분석 침전 반응에 좋지 않은 이유는 무엇인가?

27-4. 침전시키는 동안 상대적 과포화도를 감소시킬 수 있는 방법은 무엇인가?

27-5. 대부분의 이온성 침전은 순수한 물 대신 전해질 용액으로 씻어야 하는 이유는 무엇인가?

27-6. AgCl 침전물을 HNO_3 용액보다 $NaNO_3$ 수용액으로 씻는 것이 바람직하지 않은 이유는 무엇인가?

27-7. 무게 분석에서 재침전이 이용되는 이유는 무엇인가?

27-8. 열무게 분석에 관하여 설명하시오.

27-9. 2장 서두에 소개한 석영 결정 미량 저울을 이용하여 작은 질량은 어떻게 측정하는지 설명하시오.

27-10. NaBr을 함유하는 50.00 mL 용액을 과량의 $AgNO_3$로 적정하여 0.214 6 g의 AgBr(FM 187.772) 침전을 얻었다. 이 용액에서 NaBr의 몰농도는 얼마인가?

27-11. Ce^{4+}을 함유한 고체 시료 4.37 g을 녹이고 과량의 아이오딘산염으로 적정하여 $Ce(IO_3)_4$의 침전을 얻었다. 이 침전물을 모아서 잘 씻고 건조시킨 후 강열하여 0.104 g의 CeO_2(FM 172.114)를 얻었다. 원래의 고체 시료에서 Ce의 무게 백분율은 얼마인가?

27-12. Gonzaga 대학의 학생들이 염화 바륨과 인산 트라이소듐을 혼합하여 인산 바륨을 침전법에 의해 제조하려고 했다.[17]

$$\underset{\text{FM 208.23}}{3BaCl_2(aq)} + \underset{\text{FM 163.94}}{2Na_3PO_4(aq)} \rightarrow \underset{\text{FM 601.92}}{Ba_3(PO_4)_2(s)} + 6NaCl(aq)$$

(a) 어떤 한 경우에는, $BaCl_2$ 0.502 g과 Na_3PO_4 1.02 g을 약 50 mL의 H_2O가 담긴 두 비커에 각각 따로 녹였다. Na_3PO_4 용액을 $BaCl_2$ 용액에 붓고 혼합하여 생성된 흰색 가루 부유물을 80°C에서 30분 동안 삭임하고, 여과, 세척 및 공기 건조를 진행한 결과, 0.733 g의 흰색 고체를 얻었다. 어떤 시약이 한계 시약인지 밝히시오. 그리고 무게 분석 계수를 이용하여 이론적인 수율을 구하시오. 실제 얻은 수율(%)은 얼마인가?
(b) 얻은 가루에 대해 X선 회절 분석을 한 결과, 인산 바륨이 아닌 광물 단계의 나바파이트(nabaphite)로 밝혀졌다.

$$BaCl_2(aq) + Na_3PO_4(aq) \rightarrow \underset{\text{나바파이트}}{NaBaPO_4 \cdot 9H_2O(s)} + 2NaCl(aq)$$

이론적인 수율과 실제 % 수율은 각각 얼마인가?
(c) 위의 과정을 동일하게 진행하였다. 단, 80°C에서 30분 동안 삭임을 진행하는 대신에 105°C에서 3시간 동안 밀봉된 테플론 통(그림 28-6) 안에서 삭임을 진행하였고, 그 결과 0.394 g의 흰색 고체 생성물을 얻었으며, X선 회절 분석을 통해 나바파이트가 아닌 $Ba_3(PO_4)_2$임을 알았다. 얻은 생성물의 % 수율은 얼마인가?

27-13. 불순물이 섞인 0.050 02 g의 피페라진 시료는 71.29 wt% 피페라진(FM 86.138)을 함유하고 있다. 이 시료를 반응 27-6에 따라 분석하였을 때, 몇 g의 생성물(FM 206.242)이 생길 것인가?

27-14. 반응 27-7에 따라 미지 시료 1.000 g을 분석하였을 때, 2.500 g의 비스(다이메틸글리옥심)니켈(II)(FM 288.91)을 형성하였다. 미지 시료에 포함된 Ni의 무게 백분율을 구하시오.

27-15. 그림 27-5를 참고하여, 살리실산 칼슘 일수화물을 550°C와 1 000°C로 가열하였을 때, 형성되는 생성물의 이름을 쓰시오. 이들 생성물의 화학식량을 이용하여, 살리실산 칼슘 일수화물 0.635 6 g을 550°C와 1 000°C로 가열하였을 때 남아 있을 것으로 예상되는 찌꺼기의 질량을 계산하시오.

27-16. 바닷물 중의 가용성 유기 탄소를 측정하는 방법은 $K_2S_2O_8$으로 유기 물질을 CO_2로 산화시키고, 다음으로 NaOH를 입힌 석면이 채워진 관으로 CO_2를 포집하여 무게 분석법으

로 정량을 한다. 6.234 g의 바닷물 시료는 2.378 mg의 CO_2(FM 44.009)를 생성한다. 바닷물에 들어 있는 탄소의 ppm을 계산하시오.

27-17. 2.07 wt% Ni를 함유한 강철 0.998 4 g을 반응 27-7에 따라 반응시켰을 때, 50.0% 정도 과량으로 가하기 위해서는 2.15% 다이메틸글리옥심 알코올 용액 몇 mL가 필요한가? 다이메틸글리옥심 용액의 밀도는 0.790 g/mL이다.

27-18. 전체 질량이 22.131 g인 식용 철 정제 20알을 가루로 만들고 잘 섞었다. 그리고 2.998 g의 가루를 HNO_3에 녹이고 가열하여 모든 철을 Fe^{3+}로 만들었다. 여기에 NH_3를 가하여 정량적으로 $Fe_2O_3 \cdot xH_2O$를 침전시키고, 이것을 강열하여 0.264 g의 Fe_2O_3(FM 159.69)를 얻었다. 한 알의 정제 중에 들어 있는 $FeSO_4 \cdot 7H_2O$(FM 278.01)의 평균 질량은 얼마인가?

27-19. 미세하게 빻은 광물 0.632 4 g을 끓는 4 M HCl에 녹인 후 두 방울의 메틸 레드 지시약이 들어 있는 물 175 mL로 희석하였다. 이 용액을 100°C까지 가열한 후, 2.0 g의 $(NH_4)_2C_2O_4$가 들어 있는 따뜻한 용액 50 mL를 서서히 가하여 CaC_2O_4를 침전시켰다. 그런 다음 지시약이 붉은색에서 노란색으로 변할 때까지 6 M NH_3를 가하여 용액을 중성 혹은 약한 염기성이 되게 하였다. 한 시간 동안 천천히 식힌 후, 액체는 따라내고 고체를 거름 도가니로 옮겨, 거른 용액에 $AgNO_3$ 용액을 가해도 Cl^-가 검출되지 않을 때까지 차가운 0.1 wt% $(NH_4)_2C_2O_4$ 용액으로 다섯 번 씻었다. 도가니를 105°C에서 한 시간, 그리고 전기로(500 ± 25°C)에서 두 시간 동안 건조시켰다.

$$\underset{\text{FM } 40.078}{Ca^{2+}} + C_2O_4^{2-} \xrightarrow{105°C} CaC_2O_4 \cdot H_2O(s) \xrightarrow{500°C} \underset{\text{FM } 100.086}{CaCO_3(s)}$$

빈 도가니의 질량은 18.231 1 g이고, $CaCO_3(s)$가 담긴 도가니의 질량은 18.546 7 g이었다.

(a) 광물에 포함된 Ca의 wt%는 얼마인가?

(b) 미지 용액과 침전 용액 $(NH_4)_2C_2O_4$를 섞기 전에 두 용액을 가열하는 이유는 무엇인가?

(c) 0.1 wt% $(NH_4)_2C_2O_4$ 용액으로 씻는 목적은 무엇인가?

(d) 거른 용액을 $AgNO_3$ 용액으로 검사하는 목적은 무엇인가?

27-20. 큰 통 속에 빠진 남자에 대한 문제.[18] 오래 전, 한 염료 공장에서 노동자가 뜨겁고 진한 질산과 황산의 혼합 용액이 들어 있는 큰 통 속에 빠져 완전히 분해되었다. 이 사고의 목격자가 없었기 때문에, 이 남자의 아내가 보험금을 타기 위해서는 남편이 빠졌다는 증거가 필요했다. 그 남편의 몸무게는 70 kg이었는데, 일반적으로 인체에는 약 6.3 ppt(parts per thousand)의 인이 들어 있다. 통 속에 사람이 빠져 분해되었는지를 확인하기 위해서 통 속의 산 용액 중에 있는 인을 분석하였다.

(a) 큰 통 속에 들어 있는 8.00×10^3 L 액체에서 100.0 mL를 취하여 분석을 하였다. 만약 사람이 통에 빠졌다면, 100.0 mL 액체에 함유되어 있는 인의 양은 얼마이겠는가?

(b) 용액 100.0 mL를 몰리브데넘산 시약으로 처리하여 암모늄 인몰리브데넘산염, $(NH_4)_3[P(Mo_{12}O_{40})] \cdot 12H_2O$의 침전을 만들었다. 침전의 수분을 제거하기 위하여 110°C로 건조하고, 화학식이 $P_2O_5 \cdot 24MoO_3$인 일정한 조성이 얻어지도록 400°C까지 가열하여 0.371 8 g을 얻었다. 같은 산의 새로운 혼합 용액(통 속의 것이 아닌)을 같은 방법으로 처리하였더니 0.033 1 g의 $P_2O_5 \cdot 24MoO_3$(FM 3 596.67)가 생성되었다. 여기에서 바탕값은 출발 물질 중에 함유된 인의 양으로부터 구할 수 있다. 따라서 분해된 사람으로부터 생성되는 $P_2O_5 \cdot 24MoO_3$는 0.371 8 − 0.033 1 = 0.338 7 g이다. 100 mL 시료 중에 함유된 인의 양은 얼마인가? 이 양은 분해된 사람의 것과 일치하는가?

27-21. NH_4Cl(FM 53.489), K_2CO_3(FM 138.20) 및 비활성 성분을 함유한 시료 1.475 g을 녹여 0.100 L 용액을 만들었다. 이 용액 25.0 mL를 산성으로 하고, 과량의 테트라페닐붕산 소듐 $Na^+B(C_6H_5)_4^-$로 처리하여 K^+와 NH_4^+ 이온을 완전히 침전시켰다.

$$(C_6H_5)_4B^- + K^+ \rightarrow \underset{\text{FM } 358.33}{(C_6H_5)_4BK(s)}$$

$$(C_6H_5)_4B^- + NH_4^+ \rightarrow \underset{\text{FM } 337.27}{(C_6H_5)_4BNH_4(s)}$$

얻어진 침전물의 질량은 0.617 g이었다. 다시 위 용액 50.0 mL를 취하여 염기성으로 만들고, 가열하여 모든 NH_3를 제거시켰다.

$$NH_4^+ + OH^- \rightarrow NH_3(g) + H_2O$$

그다음 산성으로 만들고, 테트라페닐붕산 소듐으로 처리하여 0.554 g의 침전물을 얻었다. 원래 고체 시료 중 NH_4Cl과 K_2CO_3의 무게 백분율을 구하시오.

27-22. Al_2O_3(FM 101.96)와 Fe_2O_3(FM 159.69)만을 함유한 혼합물 2.019 g을 취했다. H_2 기류하에서 가열하였을 때, Al_2O_3는 변하지 않고, Fe_2O_3는 $H_2O(g)$와 금속 Fe로 변하였다. 만약 찌꺼기의 질량이 1.774 g이라면, 원래의 혼합물 중에 있는 Fe_2O_3의 무게 백분율은 얼마인가?

27-23. 황산 암모늄 철 육수화물과 염화 철 육수화물만을 함유하는 혼합 고체를 0.548 5 g 취했다. 시료를 1 M H_2SO_4에 녹이고 H_2O_2를 이용하여 Fe^{3+}로 산화시킨 다음, 쿠페론으로 침전시켰다. 얻어진 철 쿠페론 착물을 강열하여 0.167 8 g의 산화 철(Fe_2O_3, FM 159.69)을 얻었다. 원래의 시료 중에 있는 Cl의 무게 백분율을 구하시오.

$FeSO_4 \cdot (NH_4)_2SO_4 \cdot 6H_2O$
황산 암모늄 철 육수화물
FM 392.12

$FeCl_2 \cdot 6H_2O$
염화 철 육수화물
FM 234.84

C_6H_5–N(NO)–O^- NH_4^+
쿠페론
FM 155.16

27-24. 오차의 전파. 질산 은과 질산 수은(I)만을 함유한 혼합물을 물에 녹이고, 과량의 헥사사이아노코발트(III)산 소듐($Na_3[Co(CN)_6]$)으로 처리하여 둘 다 헥사사이아노코발트(III)산염으로 침전시켰다.

$AgNO_3$	FM 169.872
$Ag_3[Co(CN)_6]$	FM 538.646
$Hg_2(NO_3)_2$	FM 525.19
$(Hg_2)_3[Co(CN)_6]_2$	FM 1 633.63

(a) 미지 시료 0.432 1 g으로부터 생성물 0.451 5 g을 얻었다. 미지 시료 중 $AgNO_3$의 무게 백분율을 구하시오. **주의:** 이와 같은 종류의 계산에서 계산기의 모든 자릿수를 유지하지 않으면 상당한 오차를 일으킬 수 있다. 계산이 끝날 때까지 반올림하지 말라.

(b) 훌륭한 분석자라고 할지라도, 침전을 분리할 때 오차를 0.3% 이내로 줄이기가 쉽지 않다. 생성물의 질량을 제외하고 이 실험에서의 모든 값에는 오차가 무시될 정도라고 가정하자. 생성물의 질량은 0.30%의 불확정도를 포함하고 있다고 가정하자. 미지 시료 중에 있는 $AgNO_3$ 질량의 상대 불확정도를 계산하시오.

27-25. 다음에 나타낸 열무게 분석 그래프는 $Y_2(OH)_5Cl \cdot xH_2O$를 가열하는 동안의 질량 손실을 나타낸다. 첫 번째 단계에서는 수화물이 제거되므로 약 8.1%의 질량 손실이 있다. 두 번째 분해 단계 후에는 최초 질량의 19.2%를 잃는다. 마지막으로 800°C 이상에서는 안정한 조성을 갖는 Y_2O_3가 생성된다.

(a) 화학식 $Y_2(OH)_5Cl \cdot xH_2O$에서 x 값을 구하시오. 실험에서 8.1%의 질량 손실은 정확한 값이 아니므로 전체 질량 손실 31.8%를 계산에 이용한다.

(b) 19.2% 정체기(plateau) 영역에 있는 물질의 화학식을 예상하시오. 화학식에서 모든 이온들의 전하의 합은 0이 된다. 양이온은 Y^{3+}이다.

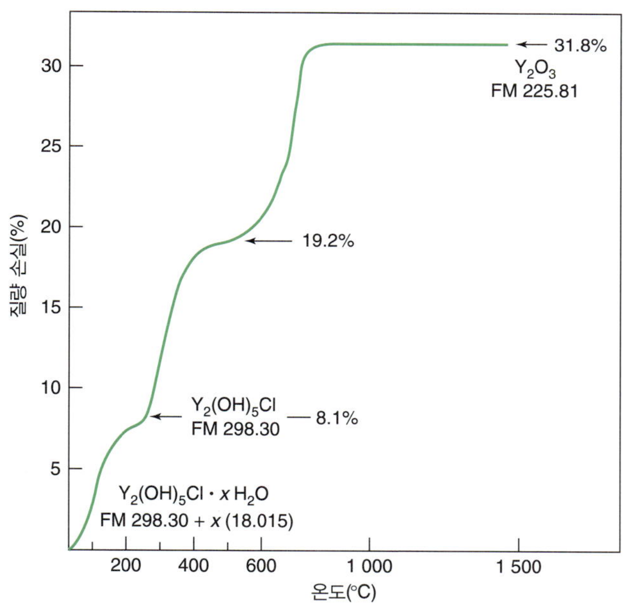

$Y_2(OH)_5Cl \cdot xH_2O$의 열무게 분석 [출처: T. Hours, P. Bergez, J. Charpin, A. Larbot, C. Guizard, and L. Cot, "Preparation and Characterization of Yttrium Oxide by a Sol-Gel Process," *Ceramic Bull.* **1992**, *71*, 200.]

27-26. 열무게 분석과 오차의 전파.[19] 중수소로 치환된 이수소 인산 포타슘 결정 $K(D_xH_{1-x})_2PO_4$은 광학 분야에서 광밸브, 광회절, 레이저 진동수 배가 등에 사용된다. 광학적 성질은 중수소의 분율에 매우 민감하다. 한 논문에 따라 결정을 Pt 용기에 넣고 N_2 분위기에서 450°C까지 천천히 가열한 후 결정의 탈수로 인한 질량 감소를 재어서 중수소 함량을 측정하였다.

$$\underset{\text{FM } 136.084 + 2.012\,55x}{K(D_xH_{1-x})_2PO_4(s)} \xrightarrow{450°C} \underset{\text{FM } 118.069}{KPO_3(s)} + (D_xH_{1-x})_2O(g)$$

K, P, O의 화학식량은 주기율표에서, D와 H에서 동위 원소 질량은 표 22-1에서 왔다.

(a) 생성물 질량을 반응물 질량으로 나눈 것을 α라 하자.

$$\alpha = \frac{KPO_3\text{의 질량}}{K(D_xH_{1-x})_2PO_4\text{의 질량}}$$

$K(D_xH_{1-x})_2PO_4$의 상수 x와 α가 아래 수식과 같이 관련되어 있음을 보이시오.

$$x = \frac{58.666\,4}{\alpha} - 67.617\,7$$

초기 물질이 100% 중수소로 치환되어 있다면, α 값은 얼마인가?

(b) 한 결정을 3회 반복 측정하여 α의 평균값 $= 0.856\ 7_7$을 얻었다. 이 결정의 x 값을 구하시오.

(c) 부록 B에 있는 식 B.1로부터 $x(e_x)$의 불확정도가 $\alpha(e_\alpha)$의 불확정도와 다음 식으로 관련이 있음을 보이시오.

$$e_x = \frac{58.667\,0\, e_\alpha}{\alpha^2}$$

(d) 중수소: 수소 화학량론 불확정도는 e_x이다. α의 불확정도 추정값은 $e_\alpha = 0.000\ 1$이다. e_α로부터 e_x를 계산하시오. 화학량론을 $x \pm e_x$ 형태로 쓰시오. e_α가 0.001(매우 합리적인 값임)이라면, e_x는 얼마인가?

27-27. 고온 초전도체인 이트륨 바륨 구리 산화물(16장 서두와 보충 16-3 참조)은 H_2를 흘려주면서 가열할 때 1 000°C에서 남아 있는 고체는 Y_2O_3, BaO, Cu이다. 출발 물질의 화학식은 $YBa_2Cu_3O_{7-x}$이고, 산소의 화학량론은 7과 6.5 사이이다($x = 0$에서 0.5).

$$\underset{\text{FM } 666.19 - 16.00x}{YBa_2Cu_3O_{7-x}(s)} + (3.5 - x)H_2(g) \xrightarrow{1\,000°C}$$

$$\underbrace{\tfrac{1}{2}Y_2O_3(s) + 2BaO(s) + 3Cu(s)}_{YBa_2Cu_3O_{3.5}} + (3.5 - x)H_2O(g)$$

(a) 열무게 분석. 이 방법을 이용하여 $YBa_2Cu_3O_{7-x}$ 34.397 mg을 1 000°C로 가열하니 31.661 mg의 고체가 남았다. 출발 물질의 화학식 $YBa_2Cu_3O_{7-x}$에서 x 값은 얼마인가?

(b) 오차의 전파. 만약 위 문제 **(a)**에서 각각의 질량의 불확정도가 ±0.002 mg이라면, x 값의 불확정도는 얼마인가?

연소 분석

27-28. 연소와 열분해의 차이는 무엇인가?

27-29. 그림 27-7에서 WO_3와 Cu의 이용 목적은 무엇인가?

27-30. 연소 분석에서 시료를 밀봉시킬 때 주석을 이용하는 이유는 무엇인가?

27-31. 그림 27-8에서 산소 농도가 최대 피크점에 도달하기 전에

시료를 예열된 도가니 속으로 떨어뜨리는 이유는 무엇인가?

27-32. 벤조산($C_6H_5CO_2H$)이 연소하여 CO_2와 H_2O를 생성할 때의 균형 맞춘 반응식을 쓰시오. 4.635 mg의 벤조산이 연소되면 몇 mg의 CO_2와 H_2O가 생성되는가?

27-33. C, H, N, S의 원소 분석 장치로 $C_8H_7NO_2SBrCl$을 연소시킬 때 균형 맞춘 반응식을 쓰시오.

27-34. C, H, N, O만으로 이루어진 화합물을 연소 분석하여 보니 46.21 wt% C, 9.02 wt% H, 13.74 wt% N 및 100에서 이들 값을 뺀 값, 즉 100 − 46.21 − 9.02 − 13.74 = 31.03 wt%의 O가 존재함을 알았다. 이것은 미지 시료 100 g 중 46.21 g의 C, 9.02 g의 H 등이 포함된 것을 의미한다. C : H : N : O의 원자비를 구하고, 이것을 가장 간단한 정수비로 나타내시오.

27-35. 사이클로헥세인 C_6H_{12}(FM 84.162)과 옥시레인(oxirane) C_2H_4O(FM 44.053)만을 함유한 시료 7.290 mg을 달아 연소 분석법으로 분석하니, 21.999 mg의 CO_2(FM 44.009)가 얻어졌다. 혼합물 중 옥시레인의 무게 백분율을 구하시오.

27-36. 어떤 유기물의 연소 분석 결과 71.17 ± 0.41 wt% C, 6.76 ± 0.12 wt% H, 10.34 ± 0.08 wt% N을 얻었다. 화학식 $C_8H_{h\pm x}N_{n\pm y}$에 있는 계수 h와 n, 그리고 불확정도 x와 y를 구하시오.

27-37. 연소 분석으로 황을 정량하는 한 가지 방법은 SO_2와 SO_3의 혼합물을 만들고 H_2O_2를 통과시키면서 두 산화물을 H_2SO_4로 변화시킨 다음, 표준 염기 용액으로 적정한다. 6.123 mg의 물질을 연소시켜 생성된 H_2SO_4를 적정할 때 0.015 76 M NaOH 3.01 mL가 소비되었다. 시료 중에 함유된 황의 무게 백분율은 얼마인가?

27-38. 공동 침전의 통계.[20] 실험 1에서는 SO_4^{2-}(Na_2SO_4로부터) 10.0 mg을 포함한 200.0 mL 용액을 과량의 $BaCl_2$ 용액과 혼합시킨 후 Cl^-가 소량 공동 침전된 $BaSO_4$ 침전을 얻는다. 공동 침전된 Cl^-의 양을 구하기 위해 98 wt% H_2SO_4 35 mL에 침전물을 녹인 후 끓여 HCl을 유리시킨다. HCl은 H_2SO_4를 통과한 N_2 기체를 통해 제거된다. HCl/N_2 기체는 Cl^-와 반응하여 색깔을 내는 반응물로 통과시킨다. 똑같은 과정을 10회 되풀이하여 각각 7.8, 9.8, 7.8, 7.8, 7.8, 7.8, 13.7, 12.7, 13.7, 12.7 μmol Cl^-로 얻는다. 실험 2에서는 Cl^-(NaCl에서) 6.0 g을 포함한 200 mL 용액을 사용하여 실험 1과 같은 과정을 거친다. 10회 반복한 후 각각 7.8, 10.8, 8.8, 7.8, 6.9, 8.8, 15.7, 12.7, 13.7, 14.7 μmol Cl^-를 얻는다.

(a) 각 실험에서 Cl^-에 대한 평균, 표준 편차, 95% 신뢰 구간을 구하시오.

(b) 두 실험의 중요한 차이가 있는가? 당신의 답의 의미는 무엇인가?

(c) 만약 공동 침전물이 없다면, $BaSO_4$(FM 233.38)의 질량은 얼마인가?

(d) 만약 공동 침전물이 $BaCl_2$(FM 208.23)라면, 실험 1에서 침전물($BaSO_4$ + $BaCl_2$)의 평균 질량은 얼마인가? **(c)**에서의 질량보다 몇 % 더 큰가?

28 시료 준비

코카인 사용? 강물에게 물어보라

Po 강의 시료 채취 지점을 표시한 이탈리아 지도 [출처: E. Zuccato, C. Chiabrando, S. Castiglioni, D. Calamari, R. Bagnati, S. Schiarea, and R. Fanelli, "Cocaine in Surace Waters: A New Evidence-Based Tool to Monitor Community Drug Use," *Environ. Health* **2005**, *4*, 14 available at www.ehjournal.net/content/4/1/14]

코카인

↓

벤조일레고닌

마약을 사용하고 있느냐는 질문에 사람들은 얼마나 정직할까? 이탈리아에서 2001년에, 15~34세의 1.1%가 "지난 한 달 동안 적어도 1회" 코카인 사용을 인정했다. 도시의 하수에 들어 있는 약물을 연구하는 사람들은 마약 사용량을 추정할 수 있는 방법을 알고 있다.

인체에 섭취된 코카인(cocaine)은 소변으로 배출되기 전에 대부분 벤조일레고닌(benzoylecgonine)이라는 물질로 바뀐다. Po 강에서 채취한 강물 시료와 이탈리아 네 개 도시의 하수 처리장으로 들어오는 하수 시료를 수거한 후, 많은 물로부터 이 장에 기술한 고체상 추출법을 응용하여 벤조일레고닌 소량을 **예비 농축**(**preconcentration**)한다. 고체상에 남아 있는 추출 화합물을 소량의 용매를 사용하여 세척하고, 액체 크로마토그래피로 분리한 후 질량 분석법으로 정량한다. 코카인 사용량은 벤조일레고닌의 농도, 강물의 유량, 시료 채취 지점 상류의 인구가 5백 4십만 명이라는 사실로부터 추정할 수 있다.

Po 강에 들어 있는 벤조일레고닌의 양은 15~34세 인구 기준으로 일일 1 000명당 27 ± 5명이 100 mg씩 투약한 것에 해당된다. 비슷한 결과가 하수 처리장 네 곳의 물에서도 관측되었다. 실제 코카인 사용량은 설문 조사보다 훨씬 높다.

화학 분석은 의미 있는 시료로 시작하지 않는다면 아무런 의미가 없다. 공룡뼈나 트럭 한 대 분량의 오렌지에 있는 제초제의 콜레스테롤을 측정하려면 **불균일**(heterogeneous) 물질에서부터 **대표적인 시료**(representative sample)를 선택하는 전략을 세워야 한다. 그림 28-1은 호수 아래의 퇴적물에서의 아질산염 농도가 표면 아래 처음 3 mm 깊이에서 100배까지 낮아짐을 보여 준다. 퇴적물의 아질산염을 측정할 때 1 m 깊이나 2 mm의 퇴적물을 떠서 만든 핵심 시료의 분석은 엄청나게 다른 결과

불균일: 물질의 부분마다 조성이 다름
균일: 어떤 곳이든 조성이 같음

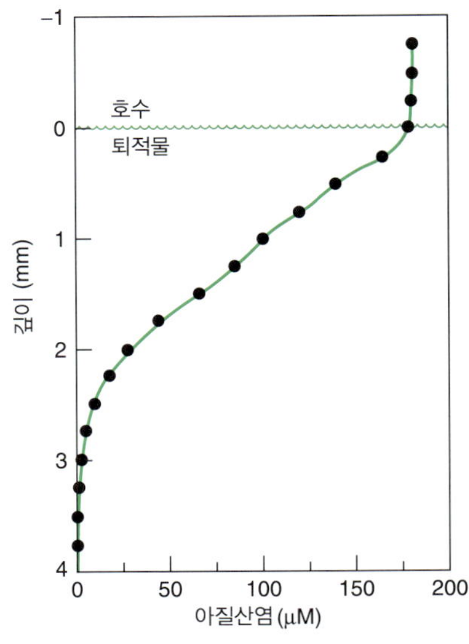

그림 28-1 덴마크의 Søbygård 호수의 퇴적물 깊이에 따른 아질산염의 농도. 유사한 모습은 바다 퇴적물에서도 관측이 되었다. 측정은 N_2O에서 NO_3^-로 바꾸어 주는, 살아 있는 박테리아가 들어 있는 **바이오센서**를 사용하였다. N_2O는 은 환원 전극에서 환원 반응에 의한 전류법으로 측정되었다. [출처: L. H. Larsen, T. Kjaer, and N. P. Revsbech, "A Microscale NO_3^- Biosenscr for Environmental Applications," *Anal. Chem.* **1997**, *69*, 3527.]

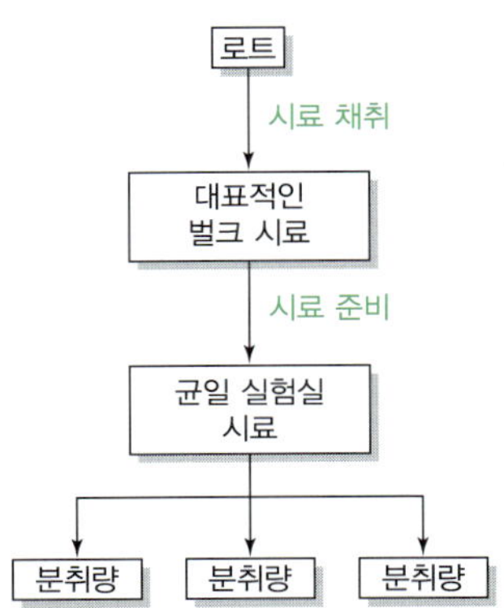

그림 28-2 **시료 채취**란 한 부분에서 대표적인 벌크 시료를 선택하는 과정이다. **시료 준비**는 벌크 시료를 균일한 실험실 시료로 바꾸는 과정을 말한다. 또한 시료 준비는 방해종을 제거하거나 분석 물질을 농축하는 과정을 일컫기도 한다.

표 28-1 세척한 용기와 미세척한 용기에 담은 혈청의 망가니즈 농도

용기[a]	Mn(ng/mL)
미세척	0.85
미세척	0.55
미세척	0.20
미세척	0.67
평균	0.57 ± 0.27
세척	0.096
세척	0.018
세척	0.12
세척	0.10
평균	0.084 ± 0.045

a. 유리보다 오염이 덜 되는 용융 실리카 용기에서 두 번 증류한 물로 세척했다.

출처: *J. Versieck, "Biological Sample Collection and Preparation for Trace Element Analysis," Trends* Anal. Chem. *1983,* 2, *110*.

를 가져 온다. **시료 채취**(**sampling**)는 분석을 위해 대표적인 시료를 수집하는 과정이다.[1] 실제 시료는 분석 시 분석 물질의 방해 물질을 제거하고 적당한 형태의 분석 물질로 바꿔 주기 위해 **시료 준비**(sample preparation)의 몇 가지 단계가 필요하다.

시료 채취와 시료 준비에 대한 용어를 그림 28-2에 나타내었다. **로트**(lot)란 선택된 시료의 전체 물질(공룡뼈, 오렌지 한 트럭 등)을 말한다. **벌크 시료**(bulk sample; gross sample이라고도 함)는 화학 분석이나 **보관**(archiving)을 위해 로트에서 채취된 것을 말한다. 벌크 시료는 로트를 대표해야 하며, 벌크 시료의 선택은 유효한 분석을 하는 데 결정적으로 중요하다. 보충 0-1은 불균일 물질 시료 채취의 전략을 세우는 것을 보여 준다.

대표적 벌크 시료에서, 작고 균일한 **실험실 시료**(laboratory sample)는 벌크 시료와 같이 동일한 조성을 가져야 한다. 예를 들면 고체 벌크 시료 전체를 갈아서 고운 가루로 만들어 철저히 섞고, 실험을 위해 분말 병에 담아 놓음으로써 실험실 시료를 얻을 수 있다. **분취량**(aliquot)의 실험실 시료는 개별적인 분석에 사용된다. **시료 준비**는 대표적 벌크 시료를 화학 분석에 적당한 형태로 바꾸는 단계적인 과정이다.

시료를 주의 깊게 고르는 것뿐만 아니라, 시료의 저장에도 주의를 기울여야 한다. 시료 채취 후에 내부의 화학 변화, 공기와의 반응, 또는 용기와의 반응 때문에 시간에 따라 시료의 조성이 달라질 수 있다. 유리 용기는 유리 표면에서 일어나는 이온 교환 반응 때문에 용액 중에 있는 미량의 이온과 단백질[2]의 농도를 바꿀 수 있다는 것은 잘 알려져 있다. 따라서 플라스틱(특히 테플론) 수집 용기가 자주 쓰인다. 플라스틱 용기라 할지라도 분석 물질의 미량을 흡착시켜 버릴 수도 있다. 예를 들면 0.2 μM $HgCl_2$ 용액은 폴리에틸렌 병에서 네 시간 후에 40~95%가 사라진다. 테플론 병에 있는 2 μM Ag^+ 용액은 하루 경과 후 농도의 2%가 없어지고, 한 달 경과 후 28%가 없어진다.[3]

플라스틱 용기는 사용 전에 세척해야 한다. 분석하기 전에 씻지 않은 폴리에틸렌 용기에 저장된 혈청 시료에서 망가니즈의 함량이 7배까지 증가하는 것을 표 28-1에서 볼 수 있다. 망가니즈는 용기에서 나왔음에 틀림없다. 빙하 1 g당 1 pg의 납을 **미량 분석**(trace analysis)하는 데 있어서, 폴리에틸렌 용기를 7개월 동안 산에 담근 후에도 하루에 cm^2 면적에서 납 1 fg을 방출하는 것이 관찰되었다.[4] 생화학 실험에서 강철 바늘은 흔히 금속 오염원이 된다.

Michigan 호수의 수은 수치는 약 1.6 pM(1.6×10^{-12} M)로, 이전의 많은 연구에서 측정된 농도보다 **10^2배** 정도 낮다.[5] 이전의 모든 측정자들은 분명 그들의 시료가 오염되었다는 사실을 몰랐다. 강물의 납 분석을 위한 시료 다루는 기술에서 시료의 수집, 시료의 용기, 운반 과정의 보호, 여과, 화학적 보존과 예비 농축 과정의 변이들이 조사되었다.[6] 각 단계에서 개울물의 납의 농도가 실제의 **두 배** 값으로 어긋났다. 청정실은 미량 분석에 있어서 필수적이다. 최선의 주의를 기울일지라도 분석 물질의 농도가 감소할수록 미량 분석의 정확도는 더 낮아진다(보충 5-3).

"어떤 시료의 완전한 내력을 확실히 알지 못하면 그것을 분석하는 데 시간을 쓰지 말라."[7] 실험 노트에는 시료를 채취한 방법, 저장 방법과 분석 방법에 대한 정보가 포함되어야 한다.

28-1 시료 채취의 통계 처리[8]

우연 오차(random error)에 대하여 전체 **가변도(variance**, s_o^2)는 분석 절차의 가변도(s_a^2)와 시료 채취 조작의 가변도(s_s^2)의 합이다.

가변도 = (표준 편차)^2

가변도의 합 법칙:

$$s_o^2 = s_a^2 + s_s^2 \tag{28-1}$$

전체 가변도 = 분석 가변도 + 시료 채취 가변도

s_a와 s_s 중 어느 하나가 다른 것에 비해 충분히 작다면, 작은 것을 줄이는 노력을 할 이유가 없다는 것이다. 예를 들면 s_s가 10%이고, s_a가 5%이면 전체 표준 편차는 11%($\sqrt{0.10^2 + 0.05^2} = 0.11$)가 된다. s_a를 1%로 줄이는 더 비싸고 시간이 많이 드는 분석 방법은 s_o를 11%에서 10%($\sqrt{0.10^2 + 0.01^2} = 0.10$)가 되게 할 뿐이다.

시료 채취 가변도의 원인

분석 시료 선택에서의 불확정도의 성질을 이해하기 위해 두 종류의 고체 입자가 마구잡이로 섞인 혼합물을 생각해 보자. 무작위로 추출된 시료의 조성이 벌크 시료와 같을 가능성이 있다는 것은 확률적으로 말할 수 있다. 정밀한 시료 채취를 위해서 얼마나 많은 시료가 필요한가를 알게 되면 여러분은 놀랄 것이다.[9]

가령 A형 입자가 n_A개, B형 입자가 n_B개 들어 있는 혼합물이 있다고 가정하자. 그 혼합물로부터 A 또는 B를 꺼낼 확률은 다음과 같다.

$$p = \text{A를 꺼낼 확률} = \frac{n_A}{n_A + n_B} \tag{28-2}$$

$$q = \text{B를 꺼낼 확률} = \frac{n_B}{n_A + n_B} = 1 - p \tag{28-3}$$

만약 마구잡이로 n개의 입자를 꺼낼 때, 예상되는 A형 입자의 수는 np개이고, 이항 분포로부터 알려진 표준 편차는 다음과 같다.

시료 채취의 표준 편차:

$$s_n = \sqrt{npq} \tag{28-4}$$

예제 추출의 통계학

1% KCl 입자와 99% KNO_3 입자의 혼합물이 있다. 10^4개의 입자를 취했을 때 예상되는 KCl 입자수는 얼마인가? 이 실험을 여러 번 반복할 경우 표준 편차는 얼마인가?

풀이 예상값은 다음과 같다.

$$\text{예상되는 KCl 입자수} = np = (10^4)(0.01) = 100\text{개 입자}$$

표준 편차는 다음과 같다.

$$\text{표준 편차} = \sqrt{npq} = \sqrt{(10^4)(0.01)(0.99)} = 9.9$$

표준 편차 $\sqrt{npq}$ **는 두 가지 입자 모두에 적용된다.** 표준 편차는 예상되는 KCl 입자수의 9.9%이고, 예상되는 KNO_3 입자수(nq = 9 900)의 0.1%에 불과하다. 그 혼합물 중에 질산염이 얼마나 있는가를 알고 싶으면 이 시료는 아마도 대부분의 목적으로는 충분하다. 그러나 염화물에 대해서 9.9%의 불확정도는 받아들일 수 없을지 모른다.

자습 10^5개 입자를 취했을 때 각 측정에 대한 상대 표준 편차는? (**답:** KCl 3%, KNO_3 0.03%)

표 28-2 표준 검사체

체 수	스크린 구멍(mm)	체 수	스크린 구멍(mm)
5	4.00	45	0.355
6	3.35	50	0.300
7	2.80	60	0.250
8	2.36	70	0.212
10	2.00	80	0.180
12	1.70	100	0.150
14	1.40	120	0.125
16	1.18	140	0.106
18	1.00	170	0.090
20	0.850	200	0.075
25	0.710	230	0.063
30	0.600	270	0.053
35	0.500	325	0.045
40	0.425	400	0.038

예: 50/100메시 입자는 50메시 체를 지나가게 하고 100메시 체로 거른 입자들로, 지름은 0.150~0.300 mm이다.

10^4개 입자는 얼마만큼의 시료에 해당하는가? 지름이 1 mm인 구형의 입자를 생각하자. 그 입자의 부피는 $\frac{4}{3}\pi(0.5\ \text{mm})^3 = 0.524\ \mu\text{L}$이다. KCl의 밀도는 1.984 g/mL이고 KNO_3의 밀도는 2.109 g/mL이므로, 그 혼합물의 평균 밀도는 (0.01)(1.984) + (0.99)(2.109) = 2.108 g/mL이다. 10^4개의 입자가 든 혼합물의 질량은 $(10^4)(0.524 \times 10^{-3}\ \text{mL})(2.108\ \text{g/mL}) = 11.0\ \text{g}$이다. **만약 많은 실험실 시료로부터 검사용으로 11.0 g을 취하면, 염화물의 예상되는 시료 채취 표준 편차는 9.9%이다.** 질산염의 시료 채취 표준 편차는 단지 0.1%이다.

11.0 g임에도 놀랍게도 표준 편차가 매우 크다.

지름이 1 mm인 입자들의 혼합물을 어떻게 만들 것인가? 큰 입자를 갈아서 스크린의 구멍이 1.18 mm(표 28-2)인 16메시 체(sieve)를 지나게 하여 그러한 혼합물을 만들 수 있을 것이다. 그런 후 구멍이 0.85 mm인 20메시 체를 지나게 하면, 체에 남는 입자는 지름이 0.85~1.18 mm 사이에 들고, 이 크기의 범위를 16/20**메시**(mesh)라고 한다.

80/120메시 크기(평균 지름 = 152 μm, 평균 부피 = 1.84 nL)인 더 가는 입자를 사용한다고 하자. 10^4개 입자는 질량은 11.0 g에서 0.038 8 g으로 줄고, 더 많은 시료를 분석함으로써 염화물의 시료 채취 불확정도를 줄일 수 있다.

예제 더 많은 시료로 시료 채취 불확정도 줄이기

염화물의 시료 채취 불확정도를 1%로 줄이는 데 필요한 80/120메시 시료의 그램수는 얼마인가?

풀이 KCl 입자수의 1%의 표준 편차를 구한다(= np의 1%).

$$\sigma_n = \sqrt{npq} = (0.01)np$$

$p = 0.01$, $q = 0.99$를 사용하여 n을 구하면 $n = 9.9 \times 10^5$이다. 입자의 부피가 1.84 nL이고 평균 밀도가 2.108 g/mL임을 이용하면, 1% 염화물 시료 채취 불확정도에 필요한 시료의 질량은 다음과 같다.

$$\text{질량} = (9.9 \times 10^5\text{개 입자})\left(1.84 \times 10^{-6}\frac{\text{mL}}{\text{입자}}\right)\left(2.108\frac{\text{g}}{\text{mL}}\right) = 3.84\ \text{g}$$

시료 채취 불확정도가 높으면 분석 불확정도를 낮추는 데에 대한 이점이 없다. 그 반대도 마찬가지이다.

평균 지름이 152 μm인 입자를 가지고 시료 채취 불확정도를 1%로 줄이려면 3.84 g을 분석해야만 한다. 정밀도가 0.1%인 값비싼 분석 방법을 사용할 이유가 없다. 왜냐하면 전체 불확정도는 시료 채취 불확정도로 여전히 1%일 것이기 때문이다.

자습 시료 채취 불확정도를 1%로 줄이는 데 필요한 170/200메시 KCl 입자 시료의 질량은 얼마인가? (**답:** 입자 지름 = 0.082_5 mm, 9.9×10^5개 입자, 0.61 g)

시료 채취 불확정도는 혼합물로부터 입자를 꺼내는 우발적 특성에 기인됨을 알아야 한다. 혼합물이 액체이고 입자가 분자이면 mL당 약 10^{22}개의 입자가 있다. 균일한 액체 용액으로부터 시료 채취 불확정도를 무시할 수 있는 값으로 줄이는 데에는 많은 부피가 필요하지 않다. 반면에 고체는 잘게 갈아야 하고, 시료 채취 가변도를 작게 하려면 많은 양을 사용해야 한다. 잘게 가는 작업은 언제나 가는 장치에서 나오는 물질로 오염된다.

표 28-3은 불균일 성분의 물질이 갖는 또 다른 문제점을 보여 주고 있다. 니켈광 시료는 잘게 갈아서 체를 통과시키고 분석된다. 광석 중 니켈의 양이 부족한 부분은 비교적 잘게 쪼개지지 않고, 따라서 더 큰 입자들은 작은 입자들과 화학적 조성이 같지 않다. 금속 전부를 고운 가루로 만드는 것은 대표 시료를 얻는 데 필수적이다.

표 28-3 분쇄된 광물의 니켈 함량

입자 메시 크기	Ni 함량 (wt%)
>230	13.52 ± 0.69
120/230	13.20 ± 0.74
25/120	13.22 ± 0.49
10/25	10.54 ± 0.84
>10	9.08 ± 0.69

주: 불확정도는 ± 1 표준 편차값이다.

출처: *J. G. Dunn, D. N. Phillips, and W. van Bronswijk. "An Exercise to Illustrate the Importance of Sample Preparation in Analytical Chemistry,"* J. Chem. Ed. ***1997,*** 74, *1188.*

시료 크기의 선택

잘 섞인 KCl, KNO_3 혼합 분말은 조성이 장소마다 무작위로 변하는 불균일한 물질의 한 예이다. **매 분석의 시료 채취 가변도를 원하는 정도로 낮추려면 얼마만큼의 무작위 혼합물을 분석해야 할까?**

질문에 대답하기 위해 그림 28-3을 살펴보자. 그림 28-3은 사람의 간에 있는 ^{24}Na 방사성 동위 원소의 시료 채취에 대한 실험 결과를 보여 준다. 간 조직은 블렌더에서 '균일화'되기는 했으나, 물에 떠 있는 조그만 입자로 되어 있으므로 진정한 의미에서 균일하지는 않다. 그램당 1초 동안의 방사성 계측수의 평균은 약 237이다. 분석 시료의 질량이 약 0.09 g이면, 표준 편차(그림에서 오차 막대로 표시)는 간 1 g당 1초에 ±31로서 평균값(237)의 ±13.1%에 해당한다. 시료의 크기를 거의 1.3 g까지 늘였을 때 표준 편차는 13회/s/g으로, 평균값의 ±5.5%였다. 시료의 크기가 약 5.8 g이면 표준 편차는 ±5.7회/s/g로서, 평균값의 ±2.4%로 줄어들었다.

식 28-4에 따르면 두 종류의 입자(간 조직과 물방울과 같은)로 된 혼합물에서 시료를 취할 때, 시료 채취 표준 편차는 $\sigma_n = \sqrt{npq}$이다. 여기는 p와 q는 각 입자의 분율이다. 상대 표준 편차는 $\sigma_n/n = \sqrt{npq}/n = \sqrt{pq/n}$가 되며, 상대 가변도는

$$\text{상대 가변도} \equiv R^2 = \left(\frac{\sigma_n}{n}\right)^2 = \frac{pq}{n} \quad \Rightarrow nR^2 = pq \tag{28-5}$$

로 된다. 꺼낸 시료의 질량 m은 꺼낸 입자의 수에 비례할 것이므로 식 28-5를 다음과 같이 쓸 수 있다.

시료 채취 상수:

$$mR^2 = K_s \tag{28-6}$$

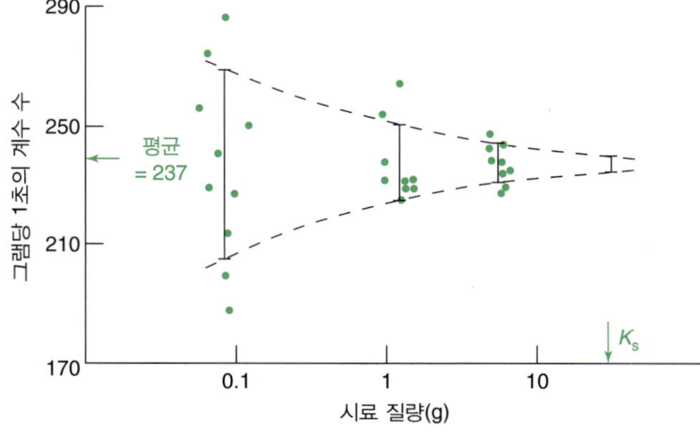

그림 28-3 간 균질화 액에 있는 ^{24}Na에 대한 실험 결과의 시료 채취 그림. 점은 실험값이고, 오차 막대는 평균 주위로 ±1 표준 편차를 나타낸다. 가로축이 log임에 주의하라. [출처: B. Kratochvil and J. K. Taylor, "Sampling for Chemical Analysis," *Anal. Chem.* **1981**, *53*, 925A; National Bureau of Standards Internal Report 80-2164, 1980, p. 66.]

표 28-4 그림 28-3에 대한 시료 채취 상수의 계산

시료 질량, m (g)	상대 표준 편차(%)	mR^2 (g)
0.09	13.1	15.4
1.3	5.5	39.3
5.8	2.4	33.4

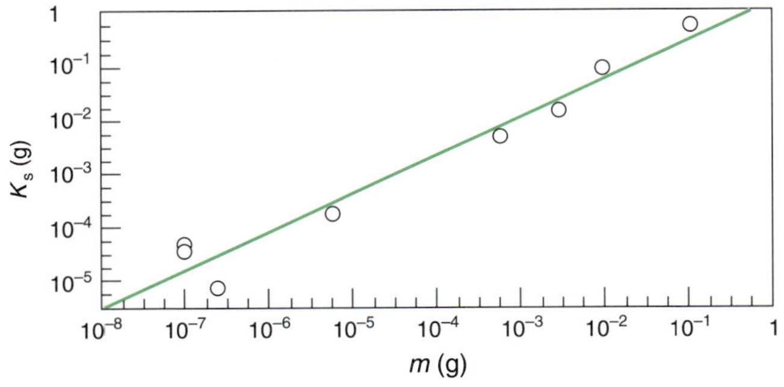

그림 28-4 분말 해초의 Mn의 데이터는 식 28-6의 지수 상수(K_s) 값이 시료 질량(m)에 여섯 자리 지수 이상에 대해 거의 비례함을 보여 준다. [출처: M. Rossbach and E. Zeiller, "Assessment of Element-Specific Homogeneity in Reference Materials Using Microanalytical Techniques." *Anal. Bioanal. Chem.* **2003**, *377*, 334.]

여기서 R은 상대 표준 편차이고(백분율로 표시), K_s는 **시료 채취 상수**(sampling constant)라고 한다. K_s는 상대 시료 채취 표준 편차가 1%가 되는 데 필요한 시료의 질량이다.

식 28-6이 그림 28-3을 어떻게 설명하는지 알아보자. 표 28-4에서 시료의 질량이 충분히 크면 mR^2은 거의 일정하나, 가장 작은 시료(0.09 g)에 대해서는 잘 일치하지 않음을 알 수 있다. 작은 질량일 때 잘 일치하지 않는 것을 시료 채취 가변도가 우발적이라고 치부하면, 식 28-6에서 $K_s \approx 36$ g이다. 이것은 표 28-4에서 1.3 g과 5.8 g 시료의 평균값이다.

예제 **주어진 가변도를 갖는 데 필요한 시료의 질량**

그림 28-3에서, 시료 채취 표준 편차가 ±7%가 될 때의 질량은 얼마인가?

풀이 시료 채취 상수 $K_s \approx 36$ g이므로, 답은 다음과 같다.

$$m = \frac{K_s}{R^2} = \frac{36\text{ g}}{7^2} = 0.73\text{ g}$$

0.7 g 시료는 대략 7%의 시료 채취 표준 편차를 제공해야 한다. 이것은 정확한 시료 채취 표준 편차이다. 알짜 가변도는 시료 채취와 분석으로부터의 가변도 합이다(식 28-1).

자습 시료 채취 표준 편차를 두 배 줄이려면, 시료 질량을 몇 배 늘려야 하는가? (**답:** 네 배 이상)

그림 28-4는 식 28-6에서 시료 질량의 지수가 약 여섯 자리 이상 유효하다는 것을 보여 주는 예이다.

반복 분석 횟수의 선택

위에서 0.7 g 시료는 시료 채취 표준 편차가 ±7%임을 보았다. **95% 신뢰도에서 평균값이 ±4% 이내로 되려면 0.7 g의 시료 몇 개를 분석해야 하는가?** 95%의 신뢰도라는 말은, 참 평균이 측정 평균에서 ±4% 밖에 있을 확률이 5%라는 뜻이다. 앞의 질문에서는 여전히 시료 채취 불확정도만을 생각하며, 분석 불확정도는 시료 채취 불확정도보다 매우 작다고 가정한다.

Student t의 식 4-7을 정리하면 이 물음에 대답할 수 있다.

전체 불확정도에 기여하는 시료 채취 불확정도는 많은 수의 시료를 분석함으로써 줄일 수 있다.

필요한 반복 분석 횟수:

$$\underbrace{\mu - \bar{x}}_{e} = \frac{ts_s}{\sqrt{n}} \Rightarrow n = \frac{t^2 s_s^2}{e^2} \quad \textbf{(28-7)}$$

여기서 μ는 실제 모집단 평균, $\bar{x}$는 측정 평균, n은 필요한 시료의 수, s_s^2은 시료 채취 조작의 가변도, e는 평균값의 불확정도이다. s_s와 e는 둘 다 절대 불확정도 또는 둘 다 상대 불확정도로 표시되어야 한다. Student의 t는 95%의 신뢰도와 $(n-1)$의 자유도로 표 4-4에서 찾는다. n이 알려지지 않았으므로, n을 추정하기 위해 $n = \infty$에 대한 t 값을 쓸 수 있다. n 값을 계산한 후에 일정한 n 값이 얻어질 때까지 몇 차례 반복한다.

예제 **무작위 벌크 물질의 시료 채취**

평균값이 ±4% 이내일 때, 95%의 신뢰도를 얻으려면 0.7 g 시료 몇 개를 분석해야 하는가?

풀이 0.7 g 시료는 $s_s = 7\%$인데, $e = 4\%$를 찾고 있다. 두 오차를 상대 불확정도로 표시하기로 한다. $t = 1.960$(표 4-4에서 95% 신뢰도와 ∞의 자유도)을 처음 값으로 사용한다.

$$n = \frac{t^2 s_s^2}{e^2} \approx \frac{(1.960)^2(0.07)^2}{(0.04)^2} = 11.8 \approx 12$$

$n = 12$에 대해서는 자유도가 11이므로, 표 4-4로부터 두 번째 시도하는 Student의 t 값은 2.209이다. 두 번째 계산을 하면,

$$n \approx \frac{(2.209)^2(0.07)^2}{(0.04)^2} = 14.9 \approx 15$$

$n = 15$에 대해서는 자유도가 14이고, $t = 2.150$이므로

$$n \approx \frac{(2.150)^2(0.07)^2}{(0.04)^2} = 14.2 \approx 14$$

$n = 14$에 대해서는 자유도가 13이고, $t = 2.170$이므로

$$n \approx \frac{(2.170)^2(0.07)^2}{(0.04)^2} = 14.4 \approx 14$$

일정한 값 $n \approx 14$가 계산되었으므로, 95% 신뢰도로 평균값이 ±4% 이내로 측정되려면 0.7 g의 시료 14개가 필요하다.

자습 평균값이 ±4% 이내일 때, 95%의 신뢰도를 얻으려면 2.8 g 시료 몇 개를 분석해야 하는가? (**답:** 6개)

앞의 계산에서는 표준 편차에 대한 사전 지식이 필요하였다. 따라서 나머지 분석을 계획하기 전에 시료의 기초 분석을 해야만 한다. 만약 분석해야 할 비슷한 시료가 많은 경우에는, 한 시료를 완벽히 분석하면 나머지 시료를 덜 완벽하게—그러나 알맞게—계획하게 해 줄 것이다.

28-2 분석을 위한 시료 용해[10]

일단 **벌크 시료**가 선택되면, **실험실 시료**가 준비되어야 한다(그림 28-2). 거친 고체 시료는 잘 갈고 섞어서 실험실 시료가 벌크 시료와 동일한 조성을 갖도록 한다. 분석하기 전에 시료에 흡착된 수분을 없애기 위하여 일반적으로 대기압에서 110°C에서 말린다. 온도에 민감한 시료는 일정하고, 재현성 있는 수분을 가지도록 특별한 환경 속에 저장하기도 한다.

대개 실험실 시료는 성분 분석을 위해 용해시킨다. 시료를 완전히 녹이는 것이 중요하다. 그렇지 않으면 원하는 성분이 다 녹았다고 확신할 수가 없다. 온건한 조건에서 시료가 녹지 않으면 **산 삭임**(acid digestion) 또는 **용융**(fusion) 방법을 쓴다. 유기 물질은 **연소**(combustion)시키거나(**건식 재 만들기**(dry ashing)라고도 함), **습식 재 만들기**(wet ashing, 액체 시약으로 산화) 법을 사용하여 분석하기에 알맞은 형태로 만든다.

갈기

고체는 그림 28-5에서와 같은 **막자 사발(mortal)**과 **막자(pestle)**로 갈 수 있다. 강철 막자 사발(충격 막자 사발 또는 '다이아몬드' 막자 사발이라고 함)은 강화된 철 기구인데, 철 슬리브(sleeve)와 철 막자가 꼭 끼게 되어 있다. 망치로 막자를 가볍게 때려서 단단하고 부스러지기 쉬운 광석이나 광물을 부술 수 있다. **마노**(agate)로 된 막자 사발(사기나 알루미나로 된 것도 있음)은 작은 입자를 가는 가루로 만들도록 고안되어 있다. 값싼 막자 사발은 다공성이고 쉽게 흠집이 생겨서, 막자 사발 재질이나 이전에 간 시료에 의해 오염된다. 갈은 물질이 쉽게

그림 28-5 막자 사발은 받침이고, 막자는 분쇄 기구이다. [출처: Nikita G. Berandsky/Shutterstock]

빠져나오면 사기질 막자 사발은 젖은 종이로 닦고 증류수로 씻어서 깨끗이 할 수 있다. 더 어려운 시료는 막자 사발에서 4 M HCl과 함께 갈거나 연마성 세제와 함께 간 다음, 염산과 물로 세척하여 제거할 수 있다. **탄화 붕소**(boron carbide) 막자 사발과 막자는 마노보다 5배 더 단단하고 시료를 덜 오염시킨다.

구슬 분말기(**ball mill**)는 강철이나 사기질로 만든 구슬을 원통 속에서 회전시켜 시료를 가루로 만드는 도구이다. Wig-L-Bug®는 구슬을 유리병 속에 시료와 함께 넣고 빠르게 앞뒤로 움직여서 가루로 만든다. 부드러운 물질에는 플라스틱 병과 구슬이 적합하다. 단단한 물질에는 강철, 마노, 탄화 텅스텐 등이 쓰인다. Shatterbox 실험실 분쇄기는 원반과 고리를 분쇄 용기 내부에서 분당 825회 회전시켜 100 g까지의 물질을 가루로 만들 수 있다. 매우 단단한 물질의 경우에는 탄화 텅스텐이나 지르코니아 분쇄 용기가 사용된다.

무기물을 산으로 용해

HF는 매우 고통스러운 화상을 일으킨다. **단지 몸의 2%가 농축된(48 wt%) HF에 노출되면 죽을 수 있다.** 감염 부위를 물로 5분간 씻어내고, 이와 같은 목적으로 만든 2.5% 글루콘산 칼슘 젤로 덮고 의사의 도움을 받아야 한다. 만약 젤이 없다면 아무 칼슘염이나 사용하라. HF에 의한 손상은 노출된 이후 날이 갈수록 악화될 수 있다.

표 28-5에는 무기물을 녹이는 데 사용되는 산이 나열되어 있다. 비산화성 산인 HCl, HBr, HF, H_3PO_4, 묽은 H_2SO_4, 묽은 $HClO_4$은 산화-환원 반응으로 금속을 녹인다.

$$M + nH^+ \rightarrow M^{n+} + \frac{n}{2}H_2 \tag{28-8}$$

Al과 같은 몇 가지 금속은 용해를 막는 보호 산화물 막을 만들기도 하지만, 다른 마이너스의 환원 전위를 갖는 금속은 용해된다. 열린 용기에서 뜨거운 산으로부터 탄산염($CO_3^{2-} \rightarrow H_2CO_3 \rightarrow CO_2$), 황화염($S^{2-} \rightarrow H_2S$), 인화염($P^{3-} \rightarrow PH_3$), 플루오린염($F^- \rightarrow HF$), 붕산염($BO_3^{3-} \rightarrow H_3BO_3$) 등의 음이온에 각각 양성자가 결합되어 휘발성 화학종이 되어 달아난다(기체 상태의 H_2S, PH_3, HF는 매우 독성이 강해서 열린 공간뿐만 아니라 심지어 후드에서도 유출되어서는 안 된다. 유출을 막기 위해서 이 기체들은 반드시 화학적으로 포집되어야 한다). $SnCl_4$, $HgCl_2$와 같은 휘발성 할로젠화 금속 및 OsO_4, RuO_4와 같은 산화물도 휘발성이므로 유실될 수 있으며, 이들은 반드시 화학적으로 포집되어야 한다. 뜨거운 플루오린산은 규산염을 녹이는 데 특별히 유용하다. 유리와 백금 용기는 HCl, HBr, H_2SO_4, H_3PO_4, $HClO_4$에 사용할 수 있다. HF는 테플론, 폴리에틸렌, 은, 백금 용기에서 사용해야 한다. 농축된 시료의 오염을 최소화하려면 최상급의 산을 사용해야 한다.

비산화성 산에 녹지 않는 물질은 HNO_3, 뜨겁고 진한 H_2SO_4, 또는 뜨겁고 진한 $HClO_4$ 등의 산화성 산에 녹일 수 있다. 질산은 대부분의 금속을 녹이나, Au과 Pt은 **왕수**(**aqua regia**)라고 하는 HCl:HNO_3의 부피비가 3:1인 혼합산에 녹인다. Ir과 같이 녹이기 어려운 것은 높은 온도에서 HCl에 Cl_2 또는 $HClO_4$와 같은 강한 산화제에 녹인다. HNO_3와 HF의 혼합산은 내화성 Ti, Zr, Ta, W의 탄화물, 질화물, 붕화물을 녹인다. '피라나(piranha) 용액'이라고 알려진 강한 산화 용액은 진한(30 wt%) H_2O_2에 진한(98 wt%) H_2SO_4을 1:1 또는 3:7의 부피비율로 섞어서 만든다. 뜨겁고 진한 $HClO_4$(그 용도는 뒤에 나오는 '유기물의 분해' 부분에

표 28-5 시료 용해용 산

산	전형적 조성 (wt%와 밀도)	주
HCl	37% 1.19 g/mL	많은 금속, 산화물, 황화물, 탄산염, 인산염에 유용한 비산화성 산. 109°C에서 일정 끓음 조성은 20% HCl이다. As, Sb, Ge, Pb는 휘발성 염화물을 생성하며, 열린 용기에서 날아가 버린다.
HBr	48~65%	HCl과 유사. 124°C에서 일정 끓음 조성은 48% HBr이다.
H_2SO_4	95~98% 1.84 g/mL	끓는점인 338°C에서 좋은 용매. 금속을 녹이고 유기물을 탈수, 산화시킨다.
H_3PO_4	85% 1.70 g/mL	뜨거운 산은 다른 산에 불용성인 내화성 산화물을 녹인다. 150°C 이상에서 무수물이 된다. 200°C 이상에서는 파이로인산($H_2PO_3—O—PO_3H_2$)으로 탈수되고, 300°C 이상에서 메타인산($[HPO_3]_n$)으로 더 탈수된다.
HF	50% 1.16 g/mL	주로 규산염을 녹여 SiF_4를 만드는 데 쓰인다. SiF_4와 과량의 HF는 H_2SO_4나 $HClO_4$를 가하고 가열하여 제거한다. 112°C에서 일정 끓음 조성은 38% HF이다. 테플론, 은, 백금 용기에 사용한다. 접촉하거나 호흡하면 매우 위험하다. As, B, Ge, Se, Ta, Nb, Ti, Te의 플루오린화물은 휘발성이다. LaF_3, CaF_2, YF_3는 침전을 생성한다. H_3BO_3를 가하고 H_2SO_4하에서 건조시키면 F^-는 제거된다.
$HClO_4$	60~72% 1.54~1.67 g/mL	차갑고 묽은 산은 산화성이 아니지만, 뜨겁고 진하면 매우 강력하고 폭발적인 산화제로, 특히 뜨거운 HNO_3에 의해 부분적으로 산화된 유기물에 유용하다. 203°C에서 일정 끓음 조성은 72%이다. **$HClO_4$를 사용하기 전에 뜨거운 HNO_3로 거의 마를 때까지 증발시키는 과정을 여러 번 반복하여 가능한 한 많은 유기물을 파괴시킨다.**

기술되어 있다)는 **위험**하나 강력한 산화제로서 진한 황산과 V_2O_5 또는 CrO_3 등의 촉매를 첨가하면 산화력이 커진다.

삭임(digestion)은 마이크로파 오븐에서 테플론으로 안을 댄 **통(bomb)**을 쓰면 편리하다.[11] 그림 28-6의 장치는 부피가 23 mL이고, 15 mL의 진한 산에 무기물 1 g(또는 CO_2를 많이 방출하는 유기 시료는 0.1 g)까지 삭일 수 있다. 전자레인지는 통 속의 내용물을 1분 내에 200°C까지 올린다. 폭발을 방지하기 위해 내부 압력이 8 MPa(80 bar)을 넘어서면 기체가 방출되도록 안전 장치가 되어 있다. 통은 금속 재질이어서는 안 되는데, 그것은 금속이 마이크로파를 흡수하기 때문이다. 통의 장점 중 하나는 열기 전에 냉각되므로 휘발성 생성물의 손실을 막는 것이다.

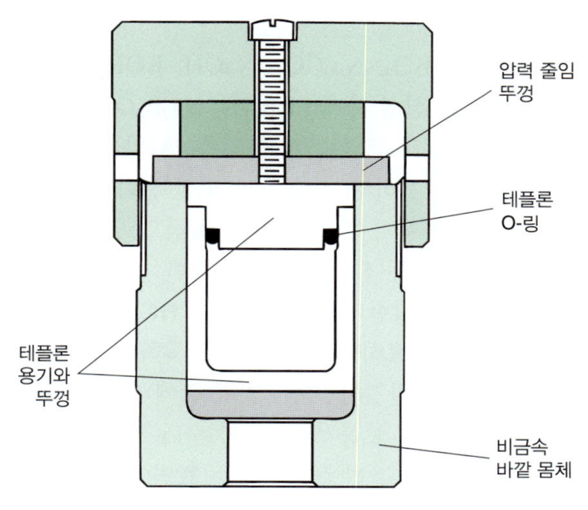

그림 28-6 테플론으로 안을 댄 마이크로파 삭임통. 바깥 통은 150°C까지 견디지만 좀처럼 50°C에도 이르지 않는다. [출처: Parr Instrument Co., Moline, IL.]

그림 28-7 프로페인 버너에서 한 번에 세 개의 시료를 용융시키는 자동화된 기구. Pt/Au 도가니는 기울어진 채 회전한다. [출처: Claisse, Quebec.]

마이크로파 가열법으로 삭임을 할 수 있는 복잡한 시료의 예로 혼합 전자 폐기물을 들 수 있다.[12] 회로판 부품을 잘게 자른 후 충분히 섞는다. 그다음 0.1 g을 70 wt% HNO_3 6 mL/30 wt% H_2O_2 2 mL/49 wt% HF 1 mL를 사용하여 삭임을 한다. 플라스틱 원료는 70 wt% HNO_3 9 mL로 삭임할 수 있다. 마이크로파 출력을 5분에 걸쳐 0에서 600 W로 올리고 15분 동안 고정한 후, 5분에 걸쳐 1 400 W로 올리고 20분간 고정한다.

용융에 의한 무기물의 용해

산에 녹지 않는 물질은 대개 뜨겁고 용융된 무기물 **융제**(**flux**, 표 28-6)에 의해 녹일 수 있다. 고운 가루로 만든 미지 시료를 그 질량의 2~20배의 고체 융제와 섞으며, **용융**(**fusion**; melting)은 백금-금 합금 도가니에 담고 전기로나 버너로 300~1 200°C로 가열하여 녹인다. 그림 28-7의 기구는 기계적으로 도가니를 흔들면서 프로페인 버너를 사용하여 한 번에 세 가지를 용융시킬 수 있다. 시료가 균일하게 되면 녹은 융제는 10 wt% HNO_3 수용액이 담긴 비커에 따라 생성물을 녹인다.

대개의 용융에는 테트라붕산 리튬(lithium tetraborate, $Li_2B_4O_7$; 녹는점 930°C)이나 메타붕산 리튬(lithium metaborate, $LiBO_2$; 녹는점 845°C), 또는 이 둘의 혼합물을 사용한다. KI와 같은 젖지 않는 약품을 넣어서 융제가 도가니에 달라붙지 않도록 한다. 예를 들어 0.2 g의 시멘트는 2 g의 $Li_2B_4O_7$과 30 mg의 KI로 용융된다.

융제는 불순물을 포함하므로, 용융은 마지막 수단이다.

융제의 단점은 많은 양을 쓰는 데 따르는 오염이다. 미지 시료의 일부라도 산으로 녹일 수 있으면 용융시키기 전에 그 산에 녹여라. 그런 다음 녹지 않는 성분은 융제로 녹여 두 부분을 합하여 분석한다.

표 28-6에 나타낸 염기성 융제($LiBO_2$, Na_2CO_3, NaOH, KOH, Na_2O_2)는 Si와 P의 산성 산화물을 녹이는 데 가장 적절하다. 산성 융제($Li_2B_4O_7$, $Na_2B_4O_7$, $K_2S_2O_7$, B_2O_3)는 시멘트와 광석을 포함한 알칼리 금속, 알칼리 토금속, 란타넘족, Al의 염기성 산화물에 가장 적합하다. KHF_2는 란타넘족 산화물에 유용하다. 황화물과 몇몇 산화물, 몇 가지 철과 백금의 합금, 몇몇 규산염은 녹일 때 산화성 융제가 필요하다. 이 목적으로 순수한 Na_2O_2를 쓰거나 또는 Na_2CO_3에 KNO_3, $KClO_3$, Na_2O_2 등 산화제 중의 하나를 첨가하면 좋다. 산화 붕산은 용융 후 $B(OCH_3)_3$로 바뀌어 완전히 증발한다. 굳은 융제는 HCl 기체로 포화된 CH_3OH 100 mL로 처리한 다음, 살짝 가열한다. 필요하다면 여러 번 반복하여 붕산을 전부 제거한다.

백금 도가니는 가격이 비싸고 환원 환경이 아닌, 공기 중에서 가열해야 한다. 뜨거운 Pt는 끝이 Pt로 된 집게를 사용하여 다룬다. 보통 쓰는 집게는 Pt 포일을 감아준 후 Pt 도가니를 다룰 수 있다. 가열된 도가니는 깨끗하고 반응성이 없는 표면이나 Pt/Ir 삼각대 위에 놓아야

표 28-6 시료 용해용 융제

융제	도가니	용도
Na_2CO_3	Pt	규산염(진흙, 바위, 광물, 유리), 내화성 산화물, 불용성 인산염과 황산염의 용해
$Li_2B_4O_7$ 또는 $LiBO_2$ 또는 $Na_2B_4O_7$	Pt, 흑연 Au-Pt 합금 Au-Rh-Pt 합금	개별적 또는 혼합된 붕산을 사용해서 알루미늄규산염, 탄산염, 염기성 산화물이 많은 시료를 용해. $B_4O_7^{2-}$는 테트라붕산 이온, BO_2^-는 메타붕산 이온이라고 한다.
NaOH 또는 KOH	Au, Ag	규산염과 SiC의 용해. 융제로부터 H_2O가 제거되면 거품이 일어나므로 융제를 먼저 녹이고 시료를 첨가한다. NaOH와 KOH에 들어 있는 불순물이 분석 성능을 좌우한다.
Na_2O_2	Zr, Ni	Na_2CO_3에 녹지 않는 규산염에 적합한 강염기이자 강력한 산화제. 철과 크로뮴 합금에 유용하다. 도가니를 서서히 녹이므로, 녹은 Na_2CO_3로 Ni 도가니의 안쪽 벽을 입히고 식힌 후 Na_2O_2를 가하면 좋다. 과산화물은 탄산염보다 더 낮은 온도에서 녹으므로, 탄산염이 용융 물질을 도가니로부터 차폐시킨다.
$K_2S_2O_7$	자기 (porcelain), SiO_2, Au, Pt	파이로황산 포타슘($K_2S_2O_7$)은 물이 모두 없어지고 거품 생성이 멈출 때까지 $KHSO_4$를 가열하여 만든다. 또는 과황산 포타슘($K_2S_2O_8$)을 가열하면 분해하여 $K_2S_2O_7$으로 된다. 내화성 산화물에는 적합하나 규산염에는 부적당하다.
B_2O_3	Pt	산화물과 규산염에 유용. 주된 장점은 메탄올에 녹인 HCl로 여러 번 처리하면 융제가 휘발성인 붕산 메틸($[CH_3O]_3B$)로 완전하게 제거될 수 있다는 것이다.
$Li_2B_4O_7$ + Li_2SO_4 (2:1 wt/wt)	Pt	1 000°C에서 10~20분 내에 내화성 산화물과 규산염을 녹이는 강력한 혼합물의 예. 융제 1 g이 시료 0.1 g을 녹인다. 굳은 용융물은 1.2 M HCl 20 mL에 쉽게 녹는다.

한다. 연기가 나는 불 속의 탄소는 Pt를 쉽게 부서지게 만들 수 있다. 탄소 외에 Sb, As, Pb, P, Se, Te, Zn도 Pt를 부서지게 만들 수 있다. Ag, Au 및 염기 금속 대부분은 녹은 액체 상태에서 Pt를 녹인다. Pb, Fe 산화물은 1 000°C 이상의 고온에서 Pt를 손상시키고 규산염도 환원 환경에서 마찬가지이다.

유기물의 분해

유기 화합물의 삭임은 액체를 쓰지 않는 **건식 재 만들기(dry ashing)**와, 액체가 쓰이는 **습식 재 만들기(wet ashing)**로 분류된다. 때로는 통(bomb) 내에서 알칼리 금속으로 용융시키거나 Na_2O_2로 용융(Parr 산화라고 함)시킨다. 27-4절은 C, H, N, S와 할로젠이 측정되는 **연소 분석**(combustion analysis)을 설명한다.

마이크로파 유도 연소는 **건식 재 만들기**의 한 방법의 예로, 석탄[13]에 포함된 할로젠과 식물 물질에 들어 있는 금속을 분석하는 것이다.[14] 50~500 mg 펠렛을 재가 적은 필터 여과지에 싼 후 50 mM $(NH_4)_2CO_3$ 용액 6 mL가 들어 있는 석영 용기에 넣는다. 여과지를 6 M NH_4NO_3(산화제) 50 μL로 적신 후 용기 뚜껑을 닫고 산소 20 bar로 가압한다. 1 400 W의 마이크로파 출력을 가하여 연소시키면 석탄 온도는 1 400°C까지 올라간다. 연소 과정에서 방출되는 염화물은 $(NH_4)_2CO_3$ 용액에 녹이고 이온 크로마토그래피로 분석한다.

편리한 **습식 재 만들기** 절차는 산과 함께 테플론 통(그림 28-6)에서의 마이크로파 삭임이다. 예를 들어 동물 조직 0.25 g에 들어 있는 금속을 분석하고자 할 때 고순도 70% HNO_3 1.5 mL와 고순도 96% H_2SO_4 1.5 mL를 60 mL 테플론 용기에 넣고, 700 W 가정용 전자

그림 28-8 고압 압력솥은 솥 내부 열린 용기에서 H_2SO_4 없이 270°C까지 삭이는 것이 가능하다. [출처: B. Maichin, M, Zischka, and G. Knapp, "Pressurized Wet Digestion in Open Vessels," *Anal. Bioanal. Chem.* **2003**, *376*, 715.]

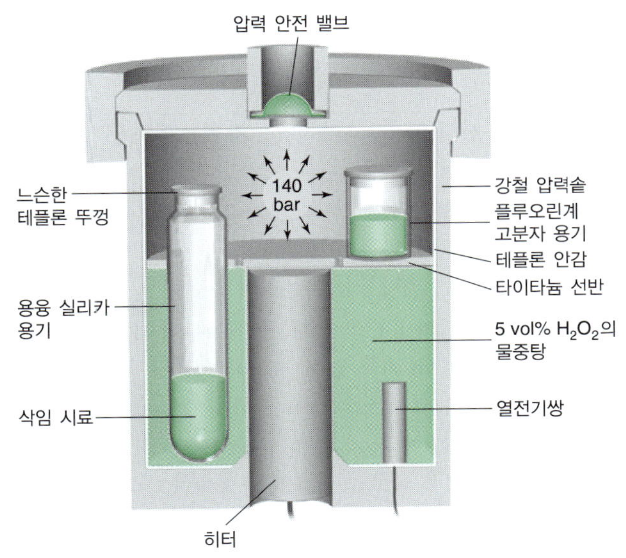

그림 28-9 습식 재 만들기용 환류 마개. 구멍을 통해 증기가 날아가고, 분출 꼭지는 플라스크 옆면에 닿도록 구부러져 있다. [출처: D. D. Siemer and H. G. Brinkley, "Erlenmeyer Flask-Reflux Cap for Acid Sample Decomposition." *Anal. Chem.* **1981**, *53*, 750.]

레인지에서 1분간 가열하면 삭일 수 있다.[15] 온도와 압력 센서가 붙어 있는 테플론 통은 안전하고, 삭이는 조건을 프로그램화할 수 있게 되어 있다. 중요한 습식 재 만들기 예로, 질소 분석을 위한 H_2SO_4를 사용하는 **Kjeldahl 삭임**(Kjeldahl digestion)을 들 수 있다(11-8절).

봉인된 두꺼운 유리관에서 발연 HNO_3(과량의 NO_2가 용해되어 있는)으로 200~300°C로 삭이는 것을 **Carius 법**(Carius method)이라고 한다. 안전을 위해서 유리 Carius 관은 유리관 안쪽의 압력과 거의 유사하게 압력이 가해져 있는 강철 용기에 들어 있어야 한다.[16] 미량 분석을 위해, 시료는 유리관 안쪽의 용융된 실리카 관에 놓여야 한다. 실리카는 유리와 같이 추출 가능한 금속을 1~10% 정도 적게 추출한다.[17]

마이크로파 습식 재 만들기 도구를 이용하여 유기물을 분해하는 경우에는 '황산 또는 H_2SO_4와 HNO_3 혼합물(미지 시료 1 g당 약 15 mL의 산)'을 환류(reflux) 마개가 달린 유리 삭임관 속의 유기물에 가한다. 첫 단계로 모든 입자가 녹고 용액이 균일한 검은색이 될 때까지 10~20분 동안 보통으로 환류하면, 시료는 **탄화된다**(carbonized). 전원을 끄고 약 1~2분간 시료를 식힌다. 다음으로, 용액 색깔이 사라지거나 옅어질 때까지 환류 마개를 통해 H_2O_2나 HNO_3를 가하고 **산화**(oxidation)시킨다. 용액이 균일하지 않으면 전원을 켜고 모든 고체가 녹을 때까지 가열한다. 산화와 용해 과정이 여러 번 반복할 필요가 있을 것이다. 일단 어떤 물질에 대한 조건이 알려지면, 전원 수준과 시약 이동(연동 펌프에 의한)이 조절기에 프로그램되어 자동화시킬 수 있다.

그림 28-8의 고압 분해기는 140 bar까지 압력을 높일 수 있고, 270°C까지 온도를 높일 수 있는 봉인된 삭임 챔버 안에 전열선으로 가열한다. 고압은 끓일 필요 없이 산을 고온으로 가열할 수 있게 해 준다. 고온에서 HNO_3은 H_2SO_4의 도움 없이 유기 물질을 산화시키는데, H_2SO_4은 HNO_3만큼 순도가 높지 않기 때문에 미량 분석에는 적합하지 않다. 봉인된 챔버 안쪽에 실리카나 플루오린계 고분자 용기는 발생한 기체가 빠져나갈 수 있도록 테플론 뚜껑을 약하게 봉인해 둔다. 용기의 바닥은 물에 5 vol% H_2O_2를 채워 둔다. 과산화 수소는 유기 물질이 삭으면서 발생하는 질소 산화물을 환원시킨다. 예를 들어 동물 조직 1 g 시료는 5 mL의 고순도 70 vol% HNO_3에 0.2 mL의 고순도 37 vol% HCl이 더해져 있는 용융된 실리카 50 mL 용기에서 삭일 수 있었다. 삭인 용액의 금속 원소들은 유도 결합 플라스마-원자 발광(inductively coupled plasma-atomic emission) 장치를 이용해서 ppb(parts per billion)에서 ppm(parts per million) 수준까지 측정할 수 있었다.

유기물에 $HClO_4$을 가하면 대단히 **폭발 위험**이 크다. 언제나 HNO_3로 먼저 산화시킨다. $HClO_4$을 사용할 때에는 언제나 폭발 보호막을 사용하라.

환류 HNO_3-HClO_4로 습식 재 만들기(그림 28-9)는 보편적으로 쓰이지만, 위험한 절차이다.[18] **과염소산은 수많은 폭발을 일으켜 왔다.** $HClO_4$용으로 설계된 금속으로 안을 대고 후드에서 좋은 폭발 보호막를 사용하여 실험하라. 처음에 시료를 $HClO_4$ **없이** HNO_3으로 끓을 때까지 서서히 가열한다. HNO_3 용액을 거의 건조할 정도로 끓여, $HClO_4$가 있으면 폭발할지 모르는 산화가 용이한 물질을 완전히 산화시킨다. 그런 다음, 새 HNO_3를 가하고 증발시키는 과정을 여러 번 반복한다. 실온으로 식힌 후, $HClO_4$를 가하고 다시 가열한다. 가능하다면 $HClO_4$로 처리할 때 HNO_3가 있어야 한다. 유기물을 산화시킬 때는 과량의 HNO_3가 들어 있어야 한다.

$HClO_4$를 목재에 쏟으면 폭발성 과염소산 셀룰로스 에스터를 만들므로 목재 선반 위에 보관해서는 안 된다. 또 과염소산은 유기 시약이나 환원제 근처에 보관해서도 안 된다. 이 책을 검토한 어떤 사람은, "나는 어떤 사람이 Jones 환원관에 황산 대신 과염소산을 대체함으로써 놀라운 결과를 얻는 것을 보았다.—폭발은 없었으나 관이 녹았다."라고 밝혔다.

Fenton 시약(Fenton's reagent)이라고 하는 Fe^{2+}와 H_2O_2의 조합은 강력한 산화제인 $OH^\bullet$ 라디칼과 $Fe^{II}OOH$를 생성한다.[19] Fenton 시약은 묽은 수용액 내의 유기물을 산화시킨다.[20] 예를 들어 소변 속의 유기물이 50°C에서 30분 안에 파괴되어 미량의 수은이 방출되었다.[21] 그렇게 하기 위해서 50 mL 시료에 0.5 M H_2SO_4를 가해 pH 3~4로 낮춘다. 그다음 황산 암모늄 철 $Fe(NH_4)_2(SO_4)_2$의 포화 수용액 50 μL를 가하고, 이어서 30% H_2O_2 100 μL를 가하였다.

28-3 시료 준비 기술

시료 준비(**sample preparation**)는 분석하기에 적합한 시료로 바꾸기 위해 필요한 일련의 과정이다. 시료 준비에는 시료 용해, 복잡한 매질로부터 분석 물질의 추출, 측정할 수 있는 수준으로 희석된 분석 물질의 농축, 분석 물질을 검출할 수 있는 형태로 화학적 변형, 그리고 방해종의 제거 또는 가림을 포함한다.

24-4절에는 특별히 기체 크로마토그래피에 유용한 시료 준비법인 **고체상 미량 추출**, **퍼지 및 트랩**(purge and trap), **열탈착**법이 기술되어 있다.

액체 추출 기술

추출(**extraction**)에서 분석 물질은 시료를 완전히 녹일 필요는 없고, 분석 물질을 분해하지 않는 용매에 녹인다. 전형적인 토양으로부터 살충제의 **마이크로파 추출**(microwave-assisted extraction)에서는 토양과 아세톤, 그리고 헥세인 용매가 포함된 혼합물을 테플론으로 안을 댄 통(그림 28-6) 속에 넣고 마이크로파로 150°C까지 가열한다. 이 온도는 대기압하에서 각 용매의 끓는점보다 50~100°C 더 높다. 살충제는 녹지만 대부분의 토양은 남게 된다. 그런 다음 액체 시료는 크로마토그래피로 분석한다.

아세톤은 마이크로파를 흡수해서 전자레인지에서 가열된다. 그러나 헥세인은 마이크로파를 흡수하지 못한다. 순수한 헥세인을 이용하여 추출하려면 액체를 그림 28-6의 테플론 용기 안에 플루오린계 고분자 삽입물을 놓아둔다.[22] 삽입물의 벽이나 특수한 교반 막대에는 탄소 검댕(carbon black)이 들어 있는데, 탄소 검댕은 마이크로파를 흡수하고 용매를 가열한다.

어떤 킬레이트는 금속 이온을 초임계 CO_2(적은 양의 메탄올 또는 물을 포함하는)로 추출할 수 있다. 아래 리간드는 란타넘족과 악티늄족 원소를 녹인다.[24]

O O

$CF_2CF_2CF_3$

초임계 유체 추출(**supercritical fluid extraction**)은 추출 용매로 **초임계 유체**(보충 25-2)를 사용한다.[23] CO_2는 상대적으로 값이 싸고 유기 용매 폐기물의 비싼 처리에 대한 필요가 없기 때문에, 가장 흔히 사용되는 초임계 유체이다. 메탄올과 같은 두 번째 용매의 첨가는 극성 분석 물질의 용해도를 증가시킨다. 석유와 같은 무극성 물질은 초임계 아르곤을 이용해서 추출할 수 있다.[25] 추출은 아르곤이 적외선을 흡수하지 않기 때문에 적외선 스펙트럼을 이용하여 관찰할 수 있다.

그림 28-10a는 초임계 유체 추출 방법을 보여 주고 있다. 가압된 유체는 가열된 추출 용기 속으로 밀어 넣어진다. 유체는 당분간 시료와 접촉할 수 있도록 남겨질 수 있거나 계속적으로 밀어줄 수 있다. 추출 용기 끝 부분에서 유체는 압력을 방출할 수 있도록 모세관으로 이동한다. 나온 CO_2가 증발되면서 추출된 분석 물질은 수집 용기에 남겨진다. 동시에 나온 CO_2는 분석 용액을 남기면서 수집 용기의 용매를 통해 기포를 형성한다.

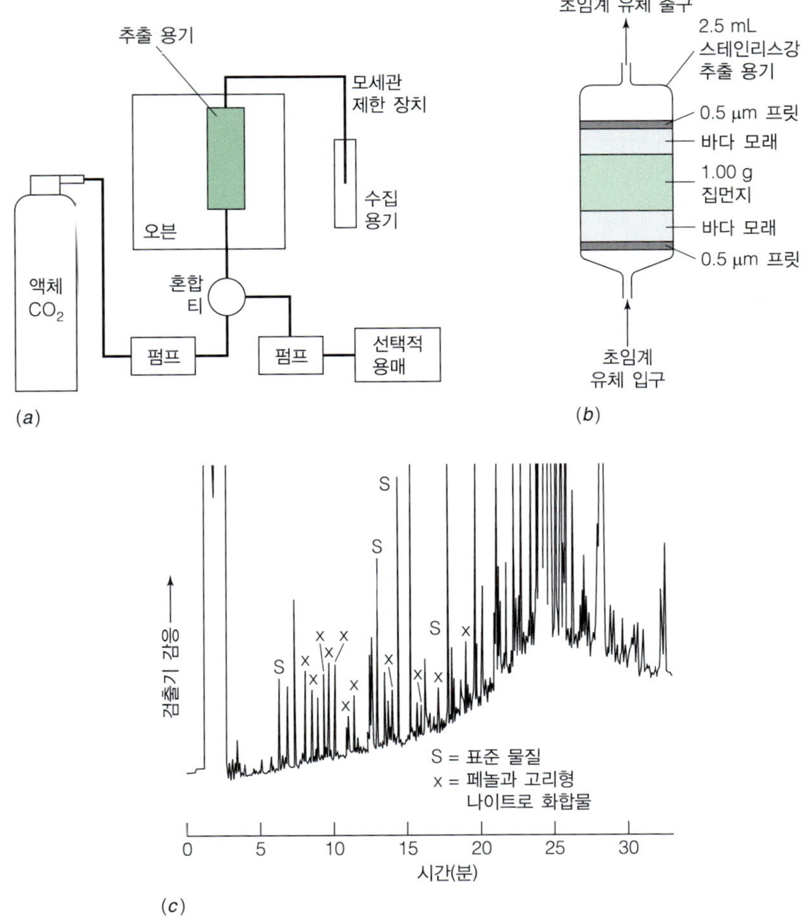

그림 28-10 (*a*) 초임계 유체 추출용 기기. (*b*) 24.0 MPa(240 bar)에서 20 mol% 메탄올/80 mol% CO_2로 50°C에서 집먼지 추출을 위한 용기. (*c*) 40~280°C까지의 온도 범위에서 불꽃 이온화 검출기를 가지고 30 m × 0.25 mm 다이페닐$_{0.05}$다이메틸$_{0.95}$실록세인 칼럼(1 μm 필름 두께)을 사용한 CH_2Cl_2 용액의 추출에 대한 기체 크로마토그램 [출처: T. S. Reighard and S. V. Olesik, "Comparison of Supercritical Fluids and Enhanced-Fluidity Liquids for the Extraction of Phenolic Pollutants from House Dust," *Anal. Chem.* **1996**, *68*, 3612.]

그림 28-10b는 Ohio 주립대학의 화학과 건물 현관 앞 신발털이에서 진공 청소기로 수집한 먼지로부터 유기 화합물의 추출을 보여 준다. 그림 28-10c에서의 추출 크로마토그램은 여러 분과 내가 호흡하는 공기에 포함된 무수한 유기 화합물을 보여 준다. 또 다른 연구에서, 불연재인 폴리브로민화 다이페닐 에터(polybrominated diphenyl ether)가 가정의 실내 먼지에서 발견되었다.[26] 미국 가정의 이 물질의 농도는 유럽보다 몇 십 배 높다. 1~4세 어린이가 1일 대기에서 흡입하는 추정량은 0.1~6 μg이나 된다.

그림 28-11은 비휘발성 분석 물질, 일반적으로 수용액에서부터 유기 용매의 계속적인 **액체-액체 추출(liquid-liquid extraction)**용 유리 기구를 나타낸다. 그림 28-11a에서는 추출하는 용매가 추출되는 액체보다 더 밀도가 크다. 용매가 플라스크로부터 끓어서 추출 용기에 응축된다. 액체 칼럼에서 떨어진 밀도가 큰 용매 방울이 분석 물질을 추출한다. 액체 높이가 충분히 높을 때 추출 용매는 반환 튜브를 통해 용매 저장 용기로 밀려간다. 이러한 방법으로 분석 물질은 천천히 왼쪽에 있는 가벼운 액체로부터 저장 용기의 무거운 액체로 이동한다. 그림 28-11b는 추출 용매가 추출되는 액체보다 덜 무거울 때의 과정을 보여 준다.

분산 액체-액체 미량 추출(dispersive liquid-liquid microextraction)은 용매 사용량을 줄여 유해 폐액을 줄이는 탁월한 방법이다.[27] 그림 28-12에서 클로로폼($CHCl_3$)과 같은 **추출 용매**(extraction solvent) 소량과, 과량의 **분산 용매**(dispersion solvent, 아세톤, 메탄올, 아세토나이트릴 또는 계면 활성제)를 섞어서 원심 분리관 안에 있는 수용액 시료에 신속히 주입하여 탁한 **에멀션**(emulsion)을 만든다. 두 상과 혼합할 수 있는 분산 용매를 선택하여 상과 상의 경계면의 에너지를 낮추어서 표면적이 넓은 작은 방울이 형성되게 한다. 표면적이 매우 넓기 때문에 두 상 사이의 분석 물질 이동이 신속하다. 어떤 경우에는, 원심 분리관을 초음파 진동기에 넣어 상 사이의 물질 이동과 작은 방울로 분해를 촉진시키기도 한다. 시험관을 원심 분

응축기
추출 용매
끓는 용매로부터의 증기
추출되는 액체
저장 용기로 되돌아가는 추출 용매
용매 반환 튜브
추출 용매 저장 용기
가열
(*a*)
추출되는 액체
프릿
(*b*)

그림 28-11 추출 용매가 (*a*) 추출되는 액체보다 더 무거울 때, (*b*) 추출되는 액체보다 더 가벼울 때 사용되는 연속적인 액체–액체 추출 기구

리하면 에멀션이 없어지고 층이 분리된다. 그림 28-12에 있는 추출 용매는 물보다 무겁다. 마이크로 주사기로 시료를 채취한 후 기체 또는 액체 크로마토그래프에 주입하여 분석한다. 한 예로 $CHCl_3$ 100 μL와 아세톤 분산제 1.0 mL를 주입하여, 와인에 들어 있는 미생물 기원 오크라톡신 A라는 물질을 추출할 수 있다. 탁한 에멀션을 얻기 위해서는 추출 용매와 분산제의 비를 잘 맞추어 주어야 한다. 목이 좁은 용기를 사용하면 물 위에 뜨는 데카놀이나 사이클로헥세인과 같은 추출 용매를 취할 수 있다. 수용액층에 물을 첨가하여 용기의 좁은 목까지 용매가 올라가게 할 수 있다.

액체-액체 추출에서 사용하는 용매를 줄이는 또 다른 방법으로 **고체 지지 액체-액체 추출**(**solid-supported liquid-liquid extraction**)이 있다. 이 방법에서 수용액층은 미세 다공성 매질에 부착되어 있어서 매질을 유기 용매에 통과시켜 분석 물질을 추출한다(그림 28-13).[28] 이

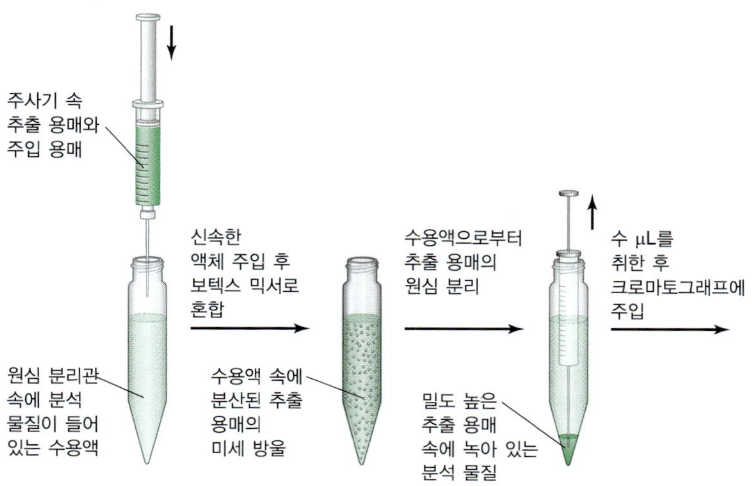

그림 28-12 분산 액체-액체 미량 추출

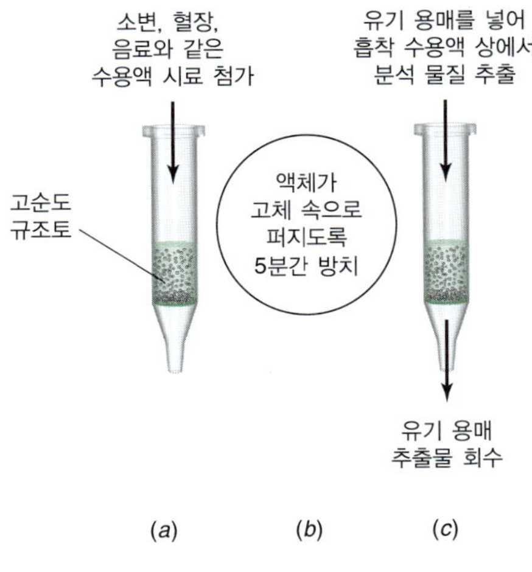

그림 28-13 고체 지지 액체–액체 추출

방법은 그림 28-18의 96-홈판을 사용하여 간편히 처리할 수 있다. 조제약 추출에 쓰이는 대표적인 절차에는 사람 혈장을 0.5 M NH_3와 같은 양으로 희석하는 단계가 포함되어 있다. 그런 다음 희석된 혈장 200 μL를 10초에 걸쳐 다공성 규조토가 든 작은 칼럼을 흡입시킨다. 수용액상이 고체상에 퍼지도록 5분간 방치한 다음, 칼럼을 섞이지 않는 유기 용매(헥세인:2-메틸-2-뷰탄올, 98:2 부피비) 1 mL로 세척하는데, 이 과정에서 용매는 중력 작용으로 약 5분에 걸쳐 흘러내린다. 그런 다음 2분간 흡입 방법으로 용매를 완전히 흘려 없앤다. 용매가 완전히 증발한 후 남은 잔유물을 액체 크로마토그래피용 이동상에 녹인다.

클라우드 포인트 추출(**cloud point extraction**)은 **계면 활성제**(surfactant)를 이용하여 구형의 **마이셀**(micelle, 보충 26-1)을 형성하고, 이 마이셀 안으로 분석 물질을 추출함으로써 분석 물질의 액체-액체 추출과 예비 농축을 동시에 달성하는 방법이다.[29] 낮은 농도에서는 계면 활성제 분자들이 용액에 분산되어 있다. **임계 마이셀 농도**(critical micelle concentration)보다 높아지면, 그림 28-14의 계면 활성제 Triton X-114처럼, 계면 활성제가 모여 마이셀을 형성한다. 각 마이셀은 나노크기의 방울로, 내부는 소수성이며 외부는 친수성이다. 계면 활성제의 소수성 꼬리 부분은 마이셀 중앙부로 모인다. 외부 표면의 소수성 꼬리 부분은 물과 호의적인 상호 작용을 한다. 극성이 작은 수용성 분석 물질은 물에서 마이셀의 소수성 내부로 추출될 수 있다. 만약 용액이 **클라우드 포인트 온도**(cloud point temperature) 이상으로 가열되면, 각 마이셀의 외부는 부분적으로 탈수화가 진행되고 마이셀들은 한데 모여 수용액보다 밀도가 높은 분리된 상이 된다. 원심 분리로 두 상을 분리한 후에, 마이셀 상의 점성이 더 높아지도록 혼합물을 얼음으로 냉각하고 상층의 수용액 상을 피펫으로 제거하면, 분석 물질은 농축된 상태로 작은 부피의 마이셀 상에 남게 된다.

Br, $(C_2H_5)_2N$, $N{=}N$, O^-, Fe^{2+}, $N(C_2H_5)_2$

자주색인 Fe(II)와 2-(5-브로모-2-피리딜아조)-5-다이에틸아미노페놀의 착물은 소수성 외부를 갖고 있다. 리간드 원자들은 **굵은 글씨**로 표시하였다.

학생 실험에서는 맥주의 철 농도를 클라우드 포인트 추출 후에 분광 광도법으로 측정하였다. 맥주의 철을 아스코브산(비타민 C, 366쪽)을 이용해 Fe(II)로 환원시키고, 2-(5-브로모-2-피리딜아조)-5-다이에틸아미노페놀을 가하여 소수성 외부를 가진 자주색 착물을 형성하도록 하였다. Triton X-114 계면 활성제를 가한 후에, 색을 띠고 균일한 각 수용성 시료는 15 mL 원심 분리관에 10.0 mL의 부피를 갖게 된다(천연색 사진 25). 50°C에서 5분 동안 가열한 후에, 색을 띤 Fe(II) 착물이 담긴 마이셀 상은 분리되고 탁한 현탁액이 된다. 원심 분리를 하고 나면, 색을 띤

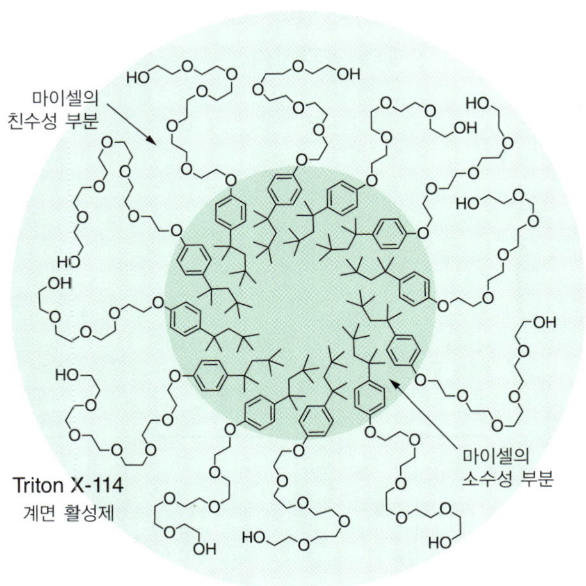

그림 28-14 계면 활성제 Triton X-114의 구형 마이셀은 소수성 내부와 친수성 외부를 갖고 있다. [출처: L. Khalafi, P. Doolittle, and J. Wright, "Speciation and Determination of Low Concentration of Iron in Beer Samples by Cloud Point Extraction," *J. Chem. Ed.* **2018**, *95*, 463.]

Fe(II) 착물이 포함된 밀도 높은 마이셀 상이 원심 분리관 바닥에 0.2 mL보다 작은 부피로 가라앉아 있게 된다. 원심 분리관을 얼음으로 냉각하여 마이셀이 풍부한 상을 점성이 있도록 만든다. 748 nm에서 흡광도를 측정하기 위해, 수용성 상층액을 파스퇴르 피펫으로 제거하고, 마이셀이 풍부한 상을 에탄올로 2.00 mL까지 묽혀 균일한 용액을 만든다.

고체상 추출[30]

고체상 추출(solid-phase extraction)은 시료로부터 원하는 분석 물질을 분리하기 위해서 소량 부피의 크로마토그래피 정지상을 사용하거나 분자 단위로 각인된 고분자[31](보충 26-2)를 사용한다. 고체상 추출은 용매를 거의 사용하지 않으며 낭비도 거의 없다.

그림 28-15는 소변 속의 10 ng/mL 스테로이드의 고체상 추출 과정을 나타낸다. 처음에는 흡착된 유기 물질을 제거하기 위해 1 mL의 C_{18} 실리카가 들어 있는 주사기를 2 mL의 메탄올로 씻어 준다. 그리고 칼럼을 2 mL 물로 씻는다(*a*). 10 mL 소변 시료가 주입되면 무극성 성분은 C_{18} 실리카에 흡착되고, 극성 성분은 통과한다(*b*). 그다음 극성 성분을 제거하기 위해서 pH 8의 25 mM 붕산염 완충 용액 4 mL로 칼럼을 씻어 준다(*c*). 그런 다음 40 vol% 메탄올/60% 물 4 mL와 20% 아세톤/80% 물 4 mL로 씻어서 극성이 작은 물질을 제거한다(*d*). 마지막으로 73% 메탄올/27% 물을 0.5 mL 분취량으로 칼럼에서 스테로이드를 두 번 씻어 준다(*e*). 느린 속도(초당 1~2방울)에서 시료 주입과 용리를 하면 회수율과 재현성이 향상된다.

그림 28-16은 혈청 속에 있는 나프록센 약제를 고체상 추출을 한 후의 시료 세척과 세척을 하지 않은 크로마토그래피를 비교한 것이다. 세척을 하지 않으면 혈청 단백질이 나프록센의 신호와 겹쳐져서 분명하지 않다. 고체상 추출은 대부분의 단백질을 제거한다.

고체상 추출법은 이 장의 앞부분에서 미량의 코카인과 벤조일레고닌의 **예비 농축** 및 정제에 쓰이는 것을 보았다. 강물 500 mL를 여과하고 내부 표준 물질 10 ng을 첨가한 후, HCl을 통해 pH 2.0으로 조절한다. 60 mg의 수지가 들어 있는 고체상 양이온 교환 추출 카트리지는 사용 전에 메탄올 6 mL, 탈이온수 3 mL, 그리고 HCl로 pH 2.0으로 만든 수용액으로 세척한다. 강물을 분당 20 mL로 카트리지에 통과시킨다. 5분간 진공 흡입하여 액체를 제거한 후, 카트리지에 메탄올 2 mL와 2% 암모니아 메탄올 용액 2 mL를 통해 순차적으로 분석 물질을 용리(elution)시킨다. 이 절차에 의해 시료는 500 mL/4 mL = 125배 농축된다.

강물에 포함된 코카인 예비 농축에 쓰이는 고체상 추출 카트리지에는 그림 28-17 상단 왼쪽에 있는 혼합 양이온 교환 역상 흡착제가 들어 있다. 이것은 골격이 지용성 벤젠 고리와 친

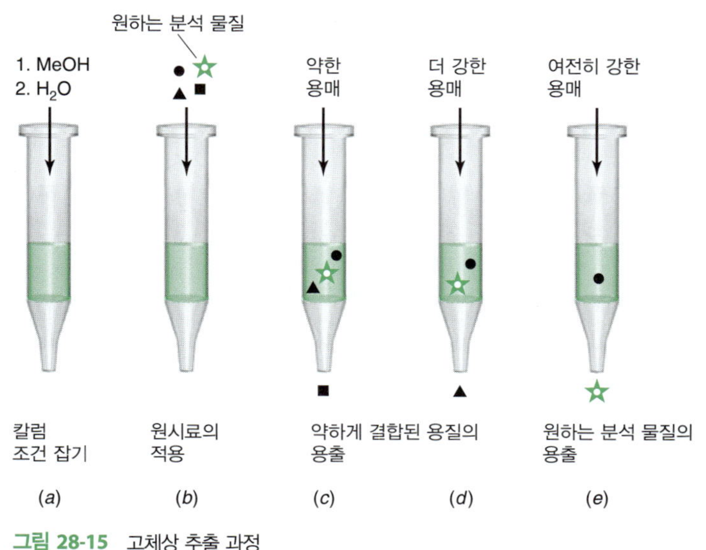

그림 28-15 고체상 추출 과정

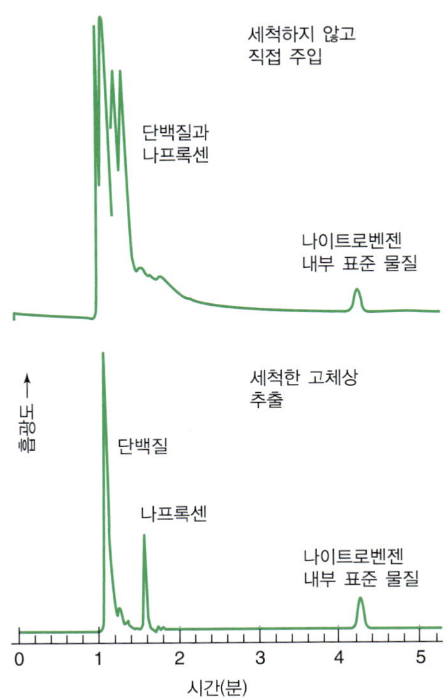

그림 28-16 혈청 속의 나프록센을 세척하지 않은 시료(위)와 C_8 실리카 고체상 추출법으로 세척한 시료(아래)의 HPLC [출처: R. E. Majors and A. D. Broske, "New Directions in Solid-Phase Extraction Particle Design." *Am Lab*, February **2002**, p. 22]

수성 피롤리돈 고리로 구성되어 있는 수지(resin) 중 하나이다. 이 수지는 물에 잘 젖으며, 극성 물질과 무극성 물질 모두에 친화성이 있다. 네 가지 이온 교환 유도체는 pH, 용매, 이온 세기와 같이 조건이 변할 때 서로 다른 종류의 분석 물질을 흡 · 탈착하는 데 쓸 수 있다.

SO_3^-

혼합 양이온 교환(**MCX**: **M**ixed-mode **C**ation e**X**change) 역상 흡착제
pK_a < 1; 1 meq/g

지용성 벤젠

친수성 피롤리돈

수용성-지용성 균형 (**HLB**: **H**ydrophilic-**L**ipophilic **B**alanced) 역상 흡착제
안정 범위 pH 0~14
실란올 상호 작용 없음

혼합 음이온 교환(**MAX**: **M**ixed-mode **A**nion e**X**change) 역상 흡착제
0.25 meq/g

1 meq/g은 수지 1 g에 1밀리당량의 이온 교환 자리가 존재함을 의미한다. 1밀리당량은 전하 1밀리몰이다.

NH_2^+

혼합 약양이온 교환(**WCX**: Mixed-mode **W**eak **C**ation e**X**change) 역상 흡착제
pK_a ~5; 0.75 meq/g

혼합 약음이온 교환(**WAX**: Mixed-mode **W**eak **A**nion e**X**change) 역상 흡착제
pK_a ~6; 0.6 meq/g

그림 28-17 고체상 추출에 쓰이는 수용성 및 지용성 이온 교환 Oasis® 고분자 흡착제 [출처: Waters Corp., Milford, MA.]

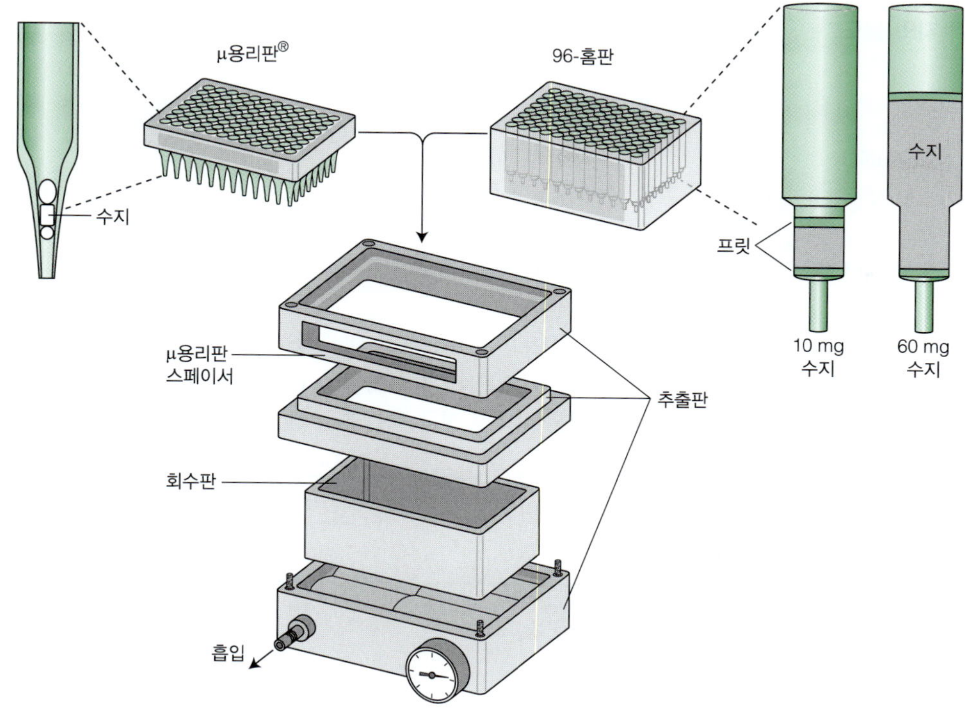

그림 28-18 고체상 추출에 쓰이는 96-홈판과 96-마이크로 용리판 [출처: Waters Corporation, Milford, MA.]

강물 500 mL에 들어 있는 코카인의 예비 농축은 수지 60 mg을 채운 주사기 하나로 할 수 있다. 여러 시료나 사전 검색 연구를 위해서 그림 28-18에 기술한 **96-홈판**과 같은 장치를 쓸 수 있다. 오른쪽 상단에 있는 일반용 판은 주사기 모양의 홈 12개가 여덟 줄로 되어 있으며, 각 홈에는 수지 5~60 mg이 들어 있다. 또 왼쪽 상단에 있는 μ용리®판은 부피가 작은 Pasteur 피펫과 같은 홈으로 되어 있는데, 용매 25~50 μL로 용리할 수 있다.

폐수 1 L에서 살충제를 분석하기 위한 하나의 표준 절차는 액체-액체 추출에서 다이클로로메테인 200 mL를 필요로 한다. 같은 분석 물질은 그림 2-16에서와 같이 다공성 유리 프릿으로 지지된 C_{18} 실리카 디스크를 사용하여 고체상 추출로 분리할 수 있다. 살충제는 최종적으로 소량의 헥세인에 배출되는 CO_2로 초임계 유체 추출을 통해 디스크에서 회수된다. 이 한 가지 분석법을 사용하여 연간 CH_2Cl_2 10^5 kg을 절약할 수 있었다.[32] 고체상 추출 디스크는 C_{18}, 이온 교환, 킬레이트, 활성 탄소와 같은 흡착제를 사용한다.

이온 교환 수지는 산성 또는 염기성 기체를 모을 수 있다. 핵연료 재처리 과정에 사용되는 $(ZrO)_2CO_3(OH)_2 \cdot xH_2O$로부터 CO_2의 형태로 나오는 탄산 이온은, 그림 28-19의 시험관에 가루로 만든 고체 시료 일정량을 넣고 3 M HNO_3로 처리하면 측정할 수 있다. 용액에 N_2를 불어넣으면, CO_2는 옆가지에 채워져 있는 젖은 음이온 교환 수지에 정량적으로 다음 반응에 따라 잡힌다.

$$CO_2 + H_2O \rightarrow H_2CO_3$$
$$2\ 수지^+OH^- + H_2CO_3 \rightarrow (수지^+)_2CO_3^{2-} + 2H_2O$$

탄산 이온은 1 M $NaNO_3$로 용리시켜 산으로 적정함으로써 측정한다. 표 28-7에 이 기법의 다른 응용 분야가 실려 있다.

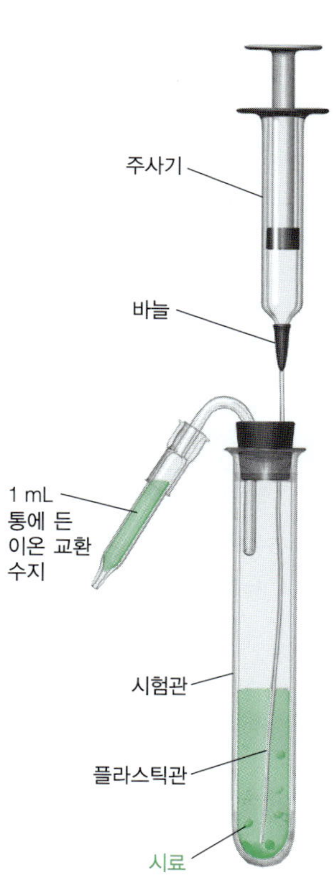

그림 28-19 이온 교환 수지로 산성 또는 염기성 기체를 포집하기 위한 장치 [출처: D. D. Siemer, "Ion Exchange Resins for Trapping Gases: Carbonate Determination." *Anal. Chem.* **1987**, *59*, 2439.]

QuEChERS[33]

QuEChERS(kĕ-chers로 발음)는 신속하고(*Q*uick) 쉽고(*E*asy) 싸고(*Ch*eap), 효과적이고 믿을 만하고(*R*ugged) 안전한(*S*afe) 시료 처리 절차에 대한 약어이다. (1) 분석 물질의 **추출 단**

표 28-7 기체 포집용 이온 교환 수지의 용도

기체	포집되는 화학종	용리액	분석 방법
CO_2	CO_3^{2-}	1 M $NaNO_3$	산으로 적정
H_2S	S^{2-}	0.5 M $Na_2CO_3 + H_2O_2$	S^{2-}는 H_2O_2에 의해 SO_4^{2-}로 산화. SO_4^{2-}는 이온 크로마토그래피로 측정
SO_2	SO_3^{2-}	0.5 M $Na_2CO_3 + H_2O_2$	SO_3^{2-}는 H_2O_2에 의해 SO_4^{2-}로 산화. SO_4^{2-}는 이온 크로마토그래피로 측정
HCN	CN^-	1 M Na_2SO_4	하이포아브로민산 이온으로 CN^-를 적정: $CN^- + OBr^- \rightarrow CNO^- + Br^-$
NH_3	NH_4^+	1 M $NaNO_3$	NH_4^+ 이온 선택성 전극 또는 Berthelot 반응을 이용한 비색 분석: 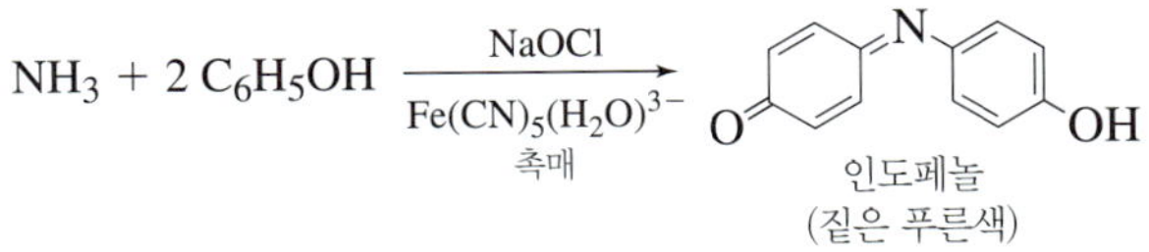 $NH_3 + 2\,C_6H_5OH \xrightarrow[\text{촉매}]{\text{NaOCl},\ Fe(CN)_5(H_2O)^{3-}}$ 인도페놀 (짙은 푸른색)

출처: *D. D. Siemer, "Ion Exchange Resins for Trapping Gases: Carbonate Determination,"* Anal. Chem. ***1987**, 59, 2439; C. J. Patton and S. R. Crouch, "Spectrophotometric and Kinetics Investigation of the Berthelot Reaction for the Determination of Ammonia,"* Anal. Chem. ***1972**, 49, 464.*

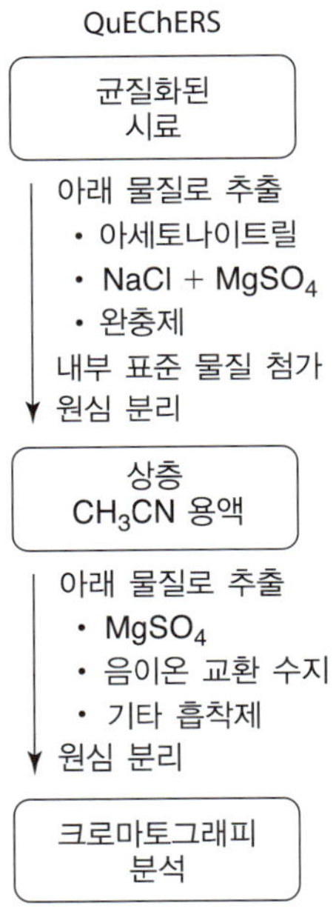

QuEChERS

균질화된 시료

아래 물질로 추출
- 아세토나이트릴
- NaCl + $MgSO_4$
- 완충제

내부 표준 물질 첨가
원심 분리

상층 CH_3CN 용액

아래 물질로 추출
- $MgSO_4$
- 음이온 교환 수지
- 기타 흡착제

원심 분리

크로마토그래피 분석

계와 크로마토그래피 전에 추출액에 남아 있는 매질 성분을 제거하는 시료의 (2) **세정 단계**로 되어 있다. QuEChERS로 과일, 채소, 식물, 토양, 퇴적물에 들어 있는 살충제나 다른 유기 오염물을 추출할 수 있다. QuEChERS는 육류로부터 항생제를 추출할 수 있다. 필요한 유기 용매가 소량이고 동시에 많은 시료를 다룰 수 있으며 많은 분석 물질의 높은 회수율을 얻을 수 있다. 다수의 공급업체가 완제품 키트를 이미 팔고 있다.

한 병형된 분석 절차에서는 잘게 부순 과일을 −20°C에서 얼린 드라이아이스와 함께 넣고 분쇄하여 함수량이 80% 이상인 자유로이 흐르는 가루를 만든다. 잔유 유기물을 추출하기 위하여 아세토나이트릴 10 mL와 분말 10 g을 뚜껑이 있는 50 mL 플라스틱 원심 분리관에 넣고 혼합한다. 회수율 측정을 위한 내부 표준 물질과 품질 보증용 표준 물질을 첨가한다. 1분 동안 잘 흔들어 준 후 염(1 g NaCl + 4 g $MgSO_4$)과 완충제(1 g Na_3citrate · $2H_2O$ + 0.5 g Na_2Hcitrate · $1.5H_2O$)를 가한다. 높은 염의 농도는 수용액상과 유기상을 형성하게 하고 유기 화합물이 유기상으로 이동하게 한다. 완충제는 염기에 민감한 분석 물질을 보호한다. 1분 더 흔들어 준 후 5분간 원심 분리하고 아세토나이트릴 상을 취한다(건조 분쇄한 토양 5 g으로부터 유기 화합물을 추출하려면 QuEChERS 과정을 거치기 전에 물 약 3~8 mL로 토양을 잘 섞어야 한다).

시료 세정(sample cleanup)을 위해서는 추출물 1 mL를 무수 $MgSO_4$(잔유 수분 흡수) 150 mg, 약음이온 교환 수지('1차 2차 아민' PSA 흡착제) 25 mg, 그리고 C_{18} 실리카와 흑연화된 탄소 검댕과 같은 고체 흡착제 약 5 mg 등이 들어 있는, 뚜껑 달린 2 mL 플라스틱 원심 분리관에 넣는다. 시료 세정 과정에서 지방산 음이온과 탄수화물과 같은 매질 물질이 제거된다. 2분간 흔들어 주고 5분간 원심 분리한 후 상층액을 기체 또는 액체 크로마토그래프에 사용하기 위해 회수한다.

또 다른 방법으로, 아세토나이트릴 추출물을 흡착제가 포함된 카트리지가 달린 주사기에 통과시킨다. 아세토나이트릴:톨루엔 3:1(부피비) 50 mL로 용리하여 추출하고, 크로마토그래피 분석을 위해 용출액을 0.5 mL로 증발 농축시킨다. 잔류물은 건조될 때까지 증발시켜야 하며 기체 크로마토그래피의 경우 낮은 끓는점의 용매로, 액체 크로마토그래피의 경우 수성 용매로 바꿔야 한다.

그림 28-20은 식품 보조제에서 QuEChERS법으로 추출한 살충제의 기체 크로마토그램-질

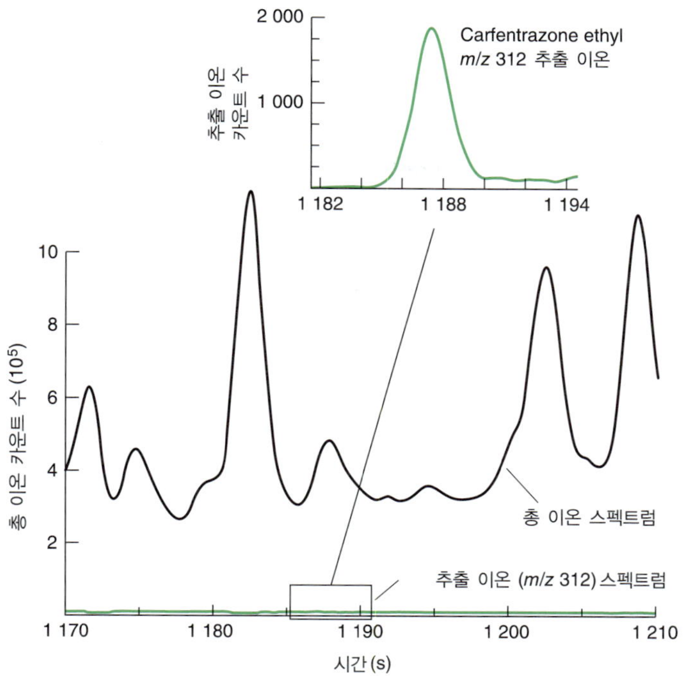

그림 28-20 식품 보조제에서 QuEChERS 법으로 추출한 살충제의 기체 크로마토그램-비행 시간형 질량 분석 스펙트럼의 일부. 칼럼: 30 m × 0.25 mm Restek Rxi-5Sil MS (0.25 μm 두께), He 1.5 mL/min, 분당 8°C로 90~340°C, 70 eV 전자 이온화, 1 μL 주입. 주 스펙트럼은 총 이온 카운트. 삽입 그림은 *m/z* 312 추출 이온 [출처: J. Kowalski, M. Misselwitz, J. Thomas, and J. Cochran, "Evaluation of QuEChERS, Cartridge SPE Cleanup, and Gas Chromatography Time-of-Flight Mass Spectrometry for the Analysis of Pesticides in Dietary Supplements," *LCGC North Am.* **2010**, *28*, 972.]

량 분석 스펙트럼의 일부를 나타낸다. 두 가지 모두 한 가지 시료에 대한 것이다. 피크가 여러 개인 것(카운트가 약 10^6까지 올라가는)은 총 이온 크로마토그램으로 추출물에 들어 있는 모든 성분을 보여 준다. 시료가 세정 단계를 거쳤음에도 많은 성분이 혼합되어 있다. 아래에 있는 것은 *m/z* 312에서 얻은 것으로, 특정 분석 대상 살충제에서 나온 것이다. 카운트 수가 2 000이고 *m/z* 312인 이온은 총 이온 스펙트럼에서는 보이지 않았지만, 그림의 상단에 삽입되어 있는 추출 이온 스펙트럼에서는 신호 대 배경 비가 10^5나 된다. 질량 분석의 선택성 때문에 복잡한 크로마토그램에서 하나의 분석 물질을 확대해 볼 수 있다.

유도체화

유도체화(derivatization)는 분석 물질이 더 쉽게 검출되거나 분리되도록 화학적으로 변화시키는 과정이다. 예를 들면 공기, 호흡 또는 담배 연기[34] 속의 폼알데하이드, 다른 알데하이드, 그리고 케톤은 0.3 wt% 2,4-다이나이트로페닐하이드라진(2,4-dinitrophenylhydrazine)으로 코팅된 0.35 g의 실리카가 포함된 작은 통으로 공기를 통과시켜 잡고 유도체화할 수 있다. 카보닐은 2,4-다이나이트로페닐하이드라존(2,4-dinitrophenyl hydrazone) 유도체로 바꾸어 5 mL 아세토나이트릴로 흘려 주어 HPLC로 분석할 수 있다. 생성물은 360 nm 근처의 강한 자외선 흡광으로 검출된다.

$R_1R_2C{=}O$ + H_2NNH–$C_6H_3(NO_2)_2$ → $R_1R_2C{=}NNH$–$C_6H_3(NO_2)_2$

알데하이드 또는 케톤 + 2,4-다이나이트로페닐하이드라진 → 2,4-다이나이트로페닐하이드라존 $\lambda_{max} \approx 360$ nm

이해해야 할 용어

QuEChERS
가변도(variance)
건식 재 만들기(dry ashing)
고체상 추출(solid-phase extraction)
고체 지지 액체-액체 추출(solid-supported liquid-liquid extraction)
구슬 분말기(ball mill)
막자 사발과 막자(mortar and pestle)
분산 액체-액체 미량 추출(dispersive liquid-liquid microextraction)
습식 재 만들기(wet ashing)
시료 준비(sample preparation)
시료 채취(sampling)
액체-액체 추출(liquid-liquid extraction)
예비 농축(preconcentration)
왕수(aqua regia)
용융(fusion)
유도체화(derivatization)
융제(flux)
초임계 유체 추출(supercritical fluid extraction)
추출(extraction)
클라우드 포인트 추출(cloud point extraction)
통(bomb)

요약

분석 방법의 가변도는 시료 채취 가변도와 분석 가변도의 합이다. 시료 채취 가변도는 불균일 혼합물로부터 소량을 취하는 통계학으로 이해할 수 있다. 두 종류의 입자로 구성된 혼합물로부터 각각을 선택할 확률을 p와 q라 하면, n개 입자를 선택할 표준 편차는 $\sqrt{npq}$이다. 이로부터 시료 채취 가변도를 원하는 수준까지 줄이는 데 어느 정도의 시료가 필요한지를 추정할 수 있다. Student의 t는 반복 분석하면 결과의 불확정도를 어떻게 낮추는지를 추정하는 데 사용될 수 있다.

많은 무기물들은 강산에 넣고 가열하면 녹일 수 있다. 유리 용기가 자주 쓰이지만, 규산염을 녹이는 HF는 테플론, 백금 또는 은 용기를 써야 한다. 비산화성 산이 불충분하면 왕수나 산화성 산이 해결해 줄 것이다. 전자레인지에서 테플론으로 안을 댄 통을 가열하면 녹이기 어려운 시료를 녹일 수 있다. 산으로 삭이지 못하면 대개 용융시킨다. 하지만 많은 양의 융제는 불순물을 유입하게 된다. 유기물은 뜨겁고 진한 황산으로 습식 재 만들기법으로 분해시키거나 또는 열을 가해 건식 재 만들기법으로 분해시킨다.

복잡한 매질로부터 분석 물질을 분리하는 기술에는 액체 추출, 초임계 유체 추출, 분산 액체-액체 미량 추출, 고체 지지 액체-액체 추출, 클라우드 포인트 추출, 고체상 추출, QuEChERS가 있다. 분석 물질은 쉽게 검출하거나 쉽게 분리할 수 있는 형태로 유도체화시킨다.

연습 문제

28-A. 상자에 붉은색 구슬 120 000개, 노란색 구슬 880 000개가 들어 있다.

(a) 그 상자에서 1 000개의 구슬을 꺼낼 때 예상되는 붉은색 구슬과 노란색 구슬의 수는 몇 개인가?

(b) 그 구슬을 다시 상자에 넣고 같은 실험을 반복한다. 1 000개의 구슬 꺼내기를 반복한 후에 **(a)**에서 얻은 숫자에 대한 절대 표준 편차 및 상대 표준 편차는 얼마일까?

(c) 4 000개의 구슬 꺼내기를 여러 번 한 후에 절대 표준 편차와 상대 표준 편차는 얼마일까?

(d) 시료의 크기를 네 배로 하면 시료 채취 표준 편차는 ______배 감소한다. 시료의 크기를 n배 증가시키면 시료 채취 표준 편차는 ______배 감소한다.

(e) 붉은색 구슬의 시료 채취 표준 편차를 ±2%로 줄이는 데 필요한 시료의 크기는 얼마인가?

28-B. (a) 그림 28-3에서 시료 채취 표준 편차를 ±10%로 할 때 예상되는 시료의 질량은 얼마인가?

(b) **(a)**의 시료 질량을 써서, 평균값이 그램당 초당 95% 신뢰도 수준에서 ±20 계측 내에 있으리라고 담보하기 위해서는 얼마만큼의 시료를 취해야 하는가?

28-C. 흙 시료에는 산에 녹는 무기물, 약간의 유기물, 그리고 어떤 조합의 뜨거운 산에도 녹지 않는 광물이 함께 들어 있다. 전체 시료를 녹이는 절차를 제안하시오.

(a) 전체 시료를 녹여 무기 성분을 측정하는 절차를 제안하시오.

(b) 토양에서 살충제와 제초제를 측정하는 절차를 제안하시오.

문제

시료 채취의 통계학

28-1. "어떤 시료의 내력이 확실히 알려져 있지 않으면 그것을 분석하는 데 시간을 쓰지 말라"라는 말이 뜻하는 것은 무엇인가?

28-2. 다음 인용에서 '분석의 질'과 '데이터의 질'이 의미하는 바를 설명하시오.

"우리는 **데이터의 질**과 **분석의 질**을 명확히 구별하기 위해서 환경적인 데이터를 개정할 필요가 있다. 추출물의 분석을 면밀히 할 때 불균일 매질에 대해 시료나 하위 시료 표시에 많은 노력을 할애할 필요가 있다. 실험실 분석에서 나오는 데이터의 가변성이 모두 중요한 데 비해, 시료 채취 과정에서 오는 가변성은 무시할 수 있다는 그런 행동은 그만해야..."[35]

28-3. (a) 한 통의 가루를 분석하는데, 시료 조작의 표준 편차가 ±4%이고 분석 절차의 표준 편차가 ±3%이면, 전체 표준 편차는 얼마인가?

(b) 전체 표준 편차가 ±4%가 되도록 하려면 시료 채취 표준 편차를 얼마로 줄여야 하는가?

28-4. 그림 28-3에서 시료 채취 표준 편차가 ±6%가 되는 시료의 질량은 얼마인가?

28-5. 표 28-2에 있는 체를 써서 입자의 평균 지름이 100 μm인 가루를 만드는 방법을 설명하시오. 그와 같은 입자의 메시 크기는 얼마로 나타나겠는가?

28-6. 식 28-4 다음에 지름이 1 mm인 KCl과 KNO_3 입자가 1:99의 비율로 들어 있는 혼합물의 예가 있다. 10^4개의 입자가 들어 있는 시료는 11.0 g이다. 시료의 질량이 11.0×10^2 g인 시료 속의 KCl의 예상 입자의 수와 표준 편차는 얼마인가?

28-7. 동전을 던지면 각 면이 나올 확률은 식 28-2와 28-3에서 $p = q = \frac{1}{2}$이다. n번 던지면 각 면이 나올 예상 수는 $np = nq = \frac{1}{2}$

n이고, 표준 편차는 $\sigma_n = \sqrt{npq}$이다. 표 4-1로부터, 결과의 68.3%는 $\pm 1\sigma_n$ 이내에, 또 95.5%는 $\pm 2\sigma_n$ 이내에 들 것이라고 기대된다.

(a) 1 000번 던질 때 겉면이 나올 수에 대한 예상 표준 편차를 구하시오.

(b) 표 4-1을 내삽함으로써, Gauss 곡선 면적의 90%를 포함하는 z 값을 구하시오. 결과의 90%가 평균값의 표준 편차 범위에 들어온다.

(c) 동전을 1 000번 던지는 것을 여러 번 반복할 때, 겉면이 나올 수의 90%가 포함되는 예상 범위를 구하시오(예를 들어 당신의 대답이 맞다면 490~510 범위는 그 시간의 90%로 관측될 것이다).

28-8. 무작위 시료를 분석하여 시료 채취 표준 편차 ±5%를 얻었다. 분석 절차의 오차를 무시할 수 있다고 가정할 때, 평균값의 오차가 95% 신뢰도로 참값의 ±4% 이내에 있기 위해서는 얼마만큼의 시료를 분석해야 하는가? 90% 신뢰 수준에 대해 똑같은 질문에 답하시오.

28-9. 그림 28-3에 있는 것과 유사한 실험에서 시료 채취 상수가 $K_s = 20$ g이었다.

(a) 시료 채취 표준 편차가 ±2%로 되는 시료의 질량은 얼마인가?

(b) 90% 신뢰도로 평균값이 1.5% 이내로 알려지기 위해서는 **(a)**에서 얻은 시료 몇 개를 분석해야 하는가?

28-10. 다양한 시료 크기에 따라 극지방 빙하에서 $^{87}Sr/^{86}Sr$ 동위 원소의 비율을 측정하였다. 평균 $^{87}Sr/^{86}Sr$ 동위 원소 비율의 백분율로 표현한 95% 신뢰 구간은 측정한 Sr의 양이 증가할수록 줄어들었다.

pg Sr	신뢰 구간	pg Sr	신뢰 구간
57	±0.057%	506	±0.035%
68	±0.069%	515	±0.027%
110	±0.049%	916	±0.018%
110	±0.045%	955	±0.022%

출처: *G.R. Burton, V.I. Morgan, C.F. Boutron, K.J.R. Rosman, "High-Sensitivity Measurements of Strontium Isotopes in Polar Ice."* Anal. Chem. Acta ***2002*, 469,** *225.*

신뢰 구간은 $mR^2 = K_s$의 관계에 의해서 시료의 질량과 관계있다는 가정을 할 수 있다. 여기서 m은 피코그램 단위의 Sr의 질량, R은 동위 원소 비율의 백분율로 표시된 신뢰 구간(955 pg 시료에 대해 $R = 0.022$), K_s는 피코그램 단위의 상수이다. K_s의 평균값과 표준 편차를 구하시오. 모든 실험의 반복 횟수가 동일하다면 $mR^2 = K_s$가 일정하다고 예상한 이유를 설명하시오.

28-11. 반지름이 0.075 mm이고 균일한 구형 입자인 Na_2CO_3(밀도 2.532 g/mL) 4.00 g과 K_2CO_3(밀도 2.428 g/mL) 96.00 g이 들어 있는 무작위 혼합물을 생각해 보자.

(a) 그 혼합물에서 Na_2CO_3 입자 한 개의 질량과 입자수를 구하시오. K_2CO_3에 대해서도 똑같이 답하시오.

(b) 혼합물 0.100 g에 들어 있을 것으로 예상되는 입자수는 몇 개인가?

(c) 혼합물 시료 0.100 g에서 각각의 입자수에 대한 시료 채취 표준 편차를 계산하시오.

시료 준비

28-12. 클라우드 포인트 추출.[29] 식수에 들어 있는 미량의 납은 건강에 부정적인 영향을 끼친다. 유도 결합 플라스마-원자 방출 분광법으로 납을 분석하기 위해, 마이셀을 형성하는 계면 활성제인 Triton X-114(공통 계면 활성제인 세틸 트라이메틸암모늄 브로마이드와 함께)와 **크라운 에터** 리간드를 이용해 Pb^{2+}를 추출하고 예비 농축한다. 소수성 금속 착물은 Triton X-114에 의해 형성되는 마이셀의 소수성 내부로 추출된다(그림 28-14).

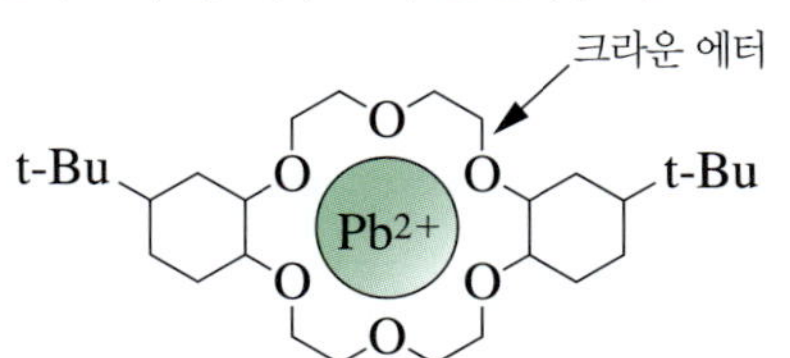

Pb(II) 다이-tert-뷰틸다이싸이클로헥사노-18-크라운-6 착물

(a) 195 mL의 산성화된 수용성 시료에 계면 활성제들과 크라운 에터를 첨가한다. 30분 동안 추출 후에, 용액을 가열하면 근본적으로 모든 Pb(II)를 포함한 마이셀들이 한데 모여 분리된 상을 형성하여 용액이 혼탁해진다. 수용성 상은 그다음 제거된다. 그리고 계면 활성제보다 Pb(II)에 더 강하게 결합하는 5.0 mL 수용성 시트르산염 용액으로 마이셀 상을 역추출한다. 그 결과 모든 Pb(II)는 수용성 상에 존재하게 된다. 이 과정을 통해 Pb(II)는 몇 배로 예비 농축되는가?

(b) 무시할 수 있을 만큼 적은 양의 납을 포함한 식수에 2.3 μg/L의 농도로 Pb(II)를 소량 첨가하였다. 3회 실험을 반복한 결과, 평균 1.9 μg/L와 표준 편차 0.2 μg/L를 얻었다. 소량 첨가에 대한 퍼센트 회수율을 구하시오.

(c) **(b)**에서 구한 소량 첨가 회수율이 예상값인 2.3 μg/L Pb^{2+}와 95% 신뢰 수준에서 다르다고 할 수 있는가? 만약 위에서 얻은 값이 3회 반복 실험이 아닌 6회 반복 실험의 결과였다면, 소량 첨가 회수율이 예상값과 95% 신뢰 수준에서 다르다고 할 수 있는가?

28-13. 표준 환원 전위를 근거로 할 때, 다음 중 어느 금속이 아래 반응에 따라 HCl에 녹겠는가?

$$\mathrm{M} + n\mathrm{H}^+ \rightarrow \mathrm{M}^{n+} + \tfrac{1}{2}\mathrm{H}_2\text{: Zn, Fe, Co, Al, Hg, Cu, Pt, Au}$$

(전위로부터 원소가 녹지 않으리라고 예측되면 아마 녹지 않을 것이다. 녹으리라고 예측되면, 방해하는 다른 과정이 없을 때 녹을 것이다. 뜨겁고 진한 용액에서 전위와 활동도는 표에 나와 있는 표준 전위와 크게 다르므로 25°C에서의 표준 환원 전위는 단지 잠정적인 값이다.)

28-14. 다음은 원자 흡광법으로 유기 흙의 비소를 측정하는 데 쓰이는 습식 재 만드는 절차이다. 150 mL 테플론 통에 0.1~0.5 g 시료를 70% HNO_3 3.5 mL와 함께 넣고 전자레인지에서 2.5분간 가열한다. 식힌 후 70% HNO_3 3.5 mL, 70% $HClO_4$ 1.5 mL, H_2SO_4 1.0 mL의 혼합물을 가하고, 2.5분씩 3회 가열하되 가열 사이에 2분씩 가열 중지시킨다. 최종 용액은 0.2 M HCl로

묽혀서 분석한다. 두 번째 가열 때까지 $HClO_4$를 첨가하지 않은 이유는 무엇인가?

28-15. 바르비탈(barbital)은 C_{18} 실리카로 고체상 추출하여 소변에서 분리할 수 있다. 그 후 1:1(부피/부피) 아세톤:클로로폼으로 바르비탈을 용리시킨다. 이 절차가 어떻게 이루어지는지를 설명하시오.

바르비탈

28-16. 이 장의 앞부분에서 강물로부터 코카인과 벤조일레고닌을 예비 농축하기 위해서 그림 28-17에 있는 혼합 양이온 교환 수지를 이용하여 pH 2에서 고체상 추출을 수행하였다. 강물 500 mL를 수지 60 mg에 통과시킨 후, 흡착된 분석 물질을 CH_3OH 2 mL로 흘러준 다음, 2% 암모니아 메탄올 용액 2 mL로 흘러주었다. 고정(retention)을 위해 pH 2 용액을, 그리고 용출을 위해 묽은 암모니아 용액을 쓰는 이유를 설명하시오.

28-17. 표 28-7을 참조하여, 연소되어 방출된 SO_2를 흡수하여 분석하는 데 어떻게 음이온 교환 수지가 쓰일 수 있는지를 설명하시오.

28-18. 고체상 추출에는 큰 입자(50 μm)를 사용하고, 크로마토그래피에는 작은 입자(5 μm)를 사용하는 장점은 무엇인가?

28-19. 2002년에 스웨덴 국립식품부의 근로자들은 감자 튀김, 감자칩, 빵과 같이 익혀지고 탄수화물이 많은 식품에는 발암 물질이라고 알려진 아크릴아마이드가 놀라운 수준(0.1~4 μg/g) 만큼 포함되어 있다는 것을 발견하였다.[36]

$H_2C{=}CH{-}C({=}O){-}NH_2$ 아크릴아마이드

이와 같은 발견 이후, 식품에 있는 아크릴아마이드를 ppm 수준까지 측정하는 방법을 개발하였다. 한 과정으로, 10 g의 냉동 감자 튀김을 분쇄하고, 20분간 50 mL의 물에 넣고 섞어서 물에 대해 용해도(216 g/100 mL)가 우수한 아크릴아마이드를 추출하였다. 액체를 따라 내고 원심 분리하여 부유물을 제거하였다. 내부 표준화된 $^2H_3$-아크릴아마이드를 1 mL 추출물에 넣었다. 양성자로 치환된 설폰기($-SO_3H$)가 달린 양이온 교환 고분자 100 mg이 있는 고체상 추출 칼럼을 1 mL의 메탄올과 1 mL의 물로 각각 2회 세척하였다. 용액상의 음식 추출물(1 mL)을 관에 흘려서 양성자와 결합한 아크릴아마이드($-NH_3^+$)를 칼럼에서 설포네이트($-SO_3^-$)와 결합시켰다. 칼럼을 0.3 bar에서 30초간 건조시키고, 아크릴아마이드는 물 1 mL에 분리되었다. 용출액은 극성 결합상인 액체 크로마토그래피로 분석하였다. 크로마토그램은 자외선 흡수나 질량 분석법으로 측정한 결과를 보여 준다. 두 칼럼에 나타난 아크릴아마이드의 머무름 시간은 다른 차수와 유속 때문에 다르다.

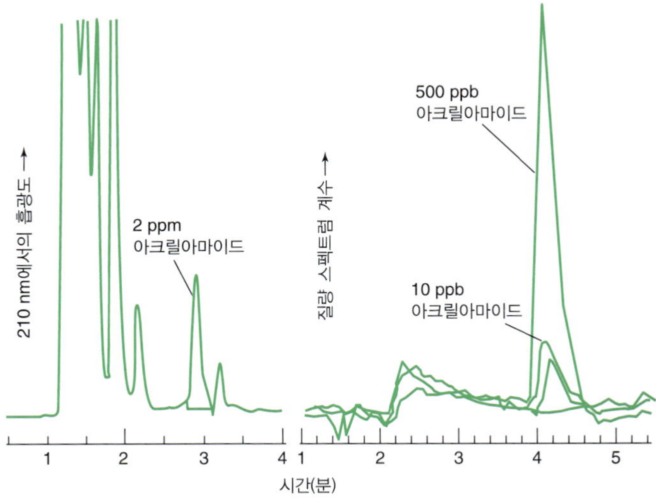

고체상 추출 칼럼을 통과한 후의 아크릴아마이드의 추출 크로마토그램: (왼쪽) 96:4(vol/vol) H_2O:CH_3CN을 이용해서 전개한 Phenomenex Synergi Polar-RP 4 μm 칼럼. (오른쪽) 96:4:0.1(vol/vol/vol) H_2O:CH_3OH:HCO_2H를 이용해서 전개한 Phenomenex Synergi Hydro-RP 4 μm 칼럼 [출처: L. Peng, T. Farkas, L. Loo, J. Teuscher, K. Kallury, "Rapid and Reproducible Extraction of Acrylamide in French Fries Using a Single Solid-Phase Sorbent." *Am. Lab. News Ed.* October **2003**, p. 10.]

(a) 크로마토그래피 전 고체상 추출의 목적은 무엇인가? 어떻게 이온 교환 흡착제는 아크릴아마이드를 잡고 있을까?

(b) 크로마토그래피를 자외선 흡수로 관찰했을 때 많은 피크들이 나타나는 이유는 무엇인가?

(c) 질량 스펙트럼 검출기는 선택적 반응 검출법(그림 22-34)에 사용되는데, m/z 72 → 55는 아크릴아마이드의 전이쌍에 대한 것이고, 75 → 58은 $^2H_3$-아크릴아마이드에 대한 것이다. 이와 같은 검출 방법이 이루어지는 원리를 설명하고, 아크릴아마이드에서 m/z가 72에서 55로 변하는 이온 구조에 대해 제안하시오.

(d) 질량 스펙트럼 검출기에 의해 주요 피크가 하나 생기는 이유는 무엇인가?

(e) 질량 스펙트럼 검출기에서 정량 분석을 위해 내부 표준 물질은 어떻게 사용하는가?

(f) 자외선 흡수에서 $^2H_3$-아크릴아마이드는 어디에 나타나는가? 질량 스펙트럼 선택 반응 검출법으로 관찰되는가?

(g) 이온 교환 흡착제에 의한 아크릴아마이드의 머무름이 정량적이지 않고 물 1 mL에 의한 흡착제로부터 아크릴아마이드의 용리가 정량적이지 않을 수도 있는 데 비해, 질량 분석 방법의 결과는 정량적인 이유는 무엇인가?

28-20. (a) QuEChERS의 단계를 기술하고, 각 단계의 목적을 설명하시오.

(b) QuEChERS에서 내부 표준 물질을 사용하는 이유를 설명하시오.

(c) 그림 28-20에 있는 총 이온 크로마토그램은 무엇을 나타내는가?

(d) 그림 28-20에 있는 추출 이온 크로마토그램은 무엇을 나타내는가? 추출 이온 크로마토그램과 선택 이온 크로마토그램의 차이는 무엇인가? 신호 대 잡음비가 더 큰 것은 어느 것인가?

(e) 같은 QuEChERS 추출물로부터 더 큰 신호 대 잡음비를 얻을 수 있는 질량 분석법으로 어떤 것이 있는가?

28-21. **(a)** 분산 액체-액체 미량 추출법은 액체-액체 추출법과 비교하여 어떻게 용매 사용량을 줄이는지 설명하시오.

(b) 추출 용매에 비해 사용량 부피가 더 큰 분산 용매의 목적은 무엇인가?

28-22. 고체 지지 액체-액체 추출은 고체상 추출과 어떻게 다른가?

28-23. 바닷물에 있는 많은 금속은 $Ga(OH)_3$ 공동 침전법에 의해서 예비 농축할 수 있다. 50 μg의 Ga^{3+}를 포함하는 200 μL HCl 용액을 10.00 mL 바닷물에 첨가한다. NaOH로 pH를 9.1로 맞추면 젤리 모양의 침전이 생긴다. 침전을 모으기 위해 원심분리를 하고 난 후, 물은 제거하고 젤은 물로 씻는다. 이런 다음 1 M HNO_3 50 μL에 녹여서 원자 발광 분석을 위해서 유도 결합 플라스마로 보내진다. 예비 농축 계수는 10 mL/50 μL = 200이다. 다음 그림은 열수 분출구 근처에서 깊이에 따른, 거른 바닷물과 거르지 않은 바닷물의 원소 농도를 보여 준다.

(a) Ni 농도가 가장 진한 시료에 대해 (첨가한 Ga 원자수):(바닷물 내의 Ni 원자수) 비를 구하시오.

(b) 회색선으로 나타낸 결과는 공동 침전 전에 거르지 않은 시료에 대해 얻은 것이다. 색선은 거른 시료에 대한 결과이다. Ni은 두 방법에 차이가 없으나 Fe는 차이를 보인다. 이것이 뜻하는 것을 설명하시오.

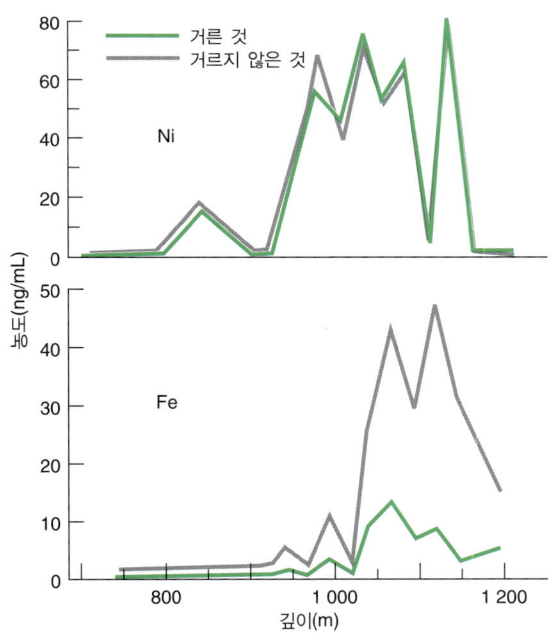

열수 분출구 근처의 바다에 있는 원소들의 깊이 분포도 [출처: T. Akagi and H. Haraguchi, "Simultaneous Multielement Determination of Trace Metals Using 10 mL of Seawater by Inductively Coupled Plasma Atomic Emission Spectrometry with Gallium Coprecipitation and Micro-sampling Technique," *Anal. Chem.* **1990**, *62*, 81.]

28-24. 전자 재료로 쓰이는 세라믹인 타이탄산 바륨(barium titanate)은 다음 절차로 분석한다. Pt 도가니에 Na_2CO_3 1.2 g, $Na_2B_4O_7$ 0.8 g, 그리고 미지 시료 0.314 6 g을 넣는다. 전기로에서 30분간 1 000°C로 용융한 후, 식은 고체를 6 M HCl 50 mL로 추출하여 100 mL 부피 플라스크로 옮기고 표선까지 묽힌다. 25.00 mL 분취량에 15% 타타르산(Ti^{4+}와 착물을 이루어 수용액에 남게 한다) 5 mL와 pH 9.5인 암모니아 완충 용액 25 mL를 가한다. 그 용액을 Ba^{2+}와 착물을 이루는 유기 시약으로 처리하고, 그 Ba 착물을 CCl_4로 추출한다. 유기 착물에서 Ba^{2+}를 해방시키기 위해 산성이 되게 한 후, Ba^{2+}는 0.1 M HCl 용액으로 역추출한다. 그 최종 수용액 시료를 암모니아 완충 용액으로 처리하고 메틸티몰 블루(금속 이온 지시약)를 가한 다음, 적정하는데 0.011 44 M EDTA 32.49 mL가 소요되었다. 세라믹 시료에 들어 있는 Ba의 무게 백분율을 구하시오.

28-25. Cr(III)의 산-염기 평형은 문제 10-36에 요약되어 있다. pH 6 이상의 수용액에서 Cr(VI)은 노란색의 정사면체 크로뮴산 이온(CrO_4^{2-})으로 존재한다. pH 2와 pH 6 사이에서 Cr(VI)는 $HCrO_4^-$와 붉은 오렌지색 다이크로뮴산염($Cr_2O_7^{2-}$)의 평형 혼합물 형태로 존재한다. Cr(VI)은 발암 물질이지만, Cr(III)는 해롭지 않다. 다음 과정은 작업장에서 공중에 부유하는 입자에서 Cr(VI)을 측정하는 방법이다.

1. 5 μM 구멍 크기의 PVC 여과지를 통해 일정량 부피의 공기를 빨아들여 입자를 모은다.
2. 여과지를 원심 분리관에 넣고 0.05 M $(NH_4)_2SO_4$/0.05 M NH_3 pH 8 완충 용액을 10 mL를 넣는다. 용액에 담긴 여과지를 초음파 진동을 이용해서 35°C에서 30분간 흔들어서 모든 Cr(III)과 Cr(VI)을 용액으로 추출한다.
3. 추출물의 측정된 부피는 Cl^- 형태인 '강염기' 음이온 교환 수지(표 26-1)에 통과시킨 후, 수지를 증류수로 세척한다. 추출물과 세척액에서 Cr(III)이 포함된 액체는 버린다.
4. 0.5 M $(NH_4)_2SO_4$/0.05 M NH_3 pH 8 완충 용액을 칼럼에서 용출시켜서 Cr(VI)을 분리해서 바이알에 모은다.
5. 용출된 Cr(VI) 용액을 HCl로 산성화시키고 1,5-다이페닐카바자이드 용액으로 처리하는데, 이 시약은 Cr(VI)와 유색 착물을 형성한다. 착물의 농도는 가시 흡광으로 측정한다.

(a) pH 8에서 Cr(VI)과 Cr(III) 중 어느 형태가 주된 형태인가?

(b) 세 번째 단계에서 음이온 교환 수지를 사용하는 목적은 무엇인가?

(c) '약염기' 교환 수지 대신에 '강염기' 교환 수지를 사용하는 이유는 무엇인가?

(d) 세 번째 단계가 아니라, 네 번째 단계에서 Cr(VI)을 용출시키는 이유는 무엇인가?

28-26. 도표에 있는 군(county)의 땅 매립으로부터 유독 화합물이 지역 급수에 스며들지 않았는지를 입증하기 위해 조사되었다. 21개의 위치에 구멍을 뚫고 채취된 지하수 시료를 1년 동안 검사하였고, 오염물은 8, 11, 12, 13번에서만 발견되었다. 매달 모든 21개 위치에서 검사하는 것은 매우 비싸다. 검사 비용을 줄이기 위해서 한 번에 여러 개의 우물로부터의 **복합 시료**(composite samples, 보충 0-1)를 사용할 수 있는 방안을 제안하시오. 당신의 방법은 어떻게 특정 지역에서 오염 물질에 대한 최소 검출 수준에 영향을 미칠 것인가?

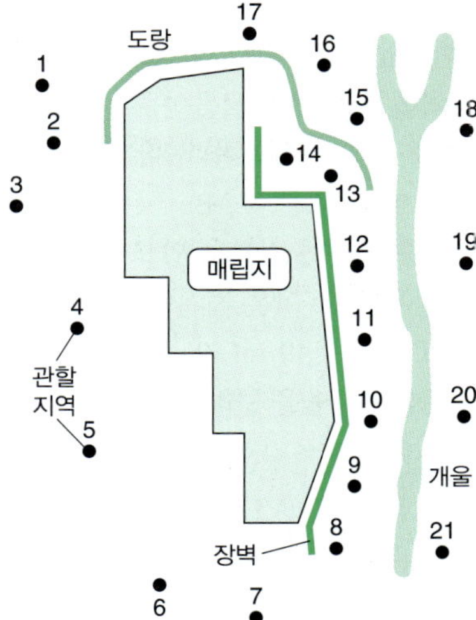

지하수를 검사하기 위해 사용된 우물의 위치를 보여 주는 군의 땅 매립 지역 도표
[출처: P.-C. Li and R. Rajagopal, *Am. Environ. Lab.*, October **1994**, p. 37.]

주와 참고문헌

Chapter 0

1. J. A. Francis, "Meltdown," *Scientific American*, April 2018, p. 48.

2. S. P. Beckett, *The Science of Chocolate*, 2nd ed. (Cambridge: Royal Society of Chemistry, 2008); G. Tannenbaum, "Chocolate: A Marvelous Natural Product of Chemistry," *J. Chem. Ed.* **2004**, *81*, 1131. This notation for a journal reference means the *Journal of Chemical Education* in the year **2004**, volume *81*, page 1131.

3. T. J. Wenzel, "A New Approach to Undergraduate Analytical Chemistry," *Anal. Chem.* **1995**, *67*, 470A. See also T. J. Wenzel, "The Lecture as a Learning Device," *Anal. Chem.* **1999**, *71*, 817A; T. J. Wenzel, "Cooperative Student Activities as Learning Devices," *Anal. Chem.* **2000**, *72*, 293A; T. J. Wenzel, "Practical Tips for Cooperative Learning," *Anal. Chem.* **2000**, *72*, 359A; T. J. Wenzel, "Undergraduate Research as a Capstone Learning Experience," *Anal. Chem.* **2000**, *72*, 547A; T. J. Wenzel, "Active Learning Materials for Equilibrium Chemistry and Separation Science," *Anal. Bioanal.Chem.* **2011**, *400*, 637.

4. W. R. Kreiser and R. A. Martin, Jr., "High-Pressure Liquid Chromatographic Determination of Theobromine and Caffeine in Cocoa and Chocolate Products," *J. Assoc. Off. Anal. Chem.* **1978**, *61*, 1424; W. R. Kreiser and R. A. Martin Jr., "High-Pressure Liquid Chromatographic Determination of Theobromine and Caffeine in Cocoa and Chocolate Products," *J. Assoc. Off. Anal. Chem.* **1980**, *63*, 591.

5. A good source for many well-tested analytical procedures is G. Latimer Jr. ed., *Official Methods of Analysis of AOAC International*, 19th ed. (Gaithersburg, MD: AOAC International, 2012).

6. A. Carlin-Sinclair, I. Marc, L. Menguy, and D. Prim, "The Determination of Methylxanthines in Chocolate and Cocoa by Different Separation Techniques: HPLC, Instrumental TLC, and MECC," *J. Chem. Ed.* **2009**, *86*, 1307; S. E. Stitzel and R. E. Sours, "High-Performance Liquid Chromatography Analysis of Single-Origin Chocolates for Methylxanthine Composition and Provenance Determination," *J. Chem. Ed.* **2013**, *90*, 1227.

7. W. Fresenius, "The Position of the Analyst as Expert: Yesterday and Today," *Fresenius J. Anal. Chem.* **2000**, *368*, 548.

Chapter 1

1. A. M. Pollard and C. Heron, *Archaeological Chemistry*, 2nd ed. (Cambridge: RSC Publishing, 2008).

2. S. L. Gerstenberger, A. Martinson, and J. L. Kramer, "An Evaluation of Mercury Concentrations in Three Brands of Canned Tuna," *Environ. Toxicol. Chem.* **2010**, *29*, 237.

3. A. V. Orlov, S. L. Znoyko, V. R. Cherkasov, M. P. Nikitin, and P. I. Nikitin, "Multiplex Biosensing Based on Highly Sensitive Magnetic Nanolabel Quantification: Rapid Detection of Botulinum Neurotoxins A, B, and E in Liquids," *Anal. Chem.* **2016**, *88*, 10419.

4. U. Shahin, S.-M. Yi, R. D. Paode, and T. M. Holsen, "Long-Term Elemental Dry Deposition Fluxes Measured Around Lake Michigan," *Environ. Sci. Technol.* **2000**, *34*, 1887.

Chapter 2

1. V. Tsionsky, "The Quartz-Crystal Microbalance in an Undergraduate Laboratory Experiment," *J. Chem. Ed.* **2007**, *84*, 1334, 1337, 1340; J. Janata, *Principles of Chemical Sensors* (Dordrecht: Springer, 2009).

2. A vibrating cantilever is 10^7 times more sensitive than a quartz crystal microbalance and can measure femtogram (10^{-15} g) quantities of analyte in favorable cases. Examples: W. Tan, Y. Huang, T. Nan, C. Xue, Z. Li, Q. Zhang, and B. Wang, "Development of Protein A Functionalized Microcantilever Immunosensors for the Analyses of Small Molecules at Parts per Trillion Levels," *Anal. Chem.* **2010**, *82*, 615; S. Wu, H. Liu, X. M. Liang, X. Wu, B. Wang, and Q. Zhang, "Highly Sensitive Nanomechanical Immunosensor Using Half Antibody Fragments," *Anal. Chem.* **2014**, *86*, 4271.

3. For small (<2%) changes in resonance frequency (Δf) of a piezoelectric crystal oscillating in air, Δf is related to the change in mass (Δm) bound to the surface of the electrode by the Sauerbrey equation:

$$\Delta f = -\frac{f_o^2}{A\sqrt{\rho_q \mu_q}}\Delta m$$

where f_o is the resonance frequency, A is the area between the electrodes, ρ_q is the density of quartz (2 648 kg/m^3), and μ_q is the shear modulus of quartz (2.947×10^{10} kg m^{-1} s^{-2} for the commonly used "AT cut" of quartz).

4. Training in basic laboratory techniques is available from www.academysavant.com. A "living" resource for teaching and learning analytical chemistry techniques, including topics in instrumentation, is the *Analytical Sciences Digital Library* at http://www.asdlib.org/

5. R. H. Hill and D. Finster, *Laboratory Safety for Chemistry Students,* 2nd ed. (Hoboken, NJ: Wiley, 2016).

6. *Prudent Practices in the Laboratory: Handling and Management of Chemical Hazards* (Washington: National Academies Press, 2011); *Laboratory Waste Management: A Guidebook,* 2nd ed. (Washington: American Chemical Society, 2012); R. J. Lewis, Sr., *Hazardous Chemicals Desk Reference*, 6th ed. (New York: Wiley, 2008); P. Patnaik, *A Comprehensive Guide to the Hazardous Properties of Chemical Substances*, 3rd ed. (New York: Wiley, 2007); G. Lunn and E. B. Sansone, *Destruction of Hazardous Chemicals in the Laboratory*, 3rd ed. (New York: Wiley, 2012); and M. A. Armour, *Hazardous Laboratory Chemical Disposal Guide*, 3rd ed. (Boca Raton, FL: CRC Press, 2003).

7. J. von Dollen, S. Oliva, S. Max, and J. Esbenshade, "Recovery of Silver Nitrate from Silver Chloride Waste," *J. Chem. Ed.* **2018**, *95*, 682; J. W. Hill and T. A. Lear, "Recovery of Gold from Electronic Scrap," *J. Chem. Ed.* **1988**, *65*, 802. To remove Hg from gold, soak it in a 1:1 mixture of 0.01 M $(NH_4)_2S_2O_8$ and 0.01 M HNO_3; see T. Nomura and M. Fujisawa, "Electrolytic Determination of Mercury(II) in Water with a Piezoelectric Quartz Crystal," *Anal. Chim. Acta* **1986**, *182*, 267.

8. P. T. Anastas and J. C. Warner, *Green Chemistry: Theory and Practice* (New York: Oxford University Press, 1998); M. Lancaster, Ed., *Green Chemistry: An Introductory Text*, 3rd ed. (Cambridge: Royal Society of Chemistry, 2016); M. de la Guardia and S. Armenta, *Green Analytical Chemistry* (Oxford: Elsevier, 2011); M. Koel and M. Kaljurand, *Green Analytical Chemistry* (Cambridge: Royal Society of Chemistry, 2010); M. Tobiszewski, A. Mechlińska, and J. Namieśnik, "Green Analytical Chemistry: Theory and Practice," *Chem. Soc. Rev.* **2010**, *39*, 2869; B. Braun, R. Charney, A. Clarens, J. Farrugia, C. Kitchens, C. Lisowski, D. Naistat, and A. O'Neil, "Green Chemistry in the Curriculum," *J. Chem. Ed.* **2006**, *83*, 1126.

9. J. M. Bonicamp, "Weigh This Way," *J. Chem. Ed.* **2002**, *79*, 476.

10. B. B. Johnson and J. D. Wells, "Cautions Concerning Electronic Analytical Balances," *J. Chem. Ed.* **1986**, *63*, 86.

11. Buoyancy demonstration: K. D. Pinkerton, "Sink or Swim: The Cartesian Diver," *J. Chem. Ed.* **2001**, *78*, 200A.

12. R. Batting and A. G. Williamson, "Single-Pan Balances, Buoyancy, and Gravity or 'A Mass of Confusion,'" *J. Chem. Ed.* **1984**, *61*, 51; J. E. Lewis and L. A. Woolf, "Air Buoyancy Corrections for Single-Pan Balances," *J. Chem. Ed.* **1971**, *48*, 639; F. F. Cantwell, B. Kratochvil, and W. E. Harris, "Air Buoyancy Errors and the Optical Scale of a Constant-Load Balance," *Anal. Chem.* **1978**, *50*, 1010; G. D. Chapman, "Weighing with Electronic Balances," National Research Council of Canada, Report NRCC 38659 (1996).

13. Air density (g/L) = $(0.003\,485\,B - 0.001\,318\,V)/T$, where B is barometric pressure (Pa), V is the vapor pressure of water in the air (Pa), and T is air temperature (K).

14. U. Henriksson and J. C. Eriksson, "Thermodynamics of Capillary Rise: Why Is the Meniscus Curved?" *J. Chem. Ed.* **2004**, *81*, 150.

15. Cleaning solution is prepared by dissolving 36 g of ammonium peroxydisulfate, $(NH_4)_2S_2O_8$, in a *loosely stoppered* 2.2-L bottle of 98 wt% sulfuric acid (H. M. Stahr, W. Hyde, and L. Sigler, "Oxidizing Acid Baths—Without Chromate Hazards," *Anal. Chem.* **1982**, *54*, 1456A). Add $(NH_4)_2S_2O_8$

every few weeks to maintain oxidizing power. Keep it loosely stoppered to prevent gas buildup (P. S. Surdhar, "Laboratory Hazard," *Anal. Chem.* **1992**, *64*, 310A). Another powerful oxidizing cleaning solution, called "piranha solution," is variously described as a 3:7 (vol/vol) or 1:1 mixture of 30 wt% H_2O_2 plus 98 wt% H_2SO_4. Far less hazardous cleaners that do not generate toxic waste are commercially available. For example, see the website for International Products Corp., http://www.ipcol.com/

16. W. B. Guenther, "Supertitrations: High-Precision Methods," *J. Chem. Ed.* **1988**, *65*, 1097; D. D. Siemer, S. D. Reeder, and M. A. Wade, "Syringe Buret Adaptor," *J. Chem. Ed.* **1988**, *65*, 467.

17. J. E. Thompson and L. Brode, "My Dear Buret, Your Time Has Indeed Come!" *J. Chem. Ed.* **2016**, *93*, 988.

18. M. M. Singh, C. McGowan, Z. Szafran, and R. M. Pike, "A Modified Microburet for Microscale Titration," *J. Chem. Ed.* **1998**, *75*, 371; "A Comparative Study of Microscale and Standard Burets," *J. Chem. Ed.* **2000**, *77*, 625.

19. D. R. Burfield and G. Hefter, "Oven Drying of Volumetric Glassware," *J. Chem. Ed.* **1987**, *64*, 1054.

20. R. H. Obenauf and N. Kocherlakota, "Identifying Contamination in Trace Metal Laboratories," *Spectroscopy Applications Supplement*, March 2006, p. 12.

21. B J. Vanderford, D. B. Mawhinney, R. A. Trenholm, J. C. Ziegler-Holady, and S. A. Snyder, "Assessment of Sample Preservation Techniques for Pharmaceuticals, Personal Care Products, and Steroids in Surface and Drinking Water," *Anal. Bioanal. Chem.* **2011**, *399*, 2227.

22. A. B. Carle, "Ten Tips for Proper Pipetting," *Am. Lab.* November/December 2016, p. 10.

23. A. B. Carle, D. Rumery, and G. Rodrigues, "Best Practices for the Use of Micropipets," *Am. Lab.* June/July 2014, p. 14.

24. I. Suominen and S. Koivisto, "Increasing Precision When Pipetting Protein Samples: Assessing Reliability of the Reverse Pipetting Technique," *Am. Lab.* February 2011, p. 50.

25. M. Connors and R. Curtis, "Pipetting Error," *Am. Lab. News Ed.* June 1999, p. 20; ibid. December 1999, p. 12; R. H. Curtis and G. Rodrigues, ibid. February 2004, p. 12.

26. R. Curtis, "Minimizing Liquid Delivery Risk: Pipets as Sources of Error," *Am. Lab. News Ed.* March 2007, p. 8.

27. B. Kratochvil and N. Motkosky, "Precision and Accuracy of Mechanical-Action Micropipets," *Anal. Chem.* **1987**, *59*, 1064. A colorimetric calibration kit is available from Artel, Inc., Westbrook, ME, www.artel-usa.com/

28. E. J. Billo, *Microsoft Excel for Chemists*, 3rd ed. (New York: Wiley, 2011); S. R. Crouch and F. J. Holler, *Applications of Microsoft® Excel in Analytical Chemistry*, 2nd ed. (Independence, Kentucky: Brooks/Cole, Cengage Learning, 2013); R. de Levie, *Advanced Excel for Scientific Data Analysis*, 3rd ed. (Orr's Island, Harpswell, ME: Atlantic Academic, 2012).

29. D. Bohrer, P. Cícero do Nascimento, P. Martins, and R. Binotto, "Availability of Aluminum from Glass and an Al Form Ion Exchanger in the Presence of Complexing Agents and Amino Acids," *Anal. Chim. Acta* **2002**, *459*, 267.

Chapter 3

1. L. H. Sun, "DC Lab Botched Zika Tests Involving Pregnant Women," *Washington Post*, February 16, 2017; A. C. Davis, "Botched Zika Testing at D.C. Public Health Lab Was Failure of 'Basic Math'," *Washington Post*, February 25, 2017.

2. K. Kupiec, P. Konieczka, and J. Namieśnik, "Prospects for the Production, Research and Utilization of Reference Materials," *Crit. Rev. Anal. Chem.* **2009**, *39*, 311. U.S. Standard Reference Materials are available from https://www.nist.gov/srm; European Certified Reference Materials are available from https://ec.europa.eu/jrc/en/reference-materials

3. I. G. Hughes and T. P. A. Hase, *Measurements and Their Uncertainties: A Practical Guide to Modern Error Analysis* (New York, NY: Oxford University Press, 2010); J. R. Taylor, *An Introduction to Error Analysis*, 2nd ed. (Sausalito, CA: University Science Books, 1997). Both are outstandingly readable books.

4. R. Gajek, F. Barley, and J. W. She, "Determination of Essential and Toxic Metals in Blood by ICP-MS with Calibration in Synthetic Matrix," *Anal. Meth.* **2013**, *5*, 2193.

5. T. B. Coplen, F. Meyers, and N. E. Holden, "Clarifying Atomic Weights: A 2016 Four-Figure Table of Standard and Conventional Atomic Weights," *J. Chem. Ed.* **2017**, *94*, 311; J. M. Landwehr and I. J. Winograd, "Devils Hole, Nevada: A Primer," U.S. Geological Survey, Fact Sheet 2012-3021.

6. W. A. Brand, "Atomic Weights: Not So Constant After All," *Anal. Bioanal. Chem.* **2013**, *405*, 2755.

7. K. M. Thomas, D. G. Beach, K. L. Reeves, R. S. Gibbs, E. S. Kerrin, P. McCarron, and M. A. Quilliam, "Hydrophilic Interaction Liquid Chromatography-Tandem Mass Spectrometry for Quantitation of Paralytic Shellfish Toxins: Validation and Application to Reference Materials," *Anal. Bioanal. Chem.* **2017**, *409*, 5675.

8. A. Cho, "Plot to Redefine the Kilogram Nears Climax," *Science* **2017**, *356*, 670; N. Kuramoto, L. Zhang, S. Mizushima, K. Fujita, Y. Azuma, A. Kurokawa, and K. Fujii, "Realization of the Kilogram Based on the Planck Constant," *IEEE Trans. Instrument. Meas.* **2017**, *66*, 1267.

Chapter 4

1. Excellent, readable sources on statistics are M. Thompson and P. J. Lowthian, *Notes on Statistics and Data Quality for Analytical Chemists* (London: Imperial College Press, 2011); J. C. Miller and J. N. Miller, *Statistics and Chemometrics for Analytical Chemistry*, 6th ed. (Harlow, UK: Pearson Prentice Hall, 2010); S. L. R. Ellison, V. J. Barwick, and T. J. D. Farrant, *Practical Statistics for the Analytical Scientist* (Cambridge: RCS Publishing, 2009); D. B. Hibbert and J. J. Gooding, *Data Analysis for Chemistry* (Oxford: Oxford University Press, 2006); and R. Pearson, *Exploring Data in Engineering, the Sciences, and Medicine* (Oxford: Oxford University Press, 2011).

2. S. A. Lee, R. K. Ross, and M. C. Pike, "An Overview of Menopausal Oestrogen-Progestin Hormone Therapy and Breast Cancer Risk," *Br. J. Cancer* **2005**, *92*, 2049.

3. L. H. Keith, W. Crummett, J. Deegan, Jr., R. A. Libby, J. K. Taylor, and G. Wentler, "Principles of Environmental Analysis," *Anal. Chem.* **1983**, *55*, 2210.

4. When $t_{calculated}$ from Equation 4-9 is less than t_{table}, we conclude that two means are not significantly different at a chosen confidence level. This test does not provide the same confidence that two means *are equal*. Equivalence tests such as the two one-sided *t* test (TOST) provide a way to show that two means are equivalent. See C. M. Anderson-Cook and C. M. Borror, "The Difference Between 'Equivalent' and 'Not Different,'" *Quality Engineering* **2016**, *28*, 249; M. J. Chatfield and P. J. Borman, "Acceptance Criteria for Method Equivalency Assessments," *Anal. Chem.* **2009**, *81*, 9841; and G. B. Limentani, M. C. Ringo, F. Ye, M. L. Bergquist, and E. O. McSorley, "Beyond the *t*-Test: Statistical Equivalence Testing," *Anal. Chem.* **2005**, *77*, 221A.

5. In this book, we plot analytical response on the *y*-axis versus concentration on the *x*-axis. The inverse calibration (y = concentration, x = response) provides a more precise estimate of concentration from a measured response. The advantage of the inverse calibration increases as the noise in the response increases. There are cases, such as some spectrophotometric measurements, in which uncertainty in response (absorbance) is smaller than uncertainty in concentration. In such cases, you should plot response on the *x*-axis and concentration on the *y*-axis. See J. Tellinghuisen, "Inverse vs. Classical Calibration for Small Data Sets," *Fresenius J. Anal. Chem.* **2000**, *368*, 585; V. Centner, D. L. Massart, and S. de Jong, "Inverse Calibration Predicts Better Than Classical Calibration," *Fresenius J. Anal. Chem.* **1998**, *361*, 2; D. Grientschnig, "Relation Between Prediction Errors of Inverse and Classical Calibration," *Fresenius J. Anal. Chem.* **2000**, *367*, 497.

6. Equations for the perpendicular fit, including uncertainties and covariance, are given by J. V. de Julián-Ortiz, L. Pogliani, and E. Besalú, "Two-Variable Linear Regression: Modeling with Orthogonal Least-Squares Analysis," *J. Chem. Ed.* **2010**, *87*, 994.

7. J. Tellinghuisen, "Least-Squares Analysis of Data with Uncertainty in *y* and *x*: Algorithms in Excel and KaleidaGraph," *J. Chem. Ed.* **2018**, *95*, 970; A. B. C. Patzer, H. Bauer, C. Chang, J. Bolte, and D. Sülzle, "Revisiting the Scale-Invariant, Two-Dimensional Linear Regression Method," *J. Chem. Ed.* **2018**, *95*, 978; W. Hyk and Z. Stojek, "Quantifying Uncertainty of Determination by Standard Additions and Serial Dilutions Methods Taking into Account Standard Uncertainties in Both Axes," *Anal. Chem.* **2013**, *85*, 5933. This article gives equations for the least-squares line when there is uncertainty in both *x* and *y*. It gives equations for uncertainty when using a calibration curve and the method of standard addition.

8. J. Tellinghuisen, "Understanding Least Squares Through Monte Carlo Calculations," *J. Chem. Ed.* **2005**, *82*, 157.

9. F. Raposo, "Evaluation of Analytical Calibration Based on Least-Squares Linear Regression for Instrumental Techniques," *Trends Anal. Chem.* **2016**, *77*, 167; A. C. Olivieri, "Practical Guidelines for Reporting Results in Single- and Multi-Component Analytical Calibration," *Anal. Chim. Acta* **2015**, *868*, 10; K. Danzer and L. A. Currie, "Guidelines for Calibration in Analytical Chemistry," *Pure Appl. Chem.* **1998**, *70*, 993.

10. H. D. Gu, G. W. Liu, J. Wang, A.-F. Aubry, and M. E. Arnold, "Selecting the Correct Weighting Factors for Linear and Quadratic Calibration Curves," *Anal. Chem.* **2014**, *86*, 8959 and its supplementary material; V. R. Meyer, "Weighted Linear Least-Squares Fit: A Need? Monte Carlo Simulation Gives the Answer," *LCGC Europe* **2015**, *28*, 204; R. de Levie, "When, Why, and How to Use Weighted Least Squares," *J. Chem. Ed.* **1986**, *63*, 10.

11. A. Angra and S. M. Gardner, "Development of a Framework for Graph Choice and Construction," *Adv. Physiol. Educ.* **2016**, *40*, 123. Gives a step-by-step guide for choosing the right type of graph and how to construct an effective graph.

12. C. Salter, "Error Analysis Using the Variance-Covariance Matrix," *J. Chem. Ed.* **2000**, *77*, 1239. Salter's Equation 8 is equivalent to Equation 4-27, although this equivalence is not obvious.

13. N. J. Lawryk and C. P. Weisel, "Concentration of Volatile Organic Compounds in the Passenger Compartments of Automobiles," *Environ. Sci. Technol.* **1996**, *30*, 810.

Chapter 5

1. S. M. Contakes, "Misconduct at the Lab? A Performance Task Case Study for Teaching Data Analysis and Critical Thinking," *J. Chem. Ed.* **2016**, *93*, 314 and its supplementary materials.

2. C. Hogue, "Ferreting Out Erroneous Data," *Chem. Eng. News*, 1 April 2002, p. 49.

3. V. Barwick, ed., *Guide to Quality in Analytical Chemistry: An Aid to Accreditation,* 3rd ed. (Eurachem/CITAC, 2016), available free from www.eurachem.org. Many translations available; W. Funk, V. Dammann, and G. Donnevert, *Quality Assurance in Analytical Chemistry,* 2nd ed. (Weinheim: Wiley, 2007); B. W. Wenclawiak, M. Koch, and E. Hadjicostas, eds., *Quality Assurance in Analytical Chemistry*, 2nd ed. (Heidelberg: Springer-Verlag, 2010); D. B. Hibbert, *Quality Assurance for the Analytical Chemistry Laboratory* (Oxford: Oxford University Press, 2007); E. Mullins, *Statistics for the Quality Control Chemistry Laboratory* (Cambridge: Royal Society of Chemistry, 2003).

4. J. A. Paulos, "Weighing the Positives," *Scientific American*, Jan. 2012, p. 20; J. G. McCully, "Screening Stats," *Scientific American*, May 2012, p. 8.

5. K. M. Phillips, K. Y. Patterson, A. S. Rasor, J. Exler, D. B. Haytowitz, J. M. Holden, and P. R. Pehrsson, "Quality-Control Materials in the USDA National Food and Nutrient Analysis Program," *Anal. Bioanal. Chem.* **2006**, *384*, 1341.

6. ASTM Standard E2587, 2016, "Standard Practice for Use of Control Charts in Statistical Process Control," ASTM International, West Conshohocken, PA, 2016, doi: 10.1520/E2587-16, www.astm.org.

7. E. W. Rice, R. B. Baird, A. D. Eaton, eds., *Standard Methods for the Examination of Water and Wastewater*, 23rd ed. (Washington, DC: American Public Health Association, 2017), or at www.standardmethods.org; G. W. Latimer, Jr., ed., *Official Methods of Analysis of AOAC International*, 20th ed. (Gaithersburg, MD: AOAC International, 2016), or at www.eoma.aoac.org; 80-volume *Annual Book of ASTM Standards*, www.astm.org; *NIOSH Manual of Analytical Methods*, 5th ed., www.cdc.gov/niosh/nmam; *OSHA Index of Sampling and Analytical Methods*, www.osha.gov/dts/sltc/methods; *EPA Collection of Methods*, www.epa.gov/measurements/collection-methods; U.S. Food & Drug Administration *Compendium of Analytical Methods for Food and Feed Safety*, www.fda.gov/Food/FoodScienceResearch/LaboratoryMethods/ and *Analytical Procedures and Methods Validation for Drugs and Biologics: Guidance for Industry*; The U.S. Pharmacopeia is published in a combined volume with the National Formulary as the *USP-NF*, www.uspnf.com.

8. L. Huber, *Validation of Analytical Methods* (publication no. 5990-5140EN, Agilent, 2010), free online; C. C. Chan, H. Lam, Y. C. Lee, and X.-M. Zhang, eds., *Analytical Method Validation and Instrument Performance Verification* (Hoboken, NJ: Wiley, 2004); A. Kruve, R. Rebane, K. Kipper, M.-L. Oldekop, H. Evard, K. Herodes, P. Ravio, and I. Leito, "Tutorial Review on Validation of Liquid Chromatography–Mass Spectrometry Methods, *Anal. Chim. Acta* **2015**, *870*, 8 and 29; P. Araujo, "Key Aspects of Analytical Method Validation and Linearity Evaluation," *J. Chromatogr. B* **2009**, *877*, 2224; F. T. Peters, O. H. Drummer, and F. Musshoff, "Validation of New Methods," *Forensic Sci. Intl.* **2007**, *165*, 216.

9. J. M. Jurado, A. Alcázar, R. Muñiz-Valencia, S. G. Ceballos-Magaña, and F. Raposo, "Some Practical Considerations for Linearity Assessment of Calibration Curves," *Talanta* **2018**, *172*, 221; F. Raposo, "Evaluation of Analytical Calibration Based on Least-Squares Linear Regression for Instrumental Techniques: A Tutorial Review," *Trends Anal. Chem.* **2016**, *77*, 167.

10. R. de Levie, "Two Linear Correlation Coefficients," *J. Chem. Ed.* **2003**, *80*, 1030.

11. W. Horwitz, L. R. Kamps, and K. W. Boyer, "Quality Assurance in the Analysis of Foods and Trace Constituents," *J. Assoc. Off. Anal. Chem.* **1980**, *63*, 1344; W. Horwitz, "Evaluation of Analytical Methods Used for Regulation of Foods and Drugs," *Anal. Chem.* **1982**, *54*, 67A.

12. E. Stottmeister et al., "Interlaboratory Trial on the Analysis of Alkylphenols, Alkylphenol Ethoxylates, and Bisphenol A in Water Samples According to ISO/CD 18857-2," *Anal. Chem.* **2009**, *81*, 6765.

13. H. Evard, A. Kruve, and I. Leito, "Tutorial on Estimating the Limit of Detection Using LC–MS Analysis," *Anal. Chim. Acta* **2016**, *942*, 23 and 40; M. Belter, A. Sajnóg, and D. Barałkiewicz, "Over a Century of Detection and Quantification Capabilities in Analytical Chemistry," *Talanta* **2014**, *129*, 606.

14. The procedure in the text leading to Equation 5-6 is the one most recommended for determining the detection limit. If you do not have replicate determinations of the blank and a low-concentration sample, but you do have a linear calibration curve such as Figure 4-13, you can use the least-squares parameters to estimate a limit of detection at a desired confidence level. The formula below comes from ISO 11843-2:2000 (International Organization for Standardization, Geneva, www.iso.org). Suppose you measure I calibration standards (including the blank), with J replicates at each concentration. Then you make K replicate measurements of unknown. The detection limit is

$$\text{Detection limit} = \frac{2ts_y}{m}\sqrt{\frac{1}{K}+\frac{1}{I\times J}+\frac{\bar{x}^2}{J\sum(x_i-\bar{x})^2}} \qquad \textbf{(A)}$$

where s_y is the standard deviation of y (Equation 4-20), m is the slope (Equation 4-16), and $\bar{x}$ is the mean value of x for the standards (including the blank). Student's t is selected from Table 4-4 for $(I \times J) - 2$ degrees of freedom. Column headings in Table 4-4 are for a two-tailed distribution. The required value of t in Equation A is for a one-tailed distribution. The equation gives the concentration of analyte that will lead with a probability $(1 - °)$ to the conclusion that the concentration of analyte in the unknown is larger than that of a blank. For 95% confidence, $\beta = 0.05$. In this case select t from the column labeled 90% confidence. For 99% confidence, $\beta = 0.01$, and you select t from the column labeled 98% confidence.

Example: Consider the calibration data in Problem 4-36, for which $m = 869.1$ mV/vol%, $s_y = 18.05$ mV, $\bar{x} = 0.544$ vol%, and $°\ (x_i - \bar{x})^2 =$ 2.878 vol%^{2}. There are seven calibration points, including the blank, so $I = 7$ and there is one measurement at each calibration concentration, so $J = 1$. Thus, the degrees of freedom $= 7 \times 1 - 2 = 5$. There are four replicate measurements of unknown, so $K = 4$. Suppose we want a 99% confidence level detection limit. Therefore, select $t = 3.365$ from Table 4-4 for 98% confidence and 5 degrees of freedom.

$$\text{Detection limit} = \frac{2(3.365)(18.05\text{ mV})}{(869.1\text{ mV/vol\%})}\sqrt{\frac{1}{4}+\frac{1}{7\times 1}+\frac{(0.544\text{ vol\%})^2}{(1)(2.878\text{ vol\%})^2}}$$
$$= (0.140)\sqrt{0.250+0.143+0.035\,7} = 0.092\text{ vol\%} = 0.09\text{ vol\%}$$

If more replicate measurements of unknown are made, the first term in the square root becomes smaller and the detection limit decreases.

15. M. Bader, "A Systematic Approach to Standard Addition Methods in Instrumental Analysis," *J. Chem. Ed.* **1980**, *57*, 703.

16. W. Hyk and Z. Stojek, "Quantifying Uncertainty of Determination by Standard Additions and Serial Dilutions Methods Taking into Account Standard Uncertainties in Both Axes," *Anal. Chem.* **2013**, *85*, 5933. This article gives equations for the least-squares line when there is uncertainty in both x and y. It gives equations for uncertainty when using a calibration curve and the method of standard addition.

17. W. R. Kelly, B. S. MacDonald, and W. F. Guthrie, "Gravimetric Approach to the Standard Addition Method in Instrumental Analysis," *Anal. Chem.* **2008**, *80*, 6154.

18. ASTM Standard D5810, 2015, "Standard Guide for Spiking into Aqueous Samples," ASTM International, West Conshohocken, PA, 2016, doi: 10.1520/D5810-96R15, www.astm.org.

19. G. R. Bruce and P. S. Gill, "Estimates of Precision in a Standard Additions Analysis," *J. Chem. Ed.* **1999**, *76*, 805.

20. J. F. Wyman, "Principles and Procedures in Forensic Toxicology," *Clin. Lab. Med.* **2012**, *32*, 493; Scientific Working Group for Forensic Toxicology, "Standard Practices for Method Validation in Forensic Toxicology," *J. Anal. Toxicol.* **2013**, *37*, 452, open access, and "Standard for Laboratory Personnel," *J. Anal. Toxicol.* **2015**, *39*, 241, open access.

21. P. He, L. A. Colón, and D. S. Aga, "Determination of Total Arsenic and Speciation in Apple Juice by Liquid Chromatography–Inductively Coupled Plasma Mass Spectrometry," *J. Chem. Ed.* **2016**, *93*, 1939.

22. J. A. Day, M. Montes-Bayón, A. P. Vonderheide, and J. A. Caruso, "A Study of Method Robustness for Arsenic Speciation in Drinking Water Samples by Anion Exchange HPLC-ICP-MS," *Anal. Bioanal. Chem.* **2002**, *373*, 664.

23. X. M. Zhao and C. D. Metcalfe, "Characterizing and Compensating for Matrix Effects Using Atmospheric Pressure Chemical Ionization Liquid Chromatography–Tandem Mass Spectrometry: Analysis of Neutral Pharmaceuticals in Municipal Wastewater," *Anal. Chem.* **2008**, *80*, 2010.

Chapter 6

1. D. P. Sheer and D. C. Harris, "Acidity Control in the North Branch Potomac," *J. Water Pollution Control Federation* **1982**, *54*, 1441.

2. R. E. Weston, Jr., "Climate Change and Its Effect on Coral Reefs," *J. Chem. Ed.* **2000**, *77*, 1574; R. Martin and A. Quigg, "Tiny Plants That Once Ruled the Seas," *Scientific American*, June 2013, p. 40; J. M. Buth, "Ocean Acidification: Investigation and Presentation of the Effects of Elevated Carbon Dioxide Levels on Seawater Chemistry and Calcareous Organisms," *J. Chem. Ed.* **2016**, *93*, 718; A. P. Perera and A. M. R. P. Bopegedera, "Laboratory Experiment Investigating the Impact of Ocean Acidification on Calcareous Organisms," *J. Chem. Ed.* **2014**, *91*, 1951; B. J. Bozlee, M. Janebo, and G. Jahn, "A Simplified Model to Predict the Effect of Increasing Atmospheric CO_2 on Carbonate Chemistry in the Ocean," *J. Chem. Ed.* **2008**, *85*, 213.

3. P. D. Thacker, "Global Warming's Other Effects on the Oceans," *Environ. Sci. Technol.* **2005**, *39*, 10A.

4. *Cumberland Times-News*, 26 January, 2016. http://www.times-news.com news/luke-mill-owner-verso-files-for-bankruptcy/article_16e23d48-e435-5635-a359-f9227e47b8ba.html

5. J. K. Baird, "A Generalized Statement of the Law of Mass Action," *J. Chem. Ed.* **1999**, *76*, 1146; R. de Levie, "What's in a Name?" *J. Chem. Ed.* **2000**, *77*, 610.

6. For thermodynamic data, see N. Jacobson, "Use of Tabulated Thermochemical Data for Pure Compounds," *J. Chem. Ed.* **2001**, *78*, 814. http://webbook.nist.gov chemistry/; M. W. Chase, Jr., *NIST-JANAF Thermochemical Tables*, 4th ed. (College Park, MD: American Inst. of Physics, 1998); *J. Phys. Chem. Ref. Data*: Monograph 9 (New York: American Chemical Society and American Physical Society, 1998), available as free download at https://www.nist.gov/srd/journal-physical-and-chemical-reference-data-monographs-or-supplements

7. L. M. Raff, "Spontaneity and Equilibrium: Why '$\Delta G < 0$ Denotes a Spontaneous Process' and '$\Delta G = 0$ Means the System Is at Equilibrium' Are Incorrect," *J. Chem. Ed.* **2014**, *91*, 386.

8. The solubility of most ionic compounds increases with temperature, despite the fact that the standard heat of solution ($\Delta H°$) is negative for about half of them. Discussions of this seeming contradiction can be found in G. M. Bodner, "On the Misuse of Le Châtelier's Principle for the Prediction of the Temperature Dependence of the Solubility of Salts," *J. Chem. Ed.* **1980**, *57*, 117, and R. S. Treptow, "Le Châtelier's Principle Applied to the Temperature Dependence of Solubility," *J. Chem. Ed.* **1984**, *61*, 499.

9. A. K. Sawyer, "Solubility and K_{sp} of Calcium Sulfate: A General Chemistry Laboratory Experiment," *J. Chem. Ed.* **1983**, *60*, 416; J. Shukla, V. P. Mohandas, and A. Kumar, "Effect of pH on the Solubility of $CaSO_4 \cdot 2H_2O$ in Aqueous NaCl Solutions and Physicochemical Solution Properties at 35°C," *J. Chem. Eng. Data* **2008**, *53*, 2797.

10. A really good book to read about solubility and all types of equilibrium calculations is W. B. Guenther, *Unified Equilibrium Calculations* (New York: Wiley, 1991).

11. A demonstration of selective precipitation by addition of Pb^{2+} to a solution containing CO_3^{2-} and I^- is described by T. P. Chirpich, "A Simple, Vivid Demonstration of Selective Precipitation," *J. Chem. Ed.* **1988**, *65*, 359.

12. E. Koubek, "Demonstration of the Common Ion Effect," *J. Chem. Ed.* **1993**, *70*, 155.

13. Many *great* chemical demonstrations are described by B. Z. Shakhashiri, *Chemical Demonstrations: A Handbook for Teachers of Chemistry* (Madison, WI: University of Wisconsin Press, 1983–2011), 5 volumes. See also L. E. Summerlin and J. L. Ealy, Jr., *Chemical Demonstrations: A Sourcebook for Teachers*, 2nd ed. (Washington, DC: American Chemical Society, 1988).

14. Classroom demonstration of complex equilibria: A. R. Johnson, T. M. McQueen, and K. T. Rodolfa, "Species Distribution Diagrams in the Copper-Ammonia System," *J. Chem. Ed.* **2005**, *82*, 408.

15. R. M. Smith, A. E. Martell, and R. J. Motekaitis, *NIST Critical Stability Constants of Metal Complexes Database 46* (Gaithersburg, MD: National Institute of Standards and Technology, 2001). NIST Database 46 has been discontinued. An alternative database is found at http://www.acadsoft.co.uk/. Measurement of equilibrium constants is described in A. Martell and R. Motekaitis, *Determination and Use of Stability Constants* (New York: VCH Publishers, 1992); K. A. Conners, *Binding Constants: The Measurement of Molecular Complex Stability* (New York: Wiley, 1987); and D. J. Leggett, ed., *Computational Methods for the Determination of Formation Constants* (New York: Plenum Press, 1985).

16. P. A. Giguère, "The Great Fallacy of the H^+ Ion," *J. Chem. Ed.* **1979**, *56*, 571; P. A. Giguère and S. Turrell, "The Nature of Hydrofluoric Acid: A Spectroscopic Study of the Proton-Transfer Complex, $H_3O^+ \cdot F^-$," *J. Am. Chem. Soc.* **1980**, *102*, 5473.

17. Z. Xie, R. Bau, and C. A. Reed, "A Crystalline $[H_9O_4]^+$ Hydronium Salt with a Weakly Coordinating Anion," *Inorg. Chem.* **1995**, *34*, 5403.

18. F. A. Cotton, C. K. Fair, G. E. Lewis, G. N. Mott, K. K. Ross, A. J. Schultz, and J. M. Williams, "X-Ray and Neutron Diffraction Studies of $[V(H_2O)_6][H_5O_2][CF_3SO_3]_4$," *J. Am. Chem. Soc.* **1984**, *106*, 5319.

19. J. M. Headrick, E. G. Diken, R. W. Walters, N. I. Hammer, R. A. Christie, J. Cui, E. M. Myshakin, M. A. Duncan, M. A. Johnson, and K. D. Jordan, "Spectral Signatures of Hydrated Proton Vibrations in Water Clusters," *Science* **2005**, *308*, 1765.

20. S. Wei, Z. Shi, and A. W. Castleman, Jr., "Mixed Cluster Ions as a Structure Probe: Experimental Evidence for Clathrate Structure of $(H_2O)_{20}H^+$ and $(H_2O)_{21}H^+$," *J. Chem. Phys.* **1991**, *94*, 3268.

21. K. Abu-Dari, K. N. Raymond, and D. P. Freyberg, "The Bihydroxide $(H_3O_2^-)$ Anion," *J. Am. Chem. Soc.* **1979**, *101*, 3688.

22. W. B. Jensen, "The Symbol for pH," *J. Chem. Ed.* **2004**, *81*, 21.

23. D. K. Nordstrom, C. N. Alpers, C. J. Ptacek, and D. W. Blowes, "Negative pH and Extremely Acidic Mine Waters from Iron Mountain, California," *Environ. Sci. Technol.* **2000**, *34*, 254.

24. V. Buch, A. Milet, R. Vácha, P. Jungwirth, and J. P. Devlin, "Water Surface Is Acidic," *Proc. Natl. Acad. Sci. USA* **2007**, *104*, 7342.

25. S.-J. Kang and E.-H. Ryu, "Carbon Dioxide Fountain," *J. Chem. Ed.* **2007**, *84*, 1671; B. Ruekberg and D. L. Freeman, "Modification of the Ammonia Fountain Demonstration," *J. Chem. Ed.* **2017**, *94*, 1397; N. C. Thomas, S. Faulk, and R. Sullivan, "A Hand-Held Ammonia Fountain," *J. Chem. Ed.* **2008**, *85*, 1063; M. D. Alexander, "The Ammonia Smoke Fountain," *J. Chem. Ed.* **1999**, *76*, 210; N. C. Thomas, "A Chemiluminescent Ammonia Fountain," *J. Chem. Ed.* **1990**, *67*, 339; N. Steadman, "Ammonia Fountain Improvements," *J. Chem. Ed.* **1992**, *66*, 764.

26. Z. Tian, B. Chan, M. B. Sullivan, L. Radom, and S. R. Kass, "Lithium Monoxide Anion: A Ground-State Triplet with the Strongest Base to Date," *Proc. Natl. Acad. Sci. USA* **2008**, *105*, 7647.

27. B. L. J. Poad, N. D. Reed, C. S. Hansen, A. J. Trevitt, S. J. Blanksby, E. G. Mackay, M. S. Sherburn, B. Chan, and L. Radom, "Preparation of an Ion with the Highest Calculated Proton Affinity: *ortho*-Diethynylbenzene Dianion," *Chem. Sci.* **2016**, *7*, 6245, open access, doi: 10.1039/C6SC01726f.

28. L. M. Schwartz, "Ion-Pair Complexation in Moderately Strong Aqueous Acids," *J. Chem. Ed.* **1995**, *72*, 823. H_3O^+ in ion pairs with certain anions such as $CF_3CO_2^-$ and $CCl_3CO_2^-$ appears to participate in ionic conductance.

(R. I. Gelb and J. S. Alper, "Anomalous Conductance in Electrolyte Solutions," *Anal. Chem.* **2000**, *72*, 1322.)

29. M. I. Stojanovska, V. M. Petruševski, and B. T. Šoptrajanov, "On the Existence of Hydrogen Salts of Monoprotic Acids," *J. Chem. Ed.* **2012**, *89*, 1168; J. Emsley, "Very Strong Hydrogen Bonding," *Chem. Soc. Rev.* **1980**, *9*, 91; J. Roziere, M.-T. Roziere-Bories, and J. Williams, "Unusual Hydrogen Bonds: A Neutron Diffraction Study of the Hydrogen Dinitrate Ion in Cesium Hydrogen Dinitrate," *Inorg. Chem.* **1976**, *15*, 2490; J. C. Speakman and H. H. Mills, "The Crystal Structures of the Acid Salts of Some Monobasic Acids: Part VI. Sodium Hydrogen Diacetate," *J. Chem. Soc.* **1961**, 1164.

30. S. J. Hawkes, "All Positive Ions Give Acid Solutions in Water," *J. Chem. Ed.* **1996**, *73*, 516.

31. M. Kern, "The Hydration of Carbon Dioxide," *J. Chem. Ed.* **1960**, *37*, 14. Great demonstrations with CO_2, including one with carbonic anhydrase, are described by J. A. Bell, "Every Year Begins a Millennium," *J. Chem. Ed.* **2000**, *77*, 1098.

32. T. Loerting, C. Tautermann, R. T. Kroemer, I. Kohl, A. Hallbrucker, E. Mayer, and K. R. Liedl, "On the Surprising Kinetic Stability of Carbonic Acid," *Angew. Chem. Int. Ed.* **2000**, *39*, 891; R. Ludwig and A. Kornath, "In Spite of Chemist's Belief: Carbonic Acid Is Surprisingly Stable," *Angew. Chem. Int. Ed.* **2000**, *39*, 1421.

33. J. A. Tossell, "H_2CO_3 and Its Oligomers: Structures, Stabilities, Vibrational and NMR Spectra, and Acidities," *Inorg. Chem.* **2006**, *45*, 5961.

34. H. P. Reisenaur, J. P. Wagner, and P. R. Schreiner, "Gas-Phase Preparation of Carbonic Acid and Its Monomethyl Ester," *Angew. Chem. Int. Ed.* **2014**, *53*, 11766.

Chapter 7

1. S. P. Kounaves, M. H. Hecht, J. Kapit, R. C. Quinn, D. C. Catling, B. C. Clark, D. W. Ming, K. Gospodinova, P. Hredzak, K. McElhoney, and J. Shusterman, *Geophys. Res. Lett.* **2010**, *37*, L09201.

2. American Chemical Society, *Reagent Chemicals*, 10th ed. (New York: Oxford University Press, 2006).

3. W. B. Guenther, "Supertitrations: High-Precision Methods," *J. Chem. Ed.* **1988**, *65*, 1097; E. A. Butler and E. H. Swift, "Gravimetric Titrimetry: A Neglected Technique," *J. Chem. Ed.* **1972**, *49*, 425.

4. R. W. Ramette, "In Support of Weight Titrations," *J. Chem. Ed.* **2004**, *81*, 1715.

5. W. E. Harris and B. Kratochvil, *An Introduction to Chemical Analysis* (New York: Saunders, 1981), p. 77.

6. G. Grguric, "Denitrification as a Model Chemical Process," *J. Chem Ed.* **2002**, *79*, 179.

7. M. L. Ware, M. D. Argentine, and G. W. Rice, "Potentiometric Determination of Halogen Content in Organic Compounds Using Dispersed Sodium Reduction," *Anal. Chem.* **1988**, *60*, 383.

Chapter 8

1. H. Ohtaki and T. Radnai, "Structure and Dynamics of Hydrated Ions," *Chem. Rev.* **1993**, *93*, 1157.

2. E. Galbis, J. Hernández-Cobos, C. den Auwer, C. Le Naour, D. Guillaumont, E. Simoni, R. R. Pappalardo, and E. Sánchez-Marcos, "Solving the Hydration Structure of the Heaviest Actinide Aqua Ion Known: The Californium(III) Case," *Angew. Chem. Int. Ed.* **2010**, *49*, 3811.

3. A. G. Sharpe, "The Solvation of Halide Ions and Its Chemical Significance," *J. Chem. Ed.* **1990**, *67*, 309.

4. E. R. Nightingale, Jr., "Phenomenological Theory of Ion Solvation: Effective Radii of Hydrated Ions," *J. Phys. Chem.* **1959**, *63*, 1381.

5. K. H. Stern and E. S. Amis, "Ionic Size," *Chem. Rev.* **1959**, *59*, 1.

6. D. R. Driscol, "Invitation to Enquiry: The Fe^{3+}/CNS^- Equilibrium," *J. Chem. Ed.* **1979**, *56*, 603.

7. S. J. Hawkes, "Salts are Mostly NOT Ionized," *J. Chem. Ed.* **1996**, *73*, 421; S. O. Russo and G. I. H. Hanania, "Ion Association, Solubilities, and Reduction Potentials in Aqueous Solution," *J. Chem. Ed.* **1989**, *66*, 148.

8. K. S. Pitzer, *Activity Coefficients in Electrolyte Solutions*, 2nd ed. (Boca Raton, FL: CRC Press, 1991); B. S. Krumgalz, R. Pogorelskii, A. Sokolov, and K. S. Pitzer, "Volumetric Ion Interaction Parameters for Single-Solute Aqueous Electrolyte Solutions at Various Temperatures," *J. Phys. Chem. Ref. Data* **2000**, *29*, 1123.

9. J. Kielland, "Individual Activity Coefficients of Ions in Aqueous Solutions," *J. Am. Chem. Soc.* **1937**, *59*, 1675.

10. R. E. Weston, Jr., "Climate Change and Its Effect on Coral Reefs," *J. Chem. Ed.* **2000**, *77*, 1574; B. J. Bozlee, M. Janebo, and G. Jahn, "A Simplified Model to Predict the Effect of Increasing Atmospheric CO_2 on Carbonate Chemistry in the Ocean," *J. Chem. Ed.* **2008**, *85*, 213.

11. R. A. Feely, C. L. Sabine, K. Lee, W. Berelson, J. Kleypas, V. J. Fabry, and F. J. Millero, "Impact of Anthropogenic CO_2 on the $CaCO_3$ System in the Oceans," *Science* **2004**, *305*, 362; R. Martin and A. Quigg, "Tiny Plants That Once Ruled the Seas," *Scientific American*, June 2013, p. 40; J. M. Buth, "Ocean Acidification: Investigation and Presentation of the Effects of Elevated Carbon Dioxide Levels on Seawater Chemistry and Calcareous Organisms," *J. Chem. Ed.* **2016**, *93*, 718; A. P. Perera and A. M. R. P. Bopegedera, "Laboratory Experiment Investigating the Impact of Ocean Acidification on Calcareous Organisms," *J. Chem. Ed.* **2014**, *91*, 1951.

12. For more about equilibrium calculations, see W. B. Guenther, *Unified Equilibrium Calculations* (New York: Wiley, 1991); J. N. Butler, *Ionic Equilibrium: Solubility and pH Calculations* (New York: Wiley, 1998); and M. Meloun, *Computation of Solution Equilibria* (New York: Wiley, 1988). For equilibrium calculation software, see http://www.acadsoft.co.uk/

13. J. J. Baeza-Baeza and M. C. Garcia-Álvarez-Coque, "Systematic Approach to Calculate the Concentration of Chemical Species in Multi-Equilibrium Problems," *J. Chem. Ed.* **2011**, *88*, 169.

14. J. J. Baeza-Baeza and M. C. Garcia-Álvarez-Coque, "Systematic Approach for Calculating the Concentration of Chemical Species in Multiequilibrium Problems: Inclusion of the Ionic Strength Effects," *J. Chem. Ed.* **2012**, *89*, 900. We modified the published approach to use a circular reference and to avoid asking Solver to find the ionic strength, which was not a reliable process for us.

15. E. Koort, P. Gans, K. Herodes, V. Pihl, and I. Leito, "Acidity Constants in Different Media (I = 0 and I = 0.1 M KCl) from the Uncertainty Perspective," *Anal. Bioanal. Chem.* **2006**, *385*, 1124.

16. M. I. Menendez and J. Borge, "Ion Association versus Ion Interaction Models in Examining Electrolyte Solutions: Application to Calcium Hydroxide," *J. Chem. Ed.* **2014**, *91*, 91.

17. J. Johnson and C. Grove, "The Solubility of Calcium Hydroxide in Aqueous Salt Solutions," *J. Am. Chem. Soc.* **1931**, *53*, 3976.

Chapter 9

1. R. Schmid and A. M. Miah, "The Strength of the Hydrohalic Acids," *J. Chem. Ed.* **2001**, *78*, 116.

2. T. F. Young, L. F. Maranville, and H. M. Smith, "Raman Spectral Investigations of Ionic Equilibria in Solutions of Strong Electrolytes" in W. J. Hamer, ed., *The Structure of Electrolytic Solutions* (New York: Wiley, 1959).

3. E. S. Shamay, V. Buch, M. Parrinello, and G. L. Richmond, "At the Water's Edge: Nitric Acid as a Weak Acid," *J. Am. Chem. Soc.* **2007**, *129*, 12910.

4. Acid dissociation constants do not tell us which protons dissociate in each step. Assignments for pyridoxal phosphate come from nuclear magnetic resonance spectroscopy (B. Szpoganicz and A. E. Martell, "Thermodynamic and Microscopic Equilibrium Constants of Pyridoxal 5′-Phosphate," *J. Am. Chem. Soc.* **1984**, *106*, 5513).

5. For an alternative treatment approach, see H. L. Pardue, I. N. Odeh, and T. M. Tesfai, "Unified Approximations: A New Approach for Monoprotic Weak Acid-Base Equilibria," *J. Chem. Ed.* **2004**, *81*, 1367.

6. M. C. Bonneau, "The Chemistry of Fabric Reactive Dyes," *J. Chem. Ed.* **1995**, *72*, 724.

7. H. N. Po and N. M. Senozan, "The Henderson-Hasselbalch Equation: Its History and Limitations," *J. Chem. Ed.* **2001**, *78*, 1499; R. de Levie, "The Henderson-Hasselbalch Equation: Its History and Limitations," *J. Chem. Ed.* **2003**, *80*, 146.

8. F. B. Dutton and G. Gordon in H. N. Alyea and F. B. Dutton, eds., *Tested Demonstrations in Chemistry*, 6th ed. (Easton, PA: Journal of Chemical

Education, 1965), p. 147; R. L. Barrett, "The Formaldehyde Clock Reaction," *J. Chem. Ed.* **1955**, *32*, 78. See also J. J. Fortman and J. A. Schreier, "Some Modified Two-Color Formaldehyde Clock Salutes for Schools with Colors of Gold and Green or Gold and Red," *J. Chem. Ed.* **1991**, *68*, 324; M. G. Burnett, "The Mechanism of the Formaldehyde Clock Reaction," *J. Chem. Ed.* **1982**, *59*, 160; and P. Warneck, "The Formaldehyde-Sulfite Clock Reaction Revisited," *J. Chem. Ed.* **1989**, *66*, 334.

9. Many other clock reactions are described in the literature. For a summary, see A. P. Oliveira and R. B. Faria, "The Chlorate-Iodine Clock Reaction," *J. Am. Chem. Soc.* **2005**, *127*, 18022.

10. The chemical we call sodium bisulfite ($NaHSO_3$) is apparently not the solid in the reagent bottle, which is reported to be sodium metabisulfite ($Na_2S_2O_5$) (D. Tudela, "Solid $NaHSO_3$ Does Not Exist," *J. Chem. Ed.* **2000**, *77*, 830; see also H. D. B. Jenkins and D. Tudela, "New Methods to Estimate Lattice Energies: Application to Bisulfite and Metabisulfite," *J. Chem. Ed.* **2003**, *80*, 1482). $NaHSO_3$ is produced when $Na_2S_2O_5$ reacts with H_2O. A reagent bottle I use for the formaldehyde clock reaction is labeled "sodium bisulfite," but no formula is given. The label gives the assay "as SO_2: minimum 58.5%." Pure $NaHSO_3$ is equivalent to 61.56 wt% SO_2 and pure $Na_2S_2O_5$ is equivalent to 67.40 wt% SO_2.

11. J. B. Early, A. R. Negron, J. Stephens, R. Stauffer, and S. D. Furrow, "The Glyoxal Clock Reaction," *J. Chem. Ed.* **2007**, *84*, 1965.

12. E. T. Urbansky and M. R. Schock, "Understanding, Deriving, and Computing Buffer Capacity," *J. Chem. Ed.* **2000**, *77*, 1640.

13. M. C. C. Azevedo and A. M. V. Cavaleiro, "The Acid-Base Titration of a Very Weak Acid: Boric Acid," *J. Chem. Ed.* **2012**, *89*, 767.

Chapter 10

1. International Energy Agency, *CO_2 Emissions from Fuel Combustion Overview 2017*, p 4. http://www.iea.org/publications/freepublications/publication/co2-emissions-from-fuel-combustion—2017-edition—overview.html

2. The mass of dry air in the atmosphere is 5.14×10^{21} g. (K. E. Trenberth and L. Smith, "The Mass of the Atmosphere: A Constraint on Global Analyses," *J. Climate*, **2005**, *18*, 864. http://dx.doi.org/10.1175/JCLI-3299.1) Main constituents of dry air are N_2 (78.09 vol%), O_2 (20.95 vol%), Ar (0.93 vol%), and CO_2 (0.04 vol%). Volume weighted average molecular mass of air = 28.968 g/mol. Moles of gas in air = $(5.14 \times 10^{21}$ g)/(28.968 g/mol) = 1.77×10^{20} mol. CO_2 from fossil fuel burning in 2015 = $(3.3 \times 10^{16}$ g)/(44.010 g/mol) = 7.5×10^{14} mol. Treating the atmosphere as an ideal gas, ppm by volume is the same as ppm by moles. CO_2 added = $(7.5 \times 10^{14}$ mol)/(1.77×10^{20} mol) = 4.2 ppm.

3. J. Hansen, R. Ruedy, M. Sato, and K. Lo, "Global Surface Temperature Change," *Rev. Geophys.* **2010**, *48*, RG4004, doi: 10.1029/2010RG000345; J. Hansen, R. Ruedy, J. Glascoe, and M. Sato, "GISS Analysis of Surface Temperature Change," *J. Geophys. Res.* **1999**, *104*, 30997; P. D. Jones, M. New, D. E. Parker, S. Martin, and I. G. Rigor, "Surface Air Temperature and Its Variations Over the Last 150 Years." *Rev. Geophys.* **1999**, *37*, 173, doi:10.1029/1999RG900002; P. D. Jones, T. J. Osborn, K. R. Briffa, C. K. Folland, B. Horton, L. V. Alexander, D. E. Parker, and N. A. Rayner, "Adjusting for Sampling Density in Grid-Box Land and Ocean Surface Temperature Time Series." *J. Geophys. Res.* **2001**, *106*, 3371, doi:10.1029/2000JD900564; P. D. Jones, D. H. Lister, T. J. Osborn, C. Harpham, M. Salmon, and C. P. Morice, "Hemispheric and Large-Scale Land Surface Air Temperature Variations: An Extensive Revision and an Update to 2010." *J. Geophys. Res.* **2012**, *117*, D05127, doi:10.1029/2011JD017139; J. J. Kennedy, N. A. Rayner, R. O. Smith, M. Saunby, and D. R. Parker, "Reassessing Biases and Other Uncertainties in Sea-Surface Temperature Observations Measured In Situ Since 1850: Part 2. Biases and Homogenisation," *J. Geophys. Res.* **2011**, *116*, D14104, doi:10.1029/2010JD015220; T. J. Osborn and P. D. Jones, "The CRUTEM4 Land-Surface Air Temperature Data Set," *Earth System Science Data* **2014**, *6*, 61, doi: 10.5194/essd-6-61-2014; C. P. Morice, J. J. Kennedy, N. A. Rayner, and P. D. Jones, "Quantifying Uncertainties in Global and Regional Temperature Change Using an Ensemble of Observational Estimates: The HadCRUT4 Dataset." *J. Geophys. Res.* **2012**, *117*, D08101, doi:10.1029/2011JD017187.

4. B. J. Bozlee, M. Janebo, and G. Jahn, "A Simplified Model to Predict the Effect of Increasing Atmospheric CO_2 on Carbonate Chemistry in the Ocean," *J. Chem. Ed.* **2008**, *85*, 213.

5. P. D. Thacker, "Global Warming's Other Effects on the Oceans," *Environ. Sci. Technol.* **2005**, *39*, 10A.

6. C. Turley, J. Blackford, S. Widdicombe, D. Lowe, P. D. Nightingale, and A. P. Rees, "Reviewing the Impact of Increased Atmospheric on Oceanic pH and the Marine Ecosystem," in *Avoiding Dangerous Climate Change*, H. J. Schellnhuber, W. Cramer, N. Nakicenovic, T. Wigley, and G. Yohe, eds., (Cambridge: Cambridge University Press, 2006).

7. R. Albright, B. Mason, M. Miller, and C. Langdon, "Ocean Acidification Compromises Recruitment Success of the Threatened Caribbean Coral Acropora Palmata," *Proc. Natl. Acad. Sci. USA* **2010**, *107*, 20400; R. E. Weston, Jr., "Climate Change and Its Effect on Coral Reefs," *J. Chem. Ed.* **2000**, *77*, 1574; J. M. Buth, "Ocean Acidification: Investigation and Presentation of the Effects of Elevated Carbon Dioxide on Seawater Chemistry and Calcareous Organisms," *J. Chem. Ed.* **2016**, *93*, 718.

8. M. D. Iglesias-Rodriguez, P. R. Halloran, R. E. M. Rickaby, I. R. Hall, E. Colmenero-Hidalgo, J. R. Gittins, D. R. H. Green, T. Tyrrell, S. J. Gibbs, P. von Dassow, E. Rehm, E. V. Armbrust, and K. P. Boessenkool, "Phytoplankton Calcification in a High-CO_2 World," *Science* **2008**, *320*, 336.

9. P. G. Daniele, A. De Robertis, C. De Stefano, S. Sammartano, and C. Rigano, "Na^+, K^+, and Ca^{2+} Complexes of Low Molecular Weight Ligands in Aqueous Solution," *J. Chem. Soc. Dalton Trans.* **1985**, 2353.

10. W. R. Cullen and K. J. Reimer, "Arsenic Speciation in the Environment," *Chem. Rev.* **1989**, *89*, 713.

11. Experiment on surface acidity of a solid: L. Tribe and B. C. Barja, "Adsorption of Phosphate on Goethite," *J. Chem. Ed.* **2004**, *81*, 1624.

12. Experiment on pH of zero charge: M. Davranche, S. Lacour, F. Bordas, and J.-C. Bollinger, "Determination of the Surface Chemical Properties of Natural Solids," *J. Chem. Ed.* **2003**, *80*, 76.

13. P. A. Sims, "Use of a Spreadsheet to Calculate the Net Charge of Peptides and Proteins as a Function of pH," *J. Chem. Ed.* **2010**, *87*, 803; R. H. Singiser, "Spreadsheet Enhancement to Calculating the pI of Proteins," *J. Chem. Ed.* **2011**, *88*, 142.

14. W. Stumm and J. J. Morgan, *Aquatic Chemistry*, 3rd ed. (New York: Wiley, 1996), pp. 343–348; F. J. Millero, "Thermodynamics of the Carbon Dioxide System in the Oceans," *Geochim. Cosmochim. Acta* **1995**, *59*, 661.

Chapter 11

1. M. J. Fedor, "Structure and Function of the Hairpin Ribozyme," *J. Mol. Biol.* **2000**, *297*, 269.

2. K. R. Williams, "Automatic Titrators in the Analytical and Physical Chemistry Laboratories," *J. Chem. Ed.* **1998**, *75*, 1133; K. L. Headrick, T. K. Davies, and A. N. Haegele, "A Simple Laboratory-Constructed Automatic Titrator," *J. Chem. Ed.* **2000**, *77*, 389.

3. A. G. Dickson, C. L. Sabine, and J. R. Christian, eds., *Guide to Best Practices for Ocean CO_2 Measurements*, PICES Special Publication 3 (2007); http://cdiac.ess-dive.lbl.gov/ftp/oceans/Handbook_2007/Guide_all_in_one.pdf

4. T. R. Martz, A. G. Dickson, and M. D. DeGrandpre, "Tracer Monitored Titrations: Measurement of Total Alkalinity," *Anal. Chem.* **2006**, *78*, 1817.

5. M. Inoue and Q. Fernando, "Effect of Dissolved CO_2 on Gran Plots," *J. Chem. Ed.* **2001**, *78*, 1132; G. Gran, "Equivalence Volumes in Potentiometric Titrations," *Anal. Chim. Acta* **1988**, *206*, 111; F. J. C. Rossotti and H. Rossotti, "Potentiometric Titrations Using Gran Plots," *J. Chem. Ed.* **1965**, *42*, 375; L. M. Schwartz, "Uncertainty of a Titration Equivalence Point," *J. Chem. Ed.* **1992**, *69*, 879; L. M. Schwartz, "Advances in Acid-Base Gran Plot Methodology," *J. Chem. Ed.* **1987**, *64*, 947.

6. M. Rigobello-Masini and J. C. Masini, "Application of Modified Gran Functions and Derivative Methods to Potentiometric Acid Titration Studies of the Distribution of Inorganic Carbon Species in Cultivation Medium of Marine Microalgae," *Anal. Chim. Acta* **2001**, *448*, 239.

7. G. Papanastasiou and I. Ziogas, "Simultaneous Determination of Equivalence Volumes and Acid Dissociation Constants from Potentiometric Titration Data," *Talanta* **1995**, *42*, 827.

8. G. Wittke, "Reactions of Phenolphthalein at Various pH Values," *J. Chem. Ed.* **1983**, *60*, 239.

9. T. A. Canada, L. R. Allain, D. B. Beach, and Z. Xue, "High-Acidity Determination in Salt-Containing Acids by Optical Sensors," *Anal. Chem.* **2002**, *74*, 2535.

10. D. Fárcasiu and A. Ghenciu, "Acidity Functions from ^{13}C-NMR," *J. Am. Chem. Soc.* **1993**, *115*, 10901.

11. G. A. Olah, G. K. S. Prakish, A. Molnár, and J. Sommer, *Superacid Chemistry*, 2nd ed. (Hoboken, NJ: Wiley, 2009).

12. B. Hammouti, H. Oudda, A. El Maslout, and A. Benayada, "A Sensor for the in situ Determination of Acidity Levels in Concentrated Sulfuric Acid," *Fresenius J. Anal. Chem.* **1999**, *365*, 310. For use of glass electrodes to measure pH as low as −4, see D. K. Nordstrom, C. N. Alpers, C. J. Ptacek, and D. W. Blowes, "Negative pH and Extremely Acidic Mine Waters from Iron Mountain, California," *Environ. Sci. Technol.* **2000**, *34*, 254.

13. M. Juhasz, S. Hoffmann, E. Stoyanov, K.-C. Kim, and C. A. Reed, "The Strongest Isolable Acid," *Angew. Chem. Int. Ed.* **2004**, *43*, 5352; E. S. Stoyanov, S. P. Hoffmann, M. Juhasz, and C. A. Reed, "The Structure of the Strongest Brønsted Acid: The Carborane Acid $H(CHB_{11}C_{11})$," *J. Am. Chem. Soc.* **2006**, *128*, 3160; M. M. Meyer, X.-B. Wang, C. A. Reed, L.-S. Wang, and S. R. Kass, "Experimental Determination of the Electron Binding Energy of Carborane Anions and the Gas Phase Acidity of Carborane Acids," *J. Am. Chem. Soc.* **2009**, *131*, 18050; A. Avelar, F. S. Tham, and C. A. Reed, "Superacidity of Boron Acids $H_2(B_{12}X_{12})$ (X = Cl, Br)," *Angew. Chem. Int. Ed.* **2009**, *48*, 3491.

14. Demonstrations with universal indicator (a mixed indicator with many color changes) are described in J. T. Riley, "Flashy Solutions," *J. Chem. Ed.* **1977**, *54*, 29.

15. R. A. Butler and R. G. Bates, "Double Potassium Salt of Sulfosalicylic Acid in Acidimetry and pH Control," *Anal. Chem.* **1976**, *48*, 1669.

16. Borax goes down to the pentahydrate upon standing: R. Naumann, C. Alexander-Weber, and F. G. K. Baucke, "Limited Stability of the pH Reference Material Sodium Tetraborate Decahydrate (Borax)," *Fresenius J. Anal. Chem.* **1994**, *350*, 119.

17. Instructions for purifying and using primary standards can be found in the following books: J. A. Dean, *Analytical Chemistry Handbook* (New York: McGraw-Hill, 1995), pp. 3–28 to 3–30; J. Bassett, R. C. Denney, G. H. Jeffery, and J. Mendham, *Vogel's Textbook of Quantitative Inorganic Analysis*, 4th ed. (Essex: Longman, 1978), pp. 296–306; and I. M. Kolthoff and V. A. Stenger, *Volumetric Analysis*, Vol. 2 (New York: Wiley-Interscience, 1947).

18. A. A. Smith, "Consumption of Base by Glassware," *J. Chem. Ed.* **1986**, *63*, 85; G. Perera and R. H. Doremus, "Dissolution Rates of Commercial Soda-Lime and Pyrex Borosilicate Glasses," *J. Am. Ceramic Soc.* **1991**, *74*, 1554.

19. R. E. Oesper, "Kjeldahl and the Determination of Nitrogen," *J. Chem. Ed.* **1934**, *11*, 457. A beautifully illustrated history and biography.

20. The Kjeldahl digestion captures amine ($—NR_2$) or amide ($—C[=O]NR_2$) nitrogens (where R can be H or an organic group), but not oxidized nitrogen such as nitro ($—NO_2$) or azo ($—N=N—$) groups, which must first be reduced to amines or amides.

21. W. Maher, F. Krikowa, D. Wruck, H. Louie, T. Nguyen, and W. Y. Huang, "Determination of Total Phosphorus and Nitrogen in Turbid Waters by Oxidation with Alkaline Potassium Peroxodisulfate," *Anal. Chim. Acta* **2002**, *463*, 283.

22. G. Cruz, "Boric Acid in Kjeldahl Analysis," *J. Chem. Ed.* **2013**, *90*, 1645; F. M. Scales and A. P. Harrison, "Boric Acid Modification of the Kjeldahl Method for Crop and Soil Analysis," *J. Ind. Eng. Chem.* **1920**, *12*, 350; T. Michalowski, A. G. Asuero, and S. Wybraniec, "The Titration in the Kjeldahl Method of Nitrogen Determination: Base or Acid as Titrant?" *J. Chem. Ed.* **2013**, *90*, 191.

23. D. Lee, "Plant Linked to Pet Deaths Had History of Polluting," *Los Angeles Times*, 9 May 2007, p. C1; B. Puschner, R. H. Poppenga, L. J. Lowenstine, M. S. Filigenzi, and P. A. Pesavento, "Assessment of Melamine and Cyanuric Acid Toxicity in Cats," *J. Vet. Diagn. Invest.* **2007**, *19*, 616.

24. X. Zheng, A. Zhao, G. Xie, Y. Chi, L. Zhao, H. Li, C. Wang, Y. Bao, W. Jia, M. Luther, M. Su, J. K. Nicholson, and W. Jia, "Melamine-Induced Renal Toxicity Is Mediated by the Gut Microbiota," *Sci. Transl. Med.* **2013**, *5*, 172ra22.

25. D. Lee and A. Goldman, "Anguished Chinese Flood Hospitals," *Los Angeles Times*, 19 September 2008, p. A3; "Tainted Milk Powder Seized," *Los Angeles Times*, 9 July 2010; R. M. Baum, *Chem. Eng. News*, 13 October 2008, p. 3.

26. J. J. Urh, "Protein Testing Enters the 21st Century: Innovative Protein Analyzer Not Affected by Melamine," *Am. Lab.* October 2008, p. 18.

27. L. Zhu, G. Gamez, H. Chen, K. Chingin, and R. Zenobi, "Rapid Detection of Melamine in Untreated Milk and Wheat Gluten by Ultrasound-Assisted Extractive Electrospray Ionization Mass Spectrometry," *Chem. Commun.* **2009**, 559; G. Huang, Z. Ouyang, and R. G. Cooks, "High-Throughput Trace Melamine Analysis in Complex Mixtures," *Chem. Commun.* **2009**, 556; Q. Xu, H. P. Wei, S. Du, H. B. Li, Z. P. Ji, and X. Y. Hu, "Detection of Subnanomolar Melamine Based on Electrochemical Accumulation Coupled with Enzyme Colorimetric Assay," *J. Agric. Food Chem.* **2013**, *61*, 1810.

28. Method 351.3 Nitrogen, Kjeldahl, www.umass.edu/mwwp/pdf/epa351_3Norg.pdf

29. J. S. Fritz, *Acid-Base Titrations in Nonaqueous Solvents* (Boston: Allyn and Bacon, 1973); J. Kucharsky and L. Safarik, *Titrations in Non-Aqueous Solvents* (New York: Elsevier, 1963); W. Huber, *Titrations in Nonaqueous Solvents* (New York: Academic Press, 1967); I. Gyenes, *Titration in Non-Aqueous Media* (Princeton, NJ: Van Nostrand, 1967).

30. S. P. Porras, "Capillary Zone Electrophoresis of Some Extremely Weak Bases in Acetonitrile," *Anal. Chem.* **2006**, *78*, 5061.

31. R. de Levie, "A General Simulator for Acid-Base Titrations," *J. Chem. Ed.* **1999**, *76*, 987; R. de Levie, "Explicit Expressions of the General Form of the Titration Curve in Terms of Concentration," *J. Chem. Ed.* **1993**, *70*, 209; R. de Levie, "General Expressions for Acid-Base Titrations of Arbitrary Mixtures," *Anal. Chem.* **1996**, *68*, 585; R. de Levie, *Principles of Quantitative Chemical Analysis* (New York: McGraw-Hill, 1997); J. Burnett and W. A. Burns, "Using a Spreadsheet to Fit Experimental pH Titration Data to a Theoretical Expression: Estimation of Analyte Concentration and *Ka*," *J. Chem. Ed.* **2006**, *83*, 1190.

32. C. Salter and D. L. Langhus, "The Chemistry of Swimming Pool Maintenance," *J. Chem. Ed.* **2007**, *84*, 1124.

Chapter 12

1. Z. Hou, K. N. Raymond, B. O'Sullivan, T. W. Esker, and T. Nishio, "Microbial Macrocyclic Dihydroxamate Chelating Agents," *Inorg. Chem.* **1998**, *37*, 6630. Ferrioxiamines found in the ocean at concentrations of 0.1–10 pM are presumably excreted by microorganisms to enable them to accumulate scarce iron from the ocean. [E. Mawji, M. Gledhill, J. A. Milton, G. A. Tarran, S. Ussher, A. Thompson, G. A. Wolff, P. J. Worsfold, and E. P. Achterberg, "Hydroxamate Siderophores: Occurrence and Importance in the Atlantic Ocean," *Environ. Sci. Technol.* **2008**, *42*, 8675.]

2. N. F. Olivieri and G. M. Brittenham, "Iron-Chelating Therapy and the Treatment of Thalassemia," *Blood* **1997**, *89*, 739.

3. E. J. Neufeld, "Oral Chelators Deferasirox and Deferiprone for Transfusional Iron Overload in Thalassemia Major: New Data, New Questions," *Blood* **2006**, *107*, 3436; K. Farmaki, "Reversal of Complications Following Intensive Combined Chelation in Beta Thalassemia Major Patients," Abstract LB4, 49th American Society of Hematology Annual Meeting, Atlanta, GA, December 2007.

4. https://www.ncbi.nlm.nih.gov/pmc/articles/PMC4340604/ Web Tables 27 and 28; "Global Burden of Disease Study 2013," *Lancet* **2015**, *385*, 117. doi: 10.1016/S0140-6736(14)61682-2

5. R. Cross, "CRISPR Comes to the Clinic," *Chem. Eng. News* 8 January 2018, p. 18.

6. D. T. Haworth, "Some Linguistic Details on Chelation," *J. Chem. Ed.* **1998**, *75*, 47.

7. Classroom demonstration: D. C. Bowman, "A Colorful Look at the Chelate Effect," *J. Chem. Ed.* **2006**, *83*, 1158.

8. The chelate effect is often attributed to a favorable entropy change for multidentate binding. Quantum chemical calculations do not support this explanation: V. Vallet, U. Wahlgren, and I. Grenthe, "Chelate Effect and Thermodynamics of Metal Complex Formation in Solution: A Quantum Chemical Study," *J. Am. Chem. Soc.* **2003**, *125*, 14941.

9. R. J. Abergel, E. G. Moore, R. K. Strong, and K. N. Raymond, "Microbial Evasion of the Immune System: Structural Modifications of Enterobactin Impair Siderocalin Recognition," *J. Am. Chem. Soc.* **2006**, *128*, 10998.

10. L. A. Mike, S. N. Smith, C. A. Sumner, K. A. Eaton, and H. L. T. Mobley, "Siderophore Vaccine Conjugates Protect Against Uropathogenic *Escherichia coli* Urinary Tract Infection," *Proc. Natl. Acad. Sci. USA* **2016**, *113*, 13468.

11. R. Liu, P. A. Miller, S. B. Vakulenko, N. K. Stewart, W. C. Boggess, and M. J. Miller, "A Synthetic Dual Drug Sideromycin Induces Gram-Negative Bacteria to Commit Suicide with a Gram-Positive Antibiotic," *J. Med. Chem.* **2018**, *61*, 3845; I. J. Schalk, "A Trojan-Horse Strategy Including a Bacterial Suicide Action for the Efficient Use of a Specific Gram-Positive Antibiotic on Gram-Negative Bacteria," *J. Med. Chem.* **2018**, *61*, 3842.

12. J. Künnemeyer, L. Terborg, S. Nowak, L. Telgmann, F. Tokmak, B. K. Krämer, A. Günsel, G. A. Wiesmüller, J. Waldeck, C. Bremer, and U. Karst, "Analysis of the Contrast Agent Magnevist and Its Transmetalation Products in Blood Plasma by Capillary Electrophoresis/Electrospray Ionization Time-of-Flight Mass Spectrometry," *Anal. Chem.* **2009**, *81*, 3600.

13. U. Lindner, J. Lingott, S. Richter, N. Jakubowski, and U. Panne, "Speciation of Gadolinium in Surface Water Samples and Plants," *Anal. Bioanal. Chem.* **2013**, *405*, 1865.

14. W. J. Blaedel and H. T. Knight, "Purification and Properties of Disodium Salt of Ethylenediaminetetraacetic Acid as a Primary Standard," *Anal. Chem.* **1954**, *26*, 741.

15. R. L. Barnett and V. A. Uchtman, "Crystal Structures of Ca(CaEDTA) · $7H_2O$ and NaCaNTA," *Inorg. Chem.* **1979**, *18*, 2674.

16. P. Lindqvist-Reis, C. Apostolidis, J. Rebizant, A. Morgenstern, R. Klenze, O. Walter, T. Fanghänel, and R. G. Haire, "The Structures and Optical Spectra of Hydrated Transplutonium Ions in the Solid State and in Solution," *Angew. Chem. Int. Ed.* **2007**, *46*, 919; S. Skanthakumar, M. R. Antonio, R. E. Wilson, and L. Soderholm, "The Curium Aqua Ion," *Inorg. Chem.* **2007**, *46*, 3485.

17. J. N. Mathur, P. Thakur, C. J. Dodge, A. J. Francis, and G. R. Choppin, "Coordination Modes in the Formation of the Ternary Am(III), Cm(III), and Eu(III) Complexes with EDTA and NTA," *Inorg. Chem.* **2006**, *456*, 8026.

18. A. J. Amoroso et al., "Complexes of the Podand Ligand Tris[3-(2-pyridyl)-pyrazol-1-yl)]borate with Lanthanoids and Actinoids: Rare Examples of Icosahedral N12 Coordination," *Chem. Commun.* **1995**, 1881.

19. A definitive reference for the theory of EDTA titration curves is A. Ringbom, *Complexation in Analytical Chemistry* (New York: Wiley, 1963).

20. For discussion of metal-ligand equilibria with numerous examples, see P. Letkeman, "Computer-Modeling of Metal Speciation in Human Blood Serum," *J. Chem. Ed.* **1996**, *73*, 165; A. Rojas-Hernández, M. T. Ramírez, I. González, and J. G. Ibanez, "Predominance-Zone Diagrams in Solution Chemistry," *J. Chem. Ed.* **1995**, *72*, 1099; and A. Bianchi and E. Garcia-España, "Use of Calculated Species Distribution Diagrams to Analyze Thermodynamic Selectivity," *J. Chem. Ed.* **1999**, *76*, 1727.

21. W. N. Perara and G. Hefter, "Mononuclear Cyano- and Hydroxo-Complexes of Iron(III)," *Inorg. Chem.* **2003**, *42*, 5917.

22. G. Schwarzenbach and H. Flaschka, *Complexometric Titrations*, H. M. N. H. Irving, trans. (London: Methuen, 1969); H. A. Flaschka, *EDTA Titrations* (New York: Pergamon Press, 1959); J. A. Dean, *Analytical Chemistry Handbook* (New York: McGraw-Hill, 1995); A. E. Martell and R. D. Hancock, *Metal Complexes in Aqueous Solution* (New York: Plenum Press, 1996).

23. S. Tandy, K. Bossart, R. Mueller, J. Ritschel, L. Hauser, R. Schulin, and B. Nowack, "Extraction of Heavy Metals from Soils Using Biodegradable Chelating Agents," *Environ. Sci. Technol.* **2004**, *38*, 937; B. Kos and D. Leštan, "Induced Phytoextraction/Soil Washing of Lead Using Biodegradable Chelate and Permeable Barriers," *Environ. Sci. Technol.* **2003**, *37*, 624; S. V. Sahi, N. L. Bryant, N. C. Sharma, and S. R. Singh, "Characterization of a Lead Hyperaccumulator Shrub," *Environ. Sci. Technol.* **2002**, *36*, 4676.

24. B. Nowack, R. Schulin, and B. H. Robinson, "Critical Assessment of Chelant-Enhanced Metal Phytoextraction," *Environ. Sci. Technol.* **2006**, *40*, 5225.

25. M. Laghlimi, B. Baghdad, H. El Hadi, and A. Bouabdli, "Phytoremediation Mechanisms of Heavy Metal Contaminated Soils: A Review," *Open J. Ecology* **2015**, *5*, 375. http://dx.doi.org/10.4236/oje.2015.58031

26. Indirect determinations of monovalent *cations* are described by I. M. Yurist, M. M. Talmud, and P. M. Zaitsev, "Complexometric Determination of Monovalent Metals," *J. Anal. Chem. USSR* **1987**, *42*, 911.

27. D. P. S. Rathore, P. K. Bhargava, M. Kumar, and R. K. Talra, "Indicators for the Titrimetric Determination of Ca and Total Ca + Mg with EDTA," *Anal. Chim. Acta* **1993**, *281*, 173.

28. H. Bao, "Purifying Barite for Oxygen Isotope Measurement by Dissolution and Reprecipitation in a Chelating Solution," *Anal. Chem.* **2006**, *78*, 304.

29. T. Darjaa, K. Yamada, N. Sato, T. Fujino, and Y. Waseda, "Determination of Sulfur in Metal Sulfides by Bromine Water-CCl_4 Oxidative Dissolution and Modified EDTA Titration," *Fresenius J. Anal. Chem.* **1998**, *361*, 442.

Chapter 13

1. J. Gorman, *Science News*, 9 September 2000, p. 165.

2. Books about equilibrium calculations: W. B. Guenther, *Unified Equilibrium Calculations* (New York: Wiley, 1991); J. N. Butler, *Ionic Equilibrium: Solubility and pH Calculations* (New York: Wiley, 1998); and M. Meloun, *Computation of Solution Equilibria* (New York: Wiley, 1988). Software for equilibrium calculations: http://www.micromath.com/; http://www.acadsoft.co.uk/; PHREEQC version 3, U.S. Geological Survey at https://pubs.usgs.gov/tm/06/a43/

3. R. G. Bates, *Determination of pH*, 2nd ed. (New York: Wiley, 1973), p. 86, is the authoritative reference on pH. The pH uncertainty of primary standards could be greater than ±0.006 at temperatures other than 25°C.

4. R. B. Martin, "Aluminum: A Neurotoxic Product of Acid Rain," *Acc. Chem. Res.* **1994**, *27*, 204.

5. Our approach is similar to one by J. L. Guiñón, J. Garcia-Antón, and V. Pérez-Herranz, "Spreadsheet Techniques for Evaluating the Solubility of Sparingly Soluble Salts of Weak Acids," *J. Chem. Ed.* **1999**, *76*, 1157.

6. K. H. Weber, F. J. Morales, and F.-M. Tao, "Theoretical Study on the Structure and Stabilities of Molecular Clusters of Oxalic Acid with Water," *J. Phys. Chem. A* **2012**, *116*, 11601.

7. P. A. W. Dean, "The Oxalate Dianion, $C_2O_4^{2-}$: Planar or Nonplanar?" *J. Chem. Ed.* **2012**, *89*, 417.

8. A. Kraft, "Determination of the pK_a of Multiprotic, Weak Acids by Analyzing Potentiometric Acid-Base Titration Data with Difference Plots," *J. Chem. Ed.* **2003**, *80*, 554.

9. G. B. Kauffman, "Niels Bjerrum: A Centennial Evaluation," *J. Chem. Ed.* **1980**, *57*, 779, 863.

10. Table 6-1 gives pK_w = 13.995 at $\mu = 0$ at 25°C. The expression of K_w to which this value applies is given in terms of molalities, *m*:

$$K_w = \frac{m_{H^+}{}^{\circ}{}_{H^+} m_{OH^-}{}^{\circ}{}_{OH^-}}{\mathcal{A}_{H_2O}} = 10^{-13.995}$$

We want to evaluate K'_w for 0.1 M KCl. The factor for converting molality into molarity in 0.1 M K is 0.994 in Table 12-1-1A of H. S. Harned and B. B. Owen, *Physical Chemistry of Electrolyte Solutions,* 3rd ed. (New York: Reinhold, 1958), p. 725. The factor $\gamma_{H^+}\gamma_{OH^-}/\mathcal{A}_{H_2O}$ is 0.626 in 0.10 M KCl, interpolated from Table 15-2-1A of Harned and Owen, p. 752. K'_w is the product of concentrations $[H^+][OH^-]$:

$$[H^+][OH^-] = \frac{m_{H^+}(0.994)^{\circ}{}_{H^+} m_{OH^-}(0.994)^{\circ}{}_{OH^-}}{\mathcal{A}_{H_2O}} \frac{\mathcal{A}_{H_2O}}{{}^{\circ}{}_{H^+}{}^{\circ}{}_{OH^-}}$$

$$= 10^{-13.995}(0.994^2)\left(^{\circ}\frac{1}{0.626}\right) = 10^{-13.797}$$

Chapter 14

1. R. F. Scarr, J. C. Hunter, and P. J. Slezak, "Alkaline-Manganese Dioxide Batteries," in D. Linden, and T. B. Reddy, eds., *Handbook of Batteries*, 3rd ed. (New York: McGraw-Hill, 2002), Chapter 10; R. J. Noll and J. M. Hughes, "Heat Evolution and Electrical Work of Batteries as a Function of Discharge Rate: Spontaneous and Reversible Processes and Maximum Work," *J. Chem. Ed.* **2018**, *95*, 852.

2. Some treatments of electrochemistry: C. Lefrou, P. Fabry, and J.-C. Poignet, *Electrochemistry—The Basics, with Examples* (Heidelberg: Springer, 2012); C. H. Hamann, A. Hamnett, and W. Vielstich, *Electrochemistry*, 2nd ed. (Weinheim: Wiley-VCH, 2007); A. J. Bard and L. R. Falkner, *Electrochemical Methods*, 2nd ed. (New York: Wiley, 2001).

3. Quotation from Lady Pollock cited in J. Kendall, *Great Discoveries by Young Chemists* (New York: Thomas Y. Crowell Co., 1953) p. 63.

4. S. Weinberg, *The Discovery of Subatomic Particles* (Cambridge: Cambridge University Press, 2003), pp. 13–16. A wonderful book by a Nobel Prize winner.

5. N. J. Tao, "Measurement and Control of Single Molecule Conductance," *J. Mater. Chem.* **2005**, *15*, 3260; N. Tao, "Electrochemical Fabrication of Metallic Quantum Wires," *J. Chem. Ed.* **2005**, *82*, 720; S. Lindsay, "Single-Molecule Electronic Measurements with Metal Electrodes," *J. Chem. Ed.* **2005**, *82*, 727; R. A. Wassel and C. B. Gorman, "Establishing the Molecular Basis for Molecular Electronics," *Angew. Chem. Int. Ed.* **2004**, *43*, 5120.

6. T. Morita and S. Lindsay, "Determination of Single Molecule Conductances of Alkanedithiols by Conducting-Atomic Force Microscopy with Large Gold Nanoparticles," *J. Am. Chem. Soc.* **2007**, *129*, 7262.

7. Classroom demonstrations: J. D. Ciparick, "Half Cell Reactions: Do Students Ever See Them?" *J. Chem. Ed.* **1991**, *68*, 247; P.-O. Eggen, T. Grønneberg, and L. Kvittengen, "Small-Scale and Low-Cost Galvanic Cells," *J. Chem. Ed.* **2006**, *83*, 1201.

8. P. Krause and J. Manion, "A Novel Approach to Teaching Electrochemical Principles," *J. Chem. Ed.* **1996**, *73*, 354.

9. L. P. Silverman and B. B. Bunn, "The World's Longest Human Salt Bridge," *J. Chem. Ed.* **1992**, *69*, 309.

10. J. Lovell and J. Kluger, *Apollo 13* (Boston: Houghton Mifflin Harcourt, 1994), p. 95.

11. M. A. Parkes, T. Chen, B. Wu, V. Yufit, and G. J. Offer, "Can You Really Make a Battery Out of That?" *J. Chem. Ed.* **2016**, *93*, 681; M. Jacoby, "Low-Cost Flow Batteries," *Chem. Eng. News,* 13 January 2014, p. 4; B. Huskinson, M. P. Marshak, C. Suh, S. Er, M. R. Gerhardt, C. J. Galvin, X. Chen, A. Aspuru-Guzik, R. G. Gordon, and M. J. Aziz, "A Metal-Free Organic-Inorganic Aqueous Flow Battery, *Nature* **2014**, *505*, 195; N. P. Balsara and J. Newman, "Comparing the Energy Content of Batteries, Fuels, and Materials," *J. Chem. Ed.* **2013**, *90*, 446; J. Summerfield, "Modeling the Lithium Ion Battery," *J. Chem. Ed.* **2013**, *90*, 453; P. Y. Furlan, T. Krupa, H. Naqiv, and K. Anderson, "An Open-Ended Project: Building a High Performance, yet Simple, Household Battery," *J. Chem. Ed.* **2013**, *90*, 1341; G. C. Smith, Md. M. Hossain, and P. MacCarthy, "Why Batteries Deliver a Fairly Constant Voltage until Dead," *J. Chem. Ed.* **2012**, *89*, 1416; M. J. Smith, A. M. Fonseca, and M. M. Silva, "The Lead-Lead Oxide Secondary Cell as a Teaching Resource," *J. Chem. Ed.* **2009**, *86*, 357; M. J. Smith and C. A. Vincent, "Structure and Content of Some Primary Batteries," *J. Chem. Ed.* **2001**, *78*, 519; M. J. Smith and C. A. Vincent, "Why Do Some Batteries Last Longer Than Others?" *J. Chem. Ed.* **2002**, *79*, 851; M. Tamez and J. H. Yu, "Aluminum-Air Battery," *J. Chem. Ed.* **2007**, *84*, 1936A; H. Goto, H. Yoneyama, F. Togashi, R. Ohta, A. Tsujimoto, E. Kita, K. Ohshima, and D. Rosenberg, "Preparation of Conducting Polymers by Electrochemical Methods and Demonstration of a Polymer Battery," *J. Chem. Ed.* **2008**, *85*, 1067.

12. R. S. Treptow, "The Lead-Acid Battery: Its Voltage in Theory and in Practice," *J. Chem. Ed.* **2002**, *79*, 334.

13. M. Jacoby, "Fuel-Cell Cars Finally Drive off the Lot," *Chem. Eng. News,* 25 September 2017, p. 28.

14. K. Klara, N. Hou, A. Lawman, L. Wu, D. Morrill, A. Tente, and L.-Q. Wang, "Developing and Implementing a Simple, Affordable Hydrogen Fuel Cell Laboratory in Introductory Chemistry," *J. Chem. Ed.* **2014**, *91*, 1924; J. Ge, R. Schirhagl, and R. N. Zare, "Glucose-Driven Fuel Cell Constructed from Enzymes and Filter Paper," *J. Chem. Ed.* **2011**, *88*, 1283; M. Shirkhanzadeh, "Thin-Layer Fuel Cell for Teaching and Classroom Demonstrations," *J. Chem. Ed.* **2009**, *86*, 324; O. Zerbinati, "A Direct Methanol Fuel Cell," *J. Chem. Ed.* **2002**, *79*, 829.

15. L. Deng, C. Chen, M. Zhou, S. Guo, E. Wang, and S. Dong, "Integrated Self-Powered Microchip Biosensor for Endogenous Biological Cyanide," *Anal. Chem.* **2010**, *82*, 4283.

16. K. Lin, Q. Chen, M. R. Gerhardt, L. Tong, S. B. Kim, L. Eisenach, A. W. Valle, D. Hardee, G. Gordon, M. J. Aziz, and M. P. Marshak, "Alkaline Quinone Flow Battery," *Science* **2015**, *349*, 1529.

17. B. Yang, L. Hoober-Burkhardt, S. Krishnamoorthy, A. Murali, G. K. S. Prakish, and S. R. Narayanan, "High-Performance Aqueous Organic Flow Battery with Quinone-Based Redox Couples at Both Electrodes," *J. Electrochem. Soc.* **2016**, *163*, A1442.

18. M. Jacoby, "Electricity Storage Goes with the Flow," *Chem, Eng. News*, 8 February **2016**, p. 26.

19. P. Coppo, "Lithium Ion Battery Cathode Materials as a Case Study to Support the Teaching of Ionic Solids," *J. Chem. Ed.* **2017**, *94*, 1174.

20. A. M. Feltham and M. Spiro, "Platinized Platinum Electrodes," *Chem. Rev.* **1971**, *71*, 177.

21. A. W. von Smolinski, C. E. Moore, and B. Jaselskis, "The Choice of the Hydrogen Electrode as the Base for the Electromotive Series" in *Electrochemistry, Past and Present*, ACS Symposium Series 390, J. T. Stock and M. V. Orna, eds. (Washington, DC, American Chemical Society, 1989), Chap. 9.

22. K. Rajeshwar and J. G. Ibanez, *Environmental Electrochemistry* (San Diego: Academic Press, 1997).

23. H. Frieser, "Enhanced Latimer Potential Diagrams Via Spreadsheets," *J. Chem. Ed.* **1994**, *71*, 786.

24. A. Arévalo and G. Pastor, "Verification of the Nernst Equation and Determination of a Standard Electrode Potential," *J. Chem. Ed.* **1985**, *62*, 882.

25. Structure of dehydroascorbic acid: R. C. Kerber, "'As Simple as Possible, But Not Simpler'—The Case of Dehydroascorbic Acid," *J. Chem. Ed.* **2008**, *85*, 1237.

26. For an advanced equilibrium problem based on the bromine Latimer diagram, see T. Michalowski, "Calculation of pH and Potential *E* for Bromine Aqueous Solution," *J. Chem. Ed.* **1994**, *71*, 560.

27. B. R. Staples, "Activity and Osmotic Coefficients of Aqueous Sulfuric Acid at 298.15 K," *J. Phys. Chem. Ref. Data* **1981**, *10*, 779.

Chapter 15

1. G. Inzelt, A. Lewenstam, and F. Scholz, eds., *Handbook of Reference Electrodes* (Heidelberg: Springer-Verlag, 2013).

2. Practical electrode fabrication is discussed in D. T. Sawyer, A. Sobkowiak, and J. L. Roberts, Jr., *Electrochemistry for Chemists*, 2nd ed. (New York: Wiley, 1995); G. A. East and M. A. del Valle, "Easy-to-Make Ag/AgCl Reference Electrode," *J. Chem. Ed.* **2000**, *77*, 97.

3. A demonstration of potentiometry with a silver electrode (or a microscale experiment for general chemistry) is described by D. W. Brooks, D. Epp, and H. B. Brooks, "Small-Scale Potentiometry and Silver One-Pot Reactions," *J. Chem. Ed.* **1995**, *72*, A162.

4. D. Dobčnik, J. Stergulec, and S. Gomišček, "Preparation of an Iodide Ion-Selective Electrode by Chemical Treatment of a Silver Wire," *Fresenius J. Anal. Chem.* **1996**, *354*, 494.

5. R. Cervellati and E. Greco, "Periodic Reactions: The Early Works of William C. Bray and Alfred J. Lotka," *J. Chem. Ed.* **2017**, *94*, 195; I. R. Epstein and J. A. Pojman, *An Introduction to Nonlinear Chemical Dynamics: Oscillations, Waves, Patterns, and Chaos* (New York: Oxford University Press, 1998); I. R. Epstein, K. Kustin, P. De Kepper, and M. Orbán, *Scientific American*, March 1983, p. 112; H. Degn, "Oscillating Chemical Reactions in Homogeneous Phase," *J. Chem. Ed.* **1972**, *49*, 302.

6. Mechanisms of oscillating reactions are discussed by J. Miller, "A Nonbiological System Offers Insight into Biological Synchronization," *Physics Today*, April 2009, p. 14; J. H. Lozano-Parada, H. Burnham, and F. M. Martinez, "Pedagogical Approach to the Modeling and Simulation of Oscillating Chemical Systems with Modern Software: The Brusselator Model," *J. Chem. Ed.* **2018**, *95*, 758; M. A. Pellitero, C. A. Lamsfus, and J. Borge, "The Belousov-Zhabotinskii Reaction: Improving the Oregonator Model with the Arrhenius Equation," *J. Chem. Ed.* **2013**, *90*, 82; O. Benini, R. Cervellati, and P. Fetto, "The BZ Reaction: Experimental and Model Studies in the Physical Chemistry Laboratory," *J. Chem. Ed.* **1996**, *73*, 865; R. J. Field and F. W. Schneider, "Oscillating Chemical Reactions and Nonlinear Dynamics," *J. Chem. Ed.* **1989**, *66*, 195; R. M. Noyes, "Some Models of Chemical Oscillators," *J. Chem. Ed.* **1989**, *66*, 190; P. Ruoff, M. Varga, and E. Körös, "How Bromate Oscillators are Controlled," *Acc. Chem. Res.* **1988**, *21*, 326; M. M. C. Ferriera, W. C. Ferriera, Jr., A. C. S. Lino , and M. E. G. Porto, "Uncovering Oscillations, Complexity, and Chaos in Chemical Kinetics Using *Mathematica*," *J. Chem. Ed.* **1999**, *76*, 861; G. Schmitz, L. Kolar-Anić, S. Anić, and Z. Čupić, "The Illustration of Multistability," *J. Chem. Ed.* **2000**, *77*, 1502.

7. C. D. Baird, H. B. Reynolds, and M. A. Crawford, "A Microscale Method to Demonstrate the Belousov–Zhabotinskii Reaction," *J. Chem. Ed.* **2011**, *88*, 960; E. Poros, V. Horváth, K. Curin-Csörgei, I. R. Epstein, and M. Orbán, "Generation of pH-Oscillations in Closed Chemical Systems: Method and Applications," *J. Am. Chem. Soc.* **2011**, *133*, 7174; H. E. Prypsztejn,

"Chemiluminescent Oscillating Demonstrations: The Chemical Buoy, The Lighting Wave, and the Ghostly Cylinder," *J. Chem. Ed.* **2005**, *82*, 53; D. Kolb, "Overhead Projector Demonstrations," *J. Chem. Ed.* **1988**, *65*, 1004; R. J. Field, "A Reaction Periodic in Time and Space," *J. Chem. Ed.* **1972**, *49*, 308; J. N. Demas and D. Diemente, "An Oscillating Chemical Reaction with a Luminescent Indicator," *J. Chem. Ed.* **1973**, *50*, 357; J. F. Lefelhocz, "The Color Blind Traffic Light," *J. Chem. Ed.* **1972**, *49*, 312; P. Aroca, Jr., and R. Aroca, "Chemical Oscillations: A Microcomputer-Controlled Experiment," *J. Chem. Ed.* **1987**, *64*, 1017; J. Amrehn, P. Resch, and F. W. Schneider, "Oscillating Chemiluminescence with Luminol in the Continuous Flow Stirred Tank Reactor," *J. Phys. Chem.* **1988**, *92*, 3318; D. Avnir, "Chemically Induced Pulsations of Interfaces: The Mercury Beating Heart," *J. Chem. Ed.* **1989**, *66*, 211; K. Yoshikawa, S. Nakata, M. Yamanaka, and T. Waki, "Amusement with a Salt-Water Oscillator," *J. Chem. Ed.* **1989**, *66*, 205; L. J. Soltzberg, M. M. Boucher, D. M. Crane, and S. S. Pazar, "Far from Equilibrium—The Flashback Oscillator," *J. Chem. Ed.* **1987**, *64*, 1043; S. M. Kaushik, Z. Yuan, and R. M. Noyes, "A Simple Demonstration of a Gas Evolution Oscillator," *J. Chem. Ed.* **1986**, *63*, 76; R. F. Melka, G. Olsen, L. Beavers, and J. A. Draeger, "The Kinetics of Oscillating Reactions," *J. Chem. Ed.* **1992**, *69*, 596; J. M. Merino, "A Simple, Continuous-Flow Stirred-Tank Reactor for the Demonstration and Investigation of Oscillating Reactions," *J. Chem. Ed.* **1992**, *69*, 754.

8. T. Kappes and P. C. Hauser, "A Simple Supplementary Offset Device for Data Acquisition Systems," *J. Chem. Ed.* **1999**, *76*, 1429.

9. $[Br^-]$ also oscillates in this experiment. For an $[I^-]$ oscillator, see T. S. Briggs and W. C. Rauscher, "An Oscillating Iodine Clock," *J. Chem. Ed.* **1973**, *50*, 496; S. D. Furrow, "A Modified Recipe and Variations for the Briggs–Rauscher Oscillating Reaction," *J. Chem. Ed.* **2012**, *89*, 1421.

10. M. Shibata, H. Sakaida, and T. Kakiuchi, "Determination of the Activity of Hydrogen Ions in Dilute Sulfuric Acids by Use of an Ionic Liquid Salt Bridge Sandwiched by Two Hydrogen Electrodes," *Anal. Chem.* **2011**, *83*, 164.

11. M. P. S. Mousavi and P. Bühlmann, "Reference Electrodes with Salt Bridges Contained in Nanoporous Glass: An Unappreciated Source of Error," *Anal. Chem.* **2013**, *85*, 8895.

12. E. Bakker, P. Bühlmann and E. Pretsch, "Carrier-Based Ion-Selective Electrodes and Bulk Optodes," *Chem. Rev.* **1997**, *97*, 3083; ibid., **1998**, *98*, 1593.

13. D. J. Graham, B. Jaselskis, and C. E. Moore, "Development of the Glass Electrode and the pH Response," *J. Chem. Ed.* **2013**, *90*, 345; C. E. Moore, B. Jaselskis, and A. von Smolinski, "Development of the Glass Electrode" in *Electrochemistry, Past and Present*, ACS Symposium Series 390, J. T. Stock and M. V. Orna, eds. (Washington, DC: American Chemical Society, 1989), Chap. 19.

14. W. G. Hines and R. de Levie, "The Early Development of Electronic pH Meters," *J. Chem. Ed.* **2010**, *87*, 1145; B. Jaselskis, C. E. Moore, and A. von Smolinski, "Development of the pH Meter" in *Electrochemistry, Past and Present*, ACS Symposium Series 390, J. T. Stock and M. V. Orna, eds. (Washington, DC: American Chemical Society, 1989), Chap. 18; A. Thackray and M. Myers, Jr., *Arnold O. Beckman: One Hundred Years of Excellence* (Philadelphia: Chemical Heritage Foundation, 2000).

15. R. P. Buck, S. Rondinini, A. K. Covington, F. G. K. Baucke, C. M. A. Brett, M. F. Camoes, M. J. T. Milton, T. Mussini, R. Naumann, K. W. Pratt, P. Spitzer, and G. S. Wilson, "Measurement of pH: Definitions, Standards, and Procedures," *Pure Appl. Chem.* **2002**, *74*, 2169; B. Lunelli and F. Scagnolari, "pH Basics," *J. Chem. Ed.* **2009**, *86*, 246.

16. R. de Levie, "Potentiometric pH Measurements of Acidity Are Approximations, Some More Useful Than Others," *J. Chem. Ed.* **2010**, *87*, 1188.

17. The reference electrode in the Ross combination electrode is $Pt \mid I_2, I^-$. This electrode is claimed to give improved precision and accuracy over conventional pH electrodes (R. C. Metcalf, *Analyst* **1987**, *112*, 1573).

18. C.-E. Lue, T.-C. Yu, C.-M. Yang, D. G. Pijanowska, and C.-S. Lai, "Optimization of Urea-EnFET Based on Ta_2O_5 Layer with Post Annealing," *Sensors* **2011**, *11*, 4562.

19. A. N. Bezbaruah and T. C. Zhang, "Fabrication of Anodically Electrodeposited Iridium Oxide Film pH Microelectrodes for Microenvironmental Studies," *Anal. Chem.* **2002**, *74*, 5726. Iridium oxide electrodes are commercially available or can be prepared by methods such as those described by J.-P. Ndobo-Epoy, E. Lesniewska, and J.-P. Guicquero, "Nano-pH Sensor for the Study of Reactive Materials," *Anal. Chem.* **2007**, *79*, 7560 or R.-G. Du, R.-G. Hu, R.-S. Huang, and C.-J. Lin, "In Situ Measurement of Cl^- Concentrations and pH at the Reinforcing Steel/Concrete Interface by Combination Sensors," *Anal. Chem.* **2006**, *78*, 3179.

20. L. W. Niedrach, "Electrodes for Potential Measurements in Aqueous Systems at High Temperatures and Pressures," *Angew. Chem.* **1987**, *26*, 161.

21. F. S. Lopes, L. H. G. Coelho, and I. G. R. Gutz, "Unraveling the Role of Sulfur Compounds in Acid Rain Formation: Experiments on a Wetted Glass pH Electrode," *J. Chem. Ed.* **2010**, *87*, 157; L. M. Goss, "A Demonstration of Acid Rain and Lake Acidification: Wet Deposition of Sulfur Dioxide," *J. Chem. Ed.* **2003**, *80*, 39.

22. J. A. Lynch, V. C. Bowersox, and J. W. Grimm, "Acid Rain Reduced in Eastern United States," *Environ. Sci. Technol.* **2000**, *34*, 940; R. E. Baumgardner, Jr., T. F. Lavery, C. M. Rogers, and S. S. Isil, "Estimates of the Atmospheric Deposition of Sulfur and Nitrogen Species: Clean Air Status and Trends Network, 1990–2000," *Environ. Sci. Technol.* **2002**, *36*, 2614.

23. W. F. Koch, G. Marinenko, and R. C. Paule, "An Interlaboratory Test of pH Measurements in Rainwater," *J. Res. Natl. Bur. Stand.* **1986**, *91*, 23.

24. *Free diffusion junction* electrodes are designed to minimize junction potentials. The junction is a Teflon capillary tube containing electrolyte that is periodically renewed by syringe.

25. Spectrophotometry with acid-base indictors is another means for measuring the pH of low ionic strength natural waters. (C. R. French, J. J. Carr, E. M. Dougherty, L. A. K. Eidson, J. C. Reynolds, and M. D. DeGrandpre, "Spectrophotometric pH Measurements of Freshwater," *Anal. Chim. Acta* **2002**, *453*, 13.)

26. History of ion-selective electrodes: M. S. Frant, "Where Did Ion Selective Electrodes Come From?" *J. Chem. Ed.* **1997**, *74*, 159; J. Ruzicka, "The Seventies: Golden Age for Ion Selective Electrodes," *J. Chem. Ed.* **1997**, *74*, 167; T. S. Light, "Industrial Use and Applications of Ion Selective Electrodes," *J. Chem. Ed.* **1997**, *74*, 171; C. C. Young, "Evolution of Blood Chemistry Analyzers Based on Ion Selective Electrodes," *J. Chem. Ed.* **1997**, *74*, 177; R. P. Buck and E. Lindner, "Tracing the History of Selective Ion Sensors," *Anal. Chem.* **2001**, *73*, 88A.

27. E. Bakker and E. Pretsch, "Modern Potentiometry," *Angew. Chem. Int. Ed.* **2007**, *46*, 5660.

28. Y. Chen, R. N. Liang, and W. Qin, "Potentiometric Sensor for Sensitive and Selective Detection of Heparin," *Chinese Chem. Lett.* **2012**, *23*, 233; J. Lester, T. Chandler, and K. L. Gemene, "Reversible Electrochemical Sensor for Detection of High-Charge Density Polyanion Contaminants in Heparin," *Anal. Chem.* **2015**, *87*, 11537.

29. E. Bakker and E. Pretsch, "The New Wave of Ion-Selective Electrodes," *Anal. Chem.* **2002**, *74*, 420A.

30. Y. Umezawa, K. Umezawa, and H. Sato, "Selectivity Coefficients for Ion-Selective Electrodes: Recommended Methods for Reporting $K_{A,X}^{Pot}$ Values," *Pure Appl. Chem.* **1995**, *67*, 507. For interfering ions X with charge different from the primary ion A, equations for the response of an ion-selective electrode are complicated. See E. Bakker, R. Meruva, E. Pretsch, and M. Meyerhoff, "Selectivity of Polymer Membrane-Based Ion-Selective Electrodes: Self-Consistent Model Describing the Potentiometric Response in Mixed Ion Solutions of Different Charge," *Anal. Chem.* **1994**, *66*, 3021, and N. Nägele, E. Bakker, and E. Pretsch, "General Description of the Simultaneous Response of Potentiometric Ionophore-Based Sensors to Ions of Different Charge," *Anal. Chem.* **1999**, *71*, 1041.

31. E. Bakker, E. Pretsch, and P. Bühlmann, "Selectivity of Potentiometric Ion Sensors," *Anal. Chem.* **2000**, *72*, 1127; E. Bakker, "Determination of Unbiased Selectivity Coefficients of Neutral Carrier-Based Cation-Selective Electrodes," *Anal. Chem.* **1997**, *69*, 1061.

32. K. Ren, "Selectivity Problems of Membrane Ion-Selective Electrodes," *Fresenius J. Anal. Chem.* **1999**, *365*, 389.

33. P. Bühlmann and L. D. Chen, "Ion-Selective Electrodes with Ionophore-Doped Sensing Membranes," in *Supramolecular Chemistry: From Molecules to Nanomaterials* (Wiley, 2012), pp. 2539–2579. Available at http://www1.chem.umn.edu/groups/buhlmann/Ion-Selective%20Electrodes%20With%20-Ionophore-Doped.pdf

34. M. H. Hecht, S. P. Kounaves, R. C. Quinn, S. J. West, S. M. M. Young, D. W. Ming, D. C. Catling, B. C. Clark, W. V. Boynton, J. Hoffman, L. P. DeFlores,

K. Gospodinova, J. Kapit, and P. H. Smith, "Detection of Perchlorate and the Soluble Chemistry of Martian Soil at the Phoenix Lander Site," *Science*, **2009**, *325*, 64; S. P. Kounaves, M. H. Hecht, S. J. West, J.-M. Morookian, S. M. M. Young, R. Quinn, P. Grunthaner, X. Wen, M. Weilert, C. A. Cable, A. Fisher, K. Gospodinova, J. Kapit, S. Stroble, P.-C. Hsu, B. C. Clark, D. W. Ming, and P. H. Smith, "The 2007 Mars Scout Lander MECA Wet Chemistry Laboratory," *J. Geophys. Res.* **2009**, *113*, E00A19.

35. S. P. Kounaves et al., "Discovery of Natural Perchlorate in the Antarctic Dry Valleys and Its Global Implications," *Environ. Sci. Technol.* **2010**, *44*, 2360.

36. J. D. Schuttlefield, J. B. Sambur, M. Gelwicks, C. M. Eggleston, and B. A. Parkinson, "Photooxidation of Chloride by Oxide Minerals: Implications for Perchlorate on Mars," *J. Am. Chem. Soc.* **2011**, *133*, 17521.

37. D. P. Glavin et al., "Evidence for Perchlorates and the Origin of Chlorinated Hydrocarbons Detected by SAM at the Rocknest Aeolian Deposit in Gale Crater," *J. Geophys. Res. Planets*, **2013**, *118*, 1.

38. J. W. Severinghaus, "First Electrodes for Blood P_{O_2} and P_{CO_2} Determination," *J. Appl. Physiol.* **2004**, *97*, 1599. History paper freely available at http://jap.physiology.org/content/by/year

39. Y. S. Choi, L. Lvova, J. H. Shin, S. H. Oh, C. S. Lee, B. H. Kim, G. S. Cha, and H. Nam, "Determination of Oceanic Carbon Dioxide Using a Carbonate-Selective Electrode," *Anal. Chem.* **2002**, *74*, 2435; ibid., **2000**, *72*, 4468.

40. M. Umemoto, W. Tani, K. Kuwa, and Y. Ujihira, "Measuring Calcium in Plasma," *Anal. Chem.* **1994**, *66*, 352A.

41. *Resistivity*, ρ, measures how well a substance retards the flow of electric current when an electric field is applied: $J = E/°$, where J is current density (current flowing through a unit cross section of the material, A/m^2) and E is electric field (V/m). Units of resistivity are V · m/A or ° · m, because Ω = V/A, where Ω = ohm. Conductors have resistivities near 10^{-8} ° · m, semiconductors have resistivities of 10^{-4} to 10^{7} ° · m, and insulators have resistivities of 1012 to 10^{20} ° · m. The reciprocal of resistivity is *conductivity*. Resistivity does not depend on the dimensions of the substance. Resistance, R, is related to resistivity by the equation $R = °\, l/A$, where l is the length and A is the cross-sectional area of the conducting substance.

42. D. C. Jackman, "A Recipe for the Preparation of a pH 7.00 Calibration Buffer," *J. Chem. Ed.* **1993**, *70*, 853.

43. R. G. Bates, *Determination of pH: Theory and Practice* (New York: Wiley, 1964).

44. W. J. Hamer and Y.-C. Wu, "Osmotic Coefficient and Mean Activity Coefficients of Uni-univalent Electrolytes in Water at 25 °C," *J. Phys. Chem. Ref. Data* **1972**, *1*, 1047.

45. Equation 46 in E. Bakker, R. Meruva, E. Pretsch, and M. Meyerhoff, "Selectivity of Polymer Membrane-Based Ion-Selective Electrodes: Self-Consistent Model Describing the Potentiometric Response in Mixed Ion Solutions of Different Charge," *Anal. Chem.* **1994**, *66*, 3021.

Chapter 16

1. T. Astrup, S. L. S. Stipp, and T. H. Christensen, "Immobilization of Chromate from Coal Fly Ash Leachate Using an Attenuating Barrier Containing Zero-Valent Iron," *Environ. Sci. Technol.* **2000**, *34*, 4163; S. H. Joo, A. J. Feitz, and T. D. Waite, "Oxidative Degradation of the Carbothiolate Herbicide, Molinate, Using Nanoscale Zero-Valent Iron," *Environ. Sci. Technol.* **2004**, *38*, 2242; R. Miehr, P. G. Tratnyek, J. Z. Bandstra, M. M. Scherer, M. J. Alowitz, and E. U. Bylaska, "Diversity of Contaminant Reduction Reactions by Zerovalent Iron: Role of the Reductant," *Environ. Sci. Technol.* **2004**, *38*, 139; V. K. Sharma, C. R. Burnett, D. B. O'Connor, and D. Cabelli, "Iron(VI) and Iron(V) Oxidation of Thiocyanate," *Environ. Sci. Technol.* **2002**, *36*, 4182; C. F. Palomar-Ramírez, J. A. Bazan-Martínez, M. E. Palomar-Pardavé, M. A. Romero-Romo, and T. Ramírez-Silva, "Taking Advantage of a Corrosion Problem to Solve a Pollution Problem," *J. Chem. Ed.* **2011**, *88*, 1109; T. D. Waite, "On-Site Production of Ferrate for Water and Wastewater Purification," *Am. Lab.* November/December 2012, p. 26.

2. J. B. Gruber, C. A. Morrison, D. C. Harris, M. D. Seltzer, T. H. Allik, J. A. Hutchinson, and M. P. Scripsick, "Spectra of Tetravalent Chromium in Calcium Fluorophosphate," *J. Appl. Phys.* **1995**, *77*, 2116.

3. Information on redox titrations: J. Mendham, R. C. Denney, J. D. Barnes, and M. J. K. Thomas, *Vogel's Textbook of Inorganic Analysis*, 6th ed. (Essex, UK: Pearson Education, 2000); H. A. Laitinen and W. E. Harris, *Chemical Analysis*, 2nd ed. (New York: McGraw-Hill, 1975); I. M. Kolthoff, R. Belcher, V. A. Stenger, and G. Matsuyama, *Volumetric Analysis*, Vol. 3 (New York: Wiley, 1957); A. Berka, J. Vulterin, and J. Zýka, *Newer Redox Titrants*, H. Weisz, trans. (Oxford: Pergamon, 1965).

4. J. Ermírio, F. Moraes, F. H. Quina, C. A. O. Nascimento, D. N. Silva, and O. Chiavone-Filho, "Treatment of Saline Wastewater Contaminated with Hydrocarbons by the Photo-Fenton Process," *Environ. Sci. Technol.* **2004**, *38*, 1183; B. Gözmen, M. A. Oturan, N. Oturan, and O. Erbatur, "Indirect Electrochemical Treatment of Bisphenol A in Water via Electrochemically Generated Fenton's Reagent," *Environ. Sci. Technol.* **2003**, *37*, 3716. $(H_2O)_5Fe^{IV}{=}O^{2+}$ is not the Fenton intermediate in acidic and neutral aqueous solution: O. Pestovsky, S. Stoian, E. L. Bominaar, X. Shan, E. Münck, L. Que, Jr., and A. Bakac, "Aqueous $Fe^{IV}{=}O$: Spectroscopic Identification and Oxo-Group Exchange," *Angew Chem. Int. Ed.* **2005**, *44*, 6871.

5. R. D. Webster, "New Insights into the Oxidative Electrochemistry of Vitamin E," *Acc. Chem. Res.* **2007**, *40*, 251.

6. D. T. Sawyer, "Conceptual Considerations in Molecular Science," *J. Chem. Ed.* **2005**, *82*, 985.

7. Equations 16-9 and 16-10 are analogous to the Henderson-Hasselbalch equation of acid-base buffers. Prior to the equivalence point, the redox titration is *buffered* to a potential near E_+ = formal potential for $Fe^{3+} | Fe^{2+}$ by the presence of Fe^{3+} and Fe^{2+}. After the equivalence point, the reaction is *buffered* to a potential near E_+ = formal potential for $Ce^{4+} | Ce^{3+}$. (R. de Levie, "Redox Buffer Strength," *J. Chem. Ed.* **1999**, *76*, 574.)

8. D. W. King, "A General Approach for Calculating Speciation and Poising Capacity of Redox Systems with Multiple Oxidation States: Application to Redox Titrations and the Generation of pε-pH Diagrams," *J. Chem. Ed.* **2002**, *79*, 1135.

9. T. J. MacDonald, B. J. Barker, and J. A. Caruso, "Computer Evaluation of Titrations by Gran's Method," *J. Chem. Ed.* **1972**, *49*, 200.

10. M. da Conceição Silva Barreto, L. de Lucena Medieros, and P. C. de Holanda Furtado, "Indirect Potentiometric Titration of Fe(III) with Ce(IV) by Gran's Method," *J. Chem. Ed.* **2001**, *78*, 91.

11. R. D. Hancock and B. J. Tarbet, "The Other Double Helix: The Fascinating Chemistry of Starch," *J. Chem. Ed.* **2000**, *77*, 988.

12. M. Minick, K. Fotta, and A. Khan, "Polyiodine Units in Starch-Iodine Complex: INDO CI Study of Spectra and Comparison with Experiments," *Biopolymers* **1991**, *31*, 57.

13. S. Madhu, H. A. Evans, V. V. T. Doan-Nguyen, J. G. Labram, G. Wu, M. L. Chabinyc, R. Seshadri, and F. Wudl, "Infinite Polyiodide Chains in the Pyrroloperylene-Iodine Complex: Insights into the Starch-Iodine and Perylene-Iodine Complexes," *Angew. Chem. Int. Ed.* **2016**, *55*, 8032.

14. A. T. Calabrese and A. Khan, "Amylose-Iodine Complex Formation with KI: Evidence for Absence of Iodide Ions within the Complex," *J. Polymer Sci.* **1999**, *A37*, 2711.

15. $Ag^{I}Ag^{III}O_2$ can be synthesized from $AgNO_3$ plus $K_2S_2O_8$ in hot aqueous NaOH (R. N. Hammer and J. Kleinberg, *Inorg. Synth.* **1953**, *4*, 12). The crystal structure is described by K. Yvon, A. Bezinge, P. Tissot, and P. Fischer, "Structure and Magnetic Properties of Tetragonal Silver(I,III) Oxide, AgO," *J. Solid State Chem.* **1986**, *65*, 225.

16. H. Van Ryswyk, E. W. Hall, S. J. Petesch, and A. E. Wiedeman, "Extending the Marine Microcosm Laboratory," *J. Chem. Ed.* **2007**, *84*, 306.

17. W. Gottardi, "Redox-Potentiometric/Titrimetric Analysis of Aqueous Iodine Solutions," *Fresenius J. Anal. Chem.* **1998**, *362*, 263.

18. S. C. Petrovic and G. M. Bodner, "An Alternative to Halogenated Solvents for Halogen/Halide Extractions," *J. Chem. Ed.* **1991**, *68*, 509.

19. G. L. Hatch, "Effect of Temperature on the Starch-Iodine Spectrophotometric Calibration Line," *Anal. Chem.* **1982**, *54*, 2002.

20. E. T. Urbansky, "Total Organic Carbon Analyzers as Tools for Measuring Carbonaceous Matter in Natural Waters," *J. Environ. Monit.* **2001**, *3*, 102.

21. L. J. Stolzberg and V. Brown, "Note on Photocatalytic Destruction of Organic Wastes: Methyl Red as a Substrate," *J. Chem. Ed.* **2005**, *82*, 526;

J. A. Poce-Fatou, M. L. A. Gil, R. Alcántara, C. Botella, and J. Martin, "Photochemical Reactor for the Study of Kinetics and Adsorption Phenomena," *J. Chem. Ed.* **2004**, *81*, 537; J. C. Yu and L. Y. L. Chan, "Photocatalytic Degradation of a Gaseous Organic Pollutant," *J. Chem. Ed.* **1998**, *75*, 750.

22. S. Sakthivel and H. Kisch, "Daylight Photocatalysis by Carbon-Modified Titanium Dioxide," *Angew. Chem. Int. Ed.* **2003**, *42*, 4908.

23. *Standard Test Method for Total Oxygen Demand in Water*, ASTM D6238.

24. T. Kondo, Y. Tamura, M. Hoshino, T. Watanabe, T. Aikawa, M. Yuasa, and Y. Einaga, "Direct Determination of Chemical Oxygen Demand by Anodic Decomposition of Organic Compounds at a Diamond Electrode," *Anal. Chem.* **2014**, *86*, 8066; T. Kondo, M. Hoshino, T. Watanabe, T. Aikawa, M. Yuasa, and Y. Einaga, "Development of Electrochemical Oxygen Demand Measurement Cells Using a Diamond Electrode," *Anal. Sci.* **2016**, *32*, 1381.

25. M. Riehl, "Determination of Biochemical Oxygen Demand of Area Waters: A Bioassay Procedure for Environmental Monitoring," *J. Chem. Ed.* **2012**, *89*, 807.

26. BOD and COD procedures are described in *Standard Methods for the Examination of Wastewater*, 21st ed. (Washington, DC: American Public Health Association, 2005), which is the standard reference for water analysis.

27. K. Catterall, H. Zhao, N. Pasco, and R. John, "Development of a Rapid Ferricyanide-Mediated Assay for Biochemical Oxygen Demand Using a Mixed Microbial Consortium," *Anal. Chem.* **2003**, *75*, 2584.

28. S. Horikoshi, N. Serpone, Y. Hisamatsu, and H. Hidaka, "Photocatalyzed Degradation of Polymers in Aqueous Semiconductor Suspensions," *Environ. Sci. Technol.* **1998**, *32*, 4010.

29. Y. Xie, M. R. McDonald, and D. W. Margerum, "Mechanism of the Reaction Between Iodate and Iodide Ions in Acid Solutions," *Inorg. Chem.* **1999**, *38*, 3938.

30. Prepare anhydrous $Na_2S_2O_3$ by refluxing 21 g of $Na_2S_2O_3 \cdot 5H_2O$ with 100 mL of methanol for 20 min. Filter the anhydrous salt, wash with 20 mL of methanol, and dry at 70°C for 30 min. (A. A. Woolf, "Anhydrous Sodium Thiosulfate as a Primary Iodometric Standard," *Anal. Chem.* **1982**, *54*, 2134.)

31. J. Hvoslef and B. Pedersen, "The Structure of Dehydroascorbic Acid in Solution," *Acta Chem. Scand.* **1979**, *B33*, 503; D. T. Sawyer, G. Chiericato, Jr., and T. Tsuchiya, "Oxidation of Ascorbic Acid and Dehydroascorbic Acid by Superoxide in Aprotic Media," *J. Am. Chem. Soc.* **1982**, *104*, 6273; R. C. Kerber, "As Simple as Possible, but Not Simpler: The Case of Dehydroascorbic Acid," *J. Chem. Ed.* **2008**, *85*, 1237.

32. R. J. Cava, "Oxide Superconductors," *J. Am. Ceram. Soc.* **2000**, *83*, 5.

33. A stable source of Cu(III) is the bis(hydrogenperiodato) salt $K_5Cu(HIO_6)_2$. See A. Balikungeri, M. Pelletier, and D. Monnier, "Contribution to the Study of the Complexes Bis(dihydrogentellurato)cuprate(III) and Argentate(III), Bis(hydrogenperiodato)cuprate(III) and Argentate(III)," *Inorg. Chim. Acta* **1977**, *22*, 7 and C. J. Miller, A. L. Rose, and T. D. Waite, "Phthalhydrazide Chemiluminescence Method for Determination of Hydroxyl Radical Production," *Anal. Chem.* **2011**, *83*, 261.

34. D. C. Harris, M. E. Hills, and T. A. Hewston, "Preparation, Iodometric Analysis, and Classroom Demonstration of Superconductivity in $YBa_2Cu_3O_{8-x}$," *J. Chem. Ed.* **1987**, *64*, 847; D. C. Harris, "Oxidation State Chemical Analysis," in T. A. Vanderah, ed., *Chemistry of Superconductor Materials* (Park Ridge, NJ: Noyes, 1992); B. D. Fahlman, "Superconductor Synthesis: An Improvement," *J. Chem. Ed.* **2001**, *78*, 1182. Browse for "superconductor demonstration kit" to find commercial kits.

35. Experiments with an ^{18}O-enriched superconductor show that the O_2 evolved in Reaction 1 is all derived from the solid, not from the solvent (M. W. Shafer, R. A. de Groot, M. M. Plechaty, G. J. Scilla, B. L. Olson, and E. I. Cooper, "Evolution and Chemical State of Oxygen upon Acid Dissolution of $YBa_2Cu_3O_{6.98}$," *Mater. Res. Bull.* **1989**, *24*, 687; P. Salvador, E. Fernandez-Sanchez, J. A. Garcia Dominguez, J. Amdor, C. Cascales, and I. Rasines, "Spontaneous O_2 Release from $SmBa_2Cu_3O_{7-x}$ High T_c Superconductor in Contact with Water," *Solid State Commun.* **1989**, *70*, 71).

36. A more sensitive and elegant iodometric procedure is described by E. H. Appelman, L. R. Morss, A. M. Kini, U. Geiser, A. Umezawa, G. W. Crabtree, and K. D. Carlson, "Oxygen Content of Superconducting Perovskites $La_{2-x}Sr_xCuO_y$ and $YBa_2Cu_3O_y$," *Inorg. Chem.* **1987**, *26*, 3237. This method can be modified by adding standard Br_2 to analyze superconductors with oxygen in the range 6.0–6.5, in which there is formally Cu^+ and Cu^{2+}. The use of electrodes instead of starch to find the end point in iodometric titrations of superconductors is recommended (P. Phinyocheep and I. M. Tang, "Determination of the Hole Concentration (Copper Valency) in the High Tc Superconductors," *J. Chem. Ed.* **1994**, *71*, A115).

37. C. L. Copper and E. Koubek, "Analysis of an Oxygen Bleach," *J. Chem. Ed.* **2001**, *78*, 652.

38. S. E. Winter et al., "Gut Inflammation Provides a Respiratory Electron Acceptor for *Salmonella*," *Nature* **2010**, *467*, 426.

39. W. R. Stag, "Dissolved Oxygen," *J. Chem. Ed.* **1972**, *49*, 427; T. Martz, Y. Takeshita, R. Rolph, and P. Bresnahan, "Tracer Monitored Titrations: Measurement of Dissolved Oxygen," *Anal. Chem.* **2011**, *84*, 290.

40. M. T. Garrett, Jr., and J. F. Stehlik, "Classical Analysis," *Anal. Chem.* **1992**, *64*, 310A.

41. C. S. Pundir and R. Rawal, "Determination of Sulfite with Emphasis on Biosensing Methods: A Review," *Anal. Bioanal. Chem.* **2013**, *405*, 3049.

42. K. Peitola, K. Fujinami, M. Karppinen, H. Yamauchi, and L. Niinistö, "Stoichiometry and Copper Valence in the $Ba_{1-y}CuO_{2+\delta}$ System," *J. Mater. Chem.* **1999**, *9*, 465.

43. S. Scaccia and M. Carewska, "Determination of Stoichiometry of $Li_{1+y}CoO_2$ Materials by Flame Atomic Absorption Spectrometry and Automated Potentiometric Titration," *Anal. Chim. Acta* **2002**, *453*, 35.

44. M. Karppinen, A. Fukuoka, J. Wang, S. Takano, M. Wakata, T. Ikemachi, and H. Yamauchi, "Valence Studies on Various Superconducting Bismuth and Lead Cuprates and Related Materials," *Physica* **1993**, *C208*, 130.

45. The oxygen liberated in Reaction 4 of this problem may be derived from the superconductor, not from solvent water. In any case, BiO_3^- reacts with Fe^{2+}, and Cu^{3+} does not, when the sample is dissolved in acid.

Chapter 17

1. M. Jain et al., "Nanopore Sequencing and Assembly of a Human Genome with Ultra-long Reads," *Nat. Biotechnol.* **2018**, *36*, 338.

2. H. Bayley, "Nanopore Sequencing: From Imagination to Reality," *Clin. Chem.* **2015**, *61*, 25; D. Stoddart, A. J. Heron, E. Mikhailova, G. Maglia, and H. Bayley, "Single-Nucleotide Discrimination in Immobilized DNA Oligonucleotides with a Biological Nanopore," *Proc. Nat. Acad. Sci. USA* **2009**, *106*, 7702; D. Stoddart, G. Maglia, E. Mikhailova, A. J. Heron, and H. Bayley, "Multiple Base-Recognition Sites in a Biological Nanopore: Two Heads Are Better Than One," *Angew. Chem. Int. Ed.*, **2010**, *49*, 556; J. Chu, M. González-López, S. L. Cockroft, M. Amorin, and M. R. Ghadiri, "Real-Time Monitoring of DNA Polymerase Function and Stepwise Single-Nucleotide DNA Strand Translocation Through a Protein Nanopore," *Angew. Chem. Int. Ed.*, **2010**, *49*, 10106; E. A. Manrao, I. M. Derrington, M. Pavlenok, M. Niederweis, and J. H. Gundlach, "Nucleotide Discrimination with DNA Immobilized in the MspA Nanopore," *PLoS One*, **2011**, *6*, e25723.

3. A. J. Bard and L. R. Faulkner, *Electrochemical Methods and Applications*, 2nd ed. (New York: Wiley, 2001); J. Wang, *Analytical Electrochemistry*, 3rd ed. (New York: Wiley-VCH, 2006); J. O'M. Bockris, and A. K. N. Reddy, *Modern Electrochemistry*, 2nd ed., 3 vols. (Dordrecht, Netherlands: P Kluwer, 1998–2001); F. Scholz, ed., *Electroanalytical Methods* (Berlin: Springer-Verlag, 2002).

4. J. M. Cullen and J. M. Allwood, "Mapping the Global Flow of Aluminum: From Liquid Aluminum to End-Use Goods," *Environ. Sci. Technol.* **2013**, *47*, 3057.

5. J. Johnson, "Using CO_2 as a Raw Material," *Chem. Eng. News*, 17 November 2014, p. 26.

6. W. E. Haupin, "Electrochemistry of the Hall-Heroult Process for Aluminum Smelting," *J. Chem. Ed.* **1983**, *60*, 279; N. C. Craig, "Charles Martin Hall: The Young Man, His Mentor, and His Metal," *J. Chem. Ed.* **1986**, *63*, 557.

7. E. C. Gilbert in H. N. Alyea and F. B. Dutton, eds., *Tested Demonstrations in Chemistry* (Easton, PA: Journal of Chemical Education, 1965), p. 145.

8. J. O'M. Bockris, "Overpotential: A Lacuna in Scientific Knowledge," *J. Chem. Ed.* **1971**, *48*, 352.

9. Z. Qiao, W. Shang, X. Zhang, and C. Wang, "Underpotential Deposition of Tin(II) on a Gold Disk Electrode and Determination of Tin in a Tin Plate Sample," *Anal. Bioanal. Chem.* **2005**, *381*, 1467.

10. D. N. Craig, J. I. Hoffman, C. A. Law, and W. J. Hamer, "Determination of the Value of the Faraday with a Silver-Perchloric Acid Coulometer,"

J. Res. Natl. Bur. Stand. **1960**, *64A*, 381; H. Diehl, "High-Precision Coulometry and the Value of the Faraday," *Anal. Chem.* **1979**, *51*, 318A.

11. J. B. P. Mercado, E. M. Coombs, J. P. De Jesus, S. L, Bretz, and N. D. Danielson, "Iodine Coulometry of Various Reducing Agents Including Thiols with Online Photocell Detection Coupled to Multifunctional Chemical Analysis Station to Eliminate Student End Point Detection by Eye," *J. Chem. Ed.* **2018**, *95*, 777; R. B. Dabke, Z. Gebeyehu, and R. Thor, "Coulometric Analysis Experiments for the Undergraduate Laboratory," *J. Chem. Ed.* **2011**, *88*, 1707; D. T. Pierce, M. S. Applebee, C. Lacher, and J. Bessie, "Low Parts Per Billion Determination of Sulfide by Coulometric Argentometry," *Environ. Sci. Technol.* **1998**, *32*, 1734.

12. G. Evtugyn, *Biosensors: Essentials* (Heidelberg: Springer, 2014); F.-G. Banica, *Chemical Sensors and Biosensors* (Chichester: Wiley, 2012); B. Wang and E. V. Anslyn, eds., *"Chemosensors" Principles, Strategies, and Applications* (Hoboken: Wiley, 2011); J. Janata, *Principles of Chemical Sensors*, 2nd ed. (Heidelberg: Springer, 2009); R. Renneberg and F. Lisdat, eds., *Biosensing for the 21st Century* (Heidelberg: Springer, 2008); J. M. Cooper and A. E. G. Cass, eds., Biosensors, 2nd ed. (Oxford: Oxford University Press, 2004).

13. W. Jia, A. J. Bandodkar, G. Valdés-Ramírez, J. R. Windmiller, Z. Yang, J. Ramírez, G. Chan, and J. Wang, "Electrochemical Tatoo Biosensors for Real-Time Noninvasive Lactate Monitoring in Human Perspiration," *Anal. Chem.* **2013**, *85*, 6553; A. Guiseppi-Elie, "An Implantable Biochip to Influence Patient Outcomes Following Trauma-Induced Hemorrhage," *Anal. Bioanal. Chem.* **2011**, *399*, 4034.

14. Z. Matharu, J. Enomoto, and A. Revzin, "Miniature Enzyme-Based Electrodes for Detection of Hydrogen Peroxide Release from Alcohol-Injured Hepatocytes," *Anal. Chem.* **2013**, *85*, 932.

15. Y. Zhu, P. Chandra, and Y.-B. Shim, "Ultrasensitive and Selective Electrochemical Diagnosis of Breast Cancer Based on Hydrazine-Au Nanoparticle-Aptamer Bioconjugate," *Anal. Chem.* **2013**, *85*, 1058.

16. A. A. Lubin and K. W. Plaxco, "Folding-Based Electrochemical Biosensors: The Case for Responsive Nucleic Acid Architectures," *Acc. Chem. Res.* **2010**, *43*, 496; H. Li, H. Xie, Y. Cao, X. Ding, Y. Yin, and G. Li, "A General Way to Assay Protein by Coupling Peptide with Signal Reporter via Supermolecule Formation," *Anal. Chem.* **2013**, *85*, 1047.

17. J. Das, K. B. Cederquist, A. A. Zaragoza, P. E. Lee, E. H. Sargent, and S. O. Kelley, "An Ultrasensitive Universal Detector Based on Neutralizer Displacement," *Nat. Chem.* **2012**, *4*, 642.

18. E. W. Nery, M. Kundys, P. S. Jelén, and M. Jönsson-Niedziólka, "Electrochemical Glucose Sensing: Is There Still Room for Improvement?' *Anal. Chem.* **2016**, *88*, 11271.

19. L. C. Clark, R. Wolf, D. Granger, and A. Taylor, "Continuous Recording of Blood Oxygen Tension by Polarography," *J. Appl. Physiol.* **1953**, *6*, 189.

20. G. C. Jensen, Z. Zheng, and M. E. Meyerhoff, "Amperometric Nitric Oxide Sensors with Enhanced Selectivity over Carbon Monoxide via Platinum Oxide Formation Under Alkaline Conditions," *Anal. Chem.* **2013**, *85*, 10057; S. S. Park, J. Kim, and Y. Lee, "Improved Electrochemical Microsensor for Real-Time Simultaneous Analysis of Endogenous Nitric Oxide and Carbon Monoxide Generation," *Anal. Chem.* **2012**, *84*, 1792; F. Schreiber, L. Polerecky, and D. De Beer, "Nitric Oxide Microsensor for High Spatial Resolution Measurements in Biofilms and Sediments," *Anal. Chem.* **2008**, *80*, 1152.

21. P. Miao, M. Shen, L. Ning, G. Chen, and Y. Yin, "Functionalization of Platinum Nanoparticles for Electrochemical Detection of Nitrite," *Anal. Bioanal. Chem.* **2011**, *399*, 2407.

22. M. Mascini, *Aptamers in Bioanalysis* (Hoboken, NJ: Wiley, 2009); G. Mayer, ed., *Nucleic Acid Aptamers: Selection, Characterization, and Application* (New York: Springer, 2018); T. Mairal, V. C. Özlap, P. L. Sanchez, M. Mir, I. Katakis, and C. K. O'Sullivan, "Aptamers: Molecular Tools for Analytical Applications," *Anal. Bioanal. Chem.* **2008**, *390*, 989; G. Mayer, "The Chemical Biology of Aptamers," *Angew. Chem. Int. Ed.* **2009**, *48*, 2672; R. Mukhopadhyay, "Aptamers Are Ready for the Spotlight," *Anal. Chem.* **2005**, *77*, 114A.

23. S. Song, L. Wang, J. Li, J. Zhao, and C. Fan, "Aptamer-Based Biosensors," *Trends Anal. Chem.* **2008**, *27*, 108; M. B. Gu and H.-S. Kim, eds. *Biosensors Based on Aptamers and Enzymes* (Heidelberg: Springer, 2014).

24. N. Mano and A. Heller, "Detection of Glucose at 2 fM Concentration," *Anal. Chem.* **2005**, *77*, 729.

25. Y. Xiang and Y. Lu, "Using Personal Glucose Meters and Functional DNA Sensors to Quantify a Variety of Analytical Targets," *Nat. Chem.* **2011**, *3*, 697; Y. Xiang and Y. Lu, "Portable and Quantitative Detection of Protein Biomarkers and Small Molecular Toxins Using Antibodies and Ubiquitous Personal Glucose Meters," *Anal. Chem.* **2012**, *84*, 4174.

26. X. Cui, A. Das, A. N. Dhawane, J. Sweeney, X. Zhang, V. Chivukula, and S. Iyer, "Highly Specific and Rapid Glycan Based Amperometric Detection of Influenza Virus," *Chem. Sci.* **2017**, *8*, 3628.

27. A. Heller and B. Feldman, "Electrochemical Glucose Sensors and Their Applications in Diabetes Management," *Chem. Rev.* **2008**, *108*, 2482.

28. A. Molina and J. González, *Pulse Voltammetry in Physical Electrochemistry and Electroanalysis* (Berlin: Springer-Verlag, 2016); R. G. Compton and C. E. Banks, *Understanding Voltammetry*, 2nd ed. (Singapore: World Scientific Press, 2011); R. G. Compton, C. Batchelor-McAuley, and E. J. F. Dickinson, *Understanding Voltammetry: Problems and Solutions* (London: Imperial College Press, 2012); A. J. Bard, "The Rise of Voltammetry: From Polarography to the Scanning Electrochemical Microscope," *J. Chem. Ed.* **2007**, *84*, 644; A. J. Bard and C. G. Zoski, "Voltammetry Retrospective," *Anal. Chem.* **2000**, *72*, 346A; A. M. Bond, *Broadening Electrochemical Horizons* (Oxford: Oxford University Press, 2002).

29. D. T. Miles, "Run-D.M.C.: A Mnemonic Aid for Explaining Mass Transfer in Electrochemical Systems," *J. Chem. Ed.* **2013**, *90*, 1649.

30. J. Nikolic, E. Expósito, J. Iniesta, J. González-Garcia, and V. Montiel, "Theoretical Concepts and Applications of a Rotating Disk Electrode," *J. Chem. Ed.* **2000**, *77*, 1191.

31. J. Lagrange and P. Lagrange, "Voltammetric Method for the Determination of H_2O_2 in Rainwater," *Fresenius J. Anal. Chem.* **1991**, *339*, 452.

32. Low background current in diamond is attributed to (i) the absence of redox-active surface groups and (ii) low capacitance due to the absence of ionizable surface groups and low internal charge carrier concentration. (A. E. Fischer, Y. Show, and G. M. Swain, "Electrochemical Performance of Diamond Thin-Film Electrodes from Different Commercial Sources," *Anal. Chem.* **2004**, *76*, 2553.)

33. J. Xu, M. C. Granger, Q. Chen, J. W. Strojek, T. E. Lister, and G. M. Swain, "Boron-Doped Diamond Thin Film Electrodes," *Anal. Chem.* **1997**, *69*, 591A; J. A. Birbeck and T. A. Mathews, "Simultaneous Detection of Monoamine and Purine Molecules Using High-Performance Liquid Chromatography with a Boron-Doped Diamond Electrode," *Anal. Chem.* **2013**, *85*, 7398.

34. C. X. Lim, H. Y. Hoh, P. K. Ang, and K. P. Loh, "Direct Voltammetric Detection of DNA and pH Sensing on Epitaxial Graphene," *Anal. Chem.* **2010**, *82*, 7387.

35. N. Elgrishi, K. J. Rountree, B. D. McCarthy, E. S. Rountree, T. T. Eisenhart, and J. L. Dempsey, "A Practical Beginner's Guide to Cyclic Voltammetry," *J. Chem. Ed.* **2017**, *95*, 197; G. A. Mabbott, "An Introduction to Cyclic Voltammetry," *J. Chem. Ed.* **1983**, *60*, 697; P. T. Kissinger and W. R. Heineman, "Cyclic Voltammetry," *J. Chem. Ed.* **1983**, *60*, 702; D. H. Evans, K. M. O'Connell, R. A. Petersen, and M. J. Kelly, "Cyclic Voltammetry," *J. Chem. Ed.* **1983**, *60*, 290.

36. J. H. Brown, "Development and Use of a Cyclic Voltammetry Simulator to Introduce Undergraduate Students to Electrochemical Simulations," *J. Chem. Ed.* **2015**, *92*, 1490; S. Wang, J. Wang, and Y. Gao, "Development and Use of an Open-Source, User-Friendly Package to Simulate Voltammetry Experiments," *J. Chem. Ed.* **2017**, *94*, 1567.

37. R. G. Compton and C. E. Banks, *Understanding Cyclic Voltammetry* (Singapore: World Scientific Press, 2007); P. Zanello, *Inorganic Electrochemistry: Theory, Practice and Application* (Cambridge: Royal Society of Chemistry, 2003); H. H. Thorp, "Electrochemistry of Proton-Coupled Redox Reactions," *J. Chem. Ed.* **1992**, *69*, 251.

38. To clean a Hg spill, consolidate the droplets with a piece of cardboard. Use an evacuated filter flask to suck up Hg with a Pasteur pipet attached to a hose. To remove residual Hg, sprinkle elemental zinc powder on the surface and dampen the powder with 5% aqueous H_2SO_4 to make a paste. Mercury dissolves in the zinc. After working the paste into contaminated areas with a sponge or brush, allow the paste to dry and sweep it up. Discard the powder as contaminated Hg waste. This procedure is better than sprinkling sulfur on the spill. Sulfur coats Hg but does not react with the bulk of the droplet. (D. N. Easton, "Management and Control of Hg Exposure," *Am. Lab.* July 1988, p. 66.)

39. One way to remove traces of O_2 from N_2 is to pass the N_2 through a column of Mn(II) oxide supported on Celite® (a diatomaceous silica), as described by C. R. McIlwrick and C. S. G. Phillips, "The Removal of Oxygen from Gas Streams: Applications in Catalysis and Gas Chromatography," *J. Phys. E: Sci. Instrum.* **1973**, *6*, 1208.

40. J. G. Osteryoung and R. A. Osteryoung, "Square Wave Voltammetry," *Anal. Chem.* **1985**, *57*, 101A; J. G. Osteryoung, "Voltammetry for the Future," *Acc. Chem. Res.* **1993**, *26*, 77.

41. A. Alberich, N. Serrano, J. M. Díaz-Cruz, C. Ariño, and M. Esteban, "Substitution of Mercury Electrodes by Bismuth-Coated Screen-Printed Electrodes in the Determination of Quinine in Tonic Water," *J. Chem. Ed.* **2013**, *90*, 1681.

42. M. J. Goldcamp, M. N. Underwood, J. L. Cloud, and S. Harshman, "An Environmentally Friendly, Cost-Effective Determination of Lead in Environmental Samples," *J. Chem. Ed.* **2008**, *85*, 976.

43. C. Kokkinos, A. Economou, P. S. Petrou, and S. E. Kakabakos, "Microfabricated Tin-Film Electrodes for Protein and DNA Sensing Based on Stripping Voltammetric Detection of Cd(II) Released from Quantum Dot Labels," *Anal. Chem.* **2013**, *85*, 10686.

44. D. Zhao, T. Wang, D. Han, C. Rusinek, A. J. Steckl, and W. R. Heineman, "Electrospun Carbon Nanofiber Modified Electrodes for Stripping Voltammetry," *Anal. Chem.* **2015**, *87*, 9315.

45. X. Pei, W. Kang, W. Yue, A. Bange, W. R. Heineman, and I. Papautsky, "Disposable Copper-Based Electrochemical Sensor for Anodic Stripping Voltammetry," *Anal. Chem.* **2014**, *86*, 4893.

46. Y. Peled, E. Krent, N. Tal, H. Tobias, and D. Mandler, "Electrochemical Determination of Low Levels of Uranyl by a Vibrating Gold Microelectrode," *Anal. Chem.* **2015**, *87*, 768.

47. W. Kang, X. Pei, A. Bange, E. N. Haynes, W. R. Heineman, and I. Papautsky, "Copper-Based Electrochemical Sensor with Palladium Electrode for Cathodic Stripping Voltammetry of Manganese," *Anal. Chem.* **2014**, *86*, 12070.

48. S.-S. Li, W.-J. Li, T.-J. Jiang, Z.-G. Liu, X. Chen, H.-P. Cong, J.-H. Liu, Y.-Y. Huang, L.-N. Li, and X.-J. Huang, "Iron Oxide with Different Crystal Phases (α and γ-Fe_2O_3) in Electroanalysis and Ultrasensitive and Selective Detection of Lead(II): An Advancing Approach Using XPS and EXAFS," *Anal. Chem.* **2016**, *88*, 906.

49. L. M. Laglera, J. Santos-Echeandia, S. Caprara, and D. Monticelli, "Qantification of Iron in Seawater at the Low Picomolar Range Based on Optimization of Bromate/Ammonia/Dihydroxynaphthalene System by Catalytic Adsorptive Cathodic Stripping Voltammetry," *Anal. Chem.* **2013**, *85*, 2486; H. Obata and C. M. G. van den Berg, "Determination of Picomolar Levels of Iron in Seawater Using Catalytic Cathodic Stripping Voltammetry," *Anal. Chem.* **2001**, *73*, 2522; C. M. G. van den Berg, "Chemical Speciation of Iron in Seawater by Cathodic Stripping Voltammetry with Dihydroxynaphthalene," *Anal. Chem.* **2006**, *78*, 156.

50. S. M. Oja, M. Wood, and B. Zhang, "Nanoscale Electrochemistry," *Anal. Chem.* **2013**, *85*, 473; X. Li, D. Bergman, and B. Zhang, "Preparation and Electrochemical Response of 1–3 nm Pt Disk Electrodes," *Anal. Chem.* **2009**, *81*, 5496; J. J. Watkins, B. Zhang, and H. S. White, "Electrochemistry at Nanometer-Scaled Electrodes," *J. Chem. Ed.* **2005**, *82*, 713; S. Ching, R. Dudek, and E. Tabet, "Cyclic Voltammetry with Ultramicroelectrodes," *J. Chem. Ed.* **1994**, *71*, 602; E. Howard and J. Cassidy, "Analysis with Microelectrodes Using Microsoft Excel Solver," *J. Chem. Ed.* **2000**, *77*, 409.

51. For a detailed molecular description of a well characterized gold nanoparticle, see J. F. Parker, C. A. Fields-Zinna, and R. W. Murray, "The Story of a Monodisperse Gold Nanoparticle: $Au_{25}L_{18}$," *Acc. Chem. Res.* **2010**, *43*, 1289.

52. T. K. Chen, Y. Y. Lau, D. K. Y. Wong, and A. G. Ewing, "Pulse Voltammetry in Single Cells Using Platinum Microelectrodes," *Anal. Chem.* **1992**, *64*, 1264.

53. A. J. Cunningham and J. B. Justice, Jr., "Approaches to Voltammetric and Chromatographic Monitoring of Neurochemicals in Vivo," *J. Chem. Ed.* **1987**, *64*, A34.

54. S. K. MacLeod, "Moisture Determination Using Karl Fischer Titrations," *Anal. Chem.* **1991**, *63*, 557A.

55. A student coulometry experiment much like the one in this section is described by V. C. Dominguez, C. R. McDonald, M. Johnson, D. Schunk, R. Kreuter, D. Sykes, B. T. Wigton, and B. S. Chohan, "The Characterization of a Custom-Built Coulometric Karl Fischer Titration Apparatus," *J. Chem. Ed.* **2010**, *87*, 987.

56. S. Grünke and G. Wünsch, "Kinetics and Stoichiometry in the Karl Fischer Solution," *Fresenius J. Anal. Chem.* **2000**, *368*, 139.

57. A. Cedergren and S. Jonsson, "Progress in Karl Fischer Coulometry Using Diaphragm-Free Cells," *Anal. Chem.* **2001**, *73*, 5611.

58. S. A. Margolis and J. B. Angelo, "Interlaboratory Assessment of Measurement Precision and Bias in the Coulometric Karl Fischer Determination of Water," *Anal. Bioanal. Chem.* **2002**, *374*, 505.

59. D. W. Armstrong, "Measuring Water: The Expanding Role of Gas Chromatography," *LCGC North Am.* **2017**, *35*, 503; L. A. Fink and D. W. Armstrong, "Determination of Trace Water Content in Petroleum and Petroleum Products," *Anal. Chem.* **2016**, *88*, 8194.

60. C. Zhao, A. M. Bond, and X. Lu, "Determination of Water in Room Temperature Ionic Liquids by Cathodic Stripping Voltammetry at a Gold Electrode," *Anal. Chem.* **2012**, *84*, 2784.

61. C. M. Sánchez-Sánchez, E. Expósito, A. Frías-Ferrer, J. González-García, V. Montiel, and A. Aldaz, "Chlor-Alkali Industry: A Laboratory Scale Approach," *J. Chem. Ed.* **2004**, *81*, 698; D. J. Wink, "The Conversion of Chemical Energy," *J. Chem. Ed.* **1992**, *69*, 108; S. Venkatesh and B. V. Tilak, "Chlor-Alkali Technology," *J. Chem. Ed.* **1983**, *60*, 276.

62. R. S. Treptow, "The Lead-Acid Battery: Its Voltage in Theory and Practice," *J. Chem. Ed.* **2002**, *79*, 334. Includes *activity coefficients* of electrolyte in the battery.

63. Y. Chyan and O. Chyan, "Metal Electrodeposition on an Integrated, Screen-Printed Electrode Assembly," *J. Chem. Ed.* **2008**, *85*, 565.

64. D. Meziane, A. Barras, A. Kroma, J. Houdkova, R. Boukherroub, and S. Szunerits, "Thiol-yne Reaction on Boron-Doped Diamond Electrodes: Application for the Electrochemical Detection of DNA-DNA Hybridization Events," *Anal. Chem.* **2012**, *84*, 194.

65. D. Lowinsohn and M. Bertotti, "Coulometric Titrations in Wine Samples: Determination of S(IV) and the Formation of Adducts," *J. Chem. Ed.* **2002**, *79*, 103. Some species in wine in addition to sulfite react with I_3^-. A blank titration to correct for such reactions is described in this article.

66. M. E. Gomez and A. E. Kaifer, "Voltammetric Behavior of a Ferrocene Derivative," *J. Chem. Ed.* **1992**, *69*, 502.

Chapter 18

1. A. R. Douglass, P. A. Newman, and S. Solomon, "The Antarctic Ozone Hole: An Update," *Physics Today* **2014**, *67* (July), 42, open access. The 1995 Nobel Prize in Chemistry was shared by Paul Crutzen, Mario Molina, and F. Sherwood Rowland for "their work in atmospheric chemistry, particularly concerning the formation and decomposition of ozone." Their Nobel lectures can be found in P. J. Crutzen, "My Life with O_3, NO_x, and Other YZO_x Compounds," *Angew. Chem. Int. Ed.* **1996**, *35*, 1759; M. J. Molina, "Polar Ozone Depletion," ibid., 1779; F. S. Rowland, "Stratospheric Ozone Depletion by Chlorofluorocarbons," ibid., 1787.

2. T. S. L'Ecuyer and J. H. Jiang, "Touring the Atmosphere Aboard the A-Train," *Physics Today* **2010**, *63* (July), 36, open access; P. F. Levelt et al., "Science Objectives of the Ozone Monitoring Instrument," *IEEE Trans. Geosci. Remote Sens.* **2006**, *44*, 1199; P. F. Levelt et al., "Ozone Monitoring Instrument," ibid., 1093.

3. D. R. Malinin and J. H. Yoe, "Development of the Laws of Colorimetry: A Historical Sketch," *J. Chem. Ed.*, **1961**, *38*, 129. The equation that we call "Beer's law" embodies contributions by Pierre Bouguer (1698–1758), Johann H. Lambert (1728–1777), and August Beer (1825–1863). Beer published his work in 1852. Félix Bernard independently reached similar conclusions and published them within a few months of Beer.

4. National Institute of Standards and Technologies maintains online databases of infrared and ultraviolet/visible spectra of predominantly organic molecules at https://webbook.nist.gov/chemistry/; M. Taniguchi and J. S. Lindsey, "Database of Absorption and Fluorescence Spectra of > 300 Common Compounds for Use in PhotochemCAD," *Photochem. Photobiol.* **2018**, *94*, 290, open access, www.photochemcad.com.

5. D. L. Williams, T. J. Flaherty, and B. K. Alnasleh, "Beyond λ_{max} Part 2: Predicting Molecular Color," *J. Chem. Ed.* **2009**, *86*, 333.

6. Classroom exercise to "derive" Beer's law: R. W. Ricci, M. A. Ditzler, and L. P. Nestor, "Discovering the Beer-Lambert Law," *J. Chem. Ed.* **1994**, *71*, 983. An alternative derivation: W. D. Bare, "A More Pedagogically Sound Treatment of Beer's Law: A Derivation Based on a Corpuscular-Probability Model," *J. Chem. Ed.* **2000**, *77*, 929.

7. Instructions and pictures of the gummy bear demo at www.instructables .com/id/Gummy-Bears-and-Lasers/ and video on YouTube at v=DThUKDM_Wtk.

8. W. R. Algar, C. A. G. De Jong, E. J. Maxwell, and C. G. Aikens, "Demonstration of the Spectrophotometric Complementary Color Wheel Using LEDs and Indicator Dyes," *J. Chem. Ed.* **2016**, *93*, 162 (video and spectra available in supplementary materials).

9. Templates for a papercraft cellphone spectrometer available at www .PublicLab.org or https://publiclab.org/n/13577, and a video of instructions at www.youtube.com/watch?v=hZkVYuw4pJ4; E. K. Grasse, M. H. Torcasio, and A. W. Smith, "Teaching UV-Vis Spectroscopy with a 3D-Printable Smartphone Spectrophotometer," *J. Chem. Ed.* **2016**, *93*, 146.

10. Portable spectrometer: A. Scheeline, "Teaching, Learning and Using Spectroscopy with Commercial, Off-the-Shelf Technology," *Appl. Spec.* **2010**, *64*, 256A; B. K. Niece, "Simultaneous Display of Spectral Images and Graphs Using a Web Camera and Fiber-Optic Spectrophotometer," *J. Chem. Ed.* **2006**, *83*, 761; L. A. Porter, Jr., B. M. Washer, M. H. Hakim, and R. F. Dallinger, "User-Friendly 3D Printed Colorimeter Models," *J. Chem. Ed.* **2016**, *93*, 1305; L. A. Porter, Jr., C. A. Chapman, and J. A. Alaniz, "Simple and Inexpensive 3D Printed Filter Fluorometer Designs," *J. Chem. Ed.* **2017**, *94*, 105. Smartphone spectrometer experiments: B. S. Hosker, "Demonstrating Principles of Spectrophotometry by Constructing a Simple, Low-Cost, Functional Spectrophotometer Utilizing the Light Sensor on a Smartphone," *J. Chem. Ed.* **2018**, *95*, 178; T. S. Kuntzleman and E. C. Jacobson, "Teaching Beer's Law and Absorption Spectrophotometry with a Smart Phone," *J. Chem. Ed.* **2016**, *93*, 1249; E. Kehoe and R. L. Penn, "Introducing Colorimetric Analysis with Camera Phones and Digital Cameras," *J. Chem. Ed.* **2013**, *90*, 1191.

11. Video of nujol mull on YouTube at g_pCDAi5kGI and filling liquid cell at WyRTrAeg2mI.

12. L. Sooväli, E.-I. Rõõm, A. Kütt, I. Kaljurand, and I. Leito, "Uncertainty Sources in UV-Vis Spectrophotometric Measurement," *Accred. Qual. Assur.* **2006**, *11*, 246.

13. M. J. Cavaluzzi and P. N. Borer, "Revised UV Extinction Coefficients for Nucleoside-5'-Monophosphates and Unpaired DNA and RNA," *Nucleic Acids Res.* **2004**, *32*, e13, open access; A. V. Tataurov, Y. You, and R. Owczarzy, "Predicting Ultraviolet Spectrum of Single Stranded and Double Stranded Deoxyribonucleic Acids," *Biophys. Chem.* **2008**, *133*, 66. Provides spreadsheet for predicting molar absorptivity.

14. C. N. Pace, F. Vajdos, L. Fee, G. Grimsley, and T. Gray, "How to Measure and Predict the Molar Absorption Coefficient of a Protein," *Protein Sci.* **1995**, *4*, 2411, open access; P. A. Sims, "Use of a Spreadsheet to Help Students Understand the Origin of the Empirical Equation That Allows Estimation of the Extinction Coefficients of Proteins," *J. Chem. Ed.* **2012**, *89*, 738.

15. D. C. Harris, "Serum Iron Determination: A Sensitive Colorimetric Experiment," *J. Chem. Ed.* **1978**, *55*, 539.

16. W. E. Wentworth, "Dependence of the Beer-Lambert Absorption Law on Monochromatic Radiation," *J. Chem. Ed.* **1966**, *43*, 262.

17. A pictorial description of the dynamics of the $n \rightarrow \pi^*$ and $\pi \rightarrow \pi^*$ transitions is given by G. Henderson, "A New Look at Carbonyl Electronic Transitions," *J. Chem. Ed.* **1990**, *67*, 392.

18. Y.-Z. Ma, L. Jia, K.-G. Ma, H.-H. Wang, and X.-P. Jing, "Preparing, Characterizing, and Investigating Luminescent Properties of a Series of Long Lasting Phosphors in a $SrO-Al_2O_3$ System," *J. Chem. Ed.* **2017**, *94*, 1157.

19. R. B. Weinberg, "Classroom Activity: How Does Your Laundry Glow?" *J. Chem. Ed.* **2007**, *84*, 800A; J. P. Blitz, D. J. Sheeran, and T. L. Becker, "Classroom Demonstrations of Concepts in Molecular Fluorescence," *J. Chem. Ed.* **2006**, *83*, 758; E. M. Schulman, "Room Temperature Phosphorescence," *J. Chem. Ed.* **1976**, *53*, 522; F. B. Bramwell and M. L. Spinner, "Phosphorescence: A Demonstration," *J. Chem. Ed.* **1977**, *54*, 167; A. MacCormac, E. O'Brien, and R. O'Kennedy, "Classroom Activity: Lessons from Fluorescence" (of foods), *J. Chem. Ed.* **2010**, *87*, 685. For videos of everyday fluorescence, search YouTube for: FZ9E5hZMbCA; jLu6h3Qw5xs. For a phosphorescence demo search pjphYTBOYcM.

20. The 2014 Nobel Prize in Physics was shared by Isamu Akasaki, Hiroshi Amano, and Shuji Nakamura "for the invention of efficient blue light-emitting diodes (LEDs) which have enabled bright and energy-saving white light sources." Their Nobel lectures are at www.youtube.com/watch?v=dG2rV4HO1yg, and in I. Akasaki, "Blue Light: A Fascinating Journey," *Angew. Chem. Int. Ed.* **2015**, *54*, 7750; H. Amano, "Growth of GaN on Sapphire via Low-Temperature Deposited Buffer Layer and Realization of *p*-Type GaN by Mg Doping Followed by Low-Energy Electron Beam Irradiation," ibid., 7764; S. Nakamura, "Background Story of the Invention of Efficient InGaN Blue-Light-Emitting Diodes," ibid., 7770; G. G. Li, Y. Tian, Y. Zhao, and J. Lin, "Recent Progress in Luminescence Tuning of Ce^{3+} and Eu^{2+}-Activated Phosphors for pc-WLEDs," *Chem. Soc. Rev.* **2015**, *44*, 8688; S. Ye, F. Xiao, Y. X. Pam, Y. Y. Ma, and Q. Y. Zhang, "Phosphors in Phosphor-Converted White Light-Emitting Diodes: Recent Advances," *Mat. Sci. Eng. R* **2010**, *71*, 1.

21. C. Gell, D. Brockwell, and A. Smith, *Handbook of Single Molecule Fluorescence Spectroscopy* (Oxford: Oxford University Press, 2013); W. E. Moerner, Y. Schechtman, and Q. Wang, "Single-Molecule Spectroscopy and Imaging Over the Decades," *Faraday Discuss.* **2015**, *184*, 9; S. J. Lord, H.-L. D. Lee, and W. E. Moerner, "Single-Molecule Spectroscopy and Imaging of Biomolecules in Living Cells," *Anal. Chem.* **2010**, *82*, 2192; J. Zimmermann, A. van Dorp, and A. Renn, "Fluorescence Microscopy of Single Molecules," *J. Chem. Ed.* **2004**, *81*, 553.

22. The 2014 Nobel Prize in Chemistry was shared by Eric Betzig, Stefan Hell, and William Moerner for "the development of super-resolved fluorescence microscopy." Their Nobel lectures are on YouTube at CYSVd2qTfAk, and at E. Betzig, "Single Molecules, Cells, and Super-Resolution Optics" *Angew. Chem. Int. Ed.* **2015**, *54*, 8034; S. W. Hell, "Nanoscopy with Focused Light," ibid., 8054; and W. E. Moerner, "Single-Molecule Spectroscopy, Imaging, and Photocontrol: Foundations for Super-Resolution Microscopy," ibid., 8067.

23. T. Wang, L.-H. Zeng, and D.-L. Li, "A Review of Methods for Correcting the Fluorescence Inner-Filter Effect of Fluorescence Spectrum," *Appl. Spec. Rev.* **2017**, *52*, 883; C. B. Nettles, II, J. Hu, and D. M. Zhang, "Using Water Raman Intensities to Determine the Effective Excitation and Emission Path Lengths of Fluorophotometers for Correcting Inner Filter Effect," *Anal. Chem.* **2015**, *87*, 4917; Q. Gu and J. E. Kenny, "Improvement of Inner Filter Effect Correction Based on Determination of Effective Geometric Parameters Using a Conventional Fluorimeter," *Anal. Chem.* **2009**, *81*, 420.

24. M. Philp, R. Shimmon, M. Tahtouh, and S. L. Fu, "Development and Validation of a Presumptive Color Spot Test Method for the Detection of Synthetic Cathinones in Seized Illicit Materials," *Forensic Chem.* **2016**, *1*, 39; M. Philp, R. Shimmon, M. Tahtouh, and S. L. Fu, "Color Spot Test as a Presumptive Tool for the Rapid Detection of Synthetic Cathinones," *JOVE-J. Vis. Exp.* **2018**, *132*, e57045; C. Anderson, "Presumptive and Confirmatory Drug Tests," *J. Chem. Ed.* **2005**, *82*, 1809.

25. R. T. A. MacGillivray, E. Mendez, J. G. Shewale, S. K. Sinha, J. Lineback-Zins, and K. Brew, "The Primary Structure of Human Serum Transferrin," *J. Biol. Chem.* **1983**, *258*, 3543.

Chapter 19

1. G. Evtugyn, *Biosensors: Essentials* (Heidelberg: Springer, 2014); F.-G. Banica, *Chemical Sensors and Biosensors: Fundamentals and Applications* (West Sussex, UK: Wiley, 2012) includes end-of-chapter problems and powerpoint slides; J. Zhang, Q. Ni, and R. H. Newman, *Fluorescent Protein-Based Biosensors: Methods and Protocols* (New York: Humana Press, 2014); F. S. Ligler, "Perspective on Optical Biosensors and Integrated Sensor Systems," *Anal. Chem.* **2009**, *81*, 519.

2. Also called *fluorescence resonance energy transfer*. L. Stryer, "Fluorescence Energy Transfer as a Spectroscopic Ruler," *Annu. Rev. Biochem.* **1978**, *47*, 819; C. Berney and G. Danuser, "FRET or No FRET: A Quantitative Comparison," *Biophys. J.* **2003**, *84*, 3992; K. M. Sanchez, D. E. Schlamadinger, J. E. Gable, and J. E. Kim, "Förster Resonance Energy Transfer and Conformational Stability of Proteins," *J. Chem. Ed.* **2008**, *85*, 1253.

3. G.-J. Kremers, S. G. Gilbert, P. J. Cranfill, M. W. Davidson, and D. W. Piston, "Fluorescent Proteins at a Glance," *J. Cell Sci.* **2011**, *124*, 157; G.-J. Kremers, D. W. Piston, and M. W. Davidson, "Fundamental Principles of Förster

Resonance Energy Transfer (FRET) Microscopy with Fluorescent Proteins," www.microscopyu.com/applications/fret/basics-of-fret-microscopy

4. M. Otto, *Chemometrics: Statistics and Computer Application in Analytical Chemistry*, 3rd ed. (Weinheim, Germany: Wiley, 2017); J. C. Miller and J. N. Miller, *Statistics and Chemometrics for Analytical Chemistry*, 6th ed. (Harlow, UK: Pearson Prentice Hall, 2010).

5. To multiply a matrix by a vector, multiply each row of the matrix by each element of the vector as follows:

$$\begin{bmatrix} a_1 & a_2 \\ b_1 & b_2 \end{bmatrix}\begin{bmatrix} X \\ Y \end{bmatrix} = \begin{bmatrix} row\ 1 \times column\ 1 \\ row\ 2 \times column\ 2 \end{bmatrix} = \begin{bmatrix} a_1X + a_2Y \\ b_1X + b_2Y \end{bmatrix}$$

The product is a vector. The product of a matrix times a matrix is another matrix obtained by multiplying rows by columns:

$$\begin{bmatrix} a_1 & a_2 \\ b_1 & b_2 \end{bmatrix}\begin{bmatrix} c_1 & c_2 \\ d_1 & d_2 \end{bmatrix} = \begin{bmatrix} row\ 1 \times column\ 1 & row\ 1 \times column\ 2 \\ row\ 2 \times column\ 1 & row\ 2 \times column\ 2 \end{bmatrix}$$

$$= \begin{bmatrix} a_1c_1 + a_2d_1 & a_1c_2 + a_2d_2 \\ b_1c_1 + b_2d_1 & b_1c_2 + b_2d_2 \end{bmatrix}$$

Matrix **B** below is the inverse of **A** because their product is the unit matrix:

$$\underset{\mathbf{A}}{\begin{bmatrix} 1 & 2 \\ 3 & 4 \end{bmatrix}}\underset{\mathbf{B}}{\begin{bmatrix} -2 & 1 \\ \frac{3}{2} & -\frac{1}{2} \end{bmatrix}} = \begin{bmatrix} 1\cdot -2 + 2\cdot \frac{3}{2} & 1\cdot 1 + 2\cdot -\frac{1}{2} \\ 3\cdot -2 + 4\cdot \frac{3}{2} & 3\cdot 1 + 4\cdot -\frac{1}{2} \end{bmatrix} = \underset{\text{Unit matrix}}{\begin{bmatrix} 1 & 0 \\ 0 & 1 \end{bmatrix}}$$

6. P. D. Wentzell, Chem 4205 Lecture Notes, Dalhousie University, Halifax, Canada; P. R. Griffiths and J. A. de Haseth, *Fourier Transform Infrared Spectrometry*, 2nd ed. (Hoboken, NJ: Wiley, 2007), Chap. 9; a decision tree for appropriate selection of multivariate calibration methods is available in K. M. G. Lima and C. L. M. Morais, "First-Order Multivariate Calibration: Data, Algorithms and Analytical Applications," in *Chemometrics: Methods, Applications and New Research*, A. S. Luna, ed. (New York, Nova Science Publishers, 2017), Chap. 5; K. R. Beebe, R. J. Pell, and M. B. Seasholtz, *Chemometrics: A Practical Guide* (New York: Wiley, 1998).

7. *Standard Practice for Infrared Multivariate Quantitative Calibrations*, ASTM E1655; *Standard Practice for Validation of Empirically Derived Multivariate Calibrations*, ASTM E2617; P. Williams, P. Dardenne, and P. Flinn, "Items to Be Included in a Report on Near Infrared Spectroscopy," *J. Near Infrared Spectrosc.* **2017**, *25*, 85; S. J. Doherty and A. J. Lange, "Avoiding Pitfalls with Chemometrics and PAT in Pharmaceutical and Biotech Industries," *Trends Anal. Chem.* **2006**, *25*, 1097.

8. D. A. Burns and E. W. Ciurczak, eds., *Handbook of Near-Infrared Analysis*, 3rd ed. (Boca Raton: CRC Press, 2008); C. Pasquini, "Near Infrared Spectroscopy: A Mature Analytical Technique with New Perspectives," *Anal. Chim. Acta* **2018**, *1026*, 8.

9. An isosbestic point does not *prove* that there is a reaction or equilibrium that involves quantitative conversion of one species into another species. Rather, an isosbestic point indicates that the stoichiometry of the reaction or equilibrium is constant and that no secondary reactions are occurring. M.-F. Pouët, E. Baures, S. Vaillant, and O. Thomas, "Hidden Isosbestic Point(s) in Ultraviolet Spectra," *Appl. Spec.* **2004**, *58*, 486.

10. J. Mendham, R. C. Denney, J. D. Barnes, and M. J. K. Thomas, *Vogel's Textbook of Quantitative Chemical Analysis*, 6th ed. (Essex, UK: Prentice Hall, 2000), Sections 17.20–17.30; L. M. L. Nollet and L. S. P. De Gelder, eds. *Handbook of Water Analysis*, 3rd ed. (Boca Raton: CRC Press, 2014). Free download of 950-page book from web—search for "handbook of water analysis nollet pdf"; E. B. Sandell and H. Onishi, *Photometric Determination of Traces of Metals*, 3rd ed. (New York: Wiley, 1978).

11. "UV/Vis Spectroscopy in Microplates," publication no. F073041 (Greiner Bio-One, 2008); JoVE Science Education Database, *General Laboratory Techniques*. "Introduction to the Microplate Reader" (Cambridge, MA: JoVE, 2019).

12. M. Busch, H. B. Thoma, and I. Kober, "Does Your Lab Coat Fit to Your Assay?" *J. Biomolec. Screening* **2013**, *18*, 744.

13. K. Stevenson, A. F. McVey, I. B. N. Clark, P. S. Swain, and T. Pilizota, "General Calibration of Microbial Growth in Microplate Readers," *Sci. Reports* **2016**, *6*, 38838, open access.

14. S. Sousan, K. Koehler, L. Hallett, and T. M. Peters, "Consumer Monitors to Measure Particulate Matter," *J. Aerosol Sci.* **2017**, *107*, 123; S. Gao, R. W. Hilts, M. S. Ross, and S. A. Styler, "Particulate Matters: Student-Led Air Quality Research in the Third-Year Environmental Chemistry Classroom and the Field," *Anal. Bioanal. Chem.* **2018**, *410*, 3223.

15. J. Ruzicka, *Flow Injection Analysis*, 2019, available free from www.flowinjectiontutorial.com; V. Cerdà, L. Ferrer, J. Avivar, and A. Cerdà, *Flow Analysis: A Practical Guide* (Amsterdam: Elsevier, 2014); M. Trojanowicz and K. Kołacińska, "Advances in Flow Injection Analysis," *Analyst* **2016**, *141*, 2085.

16. S. Kolev and I. McKelvie, eds., *Advances in Flow Injection Analysis and Related Techniques* (New York: Elsevier Science, 2008).

17. J. Shah, M. R. Jan, and N. Bashir, "Flow Injection Spectrophotometric Determination of Acetochlor in Food Samples," *Am. Lab. News Ed.* March 2008, p. 12.

18. M. Miró and E. H. Hansen, "Advances and Future Prospects of Mesofluidic Lab-on-a-Valve Platforms," *Anal. Chim. Acta* **2012**, *750*, 3.

19. G. Giakisikli, E. Trikas, M. Petala, T. Karapantsios, G. Zachariadis, and A. Anthemidis, "Integrated Sequential Injection Analysis System for Ammonium Determination in Recycled Hygiene and Potable Water Samples for Future Use in Manned Space Missions," *Microchem. J.* **2017**, *133*, 490.

20. J. R. Albani, *Principles and Applications of Fluorescence Spectroscopy* (Oxford: Blackwell, 2007).

21. D. S. Chatellier and H. B. White, III, "What Color Is Egg White? Biochemical Demonstration of Formation of a Vitamin-Protein Complex Using Fluorescence Quenching," *J. Chem. Ed.* **1988**, *65*, 814.

22. U. Bhattacharjee, D. Jarashow, T. A. Casey, J. W. Petrich, and R. A. Rasmussen, "Using Fluorescence Spectroscopy to Identify Milk from Grass-Fed Dairy Cows and to Monitor Its Photodegradation," *J. Agric. Food. Chem.* **2018**, *66*, 2168.

23. X. Y. Jiao, Y. Li, J. Y. Niu, X. L. Xie, X. Wang, and B. Tang, "Small-Molecule Fluorescent Probes for Imaging and Detection of Reactive Oxygen, Nitrogen, and Sulfur Species in Biological Systems," *Anal. Chem.* **2018**, *90*, 533; L. Y. Chen, D. Wu, and J. Yoon, "Chromophore-Based Chemosensors for Nerve Agents and Phosgene," *ACS Sensors* **2018**, *3*, 27; M. R. Wu, Q. Y. Lai, Q. Ju, L. Li, H.-D. Yu, and W. Huang, "Paper-Based Fluorogenic Devices for in Vitro Diagnostics," *Biosens. Bioelectron.* **2018**, *102*, 256; B. M. Luby, D. M. Charron, C. M. MacLaughlin, and G. Zheng, "Activatable Fluorescence: From Small Molecule to Nanoparticle," *Adv. Drug Delivery Rev.* **2017**, *113*, 97; A. F. L. Schneider and C. P. R. Hackenberger, "Fluorescent Labelling in Living Cells," *Curr. Opin. Biotechnol.* **2017**, *48*, 61.

24. X. H. Li, X. H. Gao, W. Shi, and H. M. Ma, "Design Strategies for Water-Soluble Small Molecular Chromogenic and Fluorogenic Probes," *Chem. Rev.* **2014**, *114*, 590.

25. A. P. de Silva, H. Q. N. Gunaratne, T. Gunnlaugsson, A. J. M. Huxley, C. P. McCoy, J. T. Rademacher, and T. E. Rice, "Signaling Recognition Events with Fluorescent Sensors and Switches," *Chem. Rev.* **1997**, *97*, 1515.

26. *Molecular Probes Handbook: A Guide to Fluorescent Probes and Labeling Technologies,* free online version at www.thermofisher.com/handbook.

27. R. Preti, M. L. Antonelli, R. Bernacchia, and G. Vinci, "Fast Determination of Biogenic Amines in Beverages by a Core-Shell Particle Column," *Food Chem.* **2015**, *187*, 555.

28. M. Zimmer, *Illuminating Disease: An Introduction to Green Fluorescent Proteins* (Oxford: Oxford University Press, 2015); R. E. Campbell, "Fluorescent Proteins," *Scholarpedia J.* **2008**, *3*, 5410, open access; search for "fluorescent proteins" within *Molecular Expressions* website at https://micro.magnet.fsu.edu/primer/techniques/index.html); Interactive visualization of fluorescent protein properties, www.fpvis.org.

29. O. Shimomura, "Discovery of Green Fluorescent Protein (GFP)," *Agnew. Chem. Int. Ed. Eng.* **2009**, *48*, 5590; M. Chalfie, "GFP: Lighting Up Life," ibid., 5603; Nobel Laureate Martin Chalfie's presentation *Green Fluorescent Protein: Lighting Up My Life* at the University of Brasilia on October 27, 2014, may be viewed at www.youtube.com/watch?v=YCY0Inhb4oI&t=21s; R. Y. Tsien, "Constructing and Exploiting the Fluorescent Protein Paintbox," ibid., 5612. Roger Tsien's speech on University of California Television from June 2, 2011, may be viewed at www.youtube.com/watch?v=sPe-EPNqh6U.

30. M. Uttamchandani and S. Q. Yao, eds., *Small Molecule Microarrays: Methods and Protocols*, 2nd ed. (New York: Humana Press, 2017); X. Y. Meng, J. Wei,

Y. Q. Wang, H. Zhang, and Z. X. Wang, "Peptide Microarrays in Biomedical Research," *Anal. Meth.* **2018**, *10*, 4614; Y. M. Foong, J. Q. Fu, S. Q. Yao, and M. Uttamchandani, "Advances in Peptide and Small Molecule Microarray Technologies," *Curr. Opin. Chem. Biol.* **2012**, *16*, 234; M. Seidel and R. Neissner, "Chemiluminescence Microarrays in Analytical Chemistry," *Anal. Bioanal. Chem.* **2014**, *406*, 5589; S. Nagl, M. Schaeferling, and O. S. Wolfbeis, "Fluorescence Analysis in Microarray Technology," *Microchim. Acta* **2005**, *151*, 1.

31. A. Roda, ed., *Chemiluminescence and Bioluminescence* (Cambridge: RSC Publishing, 2011).

32. E. Widder, "Weird, Wonderful World of Bioluminescence," TED Talk 2011, www.ted.com/talks/edith_widder_the_weird_and_wonderful_world_of_bioluminescence

33. L. Bolelli, E. N. Ferri, and S. Girotti, "Naturally Light-Emitting Bacteria as a Flexible Analytical Tool," *Anal. Chim. Acta* **2016**, *934*, 22; V. Kokkali and W. van Delft, "Commercially Available Bioassays for Assessing Chemical Toxicity in Aqueous Samples," *Trends Anal. Chem.* **2014**, *61*, 133; International Organization for Standardization, "Water Quality—Determination of the Inhibitory Effect of Water Samples on Light Emission of *Vibrio fischeri* (Luminescent Bacteria Test), Standard ISO 11348-1:2007 and -2:2007.

34. A. L. Pay, C. Kovash, and B. A. Logue, "Demonstrate Organic Synthesis, Fluorescence, and Chemiluminescence Through Production of a Biphasic Glow Stick," *J. Chem. Ed.* **2017**, *94*, 1580; T. S. Kuntzleman, K. Rohrer and E. Schultz, "Chemistry of Lightsticks: Demonstrations to Illustrate Chemical Processes," *J. Chem. Ed.* **2012**, *89*, 910; O. Jilani, T. M. Donahue, and M. O. Mitchell, "Greener Chemiluminescence Demonstration," *J. Chem. Ed.* **2011**, *88*, 786.

35. B. M. Cassidy et al., "Determining a Representative Detection Limit of the Forensic Luminol Test for Latent Bloodstains," *Forensic Sci. Intl.* **2017**, *278*, 396; F. Barni, S. W. Lewis, A. Berti, G.M. Miskelly, and G. Lago, "Forensic Application of the Luminol Reaction as a Presumptive Test for Latent Blood Detection," *Talanta* **2007**, *72*, 896; P. B. O'Hara, C. Engelson, and W. St. Peter, "Turning on the Light: Lessons from Luminescence," *J. Chem. Ed.* **2005**, *82*, 49. Experiment 5 in the paper's supplementary materials.

36. F. Breider and U. von Gunten, "Total *N*-Nitrosamine Concentrations in Aqueous Samples via UV-Photolysis and Chemiluminescence Detection of Nitric Oxide," *Anal. Chem.* **2017**, *89*, 1574.

37. T. Nagahata, H. Kajiwara, S.-I. Ohira, and K. Toda, "Simple Field Device for Dimethyl Sulfide and Dimethylsulfoniopropionate in Natural Waters, Based on Vapor Generation and Chemiluminescence Detection," *Anal. Chem.* **2013**, *85*, 4461.

38. J. G. Ibanez, D. Zavala-Araiza, B. S.-M. Barranco, J. Torres-Perez, C. Camacho-Zuniga, C. Bohrmann-Linde, and M. W. Tausch, "Demonstration of Simultaneous Electrochemiluminescence," *J. Chem. Ed.* **2013**, *90*, 470.

39. K. A. Kneas, W. Y. Xu, J. N. Demas, and B. A. DeGraff, "Dramatic Demonstration of Oxygen Sensing by Luminescence Quenching," *J. Chem. Ed.* **1997**, *74*, 696.

40. C. Beleizão, S. Nagl, M. Schäferling, M. N. Berberan-Santos, and O. S. Wolfbeis, "Dual Fluorescence Sensor for Trace Oxygen and Temperature with Unmatched Range and Sensitivity," *Anal. Chem.* **2008**, *80*, 6449; S. Kochmann, C. Beleizão, M. N. Berberan-Santos, and O. S. Wolfbeis, "Sensing and Imaging of Oxygen with Parts per Billion Limits of Detection Based on Quenching of Delayed Fluorescence of $^{13}C_{70}$ Fullerene in Polymer Hosts," *Anal. Chem.* **2013**, *85*, 1300.

41. R. R. Islangulov, D. V. Kozlov, and F. N. Castellano, "Low Power Upconversion Using MLCT Sensitizers," *Chem. Commun.* **2005**, 3776; F. N. Castellano and C. E. McCusker, "MLCT Sensitizers in Photochemical Upconversion," *Dalton Trans.* **2015**, *44*, 17906; B. M. Wilke and F. N. Castellano, "Photochemical Upconversion: Experiment for Undergraduates Using a Conventional Fluorimeter," *J. Chem. Ed.* **2013**, *90*, 786. For red-to-yellow, red-to-green, and red-to-blue upconversion, see J. Zhou, Q. Liu, W. Feng, Y. Sun, and F. Y. Li, "Upconversion Luminescent Materials," *Chem. Rev.* **2015**, *115*, 395.

42. A. L. Ouellette, J. J. Li, D. E. Cooper, A. J. Ricco, and G. T. A. Kovacs, "Evolving Point-of-Care Diagnostics Using Up-Converting Phosphor Bioanalytical Systems," *Anal. Chem.* **2009**, *81*, 3216.

43. Z. H. Li, H. Yuan, W. Yuan, Q. Q. Su, and F. Y. Li, "Upconversion Nanoprobes for Biodetections," *Coord. Chem. Rev.* **2018**, *354*, 155; H. H. Gorris and U. Resch-Genger, "Perspectives and Challenges of Photon-Upconversion Nanoparticles: Bioanalytical Applications," *Anal. Bioanal. Chem.* **2017**, *409*, 5875.

44. R. S. Yalow, "Development and Proliferation of Radioimmunoassay Technology," *J. Chem. Ed.* **1999**, *76*, 767; R. P. Ekins, "Immunoassay, DNA Analysis, and Other Ligand Binding Assay Techniques," *J. Chem. Ed.* **1999**, *76*, 769; E. F. Ullman, "Homogeneous Immunoassays," *J. Chem. Ed.* **1999**, *76*, 781.

45. J. J. Trausch, M. Shank-Retzlaff, and T. Verch, "HPV Type-16 Specific Modified DNA Aptamer for the Improvement of Potency Assays," *Anal. Chem.* **2017**, *89*, 3554.

46. Z. Zhang, K. Zeng, and J. F. Liu, "Immunochemical Detection of Emerging Organic Contaminants in Environmental Waters," *Trends Anal. Chem.* **2017**, *87*, 49; Y.-F. Li et al., "Immunochemical Techniques for Multianalyte Analysis of Chemical Residues in Food and Environment," *Trends Anal. Chem.* **2017**, *88*, 25.

47. R. Banerjee and A. Jaiswal, "Nanoparticle-Based Lateral Flow Immunoassay as Point-of-Care Diagnostic Tool for Infectious Agents and Diseases," *Analyst* **2018**, *143*, 1970; S. Nayak, N. R. Blumenfeld, T. Laksanasopin, and S. K. Sia, "Point-of-Care Diagnostics," *Anal. Chem.* **2017**, *89*, 102.

48. M. Sy, A. Nonat, N. Hildebrandt, and L. J. Charbonnière, "Lanthanide-Based Luminescence Biolabelling," *Chem. Commun.* **2016**, *52*, 5080; J. M. Zwier, H. Bazin, L. Lamarque, and G. Mathis, "Luminescent Lanthanide Crypates: From the Bench to the Bedside," *Inorg. Chem.* **2014**, *53*, 1854.

49. Z. A. Wang, F. N. Sonnichsen, A. M. Bradley, K. A. Hoering, T. M. Lanagan, S. N. Chu, T. R. Hammar, and R. Camilli, "In Situ Sensor Technology for Simultaneous Spectrophotometric Measurements of Seawater Total Dissolved Inorganic Carbon and pH," *Environ. Sci. Technol.* **2015**, *49*, 4441.

50. M. D. DeGrandpre, M. M. Baehr, and T. R. Hammar, "Calibration-Free Optical Chemical Sensors," *Anal. Chem.* **1999**, *71*, 1152.

51. K. Bera, A. K. Das, A. Rakshit, B. Sarkar, A. Rawat, B. K. Maity, and S. Maiti, "Fluorogenic Detection of Monoamine Neurotransmitters in Live Cells," *ACS Chem. Neurosci.* **2018**, *9*, 469; X.-F. Guo, J. Arceo, B. J. Huge, K. R. Ludwig, and N. J. Dovichi, "Chemical Cytometry of Thiols Using Capillary Electrophoresis-Laser Induced Fluorescence and TMPAB-*o*-M, an Improved Fluorogenic Reagent," *Analyst* **2016**, *141*, 1325; X. P. Meng, T. Tong, L. R. Wang, H. X. Liu, and W. Chan, "Determination of 2-Alkylcyclobutanones by Precolumn Derivatization with 1-Naphthalenyl Hydrazine and Ultra-Performance Liquid Chromatography with Fluorescence Detection," *Anal. Bioanal. Chem.* **2016**, *408*, 3707.

52. A Poisson distribution is valid when (a) all possible outcomes are random and independent of one another, (b) the maximum possible value of n is a large number, and (c) the average value of n is a small fraction of the maximum possible value.

Chapter 20

1. G. Gagliardi and H.-P. Loock, eds., *Cavity-Enhanced Spectroscopy and Sensing* (Heidelberg: Springer, 2014); L. S. Berden and R. Engeln, eds., *Cavity Ringdown Spectroscopy–Techniques and Applications* (Chichester: Wiley, 2009); Z. Bajuszova, Z. Ali, S. Scott, L. N. Seetohul, and M. Islam, "Cavity-Enhanced Immunoassay Measurements in Microtiter Plates," *Anal. Chem.* **2016**, *88*, 5264; L. van der Sneppen, F. Ariese, C. Gooijer, and W. Ubachs, "Liquid-Phase and Evanescent-Wave Cavity Ring-Down Spectroscopy in Analytical Chemistry," *Annu. Rev. Anal. Chem.* **2009**, *2*, 13.

2. www.picarro.com

3. J. M. Kauffman, "Water in the Atmosphere," *J. Chem. Ed.* **2004**, *81*, 1229.

4. S. K. Lower, "Thermal Physics (and Some Chemistry) of the Atmosphere," *J. Chem. Ed.* **1998**, *75*, 837; W. C. Trogler, "Environmental Chemistry of Trace Atmospheric Gases," *J. Chem. Ed.* **1995**, *72*, 973.

5. D. L. Hartmann, A. M. G. Klein Tank, M. Rusticucci, L. V. Alexander, S. Brönnimann, Y. Charabi, F. J. Dentener, E. J. Dlugokencky, D. R. Easterling, A. Kaplan, B. J. Soden, P. W. Thorne, M. Wild, and P. M. Zhai, "2013: Observations: Atmosphere and Surface," in *Climate Change 2013: The Physical Science Basis. Contribution of Working Group I to the Fifth Assessment Report of the Intergovernmental Panel on Climate Change*, T. F. Stocker, D. Qin, G.-K. Plattner, M. Tignor, S. K. Allen, J. Boschung, A. Nauels, Y. Xia, V. Bex, and P. M. Midgley, eds. (Cambridge: Cambridge University Press, 2014).

6. H. Nasim and Y. Jamil, "Diode Lasers: From Laboratory to Industry," *Optics Laser Technol.* **2014**, *56*, 211; L. A. Coldren, S. W. Corzine, and

Milan L. Mašanović, *Diode Lasers and Photonic Integrated Circuits*, 2nd ed. (Hoboken, NJ: Wiley, 2012).

7. D. A. Bui and P. C. Hauser, "Analytical Devices Based on Light-Emitting Diodes" *Anal. Chim. Acta* **2015**, *853*, 46; M. Macka, T. Piasecki, and P. K. Dasgupta, "Light-Emitting Diodes for Analytical Chemistry," *Annu. Rev. Anal. Chem.* **2014**, *7*, 183.

8. Pulse Oximetry video, www.youtube.com/watch?v=2v3rae-73jc, *New England Journal of Medicine Procedures*; E. D. Chan, M. M. Chan, and M. M. Chan, "Pulse Oximetry: Understanding Its Basic Principles Facilitates Appreciation of Its Limitations," *Respir. Med.* **2013**, *107*, 789.

9. C. A. Palmer and E. G. Loewen, *Diffraction Grating Handbook*, 7th ed. (Rochester, NY: Richardson Gratings, 2014); W. E. L. Grossman, "The Optical Characteristics and Production of Diffraction Gratings," *J. Chem. Ed.* **1993**, *70*, 741.

10. B. Lang, A. Urbas, P. DeRose, H.-K. Liu, J. Travis, S. Choquette, and K. D. Cole, "NIST Standard Reference Material 2082, A Pathlength Standard for Measurements in the Ultraviolet Spectrum, " *J. Res. NIST* **2017**, *122*, article 33.

11. www.hellma-analytics.com. Select "Certified Reference Materials".

12. Absorbance: J. C. Travis et al., "Intrinsic Wavelength Standard Absorption Bands in Holmium Oxide Solution for UV/Visible Molecular Absorption Spectrophotometry," *J. Phys. Chem. Ref. Data* **2005**, *34*, 41; Fluorescence: ASTM Standard E388, 2015, "Standard Test Method for Wavelength Accuracy and Spectral Bandwidth of Fluorescence Spectrometers," ASTM International, West Conshohocken, PA, 2015; H. Anderle and A. Weber, "Fluorescent Rare Earth Solutions as Intrinsic Wavelength Standards for Protein Fluorescence Spectroscopy," *Anal. Biochem.* **2017**, *518*, 86.

13. *Photomultiplier Tubes: Basics and Applications*, 3rd ed. (Hamamatsu City, Japan: Hamamatsu Photonics, 2007.)

14. *Opto-Semiconductor Handbook* (Hamamatsu City, Japan: Hamamatsu Photonics, 2014.)

15. S. C. Denson, C. J. S. Pommier, and M. B. Denton, "The Impact of Array Detectors on Raman Spectroscopy," *J. Chem. Ed.* **2007**, *84*, 67; J. M. Harnly and R. E. Fields, "Solid-State Array Detectors for Analytical Spectrometry," *Appl. Spec.* **1997**, *51*, 334A; Q. S. Hanley, C. W. Earle, F. M. Pennebaker, S. P. Madden, and M. B. Denton, "Charge-Transfer Devices in Analytical Instrumentation," *Anal. Chem.* **1996**, *68*, 661A; J. V. Sweedler, K. L. Ratzlaff, and M. B. Denton, eds., *Charge Transfer Devices in Spectroscopy* (New York: VCH, 1994).

16. D. C. Harris, "Charles David Keeling and the Story of Atmospheric CO_2 Measurements," *Anal. Chem.* **2010**, *82*, 7865.

17. J. C. Pales and C. D. Keeling, "The Concentration of Atmospheric Carbon Dioxide in Hawaii," *J. Geophys. Res.* **1965**, *70*, 6053; V. N. Smith, "A Recording Infrared Analyzer," *Instruments* **1953**, *9*, 421.

18. U. Resch-Genger and P. C. DeRose, "Characterization of Photoluminescence Measuring Systems (IUPAC)," *Pure Appl. Chem.* **2012**, *84*, 1815; C. Würth, M. Grabolle, J. Pauli, M. Spieles, and U. Resch-Genger, "Relative and Absolute Determination of Fluorescence Quantum Yields of Transparent Samples," *Nat. Protoc.* **2013**, *8*, 1535. Protocol 1A.

19. G. Rajan, ed. *Optical Fiber Sensors* (Boca Raton, FL: CRC Press, 2015); J. L. Santos and F. Farahi, eds. *Handbook of Optical Sensors* (Boca Raton, FL: CRC Press, 2015); F. S. Ligler and C. R. Taitt, eds., *Optical Biosensors: Today and Tomorrow*, 2nd ed. (Amsterdam: Elsevier, 2008); X.-D. Wang and O. S. Wolfbeis, "Fiber-Optic Chemical Sensors and Biosensors," *Anal. Chem.* **2016**, *88*, 203; E. Benito-Peña, M. G. Valdés, B. Glahn-Martínez, and M. C. Moreno-Bondi, "Fluorescence Based Fiber Optic and Planar Waveguide Biosensors," *Anal. Chim. Acta* **2016**, *943*, 17.

20. R. Correia, S. James, S.-W. Lee, S. P. Morgan, and S. Korposh, "Biomedical Application of Optical Fibre Sensors," *J. Optics* **2018**, *20*, 073003, open access; B. J. Müller, T. Rappitsch, C. Staudinger, C. Rüschitz, S. M. Borisov, and I. Klimant, "Sodium-Selective Fluoroionophore-Based Optodes for Seawater Salinity Measurement," *Anal. Chem.* **2017**, *89*, 7195; F. Algaar, E. Eltzov, M. M. Vdovenko, I. Y. Sakharov, L. Fajs, M. Weidmann, A. Mirazimi, and R. S. Marks, "Fiber-Optic Immunosensor for Detection of Crimean-Congo Hemorrhagic Fever IgG Antibodies in Patients," *Anal. Chem.* **2015**, *87*, 8394; S.-I. Ohira, P. K. Dasgupta, and K. A. Schug, "Fiber Optic Sensor for Simultaneous Determination of Atmospheric Nitrogen Dioxide, Ozone, and Relative Humidity," *Anal. Chem.* **2009**, *81*, 4183.

21. Z. Rosenzweig and R. Kopelman, "Analytical Properties and Sensor Size Effects of a Micrometer-Sized Optical Fiber Glucose Biosensor," *Anal. Chem.* **1996**, *68*, 1408.

22. C. Preininger, I. Klimant, and O. S. Wolfbeis, "Optical Fiber Sensor for Biological Oxygen Demand," *Anal. Chem.* **1994**, *66*, 1841.

23. K. G. Kraiczek, J. Mannion, S. Post, A. Tsupryk, V. Raghunathan, R. Brennen, and R. Zengerle, "Micromachined Fused Silica Liquid Core Waveguide Capillary Flow Cell," *Anal. Chem.* **2016**, *88*, 1100; T. Dallas and P. K. Dasgupta, "Light at the End of the Tunnel: Analytical Applications of Liquid-Core Waveguides," *Trends Anal. Chem.* **2004**, *23*, 385.

24. J. T. Bradshaw, S. B. Mendes, and S. S. Saavedra, "Planar Integrated Optical Waveguide Spectroscopy," *Anal. Chem.* **2005**, *77*, 28A.

25. ASTM International Standard Methods for: E573 Internal Reflection Spectroscopy; D7371 and D7861 Determination of Biodiesel (Fatty Acid Methyl Esters) Content in Diesel Fuel Oil; Determination of Benzene in Spark-Ignition Engine Fuels; Determination of Amount of Polypropylene in Polypropylene/Low Density Polyethylene Mixtures; D7686 Field-Based Condition Monitoring of Soot of In-Service Lubricants; E2224 Forensic Analysis of Fibers; and D2937 Forensic Paint Examinations.

26. GE Healthcare, *Biacore™ Assay Handbook* (publication no. 29019400, 2012), available online at no charge; M. Li, S. K. Cushing, and N. Q. Wu, "Plasmon-Enhanced Optical Sensors," *Analyst* **2015**, *140*, 386; M. Couture, S. S. Zhao, and J.-F. Masson, "Modern Surface Plasmon Resonance for Bioanalytics and Biophysics," *Phys. Chem. Chem. Phys.* **2013**, *15*, 11190; J.-F. Masson, "Surface Plasmon Resonance Clinical Biosensors for Medical Diagnostics," *ACS Sensors* **2017**, *2*, 16; R. Bakhtiar, "Surface Plasmon Resonance Spectroscopy: A Versatile Technique in a Biochemist's Toolbox," *J. Chem. Ed.* **2013**, *90*, 203.

27. B. C. Smith, *Fundamentals of Fourier Transform Infrared Spectroscopy* (Boca Raton, FL: CRC Press, 2011); P. R. Griffiths and J. A. de Haseth, *Fourier Transform Infrared Spectrometry*, 2nd ed. (Hoboken, NJ: Wiley, 2007); W. D. Perkins, "Fourier Transform-Infrared Spectroscopy," *J. Chem. Ed.* **1986**, *63*, A5; ibid., **1987**, *64*, A269, A296; Q. S. Hanley, "Fourier Transforms Simplified: Computing an Infrared Spectrum from an Interferogram," *J. Chem. Ed.* **2012**, *89*, 391; B. Shepherd and M. K. Bellamy, "A Spreadsheet Exercise to Teach the Fourier Transform in FTIR Spectrometry," *J. Chem. Ed.* **2012**, *89*, 681.

28. ASTM Standard E168, "Standard Practice for General Techniques of Infrared Quantitative Analysis," ASTM International, West Conshohocken, PA, 2016.

29. Digital and electronic techniques for improving signal-to-noise ratio: T. C. O'Haver, *A Pragmatic Introduction to Signal Processing* (Lexington, KY: CreateSpace Independent Publishing Platform, 2016), free download of 146-page book, software, and spreadsheets from web search for title; K. Overway, "FT Digital Filtering: Simulating Fourier Transform Apodization via Excel," *J. Chem. Ed.* **2008**, *85*, 1151, spreadsheet available as supplementary material at journal website.

30. G. M. Hieftje, "Signal-to-Noise Enhancement Through Instrumental Techniques," *Anal. Chem.* **1972**, *44*, 81A [No. 6], 69A [No. 7]; D. C. Tardy, "Signal Averaging," *J. Chem. Ed.* **1986**, *63*, 648.

31. N. N. Sesi, M. W. Borer, T. K. Starn, and G. M. Hieftje, "A Standard Approach to Collecting and Calculating Noise Amplitude Spectra," *J. Chem. Ed.* **1998**, *75*, 788.

32. M. L. Salit and G. C. Turk, "A Drift Correction Procedure," *Anal. Chem.* **1998**, *70*, 3184.

33. L. D. Rothman, S. R. Crouch, and J. D. Ingle, Jr., "Theoretical and Experimental Investigation of Factors Affecting Precision in Molecular Absorption Spectrophotometry," *Anal. Chem.* **1975**, *47*, 1226.

34. A. Savitzky and M. J. E. Golay, "Smoothing and Differentiation of Data by Simplified Least Squares Procedures," *Anal. Chem.* **1964**, *36*, 1627. This paper gives tables of coefficients for multipoint smoothing of 5 to 25 points by fitting polynomials of order 2, 3, 4, and 5, and for finding smoothed derivative curves.

35. Polynomial smoothing of spectroscopic data is applied in a student experiment described by R. R. de Oliveira, L. S. das Neves, and K. M. G. de Lima, "Experimental Design, Near-Infrared Spectroscopy, and Multivariate Calibration," *J. Chem. Ed.* **2012**, *89*, 1566.

Chapter 21

1. W. Müller, H. Fricke, A. N. Halliday, M. T. McCulloch, and J.-A. Wartho, "Origin and Migration of the Alpine Iceman," *Science* **2003**, *302*, 862; See www.isotopesmatter.com for IUPAC-developed class materials on atomic weight intervals and how they can be used for applications such as finding Ötzi's home.

2. F. Maixner et al., "Iceman's Last Meal," *Curr. Biol.* **2018**, *28*, 2348, open access.

3. A. Sanz-Medel and R. Pereiro, *Atomic Absorption Spectrometry: An Introduction*, 2nd ed. (New York: Momentum, 2014); J. A. C. Broekaert, *Analytical and Atomic Spectrometry with Flames and Plasmas*, 2nd ed. (Weinheim: Wiley-VCH, 2005); L. H. J. Lajunen and P. Perämäki, *Spectrochemical Analysis by Atomic Absorption and Emission*, 2nd ed. (Cambridge: Royal Society of Chemistry, 2004); M. Cullen, *Atomic Spectroscopy in Elemental Analysis* (Oxford: Blackwell, 2004); J. R. Dean and D. J. Ando, *Atomic Absorption and Plasma Spectroscopy* (New York: Wiley, 2002).

4. M. R. Winchester, T. A. Butler, and G. C. Turk, "Improving the High-Performance Inductively Coupled Plasma Optical Emission Spectrometry Methodology Through Exact Matching," *Anal. Chem.* **2010**, *82*, 7675; R. G. Brennan, S. A. Rabb, M. J. Holden, M. R. Winchester, and G. C. Turk, "Potential Primary Measurement Tool for the Quantification of DNA," *Anal. Chem.* **2009**, *81*, 3414.

5. History: V. Thomsen, "Timeline of Atomic Spectroscopy," *Spectroscopy*, October 2006, p. 32; A. Walsh, "The Development of Atomic Absorption Methods of Elemental Analysis 1952–1962," *Anal. Chem.* **1991**, *63*, 933A; B. V. L'vov, "Graphite Furnace Atomic Absorption Spectrometry," *Anal. Chem.* **1991**, *63*, 924A.

6. J. Huber, L.-E. Heimbürger, J. E. Sonke, S. Ziller, M. Lindén, and K. Leopold, "Nanogold-Decorated Silica Monoliths as Highly Efficient Solid-Phase Adsorbent for Ultratrace Mercury Analysis in Natural Waters," *Anal. Chem.* **2015**, *87*, 11122; K. E. Kristian, S. Friedbauer, D. Kabashi, K. M. Ferencz, J. C. Barajas, and K. O'Brien, "Simplified Digestion Protocol for Analysis of Hg in Fish by Cold Vapor Atomic Absorption Spectroscopy," *J. Chem. Ed.* **2015**, *92*, 698; B. K. Niece and J. F. Hauri, "Determination of Mercury in Fish: Low-Cost Implementation of Cold-Vapor Atomic Absorbance for the Undergraduate Environmental Chemistry Laboratory," *J. Chem. Ed.* **2013**, *90*, 487; J. V. Cizdziel, "Mercury in Environmental and Biological Samples Using Online Combustion with Sequential Atomic Absorption and Fluorescence Measurements," *J. Chem. Ed.* **2011**, *88*, 209; S. Armenta and M. de la Guardia, "Determination of Mercury in Milk by Cold Vapor Atomic Fluorescence," *J. Chem. Ed.* **2011**, *88*, 488.

7. C. C. Windmöller, N. C. Silva, P. H. M. Andrade, L. A. Mendes, and C. M. Valle, "Direct Mercury Analyzer® for Mercury Speciation Without Sample Preparation," *Anal. Meth.* **2017**, *9*, 2159; J. Gray, "Simple, Environmentally Friendly Mercury Analysis by U.S. EPA Method 1631," *Am. Lab.* March 2011, p. 22; K. Scoffin, "Mercury Analyzers in the Laboratory," *Am. Lab.* April 2013, p. 20.

8. K. Leopold, M. Foulkes, and P. J. Worsfold, "Determination and Speciation of Mercury in Nature Waters—A Review," *Anal. Chim. Acta* **2010**, *663*, 127.

9. History: R. F. Jarrell, "A Brief History of Atomic Emission Spectrochemical Analysis, 1666–1950," *J. Chem. Ed.* **2000**, *77*, 573; R. F. Jarrell, F. Brech, and M. J. Gustafson, "A History of Thermo Jarrell Ash Corporation and Spectroscopist Richard F. Jarrell," *J. Chem. Ed.* **2000**, *77*, 592; G. M. Hieftje, "Atomic Emission Spectroscopy: It Lasts and Lasts and Lasts," *J. Chem. Ed.* **2000**, *77*, 577.

10. R. J. Stolzberg, "Optimizing Signal-to-Noise Ratio in Flame Atomic Absorption Using Sequential Simplex Optimization," *J. Chem. Ed.* **1999**, *76*, 834; C. R. Dockery, M. J. Blew, and S. R. Goode, "Visualizing the Solute Vaporization Interference in Flame Atomic Absorption Spectroscopy," *J. Chem. Ed.* **2008**, *85*, 854.

11. A. D'Ulivo, J. Dědina, Z. Mester, R. E. Sturgeon, Q. Q. Wang, and B. Welz, "Chemical Generation of Volatile Hydrides for Trace Element Determination," *Pure Appl. Chem.* **2011**, *83*, 1283.

12. G. Schlemmer and B. Radziuk, *Analytical Graphite Furnace Atomic Absorption Spectrometry: A Laboratory Guide* (Basel: Birkhäuser, 1999); D. J. Butcher and J. Sneddon, *A Practical Guide to Graphite Furnace Atomic Absorption Spectrometry* (New York: Wiley, 1998).

13. D. L. Styris and D. A. Redfield, "Mechanisms of Graphite Furnace Atomization of Aluminum by Molecular Beam Sampling Mass Spectrometry," *Anal. Chem.* **1987**, *59*, 2891.

14. D. L. Styris, L. J. Prell, and D. A. Redfield, "Palladium-Induced Stabilization of Arsenic in Electrothermal Atomization Spectroscopy," *Anal. Chem.* **1991**, *63*, 503.

15. Technical Note, "HGA Graphite Furnace AA: Automatic Matrix Modification for Improved Analytical Quality and Sample Throughput," PerkinElmer, Inc., 2011.

16. J. R. Dean, *Practical Inductively Coupled Plasma Spectroscopy,* 2nd. ed. (Chichester: Wiley, 2019); S. J. Hill, *Inductively Coupled Plasma Spectrometry and Its Applications* (Chichester: Wiley, 2007); C. B. Boss and K. L. Fredeen, *Concepts, Instrumentation and Techniques in Inductively Coupled Plasma Optical Emission Spectrometry* (Shelton, CT: PerkinElmer, 2004), available as a free download from PerkinElmer; J. Noelte, *ICP Emission Spectrometry: A Practical Guide* (Weinheim: Wiley-VCH, 2003); S. Greenfield, "Invention of the Annular Inductively Coupled Plasma as a Spectroscopic Source," *J. Chem. Ed.* **2000**, *77*, 584.

17. C. B. Williams, R. S. Amais, B. M. Fontoura, B. T. Jones, J. A. Nóbrega, and G. L. Donati, "Microwave-Induced Plasma Optical Emission Spectrometry and Applications of a Commercial Hammer-Cavity Instrument," *Trends Anal. Chem.* **2019**, *116*, 151; *Microwave Plasma Atomic Emission Spectroscopy (MP-AES)* (publication no. 5991-7282EN, Agilent, 2016), available as a free download from Agilent; A. J. Schwartz, Y. Cheung, J. Jevtic, V. Pikelja, A. Menon, S. J. Ray, and G. M. Hieftje, "Microwave-Sustained Inductively Coupled, Atmospheric Pressure Plasma," *J. Anal. Atom. Spec.* **2016**, *31*, 440; P. Niedzielski, L. Kozak, M. Wachelka, K. Jakubowski, and K. Wybieralska, "Microwave Induced Plasma with Optical Emission Spectrometry in 23 Elements in Geological Samples," *Talanta* **2015**, *132*, 591; M. R. Hammer, "Magnetically Excited Microwave Plasma for Atomic Emission Spectroscopy," *Spectrochim. Acta B* **2008**, *63*, 456.

18. Y. Cai, Y.-L. Yu, and J.-H. Wang, "Microplasma for Multielement Excitation and Determination by Optical-Emission Spectrometry," *Anal. Chem.* **2018**, *90*, 10607.

19. P. Wu , X. Wu , X. D. Hou , C. G. Young, and B. T. Jones, "Inductively Coupled Plasma Optical Emission Spectrometry in the Vacuum Ultraviolet Region," *Appl. Spec. Rev.* **2009**, *44*, 507.

20. V. B. E. Thomsen, "Why Do Spectral Lines Have a Linewidth?" *J. Chem. Ed.* **1995**, *72*, 616.

21. H. Matusiewicz, "Sample Preparation for Inorganic Trace Element Analysis," *Phys. Sci. Rev.* **2017**, *2*, 20178001, open access.

22. M. Weber and J. Wüthrich, "*Trace*CERT™ Traceable Certified Reference Materials. Part 4: Production, Handling and Storage of High-Precision Calibration Solutions," www.sigma-aldrich.com/tracecert.

23. J.-M. Mermet, A. Cosnier, S. Vélasquez, and S. Lebouil, "Efficient Use of Spectral Information Through Multiline Analysis in ICP-AES," *Am. Lab. News Ed.* August 2007, p. 16.

24. M. R. Winchester, G. C. Turk, T. A. Butler, T. J. Oatts, C. Coleman, D. Nadratowski, R. Sud, M. D. Hoover, and A. B. Stefaniak, "Certification of Beryllium Mass Fraction in SRM 1877 Beryllium Oxide Powder Using High-Performance Inductively Coupled Plasma Optical Emission Spectrometry with Exact Matching," *Anal. Chem.* **2009**, *81*, 2208.

25. A diagnostic for whether emission from an Ar plasma will be sensitive to matrix effects is the ratio of emission from Mg^+ and Mg atoms (at 280.270 and 285.213 nm, respectively). When the relative intensity is above 10, the plasma is not sensitive to variations in the sample matrix. When the ratio is below 4, there is high sensitivity to matrix effects. See J.-M. Mermet, "Mg as a Test Element for ICP Atomic Emission Diagnostics," *Anal. Chim. Acta* **1991**, *250*, 85 and J. Dennaud, A. Howes, E. Poussel, and J.-M. Mermet, "Ionic-to-Atomic Line Intensities for Axial Inductivity Coupled Plasma Atomic Emission Spectrometers," *Spectrochim. Acta B* **2001**, *56*, 101.

26. R. Thomas, *Practical Guide to ICP-MS: A Tutorial for Beginners*, 3rd ed. (Boca Raton, FL: CRC Press, 2013); F. Vanhaecke and P. Degryse, eds., *Isotopic Analysis. Fundamentals and Applications Using ICP–MS* (Weinheim: Wiley-VCH, 2012); J. S. Becker, *Inorganic Mass Spectrometry: Principles and Applications* (Chichester: Wiley, 2007).

27. D. C. Baxter, I. Rodushkin, and E. Engström, "Isotope Abundance Ratio Measurements by Inductively Coupled Plasma-Sector Field Mass Spectrometry," *J. Anal. Atom. Spec*. **2012**, *27*, 1355.

28. I. Rodushkin, E. Engström, and D. C. Baxter, "Sources of Contamination and Remedial Strategies in the Multi-Element Trace Analysis Laboratory," *Anal. Bioanal. Chem*. **2010**, *396*, 365.

29. K. Kawabata, Y. Kishi, and R. Thomas, "The Benefits of Dynamic Reaction Cell ICP-MS Technology to Determine Ultratrace Metal Contamination Levels in High-Purity Phosphoric and Sulfuric Acid," *Spectroscopy*, January 2003, p. 16.

30. C. Agatemor and D. Beauchemin, "Matrix Effects in Inductively Coupled Plasma Mass Spectrometry," *Anal. Chim. Acta* **2011**, *706*, 66.

31. R. Wahlen, L. Evans, J. Turner, and R. Hearn, "The Use of Collision/Reaction Cell ICP-MS for the Determination of Elements in Blood and Serum Samples," *Spectroscopy*, December 2005, p. 84.

32. D. R. Bandura, V. I. Baranov, and S. D. Tanner, "Reaction Chemistry and Collisional Processes in Multipole Devices for Resolving Isobaric Interferences in ICP-MS," *Fresenius J. Anal. Chem*. **2001**, *370*, 454; D. R. Bandura, V. I. Baranov, and S. D. Tanner, "Inductively Coupled Plasma Mass Spectrometer with Axial Field in a Quadrupole Reaction Cell," *J. Am. Soc. Mass Spectrom*. **2002**, *13*, 1176; S. D. Tanner, V. I. Baranov, and D. R. Bandura, "Reaction Cells and Collision Cells for ICP-MS: A Tutorial Review," *Spectrochim. Acta B* **2002**, *57*, 1361.

33. M. Schild, A. Gundlach-Graham, A. Menon, J. Jevtic, V. Pikelja, M. Tanner, B. Hattendorf, and D. Günther, "Nitrogen Microwave Inductively Coupled Atmospheric-Pressure Plasma (MICAP) for Mass Spectrometry," *Anal. Chem*. **2018**, *90*, 13443.

34. U. Kurfürst, ed., *Solid Sample Analysis: Direct and Slurry Sampling Using GF-AAS and ETV-ICP* (Berlin: Springer, 1998); M. Resano, M. Aramendía, and M. A. Belarra, "Graphite Furnace Atomic Absorption Spectrometry for Direct Analysis of Solid Samples and Complex Materials," *J. Anal. Atom. Spec*. **2014**, *29*, 2229.

35. M. Resano, A. C. Lapeña, and M. A. Belarra, "Graphite Furnace Atomic Absorption Spectrometry to Monitor the Ag Body Burden in Individual *Daphnia Magna* Specimens," *Anal. Meth*. **2013**, *5*, 1130.

36. A. S. dos Passos, G. F. Tonon, F. V. Nakadi, A. S. Mangrich, J. B. de Andrade, B. Welz, and M. G. R. Vale, "Cr, Cu and Pb in Oil Shale Using Graphite Furnace Atomic Absorption Spectrometry and Direct Solid Sample Analysis," *Anal. Meth*. **2018**, *10*, 3645; H. Tinas, N. Ozbek, and S. Akman, "Cadmium in Lipsticks Directly by Solid Sampling," *Microchem. J*. **2018**, *138*, 316; G. Dravecz, N. Laczai, I. Hajdara, and L. Bencs, "Solid Sampling of Magnesium in Lithium Niobate Crystals," *Spectrochim. Acta B* **2016**, *126*, 1; R. R. Gamela, Á. T. Duarte, E. G. Barrera, B. Welz, M. B. Dessuy, M. M. da Silva, and M. G. R. Vale, "Copper and Manganese in Infant Formula," *Anal. Meth*. **2017**, *9*, 2321.

37. L. Lobo, R. Pereiro, and B. Fernández, "Isotopic Analysis by Laser Ablation ICP-MS in Biological Studies," *Trends Anal. Chem*. **2018**, *105*, 380; W. Müller and J. Fietzke, "LA-ICP-MS in Paleoclimate Research," *Elements* **2016**, *12*, 329; R. E. Russo, X. L. Mao, J. J. Gonzalez, V. Zorba, and J. Yoo, "Laser Ablation in Analytical Chemistry," *Anal. Chem*. **2013**, *85*, 6162.

38. Y.-I. Lee and J. Sneddon, *Laser Induced Breakdown Spectroscopy: A Practical and Tutorial Approach* (Abingdon, UK: Taylor and Francis, 2016); R. Noll, *Laser-Induced Breakdown Spectroscopy* (Heidelberg, Germany: Springer, 2012); R. Noll, C. Fricke-Begemann, S. Connemann, C. Meinhardt, and V. Sturm, "LIBS Analysis for Industrial Applications," *J. Anal. Atom. Spec*. **2018**, *33*, 945.

39. N. Miliszkiewicz, S. Walas, and A. Tobiasz, "Calibration of LA-ICP-MS Analysis," *J. Anal. Atom. Spec*. **2015**, *30*, 327; J. Frydenvang, K. M. Kinch, S. Husted, and M. B. Madsen, "An Optimized Calibration Procedure for Determining Elemental Ratios Using Laser-Induced Breakdown Spectroscopy," *Anal. Chem*. **2013**, *85*, 1492; F. Claverie, J. Malherbe, N. Bier, J. L. Molloy, and S. E. Long, "Standard Addition Method for Laser Ablation ICPMS Using a Spinning Platform," *Anal. Chem*. **2013**, *85*, 3584; R. C. Chinni, "A Simple LIBS (Laser-Induced Breakdown Spectroscopy) Laboratory Experiment to Introduce Undergraduates to Calibration Functions and Atomic Spectroscopy," *J. Chem. Ed*. **2012**, *89*, 678.

40. R. T. P. Sant'Anna, E. V. Monteiro, R. O. Pires, R. C. D. Peres, and R. B. Faria, "Mosley and X-Ray Spectra," *J. Chem. Ed*. **2019**, *96*, 1424; Analytical Methods Committee, "Hand-Held X-Ray Fluorescence Spectrometry," *Anal. Meth*. **2019**, *11*, 2498; P. T. Palmer, "Energy-Dispersive X-Ray Fluorescence Spectrometry: A Long Overdue Addition to the Chemistry Curriculum," *J. Chem. Ed*. **2011**, *88*, 868; G. L. Bosco, "Development of Portable, Hand-Held X-Ray Fluorescence Spectrometers," *Trends Anal. Chem*. **2013**, *45*, 121; P. J. Potts and M. West, eds., *Portable X-Ray Fluorescence Spectrometry* (Cambridge: Royal Society of Chemistry, 2008); P. Brouwer, *Theory of XRF* (Almelo, Netherlands: Malvern PANalytical BV, 2003), free download available from Malvern PANalytical.

41. P. T. Palmer, "Introduction to Energy-Dispersive X-Ray Fluorescence (XRF): An Analytical Chemistry Perspective," Analytical Sciences Digital Library, http://collection.asdlib.org/?p=1602.

42. Quotation from Frederick Soddy cited by S. Weinberg, *Discovery of Subatomic Particles* (Cambridge: Cambridge University Press, 2003), p. 126.

43. J. I. Goldstein, D. E. Newbury, J. R. Michael, N. W. M. Ritchie, J. H. J. Scott, and D. C. Joy, *Scanning Electron Microscopy and X-Ray Microanalysis*, 4th ed. (New York: Springer, 2018).

44. M. L. Praamsma and P. J. Parsons, "Calcified Reference Materials for Assessing the Reliability of Manganese Determinations in Teeth and Bone," *J. Anal. Atom. Spec*. **2014**, *29*, 1243.

45. M. D. Montaño, B. J. Majestic, Å. K. Jämting, P. Westerhoff, and J. F. Ranville, "Detection and Characterization of Silica Colloids by spICP-MS," *Anal. Chem*. **2016**, *88*, 4733.

46. V. Cheam, G. Lawson, I. Lechner, and R. Desrosiers, "Recent Metal Pollution in Agassiz Ice Cap," *Environ. Sci. Technol*. **1998**, *32*, 3974.

47. A. Bazzi, B. Kreuz, and J. Fischer, "Determination of Calcium in Cereal with Flame Atomic Absorption Spectroscopy," *J. Chem. Ed*. **2004**, *81*, 1042.

48. L. Perring and M. Basic-Dvorzak, "Determination of Total Tin in Canned Food Using Inductively Coupled Plasma Atomic Emission Spectroscopy," *Anal. Bioanal. Chem*. **2002**, *374*, 235.

49. R. B. Saper, R. S. Phillips, A. Sehgal, N. Khouri, R. B. Davis, J. Paquin, V. Thuppil, and S. N. Kales, "Lead, Mercury, and Arsenic in US- and Indian-Manufactured Ayurvedic Medicines Sold via the Internet," *J. Am. Med. Assoc*. **2008**, *300*, 915.

Chapter 22

1. J. Griffiths, "A Brief History of Mass Spectrometry," *Anal. Chem*. **2008**, *80*, 5678.

2. M. Kinter and N. E. Sherman, *Protein Sequencing and Identification Using Tandem Mass Spectrometry* (New York: Wiley, 2000). Example of sequencing short peptides: M. Langsdorf, A. Ghassempour, A. Römpp, and B. Spengler, "Isolation and Sequence Analysis of Peptides from the Skin Secretion of the Middle East Tree Frog *Hyla Savignyi*," *Anal. Bioanal. Chem*. **2010**, *398*, 2853.

3. N. M. Riley and J. J. Coon, "The Role of Electron Transfer Dissociation in Modern Proteomics," *Anal. Chem*. **2018**, *90*, 40.

4. J. H. Gross, *Mass Spectrometry: A Textbook*, 3rd ed. (Springer, 2017); J. T. Watson and O. D. Sparkman, *Introduction to Mass Spectrometry*, 4th ed. (Chichester: Wiley, 2007); E. de Hoffmann and V. Stroobant, *Mass Spectrometry: Principles and Applications*, 3rd ed. (Chichester: Wiley, 2007); C. Dass, *Fundamentals of Contemporary Mass Spectrometry* (Wenheim: Wiley-VCH, 2007); K. Doward, *Mass Spectrometry: A Foundation Course* (Cambridge: Royal Society of Chemistry, 2004); J. Greaves and J. Roboz, *Mass Spectrometry for the Novice* (Boca Raton, FL: CRC Press, 2014); C. G. Herbert and R. A. W. Johnstone, *Mass Spectrometry Basics* (Boca Raton, FL: CRC Press, 2002); R. K. Boyd, C. Basic, and R. A. Bethem, *Trace Quantitative Analysis by Mass Spectrometry* (Chichester: Wiley, 2008); C. Dass, *Principles and Practice of Biological Mass Spectrometry* (New York: Wiley, 2001).

5. L. Li, ed., *MALDI Mass Spectrometry for Synthetic Polymer Analysis* (Hoboken, NJ: Wiley, 2010); M. W. Duncan, D. Nedelkov, R. Walsh, and S. J. Hattan, "Applications of MALDI Mass Spectrometry in Clinical Chemistry," *Clin. Chem*. **2016**, *62*, 134. Available for free at http://clinchem.aaccjnls.org/content/62/1/134

6. R. S. Brown and J. J. Lennon, "Mass Resolution Improvement by Incorporation of Pulsed Ion Extraction in a Matrix-Assisted Laser Desorption/Ionization Linear Time-of-Flight Mass Spectrometer," *Anal. Chem*. **1995**, *67*, 1998.

7. Electron ionization mass spectra of many compounds are available for free at http://webbook.nist.gov/chemistry. The commercial NIST library of 250 000 compounds can be accessed from http://www.sisweb.com/software/ms/nist.htm. Search and identification software is also available from mass spectrometer manufacturers.

8. A. B. Fialkov, U. Steiner, L. Jones, and A. Amirav, "A New Type of GC–MS with Advanced Capabilities," *Int. J. Mass Spectrom.* **2006**, *251*, 47.

9. A. B. McCoy, B. J. Braams, A. Brown, X. Huang, Z. Jin, and J. M. Bowman, "Ab Initio Diffusion Monte Carlo Calculations of the Quantum Behavior of CH_5^+ in Full Dimensionality," *J. Phys. Chem. A* **2004**, *108*, 4991; O. Asvany, P. Kumar P, B. Redlich, I. Hegemann, S. Schlemmer, and D. Marx, "Understanding the Infrared Spectrum of Bare CH_5^+," *Science* **2005**, *309*, 1219; X. Huang, A. B. McCoy, J. M. Bowman, L. M. Johnson, C. Savage, F. Dong, and D. J. Nesbitt, "Quantum Deconstruction of the Infrared Spectrum of CH_5^+," *Science* **2006**, *311*, 60.

10. O. Rienitz and A. Pramann, "Isotope Amount Ratio Measurement Challenge," *Anal. Bioanal. Chem.* **2016**, *408*, 5953 and **2017**, *409*, 15. Tutorial article on calculations.

11. V. S. Sevastyanov, ed., *Isotope Ratio Mass Spectrometry of Light Gas-Forming Elements* (Boca Raton, FL: CRC Press, 2014); I. T. Platzner, *Modern Isotope Ratio Mass Spectrometry* (New York: Wiley, 1997). For geochemical applications, see D. J. Weiss, C. Harris, K. Maher, and T. Bullen, "A Teaching Exercise to Introduce Stable Isotope Fractionation of Metals into Geochemistry Courses," *J. Chem. Ed.* **2013**, *90*, 1014 and M. Tanimizu, Y. Sohrin, and T. Hirata, "Heavy Element Stable Isotope Ratios: Analytical Approaches and Applications," *Anal. Bioanal. Chem.* **2013**, *405*, 2771.

12. W. Chen and M. V. Orna, "Recent Advances in Archaeological Chemistry," *J. Chem. Ed.* **1996**, *73*, 485.

13. A. M. Pollard and C. Heron, *Archaeological Chemistry*, 2nd ed. (Cambridge: Royal Society of Chemistry, 2008).

14. R. A. Gross, Jr., "A Mass Spectral Chlorine Rule for Use in Structure Determinations in Sophomore Organic Chemistry," *J. Chem. Ed.* **2004**, *81*, 1161.

15. A. Ipsen, "Efficient Calculation of Exact Fine Structure Isotope Patterns via the Multidimensional Fourier Transform," *Anal. Chem.* **2014**, *86*, 5316.

16. E. C. Heider, D. Valenti, R. L. Long, A. Garbou, M. Rex, and J. K. Harper, "Quantifying Sucralose in a Water-Treatment Wetlands: Service-Learning in the Analytical Chemistry Laboratory," *J. Chem. Ed.* **2018**, *95*, 535.

17. J. T. Watson and K. Biemann, "High-Resolution Mass Spectra of Compounds Emerging from a Gas Chromatograph," *Anal. Chem.* **1964**, *36*, 1135. A classic paper on gas chromatography–mass spectrometry.

18. A. Kaufmann, "The Current Role of High-Resolution Mass Spectrometry in Food Analysis," *Anal. Bioanal. Chem.* **2012**, *403*, 1233; M. del Mar Gómez-Ramo, Ł. Rajski, H. Heinzen, and A. R. Fernández-Alba, "Liquid Chromatography Orbitrap Mass Spectrometry with Simultaneous Full Scan and Tandem MS/MS for Highly Selective Pesticide Residue Analysis," *Anal. Bioanal. Chem.* **2015**, *407*, 6317.

19. R. M. Smith, *Understanding Mass Spectra: A Basic Approach*, 2nd ed. (Hoboken, NJ: Wiley, 2004).

20. P. E. Miller and M. B. Denton, "The Quadrupole Mass Filter: Basic Operating Concepts," *J. Chem. Ed.* **1986**, *63*, 617; M. Henchman and C. Steel, "Design and Operation of a Portable Quadrupole Mass Spectrometer for the Undergraduate Curriculum," *J. Chem. Ed.* **1998**, *75*, 1042; C. Steel and M. Henchman, "Understanding the Quadrupole Mass Filter Through Computer Simulation," *J. Chem. Ed.* **1998**, *75*, 1049; J. J. Leary and R. L. Schmidt, "Quadrupole Mass Spectrometers: An Intuitive Look at the Math," *J. Chem. Ed.* **1996**, *73*, 1142.

21. D. W. Koppenaal, C. J. Barinaga, M. B. Denton, R. P. Sperline, G. M. Hieftje, G. D. Schilling, F. J. Andrade, and J. H. Barnes, IV, "MS Detectors," *Anal. Chem.* **2005**, *77*, 419A.

22. I. Ferrer and E. M. Thurman, eds., *Liquid Chromatography Time-of-Flight Mass Spectrometry: Principles, Tools, and Applications* (Hoboken, NJ: Wiley, 2009).

23. R. J. Cotter, *Time-of-Flight Mass Spectrometry* (Washington, DC: American Chemical Society, 1997); R. J. Cotter, "The New Time-of-Flight Mass Spectrometry," *Anal. Chem.* **1999**, *71*, 445A.

24. M. Van de Waterbeemd, K. L. Fort, D. Boll, M. Reinhardt-Szyba, A. Routh, A. Makarov, and A. J. R. Heck, "High-Fidelity Mass Analysis Unveils Heterogeneity in Intact Ribosomal Particles," *Nat. Methods* **2017**, *14*, 283.

25. O. D. Sparkman, Z. Penton, and F. G. Kitson, *Gas Chromatography and Mass Spectrometry: A Practical Guide*, 2nd ed. (Burlington, MA: Academic Press, 2011); M. C. McMaster, *GC/MS: A Practical User's Guide* (Hoboken, NJ: Wiley, 2008).

26. W. M. A. Niessen, *Liquid Chromatography–Mass Spectrometry*, 3rd ed. (Boca Raton, FL: Taylor & Francis, 2006); M. C. McMaster, *LC/MS: A Practical User's Guide* (Hoboken, NJ: Wiley, 2005); B. Ardrey, *Liquid Chromatography–Mass Spectrometry: An Introduction* (Chichester, UK: Wiley, 2003); I. Ferrer and E. M. Thurman, eds., *Liquid Chromatography Time-of-Flight Mass Spectrometry. Principles, Tools, and Applications for Accurate Mass Analysis* (Hoboken, NJ: Wiley, 2009); J. Abian, "Historical Feature: The Coupling of Gas and Liquid Chromatography with Mass Spectrometry," *J. Mass Spectrom.* **1999**, *34*, 157.

27. R. B. Cole, ed., *Electrospray and MALDI Mass Spectrometry: Fundamentals, Instrumentation, and Applications* (Hoboken, NJ: Wiley, 2010).

28. M. M. Vestling, "Using Mass Spectrometry for Proteins," *J. Chem. Ed.* **2002**, *80*, 122; C. M. Henry, "Winning Ways," *Chem. Eng. News*, 18 November 2002, p. 62.

29. G. J. van Berkel and V. Kertesz, "Using the Electrochemistry of the Electrospray Ion Source," *Anal. Chem.* **2007**, *79*, 5510; S. Liu, W. J. Griffiths, and J. Sjövall, "On-Column Electrochemical Reactions Accompanying the Electrospray Process," *Anal. Chem.* **2003**, *75*, 1022.

30. S. R. Mabbett, L. W. Zilch, J. T. Maze, J. W. Smith, and M. F. Jarrold, "Pulsed Acceleration Charge Detection Mass Spectrometry: Application to Weighing Electrosprayed Droplets," *Anal. Chem.* **2007**, *79*, 8431.

31. C. H. Arnaud, "The Triple Quadrupole Turns 40," *Chem. Eng. News*, 5 March 2018, p. 15; R. A. Yost and C. G. Enke, "Selected Ion Fragmentation with a Tandem Quadrupole Mass Spectrometer," *J. Am. Chem. Soc.* **1978**, *100*, 2274; R. A. Yost, C. G. Enke, D. C. McGilvery, D. Smith, and J. D. Morrison, "High Efficiency Collision-Induced Dissociation in an RF-Only Quadrupole," *Intl. J. Mass Spectrom. Ion Phys.* **1979**, *30*, 127.

32. D. Bhandari, J. Ruhl, A. Murphy, E. McGahee, D. Chambers, and B. C. Blount, "Isotopic Dilution UPLC-APCI-MS/MS Method for the Quantitative Measurement of Aromatic Diamines in Human Urine: Biomarkers of Diisocyanate Exposure," *Anal. Chem.* **2016**, *88*, 10687.

33. A. R. Batt, M. S. Kostich, and J. M. Lazorchak, "Analysis of Ecologically Relevant Pharmaceuticals in Wastewater and Surface Water Using Selective Solid-Phase Extraction and UPLC-MS/MS," *Anal. Chem.* **2008**, *80*, 5021; M. Schultz and E. T. Furlong, "Trace Analysis of Antidepressant Pharmaceuticals and Their Select Degradates in Aquatic Matrixes by LC/ESI/MS/MS," *Anal. Chem.* **2008**, *80*, 1756; M. J. M. Bueno, A. Agüera, M. J. Gómez, M. D. Hernando, J. F. García-Reyes, and A. R. Fernández-Alba, "Application of Liquid Chromatography/Quadrupole-Linear Ion Trap Mass Spectrometry and Time-of-Flight Mass Spectrometry to the Determination of Pharmaceuticals and Related Contaminants in Wastewater," *Anal. Chem.* **2007**, *79*, 9372; C. Postigo, M. J. Lopez de Alda, and D. Barceló, "Fully Automated Determination in the Low Nanogram per Liter Level of Different Classes of Drugs of Abuse in Sewage Water by On-Line Solid-Phase Extraction-Liquid Chromatography–Electrospray-Tandem Mass Spectrometry," *Anal. Chem.* **2008**, *80*, 3123.

34. I. González-Mariño, J. B. Quintana, I. Rodríguez, M. González-Díez, and R. Cela, "Screening and Selective Quantification of Illicit Drugs in Wastewater by Mixed-Mode Solid-Phase Extraction and Quadrupole-Time of Flight Liquid Chromatography–Mass Spectrometry," *Anal. Chem.* **2012**, *84*, 1708.

35. T. Malchi, Y. Maor, G. Tadmor, M. Shenker, and B. Chefetz, "Irrigation of Root Vegetables with Treated Wastewater: Evaluating Uptake of Pharmaceuticals and the Associated Human Health Risks," *Environ. Sci. Technol.* **2014**, *48*, 9325.

36. D. Remane, D. Wetzel, and F. T. Peters, "Development and Validation of a Liquid Chromatography–Tandem Mass Spectrometry (LC–MS/MS) Procedure for Screening of Urine Specimens for 100 Analytes Relevant in Drug-Facilitated Crime," *Anal. Bioanal. Chem.* **2014**, *406*, 4411.

37. S. C. Nanita, A. M. Pentz, and F. Q. Bramble, "High-Throughput Pesticide Residue Quantitative Analysis Achieved by Tandem Mass Spectrometry with Automated Flow Injection," *Anal. Chem.* **2009**, *81*, 3134.

38. E. Hakme, A. Lozano, S. Uclés, and A. R. Fernández-Alba, "Further Improvements in Pesticide Residue Analysis in Food by Applying Gas

Chromatography Triple Quadrupole Mass Spectrometry (GC-QqQ-MS/MS) Technologies," *Anal. Bioanal. Chem.* **2018**, *410*, 5491.

39. S. Dulaurent, C. Moesch, P. Marquet, J.-M. Gaulier, and G. Lachâtre, "Screening of Pesticides in Blood with Liquid Chromatography–Linear Ion Trap Mass Spectrometry," *Anal. Bioanal. Chem.* **2010**, *396*, 2235.

40. A. S. Hebert, C. Thöing, N. M. Riley, N. W. Kwiecien, E. Shiskova, R. Huguet, H. L. Cardasis, A. Kuehn, S. Eliuk, V. Zabrouskov, M. S. Westphall, G. C. McAlister, and J. J. Coon, "Improved Precursor Characterization for Data-Dependent Mass Spectrometry," *Anal. Chem.* **2018**, *90*, 2333.

41. R. B. Cole, *Electrospray and MALDI Mass Spectrometry: Fundamentals, Instrumentation, Practicalities, and Biological Applications* (Hoboken, NJ: Wiley, 2010).

42. S. A. Hofstadler, R. Bakhtiar, and R. D. Smith, "Electrospray Ionization Mass Spectrometry: Instrumentation and Spectral Interpretation," *J. Chem. Ed.* **1996**, *73*, A82.

43. R. Bakhtiar, R. Hofstadler, and R. D. Smith, "Electrospray Ionization Mass Spectrometry: Characterization of Peptides and Proteins," *J. Chem. Ed.* **1996**, *73*, A118; C. E. C. A. Hop and R. Bakhtiar, "Electrospray Ionization Mass Spectrometry: Applications in Inorganic Chemistry and Synthetic Polymer Chemistry," *J. Chem. Ed.* **1996**, *73*, A162.

44. R. L. Edwards, A. J. Creese, M. Baumert, P. Griffiths, J. Bunch, and H. J. Cooper, "Hemoglobin Variant Analysis via Direct Surface Sampling of Dried Blood Spots Coupled with High-Resolution Mass Spectrometry," *Anal. Chem.* **2011**, *83*, 2265.

45. Singly charged proteins can be produced by electrospray onto the inside surface of an electrically grounded metal tube prior to the inlet of the mass spectrometer. Protein mass up to at least 200 kDa can be measured with a precision of ~1 Da by a time-of-flight spectrometer. J. Lee, H. Chen, T. Liu, C. E. Berkman, and P. T. A. Reilly, "High Resolution Time-of-Flight Mass Analysis of the Entire Range of Intact Singly-Charged Proteins," *Anal. Chem.* **2011**, *83*, 9406.

46. J. J. Coon, "Collisions or Electrons? Protein Sequence Analysis in the 21st Century," *Anal. Chem.* **2009**, *81*, 3208. An alternative to electron transfer dissociation is *electron capture dissociation*, initiated by photoionization of a compound such as acetone in the source of the mass spectrometer: D. B. Robb, J. M. Brown, M. Morris, and M. W. Blades, "Tandem Mass Spectrometry Using the Atmospheric Pressure Electron Capture Ion Source," *Anal. Chem.* **2014**, *86*, 4439.

47. G. C. McAlister, J. D. Russell, N. G. Rumachik, A. S. Hebert, J. E. P. Syka, L. Y. Geer, M. S. Westphall, D. J. Pagliarini, and J. J. Coon, "Analysis of the Acidic Proteome with Negative Electron-Transfer Dissociation Mass Spectrometry," *Anal. Chem.* **2012**, *84*, 2875.

48. G. C. McAlister, D. Phanstiel, D. M. Good, W. T. Berggren, and J. J. Coon, "Implementation of Electron-Transfer Dissociation on a Hybrid Linear Ion Trap–Orbitrap Mass Spectrometer," *Anal. Chem.* **2007**, *79*, 3525. An alternative way to use the linear ion trap for electron-transfer dissociation is described by X. Liang, J. W. Hager, and S. A. McLuckey, "Transmission Mode Ion-Ion Electron-Transfer Dissociation in a Linear Ion Trap," *Anal. Chem.* **2007**, *79*, 3363.

49. S. L. Hubler, A. Jue, J. Keith, G. C. McAlister, G. Craciun, and J. J. Coon, "Valence Parity Renders *z*-Type Ions Chemically Distinct," *J. Am. Chem. Soc.* **2008**, *130*, 6388.

50. C. Lombard-Banek, S. A. Mody, and P. Nemes, "Single-Cell Mass Spectrometry for Discovery Proteomics: Quantifying Translational Cell Heterogeneity in the 16-Cell Frog (*Xenopus*) Embryo," *Angew. Chem. Int. Ed.* **2016**, *55*, 2454.

51. Z. Zhang, A. S. Hebert, M. S. Westphall, Y. Qu, J. J. Coon, and N. J. Dovichi, "Production of Over 27 000 Peptide and Nearly 4 400 Protein Identifications by Single-Shot Capillary-Zone Electrophoresis–Mass Spectrometry," *Anal. Chem.* **2018**, *90*, 12090.

52. A. Thompson, J. Schäfer, K. Kuhn, S. Kienle, J. Schwarz, G. Schmidt, T. Neumann, and C. Harmon, "Tandem Mass Tags: A Novel Quantification Strategy for Comparative Analysis of Complex Protein Mixtures by MS/MS," *Anal. Chem.* **2003**, *75*, 1895.

53. D. C. Frost, T. Greer, and L. Li, "High-Resolution Enabled 12-Plex DiLeu Isobaric Tags for Quantitative Proteomics," *Anal. Chem.* **2015**, *87*, 1646.

54. R. M. Alberici, R. C. Simas, G. B. Sanvido, W. Romão, P. M. Lalli, M. Benassi, I. B. S. Cunha, and M. N. Eberlin, "Ambient Mass Spectrometry: Bringing MS into the 'Real World,'" *Anal. Bioanal. Chem.* **2010**, *398*, 265.

55. Poppy seed bagels: *JEOL DART Applications Notebook*, www.jeolusa.com. Examples of other applications of DART are a student experiment for quantitative analysis of cocaine in urine using an isotopic internal standard by R. C. Beck and M. A. Erdmann, "Reinforcing Mass Spectrometry Concepts Through an Undergraduate Laboratory Exercise Utilizing a Direct Analysis in Real Time Enabled Mass Spectrometer," *J. Chem. Ed.* **2018**, *95*, 652; E. Crawford and B. Musselman, "Evaluating a Direct Swabbing Method for Screening Pesticides on Fruit and Vegetable Surfaces Using Direct Analysis in Real Time Coupled to an Exactive Benchtop Orbitrap Mass Spectrometer," *Anal. Bioanal. Chem.* **2012**, *403*, 2807; and H. Danhelova, J. Hradecky, S. Prinosilova, T. Cajka, K. Riddellova, L. Vaclavik, and J. Hajslova, "Rapid Analysis of Caffeine in Various Coffee Samples Employing Direct Analysis in Real-Time Ionization–High Resolution Mass Spectrometry," *Anal. Bioanal. Chem.* **2012**, *403*, 2883.

56. J. S. Wiley, J. T. Shelley, and R. G. Cooks, "Handheld Low-Temperature Plasma Probe for Portable 'Point and Shoot' Ambient Ionization Mass Spectrometry," *Anal. Chem.* **2013**, *85*, 6545.

57. Z. Takáts, J. M. Wiseman, B. Gologan, and R. G. Cooks, "Mass Spectrometry Sampling Under Ambient Conditions with Desorption Electrospray Ionization," *Science* **2004**, *306*, 471; C. H. Arnaud, "DESI Turns 10," *Chem. Eng. News*, 22 December 2014, p. 38.

58. V. Pirro, C. M. Alfaro, A. K. Jarmusch, E. M. Hattab, A. A. Cohen-Gadol, and R. G. Cooks, "Intraoperative Assessment of Tumor Margins During Glioma Resection by Desorption Electrospray Ionization-Mass Spectrometry," *Proc. Nat. Acad. Sci. USA* **2017**, *114*, 6700.

59. D. T. Snyder, C. J. Pulliam, Z. Ouyang, and R. G. Cooks, "Miniature and Fieldable Mass Spectrometers: Recent Advances," *Anal. Chem.* **2016**, *88*, 2; J. Laskin, A. Laskin, and S. A. Nizkorodov, "Mass Spectrometry Analysis in Atmospheric Chemistry," *Anal. Chem.* **2018**, *90*, 166; C. H. Arnaud, "Shrinking Mass Specs," *Chem. Eng. News*, 28 May 2018, p. 36.

60. D. Kim, U. H. Yim, B. Kim, S. Cha, and S. Kim, "Paper Spray Chemical Ionization: Highly Sensitive Ambient Ionization Method for Low- and Nonpolar Aromatic Compounds," *Anal. Chem.* **2017**, *89*, 9056.

61. M. Tascon, G. A. Gómez-Ríos, N. Reyes-Garcés, J. Poole, E. Boyacı, and J. Pawliszyn, "High-Throughput Screening and Quantitation of Target Compounds in Biofluids by Coated Blade Spray–Mass Spectrometry," *Anal. Chem.* **2017**, *89*, 8421; T. Wang, Y. Zheng, X. Wang, D. Austin, and Z. Zhang, "Sub-ppt Mass Spectrometric Detection of Therapeutic Drugs in Complex Biological Matrices Using Polystyrene-Microsphere-Coated Paper Spray," *Anal. Chem.* **2017**, *89*, 7989.

62. R. M. Bain, C. J. Pullman, S. A. Raab, and R. G. Cooks, "Chemical Synthesis Accelerated by Paper Spray: The Haloform Reaction," *J. Chem. Ed.* **2016**, *93*, 340.

63. S. Trimpin and E. D. Inutan, "Matrix Assisted Ionization in Vacuum, a Sensitive and Widely Applicable Ionization Method for Mass Spectrometry," *J. Am. Soc. Mass Spectrom.* **2013**, *24*, 722; S. Trimpin, B. Wang, C. A. Lutomski, T. J. El-Baba, and B. M. Harless, "A Convenient Alternative to MALDI and ESI," *Current Trends in Mass Spectrom.* May 2014, p. 8.

64. S. Trimpin, "Novel Ionization Processes for Use in Mass Spectrometry: 'Squeezing' Nonvolatile Analyte Ions from Crystals and Droplets." *Rapid Commun. Mass Spectrom.* **2019**, *33*, 96.

65. S. Chakrabarty, J. L. DeLeeuw, D. W. Woodall, K. Jooss, S. B. Narayan, and S. Trimpin, "Reproducibility and Quantification of Illicit Drugs Using Matrix-Assisted Ionization Mass Spectrometry," *Anal. Chem.* **2015**, *87*, 8301.

66. S. Trimpin, M. Pophristic, A. Adeniji-Adele, J. W. Tomsho, and C. N. McEwen, "Vacuum Matrix-Assisted Ionization Source Offering Simplicity, Sensitivity, and Exceptional Robustness in Mass Spectrometry," *Anal. Chem.* **2018**, *90*, 11188.

67. G. A. Eiceman, Z. Karpas, and H. H. Hill, Jr., *Ion Mobility Spectrometry*, 3rd ed. (Boca Raton, FL: CRC Press, 2014); A. A. Shvartsburg, *Differential Ion Mobility Spectrometry: Nonlinear Ion Transport and Fundamentals of FAIMS* (Boca Raton, FL: CRC Press, 2009); C. L. Wilkins and S. Trimpin, eds., *Ion Mobility-Mass Spectrometry: Theory and Applications* (Boca Raton, FL: CRC Press, 2011); W. A. Donald and J. Prell, eds., *Advances in Ion Mobility-Mass Spectrometry: Fundamentals, Instrumentation and Applications*, Volume 83 (Comprehensive Analytical Chemistry) (Amsterdam: Elsevier, 2019).

68. C. S. Kaddis and J. A. Loo, "Native Protein MS and Ion Mobility: Large Flying Proteins with ESI," *Anal. Chem.* **2007**, *79*, 1778.

69. E. J. Davis, P. Dwivedi, M. Tam, W. F. Siems, and H. H. Hill, "High-Pressure Ion Mobility Spectrometry," *Anal. Chem.* **2009**, *81*, 3270.

70. S. D. Pringle, K. Giles, J. L. Wildgoose, J. P. Williams, S. E. Slade, K. Thalassino, R. H. Bateman, M. T. Bowers, and J. H. Scrivens, "An Investigation of the Mobility Separation of Some Peptide Protein Ions Using a New Hybrid Quadrupole/Travelling Wave IMS/oa-ToF Instrument," *Intl. J. Mass. Spectrom.* **2007**, *261*, 1.

71. I. K. Webb, S. V. B. Garimella, A. V. Tolmachev, T.-C. Chen, X. Zhang, R. V. Norheim, S. A. Prost, B. LaMarche, G. A. Anderson, Y. M. Ibrahim, and R. D. Smith, "Experimental Evaluation and Optimization of Structures for Lossless Ion Manipulations for Ion Mobility Spectrometry with Time-of-Flight Mass Spectrometry," *Anal. Chem.* **2014**, *86*, 9196.

72. L. Deng, S. V. B. Garimella, A. M. Hamid, I. K. Webb, I. K. Attah, R. V. Norheim, S. A. Prost, X. Zheng, J. A. Sandoval, E. S. Baker, Y. M. Ibrahim, and R. D. Smith, "Compression Ratio Ion Mobility Programming (CRIMP) Accumulation and Compression of Billions of Ions for Ion Mobility-Mass Spectrometry Using Traveling Waves in Structures for Lossless Ion Manipulations (SLIM)," *Anal. Chem.* **2017**, *89*, 6432.

73. S. D. Maleknia and K. M. Downard, "Charge Ratio Analysis Method: Approach for the Deconvolution of Electrospray Mass Spectra," *Anal. Chem.* **2005**, *77*, 111.

74. S. G. Valeja, N. K. Kaiser, F. Xian, C. L. Hendrickson, J. C. Rouse, and A. G. Marshall, "Unit Mass Baseline Resolution for an Intact 148 kDa Therapeutic Monoclonal Antibody by Fourier Transform Ion Cyclotron Resonance Mass Spectrometry," *Anal. Chem.* **2011**, *83*, 8391.

75. E. N. Nikolaev, R. Jertz, A. Grigoryev, and G. Baykut, "Fine Structure in Isotopic Peak Distributions Measured Using a Dynamically Harmonized Fourier Transform Ion Cyclotron Resonance Cell at 7 T," *Anal. Chem.* **2012**, *84*, 2275; J. J. Savory, N. K. Kaiser, A. M. McKenna, F. Xian, G. T. Blakney, R. P. Rodgers, C. L. Hendrickson, and A. G. Marshall, "Parts-per-Billion Fourier Transform Ion Cyclotron Resonance Mass Measurement Accuracy with a 'Walking' Calibration Equation," *Anal. Chem.* **2011**, *83*, 1732.

76. F. He, C. L. Hendrickson, and A. G. Marshall, "Baseline Mass Resolution of Peptide Isobars: A Record for Molecular Mass Resolution," *Anal. Chem.* **2001**, *73*, 647.

77. K. Kumara and A. Dass, "$Au_{329}(SR)_{84}$ Nanomolecules: Compositional Assignment of the 76.3 kDa Plasmonic Faradaurates," *Anal. Chem.* **2014**, *86*, 4227.

78. R. Chaler, J. O. Grimalt, C. Pelejero, and E. Calvo, "Sensitivity Effects in $U_{37}^{k'}$ Paleotemperature Estimation by Chemical Ionization Mass Spectrometry," *Anal. Chem.* **2000**, *72*, 5892.

79. L. Charles and D. Pépin, "Electrospray Ion Chromatography–Tandem Mass Spectrometry of Oxyhalides at Sub-ppb Levels," *Anal. Chem.* **1998**, *70*, 353.

80. J. I. G. Alonso and P. Rodríguez-González, *Isotope Dilution Mass Spectrometry* (Cambridge: Royal Society of Chemistry, 2013).

81. J. D. Fassett and P. J. Paulsen, "Isotope Dilution Mass Spectrometry for Accurate Elemental Analysis," *Anal. Chem.* **1989**, *61*, 643A.

Chapter 23

1. D. Garwolińska, J. Namieśnik, A. Kot-Wasik, and W. Hewelt-Belka, "Chemistry of Human Breast Milk," *J. Agric. Food Chem.* **2018**, *66*, 11881.

2. J. N. Wang, C. Y. Wang, and X. L. Lin, "Tutorial on Lipidomics," *Anal. Chim. Acta* **2019**, *1061*, 28.

3. T. Michalowski, "Effect of Mutual Solubility of Solvents in Multiple Liquid-Liquid Extraction," *J. Chem. Ed.* **2002**, *79*, 1267.

4. Derivation from Joshua Erickson, a student at Utah Valley State College.

5. K. Ueno, T. Imamura, and K. L. Cheng, *CRC Handbook of Organic Analytical Reagents*, 2nd ed. (Boca Raton, FL: CRC Press, 1992), pp. 431–444.

6. R. P. Paradkar and R. R. Williams, "Micellar Colorimetric Determination of Dithizone Metal Chelates," *Anal. Chem.* **1994**, *66*, 2752.

7. M. J. Trujillo-Rodríguez, H. Nan, M. Varona, M. N. Emaus, I. D. Souza, and J. L Anderson, "Ionic Liquids in Analytical Chemistry," *Anal. Chem.* **2019**, *91*, 505; A. Berthod, M. J. Ruiz-Ángel, and S. Carda-Broch, "Ionic Liquid Uses in Separation Techniques," *J. Chromatogr. A* **2018**, *1559*, 2.

8. J. Płotka-Wasylka, M. Rutkowska, K. Owczarek, M. Tobiszewski, and J. Namieśnik, "Extraction with Environmentally Friendly Solvents," *Trends Anal. Chem.* **2017**, *91*, 12; H. M. Mohamed, "Green, Environment-Friendly, Analytical Tools," *Trends Anal. Chem.* **2015**, *66*, 176; F. Pena-Pereira, A. Kloskowski, and J. Namieśnik, "Perspectives on the Replacement of Harmful Organic Solvents in Analytical Methodologies," *Green Chem.* **2015**, *17*, 3687; F. Chemat and M. Albert Vian, eds., *Alternative Solvents for Natural Products Extraction* (Heidelberg, Germany: Springer, 2014).

9. F. P. Byrne, S. Jin, G. Paggiola, T. H. M. Petchey, J. H. Clark, T. J. Farmer, A. J. Hunt, C. R. McElroy, and J. Sherwood, "Tools and Techniques for Solvent Selection: Green Solvent Selection Guides," *Sustain. Chem. Proc.* **2016**, *4*, 7, open access; C. M. Alder, J. D. Hayler, R. K. Henderson, A. M. Redman, L. Shukla, L. E. Shuster, and H. F. Sneddon, "GSK's Solvent Sustainability Guide," *Green Chem.* **2016**, *18*, 3879; Solvent Selection Tool (American Chemical Society, 2018), www.acs.org/content/acs/en/greenchemistry/research-innovation/tools-for-green-chemistry/solvent-selection-tool.html.

10. L. Cui, M. Puerto, J. L. López-Salinas, S. L. Biswal, and G. J. Hirasaki, "Methylene Blue Two-Phase Titration Method for Determining Cationic Surfactant Concentration in High-Salinity Brine," *Anal. Chem.* **2014**, *86*, 11055.

11. M. F. Vitha, *Chromatography: Principles and Instrumentation* (Hoboken, NJ: Wiley, 2017); J. M. Miller, *Chromatography: Concepts and Contrasts*, 2nd ed. (Hoboken, NJ: Wiley, 2005); C. F. Poole, *The Essence of Chromatography* (Amsterdam: Elsevier, 2003) (graduate-level treatment of theory and specific techniques); *LCGC North America* is an open access journal at www.chromatographyonline.com with helpful articles on practice and troubleshooting of chromatography.

12. L. V. Heumann, "Colorful Column Chromatography: A Classroom Demonstration of a Three-Component Separation," *J. Chem. Ed.* **2008**, *85*, 524; M. J. Samide, "Separation Anxiety: An In-Class Game Designed to Help Students Discover Chromatography," *J. Chem. Ed.* **2008**, *85*, 1512; C. A. Smith and F. W. Villaescusa, "Simulating Chromatographic Separations in the Classroom," *J. Chem. Ed.* **2003**, *80*, 1023; M. L. Nagel, "Visualizing Separations: How Shopping Can Be Useful for Introducing Chromatography," *J. Chem. Ed.* **2013**, *90*, 93.

13. H. H. Strain and J. Sherma, "M. Tswett: Adsorption Analysis and Chromatographic Methods," *J. Chem. Ed.* **1967**, *44*, 238 (a translation of Tswett's original article); H. H. Strain and J. Sherma, "Michael Tswett's Contributions to Sixty Years of Chromatography," *J. Chem. Ed.* **1967**, *44*, 235; L. S. Ettre, "Centenary of Chromatography," *LCGC North Am.* **2006**, *24* (July), 680; L. S. Ettre, "Birth of Partition Chromatography," *LCGC North Am.* **2001**, *19* (May), 506; L. S. Ettre and H. Kalász, "Story of Thin-Layer Chromatography," *LCGC North Am.* **2001**, *19* (July), 712; L. S. Ettre and V. G. Berezhin, "A. A. Zhuykhovitskii—A Russian Pioneer of Gas Chromatography," *LCGC North Am.* **2000**, *18* (November), 1148.

14. L. S. Ettre, "Rebirth of Chromatography 75 Years Ago," *LCGC North Am.* **2007**, *25* (July), 640.

15. H. Schulenberg-Schell and A. Tei, *Principles and Practical Aspects of Preparative Liquid Chromatography* (publication no. 5991-2358EN, Agilent, 2015) and U. Huber and R. E. Majors, *Principles in Preparative HPLC* (publication no. 5989-6639EN, Agilent, 2007), both available online at no charge; G. Guiochon, A. Felinger, D. G. Shirazi, and A. M. Katti, *Fundamentals of Preparative and Nonlinear Chromatography* (Amsterdam: Elsevier, 2006); H. Schmidt-Traub, ed., *Preparative Chromatography of Fine Chemicals and Pharmaceutical Agents* (Weinheim, Germany: Wiley-VCH, 2005); D. Sciarrone, S. Pantò, C. Ragonese, P. Dugo, and L. Mondello, "Preparative Gas Chromatography as a Green Sample-Preparation Technique," *Trends Anal. Chem.* **2015**, *71*, 65; G. Guiochon and A. Tarafder, "Fundamental Challenges and Opportunities for Preparative Supercritical Fluid Chromatography," *J. Chromatogr. A* **2011**, *1218*, 1037.

16. L. R. Snyder and J. W. Dolan, *High-Performance Gradient Elution* (Hoboken, NJ: Wiley, 2007), Equations V.15 and V.19.

17. J. P. Foley and J. G. Dorsey, "Equations for Calculation of Chromatographic Figures of Merit for Ideal and Skewed Peaks," *Anal. Chem.* **1983**, *55*, 730; M. F. Wahab, D. C. Patel, and D. W. Armstrong, "Peak Shapes and Their Measurement," *LCGC North Am.* **2017**, *35* (December), 846.

18. More accurate expressions are discussed in J. P. Foley, "Resolution Equations for Column Chromatography," *Analyst* **1991**, *116*, 1275.

19. F. Gritti and G. Guiochon, "The van Deemter Equation: Assumptions, Limits, and Adjustment to Modern High Performance Liquid Chromatography," *J. Chromatogr. A* **2013**, *1302*, 1; J. C. Giddings, *Unified Separation Science* (New York: Wiley, 1991); S. J. Hawkes, "Modernization of the van Deemter Equation for Chromatographic Zone Dispersion," *J. Chem. Ed.* **1983**, *60*, 393.

20. C. A. Lucy, L. L. M. Glavina, and F. F. Cantwell, "A Laboratory Experiment on Extracolumn Band Broadening in Liquid Chromatography," *J. Chem. Ed.* **1995**, *72*, 367; J. W. Dolan, "Extracolumn Effects," *LCGC North Am.* **2008**, *26* (November), 1092; J. W. Dolan, "Why Does an Improvement Make Things Worse?" *LCGC North Am.* **2012**, *30* (March), 216; S. Fekete, I. Kohler, S. Rudaz, and D. Guillarme, "Importance of Instrumentation for Fast Liquid Chromatography in Pharmaceutical Analysis," *J. Pharm. Biomed. Anal.* **2014**, *87*, 105.

21. F. Gritti and G. Guiochon, "Mass Transfer Kinetics, Band Broadening and Column Efficiency," *J. Chromatogr. A* **2012**, *1221*, 2; G. Desmet and K. Broeckhoven, "Equivalence of the Different C_M- and C_S-Term Expressions Used in Liquid Chromatography and a Geometrical Model Uniting Them," *Anal. Chem.* **2008**, *80*, 8076.

22. T. Teutenberg, "Potential of High Temperature Liquid Chromatography for the Improvement of Separation Efficiency," *Anal. Chim. Acta* **2009**, *643*, 1; R. Berta, M. Babják, and M. Gazdag, "A Study of Some Practical Aspects of High Temperature Liquid Chromatography in Pharmaceutical Applications," *J. Pharm. Biomed. Anal.* **2011**, *54*, 458.

23. J. C. Giddings and R. A. Robison, "Failure of Eddy Diffusion Concept of Gas Chromatography," *Anal. Chem.* **1962**, *34*, 885; J. H. Knox, "Band Dispersion in Chromatography: A Universal Expression for the Contribution from the Mobile Phase," *J. Chromatogr. A* **2002**, *960*, 7; S. Khirevich, A. Höltzel, A. Seidel-Morgenstern, and U. Tallarek, "Time and Length Scales of Eddy Dispersion in Chromatographic Beds," *Anal. Chem.* **2009**, *81*, 7057; G. Desmet, "A Finite Parallel Zone Model to Interpret and Extend Giddings' Coupling Theory for the Eddy-Dispersion in Porous Chromatographic Media," *J. Chromatogr. A* **2013**, *1314*, 124.

24. For numerical simulation of skewed bandshapes, see S. Sugata and Y. Abe, "An Analogue Column Model for Nonlinear Isotherms: The Test Tube Model," *J. Chem. Ed.* **1997**, *74*, 406; and B. R. Sundheim, "Column Operations: A Spreadsheet Model," *J. Chem. Ed.* **1992**, *69*, 1003.

25. A. Felinger, "Molecular Movement in an HPLC Column: A Stochastic Analysis," *LCGC North Am.* **2004**, *22* (July), 642; A. Felinger, "Molecular Dynamics Theories in Chromatography," *J. Chromatogr. A* **2008**, *1184*, 20; J. C. Giddings, *Dynamics of Chromatography* (New York: Marcel Dekker, 1965).

26. M. F. Harris and J. L. Logan, "Determination of log K_{ow} Values for Four Drugs," *J. Chem. Ed.* **2014**, *91*, 915.

27. D. Guillarme and J.-L. Veuthey, "HPLC Teaching Assistant—Parts I and II," *LCGC North Am.* **2016**, *34* (October), 804 and **2016**, *34* (December), 906. The Excel file may be downloaded from https://epgl.unige.ch/labs/fanal /hplc_teaching:en (current version), from SaplingPlus (version 1.41), or from macmillanlearning.com.

Chapter 24

1. D. Thieme and P. Hemmersbach, eds., *Doping in Sports* (Berlin, Germany: Springer, 2010); M. Thevis, O. Krug, H. Geyer, K. Walpurgis, N. Baume, and A. Thomas, "Analytical Challenges in Sports Drug Testing," *Anal. Bioanal. Chem.* **2018**, *410*, 2275; T. C. Werner and C. K. Hatton, "Performance-Enhancing Drugs in Sports: How Chemists Catch Users," *J. Chem. Ed.* **2011**, *88*, 34; T. C. Werner, "The 'Anatomy' of a Performance-Enhancing Drug Test in Sports," *J. Chem. Ed.* **2012**, *89*, 624.

2. D. H. Catlin, M. H. Sekera, B. D. Ahrens, B. Starcevic, Y. C. Chang, and C. K. Hatton, "Tetrahydrogestrinone: Discovery, Synthesis, and Detection in Urine," *Rapid Commun. Mass Spectrom.* **2004**, *18*, 1245; P. Aqai, E. Cevik, A. Gerssen, W. Haasnoot, and M. W. F. Nielen, "High-Throughput Bioaffinity Mass Spectrometry for Screening and Identification of Designer Anabolic Steroids in Dietary Supplements," *Anal. Chem.* **2013**, *85*, 3255.

3. Training modules and animations are available from www.chromacademy .com. For exercises to complement lab experience in chromatography, see D. C. Stone, "Teaching Chromatography Using Virtual Laboratory Exercises," *J. Chem. Ed.* **2007**, *84*, 1488.

4. Restek Corp. provides a free easy-to-use gas chromatography simulator *Pro EZGC* (www.restek.com/proezgc), which was used to generate many figures in this chapter.

5. H. M. McNair, J. M. Miller, and N. H. Snow, *Basic Gas Chromatography*, 3rd ed. (New York: Wiley, 2019); K. Dettmer-Wilde and W. Engewald, eds., *Practical Gas Chromatography* (Berlin: Springer, 2014); C. F. Poole, ed., *Gas Chromatography* (Amsterdam: Elsevier, 2012) (an advanced and comprehensive text); R. L. Grob and E. F. Barry, eds., *Modern Practice of Gas Chromatography* (Hoboken, NJ: Wiley, 2004); E. F. Barry and R. L. Grob, *Columns for Gas Chromatography* (Hoboken, NJ: Wiley, 2007); M. C. McMaster, *GC/MS: A Practical User's Guide*, 2nd ed. (Hoboken, NJ: Wiley, 2008).

6. E. Cremer and F. Prior first explored gas-solid adsorption chromatography in the mid-1940s at the University of Innsbruck in Austria. Gas-liquid partition chromatography is attributed to A. J. P. Martin and A. T. James in 1950–1952 at the British National Institute of Medical Research. See L. S. Ettre, "Beginnings of Gas Adsorption Chromatography 60 Years Ago," *LCGC North Am.* **2008**, *26* (January), 48.

7. Video tours of gas chromatographs are provided by The Royal Society of Chemistry (RSC) at www.youtube.com/watch?v=08YWhLTjlfo and University of Minnesota at www.youtube.com/watch?v=ZpPzImDSfqc. Agilent Technologies also provides an instrument tour in their "Fundamentals of GC: Introduction and Overview" video at www.youtube.com/watch?v=M8d1u7kFZe0.

8. F. L. Dorman and P. Dawes, in C. F. Poole, ed., *Gas Chromatography* (Amsterdam: Elsevier, 2012), Chap. 3; A. K. Vickers, D. Decker, and R. E. Majors, "The Art and Science of GC Capillary Column Production," *LCGC North Am.* **2007**, *25* (July), 616; L. S. Ettre, "Evolution of Capillary Columns for Gas Chromatography," *LCGC North Am.* **2001**, *19* (January), 48.

9. M. J. Trujillo-Rodríguez, H. Nan, M. Varona, M. N. Emaus, I. D. Souza, and J. L Anderson, "Ionic Liquids in Analytical Chemistry," *Anal. Chem.* **2019**, *91*, 505; A. Berthod, M. J. Ruiz-Ángel, and S. Carda-Broch, "Ionic Liquid Uses in Separation Techniques," *J. Chromatogr. A* **2018**, *1559*, 2.

10. P. A. Levkin, A. Levkina, and V. Schurig, "Combining the Enantioselectivities of L-Valine Diamide and Permethylated β-Cyclodextrin in One Gas Chromatographic Chiral Stationary Phase," *Anal. Chem.* **2006**, *78*, 5143; I. Molnár-Perl, ed., *Quantitation of Amino Acids and Amines by Chromatography* (Amsterdam: Elsevier, 2005).

11. T. Cserháti and E. Forgács, *Cyclodextrins in Chromatography* (Cambridge: Royal Society of Chemistry, 2003); B. Haldar, A. Mallick, and N. Chattopadhyay, "Supramolecular Inclusion in Cyclodextrins: A Pictorial Spectroscopic Demonstration," *J. Chem. Ed.* **2008**, *85*, 429; J. Hernández-Benito, M. P. García-Santos, E. O'Brien, E. Calle, and J. Casado, "A Practical Integrated Approach to Supramolecular Chemistry III: Thermodynamics of Inclusion Phenomena," *J. Chem. Ed.* **2004**, *81*, 540; B. D. Wagner, P. J. MacDonald, and M. Wagner, "Visual Demonstration of Supramolecular Chemistry: Fluorescence Enhancement upon Host-Guest Inclusion," *J. Chem. Ed.* **2000**, *77*, 178; D. Díaz, I. Vargas-Baca, and J. Gracia-Mora, "β-Cyclodextrin Inclusion Complexes with Iodine," *J. Chem. Ed.* **1994**, *71*, 708.

12. V. Schurig and M. Juza, "Analytical Separation of Enantiomers by Gas Chromatography on Chiral Stationary Phases," in E. Grushka and N. Grinberg, ed., *Adv. Chromatogr.* **2014**, *52*, 117; T. Beesley, "The State of the Art in Chiral Capillary Gas Chromatography," *LCGC North Am.* **2011**, *29* (August), 642; L. Szente and J. Szemán, "Cyclodextrins in Analytical Chemistry: Host-Guest Type Molecular Recognition," *Anal. Chem.* **2013**, *85*, 8024; A. Berthod, "Chiral Recognition Mechanisms," *Anal. Chem.* **2006**, *78*, 2093.

13. Z. H. Ji, R. E. Majors, and E. J. Guthrie, "Porous Layer Open-Tubular Capillary Columns," *J. Chromatogr. A* **1999**, *842*, 115 (offers many practical tips).

14. O. Cheung, "Visualizing Gas Adsorption on Porous Solids: Four Simple, Effective Demonstrations," *J. Chem. Ed.* **2014**, *91*, 1468, video of demo 1 in supplementary materials; E. N. Coker, P. J. Davis, A. Kerkstra, and H. van Bekkum, "Experiments with Zeolites at the Secondary-School Level," *J. Chem. Ed.* **1999**, *76*, 1417.

15. R. P. W. Scott and J. A. Perry, *Introduction to Analytical Gas Chromatography*, 2nd ed. (New York; Marcel Dekker, 1998); N. H. Snow, "Temperature Programmed GC," *LCGC North Am.* **2019**, *37* (July), 450; N. H. Snow, "Determination of Free-Energy Relationships using Gas Chromatography," *J. Chem. Ed.* **1996**, *73*, 592; H. R. Ellison, "Enthalpy of Vaporization by Gas Chromatography," *J. Chem. Ed.* **2005**, *82*, 1086.

16. J. R. Conder and C. L. Young, *Physicochemical Measurement by Gas Chromatography* (Chichester: Wiley, 1979); R. Lebrón-Aguilar, J. E. Quintanilla-López, and J. M. Santiuste, "Solvation Molar Enthalpies and Heat Capacities of *n*-Alkanes and *n*-Alkylbenzenes on Stationary Phases of Wide-Ranging Polarity," *J. Chromatogr. A* **2010**, *1217*, 7767.

17. L. K. Nash, "Trouton and T-H-E Rule," *J. Chem. Ed.* **1984**, *61*, 981; P. M. Mathias, G. Jacobs, and J. Cabrera, "Modified Trouton's Rule for the

Estimation, Correlation, and Evaluation of Pure-Component Vapor Pressure," *J. Chem. Eng. Data* **2018**, *63*, 943.

18. V. I. Babushok, "Chromatographic Retention Indices in Identification of Chemical Compounds," *Trends Anal. Chem.* **2015**, *69*, 98 discusses isothermal Kováts, temperature programmed van den Dool and Kratz indices, and retention index libraries. The National Institute of Standards and Technology maintains a free online database at https://webbook.nist.gov/chemistry/.

19. Restek Corp. has a series of short, informative troubleshooting videos, including on "High GC Column Bleed," www.youtube.com/watch?v=767MCWu86pQ.

20. J. V. Hinshaw, "Electronic Control of Carrier Gas Pressure, Flow, and Velocity," *LCGC North Am.* **2014**, *32* (October), 786.

21. *Mythbusters* demonstrated the hazard potential of pressurized gas cylinders in their *Air Cylinder Rocket* episode, first aired on 18 October 2006. J. V. Hinshaw, "Gas Cylinder Safety," *LCGC North Am.* **2016**, *34* (October), 786 and *34* (November), 844, "Storage and Use of Gases for Gas Chromatography," *LCGC North Am.* **2014**, *32* (March), 194, "Gas Cylinder Setup and Use," *LCGC North Am.* **2014**, *32* (July), 488. Dow Chemical Company provides safety videos (http://safety.dow.com) on topics that include safe handling of gas cylinders.

22. J. V. Hinshaw, "Hydrogen Carrier Gas and Vacuum Compensation," *LCGC North Am.* **2011**, *29* (January), 36; R. J. Bartram and P. Froehlich, "Considerations on Switching from Helium to Hydrogen," *LCGC North Am.* **2010**, *28* (October), 890.

23. J. V. Hinshaw, "Retention Gap Effect," *LCGC North Am.* **2004**, *22* (July), 624.

24. N. H. Snow, "Split, Splitless, and Beyond," *LCGC North Am.* **2018**, *36* (July), 448; A. Tipler in C. F. Poole, ed., *Gas Chromatography* (Amsterdam: Elsevier, 2012), Chap. 8; K. Grob, *Split and Splitless Injection for Quantitative Gas Chromatography* (New York, NY: Wiley, 2001).

25. J. V. Hinshaw, "Syringes for Gas Chromatography," *LCGC North Am.* **2006**, *24* (March), 278.

26. N. H. Snow, "Stopping GC and GC-MS Problems Before They Start," *LCGC North Am.* **2019**, *37* (January), 26; D. W. Watson, "A Step-by-Step Guide to Inlet Maintenance," *LCGC North Am.* **2018**, *36* (May), 338; "GC Inlet Maintenance," Restek Corp., www.youtube.com/watch?v=IvycxlyZDaQ.

27. Techniques and hardware for *large volume injections* for trace analysis are described by S. M. Song, P. Marriott, D. Ryan, and P. Wynne, "Analytical Limbo: How Low Can You Go?" *LCGC North Am.* **2006**, *24* (October), 1012.

28. N. Dyson, *Chromatographic Integration Methods*, 2nd ed. (Cambridge: Royal Society of Chemistry, 1998); L. D. Asnin, "Peak Measurement and Calibration in Chromatographic Analysis," *Trends Anal. Chem.* **2016**, *81*, 51; M. K. L. Bicking, "Integration Errors in Chromatographic Analysis," *LCGC North Am.* **2006**, *24* (April), 402 and *24* (June), 604; J. W. Dolan, "Integration Problems," *LCGC North Am.* **2009**, *27* (October), 892.

29. J. V. Hinshaw, "Compendium of GC Detection, Past and Present," *LCGC North Am.* **2018**, *36* (March), 178.

30. J. V. Hinshaw, "Flame Ionization Detector," *LCGC North Am.* **2015**, *33* (July), 470.

31. C. F. Poole, "Ionization-Based Detectors for Gas Chromatography," *J. Chromatogr. A* **2015**, *1421*, 137.

32. If standards are not available, the relative response to different organic compounds can be approximated as being proportional to the number of carbon atoms not bound to one or more heteroatoms or halogens. (J. T. Scanlon and D. E. Willis, "Calculation of Flame Ionization Detector Relative Response Factors Using the Effective Carbon Number Concept," *J. Chromatogr. Sci.* **1985**, *23*, 333; E. Tissot, S. Rochat, C. Debonneville, and A. Chaintreau, "Rapid GC-FID Quantification Technique Without Authentic Samples Using Predicted Response Factors," *Flavour Frag. J.* **2012**, *27*, 290.)

33. C. S. Spanjers, C. A. Beach, A. J. Jones, and P. J. Dauenhauer, "Increasing Flame Ionization Detector Sensitivity Using Post-Column Oxidation–Methanation," *Anal. Meth.* **2017**, *9*, 1928.

34. B. Regmi and M. Agah, "Micro Gas Chromatography: An Overview of Critical Components and Their Integration," *Anal. Chem.* **2018**, *90*, 13133.

35. M. Torrice, "Scientists Who Sniff Water," *Chem. Eng. News*, 3 July 2017, p. 16; S.-T. Chin and P. J. Marriott, "High Resolution Approaches in Aroma Analysis," *Anal. Chim. Acta* **2015**, *854*, 1.

36. J. S. Zavahir, Y. Nolvachai, and P. J. Marriott, "Molecular Spectroscopy: Information Rich Detection for Gas Chromatography," *Trends Anal. Chem.* **2018**, *99*, 47.

37. K. A. Schug, I. Sawicki, D. D. Carlton, Jr., H. Fan, H. M. McNair, J. P. Nimmo, P. Kroll, J. Smuts, P. Walsh, and D. Harrison, "Vacuum Ultraviolet Detector for Gas Chromatography," *Anal. Chem.* **2014**, *86*, 8329.

38. X. W. Yan, "Unique Selective Detectors for Gas Chromatography: Nitrogen and Sulfur Chemiluminescence Detectors," *J. Sep. Sci.* **2006**, *29*, 1931; J. Luong, R. Gras, M. Hawryluk, and R. Shearer, "Ozone Induced Chemiluminescence Detection for Determination of Sulfur Compounds by Gas Chromatography," *Anal. Meth.* **2016**, *8*, 7014.

39. C. H. Li, Z. Long, X. M. Jiang, P. Wu, and X. D. Hou, "Atomic Spectrometric Detectors for Gas Chromatography," *Trends Anal. Chem.* **2016**, *77*, 139; R. N. Easter, J. A. Caruso, and A. P. Vonderheide, "Recent Developments and Novel Applications in GC-ICPMS," *J. Anal. Atom. Spec.* **2010**, *25*, 493.

40. C. Poole, Z. Mester, M. Miró, S. Pedersen-Bjergaard, and J. Pawliszyn, "Extraction for Analytical Scale Sample Preparation (IUPAC Technical Report)," *Pure Appl. Chem.* **2016**, *88*, 649.

41. J. Pawliszyn, ed., *Handbook of Solid Phase Microextraction* (Chennai, India: Elsevier, 2011); N. Rayes-Garcés, E. Gionfriddo, G. A. Gómez-Ríos, Md. N. Alam, E. Boyacı, B. Bojko, V. Singh, J. Grandy, and J. Pawliszyn, "Advances in Solid Phase Microextraction and Perspective on Future Directions," *Anal. Chem.* **2018**, *90*, 302, open access; H. Piri-Moghadam, F. Ahmadi, and J. Pawliszyn, "Critical Review of Solid Phase Microextraction for Analysis of Water Samples," *Trends Anal. Chem.* **2016**, *85*, 133, www.sigmaaldrich.com/analytical-chromatography/video/spme-video.html

42. G. F. Ouyang and J. Pawliszyn, "Critical Review in Calibration Methods for Solid-Phase Microextraction," *Anal. Chim. Acta* **2008**, *627*, 184.

43. B. Kolb and L. S. Ettre, *Static Headspace Gas Chromatography: Theory and Practice*, 2nd ed. (Hoboken, NJ: Wiley, 2006); A. C. Soria, M. J. García-Sarrió, and M. L. Sanz, "Volatile Sampling by Headspace Techniques," *Trends Anal. Chem.* **2015**, *71*, 85.

44. J. M. F. Nogueira, "Stir-Bar Extraction: 15 Years Making Sample Preparation More Environment-Friendly," *Trends Anal. Chem.* **2015**, *71*, 214; F. J. Camino-Sánchez, R. Rodríguez-Gómez, A. Zafra-Gómez, A. Santos-Fandila, and J. L. Vílchez, "Stir Bar Sorptive Extraction: Recent Applications, Limitations and Future Trends," *Talanta* **2014**, *130*, 388.

45. C. Bicchi, C. Iori, P. Rubiolo, and P. Sandra, "Headspace Sorptive Extraction, Stir Bar Sorptive Extraction, and Solid Phase Microextraction Applied to the Analysis of Roasted Arabica Coffee and Coffee Brew," *J. Agric. Food Chem.* **2002**, *50*, 449.

46. K. Dettmer and W. Engewald, "Absorbent Materials Commonly Used in Air Analysis for Adsorptive Enrichment and Thermal Desorption of Volatile Organic Compounds," *Anal. Bioanal. Chem.* **2002**, *373*, 490; M. Schneider and K.-U. Goss, "Systematic Investigation of the Sorption Properties of Tenax TA, Chromosorb 106, Porapak N, and Carbopak F," *Anal. Chem.* **2009**, *81*, 3017.

47. M. Fischer and B. M. Scholz-Böttcher, "Simultaneous Trace Identification and Quantification of Common Types of Microplastics in Environmental Samples by Pyrolysis-Gas Chromatography–Mass Spectrometry," *Environ. Sci. Technol.* **2017**, *51*, 5052.

48. S. Cram, "How to Develop, Validate, and Troubleshoot Capillary GC Methods," American Chemical Society Short Course, 1996.

49. J. de Zeeuw and M. Barnes, "Fast, Practical GC and GC-MS," *Am. Lab. News Ed.* January 2007, p. 26.

50. For software to optimize liquid and gas chromatography, see www.acdlabs.com and www.gc-sos.com. J. V. Hinshaw, "Strategies for GC Optimization: Software," *LCGC North Am.* **2000**, *18* (October), 1040.

51. S. E. Prebihalo, K. L. Berrier, C. E. Freye, H. D. Bahaghighat, N. R. Moore, D. K. Pinkerton, and R. E. Synovec, "Multidimensional Gas Chromatography: Advances in Instrumentation, Chemometrics, and Applications," *Anal. Chem.* **2018**, *90*, 505.

Chapter 25

1. X. L. Yuan and R. D. Oleschuk, "Advances in Microchip Liquid Chromatography," *Anal. Chem.* **2018**, *90*, 283; J. P. Grinias and R. T. Kennedy, "Advances In and Prospects of Microchip Liquid Chromatography," *Trends Anal. Chem.* **2016**, *81*, 110.

2. L. R. Snyder, J. J. Kirkland, and J. W. Dolan, *Introduction to Modern Liquid Chromatography*, 3rd ed. (Hoboken, NJ: Wiley, 2010); L. R. Snyder, J. J. Kirkland, and J. L. Glajch, *Practical HPLC Method Development* (New York: Wiley, 1997). References 2–4 are definitive resources for liquid chromatography.

3. L. R. Snyder and J. W. Dolan, *High-Performance Gradient Elution* (Hoboken, NJ: Wiley, 2007).

4. U. D. Neue, *HPLC Columns: Theory, Technology, and Practice* (New York: Wiley, 1997).

5. S. Fanali, P. R. Haddad, C. Poole, M.-L. Riekkola, eds., *Liquid Chromatography*, 2nd ed. (Amsterdam: Elsevier, 2017), an advanced and comprehensive two-volume discussion of fundamentals and instrumentation (volume 1) and applications (volume 2); S. C. Moldoveanu and V. David, *Essentials in Modern HPLC Separations* (Waltham, MA: Elsevier, 2013), also advanced and comprehensive.

6. Books focused on practice of HPLC: S. Kromidas, ed., *The HPLC Expert* (Weinheim: Wiley-VCH, 2016) and *HPLC Expert II* (Weinheim: Wiley-VCH, 2017), *HPLC Expert* focuses on HPLC and *HPLC Expert II* on UHPLC; V. R. Meyer, *Pitfalls and Errors of HPLC in Pictures*, 3rd ed. (New York: Wiley, 2013); V. R. Meyer, *Practical High-Performance Liquid Chromatography*, 5th ed. (Chichester: Wiley, 2010); M. W. Dong, *HPLC and UHPLC for Practicing Scientists*, 2nd ed. (Hoboken, NJ: Wiley, 2019); S. Kromidas, ed. *The HPLC–MS Handbook for Practitioners* (Weinheim: Wiley-VCH, 2017).

7. *LCGC North America* is an open access journal at www.chromatographyonline.com with helpful articles on practice and troubleshooting of chromatography. Specific references are noted throughout the chapter. A compendium of the *LC Troubleshooting* columns is at www.lcresources.com/tsbible.

8. D. Guillarme and J.-L. Veuthey, "HPLC Teaching Assistant: Parts I and II," *LCGC North Am.* **2016**, *34* (October), 804 and **2016**, *34* (November), 906. Excel file may be downloaded from https://epgl.unige.ch/labs/fanal/hplc_teaching:en (current version) or from SaplingPlus or macmillanlearning.com (version 1.41); P. G. Boswell, D. R. Stoll, P. W. Carr, M. L. Nagel, M. F. Vitha, and G. A. Mabbott, "An Advanced, Interactive, High-Performance Liquid Chromatography Simulator and Instructor Resources," *J. Chem. Ed.* **2013**, *90*, 198, exercises are provided in the supplementary information at the journal website, and the simulator can be downloaded at www.hplcsimulator.org; A. Kadjo and P. K. Dasgupta, "Tutorial: Simulating Chromatography with Microsoft Excel Macros," *Anal. Chim. Acta* **2013**, *773*, 1.

9. Training modules and animations are available from www.chromacademy.com.

10. J. W. Dolan, "LC Method Scaling: Part I. Isocratic Separations," *LCGC North Am.* **2014**, *32* (February), 98.

11. J. W. Dolan, "My Favorite Shortcuts," *LCGC North Am. Supplement* **2017**, *35* (November), 20; F. Osmani and J. W. Dolan, "Evaluation of an LC Method," *LCGC North Am.* **2012**, *30* (November), 972.

12. M. W. Dong, "UHPLC: Perspectives and Instrumental Features," *LCGC North Am.* **2017**, *35* (June), 374; M. W. Dong and D. Guillarme, "UHPLC: Benefits," *LCGC North Am.* **2017**, *35* (August), 486; M. W. Dong, "Ultrahigh-Pressure Liquid Chromatography: Potential Issues," *LCGC North Am.* **2017**, *35* (November), 818; J. De Vos, K. Broeckhoven, and S. Eeltink, "Advances in Ultrahigh-Pressure Liquid Chromatography Technology and System Design," *Anal. Chem.* **2016**, *88*, 262.

13. M. B. Hicks, W. Farrell, C. Aurigemma, L. Lehmann, L. Weisel, K. Nadeau, H. Lee, C. Moraff, M. L. Wong, Y. Huang, and P. Ferguson, "Making the Move Towards Modernized Greener Separations: Introduction of the Analytical Method Greenness Score (AMGS) Calculator," *Green Chem.* **2019**, *21*, 1816.

14. A. A. Makarov et al., "Visualizing and Studying Frictional Heating Effects in Reversed-Phase Liquid Chromatography Using Infrared Thermal Imaging," *Anal. Chim. Acta* **2018**, *1018*, 1; F. Gritti, M. Martin, and G. Guiochon, "Influence of Viscous Friction Heating on the Efficiency of Columns Operated Under Very High Pressures," *Anal. Chem.* **2009**, *81*, 3365; F. Gritti and G. Guiochon, "Heat Exchanges in Fast, High-Performance Liquid Chromatography: A Complete Thermodynamic Study," *Anal. Chem.* **2008**, *80*, 6488; F. Gritti and G. Guiochon, "Complete Temperature Profiles in Ultra-High-Pressure Liquid Chromatography Columns," *Anal. Chem.* **2008**, *80*, 5009.

15. D. R. Stoll, "Filters and Filtration in Liquid Chromatography: What to Do," *LCGC North Am.* **2017**, *35* (February), 98.

16. M. R. Linford, D. S. Jensen, T. Teutenberg, and J. Clark, "Elevated Temperatures in Liquid Chromatography," *LCGC North Am.* **2012**, *30* (September), 850; (November), 992; and (December), 1052.

17. L. E. Blue, E. G. Franklin, J. M. Godinho, J. P. Grinias, K. M. Grinias, D. B. Lunn, and S. M. Moore, "Recent Advances in Capillary Ultrahigh Pressure Liquid Chromatography," *J. Chromatogr. A* **2017**, *1523*, 17.

18. For high-pH operation of any silica-based stationary phase, temperature should not exceed 40°C, organic buffers should be used instead of phosphate or carbonate, and methanol instead of acetonitrile should be the organic solvent. (J. J. Kirkland, J. D. Martosella, J. W. Henderson, C. H. Dilks, Jr., and J. B. Adams, Jr., "HPLC of Basic Compounds at High pH with a Silica-Based Bidentate-C18 Bonded-Phase Column," *Am. Lab.* November 1999, p. 22; U. D. Neue, "HPLC Troubleshooting," *Am. Lab.* February 2002, p. 72.)

19. A. Giaquinto, Z. X. Liu, A. Bach, and Y. Kazakevich, "Surface Area of Reversed-Phase HPLC Columns," *Anal. Chem.* **2008**, *80*, 6358.

20. D. R. Stoll, "Reversed-Phase Liquid Chromatography and Water: Part I. How Much Is Too Much?" *LCGC North Am.* **2019**, *37* (February), 80.

21. F. Gritti and G. Guiochon, "Facts and Legends About Columns Packed with Sub-3-μm Core-Shell Particles," *LCGC North Am.* **2012**, *30* (July), 586.

22. C. West, C. Elfakir, and M. Lafosse, "Porous Graphitic Carbon: A Versatile Stationary Phase for Liquid Chromatography," *J. Chromatogr. A* **2010**, *1217*, 3201. For other robust stationary phases, see E. M. Borges, "Silica, Hybrid Silica, Hydride Silica and Non-Silica Stationary Phases for Liquid Chromatography," *J. Chromatogr. Sci.* **2015**, *53*, 580, open access; and J. Nawrocki, C. Dunlap, J. Zhao, C. V. McNeff, A. McCormick, and P. W. Carr, "Chromatography Using Ultra-Stable Metal Oxide-Based Stationary Phases for HPLC," *J. Chromatogr. A* **2004**, *1028*, 31.

23. G. K. E. Scriba, ed., *Chiral Separations: Methods and Protocols*, 2nd ed. (Totowa, NJ: Humana, 2013); G. K. E. Scriba, "Chiral Recognition in Separation Science: An Update," *J. Chromatogr. A* **2016**, *1467*, 56; *Chiral Handbook: HPLC & SFC Separations* (Morton Grove, IL: Regis Technologies, 2018), handbook with method development strategies and over 800 chiral separations on a variety of phases is freely available online.

24. B. A. Rogers, Z. Wu, B. C. Wei, X. M. Zhang, X. Cao, O. Alabi, and M. J. Wirth, "Submicrometer Particles and Slip Flow in Liquid Chromatography," *Anal. Chem.* **2015**, *87*, 2520.

25. B. J. Sjursnes, L. Kvittingen, and R. Schmid, "Normal and Reversed-Phase Thin Layer Chromatography of Green Leaf Extracts," *J. Chem. Ed.* **2015**, *92*, 193, supplementary materials provide detailed instructions and alternate procedures. See www.youtube.com/watch?v=lj5OWzhZSac for a video introduction to thin-layer chromatography.

26. P. Bernard-Savary and C. F. Poole, "Instrument Platforms for Thin-Layer Chromatography," *J. Chromatogr. A* **2015**, *1421*, 184.

27. S. Lupo and T. Kahler, "New Advice on an Old Topic: Buffers in Reversed-Phase HPLC," *LCGC North Am.* **2017**, *35* (July), 424; A. P. Schellinger and P. W. Carr, "Solubility of Buffers in Aqueous-Organic Eluents for Reversed-Phase Liquid Chromatography," *LCGC North Am.* **2004**, *22* (June), 544; D. Sykora, E. Tesarova, and D. W. Armstrong, "Practical Considerations of the Influence of Organic Modifiers on the Ionization of Analytes and Buffers in Reversed-Phase LC," *LCGC North Am.* **2002**, *20* (October), 974; G. W. Tindall, "Mobile-Phase Buffers: I. The Interpretation of pH in Partially Aqueous Mobile Phases," *LCGC North Am.* **2002**, *20* (November), 1028; S. Espinosa, E. Bosch, and M. Rosés, "Acid-Base Constants of Neutral Bases in Acetonitrile-Water Mixtures," *Anal. Chim. Acta* **2002**, *454*, 157.

28. B. A. Olsen and B. W. Pack, eds., *Hydrophilic Interaction Chromatography: A Guide for Practitioners* (Hoboken, NJ; Wiley, 2013); P. Jandera and P. Janás, "Recent Advances in Stationary Phases and Understanding of Retention in Hydrophilic Interaction Chromatography: A Review," *Anal. Chim. Acta* **2017**, *967*, 12; D. V. McCalley, "Understanding and Manipulating the Separation in Hydrophilic Interaction Liquid Chromatography," *J. Chromatogr. A* **2017**, *1523*, 49.

29. www.youtube.com/watch?v=RmaJVxafesU from the Centre for New Media, Western Norway University of Applied Sciences; other videos showing supercriticality are www.youtube.com/watch?v=-gCTKteN5Y4 and www.youtube.com/watch?v=GEr3NxsPTOA.

30. C. West, "Current Trends in Supercritical Fluid Chromatography," *Anal. Bioanal. Chem.* **2018**, *410*, 6441; D. Speybrouck and E. Lipka, "Preparative Supercritical Fluid Chromatography: A Powerful Tool for Chiral Separations," *J. Chromatogr. A* **2016**, *1467*, 33; G. K. Webster, ed., *Supercritical Fluid Chromatography: Advances and Applications in Pharmaceutical Analysis* (Boca Raton: CRC Press, 2014).

31. J. W. Dolan, "Mobile-Phase Degassing: What, Why, and How," *LCGC North Am.* **2014**, *32* (July), 482.

32. D. Stoll, "Column Care for the Long Haul: Considerations for Column Storage," *LCGC North Am.* **2017**, *35* (July), 434; J. W. Dolan, "Column Care," *LCGC North Am.* **2008**, *26* (August), 692.

33. *Washing normal-phase column:* Procedures vary with manufacturer and column type. Check literature that came with your column. In general, disconnect column from detector and reverse direction of flow through column. At reduced flow, rinse with 10 V_M of modifier-free weak solvent such as hexane. Next, flush with 20 V_M of the strong solvent used in the mobile phase, such as methylene chloride or isopropanol. Reequilibrate the column with mobile phase. Water adsorption can reduce retention or cause changes in separation factor in normal-phase chromatography. Reduce moisture by flushing column with 30 V_M of 2.5% 2,2-dimethoxypropane and 2.5% glacial acetic acid in hexane, followed by reequilibration with mobile phase. [S. Krepich, "Normal Phase HPLC Column and Regeneration," Phenomenex Inc. Technical Tip, 2009.]

34. J. W. Dolan, "Troubleshooting Basics, Part 4: Peak Shape Problems," *LCGC North Am.* **2012**, *30* (July), 564.

35. J. W. Dolan, "Peak Shape Problems," *LCGC North Am.* **2008**, *26* (July), 610.

36. J. W. Dolan, "Overload in Liquid Chromatography," *LCGC North Am.* **2015**, *33* (August), 528; J. W. Dolan, "How Much Is Too Much?" *LCGC North Am.* **1999**, *17* (June), 508.

37. J. W. Dolan, "Extracolumn Effects," *LCGC North Am.* **2008**, *26* (November), 1092.

38. J. W. Dolan, "LC Troubleshooting Strategies," *LCGC North Am.* **2009**, *27* (December), 1040.

39. D. R. Stoll, "Mixing and Mixers in Liquid Chromatography—Why, When, and How Much? Part I, The Pump," *LCGC North Am.* **2018**, *36* (October), 746; J. W. Dolan, "How Does It Work? Part II: Mixing and Degassing," *LCGC North Am.* **2016**, *34* (June), 400; J. W. Dolan, "How Does It Work? Part I: Pumps," *LCGC North Am.* **2016**, *34* (May), 324. See animation of pump action at www .lcresources.com/resources/getstart/2b01.htm.

40. K. G. Kehl and V. R. Meyer, "Argentometric Titration for the Determination of Liquid Chromatographic Injection Reproducibility," *Anal. Chem.* **2001**, *73*, 131.

41. M. Swartz, "Seeing Is Believing: Detectors for HPLC," *LCGC North Am.* **2010**, *28* (October), 880; M. Swartz, "HPLC Detectors: A Brief Review," *J. Liq. Chromatogr.* **2010**, *33*, 1130.

42. C. K. Zacharis and P. D. Tzanavaras, "Liquid Chromatography Coupled to On-Line Post Column Derivatization for the Determination of Organic Compounds: A Review on Instrumentation and Chemistries," *Anal. Chim. Acta* **2013**, *798*, 1; P. G. Rigas, "Post-Column Labeling Techniques in Amino Acid Analysis by Liquid Chromatography," *Anal. Bioanal. Chem.* **2013**, *405*, 7957.

43. S. Iijima, Y. Sato, M. Bounoshita, T. Miyaji, D. J. Tognarelli, and M. Saito, "Optimization of an Online Post-Column Derivatization System for Ultra High-Performance Liquid Chromatography (UHPLC) and Its Applications to Analysis of Biogenic Amines," *Anal. Sci.* **2013**, *29*, 539.

44. M. Tobiszewski, J. Namieśnik, and F. Pena-Pereira, "A Derivatisation Agent Selection Guide," *Green Chem.* **2017**, *19*, 5911, open access.

45. N. C. Megoulas and M. A. Koupparis, "Twenty Years of Evaporative Light Scattering Detection," *Crit. Rev. Anal. Chem.* **2005**, *35*, 301; L. Lucena, S. Cárdenas, and M. Valcárcel, "Evaporative Light Scattering Detection: Trends in Its Analytical Uses," *Anal. Bioanal. Chem.* **2007**, *388*, 1663.

46. L.-E. Magnusson, D. S. Risley, and J. A. Koropchak, "Aerosol-Based Detectors for Liquid Chromatography," *J. Chromatogr. A* **2015**, *1421*, 68.

47. P. H. Gamache, R. S. McCarthy, S. M. Freeto, D. J. Asa, M. J. Woodcock, K. Laws, and R. O. Cole, "HPLC Analysis of Nonvolatile Analytes Using Charged Aerosol Detection," *LCGC North Am.* **2005**, *23* (February), 150; M. Ligor, S. Studzińska, A. Horna, and B. Buszewski, "Corona-Charged Aerosol Detection: An Analytical Approach," *Crit. Rev. Anal. Chem.* **2013**, *43*, 64.

48. M. W. Robinson, A. P. Hill, S. A. Readshaw, J. C. Hollerton, R. J. Upton, S. M. Lynn, S. C. Besley, and B. J. Boughtflower, "Use of Calculated Physicochemical Properties to Enhance Quantitative Response When Using Charged Aerosol Detection," *Anal. Chem.* **2017**, *89*, 1772, open access. Adjusting for analyte density improves universality of response to within 6%.

49. The effect of the gradient on the response of the charged aerosol detector can be cancelled by delivering an exact inverse gradient with a second pump and mixing the inverse gradient with eluate prior to the detector, as was done in Box 25-2. (T. Górecki, F. Lynen, R. Szucs, and P. Sandra, "Universal Response in Liquid Chromatography Using Charged Aerosol Detection," *Anal. Chem.* **2006**, *78*, 3186.)

50. M. Trojanowicz, "Recent Developments in Electrochemical Flow Detections: A Review. Part II, Liquid Chromatography," *Anal. Chim. Acta* **2011**, *688*, 8; F. Kusu and A. Kotani, "HPLC with Electrochemical Detection," in R. A. Shalliker, ed., *Hyphenated and Alternative Methods of Detection in Chromatography* (Boca Raton, FL: CRC Press, 2012).

51. H. Gu, E. L. Varner, S. R. Groskreutz, A. C. Michael, and S. G. Weber, "In Vivo Monitoring of Dopamine by Microdialysis with 1 min Temporal Resolution Using Online Capillary Liquid Chromatography with Electrochemical Detection," *Anal. Chem.* **2015**, *87*, 6088; J. Zhang, A. Jaquins-Gerstl, K. M. Nesbitt, S. C. Rutan, A. C. Michael, and S. G. Weber, "In Vivo Monitoring of Serotonin in the Striatum of Freely Moving Rats with One Minute Temporal Resolution by Online Microdialysis–Capillary High-Performance Liquid Chromatography at Elevated Temperature and Pressure," *Anal. Chem.* **2013**, *85*, 9889.

52. K. C. Honeychurch, "Design and Application of Liquid Chromatography Dual Electrode Detection," *Electrochemistry* **2016**, *13*, 1; K. C. Honeychurch, G. M. Davidson, E. Brown, and J. P. Hart, "Novel Reductive-Reductive Mode Electrochemical Detection of Rohypnol Following Liquid Chromatography and Its Determination in Coffee," *Anal. Chim. Acta* **2015**, *853*, 222.

53. W. R. LaCourse, *Pulsed Electrochemical Detection in High-Performance Liquid Chromatography* (New York: Wiley, 1997); M. A. Islam, P. Mahbub, P. N. Nesterenko, B. Paull, and M. Macka, "Prospects of Pulsed Amperometric Detection in Flow-Based Analytical Systems: A Review," *Anal. Chim. Acta* **2019**, *1052*, 10; W. R. LaCourse, "Pulsed Electrochemical Detection: Waveform Evolution," *LCGC North Am.* **2011**, *29* (July), 584.

54. B. A. Rappold, "Special Considerations for Liquid Chromatography–Tandem Mass Spectrometry Method Development," *Clin. Lab. Med.* **2018**, *38*, 539; A. Van Eeckhaut, K. Lanckmans, S. Sarre, I. Smolders, and Y. Michotte, "Validation of Bioanalytical LC-MS/MS Assays: Evaluation of Matrix Effects," *J. Chromatogr. B* **2009**, *877*, 2198; T. Higashi and S. Ogawa, "Isotope-Coded ESI-Enhancing Derivatization Reagents for Differential Analysis, Quantification and Profiling of Metabolites in Biological Samples by LC/MS: A Review," *J. Pharm. Biomed. Anal.* **2016**, *130*, 181.

55. S. E. Abbatiello et al., "System Suitability Protocol for the Quantitative Assessment of Instrument Performance in Liquid Chromatography–Multiple Reaction Monitoring–MS," *Mol. Cell. Proteomics* **2013**, *12*, 2623, open access; C. J. Briscoe, M. R. Stiles, and D. S. Hage, "System Suitability in Bioanalytical LC/MS/MS," *J. Pharm. Biomed. Anal.* **2007**, *44*, 484.

56. For a concise, readable, and expert guide to method development for reversed-phase separations, see J. W. Dolan, "The Perfect Method," *LCGC North Am.* **2007**, *25* (June–December), 546, 632, 704, 944, 1014, 1094, 1178.

57. Acetonitrile can be hydrolyzed to sodium acetate and poured down the drain for disposal: $CH_3CN + NaOH + H_2O$ ° CH_3CO_2Na+ NH_3. Dilute the chromatography eluate to 10 vol% CH_3CN with water. To 1.0 L of 10 vol% CH_3CN, add 475 mL of 10 M NaOH. The solution can be left at 20°C for 25 days in a hood or heated to 80°C for 70 min to reduce the CH_3CN concentration to 0.025 vol%. Mix the hydrolysate with waste acid so that it is approximately neutral before disposal. (K. Gilomen, H. P. Stauffer, and V. R. Meyer, "Detoxification of Acetonitrile Wastes from Liquid Chromatography," *Chromatographia* **1995**, *41*, 488.)

58. Tetrahydrofuran can be stored for at least half a year without oxidation by adding 25 vol% H_2O. (J. H. Zhao and P. W. Carr, "The Magic of Water in Tetrahydrofuran: Preventing Peroxide Formation," *LCGC North Am.* **1999**, *17* (April), 346.)

59. J. W. Dolan, "Selectivity in Reversed-Phase LC Separations: Part II. Solvent-Strength Selectivity," *LCGC North Am.* **2011**, *29* (January), 28.

60. J. W. Dolan, "How Does Temperature Affect Selectivity?" *LCGC North Am.* **2007**, *25* (May), 448; J. W. Dolan, "Temperature Selectivity in Reversed-Phase High Performance Liquid Chromatography," *J. Chromatogr. A* **2002**, *965*, 195.

61. J. W. Dolan, "Selectivity in Reversed-Phase LC Separations: Part I. Solvent-Type Selectivity," *LCGC North Am.* **2010**, *28* (December), 1022.

62. J. W. Dolan, "Selectivity in Reversed-Phase LC Separations: Part III. Column-Type Selectivity," *LCGC North Am.* **2011**, *29* (March), 236; J. W. Dolan, D. R. Stoll, and L. R. Snyder, "How to Take Maximum Advantage of Column-Type Selectivity," *LCGC North Am.* **2017**, *35* (September), 660; D. S. Bell, J. McKenzie, H. Cramer, and C. R. Aurand, "Avoiding Reversed-Phase Chromatography Problems Through Informed Method Development Practices: Choosing the Stationary-Phase Chemistry," *LCGC North Am.* **2014**, *32* (September), 704.

63. P. Žuvela, M. Skoczylas, J. J. Liu, T. Bączek, R. Kaliszan, M. W. Wong, and B. Buszewski, "Column Characterization and Selection Systems in Reversed-Phase High-Performance Liquid Chromatography," *Chem. Rev.* **2019**, *119*, 3674; E. M. Borges, "How to Select Equivalent and Complementary Reversed Phase Liquid Chromatography Columns from Column Characterization Databases," *Anal. Chim. Acta* **2014**, *807*, 143; See www.hplccolumns.org for online column selection tools based on the hydrophobic subtraction model, L. R. Snyder, J. W. Dolan, and P. W. Carr, "A New Look at the Selectivity of RPC Columns," *Anal. Chem.* **2007**, *79*, 3254. See www.acdlabs.com/resources/freeware/colsel for data based on M. R. Euerby and P. Petersson, "Chromatographic Classification and Comparison of Commercially Available Reversed-Phase Liquid Chromatographic Columns Using Principal Component Analysis," *J. Chromatogr. A* **2003**, *994*, 13.

64. J. W. Dolan, "Starting Out Right: Part V. Changing Column Conditions," *LCGC North Am.* **2000**, *18* (April), 376; J. W. Dolan, "The Perfect Method: Part VI. Make It Faster," *LCGC North Am.* **2007**, *25* (November), 1094.

65. For a spreadsheet for method transfer calculations in isocratic and gradient modes, see https://epgl.unige.ch/labs/fanal/hplc_calculator:en. Based on D. Guillarme, D. T.-T. Nguyen, S. Rudaz, and J.-L. Veuthey, "Method Transfer for Fast Liquid Chromatography in Pharmaceutical Analysis: Application to Short Columns Packed with Small Particle: Part I. Isocratic Separation and Part II. Gradient Experiments," *Eur. J. Pharm. Biopharm.* **2007**, *66*, 475 and **2008**, *68*, 430.

66. A. Socia, Y. Liu, X. Y. Gong, O. White, A. Abend, and W. P. Wuelfing, "Greener Chromatographic Approaches for Dissolution Testing of Solid Pharmaceutical Formulations," *Green Chem.* **2018**, *6*, 16951.

67. M. W. Dong and B. E. Boyes, "Modern Trends and Best Practices in Mobile-Phase Selection in Reversed-Phase Chromatography," *LCGC North Am.* **2018**, *36* (October), 752.

68. For more on developing gradient separations, see Reference 3 and J. W. Dolan, "The Scouting Gradient Alternative," *LCGC North Am.* **2000**, *18* (May), 478; J. W. Dolan, "Making the Most of a Gradient Scouting Run," *LCGC North Am.* **2013**, *31* (January), 30.

69. M. R. Euerby, P. Petersson, and M. A. James, "Translations Between Differing Liquid Chromatography Formats: Advantages, Principles, and Possible Pitfalls," *LCGC North Am.* **2014**, *32* (August), 558.

70. A. P. Schellinger, D. R. Stoll, and P. W. Carr, "High-Speed Gradient Elution Reversed-Phase Liquid Chromatography of Bases in Buffered Eluents: Part I. Retention Repeatability and Column Re-Equilibration," *J. Chromatogr. A* **2008**, *1192*, 41.

71. J. W. Dolan, "Gradient Elution: Part IV. Dwell-Volume Problems," *LCGC North Am.* **2013**, *31* (June), 456.

72. S. Fekete and I. Molnár, eds., *Software-Assisted Method Development in High Performance Liquid Chromatography* (London: World Scientific, 2018). Available software includes DryLab, Molnár Institute, Berlin (www.molnar-institut.com/drylab/); ChromSword (www.chromsword.com); and LC & GC Simulator, Advanced Chemistry Development, Toronto (www.acdlabs.com/products/com_iden/meth_dev/).

73. J. M. Cintrón and L. A. Colón, "Organo-Silica Nano-Particles Used in Ultrahigh-Pressure Liquid Chromatography," *Analyst* **2002**, *127*, 701.

74. N. Tanaka, H. Kobayashi, K. Nakanishi, H. Minakuchi, and N. Ishizuka, "Monolithic LC Columns," *Anal. Chem.* **2001**, *73*, 420A; G. Guiochon, "Monolithic Columns in High Performance Liquid Chromatography," *J. Chromatogr. A* **2007**, *1168*, 101; J. Urban and P. Jandera, " Recent Advances in the Design of Organic Polymer Monoliths for Reversed-Phase and Hydrophilic Interaction Chromatography Separations of Small Molecules," *Anal. Bioanal. Chem.* **2013**, *405*, 2123.

75. E. S. Grumbach, D. M. Wagrowski-Diehl, J. R. Mazzeo, B. Alden, and P. C. Iraneta, "Hydrophilic Interaction Chromatography Using Silica Columns for the Retention of Polar Analytes and Enhanced ESI-MS Sensitivity," *LCGC North Am.* **2004**, *22* (October), 1010.

76. R. Bakhtiar, L. Ramos, and F. L. S. Tse, "Quantification of Methylphenidate in Plasma Using Chiral Liquid-Chromatography/Tandem Mass Spectrometry: Application to Toxicokinetic Studies," *Anal. Chim. Acta* **2002**, *469*, 261.

Chapter 26

1. A. A. Zagorodni, *Ion Exchange Materials* (Amsterdam: Elsevier, 2007); F. de Dardel and T. V. Arden, "Ion Exchangers" in *Ullmann's Encyclopedia of Industrial Chemistry*, 7th ed. (New York: Wiley-VCH, 2010); J. Kammerer, R. Carle, and D. R. Kammerer, "Adsorption and Ion Exchange: Basic Principles and Their Application in Food Processing," *J. Agric. Food Chem.* **2011**, *59*, 22.

2. Y.-H. Chen, J.-Y. Lin, L.-P. Lin, H. Liang, and J.-F. Yaung, "Sequestration of Divalent Metal Ion by Superabsorbent Polymer in Diapers," *J. Chem. Ed.* **2010**, *87*, 920.

3. J. T. Way, "On the Power of Soils to Absorb Manure," *J. Royal Agric. Soc. Eng.* **1852**, *13*, 123; ibid., **1850**, *11*, 313.

4. F. R. Mansour, C. L. Kirkpatrick, and N. D. Danielson, "Ion Exclusion Chromatography of Aromatic Acids," *J. Chromatogr. Sci.* **2013**, *51*, 655.

5. B. M. Stewart, "Production of High-Purity Water in the Clinical Laboratory," *Lab. Med.* **2000**, *31*, 605; S. Mabic, C. Regnault, and J. Krol, "The Misunderstood Laboratory Solvent: Reagent Water for HPLC," *LCGC North Am.* **2005**, *23* (January), 74; *Guide to Laboratory Water Purification* (Labconco Corp.: 2006); E. Riché, "Best Practices for Using a Water Purification System," www.youtube.com/watch?v=D89zoLy8fiE.

6. D. P. Elder, "Pharmaceutical Applications of Ion-Exchange Resins," *J. Chem. Ed.* **2005**, *82*, 575.

7. J. Weiss, *Handbook of Ion Chromatography*, 4th ed. (Weinheim: Wiley-VCH, 2016), a comprehensive source, with volumes 1 and 2 discussing theory, modes of separation, and detection, and volume 3 detailing environmental, power plant, semiconductor, food, pharmaceutical, chemical, and petroleum applications; J. S. Fritz and D. T. Gjerde, *Ion Chromatography*, 4th ed. (Weinheim: Wiley-VCH, 2009); P. R. Haddad and P. E. Jackson, *Ion Chromatography: Principles and Applications* (New York: Elsevier, 1990); J.-M. Liu, C.-C. Liu, G.-Z. Fang, and S. Wang, "Advanced Analytical Methods and Sample Preparation for Ion Chromatography Techniques," *RSC Adv.* **2015**, *5*, 58713; H. Small, "Ion Chromatography: An Account of Its Conception and Early Development," *J. Chem. Ed.* **2004**, *81*, 1277; B. Evans, "History of Ion Chromatography: The Engineering Perspective," *J. Chem. Ed.* **2004**, *81*, 1285; P. R. Haddad, P. N. Nesterenko, and W. Buchberger, "Recent Developments and Emerging Directions in Ion Chromatography," *J. Chromatogr. A* **2008**, *1184*, 456.

8. Elevated thiocyanate and benzoate are detectable in sweat from smokers. E. Gilchrist, N. Smith, and L. Barron, "Probing Gunshot Residue, Sweat and Latent Human Fingerprints with Capillary-Scale Ion Chromatography and Suppressed Conductivity Detection," *Analyst* **2012**, *137*, 1576.

9. C. Pohl, "Recent Developments in Ion-Exchange Columns for Ion Chromatography," *LCGC North Am.* **2013**, *31* (April Supplement 4B), 16.

10. B. K. Ng, G. W. Dicinoski, R. A. Shellie, and P. R. Haddad, "Tools for Simulation and Optimization of Separations in Ion Chromatography," *LCGC North Am.* **2013**, *31* (April Supplement 4B), 33; J. E. Madden, M. J. Shaw, G. W. Dicinoski, N. Avdalovic, and P. R. Haddad, "Simulation and Optimization of Retention in Ion Chromatography Using Virtual Column 2 Software," *Anal. Chem.* **2002**, *74*, 6023.

11. T. Ehmann, C. Mantler, D. Jensen, and R. Neufang, "Monitoring the Quality of Ultra-Pure Water in Semiconductor Industry by Online Ion Chromatography," *Microchim. Acta* **2006**, *154*, 15; D. Z. Živojinović and L. V. Rajaković, "Application and Validation of Ion Chromatography for the Analysis of Power Plants Water: Analysis of Corrosion Anions in Conditioned Water-Steam Cycles," *Desalination* **2011**, *275*, 17.

12. T. Brinkmann, C. H. Specht, and F. H. Frimmel, "Non-Linear Calibration Functions in Ion Chromatography with Suppressed Conductivity Detection Using Hydroxide Eluents," *J. Chromatogr. A* **2002**, *957*, 99.

13. R. G. Brennan, T. A. Butler, and M. R. Winchester, "Achieving 0.2% Relative Expanded Uncertainty in Ion Chromatography Analysis Using a High-Performance Methodology," *Anal. Chem.* **2011**, *83*, 3801.

14. W. W. Buchberger, "Detection Techniques for Ion Chromatography of Inorganic Anions," *Trends Anal. Chem.* **2001**, *20*, 296; P. K. Dasgupta, H. Z. Liao, and C. P. Shelor, "Ion Chromatography Yesterday and Today: Detection," *LCGC North Am.* **2013**, *31* (April Supplement 4B), 23.

15. B. C. Yang, Y. J. Chen, M. Mori, S.-I. Ohira, A. K. Azad, P. K. Dasgupta, and K. Srinivasan, "Charge Detector for the Measurement of Ionic Solutes," *Anal. Chem.* **2010**, *82*, 951.

16. T. Cecchi, *Ion-Pair Chromatography and Related Techniques* (London: CRC Press, 2010); J. W. Dolan, "Ion Pairing—Blessing or Curse?" *LCGC North Am.* **2008**, *26* (February), 170.

17. M. A. Hervas and C. E. Fabara, "A Simple Demonstration of the Ion-Pairing Effect on the Solubility of Charged Molecules," *J. Chem. Ed.* **1995**, *72*, 437.

18. L. R. Snyder, J. J. Kirkland, and J. L. Glajch, *Practical HPLC Method Development* (New York: Wiley, 1997), Chap. 7; J. W. Dolan, "Improving an Ion-Pairing Method," *LCGC North Am.* **1996**, *14* (September), 768.

19. K. Zhang and X. D. Liu, "Mixed-Mode Chromatography in Pharmaceutical and Biopharmaceutical Applications," *J. Pharm. Biomed. Anal.* **2016**, *128*, 73; O. Wahl and U. Holzgrabe, "Impurity Profiling of Ibandronate Sodium by HPLC-CAD," *J. Pharm. Biomed. Anal.* **2015**, *114*, 254; F. R. Mansour and N. D. Danielson, "Multimodal Liquid Chromatography of Small Molecules," *Anal. Meth.* **2013**, *5*, 4955; GE Healthcare, *Multimodal Chromatography Handbook* (publication no. 29054808, 2013), available online at no charge.

20. M. Y. Alkawareek, B. M. Akkelah, S. M. Mansour, H. M. Amro, S. R. Abulateefeh, and A. M. Alkilany, "Simple Experiment to Determine Surfactant Critical Micelle Concentrations Using Contact-Angle Measurements," *J. Chem. Ed.* **2018**, *95*, 2227; J. P. Marcolongo and M. Mirenda, "Thermodynamics of Sodium Dodecyl Sulfate (SDS) Micellization: An Undergraduate Laboratory Experiment," *J. Chem. Ed.* **2011**, *88*, 629; A. Domínguez, A. Fernández, N. González, E. Iglesias, and L. Montenegro, "Determination of Critical Micelle Concentration of Some Surfactants by Three Techniques," *J. Chem. Ed.* **1997**, *74*, 1227.

21. Agilent Technologies, *An Introduction to Gel Permeation Chromatography and Size Exclusion Chromatography* (publication no. 5990-6969EN, 2015), available online at no charge; GE Healthcare, *Size Exclusion Chromatography: Principles and Methods* (publication no. 18102218, 2018), available online at no charge; A. M. Striegel, W. W. Yau, J. J. Kirkland, and D. D. Bly, *Modern Size-Exclusion Liquid Chromatography* (Hoboken, NJ: Wiley, 2009).

22. H. G. Barth and G. D. Saunders, "State of the Art and Future Trends of Size-Exclusion Chromatography Packings and Columns," *LCGC North Am.* **2012**, *30* (July), 544; C.-S. Wu, ed., *Handbook of Size Exclusion Chromatography*, 2nd ed. (New York: Marcel Dekker, 2004).

23. GE Healthcare, *Affinity Chromatography: Principles and Methods* (publication no. 18-1022-29 AE, 2007) *Vol. 1 Antibodies* (pub. no. 18103746, 2016), and *Vol 3. Specific Groups of Biomolecules* (18102229, 2016), available online at no charge.

24. C. H. Zhang, E. Rodriguez, C. Bi, X. W. Zheng, D. Suresh, K. Suh, Z. Li, F. Elsebaei, and David S. Hage, "High Performance Affinity Chromatography and Related Separation Methods for the Analysis of Biological and Pharmaceutical Agents," *Analyst* **2018**, *143*, 374, open access; D. S. Hage, J. A. Anguizola, R. Li, R. Matsuda, E. Papastavros, E. Pfaunmiller, M. Sobansky, and X. W. Zheng, in S. Fanali, P. R. Haddad, C. Poole, M.-L. Riekkola, eds., *Liquid Chromatography*, 2nd ed. (Amsterdam: Elsevier, 2017), Chap. 12.

25. X. M. Fang and W.-W. Zhang, "Affinity Separation and Enrichment Methods in Proteomic Analysis," *J. Proteomics* **2008**, *71*, 284.

26. GE Healthcare, *Affinity Chromatography: Vol. 2 Tagged Proteins* (publication no. 18114275, 2016), available online at no charge; R. C. F. Cheung, J. H. Wong, and T. B. Ng, "Immobilized Metal Ion Affinity Chromatography: A Review on Its Applications," *Appl. Microbiol. Biotechnol.* **2012**, *96*, 1411.

27. Q. Zhao, X.-F. Li, and X. C. Le, "Aptamer-Modified Monolithic Capillary Chromatography for Protein Separation and Detection," *Anal. Chem.* **2008**, *80*, 3915.

28. Y. L. Hu, J. L. Pan, K. G. Zhang, H. X. Lian, and G. K. Li, "Novel Applications of Molecularly-Imprinted Polymers in Sample Preparation," *Trends Anal. Chem.* **2013**, *43*, 37.

29. S. Fekete, D. Guillarme, and D. R. Stoll, "Tips, Tricks, and Troubleshooting for Separations of Biomolecules: Part I. Contemporary Reversed-Phase Protein Separations," *LCGC North Am.* **2018**, *36* (July), 440; C. T. Tomaz, in S. Fanali, P. R. Haddad, C. Poole, M.-L. Riekkola, eds., *Liquid Chromatography*, 2nd ed. (Amsterdam: Elsevier, 2017), Chap. 7; GE Healthcare, *Hydrophobic Interaction and Reversed Phase Chromatography: Principles and Methods* (publication no. 11001269, 2006), available online at no charge.

30. C. F. Poole, ed., *Capillary Electromigration Separation Methods* (Amsterdam: Elsevier, 2018); H. H. Lauer and G. P. Rozing, *High Performance Capillary Electrophoresis*, 2nd ed. (publication no. 5990-3777EN, Agilent, 2010), available online at no charge; J. P. Landers, ed., *Handbook of Capillary and Microchip Electrophoresis and Associated Microtechniques*, 3rd ed. (Boca Raton, FL: CRC Press, 2008).

31. L. A. Holland, "Capillary Electrophoresis: Focus on Undergraduate Laboratory Experiments," *J. Chem. Ed.* **2011**, *88*, 254; M. M. Bushey, "Capillary Electrophoresis and High-Performance Liquid Chromatography Experiments Throughout the Undergraduate Curriculum," *J. Chem. Ed.* **2009**, *86*, 332 (and supplementary materials); C. L. Cooper, "Capillary Electrophoresis: Theoretical and Experimental Background," *J. Chem. Ed.* **1998**, *75*, 343.

32. A. Y. Szajek et al., "US Regulatory and Pharmacopeia Response to the Global Heparin Contamination Crisis," *Nat. Biotech.* **2016**, *34*, 625.

33. M. Guerrini et al., "Oversulfated Chondroitin Sulfate Is a Contaminant in Heparin Associated with Adverse Clinical Events," *Nat. Biotech.* **2008**, *26*, 669. Liquid chromatographic methods for routine heparin analysis have since been perfected: S. Beni, J. F. K. Limtiaco, and C. K. Larive, "Analysis and Characterization of Heparin Impurities," *Anal. Bioanal. Chem.* **2011**, *399*, 527, open access.

34. J. W. Jorgenson and K. D. Lukacs, "Zone Electrophoresis in Open Tubular Glass Capillaries," *Anal. Chem.* **1981**, *53*, 1298.

35. M. J. Gong, N. Zhang, and N. Maddukuri, "Flow-Gated Capillary Electrophoresis: A Powerful Technique for Rapid and Efficient Chemical Separation," *Anal. Meth.* **2018**, *10*, 3131; M. M. Weisenberger and M. T. Bowser, "In Vivo Monitoring of Amino Acid Biomarkers from Inguinal Adipose Tissue Using Online Microdialysis-Capillary Electrophoresis," *Anal. Chem.* **2017**, *89*, 1009.

36. C. Lombard-Banek, S. A. Moody, M. C. Manzini, and P. Nemes, "Microsampling Capillary Electrophoresis Mass Spectrometry Enables Single-Cell Proteomics in Complex Tissues," *Anal. Chem.* **2019**, *91*, 4797; A. Proctor and N. L. Allbritton, "Fix and Assay: Separating In-Cellulo Sphingolipid Reactions from Analytical Assay in Time and Space Using an Aldehyde-Based Fixative," *Analyst.* **2019**, *144*, 961; T. J. Comi, M. A. Makurath, M. C. Philip, S. S. Rubakhin, and J. V. Sweedler, "MALDI MS Guided Liquid Microjunction Extraction for Capillary Electrophoresis–Electrospray Ionization MS Analysis of Single Pancreatic Islet Cells," *Anal. Chem.* **2017**, *89*, 7765, open access; G. G. Wolken and E. A. Arriaga, "Simultaneous Measurement of Individual Mitochondrial Membrane Potential and Electrophoretic Mobility by Capillary Electrophoresis," *Anal. Chem.* **2014**, *86*, 4217, open access.

37. F. Z. Yu, Q. Zhao, D. P. Zhang, Z. Yuan, and H. L. Wang, "Affinity Interactions by Capillary Electrophoresis: Binding, Separation, and Detection," *Anal. Chem.* **2019**, *91*, 372; V. A. Galievsky, A. S. Stasheuski, and S. N. Krylov "Capillary Electrophoresis for Quantitative Studies of Biomolecular Interactions," *Anal. Chem.* **2015**, *87*, 157.

38. A. Rogacs and J. G. Santiago, "Temperature Effects on Electrophoresis," *Anal. Chem.* **2013**, *85*, 5103; C. J. Evenhuis, M. U. Musheev, and S. N. Krylov, "Universal Method for Determining Electrolyte Temperatures in Capillary Electrophoresis," *Anal. Chem.* **2011**, *83*, 1808; C. J. Evenhuis, R. M. Guijt, M. Macka, P. J. Marriott, and P. R. Haddad, "Temperature Profiles and Heat Dissipation in Capillary Electrophoresis," *Anal. Chem.* **2006**, *78*, 2684.

39. B. X. Mayer, "How to Increase Precision in Capillary Electrophoresis," *J. Chromatogr. A* **2001**, *907*, 21.

40. E. Fuguet, C. Ràfols, E. Bosch, and M. Rosés, "Fast High-Throughput Method for Determination of Acidity Constants by Capillary Electrophoresis: I. Monoprotic Weak Acids and Bases," *J. Chromatogr. A* **2009**, *1216*, 3646; M. Solow, "Weak Acid pK_a Determination Using Capillary Zone Electrophoresis," *J. Chem. Ed.* **2006,** *83*, 1194.

41. C. T. Culbertson and J. W. Jorgenson, "Flow Counterbalanced Capillary Electrophoresis," *Anal. Chem.* **1994**, *66*, 955.

42. J. E. Gómez and J. E. Sandoval, "Effect of Conditioning of Fused-Silica Capillaries on Their Electrophoretic Performance," *Electrophoresis* **2008**, *29*, 381.

43. M. Macka, P. Andersson, and P. R. Haddad, "Changes in Electrolyte pH Due to Electrolysis During Capillary Zone Electrophoresis," *Anal. Chem.* **1998**, *70*, 743.

44. N. E. Baryla, J. E. Melanson, M. T. McDermott, and C. A. Lucy, "Characterization of Surfactant Coatings in Capillary Electrophoresis by Atomic Force Microscopy," *Anal. Chem.* **2001**, *73*, 4558; M. M. Yassine and C. A. Lucy, "Enhanced Stability Self-Assembled Coatings for Protein Separations by Capillary Zone Electrophoresis Through the Use of Long-Chained Surfactants," *Anal. Chem.* **2005**, *77*, 620.

45. M. C. Breadmore et al., "Recent Advances in Enhancing the Sensitivity of Electrophoresis and Electrochromatography in Capillaries and Microchips," *Electrophoresis* **2019**, *40*, 17, open access.

46. At a wavelength of 190 nm, phosphate at pH 7.2 has about three times the absorbance of borate at pH 9.2. Glycine, citrate, HEPES, and TRIS buffers have significant absorption near 210 nm. Borate buffer should be prepared from sodium tetraborate (borax, $Na_2B_4O_7 \cdot 10H_2O$), not from boric acid ($B(OH)_3$), which has somewhat different acid-base chemistry. An ultraviolet-absorbing impurity in borate buffer can be removed by passage through a C18 solid-phase extraction column.

47. C. Johns, M. Macka, P. R. Haddad, M. King, and B. Paull, "Practical Method for Evaluation of Linearity and Effective Pathlength of On-Capillary Photometric Detectors in Capillary Electrophoresis," *J. Chromatogr. A* **2001**, *927*, 237.

48. B. J. de Kort, G. J. de Jong, and G. W. Somsen, "Native Fluorescence Detection of Biomolecular and Pharmaceutical Compounds in Capillary Electrophoresis: Detector Designs, Performance and Applications. A Review," *Anal. Chim. Acta* **2013**, *766*, 13; A. Wuethrich and J. P. Quirino, "Derivatisation for Separation and Detection in Capillary Electrophoresis," *Electrophoresis* **2018**, *39*, 82.

49. V. A. Galievsky, A. S. Stasheuski, and S. N. Krylov, "Getting the Best Sensitivity from On-Capillary Fluorescence Detection in Capillary Electrophoresis," *Anal. Chim. Acta* **2016**, *935*, 58.

50. P. Kubáň and P. C. Hauser, "20th Anniversary of Axial Capacitively Coupled Contactless Conductivity Detection in Capillary Electrophoresis," *Trends Anal. Chem.* **2018**, *102*, 311.

51. J. Fedorowski and W. R. LaCourse, "Review of Pulsed Electrochemical Detection Following Liquid Chromatography and Capillary Electrophoresis," *Anal. Chim. Acta* **2015**, *861*, 1.

52. P. W. Lindenburg, R. Haselberg, G. Rozing, and R. Ramautar, "Developments in Interfacing Designs for CE–MS: Towards Enabling Tools for Proteomics and Metabolomics," *Chromatographia* **2015**, *78*, 367.

53. P. Doble and P. R. Haddad, "Indirect Photometric Detection of Anions in Capillary Electrophoresis," *J. Chromatogr. A* **1999**, *834*, 189.

54. S. Terabe, "Capillary Separation: Micellar Electrokinetic Chromatography," *Annu. Rev. Anal. Chem.* **2009**, *2*, 99.

55. Demonstrations: N. Gani and J. Khanam, "Are Surfactant Molecules Really Oriented in the Interface?" *J. Chem. Ed.* **2002**, *79*, 332; C. J. Marzzacco, "Effect of SDS Micelle on the Rate of a Reaction," *J. Chem. Ed.* **1992**, *69*, 1024; C. P. Palmer, "Demonstrating Chemical and Analytical Concepts Using Electrophoresis and Micellar Electrokinetic Chromatography," *J. Chem. Ed.* **1999**, *76*, 1542.

56. S. Terabe, K. Otsuka, K. Ichikawa, A. Tsuchiya, and T. Ando, "Electrokinetic Separations with Micellar Solutions and Open Tubular Capillaries," *Anal. Chem.* **1984**, *56*, 111; ibid., **1985**, *57*, 834.

57. Q. F. Zhu and G. K. E. Scriba, "Advances in the Use of Cyclodextrins as Chiral Selectors for Capillary Electrokinetic Chromatography," *Chromatographia* **2016**, *79*, 1403; G. K. E. Scriba, "Fundamental Aspects of Chiral Electromigration Techniques and Application in Pharmaceutical and Biomedical Analysis," *J. Pharm. Biomed. Anal.* **2011**, *55*, 688; C. E. Evans and A. M. Stalcup, "Comprehensive Strategy for Chiral Separations Using Sulfated Cyclodextrins in Capillary Electrophoresis," *Chirality* **2003**, *15*, 709.

58. E. Zubritsky, "How Analytical Chemists Saved the Human Genome Project," *Anal. Chem.* **2002**, *74*, 22A, open access.

59. J. M. Butler, *Advanced Topics in Forensic DNA Typing: Methodology* (San Diego, CA: Elsevier, 2012), Chap. 6; J. M. Butler, E. Buel, F. Crivellente, and B. R. McCord, "Forensic DNA Typing by Capillary Electrophoresis Using the ABI Prism 310 and 3100 Genetic Analyzers for STR Analysis," *Electrophoresis* **2004**, *25*, 1397.

60. Z. F. Zhu, J. J. Lu, and S. R. Liu, "Protein Separation by Capillary Gel Electrophoresis: A Review," *Anal. Chim. Acta* **2012**, *709*, 21.

61. C. Sänger-van de Griend, "Revival of Capillary Electrophoresis Techniques in the Pharmaceutical Industry," *LCGC North Am.* **2012**, *30* (November), 954.

62. R. Weinberger, "Method Development for Capillary Electrophoresis," *Am. Lab.* March 2003, p. 54; C. E. Sänger-van de Griend and A. Van Schepdael, in C. F. Poole, ed., *Capillary Electromigration Separation Methods* (Amsterdam: Elsevier, 2018), Chap. 10, provides method development and validation strategies for small molecule separations.

63. E. Kenndler, "Critical Overview of Non-Aqueous Capillary Electrophoresis," *J. Chromatogr. A* **2014**, *1335*, 16; ibid., **2014**, *1335*, 31.

64. P. C. H. Li, *Fundamentals of Microfluidics and Lab on a Chip for Biological Analysis and Discovery* (Boca Raton: CRC Press, 2010).

65. M. T. Koesdjojo, S. Pengpumkiat, Y. Y. Wu, A. Boonloed, D. Huynh, T. P. Remcho, and V. T. Remcho, "Cost Effective Paper-Based Colorimetric Microfluidic Devices and Mobile Phone Camera Readers for the Classroom," *J. Chem. Ed.* **2015**, *92*, 737; M. Hemling, J. A. Crooks, P. M. Oliver, K. Brenner, J. Gilbertson, G. C. Lisensky, and D. B. Weibel, "Microfluidics for High School Students," *J. Chem. Ed.* **2014**, *91*, 112; P. A. E. Piunno, A. Zetina, N. Chu, A. J. Tavares, M. O. Noor, E. Petryayeva, U. Uddayasankar, and A. Veglio, "A Comprehensive Microfluidics Device Construction and Characterization Module for the Advanced Undergraduate Analytical Chemistry Laboratory," *J. Chem. Ed.* **2014**, *91*, 902; C. W. T. Yang, E. Ouellet, and E. T. Lagally, "Using Inexpensive Jell-O Chips for Hands-On Microfluidics Education," *Anal. Chem.* **2010**, *82*, 5408.

66. P. N. Nge, C. I. Rogers, and A. T. Woolley, "Advances in Microfluidic Materials, Functions, Integration, and Applications," *Chem. Rev.* **2013**, *113*, 2550.

67. N. D. Chasteen and P. M. Harrison, "Mineralization in Ferritin: An Efficient Means of Iron Storage," *J. Struct. Biol.* **1999**, *126*, 182.

68. A. W. Moore, Jr., S. C. Jacobson, and J. M. Ramsey, "Microchip Separations of Neutral Species via Micellar Electrokinetic Capillary Chromatography," *Anal. Chem.* **1995**, *67*, 4184.

69. G. R. Asbury and H. H. Hill, Jr., "Evaluation of Ultrahigh Resolution Ion Mobility Spectrometry as an Analytical Separation Device in Chromatographic Terms," *J. Microcolumn Sep.* **2000**, *12*, 172; H. E. Revercomb and E. A. Mason, "Theory of Plasma Chromatography/Gaseous Electrophoresis," *Anal. Chem.* **1975**, *47*, 970.

Chapter 27

1. T. W. Richards, "Atomic Weights and Isotopes," *Chem. Rev.* **1925**, *1*, 1; H. Hartley, "Theodore William Richards Memorial Lecture," *J. Chem. Soc.* **1930**, 1937; C. M. Beck, II, "Classical Analysis: A Look at the Past, Present, and Future," *Anal. Chem.* **1994**, *66*, 225A; I. M. Kolthoff, "Analytical Chemistry in the U.S.A. in the First Quarter of This Century," *Anal. Chem.* **1994**, *66*, 241A; D. T. Burns, "Highlights in the History of Quantitation in Chemistry," *Fresenius J. Anal. Chem.* **1990**, *337*, 205; L. Niiniströ, "Analytical Instrumentation in the 18th Century," *Fresenius J. Anal. Chem.* **1990**, *337*, 213.

2. W. Wacławek and M. Wacławek, "Marie Składowska-Curie and Her Contributions of Chemistry, Radiochemistry, and Radiotherapy," *Anal. Bioanal. Chem.* **2011**, *400*, 1567.

3. Colloid experiment: C. D. Keating, M. D. Musick, M. H. Keefe, and M. J. Natan, "Kinetics and Thermodynamics of Au Colloid Monolayer Self Assembly," *J. Chem. Ed.* **1999**, *76*, 949.

4. Cellulose tubing, such as the series of products beginning with catalog number 3787 sold by Thomas Scientific, www.thomassci.com, is adequate for this demonstration.

5. M. Suzuki, "The Movement of Molecules and Heat Energy: Two Demonstrative Experiments," *J. Chem. Ed.* **1993**, *70*, 821.

6. D. Erdemir, A. Y. Lee, and A. S. Myerson, "Nucleation of Crystals from Solution: Classical and Two-Step Models," *Acc. Chem. Res.* **2009**, *42*, 621.

7. A. Abou-Hassan, O. Sandre, S. Neveu, and V. Cabuil, "Synthesis of Goethite by Separation of the Nucleation and Growth Processes of Ferrihydrite Nanoparticles Using Microfluidics," *Angew. Chem. Int. Ed.* **2009**, *48*, 2342.

8. D. Li, M. H. Nielsen, J. R. I. Lee, C. Frandsen, J. F. Banfield, and J. J. De Yoreo, "Direction-Specific Interactions Control Crystal Growth by Oriented Attachment," *Science* **2012**, *336*, 1014.

9. M. H. Nielsen, S. Aloni, and J. J. De Yoreo, "In Situ TEM Imaging of $CaCO_3$ Nucleation Reveals Coexistence of Direct and Indirect Pathways," *Science* **2014**, *345*, 1158. Video clips of nucleation in the supplementary material are available at no charge once you have registered at www.sciencemag.org. Movie S3 shows spontaneous transformation of a spherical particle into aragonite crystals.

10. M. Luo, X. Hou, C. He, Q. Liu, and Y. Fan, "Speciation Analysis of ^{129}I in Seawater by Carrier-Free AgI-AgCl Coprecipitation and Accelerator Mass Spectrometric Measurement," *Anal. Chem.* **2013**, *85*, 3715; J. Hou and P. Roos, "Method for Determination of Neptunium in Large-Sized Urine Samples Using Manganese Dioxide Coprecipitation and ^{242}Pu as Yield Tracer," *Anal. Chem.* **2013**, *85*, 1889; N. Guerin and X. Dai, "Rapid Preparation of Polonium Counting Sources for Alpha Spectrometry Using Copper Sulfide Microprecipitation," *Anal. Chem.* **2013**, *85*, 6524.

11. D. VanDorn, M. T. Ravalli, M. M. Small, B. Hillery, and S. Andreescu, "Adsorption of Arsenic by Iron Oxide Nanoparticles: A Versatile, Inquiry-Based Laboratory for a High School or College Science Course," *J. Chem. Ed.* **2011**, *88*, 1119; L. C. Roberts, S. J. Hug, T. Ruettimann, M. Billah, A. W. Khan, and M. T. Rahman, "Arsenic Removal with Iron(II) and Iron(III) Waters with High Silicate and Phosphate Concentrations," *Environ. Sci. Technol.* **2004**, *38*, 307. A more convenient method to remove arsenite and arsenate from drinking water is to pass the water through diatomaceous earth (silica skeletons of algae with 80–90% voids) containing hydrous ferric oxide. (M. Jang, S.-H. Min, T.-H. Kim, and J. K. Park, "Removal of Arsenite and Arsenate Using Hydrous Ferric Oxide Incorporated in Naturally Occurring Porous Diatomite," *Environ. Sci. Technol.* **2006**, *40*, 1636.)

12. A. Scott, "Wastewater Alchemy," *Chem. Eng. News*, 27 November 2017, p 31.

13. G. W. Latimer, Jr., "Piperazine as the Diacetate," *J. Chem. Ed.* **1966**, *43*, 148; G. R. Bond, "Determination of Piperazine as Piperazine Diacetate," *Anal. Chem.* **1960**, *32*, 1332.

14. E. Pella, "Elemental Organic Analysis: 1. Historical Developments," *Am. Lab.* February 1990, p. 116; "Elemental Organic Analysis: 2. State of the Art," *Am. Lab.* August 1990, p. 28; L. Krotz, F. Leone, and G. Giazzi, Thermo Scientific Application Note TN-42257 for FlashSmart CHN/O Analyzer (2019).

15. W. Lipps, "Total Nitrogen in Water by High-Temperature Catalytic Combustion and Chemiluminescence Detection," *Am. Lab.* January/February 2015, p. 16.

16. K. Russe, H. Kipphardt, and J. A. C. Broekaert, "Determination of Main and Minor Components of Silicon Based Materials by Combustion with F_2," *Anal. Chem.* **2000**, *72*, 3875.

17. J. L. Hazen and D. A. Cleary, "Yielding Unexpected Results: Precipitation of $Ba_3(PO_4)_2$ and Implications for Teaching Solubility Principles in the General Chemistry Curriculum" *J. Chem. Ed.* **2014**, *91*, 1261.

18. R. W. Ramette, "Stoichiometry to the Rescue (A Calculation Challenge)," *J. Chem. Ed.* **1988**, *65*, 800.

19. G. Li, G. Su, X. Zhuang, Z. Li, and Y. He, "A New Method to Determine the Deuterium Content of DKDP Crystal with Thermo-Gravimetric Apparatus," *Opt. Mater.* **2006**, *29*, 220.

20. F. Torrades and M. Castellvi, "Spectrophotometric Determination of Cl^- in $BaSO_4$ Precipitate," *Fresenius J. Anal. Chem.* **1994**, *349*, 734.

Chapter 28

1. S. Mitra, P. Patnaik, and B. B. Kebbekus, *Environmental Chemical Analysis*, 2nd ed. (Boca Raton, Florida: CRC Press, 2019); S. C. Moldoveanu and V. David, *Modern Sample Preparation for Chromatography* (Amsterdam: Elsevier, 2015); J. Pawliszyn, J. M. Bayona, P. Dugo, X. C. Le, H. K. Lee, X.-F. Li, and H. Lord, eds., *Comprehensive Sampling and Sample Preparation* (Amsterdam: Elsevier, 2012); J. Pawliszyn and H. L. Lord, eds., *Handbook of Sample Preparation* (Hoboken, NJ: Wiley, 2010); J. Pawliszyn, ed., *Sampling and Sample Preparation in Field and Laboratory* (Amsterdam: Elsevier, 2002); E. P. Popek, *Sampling and Analysis of Environmental Chemical Pollutants* (Amsterdam: Academic Press, 2003); P. Gy, *Sampling for Analytical Purposes* (Chichester, UK: Wiley, 1998). For statistics of sampling, see W. G. Cochran, *Sampling Techniques*, 3rd ed. (New York: Wiley, 1977). Search for the author and title and you will find a freely available pdf copy of the book.

2. H. M. D. R. Herath, R.-R. Kim, P. J. Cabot, P. N. Shaw, and A. K. Hewavitharana, "Inaccuracies in the Quantification of Peptides: A Case Study Using β-Endorphin Assay," *LCGC North Am.* **2013**, *31*, 58.

3. D. T. Sawyer, A. Sobkowiak, and J. L. Roberts, Jr., *Electrochemistry for Chemists*, 2nd ed. (New York: Wiley, 1995), p. 262.

4. P. Vallelonga, K. Van de Velde, J. P. Candelone, C. Ly, K. J. R. Rosman, C. F. Boutron, V. I. Morgan, and D. J. Mackey, "Recent Advances in Measurement of Pb Isotopes in Polar Ice and Snow at Sub-Picogram per Gram Concentrations Using Thermal Ionisation Mass Spectrometry," *Anal. Chim. Acta* **2002**, *453*, 1.

5. R. P. Mason and K. A. Sullivan, "Mercury in Lake Michigan," *Environ. Sci. Technol.* **1997**, *31*, 942.

6. G. Benoit, K. S. Hunter, and T. F. Rozan, "Sources of Trace Metal Contamination Artifacts During Collection, Handling, and Analysis of Freshwaters," *Anal. Chem.* **1997**, *69*, 1006.

7. R. E. Thiers, *Methods of Biochemical Analysis* (D. Glick, ed.), Vol. 5 (New York: Interscience, 1957), p. 274.

8. B. Kratochvil and J. K. Taylor, "Sampling for Chemical Analysis," *Anal. Chem.* **1981**, *53*, 924A; S. K. Thompson, *Sampling*, 3rd ed. (New York: Wiley, 2012); S. L. Lohr, *Sampling: Design and Analysis*, 2nd ed. (Boston: Brooks/Cole, 2010); W. A. Fuller, *Sampling Statistics* (Hoboken, NJ: Wiley, 2009).

9. J. E. Vitt and R. C. Engstrom, "Effect of Sample Size on Sampling Error," *J. Chem. Ed.* **1999**, *76*, 99; R. D. Guy, L. Ramaley, and P. D. Wentzell, "Experiment in the Sampling of Solids for Chemical Analysis," *J. Chem. Ed.* **1998**, *75*, 1028. Demonstrations: L. S. Canaes, M. L. Brancalion, A. V. Rossi, and S. Rath, "Using Candy Samples to Learn About Sampling Techniques and Statistical Data Evaluation," *J. Chem. Ed.* **2008**, *85*, 1083; M. R. Ross, "A Classroom Exercise in Sampling Technique," *J. Chem. Ed.* **2000**, *77*, 1015; J. R. Hartman, "In-Class Experiment on the Importance of Sampling Techniques and Statistical Analysis of Data," *J. Chem. Ed.* **2000**, *77*, 1017.

10. D. C. Bogen, *Treatise on Analytical Chemistry*, 2nd ed. (P. J. Elving, E. Grushka, and I. M. Kolthoff, eds.), Part I, Vol. 5 (New York: Wiley, 1982), Chap. 1.

11. H. M. Kingston and S. J. Haswell, *Microwave-Enhanced Chemistry* (Washington, DC: American Chemical Society, 1997); B. D. Zehr, "Development of Inorganic Microwave Dissolutions," *Am. Lab.* December 1992, p. 24; B. D. Zehr, J. P. VanKuren, and H. M. McMahon, "Inorganic Microwave Digestions Incorporating Bases," *Anal. Chem.* **1994**, *66*, 2194.

12. Z. Grosser, L. Thompson, and L. Davidowski, "Inorganic Analysis for Environmental RoHS Compliance," *Am. Lab.* October 2007, p. 30; K. Neubauer, "Testing Electronic Device Components for RoHS/WEE Compliance Using Microwave Digestion and ICP/OES," *Spectroscopy*, January 2018, p. 40.

13. E. M. M. Flores, M. F. Mesko, D. P. Moraes, J. S. F. Pereira, P. A. Mello, J. S. Barin, and G. Knapp, "Determination of Halogens in Coal After Digestion Using the Microwave-Induced Combustion Technique," *Anal. Chem.* **2008**, *80*, 1865.

14. M. F. Mesko, J. S. F. Pereira, D. P. Moraes, J. S. Barin, P. A. Mello, J. N. G. Paniz, J. A. Nóbrega, M. G. A. Korn, and E. M. M. Flores, "Focused Microwave-Induced Combustion: A New Technique for Sample Digestion," *Anal. Chem.* **2010**, *82*, 2155.

15. P. Aysola, P. Anderson, and C. H. Langford, "Wet Ashing in Biological Samples in a Microwave Oven Under Pressure Using Poly(tetrafluoroethylene) Vessels," *Anal. Chem.* **1987**, *59*, 1582.

16. S. E. Long and W. R. Kelly, "Determination of Mercury in Coal by Isotope Dilution Cold-Vapor Generation Inductively Coupled Plasma Mass Spectrometry," *Anal. Chem.* **2002**, *74*, 1477.

17. M. Rehkämper, A. N. Halliday, and R. F. Wentz, "Low-Blank Digestion of Geological Samples for Pt-Group Analysis Using a Modified Carius Tube Design," *Fresenius J. Anal. Chem.* **1998**, *361*, 217.

18. A. A. Schilt, *Perchloric Acid and Perchlorates*, 2nd ed. (Powell, OH: GFS Chemicals, 2003).

19. C. Walling, "Intermediates in the Reactions of Fenton Type Reagents," *Acc. Chem. Res.* **1998**, *31*, 155; P. A. MacFaul, D. D. M. Wayner, and K. U. Ingold, "A Radical Account of 'Oxygenated Fenton Chemistry,'" *Acc. Chem. Res.* **1998**, *31*, 159; D. T. Sawyer, A. Sobkowiak, and T. Matsushita, "Oxygenated Fenton Chemistry," *Acc. Chem. Res.* **1996**, *29*, 409; O. Pestovsky, S. Stoian, E. L. Bominaar, X. Shan, E. Münck, L. Que, Jr., and A. Bakac, "Aqueous Fe^{IV}=O: Spectroscopic Identification and Oxo-Group Exchange," *Angew. Chem. Int. Ed.* **2005**, *44*, 6871.

20. D. C. Luehrs and A. E. Roher, "Demonstration of the Fenton Reaction," *J. Chem. Ed.* **2007**, *84*, 1290.

21. L. Ping and P. K. Dasgupta, "Determination of Total Mercury in Water and Urine by a Gold Film Sensor Following Fenton's Reagent Digestion," *Anal. Chem.* **1989**, *61*, 1230.

22. G. LeBlanc, "Microwave-Accelerated Techniques for Solid Sample Extraction," *LCGC* **1999**, *17*, S30 (June 1999 supplement).

23. L. T. Taylor, *Supercritical Fluid Extraction* (New York: Wiley, 1996); B. W. Baldwin and T. S. Kuntzleman, "Liquid CO_2 in Centrifuge Tubes: Separation of Chamazulene from Blue Tansy Oil via Extraction and Thin-Layer Chromatography," *J. Chem. Ed.* **2018**, *95*, 620; R. Hudson, H. M. Ackerman, L. K. Gallo, A. S. Gwinner, A. Kraus, J. D. Sears, A. Bishop, K. N. Esdale, and J. L. Katz, "CO_2 Dry Cleaning: A Benign Solvent Demonstration Accessible to K–8 Audiences," *J. Chem. Ed.* **2017**, *94*, 480; C. L. Phelps, N. G. Smart, and C. M. Wai, "Past, Present, and Possible Future Applications of Supercritical Fluid Extraction Technology," *J. Chem. Ed.* **1996**, *73*, 1163.

24. Y. Lin and C. M. Wai, "Supercritical Fluid Extraction of Lanthanides with Fluorinated β-Diketones and Tributyl Phosphate," *Anal. Chem.* **1994**, *66*, 1971.

25. S. Liang and D. C. Tilotta, "Extraction of Petroleum Hydrocarbons from Soil Using Supercritical Argon," *Anal. Chem.* **1998**, *70*, 616.

26. H. M. Stapleton, N. G. Dodder, J. H. Offenberg, M. M. Schantz, and S. A. Wise, "Polybrominated Diphenyl Ethers in House Dust and Clothes Dryer Lint," *Environ. Sci. Technol.* **2005**, *39*, 925; "Best Papers of 2005," *Environ. Sci. Technol.* **2006**, *40*, 2087.

27. J. E. Owens, L. B. Zimmerman, M. A. Gardner, and L. E. Lowe, "Analysis of Whiskey by Dispersive Liquid–Liquid Microextraction Coupled with Gas Chromatography/Mass Spectrometry," *J. Chem. Ed.* **2016**, *93*, 186; M. Saraji and M. K. Boroujeni, "Recent Developments in Dispersive Liquid-Liquid Microextraction," *Anal. Bioanal. Chem.* **2014**, *406*, 2027; P. Viñas, N. Campillo, I. López-Garcia, and M. Hernández-Córdoba, "Dispersive Liquid-Liquid Microextraction in Food Analysis. A Critical Review," *Anal. Bioanal. Chem.* **2014**, *406*, 2067.

28. A. Gjelstad, A. T. Andresen, A. Dahlgre, T. E. Gundersen, and S. P.-Bjergaard. "High-Throughput Liquid–Liquid Extraction in 96-Well Format: Parallel Artificial Liquid Membrane Extraction." *LCGC Europe*, January 2017, p. 10; L. Williams, H. Lodder, S. Merriman, A. Howells, S. Jordan, J. Labadie, M. Cleeve, C. Desbrow, R. Calverley, and M. Burke, "Extraction of Drugs from Plasma using ISOLUTE SLE+ Supported Liquid Extraction Plates," *LCGC Application Notebook*, February 2006, p. 12.

29. G. Blanchet-Chouinard and D. Larivière, "Determination of Pb in Environmental Samples After Cloud Point Extraction Using Crown Ether," *Talanta* **2018**, *179*, 300; K. Pytlakowska, V. Kozik, and M. Dabioch, "Complex-Forming Organic Ligands in Cloud-Point Extraction of Metal Ions: A Review," *Talanta* **2013**, *110*, 202.

30. J. C. Arsenault, *Beginner's Guide to SPE: Solid-Phase Extraction* (Milford, MA: Waters Corp., 2012); M. J. Telepchak, T. F. August, and G. Chaney, *Forensic and Clinical Applications of Solid Phase Extraction* (Totowa, NJ: Humana Press, 2004).

31. J.-H. Zhang, M. Jiang, L. Zou, D. Shi, S.-R. Mei, Y.-X. Zhu, Y. Shi, K. Dai, and B. Lu, "Selective Solid-Phase Extraction of Bisphenol A Using Molecularly Imprinted Polymers and Its Application to Biological and Environmental Samples," *Anal. Bioanal. Chem.* **2006**, *385*, 780.

32. R. Hites and V. S. Ong, "Determination of Pesticides and Polychlorinated Biphenyls in Water: A Low-Solvent Method," *Environ. Sci. Technol.* **1995**, *29*, 1259.

33. M. C. Bruzzoniti, L. Checchini, R. M. De Carlo, S. Orlandini, L. Rivoira, and M. Del Bubba, "QuEChERS Sample Preparation for the Determination of Pesticides and Other Organic Residues in Environmental Matrices: A Critical Review," *Anal. Bioanal. Chem.* **2014**, *406*, 4089.

34. J. W. Wong, K. K. Ngim, T. Shibamoto, S. A. Mabury, J. P. Eiserich, and H. C. H. Yeo, "Determination of Formaldehyde in Cigarette Smoke," *J. Chem. Ed.* **1997**, *74*, 1100. As another example, an analysis of nitrite (NO_2^-) in natural waters is based on its reaction with 2,4-dinitrophenylhydrazine to give an azide ($R–N_3$) that is measured by HPLC with ultraviolet detection at 307 nm. (R. J. Kieber and P. J. Seaton, "Determination of Subnanomolar Concentrations of Nitrite in Natural Waters," *Anal. Chem.* **1995**, *67*, 3261.)

35. D. M. Crumbling, Letter to Editor, *Chem Eng. News,* 12 August 2002, p. 4.

36. E. Tareke, P. Rydberg, P. Karlsson, S. Eriksson, and M. Tornqvist, "Analysis of Acrylamide, A Carcinogen Formed in Heated Foodstuffs," *J. Agric. Food Chem.* **2002**, *50*, 4998; B. E. Erickson, "Finding Acrylamide," *Anal. Chem.* **2004**, *76*, 247A. See collection of papers in *J. AOAC Int.*, **2005**, *88*, 227.

부록 A 대수와 지수와 직선의 그래프

If a is the base 10 logarithm of n ($a = \log n$), then $n = 10^a$. On a calculator, you find the logarithm of a number by pressing the "log" button. If you know $a = \log n$ and you wish to find n, use the "antilog" button or raise 10 to the power a:

$$a = \log n$$

$$10^a = 10^{\log n} = n \quad (\Rightarrow n = \text{antilog } a)$$

Natural logarithms (ln) are based on the number e (= 2.718 281 . . .) instead of 10:

$$b = \ln n$$

$$e^b = e^{\ln n} = n$$

On a calculator, you find the ln of n with the "ln" button. To find n when you know $b = \ln n$, use the e^x key.

Here are some useful properties to know:

$\log(a \cdot b) = \log a + \log b$ $\qquad \log 10^a = a$

$\log\left(\frac{a}{b}\right) = \log a - \log b$ $\qquad a^b \cdot a^c = a^{(b+c)}$

$\log(a^b) = b \log a$ $\qquad \frac{a^b}{a^c} = a^{(b-c)}$

Problems

Test yourself by simplifying each expression as much as possible:

(a) $e^{\ln a}$
(b) $10^{\log a}$
(c) $\log 10^a$
(d) $10^{-\log a}$
(e) $e^{-\ln a^3}$
(f) $e^{\ln a^{-3}}$
(g) $\log(10^{1/a^3})$
(h) $\log(10^{-a^2})$
(i) $\log(10^{a^2-b})$
(j) $\log(2a^3\, 10^{b^2})$
(k) $e^{(a+\ln b)}$
(l) $10^{[(\log 3)-(4\log 2)]}$

Solving a logarithmic equation: In working with the Nernst and Henderson-Hasselbalch equations, we will need to solve equations such as

$$a = b - c \log\frac{d}{gx}$$

for the variable, x. First isolate the log term:

$$\log\frac{d}{gx} = \frac{(b-a)}{c}$$

Then raise 10 to the value of each side of the equation:

$$10^{\log(d/gx)} = 10^{(b-a)/c}$$

But $10^{\log(d/gx)}$ is just d/gx, so

$$\frac{d}{gx} = 10^{(b-a)/c} \Rightarrow x = \frac{d}{g10^{(b-a)/c}}$$

Converting between ln x and log x: The relation between them is derived by writing $x = 10^{\log x}$ and taking the ln of both sides:

$$\ln x = \ln(10^{\log x}) = (\log x)(\ln 10)$$

because $\ln a^b = b \ln a$.

Answers

(a) a
(b) a
(c) a
(d) $1/a$
(e) $1/a^3$
(f) $1/a^3$
(g) $1/a^3$
(h) $-a^2$
(i) $a^2 - b$
(j) $b^2 + \log(2a^3)$
(k) be^a
(l) 3/16

The general form of the equation of a straight line is

$$y = mx + b$$

where $m = \text{slope} = \frac{\Delta y}{\Delta x} = \frac{y_2 - y_1}{x_2 - x_1}$

b = intercept on y-axis

The meanings of slope and intercept are illustrated in Figure A-1.

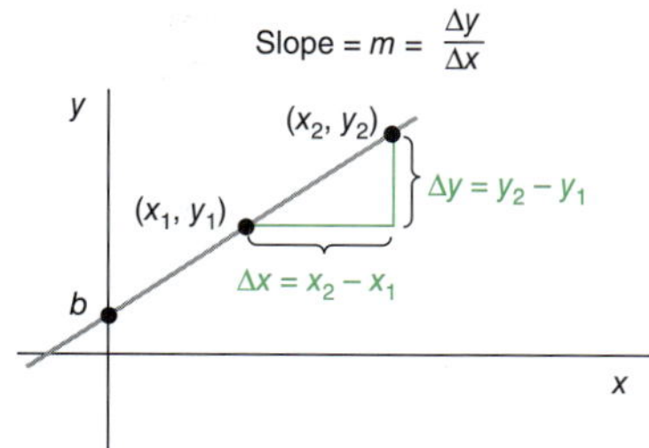

FIGURE A-1 Parameters of a straight line.

If you know two points [(x_1, y_1) and (x_2, y_2)] that lie on the line, you can generate the equation of the line by noting that the slope is the same for every pair of points on the line. Calling some general point on the line (x, y), we can write

$$\frac{y - y_1}{x - x_1} = \frac{y_2 - y_1}{x_2 - x_1} = m \qquad \textbf{(A-1)}$$

which can be rearranged to the form

$$y - y_1 = \left(\frac{y_2 - y_1}{x_2 - x_1}\right)(x - x_1)$$

$$y = \underbrace{\left(\frac{y_2 - y_1}{x_2 - x_1}\right)}_{m} x + \underbrace{y_1 - \left(\frac{y_2 - y_1}{x_2 - x_1}\right)x_1}_{b}$$

When you have a series of experimental points that should lie on a line, the best line is generally obtained by the method of least squares, described in Chapter 4. This method gives the slope and the intercept directly. If, instead, you wish to draw the "best" line by eye, you can derive the equation of the line by selecting two points *that lie on the line* and applying Equation A-1.

Sometimes you are presented with a linear plot in which x or y or both are nonlinear functions. An example is shown in Figure A-2, in which the potential of an electrode is expressed as a function of the activity of analyte. Given that the slope is 29.6 mV and the line passes through the point ($\mathcal{A} = 10^{-4}$, $E = -10.2$), find the equation of the line. To do this, first note that the y-axis is linear but the x-axis is *logarithmic*. That is, the function E versus $\mathcal{A}$ is *not* linear, but E versus log $\mathcal{A}$ is linear. The form of the straight line should therefore be

$$\underset{y}{\underset{\uparrow}{E}} = \underset{m}{\underset{\uparrow}{(29.6)}} \underset{x}{\underset{\uparrow}{\underbrace{\log \mathcal{A}}}} + b$$

To find b, we can use the coordinates of the one known point in Equation A-1:

$$\frac{y - y_1}{x - x_1} = \frac{E - E_1}{\log \mathcal{A} - \log \mathcal{A}_1} = \frac{E - (-10.2)}{\log \mathcal{A} - \log(10^{-4})} = m = 29.6$$

or

$$E + 10.2 = 29.6 \log \mathcal{A} + (29.6)(4)$$

$$E\ (\text{mV}) = 29.6\ (\text{mV}) \log \mathcal{A} + 108.2\ (\text{mV})$$

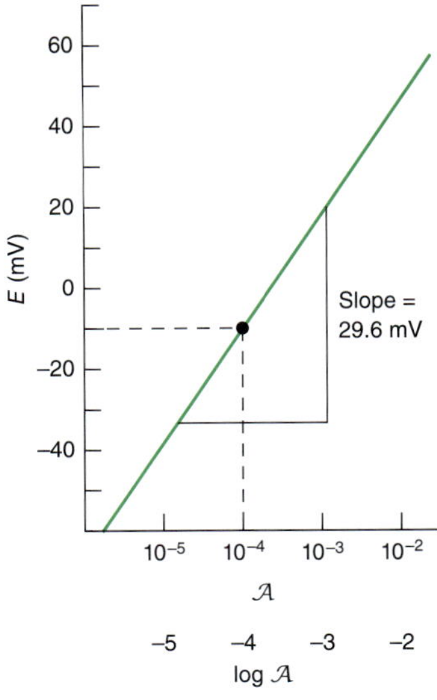

FIGURE A-2 A linear graph in which one axis is a logarithmic function.

부록 B 불확정도 전파

B-1 General Rules for Propagation of Uncertainty

When Uncertainties Are Independent of One Another

The rules given for propagation of uncertainty in Table 3-1 are special cases of a general formula. Suppose you wish to calculate the function, F, of several experimental quantities, $x, y, z, \ldots$. If uncertainties ($e_x, e_y, e_z, \ldots$) in measuring $x, y, z, \ldots$ are small, random, and independent of one other, then the uncertainty (e_F) in the function F is approximately:[1]

$$e_F = \sqrt{\left(\frac{\partial F}{\partial x}\right)^2 e_x^2 + \left(\frac{\partial F}{\partial y}\right)^2 e_y^2 + \left(\frac{\partial F}{\partial z}\right)^2 e_z^2 + \ldots} \qquad \text{(B-1)}$$

The quantities in parentheses are partial derivatives which are calculated in the same manner as ordinary derivatives, except that all but one variable are treated as constants. For example, if $F = 3xy^2$, $\partial F/\partial x = 3y^2$ and $\partial F/\partial y = (3x)(2y) = 6xy$.

As an example using Equation B-1, let's find the uncertainty in the function

$$F = x^y = (2.00 \pm 0.02)^{3.00 \pm 0.09}$$

The partial derivatives are

$$\frac{\partial F}{\partial x} = yx^{y-1} \qquad \frac{\partial F}{\partial y} = x^y \ln x$$

Putting these partial derivatives into Equation B-1 gives

$$e_F = \sqrt{(yx^{y-1})^2 e_x^2 + (x^y \ln x)^2 e_y^2}$$

$$= \sqrt{y^2 x^{2y-2} e_x^2 + x^{2y} (\ln x)^2 e_y^2}$$

$$= \sqrt{y^2 x^{2y} \left(\frac{e_x}{x}\right)^2 + x^{2y} (\ln x)^2 e_y^2}$$

Multiplying and dividing both terms by y^2 allows us to rearrange to a more pleasant form:

$$e_F = \sqrt{y^2 \frac{y^2 x^{2y}\left(\frac{e_x}{x}\right)^2}{y^2} + y^2 x^{2y} (\ln x)^2 \left(\frac{e_y}{y}\right)^2}$$

Removing $\sqrt{y^2 x^{2y}} = yF$ from both terms and cancelling y^2 in the numerator and denominator of the first term gives

$$e_F = yF\sqrt{\left(\frac{e_x}{x}\right)^2 + (\ln x)^2 \left(\frac{e_y}{y}\right)^2}$$

Now for the number crunching. Disregarding uncertainties for a moment, we know that $F = 2.00^{3.00} = 8.00 \pm ?$ The uncertainty obtained from the equation above is:

$$e_F = (3.00)(8.00)\sqrt{\left(\frac{0.02}{2.00}\right)^2 + (\ln 2.00)^2 \left(\frac{0.09}{3.00}\right)^2} = 0.55$$

Reasonable answers are therefore $F = 8.0_0 \pm 0.5_5$ or 8.0 ± 0.6.

Exercises

B-1. Verify the following calculations:

(a) $2.36^{4.39 \pm 0.08} = 43._4 \pm 3._0$

(b) $(2.36 \pm 0.06)^{4.39 \pm 0.08} = 43._4 \pm 5._7$

B-2. For $F = \sin(2\pi xy)$, show that $e_F = 2\pi xy \cos(2\pi xy)\sqrt{\left(\frac{e_x}{x}\right)^2 + \left(\frac{e_y}{y}\right)^2}$.

Covariance in Propagation of Uncertainty

Equation B-1 presumes that uncertainties in x, y, and z are independent of each other. A common case in which this is not true is when we use the least-squares slope and intercept to compute a new quantity, such as the value of x from an observed value of y. In general, uncertainties in the slope (m) and intercept (b) are correlated, so they are not independent of one another.

Let's restrict our attention to a function, F, of the two experimental parameters, m and b, whose standard uncertainties are u_m and u_b. (Standard uncertainty is the standard deviation of the mean, which is one of several possible measures of uncertainty that we can use for the "plus/minus" in a quantity.) If the uncertainties are correlated, the equation for propagation of uncertainty is[2]

$$u_F = \sqrt{\underbrace{\left(\frac{\partial F}{\partial m}\right)^2 u_m^2 + \left(\frac{\partial F}{\partial b}\right)^2 u_b^2}_{\text{Variance terms from Equation B-1}} + \underbrace{2\left(\frac{\partial F}{\partial m}\right)\left(\frac{\partial F}{\partial b}\right)u_{mb}}_{\text{Covariance accounts for correlation of } m \text{ and } b}} \qquad \text{(B-2)}$$

The last term in Equation B-2 reflects that uncertainties in m and b are not independent of each other. The quantity u_{mb} is called the *covariance* and can be positive or negative.

In linear least-squares analysis in Chapter 4, the variance and covariance are[3]

Variance:

$$u_m^2 = \frac{s_y^2 n}{D} \qquad u_b^2 = \frac{s_y^2 \Sigma(x_i^2)}{D} \qquad \text{(Equations 4-21 and 4-22)}$$

Covariance:

$$u_{mb} = \frac{-s_y^2 \Sigma(x_i)}{D} \qquad \text{(B-3)}$$

where s_y was given by Equation 4-20, D was given by Equation 4-18, and n is the number of data points.

EXAMPLE Finding the x-Intercept

For the line, $y = mx + b$, the x-intercept occurs when $y = 0$, or $x = -b/m$. Let's designate the x-intercept as the function $F = -b/m$. Find the x-intercept and its uncertainty for the least-squares line in Figure 4-11.

Solution The following quantities are computed in Section 4-7:

$m = 0.615\,38 \quad u_m^2 = 0.002\,958\,6 \quad s_y^2 = 0.038\,462 \quad \Sigma(x_i) = 14$

$b = 1.346\,15 \quad u_b^2 = 0.045\,859 \quad D = 52$

The covariance in Equation B-3 is therefore

$$u_{mb} = \frac{-s_y^2 \Sigma(x_i)}{D} = \frac{-(0.038\,462)(14)}{52} = -0.010\,355$$

The x-intercept is just $F = -b/m = -(1.346\,15)/(0.615\,38) = -2.187\,5$.

To find the uncertainty in F, we use Equation B-2. The derivatives in B-2 are

$$\frac{\partial F}{\partial m} = \frac{\partial(-b/m)}{\partial m} = \frac{b}{m^2} = \frac{1.346\,15}{(0.615\,38)^2} = 3.554\,7$$

$$\frac{\partial F}{\partial b} = \frac{\partial(-b/m)}{\partial b} = \frac{-1}{m} = \frac{-1}{0.615\,38} = -1.625\,0$$

Now we can evaluate the uncertainty with Equation B-2:

$$u_F = \sqrt{\left(\frac{\partial F}{\partial m}\right)^2 u_m^2 + \left(\frac{\partial F}{\partial b}\right)^2 u_b^2 + 2\left(\frac{\partial F}{\partial m}\right)\left(\frac{\partial F}{\partial b}\right) u_{mb}} =$$

$$\sqrt{(3.554\ 7)^2(0.002\ 958\ 6) + (-1.625\ 0)^2(0.045\ 859) + 2(3.554\ 7)(-1.625\ 0)(-0.010\ 355)}$$

$$= 0.527\ 36$$

The final answer can now be written with a reasonable number of digits:

$$F = -2.187\ 5 \pm 0.527\ 36 = -2.1_9 \pm 0.5_3$$

If we had used Equation B-1 and ignored the covariance term in Equation B-2, we would have computed an uncertainty of $\pm 0.4_0$.

To learn how to compute the variance-covariance matrix for a wide variety of equations, including $y = mx + b$, and to learn how to use weighting in least-squares fitting, see J. Tellinghuisen, "Understanding Least Squares Through Monte Carlo Calculations," *J. Chem. Ed.* **2005**, *82*, 157.

B-2 A Deeper Look at Propagation of Uncertainty[4,5]

Chapter 4 provided tools for a deeper discussion of propagation of uncertainty. Uncertainty in a quantity computed from experimental measurements is generally expressed as a *confidence interval*, with 95% confidence chosen most often. Here we consider examples of propagation of uncertainty involving addition, subtraction, multiplication, and division. Key concepts are the use of *standard uncertainty*, computation of degrees of freedom, and combining measured uncertainties with estimated uncertainties. *Rectangular and triangular probability distributions* provide estimates of uncertainties for atomic mass and volumetric glassware.

Standard uncertainty (u_x) is the estimated standard deviation of the mean of x. Uncertainties fall into two categories:

Type A: If x can be measured, make n measurements and compute $u_x = s/\sqrt{n}$, where s is the sample standard deviation.

Type B: Sometimes we must use information other than direct measurement to estimate uncertainty. For example, we might use a manufacturer's specification for uncertainty in volumetric glassware or purity of a reagent, a calibration certificate for an instrument, a published interval for atomic mass of an element, or past experience with a particular procedure.

EXAMPLE Confidence Intervals for Addition and Subtraction

A chemist needed to report the quantity of volatile organic compounds in a consumer product. She measured the total wt% of volatile material (V) that evaporates when the product was heated to 120°C and left until it reached a constant mass. She used a chemical analysis to measure H_2O (w) in the product. The volatile organic content z is taken as the difference:

$$\underset{\text{Volatile organics}}{z} = \underset{\text{Total volatiles}}{V} - \underset{\text{Water}}{w}$$

She made four total volatiles measurements ($n_V = 4$) and computed the average ($\overline{V} = 3.05_8$ wt%) and standard deviation ($s_V = 0.12_4$ wt%). The water content (w) was measured five times ($n_w = 5$) with an average $\overline{w} = 1.00_4$ wt% and standard deviation $s_w = 0.05_0$ wt%. The mean value of z is the mean value of V minus the mean value of w:

$$\overline{z} = \overline{V} - \overline{w} \qquad \textbf{(B-4)}$$

How does she find the 95% confidence interval for $\overline{z}$?

Solution The arithmetic is set out in Figure B-1. The mean value of volatile organics is $\overline{z} = \overline{V} - \overline{w} = 3.05_8 - 1.00_4 = 2.05_4$ wt%. The *standard uncertainties* (u) of these measured quantities are:

Standard uncertainty: $\quad u_V = \dfrac{s_V}{\sqrt{n_V}} = 0.06_2$ wt% $\quad u_w = \dfrac{s_w}{\sqrt{n_w}} = 0.02_2$ wt% $\quad$ **(B-5)**

- Standard deviation s is a measure of uncertainty of individual measurements. *As you make more measurements, s approaches the population standard deviation σ.*

	A	B	C	D	E
1	Finding the confidence interval for volatiles (wt%) in a consumer product				
2		total v	water w	organics z	
3		2.93	1.03		
4		3.20	0.95		
5		3.12	1.07		
6		2.98	1.01		
7			0.96		
8	mean	3.058	1.004		B8 = AVERAGE(B3:B7)
9	s (stdev)	0.124	0.050		B9 = STDEV.S(B3:B7)
10	n (observations)	4	5		B10 = COUNT(B3:B7)
11	Standard uncertainty u = s/sqrt(n)	0.062	0.022		B11 = B9/SQRT(B10)
12	mean z = mean v – mean w			2.054	D12 = B8–C8
13	$u_z = \text{sqrt}(u_v^2 + u_w^2)$			0.066	D13 = SQRT(B11^2+C11^2)
14	degrees of freedom (df) for z =	$\dfrac{u_z^4}{\dfrac{u_v^4}{df_v} + \dfrac{u_w^4}{df_w}}$		3.771	D14 = D13^4/(B11^4/(B10–1)
15					+C11^4/(C10–1))
16	Student's t (95% confidence) =			3.182	D16 = T.INV.2T(0.05,D14)
17	Confidence interval = t^*u_z =			0.210	D17 = D16*D13

FIGURE B-1 Computing the 95% confidence interval for organic volatiles (z) in a consumer product based on four measurements of total volatiles (V) and five measurements of water (w).

- Standard uncertainty $u = s/\sqrt{n}$ is a measure of the uncertainty of the mean. *As you make more measurements, uncertainty of the mean value approaches 0.*

Chapter 3 told us that the uncertainty of a sum or difference is the square root of the sum of squares of uncertainties of the individual terms. For $\bar{z} = \bar{v} - \bar{w}$, the standard uncertainty of $\bar{z}$ is

Standard uncertainty of a sum or difference: $$u_z = \sqrt{u_v^2 + u_w^2} = \sqrt{0.06_2^{\,2} + 0.02_2^{\,2}} = 0.06_6 \text{ wt\%} \quad \textbf{(B-6)}$$

Equation 4-7 told us that the confidence interval is

$$\text{Confidence interval for } \bar{z} = \bar{z} \pm ts_z/\sqrt{n} = \bar{z} \pm tu_z \quad \textbf{(B-7)}$$

where t is Student's t and we rewrite the standard deviation of the mean, $s_z/\sqrt{n}$, as the standard uncertainty, u_z. We know u_z from Equation B-6. We must decide how many degrees of freedom are associated with $\bar{z}$ so we can select the value of Student's t to find the confidence interval $\bar{z} \pm tu_z$. There are 3 degrees of freedom for $\bar{v}$ and 4 degrees of freedom for $\bar{w}$. The crux of the problem—and a key new idea of this section—is to arrive at the number of degrees of freedom for $\bar{z}$ so we can find the confidence interval for $\bar{z}$.

The number of degrees of freedom (*df*) for a sum or difference is given by

Degrees of freedom for a sum or difference (Welch-Satterthwaite approximation): $$df_z = \frac{u_z^4}{\dfrac{u_v^4}{df_v} + \dfrac{u_w^4}{df_w}} \quad \textbf{(B-8)}$$

where u is the standard uncertainty of each quantity and *df* is the degrees of freedom for each quantity. Equation B-8 is a weighted average for the degrees of freedom. You have seen this equation for degrees of freedom in the t-test (Equation 4-10b). Equations B-8 and B-9 (below) apply when u_v and u_w are independent of one another.

Expression B-8 yields:

$$df_z = \frac{u_z^4}{\dfrac{u_v^4}{df_v} + \dfrac{u_w^4}{df_w}} = \frac{0.06_6^{\,4}}{\dfrac{0.06_2^{\,4}}{4-1} + \dfrac{0.02_2^{\,4}}{5-1}} = 3.7_{71}$$

which we truncate to $df_z = 3$ and from Table 4-4 find the value of Student's $t = 3.182$ for 95% confidence. The degrees of freedom for $\bar{z}$ depend on standard uncertainties and degrees of freedom for $\bar{v}$ and $\bar{w}$. Degrees of freedom are truncated to the smaller integer to provide a more conservative (wider) confidence interval.

Knowing the degrees of freedom and Student's t, we finally compute the 95% confidence interval:

$$\text{Confidence interval} = \bar{z} \pm tu_z = 2.05_4 \pm (3.182)(0.06_6) = 2.05_4 \pm 0.21_0$$

which could sensibly be rounded to 2.05 ($\pm$0.21) wt%.

Confidence Intervals for Multiplication and Division

For multiplication and division, use relative uncertainties rather than absolute uncertainties. For the product $\bar{z} = \bar{v}\bar{w}$ or the quotient $\bar{z} = \bar{v}/\bar{w}$, the degrees of freedom are

Degrees of freedom for a product or quotient uses relative uncertainty (Welch-Satterthwaite approximation): $$df_z = \frac{(u_z/\bar{z})^4}{\dfrac{(u_v/\bar{v})^4}{df_v} + \dfrac{(u_w/\bar{w})^4}{df_w}} \quad \textbf{(B-9)}$$

EXAMPLE Confidence Interval for a Quotient

Suppose that you determine the density of a mineral by measuring its mass (m) four times and its volume (V) six times:

mean mass ($\bar{m}$) $= 4.635_4$ g	$\bar{V} = 1.13_1$ mL
standard deviation (s_m) $= 0.002_2$ g	$s_V = 0.04_7$ mL
$n_m = 4$ measurements	$n_V = 6$ measurements
standard uncertainty (u_m) $= 0.002_2/\sqrt{4} = 0.001_1$ g	$u_V = (0.04_7)/\sqrt{6} = 0.01_9$ mL

Density is mass/volume $= 4.635_4$ g$/1.13_1$ mL $= 4.09_{85}$ g/mL. Find the 95% confidence interval for the computed density.

Solution The arithmetic is best done with a spreadsheet to avoid errors. Using standard uncertainties as the estimate of error, convert absolute uncertainty to relative uncertainty for division and proceed just as you learned in Chapter 3:

$$\frac{\bar{m}\ (\pm u_m)}{\bar{V}\ (\pm u_V)} = \frac{4.635_4\ (\pm 0.001_1)\text{ g}}{1.13_1\ (\pm 0.01_9)\text{ mL}} = \frac{4.635_4\ (\pm 0.02_4\%)\text{ g}}{1.13_1\ (\pm 1.7_0\%)\text{ mL}}$$
$$= 4.09_{85}(\pm 1.7_0\%) = 4.09_{85}(\pm 0.06_{95})\text{ g/mL}$$

because $\sqrt{(0.02_4\%)^2 + (1.7_0\%)^2} = 1.7_0\%$. The standard uncertainty of the density is $1.7_0\%$ of 4.09_{85} g/mL $= \pm 0.06_{95}$ g/mL.

Degrees of freedom for the quotient are obtained from Equation B-9:

$$df_d = \frac{(u_d/\bar{d})^4}{\dfrac{(u_m/\bar{m})^4}{4-1} + \dfrac{(u_V/\bar{V})^4}{6-1}} = \frac{(0.06_{95}/4.09_{85})^4}{\dfrac{(0.001_1/4.635_4)^4}{4-1} + \dfrac{(0.01_9/1.13_1)^4}{6-1}} = 5.002$$

For 95% confidence and 5 degrees of freedom, Student's t is 2.571 in Table 4-4. The 95% confidence interval for the density is $4.09_{85} \pm (2.571) \times (0.06_{95}) = 4.09_{85} \pm 0.17_9$ g/mL. Finally, round to a reasonable number of significant digits:

$$95\% \text{ confidence interval} = 4.10 \pm 0.18 \text{ g/mL}$$

TEST YOURSELF Suppose that volume could be measured 100 times more precisely: $V = 1.131\ 0_0$ mL with $s_V = 0.000\ 4_7$ mL. Find the degrees of freedom and the 95% confidence interval for the density. (***Answer:*** $df_d =$ 5.92, which is truncated to $5 \Rightarrow t = 2.571$ and $d = 4.098_5 \pm 0.003_1$ g/mL)

Mixed operations can be broken into sequences of addition and subtraction or multiplication and division. For a function of more than two variables, add another term to the denominators of Equations B-8 and B-9 for each variable.

In summary, here is how to find a confidence interval for $\bar{z}$ computed from several experimental quantities:

- The standard uncertainty (u) for each experimental quantity is its standard deviation of the mean.
- Apply the rules for propagation of uncertainty from Chapter 3 to the standard uncertainties to find the standard uncertainty u_z.
- Find the degrees of freedom for $\bar{z}$ using Equation B-8 for sums and differences or Equation B-9 for products and quotients. Add one more term to the denominators of B-8 and B-9 for each additional variable. Truncate degrees of freedom to an integer.
- From the degrees of freedom, find Student's t and the confidence interval $\bar{z} \pm tu_z$.

Type B Uncertainty: Rectangular and Triangular Distributions

So far, we have dealt only with Type A standard uncertainty, which we *measure*. The atomic mass of elements with a single stable isotope (e.g., sodium) are known to very high accuracy with tiny amounts of Type A uncertainty. Elements with more than one stable isotope exhibit different mole fractions of isotopes in different materials (Box 3-3). The uncertainty in atomic mass of these elements (in inset box in the periodic table at the front of this book) is a Type B uncertainty. Different substances have atomic mass that lie in different parts of the interval.

For most calculations, the uncertainty in atomic mass is small relative to other analytical uncertainties. To simplify such calculations, the atomic weights of elements in the atomic mass interval inset box are listed in the body of the periodic table as a single value with an uncertainty of ±1 in the last digit. This ±1 uncertainty encompasses the interval of atomic masses that occur on earth.

If we need uncertainty of atomic mass for chemical calculations, we suppose that the distribution of atomic mass follows a **rectangular distribution**

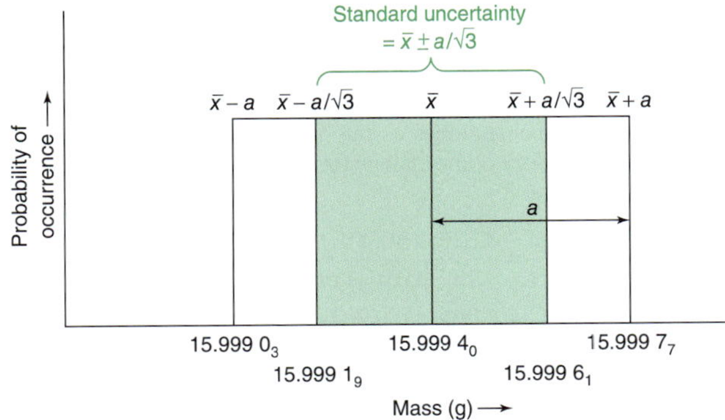

FIGURE B-2 *Rectangular distribution* has equal probability of finding a value anywhere in the range from $\bar{x}-a$ to $\bar{x}+a$, and zero probability of finding a value outside this range. The standard uncertainty (standard deviation) shown in color is $\pm a/\sqrt{3}$. Numbers on the abscissa apply to the atomic mass of oxygen.

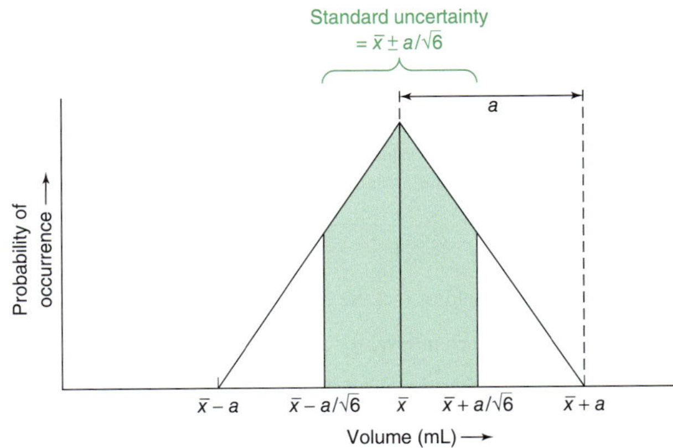

FIGURE B-3 *Triangular distribution* for volumetric glassware including volumetric flasks and transfer pipets. The standard uncertainty interval (standard deviation) shown in color is $\pm a/\sqrt{6}$.

(Figure B-2). In this ideal distribution, atomic mass is equally likely to lie anywhere in the interval from $\bar{x}-a$ to $\bar{x}+a$, where $\bar{x}$ is the midpoint and a is half of the interval in the *inset* of the periodic table inside the cover of this book. The standard uncertainty[6] for a rectangular distribution is $a/\sqrt{3}$.

Standard uncertainty for rectangular distribution:
$$u_x = \pm a/\sqrt{3} \quad \textbf{(B-10)}$$

As an example, let's find the 95% confidence interval for the molecular mass of ethanol (C_2H_5OH or C_2H_6O).[7] For oxygen (Box 3-3), the atomic mass in the periodic table is 15.999 ± 0.001 g/mol for simple formula mass calculations. For our more accurate calculation, we use the oxygen atomic mass interval [15.999 03, 15.999 77], from which $\bar{x} = 15.999\,4_0$ g/mol and $a = 0.000\,3_7$ g/mol. The value of a is computed from $(15.999\,77 - 15.999\,03)/2 = 0.000\,3_7$. The uncertainty in atomic mass of carbon is ±0.001 0, which is the number a in the rectangular distribution for carbon. For hydrogen, the uncertainty is $a = 0.000\,13_5$. Then we convert uncertainty (a) to standard uncertainty ($u_x = \pm a/\sqrt{3}$):

$$\text{Atomic mass of C} = 12.010\,6 \pm (0.001\,0)/\sqrt{3} = 12.010\,6 \pm 0.000\,5_{77} \leftarrow u_x$$

$$\text{Atomic mass of H} = 1.007\,97_5 \pm (0.000\,13_5)/\sqrt{3} = 1.007\,975 \pm (0.000\,07_8) \leftarrow u_x$$

$$\text{Atomic mass of O} = 15.999\,4_0 \pm (0.000\,3_7)/\sqrt{3} = 15.999\,4_0 \pm (0.000\,2_1) \leftarrow u_x$$

The atomic mass of an element from a particular source will be consistently higher or lower than the midpoint of the atomic interval (Box 3-3). *For such systematic uncertainty, we add the uncertainties of each term in a sum or difference.* Uncertainties in the masses of atoms in C_2H_6O are obtained by multiplying the uncertainty u_x for each atom by the number of atoms of each type:

$$\begin{array}{llcll}
2\text{C}: & 2(12.010\,6 \pm 0.000\,5_{77}) & = & 24.021\,2 \pm 0.001\,15 & \leftarrow 2 \times 0.000\,5_{77} \\
6\text{H}: & 6(1.007\,97_5 \pm 0.000\,07_8) & = & 6.047\,85 \pm 0.000\,46_8 & \leftarrow 6 \times 0.000\,07_8 \\
1\text{O}: & 1(15.999\,4 \pm 0.000\,2_1) & = & 15.999\,4 \pm 0.000\,2_1 & \leftarrow 1 \times 0.000\,2_1 \\
\hline
 & & & 46.068\,4 \pm ? &
\end{array}$$

Then compute the standard uncertainty for molecular mass by taking the square root of the sum of squares of u_x:

$$46.068\,4 \pm \sqrt{0.001\,15^2 + 0.000\,46_8{}^2 + 0.000\,2_1{}^2}$$
$$46.068\,4 \pm 0.001\,3 \leftarrow u_x \text{ for } C_2H_6O$$

We wish to express uncertainty as a 95% confidence interval. The rectangular distribution represents a large body of measurements. In Table 4-4, Student's t for 95% confidence approaches ~2 as the degrees of freedom become large. We use $t = 2$ to estimate the 95% confidence limit for molecular mass. In the literature of metrology (the science of measurement), the product tu_z is called the *expanded uncertainty* and is written ku_z instead of tu_z. The multiplier k, called the *coverage factor*, is commonly taken as 2.

To estimate a 95% confidence interval for molecular mass, multiply $u_x = 0.001\,3$ for C_2H_6O by the coverage factor $k = 2$:

$$ku_x = 2(0.001\,3 \text{ g/mol}) = 0.002\,6 \text{ g/mol}$$

$$\text{95\% confidence interval:} \quad \text{molecular mass} = 46.068_4 \pm 0.002_6 \text{ g/mol}$$

If the origin of a material is known, it is possible to lower the uncertainty of the molecular weight using the atomic intervals for the specific sources (Box 3-3). For instance, the uncertainty of the molecular mass of naturally produced ethanol is reduced to ±0.000 3 g/mol if it is known that its carbon comes from corn, its hydrogen from seawater, and its oxygen from air.[7]

The uncertainty in volume held by a transfer pipet or volumetric flask is a Type B uncertainty that is conventionally modeled by the **triangular distribution** in Figure B-3. The tolerance for a Class A 10-mL volumetric flask is ±0.02 mL. The manufacturer tries hard to put the calibration line as close as possible to 10.00 mL. We model the uncertainty as a triangular distribution with a most probable value of 10.00 mL and a linear decrease to zero at 9.98 mL and 10.02 mL. The value of a in Figure B-3 is 0.02 mL for this flask. The standard uncertainty is

Standard uncertainty for triangular distribution:
$$u_x = \pm a/\sqrt{6} \quad \textbf{(B-11)}$$

which is smaller than u_x for the rectangular distribution because the probability in the triangular distribution is greatest at the mean value. For a 10-mL flask, the standard uncertainty is $u_x = \pm 0.02/\sqrt{6} = 0.008_{16}$ mL.

If you have the fortitude, you can calibrate a volumetric flask by weighing the water it contains when filled to the mark. If you repeat the calibration several times, you will *know* how much the flask contains and the standard deviation of the mean. Calibration changes uncertainty from Type B to Type A. Type A is a measured uncertainty and Type B is an estimated uncertainty.

Combining Type A and Type B Uncertainties

Suppose that you measure the density of ethanol by weighing the liquid required to fill an uncalibrated 10-mL volumetric flask to the mark at 20°C. You repeat the procedure five times and find a mean mass (corrected for buoyancy) of $\bar{m} = 7.888_1$ g with a standard deviation of 0.004_3 g and a Type A standard uncertainty of $u_{\text{mass}} = (0.004_3)/\sqrt{5} = 0.001_{92}$ g. You did not calibrate the flask, so its Type B uncertainty is a triangular distribution: $u_{\text{volume}} = \pm 0.02/\sqrt{6} = 0.008_{16}$ mL.

Standard uncertainty for mass and volume can be combined with the rules for propagation of uncertainty in Chapter 3:

$$\text{Density} = \frac{\bar{m}\ (\pm u_{\text{mass}})}{\bar{V}\ (\pm u_{\text{volume}})} = \frac{7.888_1\ (\pm 0.001_{92})\text{ g}}{10.00\ (\pm 0.008_{16})\text{ mL}} = \frac{7.888_1\ (\pm 0.02_{43}\%)\text{ g}}{10.00\ (\pm 0.08_{16}\%)\text{ mL}}$$
$$= 0.788\,8_1 (\pm 0.08_{51}\%)$$

because $\sqrt{(0.02_{43}\%)^2 + (0.08_{16}\%)^2} = 0.08_{51}\%$. The standard uncertainty of the density is $0.08_{51}\%$ of $0.788\,8_1$ g/mL $= \pm 0.000\,6_7$ g/mL. *Express uncertainty as a ~95% confidence interval by multiplying the combined standard uncertainty by the coverage factor* $k = 2$. This *expanded uncertainty* is $(2)(0.000\ 6_7) = 0.001_{34}$ g/mL. The final answer is

$$\text{Density} = 0.788_8 \pm 0.001_3 \text{ g/mL}$$

which could be accompanied by the statement "Uncertainty is an estimate of the 95% confidence interval obtained by multiplying standard uncertainty by a coverage factor of 2."

Exercises

B-3. *Propagation of uncertainty.* In isotope ratio mass spectrometry, individual calibrated detectors measure each isotope of interest. Consider data for the ratio $^{13}C/^{12}C$ for an unknown sample and a standard.

	$x = {}^{13}C/^{12}C$ in unknown	$y = {}^{13}C/^{12}C$ in standard
$(\bar{x}$ or $\bar{y})$ = mean $^{13}C/^{12}C$	0.010 853	0.011 197
s = standard deviation	0.000 017	0.000 010
n = number of observations	12	12

The difference between $^{13}C/^{12}C$ for an unknown compound and a standard compound, called $\delta^{13}C$, measured in parts per thousand (‰), is

$$\delta^{13}C = \left[\frac{(^{13}C/^{12}C)_{\text{sample}}}{(^{13}C/^{12}C)_{\text{standard}}} - 1\right] \times 1\,000$$

For data in the table, $\delta^{13}C = [(0.010\,853/0.011\,197) - 1] \times 1\,000 = [0.969\,28 - 1] \times 1\,000 = -30.7$ ‰.

(a) Find the standard uncertainties (standard deviations of the means) of $\bar{x} = (^{13}C/^{12}C)_{\text{sample}}$ and $\bar{y} = (^{13}C/^{12}C)_{\text{standard}}$. Calculations are easier using a spreadsheet.

(b) Find the standard uncertainty of the quotient $\bar{z} = \bar{x}/\bar{y} = (^{13}C/^{12}C)_{\text{sample}}/(^{13}C/^{12}C)_{\text{standard}}$. Express the answer as a relative uncertainty $u_z/\bar{z}$.

(c) Find the degrees of freedom for $\bar{z}$.

(d) Find the 95% confidence interval for $\bar{z}$.

(e) Find the 95% confidence interval for $\delta^{13}C$.

B-4. *Propagation of uncertainty.* In a spectrophotometric analysis, six replicate samples had absorbance values of 0.216, 0.214, 0.207, 0.220, 0.205, and 0.213. Six replicate reagent blanks had absorbance values of 0.032, 0.030, 0.029, 0.034, 0.035, and 0.030.

(a) Find the corrected absorbance, which is the average absorbance minus the average blank absorbance.

(b) Find the standard uncertainty for the corrected absorbance.

(c) Find the degrees of freedom for the corrected absorbance.

(d) Find the 95% confidence interval for the corrected absorbance.

B-5. *Type A (measured) uncertainties.* You prepared an ammonia solution by diluting concentrated NH_3. Prior to diluting, you titrated the concentrated solution five times, with the result $[NH_3] = 27.63\ (\pm 0.14)$ wt% ($n = 5$), where ±0.14 is the standard deviation and $n = 5$ is the number of replicate titrations. The concentrated NH_3 solution's density was measured four times and is $0.904_0 \pm 0.002_3$ g/mL ($n = 4$). A 1-mL transfer pipet was calibrated and delivered $1.004_2 \pm 0.002_0$ mL in $n = 6$ trials. The concentrated ammonia was delivered with the 1-mL pipet into a calibrated 500-mL volumetric flask whose volume is 499.86 ± 0.08 mL ($n = 4$).

(a) Find the standard uncertainty ($u_x = s_x/\sqrt{n}$) for each quantity x described above and find the percent relative standard uncertainty $= 100\ u_x/x$.

(b) Find the molecular mass of NH_3 and its standard uncertainty and percent relative standard uncertainty.

(c) Find the molarity of NH_3 in the 500-mL solution. When you are done, write out all the arithmetic in one line of multiplication and division. The example on page 59–60 provides a guide for you.

(d) The arithmetic in **(c)** has the form molarity (M) $= (a \times b \times c)/(d \times e)$. The standard uncertainty has the form $u_M/M = \sqrt{(u_a/a)^2 + (u_b/b)^2 + (u_c/c)^2 + (u_d/d)^2 + (u_e/e)^2}$. Find u_M.

(e) The degrees of freedom for molarity (df_M) computed from five variables combined in multiplication and division takes the form below. Find df_M.

$$df_M = \frac{(u_M/M)^4}{\dfrac{(u_a/\bar{a})^4}{df_a} + \dfrac{(u_b/\bar{b})^4}{df_b} + \dfrac{(u_c/\bar{c})^4}{df_c} + \dfrac{(u_d/\bar{d})^4}{df_d} + \dfrac{(u_e/\bar{e})^4}{df_e}}$$

(f) Find the 95% confidence interval for the molarity of NH_3 in the 500-mL flask. What percentage of the molarity is the 95% confidence interval?

B-6. *Mixed Type A (measured) and Type B (estimated) uncertainties.* Work the previous problem with the following changes: The Class A 1-mL pipet and the Class A 500-mL flask are not calibrated. Use the triangular distribution for their estimated uncertainties. Find the expanded uncertainty (95% confidence interval) with a coverage factor of $k = 2$.

Solutions to Exercises

	A	B	C	D	E
1	Isotope ratio propagation of uncertainty				
2		x =	y =	z =	
3		$^{13}C/^{12}C_{\text{sample}}$	$^{13}C/^{12}C_{\text{standard}}$	x/y	
4	mean	0.010853	0.011197		
5	s (stdev)	0.000017	0.000010		
6	n (observations)	12	12		
7	Standard uncertainty u = s/sqrt(n)	4.907E-06	2.887E-06		B7 = B5/SQRT(B6)
8	mean z = (mean x)/(mean y)			0.96928	D8 = B4/C4
9	$u_z/\bar{z} = \text{sqrt}((u_x/\bar{x})^2 + (u_y/\bar{y})^2)$			0.00052	D9 = SQRT((B7/B4)^2+(C7/C4)^2)
10	degrees of freedom (df_z) for z =	$(u_z/\bar{z})^4$		17.46832	D10 = (D9)^4/((B7/B4)^4/(B6–1)
11		$\dfrac{(u_x/\bar{x})^4}{df_x} + \dfrac{(u_y/\bar{y})^4}{df_y}$			+(C7/C4)^4/(C6–1))
12	Student's t =			2.110	D12 = T.INV.2T(0.05,D10)
13	Confidence interval = t*u_z =			0.00106	D13 = D12*D9*D8

Spreadsheet for solution to Exercise B-3.

B-3. (a) Standard uncertainties are computed in cells B7 and C7. The calculation in B7 is $u_x = s_x/\sqrt{n_x} = 0.000\ 017/\sqrt{12} = 4.907 \times 10^{-6}$.

(b) Relative standard uncertainty for $\overline{z} = \overline{x}/\overline{y}$ is computed in cell D9: $u_z/\overline{z} = \sqrt{(u_x/\overline{x})^2 + (u_y/\overline{y})^2} =$

$$\sqrt{(4.907 \times 10^{-6}/0.010\ 853)^2 + (2.887 \times 10^{-6}/0.011\ 197)^2} = 0.000\ 52.$$

(c) Degrees of freedom for $\overline{z}$ is computed in cell D10:

$$df_z = \frac{(u_z/\overline{z})^4}{\dfrac{(u_x/\overline{x})^4}{df_x} + \dfrac{(u_y/\overline{y})^4}{df_y}}$$

$$= \frac{(0.000\ 52)^4}{\dfrac{(4.907 \times 10^{-6}/0.010\ 853)^4}{12-1} + \dfrac{(2.887 \times 10^{-6}/0.011\ 197)^4}{12-1}} = 17.47$$

(d) To find the 95% confidence interval for $\overline{z}$, truncate degrees of freedom to 17 and find Student's $t = 2.110$ for 17 degrees of freedom with the statement T.INV.2T(0.05,D10) in cell D12. The 95% confidence interval for $\overline{z}$ in cell D13 is $\overline{z} \pm tu_z = \overline{z} \pm t(u_z/\overline{z})(\overline{z}) =$ $0.969\ 28 \pm (2.110)(0.000\ 52)(0.969\ 28) = 0.969\ 3 \pm 0.001\ 1$.

(e) We are looking for absolute uncertainty in the expression

$$\delta^{13}\text{C} = \left[\frac{(^{13}\text{C}/^{12}\text{C})_{\text{sample}}}{(^{13}\text{C}/^{12}\text{C})_{\text{standard}}} - 1\right] \times 1000.$$

The quotient in brackets is $\overline{x}/\overline{y} = \overline{z}$. Its 95% confidence limit in **(d)** is $0.969\ 28 \pm 0.001\ 06$. The difference in brackets is $(0.969\ 28 \pm 0.001\ 06) - 1 = -0.030\ 72 \pm 0.001\ 06$ because the uncertainty in the difference is $\sqrt{(0.001\ 06)^2 + 0^2} = 0.001\ 06$. Multiplying by 1 000 gives $\delta^{13}\text{C} = -(30.72 \pm 1.06)‰$ which might also be rounded to $-(30.7 \pm 1.1)‰$ or $-(31 \pm 1)‰$.

B-4. Averages of the absorbance ($\overline{a}$) and blank ($\overline{b}$) are computed in cells B11 and C11. Standard deviations s_a and s_b are found in cells B12 and C12. Standard uncertainty (= standard deviation of the mean, $u = s/\sqrt{n}$) is computed in cells B14 and C14. By the rule for propagation of uncertainty of a sum or difference, the standard uncertainty for the corrected absorbance ($\overline{c}$) is computed as follows:

$$\overline{c} = \overline{a} - \overline{b} = 0.212\ 50 - 0.031\ 67 = 0.180\ 83 \text{ (cell D15)}$$

$$u_c = \sqrt{u_a^2 + u_b^2} = \sqrt{0.002\ 29^2 + 0.000\ 99^2} = 0.002\ 50 \text{ (cell D16)}$$

The degrees of freedom for the corrected absorbance are

$$df_c = \frac{u_c^4}{\dfrac{u_a^4}{df_a} + \dfrac{u_b^4}{df_b}} = \frac{0.002\ 50^4}{\dfrac{0.002\ 29^4}{6-1} + \dfrac{0.000\ 99^4}{6-1}} = 6.800 \text{ (cell D17)}$$

which we truncate to 6 degrees of freedom, for which Student's t for 95% confidence is 2.447 (cell D20). The confidence interval is

$$\overline{c} \pm tu_c = 0.180\ 83 \pm (2.447)(0.002\ 50) = 0.180\ 83 \pm 0.006\ 11 = 0.181 \pm 0.006$$

B-5. (a) NH_3 wt%: $u_{NH_3} = 0.14/\sqrt{5} = 0.062\ 6$ wt%

relative uncertainty = (100)(0.062 6 wt%)/(27.63 wt%) = 0.226 6%

density: $u_{\text{density}} = 0.002_3/\sqrt{4} = 0.001\ 15$ g/mL

relative uncertainty = (100)(0.001 15 g/mL)/(0.904_0 g/mL) = 0.127 2%

pipet: $u_{\text{pipet}} = 0.002_0/\sqrt{6} = 0.000\ 82$ mL

relative uncertainty = (100)(0.000 82 mL)/(1.004_2 mL) = 0.081 3%

flask: $u_{\text{flask}} = 0.08/\sqrt{4} = 0.04$ mL

relative uncertainty = (100)(0.04 mL)/(499.86 mL) = 0.008 0%

(b) We will find atomic mass and its uncertainty from atomic mass intervals as described for C_2H_6O below Equation B-10:

NH_3 molecular mass:

N atomic mass = $14.006\ 86 \pm (0.000\ 42)/\sqrt{3} = 14\ 006\ 86 \pm 0.000\ 24 \leftarrow u_x$

H atomic mass = $1.007\ 98 \pm (0.000\ 14)/\sqrt{3} = 1.007\ 98 \pm 0.000\ 08 \leftarrow u_x$

	A	B	C	D	E
1	Corrected absorbance				
2				corrected	
3		absorbance	blank	absorbance	
4		a	b	c	
5		0.216	0.032		
6		0.214	0.030		
7		0.207	0.029		
8		0.220	0.034		
9		0.205	0.035		
10		0.213	0.030		
11	mean	0.21250	0.03167		B11 = AVERAGE(B5:B10)
12	s (stdev)	0.00561	0.00242		B12 = STDEV.S(B5:B10)
13	n (observations)	6	6		B13 = COUNT(B5:B10)
14	Standard uncertainty u = s/sqrt(n)	0.00229	0.00099		B14 = B12/SQRT(B13)
15	mean c = mean a – mean b			0.18083	D15 = B11–C11
16	$u_c = \text{sqrt}(u_a^2 + u_b^2)$			0.00250	D16 = SQRT(B14^2+C14^2)
17	degrees of freedom (df) for c =	$\dfrac{u_c^4}{\dfrac{u_a^4}{df_a} + \dfrac{u_b^4}{df_b}}$		6.800	D17 = B16^4/(B14^4/(B13–1)
18					+C14^4/(C13–1))
19	Student's t (95% confidence) =			2.447	D20 = T.INV.2T(0.05,D17)
20	Confidence interval = t^*u_c =			0.00611	D21 = D20*D16

Spreadsheet for solution to Exercise B-4.

Multiply mass and uncertainty by the number of atoms for each element:

$$\text{N:} \quad 14.006\,86 \pm 0.000\,24 \leftarrow u_x$$
$$\text{3H: } 3[1.007\,98 \pm 0.000\,08] = 3.023\,94 \pm 0.000\,24 \leftarrow u_x$$

$$NH_3 \text{ molecular mass:} \quad 17.030\,8 \pm \sqrt{0.000\,24^2 + 0.000\,24^2} = 17.030\,8 \pm 0.000\,34 \text{ g/mol}$$

Relative uncertainty = (100)(0.000 34)/(17.030 8) = 0.002 0%

0.002 0% uncertainty is negligible in comparison with the uncertainties in **(a)**.

(c)

$$\frac{\left(0.904\,0 \frac{\text{g solution}}{\text{mL solution}}\right)\left(0.276\,3 \frac{\text{g NH}_3}{\text{g solution}}\right)(1.004_2 \text{ mL solution})}{\left(17.030\,7 \frac{\text{g NH}_3}{\text{mol NH}_3}\right)(0.499\,86 \text{ L})} = 0.029\,46 \frac{\text{mol}}{\text{L}}$$

(d) $\dfrac{u_M}{M} = \sqrt{\left(\dfrac{u_a}{a}\right)^2 + \left(\dfrac{u_b}{b}\right)^2 + \left(\dfrac{u_c}{c}\right)^2 + \left(\dfrac{u_d}{d}\right)^2 + \left(\dfrac{u_e}{e}\right)^2}$

where M = molarity of NH_3
a = NH_3 wt%
b = NH_3 solution density
c = pipet volume
d = NH_3 molecular mass ($u_d \approx 0$)
e = flask volume

You can express relative uncertainties as absolute numbers or percentages. I choose to use percent, which gives an answer u_M/M in percent:

$u_M/M = \sqrt{(0.226\,6\%)^2 + (0.127\,2\%)^2 + (0.081\,3\%)^2 + (0)^2 + (0.008\,0\%)^2}$
= 0.272%. Now convert 0.272% to the decimal 0.002 72 and find u_M:

$u_M = (0.002\,72)(M) = (0.002\,72)(0.029\,46 \text{ mol/L}) = 0.000\,08_{02} \text{ mol/L}$

(e) $df_M = \dfrac{(u_M/M)^4}{\dfrac{(u_a/\bar{a})^4}{df_a} + \dfrac{(u_b/\bar{b})^4}{df_b} + \dfrac{(u_c/\bar{c})^4}{df_c} + \dfrac{(u_d/\bar{d})^4}{df_d} + \dfrac{(u_e/\bar{e})^4}{df_e}}$

I choose to express the relative uncertainties as percentages in the arithmetic below. You can use absolute numbers instead of percentage, but the answer is the same either way.

$$df_M = \frac{(0.272\%)^4}{\dfrac{(0.226\,6\%)^4}{5-1} + \dfrac{(0.127\,2\%)^4}{4-1} + \dfrac{(0.081\,3\%)^4}{6-1} + \dfrac{(0\%)^4}{df_d} + \dfrac{(0.008\,0\%)^4}{4-1}}$$

df_M = 7.29, which we truncate to 7 degrees of freedom

(f) Student's t for 95% confidence and 7 degrees of freedom = 2.365

95% confidence interval for M is $M \pm t \cdot u_M$ =
$0.029\,46 \pm (2.365)(0.000\,08_{02}) = 0.029\,46 \pm 0.000\,19$ mol/L

The 95% confidence interval is 100 × (0.000 19)/(0.029 46) = 0.64% of the molarity.

B-6. (a) NH_3 wt% relative uncertainty = 0.226 6% (unchanged)

density relative uncertainty = 0.127 2% (unchanged)

pipet: tolerance = 0.006 mL = range a in triangular distribution

$u_{pipet} = a/\sqrt{6} = 0.006/\sqrt{6} = 0.002\,45$ mL
relative uncertainty = (100)(0.002 45 mL)/(1.000 mL) = 0.245%

flask: tolerance = 0.20 mL = range a in triangular distribution

$u_{flask} = a/\sqrt{6} = 0.20/\sqrt{6} = 0.081\,6$ mL
relative uncertainty = (100)(0.081 6 mL)/(500 mL) = 0.016%

(b) NH_3 molecular mass = 17.030 7 ± 0.002 0% (unchanged)

(c)

$$\frac{\left(0.904\,0 \frac{\text{g solution}}{\text{mL solution}}\right)\left(0.276\,3 \frac{\text{g NH}_3}{\text{g solution}}\right)(1.000 \text{ mL solution})}{\left(17.030\,7 \frac{\text{g NH}_3}{\text{mol NH}_3}\right)(0.5000 \text{ L})} = 0.029\,33 \frac{\text{mol}}{\text{L}}$$

(d)

$\dfrac{u_M}{M} = \sqrt{(0.226\,6\%)^2 + (0.127\,2\%)^2 + (0.245\%)^2 + (0)^2 + (0.016\%)^2} = 0.358\%$

$u_M = (0.003\,58)(M) = (0.003\,58)(0.029\,33 \text{ mol/L}) = 0.000\,10_5 \text{ mol/L}$

(e) Degrees of freedom is undefined for Type B uncertainties

(f) Expanded uncertainty = $k \cdot u_M = 2(0.000\,10_5) = 0.000\,21$

Answer: 0.029 33 ± 0.000 21 mol/L or ±0.72%

The increased uncertainty in pipet volume only brings it up to a similar size to the uncertainties in NH_3 wt% and density, so the overall uncertainty is not changed very much.

References/Notes

1. A numerical recipe for evaluating Equation B-1 with a spreadsheet is given by R. de Levie, "Spreadsheet Calculation of the Propagation of Experimental Imprecision," *J. Chem. Ed.* **2000**, *77*, 534.

2. E. F. Meyer, "A Note on Covariance in Propagation of Uncertainty," *J. Chem. Ed.* **1997**, *74*, 1339.

3. C. Salter, "Error Analysis Using the Variance-Covariance Matrix," *J. Chem. Ed.* **2000**, *77*, 1239.

4. B. Wampfler, M. Rösslein, and H. Felber, "The New Measurement Concept Explained by Using an Introductory Example," *J. Chem. Ed.* **2006**, *83*, 1382; *Evaluation of Measurement Data—Guide to the Expression of Uncertainty in Measurement*, JCGM 100:2008, is available at no charge at www.iso.org/sites/JCGM/GUM-JCGM100.htm; I. Farrance and R. Frenkel, "Uncertainty of Measurement: A Review of the Rules for Calculating Uncertainty Components Through Functional Relationships," *Clin. Biochem. Rev.* **2012**, *33*, 49; S. L. R. Ellison and A. Williams, eds., *Eurachem/CITAC Guide: Quantifying Uncertainty in Analytical Measurement*, 3rd ed. (2012) is available at no charge at http://eurachem.org/index.php/publications/guides/quam; *NIST Uncertainty of Measurement Results*, https://physics.nist.gov/cuu/Uncertainty/index.html

5. A different approach to propagation of uncertainty is the Monte Carlo method, which simulates a large number of events with a spreadsheet. Each input variable for the simulation is given random variation that follows the assumed distribution of uncertainty for that variable. See G. Chew and T. Walczyk, "A Monte Carlo Approach for Estimating Measurement Uncertainty Using Standard Spreadsheet Software," *Anal. Bioanal. Chem.* **2012**, *402*, 2463.

6. Variance (σ^2) for a probability function $p(x)$ is *defined* as

$$\sigma^2 = \int_{-\infty}^{\infty} (x-\mu)^2 \, p(x) \, dx$$

where μ is the population mean. For example, $p(x)$ could be the Gaussian distribution function (Equation 4-3). An equivalent definition of σ^2 is the (mean value of x^2) minus the (mean value of x)^2. For a Gaussian distribution, 68.3% of the population lies in the interval $\mu \pm \sigma$. For a rectangular distribution extending from $-a$ to $+a$, the standard uncertainty is $\sigma = a/\sqrt{3}$ and 57.7% of the population lies in the interval $\mu \pm \sigma$. For a triangular distribution extending from $-a$ to $+a$, the standard uncertainty is $\sigma = a/\sqrt{6}$ and 65.0% of the population lies in the interval $\mu \pm \sigma$.

7. A. Possolo, A. M. H. van der Veen, J. Meija, and D. B. Hibbert, "Interpreting and Propagating the Uncertainty of the Standard Atomic Weights" *Pure Appl. Chem.* **2018**, *90*, 395.

부록 C 추가 데이터 처리 기술

C-1 Dixon's Q Test

Dixon's Q test is a mathematically simple test for outliers for small data sets (up to about 10 observations). Consider the following replicate titration volumes:

Titration volumes (mL): 28.54, 28.39, 27.68, 28.47

Is 27.68 mL an outlier? To apply the Q test, arrange the data in order of increasing value and calculate Q, defined as:

$$Q_{\text{calculated}} = \left|\frac{\text{gap}}{\text{range}}\right| \quad \text{(C-1)}$$

Gap = 0.71

Questionable value (too low?) — 27.68   28.39   28.47   28.54

Range = 0.86

The *range* is the spread of the data. The *gap* is the difference between the questionable point and the nearest value.

If $Q_{\text{calculated}} > Q_{\text{table}}$, the questionable point should be discarded. In the preceding example, $Q_{\text{calculated}} = 0.71/0.86 = 0.82_6$. In Table C-1, we find $Q_{\text{table}} = 0.766$. Because $Q_{\text{calculated}} > Q_{\text{table}}$, the questionable point should be discarded. The Grubbs test (Section 4-6) also recommended discarding this questionable titration.

TABLE C-1 Critical values of Q for rejection of outlier

Number of observations	Q (95% confidence)
3	0.941
4	0.766
5	0.642
6	0.562
7	0.507
8	0.467
9	0.436
10	0.412

$Q_{calculated}$ = gap/range. If $Q_{calculated} > Q_{table}$, the value in question can be rejected with 95% confidence. Values in this table are for a one-tailed test, as recommended by ASTM International.

SOURCE: *Data from R. B. Dean and W. J. Dixon,* Anal. Chem. ***1951****, 23, 636;* ASTM E 178-16a Standard Practice for Dealing with Outlying Observations *(http://webstore.ansi.org) for n = 3 to 7 (ASTM recommended range for Equation C-1); S. P. Verma and A. Quiroz-Ruiz,* Revista Mexicana de Ciencias Geológicas ***2006****, 23, 133 for n = 8 – 10 for which Equation C-1 is still effective.*

The American Society for Testing and Materials lists the Q test as an alternative to the Grubbs test. The Q test is less robust for detecting outliers than the Grubbs test, and may yield a different conclusion (retain or discard) than Grubbs when $Q_{\text{calculated}}$ is close to the critical value in Table C-1.

C-2 Nonlinear Curve Fitting[1]

Nonlinear calibration curves often result from multiple simultaneous chemical and instrumental nonidealities. It is not clear what mathematical function will fit these nonidealities. For mathematical convenience, calibration curves with small amounts of curvature are fit to a quadratic equation ($y = ax^2 + bx + c$). Figure C-1 shows calibration data from Table 4-8. The concentrations of the protein standards are in cells A4:A20, and the corrected absorbances are in cells C4:C20. We will fill column B later.

Create a scatter plot with y values in cells C4:C20 and x values in cells A4:A20 with only markers (no curve yet). To fit a quadratic

	A	B	C
1	Nonlinear Curve Fitting		
2	Protein (μg)		Corrected
3	x	x2	absorbance
4	0	0	−0.0003
5	0	0	−0.0003
6	0	0	0.0007
7	5	25	0.0857
8	5	25	0.0877
19	25	625	0.3887
20	25	625	0.3967
21			
22	B4=A4^2		
23			
24	SUMMARY OUTPUT		
25			
26	*Regression Statistics*		
27	Multiple R	0.999541	
28	R Square	0.999083	
29	Adjusted R Square	0.998952	
30	Standard Error	0.004584	
31	Observations	17	
39		*Coefficients*	*Standard Error*
40	Intercept	−0.000696	0.002410152
41	X Variable 1	0.018585	0.000468527
42	X Variable 2	−0.000117	1.7944E-05

FIGURE C-1 Spreadsheet for quadratic least-squares analysis.

equation in Excel 2016, double click on the chart to obtain the Chart Tools Design ribbon. Select Add Chart Element, then Trendline, and choose More Trendline Options. Click on the bar graph icon. Select Polynomial, Order = 2, and Display Equation on chart. The least-squares quadratic curve and its equation (with unjustified significant figures) appear on the graph. The quadratic fit to the data is shown in Figure 4-13.

The Data Analysis ToolPak in Excel 2016 provides uncertainties for the fit parameters. Fill cells B4:B20 with the square of column A (B4 = A4^2). Find Data Analysis on the Data ribbon. If you do not see Data Analysis, click the File menu. Select Excel Options, and then Add-Ins. Select Analysis ToolPak, click GO, and then click OK to load the Analysis ToolPak. On the Data ribbon, select Data Analysis, and then select Regression in the window that appears. Click OK. The next window asks you in which cells the data are located. Write C4:C20 for Input Y Range and A4:B20 for Input X Range. Both x and x^2 are x-inputs for this quadratic regression. Click on Output Range, select cell A24, and click OK.

Excel prints results in cells A24 to I42. The equation for the quadratic is $y = -1.1_7\,(\pm 0.1_8) \times 10^{-4}x^2 + 0.018\,5_8\,(\pm 0.000\,4_7)x - 0.000\,7\,(\pm 0.002\,4)$ with $s_y = 0.004_6$. The a constant for x^2 is in cell B42 and its standard uncertainty is in C42. The b constant for x and its standard uncertainty are in cells B41 and C41. The intercept c and its standard uncertainty are in B40 and C40. Cell B30 contains s_y and cell B28 contains R^2.

C-3 Savitzky-Golay Filtering

Table C-2 provides coefficients for Savitzky-Golay smoothing (Section 20-6) of 5 to 25 data points. The equation for 5-point smoothing is

$$y_0(\text{adjusted}) = \frac{-3y_{-2} + 12y_{-1} + 17y_0 + 12y_1 - 3y_2}{35} \quad \text{(C-2)}$$

where y_i are the five measured values of y around the point being adjusted. Seven-point smoothing is calculated using Equation 20-18.

TABLE C-2 Savitzky-Golay smoothing coefficients

Data point	25-point	21-point	17-point	13-point	11-point	9-point	7-point	5-point
	Savitzky-Golay coefficients							
y_{-12}	−253							
y_{-11}	−138							
y_{-10}	−33	−171						
y_{-9}	62	−76						
y_{-8}	147	9	−21					
y_{-7}	222	84	−6					
y_{-6}	287	149	7	−11				
y_{-5}	343	204	18	0	−36			
y_{-4}	387	249	27	9	9	−21		
y_{-3}	422	284	34	16	44	14	−2	
y_{-2}	447	309	39	21	69	39	3	−3
y_{-1}	462	324	42	24	84	54	6	12
y_0	467	329	43	25	89	59	7	17
y_1	462	324	42	24	84	54	6	12
y_2	447	309	39	21	69	39	3	−3
y_3	422	284	34	16	44	14	−2	
y_4	387	249	27	9	9	−21		
y_5	343	204	18	0	−36			
y_6	287	149	7	−11				
y_7	222	84	−6					
y_8	147	9	−21					
y_9	62	−76						
y_{10}	−33	−171						
y_{11}	−138							
y_{12}	−253							
Denominator	5175	3059	323	143	429	231	21	35

SOURCE: *Data from A. Savitzky and M. J. E. Golay, "Smoothing and Differentiation of Data by Simplified Least Squares Procedures,"* Anal. Chem. ***1964****, 36, 1627, with corrections to a few coefficients by J. Steinier, Y. Termonia, and J. Deltour, "Comments on Smoothing and Differentiation of Data by Simplified Least Squares Procedure,"* Anal. Chem. ***1972****, 44, 1906.*

Exercises

C-1. Use the Q test to decide whether 97.9 should be discarded from the data set 116.0, 97.9, 114.2, 106.8, and 108.3.

C-2. *Fitting a quadratic equation.* Use the data in Problem 5-17 for this exercise. Apply the Excel Regression function within Data Analysis on the Data ribbon to find the equation of the least-squares quadratic curve through the 10 points. Answer in the form $y = [a(\pm u_a)]x^2 + [b(\pm u_b)]x + [c(\pm u_c)]$ with a reasonable number of significant figures. What is the value of s_y?

C-3. (a) Compute the smoothed value of the ordinate (y) for an abscissa of $x = 7.025$ eV in Problem 20-39 using equation C-2 for 5-point cubic polynomial smoothing.
(b) Compute the smoothed value of the ordinate (y) for an abscissa of $x = 7.025$ eV in Problem 20-39 using coefficients for 9-point cubic polynomial smoothing in Table C-2.
(c) Compute 5-point and 9-point cubic polynomial smoothed values for the entire data. Overlay the original data and the smoothed data on a graph.

Solutions to Exercises

C-1. $Q_{\text{calculated}} = |\text{gap}|/\text{range} = |97.9 - 106.8|/(116.0 - 97.9) = 0.492$
$Q_{\text{table}} = 0.642$ for five measurements
Because $Q_{\text{calculated}} < Q_{\text{table}}$, retain 97.9.

C-2. $y = [-0.0951\ (\pm 0.0088)]x^2 + [131.5\ (\pm 2.1)]x - [14\ (\pm 91)]$ with $s_y \doteq 141$

C-3. (a) For data in the table below

$$y_{12}(\text{5-pt cubic smoothing}) = \frac{-3y_{10} + 12y_{11} + 17y_{12} + 12y_{13} - 3y_{14}}{35}$$

$$= \frac{-3(5.000) + 12(6.086) + 17(14.347) + 12(14.130) - 3(13.913)}{35} = 12.279$$

(b) y_{12}(9-pt cubic smoothing) =

$$\frac{-21y_8 + 14y_9 + 39y_{10} + 54y_{11} + 59y_{12} + 54y_{13} + 39y_{14} + 14y_{15} - 21y_{16}}{231} =$$

$$\frac{-21(1.956) + 14(6.956) + 39(5.000) + 54(6.086) + 59(14.347) + 54(14.130) + 39(13.913) + 14(11.739) - 21(9.782)}{231}$$

$$= 11.649$$

(c)

	A	B	C	D	E
1	5-point and 9-point smoothing				
2				$y_{smoothed}$	$y_{smoothed}$
3	n	x	y	5 pt S-G	9 pt S-G
4	1	6.750	0.000		
5	2	6.775	0.000		
6	3	6.800	0.869	0.794	
7	4	6.825	1.086	0.732	
8	5	6.850	0.000	0.596	0.287
9	6	6.875	1.086	0.565	1.014
10	7	6.900	0.869	0.869	1.844
11	8	6.925	1.956	3.111	2.322
12	9	6.950	6.956	5.167	4.228
13	10	6.975	5.000	5.503	6.624
14	11	7.000	6.086	7.782	9.453
15	12	7.025	14.347	**12.279**	**11.649**
16	D6 = (−3*C4+12*C5+17*C6+12*C7−3*C8)/35				
17	E8 = (−21*C4+14*C5+39*C6+54*C7+59*C8				
18		+54*C9+39*C10+14*C11−21*C12)/231			

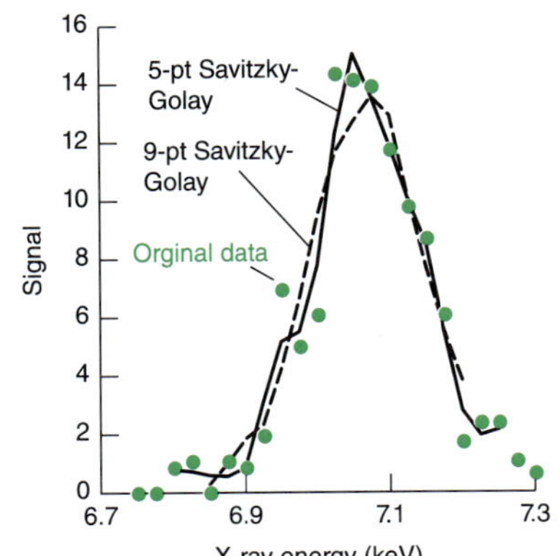

Reference/Note

1. For a comprehensive approach to least-squares fitting of nonlinear curves, including analysis of uncertainty, see P. Ogren, B. Davis, and N. Guy, "Curve Fitting, Confidence Intervals and Correlations, and Monte Carlo Visualizations for Multilinear Problems in Chemistry: A General Spreadsheet Approach," *J. Chem. Ed.* **2001**, *78*, 827; R. de Levie, "Collinearity in Least-Squares Analysis," *J. Chem. Ed.* **2012**, *89*, 68. See also A. Möglich, "An Open-Source, Cross-Platform Resource for Nonlinear Least-Squares Curve Fitting," *J. Chem. Ed.* **2018**, *95*, 2273; D. C. Harris, "Nonlinear Least-Squares Curve Fitting with Microsoft Excel Solver," *J. Chem. Ed.* **1998**, *75*, 119 (with a correction for the standard error equation on page 972 of J. Tellinghuisen, *J. Chem. Ed.* **2018**, *95*, 970); C. Salter and R. de Levie, "Nonlinear Fits of Standard Curves: A Simple Route to Uncertainties in Unknowns," *J. Chem. Ed.* **2002**, *79*, 268; R. de Levie, "Estimating Parameter Precision in Nonlinear Least Squares with Excel's Solver," *J. Chem. Ed.* **1999**, *76*, 1594; S. E. Feller and C. F. Blaich, "Error Estimates for Fitted Parameters," *J. Chem. Ed.* **2001**, *78*, 409; P. J. Ogren and J. R. Norton, "Applying a Simple Linear Least-Squares Algorithm to Data with Uncertainties in Both Variables," *J. Chem. Ed.* **1992**, *69*, A130.

부록 D 산화수와 산화-환원식의 계수 맞추기

The *oxidation number*, or *oxidation state*, is a bookkeeping device used to keep track of the number of electrons formally associated with a particular element. The oxidation number is meant to tell how many electrons have been lost or gained by a neutral atom when it forms a compound. Because oxidation numbers have no real physical meaning, they are somewhat arbitrary, and not all chemists will assign the same oxidation number to a given element in an unusual compound. However, there are some ground rules that provide a useful start.

1. The oxidation number of an element by itself—e.g., Cu(*s*) or $Cl_2(g)$—is 0.
2. The oxidation number of H is almost always +1, except in metal hydrides—e.g., NaH—in which H is −1.
3. The oxidation number of oxygen is almost always −2. The only common exceptions are peroxides, in which two oxygen atoms are connected and each has an oxidation number of −1. Two examples are hydrogen peroxide (H—O—O—H) and its anion (H—O—O$^-$). The oxidation number of oxygen in gaseous O_2 is, of course, 0.
4. The alkali metals (Li, Na, K, Rb, Cs, Fr) almost always have an oxidation number of +1. The alkaline earth metals (Be, Mg, Ca, Sr, Ba, Ra) are almost always in the +2 oxidation state.
5. The halogens (F, Cl, Br, I) are usually in the −1 oxidation state. Exceptions occur when two different halogens are bound to each other or when a halogen is bound to more than one atom. When different halogens are bound to each other, we assign the oxidation number −1 to the more electronegative halogen.

The sum of the oxidation numbers of each atom in a molecule must equal the charge of the molecule. In H_2O, for example, we have

$$\begin{array}{lr} \text{2 hydrogen} = 2(+1) = & +2 \\ \text{oxygen} = & \underline{-2} \\ \text{net charge} & 0 \end{array}$$

In SO_4^{2-}, sulfur must have an oxidation number of +6 so that the sum of the oxidation numbers will be −2:

$$\begin{array}{lr} \text{oxygen} = 4(-2) = & -8 \\ \text{sulfur} = & \underline{+6} \\ \text{net charge} & -2 \end{array}$$

In benzene (C_6H_6), the oxidation number of each carbon must be −1 if hydrogen is assigned the number +1. In cyclohexane (C_6H_{12}), the oxidation number of each carbon must be −2, for the same reason. The carbons in benzene are in a higher oxidation state than those in cyclohexane.

The oxidation number of iodine in ICl_2^- is +1. This is unusual, because halogens are usually −1. However, because chlorine is more electronegative than iodine, we assign Cl as −1, thereby forcing I to be +1.

The oxidation number of As in As_2S_3 is +3, and the value for S is −2. This is arbitrary but reasonable. Because S is more electronegative than As, we make S negative and As positive; and, because S is in the same family as oxygen, which is usually −2, we assign S as −2, thus leaving As as +3.

The oxidation number of S in $S_4O_6^{2-}$ (tetrathionate) is +2.5. The *fractional oxidation state* comes about because six O atoms contribute −12. Because the charge is −2, the four S atoms must contribute +10. The average oxidation number of S must be $+\frac{10}{4} = 2.5$

The oxidation number of Fe in $K_3Fe(CN)_6$ is +3. To make this assignment, we first recognize cyanide (CN^-) as a common ion that carries a charge of −1. Six cyanide ions give −6, and three potassium ions (K^+) give +3. Therefore, Fe should have an oxidation number of +3 for the whole formula to be neutral. In this approach, it is not necessary to assign individual oxidation numbers to carbon and nitrogen, as long as we recognize that the charge of CN is −1.

Problems

Answers are given at the end of this appendix.

D-1. Write the oxidation state of the boldface atom in each of the following species.

(a) **Ag**Br
(b) $\mathbf{S}_2O_3^{2-}$
(c) **Se**F_6
(d) $H\mathbf{S}_2O_3^-$
(e) H$\mathbf{O}_2$
(f) **N**O
(g) $\mathbf{Cr}^{3+}$
(h) **Mn**O_2
(i) $\mathbf{Pb}(OH)_3^-$
(j) $\mathbf{Fe}(OH)_3$
(k) $\mathbf{Cl}O^-$
(l) $K_4\mathbf{Fe}(CN)_6$
(m) **Cl**O_2
(n) $\mathbf{Cl}O_2^-$
(o) $\mathbf{Mn}(CN)_6^{4-}$
(p) $\mathbf{N}_2$
(q) $\mathbf{N}H_4^+$
(r) $\mathbf{N}_2H_5^+$
(s) $H\mathbf{As}O_3^{2-}$
(t) $\mathbf{Co}_2(CO)_8$ (CO group is neutral)
(u) $(\mathbf{C}H_3)_4\mathbf{Li}_4$
(v) $\mathbf{P}_4O_{10}$
(w) $\mathbf{C}_2H_6O$ (ethanol, CH_3CH_2OH)
(x) **V**O(SO_4)
(y) $\mathbf{Fe}_3O_4$
(z) $\mathbf{C}_3H_3^+$

Structure: H—C⊕ (ring of three C atoms, each other C bearing an H)

D-2. Identify the oxidizing agent and the reducing agent on the left side of each of the following reactions.

(a) $Cr_2O_7^{2-} + 3Sn^{2+} + 14H^+ \rightarrow 2Cr^{3+} + 3Sn^{4+} + 7H_2O$
(b) $4I^- + O_2 + 4H^+ \rightarrow 2I_2 + 2H_2O$
(c) $5CH_3\overset{\overset{\displaystyle O}{\|}}{C}H + 2MnO_4^- + 6H^+ \rightarrow 5CH_3\overset{\overset{\displaystyle O}{\|}}{C}OH + 2Mn^{2+} + 3H_2O$
(d) $HOCH_2CHOHCH_2OH + 2IO_4^- \rightarrow 2H_2C{=}O + HCO_2H + 2IO_3^- + H_2O$
Glycerol → Formaldehyde, Formic acid
(e) $C_8H_8 + 2Na \rightarrow C_8H_8^{2-} + 2Na^+$
C_8H_8 is cyclooctatetraene with the structure
(f) $I_2 + OH^- \rightarrow HOI + I^-$
Hypoiodous acid

Balancing Redox Reactions

To balance a reaction involving oxidation and reduction, we must first identify which element is oxidized and which is reduced. We then break the net reaction into two imaginary *half-reactions*, one of which involves only oxidation and the other only reduction. Although free electrons never appear in a balanced net reaction, they do appear in balanced half-reactions. If we are dealing with aqueous solutions, we proceed to balance each half-reaction, using H_2O and either H^+ or OH^-, as necessary. *A reaction is balanced when the number of atoms of each element is the same on both sides and the net charge is the same on both sides.**

*A completely different method for balancing complex redox equations by inspection has been described by D. Kolb, *J. Chem. Ed.* **1981**, *58*, 642. For some challenging problems in balancing redox equations, see R. Stout, *J. Chem. Ed.* **1995**, *72*, 1125.

Acidic Solutions

Here are the steps we will follow:

1. Assign oxidation numbers to the elements that are oxidized or reduced.
2. Break the reaction into two half-reactions, one involving oxidation and the other reduction.
3. For each half-reaction, balance the number of atoms that are oxidized or reduced.
4. Balance the electrons to account for the change in oxidation number by adding electrons to one side of each half-reaction.
5. Balance oxygen atoms by adding H_2O to one side of each half-reaction.
6. Balance the H atoms by adding H^+ to one side of each half-reaction.
7. Multiply each half-reaction by the number of electrons in the other half-reaction so that the number of electrons on each side of the total reaction will cancel. Then add the two half-reactions and simplify to the smallest integral coefficients.

EXAMPLE Balancing a Redox Equation

Balance the following equation using H^+, but not OH^-:

$$\underset{+2}{Fe^{2+}} + \underset{\substack{+7\\ \text{Permanganate}}}{MnO_4^-} \rightleftharpoons \underset{+3}{Fe^{3+}} + \underset{+2}{Mn^{2+}}$$

Solution

1. *Assign oxidation numbers.* They are assigned for Fe and Mn in each species in the above reaction.
2. *Break the reaction into two half-reactions.*

   Oxidation half-reaction: $\underset{+2}{Fe^{2+}} \rightleftharpoons \underset{+3}{Fe^{3+}}$

   Reduction half-reaction: $\underset{+7}{MnO_4^-} \rightleftharpoons \underset{+2}{Mn^{2+}}$
3. *Balance the atoms that are oxidized or reduced.* Because there is only one Fe or Mn in each species on each side of the equation, the atoms of Fe and Mn are already balanced.
4. *Balance electrons.* Electrons are added to account for the change in each oxidation state.

$$Fe^{2+} \rightleftharpoons Fe^{3+} + e^-$$
$$MnO_4^- + 5e^- \rightleftharpoons Mn^{2+}$$

   In the second case, we need $5e^-$ on the left side to take Mn from +7 to +2.
5. *Balance oxygen atoms.* There are no oxygen atoms in the Fe half-reaction. There are four oxygen atoms on the left side of the Mn reaction, so we add four molecules of H_2O to the right side:

$$MnO_4^- + 5e^- \rightleftharpoons Mn^{2+} + 4H_2O$$
6. *Balance hydrogen atoms.* The Fe equation is already balanced. The Mn equation needs $8H^+$ on the left.

$$MnO_4^- + 5e^- + 8H^+ \rightleftharpoons Mn^{2+} + 4H_2O$$

   At this point, each half-reaction must be completely balanced (the same number of atoms and charge on each side) *or you have made a mistake.*
7. *Multiply and add the reactions.* We multiply the Fe equation by 5 and the Mn equation by 1 and add:

$$5Fe^{2+} \rightleftharpoons 5Fe^{3+} + \cancel{5e^-}$$
$$MnO_4^- + \cancel{5e^-} + 8H^+ \rightleftharpoons Mn^{2+} + 4H_2O$$
$$\overline{5Fe^{2+} + MnO_4^- + 8H^+ \rightleftharpoons 5Fe^{3+} + Mn^{2+} + 4H_2O}$$

The total charge on each side is +17, and we find the same number of atoms of each element on each side. The equation is balanced.

EXAMPLE A Reverse Disproportionation

Now try the next reaction, which represents the reverse of a *disproportionation.* (In a disproportionation, an element in one oxidation state reacts to give the same element in higher and lower oxidation states.)

$$\underset{\substack{0\\ \text{Iodine}}}{I_2} + \underset{\substack{+5\\ \text{Iodate}}}{IO_3^-} + \underset{-1}{Cl^-} \rightleftharpoons \underset{+1\,-1}{ICl_2^-}$$

Solution

1. The oxidation numbers are assigned above. Note that chlorine has an oxidation number of −1 on both sides of the equation. Only iodine is involved in electron transfer.
2. Oxidation half-reaction: $\underset{0}{I_2} \rightleftharpoons \underset{+1}{ICl_2^-}$

   Reduction half-reaction: $\underset{+5}{IO_3^-} \rightleftharpoons \underset{+1}{ICl_2^-}$
3. We need to balance I atoms in the first reaction and add Cl^- to each reaction to balance Cl.

$$I_2 + 4Cl^- \rightleftharpoons 2ICl_2^-$$
$$IO_3^- + 2Cl^- \rightleftharpoons ICl_2^-$$
4. Now add electrons to each.

$$I_2 + 4Cl^- \rightleftharpoons 2ICl_2^- + 2e^-$$
$$IO_3^- + 2Cl^- + 4e^- \rightleftharpoons ICl_2^-$$

   The first reaction needs $2e^-$ because there are two I atoms, each of which changes from 0 to +1.
5. The second reaction needs $3H_2O$ on the right side to balance oxygen atoms.

$$IO_3^- + 2Cl^- + 4e^- \rightleftharpoons ICl_2^- + 3H_2O$$
6. The first reaction is balanced, but the second needs $6H^+$ on the left.

$$IO_3^- + 2Cl^- + 4e^- + 6H^+ \rightleftharpoons ICl_2^- + 3H_2O$$

   As a check, the charge on each side of this half-reaction is −1, and all atoms are balanced.
7. Multiply and add.

$$2(I_2 + 4Cl^- \rightleftharpoons 2ICl_2^- + \cancel{2e^-})$$
$$IO_3^- + 2Cl^- + \cancel{4e^-} + 6H^+ \rightleftharpoons ICl_2^- + 3H_2O$$
$$\overline{2I_2 + IO_3^- + 10Cl^- + 6H^+ \rightleftharpoons 5ICl_2^- + 3H_2O} \qquad \textbf{(D-1)}$$

We multiplied the first reaction by 2 so that there would be the same number of electrons in each half-reaction. You could have multiplied the first reaction by 4 and the second by 2, but then all coefficients would simply be doubled. We customarily write the smallest coefficients.

Basic Solutions

The method many people prefer for basic solutions is to balance the equation first with H^+. The answer can then be converted into one in which OH^- is used instead. This is done by adding to each side of the equation a number of hydroxide ions equal to the number of H^+ ions appearing in the equation. For example, to balance Equation D-1 with OH^- instead of H^+, proceed as follows:

$$2I_2 + IO_3^- + 10Cl^- + 6H^+ \rightleftharpoons 5ICl_2 + 3H_2O$$
$$+\,6OH^- \qquad\qquad +\,6OH^-$$
$$\overline{2I_2 + IO_3^- + 10Cl^- + \underbrace{6H^+ + 6OH^-}_{\substack{\cancel{6}H_2O\\ \Downarrow\\ 3H_2O}} \rightleftharpoons 5ICl_2 + \cancel{3H_2O} + 6OH^-}$$

Realizing that $6H^+ + 6OH^- = 6H_2O$, and canceling $3H_2O$ on each side, gives the final result:

$$2I_2 + IO_3^- + 10Cl^- + 3H_2O \rightleftharpoons 5ICl_2 + 6OH^-$$

Problems

D-3. Balance the following reactions by using H^+ but not OH^-.

(a) $Fe^{3+} + Hg_2^{2+} \rightleftharpoons Fe^{2+} + Hg^{2+}$
(b) $Ag + NO_3^- \rightleftharpoons Ag^+ + NO$
(c) $VO^{2+} + Sn^{2+} \rightleftharpoons V^{3+} + Sn^{4+}$
(d) $SeO_4^{2-} + Hg + Cl^- \rightleftharpoons SeO_3^{2-} + Hg_2Cl_2$
(e) $CuS + NO_3^- \rightleftharpoons Cu^{2+} + SO_4^{2-} + NO$
(f) $S_2O_3^{2-} + I_2 \rightleftharpoons I^- + S_4O_6^{2-}$
(g) $ClO_3^- + As_2S_3 \rightleftharpoons Cl^- + H_2AsO_4^- + SO_4^{2-}$
(h) $Cr_2O_7^{2-} + CH_3\overset{O}{\overset{\|}{C}}H \rightleftharpoons CH_3\overset{O}{\overset{\|}{C}}OH + Cr^{3+}$
(i) $MnO_4^{2-} \rightleftharpoons MnO_2 + MnO_4^-$
(j) $Hg_2SO_4 + Ca^{2+} + S_8 \rightleftharpoons Hg_2^{2+} + CaS_2O_3$
(k) $ClO_3^- \rightleftharpoons Cl_2 + O_2$

D-4. Balance the following equations by using OH^- but not H^+.

(a) $PbO_2 + Cl^- \rightleftharpoons ClO^- + Pb(OH)_3^-$
(b) $HNO_2 + SbO^+ \rightleftharpoons NO + Sb_2O_5$
(c) $Ag_2S + CN^- + O_2 \rightleftharpoons S + Ag(CN)_2^- + OH^-$
(d) $HO_2^- + Cr(OH)_3^- \rightleftharpoons CrO_4^{2-} + OH^-$
(e) $ClO_2 + OH^- \rightleftharpoons ClO_2^- + ClO_3^-$
(f) $WO_3^- + O_2 \rightleftharpoons HW_6O_{21}^{5-} + OH^-$
(g) $Mn_2O_3 + CN^- \rightleftharpoons Mn(CN)_6^{4-} + (CN)_2$
(h) $Cu^{2+} + H_2 \rightleftharpoons Cu + H_2O$
(i) $BH_4^- + H_2O \rightleftharpoons H_3BO_3 + H_2$
(j) $Mn_2O_3 + Hg + CN^- \rightleftharpoons Mn(CN)_6^{4-} + Hg(CN)_2$
(k) $MnO_4^- + H\overset{O}{\overset{\|}{C}}CH_2CH_2OH \rightleftharpoons CH_2(CO_2^-)_2 + MnO_2$
(l) $K_3V_5O_{14} + HOCH_2CHOHCH_2OH \rightleftharpoons VO(OH)_2 + HCO_3^- + K^+$

Answers

D-1. (a) +1	(j) +3	(s) +3
(b) +2	(k) +1	(t) 0
(c) +6	(l) +2	(u) −4
(d) +2	(m) +4	(v) +5
(e) $-\frac{1}{2}$	(n) +3	(w) −2
(f) +2	(o) +2	(x) +4
(g) +3	(p) 0	(y) +8/3
(h) +4	(q) −3	(z) −2/3
(i) +2	(r) −2	

D-2.

	Oxidizing agent	Reducing agent
(a)	$Cr_2O_7^{2-}$	Sn^{2+}
(b)	O_2	I^-
(c)	MnO_4^-	CH_3CHO
(d)	IO_4^-	Glycerol
(e)	C_8H_8	Na
(f)	I_2	I_2

Reaction (**f**) is called a *disproportionation* because an element in one oxidation state is transformed into two different oxidation states—one higher and one lower than the original oxidation state.

D-3. (a) $2Fe^{3+} + Hg_2^{2+} \rightleftharpoons 2Fe^{2+} + 2Hg^{2+}$
(b) $3Ag + NO_3^- + 4H^+ \rightleftharpoons 3Ag^+ + NO + 2H_2O$
(c) $4H^+ + 2VO^{2+} + Sn^{2+} \rightleftharpoons 2V^{3+} + Sn^{4+} + 2H_2O$
(d) $2Hg + 2Cl^- + SeO_4^{2-} + 2H^+ \rightleftharpoons Hg_2Cl_2 + SeO_3^{2-} + H_2O$
(e) $3CuS + 8NO_3^- + 8H^+ \rightleftharpoons 3Cu^{2+} + 3SO_4^{2-} + 8NO + 4H_2O$
(f) $2S_2O_3^{2-} + I_2 \rightleftharpoons S_4O_6^{2-} + 2I^-$
(g) $14ClO_3^- + 3As_2S_3 + 18H_2O \rightleftharpoons 14Cl^- + 6H_2AsO_4^- + 9SO_4^{2-} + 24H^+$
(h) $Cr_2O_7^{2-} + 3CH_3CHO + 8H^+ \rightleftharpoons 2Cr^{3+} + 3CH_3CO_2H + 4H_2O$
(i) $4H^+ + 3MnO_4^{2-} \rightleftharpoons MnO_2 + 2MnO_4^- + 2H_2O$
(j) $2Hg_2SO_4 + 3Ca^{2+} + \frac{1}{2}S_8 + H_2O \rightleftharpoons 2Hg_2^{2+} + 3CaS_2O_3 + 2H^+$
(k) $2H^+ + 2ClO_3^- \rightleftharpoons Cl_2 + \frac{5}{2}O_2 + H_2O$

The balanced half-reaction for As_2S_3 in (**g**) is

$$\underset{+3\ -2}{As_2S_3} + 20H_2O \rightleftharpoons 2H_2\underset{+5}{As}O_4^- + 3\underset{+6}{S}O_4^{2-} + 28e^- + 36H^+$$

Because As_2S_3 is a single compound, we must consider the $As_2S_3 \rightarrow H_2AsO_4^-$ and $As_2S_3 \rightarrow SO_4^{2-}$ reactions together. The net change in oxidation number for the *two* As atoms is $2(5-3) = +4$. The net change in oxidation number for the *three* S atoms is $3[6-(-2)] = +24$. Therefore, $24 + 4 = 28e^-$ are involved in the half-reaction.

D-4. (a) $H_2O + OH^- + PbO_2 + Cl^- \rightleftharpoons Pb(OH)_3^- + ClO^-$
(b) $4HNO_2 + 2SbO^+ + 2OH^- \rightleftharpoons 4NO + Sb_2O_5 + 3H_2O$
(c) $Ag_2S + 4CN^- + \frac{1}{2}O_2 + H_2O \rightleftharpoons S + 2Ag(CN)_2^- + 2OH^-$
(d) $2HO_2^- + Cr(OH)_3^- \rightleftharpoons CrO_4^{2-} + OH^- + 2H_2O$
(e) $2ClO_2 + 2OH^- \rightleftharpoons ClO_2^- + ClO_3^- + H_2O$
(f) $12WO_3^- + 3O_2 + 2H_2O \rightleftharpoons 2HW_6O_{21}^{5-} + 2OH^-$
(g) $Mn_2O_3 + 14CN^- + 3H_2O \rightleftharpoons 2Mn(CN)_6^{4-} + (CN)_2 + 6OH^-$
(h) $Cu^{2+} + H_2 + 2OH^- \rightleftharpoons Cu + 2H_2O$
(i) $BH_4^- + 4H_2O \rightleftharpoons H_3BO_3 + 4H_2 + OH^-$
(j) $3H_2O + Mn_2O_3 + Hg + 14CN^- \rightleftharpoons 2Mn(CN)_6^{4-} + Hg(CN)_2 + 6OH^-$
(k) $2MnO_4^- + H\overset{O}{\overset{\|}{C}}CH_2CH_2OH \rightleftharpoons 2MnO_2 + 2H_2O + CH_2(CO_2^-)_2$

For (**k**), the organic half-reaction is $8OH^- + C_3H_6O_2 \rightleftharpoons C_3H_2O_4^{2-} + 6e^- + 6H_2O$

(l) $32H_2O + 8K_3V_5O_{14} + 5HOCH_2CHOHCH_2OH \rightleftharpoons 40VO(OH)_2 + 15HCO_3^- + 9OH^- + 24K^+$

For (**l**), the two half-reactions are $K_3V_5O_{14} + 9H_2O + 5e^- \rightleftharpoons 5VO(OH)_2 + 8OH^- + 3K^+$ and $C_3H_8O_3 + 11OH^- \rightleftharpoons 3HCO_3^- + 8e^- + 8H_2O$.

부록 E 노말 농도

The *normality*, N, of a redox reagent is *n* times the molarity, where *n* is the number of electrons donated or accepted by that species in a chemical reaction.

$$N = nM \qquad \text{(E-1)}$$

For example, in the half-reaction

$$MnO_4^- + 8H^+ + 5e^- \rightleftharpoons Mn^{2+} + 4H_2O \qquad \text{(E-2)}$$

the normality of permanganate ion is five times its molarity, because each MnO_4^- accepts $5e^-$. If the molarity of permanganate is 0.1 M, the normality for the reaction

$$MnO_4^- + 5Fe^{2+} + 8H^+ \rightleftharpoons Mn^{2+} + 5Fe^{3+} + 4H_2O \qquad \text{(E-3)}$$

is $5 \times 0.1 = 0.5$ N (read "0.5 normal"). In this reaction, each Fe^{2+} ion donates one electron. The normality of ferrous ion *equals* the molarity of ferrous ion, even though it takes five ferrous ions to balance the reaction.

In the half-reaction

$$MnO_4^- + 4H^+ + 3e^- \rightleftharpoons MnO_2 + 2H_2O \qquad \text{(E-4)}$$

each MnO_4^- ion accepts only *three* electrons. The normality of permanganate for this reaction is equal to three times the molarity of permanganate. A 0.06 N permanganate solution for this reaction contains 0.02 MnO_4^-.

The normality of a solution is a statement of the moles of "reacting units" per liter. One mole of reacting units is called one *equivalent.* Therefore, the units of normality are equivalents per liter (equiv/L). For redox reagents, *one equivalent is the amount of substance that can donate or accept one mole of electrons.* It is possible to speak of equivalents only with respect to a particular half-reaction. For example, in Reaction E-2, there are five equivalents per mole of MnO_4^-; but, in Reaction E-4, there are only three equivalents per mole of MnO_4^-. The mass of substance containing one equivalent is called the *equivalent mass.* The formula mass of $KMnO_4$ is 158.032. The equivalent mass of $KMnO_4$ for Reaction E-2 is (158.032)/5 = 31.606 4 g/equiv. The equivalent mass of $KMnO_4$ for Reaction E-4 is (158.032)/3 = 52.677 3 g/equiv.

EXAMPLE **Finding Normality**

Find the normality of a solution containing 6.34 g of ascorbic acid in 250.0 mL if the relevant half-reaction is

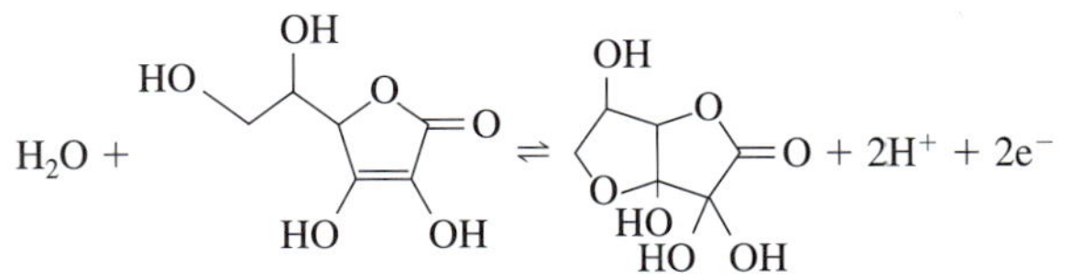

H_2O + [Ascorbic acid] ⇌ [Dehydroascorbic acid] + $2H^+ + 2e^-$

Ascorbic acid (vitamin C) Dehydroascorbic acid

Solution The formula mass of ascorbic acid ($C_6H_8O_6$) is 176.124. In 6.34 g, there are (6.34 g)/(176.124 g/mol) = 3.60×10^{-2} mol. Because each mole contains 2 equivalents in this example, 6.34 g = (2 equiv/mol)(3.60×10^{-2} mol) = 7.20×10^{-2} equivalent. The normality is (7.20×10^{-2} equiv)/(0.250 0 L) = 0.288 N.

EXAMPLE **Using Normality**

How many grams of potassium oxalate should be dissolved in 500.0 mL to make a 0.100 N solution for titration of MnO_4^-?

$$5H_2C_2O_4 + 2MnO_4^- + 6H^+ \rightleftharpoons 2Mn^{2+} + 10CO_2 + 8H_2O \qquad \text{(E-5)}$$

Solution It is first necessary to write the oxalic acid half-reaction:

$$H_2C_2O_4 \rightleftharpoons 2CO_2 + 2H^+ + 2e^-$$

It is apparent that there are two equivalents per mole of oxalic acid. Hence, a 0.100 N solution will be 0.0500 M:

$$\frac{0.100 \text{ equiv/L}}{2 \text{ equiv/mol}} = 0.050\,0 \text{ mol/L} = 0.050\,0 \text{ M}$$

Therefore, we must dissolve (0.050 0 mol/L)(0.500 0 L) = 0.0250 mo in 500.0 mL. Because the formula mass of $K_2C_2O_4$ is 166.215, we should use (0.025 0 mol) × (166.215 g/mol) = 4.16 g of potassium oxalate.

The utility of normality in volumetric analysis lies in the equation

$$N_1V_1 = N_2V_2 \qquad \text{(E-6)}$$

where N_1 is the normality of reagent 1, V_1 is the volume of reagent 1, N_2 is the normality of reagent 2, and V_2 is the volume of reagent 2. V_1 and V_2 may be expressed in any units, as long as the same units are used for both.

EXAMPLE **Finding Normality**

A solution containing 25.0 mL of oxalic acid required 13.78 mL of 0.04162 N $KMnO_4$ for titration, according to Reaction E-5. Find the normality and molarity of the oxalic acid.

Solution Setting up Equation E-6, we write

$$\underset{H_2C_2O_4}{N_1(25.0 \text{ mL})} = \underset{KMnO_4}{(0.04162 \text{ N})(13.78 \text{ mL})}$$

$$N_1 = 0.022\,94 \text{ equiv/L}$$

Because there are two equivalents per mole of oxalic acid in Reaction E-5,

$$M = \frac{N}{n} = \frac{0.022\,94}{2} = 0.01147 \text{ M}$$

Normality is sometimes used in acid-base or ion-exchange chemistry. With respect to acids and bases, the equivalent mass of a reagent is the amount that can donate or accept one mole of H^+. With respect to ion exchange, the equivalent mass is the mass of reagent containing one mole of charge.

부록 F 용해도곱*

Formula	pK_{sp}	K_{sp}
Azides: $L = N_3^-$		
CuL	8.31	4.9×10^{-9}
AgL	8.56	2.8×10^{-9}
Hg_2L_2	9.15	7.1×10^{-10}
TlL	3.66	2.2×10^{-4}
$PdL_2(\alpha)$	8.57	2.7×10^{-9}
Bromates: $L = BrO_3^-$		
$BaL \cdot H_2O$ (f)	5.11	7.8×10^{-6}
AgL	4.26	5.5×10^{-5}
TlL	3.78	1.7×10^{-4}
PbL_2	5.10	7.9×10^{-6}
Bromides: $L = Br^-$		
CuL	8.3	5×10^{-9}
AgL	12.30	5.0×10^{-13}
Hg_2L_2	22.25	5.6×10^{-23}
TlL	5.44	3.6×10^{-6}
HgL_2 (f)	18.9	1.3×10^{-19}
PbL_2	5.68	2.1×10^{-6}
Carbonates: $L = CO_3^{2-}$		
MgL	7.46	3.5×10^{-8}
CaL (calcite)	8.35	4.5×10^{-9}
CaL (aragonite)	8.22	6.0×10^{-9}
SrL	9.03	9.3×10^{-10}
BaL	8.30	5.0×10^{-9}
Y_2L_3	30.6	2.5×10^{-31}
La_2L_3	33.4	4.0×10^{-34}
MnL	9.30	5.0×10^{-10}
FeL	10.68	2.1×10^{-11}
CoL	9.98	1.0×10^{-10}
NiL	6.87	1.3×10^{-7}
CuL	9.63	2.3×10^{-10}
Ag_2L	11.09	8.1×10^{-12}
Hg_2L	16.05	8.9×10^{-17}
ZnL	10.00	1.0×10^{-10}
CdL	13.74	1.8×10^{-14}
PbL	13.13	7.4×10^{-14}
Chlorides: $L = Cl^-$		
CuL	6.73	1.9×10^{-7}
AgL	9.74	1.8×10^{-10}
Hg_2L_2	17.91	1.2×10^{-18}
TlL	3.74	1.8×10^{-4}
PbL_2	4.78	1.7×10^{-5}

Formula	pK_{sp}	K_{sp}
Chromates: $L = CrO_4^{2-}$		
BaL	9.67	2.1×10^{-10}
CuL	5.44	3.6×10^{-6}
Ag_2L	11.92	1.2×10^{-12}
Hg_2L	8.70	2.0×10^{-9}
Tl_2L	12.01	9.8×10^{-13}
Cobalticyanides: $L = Co(CN)_6^{3-}$		
Ag_3L	25.41	3.9×10^{-26}
$(Hg_2)_3L_2$	36.72	1.9×10^{-37}
Cyanides: $L = CN^-$		
AgL	15.66	2.2×10^{-16}
Hg_2L_2	39.3	5×10^{-40}
ZnL_2 (h)	15.5	3×10^{-16}
Ferrocyanides: $L = Fe(CN)_6^{4-}$		
Ag_4L	44.07	8.5×10^{-45}
Zn_2L	15.68	2.1×10^{-16}
Cd_2L	17.38	4.2×10^{-18}
Pb_2L	18.02	9.5×10^{-19}
Fluorides: $L = F^-$		
LiL	2.77	1.7×10^{-3}
MgL_2	8.13	7.4×10^{-9}
CaL_2	10.50	3.2×10^{-11}
SrL_2	8.58	2.6×10^{-9}
BaL_2	5.82	1.5×10^{-6}
LaL_3	18.7	2×10^{-19}
ThL_4	28.3	5×10^{-29}
PbL_2	7.44	3.6×10^{-8}
Hydroxides: $L = OH^-$		
MgL_2 (amorphous)	9.2	6×10^{-10}
MgL_2 (brucite crystal)	11.15	7.1×10^{-12}
CaL_2	5.19	6.5×10^{-6}
$BaL_2 \cdot 8H_2O$	3.6	3×10^{-4}
YL_3	23.2	6×10^{-24}
LaL_3	20.7	2×10^{-21}
CeL_3	21.2	6×10^{-22}
UO_2 ($\rightleftharpoons U^4 + 4OH^-$)	56.2	6×10^{-57}
UO_2L_2 ($\rightleftharpoons UO_2^{2+} + 2OH^-$)	22.4	4×10^{-23}
MnL_2	12.8	1.6×10^{-13}
FeL_2	15.1	7.9×10^{-16}
CoL_2	14.9	1.3×10^{-15}
NiL_2	15.2	6×10^{-16}

The designations α, β, or γ after some formulas refer to particular crystalline forms (which are customarily identified by Greek letters). Data for salts except oxalates are taken mainly from A. E. Martell and R. M. Smith,* Critical Stability Constants, *Vol. 4 (New York: Plenum Press, 1976). Data for oxalates are from L. G. Sillén and A. E. Martell,* Stability Constants of Metal-Ion Complexes, Supplement No. 1 *(London: The Chemical Society, Special Publication No. 25, 1971). Another data source: R. M. H. Verbeeck et al.,* Inorg. Chem. ***1984**, 23, 1922.*

Conditions are 25°C and zero ionic strength unless otherwise indicated: (a) 19°C; (b) 20°C; (c) 38°C; (d) 0.1 M; (e) 0.2 M; (f) 0.5 M; (g) 1 M; (h) 3 M; (i) 4 M; (j) 5 M.

(Continued)

Formula	pK_{sp}	K_{sp}
Hydroxides: L = OH^-—*(continued)*		
CuL_2	19.32	4.8×10^{-20}
VL_3	34.4	4.0×10^{-35}
CrL_3 (d)	29.8	1.6×10^{-30}
FeL_3	38.8	1.6×10^{-39}
CoL_3 (a)	44.5	3×10^{-45}
VOL_2 ($\rightleftharpoons VO^{2+} + 2OH^-$)	23.5	3×10^{-24}
PdL_2	28.5	3×10^{-29}
ZnL_2 (amorphous)	15.52	3.0×10^{-16}
CdL_2 (β)	14.35	4.5×10^{-15}
HgO (red) ($\rightleftharpoons Hg^{2+} + 2OH^-$)	25.44	3.6×10^{-26}
Cu_2O ($\rightleftharpoons 2Cu^+ + 2OH^-$)	29.4	4×10^{-30}
Ag_2O ($\rightleftharpoons 2Ag^+ + 2OH^-$)	15.42	3.8×10^{-16}
AuL_3	5.5	3×10^{-6}
AlL_3 (α)	33.5	3×10^{-34}
GaL_3 (amorphous)	37	10^{-37}
InL_3	36.9	1.3×10^{-37}
SnO ($\rightleftharpoons Sn^{2+} + 2OH^-$)	26.2	6×10^{-27}
PbO (yellow) ($\rightleftharpoons Pb^{2+} + 2OH^-$)	15.1	8×10^{-16}
PbO (red) ($\rightleftharpoons Pb^{2+} + 2OH^-$)	15.3	5×10^{-16}
Iodates: L = IO_3^-		
CaL_2	6.15	7.1×10^{-7}
SrL_2	6.48	3.3×10^{-7}
BaL_2	8.81	1.5×10^{-9}
YL_3	10.15	7.1×10^{-11}
LaL_3	10.99	1.0×10^{-11}
CeL_3	10.86	1.4×10^{-11}
ThL_4 (f)	14.62	2.4×10^{-15}
UO_2L_2 ($\rightleftharpoons UO_2^{2+} + 2IO_3^-$) (e)	7.01	9.8×10^{-8}
CrL_3 (f)	5.3	5×10^{-6}
AgL	7.51	3.1×10^{-8}
Hg_2L_2	17.89	1.3×10^{-18}
TlL	5.51	3.1×10^{-6}
ZnL_2	5.41	3.9×10^{-6}
CdL_2	7.64	2.3×10^{-8}
PbL_2	12.61	2.5×10^{-13}
Iodides: L = I^-		
CuL	12.0	1×10^{-12}
AgL	16.08	8.3×10^{-17}
CH_3HgL ($\rightleftharpoons CH_3Hg^+ + I^-$) (b, g)	11.46	3.5×10^{-12}
CH_3CH_2HgL ($\rightleftharpoons CH_3CH_2Hg^+ + I^-$)	4.11	7.8×10^{-5}
TlL	7.23	5.9×10^{-8}
Hg_2L_2	28.34	4.6×10^{-29}
SnL_2 (i)	5.08	8.3×10^{-6}
PbL_2	8.10	7.9×10^{-9}
Oxalates: L = $C_2O_4^{2-}$		
CaL (b, d)	7.9	1.3×10^{-8}
SrL (b, d)	6.4	4×10^{-7}
BaL (b, d)	6.0	1×10^{-6}
La_2L_3 (b, d)	25.0	1×10^{-25}
ThL_2 (g)	21.38	4.2×10^{-22}
UO_2L ($\rightleftharpoons UO_2^{2+} + C_2O_4^{2-}$) (b, d)	8.66	2.2×10^{-9}

Formula	pK_{sp}	K_{sp}
Phosphates: L = PO_4^{3-}		
$MgHL \cdot 3H_2O$ ($\rightleftharpoons Mg^{2+} + HL^{2-}$)	5.78	1.7×10^{-6}
$CaHL \cdot 2H_2O$ ($\rightleftharpoons Ca^{2+} + HL^{2-}$)	6.58	2.6×10^{-7}
SrHL ($\rightleftharpoons Sr^{2+} + HL^{2-}$) (b)	6.92	1.2×10^{-7}
BaHL ($\rightleftharpoons Ba^{2+} + HL^{2-}$) (b)	7.40	4.0×10^{-8}
LaL (f)	22.43	3.7×10^{-23}
$Fe_3L_2 \cdot 8H_2O$	36.0	1×10^{-36}
$FeL \cdot 2H_2O$	26.4	4×10^{-27}
$(VO)_3L_2$ ($\rightleftharpoons 3VO^{2+} + 2L^{3-}$)	25.1	8×10^{-26}
Ag_3L	17.55	2.8×10^{-18}
Hg_2HL ($\rightleftharpoons Hg_2^{2+} + HL^{2-}$)	12.40	4.0×10^{-13}
$Zn_3L_2 \cdot 4H_2O$	35.3	5×10^{-36}
Pb_3L_2 (c)	43.53	3.0×10^{-44}
GaL (g)	21.0	1×10^{-21}
InL (g)	21.63	2.3×10^{-22}
Sulfates: L = SO_4^{2-}		
CaL	4.62	2.4×10^{-5}
SrL	6.50	3.2×10^{-7}
BaL	9.96	1.1×10^{-10}
RaL (b)	10.37	4.3×10^{-11}
Ag_2L	4.83	1.5×10^{-5}
Hg_2L	6.13	7.4×10^{-7}
PbL	6.20	6.3×10^{-7}
Sulfides: L = S^{2-}		
MnL (pink)	10.5	3×10^{-11}
MnL (green)	13.5	3×10^{-14}
FeL	18.1	8×10^{-19}
CoL (α)	21.3	5×10^{-22}
CoL (β)	25.6	3×10^{-26}
NiL (α)	19.4	4×10^{-20}
NiL (β)	24.9	1.3×10^{-25}
NiL (γ)	26.6	3×10^{-27}
CuL	36.1	8×10^{-37}
Cu_2L	48.5	3×10^{-49}
Ag_2L	50.1	8×10^{-51}
Tl_2L	21.2	6×10^{-22}
ZnL (α)	24.7	2×10^{-25}
ZnL (β)	22.5	3×10^{-23}
CdL	27.0	1×10^{-27}
HgL (black)	52.7	2×10^{-53}
HgL (red)	53.3	5×10^{-54}
SnL	25.9	1.3×10^{-26}
PbL	27.5	3×10^{-28}
In_2L_3	69.4	4×10^{-70}
Thiocyanates: L = SCN^-		
CuL (j)	13.40	4.0×10^{-14}
AgL	11.97	1.1×10^{-12}
Hg_2L_2	19.52	3.0×10^{-20}
TlL	3.79	1.6×10^{-4}
HgL_2	19.56	2.8×10^{-20}

부록 G 산 해리 상수

Name of molecule with zero charge	Structure of protonated molecule*	Ionic strength (μ) = 0		μ = 0.1 M[§]
		$pK_a^\dagger$	$K_a^\ddagger$	$pK_a^\dagger$
Acetic acid (ethanoic acid)	$CH_3CO_2\mathbf{H}$	4.756	1.75×10^{-5}	4.56
Alanine	NH_3^+–$CHCH_3$–$CO_2\mathbf{H}$	2.344 (CO_2H) 9.868 (NH_3)	4.53×10^{-3} 1.36×10^{-10}	2.33 9.71
Aminobenzene (aniline)	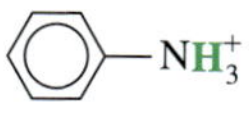 C_6H_5–NH_3^+	4.601	2.51×10^{-5}	4.64
4-Aminobenzenesulfonic acid (sulfanilic acid)	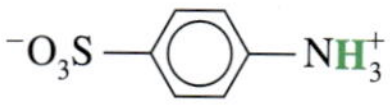 ^-O_3S–C_6H_4–NH_3^+	3.232	5.86×10^{-4}	3.01
2-Aminobenzoic acid (anthranilic acid)	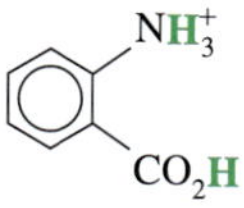 $C_6H_4(NH_3^+)(CO_2\mathbf{H})$	2.08 (CO_2H) 4.96 (NH_3)	8.3×10^{-3} 1.10×10^{-5}	2.01 4.78
2-Aminoethanethiol (2-mercaptoethylamine)	$\mathbf{H}SCH_2CH_2N\mathbf{H}_3^+$	— —		8.21 (SH) 10.73 (NH_3)
2-Aminoethanol (ethanolamine)	$HOCH_2CH_2N\mathbf{H}_3^+$	9.498	3.18×10^{-10}	9.52
2-Aminophenol	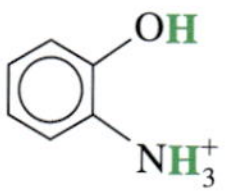 $C_6H_4(O\mathbf{H})(N\mathbf{H}_3^+)$	4.70 (NH_3) (20°) 9.97 (OH) (20°)	2.0×10^{-5} 1.05×10^{-10}	4.74 9.87
Ammonia	$N\mathbf{H}_4^+$	9.245	5.69×10^{-10}	9.26
Arginine μ = 0.1 M	$N\mathbf{H}_3^+$–$CHCH_2CH_2CH_2NHC(=N\mathbf{H}_2^+)NH_2$–$CO_2\mathbf{H}$	1.823 (CO_2H) 8.991 (NH_3) — (NH_2)	1.50×10^{-2} 1.02×10^{-9} —	2.03 9.00 (12.1)
Arsenic acid (hydrogen arsenate)	$\mathbf{H}O$–$As(=O)(O\mathbf{H})$–$O\mathbf{H}$	2.24 6.96 (11.50)	5.8×10^{-3} 1.10×10^{-7} 3.2×10^{-12}	2.15 6.65 (11.18)
Arsenious acid (hydrogen arsenite)	$As(O\mathbf{H})_3$	9.29	5.1×10^{-10}	9.14
Asparagine	$N\mathbf{H}_3^+$–$CHCH_2C(=O)NH_2$–$CO_2\mathbf{H}$	— —	— —	2.16 (CO_2H) 8.73 (NH_3)

*Acidic protons are indicated in **bold** type. Name refers to neutral species. For example, ammonia is NH_3, not NH_4^+.

† pK_a values refer to 25°C unless otherwise indicated. Values in parentheses are considered to be less reliable. Data are from A. E. Martell, R. M. Smith, and R. J. Motekaitis, NIST Database 46 (Gaithersburg, MD: National Institute of Standards and Technology, 2001).

‡ The accurate way to calculate K_b for the conjugate base is $pK_b = 13.995 - pK_a$ and $K_b = 10^{-pK_b}$.

§ See marginal note on page 197 for distinction between pK_a at $\mu = 0$ and at $\mu = 0.1$ M.

(Continued)

Name of molecule with zero charge	Structure of protonated molecule	Ionic strength (μ) = 0		μ = 0.1 M
		pK_a	K_a	pK_a
Aspartic acid	NH_3^+–CH(α CO_2H)CH_2(β)CO_2H	1.990 (α-CO_2H) 3.900 (β-CO_2H) 10.002 (NH_3)	1.02×10^{-2} 1.26×10^{-4} 9.95×10^{-11}	1.95 3.71 9.96
Aziridine (dimethyleneimine)	(cyclic) NH_2^+	8.04	9.1×10^{-9}	—
Benzene-1,2,3-tricarboxylic acid (hemimellitic acid)	$C_6H_3(CO_2H)_3$	2.86 4.30 6.28	1.38×10^{-3} 5.0×10^{-5} 5.2×10^{-7}	2.67 3.91 5.50
Benzoic acid	C_6H_5–CO_2H	4.202	6.28×10^{-5}	4.01
Benzylamine	C_6H_5–$CH_2NH_3^+$	9.35	4.5×10^{-10}	9.40
2,2'-Bipyridine	(bipyridine, NH^+ $^+$HN)	— 4.34	— 4.6×10^{-5}	(1.3) 4.41
Boric acid (hydrogen borate)	$B(OH)_3$	9.237 (12.74) (20°) (13.80) (20°)	5.79×10^{-10} 1.82×10^{-13} 1.58×10^{-14}	8.98 — —
Bromoacetic acid	$BrCH_2CO_2H$	2.902	1.25×10^{-3}	2.71
Butane-2,3-dione dioxime (dimethylglyoxime)	HON=C(CH_3)–C(CH_3)=NOH	10.66 (12.0)	2.2×10^{-11} 1×10^{-12}	10.45 (11.9)
Butanoic acid	$CH_3CH_2CH_2CO_2H$	4.818	1.52×10^{-5}	4.62
cis-Butenedioic acid (maleic acid)	cis-HO_2C–CH=CH–CO_2H	1.92 6.27	1.20×10^{-2} 5.37×10^{-7}	1.75 5.84
trans-Butenedioic acid (fumaric acid)	trans-HO_2C–CH=CH–CO_2H	3.02 4.48	9.5×10^{-4} 3.3×10^{-5}	2.84 4.09
Butylamine	$CH_3CH_2CH_2CH_2NH_3^+$	10.640	2.29×10^{-11}	10.66
Carbonic acid* (hydrogen carbonate)	HO–C(=O)–OH	6.351 10.329	4.46×10^{-7} 4.69×10^{-11}	6.13 9.91
Chloroacetic acid	$ClCH_2CO_2H$	2.865	1.36×10^{-3}	2.69
3-Chloropropanoic acid	$ClCH_2CH_2CO_2H$	4.11	7.8×10^{-5}	3.92
Chlorous acid (hydrogen chlorite)	HOCl=O	1.96	1.10×10^{-2}	—

* *The concentration of "carbonic acid" is considered to be the sum* $[H_2CO_3]+[CO_2(aq)]$. *See Box 6-4.*

Name of molecule with zero charge	Structure of protonated molecule	Ionic strength (μ) = 0 pK$_a$	Ionic strength (μ) = 0 K$_a$	μ = 0.1 M pK$_a$
Chromic acid (hydrogen chromate)	$HO-Cr(=O)_2-OH$	(–0.2) (20°) 6.51	1.6 3.1×10^{-7}	(–0.6) (20°C) 6.05
Citric acid (2-hydroxypropane-1,2,3-tricarboxylic acid)	$HO_2CCH_2C(OH)(CO_2H)CH_2CO_2H$	3.128 4.761 6.396	7.44×10^{-4} 1.73×10^{-5} 4.02×10^{-7}	2.90 4.35 5.70
Cyanoacetic acid	$NCCH_2CO_2H$	2.472	3.37×10^{-3}	—
Cyclohexylamine	$C_6H_{11}-NH_3^+$	10.567	2.71×10^{-11}	10.62
Cysteine	$HSCH_2CH(NH_3^+)CO_2H$	(1.7) (CO_2H) 8.36 (SH) 10.74 (NH_3)	2×10^{-2} 4.4×10^{-9} 1.82×10^{-11}	(1.90) 8.18 10.30
Dichloroacetic acid	Cl_2CHCO_2H	(1.1)	8×10^{-2}	(0.9)
Diethylamine	$(CH_3CH_2)_2NH_2^+$	11.00	1.0×10^{-11}	11.04
1,2-Dihydroxybenzene (catechol)	$1,2-C_6H_4(OH)_2$	9.45 —	3.5×10^{-10} —	9.26 (13.3)
1,3-Dihydroxybenzene (resorcinol)	$1,3-C_6H_4(OH)_2$	— —	— —	9.30 11.06
D-2,3-Dihydroxybutanedioic acid (D-tartaric acid)	$HO_2CCH(OH)CH(OH)CO_2H$	3.036 4.366	9.20×10^{-4} 4.31×10^{-5}	2.82 3.97
2,3-Dimercaptopropanol	$HOCH_2CH(SH)CH_2SH$	— —	— —	8.63 10.65
Dimethylamine	$(CH_3)_2NH_2^+$	10.774	1.68×10^{-11}	10.81
2,4-Dinitrophenol	$2,4-(O_2N)_2C_6H_3-OH$	4.114	7.69×10^{-5}	3.92
Ethane-1,2-dithiol	$HSCH_2CH_2SH$	— —	— —	8.85 (30°C) 10.43 (30°C)
Ethylamine	$CH_3CH_2NH_3^+$	10.673	2.12×10^{-11}	10.69
Ethylenediamine (1,2-diaminoethane)	$H_3\overset{+}{N}CH_2CH_2\overset{+}{N}H_3$	6.848 9.928	1.42×10^{-7} 1.18×10^{-10}	7.11 9.92

(Continued)

Name of molecule with zero charge	Structure of protonated molecule	Ionic strength (μ) = 0 pK_a	Ionic strength (μ) = 0 K_a	μ = 0.1 M pK_a
Ethylenedinitrilotetraacetic acid (EDTA)	$(HO_2CCH_2)_2\overset{+}{N}HCH_2CH_2\overset{+}{N}H(CH_2CO_2H)_2$	— (CO_2H) — (CO_2H) — (CO_2H) — (CO_2H) 6.273 (NH) 10.948 (NH)	— — — — 5.3×10^{-7} 1.13×10^{-11}	(0.0) (CO_2H) (μ = 1 M) (1.5) (CO_2H) 2.00 (CO_2H) 2.69 (CO_2H) 6.13 (NH) 10.37 (NH)
Formic acid (methanoic acid)	HCO_2H	3.744	1.80×10^{-4}	3.57
Glutamic acid	NH_3^+ / $\overset{}{C}HCH_2CH_2\overset{\gamma}{C}O_2H$ / α CO_2H	2.160 (α-CO_2H) 4.30 (γ-CO_2H) 9.96 (NH_3)	6.92×10^{-3} 5.0×10^{-5} 1.10×10^{-10}	2.16 4.15 9.58
Glutamine	NH_3^+ / $CHCH_2CH_2C(=O)NH_2$ / CO_2H	— —	— —	2.19 (CO_2H) 9.00 (NH_3)
Glycine (aminoacetic acid)	NH_3^+ / CH_2 / CO_2H	2.350 (CO_2H) 9.778 (NH_3)	4.47×10^{-3} 1.67×10^{-10}	2.33 9.57
Guanidine	$H_2N-C(=\overset{+}{N}H_2)-NH_2$	—	—	(13.5) (μ = 1 M)
1,6-Hexanedioic acid (adipic acid)	$HO_2CCH_2CH_2CH_2CH_2CO_2H$	4.424 5.420	3.77×10^{-5} 3.80×10^{-6}	4.26 5.04
Hexane-2,4-dione	$CH_3C(=O)CH_2C(=O)CH_2CH_3$	9.38	4.2×10^{-10}	9.11 (20°C)
Histidine	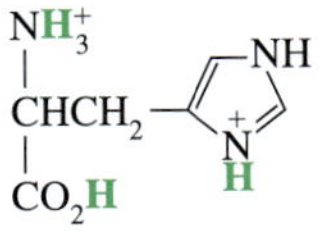 NH_3^+ / $CHCH_2$–(imidazolium: NH, $\overset{+}{N}$H) / CO_2H	(1.6) (CO_2H) 5.97 (NH) 9.28 (NH_3)	3×10^{-2} 1.07×10^{-6} 5.2×10^{-10}	(1.7) 6.05 9.10
Hydrazine	$H_3\overset{+}{N}-\overset{+}{N}H_3$	−0.99 7.98	1.0×10^{1} 1.05×10^{-8}	(−0.21) (μ = 0.5 M) 8.07
Hydrazoic acid (hydrogen azide)	$HN=\overset{+}{N}=\overset{-}{N}$	4.65	2.2×10^{-5}	4.45
Hydrogen cyanate	$HOC\equiv N$	3.48	3.3×10^{-4}	—
Hydrogen cyanide	$HC\equiv N$	9.21	6.2×10^{-10}	9.04
Hydrogen fluoride	HF	3.17	6.8×10^{-4}	2.94
Hydrogen peroxide	$HOOH$	11.65	2.2×10^{-12}	—
Hydrogen sulfide	H_2S	7.02 14.0*	9.5×10^{-8} 1.0×10^{-14}*	6.82 —
Hydrogen thiocyanate	$HSC\equiv N$	(−1.1) (20°C)	1.3×10^{1}	—
Hydroxyacetic acid (glycolic acid)	$HOCH_2CO_2H$	3.832	1.48×10^{-4}	3.62

*D. J. Phillips and S. L. Phillips. "High Temperature Dissociation Constants of HS^- and the Standard Thermodynamic Values for S^{2-}," J. Chem. Eng. Data **2000**, 45, 981.

Name of molecule with zero charge	Structure of protonated molecule	Ionic strength (μ) = 0		μ = 0.1 M
		pK_a	K_a	pK_a
Hydroxybenzene (phenol)	C_6H_5—OH	9.997	1.01×10^{-10}	9.78
2-Hydroxybenzoic acid (salicylic acid)	$C_6H_4(CO_2H)(OH)$	2.972 (CO_2H) (13.7) (OH)	1.07×10^{-3} 2×10^{-14}	2.80 (13.4)
L-Hydroxybutanedioic acid (malic acid)	$HO_2CCH_2CH(OH)CO_2H$	3.459 5.097	3.48×10^{-4} 8.00×10^{-6}	3.24 4.68
Hydroxylamine	$HO\overset{+}{N}H_3$	5.96 (NH) (13.74) (OH)	1.10×10^{-6} 1.8×10^{-14}	5.96 —
8-Hydroxyquinoline (oxine)	HO-quinoline-NH^+	4.94 (NH) 9.82 (OH)	1.15×10^{-5} 1.51×10^{-10}	4.97 9.65
Hypobromous acid (hydrogen hypobromite)	HOBr	8.63	2.3×10^{-9}	—
Hypochlorous acid (hydrogen hypochlorite)	HOCl	7.53	3.0×10^{-8}	—
Hypoiodous acid (hydrogen hypoiodite)	HOI	10.64	2.3×10^{-11}	—
Hypophosphorous acid (hydrogen hypophosphite)	$H_2P(=O)OH$	(1.3)	5×10^{-2}	(1.1)
Imidazole (1,3-diazole)	imidazole NH^+, N—H	6.993 (14.5)	1.02×10^{-7} 3×10^{-15}	7.00 —
Iminodiacetic acid	$H_2\overset{+}{N}(CH_2CO_2H)_2$	(1.85) (CO_2H) 2.84 (CO_2H) 9.79 (NH_2)	1.41×10^{-2} 1.45×10^{-3} 1.62×10^{-10}	(1.77) 2.62 9.34
Iodic acid (hydrogen iodate)	$HOI(=O)=O$	0.77	0.17	—
Iodoacetic acid	ICH_2CO_2H	3.175	6.68×10^{-4}	2.98
Isoleucine	NH_3^+—$CHCH(CH_3)CH_2CH_3$—CO_2H	2.318 (CO_2H) 9.758 (NH_3)	4.81×10^{-3} 1.75×10^{-10}	2.26 9.60
Leucine	NH_3^+—$CHCH_2CH(CH_3)_2$—CO_2H	2.328 (CO_2H) 9.744 (NH_3)	4.70×10^{-3} 1.80×10^{-10}	2.32 9.58
Lysine	α NH_3^+—$CHCH_2CH_2CH_2CH_2\overset{\epsilon}{N}H_3^+$—$CO_2H$	(1.77) (CO_2H) 9.07 (α-NH_3) 10.82 (ε-NH_3)	1.7×10^{-2} 8.5×10^{-10} 1.51×10^{-11}	2.15 9.15 10.66

(Continued)

Name of molecule with zero charge	Structure of protonated molecule	Ionic strength (μ) = 0		μ = 0.1 M
		pK_a	K_a	pK_a
Malonic acid (propanedioic acid)	$HO_2CCH_2CO_2H$	2.847 5.696	1.42×10^{-3} 2.01×10^{-6}	2.65 5.27
Mercaptoacetic acid (thioglycolic acid)	$HSCH_2CO_2H$	3.64 (CO_2H) 10.61 (SH)	2.3×10^{-4} 2.5×10^{-11}	3.48 10.11
2-Mercaptoethanol	$HSCH_2CH_2OH$	9.72	1.9×10^{-10}	9.40
Methionine	NH_3^+ – $CHCH_2CH_2SCH_3$ – CO_2H	— —	— —	2.18 (CO_2H) 9.08 (NH_3)
2-Methoxyaniline (*o*-anisidine)	OCH_3, $\overset{+}{N}H_3$	4.526	2.98×10^{-5}	—
4-Methoxyaniline (*p*-anisidine)	CH_3O–⬡–$\overset{+}{N}H_3$	5.357	4.40×10^{-6}	5.33
Methylamine	$CH_3\overset{+}{N}H_3$	10.632	2.33×10^{-11}	10.65
2-Methylaniline (*o*-toluidine)	CH_3, $\overset{+}{N}H_3$	4.447	3.57×10^{-5}	—
4-Methylaniline (*p*-toluidine)	CH_3–⬡–$\overset{+}{N}H_3$	5.080	8.32×10^{-6}	5.09
2-Methylphenol (*o*-cresol)	CH_3, OH	10.31	4.9×10^{-11}	10.09
4-Methylphenol (*p*-cresol)	CH_3–⬡–OH	10.269	5.38×10^{-11}	10.04
Morpholine (perhydro-1,4-oxazine)	O, NH_2^+	8.492	3.22×10^{-9}	—
1-Naphthoic acid	CO_2H	3.67	2.1×10^{-4}	—
2-Naphthoic acid	CO_2H	4.16	6.9×10^{-5}	—
1-Naphthol	OH	9.416	3.84×10^{-10}	9.14
2-Naphthol	OH	9.573	2.67×10^{-10}	9.31
Nitrilotriacetic acid	$H\overset{+}{N}(CH_2CO_2H)_3$	— (CO_2H) 2.0 (CO_2H) (25°) 2.940 (CO_2H) (20°) 10.334 (NH) (20°)	— 0.010 1.15×10^{-3} 4.63×10^{-11}	(1.0) 1.81 2.52 9.46

Name of molecule with zero charge	Structure of protonated molecule	Ionic strength (μ) = 0		μ = 0.1 M
		pK_a	K_a	pK_a
2-Nitrobenzoic acid	NO_2, CO_2H	2.185	6.53×10^{-3}	—
3-Nitrobenzoic acid	NO_2, CO_2H	3.449	3.56×10^{-4}	3.28
4-Nitrobenzoic acid	O_2N—⟨ring⟩—CO_2H	3.442	3.61×10^{-4}	3.28
Nitroethane	$CH_3CH_2NO_2$	8.57	2.7×10^{-9}	—
2-Nitrophenol	NO_2, OH	7.230	5.89×10^{-8}	7.04
3-Nitrophenol	NO_2, OH	8.37	4.3×10^{-9}	8.16
4-Nitrophenol	O_2N—⟨ring⟩—OH	7.149	7.10×10^{-8}	6.96
N-Nitrosophenylhydroxylamine (cupferron)	⟨ring⟩—N(NO)OH	—	—	4.16
Nitrous acid	HON=O	3.15	7.1×10^{-4}	—
Oxalic acid (ethanedioic acid)	HO_2CCO_2H	1.250 4.266	5.62×10^{-2} 5.42×10^{-5}	(1.2) 3.80
Oxoacetic acid (glyoxylic acid)	$HC(=O)CO_2H$	3.46	3.5×10^{-4}	3.05
Oxobutanedioic acid (oxaloacetic acid)	$HO_2CCH_2C(=O)CO_2H$	2.56 4.37	2.8×10^{-3} 4.3×10^{-5}	2.26 3.90
2-Oxopentanedioic (α-ketoglutaric acid)	$HO_2CCH_2CH_2C(=O)CO_2H$	— —	— —	(1.9) (μ = 0.5 M) 4.44 (μ = 0.5 M)
2-Oxopropanoic acid (pyruvic acid)	$CH_3C(=O)CO_2H$	2.48	3.3×10^{-3}	2.26
1,5-Pentanedioic acid (glutaric acid)	$HO_2CCH_2CH_2CH_2CO_2H$	4.345 5.422	4.52×10^{-5} 3.78×10^{-6}	4.19 5.06
Pentanoic acid (valeric acid)	$CH_3CH_2CH_2CH_2CO_2H$	4.843	1.44×10^{-5}	4.63 (18°C)
1,10-Phenanthroline	$\overset{+}{N}H$ $H\overset{+}{N}$	— 4.91	— 1.23×10^{-5}	(1.8) 4.92
Phenylacetic acid	⟨ring⟩—CH_2CO_2H	4.310	4.90×10^{-5}	4.11

(Continued)

Name of molecule with zero charge	Structure of protonated molecule	Ionic strength (μ) = 0		μ = 0.1 M
		pK_a	K_a	pK_a
Phenylalanine	NH_3^+–$CH(CO_2H)$–CH_2–C_6H_5	2.20 (CO_2H) 9.31 (NH_3)	6.3×10^{-3} 4.9×10^{-10}	2.18 9.09
Phosphoric acid (hydrogen phosphate)	$HO-P(=O)(OH)-OH$	2.148 7.198 12.375	7.11×10^{-3} 6.34×10^{-8} 4.22×10^{-13}	1.92 6.71 11.52
Phosphorous acid (hydrogen phosphite)	$HP(=O)(OH)-OH$	(1.5) 6.78	3×10^{-2} 1.66×10^{-7}	— —
Phthalic acid (benzene-1,2-dicarboxylic acid)	$C_6H_4(CO_2H)_2$ (1,2-)	2.950 5.408	1.12×10^{-3} 3.90×10^{-6}	2.76 4.92
Piperazine (perhydro-1,4-diazine)	$\overset{+}{H_2}N$ (ring) $\overset{+}{NH_2}$	5.333 9.731	4.65×10^{-6} 1.86×10^{-10}	5.64 9.74
Piperidine	(ring) $\overset{+}{NH_2}$	11.125	7.50×10^{-12}	11.08
Proline	(pyrrolidine ring, $\overset{+}{NH_2}$)–CO_2H	1.952 (CO_2H) 10.640 (NH_2)	1.12×10^{-2} 2.29×10^{-11}	1.89 10.46
Propanoic acid	$CH_3CH_2CO_2H$	4.874	1.34×10^{-5}	4.69
Propenoic acid (acrylic acid)	$H_2C{=}CHCO_2H$	4.258	5.52×10^{-5}	—
Propylamine	$CH_3CH_2CH_2NH_3^+$	10.566	2.72×10^{-11}	10.64
Pyridine (azine)	(ring) NH^+	5.20	6.3×10^{-6}	5.24
Pyridine-2-carboxylic acid (picolinic acid)	(ring) NH^+, CO_2H	(1.01) (CO_2H) 5.39 (NH)	9.8×10^{-2} 4.1×10^{-6}	(0.95) 5.21
Pyridine-3-carboxylic acid (nicotinic acid)	HO_2C–(ring) NH^-	2.03 (CO_2H) 4.82 (NH)	9.3×10^{-3} 1.51×10^{-5}	2.08 4.69
Pyridoxal-5-phosphate	$HO-P(=O)(HO)OCH_2$–(ring: $O{=}CH$, OH, CH_3, $\overset{+}{N}H$)	— — — —	— — — —	(1.4) (POH) 3.51 (OH) 6.04 (POH) 8.25 (NH)
Pyrophosphoric acid (hydrogen diphosphate)	$(HO)_2P(=O)OP(=O)(OH)_2$	(0.9) 2.28 6.70 9.40	0.13 5.2×10^{-3} 2.0×10^{-7} 4.0×10^{-10}	(0.8) (1.9) 5.94 8.25

Name of molecule with zero charge	Structure of protonated molecule	Ionic strength (μ) = 0		μ = 0.1 M
		pK_a	K_a	pK_a
Pyrrolidine	(ring)NH_2^+	11.305	4.95×10^{-12}	11.3
Serine	NH_3^+–$CHCH_2OH$–CO_2H	2.187 (CO_2H) 9.209 (NH_3)	6.50×10^{-3} 6.18×10^{-10}	2.16 9.05
Succinic acid (butanedioic acid)	$HO_2CCH_2CH_2CO_2H$	4.207 5.636	6.21×10^{-5} 2.31×10^{-6}	3.99 5.24
Sulfuric acid (hydrogen sulfate)	HO–S(=O)(=O)–OH	1.987 (pK_2)	1.03×10^{-2}	1.54
Sulfurous acid (hydrogen sulfite)	HOS(=O)OH	1.857 7.172	1.39×10^{-2} 6.73×10^{-8}	1.66 6.85
Thiosulfuric acid (hydrogen thiosulfate)	HOS(=O)(=O)SH	(0.6) (1.6)	0.3 0.03	— (1.3)
Threonine	NH_3^+–$CHCHOHCH_3$–CO_2H	2.088 (CO_2H) 9.100 (NH_3)	8.17×10^{-3} 7.94×10^{-10}	2.20 8.94
Trichloroacetic acid	Cl_3CCO_2H	(–0.5)	3	—
Triethanolamine	$(HOCH_2CH_2)_3NH^+$	7.762	1.73×10^{-8}	7.85
Triethylamine	$(CH_3CH_2)_3NH^+$	10.72	1.9×10^{-11}	10.76
1,2,3-Trihydroxybenzene (pyrogallol)	(benzene ring with OH, OH, OH)	— — —	— — —	8.96 11.00 (14.0) (20°C)
Trimethylamine	$(CH_3)_3NH^+$	9.799	1.59×10^{-10}	9.82
Tris(hydroxymethyl)amino-methane (tris or tham)	$(HOCH_2)_3CNH_3^+$	8.072	8.47×10^{-9}	8.10
Tryptophan	NH_3^+–$CHCH_2$–(indole, N–H)–CO_2H	— —	— —	2.37 (CO_2H) 9.33 (NH_3)
Tyrosine	NH_3^+–$CHCH_2$–(benzene)–OH–CO_2H	— — —	— — —	2.41 (CO_2H) 8.67 (NH_3) 11.01 (OH)
Valine	NH_3^+–$CHCH(CH_3)_2$–CO_2H	2.286 (CO_2H) 9.719 (NH_3)	5.18×10^{-3} 1.91×10^{-10}	2.27 9.52
Water*	H_2O	13.997	1.01×10^{-14}	—

**The constant given for water is K_w.*

부록 H 표준 환원 전위*

Reaction	$E°$ (volts)	$dE°/dT$ (mV/K)
Aluminum		
$Al^{3+} + 3e^- \rightleftharpoons Al(s)$	−1.677	0.533
$AlCl^{2+} + 3e^- \rightleftharpoons Al(s) + Cl^-$	−1.802	
$AlF_6^{3-} + 3e^- \rightleftharpoons Al(s) + 6F^-$	−2.069	
$Al(OH)_4^- + 3e^- \rightleftharpoons Al(s) + 4OH^-$	−2.328	−1.13
Antimony		
$SbO^+ + 2H^+ + 3e^- \rightleftharpoons Sb(s) + H_2O$	0.208	
$Sb_2O_3(s) + 6H^+ + 6e^- \rightleftharpoons 2Sb(s) + 3H_2O$	0.147	−0.369
$Sb(s) + 3H^+ + 3e^- \rightleftharpoons SbH_3(g)$	−0.510	−0.030
Arsenic		
$H_3AsO_4 + 2H^+ + 2e^- \rightleftharpoons H_3AsO_3 + H_2O$	0.575	−0.257
$H_3AsO_3 + 3H^+ + 3e^- \rightleftharpoons As(s) + 3H_2O$	0.247 5	−0.505
$As(s) + 3H^+ + 3e^- \rightleftharpoons AsH_3(g)$	−0.238	−0.029
Barium		
$Ba^{2+} + 2e^- + Hg \rightleftharpoons Ba(\textit{in Hg})$	−1.717	
$Ba^{2+} + 2e^- \rightleftharpoons Ba(s)$	−2.906	−0.401
Beryllium		
$Be^{2+} + 2e^- \rightleftharpoons Be(s)$	−1.968	0.60
Bismuth		
$Bi^{3+} + 3e^- \rightleftharpoons Bi(s)$	0.308	0.18
$BiCl_4^- + 3e^- \rightleftharpoons Bi(s) + 4Cl^-$	0.16	
$BiOCl(s) + 2H^+ + 3e^- \rightleftharpoons Bi(s) + H_2O + Cl^-$	0.160	
Boron		
$2B(s) + 6H^+ + 6e^- \rightleftharpoons B_2H_6(g)$	−0.150	−0.296
$B_4O_7^{2-} + 14H^+ + 12e^- \rightleftharpoons 4B(s) + 7H_2O$	−0.792	
$B(OH)_3 + 3H^+ + 3e^- \rightleftharpoons B(s) + 3H_2O$	−0.889	−0.492
Bromine		
$BrO_4^- + 2H^+ + 2e^- \rightleftharpoons BrO_3^- + H_2O$	1.745	−0.511
$HOBr + H^+ + e^- \rightleftharpoons \frac{1}{2}Br_2(l) + H_2O$	1.584	−0.75
$BrO_3^- + 6H^+ + 5e^- \rightleftharpoons \frac{1}{2}Br_2(l) + 3H_2O$	1.513	−0.419
$Br_2(aq) + 2e^- \rightleftharpoons 2Br^-$	1.098	−0.499
$Br_2(l) + 2e^- \rightleftharpoons 2Br^-$	1.078	−0.611
$Br_3^- + 2e^- \rightleftharpoons 3Br^-$	1.062	−0.512
$BrO^- + H_2O + 2e^- \rightleftharpoons Br^- + 2OH^-$	0.766	−0.94
$BrO_3^- + 3H_2O + 6e^- \rightleftharpoons Br^- + 6OH^-$	0.613	−1.287
Cadmium		
$Cd^{2+} + 2e^- + Hg \rightleftharpoons Cd(\textit{in Hg})$	−0.380	
$Cd^{2+} + 2e^- \rightleftharpoons Cd(s)$	−0.402	−0.029
$Cd(C_2O_4)(s) + 2e^- \rightleftharpoons Cd(s) + C_2O_4^{2-}$	−0.522	
$Cd(C_2O_4)_2^{2-} + 2e^- \rightleftharpoons Cd(s) + 2C_2O_4^{2-}$	−0.572	
$Cd(NH_3)_4^{2+} + 2e^- \rightleftharpoons Cd(s) + 4NH_3$	−0.613	
$CdS(s) + 2e^- \rightleftharpoons Cd(s) + S^{2-}$	−1.175	
Calcium		
$Ca(s) + 2H^+ + 2e^- \rightleftharpoons CaH_2(s)$	0.776	
$Ca^{2+} + 2e^- + Hg \rightleftharpoons Ca(\textit{in Hg})$	−2.003	
$Ca^{2+} + 2e^- \rightleftharpoons Ca(s)$	−2.868	−0.186

All species are aqueous unless otherwise indicated. The reference state for amalgams is an infinitely dilute solution of the element in Hg. The temperature coefficient, $dE°/dT$, allows us to calculate the standard potential, $E°(T)$, at temperature T: $E°(T) = E° + (dE°/dT)\Delta T$, where ΔT is $T - 298.15$ K. Note the units mV/K for $dE°/dT$. Once you know $E°$ for a net cell reaction at temperature T, you can find the equilibrium constant, K, for the reaction from the formula $K = 10^{nFE°/RT \ln 10}$, where n is the number of electrons in each half-reaction, F is the Faraday constant, and R is the gas constant.

DATA SOURCES: *The most authoritative source is S. G. Bratsch,* J. Phys. Chem. Ref. Data ***1989***, 18, *1. Additional data come from L. G. Sillén and A. E. Martell,* Stability Constants of Metal-Ion Complexes *(London: The Chemical Society, Special Publications Nos. 17 and 25. 1964 and 1971); G. Milazzo and S. Caroli,* Tables of Standard Electrode Potentials *(New York: Wiley, 1978); T. Mussini, P. Longhi, and S. Rondinini,* Pure Appl. Chem. ***1985***, 57, *169. Another good source is A. J. Bard, R. Parsons, and J. Jordan,* Standard Potentials in Aqueous Solution *(New York: Marcel Dekker, 1985). Reduction potentials for 1 200 free radical reactions are given by P. Wardman,* J. Phys. Chem. Ref. Data ***1989***, 18, *1637.*

Reaction	$E°$ (volts)	$dE°/dT$ (mV/K)
$Ca(acetate)^+ + 2e^- \rightleftharpoons Ca(s) + acetate^-$	−2.891	
$CaSO_4(s) + 2e^- \rightleftharpoons Ca(s) + SO_4^{2-}$	−2.936	
$Ca(malonate)(s) + 2e^- \rightleftharpoons Ca(s) + malonate^{2-}$	−3.608	
Carbon		
$C_2H_2(g) + 2H^+ + 2e^- \rightleftharpoons C_2H_4(g)$	0.731	
$O{=}C_6H_4{=}O + 2H^+ + 2e^- \rightleftharpoons HO{-}C_6H_4{-}OH$	0.700	
$CH_3OH + 2H^+ + 2e^- \rightleftharpoons CH_4(g) + H_2O$	0.583	−0.039
Dehydroascorbic acid + $2H^+ + 2e^- \rightleftharpoons$ ascorbic acid + H_2O	0.390	
$(CN)_2(g) + 2H^+ + 2e^- \rightleftharpoons 2HCN(aq)$	0.373	
$H_2CO + 2H^+ + 2e^- \rightleftharpoons CH_3OH$	0.237	−0.51
$C(s) + 4H^+ + 4e^- \rightleftharpoons CH_4(g)$	0.131 5	−0.209 2
$HCO_2H + 2H^+ + 2e^- \rightleftharpoons H_2CO + H_2O$	−0.029	−0.63
$CO_2(g) + 2H^+ + 2e^- \rightleftharpoons CO(g) + H_2O$	−0.103 8	−0.397 7
$CO_2(g) + 2H^+ + 2e^- \rightleftharpoons HCO_2H$	−0.114	−0.94
$2CO_2(g) + 2H^+ + 2e^- \rightleftharpoons H_2C_2O_4$	−0.432	−1.76
Cerium		
$Ce^{4+} + e^- \rightleftharpoons Ce^{3+}$	1.72	1.54
	1.70 1 F $HClO_4$	
	1.44 1 F H_2SO_4	
	1.61 1 F HNO_3	
	1.47 1 F HCl	
$Ce^{3+} + 3e^- \rightleftharpoons Ce(s)$	−2.336	0.280
Cesium		
$Cs^+ + e^- + Hg \rightleftharpoons Cs(in\ Hg)$	−1.950	
$Cs^+ + e^- \rightleftharpoons Cs(s)$	−3.026	−1.172
Chlorine		
$HClO_2 + 2H^+ + 2e^- \rightleftharpoons HOCl + H_2O$	1.674	0.55
$HClO + H^+ + e^- \rightleftharpoons \frac{1}{2}Cl_2(g) + H_2O$	1.630	−0.27
$ClO_3^- + 6H^+ + 5e^- \rightleftharpoons \frac{1}{2}Cl_2(g) + 3H_2O$	1.458	−0.347
$Cl_2(aq) + 2e^- \rightleftharpoons 2Cl^-$	1.396	−0.72
$Cl_2(g) + 2e^- \rightleftharpoons 2Cl^-$	1.360 4	−1.248
$ClO_4^- + 2H^+ + 2e^- \rightleftharpoons ClO_3^- + H_2O$	1.226	−0.416
$ClO_3^- + 3H^+ + 2e^- \rightleftharpoons HClO_2 + H_2O$	1.157	−0.180
$ClO_3^- + 2H^+ + e^- \rightleftharpoons ClO_2 + H_2O$	1.130	0.074
$ClO_2 + e^- \rightleftharpoons ClO_2^-$	1.068	−1.335
Chromium		
$Cr_2O_7^{2-} + 14H^+ + 6e^- \rightleftharpoons 2Cr^{3+} + 7H_2O$	1.36	−1.32
$CrO_4^{2-} + 4H_2O + 3e^- \rightleftharpoons Cr(OH)_3$ (s, hydrated) $+ 5OH^-$	−0.12	−1.62
$Cr^{3+} + e^- \rightleftharpoons Cr^{2+}$	−0.42	1.4
$Cr^{3+} + 3e^- \rightleftharpoons Cr(s)$	−0.74	0.44
$Cr^{2+} + 2e^- \rightleftharpoons Cr(s)$	−0.89	−0.04
Cobalt		
$Co^{3+} + e^- \rightleftharpoons Co^{2+}$	1.92	1.23
	1.817 8 F H_2SO_4	
	1.850 4 F HNO_3	
$Co(NH_3)_5(H_2O)^{3+} + e^- \rightleftharpoons Co(NH_3)_5(H_2O)^{2+}$	0.37 1 F NH_4NO_3	
$Co(NH_3)_6^{3+} + e^- \rightleftharpoons Co(NH_3)_6^{2+}$	0.1	
$CoOH^+ + H^+ + 2e^- \rightleftharpoons Co(s) + H_2O$	0.003	−0.04
$Co^{2+} + 2e^- \rightleftharpoons Co(s)$	−0.282	0.065
$Co(OH)_2(s) + 2e^- \rightleftharpoons Co(s) + 2OH^-$	−0.746	−1.02
Copper		
$Cu^+ + e^- \rightleftharpoons Cu(s)$	0.518	−0.754
$Cu^{2+} + 2e^- \rightleftharpoons Cu(s)$	0.339	0.011
$Cu^{2+} + e^- \rightleftharpoons Cu^+$	0.161	0.776
$CuCl(s) + e^- \rightleftharpoons Cu(s) + Cl^-$	0.137	
$Cu(IO_3)_2(s) + 2e^- \rightleftharpoons Cu(s) + 2IO_3^-$	−0.079	
$Cu(ethylenediamine)_2^+ + e^- \rightleftharpoons Cu(s) + 2$ ethylenediamine	−0.119	
$CuI(s) + e^- \rightleftharpoons Cu(s) + I^-$	−0.185	
$Cu(EDTA)^{2-} + 2e^- \rightleftharpoons Cu(s) + EDTA^{4-}$	−0.216	
$Cu(OH)_2(s) + 2e^- \rightleftharpoons Cu(s) + 2OH^-$	−0.222	
$Cu(CN)_2^- + e^- \rightleftharpoons Cu(s) + 2CN^-$	−0.429	
$CuCN(s) + e^- \rightleftharpoons Cu(s) + CN^-$	−0.639	

(Continued)

Reaction	$E°$ (volts)		$dE°/dT$ (mV/K)
Dysprosium			
$Dy^{3+} + 3e^- \rightleftharpoons Dy(s)$	−2.295		0.373
Erbium			
$Er^{3+} + 3e^- \rightleftharpoons Er(s)$	−2.331		0.388
Europium			
$Eu^{3+} + e^- \rightleftharpoons Eu^{2+}$	−0.35		1.53
$Eu^{3+} + 3e^- \rightleftharpoons Eu(s)$	−1.991		0.338
$Eu^{2+} + 2e^- \rightleftharpoons Eu(s)$	−2.812		−0.26
Fluorine			
$F_2(g) + 2e^- \rightleftharpoons 2F^-$	2.890		−1.870
$F_2O(g) + 2H^+ + 4e^- \rightleftharpoons 2F^- + H_2O$	2.168		−1.208
Gadolinium			
$Gd^{3+} + 3e^- \rightleftharpoons Gd(s)$	−2.279		0.315
Gallium			
$Ga^{3+} + 3e^- \rightleftharpoons Ga(s)$	−0.549		0.61
$GaOOH(s) + H_2O + 3e^- \rightleftharpoons Ga(s) + 3OH^-$	−1.320		−1.08
Germanium			
$Ge^{2+} + 2e^- \rightleftharpoons Ge(s)$	0.1		
$H_4GeO_4 + 4H^+ + 4e^- \rightleftharpoons Ge(s) + 4H_2O$	−0.039		−0.429
Gold			
$Au^+ + e^- \rightleftharpoons Au(s)$	1.69		−1.1
$Au^{3+} + 2e^- \rightleftharpoons Au^+$	1.41		
$AuCl_2^- + e^- \rightleftharpoons Au(s) + 2Cl^-$	1.154		
$AuCl_4^- + 2e^- \rightleftharpoons AuCl_2^- + 2Cl^-$	0.926		
Hafnium			
$Hf^{4+} + 4e^- \rightleftharpoons Hf(s)$	−1.55		0.68
$HfO_2(s) + 4H^+ + 4e^- \rightleftharpoons Hf(s) + 2H_2O$	−1.591		−0.355
Holmium			
$Ho^{3+} + 3e^- \rightleftharpoons Ho(s)$	−2.33		0.371
Hydrogen			
$2H^+ + 2e^- \rightleftharpoons H_2(g)$	0.000 0		0
$H_2O + e^- \rightleftharpoons \frac{1}{2}H_2(g) + OH^-$	−0.828 0		−0.836 0
Indium			
$In^{3+} + 3e^- + Hg \rightleftharpoons In(in\ Hg)$	−0.313		
$In^{3+} + 3e^- \rightleftharpoons In(s)$	−0.338		0.42
$In^{3+} + 2e^- \rightleftharpoons In^+$	−0.444		
$In(OH)_3(s) + 3e^- \rightleftharpoons In(s) + 3OH^-$	−0.99		−0.95
Iodine			
$IO_4^- + 2H^+ + 2e^- \rightleftharpoons IO_3^- + H_2O$	1.589		−0.85
$H_5IO_6 + 2H^+ + 2e^- \rightleftharpoons HIO_3 + 3H_2O$	1.567		−0.12
$HOI + H^+ + e^- \rightleftharpoons \frac{1}{2}I_2(s) + H_2O$	1.430		−0.339
$ICl_3(s) + 3e^- \rightleftharpoons \frac{1}{2}I_2(s) + 3Cl^-$	1.28		
$ICl(s) + e^- \rightleftharpoons \frac{1}{2}I_2(s) + Cl^-$	1.22		
$IO_3^- + 6H^+ + 5e^- \rightleftharpoons \frac{1}{2}I_2(s) + 3H_2O$	1.210		−0.367
$IO_3^- + 5H^+ + 4e^- \rightleftharpoons HOI + 2H_2O$	1.154		−0.374
$I_2(aq) + 2e^- \rightleftharpoons 2I^-$	0.620		−0.234
$I_2(s) + 2e^- \rightleftharpoons 2I^-$	0.535		−0.125
$I_3^- + 2e^- \rightleftharpoons 3I^-$	0.535		−0.186
$IO_3^- + 3H_2O + 6e^- \rightleftharpoons I^- + 6OH^-$	0.269		−1.163
Iridium			
$IrCl_6^{2-} + e^- \rightleftharpoons IrCl_6^{3-}$	1.026	1 F HCl	
$IrBr_6^{2-} + e^- \rightleftharpoons IrBr_6^{3-}$	0.947	2 F NaBr	
$IrCl_6^{2-} + 4e^- \rightleftharpoons Ir(s) + 6Cl^-$	0.835		
$IrO_2(s) + 4H^+ + 4e^- \rightleftharpoons Ir(s) + 2H_2O$	0.73		−0.36
$IrI_6^{2-} + e^- \rightleftharpoons IrI_6^{3-}$	0.485	1 F KI	
Iron			
$Fe(phenanthroline)_3^{3+} + e^- \rightleftharpoons Fe(phenanthroline)_3^{2+}$	1.147		
$Fe(bipyridyl)_3^{3+} + e^- \rightleftharpoons Fe(bipyridyl)_3^{2+}$	1.120		
$FeOH^{2+} + H^+ + e^- \rightleftharpoons Fe^{2+} + H_2O$	0.900		0.096
$FeO_4^{2-} + 3H_2O + 3e^- \rightleftharpoons FeOOH(s) + 5OH^-$	0.80		−1.59
$Fe^{3+} + e^- \rightleftharpoons Fe^{2+}$	0.771		1.175
	0.732	1 F HCl	
	0.767	1 F $HClO_4$	
	0.746	1 F HNO_3	
	0.68	1 F H_2SO_4	

Reaction	$E°$ (volts)	$dE°/dT$ (mV/K)
$FeOOH(s) + 3H^+ + e^- \rightleftharpoons Fe^{2+} + 2H_2O$	0.74	−1.05
$Ferricinium^+ + e^- \rightleftharpoons ferrocene$	0.400	
$Fe(CN)_6^{3-} + e^- \rightleftharpoons Fe(CN)_6^{4-}$	0.356	
$Fe(glutamate)^{3+} + e^- \rightleftharpoons Fe(glutamate)^{2+}$	0.240	
$FeOH^+ + H^+ + 2e^- \rightleftharpoons Fe(s) + H_2O$	−0.16	0.07
$Fe^{2+} + 2e^- \rightleftharpoons Fe(s)$	−0.44	0.07
$FeCO_3(s) + 2e^- \rightleftharpoons Fe(s) + CO_3^{2-}$	−0.756	−1.293
Lanthanum		
$La^{3+} + 3e^- \rightleftharpoons La(s)$	−2.379	0.242
$La(succinate)^+ + 3e^- \rightleftharpoons La(s) + succinate^{2-}$	−2.601	
Lead		
$Pb^{4+} + 2e^- \rightleftharpoons Pb^{2+}$	1.69 1 F HNO_3	
$PbO_2(s) + 4H^+ + SO_4^{2-} + 2e^- \rightleftharpoons PbSO_4(s) + 2H_2O$	1.685	
$PbO_2(s) + 4H^+ + 2e^- \rightleftharpoons Pb^{2+} + 2H_2O$	1.458	−0.253
$3PbO_2(s) + 2H_2O + 4e^- \rightleftharpoons Pb_3O_4(s) + 4OH^-$	0.269	−1.136
$Pb_3O_4(s) + H_2O + 2e^- \rightleftharpoons 3PbO(s, red) + 2OH^-$	0.224	−1.211
$Pb_3O_4(s) + H_2O + 2e^- \rightleftharpoons 3PbO(s, yellow) + 2OH^-$	0.207	−1.177
$Pb^{2+} + 2e^- \rightleftharpoons Pb(s)$	−0.126	−0.395
$PbF_2(s) + 2e^- \rightleftharpoons Pb(s) + 2F^-$	−0.350	
$PbSO_4(s) + 2e^- \rightleftharpoons Pb(s) + SO_4^{2-}$	−0.355	
Lithium		
$Li^+ + e^- + Hg \rightleftharpoons Li(in\ Hg)$	−2.195	
$Li^+ + e^- \rightleftharpoons Li(s)$	−3.040	−0.514
Lutetium		
$Lu^{3+} + 3e^- \rightleftharpoons Lu(s)$	−2.28	0.412
Magnesium		
$Mg^{2+} + 2e^- + Hg \rightleftharpoons Mg(in\ Hg)$	−1.980	
$Mg(OH)^+ + H^+ + 2e^- \rightleftharpoons Mg(s) + H_2O$	−2.022	0.25
$Mg^{2+} + 2e^- \rightleftharpoons Mg(s)$	−2.360	0.199
$Mg(C_2O_4)(s) + 2e^- \rightleftharpoons Mg(s) + C_2O_4^{2-}$	−2.493	
$Mg(OH)_2(s) + 2e^- \rightleftharpoons Mg(s) + 2OH^-$	−2.690	−0.946
Manganese		
$MnO_4^- + 4H^+ + 3e^- \rightleftharpoons MnO_2(s) + 2H_2O$	1.692	−0.671
$Mn^{3+} + e^- \rightleftharpoons Mn^{2+}$	1.56	1.8
$MnO_4^- + 8H^+ + 5e^- \rightleftharpoons Mn^{2+} + 4H_2O$	1.507	−0.646
$Mn_2O_3(s) + 6H^+ + 2e^- \rightleftharpoons 2Mn^{2+} + 3H_2O$	1.485	−0.926
$MnO_2(s) + 4H^+ + 2e^- \rightleftharpoons Mn^{2+} + 2H_2O$	1.230	−0.609
$Mn(EDTA)^- + e^- \rightleftharpoons Mn(EDTA)^{2-}$	0.825	−1.10
$MnO_4^- + e^- \rightleftharpoons MnO_4^{2-}$	0.56	−2.05
$3Mn_2O_3(s) + H_2O + 2e^- \rightleftharpoons 2Mn_3O_4(s) + 2OH^-$	0.002	−1.256
$Mn_3O_4(s) + 4H_2O + 2e^- \rightleftharpoons 3Mn(OH)_2(s) + 2OH^-$	−0.352	−1.61
$Mn^{2+} + 2e^- \rightleftharpoons Mn(s)$	−1.182	−1.129
$Mn(OH)_2(s) + 2e^- \rightleftharpoons Mn(s) + 2OH^-$	−1.565	−1.10
Mercury		
$2Hg^{2} + 2e^- \rightleftharpoons Hg_2^{2+}$	0.908	0.095
$Hg^{2+} + 2e^- \rightleftharpoons Hg(l)$	0.852	−0.116
$Hg_2^{2+} + 2e^- \rightleftharpoons 2Hg(l)$	0.796	−0.327
$Hg_2SO_4(s) + 2e^- \rightleftharpoons 2Hg(l) + SO_4^{2-}$	0.614	
$Hg_2Cl_2(s) + 2e^- \rightleftharpoons 2Hg(l) + 2Cl^-$	{ 0.268 0.241 (saturated calomel electrode)	
$Hg(OH)_3^- + 2e^- \rightleftharpoons Hg(l) + 3OH^-$	0.231	
$Hg(OH)_2 + 2e^- \rightleftharpoons Hg(l) + 2OH^-$	0.206	−1.24
$Hg_2Br_2(s) + 2e^- \rightleftharpoons 2Hg(l) + 2Br^-$	0.140	
$HgO(s, yellow) + H_2O + 2e^- \rightleftharpoons Hg(l) + 2OH^-$	0.098 3	−1.125
$HgO(s, red) + H_2O + 2e^- \rightleftharpoons Hg(l) + 2OH^-$	0.097 7	−1.120 6
Molybdenum		
$MoO_4^{2-} + 2H_2O + 2e^- \rightleftharpoons MoO_2(s) + 4OH^-$	−0.818	−1.69
$MoO_4^{2-} + 4H_2O + 6e^- \rightleftharpoons Mo(s) + 8OH^-$	−0.926	−1.36
$MoO_2(s) + 2H_2O + 4e^- \rightleftharpoons Mo(s) + 4OH^-$	−0.980	−1.196
Neodymium		
$Nd^{3+} + 3e^- \rightleftharpoons Nd(s)$	−2.323	0.282
Neptunium		
$NpO_3^+ + 2H^+ + e^- \rightleftharpoons NpO_2^{2+} + H_2O$	2.04	
$NpO_2^{2+} + e^- \rightleftharpoons NpO_2^+$	1.236	0.058

(Continued)

Reaction	$E°$ (volts)	$dE°/dT$ (mV/K)
$NpO_2^+ + 4H^+ + e^- \rightleftharpoons Np^{4+} + 2H_2O$	0.567	−3.30
$Np^{4+} + e^- \rightleftharpoons Np^{3+}$	0.157	1.53
$Np^{3+} + 3e^- \rightleftharpoons Np(s)$	−1.768	0.18
Nickel		
$NiOOH(s) + 3H^+ + e^- \rightleftharpoons Ni^{2+} + 2H_2O$	2.05	−1.17
$Ni^{2+} + 2e^- \rightleftharpoons Ni(s)$	−0.236	0.146
$Ni(CN)_4^{2-} + e^- \rightleftharpoons Ni(CN)_3^{2-} + CN^-$	−0.401	
$Ni(OH)_2(s) + 2e^- \rightleftharpoons Ni(s) + 2OH^-$	−0.714	−1.02
Niobium		
$\frac{1}{2}Nb_2O_5(s) + H^+ + e^- \rightleftharpoons NbO_2(s) + \frac{1}{2}H_2O$	−0.248	−0.460
$\frac{1}{2}Nb_2O_5(s) + 5H^+ + 5e^- \rightleftharpoons Nb(s) + \frac{5}{2}H_2O$	−0.601	−0.381
$NbO_2(s) + 2H^+ + 2e^- \rightleftharpoons NbO(s) + H_2O$	−0.646	−0.347
$NbO_2(s) + 4H^+ + 4e^- \rightleftharpoons Nb(s) + 2H_2O$	−0.690	−0.361
Nitrogen		
$HN_3 + 3H^+ + 2e^- \rightleftharpoons N_2(g) + NH_4^+$	2.079	0.147
$N_2O(g) + 2H^+ + 2e^- \rightleftharpoons N_2(g) + H_2O$	1.769	−0.461
$2NO(g) + 2H^+ + 2e^- \rightleftharpoons N_2O(g) + H_2O$	1.587	−1.359
$NO^+ + e^- \rightleftharpoons NO(g)$	1.46	
$2NH_3OH^+ + H^+ + 2e^- \rightleftharpoons N_2H_5^+ + 2H_2O$	1.40	−0.60
$NH_3OH^+ + 2H^+ + 2e^- \rightleftharpoons NH_4^+ + H_2O$	1.33	−0.44
$N_2H_5^+ + 3H^+ + 2e^- \rightleftharpoons 2NH_4^+$	1.250	−0.28
$HNO_2 + H^+ + e^- \rightleftharpoons NO(g) + H_2O$	0.984	0.649
$NO_3^- + 4H^+ + 3e^- \rightleftharpoons NO(g) + 2H_2O$	0.955	0.028
$NO_3^- + 3H^+ + 2e^- \rightleftharpoons HNO_2 + H_2O$	0.940	−0.282
$NO_3^- + 2H^+ + e^- \rightleftharpoons \frac{1}{2}N_2O_4(g) + H_2O$	0.798	0.107
$N_2(g) + 8H^+ + 6e^- \rightleftharpoons 2NH_4^+$	0.274	−0.616
$N_2(g) + 5H^+ + 4e^- \rightleftharpoons N_2H_5^+$	−0.214	−0.78
$N_2(g) + 2H_2O + 4H^+ + 2e^- \rightleftharpoons 2NH_3OH^+$	−1.83	−0.96
$\frac{3}{2}N_2(g) + H^+ + e^- \rightleftharpoons HN_3$	−3.334	−2.141
Osmium		
$OsO_4(s) + 8H^+ + 8e^- \rightleftharpoons Os(s) + 4H_2O$	0.834	−0.458
$OsCl_6^{2-} + e^- \rightleftharpoons OsCl_6^{3-}$	0.85 1 F HCl	
Oxygen		
$OH + H^+ + e^- \rightleftharpoons H_2O$	2.56	−1.0
$O(g) + 2H^+ + 2e^- \rightleftharpoons H_2O$	2.430 1	−1.148 4
$O_3(g) + 2H^+ + 2e^- \rightleftharpoons O_2(g) + H_2O$	2.075	−0.489
$H_2O_2 + 2H^+ + 2e^- \rightleftharpoons 2H_2O$	1.763	−0.698
$HO_2 + H^+ + e^- \rightleftharpoons H_2O_2$	1.44	−0.7
$\frac{1}{2}O_2(g) + 2H^+ + 2e^- \rightleftharpoons H_2O$	1.229 1	−0.845 6
$O_2(g) + 2H^+ + 2e^- \rightleftharpoons H_2O_2$	0.695	−0.993
$O_2(g) + H^+ + e^- \rightleftharpoons HO_2$	−0.05	−1.3
Palladium		
$Pd^{2+} + 2e^- \rightleftharpoons Pd(s)$	0.915	0.12
$PdO(s) + 2H^+ + 2e^- \rightleftharpoons Pd(s) + H_2O$	0.79	−0.33
$PdCl_6^{4-} + 2e^- \rightleftharpoons Pd(s) + 6Cl^-$	0.615	
$PdO_2(s) + H_2O + 2e^- \rightleftharpoons PdO(s) + 2OH^-$	0.64	−1.2
Phosphorus		
$\frac{1}{4}P_4(s, \text{white}) + 3H^+ + 3e^- \rightleftharpoons PH_3(g)$	−0.046	−0.093
$\frac{1}{4}P_4(s, \text{red}) + 3H^+ + 3e^- \rightleftharpoons PH_3(g)$	−0.088	−0.030
$H_3PO_4 + 2H^+ + 2e^- \rightleftharpoons H_3PO_3 + H_2O$	−0.30	−0.36
$H_3PO_4 + 5H^+ + 5e^- \rightleftharpoons \frac{1}{4}P_4(s, \text{white}) + 4H_2O$	−0.402	−0.340
$H_3PO_3 + 2H^+ + 2e^- \rightleftharpoons H_3PO_2 + H_2O$	−0.48	−0.37
$H_3PO_2 + H^+ + e^- \rightleftharpoons \frac{1}{4}P_4(s) + 2H_2O$	−0.51	
Platinum		
$Pt^{2+} + 2e^- \rightleftharpoons Pt(s)$	1.18	−0.05
$PtO_2(s) + 4H^+ + 4e^- \rightleftharpoons Pt(s) + 2H_2O$	0.92	−0.36
$PtCl_4^{2-} + 2e^- \rightleftharpoons Pt(s) + 4Cl^-$	0.755	
$PtCl_6^{2-} + 2e^- \rightleftharpoons PtCl_4^{2-} + 2Cl^-$	0.68	
Plutonium		
$PuO_2^+ + e^- \rightleftharpoons PuO_2(s)$	1.585	0.39
$PuO_2^{2+} + 4H^+ + 2e^- \rightleftharpoons Pu^{4+} + 2H_2O$	1.000	−1.615 1
$Pu^{4+} + e^- \rightleftharpoons Pu^{3+}$	1.006	1.441
$PuO_2^{2+} + e^- \rightleftharpoons PuO_2^+$	0.966	0.03
$PuO_2(s) + 4H^+ + 4e^- \rightleftharpoons Pu(s) + 2H_2O$	−1.369	−0.38
$Pu^{3+} + 3e^- \rightleftharpoons Pu(s)$	−1.978	0.23

Reaction	$E°$ (volts)	$dE°/dT$ (mV/K)
Potassium		
$K^+ + e^- + Hg \rightleftharpoons K(in\ Hg)$	−1.975	
$K^+ + e^- \rightleftharpoons K(s)$	−2.936	−1.074
Praseodymium		
$Pr^{4+} + e^- \rightleftharpoons Pr^{3+}$	3.2	1.4
$Pr^{3+} + 3e^- \rightleftharpoons Pr(s)$	−2.353	0.291
Promethium		
$Pm^{3+} + 3e^- \rightleftharpoons Pm(s)$	−2.30	0.29
Radium		
$Ra^{2+} + 2e^- \rightleftharpoons Ra(s)$	−2.80	−0.44
Rhenium		
$ReO_4^- + 2H^+ + e^- \rightleftharpoons ReO_3(s) + H_2O$	0.72	−1.17
$ReO_4^- + 4H^+ + 3e^- \rightleftharpoons ReO_2(s) + 2H_2O$	0.510	−0.70
Rhodium		
$Rh^{6+} + 3e^- \rightleftharpoons Rh^{3+}$	1.48 1 F $HClO_4$	
$Rh^{4+} + e^- \rightleftharpoons Rh^{3+}$	1.44 3 F H_2SO_4	
$RhCl_6^{2-} + e^- \rightleftharpoons RhCl_6^{3-}$	1.2	
$Rh^{3+} + 3e^- \rightleftharpoons Rh(s)$	0.76	0.4
$2Rh^{3+} + 2e^- \rightleftharpoons Rh_2^{4+}$	0.7	
$RhCl_6^{3-} + 3e^- \rightleftharpoons Rh(s) + 6Cl^-$	0.44	
Rubidium		
$Rb^+ + e^- + Hg \rightleftharpoons Rb(in\ Hg)$	−1.970	
$Rb^+ + e^- \rightleftharpoons Rb(s)$	−2.943	−1.140
Ruthenium		
$RuO_4^- + 6H^+ + 3e^- \rightleftharpoons Ru(OH)_2^{2+} + 2H_2O$	1.53	
$Ru(dipyridyl)_3^{3+} + e^- \rightleftharpoons Ru(dipyridyl)_3^{2+}$	1.29	
$RuO_4(s) + 8H^+ + 8e^- \rightleftharpoons Ru(s) + 4H_2O$	1.032	−0.467
$Ru^{2+} + 2e^- \rightleftharpoons Ru(s)$	0.8	
$Ru^{3+} + 3e^- \rightleftharpoons Ru(s)$	0.60	
$Ru^{3+} + e^- \rightleftharpoons Ru^{2+}$	0.24	
$Ru(NH_3)_6^{3+} + e^- \rightleftharpoons Ru(NH_3)_6^{2+}$	0.214	
Samarium		
$Sm^{3+} + 3e^- \rightleftharpoons Sm(s)$	−2.304	0.279
$Sm^{2+} + 2e^- \rightleftharpoons Sm(s)$	−2.68	−0.28
Scandium		
$Sc^{3+} + 3e^- \rightleftharpoons Sc(s)$	−2.09	0.41
Selenium		
$SeO_4^{2-} + 4H^+ + 2e^- \rightleftharpoons H_2SeO_3 + H_2O$	1.150	0.483
$H_2SeO_3 + 4H^+ + 4e^- \rightleftharpoons Se(s) + 3H_2O$	0.739	−0.562
$Se(s) + 2H^+ + 2e^- \rightleftharpoons H_2Se(g)$	−0.082	0.238
$Se(s) + 2e^- \rightleftharpoons Se^{2-}$	−0.67	−1.2
Silicon		
$Si(s) + 4H^+ + 4e^- \rightleftharpoons SiH_4(g)$	−0.147	−0.196
$SiO_2(s, quartz) + 4H^+ + 4e^- \rightleftharpoons Si(s) + 2H_2O$	−0.990	−0.374
$SiF_6^{2-} + 4e^- \rightleftharpoons Si(s) + 6F^-$	−1.24	
Silver		
$Ag^{2+} + e^- \rightleftharpoons Ag^+$	{ 2.000 4 F $HClO_4$	0.99
	1.989	
	1.929 4 F HNO_3	
$Ag^{3+} + 2e^- \rightleftharpoons Ag^+$	1.9	
$AgO(s) + H^+ + e^- \rightleftharpoons \frac{1}{2}Ag_2O(s) + \frac{1}{2}H_2O$	1.40	
$Ag^+ + e^- \rightleftharpoons Ag(s)$	0.799 3	−0.989
$Ag_2C_2O_4(s) + 2e^- \rightleftharpoons 2Ag(s) + C_2O_4^{2-}$	0.465	
$AgN_3(s) + e^- \rightleftharpoons Ag(s) + N_3^-$	0.293	
$AgCl(s) + e^- \rightleftharpoons Ag(s) + Cl^-$	{ 0.222	
	0.197 saturated KCl	
$AgBr(s) + e^- \rightleftharpoons Ag(s) + Br^-$	0.071	
$Ag(S_2O_3)_2^{3-} + e^- \rightleftharpoons Ag(s) + 2S_2O_3^{2-}$	0.017	
$AgI(s) + e^- \rightleftharpoons Ag(s) + I^-$	−0.152	
$Ag_2S(s) + H^+ + 2e^- \rightleftharpoons 2Ag(s) + SH^-$	−0.272	
Sodium		
$Na^+ + e^- + Hg \rightleftharpoons Na(in\ Hg)$	−1.959	
$Na^+ + \frac{1}{2}H_2(g) + e^- \rightleftharpoons NaH(s)$	−2.367	−1.550
$Na^+ + e^- \rightleftharpoons Na(s)$	−2.714 3	−0.757

(Continued)

Reaction	$E°$ (volts)	$dE°/dT$ (mV/K)
Strontium		
$Sr^{2+} + 2e^- \rightleftharpoons Sr(s)$	−2.889	−0.237
Sulfur		
$S_2O_8^{2-} + 2e^- \rightleftharpoons 2SO_4^{2-}$	2.01	
$S_2O_6^{2-} + 4H^+ + 2e^- \rightleftharpoons 2H_2SO_3$	0.57	
$4SO_2 + 4H^+ + 6e^- \rightleftharpoons S_4O_6^{2-} + 2H_2O$	0.539	−1.11
$SO_2 + 4H^+ + 4e^- \rightleftharpoons S(s) + 2H_2O$	0.450	−0.652
$2H_2SO_3 + 2H^+ + 4e^- \rightleftharpoons S_2O_3^{2-} + 3H_2O$	0.40	
$S(s) + 2H^+ + 2e^- \rightleftharpoons H_2S(g)$	0.174	0.224
$S(s) + 2H^+ + 2e^- \rightleftharpoons H_2S(aq)$	0.144	−0.21
$S_4O_6^{2-} + 2H^+ + 2e^- \rightleftharpoons 2HS_2O_3^-$	0.10	−0.23
$5S(s) + 2e^- \rightleftharpoons S_5^{2-}$	−0.340	
$S(s) + 2e^- \rightleftharpoons S^{2-}$	−0.476	−0.925
$2S(s) + 2e^- \rightleftharpoons S_2^{2-}$	−0.50	−1.16
$2SO_3^{2-} + 3H_2O + 4e^- \rightleftharpoons S_2O_3^{2-} + 6OH^-$	−0.566	−1.06
$SO_3^{2-} + 3H_2O + 4e^- \rightleftharpoons S(s) + 6OH^-$	−0.659	−1.23
$SO_4^{2-} + 4H_2O + 6e^- \rightleftharpoons S(s) + 8OH^-$	−0.751	−1.288
$SO_4^{2-} + H_2O + 2e^- \rightleftharpoons SO_3^{2-} + 2OH^-$	−0.936	−1.41
$2SO_3^{2-} + 2H_2O + 2e^- \rightleftharpoons S_2O_4^{2-} + 4OH^-$	−1.130	−0.85
$2SO_4^{2-} + 2H_2O + 2e^- \rightleftharpoons S_2O_6^{2-} + 4OH^-$	−1.71	−1.00
Tantalum		
$Ta_2O_5(s) + 10H^+ + 10e^- \rightleftharpoons 2Ta(s) + 5H_2O$	−0.752	−0.377
Technetium		
$TcO_4^- + 2H_2O + 3e^- \rightleftharpoons TcO_2(s) + 4OH^-$	−0.366	−1.82
$TcO_4^- + 4H_2O + 7e^- \rightleftharpoons Tc(s) + 8OH^-$	−0.474	−1.46
Tellurium		
$TeO_3^{2-} + 3H_2O + 4e^- \rightleftharpoons Te(s) + 6OH^-$	−0.47	−1.39
$2Te(s) + 2e^- \rightleftharpoons Te_2^{2-}$	−0.84	
$Te(s) + 2e^- \rightleftharpoons Te^{2-}$	−0.90	−1.0
Terbium		
$Tb^{4+} + e^- \rightleftharpoons Tb^{3+}$	3.1	1.5
$Tb^{3+} + 3e^- \rightleftharpoons Tb(s)$	−2.28	0.350
Thallium		
$Tl^{3+} + 2e^- \rightleftharpoons Tl^+$	1.280	0.97
	0.77 1 F HCl	
	1.22 1 F H_2SO_4	
	1.23 1 F HNO_3	
	1.26 1 F $HClO_4$	
$Tl^+ + e^- + Hg \rightleftharpoons Tl(in\ Hg)$	−0.294	
$Tl^+ + e^- \rightleftharpoons Tl(s)$	−0.336	−1.312
$TlCl(s) + e^- \rightleftharpoons Tl(s) + Cl^-$	−0.557	
Thorium		
$Th^{4+} + 4e^- \rightleftharpoons Th(s)$	−1.826	0.557
Thulium		
$Tm^{3+} + 3e^- \rightleftharpoons Tm(s)$	−2.319	0.394
Tin		
$Sn(OH)_3^+ + 3H^+ + 2e^- \rightleftharpoons Sn^{2+} + 3H_2O$	0.142	
$Sn^{4+} + 2e^- \rightleftharpoons Sn^{2+}$	0.139 1 F HCl	
$SnO_2(s) + 4H^+ + 2e^- \rightleftharpoons Sn^{2+} + 2H_2O$	−0.094	−0.31
$Sn^{2+} + 2e^- \rightleftharpoons Sn(s)$	−0.141	−0.32
$SnF_6^{2-} + 4e^- \rightleftharpoons Sn(s) + 6F^-$	−0.25	
$Sn(OH)_6^{2-} + 2e^- \rightleftharpoons Sn(OH)_3^- + 3OH^-$	−0.93	
$Sn(s) + 4H_2O + 4e^- \rightleftharpoons SnH_4(g) + 4OH^-$	−1.316	−1.057
$SnO_2(s) + H_2O + 2e^- \rightleftharpoons SnO(s) + 2OH^-$	−0.961	−1.129
Titanium		
$TiO^{2+} + 2H^+ + e^- \rightleftharpoons Ti^{3+} + H_2O$	0.1	−0.6
$Ti^{3+} + e^- \rightleftharpoons Ti^{2+}$	−0.9	1.5
$TiO_2(s) + 4H^+ + 4e^- \rightleftharpoons Ti(s) + 2H_2O$	−1.076	0.365
$TiF_6^{2-} + 4e^- \rightleftharpoons Ti(s) + 6F^-$	−1.191	
$Ti^{2+} + 2e^- \rightleftharpoons Ti(s)$	−1.60	−0.16
Tungsten		
$W(CN)_8^{3-} + e^- \rightleftharpoons W(CN)_8^{4-}$	0.457	
$W^{6+} + e^- \rightleftharpoons W^{5+}$	0.26 12 F HCl	
$WO_3(s) + 6H^+ + 6e^- \rightleftharpoons W(s) + 3H_2O$	−0.091	−0.389

Reaction	$E°$ (volts)		$dE°/dT$ (mV/K)
$W^{5+} + e^- \rightleftharpoons W^{4+}$	−0.3	12 F HCl	
$WO_2(s) + 2H_2O + 4e^- \rightleftharpoons W(s) + 4OH^-$	−0.982		−1.197
$WO_4^{2-} + 4H_2O + 6e^- \rightleftharpoons W(s) + 8OH^-$	−1.060		−1.36
Uranium			
$UO_2^+ + 4H^+ + e^- \rightleftharpoons U^{4+} + 2H_2O$	0.39		−3.4
$UO_2^{2+} + 4H^+ + 2e^- \rightleftharpoons U^{4+} + 2H_2O$	0.273		−1.582
$UO_2^{2+} + e^- \rightleftharpoons UO_2^+$	0.16		0.2
$U^{4+} + e^- \rightleftharpoons U^{3+}$	−0.577		1.61
$U^{3+} + 3e^- \rightleftharpoons U(s)$	−1.642		0.16
Vanadium			
$VO_2^+ + 2H^+ + e^- \rightleftharpoons VO^{2+} + H_2O$	1.001		−0.901
$VO^{2+} + 2H^+ + e^- \rightleftharpoons V^{3+} + H_2O$	0.337		−1.6
$V^{3+} + e^- \rightleftharpoons V^{2+}$	−0.255		1.5
$V^{2+} + 2e^- \rightleftharpoons V(s)$	−1.125		−0.11
Xenon			
$H_4XeO_6 + 2H^+ + 2e^- \rightleftharpoons XeO_3 + 3H_2O$	2.38		0.0
$XeF_2 + 2H^+ + 2e^- \rightleftharpoons Xe(g) + 2HF$	2.2		
$XeO_3 + 6H^+ + 6e^- \rightleftharpoons Xe(g) + 3H_2O$	2.1		−0.34
Ytterbium			
$Yb^{3+} + 3e^- \rightleftharpoons Yb(s)$	−2.19		0.363
$Yb^{2+} + 2e^- \rightleftharpoons Yb(s)$	−2.76		−0.16
Yttrium			
$Y^{3+} + 3e^- \rightleftharpoons Y(s)$	−2.38		0.034
Zinc			
$ZnOH^+ + H^+ + 2e^- \rightleftharpoons Zn(s) + H_2O$	−0.497		0.03
$Zn^{2+} + 2e^- \rightleftharpoons Zn(s)$	−0.762		0.119
$Zn^{2+} + 2e^- + Hg \rightleftharpoons Zn(in\ Hg)$	−0.801		
$Zn(NH_3)_4^{2+} + 2e^- \rightleftharpoons Zn(s) + 4NH_3$	−1.04		
$ZnCO_3(s) + 2e^- \rightleftharpoons Zn(s) + CO_3^{2-}$	−1.06		
$Zn(OH)_3^- + 2e^- \rightleftharpoons Zn(s) + 3OH^-$	−1.183		
$Zn(OH)_4^{2-} + 2e^- \rightleftharpoons Zn(s) + 4OH^-$	−1.199		
$Zn(OH)_2(s) + 2e^- \rightleftharpoons Zn(s) + 2OH^-$	−1.249		−0.999
$ZnO(s) + H_2O + 2e^- \rightleftharpoons Zn(s) + 2OH^-$	−1.260		−1.160
$ZnS(s) + 2e^- \rightleftharpoons Zn(s) + S^{2-}$	−1.405		
Zirconium			
$Zr^{4+} + 4e^- \rightleftharpoons Zr(s)$	−1.45		0.67
$ZrO_2(s) + 4H^+ + 4e^- \rightleftharpoons Zr(s) + 2H_2O$	−1.473		−0.344

부록 I 형성 상수*

Reacting ions	log β_1	log β_2	log β_3	log β_4	log β_5	log β_6	Temperature (°C)	Ionic strength (μ, M)
Acetate, $CH_3CO_2^-$								
Ag^+	0.73	0.64					25	0
Ca^{2+}	1.24						25	0
Cd^{2+}	1.93	3.15					25	0
Cu^{2+}	2.23	3.63					25	0
Fe^{2+}	1.82						25	0.5
Fe^{3+}	3.38	7.1	9.7				20	0.1
Mg^{2+}	1.25						25	0
Mn^{2+}	1.40						25	0
Na^+	−0.18						25	0
Ni^{2+}	1.43						25	0
Zn^{2+}	1.28	2.09					20	0.1
Ammonia, NH_3								
Ag^+	3.31	7.23					25	0
Cd^{2+}	2.51	4.47	5.77	6.56			30	0
Co^{2+}	1.99	3.50	4.43	5.07	5.13	4.39	30	0
Cu^{2+}	3.99	7.33	10.06	12.03			30	0
Hg^{2+}	8.8	17.5	18.50	19.28			22	2
Ni^{2+}	2.67	4.79	6.40	7.47	8.10	8.01	30	0
Zn^{2+}	2.18	4.43	6.74	8.70			30	0
Cyanide, CN^-								
Ag^+		20	21				20	0
Cd^{2+}	5.18	9.60	13.92	17.11			25	?
Cu^+		24	28.6	30.3			25	0
Ni^{2+}				30			25	0
Tl^{3+}	13.21	26.50	35.17	42.61			25	4
Zn^{2+}		11.07	16.05	19.62			25	0
Ethylenediamine (1,2-diaminoethane), $H_2NCH_2CH_2NH_2$								
Ag^+	4.70	7.70	9.7				20	0.1
Cd^{2+}	5.69	10.36	12.80				25	0.5
Cu^{2+}	10.66	19.99					20	0
Hg^{2+}	14.3	23.3	23.2				25	0.1
Ni^{2+}	7.52	13.84	18.33				20	0
Zn^{2+}	5.77	10.83	14.11				20	0
Hydroxide, OH^-								
Ag^+	2.0	3.99					25	0
Al^{3+}	9.00	17.9	25.2	33.3			25	0
	log β_{22} = 20.3	log β_{43} = 42.1						
Ba^{2+}	0.64						25	0
Bi^{3+}	12.9	23.5	33.0	34.8			25	0
	log $\beta_{12\,6}$ = 165.3 (μ = 1)							
Be^{2+}	8.6	14.4	18.8	18.6			25	0
	log β_{12} = 10.82 (μ = 0.1)		log β_{33} = 32.54 (μ = 0.1)		log β_{65} = 66.24 (μ = 3)	log β_{86} = 85 (μ = 0)		
Ca^{2+}	1.30						25	0
Cd^{2+}	3.9	7.7	10.3 (μ = 3)	12.0 (μ = 3)			25	0
	log β_{12} = 4.6	log β_{44} = 23.2						
Ce^{3+}	4.9						25	3
	log β_{22} = 12.4	log β_{53} = 35.1						
Co^{2+}	4.3	9.2	10.5	9.7			25	0
	log β_{12} = 3	log β_{44} = 25.5						
Co^{3+}	13.52						25	3

The overall (cumulative) formation constant, β_n, is the equilibrium constant for the reaction $M + nL \rightleftharpoons ML_n$: $\beta_n = [ML_n]/([M][L]^n)$. β_n is related to stepwise formation constants (K_i) by $\beta_n = K_1K_2 \ldots K_n$ (Box 6-2). β_{nm} is the cumulative formation constant for the reaction $mM + nL \rightleftharpoons M_mL_n$: $\beta_{nm} = [M_mL_n]/([M]^m[L]^n)$. The subscript n refers to the ligand and m refers to the metal. Data from L. G. Sillén and A. E. Martell, Stability Constants of Metal-Ion Complexes (London: The Chemical Society. Special Publications No. 17 and 25, 1964 and 1971); and A. E. Martell, R. M. Smith, and R. J. Motekaitis, NIST Critical Stability Constants of Metal Complexes Database 46 (Gaithersburg, MD: National Institute of Standards and Technology, 2001).

Reacting ions	log β_1	log β_2	log β_3	log β_4	log β_5	log β_6	Temperature (°C)	Ionic strength (μ, M)
Cr^{2+}	8.5						25	1
Cr^{3+}	10.34	17.3 ($\mu = 0.1$)					25	0
	log β_{22} = 24.0 ($\mu = 1$) log β_{43} = 37.0 ($\mu = 1$) log β_{44} = 50.7 ($\mu = 2$)							
Cu^{2+}	6.5	11.8	14.5 ($\mu = 1$)	15.6 ($\mu = 1$)			25	0
	log β_{12} = 8.2 ($\mu = 3$) log β_{22} = 17.4 log β_{43} = 35.2							
Fe^{2+}	4.6	7.5	13	10			25	0
Fe^{3+}	11.81	23.4		34.4			25	0
	log β_{22} = 25.14 log β_{43} = 49.7							
Ga^{3+}	11.4	22.1	31.7	39.4			25	0
Gd^{3+}	4.9						25	3
	log β_{22} = 14.14							
Hf^{4+}	13.7				52.8		25	0
Hg_2^{2+}	8.7						25	0.5
	log β_{12} = 11.5 ($\mu = 3$) log β_{45} = 48.24 ($\mu = 3$)							
Hg^{2+}	10.60	21.8	20.9				25	0
	log β_{12} = 10.7 log β_{33} = 35.6							
In^{3+}	10.1	20.2	29.5	33.8			25	0
	log β_{22} = 23.2 ($\mu = 3$) log β_{44} = 47.8 ($\mu = 0.1$) log β_{64} = 43.1 ($\mu = 0.1$)							
La^{3+}	5.5						25	0
	log β_{22} = 10.7 ($\mu = 3$) log β_{95} = 38.4							
Li^{+}	0.36						25	0
Mg^{2+}	2.6	−0.3 ($\mu = 3$)					25	0
	log β_{44} = 18.1 ($\mu = 3$)							
Mn^{2+}	3.4			7.7			25	0
	log β_{12} = 6.8 log β_{32} = 18.1							
Na^{+}	0.1						25	0
Ni^{2+}	4.1	9	12				25	0
	log β_{12} = 4.7 ($\mu = 1$) log β_{44} = 28.3							
Pb^{2+}	6.4	10.9	13.9				25	0
	log β_{12} = 7.6 log β_{43} = 32.1 log β_{44} = 36.0 log β_{86} = 68.4							
Pd^{2+}	13.0	25.8					25	0
Rh^{3+}	10.67						25	2.5
Sc^{3+}	9.7	18.3	25.9	30			25	0
	log β_{22} = 22.0 log β_{53} = 53.8							
Sn^{2+}	10.6	20.9	25.4				25	0
	log β_{22} = 23.2 log β_{43} = 49.1							
Sr^{2+}	0.82						25	0
Th^{4+}	10.8	21.1		41.1 ($\mu = 3$)			25	0
	log β_{22} = 23.6 ($\mu = 3$) log β_{32} = 33.8 ($\mu = 3$) log β_{53} = 53.7 ($\mu = 3$)							
Ti^{3+}	12.7						25	0
	log β_{22} = 24.6 ($\mu = 1$)							
Tl^{+}	0.79	−0.8 ($\mu = 3$)					25	0
Tl^{3+}	13.4	26.6	38.7	41.0			25	0
U^{4+}	13.4						25	0
UO_2^{2+}	3.9	10.9	20.7				25	0
VO^{2+}	8.3						25	0
	log β_{22} = 21.3							
Y^{3+}	6.3						25	0
	log β_{22} = 13.8 log β_{53} = 38.4							
Zn^{2+}	5.0	10.2	13.9	15.5			25	0
	log β_{12} = 5.5 ($\mu = 3$) log β_{44} = 27.9 ($\mu = 3$)							
Zr^{4+}	14.3				54.0		25	0
	log β_{43} = 55.4 log β_{84} = 106.0							
Nitrilotriacetate, $N(CH_2CO_2^-)_3$								
Ag^{+}	5.16						20	0.1
Al^{3+}	9.5						20	0.1
Ba^{2+}	4.83						20	0.1
Ca^{2+}	6.46						20	0.1
Cd^{2+}	10.0	14.6					20	0.1

(Continued)

Reacting ions	log β_1	log β_2	log β_3	log β_4	log β_5	log β_6	Temperature (°C)	Ionic strength (μ, M)
Nitrilotriacetate, $N(CH_2CO_2^-)_3$—*(continued)*								
Co^{2+}	10.0	13.9					20	0.1
Cu^{2+}	11.5	14.8					20	0.1
Fe^{3+}	15.91	24.61					20	0.1
Ga^{3+}	13.6	21.8					20	0.1
In^{3+}	16.9						20	0.1
Mg^{2+}	5.46						20	0.1
Mn^{2+}	7.4						20	0.1
Ni^{2+}	11.54						20	0.1
Pb^{2+}	11.47						20	0.1
Tl^{+}	4.75						20	0.1
Zn^{2+}	10.44						20	0.1
Oxalate, $^-O_2CCO_2^-$								
Al^{3+}			15.60				20	0.1
Ba^{2+}	2.31						18	0
Ca^{2+}	1.66	2.69					25	1
Cd^{2+}	3.71						20	0.1
Co^{2+}	4.69	7.15					25	0
Cu^{2+}	6.23	10.27					25	0
Fe^{3+}	7.54	14.59	20.00				?	0.5
Ni^{2+}	5.16	6.5					25	0
Zn^{2+}	4.85	7.6					25	0
1,10-Phenanthroline, [structure]								
Ag^{+}	5.02	12.07					25	0.1
Ca^{2+}	0.7						20	0.1
Cd^{2+}	5.17	10.00	14.25				25	0.1
Co^{2+}	7.02	13.72	20.10				25	0.1
Cu^{2+}	8.82	15.39	20.41				25	0.1
Fe^{2+}	5.86	11.11	21.14				25	0.1
Fe^{3+}			14.10				25	0.1
Hg^{2+}		19.65	23.4				20	0.1
Mn^{2+}	4.50	8.65	12.70				25	0.1
Ni^{2+}	8.0	16.0	23.9				25	0.1
Zn^{2+}	6.30	11.95	17.05				25	0.1

부록 J 반응식 M(*aq*) + L(*aq*) $\rightleftharpoons$ ML(*aq*)*에 대한 형성 상수의 로그값

	L									
M	**F^-**	**Cl^-**	**Br^-**	**I^-**	**NO_3^-**	**ClO_4^-**	**IO_3^-**	**SCN^-**	**SO_4^{2-}**	**CO_3^{2-}**
Li^+	0.23	—	—	—	—	—	—	—	0.64	—
Na^+	−0.2	−0.5	—	—	−0.55	−0.7	−0.4	—	0.72	1.27
K^+	−1.2[a]	−0.5	—	−0.4	−0.19	−0.03	−0.27	—	0.85	—
Rb^+	—	−0.4	—	0.04	−0.08	0.15	−0.19	—	0.60	—
Cs^+	—	−0.2	0.03	−0.03	−0.02	0.23	−0.11	—	0.3	—
Ag^+	0.4	3.31	4.6	6.6	−0.1	−0.1	0.63	4.8	1.3	—
$(CH_3)_4N^+$	—	0.04	0.16	0.31	—	0.27	—	—	—	—
Mg^{2+}	2.05	0.6	−1.4[d]	—	—	—	0.72	−0.9[d]	2.23	2.92
Ca^{2+}	0.63	0.2[b]	—	—	0.5	—	0.89	—	2.36	3.20
Sr^{2+}	0.14	−0.22[a]	—	—	0.6	—	1.00	—	2.2	2.81
Ba^{2+}	−0.20	−0.44[a]	—	—	0.7	—	1.10	—	2.2	2.71
Zn^{2+}	1.3	0.4	−0.07	−1.5[d]	0.4	—	—	1.33	2.34	4.76
Cd^{2+}	1.2	1.98	2.15	2.28	0.5	—	0.51[a]	1.98	2.46	3.49[b]
Hg_2^{2+}	—	—	—	—	0.08[f]	—	—	—	1.30[f]	—
Hg^{2+}	1.03[f]	7.30	9.07[f]	12.87[f]	0.11[d]	—	—	9.64	1.34[f]	11.0[f]
Sn^{2+}	—	1.64	1.16	0.70[e]	0.44[a]	—	—	0.83[a]	—	—
Y^{3+}	4.81	−0.1[a]	−0.15[a]	—	—	—	—	−0.07[f]	3.47	8.2
La^{3+}	3.60	−0.1[a]	—	—	0.1[a]	—	—	0.12[a]	3.64	5.6[d]
In^{3+}	4.65	2.32[c]	2.01[c]	1.64[c]	0.18	—	—	3.15	1.85[a]	—

**Unless otherwise indicated, conditions are 25°C and $\mu = 0$.*

a. $\mu = 1\,M$; b. $\mu = 0.1\,M$; c. $\mu = 0.7\,M$; d. $\mu = 3\,M$; e. $\mu = 4\,M$; f. $\mu = 0.5\,M$.

SOURCE: *Data from A. E. Martell, R. M. Smith, and R. J. Motekaitis,* NIST Critical Stability Constants of Metal Complexes Database 46 *(Gaithersburg, MD: National Institute of Standards and Technology, 2001).*

부록 K 분석적인 표준 물질

The table in this appendix recommends primary standards for many elements. An *elemental assay standard* must contain a known amount of the desired element. A *matrix matching standard* must contain extremely low concentrations of undesired impurities, such as the analyte. If you want to prepare 10 ppm Fe in 10% aqueous NaCl, the NaCl must not contain significant Fe impurity, because the impurity would then have a higher concentration than the deliberately added Fe.

Rather than using compounds in the table, many people purchase certified solutions whose concentrations are traceable to standards from the National Institute of Standards and Technology (NIST) or other national institutes of standards. By *NIST traceable*, we mean that the solution has been prepared from a standard material certified by NIST or that it has been compared with a NIST standard by a reliable analytical procedure.

Manufacturers frequently indicate elemental purity by some number of 9s. This deceptive nomenclature is based on the measurement of certain impurities. For example, 99.999% (five 9s) pure Al is certified to contain ≤0.001% *metallic* impurities, based on the analysis of other metals present. However, C, H, N, and O are not measured. The Al might contain 0.1% Al_2O_3 and still be "five 9s pure." For the most accurate work, the dissolved gas content in solid elements may also be a source of error.

Carbonates, oxides, and other compounds may not possess the expected stoichiometry. For example, TbO_2 will have a high Tb content if some Tb_4O_7 is present. Ignition in an O_2 atmosphere may be helpful, but the final stoichiometry is never guaranteed. Carbonates may contain traces of bicarbonate, oxide, and hydroxide. Firing in a CO_2 atmosphere may improve the stoichiometry. Sulfates may contain some HSO_4^-. Some chemical analysis may be required to ensure that you know what you are really working with.

Most metal standards dissolve in 6 M HCl or HNO_3 or a mixture of the two, possibly with heating. Frothing accompanies dissolution of metals or carbonates in acid, so vessels should be loosely covered by a watchglass or Teflon lid to prevent loss of material. Concentrated HNO_3 (16 M) may *passivate* some metals, forming an insoluble oxide coat that prevents dissolution. If you have a choice between using a bulk element or a powder as standards, the bulk form is preferred because it has a smaller surface area on which oxides can form and impurities can be adsorbed. After a pure metal to be used as a standard is cut, it should be etched ("pickled") in a dilute solution of the acid in which it will be dissolved to remove surface oxides and contamination from the cutter. The metal is then washed well with water and dried in a vacuum desiccator.

Dilute solutions of metals are best prepared in Teflon or plastic vessels, because glass is an ion exchanger that can replace analyte species. Specially cleaned glass vials are commercially available for trace organic analysis. Volumetric dilutions are rarely more accurate than 0.1%, so gravimetric dilutions are required for greater accuracy. Of course, weights should be corrected for buoyancy with Equation 2-1. Evaporation of standard solutions is a source of error that is prevented if the mass of the reagent bottle is recorded after each use. If the mass changes between uses, the contents are evaporating.

Calibration standards

Element	Source[a]	Purity	Comments[b]
Li	SRM 924 (Li_2CO_3)	100.05 ± 0.02%	E; dry at 200°C for 4 h.
	Li_2CO_3	five–six 9s	M; purity calculated from impurities. Stoichiometry unknown.
Na	SRM 919 or 2201 (NaCl)	99.9%	E; dry for 24 h over $Mg(ClO_4)_2$.
	Na_2CO_3	three 9s	M; purity based on metallic impurities.
K	SRM 918 (KCl)	99.9%	E; dry for 24 h over $Mg(ClO_4)_2$.
	SRM 999 (KCl)	52.435 ± 0.004% K	E; ignite at 500°C for 4 h.
	K_2CO_3	five–six 9s	M; purity based on metallic impurities.
Rb	SRM 984 (RbCl)	99.90 ± 0.02%	E; hygroscopic. Dry for 24 h over $Mg(ClO_4)_2$.
	Rb_2CO_3		M
Cs	Cs_2CO_3		M
Be	metal	three 9s	E, M; purity based on metallic impurities.
Mg	SRM 929	100.1 ± 0.4%	E; magnesium gluconate clinical standard.
		5.403 ± 0.022% Mg	Dry for 24 h over $Mg(ClO_4)_2$.
	metal	five 9s	E; purity based on metallic impurities.
Ca	SRM 915 ($CaCO_3$)	three 9s	E; use without drying.
	$CaCO_3$	five 9s	E, M; dry at 200°C for 4 h in CO_2. User must determine stoichiometry.
Sr	SRM 987 ($SrCO_3$)	99.8%	E; ignite to establish stoichiometry. Dry at 110°C for 1 h.
	$SrCO_3$	five 9s	M; up to 1% off stoichiometry. Ignite to establish stoichiometry. Dry at 200°C for 4 h.
Ba	$BaCO_3$	four–five 9s	M; dry at 200°C for 4 h.

Transition metals: Use pure metals (usually ≥four 9s) for elemental and matrix standards. Assays are based on impurities and do not include dissolved gases.

Lanthanides: Use pure metals (usually ≥four 9s) for elemental standards and metal oxides as matrix standards. Oxides may be difficult to dry and stoichiometry is not certain.

a. SRM is the National Institute of Standards and Technology designation for a Standard Reference Material.

b. E means elemental assay standard; M means matrix matching standard.

SOURCE: *Data from J. R. Moody, R. R. Greenberg, K. W. Pratt, and T. C. Rains, "Recommended Inorganic Chemicals for Calibration,"* Anal. Chem. ***1988***, 60, *1203A.*

Calibration standards (*continued*)

Element	Source[a]	Purity	Comments[b]
B	SRM 951 (H_3BO_3)	100.00 ± 0.01	E; expose to room humidity (~35%) for 30 min before use.
Al	metal	five 9s	E, M; SRM 1257 Al metal available.
Ga	metal	five 9s	E, M; SRM 994 Ga metal available.
In	metal	five 9s	E, M
Tl	metal	five 9s	E, M; SRM 997 Tl metal available.
C			No recommendation.
Si	metal	six 9s	E, M; SRM 990 SiO_2 available.
Ge	metal	five 9s	E, M
Sn	metal	six 9s	E, M; SRM 741 Sn metal available.
Pb	metal	five 9s	E, M; several SRMs available.
N	NH_4Cl	six 9s	E; can be prepared from $HCl + NH_3$.
	N_2	>three 9s	E
	HNO_3	six 9s	M; contaminated with NO_x. Purity based on impurities.
P	SRM 194 ($NH_4H_2PO_4$)	three 9s	E
	P_2O_5	five 9s	E, M; difficult to keep dry.
	H_3PO_4	four 9s	E; must titrate 2 hydrogens to be certain of stoichiometry.
As	metal	five 9s	E, M
	SRM 83d (As_2O_3)	$99.992\,6 \pm 0.003\,0\%$	Redox standard. As assay not ensured.
Sb	metal	four 9s	E, M
Bi	metal	five 9s	E, M
O	H_2O	eight 9s	E, M; contains dissolved gases.
	O_2	>four 9s	E
S	element	six 9s	E, M; difficult to dry. Other sources are H_2SO_4, Na_2SO_4, and K_2SO_4. Stoichiometry must be proved (e.g., no SO_3^{2-} present).
Se	metal	five 9s	E, M; SRM 726 Se metal available.
Te	metal	five 9s	E, M
F	NaF	four 9s	E, M; no good directions for drying.
Cl	NaCl	four 9s	E, M; dry for 24 h over $Mg(ClO_4)_2$. Several SRMs (NaCl and KCl) available.
Br	KBr	four 9s	E, M; need to dry and demonstrate stoichiometry.
	Br_2	four 9s	E
I	sublimed I_2	six 9s	E
	KI	three 9s	E, M
	KIO_3	three 9s	Stoichiometry not ensured.

부록 L DNA와 RNA

Genetic information is coded in the sequence of nucleotides in deoxyribonucleic acid (DNA), which is made of two long strands wrapped around each other to form a helix (Figure L-1). The backbone of each strand consists of alternating units of phosphate and the sugar, deoxyribose. One of four different nucleotide bases designated A (adenine), T (thymine), C (cytosine), and G (guanine) is attached to each sugar. The two strands of DNA are connected by hydrogen bonds between the nucleotide bases. A and T form two hydrogen bonds with each other. C and G form three hydrogen bonds. Figure L-2 shows that the two strands of DNA wind around each other to form a double helix.

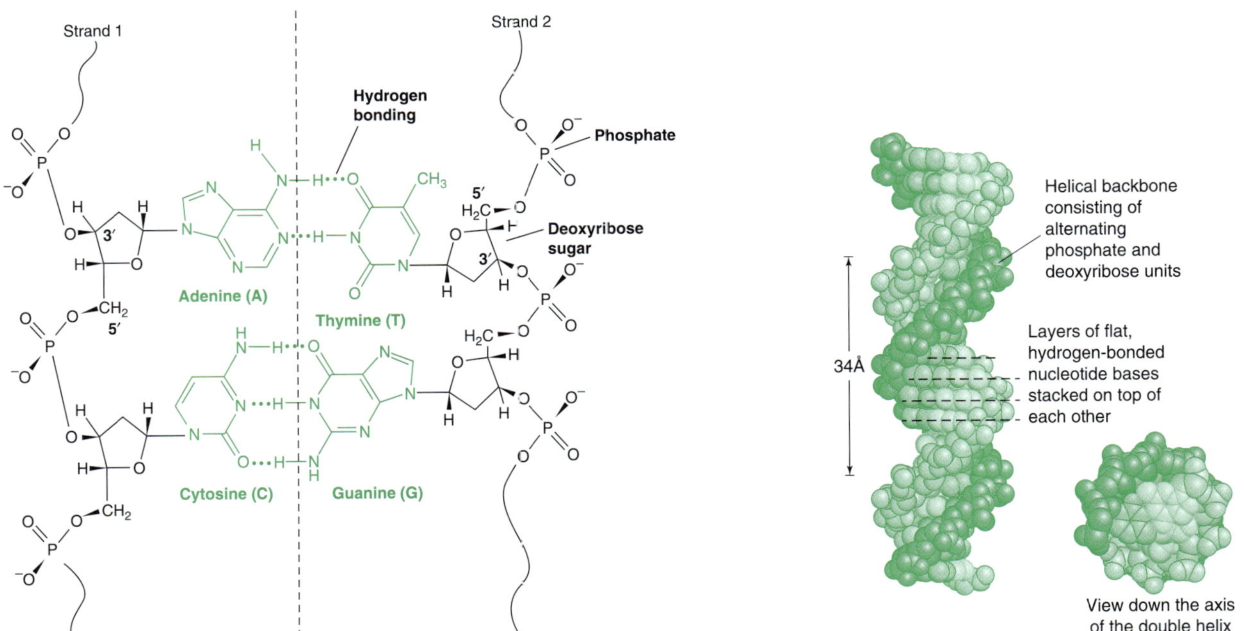

FIGURE L-1 Chemical structure of DNA. In deoxyribose sugar, one carbon atom is labeled 3' and one is 5'. The two strands of DNA run in opposite directions. Strand 1 has the 3' end of the sugar at the top of the page and strand 2 has the 5' end at the top of the page.

FIGURE L-2 DNA double helix. [Information from J. M. Berg, J. L. Tymoczko, and L. Stryer, *Biochemistry*, 5th ed. (New York: W. H. Freeman & Co., 2002.]

Before cell division, the two strands of DNA separate and each serves as a *template* for constructing a new strand with a complementary sequence (Figure L-3). For example, base A on the original strand will select base T for the complementary strand, and G on the original strand will select C for the complementary strand. The enzyme *DNA polymerase* synthesizes the new strand using one strand of DNA as a template and the four deoxyribonucleotide triphosphate building blocks, designated dATP, dTTP, dCTP, and dGTP, to create a complementary strand. During cell division, each daughter cell receives one full set of DNA from the parent cell.

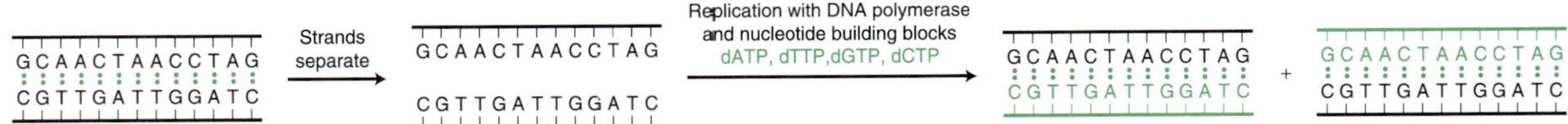

FIGURE L-3 For replication, DNA double helix separates and each strand is used as a template to synthesize a new strand shown in color.

Ribonucleic acid (RNA) is similar to DNA, except that thymine (T) is replaced by uracil (U) and deoxyribose is replaced by ribose.

Thymine (T) in DNA

Uracil (U) in RNA

Deoxyribose in DNA

Ribose in RNA

연습 문제 풀이

Chapter 1

1-A. **(a)** $\dfrac{(25.00\ \cancel{mL})(0.791\,4\ \cancel{g}/\cancel{mL})/(32.042\ \cancel{g}/mol)}{0.500\,0\ L} = 1.235\ M$

(b) 500.0 mL of solution weigh $(1.454\ g/mL) \times (500.0\ mL) = 727.0\ g$ and contain 25.00 mL (= 19.78 g) of methanol. The mass of chloroform in 500.0 mL must be $727.0 - 19.78 = 707.2$ g. The molality of methanol is

$$\text{Molality} = \frac{\text{mol methanol}}{\text{kg chloroform}} = \frac{(19.78\ \cancel{g})/(32.042\ \cancel{g}/mol)}{0.707\,2\ kg} = 0.872\,9\ m$$

If you keep all the numbers in your calculator, the answer is 0.873 1 *m*. You will find small discrepancies due to intermediate round-offs in many answers in this book.

1-B. **(a)**

$$\left(\frac{48.0\ g\ HBr}{100.0\ \cancel{g\ solution}}\right)\left(1.50\frac{\cancel{g\ solution}}{mL\ solution}\right) = \left(\frac{0.720\ g\ HBr}{mL\ solution}\right) = \left(\frac{720\ g\ HBr}{L\ solution}\right)$$

$$\text{Formal concentration} = \frac{720\ g\ HBr/L}{80.912\ g/mol} = 8.90\ M$$

(b) $\dfrac{36.0\ g\ HBr}{0.480\ g\ HBr/g\ solution} = 75.0\ g\ solution$

(c) 233 mmol = 0.233 mol

$$\frac{0.233\ \cancel{mol}}{8.90\ \cancel{mol}/L} = 0.026\,2\ L = 26.2\ mL$$

(d) $M_{conc} \cdot V_{conc} = M_{dil} \cdot V_{dil}$
$(8.90\ M) \cdot (x\ mL) = (0.160\ M) \cdot (250\ mL) \Rightarrow x = 4.49\ mL$

1-C. **(a)** Each mol of $Ca(NO_3)_2$ (FM 164.09) contains 2 mol NO_3^- (FM 62.00), so the fraction of mass that is nitrate is

$$\left(\frac{2\ \cancel{mol\ NO_3^-}}{\cancel{mol\ Ca(NO_3)_2}}\right)\left(\frac{62.00\ g\ NO_3^-/\cancel{mol\ NO_3^-}}{164.09\ g\ Ca(NO_3)_2/\cancel{mol\ Ca(NO_3)_2}}\right) = 0.755\,7\frac{g\ NO_3^-}{g\ Ca(NO_3)_2}$$

If $Ca(NO_3)_2$ = 12.6 ppm (= 12.6 μg $Ca(NO_3)_2$/g solution), NO_3^- = (0.755 7) × (12.6 ppm) = 9.52 ppm because 1 μg $Ca(NO_3)_2$ contains 0.755 8 μg NO_3^-.

(b) 0.144 mM $Ca(NO_3)_2$

$$= \left(1.44 \times 10^{-4}\frac{\cancel{mol\ Ca(NO_3)_2}}{L}\right)\left(164.09\frac{g\ Ca(NO_3)_2}{\cancel{mol\ Ca(NO_3)_2}}\right) = 0.023\,63\ g/L$$

Assuming that the density of solution is close to 1.00 g/mL, the concentration of $Ca(NO_3)_2$ is 0.023 63 g/(1 000 g solution).

$$\text{ppm} = \frac{\text{mass of substance}}{\text{mass of sample}} \times 10^6 = \frac{0.023\,63\ g\ Ca(NO_3^-)_2}{1\,000\ g\ solution} \times 10^6 = 23.6\ ppm$$

(c) We found in **(a)** that the mass fraction of nitrate in calcium nitrate is 0.755 7. Therefore, if a solution contains 23.6 ppm $Ca(NO_3)_2$, it contains (0.755 7)(23.6 ppm) = 17.8 ppm NO_3^-.

1-D. mol OBr^- = (0.005 00 L)(0.623 M) = 3.11_5 mmol
mol NH_3 = $(183 \times 10^{-6}\ L)(14.8\ M) = 2.70_8$ mmol

The reaction requires 2 mol NH_3 for 3 mol OBr^-. Therefore, 3.11_5 mmol OBr^- require $\left(\dfrac{2\ mmol\ NH_3}{3\ \cancel{mmol\ OBr^-}}\right)(3.11_5\ \cancel{mmol\ OBr^-}) = 2.077\ mmol\ NH_3$.

There is more than enough NH_3 for the reaction, so NaOBr is the limiting reagent. NH_3 left over = 2.70_8 mmol − 2.07_7 mmol = 0.63 mmol.

Chapter 2

2-A. **(a)** At 15°C, water density = 0.999 102 g/mL.

$$m = \frac{(5.397\,4\ g)\left(1 - \dfrac{0.001\,2\ g/mL}{8.0\ g/mL}\right)}{\left(1 - \dfrac{0.001\,2\ g/mL}{0.999\,102\ g/mL}\right)} = 5.403\,1\ g$$

(b) At 25°C, water density = 0.997 047 g/mL and *m* = 5.403 1 g.

2-B. Use Equation 2-1 with $m' = 0.296\,1$ g, $d_a = 0.001\,2$ g/mL, $d_w = 8.0$ g/mL, and $d = 5.24$ g/mL ° $m = 0.296\,1$ g.

2-C. $\dfrac{c'}{d'} = \dfrac{c}{d}$

Let the primes stand for 16°C:

$$\Rightarrow \frac{c'\ \text{at}\ 16°C}{0.998\,945\ g/mL} = \frac{0.051\,38\ M}{0.997\,299\ g/mL}$$

$\Rightarrow c'$ at 16°C = 0.051 46 M

2-D. The stock solution is approximately 50 mM. To obtain ~1 mM requires a 1/50 dilution. This can be done by diluting 2 mL up to 100 mL. Pipet 2 mL of stock solution into a 100-mL volumetric flask and dilute to volume with water. The exact molarity will be 51.38 mM/50 = 1.028 mM. If the molarity calculation is not obvious, you could use the dilution formula 1-3:

$$M_{conc} \cdot V_{conc} = M_{dil} \cdot V_{dil}$$
$$(51.38\ mM)(2\ mL) = (x\ mM)(100\ mL) \Rightarrow x = 1.028\ mM$$

A slightly better procedure is to dilute 5 mL of stock solution up to 250 mL because the 5-mL pipet has less relative uncertainty than the 2-mL pipet and the 250-mL flask has less relative uncertainty than the 100-mL flask.

To obtain ~2 mM solution requires twice as much stock solution, so dilute 4 mL up to 100 mL or dilute 10 mL up to 250 mL. Molarity = (4 mL)(51.38 mM)/(100 mL) = 2.055 mM.

To obtain ~3 mM solution requires three times as much stock solution, so dilute 6 mL (2 deliveries of 3 mL) up to 100 mL or dilute 15 mL up to 250 mL. Molarity = (6 mL)(51.38 mM)/(100 mL) = 3.083 mM.

To obtain ~4 mM solution requires four times as much stock solution, so dilute 8 mL (2 deliveries of 4 mL) up to 100 mL or dilute 20 mL up to 250 mL. Molarity = (8 mL)(51.38 mM)/(100 mL) = 4.110 mM.

2-E. Table 2-7 tells us that water occupies 1.003 3 mL/g at 22°C. Therefore, (15.569 g) × (1.003 3 mL/g) = 15.620 mL.

Chapter 3

3-A. **(a)**

$$\begin{array}{r} 12.529\,6 \pm 0.000\,3\ g \\ -12.437\,2 \pm 0.000\,3\ g \\ \hline 0.092\,4\ g \leftarrow 3\ \text{significant digits} \end{array}$$

(b) Absolute uncertainty = $\sqrt{(0.000\,3\ g)^2 + (0.000\,3\ g)^2} = 0.000\,4_2$ g
Relative uncertainty = $0.000\,4_2$ g/0.092 4 g × 100 = 0.4_6% = 0.5%
Mass of precipitate = 0.092 4 ± 0.000 4 (±0.5%) g

3-B. **(a)** [6.28 (±0.01) M × 9.954 (±0.003) mL] ÷ 500.0 (±0.2) mL = ?

$$= \frac{6.28(\pm 0.15_9\%) \times 9.954(\pm 0.03_0\%)}{500.0(\pm 0.04_0\%)}$$

$= 0.125\,0_2$ M ($\pm 0.16_7$%) (because $\sqrt{0.15_9{}^2 + 0.03_0{}^2 + 0.04_0{}^2} = 0.16_7$)

$= 0.125\,0_2$ ($\pm 0.000\,2_1$) M or 0.125 0 (±0.000 2) M

$$\text{Relative uncertainty} = \frac{0.000\,2_1}{0.125_0} \times 100 = 0.17\%$$

Check: relative uncertainty in original molarity (0.15_9%) is 4 times the next largest relative uncertainty (0.04_0%), and so should dominate the overall uncertainty. 0.17% ≈ 0.15_9%, so answer is reasonable.

(b) $[3.26\,(\pm 0.10)\text{ M} \times 8.47\,(\pm 0.05)\text{ L}] - 0.18\,(\pm 0.06)$ moles

$= [3.26\text{ M}\,(\pm 3._{07}\%) \times 8.47\text{ L}\,(\pm 0.5_9\%)] - 0.18\,(\pm 0.06)$ mol

$= [27.612\text{ mol}\,(\pm 3._{12}\%)] - 0.18\,(\pm 0.06)$ mol

$= [27.612\,(\pm 0.8_{63})\text{ mol}] - 0.18\,(\pm 0.06)$ mol

$= [27.4_3\,(\pm 0.8_6)\text{ mol}]$ or $27.4\,(\pm 0.9)$ mol; relative uncertainty = 3%

(c) $6.843\,(\pm 0.008) \times 10^4 \div \underbrace{[2.09\,(\pm 0.04) - 1.63\,(\pm 0.01)]}_{\text{Combine absolute uncertainties}}$

$= \underbrace{6.843\,(\pm 0.008) \times 10^4 \div [0.46\,(\pm 0.04_{12})]}_{\text{Combine relative uncertainties}}$

$= 6.843\,(\pm 0.11_7\%) \times 10^4 \div [0.46(\pm 8._{96}\%)] = 1.49\,(\pm 8._{96}\%) \times 10^5$

$= 1.49\,(\pm 0.13) \times 10^5$; relative uncertainty = 9%

(d) $y = x^a \rightarrow \%e_y = a(\%e_x)$

$$\%e_y = \frac{1}{2}(\%e_x) = \frac{1}{2}\left(\frac{0.08}{3.24} \times 100\right) = 1.2_{35}\%$$

$(3.24 \pm 0.08)^{1/2} = 1.80 \pm 1.2_{35}\%$

$= 1.80 \pm 0.02_2\,(\pm 1.2\%)$

(e) $y = x^a \rightarrow \%e_y = a(\%e_x)$

$$\%e_y = 4(\%e_x) = 4\left(\frac{0.08}{3.24} \times 100\right) = 9._{88}\%$$

$(3.24 \pm 0.08)^4 = 110.20 \pm 9._{88}\%$

$= 1.1_0\,(\pm 0.1_1) \times 10^2\,(\pm 9._9\%)$

(f) $y = \log x \rightarrow e_y = \dfrac{1}{\ln 10}\dfrac{e_x}{x} \approx 0.434\,29\,\dfrac{e_x}{x}$

$$e_y = 0.434\,29\left(\frac{0.08}{3.24}\right) = 0.01_{07}$$

$\log(3.24 \pm 0.08) = 0.510\,5 \pm 0.01_{07}$

$= 0.51 \pm 0.01\,(\pm 2\%)$

(g) $y = 10^x \rightarrow \dfrac{e_y}{x} = (\ln 10)\,e_x \approx 2.302\,6\,e_x$

$\dfrac{e_y}{y} = 2.302\,6\,(0.08) = 0.18_4$

$10^{3.24 \pm 0.08} = 1.74 \times 10^3 \pm 18._4\%$

$= 1.7_4\,(\pm 0.3_2) \times 10^3\,(\pm 18\%)$ or $1.7\,(\pm 0.3) \times 10^3\,(\pm 18\%)$

3-C. **(a)** 2.000 L of 0.169 M NaOH (FM = 39.997) requires 0.338 mol = 13.5_2 g NaOH.

$$\frac{13.5_2\text{ g NaOH}}{0.534\text{ g NaOH/g solution}} = 25.3_2\text{ g solution}$$

$$\frac{25.3_2\text{ g solution}}{1.52\text{ g solution/mL solution}} = 16.6_6\text{ mL}$$

(b) Molarity =

$$\frac{[16.6_6(\pm 0.10)\text{ mL}]\left[1.52(\pm 0.01)\dfrac{\text{g solution}}{\text{mL}}\right] \times \left[0.534(\pm 0.004)\dfrac{\text{g NaOH}}{\text{g solution}}\right]}{\left(39.997\dfrac{\text{g NaOH}}{\text{mol}}\right)(2.000\text{ L})}$$

Because the relative errors in formula mass and final volume are negligible (≈ 0), we can write

$$\text{Relative error in molarity} = \sqrt{\left(\frac{0.10}{16.6_6}\right)^2 + \left(\frac{0.01}{1.52}\right)^2 + \left(\frac{0.004}{0.534}\right)^2} \times 100 = 1.1_6\%$$

Molarity = $0.169\,(\pm 0.002)$ M

3-D. $y = 10^x \rightarrow \dfrac{e_y}{y} = (\ln 10)\,e_x \approx 2.302\,6\,e_x$

$[H^+] = 10^{-pH} = 10^{-4.44} = 3.63 \times 10^{-5}$ M

$\dfrac{e_{[H^+]}}{[H^+]} = 2.302\,6\,e_{pH} = (2.302\,6)(0.04) = 0.092\,1$

$e_{[H^+]} = (0.092\,1)[H^+] = (0.092\,1)[3.63 \times 10^{-5}\text{ M}] = 3.34 \times 10^{-6}$ M

$[H^+] = 3.6_3\,(\pm 0.3_{34}) \times 10^{-5}\text{ M} = 3.6\,(\pm 0.3) \times 10^{-5}$ M

3-E. 0.050 0 mol (±2%) =

$$\frac{[4.18(\pm x)\text{ mL}]\left[1.18(\pm 0.01)\dfrac{\text{g solution}}{\text{mL}}\right]\left[0.370(\pm 0.005)\dfrac{\text{g HCl}}{\text{g solution}}\right]}{36.45_8\dfrac{\text{g HCl}}{\text{mol}}}$$

Because the relative error in formula mass is negligible (≈ 0), we can write

Error analysis:

$$(0.02)^2 = \left(\frac{x}{4.18\text{ mL}}\right)^2 + \left(\frac{0.01}{1.18}\right)^2 + \left(\frac{0.005}{0.370}\right)^2$$

$$x = 0.05_0\text{ mL} = 0.05\text{ mL}$$

Chapter 4

4-A. Mean = $\frac{1}{5}(116.0 + 97.9 + 114.2 + 106.8 + 108.3) = 108.6_4$

$$\text{Standard deviation} = \sqrt{\frac{(116.0 - 108.6_4)^2 + \ldots + (108.3 - 108.6_4)^2}{5 - 1}}$$

$= 7.1_4$

Standard uncertainty = standard deviation of the mean = $\dfrac{7.1_4}{\sqrt{5}} = 3.1_9$

Range = 116.0 − 97.9 = 18.1

90% confidence interval = $108.6_4 \pm \dfrac{(2.132)(7.1_4)}{\sqrt{5}} = 108.6_4 \pm 6.8_1$

$G_{calculated} = |97.9 - 108.6_4| / 7.14 = 1.50$

$G_{table} = 1.672$ for five measurements

Because $G_{calculated} < G_{table}$, we retain 97.9.

4-B.

	A	B	C	D
1	Computing standard deviation			
2				
3		Data = x	x − mean	(x − mean)^2
4		17.4	−0.44	0.1936
5		18.1	0.26	0.0676
6		18.2	0.36	0.1296
7		17.9	0.06	0.0036
8		17.6	−0.24	0.0576
9	sum =	89.2		0.452
10	mean =	17.84		
11	std dev =	0.3362		
12				
13	Formulas:	B9 = B4+B5+B6+B7+B8		
14		B10 = B9/5		
15		B11 = SQRT(D9/(5−1))		
16		C4 = B4−$B$10		
17		D4 = C4^2		
18		D9 = D4+D5+D6+D7+D8		
19				
20	Calculations using built-in functions:			
21	sum =	89.2		
22	mean =	17.84		
23	std dev =	0.3362		
24				
25	Formulas:	B21 = SUM(B4:B8)		
26		B22 = AVERAGE(B4:B8)		
27		B23 = STDEV.S(B4:B8)		

4-C. **(a)** We need to find the fraction of the area of the Gaussian curve between $x = -\infty$ and $x = 40\,860$ h. When $x = 40\,860$, $z = (40\,860 - 62\,700)/10\,400 = -2.100\,0$. The Gaussian curve is symmetric, so the area from $-\infty$ to $-2.100\,0$ is the same as the area from 2.100 0 to $+\infty$. Table 4-1 tells us that the area between $z = 0$ and $z = 2.1$ is 0.482 1. Because the area from $z = 0$ to $z = \infty$ is 0.500 0, the area from $z = 2.100\,0$ to $z = \infty$ is $0.500\,0 - 0.482\,1 = 0.017\,9$. The fraction of brakes expected to be 80% worn in less than 40 860 miles is 0.017 9, or 1.79%.
(b) At 57 500 miles, $z = (57\,500 - 62\,700)/10\,400 = -0.500\,0$. At 71 020 miles, $z = (71\,020 - 62\,700)/10\,400 = +0.800\,0$. The area under the Gaussian curve from $z = -0.500\,0$ to $z = 0$ is the same as the area from $z = 0$ to $z = +0.500\,0$, which is 0.191 5 in Table 4-1. The area from $z = 0$ to $z = +0.800\,0$ is 0.288 1. The total area from $z = -0.500\,0$ to $z = +0.800\,0$ is $0.191\,5 + 0.288\,1 = 0.479\,6$. The fraction of brakes expected to be 80% worn between 57 500 and 71 020 miles is 0.479 6, or 47.96%.

4-D. **(a)** $\bar{x}_A = \dfrac{31.40 + 31.24 + 31.18 + 31.43}{4} = 31.31_2$ mM

$$s_A = \sqrt{\frac{(31.40 - 31.31_2)^2 + (31.24 - 31.31_2)^2 + \ldots + (31.43 - 31.31_2)^2}{4 - 1}}$$

$= 0.12_1$ mM

$u_A = s_A/\sqrt{n} = (0.12_1 \text{ mM})/\sqrt{4} = 0.06_1$

$$\bar{x}_B = \frac{30.70 + 29.49 + 30.01 + 30.15}{4} = 30.08_8 \text{ mM}$$

$$s_B = \sqrt{\frac{(30.70 - 30.08_8)^2 + (29.49 - 30.08_8)^2 + \ldots + (30.15 - 30.08_8)^2}{4 - 1}}$$

$= 0.49_7$ mM

$u_B = s_B/\sqrt{n} = (0.49_7 \text{ mM})/\sqrt{4} = 0.24_9$

(b) $F_{\text{calculated}} = \dfrac{s_1^2}{s_2^2}(s_1 \quad s_2) = \dfrac{(0.49_7)^2}{(0.12_1)^2} = 16._8$

For 3 degrees of freedom in both standard deviations, $F_{\text{table}} = 15.44$. $F_{\text{calculated}} > F_{\text{table}}$, so standard deviations are significantly different.

4-E. For 117, 119, 111, 115, 120 μmol/100 mL, $\bar{x} = 116._4$ and $s = 3._{58}$. The 95% confidence interval for 4 degrees of freedom is

$$\bar{x} \pm \frac{ts}{\sqrt{n}} = 116._4 \pm \frac{(2.776)(3._{58})}{\sqrt{5}} = 116._4 \pm 4._4$$
$$= 112._0 \text{ to } 120._8 \text{ μmol/100 mL}$$

The 95% confidence interval does not include the accepted value of 111 μmol/100 mL, so the *difference is significant*.

4-F. **(a)** pg/g corresponds to 10^{-12} g/g, which is parts per trillion.
(b) $F_{\text{calculated}} = 4.6^2/3.6^2 = 1.6_3 < F_{\text{table}} = 7.15$ (for $n - 1 = 5$ degrees of freedom in both numerator and denominator). Standard deviations are not significantly different at 95% confidence level.
(c) Because $F_{\text{calculated}} < F_{\text{table}}$, we use Equations 4-10a and 4-9a.

$$s_{\text{pooled}} = \sqrt{\frac{s_1^2(n_1 - 1) + s_2^2(n_2 - 1)}{n_1 + n_2 - 2}}$$
$$= \sqrt{\frac{4.6^2(6-1) + 3.6^2(6-1)}{6 + 6 - 2}} = 4.1_3$$
$$t_{\text{calculated}} = \frac{|\bar{x}_1 - \bar{x}_2|}{s_{\text{pooled}}}\sqrt{\frac{n_1 n_2}{n_1 + n_2}} = \frac{|51.1 - 34.4|}{4.1_3}\sqrt{\frac{6 \cdot 6}{6 + 6}} = 7.0_0$$

Because $t_{\text{calculated}}$ $(7.0_0) > t_{\text{table}}$ (= 2.228 for $n_1 + n_2 - 2 = 10$ degrees of freedom), the difference is significant at the 95% confidence level.
(d) $F_{\text{calculated}} = 3.6^2/1.2^2 = 9.0_0 > F_{\text{table}} = 7.15$. The standard deviations are significantly different at the 95% confidence level. Therefore, we use Equations 4-10b and 4-9b to compare the means:

$$\text{Degrees of freedom} = \frac{(s_1^2/n_1 + s_2^2/n_2)^2}{\dfrac{(s_1^2/n_1)^2}{n_1 - 1} + \dfrac{(s_2^2/n_2)^2}{n_2 - 1}}$$
$$= \frac{(3.6^2/6 + 1.2^2/6)^2}{\dfrac{(3.6^2/6)^2}{6 - 1} + \dfrac{(1.2^2/6)^2}{6 - 1}} = 6.10 \approx 6$$

$$t_{\text{calculated}} = \frac{|\bar{x}_1 - \bar{x}_2|}{\sqrt{(s_1^2/n_1) + (s_2^2/n_2)}} = \frac{|34.4 - 42.9|}{\sqrt{3.6^2/6 + 1.2^2/6}} = 5.4_9$$

Because $t_{\text{calculated}}$ $(= 5.4_9) > t_{\text{table}}$ (= 2.447 for 6 degrees of freedom), the difference is significant at the 95% confidence level.

4-G. **(a)**

	x_i	y_i	$x_i y_i$	x_i^2	d_i	d_i^2
	0.00	0.466	0	0	−0.004 6	2.12×10^{-5}
	9.36	0.676	6.327	87.61	+0.001 6	2.56×10^{-6}
	18.72	0.883	16.530	350.44	+0.004 8	2.30×10^{-5}
	28.08	1.086	30.495	788.49	+0.004 0	1.60×10^{-5}
	37.44	1.280	47.923	1 401.75	−0.005 8	3.36×10^{-5}
Sum:	93.60	4.391	101.275	2 628.29		9.64×10^{-5}

$$D = \begin{vmatrix} \Sigma(x_i^2) & \Sigma x_i \\ \Sigma x_i & n \end{vmatrix}$$
$$= (2\,628.29)(5) - (93.60)(93.60) = 4\,380.5$$

$$m = \begin{vmatrix} \Sigma(x_i y_i) & \Sigma x_i \\ \Sigma y_i & n \end{vmatrix} \div D$$
$$= \frac{(101.275)(5) - (93.60)(4.391)}{D} = 0.021\,773$$

$$b = \begin{vmatrix} \Sigma(x_i^2) & \Sigma(x_i y_i) \\ \Sigma x_i & \Sigma y_i \end{vmatrix} \div D$$
$$= \frac{(2\,628.29)(4.391) - (101.275)(93.60)}{D} = 0.470\,60$$

Now that we have slope (m) and intercept (b), we can calculate the deviations: $d_i = y_i - (mx + b)$. The d_i and d_i^2 are tabulated in the columns 5 and 6 of the table above. From Σd_i^2 we can calculate s_y:

$$s_y^2 = \frac{\Sigma(d_i^2)}{n - 2} = \frac{9.64 \times 10^{-5}}{3} = 3.21 \times 10^{-5}$$

$s_y = 0.005\,67$

$$u_m = \sqrt{\frac{s_y^2\, n}{D}} = \sqrt{\frac{(3.21 \times 10^{-5})5}{4\,380.5}} = 0.000\,191$$

$$u_b = \sqrt{\frac{s_y^2\, \Sigma(x_i^2)}{D}} = \sqrt{\frac{(3.21 \times 10^{-5})(2\,628.29)}{4\,380.5}}$$

$= 0.004\,39$

Equation of the best line:

$$y = [0.021\,7_7\,(\pm 0.000\,1_9)]x + [0.470_6\,(\pm 0.004_4)]$$

(c) $x = \dfrac{y - b}{m} = \dfrac{0.973 - 0.470_6}{0.021\,7_7} = 23.0_8$ μg

Standard uncertainty in x (u_x)

$$u_x = \frac{s_y}{|m|}\sqrt{\frac{1}{k} + \frac{1}{n} + \frac{(y - \bar{y})^2}{m^2 \Sigma(x_i - \bar{x})^2}}$$
$$= \frac{0.005\,67}{|0.021\,7_7|}\sqrt{\frac{1}{1} + \frac{1}{5} + \frac{(0.973 - 0.878\,2)^2}{(0.021\,7_7)^2(876.1)}} = 0.29 \text{ μg}$$

Final answer is 23.1 ± 0.3 μg.

	A	B	C	D	E
1	Least-Squares Spreadsheet				
2					
3		x	y		
4		0	0.466		
5		9.36	0.676		
6		18.72	0.883		
7		28.08	1.086		
8		37.44	1.280		
9	LINEST output:				
10	m	0.021774	0.47060	b	
11	u_m	0.000192	0.00439	u_b	
12	R^2	0.999768	0.00567	s_y	
13					
14	n =	5	B14 = COUNT(B4:B8)		
15	Mean y =	0.8782	B15 = AVERAGE(C4:C8)		
16	$\Sigma(x_i-\text{mean } x)^2$ =	876.096	B16 = DEVSQ(B4:B8)		
17	Measured y =	0.973	Input		
18	replicates of y (k) =	1	Input		
19	Derived x =	23.07392	B19 = (B17−C10)/B10		
20	u_x =	0.287754	B20 = (C12/ABS(B10))*SQRT((1/		
21		B18)+(1/B14)+((B17−B15)^2)/(B10^2*B16))			

Spreadsheet for Exercise 4-G

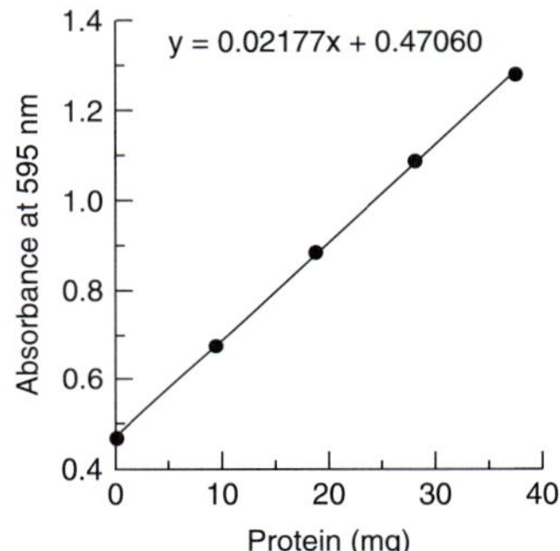

Calibration curve for Exercise 4-G

Chapter 5

5-A. **(a)** Standard deviation of 9 samples = $s = 0.000\,6_{44}$
Mean blank = $y_{\text{blank}} = 0.001\,1_{89}$
$y_{\text{dl}} = y_{\text{blank}} + 3s = 0.001\,1_8 + (3)(0.000\,6_{44}) = 0.003\,1_{12}$

(b) Concentration detection limit $= \dfrac{3s}{m} = \dfrac{(3)(0.000\,6_{44})}{2.24\times10^4\ \text{M}^{-1}} = 9\times10^{-8}$ M

(c) Lower limit of quantitation $= \dfrac{10s}{m} = \dfrac{(10)(0.000\,6_{44})}{2.24\times10^4\ \text{M}^{-1}} = 3\times10^{-7}$ M

5-B. **(a)** $[\text{Ni}^{2+}]_f = [\text{Ni}^{2+}]_i \dfrac{V_i}{V_i+V_s} = [\text{Ni}^{2+}]_i \left(\dfrac{25.0}{25.5}\right) = 0.980_4[\text{Ni}^{2+}]_i$

(b) $[\text{S}]_f = (0.028\,7\ \text{M})\left(\dfrac{0.500}{25.5}\right) = 0.000\,562_7$ M

(c) $\dfrac{[\text{Ni}^{2+}]_i}{0.000\,562\,7 + 0.980\,4[\text{Ni}^{2+}]_i} = \dfrac{2.36\ \mu\text{A}}{3.79\ \mu\text{A}}$

$\Rightarrow [\text{Ni}^{2+}]_i = 9.00\times10^{-4}$ M

5-C. **(a)**

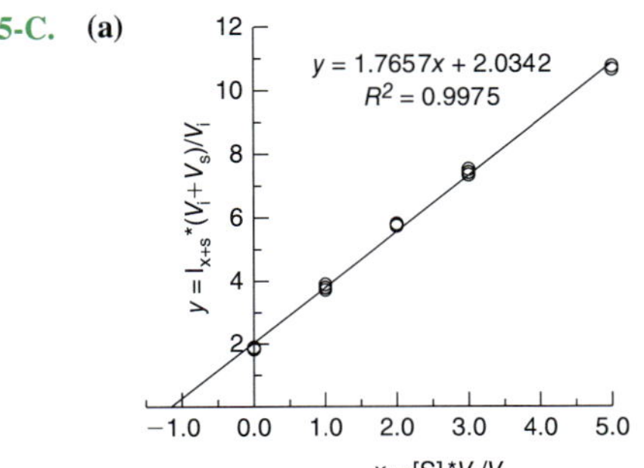

(b) R^2 decreased from 0.999 1 in Figure 5-7 to 0.997 5. R^2 is a poor measure of linearity, as an R^2 close to 1 can still have nonlinearity.
(c) Data lie below the straight line in **(a)** at low concentration, above the line in the middle, and below the line at high concentration. Such systematic patterns of residuals indicate curvature in calibration data.
(d) A residual plot makes curvature more apparent.

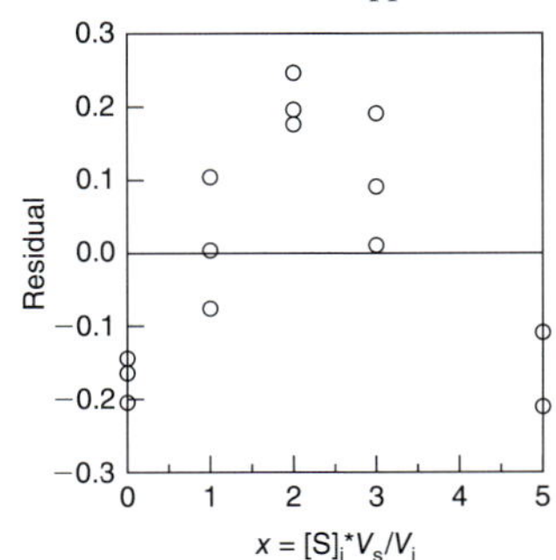

5-D. **(a)** $[\text{As}]_f = [\text{As}]_i \dfrac{V_i}{V_f} = [\text{As}]_i\left(\dfrac{2.50}{5.00}\right) = 0.500[\text{As}]_i$

(b) $[S]_f = [\text{S}]_i \dfrac{V_i}{V_f} = (200\ \mu\text{g/L})\left(\dfrac{V_i}{5.00\ \text{mL}}\right)$

For 0, 0.5, 1.0, 1.5, and 2.0 μg/L, add 0, 12.5, 25.0, 37.5, and 50.0 μL.
(c) Cells B12:C13 of the spreadsheet give slope $(m) = 0.550\,6$, $u_m = 0.029\,2$; intercept $(b) = 0.646\,2$, $u_b = 0.035\,7$. Data are randomly scattered about the line drawn by the method of least squares. A linear calibration is appropriate.

	A	B	C	D
1	Arsenic in juice by standard addition graph			
2	$[S]_f$	I_{X+S}		
3	0.0	0.629		
4	0.5	0.978		
5	1.0	1.162		
6	1.5	1.441		
7	2.0	1.774		
8	Highlight cells B12:B14			
9	Type "=LINEST(B3:B7,A3:A7,TRUE,TRUE)"			
10	PC: CTRL + SHIFT + ENTER			
11	Mac: CTRL + SHIFT + RETURN			
12	slope	0.5506	0.6462	intercept
13	u_m	0.0292	0.0357	u_b
14	R^2	0.9917	0.0461	s_y
15	x-intercept=	−1.174	B15=−C12/B12	
16	$[\text{As}]_i$ =	2.347	B16=−B15*(5.00/2.50)	
17	n =	5	B17=COUNT(B3:B7)	
18	Mean y =	1.197	B18=AVERAGE(B3:B7)	
19	$\Sigma(x_i-\text{mean } x)^2$=	2.5	B19=DEVSQ(A3:A7)	
20	u_x =	0.121	B20=C14/ABS(B12)*	
21		SQRT(1/B17+B18^2/(B12^2*B19))		
22	$u_{[\text{As}]_i}$ =	0.242	B22=B20*5.00/2.50	

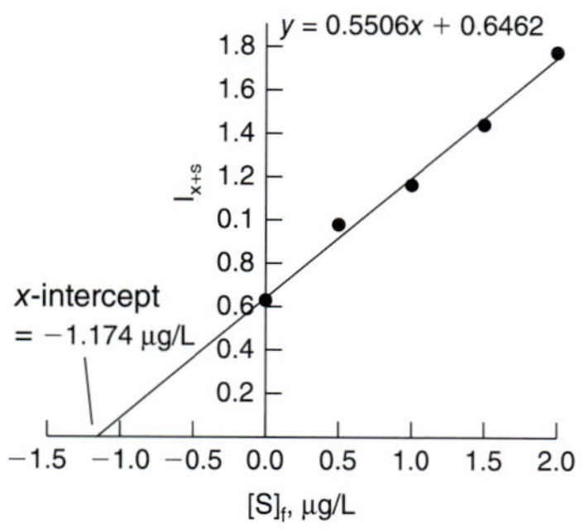

(d) x-intercept $= -b/m = -(0.646\,2)/(0.550\,6) = -1.174$ μg/L $= -[As]_f$

From **(a)**, $[As]_f = [As]_i\left(\frac{2.50}{5.00}\right) \Rightarrow [As]_i = 1.174\left(\frac{5.00}{2.50}\right) = 2.35$ μg/L

(e) Standard uncertainty of x-intercept is $u_x = 0.12_1$ μg/L in cell B20.

Standard uncertainty in $[As]_i = u_x\left(\frac{5.00}{2.50}\right) = 0.24_2$ μg/L.

(f) 95% confidence interval $= \pm t \times 0.24_2$ μg/L
5 points give $5 - 2 = 3$ degrees of freedom and $t = 3.182$.
95% confidence interval $= \pm(3.182)(0.24_2$ μg/L$) = \pm 0.77$ μg/L

5-E. Use the standard mixture to find the response factor. We know when $[X]_f = [S]_f$, the ratio of signals A_X/A_S is 1.31.

$$\frac{A_X}{[X]_f} = F\left(\frac{A_S}{[S]_f}\right) \Rightarrow F = \frac{A_X/A_S}{[X]_f/[S]_f} = \frac{1.31}{1} = 1.31$$

In the mixture of unknown plus standard, the concentration of S is

$$[S]_f = \underbrace{(4.13\ \mu g/mL)}_{\text{Initial concentration}}\underbrace{\left(\frac{2.00}{10.0}\right)}_{\text{Dilution factor}} = 0.826\ \mu g/mL$$

For the unknown mixture: $F = \frac{A_X/A_S}{[X]_f/[S]_f}$

$$1.31 = \frac{0.808}{[X]_f/[0.826\ \mu g/mL]} \Rightarrow [X]_f = 0.509\ \mu g/mL$$

Because X was diluted from 5.00 to 10.0 mL in the mixture with S, the original concentration of X was (10.0/5.0)(0.509 μg/mL) = 1.02 μg/mL.

5-F. **(a)** Cells B10:C11 of the spreadsheet give slope $(m) = 1.075\,6$, $u_m = 0.051\,7$; intercept $(b) = 0.008\,4$, $u_b = 0.033\,5$. The theoretical value of the intercept is 0. The observed value (0.008 4) is less than one standard uncertainty (0.033 5) away from 0, which is within experimental error of 0.

	A	B	C	D
1	$C_{10}H_8/D_{10}H_8$ internal standard calibration curve			
2	[X]/[S]	A_x/A_s		
3	0.100	0.101		
4	0.500	0.573		
5	1.000	1.072		
6	Highlight cells B10:C12			
7	Type "= LINEST(B3:B5,A3:A5,TRUE,TRUE)"			
8	PC: CTRL + SHIFT + ENTER			
9	Mac: CTRL + SHIFT + RETURN			
10	m	1.0756	0.0084	b
11	u_m	0.0517	0.0335	u_b
12	R^2	0.9977	0.0330	s_y
13	n =	3	B13 = COUNT(B3:B5)	
14	Mean y =	0.582	B14 = AVERAGE(B3:B5)	
15	$\Sigma(x_i - \text{mean } x)^2$ =	0.406667	B15 = DEVSQ(A3:B5)	
16				
17	Measured y =	0.652	Input	
18	k = Number of repeat measurements of y =	1	Input	
19	Derived x =	0.598	B19 = (B17–C10)/B10	
20	u_x =	0.0355	B20 = (C12/ABS(B10))*	
21	SQRT((1/B18)+(1/B13)+((B17–B14)^2)/(B10^2*B15))			

Spreadsheet for Exercise 5-F

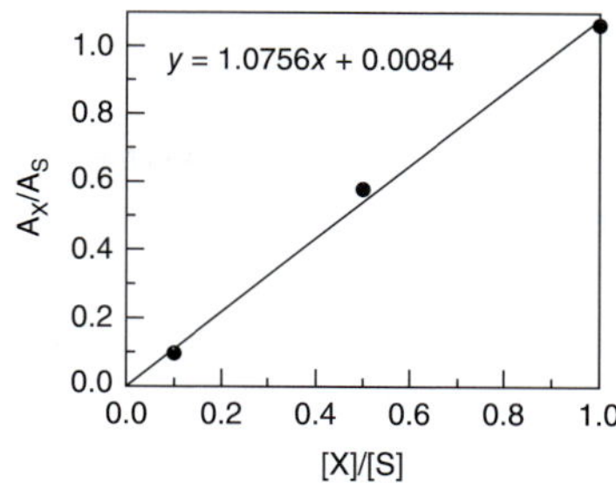

Internal standard calibration graph for Exercise 5-F

(b) Cells B19 and B20 in the spreadsheet give $[C_{10}H_8]/[C_{10}D_8] = x = 0.598$ with a standard uncertainty $u_x = 0.035\,5$.
(c) Student's t for 95% confidence and 1 degree of freedom is 12.706. The 95% confidence interval for $[C_{10}H_8]/[C_{10}D_8]$ is $0.598 \pm (12.706)(0.035\,5) = 0.598 \pm 0.451$. Relative uncertainty = 0.451/0.598 = 75%. The uncertainty from a 3-point calibration is huge (75%) because Student's t is 12.706 when there is only 1 degree of freedom. If we had just one more data point (giving 2 degrees of freedom), the 95% confidence interval would decrease by a factor of 3.

5-G. For first 18 points, mean = 1 136 and standard deviation = 186. Stability criteria are

- No observations outside action lines—Day 22 lies below the lower action line.
- There are not 2 out of 3 consecutive measurements between warning and action lines—Days 21 and 22 are below the lower warning line.
- No 8 consecutive measurements above or below center line—OK, but conclusion would change if Day 41 were above the center line.
- No 6 consecutive measurements all steadily increasing or all steadily decreasing—Days 17–22 are steadily decreasing. Day 22 was already a problem below the action line
- No 14 consecutive points alternating up and down—OK.
- No obvious nonrandom pattern—OK.

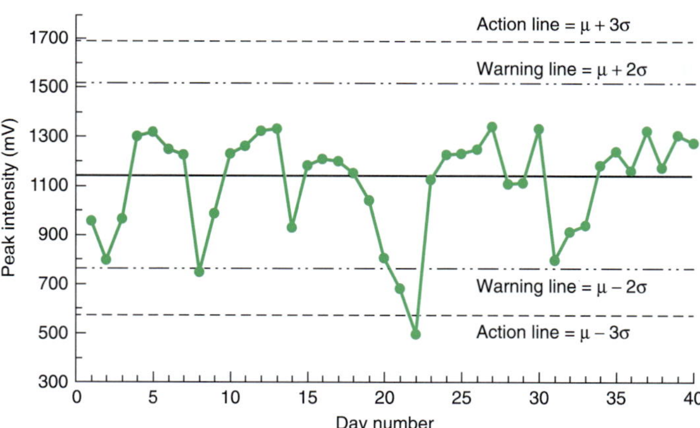

Control chart for Exercise 5-G

Chapter 6

6-A. **(a)**

$$\begin{array}{ll} \cancel{Ag^+} + \cancel{Cl^-} \rightleftharpoons AgCl(aq) & K_1 = 2.0 \times 10^3 \\ AgCl(s) \rightleftharpoons \cancel{Ag^+} + \cancel{Cl^-} & K_2 = 1.8 \times 10^{-10} \\ \hline AgCl(s) \rightleftharpoons AgCl(aq) & K_3 = K_1K_2 = 3.6 \times 10^{-7} \end{array}$$

(b) The answer to **(a)** tells us $[AgCl(aq)] = 3.6 \times 10^{-7}$ M.

(c)

$$\begin{array}{ll} AgCl_2^- \rightleftharpoons \cancel{AgCl(aq)} + Cl^- & K_1 = 1/(9.3 \times 10^1) \\ \cancel{Ag^+} + \cancel{Cl^-} \rightleftharpoons AgCl(s) & K_2 = 1/(1.8 \times 10^{-10}) \\ \cancel{AgCl}\ (aq) \rightleftharpoons \cancel{Ag^+} + \cancel{Cl^-} & K_3 = 1/(2.0 \times 10^3) \\ \hline AgCl_2^- \rightleftharpoons AgCl(s) + Cl^- & K_4 = K_1K_2K_3 = 3.0 \times 10^4 \end{array}$$

6-B. (a) $\dfrac{(x)(x)(1.00+8x)^8}{(0.010\,0-x)(0.010\,0-2x)^2}=1\times10^{11}$

(b) $[Br^-]$ and $[Cr_2O_7^{2-}]$ will both be 0.005 00 M because Cr^{3+} is the *limiting reagent*. The reaction requires 2 moles of Cr^{3+} per mole of BrO_3^-. The Cr^{3+} will be used up first, making 1 mol Br^- and 1 mol $Cr_2O_7^{2-}$ per 2 mol Cr^{3+} consumed. To solve the preceding equation, we set $x = 0.005\,00$ M in all terms except $[Cr^{3+}]$. The concentration of Cr^{3+} will be a small, unknown quantity.

$$\frac{(0.005\,00)(0.005\,00)[1.00+8(0.005\,00)]^8}{(0.010\,0-0.005\,00)[Cr^{3+}]^2}=1\times10^{11}$$

$[Cr^{3+}]=2._6\times10^{-7}$ M

$[BrO_3^-]=0.010\,0-0.005\,00=0.005\,00$ M

6-C. K_{sp} for $La(IO_3)_3$ is small (1.0×10^{-11}), so we presume that the concentration of iodate will not be altered by the small amount of $La(IO_3)_3$ that dissolves.

$$[La^{3+}]=\frac{K_{sp}}{[IO_3^-]^3}=\frac{1.0\times10^{-11}}{(0.050)^3}=8.0\times10^{-8}\text{ M}$$

The answer agrees with the assumption that iodate from $La(IO_3)_3 \ll 0.050$ M.

6-D. We expect $Ca(IO_3)_2$ to be more soluble because its K_{sp} is larger and the two salts have the same stoichiometry. If the stoichiometry were not the same, we could not directly compare values of K_{sp}. Our prediction could be wrong if, for example, the barium salt formed a great deal of the ion pairs $Ba(IO_3)^+$ or $Ba(IO_3)_2(aq)$ and the calcium salt did not form ion pairs.

6-E. (a) Use K_{sp} for $Fe(OH)_3$ to find the concentration of OH^- in equilibrium with a specified concentration of Fe^{3+}:

$[Fe^{3+}][OH^-]^3=(10^{-10})[OH^-]^3=1.6\times10^{-39}$
$\Rightarrow [OH^-]=2.5\times10^{-10}$ M

(b) Now use K_{sp} for $Fe(OH)_2$ to find the concentration of OH^- in equilibrium with a specified concentration of Fe^{2+}:

$[Fe^{2+}][OH^-]^2=(10^{-10})[OH^-]^2=7.9\times10^{-16}$
$\Rightarrow [OH^-]=2.8\times10^{-3}$ M

6-F. We want to reduce $[Ce^{3+}]$ to 1.0% of 0.010 M = 0.000 10 M. The concentration of oxalate in equilibrium with 0.000 10 M Ce^{3+} is computed as follows:

$[Ce^{3+}]^2[C_2O_4^{2-}]^3=K_{sp}=5.9\times10^{-30}$
$(0.000\,10)^2[C_2O_4^{2-}]^3=5.9\times10^{-30}$

$$[C_2O_4^{2-}]=\left(\frac{5.9\times10^{-30}}{(0.000\,10)^2}\right)^{1/3}=8.4\times10^{-8}\text{ M}$$

To see if 8.4×10^{-8} M $C_2O_4^{2-}$ will precipitate 0.010 M Ca^{2+}, evaluate Q for CaC_2O_4:

$$Q=[Ca^{2+}][C_2O_4^{2-}]=(0.010)(8.4\times10^{-8})=8.4\times10^{-10}$$

Because $Q<K_{sp}$ for $CaC_2O_4(=1.3\times10^{-8})$, Ca^{2+} will not precipitate.

6-G. Assuming all nickel is in the form $Ni(en)_3^{2+}$, $[Ni(en)_3^{2+}]=1.00\times10^{-5}$ M containing 3×10^{-5} M en. The amount of en bound to nickel is negligible in comparison to 0.100 M, so $[en]\approx0.100$ M. Adding the three equations gives

$$Ni^{2+}+3\,en \rightleftharpoons Ni(en)_3^{2+} \qquad K=K_1K_2K_3=2.1_4\times10^{18}$$

$$[Ni^{2+}]=\frac{[Ni(en)_3^{2+}]}{K[en]^3}=\frac{(1.00\times10^{-5})}{(2.1_4\times10^{18})(0.100)^3}=4.7\times10^{-21}\text{ M}$$

Now we verify that $[Ni(en)^{2+}]$ and $[Ni(en)_2^{2+}]\ll10^{-5}$ M:

$[Ni(en)^{2+}]=K_1[Ni^{2+}][en]=1.5\times10^{-14}$ M
$[Ni(en)_2^{2+}]=K_2[Ni(en)^{2+}][en]=3.2\times10^{-9}$ M

6-H. (a) Neutral—Neither Na^+ nor Br^- has any acidic or basic properties.
(b) Basic—$CH_3CO_2^-$ is the conjugate base of acetic acid, and Na^+ is neither acidic nor basic.
(c) Acidic—NH_4^+ is the conjugate acid of NH_3, and Cl^- is neither acidic nor basic.
(d) Basic—PO_4^{3-} is a base, and K^+ is neither acidic nor basic.
(e) Neutral—Neither ion is acidic nor basic.
(f) Basic—The quaternary ammonium ion is neither acidic nor basic, and the $C_6H_5CO_2^-$ anion is the conjugate base of benzoic acid.
(g) Acidic—Fe^{3+} is acidic, and nitrate is neither acidic nor basic.

6-I. $K_{b1}=K_w/K_{a2}=4.3\times10^{-9}$
$K_{b2}=K_w/K_{a1}=1.6\times10^{-10}$

6-J. $K\equiv K_{b2}=K_w/K_{a2}=1.2\times10^{-8}$

6-K. (a) $[H^+][OH^-]=x^2=K_w\Rightarrow x=\sqrt{K_w}\Rightarrow \text{pH}=-\log\sqrt{K_w}=7.469$ at 0°C, 7.082 at 20°C, and 6.770 at 40°C.
(b) Because $[D^+]=[OD^-]$ in pure D_2O, $K=1.35\times10^{-15}=[D^+][OD^-]=[D^+]^2\Rightarrow[D^+]=\sqrt{K}=3.67\times10^{-8}\text{ M}\Rightarrow \text{pD}=7.435$.

Chapter 7

7-A.
(a)

Ascorbic acid
$C_6H_8O_6$

Dehydroascorbic acid
$C_6H_8O_7$

Formula mass of ascorbic acid = 6(atomic mass of C) + 8(atomic mass of H) + 6(atomic mass of O) = 6(12.011) + 8(1.008) + 6(15.999) = 176.124 g/mol

(b) $\dfrac{0.197\,0\text{ g of ascorbic acid}}{176.124\text{ g/mol}}=1.118\,5$ mmol

Molarity of I_3^- = 1.118 5 mmol/29.41 mL
= 0.038 03 M

(c) 31.63 mL of I_3^- = 1.203 mmol of I_3^-
= 1.203 mmol of ascorbic acid
= 0.2119 g = 49.94% of the tablet

7-B. (a)

$C_8H_5O_4K$

(b) $\dfrac{0.824\text{ g acid}}{204.22\text{ g/mol}}=4.03_{49}$ mmol.

This many mmol of NaOH is contained in 0.038 314 kg of NaOH solution.

$$\Rightarrow \text{concentration}=\frac{4.03_{49}\times10^{-3}\text{mol NaOH}}{0.038\,314\text{ kg solution}}=0.105_{31}\text{ mol/kg solution}$$

(c) mol NaOH = (0.057 911 kg solution)(0.105$_{31}$ mol/kg solution) = 6.09$_{86}$ mmol
Because 2 mol NaOH react with 1 mol H_2SO_4,

$$[H_2SO_4]=\frac{\frac{1}{2}(6.09_{86}\text{ mmol})}{10.00\text{ mL}}=0.305\frac{\text{mmol}}{\text{mL}}=0.305\text{ M}$$

7-C. 34.02 mL of 0.087 71 M NaOH = 2.983 9 mmol of OH^-. Let x be the mass of malonic acid and y be the mass of anilinium chloride.

Then $x+y=0.237\,6$ g and
(moles of anilinium chloride) + 2(moles of malonic acid) = 0.002 983 9

$$\frac{y\text{ g}}{129.59\text{ g/mol}}+2\left(\frac{x\text{ g}}{104.06\text{ g/mol}}\right)=0.002\,983\,9\text{ mol}$$

Substituting $y = 0.237\,6 - x$ gives $x = 0.100\,01$ g = 42.09% malonic acid. Anilinium chloride = 57.91%

7-D. The reaction is $SCN^- + Cu^+ \rightarrow CuSCN(s)$. The equivalence point occurs when moles of Cu^+ = moles of $SCN^- \Rightarrow V_e = 100.0$ mL. Before the equivalence point, there is excess SCN^- remaining in the solution. We calculate the molarity of SCN^- and then find $[Cu^+]$ from the relation $[Cu^+] = K_{sp}/[SCN^-]$. For example, when 0.10 mL of Cu^+ has been added,

$$[SCN^-] = \left(\frac{100.0 \text{ mL} - 0.10 \text{ mL}}{100.0 \text{ mL}}\right)(0.080\,0 \text{ M})\left(\frac{50.0 \text{ mL}}{50.1 \text{ mL}}\right)$$
$$= 7.98 \times 10^{-2} \text{ M}$$
$$[Cu^+] = 4.8 \times 10^{-15}/7.98 \times 10^{-2}$$
$$= 6.0 \times 10^{-14}$$
$$pCu^+ = 13.22$$

At the equivalence point, $[Cu^+][SCN^-] = x^2 = K_{sp} \Rightarrow x = [Cu^+] = 6.9 \times 10^{-8} \Rightarrow pCu^+ = 7.16$.

Past the equivalence point, there is excess Cu^+. For example, when $V = 101.0$ mL,

$$[Cu^+] = (0.040\,0 \text{ M})\left(\frac{101.0 \text{ mL} - 100.0 \text{ mL}}{151.0 \text{ mL}}\right) = 2.6 \times 10^{-4} \text{ M}$$
$$pCu^+ = 3.58$$

mL	pCu	mL	pCu	mL	pCu
0.10	13.22	75.0	12.22	100.0	7.16
10.0	13.10	95.0	11.46	100.1	4.57
25.0	12.92	99.0	10.75	101.0	3.58
50.0	12.62	99.9	9.75	110.0	2.60

7-E. $V_e = 23.66$ mL for AgBr. At 2.00, 10.00, 22.00, and 23.00 mL, AgBr is partially precipitated and excess Br^- remains.

At 2.00 mL:

$$[Ag^+] = \frac{K_{sp}(\text{for AgBr})}{[Br^-]}$$
$$= \frac{5.0 \times 10^{-13}}{\underbrace{\left(\frac{23.66 \text{ mL} - 2.00 \text{ mL}}{23.66 \text{ mL}}\right)}_{\text{Fraction remaining}}\underbrace{(0.050\,00 \text{ M})}_{\text{Original molarity of Br}^-}\underbrace{\left(\frac{40.00 \text{ mL}}{42.00 \text{ mL}}\right)}_{\text{Dilution factor}}}$$
$$= 1.15 \times 10^{-11} \text{ M} \Rightarrow pAg^+ = 10.94$$

By similar reasoning, we find
at 10.00 mL: $pAg^+ = 19.66$
at 22.00 mL: $pAg^+ = 9.66$
at 23.00 mL: $pAg^+ = 9.25$

At 24.00, 30.00, and 40.00 mL, AgCl is precipitating and excess Cl^- remains in solution.

At 24.00 mL:

$$[Ag^+] = \frac{K_{sp}(\text{for AgCl})}{[Cl^-]}$$
$$= \frac{1.8 \times 10^{-10}}{\left(\frac{47.32 \text{ mL} - 24.00 \text{ mL}}{23.66 \text{ mL}}\right)(0.050\,00 \text{ M})\left(\frac{40.00 \text{ mL}}{64.00 \text{ mL}}\right)}$$
$$= 5.8 \times 10^{-9} \text{ M} \Rightarrow pAg^+ = 8.23$$

By similar reasoning, we find
at 30.00 mL: $pAg^+ = 8.07$
at 40.00 mL: $pAg^+ = 7.63$

At the second equivalence point (47.32 mL), $[Ag^+] = [Cl^-]$, and we can write

$$[Ag^+][Cl^-] = x^2 = K_{sp} \text{ (for AgCl)}$$
$$\Rightarrow [Ag^+] = 1.34 \times 10^{-5} \text{ M} \quad \Rightarrow pAg^+ = 4.87$$

At 50.00 mL, there is an excess of $(60.00 - 47.32) = 2.68$ mL of Ag^+

$$[Ag^+] = \left(\frac{2.68 \text{ mL}}{90.00 \text{ mL}}\right)(0.084\,54 \text{ M}) = 2.5 \times 10^{-3} \text{ M}$$
$$pAg^+ = 2.60$$

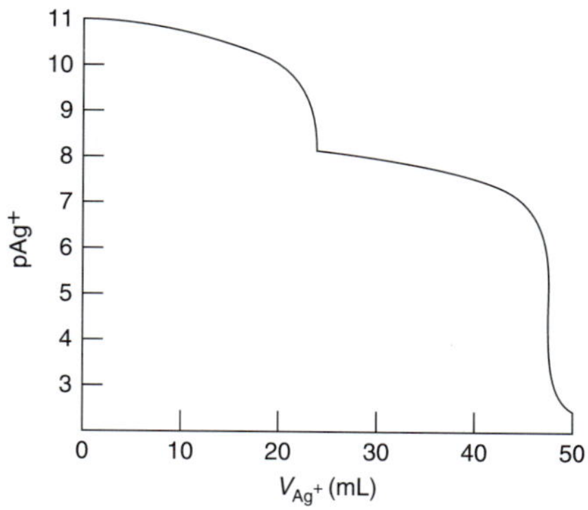

7-F. **(a)** 12.6 mL of Ag^+ are required to precipitate I^-, then $(27.7 - 12.6) = 15.1$ mL are required to precipitate SCN^-.

$$[SCN^-] = \frac{\text{moles of Ag}^+ \text{ needed to react with SCN}^-}{\text{original volume of SCN}^-}$$
$$= \frac{[27.7\,(\pm 0.3) - 12.6\,(\pm 0.4) \text{ mL}][0.068\,3\,(\pm 0.000\,1) \text{ M}]}{50.00\,(\pm 0.05) \text{ mL}} \qquad \textbf{(A)}$$
$$= \frac{[15.1\,(\pm 0.5)][0.068\,3\,(\pm 0.000\,1)]}{50.00\,(\pm 0.05)}$$
$$= \frac{[15.1\,(\pm 3.31\%)][0.068\,3\,(\pm 0.146\%)]}{50.00\,(\pm 0.100\%)} = 0.020\,6\,(\pm 0.000\,7) \text{ M}$$

In expression (A), I chose to keep the volumes in mL rather than L. As long as the units are consistent and cancel, this practice is allowed. You could have written all volumes in L.

(b) $[SCN^-](\pm 4.0\%) = \dfrac{[27.7\,(\pm 0.3) - 12.6\,(\pm ?)][0.068\,3\,(\pm 0.000\,1)]}{50.00\,(\pm 0.05)}$

Let the error in difference 15.1 mL be $y\%$:

$$(4.0\%)^2 = (y\%)^2 + (0.146\%)^2 + (0.100\%)^2$$
$$\Rightarrow y = 4.00\% = 0.603 \text{ mL}$$
$$27.7\,(\pm 0.3) - 12.6\,(\pm ?) = 15.1\,(\pm 0.603)$$
$$\Rightarrow 0.3^2 + ?^2 = 0.603^2 \Rightarrow ? = 0.5 \text{ mL}$$

Chapter 8

8-A. **(a)** $\mu = \frac{1}{2}([K^+] \cdot 1^2 + [NO_3^-] \cdot (-1)^2) = 0.2$ mM

(b) $\mu = \frac{1}{2}([Cs^+] \cdot 1^2 + [CrO_4^{2-}] \cdot (-2)^2)$

$$= \frac{1}{2}([0.4] \cdot 1 + [0.2] \cdot 4) = 0.6 \text{ mM}$$

(c) $\mu = \frac{1}{2}([Mg^{2+}] \cdot 2^2 + [Cl^-] \cdot (-1)^2 + [Al^{3+}] \cdot 3^2)$

$$= \frac{1}{2}([0.2] \cdot 4 + [0.4 + 0.9] \cdot 1 + [0.3] \cdot 9) = 2.4 \text{ mM}$$

↑ From $MgCl_2$ ↑ From $AlCl_3$

8-B. For 0.005 0 M $(CH_3CH_2CH_2)_4N^+Br^-$ plus 0.005 0 M $(CH_3)_4N^+Cl^-$, $\mu = 0.010$ M. The size of the ion $(CH_3CH_2CH_2)_4N^+$ is 800 pm. At $\mu = 0.01$ M, $\gamma = 0.912$ for an ion of charge ±1 with $\alpha = 800$ pm. $\mathcal{A} = (0.005\,0)(0.912) = 0.0046$.

8-C. $\mu = 0.060$ M from KSCN, assuming negligible solubility of AgSCN.

$K_{sp} = [Ag^+]\gamma_{Ag^+}[SCN^-]\gamma_{SCN^-} = 1.1 \times 10^{-12}$

The activity coefficients at $\mu = 0.060$ M are $\gamma_{Ag^+} = 0.79$ and $\gamma_{SCN^-} = 0.80$.

$K_{sp} = [Ag^+](0.79)[0.060](0.80) = 1.1 \times 10^{-12}$

$\Rightarrow [Ag^+] = 2.9 \times 10^{-11}$ M

8-D. At an ionic strength of 0.050 M, $\gamma_{H^+} = 0.86$ and $\gamma_{OH^-} = 0.81$.

$[H^+]\gamma_{H^+}[OH^-]_{OH^-} = (x)(0.86)(x)(0.81) = 1.0 \times 10^{-14} \Rightarrow x =$

$[H^+] = 1.2 \times 10^{-7}$ M. $pH = -\log[(1.2 \times 10^{-7})(0.86)] = 6.99$

8-E. **(a)** Moles of I^- = 2(moles of Hg_2^{2+})

$(V_e)(0.100\text{ M}) = 2(40.0\text{ mL})(0.040\,0\text{ M}) \Rightarrow V_e = 32.0$ mL

(b) Virtually all the Hg_2^{2+} has precipitated, along with 3.20 mmol of I^-.

The ions remaining in solution are

$$[NO_3^-] = \frac{3.20\text{ mmol}}{100.0\text{ mL}} = 0.032\,0\text{ M}$$

$$[I^-] = \frac{2.80\text{ mmol}}{100.0\text{ mL}} = 0.028\,0\text{ M}$$

$$[K^+] = \frac{6.00\text{ mmol}}{100.0\text{ mL}} = 0.060\,0\text{ M}$$

$$\mu = \frac{1}{2}\sum c_i z_i^2 = 0.060\,0\text{ M}$$

(c) $\mathcal{A}_{Hg_2^{2+}} = K_{sp}/\mathcal{A}_{I^-}^2 = K_{sp}/([I^-]^2\gamma_{I^-}^2)$

$= 4.6 \times 10^{-29}/[(0.028\,0)^2(0.795)^2] = 9.3 \times 10^{-26}$

$\Rightarrow pHg_2^{2+} = -\log \mathcal{A}_{Hg_2^{2+}} = 25.03$

8-F. **(a)** $[Cl^-] = 2[Ca^{2+}]$

(b) $\underbrace{[Cl^-] + [CaCl^+]}_{\text{Species containing Cl}^-} = 2\{\underbrace{[Ca^{2+}] + [CaCl^+] + [CaOH^+]}_{\text{Species containing Ca}^{2+}}\}$

(c) $[Cl^-] + [OH^-] = 2[Ca^{2+}] + [CaCl^+] + [CaOH^+] + [H^+]$

8-G. Charge balance:

$[F^-] + [HF_2^-] + [OH^-] = 2[Ca^{2+}] + [CaOH^+] + [CaF^+] + [H^+]$

Mass balance: CaF_2 gives 2 mol F for each mol Ca.

$\underbrace{[F^-] + [CaF^+] + 2[CaF_2(aq)] + [HF] + 2[HF_2^-]}_{\text{Species containing F}^-}$

$= 2\{\underbrace{[Ca^{2+}] + [CaOH^+] + [CaF^+] + [CaF_2(aq)]}_{\text{Species containing Ca}^{2+}}\}$

8-H. Charge balance:

$2[Ca^{2+}] + [CaOH^+] + [H^+]$

$= [CaPO_4^-] + 3[PO_4^{3-}] + 2[HPO_4^{2-}] + [H_2PO_4^-] + [OH^-]$

Mass balance: equate 2(calcium species) = 3(phosphate species)

$2\{\underbrace{[Ca^{2+}] + [CaOH^+] + [CaPO_4^-]}_{\text{Species containing calcium}}\}$

$= 3\{\underbrace{[CaPO_4^-] + [PO_4^{3-}] + [HPO_4^{2-}] + [H_2PO_4^-] + [H_3PO_4]}_{\text{Species containing phosphate}}\}$

8-I. **(a)** Pertinent reactions:

$Mn(OH)_2(s) \overset{K_{sp}}{\rightleftharpoons} Mn^{2+} + 2OH^- \qquad K_{sp} = 10^{-12.8}$

$Mn^{2+} + OH^- \overset{K_1}{\rightleftharpoons} MnOH^+ \qquad K_1 = 10^{3.4}$

$H_2O \overset{K_w}{\rightleftharpoons} H^+ + OH^- \qquad K_w = 10^{-14.00}$

Charge balance: $2[Mn^{2+}] + [MnOH^+] + [H^+] = [OH^-]$

Mass balance: $\underbrace{[OH^-] + [MnOH^+]}_{\text{Species containing OH}^-} = 2\{\underbrace{[Mn^{2+}] + [MnOH^+]}_{\text{Species containing Mn}^{2+}}\} + [H^+]$

(Mass balance is equivalent to charge balance in this system.)

Equilibrium constant expressions:

$K_{sp} = [Mn^{2+}]\gamma_{Mn^{2+}}[OH^-]^2\gamma_{OH^-}^2$

$$K_1 = \frac{[MnOH^+]\gamma_{MnOH^+}}{[Mn^{2+}]\gamma_{Mn^{2+}}[OH^-]\gamma_{OH^-}}$$

$K_w = [H^+]\gamma_{H^+}[OH^-]\gamma_{OH^-}$

We need to estimate (number of unknowns) − (number of equilibria) = 4 − 3 = 1 concentration, for which I choose $pMn^{2+} \approx 4$ from the K_{sp} equilibrium. The spreadsheet has the same form as for $Mg(OH)_2$ solubility in the text, but with μ fixed at 0.1 M in cell B5. Concentrations after executing Solver to minimize cell H15 by varying cell B8 are shown in cells C8:C11.

	A	B	C	D	E	F	G	H
1	Manganese hydroxide equilibria							
2	1. *Estimate* pMn in cell B8.							
3	2. Use Solver to adjust B8 to minimize sum in cell H15							
4	Ionic strength					Extended		
5	μ	0.1	fixed			Debye-	Activity	
6				Size		Hückel	coefficient	
7	Species	pC	C (M)	α (pm)	Charge	log γ	γ	
8	Mn^{2+}	4.271737	5.349E-05	600	2	−3.977E-01	4.002E-01	
9	OH^-		1.130E-04	350	−1	−1.183E-01	7.615E-01	
10	$MnOH^+$		6.016E-06	400	1	−1.140E-01	7.691E-01	
11	H^+		1.408E-10	900	1	−8.343E-02	8.252E-01	
12								
13	pK_{sp} =	12.80	K_{sp} =	1.58E−13			Charge balance:	$10^6{*}b_i$
14	pK_1 =	−3.40	K_1 =	2.51E+03	$b_1 = 2[Mn^{2+}] + [MnOH^+] + [H^+] - [OH^-]$			−3.12E−13
15	pK_w =	14.00	K_w =	1.00E−14			$\Sigma(10\text{^}6{*}b_i)^2$ =	9.72E-26
16								H14 = 1e6*(2*C8+C10+C11–C9)
17	Ion size estimates:							H15 = H14^2
18	$MnOH^+$ size ≈ 400 pm							C8 = 10^–B8
19								C9 = SQRT(D13/(C8*G8))/G9
20	Initial values:							C10 = D14*C8*G8*C9*G9/G10
21	pMn =	4						C11 = D15/(C9*G9*G11)
22								F8 = –0.51*E8^2*SQRT($B$5)/(1+D8*SQRT($B$5)/305)
23								G8 = 10^–F8

Spreadsheet for Exercise 8-I(a)

(b) The spreadsheet is the same as **(a)**, except that cell B5 contains the formula "= 0.5*(E8^2*C8 + E9^2*C9 + E10^2*C10 + E11^2*C11)". Solver finds $[Mn^{2+}] = 3.30 \times 10^{-5}$, $[MnOH^+] = 5.68 \times 10^{-6}$, $[OH^-] = 7.18 \times 10^{-5}$, $[H^+] = 1.43 \times 10^{-10}$, and $\mu = 1.05 \times 10^{-4}$ M.

(c) Na^+ and ClO_4^- ions create ionic atmospheres that lessen the attraction of Mn^{2+} and OH^-, thereby increasing the solubility of $Mn(OH)_2$.
(Dissolved Mn in 0.1 M $NaClO_4$)/(dissolved Mn without $NaClO_4$) = ([5.35×10^{-5} M] + [6.0×10^{-6} M])/([3.30×10^{-5} M] + [5.7×10^{-6} M]) = 1.54

Chapter 9

9-A. $pH = -\log \mathcal{A}_{H^+}$. But $\mathcal{A}_{H^+}\mathcal{A}_{OH^-} = K_w \Rightarrow \mathcal{A}_{H^+} = K_w/\mathcal{A}_{OH^-}$. For 1.0×10^{-2} M NaOH, $[OH^-] = 1.0 \times 10^{-2}$ M and $\gamma_{OH^-} = 0.900$ (Table 8-1, with $\mu = 0.010$ M).

$$\mathcal{A}_{H^+} = \frac{K_w}{[OH^-]\gamma_{OH^-}} = \frac{1.0 \times 10^{-14}}{(1.0 \times 10^{-2})(0.900)}$$

$$= 1.11 \times 10^{-12} \Rightarrow pH = -\log \mathcal{A}_{H^+} = 11.95$$

9-B. **(a)** Charge balance: $[H^+] = [OH^-] + [Br^-]$
Mass balance: $[Br^-] = 1.0 \times 10^{-8}$ M
Equilibrium: $[H^+][OH^-] = K_w$
Setting $[H^+] = x$ and $[Br^-] = 1.0 \times 10^{-8}$ M, the charge balance tells us that $[OH^-] = x - 1.0 \times 10^{-8}$. Putting this into the K_w equilibrium gives
$(x)(x - 1.0 \times 10^{-8}) = 1.0 \times 10^{-14}$
$\Rightarrow x = 1.0_5 \times 10^{-7}$ M $\Rightarrow$ pH = 6.98

(b) Charge balance: $[H^+] = [OH^-] + 2[SO_4^{2-}]$
Mass balance: $[SO_4^{2-}] = 1.0 \times 10^{-8}$ M
Equilibrium: $[H^+][OH^-] = K_w$
As before, writing $[H^+] = x$ and $[SO_4^{2-}] = 1.0 \times 10^{-8}$ M gives $[OH^-] = x - 2.0 \times 10^{-8}$ M, and $[H^+][OH^-] = (x)[x - 2.0 \times 10^{-8}] = 1.0 \times 10^{-14} \Rightarrow$
$x = 1.10 \times 10^{-7}$ M $\Rightarrow$ pH = 6.96.

9-C. NO_2 / OH (structure) 2-Nitrophenol $C_6H_5NO_3$ FM = 139.11 $K_a = 5.89 \times 10^{-8}$

$$F_{HA}\,(\text{formal concentration}) = \frac{1.23\text{ g}/(139.11\text{ g/mol})}{0.250\text{ L}} = 0.035\,4\text{ M}$$

$$\underset{F-x}{HA} \rightleftharpoons \underset{x}{H^+} + \underset{x}{A^-}$$

$$\frac{x^2}{0.035\,4 - x} = 5.89 \times 10^{-8}\text{ M}$$

$$\Rightarrow x \approx \sqrt{(0.035\,4)(5.89 \times 10^{-8})} = 4.57 \times 10^{-5}\text{ M}$$

$$\Rightarrow pH = -\log x = 4.34$$

9-D. (structure: CH_3, OH; F − x) $\rightleftharpoons H^+ + $ (structure: CH_3, O^-; x) — H^+: x

But $[H^+] = 10^{-pH} = 6.9 \times 10^{-7}$ M $\Rightarrow [A^-] = 6.9 \times 10^{-7}$ M and $[HA] = 0.010 - [H^+] = 0.010$.

$$K_a = \frac{[H^+][A^-]}{[HA]} = \frac{(6.9 \times 10^{-7})^2}{0.010} = 4.8 \times 10^{-11} \Rightarrow pK_a = 10.32$$

9-E. As $[HA] \to 0$, pH $\to$ 7. If pH = 7,

$$\frac{[H^+][A^-]}{[HA]} = K_a \Rightarrow [A^-] = \frac{K_a}{[H^+]}[HA]$$

$$= \frac{10^{-5.00}}{10^{-7.00}}[HA] = 100[HA]$$

$$\alpha = \frac{[A^-]}{[HA] + [A^-]} = \frac{100[HA]}{[HA] + 100[HA]} = \frac{100}{101} = 99\%$$

If $pK_a = 9.00$, we find $\alpha = 0.99\%$.

9-F. $\underset{F-x}{CH_3CH_2CH_2CO_2^-} + H_2O \rightleftharpoons \underset{x}{CH_3CH_2CH_2CO_2H} + \underset{x}{OH^-}$

$$K_b = \frac{K_w}{K_a} = 6.58 \times 10^{-10}$$

$$\frac{x^2}{F - x} = \frac{x^2}{0.050 - x} = K_b$$

$$\Rightarrow x \approx \sqrt{(0.050)(6.58 \times 10^{-10})} = 5.7_4 \times 10^{-6}\text{ M}$$

$$pH = -\log\left(\frac{K_w}{x}\right) = 8.76$$

9-G. **(a)** $\underset{F-x}{CH_3CH_2NH_2} + H_2O \rightleftharpoons \underset{x}{CH_3CH_2NH_3^+} + \underset{x}{OH^-}$

Because pH = 11.82, $[OH^-] = K_w/10^{-pH} = 6.6 \times 10^{-3}$ M $= [BH^+]$.
$[B] = F - x = F - [OH^-] = 0.093$ M

$$K_b = \frac{[BH^+][OH^-]}{[B]} = \frac{(6.6 \times 10^{-3})^2}{0.093} = 4.7 \times 10^{-4}$$

(b) $\underset{F-x}{CH_3CH_2NH_3^+} \rightleftharpoons \underset{x}{CH_3CH_2NH_2} + \underset{x}{H^+}$

$$K_a = \frac{K_w}{K_b} = 2.1 \times 10^{-11}$$

$$\frac{x^2}{F - x} = K_a \Rightarrow x = 1.4_5 \times 10^{-6}\text{ M} \Rightarrow pH = 5.84$$

9-H.

Compound	pK_a (for conjugate acid)	
Ammonia	9.24	← Most suitable, because pK_a is closest to pH 9.00
Aniline	4.60	
Hydrazine	8.02	
Pyridine	5.20	

There would be problems using the other compounds even if they had the right pK_a. Hydrazine is highly toxic, dangerously unstable, and very reactive as a strong reducing agent. Pyridine is highly flammable, smells bad, and is somewhat toxic.

9-I. $pH = pK_a + \log([A^-]/[HA]) = 4.25 + \log 0.75 = 4.13$

We do not need to know concentrations of other acid-base pairs to find pH because, in a solution at equilibrium, all equilibria are satisfied simultaneously. We can use any equilibrium for which we have information. All equilibria must give the same pH. The solution has only one pH.

9-J. **(a)** $pH = pK_a + \log\dfrac{[B]}{[BH^+]}$

$$= 8.04 + \log\frac{[(1.00\text{ g})/(74.08\text{ g/mol})]}{[(1.00\text{ g})/(110.54\text{ g/mol})]} = 8.21$$

(b) $pH = pK_a + \log\dfrac{\text{mol B}}{\text{mol BH}^+}$

$$8.00 = 8.04 + \log\frac{\text{mol B}}{(1.00\text{ g})/(110.54\text{ g/mol})}$$

$\Rightarrow$ mol B = 0.008 25 = 0.611 g of glycine amide

(c)

	B	+	H^+	→	BH^+
Initial moles:	0.013 499		0.000 500		0.009 046
Final moles:	0.012 999		—		0.009 546

$$pH = 8.04 + \log\left(\frac{0.012\,999}{0.009\,546}\right) = 8.17$$

(d)

	BH^+	+	OH^-	→	B
Initial moles:	0.009 546		0.001 000		0.012 999
Final moles:	0.008 546		—		0.013 999

$$pH = 8.04 + \log\left(\frac{0.013\,999}{0.008\,546}\right) = 8.25$$

(e) The solution in **(a)** contains 9.046 mmol glycine amide hydrochloride and 13.499 mmol glycine amide. Now we are adding 9.046 mmol of OH^-, which will convert all of the glycine amide hydrochloride into glycine amide. The new solution contains 9.046 + 13.499 = 22.545 mmol of glycine amide in 190.46 mL. Formal concentration of glycine amide = (22.545 mmol)/(190.46 mL) = 0.118_4 M. The pH is determined by hydrolysis of glycine amide:

$$H_2NCH_2C(=O)NH_2 + H_2O \rightleftharpoons H_3N^+CH_2C(=O)NH_2 + OH^-$$
$$0.118_4 - x \qquad\qquad x \qquad\qquad x$$

$$\frac{x^2}{0.118_4 - x} = K_b = \frac{K_w}{K_a} = \frac{10^{-14.00}}{10^{-8.04}} = 1.10 \times 10^{-6} \text{ M}$$

$\Rightarrow x = 3.60 \times 10^{-4}$ M

pH $= -\log(K_w/x) = 10.56$

9-K. Two candidates are MES (HA, pK_a = 6.27) and citric acid (H_3A, pK_3 = 6.40). Both compounds are weak acids, so add base to give A^- to make a buffer. Weigh out (0.25 L)(0.2 mol/L) = 0.05 mol of solid HA and dissolve it in ~200 mL of H_2O. Add concentrated NaOH (such as 10 M) dropwise while stirring and monitoring pH with an electrode. It will take ~2.5 mL of 10 M NaOH to neutralize half of the MES or ~12.5 mL to remove the first, second, and half of the third H^+ of citric acid. Dilute the solution with H_2O to 250 mL after adjusting the pH.

9-L. The reaction of phenylhydrazine with water is

$$B + H_2O \rightleftharpoons BH^+ + OH^- \qquad K_b$$

We know that pH = 8.13, so we can find $[OH^-]$.

$$[OH^-] = \frac{\mathcal{A}_{OH^-}}{\gamma_{OH^-}} = \frac{K_w/10^{-pH}}{\gamma_{OH^-}} = 1.78 \times 10^{-6} \text{ M}$$

using $\gamma_{OH^-} = 0.76$ for $\mu = 0.10$ M. With $[BH^+] = [OH^-]$,

$$K_b = \frac{[BH^+]\gamma_{BH^+}[OH^-]\gamma_{OH^-}}{[B]\gamma_B}$$

$$= \frac{(1.78 \times 10^{-6})(0.80)(1.78 \times 10^{-6})(0.76)}{[0.010 - (1.78 \times 10^{-6})](1.00)}$$

$$= 1.93 \times 10^{-10}$$

$$K_a = \frac{K_w}{K_b} = 5.19 \times 10^{-5} \Rightarrow pK_a = 4.28$$

9-M. We use Goal Seek to vary cell B5 until cell D4 is equal to K_a. The spreadsheet shows that $[H^+] = 4.236 \times 10^{-3}$ (cell B5) and pH = 2.37 in cell B7.

	A	B	C	D	E
1	Ka = 10^–pKa =	0.00316228		Reaction quotient	
2	Kw =	1.00E-14		for Ka =	
3	FHA =	0.03		[H+][A–]/[HA] =	
4	FA =	0.015		0.0031623	
5	H =	4.236E-03	<–Goal Seek solution		
6	OH = Kw/H =	2.3609E-12		D4 = H*(FA+H–OH)/(FHA–H+OH)	
7	pH = –logH =	2.37			

If we were doing this problem by hand with the approximation that what we mix is what we get, $[H^+] = K_a[HA]/[A^-] = 10^{-2.50}[0.030]/[0.015] =$ 0.006 32 M $\Rightarrow$ pH = 2.20.

Chapter 10

10-A. **(a)** $H_2SO_3 \rightleftharpoons HSO_3^- + H^+$
$\qquad 0.050 - x \qquad x \qquad x$

$$\frac{x^2}{0.050 - x} = K_1 = 1.39 \times 10^{-2} \Rightarrow x = 2.03 \times 10^{-2}$$

$[HSO_3^-] = [H^+] = 2.03 \times 10^{-2}$ M $\Rightarrow$ pH = 1.69

$[H_2SO_3] = 0.050 - x = 0.030$ M

$$[SO_3^{2-}] = \frac{K_2[HSO_3^-]}{[H^+]} = K_2 = 6.7 \times 10^{-8} \text{ M}$$

(b) $$[H^+] = \sqrt{\frac{K_1K_2(0.050) + K_1K_w}{K_1 + (0.050)}}$$

$= 2.71 \times 10^{-5}$ M $\Rightarrow$ pH = 4.57

$$[H_2SO_3] = \frac{[H^+][HSO_3^-]}{K_1} = \frac{(2.71 \times 10^{-5})(0.050)}{1.39 \times 10^{-2}}$$

$= 9.7 \times 10^{-5}$ M

$$[SO_3^{2-}] = \frac{K_2[HSO_3^-]}{[H^+]} = 1.2 \times 10^{-4} \text{ M}$$

$[HSO_3^-] = 0.050$ M

(c) $SO_3^{2-} + H_2O \rightleftharpoons HSO_3^- + OH^-$
$\qquad 0.050 - x \qquad x \qquad x$

$$\frac{x^2}{0.050 - x} = K_{b1} = \frac{K_w}{K_{a2}} = 1.49 \times 10^{-7}$$

$[HSO_3^-] = x = 8.6 \times 10^{-5}$ M

$$[H^+] = \frac{K_w}{x} = 1.16 \times 10^{-10} \text{ M} \Rightarrow pH = 9.94$$

$[SO_3^{2-}] = 0.050 - x = 0.050$ M

$$[H_2SO_3] = \frac{[H^+][HSO_3^-]}{K_1} = 7.2 \times 10^{-13} \text{ M}$$

10-B. **(a)** $$pH = pK_2 \text{ (for } H_2CO_3) + \log\frac{[CO_3^{2-}]}{[HCO_3^-]}$$

$$10.80 = 10.329 + \log\frac{(4.00 \text{ g})/(138.20 \text{ g/mol})}{x/(84.01 \text{ g/mol})}$$

$\Rightarrow x = 0.822$ g

(b)

	CO_3^{2-}	+	H^+	→	HCO_3^-
Initial moles:	$0.028\,9_4$		0.010 0		$0.009\,7_8$
Final moles:	$0.018\,9_4$		—		$0.019\,7_8$

$$pH = 10.329 + \log\frac{0.018\,9_4}{0.019\,7_8} = 10.31$$

(c)

	CO_3^{2-}	+	H^+	→	HCO_3^-
Initial moles:	$0.028\,9_4$		x		—
Final moles:	$0.028\,9_4 - x$		—		x

$$10.00 = 10.329 + \log\frac{0.028\,9_4 - x}{x} \Rightarrow x = 0.019\,7 \text{ mol}$$

$$\Rightarrow \text{Volume} = \frac{0.019\,7 \text{ mol}}{0.320 \text{ M}} = 61.6 \text{ mL}$$

10-C. | H_2A | HA^- | A^{2-} |

pK_1 = 4.345, pK_2 = 5.422

$\frac{1}{2}(pK_1 + pK_2) = 4.88$

pH 4.40 is above pK_1. At pH = pK_1, there would be a 1:1 mixture of H_2A and HA^-. We must add enough KOH to convert some H_2A to HA^- to create a mixture with pH = 4.40. There is initially 5.02 g H_2A/(132.12 g/mol) = 0.038 0 mol H_2A.

	H_2A	+	OH^-	→	HA^-
Initial moles:	0.038 0		x		—
Final moles:	$0.038\,0 - x$		—		x

$$pH = pK_1 + \log\frac{[HA^-]}{[H_2A]}$$

$$4.40 = 4.345 + \log\frac{x}{0.038\,0 - x} \Rightarrow x = 0.020\,2 \text{ mol}$$

Volume of KOH = (0.020 2 mol)/(0.800 M) = 25.2 mL

10-D. **(a)** Call the three forms of glutamine H_2G^+, HG, and G^-. The form shown is HG.

$$[H^+] = \sqrt{\frac{K_1K_2(0.010) + K_1K_w}{K_1 + 0.010}} = 1.9_8 \times 10^{-6}\ M \Rightarrow pH = 5.70$$

(b) Call the four forms of cysteine H_3C^+, H_2C, HC^-, and C^{2-}. The form shown is HC^-.

$$[H^+] = \sqrt{\frac{K_2K_3(0.010) + K_2K_w}{K_2 + 0.010}} = 2.8_9 \times 10^{-10}\ M \Rightarrow pH = 9.54$$

(c) Call the four forms of arginine H_3A^{2+}, H_2A^+, HA, and A^-. The form shown is HA.

$$[H^+] = \sqrt{\frac{K_2K_3(0.010) + K_2K_w}{K_2 + 0.010}} = 4.2_8 \times 10^{-11}\ M \Rightarrow pH = 10.37$$

10-E.

	pH 9.00	pH 11.00
Principal species:	OH, OH	O⁻, OH
Percentage in major form:	66.5%	52.9%
Secondary species:	O⁻, OH	O⁻, O⁻

The percentage in the major form was calculated with the formulas for α_{H_2A} (Equation 10-19 at pH 9.00) and α_{HA^-} (Equation 10-20 at pH 11.00).

10-F.

	pH 9.0	pH 10.0
Predominant form:	NH_3^+ | $CHCH_2CH_2CO_2^-$ | CO_2^-	NH_2 | $CHCH_2CH_2CO_2^-$ | CO_2^-
Secondary form:	NH_2 | $CHCH_2CH_2CO_2^-$ | CO_2^-	NH_3^+ | $CHCH_2CH_2CO_2^-$ | CO_2^-

	pH 9.0	pH 10.0
Predominant form:	NH_2 | $CHCH_2$—⟨ring⟩—OH | CO_2^-	NH_2 | $CHCH_2$—⟨ring⟩—OH | CO_2^-
Secondary form:	NH_3^+ | $CHCH_2$—⟨ring⟩—OH | CO_2^-	NH_2 | $CHCH_2$—⟨ring⟩—O⁻ | CO_2^-

10-G. The isoionic pH is the pH of a solution of pure neutral lysine, which is

NH_2
|
$CHCH_2CH_2CH_2CH_2NH_3^+$
|
CO_2^-

$$[H^+] = \sqrt{\frac{K_2K_3F + K_2K_w}{K_2 + F}} \Rightarrow pH = 9.93$$

10-H. We know that the isoelectric point will be near $\frac{1}{2}(pK_2 + pK_3)$ ° 9.95. At this pH, the fraction of lysine in the form H_3L^{2+} is negligible. Therefore, the electroneutrality condition reduces to $[H_2L^+] = [L^-]$, for which the expression isoelectric $pH = \frac{1}{2}(pK_2 + pK_3) = 9.95$ applies.

Chapter 11

11-A. The titration reaction is $H^+ + OH^- \rightarrow H_2O$ and $V_e = 5.00$ mL. Three representative calculations are given:

$$\text{At 1.00 mL: } [OH^-] = \left(\frac{4.00\text{ mL}}{5.00\text{ mL}}\right)(0.010\,0\text{ M})\left(\frac{50.00\text{ mL}}{51.00\text{ mL}}\right) = 0.007\,84\text{ M}$$

$$pH = -\log\left(\frac{K_w}{[OH^-]}\right) = 11.89$$

$$\text{At 5.00 mL: } \underset{}{H_2O} \rightleftharpoons \underset{x}{H^+} + \underset{x}{OH^-}$$

$$x^2 = K_w \Rightarrow x = 1.0 \times 10^{-7}\text{ M}$$
$$pH = -\log x = 7.00$$

$$\text{At 5.01 mL: } [H^+] = \left(\frac{0.01\text{ mL}}{55.01\text{ mL}}\right)(0.100\text{ M})$$
$$= 1.82 \times 10^{-5}\text{ M} \Rightarrow pH = 4.74$$

V_e (mL)	pH	V_e	pH	V_e	pH
0.00	12.00	4.50	10.96	5.10	3.74
1.00	11.89	4.90	10.26	5.50	3.05
2.00	11.76	4.99	9.26	6.00	2.75
3.00	11.58	5.00	7.00	8.00	2.29
4.00	11.27	5.01	4.74	10.00	2.08

11-B. The titration reaction is $HCO_2H + OH^-$ ° $HCO_2^- + H_2O$ and $V_e = 50.0$ mL. For formic acid, $K_a = 1.80 \times 10^{-4}$. Four representative calculations are given:

$$\text{At 0.0 mL: } HA \rightleftharpoons \underset{x}{H^+} + \underset{x}{A^-}$$

$$\frac{x^2}{0.050\,0 - x} = K_a \Rightarrow x = 2.91 \times 10^{-3}\text{ M} \Rightarrow pH = 2.54$$

At 48.0 mL:	HA	+	OH^-	°	A^-	+	H_2O
Initial relative quantity:	50		48		—		—
Final relative quantity:	2		—		48		48

$$pH = pK_a + \log\frac{[A^-]}{[HA]} = 3.744 + \log\frac{48.0}{2.0} = 5.12$$

$$\text{At 50.0 mL: } \underset{F-x}{A^-} + H_2O \overset{K_b}{\rightleftharpoons} \underset{x}{HA} + \underset{x}{OH^-}$$

$$K_b = \frac{K_w}{K_a} \quad \text{and} \quad F = \left(\frac{50\text{ mL}}{100\text{ mL}}\right)(0.050\,0\text{ M})$$

$$\frac{x^2}{0.025\,0 - x} = 5.56 \times 10^{-11} \Rightarrow x = 1.18 \times 10^{-6}\text{ M}$$

$$pH = -\log\frac{K_w}{x} = 8.07$$

At 60.0 mL: $[OH^-] = \left(\frac{10.0\text{ mL}}{110.0\text{ mL}}\right)(0.050\,0\text{ M})$

$= 4.55 \times 10^{-3}\text{ M} \Rightarrow \text{pH} = 11.66$

V_b (mL)	pH	V_b	pH	V_b	pH
0.0	2.54	45.0	4.70	50.5	10.40
10.0	3.14	48.0	5.12	51.0	10.69
20.0	3.57	49.0	5.43	52.0	10.99
25.0	3.74	49.5	5.74	55.0	11.38
30.0	3.92	50.0	8.07	60.0	11.66
40.0	4.35				

11-C. The titration reaction is $B + H^+ \rightarrow BH^+$ and $V_e = 50.0$ mL. Representative calculations:

At $V_a = 0.0$ mL: $\underset{0.100-x}{B} + H_2O \rightleftharpoons \underset{x}{BH^+} + \underset{x}{OH^-}$

$$\frac{x^2}{0.100 - x} = 2.6 \times 10^{-6} \Rightarrow x = 5.09 \times 10^{-4}\text{ M}$$

$$\text{pH} = -\log\frac{K_w}{x} = 10.71$$

At $V_a = 20.0$mL:	B	+	H^+	→	BH^+
Initial relative quantity:	50.0		20.0		—
Final relative quantity:	30.0		—		20.0

$$\text{pH} = \text{p}K_a\text{ (for }BH^+) + \log\frac{[B]}{[BH^+]} = 8.41 + \log\frac{30.0}{20.0} = 8.59$$

At $V_a = V_e = 50.0$ mL: All B has been converted into the conjugate acid, BH^+. The formal concentration of BH^+ is $\left(\frac{100\text{ mL}}{150\text{ mL}}\right)(0.100\text{ M}) = 0.066\,7$ M. The pH is determined by the reaction

$\underset{0.066\,7-x}{BH^+} \rightleftharpoons \underset{x}{B} + \underset{x}{H^+}$

$$\frac{x^2}{0.066\,7 - x} = K_a = \frac{K_w}{K_b} \Rightarrow x = 1.60 \times 10^{-5}\text{ M} \Rightarrow \text{pH} = 4.80$$

At $V_a = 51.0$ mL: There is excess H^+:

$$[H^+] = \left(\frac{1.0\text{ mL}}{151.0\text{ mL}}\right)(0.200\text{ M}) = 1.32 \times 10^{-3}\text{ M} \Rightarrow \text{pH} = 2.88$$

V_a (mL)	pH	V_a	pH	V_a	pH
0.0	10.71	30.0	8.23	50.0	4.80
10.0	9.01	40.0	7.81	50.1	3.88
20.0	8.59	49.0	6.72	51.0	2.88
25.0	8.41	49.9	5.71	60.0	1.90

11-D. The titration reactions are

$HO_2CCH_2CO_2H + OH^- \rightarrow {}^-O_2CCH_2CO_2H + H_2O$

${}^-O_2CCH_2CO_2H + OH^- \rightarrow {}^-O_2CCH_2CO_2^- + H_2O$

and the equivalence points are 25.0 and 50.0 mL. Let's designate malonic acid as H_2M. Also, $K_{a1} = 1.42 \times 10^{-3}$ and $K_{a2} = 2.01 \times 10^{-6}$.

At 0.0 mL: $\underset{0.050\,0-x}{H_2M} \rightleftharpoons \underset{x}{H^+} + \underset{x}{HM^-}$

$$\frac{x^2}{0.050\,0 - x} = K_1 \Rightarrow x = 7.75 \times 10^{-3}\text{ M} \Rightarrow \text{pH} = 2.11$$

At 8.0 mL:	H_2M	+	OH^-	→	HM^-	+	H_2O
Initial relative quantity:	25		8		—		—
Final relative quantity:	17		—		8		—

$$\text{pH} = \text{p}K_1 + \log\frac{[HM^-]}{[H_2M]} = 2.847 + \log\frac{8}{17} = 2.52$$

At 12.5 mL: $V_b = \frac{1}{2}V_e \Rightarrow \text{pH} = \text{p}K_1 = 2.85$

At 19.3 mL:	H_2M	+	OH^-	→	HM^-	+	H_2O
Initial relative quantity:	25		19.3		—		—
Final relative quantity:	5.7		—		19.3		—

$$\text{pH} = \text{p}K_1 + \log\frac{[HM^-]}{[H_2M]} = 2.847 + \log\frac{19.3}{5.7} = 3.38$$

At 25.0 mL: At V_e, H_2M has been converted into HM^-.

$$[H^+] = \sqrt{\frac{K_1K_2F + K_1K_w}{K_1 + F}}$$

where $F = \left(\frac{50}{75}\right)(0.050\,0\text{ M}) = 0.033\,3$ M.

$$[H^+] = 5.23 \times 10^{-5}\text{ M} \Rightarrow \text{pH} = 4.28$$

At 37.5 mL: $V_b = \frac{3}{2}V_e \Rightarrow \text{pH} = \text{p}K_2 = 5.70$

At 50.0 mL: At $2V_e$, H_2M has been converted into M^{2-}:

$\underset{\left(\frac{50\text{ mL}}{100\text{ mL}}\right)(0.050\,0)-x}{M^{2-}} + H_2O \rightleftharpoons \underset{x}{HM^-} + \underset{x}{OH^-}$

$$\frac{x^2}{0.025\,0 - x} = K_{b1} = \frac{K_w}{K_{a2}} \Rightarrow x = 1.12 \times 10^{-5}\text{ M}$$

$$\Rightarrow \text{pH} = -\log\left(\frac{K_w}{x}\right) = 9.05$$

At 56.3 mL: There are 6.3 mL of excess NaOH.

$$[OH^-] = \left(\frac{6.3\text{ mL}}{106.3\text{ mL}}\right)(0.100\text{ M}) = 5.93 \times 10^{-3}\text{ M} \Rightarrow \text{pH} = 11.77$$

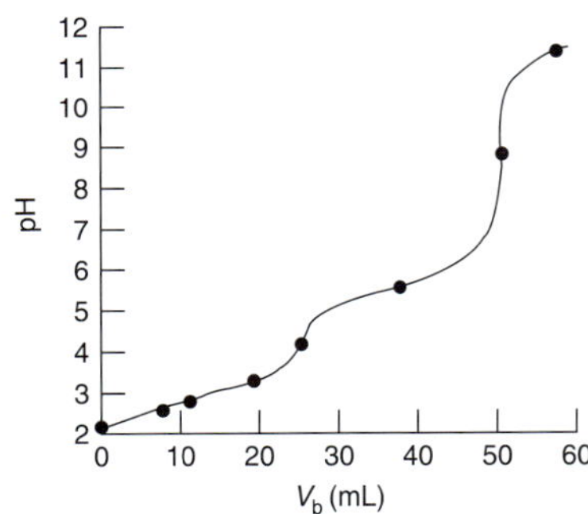

In case you are wondering, the smooth curve for the titration in the graph was computed with many more points than the eight shown in the graph.

11-E.

$HHis \xrightarrow{H^+} H_2His^+ \xrightarrow{H^+} H_3His^{2+}$

The equivalence points occur at 25.0 and 50.0 mL.

At 0 mL: HHis is the second intermediate form derived from the triprotic acid H_3His^{2+}.

$$[H^+] = \sqrt{\frac{K_2K_3(0.050\,0) + K_2K_w}{K_2 + (0.050\,0)}} = 2.37 \times 10^{-8}\text{ M} \Rightarrow \text{pH} = 7.62$$

At 4.0 mL:	HHis	+	H^+	→	H_2His^+
Initial relative quantity:	25		4		—
Final relative quantity:	21		—		4

$$\mathrm{pH} = \mathrm{p}K_2 + \log\frac{21}{4} = 6.69$$

At 12.5 mL: $\mathrm{pH} = \mathrm{p}K_2 = 5.97$

At 25.0 mL: The histidine has been converted into H_2His^+ at the formal

$$\text{concentration F} = \left(\frac{25\text{ mL}}{75\text{ mL}}\right)(0.050\,0\text{ M}) = 0.025\,0\text{ M}.$$

$$[\mathrm{H}^+] = \sqrt{\frac{K_1K_2\mathrm{F} + K_1K_\mathrm{w}}{K_1 + \mathrm{F}}} = 1.16\times10^{-4}\text{ M} \Rightarrow \mathrm{pH} = 3.94$$

At 26.0 mL:	H_2His^+	+	H^+	→	H_3His^{2+}
Initial relative quantity:	25		1		—
Final relative quantity:	24		—		1

$$\mathrm{pH} = \mathrm{p}K_1 + \log\frac{24}{1} = 2.98$$

The approximation that histidine reacts completely with HCl breaks down between 25 and 50 mL. If you use titration equations in Table 11-5, you would find pH = 3.28, instead of 2.98, at $V_\mathrm{a} = 26.0$ mL.

At 50.0 mL: Histidine has been converted into H_3His^{2+} at the formal

$$\text{concentration F} = \left(\frac{25\text{ mL}}{75\text{ mL}}\right)(0.050\,0\text{ M}) = 0.016\,7\text{ M}.$$

$$\underset{0.016\,7-x}{H_3His^{2+}} \rightleftharpoons \underset{x}{H_2His^+} + \underset{x}{H^+}$$

$$\frac{x^2}{0.016\,7 - x} = K_1 = 10^{-1.6} \Rightarrow 0.011\,5\text{ M} \Rightarrow \mathrm{pH} = 1.94$$

Alternatively, if you use $K_1 = 0.03$ instead of $10^{-1.6}$, you would find $x = 0.011\,9$ M and pH = 1.92. Both ways to do this problem are reasonable and the answers are within the uncertainty of K_1.

11-F. Figure 11-1: bromothymol blue: blue → yellow
Figure 11-2: thymol blue: yellow → blue
Figure 11-3: thymolphthalein: colorless → blue

11-G. The titration reaction is $HA + OH^- \rightarrow A^- + H_2O$. It requires 1 mol of NaOH to react with 1 mol of HA. Therefore, the formal concentration of A^- at the equivalence point is

$$\mathrm{F} = \underbrace{\left(\frac{27.63}{127.63}\right)}_{\text{Dilution factor for NaOH}} \times \underbrace{(0.093\,81)}_{\text{Initial concentration of NaOH}} = 0.020\,31\text{ M}$$

Because the pH is 10.99, $[OH^-] = 9.77\times10^{-4}$ M, and we can write

$$\underset{\mathrm{F}-x}{A^-} + H_2O \rightleftharpoons \underset{x}{HA} + \underset{x}{OH^-}$$

$$K_\mathrm{b} = \frac{[\mathrm{HA}][\mathrm{OH}^-]}{[\mathrm{A}^-]} = \frac{(9.77\times10^{-4})^2}{0.020\,31 - (9.77\times10^{-4})} = 4.94\times10^{-5}$$

$$K_\mathrm{a} = \frac{K_\mathrm{w}}{K_\mathrm{b}} = 2.03\times10^{-10} \Rightarrow \mathrm{p}K_\mathrm{a} = 9.69$$

For the 19.47-mL point, we have

	HA	+	OH^-	→	A^-	+	H_2O
Initial relative quantity:	27.63		19.47		—		—
Final relative quantity:	8.16		—		19.47		—

$$\mathrm{pH} = \mathrm{p}K_\mathrm{a} + \log\frac{[\mathrm{A}^-]}{[\mathrm{HA}]} = 9.69 + \log\frac{19.47}{8.16} = 10.07$$

11-H. When $V_\mathrm{b} = \frac{1}{2}V_\mathrm{e}$, $[HA] = [A^-] = 0.033\,3$ M (using a correction for dilution by NaOH). $[Na^+] = 0.033\,3$ M as well. Ionic strength = 0.033 3 M.

$$\mathrm{p}K_\mathrm{a} = \mathrm{pH} - \log\frac{[\mathrm{A}^-]\gamma_{\mathrm{A}^-}}{[\mathrm{HA}]\gamma_{\mathrm{HA}}}$$

$$= 4.62 - \log\frac{(0.033\,3)(0.854)}{(0.033\,3)(1.00)} = 4.69$$

The activity coefficient of A^- was found by interpolation in Table 8-1.

11-I. **(a)** The derivatives are shown in the spreadsheet below. In the first derivative graph, the maximum is near 119 mL. In Figure 11-7, the second derivative graph gives an end point of 118.9 μL.

(b) Column G in the spreadsheet gives $V_\mathrm{b}(10^{-\mathrm{pH}})$. In a graph of $V_\mathrm{b}(10^{-\mathrm{pH}})$ vs. V_b, the points from 113 to 117 μL give a straight line whose slope is -8.48×10^{-7} and whose intercept (end point) is 118.7 μL.

11-J. **(a)** pH 9.6 is past the equivalence point, so excess volume, V, is given by

$$[\mathrm{OH}^-] = \frac{K_\mathrm{w}}{[\mathrm{H}^+]} = \frac{K_\mathrm{w}}{10^{-\mathrm{pH}}} = 10^{-4.4} = (0.100\,0\text{ M})\frac{V}{50.00 + 10.00 + V}$$

$\Rightarrow V = 0.024$ mL

(b) pH 8.8 is before the equivalence point:

$$8.8 = 6.27 + \log\frac{[\mathrm{A}^-]}{[\mathrm{HA}]} \Rightarrow \frac{[\mathrm{A}^-]}{[\mathrm{HA}]} = 339$$

	A	B	C	D	E	F	G
1	Derivatives of titration curve						
2							
3			First Derivative		Second Derivative		
4	μL NaOH	pH	μL	Derivative	μL	Derivative	Vb*10^-pH
5	107	6.921					
6	110	7.117	108.5	6.533E-02			
7	113	7.359	111.5	8.067E-02	110	5.11E-03	4.94E-06
8	114	7.457	113.5	9.800E-02	112.5	8.67E-03	3.98E-06
9	115	7.569	114.5	1.120E-01	114	1.40E-02	3.10E-06
10	116	7.705	115.5	1.360E-01	115	2.40E-02	2.29E-06
11	117	7.878	116.5	1.730E-01	116	3.70E-02	1.55E-06
12	118	8.090	117.5	2.120E-01	117	3.90E-02	9.59E-07
13	119	8.343	118.5	2.530E-01	118	4.10E-02	5.40E-07
14	120	8.591	119.5	2.480E-01	119	-5.00E-03	3.08E-07
15	121	8.794	120.5	2.030E-01	120	-4.50E-02	1.94E-07
16	122	8.952	121.5	1.580E-01	121	-4.50E-02	1.36E-07
17							
18	C6 = (A6+A5)/2			E7 = (C7+C6)/2		G7 = A7*10^-B7	
19	D6 = (B6-B5)/(A6-A5)			F7 = (D7-D6)/(C7-C6)			

Spreadsheet for Exercise 11-I

Titration reaction:	HA	+	OH^-	→	A^-	+	H_2O
Relative initial quantities:	10		V		—		—
Relative final quantities:	$10-V$		—		V		—

To attain a ratio $[A^-]/[HA] = 339$, we need $V/(10-V) = 339 \Rightarrow V = 9.97$ mL. The indicator error is $10 - 9.97 = 0.03$ mL.

11-K. **(a)** $A = 2\,080[HIn] + 14\,200[In^-]$

(b) $[HIn] = x$; $[In^-] = 1.84 \times 10^{-4} - x$

$A = 0.868 = 2\,080x + 14\,200(1.84 \times 10^{-4} - x)$

$\Rightarrow x = 1.44 \times 10^{-4}$ M

$$pK_a = pH - \log\frac{[In^-]}{[HIn]}$$

$$= 6.23 - \log\frac{(1.84\times10^{-4}) - (1.44\times10^{-4})}{(1.44\times10^{-4})} = 6.79$$

Chapter 12

12-A. For every mole of K^+ entering the first reaction, 4 moles of EDTA are produced in the second reaction.

Moles of EDTA = moles of Zn^{2+} used in titration

$$[K^+] = \frac{\frac{1}{4}(\text{moles of } Zn^{2+})}{\text{volume of original sample}}$$

$$= \frac{\frac{1}{4}[28.73\ (\pm0.03)\text{ mL}][0.043\,7\ (\pm0.000\,1)\text{ M}]}{250.0\ (\pm0.1)\text{ mL}}$$

$$= \frac{[\frac{1}{4}(\pm0\%)][28.73\ (\pm0.104\%)][0.043\,7\ (\pm0.229\%)]}{250.0\ (\pm0.040\,0\%)}$$

$$= 1.256\ (\pm0.255\%) \times 10^{-3}\text{ M} = 1.256\ (\pm0.003)\text{ mM}$$

12-B. First titration: total $Fe^{3+} + Cu^{2+}$ in 25.00 mL = (16.06 mL) × (0.050 83 M) = 0.816 3 mmol

Second titration:

millimoles EDTA used: (25.00 mL)(0.050 83 M) = 1.270 8
millimoles Pb^{2+} needed: (19.77 mL)(0.018 83 M) = 0.372 3
millimoles Fe^{3+} present: (difference) 0.898 5

Because 50.00 mL of unknown were used in the second titration, Fe^{3+} in 25.00 mL = $\frac{1}{2}$(0.898 5 mmol) = 0.449 2 mmol. Millimoles of Cu^{2+} in 25.00 mL = 0.816 3 − 0.449 2 = 0.367 1 mmol/25.00 mL = 0.014 68 M.

12-C. Let the total concentration of free EDTA be [EDTA]:

$$K_f' = \frac{[CuY^{2-}]}{[Cu^{2+}][EDTA]} = \alpha_{Y^{4-}} K_f = (2.9\times10^{-7})(10^{18.78})$$

$= 1.7_4 \times 10^{12}$

Representative calculations:

At 0.1 mL:

$$[EDTA] = \left(\frac{25.0\text{ mL} - 0.1\text{ mL}}{25.0\text{ mL}}\right)(0.040\,0\text{ M})\left(\frac{50.0\text{ mL}}{50.1\text{ mL}}\right) = 0.039\,8\text{ M}$$

$$[CuY^{2-}] = \left(\frac{0.1\text{ mL}}{50.1\text{ mL}}\right)(0.080\,0\text{ M}) = 1.60\times10^{-4}\text{ M}$$

$$[Cu^{2+}] = \frac{[CuY^{2-}]}{K_f'[EDTA]} = \frac{(1.60\times10^{-4}\text{ M})}{(1.7_4\times10^{12})(0.039\,8\text{ M})}$$

$$= 2.3\times10^{-15}\text{ M} \Rightarrow pCu^{2+} = 14.64$$

At 25.0 mL:

Formal concentration of CuY^{2-} = $\left(\frac{25.0\text{ mL}}{75.0\text{ mL}}\right)$(0.080 0 M) = 0.026 7 M

	Cu^{2+}	+	EDTA	⇌	CuY^{2-}
Initial concentration:	—		—		0.026 7
Final concentration:	x		x		$0.026\,7 - x$

$$\frac{0.026\,7 - x}{x^2} = 1.7_4\times10^{12} \Rightarrow [Cu^{2+}] = 1.2_4\times10^{-7}\text{ M} \Rightarrow pCu^{2+} = 6.91$$

At 26.0 mL:

$$[Cu^{2+}] = \left(\frac{1.0\text{ mL}}{76.0\text{ mL}}\right)(0.080\,0\text{ M}) = 1.05\times10^{-3}\text{ M} \Rightarrow pCu^{2+} = 2.98$$

Volume (mL)	pCu^{2+}	Volume	pCu^{2+}	Volume	pCu^{2+}
0.1	14.64	15.0	12.07	25.0	6.91
5.0	12.84	20.0	11.64	26.0	2.98
10.0	12.42	24.0	10.86	30.0	2.30

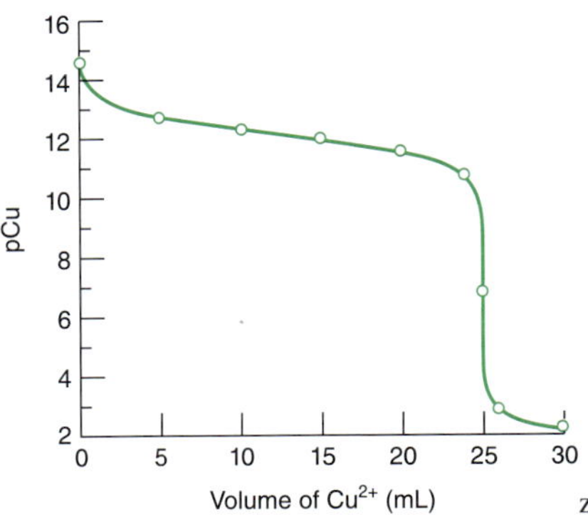

12-D. We seek a relationship between $[H_2Y^{2-}]$ and $[Y^{4-}]$, which we can relate to total EDTA:

$$HY^{3-} \rightleftharpoons H^+ + Y^{4-} \qquad K_6$$

$$H_2Y^{2-} \rightleftharpoons H^+ + HY^{3-} \qquad K_5$$

$$H_2Y^{2-} \rightleftharpoons 2H^+ + Y^{4-} \qquad K = K_5K_6 = \frac{[H^+]^2[Y^{4-}]}{[H_2Y^{2-}]}$$

$$[H_2Y^{2-}] = \frac{[H^+]^2[Y^{4-}]}{K_5K_6} = \frac{[H^+]^2\alpha_{Y^{4-}}[EDTA]}{K_5K_6}$$

With $[H^+] = 10^{-5.00}$ M, $\alpha_{Y^{4-}} = 2.9\times10^{-7}$, and $[EDTA] = 1.2_4\times10^{-7}$ M we find $[H_2Y^{2-}] = 1.1\times10^{-7}$ M.

12-E. **(a)** One volume of Mn^{2+} requires two volumes of EDTA to reach the equivalence point. The formal concentration of MnY^{2-} at the equivalence point is $\left(\frac{1}{3}\right)$(0.010 0 M) = 0.003 33 M.

$$\underset{x}{Mn^{2+}} + \underset{x}{EDTA} \rightleftharpoons \underset{0.003\,33 - x}{MnY^{2-}}$$

$$\frac{0.003\,33 - x}{x^2} = \alpha_{Y^{4-}}K_f = (3.8\times10^{-4})10^{13.89} = 2.9\times10^{10}$$

$\Rightarrow x = [Mn^{2+}] = 3.4\times10^{-7}$ M

(b) pH is constant, so the *quotient* $[H_3Y^-]/[H_2Y^{2-}]$ is constant throughout the *entire* titration.

$$\frac{[H_2Y^{2-}][H^+]}{[H_3Y^-]} = K_4 \Rightarrow \frac{[H_3Y^-]}{[H_2Y^{2-}]} = \frac{[H^+]}{K_4} = \frac{10^{-7.00}}{10^{-2.69}} = 4.9\times10^{-5}$$

12-F. K_f for $CoY^{2-} = 10^{16.45} = 2.8\times10^{16}$

$\alpha_{Y^{4-}} = 0.041$ at pH 9.00

$$\alpha_{Co^{2+}} = \frac{1}{1 + \beta_1[C_2O_4^{2-}] + \beta_2[C_2O_4^{2-}]^2} = 6.8\times10^{-6}$$

(using $\beta_1 = K_1 = 10^{4.69}$ and $\beta_2 = K_1K_2 = 10^{7.15}$)

$K_f' = \alpha_{Y^{4-}}K_f = 1.1_6\times10^{15}$

$K_f'' = \alpha_{Co^{2+}}\alpha_{Y^{4-}}K_f = 7.9\times10^9$

At 0 mL:

$$[Co^{2+}] = \alpha_{Co^{2+}}(1.00\times10^{-3}\text{ M}) = 6.8\times10^{-9}\text{ M} \Rightarrow pCo^{2+} = 8.17$$

At 1.00 mL:

$$C_{Co^{2+}} = \underbrace{\left(\frac{1.00\ \text{mL}}{2.00\ \text{mL}}\right)}_{\substack{\text{Fraction}\\\text{remaining}}} \underbrace{(1.00\times10^{-3}\ \text{M})}_{\substack{\text{Initial}\\\text{concentration}}} \underbrace{\left(\frac{20.00\ \text{mL}}{21.00\ \text{mL}}\right)}_{\substack{\text{Dilution}\\\text{factor}}}$$

$$= 4.76\times10^{-4}\ \text{M}$$

$$[Co^{2+}] = \alpha_{Co^{2+}}C_{Co^{2+}} = 3.2\times10^{-9}\ \text{M} \Rightarrow pCo^{2+} = 8.49$$

At 2.00 mL: This is the equivalence point.

$$\begin{array}{cccc} C_{Co^{2+}} & + \quad \text{EDTA} & \xrightleftharpoons{K_f''} & CoY^{2-} \\ x & x & & \left(\frac{20.00\ \text{mL}}{22.00\ \text{mL}}\right)(1.00\times10^{-3}\ \text{M}) - x \end{array}$$

$$K_f'' = \frac{9.09\times10^{-4} - x}{x^2} \Rightarrow x = 3.4\times10^{-7}\ \text{M} = C_{Co^{2+}}$$

$$[Co^{2+}] = \alpha_{Co^{2+}}C_{Co^{2+}} = 2.3\times10^{-12}\ \text{M} \Rightarrow pCo^{2+} = 11.64$$

At 3.00 mL:

$$[\text{excess EDTA}] = \frac{1.00\ \text{mL}}{23.00\ \text{mL}}(1.00\times10^{-2}\ \text{M}) = 4.35\times10^{-4}\ \text{M}$$

$$[CoY^{2-}]\frac{20.00\ \text{mL}}{23.00\ \text{mL}}(1.00\times10^{-3}\ \text{M}) = 8.70\times10^{-4}\ \text{M}$$

Knowing [EDTA] and $[CoY^{2-}]$, we use K_f' to find $[Co^{2+}]$:

$$K_f' = \frac{[CoY^{2-}]}{[Co^{2+}][\text{EDTA}]} = \frac{[8.70\times10^{-4}\ \text{M}]}{[Co^{2+}][4.35\times10^{-4}\ \text{M}]}$$

$$\Rightarrow [Co^{2+}] = 1.7\times10^{-15}\ \text{M} \Rightarrow pCo^{2+} = 14.76$$

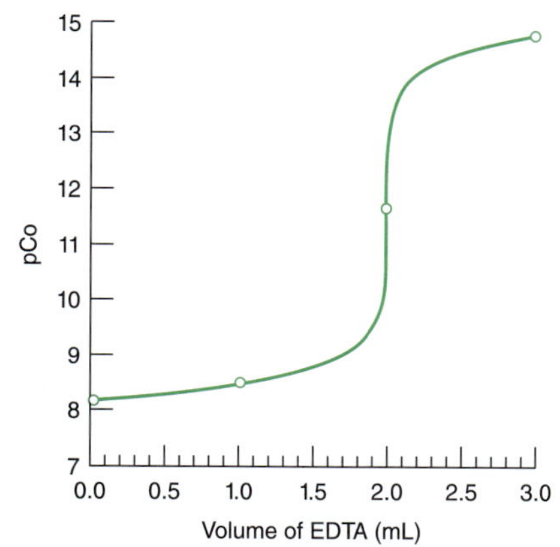

12-G. 25.0 mL of 0.120 M iminodiacetic acid = 3.00 mmol

25.0 mL of 0.050 0 M Cu^{2+} = 1.25 mmol

	Cu^{2+}	+	2 iminodiacetic acid	⇌	CuX_2^{2-}
Initial mmol:	1.25		3.00		—
Final mmol:	—		0.50		1.25

$$\frac{[CuX_2^{2-}]}{[Cu^{2+}][X^{2-}]^2} = K_f$$

$$\frac{[1.25\ \text{mmol}/50.0\ \text{mL}]}{[Cu^{2+}][(0.50\ \text{mmol}/50.0\ \text{mL})(4.6\times10^{-3})]^2} = 3.5\times10^{16}$$

$$\Rightarrow [Cu^{2+}] = 3.4\times10^{-10}\ \text{M}$$

Chapter 13

13-A. Hydroxybenzene = HA with $pK_{HA} = 9.997$

Dimethylamine = B from monoprotic BH^+ with $pK_{BH^+} = 10.774$

Mixture contains 0.010 mol HA, 0.030 mol B, and 0.015 mol HCl in 1.00 L

Chemical reactions: $HA \rightleftharpoons A^- + H^+$ $\quad K_{HA} = 10^{-9.997}$

$BH^+ \rightleftharpoons B + H^+$ $\quad K_{BH^+} = 10^{-10.774}$

$H_2O \rightleftharpoons H^+ + OH^-$ $\quad K_w = 10^{-14.00}$

Charge balance: $[H^+] + [BH^+] = [OH^-] + [A^-] + [Cl^-]$

Mass balances: $[Cl^-] = 0.015\ \text{M}$

$[BH^+] + [B] = 0.030\ \text{M} \equiv F_B$

$[HA] + [A^-] = 0.010\ \text{M} \equiv F_A$

We have seven equations and seven chemical species.

Fractional composition equations:

$$[BH^+] = \alpha_{BH^+}F_B = \frac{[H^+]F_B}{[H^+] + K_{BH^+}}$$

$$[B] = \alpha_B F_B = \frac{K_{BH^+}F_B}{[H^+] + K_{BH^+}}$$

$$[HA] = \alpha_{HA}F_A = \frac{[H^+]F_A}{[H^+] + K_{HA}}$$

$$[A^-] = \alpha_{A^-}F_A = \frac{K_{HA}F_A}{[H^+] + K_{HA}}$$

Substitute into charge balance:

$$[H^+] + \alpha_{B^+}F_B = K_W/[H^+] + \alpha_{A^-}F_A + [0.015\ \text{M}] \qquad \text{(A)}$$

	A	B	C	D	E	F	G	H	I
1	Mixture of 0.010 M HA, 0.030 M B, and 0.015 M HCl								
2									
3	F_A =	0.010		F_B =	0.030		$[Cl^-]$ =	0.015	
4	pK_{HA} =	9.997		pK_{BH+} =	10.774		pK_w =	14.000	
5	K_{HA} =	1.01E-10		K_{BH+} =	1.68E-11		K_w =	1.00E-14	
6									
7	Species in charge balance:						Other concentrations:		
8	$[H^+]$ =	4.67E-11		$[A^-]$ =	6.83E-03		[HA] =	3.17E-03	
9	$[BH^+]$ =	2.20E-02		$[Cl^-]$ =	0.015		[B] =	7.95E-03	
10				$[OH^-]$ =	2.14E-04		pH =	10.331	
11							↑ initial value is a guess		
12	Positive charge minus negative charge				-4.92E-17	= B8+B9-E8-E9-E10			
13	Formulas:								
14	B5 = 10^-B4		B8 = 10^-H10			H5 = 10^-H4			
15	E5 = 10^-E4		E10 = H5/B8			E9 = H3			
16	B9 = B8*E3/(B8+E5)					E8 = B5*B3/(B8+B5)			
17	H9 = E5*E3/(B8+E5)					H8 = B8*B3/(B8+B5)			

Spreadsheet for Exercise 13-A

We solve Equation A for $[H^+]$ by using Solver in the spreadsheet, with an initial guess of pH = 10 in cell H10.

In Solver Options All Methods, set Constraint Precision = 1E-15. In Solver Options GRG Nonlinear, set Derivatives to Central. Click OK. In the Solver Parameters window, Set Objective E12 To Value of 0 By Changing Variable Cells H10. Click Solve and Solver finds pH = 10.331 in cell H10, giving a net charge near 0 in cell E12.

13-B. We use effective equilibrium constants K' as follows:

$$K_{HA} = \frac{[A^-]\gamma_{A^-}[H^+]\gamma_{H^+}}{[HA]\gamma_{HA}} = 10^{-9.997}$$

$$K'_{HA} = K_{HA}\left(\frac{\gamma_{HA}}{\gamma_{A^-}\gamma_{H^+}}\right) = \frac{[A^-][H^+]}{[HA]}$$

$$[HA] = \alpha_{HA}F_A = \frac{[H^+]F_A}{[H^+]+K'_{HA}}$$

$$[A^-] = \alpha_{A^-}F_A = \frac{K'_{HA}F_A}{[H^+]+K'_{HA}}$$

$$K_{BH^+} = \frac{[B]\gamma_B[H^+]\gamma_{H^+}}{[BH^+]\gamma_{BH^+}} = 10^{-10.774}$$

$$K'_{BH^+} = K_{BH^+}\left(\frac{\gamma_{BH^+}}{\gamma_B\gamma_{H^+}}\right) = \frac{[B][H^+]}{[BH^+]}$$

$$[BH^+] = \alpha_{BH^+}F_B = \frac{[H^+]F_B}{[H^+]+K'_{BH^+}}$$

$$[B] = \alpha_B F_B = \frac{K'_{BH^+}F_B}{[H^+]+K'_{BH^+}}$$

$$K_w = [H^+]\gamma_{H^+}[OH^-]\gamma_{OH^-} = 10^{-13.995}$$

$$K'_w = \frac{K_w}{\gamma_{H^+}\gamma_{OH^-}} = [H^+][OH^-]$$

$$[OH^-] = K'_w/[H^+]$$

$$pH = -\log([H^+]\gamma_{H^+})$$

$$[H^+] = (10^{-pH})/\gamma_{H^+}$$

Modify the spreadsheet in Exercise 13-A. To handle the circular reference in Excel 2016, select the File tab and select Options. In the Options window, select Formulas. In Calculation Options, check "Enable iterative calculation" and set Maximum Change to 1e-15. Click OK. Add activity coefficients in cells A8:H9. Compute effective equilibrium constants in row 5. Because we are going to the trouble of using activity coefficients, we use pK_w = 13.995 in cell H4 instead of the less accurate value of 14.00. With an initial ionic strength of 0 in cell E17 and a guess of pH = 10 in cell H14, the net charge in cell E16 is 0.005 56 M. Write the formula for ionic strength in cell E17. Execute Solver to find the pH in cell H14 that reduces the net charge in cell E16 to near 0. The final pH in cell H14 is 10.358, giving an ionic strength of 0.022 5 *m* in cell E17.

13-C. **(a)** 2-Aminobenzoic acid = HA from diprotic H_2A^+, $pK_1 = 2.08$, $pK_2 = 4.96$

Dimethylamine = B from monoprotic BH^+, $pK_a = 10.774$

Mixture contains 0.040 mol HA, 0.020 mol B, and 0.015 mol HCl in 1.00 L

Chemical reactions:

$$H_2A^+ \rightleftharpoons HA + H^+ \qquad K_1 = 10^{-2.08}$$

$$HA \rightleftharpoons A^- + H^+ \qquad K_2 = 10^{-4.96}$$

$$BH^+ \rightleftharpoons B + H^+ \qquad K_a = 10^{-10.774}$$

$$H_2O \rightleftharpoons H^+ + OH^- \qquad K_w = 10^{-14.00}$$

Charge balance: $[H^+]+[H_2A^+]+[BH^+] = [OH^-]+[A^-]+[Cl^-]$

Mass balances: $[Cl^-] = 0.015$ M

$[BH^+]+[B] = 0.020\ M \equiv F_B$

$[H_2A^+]+[HA]+[A^-] = 0.040\ M \equiv F_A$

We have eight equations and eight chemical species.

Fractional composition equations:

$$[BH^+] = \alpha_{BH^+}F_B = \frac{[H^+]F_B}{[H^+]+K_a}$$

$$[B] = \alpha_B F_B = \frac{K_a F_B}{[H^+]+K_a}$$

$$[H_2A^+] = \alpha_{H_2A^+}F_A = \frac{[H^+]^2F_A}{[H^+]^2+[H^+]K_1+K_1K_2}$$

$$[HA] = \alpha_{HA}F_A = \frac{K_1[H^+]F_A}{[H^+]^2+[H^+]K_1+K_1K_2}$$

$$[A^-] = \alpha_{A^-}F_A = \frac{K_1K_2F_A}{[H^+]^2+[H^+]K_1+K_1K_2}$$

	A	B	C	D	E	F	G	H	I
1	Mixture of 0.010 M HA, 0.030 M B, and 0.015 M HCl								
2	With activities								
3	F_A =	0.010		F_B =	0.030		$[Cl^-]$ =	0.015	
4	pK_{HA} =	9.997		pK_{BH+} =	10.774		pK_w =	13.995	
5	K_{HA}' =	1.35E-10		K_{BH+}' =	1.68E-11		K_w' =	1.35E-14	
6									
7	Activity coefficients:								
8	H^+ =	0.86		A^-	0.86		HA	1.00	
9	OH^- =	0.86		BH^+	0.86		B	1.00	
10									
11	Species in charge balance:						Other concentrations:		
12	$[H^+]$ =	5.07E-11		$[A^-]$ =	7.26E-03		[HA] =	2.74E-03	
13	$[BH^+]$ =	2.25E-02		$[Cl^-]$ =	0.015		[B] =	7.47E-03	
14				$[OH^-]$ =	2.67E-04		pH =	10.358	
15							↑ initial value is a guess		
16	Positive charge minus negative charge =				7.67E-17	= B12+B13–E12–E13–E14			
17				Ionic strength =	2.25E-02	= 0.5*(B12+B13+E12+E13+E14)			
18	Formulas:								
19	B5 = (10^–B4)*H8/(E8*B8)				H8 = H9 = 1				
20	E5 = (10^–E4)*E9/(H9*B8)				E13 = H3				
21	H5 = (10^–H4)/(B8*B9)								
22	B8 = B9 = E8 = E9 = 10^(–0.51*1^2*(SQRT($E$17)/(1+SQRT($E$17))–0.3*$E$17))								
23	B12 = (10^–H14)/B8				E14 = H5/B12				
24	B13 = B12*E3/(B12+E5)				H13 = E5*E3/(B12+E5)				
25	E12 = B5*B3/(B12+B5)				H12 = B12*B3/(B12+B5)				

Spreadsheet for Exercise 13-B

	A	B	C	D	E	F	G	H	I
1	Mixture of 0.040 M HA, 0.020 M B, and 0.015 M HCl								
2									
3	F_A =	0.040		F_B =	0.020		$[Cl^-]$ =	0.015	
4	pK_1 =	2.080		pK_a =	10.774		K_w =	1.00E-14	
5	pK_2 =	4.960		K_a =	1.68E-11				
6	K_1 =	8.32E-03							
7	K_2 =	1.10E-05							
8									
9	Species in charge balance:						Other concentrations:		
10	$[H^+]$ =	7.03E-05		$[H_2A^+]$ =	2.90E-04		[HA] =	3.43E-02	
11	$[BH^+]$ =	2.00E-02		$[A^-]$ =	5.36E-03		[B] =	4.79E-09	
12	$[OH^-]$ =	1.42E-10		$[Cl^-]$ =	0.015		pH =	4.153	
13							↑ initial value is a guess		
14	Positive charge minus negative charge				0.00E+00	= B10+B11+E10-B12-E11-E12			
15	Formulas:								
16	B16 = 10^-B4		B7 = 10^-B5			E5 = 10^-E4			
17	B10 =10^-H12		B12 = H4/B10			E12 = H3			
18	B11 = B10*E3/(B10+E5)								
19	E10 = B10^2*B3/(B10^2+B10*B6+B6*B7)								
20	E11 = B6*B7*B3/(B10^2+B10*B6+B6*B7)								
21	H10 = B10*B6*B3/(B10^2+B10*B6+B6*B7)								
22	H11 = E5*E3/(B10+E5)								

Spreadsheet for Exercise 13-C

Substitute into charge balance:

$$[H^+] + \alpha_{H_2A^+}F_A + \alpha_{BH^+}F_B = K_w/[H^+] + \alpha_{A^-}F_A + [0.015\ M] \quad \textbf{(A)}$$

Solve Equation A for $[H^+]$ by using Solver with an initial guess of pH = 7 in cell H12. In the Solver Parameters window, Set Objective E14 To Value of 0 By Changing Variable Cells H12. Click Solve to find pH = 4.153 in cell H12, giving a net charge near 0 in cell E14.

(b) From the concentrations in the spreadsheet, we find the following fractions of 2-aminobenzoic acid: $H_2A^+ = 0.7\%$, $HA = 85.9\%$, and $A^- = 13.4\%$. The fractions of dimethylamine are $BH^+ = 100.0\%$ and $B = 0.0\%$. The simple prediction is that HCl would consume B, giving 100% BH^+. The remaining 5 mmol B consumes 5 mmol HA, making 5 mmol A^- and leaving 35 mmol HA.

Predicted fractions: $A^- = 5/40 = 12.5\%$, $HA = 35/40 = 87.5\%$

Estimated $pH = pK_2 + \log([A^-]/[HA]) = 4.96 + \log(5/35) = 4.11$

13-D. Effective equilibrium constants:

$$H_2T \overset{pK_1=3.036}{\rightleftharpoons} HT^- + H^+ \qquad K_1' = K_1\left(\frac{\gamma_{H_2T}}{\gamma_{HT^-}\gamma_{H^+}}\right) = \frac{[HT^-][H^+]}{[H_2T]}$$

$$HT^- \overset{pK_2=4.366}{\rightleftharpoons} T^{2-} + H^+ \qquad K_2' = K_2\left(\frac{\gamma_{HT^-}}{\gamma_{T^{2-}}\gamma_{H^+}}\right) = \frac{[T^{2-}][H^+]}{[HT^-]}$$

$$PyH^+ \overset{pK_a=5.20}{\rightleftharpoons} Py + H^+ \qquad K_a' = K_a\left(\frac{\gamma_{PyH^+}}{\gamma_{Py}\gamma_{H^+}}\right) = \frac{[Py][H^+]}{[PyH^+]}$$

$$H_2O \overset{pK_w=13.995}{\rightleftharpoons} H^+ + OH^- \qquad K_w' = \left(\frac{K_w}{\gamma_{H^+}\gamma_{OH^-}}\right) = [H^+][OH^-]$$

$$[OH^-] = K_w'/[H^+] \qquad pH = -\log([H^+]\gamma_{H^+})$$

The spreadsheet is modified from the one in the text by addition of activity coefficients in cells A10:H11. The ionic strength for computing activity coefficients with the Davies equation is in cell E20. Use Solver to find the pH in cell H17 that makes the net charge in cell E19 nearly 0. In the spreadsheet, a pH of 4.114 gives an ionic strength of 0.054 0 *m*.

13-E. $AgCN(s) \rightleftharpoons Ag^+ + CN^- \qquad pK_{sp} = 15.66$

$$[CN^-] = K_{sp}/[Ag^+]$$

$$HCN(aq) \rightleftharpoons CN^- + H^+ \qquad pK_{HCN} = 9.21$$

$$[HCN(aq)] = \frac{[H^+][CN^-]}{K_{HCN}} = \frac{[H^+]K_{sp}}{K_{HCN}[Ag^+]}$$

$$Ag^+ + H_2O \rightleftharpoons AgOH(aq) + H^+ \qquad pK_{Ag} = 12.0$$

$$[AgOH(aq)] = \frac{K_{Ag}[Ag^+]}{[H^+]}$$

Mass balance: total silver = total cyanide

$$[Ag^+] + [AgOH(aq)] = [CN^-] + [HCN(aq)]$$

Substitute expressions for concentrations into the mass balance:

$$[Ag^+] + \frac{K_{Ag}[Ag^+]}{[H^+]} = \frac{K_{sp}}{[Ag^+]} + \frac{[H^+]K_{sp}}{K_{HCN}[Ag^+]} \quad \textbf{(A)}$$

Rearrange Equation A to solve for $[Ag^+]$ as a function of $[H^+]$ or use Solver to find $[Ag^+]$ as a function of $[H^+]$. We use the algebraic solution, which is easy for this exercise. Multiply both sides by $[Ag^+]$ and solve:

$$[Ag^+]^2 + \frac{K_{Ag}[Ag^+]^2}{[H^+]} = K_{sp} + \frac{[H^+]K_{sp}}{K_{HCN}}$$

$$[Ag^+]^2\left(\frac{[H^+] + K_{Ag}}{[H^+]}\right) = K_{sp}\left(\frac{K_{HCN} + [H^+]}{K_{HCN}}\right)$$

$$[Ag^+] = \sqrt{\frac{K_{sp}(K_{HCN} + [H^+])[H^+]}{K_{HCN}([H^+] + K_{Ag})}} \quad \textbf{(B)}$$

The spreadsheet uses Equation B to find $[Ag^+]$ in column C. pH is input in column A. To find the pH of unbuffered solution, we find the pH at which the net charge in column H is zero. We used Solver to find that pH = 7.28 in cell A12 makes the net charge in cell H12 equal to 0. Goal Seek is an even better tool than Solver to solve one equation with one unknown (pH).

Is the solubility of Ag_2O exceeded? Evaluate the solubility product at pH 7.28 with values from row 12 of the spreadsheet: $[Ag^+]^2[OH^-]^2 = (1.4\times10^{-7})^2(1.89\times10^{-7})^2 = 7\times10^{-28} < K_{Ag_2O} = 10^{-15.42}$. We predict that Ag_2O will not precipitate from the unbuffered, saturated solution of AgCN.

	A	B	C	D	E	F	G	H
1	Mixture of 0.020 M Na^+HT^-, 0.015 M PyH^+Cl^-, and 0.010 M KOH = with activity							
2								
3	F_{H2T} =	0.020		F_{PyH^+} =	0.015		$[K^+]$ =	0.010
4	pK_1 =	3.036		pK_a =	5.20		pK_w =	13.995
5	pK_2 =	4.366		K_a' =	6.31E-06		K_w' =	1.52E-14
6	K_1' =	1.38E-03						
7	K_2' =	9.67E-05						
8								
9	Activity coefficients from Davies equation:							
10	H^+ =	0.817		HT^- =	0.817		OH^- =	0.817
11	PyH^+ =	0.817		T^{2-} =	0.445			
12								
13	Species in charge balance:						Other concentrations:	
14	$[H^+]$ =	9.42E-05		$[OH^-]$ =	1.61E-10		$[H_2T]$ =	6.51E-04
15	$[PyH^+]$ =	1.41E-02		$[HT^-]$ =	9.54E-03		[Py] =	9.42E-04
16	$[Na^+]$ =	0.020		$[T^{2-}]$ =	9.80E-03			
17	$[K^+]$ =	0.010		$[Cl^-]$ =	0.015		pH =	4.114
18							↑initial value is a guess	
19				Positive charge minus negative charge =	0.00E+00			
20				Ionic strength =	5.40E–02			
21	Formulas:							
22	B6 = 10^–B4*(1/(E10*B10))			B14 = (10^–H17)/B10			E14 = H5/B14	
23	B7 = 10^–B5*(E10/(E11*B10))			B16 = B3			E17 = E3	
24	E5 = 10^–E4*(B11/B10)			B17 = H3				
25	H5 = (10^–E4)/(B10*H10)							
26	B10=B11=E10=H10 = 10^(–0.51*1^2*(SQRT($C$20)/(1+SQRT($C$20))–0.3*$C$20))							
27	E11 = 10^(–0.51*2^2*(SQRT($C$20)/(1+SQRT($CS20))–0.3*$C$20))							
28	B15 = B14*E3/(B14+E5)							
29	E15 = B14*B6*B3/(B14^2+B14*B6+B6*B7)							
30	E16 = B6*B7*B3/(B14^2+B14*B6+B6*B7)							
31	H14 = B14^2*B3/(B14^2+B14*B6+B6*B7)							
32	H15 = E5*E3/(B14+E5)							
33	C21 = 0.5*(B14+B15+B16+B17+E14+E15+4*E16+E17)							
34	E19 = B14+B15+B16+B17–E14–E15–2*E16–E17							
35	E20 = 0.5*(B14+B15+B16+B17+E14+E15+4*E16+E17)							

Spreadsheet for Exercise 13-D

	A	B	C	D	E	F	G	H
1	Solubility of AgCN							
2								
3	pK_{sp} =	15.66		K_{sp} =	2.2E-16		K_w =	1.00E-14
4	pK_{HCN} =	9.21		K_{HCN} =	6.2E-10			
5	pK_{Ag} =	12.00		K_{Ag} =	1.0E-12			
6								Net
7	pH	$[H^+]$	$[Ag^+]$	$[CN^-]$	[HCN]	[AgOH]	$[OH^-]$	charge
8	0	1.0E+00	6.0E-04	3.7E-13	6.0E-04	6.0E-16	1.00E-14	1.0E+00
9	2	1.0E-02	6.0E-05	3.7E-12	6.0E-05	6.0E-15	1.00E-12	1.0E-02
10	4	1.0E-04	6.0E-06	3.7E-11	6.0E-06	6.0E-14	1.00E-10	1.1E-04
11	6	1.0E-06	6.0E-07	3.7E-10	6.0E-07	6.0E-13	1.00E-08	1.6E-06
12	7.28	5.3E-08	1.4E-07	1.6E-09	1.4E-07	2.6E-12	1.89E-07	3.7E-21
13	8	1.0E-08	6.1E-08	3.6E-09	5.8E-08	6.1E-12	1.00E-06	-9.3E-07
14	10	1.0E-10	1.6E-08	1.4E-08	2.2E-09	1.6E-10	1.00E-04	-1.0E-04
15	12	1.0E-12	1.0E-08	2.1E-08	3.4E-11	1.0E-08	1.00E-02	-1.0E-02
16	14	1.0E-14	1.5E-09	1.5E-07	2.4E-12	1.5E-07	1.00E+00	-1.0E+00
17								
18	B8 = 10^-A8		D8 = $E$3/C8		E8 = B8*D8/$E$4		F8 = $E$5*C8/B8	
19	C8 = SQRT($E$3*($E$4+B8)*(B8)/($E$4*(B8+$E$5)))							
20	G8 = $H$3/B8		H8 = B8+C8-D8-G8					

Spreadsheet for Exercise 13-E

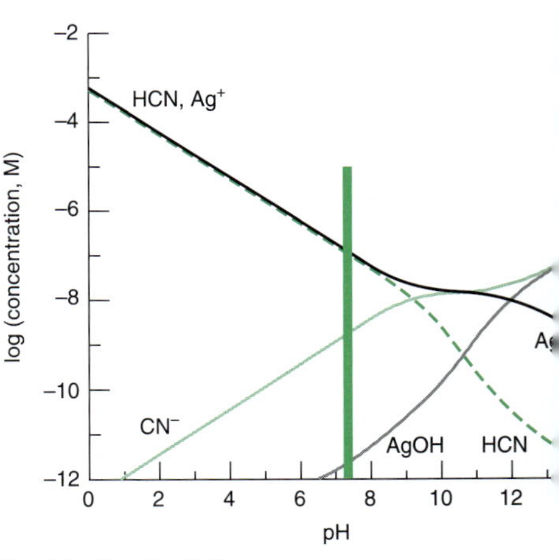

Graph for Exercise 13-E

	A	B	C	D	E	F	G
1	Difference plot for acetic acid						
2				C15 = 10^-B15/$B$8			
3	Titrant NaOH =	0.4905	C_b (M)	D15 = 10^-$B$9/C15			
4	Initial volume =	200	V_o (mL)	E15 = $B$7+($B$6-$B$3*A15			
5	Acetic acid =	3.96	L (mmol)		-(C15-D15)*($B$4+A15))/$B$5		
6	HCl added =	0.484	A (mmol)	F15 = $C15/($C15+$E$10)			
7	Number of H^+ =	1	n	G15 = (E15-F15)^2			
8	Activity coeff =	0.78	γ_H				
9	pK_w' =	13.869					
10	pK_a =	4.726		K_a =	1.881E-05	= 10^-B10	
11	$\Sigma(resid)^2$ =	0.0045	= sum of column G				
12							
13	v	pH	$[H^+]$ =	$[OH^-]$ =	Measured	Theoretical	$(residuals)^2$ =
14	mL NaOH		$(10^{-pH})/\gamma_H$	$(10^{-pKw})/[H^+]$	n_H	$n_H = \alpha_{HA}$	$(n_{meas} - n_{theor})^2$
15	0.00	2.79	2.08E-03	6.50E-12	1.017	0.991	0.000685
16	0.30	2.89	1.65E-03	8.19E-12	1.002	0.989	0.000163
17	:						
18	4.80	4.78	2.13E-05	6.36E-10	0.527	0.531	0.000018
19	5.10	4.85	1.81E-05	7.47E-10	0.490	0.491	0.000001
20	:						
21	10.20	11.39	5.22E-12	2.59E-03	-0.004	0.000	0.000014
22	10.50	11.54	3.70E-12	3.66E-03	0.016	0.000	0.000259

Spreadsheet for Exercise 13-F

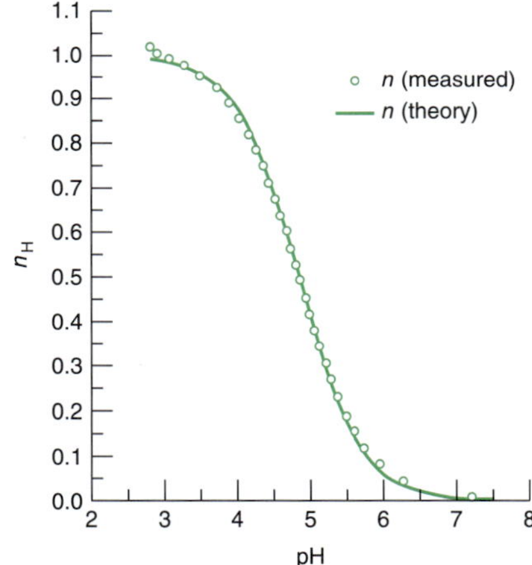

Graph for Exercise 13-F

13-F. **(a)** $\bar{n}_H = \dfrac{\text{moles of bound H}^+}{\text{total moles of weak acid}} = \dfrac{[HA]}{[HA]+[A^-]}$

$$= \frac{[HA]}{F_{HA}} = \frac{F_{HA} - [A^-]}{F_{HA}} \quad \textbf{(A)}$$

Charge balance: $[H^+] + [Na^+] = [OH^-] + [Cl^-]_{HCl} + [A^-]$

$\Rightarrow -[A^-] = [OH^-] + [Cl^-]_{HCl} - [H^+] - [Na^+]$

Put this expression for $-[A^-]$ into numerator of Equation A:

$$\bar{n}_H = \frac{F_{HA} + [OH^-] + [Cl^-]_{HCl} - [H^+] - [Na^+]}{F_{HA}}$$

$$\bar{n}_H = 1 + \frac{[OH^-] + [Cl^-]_{HCl} - [H^+] - [Na^+]}{F_{HA}} \quad \textbf{(B)}$$

Equation B is the same as Equation 13-61 with $n = 1$. The substitutions used below Equation 13-61 produce Equation 13-62 for $\bar{n}_H$(measured) with $n = 1$. The theoretical expression is $\bar{n}_H$ (theoretical) $= \alpha_{HA} = [H^+]/([H^+] + K_a)$.

(b) Optimized values of pK_w' and pK_a in cells B9 and B10 in the spreadsheet are 13.869 and 4.726. These were obtained from initial guesses of $pK_w' = 14$ and $pK_a = 5$ after executing Solver to minimize the sum of squared residuals in cell B11. The NIST database lists $pK_a = 4.757$ at $\mu = 0$ and $pK_a = 4.56$ at $\mu = 0.1$ M. Our value of 4.726 at $\mu = 0.1$ M suggests that the titration experiment was not very accurate.

Chapter 14

14-A. The cell voltage is $E° = 1.35$ V because all activities are unity.

$I = P/E = 0.010\,0 \text{ W}/1.35 \text{ V} = 7.41 \times 10^{-3}$ C/s

mol e^-/s $= (7.41 \times 10^{-3}$ C/s$)/(9.649 \times 10^4$ C/mol$)$

$= 7.68 \times 10^{-8}$ mol e^-/s $= 2.42$ mol e^-/365 days

HgO accepts $2e^-$ when it is reduced from Hg(II) to Hg(0), so the consumption rate = (2.42 mol e^-/365 days)(1 mol HgO/2 mol e^-) = 1.21 mol HgO/365 days = 0.262 kg HgO = 0.578 lb.

14-B.

(a)
$$\begin{array}{l} -\ 5Br_2(aq) + \cancel{10e^-} \rightleftharpoons 10Br^- \\ \underline{\quad 2IO_3^- + 12H^+ + \cancel{10e^-} \rightleftharpoons I_2(s) + 6H_2O} \\ I_2(s) + 5Br_2(aq) + 6H_2O \rightleftharpoons 2IO_3^- + 10Br^- + 12H^+ \end{array}$$

$E_+^\circ = 1.098$ V

$\underline{E_-^\circ = 1.210 \text{ V}}$

$E° = 1.098 - 1.210 = -0.112$ V

$K = 10^{10(-0.112)/0.059\,16} = 1 \times 10^{-19}$

(b)
$$\begin{array}{l} -\ Cr^{2+} + \cancel{2e^-} \rightleftharpoons Cr(s) \\ \underline{\quad Fe^{2+} + \cancel{2e^-} \rightleftharpoons Fe(s)} \\ Cr^{2+} + Fe(s) \rightleftharpoons Cr(s) + Fe^{2+} \end{array}$$

$E_+^\circ = -0.89$ V

$\underline{E_-^\circ = -0.44 \text{ V}}$

$E° = -0.89 - (-0.44) = -0.45$ V

$K = 10^{2(-0.45)/0.059\,16} = 6 \times 10^{-16}$

(c) $$\begin{array}{l} \underline{\ }\ Cl_2(g) + \cancel{2e^-} \rightleftharpoons 2Cl^- \\ \underline{Mg^{2+} + \cancel{2e^-} \rightleftharpoons Mg(s)} \\ Mg(s) + Cl_2(g) \rightleftharpoons Mg^{2+} + 2Cl^- \end{array}$$

$E^\circ_+ = 1.360$ V

$E^\circ_- = -2.360$ V

$E^\circ = 1.360 - (-2.360) = 3.720$ V

$K = 10^{2(3.720)/0.059\,16} = 6 \times 10^{125}$

(d) $$\begin{array}{l} \underline{\ }\ 3[MnO_2(s) + 4H^+ + \cancel{2e^-} \rightleftharpoons Mn^{2+} + 2H_2O] \\ \underline{2[MnO_4^- + 4H^+ + \cancel{3e^-} \rightleftharpoons MnO_2(s) + 2H_2O]} \\ 5MnO_2(s) + 4H^+ \rightleftharpoons 2MnO_4^- + 3Mn^{2+} + 2H_2O \end{array}$$

$E^\circ_+ = 1.230$ V

$E^\circ_- = 1.692$ V

$E^\circ = 1.230 - 1.692 = -0.462$ V

$K = 10^{6(-0.462)/0.059\,16} = 1 \times 10^{-47}$

An alternate way to answer **(d)** is

$$\begin{array}{l} \underline{\ }\ 5[MnO_2(s) + 4H^+ + \cancel{2e^-} \rightleftharpoons Mn^{2+} + 2H_2O] \\ \underline{2[MnO_4^- + 8H^+ + \cancel{5e^-} \rightleftharpoons Mn^{2+} + 4H_2O]} \\ 5MnO_2(s) + 4H^+ \rightleftharpoons 2MnO_4^- + 3Mn^{2+} + 2H_2O \end{array}$$

$E^\circ_+ = 1.230$ V

$E^\circ_- = 1.507$ V

$E^\circ = 1.230 - 1.507 = -0.277$ V

$K = 10^{10(-0.277)/0.059\,16} = 2 \times 10^{-47}$

(e) $$\begin{array}{l} \underline{\ }\ Ag^+ + e^- \rightleftharpoons Ag(s) \\ \underline{Ag(S_2O_3)_2^{3-} + e^- \rightleftharpoons Ag(s) + 2S_2O_3^{2-}} \\ Ag^+ + 2S_2O_3^{2-} \rightleftharpoons Ag(S_2O_3)_2^{3-} \end{array}$$

$E^\circ_+ = 0.799$ V

$E^\circ_- = 0.017$ V

$E^\circ = 0.799 - 0.017 = 0.782$ V

$K = 10^{0.782/0.059\,16} = 2 \times 10^{13}$

(f) $$\begin{array}{l} \underline{\ }\ CuI(s) + e^- \rightleftharpoons Cu(s) + I^- \\ \underline{Cu^+ + e^- \rightleftharpoons Cu(s)} \\ CuI(s) \rightleftharpoons Cu^+ + I^- \end{array}$$

$E^\circ_+ = -0.185$ V

$E^\circ_- = 0.518$ V

$E^\circ = -0.185 - 0.518 = -0.703$ V

$K = 10^{-0.703/0.059\,16} = 1 \times 10^{-12}$

14-C. **(a)** $$\begin{array}{ll} \underline{\ }\ Br_2(l) + 2e^- \rightleftharpoons 2Br^- & E^\circ_+ = 1.078 \text{ V} \\ \underline{Fe^{2+} + 2e^- \rightleftharpoons Fe(s)} & E^\circ_- = -0.44 \text{ V} \\ Br_2(l) + Fe(s) \rightleftharpoons 2Br^- + Fe^{2+} & \end{array}$$

$$E = \left\{1.078 - \frac{0.059\,16}{2}\log(0.050)^2\right\} - \left\{-0.44 - \frac{0.059\,16}{2}\log\frac{1}{0.010}\right\}$$

$= 1.155 - (-0.50) = 1.65$ V

Electrons flow from the more negative Fe electrode (–0.50 V) to the more positive Pt electrode (1.155 V) through the circuit.

(b) $$\begin{array}{ll} \underline{\ }\ Fe^{2+} + 2e^- \rightleftharpoons Fe(s) & E^\circ_+ = -0.44 \text{ V} \\ \underline{Cu^{2+} + 2e^- \rightleftharpoons Cu(s)} & E^\circ_- = 0.339 \text{ V} \\ Fe^{2+} + Cu(s) \rightleftharpoons Fe(s) + Cu^{2+} & \end{array}$$

$$E = \left\{-0.44 - \frac{0.059\,16}{2}\log\frac{1}{0.050}\right\} - \left\{0.339 - \frac{0.059\,16}{2}\log\frac{1}{0.020}\right\}$$

$= -0.48 - (0.289) = -0.77$ V

Electrons flow from the more negative Fe electrode (–0.48 V) to the more positive Cu electrode (0.289 V) through the circuit.

(c) $$\begin{array}{ll} \underline{\ }\ Cl_2(g) + 2e^- \rightleftharpoons 2Cl^- & E^\circ_+ = 1.360 \text{ V} \\ \underline{Hg_2Cl_2(s) + 2e^- \rightleftharpoons 2Hg(l) + 2Cl^-} & E^\circ_- = 0.268 \text{ V} \\ Cl_2(g) + 2Hg(l) \rightleftharpoons Hg_2Cl_2(s) & \end{array}$$

$$E = \left\{1.360 - \frac{0.059\,16}{2}\log\frac{(0.040)^2}{0.50}\right\} - \left\{0.268 - \frac{0.059\,16}{2}\log(0.060)^2\right\}$$

$= 1.434 - (0.340) = 1.094$ V

Electrons flow from the more negative Hg electrode (0.340 V) to the more positive Pt electrode (1.434 V) through the circuit.

14-D. **(a)** $$\begin{array}{ll} H^+ + e^- \rightleftharpoons \frac{1}{2}H_2(g) & E^\circ_+ = 0 \text{ V} \\ Ag^+ + e^- \rightleftharpoons Ag(s) & E^\circ_- = 0.799 \text{ V} \end{array}$$

$E^\circ = E^\circ_+ - E^\circ_- = -0.799$ V

$$E = \left\{0 - 0.059\,16\log\frac{P_{H_2}^{1/2}}{[H^+]}\right\} - \left\{0.799 - 0.059\,16\log\frac{1}{[Ag^+]}\right\}$$

(b) $[Ag^+] = \dfrac{K_{sp}}{[I^-]} = \dfrac{8.3 \times 10^{-17}}{0.10} = 8.3 \times 10^{-16}$ M

$$E = \left\{0 - 0.059\,16\log\frac{\sqrt{0.20}}{0.10}\right\} - \left\{0.799 - 0.059\,16\log\frac{1}{8.3 \times 10^{-16}}\right\}$$

$= -0.038 - (-0.093) = 0.055$ V

Electrons flow from the more negative Ag electrode (–0.093 V) to the more positive Pt electrode (–0.038 V) through the circuit.

(c) $$\begin{array}{ll} H^+ + e^- \rightleftharpoons \frac{1}{2}H_2(g) & E^\circ_+ = 0 \text{ V} \\ AgI(s) + e^- \rightleftharpoons Ag(s) + I^- & E^\circ_- = ? \end{array}$$

$$0.055 = \left\{0 - 0.059\,16\log\frac{\sqrt{0.20}}{0.10}\right\} - \{E^\circ_- - 0.059\,16\log(0.10)\}$$

$\Rightarrow E^\circ_- = -0.153$ V

(Appendix H gives $E^\circ_- = -0.152$ V.)

14-E. $$\begin{array}{ll} Ag(CN)_2^- + e^- \rightleftharpoons Ag(s) + 2CN^- & E^\circ_+ = -0.310 \text{ V} \\ Cu^{2+} + 2e^- \rightleftharpoons Cu(s) & E^\circ_- = 0.339 \text{ V} \end{array}$$

$$E = \left\{-0.310 - 0.059\,16\log\frac{[CN^-]^2}{[Ag(CN_2^-)]}\right\} - \left\{0.339 - \frac{0.059\,16}{2}\log\frac{1}{[Cu^{2+}]}\right\}$$

We know that $[Ag(CN)_2^-] = 0.010$ M and $[Cu^{2+}] = 0.030$ M. To find $[CN^-]$ at pH 8.21, we write

$$\frac{[CN^-]}{[HCN]} = \frac{K_a}{[H^+]} = \frac{10^{-9.21}}{10^{-8.21}} \circ \ [CN^-] \neq 0.10\,[HCN]$$

But, because $[CN^-] + [HCN] = 0.10$ M, $[CN^-] = 0.009\,1$ M. Putting this concentration into the Nernst equation gives $E = -0.187 - (0.294) = -0.481$ V. Electrons flow from the more negative Ag electrode (–0.187 V) to the more positive Cu electrode (0.294 V).

14-F. **(a)** $PuO_2^+ + e^- + 4H^+ \rightleftharpoons Pu^{4+} + 2H_2O$

$$\begin{array}{ll} PuO_2^{2+} \rightarrow PuO_2^+ & \Delta G = -1F\,(0.966) \\ PuO_2^+ \rightarrow Pu^{4+} & \Delta G = -1F\,E^\circ \\ \underline{Pu^{4+} \rightarrow Pu^{3+}} & \underline{\Delta G = -1F\,(1.006)} \\ PuO_2^{2+} \rightarrow Pu^{3+} & \Delta G = -3F\,(1.021) \end{array}$$

$-3F\,(1.021) = -1F\,(0.966) - 1F\,E^\circ - 1F\,(1.006) \Rightarrow E^\circ = 1.091$ V

(b) $$\begin{array}{ll} \underline{\ }\ 2PuO_2^{2+} + 2e^- \rightleftharpoons 2PuO_2^+ & E^\circ_+ = 0.966 \text{ V} \\ \underline{\frac{1}{2}O_2(g) + 2H^+ + 2e^- \rightleftharpoons H_2O} & E^\circ_- = 1.229 \text{ V} \\ 2PuO_2^{2+} + H_2O \rightleftharpoons 2PuO_2^+ + \frac{1}{2}O_2(g) + 2H^+ & \end{array}$$

$$E = \left\{0.966 - \frac{0.059\,16}{2}\log\frac{\cancel{[PuO_2^+]^2}}{\cancel{[PuO_2^{2+}]^2}}\right\} - \left\{1.229 - \frac{0.059\,16}{2}\log\frac{1}{P_{O_2}^{1/2}[H^+]^2}\right\}$$

At pH 2.00: $E = \{0.966\} - \{1.100\} = -0.134$ V

At pH 7.00: $E = \{0.966\} - \{0.805\} = +0.161$ V

$[PuO_2^+]$ cancels $[PuO_2^{2+}]$ because they are equal. At pH 2.00, we insert $[H^+] = 10^{-2.00}$ M and $P_{O_2} = 0.20$ bar to find $E = -0.134$ V. Because $E < 0$, the reaction is not spontaneous and water is not oxidized. At pH 7.00, we find $E = +0.161$ V, so water will be oxidized.

14-G. $2H^+ + 2e^- \rightleftharpoons H_2(g) \qquad E^\circ_+ = 0\ V$

$Hg_2Cl_2(s) + 2e^- \rightleftharpoons 2Hg(l) + 2Cl^- \qquad E^\circ_- = 0.268\ V$

$$E = \left\{-\frac{0.059\,16}{2}\log\frac{P_{H_2}}{[H^+]^2}\right\} - \left\{0.268 - \frac{0.059\,16}{2}\log[Cl^-]^2\right\}$$

We find $[H^+]$ in the right half-cell by considering the acid-base chemistry of KHP, the intermediate form of a diprotic acid:

$$[H^+] = \sqrt{\frac{K_1K_2(0.050) + K_1K_w}{K_1 + 0.050}} = 6.5\times10^{-5}\ M$$

$$E = \left\{\frac{-0.059\,16}{2}\log\frac{1}{(6.5\times10^{-5})^2}\right\} - \left\{0.268 - \frac{0.059\,16}{2}\log(0.10)^2\right\}$$

$$= -0.247_7 - 0.327_2 = -0.575\ V$$

Electrons flow from the more negative Pt electrode (-0.247_7 V) to the more positive Hg electrode (0.327_2 V).

14-H. $CuY^{2-} + 2e^- \rightleftharpoons Cu(s) + Y^{4-} \qquad E^\circ_+ = ?$

$Cu^{2+} + 2e^- \rightleftharpoons Cu(s) \qquad E^\circ_- = 0.339\ V$

$CuY^{2-} \xrightleftharpoons{1/K_f} Cu^{2+} + Y^{4-} \qquad E^\circ$

$$E^\circ = \frac{0.059\,16}{2}\log\frac{1}{K_f} = -0.556\ V$$

$$E^\circ_+ = E^\circ + E^\circ_- = -0.556 + 0.339 = -0.217\ V$$

14-I. To compare glucose and H_2 at pH = 0, we need to know E° for each. For H_2, $E^\circ = 0$ V. For gluconic acid, we find E° from $E^{\circ\prime}$:

$$\underset{\text{Gluconic acid}}{HA} + 2H^+ + 2e^- \rightleftharpoons \underset{\text{Glucose}}{G} + H_2O \qquad \textbf{(A)}$$

$$E = E^\circ - \frac{0.059\,16}{2}\log\frac{[G]}{[HA][H^+]^2}$$

But $F_G = [G]$ and $[HA] = \frac{[H^+]F_{HA}}{[H^+] + K_a}$. Putting these into the Nernst equation gives

$$E = E^\circ - \frac{0.059\,16}{2}\log\frac{F_G}{\left(\frac{[H^+]F_{HA}}{[H^+]+K_a}\right)[H^+]^2}$$

$$= \underbrace{E^\circ - \frac{0.059\,16}{2}\log\frac{[H^+]+K_a}{[H^+]^3}}_{\text{This is } E^{\circ\prime} = -0.45\text{ V when }[H^+]=10^{-7}} - \frac{0.059\,16}{2}\log\frac{F_G}{F_{HA}}$$

$$-0.45\ V = E^\circ - \frac{0.059\,16}{2}\log\frac{10^{-7.00} + 10^{-3.56}}{(10^{-7.00})^3}$$

$\Rightarrow E^\circ = +0.06_6$ V for gluconic acid

Gluconic acid is the oxidant and glucose is the reductant in Reaction A. In Table 14-1, the strongest reducing agents are at the lower right with the most negative potentials. Because E° for H_2 is more negative than E° for glucose, H_2 is the stronger reducing agent at pH 0.

14-J. **(a)** H^+ must provide $\frac{1}{2}$(34.5 kJ/mol) when it passes from outside to inside.

$$\Delta G = -\tfrac{1}{2}(34.5\times10^3\ J/mol) = -RT\ln\frac{\mathcal{A}_{high}}{\mathcal{A}_{low}}$$

$$\frac{\mathcal{A}_{high}}{\mathcal{A}_{low}} = 1.05\times10^3 \Rightarrow \Delta pH = \log(1.05\times10^3) = 3.02\text{ pH units}$$

(b) $\Delta G = -nFE$ (where n = charge of $H^+ = 1$)

$$-\frac{1}{2}(34.5\times10^3\ J/mol) = -(1)(9.6485\times10^4\ C/mol)(E)$$

$\Rightarrow E = 0.179\ J/C = 0.179\ V$

(c) If $\Delta pH = 1.00$, $\mathcal{A}_{high}/\mathcal{A}_{low} = 10$

$\Delta G(pH) = -RT\ln 10 = -5.7\times10^3\ J/mol$

$$\Delta G(\text{electric}) = \left[\frac{1}{2}(34.5) - 5.7\right]\text{kJ/mol} = 11.5_5\text{ kJ/mol}$$

$$E = \frac{\Delta G(\text{electric})}{nF} = \frac{11.5_5\times10^3\ J/mol}{(1)(96\,485\ C/mol)} = 0.120\ V$$

Chapter 15

15-A. The reaction at the silver electrode (written as a reduction) is $Ag^+ + e^- \rightleftharpoons Ag(s)$, and the cell voltage is written as

$$E = E_+ - E_- = E_+ - E(\text{S.C.E.}) = E_+ - 0.241$$

$$= \left(0.799 - 0.059\,16\log\frac{1}{[Ag^+]}\right) - 0.241$$

$$= 0.558 + 0.059\,16\log[Ag^+]$$

Titration reaction: $Br^- + Ag^+ \rightarrow AgBr(s) \qquad K_{sp} = 5.0\times10^{-13}$

The equivalence point is $V_e = 25.0$. Between 0 and 25 mL, there is unreacted Ag^+ in the solution.

$$1.0\text{ mL:}\quad [Ag^+] = \underbrace{\left(\frac{24.0\text{ mL}}{25.0\text{ mL}}\right)}_{\text{Fraction of Ag}^+\text{ remaining}}\underbrace{(0.100\ M)}_{\text{Initial concentration of Ag}^+}\underbrace{\left(\frac{50.0\text{ mL}}{51.0\text{ mL}}\right)}_{\text{Dilution factor}} = 0.094\,1\ M$$

$\Rightarrow E = 0.558 + 0.059\,16\log[0.094\,1] = 0.497\ V$

$$12.5\text{ mL:}\quad [Ag^+] = \left(\frac{12.5\text{ mL}}{25.0\text{ mL}}\right)(0.100\ M)\left(\frac{50.0\text{ mL}}{62.5\text{ mL}}\right) = 0.040\,0\ M$$

$\Rightarrow E = 0.475\ V$

$$24.0\text{ mL:}\quad [Ag^+] = \left(\frac{1.0\text{ mL}}{25.0\text{ mL}}\right)(0.100\ M)\left(\frac{50.0\text{ mL}}{74.0\text{ mL}}\right) = 0.002\,70\ M$$

$\Rightarrow E = 0.406\ V$

$$24.9\text{ mL:}\quad [Ag^+] = \left(\frac{0.10\text{ mL}}{25.0\text{ mL}}\right)(0.100\ M)\left(\frac{50.0\text{ mL}}{74.9\text{ mL}}\right) = 2.67\times10^{-4}\ M$$

$\Rightarrow E = 0.347\ V$

Beyond 25 mL, all AgBr has precipitated and there is excess Br^- in solution.

$$25.1\text{ mL:}\quad [Br^-] = \left(\frac{0.1\text{ mL}}{75.1\text{ mL}}\right)(0.200\ M) = 2._{67}\times10^{-4}\ M$$

$\Rightarrow [Ag^+] = K_{sp}/[Br^-] = (5.0\times10^{-13})/(2._{67}\times10^{-4}) = 1._{88}\times10^{-9}\ M$

$\Rightarrow E = +0.042\ V$

$$26.0\text{ mL:}\quad [Br^-] = \left(\frac{1.0\text{ mL}}{76.0\text{ mL}}\right)(0.200\ M) = 2.6_6\times10^{-4}\ M$$

$\Rightarrow [Ag^+] = 1.9_0\times10^{-10}\ M \Rightarrow E = -0.017\ V$

$$\text{At 35.0 mL:}\quad [Br^-] = \left(\frac{10.0\text{ mL}}{85.0\text{ mL}}\right)(0.200\ M) = 0.023\,5\ M$$

$\Rightarrow [Ag^+] = 2.1_2\times10^{-11}\ M \Rightarrow E = -0.073\ V$

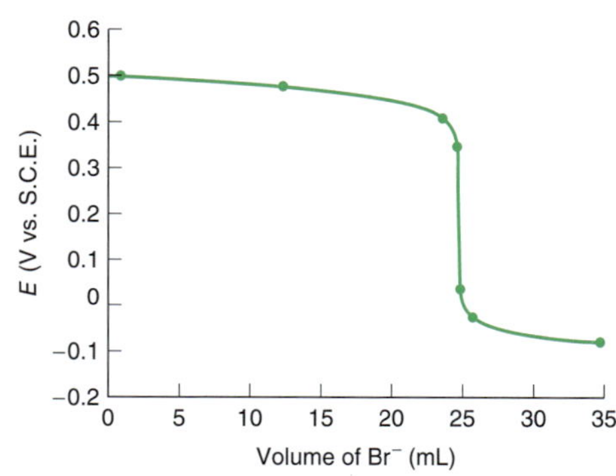

15-B. The cell voltage is given by Equation C, in which K_f is the formation constant for $Hg(EDTA)^{2-}$ $(=10^{21.5})$. To find the voltage, we must calculate $[HgY^{2-}]$ and $[Y^{4-}]$ at each point. The concentration of HgY^{2-} is 1.0×10^{-4} M when $V = 0$ and is thereafter affected only by dilution because $K_f(HgY^{2-}) \gg K_f(MgY^{2-})$. The concentration of Y^{4-} is found from the Mg-EDTA equilibrium at all but the first point. At $V = 0$ mL, the Hg-EDTA equilibrium determines $[Y^{4-}]$.

0 mL: $\dfrac{[HgY^{2-}]}{[Hg^{2+}][EDTA]} = \alpha_{Y^{4-}} K_f(\text{for } HgY^{4-}) = (0.30)(10^{21.5})$

$$\frac{1.0 \times 10^{-4} - x}{(x)(x)} = 9.5 \times 10^{20} \Rightarrow x = [EDTA] = 3.2 \times 10^{-13} \text{ M}$$

$$[Y^{4-}] = \alpha_{Y^{4-}}[EDTA] = 9.7 \times 10^{-14} \text{ M}$$

Using Equation C, we write

$$E = 0.852 - 0.241 - \frac{0.059\,16}{2}\log\frac{10^{21.5}}{1.0 \times 10^{-4}} - \frac{0.059\,16}{2}\log(9.7 \times 10^{-14}) = 0.242 \text{ V}$$

10.0 mL: $V_e = 25.0$ mL, so $\frac{10}{25}$ of Mg^{2+} is in the form MgY^{2-}, and $\frac{15}{25}$ is in the form Mg^{2+}.

$$[Y^{4-}] = \frac{[MgY^{2-}]}{[Mg^{2+}]} / K_f(\text{for } MgY^{2-}) = \left(\frac{10}{15}\right) / 6.2 \times 10^8 = 1.08 \times 10^{-9} \text{ M}$$

$$[HgY^{2-}] = \underbrace{\left(\frac{50.0 \text{ mL}}{60.0 \text{ mL}}\right)}_{\text{Dilution factor}}(1.0 \times 10^{-4} \text{ M}) = 8.33 \times 10^{-5} \text{ M}$$

$$E = 0.852 - 0.241 - \frac{0.059\,16}{2}\log\frac{10^{21.5}}{8.33 \times 10^{-5}} - \frac{0.059\,16}{2}\log(1.08 \times 10^{-9}) = 0.120 \text{ V}$$

20.0 mL: $[Y^{4-}] = \left(\dfrac{20}{5}\right) / 6.2 \times 10^8 = 6.45 \times 10^{-9}$ M

$$[HgY^{2-}] = \left(\frac{50.0 \text{ mL}}{70.0 \text{ mL}}\right)(1.0 \times 10^{-4} \text{ M}) = 7.14 \times 10^{-5} \text{ M}$$

$\Rightarrow E = 0.095$ V

24.9 mL: $[Y^{4-}] = \left(\dfrac{24.9 \text{ mL}}{0.1 \text{ mL}}\right) / 6.2 \times 10^8 = 4.02 \times 10^{-7}$ M

$$[HgY^{2-}] = \left(\frac{50.0 \text{ mL}}{74.9 \text{ mL}}\right)(1.0 \times 10^{-4} \text{ M}) = 6.68 \times 10^{-5} \text{ M}$$

$\Rightarrow E = 0.041$ V

25.0 mL: This is the equivalence point, at which $[Mg^{2+}] = [EDTA]$.

$$\frac{[MgY^{2-}]}{[Mg^{2+}][EDTA]} = \alpha_{Y^{4-}} K_f(\text{for } MgY^{2-})$$

$$\frac{\left(\frac{50.0 \text{ mL}}{75.0 \text{ mL}}\right)(0.010\,0) - x}{x^2} = 1.85 \times 10^8 \Rightarrow x = 6.0 \times 10^{-6} \text{ M}$$

$$[Y^{4-}] = \alpha_{Y^{4-}}(6.0 \times 10^{-6} \text{ M}) = 1.80 \times 10^{-6} \text{ M}$$

$$[HgY^{2-}] = \left(\frac{50.0 \text{ mL}}{75.0 \text{ mL}}\right)(1.0 \times 10^{-4} \text{ M}) = 6.67 \times 10^{-5} \text{ M}$$

$\Rightarrow E = 0.021$ V

26.0 mL: Now there is excess EDTA in the solution:

$$[Y^{4-}] = \alpha_{Y^{4-}}[EDTA] = (0.30)\left[\left(\frac{1.0 \text{ mL}}{76.0 \text{ mL}}\right)(0.020\,0 \text{ M})\right] = 7.89 \times 10^{-5} \text{ M}$$

$$[HgY^{2-}] = \left(\frac{50.0 \text{ mL}}{76.0 \text{ mL}}\right)(1.0 \times 10^{-4} \text{ M}) = 6.58 \times 10^{-5} \text{ M}$$

$\Rightarrow E = -0.027$ V

15-C. At intermediate pH, the voltage will be constant at 100 mV. When $[OH^-] \approx [F^-]/10 = 10^{-6}$ M (pH = 8), the electrode begins to respond to OH^- and the voltage will decrease (i.e., the electrode potential will change in the same direction as if more F^- were being added). Near pH = 3.17 (= pK_a for HF), F^- reacts with H^+ and the concentration of free F^- decreases. At pH = 1.17, $[F^-]$° 1% of 10^{-5} M = 10^{-7} M, and $E \approx 100 + 2(59) = 218$ mV. A qualitative sketch of this behavior is shown here.

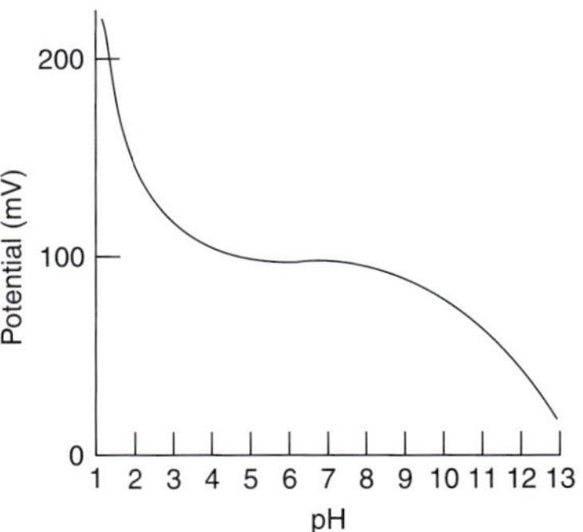

15-D. **(a)** For 1.00 mM Na^+ at pH 8.00, we can write

$E = \text{constant} + 0.059\,16 \log([Na^+] + 36[H^+])$

$-0.038 = \text{constant} + 0.059\,16 \log[(1.00 \times 10^{-3}) + (36 \times 10^{-8})]$

$\Rightarrow \text{constant} = +0.139$ V

For 5.00 mM Na^+ at pH 8.00, we have

$E = +0.139 + 0.059\,16 \log[(5.00 \times 10^{-3}) + (36 \times 10^{-8})]$

$= 0.003$ V

(b) For 1.00 mM Na^+ at pH 3.87, we have

$E = +0.139 + 0.059\,16 \log[(1.00 \times 10^{-3}) + (36 \times 10^{-3.87})]$

$= 0.007$ V

15-E. A graph of E(mV) versus $\log[NH_3(M)]$ gives a straight line whose equation is $E = 563.4 + 59.05 \times \log[NH_3]$. For $E = 339.3$ mV, $[NH_3] = 1.60 \times 10^{-4}$ M. The sample analyzed contains $(100 \text{ mL})(1.60 \times 10^{-4} \text{ M}) = 0.016\,0$ mmol of nitrogen. But this sample represents just 2.00% (20.0 mL/1.00 L) of the food sample. Therefore, the food contains (0.016 mmol N)/0.020 0 = 0.800 mmol N = 11.2 mg of N = 3.59 wt% N.

15-F. The function to plot on the y-axis is $(V_i + V_S)10^{E/S}$, where $S = (\beta RT/nF)\ln 10$. β is 0.985. Putting in $R = 8.314\,5$ J/mol · K, $F = 96\,485$ C/mol, $T = 298.15$ K, and $n = -2$ gives $S = -0.029\,136$ J/C $= -0.029\,136$ V. (Recall that joule/coulomb = volt.)

V_S (mL)	E (V)	y
0	0.046 5	0.633 8
1.00	0.040 7	1.042 5
2.00	0.034 4	1.781 1
3.00	0.030 0	2.615 2
4.00	0.026 5	3.571 7

The data are plotted in Figure 15-36, which has a slope of $m = 0.744\,84$ and an intercept of $b = 0.439\,19$, giving an x-intercept of $-b/m = -0.58_{965}$ mL. The concentration of original unknown is

$$c_X = \frac{(x\text{-intercept})c_S}{V_i} = -\frac{(-0.58_{965} \text{ mL})(1.78 \text{ mM})}{25.0 \text{ mL}}$$

$= 4.2 \times 10^{-5}$ M

(We decided that the last significant digit in the x-intercept was the 0.01 decimal place because the original data were only measured to the 0.01 decimal place.)

Chapter 16

16-A. Titration: $Sn^{2+} + 2Ce^{4+} \rightarrow Sn^{4+} + 2Ce^{3+}$ $V_e = 10.0\,mL$
Representative calculations:

0.100 mL: Fraction of the way to $V_e = 0.100\ mL/10.00\ mL$

$$E_+ = 0.139 - \frac{0.059\,16}{2}\log\frac{[Sn^{2+}]}{[Sn^{4+}]}$$

$$= 0.139 - \frac{0.059\,16}{2}\log\frac{9.90\ mL}{0.100\ mL} = 0.080\ V$$

$E = E_+ - E_- = 0.080 - 0.241 = -0.161\ V$

10.00 mL: $$2E_+ = 2(0.139) - 0.059\,16\log\frac{[Sn^{2+}]}{[Sn^{4+}]}$$

$$E_+ = 1.47 - 0.059\,16\log\frac{[Ce^{3+}]}{[Ce^{4+}]}$$

$$3E_+ = 1.748 - 0.059\,16\log\frac{[Sn^{2+}][Ce^{3+}]}{[Sn^{4+}][Ce^{4+}]}$$

At the equivalence point, $[Sn^{4+}] = \frac{1}{2}[Ce^{3+}]$ and $[Sn^{2+}] = \frac{1}{2}[Ce^{4+}]$, which makes the log term 0. Therefore, $3E_+ = 1.748$ and $E_+ = 0.583\ V$.

$E = E_+ - E_- = 0.583 - 0.241 = 0.342\ V$

10.10 mL: The first 10.00 mL went into making Ce^{3+}. The next 0.10 mL left unreacted Ce^{4+}:

$$E_+ = 1.47 - 0.059\,16\log\frac{[Ce^{3+}]}{[Ce^{4+}]}$$

$$= 1.47 - 0.059\,16\log\frac{10.0\ mL}{0.10\ mL} = 1.35_2\ V$$

$E = E_+ - E_- = 1.35_2 - 0.241 = 1.11\ V$

mL	E (V)	mL	E (V)
0.100	−0.161	10.00	0.342
1.00	−0.130	10.10	1.11
5.00	−0.102	12.00	1.19
9.50	−0.064		

16-B. Standard potentials: indigo tetrasulfonate, 0.36 V; $Fe[CN]_6^{3-}\,|\,Fe[CN]_6^{4-}$, 0.356 V; $Tl^{3+}\,|\,Tl^+$, 0.77 V. The end-point potential will be between 0.356 and 0.77 V. Indigo tetrasulfonate changes color near 0.36 V. Therefore, it will not be a useful indicator for this titration.

16-C. Titration: $MnO_4^- + 5Fe^{2+} + 8H^+ \rightarrow Mn^{2+} + 5Fe^{3+} + 4H_2O$

$Fe^{3+} + e^- \rightleftharpoons Fe^{2+}$ $E° = 0.68\ V$ in 1 M H_2SO_4

$MnO_4^- + 8H^+ + 5e^- \rightarrow Mn^{2+} + 4H_2O$ $E° = 1.507\ V$

The equivalence point comes at 15.0 mL. Before the equivalence point:

$$E = E_+ - E_- = \left(0.68 - 0.059\,16\log\frac{[Fe^{2+}]}{[Fe^{3+}]}\right) - 0.241$$

1.0 mL: $[Fe^{2+}]/[Fe^{3+}] = 14.0\ mL/1.0\ mL \Rightarrow E = 0.371\ V$
7.5 mL: $[Fe^{2+}]/[Fe^{3+}] = 7.5\ mL/7.5\ mL \Rightarrow E = 0.439\ V$
14.0 mL: $[Fe^{2+}]/[Fe^{3+}] = 1.0\ mL/14.0\ mL \Rightarrow E = 0.507\ V$

At the equivalence point, use Equation E of Demonstration 16-1:

$$6E_+ = 8.215 - 0.059\,16\log\frac{1}{[H^+]^8} \overset{pH=0}{\Rightarrow} E_+ = 1.369\ V$$

$E = E_+ - E_- = 1.369 - 0.241 = 1.128\ V$

After the equivalence point:

$$E = E_+ - E_- = \left(1.507 - \frac{0.059\,16}{5}\log\frac{[Mn^{2+}]}{[MnO_4^-][H^+]^8}\right) - 0.241$$

16.0 mL: $[Mn^{2+}]/[MnO_4^-] = 15.0\ mL/1.0\ mL$ and $[H^+] = 1\ M$
$\Rightarrow E = 1.252\ V$

30.0 mL: $[Mn^{2+}]/[MnO_4^-] = 15.0/15.0$ and $[H^+] = 1\ M$
$\Rightarrow E = 1.266\ V$

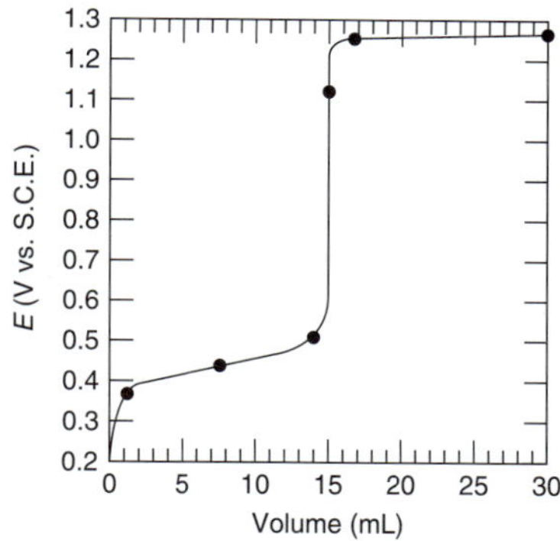

16-D. The Gran plot of $V \cdot 10^{-E/0.059\,16}$ versus V is shown in Figure 16-4. Points from 8.5 to 12.5 mL appear to be on a straight line. The least-squares line through these four points has a slope $m = -1.567\,3 \times 10^{-11}$ and an intercept $b = 2.170\,2 \times 10^{-10}$. The x-intercept is $-b/m = 13.85$ mL. The amount of Ce^{4+} required to reach the equivalence point is (0.100 mmol/mL)(13.85 mL) = 1.385 mmol, and the concentration of unknown Fe^{2+} is 1.385 mmol/50.0 mL = 0.027 7 M.

Titrant volume, V (mL)	E (volts)	$V \cdot 10^{-E/0.059\,16}$
6.50	0.635	$1.200\,3 \times 10^{-10}$
8.50	0.651	$8.421\,0 \times 10^{-11}$
10.50	0.669	$5.162\,6 \times 10^{-11}$
11.50	0.680	$3.685\,1 \times 10^{-11}$
12.50	0.696	$2.148\,8 \times 10^{-11}$

16-E. Let x = mg of $FeSO_4 \cdot (NH_4)_2SO_4 \cdot 6H_2O$ and $(54.85 - x)$ = mg of $FeCl_2 \cdot 6H_2O$.

mmol of Ce^{4+} = mmol $FeSO_4 \cdot (NH_4)_2SO_4 \cdot 6H_2O$ + mmol $FeCl_2 \cdot 6H_2O$

$$(13.39\ mL)(0.012\,34\ M) = \frac{x\ mg}{392.12\ mg/mmol} + \frac{(54.85 - x)}{234.84\ mg/mmol}$$

$\Rightarrow x = 40.01$ mg $FeSO_4 \cdot (NH_4)_2SO_4 \cdot 6H_2O$

Mass of $FeCl_2 \cdot 6H_2O$ = 14.84 mg = 0.063 19 mmol = 4.48 mg Cl

$$wt\%\ Cl = \frac{4.48\ mg}{54.85\ mg} \times 100 = 8.17\%$$

Chapter 17

17-A. Cathode: $2H^+ + 2e^- \rightleftharpoons H_2(g)$ $E° = 0\ V$

Anode (written as a reduction):

$\frac{1}{2}O_2(g) + 2H^+ + 2e^- \rightleftharpoons H_2O$ $E = 1.229\ V$

$$E(\text{cathode}) = 0 - \frac{0.059\,16}{2}\log\frac{P_{H_2}}{[H^+]^2}$$

$$E(\text{anode}) = 1.229 - \frac{0.059\,16}{2}\log\frac{1}{[H^+]^2 P_{O_2}^{1/2}}$$

$E(\text{cell}) = E(\text{cathode}) - E(\text{anode})$

$$= -1.229 - \frac{0.059\,16}{2}\log P_{H_2}P_{O_2}^{1/2} = -1.229\ V$$

$E = E(\text{cell}) - I \cdot R$ − overpotentials

$= -1.229 - (0.100\ A)(2.00\ \Omega)$

$$-\underbrace{0.85\ V}_{\substack{\text{Anode}\\ \text{overpotential}}} - \underbrace{0.068\ V}_{\substack{\text{Cathode}\\ \text{overpotential}}} = -2.35\ V$$

From Table 17-1

For Au electrodes, overpotentials of 0.963 and 0.390 V give $E = -2.78$ V.

17-B. **(a)** To electrolyze 0.010 M SbO^+ requires a potential of

$$E(\text{cathode}) = 0.208 - \frac{0.059\,16}{3}\log\frac{1}{[SbO^+][H^+]^2}$$

$$= 0.208 - \frac{0.059\,16}{3}\log\frac{1}{(0.010)(1.0)^2} = 0.169\ V$$

E(cathode versus Ag | AgCl) = E(versus S.H.E.) − E(Ag | AgCl)

$= 0.169 - 0.197 = -0.028$ V

(b) The concentration of Cu^{2+} in equilibrium with Cu(s) at 0.169 V is
$Cu^{2+} + 2e^- \rightleftharpoons Cu(s) \qquad E° = 0.339$

$$E(\text{cathode}) = 0.339 - \frac{0.059\,16}{2}\log\frac{1}{[Cu^{2+}]}$$

$$0.169 = 0.339 - \frac{0.059\,16}{2}\log\frac{1}{[Cu^{2+}]} \Rightarrow [Cu^{2+}] = 1.8\times10^{-6}\text{ M}$$

$$\text{Percentage of } Cu^{2+} \text{ not reduced} = \frac{1.8\times10^{-6}}{0.10}\times100 = 1.8\times10^{-3}\%$$

Percentage of Cu^{2+} reduced = 99.998%

17-C. **(a)** $Co^{2+} + 2e^- \rightleftharpoons Co(s) \qquad E° = -0.282$ V

$$E(\text{cathode versus S.H.E.}) = -0.282 - \frac{0.059\,16}{2}\log\frac{1}{[Co^{2+}]}$$

Putting in $[Co^{2+}] = 1.0\times10^{-6}$ M gives $E = -0.459$ V and

$$E(\text{cathode versus S.C.E.}) = -0.459 - \underbrace{0.241}_{E(\text{S.C.E.})} = -0.700\text{ V}$$

(b) $Co(C_2O_4)_2^{2-} + 2e^- \rightleftharpoons Co(s) + 2C_2O_4^{2-} \qquad E° = -0.474$ V

E(cathode versus S.C.E.)

$$= -0.474 - \frac{0.059\,16}{2}\log\frac{[C_2O_4^{2-}]^2}{[Co(C_2O_4)_2^{2-}]} - 0.241$$

For $[C_2O_4^{2-}] = 0.10$ M and $[Co(C_2O_4)_2^{2-}] = 1.0\times10^{-6}$ M, $E = -0.833$ V.

(c) We can think of the reduction as $Co^{2+} + 2e^- \rightleftharpoons Co(s)$, for which $E° = -0.282$ V. But $[Co^{2+}]$ is the tiny amount in equilibrium with 0.10 M EDTA plus 1.0×10^{-6} M $Co(EDTA)^{2-}$. In Table 12-2, we find that the formation constant for $Co(EDTA)^{2-}$ is $K_f = 10^{16.45} = 2.8\times10^{16}$.

$$K_f = \frac{[Co(EDTA)^{2-}]}{[Co^{2+}][EDTA^{4-}]} = \frac{[Co(EDTA)^{2-}]}{[Co^{2+}]\alpha_{Y^{4-}}F}$$

where F is the formal concentration of EDTA (= 0.10 M) and $\alpha_{Y^{4-}} = 3.8\times10^{-4}$ at pH 7.00 (Table 12-1). Putting in $[Co(EDTA)^{2-}] = 1.0\times10^{-6}$ M and solving for $[Co^{2+}]$ gives $[Co^{2+}] = 9.4\times10^{-19}$ M.

$$E = -0.282 - \frac{0.059\,16}{2}\log\frac{1}{9.4\times10^{-19}} - 0.241 = -1.056\text{ V}$$

17-D. **(a)** 75.00 mL of 0.023 80 M KSCN = 1.785 mmol of SCN^-, which gives 1.785 mmol of AgSCN, containing 0.103 7 g of SCN.
Final mass = 12.463 8 + 0.103 7 = 12.567 5 g
(b) Anode: $AgBr(s) + e^- \rightleftharpoons Ag(s) + Br^- \qquad E° = 0.071$ V
E(anode) = 0.071 − 0.059 16 log[Br^-]
= 0.071 − 0.059 16 log [0.10] = 0.130 V
E(cathode) = E(S.C.E.) = 0.241 V
$E = E$(cathode) − E(anode) = 0.111 V

(c) Removal of 99.99% of 0.10 M KI will leave $[I^-] = 1.0\times10^{-5}$ M. The concentration of Ag^+ in equilibrium with this much I^- is

$$[Ag^+] = K_{sp}/[I^-] = (8.3\times10^{-17})/(1.0\times10^{-5}) = 8.3\times10^{-12}\text{ M}.$$

The concentration of Ag^+ in equilibrium with 0.10 M Br^- is $[Ag^+] = K_{sp}/[Br^-] = (5.0\times10^{-13})/(0.10) = 5.0\times10^{-12}$ M. Therefore, 8.3×10^{-12} M Ag^+ will begin to precipitate 0.10 M Br^-. The separation is not possible.

17-E. Corrected coulometric titration time = 387 − 6 = 381 s

$$\text{Moles } X^- \text{ reacted} = \frac{It}{nF} = \frac{(4.23\text{ mA})(381\text{ s})}{(1)(96\,485\text{ C/mol})} = 16.7\ \mu\text{mol}$$

[organohalide] = 16.7 μM; if all halogen is Cl, 16.7 μmol = 592 μg Cl/L

17-F. **(a)** Use the internal standard equation with $X = Pb^{2+}$ and $S = Cd^{2+}$. From the standard mixture, we find the response factor, F:

$$\frac{\text{Signal}_X}{[X]} = F\left(\frac{\text{signal}_S}{[S]}\right)$$

$$\frac{1.58\ \mu A}{[41.8\ \mu M]} = F\left(\frac{1.64\ \mu A}{[32.3\ \mu M]}\right) \Rightarrow F = 0.744_5$$

$[Cd^{2+}]$ standard added to unknown

$$= \left(\frac{10.00\text{ mL}}{50.00\text{ mL}}\right)(3.23\times10^{-4}\text{ M}) = 6.46\times10^{-5}\text{ M}$$

For the unknown mixture, we can now say

$$\frac{\text{Signal}_X}{[X]} = F\left(\frac{\text{signal}_S}{[S]}\right)$$

$$\frac{3.00\ \mu A}{[Pb^{2+}]} = 0.744_5\left(\frac{2.00\ \mu A}{[64.6\ \mu M]}\right) \Rightarrow [Pb^{2+}] = 130._2\ \mu M$$

$[Pb^{2+}]$ in diluted unknown = $130._2$ μM. In undiluted unknown,

$$[Pb^{2+}] = \left(\frac{50.00\text{ mL}}{25.00\text{ mL}}\right)(130._2\ \mu M) = 2.60\times10^{-4}\text{ M}.$$

(b) First find the relative uncertainty in the response factor:

$$F = \frac{(1.58\pm0.03\ \mu A)(32.3\pm0.1\ \mu M)}{(1.64\pm0.03\ \mu A)(41.8\pm0.1\ \mu M)} \Rightarrow F = 0.744\,5\pm0.019\,9(\pm2.67\%)$$

Find $[Pb^{2+}]$ uncertainty by writing calculations from **(a)** in one string:

$[Pb^{2+}]$ =

$$\frac{(3.00\pm0.03\ \mu A)\dfrac{(10.00\pm0.05\text{ mL})\ \cancel{(50.00\pm0.05\text{ mL})}}{\cancel{(50.00\pm0.05\text{ mL})}\ (25.00\pm0.05\text{ mL})}[3.23\,(\pm0.01)\times10^{-4}\text{ M}]}{(2.00\pm0.03\ \mu A)(0.744\,5\pm0.019\,9)}$$

$\Rightarrow [Pb^{2+}] = 2.60(\pm0.08)\times10^{-4}$ M

17-G. We see two consecutive reductions. From $E_{pa} - E_{pc} = 60$ mV, we conclude that $n = 1e^-$ is involved in each reduction (using Equation 17-20) and the equality of the anodic and cathodic peak heights suggests that the reactions are reversible. A possible sequence of reactions is

$$Co(III)(B_9C_2H_{11})_2^- \xrightarrow{1e^-} Co(II)(B_9C_2H_{11})_2^{2-} \xrightarrow{1e^-} Co(I)(B_9C_2H_{11})_2^{3-}$$

The expected sampled current (panel a) and square wave (panel b) polarograms are sketched below.

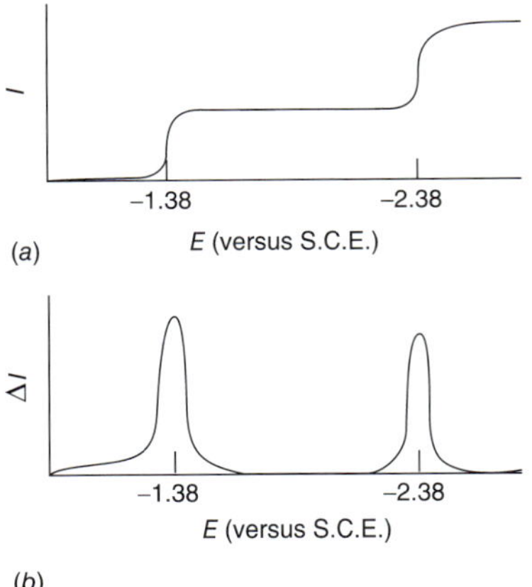

17-H. Electric charge required for H_2O in 0.847 6 g of polymer = (63.16 C − 4.23 C) = 58.93 C.

$$\frac{58.93\text{ C}}{96\,485\text{ C/mol}} = 0.610\,8\text{ mmol of } e^-$$

which corresponds to $\frac{1}{2}(0.610\,8\text{ mmol}) = 0.305\,4$ mmol of I_2 = 0.305 4 mmol of H_2O = 5.502 mg H_2O

$$\text{Water content} = 100\times\frac{5.502\text{ mg } H_2O}{847.6\text{ mg polymer}} = 0.649\,1\text{ wt\%}$$

Chapter 18

18-A. **(a)** $A = -\log P/P_0 = -\log T = -\log(0.45) = 0.347$
(b) Absorbance is proportional to concentration, so the absorbance will double to 0.694, giving $T = 10^{-A} = 10^{-0.694} = 0.202 \Rightarrow \%T = 20.2\%$.

18-B. **(a)** $\varepsilon = \frac{A}{cb} = \frac{0.624 - 0.029}{(3.96 \times 10^{-4}\ \text{M})(1.000\ \text{cm})} = 1.50 \times 10^3\ \text{M}^{-1}\ \text{cm}^{-1}$

(b) $c = \frac{A}{\varepsilon b} = \frac{0.375 - 0.029}{(1.50 \times 10^3\ \text{M}^{-1}\ \text{cm}^{-1})(1.000\ \text{cm})} = 2.31 \times 10^{-4}\ \text{M}$

(c) $c = \underbrace{\left(\frac{25.00\ \text{mL}}{2.00\ \text{mL}}\right)}_{\text{Dilution factor}} \frac{0.733 - 0.029}{(1.50 \times 10^3\ \text{M}^{-1}\ \text{cm}^{-1})(1.000\ \text{cm})} = 5.87 \times 10^{-3}\ \text{M}$

18-C. **(a)** 0.500×10^{-3} g of N in 1.00 L $= 3.570 \times 10^{-5}$ M nitrogen
Nitrogen concentration in colored solution $= \left(\frac{10\ \text{mL}}{50\ \text{mL}}\right)(3.570 \times 10^{-5}\ \text{M})$ $= 7.140 \times 10^{-6}$ M. $\varepsilon = A/bc = (0.306 - 0.028)/[(1.000\ \text{cm})(7.140 \times 10^{-6}\ \text{M})]$ $= 3.89 \times 10^4\ \text{M}^{-1}\ \text{cm}^{-1}$.

(b) Calculate the corrected absorbance (sample absorbance − blank absorbance) for each standard. Plot corrected absorbance versus nitrogen concentration in the standards.

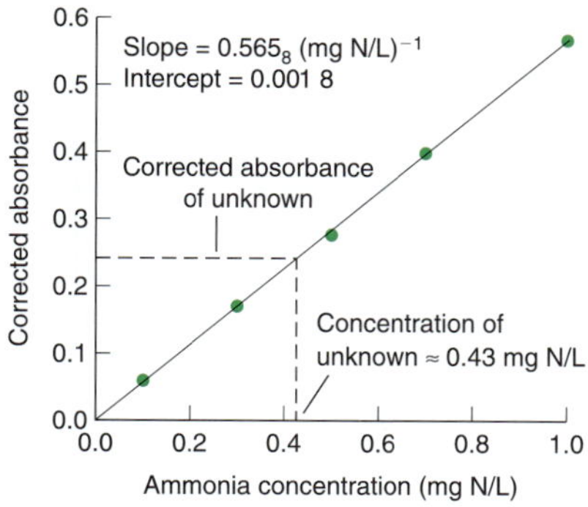

Data are close to and randomly scattered about the line. Intercept essentially goes through 0. Calibration curve is linear.

(c) Corrected absorbance for unknown $= 0.272 - 0.028 = 0.244$
Least-squares calibration line: $y = 0.565_8 x + 0.001_8$. Inserting corrected absorbance of unknown gives $x = \frac{(0.244 - 0.001_8)}{0.565_8\ (\text{mg N/L})^{-1}} = 0.428$ mg N/L

(d) Stock solution contains 100.0 mg N/L of ammonia = 0.100 mg N/mL. First, make a 1.00-mg N/L standard by transferring 5.00 mL of stock solution with a 5-mL Class A transfer pipet into a 500-mL volumetric flask, dilute to volume with distilled water, and mix thoroughly. Then use Class A transfer pipets and volumetric flasks to make other standards from the 1.00-mg N/L solution.

Volume of 1.00-mg N/L solution	Class A pipet	Volume of flask (mL)	[standard] mg N/L
10.00 mL	10 mL	100 mL	0.100
15.00 mL	15 mL	50 mL	0.300
25.00 mL	10 mL + 15 mL	50 mL	0.500
35.00 mL	(2 × 10 mL) + 15 mL	50 mL	0.700

18-D. **(a)** Calculate the blank corrected absorbance for each standard. Plot corrected absorbance versus cathinone concentration.

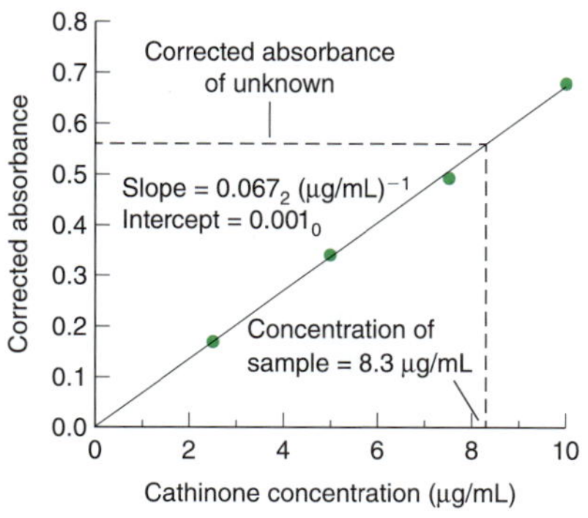

Corrected absorbance for unknown $= 0.59 - 0.03 = 0.56$
Least-squares calibration line: $y = 0.067_2 x + 0.001_0$. (If your intercept is 0.03, you forgot to subtract the blank from absorbances.) Rearranging and inserting corrected absorbance of the unknown gives

$$x = \frac{(0.56 - 0.001_0)}{0.067_2\ (\mu\text{g/mL})^{-1}} = 8.3_2\ \mu\text{g/mL}$$

$$\mu\text{g/g leaves} = \frac{(8.3_2\ \mu\text{g/mL})(500\ \text{mL})}{1.27\ \text{g}} \approx 3\,300\ \mu\text{g/g}$$

(b) Calculate the blank corrected absorbance for each solution. Plot corrected absorbance versus µg of added cathinone.

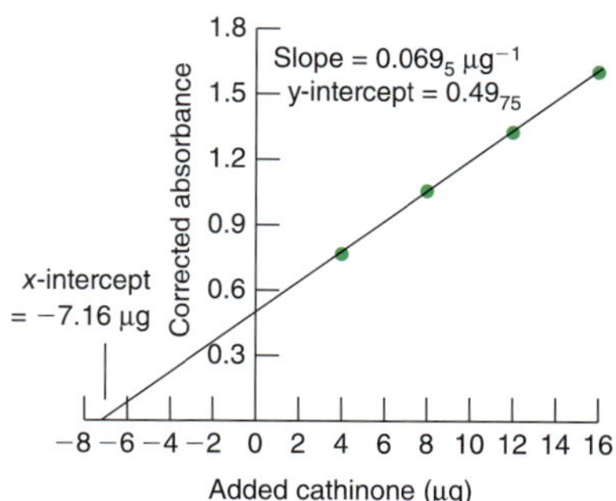

x-intercept $= -(y\text{-intercept})/\text{slope} = -0.49_{75}/(0.069_5\ \mu\text{g}^{-1}) = -7.1_6\ \mu\text{g}$

$$\mu\text{g/g leaves} = \frac{(7.1_6\ \mu\text{g/mL})(500\ \text{mL})}{1.12\ \text{g}} \approx 3\,200\ \mu\text{g/g}$$

18-E. Absorbance is corrected for dilution by multiplying observed absorbance by (total volume/initial volume). For example, at 36.0 µL, $A(\text{corrected}) = (0.399)[(2\,025 + 36)/2\,025] = 0.406$. A graph of corrected absorbance versus volume of Pb^{2+} has two linear regions intersecting at 46.7 µL. Moles Pb^{2+} in this volume $= (46.7 \times 10^{-6}\ \text{L})(7.515 \times 10^{-4}\ \text{M}) = 3.510 \times 10^{-8}$ mol. [Semi-xylenol orange] $= (3.510 \times 10^{-8}\ \text{mol})/(2.025 \times 10^{-3}\ \text{L}) = 1.73 \times 10^{-5}$ M.

Chapter 19

19-A. **(a)** $c = A/^\circ b = 0.463/[(4\,170\ \text{M}^{-1}\ \text{cm}^{-1})(1.000\ \text{cm})] = 1.110 \times 10^{-4}\ \text{M} = 8.99$ g/L = 8.99 mg of transferrin/mL. The Fe concentration is $2.220 \times 10^{-4}\ \text{M} = 0.012\,4$ g/L = 12.4 µg/mL.

(b) $A_\lambda = {}^\circ \varepsilon bc$

At 470 nm: $0.424 = 4\,170[\text{T}] + 2\,290[\text{D}]$
At 428 nm: $0.401 = 3\,540[\text{T}] + 2\,730[\text{D}]$

where [T] and [D] are the concentrations of transferrin and desferrioxamine, respectively. Solving the simultaneous equations gives $[\text{T}] = 7.30 \times 10^{-5}$ M and $[\text{D}] = 5.22 \times 10^{-5}$ M. The fraction of iron in transferrin (which binds two ferric ions) is $2[\text{T}]/(2[\text{T}] + [\text{D}]) = 73.7\%$. The fraction in desferrioxamine is 26.3%.

The spreadsheet solution looks like this:

	A	B	C	D	E	F	G
1	Transferrin/Desferrioxamine mixture						
2							
3	Wavelength	Coefficient matrix		Absorbance		Concentrations	
4	(nm)	(εb)		of unknown		in mixture	
5	428	3540	2730	0.401		7.2992E-05	← [T]
6	470	4170	2290	0.424		5.2238E-05	← [D]
7		K		A		C	
8	1. Highlight cells F5:F6						
9	2. Type "=MMULT(MINVERSE(B5:C6,D5:D6)"						
10	3. Press CTRL+SHIFT+ENTER on PC or CTRL+SHIFT+RETURN on Mac						

Spreadsheet for Exercise 19-A

19-B.

	A	B	C	D	E	F	G
1	Mixture of Cold Medicines						
2					Measured		
3	Wavelength	Molar Absorptivity (M^{-1} cm^{-1})			absorbance	Calculated	
4	(nm)	Guaifenesin	Theophylline	Ambroxol	in mixture	Absorbance	$(A_{calc}-A_m)^2$
5	225	7929	5375	8913	0.546	0.5459	9.89E-09
6	248	297	3183	12510	0.294	0.2943	1.11E-07
7	260	1024	7026	4629	0.332	0.3311	8.5E-07
8	271	2412	9369	1589	0.407	0.4073	8.95E-08
9	280	2081	7177	1175	0.318	0.3184	1.93E-07
10						SUM(G5:G9) =	1.25E-06
11	Pathlength =	1.000	cm				
12	F5 = (B5*$B$11*$F$12)+(C5*$B$11				[Guaifenesin] =	3.02E-05	M
13	*$F$13)+(D5*$B$11*$F$14)				[Theophylline] =	3.33E-05	M
14	G5 = (F5-E5)^2				[Ambroxol] =	1.43E-05	M

19-C.

	A	B	C	D	E	F	G	H	I	J
1	Finding K for Binding of Methyl Orange (X) to Bovine Serum Albumin (P)									
2										
3		Parameters to find with Solver:								
4		K =	5.59E+04			initial estimate =		2.7E+04		
5		Δε =	7.58E+03	$M^{-1}cm^{-1}$		initial estimate =		1.0E+04	$M^{-1}cm^{-1}$	
6					[PX] (M)					$[PX]/X_o$
7	Protein	X_o	P_o	ΔA_{obs}	Eq. 19-22 using	[X] =	[P] =	ΔA_{calc}		fraction of
8	addition	(M)	(M)	at 490 nm	minus sign	X_o – [PX]	P_o – [PX]	= Δε[PX]	$(A_{obs} - A_{calc})^2$	X reacted
9	1	5.7E-06	8.00E-06	0.0118	1.517E-06	4.183E-06	6.483E-06	0.0115	8.7864E-08	0.266
10	2	5.7E-06	1.14E-05	0.0148	1.969E-06	3.731E-06	9.431E-06	0.0149	1.6442E-08	0.345
11	3	5.7E-06	1.63E-05	0.0187	2.485E-06	3.215E-06	1.381E-05	0.0188	2.0176E-08	0.436
12	4	5.7E-06	3.28E-05	0.0268	3.539E-06	2.161E-06	2.926E-05	0.0268	9.3629E-10	0.621
13	5	5.7E-06	4.04E-05	0.0291	3.829E-06	1.871E-06	3.657E-05	0.0290	4.7689E-09	0.672
14	E9 = (($C$4*(C9+B9)+1)–SQRT(($C$4*(C9+B9)+1)^2–4*$C$4^2*B9*C9))/(2*$C$4)							sum =	1.3019E-07	
15	F9 = B9 – E9			H9 = $C$5*E9			J9 = E9/B9			
16	G9 = C9 – E9			I9 = (D9 – H9)^2			I14 = SUM(I9:I13)			

Spreadsheet for Exercise 19-C

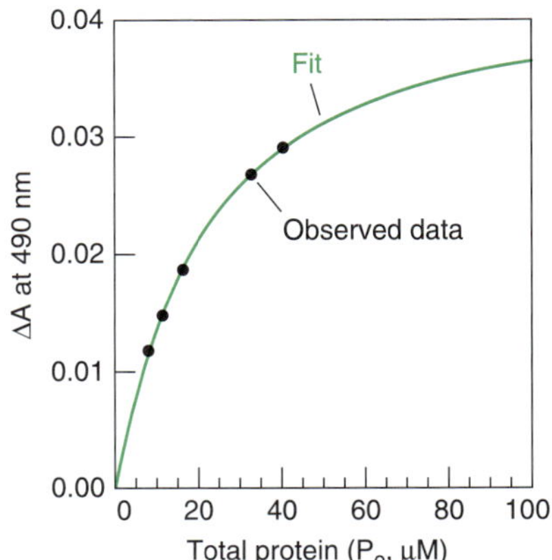

19-D. **(a)** $C_1V_1 = C_2V_2 \Rightarrow V_{added} = \left(\frac{C_{final}V_{final}}{C_{added}}\right)$

To prepare 1.0 μM added carnosine, $V_{added} = \left(\frac{1.0\ \mu M \times 100\ \mu L}{100\ \mu M}\right) = 1.0\ \mu L$.

The four solutions are prepared by addition of 0, 1.0 μL, 2.5 μL, and 5.0 μL.

(b)

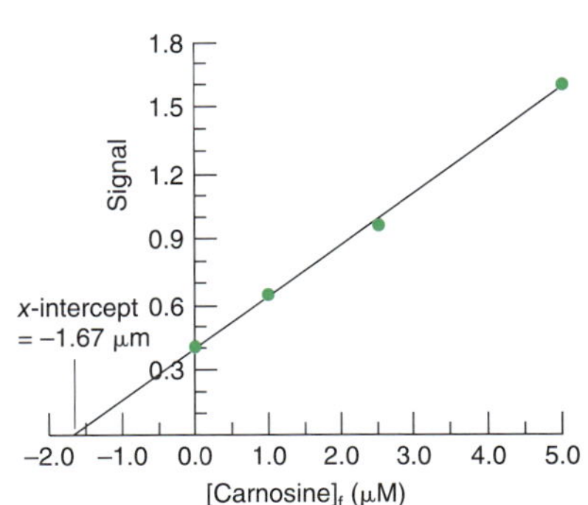

[Carnosine] in final 100 μL solution = 1.67 μM

[Carnosine] in cell lysate = $\left(\frac{100\ \mu L \text{ total volume}}{20\ \mu L \text{ carnosine}}\right)$1.67 μM = 8.4 μM

19-E. **(a)**

	A	B	C	D
1	Quenching of carbon quantum dots by Fe^{3+}			
2			Blank	
3			corrected	
4	$[Fe^{3+}]$	Intensity	intensity	I_0/I_Q
5	Background	11	0	
6	0.0	2687	2676	1.0000
7	10.0	2600	2589	1.0336
8	20.0	2506	2495	1.0725
9	30.0	2344	2333	1.1470
10	40.0	2255	2244	1.1925
11	50.0	2199	2188	1.2230
12	unknown	2477	2466	1.0852
13			C6=B6−\$B\$5	D6=\$C\$6/C6

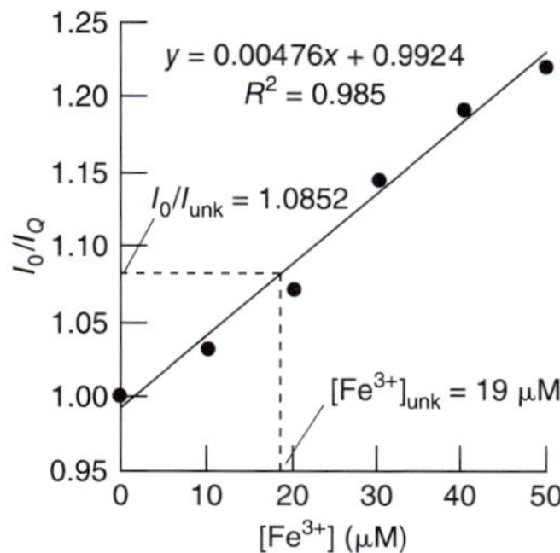

R^2 is <0.995, but the correlation coefficient should not be used alone to assess linearity. Inspection of the plot shows data are randomly scattered about line, and intercept is near the theoretical value of 1.00 for Stern-Volmer plot. Calibration is linear.

(b) $I_0/I_Q = 1.0852 = 0.047_6 x + 0.99_{24} \Rightarrow x = (1.0852 - 0.9924)/0.0476 = 19._{496}$ μM = 19 μM

Chapter 20

20-A. **(a)** For λ = 10.00 μm and Δλ = 0.01 μm, λ/Δλ = 10.00/0.01 = 10^3. The resolving power is 10^4, so these lines will be resolved.

(b) $\lambda = \frac{1}{\tilde{\nu}} = \frac{1}{(1\,000\ \text{cm}^{-1})(10^{-4}\ \text{cm}/\mu\text{m})} = 10\ \mu\text{m}$

$$\Delta\lambda = \frac{\lambda}{10^4} = 10^{-3}\ \mu\text{m}$$

⇒ 10.001 μm could be resolved from 10.000 μm.

$$\left.\begin{array}{l}10.000\ \mu\text{m} = 1000.0\ \text{cm}^{-1}\\ 10.001\ \mu\text{m} = 999.9\ \text{cm}^{-1}\end{array}\right\}\ \text{Difference} = 0.1\ \text{cm}^{-1}$$

(c) 5.0 cm × 2 500 lines/cm = 12 500 lines

Resolving power = nN = 1 · 12 500 = 12 500 for n = 1

Resolving power = nN = 10 · 12 500 = 125 000 for n = 10

(d) $\frac{\Delta\phi}{\Delta\lambda} = \frac{n}{d\cos\phi} = \frac{2}{\left(\frac{1\ \text{cm}}{2\,500}\right)\cos 30°}$

$$= 5\,770\ \frac{\text{radians}}{\text{cm}} = 0.577\ \frac{\text{radians}}{\mu\text{m}}$$

Convert radians to degrees = $\frac{\text{radians}}{\pi} \times 180$

$$\Rightarrow \frac{\Delta\phi}{\Delta\lambda} = 33.1\ \text{degrees}/\mu\text{m}$$

The two wavelengths are 1 000 cm^{-1} = 10.00 μm and 1 001 cm^{-1} = 9.99 μm ⇒ Δλ = 0.01 μm.

$$\Delta\phi = 0.577\ \frac{\text{radians}}{\mu\text{m}} \times 0.01\ \mu\text{m}$$

$$= 6 \times 10^{-3}\ \text{radian} = 0.3°$$

20-B. True transmittance = $10^{-1.000}$ = 0.100. With 1.0% stray light, the apparent transmittance is

$$\text{Apparent transmittance} = \frac{P+S}{P_0+S} = \frac{0.100+0.010}{1+0.010} = 0.109$$

The apparent absorbance is −log T = −log 0.109 = 0.963.

Apparent concentration = 96.3% of true concentration ⇒ error = −3.7%

20-C. **(a)** $\Delta\tilde{\nu} = 1/2\delta = 1/(2 \cdot 1.266\,0 \times 10^{-4}\ \text{cm}) = 3\,949\ \text{cm}^{-1}$

(b) Each interval is $1.266\,0 \times 10^{-4}$ cm. 4 096 intervals = (4 096)($1.266\,0 \times 10^{-4}$ cm) = 0.518 6 cm. This is a range of ±Δ, so Δ = 0.259 3 cm.

(c) Resolution ≈ 1/Δ = 1/(0.259 3 cm) = 3.86 cm^{-1}

(d) Mirror velocity = 0.693 cm/s

$$\text{Interval} = \frac{1.266\,0 \times 10^{-4}\ \text{cm}}{0.693\ \text{cm/s}} = 183\ \mu\text{s}$$

(e) (4 096 points)(183 μs/point) = 0.748 s

(f) The beamsplitter is germanium on KBr. KBr absorbs light below 400 cm^{-1}, which the background transform shows clearly.

20-D. The graphs show that signal-to-noise ratio is proportional to $\sqrt{n}$. The confidence interval is $\pm ts/\sqrt{n}$, where s is standard deviation, n is number of experiments, and t is Student's t from Table 4-4 for 95% confidence and $n-1$ degrees of freedom. For the first line of the table, $n = 8$, $s = 1.9$, and $t = 2.365$ for 7 degrees of freedom. 95% confidence interval = $\pm(2.365)(1.9)/\sqrt{8} = \pm 1.6$. For remaining rows, 95% confidence interval = 3.9, 5.1, 5.9, 9.0, 11.2, 14.0, 24.0, 23.9, and 27.2.

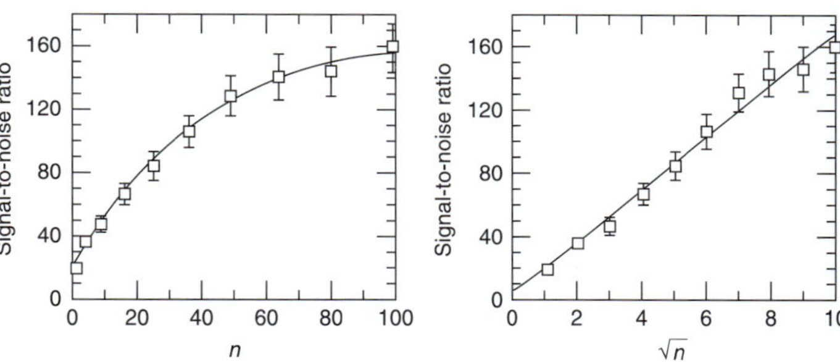

Chapter 21

21-A. **(a)** Least-squares trendline passes through all data, and residuals appear random. The y-intercept is greater than 0, but <2% of highest concentration standard and within 1 standard uncertainty (u_b) of 0. $R^2 > 0.999$. All characteristics suggest calibration is linear.

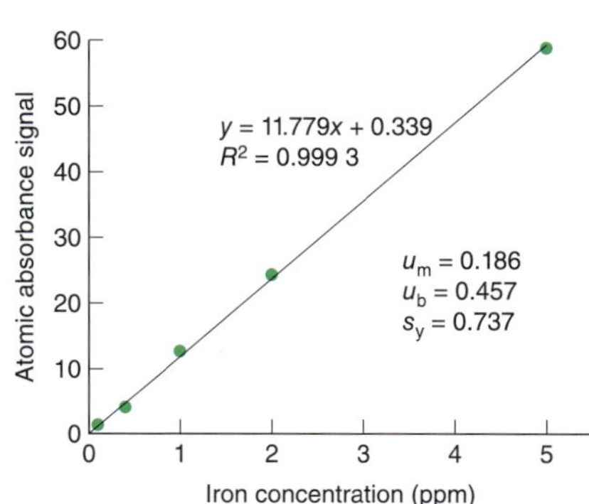

(b) Control standards are run periodically to check that the method is producing accurate results. The quality control standard lies within linear range defined by standards. Rearranging calibration equation $y = 11.779x + 0.339$ yields $[Fe^{3+}] = \frac{\text{absorbance} - b}{m} = \frac{11.87 - 0.339}{11.779} = 0.979$ ppm

Standard uncertainty of x is $u_x = \frac{s_y}{|m|}\sqrt{\frac{1}{k} + \frac{1}{n} + \frac{(y - \bar{y})^2}{m^2 \sum(x_i - \bar{x})^2}}$

$$u_x = \frac{0.737}{|11.779|}\sqrt{\frac{1}{1} + \frac{1}{5} + \frac{(8.494)^2}{(11.779)^2(15.720)}} = 0.070$$

Measured value of 0.979 ± 0.070 ppm agrees with known concentration of 1.00 ppm, indicating method is fit for purpose.

	A	B	C	D
1	Calibration for Fe by atomic absorbance			
2		x = [Fe]	y = atomic absorbance	
3		(ppm)	signal	
4		0.10	1.45	
5		0.40	4.17	
6		1.00	12.80	
7		2.00	24.45	
8		5.00	58.95	
9	B10:C12 = LINEST (C4:C8,B4:B8,TRUE,TRUE)			
10	m	11.779	0.339	b
11	u_m	0.186	0.457	u_b
12	R^2	0.9993	0.737	s_y
13	n =	5	B13 = COUNT(C4:C8)	
14	Measured y =	11.87	<= Value from problem	
15	k =	1	<= number of measures	
16	Predicted x =	0.979	B16 = (B14–C10)/B10	
17	mean y =	20.364	B17 = AVERAGE(C4:C8)	
18	(y – mean y) =	8.494	B18 = ABS(B14–B17)	
19	Σ(x – mean x)^2 =	15.720	B19 = DEVSQ(B4:B8)	
20	Std uncertainty			
21	of predicted x =	0.070	B21 = C12/ABS(B10)	
22	*SQRT(1/B15 + 1/B13 + B18^2/(B10^2*B19))			

(c) Duplicate: $u_x = \frac{0.737}{|11.779|}\sqrt{\frac{1}{2} + \frac{1}{5} + \frac{(8.494)^2}{(11.779)^2(15.720)}} = 0.054$

$n = 4$: $u_x = 0.044$ $\quad n = 10$: $u_x = 0.036$

Replicate measurements of sample reduce uncertainty, until uncertainties from calibration limit further improvement.

(d) The method blank shows if reagents or lab environment contribute iron to observed signal for ores.

(e) $F_{\text{calculated}} = (1.5/0.9)^2 = 2.78 < F_{\text{table}} = 5.82$ ($7 - 1 = 6$ degrees of freedom in numerator and $7 - 1 = 6$ degrees of freedom in denominator)

Since $F_{\text{calculated}} < F_{\text{table}}$, we can use the following equations:

$$s_{\text{pooled}} = \sqrt{\frac{1.5^2(6) + 0.9^2(6)}{7 + 7 - 2}} = 1.2_4$$

$$t = \frac{|24.1 - 21.5|}{1.2_4}\sqrt{\frac{7 \cdot 7}{7 + 7}} = 3.9_2 > 2.1_9$$ (interpolated from degrees of freedom of 10 and 15 for 95% confidence limit). The results are statistically different.

21-B. A graph of intensity versus concentration of added standard has an x-intercept of -0.164 ± 0.005 μg/mL. Because the sample was diluted by a factor of 10, the original concentration is 1.64 ± 0.05 μg/mL.

	A	B	C	D
1	Standard Addition Constant Volume Least-Squares			
2	x = Added Li	y		
3	(μg/mL)	Signal		
4	0.000	309		
5	0.081	452		
6	0.162	600		
7	0.243	765		
8	0.324	906		
9	B11:C13 = LINEST(B4:B8,A4:A8,TRUE,TRUE)			
10		LINEST output:		
11	m	1860.5	305.0	b
12	u_m	26.3	5.2	u_b
13	R^2	0.9994	6.7	s_y
14	x-intercept = –b/m =	–0.164		
15	n =	5	= COUNT (A4:A8)	
16	Mean y =	606.400	= AVERAGE(B4:B8)	
17	Σ(x_i – mean x)^2 =	0.06561	= DEVSQ(A4:A8)	
18	Std uncertainty of			
19	x-intercept (u_x) =	0.0049		
20	B19=(C13/ABS(B11))*SQRT((1/B15) + B16^2/(B11^2*B17))			

21-C. The concentration of Mn in the unknown mixture is $(13.5\ \mu g/mL)(1.00/6.00) = 2.25\ \mu g/mL$.

Standard mixture:

$$\frac{A_X}{[X]_f} = F\left(\frac{A_S}{[S]_f}\right)$$

$$\frac{1.05}{[2.50\ \mu g/mL]} = F\left(\frac{1.00}{[2.00\ \mu g/mL]}\right) \Rightarrow F = 0.840$$

Unknown mixture:

$$\frac{A_X}{[X]_f} = F\left(\frac{A_S}{[S]_f}\right)$$

$$\frac{0.185}{[Fe]} = 0.840\left(\frac{0.128}{[2.25\ \mu g/mL]}\right) \Rightarrow [Fe] = 3.87\ \mu g/mL$$

The original concentration of Fe must have been

$$\frac{6.00}{5.00}(3.87\ \mu g/mL) = 4.65\ \mu g/mL = 8.33 \times 10^{-5}\ M$$

21-D. **(a)** I estimate the Fe signal height to be 21.2 vertical units. The root-mean-square noise level is given as $s = 0.30$ vertical units. A height of $3s$ is 0.90. The concentration of Fe that would give a signal height of 0.90 units is

$$\left(\frac{0.90}{21.2}\right)(0.048\,5\ \mu g/mL) = 0.002\,1\ \mu g/mL\ (= 2.1\ \text{ppb})$$

(b) Standard deviation of 7 standards = 0.22_{48} ng/L $\equiv s/m$
Detection limit = $3s/m$ = 0.67 ng/L

Quantitation limit = $10s/m$ = 2.2 ng/L

21-E. **(a)** The higher result in Experiment 2 compared with Experiment 1 is probably the effect of diluting interfering species, so they do not interfere as much in Experiment 2 as in Experiment 1. Dilution lowers the concentration of species that might react with Li or make smoke that scatters light. In Experiment 3, interference is present to the same extent as in Experiment 2, but the standard addition procedure corrects for the interference. The whole point of standard addition is to measure the effect of the complex interfering matrix on the response to known quantities of analyte.

(b) Experiments 4–6 use a hotter flame than Experiments 1–3. High temperature appears to eliminate most of the interference observed at lower temperature. Dilution has only a tiny effect on the results.

(c) Because it appears from Experiments 1–3 that standard addition gives a true result, we surmise that Experiments 3 and 6, and possibly 5, are within experimental error of each other. I would probably report the "true" value as the mean of Experiments 3 and 6 (81.4 ppm). It might also be reasonable to take the average of Experiments 3, 5, and 6 (80.8 ppm).

21-F. Possible assignments

Energy (keV)	Assignment and comments
2.32	S K_α
	K_β at 2.46 keV is a shoulder on the right side of K_α peak Notice the asymmetry of the peak on the right side
2.97	Ar K_α (K_β at 3.19 keV is a ripple in the baseline)
3.32	K K_α (K_β at 3.59 keV is a ripple is under 3.69 peak)
3.69	Ca K_α
4.03	Ca K_β
4.64	Escape peak from strong 6.40 keV Fe K_α peak Silicon in detector absorbs Si K_α energy (1.74 keV) Fe K_α − Si K_α = 6.40 − 1.74 = 4.66 keV
5.90	Mn K_α (K_β at 6.49 keV is under 6.41 peak)
6.41	Fe K_α
7.06	Fe K_β
8.05	Cu K_α (K_β at 8.90 keV is tail on 8.60 peak)
8.63	Zn K_α
9.20	?
9.58	Zn K_β

Chapter 22

22-A. **(a)** $\text{Resolving power} = \dfrac{(m/z)}{(m/z)_{1/2}} = \dfrac{53}{0.6_0} \approx 88$

(b) Two peaks differing by $\Delta(m/z) = 1$ at a $m/z = 53$ have some overlap. If resolving power were constant, there would be more overlap between two peaks at *m/z* 100 and 101. If the instrument operates at unit resolution, there would be the same separation between peaks at 100 and 101 as at 53 and 54.

22-B. $C_2H_5^{+\bullet}$

$$\begin{array}{lr} & 2\times 12.000\,00 \\ & +5\times\ 1.007\,825 \\ -e^-\text{ mass} & -1\times\ 0.000\,55 \\ \hline & 29.038\,58 \end{array}$$

$HCO^{+\bullet}$

$$\begin{array}{lr} & 1\times 12.000\,00 \\ & +1\times\ 1.007\,825 \\ & +1\times 15.994\,91 \\ -e^-\text{ mass} & -1\times\ 0.000\,55 \\ \hline & 29.002\,18 \end{array}$$

We need to distinguish a mass difference of 29.038 58 − 29.002 18 = 0.036 40. The required resolving power is $(m/z)/\Delta(m/z) = 29.0/(0.036\,40) \approx 800$.

22-C. ^{35}Cl abundance $\equiv a = 0.757\,8$

^{37}Cl abundance $\equiv b = 0.242\,2$

Relative abundance of $C_6H_4{}^{35}Cl_2 = a^2 = 0.574\,2_6$

Relative abundance of $C_6H_4{}^{35}Cl^{37}Cl = 2ab = 0.367\,0_8$

Relative abundance of $C_6H_4{}^{37}Cl_2 = b^2 = 0.058\,66_1$

Relative abundances: $^{35}Cl_2 : {}^{35}Cl^{37}Cl : {}^{37}Cl_2 = 1 : 0.639\,2 : 0.102\,2$

Figure 22-12 shows the stick diagram.

22-D. **(a)** $C_{14}H_{12}$

$R + DB = c - h/2 + n/2 + 1 = 14 - 12/2 + 0/2 + 1 = 9$

A molecule with two rings + seven double bonds is *trans*-stilbene:

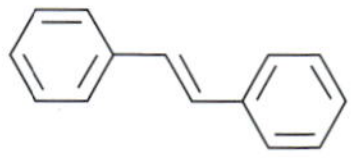

(b) $C_4H_{10}NO^+$

$R + DB = c - h/2 + n/2 + 1 = 4 - 10/2 + 1/2 + 1 = \dfrac{1}{2}$ Huh?

We came out with a fraction because the species is an ion in which at least one atom does not make its usual number of bonds. In the following structure, N makes four bonds instead of three:

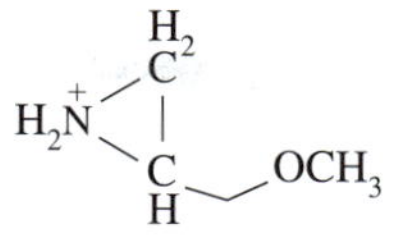

A fragment in a mass spectrum

22-E. **(a)** The principal difference between the two spectra is the appearance of a significant peak at *m/z* 72 in A that is missing in B. This peak represents loss of a neutral molecule with an even mass of 28 Da from the molecular ion. The McLafferty rearrangement can split C_2H_4 from 3-methyl-2-pentanone but not from 3,3-dimethyl-2-butanone, which lacks a γ-CH group.

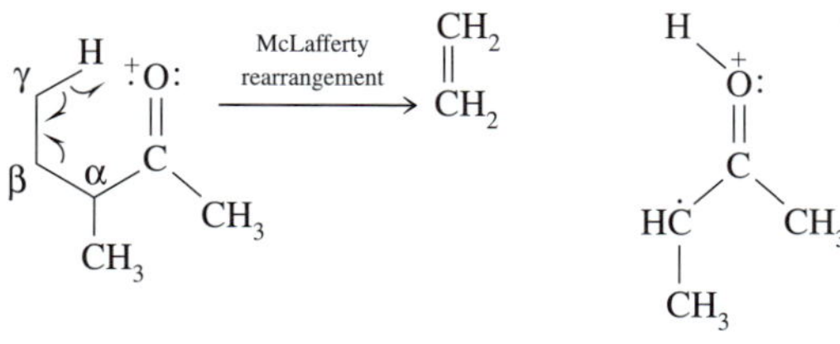

McLafferty rearrangement

3-Methyl-2-pentanone — Ethylene 28 Da — *m/z* = 72

Spectrum A must be from 3-methyl-2-pentanone, and spectrum B is from 3,3-dimethyl-2-butanone.

(b) Expected intensity of M + 1 relative to $M^{+\bullet}$ for $C_6H_{12}O$:

$\text{Intensity} = \underbrace{6\times 1.08\%}_{^{13}C} + \underbrace{12\times 0.012\%}_{^{2}H} + \underbrace{1\times 0.038\%}_{^{17}O} = 6.7\%$ of $M^{+\bullet}$

22-F. **(a)** 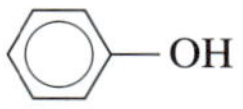 (phenyl)—OH C_6H_6O $M^{+\bullet} = 94$

Rings + double bonds = $c - h/2 + n/2 + 1 = 6 - 6/2 + 0/2 + 1 = 4$

Expected intensity of M + 1 from Table 22-2:

$$\underset{\text{Carbon}}{1.08(6)} + \underset{\text{Hydrogen}}{0.012(6)} + \underset{\text{Oxygen}}{0.038(1)} = 6.59\%$$

Observed intensity of M + 1 = 68/999 = 6.8%

Expected intensity of M + 2 = (0.005 8)(6)(5) + 0.205(1) = 0.38%

Observed intensity of M + 2 = 0.3%

(b) 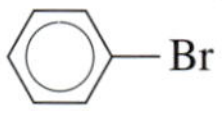 (phenyl)—Br C_6H_5Br $M^{+\bullet} = 156$

The two nearly equal peaks at *m/z* 156 and 158 scream out "bromine!"

Rings + double bonds = $c - h/2 + n/2 + 1 = 6 - 6/2 + 0/2 + 1 = 4$

↑ *h* includes H + Br

Expected intensity of M + 1 = $\underset{\text{Carbon}}{1.08(6)} + \underset{\text{Hydrogen}}{0.012(5)} = 6.54\%$

Observed intensity of M + 1 = 46/566 = 8.1%

Expected intensity of M + 2 = $\underset{\text{Carbon}}{(0.005\,8)(6)(5)} + \underset{\text{Bromine}}{97.3(1)} = 97.5\%$

Observed intensity of M + 2 = 520/566 = 91.9%

The M + 3 peak is the isotopic partner of the M + 2 peak ($C_6H_5{}^{81}Br$). M + 3 contains ^{81}Br plus either 1 ^{13}C or 1 ^{2}H. Therefore, the expected intensity of M + 3 (relative to $C_6H_5{}^{81}Br$ at M + 2) is 1.08(6) + 0.012(5) = 6.54% of predicted intensity of $C_6H_5{}^{81}Br$ at M + 2 = (0.065 4)(97.3) = 6.4% of $M^{+\bullet}$. Observed intensity of M + 3 is 35/566 = 6.2%.

(c) 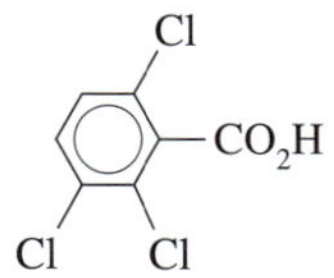 $C_7H_3O_2Cl_3$ $M^{+\bullet} = 224$

From Figure 22-12, the M : M + 2 : M + 4 pattern looks like a molecule containing three chlorine atoms. The correct structure is shown here, but there is no way you could assign the isomeric structure from the data.

Rings + double bonds $= c - h/2 + n/2 + 1 = 7 - 6/2 + 0/2 + 1 = 5$

Expected intensity of M + 1 from Table 22-2:

$$\underset{\text{Carbon}}{1.08(7)} + \underset{\text{Hydrogen}}{0.012(3)} + \underset{\text{Oxygen}}{0.038(2)} = 7.67\%$$

Observed intensity of M + 1 = 63/791 = 8.0%

Expected intensity of M + 2 = (0.005 8)(7)(6) + 0.205(2) + 32.0(3) = 96.7%

Observed intensity of M + 2 = 754/791 = 95.4%

The M + 3 peak is the isotopic partner of $C_7H_3O_2{}^{35}Cl_2{}^{37}Cl$ at M + 2. M + 3 contains one ^{37}Cl plus either 1 ^{13}C or 1 ^{2}H or 1 ^{17}O. Expected intensity of M + 3 (relative to $C_7H_3O_2{}^{35}Cl_2{}^{37}Cl$ at M + 2) = 1.08(7) + 0.012(3) + 0.038(2) = 7.67% of predicted intensity of $C_7H_3O_2{}^{35}Cl_2{}^{37}Cl$ at M + 2. The predicted intensity of $C_7H_3O_2{}^{35}Cl_2{}^{37}Cl$ is 32.0(3) = 96.0% of $M^{-\bullet}$.

Expected intensity of M + 3 = 7.67% of 96.0% = 7.4% of $M^{+\bullet}$. Observed intensity = 60/791 = 7.6%.

M + 4 is composed mainly of $C_7H_3O_2{}^{35}Cl^{37}Cl_2$ plus a small amount of $C_7H_3{}^{16}O^{18}O^{35}Cl_2{}^{37}Cl$. Other formulas such as $^{12}C_6{}^{13}CH_3{}^{16}O^{17}O^{35}Cl_2{}^{37}Cl$ also add up to M + 4, but they are even less likely to occur because they have two minor isotopes (^{13}C and ^{17}O). Expected intensity of M + 4 from $C_7H_3O_2{}^{35}Cl^{37}Cl_2$ is 5.11(3)(2) = 30.7% of $M^{+\bullet}$. The contribution from $C_7H_3{}^{16}O^{18}O^{35}Cl_2{}^{37}Cl$ is based on the predicted intensity of $C_7H_3O_2{}^{35}Cl_2{}^{37}Cl$ at M + 2. The predicted intensity of $C_7H_3O_2{}^{35}Cl_2{}^{37}Cl$ is 32.0(3) = 96.0% of $M^{+\bullet}$. The predicted intensity from $C_7H_3{}^{16}O^{18}O^{35}Cl_2{}^{37}Cl$ at M + 4 is 0.205(2) = 0.410% of 96.0% = 0.4%. Total expected intensity of M + 4 is 30.7% + 0.4% = 31.1% of $M^{+\bullet}$. Observed intensity = 264/791 = 33.4%.

Expected intensity of M + 5 from $^{12}C_6{}^{13}CH_3O_2{}^{35}Cl^{37}Cl_2$ and $^{12}C_7H_2{}^{2}HO_2{}^{35}Cl^{37}Cl_2$ and $C_7H_3{}^{16}O^{17}O^{35}Cl^{37}Cl_2$ is based on the predicted intensity of $C_7H_3O_2{}^{35}Cl^{37}Cl_2$ at M + 4. M + 5 should have 1.08(7) + 0.012(3) + 0.038(2) = 7.7% of $C_7H_3O_2{}^{35}Cl^{37}Cl_2$ at M + 4 = 7.7% of 30.7% = 2.4%. Observed intensity = 19/791 = 2.4%.

Expected intensity of M + 6 from $C_7H_3O_2{}^{37}Cl_3$ is 0.544(3)(2)(1) = 3.26% of $M^{+\bullet}$. There will also be a small contribution from $C_7H_3{}^{16}O^{18}O^{35}Cl^{37}Cl_2$, which will be 0.205(2) = 0.410% of predicted intensity of $C_7H_3{}^{16}O^{35}Cl^{37}Cl_2$ = 0.410% of 30.7% of $M^{+\bullet}$ = 0.13% of $M^{+\bullet}$. The total expected intensity at M + 6 is therefore 3.26 + 0.13 = 3.4% of $M^{+\bullet}$.

Observed intensity = 29/791 = 3.7%.

(d) HS–CH₂–CH(OH)–CH(OH)–CH₂–SH $C_4H_{10}O_2S_2$ $M^{+\bullet} = 154$

Sulfur gives a significant M + 2 peak (4.52% of M per sulfur). The observed M + 2 is 12/122 = 9.8%, which could represent two sulfur atoms. The composition $C_4H_{10}O_2S_2$ has two sulfur atoms and has a molecular mass of 154. The known structure is shown here, but you could not deduce the structure from the composition.

$$\text{Rings + double bonds} = c - h/2 + n/2 + 1$$
$$= 4 - 10/2 + 0/2 + 1 = 0$$

Expected intensity of M + 1:

$$\underset{\text{Carbon}}{1.08(4)} + \underset{\text{Hydrogen}}{0.012(10)} + \underset{\text{Oxygen}}{0.038(2)} + \underset{\text{Sulfur}}{0.801(2)} = 6.12\%$$

Observed intensity of M + 1 = 9/122 = 7.4%

Expected intensity of M + 2 = (0.005 8)(4)(3) + 0.205(2) + 4.52(2) = 9.52%

Observed intensity of M + 2 = 12/122 = 9.8%

22-G. **(a)** Exact mass = 25 × 12 + 30 × 1.007 825 + 3 × 14.003 07 − 0.000 549 = 372.243 41

$$\frac{\text{Intensity at X + 1}}{\text{Intensity of parent ion M}^+} = \underbrace{25 \times 1.08\%}_{^{13}C} + \underbrace{30 \times 0.012\%}_{^{2}H} + \underbrace{3 \times 0.369\%}_{^{15}N} = 28.47\%$$

(b) Mass of $^{13}C^{12}C_{24}{}^{1}H_{30}{}^{14}N_3^{+} = 1 \times 13.003\,35 + 24 \times 12 + 30 \times 1.007\,825 + 3 \times 14.003\,07 - 0.000\,549 = 373.246\,76$

$^{12}C_{25}{}^{2}H^{1}H_{29}{}^{14}N_3^{+} = 373.249\,69$; $^{12}C_{25}{}^{1}H_{30}{}^{15}N^{14}N_2^{+} = 373.240\,45$

$$\frac{\text{Intensity at } ^{13}C^{12}C_{24}{}^{1}H_{30}{}^{14}N_3^{+}}{\text{Intensity of parent ion M}^+} = \underbrace{25 \times 1.08\%}_{^{13}C} = 27.0\%$$

$$\frac{\text{Intensity at } ^{12}C_{25}{}^{2}H^{1}H_{29}{}^{14}N_3^{+}}{\text{Intensity of parent ion M}^+} = \underbrace{30 \times 0.012\%}_{^{2}H} = 0.36\%$$

$$\frac{\text{Intensity at } ^{12}C_{25}{}^{1}H_{30}{}^{15}N^{14}N_2^{+}}{\text{Intensity of parent ion M}^+} = \underbrace{3 \times 0.369\%}_{^{15}N} = 1.11\%$$

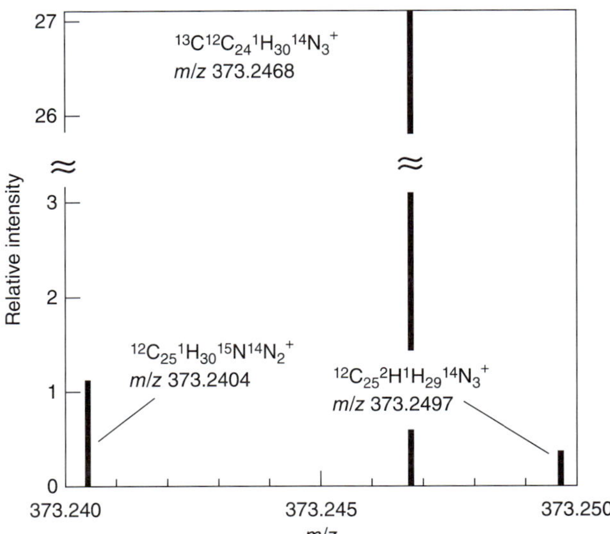

(c) Resolving power $= \frac{(m/z)}{(m/z)_{1/2}} = \frac{373}{0.001} = 373\,000$. The minimum separation between peaks is 373.249 69 − 373.246 76 = 0.002 93. If the full width at half-height is 0.001, the peaks are separated by about 3 times full width at half-height. There will be some overlap at the baseline, especially considering that the tall peak is 27.0/0.36 = 75 times taller than the small peak.

22-H. Analysis of electrospray mass spectrum of lysozyme

Observed $m/z \equiv m_n$	$m_{n+1} - 1.008$	$m_n - m_{n+1}$	Charge $= n = \frac{m_{n+1} - 1.008}{m_n - m_{n+1}}$	Molecular mass $= n \times (m_n - 1.008)$
1 789.1	1 589.39	198.7	7.99 ≈ 8	14 304.7
1 590.4	1 430.49	158.9	9.00 ≈ 9	14 304.5
1 431.5	1 300.49	130.0	10.00 ≈ 10	14 304.9
1 301.5	1 192.09	108.4	11.00 ≈ 11	14 305.4
1 193.1	—	—	12	14 305.1
				Mean = 14 304.9 (±0.3)

22-I **(a)** To find the response factor, we insert values from the first line of the table into the equation:

$$\frac{\text{Area of analyte signal}}{\text{Area of standard signal}} = F\left(\frac{\text{concentration of analyte}}{\text{concentration of standard}}\right)$$

$$\frac{11\,438}{2\,992} = F\left(\frac{13.60 \times 10^2}{3.70 \times 10^2}\right) = F = 1.04_0$$

For the next two sets of data, we find $F = 1.02_0$ and 1.06_4, giving a mean value $F = 104_1$.

(b) The concentration of internal standard in the mixture of caffeine-D_3 plus cola is

$$(1.11 \text{ g/L}) \times \frac{0.050\,0 \text{ mL}}{1.050 \text{ mL}} = 52.8_6 \text{ mg/L}$$

The concentration of caffeine in the chromatography solution is

$$\frac{\text{Area of analyte signal}}{\text{Area of standard signal}} = F\left(\frac{\text{concentration of analyte}}{\text{concentration of standard}}\right)$$

$$\frac{1\,733}{1\,144} = 1.04_1\left(\frac{[\text{caffeine}]}{52.8_6\ \text{mg/L}}\right) \Rightarrow [\text{caffeine}] = 76.9\ \text{mg/L}$$

The unknown beverage had been diluted from 1.000 to 1.050 mL when the standard was added, so the concentration of caffeine in the original beverage was $\left(\frac{1.050\,0\ \text{mL}}{1.00\ \text{mL}}\right)(76.9\ \text{mg/L}) = 80.8\ \text{mg/L}$.

Chapter 23

23-A. **(a)** Fraction remaining $= q = \dfrac{V_1}{V_1 + K_D V_2}$

$$0.01 = \frac{10}{10 + 4.0\,V_2} \Rightarrow V_2 = 248\ \text{mL}$$

(b) $q^3 = 0.01 = \left(\dfrac{10}{10 + 4.0V_2}\right)^3 \Rightarrow V_2 = 9.1\ \text{mL}$

Total volume = 27.3 mL

23-B. **(a)** $k_1 = \dfrac{t_{R1} - t_M}{t_M}$

$$\Rightarrow t_M = \frac{t_{R1}}{k_1 + 1} = \frac{10.0\ \text{min}}{5.00} = 2.00\ \text{min}$$

$t_{R2} = t_M(k_2 + 1) = (2.00\ \text{min})(5.00 + 1) = 12.0\ \text{min}$

$$\sigma_1 = \frac{t_{R1}}{\sqrt{N}} = \frac{10.0\ \text{min}}{\sqrt{1\,000}} = 0.316\ \text{min}$$

$\Rightarrow w_{1/2}\ (\text{peak } 1) = 2.35\sigma_1 = 0.74\ \text{min}$

$w_1 = 4\sigma_1 = 1.26\ \text{min}$

$$\sigma_2 = \frac{t_{R2}}{\sqrt{N}} = \frac{12.0\ \text{min}}{\sqrt{1\,000}} = 0.379\ \text{min}$$

$\Rightarrow w_{1/2}\ (\text{peak } 2) = 2.35\sigma_2 = 0.89\ \text{min}$

$w_2 = 4\sigma_2 = 1.52\ \text{min}$

(b)

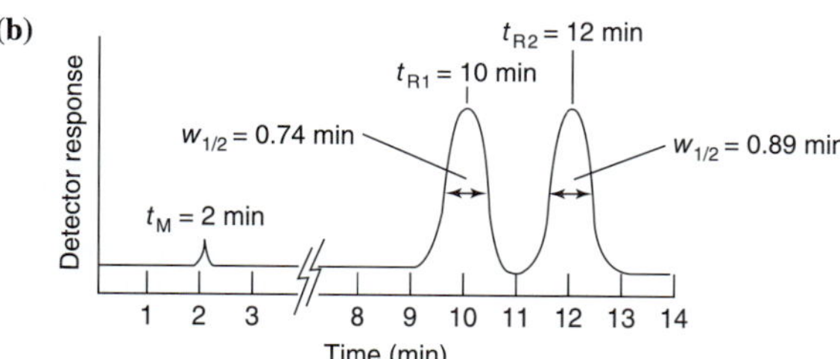

(c) Resolution $= \dfrac{\Delta t_R}{w_{av}} = \dfrac{2\ \text{min}}{(1.26\ \text{min} + 1.52\ \text{min})/2}$

$= 1.44$ (almost baseline resolution)

23-C. **(a)** Relative distances measured from the figure:

$t_M = 10._4$ $t'_R = 39._8$ for octane $t'_R = 76._0$ for nonane

$k = t'_R/t_M = 3.8_3$ for octane and 7.3_1 for nonane

(b) Let t_S = time in stationary phase, t_M = time in mobile phase, and t = total time on column. We know that $k = t_S/t_M$. But

$$t = t_S + t_M = t_S + \frac{t_S}{k} = t_S\left(1 + \frac{1}{k}\right) = t_S\left(\frac{k+1}{k}\right)$$

Therefore, $t_S/t = \dfrac{k}{k+1} = 3.8_3/4.8_3 = 0.79_3$.

(c) $\alpha = t'_R\,(\text{nonane})/t'_R\,(\text{octane}) = 76._0/39._8 = 1.9_1$

(d) $K_D = kV_M/V_S = 3.8_3(V_M/\tfrac{1}{2}V_M) = 7.6_6$

23-D. **(a)** For ethyl acetate, I measure $t_R = 20.3$ mm and $w = 3.0$ mm. (You could have different numbers depending on the size of the figure in your book.) Therefore, $N = 16\,t_R^2/w^2 = 730$ plates. For toluene, the values are $t_R = 66.8$ mm, $w = 8.3$ mm, and $N = 1\,040$ plates.

(b) We expect $w_{1/2} = 2.35\sigma = 2.35(w/4) = 4.9$ mm. Measured value is $w_{1/2} = 4.8$ mm.

23-E. The column is overloaded, causing a gradual rise and an abrupt fall of the peak. As the sample size is decreased, the overloading decreases and the peak becomes more symmetric.

23-F. **(a)** We know that $\alpha = 1.068$ and $k_1 = 5.16$. Since $\alpha = k_2/k_1$, $k_2 = \alpha k_1 = (1.068)(5.16) = 5.51_1$.

(b) Resolution $= \dfrac{\sqrt{N}}{4}\left(\dfrac{\alpha - 1}{\alpha}\right)\left(\dfrac{k_2}{1 + k_2}\right)$

$$1.50 = \frac{\sqrt{N}}{4}\left(\frac{1.068 - 1}{1.068}\right)\left(\frac{5.51_1}{1 + 5.51_1}\right) \Rightarrow N = 1.24_0 \times 10^4\ \text{plates}$$

Required length $= (1.24_0 \times 10^4\ \text{plates})(0.520\ \text{mm/plate}) = 6.45\ \text{m}$

(c) The relation between retention factor and retention time is

$k_1 = (t_1 - t_M)/t_M = t_1/t_M - 1 \Rightarrow$

$t_1 = t_M(k_1 + 1) = t_M(6.16) = (2.00\ \text{min})(6.16) = 12.32\ \text{min}$

$t_2 = t_M(k_2 + 1) = t_M(6.51_1) = (2.00\ \text{min})(6.51_1) = 13.02\ \text{min}$

$$w_{1/2} = \sqrt{\frac{5.55}{N}}\,t_R = \sqrt{\frac{5.55}{1.24_0 \times 10^4}}(12.32\ \text{min}) = 0.26_1\ \text{min for component 1}$$

$$w_{1/2} = \sqrt{\frac{5.55}{1.24_0 \times 10^4}}(13.02\ \text{min}) = 0.27_5\ \text{min for component 2}$$

(d) We are told that $V_S/V_M = 0.30$. The relation between retention factor and distribution constant for each solute is $k = K_D V_S/V_M \Rightarrow K_D = kV_M/V_S$. For component 1, $K_{D1} = k_1 V_M/V_S = (5.16)(1/0.30) = 17._2$.

Chapter 24

24-A. **(a)** Between nonane (C_9H_{20}) and decane ($C_{10}H_{22}$), but very close to decane

(b) Adjusted retention times are 13.83 (C_{10}) and 15.42 min (C_{11}):

$$1\,050 = 100\left[10 + (11 - 10)\frac{\log t'_R(\text{unknown}) - \log 13.83}{\log 15.42 - \log 13.83}\right]$$

$\Rightarrow t'_R(\text{unknown}) = 14.60\ \text{min} \Rightarrow t_R(\text{unknown}) = 16.40\ \text{min}$

24-B. **(a)** A plot of $\log t'_R$ versus (number of carbon atoms) should be a fairly straight line for a homologous series of compounds.

Peak	t'_R	$\log t'_R$
$n = 7$	2.9	0.46
$n = 8$	5.4	0.73
$n = 14$	85.8	1.93
Unknown	41.4	1.62

From a graph of $\log t'_R$ versus n, it appears that $n = 12$ for the unknown.

(b) $k = t'_R/t_M = (42.5 - 1.1)/1.1 = 38$

24-C. **(a)** Plate number (N) is proportional to column length. Resolution is proportional to $\sqrt{N}$. If everything is the same except for length, we can say that

$$\frac{1.5}{1.0} = \frac{R_2}{R_1} = \frac{\sqrt{N_2}}{\sqrt{N_1}} \Rightarrow N_2 = 2.25N_1$$

The column must be 2.25 times longer to achieve the desired resolution, and the elution time will be 2.25 times longer.

(b) If N and k are constant, the relation between resolution and separation factor is

$$\frac{1.5}{1.0} = \frac{R_2}{R_1} = \frac{(\alpha_2 - 1)/\alpha_2}{(\alpha_1 - 1)/\alpha_1} = \frac{(\alpha_2 - 1)/\alpha_2}{(1.016 - 1)/1.016} \Rightarrow \alpha_2 = 1.024_2$$

Alcohols are polar, so we could probably increase the separation factor by choosing a more polar stationary phase. $(\text{Diphenyl})_{0.05}(\text{dimethyl})_{0.95}$polysiloxane is listed as nonpolar. We could try an intermediate polarity phase such as $(\text{diphenyl})_{0.35}(\text{dimethyl})_{0.65}$polysiloxane. The more polar phase will probably retain alcohols more strongly and increase the retention factor, and thus the retention time.

24-D. **(a)** $S = [\text{butanol}] = \dfrac{234 \text{ mg}/(74.12 \text{ g/mol})}{10.0 \text{ mL}} = 0.315_7 \text{ M}$

$X = [\text{hexanol}] = \dfrac{312 \text{ mg}/(102.17 \text{ g/mol})}{10.0 \text{ mL}} = 0.305_4 \text{ M}$

$$\frac{A_X}{[X]_f} = F\left(\frac{A_S}{[S]_f}\right) \Rightarrow \frac{1.45}{[0.305_4 \text{ M}]} = F\left(\frac{1.00}{[0.315_7 \text{ M}]}\right) \Rightarrow F = 1.49_9$$

(b) I estimate the areas by measuring peak height and $w_{1/2}$ in millimeters. Your answer will be different from mine if the figure size in your book is different from that in my manuscript. However, the relative peak areas should be the same.

Butanol: Height = 41.3 mm; $w_{1/2} = 2.2$ mm;
Area = $1.064 \times \text{peak height} \times w_{1/2} = 96._7 \text{ mm}^2$

Hexanol: Height = 21.9 mm; $w_{1/2} = 6.9$ mm;
Area = 161 mm^2

(c) The volume of solution is not stated, but the concentration is directly proportional to the number of moles. We can substitute moles for concentrations in the internal standard equation:

$$\frac{A_X}{[X]_f} = F\left(\frac{A_S}{[S]_f}\right) \Rightarrow \frac{161 \text{ mm}^2}{\text{mg hexanol}/(102.17 \text{ mg/mmol})}$$

$$= 1.49_9\left(\frac{96.7 \text{ mm}^2}{112 \text{ mg}/(74.12 \text{ mg/mmol})}\right)$$

$\Rightarrow$ hexanol = 171 mg

(d) The greatest uncertainty is in the width of the fairly narrow butanol peak. The uncertainty in width is ~5–10%.

24-E. S = [pentanol]; X = [hexanol]. We will substitute mmol for concentrations, because the volume is unknown and concentrations are proportional to mmol.

For the standard mixture, we can write

$$\frac{A_X}{[X]_f} = F\left(\frac{A_S}{[S]_f}\right) \Rightarrow \frac{1570}{[1.53]} = F\left(\frac{922}{[1.06]}\right) \Rightarrow F = 1.18_0$$

For the unknown mixture,

$$\frac{816}{[X]_f} = 1.18_0\left(\frac{843}{[0.57]}\right) \Rightarrow [X] = 0.47 \text{ mmol}$$

Chapter 25

25-A. $\dfrac{\text{Area}_A}{[A]} = F\dfrac{\text{Area}_B}{[B]} \Rightarrow \dfrac{10.86}{[1.03]} = F\left(\dfrac{4.37}{[1.16]}\right) \Rightarrow F = 2.79_9$

The concentration of internal standard (B) mixed with unknown (A) is 12.49 mg/25.00 mL = 0.499 6 mg/mL

$$\frac{5.97}{[A]} = 2.79_9\left(\frac{6.38}{[0.499\,6]}\right) \Rightarrow [A] = 0.167_0 \text{ mg/mL}$$

$$[A] \text{ in original unknown} = \frac{25.00}{10.00}(0.167_0 \text{ mg/mL}) = 0.418 \text{ mg/mL}$$

25-B. **(a)** $k = \dfrac{t_R - t_M}{t_M} \Rightarrow \dfrac{t_1 - 1.00}{1.00} = 1.35 \Rightarrow t_1 = 2.35 \text{ min}$

$$\alpha = \frac{t'_{R2}}{t'_{R1}} \Rightarrow 4.53 = \frac{t_2 - 1.00}{t_1 - 1.00} \Rightarrow t_2 = 7.12 \text{ min}$$

$$\text{Resolution} = \frac{\Delta t_R}{w_{av}} \Rightarrow 7.7 = \frac{7.12 - 2.35}{w_{av}} \Rightarrow w_{av} = 0.62 \text{ min}$$

(b) We know that $w_{1/2}$ is proportional to t_R if N is constant. Therefore, $\dfrac{w_{1/2}(\text{peak 1})}{w_{1/2}(\text{peak 2})} = \dfrac{t_1}{t_2} = \dfrac{2.35}{7.12} = 0.330$. We know that w_{av}, the average width at the base, is 0.62 min. For each peak, $w = 4\sigma$ and $w_{1/2} = 2.35\sigma$, so $w = 1.70w_{1/2}$.

$$w_{av} = 0.62 = \tfrac{1}{2}(w_1 + w_2) = \tfrac{1}{2}[1.70w_{1/2}\ (\text{peak 1}) + 1.70w_{1/2}\ (\text{peak 2})]$$

Substituting $w_{1/2}$ (peak 1) = $0.330w_{1/2}$ (peak 2) into the previous equation gives $w_{1/2}$ (peak 2) = 0.54_8 min. Then $w_{1/2}$ (peak 1) = $0.330w_{1/2}$ (peak 2) = 0.18_1 min.

(c) Because the areas are equal, we can say

$$\text{Height}_R \times w_R = \text{height}_S \times w_S \Rightarrow \frac{\text{Height}_R}{\text{Height}_S} = \frac{w_S}{w_R} = \frac{0.54_8}{0.18_1} = 3.0$$

25-C.

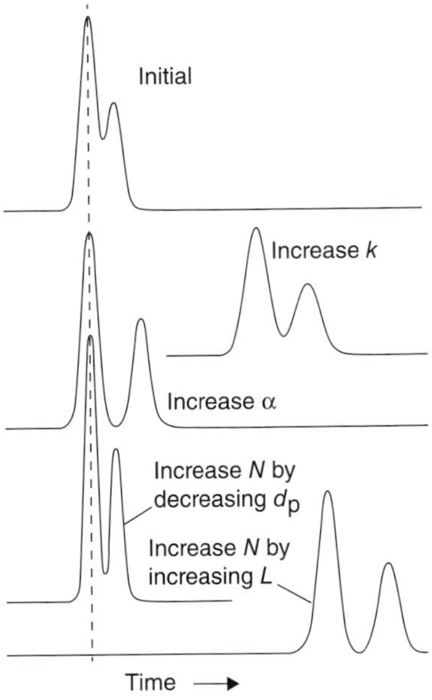

Initial
Increase k
Increase α
Increase N by decreasing d_p
Increase N by increasing L
Time ⟶

25-D. **(a)**

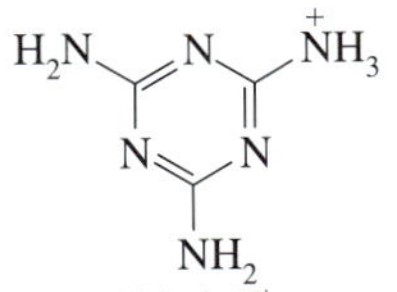

MelamineH$^+$ m/z 127

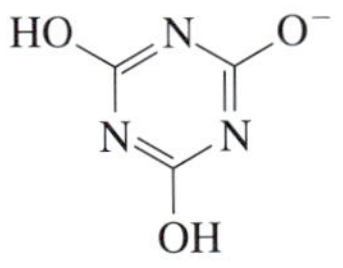

[Cyanuric acid – H]$^-$ m/z 128

When melamineH$^+$ decomposes to m/z 85, it loses a mass of 42 Da, which is probably CN_2H_2. The remaining cation is $C_2N_4H_5^+$, which might have the structure

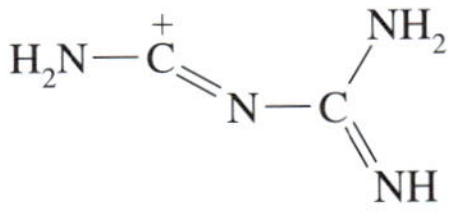

$H_2N-\overset{+}{C}{=}N-C(NH_2){=}NH$

[Cyanuric acid – H]$^-$ decomposes to m/z 42, which is most likely cyanate, N≡C—O$^-$.

(b) In selected reaction monitoring for melamine, the mass spectrometer isolates m/z 127$^+$ from the milk, and this ion then undergoes collision-induced dissociation to m/z 85$^+$. There are not many other molecular species in the milk that provide the same two ions. For cyanuric acid, the spectrometer isolates m/z 128$^-$, and this ion dissociates to m/z 42$^-$. Again, there are not many other species in the milk that provide the same two ions.

25-E. **(a)** C_8-silica is a reversed-phase column. In reversed-phase chromatography, mobile phase strength increases with increasing organic solvent. Greatest retention is observed with 40% acetonitrile and least retention at 60% acetonitrile. Toluene and benzophenone coelute at 51.6% acetonitrile.

(b) Convert the log k from the graph to k and then to retention time t_R. For example, for 40% CH_3CN, log k of ethyl benzene is 1.18 from the graph, so $k = 15.1$. Retention time is obtained from k:

$$k = \frac{t_R - t_M}{t_M} \Rightarrow t_R = t_M \times (1 + k)$$

t_M can be estimated with the equation

$$t_M \approx \frac{Ld_c^2}{2F} \approx \frac{15 \text{ cm} \times (0.46 \text{ cm})^2}{2 \times 1.0 \text{ mL/min}} = 1.6 \text{ min}$$

$$t_R = 1.6 \text{ min} \times (1 + 15.1) = 25.8 \text{ min}$$

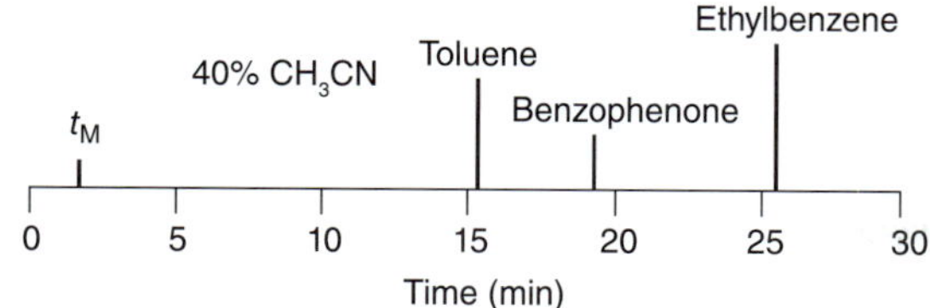

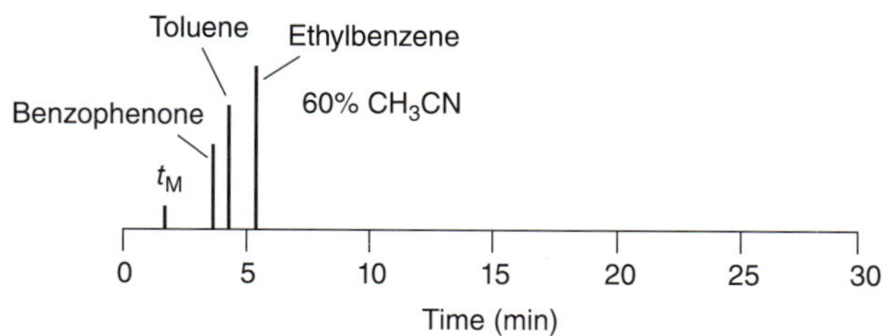

(c) $\text{Resolution} = \frac{\sqrt{N}}{4}\frac{(\alpha - 1)}{\alpha}\left(\frac{k_2}{1 + k_2}\right)$

Benzophenone and toluene are the closest two peaks, and so would have least resolution. Retention factors of benzophenone and toluene are $10^{0.13} = 1.35$ and $10^{0.21} = 1.62$, respectively.

Separation factor is $\alpha = k_2/k_1 = 1.62/1.35 = 1.20$.

$$N \approx \frac{3\,000 \cdot L(\text{cm})}{d_p(\mu\text{m})} \approx \frac{3\,000 \times 15}{5} \approx 9\,000$$

$$\text{Resolution} = \frac{\sqrt{9\,000}}{4}\frac{(1.20 - 1)}{1.20}\left(\frac{1.62}{1 + 1.62}\right) = 2.4$$

(d) Attributes of a good separation are (1) $0.5 \le k \le 20$, (2) resolution ≥ 2, (3) operating pressure ≤ 20 MPa, (4) $0.9 \le$ asymmetry factor ≤ 1.5. With 60% acetonitrile, k ranges from 1.35 to 2.40. Resolution in **(c)** is >2. Pressure in figure caption is 7–8 MPa. Gaussian peak has asymmetry factor = 1. Yes: Separation at 60% acetonitrile has all attributes of good separation. Short separation time (<6 minutes) is an added advantage.

(e) 70% methanol and 44% tetrahydrofuran

Chapter 26

26-A. **(a)** Each K^+ applied to the column releases one H^+ from the column. The moles of NaOH titrant required will equal the moles of H^+ exchanged from the column.

Moles NaOH $= 0.045\,8\text{ M} \times 0.010\,00\text{ L} = 4.58 \times 10^{-4}$ mol

Volume NaOH $= (4.58 \times 10^{-4}\text{ moles})/(0.023\,1\text{ M}) = 19.8_3$ mL

(b) Equivalents of cation in sample = mol OH^- titrant required

$= 0.139\,6\text{ M} \times 0.030\,64\text{ L} = 4.277\text{ mmol }OH^- = 4.277$ meq

$$\text{Milliequivalents per gram of sample} = \frac{4.277\text{ meq}}{0.269\,2\text{ g}} = 15.8_9\text{ meq/g}$$

(c) Equivalent mass = mass of a substance containing one equivalent. That is, it equals the mass of sample loaded onto the ion exchange column divided by the equivalents determined by titration.

Equivalent mass $= 0.269\,2\text{ g}/4.277 \times 10^{-3}\text{ eq} = 62.94$ g/eq

26-B. 13.03 mL of 0.022 74 M NaOH = 0.296 3 mmol of OH^-, which must equal the total cation charge ($= 2[VO^{2+}] + 2[H_2SO_4]$) in the 5.00-mL aliquot. 50.0 mL therefore contains 2.963 mmol of cation charge. The VO^{2+} content is (50.0 mL)(0.024 3 M) = 1.215 mmol = 2.43 mmol of charge. The H_2SO_4 must therefore be $(2.963 - 2.43)/2 = 0.266_5$ mmol.

1.215 mmol $VOSO_4$ = 0.198 g $VOSO_4$ in 0.244 7-g sample = 80.9 wt%

0.266_5 mmol H_2SO_4 = 0.026 1 g H_2SO_4 in 0.244 7-g sample = 10.7 wt%

H_2O (by difference) = 8.4 wt%

26-C. **(a)** Fractionation range of Sephadex G-50 = 1 500–30 000, so hemoglobin should not be retained and ought to be eluted in a volume of 36.4 mL.

(b) The elution volume of ^{22}NaCl is V_M. Inserting $V_o = 36.4$ mL into the elution equation gives

$$K_{av} = \frac{V_R - V_o}{V_M - V_o} \Rightarrow 0.65 = \frac{V_R - 36.4}{109.8 - 36.4} \Rightarrow V_R = 84.1\text{ mL}$$

26-D. **(a)**

Injection end

Detection end

Electroosmotic flow

Anion electrophoretic flow

Anode

Cathode

Cation electrophoretic flow

Net flow of cations and anions is to the right, because electroosmotic flow is stronger than electrophoretic flow at high pH

(b) I^- has a greater mobility than Cl^-. Therefore, I^- swims upstream faster than Cl^- (because electrophoresis opposes electroosmosis) and is eluted later than Cl^-. The mobility of Br^- is greater than that of I^- in Table 15-1. Therefore, Br^- will have a longer migration time than I^-.

(c) Bare I^- is a larger ion than bare Cl^-, so the charge density in I^- is lower than the charge density in Cl^-. Therefore, I^- should have a smaller hydrated radius than Cl^-. This means that I^- has less friction than Cl^- and a greater mobility than Cl^-.

Chapter 27

27-A. Formula mass of AgCl = 107.8 + 35.4 = 143.2

$$\text{mol AgCl} = \frac{0.088\,90\text{ g AgCl}}{143.2\text{ g AgCl/mol AgCl}} = 6.208_1 \times 10^{-4}\text{ mol}$$

$$\text{mol radium} = \frac{6.208_1 \times 10^{-4}\text{ mol Cl}}{2\text{ mol Cl/mol Ra}} = 3.104_0 \times 10^{-4}\text{ mol}$$

$$3.104_0 \times 10^{-4}\text{ mol RaCl}_2 = \frac{0.091\,92\text{ g RaCl}_2}{x\text{ g RaCl}_2\text{/mol RaCl}_2}$$

$$x = \frac{0.091\,92\text{ g RaCl}_2}{3.104_0 \times 10^{-4}\text{ mol RaCl}_2} = 296.1_3\text{ g RaCl}_2\text{/mol RaCl}_2$$

296.1_3 g/mol = atomic mass of Ra + 2(35.4 g/mol)

⇒ atomic mass of Ra = 225.3 g/mol

27-B. 1 mol ethoxyl groups produces 1 mol AgI. (29.03 mg AgI)/(234.77g/mol) = $0.123\,6_5$ mmol AgI. The amount of compound analyzed is (25.42 mg)/(417 g/mol) = $0.060\,9_6$ mmol. There are

$$\frac{0.123\,6_5\text{ mmol ethoxyl groups}}{0.060\,9_6\text{ mmol compound}} = 2.03\ (= 2)\text{ ethoxyl groups/molecule}$$

27-C. There is 1 mol SO_4^{2-} in each mole of each reactant and of the product. Let x = g of K_2SO_4 and y = g of $(NH_4)_2SO_4$.

$$x + y = 0.649\text{ g} \qquad (1)$$

$$\underbrace{\frac{x}{174.25}}_{\text{Moles of }K_2SO_4} + \underbrace{\frac{y}{132.13}}_{\text{Moles of }(NH_4)_2SO_4} = \underbrace{\frac{0.977}{233.38}}_{\text{Moles of }BaSO_4} \qquad (2)$$

Making the substitution $y = 0.649 - x$ in Equation 2 gives $x = 0.400_7$ g = 61.7% of the sample.

27-D. Formula and atomic masses: Ba(137.327), Cl(35.45), K(39.098), H_2O(18.015), KCl(74.55), $BaCl_2 \cdot 2H_2O$(244.26), H_2O lost = 1.783 9 − 1.562 3 = 0.221 6 g = $1.230\,1 \times 10^{-2}$ mol of H_2O. For 2 mol H_2O lost, 1 mol $BaCl_2 \cdot 2H_2O$ must have been present. $\frac{1}{2}(1.230\,1 \times 10^{-2}\text{ mol }H_2O\text{ lost}) = 6.150\,4 \times 10^{-3}$ mol $BaCl_2 \cdot 2H_2O$ = 1.502 3 g. The Ba and Cl contents of the $BaCl_2 \cdot 2H_2O$ are

$$\text{Ba} = \left(\frac{137.327}{244.26}\right)(1.502\,3\text{ g}) = 0.844\,62\text{ g}$$

$$\text{Cl} = \left(\frac{2(35.45)}{244.26}\right)(1.502\,3\text{ g}) = 0.436\,06\text{ g}$$

Because the total sample weighs 1.783 9 g and contains 1.502 3 g of $BaCl_2 \cdot 2H_2O$, the sample must contain 1.783 9 − 1.502 3 = 0.281 6 g of KCl, which contains

$$K = \left(\frac{39.098}{74.55}\right)(0.281_6) = 0.147\ 69\ g$$

$$Cl = \left(\frac{35.45}{74.55}\right)(0.281_6) = 0.133\ 91\ g$$

Weight percent of each element:

$$Ba = \frac{0.844\ 62}{1.783\ 9} = 47.35\%$$

$$K = \frac{0.147\ 69}{1.783\ 9} = 8.28\%$$

$$Cl = \frac{0.436\ 09 + 0.133\ 91}{1.783\ 9} = 31.95\%$$

27-E. Let x = mass of $Al(BF_4)_3$ and y = mass of $Mg(NO_3)_2$. We can say that $x + y = 0.282\ 8$ g. We also know that

$$\text{Moles of nitron tetrafluoroborate} = 3(\text{moles of } Al(BF_4)_3) = \frac{3x}{287.39}$$

$$\text{Moles of nitron nitrate} = 2(\text{moles of } Mg(NO_3)_2) = \frac{2y}{148.31}$$

Equating the mass of product to the mass of nitron tetrafluoroborate plus the mass of nitron nitrate, we can write

$$\underbrace{1.322}_{\text{Mass of product}} = \underbrace{\left(\frac{3x}{287.39}\right)(400.19)}_{\text{Mass of nitron tetrafluoroborate}} + \underbrace{\left(\frac{2y}{148.31}\right)(375.39)}_{\text{Mass of nitron nitrate}}$$

Making the substitution $x = 0.282\ 8 - y$ allows us to find $y = 0.158\ 9_2$ g of $Mg(NO_3)_2 = 1.071_5$ mmol of Mg = $0.026\ 04_4$ g of Mg = 9.210% of the original solid sample.

27-F. **(a)** $Co(III)(La^{3+}Co^{3+}(O^{2-})_3)$

(b) $$\underset{\text{FM 245.836}}{LaCoO_3(s)} + \frac{3}{2}H_2(g) \rightarrow \underbrace{\frac{1}{2}La_2O_3(s) + Co(s)}_{\text{FM 221.837}} + \underset{\text{FM 18.015}}{\frac{3}{2}H_2O(g)}$$

(c) 245.836 g of $LaCoO_3$ would create 221.837 g of solid product.

$$\frac{\text{Product from 41.872 4 mg}}{41.872\ 4\ mg} = \frac{221.837\ g}{245.836\ g} \quad \text{product} = 37.784\ 7_3\ mg$$

(d) $$\underset{\text{FM}(245.836+15.999x)}{LaCoO_{3+x}(s)} + \frac{3}{2}H_2(g) \rightarrow \underbrace{\frac{1}{2}La_2O_3(s) + Co(s)}_{\text{FM 221.837}} + \left(\frac{3}{2} + x\right)H_2O(g)$$

$$\frac{\text{Final mass}}{\text{Initial mass}} = \frac{\text{final mass}}{41.872\ 4\ mg} = \frac{221.837}{245.836 + (15.999)x}$$

$$\Rightarrow \text{final mass} = \frac{(221.837)(41.872\ 4\ mg)}{245.836 + (15.999)x}$$

(e) Observed final mass = 37.763 7 mg. Substituting this mass into the equation derived in **(d)** gives

$$\text{Final mass} = 37.763\ 7\ mg = \frac{(221.837)(41.872\ 4\ mg)}{245.836 + (15.999)x} \Rightarrow x = 0.008\ 6$$

Formula of the starting solid is $LaCoO_{3.008\ 6}$

(f) Mass loss at 500°C ≈ 41.872 4 mg − 40.51 mg = 1.36 mg, which is 1/3 of the theoretical complete mass loss from $LaCoO_3$ (1/3 of 4.087 7 mg = 1.362 6 mg). The plateau at 500°C corresponds to the change Co(III) → Co(II), which is the same as $LaCoO_3 \rightarrow LaCoO_{2.5}$.

Chapter 28

28-A. **(a)** Expected number of red marbles = np_{red} = (1 000)(0.12) = 120. Expected number of yellow = nq_{yellow} = (1 000)(0.88) = 880

(b) Absolute: $\sigma_{red} = \sigma_{yellow} = \sqrt{npq}$
$= \sqrt{(1\ 000)(0.12)(0.88)} = 10.28$
Relative: $\sigma_{red}/n_{red} = 10.28/120 = 8.56\%$
$\sigma_{yellow}/n_{yellow} = 10.28/880 = 1.17\%$

(c) For 4 000 marbles, n_{red} = 480 and n_{yellow} = 3 520.
$\sigma_{red} = \sigma_{yellow} = \sqrt{npq} = \sqrt{(4\ 000)(0.12)(0.88)} = 20.55$
$\sigma_{red}/n_{red} = 4.28\%$ $\quad \sigma_{yellow}/n_{yellow} = 0.58\%$

(d) 2, $\sqrt{n}$

(e) $$\frac{\sigma_{red}}{n_{red}} = 0.02 = \frac{\sqrt{n(0.12)(0.88)}}{(0.12)n}$$

$\Rightarrow n = 1.83 \times 10^4$

28-B. **(a)** $mR^2 = K_s \Rightarrow m(10)^2 = 36\ g \Rightarrow m = 0.36\ g$

(b) An uncertainty of ±20 counts per second per gram is 100 × 20/237 = 8.4%.

$$n = \frac{t^2 s_s^2}{e^2} = \frac{(1.96)^2(0.10)^2}{(0.084)^2} = 5.4 \approx 5$$

$\Rightarrow t = 2.776$ (4 degrees of freedom)

$$n \approx \frac{(2.776)^2(0.10)^2}{(0.084)^2} = 10.9 \approx 11 \Rightarrow t = 2.228$$

$$n \approx \frac{(2.228)^2(0.10)^2}{(0.084)^2} = 7.0 \approx 7 \Rightarrow t = 2.447$$

$$n \approx \frac{(2.447)^2(0.10)^2}{(0.084)^2} = 8.5 \approx 8 \Rightarrow t = 2.365$$

$$n \approx \frac{(2.365)^2(0.10)^2}{(0.084)^2} = 7.9 \approx 8$$

28-C. **(a)** Acid-soluble inorganic matter and organic material can probably be dissolved (and oxidized) together by wet ashing with HNO_3 + H_2SO_4 in a Teflon-lined bomb in a microwave oven. Insoluble residue should be washed well with water and the washings combined with the acid solution. After the residue has been dried, it can be fused with one of the fluxes in Table 28-6, dissolved in dilute acid, and combined with the previous solution.

(b) Grind the soil well with a mortar and pestle or ball mill or a Shatterbox mill. Mix 5 g of dry powder well with ~3–8 mL of H_2O. Then conduct the QuEChERS procedure followed by chromatography of the extract.

문제에 대한 답

Chapter 0

6. Mn^{2+} interferes with method A, but not with method B, whose result (0.009 mg/L) is more reliable

Chapter 1

1. **(a)** meter (m), kilogram (kg), second (s), ampere (A), kelvin (K), mole (mol) **(b)** hertz (Hz), newton (N), pascal (Pa), joule (J), watt (W)

2. See Table 1-3.

3. **(a)** milliwatt = 10^{-3} watt **(b)** picometer = 10^{-12} meter **(c)** kiloohm = 10^3 ohm **(d)** microfarad = 10^{-6} farad **(e)** terajoule = 10^{12} joule **(f)** nanosecond = 10^{-9} second **(g)** femtogram = 10^{-15} gram **(h)** decipascal = 10^{-1} pascal

4. **(a)** 100 fJ or 0.1 pJ **(b)** 43.172 8 nF **(c)** 299.79 THz or 0.299 79 PHz **(d)** 0.1 nm or 100 pm **(e)** 21 TW **(f)** 0.483 amol or 483 zmol

5. **(a)** 8×10^{12} kg of C **(b)** 2.9×10^{13} kg CO_2 **(c)** 4 tons CO_2 per person

6. 15 days for chunk *white* tuna; 3.5 days for chunk *light* tuna

7. 7.457×10^4 J/s, 6.416×10^7 cal/h

8. **(a)** 2.0 W/kg and 3.0 W/kg **(b)** The person consumes 1.1×10^2 W.

9. **(a)** true **(b)** 0.621 37 miles per km **(c)** 1.37 mg CO_2 per km per kg vehicle mass **(d)** 33.6 metric tons CO_2 for gasoline car **(e)** 6.2 metric tons CO_2 for electric car in California

10. **(a)** 80 amol **(b)** 4×10^{11} molecules

11. 6 tons/year

12. **(a)** molarity = moles of solute/liter of solution **(b)** molality = moles of solute/kilogram of solvent **(c)** density = grams of substance/milliliter of substance **(d)** weight percent = 100 × (mass of substance/mass of solution or mixture) **(e)** volume percent = 100 × (volume of substance/volume of solution or mixture) **(f)** parts per million = 10^6 × (grams of substance/grams of sample) **(g)** parts per billion = 10^9 × (grams of substance/grams of sample) **(h)** formal concentration = moles of formula/liter of solution

13. CH_3CO_2H is a weak electrolyte that is partially dissociated. $[CH_3CO_2H] + [CH_3CO_2^-] = 0.01$ M. $[CH_3CO_2H]$ alone is < 0.01 M.

14. 1.10 M

15. 5.48 g

16. **(a)** 39 ppb = 3.9 mPa at the surface of the Earth where atmospheric pressure = 1 bar **(b)** 19 mPa at an altitude of 16 km = 2 000 ppb where atmospheric pressure = 9.6 kPa

17. **(a)** 1.9×10^{-7} bar **(b)** 11 nM

18. **(a)** 2.11×10^{-7} M **(b)** Ar: 3.77×10^{-4} M; Kr: 4.60×10^{-8} M; Xe: 3.5×10^{-9} M

19. 10^{-3} g/L, 10^3 μg/L, 1 μg/mL, 1 mg/L

20. 7×10^{-10} M

21. 26.5 g $HClO_4$, 11.1 g H_2O

22. **(a)** 1 670 g solution **(b)** 1.18×10^3 g $HClO_4$ **(c)** 11.7 mol

23. 1.51 *m*

24. **(a)** 6.0 amol/vesicle **(b)** 3.6×10^6 molecules **(c)** 3.35×10^{-20} m^3, 3.35×10^{-17} L **(d)** 0.30 M

25. 4.4×10^{-3} M, 6.7×10^{-3} M

26. **(a)** 1 046 g, 376.6 g/L **(b)** 9.07 *m*

27. Cal/g, Cal/ounce: Shredded Wheat (3.6, 102); doughnut (3.9, 111); hamburger (2.8, 79); apple (0.48, 14)

28. 6.18 g in a 2-L volumetric flask

29. Dissolve 6.18 g $B(OH)_3$ in 2.00 kg H_2O.

30. 3.2 L

31. 8.0 g

32. **(a)** 55.6 mL **(b)** 1.80 g/mL

33. 1.52 g/mL

34. 1.29 mL

35. 10.8 g

36. **(a)** 60.05 g/mol, 84.01 g/mol **(b)** 3.57 g **(c)** 72 mL **(d)** vinegar **(e)** 3 bar

Chapter 2

1. Familiarize yourself with hazards of what you are about to do and do not carry out a dangerous procedure without adequate precautions.

2. Nonpolar organic liquids might penetrate rubber gloves. Concentrated HCl acid is a polar aqueous solution that is not likely to penetrate through rubber gloves.

3. Reducing Cr(VI) to Cr(III) decreases the toxicity of the metal. Converting Cr(III)(*aq*) to $Cr(OH)_3(s)$ decreases solubility. Evaporation minimizes waste volume.

4. Green chemistry is a set of principles intended to help sustain the habitability of Earth. Green chemistry seeks to design chemical products and processes to reduce the use of resources and the generation of hazardous waste.

5. The lab notebook must (1) state what was done; (2) state what was observed; and (3) be understandable to a stranger.

7. The buoyancy correction is 1 when the substance being weighed has the same density as the weight used to calibrate the balance.

8. 14.85 g

9. smallest: PbO_2; largest: Li

10. 4.239 1 g, lower by 0.06%

11. 1.266_8 g—the mass in air is negligibly different from the mass in vacuum because the density of CsCl is high.

12. **(a)** 0.000 164 g/mL **(b)** 0.823 g **(c)** 0.824 g

13. **(a)** 979 Pa **(b)** 0.001 1 g/mL **(c)** 1.001 0 g

14. 99.999 1 g

15. **(a)** 11 pg **(b)** −4.4 Hz frequency change comes from binding of 14 pg = 1.3 cytosine nucleotides per DNA molecule

16. 80-kg payload

17. TD means "to deliver" and TC means "to contain."

18. Dissolve 0.037 50 mol K_2SO_4 (6.534 g) in $<$ 250 mL H_2O in a 250-mL volumetric flask. Add H_2O and mix. Dilute to mark and mix well by inverting flask many times.

19. Plastic flask is for trace analysis of ppb analytes that might be adsorbed on glass.

20. **(a)** See Section 2.6. **(b)** transfer pipet

21. **(a)** Use forward mode described in text. **(b)** Use reverse mode described in text.

22. Trap prevents liquid from being sucked into vacuum system. Watchglass keeps dust out of the sample.

23. phosphorus pentoxide

24. **(a)** 3.053_0 g **(b)** 3.050_6 g **(c)** You need a 2 000-fold dilution, which could be done with a 20-fold dilution followed by a 100-fold dilution. Dilute 5.00 mL up to 100.0 mL. Then dilute 10.00 mL of the resulting solution up to 1 000.0 mL.

25. 9.979 9 mL

26. 0.2%; 0.499 0 M

27. 49.947 g in vacuum; 49.892 g in air

28. true mass = 50.506 g; mass in air = 50.484 g

29. Procedure (ii) has smaller relative uncertainty. Calibrate the pipet and volumetric flask to reduce the uncertainty further.

30. **(b)** 54 days

31. 0.70%

Chapter 3

1. **(a)** 5 **(b)** 4 **(c)** 3

2. **(a)** 1.237 **(b)** 1.238 **(c)** 0.135 **(d)** 2.1 **(e)** 2.00

3. **(a)** 0.217 **(b)** 0.216 **(c)** 0.217

4. **(a)** 3.71 **(b)** 10.7 **(c)** 4.0×10^1 **(d)** 2.85×10^{-6} **(e)** 12.625 1 **(f)** 6.0×10^{-4} **(g)** 242

5. **(a)** 125.62 **(b)** 105.988

6. **(a)** 12.3 **(b)** 75.5 **(c)** 5.520×10^3 **(d)** 3.04 **(e)** 3.04×10^{-10} **(f)** 11.9 **(g)** 4.600 **(h)** 4.9×10^{-7}

9. **(a)** low **(b)** systematic **(c)** dry crucible before weighing

10. **(a)** systematic **(b)** ±0.009 mL is random error **(c)** 1.98 and 2.03 mL are systematic errors; ±0.01 and ±0.02 mL are random errors **(d)** random error **(e)** blunder **(f)** random error

11. **(a)** buoyancy correction **(b)** calibrate 2-mL pipet or redesign procedure to use larger pipet **(c)** calibrate micropipet **(d)** matrix match standards to sample

12. **(a)** Katniss **(b)** Gale **(c)** Peeta **(d)** Haymitch

13. **(a)** Haymitch large random; Gale moderate random; Katniss small random; Peeta small random error with systematic error

14. 3.124 (±0.005), 3.124 (±0.2%)

15. **(a)** 2.1 M (±0.2 M or ±11%) **(b)** 0.151 mol (±0.009 mol or ±6%) **(c)** 0.22_3 mmol ($\pm 0.02_4$ mmol or ±11%) **(d)** 0.097_1 mol ($\pm 0.002_2$ mol or $\pm 2._2$%)

16. **(a)** 10.18 mL (±0.07 mL or ±0.7%) **(b)** 174 mM (±3 mM or ±2%) or $174._4$ mM (±2.7 mM or ±1.5%) **(c)** 0.147 M (±0.003 M or ±2%) or 0.147_4 M ($\pm 0.002_8$ M) (±1.9%) **(d)** 7.86 g (±0.01 g or ±0.1%) **(e)** 2 185.8 g (±0.8 g or ±0.04%) **(f)** 1.464 (±0.008 or ±0.5%) **(g)** 0.497 (±0.007 or ±1.4%)

18. 0.450 7 (±0.000 5) M

19. 1.035 7 (±0.000 2) g

20. **(a)** 0.667 ± 0.001 M **(b)** uncertainty increases by 5 in the fifth decimal place, so answer is still 0.667 ± 0.001 M **(c)** volume of HCl

21. **(a)** 1.500 ± 0.005 μg/mL **(b)** 1.50 ± 0.01 μg/mL; uncertainty in the 1-mL pipet is 3 times larger than the next highest uncertainty.

22. **(a)** 2.2×10^{-6}% **(b)** 999.698 453 (24) g **(c)** yes, error = 2.4×10^{-6}%

Chapter 4

1. Smaller standard deviation means better precision. There is no necessary relationship between standard deviation and accuracy.

2. **(a)** 0.682 6 **(b)** 0.954 6 **(c)** 0.341 3 **(d)** 0.191 5 **(e)** 0.149 8

3. **(a)** 1.527 67 **(b)** 0.001 26 **(c)** 1.59×10^{-6} **(d)** 0.000 45 **(e)** $1.527_7 \pm 0.001_3$

4. **(a)** hare 0.47%, tortoise 0.35% **(b)** hare 0.34%, tortoise 0.25% **(c)** Being careful in the lab is better than being fast.

5. **(a)** 0.890 2_0 g, 0.896 4_9 g **(b)** 0.027 8_5 g, 0.011 9_5 g **(c)** predicted quotient $\sigma_{16}/\sigma_4 = 0.5$, observed quotient = 0.429

6. **(a)** 0.045 **(b)** 0.174

9. Confidence interval is region around measured mean in which true mean is likely to lie.

10. 50%. The 90% bars must be longer because 90% of them must reach the mean.

11. Case 1: Compare measured result to known value with Equation 4-8.

Case 2: Compare replicate measurements with Equations 4-9 and 4-10 after *F* test.

Case 3: Compare individual differences with Equations 4-11 and 4-12.

12. 90%: $0.14_8 \pm 0.02_8$; 99%: $0.14_8 \pm 0.05_6$

13. $\bar{x} \pm 0.000$ 10 (1.527 83 to 1.528 03)

14. **(a)** dL = deciliter = 0.1 L **(b)** yes ($t_{calculated} = 2.12 < t_{table} = 2.262$)

15. **(a)** Difference is not significant ($F_{calculated} = 6.0_6 < F_{table} = 39.0$). **(b)** Difference is not significant ($t_{calculated} = 0.70 < t_{table} = 2.776$). **(c)** Difference is significant ($F_{calculated} = 3.5_4 < F_{table} = 39.0$ and $t_{calculated} = 4.2_5 > t_{table} = 2.776$).

16. Difference is not significant ($t_{calculated} = 0.863 < t_{table} = 2.447$).

17. Difference is not significant ($t_{calculated} = 0.86 < t_{table} = 2.45$).

18. Differences are not significant ($F_{calculated} = 2.43 < F_{table} = 15.4$ and $t_{calculated} = 1.55 < t_{table} = 2.447$).

19. Difference is significant ($F_{calculated} = 92.7 > F_{table} = 9.36$, so we use Equations 4-9b and 4-10b. $t_{calculated} = 11.3 > t_{table} = 2.57$ for 5 degrees of freedom).

20. yes (90%: $\bar{x} \pm 1.1_8$%)

21. A–B difference is significant ($F_{calculated} = 5.3 > F_{table} \approx 2.54$, so we use Equations 4-9b and 4-10b. $t_{calculated} = 18.2 > t_{table} = 2.02$ for 40 degrees of freedom); B–C difference is not significant ($F_{calculated} = 1.3 < F_{table} \approx 2.52$, so we use Equations 4-9a and 4-10a. $t_{calculated} = 1.39 < t_{table} \approx 2.02$ for 43 degrees of freedom).

22. Difference is significant at 95% and 99% levels ($t_{calculated} = 2.88$).

23. Difference is significant in both cases. First case 95% confidence interval = 94.9_4 to 99.0_6. Second case 95% confidence interval = 94.6_9 to 98.4_7.

24. Retain 216. $G_{calculated} = 1.52 < G_{table} = 1.672$.

25. Reject 32.77. $G_{calculated} = 1.7_8 > G_{table} = 1.672$.
For remaining 4 data, $\bar{x} = 32.54_2$; $s = 0.01_3$

26. Statement (i) is true.

27. $m = -1.299\ (\pm 0.001) \times 10^4$ or $-1.298_7(\pm 0.001_3) \times 10^4$; $b = 3(\pm 3) \times 10^2$

28. $m = 0.6_4 \pm 0.1_2$; $b = 0.9_3 \pm 0.2_6$; $s_y = 0.27$

30. $m = -0.138 \pm 0.007$; $b = 0.2_0 \pm 0.1_6$; $s_y = 0.20$

31. We must measure the response of an analytical procedure to known quantities before the procedure can be used for an unknown.

32. If negative value is within experimental error of 0, the value is 0. If negative value is beyond experimental error, something is wrong with the analysis.

33. $15.2_2 \pm 0.8_6$ μg, $15._2 \pm 1._5$ μg

34. **(a)** $2.0_0 \pm 0.3_8$ **(b)** 0.2_6 **(c)** ±1.6 for **(a)** and ±1.1 for **(b)**

35. **(a)** 10.1 μg **(b)** 10.1 ± 0.4 μg or $10.0_8 \pm 0.4_5$ μg ($u_x = 0.204$ 5 μg, $t = 2.179$)

36. **(a)** $m = 869 \pm 11$, $b = -22._1 \pm 8._9$ **(b)** 145.0 mV **(c)** $0.19_2(\pm 0.01_4)$ vol%, 95% confidence $0.19_2(\pm 0.03_5)$ vol%

37. 21.9 μg

38. **(a)** Entire range is linear. **(b)** log(current) = 0.969 2 log (concentration, μg/mL) + 1.338 9 **(c)** 4.80 μg/mL **(d)** ±0.49 μg/mL

39. **(b)** 60.4 and 1 232 are suspect data; molar masses about 105, 135, and 150 g/mol **(c)** reject 60.4; $G_{calculated} = 5.23 > G_{table}$ (even 2.956 for 50 observations); $105.3_8(\pm 2.5_2)$ g/mol, 95% confidence $105.3_8(\pm 0.9_2)$ g/mol **(d)** There is systematic bias.

Chapter 5

5. Spike recovery > residual plot > inspecting graph > nonzero intercept > R^2

6. *Calibration check sample* is made by the analyst; *performance test sample* is made by someone else and the analyst does not know the expected answer.

7. *Blank* finds response of a method when no analyte is deliberately present. *Method blank* is taken through all steps of analysis. *Reagent blank* is same as a method blank, but has not been subjected to sample preparation. *Field blank* is similar to method blank, but has been exposed to field environment.

8. *Linear range:* analyte concentration range over which signal is proportional to analyte concentration. *Dynamic range:* analyte concentration range with useable response to analyte, even if not linear. *Range:* analyte concentration range meeting specified linearity, accuracy, and precision.

9. *False positive* concludes that analyte exceeds a limit when it is really below the limit. *False negative* concludes that analyte is below a limit when it is really above the limit.

10. ~1% of samples with no analyte give signal above detection limit. 50% of samples with analyte at detection limit produce signal below detection limit.

11. See Box 5-2.

12. iii

13. **(a)** metals and trace metals in water and waste **(b)** E2866 **(c)** 996.06 **(d)** water in pharmaceuticals by Karl Fischer titration

16. yes: 8 consecutive measurements (days 19–29) all above the center line

17. **(a)** ppb **(b)** $y = 109.55x + 616.56$ with $R^2 = 0.996\ 8$ **(c)** pattern to residuals suggests curved calibration **(d)** –0.70 pg/μL **(e)** residuals show inverted U shape **(f)** $R^2 = 0.999\ 7$, 3.84 pg/μL **(g)** 4.23 pg/μL

18. $R^2 = 0.993\ 2$, y error bar $= \pm ts_y = \pm 162$, 95% confidence interval for 20-unit spike of $x = 11.2$ to 24.2 units, recoveries 55.8% and 121.2%

19. **(a)** 22.2 ng/mL: precision = 23.8%, error = 6.6%
88.2 ng/mL: precision = 13.9%, error = –6.5%
314 ng/mL: precision = 7.8%, error = –3.6%
(b) signal detection limit = $129._6$; detection limit $= 4.8 \times 10^{-8}$ M; quantitation limit $= 1.6 \times 10^{-7}$ M

20. **(a)** 4%, 16%, 22% **(b)** 1.4%

21. recovery = 96%; concentration detection limit = 0.064 μg/L = 0.06 μg/L

22. detection limits: 0.086, 0.102, 0.096, and 0.114 μg/mL; mean = 0.10 μg/mL

23. Testing 2 independent samples drawn at the same time from each athlete would reduce the rate of false positives to $0.01 \times 0.01 = 0.000\ 1$.

24. Lab C vs. Lab A: $F_{calculated} = 31._0 > F_{table} = 5.10$ (2 degrees of freedom for s_C and 12 degrees of freedom for s_A). $t_{calculated} = 2.4_1 < t_{table} = 4.303$ for 95% confidence and 2 degrees of freedom ⇒ difference is not significant.

Lab C vs. Lab B: $F_{calculated} = 1.9_4 < F_{table} = 6.54$ (2 degrees of freedom for s_C and 7 degrees of freedom for s_A). $s_{pooled} = 0.61_6$. $t_{calculated} = 2.4_7 > t_{table} = 2.262$ for 95% confidence and 9 degrees of freedom ⇒ difference is significant.

The conclusion that C is greater than B but C is not greater than A makes no sense. The problem is $s_C \gg s_A$ and number of replicates for C ≪ number of replicates for A. I suggest that C > A and C > B. I would ask for more replicates from C.

25. Addition of small volume keeps matrix nearly constant by not diluting sample.

26. **(c)** 1.04 ppm

27. **(a)** $R^2 = 0.997$ with random residuals ⇒linear **(b)** $8.7_2 \pm 0.4_3$ ppb **(c)** 116 ppm **(d)** ±6 ppm **(e)** ±18 ppm

28. **(a)** linear **(b)** tap water, 0.091 ng/mL; pond water, 22.2 ng/mL **(c)** Matrix effect. Something in pond water decreases Eu(III) emission.

29. **(b)** slope = 2.529 ± 0.095, intercept = 158.1 ± 9.0, $s_y = 14.7$ **(c)** 6.2 ± 0.6 g **(d)** 4.6 ± 0.2 g **(e)** avoids curvature in calibration; Blaine's results were validated as fit for purpose by analyzing a certified reference material **(f)** validate method and analysts with reference materials, run control samples

30. **(a)** $R^2 = 0.999\ 2$ and random residuals ⇒ linear **(b)** 0.117 ppm. **(c)** standard uncertainty = 0.000 98 ppm, 95% confidence interval = 0.004 2 ppm, relative uncertainty of intercept = 16.6%, uncertainty in concentration = 0.019 ppm

31. **(a)** $R^2 = 0.997$ and random residuals ⇒ linear **(b)** 0.279 μg/L **(c)** standard uncertainty = 0.016 9 μg/L, 95% confidence interval = 0.054 μg/L

32. Standard addition is appropriate when sample matrix is unknown or complex and hard to duplicate. Internal standard is appropriate when (1) there will be uncontrolled losses of sample during the analysis or (2) instrument conditions vary from run to run.

33. **(a)** 0.168_4 **(b)** 0.847 mM **(c)** 6.16 mM **(d)** 12.3 mM

34. 9.09 mM

35. **(b)** $m = 3.47$, $u_m = 0.15$, $b = 0.038$, $u_b = 0.057$, $s_y = 0.072$ **(c)** linear **(d)** $[X]_f/[S]_f = 0.560$ with $u_x = 0.024\ 6$, $t = 2.776$, $\pm tu_x = (2.776) \times (0.024\ 6) = 0.068$, $[X]_f/[S]_f = 0.56 \pm 0.07$ **(e)** 95% confidence interval for intercept = –0.12 to +0.20, which includes 0 **(f)** error = –3.8%, precision = 4.4%, fit for purpose

36. Analyte signal is measured relative to the signal from internal standard. Internal standard is so similar to analyte that matrix effects are likely to be identical.

Chapter 6

4. **(a)** $K = 1/[Ag^+]^3[PO_4^{3-}]$ **(b)** $K = P_{CO_2}^6/P_{O_2}^{15/2}$

5. 1.2×10^{10}

6. 2.0×10^{-9}

7. **(a)** decrease **(b)** give off **(c)** negative

8. 5×10^{-11}

9. **(a)** right **(b)** right **(c)** neither **(d)** right **(e)** smaller

10. **(a)** 4.7×10^{-4} bar **(b)** 153°C

11. **(a)** 7.82 kJ/mol **(b)** A graph of ln K vs. $1/T$ will have a slope of $-\Delta H°/R$.

12. **(a)** right **(b)** $P_{H_2} = 1\ 366$ Pa, $P_{Br_2} = 3\ 306$ Pa, $P_{HBr} = 57.0$ Pa **(c)** neither **(d)** formed

13. 0.663 mbar

14. 5×10^{-8} M

15. 8.5 zM

16. 3.9×10^{-7} M

17. **(a)** 2.1×10^{-8} M **(b)** 8.4×10^{-4} M

18. BX_2 coprecipitates with AX_3.

19. no, 0.001 4 M

20. no

21. $I^- < Br^- < Cl^- < CrO_4^{2-}$

22. Measure Pb in precipitate

23. decreasing $[Pb]_{total}$: $Pb^{2+} + 2I^- \rightarrow PbI_2(s)$
increasing $[Pb]_{total}$: $PbI_2(s) + I^- \rightarrow PbI_3^-$

24. **(a)** BF_3 **(b)** AsF_5

25. 0.096 M

26. $[Zn^{2+}] = 2._{93} \times 10^{-3}$ M, $[ZnOH^+] = 9 \times 10^{-6}$ M, $[Zn(OH)_2(aq)] = 6 \times 10^{-6}$ M, $[Zn(OH)_3^-] = 8 \times 10^{-9}$ M, $[Zn(OH)_4^{2-}] = 9 \times 10^{-14}$ M

27. 15%

28. 1.1×10^{-5} M

30. **(a)** an adduct **(b)** dative or coordinate covalent **(c)** conjugate **(d)** $[H^+] > [OH^-]$, $[H^+] < [OH^-]$

33. **(a)** HI **(b)** H_2O

34. $2H_2SO_4 \rightleftharpoons HSO_4^- + H_3SO_4^+$

35. **(a)** (H_3O^+, H_2O); $(H_3\overset{+}{N}CH_2CH_2\overset{+}{N}H_3, H_3\overset{+}{N}CH_2CH_2NH_2)$ **(b)** $(C_6H_5CO_2H, C_6H_5CO_2^-)$; $(C_5H_5NH^+, C_5H_5N)$

36. **(a)** 2.00 **(b)** 12.54 **(c)** 1.52 **(d)** –0.48 **(e)** 12.00

37. **(a)** 6.998 **(b)** 6.132

38. 1.0×10^{-56}

39. 7.8

40. **(a)** endothermic **(b)** endothermic **(c)** exothermic

44. $Cl_3CCO_2H \rightleftharpoons Cl_3CCO_2^- + H^+$

$C_6H_5\overset{+}{N}H_3 \rightleftharpoons C_6H_5NH_2 + H^+$

$La^{3+} + H_2O \rightleftharpoons LaOH^{2+} + H^+$

45. $C_5H_5N + H_2O \rightleftharpoons C_5H_5\overset{+}{N}H + OH^-$

$HOCH_2CH_2S^- + H_2O \rightleftharpoons HOCH_2CH_2SH + OH^-$

46. K_a: $HCO_3^- \rightleftharpoons H^+ + CO_3^{2-}$
K_b: $HCO_3^- + H_2O \rightleftharpoons H_2CO_3 + OH^-$

47. **(a)** $H_3\overset{+}{N}CH_2CH_2\overset{+}{N}H_3 \overset{K_{a1}}{\rightleftharpoons} H_2NCH_2CH_2\overset{+}{N}H_3 + H^+$
$H_2NCH_2CH_2\overset{+}{N}H_3 \overset{K_{a2}}{\rightleftharpoons} H_2NCH_2CH_2NH_2 + H^+$
(b) $^-O_2CCH_2CO_2^- + H_2O \overset{K_{b1}}{\rightleftharpoons} HO_2CCH_2CO_2^- + OH^-$
$HO_2CCH_2CO_2^- + H_2O \overset{K_{b2}}{\rightleftharpoons} HO_2CCH_2CO_2H + OH^-$

48. a, c

49. $CN^- + H_2O \rightleftharpoons HCN + OH^-$; $K_b = 1.6 \times 10^{-5}$

50. $H_2PO_4^- \overset{K_{a2}}{\rightleftharpoons} HPO_4^{2-} + H^+$
$HC_2O_4^- + H_2O \overset{K_{b2}}{\rightleftharpoons} H_2C_2O_4 + OH^-$

51. $K_{a1} = 7.04 \times 10^{-3}$, $K_{a2} = 6.25 \times 10^{-8}$, $K_{a3} = 4.3 \times 10^{-13}$

52. 3.0×10^{-6}

53. **(a)** 1.2×10^{-2} M **(b)** Solubility will be greater.

54. 0.22 g

Chapter 7

7. 32.0 mL

8. 43.20 mL $KMnO_4$, 270.0 mL $H_2C_2O_4$

9. 0.149 M

10. 0.100 3 M

11. 92.0 wt%

12. **(a)** 0.020 34 M **(b)** 0.125 7 g **(c)** 0.019 82 M

13. 56.28 wt%

14. 8.17 wt%

15. 0.092 54 M

16. **(a)** 17 L **(b)** 793 L **(c)** 1.05×10^3 L

17. before V_e: $[Ag^+] = K_{sp}/[I^-]$; at V_e: $[Ag^+][I^-] = [Ag^+]^2 = K_{sp}$;
after V_e: $[I^-] = K_{sp}/[Ag^+]$

18. **(a)** 13.08 **(b)** 8.04 **(c)** 2.53

19. **(a)** 6.06 **(b)** 3.94 **(c)** 2.69

20. $[AgCl(aq)] = 370$ nM, $[AgBr(aq)] = 20$ nM, $[AgI(aq)] = 0.32$ nM

21. **(a)** SO_4^{2-}[from soil] + Ba^{2+} [from $BaCl_2(s)$] $\rightarrow BaSO_4(s)$
(b) 0.11_8 mmol **(c)** 0.11_8 mmol **(d)** 1.1 wt%

22. **(i)** $[Ag^+] = K_{sp}$(for AgI)/$[I^-]$
(ii) KI precipitated
(iii) $[Ag^+] = K_{sp}$(for AgCl)/$[Cl^-]$
(iv) $[Ag^+] = \sqrt{K_{sp}\text{ (for AgCl)}}$
(v) $[Ag^+] = [Ag^+]_{titrant} \cdot \left(\dfrac{\text{volume added past 2nd equivalence point}}{\text{total volume}}\right)$

23. $[Ag^+] = 9.1 \times 10^{-9}$ M; $Q = [Ag^+][Cl^-] = 2.8 \times 10^{-10} > K_{sp}$ for AgCl

24. $V_{e1} = 18.76$ mL, $V_{e2} = 37.52$ mL

25. **(a)** 14.45 **(b)** 13.80 **(c)** 8.07 **(d)** 4.87 **(e)** 2.61

26. **(a)** 19.00, 18.85, 18.65, 17.76, 14.17, 13.81, 7.83, 1.95 **(b)** no

27. $V_X = V_M^o(C_M^o - [M^+] + [X^-])/(C_X^o + [M^+] - [X^-])$

32. negative

34. 0.574 0 M, 1 376 mg

35. $CO_2(g)$ would bubble out of solution when HNO_3 is added.

Chapter 8

2. **(a)** true **(b)** true **(c)** true

3. Increasing ion concentration promotes dissociation of yellow HBG^- to blue BG^{2-}.

4. **(a)** 0.008 7 M **(b)** 0.001_2 M

5. **(a)** 0.660 **(b)** 0.54 **(c)** 0.18 **(d)** 0.83

6. 0.88_7

7. **(a)** 0.42_2 **(b)** 0.43_2

8. 0.20_2

9. increase

10. 7.0×10^{-17} M

11. 6.6×10^{-7} M

12. $\gamma_{H^+} = 0.86$, pH = 2.07

13. 11.94, 12.00

14. 0.329

15. 0.63

18. $[H^+] + 2[Ca^{2+}] + [Ca(HCO_3)^+] + [Ca(OH)^+] + [K^+] = [OH^-] + [HCO_3^-] + 2[CO_3^{2-}] + [ClO_4^-]$

19. $[H^+] = [OH^-] + [HSO_4^-] + 2[SO_4^{2-}]$

20. $[H^+] = [OH^-] + [H_2AsO_4^-] + 2[HAsO_4^{2-}] + 3[AsO_4^{3-}]$

21. **(a)** charge: $2[Mg^{2+}] + [H^+] + [MgBr^+] + [MgOH^+] = [Br^-] + [OH^-]$;
mass: $[MgBr^+] + [Br^-] = 2\{[Mg^{2+}] + [MgBr^+] + [MgOH^+]\}$
(b) $[Mg^{2+}] + [MgBr^+] + [MgOH^+] = 0.2$ M; $[MgBr^+] + [Br^-] = 0.4$ M

22. 2.3×10^6 N, 5.2×10^5 pounds, no

23. $[CH_3CO_2^-] + [CH_3CO_2H] = 0.1$ M

24. $[Y^{2-}] = [X_2Y_2^{2+}] + 2[X_2Y^{4+}]$

25. $3\{[Fe^{3+}] + [Fe(OH)^{2+}] + [Fe(OH)_2^+] + 2[Fe_2(OH)_2^{4+}] + [FeSO_4^+]\}$
$= 2\{[FeSO_4^+] + [SO_4^{2-}] + [HSO_4^-]\}$

26. $[H^+] = 1.08 \times 10^{-11}$ M, $[NH_4^+] = 9.29 \times 10^{-4}$ M, $[OH^-] = 9.29 \times 10^{-4}$ M, and $[NH_3] = 4.91 \times 10^{-2}$ M; pH = 10.97 and fraction of hydrolysis = 1.86% for 0.05 M NH_3. For 0.01 M NH_3 fraction of hydrolysis = 4.11%

27. same results from Goal Seek in Figure 8-8; fraction of hydrolysis = 4.11%

28. **(b)** $[A^-] = 1.00 \times 10^{-2}$ M, $[OH^-] = 2.39 \times 10^{-6}$ M, $[HA] = 2.39 \times 10^{-6}$ M, $[H^+] = 5.08 \times 10^{-9}$ M, $\mu = 0.010\ 0$ M, pH = 8.33, fraction of hydrolysis = 0.024%

29. **(b)** $[Ca^{2+}] = 0.015\ 6$ M, $[CaOH^+] = 0.005\ 3$ M, $[OH^-] = 0.036\ 4$ M, $[H^+] = 4.0 \times 10^{-13}$ M; fraction of hydrolysis = $[CaOH^+]/\{[Ca^{2+}] + [CaOH^+]\} = 25\%$; solubility = $[Ca^{2+}] + [CaOH^+] = 0.020\ 9$ M

30. $[Na^+] = [Cl^-] = 0.024\ 86$ M, $[NaCl(aq)] = 0.000\ 143$ M, ionic strength = 0.024 86 M, ion pair fraction = 0.57%

31. $[Na^+] = 0.047\ 75$ M, $[SO_4^{2-}] = 0.022\ 75$ M, $[NaSO_4^-(aq)] = 0.002\ 246$ M ionic strength = 0.070 51 M, ion pair fraction = 9.0%

32. **(a)** $[Mg^{2+}] = [SO_4^{2-}] = 0.016\ 16$ M, $[MgSO_4(aq)] = 0.008\ 844$ M, ionic strength = 0.064 63 M, ion pairing fraction = 35.4%
(b) $Mg^{2+} + OH^- \rightleftharpoons MgOH^+$ $K_1 = 10^{2.6}$ $[MgOH^+] \approx K_1[Mg^{2+}][OH^-] = 10^{2.6}[0.016]10^{-7} = 6 \times 10^{-7}$ M, which is negligible in comparison with $[Mg^{2+}] = 0.016$ M
$SO_4^{2-} + H_2O \rightleftharpoons HSO_4^- + OH^-$ $pK_b = 12.01$
$[HSO_4^-] \approx K_b[SO_4^{2-}]/[OH^-] = 10^{-12.01}[0.016]/10^{-7} = 2 \times 10^{-7}$ M, which is negligible in comparison with $[SO_4^{2-}] = 0.016$ M

33. $[Li^+] = [F^-] = 0.050\ 1$ M, $[LiF(aq)] = 0.002\ 88$ M, $[HF] = 8.5 \times 10^{-7}$ M, $[OH^-] = 8.7 \times 10^{-7}$ M, $[H^+] = 1.7 \times 10^{-8}$ M, $\mu = 0.050\ 1$ M

34. **(a)** 4.3×10^{-5} **(b)** 5.2×10^{-4} M = 21 mg/L **(c)** 0.023 bar

Chapter 9

1. Added H^+ suppresses H_2O ionization (Le Châtelier's principle).

2. **(a)** 3.00 **(b)** 12.00

3. 6.89, 0.61

4. **(a)** 0.809 **(b)** 0.791 **(c)** Activity coefficient depends slightly on counterion.

5. **(a)** C_6H_5—$CO_2H \rightleftharpoons C_6H_5$—$CO_2^- + H^+$ K_a
(b) C_6H_5—$CO_2^- + H_2O \rightleftharpoons C_6H_5$—$CO_2H + OH^-$ K_b
(c) C_6H_5—$NH_2 + H_2O \rightleftharpoons C_6H_5$—$\overset{+}{N}H_3 + OH^-$ K_b
(d) C_6H_5—$\overset{+}{N}H_3 \rightleftharpoons C_6H_5$—$NH_2 + H^+$ K_a

6. pH = 3.00, $\alpha = 0.995\%$

7. 5.50

9. 5.51, 3.1×10^{-6} M, 0.060 M

10. 4.20

11. 5.79

12. **(a)** 3.03, 9.4% **(b)** 7.00, 99.9%

13. 5.64, 0.005 3%

14. 2.86, 14%

15. 99.6%, 96.5%

16. Acid in lemon juice converts volatile R_3N into less volatile R_3NH^+.

17. 11.00, 0.995%

18. 11.28, [B] = 0.058 M, $[BH^+] = 1.9\times10^{-3}$ M

19. 10.95

20. 0.007 6%, 0.024%, 0.57%

21. 3.6×10^{-9}

22. 4.1×10^{-5}

23. Weigh 0.020 0 mol acetic acid (= 1.201 g) into a beaker with ~75 mL of water. Monitor pH with an electrode while adding 3 M NaOH (~4 mL is required) until pH = 5.00. Quantitatively transfer the liquid to a 100-mL volumetric flask with many small washings of the beaker, dilute to volume, and mix well.

24. Place 16.9 mL of 28 wt% NH_3 into ~160 mL H_2O in a beaker. Add ~9 mL of 37.2 wt% HCl. Monitor pH with an electrode while adding HCl dropwise until the pH is exactly 9.00. Quantitatively transfer the liquid to a 250-mL volumetric flask with many small washings and dilute to volume.

25. Buffer contains ~5 mmol $B(OH)_3$ and ~5 mmol $B(OH)_4^-$. If generated acid consumes half of $B(OH)_4^-$, pH is reduced from 9.24 to pH = $pK_a + \log[B(OH)_4^-]/[B(OH)_3] = 9.24 + \log(2.5\text{ mmol}/7.5\text{ mmol}) = 8.76$.

26. When volume changes, the ratio $[A^-]/[HA]$ does not change.

27. More concentrated buffer has more A^- and HA to consume added acid or base.

28. At low or high pH, additional acid or base is much less than the amount of H^+ or OH^- already present.

29. When pH = pK_a, a given increment of added acid or base has the least effect on the ratio $[A^-]/[HA]$.

30. Henderson-Hasselbalch equation is equivalent to K_a equilibrium expression, which is always true. An approximation is that [HA] and $[A^-]$ are unchanged from what was placed in solution.

31. 4-aminobenzenesulfonic acid

32. 4.70

33. **(a)** 0.180 **(b)** 1.00 **(c)** 1.80

34. 1.5

35. **(a)** 14 **(b)** 1.4×10^{-7}

36. **(a)** NaOH because HEPES is an acid **(b)** (1) Weigh out (0.250 L)(0.050 0 M) = 0.012 5 mol of HEPES and dissolve in ~200 mL. (2) Adjust pH to 7.45 with NaOH. (3) Dilute to 250 mL.

37. 3.38 mL

38. **(b)** 7.18 **(c)** 7.00 **(d)** 6.86 mL

39. **(a)** 2.56 **(b)** 2.61 **(c)** 2.86

40. 16.2 mL

41. **(a)** pH = 5.06, [HA] = 0.001 99 M, $[A^-]$ = 0.004 01 M

42. **(a)** approximate pH = 11.70, more accurate pH = 11.48

43. 6.86

44. $pK_a \approx 5.2$. Chemical shift at low pH (8.67 ppm) is for $C_5H_5NH^+$. Chemical shift at high pH (7.89 ppm) is for C_5H_5N. At pH = pK_a, there will be equal amounts of both species and the chemical shift will be $\frac{1}{2}(8.87 + 7.89) = 8.28$ ppm. This chemical shift intercepts the curve through the data points at pH ≈ 5.2.

Chapter 10

1. H^+ produced by acid dissociation reacts with OH^- from base hydrolysis, drawing the base hydrolysis reaction to the right.

2. $H_3\overset{+}{N}CH(R)CO_2^-$; pK values apply to $-NH_3^+$, $-CO_2H$, and, in some cases, R.

3. 4.37×10^{-4}, 8.93×10^{-13}

4. **(a)** pH = 2.51, $[H_2A]$ = 0.096 9 M, $[HA^-] = 3.11\times10^{-3}$ M, $[A^{2-}] = 1.00\times10^{-8}$ M **(b)** 6.00, 1.00×10^{-3} M, 1.00×10^{-1} M, 1.00×10^{-3} M **(c)** 10.50, 1.00×10^{-10} M, 3.16×10^{-4} M, 9.97×10^{-2} M

5. **(a)** pH = 1.95, $[H_2M]$ = 0.089 M, $[HM^-] = 1.12\times10^{-2}$ M, $[M^{2-}] = 2.01\times10^{-6}$ M **(b)** pH = 4.28, $[H_2M] = 3.7\times10^{-3}$ M, $[HM^-] \approx 0.100$ M, $[M^{2-}] = 3.8\times10^{-3}$ M **(c)** pH = 9.35, $[H_2M] = 7.04\times10^{-12}$ M, $[HM^-] = 2.23\times10^{-5}$ M, $[M^{2-}]$ = 0.100 M

6. pH = 11.60, [B] = 0.296 M, $[BH^+] = 3.99\times10^{-3}$ M, $[BH_2^{2+}] = 2.15\times10^{-9}$ M

7. pH = 3.69, $[H_2A] = 2.9\times10^{-6}$ M, $[HA^-] = 7.9\times10^{-4}$ M, $[A^{2-}] = 2.1\times10^{-4}$ M

8. 4.03

9. **(a)** pH = 6.002, $[HA^-]$ = 0.009 8 M, $[H_2A]$ = 0.000 098 M, $[A^{2-}]$ = 0.000 099 M **(b)** pH = 4.50, $[HA^-]$ = 0.006 1 M, $[H_2A]$ = 0.001 9 M, $[A^{2-}]$ = 0.002 0 M

10. $[CO_2(aq)] = 10^{-4.9}$ M, pH = 5.67

11. **(a)** $[CO_3^{2-}] = K_{a2}K_{a1}K_H P_{CO_2}/[H^+]^2$ **(b)** 0°C: 6.6×10^{-5} mol kg^{-1}; 30°C: 1.8×10^{-4} mol kg^{-1} **(c)** 0°C: $[Ca^{2+}][CO_3^{2-}] = 6.6\times10^{-7}$ mol^2 kg^{-2} (aragonite dissolves, calcite does not); 30°C: $[Ca^{2+}][CO_3^{2-}] = 1.8\times10^{-6}$ mol^2 kg^{-2} (neither dissolves)

12. 2.96 g

13. 2.22 mL

14. Procedure: Dissolve 10.0 mmol (1.23 g) picolinic acid in ~75 mL H_2O in a beaker. Add NaOH (~5.63 mL) until the measured pH is 5.50. Transfer to a 100-mL volumetric flask and use small portions of H_2O to rinse the beaker into the flask. Dilute to 100.0 mL and mix well.

15. 26.5 g Na_2SO_4 + 1.30 g H_2SO_4

16. no

17. Glutamic acid:

$H_3\overset{+}{N}CH(CO_2H)CH_2CH_2CO_2H \overset{K_1}{\rightleftharpoons} H_3\overset{+}{N}CH(CO_2^-)CH_2CH_2CO_2H \overset{K_2}{\rightleftharpoons} H_3\overset{+}{N}CH(CO_2^-)CH_2CH_2CO_2^- \overset{K_3}{\rightleftharpoons} H_2NCH(CO_2^-)CH_2CH_2CO_2^-$

Tyrosine:

$H_3\overset{+}{N}CH(CO_2H)CH_2\text{—}C_6H_4\text{—}OH \overset{K_1}{\rightleftharpoons} H_3\overset{+}{N}CH(CO_2^-)CH_2\text{—}C_6H_4\text{—}OH \overset{K_2}{\rightleftharpoons} H_2NCH(CO_2^-)CH_2\text{—}C_6H_4\text{—}OH \overset{K_3}{\rightleftharpoons} H_2NCH(CO_2^-)CH_2\text{—}C_6H_4\text{—}O^-$

18. **(a)** 2.8×10^{-3} **(b)** 2.8×10^{-8}

19. **(a)** NaH_2PO_4 and Na_2HPO_4 would be simplest, but other combinations such as H_3PO_4 and Na_3PO_4 or H_3PO_4 and Na_2HPO_4 would work just fine. **(b)** 4.55 g Na_2HPO_4 + 2.15 g NaH_2PO_4 **(c)** One of several ways: Weigh out 0.050 0 mol Na_2HPO_4 and dissolve it in 900 mL of water. Add HCl while monitoring the pH with a pH electrode. When the pH is 7.45, stop adding HCl and dilute to exactly 1 L with H_2O.

20. pH = 5.64, $[H_2L^+] = 0.010\,0$ M, $[H_3L^{2+}] = 1.36 \times 10^{-6}$ M, $[HL] = 3.68 \times 10^{-6}$ M, $[L^-] = 2.40 \times 10^{-11}$ M

21. 78.9 mL

22. **(a)** 5.88 **(b)** 5.59

23. **(a)** HA **(b)** A^- **(c)** 1.0, 0.10

24. **(a)** 4.00 **(b)** 8.00 **(c)** H_2A **(d)** HA^- **(e)** A^{2-}

25. **(a)** 9.00 **(b)** 9.00 **(c)** BH^+ **(d)** 1.0×10^3

26. O, CH, O, $^-O-POCH_2$, O^-, O^-, ^+N, H, CH_3

27. $\alpha_{HA} = 0.091$, $\alpha_{A^-} = 0.909$, $[A^-]/[HA] = 10$

28. 0.91

29. $\alpha_{H_2A} = 0.876,\ 0.0491$; $\alpha_{A^-} = 0.124,\ 0.693$; $\alpha_{A^{2-}} = 4.60 \times 10^{-4},\ 0.258$

30. $\alpha_{H_2A} = 0.893,\ 0.500,\ 5.4 \times 10^{-5},\ 2.2 \times 10^{-5},\ 1.55 \times 10^{-12}$
$\alpha_{HA} = 0.107,\ 0.500,\ 0.651,\ 0.500,\ 1.86 \times 10^{-4}$
$\alpha_{A^{2-}} = 5.8 \times 10^{-7},\ 2.2 \times 10^{-5},\ 0.349,\ 0.500,\ 0.999\,8$

31. **(b)** 8.6×10^{-6}, 0.61, 0.39, 1.6×10^{-6}

32. 0.36

33. 96%

35. At pH 10: $\alpha_{H_3A} = 1.05 \times 10^{-9}$, $\alpha_{H_2A^-} = 0.040\,9$, $\alpha_{HA^{2-}} = 0.874$, $\alpha_{A^{3-}} = 0.085\,4$

36. **(b)** $[Cr(OH)_3(aq)] = 10^{-6.84}$ M
(c) $[Cr(OH)_2^+] = 10^{-4.44}$ M, $[Cr(OH)^{2+}] = 10^{-2.04}$ M

37. acidic substituents: aspartic acid, cysteine, glutamic acid, tyrosine
basic substituents: arginine, histidine, lysine

38. Isoelectric pH: Protein has no net charge, even though it has many positive and negative sites. Isoionic pH is the pH of a solution containing only protein, H^+, and OH^-.

39. The <u>average</u> charge is 0. There is no pH at which <u>all</u> molecules have zero charge.

40. isoelectric pH 5.59, isoionic pH 5.72

Chapter 11

1. Equivalence point: quantity of titrant is the exact amount needed for reaction with analyte. End point: marked by abrupt change in physical property such as pH or indicator color.

2. 13.00, 12.95, 12.68, 11.96, 10.96, 7.00, 3.04, 1.75

3. $pH = -\log[H^+]$. Even though $[H^+]$ hardly changes near V_e, its logarithm changes rapidly near V_e because $[H^+]$ decreases by orders of magnitude with tiny additions of OH^- when there is hardly any H^+ present.

4. Sketch like Figure 11-2. Initial pH is determined by acid dissociation of HA. Between initial point and V_e, added OH^- converts equivalent quantity of HA into A^-, giving buffer (HA and A^-). At V_e, HA has been converted to A^- whose pH is controlled by hydrolysis of A^-. After V_e, the pH is determined by excess OH^-.

5. If analyte is too weak or too dilute, there is little change in pH at equivalence point.

6. 3.00, 4.05, 5.00, 5.95, 7.00, 8.98, 10.96, 12.25

7. $V_e/11$; $10V_e/11$; $V_e = 0$, pH = 2.80; $V_e/11$, pH = 3.60; $V_e/2$, pH = 4.60; $10V_e/11$, pH = 5.60; V_e, pH = 8.65; $1.2V_e$, pH = 11.96

8. 8.18

9. 5.4×10^7

10. 0.107 M

11. 9.72

12. Sketch like Figure 11-9. Initial pH is determined by $B + H_2O \rightleftharpoons BH^+ + OH^-$. Between the initial point and V_e, added H^+ converts equivalent quantity of B into BH^+, giving buffer (B and BH^+). At V_e, B has been converted to BH^+ whose pH is controlled by acid dissociation of BH^+. After V_e, pH is determined by excess H^+.

13. At V_e, B is converted to BH^+, which is an acid.

14. 11.00, 9.95, 9.00, 8.05, 7.00, 5.02, 3.04, 1.75

15. $V_e/2$

16. 2.2×10^9

17. 10.92, 9.57, 9.35, 8.15, 5.53, 2.74

18. **(a)** 9.45 **(b)** 2.55 **(c)** 5.15

19. Initial pH determined by H_2A acid dissociation. $V_0 < V_b < V_{e2}$: buffer mixture of H_2A and HA^-. V_{e1}: H_2A converted to HA^-, whose pH is determined by acid-base reactions of HA^-. $V_{e1} < V < V_{e2}$: buffer mixture of HA^- and A^{2-}. V_{e2}: HA^- converted into A^{2-}, whose base hydrolysis determines pH. After V_{e2}: excess OH^- determines pH.

20. positive (Average charge = 0 at isoelectric point. When H^+ is added to reach isoionic point, some basic groups become protonated.)

21. isoionic (Point H could be attained by mixing HA plus NaCl. pH is equivalent to that of pure HA, which is isoionic pH)

22. Upper curve: $\frac{3}{2}V_e$ is at $pH = pK_2$ (1:1 mixture of HA^- and A^{2-}). Lower curve: "pK_2" ($= pK_{BH^+}$) occurs at 1:1 mixture of B and BH^+. To create this mixture, B is first transformed into BH^+ at V_e by reaction with HA. At $2V_e$ one more equivalent of B has been added, giving a 1:1 mole ratio $B:BH^+$.

23. 11.49, 10.95, 10.00, 9.05, 8.00, 6.95, 6.00, 5.05, 3.54, 1.79

24. 2.51, 3.05, 4.00, 4.95, 6.00, 7.05, 8.00, 8.95, 10.46, 12.21

25. 11.36, 10.21, 9.73, 9.25, 7.53, 5.81, 5.33, 4.86, 3.41, 2.11, 1.85

26. 5.01

27. **(a)** 1.99 **(b)** At $V_a = 90.0$ mL, approximation gives pH = 1.75, which is <u>lower</u> than the correct value at 100.0 mL. At $V_a = 101.0$ mL, approximation gives pH = 3.18, which is <u>higher</u> than the correct value at 100.0 mL. Equations in Table 11-5 give pH = 2.16 at 90.0 mL and pH = 1.98 at 101.0 mL.

28. **(b)** 7.13

29. 2.72

30. **(a)** 9.54 **(b)** 7.9×10^{-10}

31. 6.28 g

32. $pK_2 = 9.84$

33. Gran plot finds V_e by extrapolating from points prior to V_e. Points prior to V_e have less measurement uncertainty than points very close to V_e.

34. end point = 23.39 mL

35. end point = 10.727 mL

36. $[HIn]/[In^-]$ changes from 10:1 at $pH = pK_{HIn} - 1$ to 1:10 at $pH = pK_{HIn} + 1$

37. Properly chosen indicator pH transition range coincides with steep part of titration curve, which includes equivalence point.

38. If we know pK_{HIn} and we measure $[In^-]/[HIn]$ spectroscopically, we can calculate pH from Henderson-Hasselbalch equation.

39. H_2SO_4, HCl, HNO_3, or $HClO_4$

40. yellow, green, blue

41. **(a)** red **(b)** orange **(c)** yellow

42. **(a)** red **(b)** orange **(c)** yellow **(d)** red

43. no (end-point pH must be >7)

44. **(a)** 2.47 **(b)** pH is too low to see much change (inflection) at V_e

45. **(a)** violet **(b)** blue **(c)** yellow

46. **(a)** 5.62 **(b)** methyl red using yellow end point

47. 2.859 wt%

48. *Alkalinity* = mol of H^+ needed to reach pH 4.5, which is pH of H_2CO_3. Alkalinity measures $[OH^-]+[CO_3^{2-}]+[HCO_3^-]$ plus other bases present. Bromocresol green is blue above pH 5.4 and yellow below pH 3.8. Green color range includes pH 4.5.

49. HCl standardization: any base in Table 11-4; NaOH: any acid in Table 11-4

50. Higher equivalent mass requires more mass of primary standard with less relative error in weighing the reagent.

51. Dry potassium acid phthalate at 110°C and weigh accurately into a flask. Titrate with NaOH, using pH electrode or phenolphthalein to observe end point.

52. 0.079 34 mol/kg

53. 1.023_8 g, systematic error = 0.08%, calculated HCl molarity is low

54. 0.31 g

55. **(a)** 20.253 wt% **(b)** 17.984 g

56. **(a)** 204.223 ± 0.006 g/mol **(b)** 1.000 00 ± 0.000 03

57. 15.1 wt%

58. **(a)** 15.3 wt% **(b)** 8.40 **(c)** 13% **(d)** 1.02

59. Acid stronger than H_3O^+ is leveled to H_3O^+ in water. Bases stronger than OH^- are leveled to OH^-.

60. **(a)** acetic acid **(b)** pyridine

61. Each reacts with H_2O to give OH^-: $NH_2^- + H_2O \rightarrow NH_3 + OH^-$
$C_6H_5^- + H_2O \rightarrow C_6H_6 + OH^-$

62. CH_3OH is less polar than H_2O. If CH_3OH is added to the aqueous solution, the neutral pyridine molecule will tend to be favored over the protonated pyridinium cation. It takes higher concentration of acid to protonate pyridine in aqueous CH_3OH than in H_2O.

67. **(b)** $K = 0.279$, pH = 4.16

71. $$\phi = \frac{\alpha_{BH^+} + 2\alpha_{BH_2^{2+}} + 3\alpha_{BH_3^{3+}} + 4\alpha_{BH_4^{4+}} + \frac{[H^+]-[OH^-]}{C_b}}{1 - \frac{[H^+]-[OH^-]}{C_a}}$$

72. 0.139 M

73. 0.815

Chapter 12

1. Multidentate ligands form more stable complexes than do similar monodentate ligands.

2. **(a)** 2.7×10^{-10} **(b)** 0.57

3. **(a)** 2.5×10^7 **(b)** 4.5×10^{-5} M

4. 5.60 g

5. Neutral H_5DTPA is $DTPA(CO_2H)_2(CO_2^-)_3(NH^+)_3$. The predominant species at pH14 is $DTPA^{5-}$. By analogy with EDTA, all carboxyl groups are probably ionized at pH 3–4, so the predominant species is H_3DTPA^{2-}, which is $DTPA(CO_2^-)_5(NH^+)_3$. At pH 14 and at pH 3, sulfate is in the form SO_4^{2-}. 10^{-3} M H^+ displaces Ba^{2+} from DTPA, but 10^{-14} M H^+ does not.

6. **(a)** 100.0 mL **(b)** 0.016 7 M **(c)** 0.041 **(d)** 4.1×10^{10} **(e)** 7.8×10^{-7} M **(f)** 2.4×10^{-10} M

7. **(a)** 2.93 **(b)** 6.79 **(c)** 10.52

8. **(a)** 1.70 **(b)** 2.18 **(c)** 2.81 **(d)** 3.87 **(e)** 4.87 **(f)** 6.85 **(g)** 8.82 **(h)** 10.51 **(i)** 10.82

9. (∞), 10.30, 9.52, 8.44, 7.43, 6.15, 4.88, 3.20, 2.93

10. 4.6×10^{-11} M

14. Auxiliary complexing agent keeps analyte in solution, but gives up analyte to EDTA.

15. **(a)** 25 **(b)** 0.016

16. **(a)** 15.03 **(b)** 15.05 **(c)** 16.31 **(d)** 17.02 **(e)** 17.69

17. **(b)** $\alpha_{ML} = 0.28$, $\alpha_{ML_2} = 0.70$

19. **(b)** 1.34 mL, pNi = 7.00; 21.70 mL, pNi = 8.00; 26.23 mL, pNi = 17.00

22. Most Mg^{2+} is not bound to the small amount of indicator. Free Mg^{2+} reacts with EDTA before MgIn reacts. [MgIn] is constant until free Mg^{2+} has been consumed. When MgIn begins to react, the color changes.

23. HIn^{2-}, wine-red, blue

24. buffer (i): yellow → blue; other buffers: violet → blue, which is harder to see

25. Analyte precipitates without EDTA, reacts slowly with EDTA, or blocks the indicator.

26. Analyte displaces a metal ion from a complex.

28. Hardness ≈ $[Ca^{2+}]+[Mg^{2+}]$. Temporary hardness from $Ca(HCO_3)_2$ is lost by heating. Permanent hardness (e.g., $CaSO_4$) is not affected by heat.

29. 10.0 mL, 10.0 mL

30. 0.020 0 M

31. 0.995 mg

32. 0.092 54 M

33. 21.45 mL

34. $[Ni^{2+}] = 0.012\ 4$ M, $[Zn^{2+}] = 0.007\ 18$ M

35. 0.024 30 M

36. 0.092 28 M

37. observed: 32.7 wt%; theoretical: 32.90 wt%

Chapter 13

1. $PbS(s) + H^+ \rightleftharpoons Pb^{2+} + HS^-$
$PbCO_3(s) + H^+ \rightleftharpoons Pb^{2+} + HCO_3^-$

2. **(a)** pH = 9.98 **(b)** pH = 10.00 **(c)** pH = 9.45

3. pH = 9.95

4. predicted values: $pK_1' = 2.350$, $pK_2' = 9.562$

5. pH = 10.194 from spreadsheet and 10.197 by hand method

6. pH = 4.52

7. pH = 5.00

8. ionic strength = 0.025 M, pH = 4.94

9. **(a)** pH = 7.420 **(b)** pH = 7.403

10. pH = 4.44

11. **(d)** $[Fe^{3+}] = 4.20$ mM, $[SCN^-] = 2.03$ μM, $[H^+] = 15.8$ mM, $[Fe(SCN)^{2+}] = 2.97$ μM, $[Fe(SCN)_2^+] = 106$ pM, $[FeOH^{2+}] = 0.802$ mM, $\mu = 0.043\ 4$ M **(e)** Hydrolysis of Fe(III) produces 0.000 8 M H^+. **(f)** calculated quotient = 293, graph gives 270 **(g)** $[Fe^{3+}] = 4.45$ mM, $[SCN^-] = 2.81$ μM, $[H^+] = 15.6$ mM, $[Fe(SCN)^{2+}] = 2.19$ μM, $[Fe(SCN)_2^+] = 68.2$ pM, $[FeOH^{2+}] = 0.546$ mM, $[OH^-] = 1.18$ pM, $\mu = 0.244$ M; calculated quotient = 156, graph gives 150

12. $[Fe^{2+}] = 1.74$ mM, $[G^-] = 0.954$ mM, $[H^+] = 3.67$ nM, $[FeG^+] = 18.7$ mM, $[FeG_2] = 29.0$ mM, $[FeG_3^-] = 0.459$ mM; $[FeOH^+] = 0.121$ mM, $[HG] = 21.0$ mM, $[H_2G^+] = 12.8$ nM, $[OH^-] = 3.67$ μM, $[Cl^-] = 20.9$ mM; fraction of Fe in each form: $[Fe^{2+}]$, 3.49%; $[FeG^+]$, 37.40%; $[FeG_2]$, 57.95%; $[FeG_3^-]$, 0.92%; $[FeOH^+]$, 0.24%; fraction of glycine in each form: $[G^-]$, 0.95%; [HG], 21.02%; $[H_2G^+]$, 0.00%; $[FeG^+]$, 18.70%; $2[FeG_2]$, 57.95%; $3[FeG_3^-]$, 1.38%; HCl added = 20.9 mmol; ionic strength = 24.1 mM; chemistry: $FeG_2 \rightleftharpoons FeG^+ + G^-$ followed by $G^- + H^+ \rightleftharpoons HG$. G^- released when FeG_2 dissolves requires HCl to lower the pH to 8.50.

13. **(b)** Fixing pK_w' at 13.797 causes $\bar{n}_H$(measured) to deviate systematically above $\bar{n}_H$ (theoretical) at the end of the titration when $\bar{n}_H$ should approach 0.

Chapter 14

2. **(a)** $6.241\ 509\ 074 \times 10^{18}$ e^-/C **(b)** 96 485.332 12 C/mol

3. **(a)** 3.00 mA, 1.87×10^{16} e^-/s **(b)** 9.63×10^{-19} J/e^- **(c)** 5.60×10^{-5} mol **(d)** 447 V

4. **(a)** $71._5$ A **(b)** 4.35 A **(c)** 79 W

5. **(a)** I_2 **(b)** $S_2O_3^{2-}$ **(c)** 861 C **(d)** 14.3 A

6. **(a)** reducing agents: NH_4^+ and Al; oxidizing agent: ClO_4^- **(b)** 9.576 kJ/g

8. **(a)** $Fe(s)|FeO(s)|KOH(aq)|Ag_2O(s)|Ag(s)$;
$FeO(s) + H_2O + 2e^- \rightleftharpoons Fe(s) + 2OH^-$;
$Ag_2O(s) + H_2O + 2e^- \rightleftharpoons 2Ag(s) + 2OH^-$
(b) $Pb(s)|PbSO_4(s)|K_2SO_4(aq)||H_2SO_4(aq)|PbSO_4(s)|PbO_2(s)|Pb(s)$;
$PbSO_4(s) + 2e^- \rightleftharpoons Pb(s) + SO_4^{2-}$;
$PbO_2(s) + 4H^+ + SO_4^{2-} + 2e^- \rightleftharpoons PbSO_4(s) + 2H_2O$

9. $Fe^{3+} + e^- \rightleftharpoons Fe^{2+}$; $Cr_2O_7^{2-} + 14H^+ + 6e^- \rightleftharpoons 2Cr^{3+} + 7H_2O$

10. **(a)** Electrons flow from Zn to C. **(b)** 1.32 kg

11. **(a)** anode: $C_6Li \rightleftharpoons C_6 + Li^+ + e^-$; cathode: $2Li_{0.5}CoO_2 + Li^+ + e^- \rightleftharpoons 2LiCoO_2$; $2Li_{0.5}CoO_2 + LiC_6 = 267.81$ g/formula mass **(b)** 3 600 C; 0.037 311 mol e^- **(c)** 370 W · h/kg

12. **(a)** 3.6×10^9 C **(b)** 3.7×10^4 L **(c)** 187 drums **(d)** 650 drums

13. Cl_2 has the most positive $E°$.

14. **(a)** Fe(III) **(b)** Fe(II)

15. At equilibrium, $E = 0$. $E°$ is constant.

16. **(a)** e^- moves from Zn to Cu. **(b)** Zn^{2+}

17. −0.356 V

18. **(a)** $Pt(s)|Br_2(l)|HBr(aq, 0.10\text{ M})||Al(NO_3)_3(aq, 0.010\text{ M})|Al(s)$ **(b)** $E_+ = -1.716_4$ V, $E_- = 1.137_2$ V, $E = -2.854$ V, electrons flow from Al to Pt, $\frac{3}{2}Br_2(l) + Al(s) \rightleftharpoons 3Br^- + Al^{3+}$ **(c)** Br_2 **(d)** 1.31 kJ **(e)** 2.69×10^{-8} g/s

19. Activities of solids do not change until they are used up. $OH^-(aq)$ is created at cathode and consumed at the anode, so its concentration remains constant.

20. **(a)** 1.219 V **(b)** 4.88 g/h **(c)** 26.8 horsepower

21. **(a)** 0.572 V **(b)** e^- flow from left to right. **(c)** 0.568 V

22. 0.799 2 V

23. $HOBr + H^+ + 2e^- \rightleftharpoons Br^- + H_2O$ $E° = 1.331$ V

24. $3X^+ \rightleftharpoons X^{3+} + 2X(s)$ is spontaneous if $E_2° > E_1°$

25. 0.580 V; electrons flow from Ni to Cu.

26. **(a)** $Pb(s)|PbSO_4(s)|H_2SO_4(aq)|PbSO_4(s)|PbO_2(s)|Pb(s)$
(b) cathode: $PbO_2(s) + SO_4^{2-} + 4H^+ + 2e^- \rightleftharpoons PbSO_4(s) + 2H_2O$
$E° = 1.685$ V
anode: $PbSO_4(s) + 2e^- \rightleftharpoons Pb(s) + SO_4^{2-}$ $E° = -0.355$ V
net: $Pb(s) + PbO_2(s) + 2SO_4^{2-} + 4H^+ \rightleftharpoons 2PbSO_4(s) + 2H_2O$ $E° = 2.040$ V
(d) $E = 2.040 - \frac{0.059\ 16}{2}\log\frac{\mathcal{A}_{H_2O}^2}{m_{H^+}^4 m_{SO_4^{2-}}^2 \gamma_{H^+}^4 \gamma_{SO_4^{2-}}^2}$
(e) $E_{net} = 2.040 - \frac{0.059\ 16}{2}\log\frac{(0.66)^2}{(11.0)^4(5.5)^2(0.22)^6} = 2.101$ V

27. **(a)** 1.33 V **(b)** 1×10^{45}

28. **(a)** 0.69_1 V, -2.7×10^5 J, $K = 10^{47}$ **(b)** −0.339 V, 32.7 kJ, $K = 1.9 \times 10^{-6}$

29. **(a)** $E° = 0.19_3$ V **(b)** $\Delta G° = -93._1$ kJ, $K = 2 \times 10^{16}$ **(c)** $E = -0.02_0$ V **(d)** $\Delta G = 10$ kJ **(e)** pH = 0.21

30. $E° = -0.266$ V, $K = 1.0 \times 10^{-9}$

31. 0.101 V

32. 34 g/L

33. **(a)** $E° = -0.035_6$ V, $[Cl_2(aq)] = 0.063$ M **(b)** $E° = -0.048_8$ V, $[Cl_2(aq)] = 0.030$ M, solubility decreases as temperature increases

34. 0.117 V

35. −1.664 V

36. $\Delta G° = -31._4$ kJ, $E° = +0.16_3$ V, $K = 3 \times 10^5$

37. $E°'$ is reduction potential at pH 7, instead of pH 0. Living systems have pH much closer to 7 than to 0.

38. **(c)** 0.317 V

39. −0.041 V

40. −0.268 V

41. −0.036 V

42. 7.2×10^{-4}

43. −0.447 V

44. **(a)** $[Ox] = 3.82 \times 10^{-5}$ M, $[Red] = 1.88 \times 10^{-5}$ M **(b)** $[S^-] = [Ox]$, $[S] = [Red]$ **(c)** −0.092 V

Chapter 15

1. **(b)** 0.044 V

2. **(a)** 0.326 V **(b)** 0.086 V **(c)** 0.019 V **(d)** −0.021 V **(e)** 0.021 V

3. 0.684 V

4. 0.627

5. 0.243 V

6. **(c)** 0.068 V

7. Ag electrode responds to Ag^+. If silver halide is present, $[Ag^+] = K_{sp}$/[halide], so changing [halide] changes electrode potential.

8. 0.481 V; −0.039 V

9. 3×10^{21}

10. **(a)** $Fe^{3+} + e^- \rightleftharpoons Fe^{2+}$ **(b)** 1×10^{11} **(c)** 2.00 mM, 1.00 mM, 1.00 mM **(d)** 6×10^{10}

11. $[CN^-] = 0.847$ mM; $[KOH] = 0.29_6$ M

12. Junction potential arises because different ions diffuse at different rates across a liquid junction, leading to separation of charge. Figure 14-5 has no liquid junction.

13. H^+ diffuses into KCl faster than K^+ diffuses into HCl. K^+ has a greater mobility than Na^+, so NaCl|KCl has opposite sign. HCl|KCl voltage > NaCl|KCl voltage because mobility difference between H^+ and K^+ > mobility difference between K^+ and Na^+.

14. left

15. Junction potentials are dominated by high mobility of H^+ and OH^-. 0.1 M NaOH|KCl (saturated) junction potential is dominated by high concentrations of K^+ and Cl^-, which have nearly equal mobility.

16. Both half-cells contain saturated KCl so it makes sense to use saturated KCl in the salt bridge.

17. **(a)** 42.4 s **(b)** 208 s

18. **(a)** $3._2 \times 10^{13}$ **(b)** 8% **(c)** 49.0, 8%

19. Both half-cell reactions are the same. Ideally, cell voltage = 0 if there were no junction potential. Measured voltage can be attributed to junction potential.

20. **(c)** 0.1 M HCl|1 mM KCl, 93.6 mV; 0.1 M HCl|4 M KCl, 4.7 mV

21. Use MOPSO and HEPES buffers; calibrate at 37°C; measure blood at 37°C.

22. uncertainty in pH of standard buffers, junction potential, junction potential drift, sodium or acid errors at extreme pH values, equilibration time, hydration of glass, temperature of measurement and calibration, and cleaning of electrode

23. 10.67

24. potassium hydrogen tartrate and potassium hydrogen phthalate

25. Na^+ competes with H^+ for cation exchange sites on glass, which responds as if H^+ were present.

26. +0.10 pH unit

27. **(a)** 274 mV **(b)** 285 mV

28. pH = 5.686; slope = -57.17_3 mV/pH unit; theoretical slope = −58.17 mV/pH unit; β = 0.983

29. **(b)** 0.465 (table gives 0.458) **(c)** $Na_2HPO_4 = 0.026\ 8\ m$ and $KH_2PO_4 = 0.019\ 6\ m$

30. **(b)** $p(\mathcal{A}_H\gamma_{Cl})° = 6.972$, $\gamma_{Cl} = 0.777$, $\mathcal{A}_H = 1.37 \times 10^{-7}$, pH = 6.862

31. **(a)** Analyte ions equilibrate between outer solution and membrane ligand L, creating a slight charge imbalance because other ions are not free to cross the solution-membrane interface. Changes in analyte ion concentration in outer solution change the potential difference across the solution-membrane interface. **(b)** Compound electrodes contain a conventional electrode surrounded by a membrane that isolates (or generates) the analyte to which the electrode responds.

32. Smaller $K_{A,X}^{Pot}$ is more selective for the intended ion.

33. A mobile molecule dissolved in the membrane liquid phase binds tightly to the ion of interest and weakly to interfering ions.

34. Metal ion buffer maintains low concentration of metal ion (M) from large reservoir of metal complex (ML) and free ligand (L). Without buffer, M could bind to container wall or to a ligand in solution and be lost.

35. Electrodes respond to *activity*. If the ionic strength is constant, the activity coefficient of analyte will be constant in all standards and unknowns.

36. **(a)** –0.407 V **(b)** $1.5_5 \times 10^{-2}$ M **(c)** $1.5_2 \times 10^{-2}$ M

37. +0.029 6 V

38. 0.211 mg/L

39. Group 1: K^+; Group 2: Sr^{2+} and Ba^{2+}; $[K^+] \approx 100[Li^+]$

40. 3.8×10^{-9} M

41. **(a)** $E = 51.10\ (\pm 0.24) + 28.14\ (\pm 0.08_5) \log[Ca^{2+}]\ (s_y = 0.2_7)$ **(b)** 0.951 **(c)** $2.43\ (\pm 0.04) \times 10^{-3}$ M

42. –0.331 V

43. 3.0×10^{-5} M

44. **(a)** 0.36 ± 0.15 ppm **(b)** There is too much added standard.

45. $\log K_{Na^+,Mg^{2+}}^{Pot} = -8.09, -8.15$; $\log K_{Na^+,K^+}^{Pot} = -4.87, -4.87$

46. Na^+ error = 0.25%; Ca^{2+} error = 2.5%

47. $E = 120.2 + 28.80 \log([Ca^{2+}] + 6.0 \times 10^{-4}[Mg^{2+}])$

49. **(a)** $pK_a(HNO_2) = 3.15$. Below pH 4, nitrite reacts with H^+ to make HNO_2, so $[NO_2^-]$ decreases and electrode potential becomes more positive. **(b)** At pH > 6, $[NO_2^-]$ is constant at 1 μM. $[OH^-]$ increases by a factor of 10 for every unit increase in pH. If OH^- interferes with measurement of NO_2^-, we expect to see the potential decrease as $[OH^-]$ increases.

50. $[Hg^{2+}]$ is computed from equilibrium constants. Equilibrium constants for the $HgCl_2$ system might be in error. When we make a buffer by mixing *calculated* quantities of reagents, we rely on the quality of tabulated equilibrium constants.

51. **(a)** 1.13×10^{-4} **(b)** 4.8×10^4

52. Analyte on the surface of gate changes electric potential of gate, thereby regulating current between the source and drain. The key to ion-specific response is to have a chemical on the gate that selectively binds one analyte.

Chapter 16

1. **(d)** 0.490, 0.526, 0.626, 0.99, 1.36, 1.42, 1.46 V

2. **(d)** 1.58, 1.50, 1.40, 0.733, 0.065, 0.005, –0.036 V

3. **(d)** −0.120, −0.102, −0.052, 0.21, 0.48, 0.53 V

4. **(b)** 0.570, 0.307, 0.184 V

5. **(d)** −0.143, −0.102, −0.061, 0.096, 0.408, 0.450

6. diphenylamine sulfonic acid: colorless → red-violet;
diphenylbenzidine sulfonic acid: colorless → violet;
tris(2,2'-bipyridine)iron: red → pale blue;
ferroin: red → pale blue

7. no

8. In preoxidation and prereduction, oxidation state of analyte is made suitable for titration. Preoxidation or prereduction reagent must be destroyed so it does not react with titrant.

9. $2S_2O_8^{2-} + 2H_2O \xrightarrow{\text{Boiling}} 4SO_4^{2-} + O_2 + 4H^+$
$Ag^{3+} + H_2O \xrightarrow{\text{Boiling}} Ag^+ + \frac{1}{2}O_2 + 2H^+$
$2H_2O_2 \xrightarrow{\text{Boiling}} O_2 + 2H_2O$

10. A column of Zn granules coated with Zn amalgam reduces analyte passed through the column.

11. Ag is not a strong enough reducing agent to reduce Cr^{3+} and TiO^{2+}.

12. A weighed amount of solid mixture is added to excess standard aqueous Fe^{2+} plus H_3PO_4. Excess Fe^{2+} is then titrated with standard $KMnO_4$ to find out how much Fe^{2+} was consumed by $(NH_4)_2S_2O_8$. H_3PO_4 masks yellow color of Fe^{3+}.

13. **(a)** $MnO_4^- + 8H^+ + 5e^- \rightleftharpoons Mn^{2+} + 4H_2O$
(b) $MnO_4^- + 4H^+ + 3e^- \rightleftharpoons MnO_2(s) + 2H_2O$
(c) $MnO_4^- + e^- \rightleftharpoons MnO_4^{2-}$

14. $3MnO_4^- + 5Mo^{3+} + 4H^+ \rightarrow 3Mn^{2+} + 5MoO_2^{2+} + 2H_2O$; 0.011 29 M

15. $2MnO_4^- + 5H_2O_2 + 6H^+ \rightarrow 2Mn^{2+} + 5O_2 + 8H_2O$; 0.5864 M

16. **(a)** scheme 1: $6H^+ + 2MnO_4^- + 5H_2O_2 \rightarrow 2Mn^{2+} + 5O_2 + 8H_2O$
scheme 2: $6H^+ + 2MnO_4^- + 3H_2O_2 \rightarrow 2Mn^{2+} + 4O_2 + 6H_2O$
(b) scheme 1: 25.43 mL; scheme 2: 42.38 mL

17. $2MnO_4^- + 5H_2C_2O_4 + 6H^+ \rightarrow 2Mn^{2+} + 10CO_2 + 8H_2O$; 3.826 mM

18. $C_3H_8O_3 + 8Ce^{4+} + 3H_2O \rightleftharpoons 3HCO_2H + 8Ce^{3+} + 8H^+$; 41.9 wt%

19. $Fe(NH_4)_2(SO_4)_2 \cdot 6H_2O$; 78.67 wt%

20. oxidation number = 3.761; 217 μg/g

21. **(a)** 0.020 34 M **(b)** 0.125 7 g **(c)** 0.019 82 M

22. I^- reacts with I_2 to give I_3^-. This reaction increases the solubility of I_2 and decreases its volatility.

23. Standard I_3^- can be prepared from a weighed amount of KIO_3 with H^+ plus I^-. Alternatively, I_3^- can be standardized by reaction with standard $S_2O_3^{2-}$ prepared from anhydrous $Na_2S_2O_3$.

24. Starch is not added early in iodometry, so it does not irreversibly bind to I_2.

25. $S_4O_6^{2-} + 2e^- \rightleftharpoons 2S_2O_3^{2-}$ or $S_4O_6^{2-} + 4H^+ + 2e^- \rightleftharpoons 2H_2SO_3$
$E°$ for the second half-reaction above is 0.57 V. $E°$ for the half-reaction $\frac{1}{2}O_2(g) + 2H^+ + 2e^- \rightleftharpoons H_2O$ is 1.23 V. O_2 is a stronger oxidant than tetrathionate.

26. **(a)** 1.433 mmol **(b)** 0.076 09 M **(c)** 12.8 wt% **(d)** Do not add starch until right before the end point.

27. 11.43 wt%; just before the end point

28. **(a)** 98.66% **(b)** 97.98% **(c)** 196.0 mL **(d)** $1O_2$ makes $4Mn(OH)_3$ which makes $2I_3^-$ **(e)** 11.7 mg O_2/L **(f)** 80% **(g)** $2HNO_2 + 2H^+ + 3I^- \rightarrow 2NO + I_3^- + 2H_2O$

29. 0.007 744 M; just before the end point

30. **(a)** 7×10^2 **(b)** 1.0 **(c)** 0.34 g/L

31. mol NH_3 = 2(initial mol $H_2SO_4 - \frac{1}{2} \times$ mol thiosulfate)

32. **(a)** no, no **(b)** $I_3^- + SO_3^{2-} + H_2O \rightarrow 3I^- + SO_4^{2-} + 2H^+$ **(c)** 5.079×10^{-3} M, 406.6 mg/L **(d)** no: $t_{calculated} = 2.56 < t_{table} = 2.776$

33. 5.730 mg

34. **(a)** $0.125 \Rightarrow YBa_2Cu_3O_{6.875}$ **(b)** 6.875 ± 0.038

35. Dissolve superconductor in known excess Cu(I):
$Cu^{3+} + Cu^+ \rightarrow 2Cu^{2+}$
$H_2O_2 + 2Cu^+ + 2H^+ \rightarrow 2H_2O + 2Cu^{2+}$
Measure unreacted Cu(I) by coulometry to find out how much Cu(I) was consumed by superconductor. Mol Cu(I) consumed = mol Cu^{3+} + 2(mol O_2^{2-}). If superconductor contained Cu(I) (but no Cu(III) or peroxide), then Cu(I) found by coulometry would be more than starting amount in solution.

36. **(a)** 0.191 5 mmol **(b)** 2.80 **(c)** 0.20 **(d)** 0.141 3, difference is experimental error

37. Bi oxidation state = +3.200, Cu oxidation state = +2.200 formula = $Bi_2Sr_2CaCu_2O_{8.400}$

Chapter 17

1. 2.68 h

2. −1.2288 V

3. **(a)** −1.906 V **(b)** 0.20 V **(c)** −2.71 V **(d)** −2.82 V

4. **(a)** E for $H^+ + e^- \rightleftharpoons \frac{1}{2}H_2(g)$ in 1 M NaOH ($[H^+] = 10^{-14}$ M) is the same as $E°$ for $H_2O + e^- \rightleftharpoons \frac{1}{2}H_2(g) + OH^-$. **(b)** Expect onset of reduction near −0.83 V, which is observed for Pt alloy electrode. Observed onset near −1.05 to −1.1 V for Ti electrode is overpotential for Ti.

5. **(a)** V_2 **(b)** There is negligible current at the reference electrode or anywhere from the reference electrode to the opening of the Luggin capillary. Therefore, there is negligible ohmic loss, overpotential, or concentration polarization. Potential inside capillary opening is equal to potential at reference electrode. Potential outside capillary is that of the electrochemical system.

6. **(a)** Cu: $E_+ = 0.339$ V; Ag|AgCl: $E_- = 0.197$ V;
$E_{predicted} = E_+ - E_- = 0.142$ V
Difference between $E_{observed}$ and $E_{predicted}$ is from neglect of Cu^{2+} activity coefficient and 3 M KCl instead of saturated KCl in reference electrode.
(b) Increased current increases overpotentials, resulting in anode intercept > 122 mV and cathode intercept < 85 mV.

7. **(a)** 6.64×10^3 J **(b)** 0.012 4 g/h

8. OH^- generated at cathode and Cl^- in anode compartment cannot cross Nafion membrane. Na^+ crosses the membrane freely to preserve charge balance.

9. Electrical losses (ohmic, overpotentials, and concentration polarization) decrease the magnitude of the voltage that can be delivered by a cell and increase the magnitude of the voltage required to reverse the spontaneous cell reaction.

10. anode, 54.77 wt%

11. −0.619 V, negative

12. $[Cd^{2+}] = 2.8 \times 10^{-12}$ M $\Rightarrow E$(cathode) = −0.744 V

13. 94%

14. When Br_2 appears at end point, current flows at low voltage by oxidation of Br^- at one electrode and reduction of Br_2 at the other electrode. End point is when current returns to its initial value before analyte was added.

15. Mediator shuttles electrons between analyte and electrode. After being oxidized or reduced by analyte, mediator is regenerated at the electrode.

16. **(a)** $5._2 \times 10^{-8}$ mol **(b)** 0.002_6 mL

17. **(a)** 5.32×10^{-5} mol **(b)** 2.66×10^{-5} mol **(c)** 5.32×10^{-3} M

18. 151 μg/mL

19. 2.00 nmol fructose → 4.00 nmol e^- = 0.386 mC, which agrees with integrated area

20. **(a)** *p*-type **(b)** 11%

21. **(a)** current density = 1.00×10^2 A/m^2, overpotential = 0.85 V **(b)** −0.036 V **(c)** 1.160 V **(d)** −2.57 V

22. $96\,486.6_7 \pm 0.2_8$ C/mol

23. **(a)** H_2SO_3 < pH 1.86; pH 1.86 < HSO_3^- < pH 7.17; SO_3^{2-} > pH 7.17
(b) cathode: $H_2O + e^- \rightarrow \frac{1}{2}H_2(g) + OH^-$; anode: $3I^- \rightarrow I_3^- + 2e^-$
(c) $I_3^- + HSO_3^- + H_2O \rightarrow 3I^- + SO_4^{2-} + 3H^+$; $I_3^- + 2S_2O_3^{2-} \rightleftharpoons 3I^- + S_4O_6^{2-}$
(d) 3.64 mM

24. **(a)** To consume Ee^- requires $(E/4)O_2$, because each O_2 consumes $4e^-$. **(b)** $2.44_3 \times 10^{-8}$ mol **(c)** 57.9 mg O_2/L **(d)** 2.26×10^{-4} M

25. Clark electrode measures dissolved O_2 by reduction to H_2O at a gold tip on a platinum electrode held at −0.75 V versus Ag|AgCl. Current is proportional to $[O_2]$ in the external medium. The electrode is calibrated in solutions of known $[O_2]$.

26. **(d)** Amperometry measures current during the enzyme-catalyzed oxidation of glucose. Current ∝ rate of oxidation reaction. Rates of most reactions increase with temperature. Therefore, the current will increase with temperature of blood sample. Coulometry measures electrons released in oxidation. Glucose releases 2 electrons per molecule, regardless of temperature. The coulometric signal should have no temperature dependence. **(e)** 321 μC

27. At lower rotational speed, the magnitude of the current on both ends of the curves would decrease.

28. 15 μm, 7.8×10^2 A/m^2

29. **(a)** One reduction wave at −0.6 V for $Cu^+ \rightarrow Cu(in\ Hg)$ **(b)** One wave at −0.3 V for $Cu^{2+} \rightarrow Cu^+$ and a second wave at −0.6 V wave for $Cu^+ \rightarrow Cu(in\ Hg)$

30. **(a)** charging current: from charging or discharging electric double layer at electrode-solution interface; faradaic current: from redox reactions **(b)** one wave at −0.3 V for $Cu^{2+} \rightarrow Cu^+$ and a second wave at −0.6 V wave for $Cu^+ \rightarrow Cu(in\ Hg)$

31. **(a)** Sampled current: step voltage and then wait fixed time before measuring current. During wait, reactant near electrode is depleted and ions migrate to charge electric double layer. When current is measured, reactant concentration near electrode is less than it was at beginning of step. Square wave: Anodic pulse follows each cathodic pulse; signal is difference between the two. Anodic pulse oxidizes product of cathodic pulse, thereby replenishing electroactive species at electrode. Analyte concentration at electrode is greater in square wave voltammetry. Also, time between pulses is shorter for square wave, so reactant has less time to be consumed before measuring current. **(b)** Sampled current voltammogram graphs current (I) versus potential (E). Square wave voltammogram displays *difference* ΔI between current 1 and current 2 in Figure 17-27 for a small change ΔE. ΔI increases in steep parts of the sampled current voltammogram where current rises rapidly for a small change in potential. Square wave voltammogram displays $\Delta I/\Delta E$, which approximates derivative of sampled current voltammogram for small ΔE.

32. **(a)** At a macroscropic planar electrode, at sufficiently great potential, reaction is fast enough that one-dimensional diffusion is too slow to maintain bulk concentrations near the electrode. Reactant becomes depleted near the electrode. **(b)** Reactants and products approach a microscopic electrode from a two-dimensional hemisphere. Diffusion from the hemisphere is rapid enough to maintain high concentrations near the electrode. If scan rate is sufficiently great, there would be a peak, not a plateau, for the microscopic electrode. **(c)** Rotating disk electrode actively transports solution by inducing convection toward the electrode. Reactant only has to diffuse ~10–100 μm through stagnant diffusion layer to reach electrode. Constant supply of reactant gives a plateau in the voltammogram.

33. **(a)** $Fe(CN)_6^{3-}$; b > c > d **(b)** Current maximum at c because the potential is more negative at c than at b and there is adequate supply of $Fe(CN)_6^{3-}$ diffusing to the electrode at c. Current is less at d because $[Fe(CN)_6^{3-}] \approx 0$ at electrode and thickness of diffusion layer is greater at d than at c. **(c)** $Fe(CN)_6^{4-}$; e > f > g **(d)** $[Fe(CN)_6^{4-}]$ at the electrode is less at f than e. Potential is more positive at f than e. Current magnitude is greater at f than e because potential is more positive at f and $Fe(CN)_6^{4-}$ diffuses to electrode at sufficient rate to support greater current at f. Current is not 0 at g because $Fe(CN)_6^{4-}$ diffuses to electrode fast enough to maintain some oxidation. **(e)** Time increases as e < f < g. Oxidation at f consumes $Fe(CN)_6^{4-}$ near electrode. There is still unreacted $Fe(CN)_6^{4-}$ away from the electrode. As time increases, maximum $[Fe(CN)_6^{4-}]$ recedes from electrode because $Fe(CN)_6^{4-}$ near electrode is consumed and $Fe(CN)_6^{4-}$ further from electrode diffuses away.

34. 0.12%

35. 0.096 mM

36. Analyte is reduced and concentrated at the working electrode at controlled potential for constant time. Potential is then ramped in positive direction to reoxidize analyte, during which current is measured. Height of oxidation wave ∝ original analyte concentration. Stripping is sensitive because analyte is concentrated from dilute solution.

37. **(a)** $Cu^{2+} + 2e^- \rightarrow Cu(s)$ **(b)** $Cu(s) \rightarrow Cu^{2+} + 2e^-$ **(c)** 313 ppb

38. Estimated relative peak heights are 1, 1.5_6, and 1.9_8. Fe(III) in seawater = 1.0×10^2 pM.

39. Poly(3-octylthiophene) is oxidized to make it positive. One ClO_4^- diffuses into PVC membrane to neutralize each positive charge.

Amount of ClO_4^- diffusing into PVC membrane in fixed oxidation time $\propto$ bulk concentration of ClO_4^-. Poly(3-octylthiophene) oxidation rate cannot exceed rate at which ClO_4^- diffuses into PVC. Cathodic stripping: e^- added to oxidized poly(3-octylthiophene) to reduce charge back to 0. One ClO_4^- diffuses out of the PVC membrane for each electron added to poly(3-octylthiophene). Number of e^- in cathodic stripping current equals ClO_4^- that was in PVC, which was $\propto$ to ClO_4^- concentration in bulk solution.

40. peak C: $RNO + 2H^+ + 2e^- \rightarrow RNHOH$

There was no RNO present before the initial scan.

41. $7.8 \times 10^{-10}\ m^2/s$

42. Fits into small places; useful in nonaqueous solution (small ohmic losses); allows rapid voltage scans (small capacitance), which permits study of short-lived species. Low capacitance gives low charging current, which increases sensitivity to analyte.

43. Nafion membrane permits neutral and cationic species to pass through to the electrode, but excludes anions. Nafion reduces ascorbate anion background signal that would otherwise swamp signal from dopamine.

44. 5.2 μm

45. $t_{calculated} = 0.987 < 2.571$ (Student's t for 95% confidence and $n-1=5$ degrees of freedom) $\Rightarrow$ difference is not significant at 95% confidence level

46. same result as previous problem

47. $ROH + SO_2 + B \rightarrow BH^+ + ROSO_2^-$

$H_2O + I_2 + ROSO_2^- + 2B \rightarrow ROSO_3^- + 2BH^+I^-$

48. Bipotentiometric detector maintains constant 10 μA between two detector electrodes, while measuring voltage needed to sustain current. Before V_e, solution contains I^-, but little I_2. To maintain 10 μA, cathode must be negative enough to reduce solvent (perhaps $CH_3OH + e^- \rightleftharpoons CH_3O^- + \frac{1}{2}H_2(g)$). At V_e, excess I_2 appears and current can be carried at low voltage by reactions below. Abrupt voltage drop marks the end point.

cathode: $I_3^- + 2e^- \rightarrow 3I^-$

anode: $3I^- \rightarrow I_3^- + 2e^-$

Chapter 18

1. **(a)** double **(b)** halve **(c)** double

2. **(a)** 184 kJ/mol **(b)** 299 kJ/mol

3. **(a)** 5.33×10^{14} Hz, $1.78 \times 10^4\ cm^{-1}$, 3.53×10^{-19} J/photon, 213 kJ/mol **(b)** 3.303 μm, 9.076×10^{13} Hz, 6.015×10^{-20} J/photon, 36.22 kJ/mol

4. rotation, vibration, electronic excitation, electronic excitation and bond breaking

5. $\nu = 5.088\ 49$ and $5.083\ 33 \times 10^{14}$ Hz, $\lambda = 588.995$ and 589.593 nm, $\tilde{\nu} = 1.697\ 808$ and $1.696\ 086 \times 10^4\ cm^{-1}$

6. T = fraction of light transmitted; $A = -\log T$; ε = constant of proportionality between A and (concentration × pathlength)

7. graph of absorbance (A) vs. wavelength (λ)

8. Color transmitted is complement of color absorbed.

9.

Curve	Absorption peak (nm)	Predicted color (Table 18-1)	Observed color
A	760	green	green
B	700	green	blue-green
C	600	blue	blue
D	530	violet	violet
E	500	red or purple-red	red
F	410	green-yellow	yellow

10. high absorbance: too little light reaches detector; low absorbance: too little difference between sample and reference

11. **(a)** $3.56 \times 10^4\ M^{-1}\ cm^{-1}$ **(b)** quartz or cyclic olefin copolymer

12. Violet-blue. Plastic, glass, and quartz can all be used.

13. 2.19×10^{-4} M

14. **(a)** 0.613 **(b)** $1.22_3 \times 10^{-6}$ M **(c)** $1.67 \times 10^5\ M^{-1}\ cm^{-1}$

15. **(a)** 280 nm: $T = 1.3 \times 10^{-14}$, $A = 13.9$; 340 nm: $T = 0.98_4$, $A = 0.007$ **(b)** 2.0% **(c)** $T_{winter} = 0.142$; $T_{summer} = 0.095$; 49%

16. **(a)** same slope but positive intercept **(b)** lower slope, sensitive to small deviations in selected wavelength, possibly with negative deviation due to polychromatic light **(c)** dilute sample to bring its absorbance into calibrated range

17. **(a)** to check if procedure is accurate **(b)** significantly different **(c)** neocuproine masks Cu(I) **(d)** $t_{calculated} = 3.591 > t_{table} = 2.365$; difference is significant

18. **(a)** 6.97×10^{-5} M **(b)** 6.97×10^{-4} M **(c)** 1.02 mg

19. yes

20. **(a)** $7.87 \times 10^4\ M^{-1}\ cm^{-1}$ **(b)** 1.98×10^{-6} M

21. **(a)** $y = (0.029\ 8 \pm 0.000\ 6)x + (0.004\ 5 \pm 0.009\ 7)$; yes, based on random residuals, intercept = 0, and $R^2 > 0.995$ **(b)** $1.36 \times 10^5\ M^{-1}\ cm^{-1}$ **(c)** 9.4 % **(d)** $F_{calculated} = 82._1 > F_{table} = 39.00$, precisions statistically different. $t_{calculated} = 1.353 < 4.303 = t_{table}$, concentrations statistically same

22. **(a)** $8.512 \times 10^4\ M^{-1}\ cm^{-1}$ **(b)** 10.7 **(c)** 0.14 wt% = 1.40 mg/mL

23. **(a)** $4.97 \times 10^4\ M^{-1}\ cm^{-1}$ **(b)** 4.69 μg **(c)** 93.8 mg/L NO_2^-, 28.6 mg N/L

24. **(a)** 1.71_1 g **(b)** 475.6 μg Fe/mL **(c)** Dilute 1, 2, 3, 4, and 5 mL of stock solution to 500 mL with 0.1 M H_2SO_4 to obtain 0.9512, 1.902, 2.85, 3.80, and 4.76 μg Fe/mL. **(d)** Dilute 5 mL of stock solution to 50 mL with 0.1 M H_2SO_4 to obtain ~50 μg Fe/mL. Then dilute 1, 2, 3, 4, or 5 mL of ~50 μg Fe/mL stock solution to 50 mL with 0.1 M H_2SO_4 to obtain ~1, 2, 3, 4, or 5 μg Fe/mL.

25. **(a)** 3.511 g **(b)** 1 033 μg Fe/mL **(c)** Dilute 10 mL of 1 033 μg Fe/mL to 250 mL. Then dilute 5 mL of resulting solution to 250 mL $\Rightarrow$ 0.826 μg Fe/mL.

Volume for first dilution (mL)	Volume for second dilution (mL)	Final μg Fe/mL
10	5	0.826
10	10	1.653
10	15	2.479
15	15	3.719
15	20	4.958
20	20	6.611
20	25	8.264
20	30	9.917

26. 6.516 ± 0.020 [±0.30%] μg Fe/mL

27. **(a)** Orange diode **(b)** Orange diode. Red diode emission is on side of absorbance, where absorptivity changes significantly. Would cause downward curvature. **(c)** linear, indicated by random residuals, intercept = 0, and $R^2 > 0.995$ **(d)** 1.81 cm

28. **(b)** 1.580×10^{-4} mol **(c)** 158 mg/L

29. **(a)** Predictions: In^{2-} is blue, and HIn^- is orange/yellow. **(b)** end point = 5.11 mL **(c)** 610 nm

30. **(a)** end point = 21.3 μL, 2.30 mmol Au(0)/g **(c)** 1.24 mmol $C_{12}H_{25}S$/g **(d)** 1.51 mmol Au(I)/g, mole ratio Au(I):$C_{12}H_{25}S$ = 1.22

31. $\Delta E(S_1 - T_1) = 36$ kJ/mol

32. Following absorption of a photon, fluorescence is prompt emission with no change in electronic spin state. Phosphorescence is slower and electronic spin changes during emission. Phosphorescence also comes at lower energy than fluorescence.

33. Rayleigh scattering: Electrons in molecules oscillate at the frequency of incoming radiation and emit that same frequency in all directions. The time scale is ~10^{-15} s for visible light. Raman scattering: Molecules extract vibrational energy from incoming light and scatter light with less than incoming energy. Rayleigh and Raman time scale ≈ 10^{-15} s for visible light. Fluorescence occurs in 10^{-9} to 10^{-4} s.

34. Wavelength: absorption < fluorescence < phosphorescence

35. Excitation spectrum resembles absorption spectrum.

36. Fluorescence is proportional to concentration up to 5 μM (within 5%); yes.

37. $3.56\ (\pm0.07)\times10^{-4}$ wt%; 95% confidence interval: $3.56\ (\pm0.22)\times10^{-4}$ wt%

Chapter 19

1. $[X]=8.03\times10^{-5}$ M, $[Y]=2.62\times10^{-4}$ M

2. $[Cr_2O_7^{2-}]=1.78\times10^{-4}$ M, $[MnO_4^-]=8.36\times10^{-5}$ M

3. **(a)** quartz or cyclic olefin copolymer **(b)** wavelengths of absorbance maxima **(c)** absorbance most precise for $A=0.3-1.2$ **(d)** spectra vary with pH, acid controls pH **(e)** $[ASA]=5.62\times10^{-5}$ M, $[ACE]=6.80\times10^{-5}$ M, $[CAF]=5.53\times10^{-5}$ M

4. If spectra of two compounds with constant total concentration cross at any wavelength, all mixtures with the same concentration go through that point.

5. $M+L(\lambda_{max}\ 439\ nm)\rightarrow ML(\lambda_{max}\ 485\ nm)$ followed by $ML+M\rightarrow M_2L(\lambda_{max}\ 566\ nm)$

6. $[A]=9.11\times10^{-3}$ M, $[B]=4.68\times10^{-3}$ M

7. $[TB]=1.22\times10^{-5}$ M, $[STB]=9.30\times10^{-6}$ M, $[MTB]=1.32\times10^{-5}$ M

8. [*p*-xylene] = 0.062 7 M, [*m*-xylene] = 0.079 5 M, [*o*-xylene] = 0.075 9 M, [ethylbenzene] = 0.076 1 M

9. **(a)** $[In^{2-}]=3.28$ μM, $[HIn^-]=6.91$ μM **(b)** pH = 6.78 **(c)** 3.31 μM, 6.97 μM; procedure (a) is probably more accurate because it uses more data points.

10. $[In^-]=0.794$ μM, $[HIn]=0.436$ μM, $pK_a=4.00$

11. **(f)** $[CO_2(aq)]=3.0$ μM **(g)** $\mu\approx10^{-4}$ M, yes

12. **(a)** errors: xylene = −2.7%, dichloroethane = 4.5%, and toluene = 2.6% **(b)** errors: xylene = −1.7%, dichloroethane = 3.0%, and toluene = 1.5% **(c)** errors: xylene = −2.7%, dichloroethane = 4.7%, and toluene = 2.6% **(d)** Analytes absorb at wavenumbers added in (b), and do not absorb at those in (c).

13. $K=0.464$ and $\varepsilon=1.073\times10^4\ M^{-1}\,cm^{-1}$.

14. **(b)** Check accuracy in presence of sample matrix. **(c)** Particles scatter light, resulting in false absorbance.

15. **(a)** III, microplate **(b)** IV, flow injection analysis **(c)** II, discrete analyzer **(d)** I, colorimeter

16. **(a)** 0.940 cm **(b)** 0.657 **(c)** 31 500 $M^{-1}\,cm^{-1}$ **(d)** 0.94 mg/mL

17. **(a)** $y=(0.060\ 8\pm0.000\ 4)x+(0.014\pm0.005)$; $R^2=0.999\ 8$. Plot is linear. **(b)** Full range is not linear. Linear range is $(0.36\ \text{to}\ 5.71)\times10^8$ cells/mL. **(c)** 13.8×10^8 cells/mL **(d)** $b_{well}=0.157$ cm, $A_{well}=0.392$

20. **(a)** Difference is not significant ($t_{calculated}=0.329<t_{table}=2.447$). **(b)** certified reference material, fortified blank, standard addition calibration

21. Luminescence is light given off after a molecule absorbs light. Chemiluminescence is light given off by a molecule created in an excited state in a chemical reaction. Bioluminescence is light given off by a living system.

22. **(a)** thiols react with maleimides, III **(b)** carbonyls with hydrazines, II **(c)** primary amines with dialdehydes, I

23. **(a)** 4 biotins per streptavidin **(b)** When adding BF to SA, fluorescence increases slowly until SA is saturated, and then fluorescence of excess BF increases rapidly. When adding SA to BF, fluorescence of BF decreases until it is all bound to SA, and then fluorescence has constant, low value.

24. **(a)** collisional quenching **(b)** Yes, calibration is linear. **(c)** τ_0/τ_Q increases linearly with O_2 concentration. Indicates collisional quenching.

25. Dimethylphenol is a weak acid HA. Interpretation: A^- is strong quencher with $K_{sv}\approx1\ 350$. HA is weak quencher with $K_{sv}\approx100$. $pK_a\approx10.8$ divides the two regions.

26. **(a)** Alexa Fluor 488 as donor and Alexa Fluor 555 as acceptor **(b)** Alexa Fluor 488 and QSY 9 **(c)** Alexa Fluor 555 and 647

27. **(b)** $N_{av}=55.9$ **(c)** $[M]=0.227$ mM; $\bar{Q}=0.881$ molecules per micelle **(d)** $P_0=0.414$; $P_1=0.365$; $P_2=0.161$

28. Few biological molecules absorb 800–1 000 nm near-infrared radiation, so little matrix fluorescence is stimulated.

29. **(a)** quenched the most by albumin **(b)** pH 7 and HEPES; strongest quenching **(c)** with certified reference material **(d)** 2–10 mg/L **(e)** photobleaching (irreversible loss of fluorescence from exposure to light) **(f)** prevent fluorescence from crossing into other wells

30. Each enzyme molecule bound to antibody 2 catalyzes many cycles of reaction in which a colored or fluorescent product is created. Many product molecules are created for every analyte molecule.

31. Background fluorescence decays to near zero prior to recording emission from lanthanide ion.

Chapter 20

2. D_2, silicon carbide globar

3. 77 K: 1.99 W/m^2; 298 K: 447 W/m^2

4. **(a)** $M_\lambda=8.79\times10^9\ W/m^3$ at 2.00 μm; $M_\lambda=1.164\times10^9\ W/m^3$ at 10.00 μm **(b)** $1.8\times10^2\ W/m^2$ **(c)** $2.3\times10^1\ W/m^2$ **(d)** $M_{2.00\ \mu m}/M_{10.00\ \mu m}=7.55$ at 1 000 K; $M_{2.00\ \mu m}/M_{10.00\ \mu m}=3.17\times10^{-22}$ at 100 K

6. Resolving power increases with number of illuminated grooves and diffraction order selected by blaze angle. Dispersion is proportional to diffraction order and inversely proportional to the grating line spacing. Blaze angle is selected to give specular reflection at desired diffraction angle.

7. Filter removes higher order diffraction (different wavelengths) at same angle as desired diffraction.

8. advantage: increased ability to resolve closely spaced spectral peaks disadvantage: more noise because less light reaches detector

9. **(a)** 2.38×10^3 lines/cm **(b)** 143 lines/cm

11. **(a)** 1.7×10^4 **(b)** 0.05 nm **(c)** 5.9×10^4 **(d)** 0.000 43°, 0.013°

12. sensitivity and linearity greatest at λ_{max}

13. **(a)** $T=0.036\ 4$, $A=1.439$ **(b)** 0.002 3% **(c)** 0.000 022, 0.000 22

14. **(a)** Both are linear. **(b)** Yes, 30.4 mM $CuSO_4$ is low in both plots. **(c)** 42% **(d)** lower slope; no curvature due to low absorbance

15. 0.124 2 mm

17. When temperature of DTGS crystal changes by absorption of infrared light, the voltage difference between the two faces changes.

18. **(a)** 2.51×10^{-6} **(b)** (i) Ordinate is ringdown lifetime. The greater the absorbance, the shorter the lifetime. Spectrum is analogous to transmittance spectrum. (ii) 1 653.725 00 nm (iii) infrared

19. **(a)** 34° **(b)** 0°

20. Light in the fiber strikes the wall at an angle greater than the critical angle for total reflection. If bending angle is not too great, angle of incidence exceeds critical angle.

21. $\theta_{critical}$(solvent/silica) = 76.7°, $\theta_{critical}$(silica/air) = 43.2°. Total reflection at a 55° angle is from silica/air interface.

23. **(a)** 1.29 μm **(b)** 0.64 μm **(c)** Pathlength varies with wavenumber. **(d)** penetration depth of visible light very short

24. For same angle of incidence, number of reflections increases as thickness of waveguide decreases.

25. **(a)** 80.7° **(b)** 0.955

26. **(a)** 61.04° **(b)** 51.06°

27. $n_{prism}>\sqrt{2}$

28. **(b)** 76° **(c)** small deviations, intercept ≈ 0, $R^2>0.999$; calibration linear **(d)** 103%

29. **(a)** 0.964 **(b)** 343 nm, 5.83×10^{14} Hz

30. **(b)** blue

31. **(a)** ±2 cm **(c)** 0.5 cm^{-1} **(d)** 2.5 μm

32. Background transform gives P_0. Sample transform gives P. Transmittance = P/P_0, not $P - P_0$.

33. White noise such as random motion of electrons is independent of frequency. $1/f$ noise such as drift and flicker of lamp decreases with increasing frequency. Line noise such as 60-Hz wall frequency results from disturbances at discrete frequencies.

34. Beam is alternately directed through sample and reference. Chopping moves analytical signal from zero frequency to frequency of chopper, which can be selected so that $1/f$ noise and line noise are minimal.

35. 7

37. **(a)** 0.6 and 0.3 ppm **(b)** 0.59 and 0.30 ppm **(c)** 0.118 ppm, yes **(d)** drift

38. Predicted S/N: (300 cycles, 32.9) (100 cycles, 19.0) (1 cycle, 1.90)

39. **(a)** 10.310, 11.480 **(b)** Excel moving average shifts signal to right.

40. **(a)** outliers: 450 and 476 nm of scan 10

(e) root-mean-squared$_1$ = 108.9, $rms_{1\text{-}4}$ = 52.2, $rms_{1\text{-}9}$ = 36.9, $\sqrt{n}$ **(f)** $\sqrt{n}$

Chapter 21

1. absorption: nebulization → evaporation → decomposition to M(*g*) which absorbs light; emission: nebulization → evaporation → decomposition to M(*g*) → excitation to M*(*g*) which emits light

2. emission, because population of the excited state varies with temperature

3. More As gets to flame and stays in light beam longer.

4. advantages: sensitivity and small sample size; disadvantage: poor reproducibility with manual sample injection and more expensive

5. Drying removes water; ashing removes as much matrix as possible without evaporating analyte; atomization vaporizes analyte.

6. advantages: less chemical interference and self-absorption, lamps are not required, simultaneous multi-element analysis is possible; disadvantage: cost

7. An atom moving toward radiation source sees higher frequency than one moving away from source. Increasing temperature gives increased speeds (more broadening) and increased mass gives decreased speeds (less broadening).

9. Spectral interference: overlap of analyte signal with other signals
Physical inference: viscosity or density alters nebulization or analyte transport
Chemical interference: matrix component decreases atomization of analyte
Ionization interference: loss of analyte atoms through ionization
Isobaric interference: overlap of different species with same mass-to-charge ratio

10. **(a)** Mg^{2+} raises atomization temperature for Mn. **(b)** La^{3+} acts as releasing agent by binding PO_4^{3-} and freeing Mn^{2+}. **(c)** NH_3 reacts with isobaric polyatomic species.

11. **(a)** Collision cell contains inert gas which slows polyatomic interferents which are rejected by kinetic energy barrier. **(b)** remove $^{14}N_2^+$ isobaric interferent; no effect on Si contamination

12. **(a)** Dynamic reaction cell contains reactive gas, and its electric field limits mass range of ions passing through. Interfering species are eliminated by chemical reaction, or analyte signal is moved to a mass where there is no interference. **(b)** $^{87}Sr^+ \rightarrow {}^{87}Sr^{19}F^+$ (*m/z* 106) no longer overlaps $^{87}Rb^+$ (*m/z* 87)

13. **(a)** no **(b)** no, low sensitivity **(c)** trace-metal-grade HNO_3

14. Matrix-matching is intended to match extent to which analyte is ablated, transported to the plasma, and atomized.

15. Pb: 1.2 ± 0.2; Tl: 0.005 ± 0.001; Cd: 0.04 ± 0.01; Zn: 2.0 ± 0.3; Al: 7 (± 2) × 10^1 ng/cm^2

16. 589.3 nm

17. 0.025

18. Na: 0.003_8 nm; Hg: $0.000\ 5_6$ nm

19. **(a)** 283.0 kJ/mol **(b)** 3.67×10^{-6} **(c)** +8.5% **(d)** 1.03×10^{-2}

20.

wavelength (nm):	591	328	154
N^*/N_0 at 2 600 K in flame:	2.6×10^{-4}	1.4×10^{-7}	1.8×10^{-16}
N^*/N_0 at 6 000 K in plasma:	5.2×10^{-2}	2.0×10^{-3}	1.2×10^{-7}

Br is not readily observed by atomic absorption because its lowest excited state requires far-ultraviolet radiation absorbed by N_2 and O_2 in the air. Br is not readily observed in emission because the excited state is not sufficiently populated.

21. Y takes C from BaC, so BaC + Y ⇌ Ba + YC is driven to right.

22. **(a)** linear **(b)** 17.4 ± 0.3 μg/mL

23. **(a)** linear **(b)** 0.507 ppm **(c)** $(y - \bar{y})^2$ is smallest

24. **(a)** nonlinear **(b)** 406 pg Ag

25. Analyte and standard are lost in equal proportions, so their ratio remains constant.

26. **(a)** linear **(b)** $-5.60 \pm 0.16_3$ mL **(c)** 0.429 ± 0.012 wt%

27. **(a)** linear **(b)** 0.140 M **(c)** standard deviation = $\pm 0.004_7$; 95% confidence = ±0.015 M

28. **(a)** 7.49 μg/mL **(b)** 25.6 μg/mL

29. **(a)** CsCl inhibits ionization of Sn. **(b)** $m = 0.782 \pm 0.018$; $b = 0.86 \pm 1.55$; $R^2 = 0.997$ **(c)** There is little interference at 189.927 nm, which is the better choice of wavelengths. At 235.485 nm, there is interference from Fe, Cu, Mn, Zn, Cr, and, perhaps, Mg. **(d)** limit of detection = 9 μg/L; limit of quantitation = 31 μg/L **(e)** 0.8 mg/kg

30. [Ti] = 0.224 6 mM, [S] = 4.273 mM, [transferrin] = 0.109 6 mM, Ti/transferrin = 2.05

31. When an electron is removed from an inner shell of an atom by absorption of an X-ray, an electron from an outer shell falls into the vacancy. The excess energy of the electron making the transition is emitted as an X-ray. Electronic energy levels are different for every element, so the signature (energies of emitted X-rays) is different for each element.

32. Ti K_β could be the weak peak near 4.9 keV. Se K_β at 12.50 keV comes under the strong Pb L_β peak. Zr K_β at 17.67 keV is a weak peak.

33. $K_\circ$ = 74.97 and $K_\circ$ = 84.94 keV are beyond the range of the spectrum. The K energies for Pb exceed the energy available from common X-ray tubes.

34. 0.392 keV = 3.78×10^4 kJ/mol = 40 times greater than N≡N bond energy

35. 6.40 keV Fe K_α, 7.05 Fe $K_\circ$, 7.50 Ni K_α, 8.07 Cu K_α, 8.62 Zn K_α, 10.57 Pb L_α, 12.60 Pb L_β, ~14.1 Sr $K_\circ$?, ~15.78 Zr $K_\circ$, 17.50 Mo $K_\circ$, 19.59 Mo K_β

36. 3.70 keV Ca K_α, 4.01 Ca $K_\circ$, 6.40 keV Fe K_α, 7.06 Fe $K_\circ$, 9.99 Hg L_α, 10.55 Pb L_α, 11.84 Hg $L_\circ$, 12.63 Pb $L_\circ$, 25.25 Sn K_α, 28.48 Sn $K_\circ$

37. **(a)** graphite furnace **(b)** flame atomic absorption needs too much sample **(c)** detergent, several deionized water rinses, EDTA, several deionized water rinses **(d)** 213.9 nm **(e)** quadratic curve **(f)** $Mg(NO_3)_2$/Pd(acetate)$_2$/Na_2H_2EDTA **(g)** analysis of reference material, spike recovery, comparison with other methods

38. **(a)** Need to measure many elements ⇒ microwave plasma, inductively coupled plasma–atomic emission and inductively coupled plasma–mass spectrometry. Microwave plasma is limited to ~10 simultaneous elements. High dissolved solids favor inductively coupled plasma–atomic emission. **(b)** minimize blank concentrations from airborne sources of analytes **(c)** plasma: $^{40}Ar^{16}O$, $^{40}Ar^{15}N^1H$, $^{38}Ar^{18}O$, $^{38}Ar^{17}O^1H$; sample: $^{40}Ca^{16}O$, $^{37}Cl^{18}O^1H$ **(d)** NH_3 forms cluster ions. **(e)** 0.047 μg/g Tl to 12 300 μg/g P

Chapter 22

2. $H_2{}^{13}CO^{+\bullet}$ (m/z 31), $H_2CO^{+\bullet}$ (m/z 30), HCO^+(m/z 29), H_2CO^{2+}(m/z 15), CH_2^+(m/z 14), CH^+(m/z 13), C^+(m/z 12). C^+, CH_2^+, and $H_2CO^{+\bullet}$ each have an unpaired electron.

3. Electron ionization: 70-eV electron striking pentobarbital creates $M^{+\bullet}$ ($m/z = 226$) with enough energy to break into fragments. Chemical ionization: Pentobarbital reacts with proton donor CH_5^+ to make MH^+($m/z = 227$) and some fragment.

4. 1 Da ≡ 1/12 mass of $^{12}C = 1.660\ 54 \times 10^{-24}$ g, 83.5 (±2.3) fg

5. atomic mass = 58.5 from the spectrum

6. **(a)** 1.8×10^4 (upper) and 1.2×10^5 (lower)
(b) $C_{15}H_{26}NO_3^+$ 268.190 7; $^{13}CC_{13}H_{23}N_2O_3^+$ 268.173 7

7. 3 100

8. 3.4×10^6; 2.0×10^6

9. $C_6H_{11}^+$

10. $^{31}P^+ = 30.973\ 21$, $^{15}N^{16}O^+ = 30.994\ 47$, $^{14}N^{16}OH^+ = 31.005\ 25$

11. **(a)** m/z 141: $^{13}C^{12}C_6{}^1H_{10}{}^{14}N^{16}O_2^+$ and $^{12}C_7{}^2H^1H_9{}^{14}N^{15}O_2^+$ and $^{12}C_7{}^1H_{10}{}^{15}N^{16}O_2^+$ and $^{12}C_7{}^1H_{10}{}^{14}N^{17}O^{16}O^+$, intensiy = 8.1%
(b) $^{12}C_7{}^1H_{10}{}^{14}N^{18}O^{16}O^+$ and $^{13}C_2{}^{12}C_5{}^1H_{10}{}^{14}N^{16}O_2^+$ and $^{13}C^{12}C_6{}^1H_{10}{}^{15}N^{16}O_2^+$

12. **(a)** $^{13}C^{12}C_7{}^1H_{11}{}^{15}N^{14}N_3{}^{16}O_2^+$, $^{12}C_8{}^1H_{11}{}^{14}N_4{}^{18}O^{16}O^+$, $^{13}C_2{}^{12}C_6{}^1H_{11}{}^{14}N_4{}^{16}O_2^+$, and $^{13}C^{12}C_7{}^2H^1H_{10}{}^{14}N_4{}^{16}O_2^+$
(b) $^{12}C_8{}^1H_{11}{}^{14}N_4{}^{18}O^{16}O^+$ abundance relative to m/z 195 should be $0.205\% \times 2 = 0.410\%$; $^{13}C_2{}^{12}C_6{}^1H_{11}{}^{14}N_4{}^{16}O_2^+$ abundance relative to m/z 195 should be (0.005 8%)(8)(7) = 0.325%. Expected relative peak heights = 0.410%/0.325% = 1.26. Measured relative peak heights in experimental spectrum = 1.59.

13. Both peaks have charge $z = 2$.

14. 2.4% not counting the predominant species, which is $[^{12}C_{12}{}^1H_{18}{}^{16}O_8{}^{35}Cl_2{}^{37}Cl]^-$

15. calculated exact mass = 395.007 23, 397.004 28, 399.001 33, 400.998 38
difference = 0.2, 0.6, 1.2 ppm

16. **(a)** (structure) OH, $O(n\text{-}C_8H_{17})$, OH, O — m/z 279

(b) (structure) O, $O(n\text{-}C_8H_{17})$, O^-, O — m/z 277; (structure) O, $O(C_4H_9)$, O^-, O — m/z 221

17. 1 : 1.946 : 0.946 3

18. 1 : 8.05 : 16.20

19. 0.342 7 : 1 : 0.972 8 : 0.315 4

20. **(a)** 1 010 Da **(b)** 1 011.14 Da **(c)** 1 : 0.778 7

21. **(a)** 4 **(b)** 6 **(c)** $1\frac{1}{2}$ could be $[H_2C{=}C(H){-}CH_2]^+$

22. **(a)** (benzene)–Cl, C_6H_5Cl: $M^{+\bullet} = 112$
predicted intensities M + 1 : M + 2 : M + 3 = 6.54 : 32.2 : 2.11%

(b) Cl–(benzene)–Cl, $C_6H_4Cl_2$: $M^{+\bullet} = 146$
predicted intensities M + 1 : M + 2 : M + 3 : M + 4 : M + 5 = 6.53 : 64.2 : 4.19 : 10.33 : 0.67%

(c) (benzene)–NH_2, C_6H_7N: $M^{+\bullet} = 93$
predicted intensities M + 1 : M + 2 = 6.93 : 0.17%

(d) $(CH_3)_2Hg$: $M^{+\bullet} = 228$
predicted intensities M + 1 : M + 2 = 169.2 : 231.7%

(e) CH_2Br_2: $M^{+\bullet} = 172$
predicted intensities M + 2 : M + 4 = 194.6 : 94.6%

(f) (structure: N N), 1,10-phenanthroline, $C_{12}H_8N_2$: $M^{+\bullet} = 180$
Predicted intensities M + 1 : M + 2 = 13.8 : 0.8%
($C_{13}H_8O$ also fits the observed intensities)

(g) (structure: Fe), ferrocene, $C_{10}H_{10}Fe$: $M^{+\bullet} = 186$
predicted intensities M − 2 : M + 1 : M + 2 = 6.37 : 13.23 : 0.83%

23. $M^{+\bullet} = 206$, $CH^{79}Br_2{}^{35}Cl$

24. **(a)** 6 **(b)** 350 **(c)** 350, 315, 280, 245, 210 = M^+, $(M - Cl)^+$, $(M - 2Cl)^+$, $(M - 3Cl)^+$, $(M - 4Cl)^+$

25. U.S. diet might contain more C_4 and CAM plants, and European diet might contain more C_3 plants.

26. **(a)** mass of $p^+ + e^-$ = mass of ^1H
(b) mass of $p^+ + n + e^-$ = 2.016 489 963 Da; mass of ^2H = 2.014 10 Da
(c) 2.15×10^8 kJ/mol **(d)** 1.31×10^3 kJ/mol **(e)** 5×10^5

27.

Mass:	84	85	86	87	88	89	90
Intensity:	1	0.152	0.108	0.010 3	0.003 62	0.000 171	0.000 037

28. 0.000 2 at m/z 100 and 0.04 at m/z 20 000

29. 4.39×10^4 m/s; 45.6 μs; 2.20×10^4 spectra/s; 1.56×10^4 spectra/s

30. 10.2 μs for 100 Da and 1.02 ms for 1 000 000 Da

31. **(a)** 93 m **(b)** 93 km

32. Electrospray sees ions already in solution. Atmospheric pressure chemical ionization creates ions in the corona discharge.

33. Ions accelerated by an electric field break into fragments when they collide with N_2 or Ar. This process can be conducted at the entrance to the spectrometer or in a collision cell in the middle of a tandem mass spectrometer.

34. Reconstructed total ion chromatogram shows current from all ions above a selected mass as a function of time. Extracted ion chromatogram shows current from one or a few selected ions from the full mass spectrum. Selected ion chromatogram monitors only the current from one ion to increase signal-to-noise ratio.

35. An ion of one m/z selected by the first mass separator is directed to a collision cell to produce fragment ions. One selected fragment ion is monitored. The name MS/MS refers to two consecutive mass separations. Signal/noise is improved because there are few sources of the precursor ion other than analyte, and it is unlikely that other precursor ions can decompose to give the same product ion.

36. **(a)** negative ion mode, neutral solution **(b)** 14.32

37. $n_A = 12$ and $n_I = 20$; mean molecular mass (disregarding peak G) = 15 126 Da

38. charge = 4; molecular mass = 7 848.48 Da

39. **(a)** 76 302.0 **(b)** $Au_{329}(SR)_{84}$

40.

37:3:	$[MNH_4]^+ = C_{37}H_{72}ON$	$[MH]^+ = C_{37}H_{69}O$
M + 1:	41.2% predicted	40.8% predicted
	35.8% observed	23.0% observed
M + 2:	7.9% predicted	7.9% predicted
	7.0% observed	8.0% observed
37:2:	$[MNH_4]^+ = C_{37}H_{74}ON$	$[MH]^+ = C_{37}H_{71}O$
M + 1:	41.3% predicted	40.8% predicted
	40.8% observed	33.4% observed
M + 2:	7.9% predicted	7.9% predicted
	3.7% observed	8.4% observed

41. Q1 selects $^{35}ClO_3^-$ and Q3 selects $^{35}ClO_2^-$ from the collision cell.

43. **(d)** 7.63_9 μmol V/g

Chapter 23

1. three

2. **(a)** no **(b)** Shaking forms small droplets of one phase in the other, shortening the distance that solute must diffuse to transfer from one phase to the other.

3. **(a)** 3 **(b)** heptane

4. **(a)** AlY^- is an anion, but AlL_3 is neutral. **(b)** hydrophobic cation

5. $mHL + M^{m+} \rightleftharpoons ML_m + mH^+$ is driven right at high pH, increasing fraction of metal in the form ML_m, which is extracted into organic solvent.

6. Neutral ML_n is extracted into organic solvent. ML_n formation is favored by increasing β and increasing K_a. Increasing K_L decreases [L] in aqueous phase, thereby decreasing $[ML_n]$. Increasing $[H^+]$ decreases $[L^-]$ available for complexation.

7. When $pH > pK_{BH^+}$, predominant form is B, which is extracted into organic phase. When $pH > pK_{HA}$, predominant form is A^-, which is extracted into water.

8. **(a)** 0.080 M **(b)** 0.50

9. 0.088

10. **(c)** 4.5 **(d)** greater

12. **(a)** 0.16 M in benzene **(b)** 2×10^{-6} M in benzene **(c)** toluene or xylenes

13. 2 pH units

14. **(a)** 2.6×10^4 at pH 1 and 2.6×10^{10} at pH 4 **(b)** 3.8×10^{-4}

15. **(a)** $\% \text{ extracted} = 100\left(\frac{DV_{org}}{V_{aq} + DV_{org}}\right)$ **(b)** sample points: 4.95% extracted at pH 2 and 92.9% extracted at pH 3.2

16. (n, fraction extracted) = (1, 0.667), (2, 0.750), (3, 0.784), (10, 0.838) $q_{limit} = 0.865$; 95% of q_{limit} is attained in 6 extractions

17. **(a)** lower **(b)** decrease volume of octanol **(c)** 2.09 **(d)** less octanol

18. 1-C, 2-D, 3-A, 4-E, 5-B

19. Increased distribution constant ⇒ increased fraction of solute in stationary phase ⇒ decreased fraction of solute moving through the column

20. **(a)** k = (time solute is in stationary phase)/(time solute is in mobile phase) **(b)** fraction of time in mobile phase = $1/(1+k)$

21. **(a)** 17.4 cm/min **(b)** 0.592 min **(c)** 6.51 min

22. **(a)** 13.9 m/min, 3.00 mL/min **(b)** $k = 7.02$, fraction of time = 0.875 **(c)** 3.0×10^2

23. **(a)** 40 cm long × 4.2 cm diameter **(b)** 5.5 mL/min **(c)** 1.11 cm/min for both

24. 0.6, 6

25. **(a)** 200 mm/min = 3.3 mm/s **(b)** $k_X = 2.8$, $k_S = 4.2$ **(c)** 1.5

26. 6.0×10^2, 0.85

27. **(a)** column 2 **(b)** column 3 **(c)** column 3 **(d)** column 4

29. **(a)** Smaller molecules diffuse faster than larger molecules. **(b)** ~10^{-5} m^2/s

30. **(a)** 0 to 2.07, 1.7 to 21.0 min **(b)** 0 to 2.08, 3.5 to 3.8_5 min **(c)** 0.51 to 1.48, t_R constant **(d)** increasing peak height

31. **(a)** 1 **(b)** 2 **(c)** 1 **(d)** neither **(e)** B **(f)** B **(g)** 5.2 **(h)** 6.7 **(i)** 1.3

32. **(a)** increase flow rate **(b)** decrease flow rate **(c)** no effect

33. Velocity determines time for longitudinal diffusion and mass transfer to occur.

34. 0.1 mm

35. Longitudinal diffusion occurs much faster in gas chromatography than in liquid chromatography.

36. Smaller particles enable more rapid mass transfer between phases.

37. 1.3 mm/s

38. 1-C_M, 2-A, 3-EC, 4-B, 5-C_S

39. Silanization caps hydroxyl groups to which strong hydrogen bonding can occur.

40. Overload gives fronting in gas chromatography and tailing in liquid chromatography.

41. **(a)** Broader injected band ⇒ broader eluted peaks **(b)** Higher sample concentration might overload the column.

42. 2.65 mm

43. **(a)** 1.1×10^2 **(b)** 0.89 mm

44. **(a)** 2.1 **(b)** 5.2×10^3 **(c)** $N = (t_R/\sigma)^2 = 7.7 \times 10^3$; $N_{B/A} = 7.8 \times 10^3$

45. **(a)** resolution = 0.83 **(b)** resolution > 1.5

46. 10.4 mL

47. 0.013 3 mL^2, 0.005 2 mL^2, 0.002 2 mL^2; 25 s

48. 1.8×10^3

49. **(a)** both ~500 **(b)** 1.5 **(c)** 1.8

50. **(a)** N = 41 000 plates **(b)** N = 11 000 plates **(c)** N = 34 000 plates

51. **(a)** k = 11.25, 11.45 **(b)** 1.018 **(c)** C_6HF_5: N = 60 800, H = 0.493 mm; C_6H_6: 66 000, H = 0.455 mm **(d)** C_6HF_5: 55 700, C_6H_6: 48 800 **(e)** 0.96 **(f)** 0.93

55. **(a)** 0.5 mL/min **(b)** N decreases, H increases; insufficient time for mass transfer; shorter t_R **(c)** N decreases, H increases; increased time for longitudinal diffusion; longer t_R **(d)** multipath broadening in packed column

56. **(a)** 100 μL injection has lower N, particularly for early peaks; peak heights increase but less than injection volume increases. **(b)** Small volume injection has less extra-column broadening, yielding taller peaks. **(c)** Longer narrow tubing reduces N a bit; wider tubing reduces N a lot, especially for early peaks.

57. **(a)** subtle curvature **(b)** linear **(c)** linear

58. **(a)** linear **(b)** 8.2 ± 1.7 mg alliin/g **(c)** 3.8 ± 0.8 mg allicin/g

Chapter 24

1. **(a)** packed columns: high sample capacity; open tubular columns: better separation efficiency (smaller plate height), shorter analysis time, increased sensitivity **(b)** wall-coated: liquid stationary phase bonded to wall of column; porous-layer: solid stationary phase on wall of column **(c)** reduced tendency for stationary phase to bleed from the column

2. Band broadening from multiple path term (A) in van Deemter equation is eliminated.

3. **(a)** advantage: higher resolution; disadvantage: lower sample capacity requires more sensitive detector **(b)** advantage: more plates and greater resolution; disadvantage: longer run time **(c)** advantage: greater retention and greater sample capacity; disadvantage: lower resolution, longer run time, increased bleeding

4. **(a)** nonpolar solutes **(b)** polar solutes **(c)** permanent gases

5. **(a)** advantages: compounds with wide range of retention characteristics can be resolved and separated in reasonable time, low initial temperature permits splitless or on-column injection; disadvantage: sloping baseline from column bleed, long cooling time between runs **(b)** reduced retention time for late-eluting peaks and reduced thermal decomposition

6. **(a)** inert, low viscosity, compatible with detector **(b)** Diffusion is more rapid in H_2 and He.

7. **(a)** split injection for high concentrations; splitless injection for trace analysis; split and splitless tolerate dirty samples; on-column injection best for quantitation and for thermally sensitive samples **(b)** In solvent trapping, solute dissolves in a narrow band of condensed solvent at beginning of column. Cold trapping condenses solute in a narrow band at the start of the column before temperature is raised.

8. **(a)** all analytes **(b)** C atoms bearing H **(c)** halogens, CN, NO_2, conjugated C=O **(d)** P and S and other elements selected by wavelength

(e) P and N (and much less to hydrocarbons) **(f)** aromatic and unsaturated compounds **(g)** S **(h)** most elements (selected individually by wavelength) **(i)** all analytes **(j)** all analytes

9. Any substance other than carrier gas changes conductivity of gas stream.

10. Reconstructed total ion chromatogram (least selective) sees everything. Selected ion monitoring only observes selected *m/z*. Selected reaction monitoring (most selective) takes one ion from analyte, breaks it into fragments, and monitors just one of the fragments.

11. Derivatization converts analyte to a form that is easier to separate or detect.

12. **(a)** Analyte is extracted from sample into thin coating on silica fiber; cold trapping condenses analyte at start of column during slow evaporation from fiber; no. **(b)** Stir-bar sorptive extraction is up to 100× more sensitive because analyte is extracted into thick coating on stir bar.

13. Purge and trap collects all analyte from the unknown. Splitless injection is required so analyte is not lost during injection.

14. Nonvolatile analytes thermally decompose to volatile species, which are trapped on column and then separated.

15. (1) goal of the analysis, (2) sample preparation method, (3) detector, (4) column, and (5) injection method

16. **(a)** $t'_R = 4.7$ min, $k = 1.3$ **(b)** 80 **(c)** 104 **(d)** 6.1 min

17. **(a)** 836 **(b)** no change **(c)** no change

18. **(a)** hexane < butanol = benzene < 2-pentanone < heptane < octane
(b) hexane < heptane < butanol < benzene < 2-pentanone < octane
(c) hexane < heptane < octane < benzene < 2-pentanone < butanol

19. **(a)** 3, 1, 2, 4, 5, 6 **(b)** 3, 4, 1, 2, 5, 6 **(c)** 3, 4, 5, 6, 2, 1

20. **(a)** 35 kJ/mol **(b)** 0.18 bar **(c)** 1.05 bar **(d)** lower vapor pressure ⇒ greater retention **(e)** gaseous mobile phase

21. $t'_R = 27.1$ min

22. t_R decreases with increasing temperature, approaching t_M at some temperature above the boiling point of butanol.

23. **(a)** $N = 4.0 \times 10^4$, $H = 0.75$ mm **(b)** 1.7

24. **(a)** $k = 5.2$ **(b)** $N_{av} = 2.2 \times 10^4$ **(c)** $H = 2.7$ mm

25. **(a)** 100 pg **(b)** 1 pg **(c)** 92 pg C/s, 0.92 pg C/s **(d)** detectable with splitless, not with split

26. **(a)** Thin stationary phase gives rapid mass transfer in stationary phase. Wide-bore column gives slow mass transfer in mobile phase. **(b)** injections: 0.16 ng (narrow bore), 56 ng (wide bore)

27. **(a)** Mass transfer in mobile phase; broadening increases with column diameter. **(b)** Longitudinal diffusion does not depend on column diameter. **(c)** Optimum velocity is lower for wider columns.

28. **(a)** O_2 in air could degrade stationary phase. **(b)** air: 9.3 cm/s, 0.036 cm; H_2: 17.6 cm/s, 0.051 cm **(c)** air: 8 300; H_2: 5 900 **(d)** air: 32 s; H_2: 17 s **(e)** C_S becomes negligible. **(f)** Solutes diffuse in H_2 faster than in air.

29. **(a)** increase column length and decrease diameter; change stationary phase; optimize flow rate; possibly increase film thickness and decrease temperature to increase retention factor **(b)** flow rate and temperature

30. **(a)** 1.25 **(c)** 78 mM

31. 0.41 μM

32. 932

33. **(a)** Multiple small extractions are more efficient than one large extraction. **(b)** reduced likelihood of thermal decomposition and larger quantity of molecules to smell **(c)** polar column for polar analytes **(d)** 132 **(e)** enables larger injection so components can be smelled when eluted

34. **(a)** lowers solubility of MTBE in groundwater **(b)** *m/z* 73, only 3 components have this ion **(c)** *m/z* 73 is $CH_3OC^+(CH_3)_2$

35. **(a)** increase vapor pressure of analyte **(b)** Low temperature cold-traps analytes during thermal desorption from fiber. **(d)** nonsmoker: 78±5 μg/L; nonsmoker whose parents smoke: 192±6 μg/L

36. $[^{14}NO_2^-] = 1.8$ μM; $[^{14}NO_3^-] = 384$ μM

37. **(a)** $A = 0$ **(b)** $B = 2D_M$

(c) $C = C_S + C_M = \frac{2k}{3(k+1)^2}\frac{d_f^2}{D_S} + \frac{1+6k+11k^2}{24(k+1)^2}\frac{r^2}{D_M}$

(d) $u_x(\text{optimum}) = \sqrt{\frac{B}{C}}$; $H_{min} = 2\sqrt{B(C_S + C_M)}$

38. **(a)** 0.58, 1.9 **(b)** 0.058 mm, 0.19 mm **(c)** 3.0×10^5 **(d)** $\beta = r/2d_f$ **(e)** 4.0

39. $D_M = 3.0 \times 10^{-5}\ m^2/s$, $D_S = 5.0 \times 10^{-10}\ m^2/s$ (diffusion in gas is 6.0×10^4 times faster than diffusion in stationary phase)

40. **(b)** limiting $m = K_D V_f C_o = 6.9$ ng for $K_D = 100$ and 690 ng for $K_D = 10\ 000$ **(c)** 0.69%, 41%

41. **(a)** rainwater: $t_{calculated} = 1.6_1$, difference not significant; drinking water: $t_{calculated} = 1.8_9$, difference not significant **(b)** gas chromatography: $t_{calculated} = 2.6$, difference is significant; spectrophotometry: $t_{calculated} = 4.7$, difference is significant

42. **(a)** both present and artifact **(b)** levels observed in past studies varied widely, matrix components that could decompose to acetamide, and literature observation of formation by heating **(c)** poor sensitivity, poor retention, broad peaks, contamination of eluent **(d)** behaves like analyte, but is not analyte; used because no analyte-free matrix available **(e)** broad peaks and plugged column **(f)** shifts *m/z* to higher values where there is less interference; acidity, temperature, reaction time, and amount of xanthydrol **(g)** molecular ions of acetamide, $^2H_3$-acetamide, and internal standard; to confirm detection.

43. **(a)** thermal conductivity **(b)** $s = 0.84\%$, limit of quantification = 1.95 μmol, linear range 1.95 μmol to 30 μmol **(c)** samples also analyzed using enzymatic method **(d)** listed in Introduction **(e)** 30-m × 0.53-mm-diameter GS-Q column, which is a porous layer column.

44. **(b)** ~300 000 **(c)** ~11 points **(d)** alkane at 1.75 min of ~31 000 height; would interfere with toluene analysis **(e)** possibly nonane

Chapter 25

1. **(a)** Reversed phase: Nonpolar solutes are more soluble in nonpolar solvent. Normal phase: Polar solutes are more soluble in polar solvent. **(b)** pressure gradient (= density gradient)

2. Solvent competes with solute for adsorption sites. Solvent-adsorbent interaction is independent of solute.

3. Solute equilibrates between mobile phase and aqueous surface layer. Water in eluent competes with the surface layer to dissolve polar solute.

4. **(a)** Small particles increase resistance to flow. **(b)** Mass transfer rate increases if diffusion distance is smaller ⇒ decreased C term in van Deemter equation. Flow paths with small particles are more uniform ⇒ smaller A term. **(c)** covalently attached to solid support

5. **(a)** $L = 33$, 17, 10, 5 cm **(b)** 10, 6, 3 min **(c)** 9, 15, 30 MPa **(d)** 1 600, 820, 490, 240 μL **(e)** 1.5 μm requires UHPLC

6. **(a)** Pores increase surface area, which increases sample capacity. **(b)** Pores must be large enough for solute to enter. Large pores decrease available surface area, so pores should not be larger than necessary to admit solute.

7. 0.14 min, 0.30 min

8. **(a)** $N = 1\ 500$, $H = 33$ μm, 19 particles/plate **(b)** 2.4 particles/plate, maximum speed

9. SiO_2 dissolves in base. Stationary phase bond to SiO_2 hydrolyzes in acid. Bulky groups hinder approach of H_3O^+ to Si–O–Si bond.

10. Additive binds to the sites that cause tailing.

11. **(b)** reduce sample concentration, unclog frit with reverse flow, use Type B silica, use additives in solvent

12. **(b)** *C* term approaches zero and *A* term is small for small particles. **(c)** *A* and *C* terms are small; particle has flow resistance of 2.7-μm- diameter particle.

13. **(a)** 1 800 for (*R*)-enantiomer and 1 400 for (*S*)-enantiomer **(b)** 2.7 **(c)** 2.4 **(d)** $u_x = 7.8$ mm/s, which is fast. Superficially porous particles minimize mass transfer broadening. Short column and high linear velocity give fast separation.

14. **(a)** 18 **(b)** 10 **(c)** Mass transfer rate and optimum velocity both increase.

15. **(a)** normal-phase **(b)** bonded reversed-phase **(c)** bonded reversed-phase with buffered mobile phase **(d)** HILIC **(e)** ion-exchange or ion chromatography **(f)** size-exclusion **(g)** ion-exchange with wide pore stationary phase **(h)** size-exclusion

16. 0.27 m^2

17. **(a)** most polar to most nonpolar **(b)** 1.0_6 min **(c)** 2.9 and 2.0 times

18. **(a)** shorter **(b)** amine **(c)** greater **(d)** shorter

19. **(a)** 1.76 mm/s **(b)** 3.51 **(c)** 192 000, 22.9 μm **(d)** 0.59 **(e)** 1.006_6 **(f)** $5.5_3 \times 10^5$, 12.7 m **(g)** decrease flow, decrease mobile phase strength, or change solvent **(h)** 0.90

20. **(a)** (*R*)-Gimatecan would be eluted at 6.96 min from (*R,R*)-stationary phase and 6.10 min from (*S,S*)-stationary phase. **(b)** (*R*)-Gimatecan at 6.96 min is lost beneath tail of (*S*)-gimatecan. **(c)** $\alpha = 1.23$ **(d)** 2.3 (better than baseline separation)

21. 126 mm

22. **(a)** $V_M = 0.53$ mL for both columns. $t_M = 0.38$ min for column A and 0.26 min for column B. **(b)** More polar glucuronide is less retained by reversed-phase column. **(c)** 1.3, 3.3 **(d)** Polar, hydrophilic silica retains glucuronide more than less polar morphine. Gradient goes to increasing polarity to remove more polar solute. **(e)** 6.2

23. **(b)** 5.8 W

24. **(a)** universal <210 nm, selective >210 nm **(b)** universal but insensitive **(c)** and **(d)** near universal for nonvolatile compounds **(e)** redox-active compounds **(f)** fluorescent molecules **(g)** molecules with N **(h)** ionic or ionizable compounds

25. **(a)** Many chromophores absorb <210 nm but only some absorb at 254 nm **(b)** increasing gradient of CH_3OH absorbs weakly at 210 nm **(c)** measured $t_M = 1.23$ min, predicted $t_M = 1.32$ min

26. **(a)** *m/z* 304 is BH^+ (cocaine protonated at N) **(b)** loss of $C_6H_5CO_2H$ **(c)** *m/z* 304 selected by Q1 is isotopically pure, so there is no ^{13}C partner. **(d)** Q1 selects only *m/z* 304. Q3 selects only the fragment *m/z* 182. Few components in plasma that give *m/z* 304 also break into *m/z* 182. **(e)** phenyl group **(f)** Measure cocaine/D_5-cocaine response factor. Add D_5-cocaine internal standard to plasma and measure peak areas of cocaine and D_5-cocaine.

27. **(a)** *m/z* 234 is MH^+, *m/z* 84 is $C_5H_{10}N^+$ **(b)** $237 \rightarrow 84$

28. **(b)** (i) run uracil or sodium nitrate with ultraviolet detector (ii) observe first baseline disturbance (iii) $t_M \approx Ld_c^2/(2F)$ **(c)** run toluene with ultraviolet detector (ii) and (iii) from (b) also work in HILIC. **(d)** 1.1 min for both

29. Extra-column volume: from injection to detection not including column. Dwell volume: from point of mixing solvents to start of column. Extra-column volume causes peak broadening. Dwell volume delays start of gradient elution.

30. Rugged procedure is not seriously affected by small changes in conditions.

31. $0.5 \le k \le 20$, resolution ≥ 2, pressure ≤ 20 MPa, $0.9 \le$ asymmetry factor ≤ 1.5

32. Run wide gradient selected to produce $k^* \approx 5$. Measure Δt between first and last peaks. Use gradient if $\Delta t/t_G > 0.40$. Use isocratic elution if $\Delta t/t_G < 0.25$.

33. (i) determine goal (ii) sample preparation (iii) choose detector (iv) run wide gradient to select isocratic or gradient elution (v) For isocratic separation, vary %B until $0.5 \le k \le 20$. For adequate resolution, try minor adjustment in %B, different organic solvent of equivalent mobile phase strength, or different column. Select column length or particle size to increase resolution or shorten separation time.

34. **(a)** 53% tetrahydrofuran in H_2O **(b)** mix 530 mL tetrahydrofuran +470 mL H_2O; do not adjust volume **(c)** Tetrahydrofuran has ultraviolet absorption and attacks polyether ether ketone plastic components

35. run A: high %B, low T; run B: high %B, high T; run C: low %B, high T; run D: low %B, low T. From appearance of chromatograms, explore conditions between runs A, B, C, and D to improve separation.

36. k(50% B) = 3.1. k(40% B): 27.8 min predicted, 20.2 min observed

37. **(a)** ~36 min **(b)** 42.9 min using points from $\phi = 0.35$ to 0.6 **(c)** k is high at start of gradient and decreases exponentially until compounds are almost unretained at end of gradient. **(d)** By the time a compound is eluted, it is almost unretained and has the peak width of a weakly retained compound.

38. 38%

39. **(a)** lower **(b)** higher

40. **(a)** 900 **(b)** 12.6, 630 **(c)** 3.75, 187 **(d)** Reducing solvent volume by using narrower column reduces the impact more than changing to greener solvent, but solvent choice does have significant impact. **(e)** smaller extra-column volume

41. **(a)** A weak acid, $pK_a = 7.7$, $k_{HA} = 6.5$; B weak acid, $pK_a = 3.7$, $k_{HA} = 5.9$; C weak base, $pK_a = 4.7$, $k_B = 3.2$ **(b)** pH ≈ 3 to 6.5 **(c)** Different buffers are required to cover different ranges of pH.

42. **(a)** pH 2.0 provides retention within $0.5 \le k \le 20$. **(b)** pH ≈ 4 **(c)** pH 7.5

43. acetophenone: neutral and retained at pH 3–7; salicylic acid: 50% HA at pH 3 with some retention, A^- with little retention at pH 5–7; nicotine 50% B with some retention at pH 7, BH^+ or BH_2^{2+} at pH 3–7 with little retention

44. **(a)** $\Delta t/t_G = 0.47 > 0.25 \Rightarrow$ gradient elution **(b)** 40–85% acetonitrile in 60 min

45. **(a)** change solvent strength, temperature, or pH; use a different solvent or a different kind of stationary phase **(b)** slower flow rate, different temperature, longer column, smaller particle size

46. **(a)** ~29 min **(b)** $k^* = 12.9$, $F = 4.7$ mL/min, $m = 4.7$ mg, $t_G = 11.5$ min

48. **(a)** 1.74 min **(b)** 0.18 **(c)** 2.5-fold for each 10% decrease in % methanol **(d)** 4.77 min **(e)** some analytes coelute **(f)** 52% methanol, 45% methanol

49. **(a)** 0.42 min, up/down peak **(b)** 0.40 min **(c)** time gradient gets to detector = $t_M + t_D = 0.82$ min when baseline rise starts

50. **(a)** $\Delta t/t_G = 0.336$, isocratic or gradient **(b)** 29%, 55%, 4.4–24.7 min, 1.3 **(c)** 25–55% methanol, 5.4–27.7 min, 2.4 **(d)** resolution = 1.9, satisfactory

Chapter 26

1. decreased swelling, increased capacity and selectivity, longer equilibration time

2. Wash column with NaOH to convert resin to OH^- form. Elute all bound OH^- with excess Cl^-. Then titrate OH^- in eluate with HCl.

3. 38–75 μm; 200/400 mesh

4. **(a)** pyruvate −1, 2-oxovalerate −1, and maleate −2 **(b)** I^- is highly polarizable.

5. **(a)** Anionic proteins are protonated as pH decreases, and so less retained. **(b)** Increased anion concentration displaces proteins.

6. possibly $NH_3 < (CH_3)_3N < CH_3NH_2 < (CH_3)_2NH$ due to pK_a

7. Cations and anions have been removed. Nonionic impurities are not removed.

8. (a) 1 000-fold (b) 0.057 nM (c) ≤ 340 000 nM ($6 \times 10^6 \times [Fe^{3+}]_{seawater}$)

9. cation charge = 0.002 02 M, anion charge = −0.001 59 M; some concentrations are inaccurate or some ionic material was not detected.

10. (a) negative, cation exchange (b) Elution order is from most dissociated to least dissociated. (c) even less dissociated, so more retained (d) 2.5, well separated (e) matrix-matched standards, standard addition, or stable-isotope internal standard

11. Separator column separates ions by ion exchange. Suppressor neutralizes eluent, exchanging Cl^- for OH^- to convert H^+Cl^- into H_2O.

12. (a) 3.8×10^3 h (b) 8.0 mA, 0.16 A

14. (a) Acids are formed by suppression. Strong acids like HCl fully dissociate, weak acids like HCN barely dissociate. (b) Suppression product is H_2CO_3 which partially dissociates.

15. (a) $y = (298 \pm 5)x + (1.1 \pm 1.5)$, linear (b) curves upward, 0.01 to 0.20 mM (c) 0.177 mM (d) −25.4% for full calibration, −6.8% for 0.01 to 0.20 mM calibration

16. indirect detection, where a nonabsorbing analyte anion replaces an absorbing eluent anion in the eluate

17. (a) Octyl sulfonate binds to nonpolar stationary phase to make it a cation exchanger. (b) 29 ng/mL

18. more than one retention mechanism; no ion-pair agent in mobile phase

19. (a) affinity (b) size exclusion (c) size exclusion (d) hydrophobic interaction

20. (a) compare elution volume to that of mass standards (b) 25 nm

21. (a) 40.2 mL (b) 0.53

22. 0.16

23. (a) 10^6 Da (b) 10^4 Da (c) 10^4 Da

24. (a) 5.7 mL (b) 11.5 mL (c) solutes must be adsorbed

25. 320 000 Da

26. Decreasing salt makes protein more soluble in aqueous mobile phase.

27. (a) μ_{ep} depends inversely on analyte size. (b) phenol $-1.53 \times 10^{-8} m^2/(V \cdot s)$ and trichlorophenol $-2.85 \times 10^{-8} m^2/(V \cdot s)$; only a fraction of HA is ionized, so $\mu_{predicted}$ is only a fraction of μ_{A^-} (c) ethylphenol ≈ methylphenol < phenol < trichlorophenol.

28. (b) ethedrone (c) upper curve at low pH is ethedrone (d) 8.77 (e) pH < 7

29. bulk flow of fluid caused by electromigration of excess ions in double layer

30. Negative wall ⇒ flow toward cathode; positive wall ⇒ flow toward anode; speed depends on protonation of silanol and amines

31. (a) cation (b) $\mu_{app} = 9.30 \times 10^{-8} m^2/(V \cdot s)$; $\mu_{ep} = +5.04 \times 10^{-8} m^2/(V \cdot s)$

32. Arginine's positive side chain makes its derivative the least negative.

33. longitudinal diffusion

34. (a) In absence of electroosmotic flow, anionic analyte migrates to anode. (b) higher conductivity than sample to cause stacking (c) Narrow capillary dissipates heat better. (d) Li_3PO_4 has lower conductivity than Na_3PO_4. Lower conductivity requires higher field to generate same current. Higher field yields more plates.

35. lower pH, add polyamine, and coat capillary; reverses wall charge

36. When partitioned into a micelle, neutral analyte moves with velocity of micelle. Migration time depends on fraction of analyte in micelle.

37. (a) 1.15×10^4 Pa (b) 1.17 m height not possible, so use pressure of 11.5 kPa = 0.114 atm

38. (a) 29.5 fmol (b) 3.00×10^3 V

39. 9.2×10^4 plates, 4.1×10^3 plates (My measurements are about 1/3 lower than the values labeled in the figure from the original source.)

40. (a) maleate (b) fumarate is eluted first (c) maleate is eluted first

41. (a) pH 2: 920 s; pH 12: 150 s (b) pH 2: never; pH 12: 180 s

42. (a) $t_{120\,kV}/t_{28\,kV} = 0.23$ (observed ratio = 0.26) (b) $N_{120\,kV}/N_{28\,kV} = 4.3$ (c) $\sigma_{120\,kV}/\sigma_{28\,kV} = 0.48$ (d) Increasing voltage decreases migration time, giving bands less time to broaden by diffusion.

43. linear to 25 000 V, then broadening due to capillary heating

44. $1.3_5 \times 10^4$ plates, 30 μm

45. 20.5 min

46. light chain = 17 300 Da, heavy chain = 23 500 Da

47. 2.0×10^5 plates

48. Thiamine < (niacinamide + riboflavin) < niacin. Thiamine is most soluble.

49. Cyclobarbital and thiopental each separate into two peaks because each has a chiral carbon atom.

50. (a) increases at low velocity due to longitudinal diffusion and at high velocity due to finite time solute needs to equilibrate with micelle (b) extra-column effects due to injection and detection

51. (b) migration time, 0.59%, peak area, 1.6% (c) 1.5%; dividing by migration time corrects for variation in speed through detector

52. 5.55

53. (c) Diffusion broadening decreases. (d) $N_{obs} = 1.45 \times 10^5$, $N_{theory} = 2.06 \times 10^5$ (e) 1.6

Chapter 27

1. (a) adsorption on surface, absorption inside (b) Inclusion occupies lattice site; occlusion is a pocket of impurity.

2. insoluble, filterable, pure, known composition

3. High supersaturation could give impure, colloidal product.

4. increase temperature, mix during addition, use dilute reagents, homogeneous precipitation

5. Electrolyte preserves electric double layer to prevent peptization.

6. HNO_3 evaporates during drying; $NaNO_3$ does not evaporate.

7. Reprecipitation gives purer product.

8. Mass of a sample is measured as sample is heated.

9. Adding mass to electrode lowers the oscillation frequency.

10. 0.022 86 M

11. 1.94 wt%

12. (a) $BaCl_2$ is limiting reagent, 0.484 g theoretical yield, 151% observed yield (b) 1.006 g theoretical yield, 73% observed yield (c) 0.484 g theoretical yield, 81% observed yield

13. 0.085 39 g

14. 50.79 wt%

15. 0.191 4 g calcium carbonate, 0.107 3 g calcium oxide

16. 104.1 ppm

17. 7.22 mL

18. 0.339 g

19. (a) 19.98% (b) Heating reduces supersaturation to make larger particles. (c) $(NH_4)_2C_2O_4$ provides oxalate to reduce solubility of CaC_2O_4 and electrolyte to prevent peptization. (d) Negative test for Cl^- ensures that original solution has been washed away and there is no dissolved solid that will increase mass of dry product.

20. (a) 5.5 mg/100 mL (b) 5.834 mg, yes

21. 14.5 wt% K_2CO_3, 14.6 wt% NH_4Cl

22. 40.4 wt%

23. 22.65 wt%

24. (a) 40.01 wt% (b) 39%

25. (a) 1.82 (b) $Y_2O_2(OH)Cl$ or $Y_2O(OH)_4$

26. (a) 0.854 975 (b) 0.856 2 (c) 0.856 ± 0.008, 0.86 ± 0.08

27. (b) 0.204 (±0.004)

28. combustion: heat in excess O_2 to convert $C \rightarrow CO_2$ and $H \rightarrow H_2O$
pyrolysis: decompose with heat without O_2. $O \rightarrow CO$

29. WO_3 catalyzes $C \rightarrow CO_2$ with excess O_2.
Cu converts $SO_3 \rightarrow SO_2$ and removes excess O_2.

30. Capsule melts and is oxidized to SnO_2 to liberate heat and crack sample. Sn consumes O_2, ensuring that sample oxidation occurs in gas phase. Sn is oxidation catalyst.

31. Pyrolysis gives gaseous products prior to oxidation to minimize formation of NO_x.

32. 11.69 mg CO_2, 2.051 mg H_2O

33. $C_8H_7NO_2SBrCl + 9\frac{1}{4}O_2 \rightarrow 8CO_2 + \frac{5}{2}H_2O + \frac{1}{2}N_2 + SO_2 + HBr + HCl$

34. $C_4H_9NO_2$

35. 10.5 wt%

36. $C_8H_{9.06\pm0.17}N_{0.997\pm0.010}$

37. 12.4 wt%

38. (a) 95% confidence: $10.16_0 \pm 1.93_6$ μmol Cl^- (Experiment 1), $10.77_0 \pm 2.29_3$ μmol Cl^- (Experiment 2) (b) difference is not significant, so addition of excess Cl^- prior to precipitation does not give more coprecipitation in this experiment (c) 24.3 mg $BaSO_4$
(d) $BaSO_4 + BaCl_2 = 25.35$ mg; 4.35% additional mass

Chapter 28

1. You must know how a sample was collected and stored.

2. Analytical quality means accuracy and precision of analytical method. Data quality means sample is representative and analytical procedure is appropriate for intended purpose.

3. (a) 5% (b) 2.6%

4. 1.0 g

5. 120/170 mesh

6. $10^4 \pm 0.99\%$

7. (a) 15.8 (b) 1.647 (c) 474–526

8. 95%: 8; 90%: 6

9. (a) 5.0 g (b) 7

10. 0.34 ± 0.14 pg

11. (a) Na_2CO_3: 4.47 μg, 8.94×10^5 particles; K_2CO_3: 4.29 μg, 2.24×10^7 particles (b) 2.33×10^4 (c) Na_2CO_3: 3.28%; K_2CO_3: 0.131%

12. (a) 39 (b) 83% (c) 3 results are not significantly different from 2.3 μg/L; 6 results are significantly less than 2.3 μg/L.

13. Zn, Fe, Co, Al

14. prevents possible explosion with $HClO_4$

15. Barbital from aqueous solution is retained by column, but dissolves in acetone/chloroform, which elutes it from the column.

16. pH 2: Amine is protonated and carboxylic acid is neutral, so analytes are retained by cation exchanger. High pH: Amine is neutral and carboxylate is negative, so analytes are not retained by cation-exchanger.

17. $SO_2 + H_2O \rightarrow H_2SO_3$; $2\ resin^+OH^- + H_2SO_3 \rightarrow (resin^+)_2SO_3^{2-} + H_2O$; SO_3^{2-} eluted with Na_2CO_3 and oxidized by H_2O_2 to SO_4^{2-} measured by ion chromatography

18. Extraction: Large particles allow rapid flow without pressure. Chromatography: Small particles increase separation efficiency, but require high pressure.

19. (a) Solid-phase extraction retains $CH_2{=}CHCONH_3^+$ while passing many other components. (b) Many components absorb UV.
(c) acrylamide, m/z 72 selected by Q1 and dissociates by collisions in q2; product m/z 55 selected in Q3 for detection; $CH_2{=}CHCONH_3^+$ (m/z 72) ° $CH_2{=}CHC°\ O^+$ (m/z 55); $CD_2{=}CDCONH_3^+$ (m/z 75) $\rightarrow$ $CD_2{=}CDC°\ O^+$ (m/z 58) (d) Acrylamide is the only m/z 72 that produces m/z 55.
(e) [Acrylamide]/[internal standard] = [area of m/z 72 $\rightarrow$ 55] / [area of m/z 75 $\rightarrow$ 58] (f) UV: same time as acrylamide with similar signal; SRM: detector sees either acrylamide or the internal standard, with no interference from each other (g) The fraction of acrylamide and fraction of internal standard that bind to and are recovered from solid-phase extraction column are essentially equal.

20. (b) standard suffers same losses as analyte (c) total signal from all ions at any moment (d) extracted ion chromatogram shows m/z 312 taken from full spectrum; selected ion chromatogram shows m/z 312 recorded continuously and has greater signal:noise ratio (e) selected reaction monitoring

21. (a) Liquid-liquid extraction uses $\gtrsim$ 100 mL of organic solvent to extract aqueous phase by continuous distillation. Dispersive liquid-liquid microextraction uses ~10–100 μL of immiscible organic solvent plus ~0.5–1 mL of dispersant solvent to make a cloudy emulsion for extraction. (b) Disperser solvent is miscible with both aqueous and organic phases, lowering interfacial energy and permitting high-surface-area emulsion with rapid mass transfer to be formed.

22. Solid-supported liquid-liquid extraction: Aqueous phase is suspended in a microporous medium through which organic solvent is passed to extract analytes. Solid-phase extraction: Aqueous sample is passed through small column of stationary phase that retains analytes. Impurities and analytes are eluted by a series of washes with small volumes of solvent with increasing solvent strength.

23. (a) 53 (b) Ni is in solution or in particles too fine to be removed by filtration. Fe is present as a suspension of solid particles that are removed by filtration.

24. 64.90 wt%

25. (a) Cr(III) is $Cr(OH)_2^+$ and $Cr(OH)_3(aq)$; Cr(VI) is CrO_4^{2-};
(b) Anion exchanger retains CrO_4^{2-}, but not $Cr(OH)_2^+$ and $Cr(OH)_3(aq)$.
(c) "Weakly basic" anion exchanger contains ($-^+NHR_2$) that might lose its positive change in basic solution. "Strongly basic" anion exchanger ($-^+NR_3$) remains cationic in basic solution. (d) CrO_4^{2-} is eluted when $[SO_4^{2-}]$ increases from 0.05 to 0.5 M.

26. Monitor wells 8, 11, 12, and 13 individually, but pool samples from other sites. If no warning level of analyte is found in composite sample, assume composite is OK. If analyte is found in composite, then analyze each well separately. Pooling samples from n wells reduces sensitivity for analyte in any one well by $1/n$.

찾아보기

ㄴ

ㄷ

ㅅ

ㅇ

ㅈ

ㅊ

ㅋ

역자 소개

강용철 부경대학교 화학과 교수
김영일 부경대학교 화학과 교수
김준곤 고려대학교 화학과 교수
명노승 건국대학교 응용화학과 교수
문명희 연세대학교 화학과 교수
이승호 한남대학교 화학과 교수
정두수 서울대학교 화학부 교수
정 혁 숙명여자대학교 화학과 교수
차상원 동국대학교 화학과 교수

감수

이승호 한남대학교 화학과 교수

분석화학 제10판

저 자 Daniel C. Harris · Charles A. Lucy
역 자 강용철 · 김영일 · 김준곤 · 명노승 · 문명희 · 이승호 · 정두수 · 정 혁 · 차상원
발 행 인 김지영
발 행 처 자유아카데미
주 소 경기도 파주시 회동길 37-42
파주출판도시
전 화 031-955-1321
팩 스 031-955-1322
홈페이지 www.freeaca.com
전자우편 main@freeaca.com(대표)
editor@freeaca.com(편집)
crm@freeaca.com(영업)
등 록 제406-2003-017호, 1980. 7. 12.
제10판1쇄 2021년 2월 5일 발행
제10판3쇄 2023년 1월 31일 발행
정 가 52,000원

Printed in Korea
ISBN 979-11-5808-293-2 93430